生命科学名著

植物生物化学与分子生物学

（原书第二版）

Biochemistry & Molecular Biology of Plants (Second Edition)

〔美〕B. B. 布坎南　〔瑞士〕W. 格鲁伊森姆　〔美〕R. L. 琼斯　主编

瞿礼嘉　赵进东　秦跟基　钟　声　李继刚　顾红雅　主译

赵进东　瞿礼嘉　主校

国家自然科学基金重大项目（31991200）资助出版

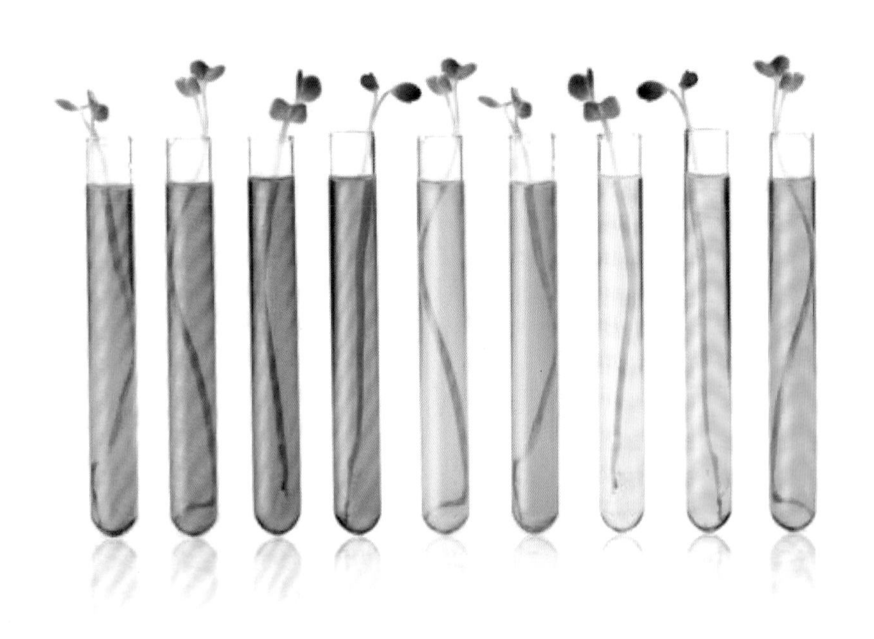

科 学 出 版 社

北　京

图字：01-2021-0687 号

内 容 简 介

本书由国际知名植物生物学家编写，是植物生物学领域的重要著作。在整合前沿知识的基础上，本书围绕细胞区室结构、细胞的繁衍、能量流、代谢与发育的整合，以及植物、环境与农业等主题精心组织内容，反映了这些领域的研究历史和最新进展。

本书编排有序，图文并茂，适用于植物生物学、分子生物学、生物技术、生物化学、细胞生物学、生理学和生态学等相关领域的研究和教学参考；制药学和农业经济等领域的研究人员也可从中获得有价值的信息。

版权所有，译本经授权译自约翰·威利父子出版公司的英文版图书。
Biochemistry & Molecular Biology of Plants (Second Edition)
All Right Reserved. Authorised Translation from the English language edition published by John Wiley & Sons Limited. Responsibility for the accuracy of the translation rests solely with China Science Publishing & Media Ltd. (Science Press) and is not the responsibility of John Wiley & Sons Limited. No part of this book may be reproduced in any form without the written permission of the original copyright holder, John Wiley & Sons Limited.

本书封面贴有 John Wiley & Sons 防伪标签，未贴防伪标签属未获授权的非法行为。

图书在版编目（CIP）数据

植物生物化学与分子生物学：原书第2版 / (美) B. B. 布坎南 (Bob B. Buchanan) 等主编；瞿礼嘉等主译. —北京：科学出版社，2021.5
(生命科学名著)
书名原文：Biochemistry & Molecular Biology of Plants, 2nd Edition
ISBN 978-7-03-067200-1

Ⅰ. ①植… Ⅱ. ①B… ②瞿… Ⅲ. ①植物生物化学 ②分子生物学 Ⅳ. ①Q946 ②Q7

中国版本图书馆CIP数据核字（2020）第248810号

责任编辑：王 静 王海光 刘 晶 / 责任校对：严 娜
责任印制：肖 兴 / 排版设计：刘新新

科 学 出 版 社 出版
北京东黄城根北街16号
邮政编码：100717
http://www.sciencep.com

北京九天鸿程印刷有限责任公司 印刷

科学出版社发行 各地新华书店经销

*

2021年5月第 一 版 开本：889×1194 1/16
2021年7月第二次印刷 印张：74 1/2
字数：2 411 000

定价：528.00元

（如有印装质量问题，我社负责调换）

作者简介

B. B. 布坎南（Bob B. Buchanan）

出生于美国弗吉尼亚，在杜克大学获得微生物学博士学位，在加州大学伯克利分校从事过博士后研究，1963 年留在加州大学伯克利分校任教，为本科生讲授普通生物学和生物化学，还为研究生开设植物生化及光合作用的课程，现为该校植物及微生物学系的荣誉退休教授。早期的研究工作重点是光合作用途径及其调控机理，近期则主要研究硫氧还蛋白对种子、植物线粒体及产甲烷古菌的调控作用，对种子的研究成果已经在多个领域中得到应用。1995–1996 年担任加州大学伯克利分校的系主任和美国植物生理学家协会理事长。他是古根海姆学者奖获得者、美国科学院院士和日本植物生理学家协会荣誉会员，也是美国艺术与科学院院士，以及美国微生物学会、美国植物生物学家学会和美国科学促进联合会的会员。他获得的其他荣誉包括：匈牙利教育部拜塞涅伊 Bessenyei 奖章、Kettering 光合作用杰出研究奖、美国植物生理学家协会 Stephen Hales 奖、洪堡研究奖、其母校埃墨里大学亨利学院颁发的杰出成就奖及伯克利嘉奖。

W. 格鲁伊森姆（Wilhelm Gruissem）

出生于德国，1979 年在波恩大学获得博士学位后，曾在马尔堡大学和科罗拉多大学博尔德分校从事博士后研究，1983 年被加州大学伯克利分校聘为植物生物学教授，1993–1998 年担任该校植物及微生物学系的系主任，1998–2000 年担任该系与圣地亚哥的诺华农业研究所联合研究项目的主任。2000 年 7 月被聘为瑞士苏黎世联邦理工学院生物系和农业科学研究所的植物生物技术教授，2001 年开始成为苏黎世功能基因组学中心的共同主任。2006–2010 年是欧洲植物科学组织（EPSO）的主席，2011 年起担任全球植物理事会主席，2009–2011 年担任苏黎世联邦理工学院生物系的系主任。他通过系统生物学方法研究控制植物生长的途径和分子机制，还从事生物技术研究以改进木薯、水稻和小麦的性状。2008 年创立了生物信息公司 Nebion，建立了国际著名的 Genevestigator 基因表达数据库网站。被选为美国科学促进联合会和美国植物生物学家学会的会员，担任 *Plant Molecular Biology* 主编，以及多个学术杂志的编委、多个研究所的顾问委员会成员。获得了数个著名奖项，包括由于其改良木薯和水稻的杰出工作而获得的德国 Fiat Panis 基金会奖。2007 年，被选为美国植物生物学家学会的终生外籍会员。

R. L. 琼斯（Russel L. Jones）

出生于威尔士，在威尔士大学获得理学硕士和博士学位。在密西根州立大学能源系做了一年博士后研究后，于 1966 年受聘于加州大学伯克利分校植物学系，为本科生讲授普通生物学，为给研究生讲授植物生理学和细胞生物学课程超过 45 年时间。目前是加州大学伯克利分校植物学与微生物学系的荣誉退休教授。其研究主要是用禾谷类植物的糊粉层作为模式系统，采用生物化学、生物物理、细胞学及分子生物学等手段，研究植物中的激素调控。1993–1994 年担任美国植物生理学家学会理事长，1972 年是诺丁汉大学的 Guggenheim 学者，1976 年成为加州大学伯克利分校的 Miller 教授，1986 年获得哥廷根大学的 Humboldt 奖，1996 年被评为日本理化研究所的 RIKEN 杰出科学家。

作者名单

Nikolaus Amrhein Institute of Plant Science, ETH Zurich, Switzerland

Julia Bailey-Serres Department of Botany and Plant Sciences, University of California, Riverside, CA, USA

Tobias I. Baskin Department of Biological Science, University of Missouri, Columbia, MO, USA

Paul C. Bethke Department of Plant and Microbial Biology, University of California, Berkeley, CA, USA

Gerard Bishop Department of Life Sciences, Imperial College London, London, United Kingdom

Elizabeth A. Bray Erman Biology Center, University of Chicago Chicago, IL, USA

Karen S. Browning Department of Chemistry and Biochemistry, University of Texas, Austin, TX, USA

John Browse Institute of Biological Chemistry, Washington State University, Pullman, WA, USA

Judy Callis University of California, Davis, CA, USA

Nicholas C. Carpita Department of Botany and Plant Pathology, Purdue University, Lafayette, IN, USA

Maarten J. Chrispeels Department of Biology, University of California, San Diego, CA, USA

Gloria Coruzzi Department of Biology, New York University, New York City, NY, USA

Shaun Curtin Department of Plant Pathology, University of Minnesota, St Paul, MN, USA

David Day Division of Biochemistry and Molecular Biology, Australian National University, Canberra, Australia

Stephen Day Deceased

Emmanuel Delhaize CSIRO, Clayton, Australia

Lieven De Veylder Universiteit Gent, Gent, Belgium

Natalia Dudareva Horticulture and Landscape Architecture, Purdue University, West Lafayette, IN, USA

David R. Gang Institute of Biological Chemistry Washington State University Pullman, WA, USA

Walter Gassmann Division of Plant Sciences, University of Missouri, Columbia, MO, USA

Jonathan Gershenzon Department of Biochemistry, MPI for Chemical Ecology, Jena, Germany

Ueli Grossniklaus Institute of Plant Biology, University of Zurich, Zurich, Switzerland

Kim E. Hammond-Kosack Rothamsted Research, Harpenden, United Kingdom

Dirk Inzé Universiteit Gent, Gent, Belgium

Stefan Jansson Umeå Plant Science Centre, Umeå University, Umeå, Sweden

Jan Jaworski Department of Chemistry, Miami University, Miami, FL, USA

Jonathan D. G. Jones The Sainsbury Laboratory, John Innes Centre, Norwich, United Kingdom

Michael Kahn Institute of Biological Chemistry, Washington State University, Pullman, WA, USA

Leon Kochian U.S. Plant Soil and Nutrition Laboratory, Cornell University, Ithaca, NY, USA

Stanislav Kopriva Department of Metabolic Biology, John Innes Centre, Norwich, United Kingdom

Toni M. Kutchan Donald Danforth Plant Science Center, St. Louis, MO, USA

Robert Last Cereon Genomics LLP, Cambridge, MA, USA

Ottoline Leyser The Sainsbury Laboratory, University of Cambridge, Cambridge, United Kingdom

Birger Lindberg Møller Center for Synthetic Biology, Plant Biochemistry Laboratory Department of Plant and Environmental Sciences, University of Copenhagen Copenhagen, Denmark and Carlsberg Laboratory, Copenhagen, Denmark

Sharon R. Long Department of Biological Sciences, Stanford University, Stanford, CA, USA

Richard Malkin Department of Plant and Microbial Biology, University of California, Berkeley, CA, USA

Maureen C. McCann Department of Biological Sciences, Purdue University, West Lafayette, USA

A. Harvey Millar Australian Academy of Science, Acton, Australia

Tony Millar Research School of Biological Sciences, Australian National University, Canberra, Australia

Luis Mur Institute of Biological Environmental and Rural Sciences, Aberystwyth University, Aberystwyth, Wales, UK

Krishna K. Niyogi Department of Plant and Microbial Biology, University of California, Berkeley, CA, USA

John Ohlrogge Department of Botany, Michigan State University, East Lansing, USA

Helen Ougham Institute of Biological Environmental and Rural Sciences, University of Aberystwyth, Aberystwyth, Wales, UK

John W. Patrick School of Environmental and Life Sciences, University of Newcastle, Newcastle, Australia

Natasha V. Raikhel MSU—DOE Plant Research Laboratory, Michigan State University, East Lansing, MI, USA

John Ralph Department of Biochemistry and Great Lakes Bioenergy Research Center,University of Wisconsin, Madison, WI, USA

Peter R. Ryan Division of Plant Industry, CSIRO, Canberra, Australia

Hitoshi Sakakibara RIKEN Plant Science Center, Yokohama, Japan

Daniel Schachtman Department of Agronomy and Horticulture, University of Nebraska, Lincoln, NE, USA

Danny Schnell Department of Biochemistry and Molecular Biology, University of Massachusetts, Amherst, MA, USA

Julian L. Schroeder Biological Sciences, University of California, San Diego, CA, USA

Lance Seefeldt Department of Chemistry and Biochemistry, Utah State University Logan, UT, USA

Mitsunori Seo RIKEN Plant Science Center, Yokohama, Japan

Kazuo Shinozaki RIKEN Center for Sustainable Resource Science, Yokohama, Japan

James N. Siedow Department of Botany, Duke University, Durham, NC, USA

Ian Small Plant Energy Biology ARC Center of Excellence, The University of Western Australia, Crawley, Australia

Chris Somerville Department of Plant and Microbial Biology, University of California, Berkeley, CA, USA

Linda Spremulli Department of Chemistry, University of North Carolina, Chapel Hill, NC, USA

L. Andrew Staehelin Department of Molecular and Cell Development Biology, University of Colorado, Boulder, CO, USA

Masahiro Sugiura Centre for Gene Research, Nagoya University, Japan

Yutaka Takeda Okayama University, Okayama, Japan

Howard Thomas Institute of Biological Environmental and Rural Sciences, University of Aberystwyth, Wales, UK

Christopher D. Town J. Craig Venter Institute, San Diego, CA, USA

Yi-Fang Tsay Institute of Molecular Biology, Taiwan, China

Stephen D. Tyerman School of Agriculture Food and Wine, Adelaide University, Adelaide, Australia

Matsuo Uemura Iwate University, Morioka, Iwate, Japan

Aart J. E. van Bel Institute for General Botany, Justus-Liebig-University, Giessen, Germany

Alessandro Vitale Institute of Agricultural Biotechnology, Milan, Italy

John M. Ward College of Biological Sciences, University of Minnesota, MN, USA

Peter Waterhouse School of Molecular Bioscience, The University of Sydney, Sydney, Australia

Frank Wellmer Smurfit Institute of Genetics, Trinity College, Dublin, Ireland

Elizabeth Weretilnyk Department of Biology, McMaster University, Hamilton, Ontario, Canada

Ricardo A. Wolosiuk Instituto de Investigaciones Bioquímicas, Buenos Aires, Argentina

Shinjiro Yamaguchi RIKEN Plant Science Center, Yokohama, Japan

Samuel C. Zeeman Institute of Plant Science, ETH Zurich, Switzerland

译校者名单

主　译　瞿礼嘉　赵进东　秦跟基　钟　声　李继刚　顾红雅

参译者（按姓氏汉语拼音排序）

艾宇熙　董春霞　葛增祥　韩　翔　郝丽宏　郝天祎

何　清　侯赛莹　蒋家浩　康定明　兰子君　李　晶

李　玲　李雁冰　廖雅兰　林晓雅　柳美玲　刘　璞

刘轶群　刘旖璇　陆婷婷　路　菡　骆兴菊　施逸豪

宋子菡　孙田舒　孙　妍　王朝阳　王雪菲　王志娟

杨　琰　于　浩　原荣荣　袁苏凡　郑蕾琦　郑正高

主　校　赵进东　瞿礼嘉

参校者（按姓氏汉语拼音排序）

顾红雅　侯赛莹　蒋家浩　李继刚　廖雅兰　刘　璞

路　菡　秦跟基　宋子菡　吴美莹　钟　声

译者序

《植物生物化学与分子生物学》（原书第二版）中文版终于即将付梓印刷，掩卷长思，我们的心中五味杂陈、感慨万千。

这部鸿篇巨制的第一版问世是在2000年，第二版于2015年出版，中间相隔了15年。在这15年期间，随着超过两百种植物的基因组测序完成，以及包括CRISPR/Cas9等新技术的出现和广泛应用，植物生物学的结构层次和知识深度发生了翻天覆地的变化，植物生物学研究的国际格局也发生了意义深远的改变，中国作为国际上具有举足轻重地位的国家逐渐走到了世界植物生物学研究的前沿和中心。我们期望这部巨著的翻译有助于我国植物生物学研究与国际的交流和接轨，为促进和加快我国引领该领域研究的进程贡献一份力量。

《植物生物化学与分子生物学》第二版与第一版相比，有超过50%的内容是新加入的。因此，虽然有第一版做基础，第二版仍然像翻译一本新书一样工作量巨大且困难重重。这个浩大的翻译工程从2016年夏天开始启动，由于各种原因竟然持续了四年半的时间，先后有数十人参与了其中的翻译和校阅工作。花这么长的时间才最终完成该书的翻译，这是我们刚开始没想到的，也从另外一个侧面反映出这个工作的难度和工作量之大。2020年上半年由于新冠疫情防控需要，研究生们都各自在家没有返校，科研工作或多或少受到了影响，但是对本书的翻译工作反而起到了推动作用，我们几位主译终于都有整段的时间坐下来安静地进行翻译和校阅，可以说是把坏事变成了好事。值得一提的是，虽然《植物生物化学与分子生物学》原书第二版已经出版了5年的时间，但内容并不过时；相反，它为读者更深入地理解各个研究领域的最新进展提供了极好的背景知识、重要的参考文献和准确的切入点。对专业术语的翻译我们一般都尽可能按照全国科学技术名词审定委员会公布的标准名词（极少数约定俗成的习惯用法除外），并参照科学出版社出版的《英汉生物学词汇》（第三版）予以统一；实在无法找到统一而权威的中文翻译时，我们就去请国内该领域的专家学者按照惯例确定翻译名称。最后我们想说的是，整个翻译和校阅过程其实对我们自己（包括参与翻译和校阅的所有老师和研究生们）而言也一直是一个学习和提高的过程，由于本书内容覆盖面大，细节多，虽然我们竭尽全力，仍然难免会出现这样那样的疏漏和词未达意之处，我们恳请大家宽容、谅解，同时真诚欢迎业内同行专家和读者朋友们批评、指正。

《植物生物化学与分子生物学》（原书第二版）的中文版得到了国家自然科学基金重大项目（31991200）和北京大学生命科学学院的双重资助。我们首先要感谢所有参与翻译、校阅，以及为我们工作提供方便、帮助和支持的北京大学的老师和同学们，特别是生命科学学院主管教学的原副院长李沉简教授对于本书的鼎力支持；深深感谢中国科学院植物研究所的漆小泉、林荣呈和张立新等几位研究员以及中国农业大学的傅缨教授，感谢他们在我们遇到专有名词翻译困难时提供的无私帮助；衷心感谢科学出版社的王静女士和王海光女士，她们为本书的出版付出了大量心血和汗水，她们高度的责任心和忘我的工作作风令人钦佩。在过去这四五年的辛勤工作过程中，我们的家人也给予了长期的关心、理解和支持，对此我们一直心存感激，因为我们深知，家人的支持永远是我们克服困难、不断前行的动力。

谨以此部译著献给我们的精神家园——北京大学！

瞿礼嘉　赵进东　秦跟基
钟　声　李继刚　顾红雅
2021年初雪时于燕园

前　言

根据收到的读者们热情洋溢的反馈意见，我们在《植物生物化学与分子生物学》第二版中保留了第一版的总体结构框架。第一版分为五个部分，阐述细胞的组织结构与功能（区室结构）、细胞的复制能力（细胞的繁衍）、能量的产生（能量流）、发育的调控（代谢与发育的整合），以及植物生物学中根本性发现的现实意义（植物、环境与农业）。第二版中这五个部分几乎没有改变，但由于一些同事退休，许多章节由新的团队撰写，而在过去的二十年间植物生物学的迅猛发展正是由一群年轻的科学家们推动的，他们中有很多人都为本书的第二版贡献良多。

在第一版出版不久，《植物生物化学与分子生物学》就被翻译成了中文、意大利文和日文，印度还出版了低价的英文版本，该低价版本中所有的图均为黑白图。

在第二版的撰写和出版过程中，另外一个变化就是 John Wiley & Sons 出版社的加入，我们要和英国的编辑部打交道。Wiley 与美国植物学家协会（American Society of Plant Biologists, ASPB）达成协议，引领出版由 ASPB 成员撰写的书籍。本书第二版就是 ASPB 和 Wiley 最早联合出版的图书之一。

本书的出版凝聚了许多人的智慧和大量心血。首先并且最重要的就是作者们的付出，他们耐心地，有时是非常耐心地与文案编辑和策划编辑通力合作，完美地呈上质量无与伦比的每一章、每一节。由于两位杰出的策划编辑 Justine Walsh 和 Yolanda Kowalewski 的精心加工，全书各个章节的内容读起来顺畅自然、无缝衔接；艺术家 Debbie Maizels 制作出来的图细腻准确又美感十足；为本书工作无休的 Wiley 工作人员以及自由撰稿项目经理 Nik Prowse 博士在本书的出版阶段高效地完成了各个章节的编辑校对等工作。我们要特别感谢 Celia Carden，她对本书的鼎力支持、持久热情以及精心管理横跨两大洲，让本书精益求精、神韵长存。我们还要感谢 ASPB 的领导层及工作人员，特别是执行会长 Crispin Taylor 和出版经理 Nancy Winchester 的支持，我们对 ASPB 在本书撰写出版期间给与我们的一以贯之的持续鼓励和支持心存感谢。本书的作者们也感谢那些提出宝贵意见和建议的审稿人。

最重要的是，我们想对我们的妻子 Melinda、Barbara 和 Frances 深表谢意，在过去的数年中她们再次容忍了这部教材，并像家庭成员一样接受了它。

B. B. 布坎南
W. 格鲁伊森姆
R. L. 琼斯
2014 年 11 月于美国加利福尼亚州伯克利和瑞士苏黎世
（瞿礼嘉译）

目 录

第 1 篇 区室结构

第 2 篇　细胞的繁衍

第 3 篇　能　量　流

第 5 篇 植物、环境与农业

第1篇

区 室 结 构

第 1 章 膜结构和被膜细胞器

L. Andrew Staehelin

导言

细胞是生命的基本单位，需要**膜**（**membrane**）结构维持其存在。在这些膜结构中，最重要的是细胞质膜，它确定了细胞的边界，并且协助产生和维持胞内、胞外截然不同的电化学环境；另一些膜结构包裹着真核生物的某些细胞器，如细胞核、叶绿体和线粒体；还有些膜结构形成了某些胞内区室，如胞质中的内质网和叶绿体中的类囊体（图 1.1）。

膜结构的主要功能是作为一个可阻挡大部分可溶性分子扩散的屏障。这些膜将细胞内界定为不同的区室，其内部的化学组成与外界可能不同，且可被优化来满足特定的生物学过程。膜结构还作为某些蛋白质的“脚手架”。作为膜组成成分的蛋白质

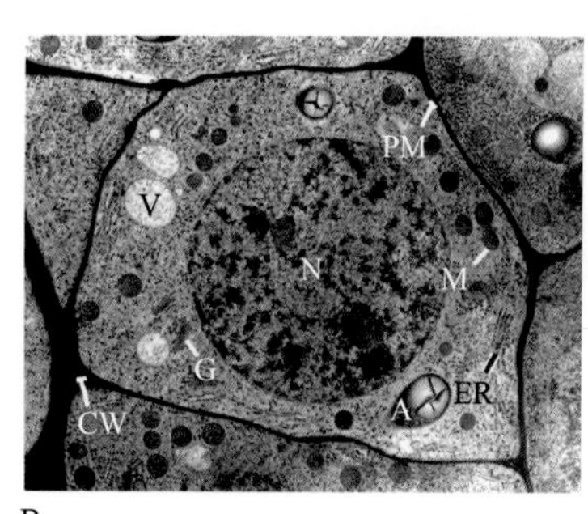

B

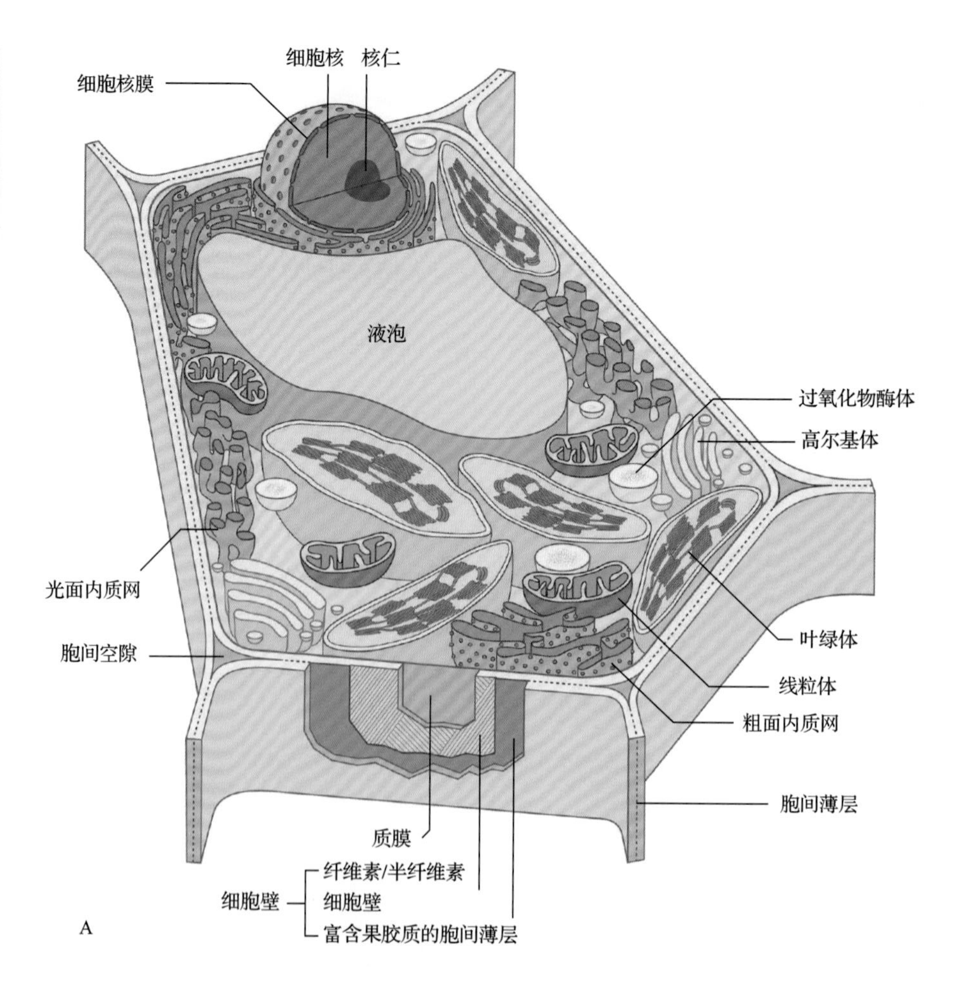

图 1.1　A. 叶肉细胞图解模型，描绘了一个分化细胞基本的膜系统及细胞壁结构域。注意液泡占据了巨大的体积。B. 快速冷冻烟草根尖分生组织细胞的超薄透射电子显微镜（TEM）照片，基本膜系统包括造粉体（A）、内质网（ER）、高尔基体（G）、线粒体（M）、细胞核（N）、液泡（V）和质膜（PM）、细胞壁（CW）。来源：图 B 由 Thomas Giddings Jr. 提供，来源于 Staehelin et al. (1990), Protoplasma 157: 75-91

还承担了一系列功能：跨膜分子运输和传输信号，酶促加工脂类分子，组装糖蛋白和多糖，为细胞质和细胞壁分子提供机械联系。

本章分为两部分：第一部分讲述膜结构的分子组成和一般性质，第二部分介绍植物细胞中不同膜结构细胞器的结构和功能。本书的很多后续章节将会聚焦这些细胞器参与的代谢过程。

1.1 细胞膜的共性和可遗传性

1.1.1 细胞膜拥有共同的结构和功能特性

所有的细胞膜都由极性的脂质双分子层及其结合的蛋白质组成。在含水的环境中，脂类分子发生自组装，烃链尾部紧密地结合在一起，从而减少和水的接触（图 1.2）。这种特性，不仅促成脂质双分子层的形成，还使膜形成封闭区室。从而，每一个膜都具有不对称结构，一面暴露于细胞器内容物，另一面和外界溶液接触。

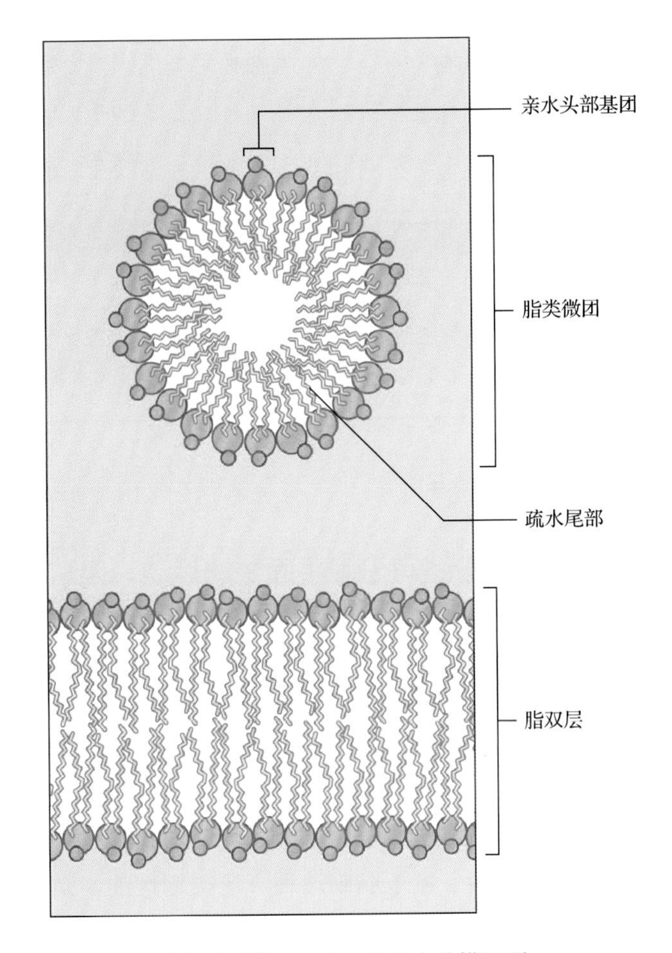

图 1.2 脂微团以及脂双层在水溶剂中的横切面

脂类双分子层是一个普通的、可通透的屏障，因为大多数水溶性分子（极性）不能通过它非极性的内部。蛋白质分子完成大多数其他的膜功能，并因此决定着各种膜系统的特性。几乎所有的膜分子都可以在膜内自由扩散，这使得膜可以快速改变形状，膜分子也可以快速地重排。

1.1.2 各种基本类型的细胞膜结构都是可遗传的

植物细胞中有将近 20 种不同的膜系统。准确的数目取决于对相关的膜系统如何计算（表 1.1）。从形成的那一刻起，细胞必须保持细胞膜以及所有膜结合区室的完整才能生存。所以，所有的膜系统必须以具有功能活性的形式从一代传到下一代细胞。膜遗传有以下原则：

- 子代细胞从母代细胞继承一整套膜系统。
- 每个潜在的母细胞都有一套完整的膜系统。
- 新的膜结构只能通过现有膜结构的生长和分裂产生。

1.2 膜的流动镶嵌模型

流动镶嵌模型（**fluid-mosaic membrane model**）描述了细胞膜中脂类和蛋白质的分子组成，解释了为何膜的物理和生理特征由构成它的各种分子的理化性质决定。这个模型整合了我们所知道的关于膜

表 1.1 植物细胞中的不同类型的膜

质膜
核被膜（内层、外层）
内质网
高尔基体膜（顺面、中层、反面）
反式高尔基网络 / 早期内吞体膜
网格蛋白包被，COP Ⅰa/ Ⅰb*,COP Ⅱ*, 分泌和逆运囊泡膜
自噬液泡膜
多泡体 / 晚期内吞体膜
液泡膜（裂解 / 储存液泡）
过氧化物酶体膜
乙醛酸循环体膜
叶绿体被膜（内膜和外膜）
类囊体膜
线粒体膜（内膜和外膜）

* COP，coat protein，外套蛋白。

脂分子的特性、脂双层结构的组装、膜的流动性的调控，以及膜蛋白结合到脂双层的不同机制。

1.2.1 膜脂分子的两亲性使它们自组装成脂双层结构

在大多数的细胞膜中，脂类和蛋白质（糖蛋白）各占膜质量的一半。脂类分子分属于几类，包括磷脂、葡萄糖脑苷脂、半乳糖苷甘油脂和固醇类（图 1.3 和图 1.4）。这些分子都有一个重要的理化特性：它们都是**两亲性**（**amphipathic**）分子，含有**亲水**（**hydrophilic**）结构域和**疏水**（**hydrophobic**）结构域。当与水分子相互接触时，这些分子会自组装成高度有序的结构，亲水的头部基团会尽量增大与水分子的接触，而疏水的尾部相互接触，尽量减少在水环境中的暴露（见图 1.2）。脂类分子组装成的几何形状是由两亲性膜脂分子的形状，以及亲水与疏水结构域之间的平衡决定的。对大多数膜脂分子而言，双层结构是能量最低的自组装结构，也就是说，在水中形成这种结构所需的能量最少（图 1.5）。在这种结构中，极性基团组成的表面与水接触，而疏水基团则被隔离在内部。

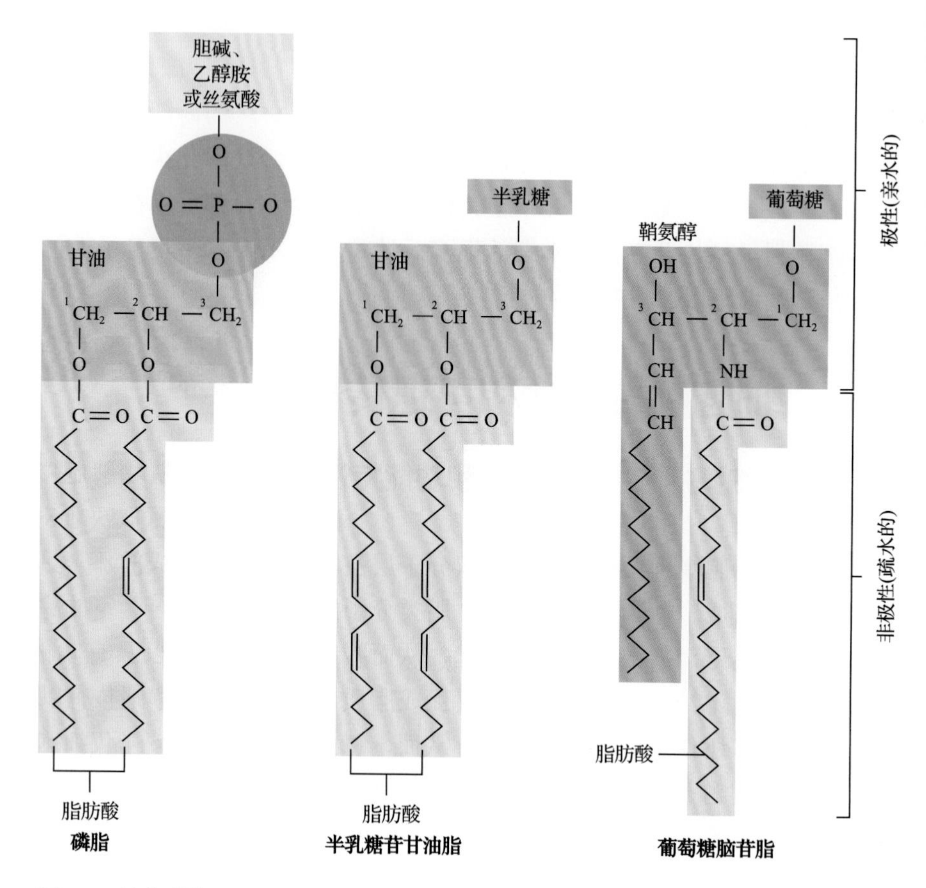

图 1.3 植物膜脂

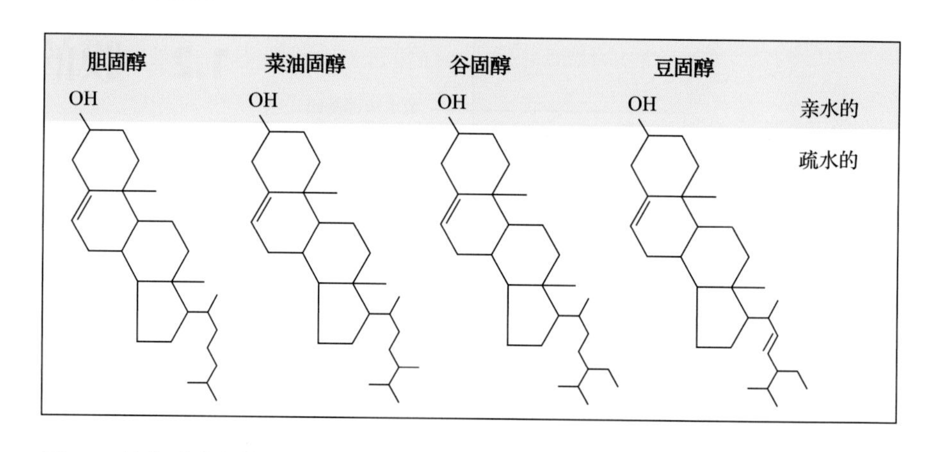

图 1.4 植物质膜中的固醇

磷脂（**phospholipid**）是膜脂中最普通的一种分子，包括一个带电荷且含有磷酸的极性头部和两条疏水的烃链尾巴。脂肪酸尾巴有 12 ～ 24 个碳原子，并且至少一条尾巴有一个或多个顺式双键（图 1.6）。这些双键在碳链上形成了一些扭结，进而影响脂双层中的分子排列，而分子排列又反过来影响膜的整体流动性。

1.2.2 磷脂分子可沿膜平面快速运动，但从脂双层的一面移到另一面却极缓慢

因为脂双层中的单个脂类分子之间不是通过共价键相互结合的，所以它们可以自由运动。在脂双层平面内，脂分子可以自由地相互滑动。一张膜可以在不破坏用来稳定其结构的疏水作用的情况下，任意改变其形状。赋予脂膜这种广泛柔韧性的，是脂双层可以自我封闭形成不连续区室的能力，并且

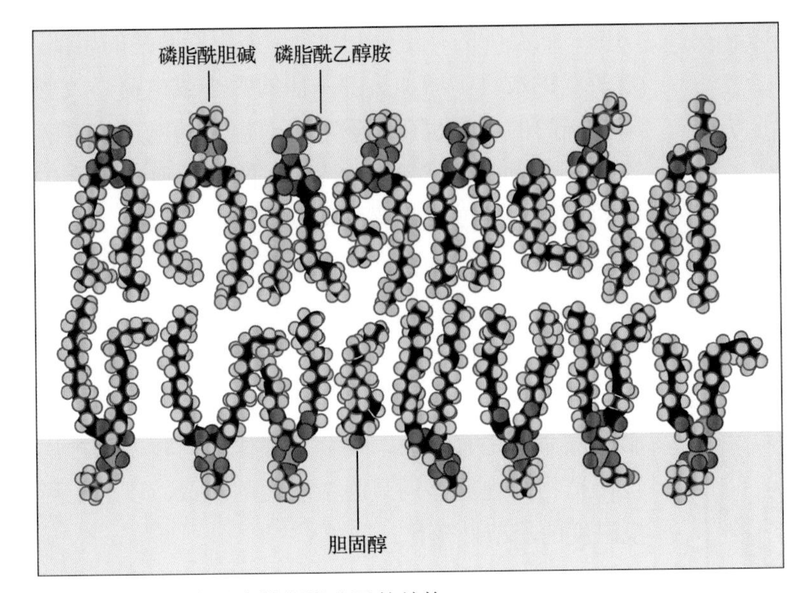

图 1.5　脂双层中两亲性脂类分子的结构

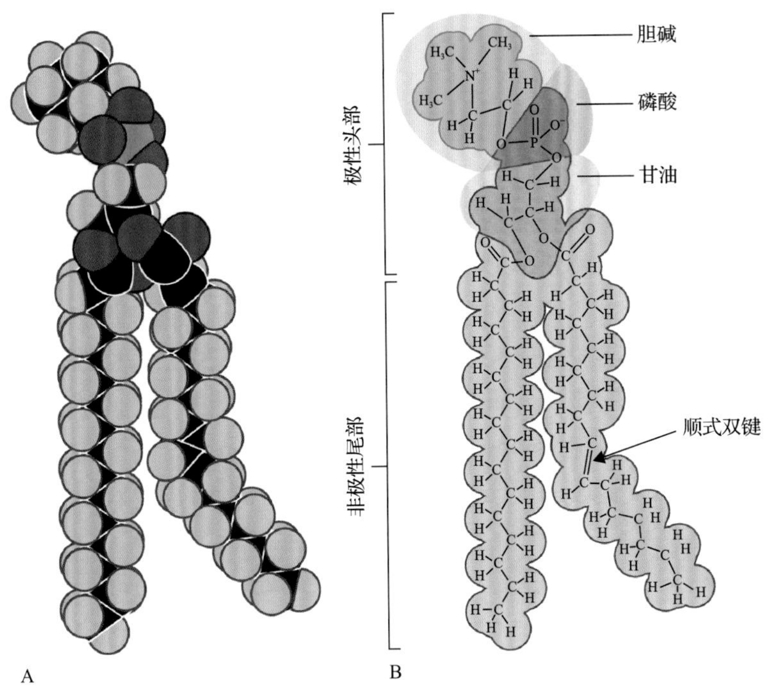

图 1.6　A. 磷脂酰胆碱分子的空间填充模型。B. 磷脂酰胆碱分子功能基团的具体图解

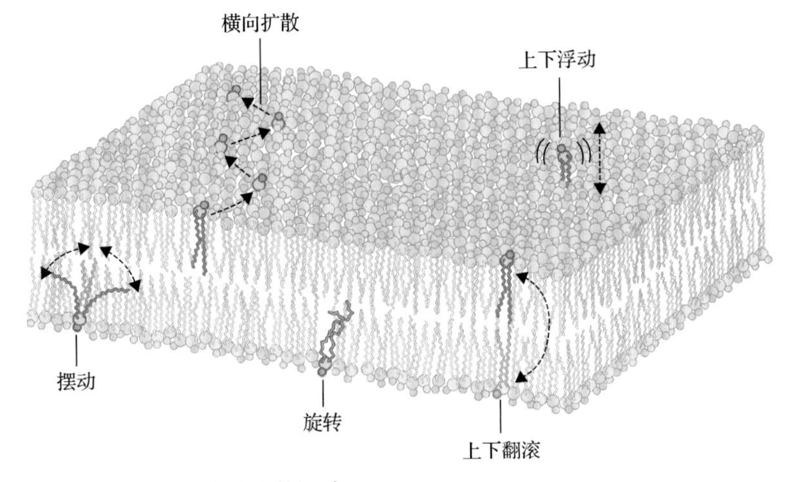

图 1.7　脂双层膜中磷脂的运动

这一特性也使它们能够封闭损坏的膜。

对脂双层中磷脂分子运动的研究表明，这些分子可以横向扩散、旋转、摆动它们的尾部、上下浮动及上下翻滚（图 1.7）。横向扩散的具体机制尚不明确。一种理论认为，脂双层中每一层的脂分子进行热运动时，单个分子的运动形成了瞬时的空隙（“洞”）。流动的脂双层上产生这种空隙的频率很高，平均每个分子每秒钟“扭动”大约 10^7 次，相当于每秒扩散的距离大约 1μm。脂分子绕其长轴的转动及上下浮动也都是频率很高的运动。与这些运动相叠加的，是脂分子疏水尾部也在不停地摆动。因为越靠近尾端摆动幅度越大，所以脂双层的中部具有最大的流动性。

相反，磷脂分子自发的跨膜运动，也就是上下翻滚则很少发生。一次翻滚需要极性头部穿过非极性的脂双层中部，这在能量上是不易发生的过程。有些膜具有“翻转酶”，可以介导新合成的脂类穿过脂双层（图 1.8）。不同的翻转酶特异催化特定脂类的易位，以保证底物只朝一个方向转运。自发跨膜的能量障碍、翻转酶的特异性及脂类合成酶在膜上的定向分布，共同决定了膜双层间脂类的不对称分布。

脂双层中固醇的运动与磷脂不同，主要是因为固醇分子的疏水基团远大于其不带电荷的极性头部（见图 1.4）。因此，膜中固醇分子不仅能在膜平面内快速扩散，还可以在没有酶协助的情况下以更高的频率在脂双层之间上下翻滚。

1.2.3　细胞通过调控膜脂成分来优化膜的流动性

和所有脂类物质一样，膜脂有两种物理形态：半晶态凝胶和液态。任何一种脂类或脂类混合物，在温度升

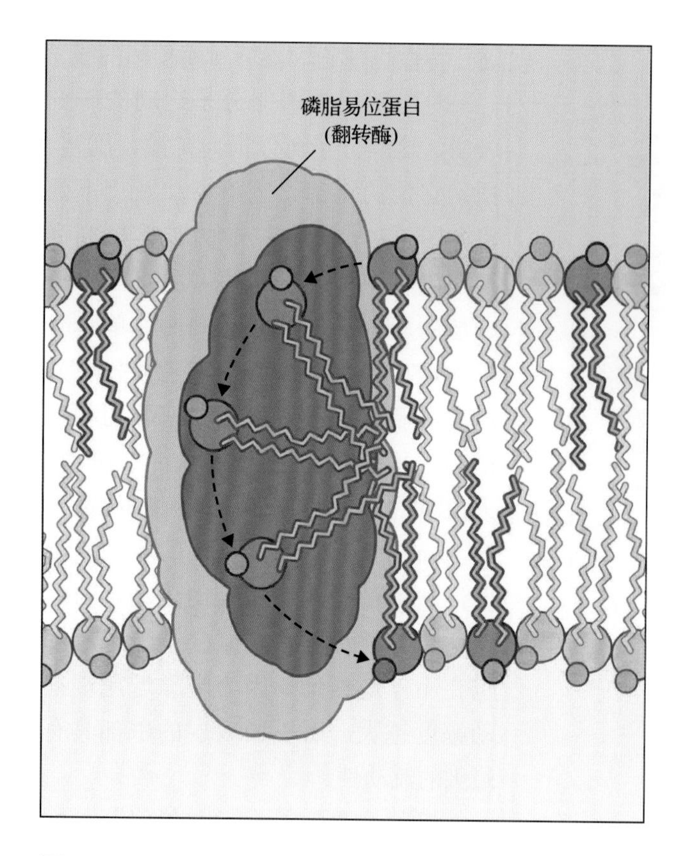

图 1.8 一种磷脂易位蛋白（翻转酶）的作用机制

高时都可以熔化（从凝胶态转变为液态）。这种形态上的变化称为**相变**（**phase transition**），每种脂类都有确定的相变温度，称为熔点（T_m，表 1.2）。凝胶态导致膜的活动停滞，并且使膜的通透性增强。另一方面，在高温时膜具有太强的流动性，以至于难以维持通透性屏障的功能。然而，有些生物在寒冷的环境中活得好好的，而另一些生物竟能在沸腾的温泉或者海底热泉生存，很多植物可以耐受昼夜30℃的温差。这些生物又是如何调节其膜的流动性来适应多变的生长环境呢？

为了成功克服膜流动性对温度的依赖问题，几乎所有变温生物（体温随外界环境变化而变化）都可以通过改变膜组分，以优化其在特定温度下的流动性。低温下的补偿机制包括：缩短脂肪酸的尾部，增多双键数目，增加头部基团的大小或电荷。改变膜中固醇的含量也可以影响膜对温度的响应。固醇作为膜流动性的“缓冲剂”，在低温时通过阻止磷脂向凝胶态转变提高膜的流动性，在高温时又通过影响脂肪酸尾部的摆动而降低膜的流动性。因为不同的脂类有不同的 T_m，降低温度可以诱导某种膜脂发生液态到凝胶态的转变并形成半晶体小块，而其他脂类仍然维持在液态。和所有细胞分子一样，膜脂的寿命也是有限的，也会有规律地周转。这种周转使植物细胞能够调节膜中脂类的组成，以适应环境温度的季节性变化。

1.2.4 膜蛋白以各种不同的方式结合于脂双层上

膜蛋白以许多不同的方式与脂双层结合，这反映了它们在酶及结构功能上的多样性。最初的**流动 - 镶嵌膜模型**（**fluid-mosaic membrane model**）包括两种基本类型的膜蛋白：外周蛋白和整合蛋白（图 1.9）。最近的研究发现，还有其他三类膜蛋白：**脂肪酸连接**（**fatty acid-linked**）**膜蛋白**，**异戊二烯基连接**（**prenyl group-linked**）**膜蛋白**，**磷脂酰肌醇锚定**（**phosphatidylinositol-anchored**）**膜蛋白**。所有这些膜蛋白，都通过脂链的尾部与脂双层相连（图 1.10）。

根据定义，**外周蛋白**（**peripheral protein**）是水溶性的，可以通过在水或盐或酸性溶液洗膜将其除去，而这些溶液都不会破坏脂双层。外周蛋白通过盐桥、静电作用、氢键或是这些作用力的组合与整合蛋白或脂分子连接，但是外周蛋白并不侵入脂双层中。一些外周蛋白还在膜和骨架系统的连接中起作用。相反，具有双亲性、跨膜或者部分嵌

表 1.2 一些特定磷脂中脂肪酸链的长度和双键对熔点（T_m）值的影响

脂肪酸链的类型*	T_m/℃		
	磷脂酰胆碱	磷脂酰乙醇胺	磷脂酸
2 个 $C_{14:0}$	24	51	
2 个 $C_{16:0}$	42	63	67
2 个 $C_{18:0}$	55	82	
2 个 $C_{18:1}$（顺式）	−22	15	8

* 对脂肪酸链的简易命名采用碳原子数（第一个数字）和双键的数目（第二个数字）。

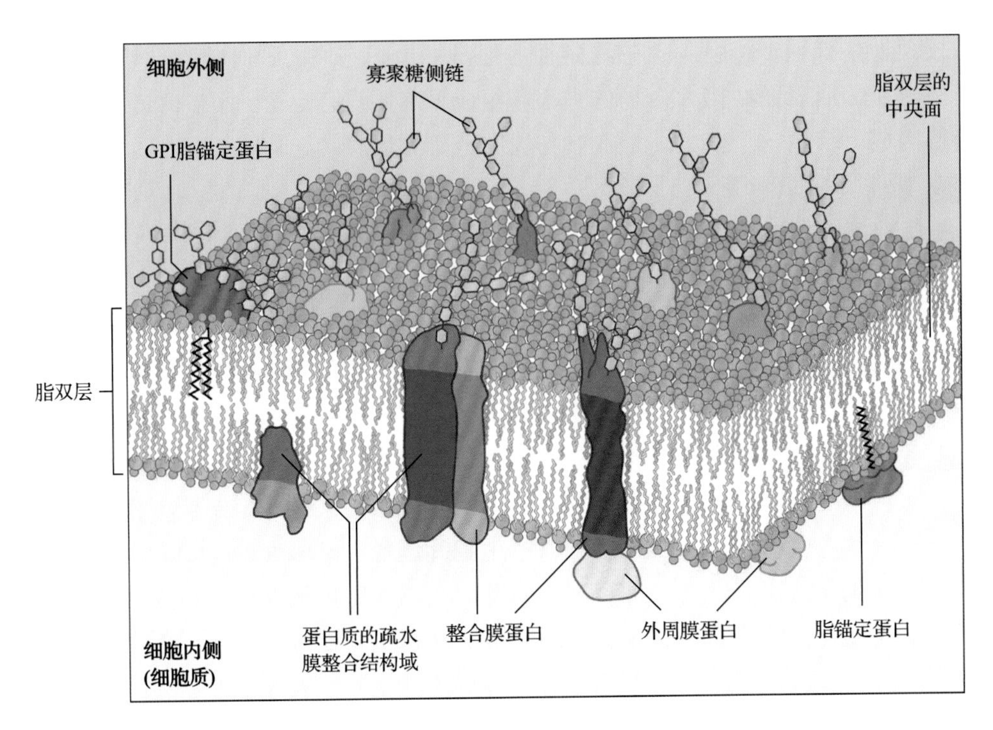

图 1.9 膜的流动镶嵌模型的现代版模式图，描绘了整合膜蛋白、外周膜蛋白及脂锚定蛋白。本图未按实际比例描绘

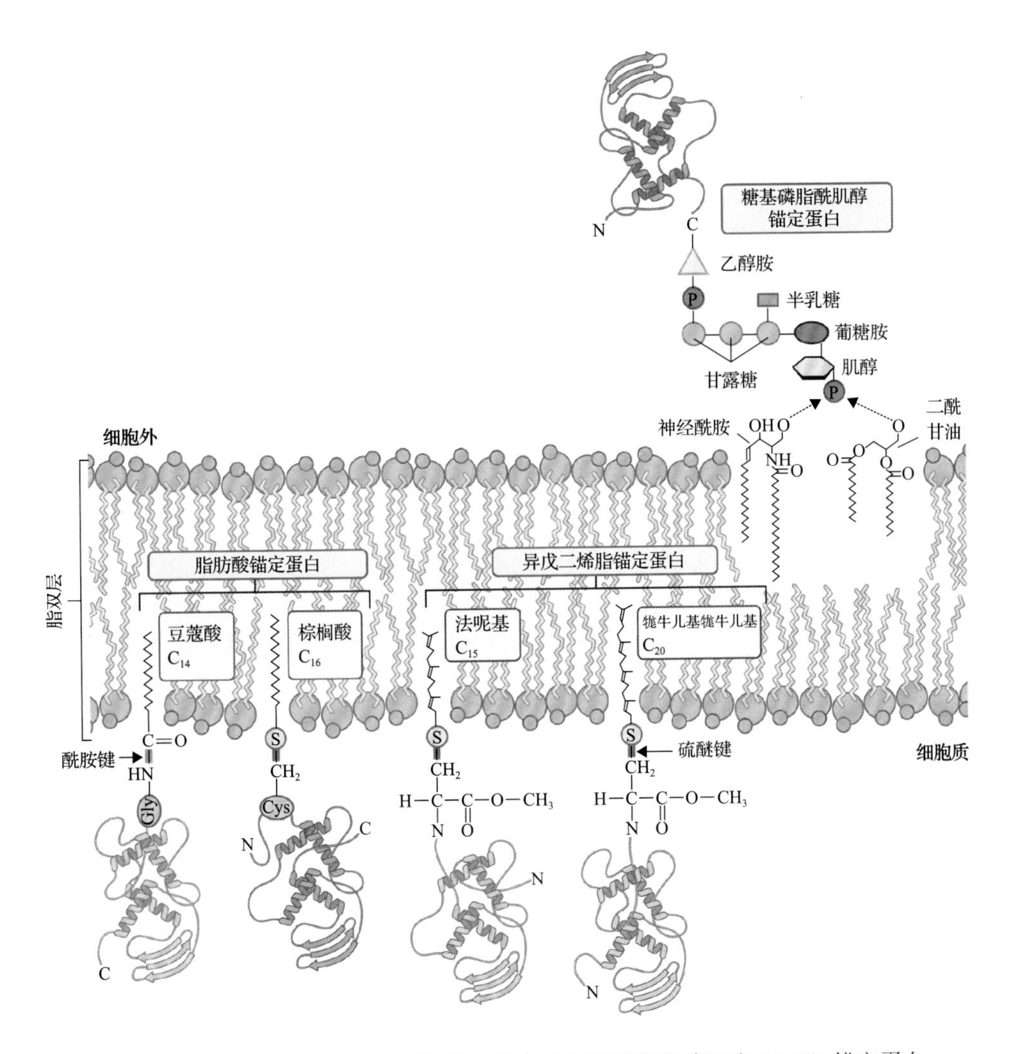

图 1.10 脂肪酸锚定蛋白、异戊二烯脂锚定蛋白以及糖基磷脂酰肌醇（GPI）锚定蛋白

合在膜中的**整合蛋白**（**integral protein**）在水中是不溶的。由于整合蛋白的疏水结构域被隔绝在脂双层的疏水内部，所以它们只有在去污剂或有机溶剂的帮助下，将脂双层降解后才可以将其去除并溶解。

脂肪酸连接的膜蛋白和异戊二烯基连接的膜蛋白都可以可逆地结合到膜的胞质面，以协助调节膜的活性。蛋白质在膜上结合态与自由态之间的转化大多是由磷酸化 / 去磷酸化或GTP/GDP结合循环调节的。脂肪酸连接蛋白有两种连接方式：一种是以酰胺键连接氨基端的甘氨酸，从而连接到豆蔻酸（C_{14}）上；另一种是以硫酯键连接羧基端的半胱氨酸，从而连接到一个或多个棕榈酸（C_{16}）残基上。异戊二烯脂锚定蛋白连接一个或多个分子的法呢基（C_{15}，3个异戊二烯单位）或牻牛儿基牻牛儿基（C_{20}，4个异戊二烯单位），而这些分子与羧基端CXXX、CXC和XCC基序中的半胱氨酸残基偶联(图 1.10)。

与脂肪酸连接的蛋白质和异戊二烯连接的蛋白质不同，磷酯酰肌醇锚定的膜蛋白结合在膜的外腔面或是外细胞面(图 1.10)。有趣的是，这些膜蛋白刚合成的时候，是较大且具有一个跨膜结构域的整合蛋白。在跨膜结构域和球形表面结构域之间发生酶促断裂，在球形结构域上产生一个新的C端，位于内质网的酶将脂与其偶联（详见第4章，4.6.4节）。蛋白酶将剩下的跨膜结构域降解。很多阿拉伯半乳聚糖蛋白（AGP）似乎通过糖基磷脂酰肌醇（GPI）与质膜相连。通过磷脂酶C的酶促反应，可以将这些分子从细胞表面释放出去。

1.2.5 膜的流动镶嵌模型预测了细胞膜的结构和动力学特性

尽管最初的流动镶嵌模型是研究膜的科学家在仅知道外周蛋白和整合蛋白时提出的，但是对它的基本前提稍作补充，就可以很好地解释近年的很多发现，包括脂锚定蛋白，以及膜蛋白与细胞骨架的相互作用。

膜的流动性不仅包括脂分子的运动，还包括贯穿脂双层的整合蛋白及膜表面的多类外周蛋白的运动。膜蛋白可以在膜平面横向扩散的性质，对于大多数膜的功能都很重要：相互碰撞作用对于底物分子在各种与膜结合的酶之间的传递是必需的，对于线粒体和叶绿体中电子传递链组分间的电子传递也是必需的（见第12章和第14章）。这种运动对于多聚膜蛋白复合体的组装也起了关键作用。另外，很多信号传递途径也依赖特定的整合蛋白、外周蛋白或脂锚定蛋白之间的瞬时相互作用。

绳索结构调节并限制膜蛋白分子的运动，经常限制膜蛋白分布在特定膜结构域中。这些“绳索”包括细胞骨架与细胞壁的连接、相关整合蛋白之间的桥式连接，以及相邻膜上蛋白质之间的“接头式”相互作用。叶绿体膜上的基粒堆叠是膜间“接头式”连接的典型例子（见1.10.4节）。基粒堆叠结构不仅影响类囊体膜上所有主要蛋白复合体的横向排布，还调节光合作用反应中心，以及光合电子传递链上其他组分的功能活性。

另一个形成含有不同成分的瞬时膜微结构域的机制，是将膜脂以**脂阀**（**lipid raft**）的形式组织在一起。GPI锚定蛋白主要结合在这种膜结构域上，细胞生物学家将其界定为具有抵抗某些去污剂能力的膜结构域。对这些可抵抗去污剂的膜结构域进行生化分析，显示它们包含超过100种蛋白质且富含植物甾醇类物质，同时脂肪酸的不饱和度影响它们的稳定性。但是，由于它们的瞬时特性，它们在体内的大小和组成目前还没有定论。间接的证据暗示，脂阀参与膜的分拣和信号转导功能。

1.3 质膜

质膜构成了活细胞最外层的边界，并且是细胞和外界环境之间的活性界面（图1.11）。它控制着分子进出细胞的转运，向胞内传递环境信号，参与细胞壁分子的合成与组装，并为细胞骨架和胞外基质提供物理连接。与内质网某些特定结构域相连接的质膜可以产生**胞间连丝**（**plasmodesmata**），它是一种穿过细胞壁为相邻细胞提供直接通讯通道的膜管（图1.12）。由于这些胞间连丝的连接，单个植物体中几乎所有的活体细胞共享着连续的质膜。这和动物细胞的情况形成鲜明对比：每个动物细胞实质上都有独立的质膜，胞间通讯是通过叫作间隙连接的蛋白通道完成的。

然而，动植物细胞间的另一个重要区别是植物细胞通常存在膨胀压，而动物细胞和周围环境是等渗的。膨胀压使得植物细胞质膜紧贴细胞壁（见图1.11）。

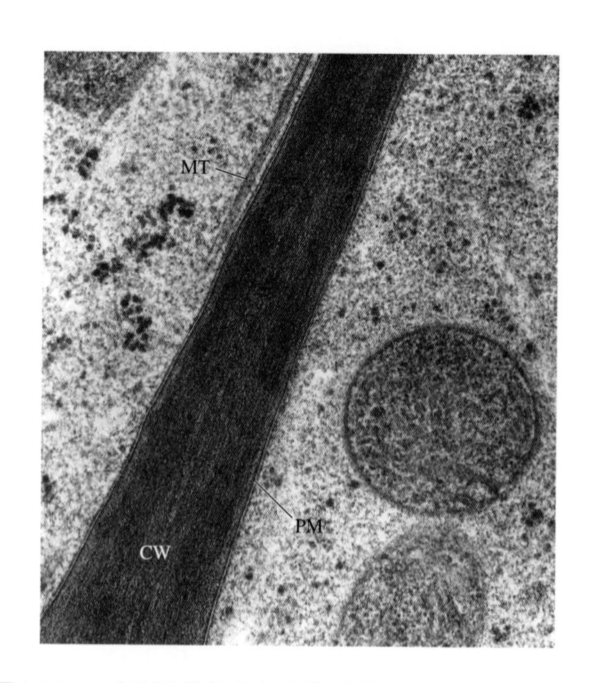

图1.11 一个膨胀的植物细胞的质膜（PM）紧贴在细胞壁（CW）上。这些邻近的细胞是用可以保持质膜和细胞壁间紧密位置关系的冷冻技术固定的。用化学固定剂保存的细胞，在电子显微镜下经常可以看到人工制备标本的痕迹，例如，质膜有波状的构象，在质膜和细胞壁之间有间隙。MT，微管。来源：A. Lacey Samuels, University of British Columbia, Vancouver, Canada

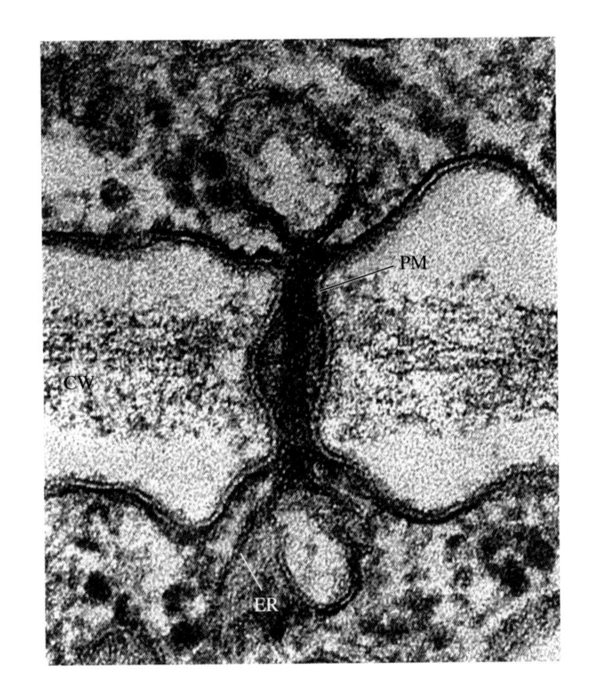

图 1.12 胞间连丝的纵切片。PM，质膜；ER，内质网；CW，细胞壁。来源：由 Lewis Tilney 提供，来源于 Tilney et al.（1991），J Cell Biol 112:739-747

1.3.1 质膜中的脂类组成是高度可变的

植物细胞的质膜中含有脂类、蛋白质和碳水化合物，三者的分子比大概是 40 ∶ 40 ∶ 20。脂类包括磷脂、糖脂和固醇，与动物细胞质膜的种类一样。在植物细胞质膜中，各种脂类的比例在同种植物的不同器官中，或在不同植物的同种器官中，都有显著的不同，相比之下，动物细胞质膜中的这些成分的比例要接近得多。例如，在大麦（*Hordeum vulgare*）的根部细胞质膜中，自由固醇分子是磷脂分子的两倍多（表 1.3）；然而在叶组织中，这个比例通常会反过来。但是比例也有很大变动：大麦的叶细胞质膜中磷脂对自由固醇的比例是 1.3 ∶ 1，而在菠菜（*Spinacia oleracea*）中比例则是 9 ∶ 1。

这种令人吃惊的可变性，表明在质膜上普遍存在的酶类，可以在广泛变化的脂环境中保持活性，这一问题至今仍困扰着研究者。由这些结果可以引出一个假设：植物质膜中脂类的组成几乎不影响细胞的活性功能，脂类唯一重要的作用是维持膜的流动性。如果该假设成立的话，就意味着在某一特定温度下只要脂类成分的组合可以保证膜双层具有合适的流动性即可，膜中的所有脂类都是可替换的。这个极具争议的观点很可能言过其实，反映出我们对于特定脂类功能的认识还不全面；而且，该观点似乎还和玉米（*Zea mays*）根中发现的转运质子的 ATP 酶（H^+-ATPase）相矛盾——将 H^+-ATPase 重建到人工膜上，其活性随膜中固醇组成的变化而不同。需要做更多研究才能弄清不同类型脂类如何参与质膜的功能。

植物质膜中最普遍的游离**固醇**（**sterol**）是菜油固醇、谷固醇和豆固醇（见图 1.4）。而哺乳动物质膜中的基本游离固醇是胆固醇，其在至今分析过的绝大部分植物种类中含量都很低，只有燕麦（*Avena sativa*）是个明显的例外。植物中固醇酯、固醇糖苷和酰化固醇糖苷的含量比动物中更加丰富。固醇糖基化由 UDP- 葡萄糖：固醇糖基转移酶催化，该反应被用作分离植物质膜的一个标记。鞘磷脂是哺乳动物质膜中的另一主要脂类，还未在植物中发现。植物和哺乳动物质膜中的**甘油脂**（**glycerolipid**）在其脂肪酸尾部也存在有趣的区别：植物主要使用棕榈酸（$C_{16:0}$）、亚油酸（$C_{18:2}$）和亚麻酸（$C_{18:3}$），而哺乳动物则用棕榈酸（$C_{16:0}$）、硬脂酸（$C_{18:0}$）和花生四烯酸（$C_{20:4}$）。

1.3.2 冷驯化使质膜中的脂类组成发生特征性变化

低温是限制植物产量和分布的最主要因素之一。所有可以耐受低温的植物都具有通过**冷驯化**（**cold acclimation**）过程防止细胞冻结的能力（见第 22 章）。该代谢过程会改变细胞膜、细胞质和细胞

表 1.3 不同的非冷驯化物种和组织的质膜脂类组成（mole %）

脂类型	大麦根	大麦叶	拟南芥叶	菠菜叶
磷脂	26	44	47	64
游离固醇	57	35	38	7
葡糖苷甾醇	7	—	5	—
酰基葡糖苷甾醇	—	—	3	13
葡萄糖脑苷脂	9	16	7	14

壁的组成及物理特性，使其不但可以耐受低温，还能耐受由低温引起的脱水。桑树（*Morus bombycis* Koidz）是最能耐寒的木本物种之一。经历冬天的冷驯化后，这些树可以耐受低于 –40℃的低温；但是在仲夏，由于没有冷驯化，低于 –3℃的寒冷也会对其造成损伤。

冷驯化中最显著、最关键的变化，是质膜中脂类组成的改变。由于不同物种质膜中脂类的组成有显著差异（表 1.3），人们可能会认为冷驯化引起的脂类组成的变化在不同物种间也存在很大的差异。然而，迄今为止对所有耐冷的草本和木本植物的研究表明，冷驯化都使磷脂的含量上升、葡萄糖脑苷脂的含量下降。另外，含有两个不饱和脂肪酸尾的磷脂分子的摩尔百分比增加。在冷驯化后，质膜中不饱和磷脂的含量越高、葡萄糖脑苷脂的含量越低的物种，通常越耐冷。

1.3.3 质膜蛋白具有多种功能

转运蛋白、信号受体和参与细胞壁互作及合成的蛋白质，是质膜中存在的主要蛋白质类型。大部分参与跨膜活性的膜蛋白都是整合蛋白，不过这些蛋白质经常会和外周蛋白形成更大的复合体。很多整合蛋白的细胞外结构域会被糖基化，从而带有 *N*-连接和 *O*- 连接的寡糖链。

质膜 H^+-ATP 酶（P 型 H^+-ATP 酶）通过水解 ATP，将质子从胞质跨膜转运到胞外。这种质子转移有两个效果：首先，它酸化细胞壁并碱化细胞质，从而影响细胞的生长和扩大（见第 2 章）及许多其他细胞活动；其次，它产生一个跨越质膜的电化学势梯度，能够驱动离子和溶质分子的逆浓度梯度运输（见第 3 章和第 23 章）。细胞质膜上还含有特化的导水通道——水通道蛋白（见第 3 章）。

在植物中，跨膜信号转导受体（见第 18 章）对于细胞间的交流，以及介导细胞与环境的相互作用是至关重要的。它们在植物发育以及各种防御反应中也起重要作用。已经发现的受体可以响应多种类型的信号分子，包括激素、寡糖、蛋白质、小肽和毒素，不过截至目前只有很少一部分的受体被研究得比较透彻。

质膜蛋白参与各种各样和细胞壁的相互作用，包括：形成与细胞壁分子的物理连接，合成与组装细胞壁分子多聚体，产生高度水合的、具有组织特异性的界面结构域。质膜和细胞壁之间存在物理连接，最早是根据质壁分离的细胞中原生质体和细胞壁之间存在丝状连接推断的（图 1.13）。这些丝状连接被命名为**“赫氏丝”（Hechtian strand）**，是为了纪念科特 • 赫希（Kurt Hecht）在 1912 年发现了它们的存在。在冷驯化过程中，赫氏丝的数量会增加，表明增强质膜和细胞壁间的相互作用有助于保护原生质体免受低温引起的脱水伤害。电镜分析表明，这些丝状连接是原生质细管，它们是由仍与细胞壁紧密连接的质膜形成的，它们仍和质膜连为一体。尽管连接质膜与细胞壁的分子还未被鉴定，但是间接的研究表明，它们可能是整联蛋白类的受体，可识别细胞壁组分中的 Arg-Gly-Asp（RGD）氨基酸序列。另一个候选蛋白是 WAK1，是具有激酶活性的质膜受体。

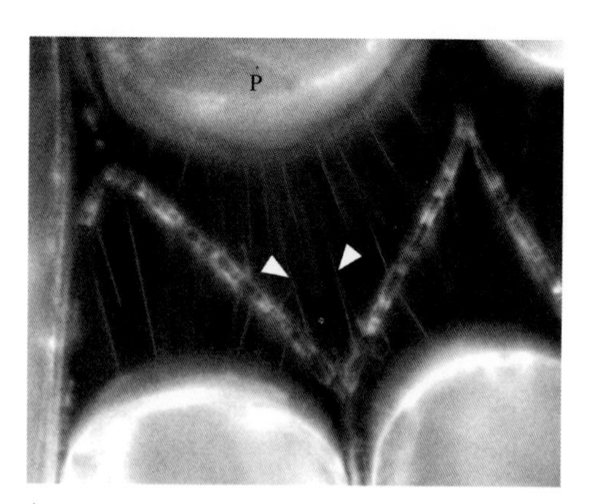

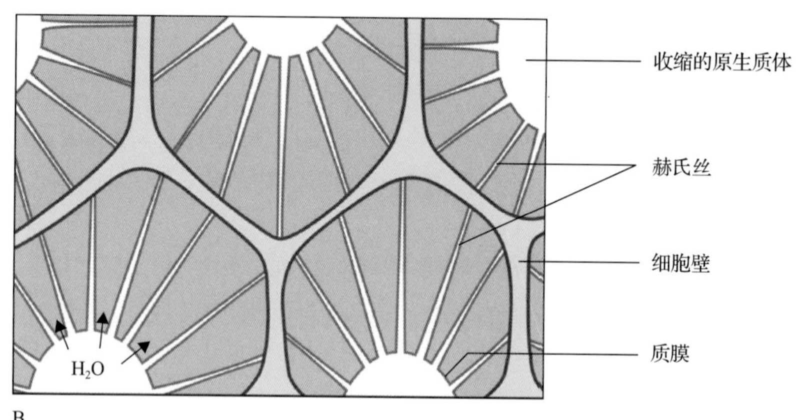

图 1.13 A. 发生质壁分离的洋葱表皮细胞的光学显微镜照片。赫氏丝（箭头所示）连接着原生质体（P）和细胞壁。B. 质壁分离的植物细胞特征图解。来源：由 Karl Oparka 提供，来源于 Oparka et al.（1994），Plant Cell Environ 17:163-171

另外一类细胞表面蛋白是 AGP，它们是高度糖基化的蛋白聚糖，其超过 90% 的质量都来自糖。典型类型的 AGP 是通过 GPI 脂锚定在质膜外表面（见 1.2.4 节），在细胞壁和质膜间提供一个富含碳水化合物的界面。AGP 的表达具有组织和发育时期特异性，表明它们可能在分化过程中起作用。其他的质膜蛋白还有纤维素合酶及胼胝质合酶复合体，它们分别将纤维素（β-1,4- 连接的葡萄糖）和胼胝质（β-1,3- 连接的葡萄糖）直接排入细胞壁中（见第 2 章）。

1.4 内质网

在真核细胞中，内质网是最普遍、最多变、适应性最强的细胞器。它是由连续的小管和扁平的囊袋组成的三维网络结构，位于质膜下方，穿过细胞质连接到核被膜上，但仍和质膜有所区别。在植物中，内质网的主要功能包括蛋白质的合成、加工以及分选，使其靶向到特定的膜、液泡或某个分泌途径，使很多这样的蛋白质加上 *N*- 连接的多聚糖，并合成各类脂质分子。内质网还为肌动蛋白纤维束提供锚定位点，使其能够驱动胞质环流并调节胞质中的钙离子浓度，从而影响很多其他的细胞活动。

传统文献把内质网膜分为三类：**粗面内质网**（**rough ER**）、**光面内质网**（**smooth ER**）和**核被膜**（**nuclear envelope**）。但是，研究人员现在已发现更多形态上截然不同的亚结构域，能够行使多样的功能（图 1.14）。尽管功能上多种多样，所有的内质网膜实质上都彼此相连，封闭成一个连续的网腔，并通过胞间连丝扩展到单个细胞外。

1.4.1 内质网产生内膜系统

内膜系统（**endomembrane system**）包括相互交换膜分子的膜细胞器，它们或者通过连续膜上的横向扩散，或者通过从一种膜出芽形成囊泡然后再融合到另一种膜上完成膜间分子的交换（图 1.15）。通过这种方式连接的主要膜系统包括：核被膜，分泌途径涉及的膜（内质网、高尔基体、反面高尔基体网状结构、多泡体、质膜、液泡及不同类型的转运 / 分泌膜泡），胞吞途径涉及的膜（质膜、网格蛋白包被的内吞小泡、高尔基体反面网状区 / 初级内吞体 / 再循环内吞体、多泡体 / 次级内吞体、液泡和运输小泡）。这些细胞器之间的频繁运输，不仅将分泌蛋白运输到细胞表面，将液泡蛋白运输到液泡，还将膜蛋白和膜脂从它们的合成场所——内质网和高尔基体膜囊分配到行使功能的所有内膜细胞器上。有许多分选、定位、检索系统调控不同区室之间的运输，以保证分子可以准确无误地运送到靶膜上，并且维护细胞器的正常工作（详见第 4 章）。

内膜系统中的所有膜通过**顺向**（**anterograde**，向前）运输和**逆向**（**retrograde**，向后）运输相互连接（图 1.15）。顺向运输途径通常是把刚合成的分子送到目的地，而逆向运输途径则是将转运过程中散逸的膜分子回收，把“逃逸”的分子带回其行使功能的位点。因为膜转运的总量很庞大，分选的准确率小于 100%，因此所有内膜系统中都存在一定比例定位出错的蛋白质。这种内膜“污染”给致力于获得“纯”膜组分的科学家带来了无穷无尽的挑战。

1.4.2 内质网构成一个动态网络，其构造随着细胞周期及发育的不同阶段而改变

在植物活体细胞中，内质网膜的空间构造和动力学行为可以通过亲脂性荧光染料 $DiOC_6$（3,3′- 二己基含氧碳菁碘代物）进行染色观察。这些细胞的光学显微图像显示其是像网眼一样的网状结构，由片状和管状的膜囊构成，这些膜囊持续进行结构的重组（图 1.16）。电镜研究表明，薄片状区域对应于具有多核糖体的粗面内质网膜（图 1.17，也见图 1.14 的区域 5），而管状区域对应于很少有核糖体（在特化的组织中没有与之结合的核糖体）的光面内质网膜（图 1.18，也见图 1.14 的区域 6）。从原有的膜中可以长出新的管状结构，其随后与其他内质网膜囊融合以形成新的多边形网状结构，而旧的管状结构则破裂，并被重新吸收到网状结构中。

在分裂间期细胞中，位于质膜下方的内质网称为皮层内质网，其高度发达，并且由于其和质膜及胞间连丝相连，活动性要比穿越细胞内部的内质网膜囊低。事实上，驱动胞质环流的肌动蛋白纤维束与皮层内质网结合，皮层内质网为其提供了一个半静态的平台（图 1.19，也见图 1.14 的区域 16）。在有丝分裂中，内质网发生一系列特征性重构，这与内质网可能通过控制局部 Ca^{2+} 浓度调节纺锤体活性

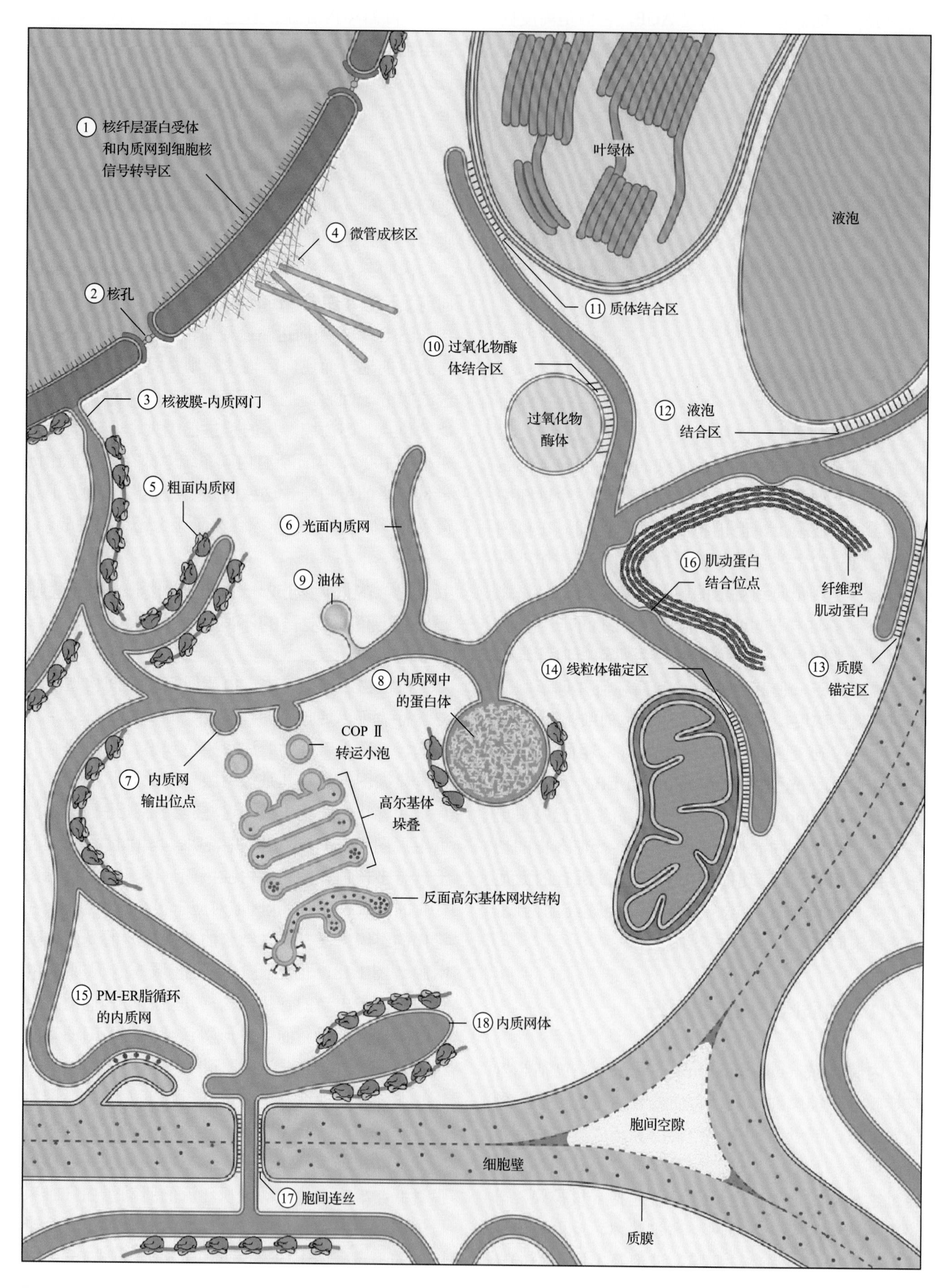

图 1.14 植物内质网（ER）系统功能结构域的图解说明

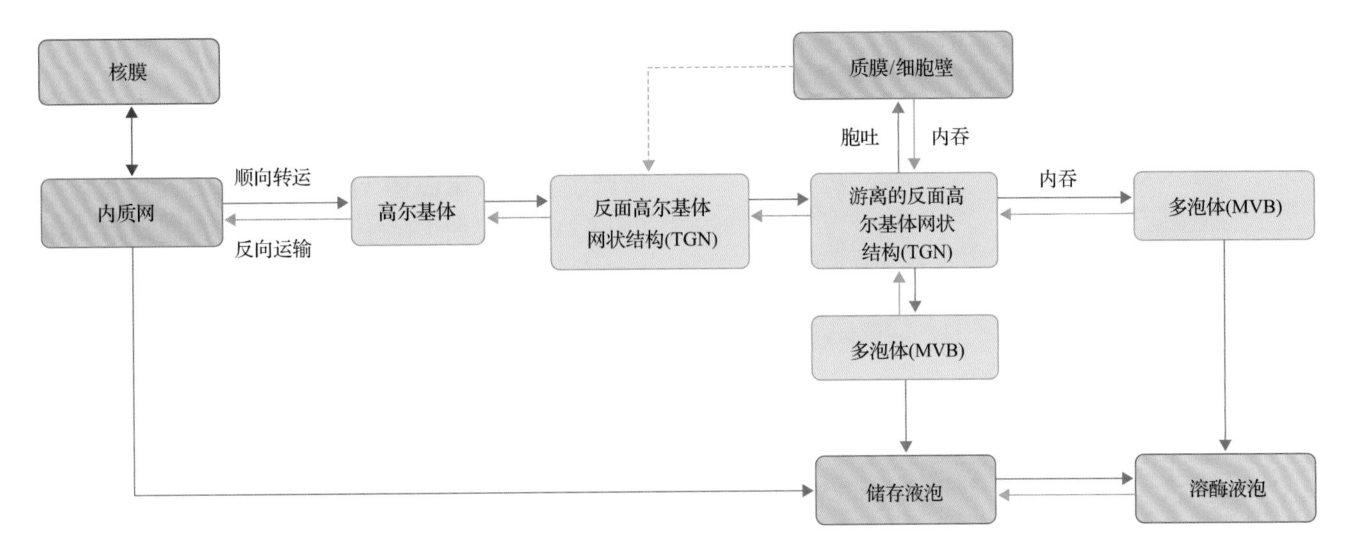

图 1.15 内膜系统主要膜区室的图解概要及各区室间膜运输的方向。单箭头代表正向和反向囊泡运输。由单条线连接的双向箭头表示膜组分和腔内组分在这些区室（核被膜和内质网）之间可以横向扩散。由两条线连接的双向箭头表示在这些液泡类型之间信号可以相互转换

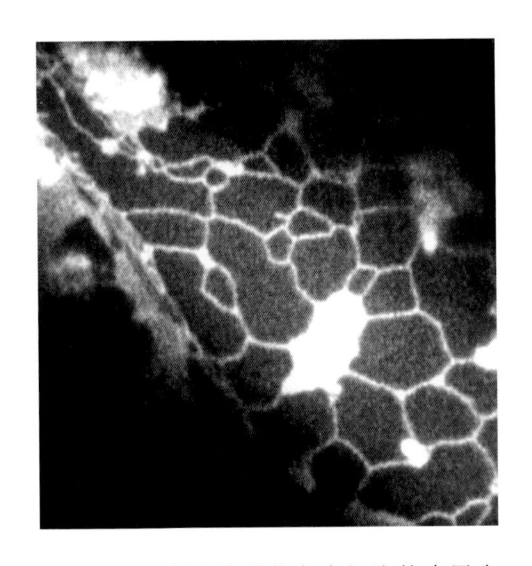

图 1.16 一个活体洋葱表皮细胞的皮层内质网网络结构的光镜照片，细胞用荧光染料 $DiOC_6$ 染色。片状和管状膜组织构成的多边形网格随着时间变化而变化。来源：由 Helmut Quader 提供，来源于 Knebel et al. (1990). Eur J Cell Biol 52:328-340

及细胞板组装的设想相一致。在可以感知重力的根尖中柱细胞中，内质网膜以致密的网状被限定在细胞皮层中，使细胞质的中央没有内质网膜囊，从而使特化的淀粉体（平衡石）可以自由的沉降（见 1.10.7 节）。向重力性信号涉及由于重平衡石导致的皮层内质网的形态改变，以及钙离子流的产生。在种子中，储存细胞随着储藏蛋白的积累而发育出发达的粗面内质网。相反，油腺细胞的一大特征是光面内质网管具有错综复杂的网络结构（见图 1.18），可以合成和分泌大量脂溶性物质，如挥发性的醇类、萜类和黄酮类化合物（见第 24 章）。

1.4.3 特化的内质网结构域形成油体和某些类型的蛋白体

两种重要的农产品——植物油和膳食种子蛋白，是由内质网相关的酶产生的。种子中的储油——三酰甘油，在幼苗生长的早期阶段提供能量和膜脂的结构单元。在内质网的酶合成三酰甘油的过程中，三酰甘油进入内质网双层膜的内部，然后在由油质蛋

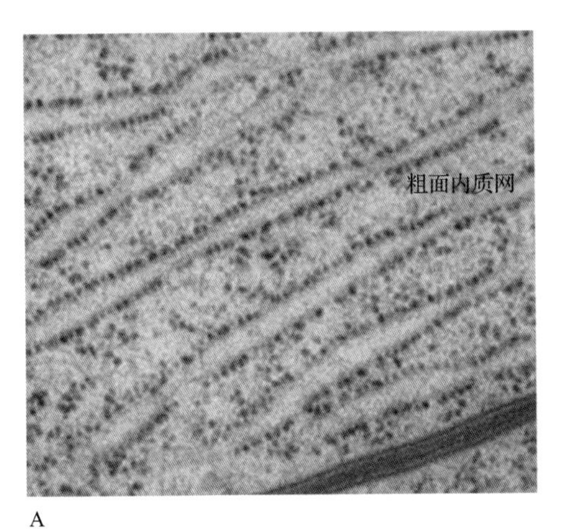

A

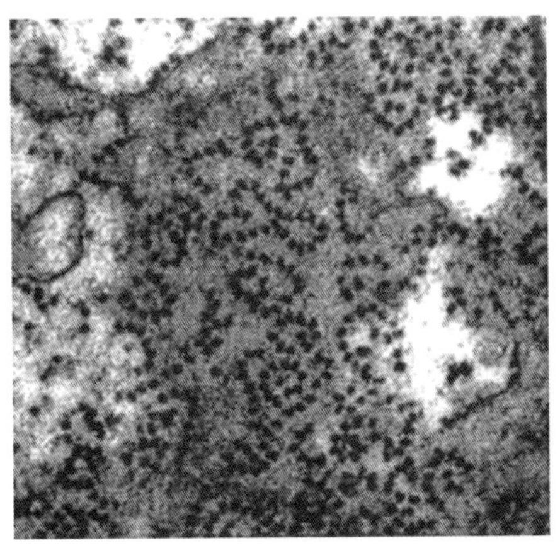

B

图 1.17 A. 一个桉树根分生组织细胞粗面内质网的电镜图像。见图 1.14 中的结构区域 5。B 显示多聚核糖盘在一个幼嫩的萝卜根表皮细胞粗面内质网膜区上。见图 1.14 中的区域 5。来源：图片 A 来源于 Brian Gunning, Australian National University, Canberra；图片 B 由 Eldon Newcomb 提供，来源于 Bonnett & Newcomb,（1965），J Cell Biol 27: 423-432

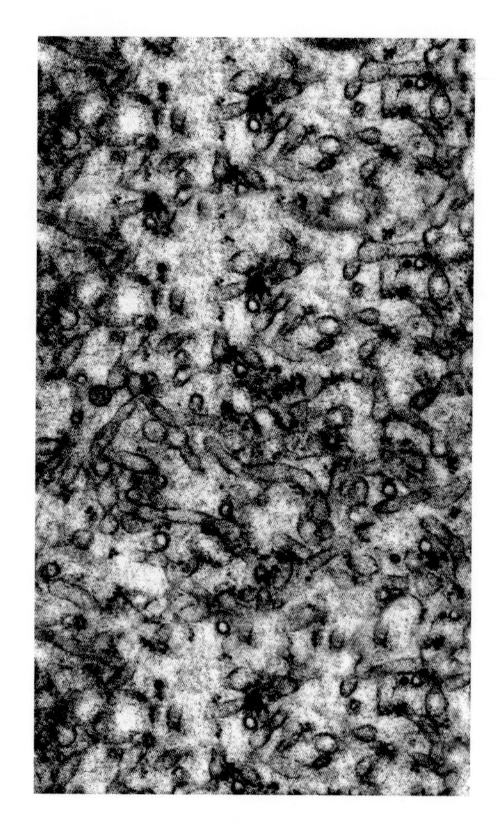

图 1.18　一个薄荷叶腺表皮毛细胞光面内质网管的电镜图像。见图 1.14 中的区域 6。来源：Glenn W. Turner, Washington State University, Pullman, WA

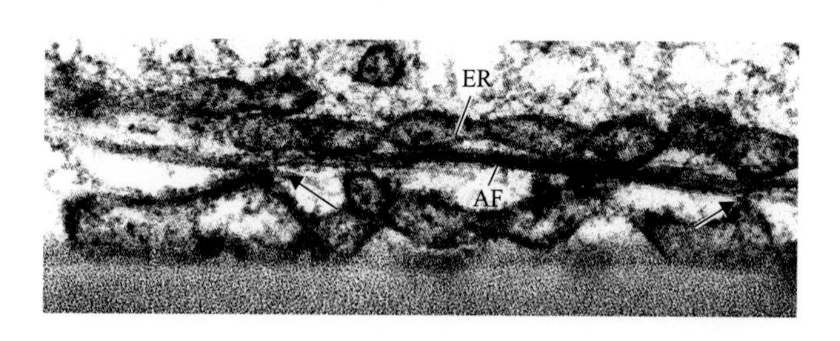

图 1.19　电镜图像显示一条肌动蛋白纤维（AF）和皮层内质网，ER（箭头所示）相连接的位点。见图 1.14 中的区域 16。来源：Lichtscheidl 提供，来源于 Lichtscheidl 等（1990），Protoplasma 155:116-126

白（oleosin）分子确定的位点聚集。油质蛋白具有图钉状结构，其“柄”部由疏水氨基酸构成，头部则是两亲性结构。新合成的三酰甘油在双层膜小叶间的油质蛋白位点聚集，形成球状**油体**（**oil body**）（图 1.20；也见图 1.14 中的区域 9）。每个油体表面由单层磷脂膜、嵌入的油质蛋白和其他蛋白质构成（见第 8 章）。

种子储存蛋白在种子的发育过程中合成，在种子萌发和幼苗生长阶段是主要的氨基酸来源。禾本科植物产生两类储存蛋白：水溶性的**球蛋白**（**globulin protein**）；疏水的、可溶于醇的**醇溶蛋白**（**prolamin**）。球蛋白由粗面内质网的多聚核糖体合成，随后在储存液泡中积累（见第 4 章和第 19 章）。相反，醇溶蛋白由二硫键连接成多聚体，停留在内质网中，从而产生被称为**蛋白体**（**protein body**）的球状结构（图 1.21，并见图 1.14 中的区域 8）。**内质网体**（**ER body**）（图 1.22，也见图 1.14 中的区域 18）类似于蛋白体，结构更像相机的镜头，并且不积累储藏蛋白。有些内质网体含有聚集的 β- 葡糖苷酶，参与病原体防御反应。不过，在转基因植物中表达含有一个信号肽和内质网滞留信号的绿色荧光蛋白（GFP），也可以诱导内质网体的产生。

1.4.4　运输小泡介导新合成的分泌 / 储存 / 膜蛋白从内质网向高尔基体的运输

COP Ⅱ囊泡是从特化的内质网区域出芽形成，且介导从内质网到高尔基体的转运，将可溶性蛋白运送到细胞表面和液泡，以及将膜蛋白运送到内膜系统的不同区室（图 1.23）。那些产生 **COP Ⅱ囊**

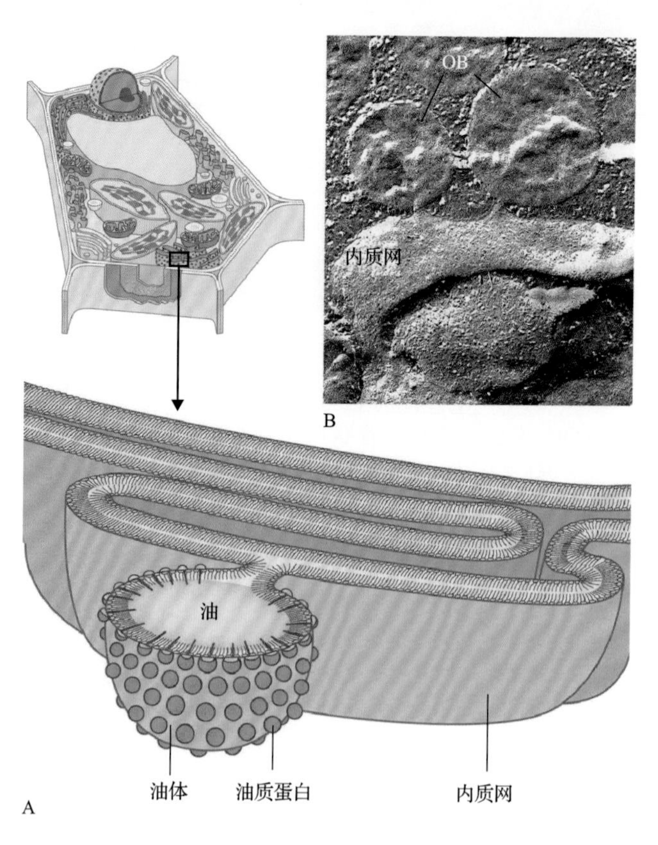

图 1.20　A. 三酰甘油在光面内质网两层脂膜间聚集，并在油脂蛋白界定的位点上出芽形成油体。B. 电镜图像显示油体（OB）从内质网膜上出芽，并进入胞质中。见图 1.14 中的区域 9。来源：图 B 由 Donna Fernandez 提供，来源于 Fernandez & Staehelin（1987）Plant Physiol 85: 487-496

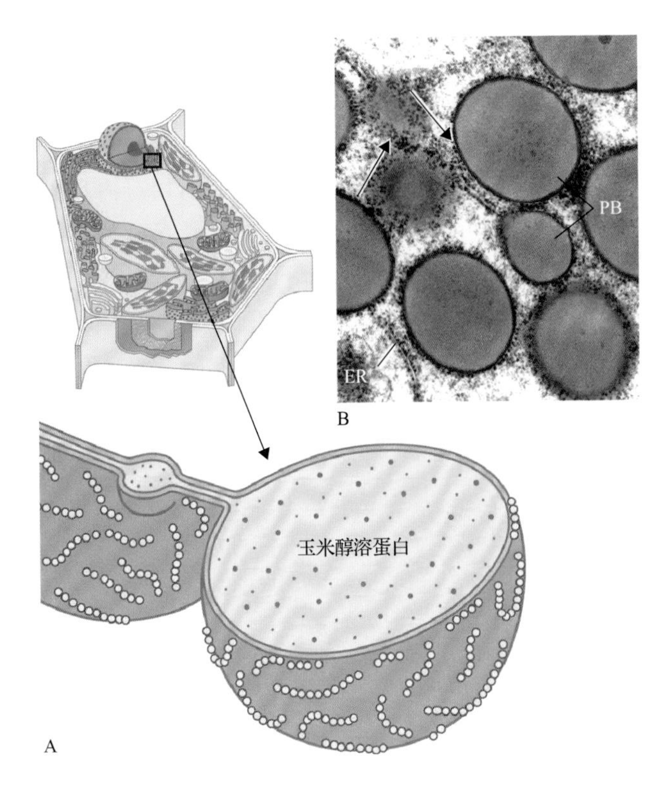

图 1.21　A. 醇溶储存蛋白（如玉米醇溶蛋白）在蛋白体内聚集，并从粗面内质网特定部位出芽形式蛋白体。B. 电镜图像显示蛋白体（PB）在玉米内质网中形成。多聚核糖体附着在边界内质网膜上。见图 1.14 中的区域 8。来源：图 B 来源于 Brian A. Larkins, University of Arizona, Tucson, AZ

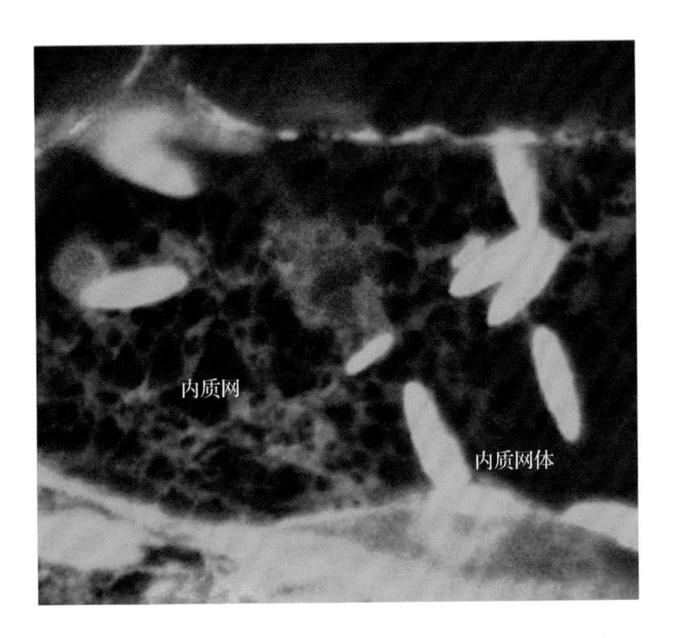

图 1.22　拟南芥下胚轴细胞内质网体的共聚焦显微镜图片，细胞中表达了带有信号肽及 HDEL 内质网滞留序列的 GFP 蛋白。见图 1.14 中的区域 18。来源：Brian Gunning, Australian National University, Canberra

泡的内质网结构域，被称为**内质网输出位点（ER export site）**（见图 1.14 的区域 7）。在这些位点，分泌蛋白与内质网定位的蛋白分离，并且选择性地被

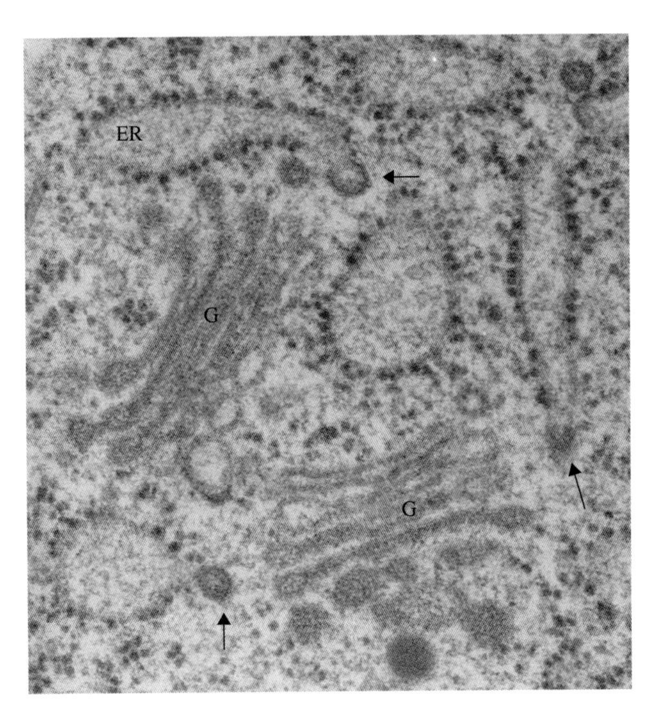

图 1.23　电镜图像显示在一个拟南芥种子的胚乳细胞中，COP Ⅱ囊泡（箭头所示）从靠近高尔基体垛叠（G）的内质网输出位点出芽。来源：York-Dieter Stierhof, University of Tübingen, Germany

打包进正在形成的 COP Ⅱ囊泡，进而被运送到顺面高尔基体膜囊。在高等植物中，正在出芽的 COP Ⅱ囊泡是一个不稳定的结构，半衰期只有 10s 左右，并且只能在被高压冷冻固定的细胞电镜照片上才能看到。而且，内质网输出位点是由能产生几个出芽 COP Ⅱ囊泡的局部内质网区域界定的——其相关的高尔基体垛叠的顺面朝向这个位点，由于内质网膜的 3D 构造，鉴定内质网输出位点会变得很复杂。因此，内质网输出位点通常是由数个邻近的管状内质网结构域上正在出芽的 COP Ⅱ囊泡组成的。

1.4.5　内质网附属结构域可能介导脂类在内质网和其他膜系统间的非囊泡运输

内质网拥有多个不同类型的内质网附属结构域，位于内质网与其他膜系统形成同位接触的位置。在内质网与质膜、细胞板膜、线粒体、质体、过氧化物酶体和液泡之间（见图 1.14 的区域 10 ～ 15）都观察到了这种接触。在这些区域，内质网膜和其他膜之间的距离在大概 10nm 以内，在电子层析图像中可以看到毗邻的膜通过不连续的桥状结构连接起来（图 1.24A）。

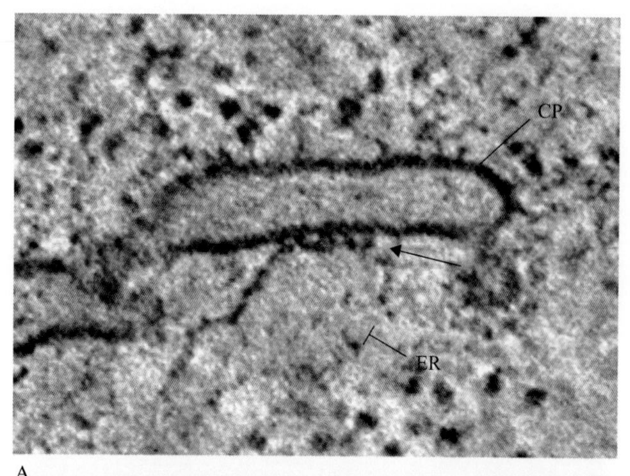

A

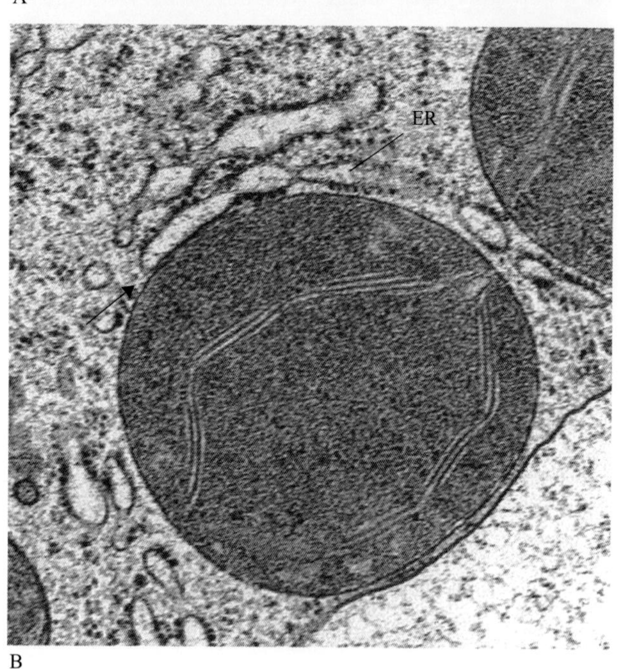

B

图 1.24 A. 电子层析切片图像显示一个内质网（ER）膜和一个后期细胞板（CP）膜之间的接触区域，细胞板处在正在形成的质膜边缘。注意这个接触区域中两个膜之间的桥状结构（箭头所示）。见图 1.14 的区域 13。B. 电镜图像显示一个松树表皮细胞中内质网膜和外被膜之间的接触区域（箭头所示）。见图 1.14 的区域 11。来源：图 A 由 Jose-Maria Segui-Simarro 提供，来源于 Segui-Simarro et al.（2004），Plant Cell 16:836-856；图 B 来源于 A. Lacey Samuels, University of British Columbia, Vancouver, Canada

初步的证据暗示，这些连接位点可能是通过钙离子通道运输钙离子（例如，在质膜和内质网之间），并且/或者介导脂类在膜间的非囊泡运输。高等植物包含两套独特的膜脂合成途径（见第 8 章），这些合成途径的酶都定位在质体（**原核途径，prokaryotic pathway**）和内质网（**真核途径，eukaryotic pathway**）中。原核途径产生 C_{16} 和 C_{18} 脂肪酸，其中的很大一部分被运输到内质网中用于合成磷脂，部分磷脂被运回质体中。脂类在内质网到质体之间的运输是通过脂类转运蛋白进行的，而脂类转运蛋白最有可能聚集在内质网和质体的连接位点（图 1.24B；也见图 1.14 的区域 11）。内质网和线粒体的接触位点很有可能介导磷脂酰丝氨酸从内质网到线粒体的转运，以用来合成线粒体膜的主要成分——磷脂酰乙醇胺。人们经常观察到脂类在质膜和内质网之间的分子循环（见 1.6.1 节，以及图 1.14 的区域 13 和 15）。然而，目前没有关于内质网-液泡和内质网-过氧化物酶体连接位点的功能信息。

1.5 高尔基体

高尔基体指的是一个细胞中整个**高尔基体垛叠**（**Golgi stack**）和与之相连的**反面高尔基网状结构**（***trans*-Golgi network，TGN**）。高尔基体在分泌途径中占据中心位置，接收内质网新合成的蛋白质和脂类，并将其导向细胞表面或液泡（见图 1.15）。在植物中，高尔基体参与细胞壁基质中复合体多糖的组装，质膜、细胞壁和液泡糖蛋白的 *O*- 和 *N*- 连接的寡糖侧链的合成与加工，以及质膜和液泡膜糖脂的合成。催化这些反应的糖基转移酶及糖苷酶，都是膜整合蛋白。这些酶中的大部分都有一个活性位点，朝向扁平的高尔基体膜囊内部。但是，有一些合成多糖骨架的酶具有跨膜结构，在细胞质一侧具有活性位点，并且还有一个通道将正在合成的多糖链跨膜转运进膜囊腔（见第 2 章）。糖基转移酶将糖核苷酸作为底物，合成不同的碳水化合物。

1.5.1 植物高尔基体由分散的高尔基体垛叠和相连的 TGN 单元组成，展现出一个极性的膜囊架构

植物高尔基体的功能单元包括高尔基体垛叠、与之相连的（早期）TGN，以及包围这两种结构的**高尔基体支架**（**Golgi scaffold**），即**高尔基体基质**（**Golgi matrix**）（图 1.25 和图 1.26，图 1.28～图 1.30）。与动物高尔基体处于接近细胞中央的位置不同，植物细胞的高尔基体垛叠-高尔基体相连的 TGN 单元总是以独立单元或者成簇的形式遍布于胞质中（图 1.27）。这种分散的组织形式，以及高尔基体垛叠能

够借助于肌球蛋白马达沿着微丝运动，从而确保即使在体积大、含液泡的细胞中，分泌产物仍可以到达其目的地。每个细胞中高尔基体垛叠 -TGN 单元的数目变化很大，随着物种、细胞大小和发育阶段，以及产生的分泌 / 储存物质的体积和类型的不同而不同。例如，拟南芥（*Arabidopsis thaliana*）的茎顶端分生组织细胞中含有大约 35 个高尔基体垛叠，而悬浮培养的烟草（*Nicotiana tabacum*）BY2 细胞中多达 800 个，在棉花的巨纤维细胞中有 10 000 多个。

每个高尔基体垛叠 -TGN 单元包含一套由 5 ～ 8 个扁平的**高尔基体膜囊**（**Golgi cisternae**）——呈现独特的形态极性，并具有带膜孔的、球状的边缘，以及一个位于高尔基体垛叠反面的与高尔基体相连的 TGN 膜囊组成（见图 1.25、图 1.26 和图 1.28）。依据在高尔基体垛叠中的位置、染色特征、边缘出芽小泡的类型以及它们的生物合成功能，可以把高尔基膜囊分成三类：顺面、中间和反面膜囊。根据高尔基体运输的**膜囊发展模型**（**cisternal progression model**），来自于内质网的 COP Ⅱ小泡会整合到堆叠顺面的新膜囊中（图 1.25 和图 1.28），而反面远端的膜囊在从堆叠中脱离形成游离的 TGN 膜囊之前，会转变成与高尔基体相连的 TGN 膜囊。随着新的膜囊加入、旧的膜囊脱离，这个过程会导致装载货物的膜囊穿越堆叠产生纯位移。在它们组装的过程中，顺面高尔基膜囊一直没有生化活性。大部分的生物合成活性局限在中间和反面膜囊，一少部分在高尔基体相连的 TGN 区间。

在膜囊穿越堆叠的过程中，为了维持不同类型

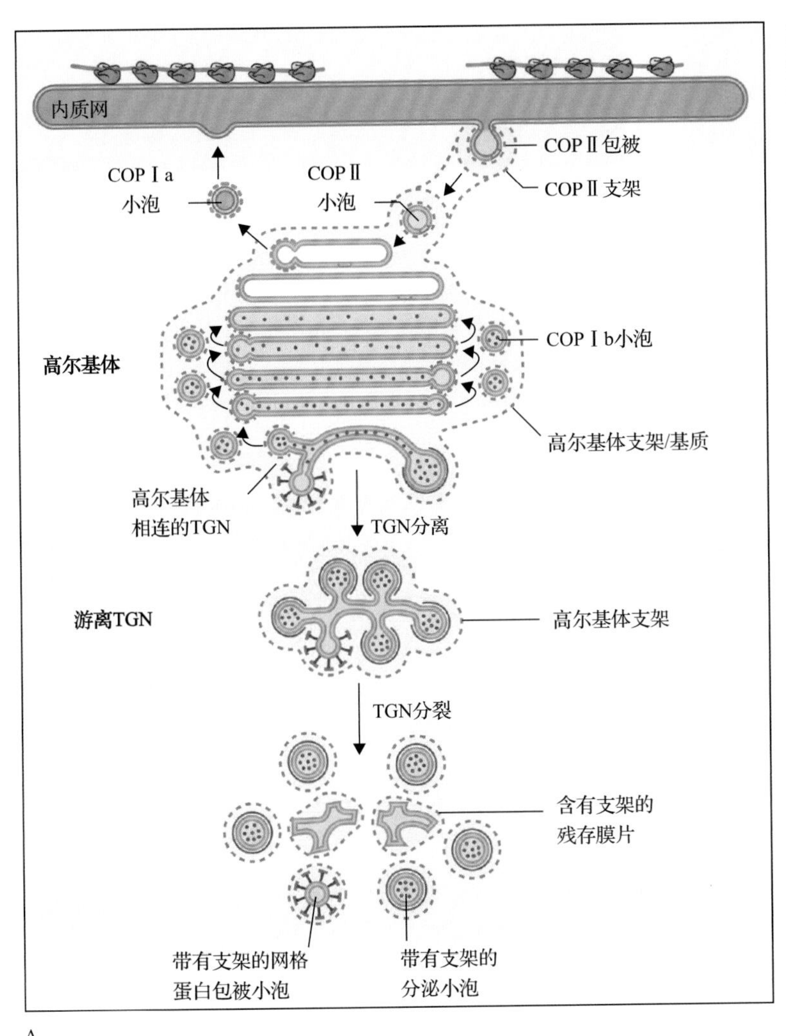

A

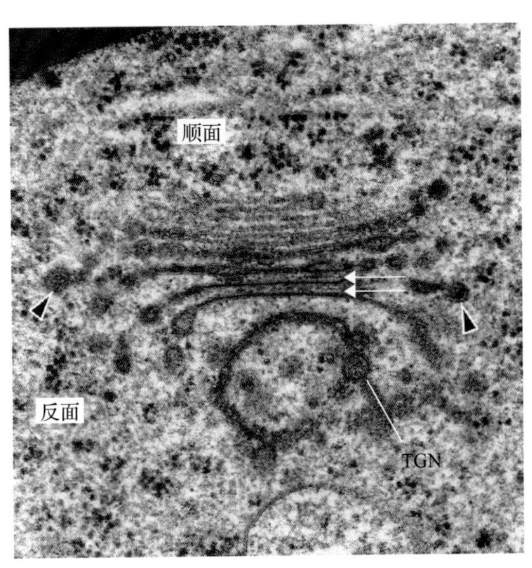

B

图 1.25 A. 阐述 5 种类型内质网 / 高尔基体 /TGN 相关小泡的起点及运输路径的示意图。COP Ⅱ类型的小泡是从内质网出芽形成，将货物分子和膜转运到顺面高尔基体膜囊。COP Ⅰ a 类型的小泡是从顺面高尔基体膜囊出芽形成，将内质网蛋白回收回内质网。COP Ⅰ b 类型的小泡是由中间和反面高尔基体膜囊以及高尔基相连的 TGN 产生，可以在这些区室间进行分子的回收。分泌和网格蛋白包被的小泡在 TGN 膜囊上形成，将终产物运输到它们的最终目的地：质膜 / 细胞壁和液泡。膜囊裂片释放后一种小泡，产生残存的膜囊膜碎片。注意高尔基体垛叠、TGN 膜囊和相关的小泡都被蛋白支架（基质）所包裹。B. 一个根冠柱状细胞的高尔基体垛叠横切电镜图像。膜囊显示明显的顺反极性，反面膜囊腔内的内含物染色更深。三角：COP 包被的出芽小泡；箭头：膜囊间物质；TGN：反面高尔基网状结构。来源：图 A 改编自 Staehelin, L.A. & Kang, B.-H.(2008), Plant Physiol. 147: 1454-1468; 图 B 由 Thomas Giddings Jr 提供，来源于 Staehelin et al.（1990），Protoplasma 157:75-91

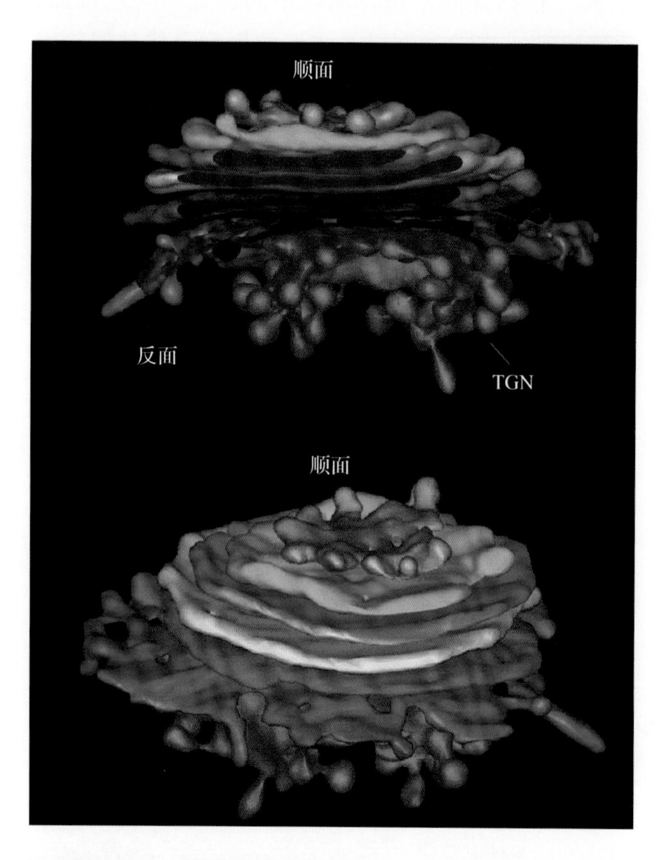

图 1.26　拟南芥根分生组织细胞中一个高尔基体垛叠和一个相连 TGN 膜囊的两个不同视角的 3D 层析模型。注意顺面膜囊的尺寸较小、中央高尔基体膜囊的碟状特征，以及 TGN 膜囊形成的大量出芽小泡。来源：Byung-Ho Kang, University of Florida, Gainesville, FL

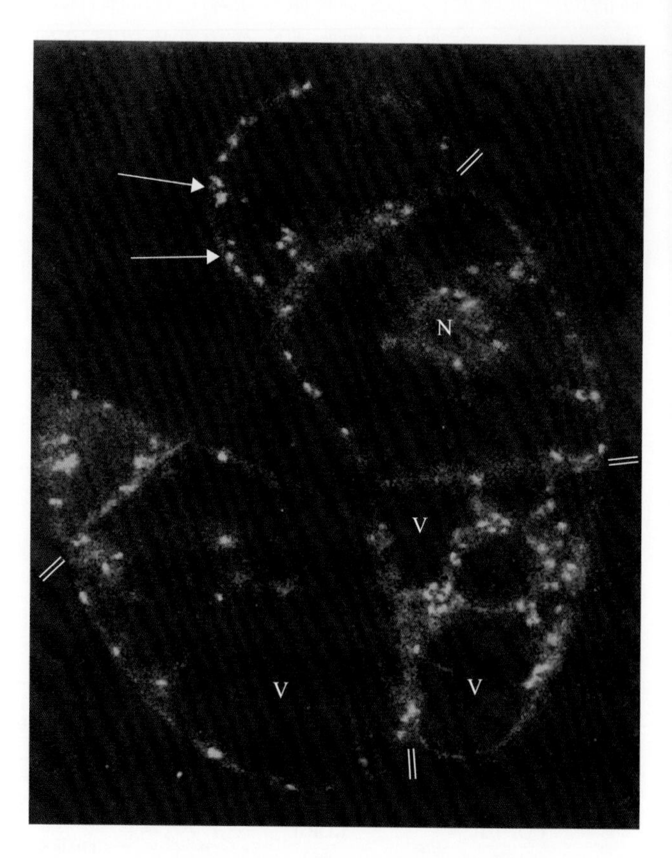

图 1.27　一群转化的 BY2 烟草细胞的光学显微镜照片，细胞中表达一种甘露糖苷酶 I 与 GFP 的融合蛋白。这种嵌合蛋白定位在高尔基体垛叠（箭头所示）。标记的高尔基体可以在皮层细胞质、与细胞核（N）相连的细胞质转运泡束中看到。细胞间的交联细胞壁用双线标出。V，液泡。来源：Andreas Nebenfuehr, University of Tennessee, Knoxville, TN

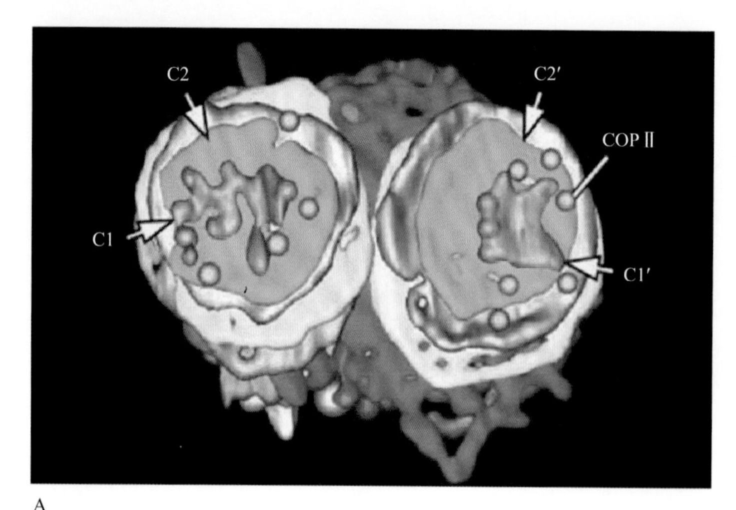

A

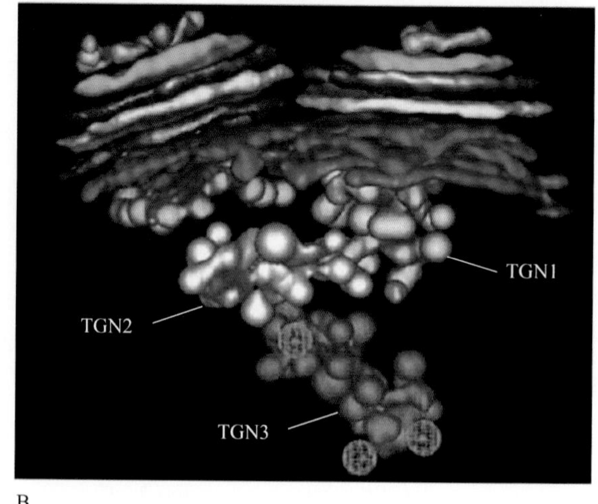

B

图 1.28　拟南芥根分生组织细胞中一个正在分裂的高尔基体垛叠的两个不同视角的 3D 层析模型。A. 顺面一侧，俯视两个正在形成的子堆。C1（橘色）和 C2（绿色）顺面膜囊展现出各种形状，这反映了膜囊组装的过程。B. 正在分裂的高尔基体垛叠的侧视图，两套顺面和中间膜囊被一个更大的反面高尔基体膜囊（粉红色）结合在一起。在高尔基体垛叠的反面一侧，可以看到三个处在不同成熟阶段的 TGN 膜囊。来源：由 Byung-Ho Kang 建模，来源于 Staehelin，L.A. & Kang, B.-H.（2008），Plant Physiol 147: 1454-1468

膜囊的特征性酶活性，膜囊会出芽产生回收小泡，以相反的方向将膜蛋白运输回来，这些小泡被称为**COP Ⅰ小泡**（**COP Ⅰ vesicle**）（图 1.25A）。在植物中，已经鉴定了两种类型的 COP Ⅰ小泡：**COP Ⅰ a 小泡**（**COP Ⅰ a vesicle**）将逃逸的内质网蛋白从顺面高尔基膜囊运回内质网上；而 **COP Ⅰ b 小泡**（**COP Ⅰ b vesicle**）从中间和反面高尔基体以及高尔基体相连的 TGN 膜囊中出芽形成，以相反的方向运输膜囊膜蛋白。后一种运输主要负责维持高尔基体垛叠中酶的稳态分布。

膜囊间元件（**intercisternal element**）是另外一种类型的与反面高尔基膜囊相联系的结构（图 1.25B）。这些平行的蛋白质纤维像三明治一样夹在膜囊间，可能作为锚定糖基转移酶的位点——糖基转移酶参与合成巨大多糖黏液分子，如根冠最外层细胞分泌的黏液。

1.5.2 高尔基反面最远端膜囊产生 TGN 膜囊，参与对高尔基体产物的分选和包装

TGN 的功能是对高尔基体垛叠的产物进行分选并包装进**分泌小泡**（**secretory vesicle**）和**网格蛋白包被囊泡**（**clathrin-coated vesicle**）中。分泌小泡运输膜和货物分子到细胞质膜和细胞壁中，而由 TGN 产生的网格蛋白包被囊泡运输膜及可溶性分子进入多泡体和液泡中。TGN 膜囊是由高尔基反面最远端膜囊通过膜囊剥离过程产生的游离、独立的 TGN 区间（图 1.25）。正在剥离过程中的 TGN 膜囊被称为高尔基相关的或者**早期 TGN 膜囊**（**early TGN cisternae**），而那些已经从起源的高尔基体垛叠完全脱离的 TGN 膜囊被称为**游离**或**晚期 TGN 膜囊**（**free or late TGN cisternae**）。在膜囊剥离的过程中，膜囊在结构上会有很多改变，包括减少 30% ～ 35% 的膜囊表面积，很可能是由于 COP Ⅰ b 型回收小泡的脱离造成的。与此同时，随着出芽分泌小泡及网格蛋白包被囊泡数目的增多，扁平的膜囊转变成类似于葡萄形状的膜区域。这个成熟的过程持续到所有的货物分子都被分选和包装。一旦分选和包装完成，完全成熟的游离 TGN 膜囊降解，产生游离的分泌小泡及网格蛋白包被囊泡，以及膜囊膜的少量残留碎片（见图 1.25A）。不过这些残存的膜碎片的命运目前还不清楚。

从游离的 TGN 膜囊出芽形成的分泌小泡与网格蛋白包被囊泡的比例是高度变化的，不过一般分泌小泡数量更多。即使是在单个根顶端分生组织细胞中，对于起源于邻近高尔基体垛叠的游离 TGN 囊膜，这个比例也是在 5 ∶ 1 到 1 ∶ 3 之间变化。这种变化性很有可能反映了编码分泌蛋白相对于液泡蛋白的 mRNA 组成——这些 mRNA 是由结合在内质网上并且接近特定内质网输出位点的多聚核糖体翻译的。每一批局部合成的蛋白质，要先转移到独立的高尔基体垛叠上正在形成的顺面膜囊中；在穿过堆叠之后，各种各样的液泡或者分泌蛋白就会到达 TGN。在那里，分泌小泡与形成的网格蛋白包被囊泡的比例，会根据膜囊腔内的产物比例进行调整。这种多变性，反映了 TGN 膜囊分选和包装系统固有的灵活性。游离的 TGN 区室具有高比例的网格蛋白包被囊泡，它们被早期的电镜学家命名为“部分包被的网状质”；不过考虑到新的发现，这个名字已经没有意义，应该被弃用。反面高尔基体和 TGN 膜囊是高尔基体中酸性最强的区室，它们是通过液泡（V 型）H^+-ATP 酶酸化的（见第 3 章）。膜囊腔内低 pH 环境可以调控酶的活性，且能引起囊腔的渗透萎陷，这对于高尔基体产物的分选和包装是非常重要的。

1.5.3 高尔基体支架 / 基质起源于 COP Ⅱ 的出芽，并且介导内质网到高尔基体 COP Ⅱ 小泡的运输

高尔基体基质是一个精细的、由细丝组成的类似笼状的结构，将高尔基体及 TGN 膜囊完全包围起来；它们由长的卷曲螺旋支架蛋白组成，因此近年来更多的被称为高尔基体支架。这种支架 / 基质阻止核糖体接近高尔基体和 TGN 膜囊，从而使它在富含核糖体的细胞类型中很容易在电镜照片中被观察到（图 1.29）。它似乎也阻止 COP Ⅰ型膜囊间回收小泡从紧密围绕的高尔基体垛叠逃逸，并且在高尔基体垛叠和相连的 TGN 膜囊沿着微丝在细胞质中运动的过程中，帮助维持它们的结构完整性。

对高尔基体垛叠的动力学分析表明，它们在胞质中做间歇运动。这就引出了一个假设：高尔基体垛叠可能在内质网输出位点停留，以装载需要被高尔基体酶加工的货物。诱导高尔基体垛叠在内质网输出位点停留的机制，困扰了细胞生物学家很多年。现在看来，很有可能高尔基体支架 / 基质与该过程

图 1.29 拟南芥分生组织的层析切片图像，显示高尔基体垛叠（G）和 TGN 膜囊，以及它们包含的无核糖体支架 / 基质（GS）系统。来源：图片由 Byung-Ho Kang 提供，来源于 Staehelin，L.A. & Kang, B.-H.（2008），Plant Physiol. 147: 1454-1468

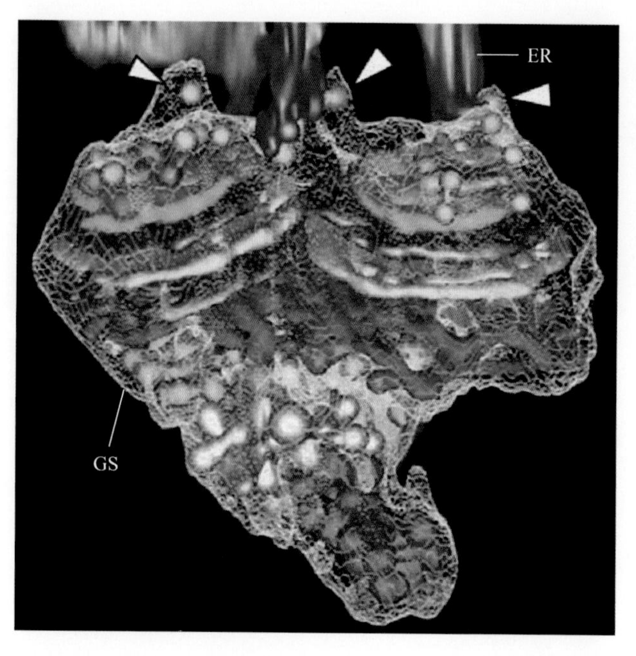

图 1.30 拟南芥分生组织中一个正在分裂的高尔基体垛叠停靠在内质网输出位点的 3D 层析模型。停靠是由高尔基体支架 / 基质（GS）的顺面和出芽 COP Ⅱ 小泡上的支架之间的结构连接（箭头所示）所介导。见图 1.25A 和图 1.31。来源：由 Byung-Ho Kang 建模，来源于 Staehelin，L.A. & Kang, B.-H.（2008），Plant Physiol. 147: 1454-1468

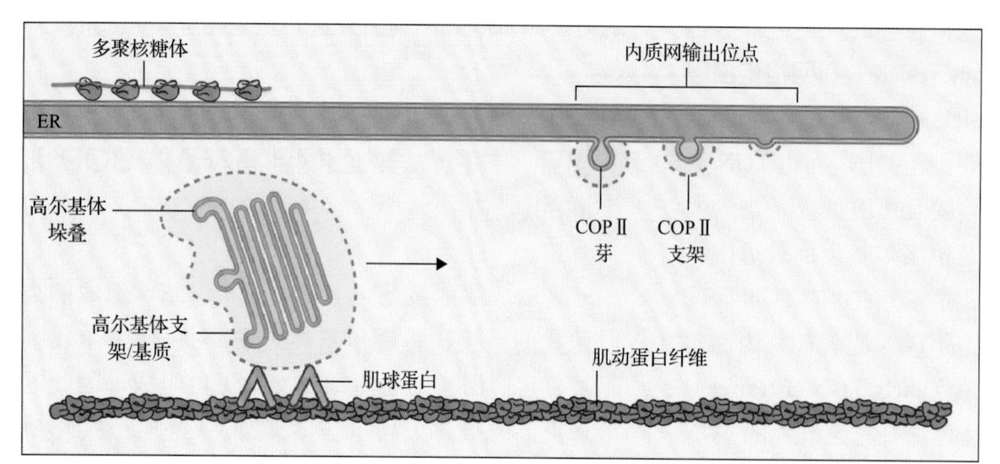

A 运动阶段(跳跃/方向运动)

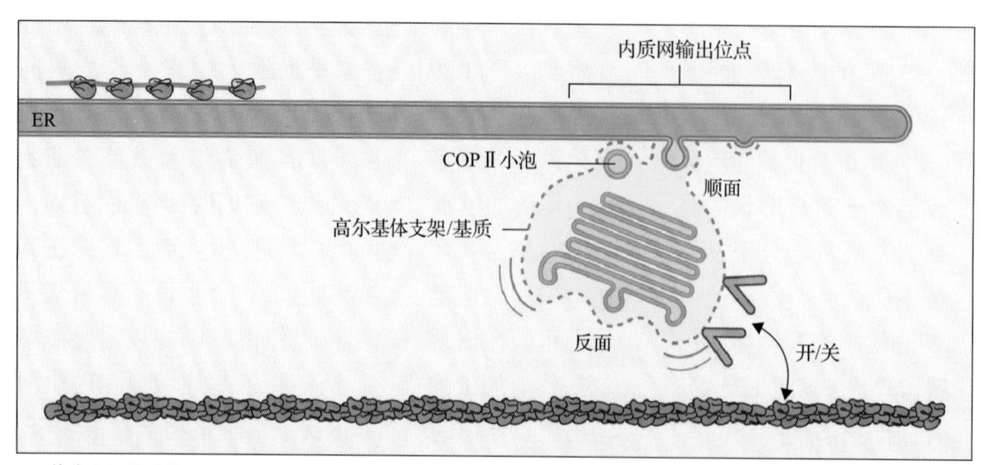

B 停靠和猛拉阶段(扭动以及缓慢的方向运动)

图 1.31 内质网到高尔基体囊泡运输的停靠、猛拉和离开模型。A. 运动阶段：高尔基体垛叠沿着肌动蛋白纤维移动，这个过程由肌球蛋白马达驱动。B. 停靠和猛拉阶段：出芽 COP Ⅱ 小泡的支架结合到一个正在通过的高尔基体垛叠的高尔基体支架 / 基质的顺面，并且将高尔基体从肌动蛋白轨道上拉下来。一旦 COP Ⅱ 小泡的支架结合高尔基体基质，高尔基体垛叠的摇摆促进 COP Ⅱ 小泡从内质网上以“猛拉”机制释放。一旦从内质网输出位点获得 COP Ⅱ 小泡，高尔基体就又可以重新沿着肌动蛋白纤维自由移动。来源：改编自 Staehelin，L.A. & Kang, B.-H.（2008），Plant Physiol. 147: 1454-1468

密切相关（图 1.25 和图 1.30）。尤其是最近的研究表明，COP Ⅱ小泡起源于一个约 40nm 宽的长支架类蛋白——**COP Ⅱ支架**（**COP Ⅱ scaffold**）的外层。正如在内质网到高尔基体运输的“停靠、猛拉和离开模型”（图 1.31）中阐释的一样，出芽 COP Ⅱ小泡的支架层很有可能通过结合到高尔基体支架 / 基质的顺面一侧，捕捉经过的高尔基体垛叠。一旦与一个 COP Ⅱ小泡结合，高尔基体垛叠的摇摆运动就可以提供将出芽小泡拉出内质网输出位点所需的能量。被拉出来的 COP Ⅱ小泡以及它的支架层随后被转移到高尔基体支架 / 基质的顺面，这有助于新的顺面高尔基体膜囊的组装。

1.5.4 在高尔基膜囊中产生的含糖分子具有多种多样的功能

高尔基体参与糖蛋白和蛋白聚糖上 *N*- 连接和 *O*- 连接聚糖的组装，还参与复杂多聚糖的合成（见第 2 章和第 4 章）。糖基化的一个主要功能是保护蛋白质不被水解酶水解，从而延长蛋白质的寿命。糖基基团可以提高蛋白质的溶解性，还有可能特化质膜 - 细胞壁间的相互作用，防止凝集素（高度特殊的糖结合蛋白）过早的激活，并帮助蛋白质折叠或者多聚蛋白复合体的组装。大多数 *N*- 连接糖基化蛋白具有酶活性，而 *O*- 连接糖基化蛋白主要承担结构上的功能。例如，延展蛋白分子（见第 2 章）的 *O*- 糖基化主要负责维持它的杆状结构。在很多高度糖基化的阿拉伯半乳聚糖蛋白中有 *N*- 连接也有 *O*- 连接的聚糖侧链，其中糖类占 90% 以上，它们属于蛋白聚糖。高尔基体产生的复杂的细胞壁多糖主要承担结构上的功能，并可以结合水和重金属。另外，这些多糖分子包含隐藏的调节寡糖结构域，可以通过特定酶的作用释放，产生被称为寡聚糖素的调节分子。

1.5.5 高尔基体是一个碳水化合物工厂

N- 连接聚糖在内质网上开始合成，将一个由 14 个单糖构成的寡糖装到一分子**多萜醇**（**dolichol**）上——多萜醇是一个由 12 ～ 24 个异戊二烯单位构成的巨大脂分子。完成之后，这个寡糖分子立刻由寡糖基转移酶转移到新合成的多肽链上一个选择好的天冬氨酸残基上。寡糖链随后的加工过程都发生在高尔基体内，包括系统性地移去甘露糖残基及添加上其他类型的糖（见第 4 章）。参与这些反应的酶并不是随机分布在高尔基体膜囊内，而是定位在中间或反面膜囊等亚结构区；当一个 *N*- 连接聚糖从顺面到反面穿过高尔基体垛叠时，这些酶根据催化反应的顺序分布。例如，在高尔基体中介导 *N*- 糖基加工第一步的天然甘露糖苷酶Ⅰ定位在中间高尔基膜囊。然而，当这个酶以甘露糖苷酶Ⅰ -GFP 融合蛋白的形式在转基因植物细胞中表达时，在顺面高尔基膜囊甚至是内质网中都能观察到融合蛋白。显然，当细胞表达太多特定类型的高尔基膜上的酶时，它们在分泌途径的上游区室积累。由于这个原因，通过 GFP 融合蛋白的方法来观察高尔基体膜蛋白的定位是不可靠的。

O- 连接聚糖是富含羟脯氨酸糖蛋白和 AGP 的重要组成成分，它们很多起结构上的作用。这些糖主要是阿拉伯糖和半乳糖，连到含有羟基的氨基酸上，如羟脯氨酸、丝氨酸和苏氨酸。我们对 *O*- 连接聚糖的合成知道的很少。在新合成准备 *O*- 连接糖基化的蛋白质上，选定的脯氨酸残基在内质网内转化成羟脯氨酸，而将阿拉伯糖加到这些羟脯氨酸上的酶的定位目前还不清楚。

植物细胞壁基质多糖是结构复杂的分子，在决定细胞大小和形状中起关键性作用（见第 2 章）。这些分子特定的片段还作为一些途径中的信号分子，如控制植物生长的途径、控制器官发生的途径、防御反应的诱导途径等。与线性的多聚体纤维素和胼胝质不同，所有具支链的细胞壁多糖是由在高尔基体和与高尔基体相连的 TGN 膜囊中的酶合成的。组装途径分子水平的细节尚不清楚。然而，通过免疫定位技术，已经发展了木葡聚糖和果胶聚糖在高尔基体垛叠中的空间组织途径，追踪了特异的糖基在高尔基体的哪种膜囊被加上。这些研究最令人兴奋的结果可能是果胶聚糖的组装涉及的酶定位在中间和反面高尔基体，并有可能在高尔基体相连的 TGN 膜囊中，而产生木葡聚糖的酶很有可能定位在反面高尔基体和高尔基体相连的 TGN 膜囊中。到目前为止，通过免疫定位技术，人们只确定了很少的天然酶和核苷酸糖类转运蛋白定位在何种特定类型的高尔基体膜囊中，参与复杂多糖的生物合成。

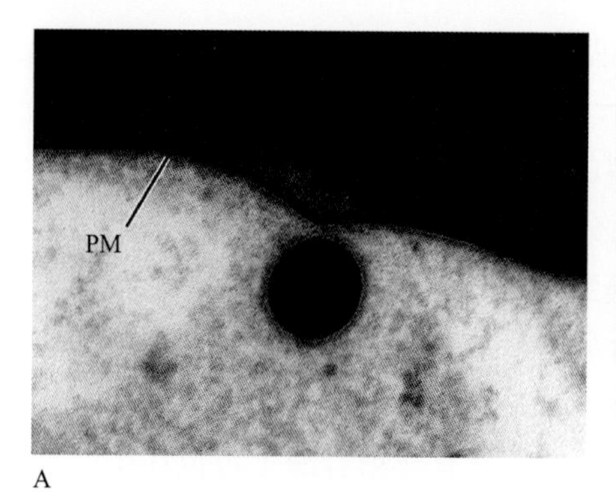

A

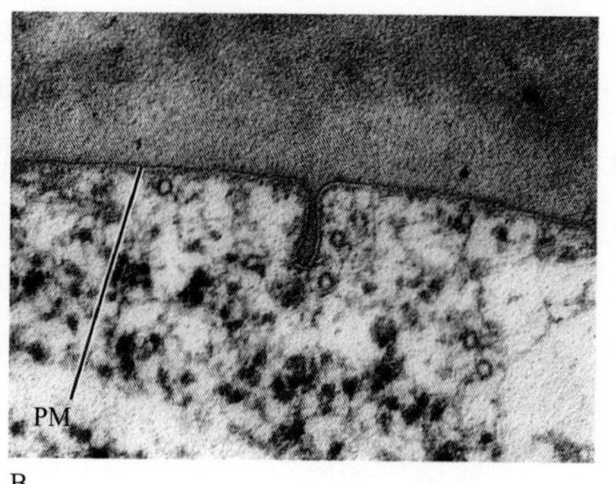

B

图 1.32 分泌泡的横切图像。A. 显示分泌泡与质膜（PM）初始膜融合。B. 显示分泌泡已与质膜融合并释放出其内容物，这种碟形质膜折叠只能在膨胀细胞中观察到。来源：图 A 由 Andrew Staehelin 提供，来源于 Staehelin 等（1990），Protoplasma 157: 75-91；图 B 来源于 Yoshinobu Mineyuki, University of Hyogo, Himeji, Japan

1.6 胞吐和胞吞

胞吐作用（**exocytosis**）是从 TGN 中产生的分泌小泡与质膜融合，并将内容物释放到胞外空间的过程（图 1.32A）。在生长细胞中，胞吐作用传送质膜扩展所需的蛋白质和脂类，以及细胞壁生长所需的复杂多糖、糖蛋白和蛋白聚糖。由于分泌小泡巨大的表面积 / 体积的比率，胞吐作用带到细胞表面的膜比细胞质膜扩展所需的多。过量的质膜分子以两种不同的机制运回细胞质中：①**内吞作用**（**endocytosis**），是由包含膜蛋白及膜脂的网格蛋白包被囊泡（图 1.33）介导的；②在质膜 - 内质网互作位点发生的非囊泡膜间脂运输，与融合囊泡膜区域有关（见图 1.14 的区域 15）。内吞作用也用来翻转质膜分子，以及移去细胞表面激活的受体。一个**回收途径**（**recycling pathway**）可以将已被内吞但仍有功能的质膜蛋白重新送回质膜。在动物细胞中，内吞作用是吸收营养分子的主要方式，但几乎没有证据表明植物中也有这种方式。

1.6.1 在植物中，渗透压影响胞吐作用、内吞作用及膜回收有关的膜事件

在动物细胞中，当分泌小泡与质膜融合时，其内容物释放到胞外空间，小泡的膜也成为质膜的一部分。这时候，质膜会轻微的扩展，在动物细胞中这种扩展可以通过改变细胞表面结构轻易地调节过来。而在植物细胞中，由于**膨压**（**turgor pressure**）的存在，这种现象不会出现。在膨胀的植物细胞中，质膜被紧紧地压在细胞壁上（见图 1.11）；除非细胞壁一同扩大，否则它不能扩展。当一个球形分泌泡和膨胀植物细胞的质膜融合时，渗透压不但将小泡的内容物压到细胞壁中，而且还将小泡压扁，成为质膜上的一个碟形折叠（图 1.32B）。因为植物质膜无法膨胀，这个折叠就留在膜上，直到过量的膜被移走。

那么过量的膜是如何从质膜上被移走的呢？与动物细胞类似，植物细胞通过网格蛋白包被囊泡介导的内吞作用从质膜上回收过量的膜（图 1.32 和 1.6.2 节）。但是，植物细胞在该过程所需的能量比动物细胞要多得多，因为产生质膜内折必须克服相当大的液体静压。相反，通过非囊泡膜间脂运输从质膜上回收脂分子——由脂类转运蛋白介导脂类“跳跃”（图 1.34），能够避免这个能量问题，在移除过量质膜物质的时候可以减少对内吞小泡数量的需求。

脂吸收的研究和超速冷冻细胞的电子显微镜研究都为脂类跳跃提供了证据。为了研究脂吸收，科

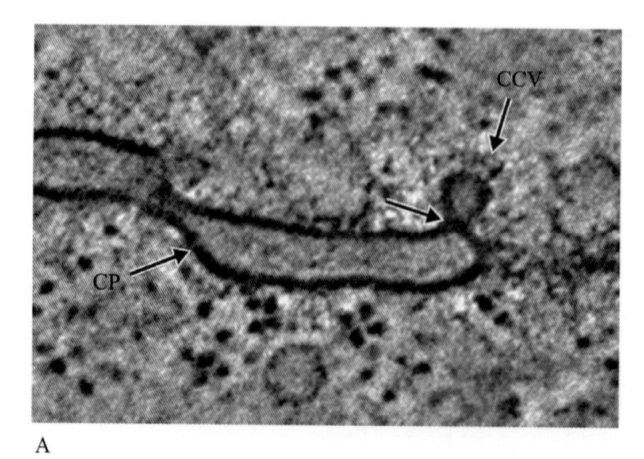

A

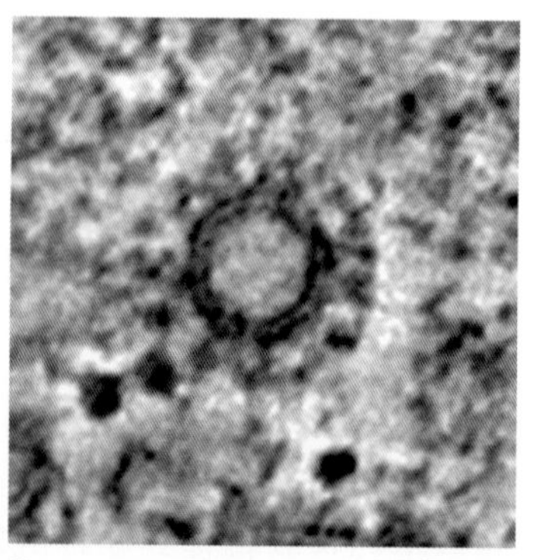

B

图 1.33 网格蛋白包被小泡的层析切片图像。A. 一个网格蛋白包被小泡（CCV）正从一个后期阶段的细胞板（CP）膜出芽。箭头所指是动力马达蛋白环，它们将小泡与细胞膜物理分离。B. 网格蛋白包被小泡的高分辨率横切图。来源：图 A 由瓦伦西亚理工大学的 Jose-Maria Segui-Simarro 提供；图 B 由科罗拉多大学的 Mathias Gerl 提供

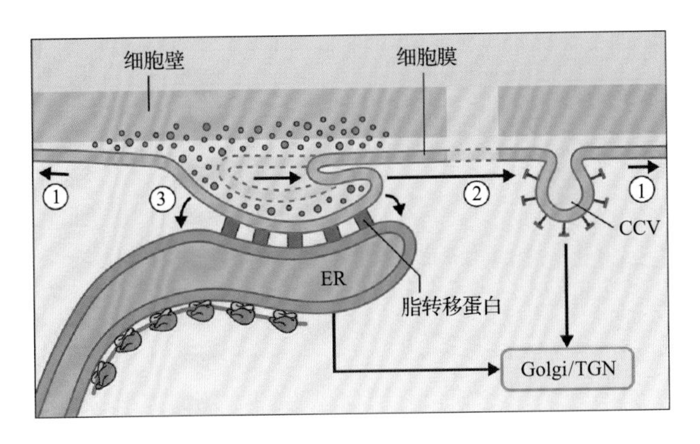

图 1.34 在膨胀的植物细胞中，通过分泌小泡与质膜融合（见图 1.32B）产生内折膜。将这些过量的膜移除有三种机制：①细胞扩展；②形成网格蛋白包被的内吞小泡（CCV）；③通过脂转移蛋白将脂分子直接从质膜转运到邻近的内质网膜上。来源：改编自 Staehelin, L.A. & Chapman, R.L.（1987），Planta 171: 43-57

学家把一种用荧光标记的磷脂酰胆碱的荧光类似物加到质膜外表面，这个分子标记很快就转移到外周内质网膜囊，并没有证据显示有囊泡中间产物的参与。然而这种吸收需要一种胞外基质中的酶在转移前将磷脂酰胆碱转化为二酰甘油——一种缺少一个大的极性头部的膜脂，在转运到内质网之前可以进行跨质膜的翻滚。冷冻固定细胞的电子显微镜图像表明，这种快速的脂转移由独特的内质网膜的扩展介导，形成帽状物紧贴在由于分泌小泡融合留下的

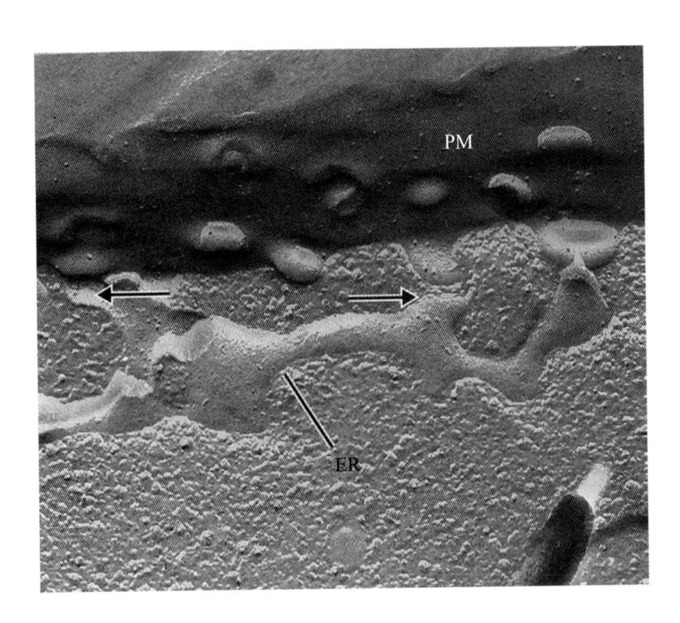

图 1.35 电镜图像显示固定的豌豆根尖细胞中一个脂回收内质网结构域。内质网膜囊特征性延伸，形成了与质膜上刚融合并崩解的分泌泡的特异性接触位点（箭头所示）。这些结构对应于图 1.14 中的区域 15。来源：Stuart Craig 提供，来源于 Craig, S. & Staehelin, L.A. (1988), Eur J Cell Biol 46: 81-93

质膜附器上（图 1.34 和图 1.35；也可以参见图 1.14 区域 15）。在这个过程中，这个碟形附器翻转形成了特殊的马蹄铁形内陷，一旦为扩展的内质网所覆盖，内陷就收缩直至没有了过量的膜，然后内质网从质膜上缩回。

1.6.2 和内吞作用有关的膜区室可以通过跟踪示踪分子的摄入确定

将细胞用可由网格蛋白包被的内吞小泡吸收的示踪分子处理，我们就可以观察到内吞作用的过程。研究中使用两种类型的分子标记：一类化合物作为质膜标记与质膜结合（如阳离子化的铁蛋白）；另一类作为液相标记，和水相发生内化作用（如硝酸镧）。广泛使用的内吞作用荧光标记物 FM4-46 经常被描述为质膜标记物，但是根据已发表的图片来看，它也可以结合到细胞壁的组分上。相对于动物系统中内吞作用的大量著述，植物中相应的研究就很少了。这个领域研究进展缓慢主要有两个原因：①植物细胞中内吞作用的水平较低；②细胞壁的存在大大阻碍了标记分子靠近细胞膜，这极大地增加了实验难度。原生质体可以用来做示踪分子摄入实验，但是为了防止原生质体破裂，培养基中有高浓度的蔗糖，这影响了内吞作用，所得到的结果可能并不能反映发生在健康且膨胀的植物细胞中的真实情况。

图 1.36 描述了我们目前所了解的植物内吞途径的简要模型。很多对植物内吞作用研究的最新进展，都是通过将荧光示踪分子吸收到细胞内获得的。最早接收内吞分子的区室被命名为**早期内吞体**（**early endosome**）或者**循环内吞体**（**recycling endosome**），后来接收内吞分子的区室被称为**晚期内吞体**（**late endosome**）。在植物中，早期内吞体相当于 TGN 膜囊，晚期内吞体相当于**多泡体**（**multivesicular body，MVB**）。上面的章节已经讨论过，TGN 膜囊在分泌途径中主要是作为分选和包装的区室。内吞途径利用这些能力去分选从质膜进入分泌小泡的可以回收利用的分子，使它们返回质膜重新发挥功能；那些需要被降解的分子则通过网格蛋白包被囊泡被运输到多泡体中，并最终到达溶解性液泡中。多泡体是球形的膜区室，其中包含了独特的内化囊泡（图 1.37A）。从多泡体的边界处可以芽生出两种

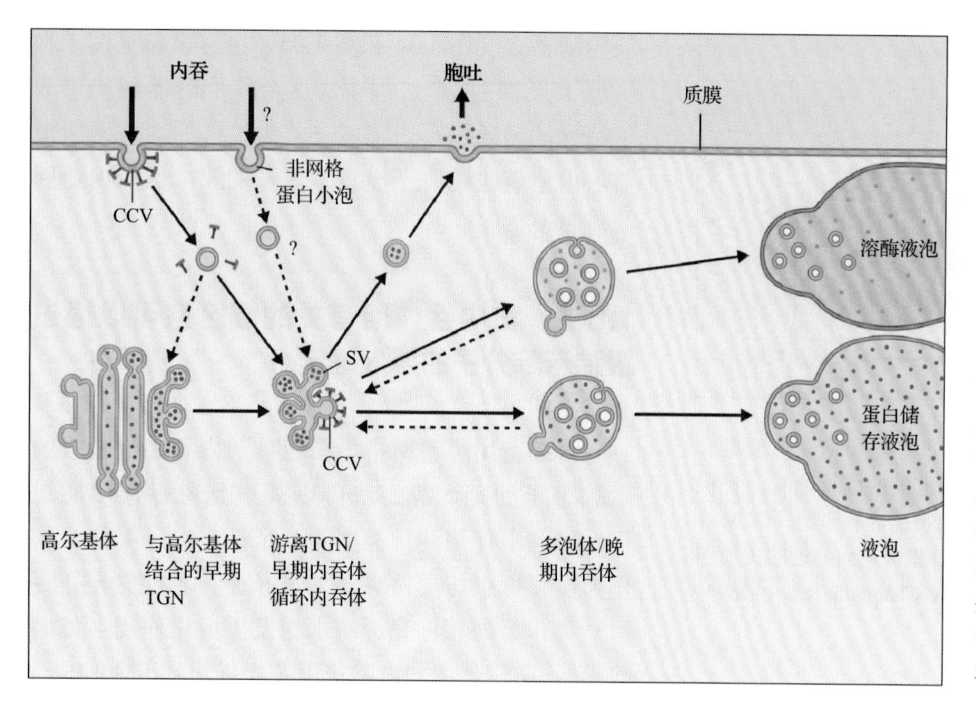

图 1.36 植物细胞内吞途径的模式图。质膜物质通过网格蛋白包被小泡被内吞，并送至被称为早期内吞体的区室中，而大部分早期内吞体似乎对应于游离的 TGN 膜囊（见图 1.25A）；在 TGN 膜囊中，不同类型的蛋白质被分选和包装，进入分泌小泡（SV），将物质重新循环送回质膜，或者进入网格蛋白包被小泡（CCV），将分子运输到作为晚期内吞体的多泡体（MVB）。一些多泡体将分子转移到裂解液泡中，其他多泡体将物质送到蛋白存储液泡中

不同的囊泡。那些出芽朝向细胞质并且回收膜蛋白进入 TGN 的囊泡被称为**逆运复合体小泡**（**retromer vesicle**）；相反，从边界膜出芽并进入多泡体腔的囊泡被命名为**内囊泡**（**internal vesicle**）。后一个途径被用来将膜蛋白——大多是激活的、内化的质膜受体隔离到多泡体的内部，从而使它们的功能被沉默，并最终被溶解性液泡中的酶降解。多泡体囊泡的内含物转运到储存或者溶解性液泡，是通过多泡体与这些液泡的膜进行融合实现的（图 1.37B）。

两类结构类似的多泡体，可以根据它们的细胞定位及功能特征进行区分。一类定位在非常接近 TGN 的位置，并且这两种膜区室被连续的 TGN/MVB 支架系统所包围。在发育中的拟南芥胚胎细胞中，种子储存蛋白在这些 TGN 相关的多泡体中开始降解，将加工过的储存蛋白转移到蛋白储存液泡中。包含货物分子并且最终目的地是液泡的多泡体也被称为前液泡区室，不过由于多泡体的定义更加准确，所以前液泡区室的命名正在被逐步淘汰。那些不包含在 TGN/MVB 支架系统中的多泡体以独立的方式在细胞内自由移动，好像并不参与处理

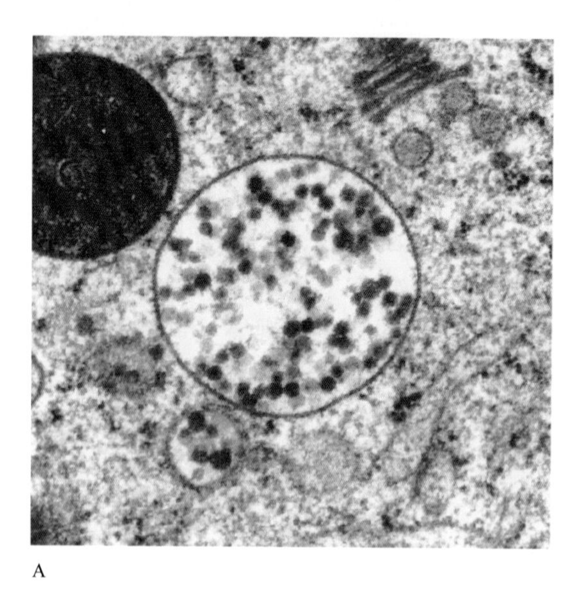
A

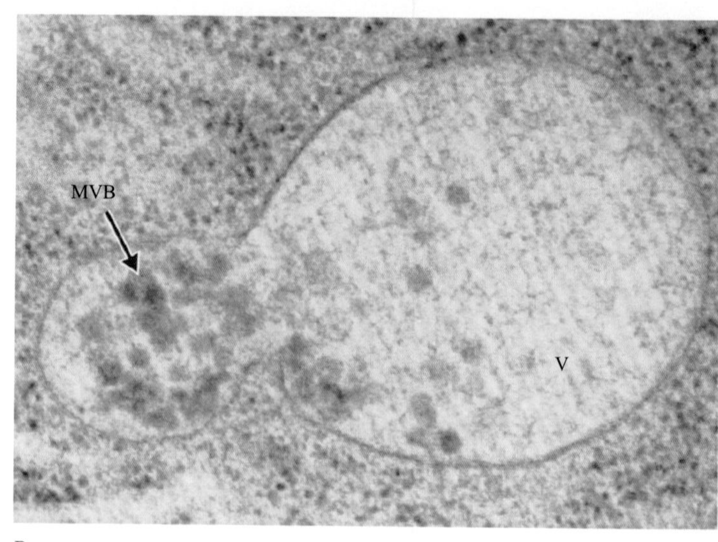

B

图 1.37 A. 悬浮培养的烟草细胞中一个大的和一个小得多的泡体。B. 正在和液泡（V）融合的多泡体（MVB），正将其内部小泡转运到液泡腔中。来源：图 A 由 L. Andrew Staehelin 提供；图 B 来源于 Byung-Ho Kang, University of Florida, Gainesville, FL

储存蛋白。这些接收内吞分子的独立多泡体也被支架系统包围，并且将它们的内含物转移到溶解性液泡中。

1.7 液泡

液泡（vacuole）是由**液泡膜**（tonoplast membrane）包被的充满液体的区室，是大多数植物细胞中最显眼的细胞器：它们通常占细胞体积的大约 30%（图 1.38），但是在一些细胞中，液泡可以占据将近 90% 的细胞体积——液泡把大部分的细胞质挤到了一个薄的外周层，通过细胞质的跨液泡丝与细胞核区相连。在细胞周期中（见第 11 章），顶端分生组织细胞液泡的形状和大小都发生巨大的变化。在分裂间期（细胞周期的 G_1 期），大量小液泡遍布整个细胞质（见图 1.1B）。在 S 期、G_2 期和前中期，这些小液泡融合形成较大的单元。在细胞板形成过程中，液泡的体积收缩多达 80%，这与成膜体的形成相一致，并且液泡被认为处于管状的构象。这种收缩的状态一直持续到细胞质分裂完成，两个子细胞进入 G_1 期。在细胞分裂末期的早期，液泡体积的短暂收缩被认为是一种增加细胞质体积的方法，以便容纳正在形成的成膜体的微管阵列及相关的细胞板结构。

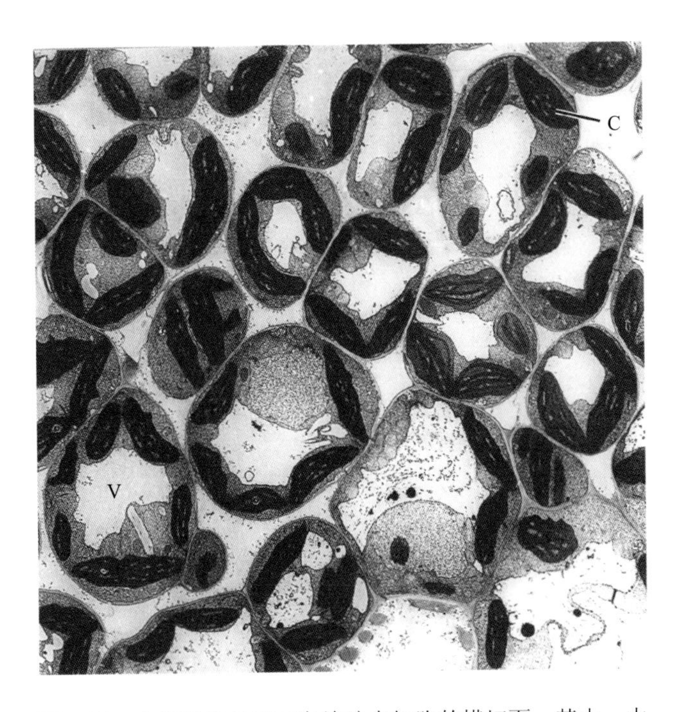

图 1.38 电镜图像显示豆海绵叶肉细胞的横切面，其中，中央液泡（V）占据了大量的细胞体积。C，叶绿体。来源：图片由 L. Andrew Staehelin 提供

1.7.1 植物利用液泡很容易产生大细胞

植物在演化中所面临的主要挑战是如何发展出一种巨大的太阳能收集器，其代谢上的能耗可以通过叶绿体在生长季节捕获利用的太阳能来补偿。这个问题通过增大液泡体积驱使细胞体积扩大，同时保持富含氮元素的胞质的量不变而解决。保持氮元素的量对于植物特别重要，植物的生长经常由于氮元素的获取不足而受到限制。通过主要由水和矿物质构成的“廉价”的液泡内容物来填充细胞内大部分体积，植物可以显著减少扩大结构所付出的代价，比如叶片这种用后就可以扔掉的太阳能收集器。

植物细胞的膨大，是由液泡渗透吸水和细胞壁扩展性改变这两个方面共同驱动的。水吸收进液泡产生膨胀压，不仅延展初生细胞壁，也产生了细胞壁相连接的坚硬的、有荷载承受能力的结构。利用内部的流体静力压来增强很薄的初生细胞壁强度的方法，类似于利用空气压力把一根扁平、可弯曲的橡胶管变为高强度、可负载重物的自行车内胎。萎蔫和植物器官的软化是由于液泡失水造成的。

为了保持细胞持续膨胀所需的膨压，细胞必须主动将溶质转运到生长的液泡中，以维持其渗透压。跨液泡膜的电化学势能梯度为溶质吸收提供了驱动力。反过来，这一梯度是由两种生电质子泵——V 型 H^+-ATP 酶和液泡 H^+- 焦磷酸酶（H^+-PPase）产生并维持的。液泡中的基本溶质包括一些离子，如 K^+、Na^+、Ca^{2+}、Mg^{2+}、Cl^-、SO_4^{2-}、PO_4^{3-} 和 NO_3^-，以及一些初级代谢物，如氨基酸、有机酸和糖类。水跨越液泡膜的运输是由水通道蛋白介导的（见第 3 章）。

1.7.2 植物液泡是多功能的区室

液泡除了促进细胞的膨胀，还参与其他一些代谢过程。

储存（storage）：除了储存上面提到过的溶质和初级代谢产物外，植物在液泡中还储存大量的蛋白质，尤其在种子中。所有储存物都可以从液泡中回收并用于代谢过程，以维持生长。有趣的是，大多数水果和蔬菜的味道都是由液泡中储存的化合物产生的。

消化（**digestion**）：液泡中含有与动物细胞溶酶体中相同类型的酸性水解酶。这些酶包括蛋白酶、核酸酶、糖苷酶和脂酶，它们共同作用可以破坏和回收细胞内几乎所有的成分。这种回收不仅对于细胞结构的正常周转更新是必需的，而且可以从与发育及衰老有关的程序性死亡的细胞中回收有用的营养物质（见第 20 章）。

pH 和离子稳态（**pH and ionic homeostasis**）：大液泡可作为质子和主要代谢离子（如钙离子）的储存器。一般来说，植物液泡的 pH 为 5.0 ～ 5.5，不过变动范围可在约 2.5（如柠檬的液泡）到 7.0 以上（如未激活的蛋白储存液泡）。通过控制质子和其他离子向胞质释放，细胞不仅可以调节胞质的 pH，还可以调节酶活性、细胞骨架的装配及膜融合过程。

抵御微生物致病原和草食动物（**defense against microbial pathogens and herbivores**）：植物细胞在液泡中积累了种类惊人的毒性化合物，从而减少动物的取食及杀死病原微生物。这些化合物包括：

- 酚类化合物、生物碱、含氰苷，以及用来对付昆虫及草食动物的蛋白酶抑制剂。
- 细胞壁降解酶类（如几丁质酶和葡聚糖酶）和防御分子（如皂苷，用来杀死致病真菌和细菌）。
- 乳液，阻塞伤口用的亲水性聚合物乳胶，同时具有杀虫和杀真菌的特性，也作为抗植食剂。

有毒化合物的隔离（**sequestration of toxic compound**）：植物不能避开毒性位点，也不会通过排泄除去有毒物质（如重金属）和有毒代谢物（如草酸）。但是，植物可以把这些毒素分子隔离到液泡中。例如，为了除去草酸，特定的细胞分化出含有一种有机基质的液泡，在其中，草酸和钙形成草酸钙结晶。在其他类型的植物细胞中，**ABC 转运体家族**（**ABC family of transporter**）成员将**异生素**（**xenobiotic**）从细胞质转运到液泡中（见第 3 章）。叶片液泡中有毒化合物的积累是叶片有规律脱落的一个原因。

色素沉着（**pigmentation**）：在很多种植物的液泡中都发现了花色素苷。具有色素的植物花瓣和果实分别用来吸引传粉者和种子传播者。在叶片中，有些液泡色素可以屏蔽紫外线和可见光，防止光氧化作用对光合细胞器的损伤。

1.7.3 植物通过液泡转换途径产生不同类型的液泡

植物液泡研究需要回答的一个基本问题是，植物细胞是直接产生各种功能各异的液泡（多类型液泡假说），还是先产生一种基本的液泡系统，然后在响应发育或者生理信号后进行特化？直到最近，大部分的研究者支持多类型液泡假说，这个假说认为在根顶端细胞的中央液泡是由蛋白储存液泡和已存在的溶解性液泡融合而形成的。但是，最近的一些研究结果与这个假说相矛盾。尤其是这些新研究已经证明在新鲜的、刚萌发幼苗的根尖细胞中只包含蛋白储存液泡，为生长的细胞提供营养。随着营养物质从液泡中释放，蛋白储存类型的液泡通过细胞类型特异的转化途径，逐渐转化为溶解性液泡。这个转变过程涉及液泡形态的变化，以及液泡膜组分的变化。最显著的特征是蛋白储存液泡的标记蛋白 α-TIP（一种水通道类蛋白），被溶解性液泡的同源水通道蛋白 γ-TIP 所替代。形成和维持不同类型的液泡涉及不同类型的液泡靶向信号（见第 4 章）。

在拟南芥和大豆逐渐衰老的叶片中，叶肉细胞和保卫细胞能够产生两种类型的酸性液泡系统：一类大的中央液泡系统，具有裂解特性；一类小一点的、与衰老相关的液泡。小液泡的酸性比中央液泡更强，并且积累衰老特异的半胱氨酸蛋白酶，还缺少中央液泡含有的 γ-TIP。但是，这些小液泡是从头合成的还是从中央液泡出芽形成的，目前依然没有定论。

自噬液泡（**autophagic vacuole**）又叫**自噬体**（**autophagosome**），是一种瞬时的、很大的双层膜液泡，主要负责将细胞质中的物质转移到溶解性液泡 / 溶酶体中进行降解。由破裂的液泡膜（也有可能是内质网膜）衍生的类似于膜囊的膜捕获一定区域内的细胞质及整个细胞器，这个过程就被起始，随后再与溶解性液泡或者溶酶体进行融合。自噬液泡被用来回收旧的或者损坏的细胞器，以便在饥饿情况下为细胞提供营养，在种子萌发过程中在根尖细胞中产生大的中央液泡，以及在程序性细胞死亡过程中调动细胞质（图 1.39）。

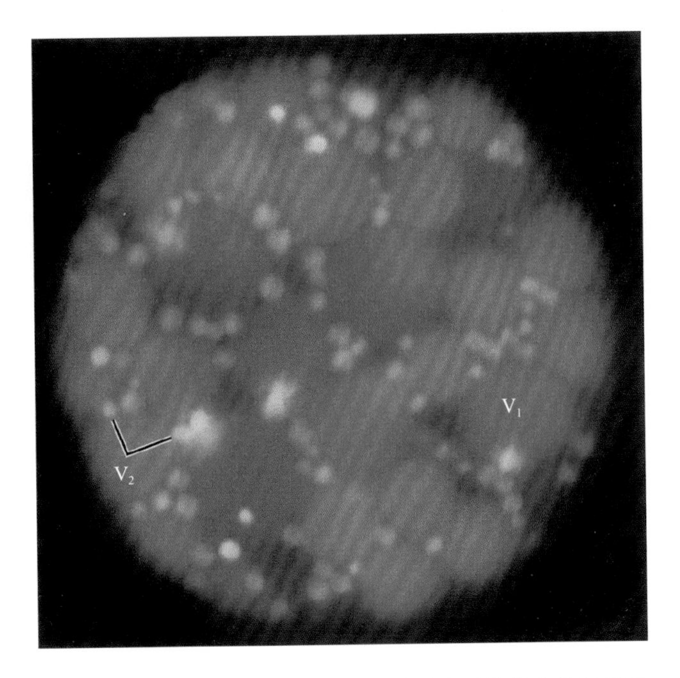

图 1.39　用一种荧光染料染色的糊粉原生质体的光学显微镜照片。描绘了两种类型的液泡：大的蛋白储存液泡（V_1）和小的溶酶/自噬型液泡（V_2），其中 V_2 可能参与自噬相关的程序性细胞死亡。来源：图片由威斯康星大学麦迪逊分校的 Paul C. Bethke 提供

1.8　细胞核

细胞核含有细胞绝大部分的遗传信息，是调节细胞活性的中心（图 1.40）。尽管在细胞分裂间期由 DNA- 蛋白质复合体构成的染色体明显只以不规则的网络状染色质的形式存在，单个的染色体在细胞周期这一阶段依然占据了一些不连续的部分。对于基因表达，间期是细胞周期中最重要的阶段，因为在这个时期染色体上发生活跃的转录。

一个典型的间期植物细胞的细胞核有一个或几个**核仁**（**nucleolus**）游离于核基质，也叫**核浆**（**nucleoplasm**）中。这些显著的、深度着色的、通常是球状体的核仁容纳着生产胞质核糖体的机器。下面的内容将对细胞核的超微结构和活性，以及核孔的结构进行简要介绍。细胞核的产物必须通过核孔才能到达细胞质。

1.8.1　核被膜是一个具有多种功能的动态结构

核被膜（**nuclear envelope**）是细胞核的外层边界。核被膜由两层同心的膜——**内层核膜**（**inner nuclear membrane**）和**外层核膜**（**outer nuclear membrane**）组成，两层膜被**核周间隙**（**perinuclear space**）隔开（图 1.41）。核被膜有两个主要的功能：一个是将细胞核区室中的遗传物质与胞质中的酶系

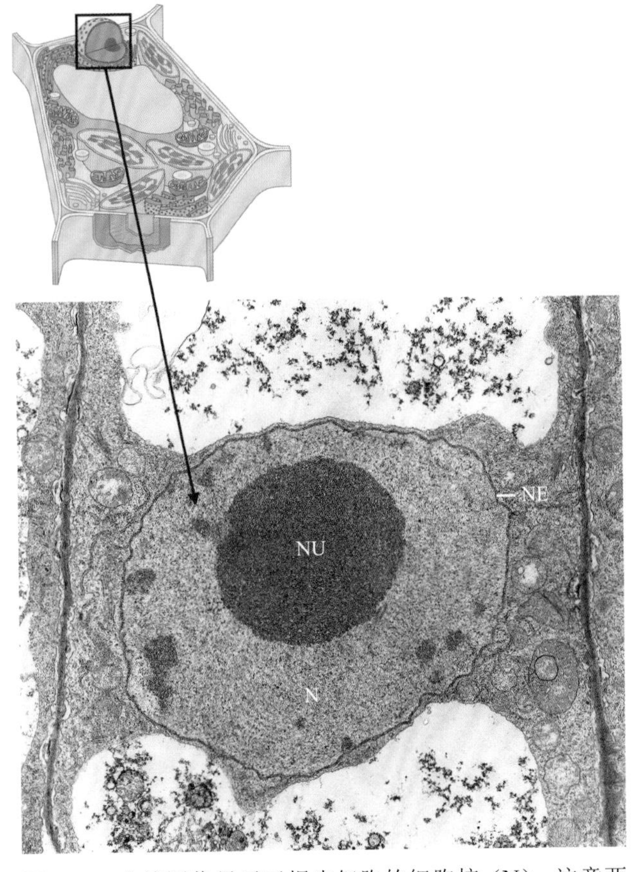

图 1.40　电镜图像显示豆根尖细胞的细胞核（N）。注意两层膜的核被膜（NE）及大的中心核仁（NU）。来源：图片由 Eldon Newcomb 提供

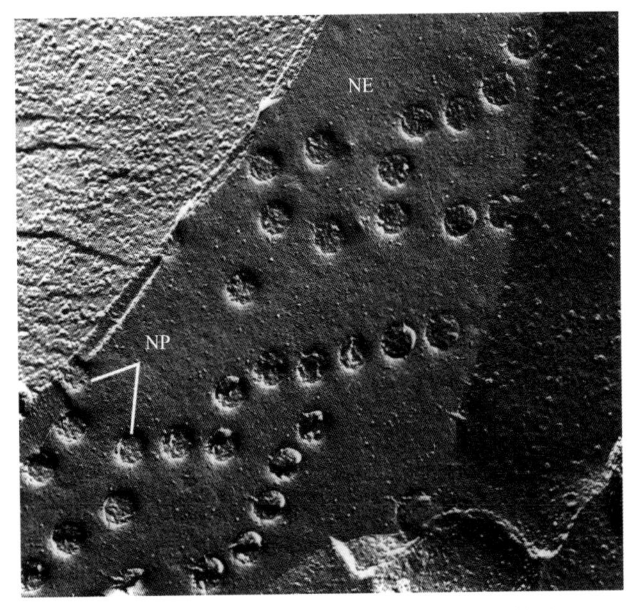

图 1.41　电镜图像显示冷冻破裂的核被膜(NE)及核孔(NP)。在横切面上可以很明显看到内膜和外膜的连续性。来源：图片由 L. Andrew Staehelin 提供

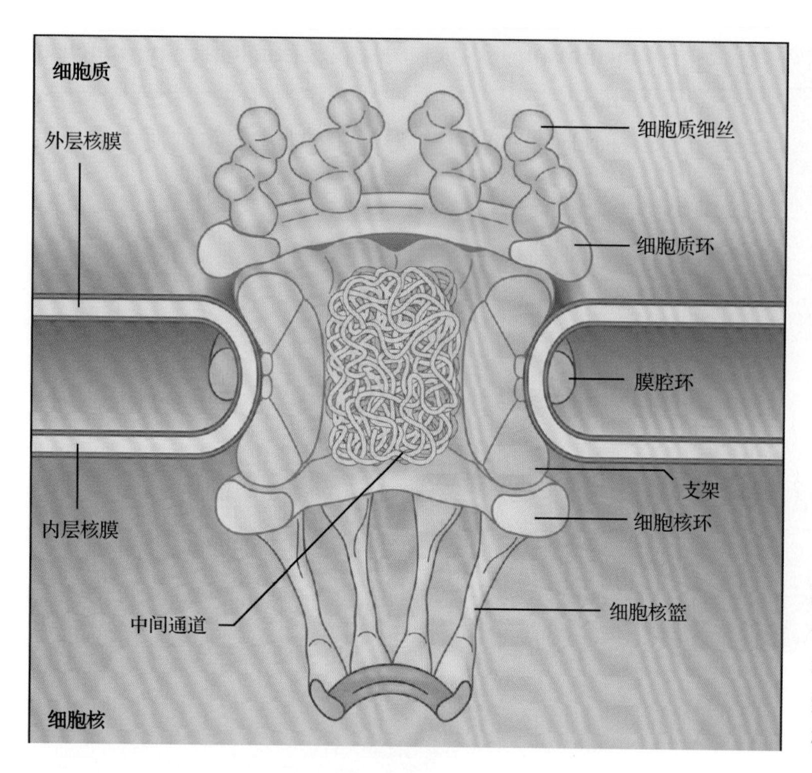

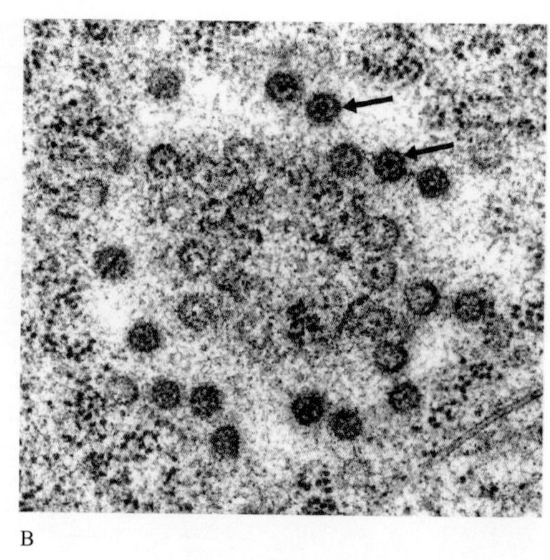

图 1.42　A. 核膜上的核孔复合体模式图。B. 电镜图像显示通过烟草根尖细胞核孔复合体的薄层横切片。箭头指示核孔，其中可见在 A 图中已经描述过的中央栓。来源：图 B 由日本冈崎基础生物国家研究所的 Takashi Murata 提供

统分隔开；另一个是调控通过**核孔**（**nuclear pore**）在这两个区室间进行运输的分子交换（图 1.41 和图 1.42）。通过核孔的桥形双层区域，内、外核膜相互连接在一起。外层核膜和内质网膜是连续的，两者之间有狭窄（直径约 20nm）的连接（见图 1.14 的区域 3），并且与内质网相似，其胞质面上附有有功能的核糖体。因此，核周间隙与内质网腔是连续的。一种由直径 10nm 的纤丝构成的网眼结构称为**核纤层**（**nuclear lamina**），紧贴于内层核膜之下（见图 1.14 的区域 1）。核纤层和核孔复合体相连，并负责间期染色质在核周边的锚定和组织。

1.8.2　核孔复合体具有分子筛和主动转运子的功能

在不同类型的细胞中，嵌于核被膜上的核孔复合体的密度有相当大的变化。在植物细胞中，核孔占据 8% ～ 20% 的被膜表面积，核孔密度为 6 ～ 25/μm^2。在不同生物和不同细胞类型中，核孔在核被膜上分布的模式不一样。

每个核孔由复杂的巨大分子组装而成，叫作**核孔复合体**（**nuclear pore complex**）（图 1.42）。核孔复合体八角对称，在动物和植物中普遍具有相似的大小和结构。一个核孔复合体孔径约 50nm，总蛋白分子质量约 125MDa，由超过 30 种不同的蛋白质——称为**核孔蛋白**（**nucleoporin**）的多个拷贝组成。

核孔复合体调节细胞质与细胞核之间的物质运输。它们允许水溶性小分子（< 1kDa）快速自由扩散；大点的分子（< 40kDa）也可以扩散通过核孔，但是速度要慢很多；> 40kDa 的蛋白质和蛋白质 -RNA 复合体及一些稍小点的蛋白质（如组蛋白）就需要主动运输系统。在电子显微镜下，核孔中心区的染色更深（图 1.42），很可能是因为有正在运输的蛋白质存在。

胞质中翻译的蛋白质如果具有**核定位信号**（**nuclear localization signal**）的氨基酸序列，就能进入核内（见第 4 章）。核输入受体识别这一信号，从而打开核孔中心的通道。从核内出去显然也需要一个附加的信号。大多数输入蛋白停留于核内，即使它们能够以可溶性形式在核基质中自由运动。然而，部分蛋白质在核内与胞质间来回运动。通过中心通道向任何一个方向转运大一点的蛋白质或颗粒，都需要以 ATP 的形式提供能量。ATP 的水解可能引起了转运体构象上的变化，从而使核孔打开。

1.8.3　核仁是细胞中核糖体的合成工厂

虽然**核仁**（**nucleolus**）没有膜包被，但它仍然是细胞核内一个明显的细胞器（图 1.43）。核仁中包含很多巨大的分子，如 rRNA 基因、前体和成熟的 rRNA、RNA 加工酶、snoRNP（核仁小核糖核蛋

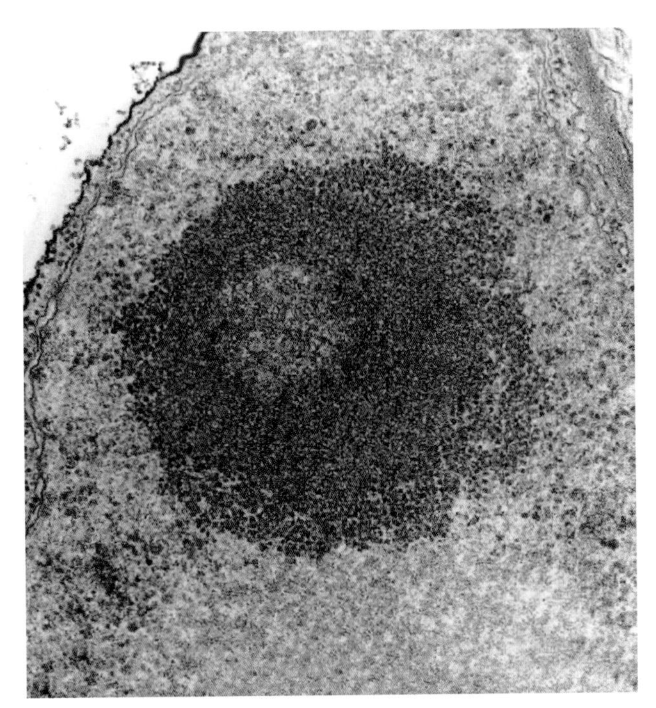

图 1.43　电镜图像显示康乃馨细胞核中的核仁。注意三个特征亚结构域：发生核糖体转录的纤维中心，加工 rRNA 的转录产物的周边致密纤维组分，围绕着整个结构的边缘颗粒层。来源：图片由 Eldon Newcomb 提供

白）、核糖体蛋白和已经部分组装的核糖体。核仁的主要功能是转录核糖体 DNA（其在整个核仁中呈环形存在），组装核糖体 RNA，并将核糖体 RNA 与输入的核糖体蛋白装配成为核糖核蛋白亚基，转运到细胞质中。核仁的大小是高度可变的，反映了细胞中正在产生的核糖体的数目。在电子显微镜下，可清楚观察到核仁的三种亚结构（图 1.43）。

- 一个或多个纤维中心，是核糖体基因转录的地方；
- 围绕中心的致密纤维组分，rRNA 转录产物在此加工；
- 包围整个纤维区域的颗粒组分。

颗粒组分由前核糖体颗粒和直径 15 ～ 20 nm 的核糖体亚基构成。这些颗粒处于不同的装配阶段，比胞质中成熟的核糖体要小。成熟后，它们会通过核孔中心通道输出到核外。核仁在细胞分裂前期开始时降解，并在末期重建，这时子代细胞核中染色体核仁组织区的核糖体基因变得活跃起来。

1.8.4　在有丝分裂期间，核被膜崩解成膜囊碎片，围绕子代细胞核起始新核膜的形成

在有丝分裂开始后（见第 11 章），核被膜在前中期开始时崩解，而在这之前核孔复合体解体，在核膜上留下一个个洞。在有丝分裂过程中，一种周期蛋白依赖的蛋白激酶在调控核膜解体和重建的过程中起核心作用。核被膜内表面的核纤层磷酸化，与核纤层及核被膜的降解有紧密联系，并且被认为参与核孔复合体的组装和解体过程。当核被膜解体时，这些膜转变成内质网中类似膜囊的膜区室。在前中期之后，这些核膜残片被分配到分裂细胞两半中。在早末期，核纤层及其他蛋白质的去磷酸化，触发核被膜在染色体表面重新组装，在这个过程中细胞质蛋白被排除。紧接着，核孔复合体在相邻的膜区室重新组装，并通过膜的生长和凝聚完成核被膜的装配。

1.9　过氧化物酶体

过氧化物酶体（**peroxisome**）是由单层膜构成的结构简单的细胞器，其中包被着细颗粒状的过氧化物酶体基质（图 1.44）。大部分过氧化物酶体是粗糙的球体，直径为 0.2 ～ 1.7μm。过氧化物酶体的数目及其酶的组成是高度可变的，在特定的细胞中它们会随着植物发育阶段和生活环境的改变而变化。过氧化物酶体中包含有 300 种以上核编码的蛋白质，它们参与脂肪酸氧化、活性氧的代谢、光呼吸及三酰甘油的代谢。过氧化氢酶存在于所有的过氧化物酶体中，已成为过氧化物酶体的标记酶（图 1.44B）。过氧化物酶体基质中的酶含量非常高，由它们的高密度（1.23g/cm^3，而线粒体是 1.18g/cm^3）可以反映出来，并且在叶片的过氧化物酶体中会形成异常美丽的过氧化氢酶晶体（图 1.45）。在表达 GFP 与过氧化物酶体靶向信号融合蛋白的转基因拟南芥的活体细胞中，可以看到过氧化物酶体通过出芽的方式形成新的过氧化物酶体，并且沿着肌动蛋白丝以高达 10μm/s 的速度进行移动。

1.9.1　过氧化物酶体的功能依赖它们所在的器官和组织

在 C_3 植物（第一个稳定的光合作用中间产物为三碳化合物三磷酸甘油酸的植物）的叶片中，过氧化物酶体在**光呼吸**（**photorespiration**）中起关键作

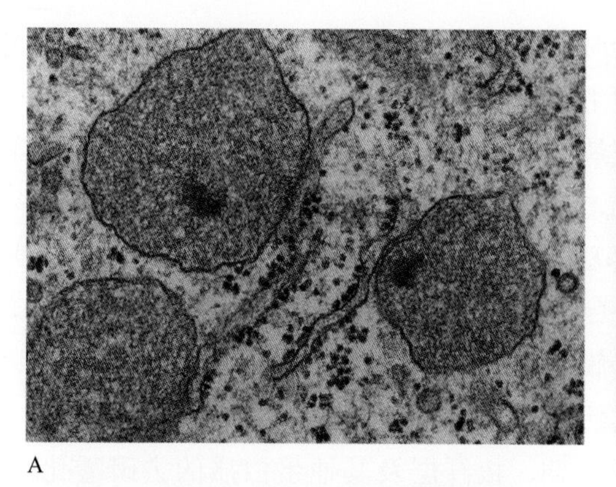
A

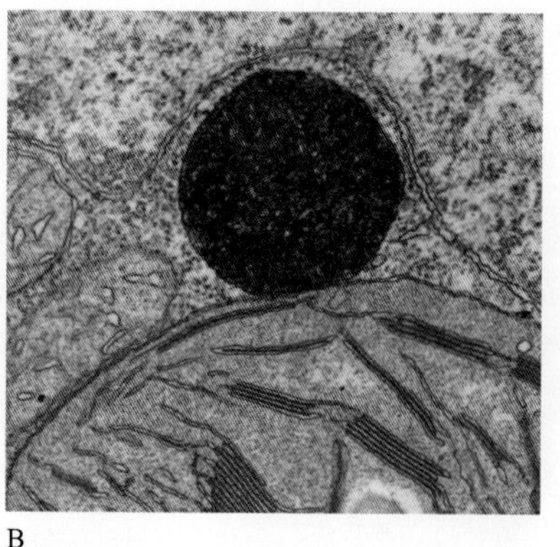
B

图 1.44 A. 一个豆根细胞中三个圆的、未分化的过氧化物酶体和内质网膜囊有紧密联系。B. 烟草叶中用二氨基联苯胺和锇染色的过氧化物酶体，证明在过氧化物酶体中存在过氧化氢酶。来源：图片由曼荷莲学院的 Sue E. Frederick 提供

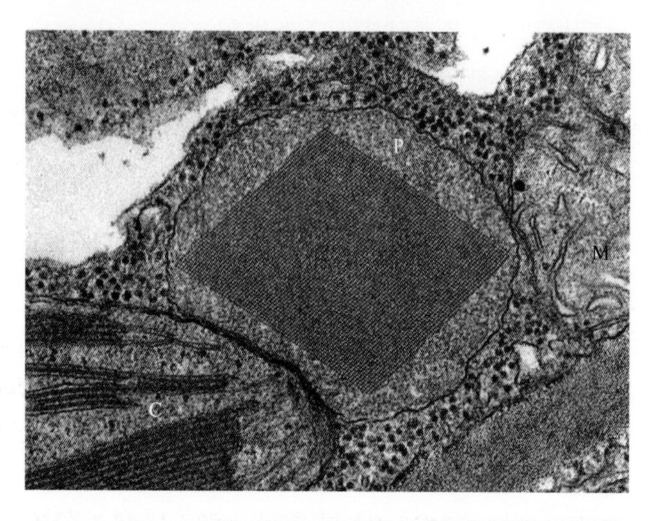

图 1.45 电镜图像显示烟草叶片过氧化物酶体（P）、叶绿体（C）及线粒体（M）空间位置上的紧密联系。注意在过氧化物酶体中存在大的过氧化氢酶晶体。来源：图片由 Sue E. Frederick 提供，来源于 Frederick, S.E. & Newcomb, E.(1975). Protoplasma 84: 1-29

用；见第 14 章，光呼吸是一个依赖光的、由具有双重功能的卡尔文循环酶 Rubisco（1,5- 二磷酸核酮糖羧化酶 / 氧化酶；见第 12 章）催化，摄取 O_2 并释放 CO_2 的过程。尽管 Rubisco 对 CO_2 具有更高的底物亲和力——将其加到 1,5- 二磷酸核酮糖上最终形成两分子的 3- 磷酸甘油酸，它也可以催化大气中丰富的 O_2 与 1,5- 二磷酸核酮糖结合，产生一分子 3- 磷酸甘油酸和一分子 2- 磷酸乙醇酸。因为 2- 磷酸乙醇酸不能进入卡尔文循环，而 3- 磷酸甘油酸可以，光呼吸碳氧化循环可以将 2- 磷酸乙醇酸转化成 3- 磷酸甘油酸，从而对 2- 磷酸乙醇酸进行补救，使 2- 磷酸乙醇酸中 75% 的还原态碳原子重新进入卡尔文循环，而其余的则以 CO_2 的形式释放。

光呼吸循环涉及叶绿体、叶片的过氧化物酶体及线粒体间的相互作用。C_3 植物叶片的电子显微镜照片显示，这三个细胞器始终在物理位置上紧密联系，并且经常相互紧贴在一起（图 1.45）。最近的研究表明，一个名叫 PEX10 的蛋白质介导过氧化物酶体与叶绿体之间的结合。

由于光呼吸是 C_3 光合作用不可避免的副产物，因此过氧化物酶体在 C_3 植物的叶肉组织中大量存在。在 C_4 植物中，光合作用的第一个稳定中间产物是一种四碳有机酸，并且卡尔文循环不是在叶肉细胞而是在维管束鞘细胞中发生（见第 12 章）。在维管束鞘细胞中因为 CO_2 浓度远远高于大气环境中的浓度，Rubisco 的氧化酶活性降低。在 C_4 植物中，过氧化物酶体都集中在维管束鞘细胞中，与叶肉细胞中的过氧化物酶体相比，体积小，且数量少得多。

乙醛酸循环体（**glyoxysome**）是特化的过氧化物酶体，在萌发的富油类种子中参与脂类的动员（图 1.46；也可见第 8 章），并且在衰老的细胞中参与膜的降解和回收（见第 20 章）。在某些豆科植物根瘤中，过氧化物酶体参与将固定的 N_2 转化为富氮有机物质的过程（见第 16 章）。

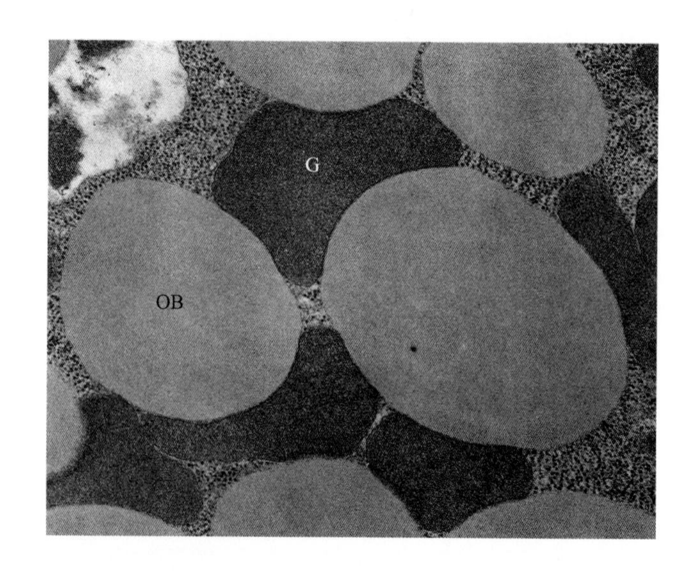

图 1.46 电镜图像显示发芽番茄种子子叶中围绕油体（OB）的乙醛酸循环体（G）。来源：图片由曼荷莲学院的 Sue E. Frederick 提供

1.10 质体

质体是仅存在于植物细胞中的主要细胞器。质体进行光合作用，合成和储存淀粉及油脂，并贡献其他生物合成途径所需的产物。外层边界由一对同心膜组成的被膜包被(图 1.47)。质体具有半自主性，具有合成一些自身蛋白质所需的遗传机制。每个细胞中的质体数目在发育过程中是高度可变的，它们通过分裂繁殖。

如同名字（质体来自希腊文 *plastikos*，意为“模式的”）所暗示的，质体的大小、形状、内含物和功能变化很大。最近对表达融合到叶绿体基质定位信号上的绿色荧光蛋白（GFP）的转基因植物细胞的研究，又重新引起人们对质体多变性的兴趣。GFP 探针可以跟踪显示质体形状的快速变化，尤其是一种 0.35 ～ 0.85μm 宽的管状延伸——人们称为**基质小管**(基质填充的小管，图 1.48)的形成和收缩。它们不仅可以生长和收缩，还能相互之间结合以及与其他质体融合，但是它们不形成可以进行分子交换的管状桥。

质体具有显著的分化、去分化及再分化能力（图 1.47），这种高度可塑性也导致质体命名上的一些困惑。最显著的是“白色体”(leucoplast)这个名称，有三种用法：用来命名一些 / 全部类型的没有色素的质体；用来命名那些产生特定类型不含色素质体的假定质体前体；用来命名那些产生关键油脂的不含色素的质体(见下)。在这个章节，我们用“白色体”来描述产生关键油脂的质体。用“白色体”这个术语描述一些 / 全部类型的没有色素的质体已经没有什么实质的意义，因此应该停止这样的用法。

1.10.1 质体的内膜和外膜在组成、结构和转运功能上有差别

质体的包被膜介导质体和周围细胞质之间的双向代谢物运输流。与大部分真核细胞的其他被膜不同，叶绿体被膜和类囊体膜富含半乳糖脂，但是磷脂的含量很低。某些研究者认为这种区别反映了植物从海洋环境中演化而来，而海洋中磷是一种稀有元素（见第 8 章）。

外被膜（**outer envelope membrane**）上含有一种非特异性的孔蛋白，允许水分子、各种离子和代谢物（以 10kDa 左右为上限）自由进入**膜内空间**(**intermembrane space**)，即两层膜间的水环境。外膜表面光滑，不会在任何位点和内膜融合。然而电子显微镜的研究表明，它们之间有接触位点，有蛋白质连接两层膜并介导核编码的叶绿体蛋白从胞质向叶绿体基质中转运（见第 4 章）。在定位于外层膜上的多肽中有一些参与半乳糖脂代谢的酶，其中的一些参与冷锻炼过程。

内被膜（**inner envelope membrane**）可以让不带电的小分子自由通过，如 O_2、NH_3，以及低分子

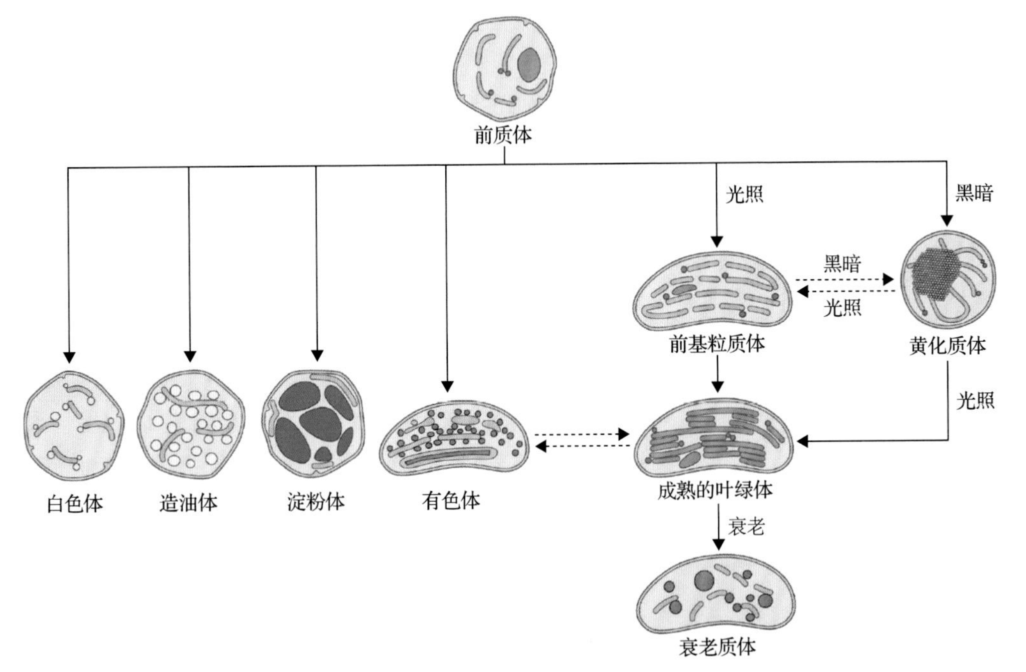

图 1.47　几种主要类型的质体之间发育关系模式图。植物中所有的质体来源于前质体，前质体可以通过卵细胞和精细胞传递给下一代，并且在分生组织中维持存在。实线箭头描述了正常的质体发育步骤，虚线箭头表示在特殊的环境下可以发生逆转

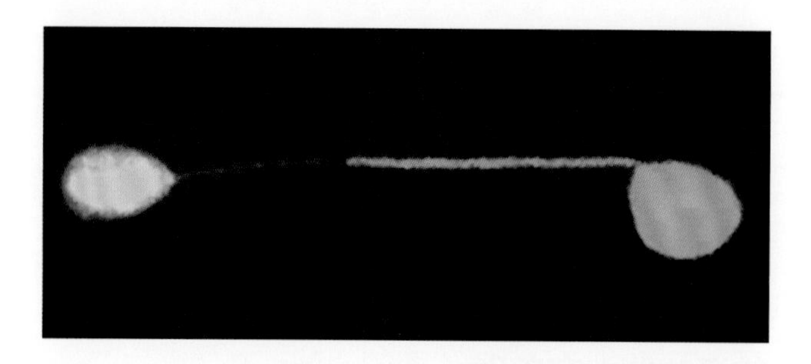

图 1.48 光学显微镜照片显示两个荧光标记的质体通过薄的、管状的基质小管延伸使它们两端相连。两个质体都含有相同的光转换类型 GFP，不过左边的质体已通过照射将其荧光分子由绿色转变成红色。右边的质体没有绿色荧光的转换，证明基质小管并不融合，也没有蛋白质交换。来源：Jaideep Mathur, University of Guelph, Canada

质量、未解离的单羧酸。然而，大多数代谢物需要特殊转运蛋白的协助才能跨越内被膜。内被膜也包含装配类囊体膜中脂类所需的酶类。

1.10.2 所有类型的质体在发育上都与前质体有关

前质体（**proplastid**）是其他类型质体的前体（图 1.47）。在精细胞和卵细胞中，它们是可以传给下一代植物的质体，并且还是分生组织细胞的典型特征。在被子植物分生组织中，每个细胞含有 10 ～ 20 个球形或者卵圆形的前质体，直径为 0.2 ～ 1.0μm（图 1.49）。前质体的内环境称为**基质**（**stroma**），密

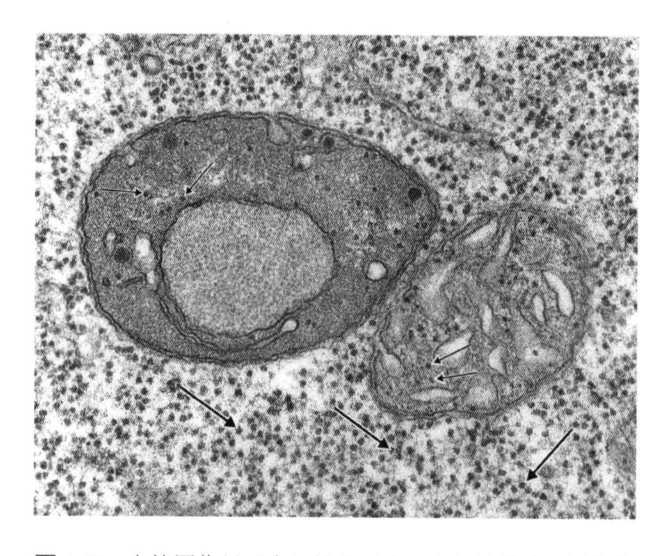

图 1.49 电镜图像显示在豆根细胞中一个与线粒体相邻的前质体（左）。注意两个细胞器中的核糖体（小箭头所示）比胞质核糖体（大箭头所示）要小。前质体中大的高电子密度颗粒是质体小球，而中心大圆形结构是储存蛋白。来源：图片由 Eldon Newcomb 提供

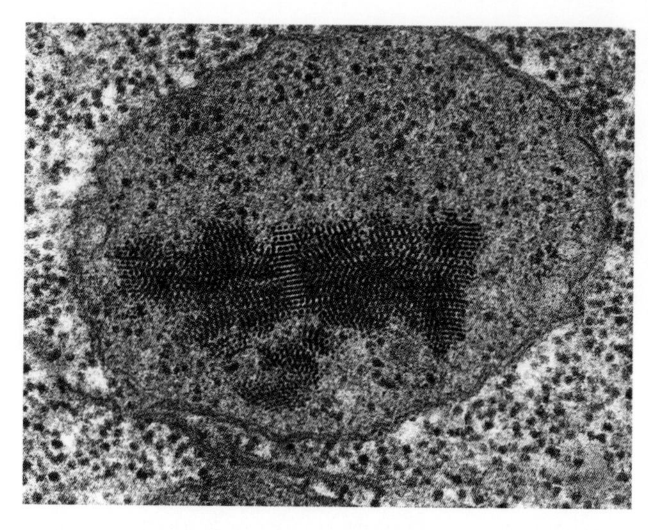

图 1.50 电镜图像显示大豆根尖分生组织前质体中的植物铁蛋白沉淀。来源：图片由 William P. Wergin 提供

度相当一致并且有极细的颗粒，相比高度分化的黄化体和叶绿体，前质体含有的核糖体少得多。当电子显微镜下明亮的区域可以看到直径 3nm 的 DNA 纤丝时，在化学固定的细胞中可以从基质中分辨出一个或多个类核（nucleoid）。在前质体中，内膜系统没有充分发育，只有一些内膜折叠和少量称为**片层**（**lamella**）的扁平囊及相关的质体小球（见 1.10.5 节）。前质体基质中经常含有淀粉颗粒，有时会含有植物铁蛋白沉淀（图 1.50）——这是一种类似于动物细胞中铁蛋白的离子储存形式。植物铁蛋白在储存器官的质体中最常见。

1.10.3 叶绿体中装着光合作用的系统结构

叶绿体（**chloroplast**，图 1.51）是负责捕获能量的绿色光合作用质体，在维管植物中通常是半球状或透镜状，但是在苔藓和藻类中，形状有很大变化。植物叶绿体通常为 5 ～ 8μm 长、3 ～ 4μm 厚。叶绿体中的光合作用系统包含在扩展的**类囊体**（**thylakoid**）膜系统中（见 1.10.4 节）。

随着细胞类型和物种的不同，光合细胞中的叶绿体数目变化很大。在蓖麻叶片中，一个栅栏叶肉细胞大约含有 36 个叶绿体，而海绵叶肉细胞只含大约 20 个。一片蓖麻叶中每平方毫米大约含 500 000 个叶绿体，其中 82% 在栅栏叶肉细胞中。叶绿体中储存淀粉的量，会随糖的合成与输出之间的平衡而变化。在幼叶中，正在发育的叶绿体中也有许多的质体球及类囊体相关的油脂体（图 1.51 和图 1.57；

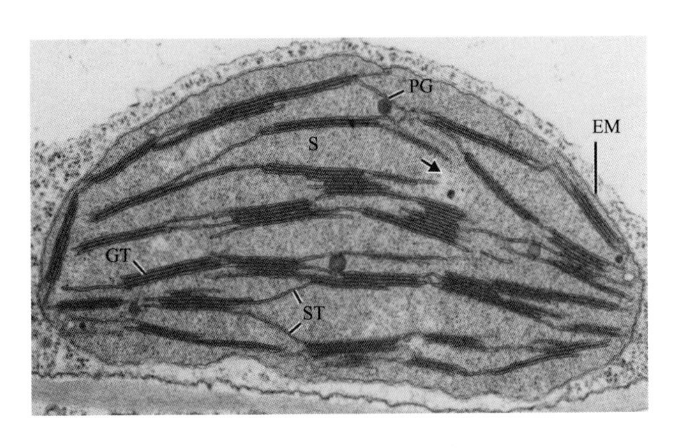

图 1.51　电镜图像显示一个正在发育的烟草叶绿体。双层包被膜（EM）勾勒出了叶绿体基质（S）的边界，在其中可以看到垛叠的基粒类囊体（GT）和非垛叠的基质类囊体（ST）。黑色颗粒是质体小球（PG）。箭头指向的染色较浅、包含 DNA 的区域是基质。来源：L. Andrew Staehelin, University of Colorado, Boulder, CO

见 1.10.5 节）。

黄化质体（**etioplast**；图 1.52A）是叶片中前质体在向叶绿体发育的过程中因未见光或见光不足而形成的。它们不代表前质体在光下向叶绿体正常转变过程的中间状态；相反，它们仅在处于黑暗条件下的白色或淡黄色的黄化组织中存在。黄化质体缺乏绿色的捕光色素——**叶绿素**（**chlorophyll**），但是积累了大量的无色叶绿素前体，称为原叶绿素酸酯（protochlorophyllide）。

黄化质体以一种显著的类晶体膜结构储存膜脂，该结构称为**前片层体**（**prolamellar body**；图 1.52A）。在没有相应数量的类囊体蛋白合成的情况下继续合成膜脂，就会形成这种结构。这种结构的形成过程需要光。前片层体中的高脂比例（大约 75% 的脂类）会导致脂管的形成，其向三维方向分支，形成准晶体状态的晶格（图 1.52B ～ D）。当黄化质体见光后，它们开始发育成叶绿体。光照启动了从原叶绿素酸酯向叶绿素的合成，以及装配稳定的叶绿素 - 蛋白复合体，导致前片层体的类囊体膜生长。

1.10.4　光合作用基粒和基质类囊体膜形成了一个物理上连续的三维网络

当前质体见光分化为叶绿体时，基质中形成了一个高度复杂的类囊体膜系统（图 1.51 和图 1.53）。这些类囊体膜中的电子传递链捕获光能，产生 NADPH，以及能驱动 ATP 合成的跨膜质子梯度（见第 3 章和第 12 章）。反过来，NADPH 和 ATP 为叶绿体基质中的光合碳固定提供能量（见第 12 章）。

在每个叶绿体中，两种不同形式的内膜区域——垛叠的类囊体 [称为**基粒**（**grana**）；单数 granum] 及非垛叠的**基质类囊体**（**stroma thylakoid**），形成了一个连续的网络，包围着单个联结的（分枝和重连的）腔室——类囊体腔（图 1.53 ～图 1.55）。在发育的新生叶绿体中，最初的类囊体是非垛叠的，并且有很多孔洞。在叶绿体发育中，垛叠基粒从最初类囊体孔洞边缘的舌状突起处产生。每个突起扩展成一个扁平囊，就成为垛叠基粒膜结构域的一部分。随着这个过程重复进行，基粒垛叠高度增加，并进一步分化成为错综复杂的类囊体三维网络结构。一个成熟叶绿体基粒中的类囊体数目不定，从几个到 40 多个都有可能，取决于植物的种类和环境条件。通常情况下，在背阴处生长的植物比在光下生长的同种个体含有数量更多且更厚的基粒。

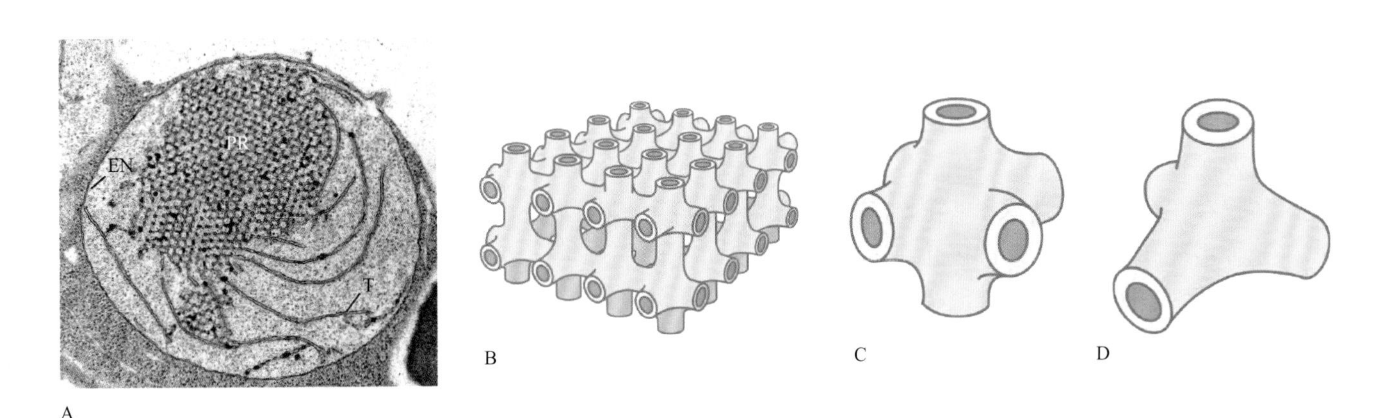

图 1.52　A. 电镜图像显示玉米叶片中有大量前片层体（PR）的黄化质体及其不垛叠的类囊体（T）。EN，被膜。B ～ D. 组成前片层体的膜网结构的三维模型。来源：图片由 Eldon Newcomb 提供

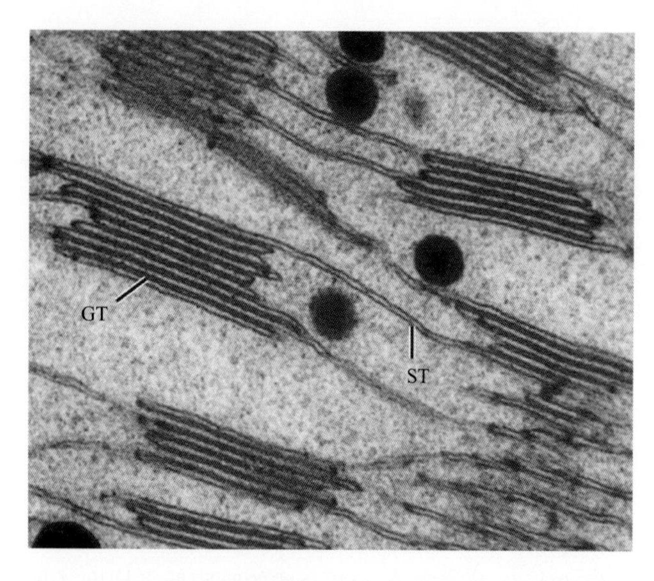

图 1.53 高倍数电镜图像显示菠菜叶绿体中的垛叠的基粒类囊体（GT）及非垛叠的基质类囊体（ST）。注意一层给定的膜可以在某个区域垛叠而在另一区域不垛叠。来源：L. Andrew Staehelin, University of Colorado, Boulder

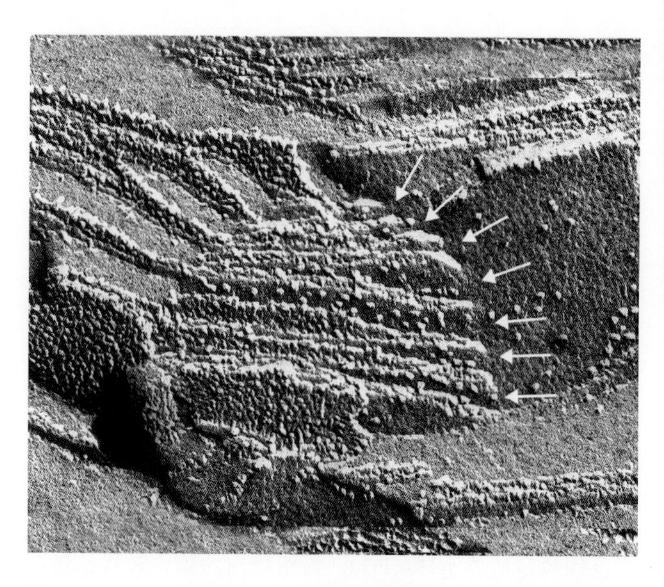

图 1.54 豌豆叶绿体一个单独的基粒类囊体及其基质类囊体的冷冻断裂电镜图像。箭头指示的是两种类型的类囊体连续的区域。可与图 1.55 的 3D 模型相比较。来源：L. Andrew Staehelin, University of Colorado, Boulder.

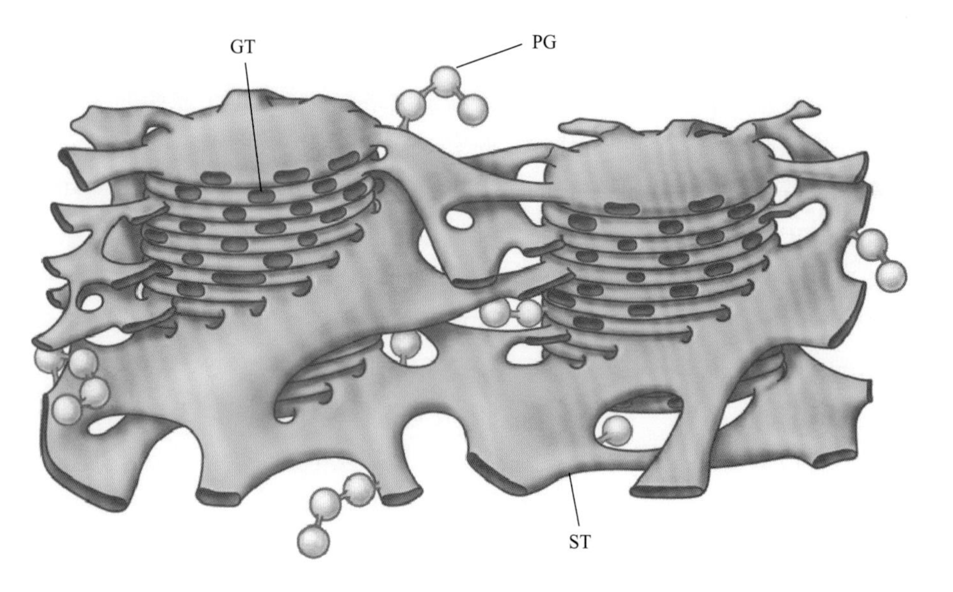

图 1.55 垛叠的基粒（GT）与相连的基质（ST）类囊体及相关质体小球（PG）的空间位置关系示意图。注意精密的架构组织

非垛叠的基质类囊体和垛叠的基粒类囊体在很多重要方面有区别。例如，光合系统Ⅰ和 ATP 合酶复合体仅存在于基质类囊体和基粒垛叠的未贴紧区域。光合系统Ⅱ和光捕获复合体Ⅱ则主要存在于垛叠类囊体的贴紧区域。垛叠区域贴紧面的膜和非垛叠区域未贴紧的膜之间蛋白复合体的这种隔离，称为光合膜系统的**侧向异源性**（**lateral heterogeneity**）（见第 12 章）。在图 1.56 的冰冻蚀刻电子显微镜照片中，基粒和基质膜间非随机分布的膜颗粒（蛋白复合体）可以证明这种侧向异源性。类囊体垛叠结构在绿色植物中是普遍存在的，并认为该结构参与调节光合作用中被吸收的光能在光系统Ⅰ和光系统Ⅱ间的分配。

1.10.5 质体小球是类囊体相关的脂蛋白体，包含结构蛋白和参与脂分子合成与储存的酶

质体小球（图 1.51 和图 1.57A）是由单层极性脂类包围形成的脂蛋白体，与类囊体膜的基质侧相连（图 1.57B）。脂核中包含各种类型的异戊烯苯醌 [α- 生育酚（维生素 E）、叶绿醌（维生素 K1）、质体醌和甲基萘醌]，以及类胡萝卜素、中性脂和叶绿素的降解产物。边界层是由一个单层的半乳糖苷甘油、被称为质体球蛋白（plastoglobulin）的结构蛋白，以及参与核心脂的合成和代谢的酶组成。在质体的发育和分化过程中，质体小球的大小和数目会发生变化；在应对环境胁迫（如强光照、干旱、高盐和高臭氧环境）及衰老的过程中，质体小球的数目会

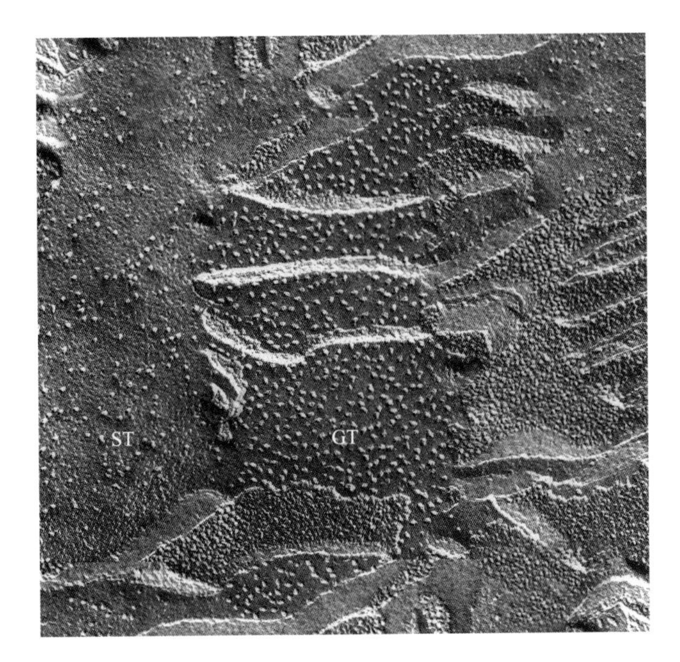

图 1.56　冷冻断裂的电镜图像显示基粒类囊体（GT）与基质类囊体（ST）组成上的不同。中央基粒膜断裂面上的大颗粒对应光合系统 II 复合体。来源：L. Andrew Staehelin, University of Colorado, Boulder.

变多。在有色体（chromoplast）的发育过程中，质体小球中积累的类胡萝卜素赋予果实和花瓣不同的颜色。

1.10.6　有色体和老质体的颜色源自胡萝卜素和叶黄素

有色体（**chromoplast**，图 1.58）是黄色、橙色或是红色的，颜色取决于所含胡萝卜素和叶黄素的具体组合。这些色素是在有色体分化过程中产生的，储存在质体小球及残存类囊体膜的番红素结晶中。有色体决定很多果实（如番茄、橘子）、花（如毛茛、万寿菊）和根（如胡萝卜、甘薯）的颜色。有色体可由前质体直接发育而来，或由叶绿体重新分化形成（图 1.47），如正在成熟的番茄果实中。偶尔有色体会再分化形成叶绿体，如黄色或橙色柑橘类果实在适合条件下返绿，或者胡萝卜根表面区域见光变绿。

有色体的发育伴随着大量催化胡萝卜素合成的酶类的诱导。尽管非活性酶形式存在于基质中，活性形式仅存在于质体膜上，但是质体膜上还存在着高度亲脂性的胡萝卜素前体及胡萝卜素本身。大块类胡萝卜素沉淀组分的多变性，导致有色体内部结

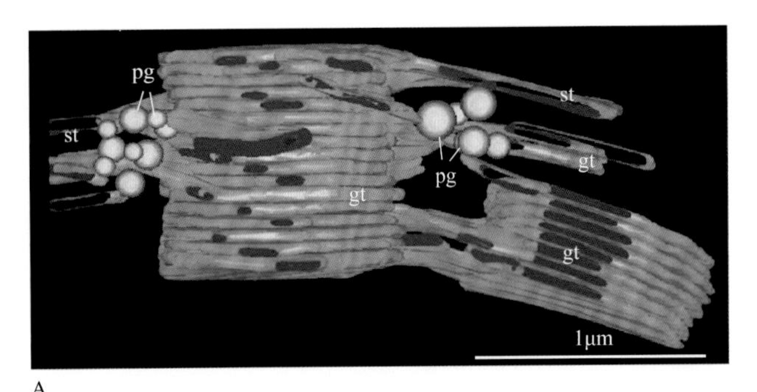

A

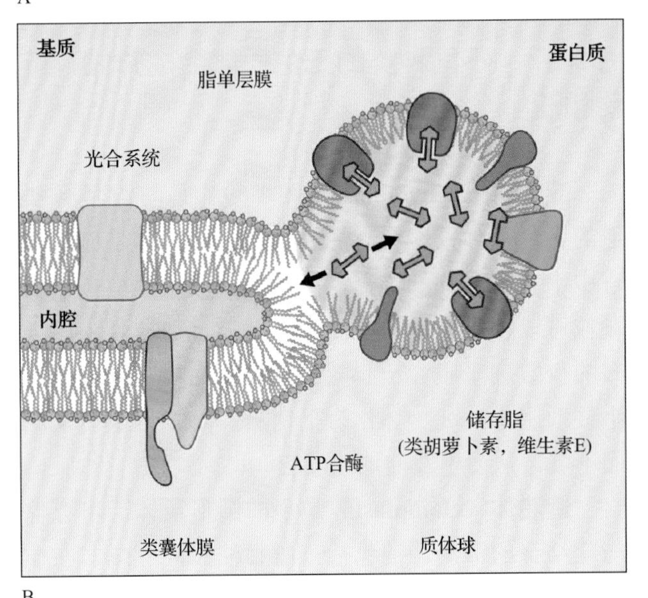

B

图 1.57　A. 类囊体膜及相关质体小球的 3D 层析模型，显示了垛叠的基粒类囊体（gt）、非垛叠的基质类囊体（st）及质体小球（pg）。B. 质体小球与类囊体膜相连的图解。围绕质体小球的脂单层膜与类囊体的外层膜是连在一起的，并且膜上还嵌满结构蛋白及酶。这些酶的功能结构域大部分在质体小球的内部。来源：Austin，J.R., II et al.（2006）. Plant Cell 18:1693-1703

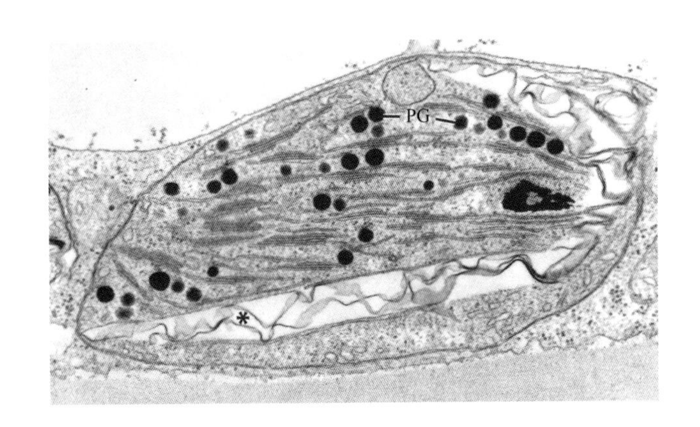

图 1.58　正在成熟的番茄中一个正在发育的有色体的电镜图像。这个叶绿体处在向有色体转变的相对早期阶段（见图 1.47），因为出现了小的基粒类囊体垛叠，它们后期会消失。成熟的有色体只包含质体小球（PG）和残存膜腔内的番茄红素晶体（*）。来源：Martin Steer, University College Dublin, North Ireland.

构的大小及形状产生巨大的差异。

老质体（**gerontoplast**）是在叶组织衰老过程中由叶绿体产生的。叶绿体的衰老过程涉及光合作用系统（包括类囊体膜）的受控分解，以及可以变成很大体积的质体小球。降解的类囊体和基质蛋白可以为植物提供大量的氨基酸和氮元素。相反，脂类和色素不会被回收利用。

1.10.7 不同种类的无色质体合成并储存淀粉和油

淀粉体（**amyloplast**，图 1.59）是与前质体类似的无色质体，但含有淀粉颗粒。淀粉体是储藏器官中十分普通的细胞器，如在马铃薯块茎中。淀粉颗粒可以相当大，是在淀粉体基质，与被膜内膜分布的少数扁平膜囊一起随机合成。在根冠重力感应小柱细胞中，淀粉体作为平衡石，对重力做出反应而下沉，从而引发向地性反应。

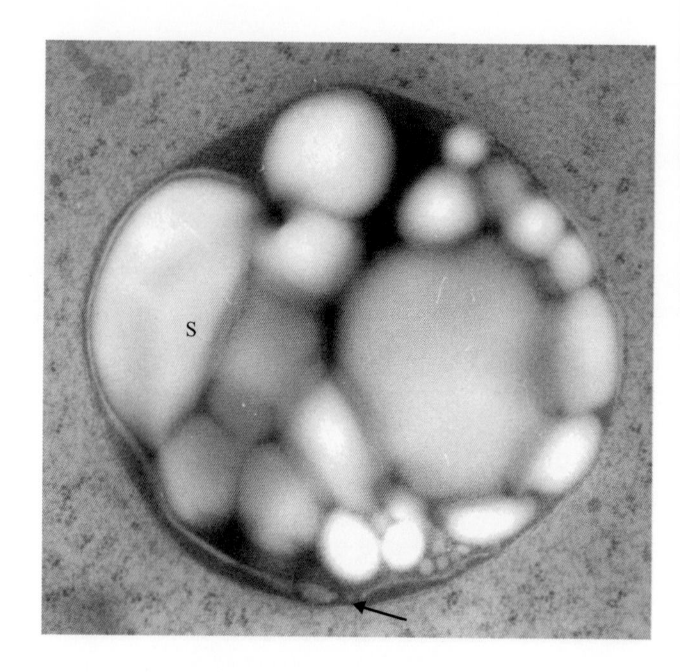

图 1.59 电镜图像显示拟南芥中柱细胞中具有很多淀粉颗粒（S）和扁平膜囊（箭头所示）的淀粉体，其位于内被膜的里面。中柱细胞的淀粉体被认为是根尖重力感受器官的平衡石。在土豆块茎中，淀粉体也储存淀粉。来源：Monica Schoenwaelder, University of Colorado, Boulder

造油体（**elaioplast**）是小的圆形质体，可存储与膜结合的油滴。油包括三酰甘油和固醇酯，在质体小球中的油滴被刻画为由单层的极性脂类和蛋白质组成。造油体在绒毡层细胞中合成，绒毡层细胞围着正在发育的花粉。在花粉成熟的最后阶段，绒毡层细胞降解，释放出来的固醇酯和油被整合到花粉外壁外层。

根据本章（见 1.10 节的介绍部分）的定义，**白色体**（**leucoplast**，图 1.60）是无色的质体，参与单萜及其他必需油类所含的挥发性组分的合成。许多这类化合物被人类用作香料或是药剂，如薄荷油的衍生物——薄荷醇。它们的合成由特化的分泌腺细胞完成，这些分泌腺细胞与叶、茎的表皮毛有关，或者位于柑橘皮上的分泌腔中。它们具有致密的基质，内膜结构和核糖体很少，并且具有包含必需油脂的质体小球，可被锇染色。白色体通常被延伸的管状光滑内质网膜网络所包围，后者也参与脂分子的合成。

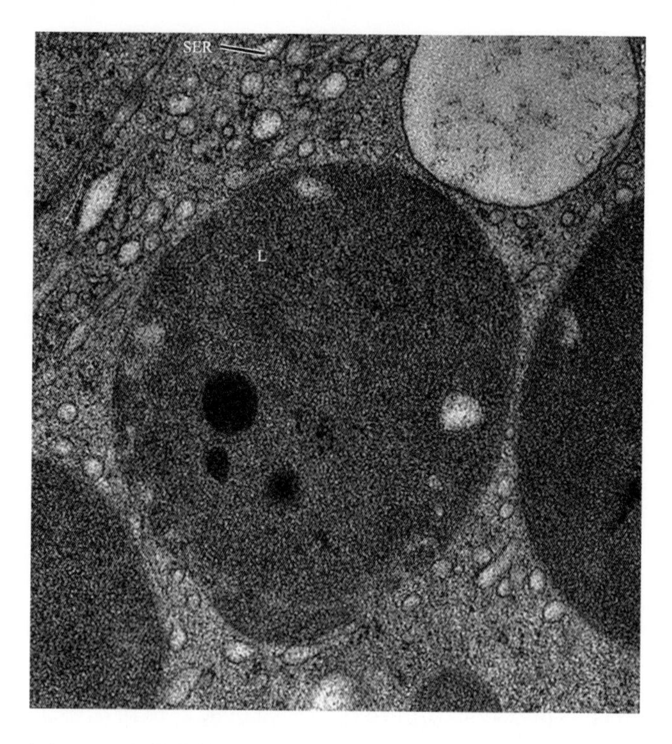

图 1.60 在薄荷的活跃分泌腺表皮毛中一个白色体（L）的电镜图像。电子密度高的小球对应脂滴。注意在环绕的细胞质中，内质体膜基本缺失，但是出现了大量管状光面内质网膜囊（SER）。来源：Glenn W. Turner, Washington State University, Pullman, WA

1.10.8 质体具有部分自主性，能编码及合成一些自身的蛋白质

叶绿体含有环状双链染色体，且蛋白合成机器占光合细胞核糖体总量的 50% 左右。尽管大多数叶绿体多肽由胞质核糖合成，但显然叶绿体的发育需要叶绿体基因组和核基因组的共同参与。

光合作用和光呼吸中的关键酶 Rubisco 就是一个很好的例子。虽然这个酶的小亚基是由核 DNA 编码并由胞质核糖体翻译的，但它的大亚基由叶绿体 DNA 编码，并由叶绿体核糖体翻译。因为 Rubisco 占了叶片中可溶性蛋白的大约 50%，并且可能是自然界中含量最丰富的蛋白质，它的不断降解和更新模式有助于解释为什么叶绿体中存在大量的核糖体。

1.10.9 质体通过现存质体的分裂繁殖

质体由现存质体二分裂产生。前质体、黄化质体和幼小叶绿体的分裂是最常见的，但即使完全成熟的叶绿体也可以分裂。在分生组织细胞中，质体的分裂发生在细胞周期的 G_2 期（见第 11 章），因此子代细胞和亲本细胞含有相同数量的质体。在拟南芥的茎顶端分生组织细胞中，质体在间期的数目大约是 11 个。当细胞膨胀时，每个细胞中的质体数目可以增加数倍。

质体的分裂是从质体中部缢缩开始（图 1.61）。缢缩变深、变紧，在两个子细胞完全分开前形成了一道非常窄的峡。分裂机制包括两个收缩环系统：一个是位于内层被膜基质一侧的内层环，另一个是在外层被膜细胞质一侧形成的外层环。内层环亚基被认为是 FtsZ 蛋白的同源蛋白，而 FtsZ 蛋白在蓝细菌（被认为是叶绿体的内共生前体，见信息栏 1.1）的细胞分裂过程中起作用。外层环包含一个由聚葡萄糖链和相关动力蛋白组成的多糖环。动力蛋白是一种机械蛋白，它们也参与网格蛋白包被囊泡出芽的收缩环（见图 1.33A），以及细胞板组装的哑铃型小泡的形成。叶绿体的分裂开始于 FtsZ 环的形成，其可以将细胞质的糖苷转移酶招募到收缩位点，产生聚葡萄糖分子，最终形成多聚糖环；反过来，多聚糖环又可以作为产生收缩力的动力蛋白分子的模板。

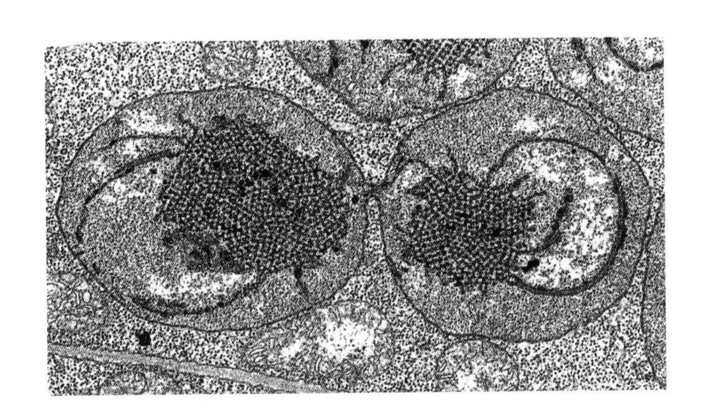

图 1.61　电镜图像显示豆苗黄化叶片中正在分裂的黄化质体。注意中央缢缩。来源：Peter J. Gruber, Mount Holyoke College, South Hadley, MA

1.10.10 质体在大多数开花植物中是母系遗传，但在裸子植物中是父系遗传

胞质细胞器可以通过卵（母系遗传）、精子（父系遗传）或两者共同（双亲遗传）从一代传到下一代。然而，遗传学证据表明在大多数被子植物中，质体（和线粒体）是母系遗传的。父本的这些细胞器要么不包含在精细胞中，要么在雄配子发育或双受精过程中降解掉了。不论是来自于父本或是母本，质体在遗传过程中都处于前质体阶段。

质体和线粒体的双亲遗传在一些开花植物中得到了细胞学和遗传学上的证实，这些植物包括天竺葵属（*Pelargonium*）、白花丹属（*Plumbago*）和月见草属（*Oenothera*）。在天竺葵属中，雄性与雌性的质体和线粒体在超微结构上有所不同，这就可以使胚胎发育中来自双亲的细胞器共同存在。白花丹属植物是一个特别有趣的模型，具有二形的精子：一种雄配子富含线粒体，另一种含有丰富的质体，表现为偏向受精。质体丰富的精子与卵子结合率高，而线粒体丰富的精子结合率很低。裸子植物在质体遗传方式上与被子植物有非常显著的差异，即质体通常通过精子传给下一代。

1.11 线粒体

线粒体（**mitochrondrion**）是一种包含酶和电子传递链组分，通过柠檬酸循环、呼吸作用和 ATP 合酶产生 ATP（见第 14 章）的细胞器。此外，线粒体产生有机酸和氨基酸，可被生物合成途径及多种细胞器代谢途径 [例如，光呼吸（见第 14 章）、C_4 光合作用和景天酸代谢（见第 12 章）、糖异生（见第 8 章和第 20 章）] 所利用。线粒体的两种主要代谢废物是二氧化碳和水。

1.11.1 线粒体包含双层膜及双层膜围绕形成的区室

线粒体由两层膜及两层膜界定的区室组成：**外**

信息栏 1.1　质体和线粒体都由内共生细菌演化而来

质体和线粒体被广泛认为在真核细胞形成过程中，由真细菌通过侵入或者被前真核细胞吞噬而形成。这些细胞器依然保留有合成部分自身蛋白所需的遗传机制，但是在真核细胞的形成过程中，大部分的基因还是被转移到了细胞核中。基因首先从细胞器转移到细胞核中，这些基因在两者中共存了一段时间，随后细胞器开始逐渐丢失这些基因。随着这些基因的丢失，线粒体和质体需要细胞核产生所需的基因产物来完成自身的功能和复制。

内共生理论的证据包括质体和线粒体以及自由生活的真细菌所共有的细胞和分子特征。仍存在于细胞器中的DNA主要呈环状存在，并且不与蛋白质形成广泛的超分子复合体，这些特征与真细菌的基因组类似，但是与真核生物的核基因组不同。在真细菌中，DNA以类核的形式存在，依附在质膜的特定区域，但是并没有膜将其与其他细胞组分隔开。与此类似，叶绿体和线粒体的DNA也以类核的形式分别依附在类囊体和内膜上。线粒体和质体的核糖体比细胞质中的核糖体要小（见图1.49和图1.62），其形状和大小与真细菌中类似，在电子显微镜照片中它们以直径约15nm的电子不透光颗粒形式存在。细胞器的核糖体对特定的抗生素是敏感的，这与真细菌的核糖体类似，但是这些抗生素对细胞质核糖体却无效（如氯霉素）。将细胞器和特定自由生活的真细菌核糖体RNA序列进行比对，结果表明质体与现代的蓝细菌、线粒体与现代的蛋白细菌都分别拥有共同的祖先。

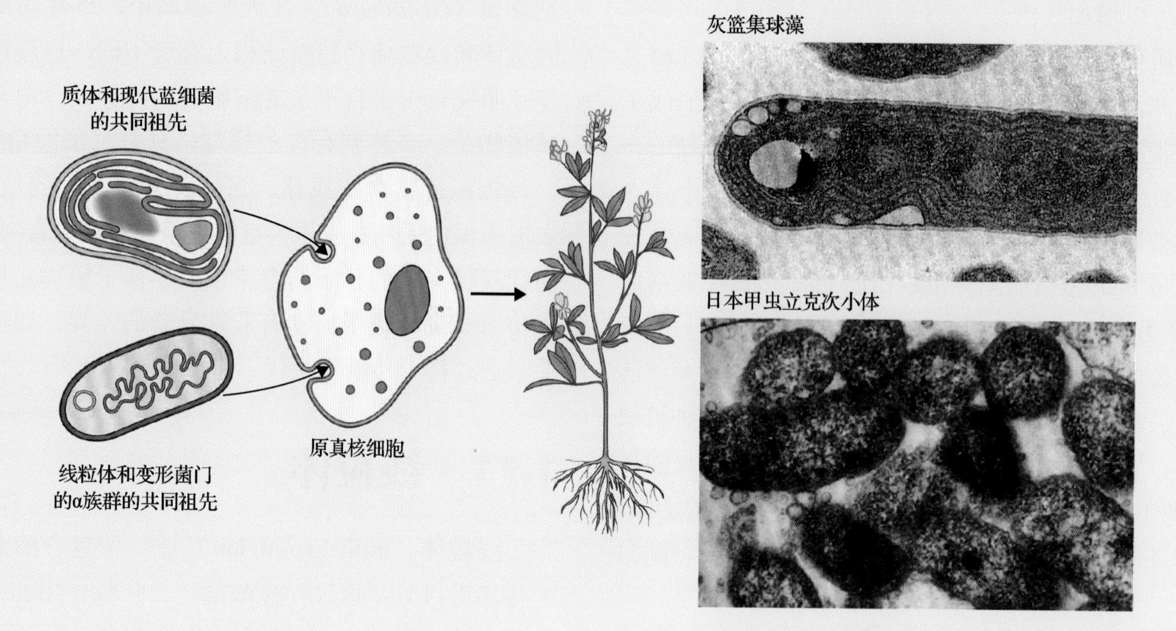

来源：显微镜照片来源于 Madigan, M.T., Martinko, J.M. and Parker, J.（1997）Brock Biology of Microorganisms, 8th edition. Prentice Hall, Upper Saddle River, NJ

有证据表明，植物和其他真核生物是由不同真细菌通过内共生结合演化而来的。核糖体RNA的序列比对结果表明，植物的质体与现代蓝细菌（如游离生存的灰篮集球藻）拥有共同的祖先。大量真核生物的线粒体rRNA序列与α群的变形菌门成员具有最高的同源性，而α群变形菌门包括几个属的胞内寄生菌（如农杆菌、根瘤菌及立克次氏体等）。右下角的电子显微镜照片显示的是昆虫宿主血细胞中的日本甲虫立克次小体细胞。

膜（**outer membrane**），**内膜**（**inner membrane**），**膜间空间**（**intermembrane space**），以及被称为**基质**（**matrix**）的大的内部空间（图1.62和图1.63）。线粒体的大部分功能活性都位于内膜和基质中（见第

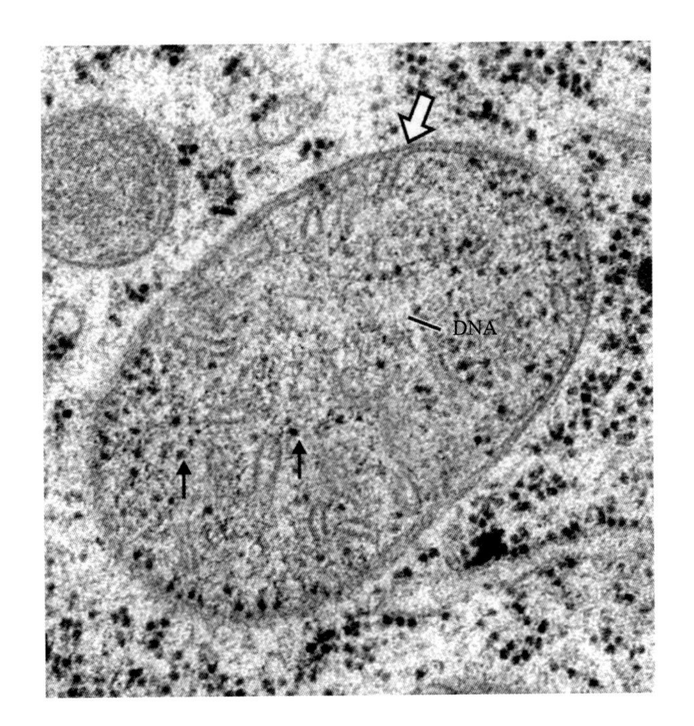

图 1.62 桉树根尖细胞线粒体的薄层切片电镜图像。中空箭头指示的是一个内膜正在内折形成嵴。在线粒体基质中可以看到直径约 15nm（箭头所示）的小的真细菌类型的核糖体，以及纤维状 DNA 带的痕迹。来源：图片由 Brian Gunning 提供，来源于“Plant Cell Biology on DVD，Information for Students and a Resource for Teachers,” Springer Verlag, www.plantcellbiologyonDVD.com

14 章）。内膜又可以分为两个亚结构域：与外膜紧紧相对的**内层边界膜**（**inner boundary membrane**）；可折叠成**嵴**（**cristae**）的**嵴膜**（**cristae membrane**），伸入基质。连接这两个内膜亚结构域的，是处在嵴基部的很窄的**嵴结**（**cristae junction**）。

外膜的一个决定性特征是含有**孔蛋白**（**porin**），这是一种大的膜整合蛋白，可以形成水通道，允许分子质量小于 10kDa 的分子自由扩散，进出膜间空间。可以自由扩散通过孔蛋白的分子包括离子、糖、氨基酸、ADP 和 ATP，蛋白质不能自由通过。外膜中也含有参与将磷脂酰丝氨酸转变成磷脂酰乙醇胺的酶，但是合成线粒体膜所需的大部分脂类是由内质网合成，且在没有修饰的情况下被运入。

内膜所含的蛋白质：脂类比例很高（约 75 ： 25），并且具有电子传递链复合体，它们和 ATP 合酶合起来构成了约 80% 的内膜蛋白。与叶绿体中类似，线粒体的 ATP 合酶也是由电子传递链的活动造成的跨膜质子梯度驱动的（见第 3 章和第 14 章）。最近的研究表明，电子传递链总是偏好定位在内膜的嵴膜亚结构域上。相反，内层边界膜亚结构域则富含转运蛋白和转运体，能够促进代谢物在细胞质和膜间空间及线粒体基质之间的运输。嵴结则部分负责这些不同类型蛋白质在两种内膜亚结构域的非随机分布。

在休眠的种子中，**胚的原线粒体**（**promitochondrion of the embryo**）缺乏嵴，并且基质中蛋白质的含量也很低。在种子吸胀过程中，随着蛋白合成机器的激活、新的呼吸链和 ATP 合酶复合体的组装，新的嵴在内膜上形成。与此同时，柠檬酸循环和生物合成的酶逐渐积累，导致基质中的蛋白质含量上升。当 ATP 的需求增加时，线粒体嵴的大小和数目都增加，以容纳额外的电子传递链和 ATP 合酶蛋白。

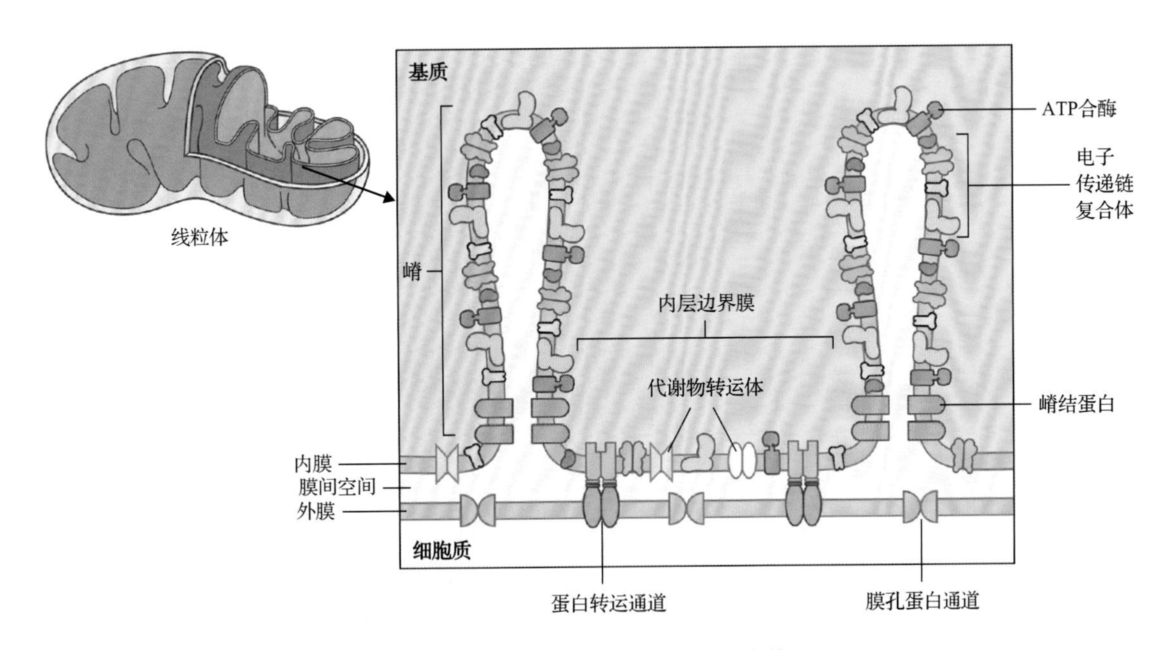

图 1.63 线粒体嵴的 3D 组织模式和分布示意图，在其膜上分布有相关蛋白复合体

内膜中也含有一种独特类型的“双”磷脂——**心磷脂**（**cardiolipin**），含有4个脂肪酸尾巴（图1.64）。心磷脂结合到ATP合酶旋转体蛋白的跨膜域上。在受损的线粒体中，心磷脂转移到外膜上，并在那里引发自噬。

线粒体基质中含有大量的可溶性酶，这些酶参与将丙酮酸和脂肪酸分解为乙酰辅酶A的过程，并且通过柠檬酸循环氧化乙酰辅酶A，产生电子传递链所需的NADH。线粒体基质中的其他组分还包括：多个拷贝的线粒体基因组，线粒体核糖体，线粒体基因表达所需要的tRNA和各种蛋白质等。

1.11.2 茎顶端分生组织细胞很独特，因为它们含有两种结构截然不同的线粒体

直到最近，植物线粒体还一直被描述为一种小的、像香肠一样的圆形细胞器，其直径为0.5～1μm，长度为1～3μm（图1.65A）。这种描述用在高等植物中大都是正确的，但是SAM（茎顶端分生组织）细胞是例外；SAM细胞既有皮层细胞中的那种特征性小线粒体，又有大的、位于中央的网状线粒体（图1.65B），会随细胞周期的变化而做出特征性改变。

在活的植物细胞中，小线粒体被观察到是一种高度动态化的细胞器，可以移动到不同的细胞内区域，且经常会分裂和融合，偶尔还会出现分枝。根据细胞的种类和大小，每个细胞中的线粒体数目会从低于50个到数千个不等。然而，对于特定的细胞类型，线粒体占细胞质体积的比例是相当稳定的。例如，在SAM细胞中线粒体占据约10%的细胞体积，但是在高度耗能的细胞（如传递细胞，见第15章）中，线粒体可以占到20%。线粒体会在需要大量能量的细胞内区域聚集；在植物细胞中，它们的移动是由肌动蛋白-肌球蛋白细胞骨架系统介导的。

在细胞周期的不同阶段，拟南芥SAM细胞中大的、位于中央的线粒体的形状可在触须状到笼状之间变化（图1.66）。在细胞周期的G_1和S期，可以看到包围一个核极的触须状线粒体，可占线粒体总体积的40%。剩余的小线粒体遍布于整个皮层细胞质中。在G_2期，触须状的线粒体在细胞核周围延伸，在细胞核的另一极产生第二个帽状结构。在

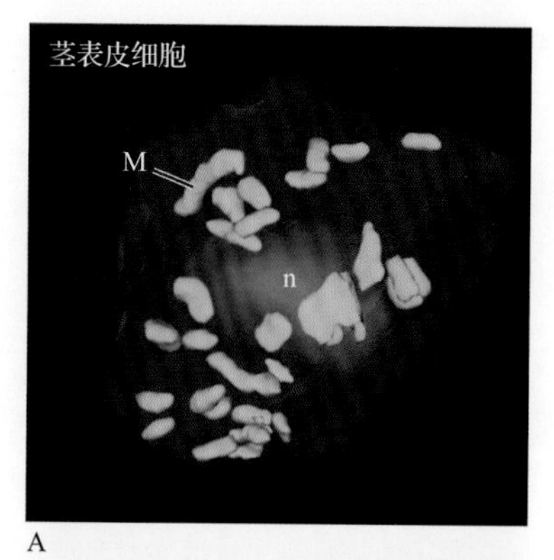

A

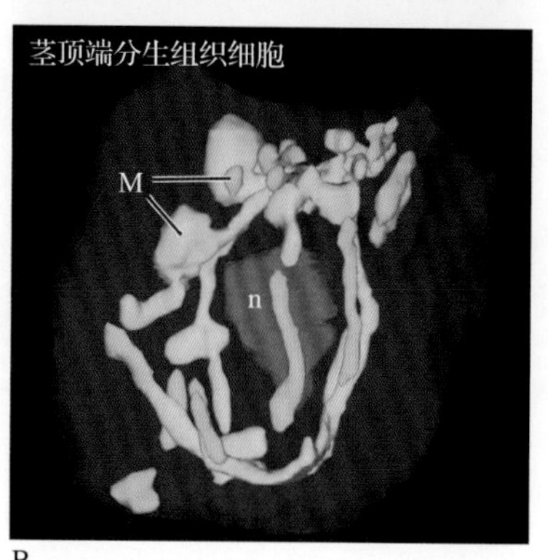

B

图1.65 A. 根据一系列激光共聚焦显微镜切片重建的拟南芥表皮细胞线粒体和细胞核的3D图像。在大多数植物器官的细胞中，线粒体（M，绿色）很小且遍布在细胞质中。n，细胞核。B. 根据一系列薄层切片电镜图像重建的拟南芥茎顶端分生组织细胞的3D图像。在这个有丝分裂的细胞中，大部分的线粒体（M，绿色和亮蓝色）被组织成大的笼状结构，只有很少部分的小的独立线粒体在细胞皮层中可见。n，细胞核。来源：Jose-Maria Segui-Simarro, Universidad Politécnica de Valencia, Spain

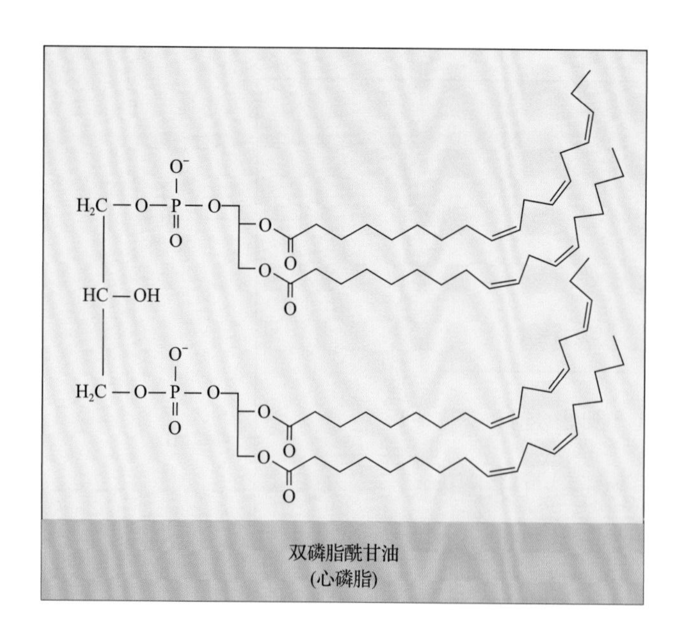

图1.64 心磷脂的结构，这是一种不常见的线粒体内膜磷脂组分

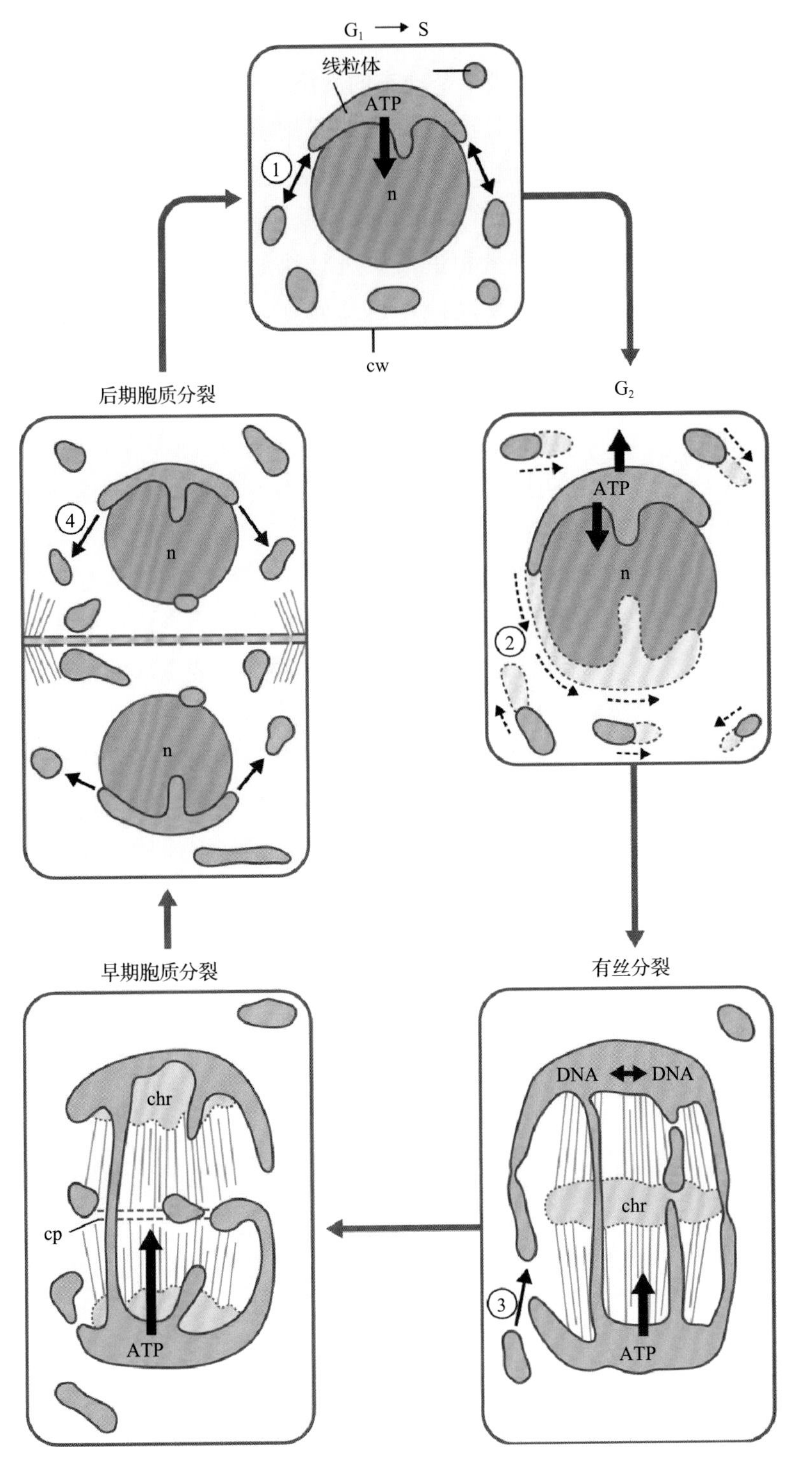

图 1.66　在拟南芥茎顶端分生组织细胞中线粒体结构的细胞周期依赖性变化以及它们的潜在功能模型。该模型推测，大的触须状 / 笼状线粒体提供了一个结构框架，能使 mtDNA 在胞质分裂之前交联，便于 mtDNA 重组。①融合 / 分裂平衡；②网状线粒体生长；③在有丝分裂过程中融合。n，细胞核；chr，染色体；cp，细胞板；cw，细胞壁；G_1、G_2 和 S，细胞周期的不同阶段。来源：Segui-Simarro, J.M., Coronado, M.J. and Staehelin, L.A.(2008). Plant Physiol 148: 1380-1393

这个延伸过程中，大约 60% 的小线粒体与大线粒体进行融合，最终的体积占到总线粒体体积的 80%。笼状的线粒体在有丝分裂过程中形成，它将有丝分裂的纺锤体和早期成膜体完全包围。在胞质分裂的晚期，笼状线粒体分裂形成两个触须状线粒体，包围子细胞核的另一极，同时通过裂解出芽形成新的小线粒体。在配子体产生之前的营养生长阶段，推测 SAM 细胞中的触须状 / 笼状线粒体为线粒体 DNA 的重组提供了一个有效的途径，从而阻止物种的形成。

1.11.3　与质体类似，线粒体也是半自主性细胞器，具有合成一些自身蛋白所需的遗传机制

与所有真核生物线粒体一样，植物线粒体也含有基因组，可以编码核糖体 RNA（rRNA）、转运 RNA（tRNA）和一些蛋白质。但是，与 DNA 复制、RNA 转录和加工、蛋白质翻译有关的酶，都是由核基因组编码。与其他生物的线粒体相比，植物线粒体基因组的显著特点是更大且复杂（见第 6 章）。例如，哺乳动物的线粒体 DNA（mtDNA）有 15 000 ～ 18 000 个核苷酸长度，而植物 mtDNA 的大小从约 200 000 个核苷酸（某些十字花科植物）到惊人的 2 500 000 个核苷酸（西瓜）不等。除了核苷酸数目的差异，mtDNA 的大小也是高度可变的。线粒体的基因组要么只有一个大的环形染色体，要么有一个大的环形分子外加几个较小的环形分子（代表重复序列之间的重组），具体是哪种形式因物种而异。

植物线粒体基因组的另一个显著特征是它们不包含全套 tRNA 基因，仅能编码大约 16 个 tRNA，只对应 12 ～ 14 种氨基酸。通常蛋白质合成至少需要 20 个 tRNA——保证每个普通的氨基酸都有一个对应的 tRNA。那么，植物线粒体是怎么合成它们所需合成的任何蛋白质呢？到目前为止，最好的证据是这些“缺失的”tRNA 是由核基因组编码，并且从细胞质转运到线粒体中。

植物线粒体还有一个特点，那就是它们的基因组中含有一些质体 DNA 序列。这些序列中，有些是 tRNA 基因，代表了演化过程中从质体 DNA 中转移过来并整合到 mtDNA 上的基因。其中的大多数基因在线粒体中没有功能。

植物线粒体可能含有几百种不同的蛋白质。其中，只有非常少的部分（15 ～ 20 种）是在线粒体中编码并合成的，且大多是电子传递链或线粒体内膜 ATP 酶复合体的一部分。所有剩余的线粒体蛋白必须由核基因编码，在胞质核糖体上合成，并转运到线粒体内。

小结

这一章对细胞膜和内膜系统进行了介绍，主要强调的是结构方面。

细胞膜是可遗传结构，可作为大多数水溶性分子扩散的屏障，使细胞形成与周围环境化学组分不同的区室。细胞膜由组成连续脂双层的极性脂类和完成大部分膜功能的膜蛋白构成。质膜作为单个细胞的扩散边界，控制着分子进出细胞的转运。内膜系统形成一个动态的网络，遍布在细胞质的所有区域，并且产生特化的膜细胞器。总的来说，内膜系统的组分涉及很多的细胞过程，包括转运和分泌、蛋白质的修饰和代谢反应。液泡是使细胞耗费最少的能量和蛋白质进行快速生长的细胞器。它们具有多重功能，包括储存、消化、离子动态平衡、对病原体和食草动物的防御及隔离毒性化合物等。

质体是植物和藻类所特有的细胞器家族成员。质体的主要类型包括：光合作用的叶绿体，储存淀粉的淀粉体，由类胡萝卜素形成的、颜色丰富的有色体，产生必需油类的白色体。所有的质体都是半自主性细胞器，也就是说它们有能力合成一些（但并非全部）它们所需的蛋白质，不能合成的蛋白质就需要从细胞质中转运进来。

线粒体主要是由糖或者脂肪酸通过有氧呼吸产生 ATP 的细胞器。它们也提供一些代谢中间产物，可作为合成其他分子的底物。类似于质体，线粒体也是半自主性细胞器。

（王朝阳　原荣荣　李继刚　译，李继刚　校）

第2章 细胞壁

Nicholas C. Carpita, John Ralph, Maureen C. Mc Cann

导言

植物细胞的形状很大程度上是由它的细胞壁决定的。用可降解细胞壁的酶处理活的植物细胞除去其细胞壁，所得到的由膜包裹的**原生质体**（**protoplast**）总是球形的（图2.1）。在活细胞中，细胞壁限制了细胞生长的方向和速率，对植物的发育和形态有着深刻的影响。细胞壁还影响各类细胞功能的特化。例如，在一些导管分子和表皮毛部分，原生质体在发育过程中降解了，而成熟的细胞完全由细胞壁组成（图2.2）。

植物的细胞壁是在细胞生命活动中始终保持变化的动态代谢区室。当分生组织细胞变大、变长时，新物质被不断地整合到初生细胞壁中，使细胞表面积扩大和增加，有时会超过1000倍。细胞分裂时，在细胞板形成新的**初生细胞壁**（**primary cell wall**），与已存在细胞壁融合（图2.3）。**胞间层**（**middle lamella**）构成了相邻细胞初生壁之间的分界面。在初生细胞壁扩增过程中，物质被不断地添加到这个分界面中（图2.4）。在衰老细胞中，细胞棱角的富含果胶物质有时会被水解酶降解，形成空区（图2.4）。最后，在细胞分化的过程中，许多细胞如管胞和纤维细胞等在初生壁内构建起明显的**次生细胞壁**（**secondary cell wall**），形成独特的、与细胞功能相匹配的复杂结构（图2.5）。

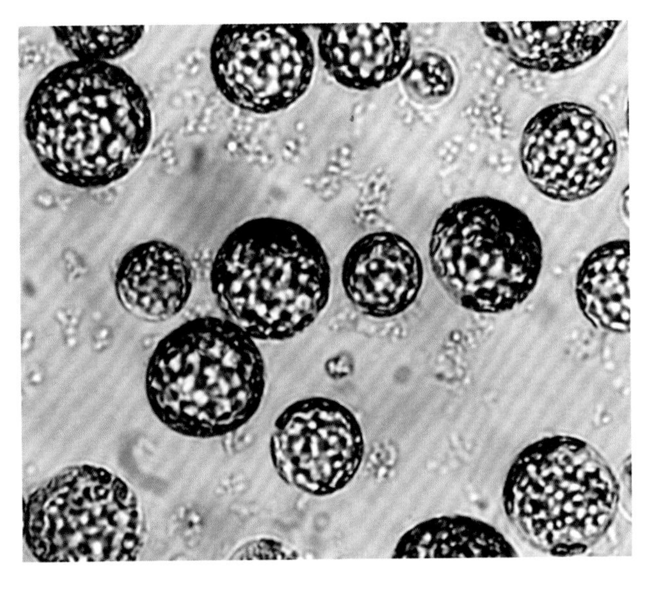

图2.1 没有细胞壁的原生质体是球形的。来源：N. J. Stacey, John Innes Centre, Norwich, UK

植物细胞壁是一个高度有序的，由许多不同的多糖、蛋白质和芳香族化合物组成的复合体。有的结构分子作为纤维，有的结构分子作为交联基质，类似于玻璃丝中由玻璃纤维和塑料组成的基质。细胞壁多聚体的分子组分和排列，在不同物种间、同一物种的不同组织间、不同的细胞间，甚至在围绕同一原生质体的细胞壁的不同区域间（图2.6）都有所不同。

细胞壁的特化功能不仅体现在结构上。一些细胞壁中含有影响细胞发育式样和标记细胞在植物中位置的分子；细胞壁中还含有参与细胞与细胞、细胞壁与细胞核之间交流的信号分子；细胞壁多糖片段不仅能诱导细胞分泌防御分子，而且细胞壁中可能充满蛋白质和木质素以防御真菌和细菌病原体的侵染（图2.7）。细胞壁上的表面分子还使植物在花粉-柱头相互作用中区分自己的细胞和外来的细胞（图2.8）。

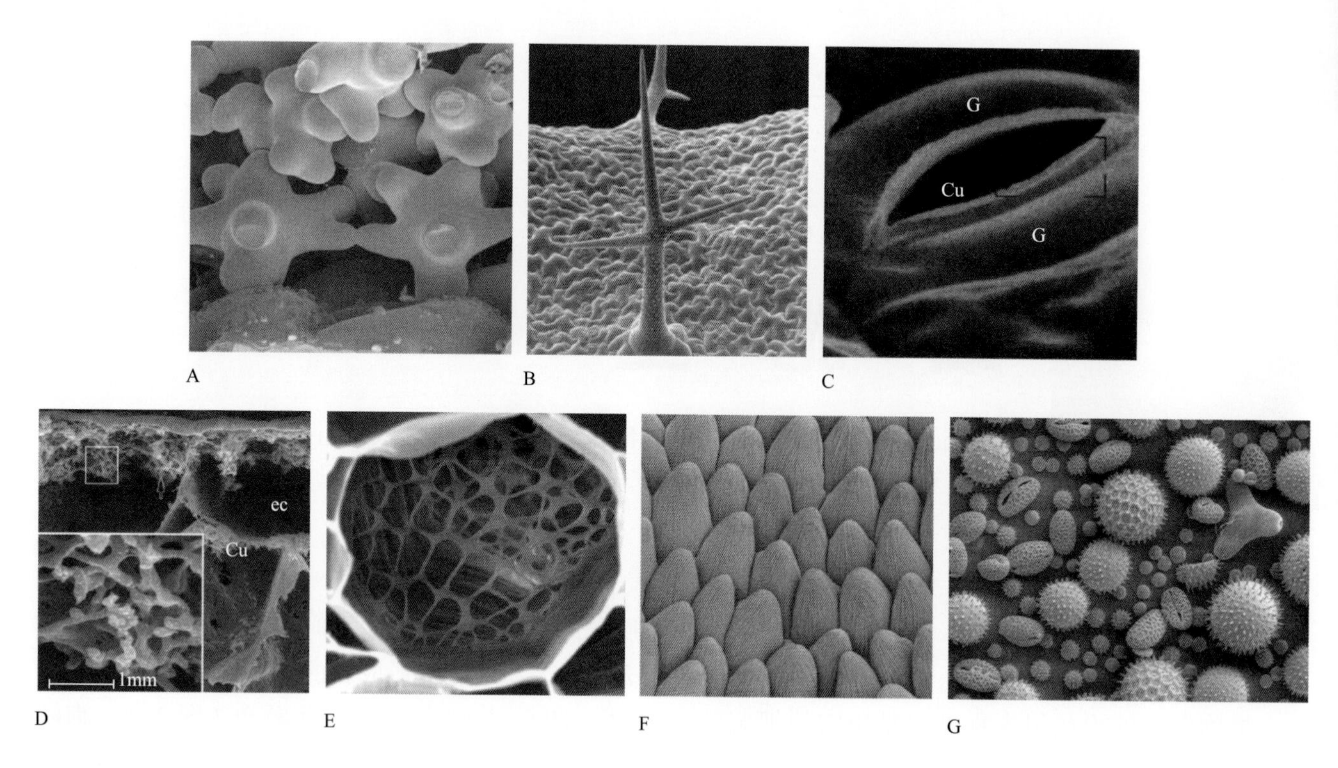

图 2.2 发育中的细胞可以通过改变其细胞壁的构架而产生各种各样的形态。A. 百日菊植物（*Zinnia*）叶片的海绵组织薄壁细胞通过减小细胞之间的接触而获得最大的表面积用于气体交换。注意水滴如何在较低位的蜡质化表皮细胞（而不是在海绵组织叶肉细胞）形成珠状。B. 拟南芥表皮毛是一种精密分支、修饰过的表皮细胞。C. 一对加厚的保卫细胞与精美的内壁（G）控制着气孔开度大小。角质层（Cu）是一种生长在蜡质及酚类物质外层的特化壁，可降低外表面蒸腾作用的失水。D. 转运细胞特化出一种高度膜孔化的细胞壁，以提高原生质膜的表面积，增强糖转运。E. 由于选择性细胞壁水解，筛滤元素的末端细胞壁（筛板）与许多导管一起形成多孔道。F. 这些表皮细胞特化的形状反射光线，使金鱼草花瓣颜色更鲜艳。G. 花粉粒特化出多种形式的外壁。来源：图 A, F 来源于 K. Findlay, John Innes Centre, Norwich, UK；图 B 来源于 P. Linstead, John Innes Centre, Norwich, UK；图 C 来源于 Staples et al.（1988）. Science 235: 1659-1662. 图 D 来源于 Talbot et al.（2001）. Protoplasma 215: 191-203；图 E 来源于 Michael Knoblauch, Washington State University. 图 G 来源于 http://www.newscientist.com/article/dn14136-microscope-on-a-chip-to-give-four-timesthe-detail.html

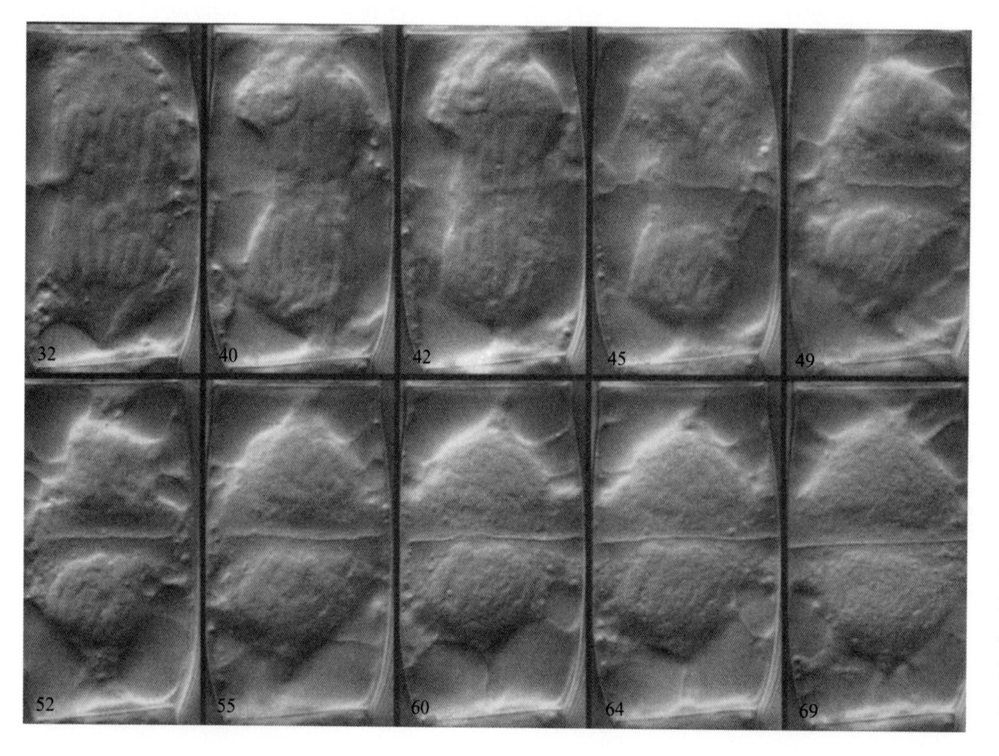

图2.3 鸭跖草（*Tradescantia*）雄蕊毛细胞细胞分裂期细胞板的形成。细胞分裂中形成细胞板，在接触到母细胞壁前一直波动。与母细胞分割为两个子母细胞的过程一致，细胞板从波动的外形变成稳定的、平面的细胞壁。每个细胞板角落的数值表示从细胞分裂前期开始时的分钟数。来源：P. Hepler in Gunning & Steer.（1996）. Plant Cell Biology. Jones and Bartlett, London

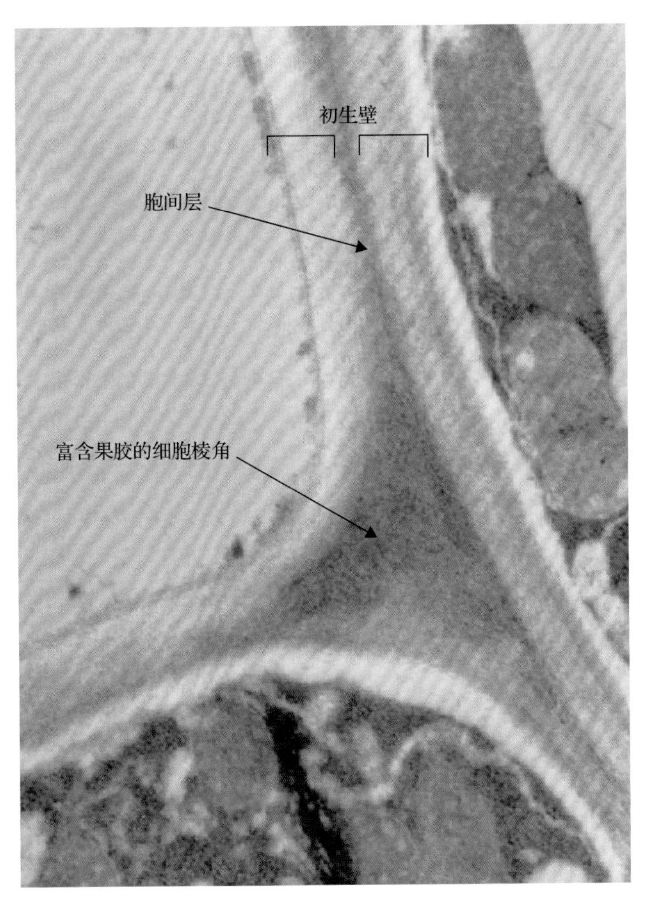

图 2.4　细胞的初生壁具扩展能力。细胞间的粘连由胞间层维持，而在细胞的棱角处常填充富含果胶的多糖。胞间层形成于细胞分裂期间，与初生壁协调生长。来源：M. Bush, John Innes Centre, UK

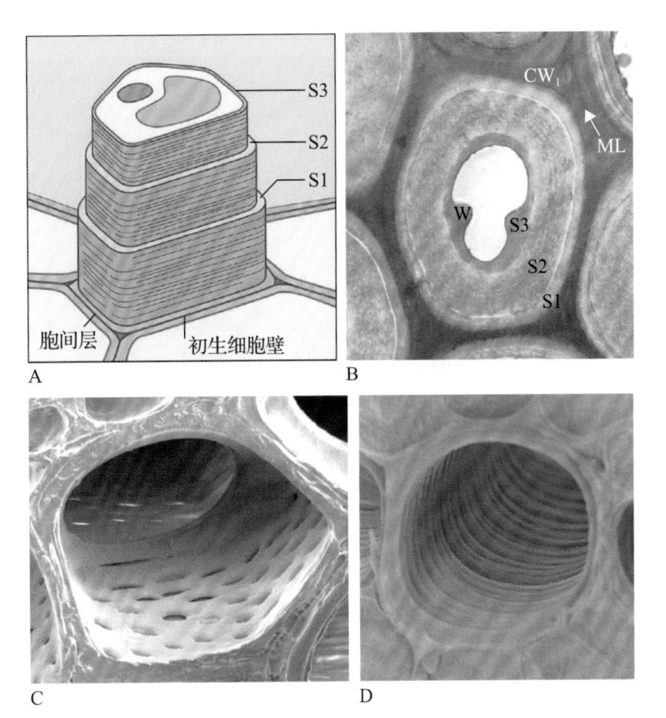

图 2.5　当细胞生长至其最终的大小和形状时，有的细胞在初生壁的内部产生多层次生细胞壁。刺槐（*Robinia* spp.）的幼嫩茎纤维细胞（A），在电镜下可以看到初生壁中三层截然不同的次生细胞壁（S1 ～ S3）、初生壁（CW_1）和胞间层（ML）（B），许多纤维含有也会长"疣"（W），这时该细胞处于原生质体降解前细胞壁增厚的最后阶段。在加厚模式上，亚功能化是固有的，如茎管胞的网状外形能够抵抗扭转拉力（C），而叶柄管胞的射线方向加厚可以提高柔韧性（D）。来源：图 B, C 来源于 Maureen McCann, Purdue University

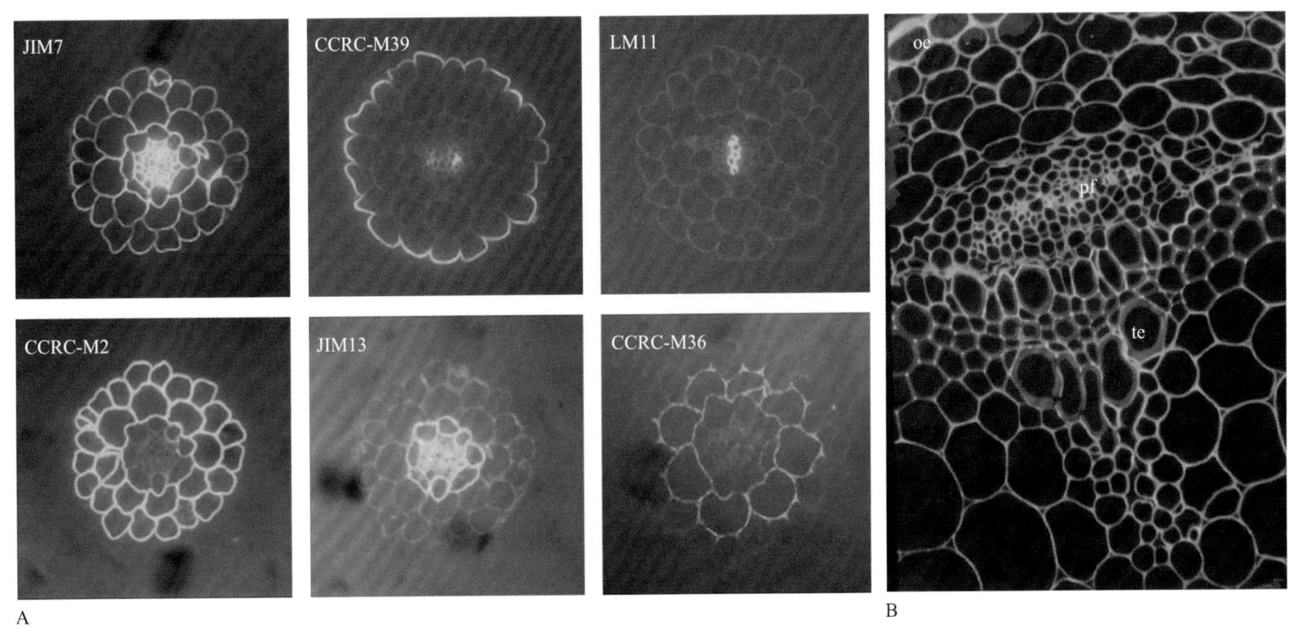

图 2.6　细胞壁中复杂多变的化学分子的合成是受发育调控的。A. 用 6 种单克隆抗体对拟南芥根部细胞壁多糖进行染色，证明它们存在于特异细胞和组织类型中。JIM7 识别甲酯化同聚半乳糖醛酸，能将所有细胞染色；CCRC-M2 识别假挪威槭鼠李聚糖半乳糖醛酸Ⅰ（RGⅠ）的抗原决定簇，能将表皮细胞和皮层细胞染色；而 CCRC-M39 识别岩藻糖苷木葡聚糖（和 RGⅠ），只能将表皮细胞外侧细胞壁染色；JIM13 识别中柱阿拉伯半乳糖 - 蛋白抗原决定簇；LM11 识别阿拉伯 -4-*O*- 甲基葡糖醛酸 - 木聚糖，将中柱纤维细胞染色；CCRC-M36 识别 RGⅠ无分支骨架，将初生皮层细胞染色。B. 拟南芥茎的交接部位中富含绿色标记的甲酯化果胶，而黄色标记的去甲酯化果胶则在特化细胞，如表皮外壁（oe）、韧皮部纤维细胞（pf）、某些细胞棱角和交叉壁及木质部导管（te）中发现。木质素自发荧光显示为红色。来源：图 A 来源于 Glenn Freshour & Michael Hahn, CCRC, University of Georgia；图 B 来源于 Paul Linstead, John Innes Centre, UK

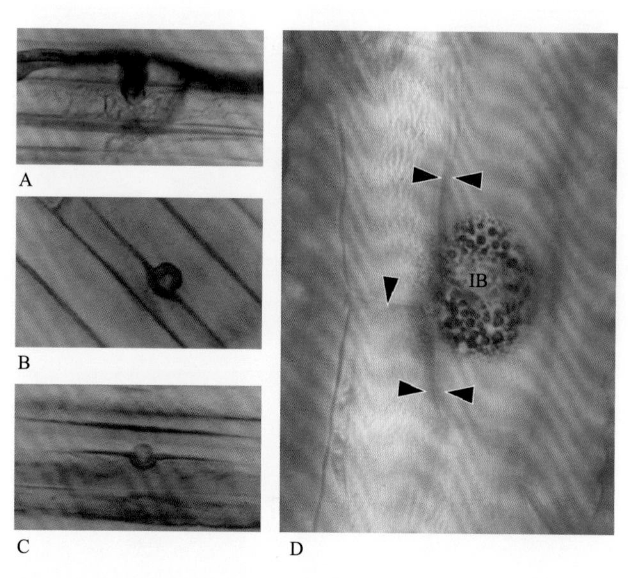

图 2.7 细胞常通过细胞壁的改变，对环境、可能的病原体和共生体刺激做出反应。A. 在刺盘孢（*Colletotrichum*）的菌丝（以乳酚棉蓝染色）企图刺入玉米（*Zea mays*）细胞时，该细胞在入侵部位的细胞壁处产生一种称为乳突的附着物；以藤黄酚染色（B）及丁香醛对漆酶活性染色（C）显示这种乳突主要由胼胝质组成，同时积累木质素；D. 一个被感染的高粱（*Sorghum bicolor*）细胞在其包涵体（IB）中积累植物抗毒素以对付刺盘孢菌的入侵，而其相邻的细胞则以微红的苯丙烷类化合物（如箭头所示）防护其细胞壁。来源：R. L. Nicholson, Purdue University

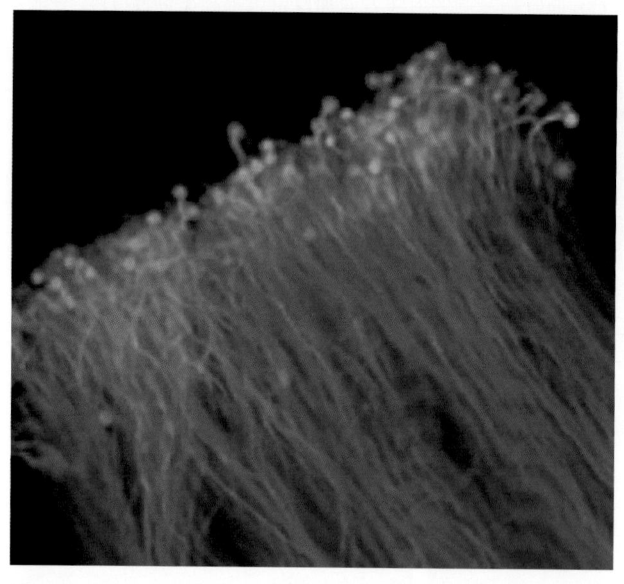

图 2.8 在自交不亲合反应中，伴随花粉管末端的膨胀和胼胝质塞的形成，花粉管的生长终止，如图以 analine 蓝染色。来源：Image by R. Cotter provided by Sheila McCormick, USDA-Albany, CA

2.1 糖是组成细胞壁的基本单位

多糖（**polysaccharide**），即糖的多聚体，是细胞壁的主要成分，构成了细胞壁的主要结构框架。多糖是糖分子在不同部位共价连接成的长链，有的糖分子还有不同长度的侧链修饰。熟悉糖的化学结构和命名法将极大地方便我们对细胞壁多糖的许多生物学功能的理解。

糖代表一大类多羟基的醛（**醛糖**，**aldose**）和酮（**酮糖**，**ketose**），可根据其化学式、构型、立体化学构象分类。几乎所有的细胞壁所含的糖都是醛糖。许多糖具有 $(CH_2O)_n$ 的实验分子式，**碳水化合物**（**carbohydrate**）这一术语就是由此衍生而来的。

名词前缀表示一个糖分子含有几个碳原子。例如，一个丙糖有 3 个碳原子，戊糖则有 5 个，而己糖有 6 个。所有糖分子都可以采取直链构象，而那些具有 4 个或 4 个以上碳原子的糖还能重排为杂环（图 2.9）。五元环（4 个碳原子和 1 个氧原子）构型的糖称为**呋喃糖**（**furanose**），而六元环（5 个碳原子和 1 个氧原子）构型的糖则称为**吡喃糖**（**pyranose**）。糖的环式构象不是由其碳原子数决定，五碳糖和六碳糖都可以以上述两种形式存在。

呋喃糖和吡喃糖环可以用平面的**霍沃斯投影**（**Haworth projection**）或结构模型来表示（图 2.9）。吡喃糖采取所谓“椅式”构象，而呋喃糖则是“折叠式”的五元环。组成吡喃糖环的 5 个四面体的碳原子在**平伏**（**equatorial**）于环的方向，或在垂直于环轴的方向（**轴向**，**axial**）分别伸出氢原子和羟基。吡喃糖采取一两种可能的“椅式”构象尽可能多地使羟基或其他体积大的基团处于平伏的方向。对于一般细胞壁的 D 型糖，如 D- 葡萄糖，$^4C_1$ 的构象较有利；但对于 L- 岩藻糖和 L- 鼠李糖这样的脱氧糖，$^1C_4$ 的椅式构象较为有利（图 2.10）。

在醛糖（包括己糖葡萄糖和戊糖阿拉伯糖）中，C-1 是**异头碳**（**anomeric carbon**），也是唯一与两个氧原子相连的碳原子，其他的碳原子沿着环顺序编号。异头碳的羟基可处于 α 位或 β 位。在溶液中，异头碳的羟基会**变旋**（**mutarotate**），随着环自发地开闭，在 α 和 β 构型之间来回转变。然而，当异头碳与另一个分子相连时，其羟基就被固定了。

D 或 L 的命名确定应该参照 α 或 β 构型。D 或 L 是根据离 C-1 最远的不对称**手性**（**chiral**）碳原子（也就是己糖的 C-5 和戊糖的 C-4）上的羟基位置确定的。不对称碳原子是指该碳原子上所有 4 个取代基团都不同，从而使得这些结构的**对映体**

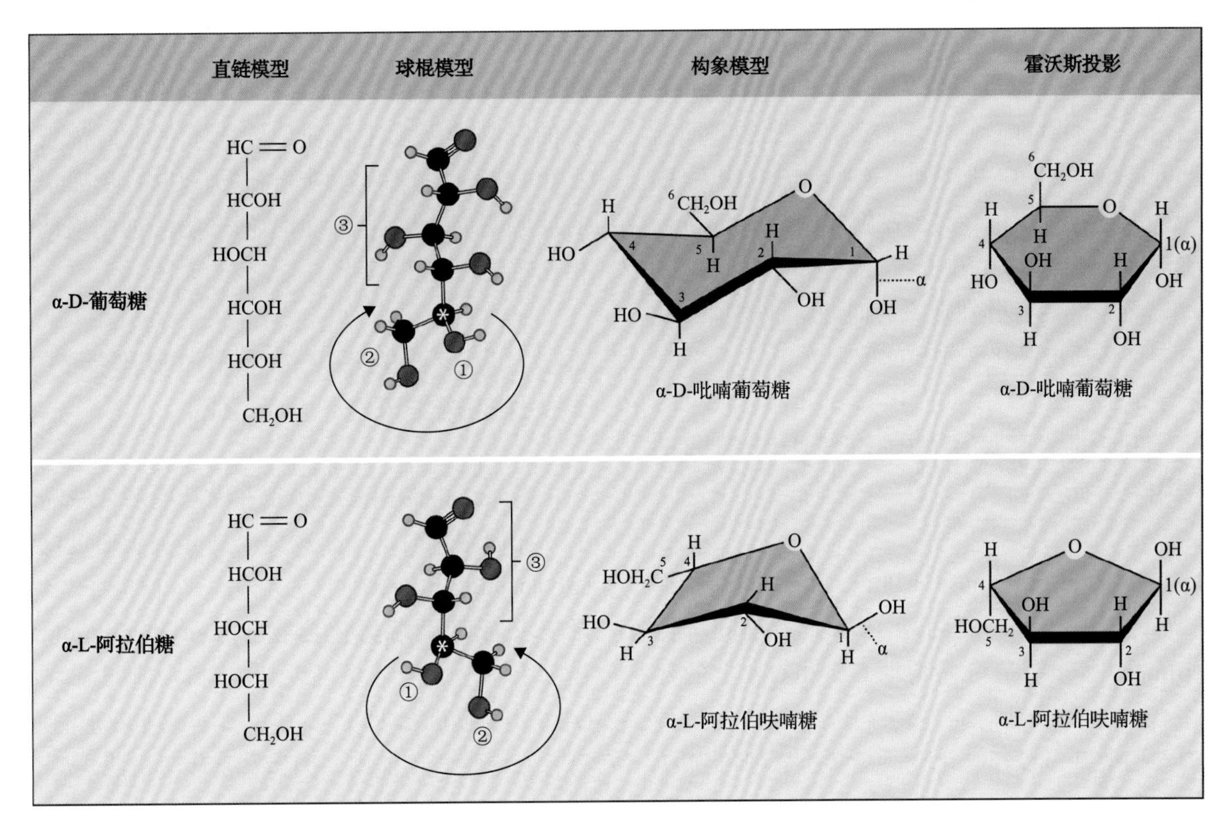

图 2.9 糖的命名。D- 葡萄糖和 L- 阿拉伯糖从左至右分别通过直链模型、球根模型、构象模型和霍沃斯投影表示。球根模型表示的是最后一个不对称碳原子（以星号标记）以其后面的羟基定向的惯例。三个不对称基团以数字标记，1 最小而 3 最大。三个不对称基团的大小沿顺时针方向增加，为 D 型糖；反之，则为 L 型糖。构象模型区分了羟基在吡喃糖环状结构周围的两种相对位置：平伏向和轴向。α-D- 葡萄糖是最稳定的己糖，因为环上的每个羟基及 C-6 伯醇基团都处于平伏位置，这在能量方面比其他取向有利。人们习惯将 L- 阿拉伯呋喃糖 1 号碳原子上的羟基处在环“上方”平伏位的构型称为 α 构型

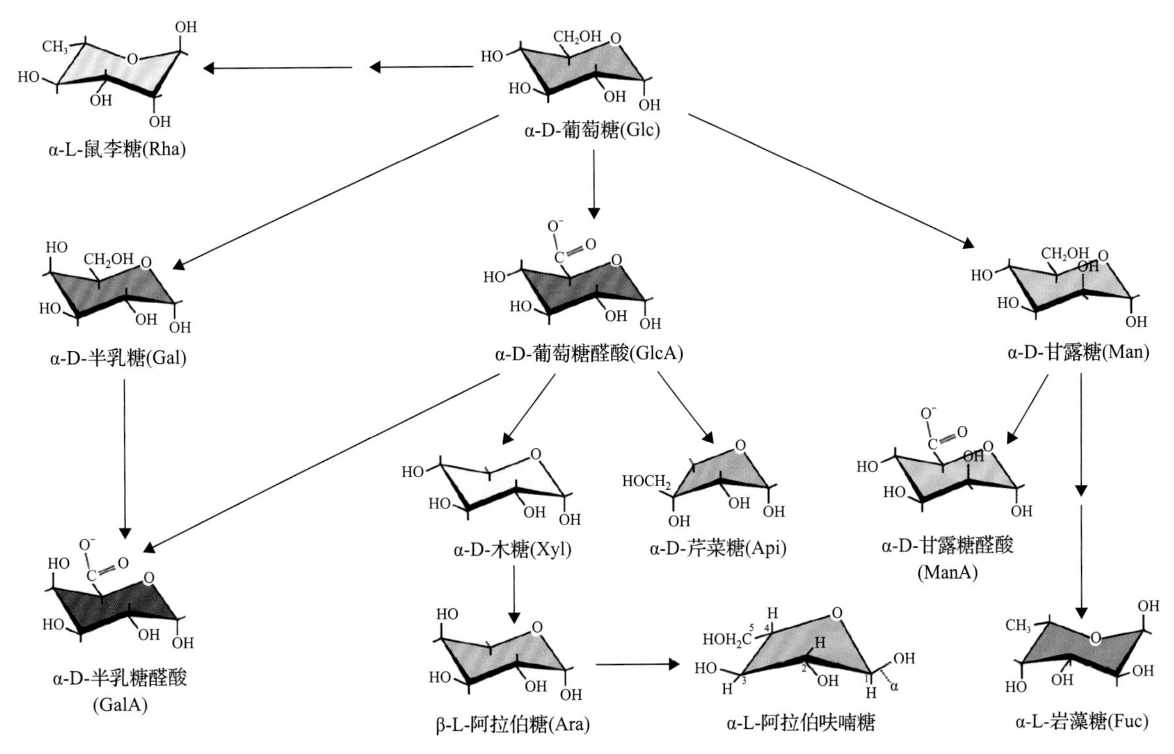

图 2.10 植物细胞壁常见糖及其互变。由 D- 葡萄糖转化成其他糖所需的改变以红色表示。对于吡喃糖，环式构象可以自发转变为椅式构象——$^4C_1$ 椅式或 $^1C_4$ 椅式构象，将平伏基团转变为轴向基团，或者相反。尽可能多的羟基处于平伏位置的构象是能量最低构象。对于大多数吡喃糖，$^4C_1$ 椅式是更好的构象，但是一种 3,5- 表异构酶的活性将 $^1C_4$ 椅式变成 L- 鼠李糖（L-Rha）和 L- 岩藻糖（L-Fuc）的最佳构象。每种糖的简称是由 IUPAC-IUBMB 协议规定的，应严格遵守。注意 L- 阿拉伯糖（L-Ara）可以采取图 2.9 所示的 α- 呋喃糖构象和这里表示的 β- 吡喃糖构象

（**enantiomer**），也称**镜像**（**mirror image**），不能重叠。D- 构型是指从**球棍模型**（**ball and stick model**）看，最后一个不对称碳原子上的三个较大的基团沿顺时针方向增大；而 L- 构型则沿逆时针方向增大（图 2.9）。这里要注意 D 和 L 与由**左旋**（**dextrorotatory**）或**右旋**（**levorotatory**）的旋光特性决定的（+）和（−）命名标记无关，后者分别定义为向顺时针方向或逆时针方向旋转通过某化学物质的偏振光。

2.1.1 细胞壁多聚体中的单糖是由葡萄糖衍生出来的

D- **甘露糖**（**mannose, Man**）和 D- **半乳糖**（**galactose, Gal**）是 D- **葡萄糖**（**Glc**）的**差向异构体**（**epimer**），分别是将葡萄糖 C-2 和 C-4 上的羟基由平伏向转变成轴向的产物（图 2.10）。这三种糖的 C-6 伯醇基可以经氧化变成羧基，分别得到 D- **甘露糖醛酸**（**mannuronic acid, ManA**）、D- **半乳糖醛酸**（**galacturonic acid, GalA**）和 D- **葡糖醛酸**（**glucuronic acid, GlcA**）。酶解除去 D- 葡糖醛酸的羧基得到五碳的吡喃糖 D- **木糖**（**xylose, Xyl**），其各个碳原子都在此杂环上。另一种分支较少的糖——D- **芹菜糖**（**apiose, Api**）也是由 D-GlcA 演变来的。D- 木糖 C-4 位的差向异构体是 L- **阿拉伯糖**（**arabinose, Ara**），在这种情况下，D 转变成了 L，因为差向异构化发生在 C-4 上，它正是最后的不对称碳原子。这种转变使 α-D- 吡喃的 C1- 羟基位于轴向位置，α-L- 吡喃的 C1- 羟基则位于水平位置上。

一些吡喃己糖的第 6 号碳原子还可以经还原变为甲基，成为脱氧糖。在植物中，细胞壁中的两种主要脱氧糖是 6- 脱氧 -L- 甘露糖和 6- 脱氧 -L- 半乳糖，又分别称为 L- **鼠李糖**（**rhamnose, Rha**）和 L- **岩藻糖**（**fucose, Fuc**）。还原之后，L-Rha 和 L-Fuc 的构象自发地由 $^4C_1$ 椅式变为 $^1C_4$ 椅式，能够使更多的羟基位于水平优向位置而不是轴向位置（图 2.10）。通过主要发生在内质网（ER）和高尔基体的反应调控的核苷酸 - 糖中间产物，细胞壁糖发生相互转化（见 2.4.3 节）。

2.1.2 特定糖的多聚体是通过其连接方式和异头碳的构型来进一步定义的

多聚体中的糖总是锁定在吡喃糖环或呋喃糖环中。在糖聚合时，一个糖分子的异头碳通过**糖苷键**（**glycosodic linkage**）连接到另一个糖分子、糖醇、羟氨基或**苯丙烷类化合物**（**phenylpropanoid**）的羟基上。一个糖分子可以连接到 D- 葡萄糖的 O-2、O-3、O-4 或 O-6，即 C-2、C-3、C-4 或 C-6 上的羟基。只有 O-5 位置不能用，因为它是环结构的一部分。

二糖可以从连接方式和异头碳构型上来描述。例如，纤维素二糖是 β-D- 葡萄糖基 -（1 → 4）-D- 葡萄糖，异头键是由一个 D- 葡萄糖残基的 C-1 被另一个 D- 葡萄糖的 C-4 平伏羟基取代形成的（图 2.11）。只有一个 D- 葡萄糖被固定在 β 构型，另一个 D- 葡萄糖的构型没有确定，因为它的异头羟基可以在溶液中自由变旋。由于该糖的醛基可以在碱性条件下还原铜，传统上认为它是**还原糖**（**reducing sugar**），即使在一个很长的多聚体中，这个末端也被称为**还原性末端**（**reducing end**）。有分支的多糖在每个支链的末端和骨架的末端都有一个**非还原糖**（**nonreducing sugar**），但是只有一个还原性末端。

纤维素二糖中一个葡萄糖的异头碳连在另一个葡萄糖最远离其异头碳的羟基上（图 2.11）。为了与 C-4 平伏羟基建立 β 键，用于连接的糖分子必须

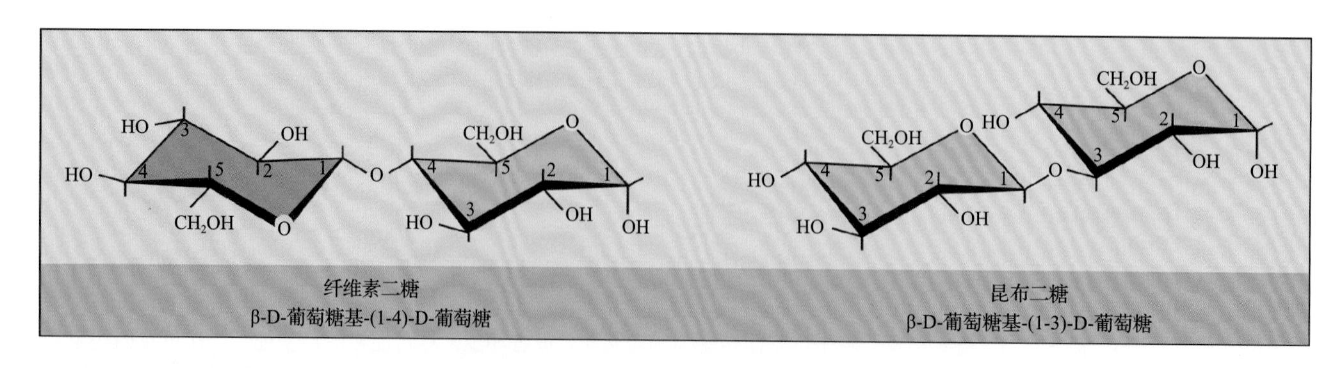

图 2.11 纤维素二糖和昆布二糖的连接结构。纤维素二糖的（1 → 4）-β-D- 键使相邻葡萄糖基彼此颠倒了约 180°，而（1 → 3）-β-D- 键则只是稍微歪斜（用阴影来表示葡萄糖单位以说明 180° 颠倒）

相互成几乎 180° 角，这种键不断重复形成一个近乎线性的分子。相反，昆布二糖单位，即 β-D- 葡萄糖基 -（1 → 3）-D- 葡萄糖的连接是有些歪斜的（图 2.11），这种键不断重复形成一个螺旋状多聚体。

多糖以组成它们的主要单糖命名。大多数多糖有主链结构，此多聚体名称中最后的糖表明了主链的组成。例如，木葡聚糖是由（1 → 4）-β-D- 葡萄糖残基的主链与附于其上的木糖残基所组成；葡糖醛阿拉伯木聚糖是由（1 → 4）-β-D- 木糖残基的主链与附于其上的葡糖醛酸木糖残基和阿拉伯糖基所组成；等等。

2.1.3 多聚物分支提供更丰富的结构多样性

组成多糖的亚基单元可以在多个位置成键，使得它们成为多用途的构建材料。若将植物细胞壁中 11 种常见的糖（见图 2.10），用 4 种不同的位置进行连接，再加上 2 种与氧原子有关的构型，就可以使五糖结构的排列方式超过 5×10^9 种！仅葡萄糖就可以组成近 15 000 种结构不同的五聚体。此外，多个成键位点还可以形成分支的多糖，从而极大地增加了可能的结构数目。对研究细胞壁的人而言，幸运的是细胞壁的一些主要组分在不同物种中是相对保守的。

研究碳水化合物的化学家用两种主要的方法对高度复杂的多糖结构进行研究，即甲基化分析（信息栏 2.1）和核磁共振（NMR）光谱仪（信息栏 2.2）。核磁共振光谱仪对于检测未衍生状态的多聚糖和芳香族分子非常实用。

信息栏 2.1 甲基化分析确定碳水化合物连接结构

强酸可以破坏多糖的糖苷键，释放出独立的单糖组分。单糖随后可以由硼氢化物还原并经乙酸酐乙酰化为**多羟糖醇乙酸盐**（**alditol acetate**）。例如，图 A 中所示的复杂的木葡萄糖经水解成为它的 4 个主要单糖组分。由于不同的糖衍生出的多羟糖醇乙酸盐在不同温度下挥发，因此可以用**气 - 液色谱**（**gas-liquid chromatography**）分离。将这些衍生物注入涂有高度极化的、蜡质的液相毛细管柱，这些衍生物就附着在此液相上。然后当温度上升到衍生物与蜡质的相互作用受到破坏时，衍生物可被惰性载体气体从管中吹出到探测器。如果使用温度梯度，不同的糖会在不同的时间洗脱出来（图 B）。通过将这些结果与经同样处理的标准品的行为比较，人们可以确定原来样品中每种糖的摩尔比率。通常样品中出现的糖的种类及其摩尔比率可以很好地代表多糖的种类。

然而，复杂的多糖不能仅仅通过其衍生物含量来鉴别。多聚体主链是由一个或几个重复的糖及其连接形成的结构单元构成的，而这些结构单元又常为附加的糖单位和侧链所取代，使得它们继续分支。多糖的连接结构可以通过一种叫作**甲基化分析**（**methylation analysis**）的方法间接予以推断（图 C）。多糖的每个自由羟基被碘甲烷甲基化。环上参与形成糖苷键的碳原子没有自由羟基，因而不会甲基化。甲基化的多糖经水解成为部分甲基化的单糖组分，然后这些组分像前面那样还原并乙酰化。但是，因为特定衍生物的连接分析取决于分子或分子片段的顶部（含 C-1）与底部（含 C-5 或 C-6）的分辨能力，所以用还原剂硼氘化物标记 C-1 醇基，由此确定其在以后的分析中的位置。这些部分甲基化的多羟糖醇乙酸盐可通过气 - 液色谱分离。水解前甲基化的木葡萄糖会产生一系列衍生物（图 C），它们的特性由乙酰基的数量和位置决定，而这反过来又说明另一个糖与之连接的位置（见箭头）。*t* 标记表示侧链末端的糖。

对结构进行确定可通过**电子碰撞质谱分析**（**electron-impact mass spectrometry**, EIMS）完成。当部分甲基化的多羟糖醇乙酸盐衍生物离开气相色谱柱时，电子束将每个衍生物打断成片段。每个衍生物中的键发生断裂的难易程度不同，所以分子断成特有的一套片段，就像一块块七巧板一样。大片段较容易鉴别，但它们还可能断成较小的片段，增加了质谱的复杂程度。了解每个片段的质量的相对丰度，结合特定衍生物产生片段的质谱，就可以鉴定出结构。如果发现一两个碳原子上连接的是乙酰基而不是甲基，则说明该碳原子参与糖苷键和环的形成。例如（图 D），木葡萄糖中的 C-4 连接的葡萄糖单位有其特有的质荷比

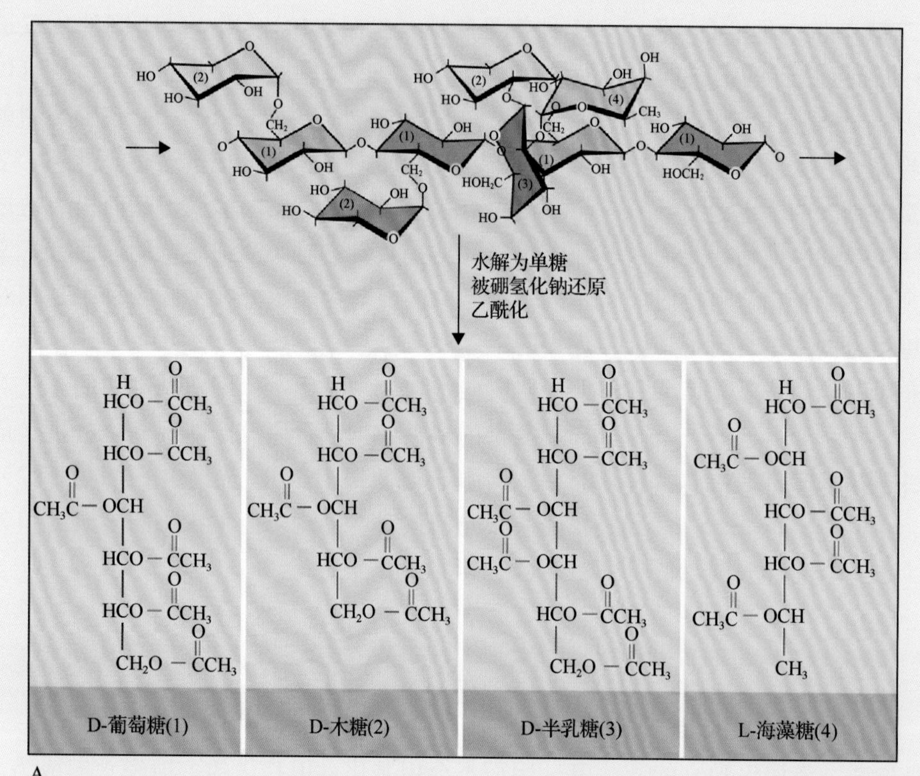
水解为单糖
被硼氢化钠还原
乙酰化
D-葡萄糖(1)
D-木糖(2)
D-半乳糖(3)
L-海藻糖(4)

A

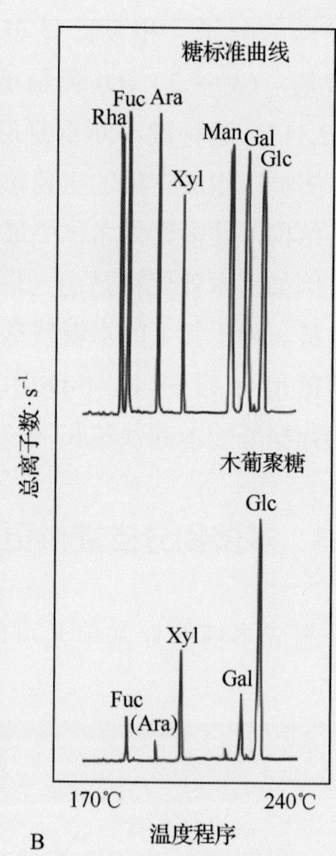
糖标准曲线
Rha
Fuc Ara
Xyl
Man Gal
Glc
总离子数·s^{-1}
木葡聚糖
Glc
Xyl
Gal
Fuc
(Ara)
170℃
240℃
温度程序

B

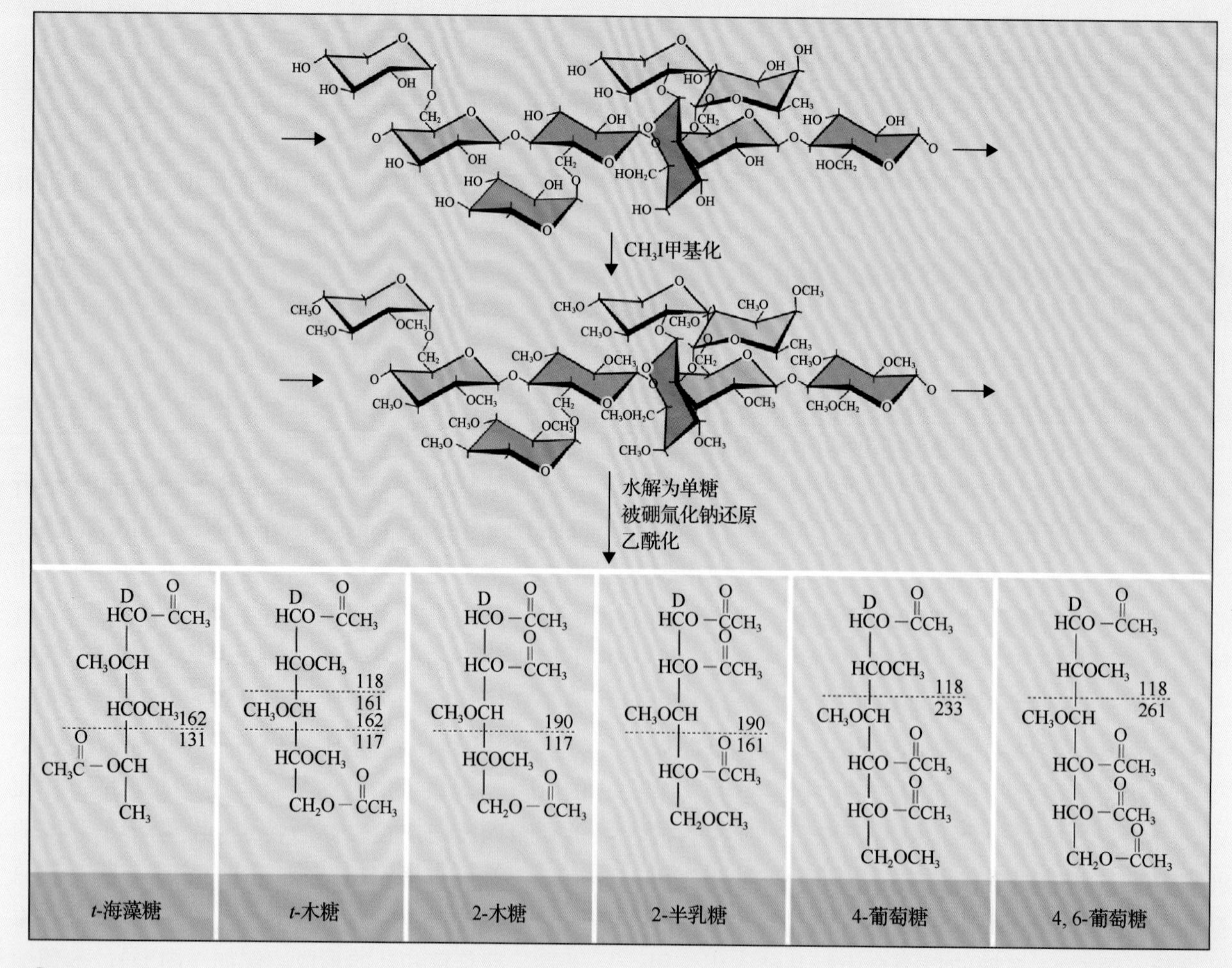
CH_3I甲基化
水解为单糖
被硼氚化钠还原
乙酰化
t-海藻糖
t-木糖
2-木糖
2-半乳糖
4-葡萄糖
4, 6-葡萄糖

C

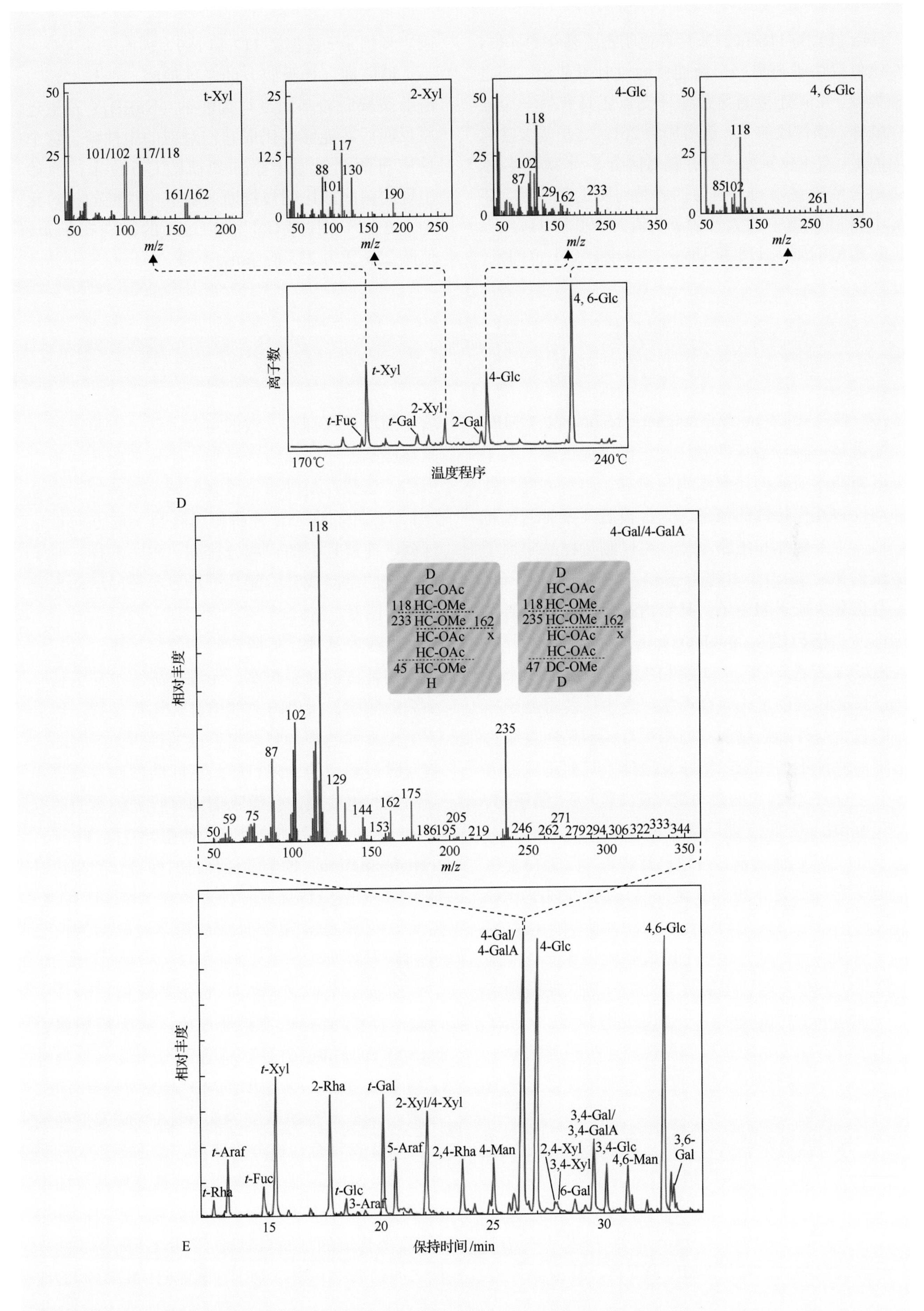

t-Xyl
101/102
117/118
161/162
2-Xyl
88
101
117
130
190
4-Glc
118
102
87
129
162
233
4, 6-Glc
118
85
102
261
m/z
离子数
4, 6-Glc
t-Xyl
4-Glc
2-Xyl
t-Fuc
t-Gal
2-Gal
170℃
240℃
温度程序
D
4-Gal/4-GalA
相对丰度
m/z
4-Gal/
4-GalA
4-Glc
4,6-Glc
t-Xyl
2-Rha
t-Gal
2-Xyl/4-Xyl
t-Araf
t-Fuc
t-Rha
t-Glc
3-Araf
5-Araf
2,4-Rha
4-Man
2,4-Xyl
3,4-Xyl
6-Gal
3,4-Gal/
3,4-GalA
3,4-Glc
4,6-Man
3,6-
Gal
E
保持时间/min

（*m/z* 值），为 118 和 233，后者说明乙酰基在 O-4 位，该位置由于与另一个糖连接而没有甲基化。与之类似，4,6- 连接的葡萄糖分支点还具有另一个乙酰基，该片段的 *m/z* 值增加到 261。这里需要注意的是，C-1 位氘原子的存在对区分 2- 木糖和 4- 木糖是至关重要的，因为二者是对称的衍生物。2- 木糖衍生物中的大片段 *m/z* 值为 190 和 117，而 4- 木糖的则为 118 和 189；如果没有 C-1 位的氘，则二者的 *m/z* 值都是 117 和 189，因而无法区分。

糖醛酸（如果胶）的半乳糖酸，在与水溶二酰亚胺耦联羧基团或与硼酸钠（$NaBD_4$）发生还原反应后，能够转化成它们对应的中性糖。这个反应将两个氘原子添加到糖的 C-6 位上，原始出现的糖醛酸比例被推断为对应中性糖的相对比例。在图 E 中，4-Gal 和 4-GalA 的区别在于 *m/z* 值从 233 变为 235 的 2amu 转变。

信息栏 2.2　核磁共振光谱能够确定多聚体的成分和结构

核磁共振（nuclear magnetic resonance, NMR）光谱是一种非破坏性方法，它可以提供很多关于多糖和木质素的化学结构与组成、相对方向、移动性和互作特性的信息。一台核磁共振光谱仪包括一个强磁体和电路系统，用以测量样品中原子核的磁性质。非对称原子核，如 ^{1}H 和 ^{13}C，具有奇数个质子和中子，具有内在角动量，有时被称为“**核自旋**”（**nuclear spin**），能够产生一个磁场（图 A）。把一个磁性的原子核放进一个光谱仪磁体的磁场中时会产生一个力，使得原子核的自旋与外加磁场的方向相平行。但是，量子力学的原理不允许原子核随意地处于任何可能的方向。也就是说，它的角动量（或自旋）是“**量子化**”（**quantized**）的（即局限于几个固定的数值）。对于 ^{1}H 和 ^{13}C 核来说有两种自旋状态，常被概念化定义为“上旋”和“下旋”，与磁场方向平行或反向。量子化的角动量与磁力相互影响，使得原子核就像一个重力影响下的旋转的棒球一样“摇摆”（图 B）。这种运动具有一个特定的**共振频率**（**resonance frequency**）（自旋频率），这个频率由磁场的强度、原子核的磁性质及最相邻的原子决定。与最相邻原子的相互作用提供了目标核的绝大多数信息。

核磁共振实验观测的是一群原子核，而不是一个原子核。在大多数情况下，一群原子核的运动是不“一致的”，也就是说样品中的核自旋各自向不同的方向倾斜（图 C，左），所以这种运动不能被观测到。要用 NMR 来观测，就必须使得所有的原子核拥有一致的运动。这一点是通过在紧贴样品的小线圈给样品加一个短的磁脉冲来实现的，该脉冲是以原子核共振频率振荡的无线电（RF）脉冲。这个脉冲将原子核自旋的方向重新排列，使得它们的一部分排列一致，这样，原子核自旋的运动成分就能从一群原子核的运动来观测到（图 C，右）。

无线电脉冲之后所观测到的信号通常包括很多差别甚微的共振频率。无线电脉冲本身包括一系列的频率，可以将无线电脉冲比作敲钟，然后产生由不同的声音频率组合成的钟声。所有的这些同时被记录的、来自样品返回的频率是发自相同的无线电线圈，就像我们同时听见钟声的所有频率一样。人们利用一种称为**傅里叶变换**（**Fourier transformation**）的数学操作将时间域（振幅比时间）NMR 响应转化成一种频率域（振幅比频率）频谱，更容易区分并列出具有不同频率的信号（图 D）。

通过三个或三个以下的分子键相连的原子核之间通常会有一种相互作用，称为**标量耦合**（**scalar coupling**）。这种耦合的分子几何学导致了信号的分开，即是 ^{1}H-NMR 光谱的特有性质。通常，一个典型的糖的异头（H-1）共振信号因为与 H-2 相耦合而被分为双峰，二面角越大，频率差异就越大。对于 β 式相连的糖基残基（如纤维素二糖），H1-C1-C2-H2 二面角（即 H1、C1 和 C2 所构成的平面与 H2、C2 和 C1 所构成的平面之间的夹角）约为 180°，因此 H1-H2 之间的线

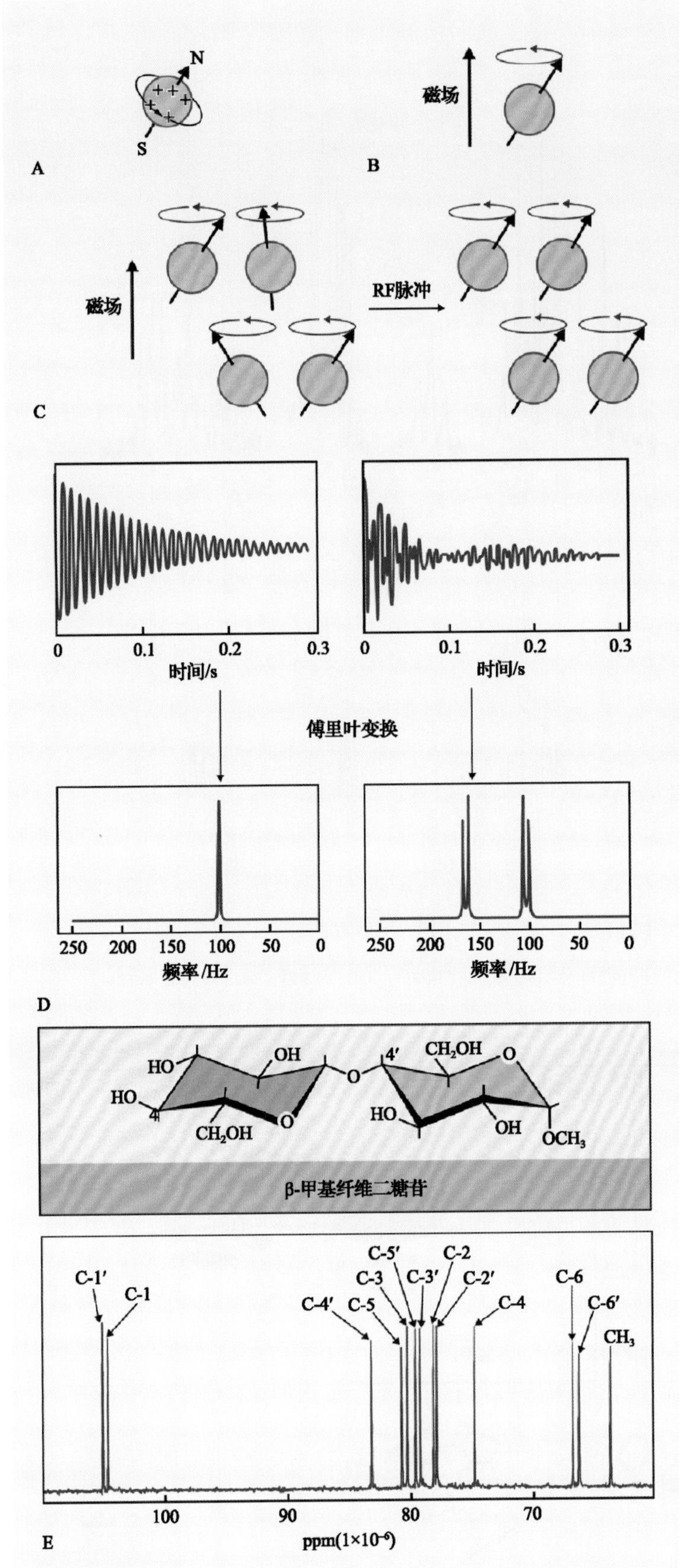

性耦合相对较大，为 8Hz。而 α 式相连的糖基（如麦芽糖）的 H1-C1-C2-H2 二面角约为 60°，使得 H1-H2 的线性耦合相对较小，为 3.6 Hz。因此，糖基残基的异头构象可以简单地通过测定异头质子双峰之间的距离（以 Hz 为单位）来准确地判断。

NMR 图谱中的不同频率是由于原子核周围的电子云对外加磁场的“屏蔽”造成的。被观测的原子核周围具有不同程度负电性的原子造成共振频率的变化，这个变化叫作**化学位移**（chemical shift）。化学位移的测量以百万分之一（ppm）为单位，并相对于一种标准化合物如**三甲基硅烷**（tetramethylsilane, TMS）的一个原子核的共振频率。它能够提供有关分子中原子核所处的化学环境的信息。例如，葡萄糖中 C-6 碳所连的吸电子的氧原子能降低这个原子核的电子屏蔽，导致它的化学位移在 60ppm 左右。但是，葡萄糖的异头碳（C-1）连着两个吸电子的氧原子，因此它受到的屏蔽小于 C-6 碳，其化学位移在 100ppm 左右。化学位移能够提供特定的结构信息，就如 β- 甲基纤维素二糖的 ^{13}C-NMR 光谱所描述的那样（图 E）。在这里，两个糖基残基之间糖苷键使得 C-4′（在连接处）的化学位移（80.2ppm）远远大于 C-4 的化学位移（70.1ppm）。这个化学位移的差别，被称为糖基化效应，并经常被用来确定哪个位点的两个糖基残基之间由糖苷键相连。

复杂分子的 ^{1}H- 和 ^{13}C-NMR 光谱更加复杂，包括**二维（2D）核磁共振**、**杂环多量子相干（HMQC）**、**杂环单量子相干（HSQC）**和**三维（3D）核磁共振**在内的多维 NMR 能够生成比一维更多的 NMR 参数的光谱，极大地提高了结构分析水平。**关联光谱**（COSY）是一种 2D NMR，一维的质子化学迁移与二维的标量耦联质子（^{1}H-^{1}H COSY）相关。**总关联光谱**（TOCSY）实验特别适用于鉴定多种木质素结构中的侧链或鉴定多糖中单个单糖单元的共振态，如下面的例子所示。**固相核磁共振**（solid-state NMR）技术能够区分多糖中具有不同的运动和结构特性的区域，因此，可以用来帮助构建细胞壁内多糖是如何组装而形成了复杂的、动态结构的模型。

草本植物细胞壁的二阿拉伯糖基 β-*O*-4-

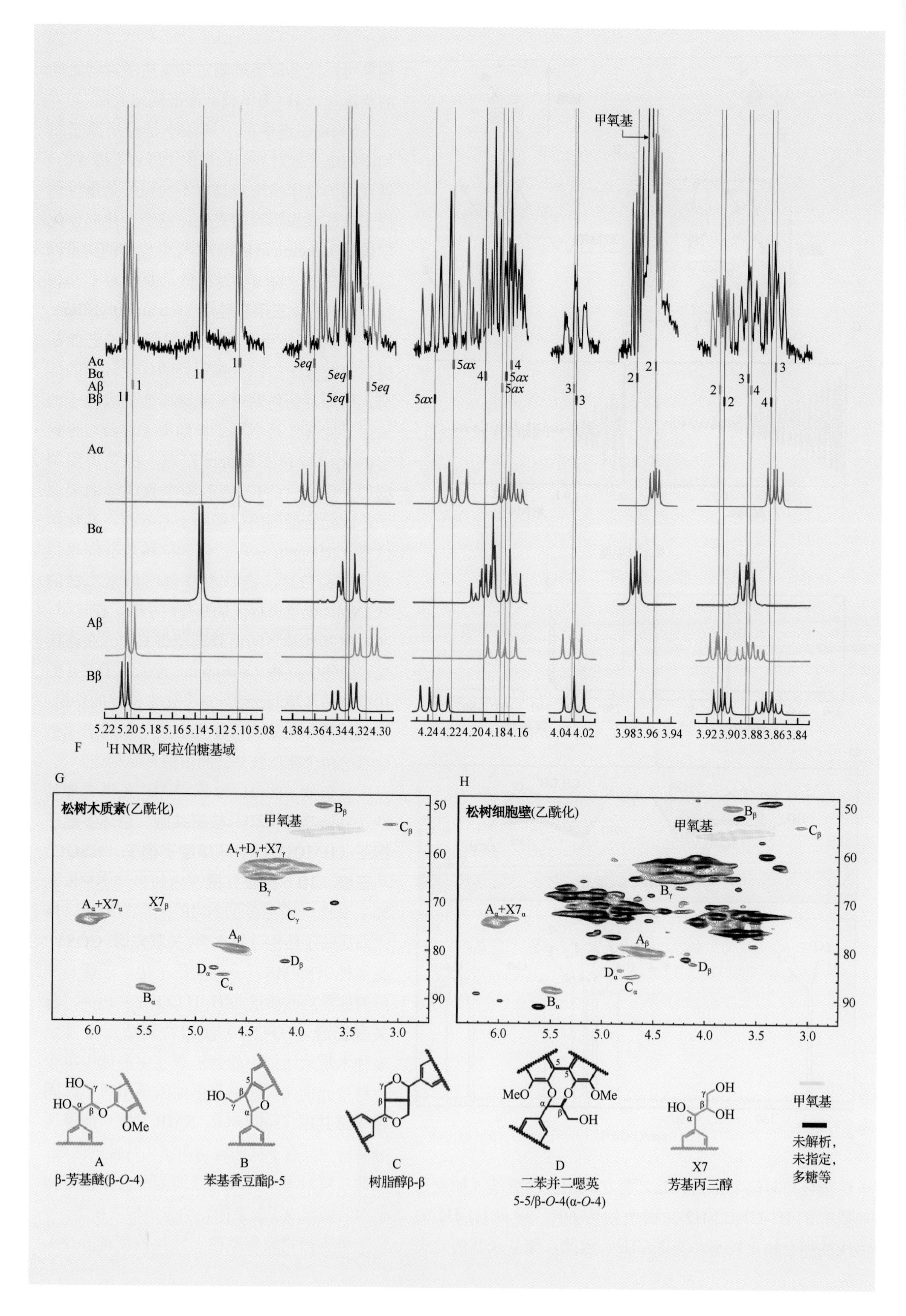

甲氧基
F ¹H NMR, 阿拉伯糖基域
G
松树木质素(乙酰化)
H
松树细胞壁(乙酰化)
A
β-芳基醚(β-O-4)
B
苯基香豆醌β-5
C
树脂醇β-β
D
二苯并二噁英
5-5/β-O-4(α-O-4)
X7
芳基丙三醇
甲氧基
未解析,
未指定,
多糖等

脱氢二阿魏酸可以用作含糖和酚类的复杂结构特征的例子，它是由两个阿魏酸盐5位连接到两个GAX多聚体的两个阿拉伯糖基单元上而成的自由基耦合形成的（图2.13），GAX多聚体由木聚糖骨架水解形成。对此结构进行简单的检查，发现其中有两个不同的阿拉伯糖基对半的部分，核磁共振光谱解析了每个阿拉伯糖基对半部分的α-或β-方向的异头物构象（图F）。质子-核磁共振波谱的阿拉伯糖基区域用彩色清晰标注，显示质子和邻近碳原子之间的标量耦合导致形成分离模式。每个异头H-1质子都是简单的双峰，与它们对应的H-2质子耦合，但是H-2质子较复杂（基本都是双峰的双峰），因是与H-1和H-3质子耦合（标量耦合常数不同）。以实际光谱为输入数据，4个阿拉伯糖基对半部分的亚光谱可以通过计算机模拟精确地计算并绘图，然后显示正确的化学迁移和耦合常数。非异头物能够被2D ^{1}H-^{1}H COSY实验的耦合网络追踪而发现，从容易鉴定的异头物H-1和H-2开始，到H-2和H-3（和H-1）、H-3和H-4(和H-2)及H-4和两个H-5质子(反之亦然)（图F）。

在HMQC或HSQC 2D ^{13}C-^{1}H相关性实验中，集中在等高线上水平轴向的处于化学位移中的质子（^{1}H）直接与相应的纵轴向上化学迁移的碳原子（^{13}C）结合。这些数据作用的大部分来自于离散，即由通过来自质子的信号转导方式产生的离散，通过它们结合碳原子的不同化学迁移解析这些质子信号，或者相反地，通过它们结合的质子化学迁移来解析碳原子信号。在这个例子中，4个复杂的5-质子对可以被清楚地区分开。

第二个例子，我们展示了松树上分离的木质素的局部2D NMR光谱（图G）。木质素的结构更加复杂，由于是由自由基耦合反应结合形成，并且耦合可以由几种途径产生（图2.22），形成具有随机序列的链。如图G所示，从2D ^{13}C-^{1}H相关实验可以轻易辨别木质素单位间的键的类型和分布。由于这个实验具有非常好的离散性，尽管细胞壁的主要成分是多糖，但仍可以用整个（未分离的）细胞壁（图H）进行的相同类型光谱的许多相关性来分析。

来源：原始介绍文字由william York, CCRC, Georgia提供。

2.2 组成细胞壁的大分子

2.2.1 纤维素是一切植物细胞壁的主要骨架成分

纤维素（cellulose）是地球上最丰富的植物多糖，占初生壁干重的15%～30%，在次生壁中占的比例还要大些。纤维素以**微纤丝**（microfibril）的形式存在，它是由几十个（1→4）-β-D-葡聚糖链沿其长度方向相互以氢键结合形成的拟晶体（图2.12）。在维管植物中，每条微纤丝包括一个晶体核，晶体核由12条链覆盖在24条链上组成，覆盖在外的这12条链可以与其他多糖和水相互作用。由36条糖链组成的微纤丝理论直径为3.8nm，但X射线衍射证明一些微纤丝直径只有3.3nm，这些微纤丝或许只由24条链组成。被子植物的微纤丝经电子显微镜测量宽为5～12nm，但这个估计值包括紧密结合在微纤丝表面的非纤维素多聚物。藻类的微纤丝能够由几百条链形成大而圆的缆绳状或平的带状。每条（1→4）-β-D-葡聚糖链可能只有几千个糖单位（长2～3μm），但每条链在微纤丝中的起点和终点都不同，从而使微纤丝可以包含几千条独立的葡聚糖链，长度可达几百微米。此结构类似于一卷线含有成千上万条独立的棉纤维，而每条棉纤维长为2～3cm。

经电子衍射发现，纤维素中的（1→4）-β-D-葡聚糖链是相互平行排列的，也就是说，这些链的还原末端都指向同一方向。细菌的纤维素是通过在葡聚糖链的非还原末端添加葡萄糖单位的方式合成的。

与纤维素不同，**胼胝质**（callose）是由（1→3）-β-D-葡聚糖链组成的，可形成螺旋双体和螺旋三体。胼胝质是由几类细胞在细胞壁发育的特定阶段产生的，如生长的花粉管和正在分裂的细胞的细胞板。

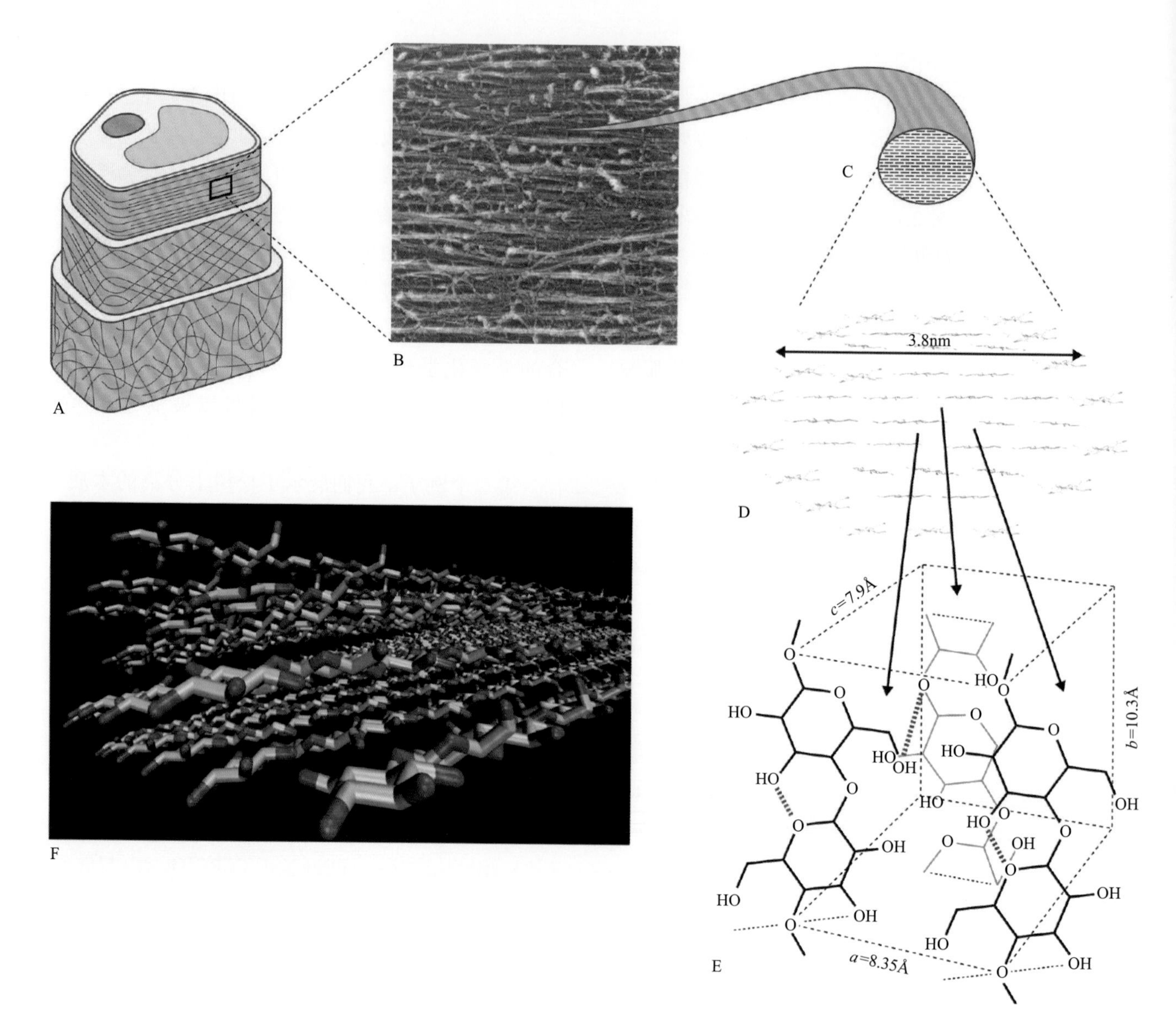

图 2.12 纤维素微纤丝是几十个由许多氢键紧密连接的（1 → 4）-β-D- 葡聚糖链排列成的拟晶体，有并排排列的，也有首尾相接的。微纤丝可以随机地绕在球形的分生组织细胞或放射状沿所有方向扩展的细胞上（即均等分布在所有方向）。然而，在伸长的细胞中（A），微纤丝以几乎与细胞长轴垂直的方向螺旋缠绕在细胞壁上，可以在这张延伸的玉米根细胞的冷冻蚀刻复制图上看见其在原生质膜上的印迹（B）。D 图表示单个微纤丝（C）的横断面。通过包括固态 NMR 谱在内的研究，人们认为微纤丝表面的葡聚糖链采取一种略有不同的排列方式。36 条链的微纤丝具有这种排列，估计直径为 3.8nm。18 ～ 24 条多聚糖链形成微纤丝的核心，具有精确的定位，直径为 2.6 ～ 3.0nm。微纤丝核心单位结构的原子排列已由 X 射线衍射确定（E）。纤维素微纤丝的分子模型预测为右旋 180°（F）。来源：图 F 来源于 Mike Crowley, National Renewable Energy Lab, Golden, CO

胼胝质还会在损伤应答过程或侵入的真菌菌丝企图穿透细胞时产生（见图 2.7）。

2.2.2 交联聚糖联锁纤维素骨架

交联聚糖（**crosslinking glycan**）是一类能与纤维素微纤丝形成氢键的多糖，它们可以覆盖微纤丝，而且其长度足够跨越微纤丝之间的距离，从而将其连接形成网络。多数交联聚糖常被称为“半纤维素”，它是一个广泛使用的术语，指能用摩尔级浓度的浓碱从细胞壁中提取出来的物质，与其结构无关。

有花植物初生细胞壁中的两种主要交联聚糖是**木葡聚糖**（**xyloglucan, XyG**）和**葡糖醛阿拉伯木聚糖**（**glucoronoarabinoxylan, GAX**）（图 2.13）。XyG 交联所有双子叶植物和约一半单子叶植物的细胞壁，但在凤梨、棕榈、生姜、莎草及禾草等鸭跖草类的单子叶植物的细胞壁中，主要的交联聚糖为 GAX（图 2.13）。

大部分 XyG 是由直链的（1 → 4）-β-D- 葡聚糖与相邻的 α-D- 木糖单位连接到在无分支的葡萄糖残基之间的葡萄糖单位的 O-6 位置上而构成的。有些木糖基团还进一步被其他单糖所取代，如 α-L- 阿拉伯糖或 β-D- 半乳糖，以提高水溶性及被可能的细胞壁修饰酶识别。有时半乳糖又进一步为 α-L- 岩藻糖所取代（图 2.13）。人们使用序列特异性的水解酶在葡聚糖主链的特定位点上切割 XyG，使之成为可以完全鉴定的小片段来解析 XyG 的精细结构（信息栏 2.3 及信息栏 2.4）。同时，描述特定的、普遍存在的 XyG 侧链的方式也已约定俗成，即将整个从葡聚糖主链上伸出的侧链，根据其末端糖的不同而用一个字母表示（表 2.1）。

XyG 是由含 6 ～ 11 个糖的单元结构块构成的，这些糖在不同的组织和物种中有不同的比例（图 2.13）。虽然有连续的 2 ～ 3 个木糖单元的纤维六糖是大多数 XyG 的基本骨架单位，但也发现了一些分别有 4 ～ 5 个对位的木糖单元的纤维五糖甚至纤维六糖。XyG 主要包括至少 4 种结构不同的变体，在所有的非鸭跖草亚纲的单子叶植物和大多数双子叶植物中为岩藻半乳 -XyG。其基本结构由大致等量的 XXXG 和 XXFG 组成，但也有变化，α-L-Ara 加在葡聚糖链上的某些位置。茄科植物和辣薄荷（*Mentha* × *piperita*）具有阿拉伯 -XyG，其中每 4 个

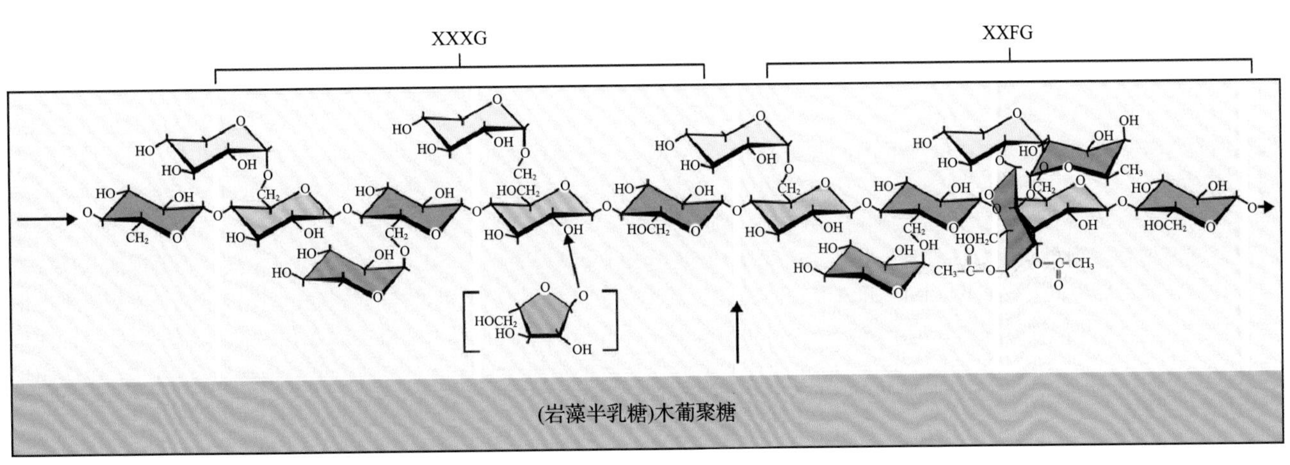

A

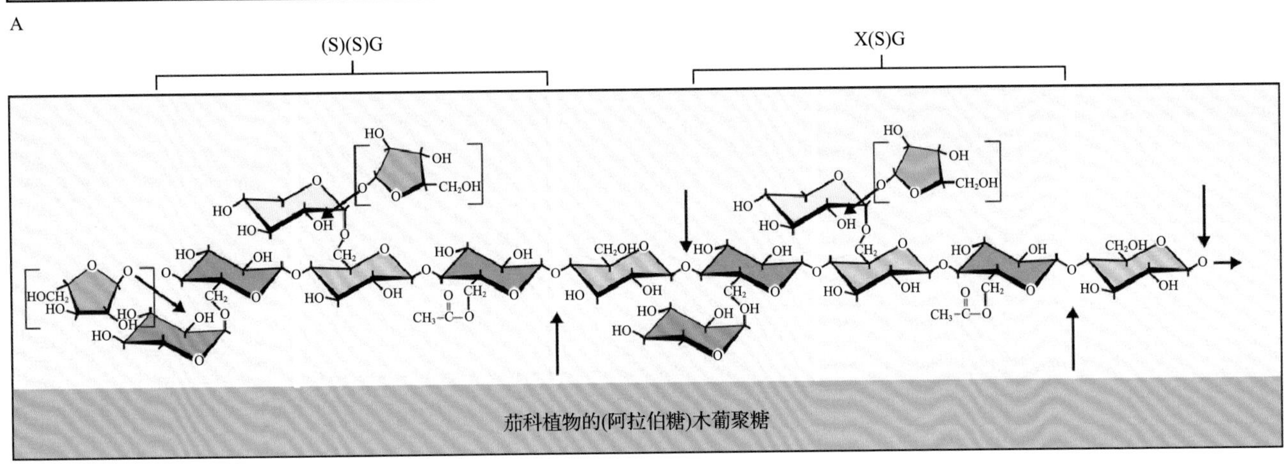

B

鸭跖草类植物葡糖醛阿拉伯木聚糖
C

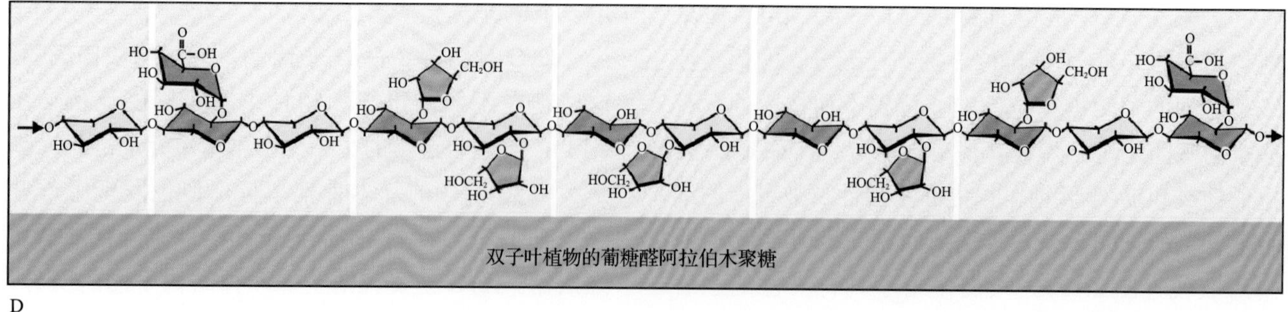

D

图 2.13 有花植物初生细胞壁的主要交联聚糖的化学结构。白线描出的是所有交联聚糖中都有的葡糖和木糖的（1 → 4）-β-二糖单位，这样的连接要求单糖之间成 180°。A.（岩藻半乳糖）木葡聚糖。在大多数木葡聚糖中，α-D- 木糖单位加在主链上三个相邻葡萄糖单位上，组成一个七糖单元结构。在约一半这样的单元结构中，一个 *t*-α-L-Fuc-（1 → 2）β-D-Gal 加在最靠近还原末端的木糖侧基的 O-2 上，形成一个非糖单元。主链的一些位置的葡萄糖单位 O-2 位连上一个 α-L-Ara 单位会阻止 XyG 在这些位置与纤维素形成氢键。箭头表示唯一能被木霉属（*Trichoderma*）内切 -β-D- 葡聚糖酶切割的键。根据单字母命名法（表 2.1），这两个寡聚物为 XXXG 和 XXFG。二糖 XLFG 在许多物种中也是一个主要单元结构。B. 阿拉伯木葡聚糖。在茄目和唇形目植物中，主要的重复单位是一个六聚体，而不是七聚体，有一到两个 α-L-Ara 单位直接连在木糖单位的 O-2 位。茄科植物的 XyG 单位被两个而不是一个没有支链的葡萄糖单位分开，而倒数第二个葡萄糖在 O-6 位有一个乙酰基。箭头表示能被木霉属内切 -β-D- 葡聚糖酶切割的键。在单字母命名法（表 2.1）中，如果连上一个或两个 Ara 单位的话，这两个寡聚物为 XSGG 和 SSGG；而如果没有 Ara 单位，则是 XXGG。一些菊目及其近缘目中，有阿拉伯糖基和半乳糖基单元添加到 XyG 寡聚体上（未展示）。此外，一些豆科植物中，储存 XyG 有 XXXXG，甚至是 XXXXXG，这些单元被多至 4 个 Gal 修饰（未展示）。C. 鸭跖草类植物的葡糖醛阿拉伯木聚糖。在鸭跖草类的单子叶植物细胞壁的 GAX 中，α-L-Ara 单位只严格加在主链多聚体木糖单位的 O-3 位置上。主链上每隔约 50 个 Xyl 单位，有一个 α-L-Ara 单位的 O-5 位上的阿魏酸基团（有时为其他羟苯乙烯酸）发生酯化。α-D-GlcA 加在木糖单位的 O-2 位。相邻 GAX 多聚体的阿魏酸基团可以耦合到细胞壁上的交联 GAX 上。D. 其他葡糖醛阿拉伯木聚糖。非鸭跖草类的单子叶植物和所有双子叶植物除含有更为丰富的 XyG 外，还含有 GAX。然而，这些 GAX 的 α-L-Ara 单位主要加在 O-2 位外，而不是加在 O-3 位。而鸭跖草类植物的 GAX 中，α-D-GlcA 只加在 O-2 位

表 2.1　简单和复杂的木葡聚糖侧基的单字母命名

单字母命名	末端糖	葡萄糖链上的侧基
G	D- 葡萄糖	无
X	D- 木糖	α-D-Xyl-（1→6）-
L	D- 半乳糖	β-D-Gal-（1→2）-α-D-Xyl-（1→6）-
F	L- 岩藻糖	α-L-Fuc-（1→2）-β-D-Gal-（1→2）-α-D-Xyl-（1→6）-
S	L- 阿拉伯呋喃糖	α-L-Araf-（1→2）-α-D-Xyl-（1→6）-
T	L- 阿拉伯呋喃糖	β-L-Arap-（1→3）-α-L-Arap-（1→6）-（1→2）-α-D-Xyl-（1→6）-
U	D- 木糖	β-D-Xyl-（1→2）-α-D-Xyl-（1→6）-
J	D- 半乳糖	α-L-Gal-（1→2）-β-D-Gal-（1→2）-α-D-Xyl-（1→6）-
D	L- 阿拉伯吡喃糖	α-L-Arap-（1→2）-α-D-Xyl-（1→6）-
E	L- 岩藻糖	α-L-Fuc-（1→2）-α-L-Arap-（1→2）-α-D-Xyl-（1→6）-
P	D- 半乳糖醛酸，D- 半乳糖	β-D-GalA-（1→2）-[β-D-Gal-（1→4）-]α-D-Xyl-（1→6）-
Q	D- 半乳糖（2）	β-D-GalA-（1→4）-β-D-GalA-（1→2）-[β-D-Gal-（1→4）]-α-D-Xyl-（1→6）-
M	L- 阿拉伯吡喃糖，D- 半乳糖	α-L-Arap-（1→2）-[β-D-Gal-（1→4）]-α-D-Xyl-（1→6）-
N	L- 阿拉伯吡喃糖，D- 半乳糖	α-L-Arap-（1→2）-[β-D-Gal-（1→6）-β-D-Gal-（1→4）-]α-D-Xyl-（1→6）-

注：大部分被子植物中的双子叶植物具有 D-Gal（L）和 L-Fuc（F）侧基连在葡聚糖主链的木糖单位上，L- 阿拉伯糖有岩藻糖和吡喃糖两种形式，而所有其他糖都是吡喃糖形式。只在菊类的一些科如茄科植物中有侧基 S、T 和 U，在苔藓和非种子维管植物中发现有带侧基（包括半乳糖醛酸残基）的复合物。

葡萄糖单位中只有 2 个含有一个木糖单位，而木糖单位又由 1 ～ 2 个 α-L-Ara 取代，从而形成 AXGG、XAGG 和 AAGG 的混合体，在茄科植物中，S 代表末端阿拉伯糖基化。奇怪的是，在阿拉伯 -XyG 中，一个乙酰基代替了第三个木糖单位。

鸭跖草类的单子叶植物也含有少量的 XyG，但其中包括随机加入的与多聚糖链分离的木糖单位，且只作为对位糖才加入一个半乳糖。菊类的一些植物有一些糖单位在相同的寡聚体中有 α-L-Ara 和 β-D-Gal，也有一些成员中有 α-D-Xyl 和 β-L-Gal 的加入（图 2.14）。然而在非维管植物和非种子维管植物中，仍然存在一些带有侧链，包括分支链的类

信息栏 2.3　寡聚糖单位结构可以通过分析序列特异性的聚糖酶和高效阴离子交换色谱 (HPAEC) 来确定

目前还没有能够直接确定复杂碳水化合物中糖序列的方法。然而，就像识别并切割特定 DNA 序列的限制性内切核酸酶一样，切割多糖的序列**依赖型聚糖酶**（**sequence-dependent glycanase**）可以用来产生小片段的寡糖，进而确定其结构。

从微生物中得到的序列依赖型聚糖酶需要或受限于多糖的结构特征和特定的糖苷键。人们利用这类酶产生具有重复单元结构特征的寡聚物，从而对很大的多聚体的序列进行合理的推测。例如，枯草芽孢杆菌（*Bacillus subtilis*）的葡聚糖内切酶只在前面是（1 → 3）-β-D- 键时切下（1 → 4）-β-D 糖苷键，而枯草芽孢杆菌的葡萄糖醛酸酶 C 只有在具有附属的葡糖醛酸单位的位点剪切（1 → 4）-β- 木糖键。真菌绿色木霉（*Trichoderma viride*）中的内切 -β-D- 葡聚糖酶的活性因受葡聚糖链上的附加基团的阻遏，只能水解未取代的（1 → 4）-β-D- 葡糖键。这一特性使得此酶可以用来确定木葡聚糖的（1 → 4）-β-D- 葡聚糖链上附着的连续木糖基团的频率。对于大多数开花植物，木葡聚糖的基本单位结构包含葡萄糖残基，其中的三个被替换为木糖基团。开头的两个木糖可以被半乳糖修饰，而且岩藻糖可以添加到第一个半乳糖上形成 6 个具有特点的寡聚体（表 2.1）。

常见的阴离子交换色谱是一种简便的分离含糖醛酸多聚物（图 A）的方法，但总体来说，常规的**高效液相色谱**（**high-performance liquid chromatography, HPLC**）系统不能很好地解析中性糖和寡糖。然而，特殊的抗碱 HPLC 装置可支持 HPAEC，是一种分析序列依赖型聚糖酶的寡糖产物的有效方法。糖的羟基是弱酸，在高 pH 下带负电。在阴离子交换柱上的相对保留值由寡聚物上羟基的数量、位置和自由程度决定的前提下，上述特性可被利用。当加入 0.5mol·L^{-1} 的 NaOH 溶液时，寡糖带电。寡糖阴离子结合到柱上，由梯度增加乙酸钠浓度的 NaOH 溶液洗脱。当糖被洗脱时，由**脉冲电流探测器**（**pulsed amperometric detector, PAD**）的电化学元件检测到。一小部分糖在通过镀金的检测器时被氧化，而当这些氧化的糖结合到探测板上时，检测到的浓度较探测器的工作电位要低。极性相反的、短的脉冲将氧化的糖从板上击落。这个脉冲周期大约为 300 ms，这些测量脉冲被累积到一定时间域，就产生一个色谱图。PAD 对糖是相当特异性的，很少有其他化合物在其中能被同等的电脉冲氧化。图 B 为野生型拟南芥及从第一个木糖缺失整个 α-L- 岩藻糖 -（1 → 2）-β-D- 半乳糖 - 侧链的突变体 *murus3* 的木葡聚糖单位图谱。对于野生型 XyG，可以观察到 6 个可能的寡聚物；在突变体 *murus3* 中，由于能正常修饰靠近还原端 Xyl 残基的半乳糖基转移酶缺失，只有 XXXG 和 XLXG 最大量富集。

毛细管电泳法（**capillary electrophoresis**）是将少量带电荷的多聚物在直径极小的管中在电场下进行液相分离，对于分离富含糖醛酸多聚体中的系列寡聚体也是有效的。对于中性寡糖，已开发了带电的荧光染料，可以耦合到寡糖还原端，产生既可以电泳移动又容易被检测的产物（图 C）。上方痕迹展示了水解右旋糖酐和 β-1,4- 木寡糖 DP1 ～ DP6 混合物的分离；较大的右旋糖酐寡糖通过延长电泳到 90min 后被分离开。RFU，相对荧光单位；G，葡萄糖；X，木糖。

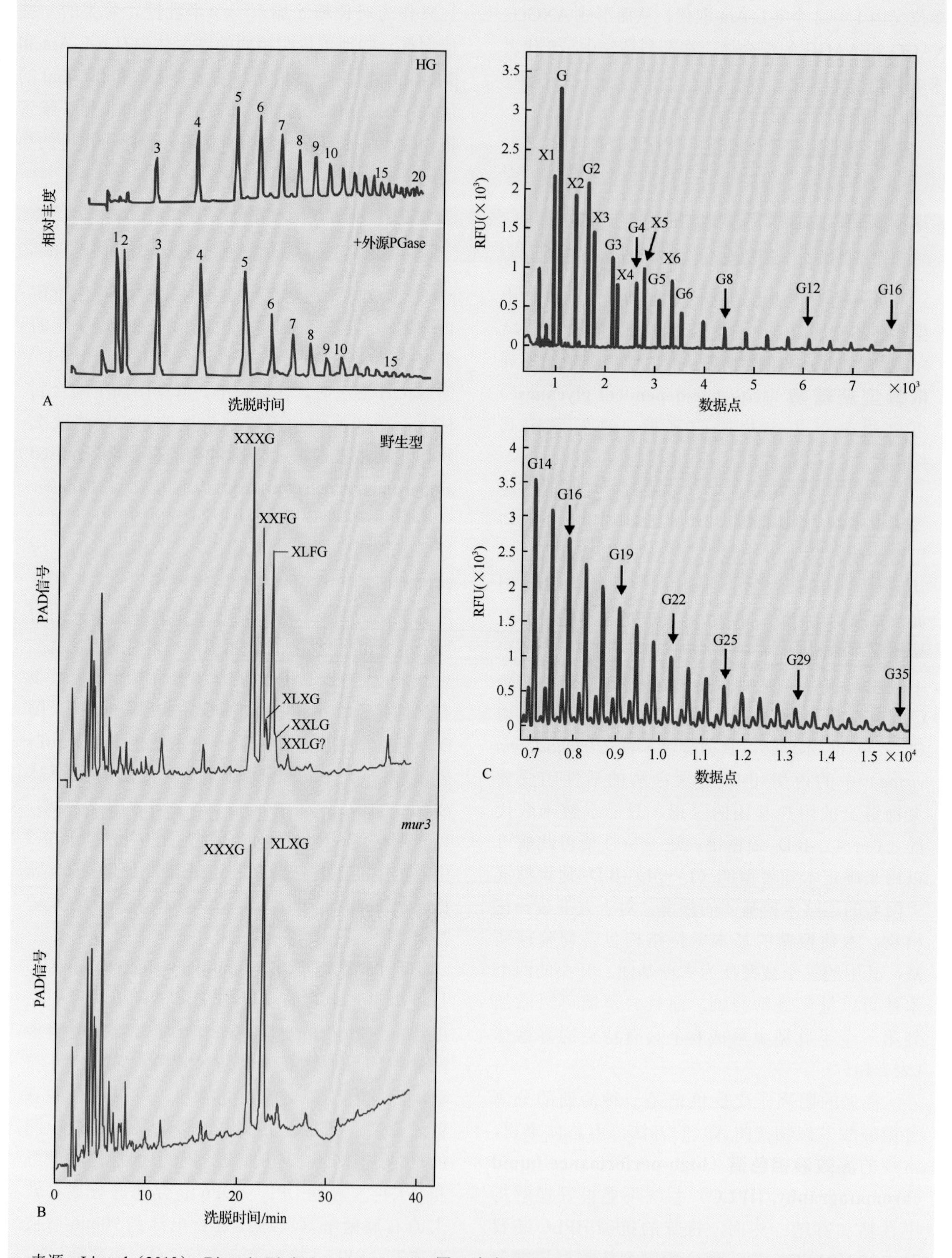

来源：Li et al.（2013）. Biotech. Biofuels 6: Art. No. 94；图 B 来自 Carpita NC, McCann MC（2015）. J. Exp. Bot.

信息栏 2.4　通过基质辅助激光解吸离子化 (MALDI)– 飞行时间 (TOF) 和电喷射离子化 (ESI) 串联质谱 (ms/ms) 可以推测多糖序列

尽管部分甲基化的醛醇乙酸盐的 EIMS 是鉴定未知多聚体连接结构的糖化学家们使用的主要方法（见信息栏 2.1），新的质谱技术极大地扩展了应用质谱分析的范围，且能提供未衍生化寡糖的连接及序列信息。

基质辅助激光解吸离子化 - 飞行时间（MALDI-TOF）质谱技术就是其中之一。未衍生多聚体与一种材料混合，这种材料在短的激光脉冲下可以离子化多聚体。根据其大小及分子质量，多聚体离子在质谱仪中发生差异加速，最大 200kDa 的离子可以被精确计算，计算是根据激光轰击时间点和与质谱仪正极接触的点的间隔来完成的（图 A）。对于图 A 所示的木葡聚糖寡聚物，乙酰化程度是根据离子诊断质量确定的（每个乙酰化基团为分子的离子化的离子质量 M^+ 加上 *m/z* 43）。

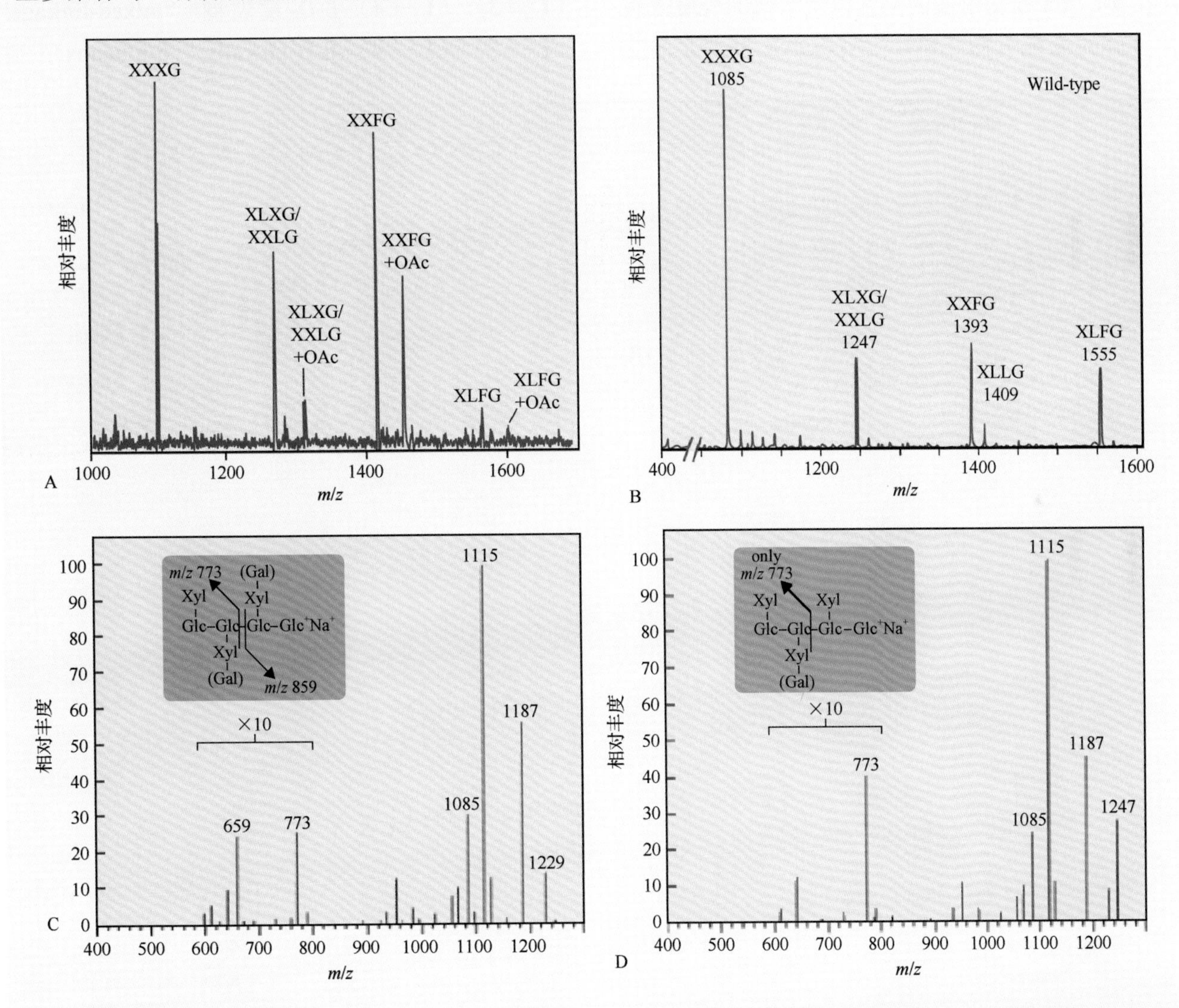

电喷射离子化（ESI）质谱中，水溶性糖寡聚物被“喷洒”成细雾，进入有温热干燥空气对流的质谱入口中。寡聚物被吸收 Na^+ 原子的微滴捕获，在蒸发后收集在**离子井（ion trap）**中。具有不同质荷比的样品可以通过质谱分析感兴趣的诊断离子相对丰度。在图 B 中，野生型拟南芥木葡聚糖寡聚物的质谱诊断物中被检测出添加了 1 ～ 2 个半乳糖、1 个岩藻糖，而 *mur2* 则缺失了岩藻糖基化的特征片段，*mur3* 则只有 1 个半乳糖。ESI MS 和 MALDI-TOF 的一个优势在于收集的捕获离子可以被进一步分割，获得寡聚物中单个糖单位的位置信息。在图 C 所示的例子中，在

第一个或第二个木糖或木葡聚糖片段上产生半乳糖 *m/z* 为 1247。但是在 *m/z* 1247 的 MS/MS 检测中，第一个木糖上的半乳糖产生一个片段的 *m/z* 659，而第二个木糖上的半乳糖产生 *m/z* 773。野生型中，在两个位置上都能检测到半乳糖（1），而在 *murus3* 突变体中，只在第二个木糖上存在半乳糖（2），说明半乳糖苷转移酶的缺失突变导致不能修饰紧靠寡聚物还原端的木糖残基。

型（表 2.1）。在实验室中，影响到 XyG 木糖单位修饰能力的突变体的生长状态与野生型植株相似，但如果半乳糖化侧链丢失，初生细胞壁的抗张强度就会降低。

所有被子植物至少含有少量的 GAX，但其结构在 α-L-Ara 残基附着的位置以及取代的程度上可有显著的变化（图 2.13）。在以 GAX 为主要的交联多聚体的鸭跖草类的单子叶植物中，Ara 单位总在 O-3 位。而在以 XyG 为主要交联聚糖的物种中，α-L-Ara 通常在 O-2 位。在所有的 GAX 中，α-D-GlcA 单位都连在 O-2 位。

第三类主要的交联聚糖称为**“混合连接”（1→3），（1→4）-β-D- 葡聚糖**（**“mixed-linkage”（1→3），（1→4）-β-D-glucans**）（**β-glucans**），这

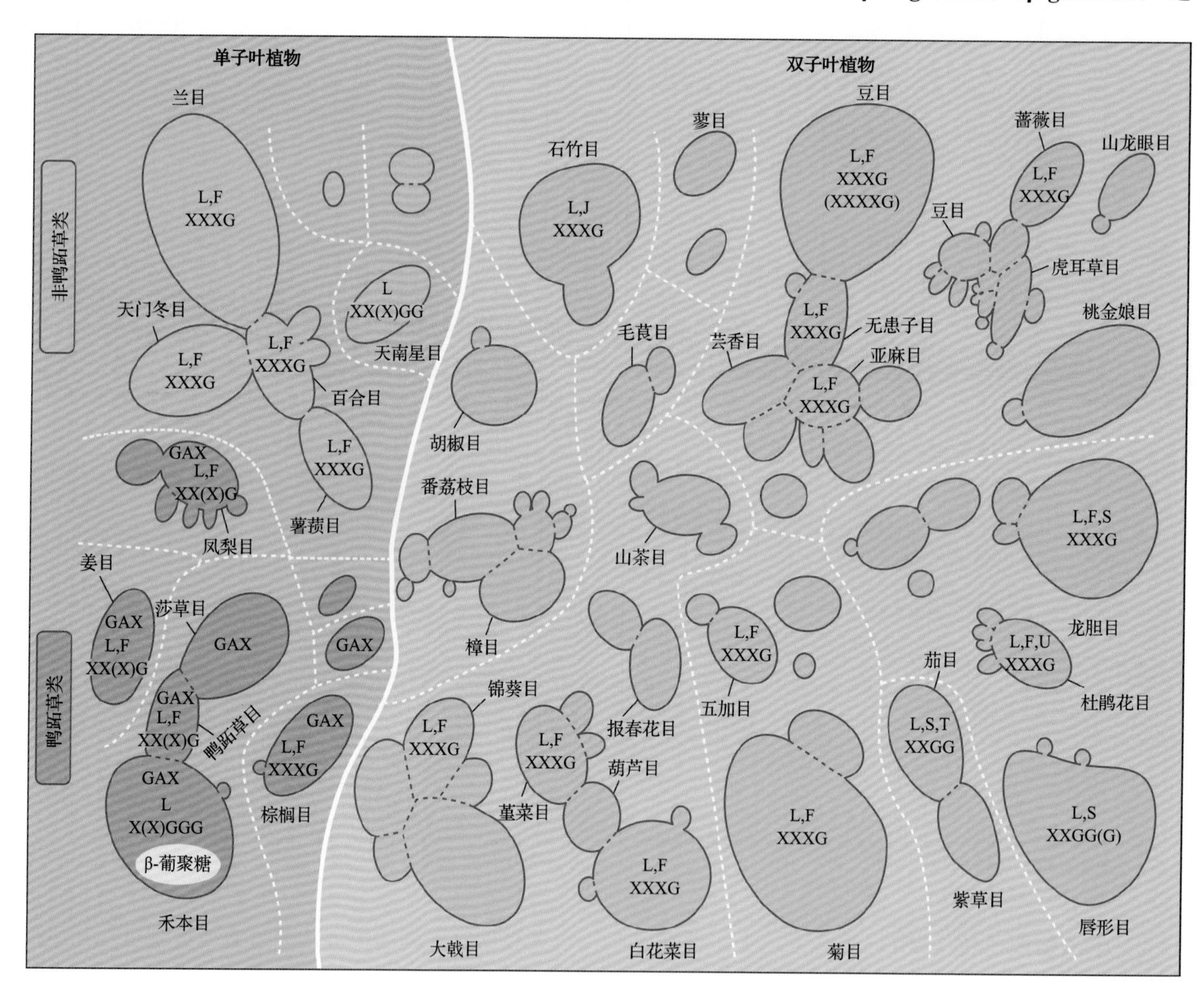

图 2.14　开花植物各个目中主要的交联聚糖种类，以及它们在单子叶植物一些目之间、双子叶植物一些目之间、单双子叶植物之间的主要差异简图。基本的 XXXG 骨架结构在绝大多数物种中都存在（见图 2.12），单子叶和双子叶植物间的骨架差异如图所示。单字母（表 2.1）代表已登记的延伸侧基团；L[β-D-Gal-（1→2）-α-D-Xyl-（1→6）-] 和 F[α-L-Fuc-（1→2）-β-D-Gal-（1→2）-α-D-Xyl-（1→6）-] 是最常见的侧基，S[α-L-Araf-（1→2）-α-D-Xyl-（1→6）-]、T[β-L-Arap-（1→3）-α-L-Arap-（1→2）-α-D-Xyl-（1→6）-] 和 U[β-D-Xyl-（1→2）-α-D-Xyl-（1→6）-] 侧基在茄目、唇形目、杜鹃花目中均有发现。GAX：葡糖醛阿拉伯木聚糖（见图 2.13）；β- 葡聚糖：混合连接（1→3），（1→4）-β-D- 葡聚糖（见图 2.15）

种葡聚糖将禾木目（包括谷类和禾草）与其他鸭跖草类的单子叶植物区分开来（图 2.15）。这些不分支的多聚体由纤维三糖和纤维四糖单位随机组成，二者比例约为 2.5 ∶ 1，以单个的（1→3）-β-D- 键连接。此外，由 5 ～ 9 个连续的（1→4）-β-D- 葡聚糖单位组成的纤维糊精均被单独的（1→3）-β-D- 键连接而间隔排列。在溶液中，纤维三糖和纤维四糖单位由约 50 个残基形成螺旋状多聚体，其中由长的纤维糊精隔开。尽管其他的被子植物中不存在，在地衣 *Cetraria islandica* 及非种子维管植物木贼（*Equisetum*）中发现了变化的纤维糊精单位结构（1→3），（1→4）-β-D- 葡聚糖混合连接。

其他量少得多的非纤维素多糖——**甘露聚糖**（**mannan**）实际上存在于所有被子植物中。在某些藻类，甘露聚糖微纤丝替换了纤维素，成为基础支架（图 2.16）。**葡甘露聚糖**（**glucomanan**）、**半乳甘露聚糖**（**galactomannan**）和**半乳葡甘露聚糖**（**galactoglucomannan**）也有可能在某些初生细胞壁中参与连锁微纤丝。在某些蕨类植物中，（葡）甘露聚糖是主要的连接多糖，组成第三类细胞壁。被广泛替代的半乳甘露聚糖不能结合到纤维素上水化形成厚胶质。

2.2.3 果胶基质多聚体富含半乳糖醛酸

果胶是一类杂合、分支、高度水合的混合多糖，富含 D- 葡糖醛酸。果胶可以通过 Ca^{2+} 螯合剂 [如草酸铵、EDTA、EGTA 或环已烷二胺四乙酸盐（CDTA）等]、脱酯剂（如 Na_2CO_3）或浓度低于 $0.1mol·L^{-1}$ 的碱从细胞壁中轻易提取出来。

果胶有许多功能：决定细胞壁的孔隙，提供调节细胞壁 pH 和离子平衡的带电表面；调节胞间薄层处的细胞粘连；是植物细胞对共生生物、病原体和昆虫等“侵犯”的预警识别分子。特定的细胞壁的酶结合在带电的果胶网络中，其活性被限定在细胞壁的一定区域内。通过限制细胞壁的孔隙，果胶可以影响细胞生长，调节细胞壁松弛酶对其底物葡聚糖的作用（见 2.5.8 节）。

果胶的两个基本成分是**同聚半乳糖醛酸**（**homogalacturonan**, HG; 图 2.17A）和**聚鼠李半乳糖醛酸Ⅰ**（**rhamnogalacturonan Ⅰ**, **RG Ⅰ**；图 2.17C）。HG 是（1→4）-α-D-GalA 的同聚物，约含 200 个 GalA，长约 100nm。还有两种结构上经过修饰的 HG：**聚木半乳糖醛酸**（**xylogalacturonan**, 图 2.17B）和**聚鼠李半乳糖醛酸Ⅱ**（**rhamnogalacturonan Ⅱ**, **RG Ⅱ**；图 2.18）。RG Ⅱ是个错误的名字，它的结构与 RG Ⅰ无关，但最初被鉴定为含鼠李糖的果胶。RG Ⅱ是已知的糖连接结构最为多样化的多糖，包括芹菜糖、槭酸（3-C′- 羧基 -5- 脱氧 -L- 木糖）、2-*O*- 甲基 - 岩藻糖、2-*O*- 甲基 - 木糖、Kdo（3- 脱氧 -D- 甘露型 -2- 辛酮糖酸）和 Dha（3- 脱氧 -D- 来苏型 -2- 庚酮糖酸）。

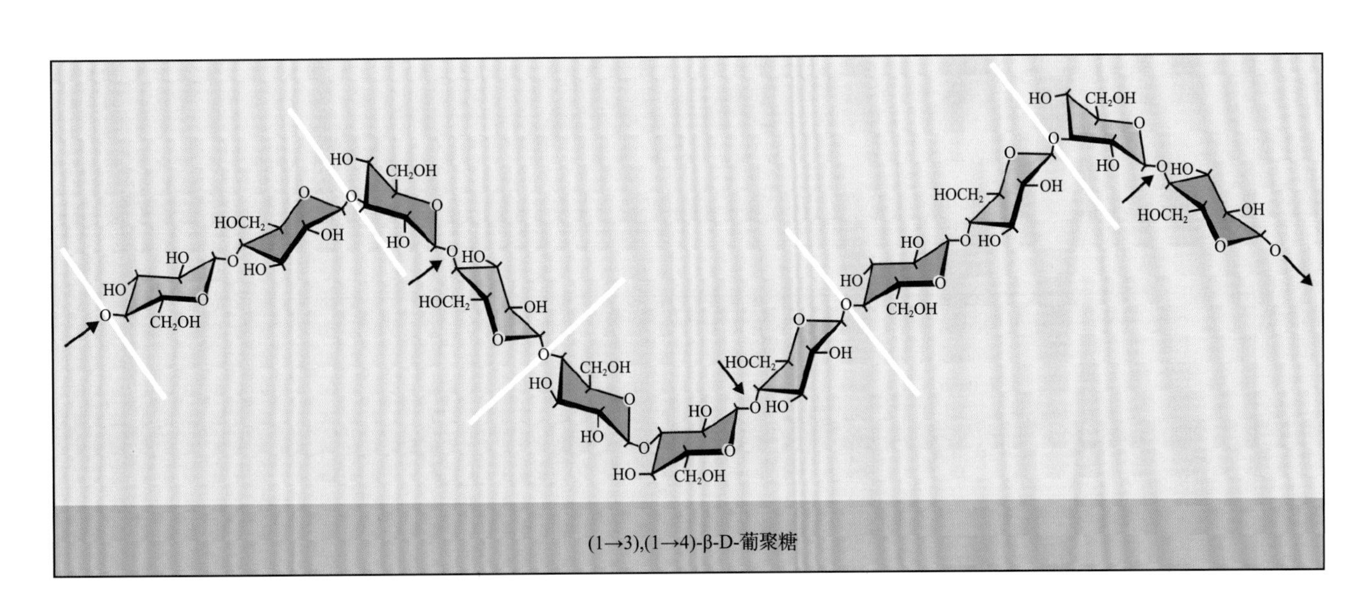

图 2.15 被子植物中，（1 → 3），（1 → 4）-β-D- 葡聚糖混合连接是禾本目特有的。红色箭头表示枯草芽孢杆菌内切葡聚糖酶切割位点。无分支多聚体主要由纤维三糖和纤维四糖单位通过单(1→3)-β- 键进行连接。同时也有少量更大的纤维糊精被发现，它们最多有 9 个（1→4）-β-D- 葡聚糖残基（未展示）

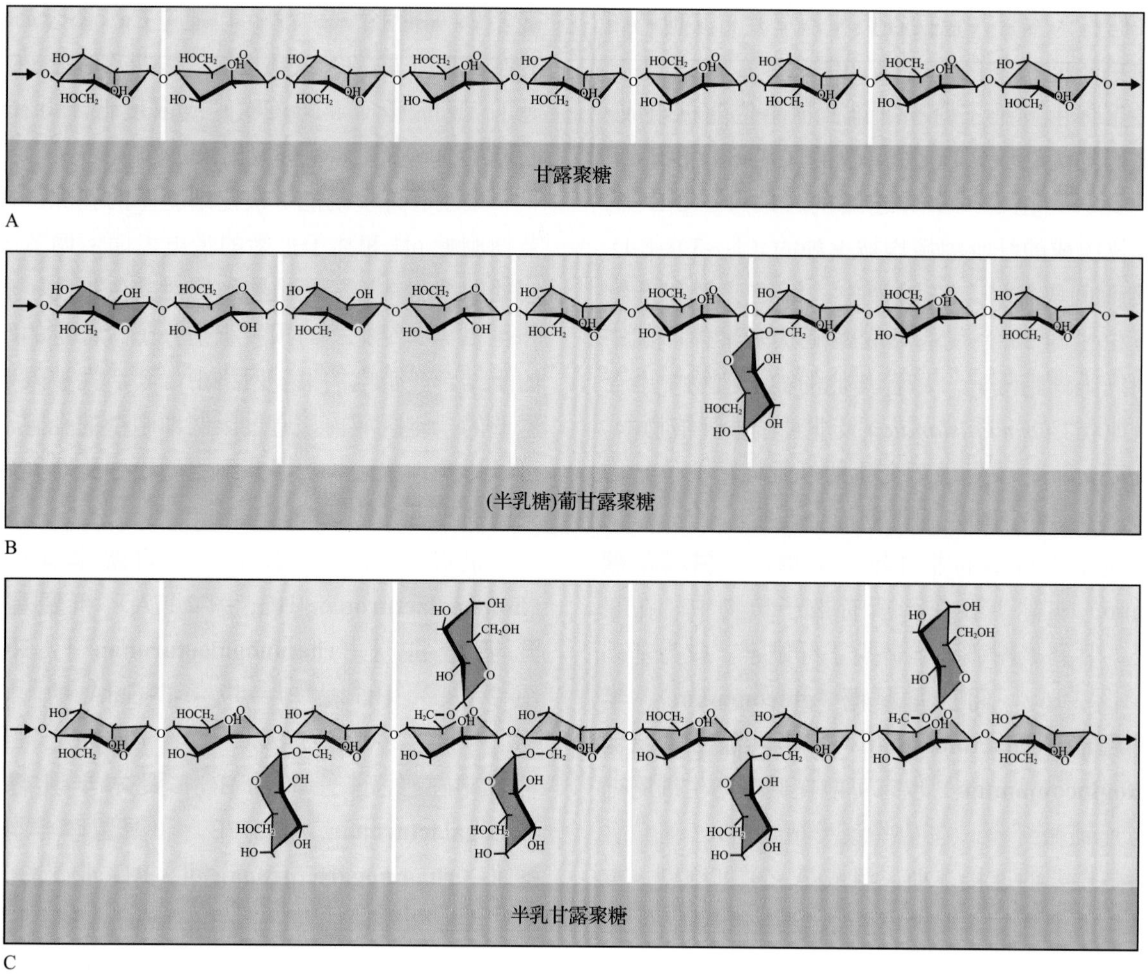

A

B

C

图 2.16 含有甘露糖的交联聚糖。白线标出的是（1→4）-β- 二糖单元结构（见图 2.12）。A. 纯甘露聚糖与纤维素的结构类似，可以互相形成氢键，排列成拟晶体。B.（半乳糖）葡甘露聚糖由大约等摩尔的（1→4）-β-D- 甘露糖和（1→4）β-D- 葡聚糖单位混合组成，有数量不等的末端 α-D- 半乳糖加在甘露糖单位的 O-6 位置。葡甘露聚糖紧密结合在纤维素微纤丝的表面。C. 半乳甘露聚糖的主链仅由（1→4）-β-D- 甘露糖构成，而 α-D- 半乳糖单位加在其 O-6 位置。半乳糖单位会影响氢键并极大地提高水溶性

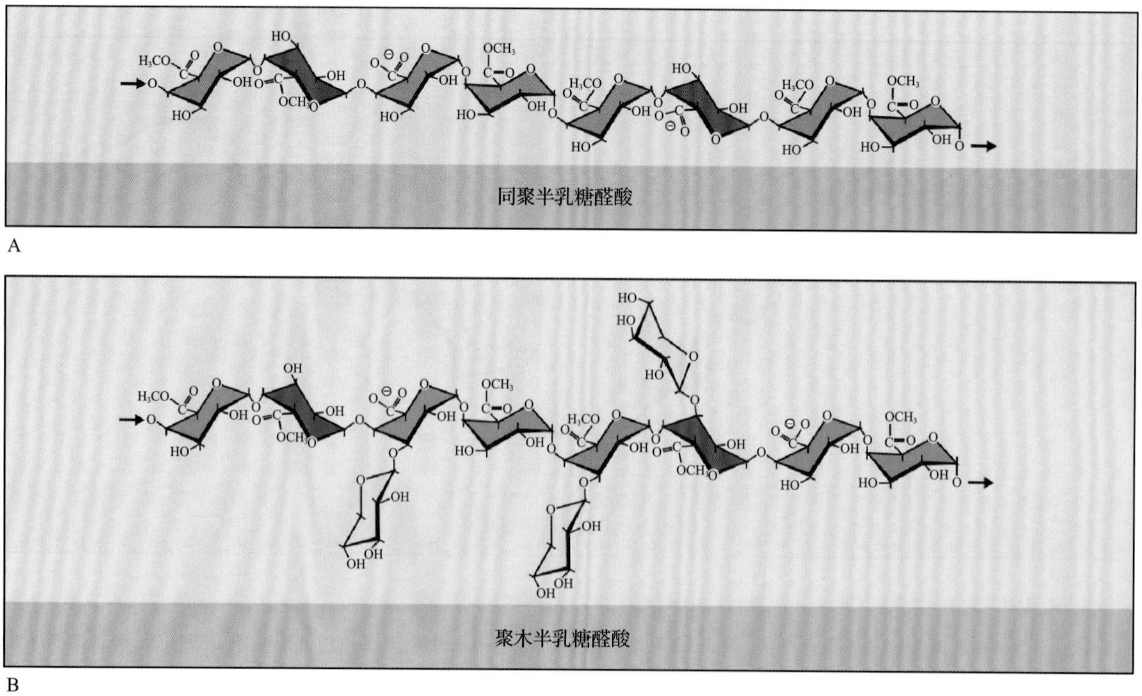

A

B

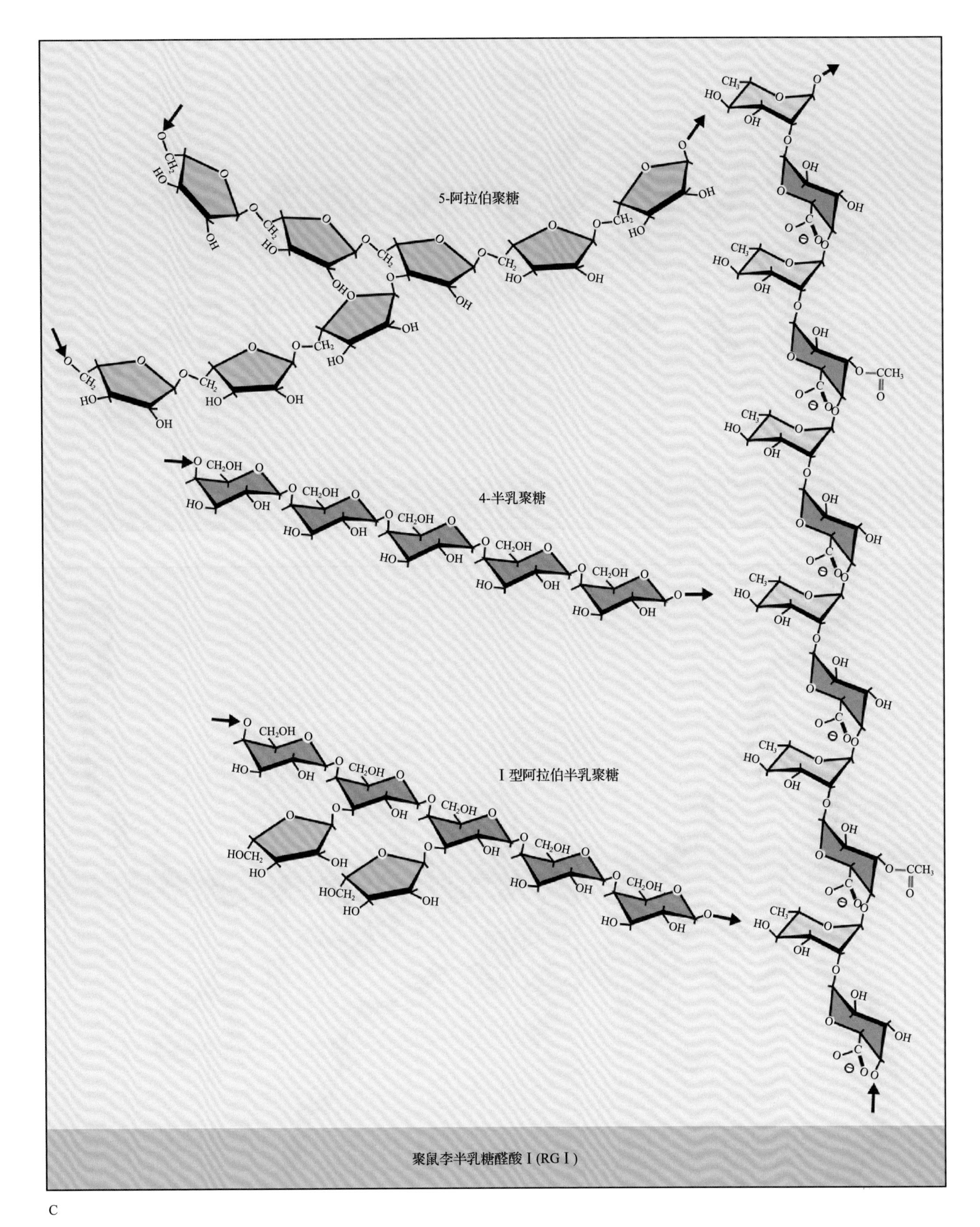

C

图 2.17 植物的果胶质多糖。A. 高度甲酯化的（1→4）-α-D- 半乳糖 A（HG）链由高尔基体分泌，然后在细胞壁的一定区域由壁中的果胶甲酯酶进行不同程度的去酯化（见 2.3.2 节）。B. 木半乳醛酸聚糖是单独的一类取代 HG，其约一半的半乳糖 A 单位的 O-3 位上加了 α-D- 木聚糖。C. 扭曲的杆状 RG I 由重复的二糖→ 2）-α-L- 鼠李糖 -（1→4）-α-D- 半乳糖 A-（1→ 组成。约 1/3 的半乳糖 A 单位在仲醇基处进行乙酰化。鼠李糖基的 O-4 位结合分支或线性（1→5）-α-L- 阿拉伯糖、（1→4）-α-D- 半乳糖和类型 I 阿拉伯半乳糖的中性糖侧链。一些种子黏液中含有结合到鼠李糖的 O-3 而非 O-4 位置的 L- 岩藻糖和 L- 半乳糖非还原末端残基

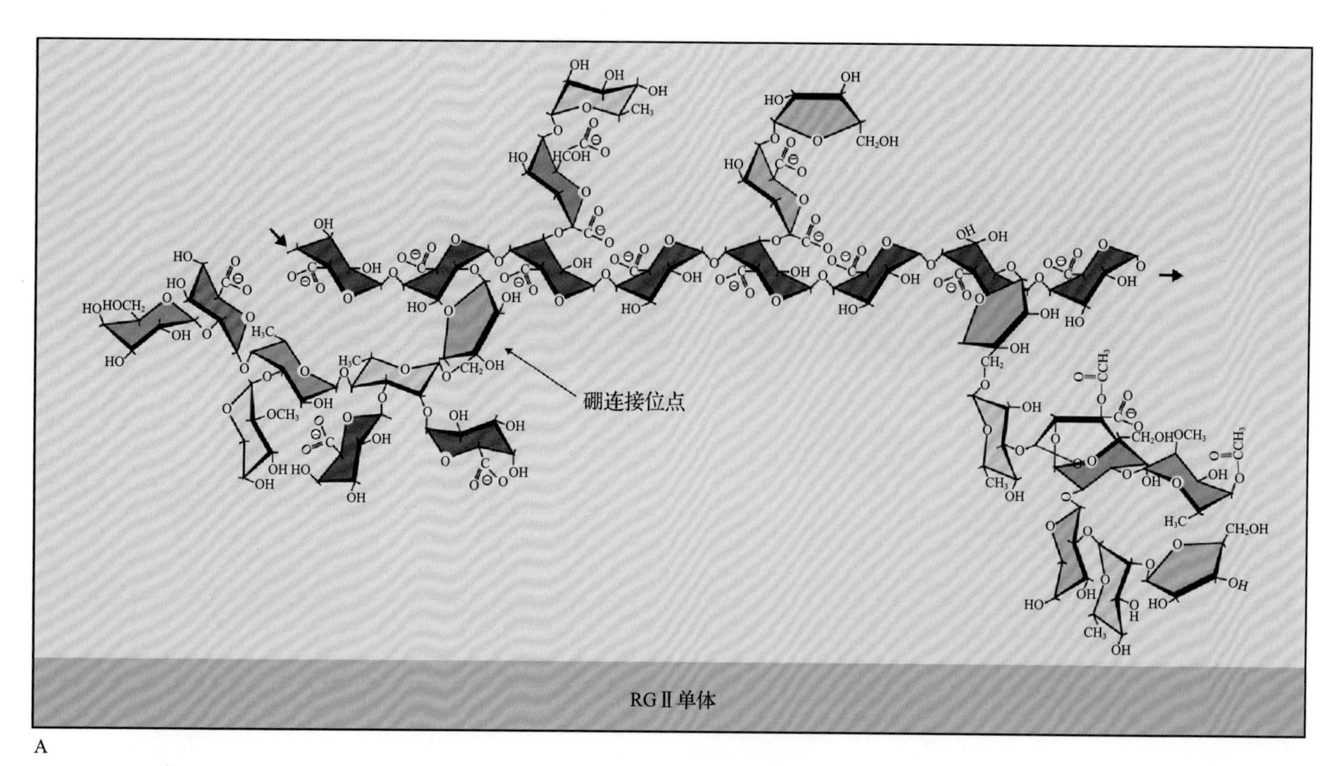

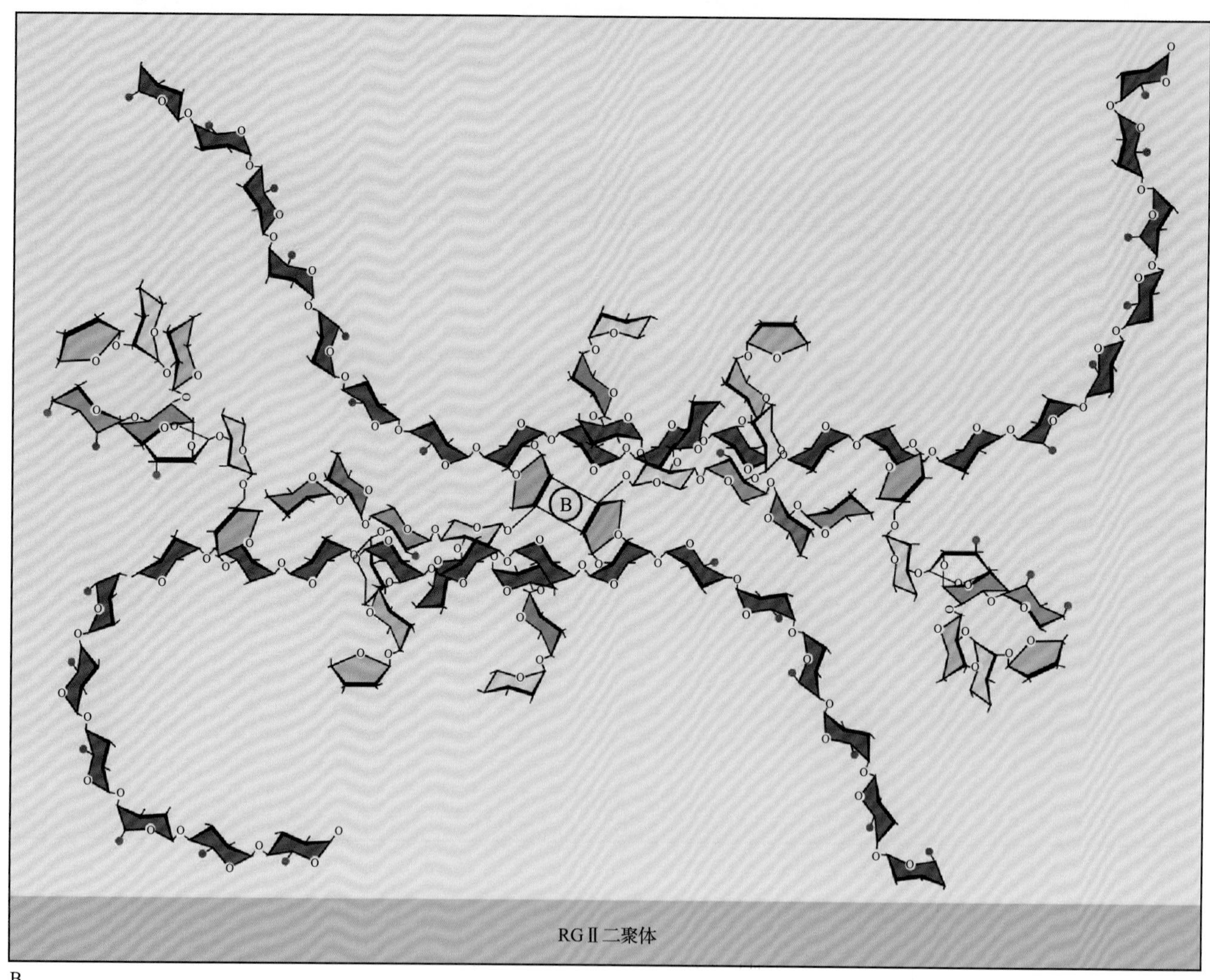

图 2.18　聚鼠李半乳糖醛酸 A. RG Ⅱ是具有四个各不相同的侧基的复杂的 HG，每个侧基包含几种不同的糖苷键。B. 约 4200 kDa 的 RG Ⅱ单体通过芹菜糖残基上的硼双二酯形成二聚体。红点表示甲基，蓝点表示乙酰基

尽管在细胞壁中含量很低，但它在有花植物中高度保守的结构，暗示出其具有重要的作用。RG Ⅱ通过硼酯交联成为二聚体，在复杂侧链基团的芹菜糖单元中，每个硼原子形成两个二酯键（图 2.18B）。拟南芥 *murus1* 突变体，由于缺乏重新合成的海藻糖，导致侧链结构被改变，并且结合硼原子的能力降低，因此无法形成二聚体。*murus1* 突变体株高和细胞壁抗张强度都出现降低的情况，但通过在植物上喷洒过量的硼可以恢复正常的株高和细胞壁抗张强度。

RG Ⅰ是由重复的 (1→2)-α-L-Rha-(1→4)-α-D-GalA 二糖单位组成的杆状异聚体。RG Ⅰ可以通过**多聚半乳糖醛酸酶**（**polygalacturonase, PGase**）消化细胞壁分离得到，但 RG Ⅰ的长度还不清楚，因为在这种分子的末端可能融合有多个 HG。尽管 HG 和 RG Ⅱ似乎在一个二聚体中共价连接，但目前还不清楚 RG Ⅰ和 HG 是否形成一个连续的骨架，或是这些分子中的一个作为侧链附着在另一骨架上。

RG Ⅰ上的许多 Rha 残基的 O-4 位上还连有其他多糖，它们主要由中性的糖组成，如**阿拉伯聚糖**（**arabinan**）、**半乳聚糖**（**galactan**），以及高度分支的具有不同构型和大小的Ⅰ型**阿拉伯半乳聚糖**（**arabinogalactan, AG**）（图 2.17C）。通常，RG Ⅰ大约一半的 Rha 单位有侧链，但这个比例随细胞种类和生理状态而有所不同。Ⅰ型 AG 只发现与果胶有关，由 (1→4)-β-D- 半乳聚糖链组成，大部分 Gal 单位的 O-3 位连有 *t*-Ala。

2.2.4 细胞壁的结构蛋白由多基因家族编码

虽然细胞壁的结构框架主要是碳水化合物，但实际上结构蛋白也可以形成细胞壁的网络。有三类主要的结构蛋白因为富含一种独特氨基酸而得名：**富羟脯氨酸糖蛋白**（**hydroxy-proline-rich glycoprotein, HRGP**）、**富脯氨酸蛋白**（**proline-rich protein, PRP**）、**富甘氨酸蛋白**（**glycine-rich protein, GRP**）（图 2.19）。所有这些蛋白质都受发育调节，其相对含量在不同的组织及物种中各不相同（图 2.20）。像其他定位于细胞壁的分泌蛋白一样，结构蛋白在翻译的同时进入内质网（ER）。因此，所有细胞壁蛋白质的 mRNA 都编码信号肽，引导结构蛋白进入分泌途径。

伸展蛋白是研究最为深入的植物 HRGP 之一，由重复的 Ser-（Hyp）$_4$ 和 Tyr-Lys-Tyr 序列组成，这些序列对二、三级结构很重要（见图 2.19）。重复的 Hyp 单元可能形成“多脯氨酸Ⅱ”杆状分子。丝氨酸残基上会连接一个单独的 t-α-D-Gal 残基，但 4 个羟脯胺酸残基中的 1 个或 4 个会连上 1 ～ 4 个阿拉伯糖基。PRP 的构象结构还不清楚，但其与伸展蛋白的相似性表明它们可能也是杆状蛋白。一些 GRP 的甘氨酸含量超过 70%。人们预测 GRP 是 β 折叠式的分子，而不是杆状分子。与 HRGP 相同，细胞壁 GRP 难以提取，并可与细胞壁交联。

2.2.5 蛋白聚糖可以调控阿拉伯半乳聚糖蛋白发育

Ⅱ型 AG 是一类多样的通过 (1→3,1→6)- 键连接分支点残基，将短的 (1→3)- 和 (1→6)-β-D- 半乳糖链相互连接起来的糖类。它们与特定的蛋白质或多肽结合形成**阿拉伯半乳糖蛋白**（**arabinogalactan protein, AGP**）。AGP 应该更确切地称为蛋白聚糖，因为它们 95% 都是碳水化合物。AGP 组成了一大类定位于高尔基体衍生出的囊泡、质膜和细胞壁的分子。AGP 发生糖基化的亚细胞位置尚不清楚，但很可能发生在高尔基体内，因为它参与大而高度分支的半乳聚糖链的附着及随后的阿拉伯糖修饰（图 2.21）。AGP 经常被其他糖修饰，包括 (1→6)-β-D- 半乳糖链的 *t*-β-D-GlcA-(1→3)- 和 *t*-α-L-Rha-(1→4)-β-D-GlcA-(1→3)- 侧链基团，其中 *t* 表示末端非还原糖。高尔基体及其分泌囊泡含有的多糖包括糖基化的蛋白质特征，表明其中大多数物质都是 AGP。所有 AGP 都具有的另一个特征是可以与间苯三酚的 β-D-Glc 衍生物，即 Yariv 试剂结合（图 2.21）。

与其他结构蛋白一样，AGP 由一大类多基因家族编码。已鉴别的少数几个 AGP 富含 Pro（Hyp）、Ala 和 Ser/Thr。它们含有特点明显的共有基序，且都含有与一些 PRP、伸展蛋白和茄科凝集素相似的结构域（图 2.21）。AGP 基因家族中存在一个有趣的分支，它们类似于动物细胞中与细胞粘连功能相关的成束蛋白。目前还没有发现 AGP 明确的作用，但是它们只在特定细胞类型、特定发育阶段及响应特定环境刺激时合成。许多 AGP 被糖基磷脂酰肌

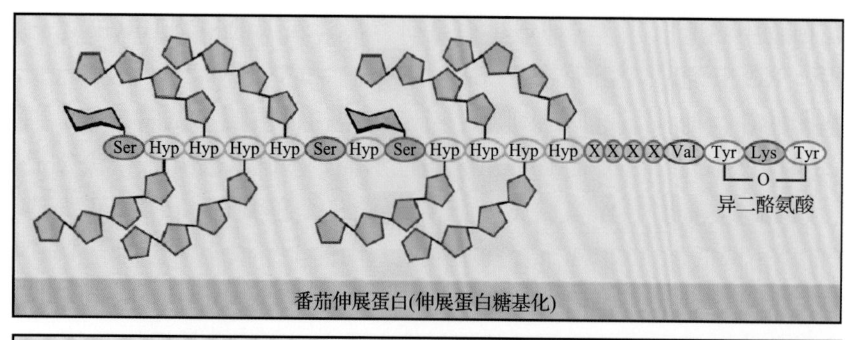

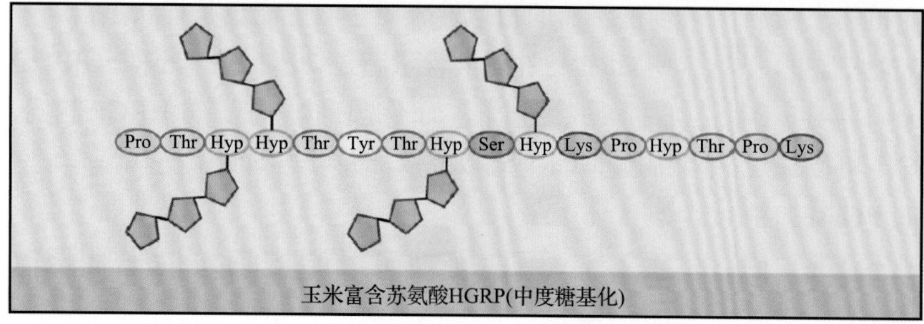

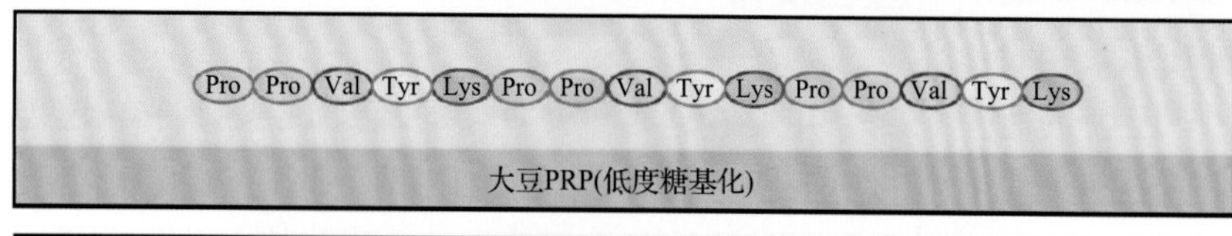

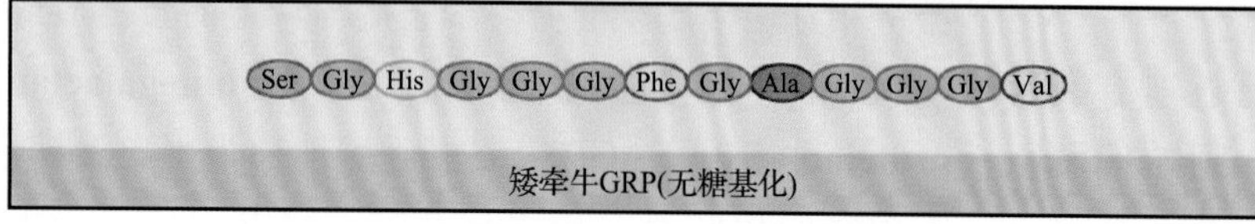

A

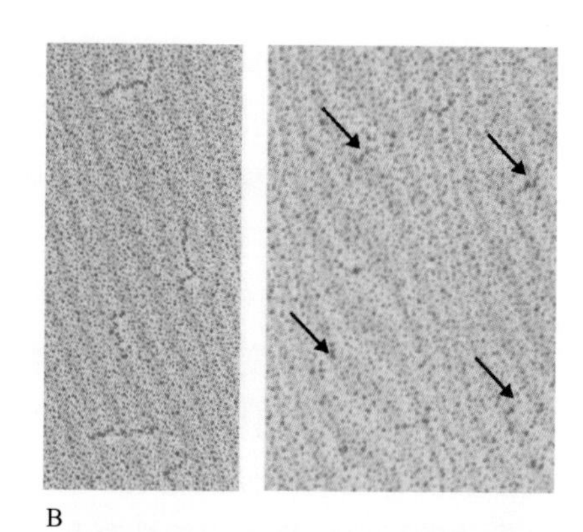

B

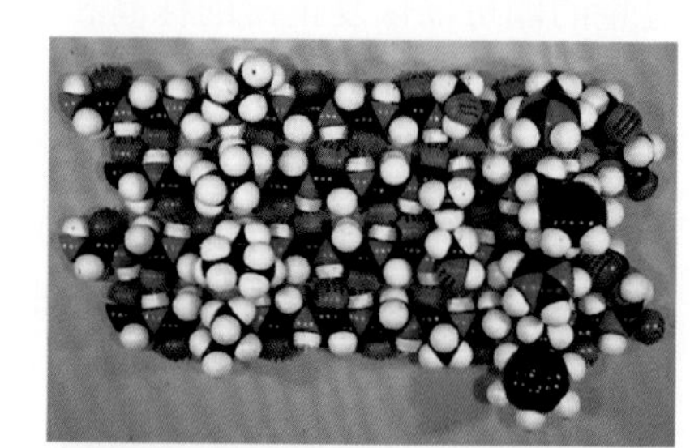

C

图 2.19　伸展蛋白、玉米富含苏氨酸蛋白、PRP 和 GRP 的重复基序比较。A. 在许多开花植物中，Ser-$(Hyp)_4$ 及其相关基序经单 -、二 -、三 - 和四阿拉伯糖苷高度糖基化，这些糖苷与多聚脯氨酸螺旋相连，加固了番茄（*Solanum lycopersicum*）伸展蛋白分子的杆状结构。一个 Gal 单位连在丝氨酸残基上。Tyr-Lys-Tyr 结构可能是形成分子内异二酪氨酸键的位点。玉米中类似伸展蛋白的富苏氨酸蛋白受到适度的糖基化。PRP 的重复基序缺乏许多连续羟基化的 Ser、Thr 和 Hyp 残基，即阿拉伯糖基化的信号，所以 PRP 没有高度糖基化。B. 通过分离的伸展蛋白前体的旋转阴影复制体展示其杆状结构（左）。去掉阿拉伯糖苷（右）导致杆状构象的丢失。C. 与杆状的伸展蛋白相反，GRP 可形成 β 折叠结构且不发生糖基化。矮牵牛植物 GRP 有重复 14 次的如图 A 所示的基序。芳香残基排列在 β 折叠的一面。来源：图 B 来源于 Stafstrom & Staehelin.（1986）. Plant Physiol 81:242；图 C 来源于 Condit & Meagher（1986）. Nature 323: 178-181

醇（GPI）锚定。GPI 是一种糖脂类，通过碳水化合连接到蛋白酶剪切过的蛋白 C 端，附着在翻译后的二酰甘油上，将蛋白锚定到细胞质膜上（图 2.21）。磷脂酶 C 可以将糖基化蛋白由锚定的膜上剪切下来，随后它们可以转移进入细胞壁或通过内吞作用再次进入细胞质中。除了 AGP，许多其他的细胞壁结合蛋白都是 GPI- 锚定蛋白，包括一些蛋白酶、糖基水解酶，以及几个参与异质性细胞生长的表面蛋白。

2.2.6　鸭跖草类植物未木质化的细胞壁中存在芳香族物质

单子叶植物的鸭跖草类各目和藜科植物（如甜菜和菠菜）细胞初生壁的未木质化部分含有大量的芳香族物质，它们在紫外光（UV）下发出荧光。大部分植物的芳香化合物由**羟基肉桂酸**（**hydroxycinnamate**）组成，如阿魏酸酯和 *p*- 香豆酸（图 2.22）。在禾本科中，GAX 中约有 1/20 的 Ara 在 O-5 位置上为被羟基肉桂酸酰基化。相邻 GAX 的近一半阿魏酸单位可以通过苯 - 苯键或苯 - 醚键交联，将 GAX 结成大的网络（图 2.23）。在藜科植物中，阿魏酰基连在一些 RG Ⅰ 分子侧链的 Gal 或 Ara 单位上。在植物中，羟基肉桂酸的 *p*- 香豆酸和阿魏酸还可还原成各类羟基肉桂醇，它是木质素和木酚素结构的共同前体；实际上大部分阿魏酸来自松柏醛（图 2.23）。

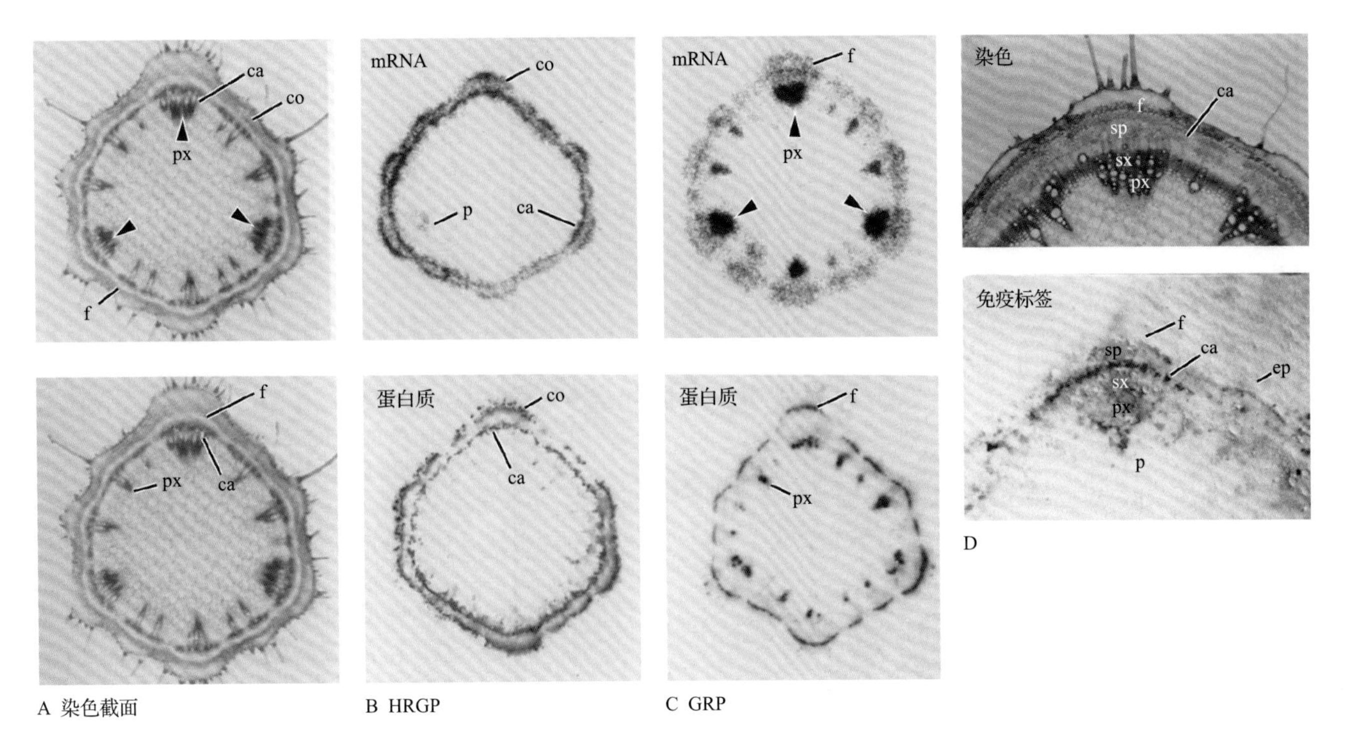

图 2.20 用切开的植物截面紧压在硝酸纤维素膜上，几秒钟后，可溶的碳水化合物、蛋白质和核酸分子留下，在膜上印出几乎是细胞特异性的图案。这种技术被称为组织印渍法（tissue printing），具有许多用途且只需极其简单的实验用具。A. 正在伸长的大豆（*Glycine max*）茎的第二节间的染色截面作为其他几组截面的对照。B. 在与 HRGP cDNA 探针的原位杂交和用 HRGP 特异性抗体进行免疫定位的实验中可发现，HRGP 及其 mRNA 定位于皮层（co）和形成层（ca）细胞。C. 同样的方法显示出 GRP 的 mRNA 及其编码蛋白在韧皮部（f）的原生木质部（px）富集。可见，GRP 蛋白和转录产物主要存在于木质部或木质化的细胞中，而 HRGP 蛋白和转录产物定位于分生组织细胞和形成层周围的细胞。D. 放大的染色截面和组织印渍法显示 HRGP 可在组织水平上免疫定位。ep，表皮；p，髓；sp，次生韧皮部；sx，次生木质部。来源：Ye & Varner（1991）. Plant Cell 3: 23-38

2.2.7 细胞壁多聚体的演化与功能获得相关

植物细胞壁的结构复杂性最多涉及五类多聚体：纤维素微纤丝、交联多糖、果胶、结构蛋白，以及苯丙烷类化合物如木质素。这些细胞壁分子是何时出现在生命演化树中（图 2.24），它们在功能化合物中是如何从原始结构修饰演化以优化其功能的？在被子植物细胞壁发现的 9 种最普通的单糖可以追溯到原核祖先及最早的植物物种。那么特异的糖基转移酶活性是何时出现的，来自哪些祖先呢？

纤维素是一种古老的多聚体。它最早发现于细菌中时并非作为细胞壁成分，而是一种胞外物质挤压出的带状物，作为附属器官帮助细菌黏附到宿主细胞或被称为“薄膜”（pellicle）的水上漂浮物上，以提高通气性。一般认为植物特有的纤维素微纤丝起源于轮藻类植物，并经过独特的演化阶段延续到苔藓类、石松类、蕨类和种子植物中（图 2.24）。除植物谱系外，在绝大多数藻类、黏菌和被囊动物中也发现了纤维素的存在。

在藻类中没有发现木葡聚糖的最基本特征结构 α-D-Xyl-（1→6）-D-Glu 键（isoprimerverose），但是在大多数苔藓类植物和蕨类及种子植物中都存在这种结构。单独的木葡聚糖几乎不溶于水，木糖残基上加上附属糖则可以提高可溶性。在被子植物中，这些附加糖多种多样（见图 2.14 和表 2.1），这种多样性早在苔藓类植物中就已出现，表明该特性除了增加可溶性外，对植物还另有特殊作用。葡糖醛酸木聚糖是所有维管植物中管状结构的主要非纤维素多糖，而在鸭跖草类单子叶植物中，阿拉伯木聚糖则是主要的交联多糖。这种与维管组织的关联与其在轮藻、苔类及藓类基部类群中的缺失相一致，也与其在角苔和后分化出的藓类植物中的存在相一致，因此也有人将角苔和后分化出的藓类植物称为前维管植物。与此相反，甘露聚糖 [葡甘露聚糖和葡（半乳糖）甘露聚糖] 像纤维素一样，在许多包括海藻在内的藻类和苔藓类植物中含量丰富。在富含甘露聚糖的伞藻（*Acetabularia*）中，甘露聚糖代替了纤维素作为主要的结构支架。甘露聚糖是某些蕨类植

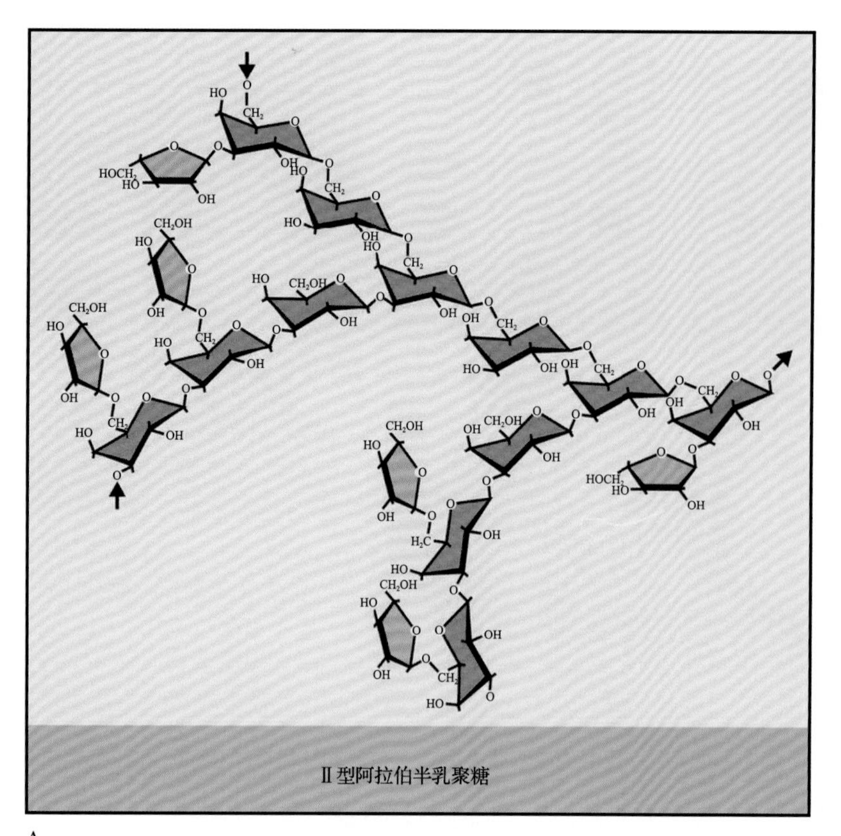

图 2.21　A. 阿拉伯半乳聚糖蛋白（AGP）是蛋白聚糖，其中许多是Ⅱ型 AG 结构糖基化的结果。B. AGP 基因编码富含 Hyp、Ala 和 Ser/Thr 残基的蛋白质。人们认为此结构域含有 AG 链，但和 GRP 一样，没有明确的统一基序。一些 AGP 含有与伸展蛋白或 PRP 同源的结构域，以及具有富 Cys 的结构域。这些结构域糖基化的方式都不同。C. 一些 AGP 在切除 C 端后，在 ER 及高尔基体中合成和分泌时，以共价键连接到糖基磷脂酰肌醇（称为 GPI 锚）上。一旦到达细胞外部，AGP 可从 GPI 锚的神经酰胺部分切下，起信号分子的作用。E 为乙醇胺

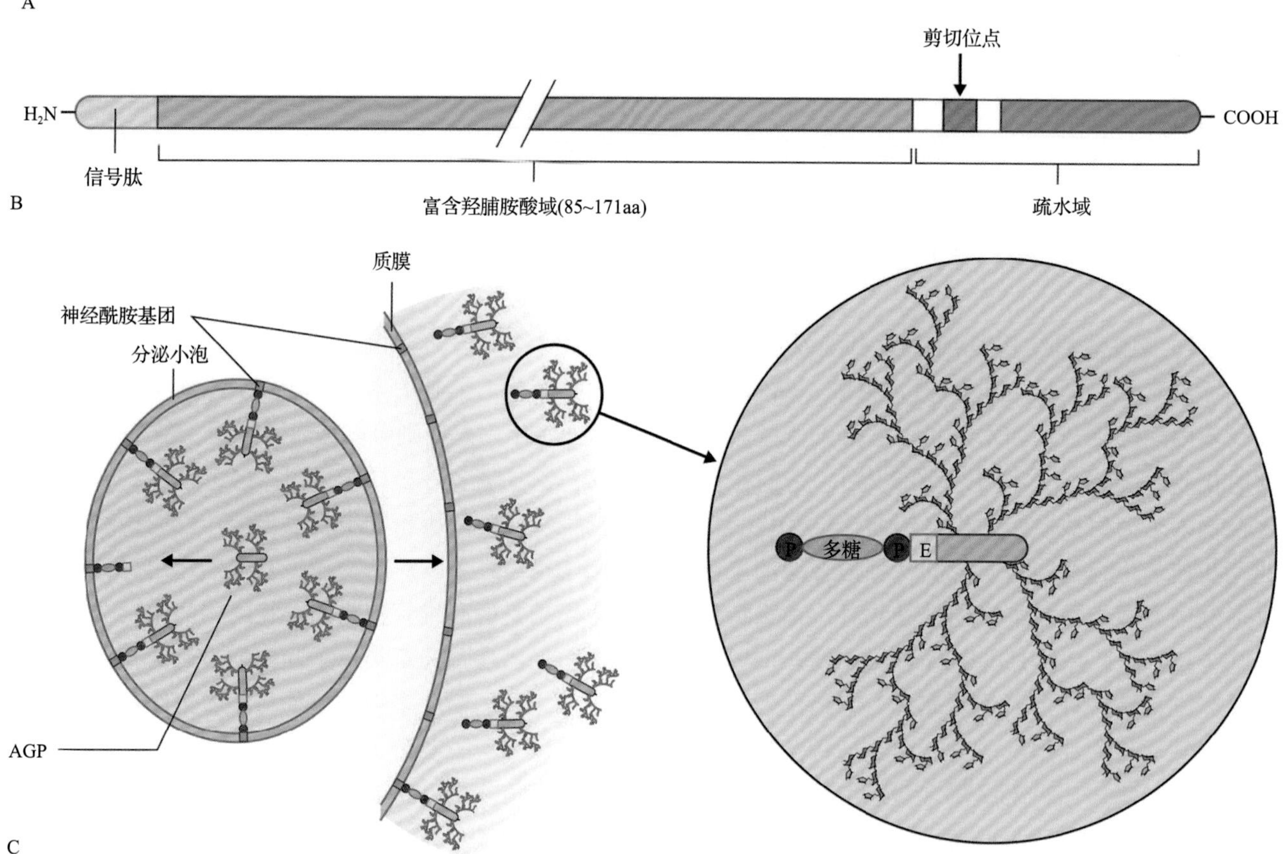

物中主要的交联多糖，但其含量在维管植物中显著下降。一个奇怪的现象是，在禾本目植物中发现一种混合连接形式的（1→3），（1→4）-β-D 葡聚糖，在其他被子植物中不存在，但在一种蕨类植物——木贼属（*Equisetum*）中存在。纤维三糖和纤维四糖单元组分在木贼属植物和禾本目植物的 β- 葡聚糖中的变化分布说明合成酶的趋同演化。

轮藻和苔藓类植物不含木葡聚糖，但它们都含

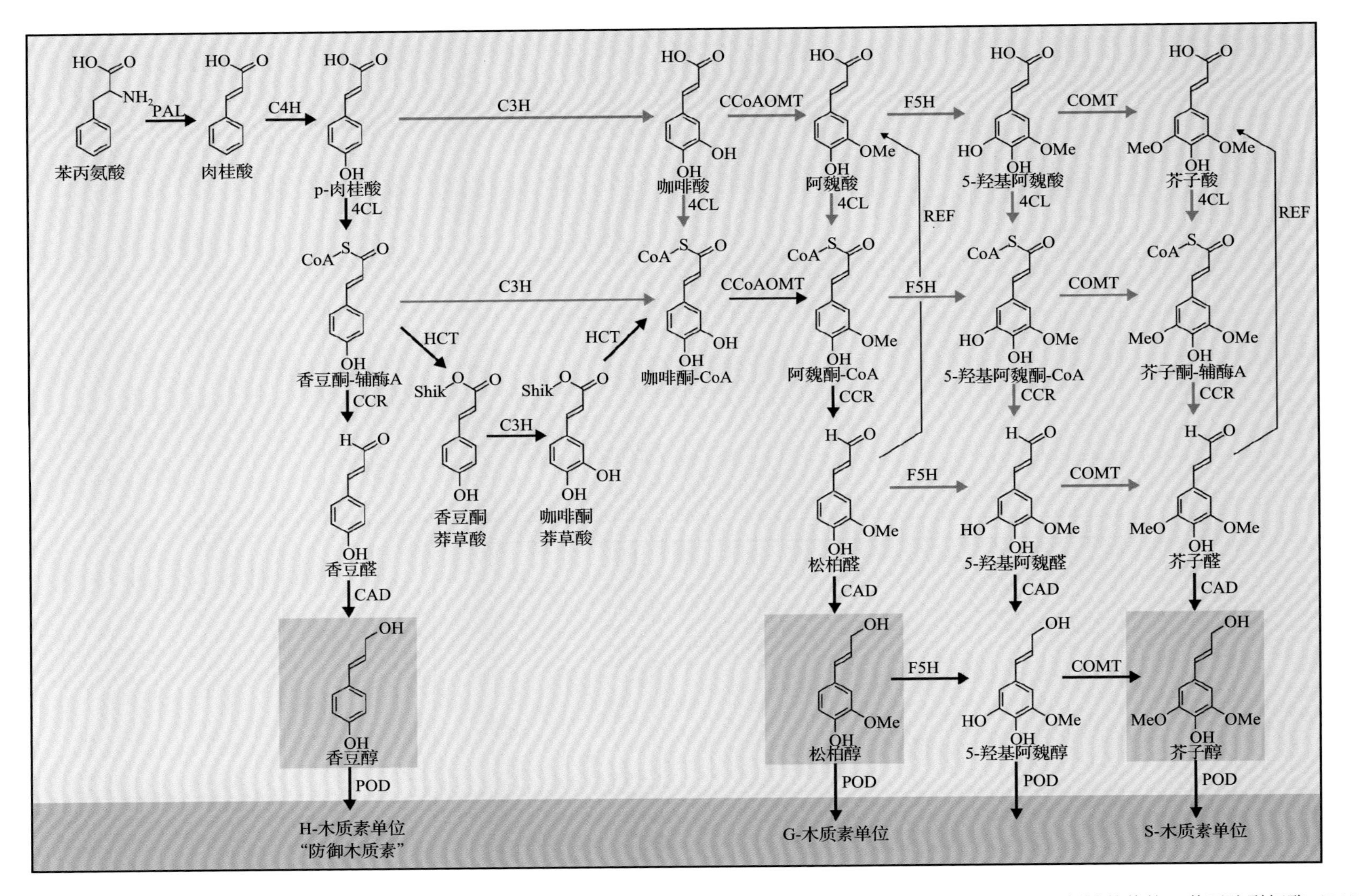

图 2.22 目前已知的植物中由苯丙氨酸或酪氨酸到羟基肉桂酸和单木质素的代谢途径。图中从左到右显示苯环的修饰，从上到下显示侧链的修饰。苯丙胺裂解酶（PAL）和肉桂酸 4- 水解酶（C4H）或酪氨酸氨解酶（TAL）通过生成 *p*- 香豆素酸起始这一途径。环形修饰是被 *p*- 豆香素 - 莽草酸 / 奎尼酸 3- 水解酶（C3H)、阿魏酸盐（松柏醛 / 醇）5- 水解酶（F5H)、咖啡酸 -CoA 3-*O*- 甲基转移酶（CCoAOMT)、及咖啡酸 *O*- 甲基转移酶（COMT）催化的。侧链的还原是由 HCT 催化的，由 *p*- 豆香酸生成 *p*- 豆香素 -CoA 起始，随后的羟基化和甲基化是由 4- 香豆酸 -CoA 连接酶（4CL)、肉桂酰基 -CoA 还原酶（CCR）和肉桂酰乙醇脱氢酶（CAD）催化的。过氧化物酶结合单木质素、*p*- 豆香基醇、松柏基醇和芥子醇，加入到 H-（*p*- 羟基苯)、G-（愈创木基）和 S-（丁香酚基）木质素单位中

有富含糖醛酸的HG，作为主要的基质多聚物。目前对RG Ⅰ二糖（1→2）-α-L-Rha-（1→4）-α-D-GalA的特征起源还不清楚，但是通过HG骨架的单克隆抗体检测多聚物，发现在某些苔类和藓类中存在HG，（1→5）-α-L-阿拉伯聚糖和（1→4）-β-D半乳糖的典型中性侧链在多物种中广泛存在。轮藻是第一个被发现与被子植物具有相似结构的果胶多糖RG Ⅱ的植物，它们都有侧链基团组分。通过对AGP、3-*O*-methl Rha和3-*O*-methyl Gal这些修饰它们的单糖的阿拉伯半乳糖基进行抗体检测，发现这些蛋白聚糖广泛存在于非维管植物中。

木质素的起源与维管植物的演化相一致。总体上说，石松类植物只含有愈创木基单元，但在被子植物中还有甲氧基化的丁香酚基基团。在较早分化出的石松类植物——卷柏中，丁香酚基基团是通过不同途径合成的。

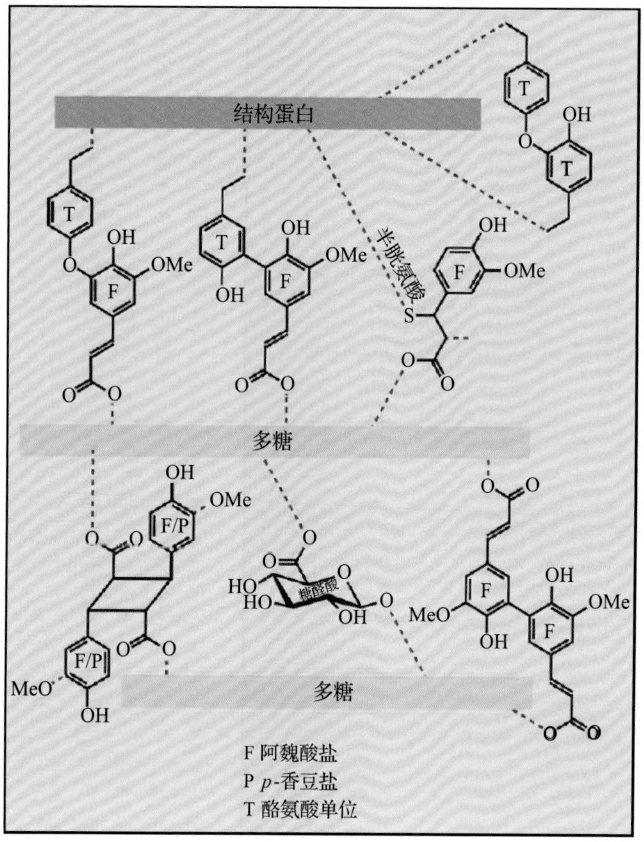

结构蛋白
半胱氨酸
多糖
糖醛酸
多糖
F 阿魏酸盐
P *p*-香豆盐
T 酪氨酸单位

A

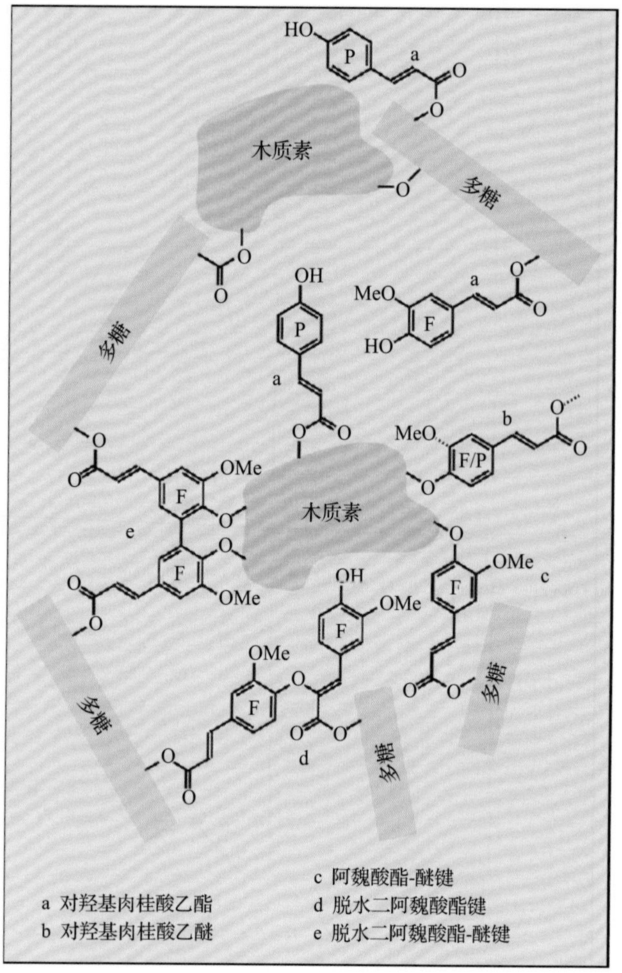

木质素
多糖
木质素
多糖
多糖
多糖
多糖
a 对羟基肉桂酸乙酯
b 对羟基肉桂酸乙醚
c 阿魏酸酯-醚键
d 脱水二阿魏酸酯键
e 脱水二阿魏酸酯-醚键

B

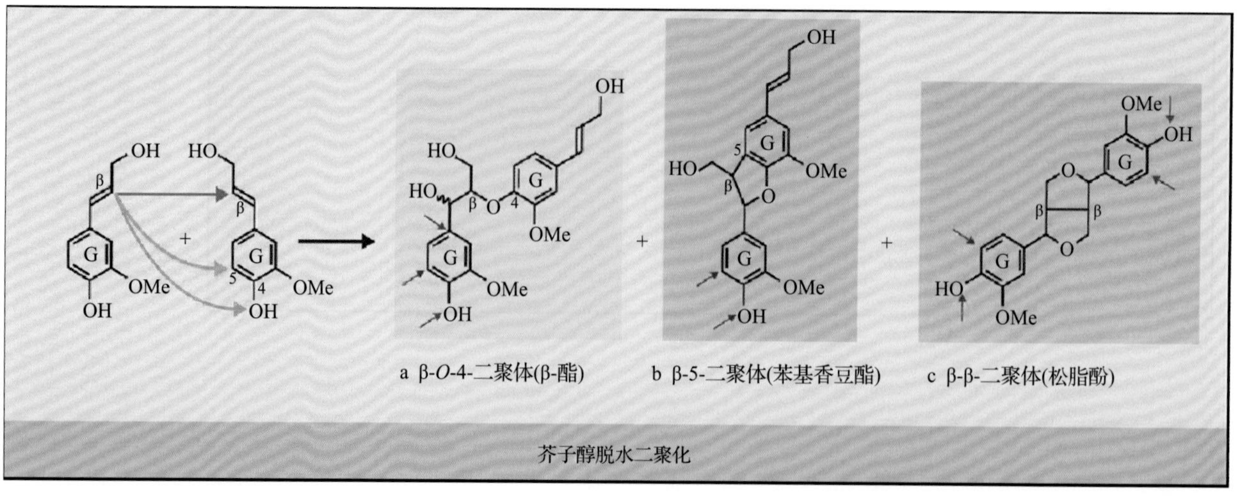

a β-*O*-4-二聚体(β-酯)
b β-5-二聚体(苯基香豆酯)
c β-β-二聚体(松脂酚)
芥子醇脱水二聚化

i

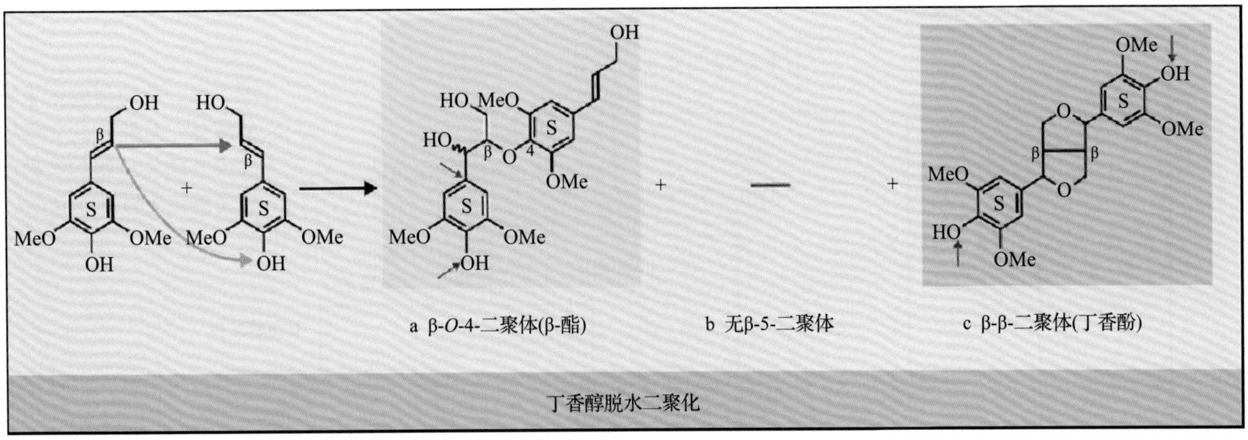

a β-O-4-二聚体(β-醚)　b 无β-5-二聚体　c β-β-二聚体(丁香酚)

丁香醇脱水二聚化

ii

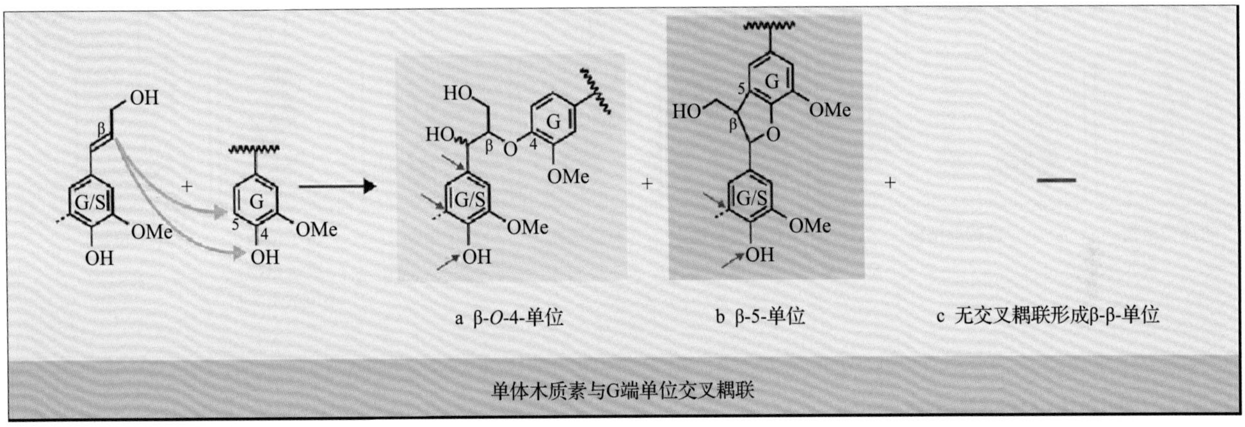

a β-O-4-单位　b β-5-单位　c 无交叉耦联形成β-β-单位

单体木质素与G端单位交叉耦联

iii

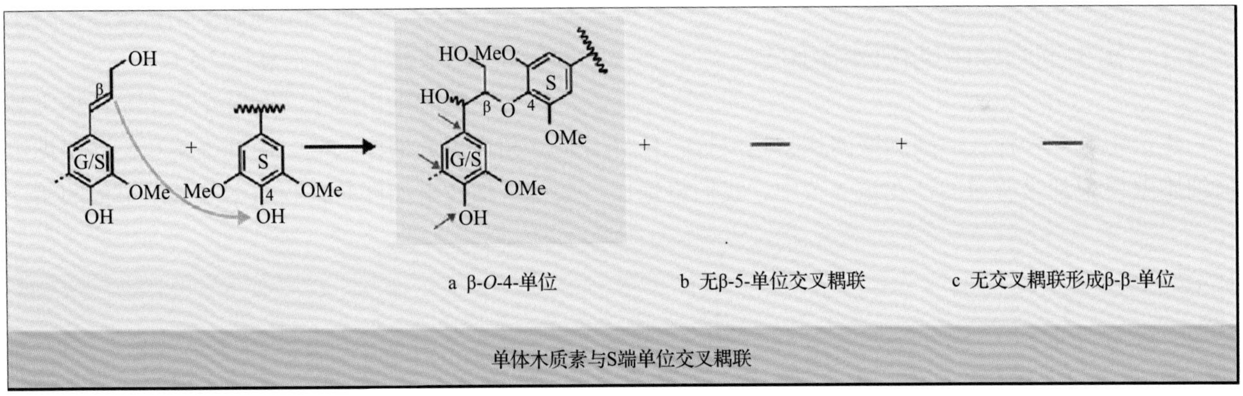

a β-O-4-单位　b 无β-5-单位交叉耦联　c 无交叉耦联形成β-β-单位

单体木质素与S端单位交叉耦联

iv

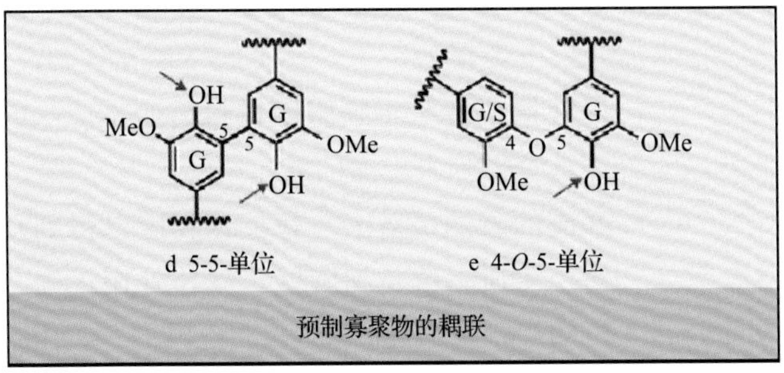

d 5-5-单位　e 4-O-5-单位

预制寡聚物的耦联

v

C

图 2.23 植物中多种木质素相互作用的类型。A. 几种可能的多糖 - 多糖和多糖 - 蛋白质交联桥，其中许多都包含芳香物质。异二酪氨酸形成稳定伸展蛋白杆状结构所需的肽内键（a）；酪氨酸、赖氨酸（没展示）和含硫氨基酸能与乙酰化多糖的羟基肉桂酸盐形成醚键和芳香键（b）；相邻多糖可能含有直接糖酯化其他多糖的交联桥（c）。B. 碳水化合物与木质素之间的 7 种连接方式。C. 木质化与单木质素有非常大的不同。所有单木质素（i ～ iv）的脱水二聚化可以产生具有等量 β-*O*-4 连接（a）的脱水二聚体。芥子醇和丁香酚基单位（ii 和 iv）不能形成 β-5 单位（b）。只有单木质素可以脱水二聚化形成 β-β 单位（c）。羟基肉桂醇与 G 单位（iii）交联只能形成 β-*O*-4 和 β-5 单位；羟基肉桂醇与 S- 单位（iv）交联几乎只能形成 β-*O*-4 单位。提前形成的 G- 寡聚体（v）的耦联是形成 5-5- 和 4-*O*-5 单位的资源。红色箭头指示处是在木质化过程中能够进一步产生彻底耦联的位点；图（d）和（e）结构中箭头指示的 5- 位是在 G- 单位而不在 S- 单位可以发生耦联的位点（5- 位被甲氧基基团占据）

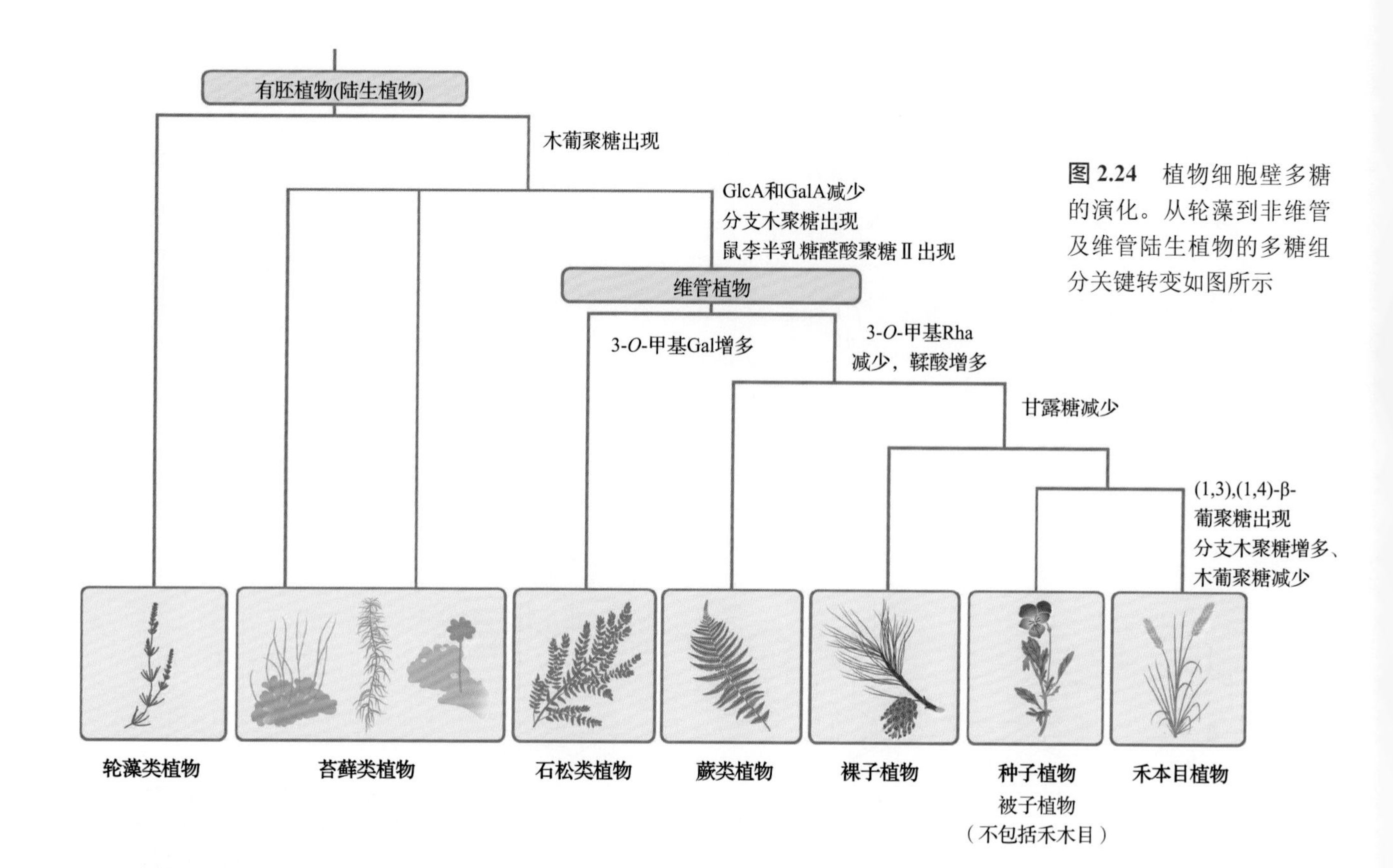

图 2.24 植物细胞壁多糖的演化。从轮藻到非维管及维管陆生植物的多糖组分关键转变如图所示

2.3 细胞壁构架

2.3.1 初生细胞壁由结构网络组成

建筑物有多种样式，细胞壁的构架也一样。任何细胞壁模型都是普通的，在这一节中，我们将确定细胞壁构架的原则而非特定细胞壁结构的细节。现在一些技术已经可以给细胞壁结构成像，甚至精细到单个组成分子上（信息栏 2.5）。

初生细胞壁由两个（有时是三个）结构上独立但互相作用的网络构成。由纤维素和交联聚糖组成的基本结构框架嵌在果胶质多糖基质组成的第二重

信息栏 2.5 细胞壁及其多聚体成分通过新的显微技术直接可见

17 世纪 Robert Hooke 用光学显微镜首次观察到植物细胞壁的图像（图 A）。当用传统的技术染色植物组织并在电子显微镜下观察时，细胞壁显现为具有很少结构信息的模糊区域（图 B）。然而，通过多角度电子束标记样品的一系列电子显微图，从其投影中可以重构样品内部结构。**双轴电子断层成像**（**dual-axis electron tomography**）已经被用于检测树木的单个微纤丝，约 3.2nm，未染色的中心约 2.2nm。

一种叫作**快速冷冻深度蚀刻旋转投影复模**（**fast-freeze deep-etch rotary-shadowed replica**）的技术，能够得到高分辨率的细胞壁图像，并且很好地保持了多聚体的三维空间关系（图 C）。该技术需要三个步骤：

- 用液氦或液氢将细胞壁材料迅速冷冻，或在真空下除去表面的冰。
- 暴露的表面覆盖上一薄层铂和碳以得到复模，实质上就是细胞壁多聚体处在正确方位的三维轮廓图。
- 溶去下面的组织，将复模放在电子显微镜下观察。

因为细胞壁很快地冷冻，所以很少发生冰冻损伤，又因为没有使用化学固定剂和脱水剂，各成分保持了正常的空间排列。在冰冻前从细胞壁

中柔和地抽提果胶质多糖可以很好地显示出线状的交联聚糖跨在较大的微纤丝上的情况（图 C）。由此技术制备的洋葱表皮细胞壁断裂面的浏览图显示了细胞壁中独立的片层结构（图 D）。

分离的细胞壁分子也可以用复模技术成像。将这些分子与甘油混合后，喷在新切的云母片上。真空抽去甘油，制得旋转投影复模，以强酸溶去云母。可以直接在电子显微镜下进行长度测量并估计最小分子质量，假定每个糖残基对应约为 0.5nm（图 E）。

然而，复模技术成像对技术要求很高，其他更简单的技术也可以对细胞壁中的微纤丝进行成像。场发射扫描电镜（FESEM）比透射电子显微镜（EM）获得的分辨率更高（图 F）。高分辨率原子力显微镜术（AFM）具有多种功能，可以在空气或液体中进行测量。样品的形态（高度数据）和弹性（相位图像）可以同时获得。在干的玉米茎秆中，中间层微纤丝的横断面为 $5\times10nm^2$（图 G）。在原子力显微镜下，可以检测纤维素底物和 AFM 尖端外包的木葡聚糖或其他多糖之间的结合力。木葡聚糖共价连接 AFM 尖端，并强力移除纤维素和木葡聚糖之间的氢键，这一作用力检测结果为数十皮牛顿，接近每个骨架葡萄糖残基上一个氢键的作用力。

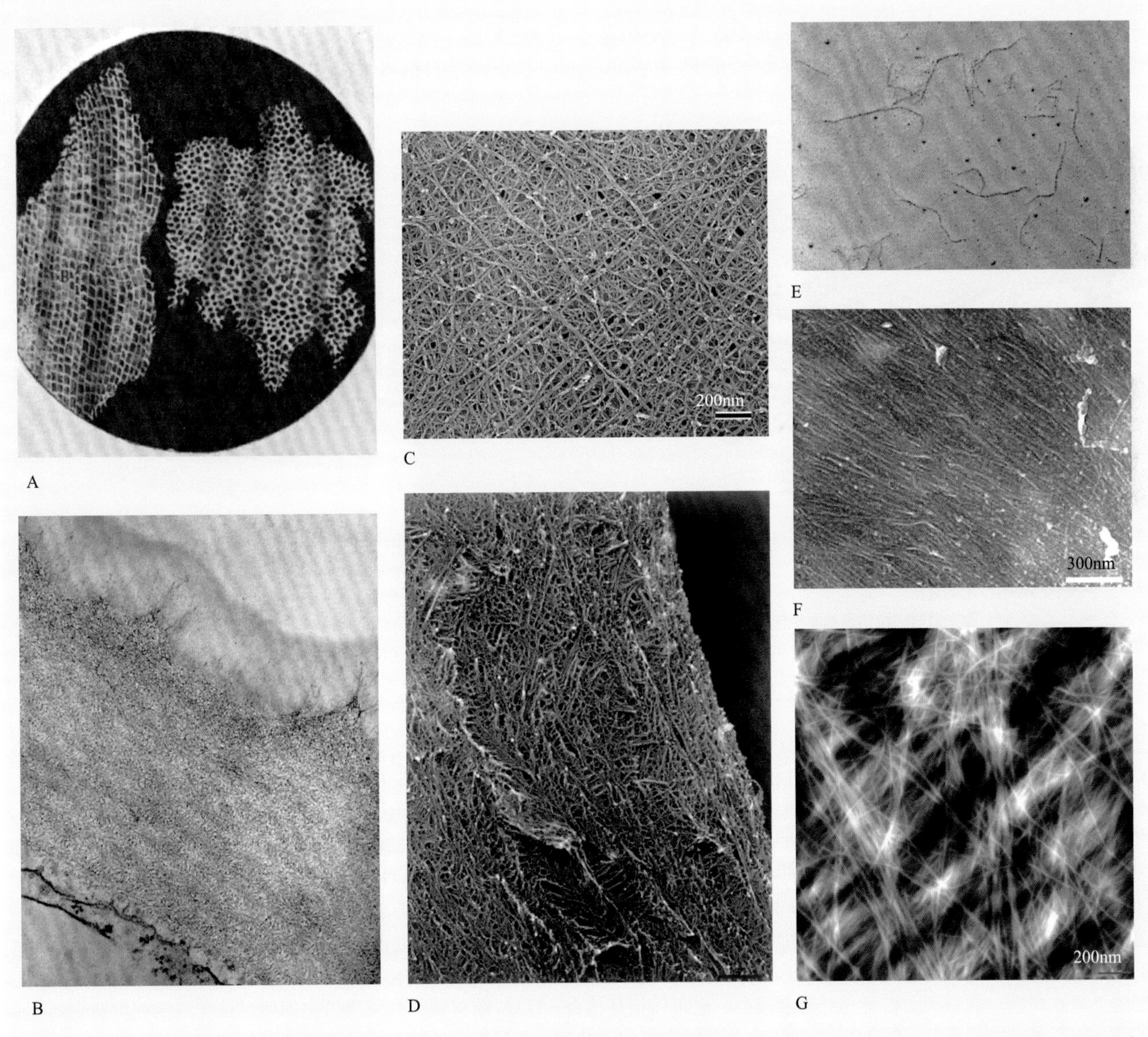

A　B　C　D　E　F　G

来 源： 图 A 来 源 于 Hooke（1664）. Micrographia. The Council of the Royal Society of London for Improving Natural Knowledge, London；图 B 来源于 McCann et al.（1990）. J Cell Sci 96: 323-334；图 C 来源于 McCann et al.（1995）. Can J Bot 73: S103-S113；图 D 来源于 Ledbetter & Porter（1970）. Introduction to the Fine Structure of Plant Cells. Springer-Verlag, New York；图 E 来源于 B. Wells, John Innes Center, Norwich, UK；图 F 来源于 Sugimoto et al.（2000）. Plant Physiol 124: 1493-1506；图 G 来源于 Ding & Himmel（2006）. J Agric Food Chem 54: 597-606

网络中。第三重独立的网络由结构蛋白或苯丙烷类化合物网络组成。本章的后几节将讲述两种截然不同的细胞壁类型：I 型和II型，它们具有不同的化学组成，并与不同的植物类群相关（图 2.14）。

2.3.2 被子植物细胞壁分为两种截然不同的构架类型

多数双子叶植物和非鸭跖草类的单子叶植物含有大致等量的 XyG 和纤维素。我们称这种细胞壁为 I 型细胞壁（type I wall）。XyG 出现在细胞壁的两个不同位置。它们紧密结合在纤维素微纤丝中葡聚糖链暴露的表面，通过跨越相邻微纤丝之间的间隔，或与其他 XyG 连接将微纤丝锁定成正确的空间排列。XyG 平均长度约 200nm，足够跨越两个微纤丝而将二者相连。人们已在电子显微镜下观察到这种跨越 XyG。通过核磁共振光谱仪在细胞壁中发现了不同移动性的 XyG，一种是移动性较高的酶可触的部分，一种是移动性较低的酶不可触部分，这也支持了前面的解释。对体外组装的纤维素 -XyG 组分流变性质进行研究，发现 XyG 与纤维素微纤丝的交联极大地提高了组分的弹性。

I 型细胞壁（图 2.25A），即纤维素 -XyG 框架嵌在果胶基质中，后者控制了细胞壁的生理学性质之一——通透性。HG 被认为是以高度甲酯化的多聚体形式分泌的，而分布在细胞壁上的**果胶甲酯酶**（**pectin methylesterase, PME**）切割一些甲基基团以启动羧酸盐离子与 Ca^{2+} 结合。HG 的螺旋链可通过交联 Ca^{2+} 而浓缩，形成“连接区”，从而连接两条反向平行的链（图 2.26A）。最强的连接发生在每条

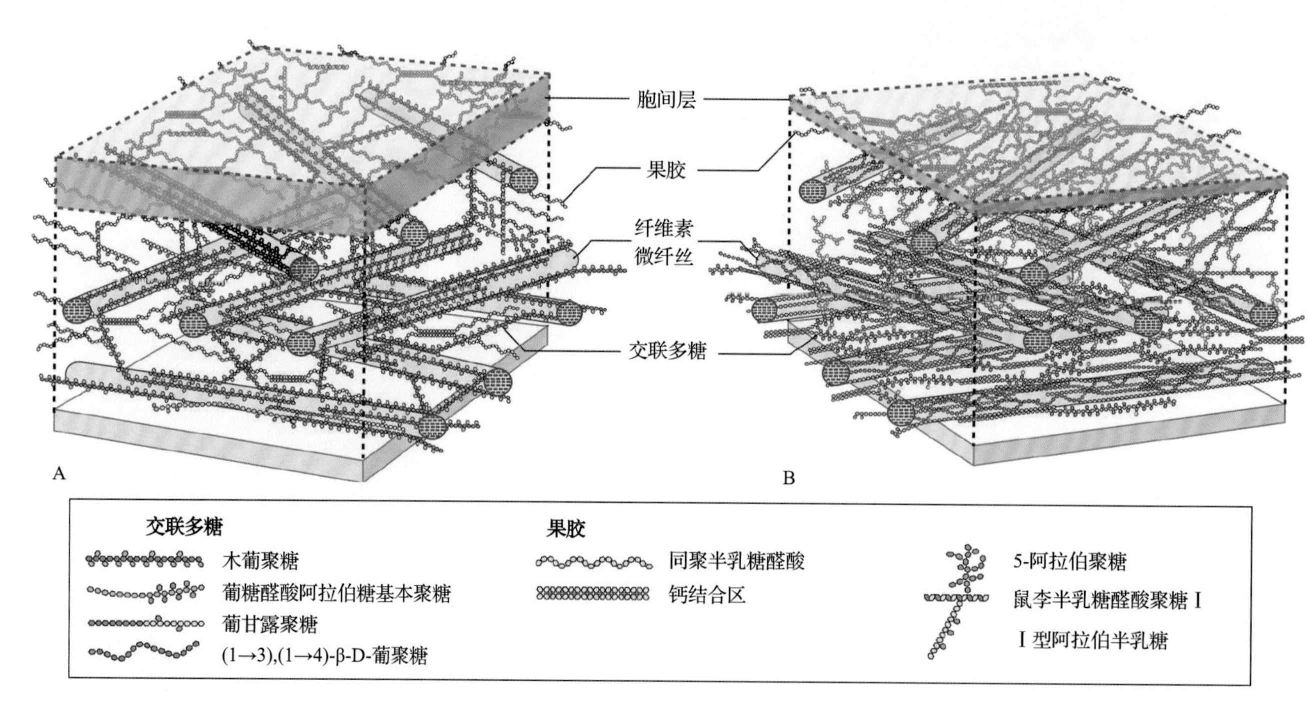

图 2.25 A. I 型细胞壁的三维分子模型显示了纤维素、XyG、果胶和细胞壁蛋白质之间的相互作用。纤维素微纤丝的框架和 XyG 多聚体嵌在果胶质多糖、HG 和 RG I 的基质中，后者由阿拉伯聚糖、半乳聚糖和阿拉伯半乳聚糖取代。因为 XyG 只有一面能与另一葡聚糖链成氢键及自连，我们将 XyG 描绘成与微纤丝交织在一起的织物。还存在许多其他可能的连接，包括两个微纤丝通过一个 XyG 桥连接。直径 5nm 的半纤维素包裹的微纤丝加上 20 ～ 30nm 的间隔，80nm 厚的初生壁仅含约 5 ～ 10 层（为表示清楚只画出了三层微纤丝）。在生长中，XyG 被酶切割和解离，使纤维素 -XyG 网络变疏松，允许微纤丝分离。生长后，伸展蛋白分子会连锁分离的微纤丝以加固其结构。附加的蛋白质也可以插入并与伸展蛋白交联，形成杂肽网络。B. II 型细胞壁的三维分子模型显示了纤维素、GAX、果胶和芳香物质之间的相互作用。微纤丝由 GAX 而不是 XyG 连锁在一起。与 XyG 不同，木聚糖被阿拉伯糖单位取代，阻碍了氢键的形成。木聚糖可能是以高度取代的形式合成的，在细胞外间隙去阿拉伯糖基化，产生大量木聚糖，它们两面均可与纤维素结合，也可以相互结合。GAX 结构域的孔隙度可由附属单位切除的程度决定。在初生壁中也有少量的果胶，一些高度取代的 GAX 仍插在其中。注意禾本目植物所特有的 II 型细胞壁，它们在细胞扩大时合成 β- 葡聚糖，但当生长速度达到最高以后会水解大多数多聚体。这些螺旋栓木塞状的分子每隔约 50 个葡糖基单位含有一串线形的纤维糊精，后者是内 -β-D- 葡聚糖酶切割的靶点。结合选择性化学提取、免疫共定位和扫描电子显微镜观察，结果表明 β- 葡聚糖紧密结合在纤维素微纤丝上，并且很少延伸进入微纤丝之间。与 I 型细胞壁不同，占很大比例的非纤维素多聚体通过抗碱的酚键“缠绕”在微纤丝上

链最少有 7 个未酯化的 GalA 的两条链之间。如果有足够的 Ca^{2+}，一些甲酯可存留在连接中，而 HGA 可以以平行或反向平行的方向结合（图 2.26B）。人们推测连接的间隔形成了细胞特异性的孔径。RG Ⅰ 中的 Rha 单位及其侧链阻碍了 Ca^{2+} 的连接，从而影响了孔隙的边界（图 2.27）。

果胶质网络的其他性质也调节通透性。在一些细胞的细胞壁中，甲酯化程度可保持较高的水平，形成一种高度酯化的平行 HG 链的凝胶。一些 HG 和 RG 以酯键与其他更牢固地固定在细胞壁基质上的多聚体交联，只有在去酯化剂的作用下才能将这些多聚体从细胞壁上分离出来。其他果胶多聚体可在果胶质主链上分离出硼酸二酯键位点(见图 2.18)。在缺乏硼的细胞培养基中，细胞壁的凸起和孔隙增加。中性多聚体（阿拉伯聚糖和半乳聚糖）连在果胶主链的一端，可伸入细胞壁的孔中，并高度可变（图 2.27）。这些中性多聚体也能够调节紧密结合在细胞壁结构上的水含量。在细胞发育的某些阶段，

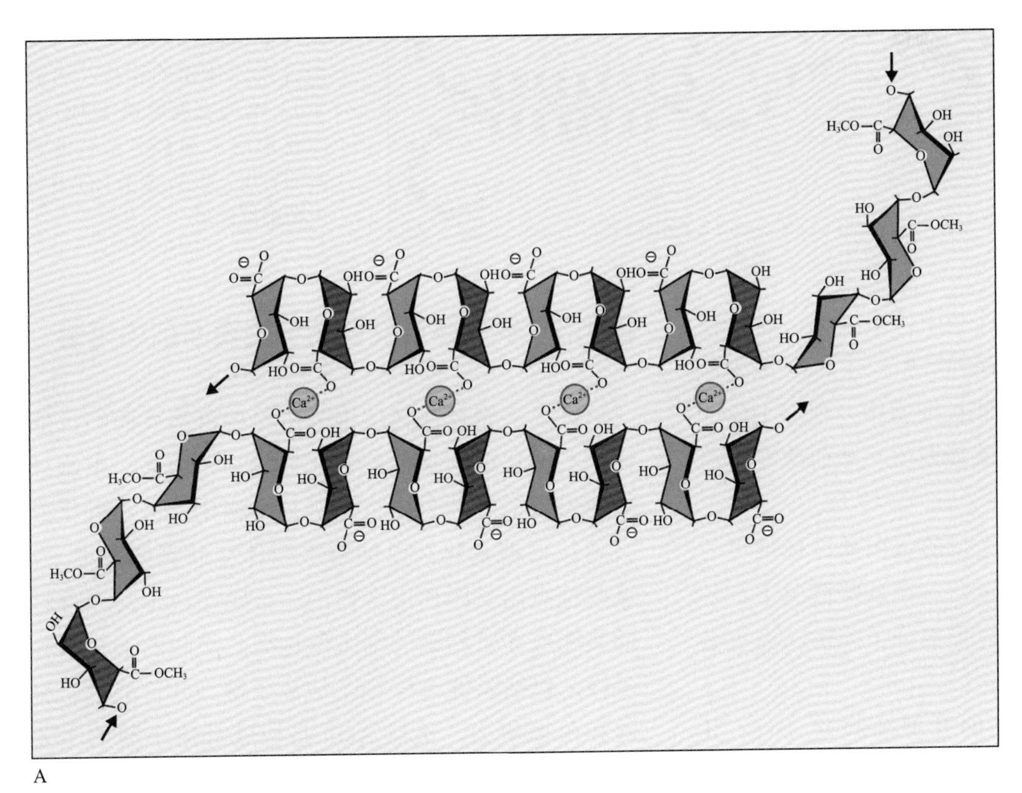

图 2.26 细胞壁中有几种可能的钙 - 果胶酸盐相互作用。A.HG 可与 Ca^{2+} 复合，形成“连接区”。失去果胶酯产生连续成串的羧酸盐离子，形成与 Ca^{2+} 结合的“鸡蛋架”状，组成两条反向平行链之间的桥。B. 部分甲基化的反向平行或平行的 HG 链还可桥接成较不牢固的钙复合体

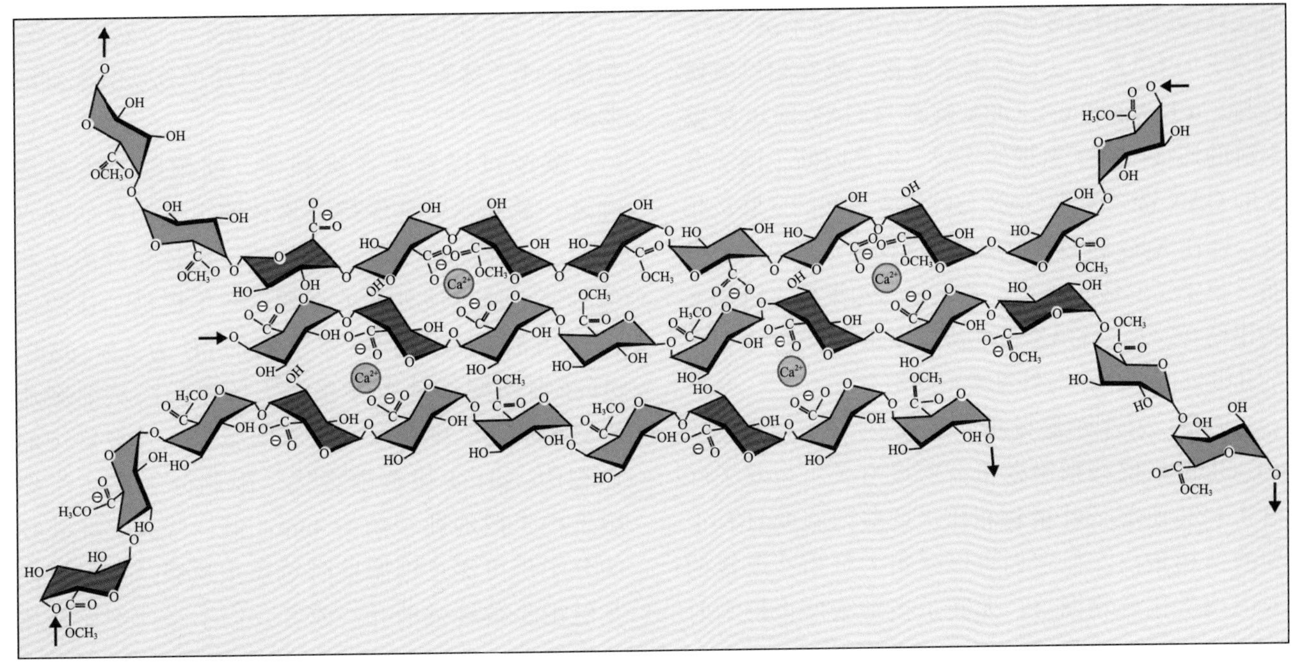

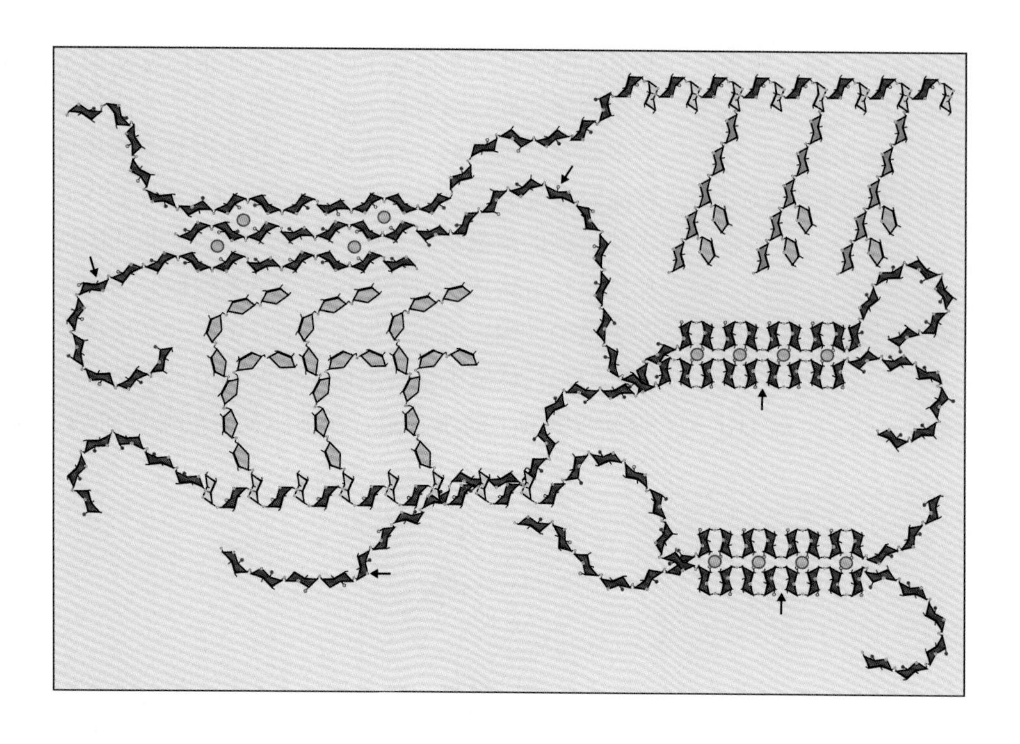

图 2.27 果胶基质确定了“孔径”，也就是由细胞壁基质形成的允许分子在其中自由扩散通道的相对大小。该孔径可由连接区出现的频率和长度、甲酯化程度，以及连在伸入孔中的 RG Ⅰ上的阿拉伯聚糖、半乳聚糖和阿拉伯半乳聚糖的长度共同决定。影响孔径的其他因素是 RG Ⅱ的频率及其与硼结合成二体化的程度（未展示）。电荷密度取决于 HG 去酯化形成未与 Ca^{2+} 结合的羧酸的程度。箭头表示 HG 中负电荷密度区域

水解酶被释放出来，消除这些中性多聚体，就可使细胞壁上这些孔隙的大小有所增加。在 Ca^{2+} 浓度保持很低水平的分生组织和伸长细胞中，很多 HG 的去酯化不需要 Ca^{2+} 的结合就能发生，从而改变电荷密度和局部 pH。

一些Ⅰ型细胞壁含有大量的蛋白质，包括可与果胶网络相互作用的碱性蛋白。在这些情况下，各种结构蛋白可与其他蛋白质形成分子间桥，而不必与多糖成分结合。

鸭跖草类单子叶植物的Ⅱ型细胞壁（type Ⅱ wall）具有与Ⅰ型细胞壁相似的纤维素微纤丝；然而连锁微纤丝的主要多聚体是 GAX，而不是 XyG。不分支的 GAX 可以与纤维素连接，或互相以氢键连接。α-L-Ara 和 α-L-GlcA 侧基与 GAX 的木聚糖主链的连接阻碍了氢键的形成，因此阻断了两个分支的 GAX 链之间或 GAX 与纤维素之间的交联。相反，连在 XyG 的 O-6 位的 α-D-Xyl 单位远离结合平面，稳定了其线形结构，并允许与葡聚糖主链的一侧相结合。尽管 GAX 占优势，少量的 XyG 也存在于Ⅱ型细胞壁中，与纤维素牢固结合。

通常，Ⅱ型细胞壁果胶质较少，但 GAX 上的 α-L-GlcA 单位与细胞壁电荷密度有关。与双子叶植物和其他单子叶植物相比，这些细胞壁只有很少的结构蛋白，但它们可以聚集大量相互连接的苯丙烷类化合物网络，尤其是当细胞停止扩大时（见图 2.25B）。

2.3.3 多聚体在交联到细胞表面前均可溶

许多多聚体在转运中为了保持可溶性而经过酯化、乙酰化或阿拉伯糖基化等修饰。随后，细胞外的酶沿着多聚体自由位点将其去酯化、去乙酰化或去阿拉伯糖基化，以便将多聚体交联到细胞壁上。这些位点由长距离内多糖的结合顺序决定，允许它们装配成非常精确的细胞壁构架。交联的形式多种多样，包括氢键、与 Ca^{2+} 成离子键、共价酯键、醚键和范德华力。虽然 AGP 是构成分泌小泡的主要原料，但从不在细胞壁中大量积累，所以它们可能起类似分子伴侣基质的作用，阻止不成熟的结合，使酶处于“休眠”状态，直到分泌的物质装配到细胞壁上。

装配过程发生在水相中，细胞壁的主要成分之一就是水。从保持多聚体的正确构象的观点来看，这在结构上是很重要的。水是允许离子和信号分子通过质外体的介质，它还提供了让酶发挥作用的环境。质外体空间的 pH 为 5.5，这个 pH 在细胞壁结构中存在很大的差异，从细胞质膜到胞间层、细胞壁，随着细胞壁生长被修饰的过程中，pH 变化范围很大。限制分子在初生细胞壁中扩散的孔径约为 4nm，但一些大于此孔径的分子仍可穿过细胞壁到达原生质膜，它们可能是经由少数较大的孔，或者它们不是球形而是棒状的。

2.4 细胞壁的生物合成和装配

2.4.1 新细胞壁在有丝分裂后的细胞板上起始

细胞壁的绝大部分是由新的多聚体聚集到正在扩张的已有细胞壁上形成的，但新的细胞壁发源于发育中的细胞板。在植物有丝分裂细胞周期的末期，染色体完全分离，一种包含细胞壁成分的扁平膜状小泡——**成膜粒**（**phragmosome**）在细胞骨架系统中形成横跨细胞的**成膜体**（**phragmoplast**，见第5章）。非纤维素细胞壁多糖在高尔基体中合成，包装在小泡中与生长的细胞板融合。细胞板向两端生长直到膜状小泡的边缘与原生质膜融合，形成两个细胞。最后，新的细胞壁与原有的初生壁融合（见图2.3）。

植物的高尔基体是合成、加工和定位糖蛋白的工厂（图2.28）。放射自显影显示，高尔基体还是合成非纤维素多糖的场所。因此，除纤维素以外的多糖、结构蛋白、一大类酶都由高尔基体衍生出的小泡统一分泌并定位到细胞壁。

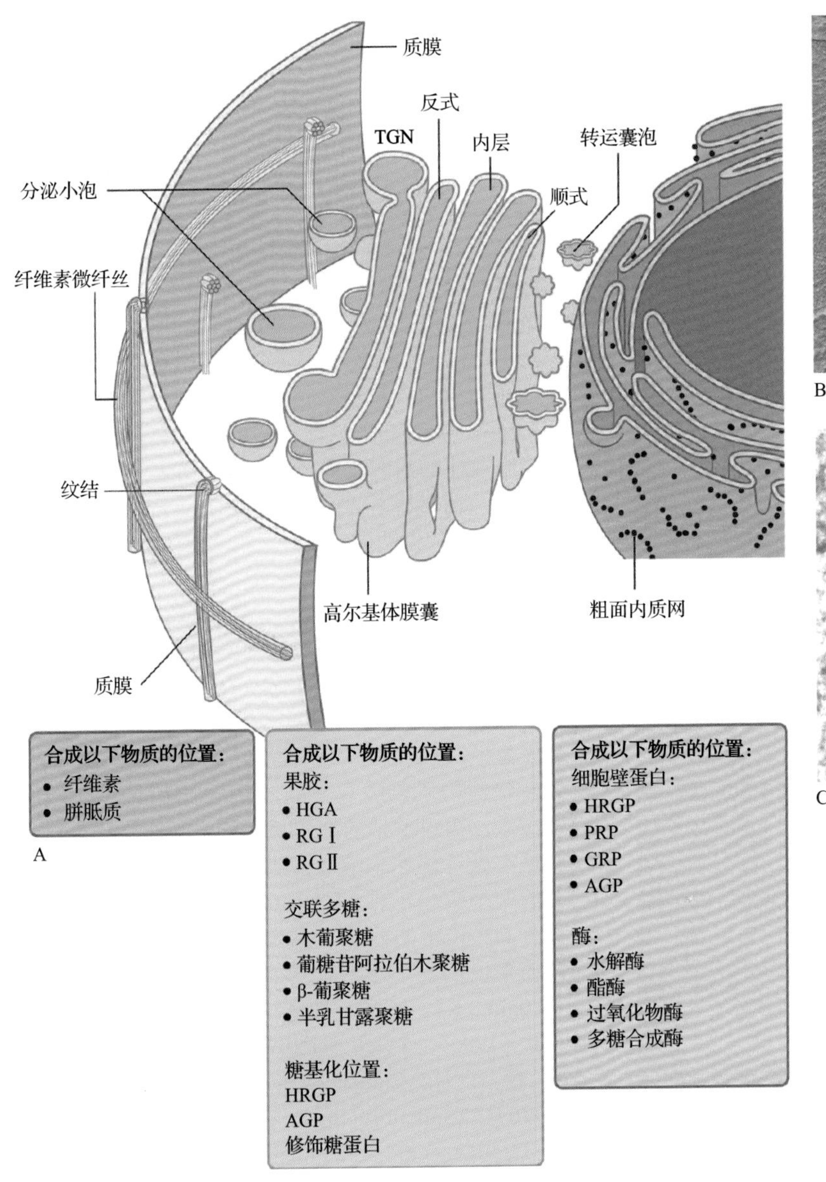

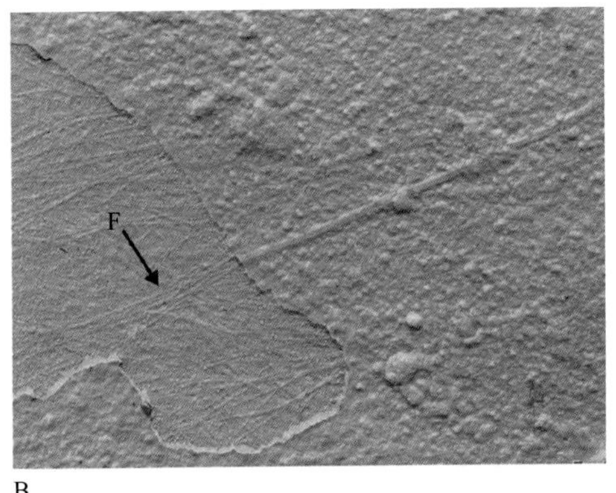

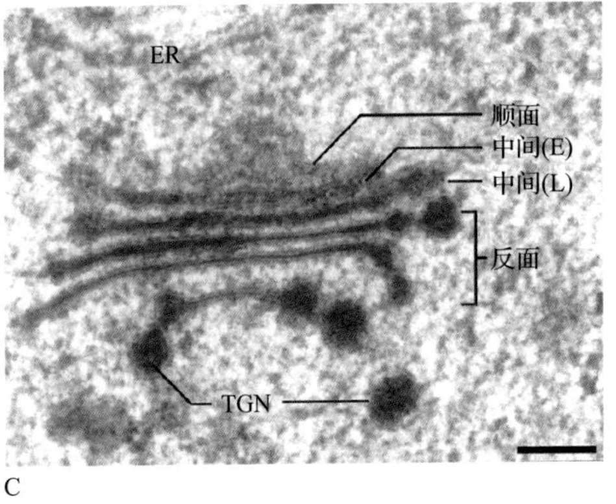

图2.28 A. 细胞壁的生物合成是几种物质合成的综合结果，即纤维素微纤丝在原生质膜表面的合成、蛋白质和修饰细胞壁的酶在粗面内质网的合成及糖基化，以及非纤维素多糖在高尔基体内的合成。细胞壁的原料包装在分泌小泡中，运输到细胞表面，与新合成的微纤丝结合。新生壁片层的装配估计从纤维素链上只有不到10个葡萄糖残基时就开始了。B.E面（裂开的双层膜的外叶）的复模。无数小泡聚集在表面。一部分膜已撕去以显示其下面的微纤丝（F）。C. 高尔基体的单个网体的横截面表现了囊膜典型的演化过程，从最靠近内质网的正面到反面；这些发育成为独特的高尔基体反面网络（TGN），是主要的小泡分泌体。E和L分别为早、晚期高尔基体中间囊膜。来源：B图来源于Gunning & Steer（1996）. Plant Cell Biology, Jones and Bartlett, London；C图来源于Zhang & Staehelin（1992）. Plant Physiol 99: 1070

2.4.2 纤维素微纤丝在原生质膜表面形成

植物中只有纤维素和胼胝质这两类多聚体是在原生质膜外表面形成的。生长中的纤维素微纤丝末端定位的多聚酶复合体催化纤维素的合成(图2.29)。这些**末端复合体**(**terminal complex**)可以在原生质膜的冷冻蚀刻复模上看到。在一些藻类中，末端复合体排列成线，但在其他一些藻类及所有被子植物中，它们形成六元的**颗粒纹结**(**particle rosette**)(图2.29)。因此，人们预测这6个颗粒纹结的组分会形成2～6个葡聚糖链，共16、24或36条链会组装成一条有功能的微纤丝。在冷冻蚀刻复模上，可见颗粒纹结的直径约25nm，但这个数值只代表跨膜部分及短的外部区域(图2.29H，I)。纤维素合成酶更大的催化结构域隐藏在原生质膜表面下的纹结中，直径约有50nm(图2.29)。

当原生质膜中出现纤维素合成活性时，就会发现末端复合体。追踪由葡萄糖到纤维素途径的动力学研究，确定了UDP-葡萄糖是纤维素合酶的主要底物。蔗糖合酶的异构体——一个催化蔗糖直接生

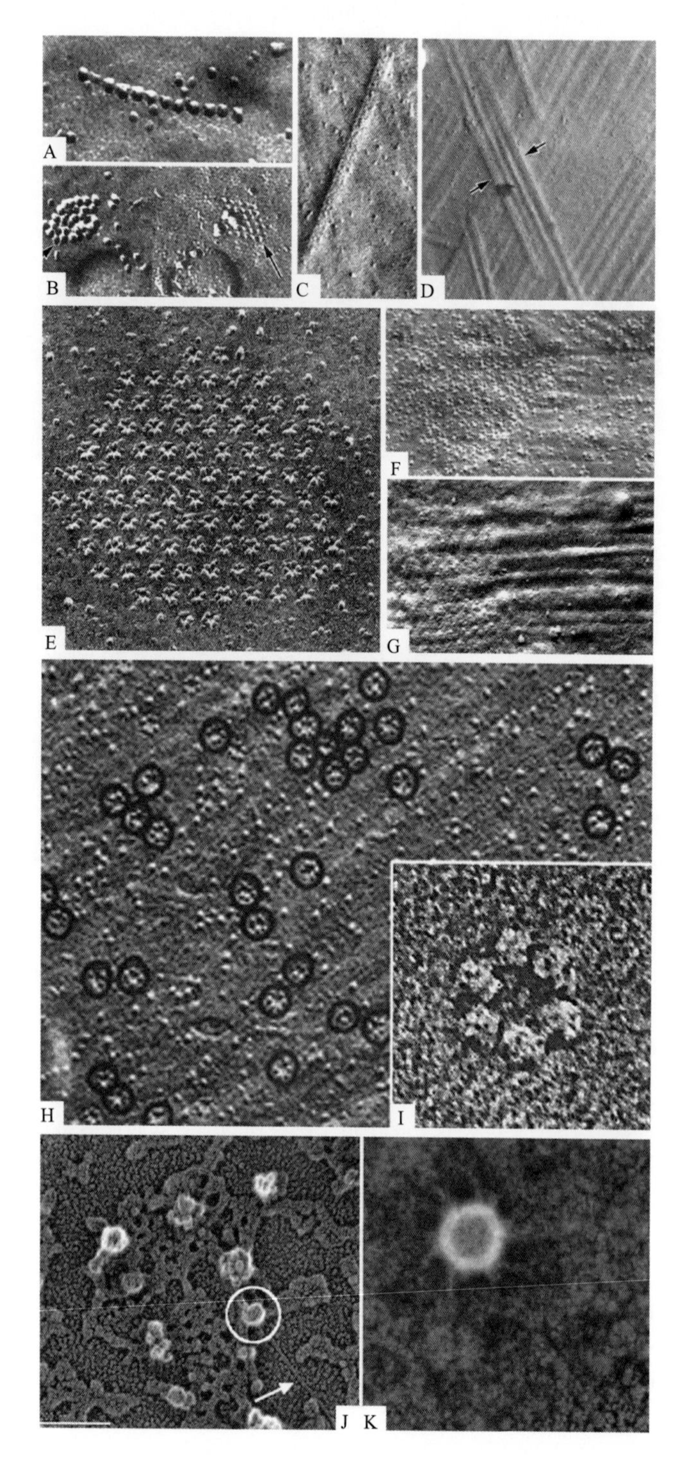

图2.29 通过膜的冷冻蚀刻和旋转投影成像显示，与纤维素微纤丝合成体结合的末端复合体。细胞状黏菌(*Dictyostelium discoideum*)形成两种末端复合体。通过流动细胞形成的细胞外纤维素带状物与线性排列结合(A)，但柄细胞的细胞壁是由形成基础的纹结样复合体的聚集排列形成的(B)。一些藻类，如卵囊藻属，颗粒呈线性排列(C)。这些末端复合体经常成对出现在原生质膜上，并起始相反方向的纤维素合成(箭头所示)(D)。六元的颗粒纹结首次在带藻的微星鼓藻属(*Micrasterias*)中看到。在这种藻类中，单个的纹结聚集在膜中形成更大的六边形排列，这与扁平带状纤维素的形成相关(E)。在原生质膜双层的内叶，即"P面"上可以看到纹结(F)，而从图中见微纤丝和对应于每个纹结中央的、较大的颗粒则在外叶，或称"E面"(G)。在水芹根木质部的导管部分，正在发育的增厚壁下的膜上，纹结才非常多(用圆圈出)(H)，小图显示了百日草体外培养正在发育的导管成分中单个纹结6倍放大的等效图(I)。每个纹结的亚结构已经被观察到。在冷冻蚀刻成像中，只有部分CesA蛋白的跨膜域和胞外环状结构可以被观察到。原生质膜足纹印迹显示，构成纹结的细胞质结构(用圆圈出)总是在微纤丝的末端(箭头所示)(J)。对其中的一个纹结进行Markham旋转分析，发现具有60°转角的六边形非常牢固。所有具有其他角度的六边形最终都会变成环形。标尺=200nm(K)。来源：图A, B来源于Grimson et al.(1996). J Cell Sci 109: 3079； 图C, D来源于D. Montezinos and R. M. Brown, Jr.(1976). J.Supramol. Struct. 5:277; 图E-G来源于Giddings et al.(1980). J. Cell Biol. 84:327; 图H来源于W. Herth(1985). Planta 164: 12; 图I来源于C. Haigler, D.P. Delmer(1999). Annu. Rev. Plant. Physiol. Plant Mol. Biol. 50: 245; 图J-K来源于A.J. Bowling and R. M. Brown, Jr.(2008). Protoplasma 233: 115

成 UDP- 葡萄糖的酶，也与原生质膜联合，可能具有定位 UDP- 葡萄糖底物的功能。

虽然纤维素合酶产生了地球上最大量的生物多聚体之一，但很奇怪，植物的这种酶很难纯化得到有活性的形式，即使是在原生质膜离析这样很温和的条件下，植物中的纤维素合酶活性也会消失。通过使用特定的保持稳定的洗涤剂，可以使相连的纤维素合酶复合体生产无序的、带有足够结晶的 UDP-Glc 的微纤丝，由此进行 X 射线衍射，从而第一次明确地从细胞培养物制备的微粒体膜中证明体外的纤维素合成。要找到纤维素合酶复合体的所有辅助蛋白，掌握其活性、效率，其与细胞骨架、原生质膜上与细胞壁稳定成分等结合的调控作用，目前仍然有许多工作需要进行。

无分支的（1→3）-β-D- 葡聚糖**胼胝质**（**callose**）是初始细胞板、花粉管壁和特定细胞种类细胞壁发育过渡时期的一种天然成分。与缠绕多聚物不同，花粉管胼胝质是由不需要 Ca^{2+} 作为辅助因子的酶合成的，而且这些合成酶与纤维素合成酶有明显的不同，是由完全不同的糖基转移酶家族编码的。

2.4.3 定位于高尔基体的酶可将多糖合成底物核苷糖相互转换

高尔基体中合成非纤维素细胞壁多糖的反应以几种核苷糖为底物。从形成 UDP- 葡萄糖和 GDP- 葡萄糖开始，经**核苷糖互换**（**nucleotide sugar interconversion**）途径，通过新的酶促反应生产出各种核苷糖（图 2.30 和图 2.31）。这些互换酶中的很大一部分（如差向异构酶和脱水酶）可能结合在膜上，定位于 ER- 高尔基体。基于鸟苷的核苷糖，如 GDP- 葡萄糖和 GDP- 甘露糖，用于合成葡甘露

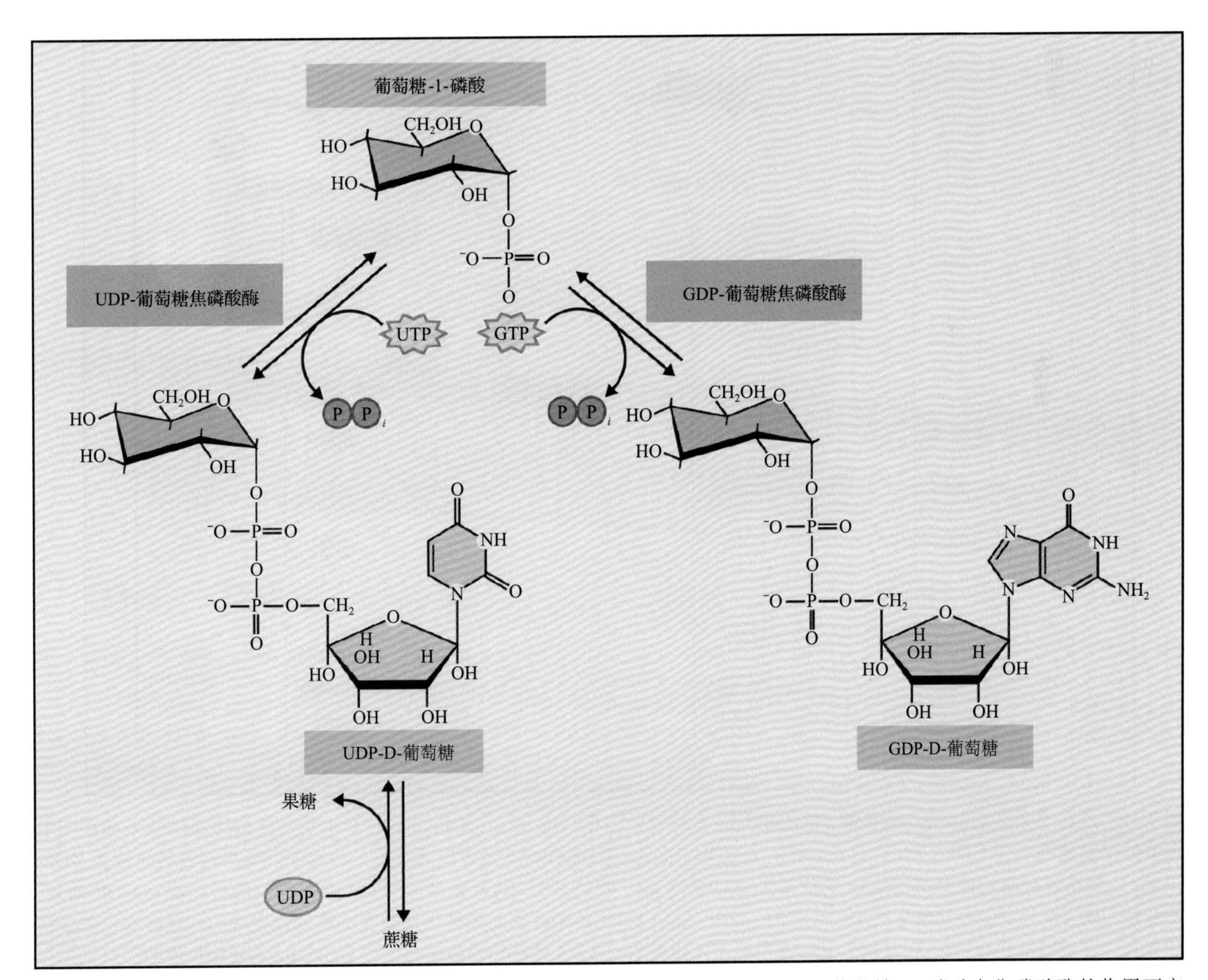

图 2.30 细胞壁合成的中心分子是核苷酸 - 葡萄糖。UDP- 葡萄糖和 GDP- 葡萄糖是由葡萄糖 -1- 磷酸在焦磷酸酶的作用下产生的，也可由蔗糖在蔗糖合酶的作用下形成

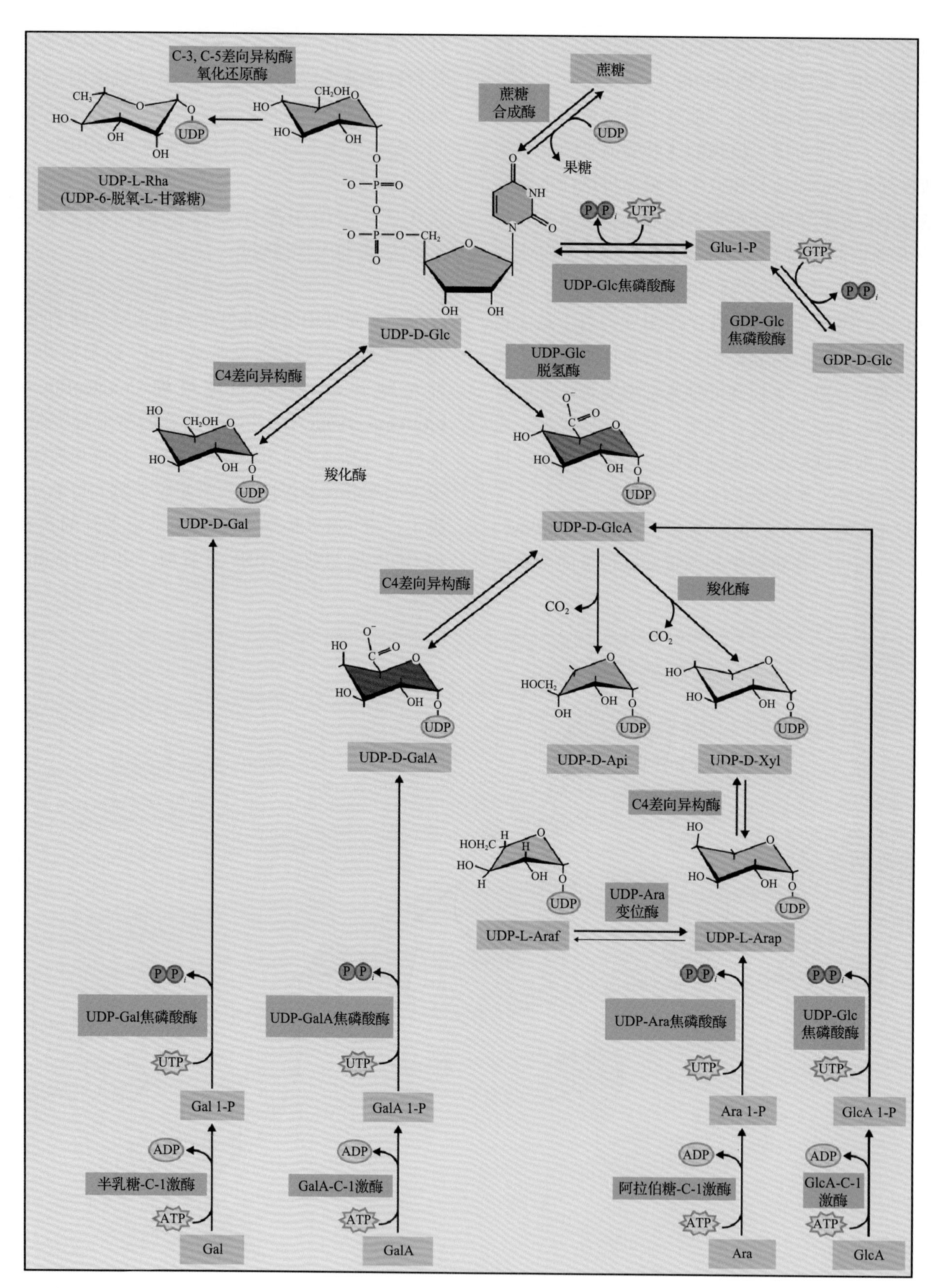

图 2.31 植物中主要的尿嘌呤核苷酸 - 糖的相互转化途径。UDP-Gal*p* 是由 UDP-Glc*p* 在 C-4 差向异构酶催化的平衡反应中产生的。脱氢酶氧化 UDP-Glc*p* 的 O-6 伯醇生成 UDP-GlcA*p*，UDP-GlcA*p* 又可以通过另一种 C-4 差向异构酶转化成为 UDP-GalA*p*。羧基裂解酶切除 UDP-GlcA*p* 的羧基生成 UDP-Xyl*p*，随后 UDP-Xyl*p* 被另一种 C-4 差向异构酶转化成为 UDP-Ara*p*。所有的 UDP- 糖都是由吡喃糖形式从头合成的；UDP-Ara*p* 和 UDP-Ara*f* 之间的转化是被变位酶催化完成的，这种变位酶最初被称为“可逆糖基化蛋白”。脱氧糖 L-Rha 是由氧化还原酶和 C-3，5 差向异构酶催化，以 UDP-Glc 为底物生成的。包括阿拉伯糖、半乳糖、半乳糖 A 和岩藻糖在内的几种糖，被 C-1 激酶“抢救”回到核苷酸 - 糖库中，这种激酶生成的糖 -1- 磷酸盐是焦磷酸化酶的直接底物

聚糖，而 GDP- 岩藻糖是糖蛋白复合体、果胶和一些交联聚糖岩藻糖基化的底物（图 2.32）。

植物中 L- 阿拉伯糖在大多数含此糖的多聚体中是以呋喃糖环的构象存在的，这些多聚体包括 GAX、5- 连接阿拉伯聚糖、AGP 和伸展蛋白，而 UDP-Ara 全是吡喃糖的形式。UDP-Ara 歧化酶催化异构反应，使核苷酸 - 糖、UDP-Ara*p* 和 UDP-Ara*f* 实现相互转化（图 2.31）。UDP-Ara 歧化酶是一种具有“反糖基化蛋白”酶活性的蛋白质，曾经被认为是木葡聚糖合成途径的重点中间产物。

核苷糖的合成有两条不同的途径。从头合成途径先产生一整套核苷糖，作为合成多糖、糖蛋白和几种其他糖基化反应的底物。然而，几种葡萄糖以外的单糖可能通过有 C-1 激酶和核苷二磷酸（NDP）- 糖焦磷酸酶参与的“抢救”途径形成核苷糖（图 2.31 和图 2.32）。这些“抢救”途径对重新利用那些在细胞壁装配和更新时从多聚体上水解下来的单糖是必需的。一些糖，如 Rha 和 Xyl，没有 C-1 激酶，因而必须通过其他途径才能重新利用其碳原子。Xyl 的碳原子在异构化为木酮糖后，通过戊糖磷酸途径得以回收。

2.4.4 交联多糖和果胶在高尔基体形成

许多体外合成非纤维素细胞壁多糖的报道都利用了富集高尔基体膜的提取物。在混合的膜提取物中包含了原生质膜、高尔基体膜和作为底物的 UDP- 葡萄糖，其主要产物是胼胝质，由伤害诱导的污染原生质膜上的胼胝质合酶或受损纤维素合酶合成。此反应由钙离子激活，其浓度在受伤细胞中显著上升。这样，人们必须在有很强的胼胝质背景下定性定量地检测他们所感兴趣的其他非纤维素多糖。

通过用序列依赖性的葡聚糖酶处理多

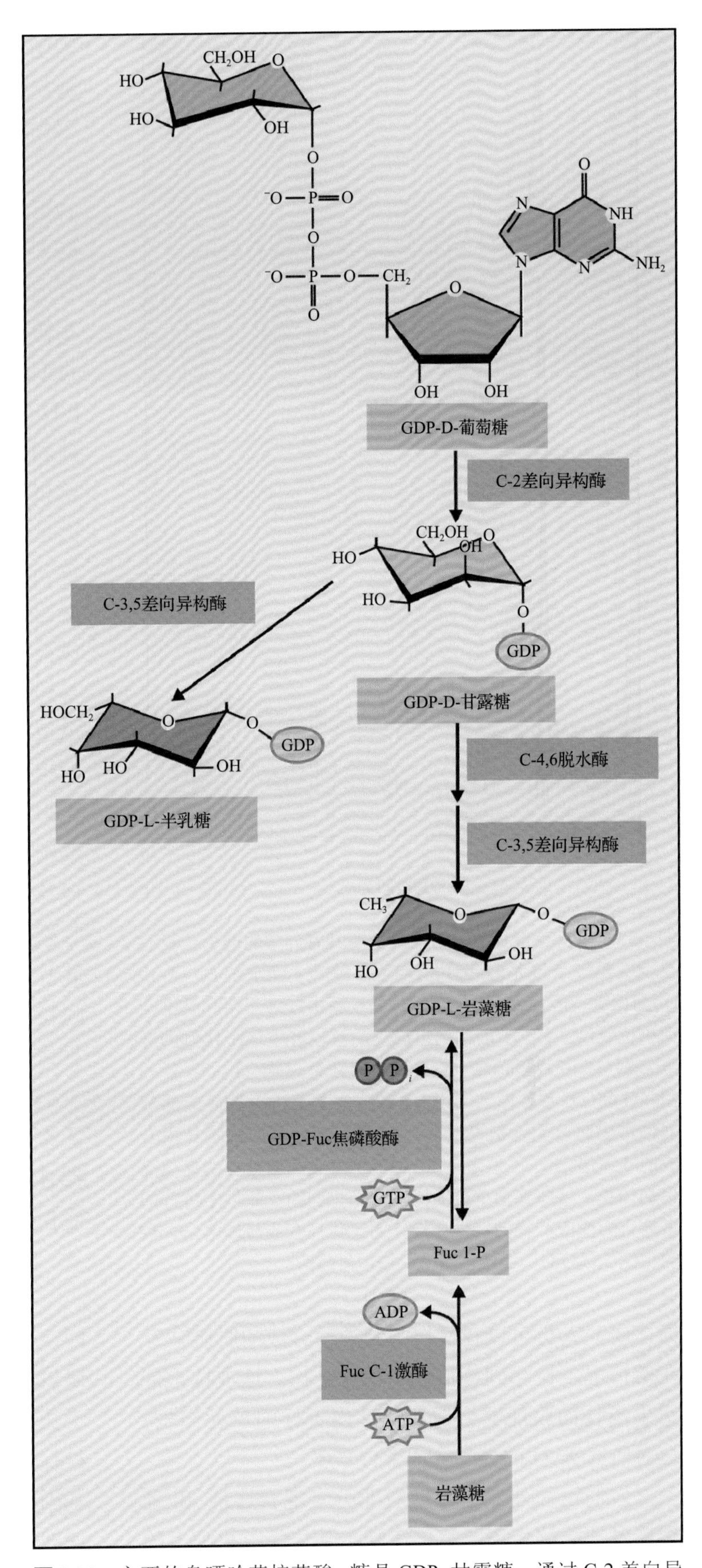

图 2.32 主要的鸟嘌呤苷核苷酸 - 糖是 GDP- 甘露糖，通过 C-2 差向异构酶与 GDP- 葡糖糖相互转化。两种关键核苷酸糖是由 GDP- 甘露糖和 GDP- 岩藻糖先后通过 C-4,6 脱氢酶、C-3,5- 差向异构酶催化反应而产生，而 GDP-L- 半乳糖则由单独的 C-3,5 差向异构酶催化反应产生。抢救途径是通过 C-1 激酶催化 L- 岩藻糖产生 GDP- 岩藻糖

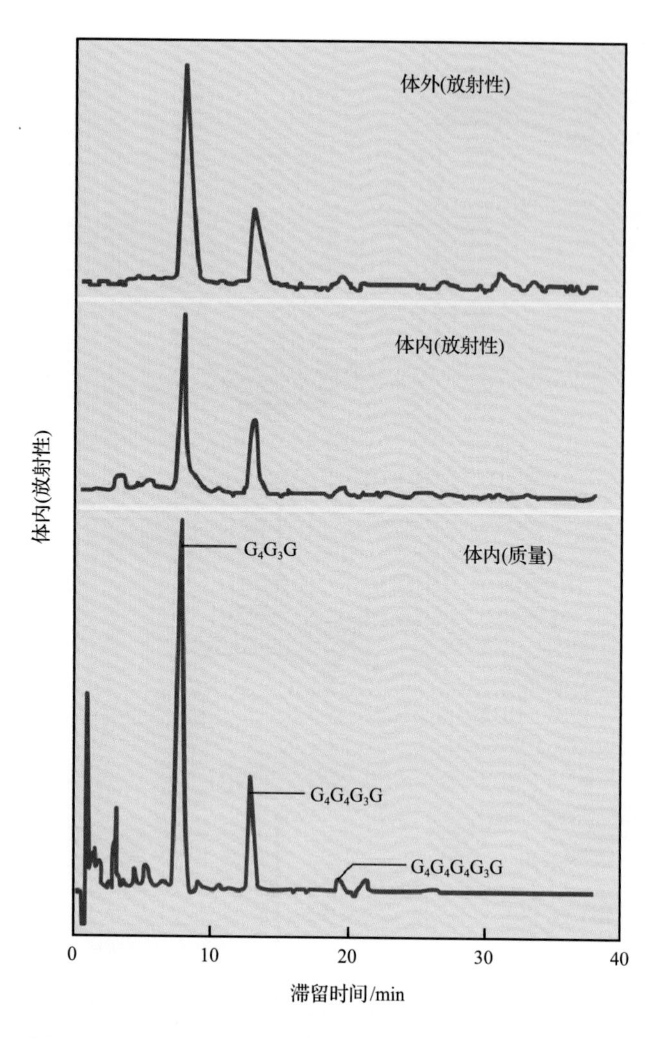

图 2.33 枯草芽孢杆菌内切葡聚糖酶具有异常的能力，只有在倒数第二个键是 (1→3)-β-D- 葡糖键时才能水解 (1→4)-β-D- 葡糖键。因为 90% 的谷类 β- 葡聚糖由纤维三糖和纤维四糖单位以约 2.5 ： 1 的比例组成，酶解也产生这个比例的纤维二糖 -(1→3)- 葡萄糖（G_4G_3G）和纤维三糖 -(1→3)- 葡萄糖（$G_4G_4G_3G$）寡糖。当用 HPAEC 分离上述消化反应的放射性产物时，无论是来自以 [^{14}C] 葡萄糖培养的植物体内合成的 β- 葡聚糖，还是来自以 UDP-[^{14}C] 葡萄糖处理的离体高尔基体膜，这些寡糖单位的比例都是相同的。此方法进行的多糖合酶反应产物的特性分析证明了体外合成与体内是一致的。$G_4G_4G_4G_3G$，纤维四糖 -(1→3)- 葡萄糖

糖，研究人员可以在受伤细胞诱导合成的胼胝质存在的情况下检测到特征性的单元结构。这项技术证实了离体的膜能够合成和在体内一样的单元结构，这对研究 XyG 的体外合成十分重要。

人们已经建立了只针对非分支混合连接 -β- 葡聚糖发挥酶解作用，定位在高尔基体膜内和膜上的多糖合成酶的精细拓扑图。这种合成酶的催化结构域定位在高尔基体膜的细胞质一侧，其产物被挤压进入内腔。UDP- 葡萄糖是禾本科植物的混合连接 -β- 葡聚糖合酶的底物，需要 Mn^{2+} 或 Mg^{2+} 作为辅助因子。用枯草芽孢杆菌内切葡聚糖酶可以将 β- 葡聚糖产物消化成一定比例的特征性三糖或四糖，以此来保持 β- 葡聚糖合成酶活性（图 2.33）。

对于分支多糖，合成骨架所需的核苷酸 - 糖底物可能来自于高尔基体的细胞质或内腔一侧，但分支部分可能只在内腔一侧添加。因此，复杂多糖的合成必须与转运进入高尔基体中的一部分核苷酸糖相协调。具有 I 型细胞壁植物的离体高尔基体可以将 UDP- 葡萄糖或 GDP- 葡萄糖合成很短的 (1→4)-β-D- 葡聚糖链，但加入接近毫摩尔量的 UDP- 葡萄糖和 UDP- 木糖、以 Mn^{2+} 或 Mg^{2+} 作为辅助因子可以极大地增强 XyG 的合成。XyG 的切割反应生成大量的特征性 XXXG 七糖单位，证明了制造完整的单元结构所需的细胞机器可以在无细胞体系中得以保留。因为没有 UDP- 木糖时 UDP- 葡萄糖只能合成很短的 (1→4)-β-D- 葡聚糖主链，葡糖基 - 和木糖基转移酶看来是紧密结合的，协同催化重复的七糖单位的合成。Xyl 上附加的糖的连接可能也是协同发生的，但包括半乳糖基转移酶和岩藻糖基转移酶在内的进一步加工是在高尔基体中转运的较晚阶段继续进行的（见图 2.28）。这几种协同糖基转移的现象存在于由 GDP- 葡萄糖和 GDP- 甘露糖合成葡甘露聚糖、由 GDP- 甘露糖和 UDP- 半乳糖合成半乳甘露聚糖、由 UDP- 木糖和 UDP- 阿拉伯糖合成阿拉伯木聚糖的反应中。另外，HG 的体外合成似乎是与甲基 - 酯化协同进行的。

2.4.5 纤维素合酶和其他 β- 连接多糖合酶是由纤维素合酶及类纤维素合酶基因家族编码的

人们已鉴定了编码维管植物纤维素合酶的基因，但是对于纤维素合酶（CesA）基因的分子机制研究首先是在醋酸杆菌（*Acetobacter xylinum*）和土壤农杆菌（*Agrobacterium tumefaciens*）中，这两种杆菌都有突出胞外的纤维素带状物。这些合酶的基因和其他需要核苷酸糖的酶的基因编码四个高度保守的结构域，它们可能是结合和催化 UDP- 葡萄糖（及其他某些 UDP- 糖）所必需的（图 2.34A）。迄今为止，其他所有能产生连续的 (1 → 4)-β- 糖基键的合酶，如几丁质合酶和透明质酸酯合酶，都包含这四个高度同源的氨基酸序列。这些多糖合酶都

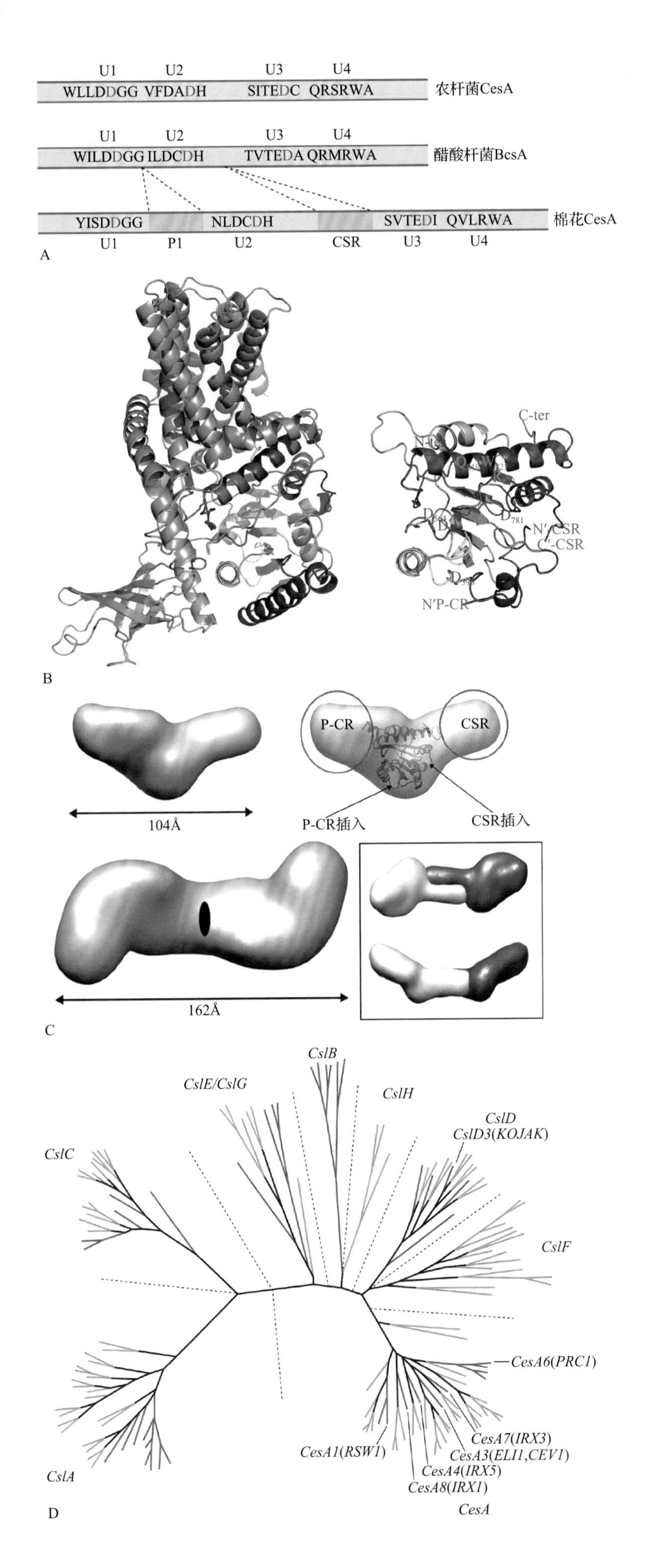

图 2.34 A. 醋酸杆菌（*Acetobacter xylinum*）、土壤农杆菌（*Agrobacterium tumefaciens*）和棉花（*Gossypium hirsutum*）中的纤维素合酶基因的共同特征是具有四个催化基序，其中三个结构域含有一个绝对保守的天冬氨酸残基（红色的 D, DxD, D），估计是结合底物和催化糖苷键的形成所必需的。除这四个天冬氨酸残基以外，第四个催化基序中的 Q/RxxRW 基序在每个含连续的 (1→4)-β- 连接单位的多糖合酶中也是保守的，这样连接的糖单位中相邻的两个糖的方向相反。P-CR 和 CSR 两个序列是植物特有的。B. 细菌纤维素合酶的晶体结构，催化域与同源的植物 CesA 催化域（去掉 P-CR 和 CSR）的比较。N 端和 C 端分别连接到第二个和第三个跨膜域上。与细菌的合酶同源的包括催化基序的植物序列以黄色、橙色、红色表示；不同源的区域用紫色和青色表示。四个保守的天冬氨酸残基用红色表示，QxxRW 用绿色表示；N′和 C′P-CR 和 CSR 表示这些植物特异的结构域的插入位点。C. 通过对溶液中的重组蛋白进行小角度 X 射线扫描解析了植物 CesA 催化域（CatD）的表面封套。CatD 预测是一个具有两个结构域的结构，其中小的结构域参与二聚体的形成。右上图为与细菌 CatD 中心同源结构域的最佳适配部分进行分子对接实验的模式图。这个方向是将植物特异的 CSR 序列放进了具有二聚化功能的较小的结构域中。D. 拟南芥（*Arabidopsis*, 红色）、水稻（*Oryza sativa*, 黄色）和玉米（*Zea mays*, 绿色）的 CesA/Csl 超家族的基因。到目前为止研究的所有被子植物中，初生细胞壁的形成至少需要三种 *CesA* 基因共表达，如拟南芥的 *AtCesA1*、*AtCesA3* 和 *AtCesA6*；而次生细胞壁拟南芥则需要 *AtCesA8*、*AtCesA7* 和 *AtCesA4* 表达。水稻和玉米的直系同源基因的表达也很相似。在拟南芥中，任意一个基因的突变（括号中是突变体名称）都会导致它们对应的初生或次生细胞壁的纤维素缺陷，说明这三个基因对于纤维素合成都是必需的。根毛缺失突变体 *kojak*，是由于对应 *CslD3* 基因突变，该基因可能编码一个顶端生长细胞中的纤维素合酶，但是其表达模式和推测的亚细胞定位表明其异构体在所有细胞中都行使功能并产生一种未知的产物。异源表达实验证明至少一些拟南芥 CslA、CslC 家族成员在甘露糖和木葡聚糖合成中起作用。草本植物特异的 ClsF 和 CslH 家族成员可能在混合连接 (1→3), (1→4)-β-D- 葡聚糖的合成中起作用

被认为是**进行性**（**processive**）合酶，即酶复合体会持续地将糖加到末端并且不释放多糖。

人们在筛选刚开始形成次生壁纤维素的棉花纤维细胞的cDNA文库时，发现了2个高表达的、与醋酸杆菌纤维素合酶基因同源的植物DNA序列，具有全部4个UDP-葡萄糖结合序列。它们编码的多肽（约110kDa）估计具有8个跨膜结构域，用来结合底物UDP-葡萄糖，含有两个植物特有的大的结构域:植物保守域（P-CR）和类别特异域（CSR）。此外，这种蛋白质的N端区域包含一个可供蛋白质-蛋白质结合的锌指基序，被认为在将单个的CesA结合到纹结颗粒状复合体上行使功能。

木糖、甘露糖和葡萄糖的(1→4)-β-连接形成多聚体的生化合成机制，解决了每个糖单元必须相对于其相邻单元反转近180º的空间问题。为了一次添加一个葡糖残基形成这种连接，就需要合成酶或增长链旋转180º，或者糖分子必须在一些其他合酶辅助因子的帮助下添加到限定位置并对齐正确的方向。由于纤维素微纤丝是由多条链组成的，每条链来自不同的合成酶复合体，因此酶或底物都不太可能有剧烈的再定位。这种框架的转变似一种生化的转换键开关，在每个糖基转移后，催化功能在一个单一活性位点内的两个氨基酸之间交替转换。对类球红细菌（*Rhodobacter sphaeroides*）的纤维素合酶的晶体结构研究证明，UDP-葡萄糖底物的结合和催化是同一个位点，从而说明这种原始的合酶的紧凑的机制（图2.34B）。植物的纤维素合酶中特有的P-CR和CSR结构域、体外二聚化及CesA异构体之间的相互作用都表明植物有更加复杂的结构和机制。然而，人们通过小角度X射线散射研究催化域的大小，结果表明纹结复合体的大小需要每个单体提供一个(1→4)-β-D-葡聚糖链。

经检测的所有被子植物都有超过10个各不相同的*CesA*基因。然而其中有些基因的表达具有细胞或组织特异性，在单个细胞中至少能表达三种异构体。同时，细胞中表达的构成初生细胞壁的这三种不同*CesA*与在相同细胞表达的构成次生细胞壁的三种不同*CesA*基因完全不同（图2.34D）。根据催化序列中CSR结构域的、在多个物种中保守的半胱氨酸富集基序、基本序列及酸性富集序列，可以定义基因家族的亚类结构。此外，三个异构体中的任意一个发生缺失导致的突变都会引起纤维素合成的大幅受损。用试剂从细胞质膜上提取纤维素合酶复合体后，发现三个CesA多肽仍然结合在一起，说明每个CesA在纹结复合体中都占有一个特有的位置。在传统生物化学的“pull-down”策略中，用一种CesA特异抗体可以将包含另外两种CesA多肽的复合体免疫沉淀出来。

一个单个的纹结可以制造多少微纤丝呢？越来越多的证据表明可能只能造一个。纹结复合体在高尔基体膜组装并运送到原生质膜。从纤维素合酶的效率、微纤丝的长度及每平方毫米纹结颗粒的个数来估计，合成一根微纤丝约需要10min。在整个细胞生长的过程中，纹结复合体是持续提供的。用一种强力蛋白合成抑制剂放线菌酮处理细胞，会导致纤维素合酶从膜上丢失且半衰期低于30min。

植物细胞具有大量位于原生质膜下并与之相连的皮层微管排列，其排列的方向常预示着纤维素微纤丝堆积的方向。通过直接的蛋白介导的连接或通过限定膜中合酶移动的通道，皮层微管上可能排列着纤维素合酶复合体。由于微纤丝中的晶体链可以推动纤维素合酶复合体向前，所以皮层微管可以引导原生质膜中的纤维素合酶复合体。融合荧光标记的CesA蛋白使观察纹结复合体在原生质膜中的移动成为可能，同时也使研究者可以追踪皮层微管定向的确立。但是，一旦微纤丝的定向确立以后，微管就可以通过化学处理干扰，但微纤丝的定向仍然不变，这可能是由于使用了此前储存的微纤丝行使的导向功能。因此，在缺乏皮层微管和（或）已有的纤维素微纤丝的情况下，纤维素微纤丝可能具有自我排布的能力。由此，只有在细胞分化时才需要皮层微管对纤维素行使导向功能。

这一发现启发人们鉴定包括**类纤维素合酶**（**cellulose synthase-like**, *Csl*）基因在内的CesA超家族基因（图2.34D）。几个相关的*Csl*基因可能参与组成植物细胞壁的其他交联多糖的合成。所有这些基因都包括核苷酸-糖结合及催化结构域、跨膜结构域和植物保守域等这四个结构域，但是除了一些缺失锌指结构域的*CslD*基因，CSR都在不同程度上被截断。*Csl*基因已有8个亚类被发现。然而大多数亚类的*Csl*基因在所有的被子植物中存在，*CslF*（可能还有*CslH*）只存在于禾本植物中，*CslB*和*CslG*只在双子叶植物中存在。一些*CslD*基因可能在顶端生长细胞中行使纤维素合酶的功能。异源

表达一些 *Csl* 表明它们编码甘露聚糖及葡甘露聚糖、木葡聚糖（*CslC*）和 (1→3), (1→4)-β-D- 多聚糖（*CslF*）的骨架合酶组分（*CslA*）。

2.4.6 多糖结构的多样性与多种糖基转移酶同时存在

碳水化合物 - 活性酶（CAZy）数据库展示了降解、修饰或制造糖苷键的酶的结构相关催化模式和碳水化合物结合模式（或功能结构域），根据这个数据库，共有 90 个完全不同的**糖基转移酶**（**glycosyl transferase, GT**）家族，有 44 个家族存在于植物中（信息栏 2.6 有关于 CAZy 更详细的信息及其他关于细胞壁生物学的在线网站）。GT 将活化的单糖催化转移至其他生物大分子上，通常是其他糖类、寡聚物或多糖。家族成员是根据结构相关蛋白催化基序或功能基序或结构域进行分类的，但更深层的分类根据则是编码这些蛋白质的基因演化关系。一些家族在各类生物界都存在，但是几个家族则只存在于植物界。GT2 家族包括形成上述 *CesA/Csl* 基因超家族的进行性纤维素转移酶及相关的多糖合酶。GT8 和 GT47 家族有很多家族成员的功能是将细胞壁果胶多糖和交联的多糖骨架非进行性地替换成几种糖（图 2.35）。就像 *CesA/Csl* 基因超家族一样，GT 家族的结构也反映了细胞壁组分的不同。例如，包括参与果胶合成基因的 GT8 超家族，包含四个大组和一个小组，拟南芥中的基因序列多归于 A 组和 B 组，而禾本科中则主要是 C 组和 D 组（图 2.35A）。HG 骨架是由至少两种 GT8 半乳糖基转移酶（GAUT）——GAUT1 和 GAUT7 合成的，这两种蛋白质在高尔基体内形成二聚体。一个 GT 家族可以催化不同的糖，但是糖基转移形成的键构象和基本机制是大致相同的。根据核苷酸糖的异头构象是否保留或转变，糖基转移酶可以分为**保持**（**retaining**）和转化（**inverting**）两种机制。大多数核苷酸 - 糖是 α-D- 构象的，保持机制会将 HG 骨架典型的 α-D-（或 β-L-）键保留，然而转化机制则会产生 β-D-（或 α-L-）键。

GT47 家族包括五组编码至少四种不同类型活性酶的基因，包括半乳糖基、阿拉伯糖基、木糖基

信息栏 2.6　细胞壁的基因组资源

Carbohydrate-Active enZYme（CAZy）数据库（http://www.cazy.org）包含了细胞壁相关基因的有用资源，其中编录了根据结构域和功能演化的同源相关基因。糖基转移酶、糖基水解酶、裂解酶和酯酶这四组酶，以及较广的一组纤维素结合的各类型，都在底物催化结合中发挥功能。CAZy 中一大部分基因在细胞壁合成和重构中发挥功能。

几个网站专门致力于植物细胞壁基因家族研究。与细胞壁有关的基因组（http://cellwall.genomics. purdue.edu）已经编录了每物种超过 1200 个基因，特别是拟南芥、水稻和玉米中，涉及糖和单木酚底物的产生、多糖合成、糖基转移酶活性、内质网 - 高尔基体 - 原生质膜定位、细胞壁组装和重构、次生细胞壁形成、胞外基质中信号和应答元件的基因。该网站也报道了拟南芥（超过 900 种）和玉米（超过 200 种）插入突变体的生化和光谱表型。拟南芥资源中心（http://abrc.org）和玉米保存中心（http://maize.org）对上述突变体及其他一些突变体都进行了保存收集。

还有一个类似的网站叫作细胞壁领航员（http://bioweb.ucr.edu/Cellwall/），这是一个整合数据库，且提供了挖掘参与植物细胞壁生物合成的蛋白家族的工具，该工具可以在被子植物与交叉物种中进行比较。还有其他网站提供关于水稻糖基转移酶的信息（http://ricephylogenomics.ucdavis.edu/cellwalls/gt/）及短柄草一系列基因组资源（http://brachypodium.pw.usda.gov/）。还有一些实验室提供一些特定基因或蛋白家族的功能信息，如延展蛋白（http://homes,bio.psu.edu/expasins/）和 XTH（http://labs.plantbio. cornell.edu/XTH/）。

一些对于确定细胞壁结构和架构有用的化学和生化资源在 WallBioNet。植物细胞壁生物合成研究网（http://xyloglucan.prl.msu.edu/）和 CarboSource Services 美国佐治亚大学复杂碳水化合物研究中心（http://www.ccrc.uga.edu/~carbosource/CSS_home.html）上可以获得。

另有两个网站致力于发展和收录细胞壁单克隆抗体、用于在单个细胞壁水平探测多糖精细结构的其他试剂，或发展定制碳水化合物芯片，即美国佐治亚大学复杂碳水化合物研究中心（http://www.ccrc. uga.edu/~carbosource/CSS_home.html）和英国利兹大学植物探针（http://plantprobes.net）。

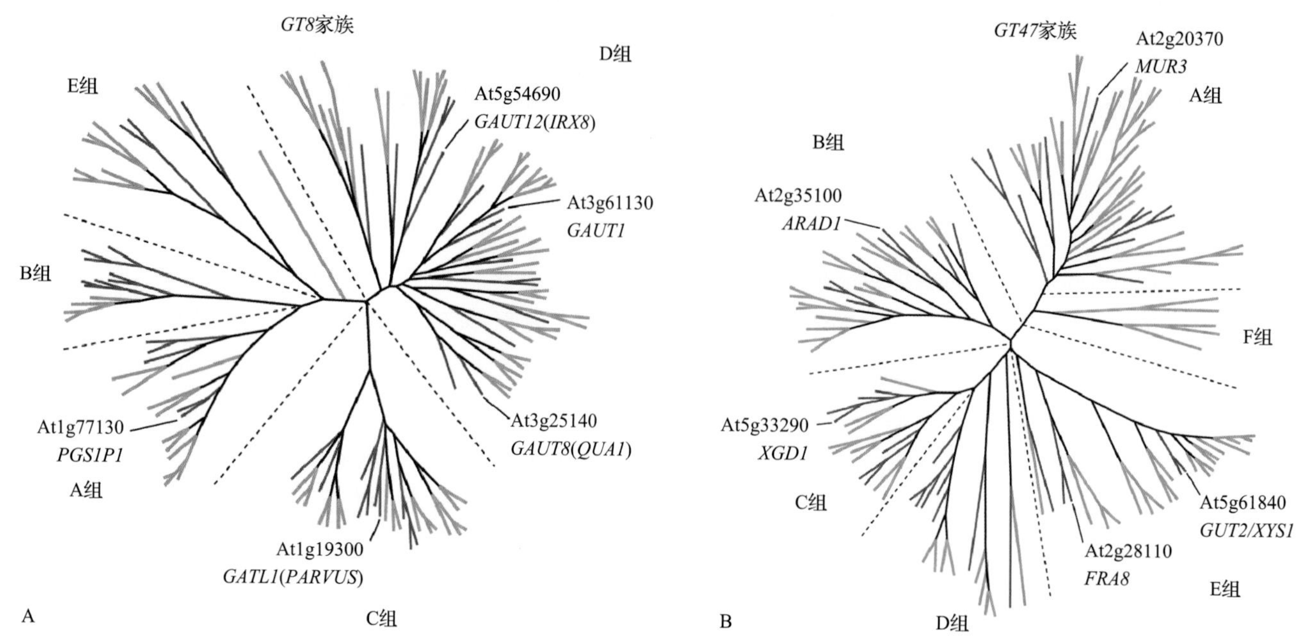

图 2.35 拟南芥（*Arabidopsis*, 红色）、水稻（*Oryza sativa*, 黄色）、玉米（*Zea mays*, 绿色）主要的非进行性糖基转移酶家族基因。A. 糖基转移酶家族 8 中最大的一个分支——D 分支，编码半乳糖醛糖基转移酶 GAUT1 和 GAUT7，与同型聚半乳糖醛酸中的典型单元——反复延伸的 GalA 单元相互作用。这个大家族的保留类型转移酶基因可能编码几个潜在的 GAUT 和三个独立的亚组，即类 GAUT（GATL）蛋白。*GAUT8* 或 *QUASIMODO1*（*QUA1*）等，参与鼠李糖聚半乳糖醛酸 II 的合成。*PARVUS* 基因参与木聚糖合成中四糖起始物的合成。B.*GT47* 编码反向型转移酶，这种转移酶可以将几种完全不同的侧链基团糖加到果胶和交联多糖上。A 组包括 *MUR3*，它编码一种半乳糖基转移酶，可以将木聚糖的重复七糖单元中还原端第一个木糖的 (1→2)-β-D-Gal 残基转移。B 组中的 *ARABINOSE DEFICIENT1*（*ARAD1*）在 (1→5)-α-L- 阿拉伯糖合成中起作用。C 组中的 *XYLOGALACTURONAN DEFICIENT1*（*XGD1*）编码一个木糖基转移酶，可以将 (1→3)-β-D 木糖单元添加到同型聚半乳糖醛酸上。E 组包括 *FRAGILE FIBER8*（*FRA8*），在木聚糖合成中四糖起始物的合成中发挥功能，而 *GUT2/XYS1* 编码一个木糖基转移酶，参与木聚糖的延伸和葡萄糖醛酸基转移酶，它们都是具有转化机制的糖基转移酶（图 2.35B）。最大的一组——A 组包括 MUR3，编码一个半乳糖基转移酶，可以将木葡聚糖重复庚糖单元还原端的第一个木糖残基中 (1→2)-β-D-Gal 残基转移。

几个其他家族基因成员的功能也已确定（表 2.2），但仍然需要很多努力才能解析每个成员的功能。尽管 *CesA/Csl* 基因超家族成员都有合成 (1→4)-

表 2.2 与细胞壁相关的糖基转移酶

基因家族	已知底物	预测活性
GT8	UDP-D-GalA; UDP-D-GlcA; UDP-D-Gal	参与果胶、木聚糖和肌醇半乳糖苷合成的保持型转移酶
GT31	UDP-D-Gal, UDP-D-Glc-NAc, UDP-D-Gal-NAc	参与蛋白质糖基化和阿拉伯半乳糖合成的转化型转移酶
GT34	UDP-D-Xyl, UDP-D-Gal	在木葡聚糖和半乳甘露聚糖合成中添加侧基的保持型转移酶
GT37	GDP-L-Fuc	糖蛋白和木葡聚糖的岩藻糖基化中的转化型转移酶
GT43	UDP-D-Xyl	木聚糖多聚化中的转化型转移酶
GT47	UDP-D-Gal, UDP-L-Ara UDP-D-Xyl, UDP-D-GlcA	在木葡聚糖、木糖和同型半乳糖醛酸聚糖添加侧基，以及 α- 阿拉伯聚糖和木聚糖合成中的转化型转移酶
GT48	UDP-D-Glc	胼胝质合成酶
GT61	UDP-D-Xyl, UDP-L-Ara	在木聚糖添加侧基中的转化型转移酶
GT64	UDP-D-*N*-acetyl-Glc	糖蛋白合成
GT77	UDP-D-Xyl, UDP-L-Ara	复合果胶和 *O*- 位连接糖蛋白的合成

注：碳水化合物 - 活性酶（CAZy）数据库根据序列及共有生物化学和蛋白基序对糖基转移酶进行归类。其中的一些在细胞壁多聚糖和糖蛋白合成中发挥功能。

β-D- 多糖的功能，但 (1→4)-β-D- 木聚糖是由 GT47 B 组木聚糖木糖基转移酶（IRX10B）及 GT43 基因家族协同合成的(表 2.2)。与纤维素及 (1→3), (1→4)-β-D- 葡聚糖合酶相似，至少两种不同的木糖基转移酶异构体结合形成合酶复合体。

2.5 细胞生长与细胞壁

2.5.1 细胞壁是一个动态结构

细胞扩展包括细胞壁物质和成分的很多变化。细胞生长，即细胞体积的不可逆增长，可以以扩展（细胞体积在二维或三维上增大）或伸长（限制在一维的扩展）的方式进行。这两个过程中的任何一个发生在细胞表面的特定区域，都会导致细胞形态发生改变。

在伸长或扩展期间，已有的细胞壁构架必须改变以加入新的物质，增加细胞表面积，促使原生质体吸收水分。原生质体施加的膨压对驱使细胞扩展是必需的，此压力通常是使得细胞保持相对稳定扩展的驱动力。细胞壁松弛的调节是细胞扩展速率的主要决定因素。细胞壁构架必须是可延伸的，也就是说，必须有一类机制使得细胞壁基质能够发生不连续的生化意义上的松弛，允许微纤丝分离及新合成的多聚体插入。细胞在保持其细胞壁厚度不变的情况下，可以十倍、百倍甚至上千倍地延长。因此，细胞壁松弛和新物质不断在细胞壁上加入一定是紧密结合的过程（图 2.36）。

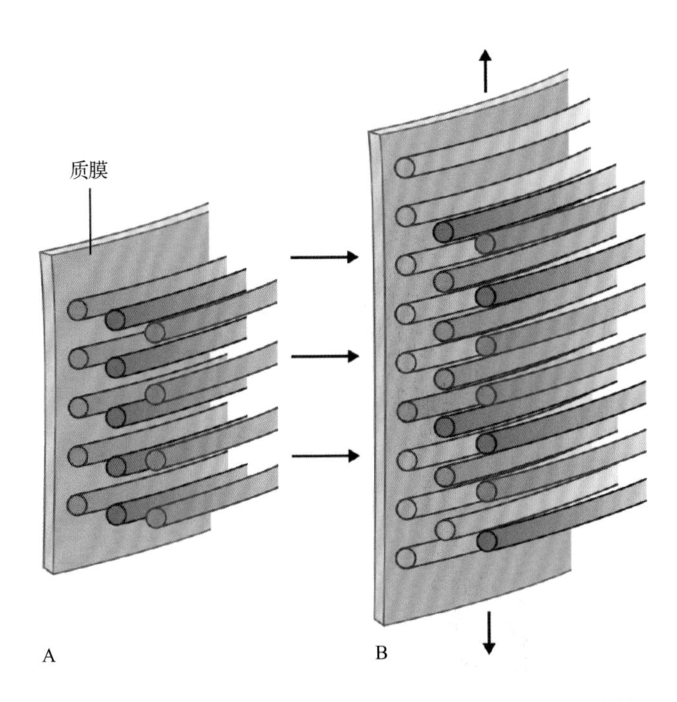

图 2.36 细胞壁松弛和新的细胞壁物质的加入是紧密结合的，所以细胞壁的厚度在细胞扩展的过程中保持不变。因为细胞壁只有几层厚，在生长中如果没有新的细胞壁物质加入，细胞壁松弛会很快使细胞壁变薄而导致破裂。相反，如果只加入新的物质而不松弛，就会增加壁的厚度，因为壁没有扩展。垂直的箭头表示外部微纤丝扩展和分离的方向，水平的箭头表示新的微纤丝加在细胞壁的内表面并整合进覆盖的层中

2.5.2 大多数植物细胞通过细胞壁物质的均匀堆积而生长，另一些则是顶端生长

大多数植物细胞生长和新的细胞壁物质的堆积是沿所有扩展的细胞壁均匀进行的。然而，**顶端生长**（**tip growth**），即生长和新的细胞壁物质的堆积严格地局限于细胞顶端的现象，存在于一些植物细胞中，尤其是根毛和花粉管（图 2.37）。尽管根毛和花粉管的生长机制相同，但它们的细胞壁组分却是不同的，花粉管含有胼胝质和同聚半乳糖醛酸表位，但根毛没有。植物细胞的顶端生长细胞以惊人的速度生长（花粉管生长速度大于 $200nm·s^{-1}$）。顶端生长细胞的伸展点主要聚集在圆顶状尖端，这里充满了分泌小泡，它们由肌球蛋白介导，沿肌动蛋白微丝轨迹进行运输（见第 5 章）。

纤维素微纤丝的方向决定了伸长轴。在均匀扩展生长的细胞中，微纤丝在细胞壁基质中无序排列，但在伸长的细胞中，微纤丝与伸长轴呈垂直或螺旋方向排列。

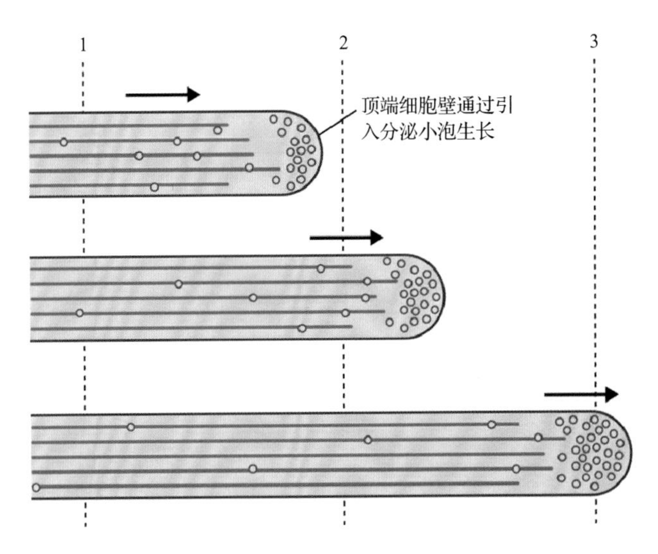

图 2.37 小泡的传送及在顶端堆积的速率决定了顶端生长的速率。为了适应顶端生长细胞圆柱轴向细胞壁的扩张拉力，微纤丝必须横向缠绕

2.5.3 人们提出了多网络生长假说用来解释细胞壁生长时纤维素微纤丝的轴向移动

通过对发育的棉花纤维的研究，人们提出了**多网络生长假说**（**multinet growth hypothesis**），用来解释横向或略微螺旋方向堆积的纤维素微纤丝在细胞伸长时是如何轴向移动的（图 2.38A）。在细胞壁内表面沿横向堆积成层的新的微纤丝在功能上代替了旧的微纤丝。旧的微纤丝被推向细胞壁的外层，并在细胞伸长时被迫变成纵向排列。与该假说一致，在藻类细胞中由平行的微纤丝重新定向引起的偏振光衍射图形的改变主要发生在靠近原生质膜的细胞壁内层。细胞壁延伸的驱动力一般认为是由原生质体产生的膨压，但正是产生在微纤丝上的张力导致了微纤丝的分离，该张力与原生质体向外的压力成 90° 角（图 2.38B）。1MPa 的膨压可产生几百兆帕斯卡的张力，因为体积相对较大的原生质体只被很薄的细胞壁包围着。

多网络生长假说的核心内容适用于多种细胞，但微纤丝的轴向并不一定要改变，如果扩展的方向是由许多细胞壁层片决定的，只要很少的重排便可完成大范围的延伸。细胞周围的纤维素微纤丝交联成疏松的螺旋状而避免生长的细胞变成球形。打个比方，像弹簧一样的玩具（如 Slinky 和 Flexi）很容易沿其长轴拉伸但却很难增大其直径（图 2.38C）；弹簧被拉长时，它可被拉得很长而其螺旋角度的变化不大，但每个螺旋之间却分得很开。细胞壁的延伸可以看成是一连串紧密互作的同心 Slinkys（既有左旋，也有右旋）在分离时交角的重新定向（图 2.38A）。考虑到初生壁的厚度（在分生组织和薄壁组织细胞中为 80 ～ 100nm）和基质成分的大小，细胞壁只由 5 ～ 10 个层片组成。此外，当新的层片堆积在内表面时，几个层片的微纤丝可能会合在一起以填补空隙（见图 2.36）。

2.5.4 生长的生物物理学特性是细胞壁动力学的基础

几个不同类别的细胞壁多聚体是伸长的细胞保持细胞壁的决定因素。其中包括：①沿横轴排列的、与交联聚糖相互连接的微纤丝；②可能存在的、包括结构蛋白和苯丙烷类化合物的网络；③果胶质网络的元件。植物生长调节因子，如植物生长素和赤霉素，通过改变皮层微管和纤维素微纤丝的方向来改变生长的方向。它们也可改变生长速率，其机制是解聚或破坏系着微纤丝的分子。描述植物细胞生长速率的数学公式使我们能定义细胞壁的特性，即它必须进行修饰以适应生长。

伸长细胞中吸水驱动力可以通过以下公式定量计算：

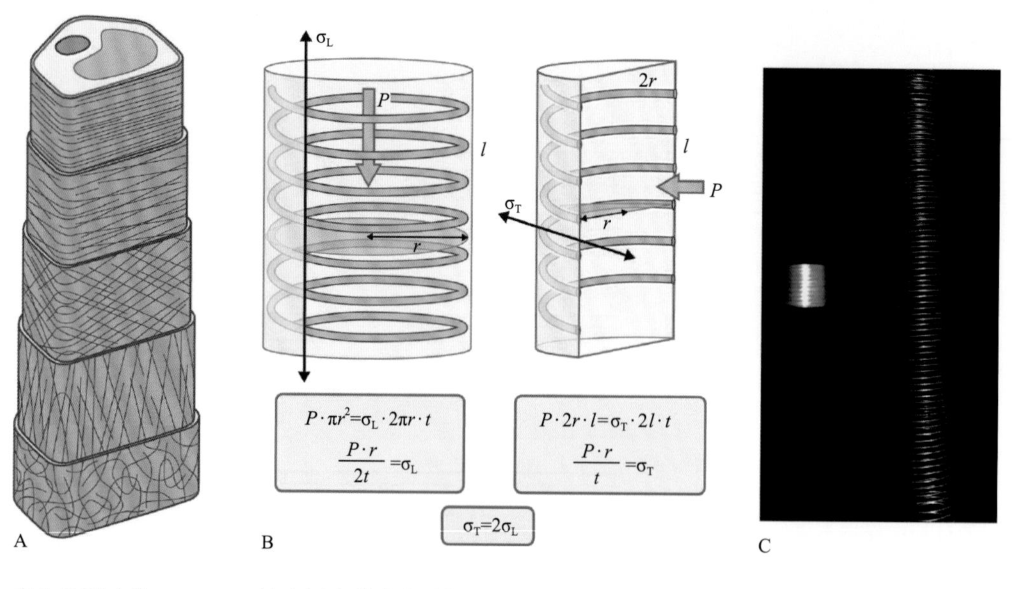

图 2.38 A. 最初的多网络生长假说：随着细胞壁在生长中伸展，微纤丝被迫重新定向，由在内层壁中的横向变为外层壁中的纵向。B. 原生质体发育产生的流体静压受到相对很薄的细胞壁的抵抗，在微纤丝上产生比膨压大几个数量级的张力，可将微纤丝拉开。例如，设球形细胞半径（r）为 50μm，膨压（P）为 1MPa，包在厚度（t）仅为 0.1μm 的细胞壁中，则细胞壁产生的张力为 250MPa。这个巨大的张力随细胞几何形状的改变而改变。当这个细胞开始伸长而变成圆柱状时，因为细胞大小的变化，切向上的张力增加到 500MPa。l，长度；σ_L，纵向张力；σ_T，切向张力。C. 虽然由于螺旋方向的限制，一个 Slinky 难以放射状地延伸，但却很容易纵向延伸。植物细胞形态的控制是类似的，改变横切面方向的纤维素和系在其上的交联聚糖的相互作用是细胞扩展速率的主要决定因素

$$\delta l/\delta t=Lp\ (\Delta\psi_w) \quad （公式 2.1）$$

细胞伸长的速率可由公式（2.1）定量计算，其中 $\delta l/\delta t$ 是单位时间内长度的变化，Lp 是水压的传导率（也就是水能流过膜的速率），而 $\Delta\psi_w$ 是细胞与外部介质之间的水势差。水势差是使水移动的驱动力，由 $\psi_s+\psi_p$，两部分组成，分别为渗透势和压力势（膨压）。修正公式（2.1）使之包含细胞体积（V）的变化便得到公式（2.2），其中生长被定义为单位时间内细胞体积的变化，并取决于可用于吸水的原生质膜的表面积（A）。

$$\delta V/\delta t=A\cdot Lp\ (\Delta\psi_w) \quad （公式 2.2）$$

这样，生长的速率就与膜的表面积、膜的传导率和驱动吸水的水势差成比例。在非生长的细胞中，因为刚性的细胞壁阻止了吸水，而且膨压与细胞渗透势相等，所以 $\Delta\psi_w=0$（因而 $\delta l/\delta t$ 也为零）。相反，在生长的细胞中，因为细胞壁的束缚被放松了，$\Delta\psi_w$ 达不到零，结果，细胞体积便不可逆地增长。这个定位于细胞壁的现象称为**应力松弛**（**stress relaxation**），是生长细胞和非生长细胞的根本区别（图 2.39）。

在生长的细胞中，当膨压因外部的渗透势增大而降低时，生长在膨压降到零之前的某个值时就停止了。这个压力值称为**屈服阈值**（**yield threshold**），细胞中的压力势要超过这个值细胞才能扩展。屈服阈值造成的生长速率的增加不仅取决于膨压，还取决于称为**壁延展性**（**extensibility**）的因子，它是公式（2.3）所示的斜率（m），其中 Y 是屈服阈值。

$$速率 =m\ (\psi_p-Y) \quad （公式 2.3）$$

细胞壁生长研究领域的很多问题均涉及决定屈服阈值的生化因素和壁的延展性。

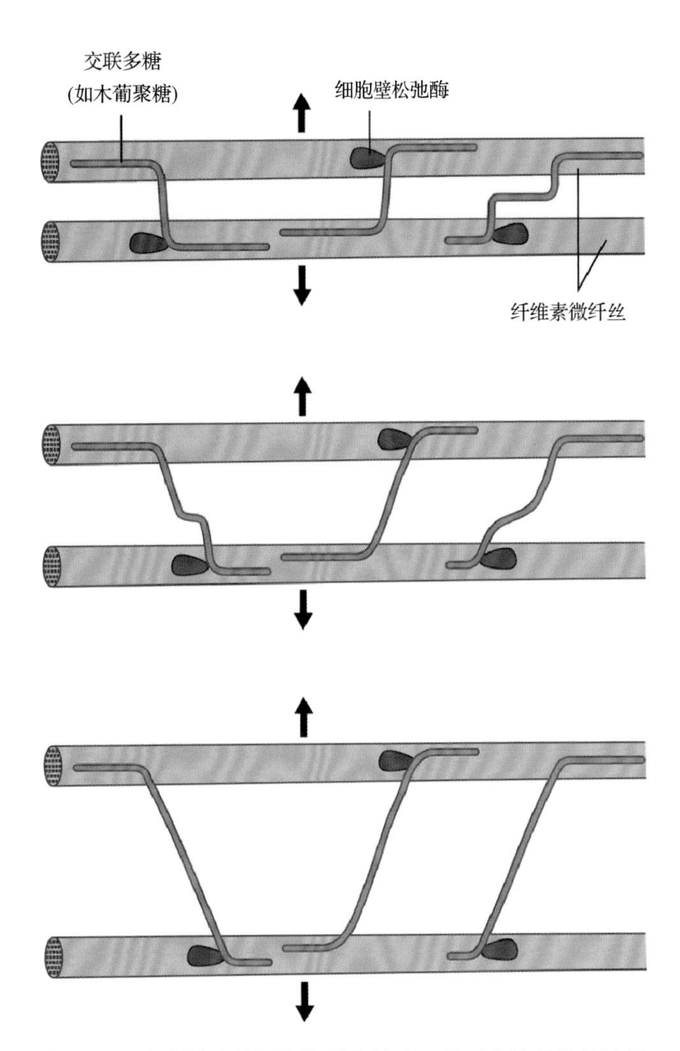

图 2.39 应力松弛是细胞扩展的基础。当正在伸长的细胞受膨压作用而伸展时，纵向的应力（箭头表示）由系在纤维素微纤丝上的聚糖均匀地承担着。如果一些聚糖从微纤丝上解脱或被水解，它们就暂时性地“松弛”，而其他的聚糖则被拉紧，屈服阈值就被突破了。吸水的结果是微纤丝扩展以拉紧松弛的聚糖，而这些聚糖又将处于张力作用下

2.5.5 酸性生长假说推测依赖生长素的细胞壁的酸化促进了壁的延展性及细胞生长

尽管 I 型和 II 型细胞壁在成分上有显著的区别，禾本科和其他有花植物生长的生物物理学特性却是相似的。虽然细胞壁的组成在化学上复杂，但无论微纤丝上结合的是什么分子，所有有花植物对于酸、生长素和不同性质的光的生理反应的相似性暗示了细胞壁扩展的机制不复杂而且是有共性的。

从富含生长细胞的组织的细胞壁中能提取到几种多糖水解酶的现象表明，生长素很可能是通过对这些酶的调节使得细胞扩展的。主要的突破始于发现生长素能引起浸泡伸长组织的溶液酸化，而且 H^+ 可有效地代替生长素（图 2.40）。

这个**酸性生长假说**（**acid-growth hypothesis**）指出，生长素激活原生质膜上的质子泵，质子泵可将细胞壁酸化。而低 pH 又激活定位于质外体的生长特异性水解酶，切断将纤维素微纤丝与其他多糖系在一起的承载键，导致细胞壁的松弛及膨压降低，造成水势差，引起吸水。细胞壁的松弛（也就是微纤丝的分离）被动地导致细胞体积的增加。

酸性生长假说的基本原则经受住了时间的考验，但三个问题始终未解决。第一，没有发现在 pH 低于 5.0 的条件下专门水解细胞壁交联聚糖的水解酶；第二，没有一个合理的解释来阐明一旦水解酶

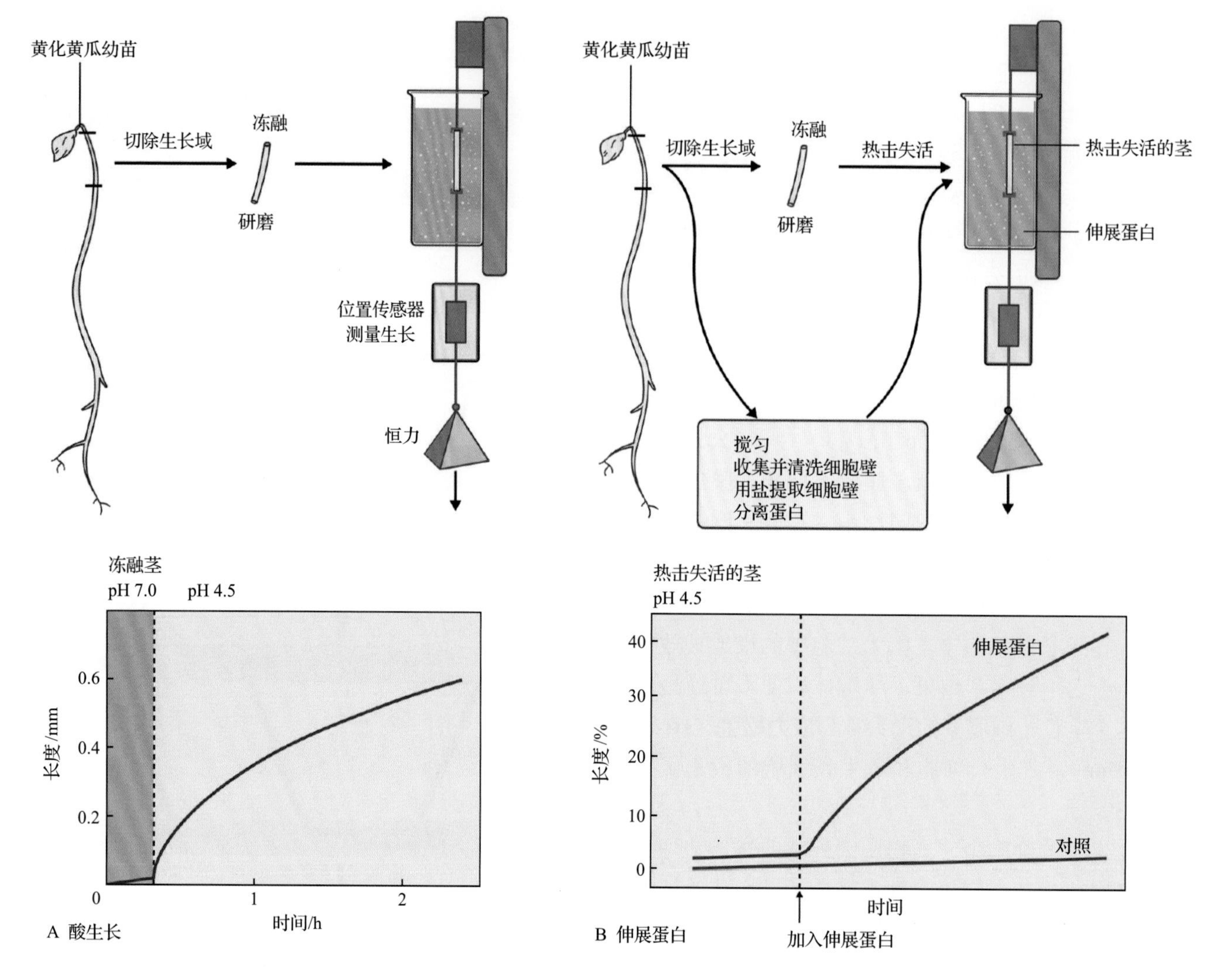

图 2.40 一段生长的上胚轴、下胚轴或胚芽鞘经冰冻、解冻，置于恒压下。用位置传感器连续测量长度。A. 当浸泡冰冻 - 解冻的片段的溶液 pH 由 7 变到 4.5 时，几乎立刻便能检测到伸长。B. 如果片段被热击失活，任何 pH 下都没有伸长。然而，当加入伸展蛋白时，伸长又在酸性 pH 下恢复。植物水解酶和木葡聚糖内 β- 转糖苷酶在体外都无此效果

被激活，生长是如何控制的；第三，不管外部 pH 如何，将从细胞壁中提取的水解酶加入分离的组织片段中，都不能在体外引起扩展。

2.5.6 伸展蛋白和木葡聚糖 – 内转葡糖基酶 / 水解酶调控纤维素 / 交联多聚糖网络

两大多基因家族编码蛋白参与重建纤维素 / 交联多聚糖网络：可以在体外催化细胞壁扩展的**伸展蛋白**（**expansin**），这些蛋白质没有能检测到的水解活性或糖基转移活性；不能在体外诱导细胞壁扩展的**木葡聚糖 -β- 内糖基转移酶**（**xyloglucan endo-β-transglycosylase, XET**）。

伸展蛋白广泛存在于所有有花植物生长的组织中，它们似乎能破坏纤维素与几种交联聚糖之间的氢键。这样的活性可以破坏 I 型细胞壁中的 XyG、II 型细胞壁中的 GAX，以及禾本科植物细胞壁中的 GAX 或 β- 葡聚糖对纤维素的束缚作用。伸展蛋白是已知唯一能在体外引起细胞壁扩展的蛋白质（图 2.41A）。

伸展蛋白有两类演化群，称为 α 和 β，这两类存在于所有被子植物中，但 α- 伸展蛋白在具有 I 型细胞壁的植物中含量更多，而 β- 伸展蛋白则在禾本科中更多。因为禾本科的 α- 伸展蛋白能导致含 I 型细胞壁的组织的伸展，人们很容易想到伸展蛋白是在 I 型和 II 型细胞壁的快速生长反应中广泛存在的酶。然而，进一步的研究表明，某些 β- 伸展蛋白对 I 型细胞壁没有明显的活性。两类伸展蛋白的重要区别是 β- 伸展蛋白的广泛糖基化，这似乎在 α- 伸展蛋白中不存在。一种玉米（*Zea mays*）花粉过敏

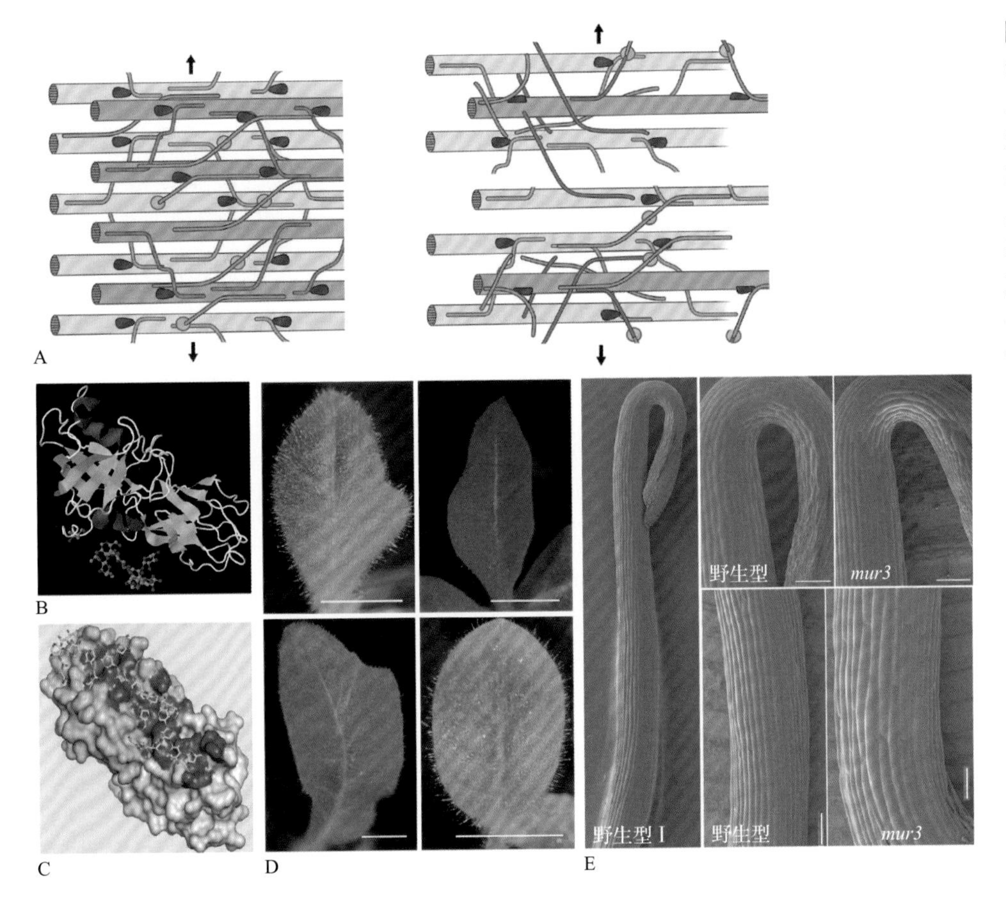

图 2.41 A. 由细胞渗透压驱动的微纤丝的分离由于系在其上的交联聚糖的松弛而得以实现。这是通过伸展蛋白打破交联聚糖和纤维素之间的空间作用完成的。木葡聚糖 -β- 内糖基转移酶 / 水解酶（XTH）家族成员和唯一的木葡聚糖内 -β-D- 糖基转移酶（XET）活性能够水解多糖，并将一条链的一部分再次连接到另一条链的非还原端。在细胞壁伸展过程中，当较内层和最外层间的微纤丝被拉断时，来自两层间的微纤丝融合，XET 的这种反应在于在形成新链上发挥作用。B. 玉米的 β- 伸展蛋白晶体结构表明水解酶具有沟或裂缝的特点（图 2.42），但是一个催化氨基酸水解的结构域发生缺失，这种 β- 伸展蛋白是 *N*- 糖基化的，但是 α- 伸展蛋白是无糖基化的。C. 比对发现，葡糖醛酸阿拉伯木聚糖在玉米 β- 伸展蛋白模型的沟里。D. 叶片的形状可以被伸展蛋白表达诱导，说明细胞壁结构的物理变化能够反馈控制发育模式。E.*mur3* 突变体在正在伸长的下胚轴中产生半乳糖缺失木葡聚糖，这种木葡聚糖很难被 XET 识别。*mur3* 突变体下胚轴弯钩以下的细胞伸长与野生型无异（上排图），但当伸长停止后，*mur3* 下胚轴基部的表皮细胞发生膨大。来源：图 E 来源于 Peña et al.（2004）. Plant Physiol. 134: 443-451

原就属于伸展蛋白 B 家族（EXP B1），它可以与Ⅱ型细胞壁的木聚糖紧密结合。EXP B1 的晶体结构包含一个非结构性糖基化的 N 端延伸，以及一个由两个结构域折叠起来的结构——一个高度保守的开放表面横跨两个结构域（图 2.41B, C）。该表面上有许多芳香类或极性残基，适于结合约含 10 个残基的分支多糖。有人提出，伸展蛋白使用储存在结合多糖的相互缠绕纤维素中的张力能，通过将两个结构域之间调转 10°，引起结合在开放表面上多糖的一个残基发生错位，进而将纤维素开放表面上的多糖解离下来。

对分生组织施用外源的伸展蛋白导致施用处的凸出，此凸出将发育为叶原基。对发育中叶片两侧进行原位瞬时诱导，诱导伸展蛋白表达，会引起异位叶片组织和叶片形状改变（图 2.41D）。因此，改变细胞壁的生物物理性质可能调控器官形态发生，进而通过有待发现的信号途径来影响基因表达和发育途径。

几个**木葡聚糖内糖基转移酶 / 水解酶（xyloglucan endotransglycosylase/hydrilase, XTH）**基因家族中的成员，能够催化 XyG 的糖基转移，使 XyG 的一条链被切下，重新接到另一条 XyG 链的非还原末端，具有这种活性的酶也称为木葡聚糖内糖基转移酶（XET）。与伸展蛋白不同，XET 不能诱导离体条件下的细胞壁伸展，但是糖基转移酶活性可以在生长中将不同层的 XyG 链进行重排，XET 剪切并将木葡聚糖与木葡聚糖新单元连接起来，进而在组成无明显变化的情况下修饰细胞壁构架（图 2.41A）。这种活性的依据来源于 XyG 结构发生改变的突变体实验，这种结构改变使 XET 的底物亲和性降低。这些突变体的生长速度和结构不变，但是在停止生长时细胞凸起，使得表面张力严重丧失（图 2.41E）。据报道，一种甘露聚糖内糖基转移酶 / 水解酶在存在甘露聚糖衍生的寡糖条件下，可以进行转糖基反应。在木贼属植物中发现了一种混合连接木葡聚糖内糖基转移酶，但是在禾本科植物中没有类似活性。

因为禾本科Ⅱ型细胞壁的成分不同于所有其他开花植物，研究人员目前正在研究将禾本科的 β-D-葡聚糖水解为葡萄糖的外 -β-D- 葡聚糖酶和内 -β-D-葡聚糖酶在细胞壁松弛中起的作用。向热灭活的胚芽鞘中加入纯化的外 - 葡聚糖酶和内 - 葡聚糖酶不能引起伸展生长。然而，将这些酶的抗体加入有酶活性的细胞壁中，细胞壁的生长却被抑制了，暗示这些葡聚糖酶在禾本科的伸展生长中也有作用。

2.5.7 在Ⅰ型细胞壁中，细胞生长与果胶质网络的生化变化有关

纤维素 / 交联聚糖网络嵌在果胶质网络中，后者可能控制细胞壁酶与其底物的接触。离体细胞壁在新生酶的作用下自水解，称为**自溶**（**autolysis**）。Ⅰ型细胞壁自溶产生大量阿拉伯糖和半乳糖，暗示 RG Ⅰ（见图 2.17C）或 AGP（见图 2.21）的阿拉伯聚糖和半乳聚糖侧链在生长中发生了变化。

通过生化分析揭示的最显著的变化是，当新合成的果胶在伸长过程中堆积时，细胞壁 HG 甲酯化程度增加。在高度酯化的 HG 堆积后有一个去酯化的过程，该过程在生长停止时可以从壁上去除很多的甲酯基团。离子化的羧基可形成 Ca^{2+}-HG 连接区，使壁变得更加坚硬（见图 2.26）。分生组织和伸长区的细胞壁特征是 Ca^{2+} 含量低，而 Ca^{2+}-HG 连接区在细胞伸长停止后频繁出现。HG 的酯化改变与许多不同系统的生长相关。例如，黄化玉米（*Zea mays*）的胚芽鞘及活性延长的组培烟草（*Nicotiana tobacum*）细胞中甲酯化程度最高，就是因为许多水果、蔬菜的中间层富含 HG，所以果胶 HG 与细胞粘连维持相关。果胶葡糖醛酸转移酶将葡糖醛酸转移到 RG Ⅱ上，这种酶也是细胞间粘连所必需的。

2.5.8 糖基水解酶和糖基裂解酶在原位修饰细胞壁多糖

在 CAZy 数据库中有超过 130 个不同的糖基水解酶家族（信息栏 2.6），其中 35 个植物序列已知。糖基水解酶将单糖从细胞壁多糖上切下。阿拉伯糖苷酶、半乳糖苷酶、木糖苷酶和岩藻糖苷酶在不同发育阶段修饰果胶侧链及交联多糖。同一个糖基转移酶家族基因具有多种不同的活性，说明序列相似性并非是推理同源物生化功能的充要条件。

多糖降解酶分为外水解酶和内水解酶。典型的外水解酶将单糖或二糖从多糖链的非还原端切下，而内水解酶则是在不破坏侧链基团的情况下，将多糖链上的糖苷键进行随机破坏。晶体结构显示，外水解酶形成腔或隧道以对应多糖末端的插入，而内水解酶则形成凹槽可以附着多糖链的任意部位（图 2.42）。与糖基转移酶一样，水解酶也有保留和转化两种催化机制，区分的根据是在糖苷键被水解之前是否形成酰基中间产物（图 2.43A, B）。某些类型的糖类活性酶具有锁定糖类结合模块（carbohydrate-binding modules, CBM）的功能，CBM 能够决定底物特异性。目前已经发现超过 60 多个 CBM 家族，其中包括植物水解酶。果胶、果胶酸酯和 RG 裂解酶都是内切酶，都能在无水情况下剪切富含糖醛酸的多糖，生成无水糖醛酸（图 2.43C）。

2.5.9 Ⅰ型和Ⅱ型细胞壁在生长中发生不同的生化变化

鸭跖草类单子叶植物Ⅱ型细胞壁的交联聚糖发生的变化更明显。高度取代的 GAX（HS-GAX）（其中每 7 个 Xyl 单位中有 6 个带有附加基团）与胚芽鞘的最大生长速率有关。GAX 链上 Ara 和 GlcA 侧基数目变化很大，由几乎所有 Xyl 单位上都有侧基，到只有 10% 或更少的 Xyl 上有侧基。侧基不仅阻碍氢键的形成，还使 GAX 溶于水。在正在分裂和伸长的细胞中，高度分支的 GAX 含量很高，而在伸长和分化后将积累越来越多的不分支 GAX。从连续有分支的 Xyl 单位上切下 Ara 和其他侧基可以产生一连串不分支木聚糖，它们可与其他不分支木聚糖或纤维素微纤丝相结合。

Ⅱ型细胞壁也含有很少的果胶。从化学角度看，Ⅱ型细胞壁的果胶含有 HG 和 RG Ⅰ，而 HS-GAX 与这些果胶有密切的联系。就像Ⅰ型细胞壁中提到的那样，HS-GAX、HG 和 RG Ⅰ之间的相互作用可能控制细胞壁松弛活性。GAX 上附着的 Ara 和 GlcA 单位的间距可决定孔隙度和表面电荷，功能上替代Ⅰ型细胞壁中占主要地位的果胶质物质（图 2.25B）。甲酯化的玉米果胶的 HG 也含有甲酯以外的酯类，其形成和消失与细胞伸长的最快速率相关。

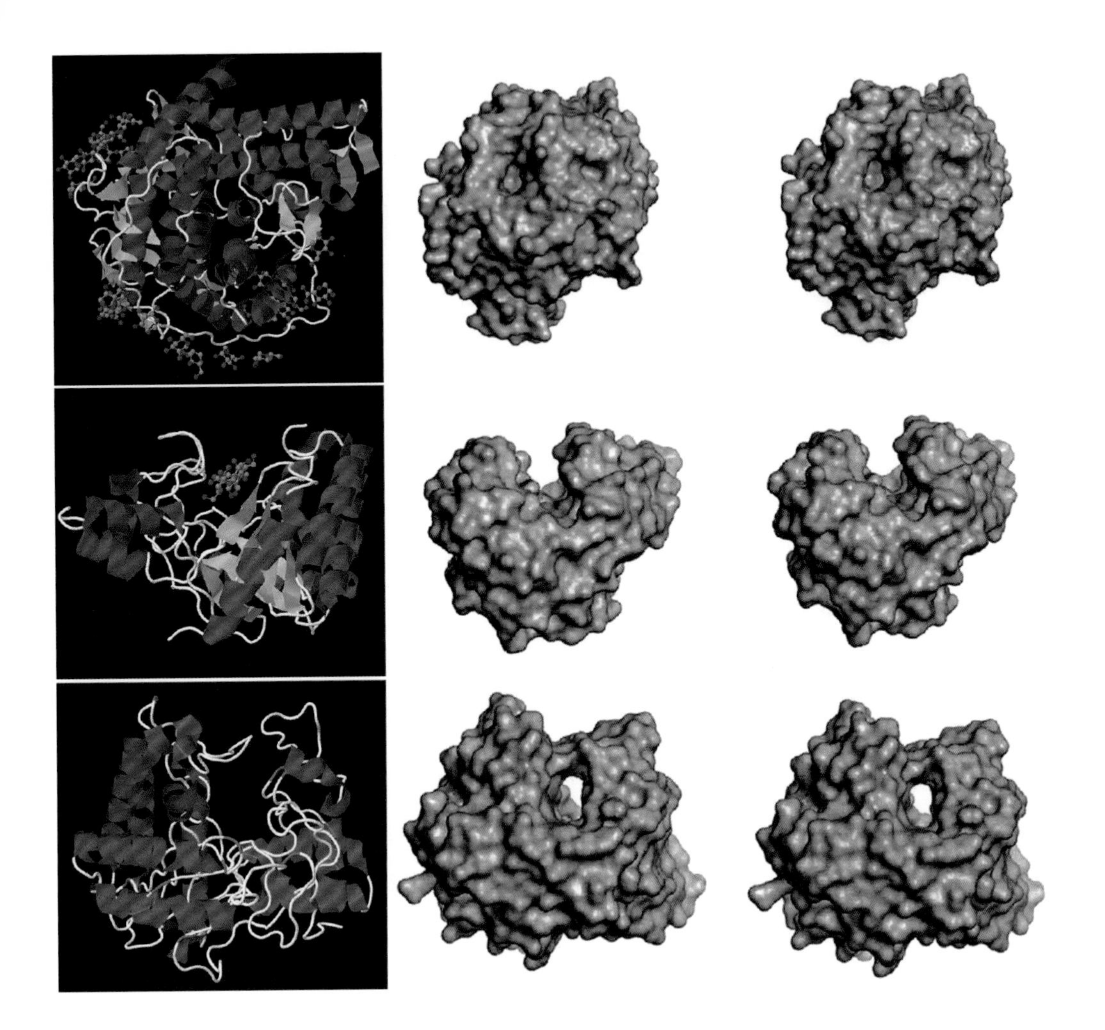

图 2.42 水解酶的基本结构。三种外 / 内水解酶的晶体结构和立体配对。顶部的一对（“袋状”）和底部的一对（“隧道状”）是典型的外水解酶，而中间的一对（“凹槽状”或“缝状”）是内水解酶的特征。人们通过放松眼睛、在舒服的距离平行地看每一个图像（图像间的距离与眼睛的距离等同），可以不借助观察设备看到“栩栩如生”的每一对图像。在两个图片之间应该出现清晰的 3D 图像

我们还不知道这些酯的化学性质。一些阿拉伯聚糖，尤其是 5- 连接阿拉伯聚糖存在于正在分裂的细胞的壁中，在细胞扩展时却没有。

当禾本科的细胞开始伸长时，它们除 GAX 外还积累混合连接的 β- 葡聚糖（见图 2.15）。在被子植物中，β- 葡聚糖是禾本目植物所特有的（见图 2.14），也是所知的少数几个发育阶段特异性多糖之一。β- 葡聚糖不存在于分生组织和正在分裂的细胞中，而在细胞伸长的高峰期可积累到占非纤维素细胞壁成分的几乎 30%，然后在分化期间被细胞大量水解。因为 β- 葡聚糖的合成和水解在伸长时始终同时进行，积累的量只是总合成量的一小部分。细胞扩展期间 β- 葡聚糖的出现及其被生长素加速水解都暗示着这一多聚体在生长中的作用。

2.5.10 一旦生长停止，细胞壁成分就将细胞壁形状固定下来

伸长一旦完成，初生壁弹性减小，使得细胞形状得以固定。Ⅰ型细胞壁固定机制的有关成分之一可能是 HRGP，如伸展蛋白。这些蛋白质的弹性区域可缠绕在纤维素微纤丝上，而棒状区域可作为间隔物。然而我们还不知道伸展蛋白在壁中是怎样交联的。Ⅰ型细胞壁中伸展蛋白可溶性的丧失与细胞壁张力的增加有关。其他蛋白质可能是将伸展蛋白固定在一起所必需的。在细胞发育，尤其是维管细胞中，像伸展蛋白一样，大量的 PRP 合成较晚。一个假说认为伸展蛋白的前体在细胞分裂和伸长期间在细胞壁中积累，但若没有 PRP，便不能交联细胞壁成分。

Ⅱ型细胞壁含有一种序列与典型伸展蛋白类似的富含苏氨酸的蛋白质，也存在交联的苯酚化合物，而不是富含 Hyp 的伸展蛋白。和伸展蛋白一样，可溶的、富含苏氨酸的蛋白质在细胞周期的早期积累，在细胞伸长和分化时变得不可溶。这种多聚体在维管组织和果皮等特殊加固的细胞壁结构中很普遍。然而Ⅱ型细胞壁中主要的交联功能可能是由酯化和醚化的酚酸完成的，而这些交联的形成在生长期末期会加快速度。苯酚交联桥一旦形成，它们可能对充分扩展细胞起大部分的承载作用（见图 2.25B）。

A

B

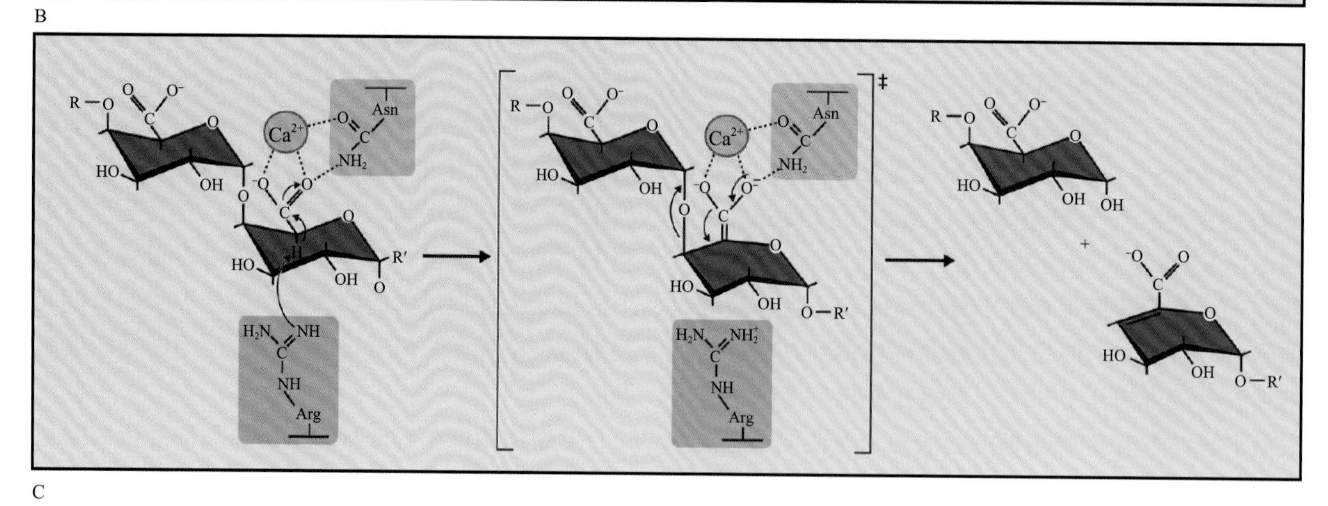

C

图 2.43 水解酶和裂解酶的催化机制。A.“翻转”糖苷水解酶能够通过一步反应破坏糖苷键，在这个反应中包含了含氧碳正离子样过渡态的反应机制——翻转异头构象。在这个例子中，糖苷纤维二糖的 β- 连接通过水解作用被转化成 α- 构象。酸 / 碱催化典型反应发生在谷氨酸或天冬氨酸上。当这两种氨基酸中的羧酸 / 羧酸盐基团的距离为 6 ～ 10Å 时发生这些反应，这个距离让活性位点中有足够的空间允许水和糖苷进入。B. 在“保持型”糖苷水解酶中，构象的保持是通过两步反应实现的，包括两个含氧碳正离子样过渡态和糖基 - 酶中间体。与翻转水解酶相似，酸 / 碱和亲核氨基酸是典型的天冬氨酸和谷氨酸，但是活性位点的反应基团距离约为 5.5Å。在这个例子中，纤维二糖的 β- 连接维持在 β- 构象中。在这类反应中，水可以被其他糖苷替代，酶能够催化转糖基化反应以产生更长的寡聚体。C. 与酸性氨基酸催化的水解酶比较，裂解酶使用基本氨基酸催化糖苷键的断裂，并不需要水。以果胶酸盐裂解酶为例，C5 碳的去质子化可能是被糖醛酸、活性位点的具催化功能的二价 Ca^{2+} 和两种基本氨基酸残基的羧基亲电性质所催化。裂解酶活性导致 C4 和 C5 碳之间的糖醛酸基不饱和化，并导致吡喃糖的正常松散的椅式结构的撅起

2.6 细胞分化

2.6.1 植物细胞外基质是细胞壁结构的一个嵌花式外壁

在光学显微镜下，组织化学染色使得不同细胞中的各种多糖分布的多样性得以充分显示。当使用高度特异性的探针时，多糖结构的复杂性能得到更有效的显示。这是利用酶对其底物或抗体对其抗原的特异性识别来实现的（信息栏 2.7）。最近出现的分光显微镜，将光学修饰过的显微镜与分光光度计相连，使得**化学成像**（chemical imaging）成为可能。分子的特定功能基团的分布可以标定在单个细胞中（信息栏 2.7）。

在单细胞中甚至还有分辨横向和纵向的细胞壁的修饰。例如，在筛管细胞中，末端的壁先被消化。一些物质，如蜡只向细胞的外表皮面分泌。在单个细胞壁中有不同的结构区域——胞间片层、胞间连丝、加厚、通道、凹陷和转角，而在壁的加厚区中又有不同的区域，其中果胶质酯化的程度和 RG I 侧链的数量都不同（图 2.44）。

细胞壁中这样的微结构域的大小，与能被容纳在这些结构域中的多聚体的大小相比较，暗示必然

信息栏 2.7 单细胞水平上探测细胞壁组成异质性技术

利用单克隆抗体技术，已获得了细胞壁抗原决定簇的一大类抗体，然而一些抗体是通过重组噬菌体文库得到的。有两个网站致力于发展和收录细胞壁单克隆抗体、用于在单细胞壁水平探测多糖精细结构的其他试剂，或发展定制碳水化合物芯片。这两个网站是美国佐治亚大学复杂碳水化合物研究中心（http://www.ccrc.uga.edu/~carbosource/CSS_home.html）和英国利兹大学植物探针（http://plantprobes.net）。

多糖结构的复杂性也使得精确地鉴定抗原决定簇变得很困难。这些抗体作为“识别染料”标记细胞壁（图 A），分离出多聚体（图 B）或其合成位点（图 C）。

一些水解细胞壁酶包含多糖结合结构域，如细菌和真菌纤维素酶的碳水化合物 - 结合域（CBM），这些酶可以直接结合到胶体金上，产生用于电子显微镜的探针。在耦联之前，酶会被变性以清除其酶活性，但结合特异性会被保留。通过与半导体量子点结合进入一个融合了直接成像重复组氨酸（His）单位的分子标签重组 CBM，可以直接获得上述结合的高分辨率图像。（CsSe）ZnSe 的水溶性和高度发光量子点在锌表面结合 5 个组氨酸，保持了通过透射电镜（上图）或扫描透射电镜（下图）修饰单个纤维素微纤丝（图 D）成像所需要的电子性质。

单个细胞壁化学成分探测的另一个方法是傅里叶变换近红外线显微光谱仪 [Fourier transform infrared（FTIR）microspectroscopy]。FTIR 显微镜光谱仪是一种极其迅速的无损伤振动光谱方法，它能定量检测一些功能基团，包括羧酯、酚酯、蛋白质酰胺和羧酸，还能提供碳水化合物成分的复杂“指纹”和组织（图 E）。几个功能基团吸收特征性频率的近红外辐射，能够使一些特定的细胞壁成分得以归类，如果胶的甲酯和羧酸盐离子的一部分。近红外光线可以借助于镜像光学透过放置于显微镜载物台上的样品，来自个体样品这些区域的光谱能够被计算机驱动的样台收集成为反映某一样品大范围组织的信息，产生样本的化学图像。就像拟南芥下胚轴的甲酯分布图（图 F）。近红外光谱的每个频率都可以代表一个独立的图。另一种振动光谱仪——傅里叶变换拉曼光谱仪（FT-Raman spectroscopy），是化学成像的互补技术。拉曼散射依赖于分子振动形成的功能基团极性改变，而近红外吸收则依赖于内在偶极矩运动的改变。近红外化学成像的空间分辨率受限于衍射效应，不超过 10μm，而拉曼成像则可以将分辨率提高到 1μm。但样品的荧光和拉曼散射本身的弱点依然存在问题。对于后者，近期开发的激发拉曼光谱仪，为原位信号放大和拉曼信号检测的完善提供了发展机会。图 G 为玉米细胞壁拉曼光谱，红色箭头指示在 1600cm^{-1} 的吸收，对应的是木质素。茎横截面的化学成像显示这种信号最为丰富（红色）。

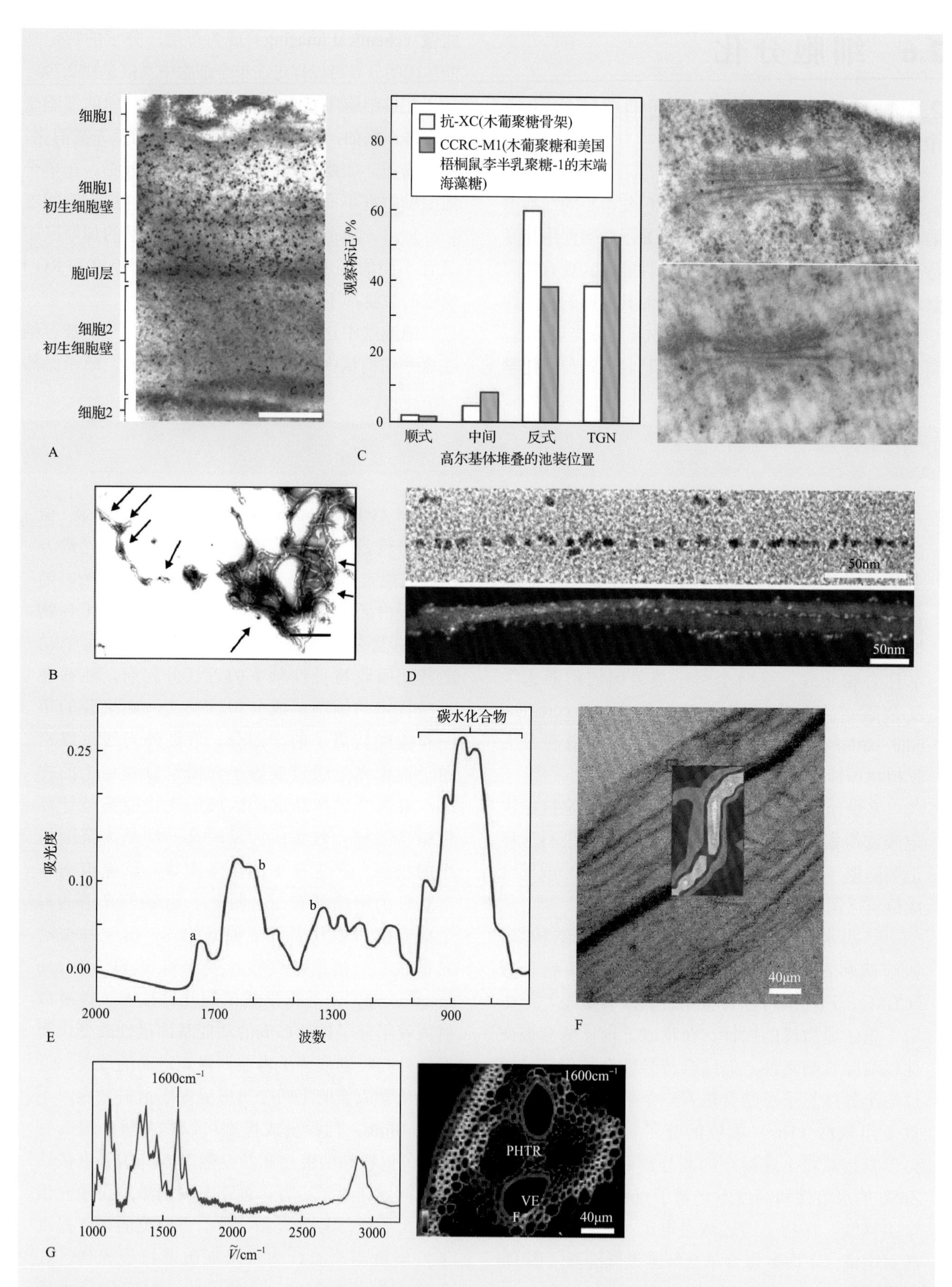

来源：图 A 来源于 Steele et al.（1997）. Plant Physiol 114: 373-381；图 B 来源于 McCann et al.（1995）. Can J Bot 73: S103-S113；图 D 来源于 Ding et al.（2006）. Biotechniques 41: 435-443；图 E 来源于 M.C. McCann, John Innes Center, Norwich, UK；图 G 来源于 Saar et al.（2010）. Agnew Chem Int Ed 49: 5476-5479

存在大分子的包装和定位机制。例如，非酯化的果胶可长达 700nm，而在一些类型的细胞中被容纳在 10～20nm 宽的胞间片层中，因而必须至少是横过来与原生质膜平行排列。细胞壁中的这种微尺度的多样性如今正改变着我们对细胞壁的看法——从由同质、均匀的物质构成的细胞壁到由不同细胞壁构架镶嵌成的细胞壁，在这些构架中，各种成分决定了质外体的多功能属性。

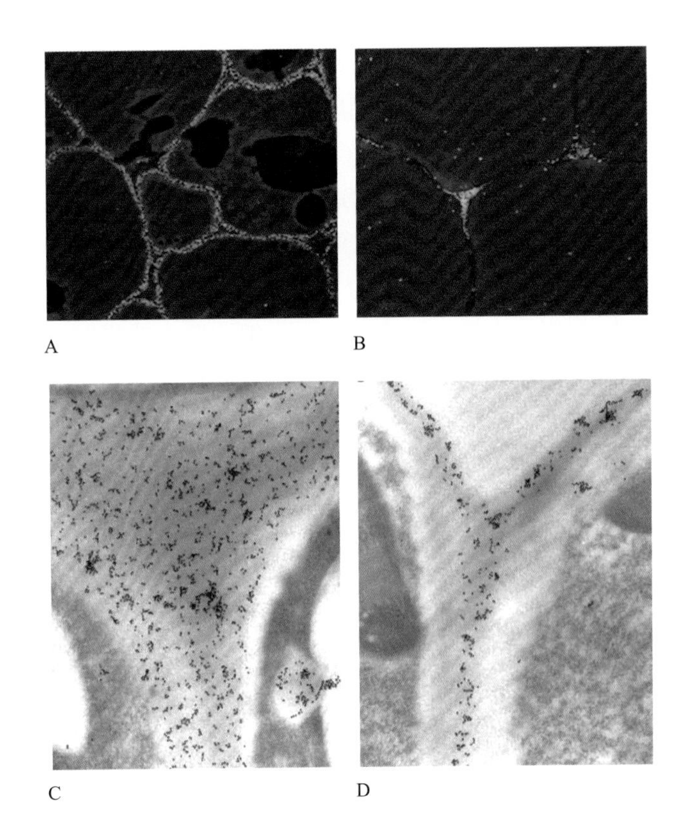

图 2.44 在光学显微镜下分别以免疫金标记及银增强的单克隆抗体（LM5 和 2F4）观察马铃薯细胞壁中的果胶半乳聚糖侧链和果胶酸钙连接的位置。绿色表示共焦显微镜中由银增强的金颗粒反射的光。半乳聚糖侧链定位在初生壁（A），而果胶酸钙主要在细胞转角（B）。从单克隆抗体 JIM7 免疫金标记的百日菊（*Zinnia elegans*）叶片的电子显微镜照片中可见，甲酯化果胶抗原决定簇存在于整个维管细胞的细胞壁（C），但局限在栅栏组织细胞壁的外层（D）。来源：图 A, B 来源于 Max Bush, John Innes Centre, UK；图 C, D 来源于 Stacy et al.（1995）. Plant J 8: 891-906

2.6.2 果实成熟涉及受发育调节的细胞壁结构的改变

大多数果皮或内果皮在成熟过程中变软的水果有加厚的初生壁，壁中含有大量的果胶物质，主要是 HG 和 RG Ⅰ（图 2.45）。成熟果实果肉的质地取决于细胞壁降解和细胞间粘连性降低的程度。例如，苹果（*Malus domestica*）外皮细胞壁在硬度上的变化很小，表现出很少的分离，而桃（*Prunus persica*）和番茄（*Solanum lycopersicum*）的果皮因细胞壁的膨胀和失去细胞间粘连性而明显变软。在番茄中，含有种子的子房室在**液化**（**liquefaction**）过程中彻底溶解。

果实细胞壁含有超过 50% 的果胶。番茄薄壁组织的软化过程与 PME 活化造成的 HG 去甲酯化有关，PME 从果胶多糖主链上的 GalA 残基上切除甲酯基团。去酯化的 HG 主链对 PGase 活性敏感。分

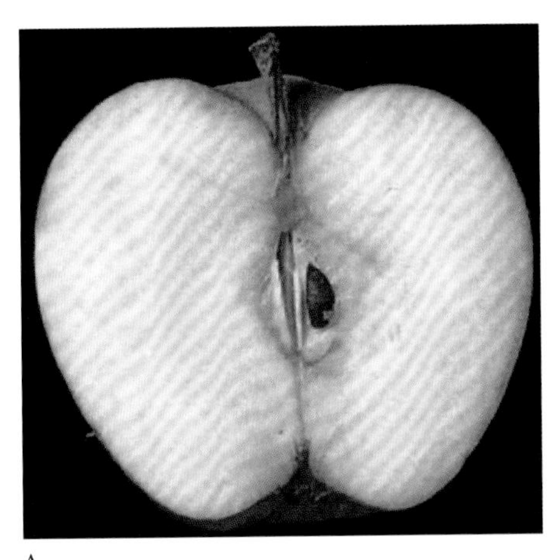

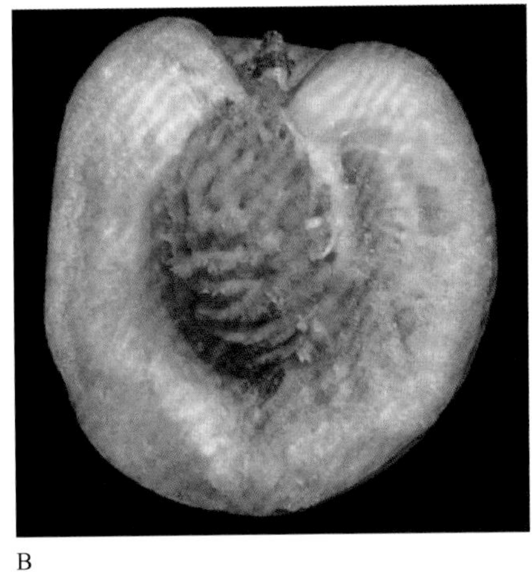

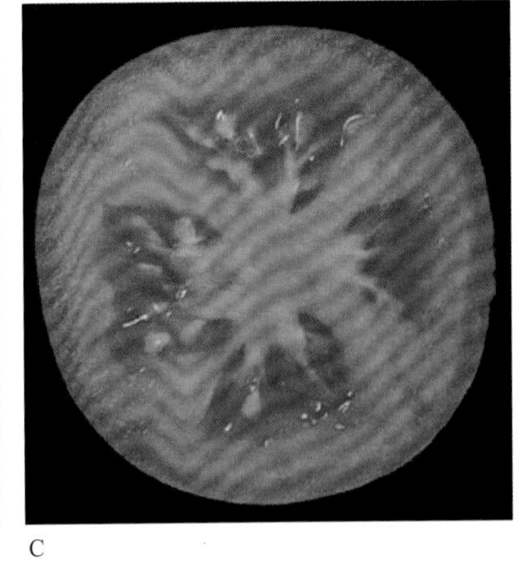

图 2.45 细胞壁是影响新鲜果实和蔬菜口感的主要因素。果实的细胞壁在成熟过程中以不同的方式改变其构架。A. 苹果细胞壁可以变硬并维持细胞粘连。熟过头的苹果的“粉状”口感是胞间片层溶解导致细胞间失去粘连性的结果。胞间片层富含许多果胶物质。B. 桃子果皮的细胞壁在成熟过程中膨胀并变软，而种子外皮的细胞壁却变成了种子特别坚硬的护盾。C. 与桃子类似，番茄果皮的细胞壁也在成熟过程中膨胀并变软，而一些细胞壁则通过液化过程彻底分解，为正在发育的种子提供子房室。来源：图来源于 Bowes（1996）. A Colour Atlas of Plant Structure. Manson Publishers, London

子质量约 100kDa 的 PGase Ⅰ由与 β 亚基紧密复合而成的 46 kDa 的 PGase Ⅱ组成。β 亚基是一个独特的**富芳香族氨基酸蛋白**（**aromatic amino acid-rich protein**），认为有锚定 PGase Ⅱ亚基的作用，并在果实发育的早期合成。β 亚基可能使细胞壁中的果胶溶解，促进 PGase Ⅱ对不分支的 HG 主链中的糖苷键的逐步水解。成熟过程中，细胞壁中的果胶修饰是一个严谨的调控过程，此过程的机制包括：底物的修饰，即防止酶与底物的接触；或存在酶的抑制剂，如 PGase Ⅱ的活性被可扩散的果胶解聚产物抑制。目前已经鉴定到可以使 PME 和 PGase 失活的蛋白抑制剂，它们内源调控果胶解聚，或保护植物免受病原体侵害。

然而，尽管成熟过程中有果胶质多聚体的大量去酯化和解聚，果实软化似乎并非直接由对 HG 的修饰引起。用反义的方法，科研人员可在转基因植物中完全抑制 PGase 的活性，以防止果胶质的解聚，但却几乎不影响软化。虽然交联聚糖似乎不经历与成熟相关的大量解聚，但几种聚糖修饰酶的活性却有所上升，其中包括 XET、伸展蛋白和葡聚糖水解酶。这些酶可能涉及交联聚糖相互连接的重新组合，从而改变整个初生细胞壁的网络性质，造成果皮组织和整个番茄果实的软化。

2.6.3 次生壁在初生壁停止生长后得以修饰

对于许多细胞类型来说，分化过程是与在初生壁的原生质膜一侧形成截然不同的**次生壁**（**secondary wall**）相联系的。无论化学成分如何，初生壁总是被定义为参与细胞不可逆扩展的结构。当细胞停止生长时，细胞壁交联成最终的形态。那时，次生壁的堆积开始了。

次生壁常表现出精细的特化结构。例如，成熟的棉花（*Gossypium hirsutum*）纤维细胞由近 98% 的纤维素组成。在一些细胞中，如厚壁细胞、维管纤维和梨的石细胞，次生壁均匀变厚，主要由纤维素微纤丝组成，有时可以填满整个细胞内腔。然而次生壁也可以含有附加的非纤维素多糖、蛋白质和芳香物质（如木质素）。在管胞中，次生壁可以形成特殊的样式，如环纹、螺旋纹、网纹和多孔状（图 2.46）。这些细胞壁除纤维素外，典型地含有葡糖醛酸木聚糖或 4-*O*- 甲基葡糖醛酸木聚糖。与禾本植物细胞壁的 GAX 不同，这些木聚糖没有 Ara，但每 6 ～ 12 个木糖残基含有一个（1 → 2）-α-D-GlcA 残基。厚角组织通常将初生壁局限在这些细胞增厚的拐角处（图 2.47）。

许多细胞的壁在产生它们的细胞死去和干燥后还长时间地起作用。例如，活细胞壁中多聚体装配的方向决定了干燥时的机械张力，此张力又决定了植物某些部件的脱落和果皮沿规定的平面裂开。槭树属（*Acer* spp.）翅果极薄的翅、蒲公英（*Taraxacum officinale*）和柳树（*Salix* spp.）果实的羽毛状附属物都只在干燥时形成，每种结构都有助于种子的播散（图 2.48）。

许多结构蛋白是细胞特异性的，只出现在次生壁中。例如，一些 PRP 在豆类（*Phaseolus vulgaris*）的原生木质部细胞的次生壁中富集，而一些 GRP 家

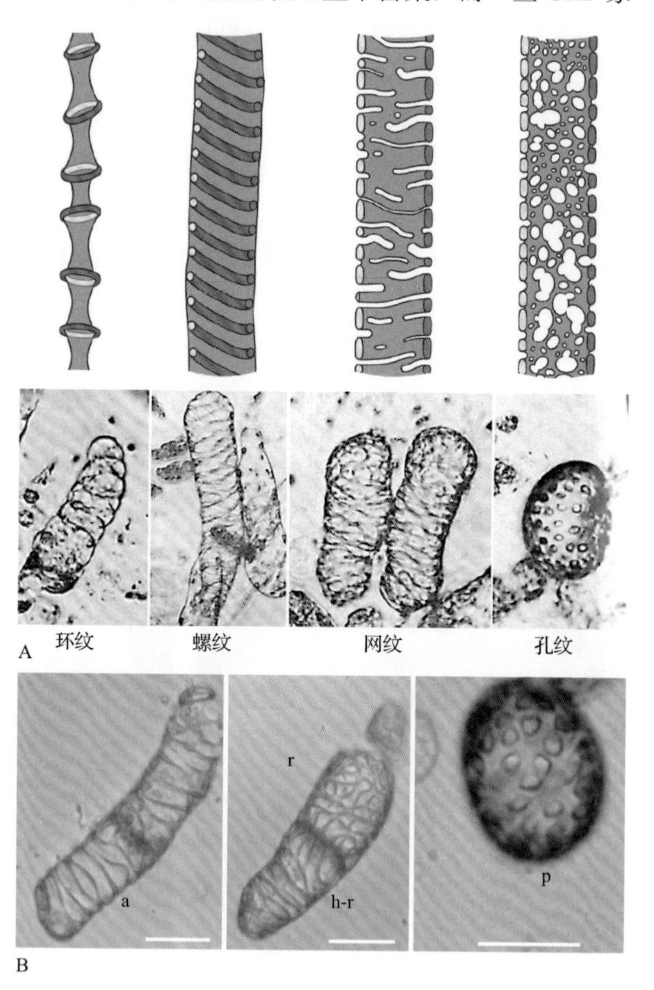

图 2.46 单个植物中的导管分子的次生壁增厚样式可能有环纹、网纹、螺纹和孔纹状。将百日菊（*Zinnia elegans*）的叶肉细胞在液体培养基中进行体外培养时，每种样式都能在正在形成的导管分子中观察到（a：环纹；r：网纹；h-r：螺纹；p：孔纹）。来源：Falconer & Seagull（1985）. Protoplasma 125:190-198

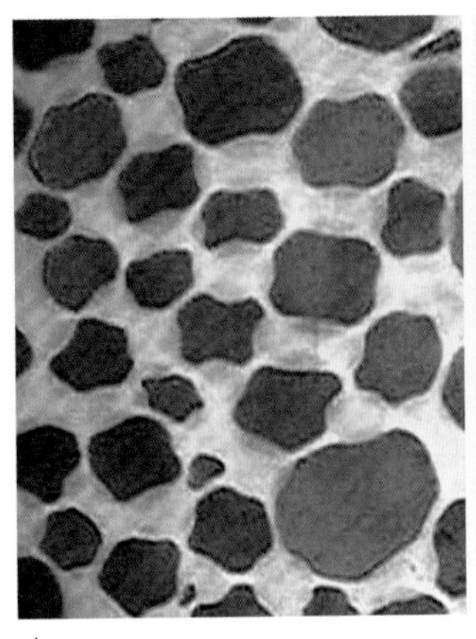

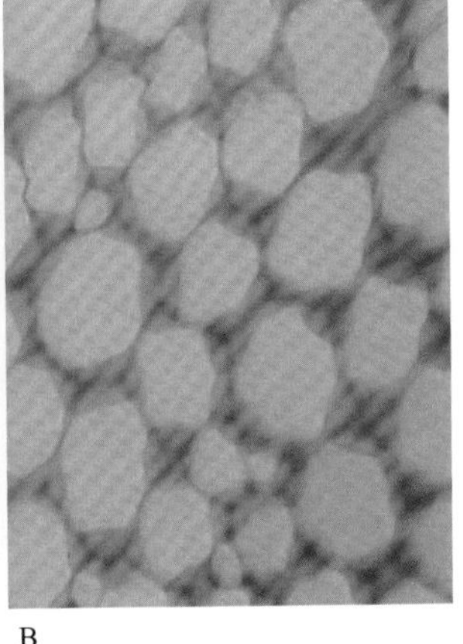

A　　B

图 2.47　A. 厚角组织细胞只在细胞转角处加厚。B. 初生细胞壁的纤维的加厚可以通过用中性红对中间层的果胶进行染色显示出来。来源：John Tiftickjian, Delta State University

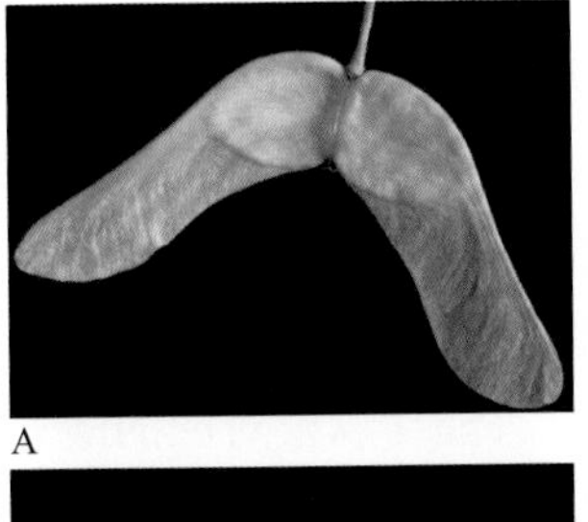

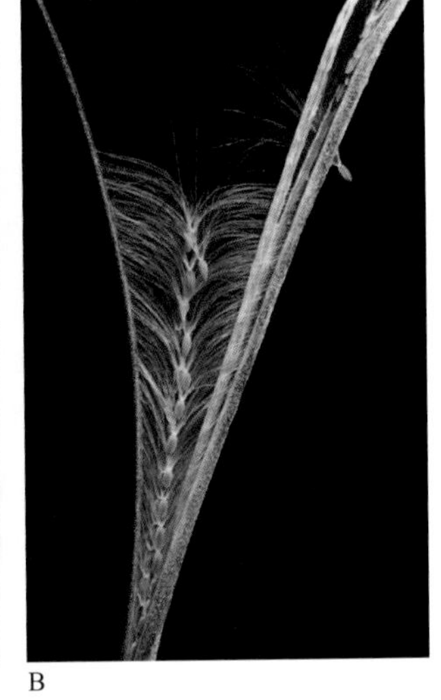

A　　C　　B

图 2.48　产生特殊的壁的细胞可以在死去后很久还发挥作用。槭树翅果的细胞壁薄如纸，其功能是像翅膀一样来散播种子（A）。柳树种子的硬果皮干燥时沿开裂区裂开（B），纤维素堆积的样式造成一个使果实猛然张开的物理张力。蒲公英种子（C），柳絮状的毛用于长距离散播种子。来源：Bowes（1996）. A Colour Atlas of Plant Structure. Manson Publishers, London

族成员在木质部薄壁组织中合成，输出到邻近的原生木质部细胞的初生壁。其他 GRP 发现于厚壁细胞，在初生壁和次生壁中均有分布。HRGP 一般发现于所有组织的初生壁中，所占的比例变化范围很大，但一种富苏氨酸的类伸展蛋白的蛋白质在爆米花用玉米坚硬果皮的次生壁中含量较大。

并非所有的细胞壁次生增厚都形成独特的次生壁。一些增厚的壁具有典型的初生壁成分，只是包含更多的层次。保卫细胞和表皮细胞面向外部环境一面的细胞壁增厚程度远大于侧面和内面的细胞壁。成对的保卫细胞含有放射状排列的纤维素微纤丝增厚，这是承受气孔打开时细胞产生的巨大膨压所必需的（见图 2.2C）。保卫细胞中的果胶阿拉伯糖是气孔进行可逆的开启和关闭时所必需的。表皮细胞外部形成特化的角质和木栓层以防止失水，而内皮层细胞则在相邻侧壁木栓化形成凯氏带，迫使水分和可溶性溶质以共质体方式进入中柱。

2.6.4　角质和木栓质的次生堆积可使细胞壁不透水

木栓质存在于特定的组织和细胞类型，特别是根和茎的表皮、周皮的木栓细胞、受伤细胞的表面，以及部分内皮层和维管束鞘细胞（图 2.49）。这是通过脂类特异性染料如苏丹Ⅳ发现的，此染料可检测长链脂肪酸和醇类、二羧酸及羟化脂肪酸。木栓质的核心是类木质素，并通过自由基耦合反应与脂肪醇的阿魏酸酯合并。而附着的长链烃赋予木栓质很强的疏水性，阻碍水的移动。

角质聚酯及其连带的蜡质也存在于叶和茎的表面，提供了防止水分散失的牢固屏障。蜡质一般是醇类及长链脂肪酸的酯类，但更确切的描述是这些烃酯与酮、酚酯、萜和固醇的复杂混合物。

2.6.5　木质素是一些次生壁的主要成分

次生壁最明显的特征是含有木质素，为一种**苯丙烷类**（**phenypropanoid**）芳香化合物组成的复杂网络状。除少数例外，Ⅰ型初生细胞壁中没有木质素，但Ⅱ型初生细胞壁中含有木质素和苯丙烷类。在Ⅰ型细胞壁中，木质素的合成只始于次生壁开始堆积时。三种主要的苯丙烷类化合物：羟基肉桂醇或单木质醇类（monolignol），*p*- 香豆、松柏和芥子醇（占了木质素网络的绝大部分）。单木质醇类通过自由基耦合反应产生的醚或碳 - 碳键相连（见图 2.23），这个反应也是单木质醇类与生长中的多聚体酚基端（4-O 或 5- 位）发生的自由基耦合反应（一般发生在侧链 β 位）。单木质醇类的多样性，基于每个酚类成分及在若干可能位点发生的自由基耦合、聚合物的手性性质等，使得木质素的结构十分复杂。

木质素可以在组织切片上以特定的染料检测到，如酸性品红、Wiesner 试剂（间苯三酚 - 盐

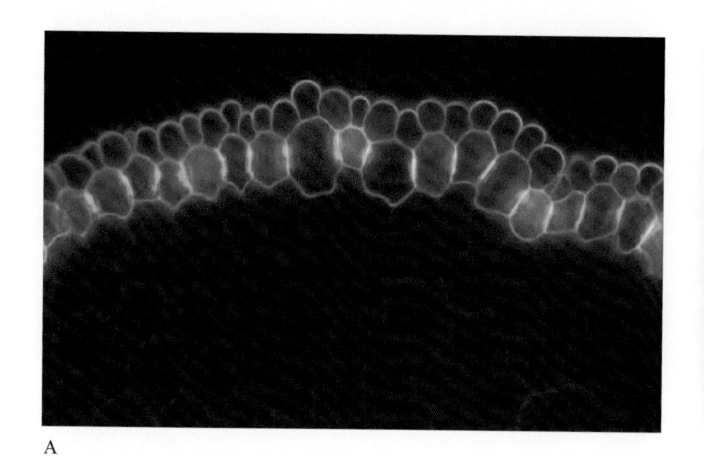

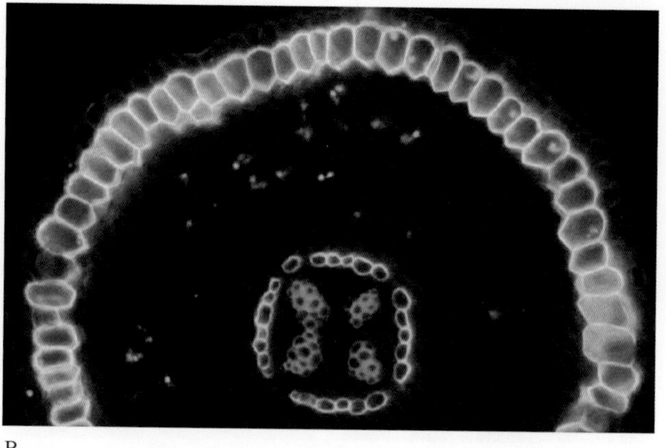

图 2.49 某些细胞壁因具有木栓质而防水。A. 洋葱（*Allium cepa*）根的表皮和外皮层细胞壁中可以检测到木栓质的蓝色荧光——盐酸小檗碱。B. 白蜡树（*Fraxinus* spp.）的外皮层和内皮层中检测到脂质的绿色荧光。木质部导管中的木质素自发荧光显示为蓝色。来源：Brundrett（2008）. Mycorrhizal Associations: The Web Resource. Accessed May 7, 2015

酸）和 Mäule 试剂（图 2.50）。Mäule 反应是先用 $KMnO_4$ 氧化，然后再用氨水处理，这个反应十分有用，因为它能分辨丁香木质素和邻甲氧苯木质素，将前者显示为亮红色而后者显示为黄色（图 2.50）。木质素的总量可通过多种方法测定：可以用化学方法，也可以通过 NMR 和其他光谱方法。降解性的酸解和硫代酸解、还原性剪切、高锰酸盐、硝基苯和碱 / 铜氧化物氧化等方法也用于检测木质素。前面这些方法在大部分诊断中都非常有效，特别是在剪切 β- 芳基醚键特征基团、释放单体或高寡聚体时更好。**还原剪切造成的降解（degradation followed by reductive cleavage, DFRC）**途径能够部分将木质素剪切为组成单体的过乙酸盐（在所有步骤完成后形成过乙酸盐）。这些反应的氧化产物包括分别来自 *p*- 羟苯基、邻甲氧苯基和丁香基木质素的 *p*- 对羟基苯甲醛、香草醛、丁香醛（以及对应的酸）。因为大部分植物仅含有极少量（$< 2\%$）的 *p*- 羟苯基，木质素的分类根据其邻甲氧苯基和丁香基的含量而定。裸子植物主要含邻甲氧苯基，而木本被子植物、草本双子叶植物、禾本科植物所含邻甲氧苯和丁香残基的比例变化范围很大。

单木质醇类的合成在植物中已有较多的报道，

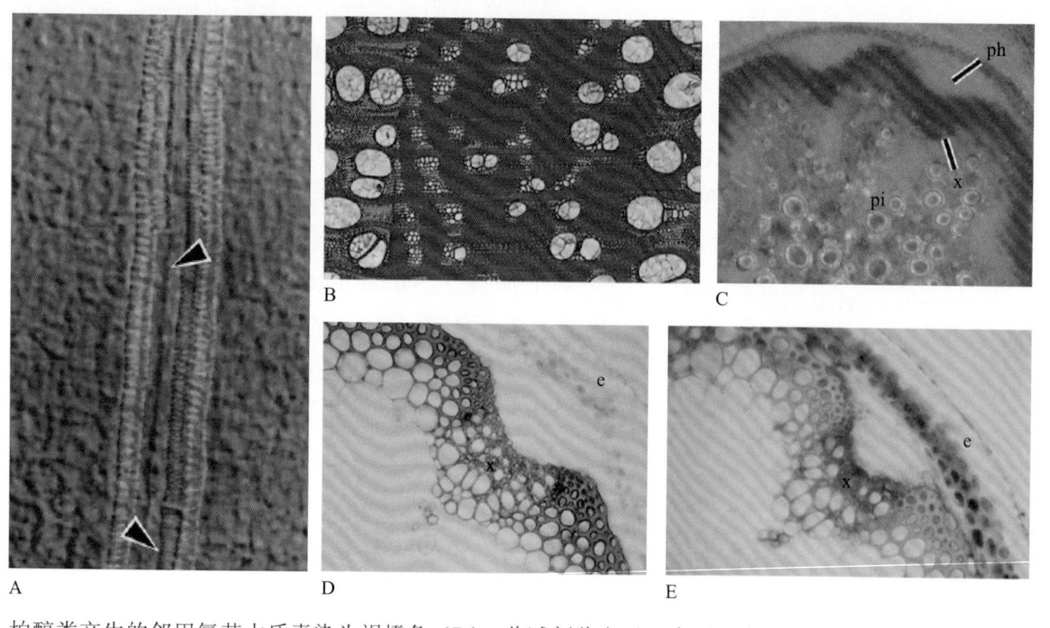

图 2.50 几种可用于观察木质素的方法。A. 产生橙色荧光的酸性品红。在这张拟南芥叶中，可观察到导管螺旋状增厚中的木质素。间苯三酚是常用的木质素染料，如这张洋槐（*Robinia pseudoacacia*）茎的横切面（B），或拟南芥花茎的木质部（x）和木质部外纤维（C）。Mäule 试剂将主要由芥子醇类生成的丁香木质素染为红色，而将主要由松柏醇类产生的邻甲氧苯木质素染为褐橙色（D）。此试剂鉴定了一个不能产生丁香木质素的拟南芥突变体（E）。ph，韧皮部；pi，髓；e，内皮层。来源：图 A 来源于 Dharmawardhana et al.（1992）. Can J Bot 70:2238-2244；图 B 来源于 Bowes（1996）. A Colour Atlas of Plant Structure. Manson Publishers, London；图 C 来源于 Zhong et al.（1997）. Plant Cell 9:2159-2170；图 E 来源于 Chapple et al.（1992）. Plant Cell 4:1413-1424

所有合成反应似乎都发生在细胞质中。木质醇可在与 ER 和高尔基体有关的反应中被糖基化，这可能是为了保护和存储，而不是膜转运及定位所必需的。一旦到达细胞壁中，单木质醇类就通过自由基耦合反应多聚化。自由基是由以 H_2O_2 为底物的**过氧化物酶**（**peroxidase**）或以 O_2 为底物的“蓝铜氧化酶”家族成员的**漆酶**（**laccase**）所产生。尽管单木质醇类 - 单木质醇类的脱水二聚化反应与链起始有关，但是主要的木质化过程是通过将单木质醇类（自由基）添加到生长中的多聚体酚基端进行的（见图 2.23），这一过程也被称为末端过程。

在木质化过程中，细胞壁交联至少有两种机制。第一种，每个单木质醇类的 β- 位发生自由基耦合反应，生成亚甲基醌中间体结构，在其苄基或 α- 位通过亲核反应再芳香化。这一过程主要是通过内部吸收产生苯基香豆满和树脂醇结构完成，或简单地通过质子催化的加水反应生成 α- 羟基 -β- 乙醚复合物完成（见图 2.23）。羟基碳水化合物也可以发生耦合，但是会生成木质素 - 碳水化合物苄基醚，以及产生木质素 - 多糖交联，尽管木质素 - 碳水化合物的交联很难观察到。在Ⅱ型细胞壁中，GAX 上的阿魏酸酯也能发生类似于单木质醇类的自由基耦合反应。因此，阿魏酸脱水二聚体化的组合会造成大量脱水阿魏酸盐，并严重影响多糖 - 多糖交联（见图 2.23）。此外，阿魏酸盐自由基与来自双阿魏酸盐的自由基在木质化过程持续进行的自由基耦合反应中是兼容的。最终，阿魏酸与单木质醇类和高寡聚物交联并整合进入木质素基质中。尽管目前对这些阿魏酸和单木质醇类的了解还不多，但可以确定的是，它们都是木质化作用中的单体。

2.6.6 一些次生壁可作为储存物质

植物物种多样性的另一个方面在于正在发育的种子子叶和胚乳的次生壁。这些细胞壁没有或只有很少的纤维素，由单一的、典型地存在于初生壁中的非纤维素多糖构成。这些次生壁有两种功能：第一，它们提供坚固的外壁以保护胚或迫使其机械休眠；第二，它们含有特殊储备的碳水化合物，在萌发时被消化为蔗糖，运输到生长的幼苗中。

酸豆属（*Tamarindus*）、李叶豆属（*Hymenaea courbaril*）或近缘的豆科植物，还有报春花科（Primulaceae）、亚麻科（Linaceae）和毛茛科（Ranunculaceae）植物子叶细胞壁含有大量富含 Gal 的 XyG（图 2.51）。葡甘露聚糖在一些百合和鸢尾的子叶细胞壁中占主导地位。枣椰子（*Phoenix dactylifera*）、椰子（*Cocos nucifera*）及其他棕榈科植物的种子，咖啡豆（*Coffea arabica*）、象牙果（*Phytelephas aequatorialis*）和一些伞形科（Apiaceae）植物的种子都具有几乎由纯的甘露聚糖组成的厚的子叶或胚乳细胞壁（图 2.51）。由机械因素决定其休眠的莴苣（*Lactuca sativa*）种子胚乳细胞壁 70% 以上是甘露聚糖。所有胚乳型豆科植物储藏半乳甘露聚糖，但 Man:Gal 的比例变化很大，产生多种物理性质各异的半乳甘露聚糖。例如，胡卢巴属（*Trigonella*）半乳甘露聚糖几乎全是分支的，而瓜尔豆属（*Cyamopsis*）和长角豆属（*Ceratonia*）的半乳甘露聚糖分支要少得多，这改变了它们的黏性。

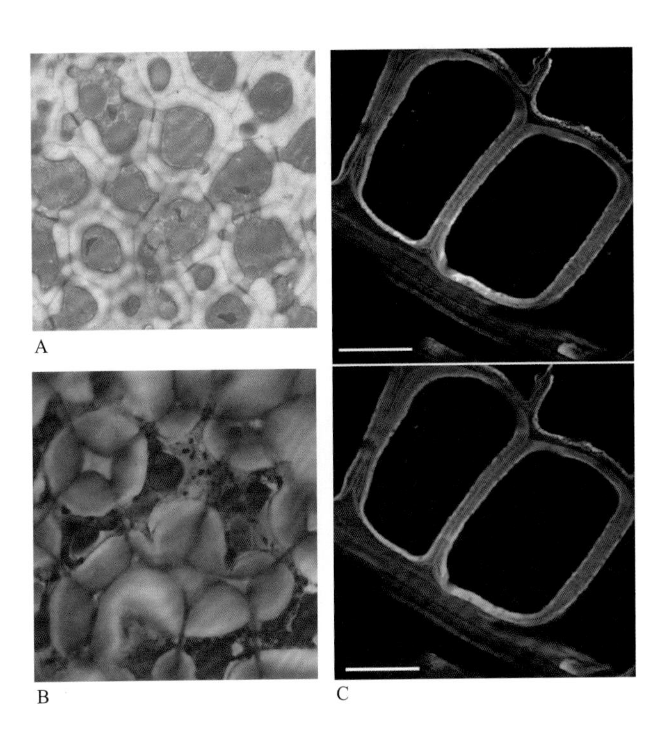

图 2.51 枣椰子（*Phoenix dactylifera*）的胚乳细胞有积累甘露聚糖的极其硬而厚的细胞壁。A. 低倍光学显微镜放大的枣椰子胚乳细胞，其中的甘露聚糖甲苯胺蓝染料没有反应。B. 变叶豆（*Hymenaea courbaril*）的子叶细胞壁积累“淀粉状”木葡聚糖，能被碘轻微染色。C. 草本植物颖果胚乳细胞的最外层，以及糊粉层的细胞壁富含混合连接 β- 葡聚糖。用（1→3），（1→4）β-D- 葡聚糖的单克隆抗体可检测 β- 葡聚糖。通过共聚焦显微镜观察免疫荧光标记。标尺 =25μm。来源：图 A 来源于 D. DeMason, University of California, Riverdale；图 B 来源于 M. Buckeridge, Instituto de Botanica, Secao de Fisiologiae Bioquimica Plantas, Sao Paulo, SP, Brasil；图 C 来源于 Fabienne Guillon, INRA, Nantes, France

其他植物的种子则积聚与果胶有关的中性多糖，如羽扇豆含有大量的（1→4）β-D- 半乳聚糖及一些阿拉伯聚糖。

所有禾本科在胚发育的某个阶段在胚乳细胞壁中积累（1→3），(1→4）β-D- 葡聚糖。燕麦（*Avena sativa*）和大麦（*Hordeum vulgare*）麸含特别丰富的 β- 葡聚糖，在成熟时占糊粉层细胞壁的 70%（图 2.51）。

2.6.7 细胞壁合成的整体调控

目前已经非常清楚，不同基因家族成员之间必须被协调以形成细胞壁的特异成分。单独的基因家族成员表达模式已经通过完整或定制的基因芯片、更新的深度测序技术确定，结果表明这些基因都被统一调控。次生细胞壁在细胞分化的特异阶段积累，提供了一个很好地进行整体转录分析的系统，以鉴定次生细胞壁相关基因网络。次生细胞壁特异的 *CesA* 基因及木质素合成相关基因可以作为标记，寻找与它们统一调控的未知基因。

对鉴定特定细胞类型中细胞壁合成相关基因的关键调控蛋白，次生细胞壁也提供了很好的机会。对一个保守的 N 端氨基酸结构域（NAC 结构域）的转录激活因子家族及鸟类成肌细胞（MYB）病

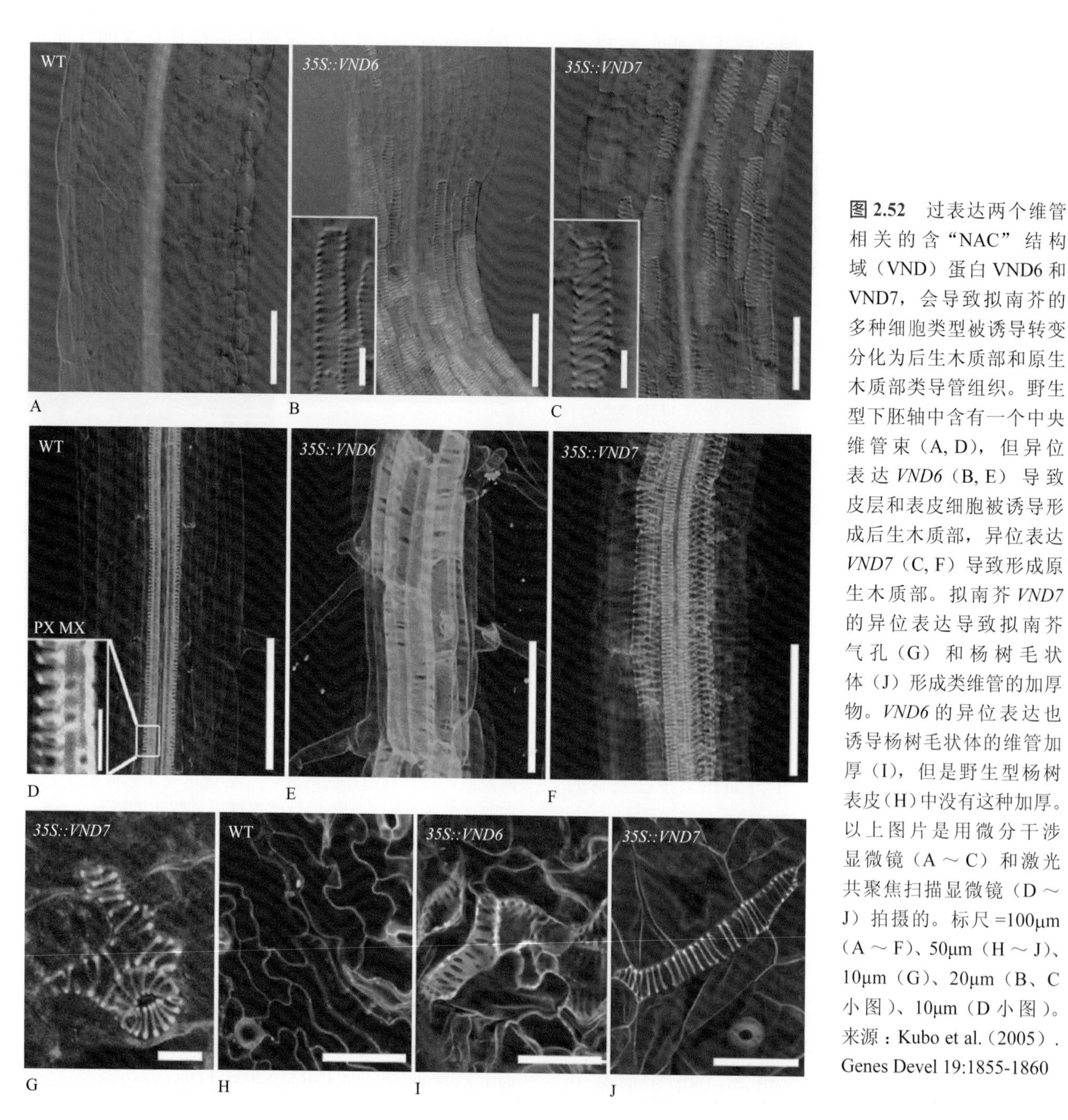

图 2.52 过表达两个维管相关的含“NAC”结构域（VND）蛋白 VND6 和 VND7，会导致拟南芥的多种细胞类型被诱导转变分化为后生木质部和原生木质部类导管组织。野生型下胚轴中含有一个中央维管束（A, D），但异位表达 *VND6*（B, E）导致皮层和表皮细胞被诱导形成后生木质部，异位表达 *VND7*（C, F）导致形成原生木质部。拟南芥 *VND7* 的异位表达导致拟南芥气孔（G）和杨树毛状体（J）形成类维管的加厚物。*VND6* 的异位表达也诱导杨树毛状体的维管加厚（I），但是野生型杨树表皮(H)中没有这种加厚。以上图片是用微分干涉显微镜（A ～ C）和激光共聚焦扫描显微镜（D ～ J）拍摄的。标尺 =100μm（A ～ F）、50μm（H ～ J）、10μm（G）、20μm（B、C 小图）、10μm（D 小图）。来源：Kubo et al.（2005）. Genes Devel 19:1855-1860

毒转录激活子的致癌基因进行功能获得实验，结果使次生细胞壁增多并异位形成（图 2.52）。NAC 结构域的蛋白质激活几个 *MYB* 基因表达，这些 *MYB* 直接激活几个编码单木质醇类合成途径酶的基因表达。这些在木质部和纤维细胞中激活的表达网络，由一些 *WRKY* 基因调控，这些 *WRKY* 基因编码一类抑制子，这些抑制子具有沉默髓细胞维管化的功能。

在杨树（*Populus*）中，小 RNA 也参与到转录因子的调控中，并且它们在应拉木的形成过程中被上调。一些纤维素合成酶以顺式（*cis-*）定向成对产生，可用反义转录本去同步下调这些基因，以及其他将细胞发育程序转化为次生细胞壁积累的细胞壁相关基因。

2.6.8 细胞壁是信号转导的感受平台

不是细胞壁的所有特殊功能都是由其结构来支撑的。细胞壁也含有一些称为类受体激酶（RLK）的分子元件，促使细胞对生物的、非生物的刺激，以及发育或位置信号做出响应（图 2.53）。尽管人们还没有完全理解这些分子元件的功能及在生理网络中的位置，但是它们被看成是信号转导的精确感受平台。这一领域的主要鸿沟在于细胞壁或器官

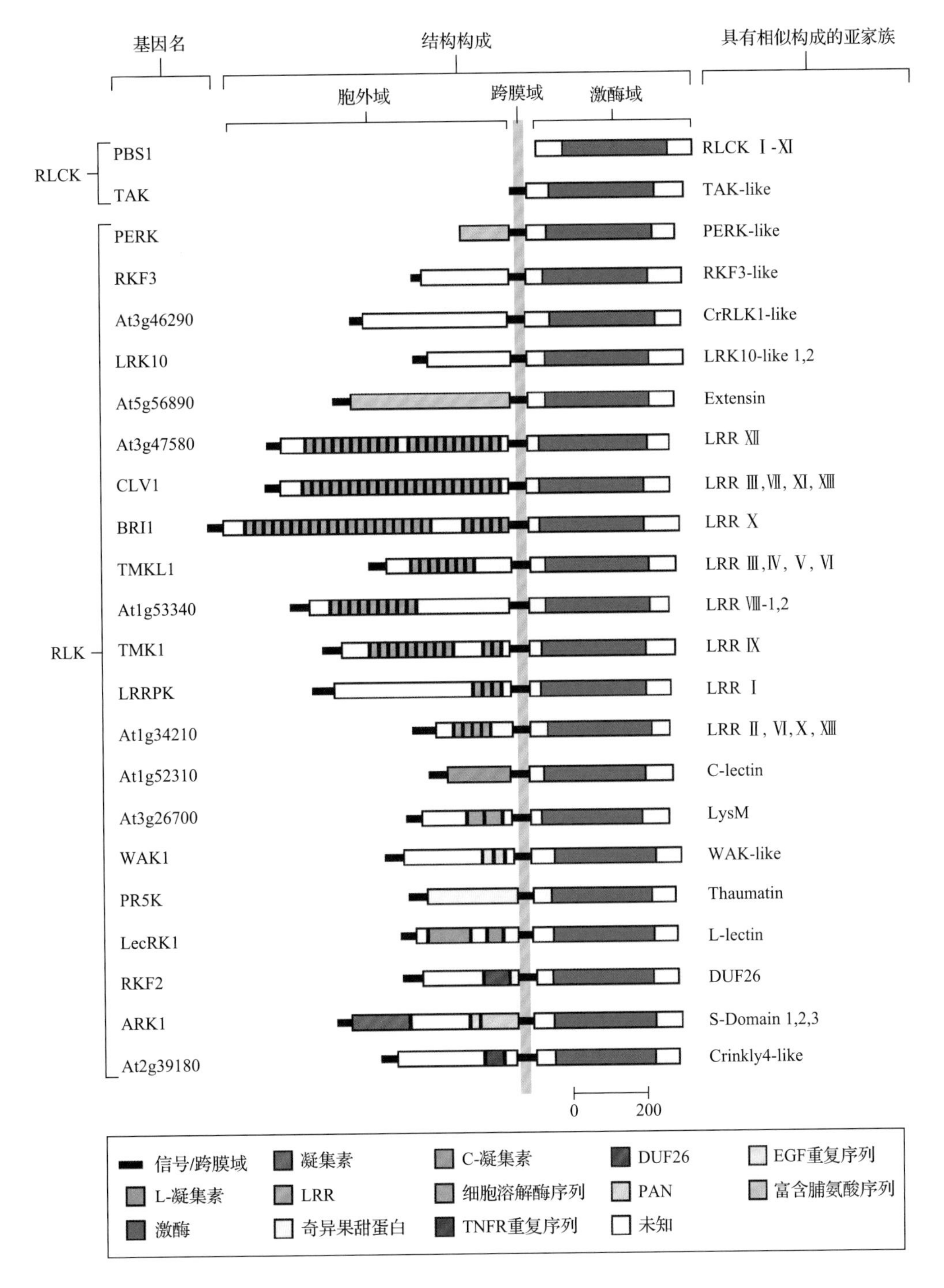

图 2.53 代表性的类受体激酶（RLK）和 RLK-亚家族成员的结构域。目前已经发现许多定位于原生质膜且具有不同胞外域的 RLK。图中所示的每个结构都代表一个序列极其相似的亚家族。其中的一些 RLK，如 CLAVATA（CVL1），与分泌到质外体的小肽配体相互作用；但是另一些 RLK，如 WAK1，结合果胶和其他细胞壁组分形成细胞壁 - 原生质膜 - 细胞质信号通路。富含亮氨酸重复（LRR）序列，如含伸展蛋白结构域的 LRX1，在细胞发育过程中起作用。灰线指示跨膜结构域的位置

在响应刺激时感受并重构细胞壁生化特性的反馈机制。在响应介导方面，暗示有两类分子参与其中，即富含亮氨酸重复序列（LRR）激酶和壁结合激酶（WAK）。

LRR 激酶位于细胞质膜上，允许信号转导通过拓扑屏障。这些 LRR 结构域能够与原生质膜 - 细胞壁交界接面的配体特异互作。例如，在根毛发育中发挥功能的 R 基因抗病因子——嵌合 LRR- 伸展蛋白（LRX），以及在分生组织功能确定及转变为器官中起作用的蛋白质。

WAK 有一个高度保守的细胞质丝 / 苏氨酸激酶结构域、一个跨原生质膜结构域及一个多变的包含 EGF（表皮生长因子）重复序列的胞外域，胞外域可能在识别配体中起作用。在磷酸化时，WAK 结合果胶及富含赖氨酸的蛋白质，与激酶结合蛋白磷酸酶 KAPP 一起形成复合体。WAK 功能缺失会导致正常的细胞延展被破坏。

2.7 可用作食物、饲料、纤维和燃料的细胞壁及其遗传改良

细胞壁直接影响了人和动物的食物、纺织品、木材和纸张等原料，可能在人体药物方面发挥作用。对各种细胞壁成分的修饰成了食品加工业、纸业、农业和生物技术产业的目标。这个目标是否能实现取决于人们对植物材料的结构和质地性质的分子基础的了解。

目前，食品工业用分离的 AGP 和果胶作为黏胶和胶凝剂，用真菌和细菌的细胞壁水解酶来调节食品的质地和状态。人们将水果和蔬菜的细胞壁用作重要的膳食组成，可用它们防止结肠癌、冠心病、糖尿病及其他疾病。燕麦和大麦麸能降低血清胆固醇、减少糖尿病患者对胰岛素的需求，其原因是它们含有 β- 葡聚糖。一些果胶可能有抗癌活性，这可能是在被胃肠道一些特定的细胞吸收后，刺激了免疫系统。

一些特殊食品通过基因工程处理，改善了其储藏性能，最大程度地满足消费者的需求。人们想改造的酶包括 PGase、PME 和几个多糖水解酶。由于细胞壁固有的复杂性和植物细胞对变化的适应能力，若只试图改变细胞壁代谢的一个参数，往往得不到预期的结果。随着我们对细胞壁代谢的调控，尤其是对多聚体合成和细胞壁松弛的调节机制的更多了解，这种生物技术的应用将变得更加普遍。

随着生物技术的出现，农业研究人员开始研究与细胞壁代谢有关的特定的酶，希望能提高一些作物的商业价值（如高纤维产量的亚麻、棉花、苎麻和剑麻），或降低一些作物的加工成本（如去掉一些植物组织的木质化成分）。例如，从事将树木加工成纤维素的造纸工业和将细胞壁转化为肌肉组织的畜牧业的人们在努力减少树木的纤维和饲料来源中的木质素含量以适于加工。减少木质素含量可减少含有有机氯的废物，并为目前用化学方法萃取木材中纯纤维素的造纸工业节省一笔巨大的开销。或者，改变结构的木质素在更简便、更经济的化学处理下更容易解聚，也更容易从多糖纤维上移除。木质素 - 碳水化合物相互作用对动物消化草料作物的程度有巨大的影响，某种木质素的存在，而不是木质素的总量，往往是关键因素。因此，从改变了木质素类型的突变体中可能得到新的草料作物，它的消化性好，同时又保留了木质素对植物导管的加固功能。例如，高粱（*Sorghum bicolor*）的某种**棕脉（brown-midrib）**突变体已经被证实更易消化（图 2.54）。

从植物中直接获得生物能，或将植物作为原料进行微生物发酵，对能源多样性有前所未有的贡献，对能源安全有正面作用，也缓解了温室气体增多带来的环境影响，并且刺激农村经济。甘蔗（*Saccharum officinarum*）中蔗糖和葡萄糖发酵而成的乙醇已经使巴西摆脱了对石油能源的依赖。在美国，用玉米（*Zea mays*）籽粒生产乙醇已经是一个成熟的工业，但是其底物对动物饲料供应和食品产品构成竞争。木质纤维素的生物质主要由细胞壁构成，这些物质来自于生物能源作物或干枯的作物残留物，如甘蔗渣、玉米或高粱秆。木质纤维素生物质是一种丰富的能源，它不受气候或地理位置的影响，将太阳能储存在多种植物的木质素和碳水化合物中。多年生牧草 [如柳枝稷（*Panicum virgatum*）和芒草（*Miscanthus*）] 被认为是较好的潜在原料，因为它们进行 C4 光合作用，生长季长，在生长季末期将营养储存在根际范围，而且能够表现高效的水分利用效率。但是，将生物能源作物整合进农业生产体

A　　B

图 2.54　高粱（*Sorghum* spp.）或玉米（*Zea mays*）的棕脉（bm）突变体在木质素合成上有缺陷，导致维管组织呈现出红棕色（A）。图中所示为 *bm2-bm4* 双突变体。高粱的某些 *bm* 突变体和它们的组合使其更易消化，因此会提高对反刍动物的营养；羊更喜欢吃这种突变体（B）。来源：图 A 来源于 Vermerris et al.（2010）. J Exp Bot 61（9）: 2479-2490；图 B 来源于 Wilfred Vermerris, Univ. Florida; in reference to data in Li et al.（2008）. Plant J 54: 569-581

系必须是可持续、高效产业，并能够在协调食物和饲料生产中发挥作用。所以，高产的一年生禾本植物（如高粱和热带玉米）作为生物能源作物获得了关注，并被持续性地整合到作物轮作系统中。

细胞壁多糖被水解成葡萄糖和其他糖，随后被微生物代谢产生生物能源。目前人们达成的总体共识认为木质化细胞壁对酶水解的抵抗性是关键难题，通过鉴定高效的细胞壁降解酶，在转基因植物中重组表达，改造生物质组成或生物质质量以促进降解，这样才能缓解这一难题。然而，另一个同等重要的目标就是最大化每公顷产出碳水化合物的生物量，以此降低生产和运输到精炼厂过程中的能源与经济消耗。

以更广阔的视野来看，发酵是一种本身很浪费的过程——在酵母发酵过程中，约一半的糖被转化为 CO_2 丢掉。在这种情况下，提高可燃物的燃烧值（如提高木质素含量）就成为非常有价值的目标——木质素的燃烧值比多糖高约 50%。研究人员已经在寻找将木质纤维素生物质转化为液体生物燃料的途径，以代替石油成为可用的底物。只有更好地理解细胞壁碳水化合物和芳香结构域及其结构的调控，才有可能极大地提高现有生物能源作物的能量潜力。

小结

细胞壁由多糖、蛋白质和芳香物质组成。初生细胞壁可以扩展，但又限制了每个细胞的最终大小和形状。相邻细胞邻接的细胞壁由胞间片层相互黏着。在一些细胞中，次生壁在生长停止后堆积在初生壁的内面。

纤维素微纤丝形成所有细胞壁的支架，由交联聚糖结合在一起——这个框架嵌在果胶物质的凝胶中。至少有两类初生壁：双子叶植物和非鸭跖草类的单子叶植物的 I 型细胞壁，具有嵌在富含果胶质的基质中的木葡聚糖 - 纤维素网络，还可被结构蛋白网络进一步交联；鸭跖草类的单子叶植物的 II 型细胞壁中的葡糖醛阿拉伯木聚糖 - 纤维素网络嵌在相对少量的果胶质基质中。阿魏酯、其他羟基肉桂酸和芳香物质交联在 II 型细胞壁中。

植物基因组的 10% 用于编码细胞壁合成相关的蛋白质，其中包括底物的合成、多聚体的组装及生长过程中的重新排布。新的细胞壁产生于细胞板。所有维管植物和一部分藻类的纤维素微纤丝在原生质膜表面为颗粒纹结的末端复合体处合成，而所有非纤维素交联聚糖和果胶物质在高尔基体合成并分泌。所有细胞壁的糖都是通过核苷糖互变而从头合成的，核苷糖是多糖合酶和糖基转移酶的底物。

细胞形状很大程度上由纤维素堆积方式决定，但细胞增大依赖于伸展蛋白或内 -β- 转葡糖基酶等多聚体重构酶。细胞增大还伴随着许多细胞壁的交联聚糖和果胶基质的结构改变。细胞生长的终止伴随着与蛋白质和芳香物质等物质有关的交联反应。细胞壁特化以行使功能，植物中约有 40 种不同细胞类型的细胞壁。原生质膜 - 细胞壁表面是细胞与环境相互作用的感受器，许多蛋白质和蛋白激酶参与到与细胞特异化和生长相关的信号转导以及非生物和生物因子引起的损伤响应中。

除了木材、纸张和纺织产品外，细胞壁还是新鲜水果和蔬菜中的主要结构成分，组成了人类营养中重要的食用纤维。它们为反刍动物提供了主要的热量来源。细胞壁的木质纤维素生物质可能会成为生物燃料产业的主要底物。

（李　晶　韩　翔　译，康定明　李继刚　校）

第 3 章 膜 运 输

Julian I. Schroeder, Paul C. Bethke, Walter Gassmann, John M. Ward

导言

离子和有机小分子在植物体内的重新分布，对于植物的生长、细胞信号的传递、营养吸收、运动和细胞的内稳态具有十分重要的意义。为了完成这些基本功能，植物演化出许多蛋白质，介导离子、代谢物和其他组分跨过细胞质膜（plasma membrane, PM）和细胞器膜进行运输。许多转运蛋白对底物具有选择性，并且其活性受到调控。大多数编码植物转运蛋白的基因是多基因家族成员，并且它们的表达具有发育阶段性和组织特异性。目前的研究正在阐释膜转运蛋白在响应生理刺激（包括非生物和生物胁迫）时的核心功能，以及各个转运蛋白的活性在细胞和组织水平是如何在一个信号网络中被协同调控的。

3.1 植物膜转运系统概述

3.1.1 细胞膜促进细胞区域化

生命演化过程中最早发生的事件之一，就是在复制的敏感生化机制和外界分散力量之间建立一个屏障，这个屏障就是细胞膜。通过细胞膜的分界，细胞可以支持代谢、生殖和发育等需要稳定物理化学环境的活动。细胞膜脂双层的疏水性可以确保将亲水化合物（包括大部分营养物和代谢物）隔离在膜的这一侧或那一侧。在 20 世纪 30 年代进行的开创性研究，发现大多数分子透过植物细胞膜的能力与它们的油水分配系数直接相关（图 3.1）。这一规律同样适用于所有其他的生物膜。膜对水的渗透性比水的亲脂性高两个数量级，该发现使人们最终鉴定了运输蛋白介导的水运输（见 3.5 节）。

植物细胞含有许多特化的细胞器，负责行使各种生物合成、分解代谢和储藏的功能（见第 1 章）。随着真核生物的演化及内膜系统的发展，膜的内环境稳定功能获得了进一步延伸。在由膜包裹的细胞器内，溶质的区域化不仅可以把反应物和催化剂浓缩聚集在一起，而且可以把不相容的反应过程分隔

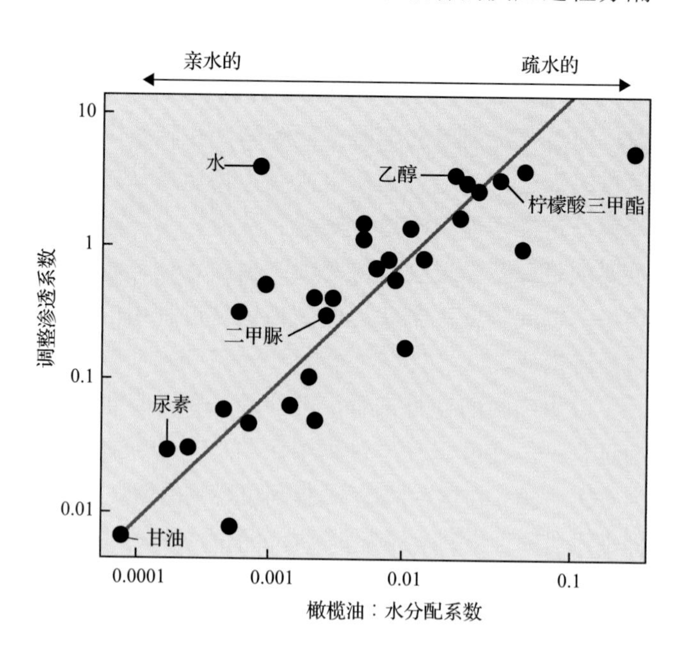

图 3.1 生物对水膜显示出异常的高渗透能力。对于大多数小的不带电荷的溶质而言，透过生物膜的能力和在疏水相中的溶解能力是相关的，如橄榄油就是这种情况。水是一个例外，其渗透能力比预测高出两个数量级。这种调整渗透系数，以 $P_s \cdot \sqrt{M_r}$ 表示，单位为 $cm \cdot h^{-1}$，是通过实验测定的每一个溶质的渗透系数（P_s）乘以该溶质分子质量的平方根，根据扩散速率的差异进行调整

开来。这种分工有助于提高新陈代谢的灵活性和效率。

3.1.2 膜运输是许多重要的细胞生物学过程的基础

对酿酒酵母（*Saccharomyces cerevisiae*）核基因组的全序列分析表明，在6000个基因中约有2000个编码膜相关蛋白，其中很大一部分是转运系统的组成部分。在拟南芥核基因组的26 000个基因编码的蛋白质中，相似比例的蛋白质与膜相关。在这些蛋白质中，大概1300个蛋白质具有转运功能。在植物细胞中，膜运输是大量重要过程的核心。

- 获得营养。植物利用无机营养物合成维持生命所必需的有机生物分子，而很多无机营养元素必须由根从土壤中吸收，经同化作用合成氨基酸及其他代谢产物。因此，氮、硫、磷分别是以NH_4^+或NO_3^-、SO_4^{2-}和PO_4^{3-}的形式为植物所吸收（见第16章和第23章）。大量营养元素[如钾（K^+）、钙（Ca^{2+}）]和微量元素[如硼、锌、铜、铁等]都是以无机盐的形式吸收。这些必需营养元素的摄取，是由特化的营养物质运输蛋白介导和调控的（见第23章）。
- 代谢物分配。在陆生植物中，自养组织（如叶片中具有光合作用活性的叶肉细胞）可以向异养组织提供还原形式的碳和其他代谢物。从源组织到库的长距离运输，是由植物的韧皮部完成的。蔗糖和氨基酸穿过韧皮部伴胞的膜，然后通过特定的跨膜运输蛋白运进韧皮部（见第15章）。
- 代谢物的区域化。既然在植物细胞内存在许多代谢途径，酶和代谢物的区域化可以避免无效的循环。一个典型的例子就是造粉体中的淀粉合成，即使胞质中正在进行糖酵解，造粉体中仍然能合成淀粉并储藏起来。淀粉的合成，需要跨造粉体双层膜输入葡萄糖-6-磷酸（见第13章）。区域化还能提高代谢效率。例如，在线粒体基质中，ADP/ATP和$NADH/NAD^+$的比率要大于细胞质中的比例，这就为呼吸作用提供最适合的底物/产物比例。线粒体运出ATP和输入还原性物质也需要相应的运输机制（见第14章）。
- 能量转换。膜运输位于生物能转换的中心。光能激活叶绿体中的电子传递链，在类囊体腔内积累H^+。与此类似，NADH的氧化可以提供能量，将H^+从线粒体基质泵入膜间间隙。无论是哪种情况，都是通过H^+自发并释放能量的反向跨膜流动来产生ATP。因此，要了解光和高能电子为ADP的磷酸化提供能量的机制，就需要膜运输的知识。
- 膨胀压的产生。坚硬的细胞壁的存在，可以使植物细胞产生膨胀压（正压）。膨胀压是由特定的膜运输蛋白造成盐的积累产生的，因而使细胞能吸收水分子。在大多数植物的成熟细胞中，K^+在细胞质和大的中央液泡中积累；而在盐生植物中，主要的阳离子是K^+和Na^+，而Na^+在液泡中积累。阳离子必须有相应浓度的阴离子来平衡，以达到电中性；在液泡中，主要的阴离子通常是Cl^-（由细胞外提供）、苹果酸根，或有机和无机阴离子的混合物。
- 废物的排泄。新陈代谢不可避免会产生废物，这些废物必须要从细胞质中清除。
- 信号转导。许多影响植物生长发育的环境信号和激素信号，都是通过瞬时提高胞质中游离Ca^{2+}的浓度来传导。首先，特定的刺激可以使Ca^{2+}运输通道打开，让Ca^{2+}被动进入细胞质，从而引起细胞质中游离Ca^{2+}的浓度增加。其次，转运Ca^{2+}的ATP酶或H^+/Ca^{2+}交换运输蛋白随后将Ca^{2+}泵过细胞质膜和细胞内膜，把Ca^{2+}从细胞质中清除。细胞内Ca^{2+}浓度的变化可以被Ca^{2+}结合蛋白感知，其可扩散不同的生理刺激信号（见第18章）。

3.1.3 生物膜的选择透过性由包括整合膜蛋白在内的运输系统来保证

离子、营养物质和代谢物穿越细胞质膜和细胞内膜的受控运输，是整个植物体和细胞新陈代谢所不可或缺的。运输是由位于脂双层内的跨膜蛋白来完成的。这些所谓的运输蛋白在很多方面都与普通的酶一样，但有一个重要的区别，即运输过程是矢量性的（vectorial）（也就是既有大小又有方向），而酶促反应是标量性的（scalar）（即只有大小）。和酶一样，所有的运输系统都表现出一定程度的底物特异性，并且通过降低运输所需的活化能来起作用。

所有膜运输系统都有跨膜蛋白和整合膜蛋白。它们含有一串强亲脂（疏水）的氨基酸序列，可以与膜磷脂的脂肪酸酰基链相互作用。亲水性分析（hydropathy analysis）（信息栏 3.1）利用先前确定的氨基酸序列来鉴定可能的整合膜蛋白。一个 α 螺旋必须含有大约 20 个氨基酸残基，以保证跨越疏水的脂双层。亲水性分析可以鉴定出能形成跨膜螺旋的疏水性氨基酸序列。虽然所有的跨膜运输蛋白都有跨膜组分，但是有些运输系统还需水溶性调控蛋白亚基，以协助发挥全部的催化活性。

信息栏 3.1　亲水性分析用氨基酸序列数据来识别跨膜多肽

因为所有的运输系统都包含固有的膜蛋白，所以一对明显的问题是：“蛋白质的哪个结构域跨膜，哪个结构域暴露在水相中？”对于已知蛋白序列的蛋白质而言，人们设计出了一种简单的检测方法。这个检测运用了多肽的识别特征，即一个多肽在高度疏水的环境中（如膜）将采取 α 螺旋的构象。以一个 α 螺旋（沿螺旋每上升 0.15nm 就有一个氨基酸残基）和膜脂的疏水部分（磷脂双分子层的脂肪酸侧链约有 3nm 长）的大小计算，假定 α 螺旋与膜平面垂直，那么跨过膜的碳氢化合物核心大约需要 20 个氨基酸残基。

人们可以根据组分中氨基酸残基的平均亲水性来预测一个多肽位于双分子层中的可能性。每一种通用氨基酸都被分配了一个“亲水性指数”，用以反映该氨基酸在水中的溶解度；数值范围从最疏水的氨基酸（异亮氨酸）的 + 4.5 一直到最亲水的氨基酸（精氨酸）的 –4.5。于是就可以通过计算机确定一段蛋白质序列的平均亲水性指数。19 个氨基酸残基的平均亲水性指数如果大于 1.6，就可以将跨膜螺旋与深埋在球状蛋白中心部位的疏水结构域区别开来。因此，计算蛋白质的平均亲水性指数，应该先计算第 1~19 个氨基酸残基的指数，然后计算第 2~20 个氨基酸残基，依此类推。这种分析预测，倘若附近的疏水性残基数目足够多，倾向于在疏水相中形成稳定的分区，那么高亲水性的（甚至是带电荷的）氨基酸残基也可以留在膜脂中。实验证据支持了这种预测：在跨膜结构域中通过突变引入带电荷的氨基酸残基，并不一定改变跨膜蛋白的运输功能。

图 A 所示的是对植物 K^+ 通道蛋白 KAT1 进行亲水性分析的结果，图 B 所示的是用跨膜拓扑学术语对这些结果的解释。这种亲水性分析得到的是理论结果，因此需要通过实验来对这些预测进行验证。在理想情况下，跨膜结构域可以从晶体结构上来识别。另一种实验方法是构建嵌合蛋白，在跨膜蛋白的各个位置插入一个报告酶，如碱性磷酸酶。例如，有人把编码一个碱性磷酸酶的基因构建分别插入到 KAT1 第 95 位的谷氨酸（D95）或者第 128 位的赖氨酸（K128）上，然后表达在大肠杆菌（*Escherichia coli*）中。如果嵌合蛋白的碱性磷酸酶域定位于大肠杆菌的细胞质中，那么酶的活性不稳定；但是如果定位于胞外区域，酶的活性就稳定。实验结果是，人们检测到了嵌合体 D95 的碱性磷酸酶的活性，而嵌合体 K128 则没有（图 C）。这个发现与亲水性分析一致，因为 D95 和 K128 分别位于膜相反的两边，因此肯定会由一个跨膜结构域隔开。实际上，要确定蛋白质完整的拓扑学结构，需要构建许多这样的嵌合蛋白。这种方法确定了图 B 中的 KAT1 跨膜拓扑结构。

自从亲水性分析方法建立以来，人们提出了很多改进的理论方法，其中包括膜内电荷配对最大化技术。从膜平面的上面往下看，可以将膜蛋白的 α 螺旋看成是螺旋轮子（图 D）。图中显示的是 KAT1 的 S4 跨膜结构域的前 22 个氨基酸，每个字母代表一个氨基酸残基（标准氨基酸代码）。带正电的精氨酸残基以黄色表示。不同螺旋上的电性相反的残基倾向于相互结合，帮助形成蛋白质的三级结构。

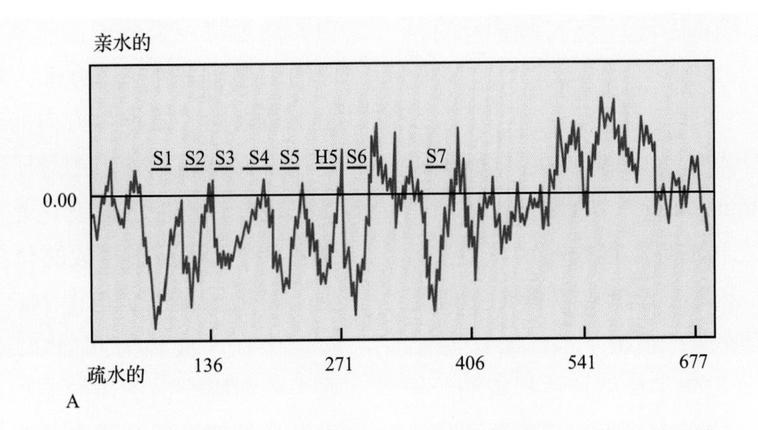
亲水的
S1
S2
S3
S4
S5
H5
S6
S7
0.00
136
271
406
541
677
疏水的

A

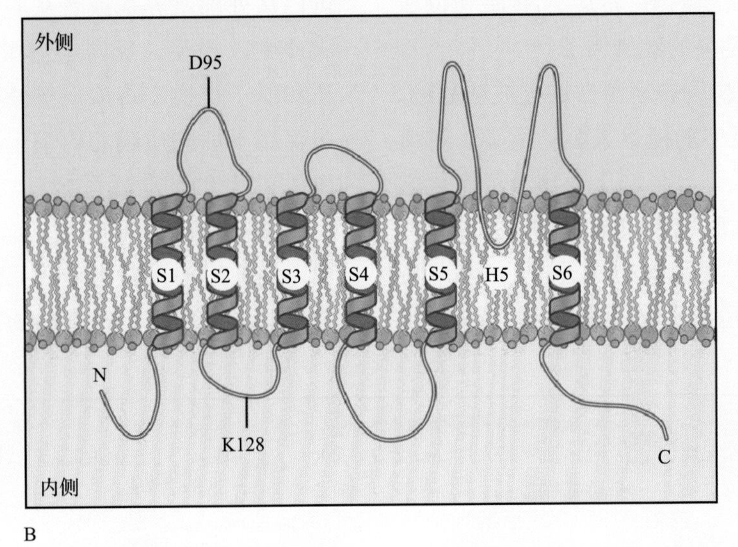
外侧
D95
S1
S2
S3
S4
S5
H5
S6
N
K128
C
内侧

B

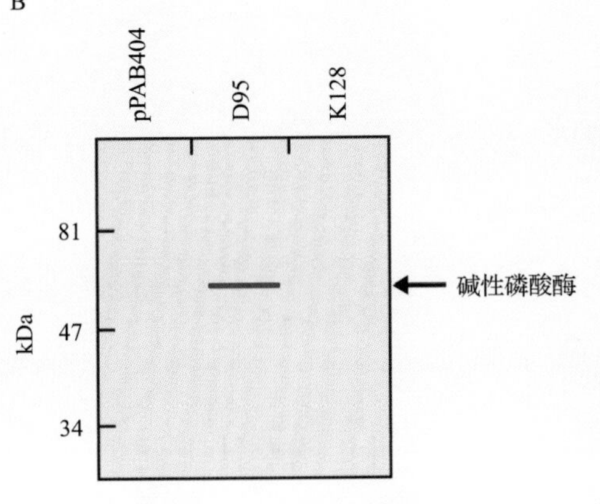
pPAB404
D95
K128
81
47
34
kDa
碱性磷酸酶

C

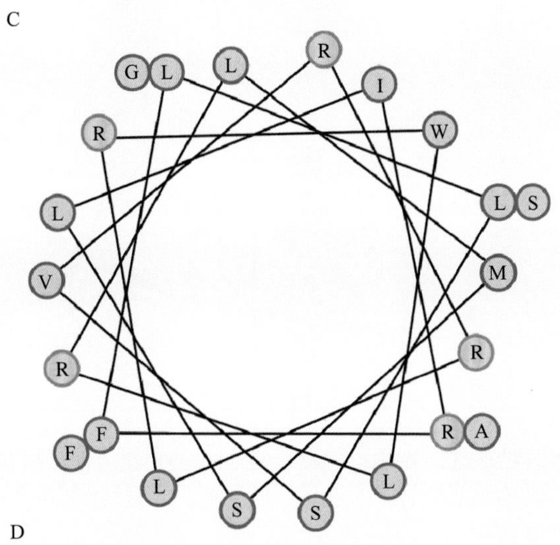
G
L
L
R
I
W
R
L
S
L
M
V
R
R
R
A
F
F
L
L
S
S

D

3.1.4 泵、通道、协同转运蛋白是膜运输系统的组成成分

膜运输系统被划分为泵（pump）、通道（channel）或协同转运蛋白（cotransporter）。尽管膜运输蛋白的生化分析显示它们之间的界限很模糊（见下文），但是这种分类仍然是必要的。泵可以催化主动运输，将水解 ATP（或者在某些情况下水解焦磷酸酯，PP_i）所释放的能量和逆电化学梯度转运特定的分子偶联起来。位于细胞质膜的 H^+ 转运 ATP 酶和位于液泡的 H^+ 转运 PPase 是泵的经典例子。

和泵相反，通道和协同转运蛋白进行被动运输，利用储存在电化学梯度中的能量来驱动运输。通道可以通过在膜上形成水孔，帮助化合物沿着电化学梯度扩散。位于保卫细胞质膜的 K^+ 和阴离子通道，是植物离子通道中研究很深入的例子（见 3.3 节）。不同于通道，协同转运蛋白（通常被称为载体蛋白）通过将一类分子在能量上不适合的“上坡”方向的运输与另外一类分子（典型的例子是 H^+）在能量上适合的“下坡”方向的运输偶联起来，从而逆电化学梯度转运特定的分子。对于所有被运输的分子来说，自由能的净变化是负值，从而不需要 ATP 或者 PP_i 水解直接释放的化学能就能使运输反应发生。催化与 H^+（或者是 Na^+）同向溶质流动的协同转运蛋白，被称为同向转运体（symporter）。因为质子跨细胞膜向胞质的流动是被动的，同向转运体可以从外部培养基或者从胞内区室将溶质转运至细胞质中。相反，反向运输蛋白（antiporter）通过溶质和质子交换，将溶质排泄到胞质外。反向运输蛋白存在于细胞质膜和内膜上。蔗糖运输蛋白将糖的积累和 H^+ 的运动联系起来，是协同转运蛋白的例子。上述过程的概述见图 3.2。

各种运输蛋白类型之间的这些差别，并不能用来描述清楚所有运输蛋白的机制。如下文所述，一

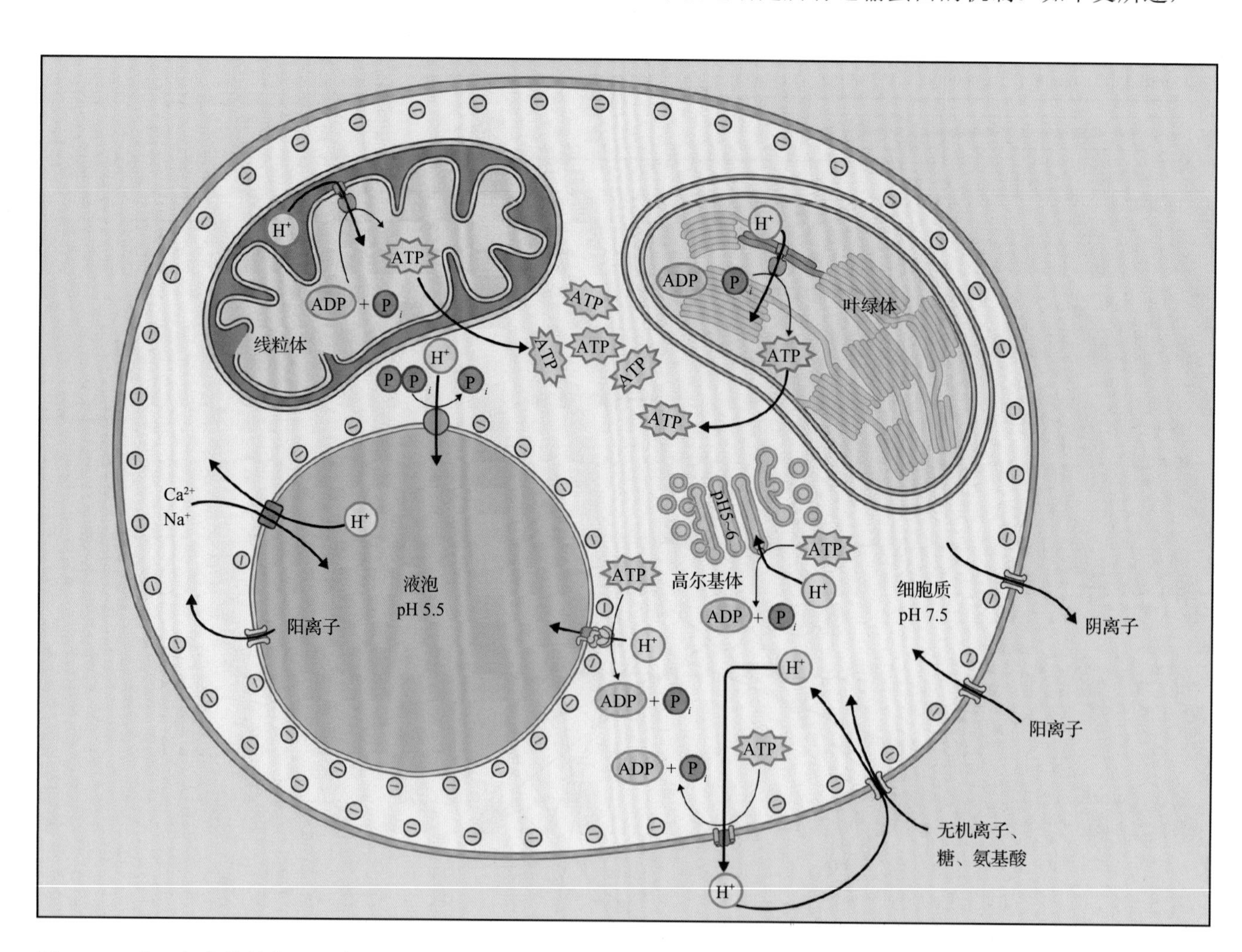

图 3.2 一个理想化的植物细胞中化学渗透过程的概述。在线粒体和叶绿体中，H^+ 浓度梯度所蕴含的能量可用来合成 ATP。H^+ 泵通过水解 ATP 和 PP_i，建立起细胞质膜和液泡膜两侧的质子浓度梯度。通过整合膜通道和协同转运蛋白，由 H^+ 泵所建立的电化学势能用来运输很多离子和小的代谢产物

些离子通道也具有类似协同转运蛋白的活性，并且一些协同转运蛋白可以形成一个水孔，像通道一样发挥作用。而且，即使是ATP水解泵，也利用通道类似的结构域进行底物的跨膜运输。

3.1.5 不同类型运输蛋白的运输速率不同

运输活性是运输速率（每一个运输蛋白在单位时间内转运分子的数目）和膜上运输蛋白数目的函数。泵的速率相对比较慢，每秒运输约100个分子。这是因为泵要经历大的构象变化，将代谢反应和运输偶联起来。协同转运蛋白可能在转运过程中经历构象变化，但是转运速率比泵大，每秒大约运输10^3～10^6个分子。通道在运输过程中并没有构象变化，能够催化的离子流为10^6～$10^7 s^{-1}$。

运输速率的不同可以解释为何不同运输蛋白的丰度差异巨大。如下文所述，泵的运输速率慢，产生驱动一系列同向转运体和反向运输蛋白的质子梯度。$1\mu m^2$的膜可能含有数百到数千个泵蛋白，但是通常仅含有1～10个通道蛋白。通道的快速运输速率有利于对单个通道分子进行电生理分析（见3.3.2节）。

3.1.6 化学和电势梯度驱动跨膜运输

跨膜运输的方向是由运输系统的驱动力决定的。驱动力是可以根据跨膜溶质电势内在的自由能进行量化计算的（信息栏3.2），不论是涉及H^+、其他无机离子或者有机溶质（如蔗糖和氨基酸）。不带电荷的溶质的跨膜电位强度（$\Delta\mu$）或者离子的跨膜电位强度（$\Delta\overline{\mu}$），是能够以标量反应相关的自由能（$kJ\cdot mol^{-1}$）为单位进行量化描述的。溶质的跨膜电化学势的极性（正负号）决定了运输流动的方向。在细胞质膜上，$\Delta\mu$或者$\Delta\overline{\mu}$是负值意味着从外部培养基流进细胞质的被动运输；相反，如果是正值，则表示溶质或离子的吸收需要能量输入，因为被动流动的方向是向细胞外。

对于一个不带电荷的溶质而言，跨膜运输消耗或者释放的自由能是跨膜浓度梯度的函数。对于一个带电荷的溶质，三个因素决定了驱动力：溶质的电荷、跨膜浓度梯度以及跨膜电势的差异（信息栏3.2）。最后一个术语也称为膜电势或者膜电压，用V_m或者$\Delta\psi$表示。每一种离子都有其依赖浓度的化学势，然而每一种离子在特定时刻、特定膜的跨膜电势具有相同的值。通常情况下，植物细胞胞质侧

信息栏3.2 一种溶质的电化学势能由浓度差和电荷差来确定

在给定的介质中，一种不带电的溶质S的**化学势能**（**chemical potential**）可以由公式（3.B1）来定义，其中，μ_s^o是在$1mol\cdot L^{-1}$浓度下S的**标准化学势能**（**standard chemical potential**），R是气体常数（$8.314J\cdot mol^{-1}\cdot K^{-1}$），$T$是绝对温度（以K为单位），$\ln(a)$是溶质活度$a$的自然对数。对于不带电的溶质，$a$可以用摩尔浓度表示；但是对于带电的溶质，$a$常常根据溶质的电解来计算。化学势能的单位是$J\cdot mol^{-1}$。

$$\mu_s = \mu_s^o + RT\cdot\ln(a) \quad \text{（公式 3.B1）}$$

假设我们用膜隔离开两种水相介质，一种在细胞里（用下标c表示），另一种在细胞外（用下标o表示），如下图所示。我们可以用公式（3.B1）来计算一种不带电的溶质S在每种介质中的化学势能。我们可以用公式（3.B2a）和公式（3.B2b）分别计算S在介质c和介质o中的势能。

$$(\mu_s)_c = \mu_s^o + RT\cdot\ln[S]_c \quad \text{（公式 3.B2a）}$$

和

$$(\mu_s)_o = \mu_s^o + RT\cdot\ln[S]_o \quad \text{（公式 3.B2b）}$$

现在，我们只需简单地从公式（3.B2a）中减去公式（3.B2b），就可以计算S在膜两侧的**化学势能差**（**chemical potential difference**）$\Delta\mu_s$。标准化学势能相互抵消，我们得到了公式（3.B3），该关系确定了一种溶质跨膜浓度差中所储藏的能量。

$$\Delta\mu_s = RT\cdot\ln[S]_c - RT\cdot\ln[S]_o = RT\cdot\ln\{[S]_c/[S]_o\} \quad \text{（公式 3.B3）}$$

$RT\cdot\ln\{[S]_c/[S]_o\}$这一项，与定义吉布斯自由能公式中的质量作用比例（mass action ratio）$RT\cdot\ln$

{[products]/[reactants]} 相类似，只是这里的反应物和产物是根据它们的空间位置（细胞内和细胞外）而不是它们的化学修饰来决定的。图中标示出了 S 的向量反应。习惯上，定义化学势能差是从胞质区室到胞质外区室 [因此，用公式（3.B2a）减去公式（3.B2b），而不是反过来]。

在表示溶质跨膜的能量关系时，$\Delta\mu_s$ 的极性是关键。对于一个给定的适当运输系统，一个正值表示把溶质运进胞质需要供给自由能，一个负值表示溶质将被动运输。当值为零时，表示达到平衡，即膜两侧的溶质浓度相等。正如吉布斯自由能的变化描述的是一个反应达到平衡的位置而不是达到平衡的速度，化学势能差的量值描述的是运输的能量学，而不能预测运输的速度。

考虑一种离子 I，携带有净电荷 z，z 对于阳离子是正的，对于阴离子是负的。因为离子带电，所以离子的全部能量势能会受到跨膜电势能（V_m）的影响。这样，需要在公式(3.B1)加上一个附加项，这样我们就可以用公式（3.B4）来表示离子的**电化学势能**（**electrochemical potential**），其中 $\bar{\mu}_I{}^o$ 是 I 在 $1mol \cdot L^{-1}$ 时的**标准电化学势能**（**standard electrochemical potential**），F 是法拉第常数 [96 485C·mol^{-1}（库仑每摩尔电子）]，v 是介质的电势（单位：V）。最后一项中包含 F 是为了把电的单位转换成 J·mol^{-1}，而且 z 是无量纲的，所以公式中所有项就有了同一单位。

$$\bar{\mu}_I = \bar{\mu}_I{}^o + RT \cdot \ln[I] + zFv \qquad \text{（公式 3.B4）}$$

如果我们现在回到图中所示的模式细胞中，可以用计算 S 的化学势能差类似的方法来计算离子 I 的**电化学势能差**（**electrochemical potential difference**）。因此，对于在介质 c 和介质 o 中的离子 I，我们可以从公式（3.B4）中分别得出公式（3.B5a）和公式（3.B5b）。

$$(\bar{\mu}_I)_c = \bar{\mu}_I{}^o + RT \cdot \ln[I]_c + zF \cdot v_c \qquad \text{（公式 3.B5a）}$$

和

$$(\bar{\mu}_I)_o = \bar{\mu}_I{}^o + RT \cdot \ln[I]_o + zF \cdot v_o \qquad \text{（公式 3.B5b）}$$

公式（3.B5a）减去公式（3.B5b），我们得到公式（3.B6），其中 $\Delta\bar{\mu}_I$ 是 I 的电化学势能差，V_m（$=v_c-v_o$）是电势差，或者更普通的说，是膜势能。

$$\Delta\bar{\mu}_I = RT \cdot \ln\{[I]_c/[I]_o\} + zF \cdot V_m \qquad \text{（公式 3.B6）}$$

因此，一个离子的电化学势能差，仅仅是化学势能和电势能的总和。当化学势能和电势能数值相等、符号相反时，和为零，离子没有任何的驱动力（即离子处于平衡）。对于在介质 c 和介质 o 的单个离子，将公式（3.B6）的 $\Delta\bar{\mu}_I$ 设置为 0，求得电压 V_m，就可以知道将特定离子的流向（流进和流出）逆转的膜电势（公式 3.B7）。

$$V_m = E_{ion} = RT / zF \cdot \ln\{[ion]_o / [ion]_c\} \qquad \text{（公式 3.B7）}$$

该公式可以改为更熟悉的形式：假定室温为 25℃（T=298K），通过乘以 2.303 将自然对数转换为底数为 10 的对数，从而可以替换公式中的常数 R 和 F：

$$V_m = E_{ion} = 59mV / z \cdot \log\{[ion]_o / [ion]_c\} \qquad \text{（公式 3.B8）}$$

这个电势被称为该离子的平衡电势（equilibrium potential）、E_{ion}，或者是能斯特电势（Nernst potential）。

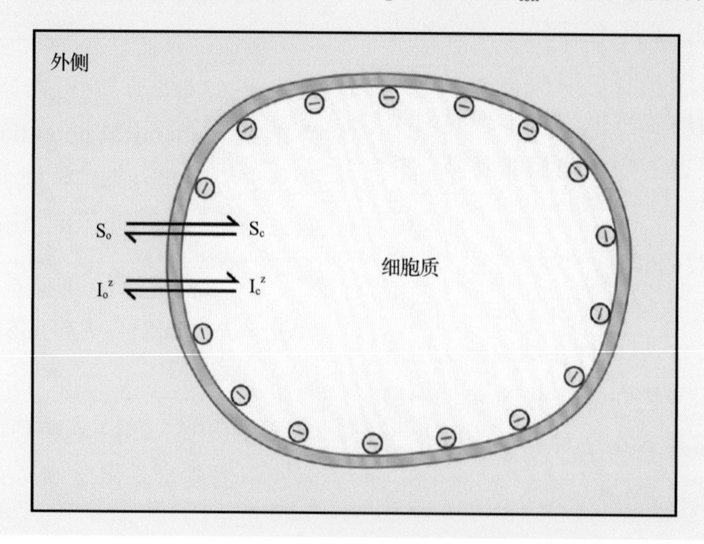

相对于胞外侧的跨质膜电压约为 –150mV。大多数细胞器膜的极化程度较低。通常认为液泡膜的跨膜电压为 –20mV，也就是说，液泡膜胞质侧相对于液泡腔侧的跨膜电压为 –20mV。

3.1.7 跨膜质子梯度是植物中能量节约的基础

质子电化学梯度，通常表示为质子动力（pmf），以伏特为单位（信息栏 3.3），构成了细胞中的一种主要能量流，与 ATP 和 NAD(P)H 同等重要。由线粒体内膜和叶绿体类囊体膜的电子传递链建立的跨膜 H^+ 势能驱动 ATP 的合成（见第 12 章和第 14 章）。在细胞的其他膜上，泵可以水解 ATP，驱动 H^+ 从细胞质中转运出去，以及将 H^+ 转入内膜系统或细胞外基质。产生的跨膜 H^+ 势能用于驱动其他离子和溶质通过通道和协同转运蛋白的跨膜运输（见图 3.2）。该化学渗透偶联假说最早用于解释 ATP 的合成，现在普遍认为是生物节能的一个通用机制。

位于细胞质膜和细胞器膜的 H^+ 泵是**生电的**（**electrogenic**）：由于它们从细胞质中清除的离子带有电荷，因此它们可以产生电流。所以，这些泵不仅对于 ΔpH（质子驱动力的化学组成）有直接贡献，也使 V_m（电组分）的负值更大。pmf 的定量定义（信息栏 3.3，公式 3.B12）可以用来估计将 H^+ 泵过细胞质膜产生的电化学势所含有的自由能。通常，细胞质的 pH 是 7.5，胞外细胞壁空间的 pH 接近 5.5。这种 100 倍的质子梯度，等同于在 25℃时大概 –120mV 的电压。假设跨细胞膜的 V_m 为 –150mV，pmf 可以计算为 –150mV +（–120mV）= –270mV。在植物细胞中，pmf 的值通常在 –200 mV 到 –300mV 之间。

3.1.8 H^+ 泵和 K^+ 通道是决定细胞膜电势的关键因子

膜电势或膜电压是由跨膜的阳离子和阴离子的梯度引起的。然而，只有那些在特定时间可透过膜的离子才会产生膜电势。例如，当阴离子通道被信号转导级联激活时，只有典型的跨膜阴离子梯度才能影响膜电势。改变膜电压所需要流经生物膜的离子量实际上非常小，因为细胞的电容（对于一个给定的 V_m 它所能容纳的电荷量）与其表面积相关，只需要很少的电荷就能给大多数细胞具有的小电容充电（信息栏 3.4）。膜电势是一个宏观参数，也就是说，如果 V_m 是通过比较膜两边放置的电极记录

信息栏 3.3 质子动力使跨膜 pH 差与膜势能相关

如公式（3.9B）所示，质子动力（pmf）是对储存在 H^+ 跨膜电化学势能差中的自由能的一个衡量标准，用伏特表示。

$$\mathrm{pmf} = \Delta\bar{\mu}_{\mathrm{H}^+} / F \qquad \text{（公式 3.B9）}$$

可以用信息栏 3.2 中的公式（3.B6）来计算相对于 H^+ 的 $\Delta\bar{\mu}_{\mathrm{H}^+}$（公式 3.B10）。

$$\Delta\bar{\mu}_{\mathrm{H}^+} = RT \cdot \ln\{[\mathrm{H}^+]_c / [\mathrm{H}^+]_o\} + zFV_m \qquad \text{（公式 3.B10）}$$

对于 H^+ 而言，$z = +1$。公式（3.B10）两边都除以 F，再把自然对数乘以 2.303 转换成以 10 为底的常用对数，我们得到公式（3.B11）。

$$\mathrm{pmf} = (RT/F) \cdot (2.303) \log\{[\mathrm{H}^+]_c / [\mathrm{H}^+]_o\} + V_m$$

（公式 3.B11）

公式（3.B11）可以在相当程度上进行简化，因为 R 和 F 是常量，以开尔文为单位的绝对温度 T 的值通常在一个很窄的范围里。而且，由于 $\log[H^+]_c = -pH_c$，$\log\{1/[H^+]_o\} = pH_o$，所以在 25 ℃下，我们得到公式（3.B12），其中右边第一项简化成 0.0591V。但是，在生物系统中用 mV 表示 pmf（和 V_m）更为方便，因此通过乘以 10^3，公式（3.B12）变成 $\mathrm{pmf}=59.1(\mathrm{pH}_o-\mathrm{pH}_c)+V_m$，其表明每一 pH 单位的变化在能量上等价于 59 mV 的膜势能。

$$\begin{aligned}\mathrm{pmf} &= [(8.314)(298)(2.303)/(96\,500)](\mathrm{pH}_o - \mathrm{pH}_c) + V_m \\ &= 0.0591\mathrm{V}(\mathrm{pH}_o - \mathrm{pH}_c) + V_m \\ &= 59.1\mathrm{mV}(\mathrm{pH}_o - \mathrm{pH}_c) + V_m\end{aligned}$$

（公式 3.B12）

信息栏 3.4　当有少量阳离子或者阴离子流经膜时，生物膜电势会迅速变化

膜电势是膜两侧电荷量有差异的结果。根据关系式 $Q=CV$，V 是电压，在特定电压下储存于膜上的电荷 [Q，用库仑 (C) 表示] 是膜电容 [C，用库仑每伏特每平方米 ($C \cdot V^{-1} \cdot m^{-2}$)，也就是法每平方米 ($F \cdot m^{-2}$) 表示] 的函数。对于大多数生物膜来说，$C$ 的计算方法是 $0.01F \cdot m^{-2}$，对于植物细胞的细胞质膜来说，V_m 的平均值为 –150mV。与细胞外环境相比，由于细胞内阴离子的积累超过阳离子，产生了 $0.0015C \cdot m^{-2}$ 的净电荷。

对于一个 40μm 长的植物细胞来说，假定细胞的形状近似于立方体，细胞质膜的面积就有 $10^{-8}m^2$。因此，通过使用法拉第常数，将库仑转换成摩尔当量，胞质中过量的负电荷就是（1.5×10^{-3} $C \cdot m^{-2}$）（$10^{-8}m^2$ 膜）/（96 500$C \cdot mol^{-1}$），大约为 1.5×10^{-16}eq（由于 F 指离子化的种类的数目，所以结果用摩尔当量而不用摩尔来表示）。如果细胞的胞质占细胞内体积的 10%（剩下的大部分由液泡占据），胞质的体积就是 10^{-11}L，所以过量的负电荷就是（2×10^{-16}eq）/（10^{-11}L）=20$\mu eq \cdot L^{-1}$。假如胞质中总离子强度超过 200$meq \cdot L^{-1}$，那么离子不平衡不超过万分之一。换句简单的说法，由于膜的电容量非常小，因此膜电荷的改变仅需要非常少量的离子。

的膜电势得到的，那么无论电极放置得离膜有多远，膜电势应该是相同的。跨生物膜产生膜电势有几种方式。如 3.1.7 节所述，代谢型偶联泵（通常是 ATP 酶）从细胞质中运出 H^+，对细胞中 V_m 的静息值产生很大的影响，并驱使 V_m 变为负值（图 3.3）。在稳定状态下，生电泵的持续运作会由其他运输系统引起的反电荷运动进行补偿。电荷的运动可能包括正电荷向细胞质中的流动（如由质子偶联的同向转运体介导）（见 3.4 节），或者负电荷流出细胞的流动。

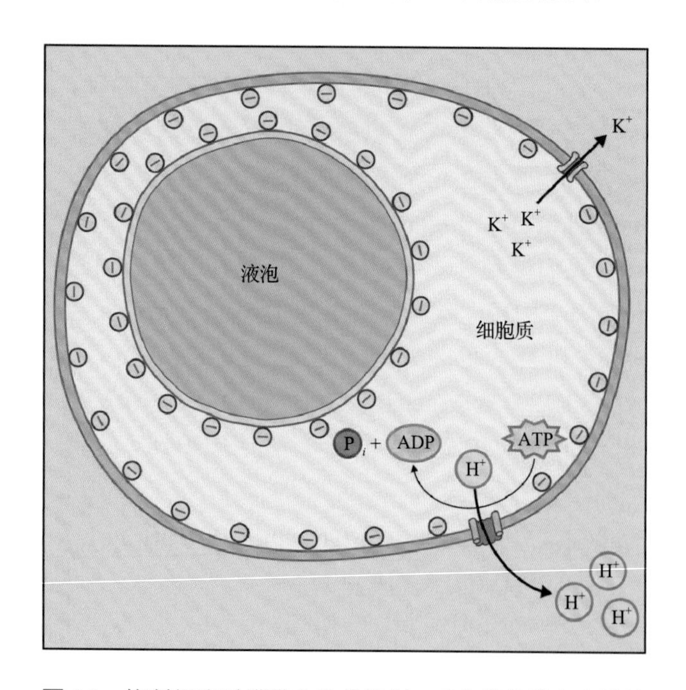

图 3.3　控制细胞质膜膜电势的机制。正电荷从膜内向膜外转移，使膜电势更负。质子泵和外流型 K^+ 通道如图所示

影响 V_m 静息值的第二个主要因子是 K^+ 跨越细胞质膜的巨大梯度，以及随后 K^+ 由细胞质通过 K^+ 通道进行的运输（见图 3.3）。植物保持细胞质中的 K^+ 浓度在 150$mmol \cdot L^{-1}$ 左右。细胞外的细胞壁空间的 K^+ 浓度很低（如 0.1 ～ 5$mmol \cdot L^{-1}$），而且至少有一部分 K^+ 通道通常是开放的。K^+ 通过 K^+ 通道流出细胞的趋势，可以在细胞内产生过量的负电荷，产生 V_m 负值。然而，当膜电压的负值变得很大时，K^+ 从细胞的渗漏会停止。假设跨越细胞膜的 K^+ 梯度有 100 倍，使通道介导的 K^+ 流出停止所需的负电压（即 K^+ 的平衡电势，见信息栏 3.2）大概是 –120mV。

尽管植物膜系统中固有的高 K^+ 可渗透性和生电 H^+ 泵活性之间的平衡通常决定了它们的静息 V_m，但是任何可以跨膜传递离子（因而产生电流）的运输系统都会影响 V_m。在某些条件下，膜对阴离子或 Ca^{2+} 表现出瞬时的高渗透性。这通常会导致 V_m 瞬时的正向摆动，或者是阴离子流出细胞，或者 Ca^{2+} 流进细胞引起膜的去极化（见 3.3 节）。

3.1.9　泵、通道和协同转运蛋白的活性通过它们各自对化学梯度和膜电势的影响而相互作用

尽管将各个运输蛋白分别独立进行研究是很有用的，但是细胞中任何运输蛋白的活性都会通过改

变膜电势或化学梯度，或者同时改变两者，从而影响其他运输蛋白，将这些考虑进去也很重要。因此，泵、通道和协同转运蛋白的整合作用，决定了细胞吸收营养物质和进行其他生理功能的能力（图 3.4）。然而，质子泵可以主动消耗能量，建立一个 pmf，被动运输蛋白（协同转运蛋白和通道）则是利用存储在 pmf 中的能量。依靠这些被动运输蛋白的转运机制，利用电势或化学势，或者同时利用二者来运输一个特定溶质。

pmf 对于吸收带负电和中性的溶质是非常有用的。例如，由于 V_m 是负值，将会抑制带负电荷的营养物质（如 NO_3^-）的吸收，因此吸收 NO_3^- 在能量上是不利的。H^+-NO_3^- 同向转运体通过介导一个净正电荷的吸收，将吸收一个 NO_3^- 和吸收两个 H^+ 偶联起来，克服了这种障碍（见图 3.4）。通过这种方式，H^+ 的化学势和有利的电势可以被利用，能够吸收 NO_3^-。

H^+-Gly 同向转运体可以逆甘氨酸（Gly）梯度，介导不带电荷的 Gly 的吸收，而负值 V_m 并没有什么影响（见图 3.4）。1 H^+:1 Gly 运输蛋白的功能对化学势和电 H^+ 势的影响是相等的，通过排出一个质子来保持平衡。

负的 V_m 倾向于积累带正电荷的溶质，如 K^+。K^+ 是细胞质中最丰富的阳离子，它的吸收通常是逆着非常急剧变化的化学梯度进行。依赖 K^+ 的电化学势，可以在中等至高浓度的外部 K^+ 浓度的环境下（见图 3.4），利用电势经由通道进行 K^+ 的吸收。当外部 K^+ 浓度较低时，K^+ 的吸收与 pmf 或者其他适合的势能偶联起来，通过 K^+ 通道和平行的高亲和性 K^+ 运输蛋白的联合作用，以一种未知的运输机制进行。至于 K^+ 通道，只有 pmf 的电组分受到影响。H^+ 泵 ATP 酶每吸收一个 K^+ 就会排出一个 H^+，从而增加外部空间的 H^+ 化学势，但是维持 V_m。因此，由于没有影响 H^+ 的化学梯度，通道介导的 K^+ 吸收在能量上是高效的。

溶质吸收的能量对于运输功能的调控有额外的影响。在生理条件下，朝向植物细胞内部的急剧变化的 pmf，通常会防止反向运输的情况（例如，通过同向转运体释放 NO_3^- 和 H^+），但是当人为施加质子和溶质梯度的时候，许多协同转运蛋白是完全可逆的。在任何一种情况下，H^+ 和溶质的运输是紧密偶联的。最近获得了协同转运蛋白的晶体结构，揭示了这种偶联是如何实现的。相反，离子通道（如 K^+ 通道）可能会频繁遇到 K^+ 电化学势倾向于释放 K^+ 的生理状态，例如，当暴雨过后外部的 K^+ 浓度下降的时候。对于这类运输蛋白来说，门控是非常重要的。门控是指通道开放和关闭的调控，它决定了在哪种条件下，通道允许底物的运动（见 3.3.5 节）。

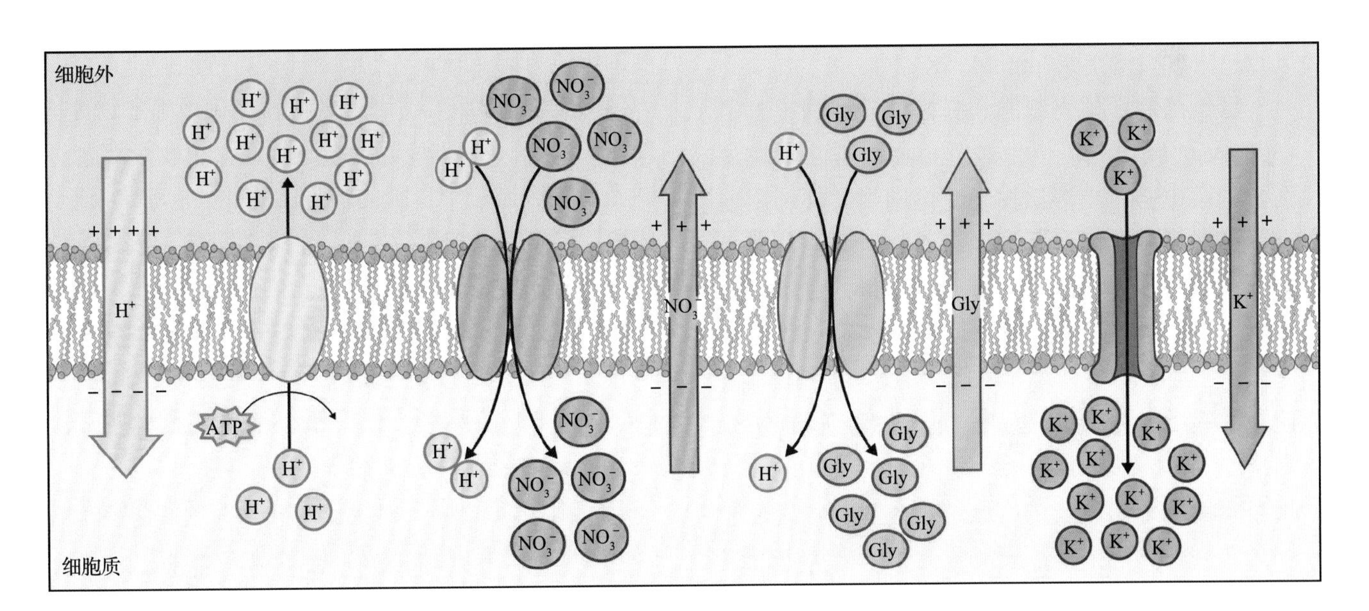

图 3.4 该图描绘了一个细胞质膜 H^+ 泵（黄色）、一个 K^+ 吸收通道（蓝色）、一个 H^+ 偶联的硝酸盐转运蛋白（红色），以及一个 H^+ 偶联的氨基酸转运蛋白（绿色），能够介导吸收不带电荷的氨基酸（如甘氨酸，gly）。每一种溶质有自身的电化学势（带颜色的大箭头），它是由膜两边的溶质的化学浓度梯度、电荷（如果带电荷）以及膜两边的电荷差异决定的。如果溶质在细胞质中的浓度高于质外体，化学势能倾向于释放溶质。由于活细胞普遍带有负的膜电势，电势倾向于释放带负电荷的溶质、吸收带正电荷的溶质。电势对不带电荷的溶质没有任何作用

3.2 泵

3.2.1 线粒体内膜和类囊体膜上的 F 型 ATP 酶是合成 ATP 的 H^+ 泵

在植物的线粒体内膜和类囊体膜上发现有 F 型 ATP 酶（也称为 ATP 合酶），具有合成 ATP 的功能。这两种膜分别含有由氧化还原势能和光能驱动的质子泵电子传递链，为质子在线粒体内膜空间和类囊体腔内中的积累提供驱动力（见第 12 章和第 14 章）。由这些电子传递链建立的质子梯度，可以驱动 H^+ 通过 F 型 ATP 酶回流，从而合成 ATP。F 型 ATP 酶的一部分（在植物线粒体里称为 F_0，在植物叶绿体中称为 CF_0）穿越膜并形成 H^+ 可通透性通道。酶的另一部分（在线粒体中称为 F_1，在叶绿体中称为 CF_1）很容易与跨膜部分分离，包含腺苷酸结合位点，并能在体外水解 ATP。通过 F_0 的 H^+ 流，造成 F_1 构象的大范围改变，从而合成 ATP。

信息栏 3.5　溶质吸收的能量学：一些阐述清楚的例子

为了阐述溶质吸收的能量学，首先假定细胞处于室温，并且膜两边有 10 倍浓度差的 K^+（细胞质中的 K^+ 浓度高于细胞外）。用信息栏 3.2 中的公式（3.B8），我们可以计算出 E_{K+} 为 –59mV。如果膜电势比 –59mV 更负，细胞可以通过像通道一样的被动转运蛋白积累 K^+。如果膜电势比 –59mV 更正，通道介导的 K^+ 流将会流向细胞外。因此，在这种情况下，E_{K+} 决定了细胞膜电势的范围，可以在已知的 K^+ 浓度梯度中允许 K^+ 被动内流。这里便有一个问题：假定细胞质中的 K^+ 为 $100mmol·L^{-1}$，膜电势达到极端的 –300mV，那么外部 K^+ 的最低浓度是多少，才能使通道介导的（被动）吸收理论上是可行的？根据公式（3.B8）可以算出浓度大概是 $0.7μmol·L^{-1}$ K^+！

虽然已经在植物细胞和真菌中已经测量到了 –300mV 的膜电势，但是对于植物而言，维持这么负的膜电势，当溶质梯度变化剧烈时仅利用通道可能非常困难。对于许多营养物质而言，能量上不利的溶质梯度可以被协同转运蛋白克服，在植物中协同转运蛋白经常将溶质转运和 pmf 偶联起来。已经证实多种营养物质利用这种运输机制，但是 K^+ 除外。细胞外空间的质子浓度（如 pH 5.5）高于细胞内（如 pH7.5）。两个 pH 单位的差异，相当于细胞外的质子浓度比细胞内高 100 倍。在一个偶联的系统中，每个离子的平衡电势可以组合在一起，获得一个整体的平衡电势。公式（3.B13）表示一个一价正电荷离子的吸收与质子吸收偶联的平衡电势方程，其中 m 和 n 表示转运的化学计量学 $m·ion^+$：$n·H^+$：

$$V_m = 59 / (m+n) \cdot (m \cdot \log\{[ion^+]_o / [ion^+]_c\} + n \cdot \log\{[H^+]_o / [H^+]_c\}) \quad \text{（公式 3.B13）}$$

因为 pH 是对数值，所以公式（3.B13）可以简化为：

$$V_m = 59 / (m+n) \cdot (m \cdot \log\{[ion^+]_o / [ion^+]_c\} + n \cdot \Delta pH) \quad \text{（公式 3.B14）}$$

其中，$\Delta pH = pH_c - pH_o$。

假设 pH_c=7.5，pH_o=5.5，$[K^+]_c=100mmol·L^{-1}$，$[K^+]_o=1μmol·L^{-1}$，公式（3.B13）或者公式（3.B14）告诉我们，一个细胞需要超极化细胞膜至比 –88.5mV 更负来转运 $1K^+:1H^+$，但是只需要 –19.7mV 来转运 $1K^+:2H^+$。通道介导的吸收，需要的膜电势比 –290mV 更负。即使方程的逻辑是令人信服的，植物科学家还是没有很明确地确定负责 K^+ 吸收的 $K^+:H^+$ 共转运蛋白。因此，生物学可能并不总是遵循一个合理的理论。此外，由于 K^+ 通道可以调整膜电势至负电压，在早期研究中人们认为在较低的外部 K^+ 浓度下，它们提供了质子泵驱动 K^+ 转运的一个机制。但是对于其他带电底物（如 NO_3^-），已被清楚证明是通过质子共转运来运输的。

如 3.1.9 节所述，对于吸收带负电荷（阴离子）的底物来说，质子偶联是特别有用的。公式（3.B8）阐明了原因：对于通道介导的一价阴离子（如 NO_3^-）逆着 10 倍浓度梯度的吸收来说，细胞内需要的膜电势比 +59mV 更高；在大多数植物细胞中，这个数值如果能达到的话也只是瞬间的。公式（3.B15）描述了协同转运蛋白的平衡电势，该协同转运蛋白将吸收一个一价阴离子与吸收两个质子偶联，从而将吸收一个负电荷转变成净吸收一个正电荷：

$$V_m=59\cdot(\log\{[\text{ion}^-]_o/[\text{ion}^-]_c\}+2\cdot\Delta\text{pH})$$

（公式 3.B15）

利用如上相同的质子梯度，逆着10倍阴离子梯度吸收，公式（3.B15）告诉我们，需要的膜电势比+177mV更负，这是一个可能经常达到的条件。

在发现F型ATP酶的膜上，F型ATP酶的亚基构成根据合成ATP的膜不同而不同。但是不管怎样，这类H^+-ATP酶包含一个普通亚基的“核心”，这个核心对于催化作用是必不可少的（图3.5），辅助亚基可能执行调节功能。调节作用对于夜间的叶绿体尤其重要，因为在夜间，由光能形成的质子梯度缺乏，必须阻止CF_1对ATP的水解（见第12章）。

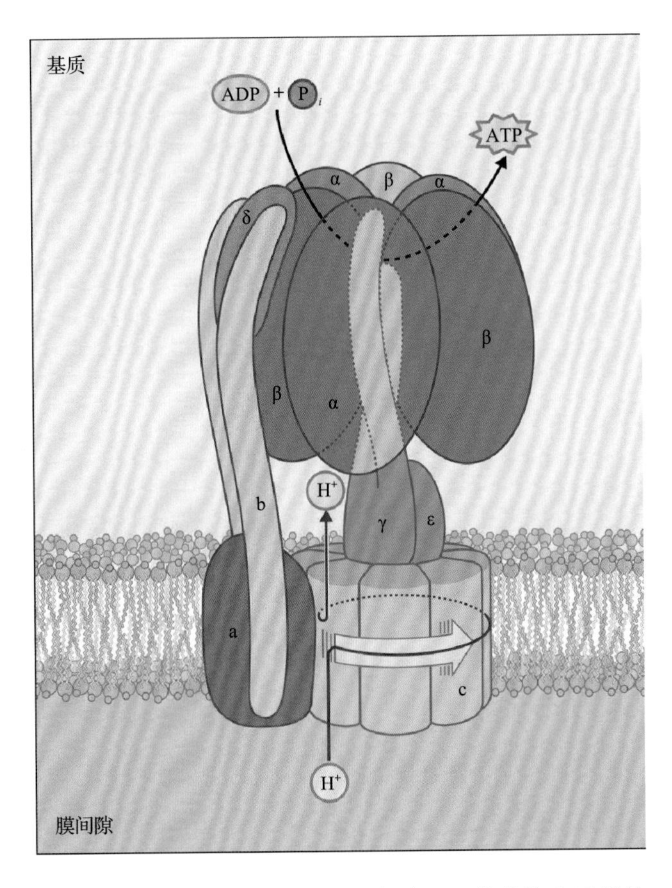

图3.5 线粒体ATP合酶——F型H^+-ATP酶的核心亚基的结构。F_0部分的普通亚基称为a、b和c。在从大肠杆菌获得的复合体中，这些亚基可以用$ab_2c_{9\text{-}12}$的化学计量法来表示。c亚基很小（8kDa），极端疏水并且有两个跨膜区域。b亚基具有一个跨膜区，防止从膜表面与F_1部分相互作用。F_1部分具有一个含有5个不同类型亚基的核心，化学计量法表示为$\alpha_3\beta_3\gamma\delta\varepsilon$。三个核苷酸结合位点主要位于三个β亚基上。黄色箭头表示当质子运输时c亚基的转动方向。c亚基的转动驱动着γ亚基的转动，因此改变了核苷酸结合位点的构象（见图3.6）

对来自牛线粒体F_1部分$\alpha_3\beta_3\gamma$复合体的晶体学研究表明，复合体上的三个腺苷酸结合位点（主要位于三个β亚基）有三种不同的构象。在任何一个给定时刻，一个结合位点处于开放构象，另一个位点松散地结合着一个核苷酸，第三个位点紧密地结合着一个核苷酸。这些研究为质子驱动ATP合成的构象模型提供了结构上的支持，这个模型假定ATP的合成是由F型ATP酶通过一个循环的催化过程来完成的。

根据这个构象模型，ADP和无机磷酸盐（P_i）首先结合到开放的核苷酸结合位点上。通过酶的F_0部分的质子流，引起由$\gamma\varepsilon_{10}$亚基组成的转子围绕由$\alpha_3\beta_3\delta ab_2$亚基组成的定子旋转。流过$F_0$的质子流，流过γ亚基的旋转，与$F_1$中的催化反应相偶联。γ亚基的旋转，改变所有三个核苷酸结合位点的构象。紧密结合位点开放，释放新合成的ATP到水相介质，原来的开放位点转换成松散结合位点，原来的松散结合位点形成一个紧密的口袋，ATP在其中自发合成（图3.6）。每合成一个ATP，F_0部分将总共净导入3个或者4个质子。可以用视频显微镜来观察实验中F_1或F_0不动时的旋转催化反应，其他的亚基复合体则用肌动蛋白丝或者金珠标记，可以直接观察。对来自大肠杆菌的酶用40nm金珠标记，观察到的旋转速率最高为每秒500转。

3.2.2 在催化反应中，P型ATP酶共价结合ATP的γ磷酸

由离子驱动的ATP酶是P型ATP酶，在反应循环中会出现酶-磷酸（E-P）共价结合的过渡状态。在MgATP的水解过程中，ATP的γ磷酸能瞬间与ATP酶的天冬氨酸残基共价结合，形成一个酰基磷酸键。对P型ATP酶的结构研究表明，除了结合ATP和释放ADP之外，这个酰基磷酸键的形成和水解，控制着泵内的构象转变，从而驱动离子的

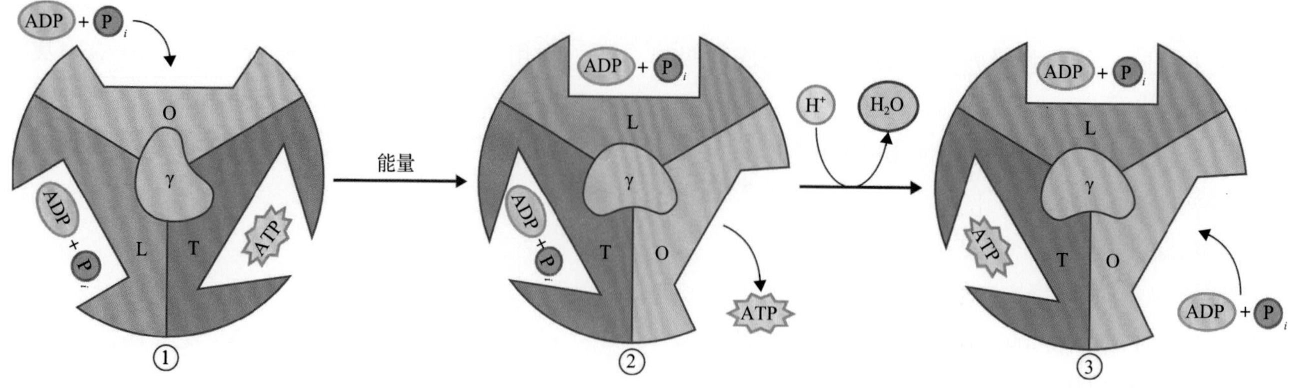

图3.6　由F型H^+泵-ATP酶合成ATP的模型。在任何一个时刻，三个核苷酸结合位点有各不相同的构象：一个位点是开放的（O），另一个松散结合（L），第三个位点紧密结合（T）。质子流通过ATP合酶造成γ亚基旋转。这种旋转引起三个核苷酸结合位点的构象从①向②改变，致使O位点变成了L位点，L位点变成了T位点，T位点变成了O位点。ADP和P_i首先结合到O型开放构象的位点上，当位点变成T构象时合成ATP。由O位点（②）释放ATP，以及ADP+P_i结合O位点（③）将在下一次旋转事件前发生

转运。

P型ATP酶包括：植物和真菌的细胞质膜（PM）的H^+-ATP酶，普遍存在于动物细胞质膜的Na^+/K^+交换ATP酶、动物和植物细胞质膜及内膜系统的Ca^{2+}-ATP酶（见3.2.6节），以及哺乳动物胃黏膜细胞中的H^+/K^+交换ATP酶。所有的P型ATP酶都可以被原钒酸盐（$H_2VO_4^-$）抑制，其可以与P型ATP酶结合形成E-P过渡状态的类似物，阻止反应循环。而且，所有P型ATP酶都含有一个共同结构域结构，能够反映出它们的功能属性（图3.7）。

3.2.3　与F型ATP酶利用pmf驱动ATP合成不同，P型质膜ATP酶通过水解ATP产生pmf

质膜H^+-ATP酶是一个100 kDa左右的单一多

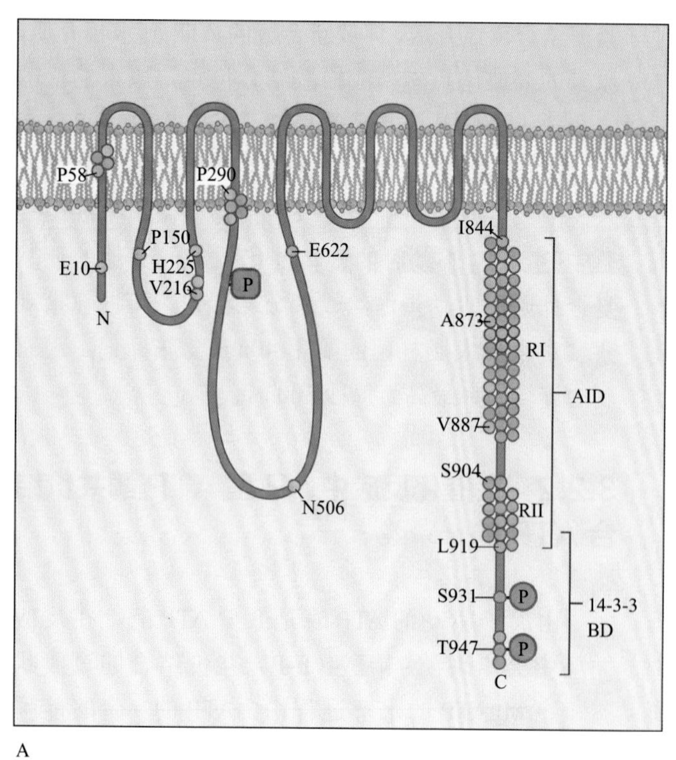

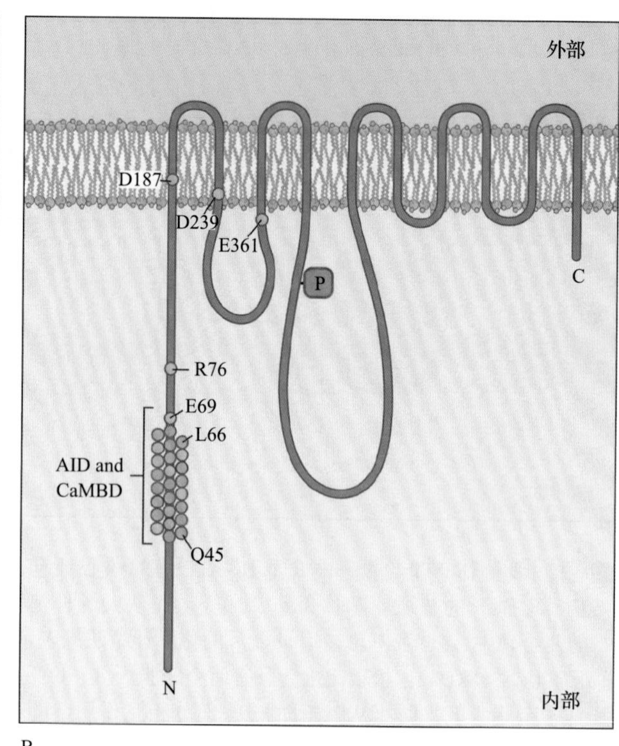

图3.7　P型H^+-ATP酶（A）和植物细胞膜型Ca^{2+}-ATP酶（B）的膜拓扑结构及C端自抑制结构域（AID）的位置示意图。H^+-ATP酶的自抑制结构域划分为两个部分，分别是RI和RII。Ca^{2+}-ATP酶的钙调蛋白结合结构域（CaMBD）和H^+-ATP酶的14-3-3结合结构域（BD）中的重要磷酸化位点也在图中标示。来源：Lone Baekgaard et al.（2005）. J Bioenerg Biomember 37: 369-374

肽，每水解一个 MgATP，就将一个 H^+ 泵出细胞。酶的不同构象（即 E1 和 E2 状态）分别把 H^+ 结合位点暴露于膜的两面（图 3.8）。将结合的 H^+ 暴露给质外体的这种构象变化，与降低结合位点亲和力的另外构象转变相联系，使得 H^+ 可以解离。

由质膜 H^+ 泵 -ATP 酶产生的质子梯度可以被不同的协同转运蛋白利用，为转运提供能量，还通过影响 V_m 来调节离子通道的活性。质膜 H^+-ATP 酶也可以除去细胞质中过多的 H^+。许多代谢途径造成 H^+ 的净生成，为防止细胞质酸化，必须除去其中的一些 H^+。事实上，细胞质的 pH 非常稳定，保持在 7.1 ～ 7.5。

F 型 H^+-ATP 酶以质子梯度为驱动力合成 ATP，而质膜 H^+-ATP 酶则与之不同，逆向催化相同的反应。那么该反应的方向是如何决定的？驱动力的大小并不能回答这个问题；在线粒体基质中 ATP 水解所需的 ΔG 和在细胞质中的相似，大约都是 $-50kJ \cdot mol^{-1}$。同样，跨线粒体内膜和细胞质膜的质子电化学势（$pmf \cdot F$）的数值大概是 $+25\ kJ \cdot mol^{-1}$。为了解释这个矛盾，我们必须考虑反应的化学计量学，即每水解或者合成一个 ATP 时 H^+ 移动的数目。在反应 3.1 中，H^+_i 和 H^+_o 分别代指膜内和膜外的 H^+。在公式（3.1）中定义了自由能的关系。如果 ΔG_{pump} 是负值，泵的反应从左往右；当 ΔG_{pump} 是正值时，则表示反方向的反应。因此，对于质膜 H^+-ATP 酶，每输送一个质子就会水解一个 ATP，$n=1$，$\Delta G_{pump}= -25kJ \cdot mol^{-1}$。相反，对于线粒体 F 型 ATP 酶，每磷酸化一个 ADP 分子就会转运多个质子，$n=3$，$\Delta G_{pump}=+25kJ \cdot mol^{-1}$。这种净流向的差异，可以比喻成推车上山，一个人可以推一辆车向前，但是如果车越加越多，最终将超过这个人的推力，滚下山去。

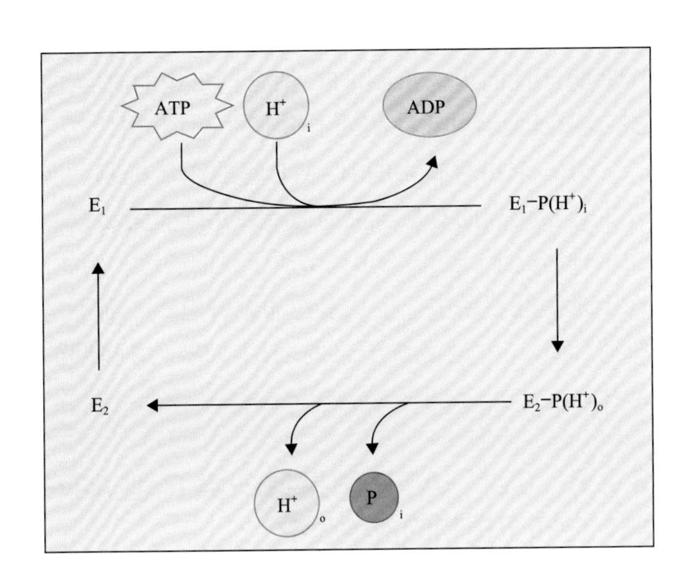

图 3.8 P 型 ATP 酶的反应循环。质子结合到具有 E_1 构象的 ATP 酶上。ATP 的水解和酶的磷酸化使酶变到 E_2 构象。E_2 构象对 H^+ 的亲和力较低，使结合的 H^+ 释放到膜的另一面。酶 - 磷酸键的水解释放 P_i，使 ATP 酶回复到 E_1 状态

反应 3.1

$$nH^+_i + ATP \longleftrightarrow nH^+_o + ADP + P_i$$

$$\Delta G_{pump} = n(pmf \cdot F) + \Delta G_{ATP} \quad \text{（公式 3.1）}$$

3.2.4 质膜 H^+-ATP 酶由多基因家族编码，其表达具有组织特异性

在拟南芥（*Arabidopsis*）中，质膜 H^+-ATP 酶由 *AHA* 基因家族编码。人们至少鉴定了 10 个 *AHA* 基因，每个基因编码一个不同的质膜 H^+-ATP 酶亚型。番茄（*Solanum lycopersicum*）、烟草（*Nicotiana tabacum*）和其他植物的质膜 H^+-ATP 酶也是多基因家族的成员。将 *GUS* 报告基因与特异的 *AHA* 基因启动子区融合，研究结果表明，不同亚型的表达是有组织特异性的。例如，*AHA3* 只在韧皮部伴胞、珠孔和发育中的种子珠柄中选择性地表达（图 3.9A）。对 *AHA3* 基因进行突变研究发现，*AHA3* 对于花粉的正常发育是必需的。相反，*AHA10* 主要在发育中的种子，特别是胚胎周围的珠被中表达（图 3.9B）。不同的亚型具有不同的生物化学活性。AHA1 和 AHA2 对于 ATP 的 K_m 值是 $0.15mmol \cdot L^{-1}$，而 AHA3 的 K_m 值要高 10 倍。

3.2.5 质膜 H^+-ATP 酶受一系列机制调控

大多数在新陈代谢中起关键作用的酶都会受到很强的调控，质膜 H^+-ATP 酶也不例外。当胞质 pH 降低时，这种泵会被激活。该酶的 C 端胞质区（见图 3.7A）会形成一个由两个保守域（RI 和 RII）组成的自抑制结构域。用蛋白质水解或遗传修饰除去自抑制结构域，可以显著地激活 H^+-ATP 酶。对两个保守区的任何一个进行点突变，也会有类似的效果。

真菌扁桃壳梭孢（*Fusicoccum amygdali*）是一种侵染桃树和杏树的病原体，对它产生的一种毒素——壳梭孢菌素（fusicoccin，FC）的研究发现，H^+-ATP 酶 C 端一个明显的扭曲对其有抑制作用（图

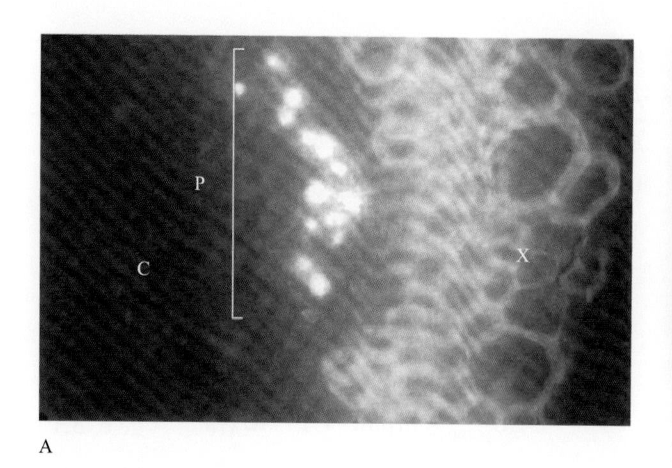

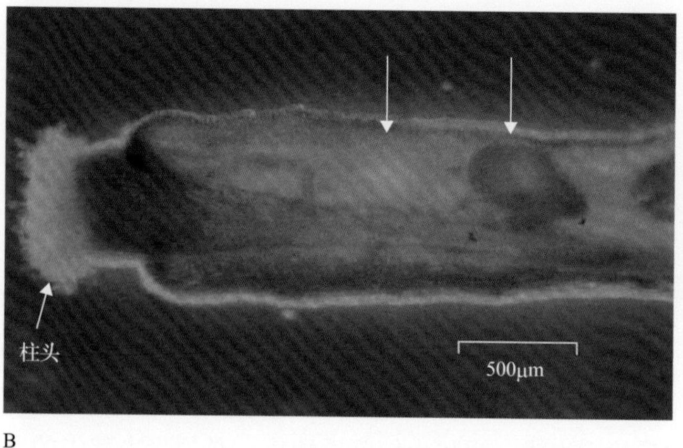

图 3.9 拟南芥中细胞质膜 H^+-ATP 酶同工酶基因的组织特异性表达。A. 表达 AHA3-c-Myc 融合蛋白的拟南芥茎的横切面，用免疫荧光检测 H^+-ATP 酶。细胞特异标记可以在部分韧皮部（P）细胞中看见，但在皮层（C）细胞和自发荧光的皮质部（X）细胞中看不见。B.*AHA10* 基因的启动子在发育的种子中表达，由 β- 葡糖醛酸糖苷酶（GUS）染色显示。箭头指出了拟南芥角果中两个正在发育中的种子。种子右侧的蓝色表明 AHA10-GUS 融合蛋白的表达。来源：图 A 来源于 DeWitt & Sussman（1995）. Plant Cell 7:2053-2067；图 B 来源于 Harper et al.（1994）. Mol Gen Genet 244:572-587

3.10）。FC 引起保卫细胞膨胀压升高，从而打开气孔，造成叶片枯萎。FC 作用的基本模式就是刺激质膜 H^+-ATP 酶，这种作用不仅在气孔保卫细胞里面有，在很多植物细胞类型中都存在。FC 通过解除 C 端的自抑制作用来激活酶。FC 受体是 14-3-3 蛋白，这些可溶性蛋白以二聚体的形式行使功能，结合到目标蛋白一段确定的共同序列上，这段序列包括一个磷酸化的丝氨酸（Ser）或者苏氨酸（Thr）残基。在未被感染的细胞中没有 FC，14-3-3 二聚体通过与质膜 H^+-ATP 酶的 C 端相互作用，调控质膜 H^+-ATP 酶的活性。倒数第二个苏氨酸残基的磷酸化可以稳定 14-3-3 的结合，并且增加泵的活性。这种磷酸化对环境因子特别敏感。例如，磷酸化在保卫细胞响应蓝光或者根细胞响应铝胁迫时都可以发生。

图 3.10 壳梭孢菌素的结构。壳梭孢菌素是由扁桃壳梭孢这种植物的真菌病原体产生的毒素。它对 P 型 H^+-ATP 酶有刺激作用

人们通过突变分析和 X 射线晶体学研究，建立了通过结合 14-3-3 蛋白激活质膜 H^+-ATP 酶的模型（图 3.11）。在这个模型中，质膜 H^+-ATP 酶以二聚体的形式存在，自抑制结构域的相互作用使其处于失活状态。倒数第二个苏氨酸残基的磷酸化可以促进 14-3-3 二聚体的结合，从而阻止自抑制结构域的抑制活性。如果再和另外两个 14-3-3 二聚体、两对质膜 H^+-ATP 酶单体结合，则会形成一个有活性的六聚复合体。扁桃壳梭孢显然同化了这个调控 H^+-ATP 酶活性的内在机制，FC 结合已形成的 H^+-ATP 酶 -14-3-3 复合体，使酶处于稳定的活性状态。

另一个相对独立的 H^+-ATP 酶的激活机制，涉及生长素诱导的对质子泵的激活作用（见第 2 章）。在这种情况下，生长素正调节质子泵的表达。例如，在玉米的胚芽鞘中，生长素在非维管组织（而不是维管组织）中激活质子泵的表达，诱导细胞壁的酸化。

3.2.6 Ca^{2+}-ATP 酶是另一类 P 型 ATP 酶，分布于植物的各种膜中

Ca^{2+} 泵 -ATP 酶分布于质膜、内质网膜、叶绿体被膜和液泡膜上。这些酶把 Ca^{2+} 泵出细胞质，从而把胞质中的自由 Ca^{2+} 浓度维持在 0.2μmol·L^{-1} 左

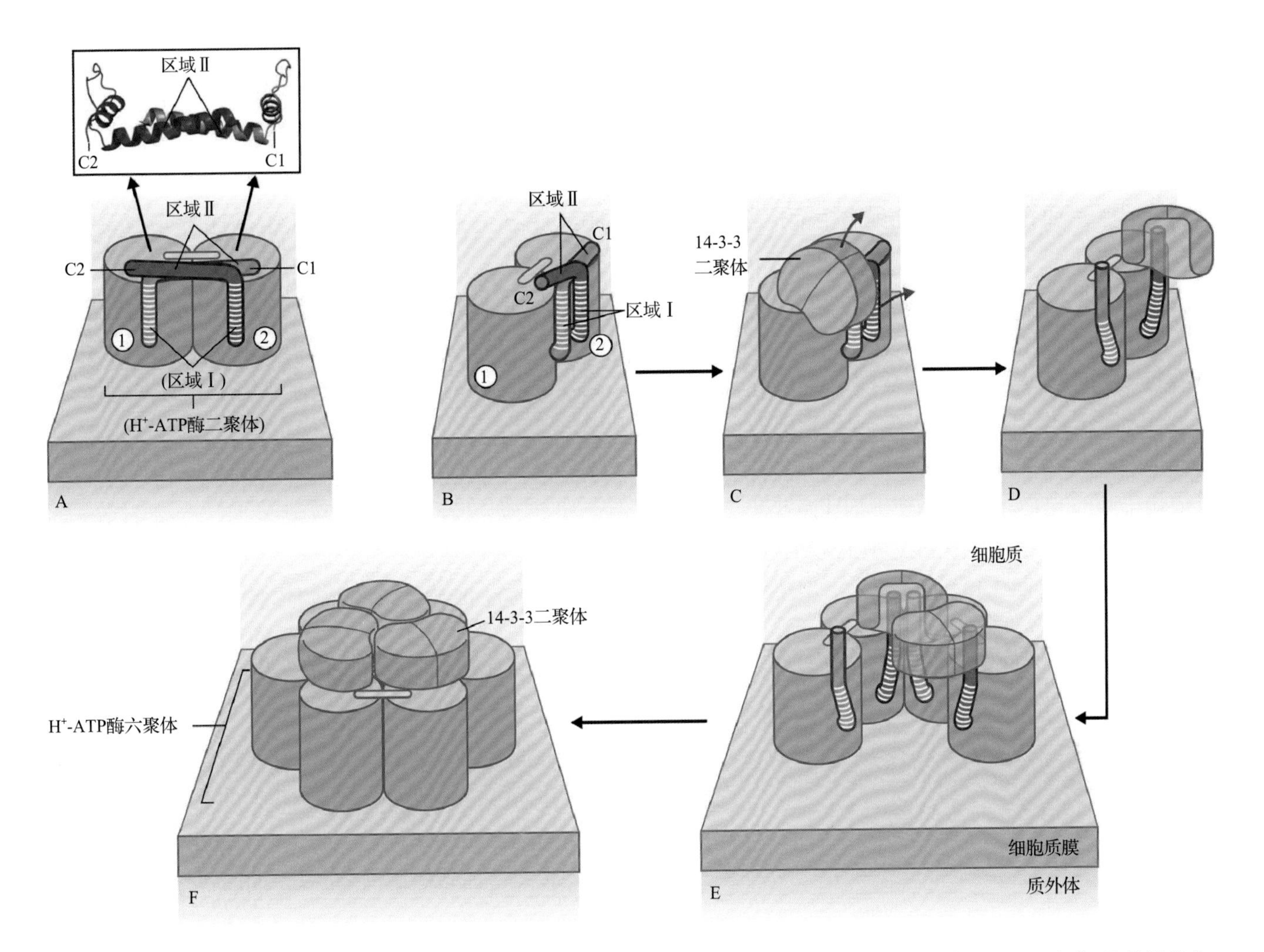

图 3.11 磷酸化和 14-3-3 蛋白的结合对细胞质膜 H^+-ATP 酶的激活作用模型。在图 A 和图 B 中，H^+-ATP 酶二聚体（单体是蓝色，单体之间的连接是黄色）和 C 端自抑制结构域（蓝色管状）相互作用，处于失活状态。从图 C 至图 E 中，H^+-ATP 酶的倒数第二个 Thr 残基的磷酸化促使 14-3-3 蛋白的结合。H^+-ATP 酶和 14-3-3 蛋白的结合会引起构象发生变化（红色箭头），如图（D）所示，解除了自抑制区Ⅱ的分子间联系，最终导致图 E 中形成两个 H^+-ATP 酶二聚体复合物。图 F 中，第三个 14-3-3/ATP 酶二聚体的结合，产生了有活性的六聚体复合物。来源：Ottmann et al.（2007）. Mol Cell 25: 427-440

右。这种低浓度的游离 Ca^{2+} 对于细胞防止磷酸盐沉淀是必需的，但是在真核生物中它成为构建刺激-响应偶联途径的基础。特定的生理刺激可以使胞质的 Ca^{2+} 浓度提高许多倍，但是仍然不超过微摩尔数量级。

在植物中发现的两种不同类型 Ca^{2+}-ATP 酶的名字，反映了动物中同源的泵的细胞位置。动物的 Ca^{2+}-ATP 酶仅存在于细胞质膜上，但是植物质膜类型的 Ca^{2+}-ATP 酶与之不同，存在于细胞质膜、内膜（包括内质网）和叶绿体内膜上。这些 Ca^{2+}-ATP 酶被钙调蛋白（CaM）激活，N 端有一个 CaM 结合域（见图 3.7B），这与动物质膜型 Ca^{2+}-ATP 酶的 CaM 结合域位于 C 端不同。实际上，植物质膜型 Ca^{2+}-ATP 酶是迄今唯一报道过的受 N 端调节的 P 型 ATP 酶。第二类 Ca^{2+}-ATP 酶则是内质网型 Ca^{2+}-ATP 酶，在植物和动物中都没有 CaM 结合域。人们通过分子克隆的方法从拟南芥中鉴定了一种内质网型 Ca^{2+}-ATP 酶，利用免疫化学方法发现其定位在内质网上。

酶泵送 Ca^{2+} 所克服的电化学势能是很大的，这不仅因为自由 Ca^{2+} 的浓度比膜的另一侧小好几个数量级，还因为胞质的负的膜势能对抗二价阳离子输出的影响力是作用在一价阳离子上的两倍。

3.2.7 液泡膜和其他内膜由液泡（V 型）H^+-ATP 酶供能

植物液泡的内腔呈酸性，pH 接近 5.5，比细胞质中的 pH 低 2 个 pH 单位。在大多数未成熟的果实和一些柑橘类果实中，液泡的 pH 能低到 3 以下，使得整个组织具有酸味。V 型 H^+-ATP 酶催化质子泵入液泡腔，为载体蛋白介导的膜运输供能，并使液泡产生低 pH，使水解酶处于最佳的酸性 pH 环境中。强有力的证据表明，V 型 H^+-ATP 酶也存在于植物细胞的内质网、高尔基体和网格蛋白有被小泡的膜上（正如在酵母和动物细胞中的情况一样）。这些区室的酸性 pH 有助于小泡分选、膜运输和蛋白质定位（见第 4 章）。

序列分析证明，V 型 H^+-ATP 酶和 F 型 H^+-ATP 酶有远源的亲缘关系，但是 V 型 ATP 酶在 ATP 水解方面独自起作用。每水解一个 ATP 所转运的 H^+ 的比率经测定为 2，尽管一些证据表明泵的化学计量依赖于腔的 pH，低 pH 会使平均比率小于 2。

在蛋白质水平，F 型和 V 型 H^+-ATP 酶的结构功能仍有区别（图 3.12）。因此，V 型酶可以分为一个与 F_1 类似并含有腺苷酸结合位点的可溶性 V_1 区，以及一个与膜结合、类似于 F_0 并构成 H^+ 膜通道的 V_0 区。可以预测的是，在 V_1 区和 F_1 区、V_0 区和 F_0 区的亚基间可能有一些同源性。然而，V 型 H^+-ATP 酶的亚基组成比 F 型 H^+-ATP 酶更复杂，还有一些证据表明 V 型 H^+-ATP 酶的亚基组成是可变的。大环内酯类抗生素巴弗洛霉素 A_1 是由链霉菌（*Streptomyces*）产生的极端疏水化合物，可以特异高效地抑制 V 型 H^+-ATP 酶，作用于酶的 V_0 区。

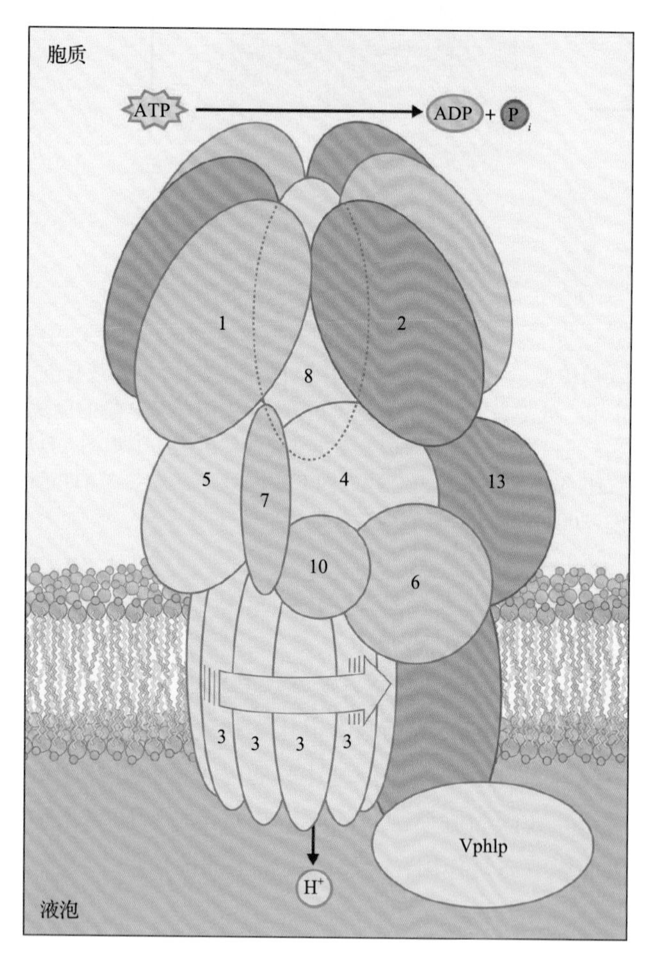

图 3.12 酿酒酵母（*Saccharomyces cerevisiae*）中 V 型 H^+-ATP 酶的结构模型。编号的亚基对应于 VMA1 ～ VMA8、VMA10 和 VMA13 的蛋白产物；图中还显示了一个附加亚基 Vphlp。亚基 1 和亚基 2（分别与 F 型 H^+-ATP 酶的 β 亚基和 α 亚基同源）的各三份拷贝在 V_1 上形成一个六聚亚基排列。V_1 上还有 8 个左右的亚基。V_0 区包括亚基 3（一个 16kDa 的高度疏水的主要亚基，由 F_0 的 8kDa 的 c 亚基的基因复制和融合而产生）的多个拷贝以及 4 个附加亚基

3.2.8 液泡膜上也有一种独特的 H^+ 泵——无机焦磷酸酶（H^+-PPase）

植物液泡膜上的辅助 H^+ 泵利用无机焦磷酸（PP_i）（而不是 ATP）水解产生的自由能来泵送 H^+。H^+-PPase 是否可以运输 K^+ 还存在争议。与 V 型 H^+-ATP 酶不同，PPase 是一种相当简单的酶，只含一类 80kDa 的多肽，但是具有多达 17 个跨膜结构域。H^+-PPase 的功能单位可能是一个同源二聚体。H^+-PPase 在植物中是普遍存在的，也存在于原生动物、真细菌和古细菌中的一些种中。在植物中，H^+-PPase 主要定位于液泡膜和高尔基体。

3.2.9 ABC 型泵在把两亲性代谢物和异生素汇集隔离进液泡的过程中起主要作用

种类繁多的次级代谢产物（包括类黄酮、花色素苷和叶绿素的分解产物）都被隔离在液泡中，或者是为了与代谢途径相隔离，或者是为了在液泡中发挥防御作用。另外，一些外源物（比如像除草剂这样的合成化合物）通过隔离进液泡，可以进行有效的解毒。所有这些化合物进入液泡小泡的运输都依赖 ATP，但是对消耗质子梯度的质子载体（protonophore）却不敏感。这说明运输是直接依赖 ATP 的，而不是通过与 pmf 的次级偶联来间接依赖 ATP 的。此外，运输对 V 型 ATP 酶的抑制剂——巴弗洛霉素不敏感，但是对钒酸盐敏感。

两性化合物的跨液泡膜的移动由称为 ATP 结合盒（ABC）的泵来进行。ATP 结合盒本身在结合 ATP 的酶（包括 F 型 ATP 酶）中有广泛的分布，而且它包括所谓的沃克尔基序 A 和 B（图 3.13）。ABC 运输蛋白家族很古老，在生命的各个层面都有

发现。哺乳动物的 ABC 运输蛋白已经研究得很深入，能够运输很多种化合物，包括化学治疗的药物和蛋白质。在细菌中，一些 ABC 运输蛋白参与吸收像磷酸盐和氨基酸这样的简单营养物质；在酵母中，一个 ABC 运输蛋白运出交配因子。已经确定 ABC 运输蛋白的结构域特征：一段跨膜序列，接着是一段结合核苷酸的折叠，这段折叠中有沃克尔基序。这种结构域的组成在运输蛋白的 N 端和 C 端两部分都发生了复制（图 3.13）。ABC 运输蛋白的晶体结构学研究显示，一个单体运输蛋白由两个跨膜域和两个核苷酸结合域组成。然而，并不是所有的 ABC 运输蛋白都由单基因编码：有些 ABC 运输蛋白基因编码运输蛋白的一半，推测其可以形成同源或者异源二聚体；有些运输蛋白由四个基因（两个跨膜域和两个核苷酸结合域基因）编码，有些是前两者的组合。

全基因组测序结果显示，植物拥有超过 100 个 ABC 运输蛋白基因，组成了最大的运输蛋白基因家族，表明其功能与其他物种中发现的一样具有多样性。例如，许多异生素在葡萄糖基化后被隔离到植物液泡中，ABC 转运蛋白可能与隔离作用有关。其他的化合物（包括类黄酮和一些异生素），已经知道是由 ABC 运输蛋白以谷胱甘肽结合体（GS- 结合体）的形式来运输的。在这些例子中，化合物必须首先通过谷胱甘肽 *S*- 转移酶的作用连接到谷胱甘肽上。然而，其他的化合物（如叶绿素的线性四吡咯代谢产物）不经预先结合就可以运输。拟南芥的一个 ABC 运输蛋白 MRP1 似乎专门运输 GS 接合体。另一个 ABC 运输蛋白 MRP2（图 3.13）不仅运输 GS 结合体，还运输未经修饰的叶绿素代谢产物（图 3.14）。几种哺乳动物的 ABC 运输蛋白也表现出宽范围的底物特异性，这对普通的运输系统而言是非典型的；大多数非 ABC 运输蛋白对优先的底物表现出很强的选择性。

对植物 ABC 运输蛋白仍有许多研究需要做。两类大肠杆菌 ABC 运输蛋白（维生素 B12 输入蛋白 BtuCD 和脂输出蛋白 MsbA）的完整晶体结构显示，运输机制可能依赖于每个特异的运输蛋白。比较 BtuCD 和 MsbA 的结构后发现，跨膜螺旋的数目和位置存在差异。例如，完整的 BtuCD 运输蛋白有 10+10 跨膜 α 螺旋，而不是典型的 6+6，这样的排列方式有利于从水周质中运进较大的维生素 B12 底物。MsbA 的脂类底物是在运输蛋白的跨膜域之间，从细胞质膜的内叶进入。MsbA 的结构是在缺乏脂类的情况下获得的，所以不清楚运输蛋白是否含有一个填充了脂类的孔，能够容纳疏水底物；或者是否在 ABC 转运蛋白和膜脂之间的界面上发生一个反应，将底物“翻转”到膜的另一面。

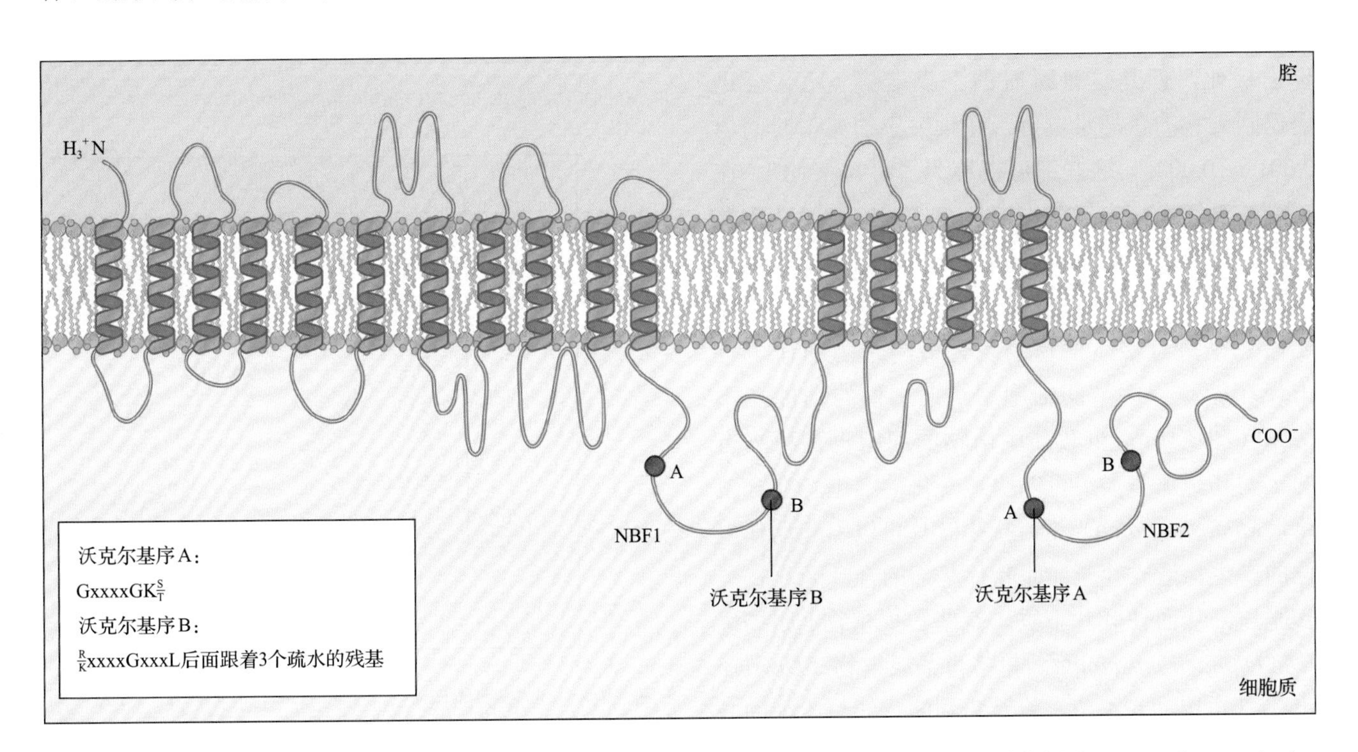

图 3.13 拟南芥的一个液泡 ATP 结合盒（ABC）转运蛋白——MRP2 的模型。两个结合核苷酸的折叠（NBF1 和 NBF2）中，每一个都含有沃克尔基序 A 和 B。NBF 由跨膜结构域隔开，跨膜结构域中包含多个与膜整合的螺旋

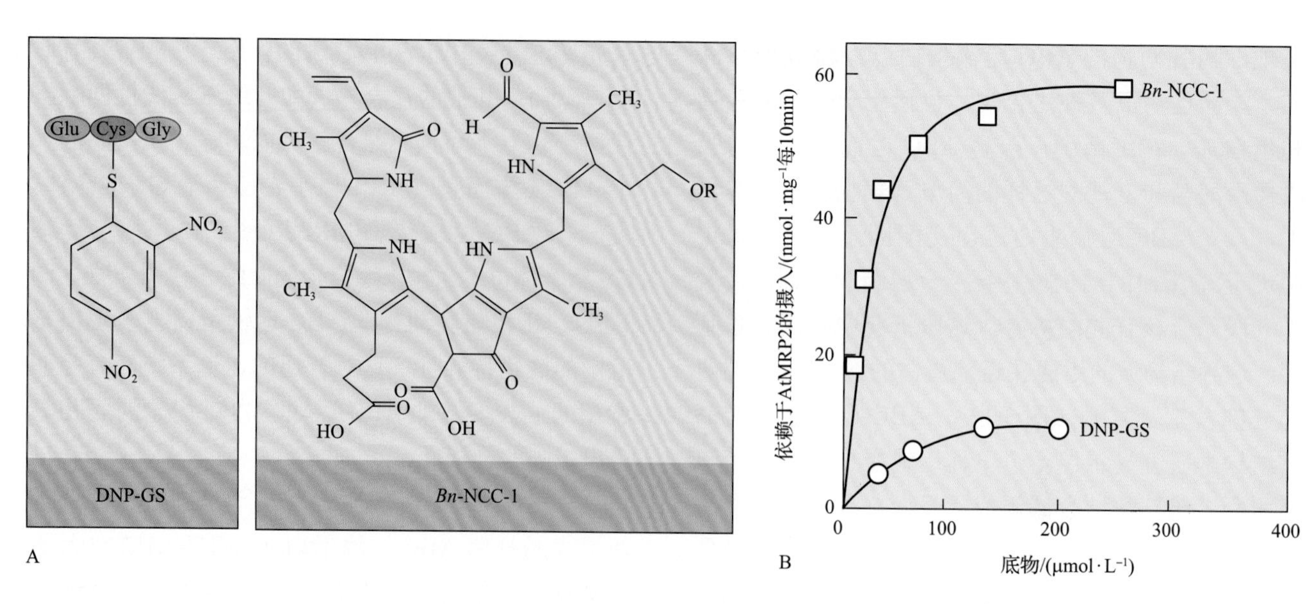

图 3.14 由拟南芥 ABC 转运蛋白 AtMRP2 介导的谷胱甘肽结合的异生素和叶绿素代谢产物的运输。A. 谷胱甘肽结合的异生素二硝基苯酚（DNP-GS）和欧洲油菜（*Brassica napus*）中的线性四吡咯（*Bn*-NCC-1）的结构。在 *Bn*-NCC-1 的结构中，R 表示一个丙二酰基团。B. 由 AtMRP2 介导的 DNP-GS 和 *Bn*-NCC-1 的浓度依赖性吸收

3.3 离子通道

3.3.1 离子通道在植物膜上普遍存在

在 20 世纪 50 年代早期，对乌贼神经轴突进行的经典研究中，观测到引起动作电位的电压激活的选择性离子流动。当膜去极化到一个比阈电压更正的电压值时，就会产生动作电位。随后会发生进一步去极化，但是这是瞬时的，膜电势（V_m）会迅速返回到它的负静息电位，在轴突中的典型时间为 0.001 ～ 0.002s。这些细胞被称为“可兴奋的”。在动物的神经系统中，动作电位在传播信号中有重要作用。一些类型的植物细胞是可兴奋的，如藻类细胞，尽管它们的动作电位比动物中相应的动作电位要慢三个数量级。植物中研究最清楚的动作电位出现在轮藻巨大节间细胞中，但它们的功能还不清楚（图 3.15）。少数陆生植物的细胞也是可兴奋的，尤其是那些大小可以快速变化的细胞。在含羞草（*Mimosa pudica*）中，抚摸叶片可以引起动作电位的产生，造成叶座（即叶片基部的合叶区）丧失膨胀压，从而使叶片下垂。有些食虫植物 [如捕蝇草（*Dionaea muscipula*）和茅膏菜属植物（*Drosera* spp.）] 也用动作电位，将对猎物的感知与后续的叶片运动偶联起来。

这些相当特殊化的例子看起来是例外，植物离子通道的主要功能和动物中的离子通道本质上还不一样。直到 20 世纪 80 年代中期，我们对植物离子通道才有所了解，当时神经生理学研究技术得到了发展并应用于植物细胞研究，证明植物中非可兴奋性细胞——保卫细胞中存在离子通道。离子通道在所有分析过的植物细胞类型和所有膜上都存在。对保卫细胞离子通道的研究使人们总结出目前所知的介导植物生理过程的离子通道网络功能模型。在对

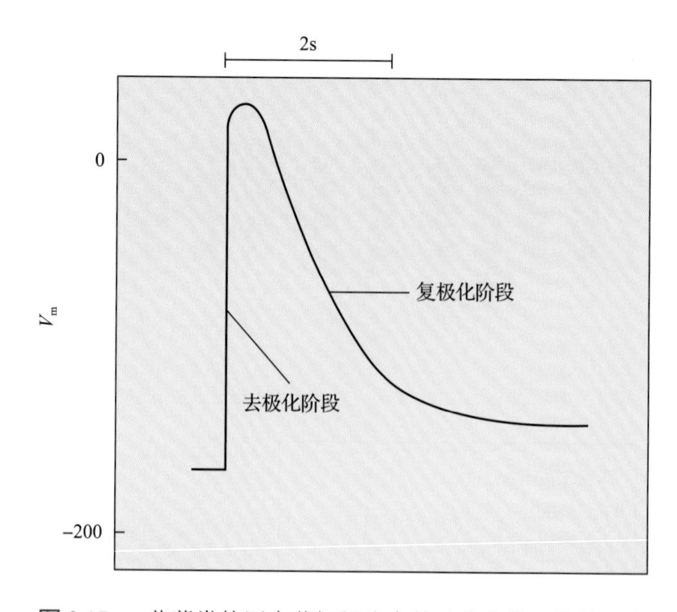

图 3.15 一些藻类的巨大节间细胞中的动作电位。随着一个去极化的刺激脉冲，膜电位迅速进一步去极化。去极化期之后是一个慢得多的复极化期。在复极化期，离子流使得 V_m 返回到它的初始值附近

一些特殊细胞类型（如保卫细胞、根表皮细胞和木质部薄壁组织）的研究中，人们已经运用电生理学、遗传学、分子生物学和基因组学工具，对不同类型植物离子通道的特定活性和生物学功能进行归类并建立工作模型。

3.3.2 运用电生理技术研究离子通道

膜片钳（**patch clamp**；信息栏 3.6）技术使得我们对植物离子通道的了解有了戏剧性的进展。在 20 世纪 80 年代初期，人们发展该技术是为了探测和鉴定可兴奋性动物细胞中的离子通道，而该技术实际上也适用于检测植物细胞质膜和完整的植物液泡。实质上，膜片钳技术可以检测离子流过通道时所携带的微小电流。实验者能够控制电化学驱动力的所有组成成分，即膜两边的介质，以及利用反馈放大器控制跨膜电压。

膜片钳技术能够用于测定单个蛋白分子（通道）传导离子的活性，也可以检测单个细胞的通道活性。利用全细胞膜片钳技术，可以对单个细胞中几百或者几千个离子通道的活性进行定量，同时也可以研究细胞响应不同的细胞信号和刺激时，这些离子通道活性的变化。通过对比生理响应（如保卫细胞的膨胀和收缩）中的离子流变化，可以确定特定离子通道类型的功能。膜片钳技术的主要优势是可以在相对较小的细胞里分析转运活性，这意味着大多数（如果不是所有）类型的植物细胞都可以运用该技术。

膜片钳技术的替代方法包括构建平面脂双分子层（图 3.16）测量单个通道，以及通过经典的微电极刺穿技术（图 3.17）研究不通过胞间连丝连接的大的完整细胞。脂质双分子层可以用来检测细胞内膜的通道活性，这些内膜的特点不适合进行常规的膜片钳分析（如内质网）。微电极穿刺记录需要使用具有相对完整细胞壁的细胞，但是膜片钳技术需要分离植物原生质体。

3.3.3 通过通道的离子流完全由电化学势能差驱动

通过通道的离子流动是被动的。与泵或离子偶

信息栏 3.6 用来测量离子电流的膜片钳技术

膜片钳技术的出现基于技术的进步、理论的思考和早期对神经递质激活的离子流的“噪声”分析。将一个钝尖的、高温打磨的玻璃微吸管压向生物膜，同时在微吸管的内部施加一个吸力，能够形成电学上的密封。这个密封形成很高的电阻（>1GΩ，或者 10^9 欧姆），可以限制膜和吸管之间的电流漏泄（图 A）；膜片钳体积很小，能覆盖吸管的顶端（几平方微米），大大减少背景噪声，从而能分辨单个蛋白通道。

图 B 和图 C 所示的就是典型的膜片钳的记录装置。膜片钳技术利用几种记录模式（图 A）。最初的密封结构是细胞贴附模式（cell-attached mode），它可以记录单个离子通道的活动，并不考虑细胞膜在胞质一侧的介质成分的调节。尽管它在植物细胞的可用性有限，但这种记录模式适用于研究与胞质的接触中断时失去活性的通道。将吸管从静息膜上拉开，产生一个内部凸出的膜片（inside-out patch），膜上胞质一面暴露在水浴介质中。膜两侧的溶液成分现在已确定；或者，覆盖在吸管尖上的膜片可以在高压脉冲或吸力下破裂，从而给细胞内部一个电通道。利用全细胞模式（whole-cell mode），可以监控整个细胞膜上的全体离子通道的活性。吸管里体积相对较大的介质与细胞内容物迅速交换，确定了细胞内的溶液。最后，如果在实现全细胞模式的情况下将吸管从细胞拉开，也会拉起一个膜泡，并在吸管尖上重新封闭，形成一个外部凸出的膜片（outside-out patch）。

将单个通道的电流除以一个电子的单一电荷绝对值（1.6×10^{-19} A·s）和离子价数，可以将通过一个开放通道的电流转化为运输速率（$ions\cdot s^{-1}$）。例如，Ca^{2+} 带两个正电荷，如果二价阳离子 Ca^{2+} 的一个通道介导的电流为 1pA（10^{-12}A），表示周转速率为每秒大于 3×10^6 个 Ca^{2+} 离子：

$$(10^{-12}\text{A})/[(1.6\times10^{-19}\text{A}\cdot\text{s})(+2)] = 3.125\times10^6\ \text{ions}\cdot\text{s}^{-1}$$

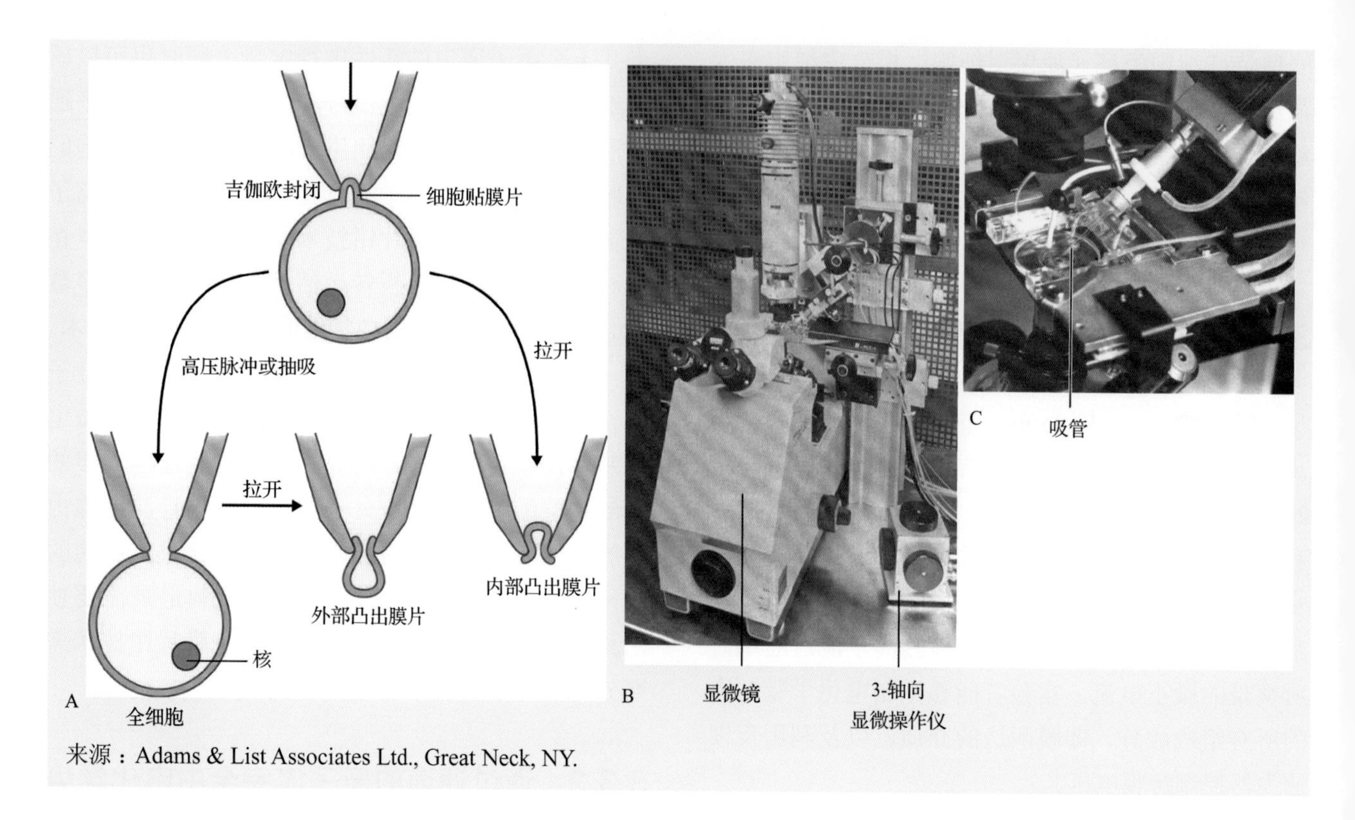

来源：Adams & List Associates Ltd., Great Neck, NY.

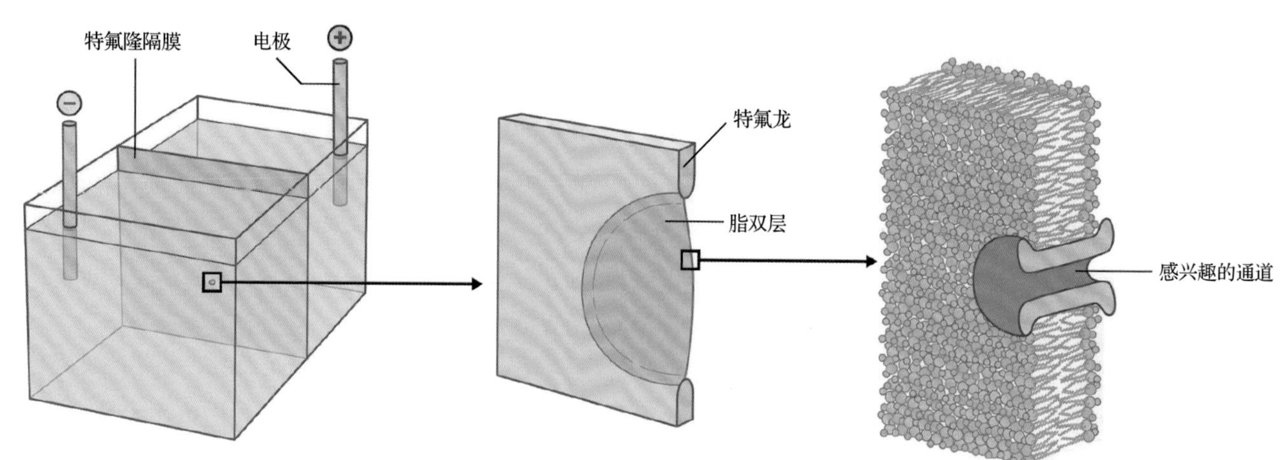

图 3.16 用平面脂双层来测定通道的活性。在隔离两个腔的特氟龙隔膜上的一个小孔（直径 0.1mm）中可以形成纯脂的双层。电极浸入隔膜两侧的溶质中，并与一个放大器相连。把分离的植物膜小泡引入一个腔，并与人工膜自发融合，从而把通道结合到脂双层上，这样就可以测量它们携带的电流

联的协同转运蛋白不同的是，通过一个通道的离子流方向完全由作用于该离子上的电化学势能梯度——$\Delta\overline{\mu}_{\text{ion}}$ 来决定（见信息栏 3.2）。通过单一通道的电流（图 3.18）可以作为膜势能的函数来进行作图，从而得到通道的电流 - 电压（*I-V*）关系（图 3.19）。如果单一通道的 *I-V* 关系是线性的，可以说其符合欧姆定律（$I=V/R$），R 是电阻。曲线的斜率 $1/R$ 是单一通道的电导（g），以皮西门子（pS）为度量。g 值是通道运输速率的一个量度，也是特定条件下给定离子通道类型的特征性数值。在通常情况下，g 随可通透离子浓度的升高而升高，因此明确说明测量 g 时的记录条件是很重要的。

通道介导的流入细胞质的电流定义为负值，在电流描绘图上表示为向下偏转，这个电流可以是阳离子流入细胞，或者是阴离子流出细胞。相反，阳离子的流出或阴离子的流入所携带的向外的电流定义为正值，在电流描绘图上表示为向上偏转。当 $\Delta\overline{\mu}_{\text{ion}}=0$ 时，没有总驱动力作用于离子，所以该离子通过通道的净流量为零，它所携带的电流也为零。这种作用于特定离子的驱动力为零时的膜电势，称为该离子的平衡电势或者能斯特电势（E_{ion}）。计算能斯特电势的方程见信息栏 3.2 中公式（3.B7）和

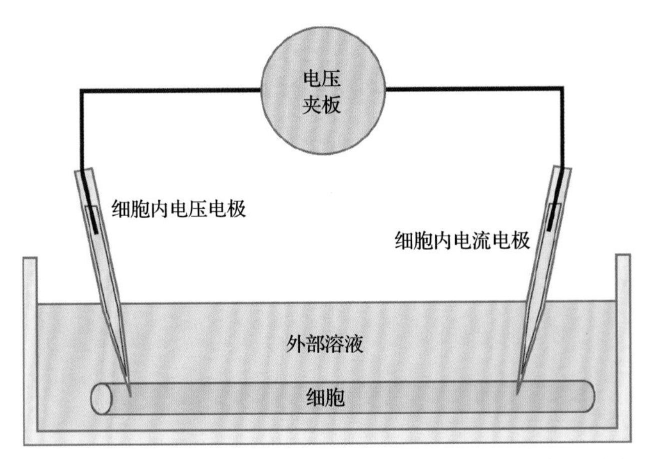

图 3.17 用两个电极的电压钳记录整个细胞的膜电流。用电压微电极钉住细胞，建立跨膜电势，电流微电极则可以测量出入细胞的电流

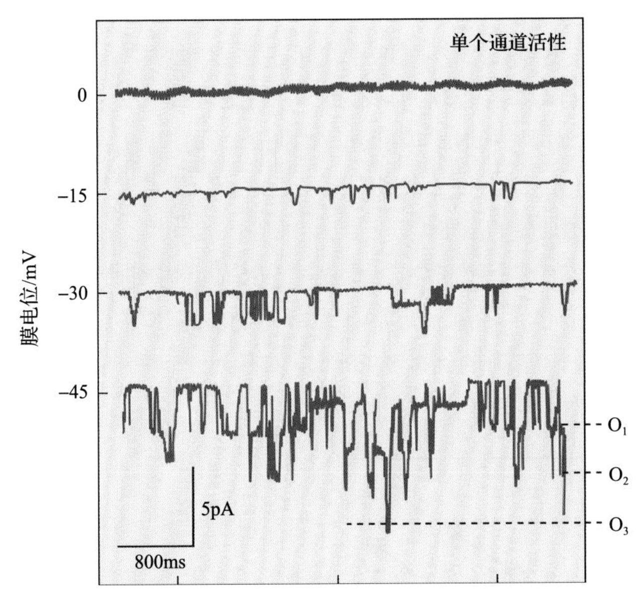

图 3.18 液泡膜片记录的单个通道活性。随着膜电压在负值范围内绝对值的增加，处于传导状态（O 状态）的通道增加。O_1，一个通道打开；O_2，两个通道打开；O_3，三个通道打开

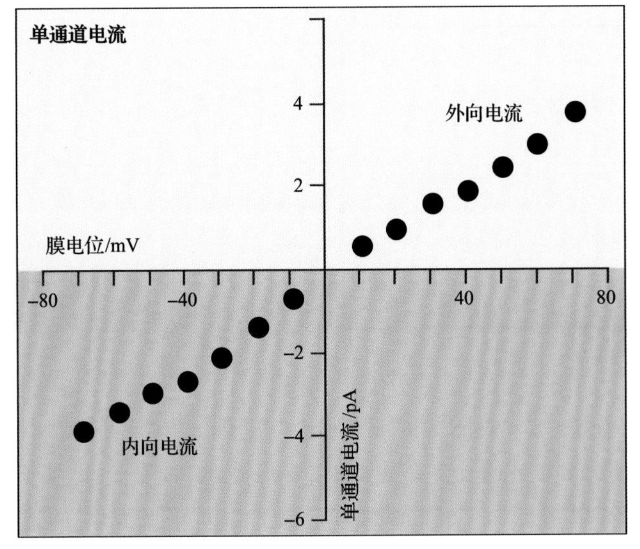

图 3.19 单一通道的电流 - 电压（*I-V*）曲线

公式（3.B8）。

3.3.4 离子通道具有离子选择性

人们认为通道催化的运输并不需要发生很大的构象变化。然而，认为通道只是膜上类似筛网的细孔的想法也是错误的，因为它们还有另外两个对功能十分重要的性质：**离子选择性**（**ionic selectivity**）和**门控**（**gating**）。

离子通道对它们的离子底物显示出了不同程度的选择性。植物细胞中大多数类型的离子通道特别偏爱阳离子或者是阴离子。阳离子通道可以再细分为：在单价阳离子中选择 K^+ 或者 Na^+ 的，对单价阳离子相对没有选择性的，可渗透二价阳离子（特别是 Ca^{2+}）的。大多数植物细胞质膜的阴离子通道允许多种阴离子透过，包括 Cl^-、NO_3^- 或有机酸。其他在液泡膜上的特殊类型阴离子通道会选择 Cl^- 或有机酸（如苹果酸）。

说到这一点，我们强调我们是以电流的形式来探测通过通道的离子流。然而，电流本身不能提供是哪种离子在流动的任何信息。一般而言，我们可以在各种离子条件下通过测量通道的反向电压（E_{rev}；见信息栏 3.7），来获得通道的离子选择性信息。E_{rev} 定义为使流过通道的电流从内向外发生反转时的电压。换句话说，E_{rev} 是零电流时的电压，是对于特定运输蛋白所衍生出来的实验参数。根据生物物理理论（见信息栏 3.2），如果通道的 E_{rev} 和平衡电势 E_{rev} 是一致的，就可以很好地证明所讨论的离子携带了电流。然而，通道通常并不总是优先选择一个指定的离子，在这些情况下，可以评估 E_{rev} 来确定通道对一种类型离子相对于另外一种离子的选择性（见信息栏 3.7）。例如，一个通道对于 K^+ 的通透性，可以通过相对于 Na^+ 的通透性来确定。通道具有选择性的事实也暗示着，能够与特定离子相互作用并且可以区分不同离子的位点，一定位于通道孔内。在某些情况下，这些位点可以在分子水平进行鉴定。

3.3.5 离子通道是门控通道，由电压或配体根据不同开放状态时的变化进行控制

离子通道通过在开放（O）或关闭（C）状态之间构象的变化而受到严格调控。通道必须先

信息栏 3.7　离子通道的离子选择性可以通过测量各种离子条件下通道的反向电势来确定

从生物学观点来看，植物细胞中离子通道最令人感兴趣的特性之一就是穿过它的离子是什么。通常，人们在各种离子条件下测量了通道介导的电流的 E_{rev}，由此得到有关离子选择性的信息。

例如，我们在对称条件下（在一个外部外凸膜片的两侧都是 100mmol·L^{-1} KCl）用膜片钳记录了一个通道的单一通道电流。这些电流的记录数据可以作为电压的函数作图，绘出电流 - 电压（*I-V*）关系图（见图）。正如曲线上的方块数据点所示，在这些对称条件下，零电流电势（E_{rev}）对应 0mV。然而，对于 K^+ 或 Cl^-，在定义 E_{ion} 的公式（3.B7）或者公式（3.B8）中的自然对数项减少到 0，因为二者中的任何离子的浓度比例都是 1（而且 ln1 或 log1=0）。现在，让我们假定外部的 KCl 浓度下降到 10mmol·L^{-1}，而吸液管中 KCl 的浓度仍然是 100mmol·L^{-1}。现在吸液管两边有 10 倍浓度差，在 *I-V* 曲线上用圆点表示（见图）。E_{rev} 的值现在是 –59mV。通过将这个值与 E_K（–59mV）以及 E_{Cl}（+59mV）比较发现，由于 E_{rev} 和 E_K 的值相等，通道对 K^+ 的选择性大大超过 Cl^-。如果通道对不止一种离子有通透性，那么它的反转电压则是单个离子平衡电势的平均值，并根据它们各自的通透性来加权计算。

对不同的可通透离子的选择比例，通常用所谓的双离子条件来测定，在这种条件下，每种可通透离子是有选择地只在膜的一侧存在。例如，在图中，把相同的外部凸出膜片浸在 100mmol·L^{-1} K^+ 或 100mmol·L^{-1} Na^+ 中。在这两种情况下，吸液管中都有 100mmol·L^{-1} K^+。正如所料，在膜两侧的 K^+ 浓度相等时，E_{rev} 接近 0mV。但是，当内部是 K^+ 而外部是 Na^+ 时，E_{rev} 变为 –58mV。这个值可以用来计算 Na^+ 和 K^+ 的通透性比例。例如，一个对 K^+ 和 Na^+ 都可透过的阳离子通道，$E_{rev}=(RT/zF)\ \ln\{P_{Na}[Na^+]_o/P_K[K^+]_i\}$，其中 P_{Na}/P_K 是 Na^+ 对 K^+ 的通透性比例。

在这个例子中，通道对于 K^+ 的选择性比 Na^+ 高 10 倍。提醒一点：计算所得的渗透比例并没有反映出精确的运输选择性，但是对于区分离子渗透率的高低还是有帮助的。

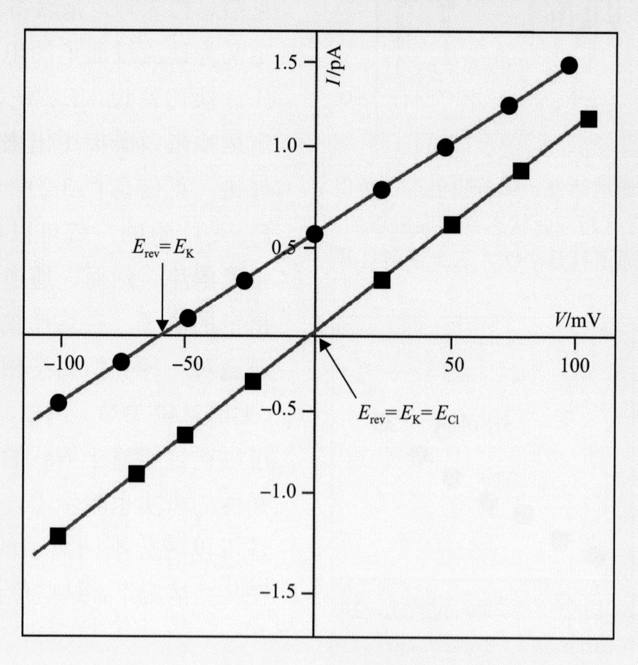

转换成开放状态，才能催化离子运动。在 O 和 C 状态之间的转换，产生了单通道记录中电流的不连续变化（见图 3.18）。在 O 和 C 两种状态之间的变化，可以用反应 3.2 表示。在几乎所有的通道中，激活是由膜电压、配体 / 第二信使、共价修饰或是这些因素共同调控的。当一个因子可以激活一个通道时，反应 3.2 的平衡从左向右移动。

反应 3.2

$$通道_c \longleftrightarrow 通道_o$$

公式（3.2）定义了一个单个类型的离子通道对于整个细胞或者是整个液泡电流的作用，其中，I 是通过整个细胞或者液泡的离子流；N 是通道数目；i 是处于开放状态时的通道电流；P_o 是通道处于开放状态的概率。通道介导的电流激活，涉及 P_o 的上升（图 3.20）。例如，依赖于电压的门控，可以将在单通道水平测得的线性电流 - 电压关系（见图 3.19）转变成一个截然不同的跨越整个细胞膜的非线性电流 - 电压关系（图 3.21）。N 的变化，也可以通过共价修饰（如磷酸化）或者是配体的结合实现。

$$I = N \cdot i \cdot P_o \qquad （公式 3.2）$$

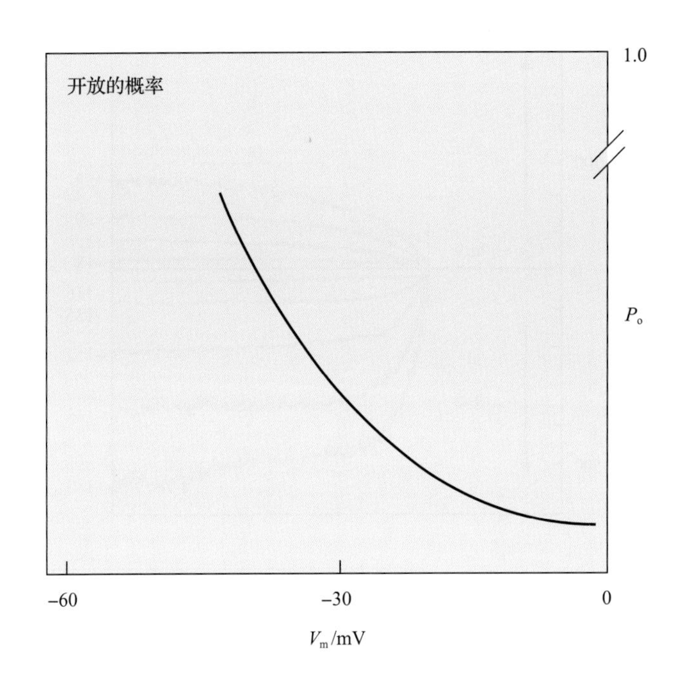

图 3.20 开放状态概率（P_o），定义是通道开放状态占全部记录时间的比例，可以作为持续电压的函数来作图。此处，P_o 随着 V_m 的减少而逐渐升高

3.3.6 细胞质膜上的电压依赖型 K^+ 通道

在一定范围持续电压下进行的全细胞记录表明，流过细胞质膜的电流是双向的，即流入和流出细胞质。这些向内和向外的电流有两部分：一部分是瞬时电流，另一部分是每过几百毫秒就有所提高的时间依赖型电流。以时间依赖型电流作为膜电压的函数作图，可以清楚显示出电流受电压激活。激活作用只在超过**阈电压**（**threshold voltage**）时发生，阈电压对于向内的电流小于 E_K，对于向外的电流则大于 E_K。保卫细胞中的时间依赖型电流经鉴定可分为内向整流和外向整流 K^+ 通道电流，现在知道它们广泛存在于不同类型的植物细胞中（见图 3.21）。分子（见 3.3.8 节）和生物物理学证据明确证明，时间依赖型的内向和外向电流是由不同类型的离子通道传送的。通道传送的这些电流称为整流。与瓣膜相似，整流通道只向一个方向传送电流。由于这个原因，通道可称为内向整流 K^+ 通道和外向整流 K^+ 通道。

在气孔闭合时的保卫细胞以及叶片运动时的叶座细胞中，外向 K^+ 通道有助于 K^+ 的净释放。对保卫细胞的研究使人们提出了一个模型：内流 K^+ 通道从细胞壁中吸收 K^+，由此引起的 K^+ 积累有助于产生细胞膨胀或者根表皮细胞中的 K^+ 营养。内流 K^+ 通道只在电势比 E_K 低时吸收 K^+。当膜处于去极化状态或者细胞外的 K^+ 浓度处于微摩尔范围内时，通过“低或中亲和性”K^+ 通道和“高亲和性”K^+ 运输蛋白可以实现 K^+ 的积累。

3.3.7 植物细胞内向整流 K^+ 通道的功能是使植物细胞净吸收 K^+，由一个电压门控通道基因家族编码

内向整流 K^+ 通道，也被称为 K^+ 流入通道或 K^+_{in}，倾向于将 K^+ 运进细胞质，并且可以被更负的膜电势（超极化）激活。它们首先在气孔保卫细胞中被鉴定，并且据推测介导保卫细胞吸收中 K^+ 的吸收，K^+ 的吸收是气孔张开所必需的。在动物细胞中，也存在这种内向整流 K^+ 通道，主要由比细胞静息膜电位更负的膜电压激活。这些 K^+ 通道能抑制细胞（如神经细胞和心肌细胞）的电兴奋性。尽管植物 K^+ 通道在调节细胞的膜电势方面具有重要作用，在介导长期的 K^+ 吸收方面，植物和动物细胞中的内向整流 K^+ 通道的功能并不相同。我们在 3.3.8 节将会了解到，植物 K^+ 内流通道的分子结构与动物中的内向整流 K^+ 通道存在显著差异，这有助于进一步区分这两类通道。

第一个真核生物的 K^+ 内流通道是从植物中克隆的，并且在非洲爪蟾卵母细胞进行了表达和功能鉴定。非洲爪蟾卵母细胞是一个鉴定植物运输蛋白（从 K^+ 通道到协同转运蛋白和水通道蛋白）功能的强大系统，这在后文会有介绍。在不同的细胞类型中，已经鉴定了这一类型的 K^+ 通道。在非洲爪蟾

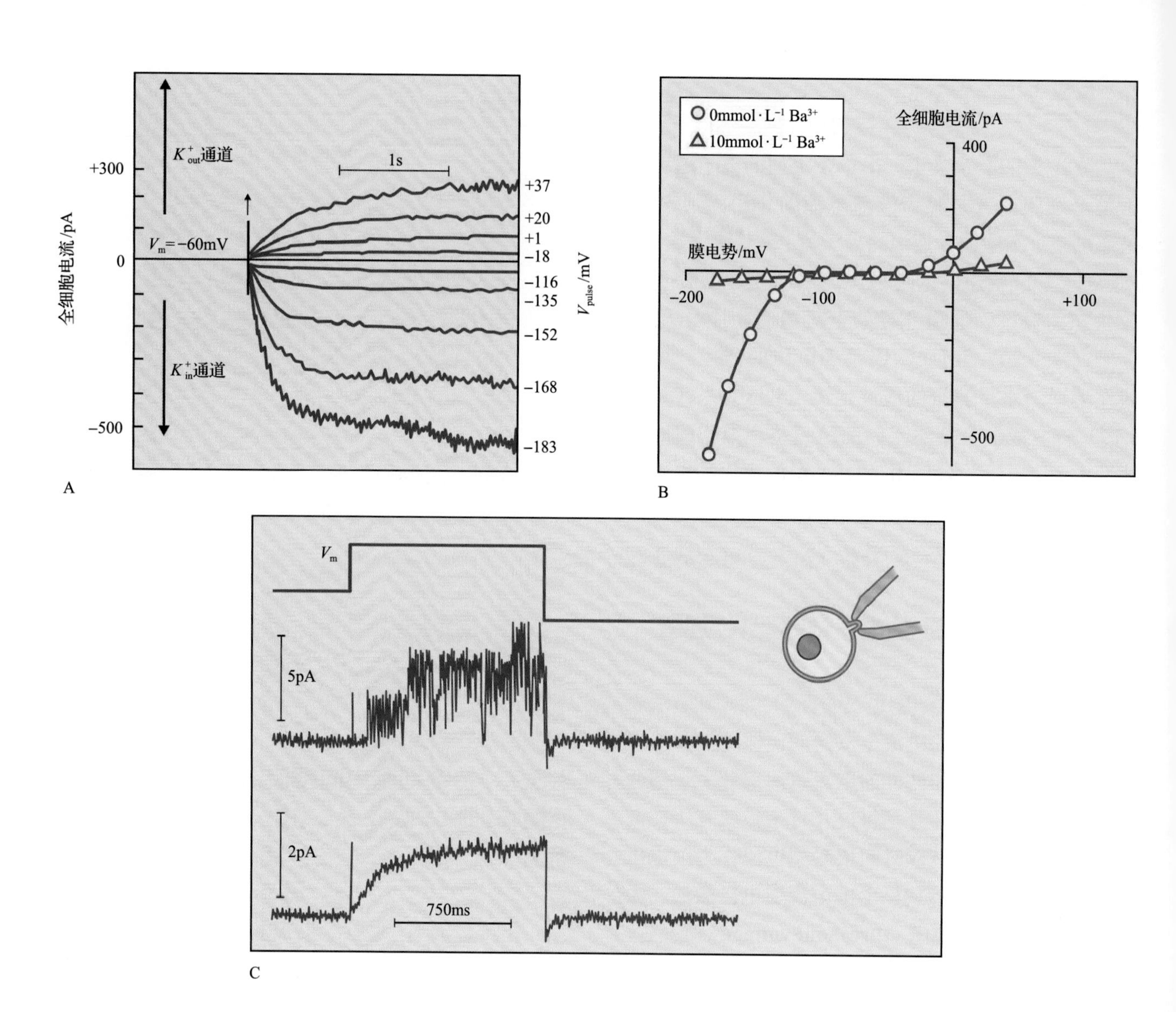

图 3.21 用膜片钳技术测量的保卫细胞的全细胞 K^+ 通道电流（见信息栏 3.6A）。A. 电生理数据追踪：在响应一系列连续电压脉冲时，K^+ 离子流过位于细胞质膜的通道。在施加 −183mV 至 +37mV 电压范围内记录的电流在该图叠加。每一个步骤所施加的电压显示在右边。B. 在电压脉冲快结束时、电流达到 A 图中的稳定期时的时间依赖型电流 - 电压关系图。A 图中向下波动的电流和 B 图中相应的负电流符合植物保卫细胞中鉴定到的内向整流 K^+ 通道（K^+_{in}）。C. 在小的保卫细胞膜片上测量单个 K^+_{out} 通道。上部：向细胞质膜施加正向电压脉冲。中部：在响应上述电压脉冲时记录的单个 K^+_{out} 通道的实例跟踪。底部：对许多连续单个通道记录的平均值，显示了单个 K^+_{out} 通道的平均时间与电压依赖性激活。来源：Schroeder et al.（1987）. Proc Natl Acad Sci USA 84: 4108-4112

卵母细胞表达植物的 K^+ 内流通道并进行电生理分析，可以确定它们独特的性质。

植物 K^+ 内流通道亚基是一个多基因家族的产物，这个家族成员的表达有组织特异性。其中一个成员 KAT1（见信息栏 3.1），在保卫细胞中选择性表达（图 3.22A）；另外一个 AKT1（图 3.23）则在根和排水器中表达（图 3.22B）。用 T-DNA 插入突变破坏拟南芥的 *AKT1* 基因（见第 6 章），由此获得的突变体称为 *akt1-1*，它对 K^+ 的吸收降低（表 3.1），并且在含低浓度的 K^+ 培养基及添加了铵离子的培养基中生长缓慢，铵离子能够抑制属于 KUP/HAK/KT 家族的高亲和性 K^+ 运输蛋白（图 3.24）。对 *atk1-1* 突变体中 K^+ 吸收的分析表明，*AKT1* 编码一个在生理情况下的中亲和力 K^+ 吸收通道。

3.3.8 植物细胞 K^+ 内流通道是电压激活离子通道 Shaker 家族的成员

几个结构特征确定了植物 K^+ 内流通道是 Shaker 家族中的一员，该家族是在动物细胞中发现的 K^+、Ca^{2+} 和 Na^+ 的电压门控型通道超家族，并以一个果蝇突变体来命名，人们在这个果蝇突变体中

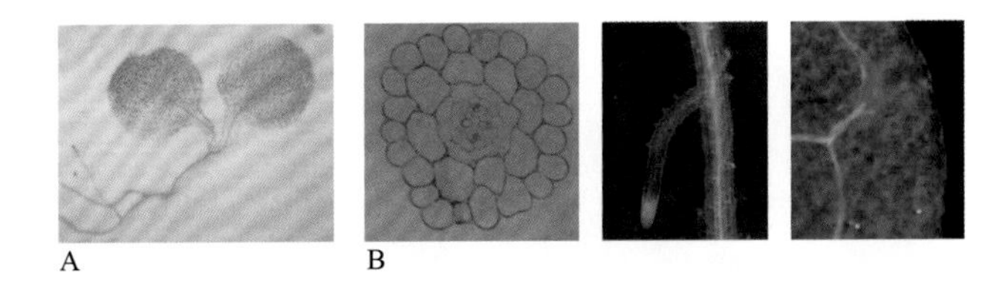

图 3.22 植物内向整流 K^+ 通道的组织特异性表达。A. 拟南芥幼苗保卫细胞中 KAT1 介导的 GUS 表达。B.（从左向右）拟南芥成熟的根、侧根、排水器中 AKT1 介导的 GUS 表达

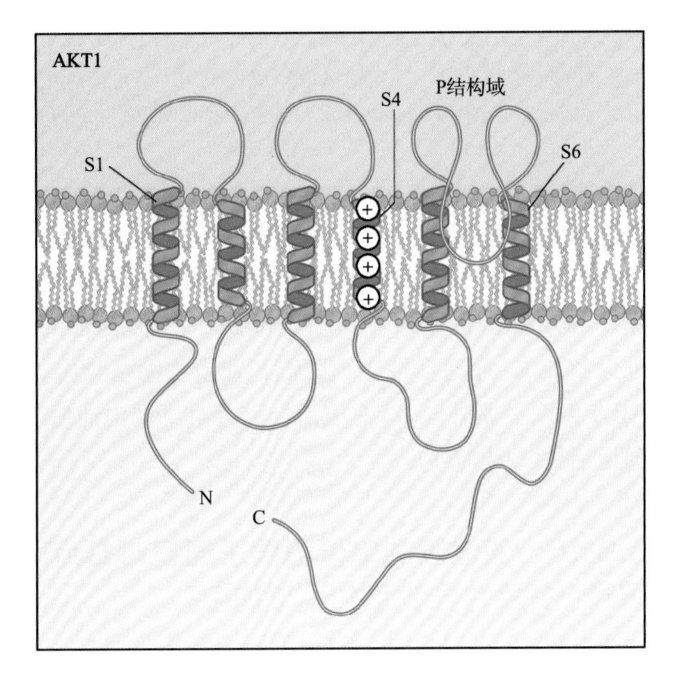

图 3.23 内向整流 K^+ 通道 AKT1 的结构。它有 6 个跨膜区，即 S1 ～ S6，在 S5 和 S6 之间有一个插入膜的环。这个环形成了通道的微孔结构域（P 域）。在一个 20 个氨基酸残基区域的两端有两个中断螺旋的脯氨酸残基，它们迫使环回折到膜内部。通道以四聚体形式发挥作用，每个亚基的 P 域相互作用，形成一个含有 K^+ 选择性位点的狭窄缢痕。来源：A 图来源于 Nakamura et al.（1995）. Plant Physiol 109: 371-374; B 图来源于 Lagarde et al.（1996）. Plant J 9: 195-203

表 3.1 拟南芥野生型和 *akt1-1* 突变体的根对 $^{86}Rb^+$ 的吸收

	^{86}RbCl/（μmol·L^{-1}）		
	10	100	1000
野生型	44.8 ± 7.6[a]	112.1 ± 24.8	282.2 ± 44.1
akt1-1 突变体	3.1 ± 0.3	23.3 ± 1.3	145.9 ± 10.1

[a] 每个数值均为吸收速率平均值（nmol·g^{-1} 鲜重 ·h^{-1}）± SEM（n=4）。

克隆到了第一个外向整流 K^+ 通道。在植物内向整流 K^+ 通道中，明显存在 Shaker 通道的一个典型特征。第四个跨膜 α 螺旋（称为 S4 结构域）有一个规则的模式：每三个氨基酸残基中有一个带正电的残基（赖氨酸或精氨酸），并且带电残基倾向于从螺旋的一边突出。蛋白质的这个区域形成了**电压传感器（voltage sensor）**，涉及对允许电压做出反应从而开放通道（图 3.25）。当跨膜的电压发生变化时，S4 螺旋被认为是拧入细胞膜（对 K^+_{in} 通道而言），同时构象发生变化打开了“门”，这个“门”通过蛋白质上分开的另一部分来控制离子流动。有趣的是，所有动物的 Shaker 类型电压门控 K^+、Na^+

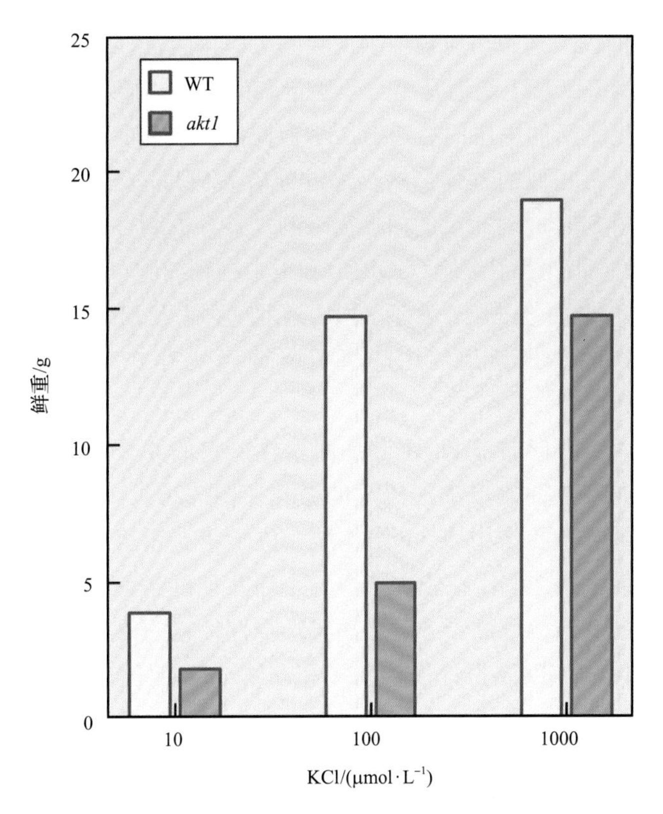

图 3.24 拟南芥 *akt1* 突变体的 AKT1 内向整流通道有缺陷，导致比野生型（WT）生长缓慢。在 K^+ 浓度有限的情况下，生长速率的差异特别明显

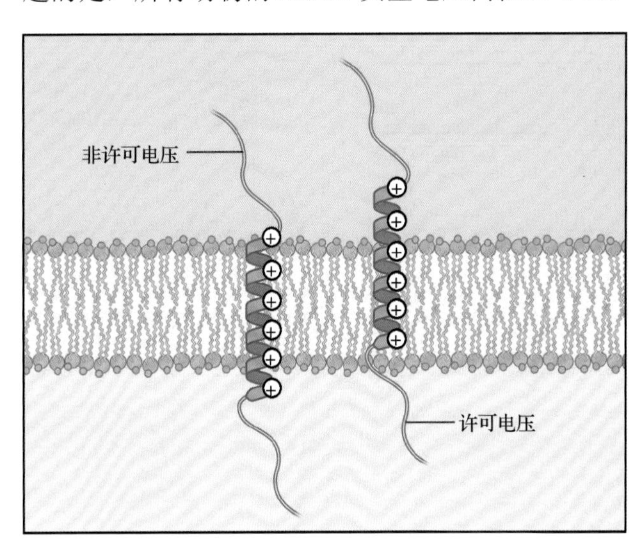

图 3.25 感应电压的 S4 结构域对施加的去极化电压做出反应，转出了膜。根据动物 Shaker 通道进行类推，当施加电压时，这个区域在膜中轻微扭曲，使它从膜表面轻微突出，正如一个开塞钻钻入木塞

和 Ca^{2+} 通道可以被细胞质膜的去极化激活，然而拟南芥 KAT1 通道是第一个鉴定到的可以被膜的超极化激活的电压门控通道，尽管据推测 KAT1 也具有非常相似的整体结构。通过分析 KAT1，人们发现了 Shaker 对相反的门控需求的“发育机制”的适应性，此外保卫细胞（GORK）和根中柱鞘细胞（SKOR）的主要去极化激活的 K^+ 通道也属于 Shaker 家族的离子通道，这些事实强调确实存在这种适应性。

内向整流 K^+ 通道是四聚体，它的 4 个 Shaker 亚基共同构成离子流过的微孔（图 3.26）。每个亚基的微孔结构域（P 结构域）位于第 5 和第 6 个跨膜区域之间，在膜内形成一个环并且再穿出来。正是 P 结构域赋予了通道离子选择性，它的保守序列 TxGYGD 成为许多植物（和动物）K^+ 通道的标志性特征。除了这 4 个 Shaker 亚基，具有完整功能的内向整流 K^+ 通道还含有其他亚基，可能会参与调控通道的性能。

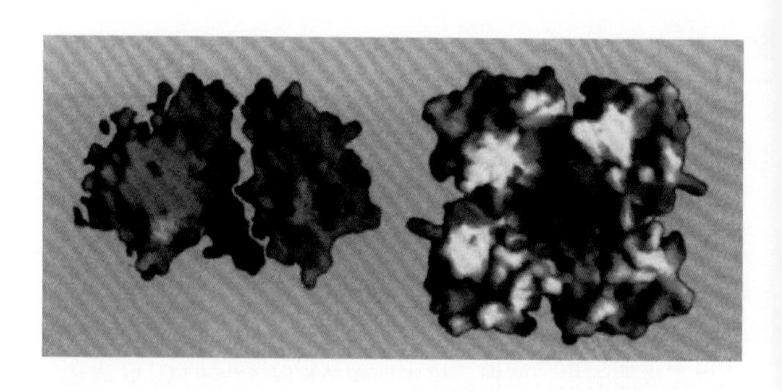

图 3.26 Shaker 钾通道的结构，侧视图（左）和俯视图（右）。在侧视图中，为了显示通道的中心，将构成孔的 4 个亚基中最前面的一个略掉了。正电荷区域用蓝色表示，负电荷区域用红色表示。来源：Kreusch et al.（1998）. Nature 392: 945-948

3.3.9 细胞质膜上的电压依赖型 K^+ 通道的活性受电压和磷酸化调控

由于在细胞生物学中的重要作用，内流和外流运输 K^+ 通道不仅会受膜电压调控，还会受其他因子调控。在研究最为深入的保卫细胞中（图 3.27），脱落酸（ABA）能够诱导细胞质的 pH 小幅度上升，从而激活外向整流 K^+ 通道。细胞质中的 Ca^{2+} 上升，会下调内向 K^+ 通道。对拟南芥 ABA 不敏感突变体 *abi1* 所做的研究，为磷酸化调控作用提供了证据。*ABI1* 基因编码一个蛋白磷酸酶 2C。突变体的外向整流 K^+ 通道活性大大降低。在野生型植物中，ABA 可以上调外向 K^+ 通道活性，并且下调内向 K^+ 通道活性（图 3.27）。

3.3.10 液泡膜的单价阳离子通道对 Ca^{2+} 敏感，并且介导液泡中 K^+ 的转移

人们通常认为液泡是聚积并储存溶质的细胞器，但是有的情况下也需要液泡中失去大量溶质。一个重要的例子就是调节渗透压，这涉及大量盐分从细胞也就是液泡中的净流失。因此，低的渗透压要求离子转

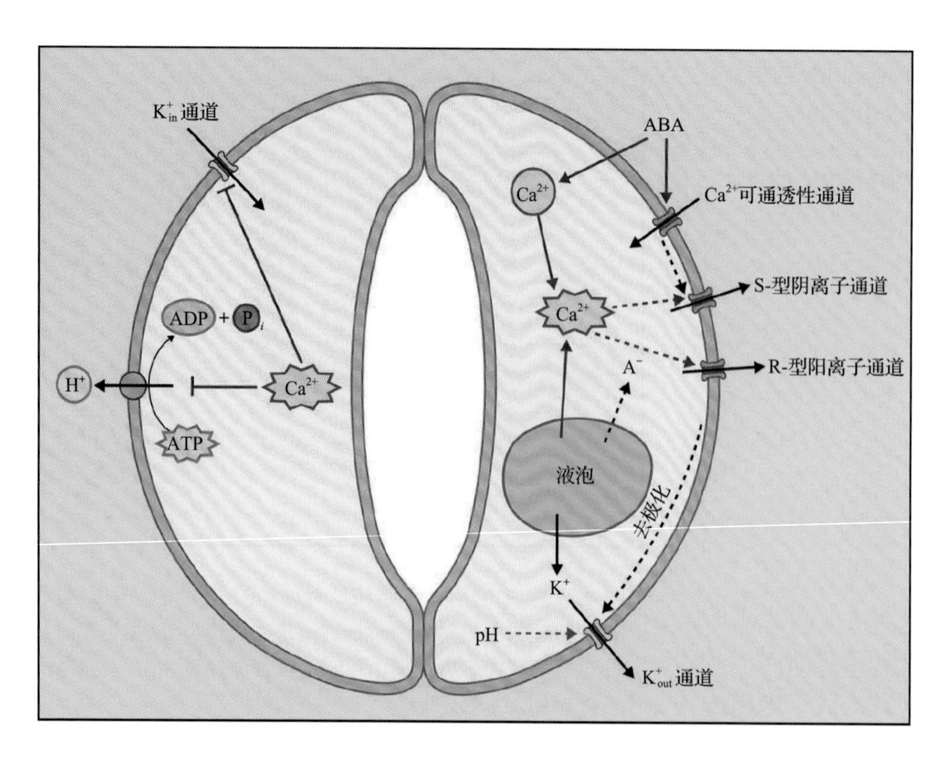

图 3.27 该模型描述了离子通道网络如何介导 ABA 或者其他刺激诱导的气孔关闭。右边的气孔保卫细胞显示了引起溶质流出从而介导气孔关闭的机制：Ca^{2+} 可通透性通道，由 Ca^{2+} 依赖性和 Ca^{2+} 非依赖性途径激活的 S 型和 R 型阴离子通道，K^+_{out} 通道。左边的保卫细胞描绘了调控气孔张开的平行机制。Ca^{2+} 升高能够下调细胞质膜质子泵和 K^+_{in} 通道，从而抑制气孔张开，促成植物离子通道网络的形成。来源：Schroeder et al.（2001）. Annu Rev P Physiol Plant Mol Biol 52: 627-658

移出液泡，以使细胞膨胀压恢复正常，并且在气孔关闭期间，离子必须从保卫细胞的液泡中流失。离子通道协助离子的这种转移。在保卫细胞中，两类不同的K^+可透过性通道竞争性地从液泡中释放K^+。这些通道有趣的性质，与它们互补的调节模式有关。

一旦给这两类通道施加电压，它们就会立即活化。快速液泡（FV）通道对一价阳离子几乎没有选择性，当胞质的Ca^{2+}浓度超过1μmol·L^{-1}时通道受到抑制，而胞质pH上升时通道被激活（图3.28）。相反，液泡K^+（VK）通道对K^+的选择性比其他一价阳离子都高，它可被胞质中纳摩尔浓度到较低微摩尔浓度范围内的Ca^{2+}激活（图3.29），而胞质pH的升高可以抑制通道活性。

气孔经常关闭，但是关闭之前保卫细胞胞质中的游离Ca^{2+}浓度并不总是升高，因此VK通道做好准备通过开放并从液泡中释放K^+来做出均衡反应（图3.27）。然而，气孔在游离Ca^{2+}缺少变化时也会关闭，在这种情况下，信号蛋白对胞质Ca^{2+}的敏感性增加，以及保卫细胞的胞质pH升高，很可能在响应初级关闭刺激上发挥作用。在这些情况下，FV通道就会开放。存在互补通道类型，而每种类型都履行相同的释放液泡中K^+的功能，可能提供了一个平行机制如何共同介导生物学过程的例子。

尽管FV通道的分子特征还不清楚，人们已经在拟南芥中鉴定到一个VK通道——TPK1。TPK1（图3.30）最初是基于一个EST分离得到的，该EST编码的蛋白质具有高度保守的参与微孔形成的“P结构域”基序TxGYGD。这个通道是“双孔”K^+通道家族的成员，这样命名是因为在每个亚基上有两个P结构域。与Shaker通道不同的是，TPK1的每个亚基上只有四个跨膜区。两个可能的Ca^{2+}结合基序（称为EF手）位于蛋白的C端附近。尽管在酵母和人中已经鉴定到双孔K^+通道，但是那些通道并没有EF手位点。异位表达实验确定了作为K^+通道的功能性质，并且这个通道定位于液泡膜。

3.3.11 高亲和性K^+运输蛋白存在于细胞质膜上

除了生物物理和生理功能研究得很清楚的K^+通道，植物还含有大量不属于典型离子通道家族的K^+运输蛋白。KUP/HAK/KT家族包括高亲和性K^+吸收运输蛋白，在植物和真菌中是保守的。然而，这类重要的K^+吸收运输蛋白的转运机制还不清楚，并不遵守质子偶联协同运输的法则。在一项对拟南芥根的研究中，报道了一个明显的质子偶联K^+吸收机制，但是这还需要进一步确定，而且可能是一个特例或是次要活性。

3.3.12 Ca^{2+}通道利用明显的Ca^{2+}梯度介导Ca^{2+}流入细胞质中

Ca^{2+}进入细胞质主要是通过离子通道，而不是质子偶联的运输蛋白。为什么是这种情况呢？很可能是因为在所有的真核细胞中，胞质Ca^{2+}浓度维持在较低的水平。在3.2.6节中介绍的Ca^{2+}-

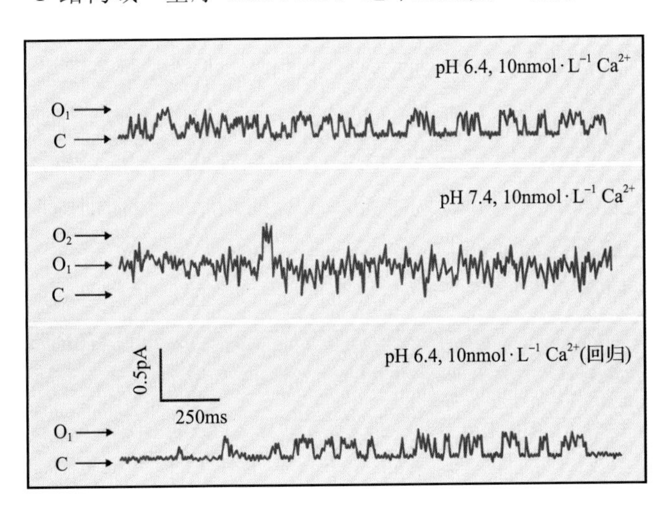

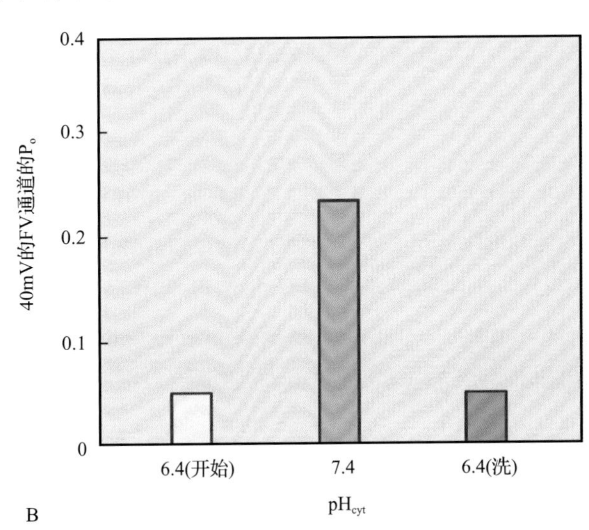

图3.28 液泡FV K^+通道的活性依赖于胞质的pH和Ca^{2+}。A. 蚕豆（*Vicia faba*）保卫细胞液泡膜上的单一FV通道的活性受pH的强烈影响。O_1，一个通道打开；O_2，两个通道打开；C，关闭。B. 胞质的pH从6.4提高到7.4，可以提高通道开放状态的概率（P_o）

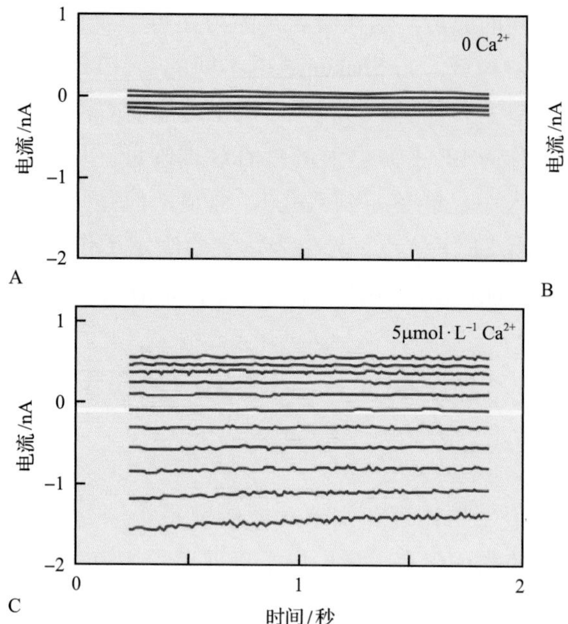

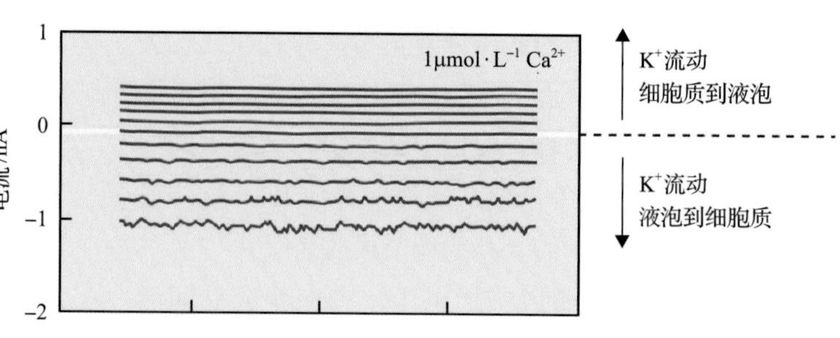

图 3.29 A. 流经蚕豆保卫细胞原生质体液泡膜的液泡 K^+ 选择性和 Ca^{2+} 激活（VK）型通道的电流。在保卫细胞的液泡中，如果胞质 Ca^{2+} 浓度较低（<0.1μmol·L⁻¹），VK 通道不被激活。当胞质 Ca^{2+} 浓度升至 1μmol·L⁻¹（B）或 5μmol·L⁻¹（C）时，会强烈激活 K^+ 选择性 VK 通道，已在保卫细胞中鉴定和证实。与细胞质膜上强烈依赖电压的 K^+_{in} 和 K^+_{out} 通道（见图 3.28）相反，VK 通道在正电压和负电压时都有活性，并且在施加电压脉冲后几乎是瞬时的（没有延迟）。来源：Ward & Schroeder（1994）. Plant Cell 6:669-683

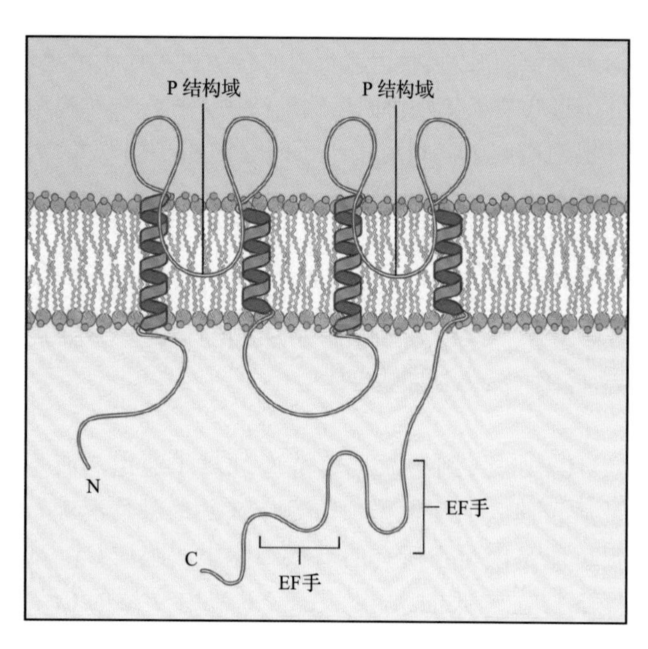

图 3.30 一个外向整流 K^+ 通道。TPK1 只有 4 个预测的跨膜区，但是有 2 个 P 结构域。在 C 端附近有两个高亲和性 Ca^{2+} 结合基序，被称为 EF 手

ATP 酶的活性，可以将胞质 Ca^{2+} 浓度维持在大约 0.0001mmol·L⁻¹（或 10^{-7}mol·L⁻¹），然而在土壤中、质外体和液泡中的 Ca^{2+} 浓度为 0.1mmol·L⁻¹ 至 >1mmol·L⁻¹。因此，细胞质膜和液泡膜的负膜电势可以很容易将 Ca^{2+} 通过 Ca^{2+} 通道拉入细胞质中。

3.3.13 细胞质膜的 Ca^{2+} 通道活性被低分子质量的信号分子和电压调控

对保卫细胞进行的膜片钳研究提供了充足的证据，证明在细胞质膜上存在 Ca^{2+} 通道。植物 Ca^{2+} 通道经常并不只是选择 Ca^{2+}，也会渗透其他的阳离子。但是，因为从细胞外到细胞内陡峭的 Ca^{2+} 梯度以及细胞质中很低的 Ca^{2+} 浓度，所以当一个非选择性的 Ca^{2+} 可通透性通道被激活时，细胞质中的 Ca^{2+} 浓度会快速增加。位于保卫细胞质膜上的一类主要的 Ca^{2+} 通道在处于超极化电势时活性最强，但是激活的阈值也由诸如 ABA 和活性氧等信号分子决定。虽然多个基因家族可能是 Ca^{2+} 通道的候选基因，但是保卫细胞质膜上被去极化激活的 Ca^{2+} 通道的分子身份仍然不清楚。

在植物 Ca^{2+} 通道的可能候选基因中，有环核苷酸门控通道（CNGC）和植物谷氨酸类似受体同源的家族。一个拟南芥的 Ca^{2+} 可通透性 CNGC（称为 DND2）在响应病菌特异性的分子（如脂多糖类）时具有传导 Ca^{2+} 信号的功能。这个家族的另一个成员 CNGC18 参与花粉管的顶端极性生长，该过程涉及离子（如 Ca^{2+}）流进入生长的顶端。动物细胞中的谷氨酸（Glu）受体在调控神经细胞的兴奋性中扮演重要角色。令人惊奇的是，植物中也有它们的同源基因：拟南芥基因组含有 20 个成员的 *GLR* 基因家族。在拟南芥的根中，*GLR3.3* 基因对于根响应受伤、Glu 和一些其他氨基酸所引起的短暂去极化及 Ca^{2+} 内流是必需的。药理学研究表明，在响应铝离子时，Glu 类似受体参与微管的去极化和拟南芥根生长的停止；然而，Glu 受体在植物中的生物学功能还不是很清楚。

3.3.14 电压和配体都可以激活内膜上的 Ca^{2+} 可通透性通道

在植物细胞内膜上，存在几种不同类型的 Ca^{2+} 可通透性通道。尽管一些研究表明，典型的动物细胞器 Ca^{2+} 通道、IP_3 受体和 ryanodine 受体也存在于植物中，但是植物基因组的序列显示并没有与这些同源的基因。因此，动物 IP_3 和 cADPR 信号模式是否存在于陆生植物中，目前仍然存在争议。最近对衣藻（*Chlamydomonas rheinhartii*）基因组测序结果显示，该单细胞藻类表达一个典型的 IP_3 受体和其他类似动物的离子通道，而这些在陆生植物中还未被发现。

在植物液泡中，慢速液泡（SV）通道是 Ca^{2+} 可通透性阳离子通道。在响应膜去极化时，这些 SV 通道表现出缓慢的、超过数百毫秒的时间依赖性激活，可被 Ca^{2+}- 钙调蛋白强烈激活（图 3.31）。植物液泡 SV 通道可能是研究最清楚的位于任何膜上（而不仅仅是细胞膜上）的植物离子通道。这类通道在陆生植物的液泡膜上普遍存在且含量丰富。根据膜片钳的数据计算，通道密度为每平方微米约 1 个或者更多 SV 通道。SV 通道对于多个阳离子(包括 Ca^{2+}、K^+、Na^+ 和 Mg^{2+}）具有通透性。人们发现根中 SV 通道在扩散 Ca^{2+} 波方面具有的生理功能，这也支持以前提出的模型：Ca^{2+} 可通透性通道条件性地从液泡中释放 Ca^{2+}。

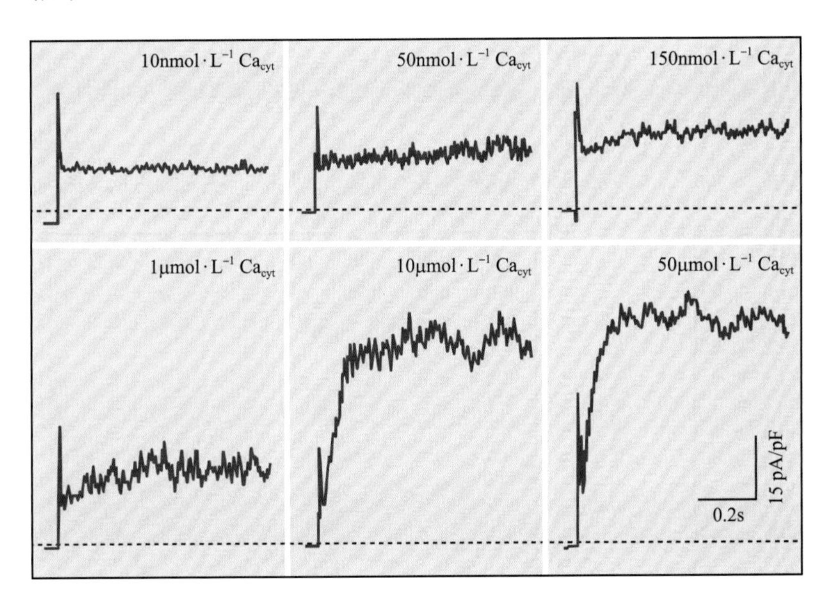

图 3.31 提高胞质的 Ca^{2+} 浓度，可以提高 SV 通道电流的活性。在保卫细胞液泡的细胞质一侧膜上，自由 Ca^{2+} 浓度从 10nmol·L^{-1}（左上）升至 50μmol·L^{-1}（右下）。在植物液泡中，随着 Ca^{2+} 浓度升高，向上缺损的时间依赖性电流和普遍存在的 SV 通道电流一致。每一栏中的电流都是响应电压脉冲至 +100mV 的轨迹。pA，皮安；pF，皮法拉。虚线表示零电流水平。来源：Pei et al.（1999）. Pl Physiol 121: 977-986

SV 通道的活性被多个因子严格控制，包括电压，正的膜电势能够促进通道开放。胞质 Ca^{2+} 浓度的增加，能够提高通道开放的概率，并将依赖的电压转为更低的正值。如果出现钙调蛋白和镁离子，会使通道对 Ca^{2+} 的敏感性增加。液泡中 Ca^{2+} 的浓度有相反的效应，促进通道关闭。蛋白质的磷酸化和去磷酸化可以通过对不止一个位点的作用，调控通道的活性。膜的任意一边发生酸化，都能抑制通道的活性。

拟南芥中的 SV 通道 TPC1 已经被克隆，是两孔通道（two-pore channel）家族的成员。TPC 家族包括由两个同源结构域组成的电压门控阳离子通道，每个结构域有 6 个跨膜螺旋和 1 个微孔结构域（图 3.32）。每一个同源结构域很可能与 Shaker 型 K^+ 通道中的 6 个跨膜结构域及单个微孔有演化上的联系。两个结合 Ca^{2+} 的 EF 手位于胞质环上，胞质环连接 SV 通道的两个部分，而 EF 手是 Ca^{2+} 潜在的调控位点。

为什么在植物细胞中会有这么多类型的 Ca^{2+} 可通透性通道呢？对于这个问题目前还没有确切的答案，但是我们可以推测一下。例如，不同类型通道的活化，通过介导局部的 Ca^{2+} 浓度的升高及不同的浓度变化速率，可以产生不同的 Ca^{2+} 信号动态模式。位置和浓度的变化编码额外的信息，可能引起下游的刺激特异性反应。人们在植物中观察到刺激特异性 Ca^{2+} 升高模式，以及依赖不同 Ca^{2+} 库的基于 Ca^{2+} 的信号途径，这些观察都支持这一观点。

3.3.15 细胞质膜阴离子通道在膨胀压调节过程中协助释放溶质，并在感受到刺激后引起膜的去极化

阴离子通道普遍存在于植物细胞质膜上，人们认为它们发挥多种必不可少的功能。这类离子通道首先在保卫细胞中被发现，在响应引起气孔关闭的生理信号从而调节膨压的过程中，它们

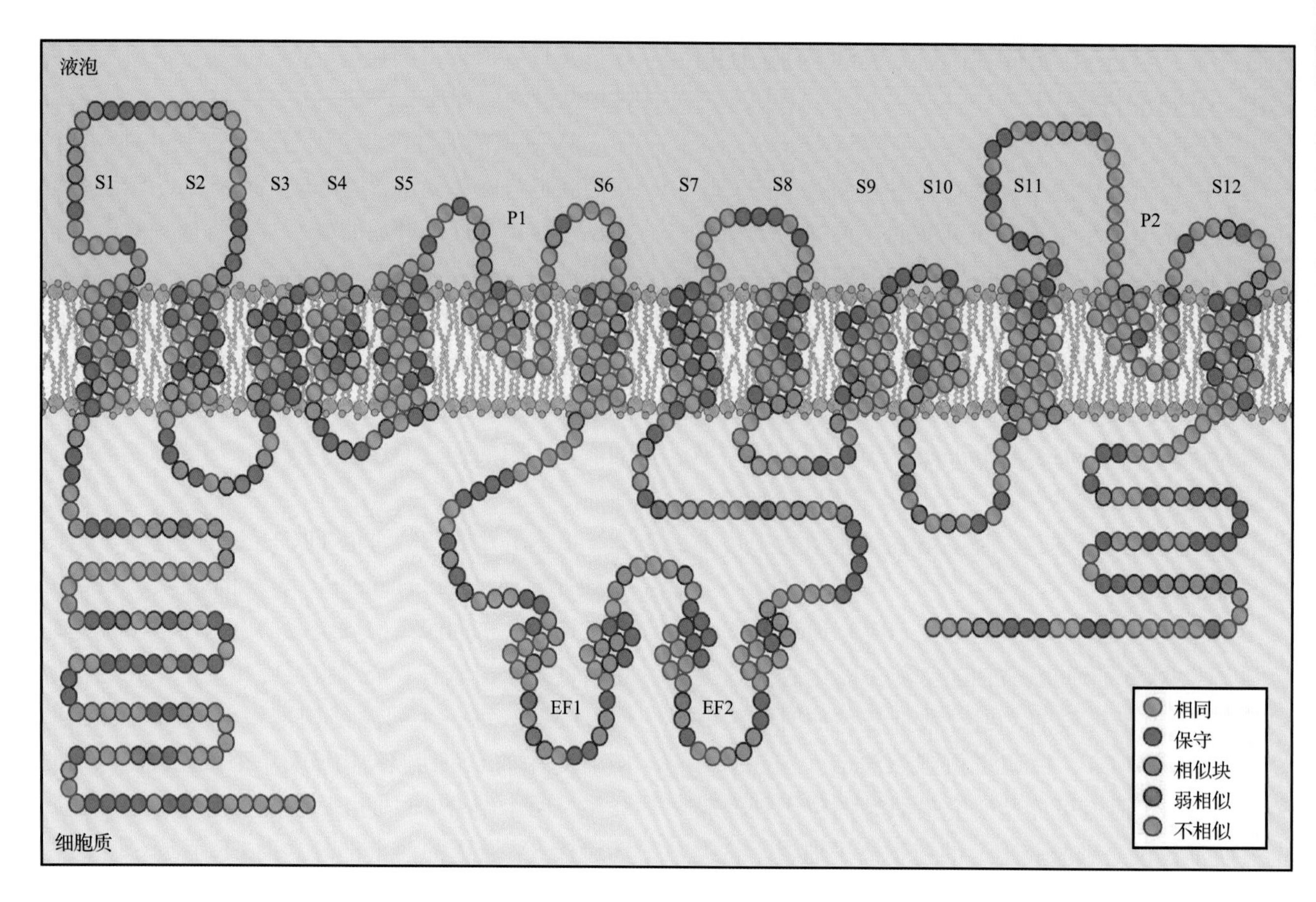

图 3.32 水稻 SV 通道 OsTPC1 的预测结构，其有 12 个跨膜结构域（标为 S1 ～ S12）和在膜双层内的拓扑结构。P1 和 P2 是由孔螺旋和选择性滤器组成的两个孔环。两个结合钙离子的 EF 手（EF1 和 EF2）位于 S6 和 S7 之间。OcTCP1 与大麦、拟南芥、小麦和两个烟草 TCP1 序列的氨基酸保守性以右下方的色码表示。来源：Pottosin & Schnoknecht（2007）. J Exp Bot 58:1559-1569

控制溶质的释放。细胞中阴离子的流失受 Ca^{2+} 激活的阴离子通道影响，在保卫细胞中至少鉴定到两种不同动力学类型的阴离子通道：快速激活的 R 型和慢速激活的 S 型（图 3.27）。人们对这些 Ca^{2+} 激活的通道进行了深入研究，它们也是电压门控的（图 3.33）。因为胞质的 Cl^- 浓度大于胞外的 Cl^- 浓度（见信息栏 3.2），因此 Cl^- 离子的平衡电势（E_{Cl}）通常为正值。这些通道的开放，使细胞的 Cl^- 大量外流，并且使膜去极化。在盐分丧失期间，这种去极化能够激活外向整流 K^+ 通道。因此，阴离子通道的活

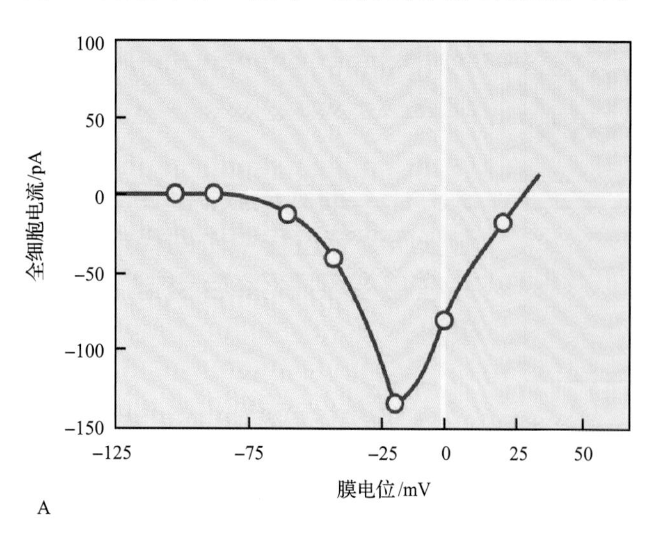

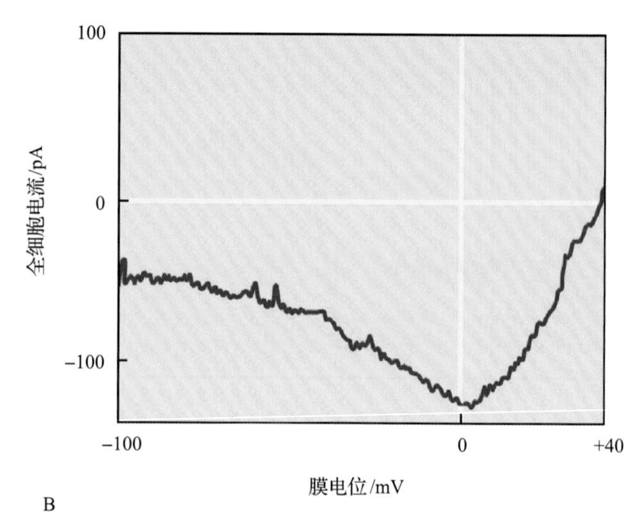

图 3.33 保卫细胞中的阴离子通道。A. 快速激活（R 型）阴离子通道的电流 - 电压关系。B. 慢速激活（S 型）通道的稳态电流 - 电压关系

性是植物细胞膨胀压降低的起博点。能够通过激活S型阴离子通道引起气孔关闭的生理刺激因素包括ABA、CO_2升高、病菌刺激因子和臭氧。

拟南芥*SLAC1*基因编码保卫细胞质膜上的S型阴离子通道的大亚基。研究表明，S型阴离子通道是调节气孔关闭的中心调控因子，控制阴离子从保卫细胞中释放，引起保卫细胞去极化并驱使K^+的释放。确实，*SLAC1*基因的突变体在响应大量生理刺激和第二信使[包括ABA、CO_2、黑暗、低湿度、Ca^{2+}浓度和活性氧（包括臭氧）]的时候，气孔关闭存在缺陷。

Ca^{2+}激活的阴离子通道也受其他类型的调控。在许多不同类型的细胞（包括保卫细胞）中，ATP有激活效应。不可水解的ATP类似物不能维持阴离子通道的活性，蛋白磷酸酶抑制剂可以阻碍ATP去除的抑制作用。Ca^{2+}依赖型和Ca^{2+}非依赖型蛋白激酶在保卫细胞阴离子通道的活化过程中发挥作用。所有这些证据都证明蛋白激酶通过磷酸化作用对阴离子通道活性进行调控，这已经在卵母细胞系统中得到进一步验证。

3.3.16 液泡的苹果酸运输蛋白参与苹果酸的隔离

在大多数甜土植物中，液泡中主要的阴离子成分是苹果酸根。具有景天酸代谢（CAM）途径的植物，根据昼夜不同从液泡吸收和释放苹果酸根。胞质负的V_m值驱动液泡腔吸收苹果酸根（图3.34）。Ca^{2+}依赖型蛋白激酶可以激活液泡的苹果酸根吸收通道。在选择性研究中，在未质子化形式（$malate^{2-}$）和单一质子化形式（$H{\cdot}malate^{1-}$）之间滴定苹果酸根离子，其研究结果强烈表明可通透形式是$malate^{2-}$（图3.35），这种形式可以最大程度地利用V_m来作为驱动力。因为液泡pH显著低于胞质pH（在大多数植物中大约低2个pH单位，而在夜晚结束时的CAM植物中可以低至4个单位），所以进入液泡腔的$malate^{2-}$将快速质子化，它的浓度将有效降低并形成$H{\cdot}malate^{1-}$和$H_2{\cdot}malate^0$的形式。跨液泡膜的pH差有助于维持浓度差，而浓度差有助于驱动$malate^{2-}$进入液泡。相反，反向流入胞质是很不容易的。因此，在CAM植物中苹果酸根可能通过一个完全独立的途径离开液泡，也许是通过协同转运蛋白的方式。

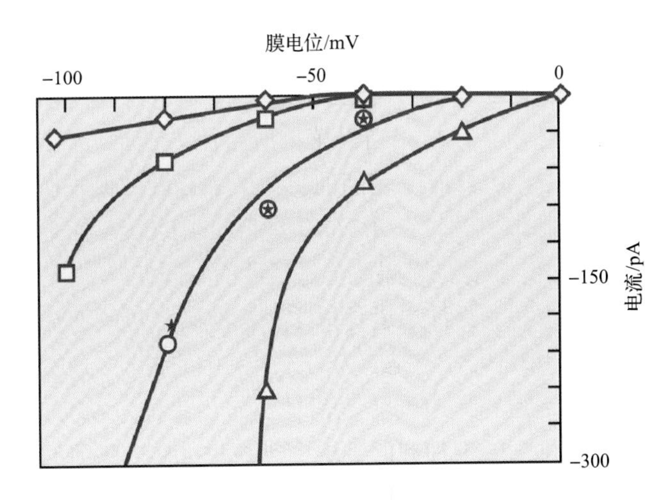

图3.34 在液泡膜上的时间依赖型阴离子通道吸收苹果酸根的电流-电压关系图。负的膜势能强烈促进阴离子通道吸收苹果酸根，这种吸收会随胞质中苹果酸根浓度的增加而提高。在这张图中，胞质中的苹果酸根浓度为10mmol·L⁻¹（空心菱形）、20mmol·L⁻¹（空心方块）、50mmol·L⁻¹（空心圆圈）和100mmol·L⁻¹（空心三角），而液泡苹果酸根的浓度都为10mmol·L⁻¹。苹果酸根浓度在膜两侧相等（50mmol·L⁻¹）时的吸收用星号表示

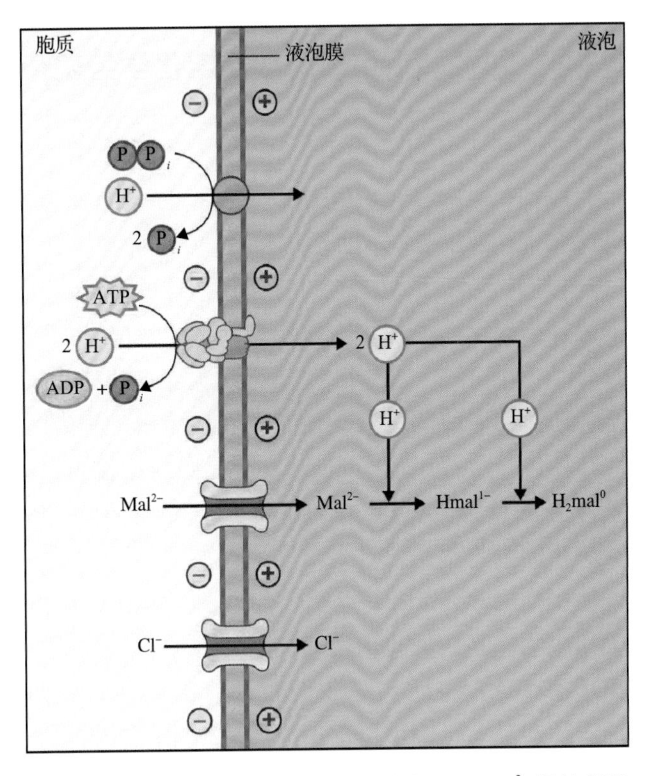

图3.35 CAM植物的根中苹果酸的聚积。$malate^{2-}$通过苹果酸根选择性通道进入液泡。这些通道可以强烈地内向整流，不允许$malate^{2-}$的大量流出。一旦进入液泡，$malate^{2-}$经质子化形成$H{\cdot}malate^{1-}$和$H_2{\cdot}malate^0$。这可以维持跨膜$malate^{2-}$的有效浓度差

在分子水平上，人们已经鉴定了两种类型的液泡苹果酸通道。一种通道是ALMT（aluminum-activated malate transporter）基因家族的成员，其活性符合先前发现的内向整流苹果酸通道（因为苹果酸根带负电荷，这相当于苹果酸根流入液泡）。在拟南芥中，*AtALMT9* 基因的启动子融合蛋白优先在叶肉细胞中表达。在 *AtALMT9* 基因的 T-DNA 插入突变体中，液泡的苹果酸通道活性明显降低。

第二种苹果酸通道是拟南芥液泡膜二羧酸运输蛋白（AttDT9），它是因为与人肾脏中的钠 / 二羧酸协同转运蛋白具有同源性而被鉴定出来的。AttDT 蛋白定位于叶肉细胞的液泡中。缺失 *AttDT* 基因的拟南芥突变体，其叶片中的苹果酸含量比野生型植物中少 25%。膜片钳分析显示，*AtALMT9* 敲除突变体中通道活性显著降低，但是液泡苹果酸的含量仅轻微减少，据此推测 AtALMT9 和 AttDT 之间应该存在功能冗余。

3.4 协同转运蛋白

3.4.1 协同转运蛋白能够逆电化学势差帮助运输

协同转运蛋白利用 H^+ 或者 Na^+ 的下降梯度，以便在上升梯度吸收或者运出溶质。

它们可以将热动力学上有利的 H^+ 或者 Na^+ 的内流，与驱动一个热动力学不利的转运反应（如吸收 Cl^-）偶联起来。在同一个方向运输底物和偶联离子（在植物中通常是 H^+）的协同转运蛋白，称为同向转运体(symporter)。同向转运体是吸收运输蛋白，大部分的糖、氨基酸、多肽、Cl^-、NO_3^-、SO_4^{2-} 和磷酸盐的吸收都是通过同向转运体来完成的。反向运输蛋白（antiporter）以相反的方向运输偶联的离子和底物，是向外输出物质，运输蔗糖、Na^+、K^+、NO_3^- 和 BO_3^{3-} 的反向运输蛋白目前都已知。同向转运体和反向运输蛋白位于细胞质膜和内质网膜上（见图 3.2）。同向转运体和反向运输蛋白都利用（消耗）质子动力，而这种质子动力需要依靠位于细胞质膜和细胞器膜上的 H^+ 泵的作用来持续维持。

如同大多数的酶一样，协同转运蛋白对于它们的底物具有相对的特异性。例如，对于有机底物，协同转运蛋白能够区分异构体，相比于 D 型氨基酸和 L 型糖分子，更倾向于转运 L 型氨基酸和 D 型糖分子。氨基酸无论是酸性、碱性还是中性，都由不同的细胞质膜协同转运蛋白来运输。在所有的膜上，都可以发现大量不同类型的协同转运蛋白。位于植物细胞质膜上的 H^+ 偶联的转运系统很发达，这说明生活在相对稀释的介质当中的生物体，需要依靠有活力的溶质转运。

3.4.2 人们经常在异源系统中鉴定协同转运蛋白

由于协同转运蛋白并不是很多（见 3.1.5 节），而且不参与不需重建膜就可以进行检测的反应（如 ATP 水解），因此通过生物化学的方法很难鉴别它们。研究植物协同转运蛋白，应用最广泛、最成功的方法是酵母互补实验。要进行该实验，需要向酵母突变体中转入植物文库 cDNA，而这些酵母突变体在所研究的溶质上不能生长。转化的酵母菌落如果表达了一个功能性植物转运蛋白，就可以在含有特定溶质的培养基上生长。然后，就能获得 DNA 编码序列。酵母运输突变体的数量庞大，而在酵母中进行遗传研究比较简单、快捷，这些因素使酵母成为一个具有吸引力的实验系统。转运糖、氨基酸、多肽、无机阳离子（如 K^+）、无机阴离子（如 SO_4^{2-}）的首个植物细胞质膜协同转运蛋白，都是运用这种方法鉴定的。

协同转运蛋白是高度疏水的。在通过疏水性分析推测的结构中，协同转运蛋白通常有 12 个跨膜区，在第 6 和第 7 个跨膜区之间有一个最大的疏水环（图 3.36）。

非洲爪蟾（*Xenopus laevis*）的单细胞卵母细胞体系是另一个非常受欢迎的研究植物通道蛋白和转运蛋白的异源表达系统。最大的卵母细胞的直径约为 1mm，允许用微量移液管和微电极刺穿（图 3.37）来检测转运蛋白介导的膜电流。而且，卵母细胞细胞质膜的转运活性是相对静止的，因此，卵母细胞的内源转运蛋白的背景活性，对实验中测定的异源转运蛋白的流动或者电流很少有大的干扰。要在卵母细胞中表达异源转运蛋白，是通过向单细胞中显微注射体外合成的 cRNA，cRNA 可以提供翻译的模板。在通常情况下，cRNA 显微注射 2 ～ 4 天之后，表达量达到最大，可在此时检测转运活性。

有关 H^+ 偶联的转运，人们已经从两类实验中获得了证据。第一个方法是运用微电极来检测跨细

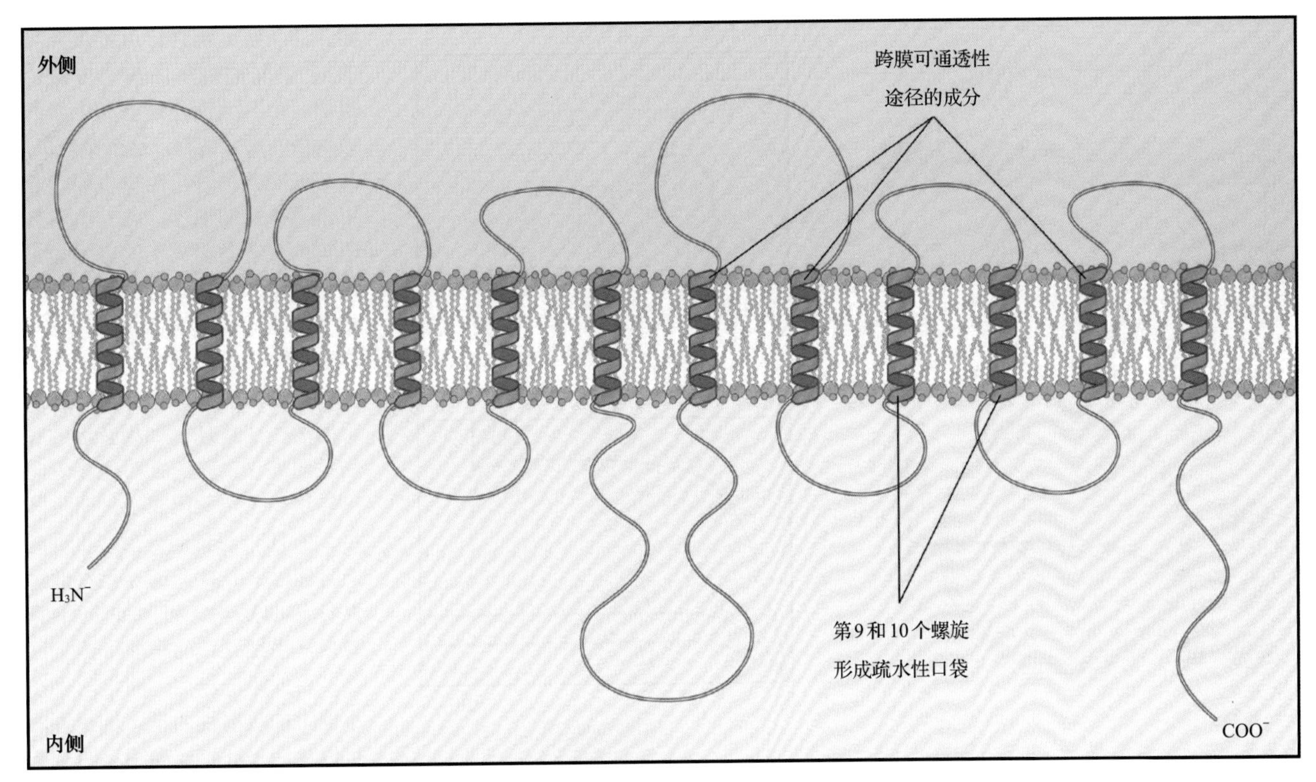

图 3.36　一个代表性协同转运蛋白在膜中定向排列的结构模型

图 3.37　可以用注射管快捷地向非洲爪蟾卵母细注射可能编码转运蛋白的 cRNA。孵育几天以便有充足时间完成新蛋白的翻译，接下来就可以利用运输实验（如电生理或者放射性底物的吸收）来研究转运活性。来源：GeneClamp 500. Axon Instruments Inc., Foster

胞膜的 V_m，但是只限于评估细胞质膜共转运蛋白的活性（图 3.38A）。当一个细胞浸于底物环境时，即使这个底物不带电荷（如糖分子），细胞质膜通常也会快速去极化，这说明有正电荷（通常是 H^+）流入细胞。这些去极化现象说明，H^+ 偶联的转运系统是能产电的（携带电荷）。另外一个实验方法可以应用于许多膜的研究中，涉及利用分离出来的膜小泡（图 3.38B）。在存在质子梯度和不存在质子梯度的情况下，比较小泡对放射性标记的底物的吸收。当存在一定极性的质子梯度时，如果底物在小泡内积累，说明是 H^+ 偶联转运（图 3.38B）。

3.4.3　在某些情况下，离子偶联的溶质转运涉及 Na^+ 而不是 H^+

尽管 H^+ 偶联的转运机制在植物中普遍存在，为协同转运蛋白介导的运输提供能量，但是也发现了 Na^+ 共转运系统的存在。在一些海藻中，吸收 NO_3^- 和某些氨基酸的过程就是依赖 Na^+。

海水中丰富的 Na^+ 浓度（大概 480mmol·L^{-1}）导致形成很大的 Na^+ 跨细胞质膜内向电化学梯度（图 3.39）。然而，在一些淡水水生植物和轮藻植物海藻中，吸收微摩尔浓度的 K^+ 也依赖 Na^+。尽管淡水中的 Na^+ 浓度远远低于海水，但是 H^+ 偶联仍然可能为运输提供能量，因为 Na^+ 的电化学驱动力中的 V_m 组分已经足够大，能够克服该离子在质膜两边的微小浓度差异。目前还未从淡水植物和轮藻植物海藻中分离到编码 Na^+/K^+ 转运蛋白的基因。然而，在禾本科植物的 HKT 转运蛋白基因家族的一个亚家族中（见第 23 章），人们发现了这个 Na^+/K^+ 转运活性。在高 Na^+ 浓度下，这些 HKT 转运蛋白能够成为类似 Na^+ 通道的蛋白质，介导 Na^+ 内流进入细

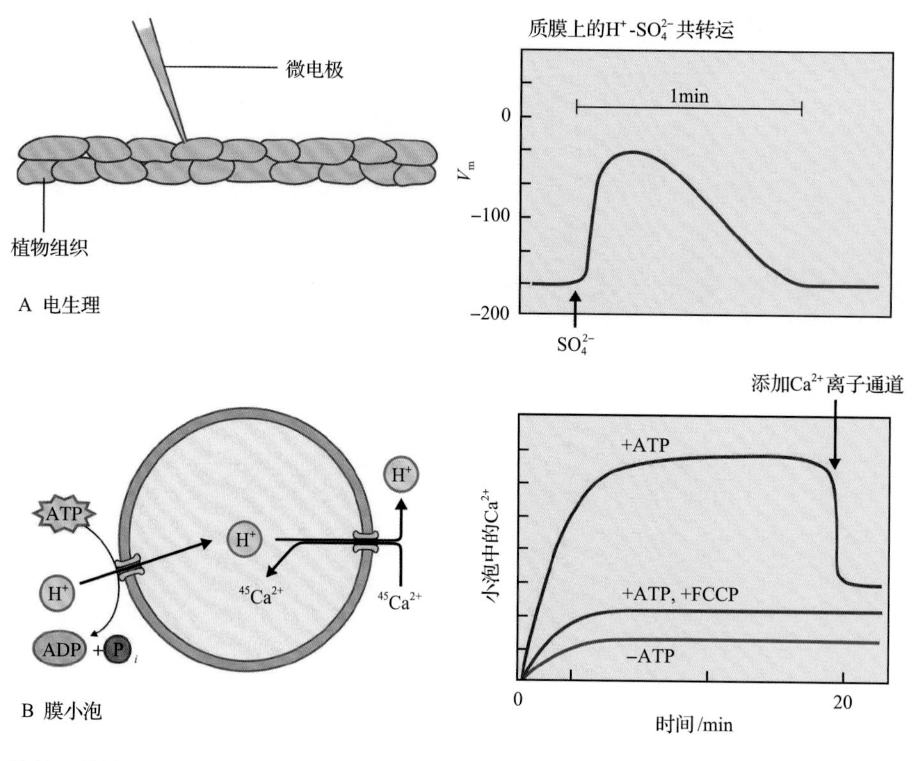

图 3.38 研究协同转运蛋白介导的H^+偶联的溶质运输的方法示意图。A. 用含有电解液和电极的玻璃微针刺入细胞。这个微电极，与溶液中的另外一个微电极一起用来测量跨膜电压。将一个不带电荷的或者是阴离子的底物加入该溶液中。如果一个阳离子与底物共转运，正电荷将流入细胞，膜去极化，V_m就增加。离子替换实验和介质碱化的情况下，这个阳离子往往是H^+。如果转运的底物是阴离子，膜的去极化将表明每转运一个一价阴离子，至少转运2个H^+，每转运一个二价阴离子会转运3个H^+。B. 小泡在放射性标记的底物（如$^{45}Ca^{2+}$）中孵育后，用细孔径的硝酸纤维素过滤。将滤膜洗涤后，测定附着在小泡上的放射性的量。这种方法可以比较pmf存在和不存在时小泡的吸收情况。如果小泡的细胞质面暴露在介质中，其自身的H^+-ATP酶活性将建立起一个内部的酸性pmf。这种梯度将会驱动放射性底物的吸收，如图中Ca^{2+}的吸收曲线图（红线；+ATP）所示。加入一个Ca^{2+}选择性离子通道（在曲线图上用垂直箭头表示），Ca^{2+}将从小泡中漏出，这就表明Ca^{2+}是积累在小泡中，而不是结合在小泡上。当缺乏ATP（−ATP，蓝线）或者存在能够消除质子梯度的化合物[FCCP，羰基氰化对（三氟甲氧）苯腙；绿线]时，Ca^{2+}的积累将大大减少

胞。细胞质膜HKT转运蛋白的另外一个亚家族（一类HKT转运蛋白）是Na^+转运蛋白，在Na^+进入叶片之前，它们把Na^+从木质部汁液中运出去，这是保护陆生植物、防止其在叶片中过度积累Na^+的主要机制。利用野生植物中的高活性HKT转运蛋白进行HKT分子标记辅助育种，正在产生更耐盐的驯化作物，这是一个非常重要的农业性状。

3.4.4 转录和翻译后调控能调节协同转运蛋白的活性

H^+偶联的转运系统，能够产生大量的溶质积累。必然结果就是，如果要在细胞质中维持一定生理浓度的溶质，H^+偶联的转运蛋白必须受到严格的调控。有两种主要的调控方式。对于许多协同转运蛋白基因来说，转录调控是很明显的，在底物匮乏的时期，这些基因的表达会解除抑制。当有底物的时候，协同转运蛋白的表达受到抑制，转运以明显较低的速率进行。图3.40显示了拟南芥根吸收K^+的一个可能的转录调控的例子：K^+饥饿能够促进根中K^+的吸收能力，与K^+吸收转运蛋白AtHAK5的表达也

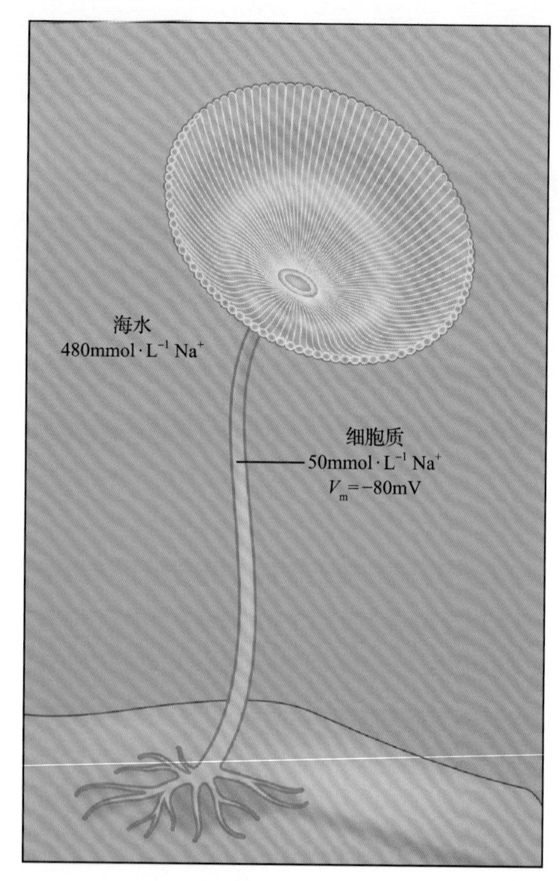

图 3.39 在海藻[如伞藻属（*Acetabularia*）]中存在着很大的跨细胞质膜的Na^+电化学势

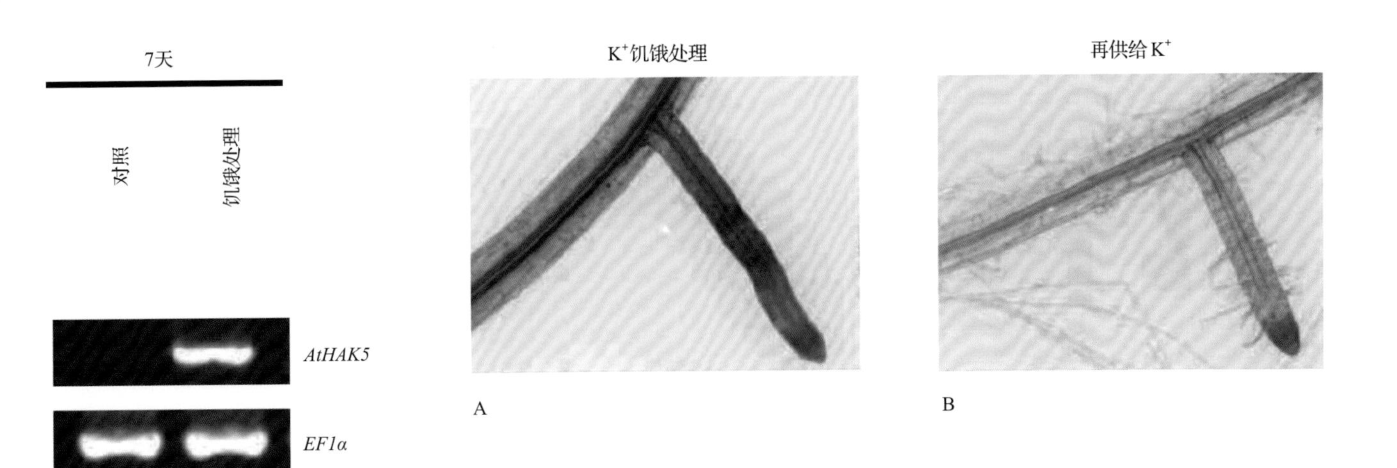

图 3.40 K^+ 运输蛋白基因 *AtHAK5* 的表达受 K^+ 饥饿诱导。生长在充足 K^+ 条件下的拟南芥，其根中检测不到 *AtHAK5* mRNA 的表达。在 K^+ 缺乏条件下生长 7 天的植物，可以用 RT-PCR 在其根中检测到 *AtHAK5* 的表达（左栏）。K^+ 饥饿能够诱导 *AtHAK5* 启动子驱动 GUS 的活性，如右栏中所示。当又重新供给 K^+ 时，*AtHAK5* 的表达又回到了低的本底水平。对于拟南芥根中"经典的" K^+ 饥饿诱导的高亲和性 K^+（Rb^+）吸收来说，研究表明 AtHAK5 运输蛋白是一个主要的组分。来源：Gierth et al.（2005）. Plant Physiol 137（3）: 1105-1114

有相关性，但是还没有证据显示 AtHAK5 是一个 H^+ 偶联的协同转运蛋白。敲除拟南芥中的 *AtHAK5* 基因会引起高亲和性 K^+（Rb^+）内流减少，说明对于根中鉴定到的传统诱导型高亲和 K^+ 内流活性，AtHAK5 是一个主要的组分。而且，敲除 *AtHAK5* 基因和内流 K^+ 通道基因 *AKT1* 的双突变体，在较低浓度的情况下 K^+（Rb^+）内流完全消失，生长有严重缺陷。转运蛋白不被营养饥饿诱导表达的例子是协同转运蛋白介导的 NO_3^- 转运，其会被底物诱导而不是抑制。

协同转运蛋白的翻译后修饰也可以调节转运活性，这已经在海藻 *Chara* 的巨大节间细胞中得到验证。在细胞内灌注指定的溶液后，如果胞内没有 Cl^-，则可以观察到很高的 H^+ 偶联的 Cl^- 转运活性，但是当胞质中的 Cl^- 浓度增加至不太高的 $10mmol{\cdot}L^{-1}$ 时，则这一转运活性几乎降到零。这种现象称为反式抑制，是胞质中的 Cl^- 过于紧密结合协同转运蛋白的活性位点引起的。因此，胞质中的 Cl^- 浓度越高，就会有越多的协同转运蛋白以与底物结合的方式被锁定，那么就会有更少的协同转运蛋白能够从细胞外吸收 Cl^-。

3.4.5 许多代谢物可以被主要协助转运蛋白超家族中的特定协同转运蛋白转运

植物细胞含有丰富且多样的质子偶联转运蛋白，能够转运不带电荷的营养物质和代谢物。许多转运蛋白是由主要协助转运蛋白超家族（major facilitator superfamily, MSF）的基因编码。人们对植物 H^+ 偶联的吸收转运蛋白（共转运蛋白）了解很多，但是对 H^+ 偶联的外流转运蛋白（反向运输蛋白）了解得很少。这主要是因为在酵母突变体中通过异源表达鉴定吸收运输蛋白的效率很高（见 3.4.2 节）。如果可以获得放射性标记的底物，也可以利用酵母来研究吸收转运活性。非洲爪蟾卵母细胞表达系统和电生理学分析对于鉴定偶联转运蛋白的底物非常有用。这个系统的优点之一是不需要放射性标记的底物，但是转运必须是带电荷的，即在检测转运活性的时候，必须跨膜运输电荷。例如，AtPLT5 是拟南芥中糖醇透性酶（属于 MSF）的同源蛋白，通过在卵母细胞中表达 AtPLT5 分析其活性（图 3.41）。AtPLT5 可以转运许多不同的糖（包括己糖、戊糖和四糖）及糖醇（如山梨醇）。

许多转运蛋白基因有多个拷贝，是基因家族的成员。为何产生这种明显的冗余性，人们并不是很清楚。产生的蛋白质在功能上可能存在冗余性，但是也有其他的可能性。多基因能够提供精确的表达模式、活性差异、调控、定位或蛋白周转。拟南芥中编码蔗糖转运蛋白（SUT）的基因家族，为回答为何植物转运蛋白总是以多基因家族成员存在的问题提供了观点。拟南芥中有 9 个 *SUT* 基因，它们的表达模式不同。例如，*AtSUC2* 在伴细胞中表达，

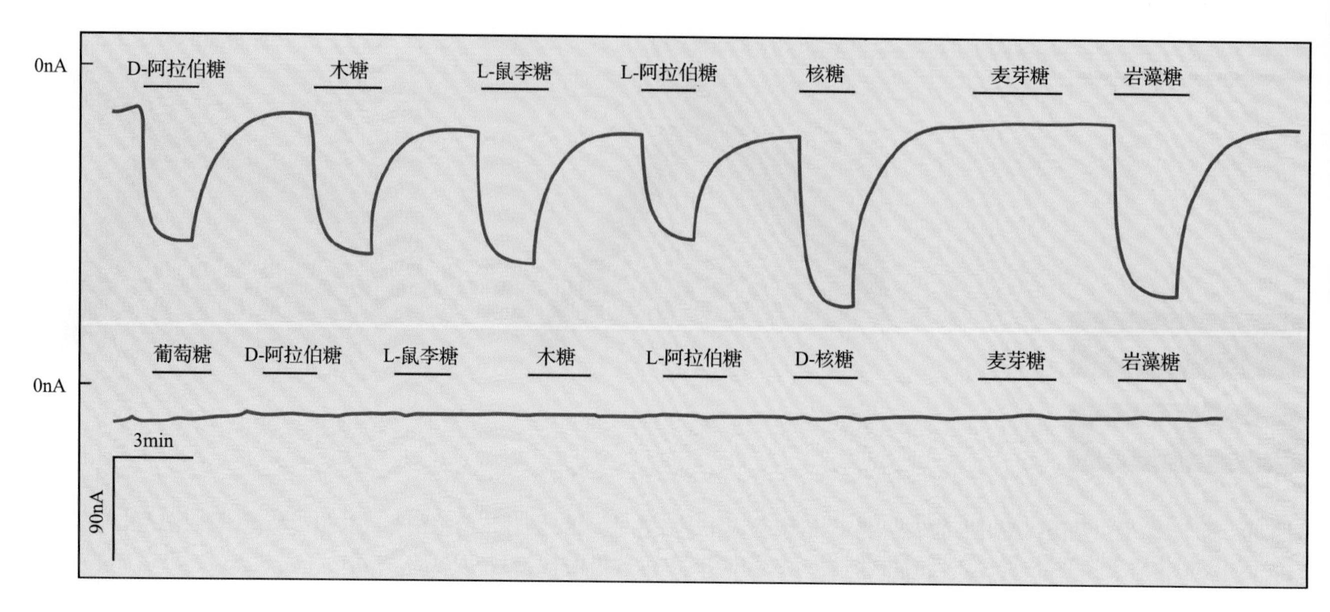

图 3.41 在非洲爪蟾卵母细胞中对 AtPLT5（At3g18830）运输活性的电生理分析。卵母细胞用 –40mV 钳住，如图所示在细胞外施加底物。向下的波动表明内向 H^+ 电流与底物运进卵母细胞的运输偶联。顶部轨迹：卵母细胞注射了 *AtPLT5* RNA；底部轨迹：没有注射的卵母细胞。结果显示阿拉伯糖、木糖、鼠李糖、核糖和岩藻糖都可以被 AtPLT5 转运，但是麦芽糖不能。来源：Reinders et al.（2005）. J Biol Chem 280（2）: 1594-1602

对于韧皮部装载是必需的；AtSUC1 有类似的转运活性，但是在花粉、表皮毛和根中表达，对于花粉的功能是必需的；*AtSUC5* 在种子中表达，对于种子的发育是必需的。它们的转运活性也有差异。与 AtSUC1 最接近的 SUT 家族成员对蔗糖有很高的亲和性，对蔗糖的 K_m 值小于 2mmol·L^{-1}。AtSUC9 是这组转运蛋白的一个成员，与其他 SUT 相比，其对蔗糖有极高的亲和性（K_m=66μmol·L^{-1}）。在这个族谱的另一端，同源性较低的 *AtSUC4* 基因编码的转运蛋白对蔗糖的 K_m 值为 12mmol·L^{-1}。它们在膜上的定位也存在差异：AtSUC4 定位在液泡膜，而其他的 SUT 蛋白位于细胞质膜。有两个 *SUT* 基因（*AtSUC7* 和 *AtSUC8*）是假基因。因此，尽管拟南芥中有 9 个 *SUT* 基因，它们的功能冗余性很低；除去假基因，每一个 *SUT* 基因都具有独特的功能。

大多数植物的糖转运蛋白（包括转运葡萄糖的 H^+ 偶联单糖转运蛋白）也是 MSF 成员。然而，植物中不属于 MSF 的基因也编码重要的质子偶联转运蛋白，可以转运不带电荷的溶质。共转运蛋白的例子有嘌呤透性酶（PUP）、酰脲透性酶（UPS）和尿素透性酶 AtDUR3。多药毒性外流转运（MATE）家族成员具有反向运输蛋白的功能，其中一些可以转运不带电荷的溶质，例如，TT12 能够将花青素转运至液泡内。

3.5 通过水通道蛋白运输水

3.5.1 水的跨膜运输方向由液体静压力和渗透压决定

大多数生物学家都曾观察到高渗处理对植物组织的简单影响：组织变得松弛，在细胞水平上发生质壁分离。质壁分离的迅速发生，证明了生物膜对水的高渗透性。

水势的两个组成部分，决定了水通过膜时的流动方向：膜两边的液体静压力差（$\Delta\psi_p$），以及膜两边的渗透压力差（$\Delta\psi_s$）（见第 15 章，信息栏 15.1）。通过膜的水流量（J_v）和驱动力是成比例的（公式 3.3），其中，L_p 是比例常数，是膜对水的通透性，以表面积的形式来表示，单位是 m·s^{-1}·MPa^{-1}（即 m·s^{-1}·m^2·N^{-1}，其中 N 是以牛顿为单位的力，kg·m·s^{-2}）；σ 是反射系数，表示与渗透压相关的溶质相对于水而言透过膜的能力。对于完全不能透过的溶质，σ=1；但是对于通透性等于水的溶质，σ=0。实际上，在生理条件下（离子、糖等）的大多数渗透活性溶质比水的通透性低很多，可以认为 σ=1。在渗透压平衡的条件下，定义 J_v=0，因此 $\Delta\psi_p$ 和 $\sigma\Delta\psi_s$ 相等并且相对应。

$$J_v=L_p（\Delta\psi_p-\sigma\Delta\psi_s） \quad （公式 3.3）$$

3.5.2 水分子的运动是通过膜脂双分子层和水通道蛋白

尽管磷脂双分子层的脂肪酰基链本质上是疏水的，但是水分子仍可以穿过生物膜的脂质。双层膜对于水的渗透性可以通过人工系统得到验证，无论是脂质体还是平面脂双层。另外还鉴定到了平行的水分子跨膜运动的重要途径，能够实现水的快速运输。这个途径需要利用水通道蛋白（aquaporin）。

3.5.3 水通道蛋白是主要膜内蛋白家族的成员

水通道蛋白是主要膜内蛋白（MIP）家族中的膜整合蛋白，存在于细菌、植物和动物细胞中。它们很小（25 ～ 30kDa），是非常疏水的蛋白质，含有 6 个跨膜区，其内部序列的同源性显示其起源于一个基因的复制和融合（图 3.42）。水通道蛋白在 N 端和 C 端都含有高度保守的 NPA（Asn-Pro-Ala）残基。水通道蛋白存在于所有与分泌相关的植物膜中，包括细胞质膜、液泡膜、内质网和高尔基体。植物有许多水通道蛋白基因（在拟南芥中超过 30 个），可以分为 4 个亚家族：细胞质膜内在蛋白（PIP），液泡膜内在蛋白（TIP），结瘤素 26 类似的内在膜蛋白（NIP），小的碱性内在蛋白（SIP）。

人们发现水通道蛋白的功能是在 1992 年，是在非洲爪蟾卵母细胞中表达动物 MIP 同源基因的

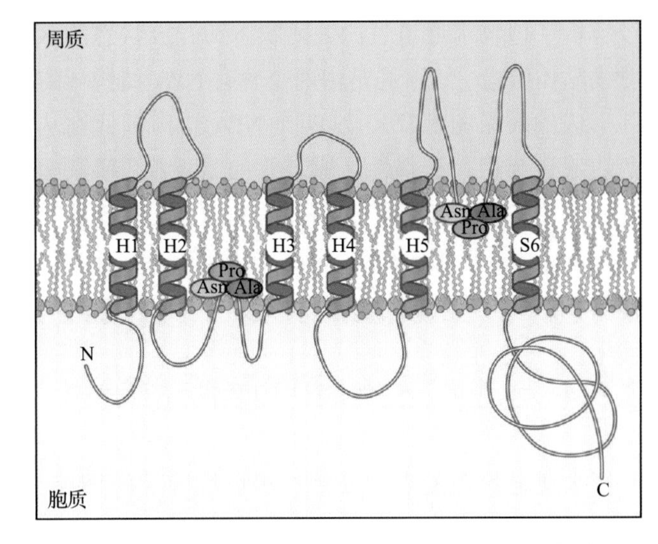

图 3.42 一个水通道蛋白的结构，显示出 6 个跨膜螺旋和 2 个保守 NPA（天冬酰胺 - 脯氨酸 - 丙氨酸）残基

互补 RNA 时发现的。当卵母细胞受到低渗冲击时，在表达水通道蛋白的卵母细胞中膨胀速度明显快于对照组。后续的研究表明，在非洲爪蟾卵母细胞中表达一个植物的同源蛋白，也发现了类似的水通道蛋白功能特性。

有趣的是，一些植物水通道蛋白可以转运其他小的、不带电荷的溶质，这些溶质对植物营养、胁迫响应或信号转导很重要。可以通过植物水通道蛋白的成分包括 CO_2、尿素、甘油、NH_4^+、甲基铵离子、硼酸、H_2O_2、硅酸、乳酸、甲酰胺、砷和乙酰胺。

水通道蛋白在膜上以四聚体的形式存在，但是具有功能的孔是由单体形成的（图 3.43）。人们已

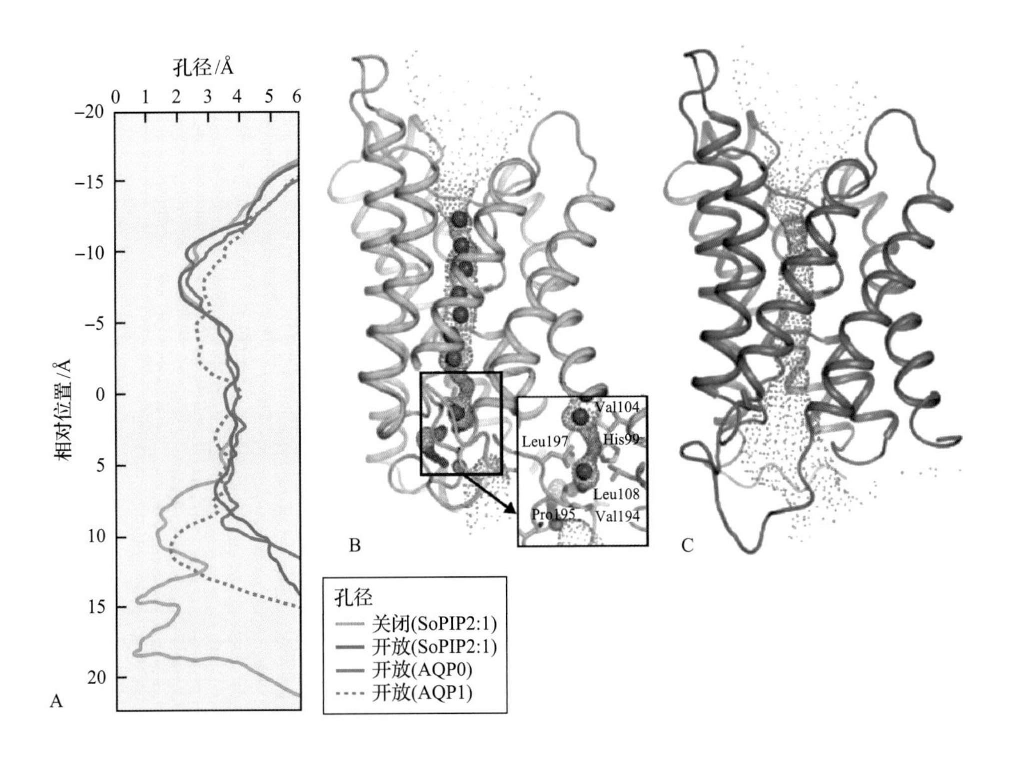

图 3.43 处于关闭构象的 SoPIP2 ：1（绿色）和处于开放构象的 SoPIP2 ：1（蓝色）、AQP0（实心灰色）和 AQP1（点状灰色）的孔径，以从 NPA 标志序列的距离的函数表示。B.SoPIP2 ：1 处于关闭状态的微孔在图中以漏斗状表示，也表明了微孔的边界。插图显示了靠近 D 环门控区域（以 Val 194、Pro 195 和 Leu 197 为特征）的微孔。C.SoPIP2 ：1 处于开放状态的微孔。来源：Tornroth-Horsefield et al.（2006）. Nature. 439（7077）: 688-694

经解析了植物水通道蛋白关闭状态和开放状态的X射线晶体结构。这个孔是由两个含有NPA结构域的环形成的（见图3.42），这两个NPA结构域分别从两边嵌进膜中。选择性是通过孔的芳香族/精氨酸区域的严格限制来实现的。孔的开闭依赖于D环的位置，D环位于第4和第5个跨膜区的胞质结构域。在关闭状态下，D环会封闭这个孔（见图3.43）。

3.5.4 水通道蛋白的表达和活性受到调控

水通道蛋白的表达受到许多环境因子的调控，包括：光质和光强，水和营养物质的可获得性，盐胁迫，干旱和低氧。此外，水通道蛋白的活性受细胞质中pH和蛋白磷酸化的调控。在某些条件下（如低氧），细胞质酸化通过质子化一个保守的组氨酸，使水通道蛋白的活性受到抑制。保守丝氨酸位点的磷酸化，也会引起通道的关闭。磷酸化是由Ca^{2+}依赖的蛋白激酶催化，这种蛋白激酶可以形成信号途径的一个组分，将水胁迫和通道活性连接起来。胞质Ca^{2+}对水通道蛋白的活性可能有直接影响：通过X射线晶体结构分析，人们发现了二价阳离子的一个结合位点。

利用细胞质膜和液泡膜小泡进行的研究结果显示，液泡膜具有更高（100倍）的水渗透性。很可能在那些研究中，细胞质膜的水通道蛋白活性在小泡分离的过程中并不能维持。然而，这个结果可能表明细胞质膜和液泡膜水通道蛋白的调控差异。最近的研究表明，细胞质膜和液泡膜对水的渗透性很高（高至$500\mu m \cdot s^{-1}$）。水对细胞质膜和液泡膜的渗透性，主要是由水通道蛋白调控的。

小结

膜运输在植物细胞的许多生物过程中发挥了基础性作用，包括产生细胞膨胀压、能量、运动、信号转导、营养获得、废物排泄及代谢物的分配和区室化。在所有的膜上，存在四种基本类型的运输系统。**泵**促进离子和复杂有机分子逆热力学梯度的运输。在膜上，除了线粒体和叶绿体合成ATP的膜以外，泵通常由ATP的水解来驱动。在所有的膜上，H^+泵从胞质中运出H^+，并形成跨膜的质子梯度和电梯度（pmf）。**离子通道**介导非常高速率的运输，在植物生物学中扮演多样的角色。通道在打开和关闭状态之间进行调控，通道的活性经常受膜电压或者蛋白修饰调控，而蛋白修饰受第二信使（如Ca^{2+}）或磷酸化/去磷酸化的调节。对K^+有高度选择性的通道位于细胞质膜和液泡膜上。在这两种膜上，还存在着阴离子通道和选择性较低的阳离子通道。这些通道在信号转导、细胞延伸、营养的获得及重新分布的调控中发挥重要作用。**协同转运蛋白**转运多种简单的溶质，包括离子、糖和氨基酸。协同转运蛋白与泵的区别在于不需要水解ATP来驱动转运，而与通道的区别在于，它将一种溶质的上坡积累与另一种溶质在能量上有利的运动偶联起来。在植物中，协同运输蛋白通常通过与质子动力（pmf）驱动的H^+转运偶联起来以获得能量。本章详细讨论了通道和协同转运蛋白的一些例子，在表3.2中总结了阳离子底物，在表3.3中总结了阴离子底物。**水通**

表3.2 阳离子底物和营养物质的运输蛋白

底物	运输蛋白	运输蛋白家族	膜	功能
K^+	K^+_{in}通道AtKAT1	Shaker型电压门控K^+通道	PM	K^+内流通道；气孔打开
K^+	AtKAT1	Shaker	PM	K^+内流通道;K^+在根部吸收
K^+	K^+_{out}通道GORK,SKOR	Shaker	PM	K^+在保卫细胞（GORK）和柱状细胞中释放
K^+	TPK1（AtKCO1）	双孔K^+通道（4TM）	T	液泡K^+（VK）通道；胞内Ca^{2+}浓度升高，激活液泡中K^+的释放，气孔关闭
K^+	AtHAK	KUP/HAK/KT	PM	高亲和性K^+吸收进入根中，也可能进入其他细胞
Fe^{2+}	AtIRT1	ZIP	PM	根部吸收铁
Fe^{2+}	AtNRAMP3/4	NRAMP	T	从液泡中释放铁
Ca^{2+}	DND1/2	CNGC	PM	Ca^{2+}内流；信号转导：如在保卫细胞中
Ca^{2+}	GLR3.3	谷氨酸受体	PM	瞬时去极化，在根中Ca^{2+}信号转导
Ca^{2+}	TPC1	双孔通道（2×6 TM）	T	慢速液泡（SV）通道；可通透Ca^{2+}、K^+、Na^+和Mg^{2+}

注：PM，细胞质膜；T，液泡膜。

表 3.3 阴离子底物和营养物质的运输蛋白

底物	运输蛋白	运输蛋白家族	膜	功能
阴离子	S- 型阴离子通道，AtSLAC1		PM	气孔关闭过程中释放阴离子
苹果酸	AtALMT		PM	Al^{3+} 激活苹果酸在根中释放，Al^{3+} 解毒
苹果酸	AtALMT9	ALMT 家族	T	Cl^- 和苹果酸运进叶肉细胞的液泡中
苹果酸	AttDT9	二羧酸转运蛋白	T	苹果酸运进液泡
阴离子	R- 型阴离子通道，ALMT12	ALMT 家族	PM	在气孔关闭过程中阴离子从保卫细胞流出
NO_3^-	AtNPF6.3/AtNRT1.1	NPF	PM	低亲和 H^+ 偶联的硝酸盐转运蛋白
NO_3^-	AtNRT2		PM	高亲和 H^+ 偶联的硝酸盐运输蛋白；发挥功能需要另一个整合膜蛋白；NRT1 和 NRT2 家族之间没有序列同源性
NO_3^-	AtCLCa	CLC 氯化物通道	T	1 H^+/2 NO_3^- 反向运输蛋白，将硝酸盐运进液泡；硝酸盐储存
磷酸盐		PHT 家族	PM	根中 H^+ 偶联的磷酸盐吸收
硫酸盐		SULTR 家族	PM	成员是低亲和或者高亲和的 H^+ 偶联的硫酸盐吸收转运蛋白；一些也可通透钼酸盐和硒酸盐

注：PM，细胞质膜；T，液泡膜。

道蛋白有利于水跨细胞质膜和液泡膜的快速运输。

所有类型的运输系统都在分子水平上都得到了鉴定。在许多情况下，运输系统的结构特征可以与溶质的渗透及运输系统的活性调控联系起来。这些运输系统在许多过程中扮演着重要角色，在植物响应非生物和生物胁迫过程中起核心调控作用。要鉴定行使特别功能的特定运输蛋白，需要考虑运输的四个方面：营养物质或者代谢物所带的电荷，生理条件下膜两边的分子浓度，在生物体内运输步骤的准确位点，生理刺激对蛋白质的调控。这四个方面决定了能够发挥特定转运功能的运输蛋白的类型。在几乎所有的细胞类型中，需要不同条件下在任何方向都能转运的转运蛋白的存在，以便维持细胞稳态，促进生长和发育。因此，植物具有大量的运输蛋白编码基因，以便满足整个植物中所需转运的众多溶质和步骤。

（陆婷婷　郝丽宏　李继刚　译，李继刚　校）

第 4 章 蛋白质分选与囊泡运输

Alessandro Vitale, Danny Schnell, Natasha V. Raikhel, Maarten J. Chrispeels

导言

为了正常行使功能，植物细胞需要将数以千计不同的多肽运送到特定的代谢区域、细胞质结构和膜系统中。这些膜结合蛋白在多种细胞器的膜结构（包括液泡膜、细胞膜、内质网膜、高尔基体膜、过氧化物酶体膜、叶绿体和线粒体的内外层膜、类囊体的膜）中都有。所有亚细胞区室中都有可溶性的蛋白质，包括细胞壁及唯一可能的例外——高尔基体囊腔内。一些蛋白质专属于某一特定的结构、区室或者膜；而一些具有类似的氨基酸序列、结构或者功能的蛋白质则可能存在于多种亚细胞区室中。例如，液泡和细胞壁中有酸性转化酶，而液泡膜、细胞质膜和内质网中有水通道蛋白。因此，细胞需要一种装置将这些蛋白质分选并运送到各自的目的地。

4.1 蛋白质分选的细胞装置

4.1.1 蛋白质分选需要多肽位置标签和分选装置，且通常需要穿过不止一层膜

这些数以千计的蛋白质是如何在细胞质中准确地运送到目的地的呢？除去驻留在翻译地点的，其他所有蛋白质都包含一个或者多个**定位结构域**（**targeting domain**）（详见信息栏 4.1）作为目的地标签。定位结构域通常是一段短的氨基酸序列或者肽基序，但也可以是一些翻译后的修饰，如聚糖（寡聚糖）。定位结构域通常位于蛋白质的 N 端，但也有可能在蛋白质的 C 端或者多肽链的其他地方。

信息栏 4.1　科学家通过分离的细胞器、可渗透细胞、瞬时转化和转基因植物，鉴定到定位信号和装置

人们使用不同的方法来研究蛋白质定位信号。这些定位信号，例如，引导蛋白质到叶绿体、线粒体和过氧化物酶体中的信号，可以通过在体外共培养分离并纯化细胞器和前体蛋白，并测定蛋白质进入这些细胞器所必需的条件来研究。这种方法使我们可以确定，哪种细胞质蛋白和小分子（如 ATP 和 GTP）对蛋白质的进入是必需的。不使用分离的细胞器，将可渗透的原生质体和前体蛋白共培养也是可行的。

分泌系统不是一个简单的细胞器，而是一个复杂的、不能在体外用分离的亚细胞组分重建的膜系统。研究者们依赖于瞬间表达系统或稳定转化株来研究蛋白质在分泌系统中的定位。免疫细胞化学或细胞器分级分离法可以用来确定当细胞或组织表达转基因时蛋白质聚集的亚细胞结构域（见信息栏 4.2）。脉冲追踪实验（见信息栏 4.3）为蛋白质加工、运输路径和降解提供了信息。因为定位信号在植物的不同物种之间是保守

的，因此人们可以通过删除或者突变一个可能的定位信号，或者将之添加到另一个蛋白质上，然后再去观察这些改变对蛋白质的亚细胞定位是否会产生影响。如果在一个原核酶的N端添加一段信号肽，那么该信号肽足以使其进入内质网，沿着分泌途径进行运输，并最终分泌出去（见4.7.2节）。使用类似的方法鉴定到了液泡的分选信号（见4.8.1节）。

绿色荧光蛋白（GFP）的发现，以及其他发射不同颜色荧光的蛋白质的发现，给蛋白质运输、亚细胞器的生物合成，以及动态观察带来了革命性的改变。荧光显微镜允许人们可以精准地观察一个给定蛋白的亚细胞定位，以及观察体内蛋白动态的运输过程和细胞器的移动。通过将分选信号与GFP融合，或者将不同亚细胞器的常驻蛋白与GFP融合，事实上几乎所有亚细胞器、膜或者细胞区室都可以"点亮"，即在活体组织中观察到一种标记的颜色。该种方法已经帮助人们观察到了植物细胞中高尔基的堆积结构，在植物叶片表皮细胞中将高尔基蛋白的跨膜域与GFP融合表达的蛋白质在图中以绿色的点状结构呈现，这些点状结构在细胞质中循着肌动蛋白纤维的轨迹（图中的红色）在移动。该细胞中的内质网网络，与哺乳动物中不同，定位于与微管相结合的核周围。

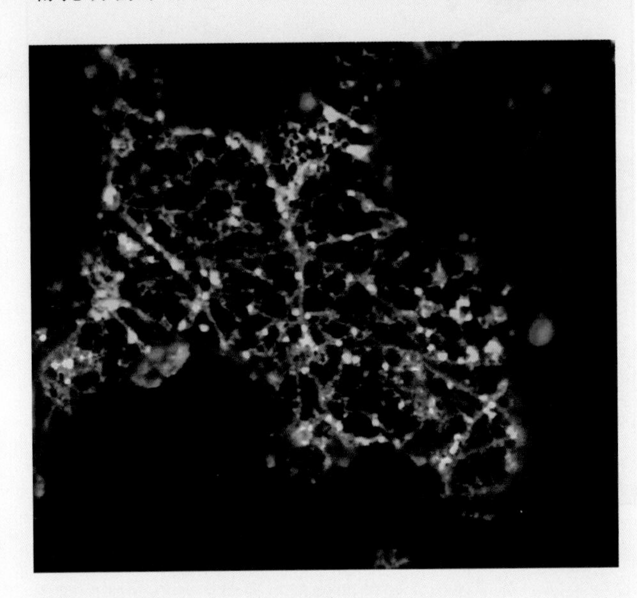

来源：Boevink et al.（1998）Plant J 15: 441-447

每个亚细胞区室或者膜系统都具有不同的定位结构域。同样的，每个亚细胞区室也具有高度选择性的分选装置来识别特定的定位结构域。定位结构域与分选装置的相互作用介导帮助蛋白穿越层层膜的转运最终到达正确的目的地。定位结构域因最终定位的不同而有不同的名字（表4.1）。虽然这些定位结构域对于蛋白质的运输十分重要，但成熟的、有活性的蛋白质可能并不包括定位结构域，因为蛋白酶通常会将定位结构域切掉从而形成一个有功能的、成熟的多肽。

因为大部分蛋白质都是在细胞质中合成的，因此在各细胞器中的大部分蛋白质都需要穿越一层或多层膜进行转运。小部分（< 100个）蛋白质是由质体和线粒体基因编码并由它们中的核糖体进行翻译的，但是大部分叶绿体和线粒体蛋白还是由核基因编码的。

表4.1　帮助蛋白质定位于不同细胞器和区室的地址标签

目的地	地址标签（定位结构域）
内质网	信号肽（SP）
叶绿体	转运肽
线粒体	导肽
细胞核	核定位信号（NSL）
过氧化物酶体	过氧化物酶体定位信号（PTS）
液泡	液泡分选信号（VSS）

大部分的蛋白质有亲水界面，因此不容易通过疏水的磷脂双分子层。膜上的蛋白质通道或孔隙可允许蛋白质进入（图4.1）。通常，多肽以伸展的或者未折叠的构象进行转运，但是当在过氧化物酶体或者叶绿体类囊体中时，一个完整折叠的蛋白质有时也可以通过一层膜。当一个多肽通过一个通道时，往往需要**分子伴侣**（**chaperone**）的帮助（关于分子伴侣详细的讨论，见第10章）。当蛋白分子间的相互作用受到破坏时，会导致蛋白质的不正确折叠进而发生聚集，分子伴侣可以提高蛋白质正确折叠的概率而不是提高蛋白质的折叠速率。一些分子伴侣与细胞质中新形成的蛋白质相互作用，保证其处于未折叠的状态从而使其通过蛋白通道。对于其他分子伴侣，当氨基酸链从膜上浮现时，便会与之结合从而帮助其折叠。还有一些分子伴侣可以充当维修站来修正发生的错误折叠。70kDa热激蛋白（Hsp70）家族的许多成员就有上述所有的功能，可以与许多

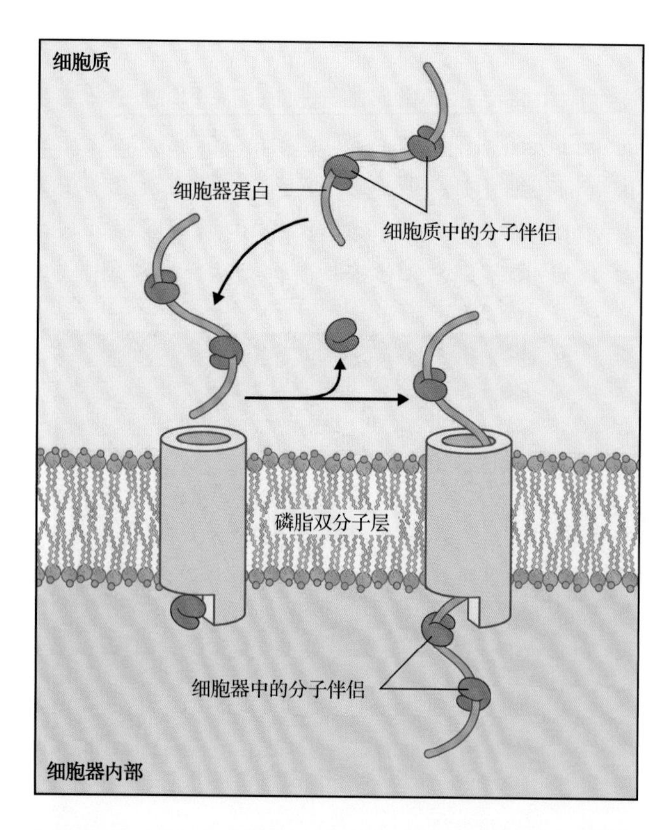

图 4.1 一个蛋白通道和分子伴侣帮助一个蛋白质穿过磷脂双分子层。分子伴侣在膜的两侧都与蛋白质结合（细胞质中和细胞器内部）。它们帮助蛋白质在细胞质中保持未折叠的状态，并帮助它们在细胞器内部进行正确地折叠

种类的蛋白质相互作用。

4.1.2 蛋白质分选可以是一个多步骤的过程，需要一个以上的定位结构域

蛋白质分选的基本特征几乎适用于全部的亚细胞区室。当蛋白质要送往的目的地是除去细胞质以外的地方时，该蛋白质上的定位结构域可以被位于细胞质中的因子所识别，经由特定的分选装置，将蛋白质送到目的区室的膜表面。这些细胞质中的因子会协同互作将未折叠的蛋白质运送到目标膜的特定受体上，进而打开膜上由多种多肽组成的蛋白通道。易位传动器可以水解三磷酸核苷从而驱动蛋白质的跨膜运输，之后在分子伴侣和 ATP 的帮助下，蛋白质完成折叠。

蛋白质从细胞质向目的亚细胞区室的转运，可以发生在蛋白质合成完成后（post-translational，翻译后），也可以发生在其在核糖体上合成期间（cotranslational，翻译时）。第一组中的蛋白质在细胞质中释放出来，并定位到多种不同的目的地，包括质体、线粒体、过氧化物酶体和细胞核（途径 1

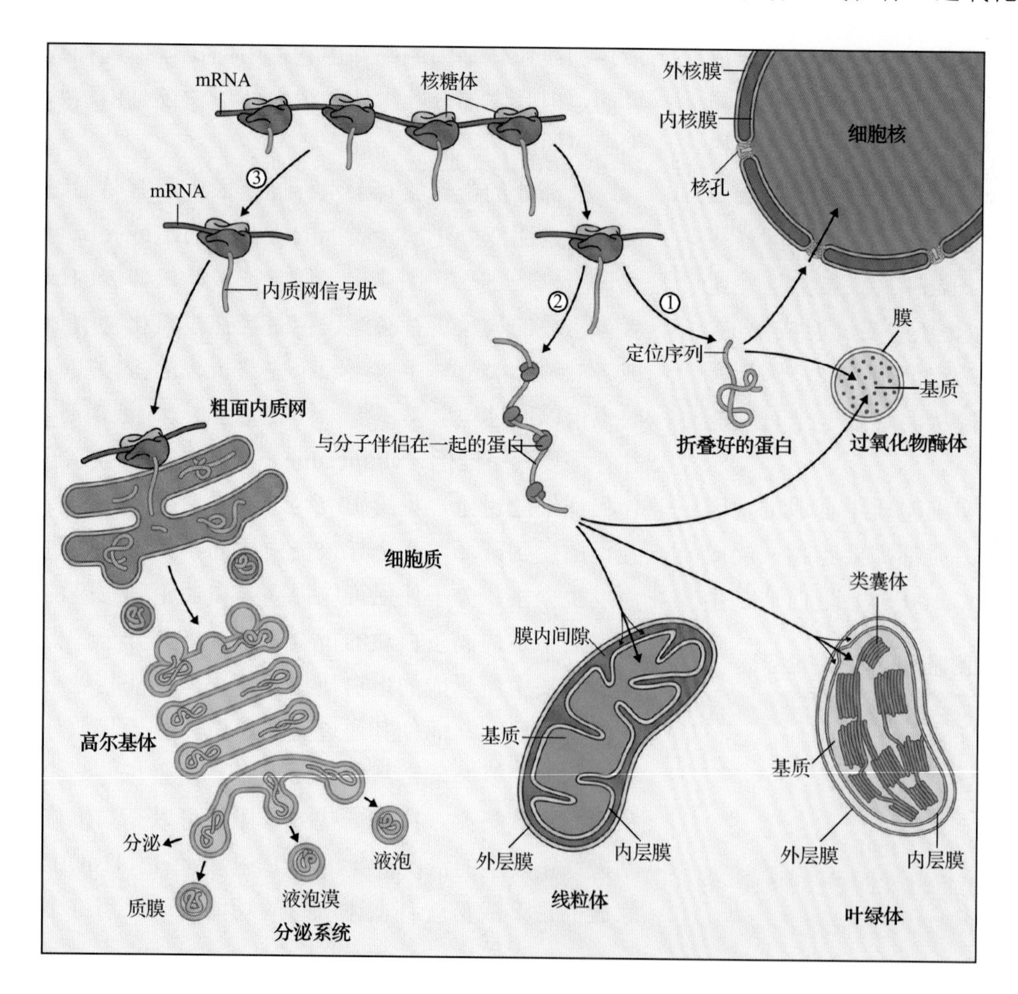

图 4.2 所有的核编码 mRNA 都在细胞质中翻译。途径 1 和 2：目的地为线粒体、叶绿体、过氧化物酶体或者细胞核，继续留在细胞质中的蛋白质从多聚核糖体上释放，可能仍然与分子伴侣结合（途径 2）或者发生折叠（途径 1）。一个暴露的定位序列会导致蛋白质与受体结合（在细胞质中或者在细胞器内部），然后定位到相应的细胞器中。途径 3：如果初生的多肽带有一个信号肽，那么多聚核糖体会附着于内质网膜，然后该蛋白质便会释放进入内质网腔，或者成为内质网膜的一部分。进而，该蛋白质会经过分选进入分泌系统，或分泌，或运输到细胞质膜，或运输进入液泡或者液泡膜。来源：Lodish et al.（2013）. Molecular Cell Biology, 7th edition. W.H. Freeman

和 2，图 4.2）。大部分要进入**分泌途径**（**secretory pathway**）的蛋白质都是在位于粗面内质网的核糖体上合成的。这些蛋白质的合成和转运是相互偶联的，当合成的多肽链从核糖体上释放后便会转运穿过内质网膜（途径 3，图 4.2）。

穿过一层膜之后，蛋白质可能会经转运进入半自主型细胞器的区室（如质体的类囊体膜），或者经膜转运进入其他的亚细胞区室（如液泡蛋白和质膜蛋白）。要想转运到最终的目的地或者滞留在某一个亚细胞区室，通常还需要第二个定位结构域，如液泡分选信号。带有多个定位结构域和滞留信号的蛋白质，通常要依次与不同的分选装置相互作用，直到到达最终目的地。对于整合膜蛋白而言，在转运过程中它们通常会整合进入膜中，之后当到达转运通道的时候，它们会扩散进入磷脂双分子层。通常这些蛋白质的跨膜部分既充当了定位信号，也充当了靶向膜的锚。

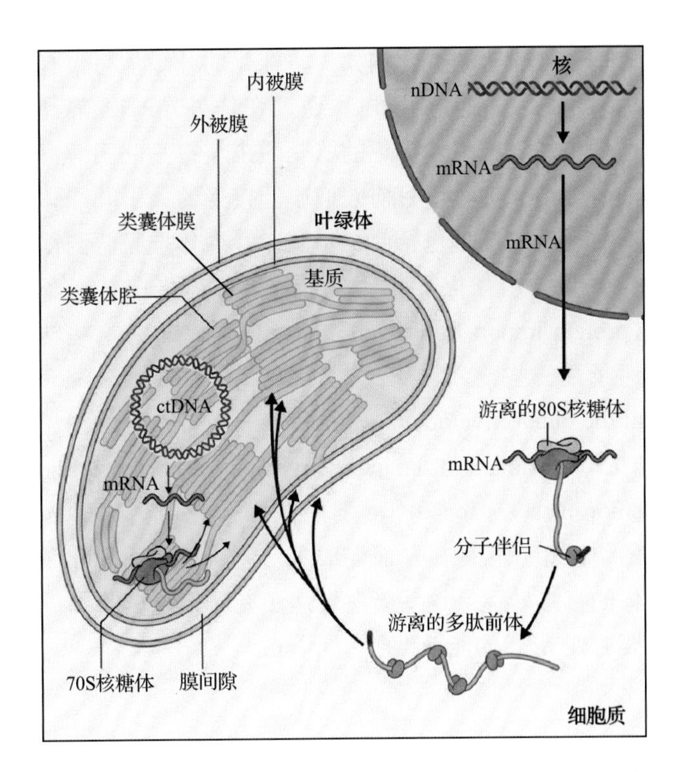

图 4.3 叶绿体蛋白的生物合成以及在叶绿体 5 个不同区室中的定位。叶绿体蛋白可以是核 DNA（nDNA）编码的，也可能是叶绿体 DNA（ctDNA）编码的；相对应的 mRNA 或者在细胞质核糖体（80S 核糖体）上进行翻译，或者在叶绿体基质中的核糖体（70S 核糖体）上进行翻译。细胞质中合成的前体多肽可能会定位到叶绿体的内外被膜上，或者进入叶绿体基质。一旦跨过被膜，蛋白质就可能留在基质中，或者定位到类囊体膜上、类囊体腔上，或其内被膜上

4.2 把蛋白质定位到质体中

4.2.1 蛋白质向叶绿体的运输需要一个可切除的转运肽

虽然质体（见第 1 章）中包含自身的 DNA 和核糖体，但其实质体中大部分的蛋白质是由核基因编码，然后在细胞质中合成，并经运送进入质体的。由线粒体自身 DNA 编码的蛋白质的生物合成将在第 10 章详细讨论。叶绿体的膜包括内、外两层，以及内部的类囊体膜。这三层膜决定了三个含水区域：两层被膜中间的膜间隙、内膜中的基质和类囊体腔（图 4.3）。因此，蛋白质在叶绿体中的定位包含两个层次上的复杂性：蛋白质不但要转运进质体，而且要定位到细胞器的正确位置上。

由核 DNA 编码的叶绿体蛋白由细胞质中游离的核糖体合成。这些蛋白质前体在细胞质中翻译出来，其 N 端带有 30 ～ 100 个氨基酸组成的**转运肽**（**transit peptide**）用以指引多肽定位到叶绿体中，并进一步穿过叶绿体被膜进入基质中。当它们转运到目的地后，肽酶将除去基质前体蛋白的转运肽。转运肽对于蛋白质往叶绿体中的转运是充分必要条件：没有转运肽的蛋白质将不会发生转运，而如果将转运肽添加到叶绿体异源蛋白的 N 端，该嵌合前体蛋白也同样会发生转运。叶绿体前体蛋白的转运发生在外被膜与内被膜的接触位点（蛋白质通道），并且要同时穿过两层被膜。

虽然大约 2500 个由核基因编码进入叶绿体的蛋白质有转运肽，但是叶绿体蛋白质组和基因序列的数据比对显示，也有几百个蛋白质的定位是不需要转运肽帮助的。其中，一小部分的叶绿体蛋白，如核苷焦磷酸酶 / 磷酸二酯酶、α- 淀粉酶和 α 型家族的碳酸酐酶，似乎是通过信号肽先定位于内质网，然后再通过分泌途径的囊泡运输进入叶绿体的。这些蛋白质在叶绿体蛋白中是非常特殊的，因为它们包含了在内质网中添加的 *N*- 连接的聚糖（详见 4.6.7 节）。

4.2.2 蛋白质要进入叶绿体，需要在分子伴侣的帮助下通过一个蛋白通道

蛋白质向叶绿体中的转运可通过在非细胞体系

重构该过程来研究，例如，将纯化的叶绿体与带有放射性标记的前体蛋白（通过在体外 mRNA 翻译过程中加入放射性标记的氨基酸来获得）共同孵育来研究这一过程。目前人们广泛接受的关于叶绿体蛋白运输的模型包括两个步骤：叶绿体被膜两侧都需要有分子伴侣；并且需要一组称为蛋白转运子（protein import translocon）的蛋白质参与。这些转运子是一些整合膜复合体，命名为 Toc（translocon at the outer envelope membrane of the chloroplast）和 Tic（translocon of the inner envelope membrane of the chloroplast）。Toc 和 Tic 蛋白复合体在蛋白质进入的位点相互接触，从而促成蛋白质从细胞质向叶绿体的直接转运。这些蛋白转运子在转运蛋白时都需要 ATP 形式的能量供应。

细胞质中的分子伴侣（Hsp70 同源蛋白）使蛋白质维持在一个不折叠或者部分折叠的状态，同时其转运肽与 Toc 复合体中的受体相互作用。受体与膜上的通道相互联系，从而使转运进入的多肽通过（图 4.4）。Toc 受体——Toc34 和 Toc159，是特异的 GTP 结合蛋白，它们紧紧地锚定在外层膜上，同时将它们的 GTP 结合结构域暴露在细胞质中。第三个 Toc 蛋白 Toc75，通过其多个 β 片层跨膜结构形成膜通道。这些 Toc 受体通过结合 GTP 及其水解活性调节多肽通过蛋白通道，从而实现其对多肽转运的调控。在大部分植物中 Toc34 和 Toc159 是由多个基因家族的基因来编码的，遗传分析表明这些基因家族的不同成员负责形成不同的转运子来调控不同类型蛋白的转运。第四个蛋白 Hsp70 IAP（import

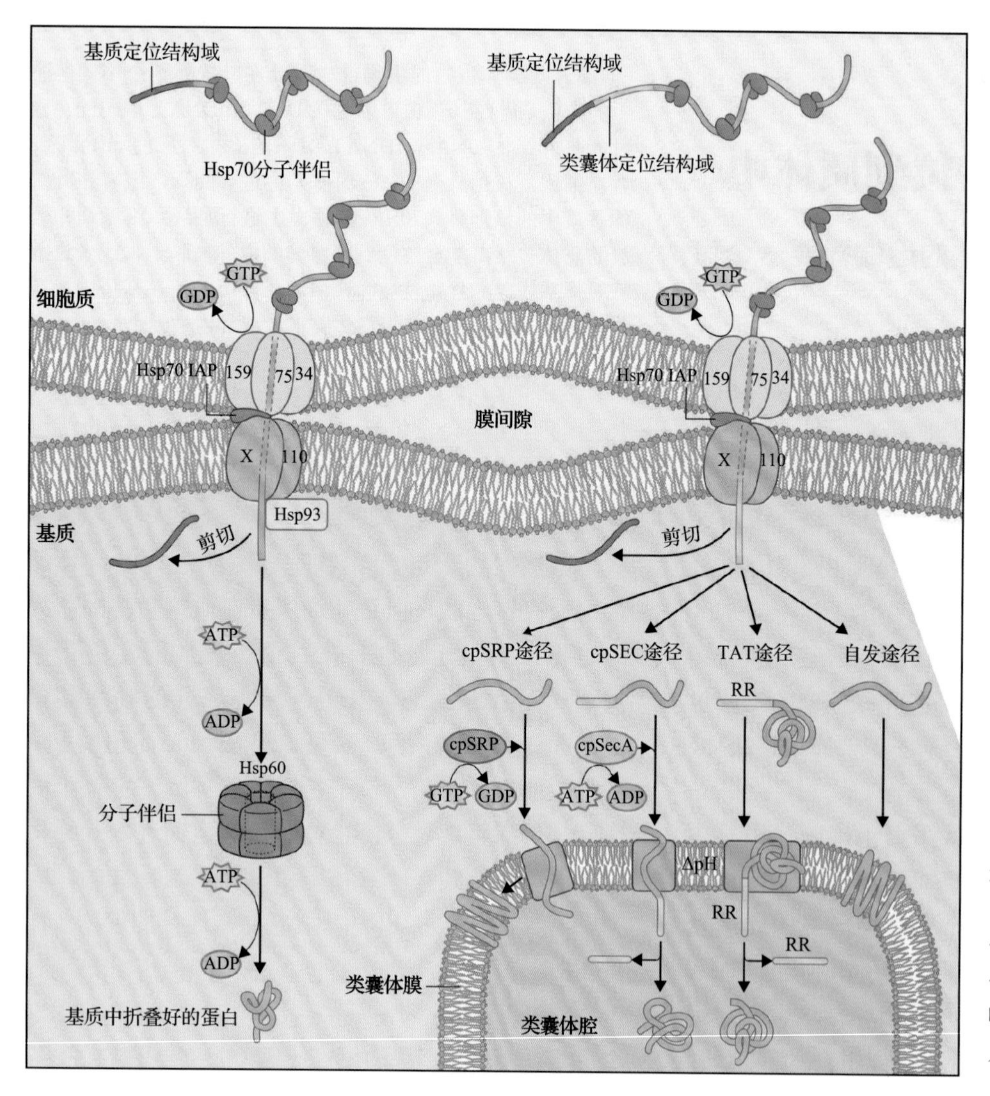

图 4.4 蛋白质向叶绿体运输的机制。在图的最上方，细胞质中的分子伴侣抓住一个处于非折叠构象的蛋白转运肽。左边的蛋白质只有一个基质定位结构域（红色），但是右边的蛋白质有两个转运肽，既有基质定位结构域，也有类囊体定位结构域（黄色）。转运肽可结合位于外被膜上的受体（Toc159 和 Toc34）。它们通过一个 GTP 水解循环运送蛋白进入 Toc 通道（Toc75）。Toc 复合体与 Tic 复合体（X 和 Tic110）相结合，然后多肽通过依赖于 ATP 的、与基质分子伴侣 Hsp93 的结合进入基质。保留在基质中的蛋白质（如 Rubisco）失去了它们的转运肽，然后在分子伴侣 Hsp60 和 ATP 水解的帮助下进行折叠和组装。在类囊体膜上发挥功能的蛋白质通过相同的途径进入基质，但是通过四条途径中的一条定位于类囊体。类囊体膜蛋白（如 LHCP）为叶绿体信号识别颗粒（cpSRP）所吸引，然后通过 GTP 水解插入到类囊体膜上。其他的膜蛋白（CFo Ⅱ、PsbX、Y、K）在不需要其他蛋白质的帮助或不需要三磷酸核苷水解的情况下同时插入到膜上。一些类囊体腔内蛋白（如 OE33 和质体蓝素）通过叶绿体 SEC（cpSEC）途径进行定位，即通过一个 ATP 依赖的反应与叶绿体 SecA 进行结合。其他的腔内蛋白（如 OE23 和 OE16）在基质中快速折叠，然后通过 TAT 途径利用跨膜的 pH 梯度进行定位

intermediate associated protein）是 Hsp70 的同源蛋白，位于被膜的膜间隙（intermembrane space）中。其作用是帮助蛋白质从 Toc 复合体向 Tic 复合体转运。两个 Tic 组分——Tic110 和 Tic40，与基质中的分子伴侣 Hsp93（93kDa 的热激蛋白家族成员）形成一个分子马达，并利用 ATP 水解所释放的能量促成蛋白质的跨膜转运。

进入叶绿体基质之后，在蛋白酶的作用下切除转运肽。如果该蛋白质是留在基质中的，它将会在第三类分子伴侣——伴侣素（chaperonin）（详见第 10 章）的帮助下进行折叠。相反，如果该蛋白质是类囊体腔内的可溶性蛋白或者是会成为部分类囊体的膜蛋白，那么它们会在分子伴侣的帮助下维持未折叠的状态，随后转运到下一目的地。如果该蛋白质是内膜上的蛋白质，那么其在通过 Tic 复合体时就会插入膜内，或者在基质中完成转运后插入到膜上。而如果该蛋白质是外膜蛋白，那么它将不通过蛋白通道而是从细胞质中直接进入外膜。

4.2.3 蛋白质转运到类囊体腔需要分开的两段转运肽，而从基质转运到类囊体可能会通过四种不同的路径

转运入叶绿体后，许多多肽会进一步分选到内膜、类囊体膜或类囊体腔。运送到类囊体腔的蛋白质 [如质体蓝素（plastocyanin）] 就有两段转运肽。基质定位结构域负责将蛋白质定位到叶绿体基质，在进入基质后，该定位结构域会被切掉，露出第二段定位结构域，在氨基酸序列上其位于第一段定位结构域之后（见图 4.4）。这段类囊体腔定位结构域会指导蛋白质穿过类囊体膜到达类囊体腔，在这里，第二个蛋白酶会将该段定位结构域切除。如果该蛋白质是类囊体膜整合蛋白，转运肽负责将蛋白质带入基质，之后其成熟蛋白上的疏水跨膜区，而不是一段可切除的定位结构域会指引蛋白质整合进入类囊体膜。

蛋白质向叶绿体类囊体的定位至少存在四条途径：对于可溶的类囊体腔蛋白有两条途径；膜蛋白有两条途径。与 Toc 和 Tic 装置不同的是，参与类囊体定位的蛋白组分与细菌中相应的蛋白定位途径中的组分更为相似，这也暗示了从细菌内共生演化来的叶绿体在蛋白分选定位装置上是保守的。

（1）经由 **cpSEC 途径**（**cpSEC pathway**）转运内腔蛋白（如 OE33 和质体蓝素）需要 ATP 和一个可溶性蛋白，并且受到叶绿体基质和类囊体腔间的 pH 差异（ΔpH）所激发。分离这种可溶性蛋白并进行鉴定后表明，它们与细菌分泌运输系统的组分是同源蛋白，因此称为 cpSEC 途径（chloroplast SEC pathway）。

（2）其余的类囊体腔内蛋白（如 OE23 和 OE17）的转运是一个仅需 pH 梯度的、不依赖 ATP 的过程。在 ΔpH 途径中，转运肽第二区的疏水区前面的双精氨酸基序（RR）是必不可少的。因此，这个通路又被称为 twin arginine translocation 或者 **TAT 途径**（**TAT pathway**）。它代表了这样一种完整折叠蛋白跨膜运输的稀有案例，即有些蛋白质演化出了一种适应性，这些蛋白质在通过运输进入叶绿体腔前会在基质中快速折叠成三维构象。虽然已经鉴定出了 TAT 通路上的受体蛋白及通道蛋白，但是关于这些蛋白质是如何在不破坏膜的完整性的前提下发生转运的，到目前为止还知之甚少。

（3）第三种途径，即转运整合的类囊体膜蛋白质，如 LHCP（捕获光能的叶绿素结合蛋白），需要的不是 ATP，而是 GTP，并且受 ΔpH 刺激。这条途径也需要一个已鉴定为信号识别颗粒（SRP）的叶绿体同系物的基质因子。信号识别颗粒是一种核糖核蛋白复合体，参与将蛋白质定位到内质网中（详见 4.6.2 节），因此，这一途径称为 **cpSRP 途径**（**cpSRP pathway**）。

（4）第四种通路称为**自发途径**（**spontaneous pathway**），其转运不需要能量，参与该途径的蛋白质尚未发现。类囊体 ATP 合成酶的 CFo Ⅱ亚基，以及光系统的 PsbX、K 和 Y 亚基的运输使用的都是这一通路。

4.3 把蛋白质定位到线粒体中

4.3.1 蛋白质运进线粒体要依靠称为导肽的定位结构域和一种输入装置

与叶绿体一样，线粒体也有外膜（OM）和内膜（IM）。这两层膜间隔形成了两个含水空间——膜间隙和线粒体基质，每个空间都有各自特有的

蛋白质（图 4.5A）。电子传递链的酶位于内膜上，而甘氨酸脱羧酶和柠檬酸循环的大多数酶都在基质里。

大部分的（几百种）线粒体蛋白由核 DNA 编码，在细胞质中翻译，形成一个带有 N 端定位结构域即导肽（presequence）的**前体蛋白**，该结构域用来帮助蛋白质进入线粒体。尽管叶绿体转运肽和线粒体导肽表面看起来很相似，但它们在功能上有很强的特异性。导肽不能将蛋白质定位到叶绿体内，而转运肽也不能将蛋白质定位到线粒体中。对线粒体导肽的分析表明，它们中有许多可以形成正电荷的两亲性 α 螺旋。一个两亲性的螺旋的一面有疏水氨基酸残基，而另一面有带电荷的残基（图 4.5B 和 C）。蛋白质运送到线粒体后，导肽由内肽酶切掉，这一点与叶绿体相同。

与叶绿体一样，蛋白质在细胞质中的分子伴侣 Hsp70 帮助下，以未折叠的状态进入线粒体。转运过程是由一个蛋白输入装置介导的，蛋白输入装置在外膜和内膜接触的位点上跨越两层膜。蛋白质一旦进入基质，就会由另一个分子伴侣 Hsp60 以及 TOM 和 TIM（外膜、内膜移位酶）催化折叠（图 4.6）。

与叶绿体相比，线粒体蛋白转运有几个不同的特点。线粒体输入装置蛋白与叶绿体输入装置蛋白没有序列同一性。另外，蛋白质转运进入线粒体基质除了需要 ATP 外，还需要跨越内膜的电化学势能。那么，位于线粒体和叶绿体表面的何种机制控制了蛋白质在这两者之间的分选呢？和在叶绿体中一样，某些转运到线粒体内膜和膜间隙的蛋白质需要两个信号。内膜整合蛋白最初利用 Tom 复合体，但也可以利用两个 Tim 复合体中的一个来帮助蛋白质整合进入内膜。带有单个跨膜结构的膜蛋白与基质蛋白一样也是利用 Tim23 复合体。复杂的多次跨膜蛋白（包括核苷酸和代谢物转运蛋白）利用的是 Tim22 复合体。在这两种情况下，包括一个或者多个跨膜结构的疏水氨基酸序列，会在转运过程中帮助蛋白质整合进膜中。线粒体还包含许多位于内膜间隙并参与电子传递链的蛋白质。这些蛋白质最初通过 Tom 复合体（而不是 Tim 复合体）进行运输。并且，在内膜间隙中有线粒体特异的运输和组装装置（MIA）来帮助它们进行折叠和组装。

有些蛋白质是叶绿体和线粒体双定位的。这些蛋白质通常有基础的维持功能，包括 DNA 和 RNA 的维持、蛋白质的翻译和加工。这些双定位的蛋白质通常由两种机制产生。一种情况是，编码该蛋白

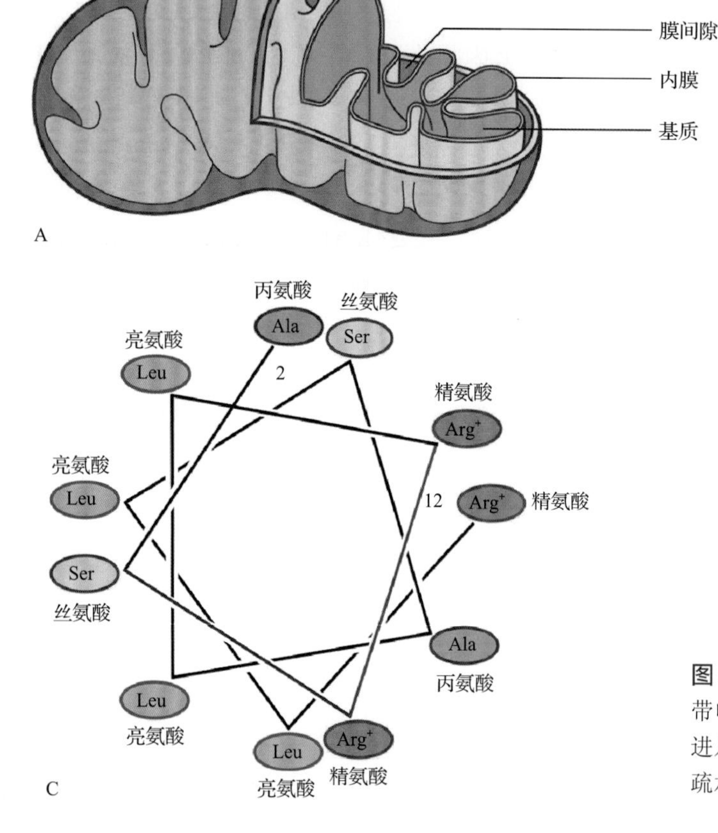

外膜
膜间隙
内膜
基质
H_2N
B

图 4.5 A. 线粒体的四个区室；B. 一个两性多肽的结构简图：带电的氨基酸在一边，疏水的氨基酸在另一边；C. 一个运输进入线粒体的 ATP 酶亚基的典型前体序列的二维投射，其中，疏水的氨基酸在一边，带电的氨基酸在另一边

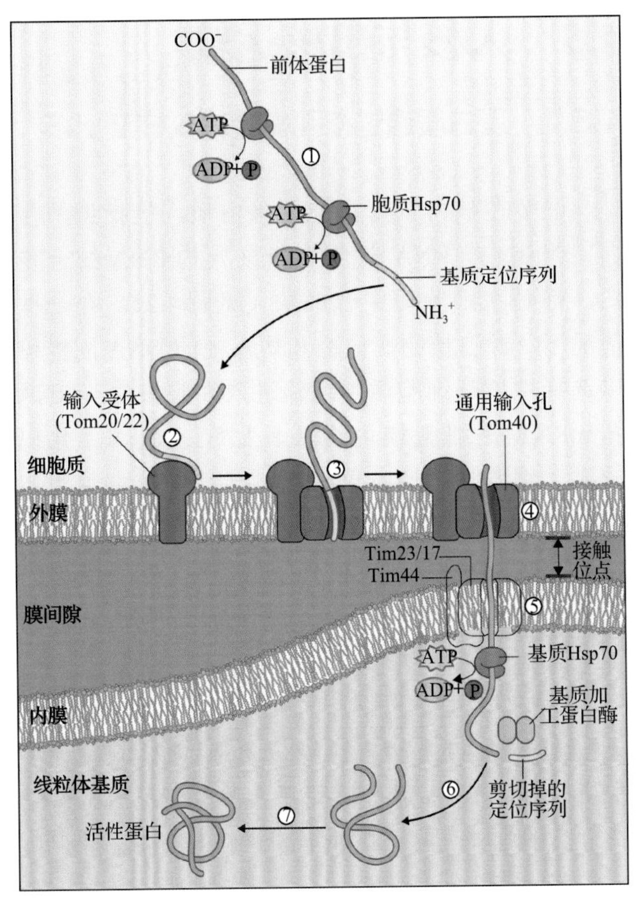

图 4.6 运送蛋白进入线粒体基质。在细胞质中，在分子伴侣 Hsp70 的帮助下蛋白质处于未折叠的状态。当多肽与线粒体外膜上的运输受体结合后，会经过蛋白孔，并经由线粒体内外膜的接触点进入内膜。位于基质中的蛋白酶会切去多肽的导肽，之后在线粒体基质分子伴侣的帮助下蛋白质进行折叠。图上所标序号表示事件发生的前后顺序。来源：Lodish et al.（2013）. Molecular Cell Biology, 7th edition. W.H. Freeman

质的基因具有两个可变的定位结构域，它们可以通过改变转录或者翻译的起始位点，或者通过 mRNA 的可变剪切来产生。第二种情况是，该蛋白质只有一个定位结构域，但该结构域同时具有定位于线粒体和叶绿体的两种属性。而这种模棱两可的定位结构域可以同时为叶绿体和线粒体上的识别组分所识别。

4.4 把蛋白质定位到过氧化物酶体中

4.4.1 过氧化物酶体收纳蛋白需要可切除的或内在的过氧化物酶体定位信号

过氧化物酶体是参与许多重要代谢途径的特化的细胞器（见第 1 章）。植物中至少有三种类型的过氧化物酶体：第一种，萌发的种子、幼苗和衰老叶片中含乙醛酸循环体，它在脂酰链的代谢过程中有重要功能（第 1、14、20 章）；第二种，叶片中的过氧化物酶体在陪伴 C3 植物固定 CO_2 的光呼吸反应中起着重要的作用（第 1、14 章）；第三种，一些热带豆科植物可以排脲基的根瘤中的过氧化物酶体具有固氮反应所需的独特的酶类（第 1、16 章）。过氧化物酶体中的酶同样还介导植物中许多重要激素和信号 [如茉莉酸、水杨酸、吲哚乙酸、活性氧（ROS）和一氧化氮（NO）] 的生物合成过程。过氧化物酶体对于植物的生活周期也是十分重要的，因为许多过氧化物酶体的形成存在缺陷的突变体都是胚胎致死的。

与叶绿体和线粒体不同，过氧化物酶体只有一层膜包被，而且也没有自身的 DNA 和核糖体。有一种说法是过氧化物酶体的膜最初是来自于内质网的出芽过程。但是，所有可溶的过氧化物酶体蛋白和许多膜蛋白必须由细胞质中的核糖体合成，并从细胞质中运输进入已经形成的过氧化物酶体。植物中有至少两种不同的过氧化物酶体定位信号（PTS1 和 PTS2）参与了蛋白质向过氧化物酶体基质的定位。

三肽 PTS1（Ser-Lys-Leu, SKL）或与其密切相关的变体引导大多数目标蛋白进入过氧化物酶体基质。与其他定位结构域不同，这个短序列位于许多过氧化物酶体蛋白的 C 端，并且不会在蛋白质进入过氧化物酶体后切去。删除这段 C 端序列会破坏几乎所有含特异 C 端序列的过氧化物酶体蛋白的输入。有少数蛋白质的输入不会受到破坏，表明可能在这些蛋白质中存在其他的过氧化物酶体定位信号。PTS2 包含一段可切除的 N 端定位结构域。过氧化物酶体基质蛋白的一个亚系列蛋白通常会使用 PTS2。与类似 PTS 的序列融合的乘客蛋白可以正确地运送进入过氧化物酶体。

过氧化物酶体蛋白输入不仅需要过氧化物酶体定位信号，而且还需要 ATP 供能。尽管一些含 PTS1 的蛋白质的转运需要胞质因子，如 Hsp70 家族成员，但还不清楚是否所有蛋白质的转运都需要分子伴侣，因此分子伴侣与蛋白质转运的关系已成为研究的活跃领域。过氧化物酶体蛋白的转运与其他转运的区别在于，完整折叠的蛋白质和寡聚蛋白质都可以经运输进入其中。

过氧化物酶体的形成存在缺陷的突变体，包括过氧化物酶体基质蛋白输入装置有问题的突变体，叫作 *pex* 突变体，它们都是 *Peroxin* 或 *PEX* 基因有突变。在酵母和哺乳动物中，发现了超过 30 种 *pex* 突变体，在拟南芥中发现了 6 种。此外，在拟南芥基因组中还有其他 *PEX* 基因，但是它们的缺失突变体表型还不明确。在酵母和其他真菌中，细胞质中的 PEX5 受体蛋白与含有 PTS1 的蛋白质相结合，而 PEX7 受体则与含有 PTS2 的蛋白质相结合（图 4.7）。这些形成的蛋白复合体随后与位于过氧化物酶体膜上的、由其他 PEX 蛋白形成的蛋白孔道对接，从而完成蛋白质的输入。

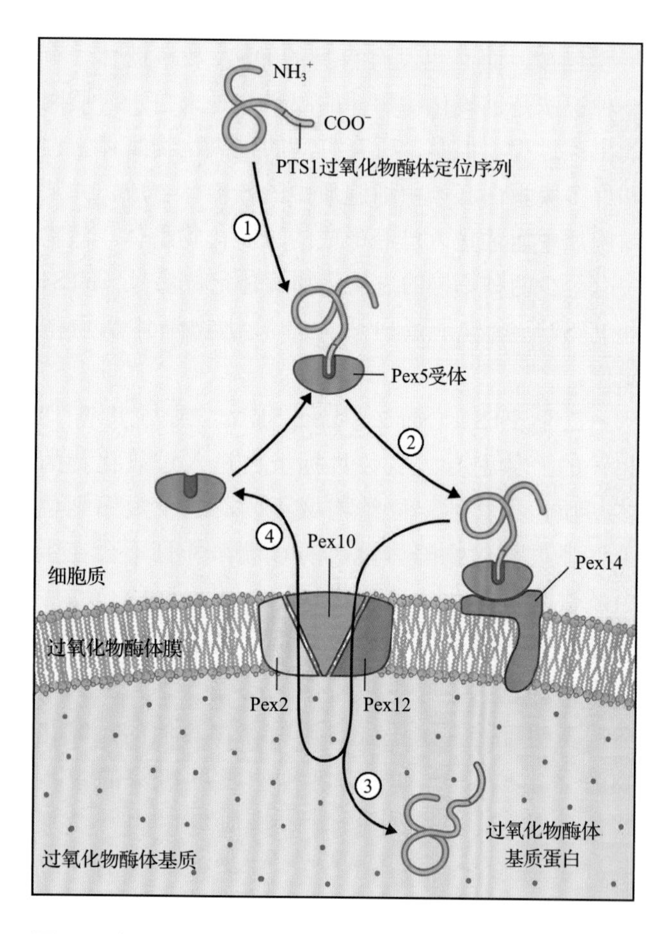

图 4.7　携带 PTS1 定位信号的过氧化物酶体蛋白的输入。在细胞质中正确折叠的蛋白质，如过氧化氢酶可能携带一个暴露的 PTS1 定位信号，PTS1 可以与细胞质受体 Pex5 相结合，该复合体会驻留在过氧化物酶体膜上的 PEX14 受体上。该多肽会转运到一个由几个 PEX 亚基组成的蛋白孔中，并运输进入过氧化物酶体基质中。细胞质中的受体随后会释放出来并循环。数字代表事件发生的顺序。来源：Lodish et al.（2013）. Molecular Cell Biology, 7th edition. W.H. Freeman

4.5　入核与出核运输

4.5.1　蛋白质通过核孔复合体入核及出核

许多在核内发挥功能的蛋白质，包括调节蛋白、组蛋白、RNA 聚合酶和核异构 RNA 结合蛋白，都是在细胞质中合成的（见图 4.2）。在一些情况下，源自植物病原菌和病毒中的 DNA 同样可以选择性地从细胞质中运输进入细胞核内。tRNA 和 mRNA 在细胞核内合成、加工、运输，并出核进入细胞质。调节这些运输活动的核被膜由三个结构元素组成：内、外膜及膜间隙（核周间隙）；核孔复合体（NPC）；核纤层。外核膜与内质网相连，如粗面内质网（镶嵌着核糖体）（详见第 1 章）。

核被膜具有数以百计的核孔复合体，定位于两层核膜相融合的位置（图 4.8）。蛋白质、核糖核蛋白复合体和 RNA 通过核孔复合体进出核内。每个核孔复合体有至少 30 种不同蛋白质的多个拷贝，它们称为核孔蛋白（Nup）。每个核孔复合体由一个被动扩散的通道组成，直径约为 9nm。分子质量小于 40kDa 的蛋白质可以通过该孔道被动扩散，然而大的蛋白质则通过主动运输进入核内。但是，甚至小到 20kDa 的组蛋白依然需要通过主动运输进入核而非经过被动扩散。

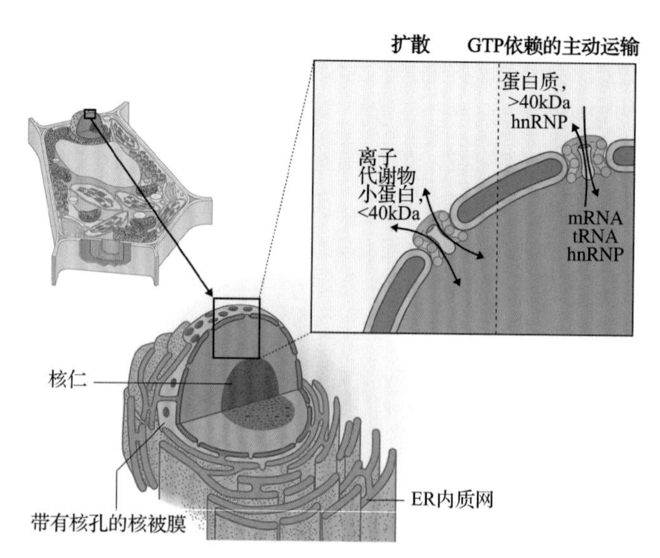

图 4.8　蛋白质经由扩散或者 GTP 依赖的主动运输进入细胞核的基础过程示意图。hnRNP，异构核 RNA 结合蛋白（heterogeneous nuclear RNA-binding protein）的简称

4.5.2 输入蛋白和输出蛋白帮助转运那些包含特定定位信号的蛋白质进出细胞核

大部分定位于细胞核的蛋白质都有目的地标签，叫作**核定位信号**（**nuclear localization signal**, NLS），包括一个或者多个短的、带有碱性氨基酸的内部序列。核定位信号有一些共同的特点，但是也没有严格一致的序列。它们通常包括几个精氨酸和赖氨酸残基，也可能带有可以破坏螺旋结构域的脯氨酸。核定位信号在蛋白质氨基酸序列上的分布也是不同的，在转位后，它们也不会被切掉。因此，当这些蛋白质运输到细胞质，或者在有丝分裂过程中核膜去组装后，它们依然可以重新入核。在体内，许多核蛋白有多个核定位信号，用来有效地定位于核内，这表明蛋白质结构在核定位信号呈现方面发挥着重要功能，而且同一个多肽上多个独立的核定位信号可能有协同合作的能力。

许多病毒蛋白有核定位信号，PKKKRKV 是研究得很详尽的类人猿病毒 SV40 的大 T 型抗原的核定位信号。其核定位信号第三个位置的氨基酸突变会破坏其核定位信号的功能，并阻止其向核内的转运，造成其滞留在细胞质中。另一种类型的核定位信号是一式两份的，典型例子是核浆素和玉米转录因子 opaque-2（表 4.2）。如果是单独基序的突变不会影响其功能，但如果是同时突变两个基序则会严重破坏其功能。

三个细胞质蛋白在蛋白质的核输入过程中发挥重要功能：输入蛋白 α、输入蛋白 β，以及一个有 GTP 结合和 GDP 结合两种形式的单体 G 蛋白 Ran。输入蛋白可以单独发挥功能，也可以结合形成 αβ 双分子复合体发挥功能。蛋白质入核的第一步是携带有核定位信号的货物蛋白与输入蛋白结合形成双分子或者三分子复合体。该复合体扩散进入核孔，并依次与不同的核孔蛋白结合。进入核质后，该复合体与 Ran-GTP 的结合造成构象的改变，并导致货物蛋白的释放和输入蛋白 -Ran-GTP 复合体的形成。

表 4.2　两个玉米转录因子的核定位信号

蛋白质	核定位信号 *	类别
opaque-2（O2）	RKRKESNRESARRSRYRK	一式两份类
R	MSERKRREKL	类 SV40

* 碱性氨基酸用下划线标注。

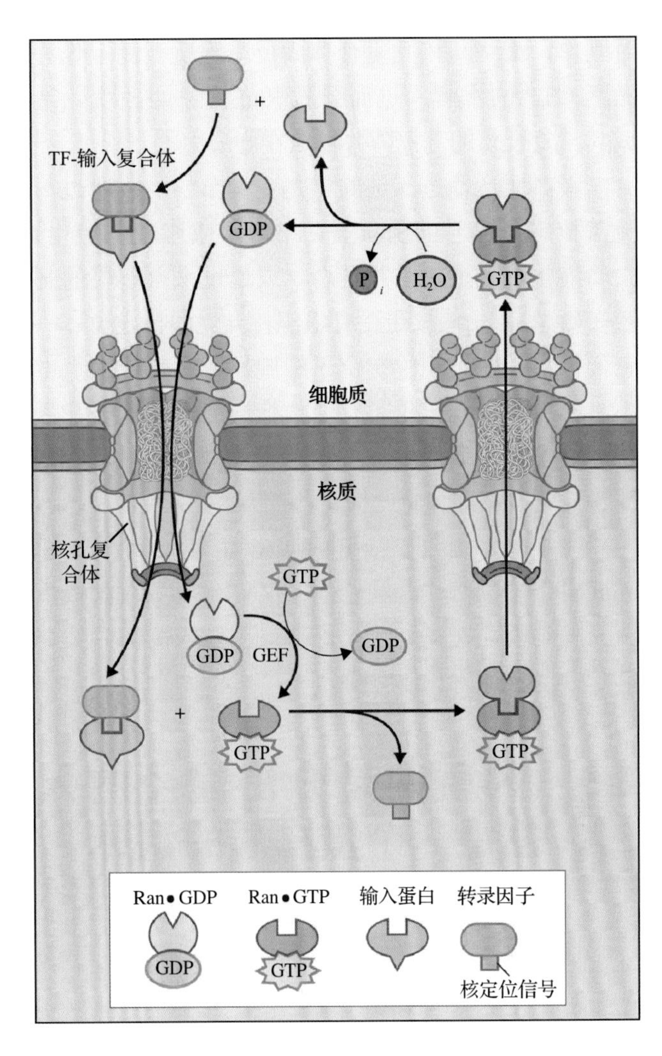

图 4.9　运送转录因子进入细胞核的机制。该循环起始于转录因子的入核信号与输入蛋白的结合（+ 所示）；该复合体经由 NPC 进入细胞核，之后在核内与 Ran-GTP 相互作用，并释放转录因子；与输入蛋白结合的 Ran-GTP 会离开细胞核；GTP 的水解会造成其构象的改变并产生一个 Ran-GDP，而 Ran-GDP 又可以入核通过与 GDP-GTP 交换因子互作产生 Ran-GTP。来源：Lodish et al.（2013）. Molecular Cell Biology, 7th edition. W.H. Freeman

该复合体可以重新输出回到细胞质。保证这个循环的进行需要有核质中 GDP-GTP 交换因子（Ran-GEF）及细胞质中 GTP 水解酶（Ran-GAP）。该循环如图 4.9 所示。在核质中，货物复合体快速释放会在核孔内外产生该复合体的浓度梯度，从而促使其通过核孔复合体进行扩散，而 Ran-GAP 和 Ran-GEF 在核质和胞质中的不对称分布也使得这种循环成为可能。

蛋白质的出核也有相似的机制。已经鉴定出了三种类型的核输出信号（nuclear export signal, NES），其中了解得最清楚的是富含亮氨酸的基序。带有该基序的蛋白质结合一个输出蛋白——Ran-GTP 复合体。该复合体扩散出核孔，与核孔蛋白瞬时互作，最终与核孔复合体成员在胞质一侧互作并激活 GTP 的水解，进而导致 Ran 构象的改变，造成其与复合体的分离，并释放在胞质中。

蛋白质运输进入细胞核是受调节的：或通过与掩盖核定位信号的胞质蛋白络合，或通过磷酸化 / 去磷酸化，或通过与膜结合，或通过来自环境的刺激（如光）。一些核蛋白有组织特异性的核定位——它们只在一些组织中定位于细胞核而在其他组织中不是。在过去几年里，有遗传筛选证据表明核孔蛋白影响多个不同的过程，包括生长素的响应、冷耐受、开花时间和植物与微生物的互作。

在细胞核加工的 mRNA，在信使核糖核蛋白（mRNP）复合体中与特定的 hnRNP（异源核糖核蛋白）相结合。在与异源二聚体信使核糖核蛋白结合后，该复合体离开细胞核。

4.6 内质网是分泌途径的入口，也是一个蛋白质的温床

真核细胞有大量的内膜网络，包括潴泡、小的囊泡和其他一些区室——所有这些都统称为内膜系统（见第 1 章）。内膜系统主要的组分包括：内质网、高尔基体、液泡、细胞质膜和不同类型的内吞体。内膜网络负责分泌途径，该生物化学途径允许蛋白质从细胞中分泌出去。人们把由该通路合成的蛋白质称为分泌蛋白，但是并非所有合成的蛋白质都会分泌出去，因为有一部分要被分选，进入并在各个内膜系统组分中发挥功能。因此，分泌途径同样在自身组分和膜的生物合成过程中发挥作用，包括液泡膜和质膜。通过亚细胞组分分离法（信息栏 4.2）结合辐射脉冲实验（信息栏 4.3），人们已经鉴定了分泌途径中的主要运输路径。这些技术时至今日仍然在用，最近还利用与荧光蛋白的融合技术来鉴定运输路径（信息栏 4.1）。

数以千计的参与了植物发育、生殖、响应外界环境的不同蛋白质和贮藏蛋白都是经由分泌途径合成和运输的。与许多其他的真核生物不同，植物内膜系统的重要功能涉及多功能液泡的生物合成、用来贮藏蛋白的内质网的应用、细胞分裂过程中细胞板的形成、细胞壁多糖，以及蛋白质的合成和特定细胞类型的极性生长。内膜系统同样储备了钙离子、合成向其他地方运输的脂类物质，并调节激素的合

信息栏 4.2　蔗糖密度梯度可用来分离不同的亚细胞器以研究其成分

如何找出蛋白质定位于哪种亚细胞结构呢？一个答案便是借助蔗糖密度梯度将不同的亚细胞器分隔开来。用来提取亚细胞器的组织需要在合适的缓冲液中轻柔研磨匀浆，该缓冲液应该是细胞质的等渗溶液以保证提取出的各细胞器是完整的。液泡、高尔基体、细胞膜和内质网通常会打成碎片并形成微粒体，其中大部分来自内质网，它是存在最为广泛的内膜结构。释放到内质网腔中的新合成的蛋白质，最终也会出现在来自内质网腔的微粒体中。通过 2000*g* 的离心简单地除去细胞壁碎片、淀粉粒和核的清澈匀浆液可以平铺到蔗糖梯度的顶端，随后通过离心来分离不同的亚细胞器。在最上层是 16% 的蔗糖、最下层是 48% 或者 60% 的等密蔗糖的梯度下，每种细胞器会分布在与自身相吻合的那一层。这些梯度可以用来分离那些具有相同大小的细胞器，例如，线粒体和过氧化物酶体，或者来自不同内膜系统的微囊泡。这些囊泡的密度可以反映产生它们的不同区室的蛋白质和脂质的比例。

离心后，不同的细胞器会出现在不同的层里，然后需要确定的是哪一层中含有我们感兴趣的特定的蛋白质。通常通过每种细胞器特异的、已知的标记酶或者蛋白质来区分不同的细胞器。网格蛋白包被小泡和其他缺乏明显酶活的细胞器可以通过其标志性蛋白抗体来鉴定，如网格蛋白。随着人们正以飞快的速度鉴定出不同细胞器中的蛋白质组，并且基因组学也为我们提供了数以千计的基因序列信息，不同细胞器上特异蛋白的抗体数量飞速增长。一个酶活实验或者免疫印迹分析就可以用来确定哪一个密度组分有我们感兴趣的蛋白质，通过对比其与标志蛋白的分布，就可以确定感兴趣的蛋白质位于哪个亚细胞器。

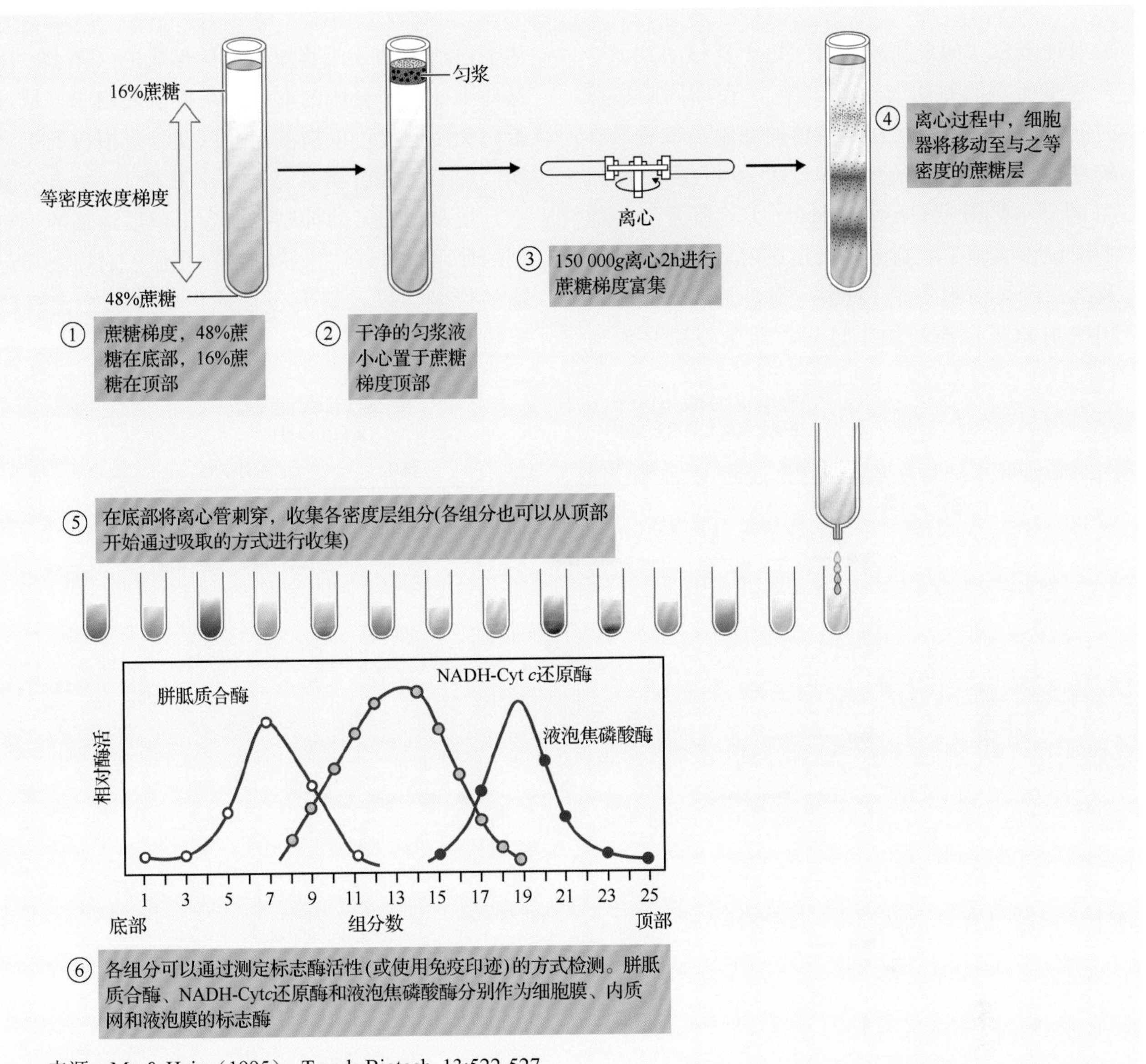

来源：Ma & Hein（1995）. Trends Biotech. 13:522-527

信息栏 4.3　用脉冲追踪来检测蛋白质的运输和稳定性

一个蛋白质的轨迹是可以通过脉冲追踪实验追踪的，在这个实验中把细胞或者组织器官短暂暴露在一个加有放射性前体（氨基酸或者糖）的脉冲场中。为了阻止细胞或者器官对这些放射性物质的持续使用，可投入过量的非放射性形式的同种氨基酸，如此第一个样品及追踪时间为 0 时的样品便制备好了。之后，在不同的时间间隔收集其他的样品，代表着不同的追踪时间点。之后，通过合适的抗体并通过电泳进行分析，可以从不同的样品中鉴定出感兴趣的蛋白质来。最终，胶上的蛋白质会经过放射自显影显现出来。不同样品中目的蛋白的总量明显是相同的（蛋白胶上右侧的各个泳道），但是每个时间点的样品中放射性蛋白的量却是不同的（蛋白胶上左侧的各个泳道）。如果一个蛋白质是分泌型的（图 A），那么追踪时该蛋白质的放射性形式就会在细胞培养液中出现，而在平行试验的细胞中消失不见。为了确定蛋白质的运输路径，每个样品在进行免疫共沉淀之前会进行亚细胞分离：在脉冲结束时可以在其合成的亚细胞区室检测到放射性蛋白（如果脉冲的时间短于其移动到下一个区室所需的时间的话），之后，在不同的追踪时间点，目的蛋白留在其暂留的细胞器或者最终的驻地。脉冲 - 追踪蛋白标记在 20 世纪 60 年代由诺贝尔奖得主 George Palade 实验室开发，他们通过该实验了解到分泌蛋白在内质网中起始旅程之后经过高尔基体。此外，脉冲追踪实验还可用来追踪蛋白质的加工过程，即蛋白质是如何从蛋白前体加工成其短的成熟形式的（图 B，注意一小部分新合成的前体总是位于细胞中，通过蛋白免疫印迹可以检测到）以及测量蛋白的半衰期（图 C，蛋白质具有短的半衰期）。在该实验中，蛋白质加工的抑制剂或者蛋白质运输的抑制剂的使用，可以用来研究蛋白质加工对蛋白质运输的影响，以及研究蛋白质运输对其稳定性的影响。

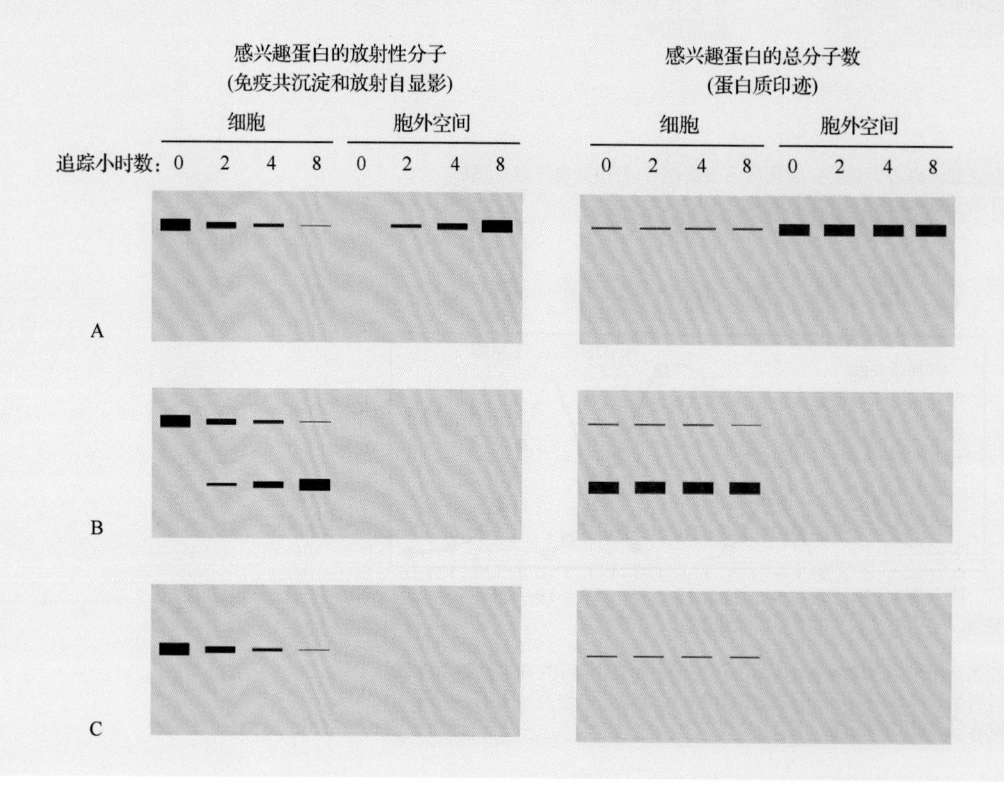

成、运输及信号转导。医药上感兴趣的许多人类和病毒蛋白都是分泌蛋白，科学家们正在探索如何将植物内膜系统作为更安全、成本更低的生产重组药物蛋白的方法（信息栏 4.4）。

4.6.1 囊泡作为“容器”装载蛋白“货物”在内膜系统中运输

分泌途径的主要生物合成运输路径是：从内质网到高尔基体并最终到达细胞膜，分泌出细胞或者到达液泡膜运送进入液泡（图 4.10）。从高尔基体向液泡的运输主要是由反式高尔基体网（*trans*-Golgi network，TGN）和多囊泡体（MVB）介导的。如 1.5.2 节详述的那样，反式高尔基体网的两部分是可以从形态上区分的：早期 TGN（或者高尔基体相关 TGN）有一个潴泡状的外表，同时与高尔基反式潴泡严格相关；而晚期 TGN（或者自由 TGN）拥有一个葡萄状的外表，并且是从高尔基体上分离出去的。“早期”和“晚期”是根据生物合成的分泌途径的方向来决定的。应该注意的是，晚期 TGN 和多囊泡体还同时参与了来自细胞表面的内吞途径（图 4.10）。因为内吞途径的方向与生物合成途径正好是相反的，因此，晚期 TGN 也叫“早期内吞体”，而多囊泡体也叫“晚期内吞体”。分泌途径的一个标志是：一个囊泡从一个潴泡或区室表面出芽，然后停留并与另一个囊泡融合。如果不同的细胞器要维持其特有的蛋白质组成，那么生物合成（即正向的运输）与内吞（即反向的运输）必须要保持相同的强度。此外，各分区特有的可溶性蛋白或者膜整合蛋白必须要在囊泡形成并携带货物蛋白向前运输

信息栏 4.4　许多在制药业有重要应用的蛋白质都是分泌蛋白，且可以通过转基因植物生产

很多有医学应用价值的人和病毒的蛋白质都是分泌蛋白。抗体就是一个很好的例子，直到今天抗体的制备仍然是制药领域很重要的一部分。分泌蛋白家族几乎包含血清和牛奶中所有的蛋白质、肽激素、分解酶、胞外基质中的蛋白质（如胶原），以及很多的病毒抗原。人们研究把植物用作这些蛋白质的生物反应器，而且由转基因植物生产的抗体已经用于临床实践。相较于利用发酵罐，植物生产要廉价许多，而且植物产生的组分可免受潜在的病毒和感染性蛋白质的污染。因此，植物可以作为制药业更安全且成本更低的生物反应器，但是这仍需要在大规模的生产中进行认证，并且关于如何管控及民众的接受问题也应纳入考虑范畴。在粮食作物中生产药物，只有在制造商们执行非常严格的控制条件时才会得到批准。

抗体在质外体中异常稳定，而且在转基因植物中，抗体可以累积到总蛋白的 1% ～ 10%，这取决于植物的组织和特异的抗体分子。一个复杂蛋白——分泌免疫球蛋白 A（SIgA）在植物中的生产是植物生物技术里程碑式的成功。SIgA 是黏膜分泌物中主要的抗体，如口水、眼泪和肠分泌物，其具有不同寻常的特质，即由两种类型的细胞合作生产。同其他大部分抗体一样，其最基本的组成单元是由两条重链和两条轻链组成的四聚体。四聚体的组装和二聚化是在原生质细胞内质网的 J 链（joining chain）的参与下完成的，会形成二聚化的 IgA（dIgA，事实上是一个九聚体）。dIgA 会分泌出去，并为表皮细胞基底侧的受体分子所识别。胞转作用会造成受体 - 配体复合体向顶端面的转运，在顶端面一个蛋白酶释放 dIgA，并与受体的一部分（称为分泌组分，SC）协同互作，最终导致完整的 10 个亚基的 SIgA 分子形成。当单独表达四种组分（重链、轻链、结合链、分泌组分）的转基因植株经过层层杂交后，便可以在一个植物的内质网上完整地组装出 SIgA，从而实现该种药物分子低成本、大规模的生产。

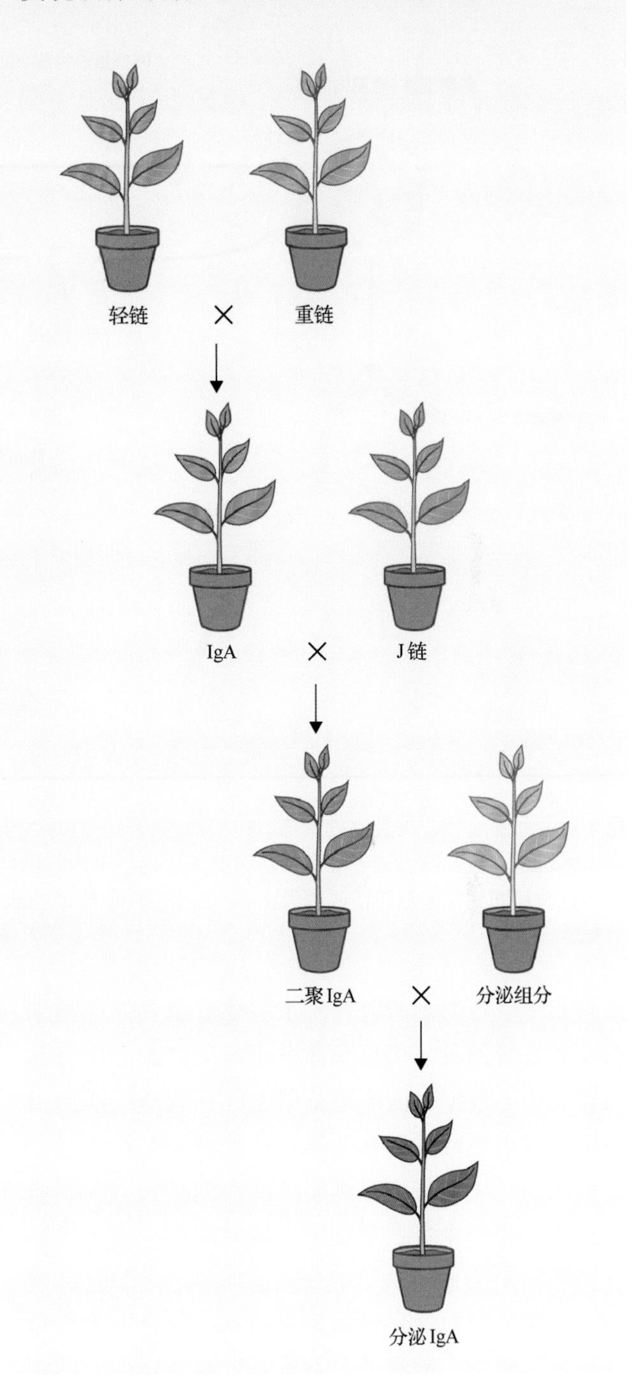

时留下，或者通过反向运输被快速地回收回原来区室（图 4.11）。通过出芽方式形成囊泡需要从细胞质中招募包被蛋白。该囊泡在目的囊泡膜上停驻并发生融合前，该包被必须剥离。不同方向运输的、穿梭于不同区室间的囊泡在特定的蛋白包被的帮助下进行特异性分选。

4.6.2　第一个分选决定是在翻译过程中做出的，且需要有进入内质网的信号肽

对于大多数的分泌蛋白而言，第一个分选的决定是在粗面内质网上发生的（见第 1 章）。粗面内质网在分泌型细胞（如禾本科植物的糊粉层细胞在

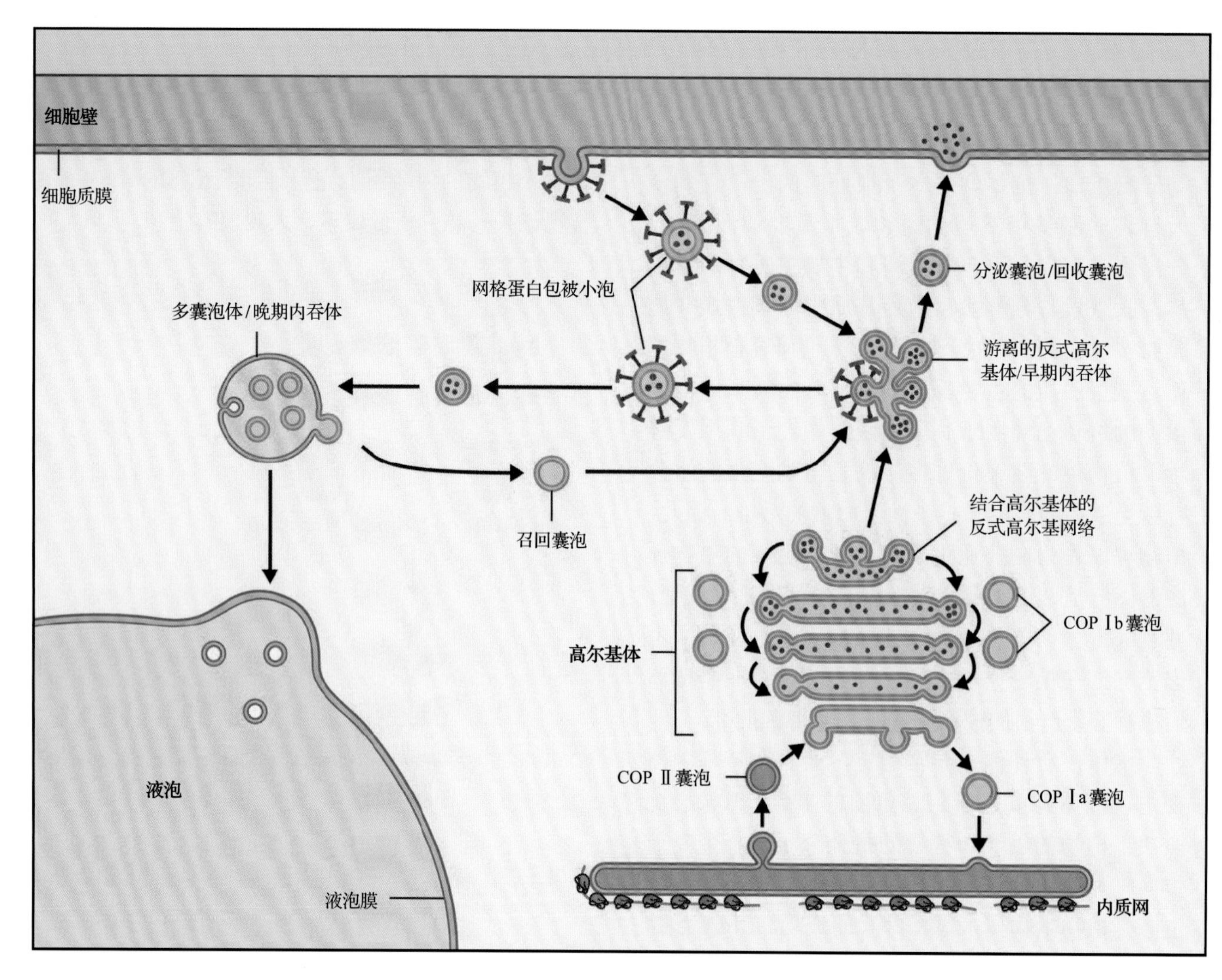

图 4.10 分泌途径和内吞途径总览。在粗面内质网上合成的蛋白质运输到高尔基体和反式高尔基网络。之后它们会经由多囊泡体运送进入液泡或者进行分泌。从细胞表面内吞小泡收回的蛋白质到达游离的 TGN（早期内吞体，early endosome），之后可以再循环回到细胞质膜，或者经由 MVB（晚期内吞体，late endosome）送至液泡。上述涉及的这些不同类型的囊泡都在图中有所标注

接收 GA 信号的刺激时分泌水解酶）或者储存型细胞（如发育的种子中储藏薄壁组织的细胞）中分布比较集中。根据上面所述及图 4.11 所描述的囊泡出芽机制，内质网的腔和细胞质中的空间在拓扑学上是不同的，而与液泡和细胞外的空间是相似的。换句话说，若一个蛋白质位于内质网腔内，那么如果它想经由内膜系统从一个分区运向另一个分区，成为一个胞外蛋白或者液泡蛋白的话，它是不需要穿过另外的膜的。同样的，在胞内运输途径中，整合膜蛋白会根据膜来调整自己的方向，并且当它们到达细胞质膜时，它们的腔内结构域会变成胞外域。

当这些蛋白质合成以后，可溶的分泌蛋白会完全穿过膜，而那些膜整合分泌蛋白却成为了内质网膜的一部分。为什么合成这些蛋白质的核糖体会结合在内质网上，并且这些蛋白质是如何穿过磷脂双分子层的呢？这些蛋白质最开始在其 N 端会有 16 ～ 30 个氨基酸的信号肽，信号肽可以将这些多肽链导向内质网膜，并起始将整个蛋白质转运进入内质网腔的过程，这些**信号肽**（**signal peptide**）最终会为内质网中的特异蛋白酶所切除（图 4.12）。分泌途径的几乎所有可溶分泌蛋白和大部分的膜整合蛋白上都可以找到该种信号肽。这些信号肽在氨基酸序列上不尽相同，但是在结构上存在相似性：首先它们都位于多肽链的 N 端，都拥有一段短的、包含一个或多个带正电的氨基酸的序列，随后又有至少 6 个疏水的氨基酸，然后在切割位点前还有几个额外的氨基酸（表 4.3）。运用 DNA 重组技术合成嵌合蛋白，发现连在细胞质蛋白上的信号肽也可以带着蛋白质转运进入内质网腔内，表明该信号肽足以导致蛋白质定位进入内质网，并且植物、动物

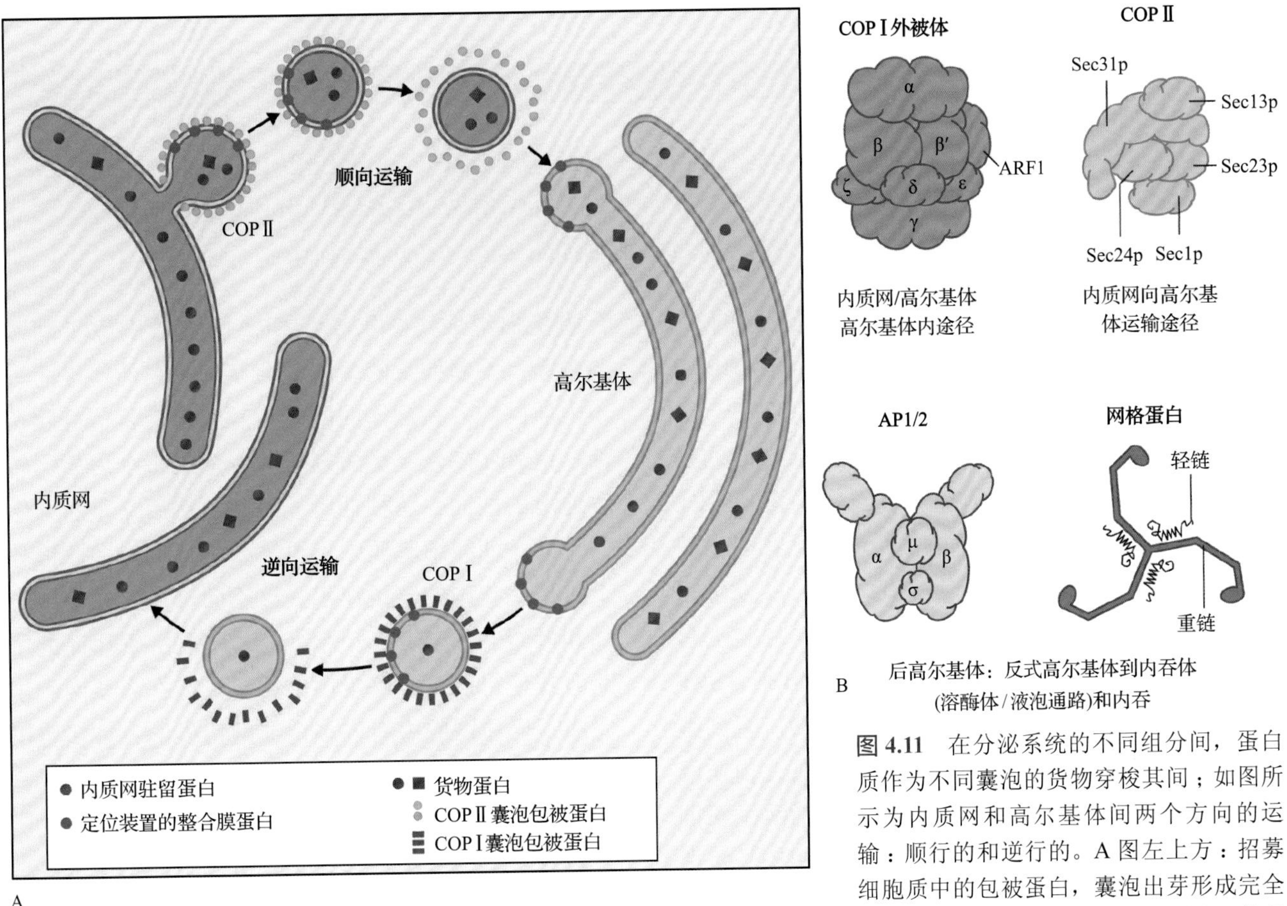

图 4.11 在分泌系统的不同组分间，蛋白质作为不同囊泡的货物穿梭其间；如图所示为内质网和高尔基体间两个方向的运输：顺行的和逆行的。A 图左上方：招募细胞质中的包被蛋白，囊泡出芽形成完全包被的 COP Ⅱ囊泡，这些囊泡随后会去包被，在顺式高尔基潴泡停驻。在逆行运输中，出芽的小泡招募 COP Ⅰ a 蛋白，从顺式高尔基体上分离，然后去包被并与内质网融合，带回内质网上驻留的可溶性蛋白和膜蛋白

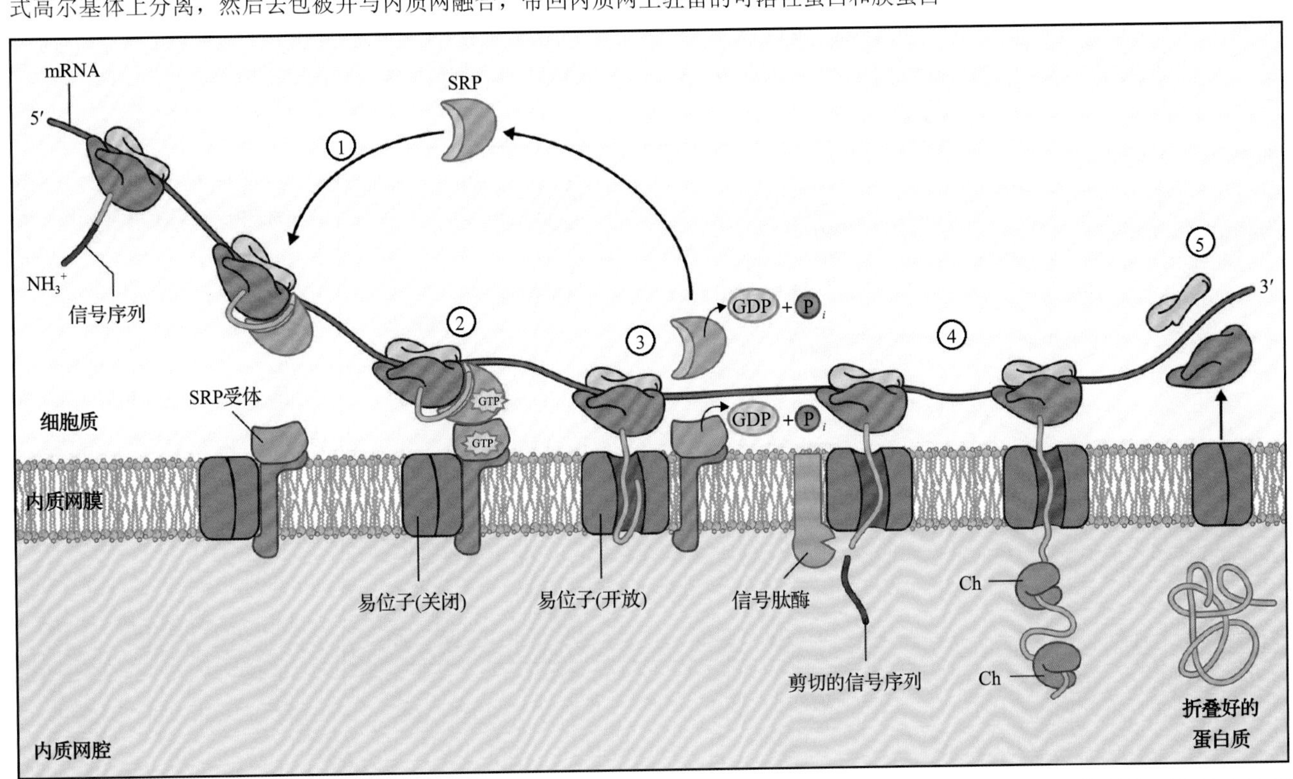

图 4.12 一个新合成的多肽链如何进入内质网腔。第一步：当一个初生多肽链长度达到 70 个氨基酸时，信号肽便会伸出核糖体足够远使得其可以为 SRP 所识别。第二步：SRP 将整个复合体拉至 SRP 受体处。第三步：GTP 水解打开易位子，允许初生多肽链进入，导致复合体与 SRP 受体的解离。第四步：信号肽酶将信号肽切割并继续翻译使得初生多肽链可以进一步进入内质网腔，从而与分子伴侣结合。第五步：当翻译完成，折叠好的蛋白质释放，核糖体亚基从 mRNA 上解离。来源：Lodish et al.（2013）. Molecular Cell Biology, 7th edition. W.H.Freeman

表 4.3　信号肽序列举例

蛋白质	终定位	信号肽序列
大麦凝集素（*Hordeum vulgare*）	液泡	MKMMSTRALALGAAAVLAFAAATAHA↓Q
玉米蛋白（*Zea mays*）	内质网	MATKILALLALLALFVSATNA↓F
胰岛素（*Homo sapiens*）	分泌	MALWMRLLPLLALLALWGPDPAAA↓F

注：箭头表示切割位点，成熟肽的第一个氨基酸如表所示，疏水氨基酸的伸展用绿色标注，带正电的氨基酸呈红色。

和酵母中的不同分泌蛋白的信号肽是可以互换的。

信号肽最开始是由**信号识别颗粒**（**signal recognition particle**，SRP）所识别的，这是一个核糖核蛋白复合体，由一个大约 300 个核苷酸的小 RNA 和 6 种不同的蛋白质组成。正常情况下 SRP 在细胞质中，在那里它们等待信号肽从正在多核糖体上翻译的多肽链上伸出来。SRP 与信号肽发生识别时多肽链上大约需有 70 个氨基酸，并且至少有大约 40 个氨基酸已经从核糖体表面伸出来。SRP 与信号肽疏水区的结合会导致翻译的停滞，直到整个结合部分与 SRP 受体接触，并最终停驻在内质网膜上。SRP 受体是一个整合膜蛋白，包括两个不同的 GTP 结合多肽链。一旦对接完成，SRP 与两个多肽链中的一个会利用 GTP 水解释放出的能量发生分离。当 SRP 释放进入细胞质之后，核糖体及其上原始的多肽链与转位复合体发生对接，转位复合体是一个位于内质网膜上的跨膜蛋白通道，由三个整合膜蛋白组成（图 4.12）。SRP 的释放解除了翻译的中断，不断伸长的多肽链会穿过蛋白通道进而进入内质网腔，在翻译的同时信号肽酶会将信号肽切除，信号肽酶是一个酶复合体，位于每个内质网转运通道的腔面。这种翻译先中断，然后又重新开始的方式，使得细胞质中不再需要维持原始多肽链处于未折叠状态的分子伴侣（这不同于蛋白质向线粒体和叶绿体中转运）。另外，这种蛋白质翻译的中断方式使得这些分泌蛋白的折叠只能在内质网腔内完成，内质网腔内有许多内质网特异的、许多分泌蛋白有效折叠所必需的蛋白修饰（见 4.6.5 节）。

4.6.3　需要拓扑生成序列来正确定向整合膜蛋白

内膜系统的膜有整合蛋白。有些只有一个跨膜结构域，有些却有好几个跨膜结构域，这些跨膜结构域由分布在膜两侧的肽环所连接（图 4.13），同时这些整合膜蛋白的 N 端和 C 端可以分布在膜的任意一侧。

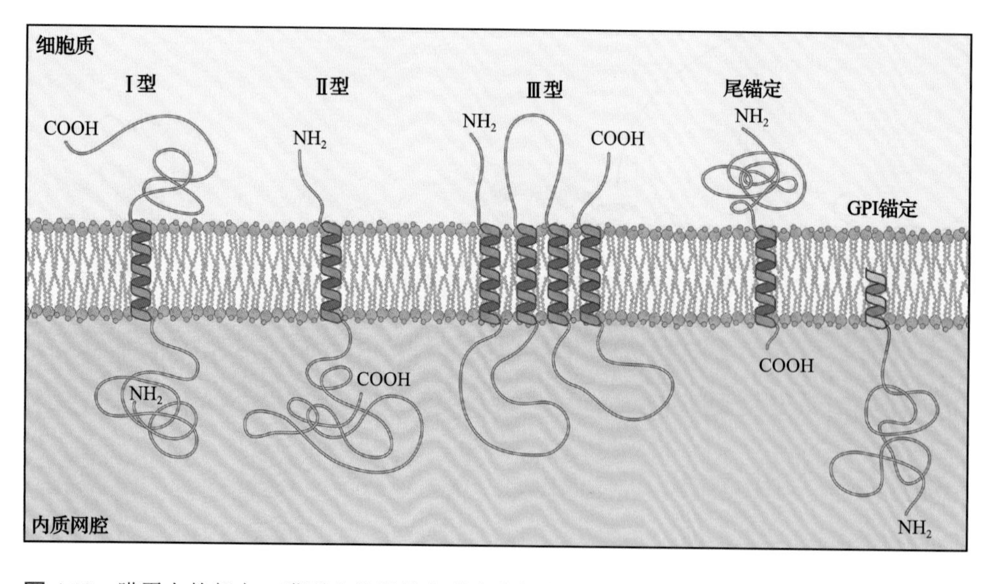

图 4.13　膜蛋白的朝向。膜蛋白依据其在膜上的拓扑朝向分类。I 型和 II 型的蛋白质有一个跨膜结构域（一个 17 ～ 24 个氨基酸的 α 螺旋）分别位于 C 端或者 N 端，同时，I 型膜蛋白有可切割的信号肽，但是 II 型膜蛋白没有。多次跨膜的蛋白质可以在同一侧有 N 端和 C 端，或者在不同侧有两端，这都要依其跨膜次数而定。尾锚定蛋白与 II 型蛋白类似，但是它们在跨膜结构域之后只有少数几个氨基酸。不同于其他跨膜蛋白，它们是通过翻译后修饰锚定的。糖基磷脂酰肌醇（GPI）锚定蛋白最开始合成时与 I 型膜蛋白相同，之后其腔内部分在转氨酶的作用下转移给膜上的磷酸脂

那么，这些蛋白质是怎样以正确的方向整合在内质网膜上的呢？让我们先来看个简单的例子：一个 N 端位于内质网腔内带有单个跨膜域的整合蛋白。如前一部分所述，这些蛋白质有可以正确行使功能的信号肽，而信号肽会在蛋白质开始穿过膜时切除。然后，当蛋白质的一部分穿过膜，转运就停止了。一段疏水的跨

膜氨基酸序列行使了“停止转运”的功能，或者称之为**膜锚定序列**（**membrane anchor sequence**）。之后核糖体从转位子上脱离下来，同时多肽链在细胞质中的合成完成，我们将这类 C 端位于细胞质中的整合膜蛋白称为 I 型膜蛋白。带有相反定向的蛋白质称为 II 型，该种蛋白质没有可以切除的信号肽。更确切地说，内部的疏水跨膜结构域扮演着一个不可切除的信号肽的角色——它可以将跟在其后的序列转运进入内质网腔，而将位于其前的序列留在细胞质中。定位于高尔基体的糖基转移酶就具有该种定向。

尾锚定（tail-anchored，TA）蛋白具有 II 型膜蛋白那样的拓扑构象，但是其腔内的 C 端却一般只有不超过 10 个氨基酸，甚至没有；因为这个原因，它们的活性位点总是暴露在细胞质中。在合成过程中，当翻译到达终止密码子时，TA 蛋白的疏水结构域仍会隔离在核糖体中，然后核糖体开始解聚，这样它将不可以与 SRP 相互作用。因此，TA 蛋白是通过翻译后修饰插入膜上的。大量的 TA 蛋白在分泌途径的不同分区内都是非常活跃的，但是它们总是首先整合到内质网膜上，其他的则整合并活跃在线粒体和质体的外层膜上。

对于具有多个疏水跨膜域的第 III 型蛋白，跨膜域之间的环形部分通常是亲水的。第一个跨膜结构域作为一个信号肽（N 端位于细胞质中），第二个作为一个膜锚定序列；第三个再次作为一个不可去除的信号肽，第四个作为膜锚定序列，依此类推。虽然，SRP 和 SRP 受体对于第一个跨膜域的膜定位是必需的，但是却不是第三个、第五个及其他跨膜域所必需的。

4.6.4 有些蛋白质通过脂类分子锚定在膜上

一些蛋白质锚定在膜上是通过糖基磷脂酰肌醇（glycosylphosphatidyl-inositol，GPI）来完成的。这些蛋白质有一个可切除的 N 端信号肽和一个在密码子处终止的 C 端疏水结构域。靠近该结构域的地方有一段保守的序列，该序列可以为内质网中转酰胺基酶复合体所识别，发生识别后，在转酰胺基酶的作用下切除其疏水结构域，并替换为一个已经聚集好的 GPI 锚。因此，这些 GPI 锚定蛋白虽然是膜锚定蛋白，但它们却是完全暴露在内质网腔内的（见图 4.13）。之后，它们通常经由分泌途径分泌到细胞膜表面，从而将其有功能的多肽链完全暴露在细胞表面。转酰胺基酶识别的序列十分复杂，但是人们已经开发出算法来鉴定这些保守的序列。利用这些算法并结合已纯化蛋白的蛋白质组学分析，已经在拟南芥中鉴定出了 200 多个可能的 GPI 锚定蛋白。阿拉伯半乳聚糖蛋白、光质体蓝素、脂类转运蛋白和 β-1,3 葡聚糖酶都是鉴定得比较多的 GPI 锚定蛋白。在体内 GPI 锚可以为磷脂酶所切除，最终可溶性的多肽释放到细胞壁中（图 4.14）。该加工过程可能有十分重要的生物学功能。

多肽链与脂类之间共价连接的这种蛋白质修饰发生在细胞质中（见 1.2.4 节及图 1.10，有对这一修饰的详细描述）。这种修饰使得蛋白质可以依附在膜上从而使得整个多肽链暴露在细胞质中，因此具有如同 TA 蛋白的跨膜结构域

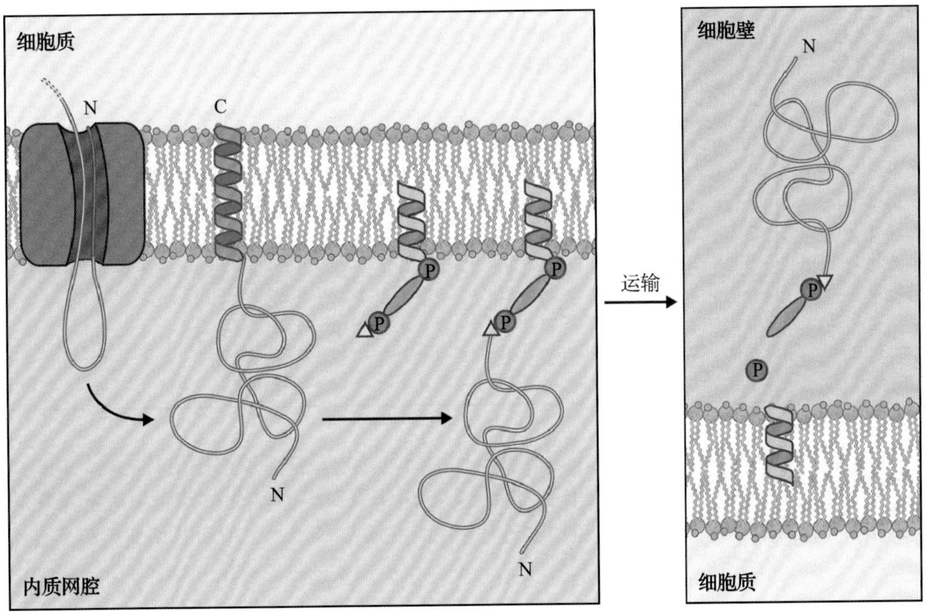

图 4.14 GPI 锚定蛋白的合成。GPI 锚定蛋白最开始合成时与 I 型膜蛋白相同。之后其腔内部分在转氨酶的作用下转移给 GPI 锚。当到达细胞表面后，这些蛋白质可以维持膜锚定，或者在磷酸脂酶的作用下释放进入细胞壁环境。图中，信号肽显示为红色，原始的疏水域为深蓝色

那样的拓扑功能。棕榈酰化是唯一可逆的脂类修饰，且通常只发生在豆蔻酰化的多肽链上——因为豆蔻酸不会促进强的吸附，可逆的棕榈酰化可以调节蛋白质与膜间的吸附及释放，这一特点常常为信号分子所利用。参与这一过程的异戊二烯基转移酶是异源二聚体。一个特异的、具有 α 和 β 两个亚基的牻牛儿基转移酶参与了对 Rab GTPase 的修饰。Rab GTPase 是一个调控囊泡运输的大家族。牻牛儿基转移酶和法呢基转移酶参与了很多其他蛋白质的修饰，它们有一个通用的 α 亚基和特异的 β 亚基。在酵母和动物中的研究表明，α 亚基和法呢基转移酶 β 亚基的功能缺失突变体会致死，但在拟南芥中却不会，在拟南芥中这些功能缺失突变体表现出增强的 ABA 响应及同源异型变化。这与以下研究结果是一致的：拟南芥转录因子 APETALA1（见第 19 章）和其他许多参与组织分化的植物蛋白都有异戊烯化的信号，并且在 APETALA1 的法呢基化保守位点的突变会导致其功能缺失。

4.6.5 分泌蛋白的折叠发生在内质网腔，其中的环境与细胞质中不同，而且得到了占据内质网蛋白质组中一大部分的辅助蛋白的协助

内质网腔内和细胞质中的环境是不同的。植物细胞的细胞质中钙离子浓度是亚微摩尔级的，但是在内质网中其浓度大约高于细胞质中的 100 倍。在内质网中丰度最高的蛋白质是钙离子结合蛋白，而且这些蛋白质是受到钙离子调控的。这些蛋白质如钙连接蛋白和钙网蛋白，既作为分子伴侣，同时也是钙离子结合蛋白。

细胞质中的还原环境让二硫键的形成成为一个稀有事件。相反的，内质网腔如同胞外空间一样是氧化环境，因此有利于二硫键的形成，这对于许多分泌蛋白的折叠和组装是十分重要的。

新合成蛋白的正确组装有时会失败。不利的环境因素（如氧化胁迫和温度的变化）、由胁迫引起的蛋白质合成速率的改变和基因突变都会增加不可逆聚集的概率，但是体外的变 / 复性实验表明，在

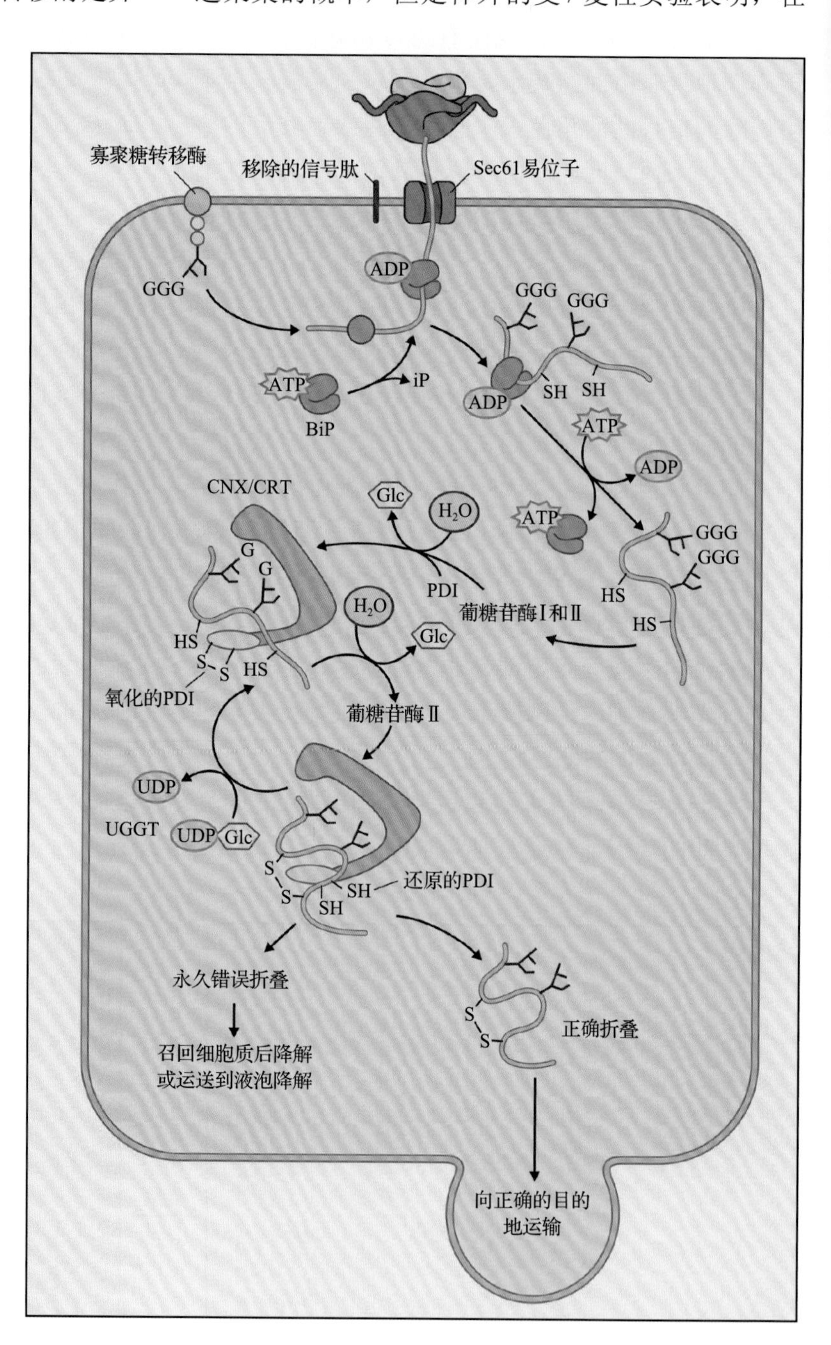

图 4.15 分子伴侣及折叠辅助蛋白帮助蛋白质在内质网中进行折叠。BiP 结合在疏水基序上防止蛋白聚集。如果出现，*N*- 糖基化位点可以为寡聚糖转移酶所识别，而且糖原会转移到初生的多肽链上。Ⅰ型和Ⅱ型葡糖苷酶会切除糖原上的葡萄糖残基（G），并且糖蛋白葡糖基转移酶（UGGT）会再加上一个葡萄糖。该循环导致由两个凝集素钙网蛋白和钙连接蛋白（CNX/CRT）介导的糖多肽的结合和释放。蛋白质二硫键异构酶（PDI）催化正确的二硫键的形成。最终，新合成蛋白或者完成正确的折叠，继续进行运输，到达正确的终点；或者永久性的错误折叠，在细胞质或者液泡中发生降解。来源：改编自 Liu & Howell S.H.（2010）. Plant Cell 22: 2930-2942

没有辅助蛋白的条件下，大部分蛋白质都倾向于不正确的折叠。所有会发生蛋白质合成的亚细胞器中都有许多的分子伴侣和酶类，以此来避免新合成多肽的非特异聚集，从而保证了折叠的效率。

许多内质网的蛋白质都直接或者间接地充当着蛋白折叠帮手的角色（图 4.15）：

- 信号肽酶是一个多亚基的膜复合体，可以切除新合成蛋白的信号肽。这种切除是与翻译同时进行的，而且通常为正确折叠所必需。
- 结合蛋白（binding protein, BiP）和内质网素（endoplasmin）是热激分子伴侣 70 和 90 家族的内质网成员。二者都是大量存在于内质网腔内的可溶性蛋白。在 ATP 的驱动下，BiP 与大部分新合成的分泌蛋白瞬时互作，从而防止在多肽折叠过程和多聚体蛋白组装过程中的非特异聚集。内质网素扮演了一个相似的但比 BiP 简单得多的角色，它好像是多细胞真核生物特有的，因为在酵母中并没有发现内质网素。
- 蛋白质的折叠与翻译是同时进行的，因此常常会导致在内质网腔内错误地形成二硫键。这些二硫键需要重新安排来保证正确的折叠。蛋白质二硫键异构酶（PDI）——一个可溶的氧化还原酶，扮演二硫键供体来折叠中间产物。之后，内质网中的黄素蛋白会重新氧化 PDI，这样又可以开始新一轮的异构化（见第 10 章）。
- 肽酰 - 脯氨酰 - 顺反式异构酶催化肽酰 - 脯氨酰键的顺反式异构化，该步是折叠过程中的限速步骤。
- 许多分泌蛋白会在翻译的同时，由寡糖转移酶在其特异的天冬酰胺残基上进行糖基化。寡糖转移酶是一个酶复合体，其活跃于内质网膜上任意转运通道的内质网腔一侧。这种修饰称为 *N*- 糖基化修饰，可以增加许多正在折叠的中间产物的可溶性。
- 葡糖苷酶 Ⅰ 和 Ⅱ 及 UDP-Glc：糖蛋白糖基转移酶（UGGT）与内质网凝集素钙网蛋白和钙连接蛋白短暂互作，通过一个反应循环修饰天冬酰胺连接的聚糖，从而帮助糖蛋白正确折叠。

因为它们在数以千计分泌蛋白合成过程中发挥的基础功能，这些位于内质网中帮助折叠的辅助蛋白对于植物的任何生长发育过程来说都是十分必要的。这些基因的突变、过表达或者降低其表达都会影响植物的发育、生殖或者是对逆境的抵抗（表 4.4）。

4.6.6 内质网的质量控制系统监测分泌蛋白的正确折叠和组装，并对错误折叠的多肽进行处理

不正确折叠的蛋白质会以最快的速度得到隔离并降解，从而最大限度地减少对细胞的毒害。内质网腔不仅是自身居住蛋白的折叠场所，也是其他许多别的蛋白质的折叠场所，它使新合成的蛋白质滞留其中，直到它们获得正确的构象。演化出这项功能的意义在于，可防止出现故障的蛋白质到达它们的目的地。以下三种功能，即促进蛋白质的正确折叠、滞留蛋白质直到它们形成正确的构象和降解出现故障的蛋白质，统称为**内质网质量控制**（**ER**

表 4.4 编码内质网折叠辅助蛋白的基因突变会造成的影响

蛋白质	突变	表型
寡聚糖糖基转移酶亚基 SST3a 和 SST3b	T-DNA 插入（双突）	配子体致死
葡糖苷酶 I	在 *knopf* 位点的点突变（EMS 处理）	幼苗致死 纤维素含量下降
UDP- 葡萄糖：糖蛋白糖基转移酶	点突变造成 mRNA 剪切缺陷	内质网质量监控变得宽松 恢复 *bri1* 突变体对油菜素内酯 BR 不敏感的表型，在该突变体中 BR 的受体结构有缺陷但是功能正常
BiP2	T-DNA 插入突变	抗病相关蛋白分泌的减少 对 *Pseudomonas syringae* 的抗性降低 对水杨酸类似物和衣霉素超敏 在水杨酸类似物处理下，内质网素、钙网蛋白和二硫键异构酶相关基因超级活跃
内质网素	在基因上游有 T-DNA 插入，虽然表达没有受到完全破坏，但是却受到了严重的影响	*clavata* 类似表型 花粉管伸长受到抑制并且花粉的育性受影响

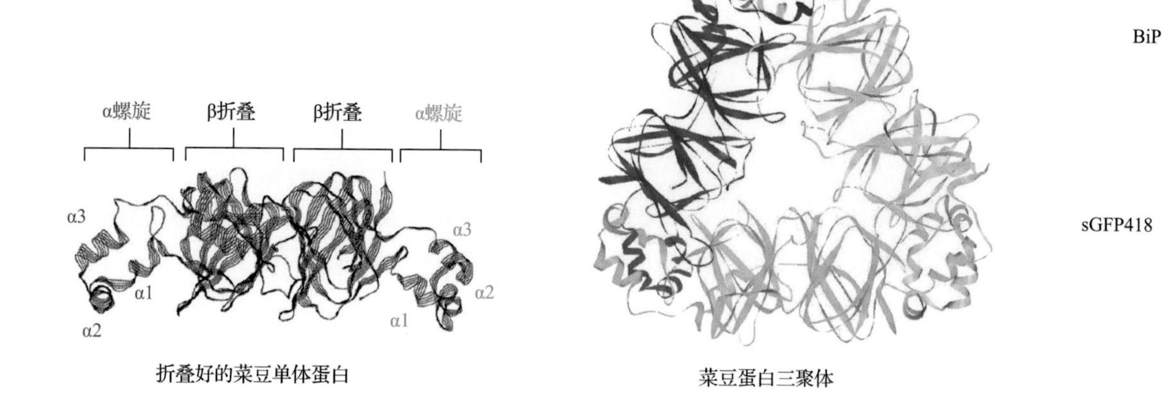

图 4.16 BiP 帮助菜豆蛋白三聚体的组装。菜豆蛋白同源三聚体主要通过 α 螺旋结构域间的疏水相互作用结合在一起：折叠的单体蛋白的三个 C 端结构域（绿色）与邻近的单体（红色）相互作用，形成三角形的三聚体。将 C 端的 α 螺旋结构域与一个分泌形式的 GFP（sGFP，包括融合一个信号肽的 GFP）相融合，并将该嵌合多肽（用 sGFP418 表示）在转基因植物中表达。随后制备原生质体，并使用脉冲标记的方法用放射性同位素将其标记。当蛋白质经过 BiP 的抗体免疫共沉淀后，通过 SDS-PAGE 检测，并使用荧光照相技术进行分析。结果显示，sGFP418 是主要与 BiP 互作的多肽（泳道 1）。如果对免疫共沉淀的蛋白质施加 ATP 进行处理，会破坏二者之间的相互作用（泳道 2），这时使用 GFP 的抗体可以将 sGFP418 从释放出来的物质中免疫共沉淀下来（泳道 3）。如果用 sGFP 进行类似的实验作为对照，则不会检测到其与 BiP 的互作（未显示）。该结果表明参与菜豆蛋白组装的结构域同时可促进其与 BiP 的相互作用。当菜豆蛋白组装形成三聚体时，该互作便会受到破坏。来源：改编自 Foresti et al.（2003）. Plant Cell 15:2464-2475

quality control）。

许多关于内质网质量控制的线索都来自于对分子伴侣 BiP 活性的研究。BiP 特异性地结合富含疏水氨基酸的 7 个氨基酸的延伸。这些序列并不暴露于已经折叠好或者组装好的蛋白质表面。该现象对下述问题提供了一种可能的解释，例如，为什么 BiP 只与菜豆液泡存储蛋白——菜豆素未组装的单体结合，而不与其已经组装的三聚体结合。单体相互作用形成三聚体的结构域包含与 BiP 的结合位点，因此形成三聚体后遮盖了这一位点（图 4.16）。与 BiP 结合后，BiP 会阻止类似结构域在折叠的过程中非特异地互作，从而防止蛋白质的变性和聚集。BiP 是一个 ATPase，对 ATP 的水解会让已经部分折叠的蛋白质解离，从而增加正确折叠的可能性。一个蛋白质的正确折叠可能包含了几次这样的循环：BiP 结合、ATP 水解和解离。与内质网常驻蛋白（如 BiP）的结合提供了内质网质量控制的第二个特征的一种机制，那就是将尚未折叠和组装的蛋白质滞留在内质网中。

当多肽永久性的错误折叠，或者多亚基的蛋白质无法正确组装时，那么折叠不正确的链和未组装的亚基就会发生降解。这就是内质网质量控制的第三个特征。内质网已经演化出了多种机制，测定在内质网中折叠和组装所用的时间，来确保只有无效蛋白才会发生降解而折叠过程中正常的中间产物不会降解。很多情况下，伴随着降解发生的第一件事情是，蛋白质向细胞质转运，然后泛素化经蛋白酶体降解。但是在酵母和植物细胞中均发现有些缺陷蛋白会经分选进入液泡降解，它们或者是通过高尔基体介导的囊泡运输，或者是通过部分内质网的自噬。

4.6.7 在向内质网转运的过程中许多分泌蛋白会发生 *N*- 糖基化

如前所述，*N*- 糖基化发生在内质网中。当初生多肽链刚刚进入内质网腔时，*N*- 连接的聚糖（寡糖）就会连上去。这些呈现出（葡萄糖）$_3$（甘露糖）$_9$（*N*- 乙酰葡萄糖胺）$_2$[（Glc）$_3$（Man）$_9$（GlcNAc）$_2$] 结构的聚糖随后会受到修饰，起初是在内质网，然后是在高尔基体（见 4.8.5 节）。这些聚糖慢慢变长，在内质网的异戊二烯酯焦磷酸盐多萜醇上一次加一个糖基，随后在内质网寡聚糖蛋白转移酶的作用下，以一个单元的形式转移至特定的天冬酰胺残基上（图 4.17）。接受这些聚糖的残基几乎总是 Asn-X-Ser 或者 Asn-X-Thr 结构，这里 X 可以是除去脯

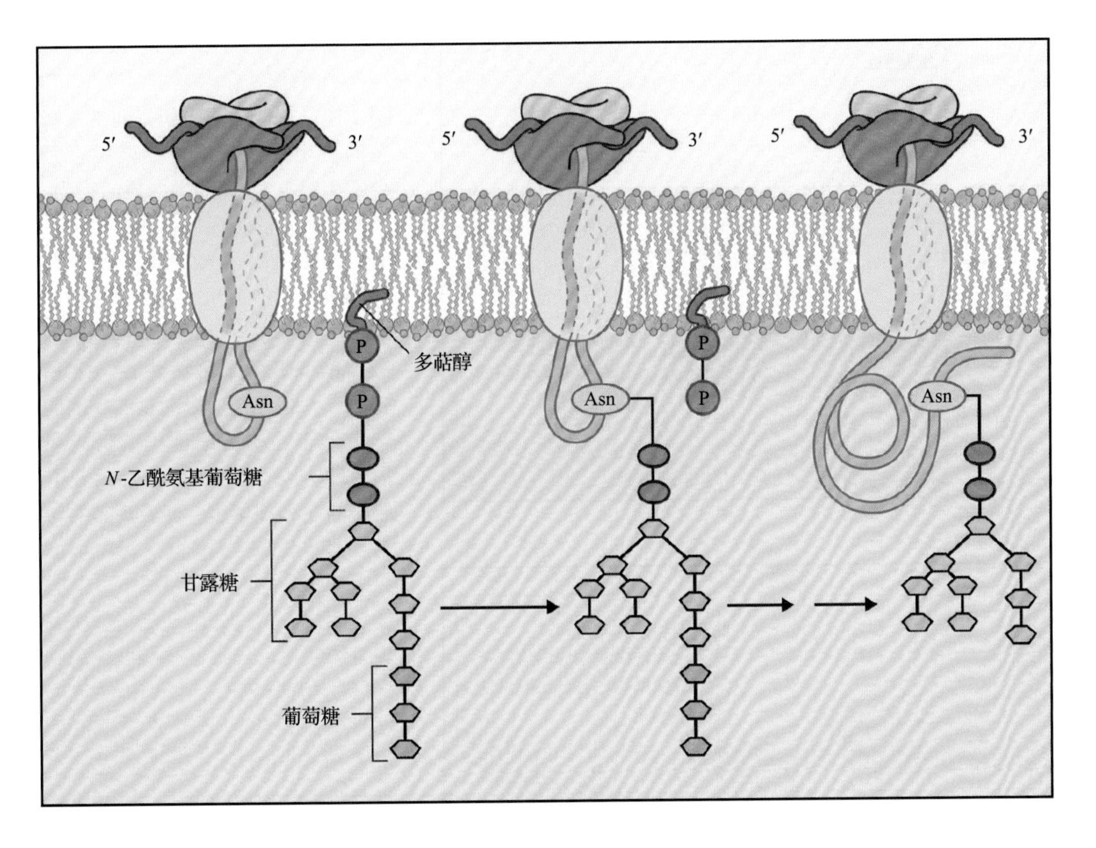

图 4.17 翻译的同时在内质网中从脂类载体上向多肽天冬酰胺残基上转移多糖（寡聚糖）。由（葡萄糖）$_3$（甘露糖）$_9$（*N*-乙酰葡萄糖胺）$_2$ 组成的多糖在一个多萜醇载体上聚集，并当内质网腔内出现合适的残基时，其会以最快的速度转移到天冬酰胺残基上。葡萄糖残基的去除和一个残基的再添加是折叠过程的一个部分，该过程需要分子伴侣如 BiP 和蛋白质二硫键异构酶（PDI）的辅助

氨酸以外的任何一种残基。但是，不是所有特定的分泌蛋白中的 Asn-X-Ser/Thr 都需要 *N*- 糖基化，因为翻译的同时，折叠会阻碍寡聚糖转移酶的接近。大规模分析显示，2/3 可能的 *N*- 糖基化位点都发生了糖基化。当把一个聚糖转移到一个初生多肽链上后，会在位于内质网的两个 α- 葡糖苷酶（葡糖苷酶 I 和 II）的作用下快速地切除 3 个葡萄糖残基。最终产生的具有（甘露糖）$_9$（*N*- 乙酰葡萄糖胺）$_2$ [（Man）$_9$（GlcNAc）$_2$] 结构的聚糖就是一个高甘露糖聚糖。

N- 连接的聚糖具有很高的亲水性，因此可以增加许多多肽的水溶解性，从而使这些蛋白质具有更广泛的构象。它们同样可以保护多肽链免受蛋白质水解，这对于蛋白质在内质网中的折叠和质量控制均十分重要。钙网蛋白和钙连接蛋白是位于内质网的外源凝集素，其通过与高甘露糖链的结合来帮助多肽进行折叠，这些高甘露糖链上三个葡萄糖残基中的两个已经切除了。切除最后一个葡萄糖后，这种结合可以将正确折叠的糖蛋白释放。如果这些外源凝集素释放了折叠不正确的糖蛋白，那么位于内质网内的糖蛋白葡糖基转移酶可以给高甘露糖链加一个葡萄糖基。葡萄糖基的添加、切除，以及与内质网内外源凝集素互作的循环会不断进行直到糖蛋白折叠正确。已折叠的糖蛋白不会重新添加葡萄糖基，因此不能与钙网蛋白和钙连接蛋白相互作用。这样的系统除了可以监控糖蛋白折叠的整个过程外，可能也通过与其他分子伴侣相互作用，参与了将未折叠好的糖蛋白滞留在内质网腔中。

4.6.8 未折叠蛋白应答优化了内质网的质量控制功能

内质网作为一个蛋白质工厂在所有组织中并不都是一样的，而且也依赖于发育的阶段及来自环境或者生物的胁迫。植物细胞如同其他真核细胞一样，具有一套感知和信号转导的机制来调节特定基因的转录和翻译，从而使分泌途径装置适应内质网的工作量。那些编码内质网折叠辅助蛋白的基因是这些信号的重要目标，当内质网中装入了超大量新合成的错误折叠的蛋白质时，这些基因的表达会呈现十分显著的变化。正因为这个原因，人们把这种机制命名为未折叠蛋白应答（unfolded protein response, UPR）。那些抑制内质网中蛋白质正确折叠的化学药剂，如 *N*- 糖基化的抑制剂、还原剂，或者氨基酸类似物都是 UPR 强有力的诱导物，人们通常也用它们来研究相关的机制。UPR 通常也会参与到生物对环境的应答或者对胁迫的响应，因为这些过程通常都涉及分泌蛋白合成量的快速增长。那些负调控蛋

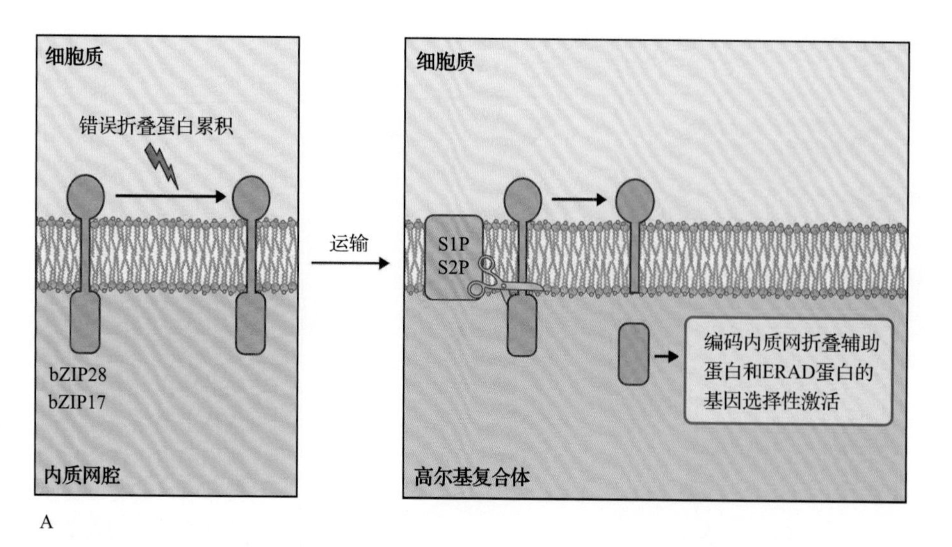

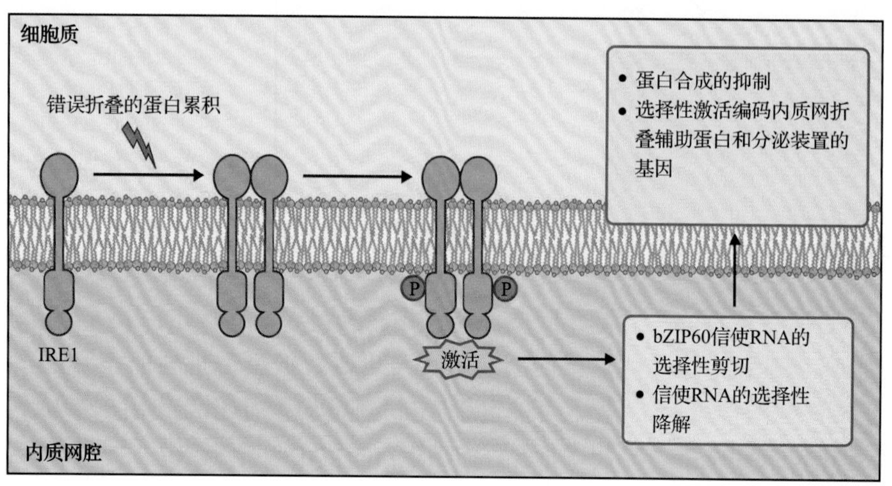

图 4.18 在内质网中积累的错误折叠的蛋白质会影响内质网膜上至少 4 个参与 UPR 的蛋白质的行为。当错误折叠的蛋白质在内质网中积累时，转录因子 bZIP28 和 bZIP17 会运输至高尔基体，在那里它们的细胞质结构域会由高尔基体驻留的蛋白酶 S1P 和 S2P 切除掉。之后它们进入细胞核，激活目的基因的转录。哺乳动物细胞中的跨膜蛋白 ATF6，虽然与上述蛋白质只有较小的序列相似度，却发挥着类似的功能。IRE1 在植物、动物和酵母中都有。在内质网胁迫下，IRE1 会二聚化，然后其胞质结构域会发生自磷酸化，导致其核酸内切酶结构域的功能活化。植物 IRE1 可以产生编码跨膜转录因子 bZIP60 的可变剪切 mRNA，导致合成一个没有跨膜结构域的形式。该种形式的 bZIP60 进入细胞核上调目的基因的转录。在哺乳动物和酵母细胞中，IRE1 分别剪切另外的不活跃的编码 XBP1 和 HAC1 转录因子的 mRNA。除此以外，IRE1 还可促进特定 mRNA 的降解

白折叠的遗传缺陷，如阻止信号肽的切割，会影响单个分泌蛋白的合成，从而诱导 UPR。

UPR 的感知者 / 传递者是位于内质网的跨膜蛋白，它们可以监控不正常折叠蛋白在内质网中的积累并且诱发适当的细胞响应。植物细胞中已经鉴定到了 4 种这样的感受蛋白：膜相关的转录因子 bZIP17、bZIP28、bZIP60 和激酶 IRE1（图 4.18）。

对用折叠抑制剂（如衣霉素）处理的拟南芥的转录组进行分析发现，几乎所有 4.6.5 节描述过的内质网折叠辅助蛋白、许多分泌运输途径的蛋白质、内质网转运通道的亚基、蛋白降解途径的蛋白质以及一些特定的转录因子的表达量都发生了上调。而下调的基因则几乎都是分泌蛋白，大部分是细胞壁的。这也与下述模型一致：UPR 可增加折叠辅助蛋白的合成及不正确折叠蛋白降解通路中相关蛋白的合成，并且通过减弱分泌蛋白的合成来削减内质网的工作量，同时刺激蛋白质的运输。

关于内质网感知机制另一层面的研究主要来自于对植物面对病原菌侵染时做出改变（主要的受病原菌诱导的蛋白质都是分泌型的，或者是液泡水解酶）的研究。研究发现 BiP 的转录诱导提前于水解酶的转录诱导，而如果按寻常的 UPR 模型来预测的话，BiP 的转录诱导应滞后于水解酶的转录诱导。因此，内质网更像是提前“准备”好以应对增加的工作量而不是响应它。随后发现，许多受 UPR 诱导的植物基因的启动子区域还有一个可受 NPR1 上调的顺式调节区域。NPR1 是一个系统获得性抗性的主要调节蛋白，并且 NPR1 的功能发挥需要一个全新的转录因子。

值得注意的是，与哺乳动物相比，植物中特定的负责内质网折叠的辅助蛋白有更高的拷贝数，该现象可能反映了其特有的功能。在脊椎动物中，BiP 是单基因编码蛋白，但是在许多植物中，它是多基因家族的产物。在拟南芥的 3 个 BiP 基因中，BiP1 和 BiP2 高水平组成型表达，在 UPR 的作用下可经

诱导表达到一定程度。BiP3 在正常水平下表达量极低，而当受 UPR 诱导后，表达量可以上调 40 ~ 50 倍。除去经典的钙网蛋白（拟南芥中的两个蛋白质 CRT1 和 CRT2），植物中还鉴定到了一个同源异构体（CRT3）。拟南芥 CRT3 在细胞膜类受体激酶（如油菜素内酯受体 BRI1）和植物先天性免疫过程中响应 elf18 的 EF-Tu 受体（EFR）的合成过程中都发挥了特定的功能。CRT3 有不同寻常的 C 端结构域，在这些过程中 CRT1 和 CRT2 无法替代其功能。

囊泡体是介于 TGN 和液泡之间的中间区室，也有学者将“多囊泡体”称为“前液泡体”（prevacuolar compartment），这里我们将使用多囊泡体称呼。网格蛋白包被小泡介导了向液泡的生物合成运输，以及从细胞表面向细胞内部的内吞运输。参与这两种途径的小泡都有类似的网格状外壳，但是接头蛋白不同，不同的接头蛋白可以识别并结合不同通路中不同受体的细胞质“尾巴”（见 4.8.2 节）。虽然“接头蛋白”这一词语主要用于网格蛋白包被小泡，但是有类似功能的多肽也在其他类型的包被小泡中发

4.7 分泌途径中的蛋白质运输和分选：内质网

4.7.1 SNARE 和 GTPase 介导囊泡出芽与融合

囊泡运输发生在许多不同的亚细胞区室之间，因此囊泡和靶膜适当地识别是非常必需的。囊泡出芽是通过招募细胞质中的蛋白质形成多聚蛋白复合体来驱动完成的，这些蛋白复合体会将这些小泡包被起来。这些不同的包被通过识别跨膜蛋白留在细胞质中的“尾巴”（cytosolic tail）来将其包裹进入特定的膜泡。到目前为止，人们已经鉴定到了 4 种不同的包被（见图 4.10）。① COP Ⅰ（coat protein Ⅰ）囊泡在高尔基体上形成，介导由顺式高尔基体向内质网的运输（COP Ⅰ a 型囊泡），以及高尔基体各潴泡之间的运输（COP Ⅰ b 型囊泡，见图 1.25A）。② COP Ⅱ（coat protein Ⅱ）囊泡行使相反的功能，它们在内质网上形成，促进从内质网向高尔基体的运输。③网格蛋白包被小泡（clathrin-coated vesicle, CCV）介导了从晚期 TGN（或游离 TGN）向多囊泡体的运输，以及从细胞质膜向 TGN 和 MVB 的运输（见图 1.36）。因为多

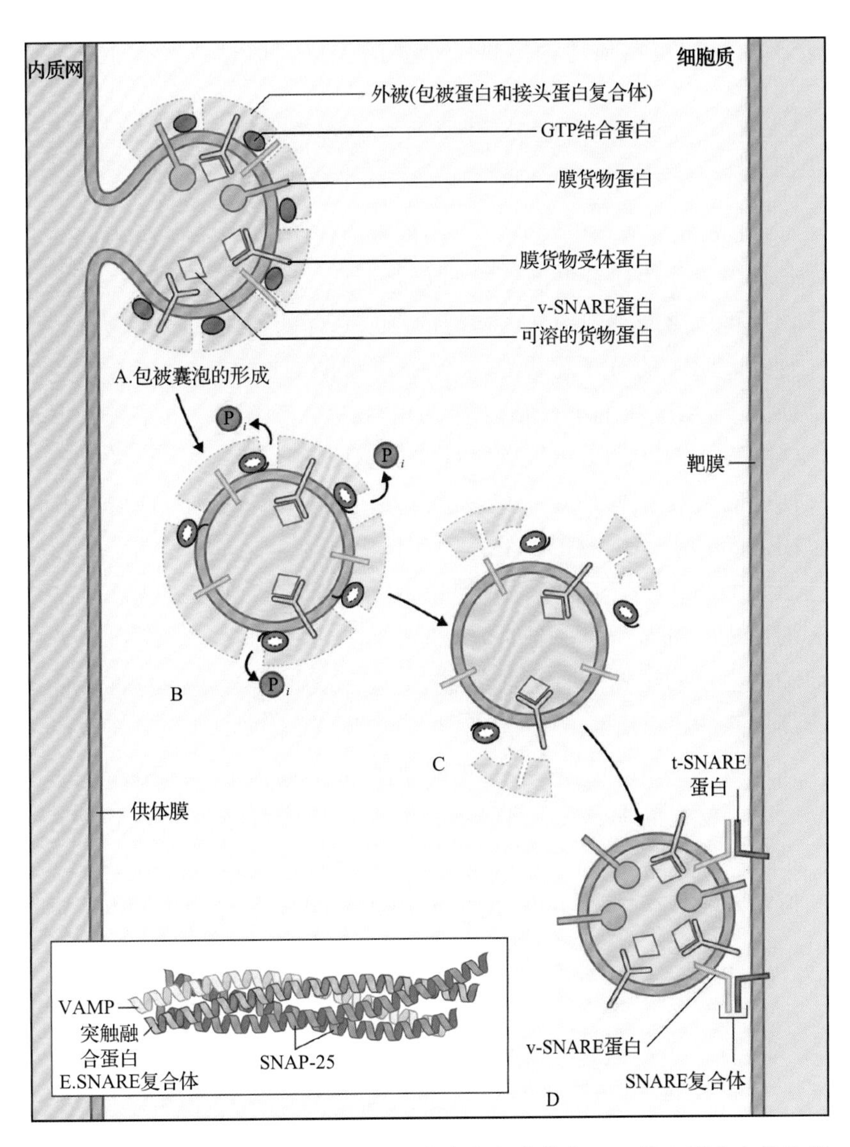

图 4.19 囊泡出芽并与靶膜融合。A. 囊泡的出芽从小 GTP 结合蛋白向供体膜的聚集开始。细胞质中包被蛋白复合体会与位于囊泡内侧同货物蛋白结合的受体蛋白的胞质结构域相结合，或者与可能作为货物的跨膜蛋白相结合。B. 囊泡一旦出芽，GTP 结合蛋白的 GTP 水解酶活性激活，导致 GTP 的水解和 Pi 的释放。C. 这导致包被小泡的去包被。D. 当 v-SNARE 与位于靶膜上的正确的 t-SNARE 相遇后，它们会形成四螺旋束，从而介导膜的融合，该过程涉及两个 SNARE 蛋白和另一个 α-SNAP 蛋白。E. 由 SNARE 蛋白和 α-SNAP 蛋白形成的四螺旋束。来源：Lodish et al.（2013）.Molecular Cell Biology, 7th edition. W.H. Freeman

挥功能。④逆囊泡转运复合体（retromer）包被小泡介导受体蛋白从多囊泡体向 TGN 的回收。其他类型的囊泡肯定是存在的，只是这些囊泡的包被蛋白还没有鉴定出来。招募 COP Ⅰ、COP Ⅱ和网格蛋白（但不包括招募逆囊泡转运复合体）都需要特定的 GTPase，它们作为整个包被蛋白复合体的一部分发挥功能。在与靶膜融合前，这些小泡在 GTPase 和 ATPase 的作用下解包被。囊泡包被的组装、囊泡的出芽，以及解包被和随后的融合如图 4.19 A ～ D 所示。真菌代谢产物布雷菲德菌素 A（BFA）可以抑制对特定包被蛋白的招募，它的发现为研究分泌途径的蛋白质运输提供了重要的工具（信息栏 4.5）。

靶膜之间正确地识别和融合是通过与包括 SNARE 蛋白（soluble *N*-ethylmaleimide sensitive factor attachment protein receptor）在内的囊泡蛋白的互作来完成的。位于运输中的囊泡上的 SNARE 蛋白称为 v-SNARE，而位于靶膜上的 SNARE 蛋白则称为 t-SNARE。在植物中，t-SNARE 又叫 syntaxins 或者 SYP，即“syntaxin of plants”。植物中有复杂的分泌系统及大量的 SNARE 基因：酵母中发现有 21 ～ 26 个基因（之所以有一个范围，是因为有一些基因还不太确定），果蝇中有 20 个，人有 35 ～ 36 个，拟南芥有 60 ～ 69 个，而水稻中有

信息栏 4.5 囊泡循环和 BFA 的作用

Brefeldin A（BFA）是一个小的真菌代谢产物，长期以来作为研究囊泡运输的有力工具，因为该物质可以阻断细胞中从内质网向高尔基体的物质转运。BFA 的分子靶标是一个 Sec7 型的 GTP 交换因子 [ARF 类的小 G 蛋白的 GDP/GTP 交换因子（GEF），ARF-GEF]，可以催化 GTPase ARF 的活性。活化的 ARF 招募 COP Ⅰ包被蛋白，形成转运囊泡。BFA 可以将 ARF*GDP/GEF 复合体限制在膜上，阻止 GDP/GTP 的交换、囊泡包被的招募及囊泡的形成。BFA 一个主要的效应是造成高尔基体膜和向内质网运输的酶的重新分布，导致同时包含高尔基体和内质网蛋白的 BFA 区室的形成。因此，如果给定蛋白的运输可以被 BFA 所阻断，或者是一个不稳定的蛋白质在 BFA 的作用下可以变得稳定，那么这暗示该蛋白质是经由高尔基体运输的。但是，哺乳动物和植物细胞对于 BFA 的响应是十分不同的。在哺乳动物细胞中，COP Ⅰ包被的缺失会导致膜小管的形成，该结构最终会与内质网相融合。不同的是，在植物细胞中，BFA 的处理不会造成高尔基体的管化。BFA 处理的初期，除了顺式潴泡外，高尔基体垛叠的结构会维持。剩余的潴泡或与内质网融合形成杂合的堆叠结构，或者与其他高尔基体进行融合形成与内质网相连的、体积较大的高尔基复合体。BFA 造成的在反式高尔基体网络上的不正确分选会导致分泌小泡陷在称为高尔基体的聚集物中。在特定的细胞中，有许多的 ARF-GEF 参与了不同的运输过程。拟南芥中已经鉴定到了 8 个基因，但它们并不全对 BFA 敏感，这些基因的功能也并非都是已知的，但是 BFA 会对定位于早期内吞体的 ARF-GEF 蛋白 GNOM 产生影响，从而阻止生长素输出载体蛋白 PIN 在细胞质膜和早期内吞体间的循环。

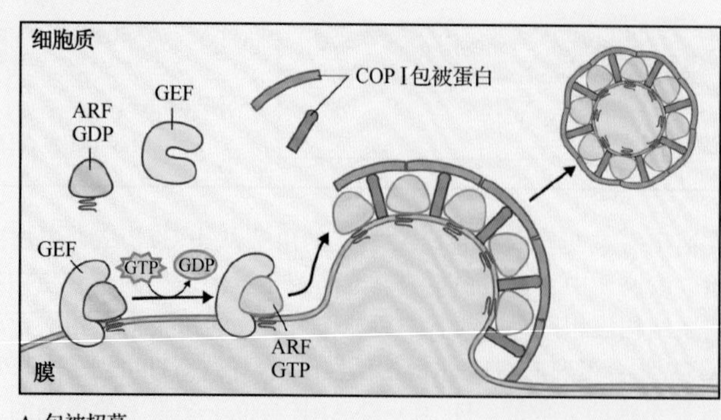

A. 包被招募

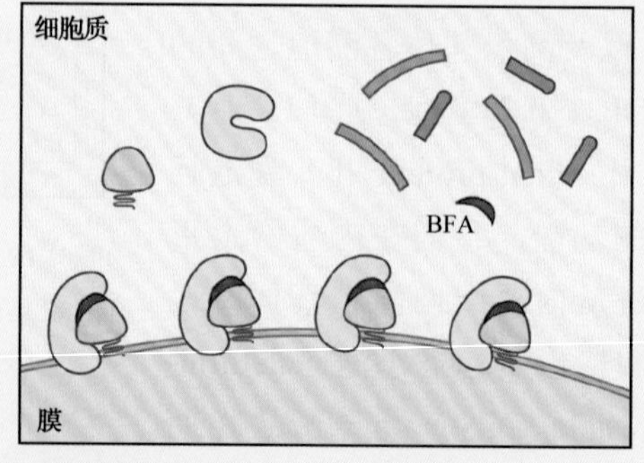

B. BFA效应

来源：Anders & Jurgens.（2008）. Cell Mol Life Sci 65:3433-3445

信息栏 4.6　两个同源的 SNARE 蛋白的功能研究

人们采用了一个非常聪明的遗传学手段研究 C 端液泡分选信号（ctVSS）的识别装置。对表达有 ctVSS 载体的转基因植物的种子进行突变，然后去筛选那些将该蛋白质分泌出去了的植物。该载体称为 VAC2，编码一个 C 端融合有 ctVSS 的 clavata3（CLV3）蛋白。野生型的 CLV3 是一个分泌蛋白，该蛋白质通过与细胞膜上富含亮氨酸重复序列的蛋白激酶受体 CLV1/2 相互结合来负调控茎顶端分生组织的增殖。因为 VAC2 会通过分选进入液泡，无法与膜上的 CLV1/2 受体相互结合，因此表达 VAC2 的转基因植株表型正常。而如果识别 ctVSS 的组分发生突变，就可能导致 VAC 分泌出去，过量的 CLV3 在细胞表面上发挥其活性会导致茎顶端分生组织缩小。该表型很容易通过看植物而观察到。

利用该遗传筛选方法，发现了两个条件冗余的 v-SNARE：VTI11 和 VTI12 蛋白。VTI11 和 VTI12 具有 60% 的序列相似性。二者与一类特异的 t-SNARE，即 SYP 一起定位于 TGN。然而，对两个突变体的研究都发现，在二者各自所在的 SNARE 复合体中，二者的身份可以互相替换。有意思的是，*vti11* 和 *vti12* 的双突变体的表型是胚胎致死。通过将表达有 VAC2 的转基因植株与 *vti11* 或 *vti12* 的突变体杂交发现，VTI12 对 VAC2（ctVSS）的运输是必需的，而 VTI11 是非必需的。

来　源：Adachi et al.（2003）. Proc Natl Acad Sci USA 100: 7395-7400

57 ～ 80 个。一些拟南芥 SNARE 基因的 T-DNA 插入突变体并没有明显的表型，暗示着可能存在基因功能的冗余。而另外一些插入却会导致胚胎或者配子体致死，即使它们属于小家族并且有极高的序列相似性。因此，这些 SNARE 蛋白特异功能的研究亟待新的研究方法的开发（信息栏 4.6）。

SNARE 蛋白在大小和结构上有很大的变化。SNARE 蛋白足以保证人工囊泡在体外的融合，而且它们对体内的融合过程也是必需的，但是在体内，它们需要同其他蛋白质协同作用以保证囊泡和靶膜之间融合的准确性与高效性。与 SNARE 蛋白协同作用的蛋白质通常是 Rab 蛋白，它们形成了一个庞大的 Ras 相关 GTP 酶家族（Ras-related GTPase family）。把结合 GTP 的 Rab 招募到特定的囊泡表面，作为囊泡与靶膜之间的一个锚定因子，之后，与 SNARE 蛋白互作并促使囊泡与靶膜发生融合。

大部分的 SNARE 蛋白都是尾锚定蛋白，并且在它们位于胞质中的部分都有一个含 60 ～ 70 个氨基酸的卷曲 - 卷曲结构域（coiled-coiled domain），这样的结构有助于它们在行使功能时形成四螺旋束，称为反式 SNARE 复合体（见图 4.19E）。其中，一个螺旋来自于 v-SNARE，一个螺旋来自于 t-SNARE，另外两个螺旋来自于一个叫作 α-SNAP 的蛋白质，该蛋白质通过一个脂锚锚定在靶膜上。这个反式 SNARE 复合体通过靶向膜促进了囊泡与靶膜之间的融合。膜融合的发生使得囊泡承载的内容物进入靶膜。当物质输送完成以后，该复合体会发生解离，这种四螺旋束的解离需要可溶的 NSF（N-ethylmaleimide sensitive factor）因子的帮助。SNARE 复合体的解离是一个需要 GTP 的过程，之后，v-SNARE 被回收到原来的地方。

4.7.2　可溶性蛋白质由内质网腔分泌无需分选信号，但是大部分内质网中滞留的蛋白质都有可促使其从高尔基体回收进入内质网的信号

释放进入内质网腔的可溶性蛋白，如果既没有其他定位信号，也没有滞留信号的话，会在内质网输出位点包装好，经由高尔基体运输，最终分泌出去。在转基因植物或植物细胞中表达一个由细胞质多肽或者原本不发生分泌的细菌多肽连上任意一个分泌蛋白的信号肽组成的一个嵌合蛋白，该蛋白质会进入内质网；如果蛋白质正确折叠的话，它会分泌出去（见信息栏 4.1）。也正因为这个原因，这个导致细胞往外分泌的途径称为**默认途径**（**default pathway**），该途径在几乎所有真核细胞中都有。

另一方面，对于某些膜蛋白，似乎带有一些基

序可以帮助它们运输至高尔基体。通过对大量整合膜蛋白的研究发现，在这些膜蛋白的细胞质“尾巴”上常带有二元碱（di-acidic）基序（DXE）、二元（dibasic）基序（[RK]X[RK]）或者二疏水（dihydrophobic）基序（YF）。当这些基序发生突变时，蛋白质会在内质网中发生滞留。这些序列会与COP Ⅱ复合体的成员发生互作，已经有直接的证据表明，增加整合膜蛋白的合成会导致内质网输出位点的大量增加；但如果增加可溶性分泌蛋白的合成，则不会出现类似的现象。这暗示着可能可溶性蛋白的默认分泌运输是利用了这些特定膜蛋白的运输方式。

如果对于进入内质网的可溶性蛋白来说，分泌出去是一种默认的运输方式的话，那么如果想要滞留在内质网就需要有相应的信号。实际上，大部分的内质网滞留蛋白会经由COP Ⅱ介导的运输途径进入高尔基体，但是之后会在COP Ⅰa复合体的帮助下再次运输回到内质网。对于大部分可溶的内质网滞留蛋白来说，之所以可以再次运输回内质网是因为在这些蛋白质的C端有一个四肽的基序（大部分情况下是HDEL或者KDEL），它们可以为穿梭于高尔基体和内质网的整合膜蛋白受体ERD2p所识别。ERD2p与这个四肽基序的亲和性与pH高低有关，在近中性时二者的亲和性较低，而在高尔基体中稍微偏酸性的pH条件下二者的亲和性会高些，这为高效回收内质网滞留蛋白提供了一种机制（图4.20）。需要知道的是，对于内质网中异寡聚蛋白而言，只要一个亚基上有滞留信号，就足以使其滞留在内质网中了。因此，没有四肽的多肽链也可以利用该回收机制。如果人为地给正常情况下分泌的蛋白质加一个HDEL或者KDEL的尾巴，那么该蛋白质就会滞留在内质网中。该技术已用于增加转基因植物中重组蛋白的积累量，避免它们为原生质体和液泡中的酸性水解酶所降解，或者在细胞质中合成时为蛋白酶体所降解。相反地，如果把内质网滞留蛋白的HDEL基序去掉，如把钙网蛋白的HDEL去掉，那么它就会进入分泌途径，并且其分泌速率与正常分泌的蛋白质类似。

那么，内质网的整合膜蛋白是如何被回收的呢？许多这样的蛋白质从其细胞质“尾巴”末端处数第3和第4位置处，都有两个带正电的氨基酸，如果这个“尾巴”是多肽链的C端，那么这两个氨基酸是KK；而如果是N端，那么这两个氨基酸是RR。这些基序可以直接与COP Ⅰa蛋白复合体发生互作。

不是所有的内质网蛋白都需要回收机制。其中一些滞留蛋白从未进入高尔基体。虽然其中的机制还不清楚，但是可能与跨膜区域的长度有关。随着

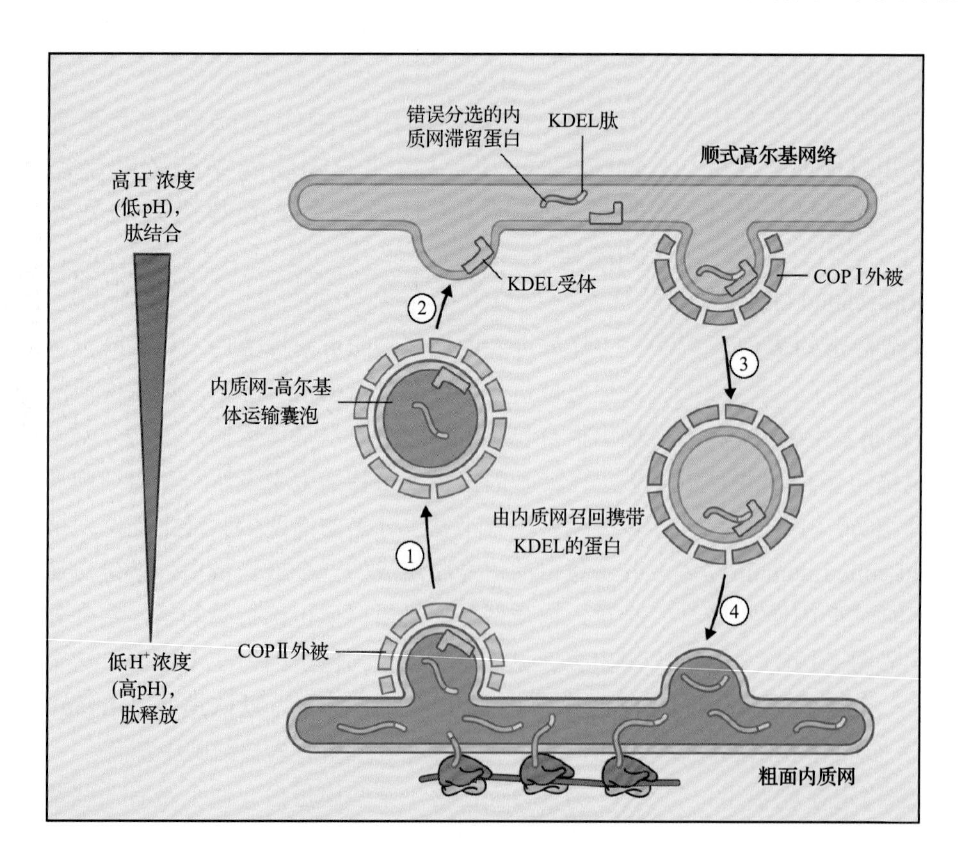

图4.20 KDEL滞留信号可以为KDEL受体ERD2p所识别。许多内质网的驻留蛋白浓度都很高，它们可能通过扩散的方式进入向高尔基体运输的COP Ⅱ小泡。这些蛋白质可以通过COP Ⅰa小泡重新回收到内质网，因为在高尔基体的低pH条件下，KDEL序列与ERD2p的相互作用更强。ERD2p可以回收到内质网是由于其上带有COP Ⅰa识别的内质网回收基序。在内质网的pH条件下，ERD2p会释放其结合的配体。来源：Lodish et al.（2013）.Molecular Cell Biology, 7th edition. W.H. Freeman

双分子层膜从一个区室运动到分泌途径的另一个区室，双分子层膜的脂类组成将会发生改变。离内质网远一些的双分子层膜厚一些。具有较短的跨膜域（少于 17 个氨基酸）的蛋白质由于机械约束的原因在向前运输过程中存在障碍，因为下一个膜对它们而言太厚了。通过改变模式嵌合 I 型蛋白单个跨膜区域的长度，人们发现一段 20 个氨基酸疏水序列可以保证顺行运输，但这些蛋白质会滞留在高尔基体中；而长度改变为 23 个氨基酸时，它们就会继续运输至细胞质膜。

4.7.3 带有 KDEL 信号的植物蛋白也可以运送到细胞表面或液泡中

一些植物蛋白带有 KDEL 的基序，但是却在完全不同于内质网的区域发挥功能，因此它们显然带有“错误”的定位信号。第一个被发现的此类蛋白质是生长素结合蛋白 ABP1，大部分 ABP1 蛋白定位于内质网，但有一小部分的 ABP1 定位于细胞表面。位于细胞表面的 ABP1 正向调控网格蛋白介导的对生长素外流促进蛋白 PIN 的内吞过程。当结合生长素后，ABP1 丧失该活性进而抑制了 PIN 的内吞。因此，有人提出了一个猜想：在有必要时，细胞也会把内质网滞留蛋白分泌到细胞表面发挥功能。蛋白质可以通过改变自身构象，改变 KDEL 的位置，从而阻止其与 KDEL 受体 ERD2p 互作。

液泡巯基内肽酶（SH-EP）类的半胱氨酸蛋白酶（因在其活性位点有一个关键的半胱氨酸）带有一个瞬时的 KDEL 信号。在种子萌发过程中，这些蛋白质在贮存蛋白的水解和细胞死亡中发挥功能。如同许多其他蛋白水解酶一样，SH-EP 是通过翻译后修饰将包含 KDEL 的 C 端前导肽切除而激活的。SH-EP 最初在内质网中积累形成大的聚集物，这种聚集物可以通过电镜在增大的内质网潴泡中观察到，之后，它将会被运送进入液泡中（图 4.21）。如果通过基因改造的技术将这些酶的 KDEL 基序删除掉，那么这些原本滞留在内质网中的酶会分泌出去，这说明（也许听起来很大胆），内质网的滞留信号对蛋白质向液泡的正确分选也许是必需的。因此，在这种情况下，KDEL 信号可能存在这样一种作用机制：先使蛋白质大量地积累在内质网中，然后把它们大量地、快速地运输到液泡并激活。

4.7.4 在禾本科植物的胚乳细胞中，某些植物贮存蛋白会组装成大的、不可溶的聚合物并形成蛋白体

普遍分布的 7S 类和 11S 类的球形种子贮存蛋白，以及不常见的 2S 白蛋白沿着分泌途径从内质网运送至专门大量积累蛋白质的液泡 PSV（protein storage vacuoles）中（见 1.7.3 节）。相反，醇溶谷蛋白类的贮存蛋白会在内质网腔内形成大的、电子

A

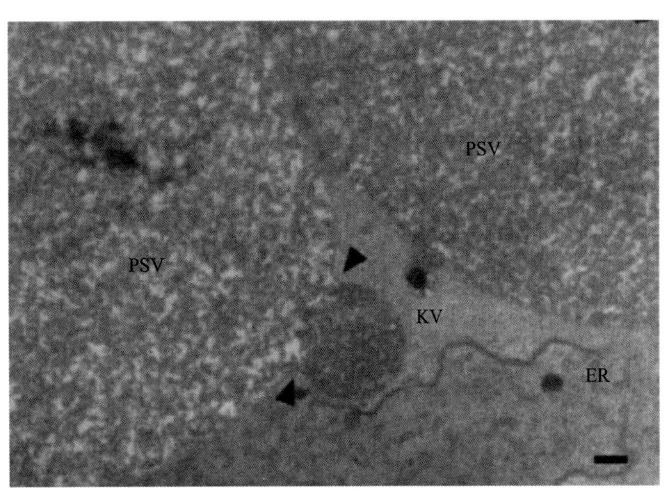

B

图 4.21　萌发的豇豆子叶细胞的电镜图片。A. 一个装载有 SH-EP 蛋白酶的来自于内质网的囊泡（KV）。B. 一个囊泡与蛋白贮存液泡（PSV）相融合，在 PSV 中，蛋白水解酶激活，以水解贮存蛋白。G，高尔基体；Mt，线粒体；S，淀粉粒；ER，内质网。注意这些囊泡比普通运输囊泡体积要大，例如，COP Ⅰ、COP Ⅱ，或者网格蛋白包被囊泡。标尺：200nm。来源：Toyooka et al.（2000）J. Cell Biology 148: 453-464

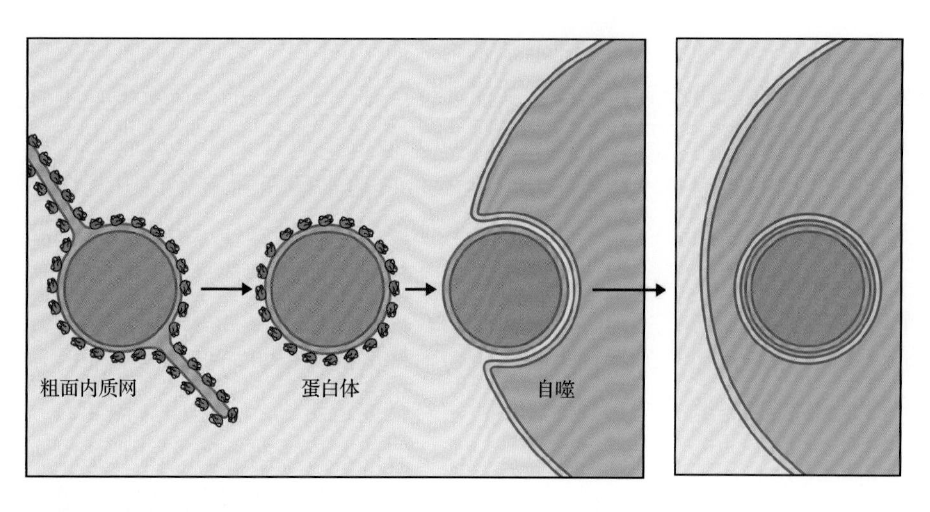

图 4.22 蛋白体的形成以及蛋白体通过自噬向液泡的转运。在一些谷物中（如玉米），蛋白体一直位于细胞质，由核糖体包围。在其他谷类作物（如小麦）中，它们经过自噬最终位于蛋白贮存液泡中

分布密集的、圆形的、直径 0.5 ～ 2.0mm 的不溶性沉积物。这种巨大的聚合物可以通过经由高尔基体的类自噬途径运送到贮存液泡，或者永久地贮存在源于内质网的蛋白体（BP）中（图 4.22）。累积在蛋白体中的现象在玉米、高粱、小米和水稻等物种中尤为明显。醇溶谷蛋白没有跨膜结构域和类 KDEL 的信号。这些蛋白质是植物特有的，关于它们的聚合和累积有很多有趣的问题，醇溶谷蛋白是多基因家族的产物（见信息栏 4.6）。通常醇溶谷蛋白在水溶缓冲液中是不溶的，需要 50% 以上的乙醇或者还原剂才能将其溶解。除去这些特征，醇溶谷蛋白是一类在序列上有较大差异的蛋白质。关于蛋白体是如何形成的，已有如下一些观点。

- 通过许多不同的醇溶谷蛋白亚基的有序组装和累积，一个单个的蛋白体就会形成。有一些亚基是单体亚基，它们会单独表达，而其他一些亚基往往由于链内二硫键的作用而形成同源多聚体。例如，小麦 γ- 醇溶朊就是单体亚基，而玉米 γ- 玉米蛋白和小麦高分子质量的麦谷蛋白就是多聚体亚基（见信息栏 4.6）。
- 通常在醇溶谷蛋白合成过程中会发生大量的与分子伴侣（如 BiP）的相互作用，暗示着疏水序列的延时暴露。通过分析一些谷物的突变体，人们逐渐发现一些其他的辅助蛋白：

信息栏 4.7　种子贮存蛋白具有不寻常的结构，在贮存液泡或者来自内质网的蛋白体中积累

大部分的植物种子都有丰富的贮存蛋白，为人类和其他动物提供食物。种子贮存蛋白是植物特有的，可以分为四类：7S、11S、2S（用以 Svedberg 为单位的沉淀系数来命名）和醇溶谷蛋白。每一类型通常包含由一类具有相似基因的家族编码的多肽。它们的合成、运输和积累涉及分泌系统中多个不同的组分。7S、11S 和 2S 类贮存蛋白在蛋白贮存液泡（PSV）中累积，然而醇溶谷蛋白直接形成来自于内质网的蛋白体（PB）。种子贮存蛋白在演化上的意义是用来贮存用于种子萌发第一阶段的还原氮。种子的蛋白贮存液泡还有丰富的植物防御类蛋白，如凝集素、酶抑制剂和核糖体失活蛋白。例如，菜豆（*P. vulgaris*）的种子包含大约 5% 的植物凝集素（一种对哺乳动物和鸟类有毒的凝集素）及 1% 的 α- 淀粉酶抑制剂（一种可以抑制哺乳动物和昆虫 α- 淀粉酶的蛋白质）。

最普遍的贮存蛋白应该是盐溶 7S 和 11S 球蛋白，这两种蛋白质几乎在所有植物的种子中都有，虽然相对含量有所不同。**7S 和 11S 球蛋白（globulin）**都是可溶解的多肽，在内质网上以三聚体的形式合成，之后经由高尔基体和多囊泡体运输到 PSV 上。在多囊泡体和 PSV 上，11S 类的多肽经过一步蛋白水解形成 40kDa 和 20kDa 的亚基。这两个亚基在二硫键的作用下连接在一起，该蛋白质水解会暴露新的疏水残基，该种作用导致原来形成的三聚体二聚化。虽然 7S 和 11S 球蛋白的一级序列相似性很低，但是二者的二级和三级结构却很相似；二者形成的三聚体几乎完全一样——对比大豆的 11S 三聚体和菜豆蛋白（菜豆的 7S 贮存蛋白）三聚体的结构（如图 4.16 所示）。在每一个折叠好的多肽中，这个基本的单元

以对称的方式重复两次，而且由一个β桶和三个α螺旋片段组成。后者对于三聚体组装是必要的，而β桶则是不寻常的，它是称为“双链β螺旋”或者“果冻卷”的类桶状结构，这也是cupin超家族的标志性结构。演化生物学家认为cupin结构域是一个古老的蛋白折叠单元，是从原核生物祖先起源的，现在在几乎所有物种中都有，且功能发生了分化。cupin结构域可能是现存的最紧凑的多肽折叠形式，而且也是非常耐热和耐蛋白酶解的，这些特征对贮存蛋白十分重要。它也是主要的植物过敏原。

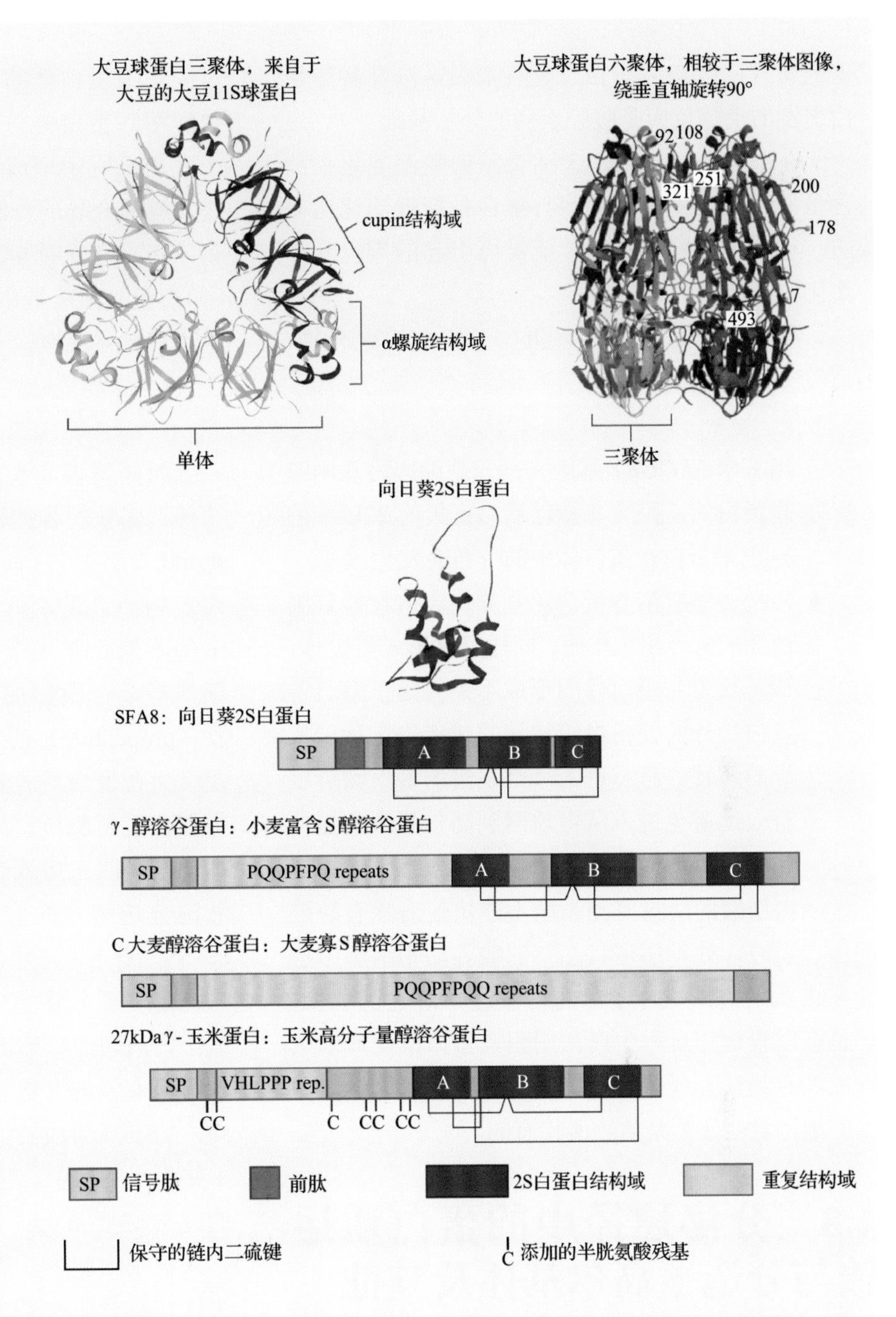

2S贮存蛋白（**2S storage protein**），主要贮存在特定的油籽中，如油菜的种子，在结构上它们与7S和11S并不相关。它们以单体的形式沿着分泌途径向蛋白贮存液泡运输。翻译后蛋白质的水解起始于多囊泡体上，会切除N端的前肽，或者内部的前肽，或者两者都会，这取决于物种。2S清蛋白的主要特征是有4个保守的二硫键，其中2个连接在内部蛋白降解过程中产生的2个亚基。与7S和11S球蛋白不同，这个蛋白质类型的甲硫氨酸含量明显更高，该特征长时间以来吸引着生物学家的兴趣，因为这提高了种子中必需氨基酸的比例，直到发现2S清蛋白可以引起哺乳动物的过敏反应。

醇溶谷蛋白（**prolamin**）是贮存蛋白中最不普遍、但是种类最多的一类。它们仅限于禾本科植物中，研究得也很充分，因为它们是小麦、玉米、大麦、高粱和黑麦种子中主要的蛋白质。它们具有的普遍特征是只有在含50%以上的乙醇溶液中，或者在内部的二硫键还原的情况下才溶解。麦类谷物（小麦、大麦和黑麦）的主要醇溶谷蛋白可以分为富含硫、缺硫和高分子质量蛋白。最后一种带有分子间或者分子内二硫键，可以形成大的聚合物，然而富含硫的醇溶谷蛋白只有链内键。富含硫和高分子质量的醇溶谷蛋白是通过向2S清蛋白附加重复序列演化来的。该重复序列通常是6～8个氨基酸的基序，脯氨酸和谷氨酰胺含量很高（这也是其名字的由来），这些序列串联出现，或者在不那么保守的序列中分散出现。缺硫醇溶谷蛋白缺少2S清蛋白结构域。麦谷蛋白是小麦中的高分子质量醇溶谷蛋白，负责生面团的柔性，因此决定了该小麦粉制作面包的性能。小麦的富含硫醇溶谷蛋白、麦谷蛋白，以及醇溶蛋白引发的炎症反应是腹腔疾病的分子基础。

在小麦和高粱中，上述类型的醇溶谷蛋白的含量并不多，主要的醇溶谷蛋白是新近演化出来的，尽管它们同样有因二硫键而引起的重复和多聚化。

高分子质量的醇溶谷蛋白形成大的聚合物，可能形成蛋白体的基础核心，形成内核之后，其他醇溶谷蛋白再与其结合。该蛋白体随后变成一个在内质网中形成的、极大的异源聚合物，不会进入囊泡介导的分泌途径。在某些植物（如玉米）中，蛋白体保持单独分开的结构；而在其他植物（如小麦）中，蛋白体可能经由自噬途径，最终位于蛋白贮存液泡。

当玉米 *FLOURY* 基因——一个编码内质网跨膜蛋白的基因突变掉以后，富集的 22kDa 的 α- 玉米蛋白在蛋白体中的分布会发生改变。

- 当把一些醇溶谷蛋白亚基异位表达在转基因植物的营养组织中时，同样可以形成蛋白体，该现象表明蛋白体的形成不需要除了醇溶谷蛋白之外的任何组织特异的或者谷物种子特异的装置。组装进入一个不溶的多聚物可以有效地避免进入从内质网到高尔基体的蛋白运输途径。

当内质网的质量监测系统不能快速清除有缺陷的蛋白质时，处于病理状态下的哺乳动物细胞中也会在内质网内形成电子分布密集且不溶性沉积物，但是在发育调控过程中内质网积累蛋白或变成永久性的贮存物质，或短暂地、大批量地快速运送蛋白去液泡，这些还都是植物所特有的。

4.8 分泌途径中的蛋白质运输与分选：高尔基体及其他

4.8.1 把蛋白质定位到液泡中要依靠短的液泡分选信号

植物细胞有多种不同类型的液泡：裂解液泡，主要功能是降解，其 pH 呈酸性，包含许多水解酶；贮存液泡，特异性地贮存蛋白，其 pH 呈中性（见第 1 章）。液泡十分重要，液泡的形成存在缺陷的突变体表现为胚胎期致死。通过上述讨论，我们了解到在一些特定情况下，蛋白质向液泡的运输不需要经过高尔基体；但是大部分的液泡蛋白会经由高尔基体，之后在 TGN 上分选，进入 MVB，最终到达液泡。

如同需要定位装置一样，可溶性蛋白向液泡的转运需要特异的**液泡分选信号**（**vacuolar sorting signal**, VSS）。在向液泡定位方面，植物和酵母有诸多相似之处，但是植物的液泡分选信号在酵母中却不能正常地发挥作用。大部分情况下液泡分选信号是一段短的氨基酸序列，组成或者成为前肽（propeptide）的一部分（图 4.23）。人们把前肽定义为在蛋白质成熟过程中受到多囊泡体或者液泡中蛋白裂解酶所移除的肽。前肽可以位于 C 端、N 端的信号肽之后或者中间。这些位于末端的、带有液泡分选信号的前肽称为 N 端的 ntVSS 和 C 端的 ctVSS。对于位于中间的前肽，在成熟的液泡蛋白中，当把这一部分移去后，其两端剩余的部分会通过形成于内质网的二硫键重新连接起来，例如，2S 清蛋白和蓖麻中的双链核糖体失活蛋白即蓖麻毒素。最终，VSS 成为成熟液泡蛋白的一部分，位于其表面未知大小的环中。包含 VSS 的前肽是其向液泡定位的充分必要条件。如果将一个不带有 VSS 的基因转入植物细胞中，那么最终这个蛋白质将会分泌出去。相反地，如果将一个 ntVSS、ctVSS 或者中间的 VSS 转入一个非液泡蛋白中，那么最终的结果是，无论该 VSS 位于该蛋白质的哪个位置，该蛋白质都会经运输进入液泡中。表面环状结构的这种属性还没有得到证明：缺少 C 端或 N 端前肽的蛋白质中，由表面环状结构行使液泡分选信号的功能。

无论 VSS 在前肽中的位置如何，前肽中的大部分 VSS 都带有一个宽松的基序，通常包括异亮氨酸和亮氨酸：如果把亮氨酸或者异亮氨酸作点突变，那么该 VSS 就会失去功能从而导致蛋白质进入分泌途径并分泌出去，这些信号统称为序列特异的 VSS（sequence specific VSS, ssVSS）。然而，有些 VSS 却没有这种基序。对这些其他的序列（通常是 ctVSS）

SP ntVSS

SP ctVSS

SP 内部VSS

SP 未切除的VSS

A

ntVSS	
甜土豆储藏蛋白	HSRFNPIRLPTTHEPA
大麦液泡巯基蛋白酶	SSSSFADSNPIRPVTDRAASTLE
ctVSS	
大麦凝集素	VFAEAIAANSTLVAE
烟草几丁质酶	GLLVDTM
巴西坚果2S白蛋白	IAFG
菜豆菜豆素	AFVY
内部VSS	
蓖麻2S白蛋白	STGEEVLRMPGDEN
蓖麻毒素蛋白	SLLIRPVVPNFN

B

图 4.23 液泡分选信号。A. 多肽上信号的分布。成熟的蛋白质没有绿色和黄色部分。所有可溶的分泌蛋白上无论其最终定位何处都有信号肽（SP，绿色部分），它在翻译进行的同时会发生切除；因此在液泡分选过程中信号肽不发挥作用。黄色框所示为前肽，翻译后在向液泡运送前会切除掉，带有一个 N 端的液泡分选信号（ntVSS）、C 端的 VSS（ctVSS）或者内部的 VSS。蓝色框部分指一个未切除的 VSS，该部分会暴露在折叠蛋白的表面，并且由该多肽的其他部分所构成。B. 包含或构成 VSS 的前肽的举例。序列特异的 VSS 基序保守性较低，如蓝色所示。基础的亮氨酸或者异亮氨酸残基用红色表示

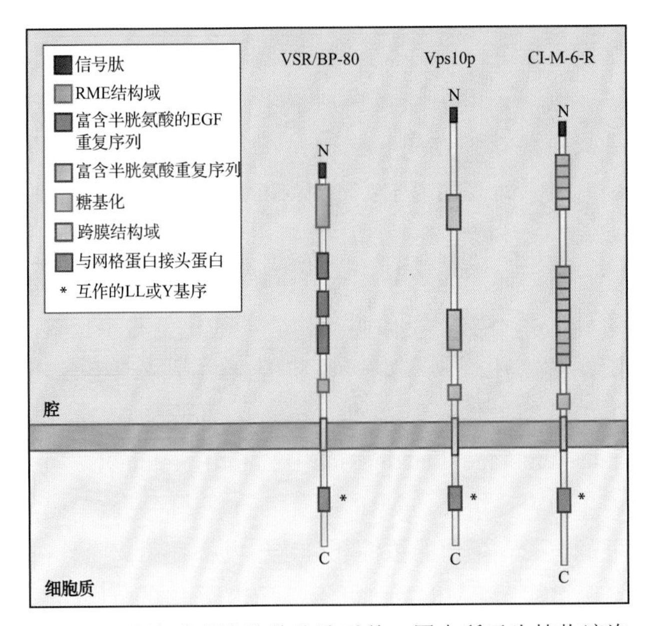

图 4.24 液泡或者溶酶体分选受体。图中所示为植物液泡信号受体 VSR/BP80、酵母液泡信号受体 Vps10 和哺乳动物溶酶体不依赖阳离子的甘露糖 -6- 磷酸受体（CI-M-6-R）的结构

进行详尽的点突变实验发现，富集疏水氨基酸十分重要，但是在序列上却没有明显的一致性。因为有研究表明，ctVSS 与液泡分选装置中的组分相互作用，因此液泡分选装置很可能可以识别 ctVSS 中的一些结构特征或者其他特征。

4.8.2 液泡分选受体把货物运送进液泡

向植物或者酵母的液泡中运输的蛋白质，以及向动物的溶酶体中运输的蛋白质都是由液泡分选受体（vacuolar sorting receptor, VSR）从分泌蛋白中识别后分选出来的，进而运送到特定的运输小泡中（图 4.24）。这些液泡分选受体可以特异性地识别起到分选信号作用的肽结构域（或者糖原，在哺乳动物中是溶酶体水解酶）。这些受体持续性地进行循环，并且可以与货物蛋白在网格蛋白包被的小泡中一起从 TGN 移动到 MVB，并且经由回收囊泡进行回收。植物液泡蛋白上不同的 VSS 可以为植物液泡分选受体所识别。

如同液泡和溶酶体的许多整合膜蛋白一样，植物和酵母的液泡分选受体及动物溶酶体中的分选受体在其胞质部分都含有两个亮氨酸（LL）或者以酪氨酸为基础（大部分情况下是 NPXY 或 YXXØ，Ø 代表一个疏水的氨基酸）的基序，这些基序可以为网格蛋白包被小泡上的接头蛋白所识别。把这些基序突变后，这些受体就会错误地分选到细胞质膜上。施加 BFA 可以阻断这些受体的运输，进一步证实了这些受体的运输需要经由高尔基体。

植物中第一个发现的 VSR 是从正在发育的豌豆子叶中纯化出来的，可以与吸附有 ntVSS 而非 ctVSS 多肽的亲和柱结合。该 VSR 介导了一系列液泡蛋白的分选。该 VSR 是一个 I 型的跨膜蛋白，拥有一个长的位于腔内的结构域、一个跨膜结构域和一个胞质结构域（见图 4.24）。其胞质结构

域含有一个二酸基序用来协助其从内质网运出，同时还有一个酪氨酸基序用来与网格蛋白包被小泡上的接头蛋白在 TGN 上互作。豌豆和拟南芥中的 VSR 均由多基因家族编码（拟南芥中有 7 个基因，但并不是每个组织中都有表达）；菜豆（*Phaseolus vulgaris*）、南瓜（*Cucurbita* sp.）、小麦和水稻中都已经鉴定到了 VSR。除了具有很高的氨基酸一致性外，VSR 还参与了不同类型的液泡运输途径。体外的结合实验表明，VSR 家族的受体可以直接与 ssVSS 结合，但是它们识别其他 VSS 的能力却是未知的。VSR 在高尔基体和 MVB 间循环往复，在这个过程中它们处于稳定状态，同样在高度纯化的网格蛋白包被小泡中也有 VSR（人们认为这些定位是由前面所描述的液泡受体的活动机制介导的）。不同系列的蛋白质（如液泡水解酶、凝集素或者贮存蛋白），或者不同的 VSS 可能需要不同的 VSR 蛋白。

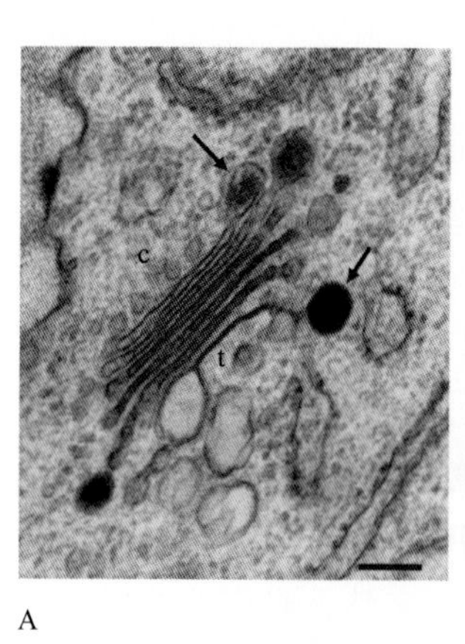

A

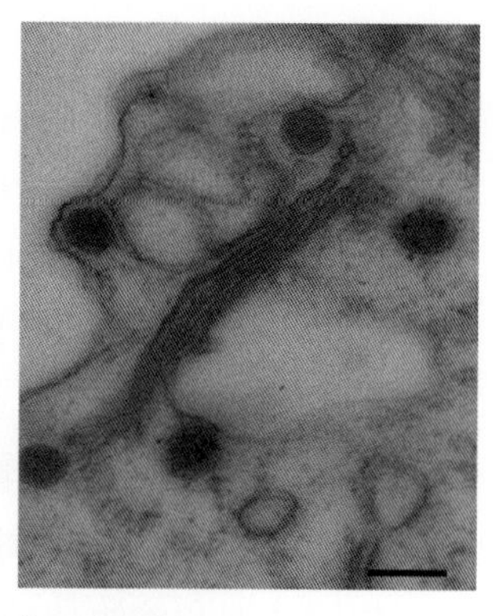

B

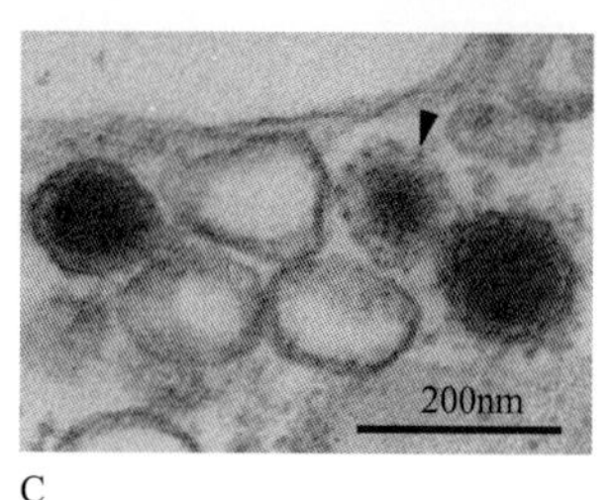

C

图 4.25 发育中的豌豆（*Pisum sativum*）子叶的薄壁组织细胞中的致密小泡（DV）。A. 高尔基潴泡结构的顺式（c）和反式（t）极性非常清楚。新形成的 DV（箭头所指）附着在最初的两个顺式潴泡上。随着潴泡的发展，贮存蛋白也在浓缩，这可以通过 DV 中越来越致密的内容物指示。B. 通过免疫胶体金染色，7S 和 11S 种子贮存蛋白的抗体（大的和小的金粒）可以标记 DV 的内容物。C. 在右侧，一个网格蛋白包被囊泡从 DV 上出芽。网格蛋白笼如箭头所指。标尺：200nm。David G. Robinson 提供

4.8.3 向蛋白贮存液泡的运输有几种不同的机制

在贮藏根的贮存薄壁细胞和其他类型细胞，以及在贮存蛋白的树皮薄壁细胞中，大部分新合成的蛋白质会进入分泌途径而运送进入蛋白贮存液泡中（见信息栏 4.7）。正在发育的种子的子叶中，蛋白贮存液泡的形成是从贮存型的薄壁细胞膨大并累积更多的蛋白质开始。在这个过程中，中央的裂解型液泡最终消失不见。

贮存蛋白经由后高尔基体向蛋白贮存液泡的运输由许多充满电子密集蛋白的小泡参与，这种小泡在电子显微镜下很容易就可以观察到，并且在蔗糖梯度中的密度很高（图 4.25）。这些称为致密小泡（dense vesicle, DV）的小泡随后与多囊泡体融合，最终把致密小泡中的贮存蛋白运入蛋白贮存液泡（图 4.26）。致密小泡没有网格蛋白包被，令人感到奇怪的是，它们似乎不具备任何包被。这暗示着致密小泡的形成可能不通过任何的出芽过程，而是由网格蛋白包被小泡和细胞表面小泡释放后的高尔基体腔或 TGN 的残片形成的。VSR 货物受体在致密小泡中的表达水平很低，然而，在拟南芥 *vsr1* 突变体中人们发现，有丰富的 11S 和 2S 贮存蛋白部分分泌到细胞壁中。除此之外，储存于蓖麻胚乳的 PSV 中的 2S 清蛋白和蓖麻毒素有一个 ssVSS（见信息栏 4.6）。许多 PSV 蛋白中都已鉴定出有 VSS，暗示着这里还存在一个或多个尚未得到鉴定的 VSR。

致密小泡中的蛋白质似乎是高度浓缩的。这种聚集可以通过电子显微镜在发育的豌豆子叶的顺式 - 中间高尔基体（*cis*-medial Golgi）中（见图 4.25）以及拟南芥胚胎中观察得到。致密小泡对于贮存蛋白向液泡的分选十分重要。似乎大的聚合物的分选并不需要受体和货物分子的比例是 1:1。人们在致密小泡、多囊泡体和蛋白贮存液泡中发现了 Ⅰ 型类受体蛋白 RMR（receptor homology region transmembrane domain-Ring H2 motif protein），它可与 ctVSS 结合。RMR 蛋白由一个基因家族编码，可能在贮存蛋白的浓缩和分选中发挥作用，而且在这个过程中 RMR 蛋白可能与 VSR 受体蛋白协同发挥作用，这两种蛋白质的腔内部分具有一段同源区域（见图 4.24）。

mRNA 的分选对于贮存蛋白的正确积累同样重

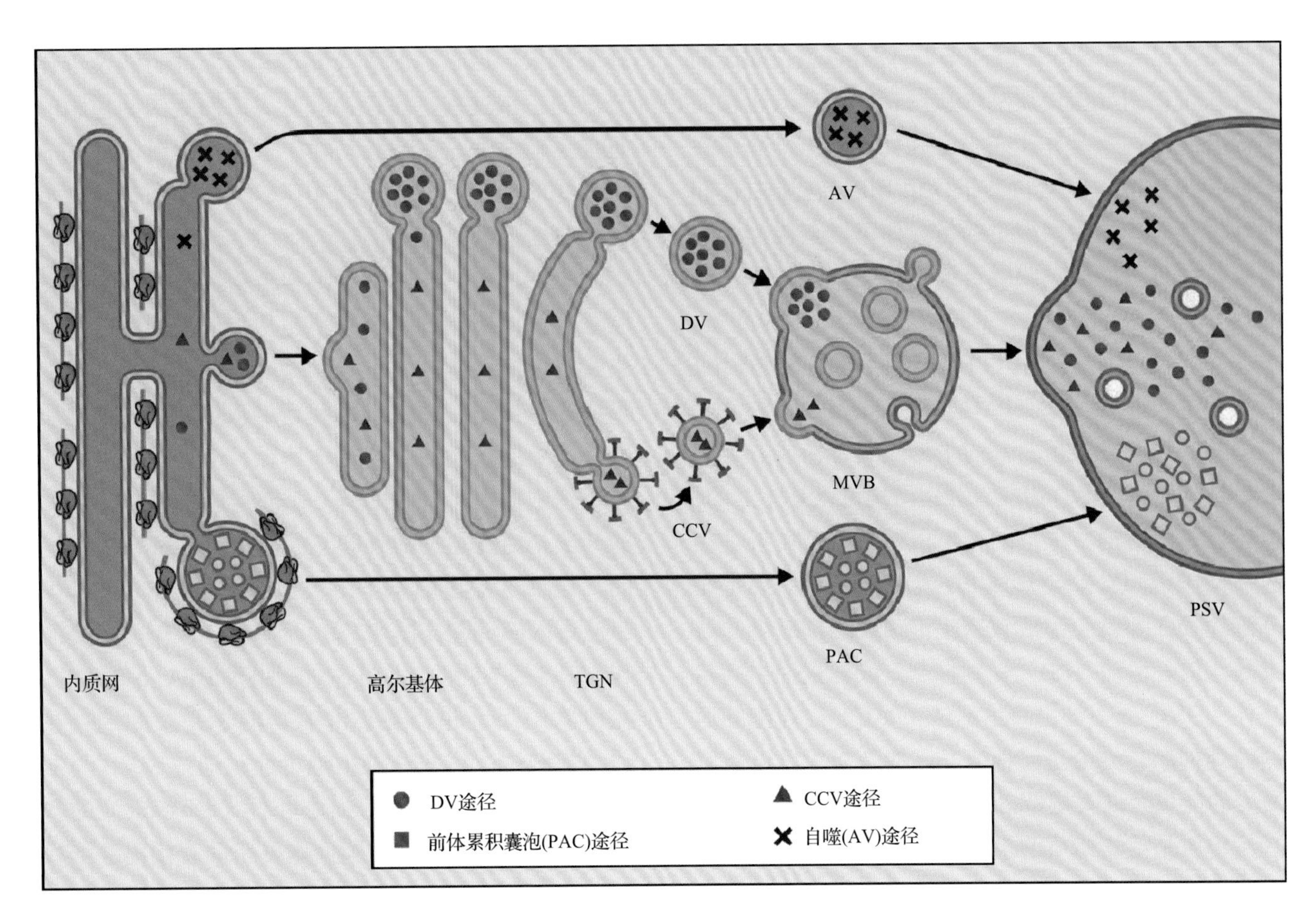

图 4.26 向种子中蛋白贮存液泡运送贮存蛋白的不同途径。紧密间隔的点代表聚合事件。点，DV 途径；三角，CCV 途径；矩形，前体累积囊泡（PAC）途径；十字，自噬（AV）途径。AV，自噬囊泡；DV，致密小泡；CCV，网格蛋白包被囊泡；MVB，多囊泡体；PSV，蛋白贮存液泡；PAC，前体累积囊泡；TGN，反式高尔基网络

要。谷物胚乳包含粗面内质网，以及由内质网衍生的附着有多核糖体的蛋白体。在水稻中这些蛋白体包含醇溶谷蛋白，但是同样的细胞还可以产生存储于蛋白贮存液泡的谷蛋白和可溶性贮存蛋白。谷蛋白和醇溶谷蛋白的 mRNA 不是随机分布的：醇溶谷蛋白的 mRNA 偏好性地结合于内质网蛋白体，而谷蛋白的 mRNA 偏好性地结合于潴泡内质网。这种不同的定位取决于 mRNA 的 3′UTR，同时也受肌动蛋白丝调控。

4.8.4 绕过高尔基体：去往液泡和分泌的替代通路

在前面章节中我们提供了大量的信息表明，高尔基体是生物合成的分泌蛋白运输的主要十字路口。但是，在特定情况下，向液泡或者细胞表面运输的蛋白质可以不通过高尔基体，甚至不需要进入内质网。到目前为止，已知的这种蛋白质数目还是有限的，关于这些蛋白质对向液泡的运输或者分泌途径的贡献还有待于进一步的研究。虽然关于这类运输途径的机制尚不清楚，但是可以确定的一点是，不同于高尔基体介导的向液泡或者细胞表面运输的途径，该运输途径不受 BFA 的影响。BFA 可以阻断多种液泡膜蛋白的正确分选，但是却不影响定位于贮存液泡液泡膜上的水通道蛋白 α-TIP 的分选。这是第一次观察到植物分泌蛋白可以不经过高尔基体。目前知道的是，在 α-TIP 中没有可与网格蛋白接头蛋白互作的基序，以及负责与 COP Ⅱ相互作用的内质网运出基序。

可溶的贮存蛋白向液泡的运输也可能不经过高尔基体（见图 4.26）。例如，在发育中的南瓜子叶中，可以观察到充满着浓缩的贮存蛋白的大囊泡，即前体累积囊泡（precursor accumulating, PAC），这些囊泡似乎可以直接将 2S 贮存蛋白从内质网运输到蛋白贮存液泡。这种机制在特定谷类植物胚乳中带有 KDEL 的 SH-EP 蛋白以及醇溶谷蛋白的运输中也都

有报道（见 4.7.3 节和 4.7.4 节）。因此，蛋白质之间的互作可以引导蛋白质从内质网直接向液泡运输而不需要经过高尔基体。在小麦胚乳细胞中，醇溶谷蛋白和内质网常驻蛋白分子伴侣 BiP，在蛋白体和液泡中都有。内质网衍生的蛋白体可以直接为液泡所吸收，也可能通过膜融合或者自噬。正如我们在 4.7.4 节所描述的那样，在其他谷物（如玉米和高粱）中，内质网衍生的蛋白体（PB）会一直待在细胞质中，而不会进入液泡。PB、PAC 和致密小泡都反映了一个趋势：种子贮存蛋白倾向于形成聚合物或者大的凝集结构，这种聚合物或者凝集结构可以是永久的，也可以是瞬时的。依据贮存蛋白的类型，如果是在内质网中，那么就会形成 PB 或者 PAC；如果是在分泌途径，那就会形成致密小泡（DV）。最终的结果是，或者运输（PB）受到抑制，或者是经由高尔基体（DV）或不经由高尔基体（PAC）向液泡的运输受到抑制。无论是何种情况，都是为了尽可能用最少的能量允许大量蛋白质的高水平积累。

角质是植物蜡质的主要成分，是由内质网中的脂肪酸合成，并在胞外空间聚合的聚合物。在拟南芥的突变体中，如果分泌角质层脂质的最后一步有缺陷，那么蜡质类的脂质会在内质网而不是高尔基体中积累，这暗示后者（高尔基体）并不涉及单体分泌的正常过程，还存在着从内质网到细胞质膜的直接运输途径。在哺乳动物中也已有报道，对 BFA 不敏感的一些蛋白质和脂类可以从内质网不经高尔基体向细胞表面分泌。

最终，在一些植物组织和植物细胞培养物的细胞壁上可以检测到包裹着不是从带信号肽的前体衍生来的可溶性蛋白的小泡（图 4.27A）。因此，它们形成了一种不经由内质网和高尔基体的，从细胞质直接向细胞表面的内膜运输途径。当这些分泌小泡位于细胞质中时，它们有一个双层膜的结构：它们的分泌是通过它们的外膜与细胞质膜的融合来实现的，这个过程在形态学上类似于释放内部的 MVB 小泡进入液泡腔（图 4.27B）。但是，从免疫角度而言，二者是不同的，并且该过程也是 BFA 不敏感的。在植物中，这些分泌小泡的功能还是未知的。在动物细胞中，这些分泌小泡可能是通过 MVB 与细胞质膜的融合形成的，如胞吐体（exosome）的产生，也有可能是细胞质膜向胞外空间直接出芽形成的。这些分泌小泡参与细胞与细胞之间的通讯，可以是通过膜融合将腔内蛋白释放到目的细胞的细胞质中，或者是通过膜蛋白与质膜受体蛋白的胞外域

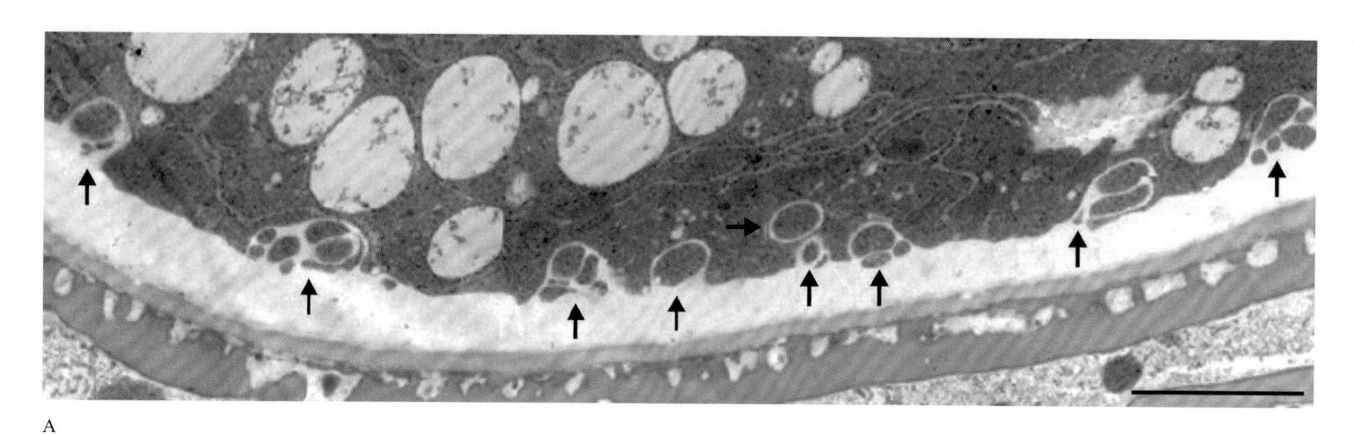

A

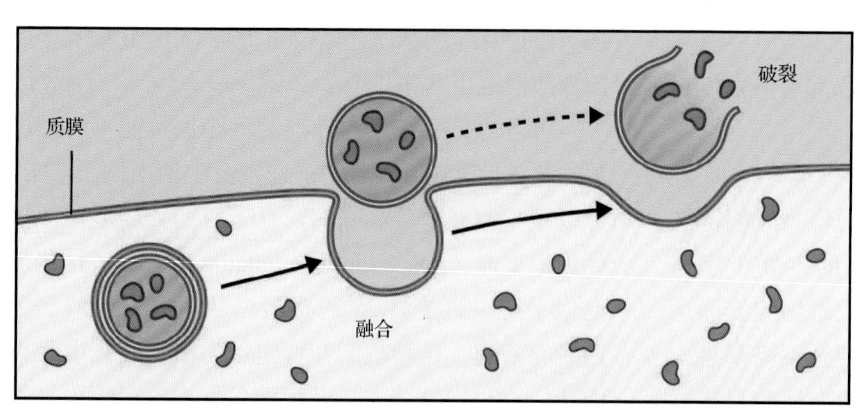

B

图 4.27 替代性分泌。A. 烟草花粉粒的电镜照片，展示释放进入细胞壁的囊泡（箭头所指）。B. 替代性分泌机制的示意图。所选的细胞质蛋白（蓝色）整合进入囊泡，该囊泡由内层和外层膜包裹，暗示着可能是一个自噬体来源。当外层膜与细胞质膜融合后，囊泡便从细胞表面分泌出去。囊泡的破裂会释放囊泡内容物进入质外体。来源：Wang et al.（2010）. Plant Cell 22:4009-4030

互作来实现。

4.8.5 在高尔基复合体加工时高甘露糖 *N*- 连接多糖产生复杂的 *N*- 连接多糖

当天冬酰胺连接的多糖附着于多肽时，它们拥有三个在蛋白质折叠中发挥功能的末端甘氨酸残基，这三个残基会为内质网中的葡萄糖苷酶所切除（见 4.6.7 节）。进一步的研究表明，内质网的甘露糖苷酶可以切除最多三个甘露糖残基。因此，从内质网运出时，*N*- 连接糖基化蛋白的多糖，称为**高甘露糖多糖**（**high-mannose glycan**），具有 $(Man)_{9\text{-}6}$ $(GlcNAc)_2$ 结构。当这些新合成的蛋白质进入高尔基体时，会受到葡萄糖苷酶和糖基转移酶的进一步修饰。最终产物上，除了最初的 GlcNAc 和 Man 以外，还增添了其他残基，该多糖称为**复杂多糖**（**complex glycan**）。高尔基体介导的修饰需要遵循既定的途径，在这些途径中一个反应的产物通常会是下一步反应所必需的底物。负责加工的酶在顺式、中间和反式高尔基体潴泡中的分布是极性的，其中甘露糖苷酶 I 主要在顺式高尔基体结构中富集（见第 1 章）。在植物和动物中，形成 $(GlcNAc)_2(Man)_3(GlacNAc)_2$ 之前的修饰过程是一致的，但是之后的修饰就有所不同了（图 4.28）。在植物中最常见到的修饰结构称为路易斯抗原，是 $(Fuc)_2(Gal)_2(GlcNAc)_2$ Xyl(**Man**)$_3$Fuc(**GlcNAc**)$_2$，其中粗体的残基是原始的高甘露糖链剩下的骨架。该种结构通常存在于植物分泌型的糖蛋白中。在植物液泡糖蛋白中最常见的结构是 Xyl(**Man**)$_3$Fuc(**GlcNAc**)$_2$，该结构源自于液泡 *N*- 乙酰基氨基葡糖苷酶对 $(GlcNAc)_2$ Xyl(**Man**)$_3$Fuc(**GlcNAc**)$_2$ 的加工。值得注意的是，存在许多种中间复合体结构，并且很多糖蛋白的糖基在经过高尔基体转运时是没有修饰的，主要是因为在一个折叠好的多肽中，糖基不一定会暴露在蛋白表面让高尔基体中的酶来修饰。因此如果一个糖基蛋白上有复杂多糖的话，我们就可以认为它转运经过了高尔基体，但是如果没有修饰的话，我们也不能认为该蛋白质就没有经过高尔基体。在植物和动物中，高尔基体糖基转移酶对 *N*- 连接多糖残基的添加和在化学键中的作用是有明显区别的。不同于植物，动物中的复杂多糖从来不会将 α1,3-Fuc 基团加到最近的 GlcNAc 上，也不会将 β1,2-Xyl 基团添加到中心的 Man 上，而且也很少有末端的 β1,3-Gal 残基。作为替代，哺乳动物会将 α1,6-Fuc 连接到最近的 GlcNAc 上、唾液酸连到 β1,4-Gal 上。这些差异特别是 α1,3-Fuc 和 β1,2-Xyl，让动物通常不会对植物糖蛋白产生免疫，也让人对植物食物和植物花粉过敏。该特点可以在生产实践中应用，即用植物作为生物反应器来生产药物。科学家们开发了不同的方法来解决这个问题。一个策略是给药物 C

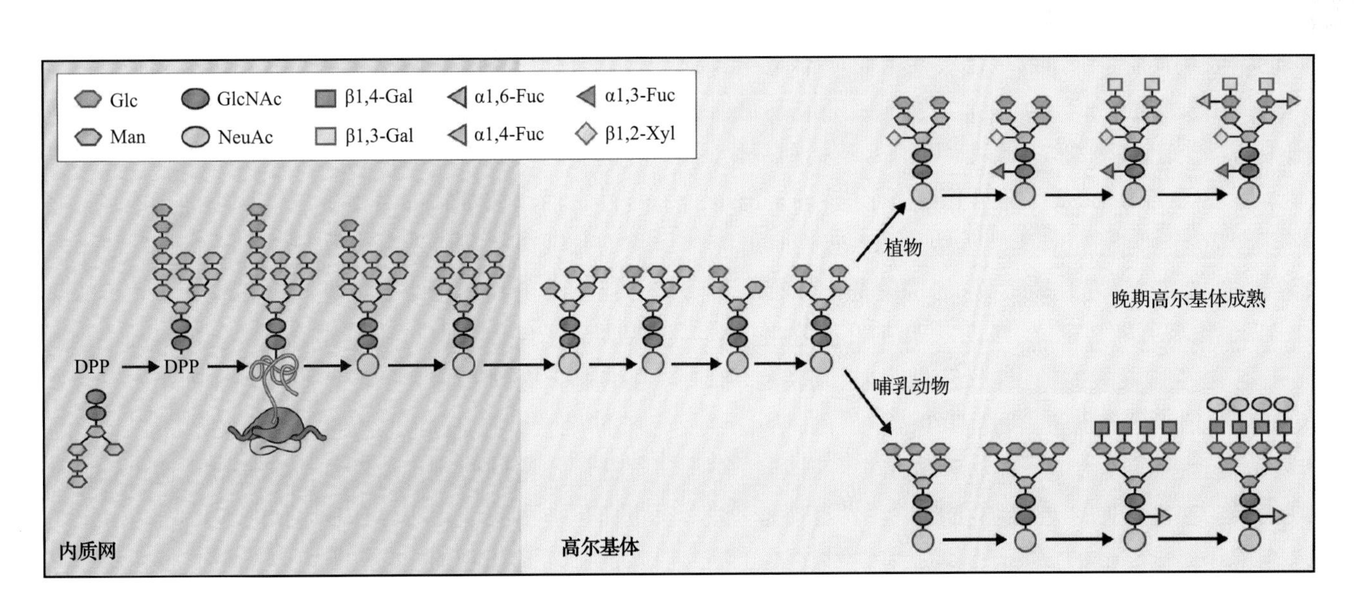

图 4.28 植物和哺乳动物中 *N*- 链接多糖在内质网和高尔基体中的加工。差别在于晚期高尔基体中的成熟过程，这发生在中间和反式高尔基体潴泡。植物海藻糖中的复杂多糖由 α-1,3 键连接，而在哺乳动物中由 α-1,6 键连接；对于半乳糖，在植物中由 β-1,3 键连接，而在哺乳动物中由 β-1,4 键连接。在无脊椎动物中也发现了由 β-1,2 键连接的木糖残基，在哺乳动物中这通常都是有抗原性的。NeuAc，唾液酸。来源：Faye et al.（2005）. Vaccine 23:1770-1778

端添加 KDEL 或者 HDEL：从高尔基体中快速的回收使得高尔基体中酶不能对其进行糖基修饰，因此低聚糖依然是高甘露糖类。但对一些生物类药品，动物的复杂多糖对其功能十分重要，因此一个更尖端的方法是植物高尔基复合体的“人类化”：构建缺失突变并且表达人类高尔基体酶，以此来减少不需要的植物修饰，并用人类的修饰方式来进行替代。令人惊喜的是，这种措施是可行的，缺少 GlcNAc 转移酶 I 的拟南芥植株在正常条件下并不会产生缺陷，尽管它对环境胁迫更加敏感。GlcNAc 转移酶 I 的主要功能是将高甘露糖多糖转化为复杂多糖。该结果表明从 *N*- 连接多糖向复杂结构的转变对植物生长、发育或者生殖来说是不重要的。相反地，如果小鼠中缺乏 GlcNAc 转移酶 I，小鼠在怀孕 10 天死亡，因为细胞之间的识别和信号通路存在缺陷。

4.8.6 丝氨酸、苏氨酸和羟脯氨酸残基可以发生 *O*- 糖基化

碳水化合物可以吸附于苏氨酸、丝氨酸或者羟脯氨酸的羟基上。这些结构称为 *O*- 连接多糖，可以由单个的单糖构成或者包括多个残基。脯氨酸羟基化同样可能出现在一些动物蛋白中（如胶原蛋白），但是羟脯氨酸的 *O*- 糖基化只在植物中有所报道。与 *N*- 连接多糖不同，聚合的 *O*- 连接多糖是通过翻译后修饰和连续地添加糖所形成的。没有可靠的证据表明所有植物的 *O*- 连接多糖反应都是在高尔基体中发生的，但是免疫显微实验及哺乳动物细胞中有可类比的丝氨酸和苏氨酸的 *O*- 连接糖基化，显示可能确实如此。通过生物信息学分析鉴定出拟南芥有 20 个可能的 β-1,3 糖基转移酶，它们有可能参与了 *O*- 连接糖基化或者 *N*- 连接糖基化修饰，其中 17 个预测可能是定位于高尔基体的 II 型膜蛋白。

富含羟脯氨酸的糖蛋白超家族是植物特有的，包括阿拉伯半乳聚糖蛋白（是 GPI 锚定蛋白，见 4.6.4 节）、富含脯氨酸的糖蛋白、伸展蛋白和茄科植物凝集素。在阿拉伯半乳聚糖蛋白中，含有果胶糖、鼠李糖和葡糖醛酸的短的侧链连接在分枝的 Gal 骨架上，该骨架连着羟脯氨酸（见第 2 章）。在伸展蛋白中，包含 1～4 个果胶糖的短侧链中的羟脯氨酸基团发生 *O*- 糖基化，而且在 Ser（Hyp）$_4$ 重复结构中许多丝氨酸残基也会发生半乳糖 *O*- 糖基化。至少三种类型的糖连接参与其中，因此，这些侧链的形成需要三种不同的阿拉伯糖基转移酶，这些酶将一个果胶糖残基从 UDP- 果胶糖转移到多肽中。

4.9 内吞与内吞体区室

4.9.1 内吞体区室

细胞有一个囊泡介导的通路，用来从胞外吸收大分子以及细胞膜蛋白的向内整合。这个过程称为内吞（见第 1 章），它需要 TGN 和 MVB 作为分选站。正因为 TGN 和 MVB 在内吞过程中扮演的角色，晚期（游离的）TGN 和 MVB 也称为早期内吞体和晚期内吞体（见 4.6.1 节）。在植物细胞中，内吞过程最开始是通过使用电子致密的阳离子化铁颗粒来研究的，因为这些颗粒容易通过内吞途径吸收，而且很容易在电子显微镜下观察到。内吞途径起始于细胞膜的内陷，之后向胞质出芽形成内吞小泡并向晚期 TGN 运输（图 4.29 及图 4.10）。该过程与之前描述的包被小泡的形成是拮抗的（见 4.7.1 节）。两条向内整合的途径是平行的：一条途径依赖于网格蛋白包被小泡，其包被与从晚期（游离的）TGN 运向 MVB 的小泡的包被相似；另一条途径的小泡的蛋白包被还没有鉴定出来。在电子显微镜下，网格蛋白包被小泡似乎有钉状结构（见图 1.33）。从细胞质中招募网格蛋白需要特定的接头蛋白复合体，该复合体一边结合网格蛋白，另一边结合跨膜受体的细胞质结构域。这些跨膜受体的胞外域与发生内吞的蛋白质相互作用，该过程决定了内吞过程的特异性。当满载货物的网格蛋白包被小泡形成后，该囊泡颈区会在马达蛋白动力蛋白（一个小的 GTP 结合蛋白）的作用下缢裂（见图 1.33A）。一个 70kDa 的类分子伴侣蛋白导致释放的网格蛋白包被小泡脱去包被，该过程需要 ATP。脱去包被的小泡可以与 TGN 融合。在 TGN 上，向内整合的膜蛋白或者通过分泌小泡回收到细胞膜，或者通过分选进入网格蛋白包被小泡，再经由 MVB 运到液泡降解（图 4.29）。硼酸盐转运蛋白 BOR1，为内吞降解膜蛋白提供了一个有趣的例子。在硼酸盐缺乏的情况下，该转运蛋白在根细胞细胞膜上富集。当向生长培养集中添加硼酸盐后，BOR1 会被快速地内吞并进一步运送到液泡中降解。

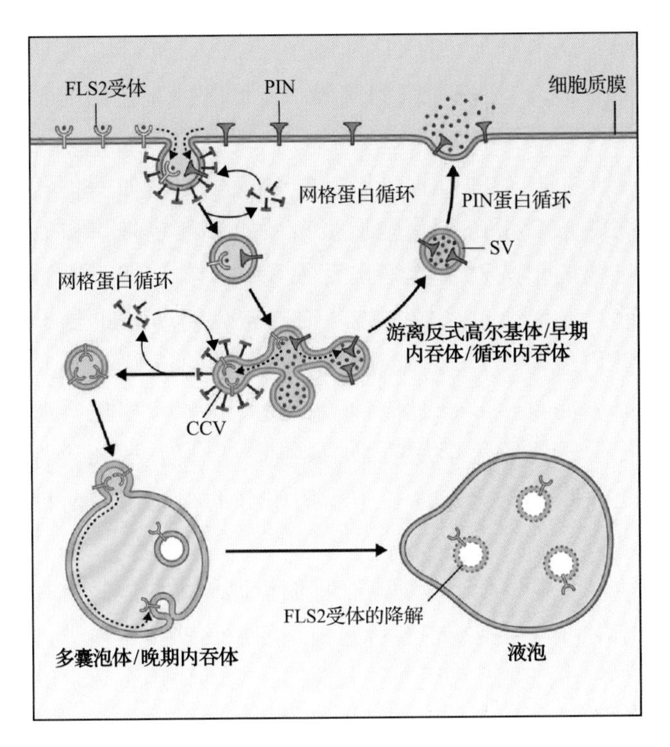

图 4.29 内吞途径。内吞囊泡由细胞膜内陷形成，带有网格蛋白包被或者未知组成的包被。这些囊泡将内容物运输至早期内吞体（游离的反式高尔基网络）。从那里开始，内容物会进一步运送进入晚期内吞体，最终运进液泡或者重新返回细胞质膜。在后面这种情况下，早期内吞体发挥循环内吞体的功能。一些受体会从细胞质膜向液泡运输，并在液泡中发生降解；另一些受体则在细胞质膜和早期 / 循环内吞体间简单地循环。SV，分泌囊泡；CCV，网格蛋白包被

内吞小泡最开始在质膜上的形成可能是因为配体的出现（配体诱导的内吞），也有可能是组成型的形成。在植物中，这两种类型的内吞作用都存在，将在下文详细阐述。

4.9.2 内吞与信号

内吞在植物信号转导过程中发挥着重要的作用，该过程涉及类受体激酶（receptor-like kinase, RLK）。RLK 是一大类跨膜蛋白，在拟南芥中有 600 多个成员，在水稻中有 1000 多个成员。其中一个亚类的胞外域中富含亮氨酸重复序列，称为 LRR-RLK。植物中第一个可信的配体诱导的内吞例子是 FLS2（flagellin sensing 2）受体的分离。LRR-RLK FLS2 受体识别细菌鞭毛蛋白 flagellin。在表达 FLS2-GFP 融合蛋白的转基因植株中，细胞膜是有荧光的，暗示该受体定位于细胞膜上。只有通过 flg22 激活 FLS2 后，FLS2-GFP 才会发生内吞，然后经由多囊泡体运输到液泡中降解（见图 4.29）。受体的激活不总是需要转运到晚期 TGN/ 早期内吞体上，而是有可能发生在这些区室中。例如，油菜素内酯受体 BRI1 同样是一个 LRR-RLK，该受体即使在配体不存在的情况下也同时定位于细胞膜和 TGN，暗示着该蛋白质的内吞是组成型的内吞。在细胞表面，油菜素内酯结合油菜素内酯受体，但是该信号通路的激活并不是此时开始的。BRI1 最开始的内吞是组成型的，但是在其转移到 TGN 后该信号通路才会激活。可能的解释是该信号通路的激活还需要只定位于 TGN 的一些蛋白质来辅助。

另一个需要内吞参与的重要调节过程是生长素梯度的建立，这需要两个细胞膜蛋白的参与：AUX1 参与生长素的吸收，PIN 家族蛋白参与生长素的输出。不同的 PIN 蛋白在细胞膜上存在极性分布，或者在细胞顶端，或者在基部。在根里，PIN2 蛋白在细胞质膜和 TGN 间组成型地循环，该过程需要 ARF-GEF GNOM（见信息栏 4.5）。该种循环同 PIN2 在液泡中的降解一起，对生长素梯度的建立十分重要。

小结

细胞中含有很多带有特定蛋白质的代谢区室和膜。几乎所有这些蛋白质都是在细胞质中合成的。这些蛋白质怎样到达正确的目的地？多肽带有分选结构域来作为地址标签，每个目的地都有独有的标签。在一些情况下特定的氨基酸作为特有标签的一部分，在其他情况下需要特定种类的氨基酸或者二级结构作为标签。这些分选结构域通常是多肽上一个短的片段，该部分在多肽到达目的地后可能会切除掉，也有可能不切除。

许多分选结构域与胞质受体相互作用，并反过来与组成蛋白通道的一个蛋白亚基相结合。这种由几个多肽组成的蛋白通道对于每一种膜而言都是特异的（如内质网、叶绿体膜和过氧化物酶体）。多肽穿过一个通道需要分子伴侣的帮助，也需要来自于 ATP、GTP 或者二者的能量。分子伴侣可以保证蛋白质在细胞质中未通过通道前处于未折叠的状态，并保证它们在穿过膜之后发生正确折叠。在一些情况下，折叠成三维结构的蛋白质也可以穿过蛋白通道。

几乎所有活细胞都有一个活跃的分泌途径，但

是分泌途径的用途不止于蛋白质分泌。分泌途径可以把蛋白质转运到液泡，保持各种内膜系统蛋白的补充，还参与到内吞途径中。蛋白质作为囊泡中的货物穿梭于该途径的不同区室间。所有带有信号肽的蛋白质都通过转运进入粗面内质网，并通过进入内质网腔而进入分泌途径。正确的蛋白质折叠不仅为蛋白质正常发挥功能所需要，也为蛋白质的正确运输所需要。没有正确折叠的蛋白质或者不能组装形成寡聚体的蛋白质，会在转运回细胞质时为蛋白酶体所降解或者在液泡中降解。该降解是细胞质量控制系统的一部分。蛋白质的折叠过程需要许多位于内质网的分子伴侣和折叠辅助蛋白的协助。当在胁迫条件下蛋白质的正确折叠受影响时，细胞中会启动未折叠蛋白应答（UPR）。UPR 可以增加编码内质网分子伴侣的基因的表达量，并减少蛋白质向内质网的转运。

分泌途径的蛋白质可以将蛋白质运送到内质网、高尔基体、TGN（早期内吞体）、MVB（晚期内吞体）、液泡和细胞质膜。在这些区室之间的转运都需要囊泡的出芽和融合。囊泡的形成和分选是一个复杂的过程，涉及整合膜蛋白（如受体和突触融合蛋白）及胞质蛋白（如囊泡包被蛋白）。包被的形成对于囊泡出芽很重要。在与靶膜融合前，囊泡会首先脱包被。细胞充分调动 GTP 结合蛋白或者 GTPase 来调节分泌途径的活性并为其提供能量。分子遗传学（寻找突变体）和化学遗传学（使用化学物质来抑制某个步骤）被公认为是鉴定囊泡分选途径中新的组分的很有用的两种方法。

细胞还有一个囊泡介导的机制称为内吞。内吞作用可以向胞质中整合蛋白，随后这些蛋白质进入内吞体，并最终运送进入液泡。内吞作用也负责细胞膜受体的来回运输，这些受体可能在到达 TGN 时激活，也可能会运送进入液泡中降解。

（郝丽宏　陆婷婷　侯赛莹　译，瞿礼嘉　侯赛莹　校）

第5章 细 胞 骨 架

Tobias I. Baskin

导言

虽然在前几章已阐述了由膜包裹着的细胞器的重要性，但真核细胞的正常运转仅靠这一套固定的区室是不够的。真核细胞在空间上组织它们的各个元件，将一些元件固定在细胞中特定的位置，而将另外一些元件移动至最理想的位置。真核细胞的内含物是可移动的（在某些情况下，真核细胞自身也是如此）。用一根极细的显微针轻刺细胞，会刺激它的内含物发生剧烈的移动。一个世纪以前，人们无可置疑地认为这些定向运动是生命的信号。有趣的是，用来描述这个细胞基本属性的术语是“应激性（irritability）”。

真核细胞及其内含物的定向运动是由**细胞骨架**（**cytoskeleton**）调控的。细胞骨架是一个由丝状蛋白多聚体构成的、遍布于整个细胞质的网络结构。植物拥有两种丝状体：一种由肌动蛋白（actin）构成，称为细肌丝（actin filament）；另一种由微管蛋白（tubulin）构成，称为微管（microtubule）。本章首先介绍各个家族及其主要性质，之后将讲解细胞骨架的主要功能，最后介绍有丝分裂和胞质分裂过程中细胞骨架的作用。

细胞骨架在动植物分化之前就已经演化形成了，且主要功能在两者中都十分保守。因此这里展示的细胞骨架的各种性质同时适用于动物和植物。然而值得一提的是，植物中的细胞骨架担负着某些不同于动物的特有功能，这在本章中将着重阐述。

5.1 细胞骨架概述

5.1.1 细胞中的动态丝状网络——细胞骨架

当罗伯特·虎克（Robert Hooke）在他的显微镜下观察软木切片时，他将看到的大的空间称为“细胞（cell）”，因为它们使他想到修道士居住的简朴小室。现在知道，虎克当年看到的仅仅是死细胞的细胞壁。相比之下，活细胞根本不像光秃秃的、空的小室。甚至连一张含有自由悬浮在细胞质中的细胞核和细胞器的细胞图像都不能体现真实细胞的复杂性。随着现代显微镜和染色技术的运用，科学家们揭示细胞内还存在一个重叠的动态丝状网络，这个网络锚定、引导、运输着很多大分子、超分子复合体和细胞器（图5.1）。

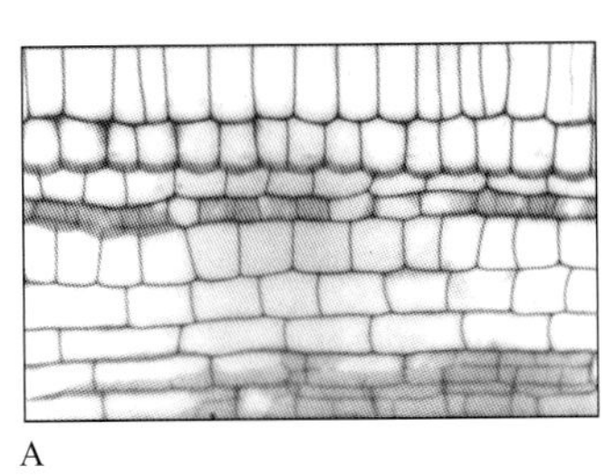
A

B

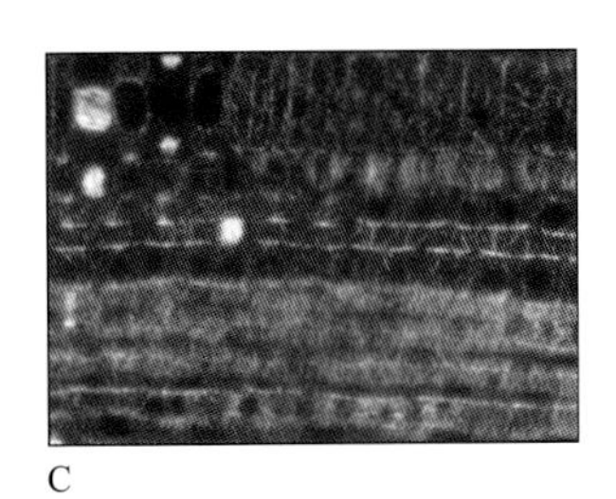
C

图5.1 对拟南芥相同的根部细胞的不同观察图像。A. 经细胞壁特异性染色的切片。此图类似于虎克提出“细胞（cell）”这个词时的所见。B. 用Nomarski光学显微镜成像的一个切片，这种技术可看见许多细胞器，如核、线粒体或质体等。这几种以及其他的一些细胞器都是在19～20世纪显微镜改进后发现的。C. 与B图相同的切片在荧光显微镜下的成像。明亮的丝状物是细胞骨架的一种主要组分——微管。这张切片是先用可以识别微管的抗体处理，再用荧光标记的二抗染色。细胞骨架是随着显微镜的进一步改进以及特殊的分子试剂的逐步开发后才得以发现的。来源：T. Baskin, University of Miissouri，Columbia

5.1.2 细胞骨架提供支架和移动性，并促进信息流动

任何时候，一个典型的细胞内部都有成百万上千万的蛋白质分子在进行着从合成到降解的成千上万种活动。这些蛋白质几乎没有以单一多肽链行使功能的，恰恰相反，它们随时随地形成复合体，包含从几个到几千个亚基不等。更有甚者，复合体本身也不是单独发挥功能的。以生化途径或从细胞外部向核内的信息传递过程为例，在这些过程中，一个反应链上的产物必然是按顺序从一个复合体转移到另一个复合体。所有的微型工作元件都必须经受由**布朗运动**（**Brownian motion**）产生的分子冲击——热噪声，而这些都发生在生理温度下（见信息栏 5.1）。这种分子撞击十分剧烈——在进行生化测量的标准温度（25℃）下，细胞中一个直径 5nm 的球蛋白每秒将受到来自胞质溶质约 10 亿次撞击。

那么无疑可以得到这样一个结论，即细胞演化出有序地组织其内容物的能力，不仅仅是为了阻抑热噪声的影响，而且也是为了让各种反应得以顺利进行，以延长其生存期，提高复杂性。而对这种情况的适应之 ，是用膜系统围成的各个部分来隔绝和集中某些组分（见第 1 章），之二就是产生了细胞骨架。

5.1.3 细胞骨架由一个丝状多聚体网络构成

细胞骨架是一个贯穿于细胞质中互相连接的丝状多聚体网络（图 5.2）。这个网络为细胞质提供结构上的稳定性、锚定蛋白和其他大分子，在细胞器合成期间和合成后提供支持。除了结构上的稳定性外，细胞骨架还为细胞提供运动能力，无论是胞内还是胞外。细胞内的成分可以在胞内活跃地运动，如在胞质环流过程中；许多种类的细胞可以改变其形状，并在其周围环境中运动。细胞骨架还参与细胞信息的处理。例如，人们发现细胞骨架的成分可以聚集在质膜上跨膜受体聚集的区域。最后，细胞骨架的许多成分本身就是由不对称的亚基构成，这使得多聚体本身就像一个箭头，在细胞内提供极性的引导（图 5.3）。

细胞骨架一共包括三种聚合物：中间纤丝、细肌丝和微管。这些聚合物都十分长，且都是由蛋白单体经非共价键连接组合起来的。尽管在以上方面它们很相似，但它们却各自有其特异的行为和功能。

信息栏 5.1 细胞内不是所有的运动都需要分子马达和支架

图 A 是 1835 年匹克斯基尔（Pickersgill）所绘的罗伯特·布朗（Robert Brown, 1773 － 1858）的画像；他在研究他热爱的植物学时发现了一种以他的名字命名的运动。尽管布朗在大学里研究的是医学，后来又在军队里服役，他还是积累了十分丰富的植物学知识，因而约瑟夫·邦克斯爵士（Sir Joseph Banks）聘请他以调查者号（Investigator）博物学家的身份一同出海，进行一次对澳大利亚的航海考察。这次航海考察持续了好几年，环绕澳大利亚两次。期间，布朗收集了超过 4000 种生物，其中大部分是首次发现，许多属于之前未知的属。他面临的困难既有物质上的，也有精神上的：调查者号狭窄、潮湿，并不适于航海；而他平日里的植物学功课也只是将植物“自然地”归类（也就是说“按照演化地位”）。不过，布朗对澳洲植物区系的划分至今仍没有发生过根本上的改动。

布朗对植物的极大热情激励他成为一位杰出的光学显微镜学家。他意识到支持植物分类的证据可以在植物发育的早期通过显微镜找到。在布朗那个年代，由于正确校正复式透镜的理论尚未成形，最好的显微镜也只有一组镜片。尽管很简单，用单组镜片的显微镜仍然可以观察到亚细胞细节。下面的显微照片（图 B）显示了布朗在显微镜下观察的洋葱表皮切片。运用台下镜进行暗视野照明，清楚可见在一片黑色背景下的细胞核。从诸如此类的观察活动中，布朗造出了“细胞核”这个词，并且在细胞学说出现之前，他就正确地推测到这是植物细胞的普遍特征。在进行紫露草（*Tradescantia*）的雄蕊毛观察时，他发现了胞质环流，并很高兴地把这一生动的细胞活动展示给他的朋友们，包括诸如查尔斯·达尔文（Charles

Darwin）和威廉·海德·沃拉丝顿（William Hyde Wollaston，英国化学家，Nomarski 光学显微镜的棱镜发明者，这种显微镜提供了至今仍然是最好的雄蕊毛胞质环流的图片，见信息栏 5.2 图 B）。布朗最感兴趣的是用显微镜来观察植物的受精。他是首位正确概述出种子和胚的解剖模型的科学家；另外他还发现了裸子植物的裸露胚珠，并基于此合理地对这种植物进行了分类。

虽然这些发现都很重要，但布朗的不朽荣誉却是他 1827 年在研究花粉时候的发现。他发现花粉中的粒子在迅速、不停地随机运动 [他看见的并不是花粉自身的运动，就像人们常常误认的那样，最近对布朗观察结果的怀疑意见已被布赖恩·福特（Brian J. Ford）驳回。福特重复了布朗 1827 年对布朗运动的观察，用的就是布朗当年使用的那台显微镜，照片见图 C]。布朗并不是观察这种持续运动的第一人，之前别人也曾经观察到过，并推测他们看到了生命的本质。但是布朗观察花粉颗粒运动前将其悬浮于乙醇中或是在矿质粉末中保存了几个月。他得到一个正确的结论：这种运动是物理运动，而不是有机运动。后来的科学家们评价这种运动，认为这种基本现象显示了物质世界的随机特征。例如，法国物理学家，诺贝尔奖获得者培林（Jean-Baptiste Perrin）运用阿尔伯特·爱因斯坦（Albert Einstein）的公式来研究布朗运动，计算出了水分子的大小。正因如此，这种粒子的持续运动用这位孜孜不倦的植物学家罗伯特·布朗的名字命名是十分恰当的。

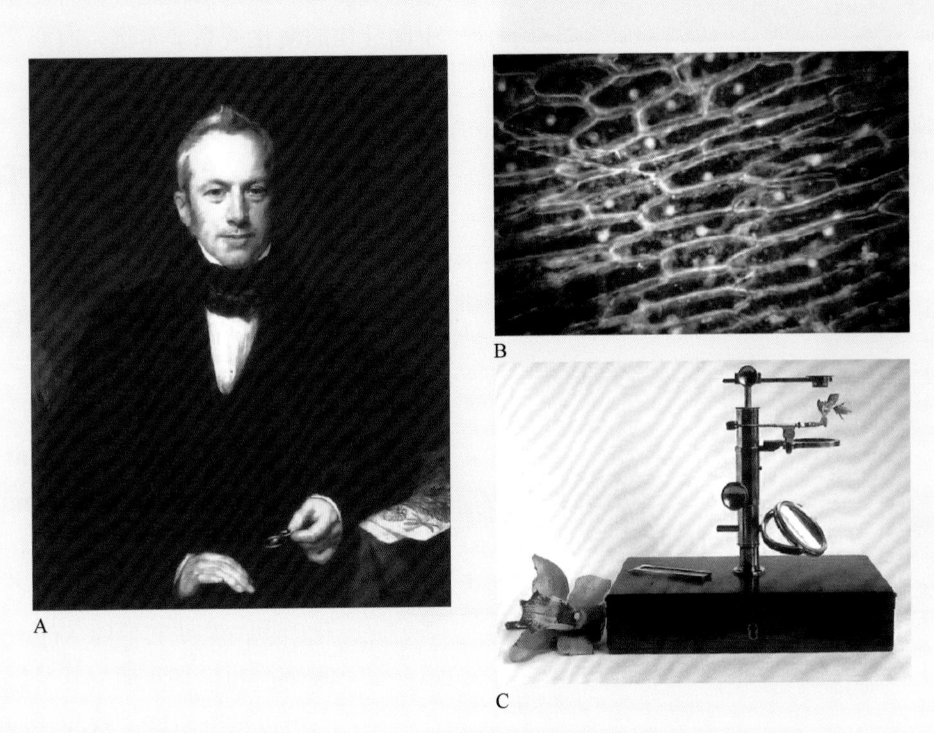

来源：图 A 画像经过了伦敦林奈学会的同意；图 B 来源于 C.B. J. Ford, Rothay House, Cambridgeshire, UK

细肌丝和微管在组装及调控上有许多性质十分相似，而中间纤丝和它们则不同。

5.1.4 植物细胞中可能不含中间纤丝

在动物细胞的细胞骨架中，**中间纤丝**（**intermediate filament**）是由一类已经研究得十分清楚的蛋白质组成的，如角蛋白和波形蛋白。这种纤丝是根据粗细程度命名的，其直径一般为 10～15nm，比微管细，比细肌丝粗。植物细胞显然不含有独立于微管和肌动蛋白的纤丝网络系统，而植物基因组也没有与动物编码中间纤丝蛋白的基因同源的基因序列。在动物细胞中，中间纤丝主要的功能是增加细胞的强度和弹性（例如，角蛋白纤丝使皮肤细胞变得坚韧）。在植物中，类似的功能由细胞壁代替。

植物细胞中存在一个可能需要中间纤丝的地方——细胞核。在动物和真菌中，功能最保守的中间纤丝是核纤层蛋白。它们构成了**核纤层**（**nuclear lamina**），这是一种位于核膜内侧的薄层状结构，人们认为它的功能是维持细胞核的形态、加固大的核孔复合体，以及确保能成功地锚定染色体（见第1章和第4章）。通过电子显微观察可以发现，植物细胞中有与核纤层部分类似的结构，而且植物细胞的染色质与动物细胞一样需要被正确地锚定以调控基因表达。虽然在植物细胞核中的一些蛋白质可能与核纤层蛋白类似，但它们的序列与动物核纤层蛋白的序列相差甚远，以至于无法证明它们是很早就在演化历史上分开的同源蛋白，还是完全独立演化的蛋白质。因此，尽管植物可能拥有除了肌动蛋白和微管蛋白之外的纤丝蛋白，但它们与中间纤丝的演化关系非常远，有必要对其进行深入研究。

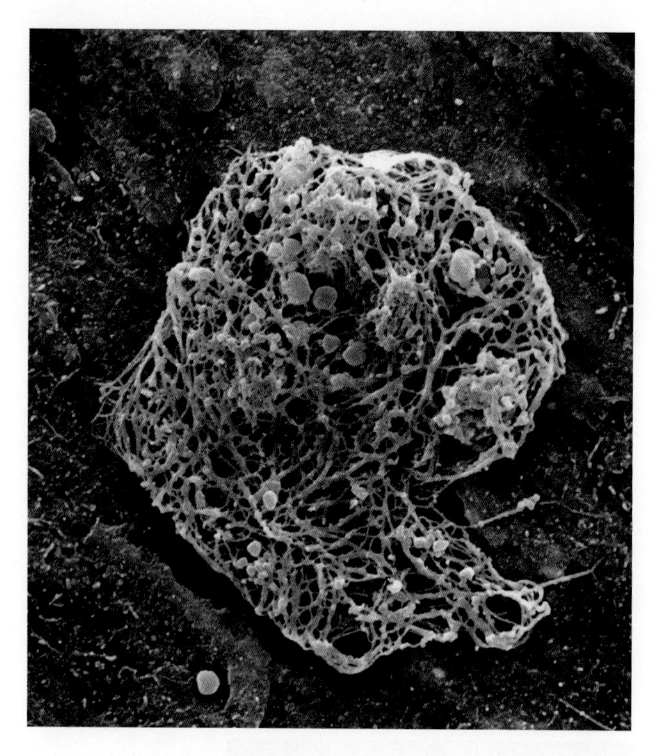

图 5.2 细胞骨架网络电镜图，显示一个悬浮培养的胡萝卜（*Daucas carota*）细胞中可耐受去垢剂的纤维成分。来源：Xu et al.（1992）. Plant Cell 4:941-951

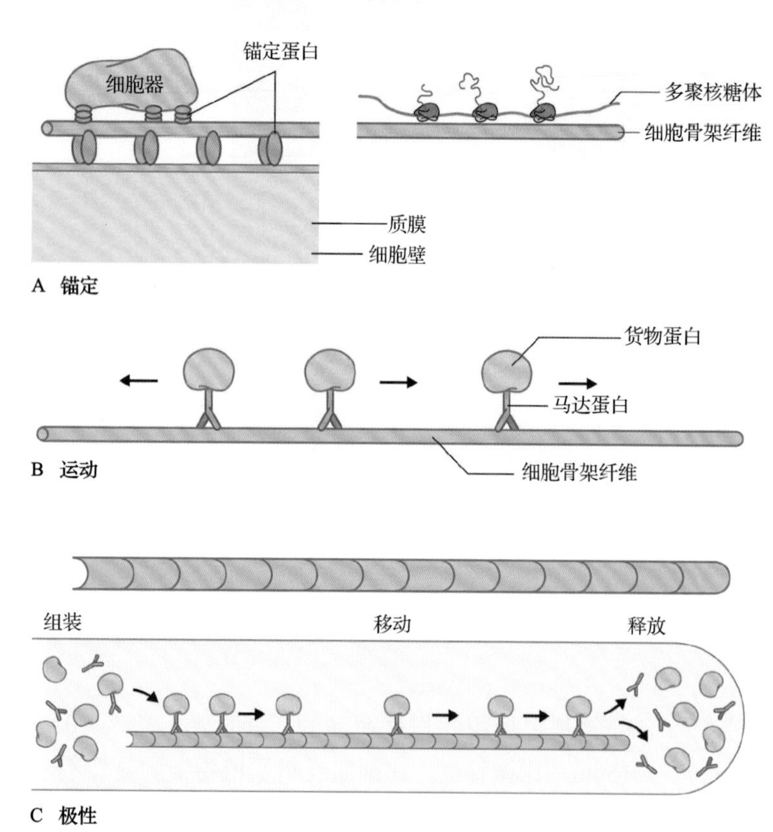

图 5.3 图示细胞骨架的不同功能。A. 锚定。细胞骨架为质膜、锚定于其上的蛋白质以及其他大分子的装配提供支撑（如多聚核糖体）。B. 运动。细胞骨架支持细胞内成分活跃且方向可控的胞内运动。C. 极性。细胞骨架纤维的信息含量是由纤维的极性决定的，因为纤维是由决定多聚物上的方向的不对称亚基组成的。在这个图例中，货物在一个位置组装，通过细胞骨架在细胞中移动，运送到第二个位置

5.2 肌动蛋白和微管蛋白基因家族

5.2.1 肌动蛋白和微管蛋白由多基因家族编码

细肌丝（**actin filament**）是由肌动蛋白构成的多聚体；**微管**（**microtubule**）则是由球状蛋白、α- 和 β- 微管蛋白构成的多聚体。肌动蛋白可以结合 ATP，它在演化上也与某些其他的 ATP 结合蛋白（如热激蛋白和己糖激酶）有亲缘关系。微管蛋白可以结合 GTP，它与几种 G 蛋白有较远的亲缘关系。肌动蛋白和微管蛋白在真核细胞中都是普遍存在的，在原核生物基因组中也可以找到它们的同源蛋白。例如，原核生物的 FtsZ 蛋白是微管蛋白的同源蛋白，它可以形成一种细胞分裂所需要的纤丝环；而 MreB 蛋白是肌动蛋白的同源蛋白，它在某些原核生物中可以形成一类纤丝用以维持其不对称的细胞外形。因此，显而易见的是，细胞骨架产生于真核生物出现以前。

在单细胞生物中，肌动蛋白和微管

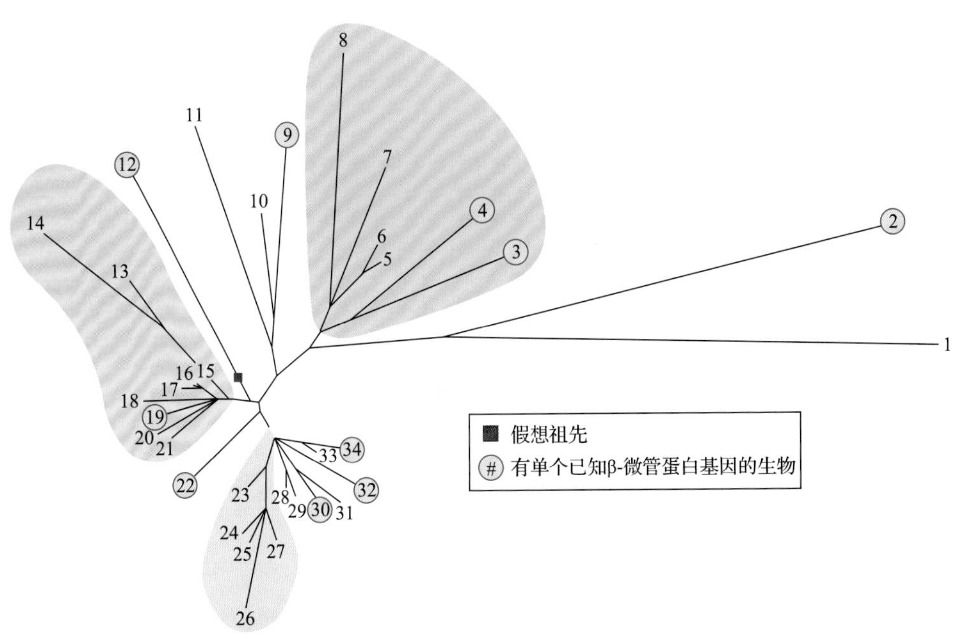

真菌	后生动物	植物和绿藻	原生动物	原始真核生物
3：裂殖酵母	13：鸡β6	23：衣藻β1	1：有孔虫β2	2：内变形虫
4：酿酒酵母	14：小鼠β1	24：拟南芥β1	9：盘基网柄菌	12：滴虫
5：炭疽菌β2	15：非洲爪蟾β2	25：玉米β2	10：骨藻β2	22：贾第虫
6：曲霉BenA	16：人类β5	26：大豆β1	11：有孔虫β1	
7：曲霉TubC	17：仓鼠β1	27：豌豆β2	28：四膜虫β1	
8：炭疽菌β1	18：血矛线虫β8		29：疟原虫βA	
	19：新杆状线虫		30：绵霉	
	20：果蝇β3		31：水云βb	
	21：鸡β5		32：锥虫	
			33：绒胞菌β1	
			34：眼虫	

A

B

图 5.4 β- 微管蛋白的演化分歧。A. 总览。每一分支的长度对应其序列的演化速率。构建这棵树强调的是演化分歧而不是系统发生关系。注意微管在真核生物的主要类群中的聚类，以及推测的β- 微管蛋白在真核生物分支辐射开来之前的祖先。如长度很长的分支所示，人们认为只有几个β- 微管蛋白序列经历了相对迅速的演化变化。B. 表示植物中β- 微管蛋白编码序列的可能演化关系的系统树。这个树以一个绿藻的序列为根。分支包括了草本植物（蓝色）与双子叶植物（棕色）的序列，表明它们的共同祖先中有一个基因家族，它在之后发生了特化。α- 微管蛋白与肌动蛋白都可得出类似的结论。Arath：拟南芥；Goshi：棉花；Medtr：苜蓿；Soltu：土豆；Zinel：百日草；Elein：牛筋草；Orysa：水稻；Setvi：狗尾草；Triae：小麦；Zeama：玉米

蛋白往往是由单拷贝基因编码的。然而在多细胞生物中，肌动蛋白和微管蛋白则往往是由**基因家族**（**gene family**）编码。脊椎动物中典型的肌动蛋白和微管蛋白基因家族拥有 4 ～ 9 个成员，而在一些维管植物中，这样的基因家族更为庞大。例如，毛果杨（*Populus trichocarpa*）的 β- 微管蛋白基因家族有 20 个成员，矮牵牛（*Petunia hybrida*）的肌动蛋白基因家族有 100 个成员。比较动植物中每一个基因家族所有成员的序列可以发现，它们往往有 90% 以上的一致性。因此，总体来说，肌动蛋白和微管蛋白是高度保守的蛋白质，它们从单拷贝基因演化而来，在多细胞真核生物分化之前就已经产生了（图 5.4）。

5.2.2 解释基因家族演化的几种模型

为什么细胞骨架蛋白是由基因家族编码的呢？这些不同的基因家族成员（称为**同型基因，isoform**）可能有截然不同的功能，可能使得转录调控更加灵活，也可能反映了演化历史事件。这些解释不是相互排斥的，每一种解释都可能描述了演化过程的一部分。

人们对拟南芥（*Arabidopsis thaliana*, thale cress）中肌动蛋白基因家族的研究很好地阐释了这些原因。纵观所有的植物基因组，拟南芥中肌动蛋白编码基因的数量相对较少，在生殖组织中有 5 个同型基因表达，在营养组织中有另外 3 个同型基因。后者中两个基因（*ACT2* 和 *ACT8*）编码的序列上只有 2 个氨基酸不同，但却有许多同义突变，这为它们很早就产生分化并且受到很强自然选择的假说提供了证据。当这两个基因都敲除时，突变体与野生型的表型除了不长根毛外几乎没有区别，而根毛是一种十分需要肌动蛋白细胞骨架的细长单细胞（见 5.6 节）。与此同时，若在突变体中用 *ACT2* 或者 *ACT8* 启动子驱动表达营养组织中第三个同型基因（*ACT7*），仍然会出现根毛缺陷的表型。综上所述，*ACT2* 和 *ACT8* 与 *ACT7* 具有不一样的功能。而且，正反交实验表明无论表达 *ACT2* 还是 *ACT8*，都可以使植物恢复至野生型的表型，说明编码这类蛋白质的基因表达量极高且是充足的。因此可以得出结论：*ACT7* 与另两个营养组织表达的同型基因在功能上完全不同，它的演化过程是受基因调控的需求或历史偶然事件驱动的。

对微管蛋白而言，想要描述每个特异同型基因的功能是复杂的，这是由于这种蛋白质受到翻译后修饰（不仅是磷酸化，还有乙酰化、谷酰化和去酪氨酸化等）。因此，每一种同型基因都会有几种不同的生化状态。尽管有某几种微管蛋白的表达模式有很大差别，但大多数其他的微管蛋白却不是这样，而植物中的功能互补实验还没有报道过。

5.3 细肌丝和微管的特征

尽管细肌丝和微管是由完全不同的蛋白质构成的，它们的组装过程却十分相似，同时也拥有一些共同特征。

与合成高分子尼龙类似，很多生物多聚体也是由共价键相连的亚基组成（如 RNA 和多肽链）。与此相反，细胞骨架多聚体的大分子亚基是由非共价键连接的，形成典型的蛋白质四级结构。因此，微管和细肌丝是动态的，在调控蛋白质与蛋白质之间相互作用的因子（如离子强度或温度）发生变化时，不断进行组装或解聚。

5.3.1 细胞骨架多聚体的自组装过程有利于对多聚化进行分析

细肌丝和微管的自组装活性使得研究人员可以利用几种简单的操作对其进行研究，例如，分离这些蛋白质的亚基，并在体外起始聚合过程。由于当多聚体延长时，溶液散射光强度会增强，因此在聚合反应的持续过程中，可以很方便地通过测量溶液散射光的总量，监测反应进行的程度。

聚合反应可分为三个阶段（图 5.5）。首先，在聚合反应达到最佳起始条件与第一次明显检测到多聚体变长之间有一个延滞期。这个延滞期反映了在聚合反应初期需要有数个亚基正确地聚集在一起，形成一个模板进行下一步的组装。多聚体组装的第一个阶段，即模板的形成，称为**成核期**（**nucleation**）。可以通过加入少量预先合成的、称为“种子（seed）”的聚合体来省略上述的成核过程。

第二阶段为**延长期**（**elongation**），亚基添加到通过成核过程形成的模板末端，使其延长。延

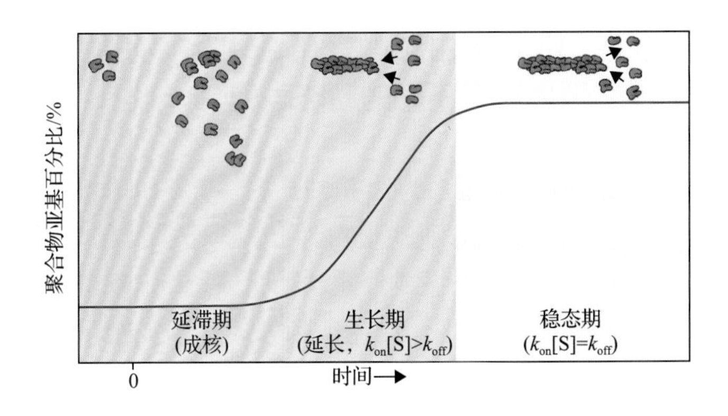

图 5.5 聚合反应过程及动力学示意图。单种亚基溶液的聚合从时间 0 开始。成核的过程（粉色区域）中，亚基必须结合以形成一个稳定的模板作为进一步延长的平台。在这个使用细肌丝的例子中，三个亚基聚合成三聚体即形成一个模板。由于几个亚基必须同时相互作用形成一个模板，这个过程从动力学上来说会比向现成的多聚物末端添加亚基更慢，从而形成一个延滞期。在延长过程（生长期，蓝色区域）中，亚基迅速添加到生长着的多聚物末端。当亚基的添加速率（k_{on}[S]）与丢失速率（k_{off}）相同时达到稳态期（黄色区域）

长的速率体现了亚基添加和脱落的速率差异。亚基添加的速率是结合常数（k_{on}）和溶液中游离亚基浓度的乘积；而亚基脱落的速率就是解离常数（k_{off}）。因此，延长的速率与主要亚基的浓度成比例。当多聚体浓度达到平台期时，延长过程就会结束。

第三阶段为**稳态期**（**steady state**），多聚体总量一直维持不变。稳态是动态的，亚基一直以相同的速率添加与脱落。而在稳态时，亚基添加与脱落的速率保持精确平衡（即 k_{on}·[亚基]=k_{off}）。因此当亚基浓度与解离常数和结合常数的比值相等时（即 [亚基]=k_{off}/k_{on}），此时的浓度为**临界浓度**（**critical concentration**），多聚体延长进入稳态。当浓度低于临界浓度时，多聚体不会自发形成；若高于此浓度，多聚体的延伸将继续，直到多余亚基耗尽，达到临界浓度为止。

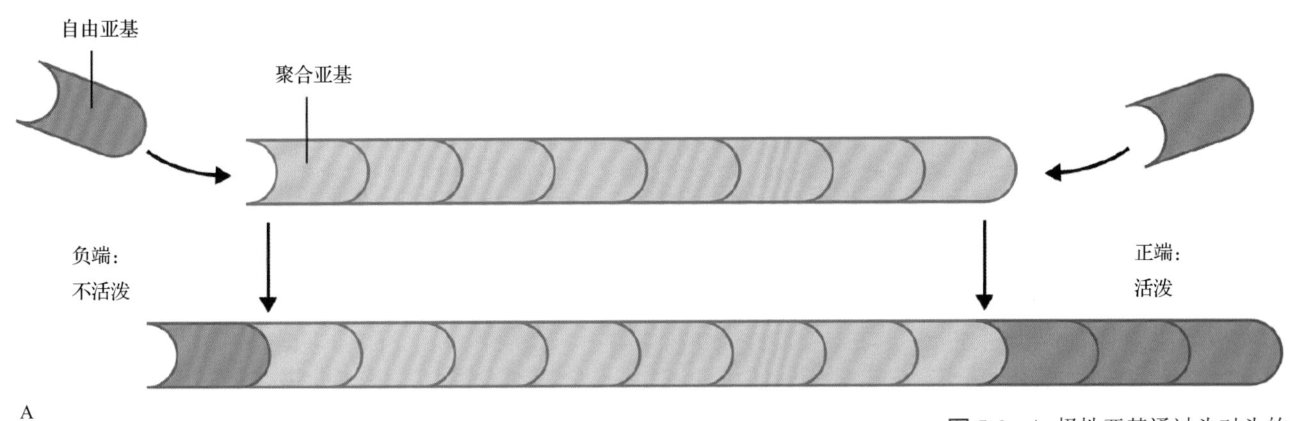

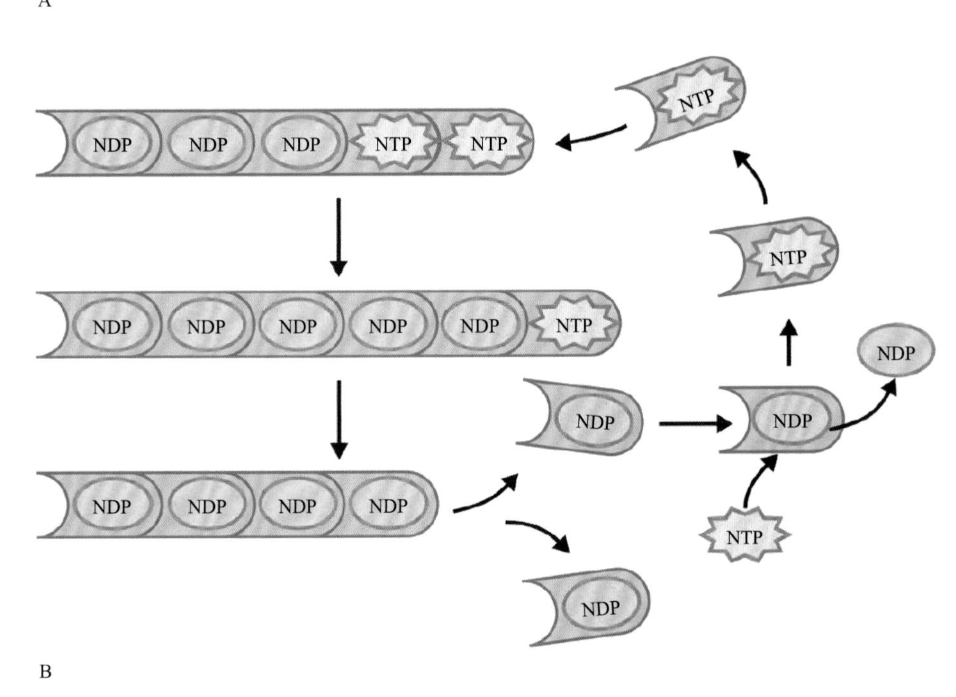

图 5.6 A. 极性亚基通过头对头的方式添加形成细肌丝和微管，赋予了这些多聚体极性以及每一末端不同的生化特性。纤丝的一端较另一端活泼，亚基添加与脱落的速率都要更快。活泼的一端称为正端，不活泼的一端称为负端（这些术语不是指电荷）。B. 肌动蛋白和微管都可以结合核苷酸。这些可溶性蛋白对核苷三磷酸（NTP）有很高的亲和性，而结合了 NTP 的亚基对组装好的聚合体有高亲和性（即 k_{on}S-NTP ＞ k_{on}S-NDP）。亚基整合进多聚体后，亚基的核苷酸水解。这降低了亚基对多聚体的亲和性，从而可能促进了解聚。亚基通常以与 NDP 结合的形式分解，而该亚基重新结合到多聚体之前必须把这个核苷酸换成 NTP

5.3.2 细胞骨架多聚体具有内在极性并可以水解核苷酸

由于细肌丝和微管的蛋白亚基是不对称的，因此它们都是极性结构。多聚体合成时，不对称亚基以一致的方向首尾相连排列起来（图 5.6A）。多聚体的极性也就意味着两个末端分别具有不同的生化特性。因此，多聚体的每一末端在组装和解聚中都有不同的速率常数。另外，多聚体的每一末端都是受到特异识别的，故细胞可能以同一极性来建立多聚体的排列方向。多聚体较活跃的一端称为“正”，较不活跃的一端称为“负”。请注意，在这里，这些术语并不是指电荷；人们很少使用术语**阳性**（**positive**）和**阴性**（**negative**）来表述细胞骨架的极性。

肌动蛋白可以结合并水解 ATP，而微管蛋白可以结合并水解 GTP。这些核苷酸在决定多聚体的特性时起到重要的作用。可溶性亚基可以结合核苷三磷酸（NTP），这极大地提高了它们的组装速率。提高组装速率并不是依靠来自 γ- 磷酸键的能量，因为不可水解的核苷类似物也可以同样促进组装，而 γ- 磷酸键只有在亚基结合到多聚体上之后才发生水解。亚基结合所释放的能量会储存在多聚体里，随后用来促进多聚体的聚合及解离，详见下文。在亚基解离后，连接在亚基上的核苷二磷酸（NDP）迅速变为核苷三磷酸，该亚基则用于下一轮反应（图 5.6B）。核苷酸参与这个过程的意义是，聚合体的正、负端除了其内在的差异外，每一端还有至少两种状态，即亚基上带有 NDP 还是 NTP。这些不同的状态可能扩展了细胞骨架多聚体行为的范畴。

5.3.3 肌动蛋白和微管蛋白生化性质的差异使多聚体具有不同的动态表现

可溶性肌动蛋白为约有 375 个氨基酸的球状蛋白（有时称为“G- 肌动蛋白”，以区别于称为“F- 肌动蛋白”的聚合态或纤丝状的形式）。亚基聚合成紧密螺旋的纤丝，直径大约 8nm（图 5.7）。鉴于之前人们观察到细肌丝受到肌球蛋白修饰时的形状，它的负端有时又称为“尖端”，正端又称为“钩端”。

组装为微管的亚基是球状蛋白 α- 和 β- 微管蛋白的异源二聚体（图 5.8）。这些二聚体联合形成直径 25 nm 的中空结构。二聚体的每一成员都结合着一个鸟嘌呤核苷酸，但是只有 β 亚基参与 GTP 水解和 GDP-GTP 的交换。在微管中，微管蛋白二聚体彼此在侧端及末端结合。二聚体排成直的小柱，

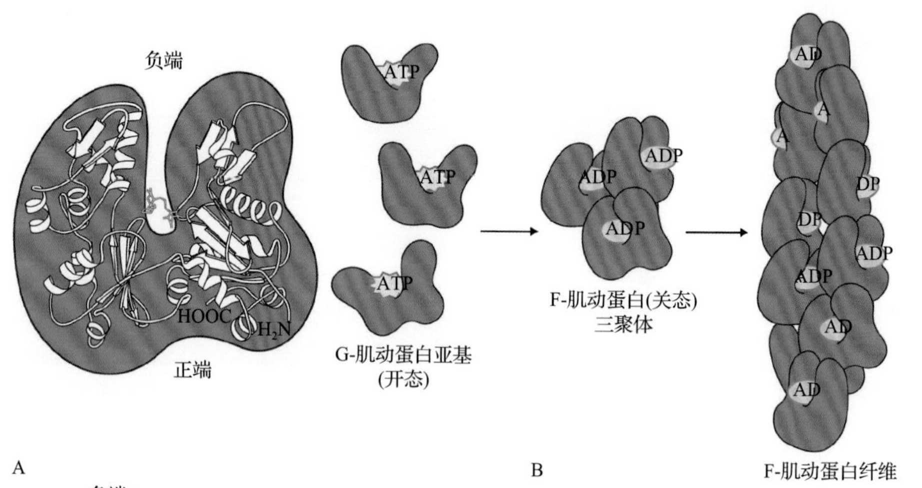

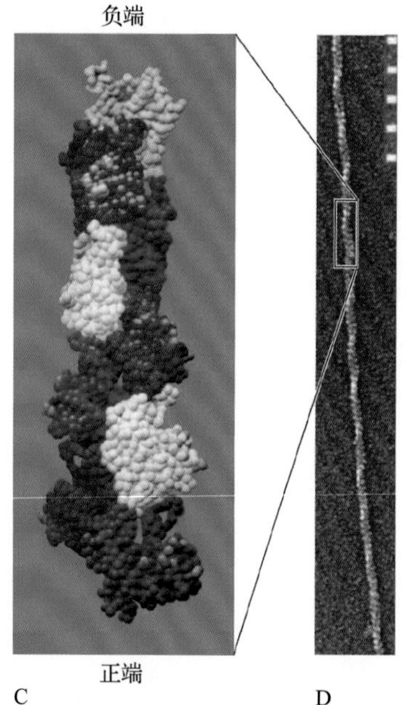

图 5.7 肌动蛋白和细肌丝的结构。A. 单个肌动蛋白分子的带状模型。中间的黄色结构为结合的 ATP。B.G- 肌动蛋白单体、成核化的 F- 肌动蛋白三聚体、一小段细肌丝示意图，重点在“开”与“关”的构象。在聚合状态下，构象改变，将活性位点收入结构内部，防止核苷酸脱落或交换。交错的亚基使多聚体具有螺旋的特性。C. 一个细肌丝的三维空间模型，每个小球代表一个氨基酸。请注意正端与负端的不同形状。D. 由纯化的肌动蛋白组装成的细肌丝的高分辨率扫描电子显微镜成像照片。可见纤丝的螺旋性质。标尺：25nm。来源：C 图来源于 Holmes et al.（1999）. Nature 347: 44-49; D 图来源于 Y. Chen，University of Wisconsin

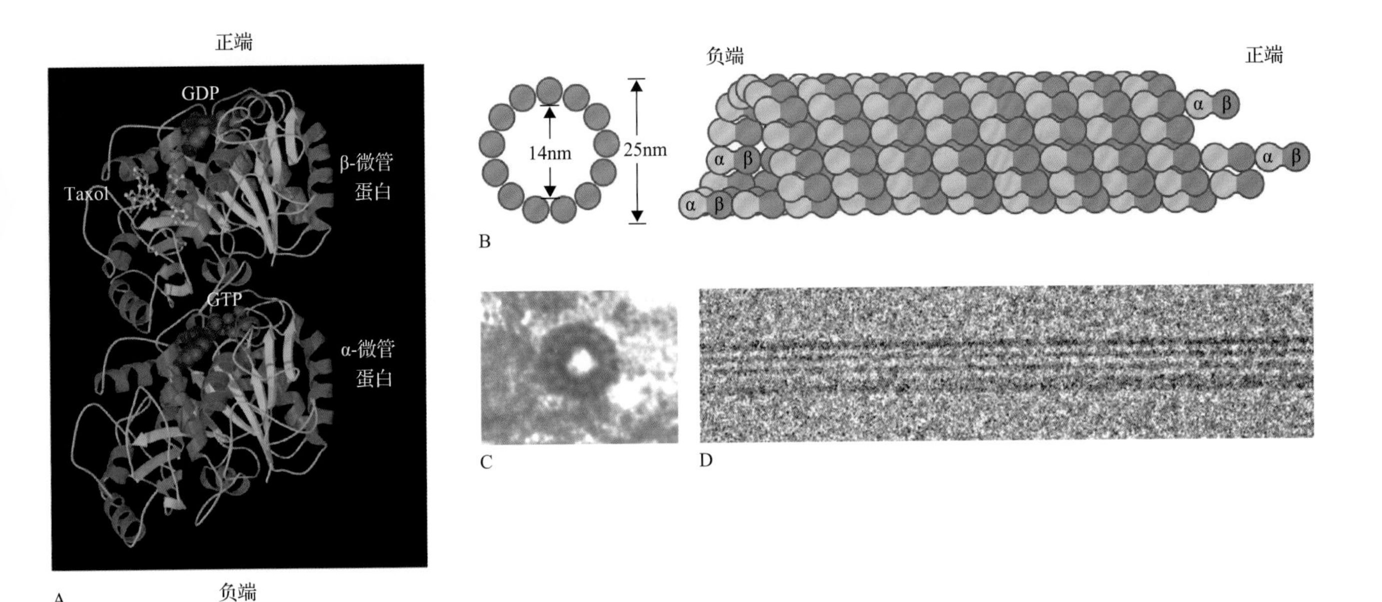

图 5.8 微管蛋白与微管的结构。A. 微管内的微管蛋白二聚体带状图，分辨率 0.37nm。β 片层结构区域以绿色表示，α 螺旋以蓝色表示。同时可见核苷酸（紫色）结合位置与紫杉醇（黄色，在鉴定结构时用的一种化合物，用于稳定微管的结构）结合位置。请注意观察 α- 微管蛋白与 β- 微管蛋白的总体相似性。B. 微管的截面和侧面图。微管的亚基（即 α- 和 β- 微管蛋白二聚体）首尾相连，形成长的平行柱状结构，称为原纤丝。原纤丝纵向彼此错位连接，使亚基晶格具有螺旋特性，但微管自身是线性的。α- 微管蛋白暴露在多聚体的负端，β- 微管蛋白则在正端。C. 一个植物细胞的微管横切电镜照片，示 13 个原纤丝。D. 纯化后的微管蛋白组装成微管的电镜照片及侧面观。与 C 图不同，此侧面图采用冷冻技术，不经化学固定或重金属染色。来源：图 A 来源于 Nolgales et al.（1998）. Nature 391: 199-203; 图 C 来源于 Juniper & Lawton（1979）. Planta 145: 411-416; 图 D 来源于 D. Chrétian, EMBO Laboratory, Heidelberg, Germany

称为原纤丝。大部分微管由 13 根原纤丝组成，但此数目也可以在 11 ～ 16 根之间不等。微管二聚体间的侧键取代了距末端几纳米远的邻近原纤丝中的二聚体。因此，这个亚基组成微管壁的晶格呈螺旋状。而微管的正端对应的就是二聚体中的 β- 微管蛋白端。

除去结合核苷酸的特性之外，还有几个特征可以用来区分细肌丝与微管的聚合作用。对于肌动蛋白来说，成核过程中的延滞期与浓度的三次方成正比，这表明成核过程需要三聚体的组装。对于微管来说，成核过程的延滞与浓度的更高次方成正比，可能需要多达 13 个亚基来形成模板。另外，肌动蛋白装配的临界浓度大约为 0.2μmol·L^{-1}，大大低于细胞中肌动蛋白的典型浓度（0.1 ～ 1mmol·L^{-1}）。因此，肌动蛋白的浓度并不会阻碍细肌丝成核过程；相反，细胞必须防止发生不必要的聚合作用。细胞演化出辅助蛋白来封阻可溶性的肌动蛋白，从而控制它聚合成纤丝（见 5.4 节，信息栏 5.2）。与之相反，微管装配的临界浓度约为 10μmol·L^{-1}，仅稍低于通常胞内微管蛋白的浓度（大约 20μmol·L^{-1}），因此一般没有必要对微管蛋白进行封阻。

最后，在两种聚合体中，核苷酸的水解有不同的结果。对于肌动蛋白，含有 ATP 的正端（或钩端）的装配速率远远高于含有 ADP 的负端（或尖端）。这种差异源于一种动力学现象，即**踏车现象**（**treadmilling**），当细胞中自由亚基的浓度支持正端的生长，却导致负端的缩短时，踏车现象就会发生。多聚体长度增长的净速率可以为零，也就是说，在此期间，正端聚集的亚基在向后“传送”，最后在负端释放（图 5.9）。由于肌动蛋白在正端和负端装配速率上的不同远大于微管，因此人们认为踏车现象在肌动蛋白装配中更加普遍。但是实际上两种多聚体都存在这种现象。

核苷酸的水解使得微管具有了另一种行为特性，称为**动态不稳定性**（**dynamic instability**）（图 5.10）。在这里，GTP 水解释放的能量加快了解聚的速率。由于 GTP 的水解滞后于组装，因此微管的生长末端会富含连接 GTP 的微管蛋白，这种结构使得微管晶格和生长状态得以稳定。但是，当微管蛋白二聚体供应水平降低，或者 GTP 水解速率加快时，微管末端可能只有很少甚至没有连接 GTP 的亚基。原纤丝之间的侧键由连接 GDP 的亚基排列形成。

信息栏 5.2 追踪植物中的抑制蛋白——从打喷嚏到信号传递

如果开花的植物让你流泪或打喷嚏的话，你的过敏症状可能是由一种神奇的、普遍存在的、可结合肌动蛋白的蛋白质引起的，这种蛋白质称为抑制蛋白（profilin）。1991 年，科学家们发现许多关于花粉过敏症患者体内会产生抑制蛋白的抗体，这一发现使得原本互不相干的医学和植物细胞生物学联系起来。这种抗体可以识别不同植物的抑制蛋白，这一发现首次阐明了典型的花粉过敏症没有选择性的机制。更加引起人们兴趣的是，患者的抗体也识别人体自身的抑制蛋白，这暗示了过敏会通过自身致敏作用而加重。这个发现简化了诊断过程，并且有助于变态反应学家对过敏预防措施进行评估。

除了对过敏症的病因的贡献之外，花粉中抑制蛋白的大量发现对研究植物细胞骨架方面的生化相关实验帮助也很大。植物抑制蛋白是一种小分子蛋白（10 ～ 17kDa），在所有植物器官中都有，然而在花粉成熟时其含量会增加 10 ～ 100 倍。预测的抑制蛋白氨基酸序列在植物间有 70% ～ 80% 相似，但是在更广的植物类群之间比较的话，相似性会下降到 20% ～ 40%。不管序列分歧的程度如何，抑制蛋白的功能是普遍保守的。无论克隆的基因来自脊椎动物还是植物，在纤维原细胞中过量表达抑制蛋白造成的影响都是一样的。此外，玉米（*Zea mays*）的抑制蛋白基因可以完全互补黏液菌（*Dictyostelium discoideum*）的抑制蛋白缺失突变体的功能。不同来源的抑制蛋白之所以具有相似特性，可能是由于它们有相同的 N 端和 C 端，以及相似的三维结构。图 A 中的带状图比较了白桦和一种有孔虫（棘阿米巴虫，acanthamoeba）的抑制蛋白。保守的三维结构包括一个由 6 段反向平行的 β 片层组成的核心，以及一个肌动蛋白结合域（蓝色），它主要由 C 端 α 螺旋（H3，蓝色）和底部 3 段中心片层（β4、β5 和 β6，蓝色）组成。

鉴定出抑制蛋白的第一个特性是对可溶性肌动蛋白（而非纤丝状肌动蛋白）的高亲和性，这表明抑制蛋白螯合了肌动蛋白单体，当细胞需要聚合的肌动蛋白时在局部释放出单体。事实上，抑制蛋白这个名字是出自“原纤丝”肌动蛋白，原指一种螯合了的肌动蛋白（去螯合就可以聚合）。在成熟花粉中抑制蛋白的发现符合以下的观点：成熟花粉中的细肌丝很少，但是在水合作用下，几分钟内就会大量形成细肌丝。关于抑制蛋白结合肌动蛋白的能力在植物中有一个生动的例证：将高浓度的抑制蛋白显微注射到活的紫露草（*Tradescantia virginiana*）雄蕊毛细胞中，肌动蛋白网络很快就被破坏了，因此也抑制了胞质环流（图 B）和胞质分裂。也许，抑制蛋白吸收了所有的肌动蛋白单体，阻止了新的聚合对解聚过程的平衡。

抑制蛋白自发现以来，关于其功能的报道越来越多，包括刺激核苷酸交换、促进纤丝成核、与调控亚基相互作用，以及与膜脂结合等。抑制蛋白之所以有多种功能，是由于它有一个识别多聚脯氨酸序列的结合位点，因为这种多聚脯氨酸序列经常出现在与抑制蛋白相互作用的蛋白质中。

抑制蛋白的体外活性到底对植物有什么功能呢？图 B 中的显微注射实验使用了超大量的蛋白质，因此其实验结果可能不那么符合生理学过程。阐明抑制蛋白关键内源活性的进展来自于在苔藓（*Physcomitrella patens*）中进行的 RNA 干扰实验。苔藓的配子体产生称为原丝体的细胞丝状体，其通过顶端生长方式生长。顶端生长的细胞会把细胞膨胀限制在一个区域（顶端），形成细长的管状细胞。把生长限制在顶端是通过广泛的细胞极性化来实现的，而该过程长久以来已知是依赖于肌动蛋白的。当在原丝体细胞中表达一个可以减少或者完全终止抑制蛋白表达的 RNAi 载体时，细胞的形态变成了球形（图 C），其肌动蛋白排列架构变成随机排列了（图 D）。野生型抑制蛋白可以互补这些表型，但改造后不能结合肌动蛋白的抑制蛋白就不能互补，改造后不能结合多聚脯氨酸的抑制蛋白只能部分互补这些表型。这些结果暗示，抑制蛋白是通过局部激活来特定参与肌动蛋白架构组成的，而不是通过从整体上来调节纤丝状肌动蛋白的数量；结果也同时表明了抑制蛋白结合肌动蛋白（而不是结合多聚脯氨酸）的重要性。在秋天打喷嚏提醒我们，对这种小巧但迷人的多肽我们还需要进行很多的研究。

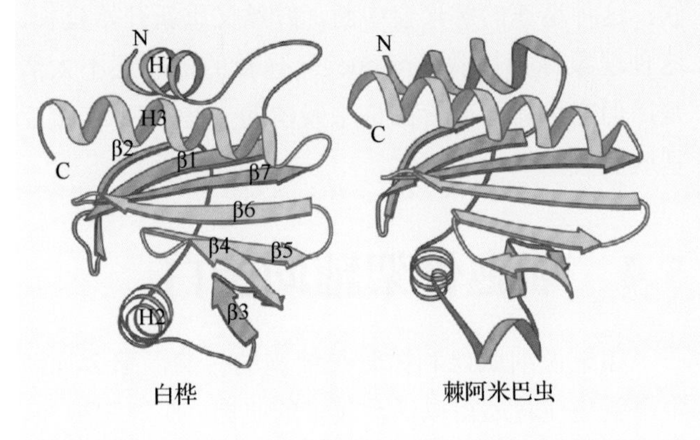

A

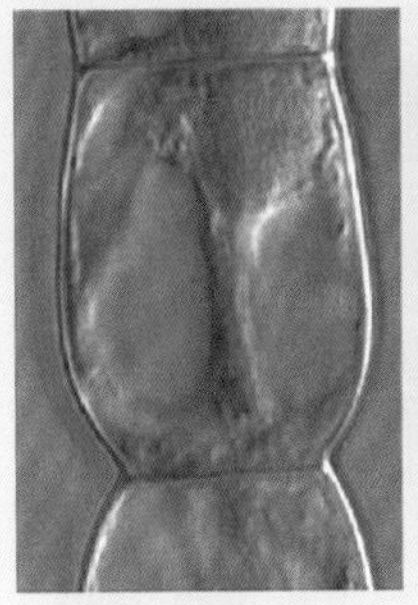

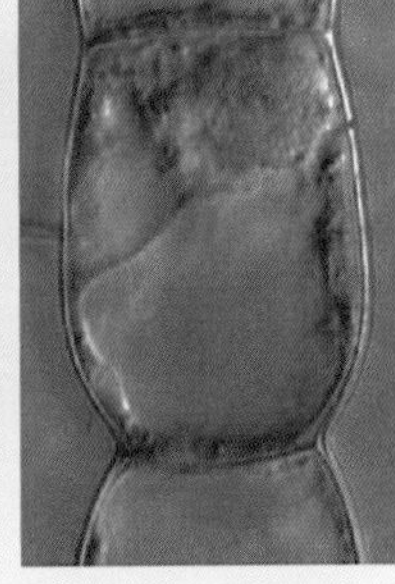

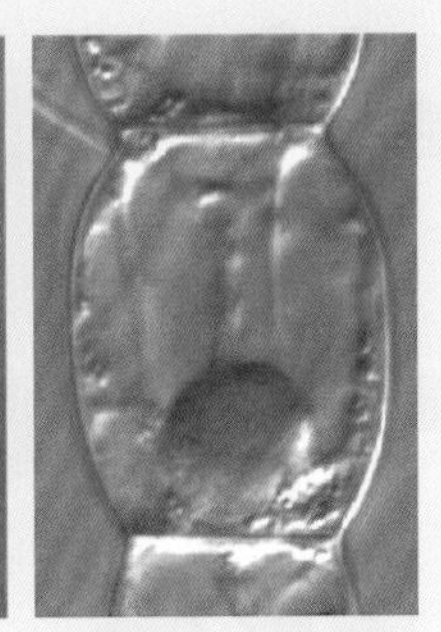

沿着穿液泡膜管的胞质运动在未注射细胞中十分显著

抑制蛋白显微注射10min后，胞质运动停止了，且大部分穿液泡膜管发生了降解

对照组细胞注射牛血清蛋白(BSA) 10min后胞质运动仍维持不变

B

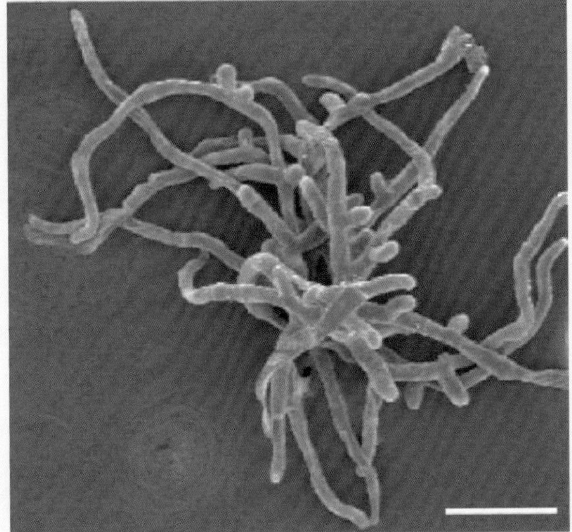

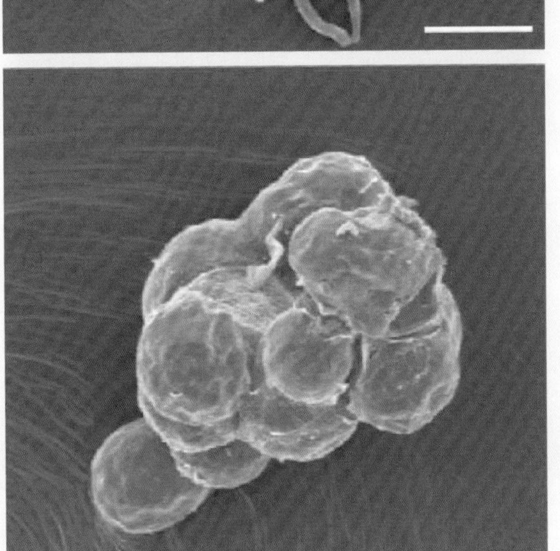

C

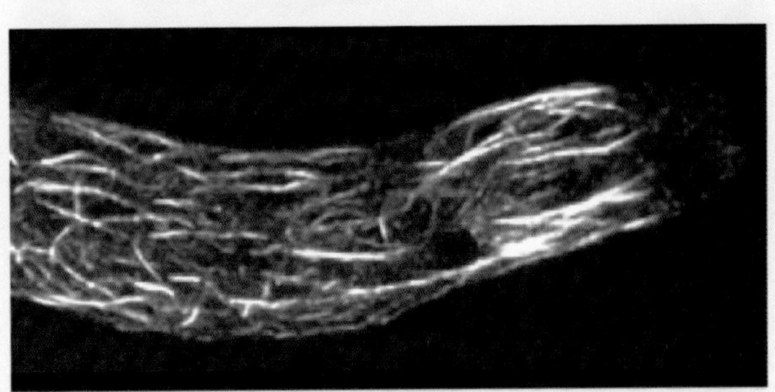

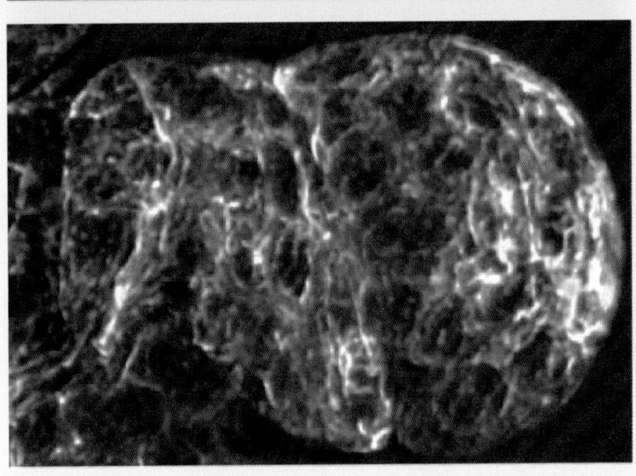

D

C.扫描隧道电子显微镜(SEM)下苔藓(*Physcomitrella patens*)配子体的图像观察。对照组(上图)有许多纤细分支状的原丝纤维，而抑制蛋白的表达被终止的细胞(下图)则呈圆形，它失去了极性。刻度标记分别为100μm(上图)和10μm(下图)。
D.肌动蛋白纤维在对照组(上图)和抑制蛋白RNAi细胞(下图)中的成像。结果表明肌动蛋白仍然可以通过含量减少的抑制蛋白进行聚合，但无法组成连续的结构。

来源：图 A 来源于 Federov et al.（1997）. Structure 5: 33-45; 图 B 来源于 Valster et al.（1997）. Plant Cell 9: 1815-1824; 图 C、D 来源于 Vidali et al.（2007）. Plant Cell 19: 3705-3722

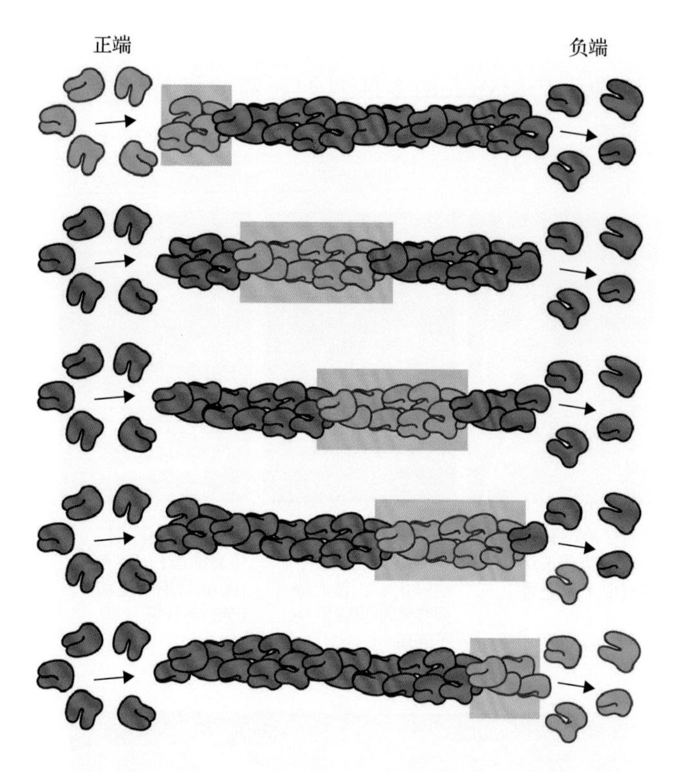

图 5.9 踏车现象是细胞骨架多聚体中观察到的一种动态行为，是由核苷酸水解提供支撑的。由于亚基多聚化后其结合的核苷酸随即发生水解，聚合反应的底物与解聚反应的产物不同。因此，多聚体的每一末端都有不同的 k_{on} 与 k_{off} 值，以及不同的临界浓度。亚基可以优先添加到正端而在负端优先解离，从而不改变多聚体的长度。如图所示，添加到一端的亚基（橙色）经过“踏车”通过多聚体，从另一端释放出来。尽管图中所示的只有肌动蛋白，但踏车现象也同样发生在微管中

在这种状态下，原纤丝彼此剥离，开始迅速的解聚，较延长的速度快数百倍。对于微管末端来说，这种从生长向收缩的转变称为激变（catastrophe）。有时候，这种迅速的解聚会中断，纤丝又重新开始延长，这种现象称为拯救（rescue）。拯救的机制还不太清楚，但它可能与微管晶格中残留的一些 GTP 连接亚基簇有关。

5.4 细胞骨架辅助蛋白

如果说细肌丝和微管是细胞的骨骼，那么辅助蛋白就是使骨骼得以活动起来的肌肉、肌腱和神经。由高度保守的肌动蛋白和微管形成的多聚体可以执行不同功能，很大程度上是由一系列不那么高度保守甚至新演化出来的辅助蛋白决定的。起关键作用的辅助蛋白使得细胞骨架正常工作，还有一些其他的辅助蛋白可以结合并改变多聚物的性质。植物中的一些该类蛋白质可能与人的健康有关（见信息栏 5.2）。

5.4.1 机械化学酶用化学能做功

有一类关键的辅助蛋白——机械化学酶，俗称

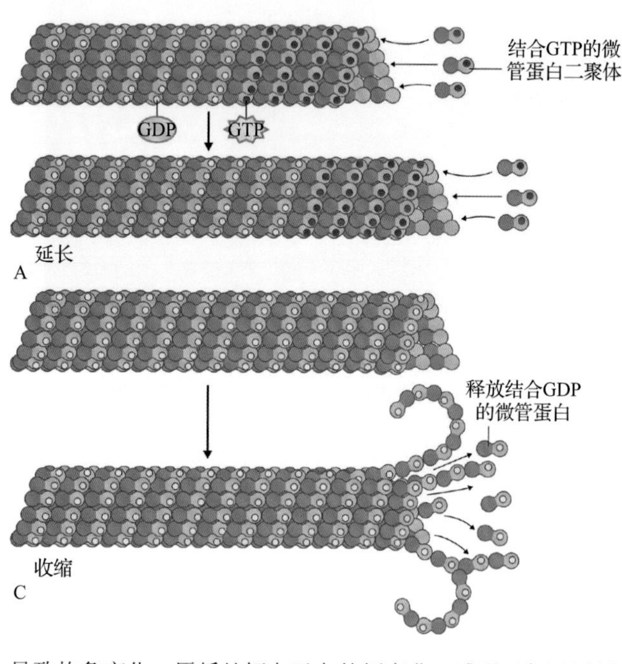

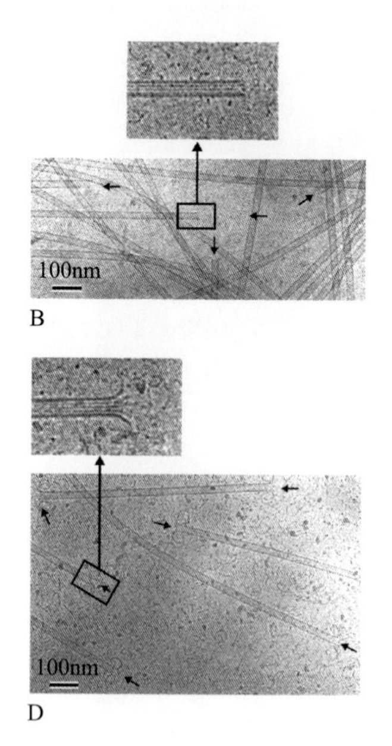

图 5.10 微管的动力学不稳定性模型。A. 正在延长的微管示意图。由于 GTP 的水解通常滞后于新亚基的聚合，微管的生长端富含结合着 GTP 的 β- 微管蛋白单体的亚基。人们称这样的微管为有一个“GTP 帽子”。在细胞中，微管的负端通常是包埋在一些成核物质中的，所以 GTP 帽子一般仅认为是对正端而言的。请注意，结合在 α- 微管蛋白上的无效的 GTP 没有显示出来。B. 延长中的微管的电镜显微图。GTP- 微管蛋白亚基以最小的形变挤进微管晶格里，形成正在生长的微管直末端（插图箭头所示）。C.GTP 的水解导致构象变化，原纤丝倾向于向外侧弯曲，减弱了邻近原纤丝二聚体之间的侧向相互作用。在一个完整的微管中，原纤丝的 GDP 亚基在邻近亚基的许多侧键作用以及 GTP 帽子稳定下排列成一条直线。然而，如果聚合速率相对于水解速率降低，那么末端的 GTP 帽子变少，GDP 亚基更容易呈现它们的弯曲构象。在这种情况下，微管会遭受灾难性的解聚，亚基以远远高于延长和正常亚基脱落的速率发生解离。D. 正在解聚的微管电镜图，示向外张开的原纤丝（插图箭头所示）。来源：图 B、D 来源于 Mandelkow et al.（1991）. J. Cell Biol. 114: 977-992

“马达蛋白”，可以利用化学能做功。有三类已知的马达蛋白超家族：**肌球蛋白**（myosin）、**动力蛋白**（dynein）和**驱动蛋白**（kinesin）（图 5.11），它们都是多样性丰富的基因大家族。基本来讲，这些蛋白质可以在细胞骨架多聚体和其他的细胞组分，如某个细胞器之间产生推动力。观察细胞器由分子马达牵引沿着细胞骨架多聚物运动，很容易让人联想到火车由火车头牵引着在铁轨上前进；但是实际上它更像一个人徒手爬梯子，那个人需要抓住梯子，直到下个横档前都要用力移动，然后放开梯子向上伸胳膊以抓住下一个横档。为了在细胞骨架多聚物上移动，分子马达需要与热噪声而不是重力做斗争，它们有高亲和性的位点用以抓住多聚物，利用核苷酸水解驱动微小的构象变化，再使用其分子杠杆长臂来放大这种变化以产生一个显著动作，之后它与细胞骨架多聚物的亲和性也随着杠杆臂的移动发生同步变化，从而使其可以有效地脱离和重新连接到细胞骨架上。

肌球蛋白、动力蛋白和驱动蛋白有相似的功能，因此它们有许多特征都很相似；另外，它们产生于很久以前，又有很多性质彼此不同。例如，它们结合的多聚物类型不同，它们运输的细胞组分不同，它们在核苷酸结合、水解和释放时与细胞骨架亲和性相关联的生化途径也不同。尽管如此，它们都使

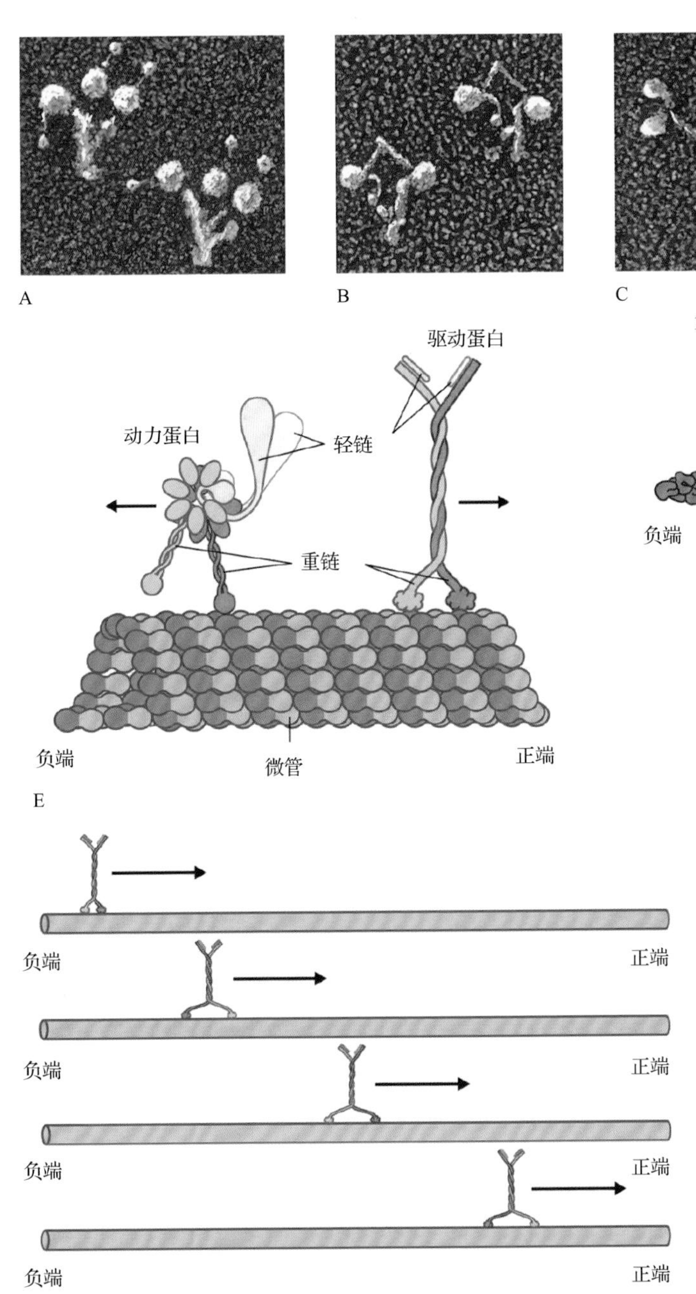

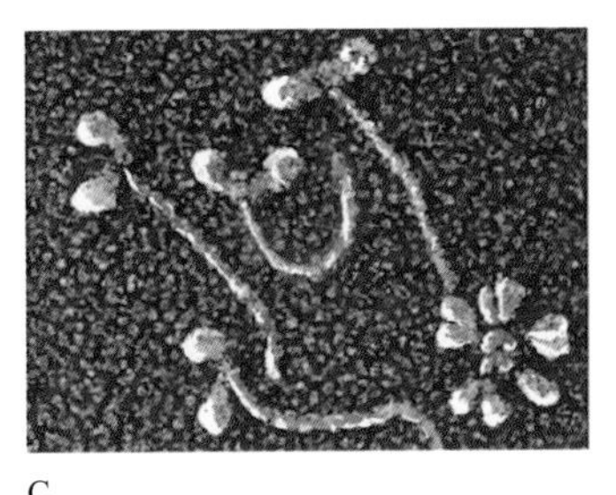

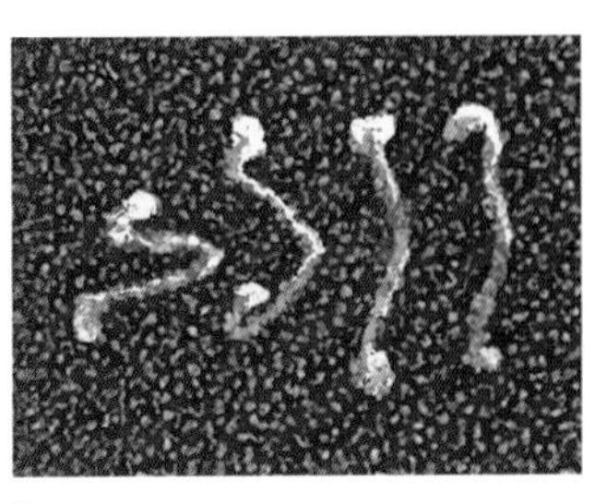

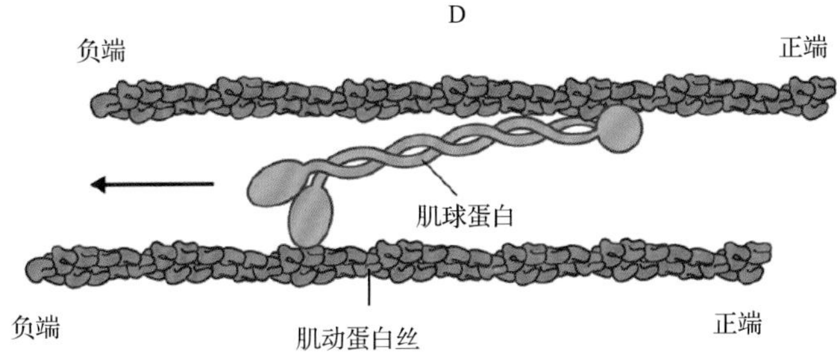

图 5.11 马达蛋白示意图。A ～ D. 马达蛋白的电镜显微照片。A. 动力蛋白的纤毛形态有三个球状头部结构域。B. 动力蛋白的细胞质形态有两个头部结构域。C. 肌球蛋白 II。图右下方的星形结构是用来纯化肌球蛋白的 IgM 抗体。D. 驱动蛋白。在该图中，位于杆状蛋白一端的马达结构域和另一端的轻链不易区别。E. 马达蛋白示意图。肌球蛋白和驱动蛋白尽管并不同源，但有相似的结构构造，它们都有一对重链和几个附属轻链。重链组成球状头部结构和延长的尾部结构。头部与细胞骨架结合，包含 ATP 结合位点，产生绝大部分的推力。尾部结构则是用来与特定的运载蛋白结合的。其轻链调控马达的活性或者影响其结合性质。动力蛋白的“头部”结构在居中的位置，与运载蛋白及微管结合的结构域则突出在其外部。中间位置产生推力，推动其中一个突起绕着另一个旋转。F. 驱动蛋白运动的示意图。两个头部的交替结合确保了始终有一个头部结合在细胞骨架上；因此，运载“货物”的马达在分离前可以在微管上移动很长一段距离。尽管这种运动方式很像直立行走，但两个重链是相同而不是镜像对称（如人的左右腿那样）的，因此为了保持与微管结合的合适方向，驱动蛋白每行进一步，其头部都会旋转 180°。来源：图 A ～ D 来源于 J. E. Heuser, Washington University of St Louis

用 ATP 作为能量来源。此外，它们都有一个球形的、可以与 ATP 结合的结构域来产生推动力，还有一个杆状的“尾”状结构域用以和细胞组分及调节肽相结合。与此同时，这些分子马达往往以二聚体形式发挥功能，在这种情况下，其中一个亚基可以结合细胞骨架基质，另一个则可以自由运动，与多聚物上的下一个位点相结合（图 5.11F）。换句话说，这为分子马达提供了爬梯子用的两只手。有了这双手，分子马达可以沿着细胞骨架移动数十微米而不脱落，这个过程称为**持续进程**（**processivity**）。

5.4.2 肌球蛋白沿着肌动蛋白移动，而动力蛋白和驱动蛋白沿着微管移动

肌球蛋白是第一个发现的分子马达，它是肌肉中产生动力的酶。现在知道肌球蛋白家族成员在大多数而不是所有的真核细胞种类中存在，为许多涉及细肌丝的细胞运动提供动力（图 5.12）。在肌球蛋白中，球状的产力“头部”结构域可以结合肌动蛋白基质，而推动力是由连接头尾的杠杆长臂产生的（见图 5.11E）。除了极少数例外，肌球蛋白向细肌丝的正端移动。在目前有记载的超过 20 种不同种类的肌球蛋白中，只有 2 种在植物中也存在，它们是第 VIII 类和第 XI 类，而且这两种也是植物所特有的。第 XI 类肌球蛋白与第 V 类很相似，而第 V 类肌球蛋白在动物和真菌的细胞器的运动中发挥重要作用。人们从轮藻（*Chara corallina*）中提取出一种第 XI 类肌球蛋白，它保持了分子马达移动速率的世界纪录（60μm·s^{-1}）。

下一个发现的分子马达蛋白是动力蛋白。真核细胞纤毛（这里提到的“纤毛”包括真核细胞的鞭毛，它们的结构相似；而原核生物的鞭毛则完全不一样）的运动就是受到这种蛋白质调控的。纤毛的可动组分，即**轴丝**（**axoneme**）是由 9 对微管包围一对中央微管形成的（图 5.13）。动力蛋白部署在成对的微管一侧，它伸出并对下一对微管施加推力。这正是一个描述分子马达固定在细胞骨架上并移动它的例子，这种现象在分子马达中并不少见。如果爬梯子的人站在屋顶，手中握住梯子，那么他的攀爬会使梯子相对高度降低。在轴丝动力蛋白的研究中，衣藻（*Chlamydomonas reinhardtii*）的相关工作提供了一些线索。几种同型的动力蛋白精确地组装排列到轴丝中，它们受到精细而复杂的调控，为纤毛推进产生波形运动。

大多数真核生物还有一种胞质的同型动力蛋白，尽管它与轴丝中的同型蛋白亲缘关系很近，但它们仍有很大的区别。正如它的名字，这种同型蛋白在胞质中发挥功能，它在细胞器的运动和有丝分裂纺锤体中发挥重要作用（见 5.9 节）。虽然胞质动力蛋白在动物和真菌中都存在，但绿色植物和藻类

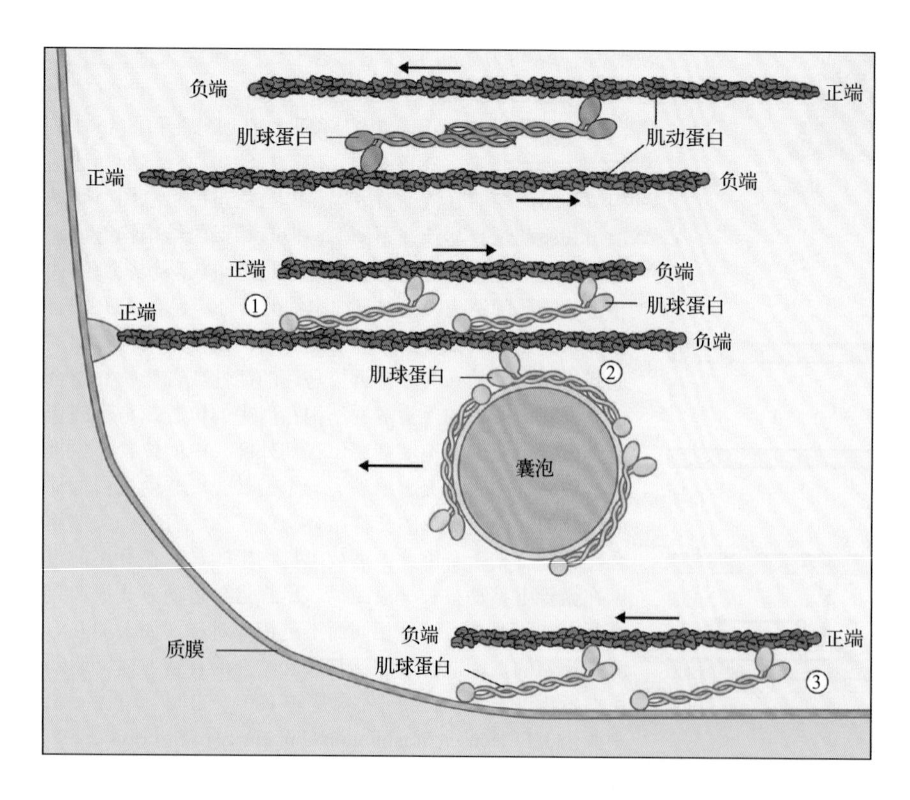

图 5.12 肌球蛋白与细肌丝互相作用，从多聚体的负端（尖端）向正端（钩端）运动。肌球蛋白 II（如肌肉中的肌球蛋白）有着长长的杆状结构域来促进装配双极（从头到尾）纤丝。肌球蛋白 II 的纤丝把极性相反的细肌丝彼此拖近，介导了局部的收缩。其他种类的肌球蛋白往往形成二聚体来与细肌丝或者膜结构结合。植物有第 VIII 类和第 XI 类肌球蛋白，它们可以形成双头（即二聚）马达。通过肌球蛋白头部传导的力可以：①推动细肌丝之间的相对运动；②推动一个囊泡沿细肌丝运动；③推动一根细肌丝沿膜运动。这三种运动方式对微管马达（即动力蛋白和驱动蛋白）同样适用

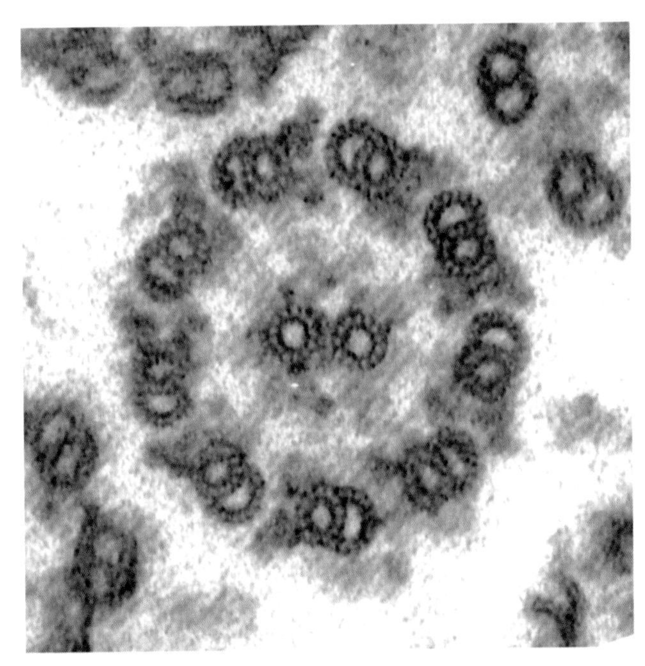

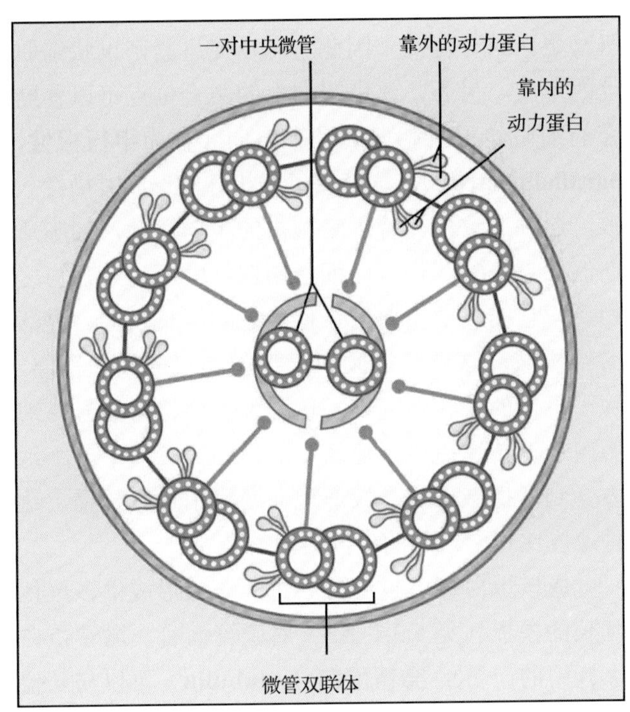

图 5.13 莱茵衣藻（*Chlamydomonas reinhardtii*）的一根纤毛横截面电镜显微照片。轴丝是由 9 对类似微管的结构（称为双联体）围着一对中央微管形成的一个环。动力蛋白固定结合在一个双联体上，向外延伸至邻近的另一个双联体并试图推动它。由于双联体都是在其底部锚定并且也锚定在中央微管上，动力蛋白产生的这种力使纤毛发生弯曲。来源：显微照片来源于 M. Hirono, University of Tokyo, Japan

的早期祖先类群中不存在。另外，种子植物不需要产生纤毛，因此也没有轴丝动力蛋白。动物细胞中由胞质动力蛋白承担的那部分工作，在植物细胞中也许是由驱动蛋白承担的（见下文）。

无论是轴丝还是胞质动力蛋白，都将货物运向微管的负端。动力蛋白是一个很大的多肽（>500kDa），它的球状产力结构域组成一个环形（见图 5.11E），两根“辐条”暴露出来，其中一根结合微管，另一根更长、更粗的“辐条”从环形的另一侧伸出来结合需要运输的货物和起调控作用的亚基。环形的收缩产生力，从而减小两根“辐条”之间的夹角。动力蛋白往往以二聚体甚至三聚体形式发挥功能，这样可以增加持续性，还可能增强调控范围。

最后一种分子马达是驱动蛋白，尽管它是三种分子马达中最后一个被发现的，但它可能是生化性质了解得最为清楚的一种分子马达蛋白。驱动蛋白的结构和肌球蛋白很像，它也有一个球状的头部来结合 ATP 和微管，使用连接头尾的杠杆臂来产生推力。实际上，驱动蛋白和肌球蛋白可能来自于同一个祖先蛋白。在大多数真核生物中驱动蛋白种类繁多，至少有 14 个种类，而且特别在植物类群中它们也经历了广泛的辐射演化。其中拟南芥（*Arabidopsis thaliana*）有 61 个驱动蛋白基因，虽然毛果杨和水稻（*Oryza sativa*）也有很多驱动蛋白基因，但拟南芥所含的庞大数目为真核生物基因组之最。有些种类的驱动蛋白向正端移动（见 5.9.8 节图 5.50），另一些向负端移动。与动物细胞类似，植物的驱动蛋白在细胞分裂和细胞器运动中发挥作用。目前科学家们正在研究数量众多的植物驱动蛋白的功能。

5.4.3 其他辅助蛋白可以结合或切断细胞骨架多聚体、协助细胞骨架多聚体成核

除了产生推力之外，辅助蛋白还可以协助组装、加固和分解细胞骨架（图 5.14）。对这些辅助蛋白的了解主要来源于对动物和真菌的研究；在植物细胞中可以发现部分但不是全部的此类蛋白质，另外也有一些新演化出来的蛋白质。细胞中有许多此类蛋白质，每一类都有其特性。尽管细节上略有差别，但这些独特的性质也可分成不同类别。请记住接下来提到的分类是根据其活性区分的，而有些蛋白质有多种活性。

与细胞骨架单体和与多聚体相互作用的辅助蛋白有一个主要的区别。与单体相互作用的蛋白质有两种主要的活性，促进核苷酸交换或者封阻亚基。例如，**组装抑制蛋白**（**profilin**）可以与肌动蛋白单

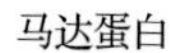

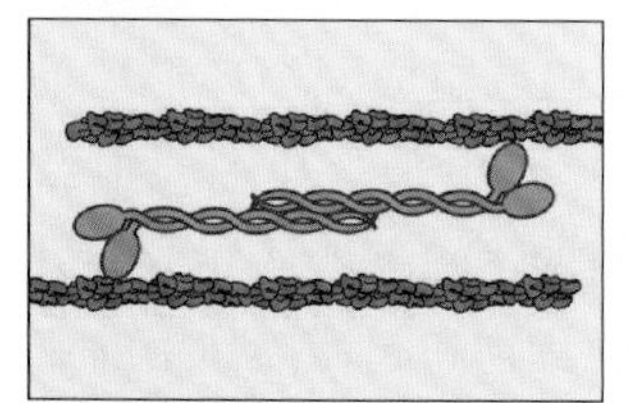

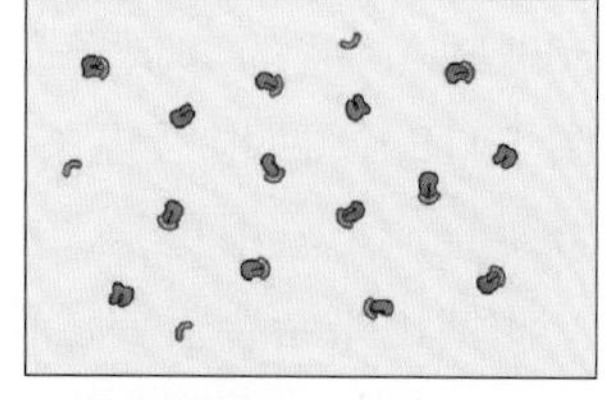

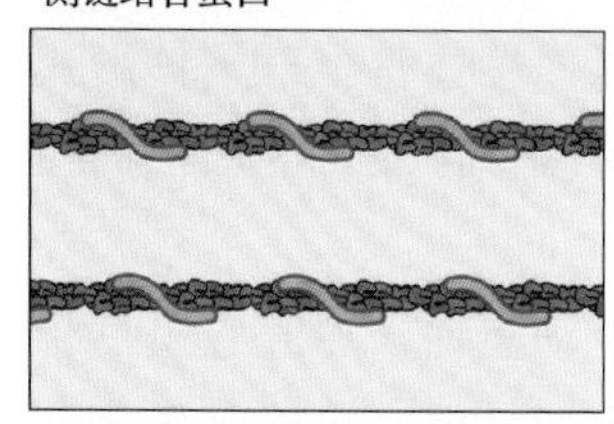

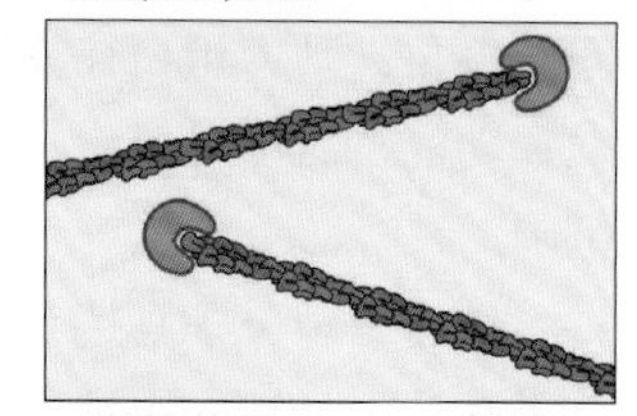

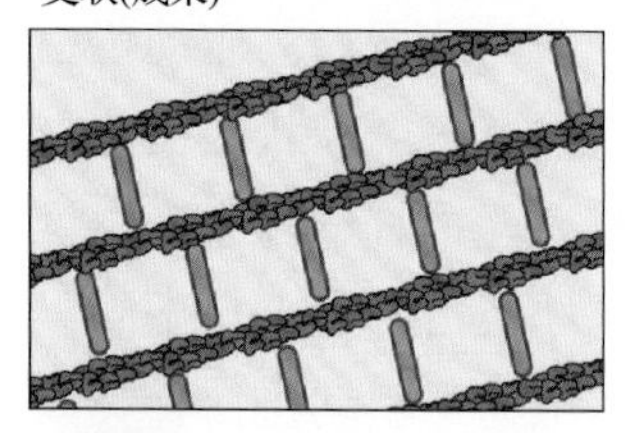

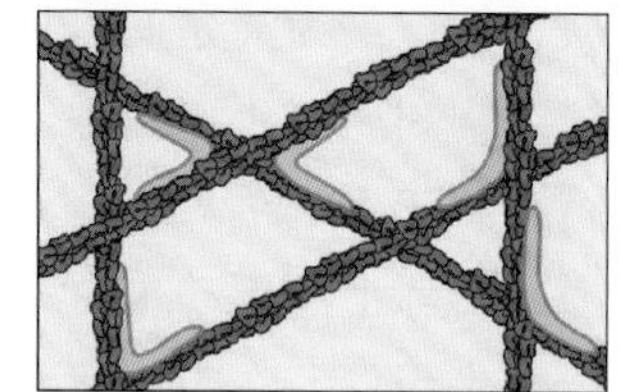

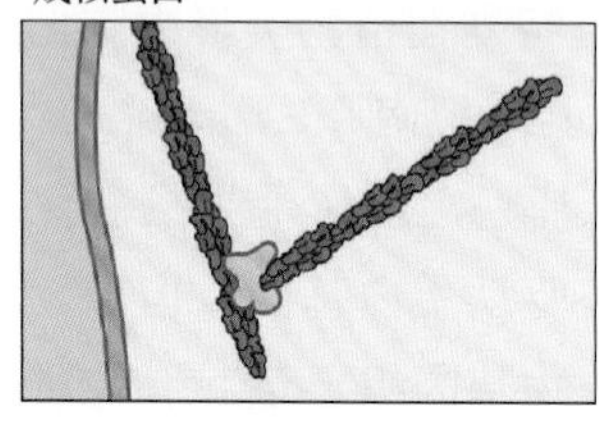

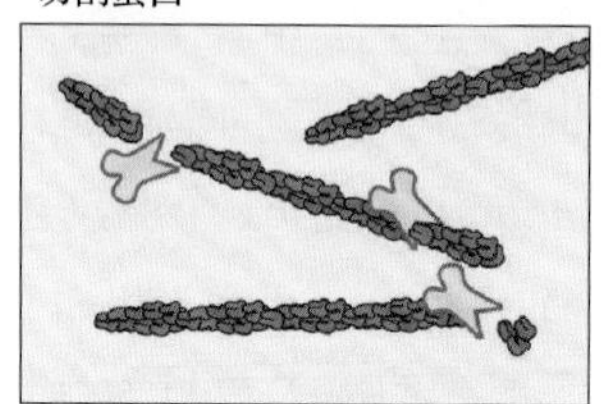

图 5.14 与细胞骨架结合的蛋白有多种功能，这里以细肌丝为例

体结合，从而降低可以进行多聚化的自由亚基数目（见信息栏 5.2）。

与多聚体相互作用的辅助蛋白主要有三种活性：结合、成核和切割（图 5.14）。所有的辅助蛋白都可以“结合”多聚体，但**结合蛋白**特指那些不会使细胞骨架成核或者切割多聚体的辅助蛋白。结合蛋白往往沿着多聚物进行结合（侧链结合），专一地稳定它的结构，例如，**原肌球蛋白**（**tropomyosin**）可以稳定肌动蛋白的结构，**MAP65** 可以稳定微管的结构，但与此同时也有一些结合蛋白起到破坏细胞骨架多聚体晶格的作用。另外还有一类非常重要的结合蛋白可以特异地结合多聚体的一端，形成帽子结构（末端结合，end-binding）。例如，微管结合蛋白 **EB1** 会特异识别微管的正端，它甚至可以在微管延长和缩短时仍然保留在正端上。这种蛋白质增加了细胞骨架的极性所携带的信息量，从而可以产生或者改变细胞的整体极性。

有一大类结合蛋白可以起到特异交联的作用。这一类蛋白质中有的可以连接不同的细胞骨架元件，有的可以把细胞骨架与细胞组分（如膜结构、代谢酶或者信号转导蛋白）连接起来。在不同细胞骨架多聚体之间起交联作用的蛋白质十分引人注意，这是因为邻近的细胞骨架往往排布成网络状或束状，而这些构象需要交联作用来形成和维持。这一类蛋白质中有一些已经研究得比较清楚了，它们可以将一根细肌丝与另一根纤丝相交联，或将一根微管与另一根微管相交联。最近有一些新发现的蛋白质，例如，**胞环蛋白**（**anillin**）可以将微管交联到细肌丝上，这类蛋白质引起了大家的关注。

交联蛋白的结构对它们组成的网络结构有很大的影响。例如，**丝束蛋白**（**fimbrin**）是一类十分小而结构致密的蛋白质，它有一对夹角约 180° 的肌动蛋白结合位点，因此它可以促进紧密束状细肌丝的形成。另外，丝束蛋白上的结合位点可以使结合的细肌丝正端朝向同一个方向（称为**平行极性**，**parallel polarity**），这确保了束状纤丝形成时极性一致。这种一致性支持了细胞内的单向运动，如胞质环流（见 5.6.1 节）。而**细丝蛋白**（**filamin**）则与之相反，它的肌动蛋白结合位点之间有长长的、灵活的结构域，这种结构倾向于形成随机的胶状网络。除了机械的完整性之外，这种胶状网络为信号在细胞内迅速传递提供了通道，这是因为胶质中一个地方受到了机械干扰会快速地在网络中进行传播，这种速度比化学信号的扩散要快得多。

成核蛋白可以越过多聚化的势垒形成供多聚体延长的模板（见 5.3.1 节）。对微管而言，微管蛋白家族中的一员 **γ- 微管蛋白**（**γ-tubulin**）可以与其他几种蛋白质一起形成一个环状复合体，这个复合体可以作为 αβ- 微管蛋白异源二聚体组装的基础。对肌动蛋白而言，成核作用是由含有 **ARP2/3** 和其他几种蛋白质的蛋白复合体完成的；另外，肌动蛋白也可以由**成核蛋白**（**formin**）进行成核作用。ARP2/3 在已经存在的细肌丝上进行成核作用，因此会形成分枝众多的网状结构；而成核蛋白则是在膜结构上对细胞骨架纤丝进行成核作用，它倾向于形成平行排列的纤丝。通过调控成核蛋白分布的位置，细胞可以控制细胞骨架多聚体出现的位置。

切割蛋白可以分解细胞骨架纤丝。如前所述（见

5.3 节），就算细胞骨架多聚体分解了，细胞也不会自发地降解。典型的纤丝切割蛋白可以结合在细胞骨架纤丝的任意位置并进行切割。例如，**剑蛋白**（**katanin**）可以切割微管，**肌动蛋白解聚因子**（**actin depolymerizing factor**）可以切割肌动蛋白。切割蛋白可以在纤丝上制造自由末端，使得细胞骨架排列方式发生迅速改变。例如，纤丝切割蛋白可以促进解聚化的进行，还可以产生更易改变位置的小片段。有些蛋白质是从末端开始降解细胞骨架多聚物的，这本质上就是加速亚基脱落的速度。有趣的是，有几种驱动蛋白演化出降解微管蛋白的功能，而不是运输货物的功能。

5.5 观察细胞骨架：静态和动态

为了理解细胞骨架在细胞中是如何工作的，除了要了解反应速率常数、系谱学、辅助蛋白的分类之外，还必须观察细胞骨架在细胞中工作的状态。细胞骨架在活细胞中的状态通过光学显微镜几乎是不可见的。为了增大对比度，研究者们可以将荧光分子（**荧光基团**，**fluorophore**）融合在细胞骨架蛋白上。由于荧光是在暗视场下观察的，因此它可以提供强烈的对比度。为了使这种观察方法得以成功，使用的荧光基团不能影响蛋白质的行为；另外，将细胞或者组织置于荧光显微镜下观察时，也不能影响它的生理活性。

5.5.1 显微注射标记蛋白是第一种用以观察活细胞中细胞骨架多聚物状态的方法

“细胞骨架”这个名字使人想起静态的骨状装甲，这个比喻也在早期有关细胞骨架功能的讨论中占据主导地位。尽管已获得有关细胞骨架动力学的线索，如通过偏振光显微观察，但直到科学家们可以直接在活细胞中观察到细肌丝和微管，才使得这些细胞骨架多聚物不同寻常的动力学特征为大众所接受。

科学家们发现一个化学荧光基团（如荧光素，fluorescein）可以通过共价键结合到微管蛋白上，而这不改变蛋白质的生化性质。标记了的亚基进入活细胞后会整合进入微管，从而可以利用荧光显微镜进行观察（图 5.15）。尽管在 20 世纪 70 年代末，科学家已观察到活体动物细胞中的细胞骨架，植物细胞却由于其厚的细胞壁和很大的膨压而很难进行显微注射。1990 年，人们利用雄蕊毛细胞首次克服了这些障碍（图 5.16），并逐渐在其他类型的植物细胞中实现了显微注射。人们发现，在所有情况下，微管排列都是高度动态的，平均每个微管的半衰期只有大约 1min。

虽然在活细胞成像研究中细肌丝已经可以用探针标记，但却无法在植物细胞中引入偶联了荧光基

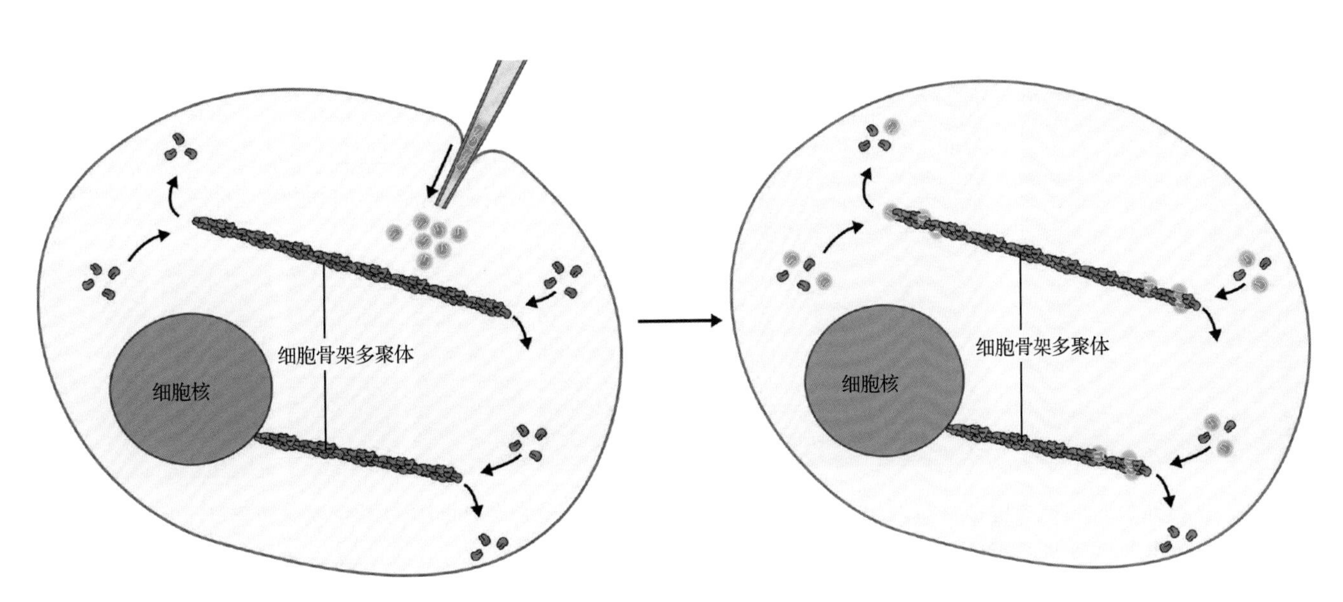

图 5.15 荧光类似物细胞化学方法在细胞骨架多聚物中应用的图例示意。向细胞中显微注射很小体积的、目标蛋白上偶联了荧光分子（荧光基团）的溶液。短时间后，荧光亚基（以及自身亚基）会整合进入细胞骨架结构，这样在荧光显微镜下就可见细胞骨架结构

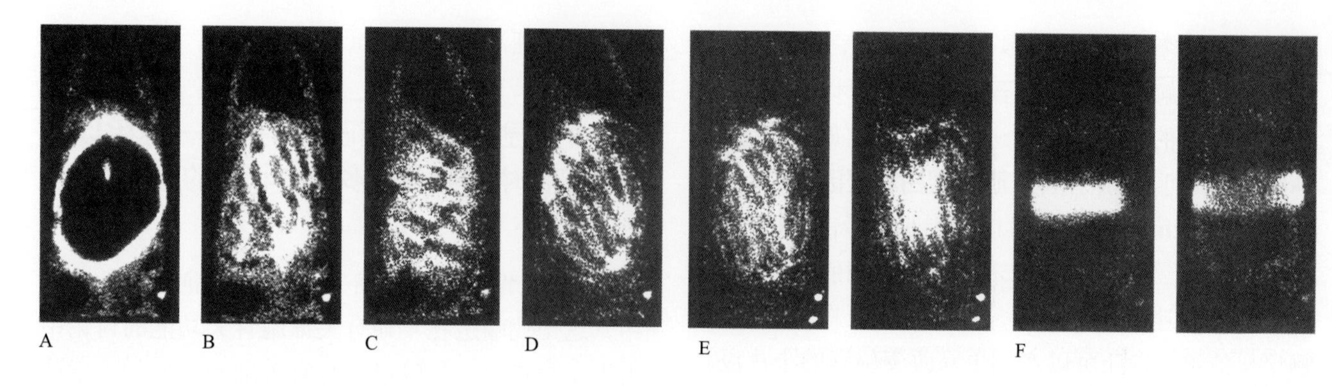

图 5.16 从牛脑中提纯的微管蛋白与荧光基团偶联后显微注射进入一个活的雄蕊毛细胞的共聚焦荧光显微照片。这些照片是荧光类似物细胞化学方法首次应用于活体植物细胞中标记细胞骨架。微管的分布如图所示，细胞从分裂前期（A）经过前中期（B）、分裂中期（C）、分裂后期（D）、分裂末期（E）直到胞质分裂（F）。来源：Zhang et al.（1990）. Proc Natl Acad Sci USA 87: 8820-8824

团的肌动蛋白。一种替代方法是利用二环肽类鬼笔环肽的荧光来标记植物的细肌丝，鬼笔环肽可以高度特异地结合丝状肌动蛋白，并且已经可以成功注射进入植物细胞（图 5.17，见图 5.39）。然而，鬼笔环肽不仅会影响细肌丝的行为，还会在液泡中汇集，并通过胞间连丝从细胞中散失，不能进行长期观察。

5.5.2 荧光蛋白成为活细胞成像中报告蛋白的首选

尽管荧光类似物在植物细胞骨架成像上获得了成功，但是显微注射的技术困难让这种方法不易普遍应用。然而，将荧光蛋白作为报告蛋白为活细胞蛋白定位提供了新的选择（见图 1.27）。表达带标记的微管蛋白的技术已广泛应用于植物，它可以实现微管动态的实时追踪（图 5.18）。标记微管几乎不会影响其微管的正常活动，但与之相比，标记肌动蛋白的问题较大。与化学荧光基团一样，在植物中用 GFP 标记肌动蛋白会大大影响其活性，而且肌动蛋白的结合蛋白也会被标记上。一个可行的方法是将 GFP 与丝束蛋白中的肌动蛋白结合域相连做成一个嵌合报告蛋白，图 5.19 展示了这种方法的结果。尽管将这些标记蛋白引入植物没有表现出明显的缺陷，但是，报告蛋白的荧光却显示出一些并非与整个肌动蛋白细胞骨架相连的肌动蛋白结合蛋白。如图 5.20 所示，表达三种不同探针标记的肌动蛋白结合蛋白的花粉管的着色模式各不相同。

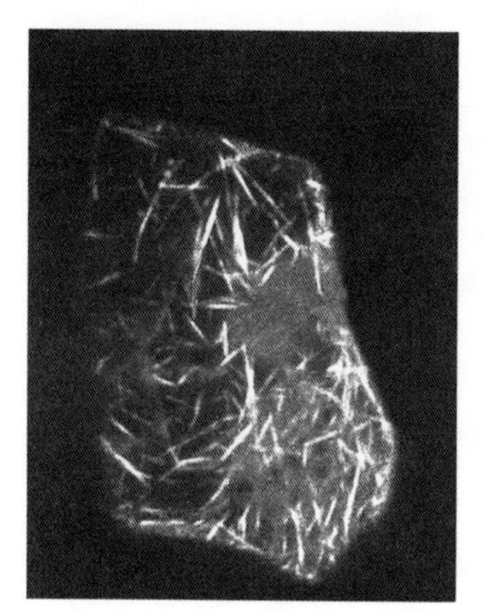
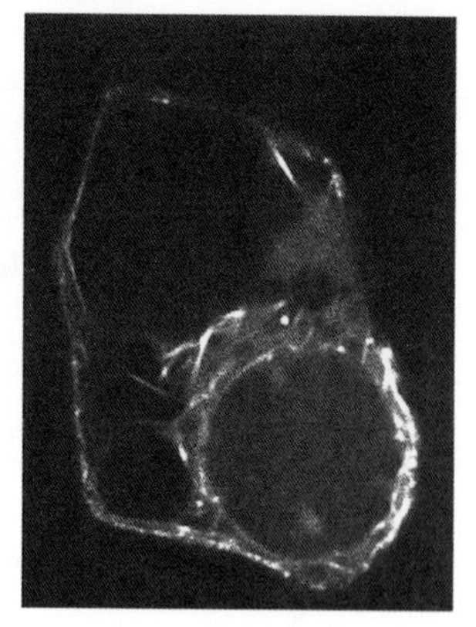

图 5.17 显微注射了一种可以结合肌动蛋白的荧光基团（鬼笔环肽，rhodamine-phallodin）到紫露草（*Tradescantia virginiana*）的活叶表皮细胞的共聚焦显微照片。左图示细胞皮层，它富含纤丝状的肌动蛋白；右图为细胞核所在焦面，示特异围绕这个细胞器的肌动蛋白框状结构。来源：Cleary（1995）. Protoplasma 185: 152-165

5.5.3 冷冻固定提供了细胞骨架的最高分辨率图像

除了揭示细胞动态之外，活细胞成像可以满足人们想看细胞内部活动"卡通片"的好奇心。当然，

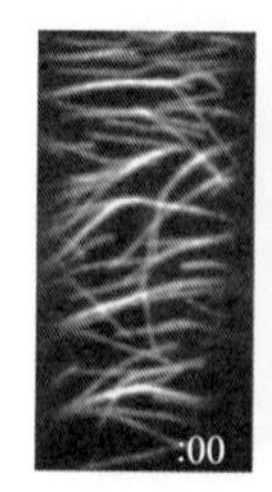

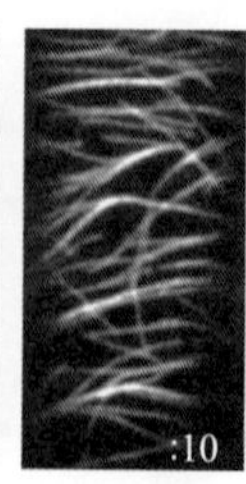

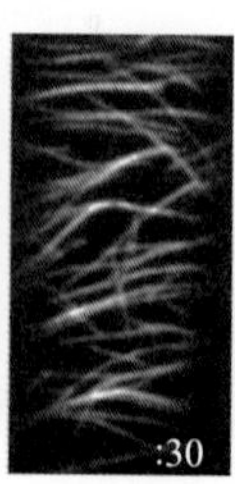

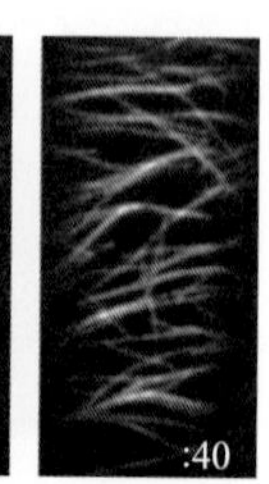

图 5.18 绿色荧光蛋白（GFP）为通过显微注射标记细胞骨架结构提供了另一种有效的方法。本例中使用共聚焦荧光显微镜展示了拟南芥下胚轴的周质微管排布。这些照片是每 10 秒拍摄一次而得到的。乍看这些排布是固定不动的，然而仔细追踪观察单个微管就会发现其实它们中有许多都在进行动态的生长和收缩。来源：S. Shaw, Indiana University

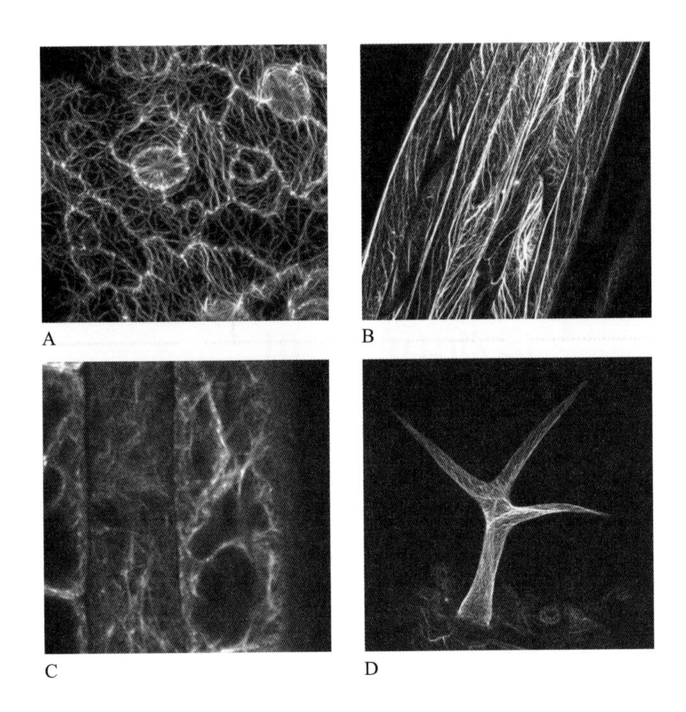

图 5.19 肌动蛋白细胞骨架也可以用 GFP 报告分子标记，尽管这种标记并不直接。这些图片是在拟南芥不同细胞类型中表达了包含有 GFP 和与肌动蛋白结合的丝束蛋白序列的报告载体的共聚焦荧光显微照片。在许多细胞类型中，包括在茎生叶的上表皮细胞（椭圆形的是气孔）(A)、叶脉（B）、根伸长区皮层薄壁细胞（C）和表皮毛（D）中，都可见致密的肌动蛋白网络。来源：E. Blancaflor, Noble Foundation Ardmore, Oklahoma

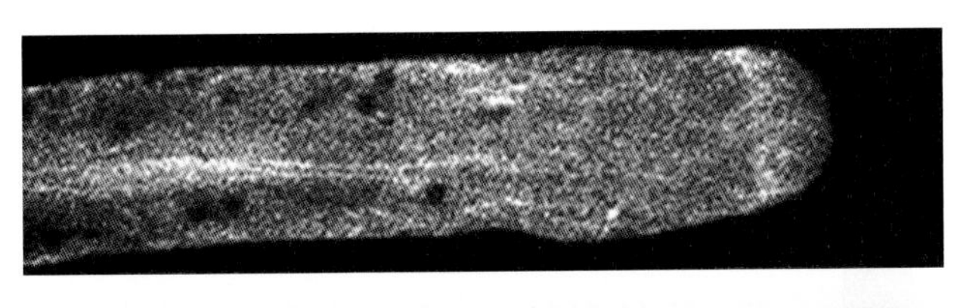

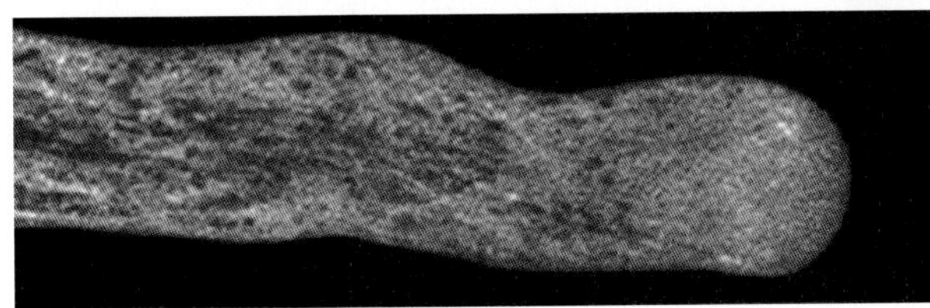

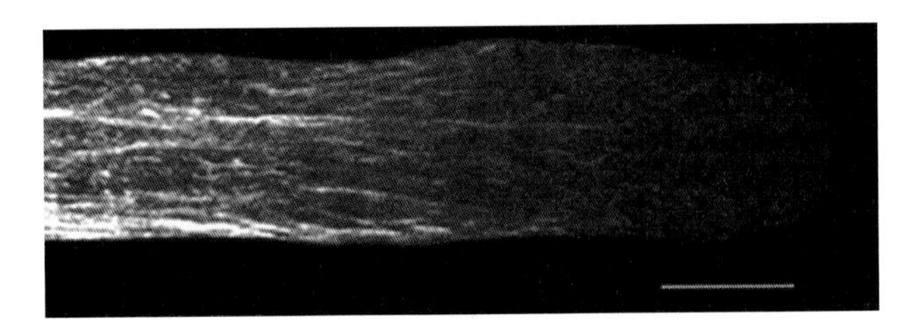

图 5.20 通过用荧光标记肌动蛋白结合蛋白来标记肌动蛋白，只能标记出部分肌动蛋白结构。这些图片是表达了连有不同肌动蛋白结合蛋白的报告载体的百合花粉管的共聚焦荧光显微照片。每一种报告载体都给出了不同的“肌动蛋白”的模式。标尺：10μm。来源：改自 Wilsen et al.（2006）. Sex Plant Reprod 19: 51-62

对死细胞进行成像也有很多好的理由。例如，当细胞处于盖玻片挤压或激光辐射条件下，将不利于动态观察。光学显微镜对盖玻片下几十微米以内的物体成像效果最佳。随着距离增加，像差会发生积累并且很难获得有准确信息的图像。光学显微镜的分辨率也有限，电子显微镜虽然具有更高的分辨率，却不适用于液体条件下或活细胞材料的观察。因此，为了避免不需要的细胞反应、为了对厚样品内部成像，或者为了利用电子显微镜的高分辨率，很长时间以来，科学家们都依赖于对死细胞成像，并且，在可预知的将来，他们很可能还会继续这样做。

许多年来，人们都是使用酒精来杀死细胞进行显微观察的，这个过程叫固定。20 世纪 60 年代引进了一种改进的利用戊二醛的化学固定法；人们用这种方法第一次观察到了微管，这是对植物材料进行显微观察的一大突破。但是，即使是最好的化学固定剂，也需要几分钟来停止细胞的动力学过程。这段时间足够让细胞发生一些非自然的变化，其中一些细胞组分固定住了，另一些却还在运动和反应。

为了解决这个问题，显微学家们使用了**冷冻固定**（**cryofixation**）的方法。样品在低温（–180℃）下放入具有高热容的冷冻液体中（如丙烷）进行冷冻固定，这种方法可以迅速地去掉样品中的热量，以至于没有足够的能量来形成冰晶（冰晶会膨胀，它的形成会造成样品的损坏）。样品在几毫秒内就冻住了，几乎没有时间产生多余的变化。在正常压力环境下，只有样品外围 5 ～ 10μm 处的热量会得到有效的去除，这只能对单细胞进行冷冻。但是，通过使用特定的仪器，**高压冷冻**（**high-pressure freezing**）可以在高压下进行冷冻固定。这种方法可以避免水形成相当厚的冰晶（质量好的样品最多可以达到 1 ～ 2mm）。冷冻固定之后，样品中的过冷水就会被溶剂（如丙酮）置换掉，进行这个过程的温度比固定时高（–80℃），但对于水结冰形成冰晶来说仍然低得多，这种置换称为**冰冻置换**（**freeze substitution**）。一旦水分都置换成溶剂后，样品就可以和之前一样进行电子显微观察了。

冷冻固定可以在几毫秒内终止细胞内所有的动力学过程，样品的结构比起化学固定显得更接近自然状态（图 5.21）。最近，冷冻固定的方法已经用于研究花粉管中肌动蛋白的定位问题。不同实验室，甚至同一个实验室的不同文章曾经报道过花粉

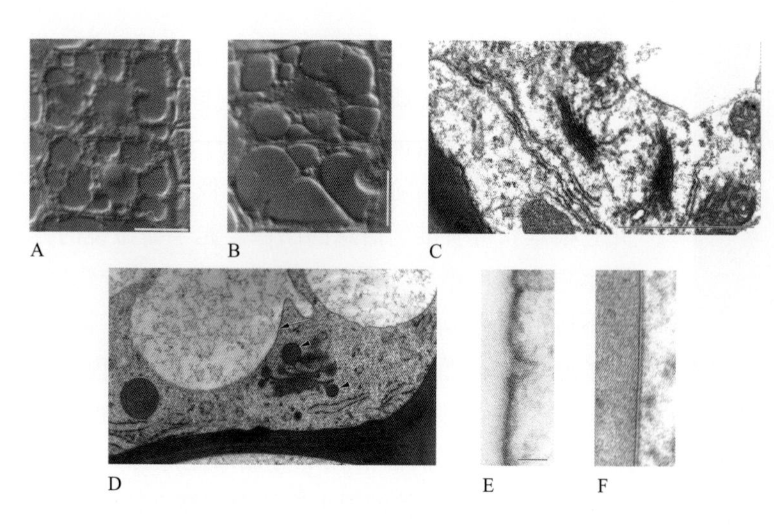

图 5.21　化学固定法和冷冻固定法的比较。A、B. 使用 Nomarski 光学显微镜观察化学固定（A）及冷冻固定（B）的拟南芥根部切片。请注意观察 A 图中相对于 B 图凝固的细胞质，其中跨过液泡的条带似乎一直受到很强的张力。标尺：10μm。C ~ F. 烟草（*Nicotiana tabacum*）根部的透射电镜显微图。C、E. 化学固定，D、F. 高压冷冻固定。请注意观察光滑的膜结构（箭状物）、球形细胞器（箭头状物）和冷冻固定样品（D）中致密的细胞质。在更高的放大倍数下，化学固定细胞的质膜发生了变形（E），而冷冻固定细胞的质膜呈现出光滑的双分子层（F）。C、D 中标尺为 2μm，E、F 中标尺为 25nm。来源：图 A、B 来源于 Baskin et al.（1996）. J Microsc 182: 149-161; 图 C ~ F 来源于 Kiss et al.（1990）. Protoplasma 157: 64-74

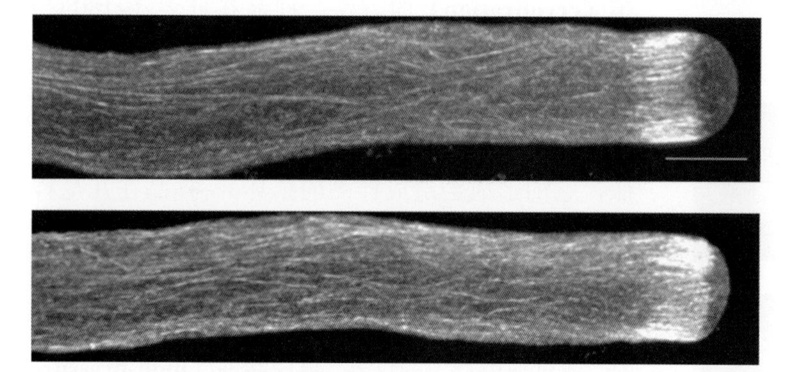

图 5.22　冷冻固定可确定花粉管中细肌丝的瞬时状态，同时也为优化化学固定的方法提供了参考。图示为百合（*Lilium longiflorum*）的花粉管共聚焦显微照片，上方为冷冻固定，下方为优化后的化学固定。通过冷冻固定法在许多不同物种的花粉管中都可以观察到花粉管近端区的肌动蛋白富集环，以及充满了花粉管中间伸长区的分得很清楚的细肌丝。这种冷冻固定的图像为优化产生类似质量图像的化学固定方法提供了参考（下方图所示）。标尺：10μm。来源：Lovy-Wheeler et al.（2005）. Planta 221: 95-104

管中肌动蛋白的不同定位，它们相互矛盾。这种不一致的图像很可能是由于选用了不一样的活细胞标记方法引起的（见图 5.20）。冷冻固定花粉管后进行冰冻置换，然后使用肌动蛋白抗体进行免疫标记染色展现出了肌动蛋白的两个性质（图 5.22）：第一，细肌丝充满了花粉管的管部：以前报道的粗纤丝束可能是在固定作用下形成的束；第二，花粉管顶端皮层内围有一圈密集的肌动蛋白，人们认为这种不寻常的结构在花粉管顶端生长中发挥关键作用。

5.6　细肌丝在胞间定向运动中的作用

在所有的细胞中细胞骨架都与细胞器相互作用，从而特异地移动它们或者通过锚定作用阻止它们的移动。在植物细胞中细胞器主要依赖肌动蛋白来进行移动，而动物细胞则主要依赖微管。当然也有例外，科学家们越来越多地发现在动物和植物中，微管和肌动蛋白都可以相互作用，一起有序地调控细胞器的运输。有趣的是，在细胞形状调控方面，动物和植物细胞又反过来了，即动物细胞由肌动蛋白调控，而植物细胞则受微管调控（见 5.7 节）。这种演化生物学角色的对换强调了这样一种观点，即真核生物很早演化出了细胞骨架多聚物这一创新性性状，然后随着不断演化，出现了多样性极其丰富的多聚物模块。动物和植物只是代表了真核生物演化树上的两个大枝，一旦研究细胞骨架功能的取样量更多样化，我们应该可以对这些功能的全面转变有更为深刻的理解。

5.6.1　胞质环流需要肌动蛋白的参与

胞质环流（**cytoplasmic streaming**）是指细胞质的内容物运动，它如字面意思那样在细胞内进行流动。胞质环流在有大型液泡的细胞中十分显著（见信息栏 5.2 图 A），如轮藻科巨大的节间细胞。这些巨大的细胞帮助科学家提出了一个最早的模型，在这个模型中，用纯化过的组分可以使停滞的胞质环流重新恢复（图 5.23）。在这些节间细胞中，细胞质分隔为细胞皮层的静止层和其内部称为内质（endoplasm）的流动层。在接近层间的分界线的地方，是长长的、具有一致极性的平行细肌丝束。这些纤丝束稳定地锚

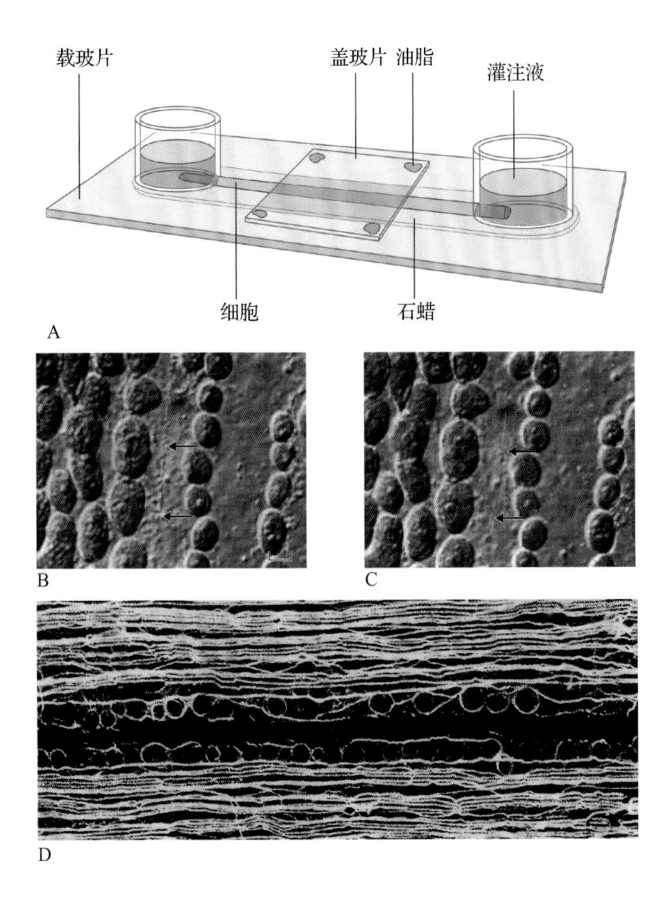

图 5.23 轮藻（*Characean algae*）的巨大节间体早期用于进行胞质环流的功能研究。A. 灌注室。将一个节间体置于载玻片上，细胞的每一末端都置于一玻璃环下，玻璃环上有一刻痕可容纳细胞。灌注液置于环内，细胞在环间的部分以液体石蜡覆盖。然后将盖玻片放于细胞上，以液体石蜡支持。在这些条件下，完整的细胞可持续流动一周以上。开始实验时，切断细胞的末端，使灌注液流入并充满细胞。这会移除中央液泡和许多内质，但是，包含有叶绿体及与其相联结的细胞骨架成分的周细胞质会留下来。B, C. 光学显微镜下灌注室中的灌注细胞。箭头指的是一束由旁边一排叶绿体上移动下来的细肌丝。在 B 图中，这束纤丝上覆盖了一些微颗粒。在 C 图中，注入含 ATP 的溶液，使细胞恢复胞质环流，微粒沿纤丝移动，渐渐离开视野。现在已经知道这一运动是由肌球蛋白提供的动力，它是许多植物细胞胞质环流的基础。D. 荧光显微照片，显示一个巨大的轮藻节间体周细胞质的某个区域，用荧光鬼笔环肽染色可定位细肌丝（黄色）。在纤丝束下也可以看到叶绿体堆叠体。来源：图 B、C 来源于 Williamson.（1975）. J Cell Sci 17: 655-668; 图 D 来源于 G. Wasteneys, Australian National University, Canberra

定在一排排的叶绿体上，并通过分支连接到细胞壁上的方式将自身固定在皮层上。内质网（endoplasmic reticulum，ER）和其他大细胞器的膜上都结合有肌球蛋白，固定的细肌丝特定的极性使其驱使细胞器向一致的方向移动。大细胞器的运动拉动了整个内质的流动。

陆生植物细胞的胞质环流也包括肌球蛋白结合的细胞器沿着细肌丝的移动。与藻类节间细胞不同，植物细胞具有动态的肌动蛋白以便线形弯曲的细肌丝能够重排。无论如何，结果是相似的，即胞质环流都会造成细胞质中细胞器的彻底混合，即使有个巨大的液泡。在没有大液泡的细胞中，细胞器也会沿着细肌丝持续移动，但是不会造成细胞质的整体流动（即胞质环流）（见图 5.26B, C）。

5.6.2 细胞器的持续运动与锚定依赖于细肌丝

目前植物细胞中研究得最清楚的细胞器运动是叶绿体的运动。在光合细胞中，由于光环境的变化，叶绿体需要移动来使其对光能的吸收达到最佳：在弱光条件下增强光吸收，在强光条件下减弱光吸收（图 5.24）。光诱导的叶绿体运动，以及接下来叶绿

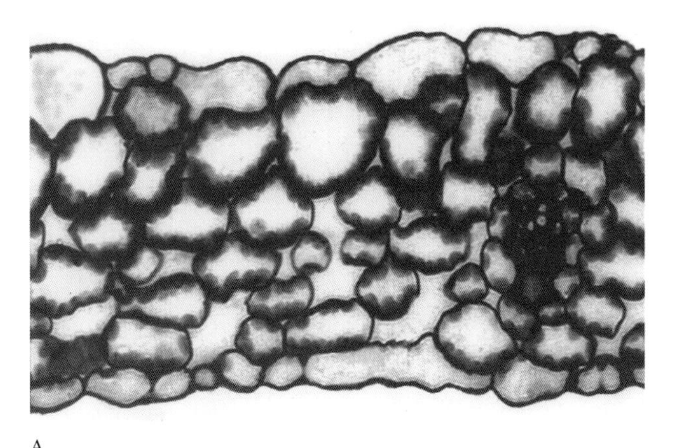

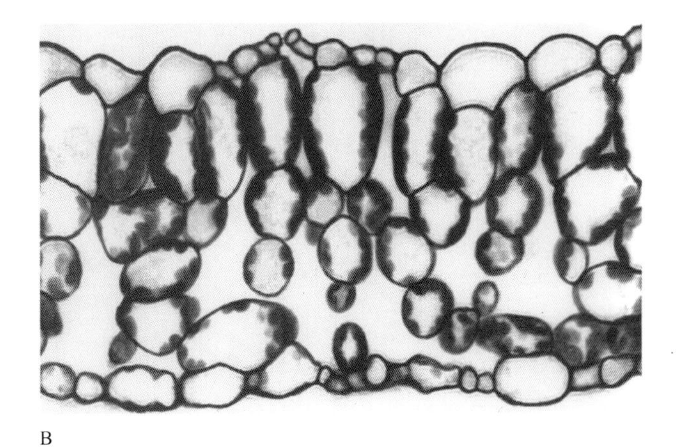

图 5.24 如拟南芥叶片的横截切面所示，叶绿体通过移动来实现对光吸收的最大化或最小化。A. 在弱光下，叶绿体移往平行于叶表面的细胞壁并停留在那里，因此可以最大化光吸收进行光合作用。B. 在强光下，叶绿体移往垂直于叶表面的细胞壁，使光吸收和光损害最小化。来源：Trojan & Gabrys（1996）. Plant Physiol 111: 419-425

体的锚定，都依赖于细肌丝（图 5.25）。在一些植物中，当叶绿体锚定住时，细肌丝形成网状结构包围叶绿体；当叶绿体运动时，这种结构就会变成一个更加线性的模式（“轨道状，tracks”）。但在其他植物中，没有观察到肌动蛋白网络的结构变化。考虑到适宜的光捕获的重要性以及叶片可以进行光合作用的条件，叶绿体能够利用肌动蛋白系统以多种方式运动并不使人惊讶。在那些感知重力的组织中，质体（plastid）运动也很重要。在这些组织中，质体 [又称为造粉体（amyloplasts），因为它们有明显的淀粉粒] 在感知重力时会沉积。人们并不知道细胞是如何精确地感知方向，且使造粉体沿着这个方向发生沉降。但是有一些证据指出，包围这些造粉体的肌动蛋白网络发挥着重要作用。

在植物中，高尔基体、内质网、线粒体及过氧化物酶体，均沿着细肌丝运动，而在动物和真菌细胞中，这些细胞器的运动则依赖微管。由于细肌丝以一个密集的网状结构遍布于细胞质中，甚至可以形成细的、膜包裹着的突起穿过中央大液泡，因此，这些细胞器轨道肌动蛋白分散在整个细胞中。在动物细胞中，高尔基体通过负端导向的微管马达蛋白在核周围聚集，这些蛋白质使高尔基体向中心体（centrosome）移动。而在植物细胞中，高尔基体会以一停一进的方式沿着细肌丝移动，分布在细胞各处（见图 1.27）。在细胞皮层，内质网展开形成一个由多边形潴泡联结的细管网络结构（见图 1.16），这种结构的形成依赖于锚定在质膜上的细肌丝。核糖体及其他 RNA 加工的结构也可以与细肌丝相互作用，这种互作最近引发了人们的研究兴趣。

植物线粒体和过氧化物酶体的运动也借助于肌动蛋白，但有趣的是，这些细胞器还可以与微管相互作用，这种相互作用的生理学意义并不难推测。过氧化物酶体可以阐明细胞器运动的一些令人迷惑的问题。过氧化物酶体的膜上有一种肌球蛋白的同型蛋白，它们紧密地沿着细肌丝定位和运动。但是，与高尔基体或质体不同，过氧化物酶体在叶肉细胞中趋于静止，并且在其他细胞中，过氧化物酶体运动的程度也随着细胞类型和细胞发育而变化。有趣的是，在葱属植物细胞进行胞质分裂时，过氧化物酶体会在形成的细胞板周围聚集，而高尔基体仍散布各处，在单子叶植物和双子叶植物的许多其他属中，过氧化物酶体也是分散的（图 5.26）。没有人知道为什么葱属的细胞中过氧化物酶体会发生如此显著的聚集，而其他依赖肌动蛋白运动的细胞器却不聚集。显然，细胞已经演化出了不同层次的调控方式来控制哪种细胞器在什么情况下向哪个方向运动，但其调控机制还研究得非常不透彻。

5.6.3 细肌丝参与向质膜内及由质膜向胞质的物质运输

正如在第 1 章提到的，细胞中进行着密集的囊泡运输，囊泡运输将膜和可溶性物质由一个细胞器转运到另一个细胞器。研究得最充分的途径是从高尔基体到质膜的囊泡运输，这是一条物质外流的路径，称为**分泌**（**secretion**）。通常认为分泌囊泡始

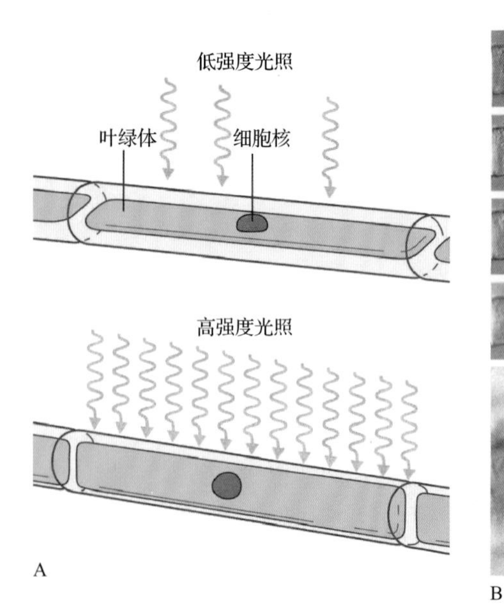

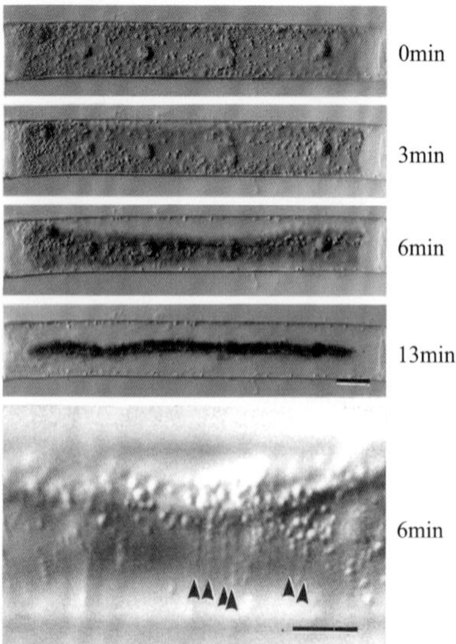

图 5.25 研究叶绿体运动常常利用绿藻属的转板藻（*Mougeotia*），这种细胞内有一个横跨整个细胞的盘状叶绿体。A. 弱光下，叶绿体的平坦面向光；强光下，其边缘向光。B. 叶绿体对入射光源垂直于页面的强光做出反应而发生旋转的时间进程。最后的照片是在更高的放大倍数下拍摄的，显示叶绿体的边缘已结合了胞质纤丝，已证实其中含有肌动蛋白（箭头所示）。标尺：10μm。来源：图 B 来源于 Mineyuki et al.（1995）. Protoplasm 185: 222-229

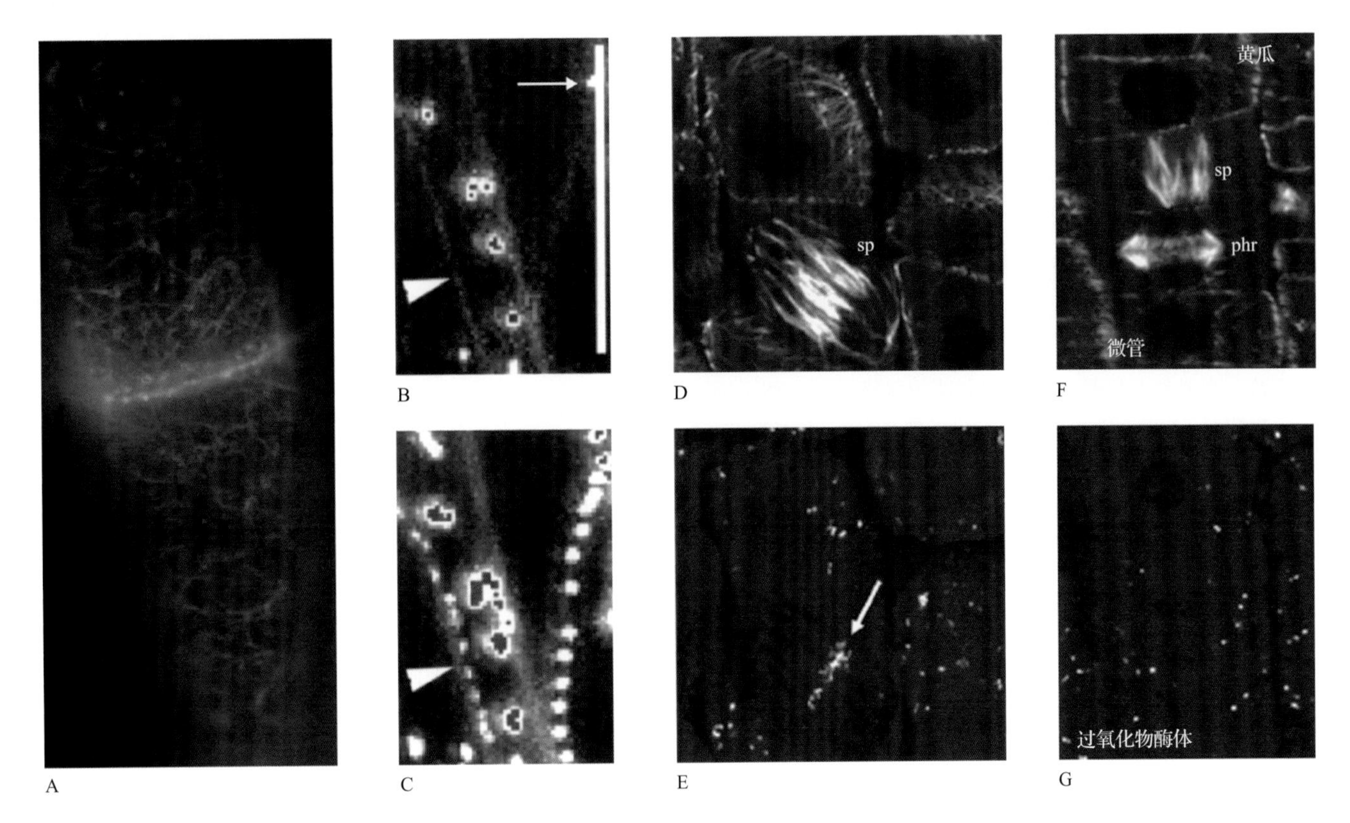

图 5.26 细胞器的运动性。A. 一对表达了肌动蛋白（绿）和高尔基体（红色）荧光报告标记的烟草人工培养细胞的荧光共聚焦显微照片，展示了这两种植物细胞器之间特有的联系。B, C. 洋葱表皮细胞中过氧化物酶体（箭状物所指）在肌动蛋白（箭头状物所指）上运动的荧光共聚焦显微照片。B 图展示了一个单独的画面，C 图则是好几个画面的叠加，过氧化物酶体以一串点的形式呈现。B 图中标尺为 25μm。D ～ G. 葱属植物中过氧化物酶体的奇特行为。荧光图像双重标记了微管（D, F）和过氧化物酶体（E, G）。在有丝分裂和胞质分裂的过程中，洋葱（*Allium cepa*）细胞（D, E）竟然在赤道板处富集过氧化物酶体（箭状物所示），在其他属植物如黄瓜属（F, G）中并没有这种聚集方式。另外，尽管洋葱细胞中这两种细胞器都利用肌动蛋白来运动，但是高尔基体的分布却是分散的（未显示）。sp, 纺锤体；phr, 成膜体。来源：图 A 来源于 A. Nebenführ, University of Tennessee; 图 B、C 来源于 Jedd & Chua.（2002）. Plant Cell Physiol 43: 384-392; 图 D ～ G 来源于 Collings & Harper（2008）. Int J Plant Sci 169: 241-252

终在细肌丝上运动，但这可能取决于细胞类型。生化方法检测发现，肌动蛋白抑制剂并不总能减慢分泌速度，由于高尔基体与质膜很近，因此为一些需要特殊分泌系统的细胞建立了一种专门的“快速通道”，例如，根冠细胞需要分泌大量的黏液来适应根际环境。

分泌作用通过返回囊泡得以平衡，这些小泡从质膜返回高尔基体或液泡，进行物质内流，称为**内吞作用**（**endocytosis**）。在动物和真菌细胞中，这条途径需要肌动蛋白；在植物中，内吞作用不需要肌动蛋白也可以进行，但速率和特异性会受到影响。总之，肌动蛋白在植物囊泡运输中的作用，不论是向内还是向外的运输，都需要进一步研究。

植物中，对细肌丝在囊泡运输中的功能研究得较为清楚的两个例子，一个是发生在细胞对病原物侵染的应答过程，一个是发生在顶端生长的细胞中。许多病原物通过挤进细胞起始它们的侵染过程，同时形成一个称为**附着胞**（**apressorium**）的结构。植物细胞在应答这种胁迫时，微管和细肌丝都会发生大规模重排，且人们已证明肌动蛋白与植物抗病有关。细肌丝会聚集到附着胞周围，诱发细胞器的积聚和细胞壁的局部加厚，从而阻碍病原物进入（图 5.27）。

花粉管以顶端生长的方式进行生长。在花粉管中，细肌丝沿着细胞皮层极性定位并向顶端运送分泌出的囊泡（和细胞器）；极性定位在花粉管中央的细肌丝则将内吞囊泡（和细胞器）向远离顶端的方向转运（图 5.28）。这些囊泡与细肌丝结合并且它们的膜上具有肌球蛋白。顶端生长的细胞快速伸长需要大量细胞壁前体不间断的补充。此外，肌动蛋白细胞骨架遭到破坏时，花粉管生长受到的影响比胞质环流更为显著，这种现象也许表明花粉管顶

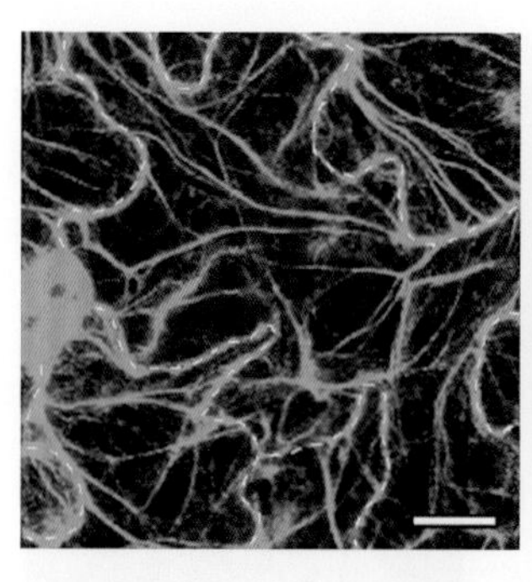
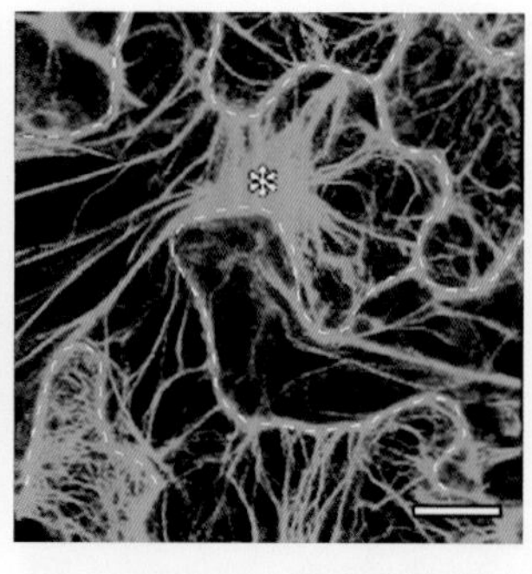

图 5.27 细肌丝帮助植物抵御病原菌的侵染。这个例子展示了白粉病（powdery mildew）侵染之前（左）和侵染一天之后（右）的子叶表皮细胞，经 GFP 融合肌动蛋白结合蛋白标记的细肌丝在受侵染细胞的侵染部位（星号所示）集中形成辐射阵列结构。人们认为这种构象帮助细胞壁加厚，使病原菌更难进入细胞。标尺：20μm。来源：D. Takemoto, University of Nagoya, Japan

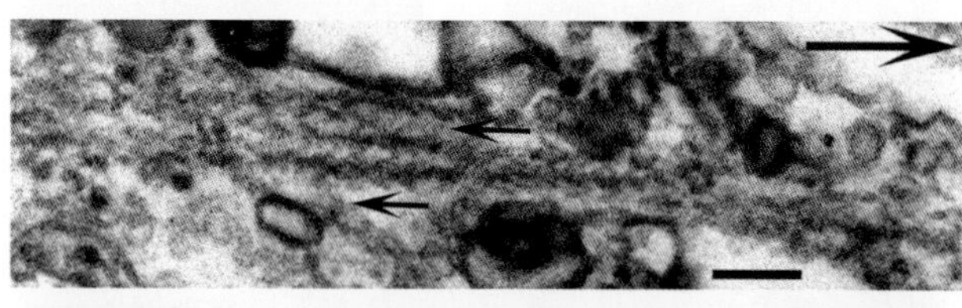
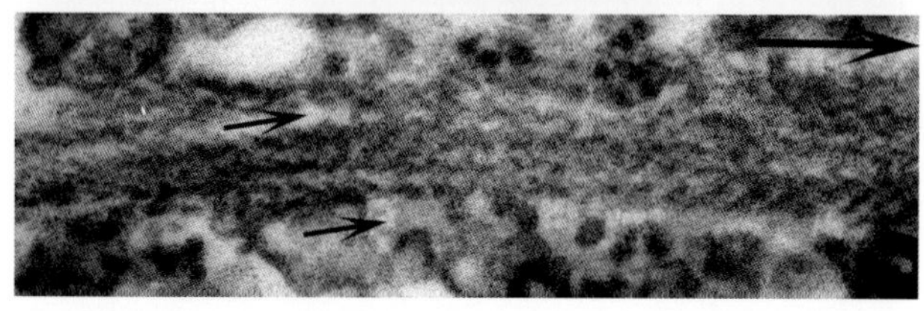

图 5.28 细肌丝在生长的花粉管中极性分布，以支撑囊泡沿着花粉管表皮向顶端的运动（上方图），或者在花粉管中部向远离顶端的方向运动（下方图）。进行透射电镜观察的花粉管在包埋之前是在肌球蛋白片段中孵育的，它可以非对称地结合肌球蛋白，从而形成箭头所示结构。小的黑色箭头展示了肌球蛋白尖端的方向，大的黑色箭头指向花粉管顶端。标尺：100nm。来源：Lenartowska & Michalska.（2008）Planta 228: 891-896

端肌动蛋白的功能不只负责囊泡运输。肌动蛋白细胞骨架在向内和向外的囊泡运输中的具体功能还有待揭示。

5.7 周质微管与细胞扩展

肌动蛋白最初作用于胞内运动，微管起支撑作用，然而它们的角色在细胞全方位生长过程中发生反转。扩展生长的植物细胞通常在一个方向的扩展比另一个方向迅速，即各向异性。这种特性使得植物可以形成圆柱形的茎、扁平的叶片，以及蜂形的花瓣（一些兰花为了吸引授粉者）。各向异性的细胞扩展依赖于微管的作用，当微管活动受到抑制时，细胞体积的扩大速率仍可以维持，但是各向异性的扩展速率降低，通常变为各向同性。

5.7.1 周质微管阵列控制着各向异性的细胞扩展

在植物细胞的周细胞质中，紧邻质膜存在着一些微管阵列（见图 5.18）。尽管在有丝分裂过程中会分解，但这些**周质微管**（**cortical microtubule**）几乎存在于所有类型的植物细胞中。在免疫荧光显微镜下，微管的排列看起来像一个单一的结构，环绕着细胞。但是，在电子显微镜下，这个阵列可分解成一系列部分重叠的短（小于 10μm）微管（图 5.29）。在阵列中的微管的方向几乎一致，并且贴近或直接与质膜接触。人们原来认为周质微管的方向在整个细胞中是一致的，但现在知道在同一细胞中的微管方向，在不同方位的细胞壁中往往是不一样的。在伸长的细胞中，大部分微管网与扩展最快的方向是垂直的，通常形容为“横排”。当伸长停止时，横排的微管重新定向，形成螺旋环绕细胞，

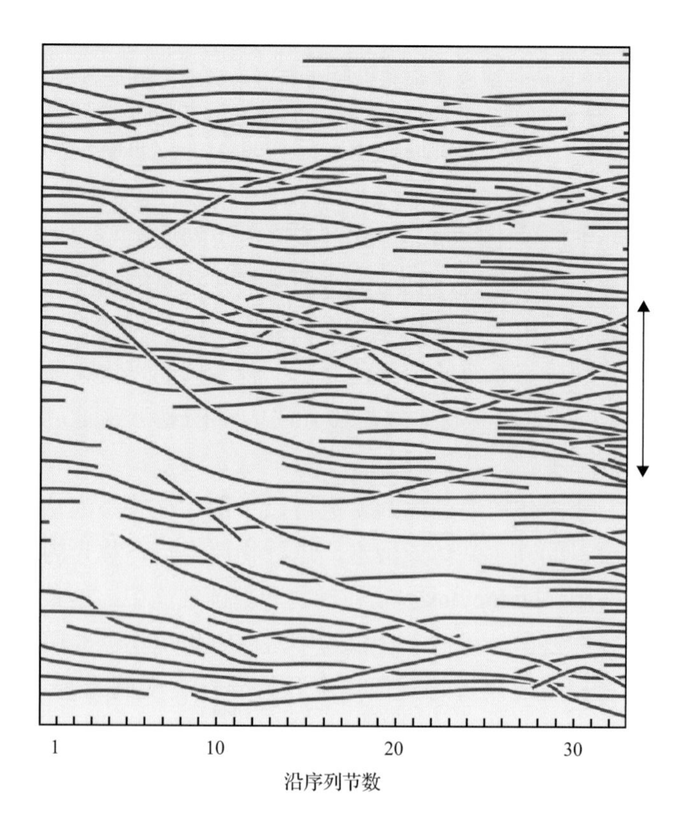

图 5.29 羽叶满江红（*Azolla pinnata*）的一个根细胞中周质微管阵列排布示意图，它是由电镜观察的一系列切片重构而来的。双向箭头代表有最大扩展速率的方向

即非生长细胞中微管的典型方向。

周质微管的主要功能是影响纤维素微原纤维的沉积方向，这便是生长的细胞中细胞扩展最快的方向（见第2章）。除了顶端生长的细胞（如花粉管和根毛）之外，纤维素微原纤维的方向都与微管方向平行（图5.30）。当原生质体再生细胞壁时，纤维素微原纤维平行于下层的周质微管。当细胞成熟时，纤维素和微管都以螺旋排列，纤维素微原纤维的螺旋排列为细胞壁提供了一种类似夹板的加固作用。纤维素微原纤维在次生壁发育过程中也与微管平行排列，在管胞中细胞壁加厚时，周质微管先形成一束，然后纤维素在此形成带状沉积。最后，无论是用抑制剂处理还是自然条件下使微管丢失，像一些具球茎的单子叶植物的叶鞘细胞，纤维素微原纤维就会随意堆积，而细胞则均匀地扩展。

尽管这样的证据说明了周质微管会影响纤维素沉积的方向，然而目前仍未发现这种影响的机制。此外，微管可能还会影响纤维素微原纤维的其他属性，如它们的强度以及它们向细胞壁中的整合，这些特性对于细胞各向异性的扩展十分重要。微丝强度会受到结合在微管上的蛋白质影响，使得纤维素合酶有最适的活性，就像机车后面的装煤车。微丝集成会受到跨膜蛋白影响，这些蛋白质通过它们的胞质结构域结合在微管上，它们的胞外域则可以促进纤维素微丝整合到细胞壁纤维中。将活体成像技术与细胞壁结构分析相结合，就可以对这些可能性进行评估，并且会有新的发现。

5.7.2 周质微管与细肌丝协调合作，决定细胞的形态

与大多数植物细胞简单的圆柱体或多面体形状相比，有些细胞简直就像一些微型雕塑。这些形状是由细肌丝和微管共同合作雕琢而成的。研究得较清楚的例子是叶表皮细胞及叶肉细胞，它们在成熟时都高度弯曲（图5.31）。在这两类细胞中，微管和肌动蛋白互为补充。在叶肉中，微管分散成带状，而细肌丝则在这些厚带之间聚集。重要的是，在相

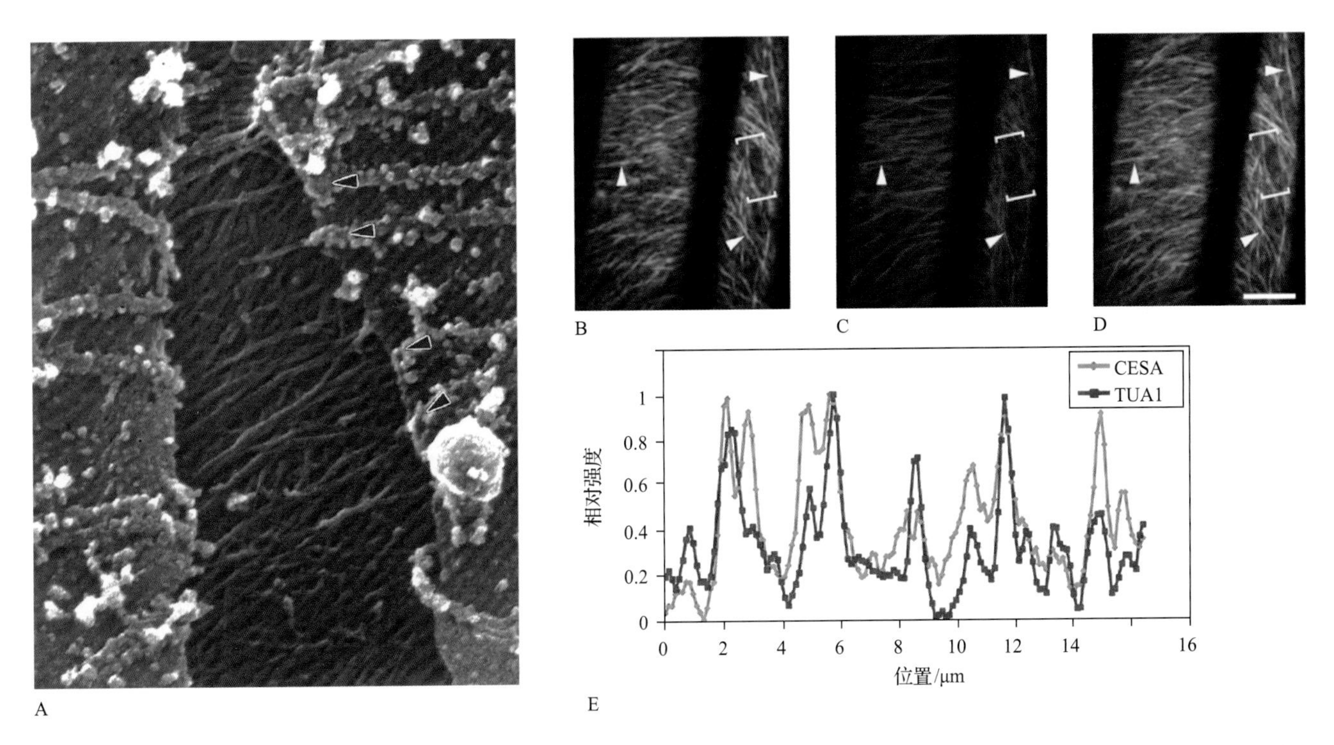

图5.30 与周质微管平行的纤维素微原纤维。A. 一个洋葱根细胞内部的场发射扫描电镜照片，视角是向着细胞壁观察的方向。通过细胞膜上的裂缝可以观察到细胞壁，示质膜的一个撕裂处的两边的周细胞质，内可见细胞壁。可以看到周质微管的方向（箭头所示）与细胞壁上许多微原纤维的方向一致。B～E. 表达了荧光标记的微管蛋白（C，红色）以及黄色荧光标记的纤维素合酶（B，绿色）的拟南芥下胚轴细胞的活细胞成像。在某一时间点，标记的纤维素合酶是点状的；B图中合成了连续画面从而使得点状的运动变成线状，确定其运动的轨迹（B图中箭头所示）。D图将绿色与红色信号叠加进一个图像中，其中绿色与红色的叠加变成了黄色。标尺：10μm。E图标绘了绿色和黄色信号的强度沿着紫色虚线（见D图）分布的变化。纤维素合酶的运动轨迹与其下方的微管平行，就如D图中许多黄线以及E图中二者相关联的强度分布所示。来源：图A来源于Vesk et al.（1996）. Protoplasma 195: 168-182; 图B～E来源于Paredez et al.（2006）. Science 312: 1491-1495

邻细胞中，微管带呈背对背分布。在表皮细胞中，细肌丝在外凸处的内部聚集，而微管优先在凹处内部区域聚集。由于一个细胞的外凸也是其相邻细胞的凹处，因此，微管和细肌丝在相邻细胞中交替排列。在单个细胞中造成这种交替布局的机制是目前的研究热点，显而易见，这个过程涉及反馈调节，细肌丝结合蛋白会破坏微管的稳定性，反之亦然。

细胞骨架系统中两种成分的交替分布影响细胞形态，这一机制在叶肉细胞中的研究相比表皮细胞更为清晰。在叶肉中，细胞在扩展裂片之间产生空隙，这种空隙给光合作用提供必需的空间。微管带会造成所处位置细胞壁的加厚，限制细胞扩展；然而细肌丝可能会通过促进分泌在局部增强扩展。同样，这使得细胞分离，在裂片处细胞生长，而形成的空隙则限制细胞扩展（图 5.31）。相反，表皮细胞壁是紧密相邻的。因此，裂片代表着一个与快速扩展相重叠的区域（在肌动蛋白聚集区上层），它紧邻着一个缓慢扩展的区域（在微管聚集区上层）。在这些形态复杂的细胞及其他形状特殊的细胞（如表皮毛和保卫细胞）中，人们正逐渐发现和阐释微管及肌动蛋白系统的拮抗调控作用。

图 5.31 细胞骨架参与复杂细胞外形的产生，如海绵叶肉细胞与表皮扁平细胞。在叶肉细胞（左）中，微管带（蓝色）围绕着细胞，而在微管之间则形成细微丝聚集区（红色）；重要的是，邻近细胞中的微管带彼此相对，与细微丝聚集区的情况一样。微管带使细胞壁的加固具有一致性（绿色），而细微丝聚集区则促进细胞扩展，形成突起和凹陷，从而形成叶肉细胞的海绵状外形。然而在表皮细胞（右）中，细微丝聚集区与微管带在邻近细胞间交错形成。这种组织方式将平周细胞壁分隔成高扩展速率和低延展速率的区域，而突起的形成就是这种扩展速率差异的反映

5.7.3 周质微管阵列受到分离成核作用和定向作用的机制调控

调控周质微管阵列的机制是植物细胞生物学研究的一个突出问题。不论是植物、动物，还是真菌，几乎所有已知的微管阵列都组装成一个显著的结构，例如，中心体或基体，其将负责微管成核的 γ - 微管蛋白复合体收容其中（见 5.3 节）。通过控制微管形成的位置，这些结构可以决定微管的位置及它们的极性（负端位于成核位

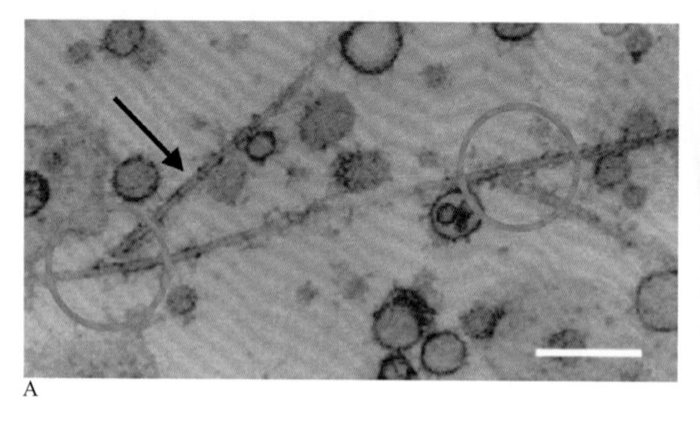
A

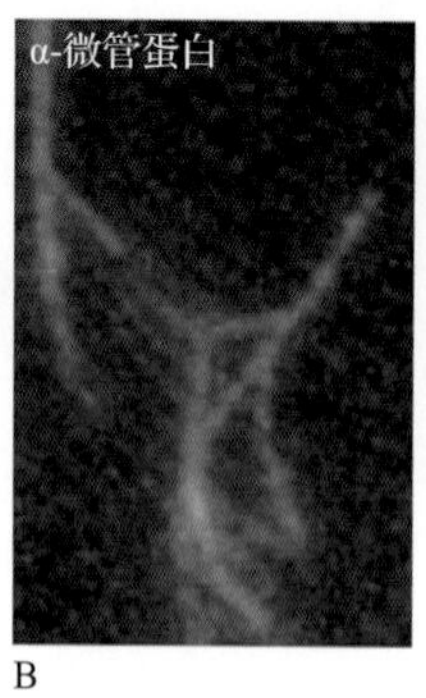

B

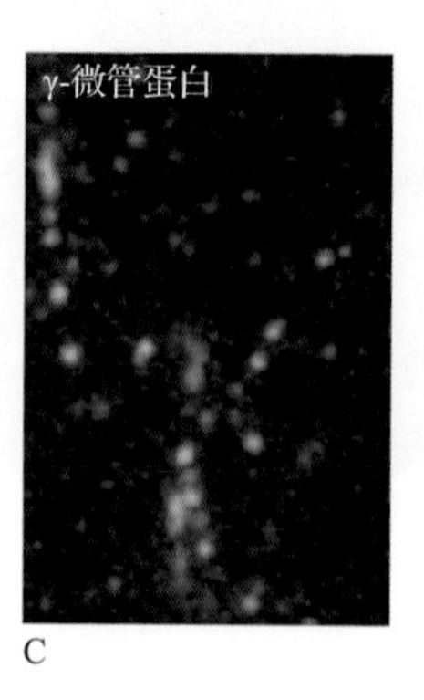

C

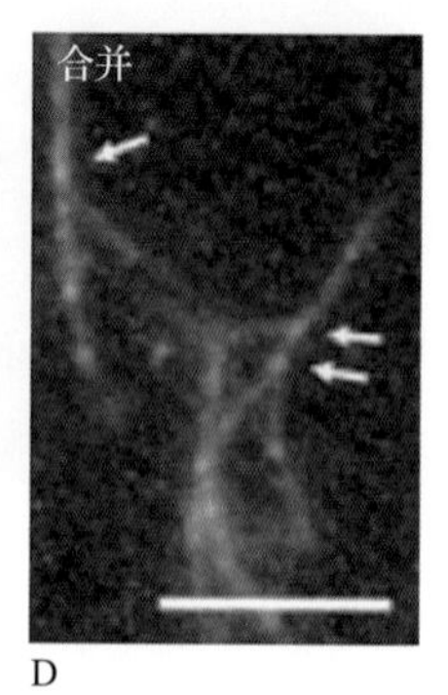

D

图 5.32 可在体外研究周质微管阵列的形成。当质膜的片段在细胞提取液里孵育时，微管可以从头合成。这种细胞提取液里含有 αβ- 微管蛋白及 γ- 微管蛋白成核复合物，但只有当质膜片段含有周质微管时才能形成新的微管。A. 透射电镜照片示微管沿着已有微管（圆圈所示）的边上成核。标尺：200nm。B ～ D. 微管（B）、γ- 微管蛋白（C）及二者叠加（D）的荧光显微照片。γ- 微管蛋白沿着微管一路结合，在分支处也有（叠加图中的箭头所指）。标尺：5μm。人们相信，细胞中周质微管的持续周转需要 γ- 微管蛋白复合物结合在已有的微管上，成核形成一个微管，一小段时间后从该微管上分离下来，然后又结合另一根微管并重复上述过程。来源：Murata et al.（2005）. Nature Cell Biol 7: 961-968

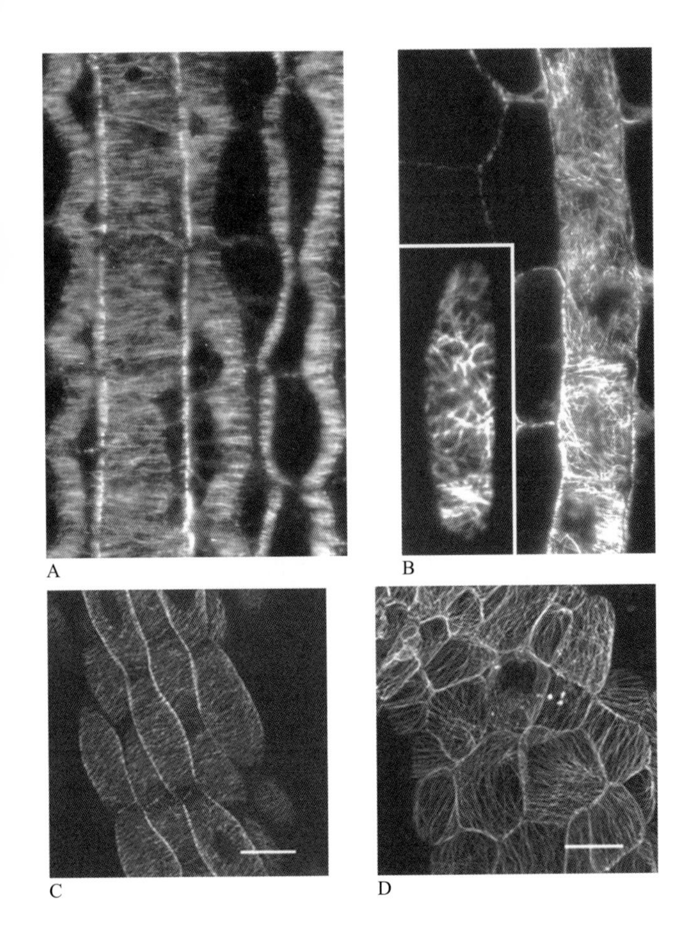

图 5.33 蛋白磷酸化在微管组织中起作用。A. 拟南芥根部生长区的周质微管阵列是横向定位的。B. 用一种蛋白激酶的抑制剂——星形孢菌素处理后，根部类似区域每个细胞的周质微管阵列组织结构发生异常。插入图片是更高放大倍数下的观察。C. 生长的下胚轴细胞中横向定位的周质微管。在拟南芥的 *tonneau2*（*ton2*）突变体（D）中，从组织层面上看，周质微管的阵列方向紊乱，不同细胞中的方向不一致。*TON2* 基因编码的是一个蛋白磷酸酶。C 和 D 中的标尺为 50μm。来源：图 A、B 来源于 Baskin & Wilson（1997）. Plant Physiol. 113: 493-502; 图 C、D 来源于 Camilleri et al.（2002）. Plant Cell 14: 833-845

点）。植物周质微管阵列的形成是弥散型的，既没有显著的组织结构，也没有确定的微管极性模式。周质微管阵列含有 γ - 微管蛋白复合体，分散在整个阵列中并支持着微管的成核作用（图 5.32）。成核的微管经常朝着最初的微管形成一个锐角，产生分散的微管，随后由细胞组织成所需的平行阵列。显然，对于周质微管阵列来说，成核和组织方向的过程是不同的。

组织微管方向的问题可以分解成三步：①一个指定方向的信号；②必须由一些细胞成分感受这个信号并传递给微管；③微管自身按指令排列。提供极性的信号（步骤①）可以是机械的、电子的或化学的。人们普遍认为传导机制（即感知，步骤②）包括一些跨膜蛋白或蛋白复合体，其胞外结构域“感知”信号，胞质结构域控制微管的行为。微管的行为（即应答，步骤③）可以包括微管之间特异的相互作用，通过马达蛋白或踏车作用将微管转运到正确的排列上，并且选择性地稳定那些恰好在正确的角度上聚合的微管。周质微管的行为已知可以受到微管之间相互作用及细胞信号转导成分的影响，如蛋白磷酸化（图 5.33，见第 18 章）。但是，植物是如何让周质微管以一个特定的方向排列呢？这个问题目前还回答不了。

5.8 细胞骨架与信号转导

细胞骨架以一种大的、广布在细胞之中的丝状结构连接着细胞。这种连接意味着细胞骨架不仅仅是移动的基质，而且可以形成一个个隔间，提供限定的空间，并对机械压力做出应答。细胞骨架功能的这些相关特性收录在**信号转导**（**signal transduction**）这一节，下面将进行详细讲述。最后会阐述信号转导的组件，如 G 蛋白和激酶（见第 18 章），但特异的信号转导途径将不会在此细述。

5.8.1 细胞骨架是一个相对稳定的隔间

目前发现的结合细胞骨架的蛋白质中，有一大类是酶。这些酶有的参与代谢，有的参与蛋白质转移，还有许多参与调控。目前还不完全清楚它们结合细胞骨架的原因，甚至不清楚这种结合是否是有功能的（而不是某种巧合），但确实有一个例子说明这种结合是有功能的。一些糖酵解的酶定位在微管，显然是利用了**代谢通道**（**metabolic channeling**）作用，该作用是指将一个酶的产物定向传输给下一个酶作为其反应物（图 5.34）。该作用之所以产生，是因为相邻的关系会限制反应只扩散到一个有效的表面而不是整个体积，二维的扩散速率比三维的扩散速率快得多。

考虑到通道作用，细胞骨架及其结合蛋白可以认为是一种细胞隔间，虽然比在囊泡内部受到的限制要少。然而，当细胞对环境变化做出应答时，细胞骨架通常会在几分钟之内解聚，释放出细胞骨架隔间的内含物去获得新的组合。重装配很快将发生，通常会造成新的定向或结构。当大量的细胞骨架处

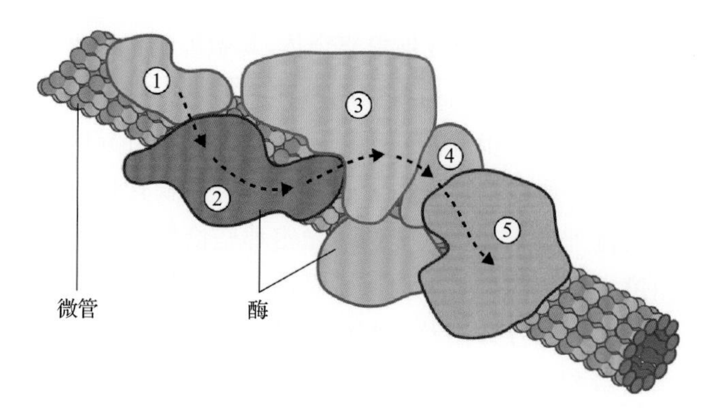

图 5.34 当一系列反应中的酶结合在一根微管上时可能会形成代谢通道。这让第一个反应的产物更容易扩散至第二个反应的活性位点。同样的现象也发生在多亚基复合体中，例如，丙酮酸脱羧酶（见第 22 章）就是由几个单独的酶聚合而成的超级结构，进一步加强了在连续的活性位点之间的扩散耦合

于周细胞质中，这些广布的细胞骨架的变化将对质膜组分产生不同程度的影响。人们已经发现，植物细胞在应对铝、盐、冷，以及失水胁迫时，其变化涉及细胞骨架组分的瞬时解聚，以及相伴的信号转导的变化，如胞质钙离子浓度的提高或调控酶类活性的增强。例如，气孔的打开和关闭需要肌动蛋白和微管的复杂变化，细肌丝可能参与调控钾离子通道的开关，从而驱动保卫细胞的运动。正如打开一个离子通道可以使细胞膜电势产生几十毫伏的改变，随后会在几秒之内改变整个质膜的状态一样，细胞的细肌丝或微管的过度解聚也会影响到整个细胞质。我们才刚刚开始理解细胞骨架作为一个不稳定的信息储存库的作用。

5.8.2 细胞骨架与细胞壁相连接

植物不能看、听或嗅，主要依赖于对机械压力的感知。当风吹或毛毛虫啃食时，植物会摇摆；当雨水或干旱改变了水分状态时，会产生膨胀压和细胞壁的逆境响应；当植物生长时，细胞壁会变形。为了感知这些变化，植物细胞可能会将细胞壁的机械状态传递给细胞骨架，这种传递需要连接点。原则上，与细胞壁的接触可以扩大细胞感知机械扰动的范围（图 5.35）。

显而易见，细胞骨架锚定在细胞壁上。这可以通过静态图像中从细胞骨架伸出进入质膜的连接物推断出来（图 5.36），也有实验证据的支持。当完整的细胞溶解时，膨胀压将细胞内容物完全去除，

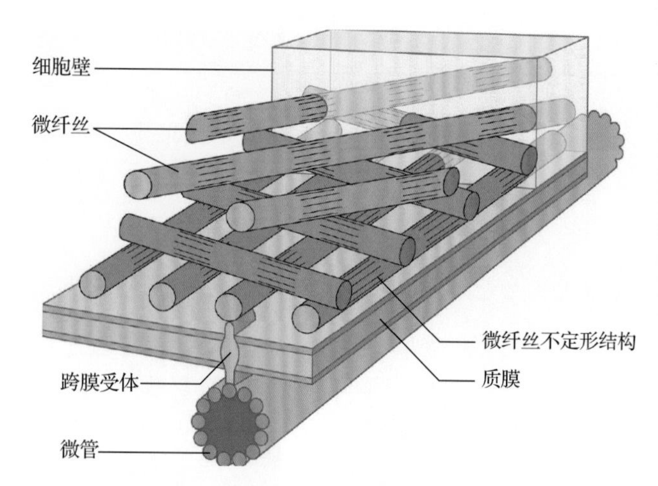

图 5.35 质膜如何感知机械力信息的图示。此细胞壁剖面图揭示了纤维素微原纤维、膜上受体及周质微管间的可能关系。微原纤维（或细胞壁上其他多聚物）上的不定形结构在细胞膨压作用下承受巨大拉力而发生形变。横跨细胞膜上的受体有两个结合位点：胞外域与微原纤维形变区域相互作用，胞内域与微管（或其他细胞骨架多聚物）相互作用。机械力的改变会影响微原纤维变形的程度，这又反过来增强或者减弱其与受体结合的亲和性。如同一些经典的受体（如激素受体），占据受体胞外域结合位点将决定其胞内域位点的活性。其胞内位点可能有激酶域，可以直接参与信号转导过程，或者影响细胞骨架多聚物的行为。我们甚至可以想象这种相互关系可以反过来发挥作用。根据微管的状态，受体的胞外域结合位点可以影响细胞壁上发生的反应

但在细胞壁上还会保留一团周质微管及其周围的质膜碎片。类似地，将原生质体放到玻片上溶解时，玻片上将会留下含有周质微管的质膜碎片；但是，若在溶解原生质体之前用蛋白酶简单处理一下，微

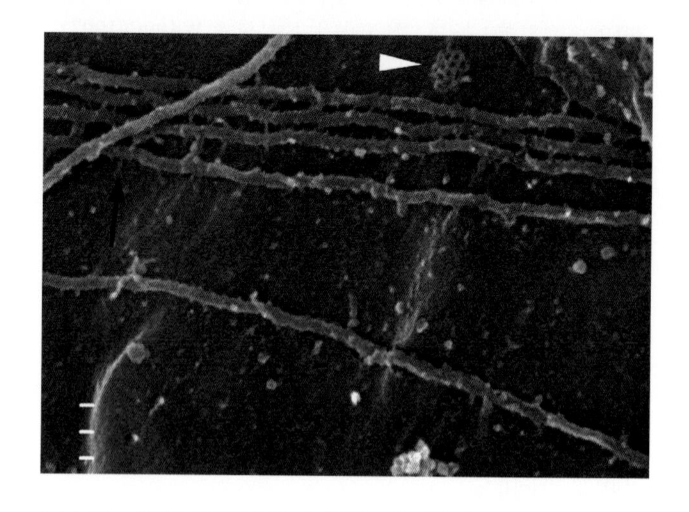

图 5.36 烟草下胚轴细胞皮层的场发射扫描电镜照片。细胞已经发生裂解，释放出了细胞质，但留下了质膜（请注意观察有一个正在形成的网格蛋白包被囊泡的几何晶体，白色箭头所指，见第 1 章和第 4 章），以及已明显与质膜发生交联的微管（如黑色箭头所指）。标尺：50nm。来源：T. Baskin, University of Massachusetts, Amherst

管将消失，推测是由于蛋白酶降解了结合在玻片和微管之间的跨膜连接蛋白。

质膜也会连接到细胞壁上，这是通过以下方法得到证明的。在充足的高渗溶液中处理细胞，使它们收缩至体积小于由细胞壁围绕起来的空间，这个过程称为**质壁分离**（**plasmolysis**）。在质壁分离的细胞中，原生质体很少变成球形，而是仍然在很多区域上与细胞壁连在一起。通常，细胞壁和原生质体通过大量细的、膜状的细丝连接，这些细丝由植物学家赫氏（Hechtian）在 20 世纪初所描述，因而命名为赫氏丝（见图 1.13）。目前不知道通过质壁分离揭示的连接点及赫氏丝是否与将细胞骨架锚定到细胞壁上的成分相同，但是它们可能至少有一部分是重叠的。

5.8.3 附着点的功能与细胞骨架的联系尚待探究

如果细胞骨架和细胞壁之间的联系有功能的话，将会是什么呢？也许我们可以参考一下动物细胞中的类似物。在动物细胞中，一种称为**整合素**（**integrin**）的跨膜受体蛋白，可以将肌动蛋白细胞骨架与胞外基质相连，并根据这种连接的状态进行信号转导。整合素是一个复杂的质膜受体大家族，不仅可以形成细胞黏附及运动所需的连接，而且可以介导胞质和胞外基质之间信息的双向流动。整合素可以在胞外基质中与多种类型的蛋白质结合，这些蛋白质都含有一个三肽片段，即 RGD（精氨酸 - 甘氨酸 - 天冬氨酸）。因此，将细胞暴露在含有 RGD 的小肽中会消除整合素与胞外基质之间的连接，再检测它们之间的相关性，有时会得到令人意想不到的结果。

最初证明植物含有整合素是通过利用整合素抗体去识别质膜蛋白，以及利用含有 RGD 的多肽可以扰乱多种生物学过程，包括胚胎发生、重力感应、对盐胁迫的适应、花粉管在雌蕊中的生长，以及对病原体的抵抗。然而，人们在植物基因组中发现了一个由病原物分泌并可以通过消除植物细胞的黏附来促进感染的蛋白质，尽管该蛋白质含有 RGD，但其序列既不与整合素同源，也不与其胞外基质的配体同源，有人认为其在结构上与整合素配体同源，不过目前还没有定论。此外，人们已经鉴定了一个可以结合 RGD 的植物膜蛋白，它是植物血凝素家族的丝氨酸 / 苏氨酸受体激酶，因此也不是整合素的同源物。

虽然已经很清楚附着点是在植物细胞壁与膜之间，并且肌动蛋白和微管毫无疑问都参与了细胞对机械扰乱的应答，在整合素是否存在仍有争议的情况下，这些附着点和细胞骨架之间的连接还未鉴定出来。目前仅有极少数关于受 RGD 多肽影响的植物细胞骨架的研究，而且产生了一些相互矛盾的结果。除了提供物理联系外，这些附着点可能组成管道，使得有关细胞外环境的信息可以在细胞壁和细胞骨架之间流通（见图 5.35）。未来的一大挑战将是探究这种信息流并解释它的含义。

5.9 有丝分裂与胞质分裂

地球上的每一个细胞都是由细胞分裂形成的。**有丝分裂**（**mitosis**）是复制的染色体分开并进入到两个新的核中。**胞质分裂**（**cytokinesis**）是由一个细胞分开成为两个细胞。有丝分裂和胞质分裂的完成都必须依靠精细的细胞骨架结构：有丝分裂的**纺锤体**（**spindle**）负责染色体的分离，而（植物细胞）**成膜体**（**phragmoplast**）负责子细胞之间细胞壁的形成。植物细胞与动物细胞相比，负责有丝分裂的细胞骨架机器大致相同，而负责胞质分裂的细胞骨架机器却存在差异(图 5.37)。不论是植物还是动物，有丝分裂和胞质分裂代表的都是细胞骨架的顶点功能。想理解这些细胞骨架机器是如何工作的，人们必须知道细胞骨架结构是如何组装，以及作用力又是如何来移动染色体或分离新形成的细胞的。

有丝分裂和胞质分裂发生在细胞周期的一个称为 M 期（见第 11 章）的很短的阶段，这两个过程通常都是紧密相连的，由纺锤体产生成膜体。然而，这种联系是临时的，有丝分裂可以在没有胞质分裂的情况下发生，形成多核细胞，而胞质分裂可以在有丝分裂纺锤体解体很久之后才进行。在动物细胞中，细胞骨架在分裂中期开始参与胞质分裂；而在植物细胞中，胞质分裂在前期（M 期的一个阶段）甚至更早就开始进行。或许由于细胞壁一旦形成便无法移动，植物细胞必须想方设法使它们在正确的位置上形成。

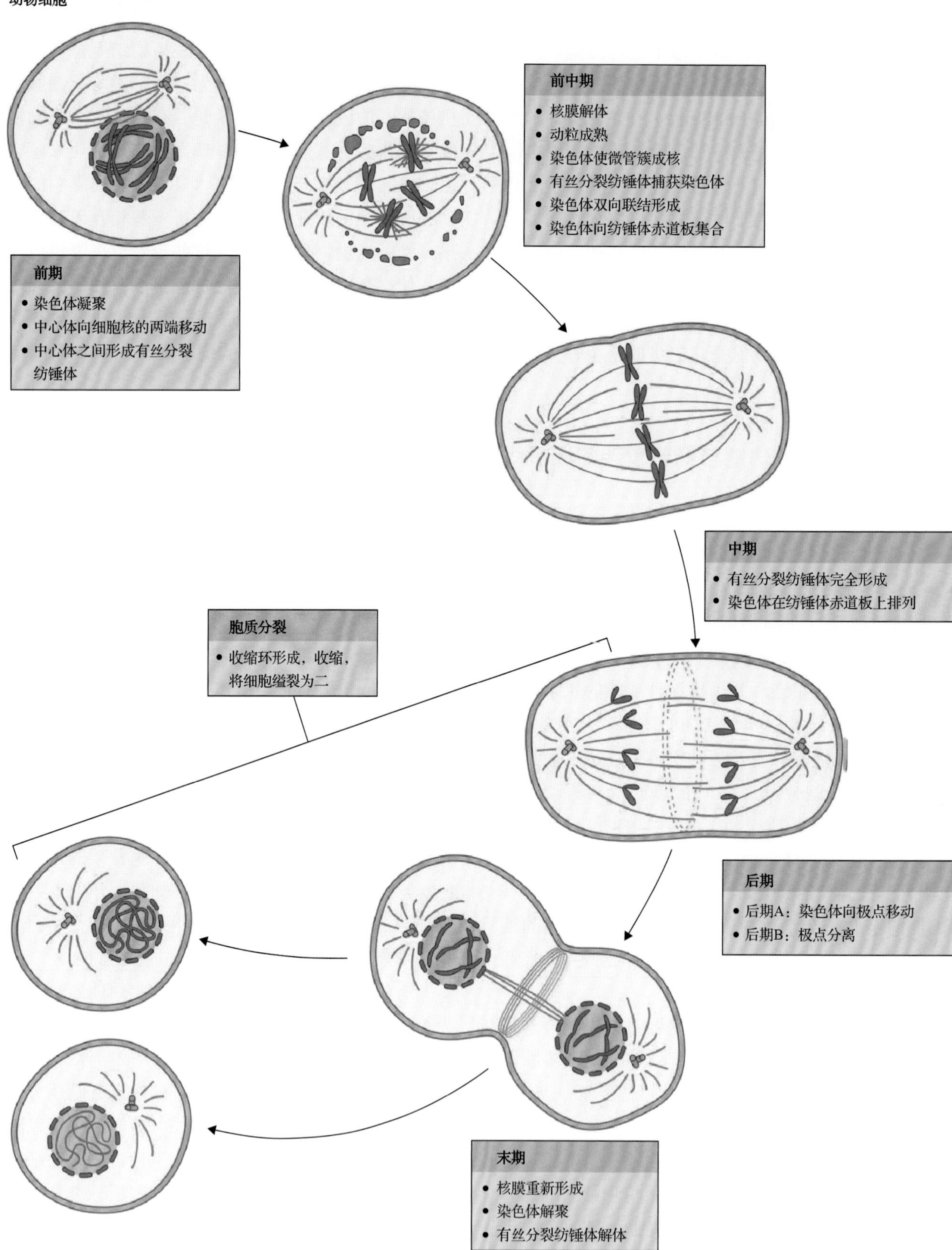
动物细胞
前中期
• 核膜解体
• 动粒成熟
• 染色体使微管簇成核
• 有丝分裂纺锤体捕获染色体
• 染色体双向联结形成
• 染色体向纺锤体赤道板集合
前期
• 染色体凝聚
• 中心体向细胞核的两端移动
• 中心体之间形成有丝分裂纺锤体
中期
• 有丝分裂纺锤体完全形成
• 染色体在纺锤体赤道板上排列
胞质分裂
• 收缩环形成，收缩，将细胞缢裂为二
后期
• 后期A：染色体向极点移动
• 后期B：极点分离
末期
• 核膜重新形成
• 染色体解聚
• 有丝分裂纺锤体解体

植物细胞

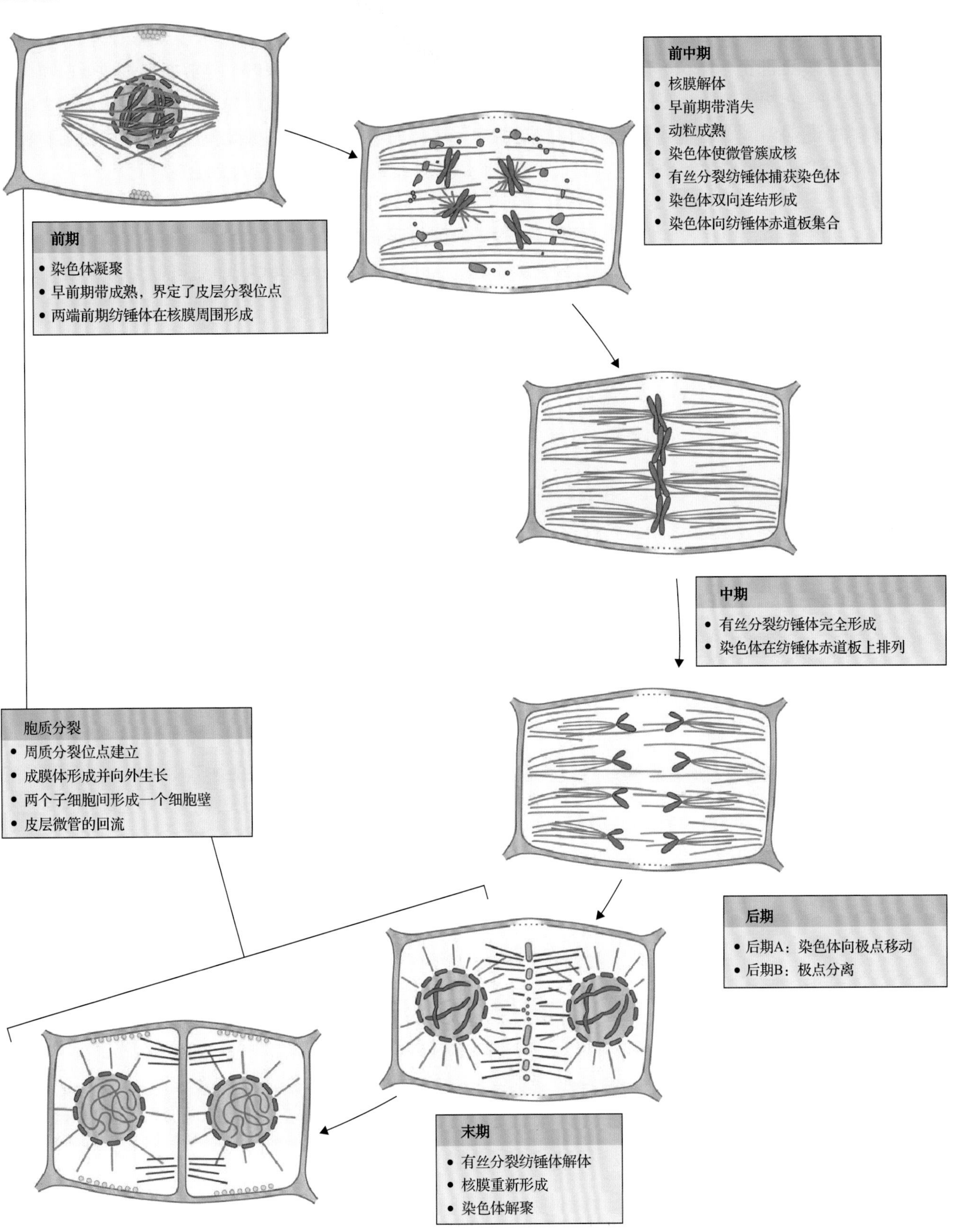

图 5.37 动物细胞和植物细胞中的有丝分裂过程

5.9.1 早前期带界定了周质分裂位点，并预示了新的细胞壁的位置

参与定位分裂的子细胞之间的细胞板的主要细胞骨架结构是**早前期带**（**preprophase band**），它是一条细肌丝和微管构成的环，在质膜之内环绕细胞（图 5.38；见图 5.45）。尽管叫早前期带，但它在前期形成并发挥功能，虽然有时会更早。早前期带位于细胞板最终结合母细胞壁的位置上。最初，早前期带较宽，相当松散地组织着；但是，随着前期的进行，这条带变窄，并且几乎所有的细肌丝和微管变得紧密平行。在核膜破裂前后，早前期带的多聚体全部解聚。这去除了来自周细胞质的所有微管，细肌丝虽然减少，但仍保存在皮层的其余部分，并没有从先前占据在早前期带的位置上消失(图 5.39)。令人惊奇的是，在早前期带多聚体消失很久之后，只有当分裂末期结束时，早前期带肌动蛋白和微管的全部解聚才会完成，先前的位置重新为增大的成膜体的边缘所占据，因此保证了新形成的细胞板可以在正确位置与母细胞壁融合。

人们现在认为早前期带以某种方式改变下层细胞膜或细胞壁（或二者均有）来建立**周质分裂位点**（**cortical division site**），随后该位点为成膜体边缘所识别。早前期带（或周质分裂位点）也在有丝分裂纺锤体定位时发挥作用；但是，成膜体边缘即使在纺锤体发生严重错位（如通过离心分离）时仍可以找到周质分裂位点，这暗示着早前期带的纺锤体定位功能不同于新细胞壁的定位。除了导向功能之外，周质分裂位点可能也会促进子细胞与母细胞细胞壁的无缝整合（图 5.40）。

虽然尚不完全清楚早前期带是如何建立周质分裂位点，以及周质分裂位点如何发挥其功能，但已经有了一些线索。一个微管结合蛋白 TANGLED 与早前期带微管共定位，但其后会一直留在分裂位点处（图 5.41）。我们不知道其生化功能，但确实 TANGLED 的功能会导致植物的细胞分裂方向异常，这表明 TANGLED 蛋白参与了周质位点的功能。

按照特定方向分裂的细胞中可以形成周质分裂位点，但分裂平面无关紧要的细胞（如游离的胚乳、愈伤组织、雌雄配子体）中则不形成。虽然其本身对分裂并不是必需的，但是早前期带仍精确预报了

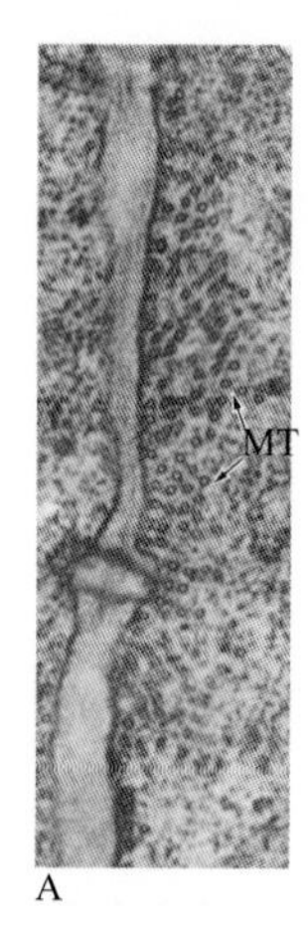

A

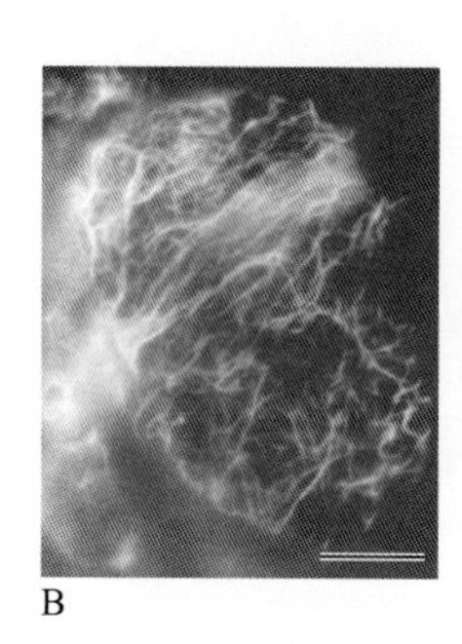
B

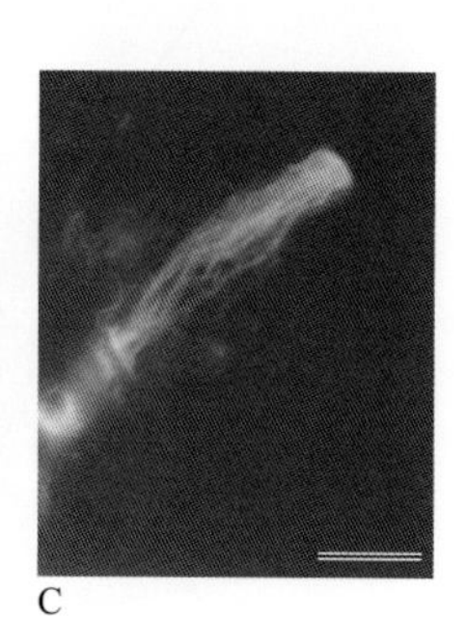
C

图 5.38 早前期带的结构。A. 叶表皮细胞电镜照片，示有丰富的微管（MT）的早前期带横截面。B、C. 双标记的悬浮培养的烟草细胞的荧光显微照片，示肌动蛋白（B）和微管（C）。微管带很狭窄，皮层的其他部分缺少周质微管，而肌动蛋白带则比较宽，并且细肌丝在皮层中广泛存在。标尺：10μm。来源：图 A 来源于 Galatis et al.（1984）. Protoplasma 122: 11-26; 图 B、C 来源于 Kakimoto&Shibaoka. 1987. Protoplasma 140: 151-156

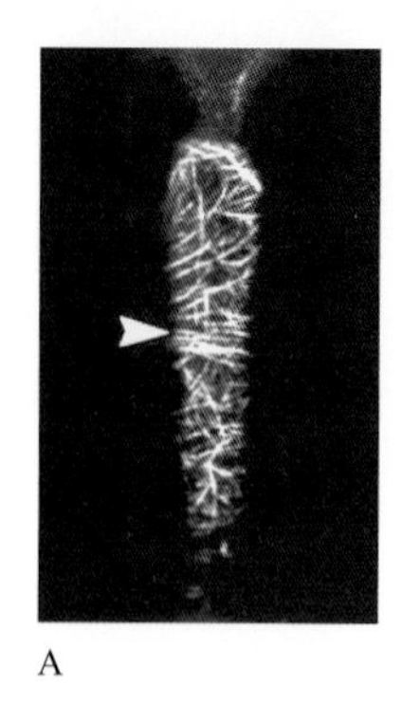
A

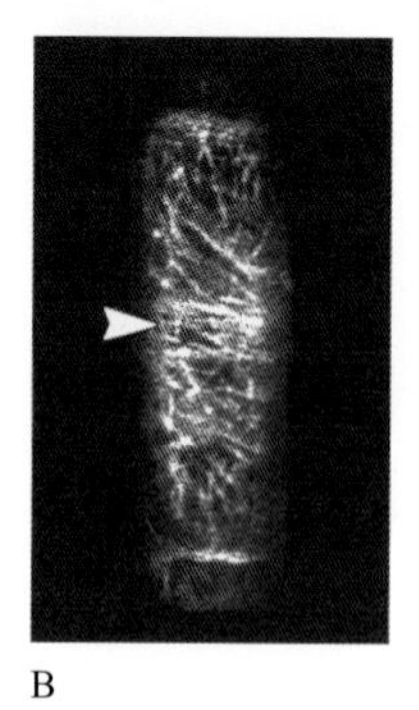
B

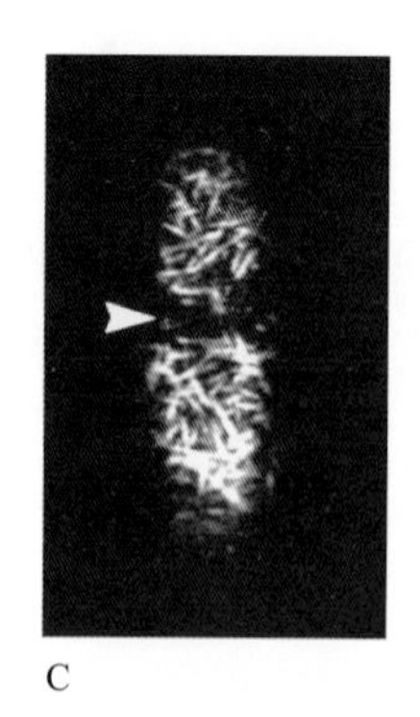
C

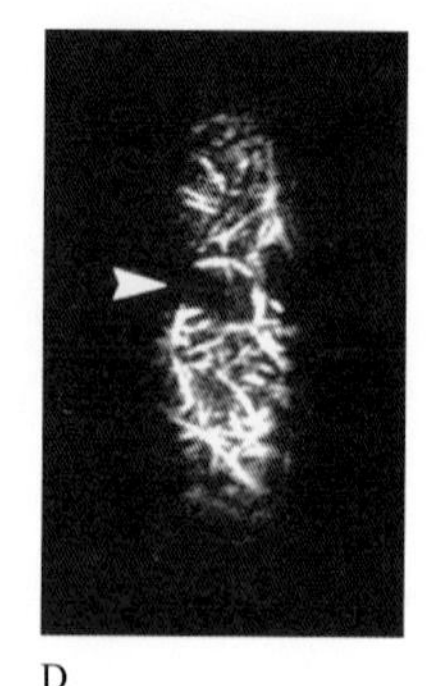
D

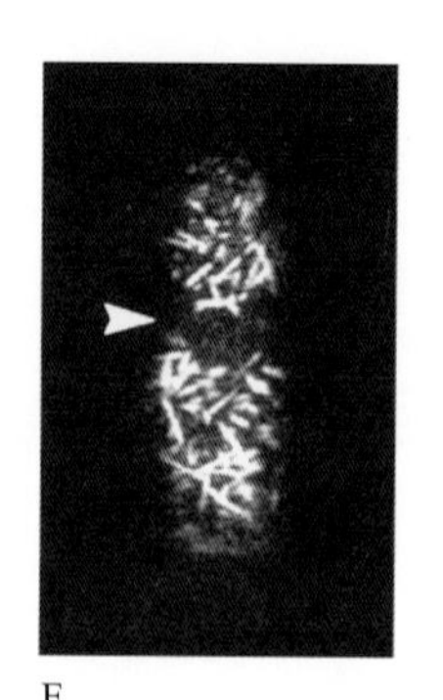
E

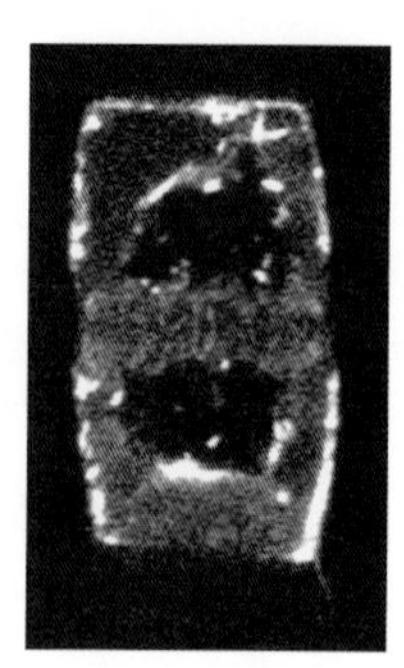
F

图 5.39 在前期之前，细肌丝会形成一条带，随着细胞经过早中期，这条带会被选择性地去除。该图为一个活的雄蕊毛细胞的荧光共聚焦显微照片，经显微注射荧光鬼笔环肽标记了细肌丝。A、B. 在前期，在分裂处（箭头所示）细肌丝形成一个组织结构松散的横带。两个图片分别显示了同一细胞的上部及下部皮层。同一细胞的前期（C）、中期（D）和后期（E）；另一个细胞的末期（F）。细肌丝（箭头所示）从周质分裂处耗尽，但在皮层其他区域还有。A ~ E. 位于细胞表面的焦平面；F. 中部平面。来源：Cleary et al.（1992）. J Cell Sci 103: 977-988

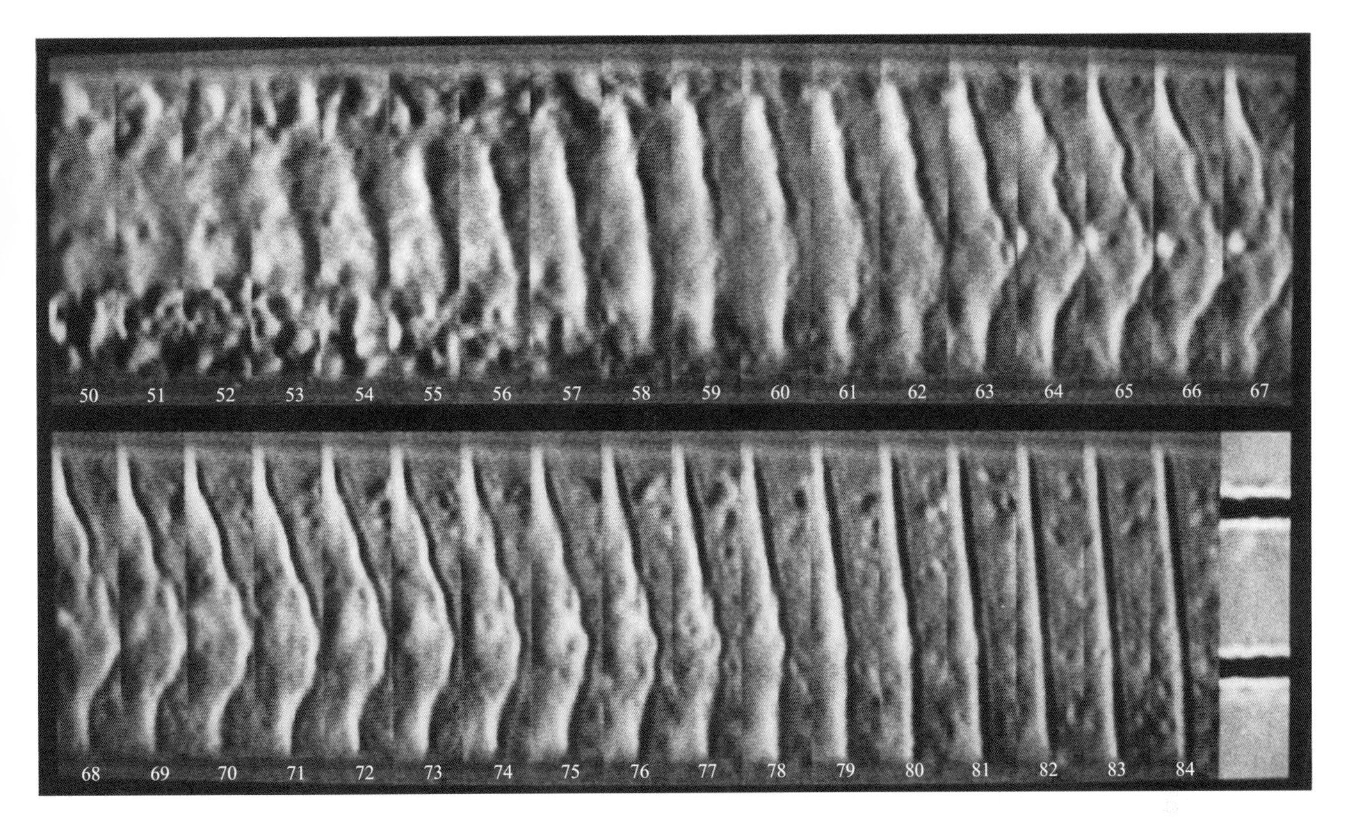

图 5.40 一个活雄蕊毛细胞中细胞板形成过程的延时光学显微照片，拍摄间隔为 1min。细胞板在形成过程中会发生波动；在细胞板碰到亲本细胞壁（77 ～ 81min）之后很短时间内，这种波动状态会突然停止。周质分裂位点可能会使细胞壁更适应于随后的细胞板融合相关过程。标尺：10μm。来源：Mineyuki & Gunning（1990）. J Cell Sci 97: 527-538

细胞板的位置以及之后的消失行为，这一点让研究者们头疼不已。

5.9.2 巨大且液泡化的植物细胞的分裂对细胞骨架有特殊需求

细胞分裂通常是在根尖和茎尖分生组织发生的（见第 11 章），因为它们含有密集的胞质细胞，只比纺锤体宽一点，但次生分生组织形成层的细胞远远比它们大。此外，在植物中，完全分化的细胞容易受到诱导（如受到损伤或激素处理）而发生分裂，这些细胞直径可以达到几百甚至几千微米。在生长完全的细胞中建立细胞板对成膜体而言是一项十分艰难的工作，例如，分裂一个直径 2 mm 的形成层细胞需要一整天的时间，比一个典型分生组织细胞的整个细胞周期还长。

在巨大且液泡化的细胞分裂过程中，细胞骨架在前期之前就已开始发挥作用了。大约在 S 期时，细胞核迁移到细胞中央，该迁移过程需要肌动蛋白和微管两种细胞骨架共同参与。在某些细胞中，周质分裂位点的标记就是富含细肌丝的一个厚厚的胞质环，这个环的形成依赖于细肌丝。然而，在分裂的、液泡化细胞中，最显而易见的结构是**成膜粒**（**phragmosome**）。

成膜粒（不要与成膜体混淆）是一个在未来细胞壁平面上形成的薄的、网状的胞质层。成膜粒含有肌动蛋白和微管，可以呈连续的片层结构或线状结构。成膜粒的形成是随着细胞核迁移到中央位置的过程而发生的，方式可能是通过胞质中的富含细胞骨架的、支撑迁移的线的聚合来实现的（图 5.42）。接下来，早前期带在成膜粒的边缘形成。实验表明，一旦出现了成膜粒，那分裂板再重新形成就很困难了。成膜粒有什么特殊功能尚不清楚，它们似乎可以把细胞核锚定在中央位置以及帮助规划分裂位点。此外，一个流行的观点是，成膜粒中的细胞骨架成分可以帮助成膜体在大的液泡空间中建立一条连续的胞质途径。

5.9.3 有丝分裂的纺锤体是力的平衡与微管快速周转的组合

有丝分裂纺锤体的结构及其一般特征在真核生物中十分保守。纺锤体由成百上千个微管和与之联

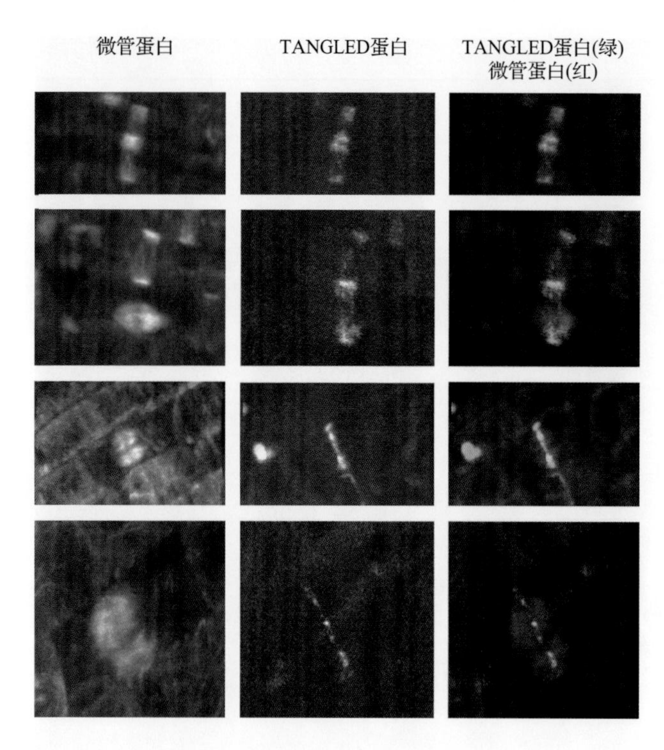

图 5.41 在细胞有丝分裂过程中 TANGLED 蛋白一直处于周质分裂处。在拟南芥的根中表达荧光标记的微管蛋白（左）及另一种不同的荧光基团标记的 TANGLED（中），图示为该细胞的荧光共聚焦显微照片。最右侧一列图示红色标记的微管蛋白与绿色标记的 TANGLED 蛋白定位的叠加结果。在分裂前期（最上一横排），TANGLED 定位在早前期带上。然而，在有丝分裂更晚的时期里，随着微管早前期带的消失，TANGLED 蛋白条带仍然还在（中间一横排）。随着胞质分裂的进行，TANGLED 蛋白条带变窄直至与子代细胞壁一样厚（最下方一排）。来源：Walker et al.（2007）. Curr Biol 17: 1827-1836

系的蛋白质组成。其他的成分是细肌丝和由内质网衍生出的膜结合细胞器。有丝分裂纺锤体有两个极，它们不仅是分离的染色体最终到达的位点，还是纺锤体的两极组织的位点。微管由每一极发出，负端朝向最近的极，而正端远离（图 5.43）。一些微管由极延伸出到达染色体上特化的附着位点，称为动粒（见 5.9.6 节），而其他的微管从极延伸出不同的长度。后者中的一些与从相对的极延伸出的微管相遇，并在纺锤体赤道面上相互作用，形成交叠环带，稳定了纺锤体结构（见图 5.3）。

纺锤体的结构是通过反方向的力来维持的。一般而言，中间区的外推力受到极的内推力平衡。尽管有这些力的作用，纺锤体中的微管却还是高度动态的，半衰期约为 1min。动粒微管寿命较长，但在有丝分裂中依然要周转许多次。许多微管还经历踏车运动(见 5.3.3 节)，微管亚基加在动粒上，在极脱落。踏车运动造成微管蛋白二聚体在纺锤体从动粒到极的连贯流通。强调一下纺锤体的复杂性，微管周转与流动本身会产生压力，而马达蛋白必须能够消除这些力的作用，甚至是在多聚体组装和解聚时。

5.9.4 动物和植物纺锤体的主要不同之处在于组装

在真核生物演化的早期便出现了纺锤体，纺锤

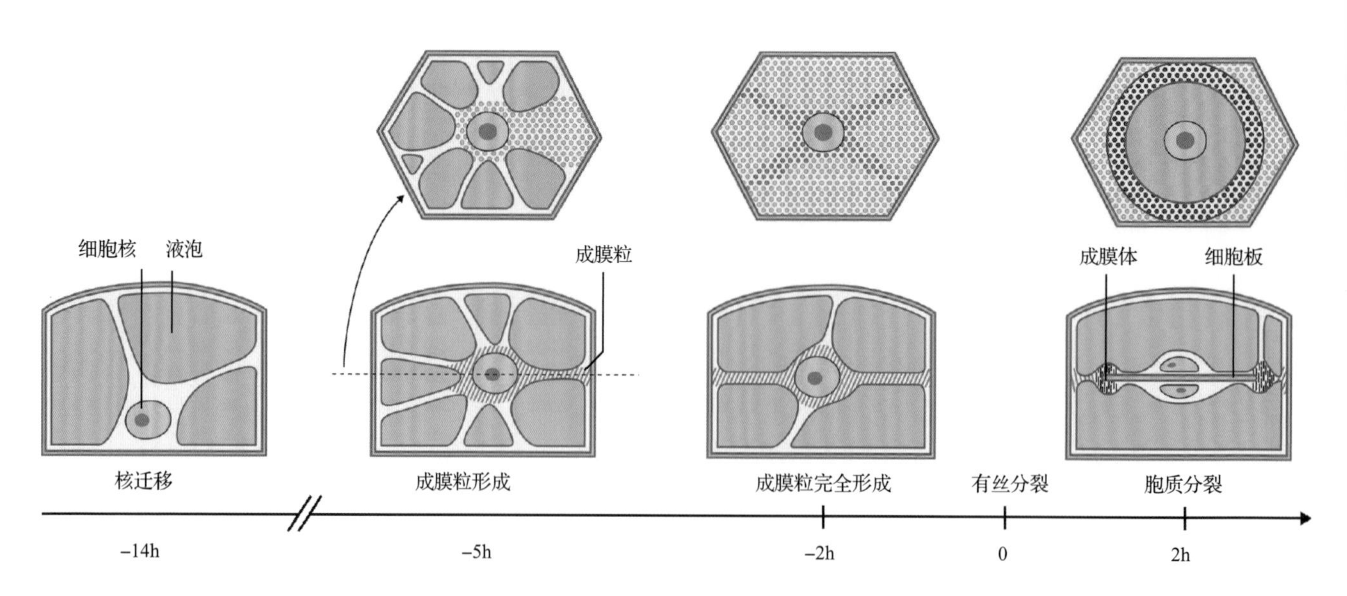

图 5.42 成膜粒的形成。当高度液泡化的细胞（如此处薄壁细胞所示）分裂时，首先细胞核迁移到细胞的中央，然后细胞质合并到未来细胞壁的平面上。这种胞质的片层状堆叠称为成膜粒（橙色），它可能为生长中的细胞板提供导管。细胞板的形成（深红色）从细胞中央开始，它必须向外移动穿过液泡以到达母细胞的细胞壁的位置。上横排示细胞的上视图，而下横排示细胞的侧视图

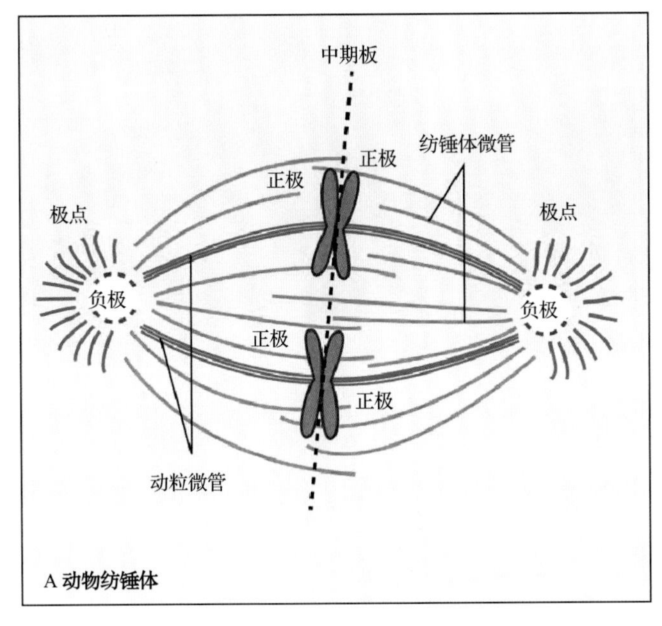

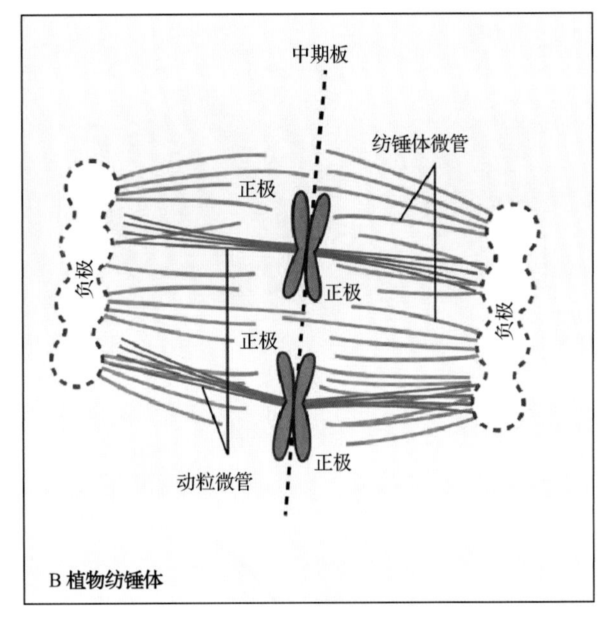

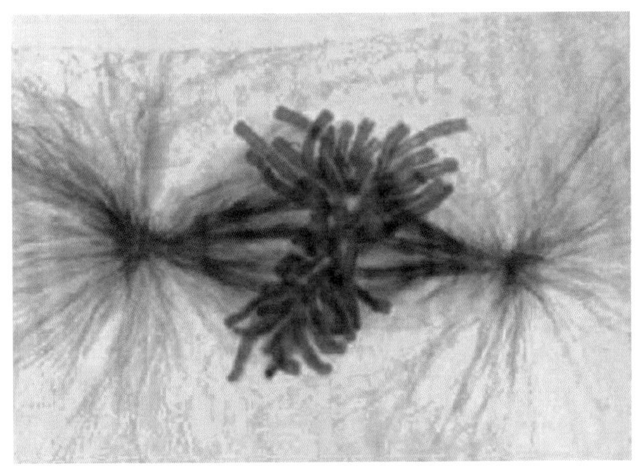

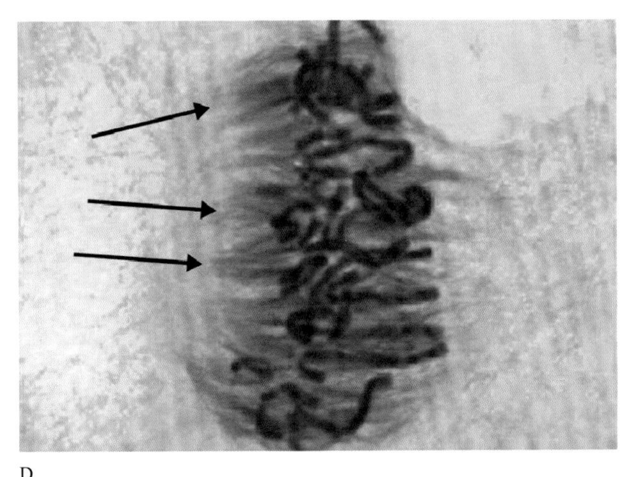

图 5.43 动物和植物细胞中有丝分裂纺锤体的比较示意图。在 A、B 图示中，两个纺锤体均处于中期。染色体占据的平面（赤道板或中期板）是纺锤体的对称面。每个半纺锤体都有一个极、动粒微管（即显著可见的几束微管，由动粒发出直到或接近极），以及许多纺锤体微管，它们中有一些会进入到另外的半纺锤体所占据的区域，但从来不会穿透到达另一边的极。大部分微管的负端接近极，而正端向远离极方向生长。在动物细胞中，极紧密集中于中心体一处，而植物细胞的极是一组子聚集点。C、D. 一种蝾螈（*Taricha granulosa*）肺部上皮细胞有丝分裂中期纺锤体（C）及绣球百合（*Haemanthus katherinii*）胚乳细胞（D）的明视场显微照片。DNA 是蓝色的，微管为红棕色。蝾螈的纺锤体有集中的极和动物纺锤体典型的明显动粒束。胚乳细胞的纺锤体是筒状的。然而，尽管缺乏一个总的极性组织中心，还是出现了多个微管子聚集点（箭头所示）。来源：图 C、D 来源于 Wadsworth & Khodjakov（2004）. Trends Cell Biol 14: 413-419

体在植物、真菌及动物细胞有丝分裂中大致相同，但仍存在差异。动物和植物有丝分裂纺锤体的主要不同在于其组装方式。已知动物细胞有两种纺锤体组装途径。首先发现的（也是最广为人知的）途径是由**中心体**（**centrosomes**）参与的（图 5.44）。在细胞间期，中心体邻近细胞核并成核形成一组放射状排列的微管；在 S 期中心体复制，复制的中心体在前期分开，形成两组放射排列的微管（经常各称为一个星体），成为纺锤体的两极（图 5.44E）。第二种途径则由染色质参与。在这个途径中，凝缩的染色体使方向确定的微管束随机成核，形成纺锤体；随着分散的微管在动力蛋白及其他蛋白质的共同作用下合并成束，成束的纺锤体随后在两极组装。虽然这种染色质介导的纺锤体组装途径是在没有中心体的卵母细胞中发现的，但现在知道，这种组装途径与中心体途径平行运作，保证纺锤体的正确形成。

在植物细胞分裂的间期，大部分微管属于周质排列，但有一些从核膜辐射而出，在与动物中心体

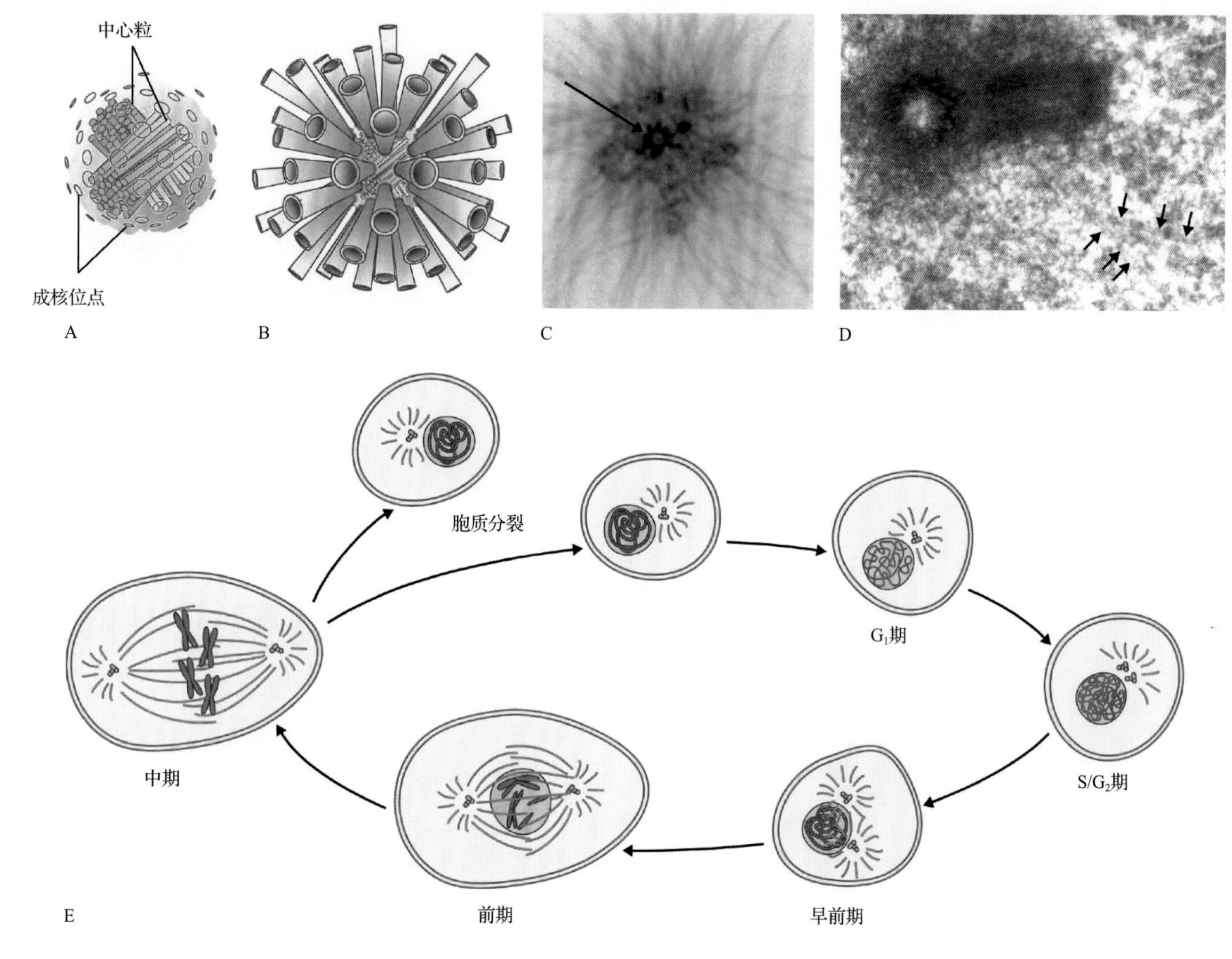

图 5.44 动物中心体示意图。在 A、B 图示中，中心体由一对成直角的中心粒组成，周围环绕着富含蛋白质、结构不确定的基质，称为中心粒外周物质。这种物质的成分之一是 γ-微管蛋白，它与其他蛋白质一起形成环状模板，在中心体微管成核过程中发挥作用。C. 果蝇细胞中提取的中心体的电子显微镜照片。其中一个中心粒看上去只是在靠近中心粒外周物质处的一个暗环（箭头所示）。D. 一个鼠胚胎的中心体的电子显微镜照片。可见一对较暗的中心粒及（较浅的）辐射状微管（箭头所示）。E. 一个动物细胞的中心体循环。那一对中心粒在 S 期复制，而复制出的两对中心粒仍然紧密结合在一起挤在一个复合物中。在分裂早前期，该复合物发生分离，形成了两个单独的中心体，每一个都通过成核作用形成辐射状的微管群（称为星状体）。随着分裂前期的继续进行，中心体分得更开，在它们中间形成了有丝分裂纺锤体的两极。在有丝分裂结束之前，染色体到达两极时，两个子代细胞核在中心体附近开始重新形成。胞质分裂之后，每个子代细胞都继承一个单独的中心体。来源：图 C 来源于 Moritz et al.（1995）. J Cell Biol 130: 1149-1159; 图 D 来源于 H. Schatten, University of Missouri, Columbia

成分有关的蛋白质（包括 γ-微管蛋白在内）的作用下成核。在前期，除在早前期带上的那部分以外，周质微管会消失（见 5.9.1 节），纺锤体组装从无数的微管在核膜上聚集时开始进行。不久，这些微管从核的两个相对的焦点即未来的有丝分裂纺锤体的两极辐射出来。这个结构经常称为**前期纺锤体**（**prophase spindle**，见图 5.26A，图 5.45H）。

由于没有中心体，植物细胞不能利用中心体介导途径进行纺锤体组装。此外，植物细胞两极纺锤体的建立通常是在核膜破裂之前完成的，不需要染色质的参与。显而易见，植物细胞进行纺锤体组装的方式与其他真核生物至少存在部分差异。

一些证据表明，植物纺锤体的形成涉及早前期带。在悬浮培养的植物细胞中，细胞随意分裂，其中一些分裂不形成早前期带。当早前期带存在时，纺锤体两极在前期正常出现；但有趣的是，如果没有早前期带，两极纺锤体在核膜破裂之后形成，可能是通过前面谈到的染色质介导途径实现的。早前期带参与纺锤体组装途径突出了周质分裂位点的重要性。由于早前期带的位置将细胞核一分为二，通常在前期之前很久，早前期带就已经定位到了理想位置，可能通过刺激这些微管在细胞核中央（即最

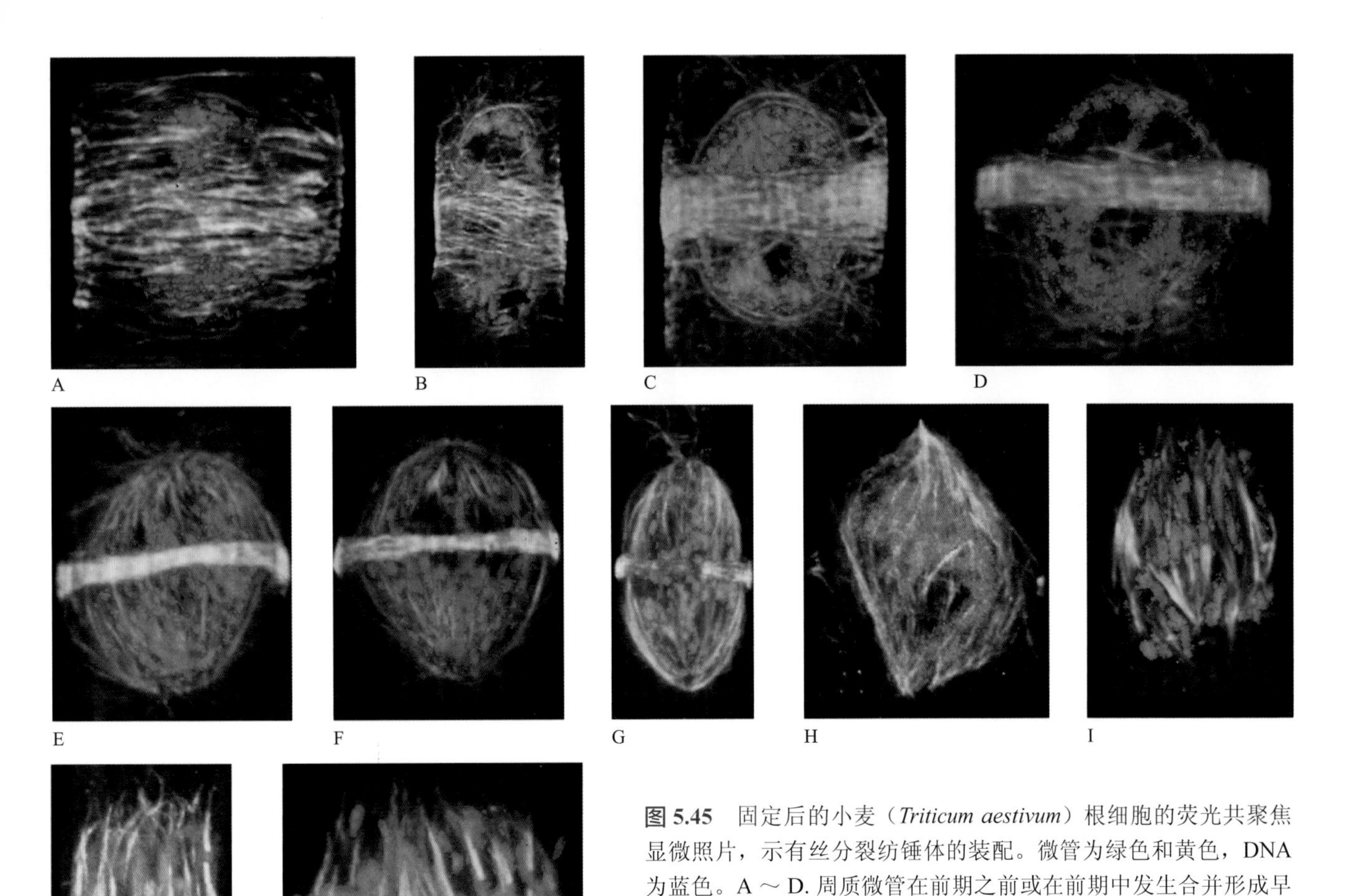

图 5.45 固定后的小麦（*Triticum aestivum*）根细胞的荧光共聚焦显微照片，示有丝分裂纺锤体的装配。微管为绿色和黄色，DNA为蓝色。A ～ D. 周质微管在前期之前或在前期中发生合并形成早前期带。E ～ H. 前期纺锤体在核膜周围形成。在前期晚期(G, H)，早前期带发生解聚。I ～ K. 随着极向侧向展开，动粒捕获纺锤体微管束，核膜破裂后，形成有丝分裂纺锤体。来源：Gunning & Steer（1996）. Plant Cell Biology: Structure and Function. Jones and Barlett, Sudbury, MA

靠近早前期带的位置）周转，使得大量的微管沿着核膜表面聚集。

5.9.5 植物和动物纺锤体极的结构表面上存在差异，但本质相同

多年以来，人们一直认为植物和动物纺锤体的显著差异在于纺锤体极点结构。动物细胞纺锤体极点含有中心体，并且紧密凝集；然而在植物细胞中，有丝分裂纺锤体极点没有中心体，并且通常结构松散（见图 5.43）。动物纺锤体极点的紧密凝集之前归因于中心体的作用，但在卵母细胞及通过手术去除中心体的体细胞中，极点仍是凝集的；而且，即使有中心体，但特异的马达蛋白受到抑制时，极点也会变得不聚集。此外，植物细胞纺锤体极点在前期也是紧密凝集的，出现在其他时期的宽极点事实上通常含有附属的微管焦点（“小极点”），它们通过交错的微管连在一起。因为与针叶林的冠盖相似，这种结构称为类冷杉结构。虽然总体上结构松散，但每一个类冷杉结构都代表了一个聚集结构。现在知道，不论在松散的还是凝集的纺锤体中，极点聚焦主要是由负端末端的马达蛋白及交叉连接蛋白的活动决定的。在动物中，胞质动力蛋白在极点聚焦过程中作用突出（见 5.4.2 节），而在植物中，这个功能大概是由负端末端的驱动蛋白行使的。

5.9.6 植物和动物细胞中染色体在有丝分裂期间的运动很相似

在前期结束时，核膜破裂，纺锤体微管开始与染色体相互作用。相互作用的主要位置是在**动粒**（**kinetochores**），动粒在姐妹染色单体上成对的着丝粒区域的相对两侧形成（图 5.46）。为了使染色体与纺锤体正确连接，每一个动粒只能从纺锤体的

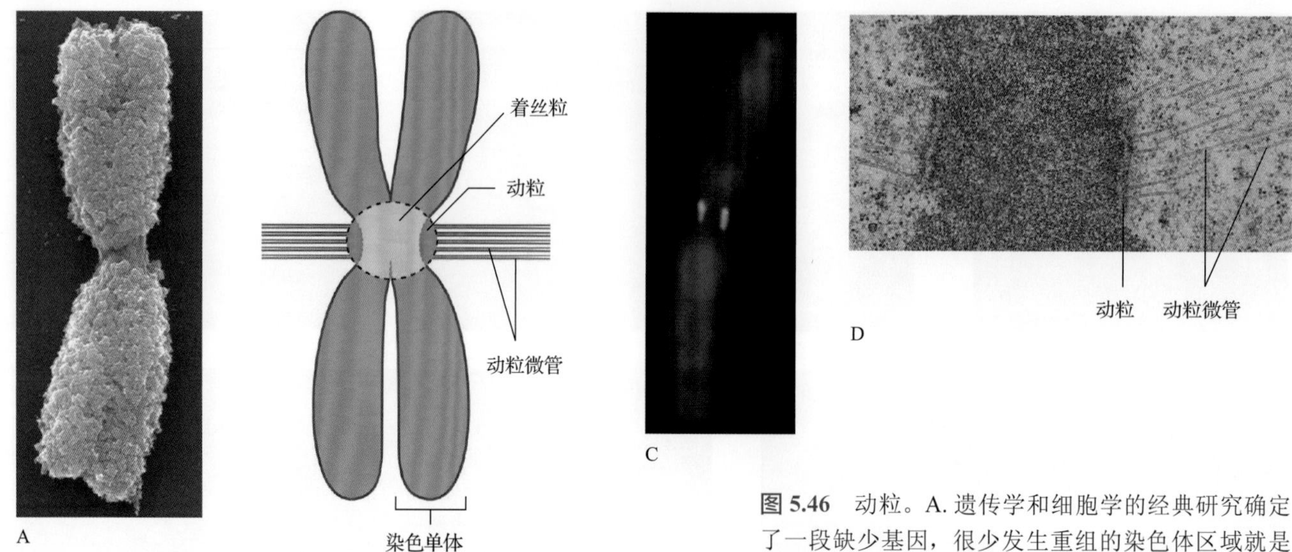

图 5.46 动粒。A. 遗传学和细胞学的经典研究确定了一段缺少基因，很少发生重组的染色体区域就是姐妹染色单体相互连接的区域。这个称为着丝粒的区域在光学显微镜下可以看到，就是染色体发生缢缩的地方，在这幅植物中期染色体的扫描电镜照片中看得很清晰。B. 现在已知染色体的着丝粒区域负责介导有丝分裂纺锤体与微管之间的连接，这个过程通过在每一个姐妹着丝粒上形成一个富含蛋白质的斑块(称为动粒)来完成。动粒结合微管的正端。C. 动粒为扁平的盘状结构。图中为印度麂(*Muntiacus muntjak*) 的一条处于分裂中期的染色体，示 DNA（红色）和几种动粒蛋白（绿色）的双重标记。两个不同的动粒清晰可见，分别属于一个染色单体。D. 一条中期染色体的着丝粒区域的电镜照片，示两个动粒。注意动粒以及在该处终止的微管的分层式结构。一个动粒通常会结合 30 ～ 50 根微管，但是根据其大小，也可能只结合一根或是超过 100 根的微管。来源：图 A 来源于 R. Martin, erhard Wanner, University of Munich, Germany; 图 C 来源于 Van Hooser& Brinkley, 1999. Methods Cell Biol 61: 57-80; 图 D 来源于 K. McDonald, University of California, Berkeley

一极结合微管，姐妹动粒必须从相对的极结合微管。解决不当连接的机制则依赖于平衡姐妹动粒之间的牵引力。这个过程通常可以在前中期的 10 ～ 30min 之内解决，但即使有一个错误的连接也会使细胞分裂停滞在中期。

染色体主要在有丝分裂的前中期和后期这两个阶段移动（见图 5.37）。在前中期，染色体集合（congress）先被有丝分裂纺锤体捕获后，从它们本来随机占据的各个位置聚集到纺锤体中部区域，称为**中期板**（**metaphase plate**）。在后期，先前通过黏连蛋白复合体连接在一起的复制的姐妹染色单体同时解体并分离开来。染色体移向两极（**后期 A**，**anaphase A**），然后两极自身分离（**后期 B**，**anaphase B**）。后期 A 所需推动力是合起来施加在动粒纤丝上的，力被施加在动粒上、两极上、甚至来自于纺锤体中。后期 B 所需推动力由纺锤体外侧施加给每一个纺锤体极的牵引力提供，或由纺锤体中部重叠区域中相对极性微管（如由相对的纺锤体极发出的）上微管马达蛋白施加的推动力来驱动（信息栏 5.3）。推动力的产生机制部分重叠，目前的研究目标在于理解这些推动力是在哪里产生并且是如何受到调控的。

信息栏 5.3　坚守中间阵地——纺锤体中央区的力量

当你在观察细胞分裂的时候，你一定会对其对称性惊叹不已。在分裂前期，早前期带在赤道面附近整齐地环绕着细胞核。在分裂中期，染色体精确地聚集在纺锤体的中部。在那之后，细胞动力学装置（cytokinetic apparatus）将纺锤体沿着中间面准确地一分为二。这一对称性是如何建立的？早前期带可以协助前期纺锤体确定方向，动物细胞中的有丝分裂纺锤体可以协助收缩环确定位置，这些不同的细胞结构在空间上相隔好几微米的距离。那么一种结构上的信息是如何在细胞内传递到另一种细胞结构上去的呢？

我们目前离回答这一问题还有很长的距离。但是纺锤体中间面微管重叠区域有一些特殊行为为这个问题提供了线索。无论是在植物中还是动物中，微管重叠区域的结构有一部分是由驱动蛋白-5型马达蛋白维持稳定的。这种驱动蛋白形成四聚体，如图A中纺锤体中央区所示，每一对头部都结合一个极性相反的微管。当用化学方法或遗传方法抑制驱动蛋白-5的功能时，中央区都无法形成，从而产生一个单极的纺锤体（图B）。在人的细胞中，有一种化学抑制剂单星素（monastrol）可以特异结合这一马达分子，由于其可特异性地针对正在分裂的细胞，目前正在进行临床试验，看它能否成为一种癌症治疗药。

纺锤体中央区不只是对将半纺锤体绑在一起很重要，它同时还定义了有丝分裂器（mitotic apparatus）的中间区域。驱动蛋白-5是一个正端驱动的分子马达。当四聚体结合了一对极性相反的微管时，它朝着每个微管的正端移动而不掉落，从而产生一对在正端区域有一小部分重叠的、极性相反的微管。重叠的微管或者马达分子本身可以为其他蛋白质提供结合位点，因此聚集在纺锤体中部。有些在那里的聚集蛋白称为乘客蛋白（passenger protein），因为它们在分裂间期和前期时结合染色体，但当染色体到达中期板时，这些乘客蛋白在纺锤体中央区“下车”，留在此处继续完成有丝分裂和胞质分裂的剩余部分（图C）。其中有一种乘客蛋白叫作极光激酶B（aurora B），它在这个过程中仅仅只是“乘车”吗？

极光激酶B是有活性的。根据一项独特的生物传感工程学实验的结果，这种激酶实际上标出了纺锤体中间面的位置。这一经过改造的传感器包含了两种荧光蛋白（YFP和CFP），它们由一个灵活的接头和极光激酶B可特异磷酸化的一小段序列（图D）相隔开。该传感器的工作原理是荧光共振能量转移（fluorescence resonance energy transfer，FRET）：当两个荧光团紧挨着时，能量可以从一个荧光团共振到另一个荧光团，因此一个荧光团的发射能量可以激发另一个荧光团。这样，当YFP与CFP距离近至足以产生共振时，激发CFP会产生YFP的发射光。CFP与YFP发射能量的比值可以对能量转移的效率定量，这一效率与距离的六次方成反比：即使距离只增加相对很小一点，也会导致能量几乎完全不能转移。如果在荧光团之间插入磷酸化位点，那么能量转移的效率就变成了极光激酶B磷酸化功能的函数。最后一步就是增加一段序列把传感器定位到某个特定的细胞组分上去，例如，加一段组蛋白序列就可以让传感器定位到染色质上。把编码这一传感器的载体转入一个脊椎动物细胞系，就可以在活细胞的特定细胞组分中观察极光激酶B介导的磷酸化过程。

通过这个传感器揭示出一个令人惊讶地以中央区为中心的磷酸化梯度（图E），该梯度由极光激酶B产生，在此处的作用是依据纺锤体的位置为收缩环定位。这让人不禁推测中央区相关的其他生物过程可能也有类似的机制。早前期带有能力修饰核赤道处微管的行为，分裂中期的染色体所承受的作用力在纺锤体中央区最强，且成膜体有能力在其外周招募新的重叠微管形成精确排列等，这些都很符合是由局部的激酶驱动的推论。现在的挑战是要找到那些信号分子，阐明它们的形成过程，将那些分开染色体、裂开细胞的驱动力和流量物质合并归纳成一幅完整图案。

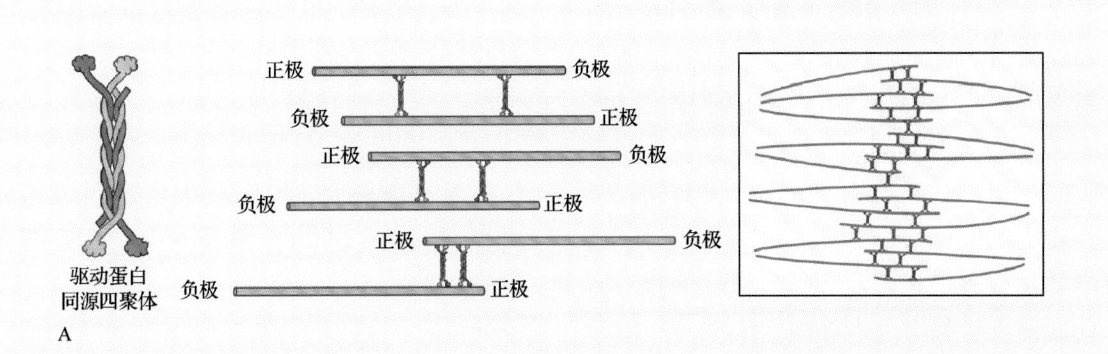

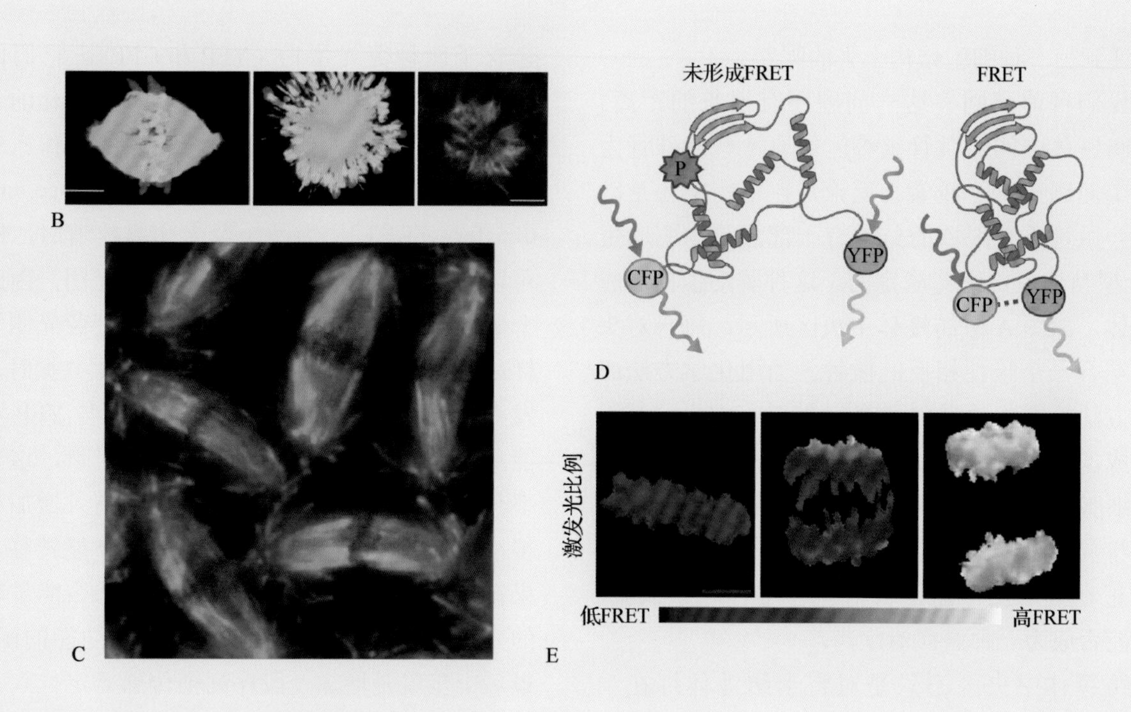

A. 驱动蛋白 -5 排列示意图。B. 抑制驱动蛋白 -5 的表达会产生单极的纺锤体，以图为例：用驱动蛋白 -5 的化学抑制剂处理的脊椎动物细胞（左图和中图，微管蛋白 = 绿色；DNA= 蓝色）以及缺失 *KIN5c* 的植物突变体细胞（右图，微管蛋白 = 绿色；DNA =红色）。C. 分裂中期时在纺锤体中间区把乘客蛋白（红色）放下，它们在胞质分裂过程中一直存在。该图表示果蝇（*Drosophila*）胚胎的纺锤体（微管蛋白 = 绿色；染色体 = 蓝色）。D.FRET 传感器包含一个处于两个带有荧光蛋白标签的结构域之间的极光激酶 B 磷酸化位点。当发生磷酸化时，荧光蛋白保持分开状态；而在去磷酸化时，荧光蛋白相互靠近进入 FRET 的有效范围，可检测到通过 CFP 激发光产生的 YFP 发射光。E. 把 FRET 传感器锚定在染色体上显示出当染色体在中间区（左图）时磷酸化程度高（即 FRET 信号低），而在两极（右图）时磷酸化程度低，中间形成了一个磷酸化的梯度（中图）。在纺锤体中间区积累了一个有活性的激酶，在该位置与周围细胞质之间形成了一种通讯机制。标尺：5μm。来源：图 B 左图和中图来自 Meyer et al.（1999）. Science 286: 971，右图来自 Bannigan et al.（2007）. J Cell Sci 120: 2819-2827; 图 C 来源于 http://homepages.ed.ac.uk/rradams/passengers.html；图 E 来源于 Fuller et al.（2008）. Nature 453: 1132

5.9.7 植物演化出了一个独特的结构即成膜体进行胞质分裂

动物细胞将自己缢缩为二，而植物细胞以形成新细胞壁的形式完成分割。为了分离，动物细胞演化形成一个叫作**收缩环**（**contractile ring**）的胞质分裂细胞器，是细肌丝在未来分裂的平面上环绕细胞形成的一个带状物，锚定在质膜上（见图 5.37）。收缩环含有肌球蛋白，将邻近的反向平行的细肌丝拉到一起，缩短环的圆周，并将细胞挤成两个。我们还知道一些能动的动物细胞可以通过细胞的两半分别向相反的方向收缩进行分裂，这种方式有点像古代利用马去扯断人的刑罚，但在这里，细胞外围控制着这个过程。在真菌和藻类中，新的细胞壁一般也是在边缘形成并向中间移动，类似于动物的收缩环。与之相反，植物细胞在细胞中（两个子细胞核之间）开始新细胞壁的合成并向边缘扩展（见图 5.37）。成膜体含有肌动蛋白、肌球蛋白及微管，两种细胞骨架系统都在其中发挥功能，其中微管发挥主导作用。成膜体和收缩环的结构差异很大，很难找到它们的共同祖先。

5.9.8 成膜体最初在较晚的后期形成于分离的染色体之间，然后离心扩展直至母细胞壁

成膜体开始形成时，纺锤体中间区残余的微

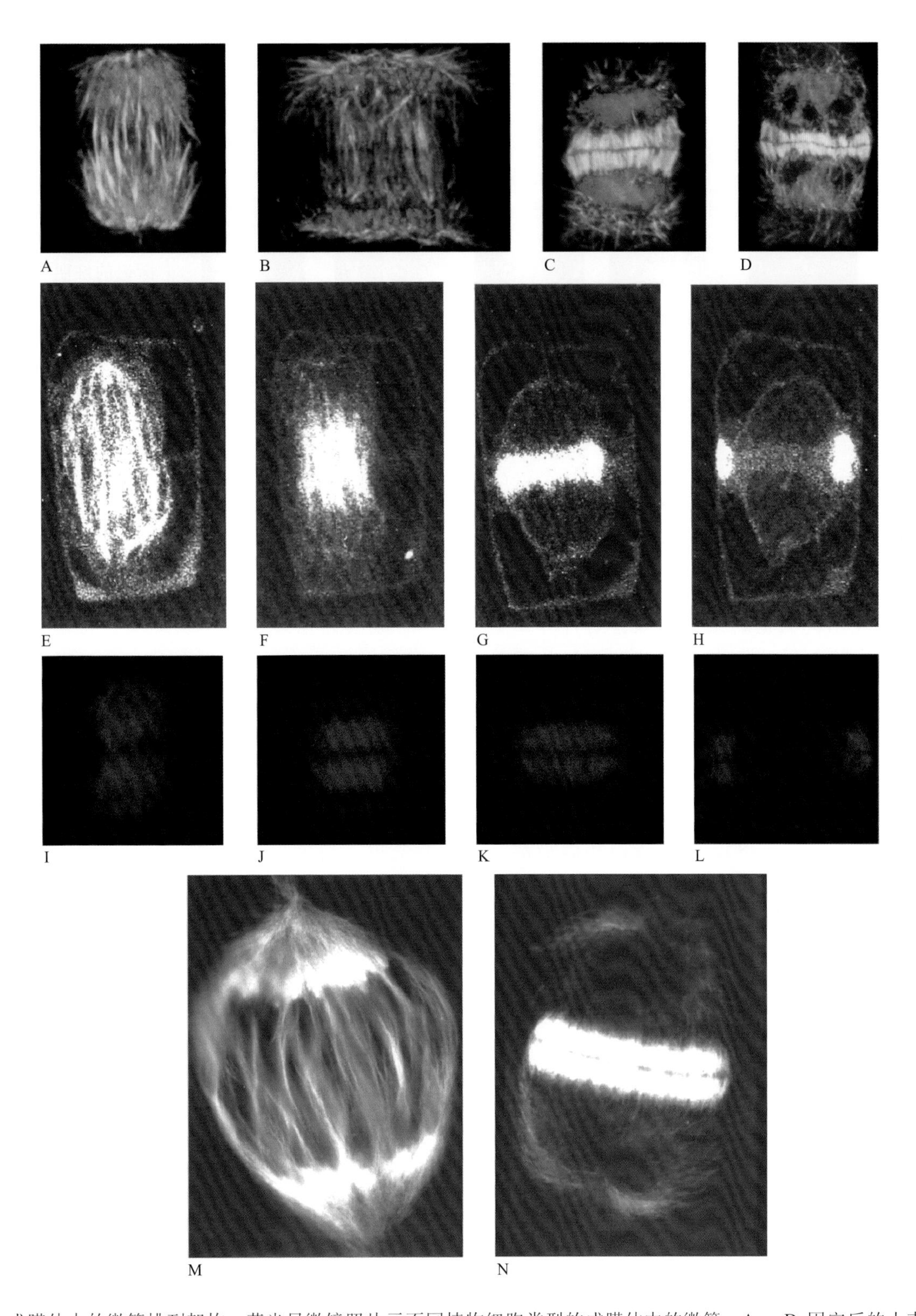

图 5.47 成膜体中的微管排列架构，荧光显微镜照片示不同植物细胞类型的成膜体中的微管。A ~ D. 固定后的小麦根细胞，微管为绿色或黄色，DNA 为蓝色。E ~ H. 经显微注射了标记的神经微管蛋白的紫露草（*Tradescantia virginiana*）活雄蕊毛细胞。I ~ L. 烟草活的 BY-2 细胞，GFP 融合的微管蛋白信号如红色所示。M、N. 固定后的绣球百合（*Haemanthus katherinii*）胚乳细胞。随着赤道板处新聚合而成的微管与纺锤体的层间微管聚合在一起，成膜体在分裂晚后期开始形成（A, E, I, M）。在分裂末期之前（B, F, J），成膜体的排列架构就已完全建成：正在形成的细胞壁的平面由微管相遇的位置来决定。之后随着细胞板的堆积，微管之间逐渐形成间隙。随着分裂末期的进行，成膜体微管开始缩短，而后从中央区域消失，形成一个重叠的微管环形域向离心方向扩展，最终到达母细胞的细胞壁（C, D, G, H, K, L, N）。来源：图 A ~ D 来源于 Gunning & Steer.（1996）. Plant Cell Biology: Structure and Function. Jones and Bartlett, Sudbury, MA; 图 E ~ H 来源于 Zhang et al.（1993）. Cell MotilCytoskel 24: 151-155; 图 I ~ L 来源于 T. Murata, National Institute for Basic Biology, OKazaki Japan; 图 M ~ N 来源于 Smirnova et al.（1995）. Cell MotilCytoskel 31: 34-44

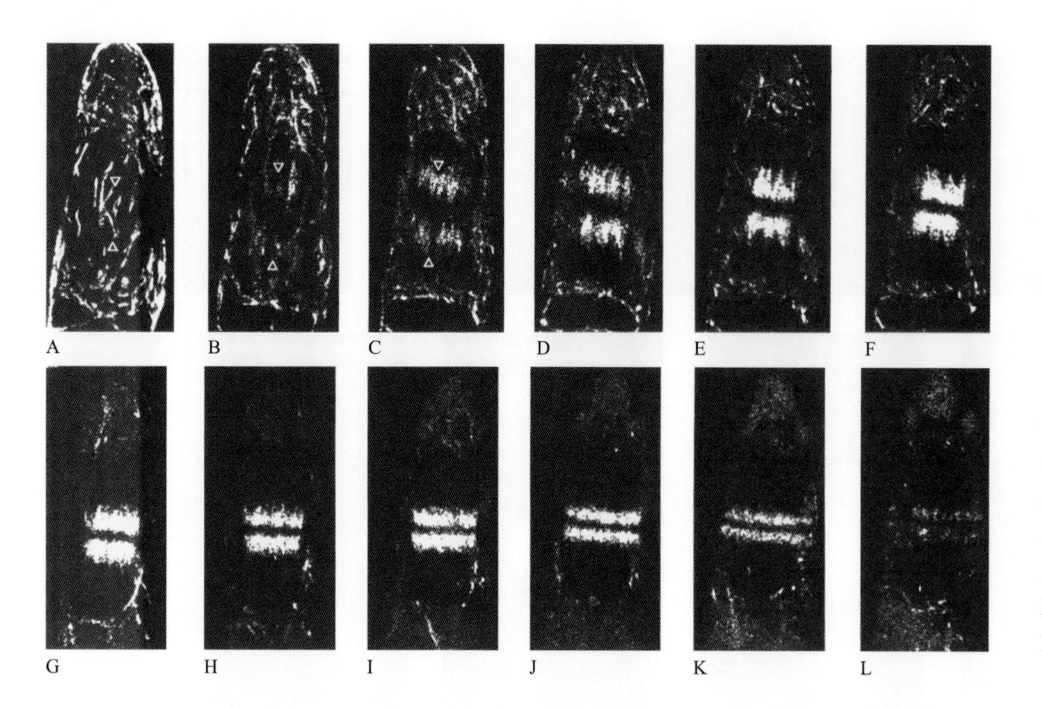

图 5.48 活的雄蕊毛细胞的成膜体中荧光鬼笔环肽标记的细肌丝的荧光共聚焦显微镜照片。细肌丝并不会形成明显的环状结构，反而倾向于在正在形成的细胞板上到处都有。在赤道上一直存在的那条暗色条带表明细肌丝在赤道板上从不明显重叠。来源：Zhang et al.（1993）. Cell Motil Cytoskel 24: 151-155

管与从极体发出的大量新聚合的微管结合并重新形成细胞核（图 5.47）。最初时成膜体中板位置是一条窄带，其中从每一个细胞核中伸出的微管发生重叠。随后，这条带逐渐变窄直到微管不再重叠。最终，随着新细胞板的合并，在微管之间形成一个间隙。细肌丝也随着微管组装到成膜体中并通常与微管平行（图 5.48）。肌动蛋白和微管都将它们的正端朝向成膜体中板，这就是说成核作用发生在细胞核或它附近，并且新的聚合体朝向中板生长。

成膜体在细胞的中央即重新形成的核之间的位置形成，然后朝向细胞边缘离心生长。在它生长时，招募新的细胞骨架多聚体补充到边缘，并从内部脱落，这样很快成膜体会形成环状的结构（图 5.49）。最初时期的微管很长，从细胞核一直延伸到中间区域，但随着成膜体成熟，微管逐渐变短，与核膜之间的连接断裂。这种逐步变短的现象在细肌丝中也有发生，但细肌丝通常留在细胞中央（见图 5.48）。成膜体中的微管和肌动蛋白是高度动态的，微管的半衰期大约为 1min。尽

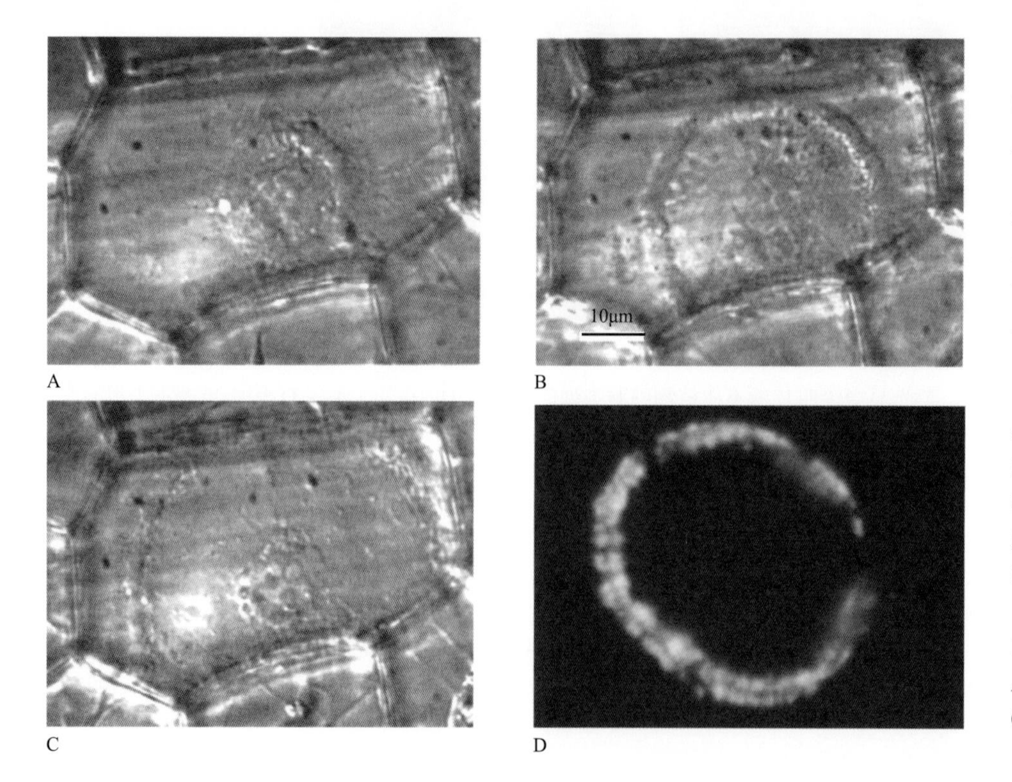

图 5.49 成膜体的环状结构。A ～ C. 正在分裂的一个大的、高度液泡化的叶表皮细胞的光学显微镜照片，拍摄间隔为 30min。正在形成的细胞壁平面与纸面平行，成膜体为从上方观察。从一端观察，一个由成膜体微管形成的环形域向外生长，并最终到达细胞外围。如果通过固定和染色来显示微管的话，C 图中的环状结构将与 D 图中显示的成膜体类似。来源：图 A ～ C 来源于 Venverloo & Libbenga.（1981）. Z Pflanzenphysiol. 102: 389-395；图 D 来源于 Asada & Shibaoka.（1994）. J Cell Sci 107: 2249-2257

管微管规律延伸的机制仍不清楚，但人们认为这些多聚体动态的状态大概会有利于成膜体的生长。

在植物中，通过生物化学方法首次鉴定到的微管马达蛋白之一就是从分离的成膜体中纯化出来的（图 5.50）。它属于驱动蛋白 -5 家族，并且与连接在纺锤体中间区域上的马达蛋白（见信息栏 5.3）有同源性。这个蛋白质可能负责在体外观察到的成膜体中微管迁移，或者负责稳定成膜体微管的双极结构排列，这似乎是驱动蛋白 -5 的功能。通过突变体表型分析，人们认为许多其他驱动蛋白也可以影响成膜体的结构和功能。然而，我们并不清楚所有这些马达蛋白的活动是如何调控从而协调高效工作的。

5.9.9 成膜体调控着新细胞壁中的多糖沉积

成膜体中的微管和细肌丝协调控制着构建细胞板所需的分泌活动。成膜体“收留”了一大群囊泡及膜状细胞器（图 5.51）。囊泡递送蛋白质和多糖到初生的细胞壁，并把质膜递送到生长的细胞板中。另外，囊泡由细胞板回到高尔基体以去除多余的膜，并循环使用细胞壁成分。一些囊泡可能通过扩散来运动，这种运动大多由结合在囊泡膜上的马达蛋白来驱动。已知在酵母中肌动蛋白也会直接参加膜融合机制，但在植物中是否如此还需要研究。

通过对高压冷冻固定的材料进行电子断层成

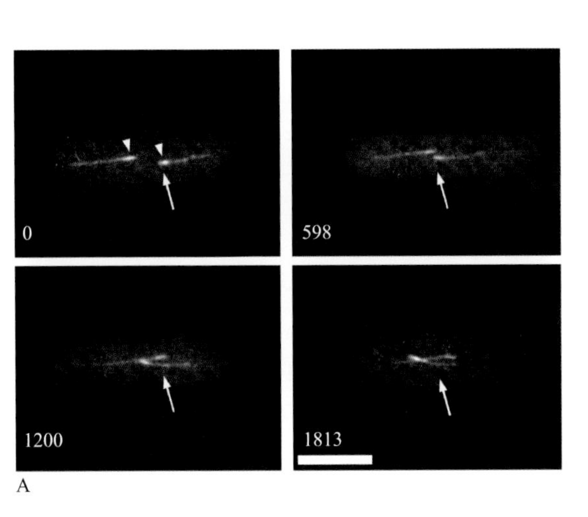

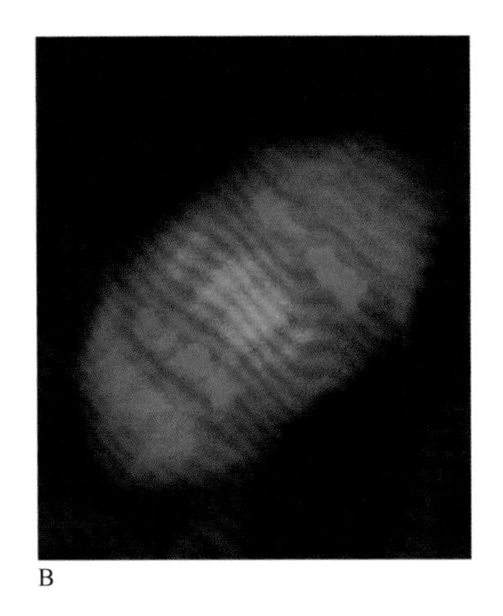

图 5.50 成膜体中包含从植物中纯化并鉴定的第一种微管马达蛋白，烟草 125kDa 驱动蛋白相关蛋白（TKRP125），它属于驱动蛋白 -5 家族。A. 从烟草成膜体中纯化的 TKRP125 把微管向负端移动。将纯化的蛋白质涂裹于显微镜观察腔的表面，用以结合那些荧光标记并在微管的负端用加强荧光标记了一小块区域（三角箭头处）。向腔中添加 ATP，然后连续间隔拍照（时间单位设定为秒；箭头指示固定的参考位置）。微管首先向负端移动，相当于一个蛋白质向着锚定的微管正端运送货物。B. 在纺锤体中央区马达蛋白很丰富。如图所示，一个烟草细胞的有丝分裂后期的纺锤体经三重标记，显示 DNA（蓝色）、微管（绿色）、TKRP125（红色）。纺锤体中央区的橙色源于微管和 TKRP125 的共定位，这就是成膜体正在形成的地方。在此处，分子马达随时可以帮助加固微管在成膜体中央区的堆叠。来源：图 A 来源于 Asada & Shibaoka（1994）. J Cell Sci 107: 2249-2257; 图 B 来源于 T Asada, Oaska University, Japan

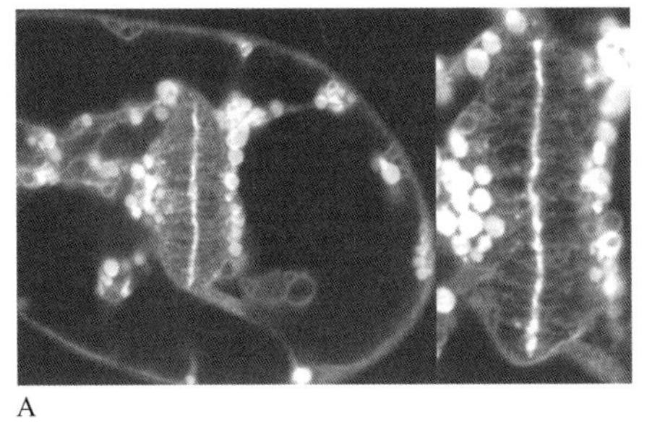

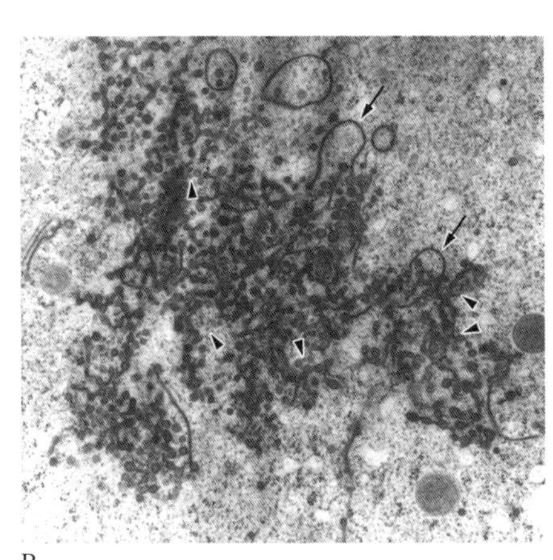

图 5.51 成膜体充满了大量用于细胞板组装的囊泡。A. 一个标记了膜的、处于末期的、液泡化的悬浮培养烟草细胞的荧光显微镜照片，示成膜体和正在形成的细胞板中大量存在的膜组分。右边的图是正在形成的细胞板的放大图。B. 早期成膜体（截面与成膜体中板平行）高压冷冻固定后的电子显微镜照片，示大量存在的囊泡和膜。图中可见微管的横截面（箭头所示），同样可见形状异常、管状的细胞膜延伸（箭状物所示），相信它们与内吞作用有关。来源：图 A 来源于 Gunning & Steer（1996）. Plant Cell Biology: Structure and Function. Jones and Bartlett, Sudbury, MA; 图 B 来源于 Samuels et al.（1995）. J Cell Biol 130: 1345-1357

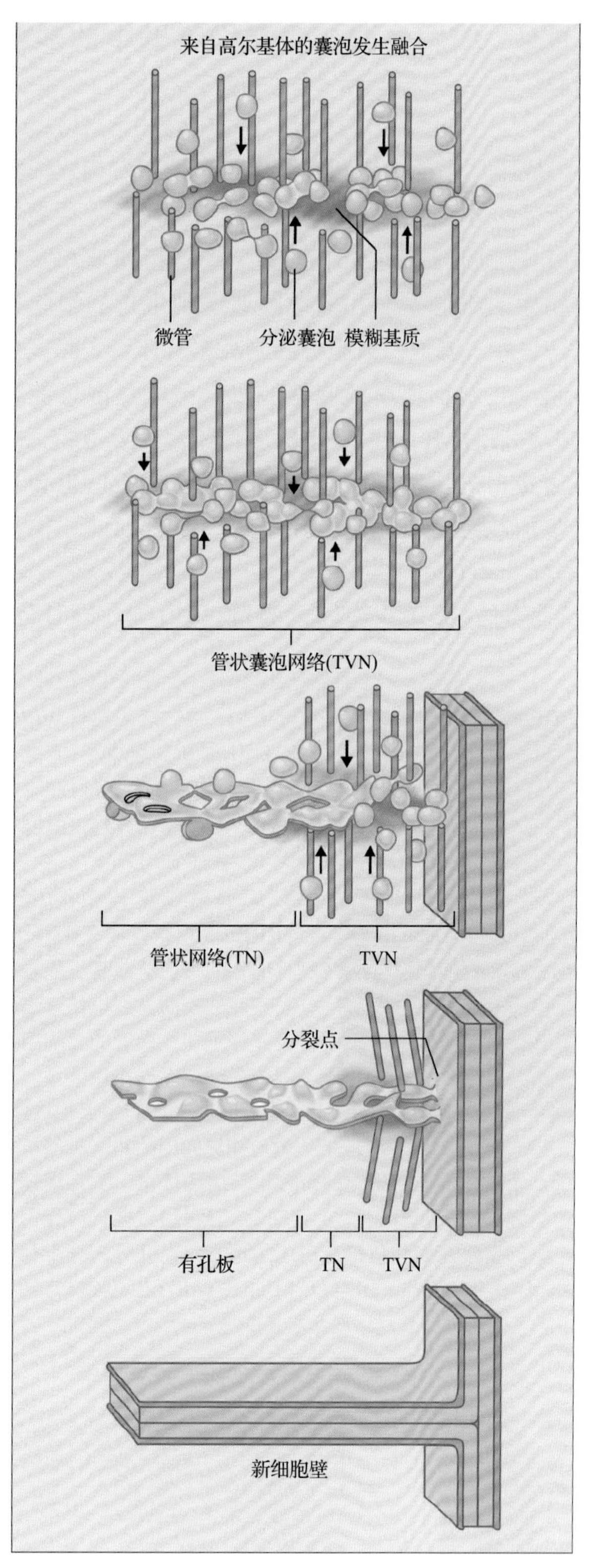

图 5.52 显示发育中的成膜体其膜状态的连续性的模型。首先，以前的纺锤体微管相遇并堆叠的区域周围称为模糊基质，它富含会在中板处发生融合的小囊泡。这形成了管状囊泡网络，该网络中细胞板处的膜区室体积不断增加（形成管与潴泡），仍然为模糊基质所围绕。继续分泌会形成更大的片层状潴泡，还会有许多管状突出（称为管状网络），模糊基质也随之消失。潴泡继续融合形成有孔板，最后形成成熟的细胞板。注意，随着成膜体的生长，可以看到所有这些过程都是在边缘起始，然后向中央移动的

像，科学家们已经可以详尽地获得成膜体中膜结构形态的显微图，并依此提出了一个模型（图 5.52）。在细胞板形成的初始阶段，许多囊泡聚集起来并形成管状的延伸，它们合并起来形成**管状囊泡网络**（**tubulovesicular network**）。这些管长而细，弯曲并为富含蛋白质的“模糊”基质所包围。这种膜状网络在富含微管的成膜体中板处形成，这些微管首先在形成成膜体的细胞的中央聚集，之后外移到细胞边缘。在这个阶段，持续的囊泡运输及多糖形成使得囊泡管变得更宽，形成了互相编织的膜状层，即**管状网络**（**tubular network**）。此时，微管和模糊基质都消失不见了。网络逐渐失去了网状结构，经过称为有孔板的时期，最终连成一片。这些过程中的每一步都与细胞板中特定多糖组分的沉积有关。有趣的是，在生长的成膜体中，所有这些过程最早都是在细胞边缘进行，而后面的过程则逐渐向细胞中央移动。

小结

在植物中，细胞骨架由细肌丝和微管这两种类型的丝状蛋白多聚体组成。细肌丝和微管不仅是骨架成分，还充当“肌肉”的角色：它们负责细胞质和细胞器的运动。细肌丝和微管是高度动态变化的，发生持续性的周转。这些多聚体也有极性，每一末端都有不同的生化特性。水解三磷酸核苷产生的自由能加强了这些多聚体的动力学行为和极性。细胞骨架多聚体自身的生化特性似乎在真核细胞中是广泛保守的。不论细胞类型或种类，细胞骨架的不同功能都是由辅助蛋白介导的，它们对多聚体进行装配、去装配、捆扎、切割、加帽、交联或移动。在植物中，细肌丝在细胞器移动中扮演主要角色。微管对细胞的极性和控制细胞扩展的方向都十分重要。

细胞骨架为细胞提供了分裂元件，在有丝分裂中分离复制的染色体，以及在胞质分裂中分隔子细胞。有丝分裂依靠一个大部分由微管组成的结构——有丝分裂纺锤体。纺锤体微管在动粒处与染色体发生相互作用，而动粒是着丝粒上形成的富含蛋白质的特定区域。微管的动态特性、纺锤体的构造及产生推动力的蛋白质都参与了染色体运动。它们的重要性在有丝分裂的不同阶段和

不同细胞类型中都可能不同。胞质分裂依靠细胞骨架结构来确保细胞以适当方向形成新的壁。在分裂间期，富含细胞骨架的胞质带中，成膜粒就像一个木筏，通常在细胞分裂将要发生的平面上形成。在前期，早前期带是一个微管和细肌丝形成的环，通常标示出新的细胞板将要与母细胞壁融合的位置。在胞质分裂期间，一个由微管和细肌丝形成的结构——成膜体，协调形成细胞板所需的强烈分泌活动，并指导生长的细胞板到达母细胞壁。

（施逸豪　孙田舒　郑蕾琦　译，顾红雅　瞿礼嘉　侯赛莹　校）

第 2 篇

细胞的繁衍

第6章 核　酸

Masahiro Sugiura, Yutaka Takeda, Peter Waterhouse, Lan Small, Shaun Gurtin, Tony Millar

导言

核酸是能够储存和传递遗传信息的聚合物，分为脱氧核糖核酸（DNA）和核糖核酸（RNA）。DNA分子编码了制造生命体所需生化机器的蓝图，并组成了细胞的**基因组**（**genome**）。在**转录**（**transcription**）过程中，DNA的序列作为RNA合成的模板。特定RNA是核糖蛋白复合物的结构支架，一些RNA作为调控基因表达的重要调节分子；还有一类被称为信使RNA（mRNA）的RNA在**翻译**（**translation**）过程被核糖体解码（见第10章）。mRNA中被翻译的序列信息决定了蛋白质的氨基酸序列，而蛋白质最终决定了生物体的表型特征。当细胞分裂时，DNA**复制**（**replication**）产生新细胞所需要的一套遗传信息副本（图6.1）。DNA的复制和修复是很重要的过程，因为生物个体的生存依赖于基因组的稳定。但是，由个体DNA蓝图的改变而产生的遗传变异，可以促进种群的长盛不衰。

活细胞以双链DNA的形式储存遗传信息。相反，病毒基因组由双链核酸或者单链核酸构成，含有DNA或者RNA。病毒的基因组一般都很小，并且只编码病毒增殖所必需的数量很少的蛋白质。因此，病毒为了复制自己的核酸并增殖，必须使用寄主细胞的生命元件。例如，当一个RNA病毒感染了一个细胞，细胞的元件可以直接把病毒的RNA翻译为蛋白质，或把病毒的基因组作为模板合成互补的RNA，并最终把它们翻译为蛋白质。有一些RNA病毒编码反转录酶，这种酶可以利用RNA为模板合成DNA。当这些酶催化了从病毒RNA到DNA的**反转录**（**reverse transcription**）过程以后，寄主细胞的转录和翻译元件可以产生病毒增殖所必需的其他成分（图6.1）。

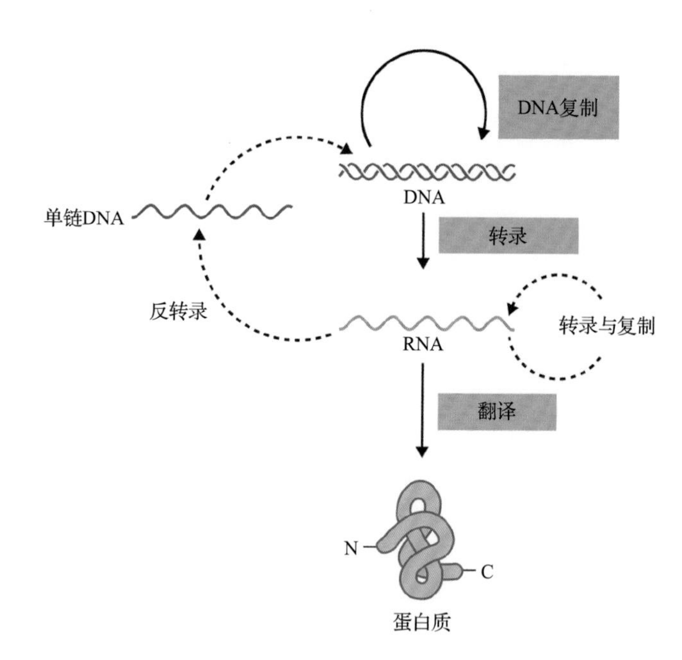

图6.1　在活体生物中，遗传信息储存在基因组双链DNA中。单链的RNA从DNA模板转录而来。有些RNA分子编码指导合成特定蛋白质的信息。其他RNA参与RNA加工或者RNA序列翻译成蛋白质的过程。相反，病毒的基因组是各式各样的，可以为单链或者双链，包含DNA或者RNA，来编码扩增所需要的遗传信息。虚线表示单链RNA病毒和单链DNA病毒的增殖途径

6.1　核酸的组成与核苷酸的合成

6.1.1　DNA和RNA是嘌呤核苷酸与嘧啶核苷酸的聚合物

DNA和RNA是长链无分支的聚合物，分别由四种称为**核苷酸**（**nucleotide**）的结构单元组成。每

个核苷酸都由一个嘌呤或嘧啶碱基、一个五碳糖和一个磷酸基团构成（图 6.2）。RNA 中核糖核苷酸的核糖的化学式是 $(CH_2O)_5$。组成 DNA 的脱氧核糖核苷酸含有 2- 脱氧核糖，其中 C-2 原子不连羟基。反应活性很强的 2′-OH 使 RNA 不如 DNA 稳定，特别是在碱性溶液里。

每种核酸都含有 4 种含氮碱基：2 种嘌呤和 2 种嘧啶。DNA 中包含的嘌呤是腺嘌呤和鸟嘌呤，嘧啶是胞嘧啶和胸腺嘧啶。RNA 中也包含腺嘌呤、鸟嘌呤和胞嘧啶，但是胸腺嘧啶被另一个嘧啶——尿嘧啶所替代。在一些核糖核酸，特别是转运 RNA（tRNA，见 6.7.3 节）中，也能找到异常或者修饰的碱基。

6.1.2 植物细胞从头合成嘧啶核苷酸和嘌呤核苷酸，也可以通过补救途径进行合成

嘧啶核苷酸的从头合成起始于一连串的六步反应，构成了乳清酸途径。嘧啶乳清酸由 CO_2、天冬氨酸、谷氨酰胺的氨基这些简单的小分子物质合成（图 6.3）。乳清酸合成以后便连接到 5- 磷酸核糖焦磷酸（PRPP）上，随后经修饰形成尿苷三磷酸（UTP）和胞苷三磷酸（CTP）。人们发现在植物中，所有合成嘧啶核苷酸所需的酶都在质体中，因而认为质体是细胞中嘧啶合成的主要场所。

我们并没有完全了解植物体内嘌呤核苷酸的合成途径，但一般认为它与其他生物的合成途径相同。虽然嘧啶核苷酸合成时是首先合成嘧啶乳清酸，再通过 *N*- 糖苷键与 PRPP 相连，但是嘌呤核苷酸的合成是直接通过 PRPP 先后与嘌呤前体发生反应，这些前体包括甘氨酸、CO_2、天冬氨酸和谷氨酰胺的氨基，还有次甲基、甲酰基四氢叶酸（图 6.4）。与嘧啶的生物合成不同，嘌呤核苷酸的合成部位位于细胞质中。

脱氧核糖核苷酸来自对应的核糖核苷酸。核糖

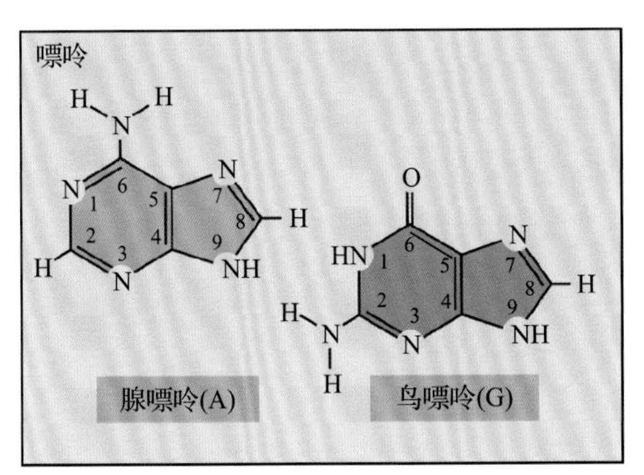

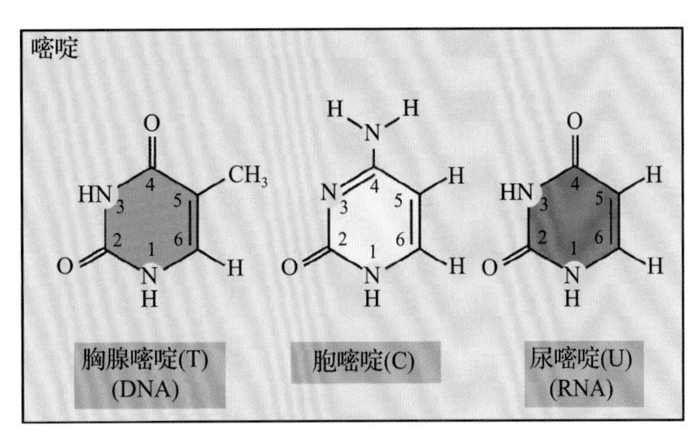

A 碱基

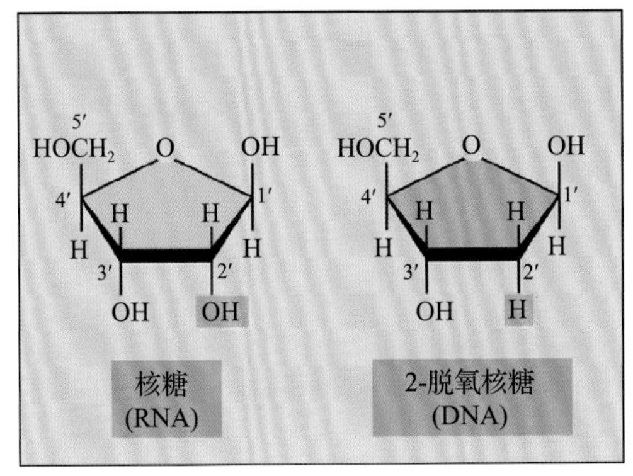

B 戊糖

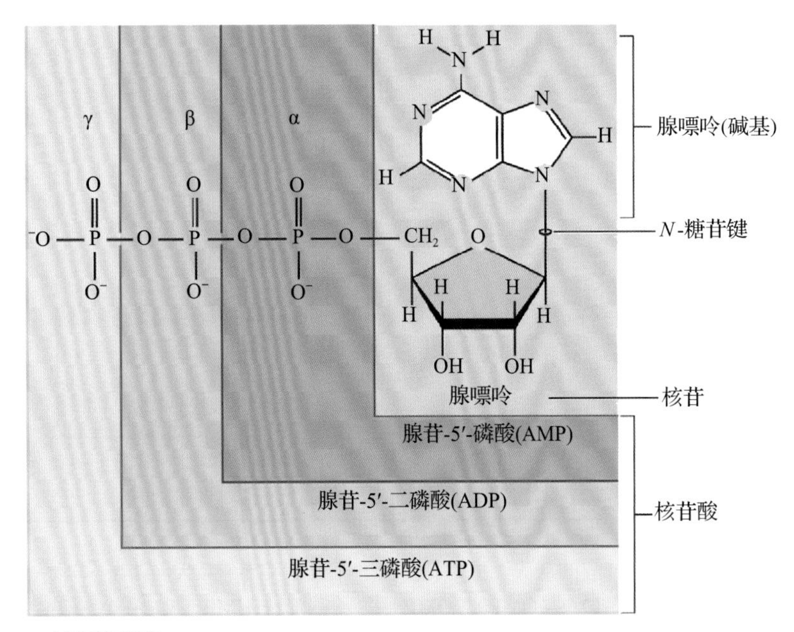

C 核糖核苷酸

图 6.2 核酸的化学组成。A. 嘌呤碱基鸟嘌呤和腺嘌呤，以及嘧啶碱基胞嘧啶存在于 DNA 和 RNA 中。嘧啶碱基胸腺嘧啶存在于 DNA 中，尿嘧啶替换了胸腺嘧啶存在于 RNA 中。B. RNA 的核苷酸中含有戊糖核糖，DNA 含有反应活性相对低的戊糖——2- 脱氧核糖。在核苷和核苷酸中，戊糖的碳原子编号为 1′ 至 5′，如图所示。C. 一个核苷由一个嘌呤或嘧啶碱基及一个戊糖组成。核苷酸是核苷的 C-5′ 原子通过磷酯键与 1 ～ 3 个磷酸基团相连构成的

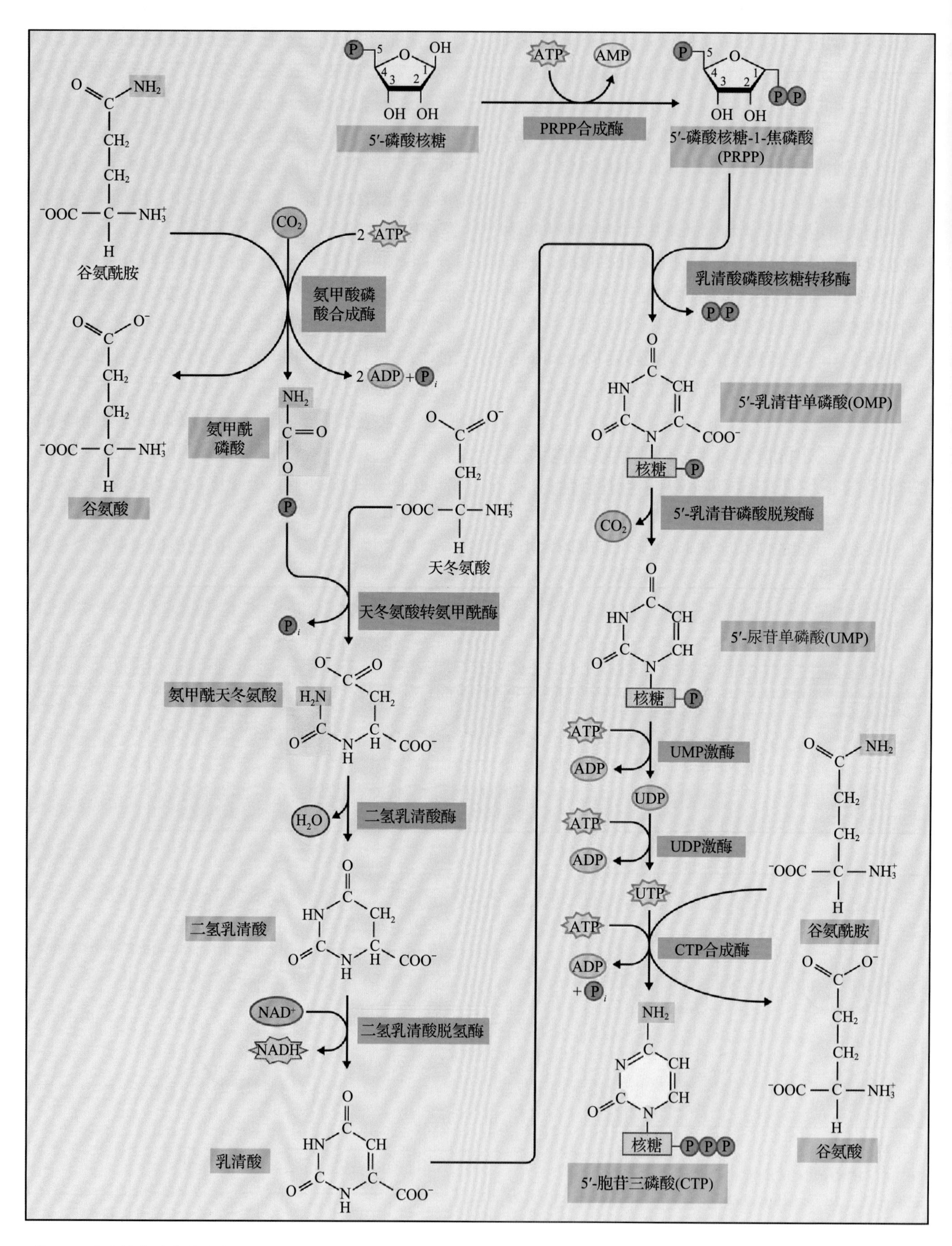

图 6.3 嘧啶核苷酸的从头合成途径。第一个具有完整嘧啶环结构的产物是乳清酸，它与 5- 磷酸核糖 -1- 焦磷酸（PRPP）反应，生成 5′- 乳清苷单磷酸（OMP）。OMP 脱去羧基形成 UMP。5′- 尿苷三磷酸（UTP）氨基化形成 CTP，氨基供体可能是谷氨酰胺。CMP 也可以由 UMP 合成（未显示）。UDP，5′- 尿苷二磷酸

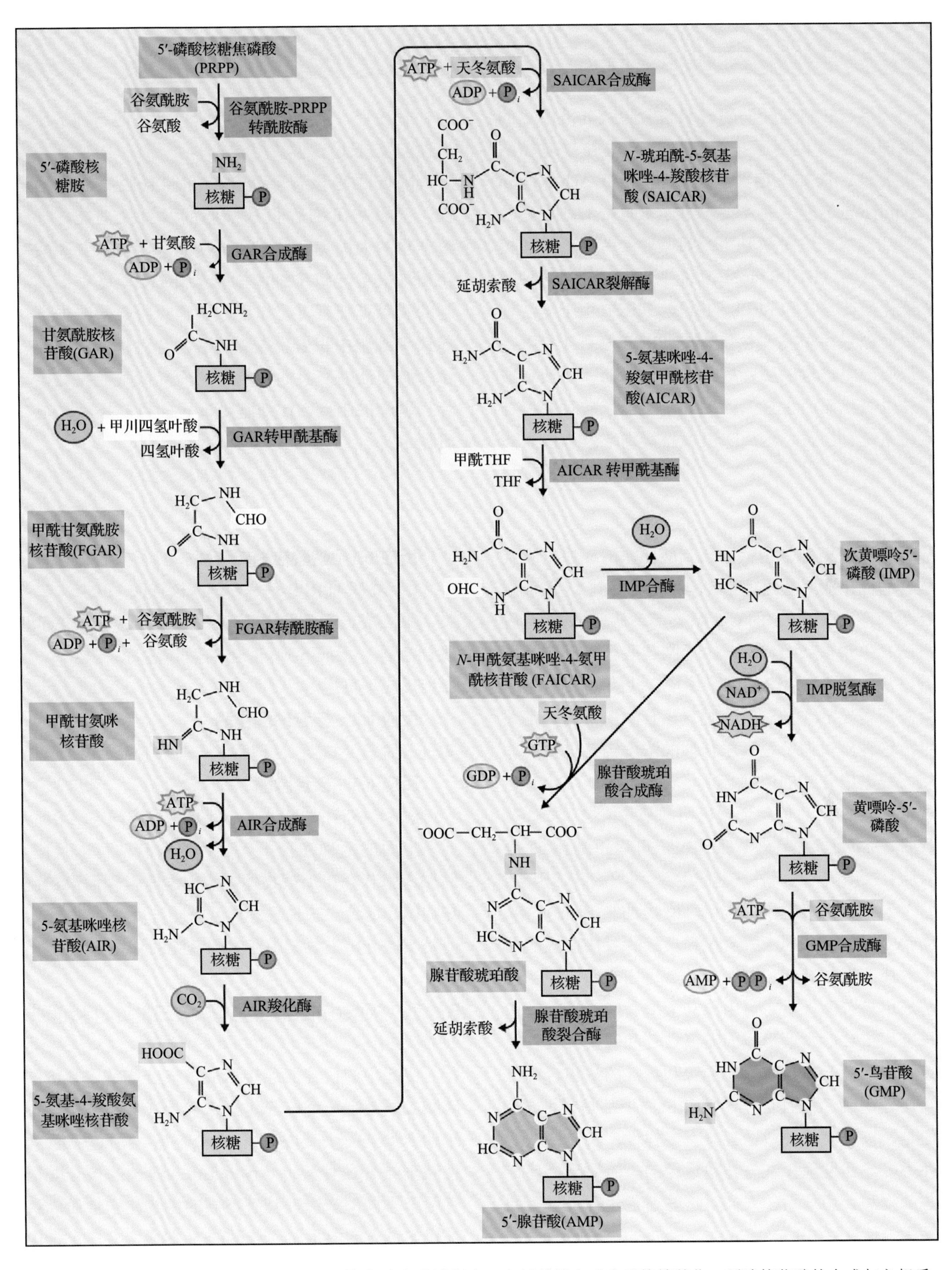

图 6.4 嘌呤核苷酸的从头合成途径。嘧啶核苷酸合成过程中，含氮碱基合成先于核糖基化；嘌呤核苷酸的合成与之相反，PRPP 通过修饰后合成次黄苷单磷酸(IMP)，IMP 是第一个具有完整嘌呤环的中间产物。IMP 衍生出 AMP 和 GMP。合成 AMP 时，天冬氨酸先加到 IMP 上，然后去掉延胡索酸碳骨架，留下一个氨基。IMP 由谷氨酰胺氧化并氨基化，生成 GMP。THF，四氢叶酸

信息栏 6.1 核苷酸补救合成途径的缺陷与人类疾病有关

参与补救途径的酶有缺陷会导致非常严重的疾病，这就说明了核苷酸生物合成补救途径的重要性。例如，**自毁容貌综合征（Lesch-Nyhan syndrome）**是一种主要发生于男童中的严重遗传紊乱疾病，这种病是由次黄嘌呤 - 鸟嘌呤磷酸核糖转移酶（HGPRTase）功能缺失造成的，这种酶催化次黄嘌呤和 PRPP 的凝聚。PRPP 由于无法使用而积累，激发了谷氨酰胺 -PRPP 氨基转移酶，从而产生过量的嘌呤核苷酸。过多的嘌呤核苷酸发生氧化而产生过高浓度的尿酸，尿酸对中枢神经系统有伤害。这反映出大脑特别依赖于核苷酸的补救途径。这些疾病的症状包括反应迟钝、协调性差及自残行为等。

降低嘌呤核苷磷酸化酶和腺苷脱氨酶的活性，会影响 T 细胞和 B 细胞的发育及功能，导致严重的人类免疫系统缺陷疾病。嘌呤核苷磷酸化酶缺失会导致 T 细胞中积累 dGTP，这对 T 细胞的发育可能有毒害作用。腺嘌呤脱氨酶缺失会导致 T 细胞中积累脱氧腺苷酸，会对核糖核苷酸还原酶的活性有负面影响，从而降低其他脱氧核苷三磷酸的浓度。B 细胞受毒害的机制还不是很清楚。

核苷酸的核糖部分由核糖核苷酸还原酶还原。胸苷酸合酶催化次甲基四氢叶酸的甲基转移到 5′- 脱氧尿苷单磷酸（dUMP）的 C-5 原子上，从而合成 5′- 脱氧胸苷单磷酸（dTMP）。由于胸苷酸合酶反应是细胞内从头合成 dTMP 的唯一途径，此酶对保持 DNA 复制所需要的 4 种三磷酸脱氧核苷酸的平衡非常关键。这种酶对调节脱氧尿苷酸的浓度也有重要的作用，脱氧尿苷酸的浓度必须足够低，才能防止其错误地掺入 DNA。间接证据表明，某些植物（如浮萍 *Lemna major*）有另外一条途径，可以甲基化 5′- 脱氧胞苷二磷酸，然后脱氨基产生 5′- 脱氧胸苷二磷酸。

人们还没有很好地了解植物的核苷酸代谢。DNA 或 RNA 分别由脱氧核糖核酸酶或核糖核酸酶水解成寡聚核苷酸。寡聚核苷酸再由磷酸二酯酶水解成单核苷酸，后者再由核苷酸酶和磷酸酶水解成核苷。核苷酸水解形成的游离核苷和碱基可以再经过补救途径合成核苷酸。嘌呤和嘧啶的从头合成已经比较明确，而且这在动物和植物中都是类似的；但是，核苷酸的补救途径具有多样性，我们知道的并不多。在发现了参与补救途径的酶的缺陷会使一些动物和人患病后，人们对这些途径才有了更多的关注（信息栏 6.1）。

多数核苷酸合成的补救途径可分为两大类。第一类，由磷酸核糖转移酶催化的一步途径（反应 6.1）。当有焦磷酸酶存在时，此过程可逆。焦磷酸酶存在于植物细胞的质体中，细胞质中并没有（见第 13 章）。

反应 6.1：磷酸核糖转移酶

$$\text{碱基} + \text{PRPP} \longleftrightarrow \text{核糖核苷酸} + \text{PP}_i$$

第二类，分别由核苷磷酸化酶（反应 6.2）和核苷激酶（反应 6.3）催化的两步途径。其中，第二步反应不可逆。

反应 6.2：核苷磷酸化酶

$$\text{碱} + \text{（脱氧）核糖-1-磷酸} \longleftrightarrow \text{（脱氧）核苷} + \text{P}_i$$

反应 6.3：核苷激酶

$$\text{（脱氧）核苷} + \text{ATP} \longrightarrow \text{（脱氧）核苷酸} + \text{ADP}$$

上面的两种途径不代表体内所有的可能反应。例如，胞苷存在于植物体中，但没有发现游离的胞嘧啶碱。尽管一些脱氧核苷可以通过反应补救合成，但是实验分析主要集中在胸腺嘧啶的代谢方面。

6.1.3 核酸由核苷酸通过磷酸二酯键连接而成

核酸中的核苷酸连接形成多核苷酸链。共价的磷酸二酯键把一个核苷酸的 5′ 碳原子和下一个核苷酸的 3′ 碳原子连起来，形成一个糖 - 磷酸骨架，4 种碱基结合在骨架上（图 6.5A）。线性的核苷酸链有两个不同的末端，具有不同的生物化学性质，这是化学键方向的本质。核酸的 5′ 端通常有一个自由的磷酸基团，而 3′ 端通常是羟基。习惯上多核苷酸的序列从左到右是从 5′ 端到 3′ 端书写（图 6.5B）。

大多数 DNA 是由两条多核苷酸链通过特异的碱基配对形成的双链双螺旋结构。一条链上大的嘌

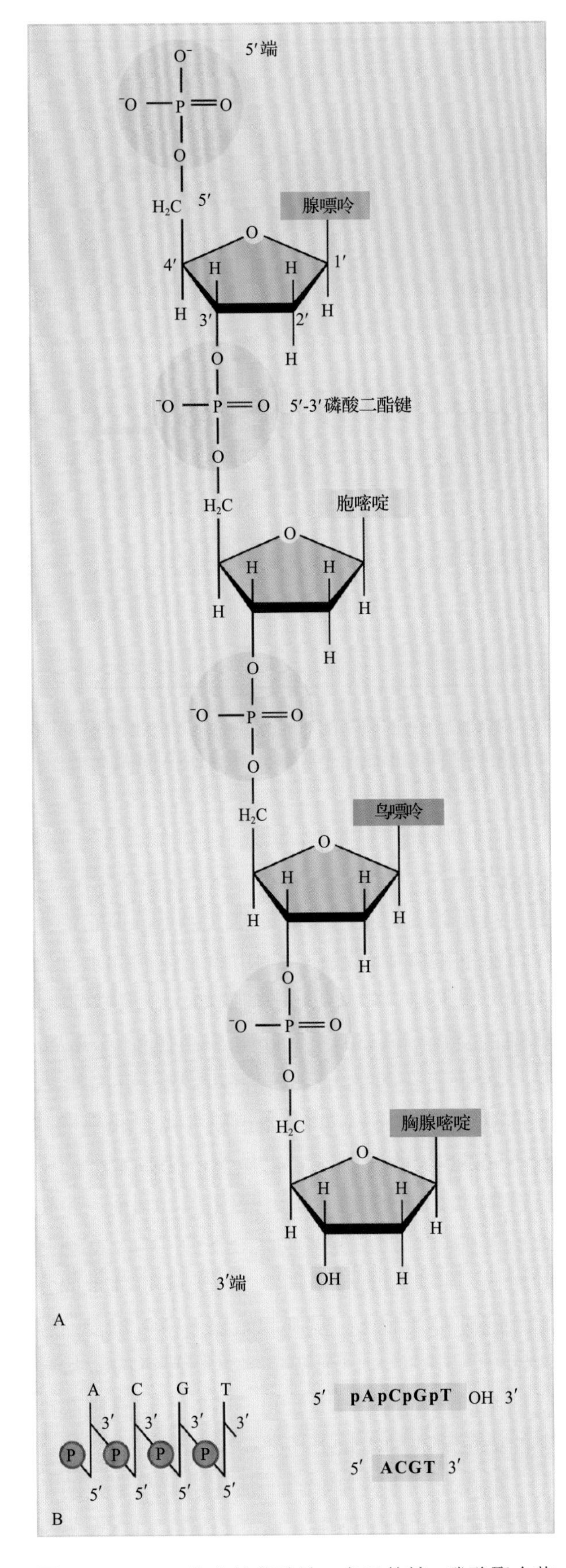

图 6.5 A. DNA 的多核苷酸链。交互的糖 - 磷酸聚合物形成了 DNA 多聚核苷酸链的骨架。在 RNA 中，2′- 羟基替代了 DNA 中的 2′- 氢原子。B. 从左到右表示核酸从 5′→3′。在多数情况下，核酸序列的表示形式中并不包括糖 - 磷酸骨架的符号

呤碱（A 或者 G）和另外一条链上小的嘧啶碱（C 或者 T）之间形成氢键。A-T 配对形成两个氢键，G-C 配对形成三个氢键（图 6.6）。疏水的碱基从水环境中转移到螺旋的中心，使整体的熵增加，从而产生自由能驱动两条单链杂交形成双链结构（虽然双链形成降低了核苷酸链的熵，但增加了环境中水分子的熵）。两条 DNA 链反向平行，因而两条链的糖 - 磷酸骨架的方向相反。单链 DNA 病毒基因组的 5′、3′ 端通常通过磷酸二酯键连成环状分子。

多数细胞的 RNA 分子是单链，但也存在部分区域的折叠。折叠形成的区域一般包含茎区、双链区和终止区。双链区存在“Watson-Crick”碱基配对（G-C 和 A-U），也存在多种异常配对（如 G-U、U-U 和 G-A 等），终止区是单链的环状结构。这些区域通过各种各样特殊的三级作用彼此连接，从而使 RNA 形成紧凑的结构。

6.2 细胞核 DNA 的复制

细胞在分裂之前，其染色体必须复制。真核细胞中，染色体由**染色质**（**chromatin**）组成，染色质是由 DNA 和蛋白质组成的纤维状复合物（见第 9 章）。考虑到长长的 DNA 分子形成了紧密的 DNA-蛋白质复合物，DNA 复制过程需要数量众多的酶和调节蛋白参与也就不足为奇了。人们对细菌、酵母、哺乳动物细胞 DNA 的复制进行了广泛的研究。在第 11 章中，我们将对真核细胞周期中复制过程的调控进行详细讨论。

在所有生物中，DNA 复制包括三个阶段：起始、延伸和终止。在真核细胞中，线状染色体末端也通过修饰来防止 DNA 在随后的复制中丢失。本节中，我们主要讨论真核生物核 DNA 复制中基本的酶学问题。人们普遍认为，真核生物的复制机制是类似的，但是在植物中有些复制调节机制特定地适用于植物独特的发育和生理功能。

6.2.1 核 DNA 合成从分离的复制起点开始，并由细胞中许多蛋白质组成的复杂细胞元件参与完成

细胞核 DNA 的复制发生在细胞周期的 S 期（见第 11 章），并且是一个受到高度调控的过程。复制

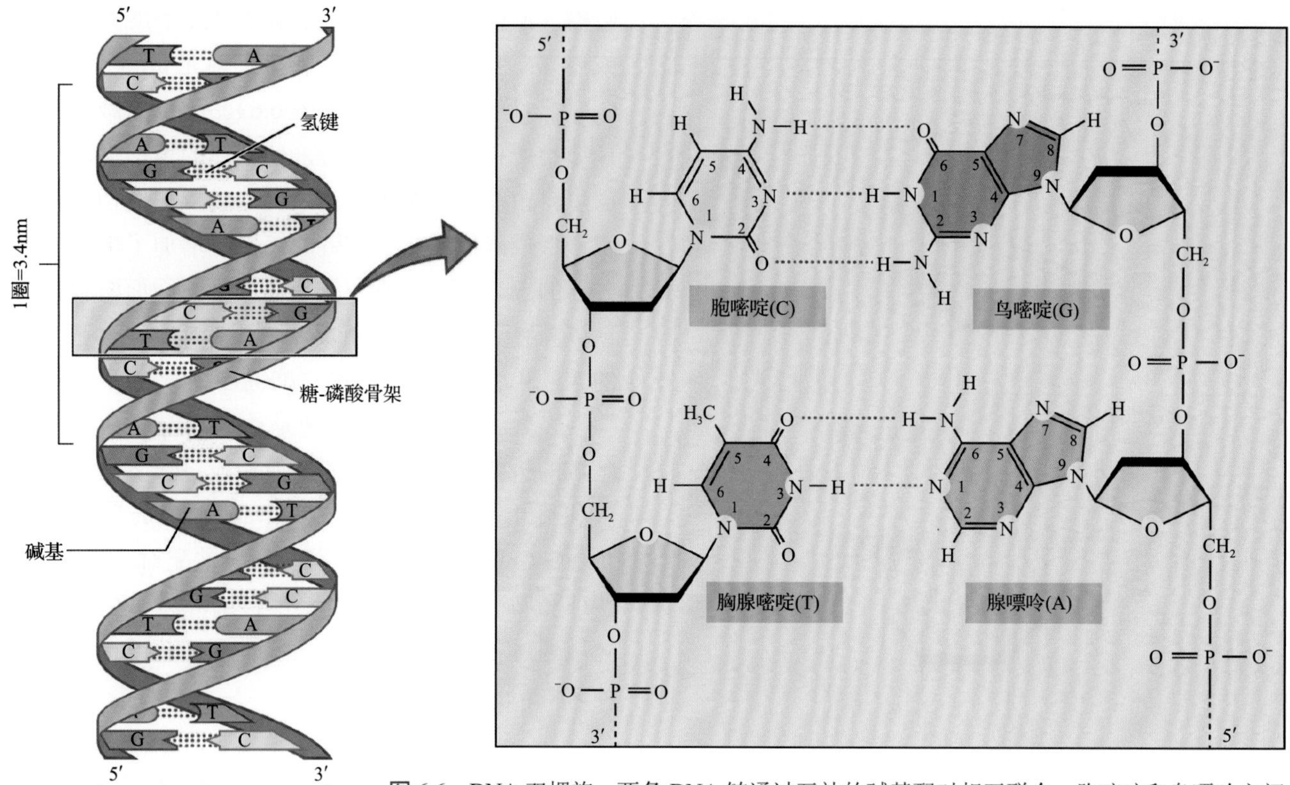

图 6.6 DNA 双螺旋。两条 DNA 链通过互补的碱基配对相互联合。胞嘧啶和鸟嘌呤之间形成三个氢键，而胸腺嘧啶和腺嘌呤之间只形成两个氢键。两条 DNA 链反向平行，在相反的方向从 5′→3′ 延伸

同时从许多称为**复制起点**（**origin of replication**）的特殊位点开始（图 6.7）。人们在芽殖酵母（*Saccharomyces cerevisiae*）中成功鉴定了真核生物染色体的复制起点，找到了一段 200bp 的特殊序列——自主复制序列（ARS），这是启动染色体 DNA 复制所需的最短序列。在哺乳动物细胞中，DNA 复制起始发生在一些特殊区域，这些区域之间相距 10 000bp（即 10kb）以上。尚不清楚这些区域中 DNA 复制起始序列的最小长度。还未在植物中鉴定出特定的复制起点。

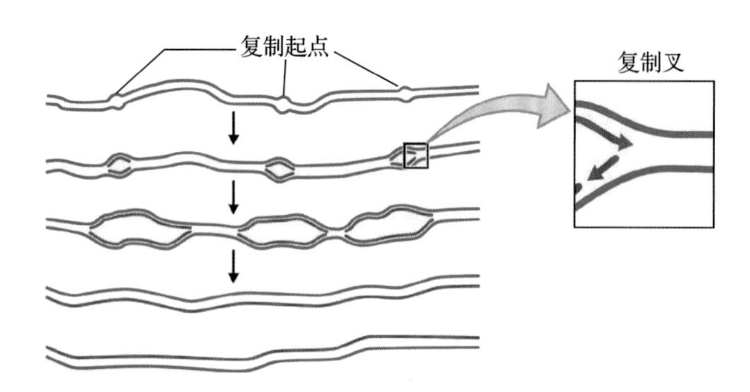

图 6.7 DNA 复制开始于特异的序列，称为复制起点，它们间隔地分布在 DNA 上。每个复制起点形成两个复制叉，分别向两个相反的方向移动，直至遇到相邻复制起点产生的复制叉才结束。蓝线表示亲本 DNA 链，红线表示新合成的 DNA 链

染色体中有很多可能的复制起点，但它们不是在所有的细胞中都起作用。由单个复制起点开始复制的一段 DNA 称为复制子。例如，在植物细胞中，典型的复制子有 50 ～ 70kb 长。小黑麦（*Trilicale*）是一种杂交获得的异源六倍体谷物，有大概 22kb 长的复制子。相反，其亲本植物（黑麦和小麦）有 50 ～ 60kb 长的复制子。很显然，在亲本细胞中保持沉默的复制子在小黑麦中活化了。利用同步化的细胞群体进行的实验表明，在 S 期 DNA 复制起始的时候，并非所有位于同一个指定染色体上的复制起点同时得到活化。复制起始以一个可重复的顺序激活（“点火”）。一个特定的复制起点的激活时间受细胞的严格调控，并且可能依赖于该复制起点所在的染色质的凝集状态（见 6.2.4 节）。

现在对 S 期复制起点的活化了解最清楚的是在酵母和哺乳动物细胞中（见第 11 章）。DNA 复制起始时，染色质的结构打开。双链 DNA 在 AT 富含区分开，同时与复制相关的特异蛋白结合到 DNA 上（图 6.8）。

因为双螺旋 DNA 的结构在通常条件下非常稳

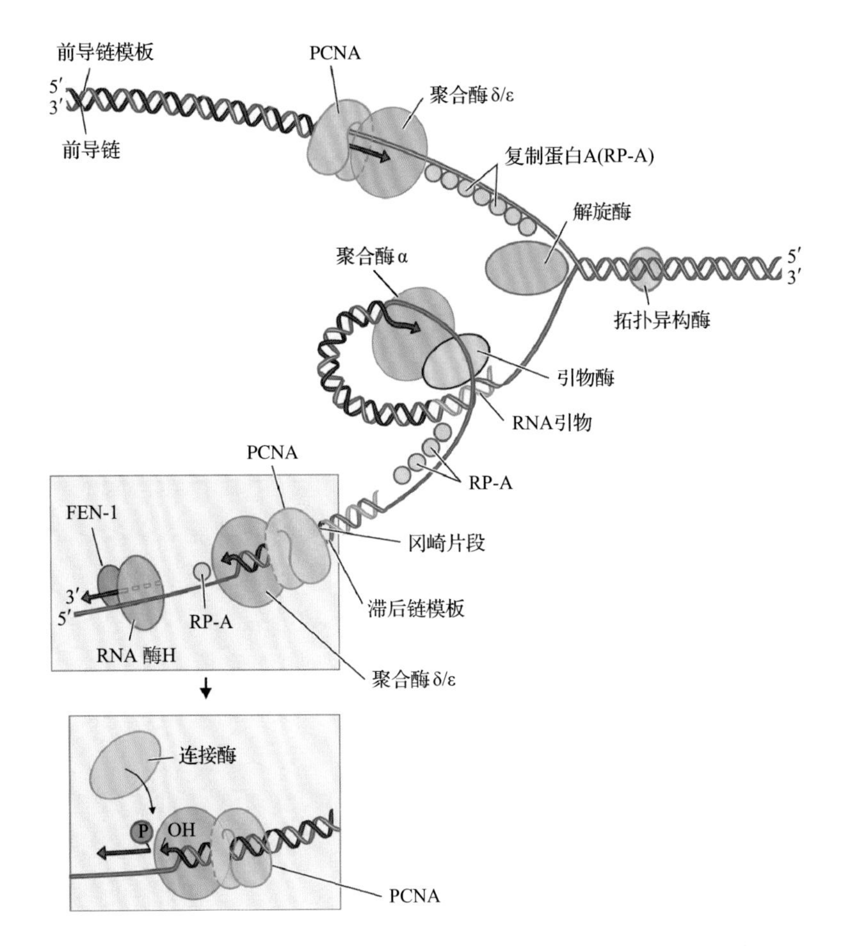

图 6.8 真核生物 DNA 复制叉的组成以及滞后链的不连续复制。图中展示的模型主要基于对酵母的研究。解旋酶和两个 DNA 聚合酶分子组成的复合体，承担了前导链和滞后链的合成工作。拓扑异构酶在复制叉的前面工作，去除由于解开 DNA 双链产生的超螺旋（见信息栏 6.2）。前导链的延伸是连续的，顺着复制叉的方向不断添加核苷酸。相反，滞后链是合成不连续的片段，称为冈崎片段。随着前导链的合成和复制叉的打开，滞后链模板的引物结合位点便暴露出来。引物酶合成一段短的 RNA 引物，DNA 聚合酶 α 给新片段添加核苷酸，直到新链的 3′ 端遇到相邻片段的引物。FEN-1 核酸酶切开 RNA 引物与 DNA 新链的连接，RNA 酶 H 降解 RNA 引物，从而产生了缺口。缺口由 DNA 聚合酶 δ/ε 来补齐，并由 DNA 连接酶将滞后链连接在一起。增殖细胞核抗原（PCNA）是 DNA 聚合酶复合体的辅助蛋白因子。复制蛋白 A（RP-A）与单链 DNA 结合，并使之稳定

定，所以必须要有一些依赖 ATP 的酶（称为 DNA 解旋酶）参与，催化复制起点和复制叉前面的双链 DNA 分开。接着，复制蛋白 A（RP-A）与单链 DNA 结合，并稳定其结构。随着复制的进行，DNA 拓扑异构酶排除复制叉前面的超螺旋（信息栏 6.2）。

6.2.2 核 DNA 的半保留复制与半不连续复制

DNA 复制从复制起点开始进行，包含 **DNA 聚合酶**（**DNA polymerase**）的多酶复合体催化脱氧核苷酸加入到与模板互补的核酸链的 3′ 端。因而，DNA 合成是 5′→3′ 方向，模板从 3′→5′ 被阅读，形成一个非对称的复制叉结构（图 6.8）。DNA 聚合酶只能在已存在的链［**引物**（**primer**）］上加核苷酸，并且直到具有 3′ 自由羟基的引物通过氢键与要复制的 DNA 模板相连时，DNA 聚合酶才能发挥活性。引物由特定的核苷酸聚合酶合成，称为 DNA 引物酶，能够从嘌呤核苷酸起始引物的合成。

由于复制叉的结构是非对称的，所以 DNA 的合成是**半不连续的**（**semi-discontinuous**）。新合成的 DNA 链中有一条链的核苷酸加入是连续的，这条链称为**前导链**（**leading strand**），从一条引物起始合成；另外一条链称为**滞后链**（**lagging strand**），合成短的、不连续的 DNA 片段（称为冈崎片段），每一个片段都需要自己的引物（图 6.8）。为了把许多滞后链片段连接成连续的 DNA 链，包含一个特异的核糖核酸酶（RNA 酶 H）的特殊 DNA 修复系统能够除去 RNA 引物，并将其替换为 DNA。另外一种酶（DNA 连接酶）将新的 DNA 片段的 3′ 端与下游片段的 5′ 端相连。因为 DNA 双链都作为合成的模板，新复制的 DNA 链都包含一条原始链和一条新合成的互补链。这种 DNA 复制的类型称为**半保留**（**semi-conservative**）（图 6.7）。

人们已经从真核细胞（包括植物）的核中分离鉴定出三种主要的聚合酶全酶，包括 α、δ 和 ε。DNA 聚合酶 α 容易从模板上脱落，因而不能合成较长的核苷酸链，但它的 4 个亚基中的 2 个具有 DNA 引物酶的活性。因此，人们认为 DNA 聚合酶 α 的功能主要是作为滞后链 DNA 合成的引物酶（图 6.8）。DNA 聚合酶 α 从模板上脱落后，引物的末端便暴露出来。随后，多亚基的复制因子复合物便结合在引物末端，促进装配有功能的 DNA 聚合酶 δ 或 ε 复合物，以合成冈崎片段。与 DNA 聚合酶 α 不同，DNA 聚合酶 δ 和 ε 通过 PCNA（增殖细胞核抗原）与模板 DNA 保持相连；PCNA 是

信息栏 6.2 DNA 拓扑异构酶在 DNA 复制中的若干作用

在双链 DNA 中，大约每 10 个碱基对绕双螺旋的轴一周。当 DNA 复制开始时，双链必须打开，才能使前导链和滞后链模板暴露出来。当 DNA 分子中的一段打开时，两侧的区域就变得过旋，因而产生超螺旋（见图 6.B2 的左边）。复制叉前面的DNA应该很快旋转，以去除这些超螺旋区域，使 DNA 复制能够进行下去。但是，环状或者染色体 DNA 不容易旋转。DNA 拓扑异构酶可以去除（或在某些情况下增加）超螺旋，使 DNA 保持最佳的拓扑结构，从而使 DNA 复制继续进行。电子显微照片显示超螺旋的环状 DNA 分子（图中 A 结构）以及松弛的环状 DNA 分子（图中 B 结构）。

在环状DNA分子（如叶绿体的基因组，见6.5.4节）的复制过程中，反向的复制叉最终碰头，产生两个链状的（连接的）双链 DNA 环（见图的中间以及电子显微照片的 C 结构）。除了去除超螺旋之外，DNA 拓扑异构酶还可以分开联锁的环状复制产物（见图的右边）。

在真核和原核生物中，都发现了两种 DNA 拓扑异构酶——Ⅰ类和Ⅱ类，它们可以与 DNA 的磷酸基团共价结合。Ⅰ类拓扑异构酶打开一个磷酸二酯键，使 DNA 双螺旋产生一个单链断裂（或切口）。Ⅱ类拓扑异构酶产生瞬时的双链断裂。切开磷酸二酯键是可逆而快速的过程，不需要额外的能量。Ⅰ类拓扑异构酶只能去除 DNA 中的超螺旋，而Ⅱ类拓扑异构酶（也称为 DNA 螺旋酶）既可以添加或减少超螺旋，也可以连接或切开环状双链 DNA 分子。对酵母中拓扑异构酶的遗传分析表明，Ⅱ类拓扑异构酶的功能对细胞的生长和分裂都是必需的。除了参与解开复制产物，这类酶还参与有丝分裂和减数分裂过程中染色体的凝缩过程，是染色体支架和细胞核基质的主要组分，还可能在 DNA- 基质复合体的结构中起作用。

植物细胞核中的拓扑异构酶与酵母和动物中的类似。但是，叶绿体中发现的Ⅰ类酶，与原核生物的拓扑异构酶Ⅰ更相似，这与这类细胞器的原核起源相吻合（见 6.5.1 节）。在动物和锥形虫的线粒体中，也发现了Ⅰ类和Ⅱ类拓扑异构酶，但是在植物的线粒体中仍没有发现。

来源：

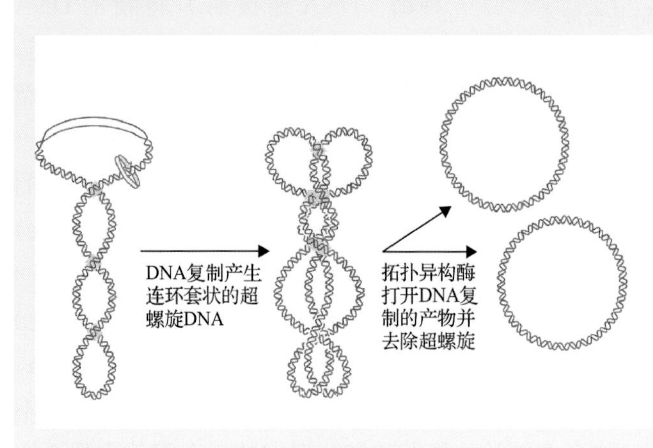

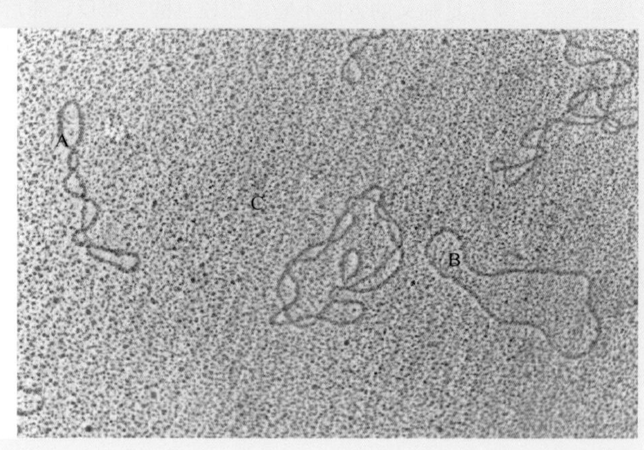

DNA 聚合酶复合物的一种重要的蛋白协同因子，帮助 DNA 聚合酶复合物形成环状结构环绕 DNA。为方便教学，图 6.8 中展示了参与 DNA 复制的大多数元件。但是这些蛋白质相互作用，在复制叉形成庞大的、多亚基的复制机器复合体。此外，在哺乳动物的细胞核中，DNA 复制发生在分开的位点。这些位点称为复制中心，可能包含多达 100 个复制叉。

DNA 复制保持高度保真性，平均每复制 10^9 个碱基对才会出现一个错误。错配碱基的修复及 DNA 聚合酶 δ 和 ε 的 3′→5′ 外切酶活性保证了复制的高度保真性。DNA 聚合酶是可以自我纠正的酶，能够除去聚合反应中的错误。本身具有的内在 3′→5′ 外切酶活性增强了保真性，这个过程称为**校对**（**proofreading**）。这些酶可以从新合成链的 3′ 端切去错配的碱基。DNA 聚合酶 α 缺少 3′→5′ 的外切酶活性，但仍然保持了高度的保真性。虽然 DNA 聚合酶 α 缺少校对功能，但是可能通过后续过程来补偿，即去除 RNA 引物及该酶合成的少量脱氧核苷酸之后，进行 DNA 错配修复（见 6.3.4 节）。

6.2.3 与原核生物 DNA 不同，真核生物染色体末端受端粒保护

由两个复制起点起始合成的 DNA 链相遇时，复制便终止。在大肠杆菌（*Escherichia coli*）的染色体中，靠近终止区域存在特定的序列，叫作 *Ter* 位点，该位点阻止一个方向新链的合成。从另一个方向合成的新链可以通过 *Ter* 位点，于是同源重组（见 6.4.2 节）便在两个新合成的链中发生。由于在酵母中发现了与 *Ter* 位点类似的 DNA 序列，在真核生物中可能都存在类似的机制。

如上所述，DNA 聚合酶起始复制需要核苷酸引物。如果引物位点处于线状染色体末端，当引物降解从而不能用于下一轮复制时，这段 DNA 片段就不能再复制。这样，DNA 每复制一轮，便会缺失一段染色体末端的短片段。但是，通常情况下这种缺失现象并没有发生，染色体长度保持稳定，这是因为染色体末端存在称为**端粒**（**telomere**）的特殊 DNA 序列。这些序列在真核细胞中都是类似的，都包括多个前后重复的 DNA 短片段：在人类中这些重复的端粒序列是 TTAGGG，在拟南芥（*Arabidopsis*）中是 TTTAGGG（图 6.9）。

有一种叫作端粒酶（telomerase）的酶能够识别富含 G 的端粒序列，并将新的端粒重复序列添加到染色体 DNA 的 3′ 端。所有已知的端粒酶都含有一段 RNA 分子作为酶复合物的一部分，它是与端粒重复单元互补的模板（图 6.10）。端粒酶通过其 RNA 模板合成多个端粒重复片段，于是互补的富含 C 的 DNA 链便合成了。端粒重复可以作为链延长的引物，使 DNA 聚合酶完成未复制完的链。

人	TTAGGGTTAGGGTTAGGGTTAGGG
草履虫	TTGGGGTTGGGGTTGGGGTTGGGG
锥虫	TTAGGGTTAGGGTTAGGGTTAGGG
拟南芥	TTTAGGGTTTAGGGTTTAGGG

图 6.9 端粒是真核生物染色体两端的简单重复序列。尽管真核生物演化出多样的种类，但其端粒 DNA 的重复序列非常保守

端粒酶最早是在原生动物四膜虫（*Tetrahymena*）里发现的，从酵母和动物中也已经分离得到。植物染色体中有高度保守的端粒序列，同时在植物中也发现了端粒酶的活性，这表明植物与其他真核生物中鉴定的端粒维护机制是类似的。

6.2.4 细胞核 DNA 复制的时机选择受到严格调控，但是机制尚不清楚

所有的染色体 DNA 都在细胞周期的 S 期复制，但是一个 DNA 片段复制的时机选择部分依赖于该 DNA 片段所在染色质区域的结构。在分裂间期，处于高度凝聚状态的染色质称为**异染色质**（**heterochromatin**）；异染色质 DNA 的复制发生在 S 期晚期。对芽殖酵母（*S. cerevisiae*）的研究表明，端粒附近 DNA 的复制也发生于 S 期晚期，但是着丝粒（见第 9 章）周围区域 DNA 的复制要早一些。如果把与端粒有关的 ARS 转移到染色体的其他地方，它就可以很快进行复制；同样，如果将小段的端粒 DNA 序列插入到可以早期引发 DNA 复制的复制起点附近，那样该起点的活化将推迟。与之相反，**常染色质**（**euchromatin**）是染色体上较松散的区域，处于常染色质的 DNA 片段转录活跃。这些 DNA 片段在 S 期早期复制，表明基因表达可以影响 DNA 复制发生的时间。例如，在所有细胞中，组成型转录的基因复制比较早，而编码组织特异性功能蛋白的基因在表达这个基因的细胞中复制较早，但是在不表达这个基因的细胞中复制较晚。综上所述，这些观察显示复制起点的 DNA 序列并不一定决定复制的时机选择，其他调控元件也可能控制 DNA 复制的起始。

6.3 DNA 修复

6.3.1 DNA 损伤导致突变

DNA 分子不断受到体内物理和化学压力的作用。氧气、紫外线、烷化试剂和射线都可以引起 DNA 序列上的随机变化。这些变化可能是由于链的断裂、碱基的化学修饰或者复制期间错配碱基

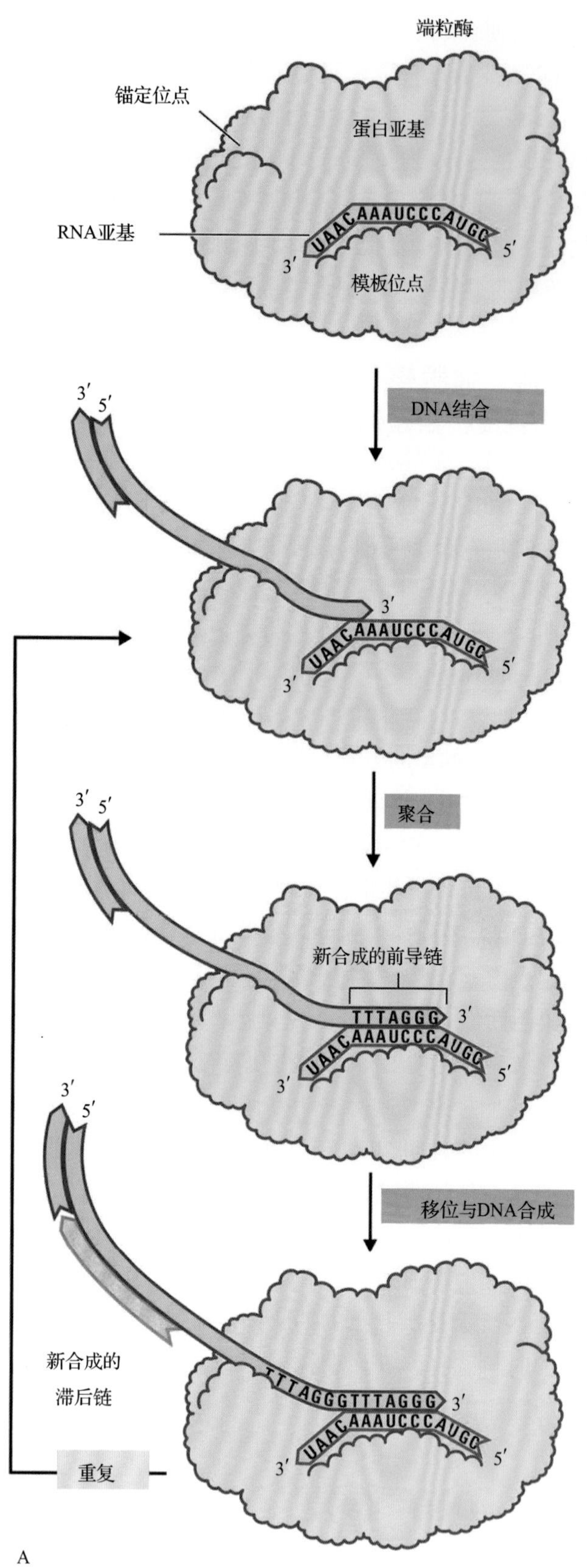

图 6.10　A. 端粒的延长。端粒酶识别染色体突出的 3′ 端粒序列。与端粒 DNA 序列互补的一段 RNA 是端粒酶复合体的一部分。前导链的悬垂部分与端粒酶 RNA 杂交，以 RNA 作为模板在端粒酶作用下延长。接着，端粒酶转移到前导链的末端。引物酶和 DNA 聚合酶随后延长端粒 DNA 的滞后链。B. 在发育过程中，端粒的长度并不保持固定。大麦染色体的端粒长度随着组织和发育阶段的不同而存在差异。来源：图 B 来源于 Shippen & McKnight（1998）.Trends Plant Sci.3:126-129

的掺入造成的。一般的 DNA 变化包括形成嘧啶二聚体、碱基的烷基化和碱基脱氨作用（图 6.11）。如果不进行修正的话，那么自发的或诱导产生的 DNA 变化就会很快改变 DNA 序列。例如，C 自发脱氨变为 U，估计每个基因组每天会发生 100 次。复制的时候，U 会与 A 而不是与 G 配对，从而永久地改变 DNA 序列。大多数 DNA 的改变发生在不编码基因的序列上，这样就不会产生什么结果；但是，DNA 损伤有可能导致突变，可能损坏关键的酶或者结构蛋白的功能，这就会对细胞造成很大的危险。生物体演化出了几套有效的 DNA 修复机制，可以保护其不受有害突变的伤害。

6.3.2　嘧啶二聚体由紫外线 B 造成，可以通过可见光和紫外线 A 修复

紫外线可以将嘧啶融合，产生环丁烷二聚体（图 6.11）和嘧啶（6→4）嘧啶酮二聚体。阳光中的紫外线 A（320 ～ 400nm）和紫外线 B（280 ～ 320nm）对植物和人造成的 DNA 损伤大致相同。在细菌和植物中，一些紫外线导致的突变可以被高能量的可见光或紫外线 A 逆转。这种逆转称为**光复活（photoreactivation）**，由光解酶催化完成：光解酶吸收 300 ～ 600 nm 的光能，将环丁烷二聚体转化为嘧啶单体（图 6.12）。在植物中，特定光解酶

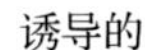

自发的

诱导的

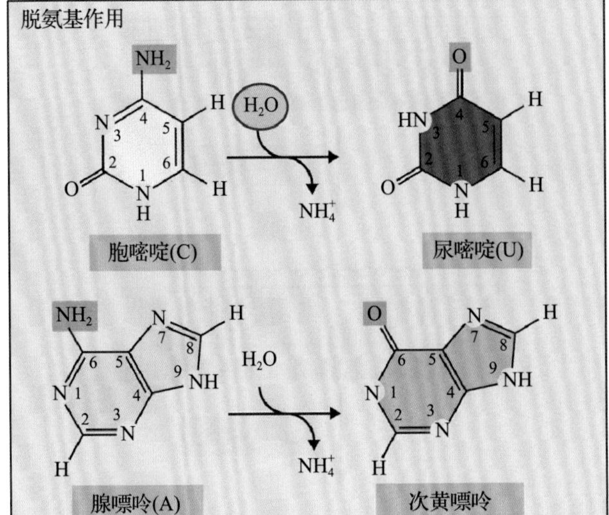

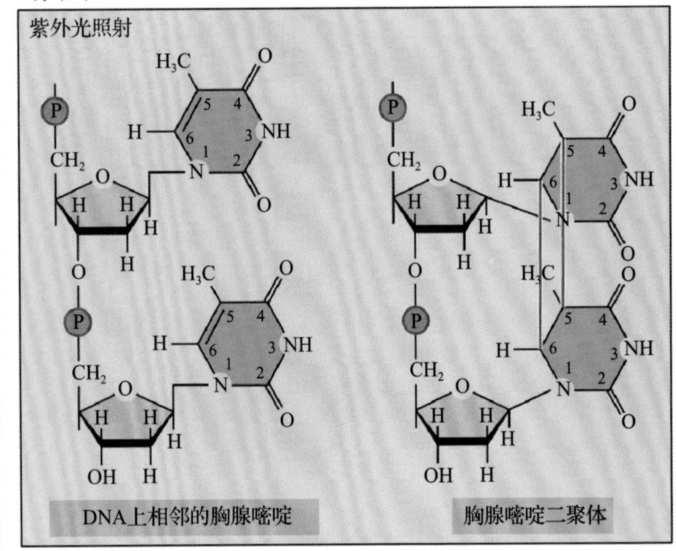

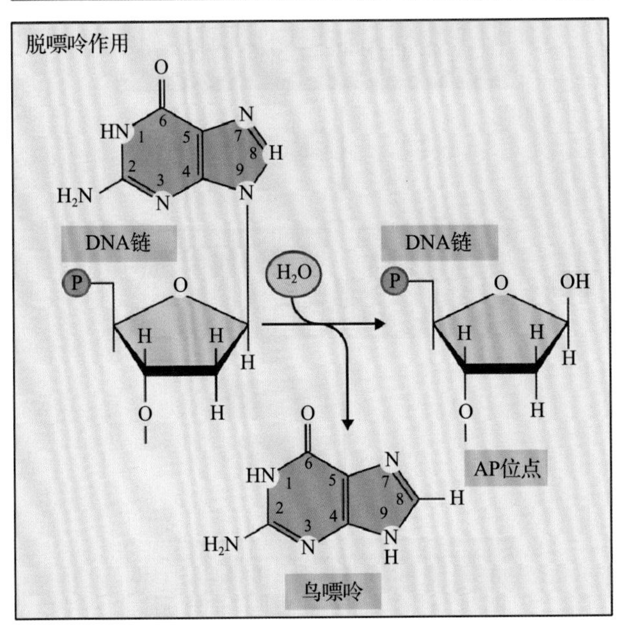

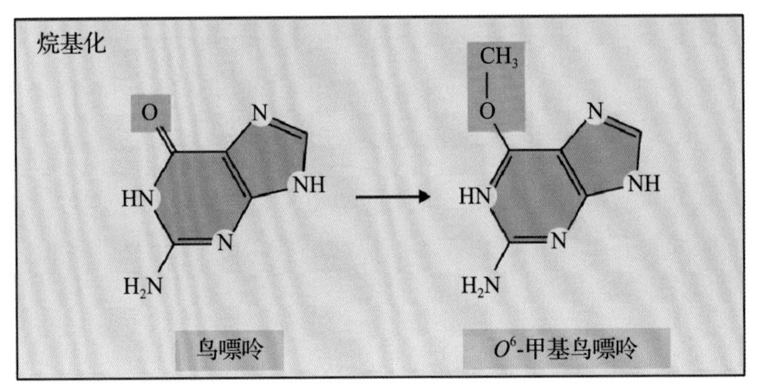

图 6.11 产生 DNA 突变的化学反应可以自发发生，或受到射线或化学试剂的诱导。胞嘧啶或者腺嘌呤的脱氨基作用，是一种主要类型的自发 DNA 损伤。另外一种类型的自发突变——脱嘌呤作用，在 DNA 中形成无嘌呤（AP）位点。紫外线使两个相连的嘧啶碱基形成嘧啶二聚体。DNA 碱基的烷基化反应会在环结构的不同位点引入甲基（有时是乙基，图中未显示）

的激活受光调控，是由光敏色素受体介导的（见第 18 章）。在拟南芥和小麦中，已经鉴定到修复嘧啶（6→4）嘧啶酮二聚体的光解酶，这种光解酶似乎是组成型表达。

6.3.3 切除修复机制可以去除单个碱基或长核苷酸链

人们已经鉴定了 DNA 切除修复的两个主要途径：**碱基切除修复**（**base excision repair**）和**核苷酸切除修复**（**nucleotide excision repair**）。在碱基切除修复途径中，特异针对这种 DNA 损伤的 DNA 糖基化酶会首先将经过化学修饰的碱基（如尿嘧啶、5-甲基胞嘧啶或 3- 甲基腺嘌呤）去除。DNA 糖基化酶的反应会形成无嘌呤或无嘧啶（AP）位点，而糖 - 磷酸骨架依然完整。接下来，AP 核酸内切酶切开 AP 位点的磷酸二酯键，切口由多个酶参与的途径来修复：首先，脱氧核糖磷酸二酯酶去除脱氧核糖 - 磷酸分子；然后，修复聚合酶（动物和酵母细胞中的 DNA 聚合酶 β）在缺口的 3′ 端加上一个核苷酸；最后，DNA 连接酶补平这个切口（图 6.13）。人们已经在植物中分离到了与酵母中编码参与碱基切除修复蛋白同源的基因，其编码的酶可以在体外切除特定的 DNA 损伤产物。

第二种途径是核苷酸切除修复，涉及 DNA 的复制机器。这种修复途径可以将破坏 DNA 双螺旋结构的 DNA 损伤去除，包括紫外线造成的各种嘧啶二聚体。在真核细胞中，核苷酸切除修复可以去

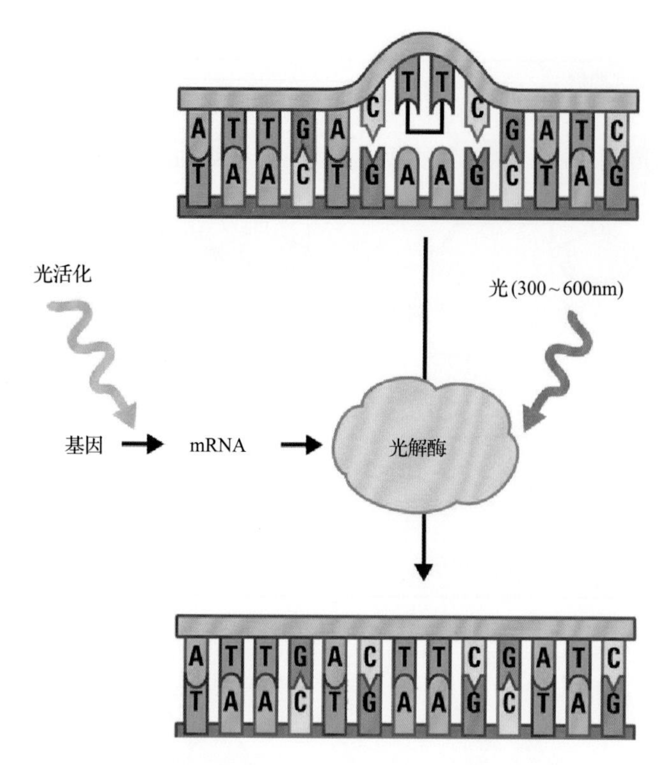

图 6.12 光解酶催化嘧啶二聚体的修复。光解酶利用可见光的能量打开相邻嘧啶残基的碳 - 碳键，如由紫外线诱导产生的胸腺嘧啶二聚体

除并替换大约 30 个碱基长的 DNA 片段。一个多酶复合物识别变形的 DNA，并切开受损伤 DNA 的两端。DNA 解旋酶随即去除产生的寡聚核苷酸，产生的缺口由 DNA 聚合酶 δ 和 ε 修补，并由 DNA 连接酶补平（图 6.14）。除了极少的几个例子外，这些酶在植物中都已找到，此外还鉴定到不依赖光的 DNA 修复有缺陷的植物突变体。在这些突变体中，突变发生在与人的核苷酸切除修复基因同源的基因上，表明植物采用与其他真核生物相同的修复途径。

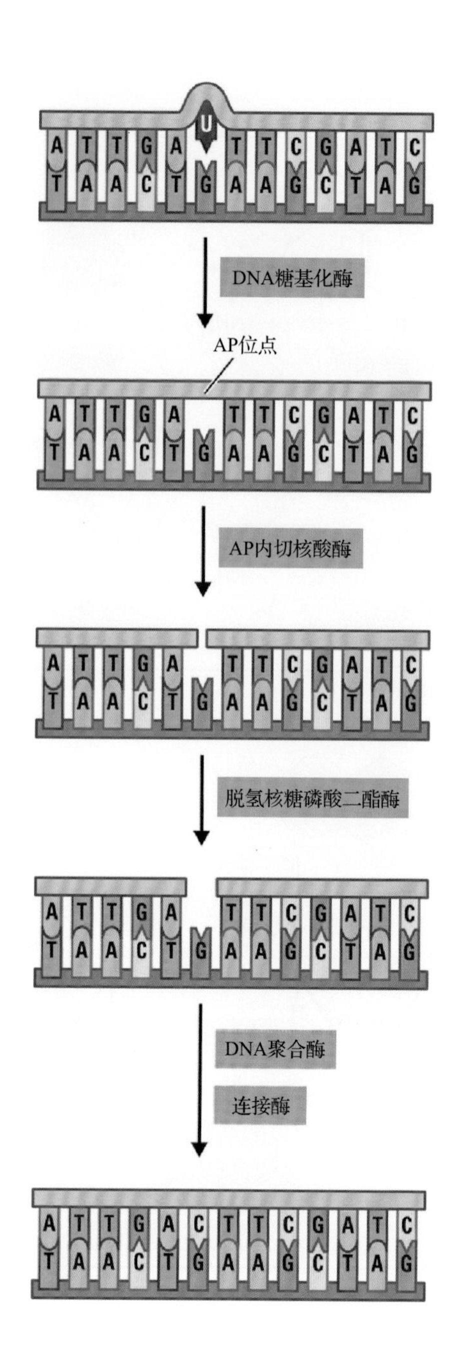

图 6.13 碱基切除修复途径。在图中所示的途径中，DNA 糖基化酶将胞嘧啶脱氨形成的尿嘧啶从 DNA 链的戊糖 - 磷酸骨架上去除。AP 内切酶识别产生的 AP 位点，切开位点所在 DNA 链。接着，脱氧核糖磷酸二酯酶去掉剩余的脱氧核糖分子。DNA 聚合酶与连接酶修复缺口，补上 C-G 碱基对

6.3.4 错配修复纠正 DNA 复制产生的错误

在大肠杆菌中，DNA 复制以后不久，回文序列 GATC 中的腺苷酸残基就会发生甲基化。如果 DNA 聚合酶在复制中发生错误而导致错配，修复发生在甲基化之前，这时这条新合成的链没有甲基化，两条链就可以区分开来（图 6.15）。这种修复由三个蛋白质组成的复合物来完成：MutS 识别错配碱基并与之结合；MutH 与半甲基化的 GATC 位点相结合，并切割非甲基化（新合成）的链；MutL 与 MutS 和 MutH 结合，并参与修复的最后一步。还有其他蛋白质——UvrD 解旋酶与外切酶也参与该过程，除去从 MutH 切割位点开始的受损 DNA 链。切割产生的缺口由 DNA 聚合酶补平，并由 DNA 连接酶封口。

错配修复（**mismatch repair**）机制高度保守，在真核生物和细菌中其功能看起来都类似。人们在酵母和哺乳动物的基因组中都发现了与细菌的 *mutS* 和 *mutL* 同源的基因，在人的线粒体 DNA 中发现一个与 *mutS* 同源的基因。在细菌中，这种 MutS-

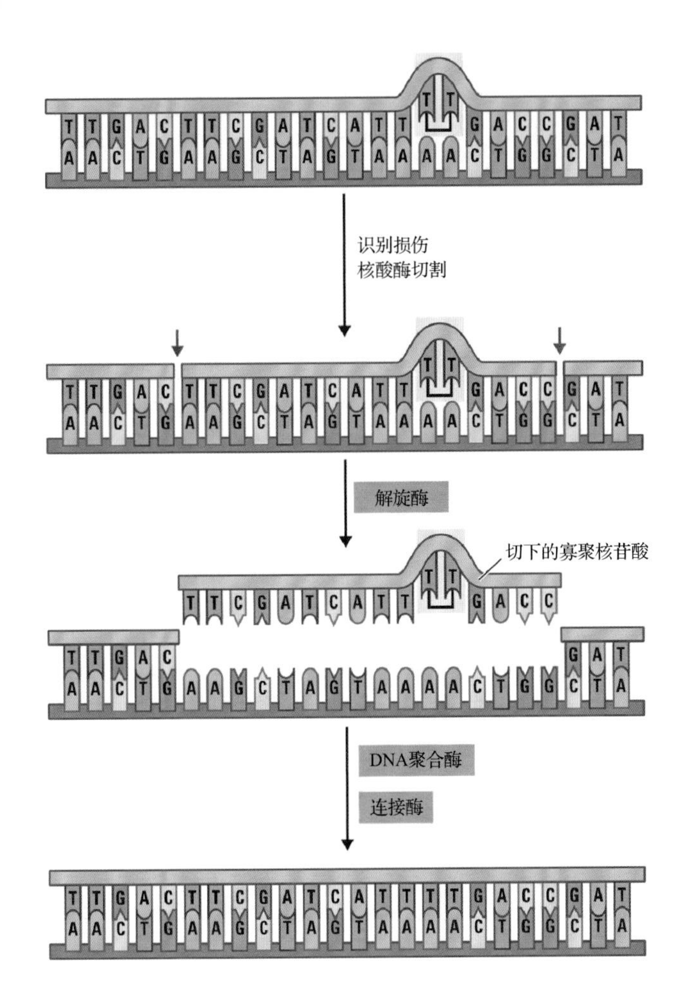

图 6.14 嘧啶二聚体的核苷酸切除修复机制。核苷酸切除修复途径利用 DNA 复制系统除去 DNA 双螺旋中长段的扭曲，如紫外线诱导产生的嘧啶二聚体。受损伤的 DNA 先由内切核酸酶识别并切开（红箭头）。在解旋酶打开受伤位点的 DNA 之后，含有受伤碱基的寡聚核苷酸被切除掉。DNA 聚合酶和连接酶修复产生的缺口

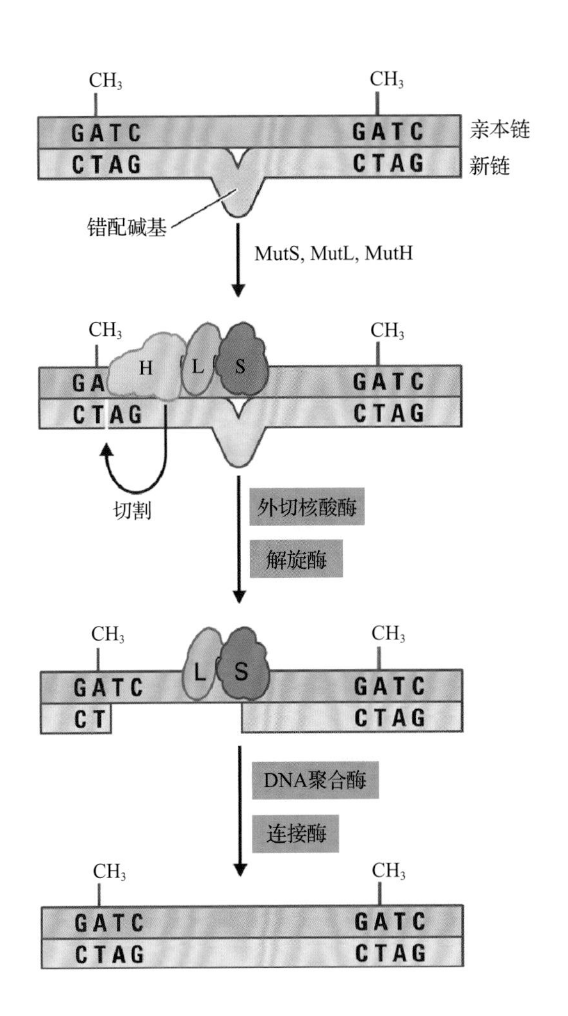

图 6.15 大肠杆菌中的错配修复系统。三个蛋白 MutH、MutL 和 MutS 组成复合体，识别由 DNA 聚合酶合成新链（未甲基化）时引入的错配。MutH 切开新链中与甲基化位点相对的位点。解旋酶和外切酶联合作用，去除受损伤的 DNA。DNA 聚合酶和连接酶修复产生的缺口

MutL-MutH 复合物可以区别亲本和新合成的 DNA 链，其机制在真核生物中还不太清楚；在真核生物中检测不到 GATC 的甲基化，也没有鉴定到 *mutH* 的同源基因。真核生物中与 *mutS* 和 *mutL* 同源的基因家族是在动物、植物和真菌出现演化分支以前产生的。从一些植物中已经克隆到这两个基因的同源基因，表明在所有真核细胞中这种碱基错配修复机制都很相似。

6.3.5 倾向差错修复使 DNA 聚合酶可以读过模板上的损伤位点

在 DNA 复制过程中，如果 DNA 聚合酶遇到受损伤的模板，就会越过这个损伤位点而继续合成 DNA。这个过程有可能引入突变，因为 DNA 聚合酶并不修复受损的 DNA，而是无论原来的损伤是什么，都插入腺苷酸与损伤部位配对。

当细菌处于可能致死的条件下，如强烈的紫外线照射下，就会激活**错误倾向修复**（**error-prone repair**）机制，也叫作**越过损伤复制**（**translesion replication**）。在大肠杆菌中，UmuC 和 UmuD 与 DNA 聚合酶结合，并改变其对掺入核苷酸的严谨性。无论亲本 DNA 的序列如何，都将腺苷酸插入到新合成链中的损伤位点。如果发生的损伤是形成胸腺嘧啶二聚体，新合成的 DNA 就不会有突变；但是，如果形成胞嘧啶二聚体，就会在损伤位点产生突变。尽管这种修复会带来大量的突变，但它使细胞可以在有大量 DNA 损伤的情况下存活。在酵母中也发现了类似的越过复制机制。*umuC* 基因家族的产物对于越过二聚体是必需的，在倾向差错和高保真修

复机制中很活跃的蛋白质都是该家族的成员。人的XP-V基因是*umuC*基因家族中的一个成员，人们已经在植物中发现了它的同源基因。

6.3.6 大范围的DNA损伤可以通过同源重组而修复

当DNA损伤范围很广，或者影响一长段核苷酸时，可会诱导另一种修复方式。在重组修复中（图6.16），当DNA聚合酶遇到亲本（模板）DNA上的损伤时，便停止复制。DNA复制会从下一个与模板配对的引物位点再重新开始，但是这可能位于

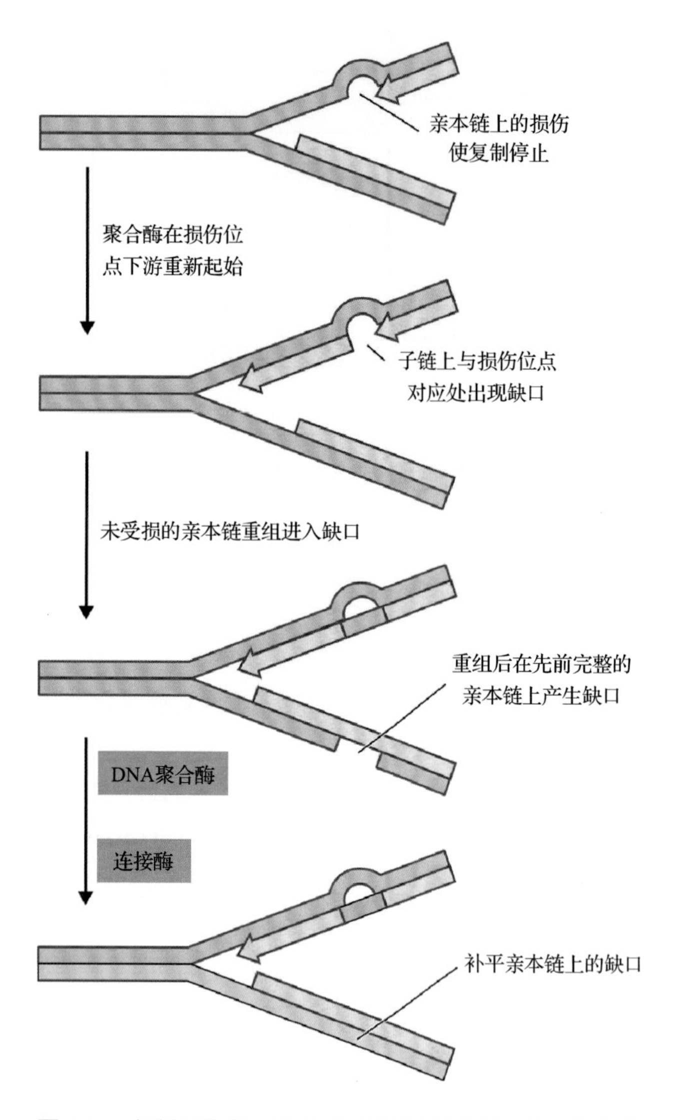

图6.16 复制后修复。当DNA复制系统遇到一个未修复的损伤（如嘧啶二聚体）时，DNA聚合酶可以越过此处，在下游重新起始复制。新合成DNA链中产生的缺口随后通过与未受损伤的亲本链重组而得到修复。DNA聚合酶和连接酶将此前完整的亲本DNA中产生的缺口补平。嘧啶二聚体随后可以经切除修复途径去除（未显示），产生两个完整的双链DNA分子

损伤位点下游几百个核苷酸处。这个不连续的新合成链，或称为子链缺口，通过与互补亲本链DNA重组修复，这个过程有特殊的重组酶参与（见6.4.2节）。DNA聚合链和DNA连接酶修补互补亲本链上产生的缺口。

6.4 DNA重组

6.4.1 DNA重组在细胞减数分裂和演化中发挥了重要作用

尽管对生物个体而言，精确的DNA复制和对损伤DNA的修复至关重要，但是物种的长久生存也受到遗传变异的影响，可以使其成员适应不断变化的环境。DNA的**遗传重组（genetic recombination）**在演化中发挥重要作用，因为在重组过程中DNA序列发生重排，并产生新的DNA分子的组合。重组中产生的新基因可导致产生新的RNA及合成新的蛋白质，从而产生新的表型。而且，在细胞的减数分裂中，DNA重组可导致产生遗传不同的配子，从而促进产生不同的基因型，这些不同的基因型在自然选择过程中受到环境因素的作用。遗传重组的机制与DNA复制和修复相关。DNA重组事件并不罕见，人们已在各种生物及病毒中都观察到DNA重组。

6.4.2 同源重组发生在相似的长链核苷酸序列之间

人们已经发现了3种DNA重组机制：同源重组、位点特异性重组和异常重组。同源重组（homologous recombination）需要发生重组的DNA序列要有非常相似（即同源）的区域。随着同源DNA片段长度的增加，重组的频率一般会增大。从产物的结构可以推测同源重组发生的机制（图6.17）。在序列发生**交换（crossover）**后，若两个DNA分子都没有丢失编码信息，这种重组事件称为相互重组。非相互重组也称为**基因转变（gene conversion）**，是指一个DNA双链仅提供序列信息而不交换。人们提出了三个分子模型，即单链退火、双链断开修复和单侧侵入，来解释特定DNA重组事件的特殊产物，以及DNA双链断裂可以增强同源重组率的现象（图6.18）。

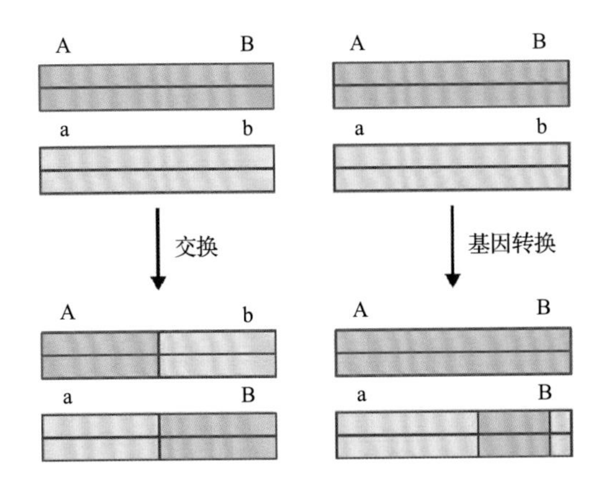

图 6.17　两类同源 DNA 重组产生两种不同的结果。两个双链 DNA 分子之间的交换（crossover），使 DNA 序列发生相互交换（左半图）。基因转换涉及核苷酸序列从一个双链 DNA 分子到另一个 DNA 分子的非相互转移过程。供体序列（紫色）保持不变，而受体序列（粉色）失去部分遗传信息（右半图）

在人类对重要农作物几千年的育种实践中，实际上一直在利用同源重组筛选获得作物品种的理想性状。最近在分子育种和转基因植物技术上的进步（见信息栏 6.3 和信息栏 6.4），使我们对植物中的减数分裂和体细胞 DNA 重组过程有了深入的认识。**双链断裂修复模型（double-strand break repair model）**（图 6.18）似乎可以解释植物减数分裂中的 DNA 重组。**单链退火模型（single-strand annealing model）**（图 6.18）很好地解释了植物体细胞中染色体外遗传物质的重组。例如，当含有特定报告基因重叠片段的质粒 DNA 分子转入植物细胞后，这些片段相互间同源重组，从而复原了完整的报告基因。自然发生的染色体外 DNA 分子，如根瘤农杆菌（*Agrobacterium tumefaciens*）的转移 DNA（T-DNA）

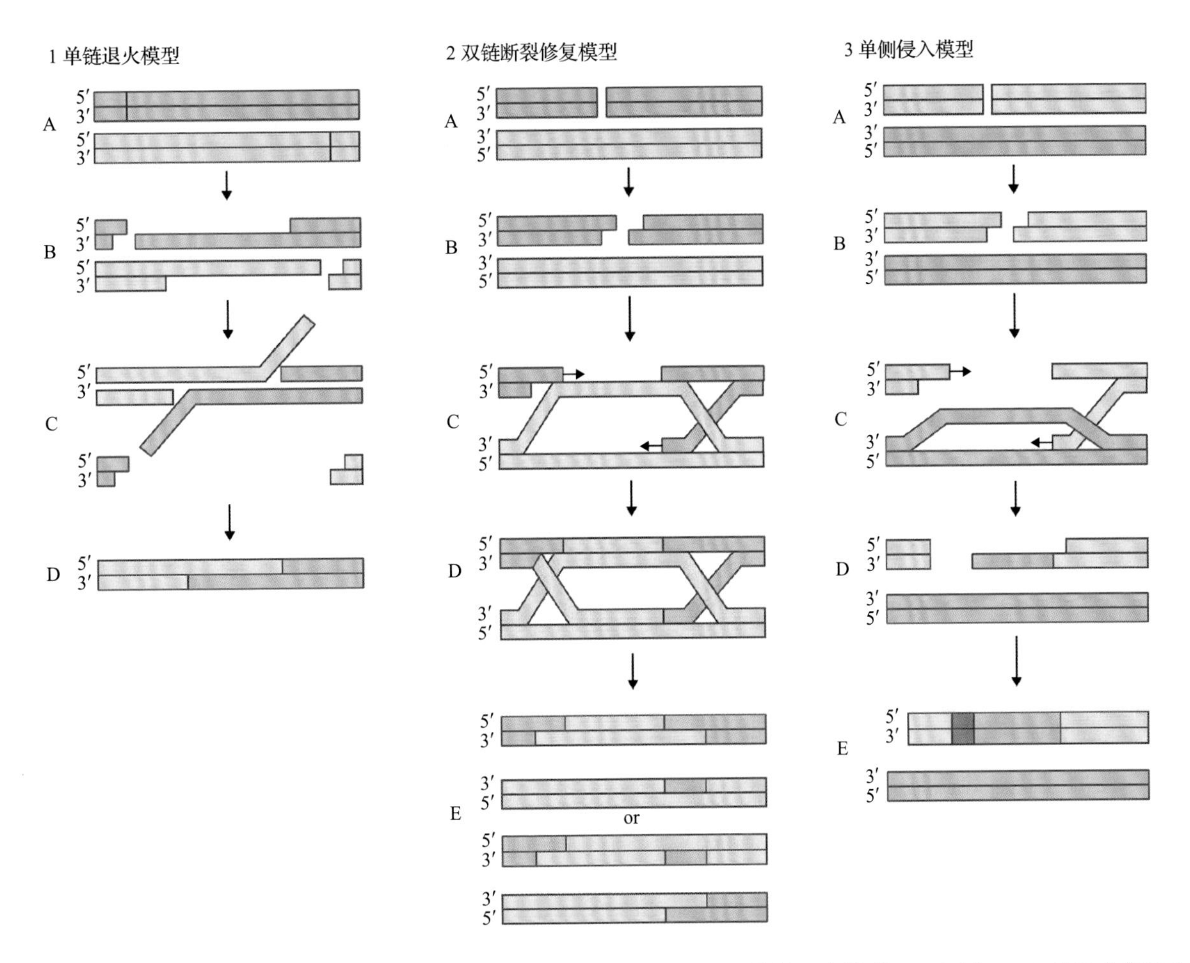

图 6.18　同源重组的三种模型。供体 DNA 为紫色，受体 DNA 为粉色。（1）单链退火模型。A. 两个 DNA 分子必须发生双链的断裂；B. 外切核酸酶从断裂处开始去除核苷酸，暴露出单链同源区域；C. 互补的 DNA 单链退火配对；D. 接着去掉非同源的 DNA 悬垂片段，修复缺口。这种重组机制是非保留重组，只有一个嵌合 DNA 可以保存下来。（2）双链断裂修复模型（DSBR）。A. 重组起始于两个 DNA 分子中一个发生双链断裂；B. 外切核酸酶使断裂区域扩大；C. DNA 的悬垂 3′ 端与另一个双链的互补序列结合，并成为 DNA 修复合成的引物；D. 留下的缺口以完整的 DNA 为模板进行修复；E. 这个过程产生的分支 DNA 有两种可能的组合。DSBR 是一种保留的重组机制，因为两个参与重组的双链 DNA 都得以恢复。（3）单侧侵入模型。A. 受体 DNA 双链断裂；B. 外切核酸酶使断裂区域扩大；C. 断裂产生的一个 3′ 端侵入完整 DNA 的互补序列中；D. DNA 合成使入侵链延长；E. 在双链断裂的上游发生异常重组，导致基因转换

信息栏 6.3 基因打靶是研究基因功能的有效工具

同源重组是将转染的DNA分子整合入基因组DNA的同源序列中，对操作植物基因组有很多可能的应用。这种技术广泛应用于分析酵母和老鼠细胞中基因的功能。在过去二十多年，人们将苔藓（*Physcomitrella patens*）开发成了一种植物模式系统（见图）。它的单倍体配子体产生丝状的原丝体和多叶的配子托。在苔藓的单倍体基因组中，同源重组是DNA整合的通常途径，而且在这种植物中进行基因打靶试验有助于深入研究基因的功能。在被子植物的细胞中，转染DNA和基因组中同源序列之间发生同源重组的概率比非常规重组（见6.4.5节）要低。利用新型限制性内切核酸酶（见6.4.6节）进行位点特异性诱变，越来越成为靶向和增强这个过程的有效途径。

来源：R. Reski，University of Freiburg

信息栏 6.4 利用新型限制性内切核酸酶进行位点特异性诱变

在植物细胞中表达杂合的核酸酶，可以在基因组DNA中产生位点特异的双链断裂。这些核酸酶既可以用来替换目标DNA序列（敲入），又可以破坏目标基因的可读框（ORF）（敲除）。在基因敲入的实验中，核酸酶和DNA供体模板一起使用，后者包含核酸酶目标基因的设计序列，有利于同源重组修复途径，能够将目标DNA序列替换为设计序列。对于基因敲除实验，核酸酶不和供体DNA模板一起表达，这样会引起非同源重组末端连接机制的不完美修复，扰乱目标DNA序列，通常会破坏ORF。

杂合核酸酶通常由两个蛋白亚基组成，通过核酸酶区域二聚化，产生一个有功能的酶。每一个亚基都有一个DNA结合结构域，与Fok Ⅰ核酸内切酶的非特异性切割结构域融合。人们已经发展出了多个方法，用于构建和筛选将杂合核酸酶靶向到特定DNA序列的DNA结合结构域。最常用的杂合核酸酶（见图6.B4）是锌指核酸酶（ZFN）和转录激活因子样效应物核酸酶（TALEN）。

ZFN包含真核转录因子的锌指DNA结合基序，能够结合特异的DNA序列（见第9章）。为了创建ZFN，将至少3个锌指多肽（每个多肽为 25 个氨基酸）融合到 *Fok* Ⅰ核酸内切酶的切割结构域。每一个多肽可以通过锌指结构中可变的 7 个氨基酸识别螺旋，结合到特异的三联核苷酸。3 个融合在一起的锌指区域，可以特异结合到特定 9 个碱基对的序列上。ZFN 二聚体依赖上下游的序列，因此特异结合到 DNA 序列需要锌指和亚基的协同结合。这意味着并不是所有的序列都能被高效地靶向，因此在使用前需要对它们的结合亲和力进行全面的筛选和检测。

类似于 ZFN、TALEN 的 DNA 结合结构域也与 *Fok* Ⅰ核酸内切酶的切割结构域相融合（见图 6.B4），区别是在 DNA 结合结构域。TALEN 的结合结构域叫作 TALE，是一个通常包含 15 ～ 30 个重复单体的中心结构域，每个单体有 34 个氨基酸残基。单体是高度保守的，除了第 12、13 位的氨基酸位点是多变区域。这个多变区域结合特异的核苷酸，叫作重复多变双氨基酸序列（RVD）。多变区域又决定了有四类 RVD。例如，具有下列双氨基酸残基的 RVD 会结合在这些特异的核苷酸上：NI= 腺苷酸（A），HD= 胞嘧啶（C），NG= 胸腺嘧啶（T），NN= 鸟嘌呤（G）或者腺苷酸（A）。TALEN 似乎比 ZFN 更可靠、特异性更高，这可能是由于每一个 RVD 结合一个单核苷酸，但是 ZFN 结合到 DNA 密码子上。

ZFN 和 TALEN 是替换和破坏目标基因的有力工具。将核酸酶结构域替换为其他的酶活性也可能成为强大的工具，可以通过表观遗传修饰（如 DNA 甲基化）调控基因的表达。

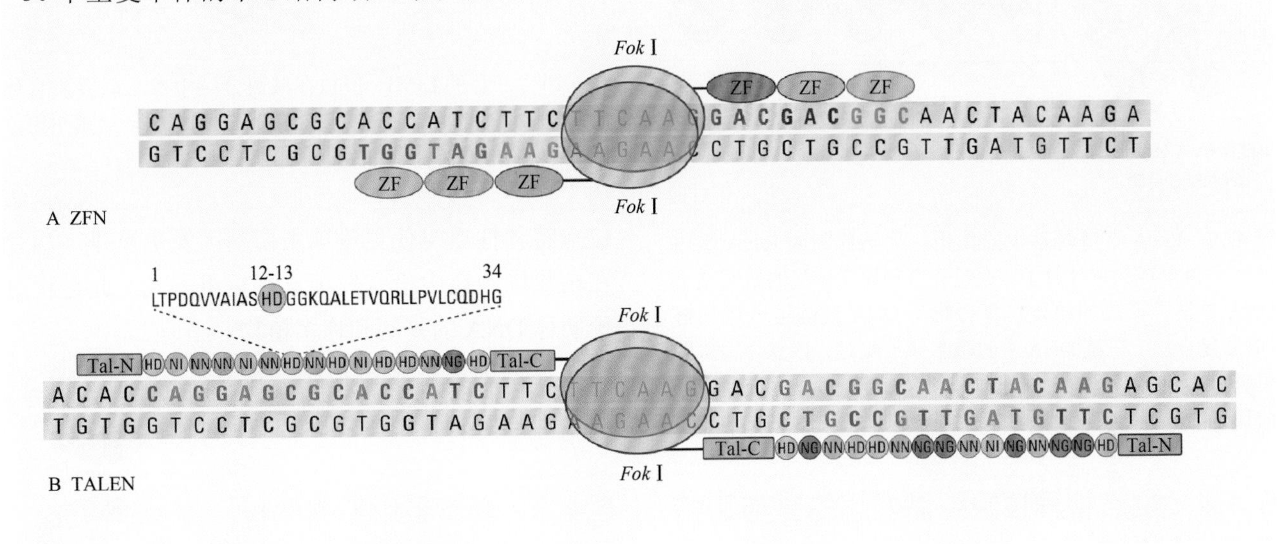

（见第 21 章）或者病毒 DNA，都有类似的重组行为。三种同源重组机制都需要链转移活性（见图 6.18）。

6.4.3 在植物中鉴定到了一些参与同源重组的蛋白质

在减数分裂和有丝分裂中的同源重组，都需要很多基因产物的作用。在这些基因产物中，人们对酵母蛋白 RAD51 和 DMC1 的研究最为深入。减数分裂和有丝分裂都需要 RAD51，而 DMC1 只在减数分裂中表达活化。两者都与大肠杆菌的 RecA 蛋白同源，而 RecA 在细菌的同源重组中起核心作用。RecA 催化链转移反应，使单链 DNA 侵入双链 DNA 的同源区域（图 6.19）。在 RP-A 出现并与单链 DNA 结合后，RAD51 与 DMC1 同样催化链转移。

人们在植物中已经发现了一些与 *recA* 同源的基因，它们有的编码在叶绿体中发挥功能的蛋白质。从多个植物中已经克隆到了 *RAD51* 的同源基因，包括百合、拟南芥、水稻、小麦和玉米。有趣的是，在植物受 X 射线照射后，这些基因的表达被激活，这表明 DNA 损伤诱导体细胞的 DNA 重组。植物中与 RecA 或 RAD51 同源的蛋白质很可能在同源重组中发挥功能。从拟南芥中分离到一种与 *DMC1* 同源的 cDNA。在百合中，DCM1 和 RAD51 在减数分裂的某些阶段定位在一起；这些蛋白质也许在同源重组过程中协同作用，协调互补 DNA 链的排列与配对。它们在减数分裂细线期和偶线期阶段黏着到染色质环上，在粗线期与联会复合体相连（图 6.20）。

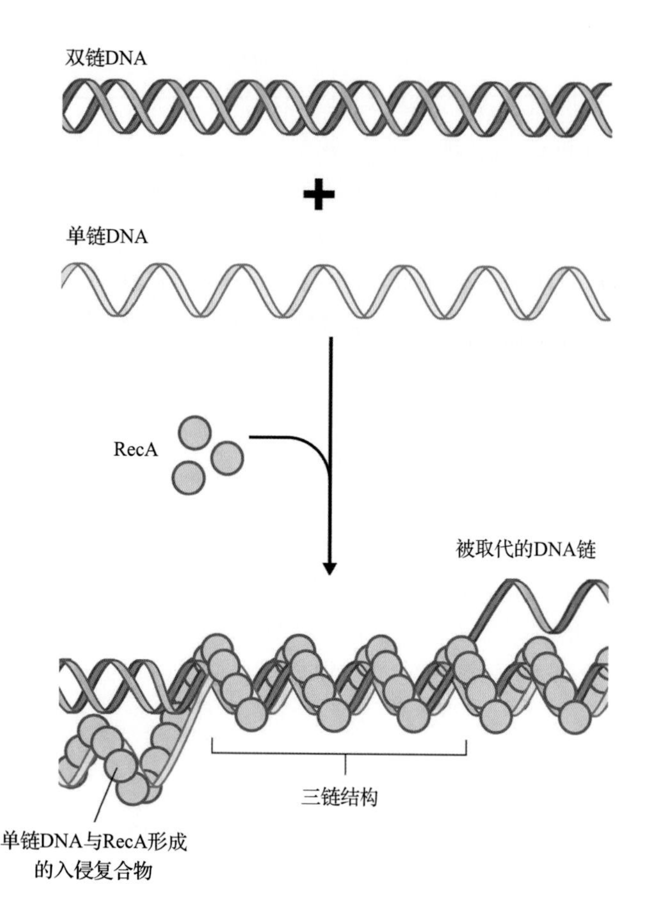

图 6.19 RecA 在链转移中的作用。大肠杆菌的 RecA 蛋白是一个 38kDa 的单体分子，通过联合和化学计量的机制结合 DNA 单链。形成的核蛋白复合物与 DNA 双链结合成三链 DNA 复合物，三链 DNA 中的碱基并不配对。该复合物协助单链 DNA 侵入及碱基互补配对。DNA 链随后发生交换，形成稳定的异源双链区，作为分支迁移的模板（图中未显示）

6.4.4 位点特异性重组需要酶的参与和特定的 DNA 位点

位点特异性重组（**site-specific recombination**）是在大肠杆菌中发现的另外一种 DNA 交换机制，发生在特定的位点，不需要很长的同源 DNA 区域，也不依赖 RecA。研究位点特异性重组最好的实验系统是 λ 噬菌体整合进入大肠杆菌的染色体。两个蛋白质和一段共有的 DNA 序列，是 λ 整合的充分必要条件。参与重组的蛋白质是噬菌体编码的重组酶（整合酶），以及寄主编码的 DNA 结合蛋白（IHF）。所需的序列是一段 31bp 的回文结构，同时存在于噬菌体 DNA 和寄主染色体中（图 6.21）。

在真核生物中也发生位点特异性重组。例如，芽殖酵母的 2μ 质粒编码一个重组酶（FLP），在 DNA 复制中参与倒置重复片段的位点特异性重组（见 6.5.4 节）。在哺乳动物的 B 细胞与 T 细胞中，

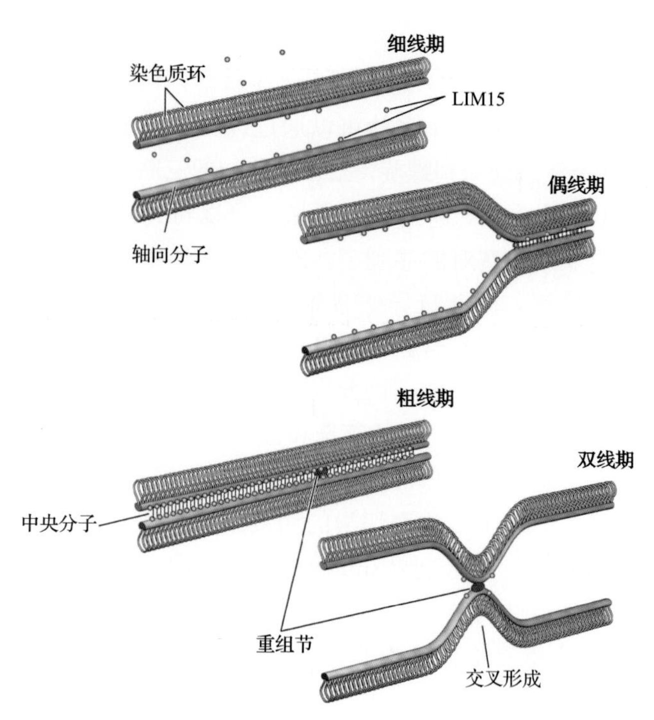

图 6.20 百合的 LIM15 蛋白在减数分裂中参与联会复合体的形成。联会复合体可能为重组提供结构框架，而重组由位于重组节的蛋白复合物介导

位点特异性重组使免疫球蛋白基因发生重排。尽管在植物细胞核中没有发现这种重组方式，此过程对于质体 DNA 的复制和许多植物线粒体基因组的重排似乎非常重要（见 6.5.4 节和 6.5.5 节）。

6.4.5 异常重组不需要长的同源 DNA 片段

不属于上述介绍类型的重组事件一般称为**异常重组**（**illegitimate recombination**）。人们已经提出了多种异常重组的模型，有些假设的机制中需要短的 DNA 同源序列，而有些根本不需要 DNA 同源性。在大肠杆菌中，有两种各具特色的异常重组方式：一种是由 RNA 聚合酶催化的依赖同源性的过程，另一种是由 DNA 旋转酶（拓扑异构酶 II）催化的不依赖同源性的过程。尽管异常重组在酵母中并不普遍，但人们已经

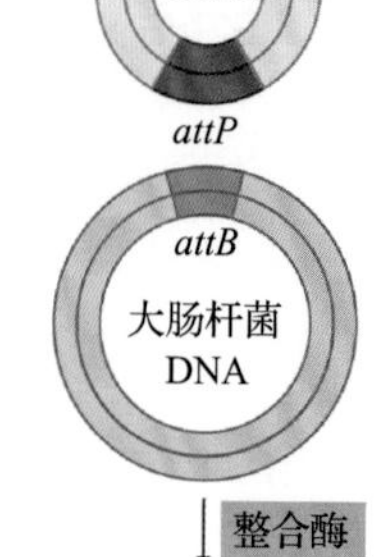

图 6.21 λ 噬菌体整合入大肠杆菌染色体过程中发生位点特异性重组。重组发生在噬菌体的 *attP* 序列和细菌基因组的 *attB* 序列之间。重组由一种整合酶催化

鉴定了一些参与这种 DNA 重组类型的基因产物。

在植物中经常会发现一些典型的减数分裂或者体细胞同源 DNA 重组机制无法解释的重组产物。异常重组模型就经常用来解释这些新型重组产物的产生过程。如果该假设正确的话，那么植物基因组发生异常重组的频率就大于同源重组。由于转座 DNA 元件（见第 9 章）的整合与切除，以及根瘤农杆菌 T-DNA 插入植物染色体（见第 21 章）都不需要显著的 DNA 同源性，因此人们通常也把这些事件归为异常重组。

6.5 细胞器 DNA

真核生物与原核生物的主要区别之一是真核生物有各种各样的细胞器（第 1 章），包括线粒体（几乎在所有真核生物中都存在）和质体（只存在于植物与藻类中）。质体完成很多合成代谢反应，包括光合碳还原（见第 12 章）、氨基酸的合成（见第 7 章），以及脂肪酸的合成（见第 8 章）。植物线粒体参与呼吸作用（见第 14 章），并协调其他细胞器完成光呼吸（见第 14 章）和糖酵解（见第 10 章和第 14 章）。

在真核细胞的细胞器中，线粒体和质体都很独特，因为它们有自己的遗传系统和蛋白质合成机制。在不同的藻类和植物物种中，这些细胞器（以及它们的基因组）的传递方式不同，但基本都是单亲遗传。从大概 40 年前科学家发现质体和线粒体含有 DNA 以来，很多分子水平上的研究集中在细胞器基因组的结构与功能上。现在我们知道，质体和线粒体中的基因组只编码了数目很少的执行细胞器功能和维护自身遗传系统的蛋白质。细胞器基因组的表达受细胞核基因组的严格调控，同时植物也演化出调节机制，以协调细胞核、质体和线粒体中编码胞质细胞器功能蛋白的基因表达。

6.5.1 叶绿体和线粒体在演化上起源于内共生细菌

质体和线粒体与游离生活的原核生物有很多共性。例如，这些细胞器的基因组组成与细菌的基因组十分类似。同样，叶绿体进行光合作用的方式与蓝细菌类似。通过比较细胞器和原核生物的核糖体 RNA（rRNA），人们发现质体与现代的蓝细菌、线粒体和现代蛋白细菌有共同的祖先。RNA 证据支持了**内共生假说**（**endosymbiont hypothesis**），即叶绿体和线粒体起源于原核生物；在真核谱系起源时期，原始真核生物吞噬了原核生物（图 6.22）。现存的光合生物与非光合生物宿主之间的共生关系，进一步支持了内共生假说。例如，双鞭毛的原生生物 *Cyanophora paradoxa* 需要内共生的蓝细菌，称为蓝色小体，它的作用类似于叶绿体给宿主细胞提供光合产物还原碳。另外一个例子是以海藻为食的海洋动物海蛞蝓，这种动物可以吞并海藻的叶绿体到自己的组织中（外来的细胞器在体内可停留长达两个月），从质体的光

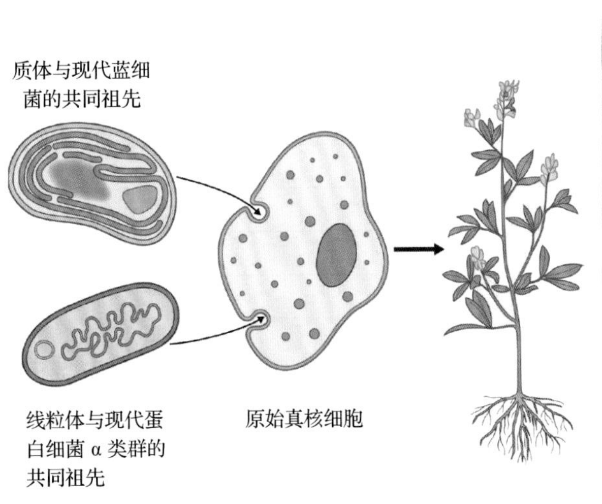

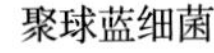

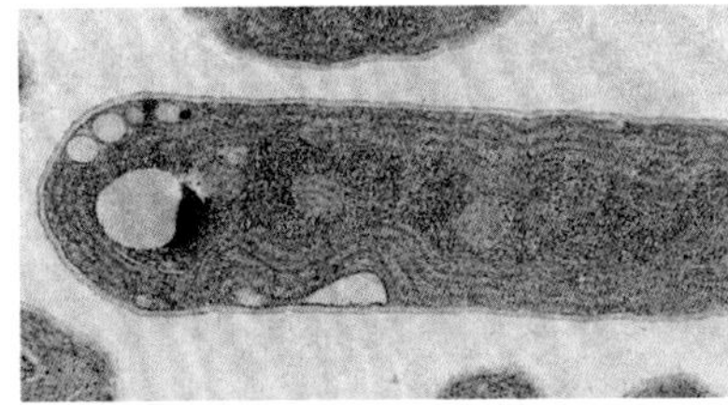

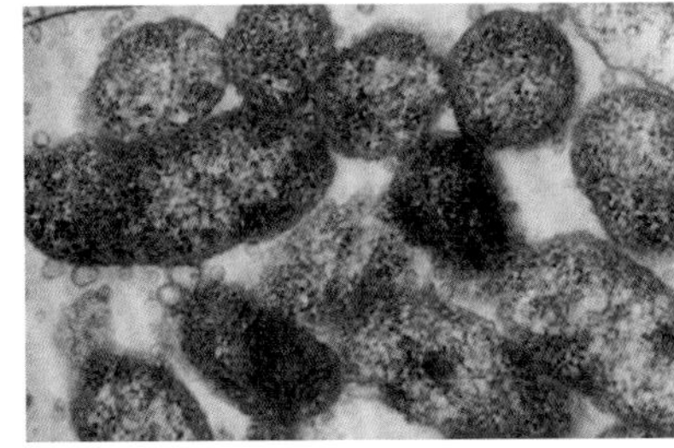

图 6.22 真核生物可能起源于不同原核生物之间的内共生结合。比较核糖体 RNA（rRNA）序列后发现，植物的质体与现代的蓝细菌（如自由生活的聚球蓝细菌 *Synechococcus lividus*）有共同的祖先。现存真核生物的线粒体 rRNA 序列与蛋白细菌的 α 类群 [包括很多细胞寄生的属，如农杆菌属（*Agrobacterium*）、根瘤菌属（*Rhizobium*）、立克次体属（*Rickettsia*）] 同源性最高。右下图是寄生在昆虫血细胞的日本甲虫立克次氏小体（*Rickettsiella popilliae*）的电子显微照片。来源：Madigan et al.（1997）. Brock Biology of Microorganisms, 8th ed. Prentice Hall, Upper Saddle River, NJ

合作用获得营养。从这些例子不难理解，内共生产生了耐氧的光合真核生物。

现存生物的叶绿体和线粒体都不能脱离真核生物独立生存。在演化过程中，大部分曾经在细胞器中出现的DNA会转移到核基因组中，这种基因转移的过程现在仍在进行。有些细胞器DNA序列类似于原核生物的**操纵子（operon）**——在原核生物中，编码在一个相同途径起作用或组装成一个复合物的蛋白质的基因簇集在一起。质体基因组中的一些序列与蓝细菌中的相应操纵子类似，包括一些基因调控元件基因簇（如*rpl23*操纵子）和ATP酶亚基的基因（*atp*）。但是整体来说，植物细胞器中的一些转录调控因子和大部分的转录后调控因子是植物特有的，与细菌中的相应因子没有关系。

6.5.2 植物的质体基因组结构保守

质体基因组是由双链DNA构成的单一的环状染色体，通常包含4个部分（图6.23A）：一个大的单拷贝基因区（LSC）、一个小的单拷贝基因区（SSC），将大、小单拷贝区分开的两个反向重复序列（分别为IR_A和IR_B）。然而，人们也发现了质体DNA的其他组织模式。在一种植物中，质体DNA基本上同源；但是在含有IR区的基因组中，质体DNA通常由两类单拷贝区方向不同的分子构成。所有的体细胞都拥有一套相同的核基因，但会以不同的组合来表达；同样，在同一个植物体中，所有的质体有着相同的遗传物质，但它们的发育命运和代谢活性不同。

植物和藻类的质体DNA长度差异很大。chlorarachniophyte藻（*Bigelowiella natans*）的质体基因组是光合真核生物中最小的，只有69kb。相比之下，绿藻（*Floydiella terrestris*）的叶绿体基因组有521kb。多数质体基因组，包括烟草、玉米、水稻、地钱，大小从120～160kb不等，其基因的分布与组织结构也很相似（图6.23B）。一些陆地植物质体基因组的大小差异，主要是由IR区长度不同造成的——IR区的长度从0.5～76kb不等。质体DNA中有无IR区，常用作质体基因组分类的依据。大多数植物的质体基因组含有IR区，但是某些植物（如豆类、松柏类和藻类）的质体基因组缺少IR区。很可能IR区存在于一个共同的质体祖先中，在演化过程中，一些豆类、松柏类植物丢失了IR区。

6.5.3 质体中既有自身编码的基因产物，也有核编码的基因产物

现在人们已经获得了超过200种植物的质体基因组全序列，包括烟草、玉米、水稻和松树，以及十几种植物的线粒体基因组序列。大多数质体DNA包含全部rRNA基因及全部tRNA基因。然而，它们只包括大约100个单拷贝基因，其中大部分编码光合作用所需的蛋白质（表6.1）。虽然人们已经鉴

表6.1 从全质体基因组中鉴定出的基因

基因产物	基因缩写	植物		藻类	
		光合植物	*Epifagus*[a]	裸藻	*Porphyra*[b]
基因数目		101～150	40	82	182
遗传系统					
rRNA	*rrn*	4	4	3	3
tRNA	*trn*	30～32	17	27	35
核糖体蛋白	*rps, rpl*	20～21	15	21	46
其他		5～6	2	4	18
光合作用					
类囊体膜系统的*Rubisco*及复合物	如*rbcL, psa, psb, pet, atp*	29～30	0	26	40
NADH脱氢酶[c]	*ndh*	11	0	0	0
生物合成与各种功能		1～5	2	1	40
内含子数目		18～21	6	155	0

a 一种非光合的寄生开花植物。
b 一种红藻。
c 黑松质体基因组中没有编码NADH脱氢酶基因。

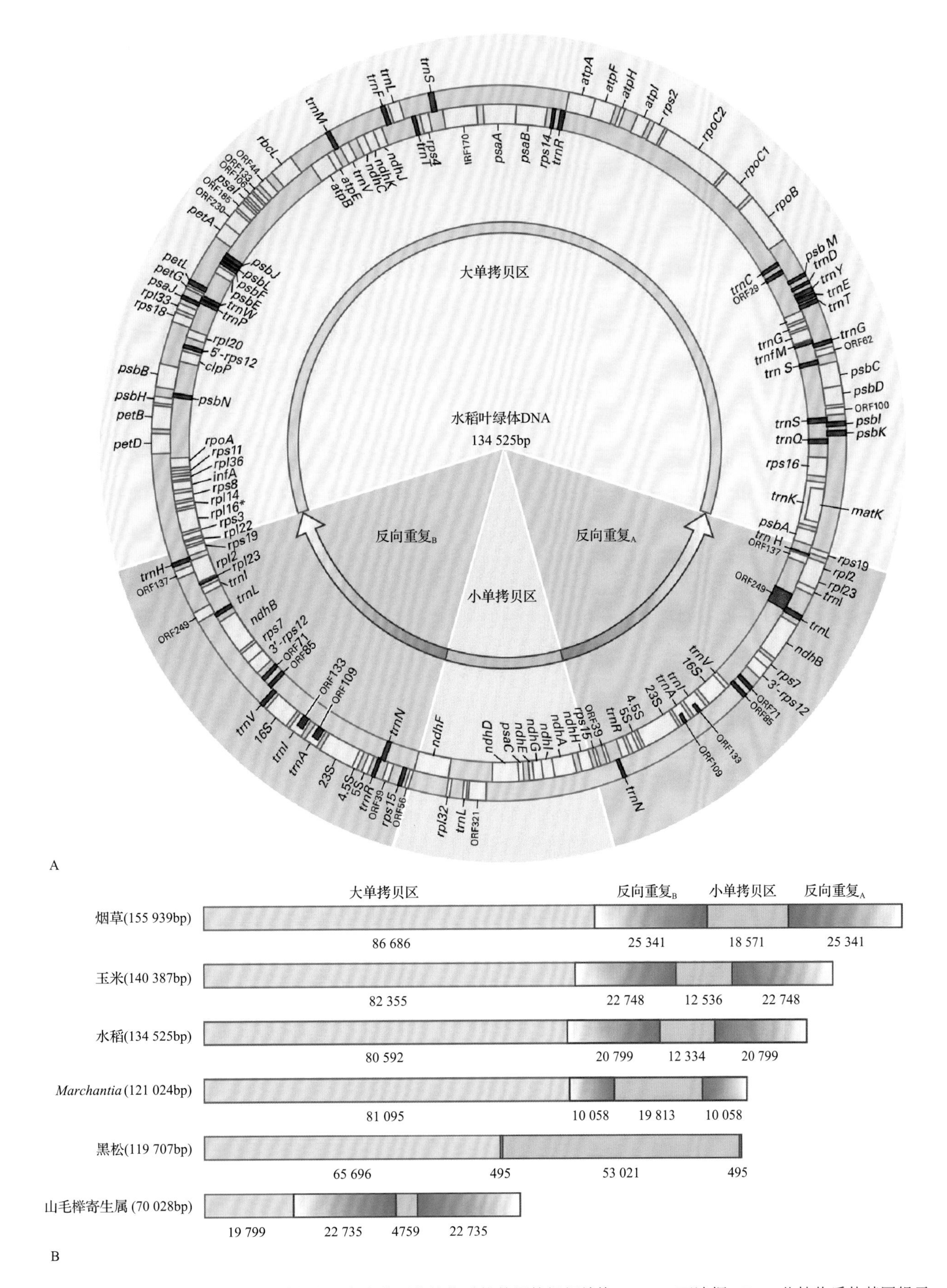

图 6.23 A. 水稻的叶绿体基因组图谱代表了大多数开花植物质体基因的组织结构。ORF，可读框。B. 一些植物质体基因组示意图，显示了保守特征：两个单拷贝基因区，两个反向重复区（IR）。IR 的长度在不同种属的质体基因组中差异很大。非光合寄生植物——山毛榉寄生属的质体基因组的单拷贝区域很小，因为缺少了多数编码光合蛋白的质体基因。每个 DNA 片段下面的数字是碱基对长度

定了大部分质体编码的蛋白质的功能，但是还有少数可读框（ORF）的功能未知。由烟草（*Nicotiana tabacum*）和单细胞的衣藻（*Chlamydomonas*）中发展而来的叶绿体转化技术，可以有效地用于研究这些基因的功能。有意思的是，非光合作用植物（如地下兰，Rhizantella gardneri）的质体基因组很小，只有50～73kb，并丢失了光合作用需要的很多基因。相反，藻类质体的基因组一般比植物的还大，还含有很多植物没有的基因。例如，紫球藻（*Porphyra purpurea*）有70个新的编码蛋白的质体基因，而植物中这些基因存在于核基因组中。

质体基因组中的很多基因组成**多顺反子**（**polycistronic**）的转录单位，也就是两个或两个以上的基因形成一簇，由RNA聚合酶从一个启动子开始转录。这与原核生物的操纵子有些类似（图6.24）；但是与原核生物操纵子不同的是，质体基因组还包含由功能不同的基因组成的多顺反子转录单位。通常，编码光合作用蛋白的基因的mRNA往往在非光合作用质体中也存在，如根里的造粉体和番茄果实中的叶绿体（见第1章）。显然，这些mRNA并不翻译成有功能的蛋白质。这些发现说明转录后调控对质体基因表达调控的重要作用。

虽然质体基因组编码参与细胞器mRNA翻译的几种RNA与蛋白质，但是多数编码光合作用蛋白的基因都在植物核基因组中。前面已经论述过，很多原先存在于祖先细胞器中的基因在漫长的演化过程中转移到了细胞核里。例如，CO_2固定所需的核糖-1,5-二磷酸羧化酶/加氧酶（Rubisco）是由两种蛋白亚基组成的多蛋白复合体。小亚基基因（*rbcS*）在细胞核里，大亚基基因（*rbsL*）在质体基因组中（见第12章）。这种在细胞核基因组与质体基因组中分配的现象，在组成光合蛋白复合物的蛋白质中很常见。例如，光系统Ⅰ和光系统Ⅱ包含细胞核与质体编码的蛋白质，同样情况的还有细胞色素b_6f复合物、质体ATP合酶（见第12章）。叶绿体和其他质体包括很多重要的生物化学途径，而参与这些反应的酶都是由核基因组编码，在胞质中翻译，然后运输到质体中（见第4章）。

6.5.4 质体DNA复制的机制尚不明确

通常，每个叶绿体含有多达150个拷贝的环状基因组。但质体基因组的拷贝数在不同的发育阶段和不同的质体中是不同的。叶绿体中DNA分子的高拷贝数反映了需要大量参与光合作用的蛋白质，因为在根部的造粉体和其他非光合作用的质体中，DNA分子的数量就很少。我们对质体DNA复制的调控了解有限，但目前知道细胞器的DNA复制和细胞核中的DNA复制是基本独立的。质体DNA的扩增似乎是由DNA复制起始频率调控的，或是与快速分裂细胞的细胞周期同步，或是在细胞分化中通过以不依赖细胞周期的机制调控。质体DNA的这个复制过程与酵母2μ质粒的双滚环复制类似（图6.25）。在这些质粒以及质体基因组中，复制起点和位点特异性重组位点位于长的反向重复区内。

科学家们通过对DNA复制中间产物进行电子显微镜分析，来确定一些植物中质体DNA的复制起点。在月见草（*Oenothera*）和烟草（*N. tabacum*）中，DNA复制起始于IR区域的特定起点，邻近16S rRNA基因。尽管豌豆（*Pisum sativum*）和裸藻（*Euglena*）没有IR区，复制的起点仍然靠近rRNA基因，表明rRNA操纵子保留了与起始DNA复制元件相互作用的DNA序列。但是，在月见草、豌豆、玉米和烟草的叶绿体DNA里，在很多位点都找到了置换环或D环。D环是单向合成一条新链替换一条亲本链而形成的复制中间产物。出现两个以上的D环，表明质体基因组中除了与rRNA操纵子相关的DNA复制起点以外，还有其他的复制起点。

多种不同植物的DNA序列表明，参与质体DNA复制的主要的酶和调控蛋白都由细胞核基因组

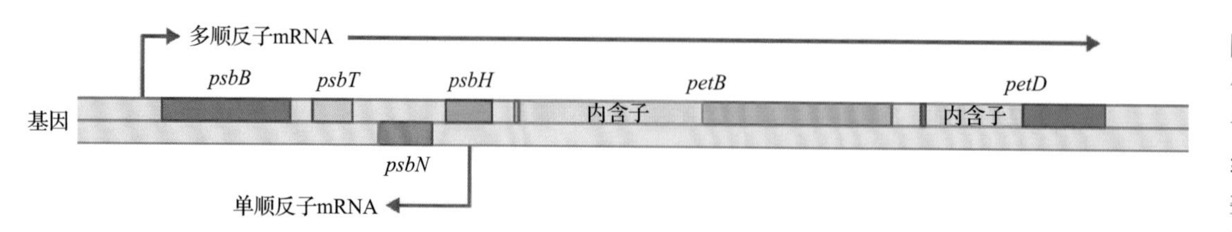

图6.24 植物质体的*psbB*操纵子是质体基因组织结构的典型，类似于原核生物基因组的操纵子。操纵子转录成多顺反子的mRNA，经常编码多个相关的基因产物。在*psbB*操纵子中，*psbN*由相反的DNA链编码，转录生成一个单顺反子的mRNA，只编码一个基因产物

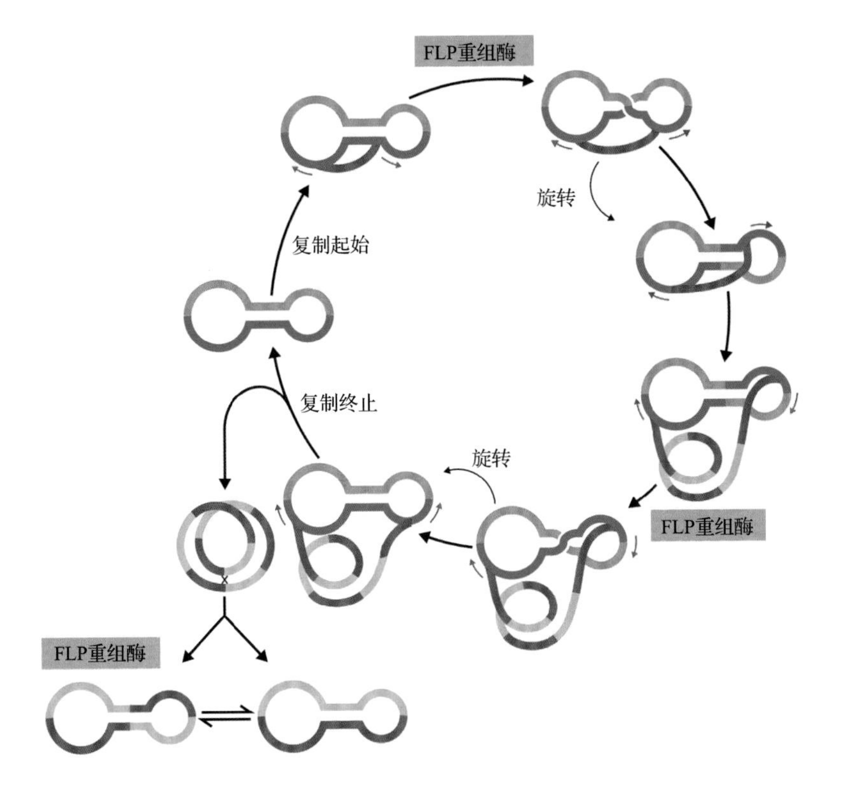

图 6.25 双滚环模型最初用来描述酵母 2μ 质粒的扩增，也可以作为叶绿体 DNA 复制的模型。小红箭头表示 DNA 合成的方向。在双滚环复制过程中，一次起始产生了方向相反的两个复制叉。FLP 重组酶催化发生位点特异性重组，改变了复制叉的方向，使它们同向移动。第二次重组把复制叉还原到原始相反的方向，使复制叉相遇并结束复制。复制的产物是一个长的连续嵌合 DNA，可通过 FLP 介导的重组或者其他重组机制产生单体的 DNA。在质体中发现了这些连续嵌合的 DNA 分子

编码。已在质体中发现了一些特定的酶活性，包括 DNA 聚合酶、引物酶、拓扑异构酶和解旋酶，人们正在研究它们在复制过程中的功能。衣藻和紫菜叶绿体基因组中的 DNA 序列与大肠杆菌的 *dnaA* 和 *dnaB* 基因同源，后者编码参与 DNA 复制和修复的蛋白质。叶绿体 DNA 中出现这类序列，表明质体 DNA 复制的机制与大肠杆菌的类似。

6.5.5 植物线粒体基因组的大小和排列变化很大

植物的线粒体基因组之间存在较大差异，从大约 200 kb（月见草和白菜）至超过 10Mb（*Silene conica*）不等，是所有生物体类群中变化最大的基因组。这种变化的部分原因是基因间非编码 DNA 序列的异常积累（图 6.26）。令人惊奇的是，在拟南芥中核基因组比线粒体基因组的信息密度更高：编码区只占 367kb 线粒体 DNA 的不到 10%，且基因组的 60% 没有特征信息。在植物线粒体基因组中，基因间的区域不是由很多 DNA 重复序列组成，这与核基因组中非编码基因间的 DNA 不同。形成极端对比的是，已知的动物线粒体基因组很小（约 16kb），基本没有非编码的基因间序列。

植物线粒体基因组有时以不同大小的环状 DNA 分子的形式存在。序列分析表明，小一点的 DNA 环称为**亚基因组环**（**subgenomic circle**），源自一个大的环，它们合起来的 DNA 序列就相当于全部线粒体基因组。玉米（*Zea mays*）线粒体的亚基因组环是这类组成方式的典型代表（图 6.27）。最大的玉米线粒体环状 DNA 分子称为**主环**（**master circle**），其编码全部的线粒体基因。然而，人们从来没有分离出过主环 DNA。事实上，这个大的 DNA 分子根本不存在。在玉米的线粒体基因组中，分布着一些由不同重复 DNA 片段组成的短区域，参与形成亚基因组 DNA 环的重组事件。这些同向或反向的 DNA 重复序列，可能保护功能基因，使其免于删除重排。人们已经在体内观察到了亚基因组环的形成，但是还不确定一些或全部的亚基因组 DNA 环是否独立复制，或者它们是否只能由假设的主环产生。植物线粒体的重组和断裂不是普遍的：衣藻的线性基因组与地钱和白芥菜（*Brassica hirta*）的环状基因组同源，但不产生亚基因组 DNA 环。

6.5.6 线粒体基因组的遗传物质在植物物种中是保守的

单细胞绿藻——衣藻（*Chlamydomonas*）是第一个线粒体序列全部已知，而且其基因组的组织结构也已阐明的光合生物（图 6.28）。目前，已经获得超过 65 种植物和绿藻的完整线粒体基因组序列，包括拟南芥、地钱（*Marchantia*）、绿藻（*Prototheca*，信息栏 6.5）和红藻（*Chondrus*）。尽管植物的线粒体基因组 DNA 复杂而且大小多变，但它们都含有基本上相同的遗传信息。线粒体基因组编码的基因不多，

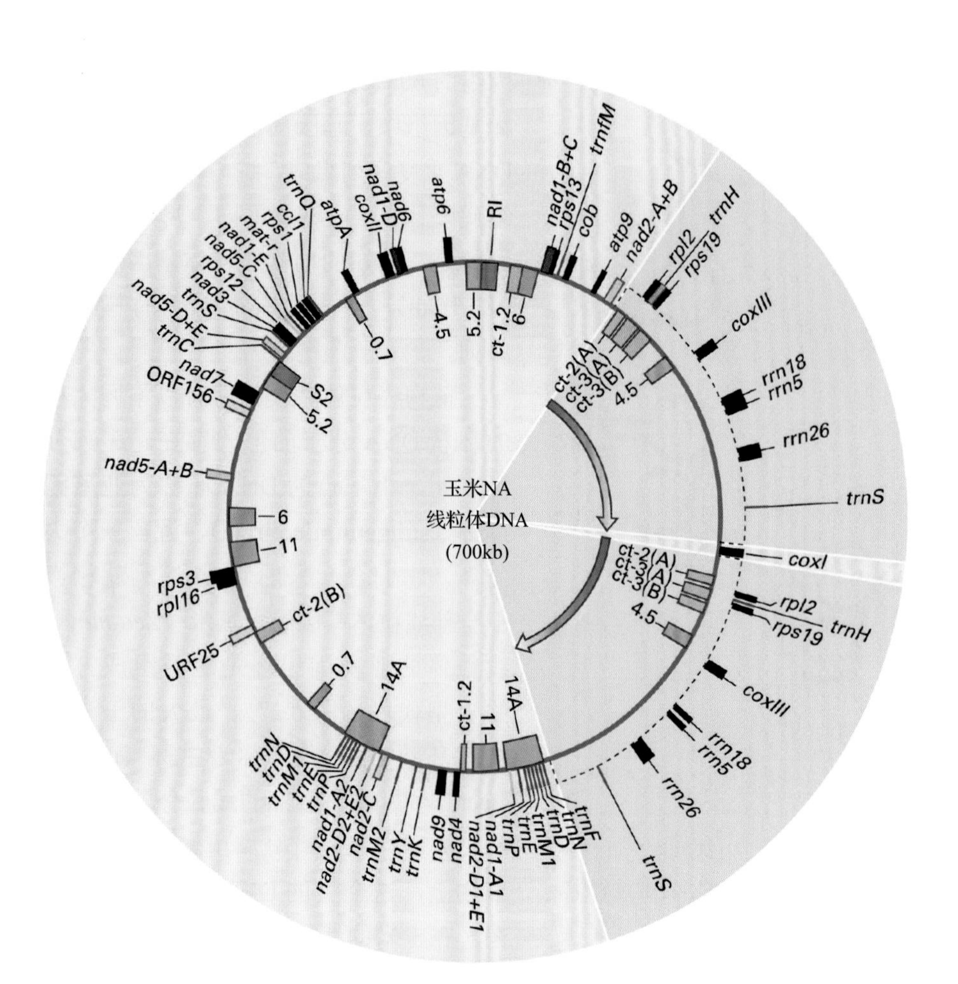

图 6.26 图中所示的玉米线粒体基因组是一个假想的主环 DNA 分子，包含所有的线粒体基因。尽管玉米的线粒体基因组比叶绿体基因组大，但是基因的数量却比叶绿体的少。科学家们发现几个反向或同向重复序列（图中在内环用蓝色、绿色、洋红色框表示）参与了重组，生成小的亚基因组环状 DNA 分子（如图 6.27 所示）

大多数参与 DNA 复制、转录和翻译的酶都由细胞核编码。线粒体编码的酶多数只参与氧化呼吸作用、ATP 合成或者线粒体的翻译过程（表 6.2）。

6.5.7 不同植物基因组中 DNA 同源序列表明基因组间存在广泛的 DNA 移动

DNA 测序计划显示，植物线粒体基因组与叶绿体基因组有同源序列（图 6.29）。此外，在核基因组中也找到了线粒体和叶绿体 DNA 序列。这些发现表明，DNA 在细胞器与细胞核之间可以发生转移，人们用“混栖 DNA”来形容在真核细胞的三个遗传系统——核、线粒体和质体基因组的两个以上地方存在的序列。至今，人们已在酵母、真菌、动物和

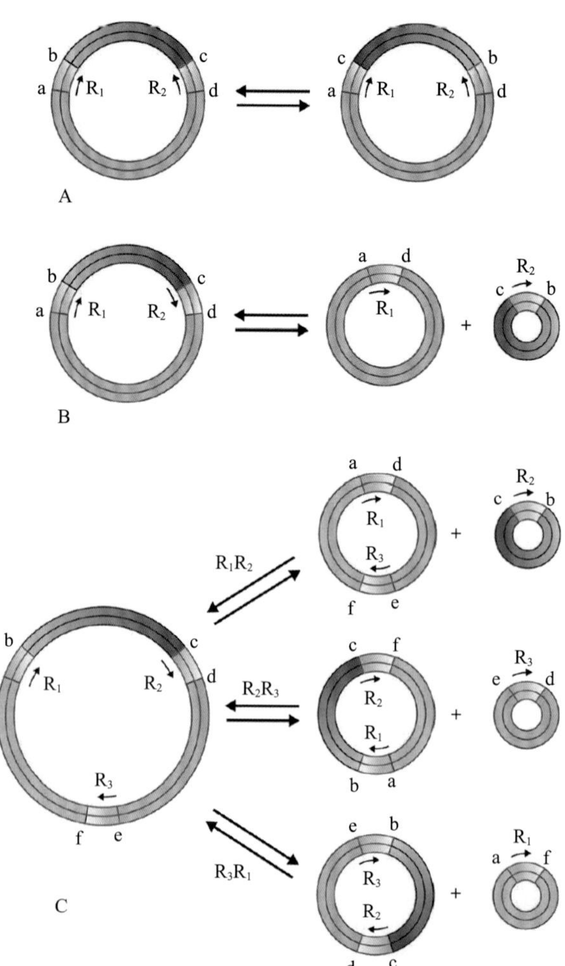

图 6.27 植物线粒体基因组内部重复 DNA 序列的同源重组。DNA 重复可以是同向或者反向的；它们的方向影响着重组事件如何重新组织基因组。图中显示了三个假想的主环 DNA 和它们能够产生的亚基因组 DNA 环。A. 一对反向重复序列之间重组，产生主环 DNA 的两个异构形式。B. 一对同向重复序列之间重组，产生两个亚基因组环。C. 三个不同的重组事件能够发生在一个含有三个拷贝同向重复序列的大环上。每一种可能的重组事件，产生一对不同的亚基因组环

衣藻线粒体DNA

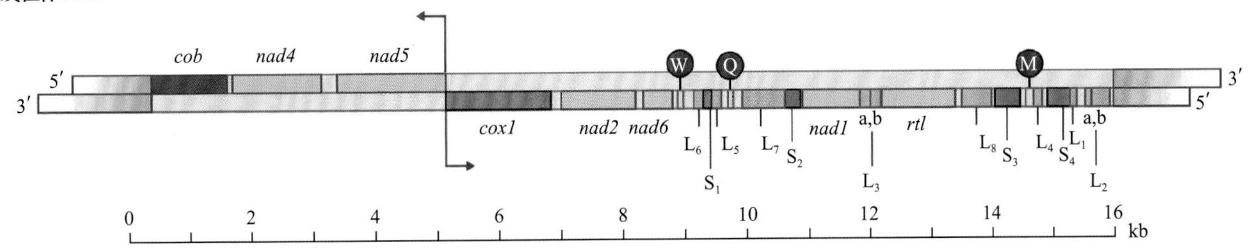

衣藻线粒体DNA基因含量

	基因	基因产物
编码蛋白的基因	*cob*	细胞色素蛋白
	cox1	细胞色素氧化酶亚基 I
	nad1, *nad2*, *nad4*, *nad5*, *nad6*	NADH脱氢酶亚基
	rtl	类反转录酶读框
rRNA 基因	L_1~L_8	编码rRNA 大亚基的片段
	S_1~S_4	编码rRNA 小亚基的片段
tRNA 基因	W	色氨酸tRNA
	Q	谷氨酸tRNA
	M	甲硫氨酸tRNA(延长中的密码子，非起始密码子)

图 6.28 衣藻的线粒体含有一个 15.8 kb 长的线性 DNA 双链。基因组含有 8 个编码蛋白质的基因。一个惊人而独特的特点是 rRNA 基因片段混乱排列。LSU 和 SSU rRNA 基因都是不连续的。在一段 6 kb 长的区段上，编码特异 rRNA 结构域的片段散布在编码蛋白质和 tRNA 的完整基因中。按照与大肠杆菌 16S RNA 和 23S RNA 中的同源片段 5′→3′ 的相对顺序，分别将编码 rRNA 的片段编号为 S1 ～ S4 和 L1 ～ L8。线粒体 DNA 只编码 3 个 tRNA，从而必须从细胞质中转入很多 tRNA。基因组末端的特征是，末端反向重复序列具有 3′ 端单链突出。这些序列相同的突出端（不互补）使基因组无法自连成环，或形成多联体

信息栏 6.5 所有真核生物的线粒体可能起源于相同的内共生事件

人们曾经认为只有植物的线粒体 DNA 含有 5S RNA 基因，该基因不存在于动物、真菌和藻类的线粒体基因组中。这一观察结果，再加上植物线粒体基因组大小的惊人不同，使得人们提出假说——植物的线粒体可能和其他真核生物的线粒体有不同的演化起源。

然而，当绿藻（*Prototheca*）的线粒体基因组测序后，人们发现其含有 5S 核糖体 RNA 基因。绿藻的线粒体 DNA 还编码一些核糖体蛋白，这些蛋白质与地钱（Marchantiophyta）线粒体基因组编码的类似，但是在衣藻（*Chlamydomonas*）中却没有。这些发现对不同真核生物中的线粒体起源不同的假说提出了挑战。反而，它们表明植物线粒体源自一个共同的线粒体基因组，但是基因丢失模式复杂。对不同藻类和植物的线粒体基因组的进一步测序分析，证实了所有真核生物线粒体 DNA 的演化联系。

表 6.2 玉米线粒体基因组中已知的基因类型

基因产物	基因简称	功能
rRNA	*rrn18, rrn26, rrn5*	蛋白质合成
tRNA	*trn*	蛋白质合成
核糖体蛋白	*rps, rpl*	蛋白质合成
NADH 脱氢酶	*nad*	呼吸链电子传递
细胞色素 *c* 氧化酶	*cox*	呼吸链电子传递
细胞色素蛋白	*cob*	呼吸链电子传递
F_0F_1-ATP 酶蛋白	*atp*	ATP 合成

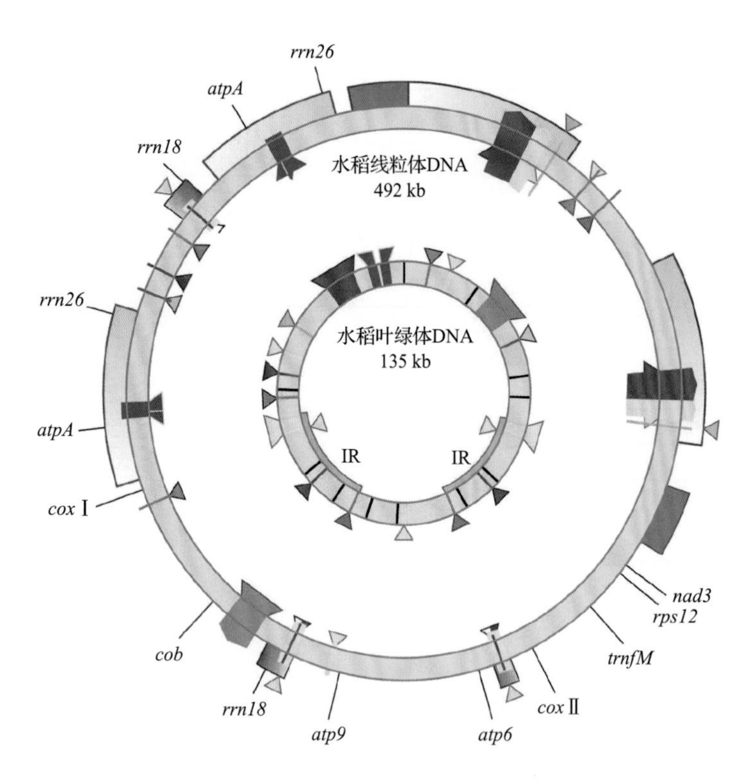

图 6.29 比较水稻线粒体和叶绿体的 DNA 序列揭示了混栖 DNA 的范围。水稻叶绿体基因组（内环）的彩色三角形和方形代表了转入线粒体并插在线粒体 DNA（外环）不同位点的 DNA 序列。有趣的是，人们并没有发现线粒体 DNA 序列插入叶绿体基因组的现象，这表明 DNA 转移可能是单向的，或者叶绿体存在着有效的机制，保护自身不受外来 DNA 分子的入侵

植物中都发现了多种混栖 DNA 片段。

混栖 DNA 序列也许就是它们的细胞器祖先和细胞核之间 DNA 发生转移的遗迹。这些转移跨越了很长的时间，为研究植物的演化提供了机会。例如，*tufA* 是藻类的质体基因，编码质体蛋白合成因子 EF-Tu，但它在植物中却是核基因。*tufA* 从质体转移到细胞核可能是轮藻演化的早期事件，发生在大约 5 亿年以前。另外一个例子是 *rpl21* 基因，编码质体核糖体蛋白 L21。这个基因存在于地钱的质体基因组及被子植物的核基因组中，因此 *rpl21* 也许在非维管植物和开花植物分化以后转移进入细胞核中。*rpl22* 基因编码质体的 L22 蛋白，可能代表着一个更晚一些的转移事件，因为这个基因存在于除豆科以外所有植物的质体中，而在豆科植物中该基因则在细胞核中。

6.6 DNA 转录

在前面几节，我们讨论了细胞核和细胞器基因决定了单个细胞的功能和多细胞生物的发育。基因的表达必须受到调控，从而使细胞可以适应环境的变化，并在复杂生物体的组织内协调它们的活性。特别是在细胞核中，将基因组织成为染色质或染色体就是调节的一个重要方面。但是，以 DNA 为模板合成 RNA 的过程，称为 **DNA 转录（DNA transcript）**，是主要的调控步骤。

从 DNA 转录产生 RNA 的过程，是由依赖 DNA 的 RNA 聚合酶来催化的。产生的 RNA 随后会进行修饰，将在本章后面部分讨论。本节将简要回顾在植物细胞核和细胞器中发现的几种依赖 DNA 的 RNA 聚合酶。对这些 RNA 聚合酶及相关调节蛋白催化的转录过程的调控，将在第 9 章进行讨论。

6.6.1 五类细胞核中的 RNA 聚合酶各转录不同类型的 RNA

真核细胞核包括三类依赖 DNA 的 RNA 聚合酶，叫作 RNA 聚合酶Ⅰ、RNA 聚合酶Ⅱ和 RNA 聚合酶Ⅲ（表 6.3）。RNA 聚合酶与染色体的特定位点结合，并起始转录，此位点称为**启动子（promoter）**（见第 9 章）。尽管细菌的 RNA 聚合酶可以在没有其他蛋白质帮助下在启动子上起始转录，但真核生物的 RNA 聚合酶必须与特定蛋白质（称为转录因子）相互作用才能起始转录（图 6.30）。

细胞核 RNA 聚合酶是复合酶，包含两个大亚基（125 ～ 250 kDa）和几个小亚基。在所有三类 RNA 聚合酶中，有 5 个小亚基都是一样的。基于这些结构上的相似性，三类 RNA 聚合酶有共同的功能特性，包括都需要辅助蛋白在相关启动子区域正确起始转录。

表 6.3 植物细胞核中依赖 DNA 的 RNA 聚合酶

聚合酶	位置	产物
Ⅰ	核仁	25S, 17S, 5.8S rRNA
Ⅱ	核质	mRNA, miRNA 前体，U1, U2, U4, U5
Ⅲ 1 类	核质	5S rRNA
Ⅲ 2 类	核质	tRNA
Ⅲ 3 类	核质	U3; U6; 其他的小而稳定的 RNA
Ⅳ	核质	转座子和重复元件的转录本加工成 siRNA
Ⅴ	核质	基因间非编码（IGN）区域的短转录本

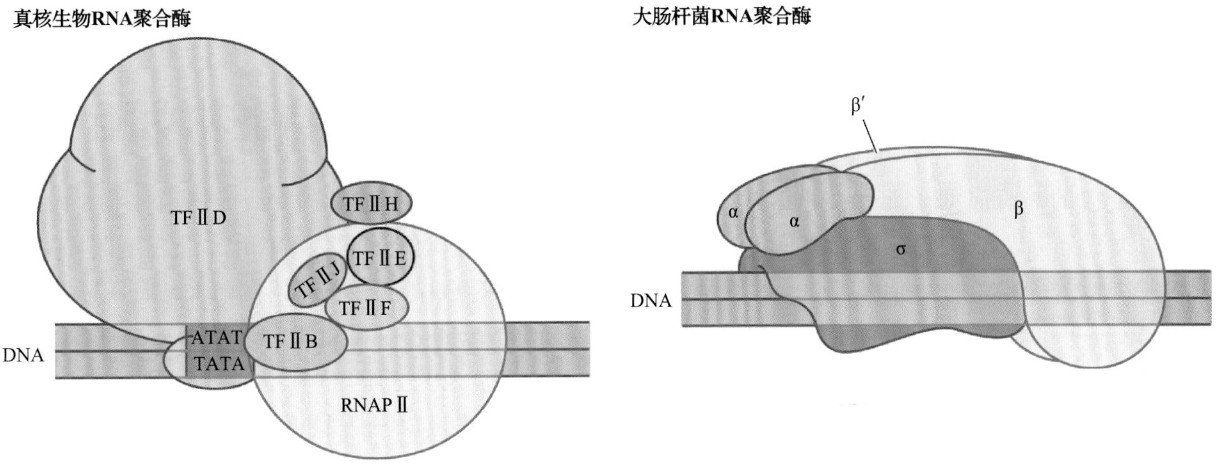

图 6.30　比较真核生物和原核生物的 RNA 聚合酶后发现，这些酶的复杂性有所区别。真核生物的Ⅱ类 RNA 聚合酶（RNAP Ⅱ）是由多个亚基组成的复合体，需要很多辅助蛋白、调节蛋白复合体来识别启动子的 TATA 框区域。相反，原核生物的 RNA 聚合酶，以大肠杆菌的 RNA 聚合酶为典型代表，包括 4 个核心亚基（α、α、β、β′）和调节 σ 亚基。真核生物Ⅱ类 RNA 聚合酶的复杂性明显增加，这反映了真核生物的细胞核转录受到很多信号的调节（见第 7 章和第 18 章）。TF Ⅱ是Ⅱ类 RNA 聚合酶的转录因子

RNA 聚合酶Ⅱ最大的亚基有一个 C 端结构域（CTD），包含多个重复的共有序列 Tyr-Ser-Pro-Thr-Ser- Pro-Ser。转录因子Ⅱ H（TF Ⅱ H）是一个调节蛋白复合体，包含一个能够将 CTD 的 Ser 和 Thr 残基磷酸化的蛋白激酶，在 RNA 聚合酶被招募到启动子上之后，TF Ⅱ H 即与之发生相互作用。这种磷酸化反应可以使 RNA 聚合酶Ⅱ从启动子起始复合体上释放出来，从而由 DNA 模板链开始合成 mRNA。

现在人们已经了解了这三种细胞核 RNA 聚合酶在酵母和哺乳动物细胞中起始转录的许多细节，但是尚有一些调节蛋白还未发现。植物与其他真核生物中的 RNA 聚合酶Ⅰ、Ⅱ、Ⅲ是类似的。而且，遗传与生化数据表明，植物中转录起始的调节机制与酵母和哺乳动物类似。在植物中，还有两种 RNA 聚合酶（Ⅳ和Ⅴ），产生用于基因表达的表观遗传调控的 RNA（表 6.3）。

6.6.2　质体包含多种依赖 DNA 的 RNA 聚合酶

质体主要的 RNA 聚合酶与大肠杆菌 RNA 聚合酶类似，有 5 个核心亚基：α（×2）、ω、β、β′，以及一个起调节作用的 σ 亚基。叶绿体 DNA 含有与大肠杆菌的 α、β、β′ 亚基类似的蛋白编码基因，这些蛋白质组成了质体的酶复合物（图 6.31）。在植物核基因组中也发现了多个类似 σ 亚基的编码基因。目前的模型认为，质体与核基因的产物共同组成质体基因转录所需的、类似大肠杆菌的质体 RNA 聚

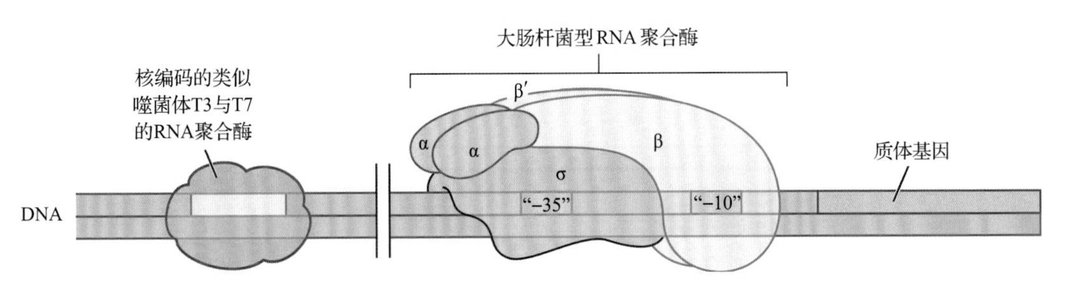

图 6.31　植物叶绿体有两种类型的 RNA 聚合酶。科学家发现存在编码类似于大肠杆菌 RNA 聚合酶 α、β 和 β′ 亚基的质体基因；结合生物化学分析，表明存在原核类型的叶绿体 RNA 聚合酶（右图）。在很多植物的细胞核基因组中，人们发现了类似 σ 亚基的基因，这说明质体和细胞核的基因组协作调控叶绿体的转录。质体编码的 RNA 聚合酶识别包括原核生物典型 –10 区和 –35 区共有序列的叶绿体启动子。最近的研究表明，叶绿体基因也可以由细胞核编码的单亚基 RNA 聚合酶转录，这种单亚基 RNA 聚合酶与 T3、T7 噬菌体（左图）的 RNA 聚合酶类似。用特异的翻译抑制物阻断叶绿体的蛋白质合成，核编码的 RNA 聚合酶可以继续转录叶绿体基因。这种新型的聚合酶识别的启动子序列目前还不是很清楚

合酶。

大多数叶绿体基因由质体编码的、类似原核生物的 RNA 聚合酶转录，在这些基因邻近转录起始位点的区域，通常包含与大肠杆菌启动子的 –10 区和 –35 区类似的共有启动子元件。对这些 DNA 序列进行点突变分析表明，RNA 聚合酶在转录起始时识别这种类似大肠杆菌的叶绿体启动子。但是，科学家随后对有质体蛋白质合成抑制剂存在时叶绿体的转录进行分析，并结合分析叶绿体蛋白合成有缺陷的突变体，发现当大肠杆菌型 RNA 聚合酶受到损伤与削弱时，转录活性减少但不停止。因此，质体必须输入核编码的 RNA 聚合酶，来补充大肠杆菌型 RNA 聚合酶的活性。这种新的 RNA 聚合酶与噬菌体 T3、T7 的单链 RNA 聚合酶类似，它识别的启动子区域与 –10 区、–35 区共有启动子元件不同。在所有类型的质体中（如白色体、有色体和造粉体），核编码的酶均有活性。结果表明这种质体基因在叶绿体和非光合质体中组成型转录。

6.6.3 质体和线粒体基因有多个启动子

核基因一般只有一个启动子，由 RNA 聚合酶识别；与核基因不同，很多质体基因和操纵子的转录起始于多重启动子或多个位点。一个例子就是双顺反子的 *atpB-atpE* 转录单位（图 6.32）。很多质体基因的转录，特别是那些编码参与光合作用蛋白的基因，受发育阶段和环境因子的调节，如随时在变化的光条件。调整活跃启动子的数目，或者改变启动子的强度，可以控制总体的转录效率，质体似乎同时采用这两种方式。某些线粒体基因也有多个启动子，可能控制着这些基因的差异表达。不同类型的质体 RNA 聚合酶或者这些酶的辅助因子是否参与启动子选择或者多位点转录起始的调控过程，目前还不清楚。

6.7 RNA 的特征和功能

RNA 是基因表达的初级产物，对蛋白质的合成和其他细胞功能有重要的作用。蛋白编码 mRNA 在蛋白质合成中起核心作用，而非编码 RNA 参与引导 mRNA 的合成和降解。核糖体 RNA（rRNA）分子形成复杂的三维结构，与多肽共同构成负责蛋白质合成的细胞器——核糖体（见第 9 章）。核糖体作为阅读 mRNA 的平台，而 mRNA 携带着蛋白质的氨基酸序列信息。转运 RNA（tRNA）作为接头将 mRNA 上的密码子（特定 3 个核苷酸序列）翻译成特定氨基酸（见第 10 章）。

除了参与蛋白质合成，多样的 RNA 分子具有的生化特性使它可以行使基因组或催化剂功能。RNA 的特征之一是自我复制，这是很多感染真核生物的 RNA 病毒演化成功的关键（见第 10 章和第 21 章）。另一个特征就是 RNA 可以催化核苷酸之间共价键的断裂或形成（例如，在 RNA 拼接过程中，见 6.8 节）。一些 RNA 分子能够形成特定的结构，使其中一个或多个核苷酸的特定化学基团变得很有活性。这些 RNA，通常称为**核酶（ribozyme）**，能够催化寡聚核苷酸链的切割或再结合。有些 RNA，比如小核 RNA（snRNA）和端粒酶中的 RNA 成分（见 6.2.3 节），存在于真核生物细胞核中，参与 RNA 加工和 DNA 复制过程。下面几节将讨论真核细胞中不同种类的 RNA 以及它们在植物中的功能。

6.7.1 依据功能和大小对 RNA 进行分类

从细胞中分离出来大量 RNA，是长度不同的多核苷酸链的混合物。RNA 分子通常是以其沉降系数

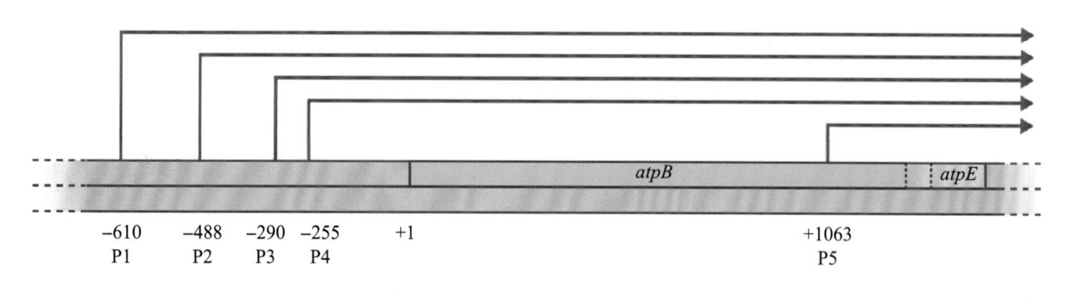

图 6.32 多启动子指导烟草叶绿体 *atpB-atpE* 基因簇的转录。*atpB* 和 *atpE* 基因编码 ATP 合酶的 β 和 ε 亚基，并且它们的编码区有若干核苷酸相互重叠。共有 5 个转录起始位点（P1 ～ P5），用红色箭头表示。4 个转录起始位点含有“–10”及“–35”共有序列，但是在 –290 位（P3 位点）附近无此共有序列

来命名，沉降系数的单位为 S（S，或 10^{-13}s）。三个主要的 RNA 组分，即 23S ～ 25S、16S ～ 17S 和 4S RNA，可以通过区带沉降分离（图 6.33）。23 ～ 25S、16 ～ 17S 组分包括 rRNA，而 4S 组分包括 tRNA 和其他小的非编码 RNA。这三类 RNA 中大部分是相对稳定的分子，并可很方便地通过琼脂糖凝胶电泳及溴化乙锭染色检测出来。相反，mRNA 在细胞中的量很少，通常只占细胞总 RNA 的 1% ～ 2%。这类 RNA 分子的大小和稳定性差别很大，在区带沉降和凝胶电泳中无法分成独立的组分。

6.7.2 细胞中大量 RNA 是核糖体 RNA

所有的核糖体都包括一个大亚基和一个小亚基。核糖体小亚基只含一种 rRNA 分子（小亚基 rRNA），而大亚基包括一个长的 rRNA 分子（大亚基 rRNA）和一个或多个短的 rRNA 分子。植物、藻类和光合原生生物都含有三种核糖体：胞质核糖体、质体核糖体和线粒体核糖体。短的 5.8S rRNA 只存在于胞质核糖体中，并与 25S rRNA 相连。有趣的是，5.8S rRNA 与大肠杆菌 23S rRNA 的 5′ 端同源。质体 23S rRNA 与大肠杆菌和蓝细菌在序列和长度上都相似（图 6.34），尽管在一些植物和藻类中断成短的 RNA 链。植物线粒体中的核糖体还含有一种短的 5S rRNA 分子，这在动物线粒体中是不存在的。原核 rRNA 通常含有甲基化的核苷酸，在 16S rRNA 中达到 10 个，在 23S rRNA 中达到 20 个；但是我们对植物和动物中的甲基化状态知道很少，因为它们的序列是从基因推导出来的。

不论分子大小，rRNA 都折叠成复杂的二级结构（图 6.35）。科学家比较了很多生物和细胞器的 rRNA 序列，发现 rRNA 的二级结构高度保守，尽管在不同的生物间存在较大的序列差异。这种推测的结构得到了实验的支持，因为 RNA 酶和化学试剂可以降解单链 RNA，但是通过比较分析预测会形成分子内碱基配对的区域却不会降解。

6.7.3 植物细胞包含三种不同的转运 RNA

第二种含量丰富的 RNA 是转运 RNA（tRNA），组成了全细胞 RNA 提取物的 4S RNA 组分（见图 6.34）。tRNA 作为接头，结合特定的氨基酸，并与相应的 mRNA 密码子配对，协助将核酸序列翻译成多肽（见第 10 章）。一种 tRNA 只识别 20 种常见

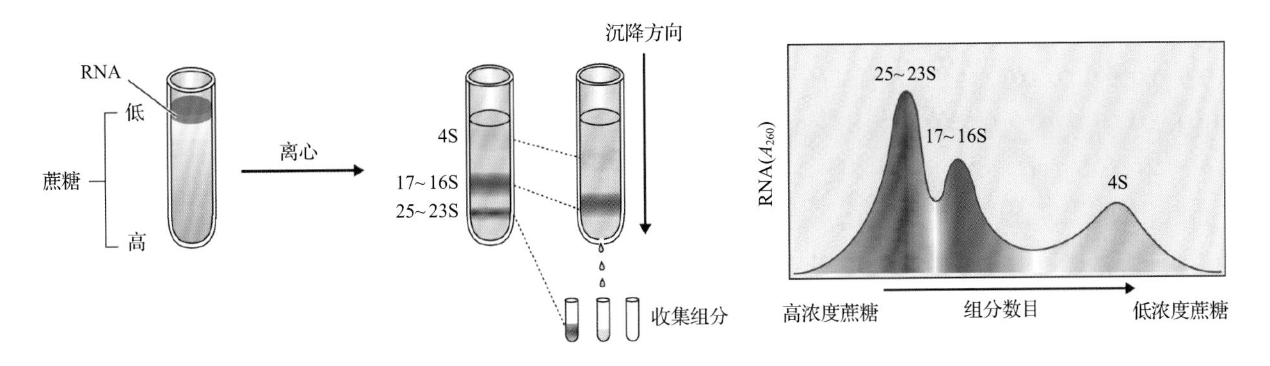

图 6.33 区带离心分离 RNA。梯度蔗糖（通常从 2.5% ～ 15%）的表面加入含有 RNA 分子混合物的溶液，然后高速离心。加速度很大时，大的 RNA 分子比小的 RNA 分子沉降得更快。离心以后，从离心管底部收集连续的组分，再用 260 nm 紫外光吸收（A_{260}）测定各组分中 RNA 的含量

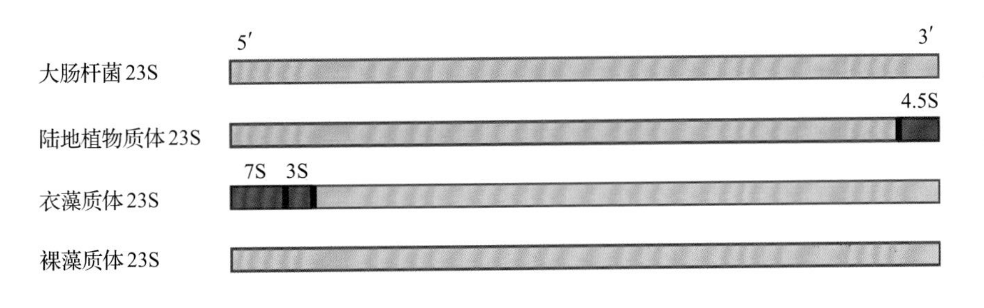

图 6.34 通过比较不同生物体的质体 23S rRNA 和大肠杆菌的 23S rRNA 可以揭示其组织的不同。大肠杆菌的 23S rRNA 长度为 1904 个核苷酸。植物质体编码的 4.5S rRNA（红色）与大肠杆菌 23S rRNA 的 3′ 端的 100 个核苷酸同源。雷氏衣藻（*Chlamydomonas reinhardtii*）的叶绿体基因组含有 7S 和 3S rRNA（红色），它们与大肠杆菌 23S RNA 的 5′ 端同源。相反，裸藻的质体编码的 23S rRNA 是连续的，与蓝细菌和多种藻类（图中未显示）相同

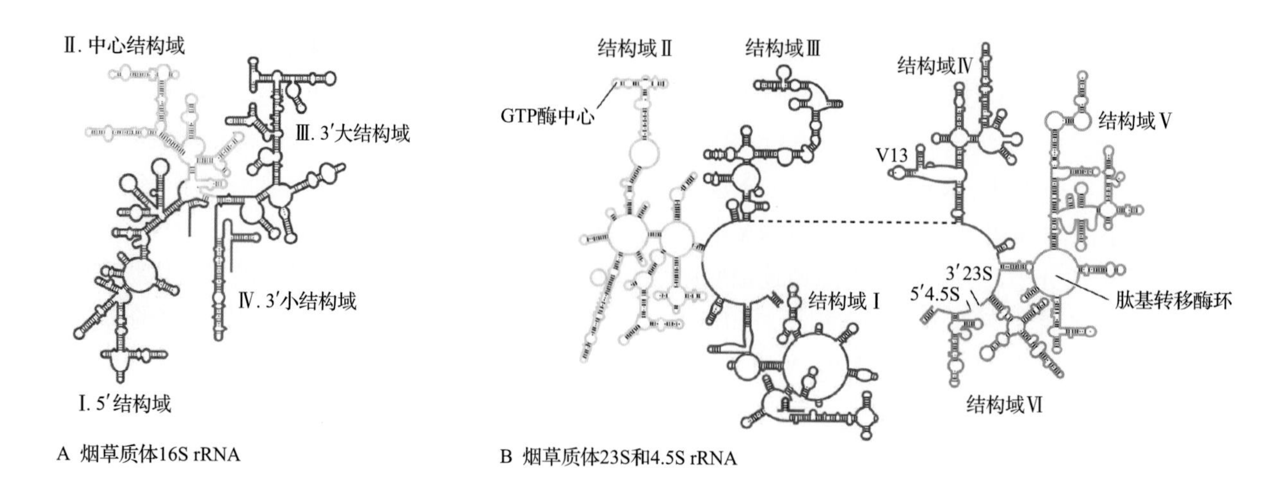

图 6.35 核糖体 RNA 通过互补序列的配对可以折叠形成复杂的二级结构。A. 预测的烟草质体 16S rRNA 的二级结构有 4 个主要的结构域（Ⅰ～Ⅳ）。烟草 16S rRNA 的结构是基于大肠杆菌 16S rRNA 的结构模型而得出的。B. 预测的烟草质体 23S 和 4.5S rRNA 的二级结构也揭示出一个包含 6 个主要结构域（Ⅰ～Ⅵ）的保守结构。结构域Ⅴ是 tRNA 结合到 50S 亚基的主要位点

氨基酸中一种特定的氨基酸；但在大多数情况下，几种不同的 tRNA 与同一种氨基酸结合，称为同工 tRNA。所有已测序的 tRNA 均折叠成三叶草结构（图 6.36）。由于一级结构与二级结构的保守性，分离不同类型的 tRNA 十分困难。在植物中，细胞质、质体和线粒体各包含一套独特的 tRNA 类群。

哺乳动物线粒体 DNA 编码翻译所需的整套 tRNA 基因，而植物和许多其他生物的线粒体中缺少全套的 tRNA 基因。最初的杂交实验在细胞核 DNA 中检测到了一些线粒体 tRNA 的编码基因，表明 tRNA 从植物细胞质进入线粒体。随后又从转基因土豆中获得了直接证据：在转基因土豆中表达大豆的核 tRNA 基因，结果在其细胞质和线粒体中都检测到了大豆的 tRNA。线粒体 tRNA 转入的机制目前尚不清楚。在拟南芥中，$tRNA^{Ala}$ 的单碱基突变可以阻断其氨酰化和转入，这表明氨酰 tRNA 合酶（见第 10 章）参与 tRNA 转入线粒体的过程。和线粒体相反，植物质体基因组编码了大约 30 种 tRNA（表 6.1），一般认为足以在该细胞器中进行蛋白质翻译。然而，非光合寄生植物山毛榉寄生属的叶绿体 DNA 只含 17 种 tRNA 基因（表 6.1），因此山毛榉寄生属植物质体中的翻译必须有核基因编码的 tRNA 参与，表明质体也可能转入 tRNA。

植物胞质 tRNA 与酵母和其他真核生物的胞质 tRNA 序列相似，但也有很多质体 tRNA 有典型的原核 tRNA 特征（图 6.37）。有些植物的线粒体 tRNA 与原核生物类似，其他的则与植物的胞质 tRNA 类似，这与其混杂的起源相符。

6.7.4 胞质 mRNA 转录后要进行修饰

信使 RNA 编码蛋白质的氨基酸序列。在一个特定的细胞中，mRNA 的种类可以达数千种，与细胞中不同的蛋白质数量相对应。如上文中所述，mRNA 只占细胞总 RNA 的 1% ～ 2%。mRNA 的长度从几百到几千个核苷酸，与细胞中的蛋白质分子质量范围相一致。此外，mRNA 与 rRNA 和 tRNA 相比更不稳定，尽管有些 mRNA 的周转率是很慢的。因为单一种类的 mRNA 通常数量很少，所以不能在凝胶上通过溴化乙锭染色直接看到，而需要与标记的互补 DNA 杂交才能检测到。

一个典型的胞质 mRNA 包括 5 个不同的区域（图 6.38）：

- 5′ 端的“帽子”结构；
- 5′ 端非翻译区；
- 蛋白编码区；
- 3′ 端非翻译区；
- 3′ 端的 polyA 尾巴。

mRNA 的 5′ 端最先被修饰（或称为“加帽”），加上 7- 甲基鸟嘌呤核苷酸（m^7G）。在细胞核中，在 RNA 聚合酶复合体刚刚合成出 mRNA 后，一个 G 残基通过三磷酸桥与 5′ 核苷酸相连接。随后，G 的 N-7 原子发生甲基化（图 6.39）。5′ 端的帽子对翻译起始很关键（见第 10 章），并且似乎可以保护

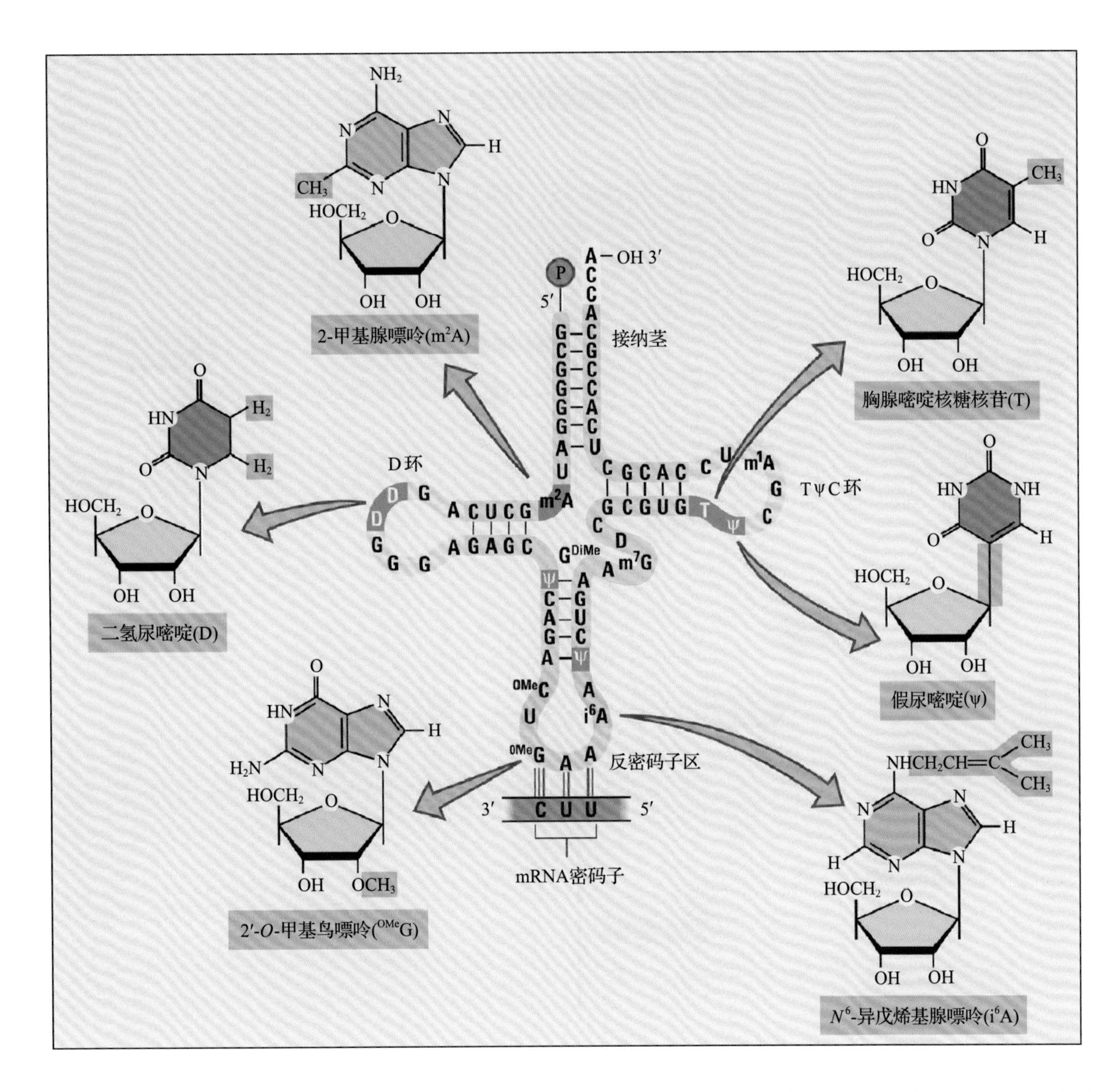

图 6.36 第一个测序的植物 tRNA——小麦胚芽 $tRNA^{Phe}$ 的三叶草模型。图中显示了植物 tRNA 中在特定位点受到修饰的核苷酸。四个臂根据其结构和功能命名。接纳茎包括的核苷酸碱基对，在 3′ 端延伸出未配对的 CCA 序列。TψC 环得名于其含有的假尿嘧啶残基（ψ）。反密码子区依 tRNA 的不同而不同，包含 3 个核苷酸，在翻译过程中与 mRNA 相互作用（见第 9 章）。D 环得名于其含有的二氢尿嘧啶残基（D）。所有 tRNA 分子的一个显著特点是含有修饰的（或异常的）碱基

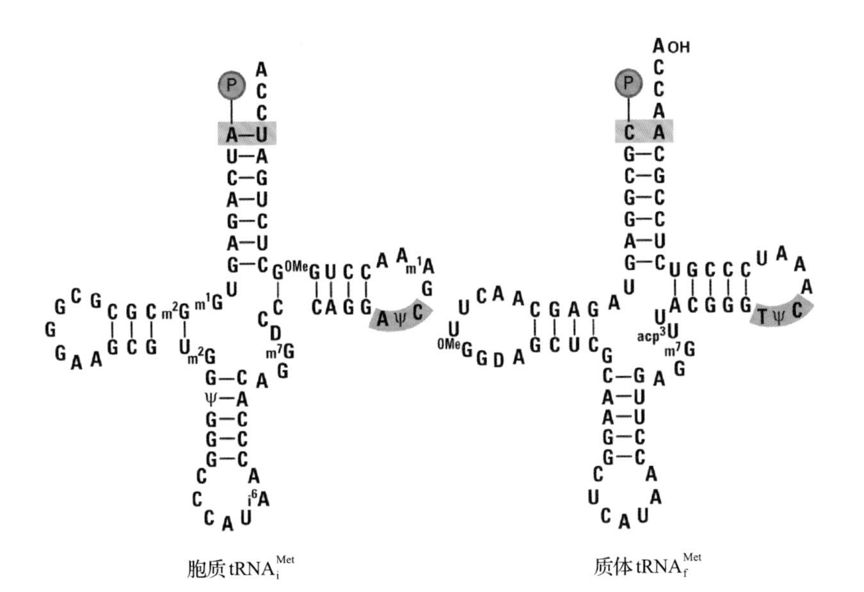

图 6.37 大豆细胞质的起始 $tRNA^{Met}$（左）是典型的真核生物细胞质 tRNA。与之相反，质体起始 $tRNA^{Met}$（右）与原核生物的相似。起始 tRNA 与延长 $tRNA^{Met}$ 不同，具有某些独特的特征。所有细胞质起始 tRNA 的 TψC 环中包含 AψC 而不是 TψC。尽管质体 $tRNA^{Met}$ 有典型的 TψC 序列，它的 5′ 核苷酸是异常的，不能和接纳茎配对

图 6.38 真核生物细胞核编码的成熟 mRNA 的典型结构。多数成熟的 mRNA 有 5′ 和 3′ 非翻译区（UTR），其通常包含顺式调节序列，参与调节翻译过程或 mRNA 的稳定性。3′UTR 中特定的调节序列由 polyA 聚合酶识别，它在 3′ 端合成附加的多腺苷酸尾巴

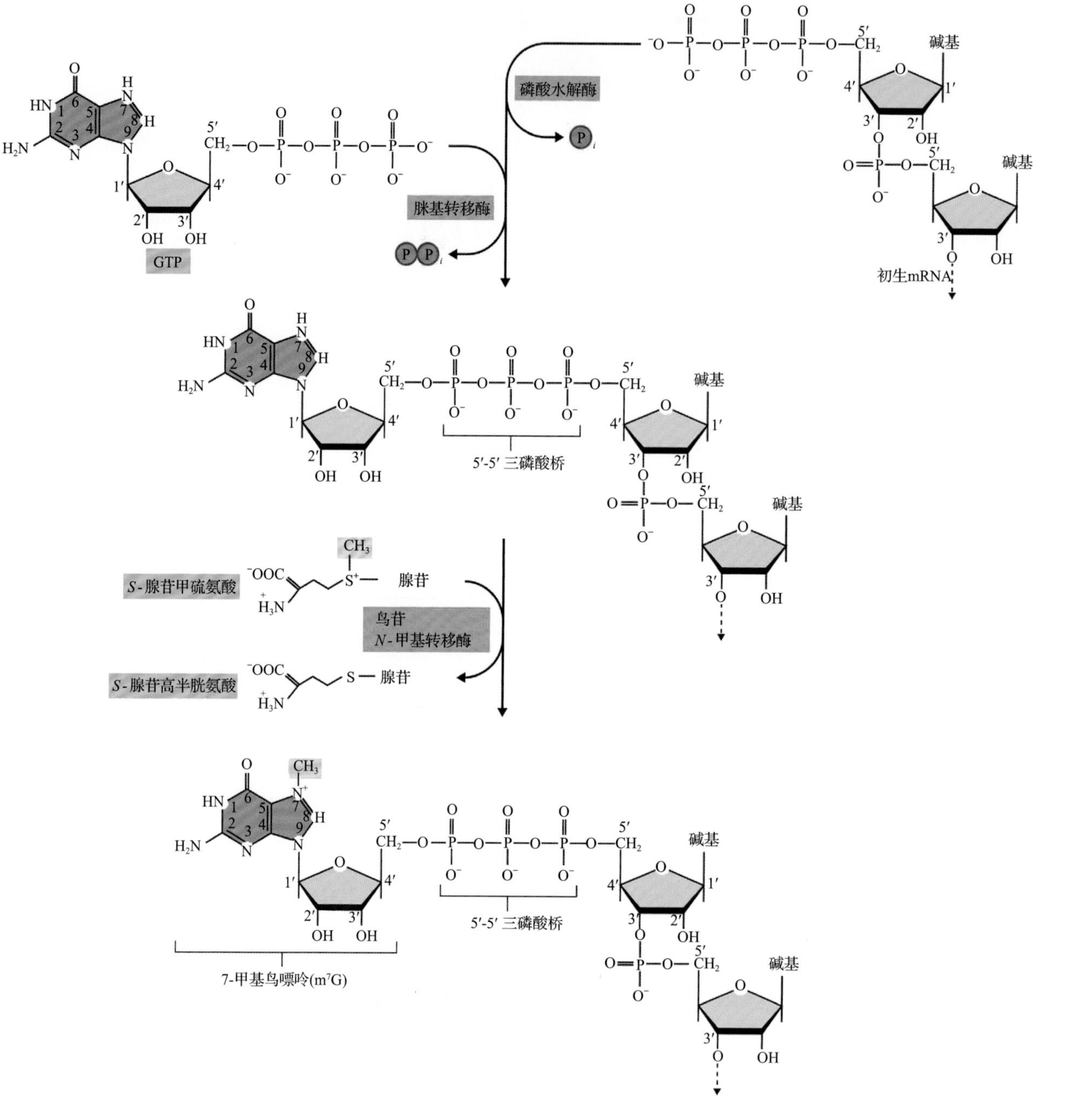

图 6.39 5′ 帽子结构的形成。mRNA 转录本的第一个核苷酸通常是 A 或 G，保留了 5′ 端的三磷酸结构。磷酸水解酶切下 mRNA 5′ 端残基的一个磷酸。随后的反应由胍基转移酶催化，鸟苷酸的 5′- 三磷酸和 mRNA 的二磷酸发生反应，释放出焦磷酸，并产生 5′ 三磷酸 -5′ 核苷酸连接。然后，鸟嘌呤甲基转移酶从 *S*- 腺苷甲硫氨酸转移一个甲基到鸟嘌呤残基的 7 号位置上

mRNA 在合成中不被降解。

编码区是核苷酸翻译成蛋白质的区域，从起始密码子（一般是 AUG）开始，以终止密码子（UAG、UAA 或 UGA）结束。起始密码子和终止密码子之间的序列组成 ORF（见第 10 章）。ORF 两侧是 5′ 与 3′ 端的非翻译区（UTR），其长度变化很大。因此，mRNA 的长度并不总是和它编码的氨基酸序列的长度相一致。5′ 和 3′ 端 UTR 的确切功能目前还不清

楚，但通常这些区域包含可以构成二级结构的RNA序列，并与蛋白质相互作用，从而调控mRNA的运输、翻译和稳定性。

多数胞质mRNA含有3′-polyA尾巴。这种polyA尾巴不是DNA编码的，而是在转录后、mRNA从细胞核转运到细胞质之前加上的。一个包括内切酶、polyA聚合酶的酶复合体，识别转录本3′端附近的一段信号序列（5′ AAUAAA 3′），将信号序列下游的mRNA前体切下，在3′端加上20～250个腺嘌呤残基。PolyA尾巴协助mRNA运出细胞核，保护mRNA不受外切酶降解，并可能对翻译起始也有作用。

质体和线粒体mRNA的结构与胞质mRNA不同。细胞器mRNA缺少5′端帽子和3′端polyA尾巴（图6.40）。RNA的转录后加工不同，这就造成了线粒体RNA通常保留了5′端三磷酸基团，而多数质体mRNA的5′端为单磷酸。与原核生物mRNA相似，多数细胞器mRNA的5′-和3′-UTR能够形成茎环结构，具有调节和稳定功能。这些RNA结构通常与蛋白质相互作用，作为信号来影响mRNA的加工、翻译和降解。少数质体mRNA的3′端具有短的polyA片段或富含A的序列。在转录本的3′端序列和内部位点发生内切断裂后，这些polyA序列就加到质体mRNA上。与胞质polyA尾巴不同，质体mRNA的3′端多聚腺苷酸序列似乎促进修饰后mRNA片段的有效降解。

6.7.5 真核细胞含有不同种的小RNA

在一个植物细胞中，大部分的小RNA都发挥极其重要的作用，并且可以分为两类。一类是60～300nt长的小核RNA（snRNA）和小核仁RNA（snoRNA）；另一类是非常小的RNA（20～24nt），由类似Dicer的核酸内切酶通过剪切长的前体RNA产生。

小核RNA和小核仁RNA（snRNA和snoRNA）是小核糖核蛋白snRNP和snoRNP的重要组分，分别对mRNA和rRNA的成熟至关重要。这些RNA由U1开始命名，这种命名反映了人们发现它们的顺序。它们中的大部分是在核仁中发现的，因此被命名为小核仁RNA（small nucleolar RNA，snoRNA）。一些snRNA包含独特的5′端帽子结构，以及甲基化或者修饰的核苷酸。多数snRNP中的snRNA参与了细胞核内前体mRNA中插入的非编码序列的拼接（去除）（见6.8.2节）。其他的snRNA（比如U7）参与组蛋白前体mRNA 3′端的加工过程，这种mRNA缺少polyA尾巴。多数snoRNA位于核仁中，核仁是核糖体RNA基因的转录场所（见第9章），这些snoRNA参与rRNA前体的加工过程。虽然只在植物中找到了部分与酵母和动物snRNA及snoRNA同源的RNA种类，但是真核生物RNA加工机制的相似性表明这些RNA在植物中也应该存在。

6.7.6 双链RNA产生的小的调控RNA介导基因沉默

小RNA（20～25nt）最初是在转入的基因被沉默的植物以及被病毒感染的植物中发现的。这些**小RNA（small RNA）**包含“入侵”转基因mRNA的序列，或者病毒的基因组RNA。由于这些RNA很短，并且干扰基因表达或者病毒的存活，它们就被称为小干扰RNA（siRNA），它们起作用的过程就叫作RNA干扰（RNAi）。

siRNA是由**类似Dicer的核酸内切酶[Dicer-like（DCL）endonuclease]**通过剪切长的双链（ds）RNA产生，这些长的双链RNA由宿主RNA依赖的RNA聚合酶（RdRP）或者病毒的RdRP产生（见6.6.7节）。siRNA的长度通常为21个碱基，DCL产生的双链RNA中的一条链被装载到另一个叫作**Argonaute（AGO）**的核酸内切酶中，AGO反过来利用这一段RNA寻找到目标序列（图6.41）。

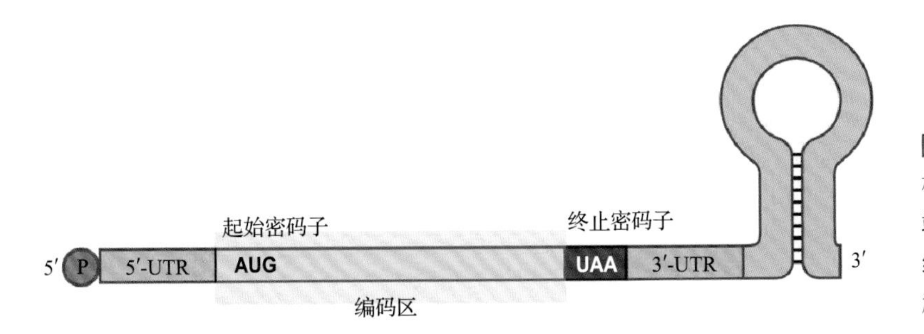

图6.40　一个典型的成熟叶绿体mRNA的结构。叶绿体mRNA与原核mRNA相似，在5′端没有修饰。mRNA的3′端通常以茎环结构结束，这种茎环结构对转录本的加工和稳定性起重要作用

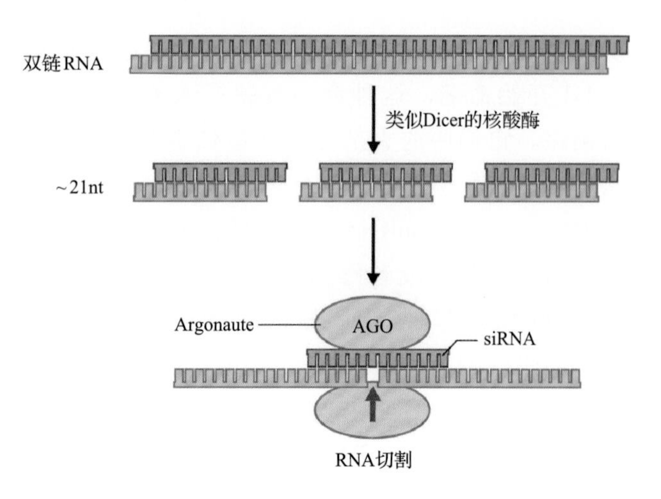

图 6.41 在 RNA 干扰的基本过程中，双链 RNA 被类似 Dicer（DCL）的核酸内切酶识别，并被切割成 21 nt 的双链 RNA。其中的一条链叫作小干扰 RNA（siRNA），被 Argonaute（AGO）核酸内切酶装载，协助其识别互补的单链 RNA。AGO 切割目标区域中间的同源 ssRNA

siRNA 引导的 AGO 是 **RNA 诱导的沉默复合物（RNA-induced silencing complex，RISC）**的主要组分，该复合物可切割其目标 RNA，并减弱转基因的表达或者病毒的复制。

产生和利用 siRNA 的机制，与产生和利用其他四种 20 ~ 25nt RNA 的途径相关（见 6.8.7 节和图 6.42）。这些途径产生 microRNA（miRNA）、反式作用 siRNA（tasiRNA）、自然反义 siRNA（natsiRNA）和异染色质 siRNA（hcsiRNA）。所有这四种小 RNA 在其 3′ 端都被甲基化，以保护自身不被多尿苷化和降解。miRNA 的长度为 20 ~ 24nt，tasiRNA 和 natsiRNA 一般长 21nt，hcsiRNA 的长度是 24nt。它们长度的不同，反映了产生它们的 DCL 酶的不同。

所有的真核生物都编码 miRNA。在拟南芥中

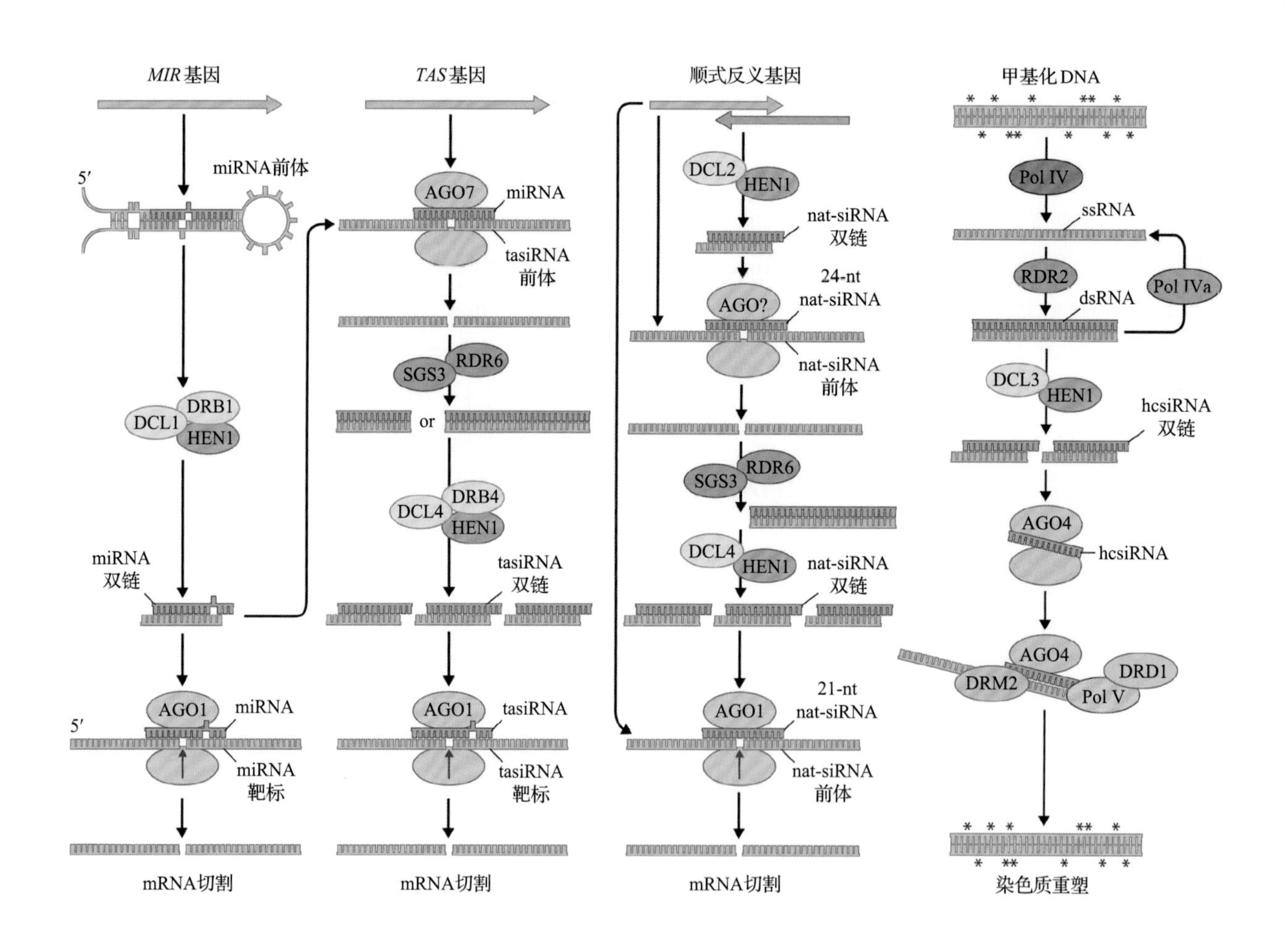

图 6.42 在拟南芥中有四种类似 Dicer（DCL）的核酸内切酶，产生的小 RNA 分别指导不同的途径。DCL1 以不完美的类似发夹结构的 RNA 前体为模板产生 microRNA，调控发育相关的基因。DCL2 和 DCL4 以复制 RNA 病毒产生的完美双链 RNA 为模板产生 siRNA，用于抵抗病毒。DCL3 以转座子或其他基因组序列的双链 RNA 为模板产生 hcsiRNA，控制目标染色质的抑制。这些途径相互交错，共享一些共同或者相似的组分，如依赖 RNA 的聚合酶、双链 RNA 结合蛋白，以及 Argonaute（AGO）核酸内切酶。还有两个途径产生 tasiRNA 或 natsiRNA，参与调控植物的发育及对逆境的响应

已经发现了超过350个miRNA，在人类中发现将近2000个。由于在不同物种中miRNA都广泛分布，而且不断有新成员被发现，目前对它们还没有统一的命名规则。有一个miRNA登记中心（http://www.mirbase.org），其登记数量不断增加，不管从哪个物种中发现，该网站都会给每个新发现的miRNA提供一个新编号。第一个从植物中发现的miRNA是该系统中的第156个miRNA，来自拟南芥，因此被称为*At*miR156。在拟南芥基因组中，有10个不同的位点编码这个miRNA，因此每一个位点编码的miRNA由字母后缀来区分（即*At*miR156a至*At*miR156j）。

整体来讲，miRNA能够调控几百个基因，在不同组织或者不同时期下调它们的表达。在某些情况下，miRNA控制发育阶段的转换及对环境胁迫的应答反应，有些时候它们控制在特定组织的表达。与动物中miRNA抑制翻译的功能不同，植物miRNA主要通过切割目标基因的mRNA来起作用（图6.43）。

像miRNA一样，tasiRNA和natsiRNA通过引导AGO介导的切割，抑制基因的表达。在拟南芥中，tasiRNA只由4种模板RNA产生，它们的主要功能是调控生长素响应因子的表达。与之相反，在拟南芥中有超过2000个潜在的natsiRNA目标基因。natsiRNA的主要功能可能是在应对环境胁迫时，提供一套额外的基因表达调控系统。

在植物中DCL产生最多的小RNA是hcsiRNA。它们由植物基因组的转座子、重复元件和异染色质区域产生，并在这些区域起作用。与miRNA、siRNA、tasiRNA和natsi-RNA不同，24个核苷酸的hcsiRNA不通过切割mRNA调控基因表达；反而，它们通过将组氨酸修饰因子和DNA甲基转移酶招募到它们在染色体上的目标区域，从而抑制转录（见6.8.7节）。hcsiRNA介导的染色质重塑可以保护基因组不受转座子移动产生的有害影响。越来越多的研究发现，它还参与环境胁迫引起的短期表观遗传的改变，以及细胞发育命运的决定。

除了snRNA、snoRNA和DCL产生的小RNA，还发现了其他类型的小而稳定的RNA分子（表6.4）。RNA酶P是tRNA加工所需的酶，包含一个完整的RNA组分。在蛋白质运入内质网的过程中，信号识别颗粒的7SL RNA与蛋白质共同起作用（见第4章）。

6.8 RNA加工

在一个基因的表达过程中，尽管转录是复杂且受到高度调控的步骤，但是它只是合成有功能的RNA所需一系列步骤中的第一步。RNA可以在很大程度上得到修饰，但是大多数真核细胞的初级转

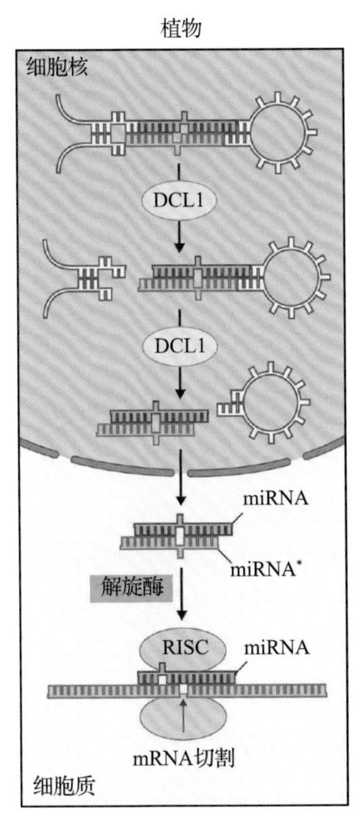

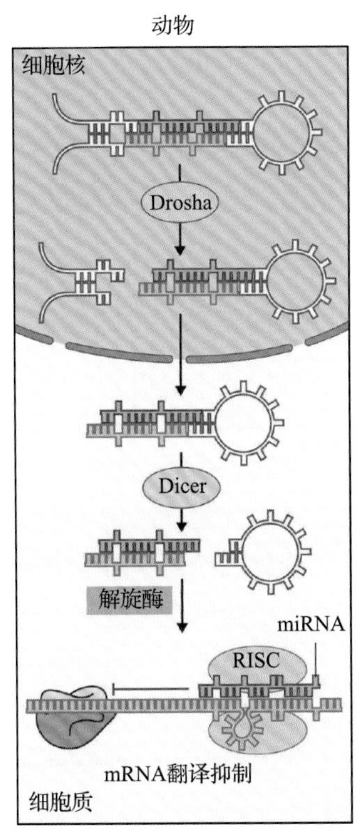

图6.43 植物和动物通过DCL酶切割不完美的类似发夹结构的RNA前体，产生microRNA。miRNA用红色显示。植物和动物中发生加工过程的细胞区室不同，指导基因抑制的方法也不同。在植物中，目标基因的mRNA被miRNA指导的Argonaute（AGO）切割，但是在动物中，AGO通过翻译抑制起作用。在右侧的照片中，上面是缺失DCL1蛋白的拟南芥突变体，表现出很严重的发育扭曲表型；下面是具有正常*DCL1*基因的拟南芥，其花序发育正常

表 6.4 植物中的小 RNA

种类	名称	位置	推测的功能
核内小 RNA（snRNA）	U1,U2,U4 ~ U9, U11, U12	核质	mRNA 前体的拼接
	U7	核质	组蛋白 mRNA 前体的加工，添加 poly（A）
核仁小 RNA（snoRNA）	U3, U8, U13 ~ U40	核仁	rRNA 前体的加工
小干扰 RNA（siRNA）	siRNA	细胞质	抗病毒
microRNA（miRNA）	miR156 ~ miR5666	细胞质	发育调控和胁迫响应
反式作用 siRNA（tasiRNA）	siR255 ~ siR1778	细胞质	生长素响应因子的调控
自然反义 siRNA（natsiRNA）	natsiRNA	细胞质	基因自调控
异染色质 siRNA（hcsiRNA）	hcsiRNA	细胞核	表观遗传调控
其他小 RNA	RNase P	核质，质体，线粒体	tRNA 前体的加工
	7SL	细胞质	蛋白质运输

录产物必须经过加工，才能产生成熟的 RNA 产物。许多真核基因的编码区被一些序列打断，这些序列并不出现在成熟的 RNA 中。因此，RNA 聚合酶合成的初级转录产物包括决定最终基因产物的 RNA 序列（**外显子，exon**），以及非编码的插入序列（**内含子，intron**），必须在 RNA 行使功能之前将内含子切除。当基因含有内含子时，转录形成 mRNA 前体，在去掉内含子之后才形成直接编码蛋白的 mRNA 分子。在一些情况下，内含子也可以生成有功能的基因产物（信息栏 6.6）。内含子从 mRNA 前体中切除，以及外显子重新连接形成成熟 RNA 序列的过程叫作 **RNA 剪接（RNA splicing）**。

6.8.1 在植物细胞三种基因组编码的 RNA 中都发现了内含子

大部分类型的基因中都含有内含子，包括细胞核、叶绿体和线粒体的基因组。但是，内含子的数量和包含内含子的基因出现的频率依植物种属和细胞器的不同而有差异。例如，裸藻（*Euglena*）的质体基因组有 155 个内含子（占 40%），而红藻（*Porphyra*）的叶绿体 DNA 中完全没有内含子。植物细胞核中大多数编码蛋白的基因含有 1 个或多个内含子，但有些植物（如玉米的玉米醇溶蛋白基因）不含内含子。一个基因家族中的一些基因有多个内

信息栏 6.6 植物细胞器中的特定 II 类内含子通过反式拼接机制去除

典型的拼接反应是在分子内进行的，将单一转录本上的外显子连接起来（顺式拼接）。但是，在植物叶绿体和线粒体中发现的拼接现象涉及两个或更多的 RNA 分子（反式拼接）。烟草叶绿体的 *rps12* 基因（见图 6.46B）位于基因组上两个分离的位点。每个位点产生一个独立的转录本：一个编码外显子 1，另一个编码 RNA 产物的外显子 2- 内含子 - 外显子 3。在转录后，通过反式拼接将外显子 1 与 2 连接起来；在内含子去除后，外显子 2 与 3 又通过顺式拼接连接起来。衣藻叶绿体的 *psaA* 基因（见图 6.46B）是不连续基因的另一个例子，它的三个外显子位于基因组上三个分离的位点。在这种情况下，三个不同的转录本进行两次反式拼接，最终产生成熟的 mRNA。

在被子植物的线粒体中，*nad1*、*nad2* 和 *nad5* 基因也是不连续的，它们的转录本需要进行反式拼接，才能产生有功能的 mRNA。与之不同，蕨类植物线粒体基因组中的 *nad2* 和 *nad5* 基因是连续的，它们的内含子进行顺式拼接。人们认为这些连续的基因是产生开花植物不连续基因的祖先基因。这种独特的反式拼接机制可能是同被子植物基因共同演化的，因为后者被断裂成独立的转录单元。

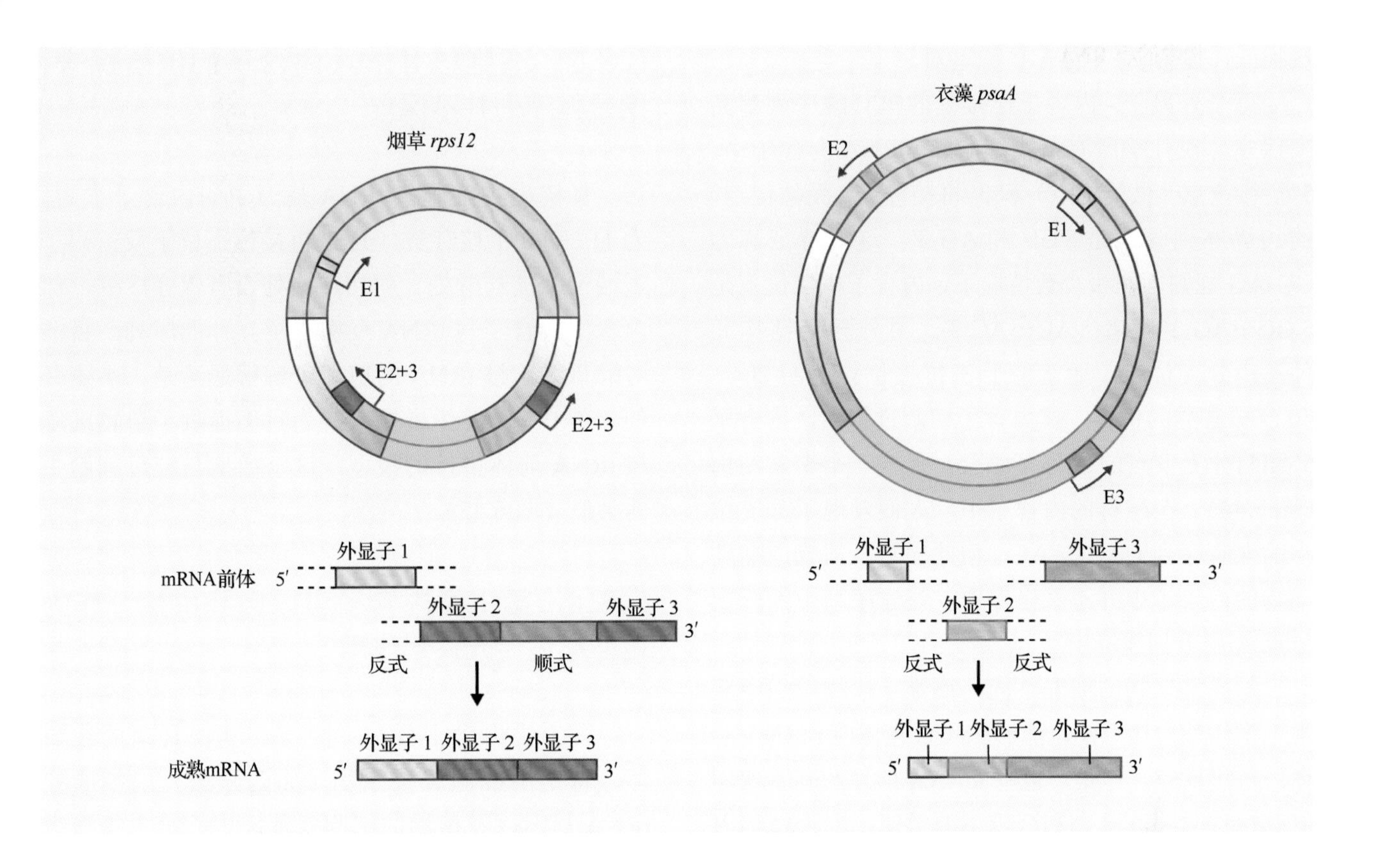

含子，而有些不含内含子，这种现象也并不少见。植物的 5.8S、5S rRNA 基因或者 snRNA 基因中未发现有内含子存在。

根据其结构特性和拼接机制，大多数内含子可以分为四大类（表 6.5）。细胞核 mRNA 前体内含子是最广泛存在的一种。在哺乳动物基因中，这种内含子的长度变化很大，从不足 100 nt 至 100 kb，但在植物基因中一般较短。细胞核 tRNA 前体内含子存在于一部分核 tRNA 基因中，通常较短，并与 mRNA 内含子有明显的区别。Ⅰ类内含子和Ⅱ类内含子是依据其一级、二级结构来分类的，它们存在于真菌的线粒体基因组，以及植物的线粒体和质体中。最近在裸藻属中鉴定到了第 5 种内含子，即第 III 类，现在人们已经在裸藻中发现了 100 多个这类内含子。

6.8.2 植物细胞核的 mRNA 前体内含子富含 AU，并在拼接处保守

植物 mRNA 前体的内含子长度变化相当大，从 70nt 至超过 7kb，但大多数为 80 ～ 140 个核苷酸。在编码蛋白质的基因中，很少发现有少于 70nt 的内含子，因此内含子的有效拼接存在一个最小长度要求。与动物细胞核基因中的内含子不同，植物细胞核 mRNA 前体的内含子富含腺苷和尿苷核苷酸。在双子叶植物中，这类内含子平均包含 70% 的 A-U 碱基对；在单子叶植物 mRNA 前体的内含子组成中，平均有 60% 的 A-U 碱基对，但是在有些植物中含

表 6.5 4 种主要的内含子

种类	结构特点		位置
	长度（核苷酸）	拼接位点	
细胞核 mRNA 前体	＞ 70	G↓GU…AG↓N[a]	细胞核 mRNA
细胞核 tRNA 前体	11 ～ 13	不保守	细胞核 tRNA
第Ⅰ类	＞ 200	U↓N…G↓N	质体 tRNA，rRNA，mRNA
第Ⅱ类	＜ 200 ～＞ 400	N↓GYGCG…AY↓N[b]	

[a] 少数细胞核 mRNA 前体内含子包括拼接位点序列 N↓GC…AG↓U 和 N↓AU…AC↓N，N 代表任意核苷酸。
[b] Y 代表嘧啶核苷酸。

量很低，仅为30%的A-U碱基对。

每个外显子-内含子连接处的核苷酸序列都高度保守。在几乎所有植物细胞核mRNA内含子中，5′拼接位点（供体位点）和3′拼接位点（受体位点）的边界序列分别是5′GU和AG 3′，这一特征称为GU-AG规则。在极少数情况下，内含子拼接位点是5′GC…AG 3′或者5′AU…AC 3′。另外一个结构元件——分支位点，通常位于3′拼接位点上游20～40个核苷酸的位置。在内含子切割过程中，内含子5′端与分支位点的A残基结合，形成一个套索结构（图6.44）。在酵母的内含子中，人们发现了分支位点的保守序列UACUAAC，但此序列在植物或哺乳动物的内含子中并不严格保守。保守序列中的分支位点A用下划线标出。

与哺乳动物的情况不同，很难从植物组织中获得一个体外拼接系统，能够如实重建体内mRNA前体的拼接反应。但是，植物mRNA前体的基本剪切机制也许与哺乳动物和酵母中的类似，因为植物内含子包含的所有保守元件（即5′和3′剪切位点及分支位点）与哺乳动物和酵母内含子中发现的均类似。

6.8.3 细胞核tRNA内含子的位置保守，但是其序列并不保守

真核生物细胞核tRNA基因中的内含子很短，为11～60个核苷酸。其5′拼接位点位于反密码子末端一个核苷酸处。剪切连接处没有保守序列，但内含子包含了与tRNA反密码子互补的序列。目前对酵母细胞核tRNA的剪切了解得最清楚。小麦胚的体外tRNA前体拼接系统为我们提供了植物细胞核tRNA前体拼接的模型，这个模型与酵母细胞中的类似（图6.45）。

6.8.4 第Ⅰ类内含子可以自我拼接，作为可移动遗传元件起作用

第Ⅰ类内含子分布在酵母和其他真菌的线粒体、特定单细胞真核生物（如四膜虫）的细胞核rRNA基因以及植物的细胞器基因中。第Ⅰ类内含子是核酶（有催化活性的RNA分子），反映出演化早期RNA催化拼接反应的重要性。第Ⅰ类内含子

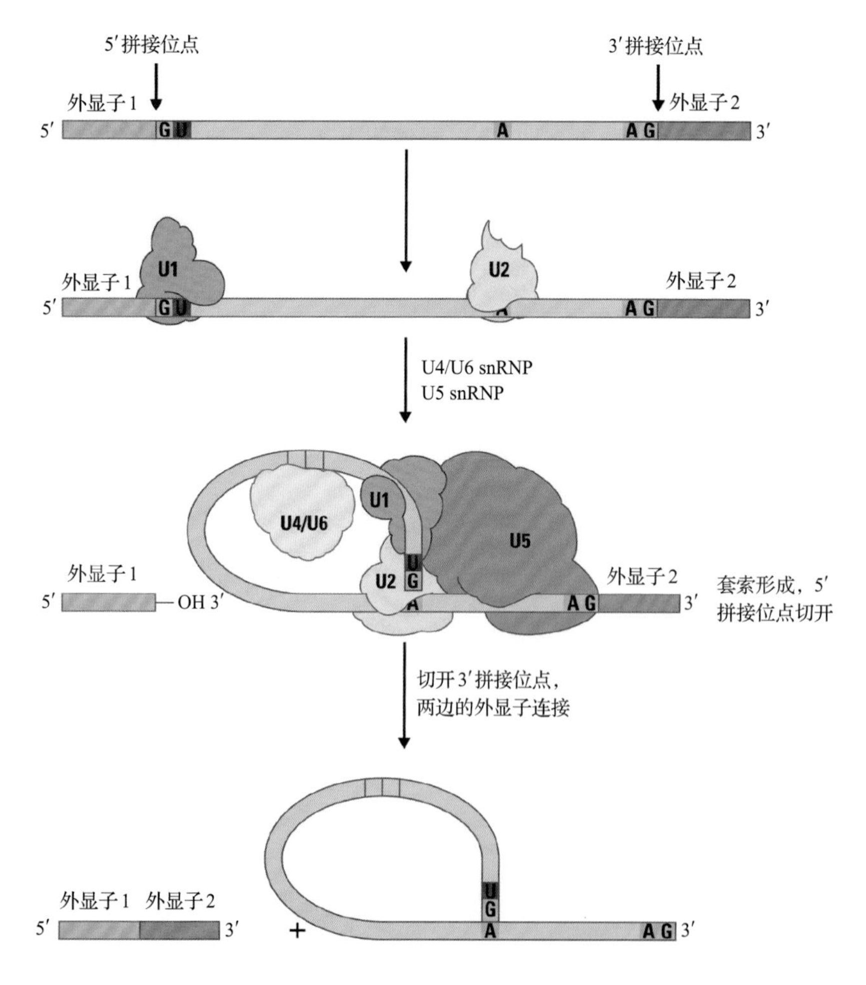

图6.44 细胞核mRNA前体内含子的拼接步骤。mRNA前体内含子的拼接是在核糖核苷蛋白复合体中进行的，该复合体称为拼接体，在mRNA前体上组装。拼接体包含的snRNA有U1、U2、U4/U6复合体以及U5，这些snRNA与小核糖核蛋白（snRNP）以及非snRNP蛋白因子相连接。分支位点的腺嘌呤2′-OH亲核攻击5′拼接位点的3′→5′磷酸二酯键，拼接反应即开始。外显子-内含子边界的5′-G与分支位点的A一起形成一个2′→5′磷酸二酯键，产生套索中间产物，并释放5′外显子。5′外显子的3′-OH对3′拼接位点的磷酸二酯键进行第二次亲核攻击，使外显子连接在一起并释放内含子的套索结构，从而完成拼接

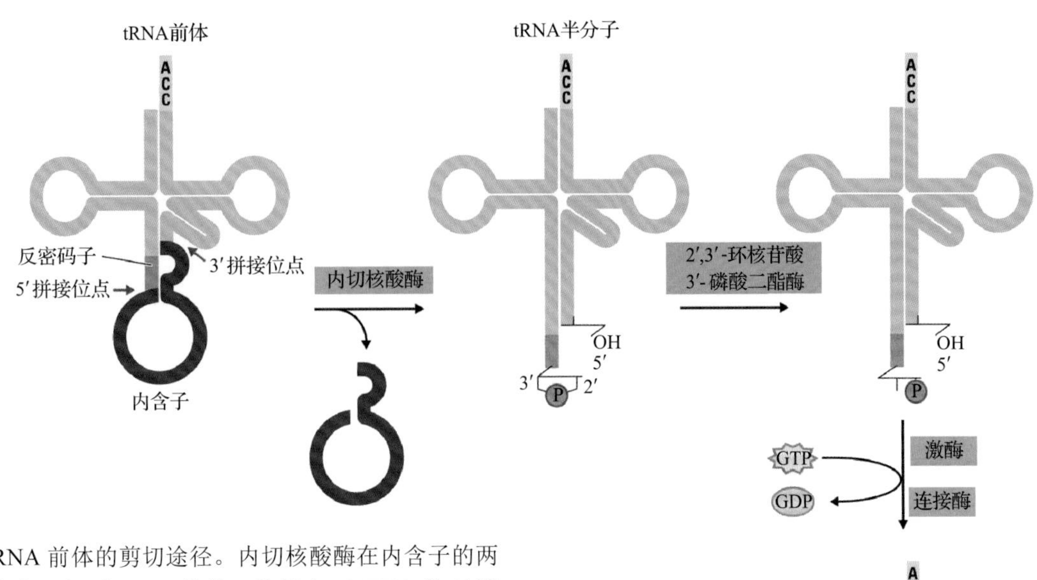

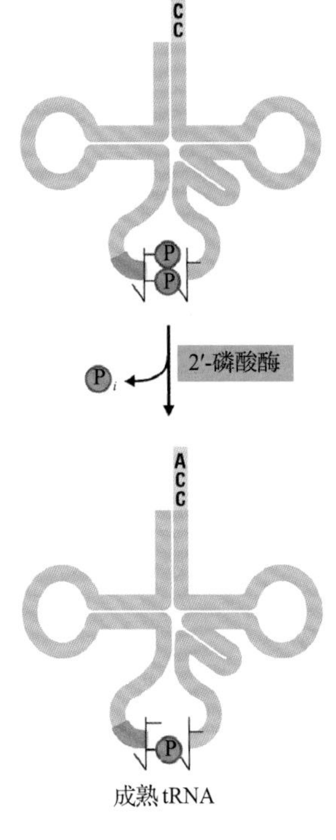

图 6.45 tRNA 前体的剪切途径。内切核酸酶在内含子的两端（红色箭头）切开 tRNA 前体，结果在 5′-tRNA 的 3′ 端形成了 2′, 3′- 环磷酸基团，在 3′tRNA 的 5′ 端形成了自由羟基。环磷酸基团切开后，形成 2′- 磷酸基团。当 3′-tRNA 的 5′ 端自由羟基磷酸化以后，两个 tRNA 半分子由 RNA 连接酶连起来。2′- 磷酸酶去掉 2′- 磷酸基团，形成成熟拼接的 tRNA

的序列折叠形成复杂的二级结构，通过结合并活化一个 G 起始拼接反应。活化的 G 的 3′-OH 进攻 5′ 拼接位点基团，并催化此位点磷酸二酯键的断裂，由此释放一个外显子（图 6.46A）。游离外显子的 3′-OH 随即进攻 3′ 拼接位点，以释放内含子并连接外显子。有些自我拼接的第 I 类内含子至今仍然存在，例如，在四膜虫的细胞核 rRNA 基因（第 I 类内含子最早在其中发现）以及特定的叶绿体及线粒体基因中。

多个第 I 类内含子，包括莱茵衣藻（*Chlamydomonas reinhardtii*）的质体 23S rRNA 基因，是可移动的遗传元件。有内含子的亲本与无内含子的亲本进行遗传杂交时，这些可移动内含子以很高的频率转移到后代中去，这一过程称为“内含子寻靶”。所有可移动的内含子编码 DNA 内切核酸酶，这些酶专一识别无内含子的等位基因，并在 DNA 上插入位点或称为靶位点处形成双链断裂。人们认为这样的断裂会引发内含子的复制和整合，从而进入无内含子的等位基因中。

6.8.5 第 II 类内含子与细胞核 mRNA 前体内含子的拼接机制相同

第 II 类内含子存在于真菌的线粒体基因，以及植物的线粒体和质体基因中（见信息栏 6.6）。虽然第 II 类内含子的结构与细胞核 mRNA 前体有很大的不同，但是它们也有一些相同点。第 II 类内含子遵守 GU-AG 规则：它们的 5′ 和 3′ 拼接位点序列与细胞核 mRNA 前体的内含子类似，并具有保守的分支位点腺苷。这个发现表明，第 II 类内含子与细胞核 mRNA 前体的内含子具有共同的演化起源及拼接机制。酵母线粒体中的某些第 II 类内含子在体外可自我拼接，利用内含子序列中反应活性特别强的 A 作为进攻基团，形成套索结构（图 6.46B）。在植物的质体和线粒体中，没有发现第 II 类内含子能够自催化拼接，表明这些内含子需要其他因子的协助才能完成有效的拼接。

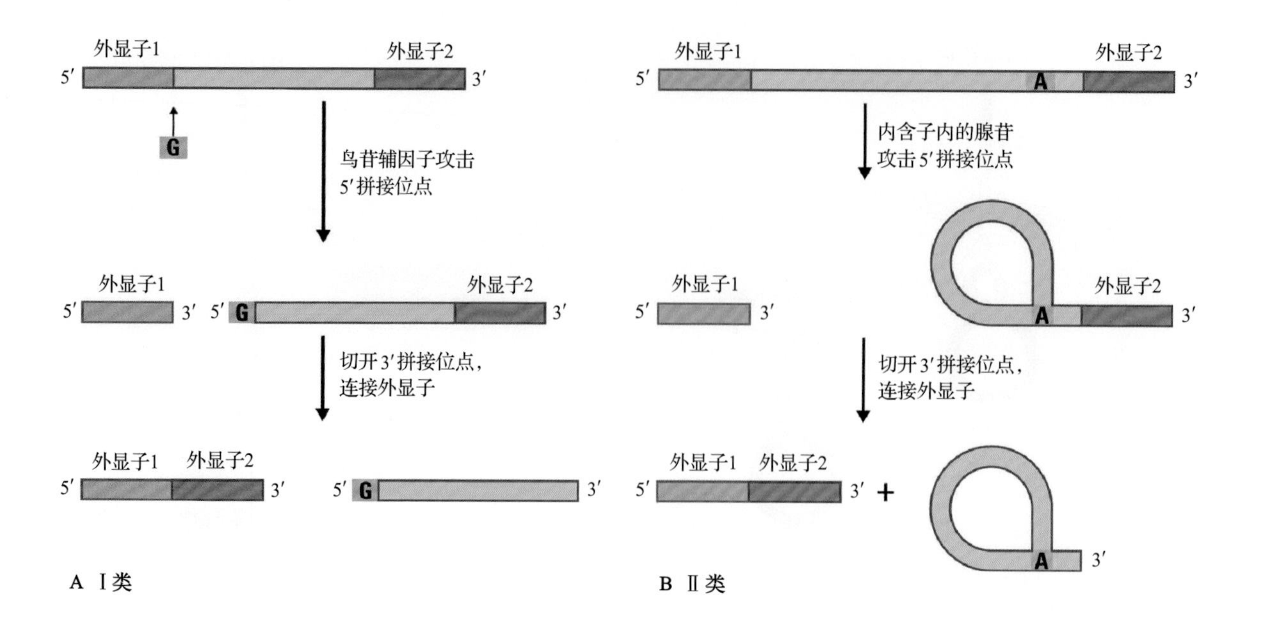

图 6.46 内含子的自我拼接机制可以去除Ⅰ类、Ⅱ类内含子。鸟苷或者其 5′- 磷酸化的衍生物与内含子序列结合，从而起始Ⅰ类内含子的剪切。该鸟苷的 3′-OH 进攻 5′- 拼接位点的磷酸基团，切开此位点的磷酸二酯键。外显子Ⅰ的 3′-OH 与 3′- 拼接位点的磷酸反应，连接两个外显子并释放线性的内含子，内含子最终自连成环（未显示）。与之不同的是，Ⅱ类内含子的自我拼接机制与细胞核 mRNA 前体的拼接类似，但不涉及拼接体的形成（见图 6.44）

6.8.6 RNA 前体需要经过大量的加工，才产生有功能的 RNA 分子

大多数真核基因先转录形成 RNA 前体（pre-RNA）分子，再经加工形成较短的 RNA（成熟 RNA）。加工与修饰要经过严格调控，这是产生有功能的 RNA 分子的关键。只有特定几种由 RNA 聚合酶 III 转录的小分子稳定 RNA 不经过加工过程。

17S、5.8S 和 25S rRNA 分子由细胞核 rRNA 基因簇编码，该基因簇中的转录单元由 RNA 聚合酶Ⅰ转录成较长的单链前体分子。随后，RNA 前体分子经过一系列的剪切和甲基化步骤，最终产生成熟的 17S、5.8S 和 25S rRNA 分子（图 6.47）。5.8S rRNA 和 25S rRNA 由同一个 RNA 中间产物演化而来，这两个 RNA 产物在去掉基因间的 rRNA 间隔序列的情况下，依然保持配对。由相对应的核基因转录出 5S rRNA 是独立的，由 RNA 聚合酶 III 来催化。这种细胞质中的 5S rRNA 不同寻常，因为它不需要加工。

所有 4 种质体 rRNA 分子都以多顺反子转录单元的形式编码，也包括编码 $tRNA^{Ile}$ 和 $tRNA^{Ala}$ 的两个 tRNA 基因，这些基因中都包含有异常长的内含子。经过特定核酸酶的复杂加工过程以后，RNA 前体切成 16S、23S、4.5S 和 5S rRNA（图 6.48）。一旦从多顺反子的 RNA 上切除下来，tRNA 前体便经过加工并切下内含子，产生有功能的 $tRNA^{Ile}$ 和 $tRNA^{Ala}$ 分子。植物线粒体中的核糖体 RNA 和 tRNA，也是由前体分子经过复杂的加工过程而来。

与 5S rRNA 不同，tRNA 由核基因簇编码，并由 RNA 聚合酶 III 转录成前体分子，这种 RNA 前体在 5′ 和 3′ 端都存在附加序列。这段多余的序列由特异的核酸酶切除，随后在 3′ 端附加上三个核苷酸 CCA。如前文所述，有些 tRNA 前体包含内含子，

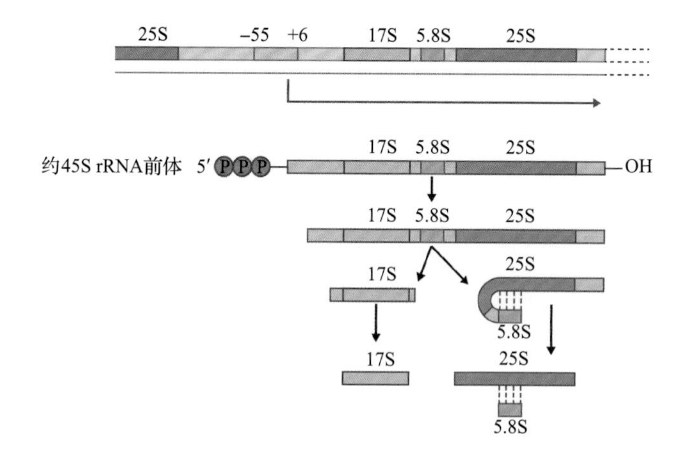

图 6.47 细胞核编码的 45S RNA 前体分子经过加工，产生 3 个成熟的 rRNA。多个 RNA 酶参与催化加工反应，从一个共同的 rRNA 前体分子衍生出 17S、5.8S 和 25S rRNA。在加工过程中，25S 和 5.8S rRNA 之间形成氢键，并且在加工完成后仍然保持配对

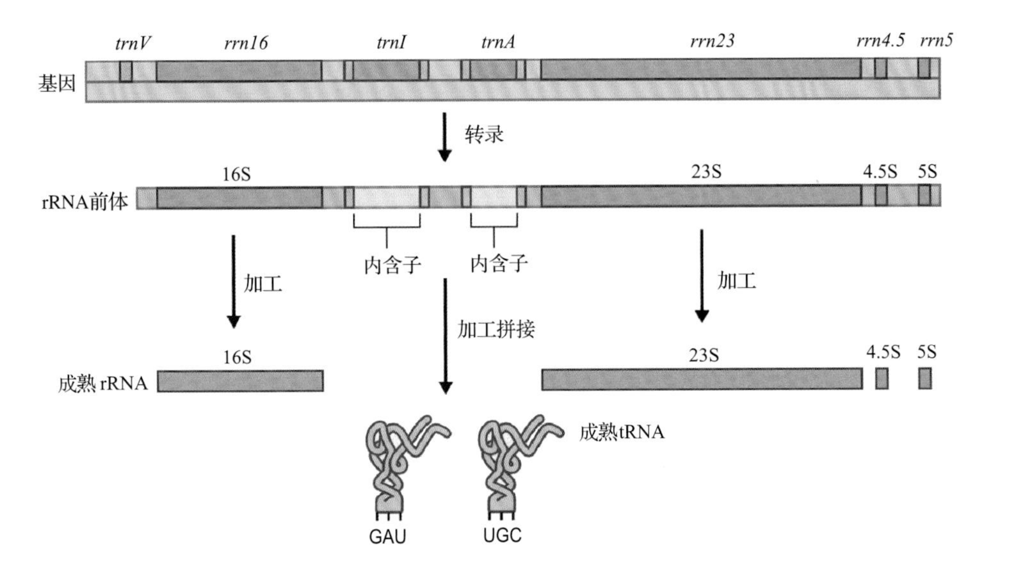

图 6.48 植物叶绿体 rRNA 前体的加工过程。与细胞核编码的 rRNA 不同，叶绿体编码的 rRNA 操纵子还在 16S 和 23S rRNA 的间隔区编码了两个 tRNA。这些 tRNA 又被长的内含子（大约 1kb）隔断，因此需要加工和剪切才能产生成熟的 tRNA

并在加工过程中进行拼接而生成有功能的 tRNA 分子（见图 6.45）。

6.8.7 RNA 转录本被加工成小的调节 RNA

通过指导特异 mRNA 降解和染色质修饰进而调控内源基因表达的小 RNA，是由长的双链或自互补的单链 RNA 分子加工而成的。这四种内源调控小 RNA 均由类似 Dicer（Dicer-like，DCL）的核酸内切酶生成（图 6.43）。在植物中有四种 DCL（DCL1 ～ DCL4）。DCL1 切割一个类似发夹结构的单链转录本中的 miRNA 双链（图 6.49A）。该转录本由依赖 DNA 的 RNA 聚合酶Ⅱ从 *MIRNA* 基因生成，而 *MIRNA* 基因位于基因组的基因间区域。DCL1 特异切割发夹 RNA 结构的 21nt 双链，在每个末端都进行交错切割，产生两个核苷酸的 3′ 突出。tasiRNA、natsiRNA 和 hcsiRNA 由其他 DCL 通过剪切双链 RNA 分子生成，而这些双链 RNA 分子由**依赖 RNA 的 RNA 聚合酶（RNA-dependent RNA polymerase, RdRP）**以单链 RNA 为模板合成。相同的细胞质 RdRP 产生双链 RNA 用于 tasiRNA 和 natsiRNA 的生成，但是 RdRP 被一个特异的 miRNA 招募到 tasiRNA 模板上，被一个 DCL2 产生的小 RNA 招募到 natsiRNA 模板上。产生 hcsiRNA 的双链 RNA 前体是由一个不同的 RdRP 在细胞核中产生的，该 RdRP 作用的转录本是由依赖 DNA 的 RNA 聚合酶Ⅳ生成的。不管是哪个 DCL，也不管作用的底物是哪个 dsRNA 或者类似发夹结构的 RNA，DCL 从底物中切下双链 RNA，并且只转移 Argonaute（AGO）核酸内切酶双链中的一条链。在 miRNA 产生过程中，被装载的链叫作 miRNA，被丢弃的链叫作 miR* 或者乘客链（图 6.49B）。由 miRNA、tasiRNA 和 natsi-RNA 指导的目标 mRNA 的切割主要是由 AGO1 介导的。hcsiRNA 指导的组蛋白修饰因子及 DNA 甲基转移酶的招募是由 AGO4 介导的，其具有结合活性但是不具有切割活性。目前的模型认为，基因组的基因间重复区域能够被依赖 DNA 的 DNA 聚合酶 V 转录，而这些转录本以某种方式与它们的模板 DNA 保持结合，能够被装载 hcsiRNA 的 AGO4 识别。该模型提供了一种将表观修饰因子招募到合适基因组位点的方式（图 6.43）。

6.8.8 一些质体 mRNA 是多顺反子

由于大多数植物的叶绿体基因组包含大约 150 个基因，但是只含有大约 60 个转录单元，因此大部分质体的 mRNA 可能先由叶绿体 RNA 聚合酶合成多顺反子 mRNA。细菌的多顺反子 mRNA 不经过加工，直接翻译；而叶绿体的多顺反子 mRNA 首先要经过切割，加工成单顺反子 mRNA（图 6.50）。尽管对一些缺少叶绿体功能的突变体的分析表明，质体 mRNA 翻译在某些情况下需要加工过程，但是人们尚未完全搞清楚细菌和叶绿体多顺反子 mRNA 这种区别的重要性。这表明质体中 mRNA 翻译过程的细节与原核生物不同。除了少数紧密连锁的基因以外，植物线粒体中的蛋白编码基因转录为单顺反子 mRNA。

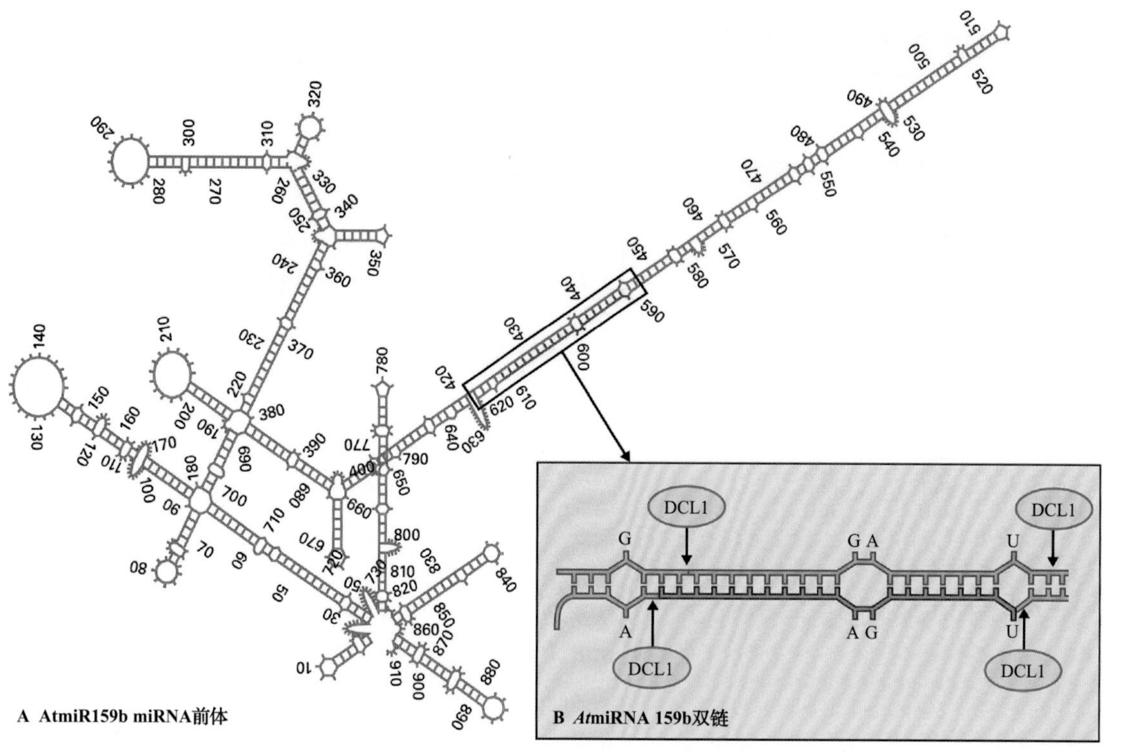

图 6.49 A. 一个成熟的 micro RNA（红线表示）被 Dicer-like 1（DCL1）核酸内切酶从初始转录本上精确地切割下来。B. 21nt 的 microRNA 双链由 miRNA（红线）和它的配对链 miR*（蓝线）组成。DCL1 的切割位点用箭头标示。切割的时候，双链 RNA 分子有 19nt 的重叠，在 3′端有两个核苷酸的突出

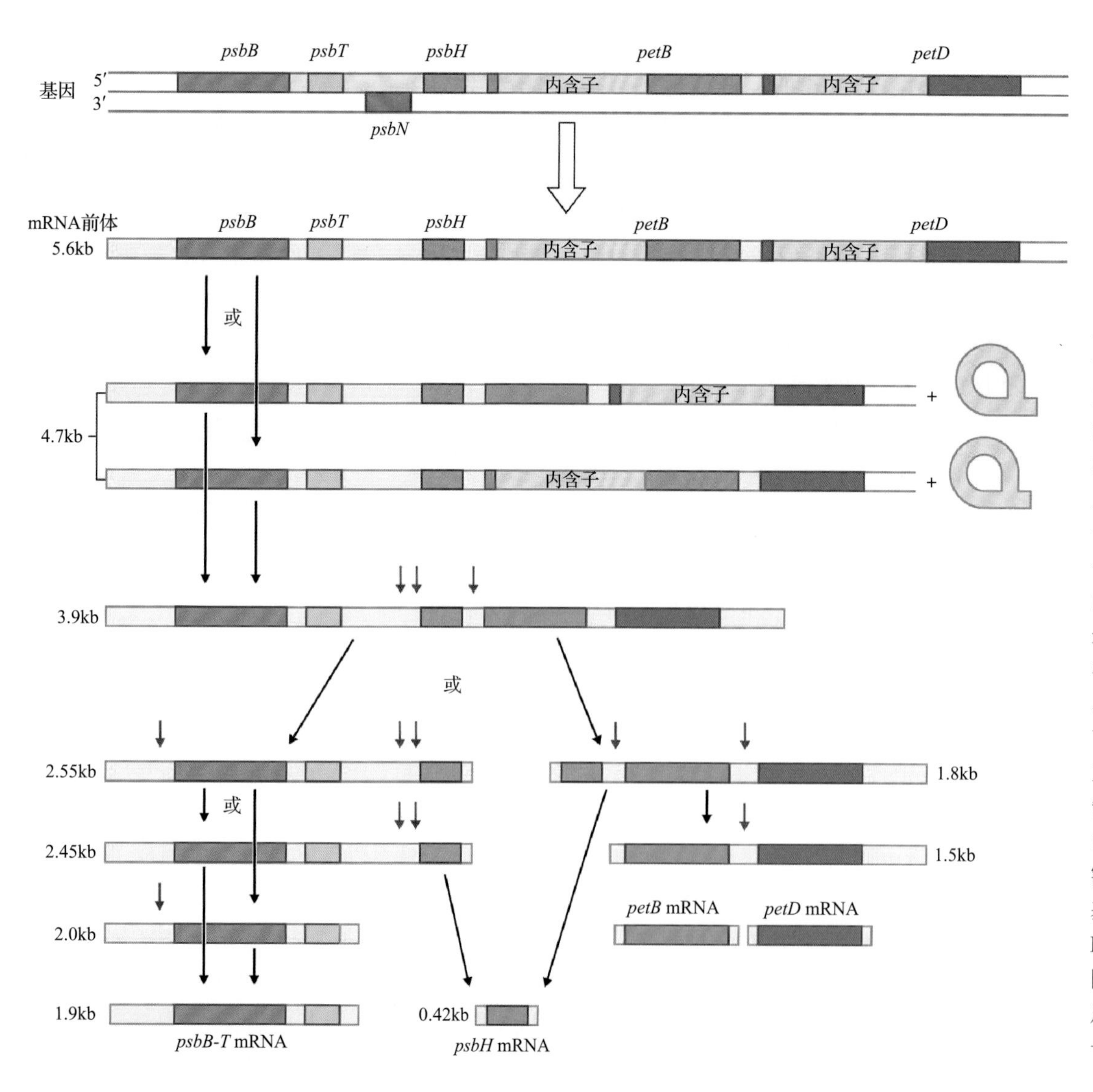

图 6.50 植物质体 *psbB* 操纵子的转录，是复杂的加工与拼接反应的典型例子，这些反应将多顺反子 mRNA 前体切割为成熟的单顺反子 mRNA，才能被有效地翻译。黑色箭头表示可能的可变加工步骤，红色箭头表示实验已经证明的切割位点。*psbN* 基因由反向的 DNA 链编码，因此不是多顺反子转录本的一部分

6.8.9 植物细胞器的转录本要进行 RNA 编辑

RNA 编辑会改变一些 mRNA 的蛋白编码序列。这种加工最早在锥虫的线粒体基因转录本中发现，其 RNA 序列与相对应的 DNA 序列不同。从那以后，在很多不同的遗传系统（包括植物的线粒体和叶绿体）中都发现了 RNA 编辑现象。

有两种 RNA 编辑机制，可以改变初级转录本：①插入或缺失核苷酸；②核苷酸转换（即修饰或替换），如 C 转换成 U（表 6.6）。核苷酸插入和缺失首先在锥虫线粒体（图 6.51A）和黏菌（*Physarum*）中发现，其转录本的编辑经常是插入一长串的 U。被称为“向导 RNA”的短的 RNA 分子含有编辑所需要的信息。向导 RNA 与成熟 mRNA 中被编辑的部分互补。这些向导 RNA 在其 3′ 端含有短的聚尿苷酸序列，在机制类似 RNA 拼接的编辑过程中，向导 RNA 提供聚尿苷酸插入。

表 **6.6** **RNA** 编辑的发生

种类	生物体	细胞器	转录本	修饰
插入 / 缺失	锥体虫	线粒体	mRNA	U 插入或缺失
	绒泡菌	线粒体	mRNA	C 插入
转换	植物	线粒体	mRNA	C→U,U→C
			tRNA	C→U
			rRNA	C→U
		质体	mRNA	C→U,U→C
	哺乳动物	细胞核	mRNA	C→U
	后生动物	线粒体	tRNA	不同

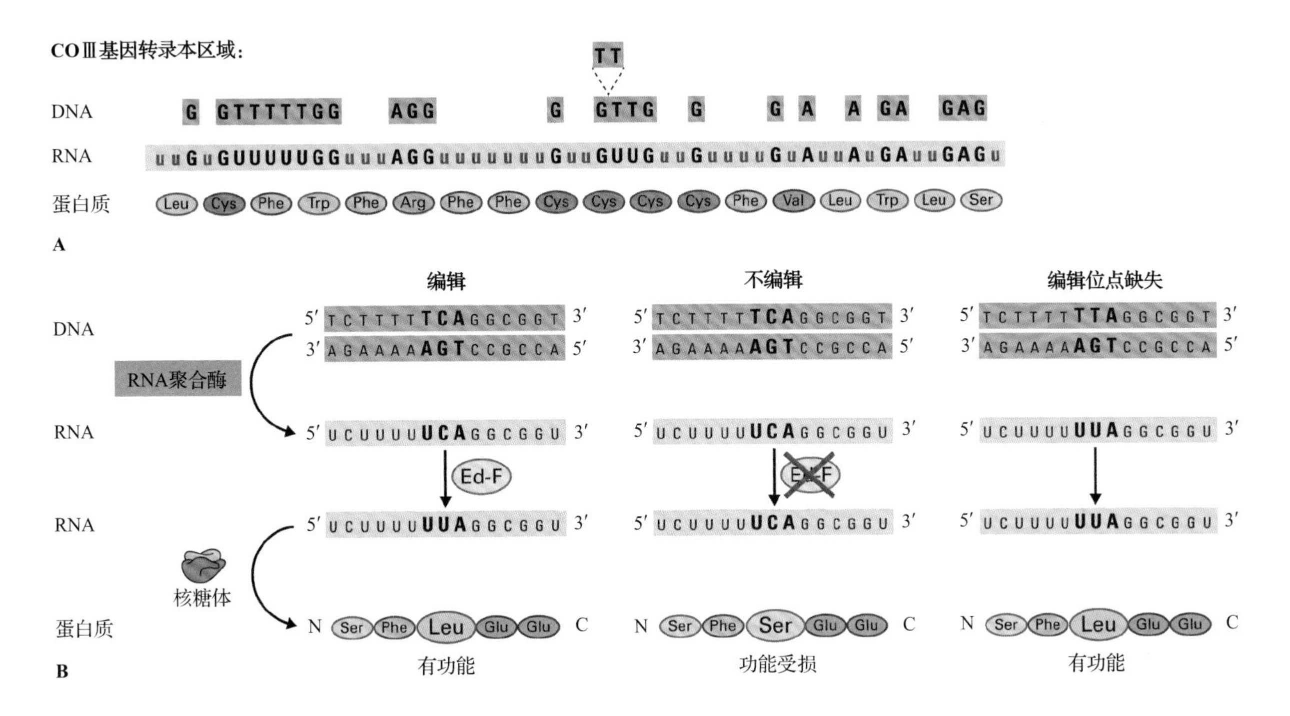

图 6.51 锥虫（*Trypanosome brucei*）线粒体转录本中蛋白编码区的 RNA 编辑。A. 通过比较线粒体细胞色素氧化酶 III 的 DNA 序列（紫色）和 RNA 序列（绿色），可以看出显著的不同。RNA 序列经过 RNA 编辑，插入了长串的聚 U 序列，使其比 DNA 序列长很多。编辑后的成熟 mRNA 编码的蛋白质与细胞色素氧化酶 III 蛋白的一致序列相似。RNA 编辑所需的信息由向导 RNA（未显示）提供，其序列与受编辑的部分 mRNA 互补。B. 陆生植物叶绿体的 RNA 编辑在 RNA 水平将特定的胞苷转变为尿苷。通常，编辑影响 TCA- 丝氨酸密码子，将其转变为 UUA- 亮氨酸密码子（左图）。转录本的编辑位点如果未被编辑（中图），会导致一些缺陷，通常与该基因功能缺失突变体类似。图中所示的未编辑的密码子所编码的氨基酸是否会被加入多肽链，还有待研究证实。编辑位点如果缺失，比如在 DNA 水平已经存在了一个 T（右图），并不导致突变体表型

核苷酸转换发生在植物线粒体与叶绿体，以及哺乳动物、病毒和低等真核生物的转录本中，使mRNA序列发生不太显著的变化。在质体和植物线粒体基因组的初级转录本中，发生多次从C到U（很少有U换成C）的位点特异性转换（图6.51B）。RNA编辑的频率是细胞器和基因特异的，编辑位点的分布也是随机的。在线粒体中，几乎所有转录本的蛋白质编码区都发生C到U的转换。科学家们估计基因组中编辑位点的数量，小麦线粒体中有1200个，开花植物叶绿体中大约有30个。

对特定植物细胞器mRNA进行编辑，对于翻译出正确的蛋白质是必需的。多数核苷酸转换会改变密码子中第一或第二个核苷酸，从而改变蛋白质的氨基酸序列（图6.52）。通常，氨基酸的改变导致翻译出更加保守的蛋白质，这个结论是通过比较一个特定基因的DNA序列和其编辑过的mRNA转录本，以及不发生RNA编辑的生物体中相同基因的DNA序列后预测出来的。在极少情况下，RNA编辑会发生在第三个密码子的位置上。通常，由于遗传密码的简并性，这种编辑是沉默的，不会改变其编码的蛋白质（见第9章）。

除了氨基酸的改变以外，RNA编辑可以缩短DNA序列所决定的ORF长度，或者产生新的ORF。在线粒体和质体中，编辑谷氨酰胺密码子（CAA和CAG）和精氨酸密码子（CGA）会产生终止密码子（UAA、UAG和UGA），从而在ORF中引入提前终止。这种编辑产生的终止密码子一般使一个蛋白质预测的C端延伸转变为保守的蛋白质大小。同样，苏氨酸密码子（ACG）可以转变成AUG。因而，C到U的编辑可以在同一个转录本内部产生起始和终止密码子，从而产生一个新的ORF。这些例子说明，只根据基因组DNA的序列并不总是足以预测细胞器基因的产物（见第9章）。

植物线粒体和叶绿体中的编辑过程具有一些共性：C到U的转换，以及对第二位密码子和特定密码子转换的偏爱性。而且，在两种细胞器的转录本中都发现了邻近编辑位点的共有序列特征。这些相似性表明，叶绿体和线粒体的编辑系统可能拥有共同的编辑元件或机制，当然也需要细胞器特异的因子。叶绿体中的RNA编辑是不需要翻译的，这说明编辑需要的所有蛋白质组分都是由细胞核基因组编码，然后运到叶绿体中去的。

小结

遗传信息是由DNA的核苷酸聚合物编码的。DNA分子是由两条互补的核苷酸序列通过A-T和G-C间的氢键形成的双链螺旋结构。遗传信息在DNA复制中加倍，用双螺旋中两条亲本链之一作为模板，由DNA聚合酶合成新的互补核苷酸聚合物。虽然DNA分子很稳定，但是紫外光、化学物质和DNA聚合酶复制的错误会引起DNA的损伤。

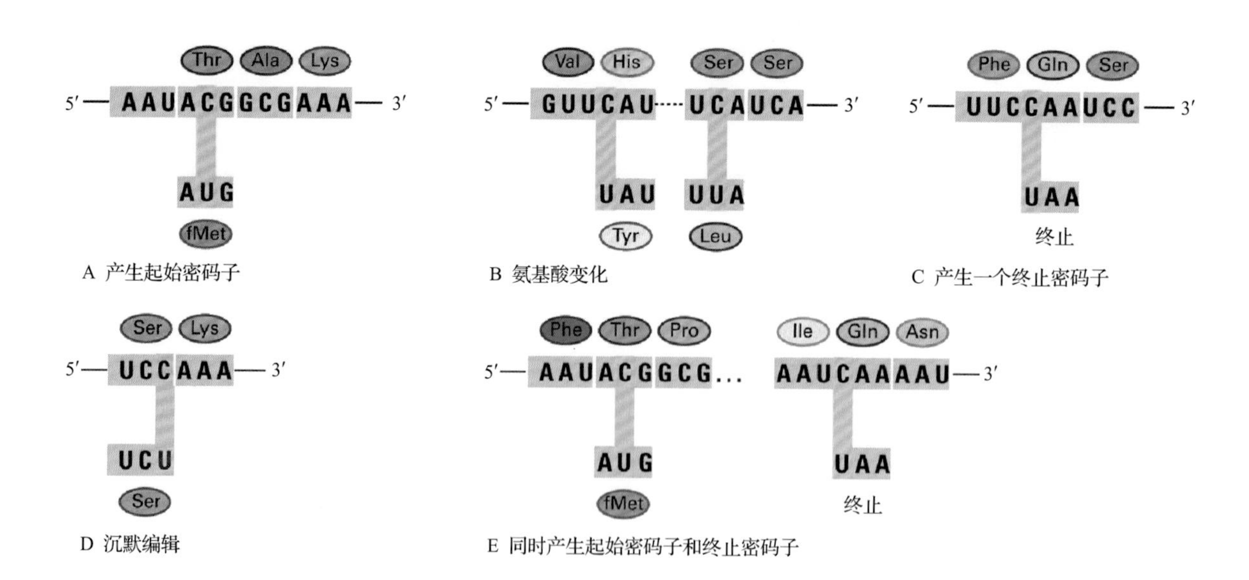

图6.52 几种涉及碱基替换的mRNA编辑，可以显著改变RNA序列所编码的多肽产物。碱基替换能够：产生翻译起始密码子（A），引起氨基酸的变化（B），产生终止密码子从而可能导致翻译提前终止（C）。编码区内的特定碱基替换可能不改变氨基酸序列（D），而另一些替换则可能引入起始和终止密码子，从而形成新的可读框（E）

如果损伤没有修复，就会导致突变。有几种修复机制，可以去除损伤的核苷酸或错配的碱基对。染色体中 DNA 分子之间遗传信息的相互交换是一种重要的机制，它促进生物演化，并产生生物多样性。双链 DNA 断裂并与不同的 DNA 连接即发生遗传重组，在此过程中遗传信息得到交换。在 DNA 中储存的遗传信息表达成蛋白质中共线性的氨基酸序列之前，DNA 必须经被称为 RNA 聚合酶的多蛋白酶复合物转录成 RNA。植物具有三种已知的真核生物细胞核 RNA 聚合酶，此外还有另外两种 RNA 聚合酶，参与 RNA 指导的表观遗传调控过程。叶绿体（也许还有线粒体）基因由原核类型的 RNA 聚合酶转录，从而反映出它们的演化起源。大多数 RNA 在由 RNA 聚合酶转录以后，需要经过复杂的加工过程，才能指导蛋白质的翻译，形成核糖核蛋白复合体（如核糖体），或者引导 mRNA 的降解系统。很多基因的蛋白质编码区都被非编码区隔开，这种非编码区称为内含子，必须将其切除才能形成有功能的 RNA。在有些情况下，基因中的遗传信息与相应 RNA 中的信息不同，RNA 中可能添加、删除或者替换了核苷酸。这种 RNA 编辑通常保持隐藏的 DNA 信息，产生演化上保守的氨基酸序列。

（孙　妍　葛增祥　李继刚　译，李继刚　瞿礼嘉　校）

第 7 章
氨 基 酸

Gloria Coruzzi, Robert Last, Natalia Dudareva, Nikolaus Amrhein

导言

氨基酸（amino acid）是一类既含有氨基又含有羧基的化合物。“氨基酸”这个术语主要指 20 种构成蛋白质的氨基酸，它们在翻译过程中整合加入到蛋白质中(图 7.1 和第 10 章)。除了这些常见氨基酸，植物也合成几百种结构各异的、在蛋白质翻译过程中没有明显作用的非蛋白氨基酸。合成蛋白质的氨基酸都是 L-α 型氨基酸，基本结构是 R-CαH（NH_2）COOH，除了一个特例是脯氨酸，它是一个环状仲氨基酸。

除了在蛋白质合成过程中的作用，氨基酸在植物初级代谢和次级代谢过程中也有重要作用。一些氨基酸可用于氮同化，从氮源向储存库中转移氮素；其他氨基酸可能作为植物激素合成的前体，如吲哚乙酸和乙烯等（见第 17 章）；还有一些作为各种次级代谢产物的前体，参与植物与周围生物、非生物环境间相互作用（见第 21 章和第 22 章）。传统上，许多氨基酸合成途径是那些对植物次生代谢产物感兴趣的科学家研究的，其中很多首先在微生物中阐明，后来发现这些氨基酸合成途径在细菌、真菌和植物中具有演化上的保守性。所以，在植物中对这些途径进行的原创性研究，比如研究各个酶的反应机制，取得突破的机会就很小。

而植物分子生物学和基因组学方面的进展阐释了植物中特有的通路，如参与植物氨基酸代谢的同工酶的表达调控、定位调控、变构调节和特殊的功能。这些研究表明，氨基酸的合成和降解是一个动态过程，受到代谢、环境和发育过程中各个因子的调节。本章将重点讲述几个植物氨基酸合成研究中的例子，它们综合运用分子、生化和遗传学方法帮助明确合成通路或揭示调控机制。植物氨基酸合成相关的知识对应用研究有很多启示，因为氨基酸合成途径中的多个酶是除草剂作用的靶标，许多相关基因是转基因作物代谢工程的目的基因。

7.1 植物中氨基酸的生物合成：研究现状及前景

7.1.1 植物中氨基酸合成途径主要由微生物相关代谢途径推测得来

植物氨基酸生物合成所需的碳骨架来源于糖酵解、光合作用中的碳还原反应、氧化磷酸戊糖途径及柠檬酸循环中的一小部分中间产物（图 7.1）。目前，公认的植物体内氨基酸合成途径（图 7.2）主要是从细菌和真菌中的发现推断而来的，综合了营养缺陷突变体、同位素标记前体、酶学研究和相关基因分析等多方面研究的成果。在研究历史上，几个因素阻碍了对合适的氨基酸合成缺陷突变体的鉴定，包括基因冗余，以及怎样寻找氨基酸营养缺陷突变体等。

目前，对于植物是否采用了细菌和真菌中发现的所有合成途径与控制节点并不清楚，因为这些在微生物中就存在差异。实际上，植物氨基酸合成途径表现出了微生物中未曾发现的复杂性。细菌的基因组很小、没有细胞器，而在植物中，氨基酸合成途径中的任何一个步骤都可能对应着多个基

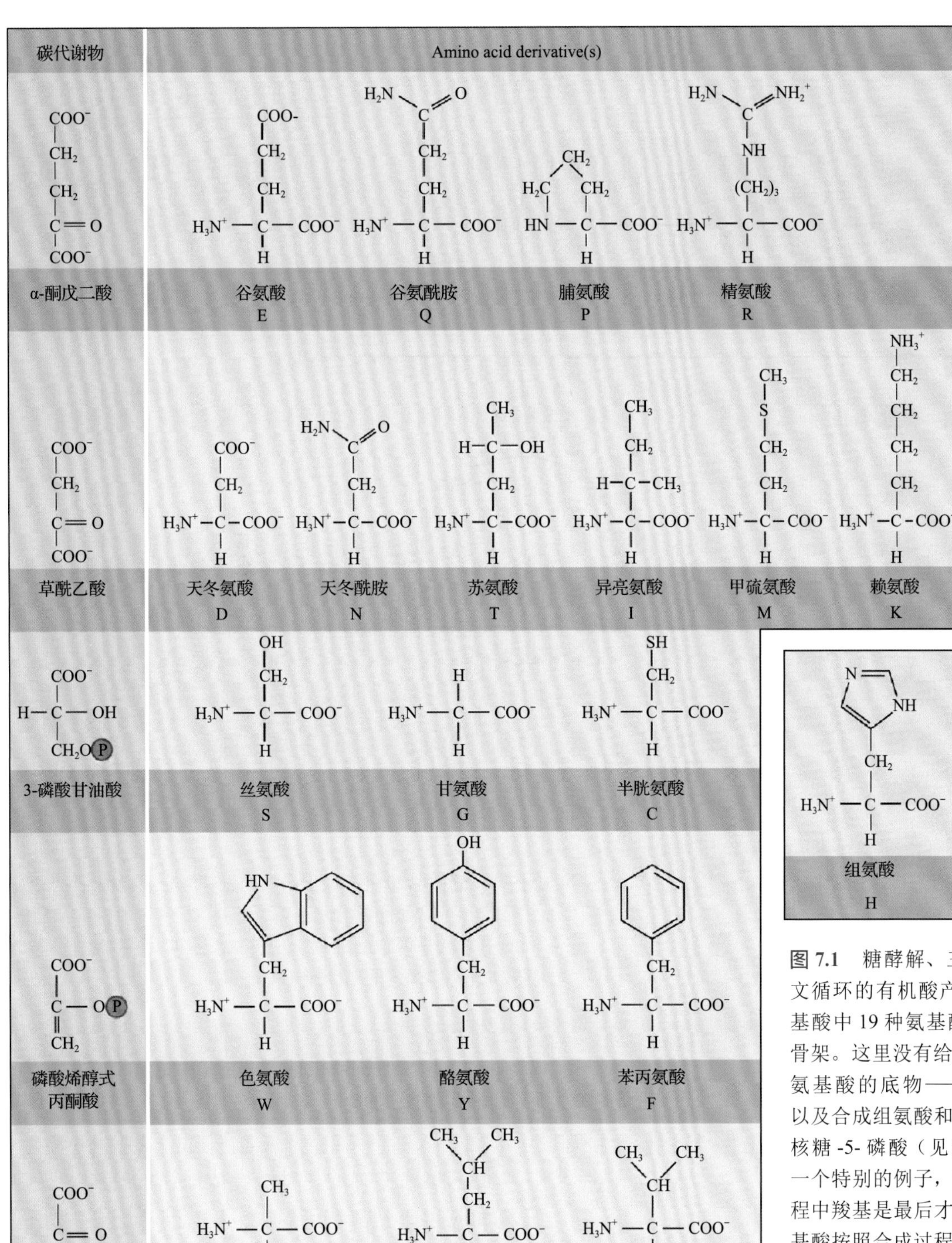

图 7.1 糖酵解、三羧酸循环和卡尔文循环的有机酸产物为 20 种标准氨基酸中 19 种氨基酸的合成提供了碳骨架。这里没有给出合成三种芳香族氨基酸的底物——赤藓糖 -4- 磷酸，以及合成组氨酸和色氨酸的共同底物核糖 -5- 磷酸（见图 7.2）。组氨酸是一个特别的例子，因为在它的合成过程中羧基是最后才加上的。本图中氨基酸按照合成过程中共同的有机酸前体进行分类。在生化教材中，读者经常看到的是氨基酸按照侧链的疏水性质分类。每个氨基酸对应的单字母和三字母缩写都显示在结构式旁边

因，并且一些连续的，或者甚至是同样的步骤还可能会在不同的亚细胞区室中进行。另外，尽管在植物中已经发现了一些**氨基酸转运蛋白**（amino acid transporter），但我们现在对氨基酸及其中间产物在植物细胞内和细胞间的转运机制仍了解甚少。此外，我们无法仅仅通过体外生物化学的方法来预测**同工酶**（isoenzyme）在植物体内的功能。因为，在植物组织抽提液中通常含有不共定位于同一细胞器甚至同一细胞类型的同工酶。正因如此，单细胞生物中采用的体外流量测定用于鉴定合成途径中限速步骤的方法在多细胞的植物中适用性很小。

然而，近年来在植物中，多种不同类型的**遗**

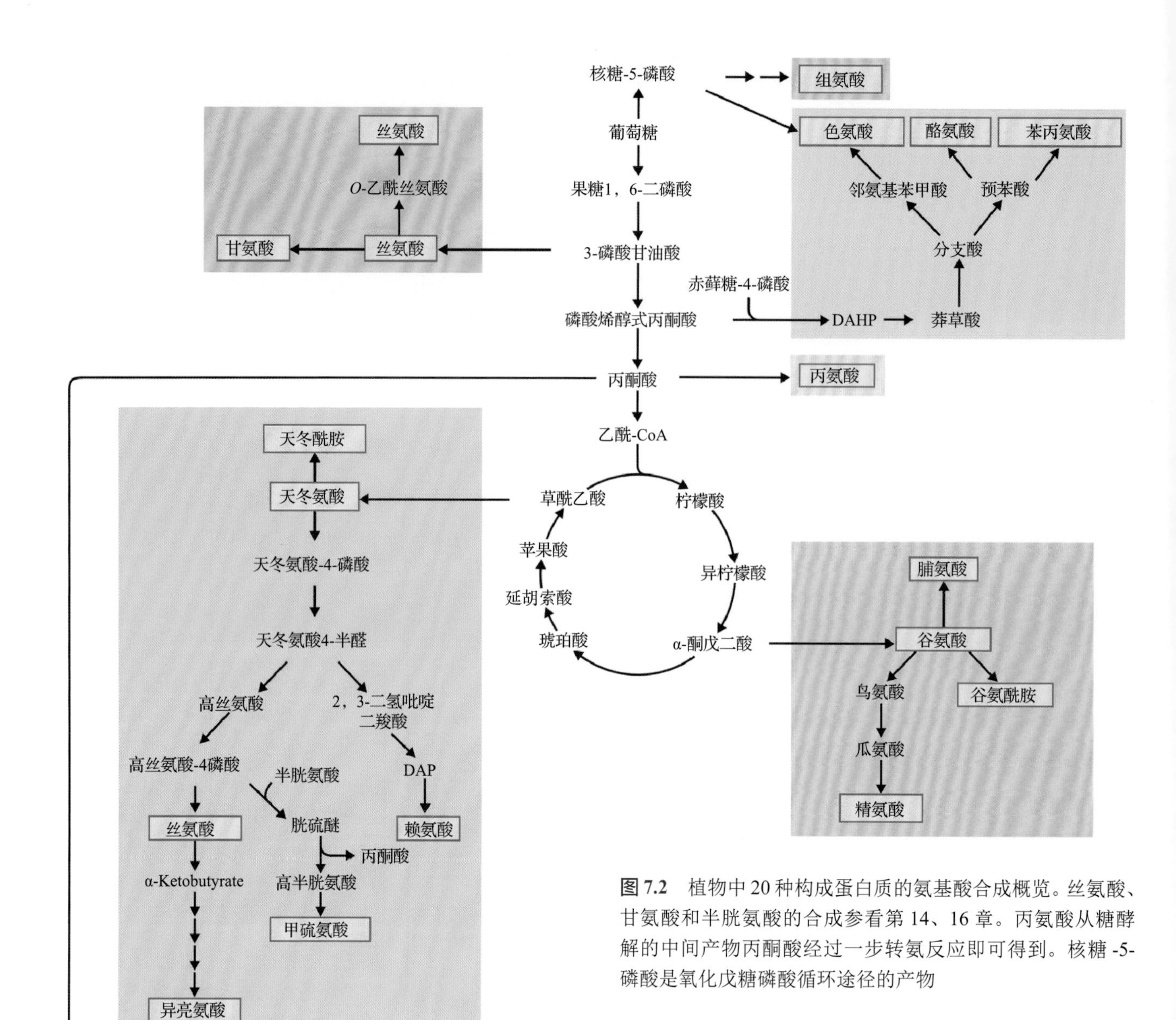

图 7.2 植物中 20 种构成蛋白质的氨基酸合成概览。丝氨酸、甘氨酸和半胱氨酸的合成参看第 14、16 章。丙氨酸从糖酵解的中间产物丙酮酸经过一步转氨反应即可得到。核糖 -5-磷酸是氧化戊糖磷酸循环途径的产物

传筛选（genetic screen）鉴定出了多个氨基酸合成酶的植物突变体。此外，已知的在其他物种中参与氨基酸合成、代谢和转运的基因，在越来越多完成基因组测序的植物中鉴定出来它们的同源基因，它们在体内的功能可运用遗传学方法进行研究。尽管目前关于氨基酸合成突变体的研究仍集中在拟南芥中，但基因组学、转录组学、蛋白质组学和代谢组学方面的进展使得研究可向农作物、杂草、药用植物或其他含有特殊演化或经济价值的植物中拓展。

7.1.2 植物氨基酸合成途径是基础研究和应用研究的对象

揭示植物特有的氨基酸合成途径的特征对基础研究和应用研究都有所促进。研究目标之一是了解控制植物限制性生长过程的基因（例如，无机氮素同化为氨基酸的转变）和调节以氨基酸为底物合成次生代谢产物的因子。这些研究也为在转基因植物中操纵氨基酸的生物合成途径指明了方向。例如，研究发现几个代谢途径中的酶是除草剂的作用靶点，在某些情况下，研究利用编码这些酶的基因设计除草剂抗性（见信息栏 7.1）。氨基酸合成通路中获得的线索最终可应用于提高植物对渗透胁迫的抵抗力（见第 22 章）、改善植物蛋白的组成情况和生产有药用价值的化合物。因此，不仅生物化学家，农业生物技术研究者也对植物中控制氨基酸合成的

信息栏 7.1 去毒素基因和具有抗性的酶使农作物对除草剂具有了耐受性

氨基酸合成中的几个酶是具有重要商业价值的除草剂的作用靶标。L-PPT（Basta®）能抑制GS酶（见7.2.1节）；五类除草剂（咪唑酮、磺酰脲和三唑嘧啶这三大类将在7.5.2节进行详细讨论）都能抑制羟基乙酸合酶（AHAS）。另外，草甘膦（Roundup®）能抑制EPSP合酶的活性。

除草剂耐受性是人们所期望的农艺性状，因为这使农民可以在不影响农作物生长的前提下控制杂草的生长。在改良重要经济作物时，人们运用经典的育种方法和分子遗传学手段，使它们具备这些特征。成功运用基因工程赋予植物除草剂耐受性的一个方法是表达能解毒或降解抑制剂的酶。例如，表达吸水链霉菌（*Streptomyces hygroscopicus*）膦菌丝素乙酰转移酶 *bar* 基因可以使植物对L-PPT有抗性；从一个农杆菌菌株中分离到的天然形式的EPSP合酶可以使植物抵抗高浓度的草甘膦除草剂。大肠杆菌中也找到了EPSP合酶的突变体。这里在大肠杆菌EPSP合酶的骨架图中，我们突出了活性位点处的残基（蓝色，数目为红色）和保守区域（红色）。Gly^{96}残基（黄色）到丙氨酸的转变可使该蛋白质具有草甘膦抗性。

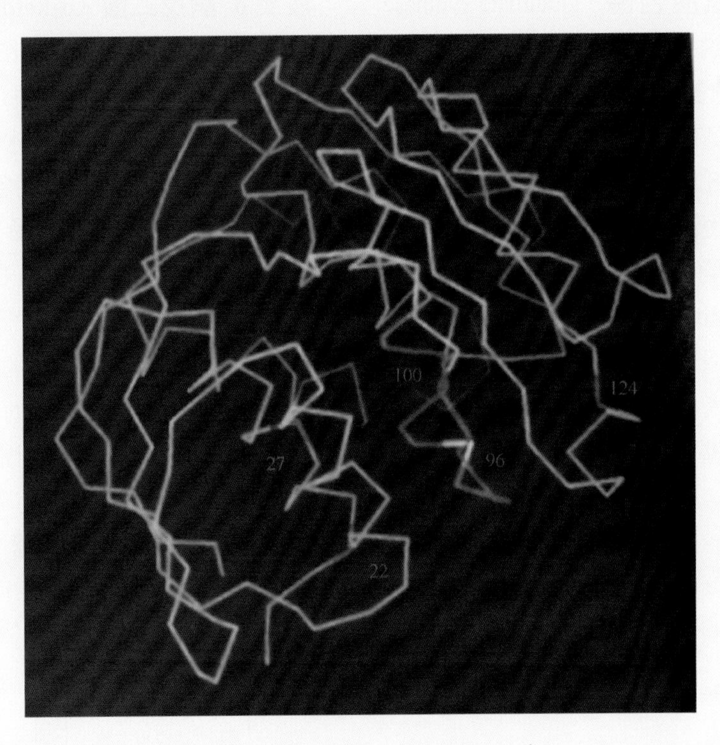

来源：Padgette et al.（1996），S.O.Duke ed.，CRD Press，Boca Raton，FL，53-84

结构和调节基因感兴趣。

7.2 无机氮同化至氮转运氨基酸

植物吸收含氮的离子，最主要是硝酸盐，将它们转变为彻底的、还原态的无机氮，即**铵离子**（ammonium ion），这一过程将在第16章中将详细介绍。本节主要介绍还原后的氮元素如何进入酰胺和氨基酸的胺氮中。

氮同化的最初产物主要是谷氨酸和谷氨酰胺，它们可直接作为底物参与到蛋白质合成中，也可承担氮转运的功能，以及广泛地为氨基酸、碱基和其他多种含氮化合物的合成提供原料。除此之外，固定到谷氨酸和谷氨酰胺中的氮还能转移至天冬氨酸和天冬酰胺中。天冬氨酸是一种在代谢途径中非常活跃的氨基酸，可作为多个**氨基转移酶**

(aminotransferase)的氮供体，成为一大类氨基酸的前体（见图 7.2）；而天冬酰胺是惰性很强的氨基酸，主要作为转运和储存氮的物质。谷氨酸、谷氨酰胺、天冬氨酸和天冬酰胺是大多数植物（包括玉米、豌豆和拟南芥）韧皮部中主要转运的氨基酸，同时也是木质部中主要转运的氨基酸。韧皮部中的总氨基酸浓度在 100 ～ 200mmol·L^{-1} 范围内，木质部中的浓度大致是这个数值的 1/10。植物组织和韧皮部中这几种被转运的氨基酸的浓度不是一成不变的，而是受到光照（图 7.3）、营养条件和生长阶段等多种因素的调节。

本节接下来的部分将集中介绍参与合成氮转运氨基酸的酶：**谷氨酰胺合成酶**（glutamine synthetase，GS），**谷氨酸合酶**（glutamate synthase，GOGAT），**谷氨酸脱氢酶**（glutamate dehydrogenase，GDH），**天冬氨酸氨基转移酶**（aspartate aminotransferase，AspAT），**天冬酰胺合成酶**（asparagune synthetase，AS）（图 7.4）。这些酶不仅参与土壤中无机氮的**初级同化作用**（primary assimilation），也和植物体内自由铵的二次同化（**次级同化作用**，secondary assimilation）有关。植物体内有机化合物通过多个代谢途径把铵释放出来，包括种子萌发过程中或苯丙素类化合物（如木质素）合成反应中的**氨基酸脱氨基反应**（deamination of amino acid），以及（特别地）绿色组织中的光呼吸过程。与动物不同，植物不能排放含氮废物，必须再次同化以铵形式释放的氮以供自身生长。**光呼吸释放氮**（photorespiratory ammonium release）比初级氮同化作用得到的氮高出 10 倍，因此，不能回收利用这些铵的植物很快就会受到铵毒性胁迫。

7.2.1 GS/GOGAT 循环是植物的主要氮同化途径

谷氨酰胺合成酶利用谷氨酸作为底物，催化依赖于 ATP 的氨同化反应，生成谷氨酰胺。谷氨酰胺合成酶（GS）和谷氨酸合酶（或称谷氨酰胺-2- 酮戊二酸氨基转移酶，glutamine-2-oxoglutarate aminotransferase，GOGAT）共同参与了 GS/GOGAT 循环。在该循环中，谷氨酸合酶催化氨基从谷氨酰胺到 α- **酮戊二酸**（**α-ketoglutarate**）的还原转移，形成两分子的谷氨酸（图 7.5）。在 GS 和 GOGAT 协同参与的反应中，α- 酮戊二酸被氨基化还原成谷氨酸，同时伴随着 ATP 水解。事实上，GS 首先将 ATP 末端磷酸基团转移到谷氨酸上形成 γ- **谷氨酰磷酸**，接下来该复合物中被活化的碳原子与铵反应，生成谷氨酰胺。目前认为 GS/GOGAT 循环是植物中氮同化的首要途径。

人们在所有被检测的高等植物中均已鉴定到 GS 和 GOGAT 各自不同的同工酶。GS 的两个同工酶——GS1 和 GS2，分别定位在细胞质和叶绿体中（图 7.6），但 GS2 在拟南芥线粒体中也能检测到。控制 GS2 在这两种细胞器中定位的机制（例如，不同的可变剪切体或使用不同的起始密码子）还不清

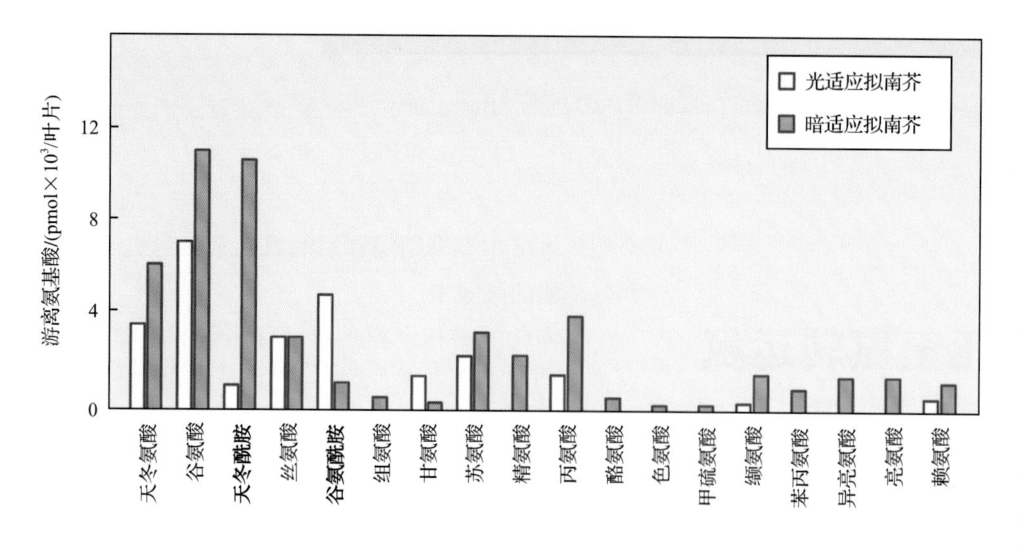

图 7.3 经光处理和暗处理后的拟南芥中游离氨基酸的浓度（高效液相层析 HPLC 测定）。天冬氨酸、谷氨酸、天冬酰胺和谷氨酰胺占游离氨基酸总量的 70%。在暗处理的植物中天冬酰胺的浓度大幅增加，而谷氨酰胺的浓度则在有光条件下显著增加。这种光诱导的天冬酰胺和谷氨酰胺浓度的互补变化反映了这些氨基酸的不同属性。谷氨酰胺是一个在代谢活动中非常活跃的氨基酸，主要在有光条件下合成。而天冬酰胺，这个相对惰性的氨基酸则主要在黑暗中合成。因为天冬酰胺比谷氨酸有着更高的氮碳比，所以它是碳骨架有限时（黑暗中）更经济的氮携带者。光处理后的植物中甘氨酸浓度增加，这是光呼吸的结果，因为甘氨酸是光呼吸的副产物

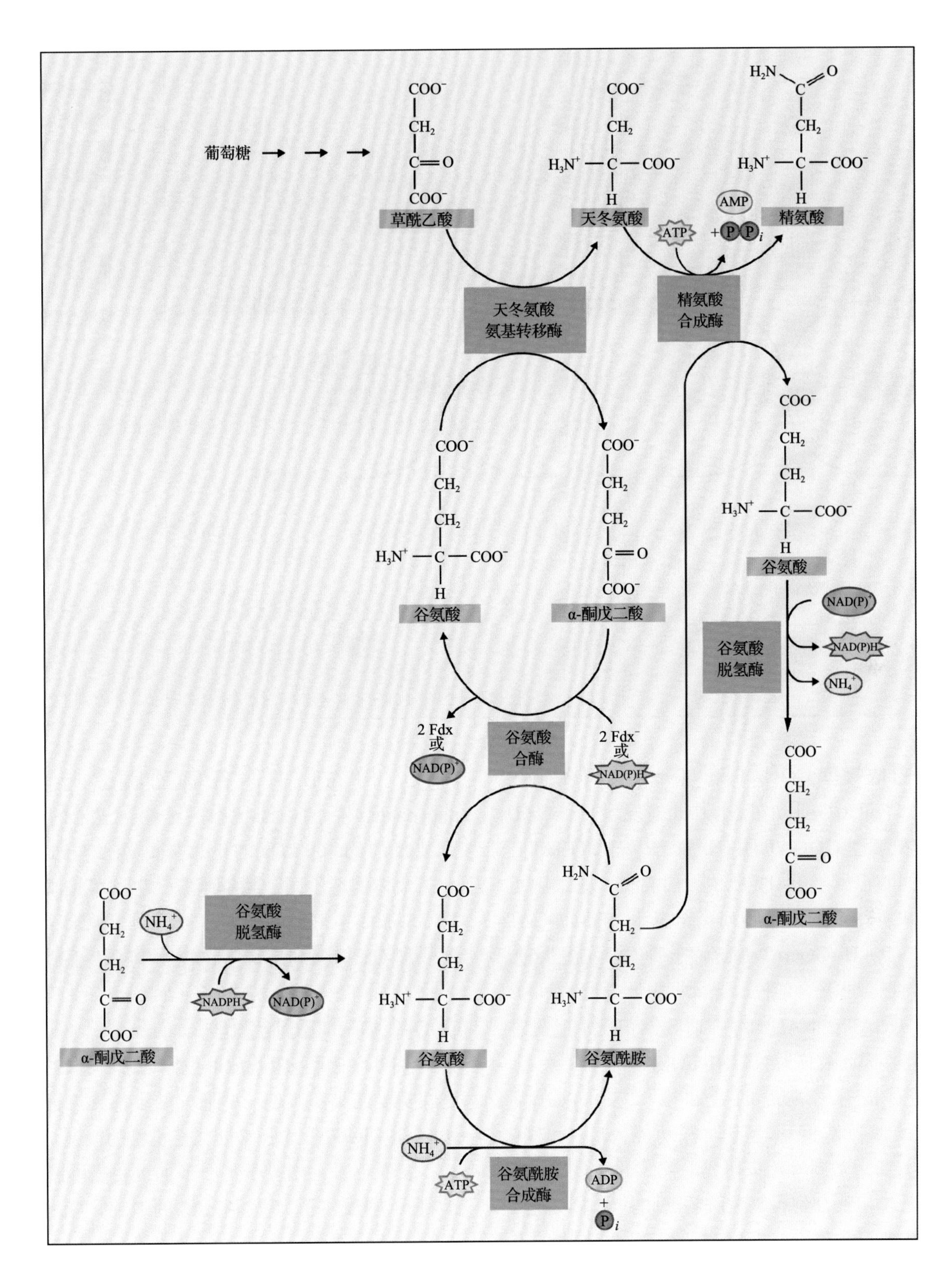

图 7.4　植物中参与将铵同化至氮转运氨基酸的酶概览。四种氮转运氨基酸是：谷氨酸、谷氨酰胺、天冬氨酸和天冬酰胺。Fdx，铁氧还蛋白

楚，但定位于线粒体的 GS2 可以保证光呼吸过程中从甘氨酸上释放的有毒的铵被立即捕获。两种穿梭机制分别是**乌苷酸 - 瓜氨酸穿梭机制**（ornithine-citrulline shuttle，见 7.6.4 节）和**谷氨酰胺 - 谷氨酸穿梭机制**（glutamine-glutamate shuttle）。这两种穿梭机制分别或共同发挥作用，将结合在化合物上的有毒铵离子从线粒体转运至叶绿体中。GS1 由一个小得多的基因家族编码，不同亚型的表达模式和物理化学性质有所不同（见下）。

高等植物中主要的两类 GOGAT 同工酶包括**铁**

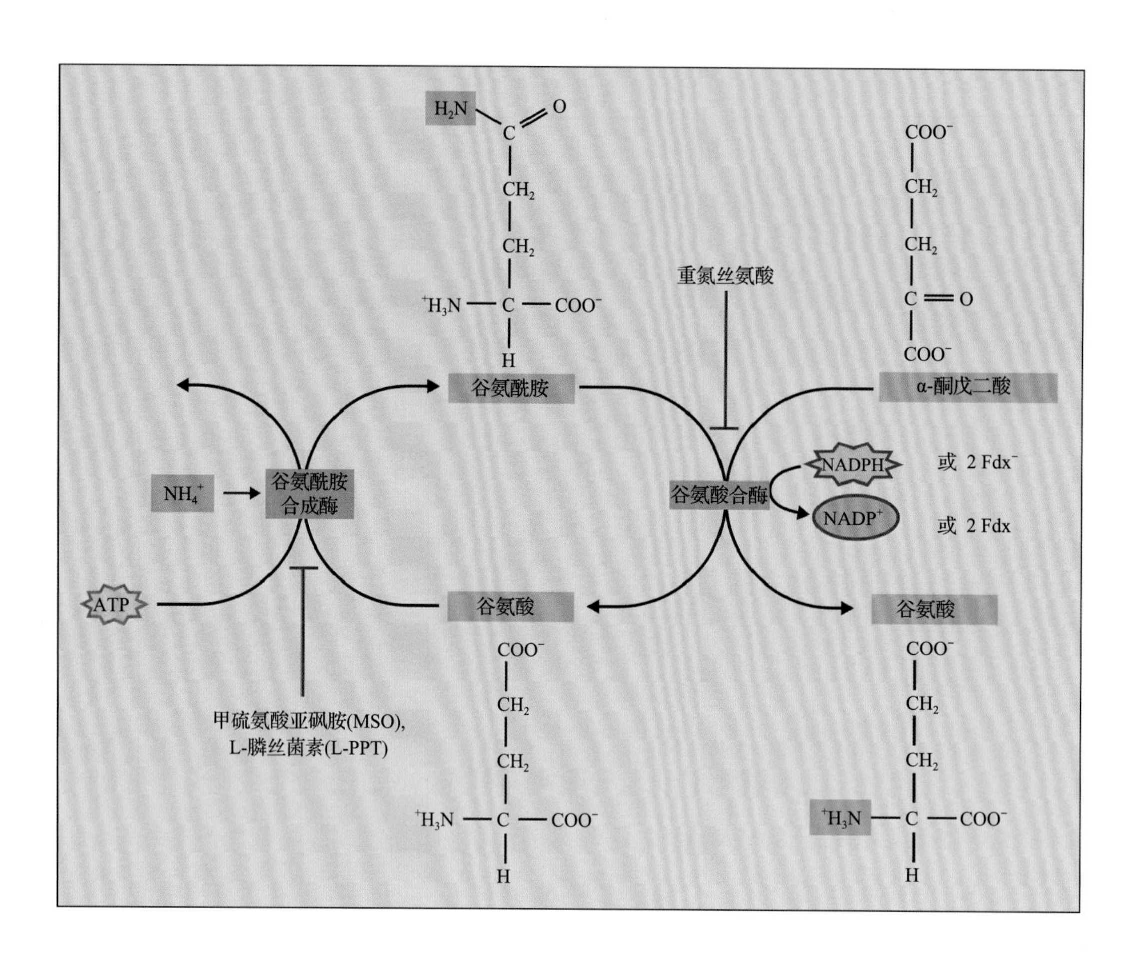

图 7.5 人们认为谷氨酰胺合成酶 - 谷氨酸合酶（GS/GOGAT）途径是铵初级和次级同化作用的主要机制。图中显示了几种酶抑制剂的作用位点。Fdx，铁氧还蛋白

氧还蛋白依赖型 GOGAT 酶（ferredoxin-dependent GOGAT，Fd-GOGAT，在蓝藻中也有发现）和 **NAD（P）H 依赖型 GOGAT 酶** [NAD（P）H-GOGAT]；细菌中的酶也属于 NADPH 依赖的类型。亚细胞组分分离和质体定位信号序列鉴定表明，Fd-GOGAT 和 NAD（P）H- GOGAT 都定位于质体中（图 7.6）。一些倾向于在非光合部位（比如根中）表达的 NAD（P）H-GOGAT 在 NADH 存在时比 NADPH 存在时活性更高，因此被称为 NADH-GOGAT。

GS 对铵有着高度的亲和性，它可以在活细胞中的低铵浓度环境下发挥功能（K_m 为 3 ～ 5μmol · L^{-1}）。放射性标记研究追踪 $^{15}NH_4^+$ 表明，标记过的氮起初整合到谷氨酰胺的酰胺基团中，随后出现在谷氨酸（图 7.5）及包括谷氨酰胺在内的其他含氨基化合物的氨基中。加入 GS 的抑制剂，如**甲硫氨酸亚砜胺**（methionine，MSO）或 **L- 膦丝菌素**（L-phosphinothricin，L-PPT）等谷氨酸类似物（图 7.7），能抑制但不能完全阻断谷氨酰胺的酰胺基和谷氨酸的氨基的标记过程。GS 将 ATP 的磷酸基团转移至 MSO，生成的磷酸化产物与酶发生不可逆结合，形成一个失活复合物（dead-end complex）。这种复合物被用来检测玉米（*Zea mays*）GS1 在形成 **γ- 谷氨酰磷酸**（γ-glutamyl phosphate）后的中间状态的结构。玉米的 GS1 具有独特的约 400 kDa 的十聚体结构，与细菌中的十二聚体构造不同。**膦丝菌素**（也称**草铵膦**）也可与 GS 形成不可逆的产物，被用作一种除草剂。另外一种 GS 抑制剂是寄生在植物中的丁香假单胞杆菌产生的毒素 tabtoxinine-β- lactam（图 7.7）。而 GOGAT 抑制剂**重氮丝氨酸**（azaserine，一种谷氨酰胺类似物）则可以阻止放射性标记整合到谷氨酸中。这些实验结果和其他一些研究结果都支持植物主要通过 GS/GOGAT 途径来同化无机氮的假说。

表面上看，相较于另一条通过**谷氨酸脱氢酶**直接将 α- 酮戊二酸加氨基还原的通路，GS/GOGAT 通路的两个偶联反应和对能量的消耗看起来复杂得没必要，但事实并非如此，见 7.2.4 节中的讨论。

7.2.2 分子及遗传学研究证明细胞质和叶绿体中的 GS 同工酶在体内行使截然不同的功能

GS1 和 GS2 可以通过离子交换层析从植物提取物中分离出来分别进行研究。虽然在体外条件下

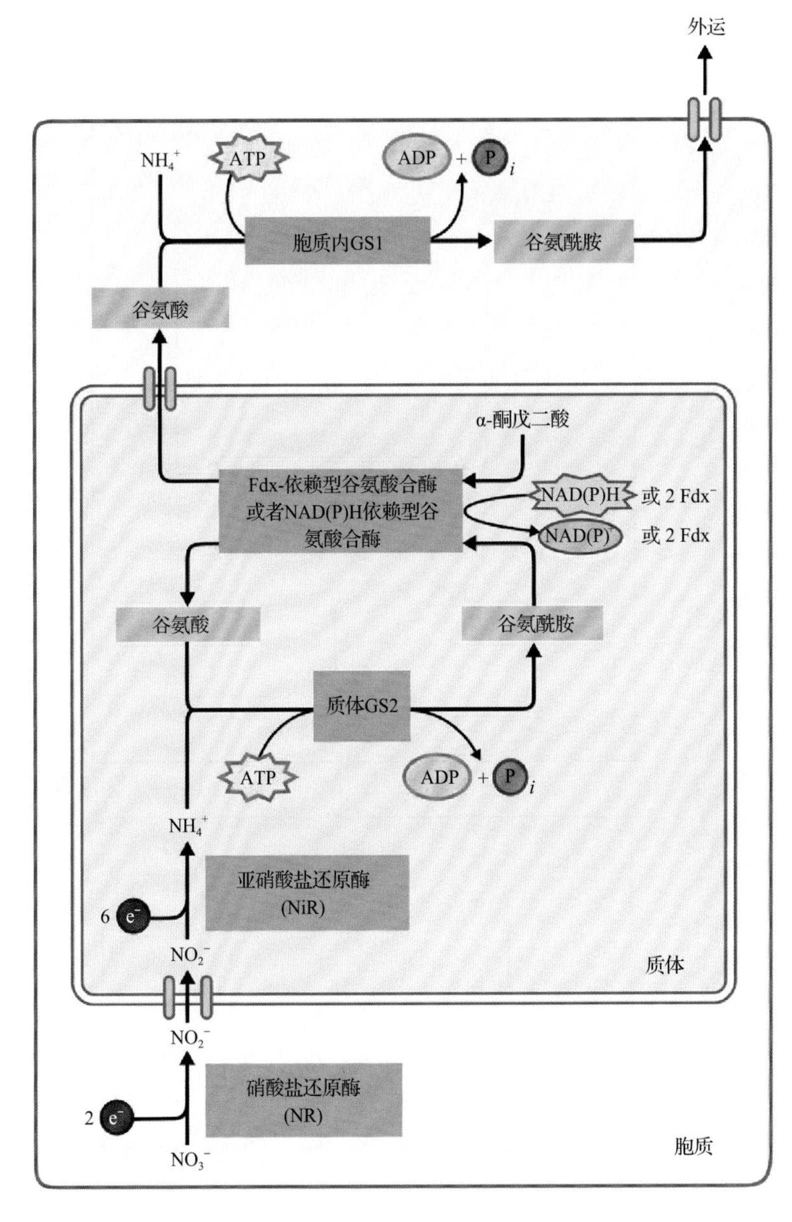

图 7.6 在质体（GS2）和胞质（GS1）中都有谷氨酰胺合成酶（GS）的同工酶。Fdx，铁氧还蛋白

GS1 和 GS2 的生化性质差异不明显，但在体内它们的生理功能是不同的。GS2 在叶片中占主导，可能既参与初级氮同化，又参与对光呼吸释放的铵的再次同化。定位于细胞质的 GS1 同工酶在叶片中含量非常低，而在根中含量非常高，暗示这类同工酶参与根的初级氮同化。在一些固氮豆科植物中，根瘤特异的细胞质 GS 同工酶（称为 GSn）可同化根瘤菌固定的氮元素（见第 16 章）。

不同模式植物和农作物中的基因表达研究表明，GS1 和 GS2 具有特异的空间、发育阶段和季节性表达模式。编码 GS2 的基因在叶肉细胞中表达，而编码 GS1 的基因看上去特异地在韧皮部中表达，暗示着叶绿体（以及可能线粒体）中的 GS 同工酶和胞质中的 GS 同工酶在体内具有不同的功能。韧皮部特异表达的 GS1 很可能合成用于长距离氮运输的谷氨酰胺，而叶肉细胞中的 GS2 可能参与初级氮同化（叶绿体中）或光呼吸产生的铵的再同化（叶绿体和线粒体中）。叶绿体 GS2 缺陷的突变体表现出条件致死，它们在空气（含 0.03% ～ 0.04% CO_2）中不能存活，但在含 1% CO_2、光呼吸被抑制的环境中可以生长。因此，叶绿体 / 线粒体 GS2 负责对线粒体光呼吸释放的铵进行再同化。GS1 不能补偿 GS2 光呼吸突变体中叶肉细胞丧失的 GS2 功能，但能替代 GS2 在初级氮同化中的作用。

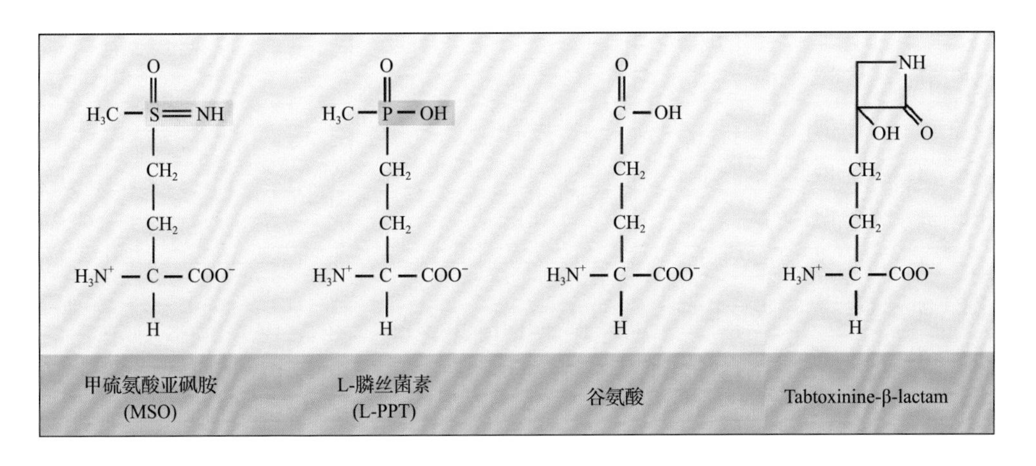

图 7.7 甲硫酰亚砜胺、L- 膦丝菌素和 tabtoxinine-β-lactam 都是谷氨酰胺合成酶的抑制剂。L-膦丝菌素是三肽 bialophos 的一部分，bialophos 是某些链霉菌产生的抗生素。tabtoxinine-β-lactam 是植物病原菌丁香假单胞菌产生的二肽 tabtoxin 的一部分

7.2.3 对相关突变体的研究表明 Fd-GOGAT 在光呼吸中起主要的作用

GOGAT 是含有铁 - 硫簇的黄素蛋白。细菌的 NADPH-

GOGAT 具有（αβ）亚基构成的基本（basic）结构，这个基本结构是**谷氨酰胺氨基转移酶**释放第一个谷氨酸和氨基的活性中心。释放的氨基通过 α 亚基内的一个**通道**（tunnel）转移到酮戊二酸结合位点，在这里产生一个亚氨基酮戊二酸。亚氨基酮戊二酸紧接着被还原形成第二个谷氨酸；还原反应所需的电子来自 NADPH，通过 β 亚基的 Fe-S 簇和黄素单核苷酸（flavin mononucleotide，FMN）传递。真核生物的 GOGAT 仅由一条多肽链组成，NADH-GOGAT 可能在演化过程中将 α 和 β 亚基融合起来，而 Fd-GOGAT 则只和 α 亚基序列相似。

拟南芥中的 Fd-GOGAT 由 *GLU1* 和 *GLU2* 两个基因编码，NADH-GOGAT 由单个基因 *GLT* 编码。和 GS 不同的是，所有的 GOGAT 同工酶都定位在质体。Fd-GOGAT 是叶片中最主要的 GOGAT 酶，占叶片中 GOGAT 总活性的 95% ～ 97%。相反，NADH-GOGAT 在叶片中非常少，但它是非光合组织（如根）中最主要的同工酶，在这些组织中它的表达模式和 GS 一致。Fd-GOGAT 呈现的器官特异性分布模式暗示其在初级氮同化和光呼吸作用中占主导，而 NADH-GOGAT 主要参与根中的初级氮同化（图 7.8）。光信号（部分通过植物色素）、碳信号（特别是蔗糖）和氮信号（如硝酸盐和铵）相互影响，参与对 Fd- 和 NADH-GOGAT 的调节网络（图 7.8）。

Fd-GOGAT 在光呼吸过程中的重要性可以从拟南芥 *GLU1* 基因突变体 *gluS* 中看出。该突变体叶片中的 Fd-GOGAT 活性降至不到野生型的 5%（野生型中低水平的 NADH-GOGAT 的活性没有受到影响）。所有的 Fd-GOGAT 缺陷型突变体都是条件致死型：在促进光呼吸的空气条件下，它们会出现萎黄；一旦光呼吸受到抑制（1% CO_2），它们又可以恢复正常生长（图 7.9）。上述实验说明 *GLU2* 和 *GLT* 表达提供的小于 5% 的 GOGAT 活性可以维持初级氮同化。另一方面，拟南芥 NADH-GOGAT 缺陷的 *glt1-T* 突变体只有比较弱的表型（尤其是在谷氨酸含量的降低方面），并且这种表型与光呼吸受损无关，因为它在 1% CO_2 条件下依然存在。

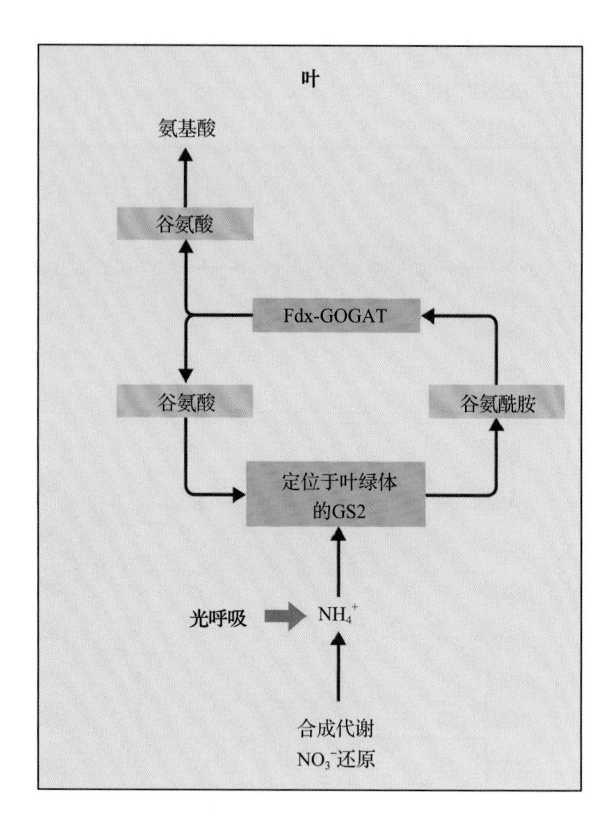

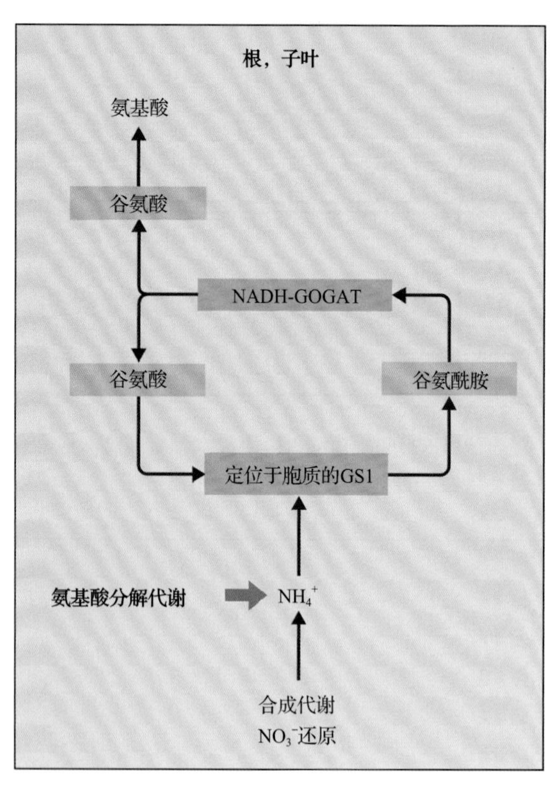

图 7.8 NADH 依赖型和铁氧还蛋白依赖型 GS（原文有误，应为 GOGAT——译者注）同工酶（NADH-GOGAT 和 Fd-GOGAT）在植物代谢过程中发挥不同的功能

7.2.4 实验证据暗示 GDH 基本功能是参与分解代谢

GDH 是一种几乎存在于所有生物中的酶，能催化谷氨酸的合成和分解代谢。正反应中，GDH 消耗 NAD（P）H 催化 α- **酮戊二酸还原性氨基化**；逆反应中则利用 NAD（P）$^+$ 作为氧化剂催化**谷氨**

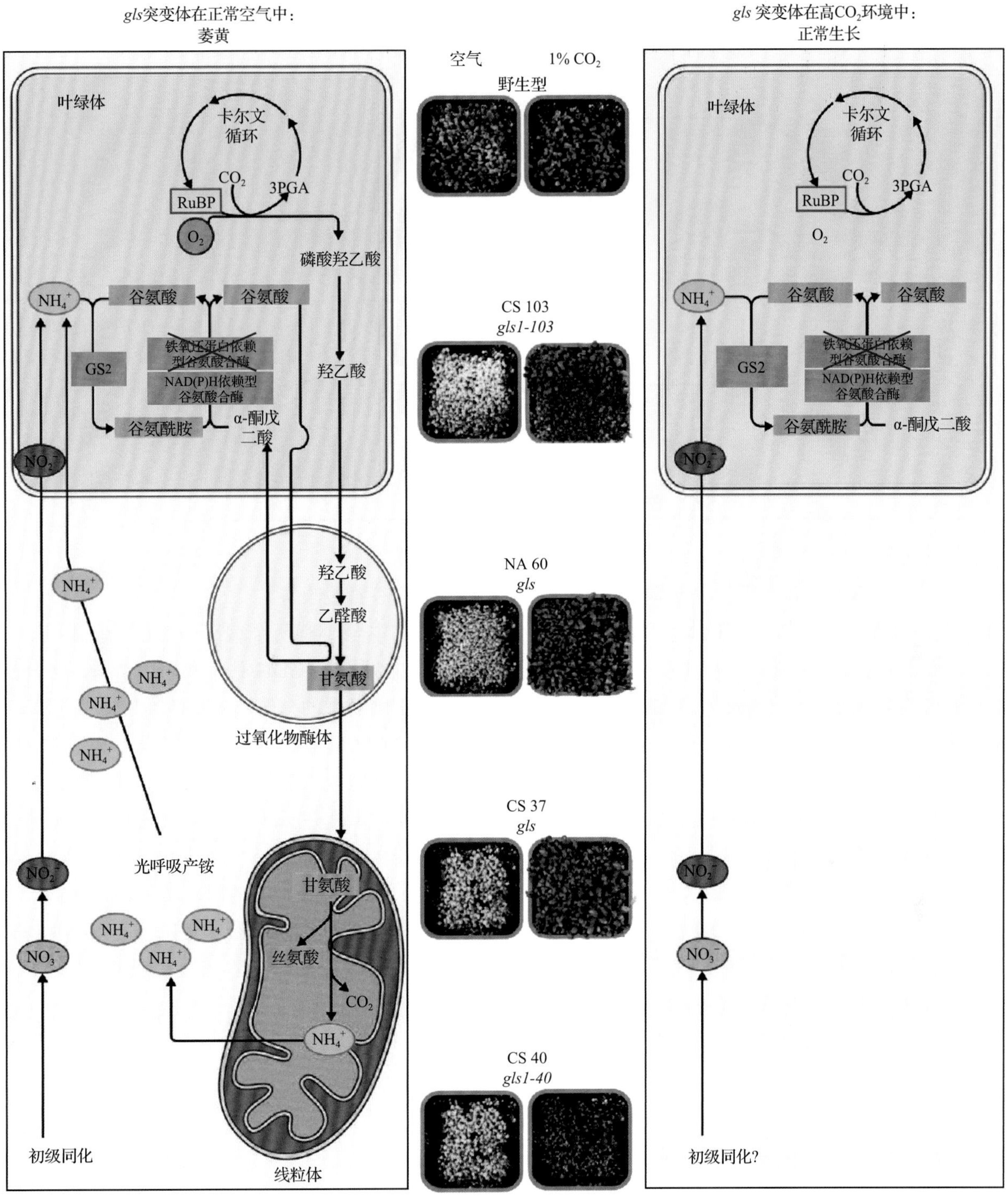

图 7.9 关于铁氧还蛋白依赖型谷氨酸合酶在氮初级同化作用和同化光呼吸产生的副产物铵中的作用的假设。拟南芥 *gls*（铁氧还蛋白依赖型谷氨酸合酶）突变体在正常空气（0.03% ～ 0.04%CO_2）中生长时萎黄，但在 1% CO_2 抑制光呼吸的条件下可以生长。来源：Photographs: Coschigano et al.（1998）. Plant Cell 10:741-752

酸氧化脱氨基作用，产生 α- 酮戊二酸和铵离子（图 7.10）。植物中有两类 GDH 酶：一类是在线粒体中发现的**依赖 NADH 的 GDH**，另一类是定位于叶绿体中依赖 NADPH 的 GDH。

长期以来，研究者们认为 GDH 途径是植物中铵同化作用的基本途径。因为在富含铵的培养基中，生长的微生物的体内也发现有 GDH。但是，随着植物中 GS/GOGAT 循环的发现，GDH 在铵同化反应中的主导地位受到了质疑。GDH 对于铵有着较高的 K_m 值（10 ～ 80mmol·L^{-1}），而组织中氨的浓度通常为 0.2 ～ 1.0mmol·L^{-1}。此外，添加 $^{15}NH_4^+$ 培养植物的实验表明，谷氨酰胺和谷氨酸是前体与产物

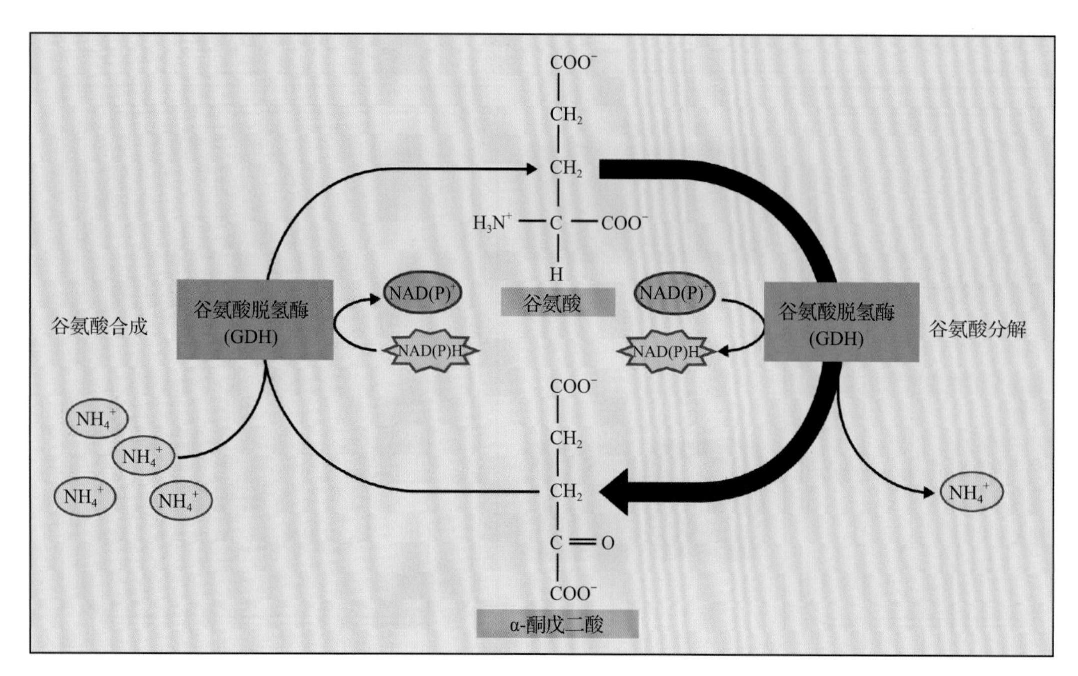

图 7.10 人们认为 GDH 的基本功能是参与谷氨酸分解代谢（脱氨基作用），但是它也能在铵浓度较高时催化谷氨酸对无机氮的同化作用，用于解除铵毒性

的关系，这与 GS/GOGAT 参与氮初级同化作用是一致的（见 7.2.1 节）。另外，用 GS 抑制剂 MSO（见图 7.7）处理植物后，尽管植物中 GDH 有较高活性，而且铵离子有较高浓度，但它们仍不能将铵整合进谷氨酸和谷氨酰胺。相反，GDH 对铵的高 K_m 值和在线粒体中的定位都暗示着 GDH 可能参与对线粒体所释放出的光呼吸铵的二次同化。然而，在对光呼吸突变体进行筛选时没有发现 GDH 突变体，这说明 GDH 在光呼吸中发挥的作用很小。

目前普遍接受的观点是，GDH 在体内的基本功能是参与**谷氨酸分解代谢**，例如，在黑暗条件下为三羧酸循环提供碳骨架，或者在氨基酸代谢活跃的部位（如萌发的种子和衰老的叶片）发挥作用（见第 19 章和第 20 章）。在这些条件下，GDH 的转录活性和酶活性都是上调的。在特定条件下 GDH 可能也参与同化作用。当植物处于铵含量很高的培养条件下，GDH 的活性被诱导上调，很可能是作为解除胁迫的一种机制。此外，盐胁迫下它的活性也可能上调，此时要求很高的氮代谢速率来产生脯氨酸（见 7.6.2 节）。这暗示着在铵胁迫环境下 GDH 行使有限的合成代谢功能（图 7.10）。

从能量角度考虑可能可以解释为什么植物优先或专一地使用 GS/GOGAT 途径进行铵同化：GDH 和 GS/GOGAT 催化的净反应都是 α- 酮戊二酸加氨基还原成谷氨酸；GS/GOGAT 反应消耗 ATP 而 GDH 不需要。ATP 水解保证了在 GS/GOGAT 反应中生成谷氨酸是不可逆的，而在 GDH 反应中反应平衡不向谷氨酸倾斜。

植物中至少有两个编码 GDH 的基因，分别是 *GDH1* 和 *GDH2*。GDH 具有六聚体结构，所以能形成 7 种不同亚型的全酶形式（能通过电泳区分开）：GDH1 和 GDH2 各自的同源六聚体，以及 *GDH1* 和 *GDH2* 在细胞内共表达时组成的 5 种 GDH1/2 的异源六聚体。拟南芥 *gdh1* 突变体在无机氮（硝酸盐和铵）过量的培养条件下生长受阻（图 7.11）。*gdh1/gdh2* 双突变体对长时间的黑暗条件尤其敏感。在黑暗条件下，植物处于碳缺乏状态。综上所述，GDH 的主要功能很可能是为谷氨酸提供 C_5 骨架（α- 酮戊二酸）。

7.2.5 对植物突变体的研究确定了将氮同化到天冬氨酸（氮转运氨基酸）的同工酶

氮元素同化到谷氨酸和谷氨酰胺后，通过**转氨酶**（**transaminases**）或**氨基转移酶**（**aminotransferase, AT**）的作用进入到许多其他的化合物中。因为谷氨酸的转氨作用可以再生 **α- 酮戊二酸**（**α-ketoglutarate**），所以初级同化作用在缺少从头合成 α- 酮戊二酸的途径时仍能进行。特别需要提到的是，**天冬氨酸**（**aspartate**）合成途径通过将谷氨酸的氨基转移至草酰乙酸，使碳骨架得以再生，再投入到氮的初级同化作用中。值得注意的是，两个电子也随着氨基的转移从氨基供体转移到受体，使得这个过程中供体被氧化而受体被还原。通过这样的方式，**天**

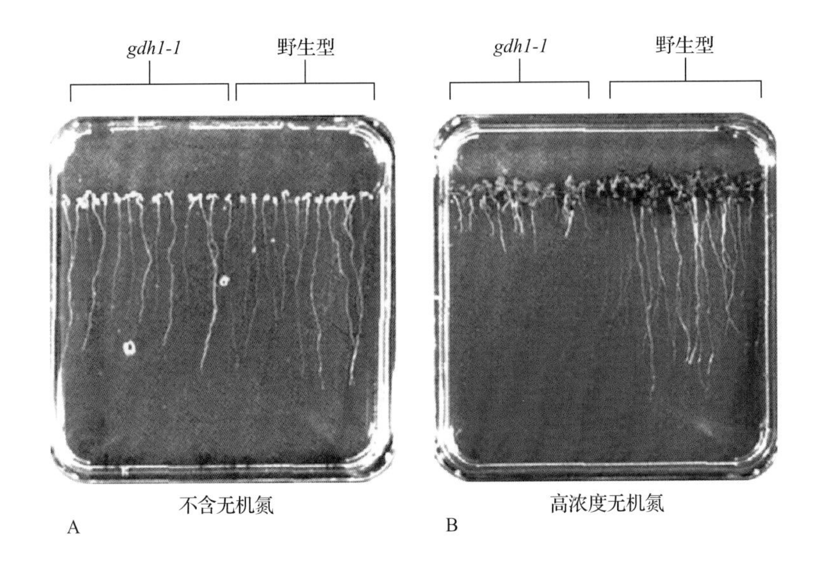

图 7.11 *gdh1-1* 突变体幼苗能在没有无机氮的条件下生长（左），但是高浓度的氮（20mmol·L^{-1} 铵 + 40mmol·L^{-1} 硝酸盐）会抑制它们的生长（右）。来 源：Melo-Oliveira et al.（1996）. Proc. Natl. Acad. Sci. USA 93:4718-4723

冬氨酸氨基转移酶（**aspartate amino transferase**, AspAT）在植物的氮同化中起关键作用（见图 7.4）。

另外，天冬氨酸还活跃于细胞内和细胞间碳、氮分子的转运过程中。在一些 C_4 植物中，天冬氨酸将叶肉细胞中的碳和还原当量（reducing equivalent）向维管束鞘细胞转移（见第 12、第 14 章）。在 C_3 植物中，**苹果酸 - 天冬氨酸穿梭机制**（**malate-aspartate shuttle**）将还原当量从线粒体和叶绿体转移到细胞质中（详见第 14 章中对与此类似的一个线粒体苹果酸 - 天冬氨酸穿梭机制的讨论）。

AspAT 是植物中了解最清楚的氨基转移酶，在天冬氨酸的合成和分解代谢中都起核心作用（图 7.12）。AspAT，也称**谷氨酸：草酰乙酸氨基转移酶**（**glutamate:oxaloacetate aminotransferase**，GOT），和其他转氨酶一样，是一种磷酸吡哆醛依赖型酶（**pyridoxal phosphate-dependent enzyme**）（图 7.13）。AspAT 具有催化重要的含碳、含氮化合物相互转化的能力，因而它在植物代谢调节中占据关键的位置。

AspAT 同工酶定位于四种细胞内区室，包括细胞质、线粒体、叶绿体和过氧化物酶体，这与天冬氨酸参与碳、氮和还原当量在细胞内区室间转移的事实相一致。在拟南芥中，人们已经对整个 AspAT 同工酶基因家族进行了分析，对两类主要的 AspAT（胞质 AAT2 和质体 AAT3）对应的突变体也有研究。*aat2* 突变体植株矮小，光照条件下体内游离天冬氨酸的含量大幅下降，同时黑暗条件下天冬酰胺的含量也减少。AAT3 的功能目前还不清楚，因为 *aat3* 突变体没有明显的表型，造成这个现象可能的原因是一类新发现的原核类型（prokaryotic-type）的 AAT（PT-AAT）发挥功能。这类酶在拟南芥、水稻（*Oryza sativa*）和松树（*Pinus* sp.）中都有报道，由核基因组编码，但定位于叶绿体中发挥作用。有人曾提出一种仍需验证的假说：AAT3 主要参与还原当量的穿梭，而 PT-AAT 提供的天冬氨酸则用于在叶绿体中合成**天冬氨酸衍生氨基酸**（**aspartate-derived amino acid**），包括色氨酸、赖氨酸和甲硫氨酸（见 7.4.1 节）。因此，*aat3*（原文 *aa3* 有误——译者注）突变体没有表型可能是由于存在 PT-AAT。

7.2.6 光可以抑制参与氮转移和储存的天冬酰胺的合成

天冬酰胺由天冬氨酸经过谷氨酰胺或者铵介导的氨基化反应生成，这种惰性氨基酸参与了氮的储存和氮的源 - 库转运。天冬酰胺是几种豆科植物的韧皮部中主要的含氮化合物，据报道其浓度可达 30mmol·L^{-1}。天冬酰胺是约 200 年前从芦笋提取物中结晶得到的，也是第一个被发现的氨基酸。在 19 世纪早期，人们就知道白芦笋中有一种物质赋予了它独特的风味，在黑暗条件下这种物质增多，与此同时木质组织的形成受到抑制。所以黄化的芦笋既好吃又软。高温烹煮淀粉类食物，如炸薯条和薯片时，天冬酰胺会转变成**苯烯酰胺**（**acrylamide**），这是一种可能致癌的物质。植物中，由于酶的不稳定性，对于天冬酰胺合成的酶学研究变得更加复杂。

原核生物中 *asnA* 和 *asnB* 两类基因分别编码依赖于氨基和谷氨酰胺的**天冬酰胺合成酶**（**asparagine synthetase，AS**），而植物中目前只鉴定到了编码谷氨酰胺依赖型 AS 的基因。植物 AS 催化氨基从谷氨酰胺向天冬氨酸转移，生成谷氨酸和天冬酰胺，这个过程依赖 ATP（图 7.14）。需要注意的是，AS 会从 ATP 中释放焦磷酸（PP_i），所以氨基化反应中活化的中间产物是腺苷酸，即**天冬酰 AMP**（**aspartyl AMP**），而不是像谷氨酰胺合成时产生相应的磷酸盐（见 7.2.1 节）。所以，在天冬氨酸氨基化的过程

谷氨酸 + 草酰乙酸 ⇌（天冬氨酸氨基转移酶）α-酮戊二酸 + 天冬氨酸

图 7.12 天冬氨酸氨基转移酶（AspAT）催化由草酰乙酸和谷氨酸生成 α- 酮戊二酸和天冬氨酸的可逆转氨基反应

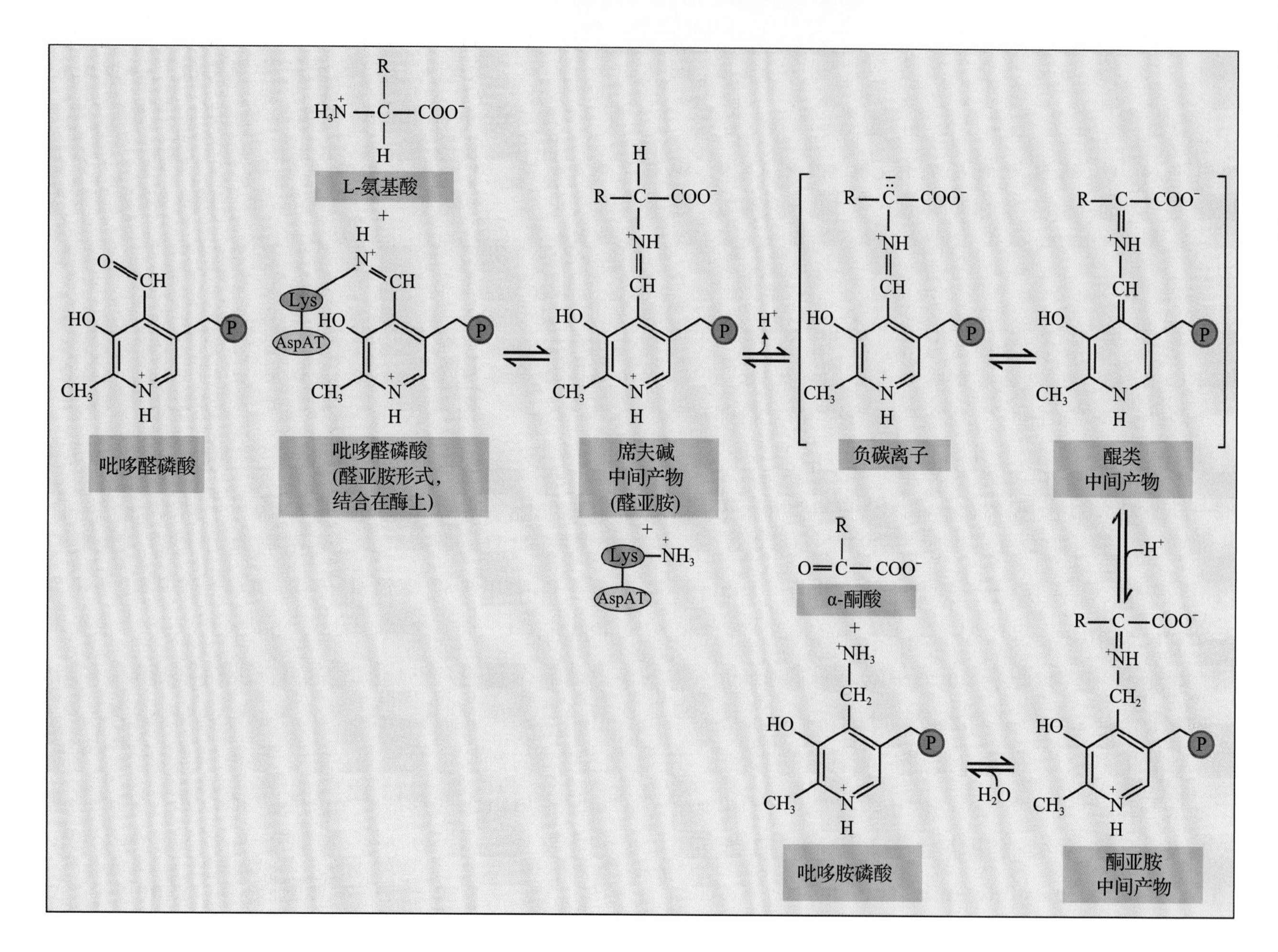

图 7.13 磷酸吡哆醛途径 / 席夫碱的形成。从左到右列出了转氨酶催化的脱氨基半反应。对于 AspAT，左边的 L- 氨基酸底物是谷氨酸，而右边的 α- 酮酸产物是 α- 酮戊二酸。注意负碳离子（括号中）产生于氨基酸 α-C 原子的去质子化反应，吡啶基团的 N 发挥电子库的功能，驱动反应向产生醌类中间产物进行。重新质子化后产生一分子酮亚胺，随后水解生成一个 α- 酮酸和吡哆胺磷酸。后面的氨基化半反应按从右到左所示进行相反的步骤。对于 AspAT，右边的酮酸底物是草酰乙酸，左边的 L- 氨基酸产物是天冬氨酸。磷酸吡哆醛也参与了氨基酸的外消旋作用和脱羧反应（本图未显示），形成相似的碳负离子和醌类中间体

中最终有两个高能键断开。尽管在几乎每一种研究过的植物中，AS 倾向使用的底物都是谷氨酰胺，但是有一些数据证明依赖于铵的天冬酰胺合成途径也可能发生（图 7.14B）。但是铵对应的 K_m 值比谷氨酰胺对应的 K_m 值的 10 倍还高，$^{15}NH_4^+$ 标记追踪实验也显示谷氨酰胺可被高效地标记，所以体内几乎不可能发生天冬氨酸的直接氨基化，除非在植物面对铵浓度过高的毒性环境时。

拟南芥中编码 AS 的两个基因具有不同的表达模式：*ASN1* 编码的 AS 很可能在种子萌发时的氮转运过程中及衰老叶片氮的再次转运过程中起主要作用，而 *ASN2* 编码的酶则参与胁迫条件下氮的

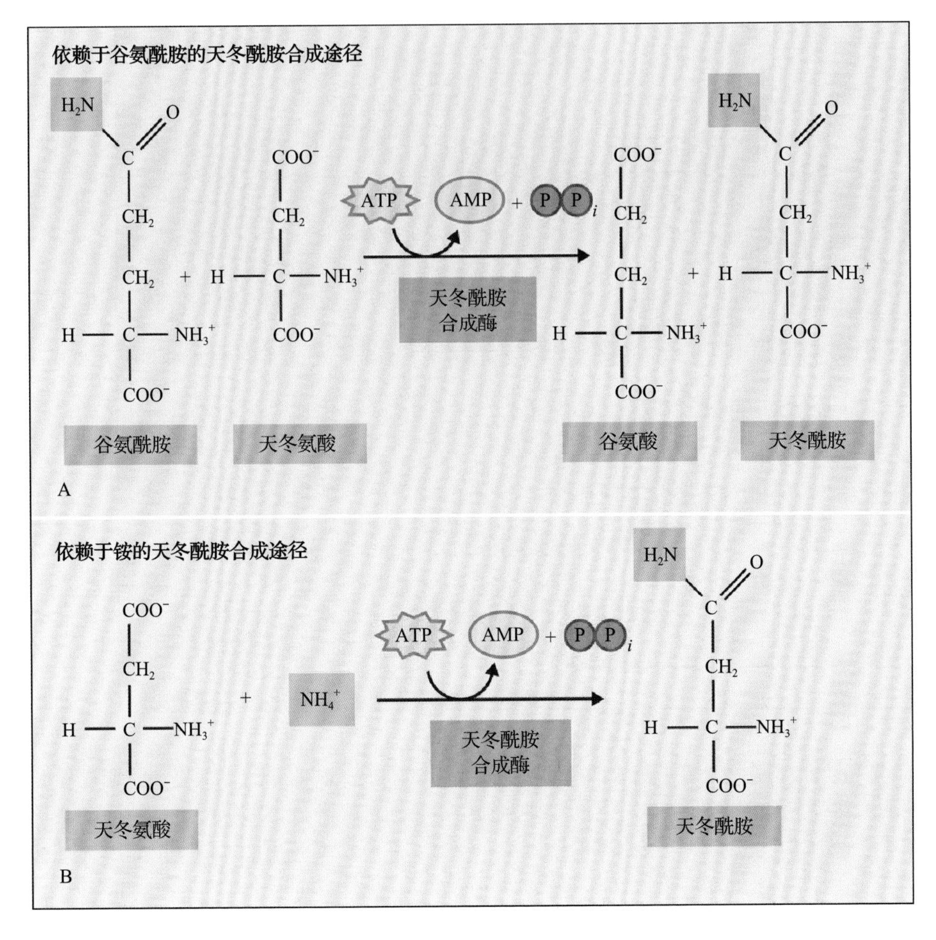

图 7.14 植物的天冬酰胺合成酶更偏好利用谷氨酰胺作为氮的供体（A），但是在铵充足的时候它也能催化无机氮的同化作用（B）

再次转运。

7.2.7 光照及碳代谢可以调节由氮向氨基酸的同化作用

起同化作用的氨基酸——谷氨酸、谷氨酰胺、天冬氨酸和天冬酰胺对无机氮的同化作用是一个动态的过程。它受到诸如光照等外界因素及内部碳、氮代谢物的储存量等因素的调节。早在 19 世纪 50 年代就有研究表明，在多种植物中天冬酰胺的浓度明显受到光照的影响（见 7.2.7 节）。而且后来的研究还发现，韧皮部汁液中天冬酰胺的浓度和 AS 酶的活性受到光照或蔗糖的负调控，它们在暗适应过程中增加，而谷氨酰胺却呈现相反的变化趋势（见图 7.3）。

负责将无机氮同化至氨基酸这一过程的基因的表达受到光照和代谢因子的调控。例如，编码**硝酸盐还原酶**（**nitrate reductase**）和**亚硝酸盐还原酶**（**nitrite reductase**）的基因就受到光和蔗糖的诱导（第 16 章）。类似地，光也可上调将铵同化至谷氨酰胺、谷氨酸的相关基因的表达，特别是叶绿体的 GS2 和 Fdx-GOGAT。相反，光抑制 AS 基因的表达。在这三个例子中，转录调节至少部分地由植物的光受体——光敏色素所介导(见第 18 章)。除此以外，光驱动的碳水化合物的合成似乎也影响氮同化作用相关基因的表达。蔗糖和葡萄糖至少能部分地替代光来诱导 GS2 和 Fdx-GOGAT 对应基因的表达，这在烟草和拟南芥中已经得到了证明。相反，在用蔗糖处理暗生长的玉米外植体或者整个拟南芥植株后，它会抑制 *AS* 基因的表达。氨基酸可以抵消蔗糖对于 *GS*/*AS* 基因表达的调节。具体地，氨基酸可以抑制蔗糖对 *GS* 基因的诱导，并且消除蔗糖对 *AS* 基因表达的抑制。

碳与有机氮在调节 GS2 和 ASN1 表达方面存在相互作用，在此基础上，有人提出了一种代谢控制模型（图 7.15）。这种模型指出，在光照条件或者有足够的碳骨架用于氮同化作用的时候，GS2 表达受到诱导。因此，在光下氮元素被同化，并且以谷氨酰胺的形式转运。谷氨酰胺具有代谢活性，是很多合成代谢反应的底物。相反，在光合作用对碳的还原反应受阻的黑暗条件下，或者有机氮浓度比碳浓度高的时候，ASN1 被诱导表达。因此，在碳浓度低或者有机氮浓度高的条件下，植物会直接将氮同化至惰性的、氮碳比高于谷氨酰胺的**天冬酰胺**（**glutamine**）。这样，植物就可以在碳骨架有限的情况下，更有效地转运和储存氮元素。

7.3 芳香族氨基酸

所有生物的蛋白质合成都需要芳香族氨基酸，包括苯丙氨酸、色氨酸和酪氨酸。植物中，芳香族

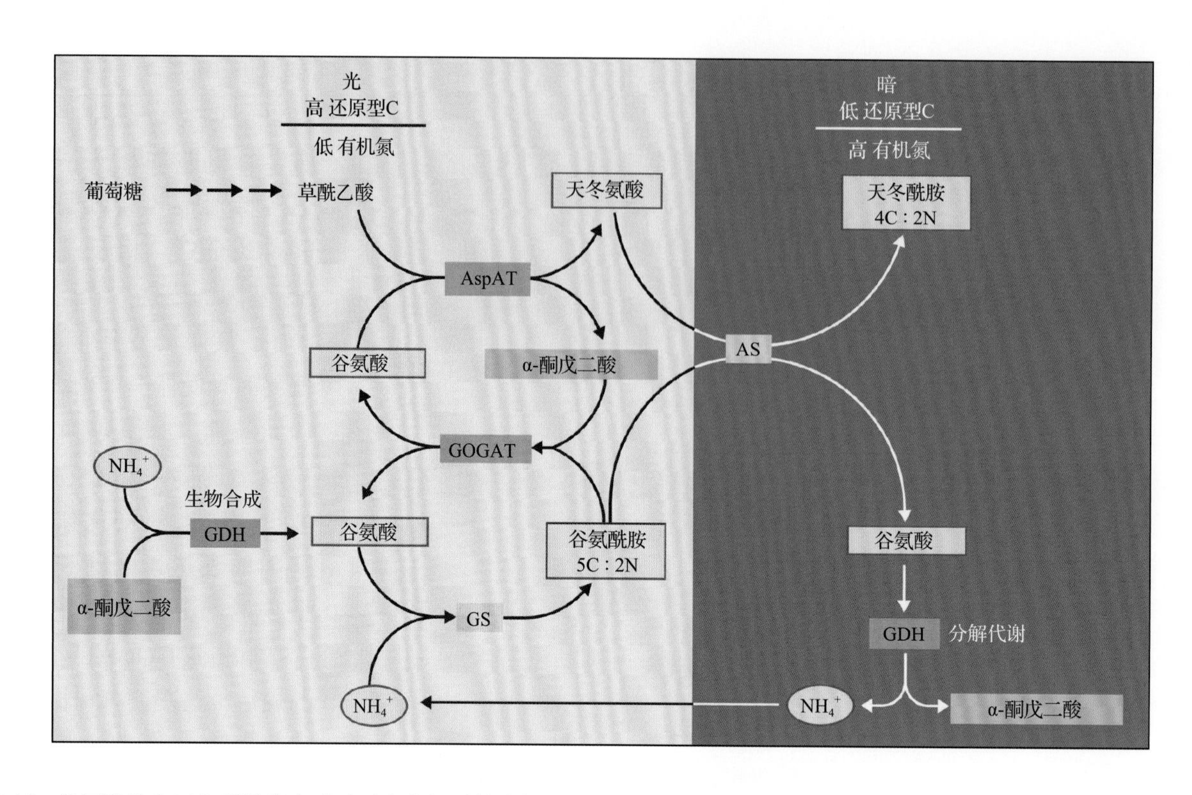

图 7.15 谷氨酰胺和天冬酰胺的合成对于光和还原性碳很敏感。光或蔗糖可上调定位于质体的 GS 的表达，促进在代谢过程中活跃的氮供体——谷氨酰胺的合成。AS 的表达受光和蔗糖的抑制，但是这种抑制作用能通过提高植物组织中氨基酸的浓度来消除。黑暗可以提高 AS 的表达量，增加天冬酰胺这种惰性氮储藏氨基酸的合成。注意，与谷氨酰胺相比，天冬酰胺能更有效地利用还原性碳。两种氨基酸都能结合两个氮原子，但是谷氨酰胺有五个碳原子，而天冬酰胺只有四个

氨基酸合成途径也为多种芳香族初级代谢产物和次级代谢产物的合成提供原料，如植物激素（生长素吲哚 3- 乙酸和水杨酸）、色素（花色素苷）、挥发性物质、植物防御性抗毒素（见第 21 章）、防虫咬物质（单宁）、抗紫外物质（黄酮类）、信号物质（异黄酮类）、生物碱和结构成分（木质素、软木脂及细胞壁相关的酚醛树脂）（图 7.16，另见第 24 章）。植物固定的碳素中大约 30% 可流经芳香族氨基酸合成途径，其中的大部分最终都用于合成木质素（见第 2 和 24 章），可见这些途径的重要性。芳香族氨基酸衍生出的多种植物天然产物具有药用或生物活性，被广泛用于医药（如浓缩的单宁和吗啡）和食品添加剂（如黄酮类和维生素 E）中（见第 24 章）。动物不具有芳香族氨基酸合成途径，因此，这个途径中的酶类可作为靶点用于开发针对人和动物中病原体的抗生素及植物的除草剂。

7.3.1 分支酸合成过程构成常见的芳香族氨基酸途径

分支酸是莽草酸合成途径的终产物，是三种芳香族氨基酸（**苯丙氨酸 phenylalanine**、**色氨酸 tryptophan**、**酪氨酸 tyrosine**）、**对氨基苯甲酸**（***p*-aminobenzoic**，C_1 载体四氢叶酸的一种前体）、电子转移辅助因子叶绿醌（phylloquinone）、其他萘醌蒽醌类（见第 12 和 14 章）和**水杨酸**（**salicylic acid**，见第 17 章）的直接前体。质体在莽草酸合成途径中占主导地位，因为整个莽草酸合成途径的酶都定位于这类细胞器，目前还没有发现整套定位于质体外的莽草酸合成途径的酶类。

分支酸的合成途径分为 7 步（图 7.17）。第一步是两种碳水化合物代谢中间体的缩合。它们分别是糖酵解途径中的**磷酸烯醇式丙酮酸**（PEP）和磷酸戊糖途径中的**赤藓糖 -4- 磷酸**（见第 13 章）。催化这个反应的是 **3- 脱氧 -7- 磷酸 -D- 阿拉伯 - 庚酮糖酸（DAHP）合酶**。依据是否含有特定结构域和氨基酸序列相似性，DAHP 合酶分为两类（Ⅰ类和Ⅱ类），这两类的序列一致性不超过 10%。大肠杆菌的 DAHP 合酶属于第Ⅰ类 DAHP 合酶家族，分子质量小于 40kDa。第Ⅱ类酶（约 50kDa）最早在植物中发现，随后在一些微生物中也有报道。随着越来越多物种的基因组被测序，演化分析发现**第Ⅱ类**

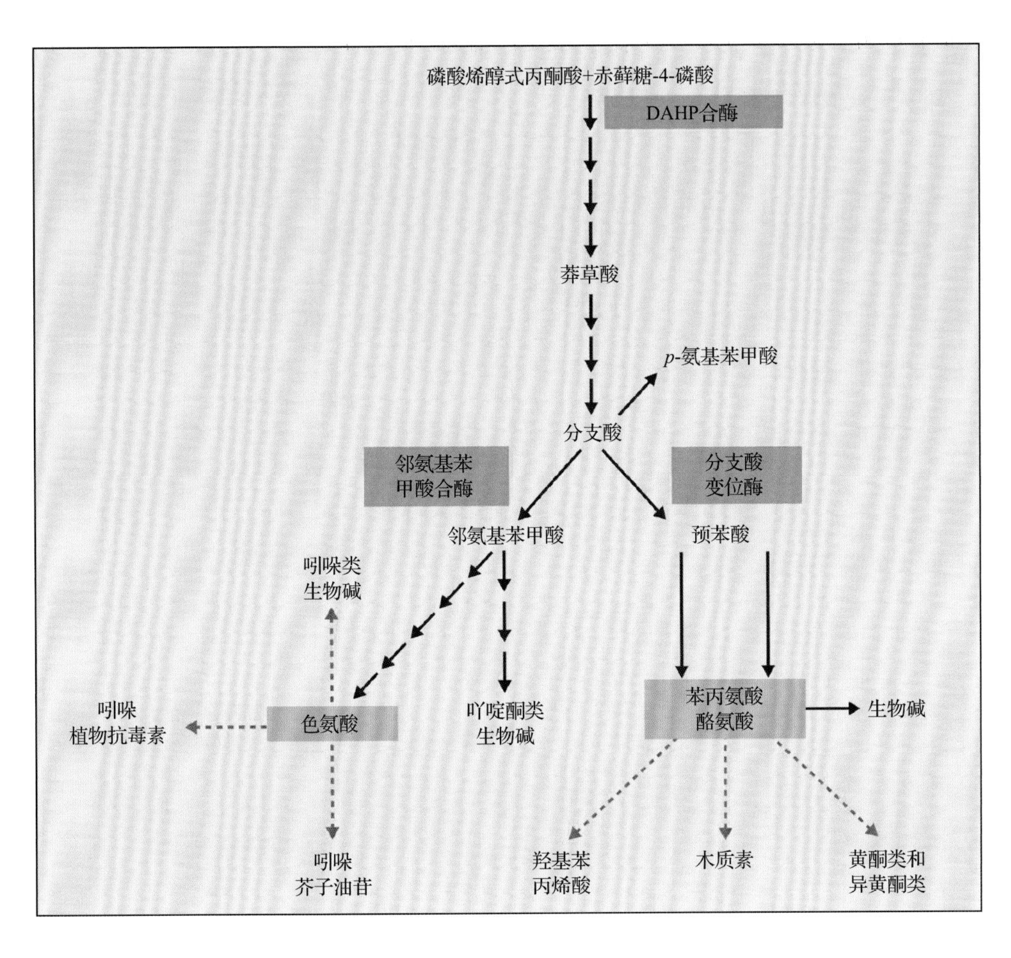

图 7.16 植物芳香族氨基酸的合成。除了合成蛋白质外，苯丙氨酸、酪氨酸和色氨酸还是很多初级和次级代谢产物的前体

DAHP 合酶家族中来自植物的酶聚在一起，处于非常分散的微生物的酶中。

对这两类酶的高分辨率晶体结构的解析揭示了它们在三级结构和功能上的相似性。尽管两个类别之间的序列相似性很低，但事实上所有 DAHP 合酶都具有核心的（β/α）$_8$ 桶状单体结构和与 PEP 作用的关键位点。另外，二价金属离子（Mn^{2+}）是它们都必需的，结合的位置也基本一致。这种活性位点构造和化学性质上的相似性暗示着 I 类和 II 类酶来自共同的祖先。两类酶的差异在于修饰核心（β/α）$_8$ 区的外围小结构域，这些结构域负责**芳香族氨基酸引起的变构调控（aromatic amino acid-mediatrd allosteric regulation）**。

植物的 DAHP 合酶不受任何芳香族氨基酸的反馈抑制，这一点与细菌的酶具有明显不同。只有玉米和豌豆中的某些酶可能例外，它们分别受到色氨酸和酪氨酸的反馈抑制。尽管植物 DAHP 合酶含有在微生物中能够结合芳香族氨基酸的结构域，但是目前还未发现影响植物 DAHP 合酶活性的正确条件或芳香族氨基酸组合。尽管植物的酶类同大肠杆菌的或酵母的酶类相比，在序列和调节机制上差异很大，但植物的酶可以代替后两者体内有缺陷的酶行使功能，并恢复原营养型（可从头合成所需营养物质）生长。

植物含有两个编码 DAHP 合酶的基因（*DAHPS1* 和 *DAHPS2*），分别具有不同的表达模式，暗示它们在体内具有不同的功能。*DAHPS1* 在响应损伤和病原体入侵时被强烈诱导，而 *DAHPS2* 是组成型表达的。植物中，除了依赖 Mn^{2+} 作为辅助因子的 DAHP 合酶外，还在多种植物组织的细胞质中发现了依赖于 Co^{2+} 的 DAHP 合酶活性，但相应的蛋白质还没有鉴定出来。因而，这种依赖 Co^{2+} 的 DAHP 合酶的底物特异性也未知。同样地，编码这个蛋白质的基因也还没有找到，这种反应的生理功能也就还不清楚。

莽草酸合成途径的第二个酶是 **3- 脱氢奎尼合酶（3-dehydroquinate synthase）**，催化环己烷的成环步骤，这个六元环最终会形成芳香族氨基酸中的苯环（见图 7.17）。该酶促反应需要辅助因子 Co^{2+} 和 NAD^+（虽然总反应是氧化还原中性的），植物的酶对 DAHP 的 K_m 值是 25μmol·L^{-1}。植物中将 DAHP 转变成 3- 脱氢奎尼的反应很可能和细菌中依次经过的五个步骤一致：醇的氧化，无机磷酸基团的 β- 消除，碳的还原，开环，分子内羟醛缩合。细菌 3- 脱氢奎尼合酶的晶体结构表明，这种酶在一个活性位点依次完成几个步骤的催化，不产生副产物。利用互补 3- 脱氢奎尼合酶有缺陷的大肠杆菌 *aroB* 突变体的方法，人们已经在番茄（*Solanum lycopersicum*）中分离出了编码植物 3- 脱氢奎尼合

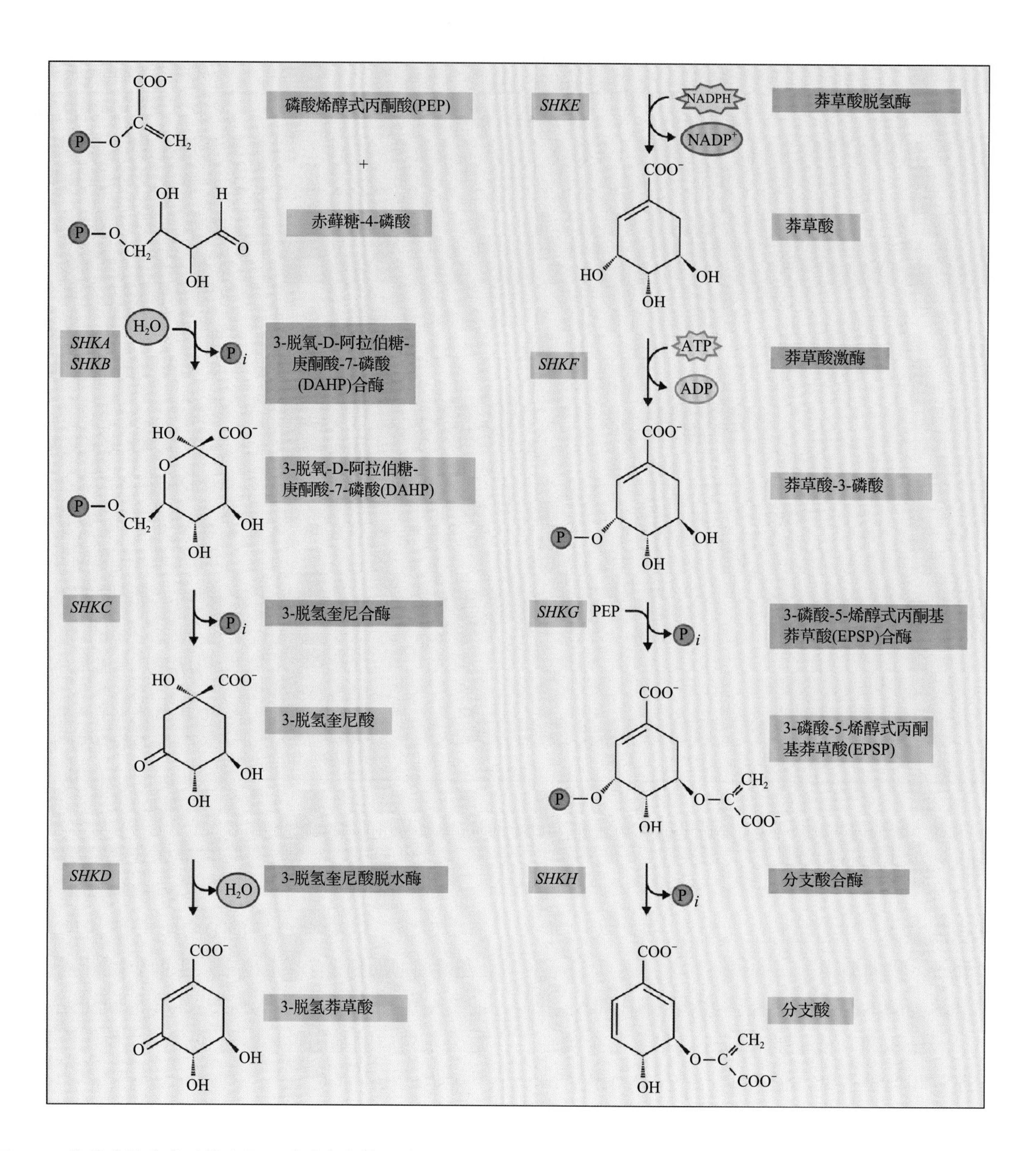

图 7.17 从磷酸烯醇式丙酮酸和 4- 磷酸赤藓糖开始的分支酸合成。从 *SHKA* 到 *SHKH* 的缩写代表了植物中编码莽草酸合成途径相关酶的基因命名

酶的基因。这是一个单拷贝基因，在番茄根中高表达，悬浮细胞体系中该基因可被诱导子（elicitor）诱导表达。植物和大肠杆菌中的 3- 脱氢奎尼合酶是单一功能酶，而在酵母中这种酶是一个五功能酶 **AROM 复合体**的一部分。这个复合体催化莽草酸合成途径中的五个连续的反应，将 DAHP 转变成 5- 烯醇丙酮莽草酸 -3- 磷酸。

莽草酸合成途径中的第三个、第四个反应包括：3- 脱氢奎尼的脱水，向六元环中引入第一个双键，形成 **3- 脱氢莽草酸**；接下来在消耗 NADPH 的条件下产物还原成**莽草酸**。**3- 脱氢奎尼脱水酶**（也称**脱氢奎尼酸酶**）和**莽草酸脱氢酶**（也叫作**莽草酸：$NADH^+$ 氧化还原酶**）分别催化这两个反应，它们在植物体内是以双功能酶的形式存在的。这种复合活性物已经从菠菜（*Spinacia oleracea*）的叶绿体中纯化出来。3- 脱氢喹啉酸脱水酶的活性只有莽草酸脱氢酶的 10%，这可能有利于有效地将 3- 脱氢喹啉酸转化为莽草酸。拟南芥中解析出的酶的晶体结构支持这一假设，3- 脱氢喹啉酸脱水酶和莽草酸脱氢酶的活性位点距离很近并且是面对面的，显然有利于为莽草酸脱氢酶催化反应提供最大化的 3- 脱氢莽草酸局部浓度。包括拟南芥在内的多种植物体内仅含有单个编码 3- 脱氢喹啉酸脱水酶 - 莽草酸脱氢酶的基因。目前只知道在烟草中有例外情况，它的基因组中有两个基因分别编码质体和胞质中起作用的酶。但是胞质中的酶的功能还有待探究。

该途径的第五步是由**莽草酸激酶**催化的。它的作用是使用 ATP 作为共同底物，催化莽草酸 3- 羟基的磷酸化，生成**莽草酸 3- 磷酸**（见图 7.17）。莽草酸激酶是核苷一磷酸（nucleoside monophosphate NMP）激酶家族的一员，由四个结构域组成：核心、盖子（lid）、莽草酸 - 和 NMP- 结合结构域。虽然，植物的莽草酸激酶与它们对应的细菌中的酶序列一致性不超过 30%，并且大了近 10kDa，但通过晶体结构的比较发现，植物和微生物中酶活性位点的构造是高度保守的。与细菌中的酶相似，植物的莽草酸激酶也主要受细胞能量状况（**能荷** energy charge：细胞内 ATP、ADP 和 AMP 的相对含量）的调节。

不同植物的基因组中编码莽草酸激酶的基因数目差异很大：番茄中有 1 个，拟南芥中有 2 个，水稻中有 3 个。在拟南芥中，两个莽草酸激酶的同工酶 AtSK1 和 AtSK2 具有不同的表达模式。*AtSK1* 与胁迫应答相关的基因共表达，在响应高温胁迫时，它的表达量被上调 10 倍以上。相反，*AtSK2* 和与莽草酸合成途径有直接联系的基因共表达，包括氨基酸代谢和次生代谢相关基因。AtSK1 和 AtSK2 的蛋白质结构几乎一样，但生理特性却差异很大。AtSK1 形成同源多聚体，在温度升高的情况下（37℃）仍然很稳定；而 AtSK2 是单体形式的，在高温条件下迅速失活。利用高温胁迫下的代谢或生长表型筛选 AtSK1 或 AtSK2 有缺陷的植物突变体将有助于解析它们在体内的具体功能。

分支酸合成过程中的倒数第二个酶是 **3- 磷酸 -5- 烯醇式丙酮基莽草酸（5-enolpyruvylshikemate-3-phosphate，EPSP）**合酶。它催化由 EPSP 和磷酸生成 3- 磷酸莽草酸和 PEP 的可逆反应。EPSP 合酶是具有很高商业价值的除草剂草甘膦（图 7.18）的作用位点，因此，它也是分支酸合成途径中研究得最清楚的一个酶。将单独结合莽草酸 3- 磷酸的 EPSP 合酶与草甘膦共结晶后发现，第一个底物莽草酸 3- 磷酸的结合使得酶的整体构象从“开”变成“关”状态，促使位于不同结构域之间的裂缝组成酶的活性位点。草甘膦占据酶 - 莽草酸 3- 磷酸复合物中的 PEP 结合位点，进而竞争性地抑制 EPSP 合酶与第二种底物，即 PEP 的结合。依据对草甘膦敏感性的高低，不同物种中的 EPSP 合酶分为两大类。所有植物和大多数细菌，包括大肠杆菌，具有的是对草甘膦敏感的 Ⅰ 类 EPSP 合酶；其他细菌，如农杆菌 CP4 菌株，具有的是抗草甘膦的 Ⅱ 类 EPSP 合酶，这类酶已经运用到构建抗草甘膦的转基因植物中。

EPSP 合酶基因已经在很多植物中克隆到了，对编码该酶基因的突变体和耐受草甘膦的结构基础也有所研究（见信息栏 7.1）。拟南芥基因组含有两个编码 EPSP 合酶的基因，一个是可能的还未证实的酶，另一个是已经证实的、在植物体有较低水平组成型表达的有功能的酶。

这个途径的最后一个酶是分支酸合酶。它催化 EPSP 的一个氢原子和磷酸根的消除反应，生成分支酸（见图 7.17）。这个反应（一种 1,4- 反式消除）并不常见，在自然界中非常独特。尽管这个反应总体上没有氧化还原态的转变，但它需要一个还原性的黄素核苷酸（$FMNH_2$；见图 14.4）辅基参与，这个辅基常与氧化还原反应有关。不同界的生物体内所具有的分支酸合酶是高度同源的，它们具有相似的折叠构象、辅助因子特异性和动力学特征，但仍然可以依据其将氧化态 FMN 还原的能力将这些酶分为两类。真菌中的分支酸合酶需要结合依赖于 NADPH 的黄素还原酶，作为双功能酶的一部分；而植物和大多数细菌中含有的是单功能的酶，它的活性依赖于外源的 $FMNH_2$。很多种植物中编码分支酸合酶的基因都已经分离得到。番茄基因组中有两

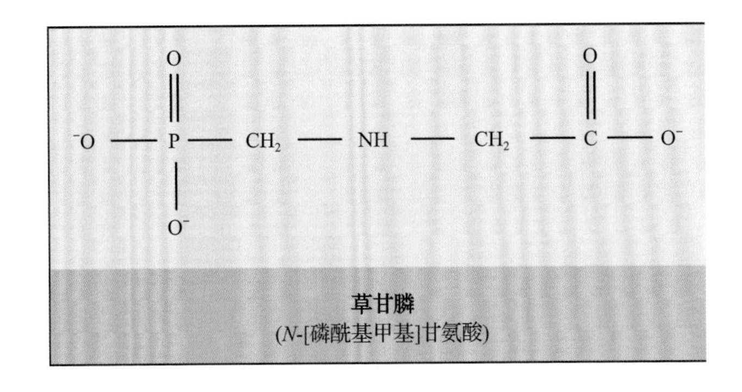

图 7.18 具有商业价值的除草剂 Roundup® 的组成成分——草甘膦，是 EPSP 合酶的竞争性抑制剂

个分支酸合酶基因，它们具有不同的表达模式。

7.3.2 分支酸变位酶是苯丙氨酸和酪氨酸合成途径中的走向决定酶

植物的**苯丙氨酸**和**酪氨酸**可能通过两种途径合成，分别以**阿罗酸**（**arogenate**）或**苯丙酮酸**（**phenylpyruvate**）/*p*-**羟基苯丙酮酸**（***p*-hydroxyphenylpyruvate**）为中间产物（图 7.19）。最新的遗传学证据表明阿罗酸途径是植物中占主导的合成路径。这意味着植物与肠道菌群和真菌不同，后两者主要采用苯丙酮酸合成路径。

分支酸变位酶（**CM**）催化分支酸的烯醇式丙酮酸侧链的分子内重组，产生预苯酸。因此，人们认为 CM 是苯丙氨酸和酪氨酸合成中的关键酶。在很多高等植物中，CM 以两种同工酶的形式存在，即 CM1 和 CM2，它们的调节方式各不相同。CM1 是一个氨基酸合成途径中的走向决定酶（committing enzyme），它在质体中的定位及调节方式与它的生物学功能是一致的。

CM1 受到各个终产物如苯丙氨酸和酪氨酸的反馈抑制，同时受到来自其他分支途径的产物——色氨酸的激活。色氨酸还能消除苯丙氨酸和酪氨酸的抑制作用（图 7.20）。当色氨酸充足时，这种机制可以通过增加苯丙氨酸和酪氨酸的合成来调节这两条竞争性途径；而当苯丙氨酸和酪氨酸充足时，就会抑制它们的合成。

CM2 与 CM1 反差很大，让人难以理解。CM2 的活性不受任何芳香族氨基酸调节。另外，和大多数的芳香族氨基酸合成途径中的酶不同的是，CM2 不具有明显的质体定位序列（转运肽），它定位于细胞质中（图 7.21）。CM2 对于分支酸的亲和力大约比 CM1 高 10 倍，这与细胞质相较于质体中分支酸浓度更低是一致的。由于目前还没有证据表明胞质中存在完整的或部分的莽草酸合成途径，因而认为细胞质中的分支酸是从质体中转移出来的。

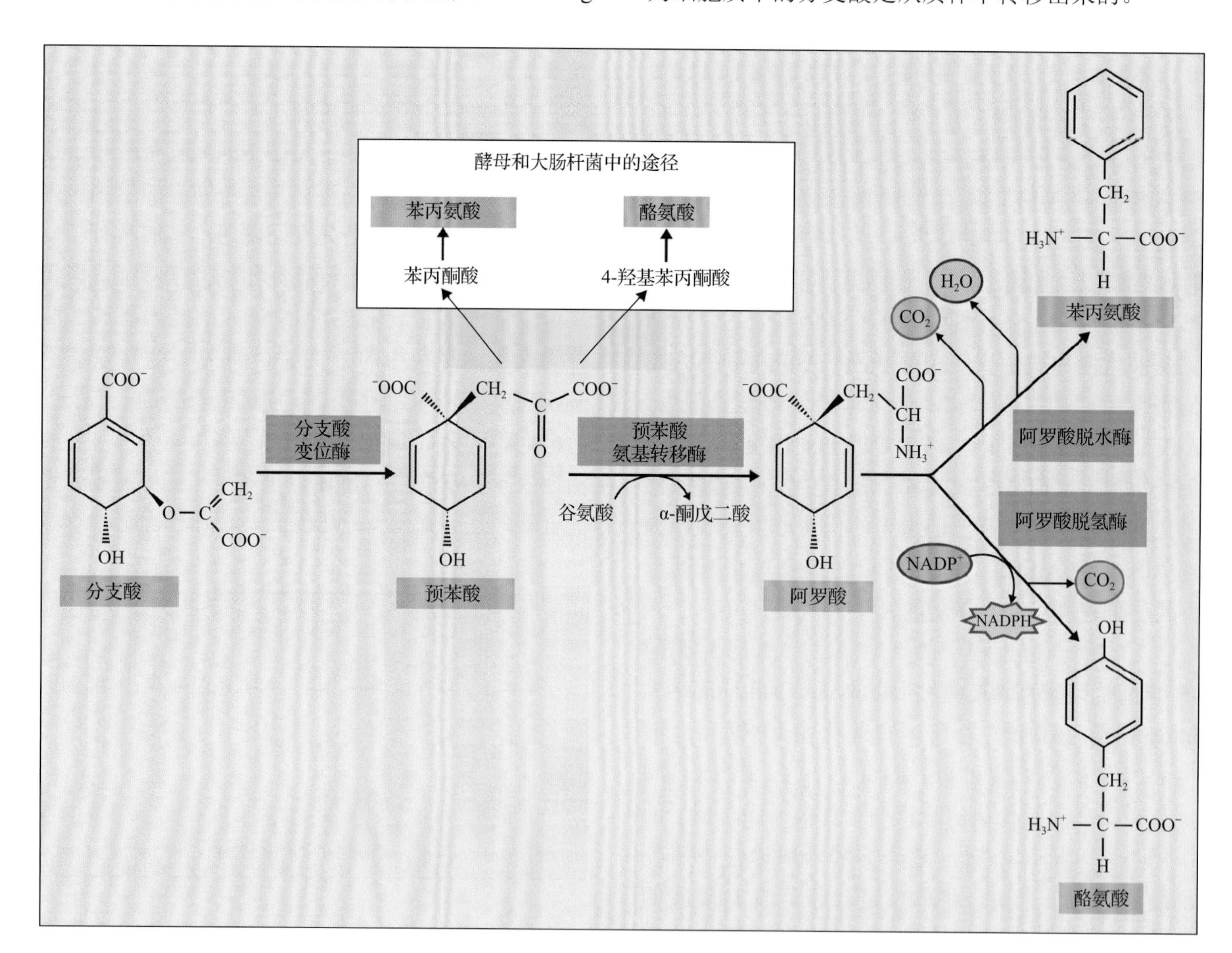

图 7.19 植物的苯丙氨酸和酪氨酸主要是从阿罗盐酸合成的。这同酵母和大肠杆菌利用 4- 羟基丙酮酸为中间物的途径不同

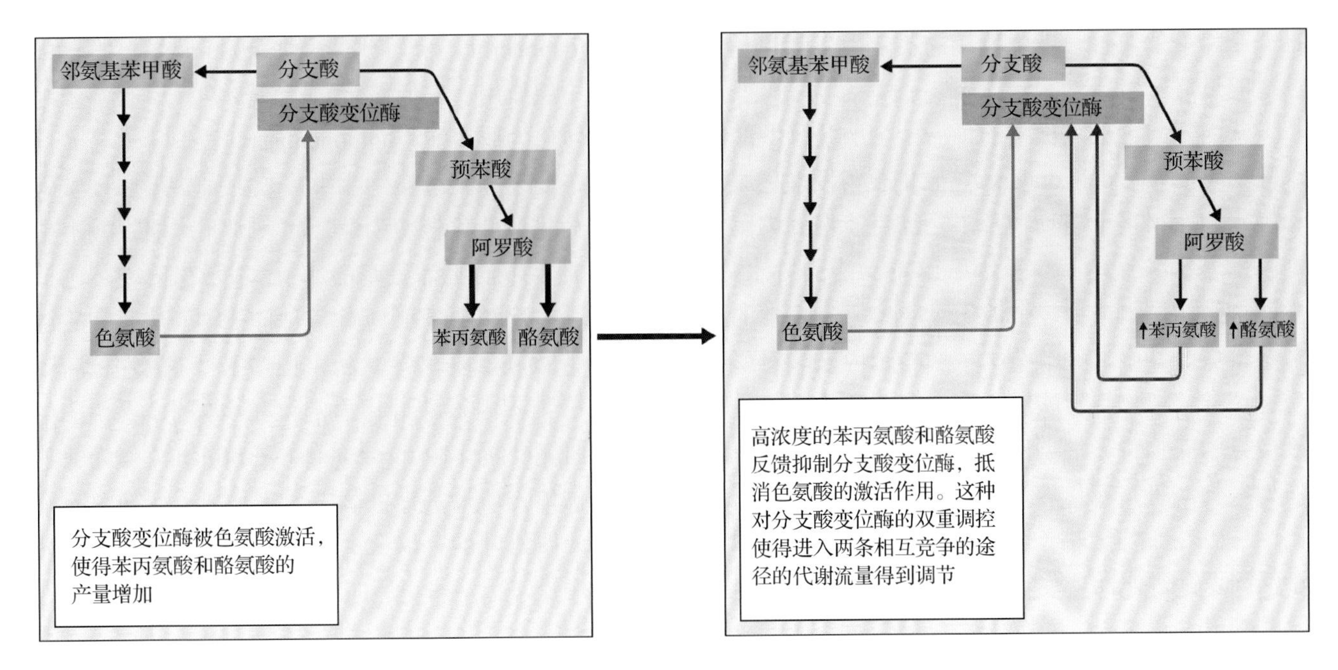

图 7.20 分支酸变位酶的变构调节控制了从分支酸到苯丙氨酸和酪氨酸的合成

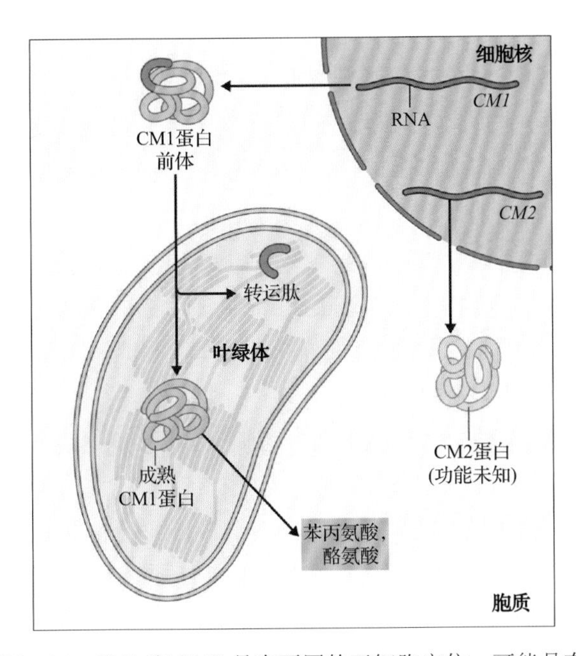

图 7.21 CM1 和 CM2 具有不同的亚细胞定位，可能具有不同的生理功能。CM1 定位在质体中，而 CM2 定位在胞质中。由于 CM 的底物在质体中产生，胞质中的同工酶的功能尚不清楚。目前还没有发现分支酸从质体向胞质的转运

拟南芥基因组还有一个基因编码 CM3。和 CM1 一样，CM3 含有质体转运肽，也受到变构调节，但它对分支酸的亲和力与 CM2 相近。这三个拟南芥基因各有不同的表达模式，*CM1* 和 *CM3* 受到激发子（elicitor）和病原体处理的诱导，其中 *CM3* 受诱导的程度相对较低。这三个 CM 具有的不同性质暗示着它们在植物中不同的生理功能。

有趣的是，CM 在植物与寄生线虫及病原性真菌的相互作用中扮演着非常重要的角色。线虫和真菌都会将自身 CM 注射到植物细胞的胞质中。这些外来的 CM 的活性可能和植物自身的 CM2 相叠加，增加分支酸从质体向细胞质的输送，使得植物的代谢组向有利于寄生的方向倾斜。目前，这种“代谢殖民”（metabolic colonization）还远没有研究清楚。

阿罗酸途径的起始步骤，也是苯丙氨酸和酪氨酸合成途径中的最后一个共同步骤，是由预苯酸氨基转移酶催化的。这个酶具有热稳定性，催化阿罗酸和预苯酸之间的可逆转变，发挥作用时依赖 PLP。预苯酸氨基转移酶对预苯酸的亲和力比对阿罗酸的高 10 倍，说明在生理条件下它主要催化正反应，使得碳从预苯酸流向阿罗酸。它利用谷氨酸和天冬氨酸作为氨的供体，活性不受终产物的抑制，这和它不作用于整个途径的分支点相一致。编码预苯酸氨基转移酶的基因在多种植物中已经被克隆得到，包括拟南芥、矮牵牛（*Petunia hybrida*）、番茄等。这些基因在体内和编码参与莽草酸合成途径的其他蛋白质的基因共表达。编码预苯酸氨基转移酶的基因在拟南芥和番茄基因组中是单拷贝的，拟南芥中该基因的缺失突变体在胚胎发育的一细胞期即致死。

7.3.3 植物苯丙氨酸和酪氨酸的合成途径受它的终反应调控

植物中利用阿罗酸途径合成苯丙氨酸和酪氨酸

是一个特殊的事件，其中反应的决定性步骤也是该途径的最后一步。

苯丙氨酸合成过程中的最后一个酶是**阿罗酸脱水酶**（arogenate dehydratase），它催化阿罗酸的脱羧和脱水。在很多个植物物种中已经克隆得到编码这个酶的基因。这些植物基因编码单功能的脱水酶，由两个结构域组成：一个催化区域和一个C端的调节结构域。其中，调节结构域参与苯丙氨酸对酶的变构调节。植物阿罗酸脱水酶对阿罗酸具有严格的或偏好的底物特异性。但也有一些可以利用预苯丙作为底物，将它转化为苯丙酮酸，尽管这个反应的V_{max}通常比阿罗酸的低10倍甚至100倍。酪氨酸能激活阿罗酸脱水酶，使得生物合成从酪氨酸向苯丙氨酸倾斜。

阿罗酸脱氢酶（arogenate dehydrogenase，ADH）催化阿罗酸的氧化脱羧反应，生成酪氨酸。这是一个依赖$NADP^+$的酶，除了底物结合位点外没有其他的酪氨酸结合结构域（这一点与阿罗酸脱水酶不同），但由于其产物酪氨酸能和底物阿罗酸竞争结合位点，因此该反应也受到酪氨酸的反馈抑制。研究者们在很多植物物种中都鉴定到了ADH的活性，但目前只在拟南芥和玉米中（分别有2个和4个）克隆到了编码这些酶的基因。拟南芥ADH1对阿罗酸有严格的底物特异性，而ADH2也接受预苯丙，只是V_{max}比对阿罗酸的低3个数量级。拟南芥中，对ADH1和ADH2各自的功能还有待探究。

苯丙氨酸和酪氨酸的合成也可以分别通过苯丙酮和*p*-羟基苯丙酮途径完成。在这两种新的途径中，苯环先形成，最后才发生转氨作用（见图7.19）。具有催化预苯丙转化能力的阿罗酸脱水酶和ADH2分别催化预苯丙转化为相应途径的中间产物——苯丙酮和*p*-羟基苯丙酮。但是，植物中几乎没有发现苯丙酮脱水酶和脱氢酶活性。这就为这些通路在生理条件下对苯丙氨酸和酪氨酸生物合成中到底有多大贡献画上了一个问号。催化途径最后步骤的酶分别是苯丙酮和*p*-羟基苯丙酮氨基转移酶。目前，在甜瓜（*Cucumis melo*）和罂粟（*Papaver somniferum*）中已经鉴定到了编码芳香族氨基酸氨基转移酶的基因（见第24章）。拟南芥基因组中注释了7个编码酪氨酸氨基转移酶的基因，已经确定其中2个基因的编码产物具有酪氨酸氨基转移酶活性。由于氨基转移反应具有可逆性，酪氨酸氨基转移酶也在生育酚（tocopherol）和质体醌（plastoquinone）的合成过程中起作用，它们催化酪氨酸转变为*p*-羟基苯丙酮再转化为尿黑酸（homogentisate）。

在动物和某些微生物中，苯丙氨酸可通过苯丙氨酸羟化酶催化转变为酪氨酸（因此，酪氨酸不是我们食物中的必需氨基酸）。在非开花植物，包括藻类、苔藓和裸子植物中，人们发现了苯丙氨酸特异的芳香族氨基酸羟化酶，但在被子植物中没有。这些植物苯丙氨酸羟化酶定位在质体中，利用10-甲酰四氢叶酸（10-formyltetrahydrofolate）作为辅基和氧供体为酚羟基提供氧原子，有别于动物中的酶使用的四氢叶酸。以上反应为酪氨酸合成提供了另一条途径。

7.3.4 分子遗传学技术已经用于分析植物体内色氨酸的合成途径

分支酸到色氨酸的转化不仅仅是一个简单的氨基酸合成途径，植物还利用这个途径为多种次级代谢产物的合成提供前体，如生长素、吲哚类生物碱、植物抗毒素、环羟戊酸、吲哚葡糖异硫氰酸盐和吖啶酮碱（图7.22）。这些代谢物常常作为生长调节因子、防御物质、授粉昆虫和草食动物的信号。其中一些生物碱，包括抗癌药物长春碱和长春新碱，具有很高的药用价值。

色氨酸合成途径是第一个顺利进行详细的分子遗传学分析的氨基酸合成途径（信息栏7.2）。因此，研究者们已经建立起来一个人们广泛接受的体内合成途径（图7.23）。该途径中编码所有酶的基因都已经确定，也对编码7种蛋白质的基因的突变体（吲哚-3-磷酸甘油合酶——IGPS，在拟南芥中有人采用反义核酸干扰的方法获得该酶降低表达的突变体）进行了鉴定。植物中这个途径的反应顺序和微生物的相同。

7.3.5 邻氨基苯甲酸合酶催化色氨酸合成的关键步骤

邻氨基苯甲酸合酶（anthranilate synthase，AnS）是一个可接受氨基的分支酸-丙酮酸裂解酶，催化色氨酸合成途径中的第一步，合成邻氨基苯甲酸。植物中的这类酶有两个亚基，以$\alpha_2\beta_2$的形式行使功

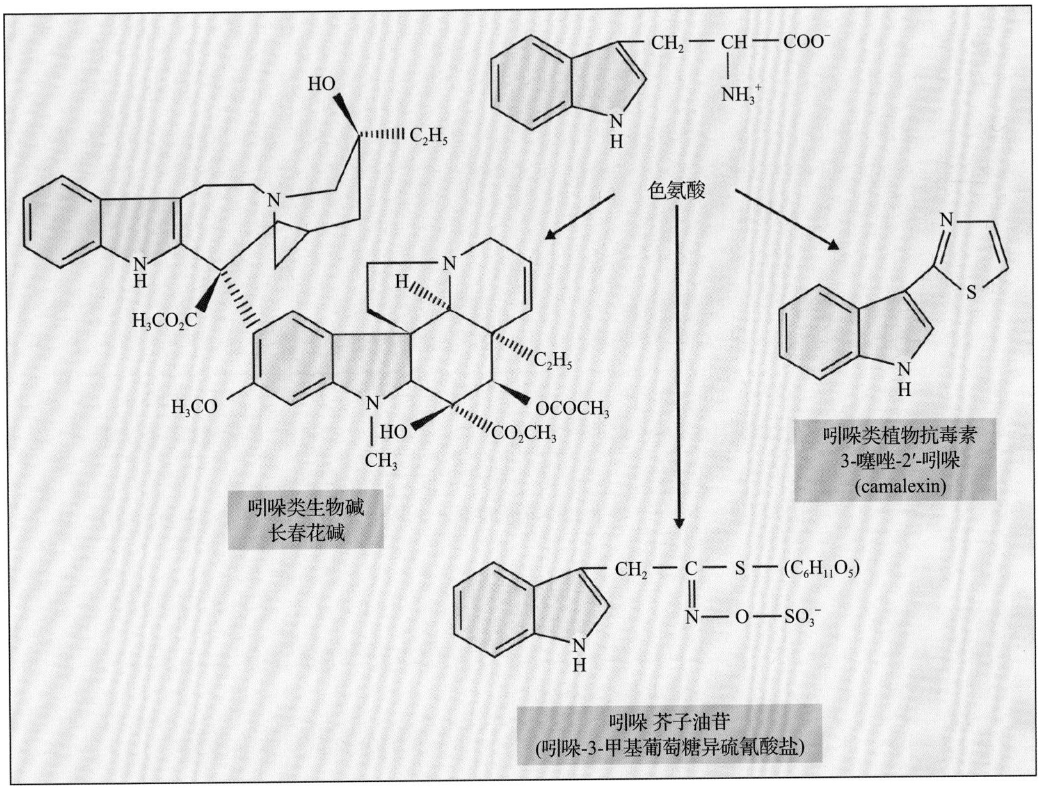

色氨酸

吲哚类生物碱
长春花碱

吲哚类植物抗毒素
3-噻唑-2′-吲哚
(camalexin)

吲哚 芥子油苷
(吲哚-3-甲基葡萄糖异硫氰酸盐)

图 7.22 吲哚环（黄色高亮）来自色氨酸，是植物中很多次级代谢产物的共同特征

信息栏 7.2 色氨酸生物合成途径的阐明运用了几种不同的突变体筛选方法

在微生物中，鉴定氨基酸营养缺陷型突变体很容易。运用的筛选策略是通过影印接种法（replica- plating）培养克隆，比较它们在基本培养基和补充型培养基上的生长状况。那些不加入氨基酸就无法生长的克隆即为营养缺陷型。植物遗传学家不可能采用这套方法，因而在培养基中添加营养物质进行突变体筛选更加困难。另外，在比较基因组学出现之前，植物的生物合成途径不容易进行遗传分析。通过快速筛选积累合成途径中某个中间产物的突变体，或者筛选在某种化合物（该化合物在途径中所有的酶都存在且具有活性时可以转变为有毒产物）存在的情况下可以继续生长的突变体，可以解决这个问题。

邻氨基苯甲酸是色氨酸合成途径中的第一个中间产物，具有很强的蓝色荧光，这为鉴定该途径中前三个酶有缺陷的拟南芥突变体提供了一个表征。**核苷邻氨基苯甲酸**（PR- 邻氨基苯甲酸）**转移酶**（*trp1*）或 PR- 邻氨基苯甲酸异构酶（*pai*，见信息栏 7.3）的功能缺失突变体的叶片在紫外灯下能发出明显蓝色荧光。因为它们不能有效地将邻氨基苯甲酸转化成下游的物质，所以叶片中积累了很多这种中间产物。这种筛选方法也可以用于鉴定**邻氨基苯甲酸合酶**（AnS）β- 亚基活性减弱的 *trp4* 突变体。具体做法是在 *trp1* 突变体基础上筛选具有抑制表型效应的其他突变，这一突变使得分支酸转变成邻氨基苯甲酸的催化活性降低。图 A 列出了途径中前三个酶活性缺失的突变对表型的影响。图 B 是对应的植物在紫外线下的照片，显示了一株四周围绕着野生型拟南芥的具有蓝色荧光的 *trp1* 突变体。

色氨酸毒性类似物和合成途径中间产物的毒性类似物已经用于鉴定功能缺失或功能获得型突变体。色氨酸合成相关酶能将中间产物的类似物转化成色氨酸类似物（图 C），所以对植物有毒性。例如，6- 甲基邻氨基苯甲酸转变成 4- 甲基邻氨基苯甲酸，而 5- 氟吲哚代谢转化为 5- 氟色氨酸，抑制 AnS 活性使植物缺乏色氨酸。对于邻氨基苯甲酸有抗性的植物可分为两类：一类是催化邻氨基苯甲酸转化成色氨酸的酶活性减弱的突变体（*trp1*、*pai*、*trp3* 和 *trp2* 突变体），另一类是对反馈抑制不敏感的功能获得型 AnS *trp5D* 突变体。这类**松弛型变构调节突变体**也可以通过色氨酸类似物（如 α- 甲基色氨酸）的抗性筛选直接鉴定到。与荧光筛选鉴定前三步反应的突变体相似，色氨酸合酶（TS）的缺失突变体也是通过加入 5- 氟吲哚筛选得来，5- 氟吲哚能由 β 亚基转化成有毒的 5- 氟色氨酸。

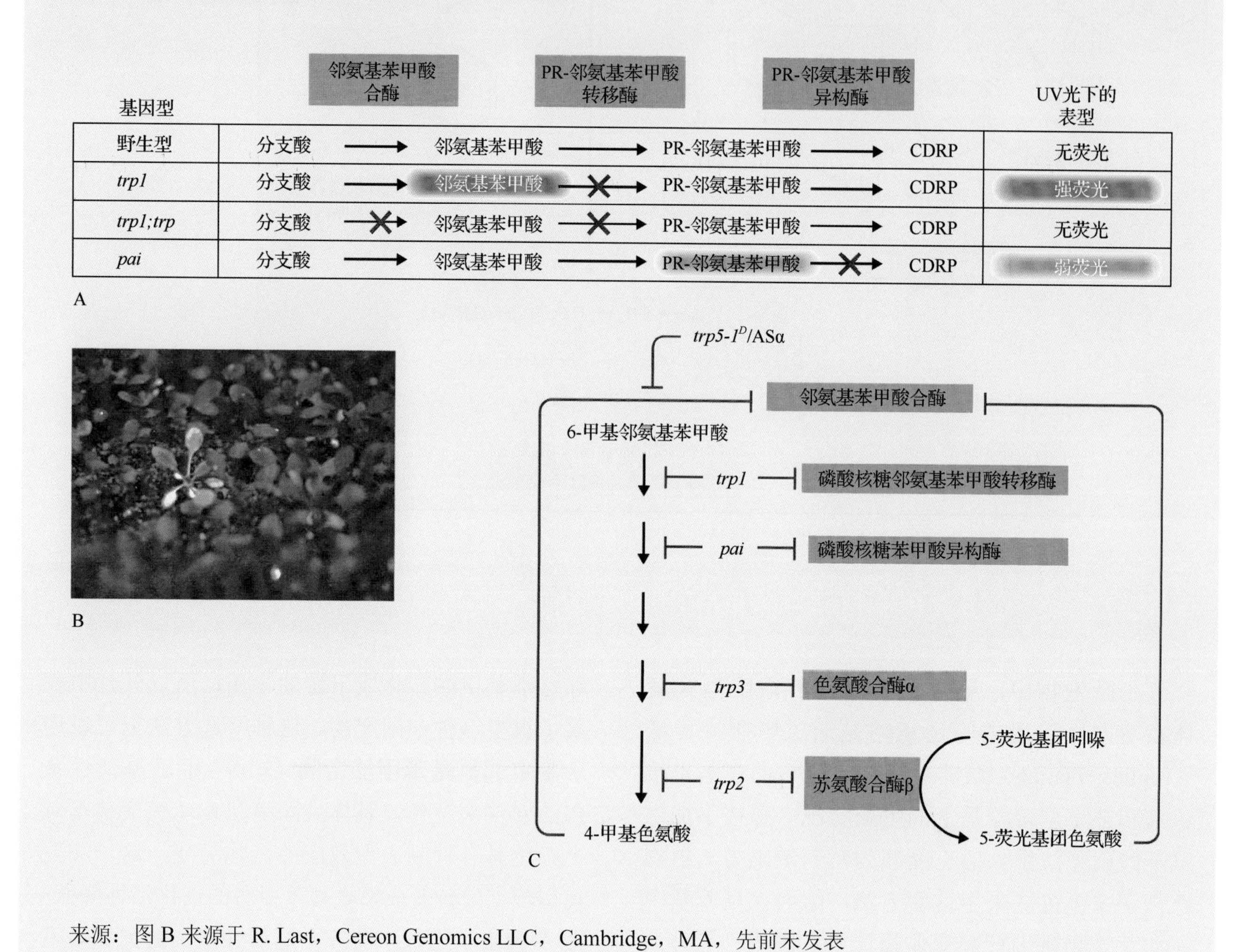

来源：图 B 来源于 R. Last，Cereon Genomics LLC，Cambridge，MA，先前未发表

能。α 亚基催化分支酸的氨基化和烯醇式丙酮基侧链的消除（生成丙酮酸），与此同时 β 亚基具有谷氨酰胺氨基转移酶活性（图 7.24）。对细菌的酶的晶体结构研究表明，α 亚基结合分支酸触发了构象改变，使得酶处于激活状态，同时形成了一个分子内的自 β 亚基向 α 亚基转移的**铵通道**。和细菌中相似，在有足够铵的条件下，即使没有具有氨基转移酶活性的 β 亚基，α 亚基仍可以正常工作（反应 7.1）。但是，谷氨酰胺氨基转移酶活性对于植物 AnS 的功能很重要。拟南芥 *trp4* 突变体的 AnS β 亚基基因 1（AnS β subunit gene 1）突变，抑制了邻氨基苯甲酸的积累，使得植株在紫外光下发出很强的蓝色荧光（见信息栏 7.2）。

反应 7.1：邻氨基苯甲酸合酶

分支酸 +NH_4^+ →邻氨基苯甲酸 + 丙酮酸

作为色氨酸合成途径的关键酶，植物 AnS 的活性被体外施加的微摩尔浓度的色氨酸反馈抑制。色氨酸结合 α 亚基，限制 AnS 的构象改变，这意味着 α 亚基是负责色氨酸反馈抑制的变构调节的亚基。大多数植物中的 α 亚基都对色氨酸具有反馈抑制的敏感性，例外的是烟草和芸香的 α 亚基对反馈调节不敏感（见信息栏 7.3）。

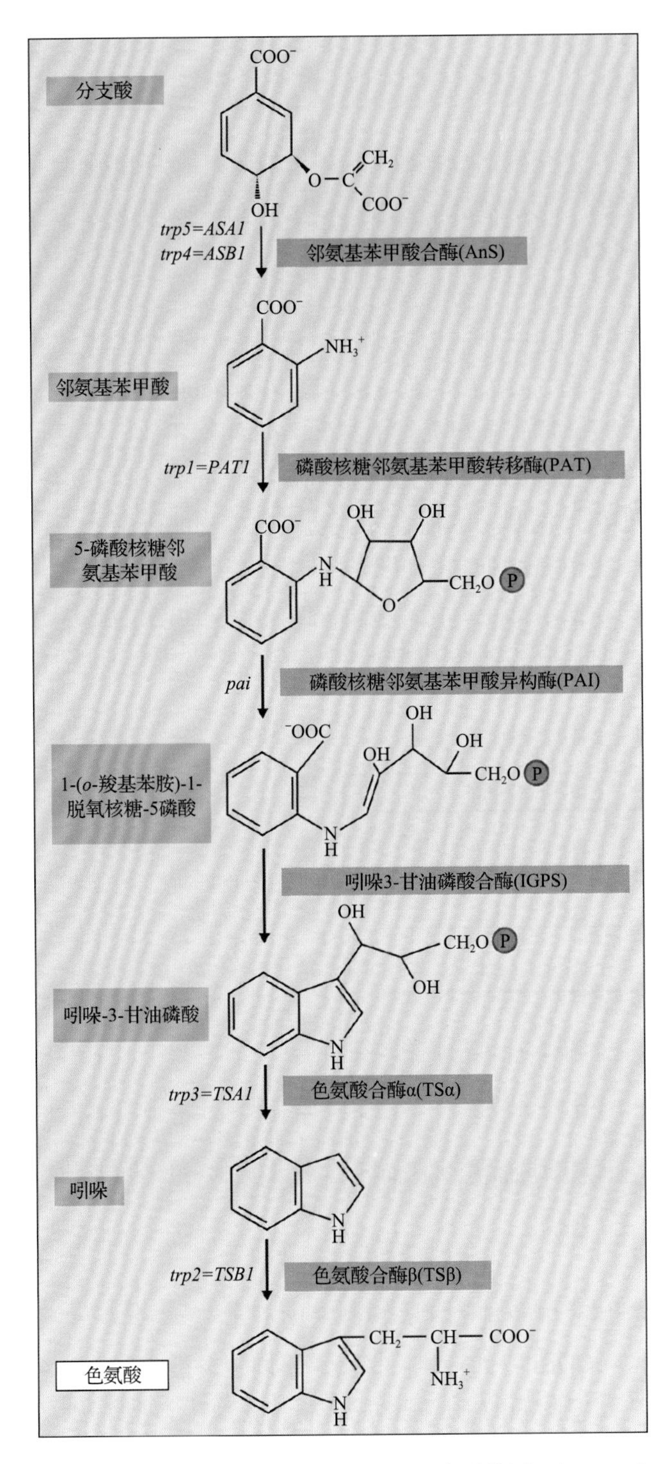

图 7.23 拟南芥的色氨酸合成途径。野生型基因（如 *ASA1*）和突变体（如 *trp5*）的命名在箭头的左边

毒性的**色氨酸类似物**（**tryptophan analogs**）也能作为假反馈抑制剂，人们利用这一点分离鉴定了 AnS 调节出问题的突变体。对色氨酸类似物有抗性的拟南芥 *trp5-1D* 显性突变体表现出对反馈抑制不敏感的 AnS 活性。这一类包含的四个突变体都是在 AnS 的 α 亚基基因 *ASA1* 的同一个位点发生突变，造成一个天冬氨酸变成天冬酰胺。这个突变位点靠近一个在微生物 AnS 酶中反馈调节很重要的区域。*trp5-1* 突变体植株中游离色氨酸浓度比野生型高出 3 倍，说明变构效应在调控色氨酸储存库中发挥着重要的作用。植物至少含有两个编码 α 亚基的基因和一个编码 β 亚基的基因。编码 α 亚基的基因中有一个是组成型表达的，而另一个则受到发育进程的控制，并且在响应伤害和病原体时诱导表达，暗示在植物防御过程中有来自色氨酸合成途径的天然产物的参与。

7.3.6 对 PAT、PAI 和 IGPS 生化特性的了解落后于对它们的分子遗传学的研究

色氨酸生物合成途径中的第二个酶是磷酸核糖邻氨基苯甲酸转移酶（PAT），它催化磷酸核糖焦磷酸中的磷酸核糖基团转移至邻氨基苯甲酸，形成 5-磷酸核糖邻氨基苯甲酸（图 7.25）。拟南芥基因组中含一个单拷贝基因编码 PAT。拟南芥 *PAT* 在体内组成型表达，它的 mRNA 水平受到其前两个内含子转录后的增强调节。

虽然对 PAT 的酶学特性了解得不多，但是拟南芥的 PAT 酶已是分子遗传学较深入的研究对象。PAT 突变体可分为两类：营养缺陷型和原养型。前一类植株中 PAT 酶的活性很低，因此幼苗无法在不含色氨酸的缺素培养基中生长；而后一类突变体则

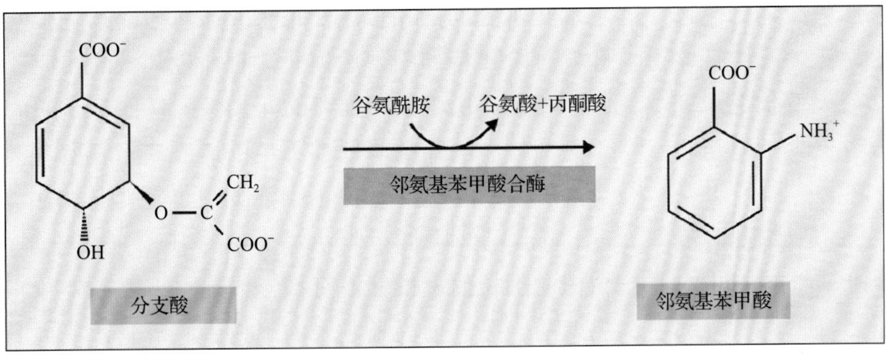

图 7.24 邻氨基苯甲酸合酶催化色氨酸合成的第一步。注意谷氨酰胺的 γ-氨基转变成了邻氨基苯甲酸的芳香族氨基。这个酶活通常称为谷氨酰胺氨基转移酶，实际上根据反应应该称为谷氨酰胺酰胺转移酶。谷氨酰胺酰胺转移酶的活性依赖 PLP，通常催化谷氨酰胺水解产生氨，氨由一个通道转移至另一个活性位点作为亲核基团。这个疏水通道阻止氨的质子化，保持它的亲核性

信息栏 7.3　一类合成生物碱的植物含有对反馈抑制不敏感的 AnS

虽然 AnS 的反馈调节是一种控制色氨酸积累的合理机制，但是这种方式也会减弱外界刺激下植物迅速合成次级代谢产物的能力。

自然界天然存在**色氨酸不敏感 AnS 异构体**，这可能是植物中一种避免上述潜在困难的机制。经过真菌细胞壁诱导子处理后，**芸香**（***Ruta graveolens***）细胞很快就会积累来源于邻氨基苯甲酸的、抗微生物的**吖啶酮类生物碱**（如 **rutagravin**；图 A）；在这期间，AnS 的活性和 AnS α 亚基的 mRNA 的量都显著增加。对照组和诱导子诱导的细胞培养物中虽然含有等量的对色氨酸敏感的 AnS 酶活，但是诱导培养物中积累了大量的抗反馈抑制的 AnS。

这些生化数据和基因表达的研究结果相吻合。芸香有两种 AnSα 基因：AnS α1 mRNA 在诱导子刺激后会出现积累，而 AnS α2 mRNA 则保持不变（图 B）。对大肠杆菌中表达的两种 AnS α 异构体的进一步研究表明，可诱导的 AnSα1 活性几乎不受过高浓度的色氨酸（高达 100μmol · L^{-1}）影响。相反，同其他研究过的植物 AnS 酶很相似，不受诱导的 AnSα2 对色氨酸的 K_I 小于 3μmol · L^{-1}。这些结果说明，这种合成生物碱的植物编码了一个不受色氨酸抑制的可诱导的 AnS，从而使得植物即使在游离色氨酸很充足的条件下，也能为次级代谢合成邻氨基苯甲酸。

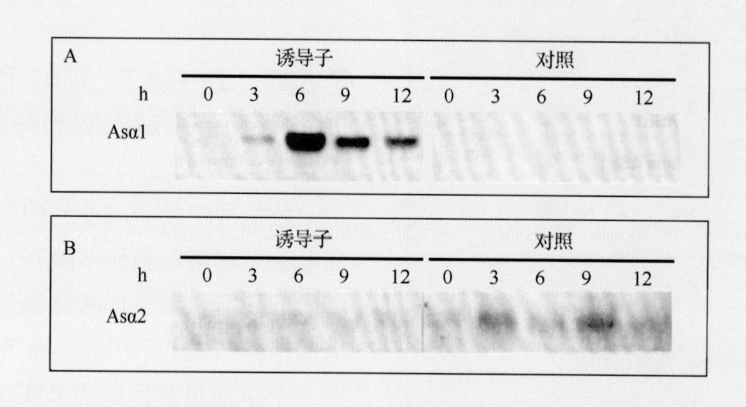

来源：图 B 来源于 Bohlmann et al.（1995）. Plant J. 7:491-501

可以在不额外添加氨基酸的情况下生长。与生长形态正常的**原养型突变体**（**prototrophic mutant**）不同，*trp1* **营养缺陷型突变体**（**auxotrophic mutant**）的成株个体较小、丛生，即使在有色氨酸补充的条件下育性也明显下降（图 7.26）。这些发育缺陷可能是由于不能合成生长素或其他由这个合成途径衍生而来的代谢中间物引起的。原养型 *trp1* 突变体的生化分析表明，它所具有的 PAT 酶活性远远超过维持该途径进行所需。事实上，5 个原养型突变体的 PAT 酶活性只有野生型酶活性的 1% 或者更少，但是它们仍然能在没有色氨酸的条件下正常生长。

色氨酸合成途径中的第三个酶是**磷酸核糖邻氨基苯甲酸异构酶**（phosphoribosylanthranilate isomerase，PAI；图 7.27），它催化 5- 磷酸核糖邻氨基苯甲酸到 1-（*o*- 羧基苯胺）-1- 脱氧核糖 -5 磷酸（CDRP）的转化。拟南芥不同生态型含有 3 ～ 4 个高度同源的 *PAI* 基因。在哥伦比亚生态型中 *PAI1* 和 *PAI2* 序列（包括非翻译区）具有 99% 的一致性。这与原核生物 PAI 蛋白具有的低保守性相反，暗示着一次近期的基因重复或某种其他机制积极地保持了这些基因间的相似度。每个 PAI 基因都具有空间和发育阶段特异的表达模式，对环境刺激的响应也各不相同。由于 PAI 具有的冗余性，任何一个酶的单突变体中酶活的降低都不足以造成缺陷表型。甚至，在反义 RNA（antisense-RNA）的转基因植株中，PAI 酶活已经降低至野生型 PAI 的 10% ～ 15% 了，植株的生长速率依然没有减慢，也不需要额外补充色氨酸。在一项尚未发表的工作中，研究者获得了

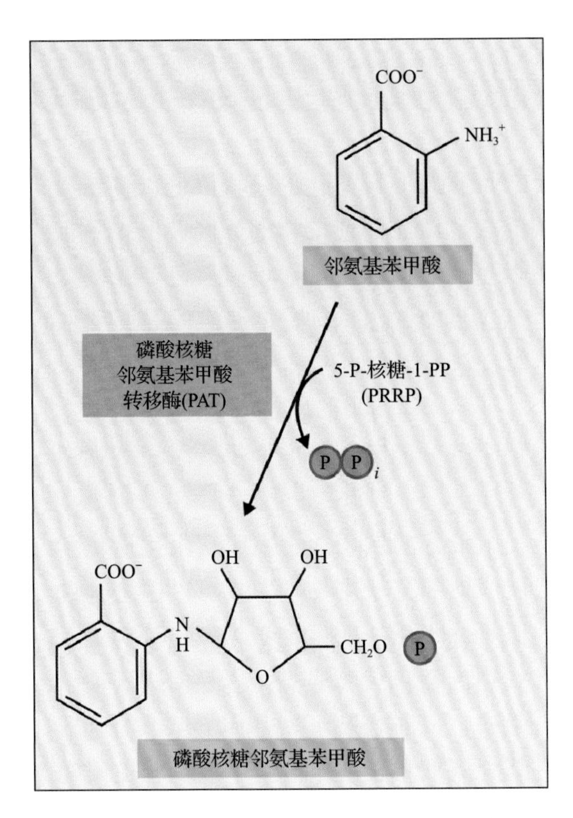

图 7.25 磷酸核糖邻氨基苯甲酸转移酶（PAT）催化色氨酸合成的第二步

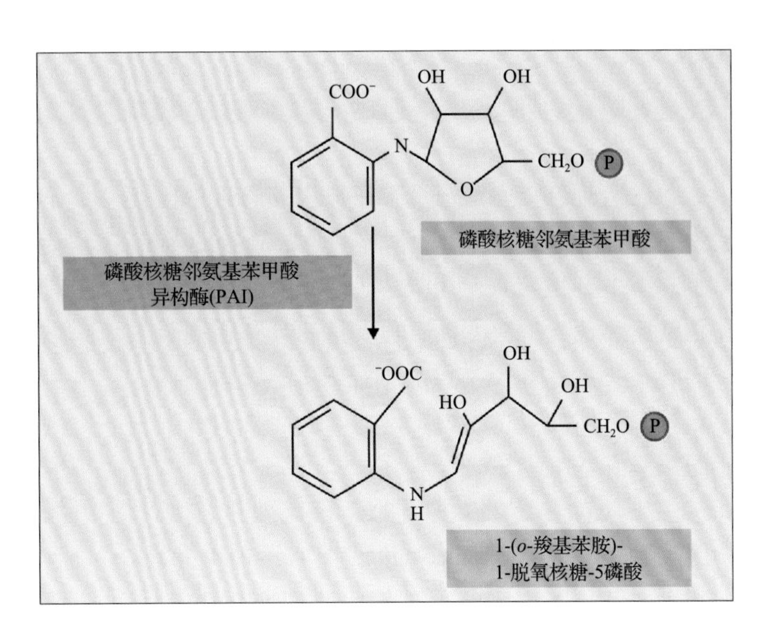

图 7.27 磷酸核糖邻氨基苯甲酸异构酶（PAI）催化色氨酸合成的第三步

图 7.26 与野生型植株相比，需要色氨酸的 *trp1* 突变体的形态有了明显的变化：植株变矮，顶端优势不明显。来源：Last, Cereon Genomics LLC, Cambridge, MA; previously unpublished

一个 PAI 缺陷植株，它的一个 *PAI* 基因被敲除的同时，另一个 *PAI* 基因被 DNA 甲基化相关的表观遗传机制沉默。这种植株中酶活显著降低到测量不到的水平，可用于进一步的表型观察（见信息栏 7.4 和第 9 章）。

色氨酸合成途径中的倒数第二个酶是**吲哚-3-甘油-磷酸合酶（indole-3-glycerol-phosphate synthase，IGPS）**，它催化 CDRP 的脱羧和闭环反应（图 7.28）。这是目前唯一已知的可催化产生吲哚环的酶。拟南芥中编码 IGPS 的一个基因是依据它能回补大肠杆菌 *trpC*⁻ 突变体功能鉴定到的，虽然它与微生物的酶仅有很低的氨基酸一致性（22% ～ 28%）。植物的 IGPS 以单功能酶的形式存在，这与真菌和细菌的 IGPS 不同，这些生物中的酶与色氨酸合成途径中的一个或两个其他的酶形成融合蛋白。检测拟南芥色氨酸合成途径相关突变体及反义核酸抑制 *IGPS* 的转基因植物中色氨酸和 IAA 的含量发现，吲哚-3-甘油磷酸可能是依赖于色氨酸的生长素合成途径中的一个分支点中间产物。然而这些突变体中的 IAA 看起来像是化学性质不稳定的 IGP（原文有误，IGPS 应该改为 IGP——译者注）的分解产物，这种 IGP 在色氨酸合酶突变体中积累。因此，**不依赖色氨酸生长素合成途径（tryptophan-independent auxin biosynthesis）**可能不存在（见第 17 章）。

7.3.7 色氨酸合酶（TS）催化色氨酸合成的最后一步反应

色氨酸合酶（TS）是一个双功能酶，催化色氨酸合成途径中的最后两步反应：吲哚-3-甘油磷

信息栏 7.4 *PAI2* 基因的表观调节导致色氨酸部分营养缺陷型（partial tryptophan auxotrophy）

虽然蓝色荧光筛选没有在拟南芥的哥伦比亚生态型中鉴定到 *pai* 突变体，但是在 Wassilewskija 生态型中却鉴定到一个 *PAI* 活性减弱的、发出不正常蓝色荧光的突变体。与大量的具有相同荧光的 *trp1* 突变体和反义核酸干扰 *PAI* 的株系不同，这种突变体的表型不稳定，体细胞回复成野生型的频率很高（见图）。

与具有三个 *PAI* 基因的哥伦比亚生态型不同，野生型的 Wassilecoskija（图 A）有 4 个 *PAI* 基因。其中，*PAI4* 位于哥伦比亚型 *PAI1* 基因座的位置，是一段紧靠 *PAI1* 基因的反向重复序列。蓝色荧光 *pai* 突变体中一段序列缺失，使得紧密连锁的 *PAI1* 和 *PAI4* 基因同时失活，只留下完整的 *PAI2* 和 *PAI3*，使得植物依赖 *PAI2* 的表达。Wassilewskija 的 *PAI2* 基因受表观遗传控制，通常是高度甲基化的（图 B 中的 *Me-PAI2**），使得其 mRNA 的含量很低。突变体的表型不稳定就是由于 *Me-PAI2**（图 C）甲基化的随机降低，重新激活了基因的表达，从而使植物部分区域形成了带有野生型表型的表型回复区（没有蓝色荧光的区域）。这些表型回复的组织具有足够的PAI酶活性，可以阻止邻氨基苯甲酸的积累，使植物正常生长。因为是否有蓝色荧光是由每个细胞自主决定的，所以植物每个部分的表型都准确反映了表观调节的状况。

这是一个很好的例子，它表明从生化遗传学研究中发展成熟的分子生物学工具可以用来开辟一个新的似乎并不相关的生物学领域。事实上，得益于有实用的蓝色荧光表型，以及对 *PAI* 基因家族的清楚研究，对表观沉默基因 *PAI2** 的研究成为解决基因沉默和表观遗传学中许多有趣问题的一个新方法，从中发展出了一个很好的领域（见第 7 章）。

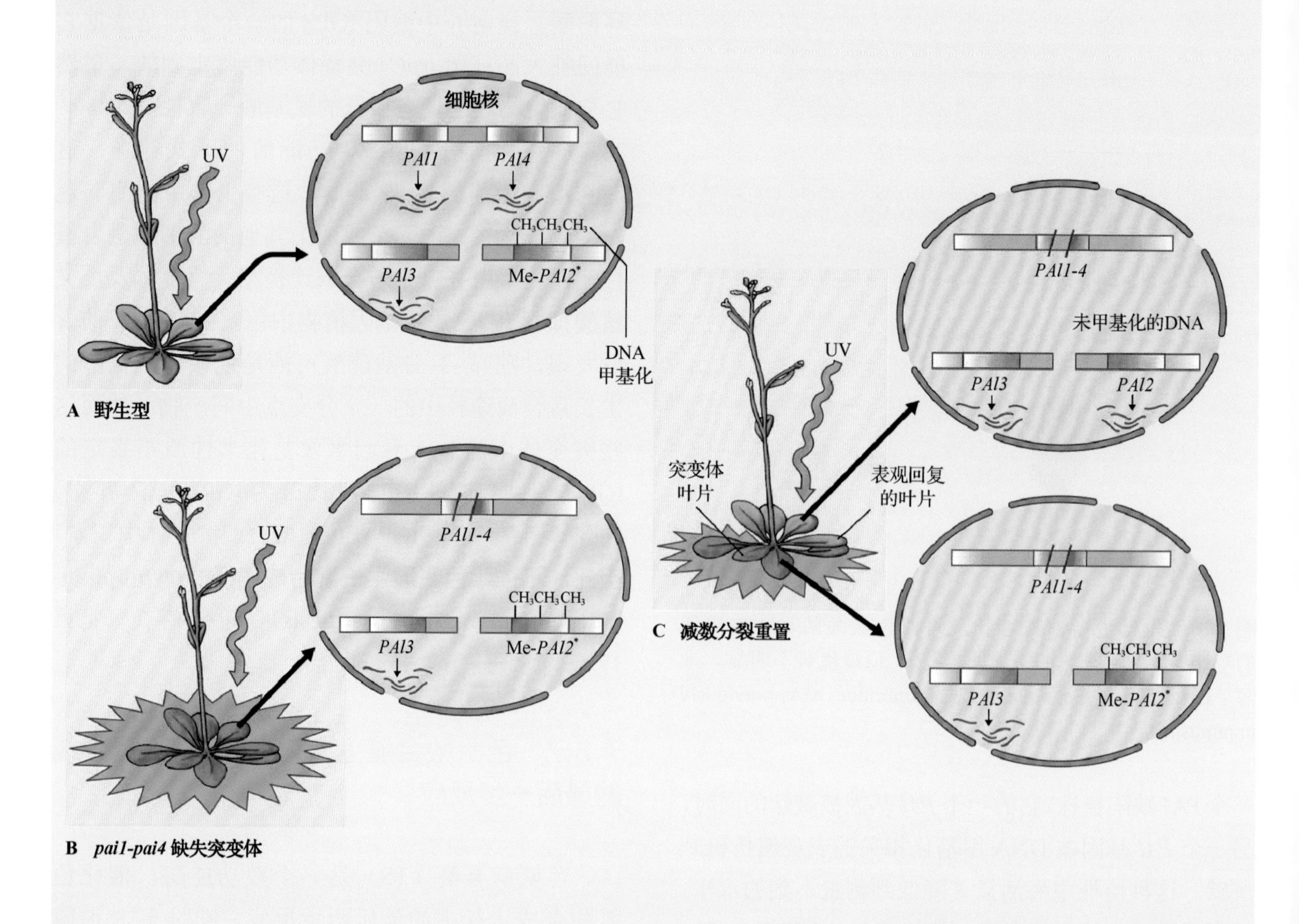

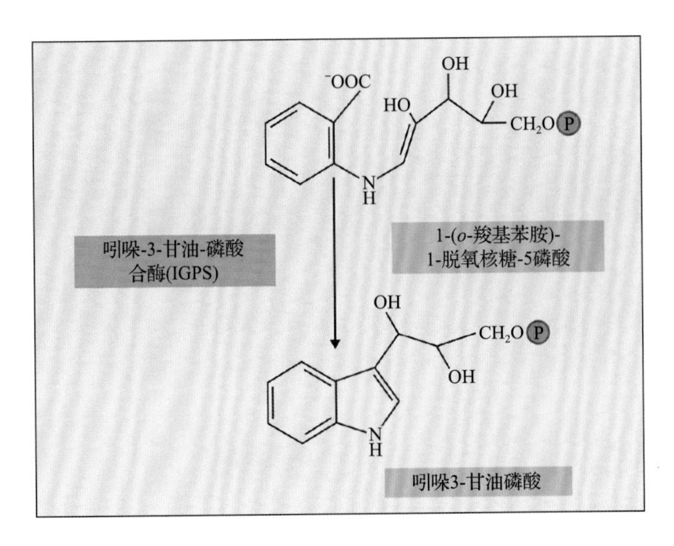

图 7.28 吲哚-3-甘油-磷酸合酶（IGPS）催化反应产生色氨酸和一些次级代谢物合成所需的吲哚环

酸（IGP）和丝氨酸转变成色氨酸（图 7.29）。TS 在细菌中是色氨酸合成途径中研究最清楚的酶，以异源四聚体 $\alpha_2\beta_2$ 的形式存在，分离的亚基能各自独立催化反应过程中顺次发生的两个半反应（partial reaction）。

反应 7.2：TS α 亚基

IGP→ 吲哚 +3- 磷酸甘油醛 [IGP 裂解酶(IGL)活性]

反应 7.3：TS β 亚基

吲哚 + 丝氨酸→色氨酸 +H_2O

对鼠伤寒沙门氏菌（*Salmonella typhimurium*）TS 酶的生化和 X 射线晶体学研究表明，吲哚中间产物在 α 亚基（TSA）的活性位点处产生后并不是简单地从酶上释放出来，而是经过了一个 25Å 的**分子间通道**（**intermolecular tunnel**）到达 β 亚基（TSB）的活性位点（图 7.30）。这和谷氨酰胺转移酶的“铵通道”（见图 7.24）相似。两个半反应通过 α 和 β 亚基间的变构调节保持协调，每个亚基都能引起蛋白质构象变化，从而影响另一亚基的催化活性。例如，相对于单个 β 亚基，与 α 亚基结合后的 β 亚基的活性增加了 30 倍（见反应 7.3）。反之，如果 β 亚基活性位点上的辅助因子吡哆醛磷酸结合了丝氨酸，α 亚基活性位点的 IGP 切割速率就会提高 20 倍（图 7.30）。与细菌的亚基间相互激活不同的是，当玉米的 TS 形成 $\alpha_2\beta_2$ 构型后只有 α 亚基可被 β 亚基激活，反过来则不行。

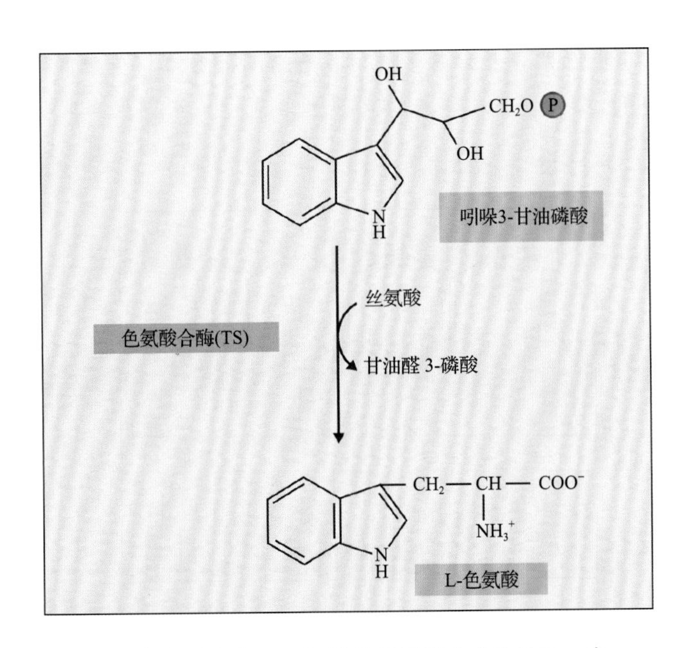

图 7.29 色氨酸合酶（TS）催化色氨酸合成的最后一步

真菌含有单个编码双功能 TSA-TSB 酶的基因，而大肠杆菌和植物中则分别有基因负责编码 TSA 和 TSB。据预测，在拟南芥基因组中至少有 2 个和 4 个基因分别编码 TSA 和 TSB。*trp3* 和 *trp2* 突变体的色氨酸营养缺陷表型证明了 TSA1 和 TSB1 在色氨酸合成途径中的功能相关联。然而，其他同工酶的功能还没有完全解析清楚。玉米和拟南芥不同，含有一个 TSA 和两个高度相似且冗余的 TSB 编码基因。只有两个 TSB 同时缺失才会造成色氨酸营养缺陷表型。

除了 TSA 外，植物还有另外的酶可以催化 IGP 产生吲哚。吲哚不仅是色氨酸的前体，还是很多植物天然产物的共同前体。所以，当玉米被食草动物攻击后，由一个单独的**吲哚 -3- 甘油磷酸裂解酶**（**indole-3- glycerolphate lyase**，IGL）负责产生**挥发性吲哚**（**volatile indole**），而 BX1（信息栏 7.5）催化天然杀虫剂**苯并恶嗪**（**benzoxazinoid pesticides**）合成的第一步。拟南芥基因组中也含有一个可产生吲哚的类 TSA 酶（IGL）基因。虽然上述三个基因都是 *TSA* 的旁系同源基因，它们对应的蛋白质在催化吲哚时却不依赖 TSB。有时候吲哚或苯并恶嗪的产量可能会超过色氨酸，因此，TSA 和 TSB 间形成异源多聚体可以防止吲哚中间产物的提前释放，保证蛋白质和生长素合成所需的基本的色氨酸合成量。

7.3.8 芳香族氨基酸的生物合成在质体中进行

芳香族氨基酸是在叶绿体中合成的。多方面的证据表明，合成苯丙氨酸、酪氨酸和色氨酸的一整

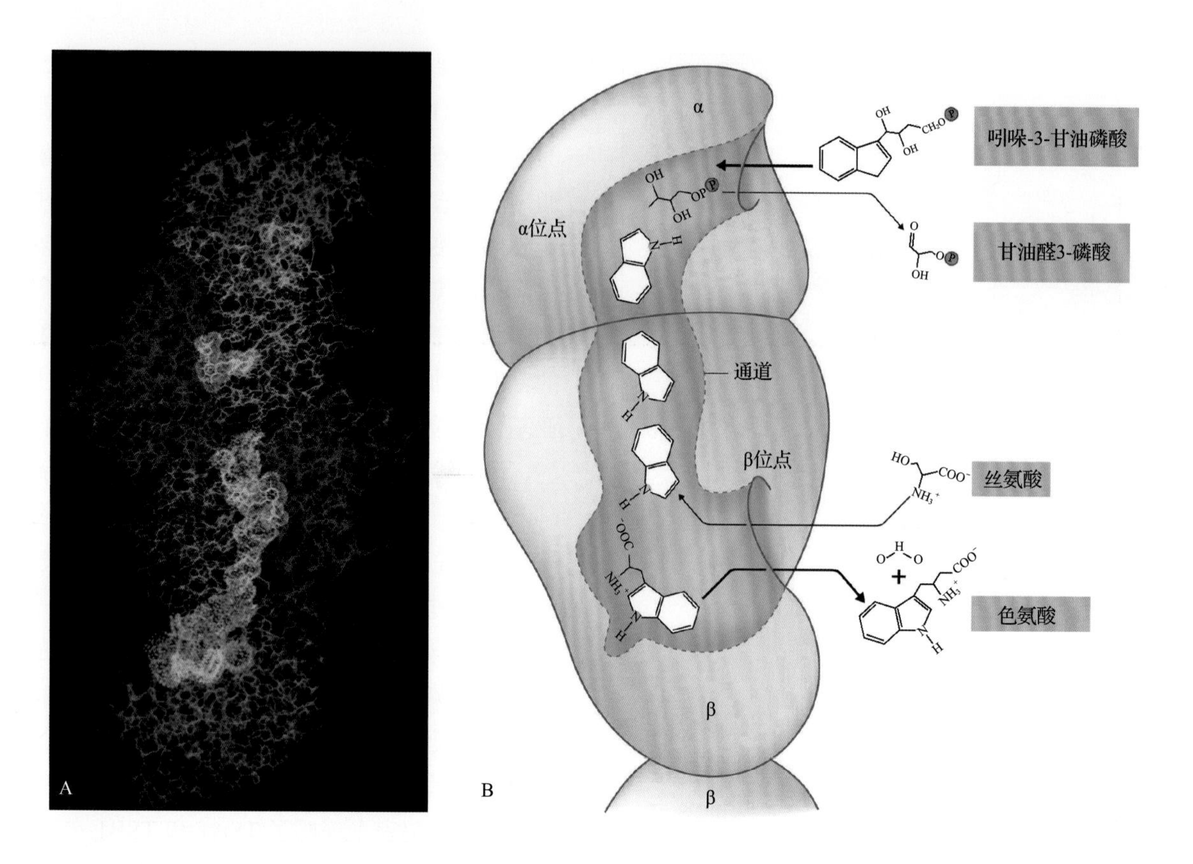

图 7.30 色氨酸合酶（TS）包含 α 亚基和 β 亚基，它们共同构造出两个活性位点，中间有一个疏水通道，供吲哚 -3- 甘油磷酸中释放的吲哚基团在活性位点间转移。A. 鼠伤寒沙门氏菌（*Salmonella typhimurium*）TS 复合物的结构。α 亚基为蓝色，β 亚基的 N 端残基为黄色，C 端残基为红色。一分子吲哚 -3- 磷酸甘油（红色）结合在 α 亚基的活性位点上。B. 引导吲哚基团从 α 亚基活性位点转移至 β 亚基活性位点的通道示意图。来源：（A）Hyde et al.（1998）. J. Biol. Chem. 263:17857-17871

信息栏 7.5 植物有另一个参与吲哚合成的单亚基 TSA 酶

人们认为吲哚是一些次级代谢物，例如，环羟氨基酸类次级代谢物 2, 4- 二羟基 -7- 甲氧基 -1, 4- 苯并恶嗪 -3- 酮（DIMBOA，结构见右图）合成的中间体。但与此矛盾的是，在研究很透彻的细菌 GS 酶中，吲哚通过一个通道从 TSA 的活性位点转移到 TSB 上，并没有同 TS 异源二聚体酶分离。后来在玉米中发现了一种 TS 酶的新形式，研究鉴定到了一个不能正常积累 DIMBOA 的突变体（*bx1*，*benzoxazin-less*），它的一个 TSA 类似基因（*BX1*）有缺陷。

BX1 蛋白的表达甚至在没有植物 β 亚基时也能互补 *trpA* 突变体表型，这与拟南芥的 TSA1 蛋白不同。这个结果表明，BX1 在没有 TSB 亚基激活的条件下，也能有效地切割 IGP，形成游离的吲哚。利用大肠杆菌表达的 BX1 蛋白的酶动力学研究也进一步证明，同源多聚的 BX1 酶催化切割 IGP 的活性是大肠杆菌 $\alpha_2\beta_2$ 异源多聚体的 30 倍。以上结果说明，植物改变了色氨酸合成途径中的一个酶，将它用作吲哚衍生物次级代谢的关键酶，同时又保持了异源多聚 $\alpha_2\beta_2$ 酶的活性用于色氨酸的合成。

CH_3O　O　OH　N　O　OH

DIMBOA
2,4-二羟基-7-甲氧基-1,
4-苯并恶嗪-3-酮

套酶都定位于质体中。分离的叶绿体能把 $^{14}CO_2$ 整合到芳香族氨基酸上，而且人们在叶绿体提取物中已经检测到了几乎所有参与分支酸及芳香族氨基酸合成的酶的活性。与此观点相一致的是，负责芳香族氨基酸合成途径每一步的酶中至少一个同工酶带有质体定位序列。合成途径中绝大多数酶的质体定位通过绿色荧光蛋白（green fluorescence protein，GFP）融合观察得到了验证。此外，实验还证明 DAHP 合酶、莽草酸激酶、EPSP 合酶、PAI 和 TSA 等酶的前体蛋白都能进入分离的叶绿体中。

亚细胞组分分离和定位观察的实验揭示，在有些植物的细胞质中存在 DAHP 合酶活性，还鉴定到了 CM（也许在所有植物中）和脱氢奎尼酸脱水酶 - 莽草酸脱氢酶（目前仅在烟草中发现，见 7.3.2 节）在细胞质中的同工酶。后面两种酶在生化和分子水平已经得到验证。人们在烟草中发现了编码细胞质定位的脱氢奎尼酸脱水酶 - 莽草酸脱氢酶的基因，在拟南芥和矮牵牛（*Petunia hybrida*）中克隆得到了 *CM2*，并且已经确定相关蛋白质在细胞质中的定位。目前，还未克隆到编码 DAHP 合酶的基因，仅发现某些酶可以催化与 DAHP 合酶相同的反应，但它们受 Co^{2+} 而不是 Mn^{2+} 激活。由于这些酶可以广泛地利用醛类物质，而不是赤藓糖 -4- 磷酸作为底物，它们对于赤藓糖 -4- 磷酸的 K_m 值比受 Mn^{2+} 激活的酶的 K_m 值高出 10 倍，故而这些酶不太可能是真正参与分支酸合成的酶。因此，这些酶在细胞质中的代谢作用可能与芳香族氨基酸的合成并不相关。

7.3.9 芳香族氨基酸的合成可受到胁迫的诱导

与我们研究比较清楚的大肠杆菌和酵母不同，植物芳香族氨基酸合成有关的酶可受到环境信号的调节。植物氨基酸本身浓度较低，但是从它们合成途径的中间产物或终产物出发，可以合成大量的、在大多数情况下受到高度诱导的次级代谢产物，由此看来上述观点是很符合逻辑的。实际上，这些与中间代谢有关的酶可能受芳香族化合物次级代谢途径的协同调控。

在对芳香族氨基酸合成途径的关键酶的研究中，我们获得了印证上述观点的第一个证据。很多已知的、可诱导次级代谢物积累的处理，如植物损伤、真菌诱导子处理悬浮细胞或细菌病原体侵染，都能引起依赖 Mn^{2+} 的 DAHP 合酶活性的提高和相应 mRNA 的积累。损伤诱导的 DAHP 合酶 mRNA 合成的动力学特征与芳香族氨基酸次级代谢的关键酶——苯丙氨酸氨裂解酶（PAL）相似（图 7.31A）。这种在响应环境刺激时的基因协同诱导（coinduction）现象并不仅限于莽草酸合成途径的第一个酶。因为，现在发现番茄悬浮细胞在经真菌诱导子处理后，其莽草酸激酶、EPSP 合酶、分支酸合酶和 PAL 都在几小时内就获得最大程度的诱导。类似地，马铃薯块茎中 CM1 的活性可以受到损伤的诱导。另外，经真菌诱导子处理的拟南芥悬浮细胞的 *CM1* 和 *PAL* 基因的 mRNA 也能一同受诱导。但当植物暴露在臭氧环境中时，莽草酸合成途径中的基因受到诱导的动力学特征和上述途径就很不一样，只有编码 DAHP 合酶、3- 脱氢奎尼酸脱水酶 / 莽草酸脱氢酶和 EPSP 合酶的基因受到的诱导最强烈，而这个途径中的其他基因只有很微弱的上调。

在拟南芥响应多种环境胁迫的过程中，色氨酸合成相关基因的上调和吲哚次级代谢物 camalexin（3- 噻唑 -2'- 吲哚，见图 7.22）的积累间有很强的关联。经细菌病原体处理后，色氨酸途径中所有酶的 mRNA 和蛋白质都受诱导，并且这种诱导的速率与 camalexin 积累的速率是一致的。在不同细菌病原体处理条件下，不仅反应时间同步，camalexin 的积累量和酶的诱导程度也联系紧密（图 7.31B）。

近年来转录组学的发展促进了生物信息学在代谢研究中的运用，帮助解析和在整体水平上认识植物响应各种生物和非生物胁迫时代谢方面的调控。这类研究表明，编码氨基酸分解代谢相关酶类的基因比编码同化作用相关酶类（包括变构的和非变构的）的基因对环境和胁迫信号更为敏感，它们在转录水平响应更迅速。因此，氨基酸分解代谢主要受到转录水平的调控；而对于氨基酸合成，翻译后的变构反馈抑制则起到重要的调节作用。但在拟南芥嫩枝被 UV-B 照射处理时也观察到了色氨酸合成与分解代谢途径相关的基因在转录水平有很强的响应。

7.4 天冬氨酸衍生氨基酸的合成

从天冬氨酸出发，经过三种途径可直接合成赖

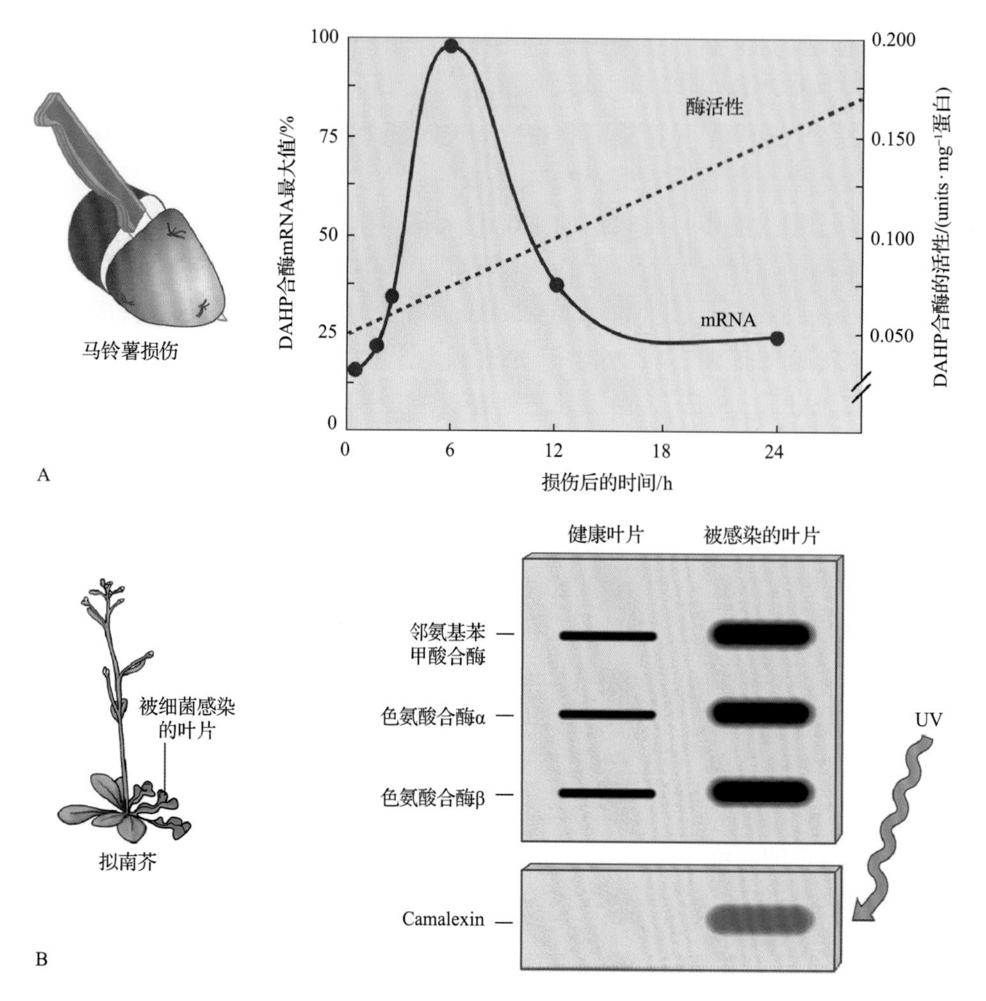

图 7.31 引起芳香族次级代谢物增加的条件可激活植物芳香族氨基酸合成相关的酶类。A. 马铃薯块茎损伤可以诱导 DAHP 合酶的 mRNA 浓度增加和酶活性提高。B. 细菌病原的侵染可以增加拟南芥色氨酸途径相关酶 mRNA 的量，从而增强抗微生物的吲哚类次级代谢物——camalexin 的合成。这个物质在紫外灯下显出蓝色荧光

氨酸、苏氨酸和甲硫氨酸（图 7.2 和图 7.32）。随后，苏氨酸可作为异亮氨酸合成的前体，甲硫氨酸被活化成为 *S*- 腺苷甲硫氨酸（SAM）。SAM 是很多甲基化反应中最重要的甲基供体，也是乙烯和聚胺合成的前体，还是硫代葡萄糖苷合成途径中链延伸过程的底物。

包括人在内的非反刍动物必须从食物中获取天冬氨酸衍生氨基酸。由于很多植物性的食品缺少一种或多种必需氨基酸，谷物和豆类种子中含有的氨基酸种类也不完全，如不能同时食用、相互补充的话，很多植食性动物就会因为缺乏必需氨基酸而出现健康问题。因此，不吃任何肉类食物的素食人群就必须注意给机体按比例地提供所有氨基酸，以保证体内蛋白质合成所需。

同人类一样，农场中饲养的动物不能依靠全部由谷物构成的食物存活。例如，低成本的玉米可以为动物提供热量，人们把它广泛地用作饲料，但是它的氨基酸含量低、种类少，还特别缺乏赖氨酸、色氨酸和甲硫氨酸。相反，大豆中含有丰富的赖氨酸却缺乏甲硫氨酸和苏氨酸。给那些食用大豆或者玉米的动物补充赖氨酸、苏氨酸或甲硫氨酸能提高它们的生长速度，但是费用太高。所以，研究人员正在着手利用传统的育种方法和转基因代谢工程来增加农作物中有重要营养作用的氨基酸的含量，特别是天冬氨酸衍生出的几种氨基酸。

7.4.1 苏氨酸、赖氨酸和甲硫氨酸都是一个受到复杂生化调节的多分支代谢途径的产物

天冬氨酸为苏氨酸提供整个碳骨架，因此，我们把苏氨酸合成看成主反应途径（图 7.33），而把赖氨酸和甲硫氨酸的合成看成分支途径（图 7.34 和图 7.35）。**天冬氨酸激酶（aspartate kinase，AK，也称为 aspartokinase）**通过磷酸化作用活化天冬氨酸，它是所有天冬氨酸衍生氨基酸合成的关键酶。随后，**天冬氨酸 4- 磷酸（aspartate 4-phosphate）**（β-天冬氨酸基磷酸）经过两次由 NADPH 介导的还原反应转化成高丝氨酸（homoserine）。这个反应是由**半醛基天冬氨酸脱氢酶（aspartate-semialdehyde dehydrogenase）**和**高丝氨酸脱氢酶（homoserine dehydrogenase，HSDH）**依次催化的。之后，高丝氨酸的 4 号位碳原子被高丝氨酸激酶磷酸化，生成的高丝氨酸 4- 磷酸是苏氨酸和甲硫氨酸合成途径分支的节点。**苏氨酸合酶（threonine synthase）**是一个磷酸裂解酶（phospholyase），催化高丝氨酸磷酸中碳 - 氧键的断裂，然后引入水分子形成苏氨酸的

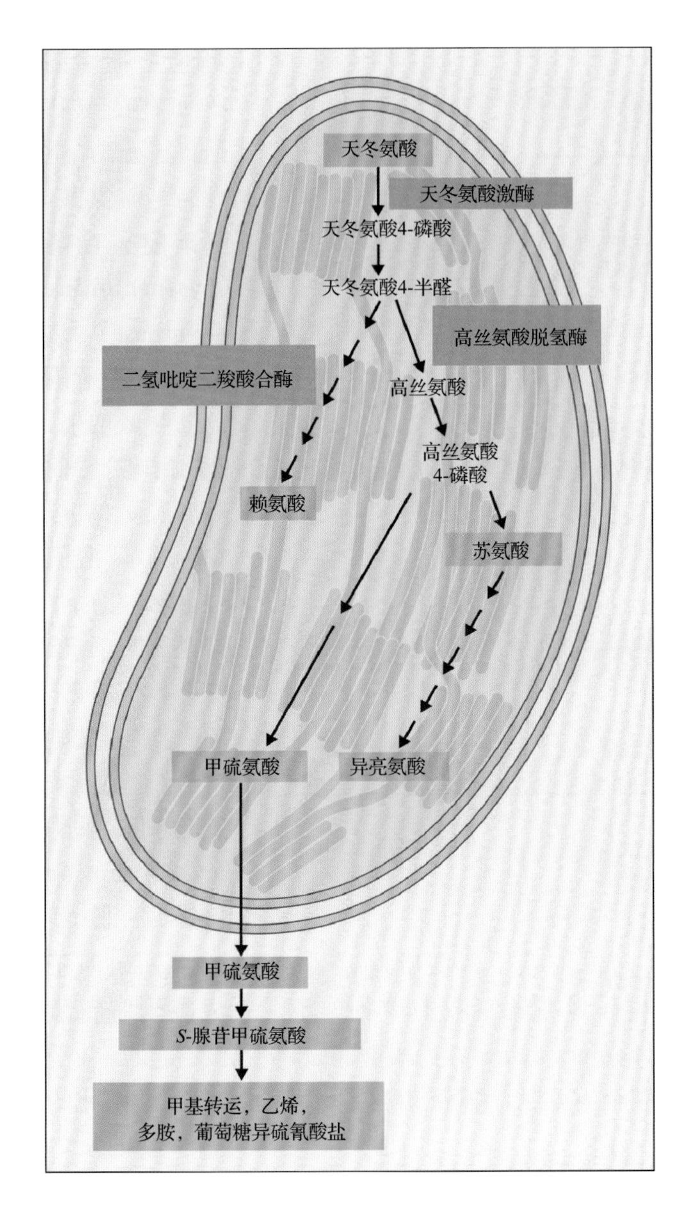

图 7.32 天冬氨酸衍生氨基酸是在质体中合成的。甲硫氨酸活化产生 *S*- 腺苷甲硫氨酸的反应和甲硫氨酸的再生过程都发生在胞质中

羟基，它的作用依赖吡哆醛，受 SAM 变构激活（见 7.4.3 节）。

一般来说，在复杂的氨基酸合成途径中，各个反应的顺序在所有含有这些氨基酸的物种中是相似和保守的，在这一点上赖氨酸的合成途径是一个例外。近 50 年来大家公认赖氨酸合成途径分为本质不同的两类，一类是细菌和植物中的，另一类是真菌（子囊类和担子菌类）中的。在细菌和植物中，从天冬氨酸经**二氨基庚二酸**（**diaminopimelate, DAP**）途径合成赖氨酸。DAP 是大多数细菌的细胞壁肽聚糖成分，因此 DAP 途径在这些微生物体内完成两方面重要功能，既提供 DAP 也提供赖氨酸。真菌中合成途径从中间产物 α- **氨基己二酸**（**α-aminoadipate**）开始，也因此得名 AAA 途径。AAA 合成的起点是 α- 酮戊二酸和乙酰 CoA 缩合生成高柠檬酸（homocitrate；与三羧酸循环中柠檬酸的生成相似），随后再经过类似三羧酸循环中的反应转变成 α- 酮己二酸（对应于 α- 酮戊二酸加上一个甲基），接下来进一步转氨生成 α- 氨基己二酸。在嗜热细菌和古细菌中，还发现了 AAA 途径的变体，这些趋同的赖氨酸合成途径的演化背景至今仍是很有挑战性的研究课题。

依赖 DAP 的赖氨酸合成途径的关键酶是**二氢吡啶二羧酸合酶**（**dihydrodipicolinate synthase, DHDPS**），它催化 4- 半醛基天冬氨酸和丙酮酸缩合及成环，生成 2, 3- 二氢吡啶二羧酸。长期以来，研究者都不清楚植物中通过什么途径合成**内消旋 -2, 6- 二氨基庚二酸**（**meso2, 6-diaminopimelate**）。尽管在细菌中发现了几种形式的途径，但在植物中都无法证实。在拟南芥基因组中对细菌赖氨酸合成基因的直系同源基因进行仔细寻找，随后对这些基因编码产物的功能进行了研究，终于弄清楚原来植物使用的是另外一种途径图（图 7.34）：如同所有细菌中的途径一样，二氢吡啶二羧酸首先还原成**四氢吡啶二羧酸**（**tetrahydrodipicolinate**）。但接下来的途径就出现了差异，植物中非环状的四氢吡啶二羧酸经过转氨作用生成 L,L-DAP，经差向异构（epimerized）转变为内消旋 -DAP（差向异构体这个术语用来表示一个化合物含有两个或多个手性中心，其中只有一个转变为相反的手性，这样两个化合物就成为差向异构体而不是对映异构体了。内消旋构象有一个对称平面，所以这种化合物总体上是非手性的。研究最清楚的例子是酒石酸）。

各种不同形式的途径在内消旋 -DAP 这一步又重新汇合了，内消旋 -DAP 脱羧基后就形成了赖氨酸。在惊人的短时间内人们就解出了这个新的酶的晶体结构，也印证了分子生物学对生物化学的有力支持。

7.4.2 甲硫氨酸的合成需要硫

在细菌和植物中，甲硫氨酸中四个连续的碳原子来自高丝氨酸的碳骨架。为了用硫替代氧，羟基必须被活化。这个活化的形式在细菌和酵母中分别

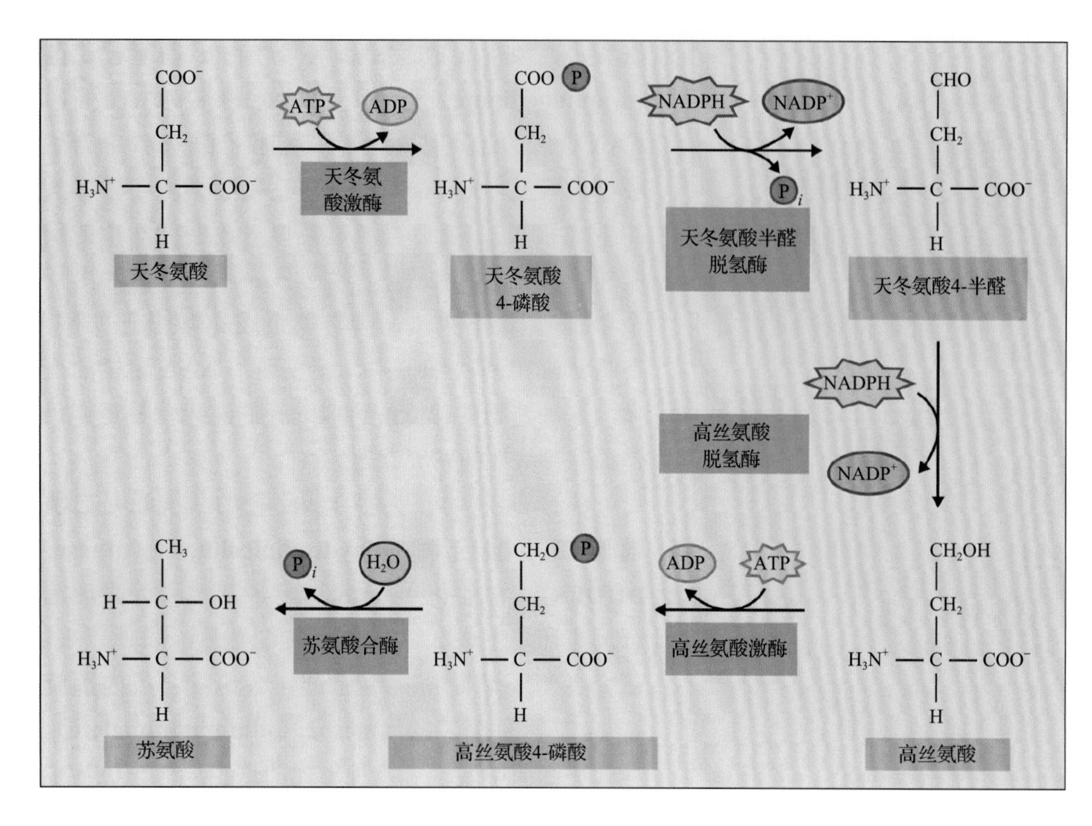

图 7.33 苏氨酸合成途径

是 *O*- 琥珀酰高丝氨酸和 *O*- 乙酰高丝氨酸，而在植物中是 *O*- 磷酸高丝氨酸（高丝氨酸 4- 磷酸），这个分子同时也是苏氨酸的前体（图 7.35）。在**转硫途径（trans-sulfuration pathway）**中，半胱氨酸的硫醇基团通过一个中间产物胱硫醚转移至高丝氨酸，生成高半胱氨酸。**胱硫醚γ- 合酶（cystathionine γ-synthase）**也是一个依赖于磷酸吡哆醛的酶，催化由硫介导的半胱氨酸和高丝氨酸-4- 磷酸间的连接，生成胱硫醚（一个硫醚）和正磷酸。接下来，半胱氨酸的 C_3 骨架被**胱硫醚β裂解酶（cystathionine β-lyase）**切断（同样依赖于磷酸吡哆醛）。这一步后，硫原子结合到高丝氨酸的碳骨架上，生成**高半胱氨酸（homocysteine）**、丙酮酸和铵离子，使得反应几乎完全不可逆。细菌和酵母利用硫化物直接将活化的

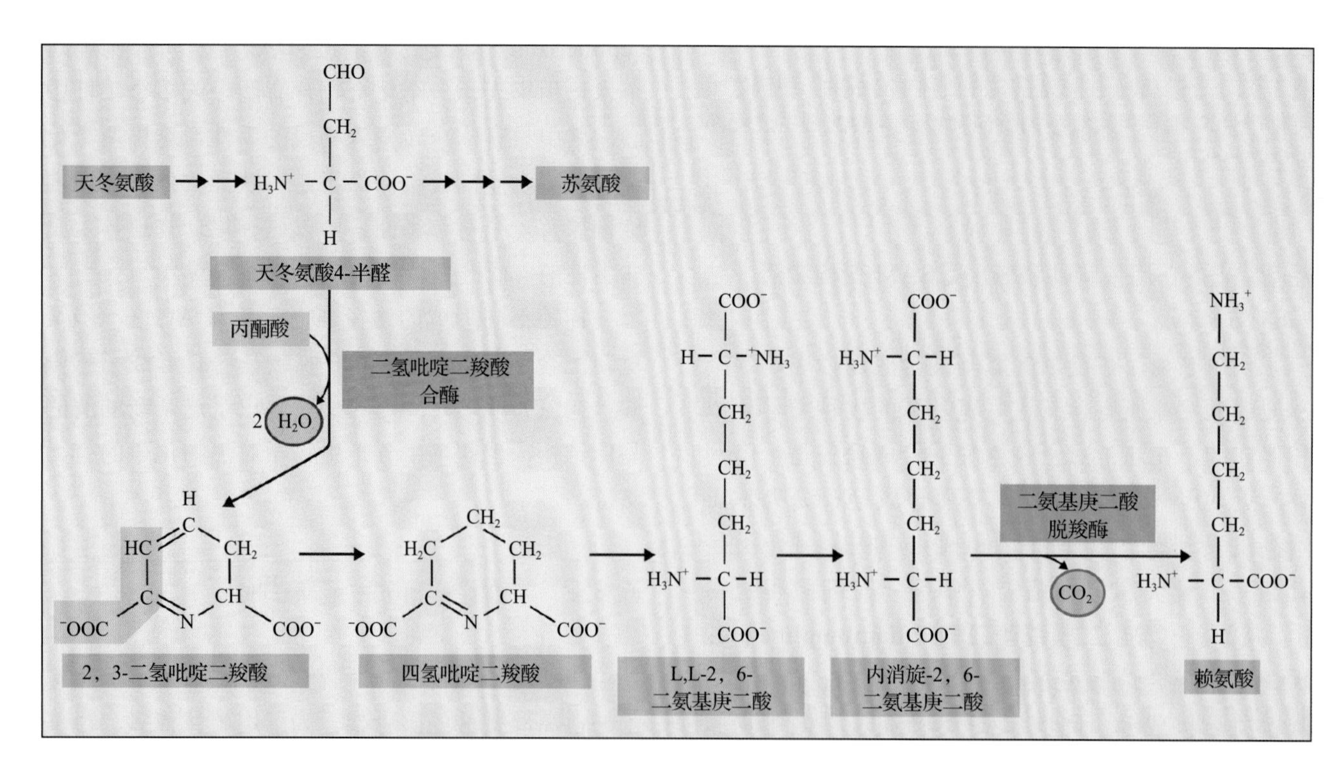

图 7.34 赖氨酸的合成是苏氨酸合成的分支途径

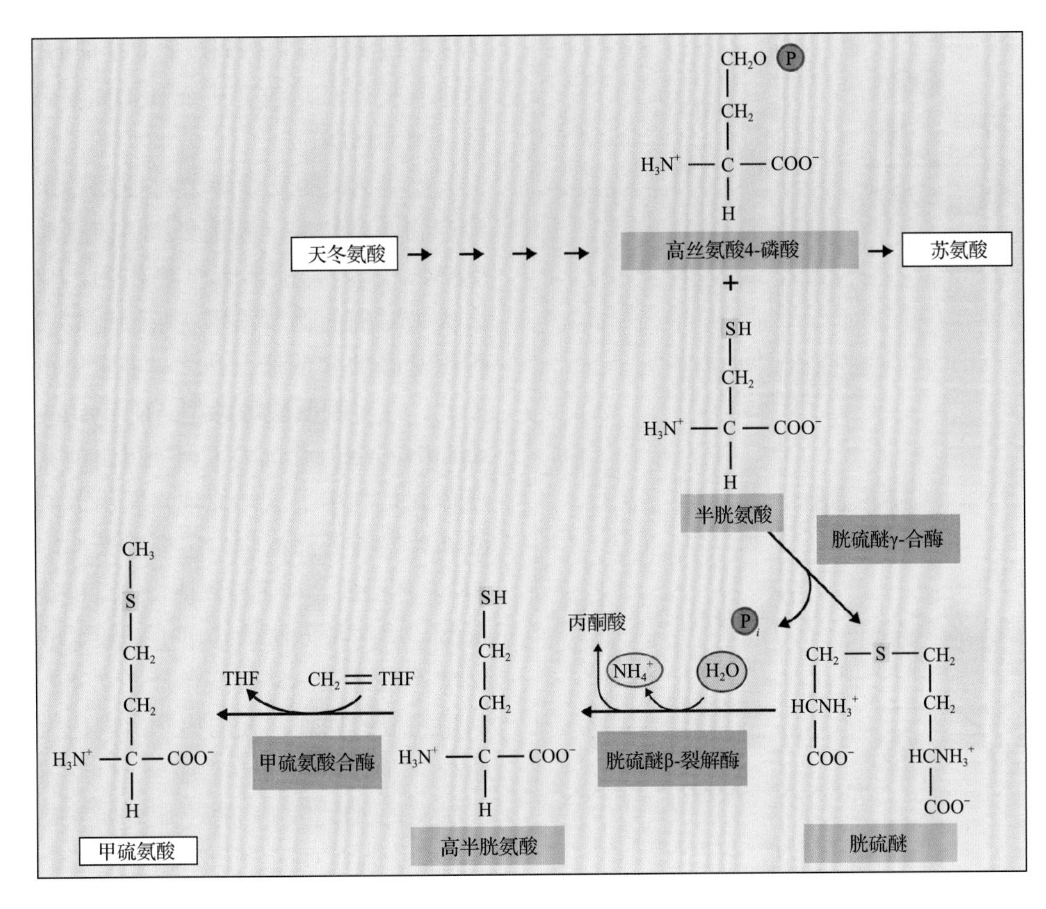

图 7.35　甲硫氨酸合成途径。THF，四氢叶酸

第 24 章）中链延伸的原料。在水生植物浮萍（*Lemna paucicostata*）中进行的放射性示踪实验表明，用 ^{14}C- 甲基标记甲硫氨酸时，超过 80% 的放射性标记会掺入脂类、果胶、叶绿素和核酸，只有不到 20% 出现在蛋白质里。所以，显然大多数的甲硫氨酸均转变成 SAM，以供植物转甲基反应所需。SAM 的合成是一个耗能过程，在这个特殊的反应中，SAM 合成酶取代 ATP 中的整个三磷酸链，分别释放焦磷酸和磷酸（图 7.36）。

高丝氨酸磺基化生成高半胱氨酸，但这种方式在植物中的生理意义似乎很小。之后，高半胱氨酸生成甲硫氨酸，反应由**甲硫氨酸合酶**（**methionine synthase**，高半胱氨酸甲基化酶 /homocysteine methylase）催化，利用 N^5- 甲基四氢叶酸作为甲基供体。此类反应不仅在甲硫氨酸的从头合成中扮演重要角色，当 SAM 在甲基化反应中将甲基提供出去后，细胞也通过这种方式回收 ***S*- 腺苷 -L- 高半胱氨酸**（***S*-adenosyl-L- homocysteine**）（图 7.36）。以往的研究认为，所有天冬氨酸衍生氨基酸都在质体中合成，但令人费解的是甲硫氨酸合成的最后一步可能是在细胞质中进行的。不过这个谜团最终被解开了（见 7.4.4 节）。

甲硫氨酸有两种主要的命运：一种是整合到蛋白质中，一种是转变成 SAM。SAM 是一类甲基供体，提供甲基用于 DNA 和 RNA 甲基化，以及合成多种植物结构成分，包括木质素前体、胆碱及其衍生物和**果胶**（**pectin**，聚半乳糖醛酸甲酯 /methyl esters of polygalacturonic acid）。SAM 中来自甲硫氨酸的碳骨架也是植物激素乙烯合成的前体、聚胺合成的前体（见第 17 章）和芥子苷合成途径（见

对绝大多数氨基酸来说，关于它们分解代谢的研究远不及合成代谢研究得深入。最近，人们才弄清了在拟南芥中甲硫氨酸降解过程的起始步骤是它的转氨和剪切过程。后一个过程是由**甲硫氨酸 γ- 裂解酶**（**methionine γ-lyase**）催化的，催化活性依赖磷酸吡哆醛。研究者最早在微生物中鉴定到了这类酶，随后依据序列相似性找到了一个拟南芥中的直系同源基因，并研究了编码的蛋白质。这个酶定位在胞质中，催化甲硫氨酸转变成**甲硫醇**（CH_3-SH）、**α- 丁酮酸**（**α-ketobutyrate**）和铵。α- 丁酮酸是**异亮氨酸**（**isoleucine**）合成的前体（见 7.5.1 节）。这个途径的存在纠正了以往普遍认为的 α- 丁酮酸完全来自苏氨酸脱氨的观点。

7.4.3　苏氨酸、赖氨酸和甲硫氨酸的合成调控很复杂

毫无疑问，天冬氨酸衍生氨基酸合成途径中各个分支的生化调节机制很复杂。首先，天冬氨酸衍生代谢有三条主要途径，由此至少有五个酶在分支

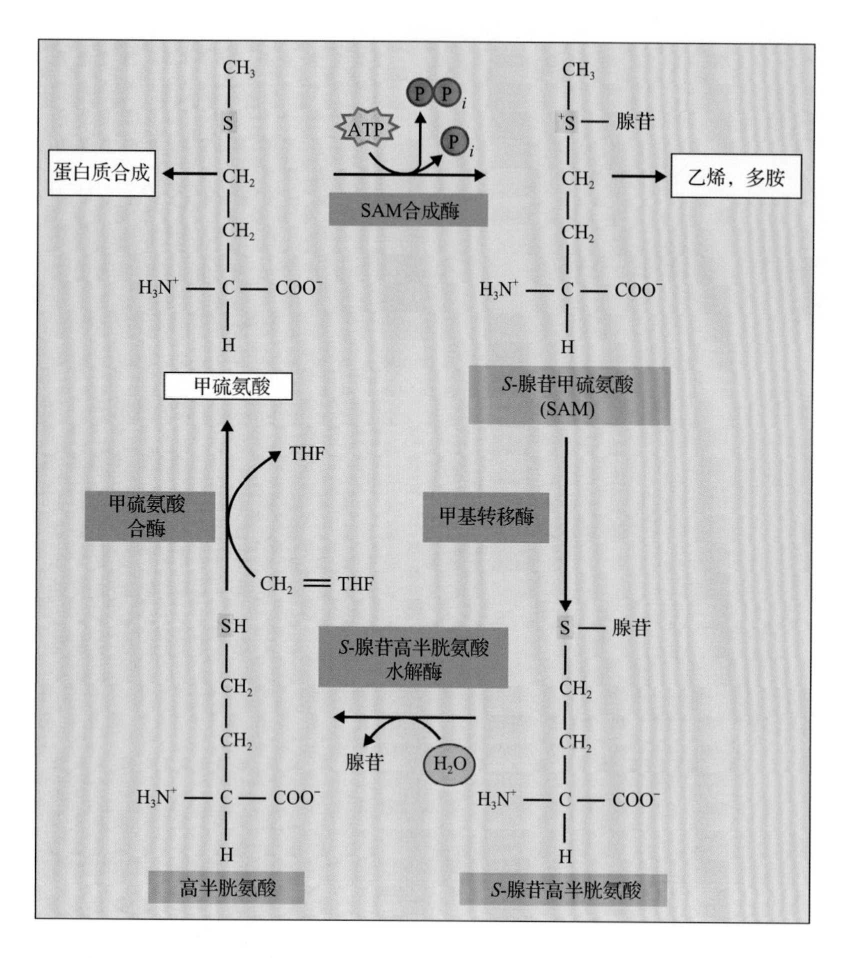

图 7.36 *S*- 腺苷甲硫氨酸由甲硫氨酸生产，并可再生甲硫氨酸。THF，四氢叶酸

节点上：**天冬氨酸激酶**（AK）、**二氢吡啶二羧酸合酶**（DHDPS）、**高丝氨酸脱氢酶**（HSDH）、**苏氨酸合酶**（TS）、**胱硫醚 -γ- 合酶**（CγS）。其中，前四个酶在植物体内受到变构调节，而 CγS 受到转录调节，在某些植物中受到转录后调节。其次，在每一个发育阶段，植物对这些途径的产物需求量大不相同。图 7.37 显示了体外研究中得出的各类调控机制的概况。例如，接下来将讲到的利用反馈不敏感突变体和转基因植物所做的一些实验，正在揭示这些调控机制在体内的重要性。

作为整个途径的关键酶，AK 是一个关键的调控酶。植物有多个 AK 同工酶家族，它们的序列差异很大，变构特性完全不同。生化研究显示植物中至少有两类活性不同的 AK，它们可由柱层析分离开。例如，大麦 AK- Ⅰ活性受赖氨酸抑制，SAM 可加强这个抑制作用，而 AK- Ⅱ和 AK- Ⅲ则都对苏氨酸抑制敏感。分子水平的研究已分离出了编码两类 AK 的基因，它们分别编码与大肠杆菌赖氨酸敏感型异构体类似的单功能蛋白，以及与大肠杆菌苏氨酸敏感型异构体同源的双功能酶，这个异构体 C 端包含一个 HSDH 编码区（AK-HSDH）。

如果 AK 的反馈调节对控制三个终产物（苏氨酸、赖氨酸和甲硫氨酸/SAM）的合成量都有重要作用，那么失去对酶的调节作用就应该造成三种氨基酸的含量都上升——事实也正如此。针对**赖氨酸敏感型 AK（lysine-sensitive AK）**筛选失去调控机制的突变体就是利用了这样原理，即用苏氨酸和赖氨酸处理植物，它们反馈抑制 AK 总体活性，从而导致植物缺乏甲硫氨酸。用这种方法筛选出了对赖氨酸抑制不敏感的 AK 突变体（图 7.38）。利用相似的原理，人们构建了表达大肠杆菌 *lysC* 基因（*lysC* 编码一个反馈不敏感的 AK 蛋白）的转基因烟草和马铃薯。对这些过量积累苏氨酸的突变体和转基因植物的观察显示，AK 在调节植物积累苏氨酸的过程中扮演了重要的角色，而赖氨酸和甲硫氨酸的积累则受到下游步骤的影响。

植物中，DHDPS 活性对赖氨酸的抑制非常敏感（对酶活性的抑制达到 50% 时赖氨酸的浓度或 I_{50}，是 10 ～ 50μmol·L^{-1}），这说明它很可能是赖氨酸积累的关键调控点。通过筛选对有毒的赖氨酸类似物——***S*- 氨乙基 -L- 半胱氨酸（*S*-aminoethyl-L-cysteine，AEC）**有抗性的植株，人们已在很多物种找到了含有脱敏 DHDPS 的突变株。AEC 在掺入蛋白质的过程中与赖氨酸竞争，据此可鉴定过量生产赖氨酸的植株。烟草（*Nicotiana sylvestris*）具有的 AEC 抗性是一个赖氨酸不敏感的突变 DHDPS 酶造成的，该酶只有一个氨基酸位点突变。这种抗性使植物的赖氨酸积累量比野生型高出 10 倍（图 7.39）。类似的结果还可在表达细菌 DHDPS 蛋白的转基因植物中观察到，这种酶对赖氨酸抑制作用的敏感性比植物中的酶低 20 倍。与突变体观察结果一致，烟草和油菜转基因植物中积累的赖氨酸也比对照多。上述结果表明，DHDPS 的变构调节对控制植物赖氨酸积累有重要作用。

在同时表达反馈不敏感的 AK 和 DHDPS 的转

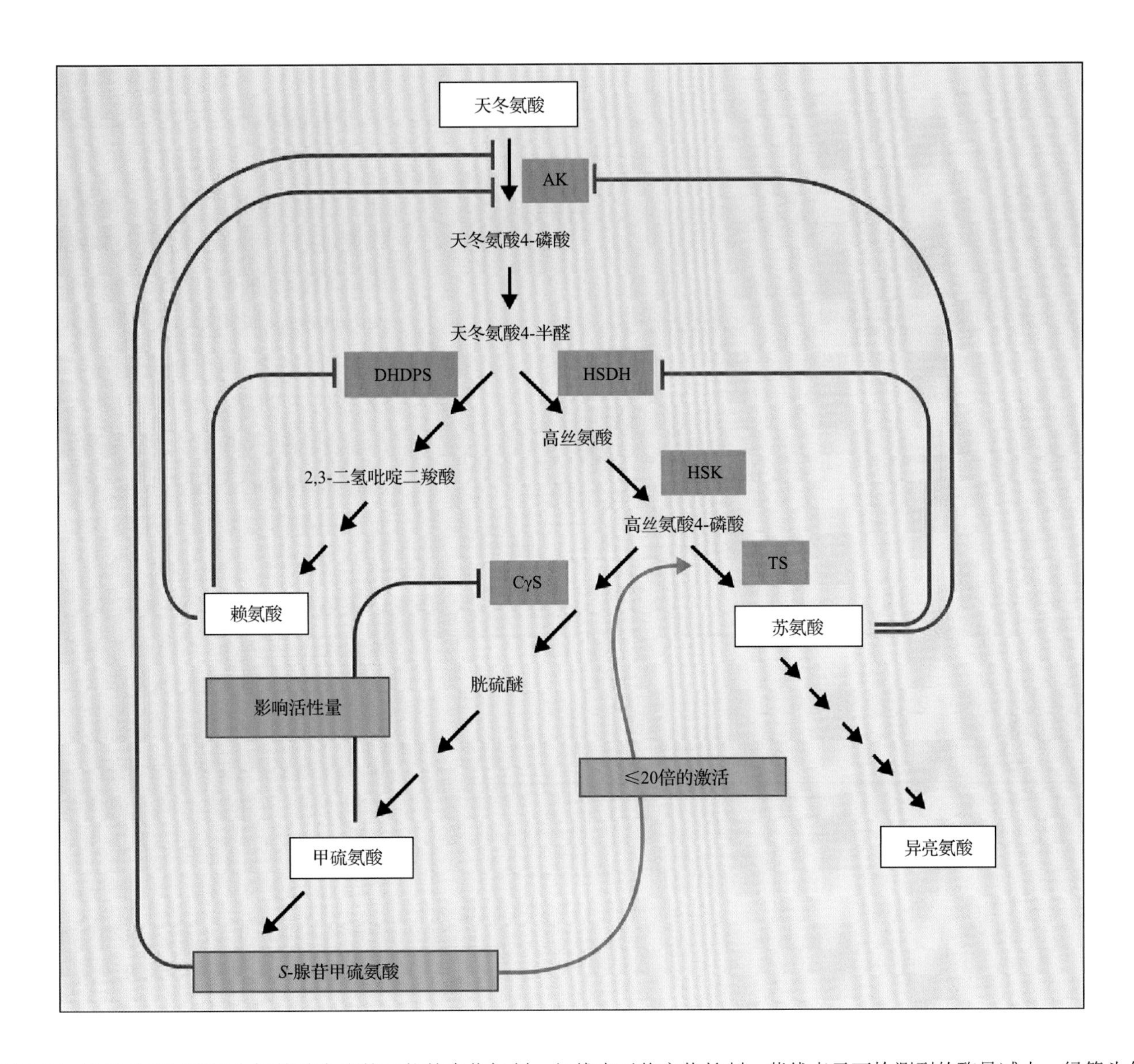

图 7.37 调节天冬氨酸衍生氨基酸合成的可能的生化机制。红线表示终产物抑制，紫线表示可检测到的酶量减少，绿箭头代表活性受激发。AK，天冬氨酸激酶；DHDPS，二氢吡啶二羧酸合酶；HSDH，高丝氨酸脱氢酶；HSK，高丝氨酸激酶；CγS，胱硫醚 -γ- 合酶；TS，苏氨酸合酶

基因植物和突变体的体内，游离赖氨酸的浓度超过单独表达突变 DHDPS 的植物，同时苏氨酸的量少于单独转入脱敏 AK 的植物。上述结果提供了两点关于对此途径调控的启示。第一，苏氨酸和赖氨酸积累量的相对关系，受 DHDPS 及 HSDH 结合有限的 4- 半醛基 - 天冬氨酸的竞争力的影响。第二，DHDPS 对反馈抑制的极高敏感性，通常限制了赖氨酸生物合成的量，这就解释了为什么 AK 单突变体更倾向于积累苏氨酸而非赖氨酸。

高丝氨酸 4- 磷酸（homoserine 4-phosphate）是苏氨酸 / 异亮氨酸合成途径与甲硫氨酸 /SAM 合成途径的最后一个共同的中间产物。因此，苏氨酸合酶和胱硫醚 -γ- 合酶争夺该中间产物的相对能力，可能对调控这些途径的代谢通量很重要。对此人们已提出了两种影响分配的机制（见图 7.37）：①参与竞争的途径的产物（SAM）激活苏氨酸合酶；②甲硫氨酸的存在可调节胱硫醚 -γ- 合酶的活性。所以，高丝氨酸 4- 磷酸流向苏氨酸还是甲硫氨酸合成途径，可能主要受已有的甲硫氨酸和 SAM 的量的调控。

7.4.4 为了培育富含赖氨酸的植物，必须首先了解赖氨酸合成与分解对其含量的协同调节机制

在表达反馈不敏感型突变 DHDPS 的植物中赖氨酸积累量增加很多，然而这种对植物代谢的干扰也影响到了其他氨基酸，造成严重的发育缺陷表型。提高玉米的营养价值必须增加种子中的赖氨酸

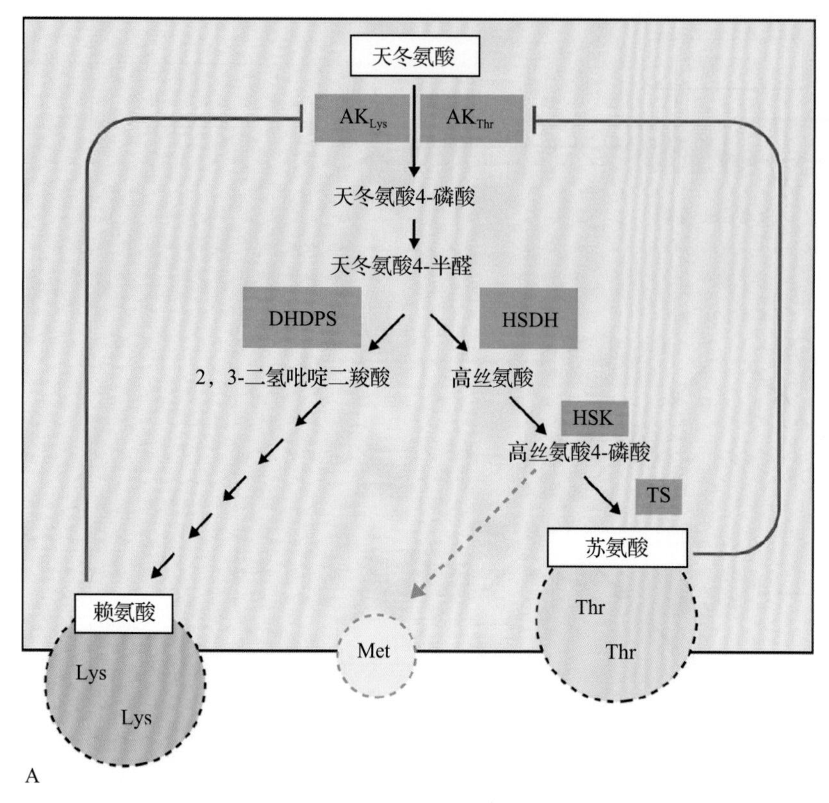

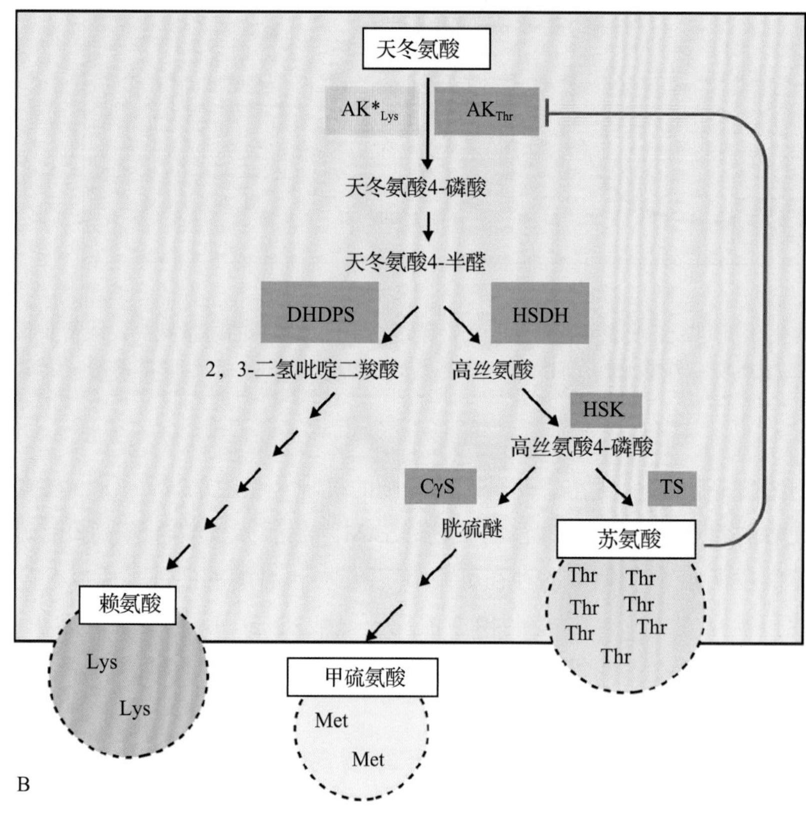

图 7.38 赖氨酸和苏氨酸共同处理植物的方法，可用于筛选对反馈不敏感的天冬氨酸激酶突变体。AK_{Lys}和AK_{Thr}分别指受赖氨酸或苏氨酸抑制的AK同工酶。A. 用含有赖氨酸、苏氨酸混合物的培养基培养野生型植株或植物细胞，AK活性受抑制，从而导致甲硫氨酸缺乏，最终死亡。B. 对这种有毒的氨基酸混合物不敏感的突变体可以生长。这类植物（AK^*_{Lys}）中对赖氨酸敏感的天冬氨酸激酶发生了氨基酸改变，使得它们对反馈抑制不再敏感，从而恢复了植物合成甲硫氨酸的能力

含量，但这一目标不能简单地依靠在种子中特异表达突变形式的DHPS达到。提高不受调控的酶的活性反而加强了赖氨酸的降解。**赖氨酸分解代谢**途径中的第一个酶是**赖氨酸-酮戊二酸还原酶**（**lysine-ketoglutrate reductase**，LKR），它催化还原赖氨酸的ε-氨基和α-酮戊二酸间形成不稳定的席夫碱，生成一个稳定的冠瘿碱（opine），称为**酵母氨酸**（**saccharopine**；图7.40）。接下来的反应由酵母氨酸脱氢酶（SDH）催化，胺基团转移至α-酮戊二酸骨架，生成谷氨酸，同时赖氨酸C骨架上的ε碳获得了羰基（α-氨基己二酸δ半醛，随后降解生成乙酰CoA）。双功能的多肽LKR/SDH被赖氨酸诱导表达，涉及复杂的转录和翻译调控，同时它还受到胁迫相关信号的调节。*LKR/SDH*位点是一个复杂的位点，除了编码双功能的多肽，还可能编码单功能的LKR和单功能的SDH（取决于植物物种）。这两个单功能酶各自独立的功能还不清楚。

7.4.5 天冬氨酸衍生氨基酸全部在质体中合成

合成赖氨酸、苏氨酸和甲硫氨酸的很多酶存在于叶绿体中，在叶绿体裂解液中可以检测到它们的活性。而且，将克隆到的植物基因的DNA序列与细菌中的序列进行比较，发现它们的N端序列和质体转运肽很相像。长期以来人们认为甲硫氨酸生物合成的最后一步可能是个例外，但是后来发现植物中有三种**甲硫氨酸合酶**（MS）的异构体形式，一种定位于质体，其他两种定位于胞质。所以，目前的观点是质体在合成天冬氨酸衍生氨基酸，包括甲硫氨酸在内的功能上是完全自主的（见图7.32）。胞质中的MS可能

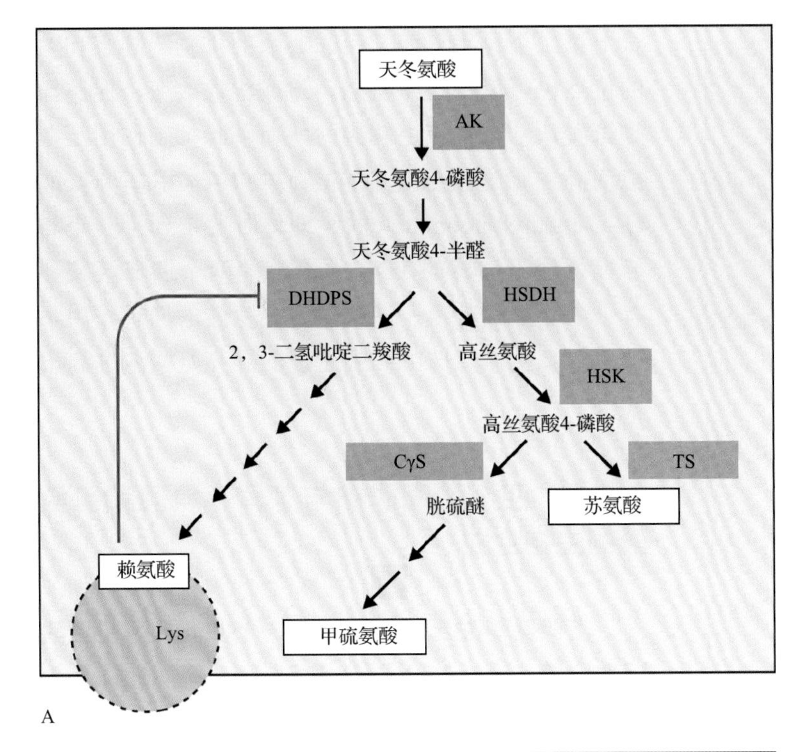

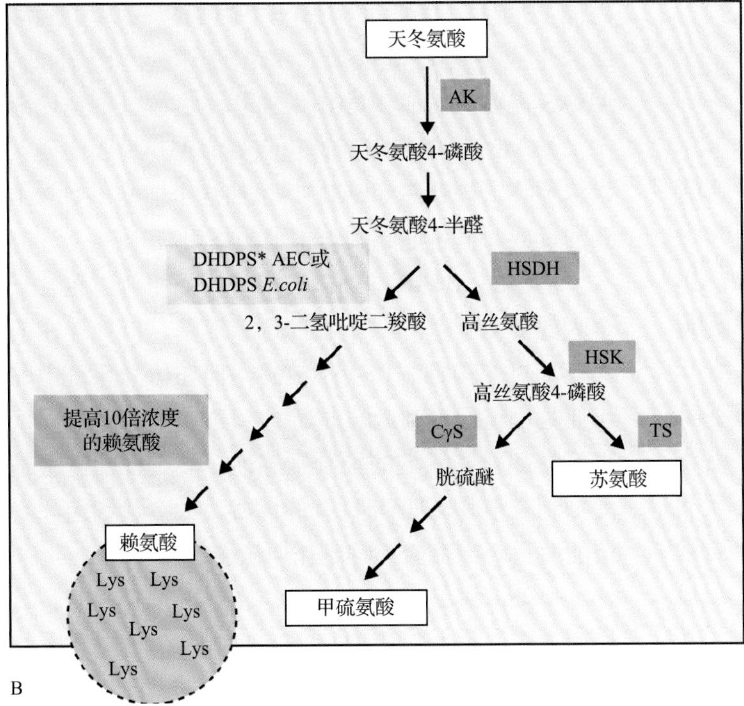

图 7.39 二氢吡啶二羧酸合酶（DHDPS）调控植物中赖氨酸的积累。A. DHDPS 的反馈抑制控制了从 4- 半醛天冬氨酸向赖氨酸的转化。B. 通过运用经典遗传学（DHDPS*AEC）或在转基因植物中表达反馈不敏感的大肠杆菌酶（DHDPS *E. coli*）的方法，可以筛选出 DHDPS 反馈不敏感的显性突变体。和正常表达 DHDPS 的野生型植物相比，这些突变体能制造过量的赖氨酸

参与利用高半胱氨酸（依赖 SAM 的甲基化反应后剩下的）再生甲硫氨酸。SAM 合酶全部定位在胞质中，目前已经发现了转移 SAM 至质体和线粒体的转运子。

7.5 支链氨基酸

异亮氨酸（**isoleucine**）、**亮氨酸**（**leucine**）和**缬氨酸**（**valine**）组成了一小类**支链氨基酸**（**branched-chain- amino acid**），依据是它们具有小的烃基侧链。植物支链氨基酸的合成引起了人们相当大的兴趣，这有很多原因。首先，它们是动物所需的 10 种必需氨基酸中的 3 种，在营养上很重要。其次，该途径是一系列除草剂的靶点，在商业上获得了成功。最后，这些氨基酸产物还可作为次级代谢产物的前体（图 7.41）。

7.5.1 苏氨酸脱氨酶参与异亮氨酸而非缬氨酸的合成

支链氨基酸合成的一个特殊之处在于，异亮氨酸和缬氨酸在叶绿体中通过两

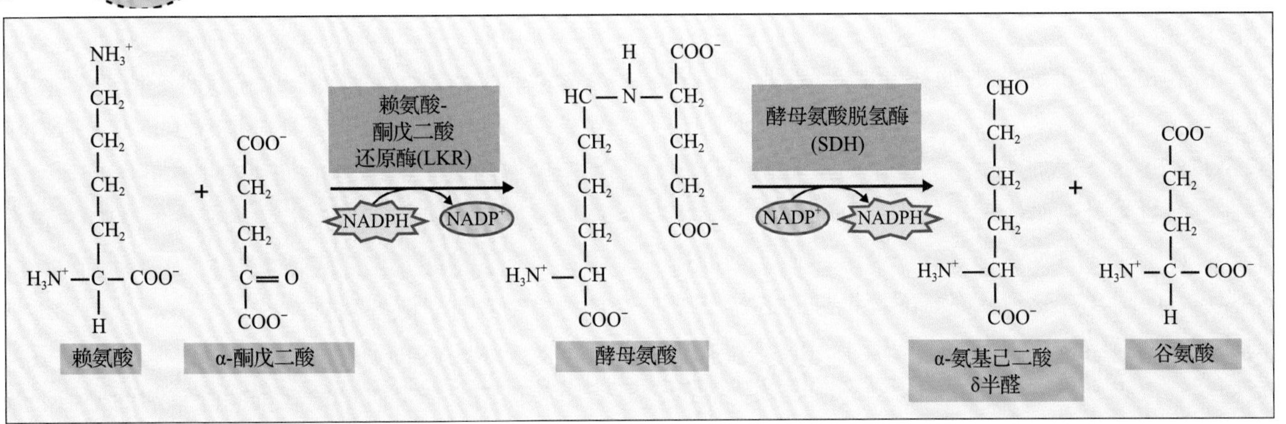

图 7.40 赖氨酸分解代谢的起始步骤

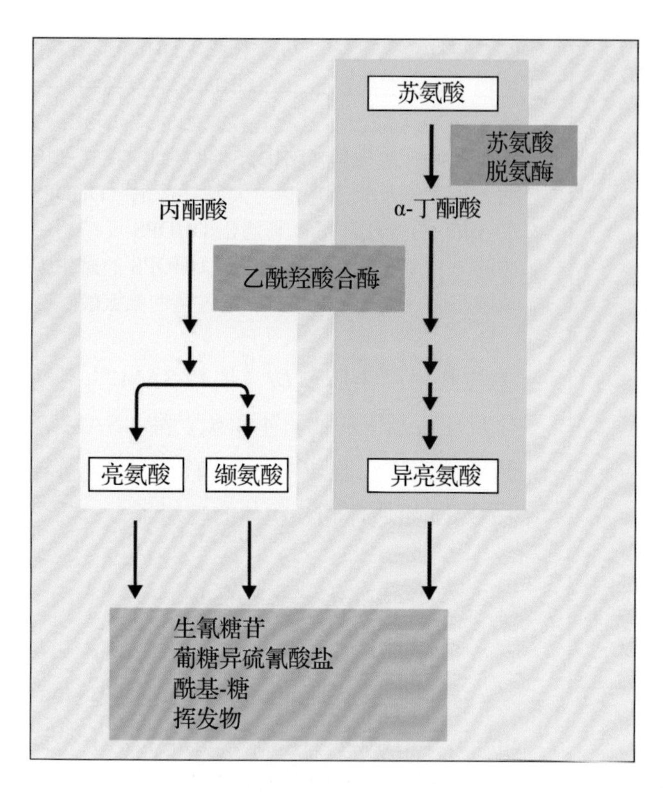

图 7.41 植物中支链氨基酸是多种次级代谢产物的前体

条平行的途径合成，使用的是四个相同的酶。每一个酶都有双重底物特异性，分别以**丙酮酸**（缬氨酸合成方向）和 **α- 丁酮酸**（异亮氨酸合成方向）为起点。丙酮酸（C_3）是糖酵解的一个中间产物，相对地，C_4 化合物 α- 丁酮酸则产生于**苏氨酸脱氨酶**（**threonine deaminase**，TD，也称苏氨酸脱水酶）。因此，TD 是异亮氨酸合成途径的关键酶，而不参与缬氨酸代谢（图 7.42）。如 7.4.2 节讲到过，甲硫氨酸 γ- 裂解酶也可产生 α- 丁酮酸，但通常情况下这个酶的活性不足以恢复 TD 敲低突变体中异亮氨酸的缺陷。因此，虽然 TD 和甲硫氨酸裂解酶看起来在异亮氨酸合成中具有重叠的功能，但 TD 主要在正常生长条件下发挥控制苏氨酸流入甲硫氨酸途径的作用。

植物的 TD 和细菌中的酶相似，都是由相同亚基组成的四聚体，拟南芥中酶的分子质量是 59.6kDa。然而与大肠杆菌中不同的是，植物 TD 在异亮氨酸含量升高时会解聚成为活性较低的二聚体形式。每个亚基的 N 端都具有一个结合 PLP 的催化结构域，C 端含有受到异亮氨酸反馈抑制的调节结构域。在调节结构域中有两个构造不同的异亮氨酸别构结合位点。当一个异亮氨酸结合到亲和力高的位点上时可造成构象改变，使得亲和力低的位点结合上第二个异亮氨酸，引起对酶的抑制。高亲和力的位点也可以结合缬氨酸，造成构象改变，促进异亮氨酸从结合位点上解离，从而解除抑制作用。在拟南芥中筛选抗异亮氨酸类似物 L-*O*- 甲基苏氨酸（L-*O*-methylthreonine）的突变体时鉴定到了一个对异亮氨酸不敏感的 TD。这个酶的两个调节区域各有一个氨基酸替换，造成对异亮氨酸的抑制作用不敏感，突变体植株中比野生型的异亮氨酸浓度高出 20 倍。

7.5.2 四个酶同时参与了异亮氨酸和缬氨酸的生物合成

支链氨基酸合成途径中第一个共同的酶是**乙酰羟酸合酶**（**acetohydroxyacid synthase**，AHAS；也称乙酰乳酸合酶，acetolactate synthase），它催化丙酮酸脱羧，接下来与另一个丙酮酸或 2- 丁酮酸缩合生成 2- 乙酰乳酸或 2- 乙酰基丁酸（图 7.42）。AHAS 需要硫胺二磷酸作为辅基，它被二价金属离子（如 Mg^{2+}）锚定在活性位点处。AHAS 还需要黄素腺嘌呤二核苷酸（FAD），虽然这个辅基不参与主要的反应，但可能起到结构上的作用。

植物的 AHAS 与细菌及酵母中的相似，包含一个大的催化亚基和一个小的调节亚基。单独存在的大亚基对变构抑制作用不敏感，但在体外系统中与小亚基重组后可刺激酶的活性，同时获得对缬氨酸、亮氨酸和异亮氨酸的抑制敏感性。被三种支链氨基酸抑制是植物 AHAS 特有的性质，大多数细菌和真菌的酶只对缬氨酸的抑制作用敏感。

另外，缬氨酸和亮氨酸调节植物 AHAS 时具有协同效应。这种协同抑制源于 AHAS 调节亚基上具有的一段重复序列。定点突变实验已经证实，该重复序列中有一段可结合亮氨酸，而另一段可结合缬氨酸或异亮氨酸。据推测，由于这种变构调节作用，在培养基中添加缬氨酸将抑制植物生长。含有对反馈不敏感的 AHAS 活性的烟草和拟南芥突变体，具有缬氨酸耐受性。烟草 *Val^R-1* 突变株的 AHAS 蛋白中有单个氨基酸变化，从而改变了其变构调节特性，使得植物具有了氨基酸抗性。

对于 AHAS 的研究已经很深入，因为它是五类有重要商用价值并且结构各异的除草剂的靶标：咪唑啉酮（imidazolinones）、磺酰脲（sulfonylureas）、

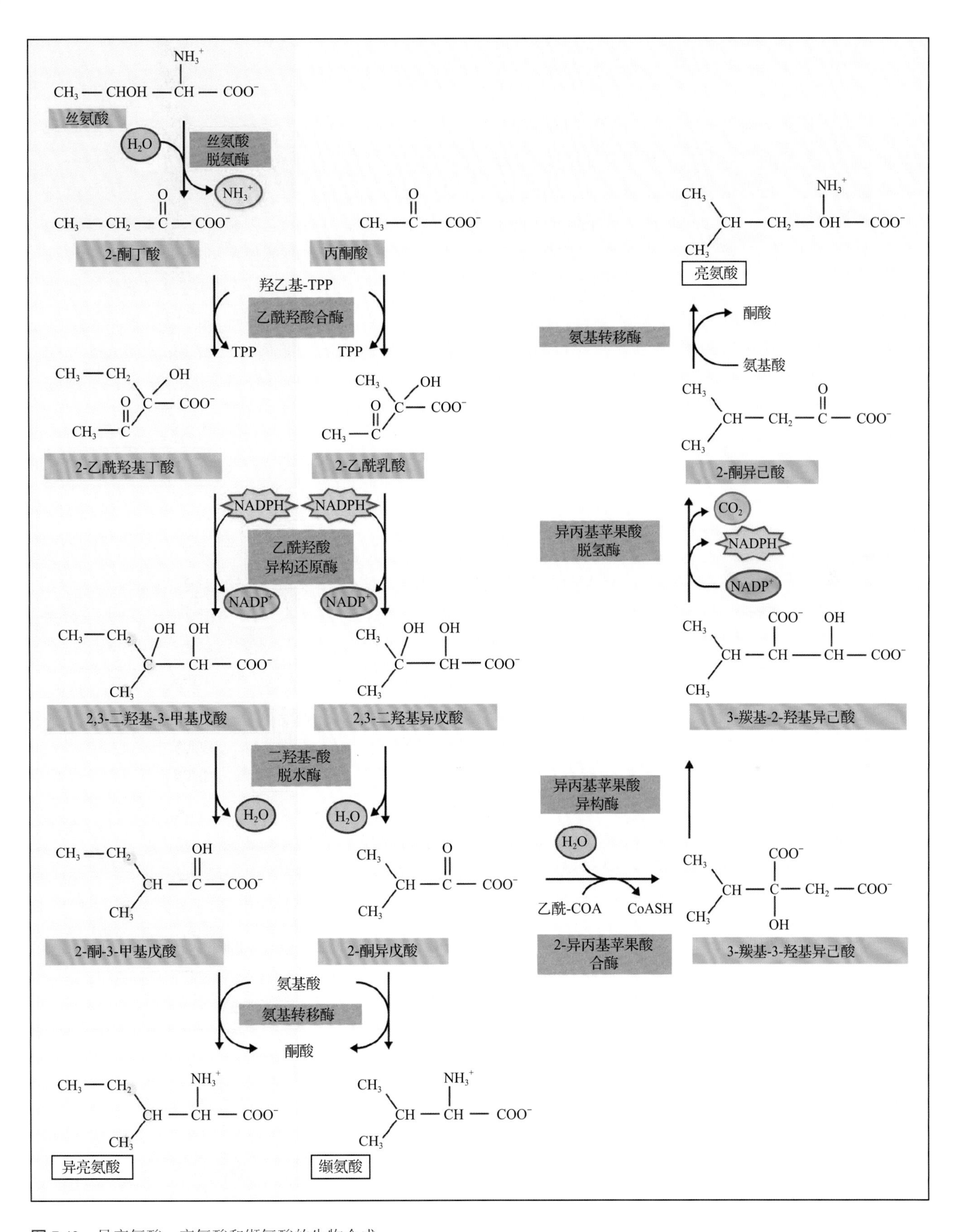

图 7.42　异亮氨酸、亮氨酸和缬氨酸的生物合成

三唑嘧啶（triazolopyrimidines）、嘧啶-氧-苯甲酸（pyrimidyl-oxy- benzoates）和磺酰胺基羰基三唑啉酮（sulfonylaminocarbonyltriazolinones；图 7.43）。某些突变体表达的 AHAS 在大的催化亚基上有突变，增加了对抑制剂的耐受性，使得植株对某些甚至上述全部除草剂有抗性。有些时候，单碱基突变

信息栏 7.6 苏氨酸脱氨酶 2 参与茄属植物（*Solanum*）对食草动物的防御

很多植物物种都只有单拷贝的 *TD*（threonine deaminase 2）基因，如果这个基因有缺陷将造成异亮氨酸缺乏，使得植物生长发育受损。但是栽培种番茄（*Solanum lycopersicon*）及相近的茄科物种含有复制加倍的 *TD* 基因（*TD2*）。*TD2* 编码的产物和 *TD1* 的产物具有 51% 的一致性。*TD1* 在植物中组成型表达，而 *TD2* 转录本只在未成熟的芽和开放前的花中大量积累。在响应食草动物啃食时，茉莉酸信号通路可激活 *TD2* 在叶片中的表达。对 TD2 有缺陷的番茄植株的研究表明，TD2 可降解昆虫肠道内的苏氨酸，限制鳞翅类昆虫幼虫生长所需的苏氨酸供给，起到阻碍营养的防御功能，达到减少食草动物攻击的目的。在肠道中，TD2 蛋白经过剪切激活，催化这个反应的是昆虫的类胰凝乳蛋白酶，它去除了酶 C 端的调节结构域，产生一个可降解苏氨酸同时不被异亮氨酸抑制的酶。截短的 TD2 也可以利用丝氨酸作为底物（产生丙酮酸和铵），因此也降低这种氨基酸的浓度。有趣的是，烟草（*Nicotiana attenuata*）中一个 *TD* 基因同时参与异亮氨酸的合成和对鳞翅类昆虫的防御。

咪唑啉酮

磺酰脲

三唑嘧啶

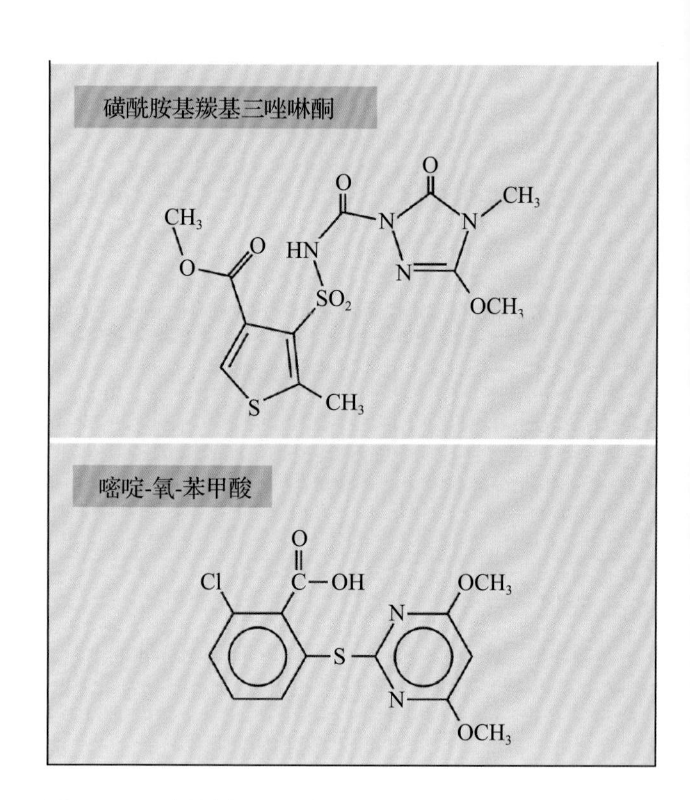

图 7.43 五类抑制 AHAS 的商用除草剂

即可造成 AHAS 对除草剂的抗性，但这种突变又不会影响 AHAS 的催化效率，不会降低这些含有突变形式酶的植株的适应性。所以，对这些除草剂的抗性很容易在田间演化出来。结合磺酰脲或咪唑啉酮除草剂的拟南芥 AHAS 晶体结构已经解出，结果显示这些化合物并不结合酶的活性位点，而是堵塞了一个底物进入活性位点的蛋白通道。

在**乙酰羟酸异构还原酶**（**acetohydroxy acid isomeroreductase**，也称还原异构酶，reductoisomerase）的作用下，中间产物 2- 乙酰丁酸和 2- 乙酰乳酸发生烷基重排及 NADPH 介导的还原反应，从而生成对应的 2, 3- 二羟基戊酸（见图 7.42）。目前，已解析了菠菜（*Spinacia oleracea*）中同源二聚体形式的酶的晶体结构。这个酶的抑制剂也具有作为除草剂的潜力。

下一步是生成2-酮戊酸类产物，由**二羟基酸脱水酶**（**dihydroxy-acid dehydratase**）催化，这是一种2Fe-2S铁硫簇蛋白。缺少二羟基酸脱水酶活性的白花丹叶烟草（*Nicotiana plumbaginifolia*）突变体需要外源施加的异亮氨酸和缬氨酸，这就证明该酶在支链氨基酸生物合成中起重要作用。异亮氨酸和缬氨酸生物合成的最后一步是酮酸的转氨反应。亮氨酸和异亮氨酸的生物合成利用了同一个氨基转移酶，而产生缬氨酸的酶则是一个特别的2-酮异戊酸氨基转移酶。拟南芥基因组中有一个小的**支链氨基酸氨基转移酶**（**branched-chain aminotransferase**，BCAT）基因家族。基因编码产物中的三个（BCAT2、BCAT3和BCAT5）可能定位至质体中，在那里参与支链氨基酸的生物合成。而BACT1定位在线粒体中，可能负责起始这些氨基酸的降解过程（BCAT4实际上负责甲硫氨酸的转氨基作用）。

7.5.3 植物中亮氨酸的合成采用类似细菌的合成途径

亮氨酸的合成从缬氨酸合成途径的最后一个中间产物——2-酮异戊酸，分支出来。目前的证据证明植物使用了微生物中的途径（见图7.42）。2-异丙基苹果酸合酶（2-isopropylmalate synthase，IPMS）是这个途径的关键酶，催化乙酰基从乙酰CoA到2-酮异戊酸的转移，生成3-羧基-3-羟基异己酸（2-异丙基苹果酸或α-异丙基苹果酸）。这个酶受到亮氨酸（浓度仅需达到微摩尔）的反馈抑制。对于重组蛋白的生化分析及对缺失突变体的研究共同表明，拟南芥基因组含有两个*IPMS*基因，它们编码具有活性的IPMS蛋白，参与亮氨酸生物合成。在植物发育的各个阶段，这两个基因在所有器官中都表达，可以相互完全互补对方缺失造成的缺陷。

亮氨酸合成的第二步是3-羧基-3-羟基异己酸可逆地转变为3-羧基-2-羟基异己酸（3-异丙基苹果酸或β-异丙基苹果酸），催化这一步的是异丙基苹果酸异构酶（isopropylmalate isomerase，IPMI，也称异丙基苹果酸脱水酶）。植物中的这个酶与细菌中的相似，都具有异源二聚体结构，包含一个大亚基和一个小亚基。在拟南芥基因组中有一个基因编码大亚基，三个基因编码小亚基。对几个突变体的代谢过程进行详细分析发现，大亚基既参与亮氨酸合成，也参与甲硫氨酸的长链衍生物合成（见7.4.2节）。而小亚基的作用是决定不同IPMI异源二聚体的底物特异性。拟南芥IPMI小亚基中的一个负责合成亮氨酸，而另外两个参与甲硫氨酸的链延伸。小亚基具有不同的组织特异性表达模式，因此在植物中可以检测到不同的IPMI异源二聚体形式。

亮氨酸合成过程的倒数第二个反应是3-异丙基苹果酸的氧化脱羧，形成2-酮异己酸（4-甲基-2-酮戊酸），催化这个反应的酶是异丙基苹果酸脱氢酶（IPMDH）。该酶已部分纯化，是除草剂*O*-异丁烷基草酰氧肟酸盐的作用靶点。在多个物种中已经克隆到*IPMDH*基因，它们能互补酵母编码IPMDH的基因Leu2的突变体。拟南芥基因组含有三个*IPMDH*基因，其中*IPMDH1*编码最主要的酶，具有双重功能，分别是参与亮氨酸合成和芥子油苷合成过程中甲硫氨酸的链延伸。有意思的是，IPMDH1的活性受到依赖于硫醇的氧化还原状态的调节。亮氨酸合成途径经过最后一个转氨步骤就完成了，催化这个反应的酶是和生成缬氨酸及异亮氨酸时一样的BCAT（见7.5.2节）。

7.6 谷氨酸衍生氨基酸

脯氨酸（**proline**）、**精氨酸**（**arginine**）和**鸟氨酸**（**ornithine**，属于非蛋白氨基酸）是从谷氨酸衍生合成得到的。脯氨酸在植物响应高盐、干旱和金属离子胁迫时大量积累，因此在植物学研究中受到高度重视。尽管人们以前常常忽视关于精氨酸生物合成的研究，植物基因组得到注释后很多缺失的信息也增添进来了。

7.6.1 脯氨酸代谢是抗逆代谢工程的研究目标

对脯氨酸合成途径的了解和操纵很大程度上源于人们注意到这种环状氨基酸是少数几种可作为**亲和溶质**（**compatible solutes**）的有机化合物之一。亲和溶质是一类可在胞质中积累至很高浓度但又不干扰细胞活动的分子，它可使生物在干旱或高盐条件下降低水势并保持膨压（见第22章）。脯氨酸还能清除植物在胁迫条件下产生的活性氧（ROS），因此它在胁迫条件下的功能是多方面的。缺水使农业生产能力大幅降低，这使人类迫切需要用传统的或转基因的策略来发展**耐旱植物（drought-tolerant plants）**。对可以大量积累脯氨酸的基因工程植物的研究，清楚地证明了脯氨酸具有提高植物耐受渗透胁迫的能力。

7.6.2 植物中，脯氨酸由两条不同的途径合成

植物中存在两条不同的脯氨酸合成途径，一条源于谷氨酸，另一条来自鸟氨酸，但鸟氨酸途径的细节还不太清楚（图 7.44）。谷氨酸途径的关键酶是**吡咯 -5- 羧酸合成酶（pyrroline-5-carboxylaye synthetase，P5CS）**，在植物中是一个双功能酶。它的第一个活性是 γ- 谷氨酰激酶，催化 L- 谷氨酸的磷酸化，这一过程需要 ATP。产生的 γ- 谷氨酰磷酸又可在依赖 NADPH 的谷氨酸 -γ- 半醛（glutamic γ-semialdehyde，GSA）还原酶作用下转变为 GSA。这个中间产物自发环化形成 Δ^1- 吡咯 -5- 羧酸（P5C，一个席夫碱）。拟南芥基因组中有两个 *P5CS* 基因，它们联系紧密但功能不冗余。P5C 接下来由依赖 NADPH 的 Δ^1- 吡咯 -5- 羧酸（P5C）还原酶转化为脯氨酸。

从鸟氨酸合成脯氨酸有两条途径，它们的区别在于途径中最后的中间产物是 Δ^1- 吡咯 -5- 羧酸还是 Δ^1- 吡咯 -2- 羧酸（一种亚氨基酸，imino acid）。在

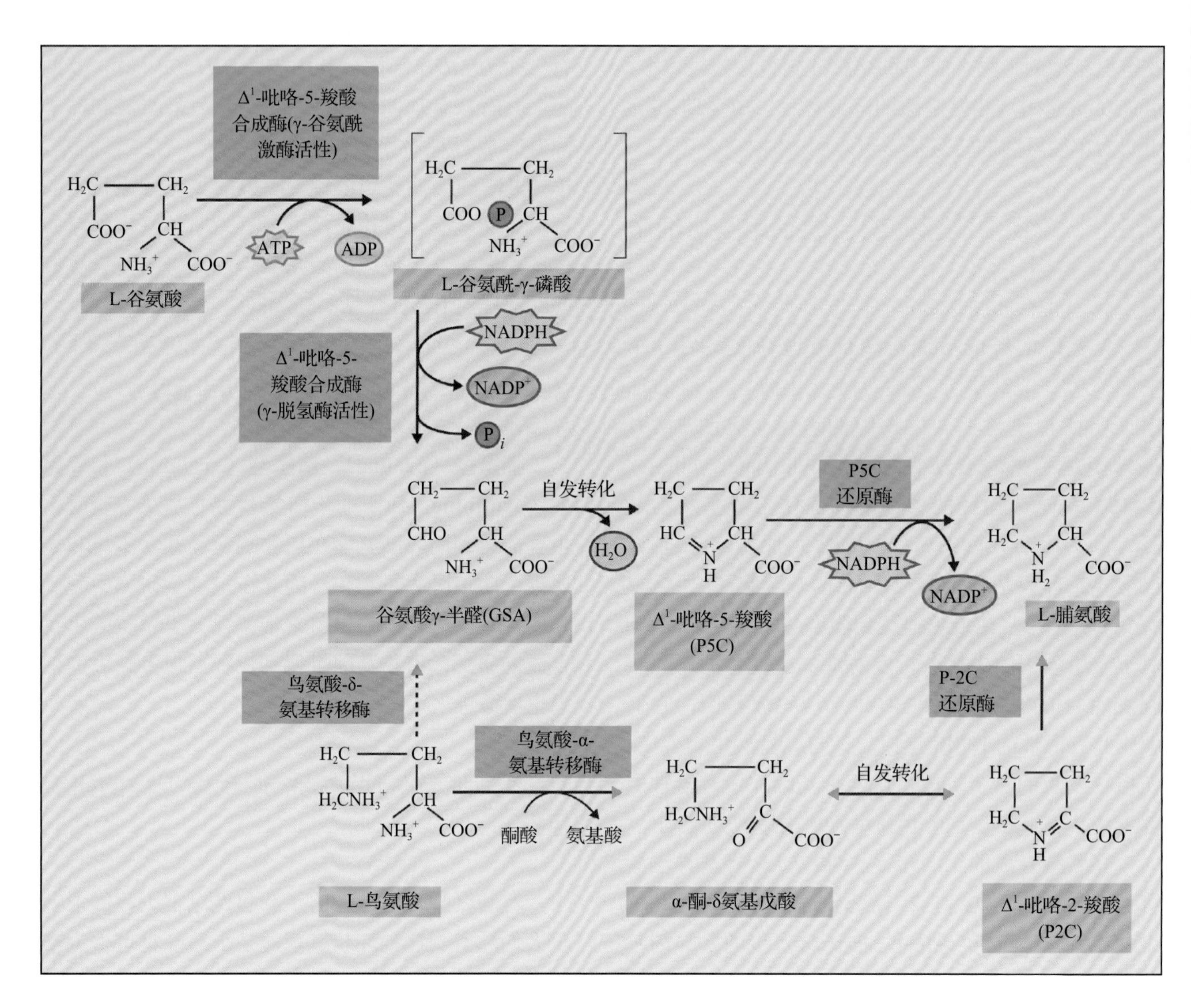

图 7.44 研究提出植物中有多条脯氨酸的合成途径。谷氨酸衍生途径已建立得很完善（黑箭头），而越来越多的证据暗示鸟氨酸作为前体的合成途径占重要地位（红箭头）。通过鸟氨酸 -δ- 氨基转移酶（点状红箭头）或鸟氨酸 -α- 氨基转移酶（全红箭头的途径）的途径的相对重要性还有待研究。植物中，γ - 谷氨酰激酶（大肠杆菌中的 proB）和 GSA 脱氢酶（大肠杆菌中的 proA）合成为一个融合蛋白，这个活性称为 Δ^1- 吡咯 -5- 羧酸合成酶

第一种途径中，鸟氨酸的转氨基作用发生在δ-C上；而第二个途径中发生在α-C上。植物鸟氨酸δ-氨基转移酶（ornithine δ-aminotransferase，δOAT）在生化和分子水平上已经得到解析。

7.6.3 植物中脯氨酸合成和分解受环境调控

植物中脯氨酸积累量的调控发生于酶和基因表达两个水平上。植物中的关键酶P5CS可能是限速环节，植物中它的转录本和游离脯氨酸在响应缺水、盐胁迫和ABA处理时快速地升高，而当失水的植物重新获得水分后二者的量都回复到正常水平。在某些种类植物中，P5CS过表达（而不是P5C还原酶）可造成植物体内游离脯氨酸浓度升高，从而降低对渗透胁迫的敏感性。P5CS的谷氨酰激酶活性可被脯氨酸反馈抑制，这个反馈环似乎反常地抵消了增加这个酶的表达量产生的效果。有人提出假设认为，在胁迫环境下P5CS蛋白构象的一种改变会导致反馈抑制作用消失。在烟草中分别表达一个反馈敏感的野生型和一个反馈不敏感的突变型的豇豆（*Vigna aconitifolia*）P5CS可以发现，对照组中脯氨酸积累得更多。盐胁迫条件下表达反馈不敏感的P5CS的植株中脯氨酸的积累量还能达到更高水平，说明在正常情况下反馈抑制作用没有（完全）消失。

在拟南芥的两个*P5CS*基因中，*P5CS1*可响应渗透胁迫，它的缺失突变体中ROS水平偏高并且对胁迫超敏感。另一方面，*P5CS2*的突变体具有发育缺陷的表型，特别是在种子发育后期（desiccation stage，脱水期）胚胎致死。这两个基因具有的组织表达特异性差异非常显著，因此它们不能互补对方的表型。

利用δOAT的功能缺失突变体以及过表达δOAT的转基因植株，研究了鸟氨酸途径对脯氨酸合成的贡献。拟南芥*δOAT*的功能缺失突变体中，脯氨酸可以在胁迫环境下正常积累，但是组氨酸和鸟氨酸却不能被正常分解，这暗示δOAT只单纯地在组氨酸降解过程中起作用。这个催化过程发生在线粒体中，因为δOAT定位在这里。另一方面，在过表达拟南芥*δOAT*的转基因烟草和水稻中，脯氨酸积累更多，植株也比野生型更耐渗透胁迫。这两个实验结果间的矛盾到现在还没有合理的解释，不过基因表达方面的研究表明在盐胁迫条件下δOAT的表达量实际上有少许降低，而P5CS的表达量有所升高。这可能再次说明在脯氨酸生物合成过程中依赖于谷氨酸的途径更重要。

正如在7.4.4节中提到过的，分解代谢对决定游离氨基酸的浓度起很大作用。对于脯氨酸来说尤其如此，因为它的浓度随环境条件的变化波动相当大。**脯氨酸脱氢酶（proline dehydrogenase）**催化脯氨酸转变回Δ^1-吡咯啉-5-羧酸（P5C）。这个酶是一个黄素蛋白，定位在线粒体的内膜上。当P5C和谷氨酰γ半醛（GSA）处于平衡状态时，一个依赖NAD^+的P5C脱氢酶可催化形成谷氨酸，这个产物可以进入胞质，由此形成的在线粒体和胞质之间的**脯氨酸-谷氨酸交换**途径可以提供电子给线粒体的电子传递链。在植物失水/复水过程和接受/解除盐胁迫的过程中，脯氨酸脱氢酶的mRNA受到与合成酶P5CS相反的方式的调节。这暗示着脯氨酸降解过程在植物进行脯氨酸快速从头合成的阶段被抑制，从而避免无效循环；这之后降解途径才又被激活，使得脯氨酸浓度恢复到胁迫前的水平。

当在拟南芥或烟草中表达一个大肠杆菌的脯氨酸不敏感的γ-谷氨酰激酶和一个γ-谷氨酰磷酸还原酶时，与此同时通过表达一个*ProDH*反义核酸载体来抑制脯氨酸的分解，可以发现如果这些合成酶被定位到质体中时，游离脯氨酸的浓度可增加50倍，但当它们被定位到胞质中时，脯氨酸含量增加的程度小一些。显然，脯氨酸可以在质体和胞质两个地方合成。

7.6.4 精氨酸是一种富含氮的氨基酸

精氨酸具有很高的N∶C比（4∶6），在植物种子中作为储存氮的化合物，存在形式既包括游离态（如在豌豆种子中），也包括与蛋白质结合的形式。另外，精氨酸还是**多胺（polyamines）**、某些生物碱和信号分子**一氧化氮**（NO）生物合成的前体。在陆生（排尿素的）脊椎动物中，它是尿液中的氮排泄物——尿素（urea）合成的直接前体。因此，尿素循环和精氨酸合成途径在普通生化教科书中占据着重要位置。在植物中进行的为数不多的生化和生物信息挖掘实验帮助研究者阐明了植物中的精氨酸合成途径，途径中的反应或多或少与其他物种中的那些是一致的。植物的精氨酸合成途径分为两部分：从

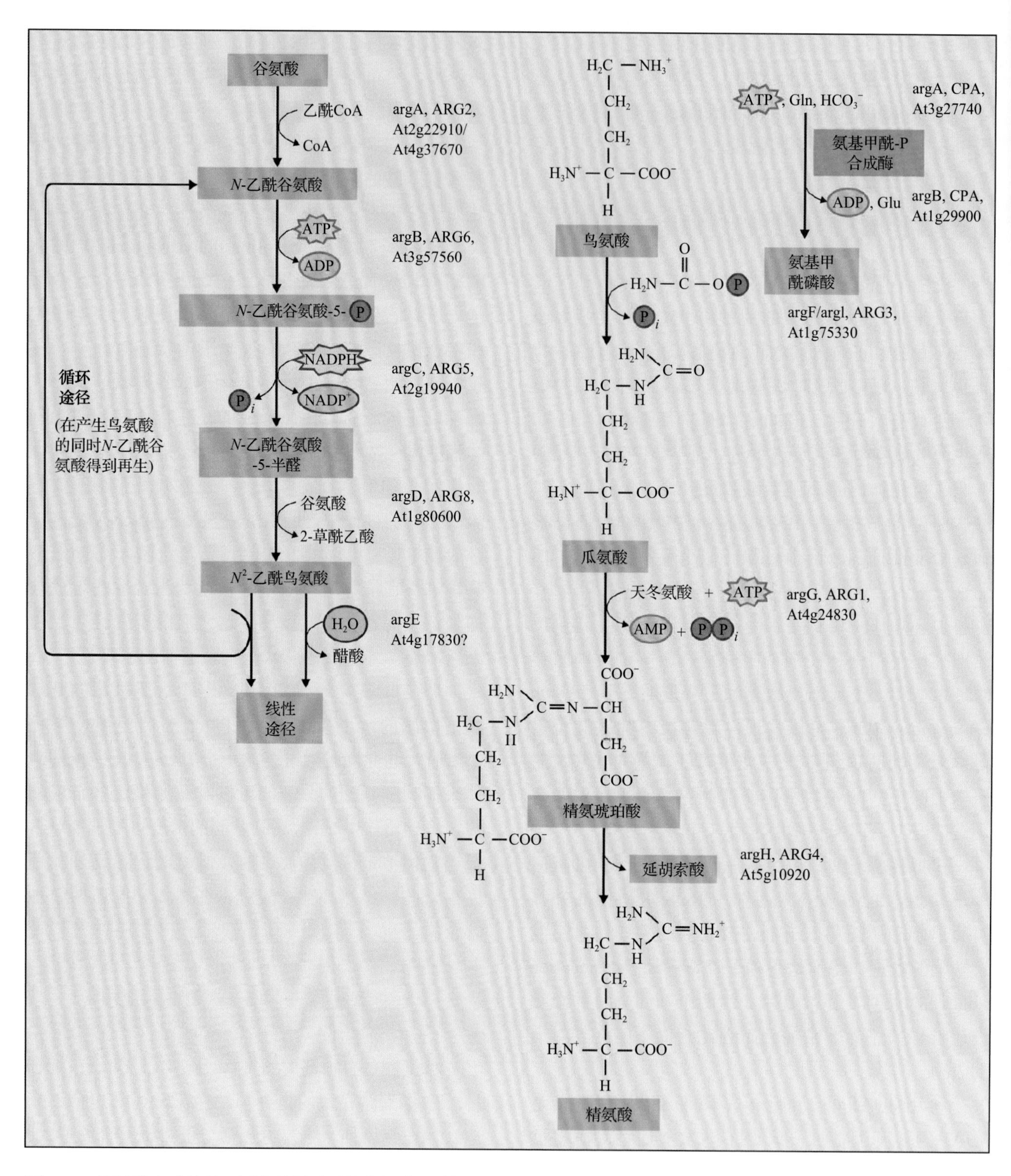

图 7.45 精氨酸合成途径。图中只显示了从鸟氨酸到精氨酸的合成过程中各个化合物的结构鸟氨酸合成途径中各个物质的结构与图 7.42 相一致，显著的区别是它们都被 *N*- 乙酰化

谷氨酸到鸟氨酸；从鸟氨酸到精氨酸。

鸟氨酸合成途径开始于谷氨酸被 ***N*- 乙酰谷氨酸合酶**（***N*-acetylglutamate synthase，NAGS**）*N*-乙酰化。下一步，γ- 磷酸化和紧接着的半醛还原反应与脯氨酸合成途径中游离谷氨酸发生的反应类似（见图 7.44）。由于氨基的乙酰化阻止了吡咯啉羧酸的自发成环，*N*- 乙酰谷氨酸半醛可以转氨形成 *N*-乙酰鸟氨酸，经过水解或将乙酰基转移到谷氨酸（转乙酰反应），将鸟氨酸释放出来，见图 7.45 所示循环途径。

精氨酸合成开始时，首先进行鸟氨酸 δ 氨基的氨甲酰化。这个反应利用**氨甲酰磷酸**（**carbamoyl**

phosphate）作为活化的中间产物，经过鸟氨酸氨甲酰转移酶（ornithine carbamoyl transferase，OCT）催化反应产生**瓜氨酸**（citrulline；图 7.45）。氨甲酰磷酸也是嘧啶基（pyrimidine）合成过程中必需的，催化它合成的酶——氨甲酰基磷酸合成酶（carbamoyl phosphate synthetase，CPS）可被 UMP 反馈抑制而被 IMP 激活。由此，鸟氨酸参与以上两个途径。瓜氨酸向精氨酸转变所需的 N 原子是从天冬氨酸转移过来的，经过中间产物精氨基琥珀酸（argininosuccinate），这个分子被剪切后产生精氨酸和延胡索酸。直接测定酶活、叶绿体蛋白质组学数据和对定位蛋白至质体中的转运肽的预测都表明，这个合成途径可能完全在叶绿体中发生。

为数不多的实验详细地对鸟氨酸和精氨酸合成途径中的酶单独进行了过表达或下调 / 敲除。在拟南芥中过表达番茄（*Solanum lycopersicon*）NAGS 可以增加鸟氨酸的含量，提高植物对盐的耐受性。对拟南芥 *ven3* 和 *ven6* 突变体（叶绿体发育有缺陷，因而呈现网状叶片的表型）的代谢研究表明，这些突变体中鸟氨酸含量上升但瓜氨酸含量下降，它们的表型可以通过补充瓜氨酸回补。上述两个 *VEN* 基因编码 CPS 的亚基，这两个多肽链在 CPS 中分别的功能特性已经确定。但是，精氨酸合成途径如何影响叶片发育仍然需要研究。

本节开头提到过，精氨酸可作为氮储存库。鸟氨酸和精氨酸合成途径分支节点上的酶——NAGS，受到一个叫作 **PII** 的蛋白质的调控。PII 最早在大肠杆菌中发现，作为 C:N 作用的协调者，随后的研究发现它在细菌、古生菌和植物中高度保守。植物中这个同源蛋白被转运定位至质体，结合 α- 酮戊二酸和 ATP。高氮条件可使参与氮同化的 α- 酮戊二酸（见 7.2 节）浓度降低，这就使 PII 更好地结合 NAGS，引起精氨酸合成途径的激活，最终使得氮储存增加。

7.7 组氨酸

50 多年前对鼠伤寒沙门氏菌（*Salmonella typhimurium*）中**组氨酸**生物合成途径的阐明是生物科学历史上的一个里程碑，不仅仅因为其中涉及很多全新的、复杂的反应，更因为对这个通路的调控机制的探索，为提出"操纵子"（opron）的概念做出了重要贡献。相比起来，植物中这方面的研究在20 世纪 90 年代才兴起，那时研究认为组氨酸合成途径是一种新型除草剂的作用靶点。

多种除草剂可干扰芳香族及支链氨基酸合成途径（见 7.3.1 节和 7.5.2 节），这一发现极大地促进了这个方向的植物学研究。到目前为止，植物中编码图 7.46 中所示组氨酸合成途径中 8 个酶的基因已经全部鉴定到了。虽然一些教科书将组氨酸列为谷氨酸类中的一员，但这是不对的，因为谷氨酸和谷氨酰胺只为组氨酸合成提供了 N 原子，而没有像在脯氨酸合成中那样由谷氨酸提供 C 骨架。

组氨酸合成的开端是**核糖 -5- 磷酸**（**5-phosphoribose**，来自于 5- 磷酸核糖 -1- 焦磷酸）通过 *N*-糖苷键结合上 ATP。这个反应与色氨酸合成途径中邻氨基苯甲酸的磷酸核糖化反应具有相似性（见图 7.25）。水解释放焦磷酸后产生 5′- 磷酸核糖 AMP。其中，AMP 的六元环被水解打开，接下来发生异构化形成酮基，这一步依然与色氨酸合成途径中对应的步骤类似（见图 7.27）。谷氨酰胺在谷氨酰胺转氨酶作用下水解提供铵离子，这个铵离子通过一个通道被引导转移。铵离子影响**咪唑甘油磷酸**（**imidazole glycerol phosphate，IGP**）和 5- 氨基咪唑 -4- 甲酰胺核糖核酸（5-aminoimidazole-4-carboxamide ribonucleotide，AICAR）的产生。AICAR 用于在一个补救途径中再生 ATP，而 IGP 经过连续的脱水、转氨、磷酸基团水解和两步脱氢后转变成组氨酸（图 7.46）。这一点是与色氨酸合成途径的一个重要差异，后者中色氨酸合酶催化丝氨酸替换吲哚甘油磷酸的甘油磷酸侧链，从而直接产生色氨酸（见图 7.29）。

组氨酸合成途径中的所有蛋白质都被证实或推测具有一个 N 端延伸序列（extension），用于将它们定位至质体。目前普遍认为整个途径发生在质体中。

在组氨酸合成途径涉及的基因中，只有两个编码 **ATP- 磷酸核糖转移酶**（**ATP-phosphoribosyltransferase，ATP-PRT**）的基因中的任意一个过表达可引起转基因拟南芥中游离组氨酸的浓度显著上升（多达 40 倍），这个酶是该途径中第一个关键酶。上述实验表明 ATP-PRT 控制了这个途径底物的流量，这与它受到组氨酸的反馈抑制是相符的。过量产生 ATP-PRT 的植株对镍（Ni）的耐受性显著提高（组氨酸的咪唑环是一类高效的 Ni 螯合剂，这也是为什么带 His 标签的蛋白质可结合在 Ni 柱上并随后能被咪唑特异性洗脱的原因），同时在野生型植物

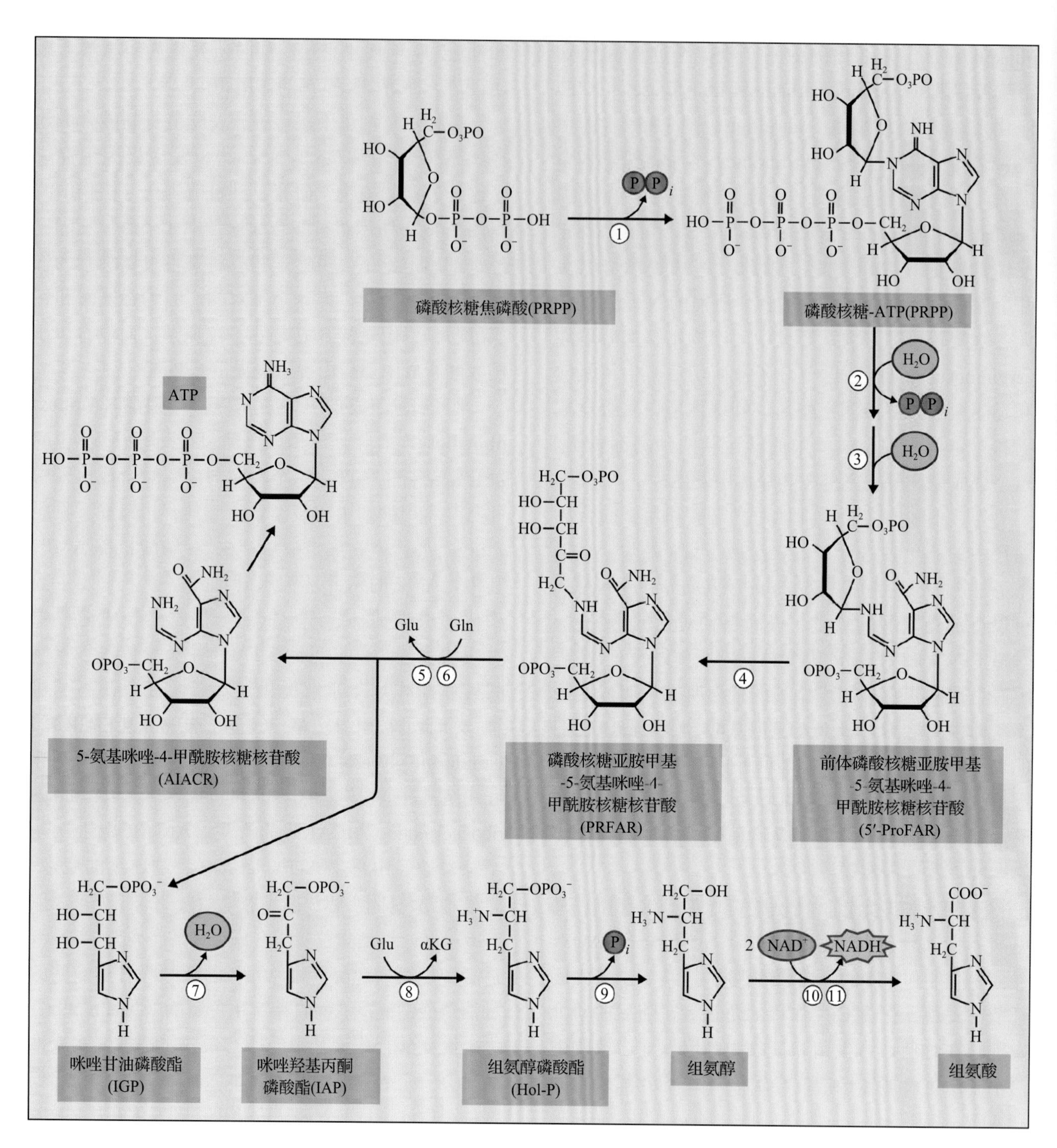

图 7.46 组氨酸合成途径

中 Ni 耐受性也与 ATP-PRT 的转录本水平相关。过表达 ATP-PRT 的植物对钴（Co）和锌（Zn）的耐受性降低，对镉（Cd）和铜（Cu）的耐受性不受影响。组氨酸过量生产对生物产量具有负面效应，很明显这与它合成过程的高水平能量（ATP）消耗有关。

拟南芥 *hpa1* 突变体缺乏两个组氨醇氨基转移酶中的一个（图 7.46），具有根分生组织维持方面的缺陷，造成了它的根系短，与之可能相关的是组氨酸的含量略微降低。拟南芥 *apg10* 突变体在未成熟时期具有浅绿色的子叶和叶片，它是在组氨酸合成途径中的第四个酶有缺陷，这个酶催化核糖环打开后的异构化步骤（图 7.46）。相似的表型在 *cue1* 突变体中也可见，这个突变体中质体内膜上的磷酸烯醇式丙酮酸（PEP）/ 磷酸转运因子出现问题，阻碍了为芳香族氨基酸合成提供 PEP。在上述两个突变体中，其他氨基酸的浓度也受到了影响，这被视为氨基酸代谢过程中不同途径交叉调节的证据（见信息栏 7.7 和信息栏 7.8）。

信息栏 7.7　植物中存在途径间基因表达调节吗？

原核生物和真菌采用不同的机制来协调氨基酸生物合成酶类的调控。在革兰氏阴性菌中，一个途径中的结构基因（structural gene）是从操纵子上一同转录的。培养基中某种氨基酸的缺乏，可使该途径相关操纵子受到的抑制解除，这套机制涉及一个抑制蛋白和转录弱化作用（transcriptional attenuation）。然而，很多真菌的氨基酸合成酶却受到复杂的全局调控。酵母中，缺少某种氨基酸会使至少 12 个途径的 36 个生物合成酶解除抑制。酵母中这种综合的调控是由**转录因子 GCN4p** 介导的。GCN4p 是一个亮氨酸拉链蛋白，在响应氨基酸缺乏时，它的合成受到翻译水平上的调节。因此，氨基酸生物合成酶基因的转录对酵母细胞的蛋白质翻译状态很敏感，虽然这两个过程由核膜分隔开了。尽管机制上有所不同，这种方式同细菌转录弱化作用有相似之处：都是用细胞的翻译状态影响其氨基酸合成酶的转录。

最近的转录组研究表明，GCN4p 实际上是一个调节胁迫诱导基因表达的主要因子，在几百个表达量受到 GCN4p 影响的酵母基因中，只有大约 1/4 编码氨基酸代谢相关酶类。

有证据证明植物氨基酸生物合成存在着途径间调节吗？支持这种调节方式的证据在逐渐增加，但目前还没有一个统一地归纳。芳香族氨基酸、支链氨基酸或甲硫氨酸的缺乏会诱导色氨酸合成途径酶的表达，然而这种响应在很多其他途径中的酶上都没有观察到。不过，组氨酸的缺乏，如用 IRL1803（组氨酸合成途径中咪唑甘油磷酸脱水酶的抑制剂）处理拟南芥幼苗，可诱导编码参与芳香族氨基酸、赖氨酸、组氨酸和嘌呤生物合成的 8 种酶的 mRNA 积累。为什么缺乏组氨酸有如此独特的结果还有待研究。

信息栏 7.8　植物氨基酸生物合成途径中有很多基因复制加倍，但很少有蛋白融合

尽管氨基酸合成过程中的反应步骤在微生物和植物间有很多保守的地方，植物中编码相关酶的基因在遗传组织方式上与微生物有很多方面不同。在原核生物和真菌中，很少发现由不同基因编码的多种**同工酶**。而与此相反，很多植物的生物合成酶都由多个基因编码。这类例子包括天冬氨酸激酶、Δ^1- 吡咯啉 -5- 羧酸合成酶、苏氨酸脱氨酶或芸香的 AnSα 亚基，它们的各亚型具有不同的生化特性。另一些情况中，基因受到不同的调节，或是编码的蛋白质具有不同亚细胞定位（如 GS）。但是，对绝大多数由多基因家族编码的蛋白质而言，我们还不知道多种亚型的存在在功能上有何意义。

植物和微生物的另一明显区别是，植物很少有**多功能蛋白**，大多数氨基酸代谢酶仅催化一个单独的步骤。当然该规律也有例外，如双功能酶 Δ^1- 吡咯 -5- 羧酸合成酶、3- 脱氢奎宁酸脱水酶 - 莽草酸脱氢酶、赖氨酸分解代谢酶（即赖氨酸 / 酮戊二酸还原酶 - 酵母氨酸脱氢酶）。在原核生物和真菌中，融合蛋白非常常见，它们有时可包含三种或更多种不同的活性。例如，酵母 **ARO1 蛋白**是一个具有五种功能的蛋白质，催化分支酸合成途径中除第一步和最后一步以外的所有步骤。

小结

氨基酸是所有生物蛋白质的结构组分，同时它们在植物体内还有其他功能。在植物中，氨基酸作为很多种天然产物的前体，这些天然产物帮助植物防御病原体和食草动物，以及增强对逆境的耐受性。它们还对氮进行储存或源 - 库转运。因此，对植物中氨基酸合成的调控影响到生长发育和存活的诸多方面。

另外，植物中必需氨基酸的合成和种子的氨基

酸组成还间接地与动物的营养相关。所以，了解植物如何进行、如何调控氨基酸合成途径，对代谢途径调控的基础研究和实际应用都有重要意义。虽然微生物中的氨基酸合成途径已为人们所熟知，但植物中这方面的研究还很欠缺，其部分原因是植物本身有微生物所没有的独特复杂性。例如，很多情况下，植物有多种同工酶催化同一个生物合成反应。这些同工酶可能定位于不同类型的细胞器或细胞，或在不同的发育阶段中起作用。目前，植物氨基酸合成研究的关键问题是，不仅要在单个反应通路的上下游关系中，更要在整个代谢网络的背景下确定氨基酸生物合成途径的各个步骤及其调控机制。

本章着重讲述了一些实例，在这些实例中，人们采用分子、遗传和生化方法联合阐明植物氨基酸合成途径的步骤，以及这些途径在基因或更高水平上的调控过程。目前，很容易从 T-DNA 插入植株中获得氨基酸合成酶的植物突变体。对它们的研究已经表明，氨基酸的体内合成会影响很多不同的过程，包括光呼吸、激素合成和植物发育等。转基因手段的运用也揭示了操纵植物氨基酸生物合成途径的可行性，它可应用于提高除草剂抗性、改变种子氨基酸组分等。综上，氨基酸在作为初级代谢产物的同时，也能控制植物生长发育的诸多不同方面。

（李　玲　兰子君　钟　声　译，李继刚　瞿礼嘉　校）

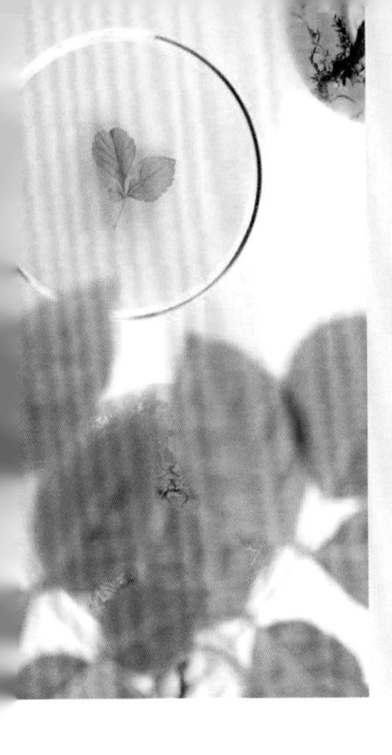

第 8 章 脂 类

John Ohlrogge, John Browse, Jan Jaworski, Chris Somerville

导言

脂（**lipid**）是指这样一类分子：其结构多样，易溶于非水溶剂，如氯仿。脂类包括多种脂肪酸衍生化合物，以及许多在代谢上与脂肪酸代谢无关的色素和二级化合物。虽然我们对于脂类的讨论仅局限在脂肪酸合成产生的化合物，但在这个限制下仍有许多化合物需要探讨，其中许多化合物对细胞的正常功能至关重要。每个植物细胞都含有许多种脂类，它们通常只存在于一些特异的结构中。此外，不同的植物组织可能含有不同的脂类。

虽然植物脂肪酸及脂类的代谢与其他生物有许多相同的特征，但植物脂类代谢途径非常复杂且目前我们对其中一些了解不深。其复杂性主要在于代谢途径的细胞区室化及区室间这些脂库的大量混合（图 8.1）。另外，高等植物总共积累了超过 200 种

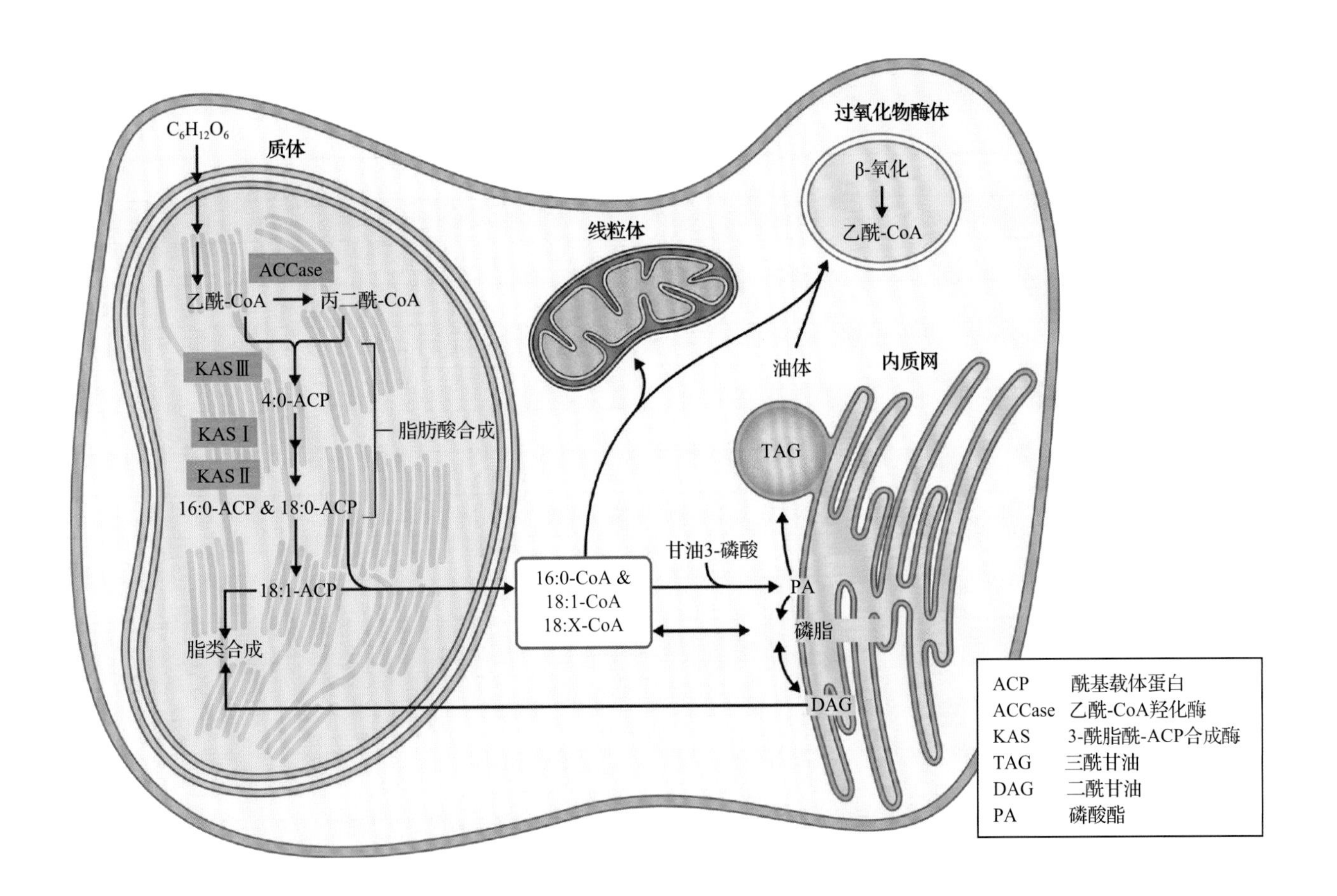

图 8.1 脂的合成及代谢发生在各种细胞器中，在许多情况下，脂分子会从一个细胞区室转运到另一个

的脂肪酸，因此还有许多参与这些化合物合成的酶的性质问题悬而未决。植物生化学家们今天所面对的众多挑战之一，即是完全解析这些途径及它们的调节机制。

8.1 脂类的结构与功能

8.1.1 脂类在植物体内承担多种功能

脂类在植物体内执行多种功能（表 8.1）。作为组成生物膜的主要组分，脂类形成一个对生命至关重要的疏水屏障（见第 1 章）。膜不仅可以将细胞与外界环境隔开，而且还将细胞器（如叶绿体和线粒体）的内容物与胞质分开。细胞区室化依靠极性脂类形成的双分子层来阻止亲水分子在细胞器间的自由扩散以及进出细胞。进行光合作用光反应的叶绿体的膜主要含有**半乳糖脂（galactolipid）**。质体外膜主要由**磷脂（phospholipid）**混合物组成。尽管 1g 叶片组织可含多达 $1m^2$ 的生物膜，但脂类在整个植物组织的质量中仅占相对较小的比例（图 8.2）。

脂类也是自由能的一种重要的化学储备形式。因为与碳水化合物相比脂肪酸是更具还原性的分子，所以其产能的潜力更大。**三酰甘油（triacylglycerol）**高度疏水且仅存在于无水环境中，而碳水化合物却是亲水的，并且结合水能使质量显著增加。因此，就质量而论，同等质量的三酰甘油异化为 CO_2 和 H_2O 而释放出的 ATP 大约是碳水化合物的两倍（图 8.3）。种子采用一种致密物质的形式，有利于自身的散布及其他过程，种子萌发所需的碳和能量通常以三酰甘油而非淀粉的形式储存。

脂肪酸也是植物代谢中其他重要组分的前体。覆盖及保护植物的**蜡（wax）**是由长链烃、醛、醇、酸和几乎完全由脂肪酸衍生而来的酯组成的混合物。表皮细胞的**角质（cutin）**层也是由氧化的脂肪酸相互酯化形成的坚韧的聚酯表皮组成。所以，在气生器官的表皮细胞内，大量合成的脂肪酸主要用于产生具有保护作用的蜡和角质（图 8.4）。

有些脂肪酸在某些信号转导途径中起主要作用。人们对从亚麻酸衍生来的生长调节因子**茉莉酮酸（jasmonic acid）**的合成和其作为植物激素及第

表 8.1　植物中脂类分子的功能

功能	脂类类型[a]
膜结构组分	甘油脂、鞘脂、甾酮
储存组分	三酰甘油，蜡
电子传递反应中的活化组分	叶绿素、其他色素、泛醌、质体醌
光保护	类胡萝卜素（叶黄素循环）
保护膜免受自由基的伤害	生育酚
防水及表面保护	长链和非长链脂肪酸及其衍生物（角质、软木脂、表面蜡），三萜
蛋白质修饰	
膜锚定物的添加	
酰基化	主要是 14 ∶ 0 和 16 ∶ 0 脂肪酸
异戊二烯化	法呢基焦磷酸、牻牛儿牻牛儿焦磷酸
其他膜锚定组分	磷脂酰肌醇、神经酰胺
糖基化	多萜醇
信号网络	
内源信号	脱落酸、赤霉素、油菜类固醇、茉莉酮酸酯的 18 ∶ 3 脂肪酸前体 肌醇磷酸 二酰甘油
外源信号	茉莉酮酸酯 挥发性的昆虫引诱剂
防御及拒食剂组分	重要的油类 乳胶类组分（橡胶等） 树脂类组分（萜烯类）

[a] 类异戊二烯及相关脂类在第 24 章讨论。

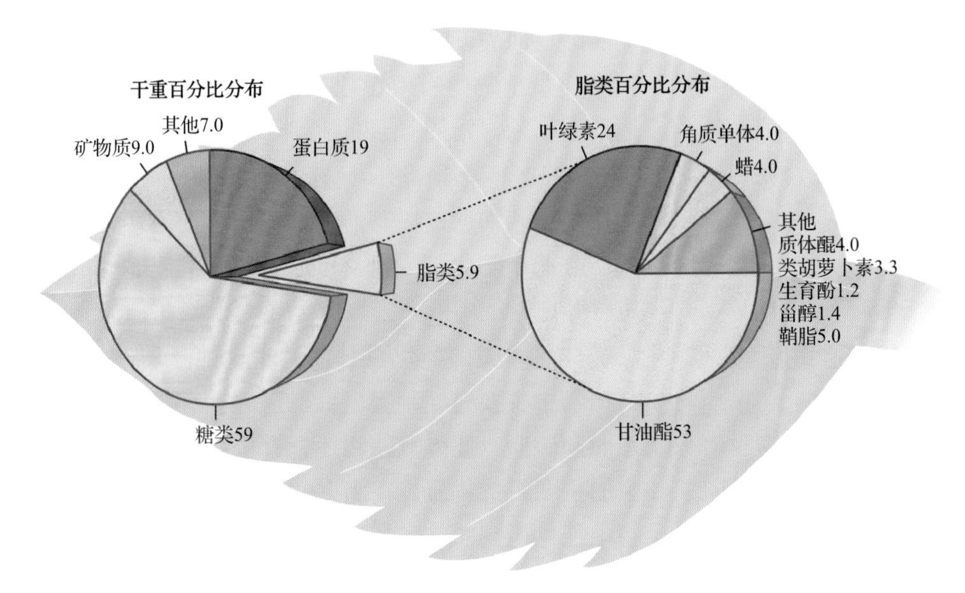

图 8.2 拟南芥叶片组织中细胞成分（根据在总干重中所占比例）及脂类类型（根据在脂类总重中所占比例）的大致分布。一些数值是根据其他物种中获得的结果推算出来的

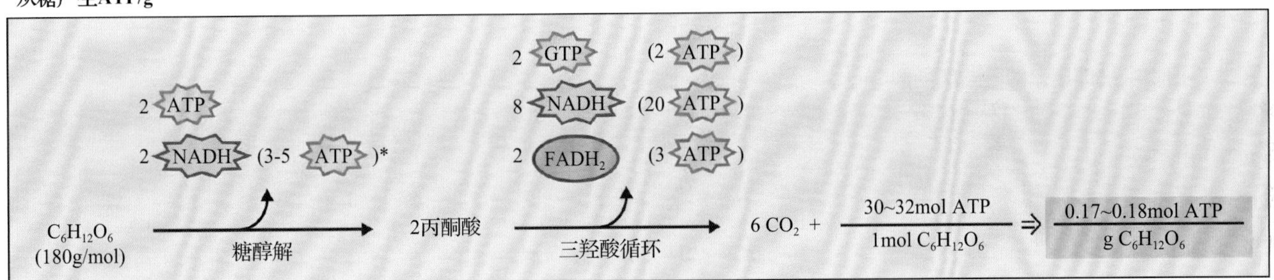

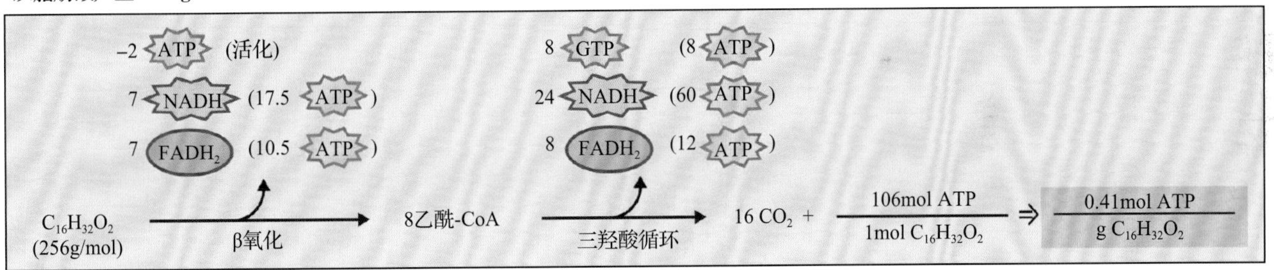

图 8.3 动物中脂肪酸和碳水化合物代谢成 CO_2 及 H_2O 的产能比较。每克脂肪酸代谢产生 0.41mol ATP，而每克碳水化合物只产生 0.17 ～ 0.18mol ATP。一分子 NADH 经线粒体电子传递链氧化可产生 2.5mol ATP，而一分子 $FADH_2$ 经氧化只产生 1.5mol ATP。NADH 在胞质和过氧化物酶体中氧化释放的 ATP 的数量因代谢不同而有所变化，还原物（电子）通过这些代谢转移到线粒体中（见第 14 章）

A

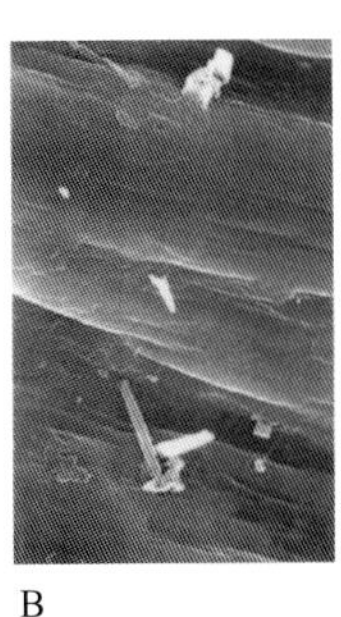
B

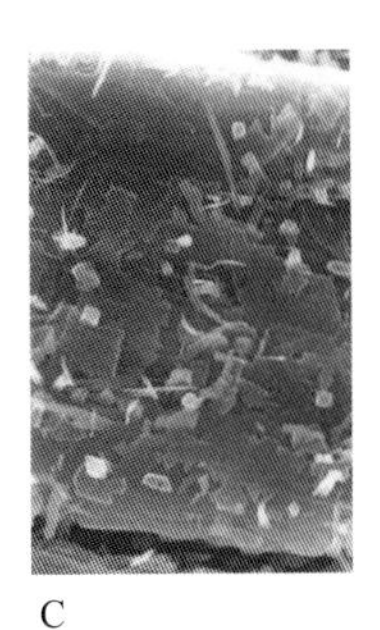
C

D

E

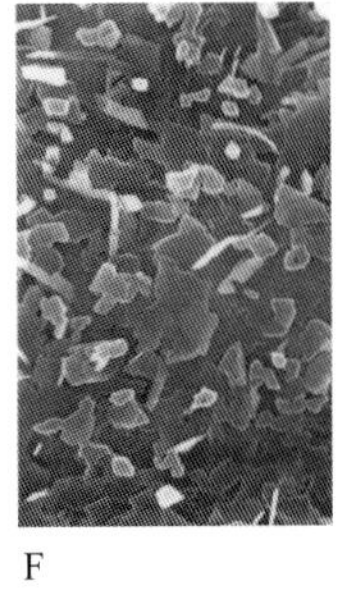
F

图 8.4 野生型及突变体拟南芥的茎（A ～ C）和角果（D ～ E）的扫描电子显微镜照片。野生型表面（A，D）覆盖着各种管状及盘状蜡质。*cer7* 突变体表面（B，E）蜡晶体及可变的晶体结构都大量减少。*cer17* 突变体表面（C，F）的管状蜡质与野生型相比更少。来源：Kunst 和 Samuels (2003), Progress in Lipid Research, Volume 42, Issue 1, Pages 51–80

二信使的活性已经进行了深入研究（见 8.8.5 节、第 17 章及第 21 章）。与之类似，磷脂酰肌醇及其衍生物也可作为具调节功能的信使，这与其他真核生物信号转导途径中起重要作用的信使化合物相似（见第 18 章）。另外，脂肪酸可以通过蛋白质酰基化修饰参与调节多种细胞过程。

8.1.2　大多数脂类含有甘油酯化的脂肪酸

脂肪酸是带有高度还原烃链的羧酸。植物膜内典型的脂肪酸含有 16 或 18 个碳，列于表 8.2，同时还有一些特殊脂肪酸仅在种子储存三酰甘油时特异积累。一些脂肪酸和脂类缩写的命名见信息栏 8.1。

植物脂肪酸的一个重要组成部分是多聚不饱和脂肪酸亚油酸（$18:2^{\Delta 9,12}$）和 α- 亚麻酸（$18:3^{\Delta 9,12,15}$）。仅有少量植物含有双键位置比 Δ9 更靠近羧基端的脂肪酸。除寻常的 C_{16} 和 C_{18} 脂肪酸，一些植物也产生 8 ～ 32 个碳原子的脂肪酸，它们通常积累在贮存脂类或表面的蜡中。通过气相层析的方法来分离脂肪酸的甲基化衍生物，可以对脂类的脂肪酸成分进行鉴定。

甘油脂类由酯化成甘油衍生物的脂肪酸组成，在植物中主要有 4 种类型：三酰甘油、磷脂、半乳糖脂和硫脂。此外，植物还含有少量鞘脂，其是质膜的主要组成物质。在大多数情况下，从植物提取物中纯化得到的某种特定类型的脂，往往是一种复杂的混合物。例如，基于头部基团结构的不同，磷脂可以分为 7 类（见表 8.3），而每类又由不同种

表 8.2　植物中挑选出来的一些脂肪酸

一般命名	系统名	结构	缩写[a]
饱和脂肪酸			
月桂酸	*n*- 十四烷酸	$CH_3(CH_2)_{10}COOH$	12 : 0
棕榈酸[b]	*n*- 十六烷酸	$CH_3(CH_2)_{12}CH_2CH_2COOH$	16 : 0
硬脂酸[b]	*n*- 十八烷酸	$CH_3(CH_2)_{12}CH_2CH_2CH_2CH_2COOH$	18 : 0
花生酸	*n*- 二十烷酸	$CH_3(CH_2)_{12}CH_2CH_2CH_2CH_2CH_2CH_2COOH$	20 : 0
山萮酸	*n*- 二十二烷酸	$CH_3(CH_2)_{12}CH_2CH_2CH_2CH_2CH_2CH_2CH_2CH_2COOH$	22 : 0
木蜡酸	*n*- 二十四烷酸	$CH_3(CH_2)_{12}CH_2CH_2CH_2CH_2CH_2CH_2CH_2CH_2CH_2CH_2COOH$	24 : 0
不饱和脂肪酸			
油酸[b]	顺 -9- 十八烯酸	$CH_3(CH_2)_7\overset{H}{C}=\overset{H}{C}(CH_2)_7COOH$	$18:1^{\Delta 9}$
伞形花子油酸	顺 -6- 十八烯酸	$CH_3(CH_2)_{10}\overset{H}{C}=\overset{H}{C}(CH_2)_4COOH$	$18:1^{\Delta 6}$
亚油酸[b]	顺，顺 -9,12- 十八碳二烯酸	$CH_3(CH_2)_4\overset{H}{C}=\overset{H}{C}-CH_2-\overset{H}{C}=\overset{H}{C}(CH_2)_7COOH$	$18:2^{\Delta 9,12}$
α- 亚麻酸[b]	顺，顺，顺 -9, 12, 15- 十八碳三烯酸	$CH_3CH_2\overset{H}{C}=\overset{H}{C}-CH_2-\overset{H}{C}=\overset{H}{C}-CH_2-\overset{H}{C}=\overset{H}{C}(CH_2)_7COOH$	$18:3^{\Delta 9,12,15}$
γ- 亚麻酸[b]	顺，顺，顺 -6, 9, 12- 十八碳三烯酸	$CH_3(CH_2)_4\overset{H}{C}=\overset{H}{C}-CH_2-\overset{H}{C}=\overset{H}{C}-CH_2-\overset{H}{C}=\overset{H}{C}(CH_2)_7COOH$	$18:3^{\Delta 6,9,12}$
粗酸	顺，顺，顺 -7, 10, 13- 十六碳三烯酸	$CH_3CH_2\overset{H}{C}=\overset{H}{C}-CH_2-\overset{H}{C}=\overset{H}{C}-CH_2-\overset{H}{C}=\overset{H}{C}(CH_2)_5COOH$	$18:3^{\Delta 7,10,13}$
芥子酸	顺 -13- 二十烯酸	$CH_3(CH_2)_7\overset{H}{C}=\overset{H}{C}(CH_2)_{11}COOH$	$22:1^{\Delta 13}$
一些特殊脂肪酸			
蓖麻油酸	12- 羟基十八 -9- 烯酸	$CH_3(CH_2)_5-\underset{H}{\overset{OH}{C}}-CH_2-\overset{H}{C}=\overset{H}{C}(CH_2)_7COOH$	$12\text{-}OH\text{-}18:1^{\Delta 9}$
斑鸠菊酸	12, 13- 环氧基十八 -9- 烯酸	$CH_3(CH_2)_4-\overset{O}{\overbrace{CH-CH}}-CH_2-\overset{H}{C}=\overset{H}{C}(CH_2)_7COOH$	

[a] 见信息栏 8.1 对缩写命名的解释。

[b] 这 5 种脂肪酸是膜脂的主要成分，其他脂类主要发现于贮存脂类中。

信息栏 8.1　缩写使脂类的命名更便于管理

人们发展了一种基于分子长度、双键数目及位置的速记符号来命名脂肪酸。例如，饱和的 C_{16} 脂肪酸——棕榈酸（十六烷酸），命名为 16:0。第一个数字（16）代表碳原子的数目，第二个数字（0）表明双键的数目。单不饱和 18 碳脂肪酸——油酸（顺 -9- 十八碳烯酸），命名为 $18:1^{\Delta 9}$，上标 $^{\Delta 9}$ 表明了唯一的双键的位置，以羧基作为 1 号碳原子。因为脂肪酸中的双键几乎全都是顺式构型，所以一般情况下不注明，除非它是反式构型才注明，如 $16:1^{\Delta 3t}$。如插图中所示的棕榈酸和亚麻酸，它们是光合组织中主要的饱和和不饱和脂肪酸，顺式不饱和键的引入造成酰基链的弯曲。

在脂肪酸链中，双键往往通过一个碳分开（如多聚不饱和 α- 亚麻酸，$18:3^{\Delta 9,12,15}$）。因此，一个 ω-3，或者 *n*-3 的脂肪酸是指从脂肪酸的甲基末端起三个碳原子处有一个双键（如 $18:3^{\Delta 9,12,15}$ 即是一个 ω3 脂肪酸）。

缩写也用来命名脂肪酸酯化到甘油糖脂的甘油骨架上的位置。*sn*-3（立体定向命名 -3）表示甘油 3- 磷酸上发生磷酸化的末端羟基，*sn*-2 指的是中间的羟基，*sn*-1 指的是末端未发生磷酸化的羟基。

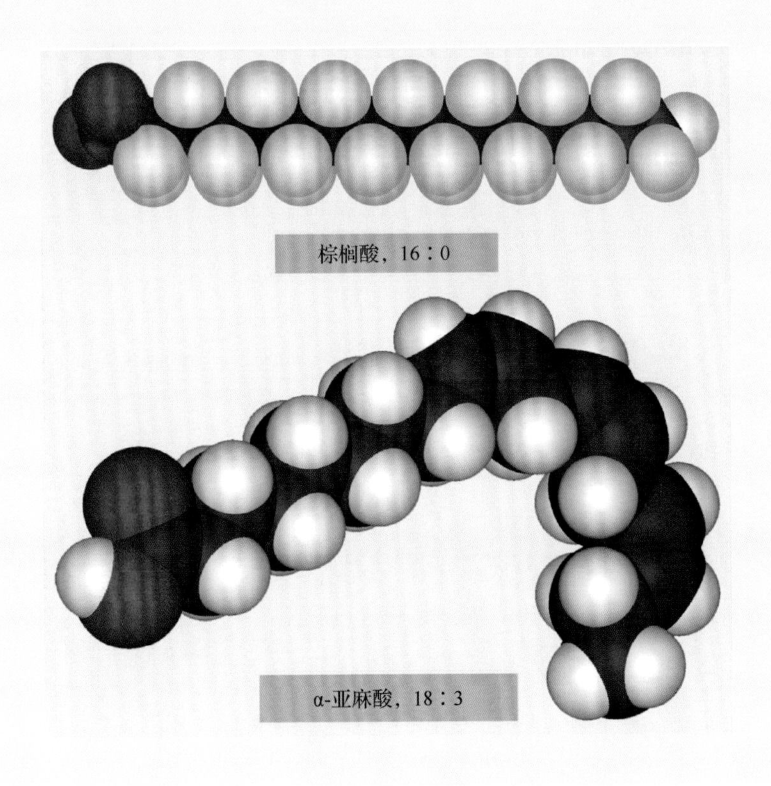

分子组成，区分这些分子的依据是连接在甘油主链 *sn*-1 和 *sn*-2 位置上的脂肪酸。在图 8.5A 中介绍的磷脂酰胆碱分子在 *sn*-1 位置上有一个酯化的饱和脂肪酸，在 *sn*-2 位置上有一个酯化的不饱和脂肪酸。控制脂类脂肪酸组成的一些因子将在 8.5.3 节、8.7.1 节和 8.7.4 节讨论。

脂类通常以三酰甘油的形式贮存，即三个脂肪酸酯化到甘油上（图 8.5B）。由于其非极性的特性，人们常常把三酰甘油视为中性脂类。三酰甘油作为能量与碳源的储存形式，主要存在于种子和花粉中。由于中性脂类不溶于细胞内水相，所以它们不会产生细胞渗透势。这一点对其作为贮存物质的功能非常重要，否则它们的大量积累就会破坏正常细胞渗透压摩尔浓度的维持。

磷脂的合成是脂肪酸酯化到 *sn*- 甘油 3- 磷酸的 2 个羟基上形成磷脂酸。所有的磷脂都是通过在磷脂酸的磷酰基上酯化上一个极性“头部基团”而衍生的（见表 8.3）。磷脂是**两性的**（**amphipathic**），既含有疏水的（不带电荷，非极性）脂肪酸，又含有一个亲水的（带电荷，极性）头部基团。这一特

表 8.3 膜脂的主要类别

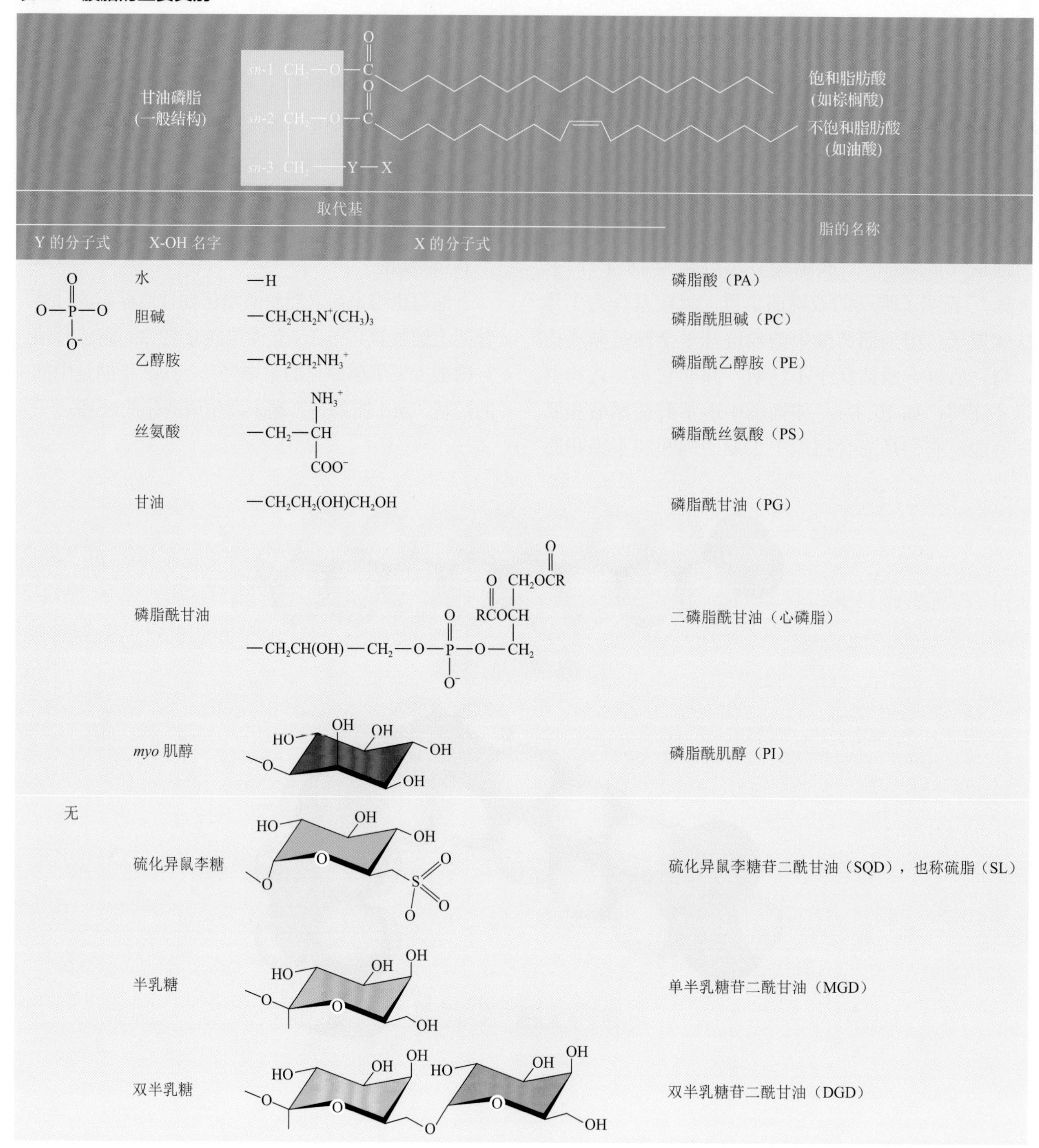

Y 的分子式	X-OH 名字	X 的分子式	脂的名称
$O-P(=O)(-O^-)-O$	水	—H	磷脂酸（PA）
	胆碱	$-CH_2CH_2N^+(CH_3)_3$	磷脂酰胆碱（PC）
	乙醇胺	$-CH_2CH_2NH_3^+$	磷脂酰乙醇胺（PE）
	丝氨酸	$-CH_2-CH(NH_3^+)(COO^-)$	磷脂酰丝氨酸（PS）
	甘油	$-CH_2CH_2(OH)CH_2OH$	磷脂酰甘油（PG）
	磷脂酰甘油	$-CH_2CH(OH)-CH_2-O-P(=O)(O^-)-O-CH_2-CH(OCOR)-CH_2OCOR$	二磷脂酰甘油（心磷脂）
	myo 肌醇	（结构式）	磷脂酰肌醇（PI）
无	硫化异鼠李糖	（结构式）	硫化异鼠李糖苷二酰甘油（SQD），也称硫脂（SL）
	半乳糖	（结构式）	单半乳糖苷二酰甘油（MGD）
	双半乳糖	（结构式）	双半乳糖苷二酰甘油（DGD）

注：图上端所示为甘油磷脂的基本结构。C_3 骨架（标示为暗黄色）通常在 *sn*-1 和 *sn*-2 的碳原子处酯化两个脂肪酸。*sn-3* 碳原子上的修饰可以用 X 和 Y 表示，X 和 Y 对应下方表中所指示的化合物。*sn* 数字指的是立体定向命名系统，这是根据惯例基于 D- 和 L- 甘油醛的结构的命名系统。对于甘油来说，所谓的惯例是指，在 L- 甘油的 Fisher 投影中（未展示），将中间的羟基基团展示在左边，按照定义，*sn*-2 上边的碳原子为 *sn*-1 位置，下边的为 *sn*-3 位置。

性使得磷脂和其他两性甘油脂可以形成双分子层：亲水性头部与水溶性环境（如细胞溶胶）接触，而疏水尾部与其他疏水尾部相接(图 8.6;亦见第 1 章)。

半乳糖脂是另一大类甘油脂类，它们定位于质体膜上。这些脂以一个半乳糖基或硫代异鼠李糖基取代磷脂头部的磷酰基（见表 8.3）。这类脂主要有三类：单半乳糖二酰甘油、双半乳糖二酰甘油（半乳糖脂类），以及植物硫脂硫代异鼠李糖二酰甘油。这些**糖脂**（**glycolipid**）含有高浓度的多聚不饱和脂肪酸。在某些植物的光合作用组织中，α- 亚麻酸（$18:3^{\Delta 9,12,15}$）可构成糖脂中多达 90% 的脂肪酸。某些植物，如豌豆中，糖脂几

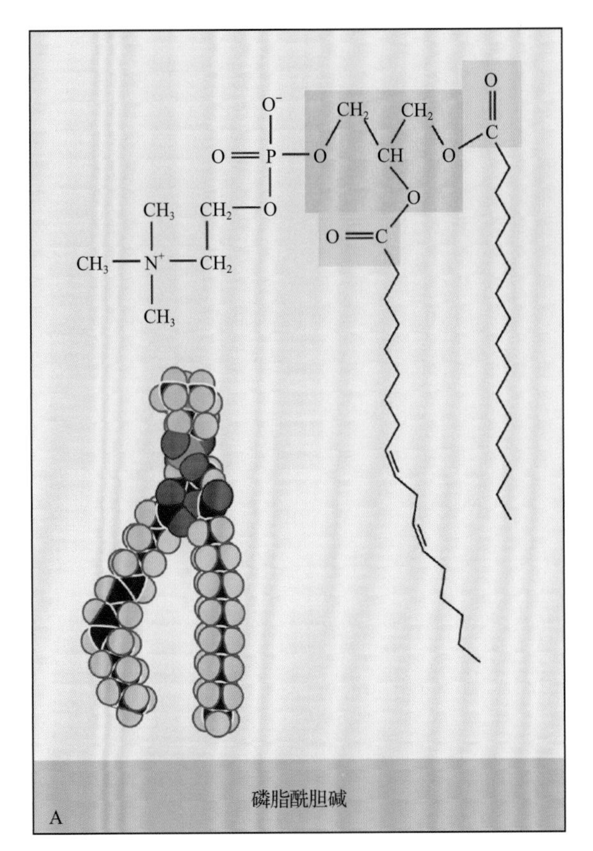

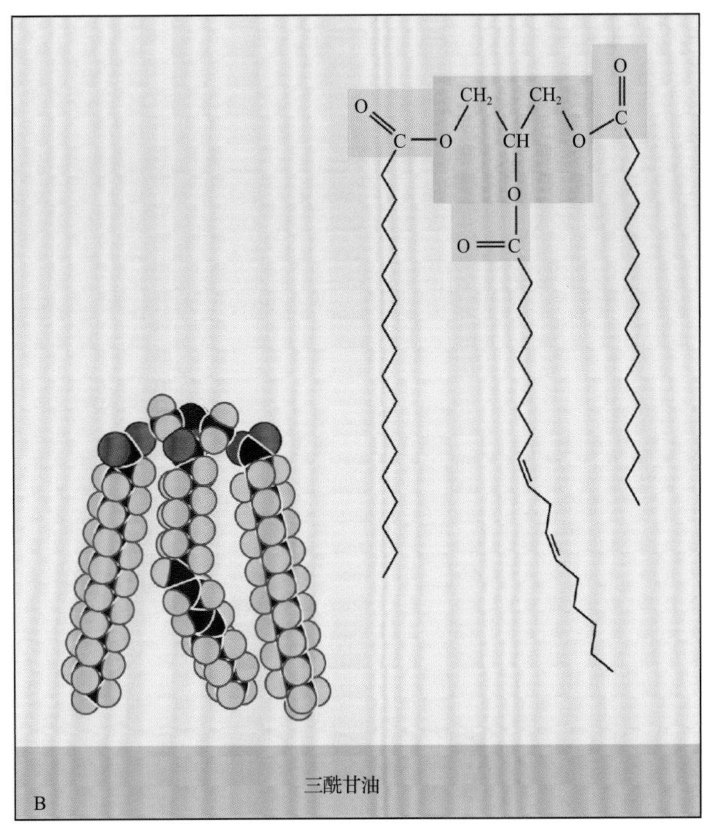

图 8.5 磷脂酰胆碱（A）和三酰甘油（B）的空间填充及构象模型。酯键标示为黄色，而甘油骨架为橙色

图 8.6 计算机模拟的膜的截面。颜色代表：磷，暗绿色；氮，暗蓝色；脂中的氧，红色；链末端甲基基团，红紫色；其他碳原子，灰色；水中氧，黄色；水中氢，白色。为了更加清晰，大原子的半径比其范德华数值略微减小，而水中氢的半径相应增加，与碳结合的氢则忽略

乎全为 C_{18} 多聚不饱和脂肪酸，因此它们有时称为“18:3 植物”。在菠菜等其他植物中，糖脂中有可观数量的 C_{16} 多聚不饱和脂肪酸，$16:3^{7,10,13}$ 多数定位在 *sn*-2，因此称为“16:3 植物”。18:3 植物与 16:3 植物之间的根本区别在于：18:3 植物在内质网合成它们大部分或全部脂类，而 16:3 植物却利用质体中的生物合成途径合成（见 8.7.2 节和 8.7.3 节）。

鞘脂（图 8.7）在总膜脂中的比例约为 5%。它们主要集中在质膜，可占到构成质膜脂类质量的 26%。鞘脂基团通常有毒且浓度很低，因此只有神经酰胺和糖基神经酰胺可以任意积累。鞘脂的不寻常之处在于它们不是甘油脂类，而是由一个长链氨醇形成一个酰胺键与一个脂肪酸相连构成的；酰基通常长于 C_{18}。复杂鞘脂类，如葡糖神经酰胺，是由简单鞘脂（如神经酰胺）加上磷酸胆碱或一个或多个糖分子而

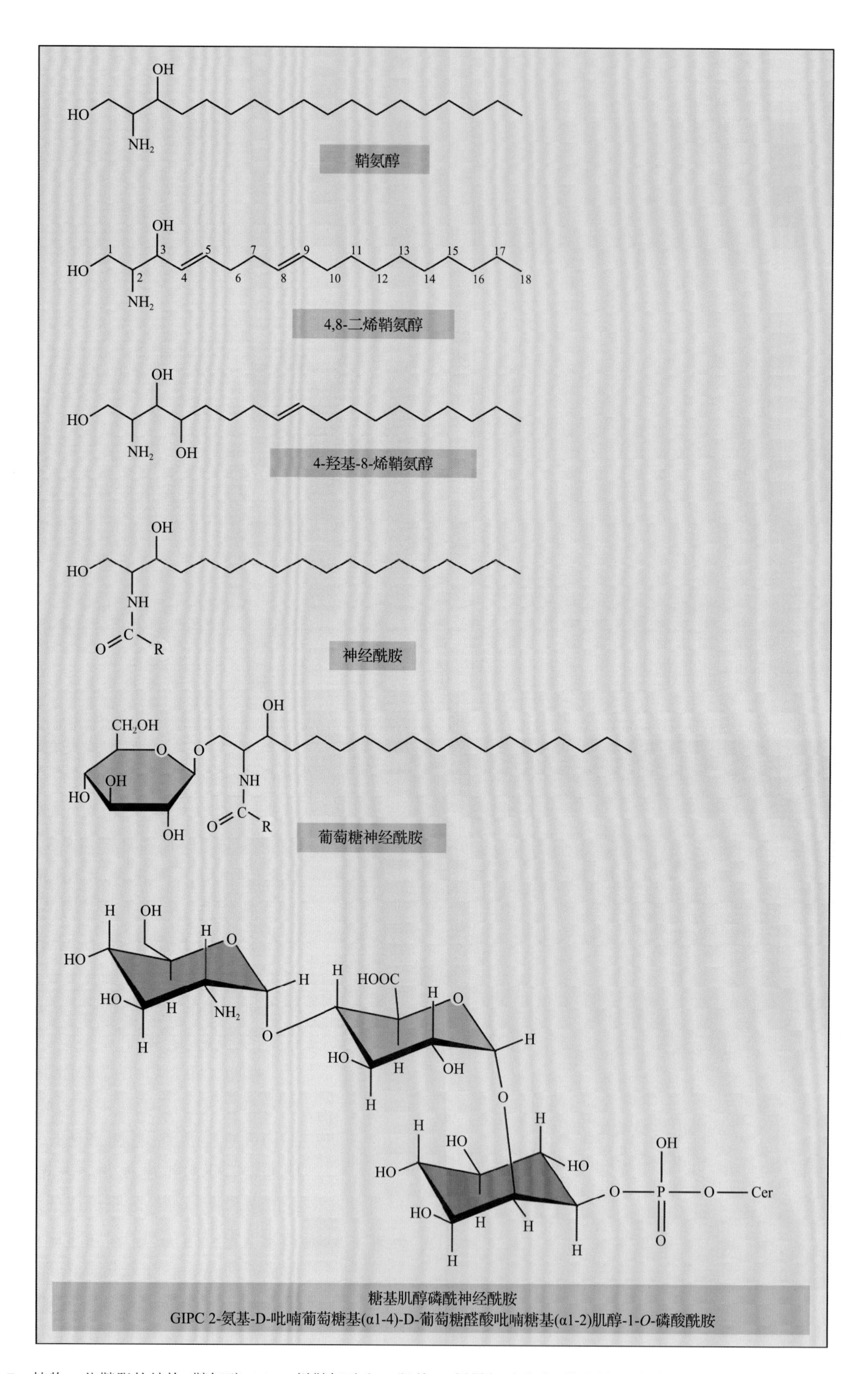

图8.7 植物一些鞘脂的结构。鞘氨醇、4,8-二烯鞘氨醇和4-羟基-8-烯鞘氨醇称为"鞘脂基"。碳原子从第一个羟基基团开始计数。名字中的数字指双键或者所提到的功能基团的位置。脂肪酸（R）通常是饱和脂肪酸或者单一不饱和 C_{16} ~ C_{26} 羟基脂肪酸

来。这些脂类的合成将在 8.7.10 节讨论。

8.2 脂肪酸的生物合成

8.2.1 植物中脂肪酸的生物合成与细菌类似

植物中脂肪酸的生物合成发生在质体内，而人们普遍认为细胞器起源于光合细菌共生体，因此植物内脂肪酸代谢与细菌极为相似也就不足为奇。

乙酰 -CoA 是所有脂肪酸碳骨架合成的最初底物。它同样是许多胞内代谢反应的重要中间产物，在细胞中大量合成、大量消耗（图 8.8）。在质体内，糖酵解产生的丙酮酸可经丙酮酸脱氢酶催化直接产生乙酰 -CoA（见第 13 章）。

在脂肪酸生物合成过程中，一系列重复的反应使乙酰 -CoA 的乙酰部分与 16 或 18 个碳长度的酰基结合。参与这一合成的酶为乙酰 -CoA 羧化酶（ACCase）和脂肪酸合酶（FAS）（图 8.9）。脂肪酸合酶是指一个由几种独立的酶组成的复合体，它们催化乙酰 -CoA 和丙二酰 -CoA 转化为 16:0 和 18:0 脂肪酸（见 8.4 节）。**酰基载体蛋白**（**acyl-carrier protein**，ACP）是一种重要的蛋白质辅因子，通常认为是 FAS 的组分之一。

脂肪酸的合成始于依赖 ATP 的乙酰 -CoA 的羧化反应，乙酰 -CoA 经羧化转化为丙二酰 -CoA。之后，丙二酰基再转移到 ACP 上。丙二酰部分脱羧化引发缩合反应，当乙酸盐“引物”的 C-1 和 ACP 上丙二酰基的 C-2 间形成 C-C 键并释放出 CO_2 时，

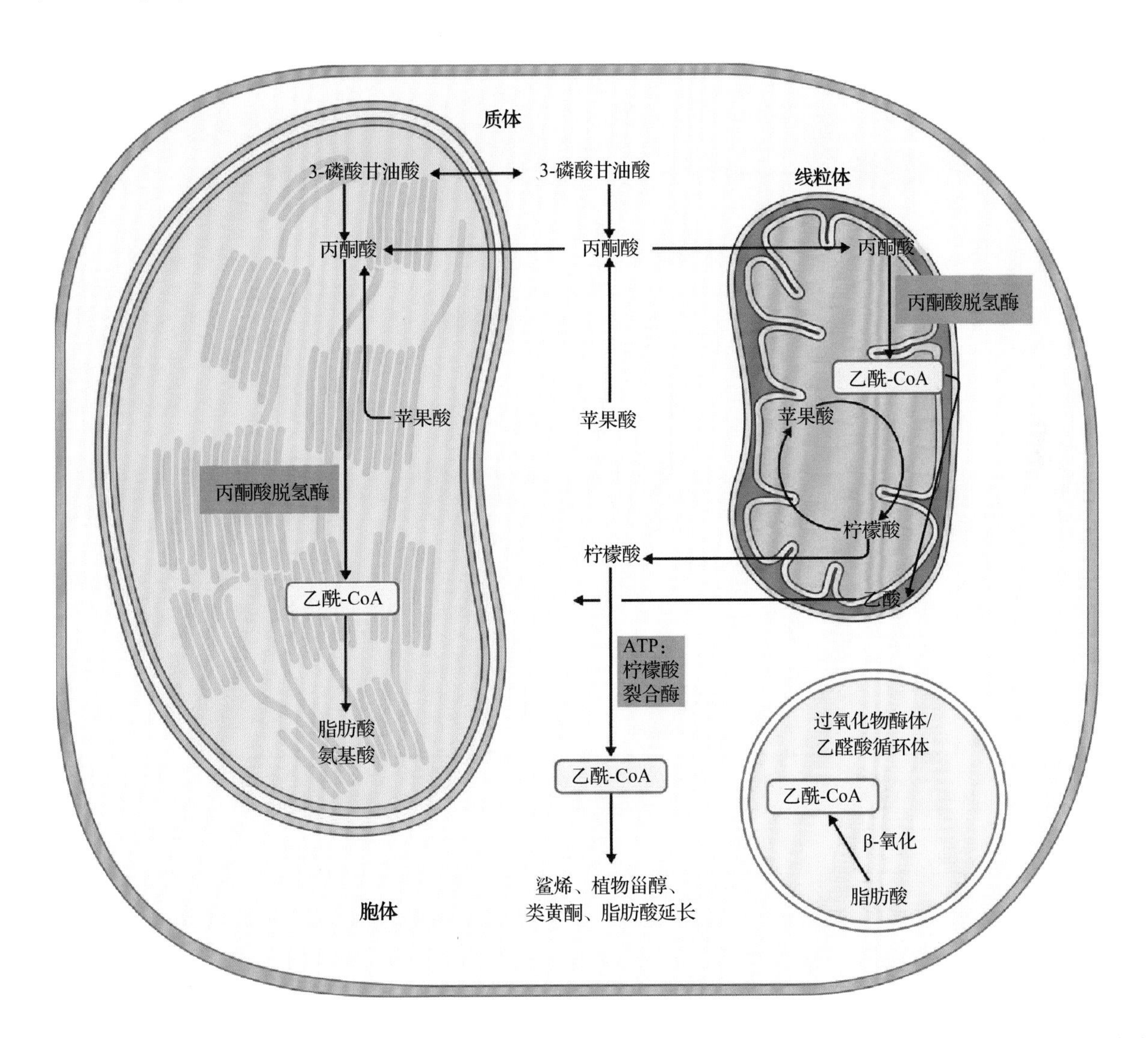

图 8.8 乙酰 -CoA 在代谢中的重要作用。乙酰 -CoA 是细胞内代谢的最为重要的中间物，把多种代谢途径连接起来。产生乙酰 -CoA 的主要途径包括糖酵解（通过丙酮酸脱氢酶）及脂肪酸氧化。乙酰 -CoA 是一些生物合成的起始原料，如脂肪酸、一些氨基酸、类黄酮（通过查尔酮合酶）、甾酮，以及胞质中许多类异戊二烯衍生物的合成。在呼吸作用过程中，乙酰 -CoA 作为碳源进入线粒体中的三羧酸循环。尽管乙酰 -CoA 有如此重要的功能，但人们认为它不能穿过膜，只能在需要它的区室里合成

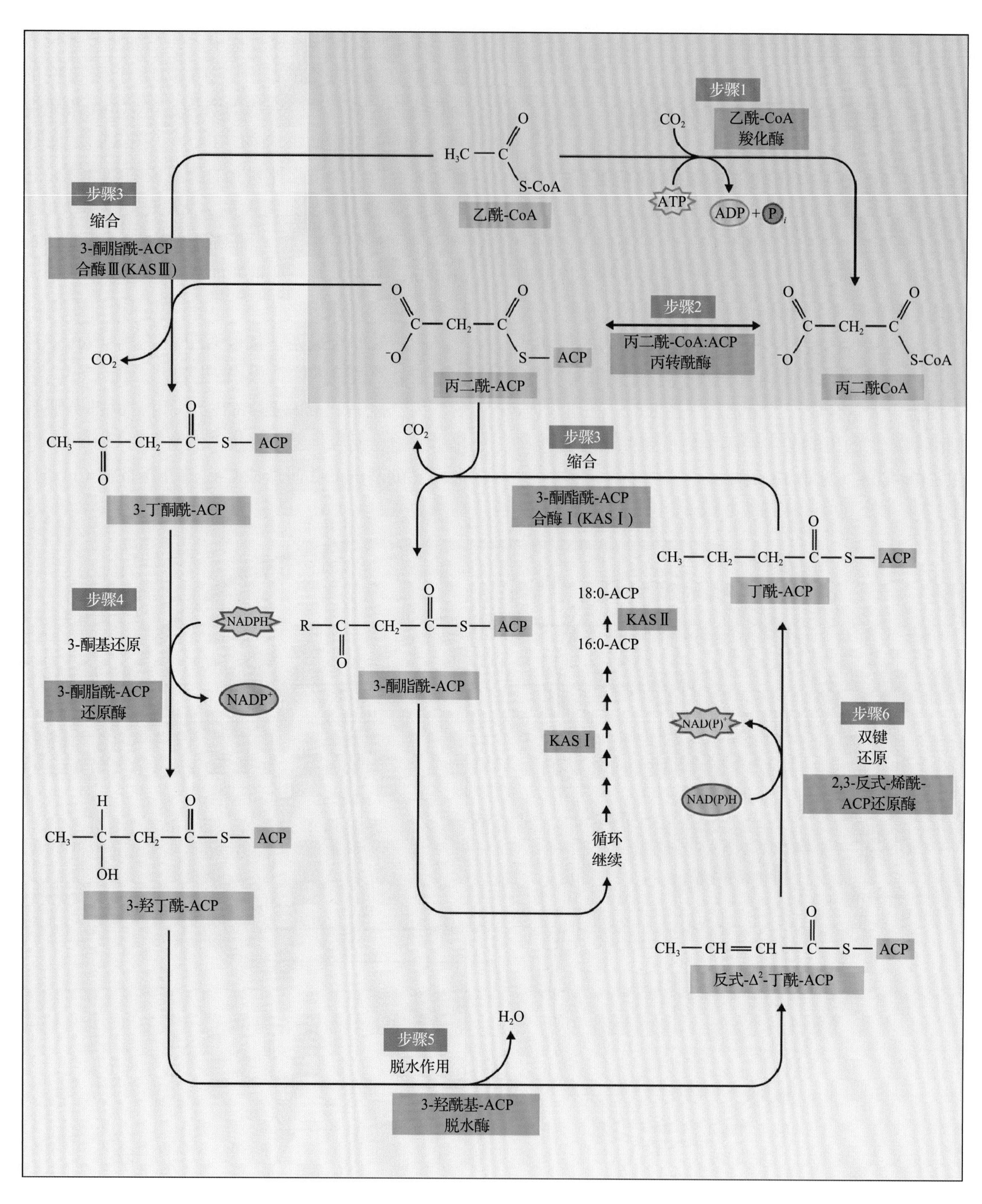

图 8.9 脂肪酸合成一览。脂肪酸通过增加二碳（C_2）单位而延长。黄色标记的反应标明了丙二酰 -CoA 是怎样进入循环的，而那些橙色标记的反应则是循环反应。C_{16} 脂肪酸的合成需要循环重复 7 次。第一次进入循环时——缩合反应（步骤 3）由酮脂酰 -ACP 合酶（KAS）Ⅲ催化。余下 6 次的循环中缩合反应则由 KAS 的同工型 Ⅰ 催化。最后，KAS Ⅱ催化 16:0 到 18:0 的转变

脂肪酸的组装才开始。这两个 C-C 键长度延伸导致乙酰乙酰基 -ACP 的最初形成。随后，顺序进行还原、脱水、进一步还原这三个反应而得到完全还原的酰基 -ACP。由 3- 酮脂酰基团转换为饱和酰基的这三步顺序反应是生化途径中常见的反应系列。例如，β- 氧化和三羧酸循环运用同一反应系列，但是反应方向相反。

脂酰链及其衍生物是细胞中最具还原性的分子

之一。从其氧化状态的前体得到这些分子需要大量的还原力。如前所述，每轮反应增加两个碳，涉及两个还原步骤。因此，合成一个典型的 C_{18} 脂肪酸需消耗 16 分子的 NAD（P）H。光照下的叶绿体中，大量还原力由光系统 I 提供，而黑暗下及缺乏叶绿体的组织中，氧化戊糖磷酸途径是还原态 NADPH 最有可能的来源（第 13 章）。

8.3 乙酰 -CoA 羧化酶

8.3.1 丙二酰 -CoA 经乙酰 -CoA 羧化酶催化的两步反应得到

长链脂肪酸每次装配两个碳原子，碳原子由乙酰 -CoA 提供。然而，连续的乙酸单位之间碳 - 碳键的形成是一个耗能反应。细胞首先羧化乙酰 -CoA 来为下一步的缩合反应提供一个活跃的离去基团。这个 ACCase 反应分为两步。首先，生物素

反应 8.1：乙酰 -CoA 羧化酶

辅基在一个依赖 ATP 的过程中发生羧化；然后，乙酰 -CoA 与羧化后的生物素反应生成丙二酰 -CoA（反应 8.1，图 8.10）。植物细胞中 ACCase 活性是脂肪酸总合成速率的主要限制因素，且受到精确调控。

8.3.2 植物含有同聚和异聚两种形式的 ACCase

ACCase 催化脂肪酸合成的初始步骤；实际上，在大多数植物细胞中，质体中脂肪酸的合成是消耗丙二酰 -CoA 的主要途径。然而，在质体以外，植物中其他反应同样需要丙二酰 -CoA，黄酮类化合物的生物合成途径、内质网中脂肪酸的延伸反应、某些氨基酸的丙二酰化、乙烯前体即氨基环丙烷羧酸的生成（图 8.11）。

很多植物中，质体形式的 ACCase 有四个亚基：生物素羧基载体蛋白（BCCP），生物素羧化酶（BC），以及羧基转移酶的 α- 和 β- 亚基（CT）。这四个亚基形成大于 650kDa 的异源多聚体，且可能与膜有

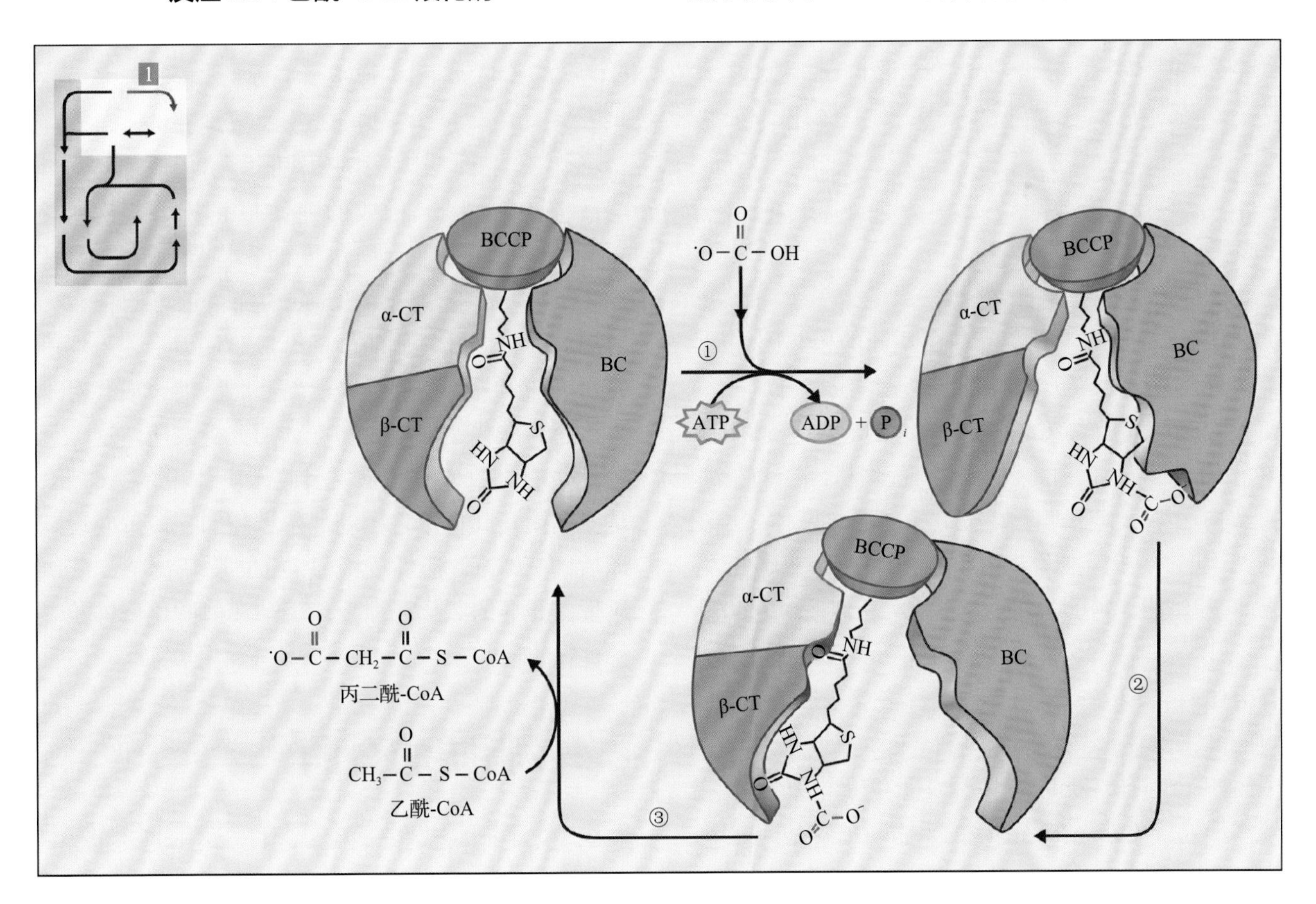

图 8.10 乙酰 -CoA 羧化酶（ACCase）反应的示意图。ACCase 催化图 8.9 反应中的第一步反应。ACCase 含有三个功能组分用来催化乙酰 -CoA 形成丙二酰 -CoA。①在 ATP 依赖的反应中，生物素羧化酶通过将 CO_2（相当于 HCO_3^-）结合在生物素羧基载体蛋白（BCCP）中生物素环的一个氮上而将其活化。② BCCP 的柔性生物素臂将活化的 CO_2 从生物素羧化酶激活位点转移到羧基转移酶位点（α-CT 和 β-CT）。③羧基转移酶将活化的 CO_2 从生物素转移到乙酰 -CoA，形成丙二酰 -CoA

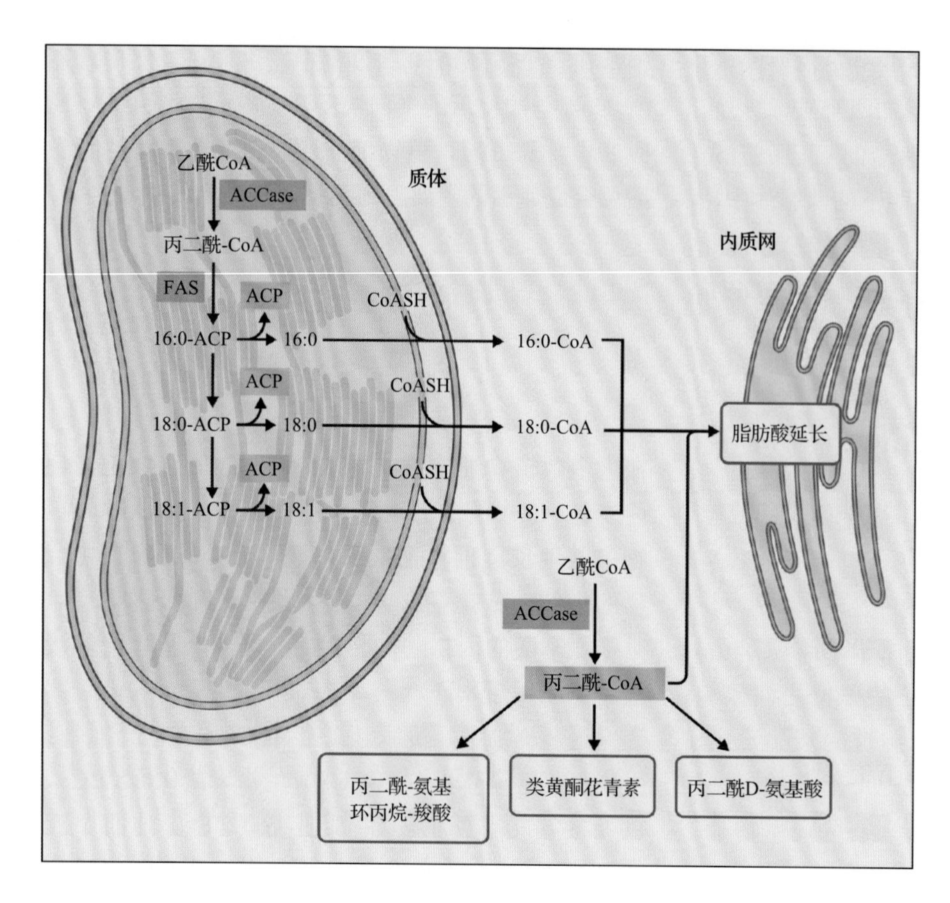

图 8.11 丙二酰 -CoA 的多种命运。植物中由 ACCase 反应产生的丙二酰 -CoA 进入多种途径。在质体中，丙二酰 -CoA 仅仅用于合成脂肪酸。在胞质中，丙二酰 -CoA 是脂肪酸延长反应的碳源，同时也是表面蜡质和种子中某些脂类合成的前体。三分子的丙二酰 -CoA 缩合而形成多种类黄酮及其衍生物（见第 24 章）。在多种植物组织中，乙烯前体的主要形式 1- 氨基环丙烷 -1- 羧酸就是由丙二酰 -CoA 反应生成的没有活性的丙二酰衍生物。最后，还有许多 D- 氨基酸及其他次级代谢产物也与丙二酰 -CoA 发生反应形成丙二酰衍生物

关（图 8.12）。其中三个亚基由不同的核基因编码，第四个亚基（β-CT）则由叶绿体基因组编码。

胞质形式的 ACCase 是一个大的（大于 500kDa）单个同源二聚体蛋白。上述四个亚基整合至单个多肽的结构域中，其中两个参与组成同源二聚体（见图 8.12）。这一结构类似于真菌和动物中的 ACCase。实际上，在这些生物中此酶的氨基酸序列相似性高达 50%。

几乎目前所有研究过的单子叶和双子叶植物都含有上述两类 ACCase：质体内异源多亚基形式和胞质内同源二聚体形式。但禾本科（Poaceae）植物却是个例外，在其质体和胞质中都发现存在类似的同源二聚体形式。此外，在已测序的禾本科植物基因组中，β-CT 基因部分或完全从叶绿体基因组消失，并检测不到异源 ACCase 的任何一个亚基。虽然还无法解释禾本科植物 ACCase 这种不同的组装形式，但这在农业中却有着重要的应用价值。几种现在广泛使用的禾本科植物特异性的除草剂是通过特异地抑制质体中同源二聚体形式的 ACCase 而阻滞质体脂肪酸合成，从而杀死杂草。

8.3.3 丙二酰 -CoA 的形成是脂肪酸合成的第一个关键步骤

在许多重要代谢途径中，生化调控都发生在第一个关键步骤。虽然在细胞中丙二酰 -CoA 有多种用途，但在质体内它只用于脂肪酸的合成。因此，质体中的 ACCase 反应是脂肪酸合成的第一个关键步骤。众多证据证明质体 ACCase 的活性受到严密的调控，并且这一调控在很大程度上决定了脂肪酸合成的整体速率。首先，叶绿体中丙二酰 -CoA 的浓度在光 - 暗转换中变化很快，并且与脂肪酸合成的速率成正比。其次，相同浓度的、特异作用于质体 ACCase 的除草剂可同样在体内与体外抑制叶片脂肪酸的合成。最后，往悬浮培养物中加入外源脂类会减缓新脂肪酸的合成。对于质体脂肪酸代谢的底物与产物的分析表明，这一调控发生在 ACCase 反应。因此，质体中的 ACCase 是受反馈及其他生化控制严密调控的。最近发现翻译后的 ACCase 活性受酰基 -ACP 反馈调节、硫氧还蛋白介导的氧化还原反应调节和磷酸化修饰等多种机制的调节。

8.4 脂肪酸合酶

8.4.1 不同种类的 FAS 存在于不同生物界中

FAS 是指除 ACCase 以外所有脂肪酸生物合成中具有活性的酶。虽然所有生物中由 FAS 催化的反应本质都一样，但在自然界中存在两种不同种类的

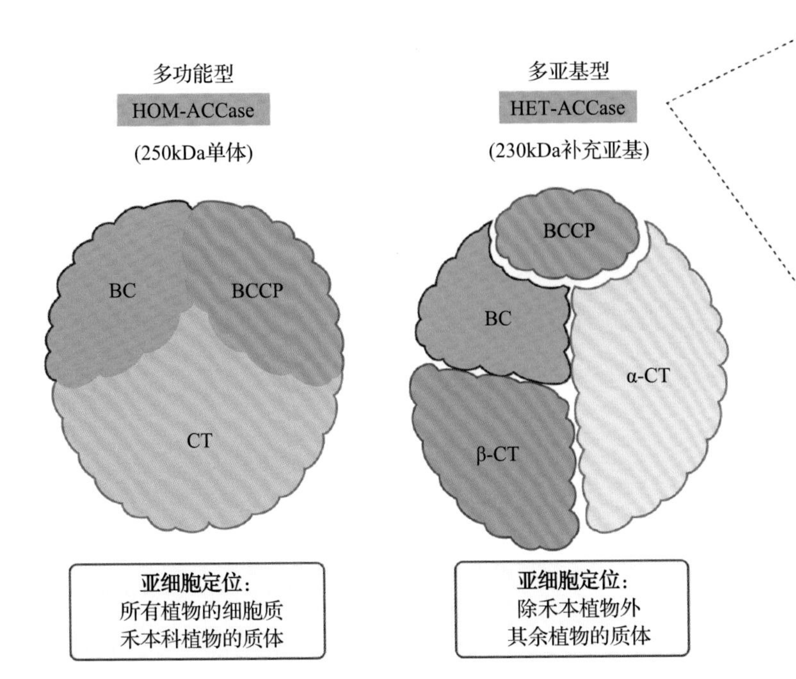

名称	缩写	大小
生物素羧化酶	BC	50kDa
生物素羧基载体蛋白	BCCP	21kDa
α-羧基转移酶	α-CT	91kDa
β-羧基转移酶	β-CT	67kDa

图 8.12 植物中存在两种不同形式的 ACCase。同源二聚体形式（HOM-ACCase）编码了一个含有三个功能结构域、约 250kDa 的多肽。异源二聚体形式（HET-ACCase）有四个亚基，共同组成一个质体定位的复合体，为 650 ~ 700kDa

FAS。动物和酵母使用的 I 型 FAS，是一个以大亚基（250kDa）为特征的单个的多功能酶复合物，每个亚基可催化数种不同反应。相反，植物和大多数细菌使用 II 型 FAS，其每种酶的活性由一种蛋白质控制，并极易与其他参与脂肪酸合成的活性分离开来。II 型 FAS 亦包括 ACP。II 型 FAS 的功能更像一种代谢途径，而 I 型 FAS 则像一个大的蛋白复合体（如丙酮酸脱氢酶）。

在 II 型脂肪酸的合成中，由乙酰 -CoA 组装成一个 C_{18} 脂肪酸需要 48 步反应，其中涉及至少 12 种不同的蛋白质，那么这种复杂途径是如何组织的呢？尽管到目前为止没有发现直接的证据，但似乎存在某一类型的超分子组织形式。该途径中许多酰基 -ACP 中间物的浓度估计在纳摩尔级水平，远低于对所参与酶的动力学分析预测出的 K_m 值。计算表明，在如此低浓度底物水平下的酶活不足以维持体内脂肪酸的合成速率。因此，引入某种形式的底物似乎很是必要。此外，在渗透裂解的叶绿体中，无论是乙酰 -CoA 或者是丙二酰 -CoA 都没有与同位素标记的游离乙酸竞争参与脂肪酸合成，这说明乙酸直接参与了脂肪酸的合成。因此，II 型脂肪酸合成受一些酶催化，这些酶彼此分散但好像又在一个紧密联系的途径中共同起作用。

8.4.2 此脂肪酸合成途径的中间产物都由 ACP 转运

在 ACCase 的反应中合成丙二酰 -CoA，之后，脂肪酸的装配涉及一个核心辅助因子——ACP（图 8.13）。这个小蛋白有 80 个氨基酸，并含有一个

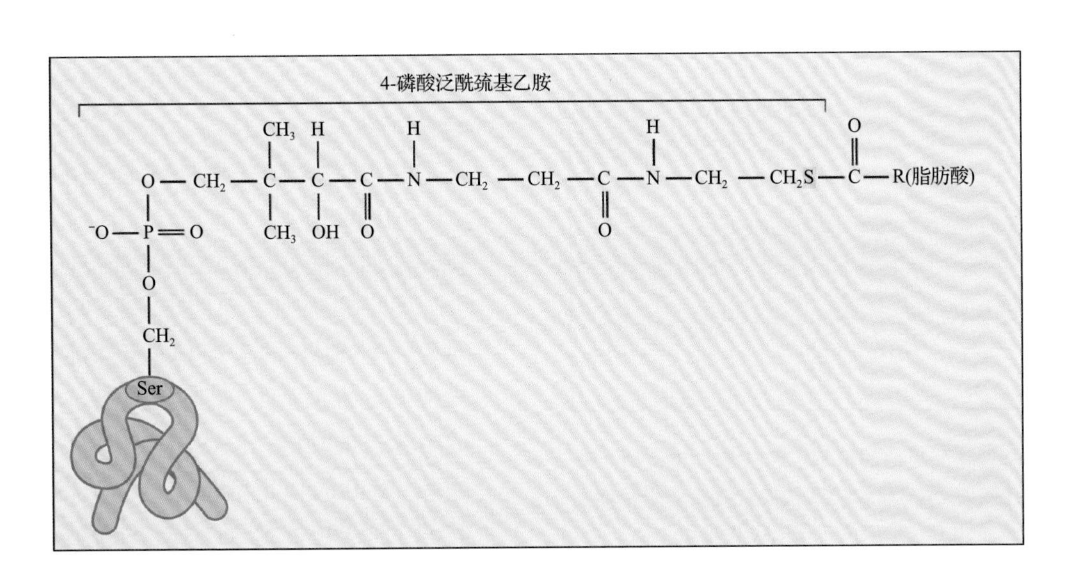

图 8.13 酰基载体蛋白（ACP），是一个由 80 ~ 90 个氨基酸组成的小蛋白，在脂肪酸合成的所有反应，以及去饱和反应和酰基转移酶反应中充当酰基载体。辅基是 4′- 磷酸泛酰巯基乙胺，共价结合在 ACP 的丝氨酸残基的羟基上。图示为酰基 -ACP 的结构

磷酸泛酰巯基乙胺辅基，此辅基与肽链靠近中部的一个丝氨酸共价相连。在辅酶 A（CoASH）上也已发现了这种磷酸泛酰巯基乙胺辅基，它含有一个末端巯基。脂肪酸与硫之间由一个高能硫酯键连接，此键与 ATP 类似，可以水解释放能量。

8.4.3 丙二酰 -CoA:ACP 转酰基酶将一个丙二酰基团由 CoASH 转移至 ACP

ACP 最初参与脂肪酸合成途径是在 ACCase 产生的丙二酰基由 CoASH 转给 ACP 的巯基之时，丙二酰 -CoA:ACP 转酰基酶催化了这一反应（反应 8.2；亦见第二步，图 8.9）。

反应机制涉及一个共价的丙二酰酶中间产物（图 8.14）。对大肠杆菌丙二酰转酰基酶（注：名词转酰基酶和酰基转移酶是相当的）的分析证明这个中间物是一个丝氨酸酯。在丙二酰酰基转移之后，所有后续的脂肪酸合成反应都需要 ACP 的参与。

反应 8.2：丙二酰 -CoA：ACP 转酰基酶

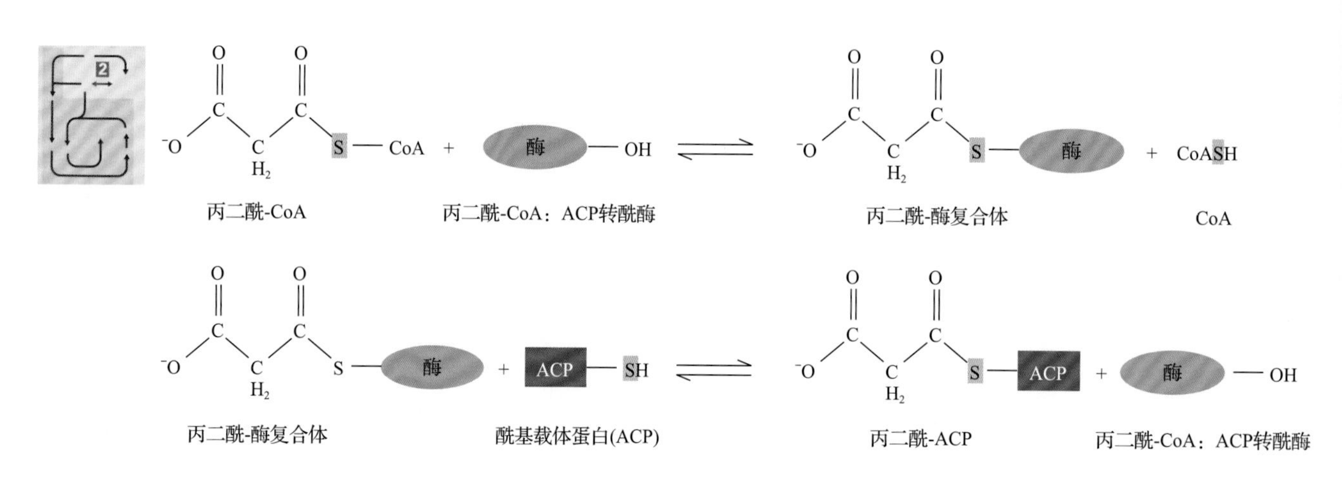

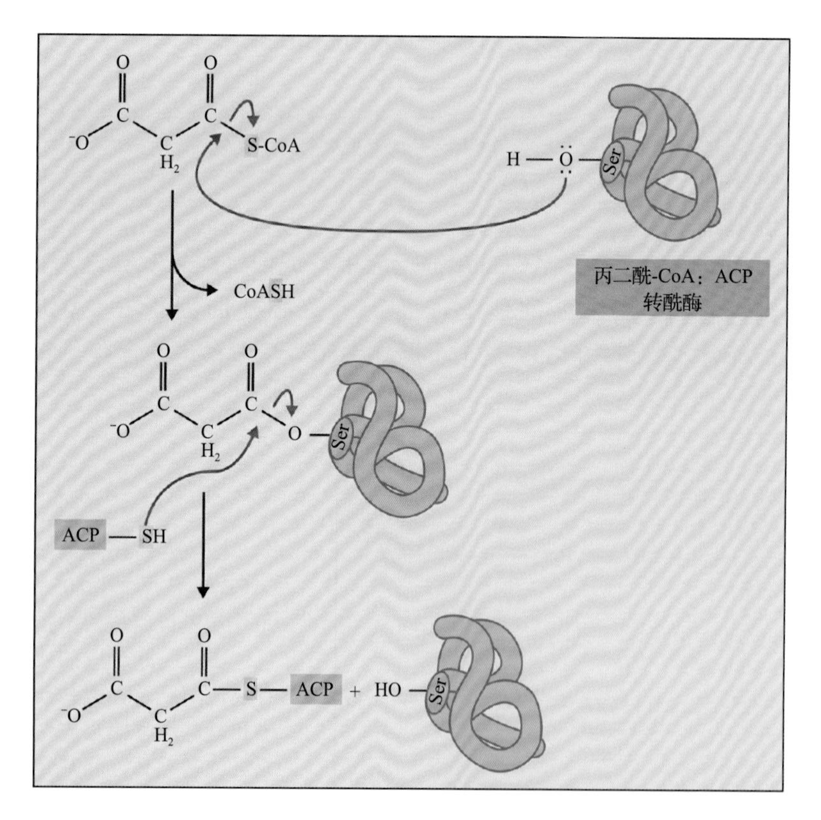

图 8.14 丙二酰 -CoA:ACP 酰基转移酶反应的机制。反应第一步，丙二酰基团转移到酶的丝氨酸残基上伴随着 CoA 释放。第二步，酰基基团转移到 ACP 的磷酸泛酰巯基乙胺的巯基基团上，形成丙二酰 -ACP 硫酯

8.4.4 植物中 3- 酮脂酰 -ACP 合酶的三种同工酶有不同的底物特异性

脂肪酸合成反应的定义是由丙二酰 -ACP 的两个碳原子对一个“引物”酰链进行延长（第三步，图 8.9）。通过缩合反应形成新的碳 - 碳键，此反应由 3- 酮脂酰 -ACP 合酶（KAS）催化，KAS 通常也称为缩合酶（图 8.15）。目前，所有研究过的植物均含有三种 KAS 同工酶（Ⅰ、Ⅱ和 Ⅲ），它们之间用底物特异性加以区分。KAS 的普通反应分为两步（反应 8.3；第四步，图 8.9）。对每一种 KAS 同工酶体外底物特异性的分析揭示了它们在脂肪酸合成中各自的功能。KAS Ⅰ对 C_4-C_{14} 酰基 -ACP 的作用活性最大。KAS Ⅱ只接受更长链（C_{10}-C_{16}）酰基

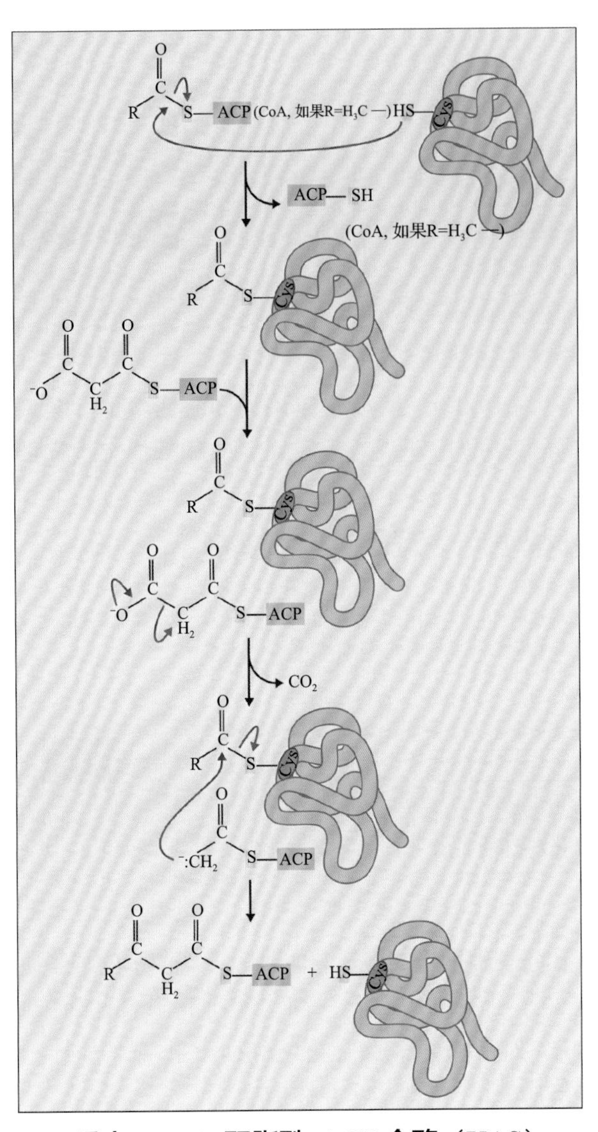

图 8.15 3- 酮脂酰 -ACP 合酶催化 Claisen 缩合反应。反应依次包括：首先，酰基从 ACP 或者辅酶 A 硫酯转移到活性位点半胱氨酸；接着是丙二酰 -ACP 的进入和丙二酸的脱羧反应。然后产生的碳负离子与酰基基团缩合，在酰基基团从半胱氨酸上释放之前，形成一个新的 C-C 键

-ACP 作为底物。而 KAS Ⅲ 更倾向于和乙酰 -CoA 作用而非酰基 -ACP。这些体外活性说明 KAS 同工酶顺次发挥作用。KAS Ⅲ 以乙酰 -CoA 为引物起始脂肪酸生物合成，KAS Ⅰ将酰链扩展到 C_{12}-C_{16}，最后，KAS Ⅱ合成 C_{18} 完成反应。

8.4.5 脂肪酸合成循环的最后三步还原 3-酮脂酰底物形成完全饱和的酰基链

脂肪酸生物合成的最初还原步骤是由 3- 酮脂酰 -ACP 到 3- 羟酰 -ACP 的转变（反应 8.4；第四步，图 8.9）。天然的 3- 酮脂酰 -ACP 还原酶分子质量为 130kDa，其中一个亚基的分子质量为 28kDa，这说明它以四聚体的形式发挥功能。占主体地位的是 NADPH- 依赖型的同工酶，它在脂肪酸合成中发挥 3- 酮脂酰还原酶的活性。

反应 8.3：3- 酮脂酰 -ACP 合酶（KAS）

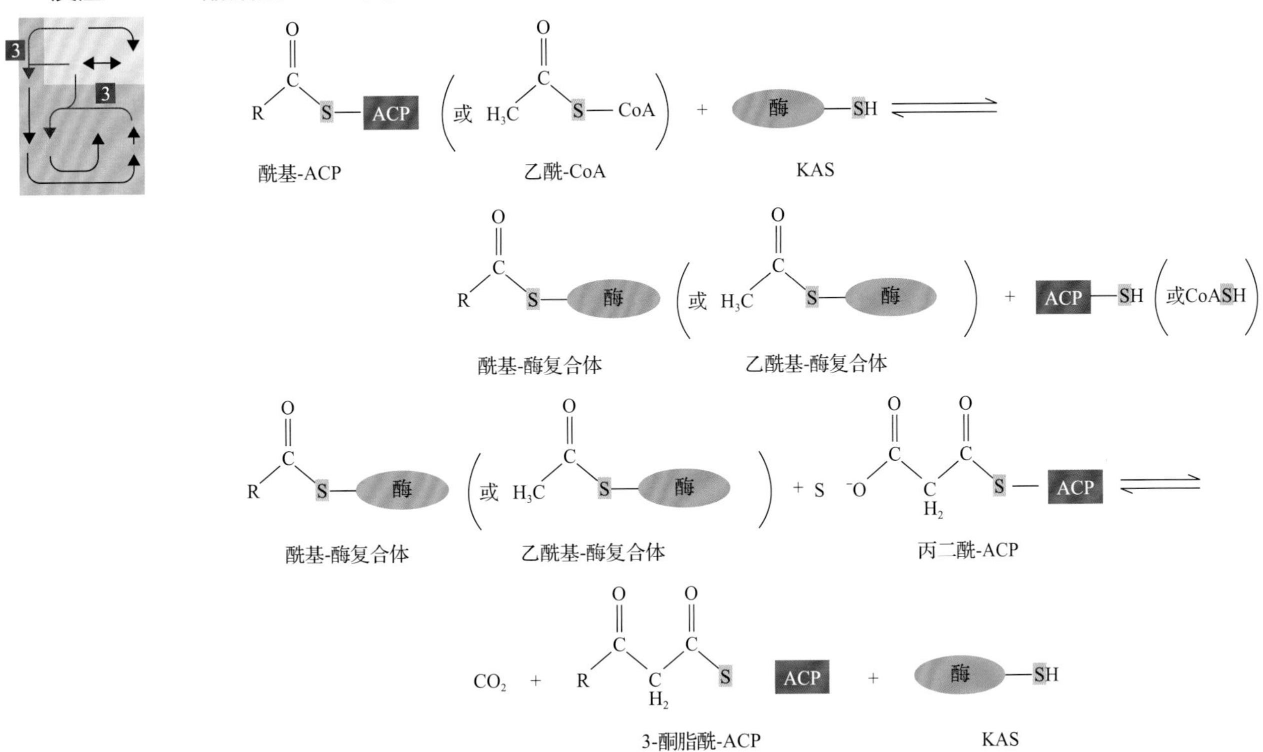

反应 8.4：3- 酮脂酰 -ACP 还原酶

3-酮脂酰-ACP 还原酶

3-酮脂酰-ACP + NADPH ⇌ 3-羧酰-ACP + NAD

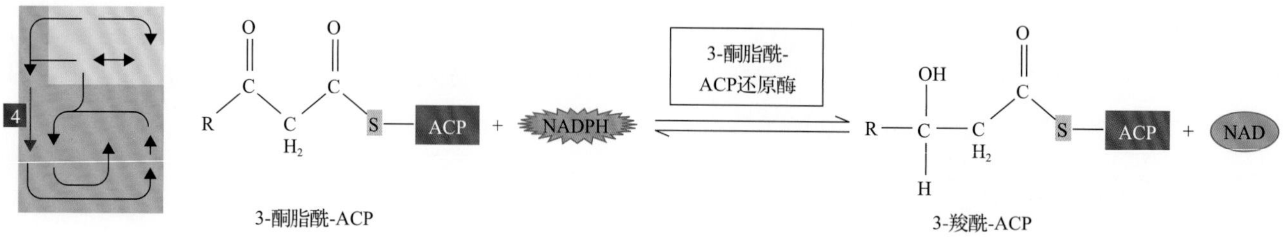

3- 羟酰 -ACP 脱水形成 2，3- 反式 - 烯酰 -ACP，此反应由 3- 羟酰 -ACP 脱水酶催化（反应 8.5；第五步，图 8.9）。从菠菜（*Spinacia oleracea*）中纯化的脱水酶分子质量为 85kDa，其中一个亚基的分子质量为 19kDa，所以它应该为同源四聚体。其底物特异性十分广泛，对于 C_4-C_{16} 的酰基均有很高的活性。

反应 8.5：3- 羟酰 -ACP 脱水酶

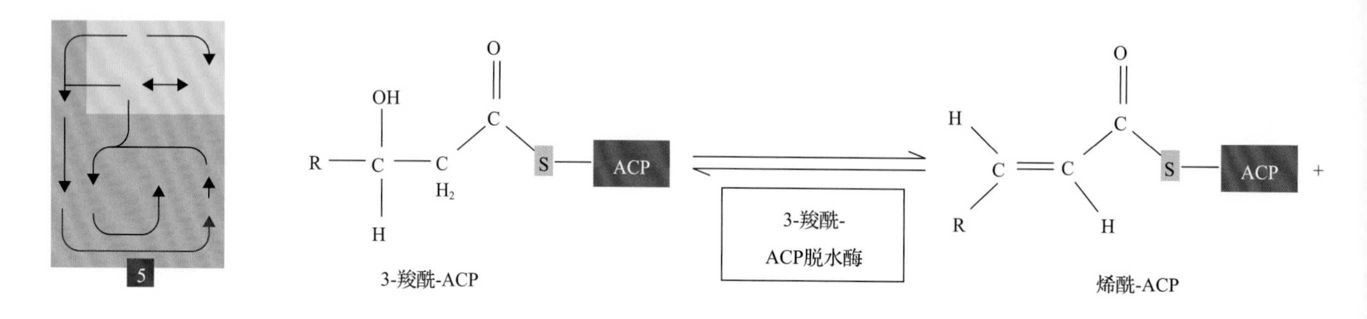

在最后的还原步骤中，烯酰 -ACP 还原酶将 2，3- 反式 - 烯酰 -ACP 转化成相应的饱和酰 -ACP（反应 8.6；第六步，图 8.9）。烯酰 -ACP 还原酶有两种同工酶。其中占主要地位的是一个对 NADH 特异的同源四聚体，其分子质量为 115 ～ 140kDa，一个亚基的分子质量为 32.5 ～ 34.8kDa。另一同工酶可利用 NADPH 和 NADH，对于更长链（C_{10}）的烯酰 -ACPs 有特异性。

反应 8.6：烯酰 -ACP 还原酶

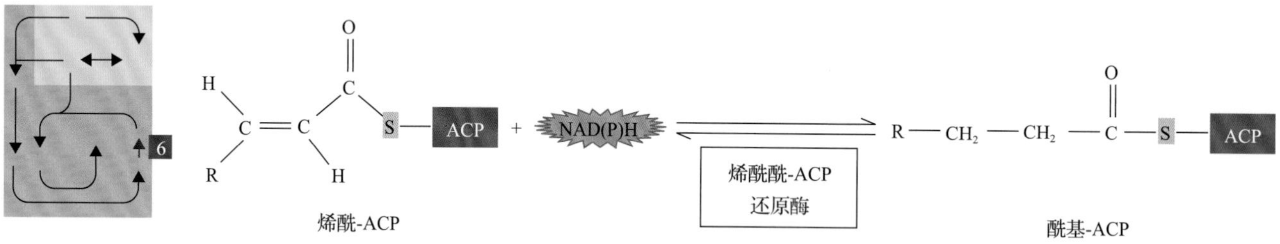

烯酰酰-ACP 还原酶

烯酰-ACP + NAD(P)H ⇌ 酰基-ACP

8.4.6 硫酯酶反应终止脂肪酸生物合成循环

脂肪酸合成的每个循环为酰基链增加两个碳。通常情况下，脂肪酸合成会通过发生某一个反应来终止合成，而以 C_{16} 或 C_{18} 结束。最普通的反应是硫酯酶催化 ACP 的酰基部分发生水解反应，通过酰基转移酶将酰基从 ACP 直接转移到甘油脂，或者通过酰基 -ACP 去饱和酶催化酰基中形成双键。硫酯反应释放出一个巯基 -ACP（反应 8.7）。

反应 8.7：硫酯酶

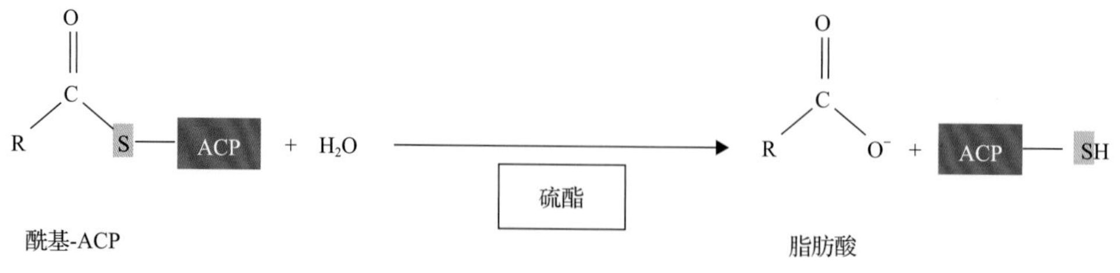

硫酯

酰基-ACP + H_2O → 脂肪酸 + ACP—SH

植物中存在两种基本类型的酰基-ACP硫酯酶（图8.16）。主要的一类命名为FatA，对于$18:1^{\Delta9}$-ACP活性最高。第二类（FatB）以16:0-ACP硫酯酶为代表，对较短链的饱和酰基-ACP活性最高。然而在两种情况下，反应的代谢结果都相同。把ACP上酰基切除以阻止酰基的延长，并采用某种未知的机制将酰基基团运出质体。

硫酯酶的功能在那些含有特殊短链脂肪酸的植物中尤为重要，例如，椰子（*Cocos nucifera*）、萼距花属（*Cuphea*）的许多种，以及加州月桂（*Umbellularia californica*）。这些植物的硫酯酶对C_{10}-C_{12}酰基-ACP有特异活性；硫酯酶通过提前终止脂肪酸的合成，使得在种子的三酰甘油中积累10:0和12:0脂肪酸。

8.5 C_{16}和C_{18}脂肪酸的去饱和及延长

如果膜仅含有饱和脂肪酸或反式不饱和脂肪酸，疏水的脂的尾部会形成一个半晶质凝胶，削弱透性屏障，干扰膜组分的流动性。相反，顺式双键（*cis*-double bonds）将“结”引入脂肪酸链中，通过显著降低这些有序基质的熔解温度来增强膜的流动性。例如，由硬脂酸（18:0）到油酸（$18:1^{\Delta9}$）的去饱和步骤使脂肪酸的熔点由69℃降至13.4℃。链内其他位置的双键也对脂肪酸及含有这些脂肪酸的脂类的溶解温度产生极大影响（图8.17；亦见第1章,表1.2）。这些双键的形成由不同的去饱和酶催化，从而产生各异的不饱和脂类，这些脂类在膜、贮存组织和细胞外的蜡质中都有发现。

8.5.1 植物中含有一种可溶的、定位于质体的硬脂酰-ACP去饱和酶

所有植物细胞膜脂中的不饱和C_{18}酰基链均是一种可溶性叶绿体酶——硬脂酰-ACP Δ9-去饱和酶的产物（图8.18）。所有真核生物和部分原核生物都含有类似的去饱和酶催化的反应，并且这些酶是整合膜蛋白。最近，人们逐渐认识到硬脂酰-ACP Δ9-去饱和酶是一个结构相似的独特家族中酶的原型，这些酶将双键引入酰基链的不同位置。两种同工酶的物种特异性基因最近已分别从芫荽（*Coriandrum sativum*）和翼叶山牵牛（*Thunbergia alata*）中克隆出来，它们分别催化棕榈酸Δ4和Δ6位置的去饱和作用。

与真菌和动物中定位在内质网膜上的硬脂酰-CoA去饱和酶不同，硬脂酰-ACP去饱和酶家族是可溶的，这一事实极大促进了结构与机制的研究。蓖麻（*Ricinus communis*）硬脂酰-ACP Δ9-去饱和酶的三级结构已通过X射线晶体学解析出来（图8.19A）。晶体结构显示该蛋白质有一个孔穴可将18:0底物正确结

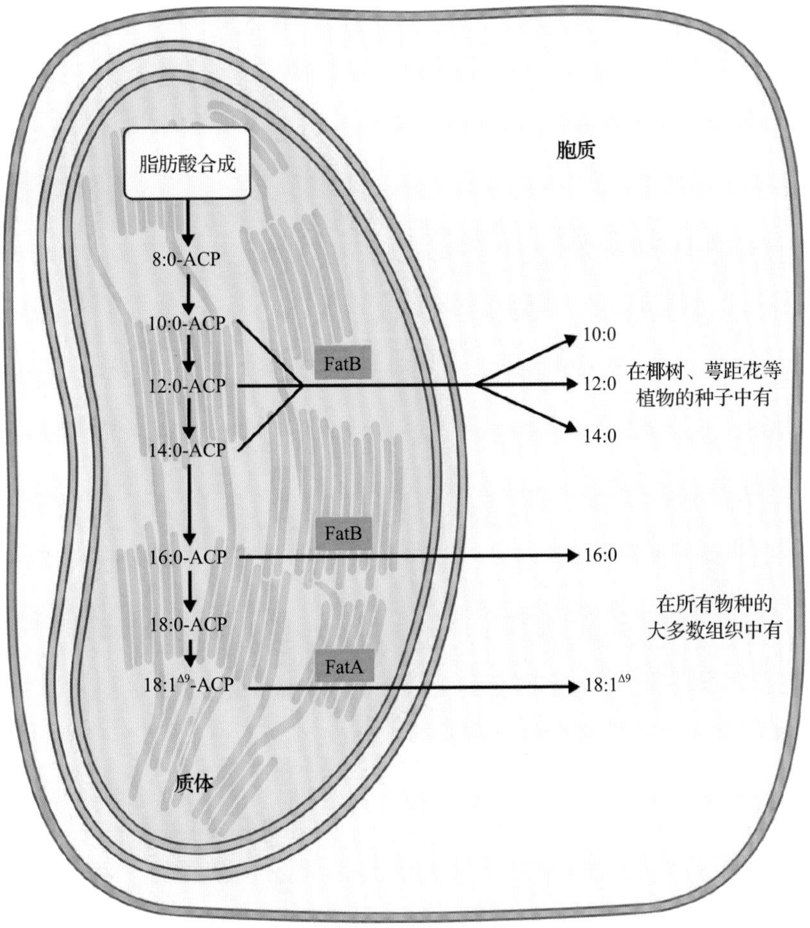

图8.16 植物中酰基-ACP硫酯酶的主要类型。FatA类主要作用于$18:1^{\Delta9}$，FatB类主要作用于饱和酰基-ACP。在所有的植物组织中，都发现有FatA $18:1^{\Delta9}$硫酯酶和FatB 16:0-ACP硫酯酶。一些FatB硫酯酶（特别是倾向作用于少于C_{16}的酰基-ACP酰基基团的那些酶）具有物种特异性

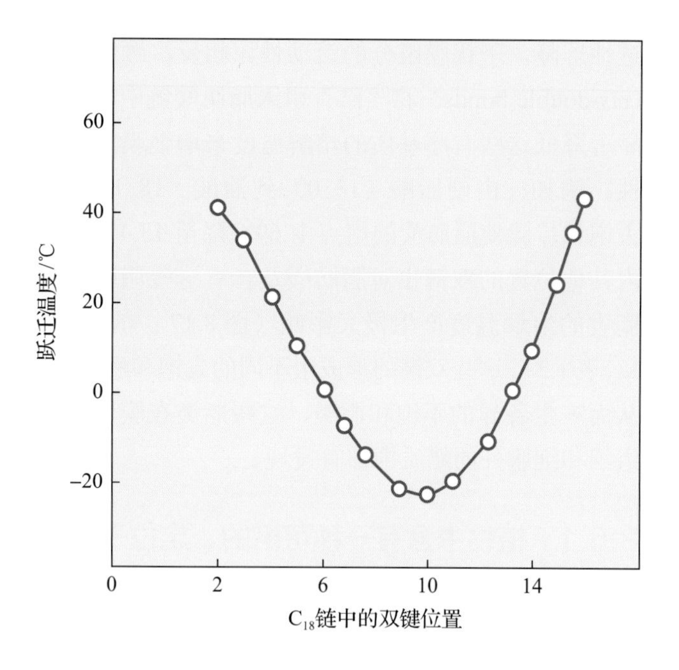

图 8.17　酰基基团中双键的存在及位置严重影响脂类的跃迁温度，或者说是熔解温度。此例中，跃迁温度是通过测定几种磷脂酰胆碱分子而得到的，在这些脂中，含有两个 C_{18} 脂肪酸的酰基基团，而其中的双键位于链中的不同位置。所以，如图所示，当两个酰基基团的双键位于 C-2 和 C-3 之间时，跃迁温度大概是 40℃。而那些双键靠近酰基基团中间位置的分子，其熔解温度降低了大约 60℃。因此，生物通过控制不饱和脂肪酰基的位置，从而对脂质的物理特性加以控制

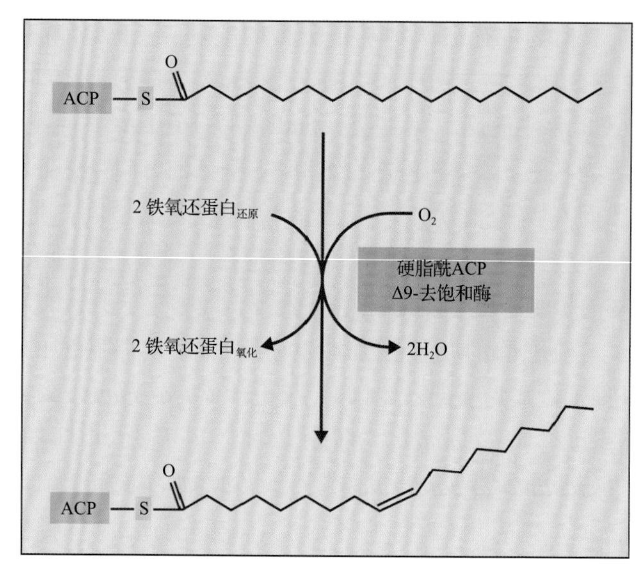

图 8.18　硬脂酰 -ACP Δ9- 去饱和酶催化硬脂酸发生不饱和化

合到活性位点上（图 8.19B）。数种植物中已知的可溶性去饱和酶的氨基酸序列高度同源，我们通过把 Δ4- 和 Δ6- 去饱和酶的蛋白质序列定位到 Δ9- 去饱和酶的蛋白质结构上，从而推断出它们的活性位点。将编码蓖麻子酶的基因在大肠杆菌中表达，可产生有功能的酶，并可大量纯化。用穆斯堡尔光谱测定法对生长在 ^{57}Fe 中的大肠杆菌中的重组体蓖麻子酶进行检测，表明去饱和酶中存在一个非血红素铁中心——现在了解是一种 Fe-O-Fe（双铁）中心结构，同样存在于细菌甲烷单加氧酶中（图 8.19C）。这可解释去饱和酶的许多特征，例如，观察到在整个去饱和反应中需要从供体上转移两个电子（如铁氧化还原蛋白或细胞色素 b_5）（图 8.20）。

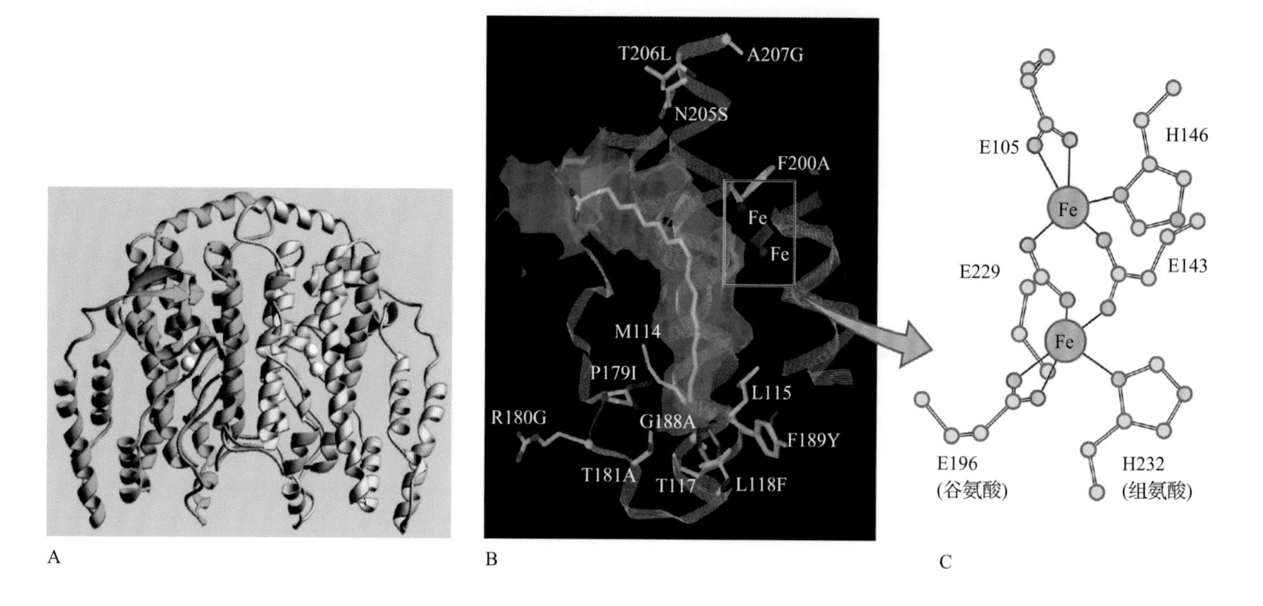

图 8.19　A. 蓖麻（*Ricinus communis*）的硬脂酰 -ACP Δ9- 去饱和酶二聚体的三级结构。靠近酶的中心的四个白球是两对铁离子，用于催化去饱和反应。B. 硬脂酰 -ACP Δ9- 去饱和酶单体的底物通道示意图。部分硬脂酰底物进入去饱和酶的结合口袋的模型。C. 活性位点中协调双铁 - 氧基团的残基详图

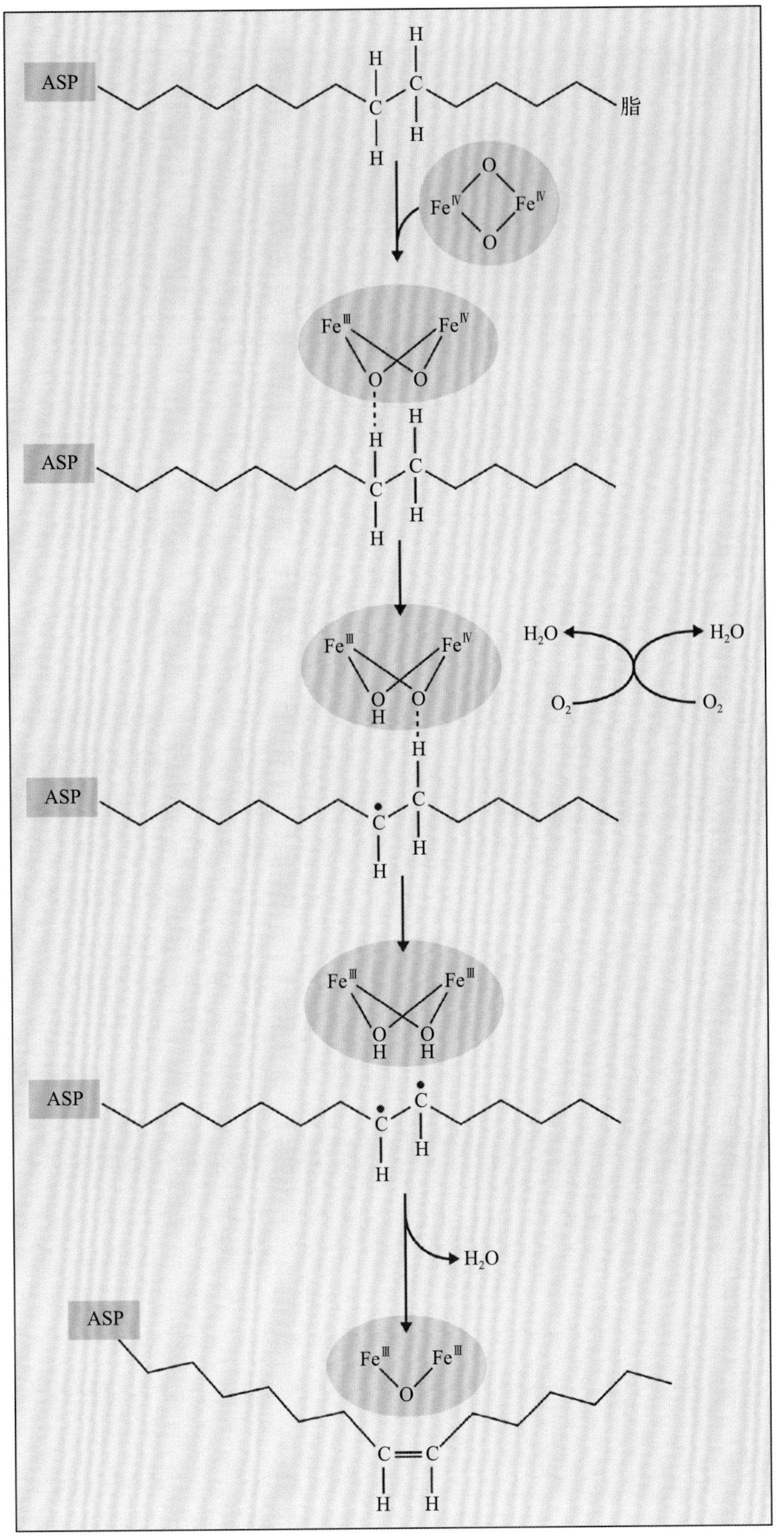

8.5.2 大多数脂肪酰去饱和酶是膜蛋白

除了可溶性酰基-ACP去饱和酶家族，所有动物、酵母、蓝细菌和植物的其他脂肪酸去饱和酶都是完整的膜蛋白。植物和蓝细菌的酶催化甘油脂的脂肪酸，而某些酵母和动物的去饱和酶催化乙酰-CoA。人们已经证明通过传统的生化手段来溶解和纯化植物的酶非常困难。对此，拟南芥的遗传分析提供了另外一种方法来研究此酶的功能。

人们对植物中不同去饱和酶的数量和性质的了解，得益于从广泛收集的拟南芥突变体中分离得到了8个去饱和酶基因分别有缺陷的突变体。这些基因所编码的酶分别在底物特异性、亚细胞定位、调控模式或是以上各点的组合中都有所不同（表8.4）。通过分析严重诱变的植物种群中单个植物的叶片和种子的脂类样本对突变体进行鉴定。每组突变体的生化缺陷由图8.21中途径的断开处显示。人们把破坏特异性脂肪酸去饱和酶活性的突变体命名为*fab2*和*fad2*～*fad8*。有两种去饱和酶定位于内质网：油酸去饱和酶（FAD2）和亚麻酸去饱和酶（FAD3）。有三种结构上相似的酶定位于质体：油酸去饱和酶（FAD6），以及两种功能类似的亚麻酸去饱和酶（FAD7和FAD8）。人们对这些酶的身份进行了进一步确认，克隆相应基因，并用克隆的基因互补相应的拟南芥突变体，从而恢复了酶活。

内质网上的酶作用于可酯化为磷脂酰胆碱及其他可能磷脂的脂肪酸，并且它们利用细胞色素b_5作为中间电子供体，而细胞色素b_5由另一个膜蛋白（细胞色素b_5还原酶）还原。因此，整个由内质网的去饱和酶催化的去饱和反应需要三种蛋白质。与此相比，叶绿体膜上的酶使用可溶性的铁氧还原蛋白作为电子供体，并作用于那些酯化

图8.20 脂肪酸去饱和化可能的催化机制。静息状态时，双铁中心处于氧化态（双三铁，或Fe^{III}-Fe^{III}），由一个μ-氧桥相连。两个铁氧还蛋白（Fdx）的电子将两个铁离子还原形成还原态（双亚铁，或Fe^{II}-Fe^{II}）。被还原的酶结合分子氧，形成一个过氧化的中间物“P”。O-O键发生断裂形成双铁中心的活性形式“Q”（双高价铁，或Fe^{IV}-Fe^{IV}）。人们根据相似的甲烷单加氧酶反应推断，Q执行一个高耗能的脱氢反应，即从没有活化的脂肪酸的亚甲基基团上抽取一个氢，形成自由基中间物。丢失第二个氢导致形成一个双键，并伴随着H_2O的失去，以及氧化态活性位点和μ-氧桥的重新恢复

表 8.4 拟南芥中的脂肪酸去饱和酶

名字	亚细胞定位	脂肪酸底物	双键插入的位置	注释
FAD2	内质网	18 ： $1^{\Delta 9}$	Δ12	首选底物是磷脂酰胆碱
FAD3	内质网	18 ： $2^{\Delta 9,12}$	ω3	首选底物是磷脂酰胆碱
FAD4	叶绿体	16 ： 0	Δ3	在磷脂酰甘油 *sn*-2 产生 16 ： 1- 反式双键
FAD5	叶绿体	16 ： 0	Δ7	对单半乳糖苷二酰甘油 *sn*-2 的 16 ： 0 去饱和化
FAD6	叶绿体	16 ： $1^{\Delta 7}$，18 ： $1^{\Delta 9}$	ω6	对所有叶绿体甘油脂起作用
FAD7	叶绿体	16 ： $2^{\Delta 7,11}$，18 ： $2^{\Delta 9,12}$	ω3	对所有叶绿体甘油脂起作用
FAD8	叶绿体	16 ： $2^{\Delta 7,11}$，18 ： $2^{\Delta 9,12}$	ω3	低温诱导的 FAD7 的同工酶
FAB2	叶绿体	18 ： 0	Δ9	基质硬脂酰去饱和酶

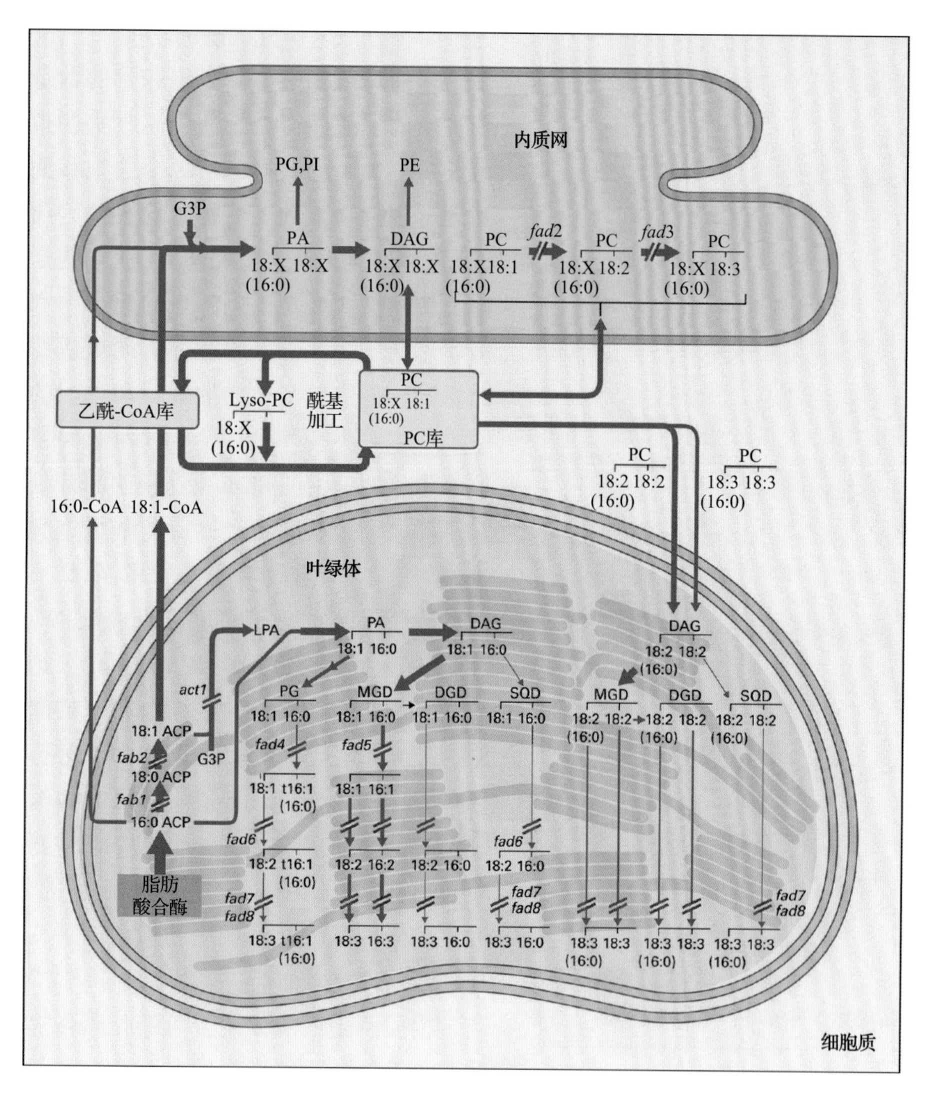

图 8.21 拟南芥叶片中脂肪酸合成的简略图解。仅存在于叶绿体中的一套途径称为原核途径；那些在内质网中的甘油脂合成以及后续向叶绿体的转运为真核途径。在脂肪酸离开叶绿体后，通过豌豆叶标记实验测量的最大流量是乙酰 -CoA 库和磷脂酰胆碱之间酰基的交换。因此，离开质体的大多数脂肪酸首先通过酯化形成磷脂酰胆碱，而不是甘油 -3- 磷酸。这种反应可能发生在叶绿体被膜或质体相关膜上。箭头的宽度代表通过不同步骤的相对流量。途径中的断裂（红色）代表已经从拟南芥中获得的一些酶的突变体（见表 8.4）。DAG，二酰甘油；DGD，双半乳糖苷二酰甘油；G3P，甘油 3- 磷酸；LPA，溶血磷脂酸；PA，磷脂酸；PC，磷脂酰胆碱；PE，磷脂酰乙醇胺；PG，磷脂酰甘油；PI，磷脂酰肌醇；MGD，单半乳糖苷二酰甘油；SQD，硫化异鼠李糖二酰甘油

为半乳糖脂、硫酯和磷脂酰甘油的脂肪酸。突变体分析表明 FAD4 酶完全特异于磷脂酰甘油，而 FAD5 酶则似乎特异于单半乳糖二酰甘油（见图 8.21）。尽管这些酶的甘油脂底物、电子供体及插入双键的位置存在不同，但迄今为止，大多数植物膜上的去饱和酶以及动物和酵母膜上的去饱和酶，它们之间的结构都具有相关性。它们含有富含三个组氨酸的基序（HXXHH），用以结合催化反应所需的两个铁离子。虽然膜结合的去饱和酶三级结构仍未可知，但其铁结合位点可能与双铁蛋白蚯蚓血红蛋白相似（图 8.22）。

对在甘油脂脂肪酸组分上的突变效应进行分析表明，除了硬脂酰 -ACP Δ9- 去饱和酶，拟南芥内其他去饱和酶都可找到功能缺失的突变体。因为硬脂酰 -ACP Δ9- 去饱和酶由一个基因家族编码，因此，*fab2* 突变体虽可使其中一个硬脂酰 -ACP Δ9- 去饱和酶失活，造成硬脂酸浓度的显著上升，却不能完全消除不饱和脂肪酸。

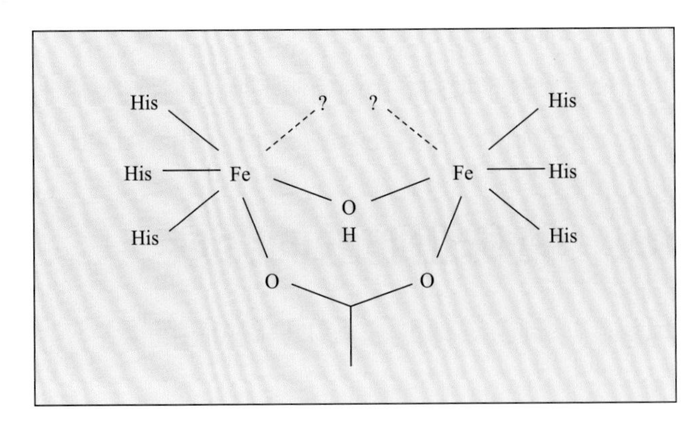

图 8.22 人们提出的整合膜去饱和酶及含有两个 HXXHH 基序的相关酶类的连接范围，其中所有的组氨酸残基对于催化反应都是必需的。此模型是基于蚯蚓血红蛋白的结构建立的，图中展示了一个羟桥和一个有待确定的单个羧酸配体。问号表示两个尚未确定的配体

8.5.3 什么因素决定甘油脂的去饱和作用?

关于去饱和控制机制的一个核心问题是：什么因素决定了特定膜内特异性甘油脂的去饱和程度？在蓝细菌中，一个油酸 Δ12- 去饱和酶 mRNA 的稳态浓度与温度呈负相关（图 8.23）。对胞蓝细菌属（*Synechocystis*）PCC6803 的分子和突变体分析发现，在温度降低的条件下，存在双元调控因子作为温度感应器来诱导去饱和酶基因和其他基因的表达。这些组氨酸激酶感应器元件可能会响应质膜流动性的改变。

当生长在低温下时，大多种植物也会提高其膜上甘油脂的去饱和程度。然而拟南芥内去饱和酶基因 mRNA 的水平并未随生长温度的改变而发生明显的变化。其中也有一个例外，就是 *FAD8* 基因，低温时其 mRNA 丰度急剧增加。如果控制去饱和酶基因表达的调控机制响应膜物理性质的变化，我们希望这一机制能检测到膜组分大的变化以及去饱和酶基因表达的提高。然而，低温诱导的 *FAD8* 基因的表达在高度缺乏 $16:3^{\Delta7,10,13}$ 和 $18:3^{\Delta9,12,15}$ 脂肪酸的 *fad7 fad8* 双重突变体内并没有改变。实际上，失去功能的 *fad* 突变体都没有改变 *FAD* 基因的表达。有证据表明，在高温下，通过增加蛋白质的流通量对 FAD8 去饱和酶进行调控。据推测，植物内调控诸多细胞内膜组分的复杂性，可能需要转录后机制来独立调整每个膜的组分。

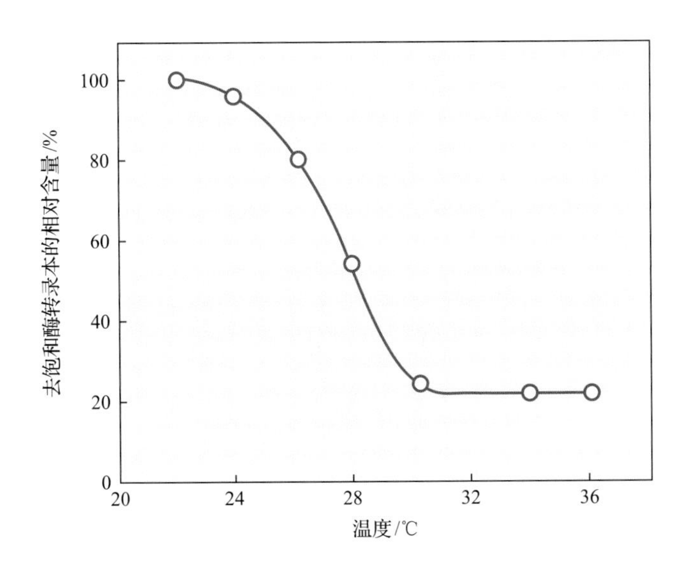

图 8.23 蓝细菌中去饱和酶的 mRNA 数量受生长温度的调控

8.5.4 特殊的长链脂肪酸延长酶系统

脂肪酸合成系统通常得到 C_{16} 和 C_{18} 脂肪酸，然而植物却需要大量更长链的脂肪酸。所有的植物都制造蜡，而蜡是由 C_{26}~C_{32} 脂肪酸衍生而来的。通常，鞘脂含有 C_{22} 及 C_{24} 脂肪酸，并且，一些植物中，三酰甘油常含有大量的 C_{20} 和 C_{22} 脂肪酸。这些非常长链的脂肪酸是在哪里、又是如何合成的呢？

植物和大多数其他真核生物有一个特殊的延长酶系统用以延长 C_{18} 以上的脂肪酸。这些延长酶反应在数个主要方面与 FAS 反应相似（见图 8.9）。两个反应都是运用一个反应系列每次从丙二酰 -CoA 获取两个碳至酰基引物，随后还原、脱水，最后再还原。结果是将同一个酰基中间物用于两个过程。虽然对延长酶的酶学性质了解不多，但已知两个系统之间有几个重要的区别（图 8.24）：

- 脂肪酸延长酶定位于胞质并与膜结合；
- ACP 不参与该过程；
- 延长酶 3- 酮脂酰 -CoA 合酶（延长酶 KCS）催化丙二酰 -CoA 与酰基引物的缩合。

最近从拟南芥和加州希蒙得木（*Simmondsia chinensis*）克隆出的延长酶 KCS 的基因说明这些 60 kDa 的酶与其他的缩合酶都有极低的序列相似性。其他克隆的鉴定说明拟南芥中的延长酶 KCS 属于一个具有 21 个成员的基因家族。对多种基因的需求可能与延长酶 KCS 相对有限的酰基底物特异性有关，因此合成一个 C_{30} 脂肪酸可能需要几种不同的延长酶 KCS。延长酶 KCS 也可能特异于特定的生理功能，如蜡的生物合成或鞘脂的生物合成。

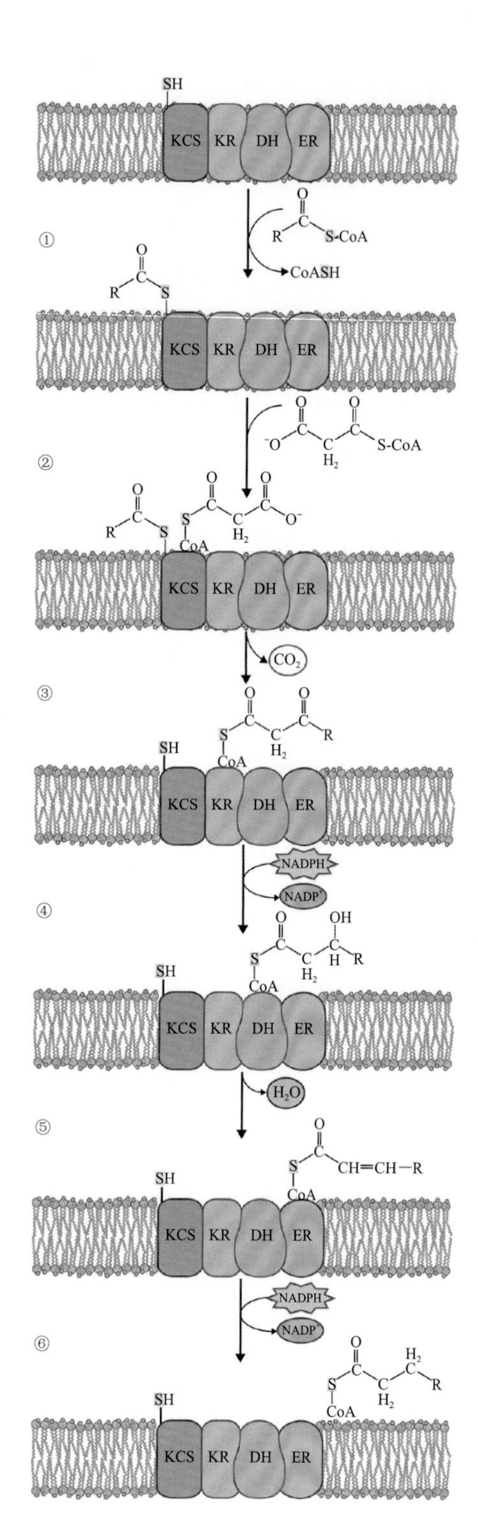

图 8.24 脂肪酸延长反应中单个循环的步骤，此反应由结合膜的脂肪酸延长酶系统催化，此系统至少包括四个组分：3-酮脂酰 -CoA 合酶（KAS），3- 酮脂酰 -CoA 还原酶（KR），3- 羟酰 -CoA- 脱水酶（DH），烯酰 -CoA 还原酶（ER）。延长循环起始于 C_{18} 酰基 -CoA，或硬脂酰 - 辅酶 A，或油酰 - 辅酶 A。步骤①～③由 KCS 催化。首先，乙酰 -CoA 酰化活性位点的 Cys。然后，丙二酰 -CoA 结合到活性位点上。最后，在一个协调反应中，丙二酰基团脱羧并与酰基发生 Claisen 缩合反应。然后是步骤④～⑥，延长系统剩下的组分顺序催化还原反应、脱水反应、第二个还原反应，接着，释放一个比起始酰基 -CoA 多两个碳的酰基 -CoA。此酰基 -CoA 可接着进行另一轮延长反应的循环，或脂类代谢的其他途径

最近才在酵母中鉴定出延长酶系统的其他组分，也已经鉴定到了拟南芥中的同源蛋白。还原酶与脱水酶也定位在膜上，并且还原酶倾向于使用 NADPH。

8.6 特殊脂肪酸的合成

8.6.1 植物中有超过 200 种的脂肪酸

经对不同种植物来源的种子油内脂肪酸组分的检测结果表明，植物中至少有超过 200 种的天然脂肪酸，可以把这些脂肪酸大致分为 18 类。分类的依据是双键或三键的数量和排布，以及各种功能基团如羟基、环氧基、环戊烯基、环丙基或呋喃（图 8.25）。

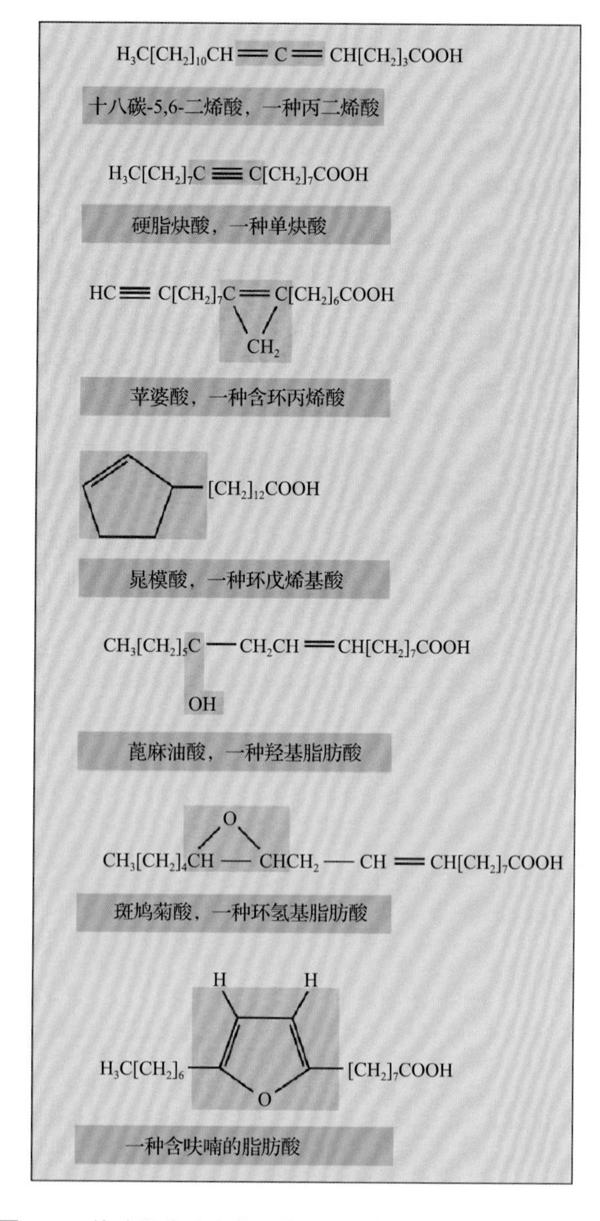

图 8.25 特殊脂肪酸中发现的一些功能基团

最普通的脂肪酸常存在于膜和贮存性脂类中，它们属于一个小的 C_{16} 和 C_{18} 脂肪酸家族，含有最少 0 个、多至 3 个的顺式双键。该家族的所有成员都是完全饱和的脂肪酸经由一系列连续的去饱和反应后得到，反应由 C-9 开始，并按甲基碳方向进行（图 8.26）。人们通常把无法用这一简单模型描述的脂肪酸认为是“特殊”的，因为它们几乎仅在少数几种植物的种子油中发现。然而，其中一些特殊的脂肪酸，如月桂酸（12:0）、芥子酸（$20:1^{\Delta 14}$）和蓖麻油酸（12-OH, $18:1^{\Delta 9}$）具有极重要的商业价值（见 8.11.4 节）。

8.6.2 一些合成特殊脂肪酸的酶与参与普通脂肪酸生物合成的酶相似

许多关于特殊植物脂肪酸的研究都把焦点聚集在新结构的鉴定，或者为各种植物中发现的脂肪酸组分编撰目录上。而对于特殊脂肪酸合成与积累的机制，或者它们对植物适应性的意义知之甚少。然而，最近从蓖麻（*Ricinus communis*）和北美的一种十字花科植物（*Lesquerella fenderli*）中克隆出了油酸 Δ12- 羟化酶基因，此酶催化蓖麻油酸和其他羟基化脂肪酸的合成，与同一物种内的微粒体油酸 Δ12- 去饱和酶具有 70% 的氨基酸序列相似性。为了鉴定那些使酸产生羟化酶活性而非去饱和酶活性的差异性氨基酸，研究者使用定点突变的方法来检验那些仅在一类酶中保守存在的氨基酸的重要性。基于这些研究，人们发现只需替换 7 个氨基酸即可改变活性位点的几何学特征，使羟化酶转变为去饱和酶。

如此少量的氨基酸替换就可以改变酶促反应的结果，这个事实说明这些酶的双铁中心可用于催化不同反应，这仅仅依赖于活性位点的精确几何学特征。实际上，最近亦有证据证明引入环氧基团和三键的酶在结构上也与去饱和酶及羟化酶相似。去饱和酶与羟化酶作用于饱和键，而与此相比，人们认为环氧酶和乙炔形成酶作用于双键，双键去饱和产生三键，而双键氧化产生环氧基。共轭双键的形成也需要一个修饰过的去饱和酶（一个“轭合酶”）作用于一个不饱和脂肪 - 酰基底物上。因此，脂肪酸中的许多修饰可归功于一个结构上相似的酶家族，仅替换它们的少数几个氨基酸就可以转换其特异性（图 8.27）。

这些结构上的相关性促进了许多特殊脂肪酸合成酶的鉴定，这主要基于序列的同源性分析。例如，所有动物、细菌和植物中所描述的结合在膜上的去饱和酶包含高度保守的富含组氨酸的序列。所以，鉴定与去饱和酶基因家族相关的新酶相对比较容易，即使整体的同源性很低。通过对随机选定的 cDNA（表达序列标签）进行高通量测序，已经鉴定到了数十个负责特殊脂肪酸合成的酶。例如，在紫草科（*Borago officinalis*）种子中，γ- 亚麻酸（$18:3^{\Delta 6,9,12}$）的合成涉及 Δ6- 去饱和酶在磷脂酰胆碱 *sn*-2 位置上的 $18:2^{\Delta 9,12}$ 的活化。为了克隆甘油酯 Δ6- 去饱和酶基因，对正在发育的紫草种子中的 cDNA 进行测序。一组 cDNA 呈现出与其他去饱和酶相比较低（氨基酸水平约 30% 一致性）的总体同源性，但是包含了与胞藻（*Synechocystis*）Δ6- 去饱

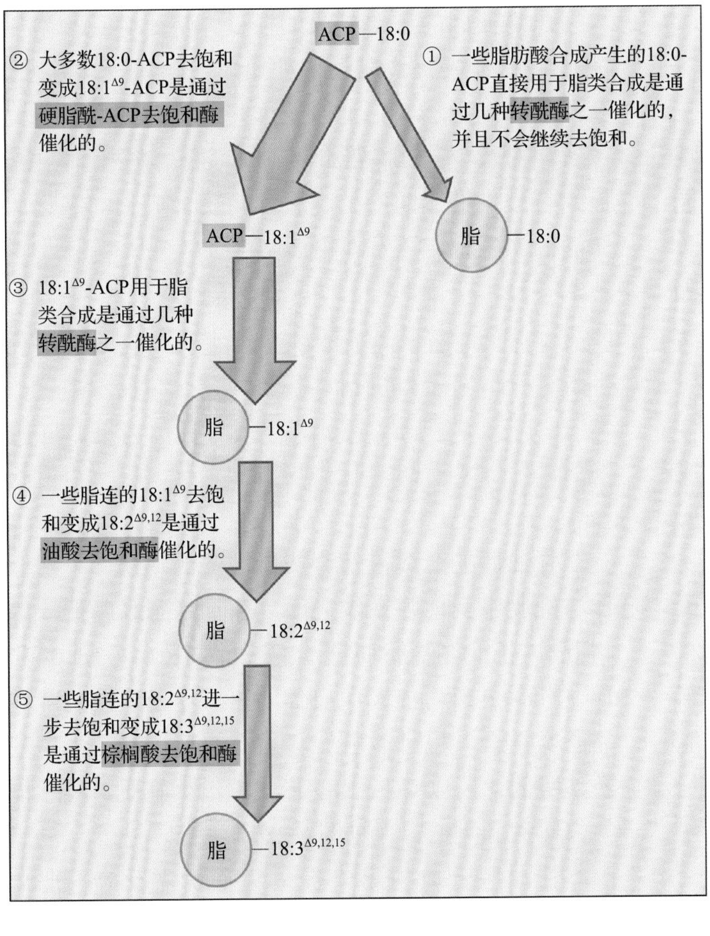

图 8.26 通过一系列的去饱和酶将双键引入脂肪酸。特定脂肪酸在不同膜中积累的数量有所不同，人们认为这部分受各种去饱和酶活性的影响

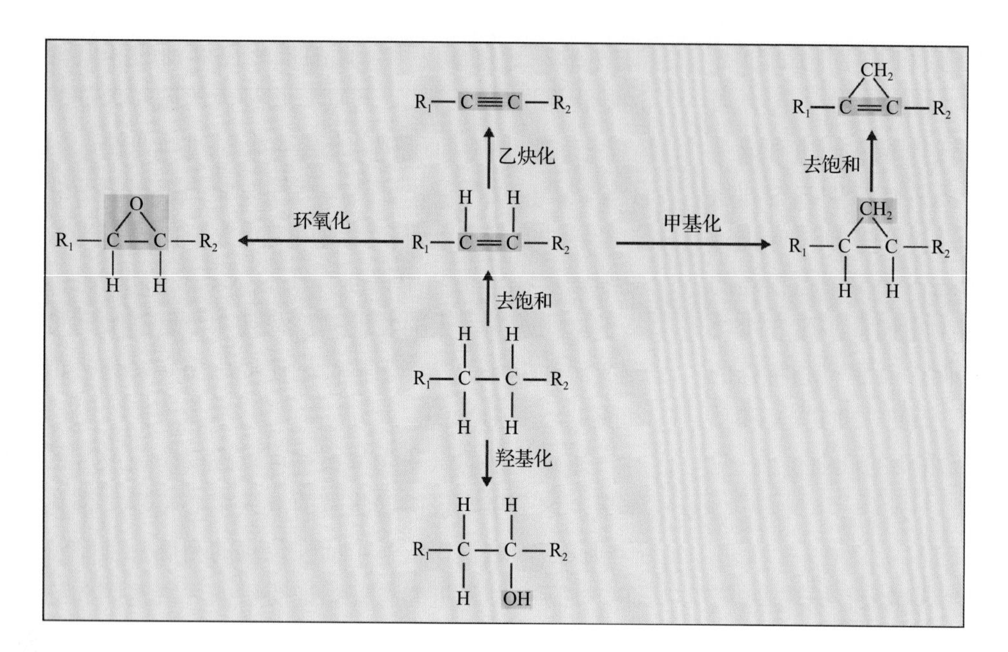

图 8.27 植物脂肪酸的化学多样化可由少量反应解释。催化去饱和化和羟基化反应的酶只有四个氨基酸的不同。最近的研究表明，还氧酶和乙炔酶也与去饱和酶亲缘关系很近。其他的化学多样性可能是由一些酶甲基化双键而产生环丙烷及环丙烯造成的

和酶相似的典型的相互间隔组氨酸基序。转基因植物中表达紫草 cDNA 可以促使其合成 γ- 亚麻酸和 $18:4^{\Delta 6,9,12,15}$。与蓖麻羟化酶的鉴定类似，人们已经通过分析其与 Δ-12 去饱和酶的序列相似性，成功鉴定出了负责炔属、环氧和共轭脂肪酸合成的酶。

8.6.3 特殊脂肪酸几乎仅存在于种子油内并可能执行防御功能

假设合成不同特殊脂肪酸的能力独立演化，三酰甘油通常是在种子内积累，这表明了某种选择性的抑制或功能上的重要性。特殊脂肪酸的一种可能的功能是因带有毒性或无法消化，从而保护种子免受食草动物吞食。有些特殊脂肪酸本来就有毒，如炔属脂肪酸或一些它们的代谢物。其他特殊脂肪酸经草食性动物分解代谢后才有毒性，如毒鼠子（*Dichapetalum toxicarium*）的4- 氟脂肪酸。长久以来，人们用环戊烯基脂肪酸治疗麻风病，此外，2- 环戊烯十一烷酸具有抵抗多种分枝杆菌（*Mycobacterium*）的功效已得到肯定。环丙烯类脂肪酸亦有生物学功能，可能是因为部分含有环丙烯环的代谢副产物可以在动物组织内积累，该物质可阻止脂肪酸的 β- 氧化。棉花（*Gossypium hirsutum*）产生的锦葵酸和苹婆酸可以抑制食种子的磷翅目幼虫的生长，这可能是抵御这些害虫的防御机制之一。这些脂肪酸还是高效的抗真菌剂，在合适的生物浓度下可抑制某些植物致病真菌的生长。

8.7 膜脂的合成

高等植物中存在两种截然不同的膜甘油脂合成途径，分别命名为“原核途径”和“真核途径”（图 8.28）。原核途径是指质体内脂类的合成。真核途径则指一系列的反应，包括内质网上脂类的合成、内质网和质体间脂类的转运，以及质体内脂类进一步的修饰。

在甘油脂的主要合成途径以外，还有几种附加途径用于合成其他脂类，如蜡质、角质、木栓质、鞘脂类和固醇类。目前对于这些途径的细胞内定位了解相对较少。鞘脂类的合成很可能是在内质网中，而蜡合成中的脂肪酸的延长和角质合成中的氧化脂肪酸的产生也应该是在内质网中。

8.7.1 磷脂酸在质体中通过“原核途径”合成，而在内质网中则通过“真核途径”合成，这两种磷脂酸的脂酰基的组成与位置不同

甘油脂的合成涉及合成脂肪酸的场所——叶绿体与细胞中其他膜系统之间复杂且受到高度调控的相互作用。质体脂肪酸合成产物 16:0-、18:0- 和 $18:1^{\Delta 9}$-ACP 既可能经由质体的原核途径直接与叶绿体脂类结合，也可能由一套独立的真核途径由酰基转移酶催化，以 CoA 酯的形式输出至胞质，然后再与内质网脂类结合（见图 8.28）。

甘油脂合成的第一步是两个酰化反应，把酰

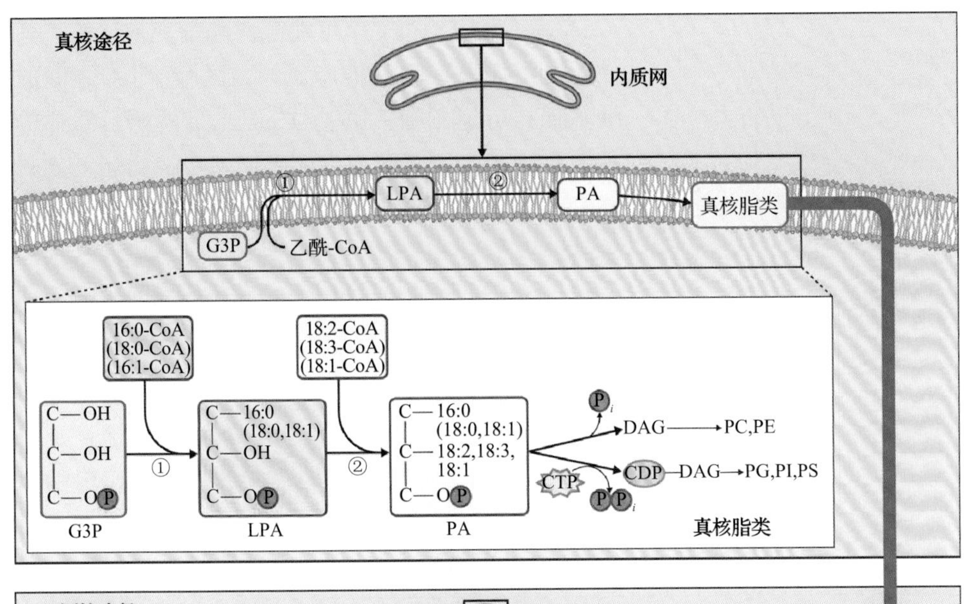

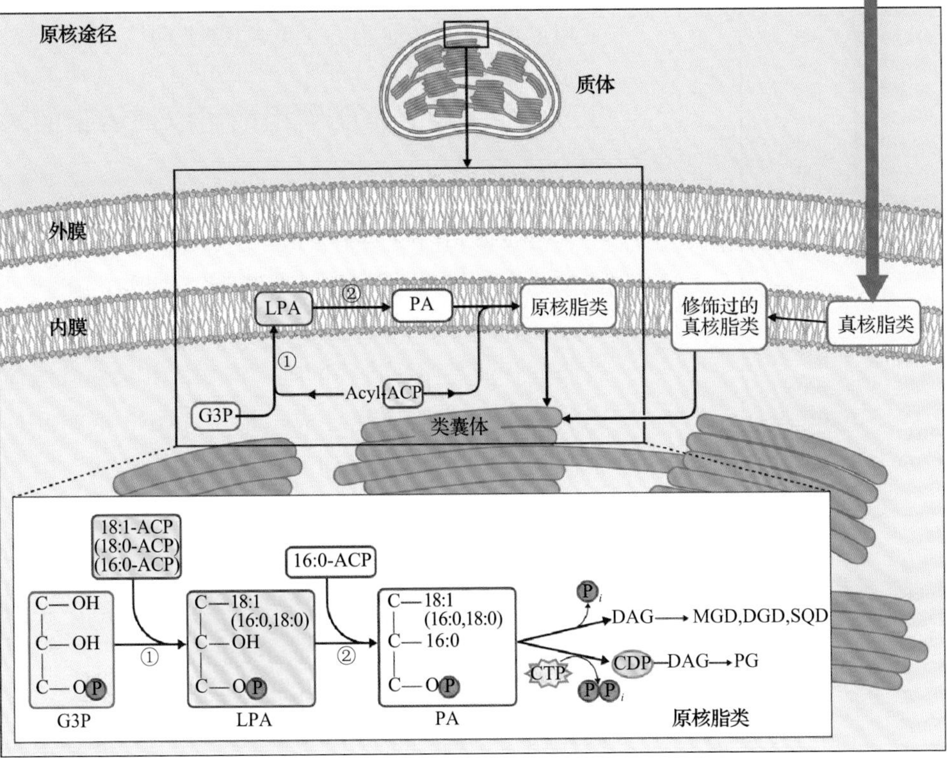

图 8.28 植物甘油脂的真核和原核合成途径。原核合成途径（下图）发生在质体中，优先酯化棕榈酸到溶血磷脂酸盐（LPA）的 *sn*-2 位上。真核合成途径（上图）发生在质体外，主要在内质网中，产生 C_{18} 脂肪酸用于酯化到甘油酯的 *sn*-2 位上。在原核途径中，酰基 -ACP 在一个可溶性的酶 G3P 酰基转移酶的作用下与甘油 -3- 磷酸（G3P）发生缩合反应（反应 1）。产物 LPA 迅速溶入膜内，由膜上 LPA 酰基转移酶催化转变为溶血磷酸（PA）（反应 2）。PA 随后转化为叶绿体内的其他脂类。人们认为脂类合成原核途径的大部分反应都发生在质体的内膜。真核途径的初始反应与之类似，除了用到酰基 -CoA 底物，以及定位在内质网中的 G3P 酰基转移酶。在 18:1 去饱和为 18:2 后，脂类从内质网转移到其他细胞器，包括质体外膜。外膜的真核脂类转运到内膜，在那里发生头部基团的替代和另外的去饱和酶的修饰。CDP-DAG，胞嘧啶核苷二磷酸 - 二酰苷；DAG，二酰甘油；PC，磷脂酰胆碱；PE，磷脂酰乙醇胺；PG，磷脂酰甘油；PI，磷脂酰肌醇；PS，磷脂酰丝氨酸；DGD，双半乳糖苷二酰甘油；MGD，单半乳糖苷二酰甘油；SQD，硫化异鼠李糖苷二酰甘油

基 -ACP 或酰基 -CoA 上的脂肪酸转移到甘油 -3- 磷酸上而形成磷脂酸（图 8.29）。由于质体酰基转移酶的底物特异性，由原核途径产生的磷脂酸在 *sn*-2 有 16:0，且绝大多数情况下，在 *sn*-1 位置上有 $18{:}1^{\Delta 9}$（见图 8.28）。与质体同工酶相反，内质网酰基转移酶产生的磷脂酸在 *sn*-2 位置上富含 C_{18}；如果有 16:0 的话，则通常结合在 *sn*-1 位置上（见图 8.28）。

8.7.2 膜脂的合成需要细胞区室间的复杂协作

最初采用标记的方法对原核和真核途径进行研究，之后通过对拟南芥的遗传研究加以验证。两种途径均起始于磷脂酸的合成。在叶绿体途径中，磷脂酸用于合成磷脂酰甘油或由一种磷脂酸——磷酸酶催化转化为二酰甘油（DAG），该磷酸酶在质体内膜上。二酰甘油库可作为合成其他主要的叶绿体脂类的前体，包括：单半乳糖苷二酰甘油（MGD）；双半乳糖苷二酰甘油（DGD）；硫化异鼠李糖苷二酰甘油（SQD），也称作硫脂（见图 8.28）。与大多数真核生物的膜不同，磷脂（大多数为磷脂酰甘油）组成叶绿体膜中 16% 或更少的甘油脂类（图 8.30）；剩余的主要是半乳糖脂。

在真核途径中，磷脂酸来源于内质网上的酰基

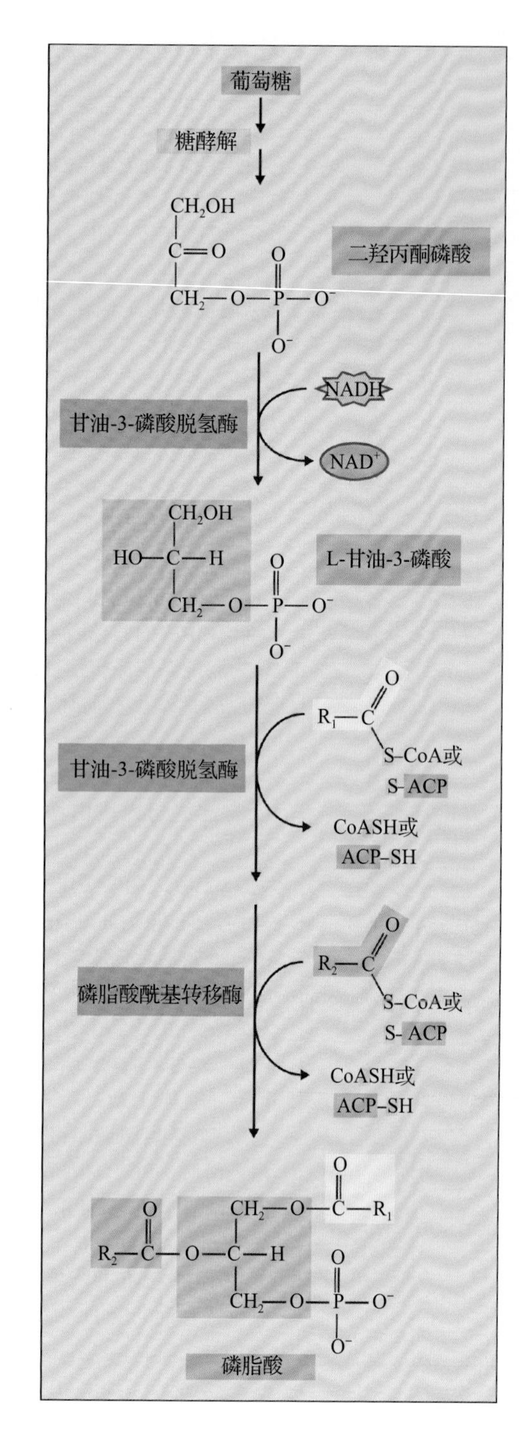

图 8.29 磷脂的生物合成途径。脂肪酸通过酯化到 CoA 或者 ACP 上而活化，并由酰基转移酶催化转移到甘油 -3- 磷酸的羟基基团上。质体甘油 -3- 磷酸酰基转移酶是一个可溶性的酶。其他已知的酰基转移酶都结合在膜上

-CoA 库。酰基 -CoA 库可能源自酰基交换反应，其使磷脂酰胆碱（和其他脂质）与酰基 -CoA 之间的酰基保持可逆平衡。酰基 -CoA 也可能源自质体输出的脂肪酸。内质网衍生的磷脂酸形成磷脂，如磷脂酰胆碱、磷脂酰乙醇胺、磷脂酰肌醇、磷脂酰丝氨酸，它们是叶绿体之外各种膜的典型组成成分。然而，磷脂酰胆碱的二酰甘油部分返回叶绿体被膜，在那里它进入二酰甘油库并参与质体脂类的合成（见图 8.21）。这种内质网与叶绿体之间脂的交换在某种程度上是可逆的（见 8.7.4 节）。真核途径是所有非光合作用组织及许多高等植物光合作用组织中甘油脂的主要合成途径。在被子植物中，只有所谓的 16:3 植物，如菠菜和拟南芥，利用原核途径产生超过 10% 的甘油脂类（见 8.1.2 节和以下内容）。

8.7.3 脂类的脂肪酸组成可以揭示它们来源的途径

在质体和内质网中合成的甘油脂的相对含量因植物组织及物种不同而有所变化。例如，在豌豆（*Pisum sativum*）和大麦（*Hordeum vulgare*）中，磷脂酰甘油是原核途径的唯一产物，其余的叶绿体脂类完全由真核途径合成。相反，16:3 植物叶片中高达 40% 的细胞甘油脂在叶绿体中合成。因为 $16{:}3^{\Delta 7,10,13}$ 是叶绿体中甘油脂合成的主要产物（见图 8.21），故可以通过对这种脂肪酸的鉴定而容易地检测由叶绿体原核途径造成的相对流量（故取名 16:3 植物）。含极少量或者完全没有 $16{:}3^{\Delta 7,10,13}$ 的植物称为 18:3 植物。在非维管植物内，真核途径对单乳糖苷二酰甘油、双半乳糖苷二酰甘油和硫脂的合成已经减弱；在许多绿色藻类的膜脂合成过程中，叶绿体几乎完全自主。

8.7.4 内质网与叶绿体之间存在大量脂的迁移

每个植物细胞在甘油脂的合成上都是自主的，并且在细胞间不存在脂肪酸和

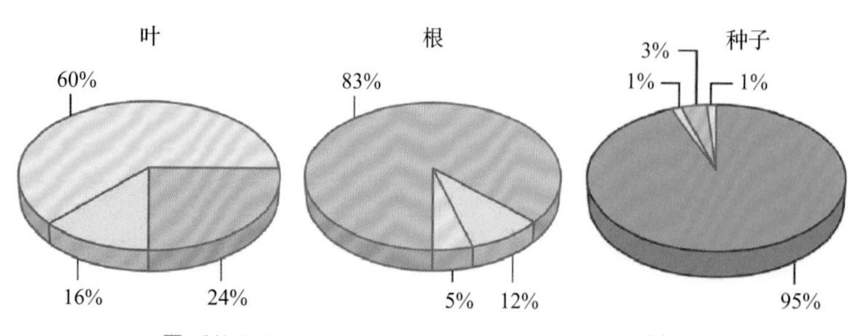

图 8.30 不同细胞类型中甘油脂的组成不同。叶片中最丰富的膜是叶绿体片层，其富含半乳糖脂。与之相反，根中大多数的膜都在质体外系统（如内质网和高尔基体）。含油种子物种（如拟南芥）的种子中主要含有三酰甘油

甘油脂类的运输。然而，植物中膜的发生涉及脂肪酸和脂类从一个细胞器到另一个细胞器的大量迁移（见图 8.21）。数量上最显著的脂类迁移是脂肪酸从质体上的输出，以及不饱和酰基由内质网向叶绿体的运回。在表皮细胞中，同样有大量的蜡及角质单体从内质网迁移至细胞外空间。

在过去的几年里，对脂质在内质网和叶绿体之间转移机制的理解方面取得了相当大的进展。特别地，拟南芥中一系列突变体使转移途径中的蛋白质组分得以鉴定。目前的模型认为磷脂酸是由内质网中的磷脂酰胆碱产生，并转运到叶绿体内膜。ABC（ATP-binding cassette）转运蛋白通过内被膜转移磷脂酸，使其可用于半乳糖脂和磺脂类合成酶（图 8.31）。而在脂质运输方面，质体被膜可能是自然界中最具活力的细胞器膜。

数条证据证明在植物中存在着协调甘油脂合成的两种途径的活性的调控机制。拟南芥 *act1*（*acyl-CoA transferase1*）突变体缺乏叶绿体酰基 -ACP：*sn*- 甘油 -3- 磷酸酰基转移酶的活性，此酶是原核途径中的第一个酶（见图 8.21）。这一缺乏严重减少了由原核途径进行迁移的数量，但又可通过增加真核途径中叶绿体甘油脂的合成来进行补偿(图8.32)。这些以及其他相关的结果说明即使甘油脂合成中的某一个途径受到严重干扰，这种机制仍可以确保足够的甘油脂的合成及转运，以维持正常的膜生物合成的速率。这一令人吃惊的例子引出许多尚未回答的问题。特别是，膜扩展过程中提高甘油脂合成的需求是如何与脂生物合成途径相互交流的？

8.7.5 在新甘油脂合成过程中，驱使极性头部基团附着的自由能由二酰甘油或基团自身的核苷活化提供

一个对于所有磷脂生物合成途径都很常规的反应是磷脂头部基团的附着。一种情况是，头部基团上的一个羟基亲核攻击 CDP- 二酰甘油的 β- 磷酸基团。另一种情况是，二酰甘油的 *sn*-3 羟基进攻受 CDP 活化的头部基团的 β- 磷酸（图 8.33）。因此，磷脂生物合成途径可分为两种一般性类型：CDP-二酰甘油途径和二酰甘油途径。

与原核生物中只有 CDP- 二酰甘油途径不同，植物、酵母和动物同时使用 CDP- 二酰甘油和二酰甘油这两种途径合成磷脂，但两种途径所占的比例不同。例如，酵母可以用 CDP- 二酰甘油途径合成其所有的磷脂，但在某些条件下，它们可以抑制 CDP- 二酰甘油途径而使用二酰甘油途径。动物用二酰甘油途径合成它们主要的磷脂——磷脂酰胆碱和磷脂酰乙醇胺。植物中磷脂合成的细节并未研究透彻，许多已知的知识是由其他生物类推而知。例如，许多在动物和酵母中存在的途径在植物中也存

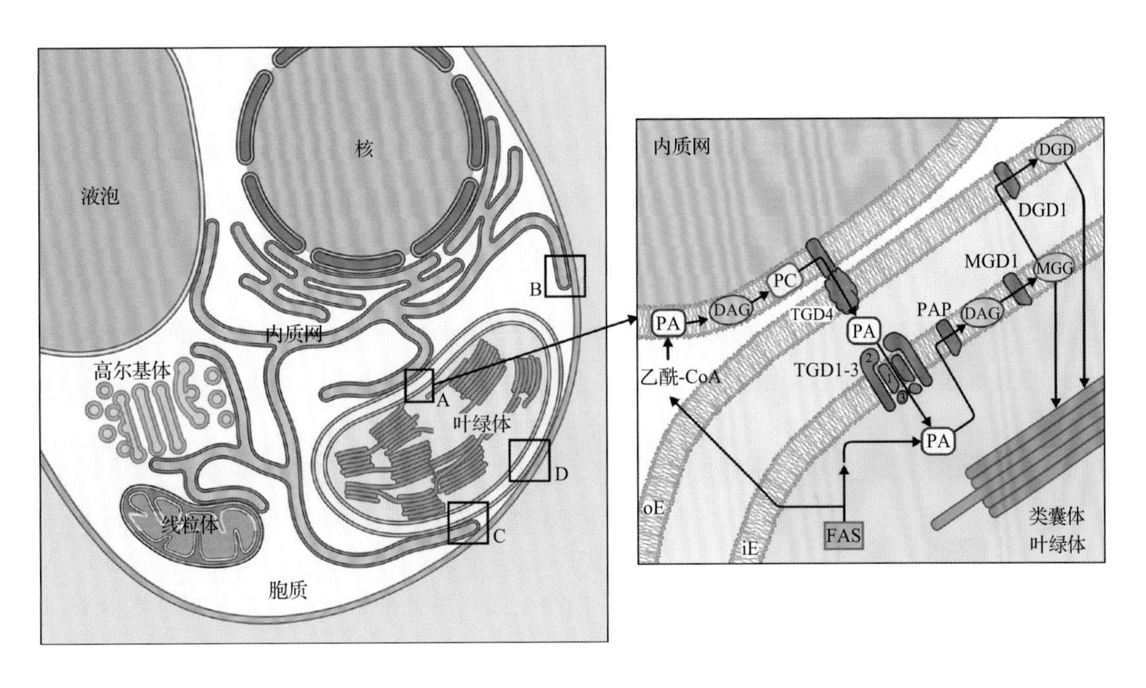

图 8.31 植物细胞中内质网、叶绿体及其他膜接触位点之间可能的脂类运输路线。A ～ D 表示膜之间的接触区域中脂类的运输：A. 叶绿体 - 内质网接触；B. 质膜 - 内质网接触；C. 内质网既与叶绿体也与质膜接触；D. 叶绿体和质体之间的接触。其他可能的膜接触位点包括内质网 - 线粒体、转运高尔基体 - 液泡膜等。插图：甘油脂从内质网到叶绿体的转运步骤，以及原核途径和真核途径中叶绿体 MGD 和 DGD 的合成。TGD1-3 和 TGD4 是 ABC 转运蛋白的组成蛋白。FAS，脂肪酸合成；iE，内膜；oE，外膜

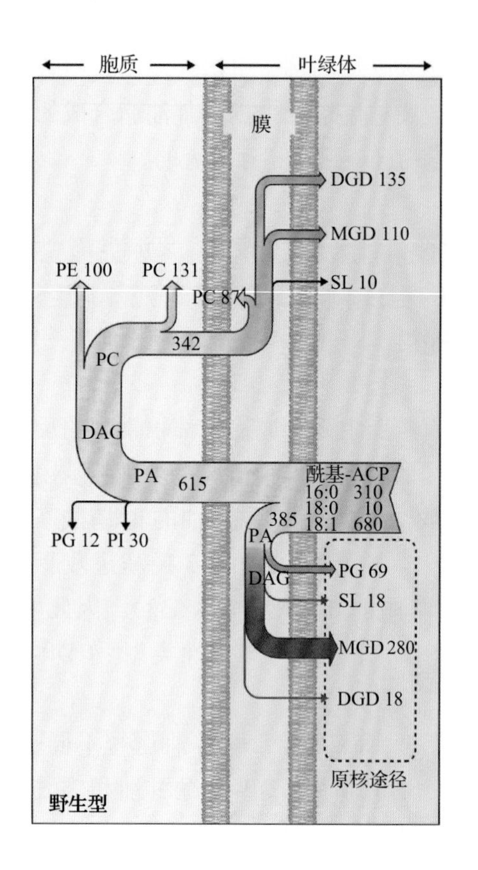

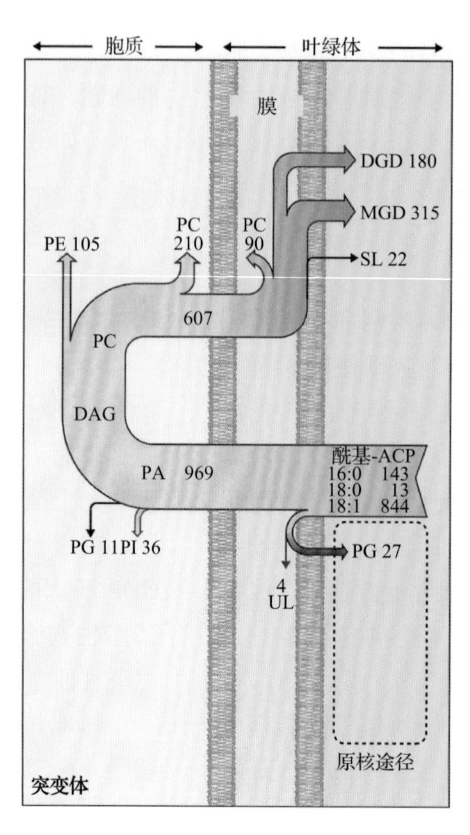

图 8.32 野生型和 *act1* 突变体的流量图，表示叶绿体中合成的脂肪酸是如何导向叶绿体和质体以外膜中不同脂类的。图示表示平均流量是 1000 个脂肪酸分子。野生型拟南芥中，约 39% 的脂肪酸用于叶绿体中脂类的合成，约 27% 的脂肪酸用于叶绿体以外膜系统（如内质网、高尔基体及细胞质膜）脂类的合成，而大概 34% 的脂肪酸会转移到叶绿体参与脂类的合成。在质体甘油 -3- 磷酸活性缺陷的拟南芥突变体中，大多数的脂肪酸都输出到胞质，而大约 61% 又会重新输入到叶绿体中。这表明存在一种机制可在必需时调控膜之间脂的流量。SL，硫脂；UL，未知脂类；其他缩写见图 8.29

在，虽然每种途径对细胞最后磷脂组分的贡献在不同生物之间有所不同。

8.7.6 磷脂酸是 CDP- 二酰甘油和二酰甘油途径共同的底物

CDP- 二酰甘油由磷脂酸和 CTP 经 CDP: 二酰甘油胞嘧啶核苷酰转移酶催化合成（见图 8.33）。在植物中，这个结合在膜上的酶与数个不同的细胞器都有关，在叶绿体中其定位于叶绿体被膜内侧，同时在线粒体被膜内侧也发现有它的定位。蓖麻子（*Ricinus communis*）的胚乳中存在两种 CDP（二酰甘油胞嘧啶核苷酰转移酶）：一种在线粒体中，另一种存在于微粒体部分。二酰甘油由磷脂酸经磷脂酸磷酸水解酶去磷酸化产生，该磷酸水解酶定位在叶绿体被膜内侧、微粒体和可溶性部分。由于与酵母中磷脂的合成类似，因此人们认为此酶在线粒体内也同样存在，尽管在植物中尚未检测到。

8.7.7 CDP- 二酰甘油和二酰甘油途径产生截然不同的脂类

由 CDP- 二酰甘油衍生而来的磷脂包括磷脂酰甘油及二磷脂酰甘油（心磷脂），前者为唯一一种在叶绿体类囊体中发现的磷脂，而后者仅存在于线粒体内膜中。如同大肠杆菌，植物中磷脂酰甘油也经两步合成。CDP- 二酰甘油和甘油 3- 磷酸反应生成磷脂酰甘油磷酸，随后该产物去磷酸产生磷脂酰甘油（图 8.34）。此反应同样可发生在内质网中。在线粒体中，二磷脂酰甘油由磷脂酰甘油和第二个 CDP- 二酰甘油分子反应产生。

其他由 CDP- 二酰甘油合成而来的磷脂包括磷脂酰肌醇和磷脂酰丝氨酸（见图 8.34）。磷脂酰肌醇是由游离的肌醇经磷脂酰肌醇合酶催化而合成。绝大多数植物组织中磷脂酰丝氨酸的合成是由丝氨酸经磷脂酰丝氨酸合酶催化，经过一个与大肠杆菌和酵母类似的反应而合成。这与动物中磷脂酰丝氨酸合成不同，动物中的磷脂酰丝氨酸是二酰甘油途径的产物，经磷脂酰乙醇胺与丝氨酸交换乙醇胺得到（见下一节）。

二酰甘油途径主要用于植物和动物中磷脂酰乙醇胺和磷脂酰胆碱的合成。在反应中，二酰甘油从 CDP- 乙醇胺或 CDP- 胆碱上替换一个 CMP，从而分别产生磷脂酰乙醇胺或磷脂酰胆碱（图 8.35）。两种 CDP- 醇的合成与 CDP- 二酰甘油的合成平行。例如，胆碱与 CTP 反应生成 CDP- 胆碱之前，首先通过磷酸化形成磷酸胆碱。

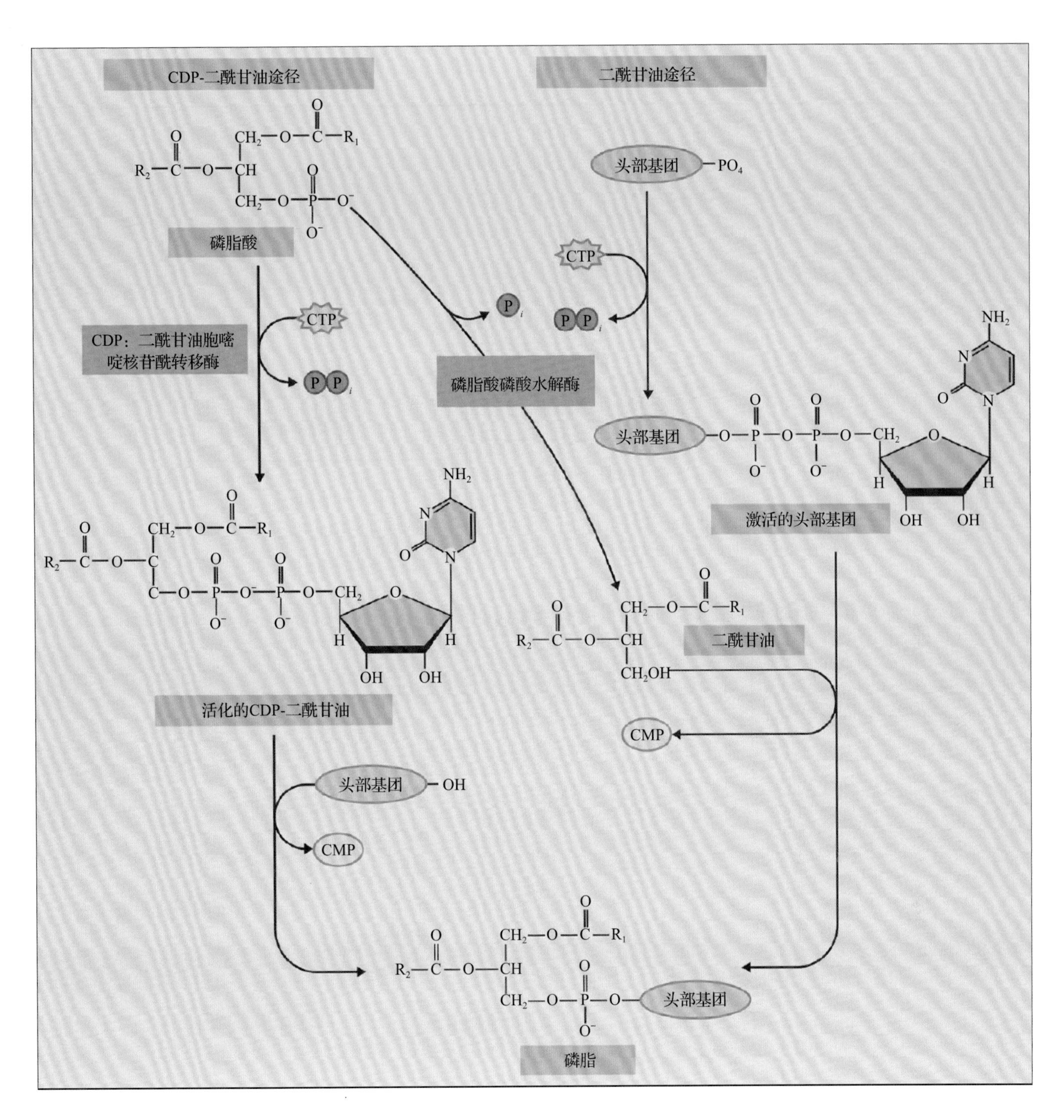

图 8.33 形成磷脂中磷酸二酯键的两种常见策略。CDP- 二酰甘油途径使用活化的二酰甘油。而在二酰甘油途径中，头部基团是由 CTP 活化的

8.7.8 由 CDP- 二酰甘油和二酰甘油衍生而来的磷脂库在植物和动物中相互作用

追溯特异脂类的来源往往比上一章所设想的要难。例如，磷脂酰乙醇胺——动物中的一种磷脂酰丝氨酸前体，是动物和植物中二酰甘油途径的一个产物。在发育的蓖麻子胚乳中，磷脂酰丝氨酸几乎全部由二酰甘油经磷脂酰乙醇胺交换反应得到（图 8.36）。同样，磷脂酰乙醇胺可以由磷脂酰丝氨酸去羧化产生。这个循环的净效应是由丝氨酸产生乙醇胺。实际上，这可能是乙醇胺主要的代谢来源。在动物和酵母中，磷脂酰乙醇胺可由 *S*- 腺苷甲硫氨酸连续甲基化磷脂酰乙醇胺而直接转变成磷脂酰胆碱。然而在植物中，这只是一个次要的途径，磷脂酰胆碱几乎完全由 CDP- 胆碱和二酰甘油合成。磷酸乙醇胺经甲基化修饰而转变成磷酸胆碱，此过程由 *S*- 腺苷甲硫氨酸作为甲基供体。因此在植物中，胆碱主要源于乙醇胺，但是磷脂酰胆碱并不是典型地由磷脂

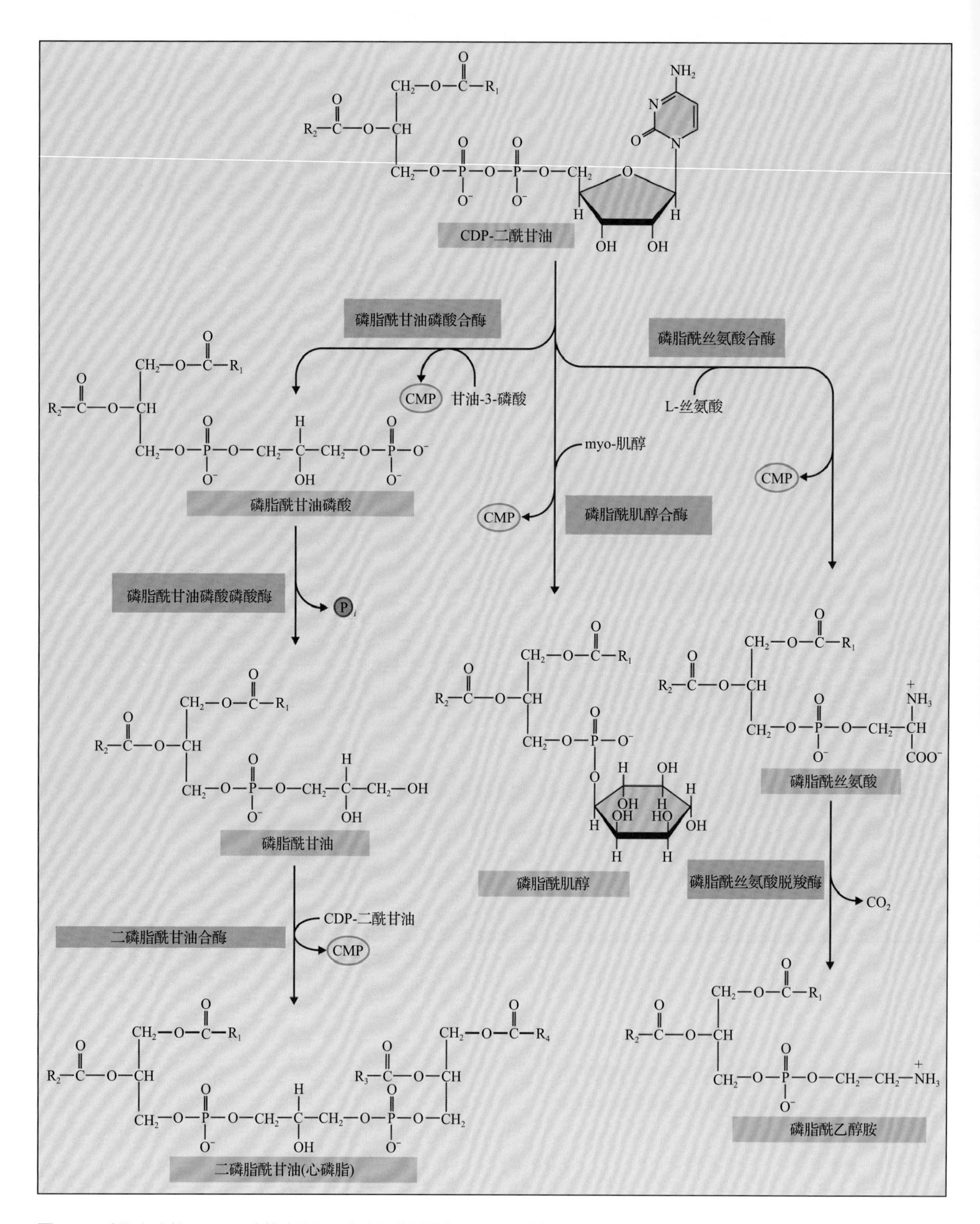

图 8.34 磷脂合成的 CDP- 二酰甘油途径。由头部基团替代 CDP- 二酰甘油的 CMP 而合成磷脂酰丝氨酸、磷脂酰肌醇、磷脂酰甘油磷酸。磷脂酰甘油磷酸去磷酸化而形成磷脂酰甘油。磷脂酰甘油与第二个 CDP-DAG 分子反应生成二磷脂酰甘油（心磷脂）

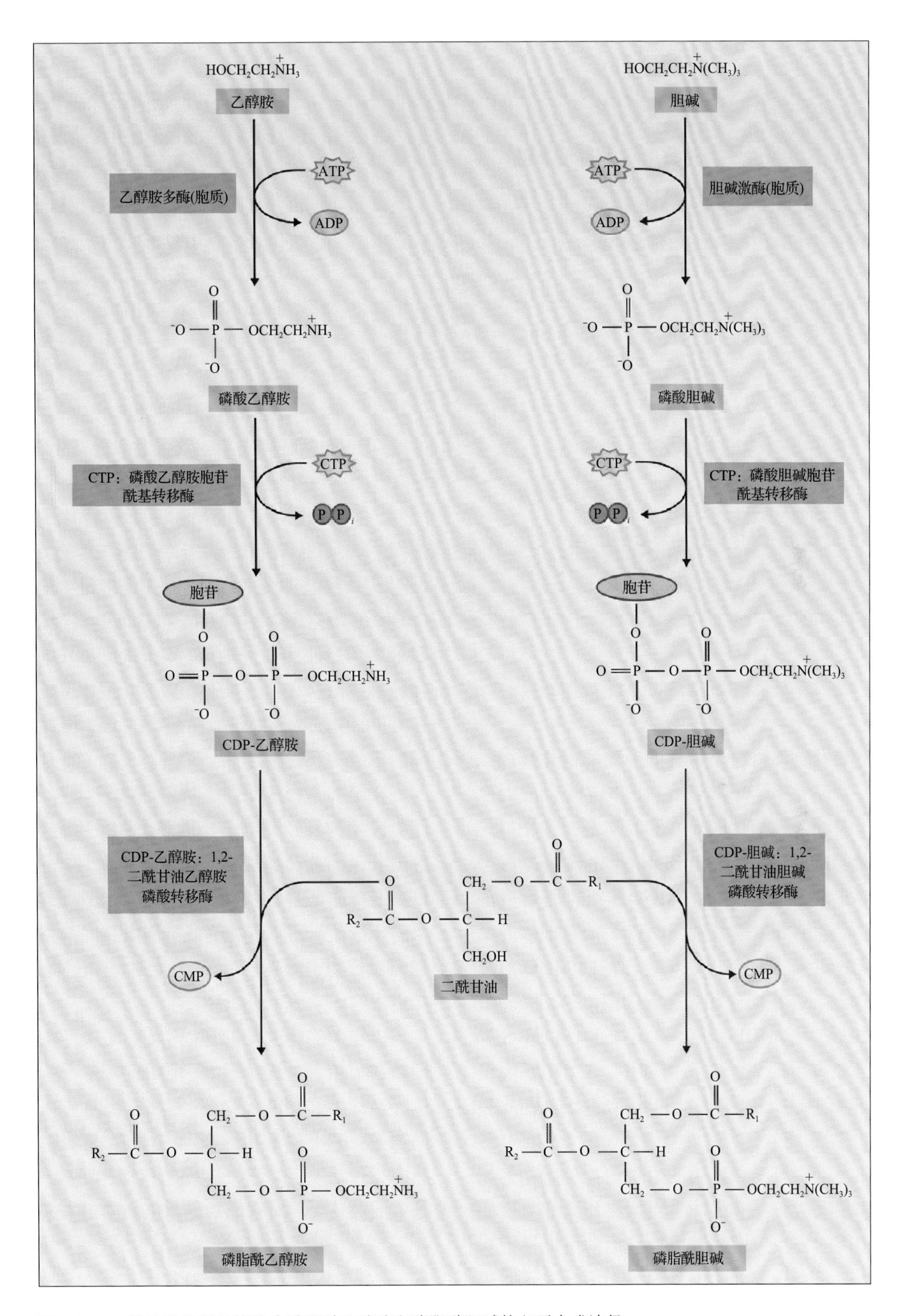

图 8.35 二酰甘油途径是植物中磷脂酰乙醇胺和磷脂酰胆碱的主要合成途径

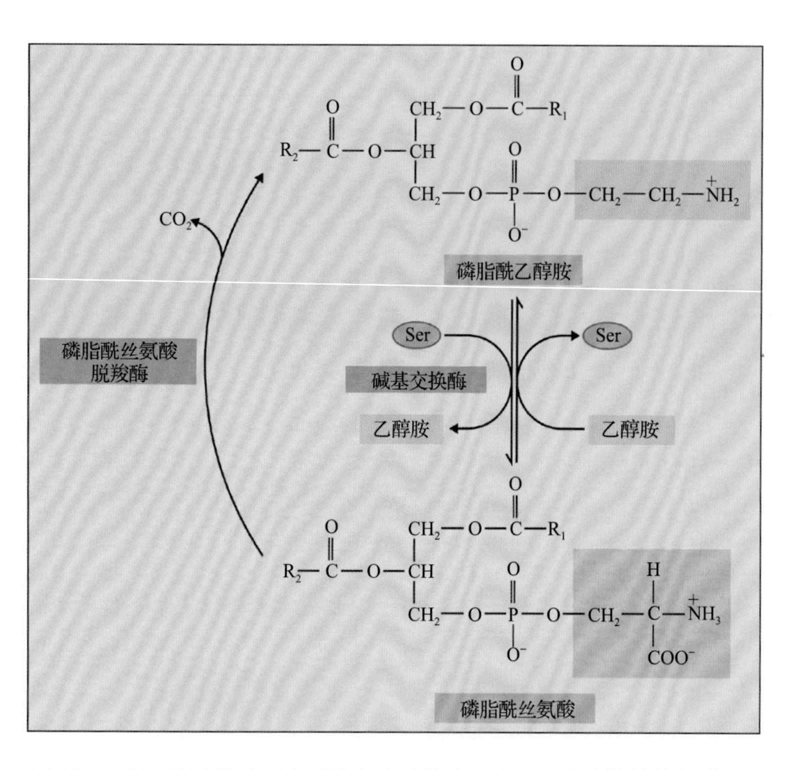

图 8.36 在一些植物组织中观察到由磷脂酰乙醇胺合成磷脂酰丝氨酸

酰乙醇胺产生的。

8.7.9 半乳糖脂和硫脂由二酰甘油合成

磷脂酸经质体内一个特异的磷酸酶催化形成二酰甘油，而后者再作为半乳糖脂和硫脂合成的底物。对尿嘧啶二磷酸（UDP）酯的切割为数个反应提供能量。UDP- 半乳糖和 UDP- 硫化异鼠李糖分别是单半乳糖苷二酰甘油（MGD）和硫脂合成的底物。双半乳糖苷二酰甘油（DGD）的合成涉及第二个半乳糖头部基团从 UDP- 半乳糖向 MGD 的转移（图 8.37）。在拟南芥和光合紫细菌（*Rhodobacter sphaeroides*）中，UDP- 硫化异鼠李糖（UDP-SQ）的合成已经有所研究。在拟南芥中，*SQD1* 基因编码一个可以催化 UDP- 半乳糖和亚硫酸盐合成 UDP-SQ 的酶（图 8.38）。

所有进行生氧光合作用的生物均把硫脂作为光合片层的主要成分——这一事实始终使人们对硫脂在光合作用的光反应中起着重要作用的可能性抱有兴趣。然而，光合紫细菌或蓝细菌无法合成硫脂的突变体具有正常的光合作用速率。显然，光合作用生物含有硫脂的主要原因是将磷酸降到最少，而磷酸是合成大量支持高速光捕获的膜所必需的（信息栏 8.2）。

8.7.10 神经酰胺是植物鞘脂的基本构件

正如二酰甘油是所有甘油脂类的基本组分一样，神经酰胺是所有鞘脂的基本组分。复杂鞘脂，如植物中占主要地位的葡糖鞘脂和 GIPC，即由神经酰胺修饰而成（葡糖神经酰胺和 GIPC 的结构参见图 8.7）。

神经酰胺合成的初步阶段涉及一个棕榈酰 -CoA 和丝氨酸的缩合，产生一个 3- 酮鞘胺醇（图 8.39）。这个反应与 FAS 以及延长酶催化的缩合反应类似。随后，3- 酮基团还原成醇而产生鞘胺醇。之后多数的鞘胺醇在 C-4 位置发生羟基化，尽管在一些植物中存在竞争性的 C-4 去饱和酶。通过使用鞘胺醇 *N*- 酰基转移酶将酰基 -CoA 转移到加工好的鞘胺醇之后，神经酰胺即合成了。附在鞘胺醇上的酰基介于 C16 ～ C26 之间，尽管 C16 和 C24 是神经酰胺中含量最多的脂肪酸中的前两位。同时，C16 脂肪酸在葡糖神经酰胺中占主要地位，然而更长链的脂肪酸在 GIPC 中发现。通常脂肪酸会在 C-2 位置上羟化，最后形成神经酰胺。

在第二个合成阶段，神经酰胺转化为复杂的鞘脂类。葡糖神经酰胺合成酶将 UDP- 葡萄糖或者固醇糖苷上的葡萄糖加在神经酰胺上。神经酰胺也可以在肌醇磷酰神经酰胺合成酶和磷脂酰肌醇提供的肌醇磷酸盐作用下转化为肌醇磷酰神经酰胺。但是，我们对植物中随后产生葡萄糖肌醇磷酰神经酰胺及其衍生物的反应一无所知。

植物中的鞘脂类的功能引起了广泛关注。这些鞘脂在去垢剂处理不敏感的膜中富集，人们认为其执行结构上的功能。此外，越来越多的证据显示它们在气孔开度调节和细胞程序性死亡等很多信号通路中行使功能。随着一些鞘脂代谢相关突变体越来越多地被发现，对它们功能角色的鉴定未来可期。

8.8 膜脂的功能

8.8.1 膜脂的成分影响植物的形态与功能

植物细胞中每一种膜都有其特殊的脂类组分

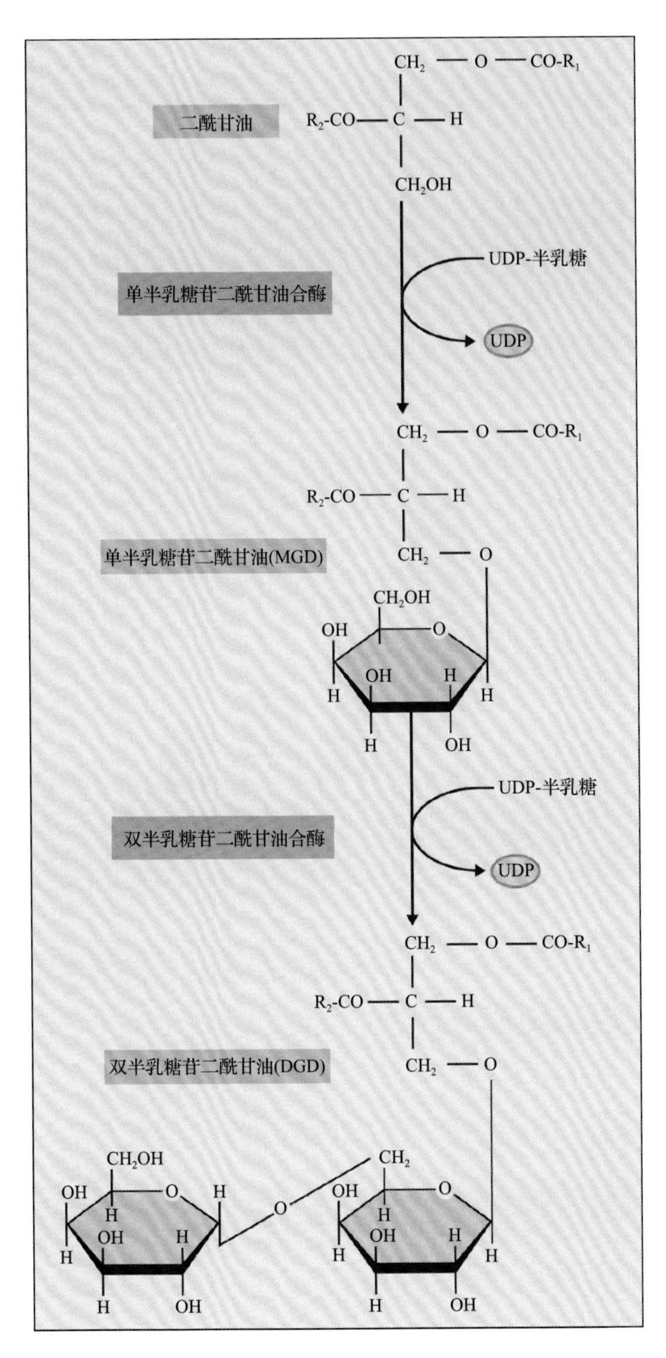

图 8.37 半乳糖苷脂的合成途径。单半乳糖苷二酰甘油由一个典型的糖基转移酶催化形成，此酶利用活化的核苷糖-UDP-半乳糖为底物，将半乳糖转移到双半乳糖苷二酰甘油上。与之类似，双半乳糖苷二酰甘油的合成涉及UDP-半乳糖的半乳糖部分二次转移到另一个单半乳糖苷二酰甘油上

（图 8.40），而在单个膜中，每类脂又有其独特的脂肪酸成分。时至今日，我们几乎完全不了解这种显著多样性的意义。对此我们的认识仍然很有限，但是本节所讨论的例子将会论述一些膜脂成分对重要的发育过程以及对于环境因子响应的影响。

因脂类组分变化而产生最明显的表型之一是拟南芥 *fab*2 突变体。*fab*2 因膜脂中积累 18:0 而使植株小型化（图 8.41A）。数种特异类型的细胞的缩小造成叶片尺寸的减小。突变体中叶肉细胞和表皮细胞无法长大，从而形成一种显著的“砖墙”结构，通过叶片的横切切片，可以看到这与野生型中典型的、较松散的叶片解剖特征不同（图 8.41B，C）。我们不知道 18:0 积累是如何造成小型化表型的，但通过生物物理学原理我们可以知道，升高温度可以缓解双分子层饱和度增加所造成的影响。相应地，当植物生长在35℃以下时，*fab*2 的形态更像野生型植株（图 8.41D，E）。此外，在此温度下，*fab*2 叶片发育出了典型的栅栏和海绵状的叶肉层。

8.8.2 缺乏多聚不饱和膜脂的植物中光合作用受到影响

高度不饱和的 $18:3^{\Delta 9,12,15}$ 和 $16:3^{\Delta 7,10,13}$ 脂肪酸

图 8.38 硫脂质的合成。SQD1 蛋白向 UDP-葡萄糖加上亚硫酸盐，产生的 UDP-硫化异鼠李糖（UDP-SQ）随后向 DAG 上转移硫化异鼠李糖形成硫化异鼠李糖苷二酰甘油（SQD）

UDP-葡萄糖　UDP-SQ　DAG　UDP　SQD

信息栏 8.2 植物利用硫脂和半乳糖脂来保存用于膜合成的磷酸

每克植物叶片大致含有 1m² 的叶绿体膜。如果叶绿体膜如同动物和真菌的膜，主要由磷脂组成的话，那么植物用于生长所需磷酸将远远多于目前所需。考虑到磷酸在许多自然生态系统中是一种有限的营养元素，那么，植物将对用于膜合成的磷酸的需求降到最少是有利的。磷酸有限的问题好像促进了适应性演化，植物及其他光合生物采用其他物质来替代磷脂酰甘油等磷脂，如单半乳糖苷二酰甘油（MGD）、双半乳糖苷二酰甘油（DGD），以及硫化异鼠李糖苷二酰甘油（SQD，亦称硫脂）。例如，在菠菜（一种 16:3 植物）叶绿体中，双层膜脂类中磷脂只有不到 15%（见柱形图）。

通过对光合紫细菌（*Rhodobacter sphaeroides*）及蓝细菌（*Synechococcus*）PCC7942 缺乏硫脂的突变体的分离，人们得到了可以支持这种理论的证据。当这些突变体在高浓度磷酸环境中生长时，其生长速率及光合作用特征与野生型没有区别。但是，一旦限制磷酸水平，这些突变体的生长就受到抑制。另外，当可用于合成膜的磷酸数量受到限制时，几种糖脂就会积累到很高的浓度。

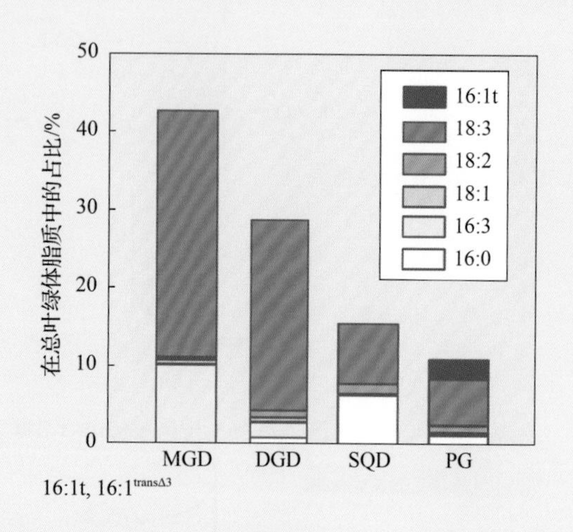

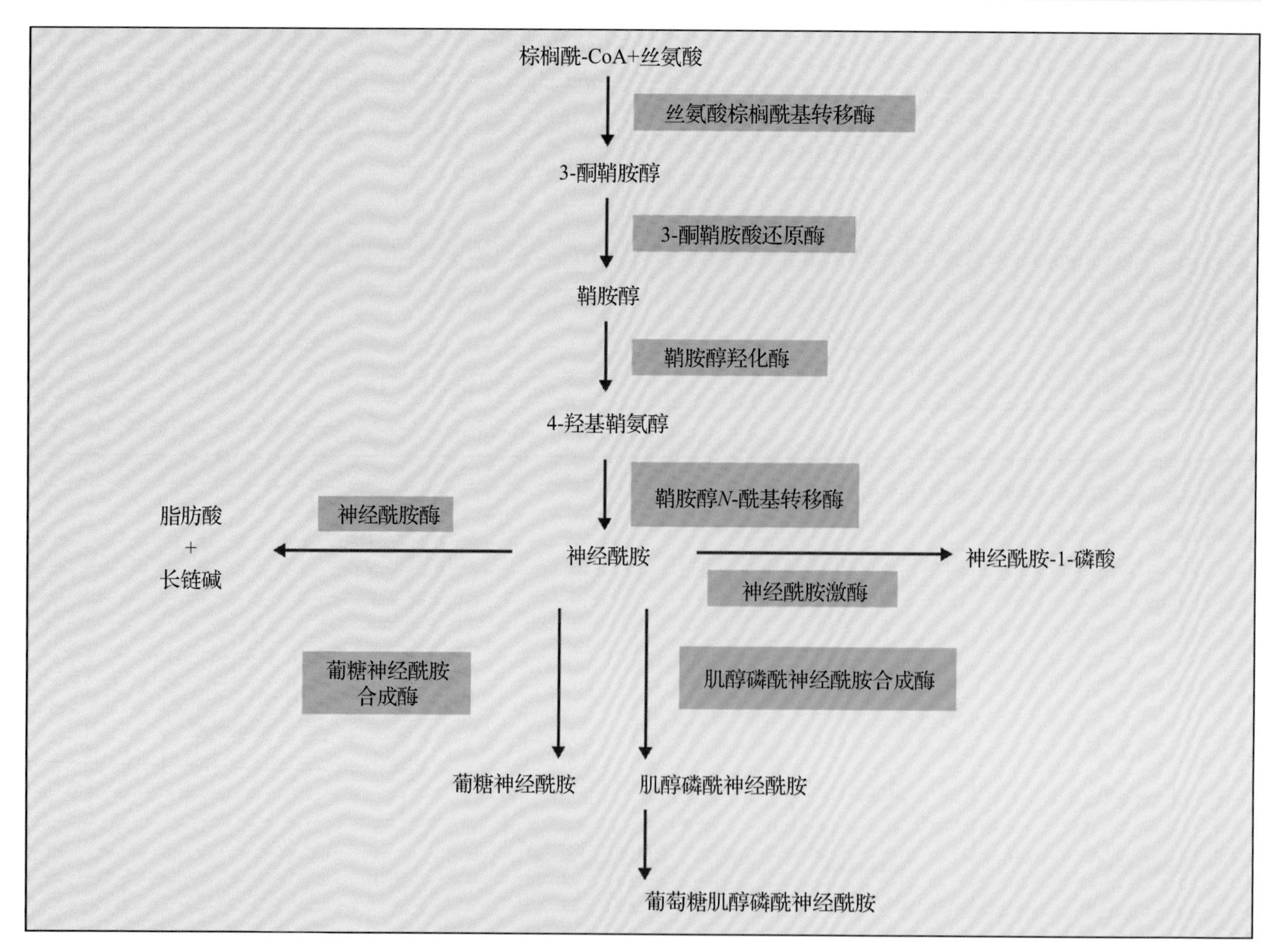

图 8.39 植物中鞘脂类合成途径。所有的酶促反应都在体外得到验证。长链碱基去饱和及酰基链羟化似乎随着神经酰胺形成发生

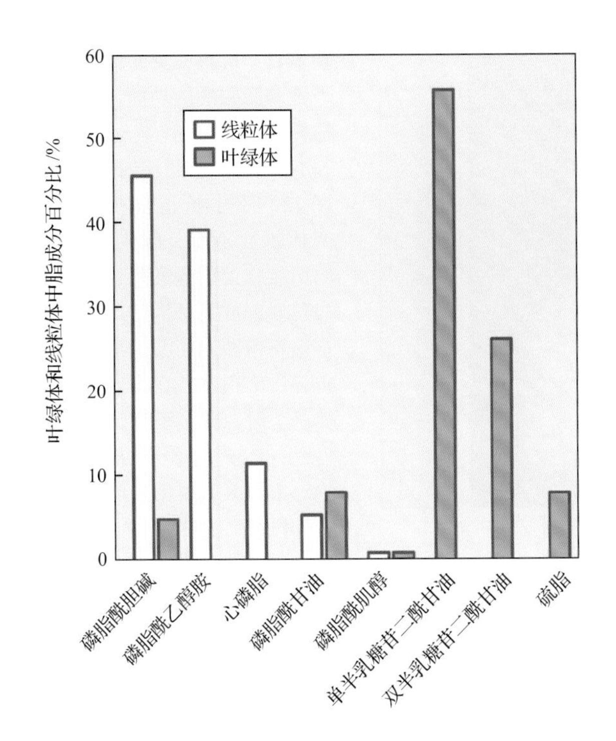

图 8.40 叶绿体及线粒体中脂类成分的比较

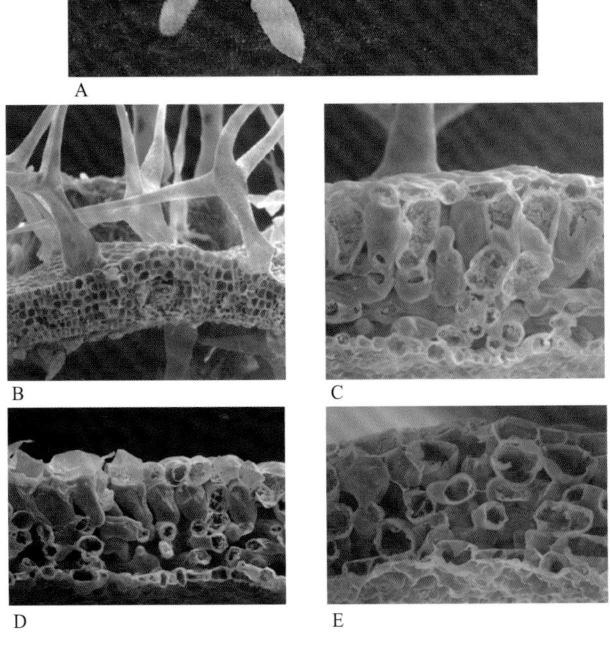

图 8.41 拟南芥 *fab2* 突变体的表型。A. 22℃下生长的突变体（见右图）严重变小。原因是突变体的细胞（B）与野生型的细胞（C）相比，并没有相同程度的扩大。在较高温度下生长可以部分抑制 *fab2* 突变体的缺陷（D）。生长在 36℃下的突变体与野生型对照很像（E）。来源：图 A ～ E 来源于 Lightner et al.（1994）. Plant J. 6: 401-412

约占植物所有类囊体膜中脂肪酸的 70%，并且叶绿体中含量最高的脂类单半乳糖苷二酰甘油中超过 90% 的脂肪酸也是上述不饱和脂肪酸（见图 8.40）。这些数字很值得注意，因为光合作用光反应的自由基副产物会引起多聚不饱和脂肪酸的氧化。如果植物不顾氧化的风险而在类囊体中保持高水平的不饱和度，那么只有一个理由可以解释，那就是光合作用极其依赖膜的不饱和性。但令人吃惊的是，拟南芥的一个三重突变体（*fad*3 *fad*7 *fad*8），完全缺乏 $18:3^{\Delta9,12,15}$ 和 $16:3^{\Delta7,10,13}$，但在 22℃下却能表现出正常的植物生长和光合作用的速率（图 8.42）。这些结果清楚地表明 $18:3^{\Delta9,12,15}$ 和 $16:3^{\Delta7,10,13}$ 对植物的光合作用并非至关重要。然而，这两个脂肪酸并非毫无作用：类囊体组分的保守性证明了它们的重要性，但其作用比预想的要小。事实上，$18:3^{\Delta9,12,15}$ 和 $16:3^{\Delta7,10,13}$ 的缺乏仅在低温（低于 10℃）和高温（高于 30℃）时才会对光合作用产生显著的影响。

虽然去除三不饱和 $18:3^{\Delta9,12,15}$ 和 $16:3^{\Delta7,10,13}$ 仅对光合作用产生很小的影响，但在拟南芥 *fad*2 *fad*6 突变体中该过程却受到了显著的影响，*fad*2 *fad*6 突变体缺乏双不饱和脂肪酸 $18:2^{\Delta9,12}$ 和 $16:2^{\Delta7,10}$，以及它们下游的三不饱和衍生物 $18:3^{\Delta9,12,15}$ 和 $16:3^{\Delta7,10,13}$。这些突变体几乎完全丧失光合作用能力，并且无法自养。但是，*fad*2 *fad*6 植株可以生长在蔗糖培养基上，在该条件下，生长及组织发育均正常（见图 8.42）。这些观察说明，在这个几乎不含多聚不饱和脂类的双重突变体中，大部分用于维持生物体、诱导正常发育的受体调节及运输相关的膜功能得到了很好的维持。因此，光合作用显然是植物营养细胞中唯一一种需要高水平的膜多聚不饱和度的过程。

对拟南芥突变体的研究表明植物需要多聚不饱和脂类用以维持光合作用体系，但在蓝细菌中却并不是这样。集胞蓝细菌 PCC6803 缺乏多聚不饱和脂肪酸的突变体，除了在低温条件下都可以正常进行光合作用。

8.8.3 脂的组分会影响对寒冷的敏感性吗？

脂的组分与生物体适应温度变化之间的关系是膜生物学中最为广泛研究的问题之一。冷敏感植物

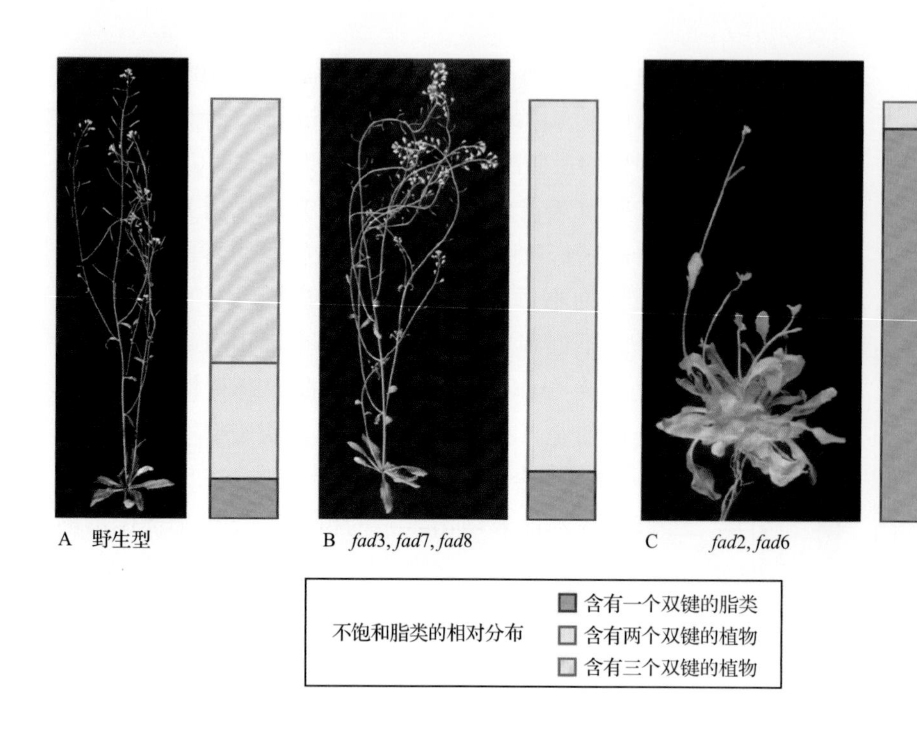

图 8.42 拟南芥突变体揭示多聚不饱和脂肪酸的功能。与野生型植株（A）相比，缺乏 $18{:}3^{\Delta9,12,15}$ 和 $16{:}3^{\Delta7,10,13}$ 脂肪酸的突变体(B)在 22℃下生长正常。但是此突变体雄性不育，因为 $18{:}3^{\Delta9,12,15}$ 的衍生物茉莉酮酸酯对于花粉的成熟及释放是必需的。缺乏所有多聚不饱和脂肪酸的突变体不能自养。但当生长在富含蔗糖的培养基上时，此突变体又变得生机盎然（C），这表明光合作用是绝对需要多聚不饱和脂肪酸膜的唯一过程。来源：图 A、B 来源于 McConn & Browse（1996）. Plant Cell 8: 403-416；图 C 来源于 McConn & Browse（1998）. Plant J. 15: 521-530

在 0 ～ 12℃，生长和发育速率会骤减（图 8.43）。**寒害（chilling injury）**包括由低温及胁迫引起的症状所诱导的物理和生理的变化。许多重要的经济作物，包括棉花、大豆（*Glycine max*）、玉米（*Zea mays*）、水稻（*Oryza sativa*），还有许多热带和亚热带水果，都对冷敏感。相反，人们把许多起源于温带，但持续在低温生长发育的植物（包括拟南芥）视为抗寒植物。

为了把冻伤造成的生化及生理变化与单一的“诱因”或损伤部位联系起来，研究者认为冻伤的主要事件是细胞膜从液晶相向凝胶相的转变（图 8.44）。依照此设想，从液晶相到凝胶相的相变造成受冷细胞新陈代谢的变化，并导致冷敏感植物受伤和死亡。

由于膜脂的去饱和化程度决定膜的流动性（见 8.5 节），所以，研究者试图找出膜组分和冷敏感度之间的关系。针对叶绿体膜人们提出了一个相关假说，假说认为，叶绿体中磷脂酰甘油分子是造成植物冷敏感性的原因，这种分子在甘油骨架的 *sn*-1 位置结合一个饱和脂肪酸（16:0 及 18:0），*sn*-2 结合一个饱和脂肪酸或者一个 $16{:}1^{\Delta3}$- 反式脂肪酸。由于反式双键使 $16{:}1^{\Delta3}$ 反式脂肪酸结构类似于 16:0（见信息栏 8.1 中的说明），这些分子都可称为双饱和磷

图 8.43 冷敏感植物，如黄瓜（*Cucumis sativus*）在 2℃条件下生长一天造成严重的伤害。图中右侧植株放置在 25℃。来源：加州斯坦福卡耐基华盛顿研究所 Somerville，未发表结果

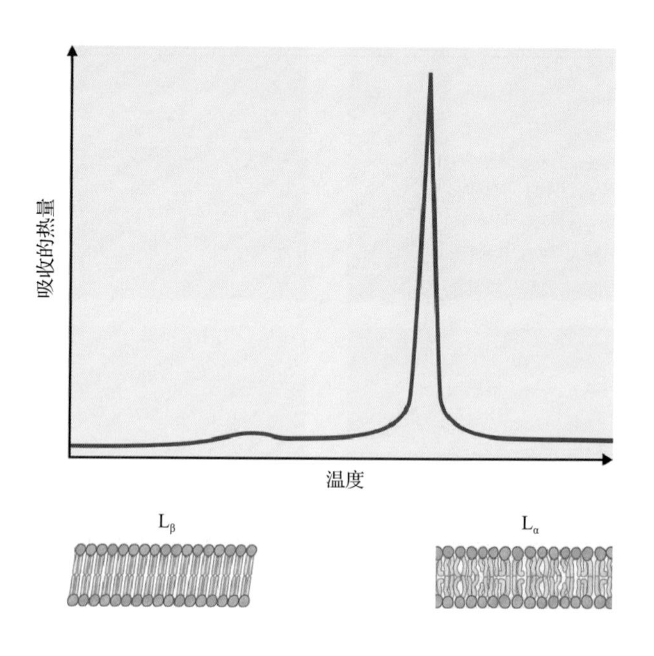

图 8.44 纯的磷脂酰胆碱双分子层从凝胶相（L_β）到液晶相（L_α）的热量跃迁（下图）。低温时，脂肪酸链受范德华力约束。当温度升高超过相变温度时，脂吸收热量（上图），范德华力瓦解，熔解的脂肪酸链形成双分子层

脂酰甘油。叶绿体膜内存在如此显著数量的双饱和磷脂酰甘油，可能促使低温下液晶相向凝胶相的转变，并且膜内的相分离会造成冷敏感。

正如对5个不同的拟南芥突变体的研究所示那样，不饱和度减少的植物在22℃生长良好，但生长在2～5℃时不如野生型强壮。即使大部分突变体中脂的变化并不足以造成脂相的转变，仍然可以观察到这些结果。此外，这些植物产生的低温症状与经典的冷敏感症状有很大区别（图8.45A，B）。在转基因拟南芥中，双饱和磷脂酰甘油浓度提高（高达总体磷脂酰甘油的60%），并且在这些植株中，低温造成的伤害更加显而易见。

人们在冷敏感的植物烟草（*Nicotiana tabacum*）中进行了一系列的互补实验。外源基因的表达特异性地降低了双饱和磷脂酰甘油的浓度，或者在整体上增加了膜的不饱和度；并且因寒冷造成的伤害在某种程度上也有所减轻。这些发现说明膜不饱和的程度或一些特殊脂类的存在，如双饱和磷脂酰甘油的出现可以影响植物的低温反应。然而，一些最近的研究结果却表明膜不饱和度与植物温度反应之间的关系不十分明显而且复杂。在一个拟南芥突变体*fab1*中，磷脂酰甘油的双饱和分子达到了叶磷脂酰甘油总量的43%，比在许多冷敏感植物中发现的比例还高。可是该植物在一定范围的低温处理下却完全不受影响（与野生型对照相比），而这些处理却可以轻易导致黄瓜（*Cucumis stativus*）和其他冷敏感植物的死亡。只有在2℃处理两周以后，与野生型相比，*fab1*植株的生长才减慢（图8.45C，D）。这些结果表明膜不饱和程度与寒害有关，同时也影响了其他过程。

8.8.4 膜脂组分可以影响植物细胞对冰冻的反应

植物的冰冻胁迫与寒冷胁迫不同，对冰冻的耐性需要一套特殊的生物学机制。在植物组织最初的冻结过程中（降至–5℃），冰会在细胞膜外形成。由于溶质都排斥在冰外，所以余下胞外水相中溶质浓度上升，渗透压迫使水分由胞内外渗，导致细胞发生质壁分离。一旦温度回升，冰融化，就会造成细胞受伤。

如果允许植物在低温但并非冰冻的温度下生长几天以适应寒冷，许多植物可以忍受原本会造成严重伤害或死亡的冰冻环境（图8.46）。人们采用黑麦（*Secale cereale*）叶的原生质体作为模型系统来研究冷驯化的分子基础（图8.47）。

当把未经驯化的原生质体放置在高渗培养基上，质膜会出芽产生内吞小泡，如图8.47所示。但

图8.45 拟南芥脂类突变体的三种不同的冷胁迫响应。A. 与野生型相比(左)，拟南芥*fad6*突变体（右）在5℃条件下生长3周后变得萎黄。B. 拟南芥*fad2*植株在6℃条件下生长7周后死亡。C. 与野生型相比（左），突变体*fad1*在2℃条件下生长一周以内，没有明显变化。D. 在2℃条件下生长4周后，*fad1*植株(右)出现明显的症状，变得萎黄，并且生长减慢。来源：图A来源于Hugly & Somerville（1992）. Plant physiol. 99: 197-202；图B来源于Miquel et al.（1993）. Proc. Natl. Acad. Sci. USA 90: 6208-6212；图C、D来源于Wu et al.（1997）. Plant Physiol. 113: 347-356

图 8.46 冷驯化可以使植物在冰冻环境中存活。右侧拟南芥植株在 4℃条件下驯化 4 天，而后两个培养皿在 –5℃条件下生长 4 天，接着在 23℃正常生长条件下培养 10 天。来源：M. Thomashow，Michigan State University，East Lansing

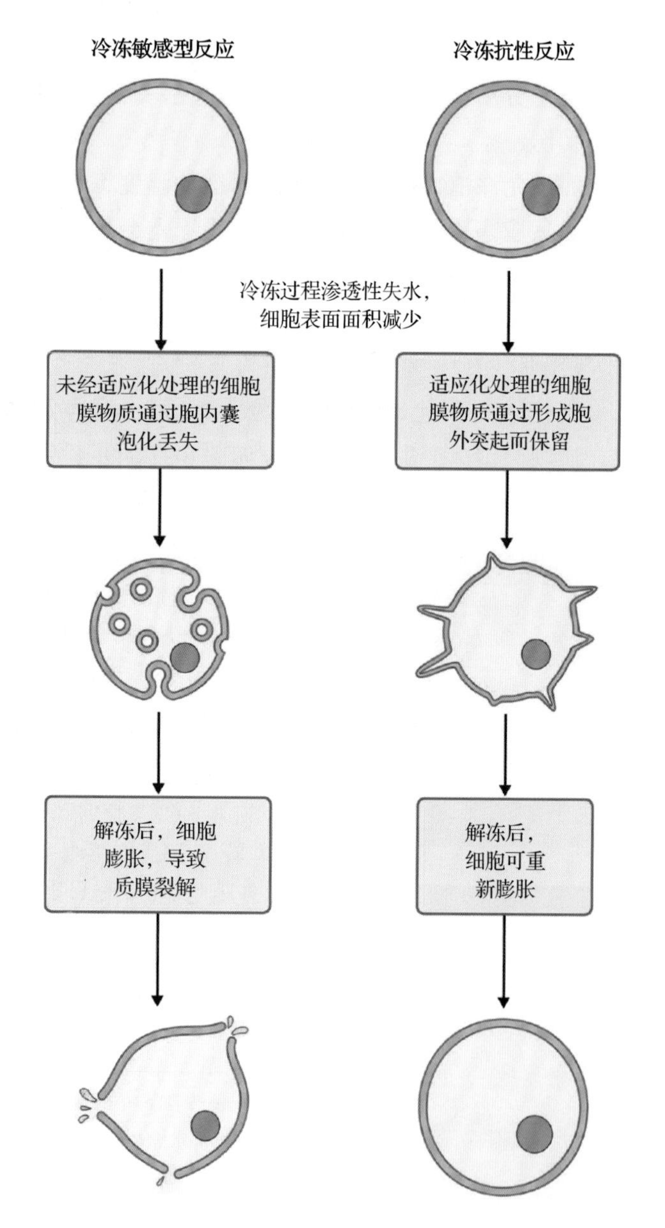

图 8.47 冷冻胁迫中，细胞质膜形态的变化决定了细胞是死亡还是存活

是，如果原生质体先经单不饱和或双不饱和的磷脂酰胆碱处理，使磷脂结合入质膜，高渗处理会产生胞吐突起。双饱和的磷脂酰胆碱不能诱导这种变化。这些质膜行为上的不同与原生质体在冰冻过程中的存活能力相关：对于没有经过驯化处理的原生质体，用单不饱和或双不饱和磷脂酰胆碱进行预处理可以起到和冷驯化处理相同的效果，可以有效地提高原生质体的存活能力，但用双饱和磷脂酰胆碱预处理却没有效果。这些观察说明冷驯化的一个方面就是增加质膜中的不饱和磷脂。物理化学方面的分析认为这些变化可以调控由形成内吞小泡向形成胞吐突起的转变。

8.8.5 膜脂在信号转导与防御过程中的功能

植物、动物和微生物均将膜脂作为合成具有胞间或远距离信号活性的化合物的前体。有趣的是，一些在动物系统中鉴定为信号分子的脂类衍生物也在植物信号通路中有功能，包括磷脂酸，二酰甘油、神经酰胺、溶血卵磷脂和 N- 脂肪酰基乙醇胺。

磷脂酰肌醇（通常认为是磷酸肌醇）在信号转导中具有重要功能。它们在动物代谢途径中所起的调控作用已得到了广泛的研究，但最近的研究表明，它们可能在植物系统中也有相似的功能（见第 18 章）。磷脂酰肌醇 4,5- 二磷酸（PIP_2）是主要的活性分子，其中的肌醇部分在 C-4 和 C-5 上发生磷酸化。在动物中，磷酸肌醇行使胞外第二信使的职能。信号活化一个磷脂酰肌醇特异性磷脂酶 C，该酶切割 PIP_2 从而产生肌醇 1,4,5- 三磷酸（IP_3）和二酰甘油，而这两个产物都是第二信使（图 8.48）。

茉莉酮酸酯是另一类脂类衍生的植物生长调节物（见第 17 章）。茉莉酮酸酯的结构和生物合成之所以引起科学家的兴趣，是其与一些类二十烷酸相似，而后者在哺乳动物的炎症反应和其他生理过程中至关重要。植物中，茉莉酮酸酯由 $18:3^{\Delta 9,12,15}$ 衍生，可能是膜脂经特异地脂酶作用后释放出来的。亚麻酸经脂加氧酶氧化，其产物 9- 过氧羟基亚麻酸或 13- 过氧羟基亚麻酸会进一步经三条途径之一代谢产生多种氧脂类衍生物（图 8.49）。

13- 过氧羟基亚麻酸可能的代谢途径见图 8.50。氢过氧化物裂解酶催化反式 -11,12 双键发生 α- 裂解产生一种 C_6 醛（顺 -3- 乙烯醛）和一个 C_{12} 化合物（12-

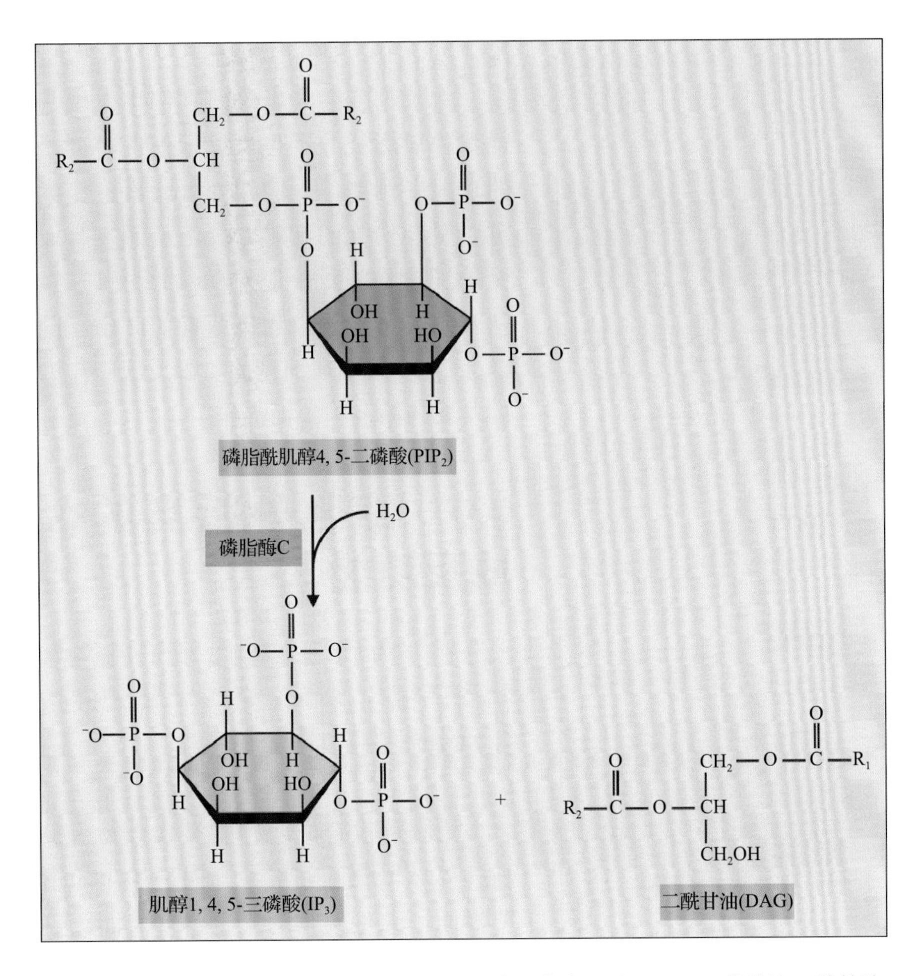

图 8.48 磷脂酶 C 水解磷脂酰肌醇 4,5- 二磷酸，生成肌醇 1,4,5- 三磷酸及二酰甘油

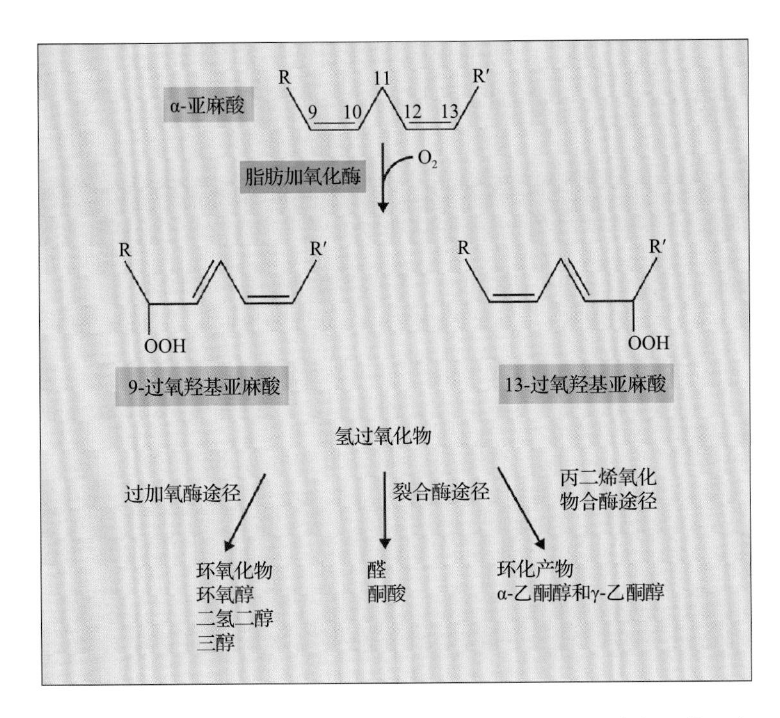

图 8.49 脂加氧酶途径。在脂加氧酶催化的双加氧酶反应中，并没有净氧化或净还原。在这个反应中，产生了一个顺 - 反相连的二烯，即 13- 过氧羟基亚麻酸。过氧羟基酸可通过三种独立的途径代谢成包括茉莉酸酮酯在内的多种产物。这个途径的起点是脂加氧酶对于 $18{:}3^{\Delta9,12,15}$ 的作用，依据酶的来源不同而产生两种不同的产物——9- 过氧羟基亚麻酸或者 13- 过氧羟基亚麻酸

氧代 - 顺 -9- 十二碳烯酸）。该酸随后代谢成 12- 氧代 - 反式 -8- 十二碳烯酸，这是一种愈伤激素。丙二烯 - 氧化物合酶催化 13- 过氧羟基亚麻酸的脱水，形成不稳定的丙二烯氧化物，后者迅速分解成 9，12- 乙酮醇或 12，13- 乙酮醇。但是，丙二烯 - 氧化物合酶催化 12- 氧代 - 植物双烯酸的 9S,13S 同分异构物的合成，并可以进一步再代谢成（3R,7S）茉莉酸。

茉莉酮酸酯作用广泛，活性明显。茉莉酮酸酯是受伤信号途径中的一个关键组分，此途径可以保护植物自身免受害虫攻击。当对植物施加低浓度的茉莉酮酸酯时，可诱导蛋白酶抑制物及其他防御基因的表达。此外，缺乏茉莉酮酸酯合成的番茄（*Solanum lycopersicum*）和拟南芥突变体易受害虫攻击（图 8.51）。

茉莉酸本身不是活跃的激素——它必须转化为氨基酸共轭物，比如一个茉莉酮酸酯受体的配体茉莉酸异亮氨酸（见第 17 章）。最近，通过对拟南芥 *fad3 fad7 fad8* 三重突变体进行研究，人们发现了茉莉酮酸酯的另一个功能。拟南芥 *fad3 fad7 fad8* 三重突变体因为缺乏 $18{:}3^{\Delta9,12,15}$ 前体而无法合成茉莉酮酸酯。该植株花粉无法正确成熟，且不能从花药中释放出来，因而雄性不育。用茉莉酮酸酯或亚麻酸处理花药可恢复育性，说明茉莉酮酸酯是花粉发育过程中一个关键的信号。同样的突变体亦证明茉莉酮酸酯（连同乙烯一起）是非寄主抗性中抵抗真菌病原体的一个重要的化学信号。对茉莉酮酸酯处理后的拟南芥雄蕊的转录组分析发现了茉莉酸信号通路的抑制子 JAZ（jasmonate ZIM-domain）蛋白。茉莉酮酸酯的活性形式茉莉酸异亮氨酸通过促进 JAZ 蛋白与 F-box 蛋白和 COI1 的结合，随后它们经泛素化 /26S 蛋白酶体途径降解，进而实现对 JAZ 蛋白抑制作用的解

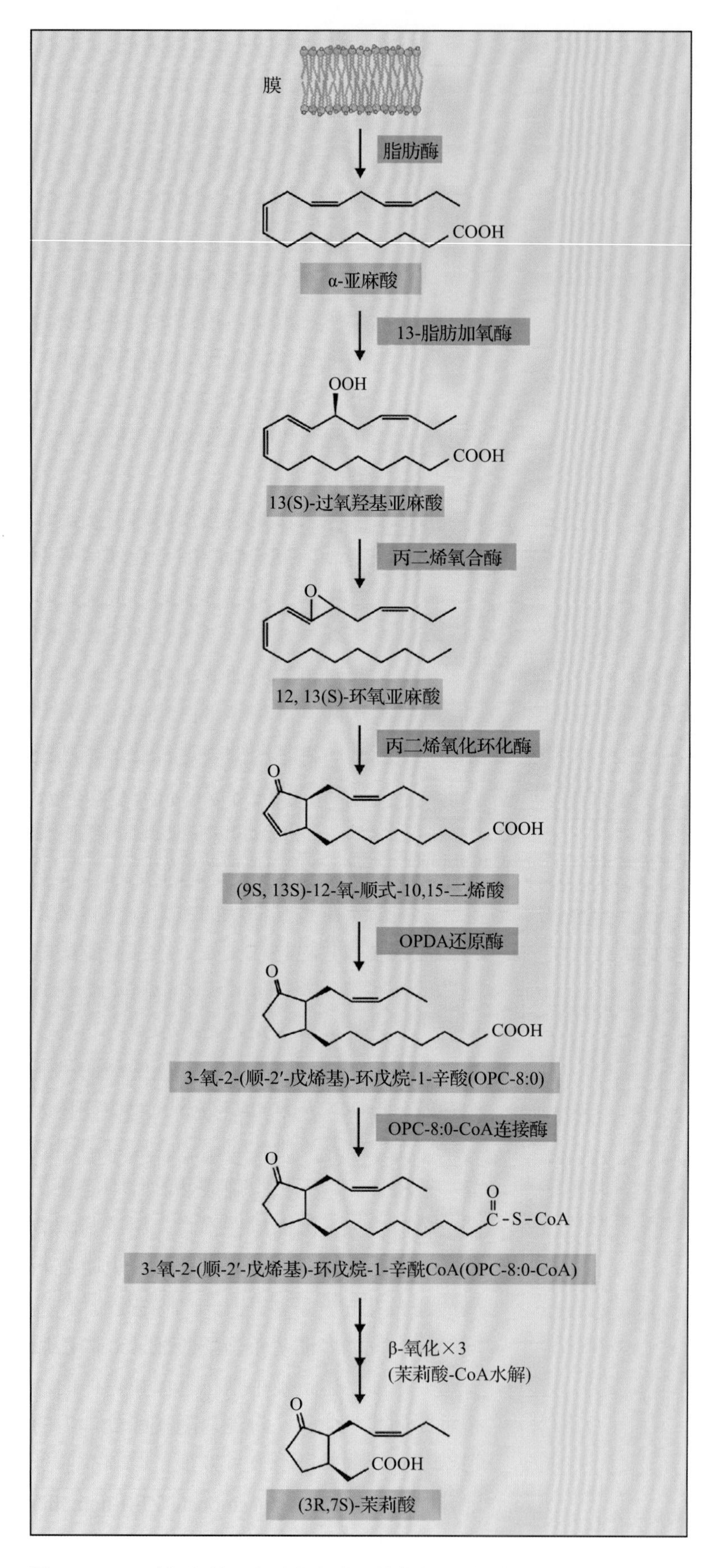

图 8.50 13- 过氧羟基亚麻酸的代谢。其他如由过加氧酶催化 11,12- 环氧亚麻酸转化成 13- 羟基亚麻酸的反应和 13- 羟基亚麻酸重排形成 15,16- 环氧基 -13- 羟基十八烯酸的反应并未展示。并且，顺 -3- 乙烯醛及其相应的醇会产生几种同分异构体

除（见第 10、17 章）。

除茉莉酮酸酯以外，人们也发现其他数种氧脂类分子也可以行使信号分子的功能。例如，人们认为氧脂素愈伤素可以引起伤处的细胞分裂，从而发育成保护性愈伤组织。脂氧酶的产物 13- 羟基亚麻酸可激发植物抗菌素的产生。同样，C_6-C_8 烯烃在棉花的防御反应中作为挥发性的激发因子而起作用。

8.9 细胞外脂类的合成及功能

8.9.1 角质、木栓质及与其结合的蜡质提供了一个亲脂性屏障来防止水分散失和病原体侵染

植物可以合成两种脂类聚合物用来与外界环境相互作用并起保护作用的重要界面。陆生植物的气生器官表面覆盖着一层可溶的多聚脂层，通称为角质层（图 8.52）。角质层在表皮细胞表面合成并堆积在围绕着气生器官的表皮细胞表面。角质层的发育给予陆生植物能在干燥的环境中生存的能力。的确，这个堆积层的一个基本功能是提供防止水分损失的渗透性障碍；这也提供了对病原体、昆虫、UV 渗透的重要抵抗能力。

角质层包括两种脂类：一种是植物特有的不可溶脂类聚酯，叫作角质；一种是覆盖在角质之上且可溶于有机溶剂的蜡质（图 8.52；亦见 8.9.2 节）。角质是由氧化的 C_{16} 和 C_{18} 脂肪酸以及甘油主要依靠酯键相互交联而形成的多聚网状结构。通过分析解聚角质的化学组成，可以大概率地推测形成角质的单体，主要成分是单羟基化、多羟基化和环氧脂肪酸（图 8.53，表 8.5）。此外，至少拟南芥和油菜（*Brassica napus*）以二羧酸作为主要单体。

这个交错的脂酰链形成了一种高度交联、相对无弹性且高度疏水的网状组

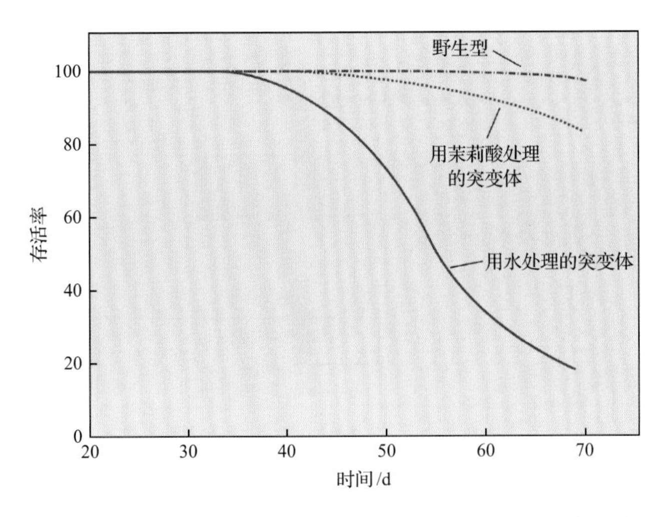

图 8.51 茉莉酸信号转导途径可保护植物免受虫害。将野生型拟南芥及 *fad3 fad7 fad8* 突变体与菌蝇（*Bradysia impatiens*）成虫放在一起封装。其幼虫以根、茎为食，导致植物死亡。对因 *fad* 突变而不能合成茉莉酸的突变体分别用水及低浓度的茉莉酸喷洒

织。但是，由于角质层网络的"孔径"相对较大，所以角质层好像不可能作为一个阻止水分损失的主要屏障。更确切地说，它可能是作为一种相对无弹性的外部皮层，为可膨胀的植物组织提供刚性。由于它的物理强度，角质层可以抵御病原体侵入。要想通过角质层，一些病原体可能需要分泌角质酶，这是一种可水解酯键的酶。此外，一些角质合成相关的突变体更容易遭受细菌和真菌病原体的影响。角质合成发生改变的植物表现出器官融合的现象，如花瓣与萼片的融合，暗示着角质也参与器官特化的维持和植物形态调控过程。

角质的精确结构及组装还不是很清楚。例如，尽管人们认为一种脂肪酸的羧基与甘油或另一种脂肪的初级或次级羟基之间形成的酯起到了重要的连接作用，但是单体的三维结构仍然未知（见图 8.53）。酰基链和甘油的可能组装包括树枝（树）状或交联状的结构。此外，决定聚合物的整体大小的单体数量尚未确定。人们认为可以发生角质与细胞壁的交联，但这种联系的范围和性质尚不能确定。

在表皮细胞产生的角质单体，由脂肪酸前体经 CYP450 氧化酶引入羟基基团而合成。显然，角质组分会转运到细胞膜并且分泌到细胞壁之中（图 8.54）。但是角质单体如何多聚化并如何转运到角质堆积位置的机制尚不清楚。至少一些酰基单体在酰基转移酶的作用下可以附着在细胞内的 3- 磷酸甘油上，这类似于膜甘油脂组装的第一步反应。但是与制造胞内甘油脂的反应不同，角质的酰基前体通过酯化作用进入甘油的 *sn-2* 位置，而不是 *sn-1* 位置。此外，这些酰基转移酶中的一些是植物特异性双功能酶，它们去除磷酸盐以产生单酰基甘油（MAG）。MAG 是否从细胞中运出，或者是否在运出前就已组装成更大的寡聚体，这尚不清楚。进一步的组装加工可能发生在质膜的外面，或进一步说是细胞壁的外面。在"聚酯合酶"催化下，角质聚合物进一步延伸之后，

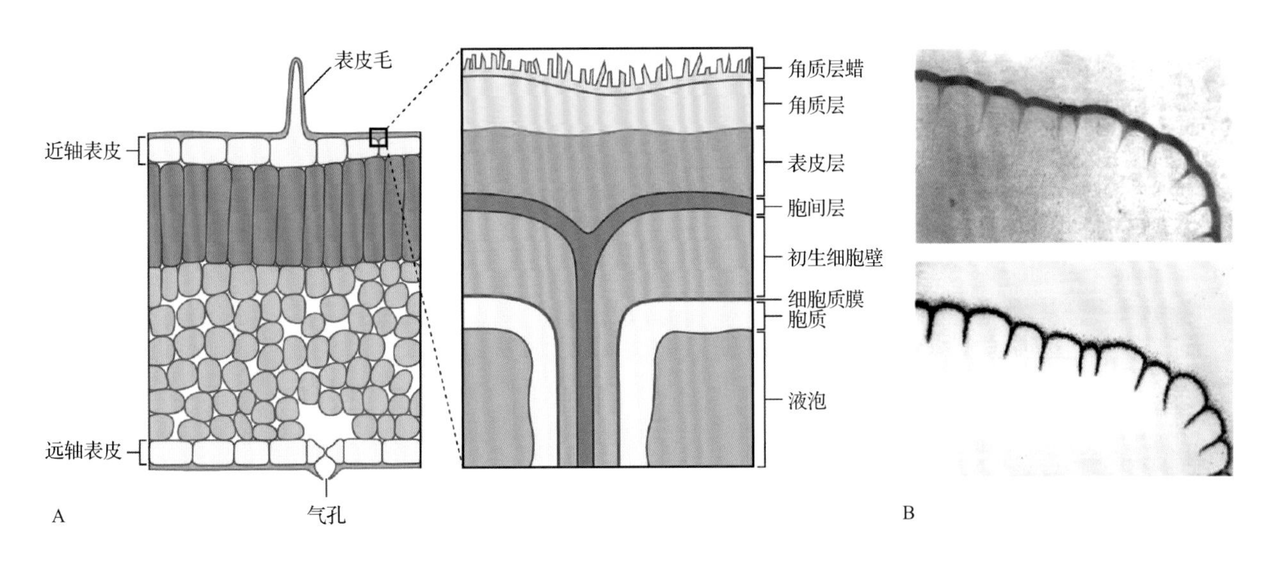

图 8.52 A. 叶片中角质沉积的示意图。角质层覆盖在表皮细胞的外壁。不同物种、器官和发育阶段中角质层的厚度、结构和组成有所不同。蜡状晶体并不总是存在于表面。角质层蜡质由位于角质层外的外层蜡质和深嵌在角质层中的内层蜡质两部分构成。人们认为表皮层含有角质和细胞壁多糖，但也可能含有内层蜡质。其中包括在近轴表面的表皮毛，以及远轴表面上的气孔。B. 角质堆积在表皮细胞的外表面。上图，叶的切片经脂类染料苏丹 III 的染色。下图是一个放射自显影照片。叶片用放射性标记的脂类温育 24h，然后用甲醇及甲醇：氯仿（1 ： 1，体积比）抽提去除可溶性的脂类，只留下角质

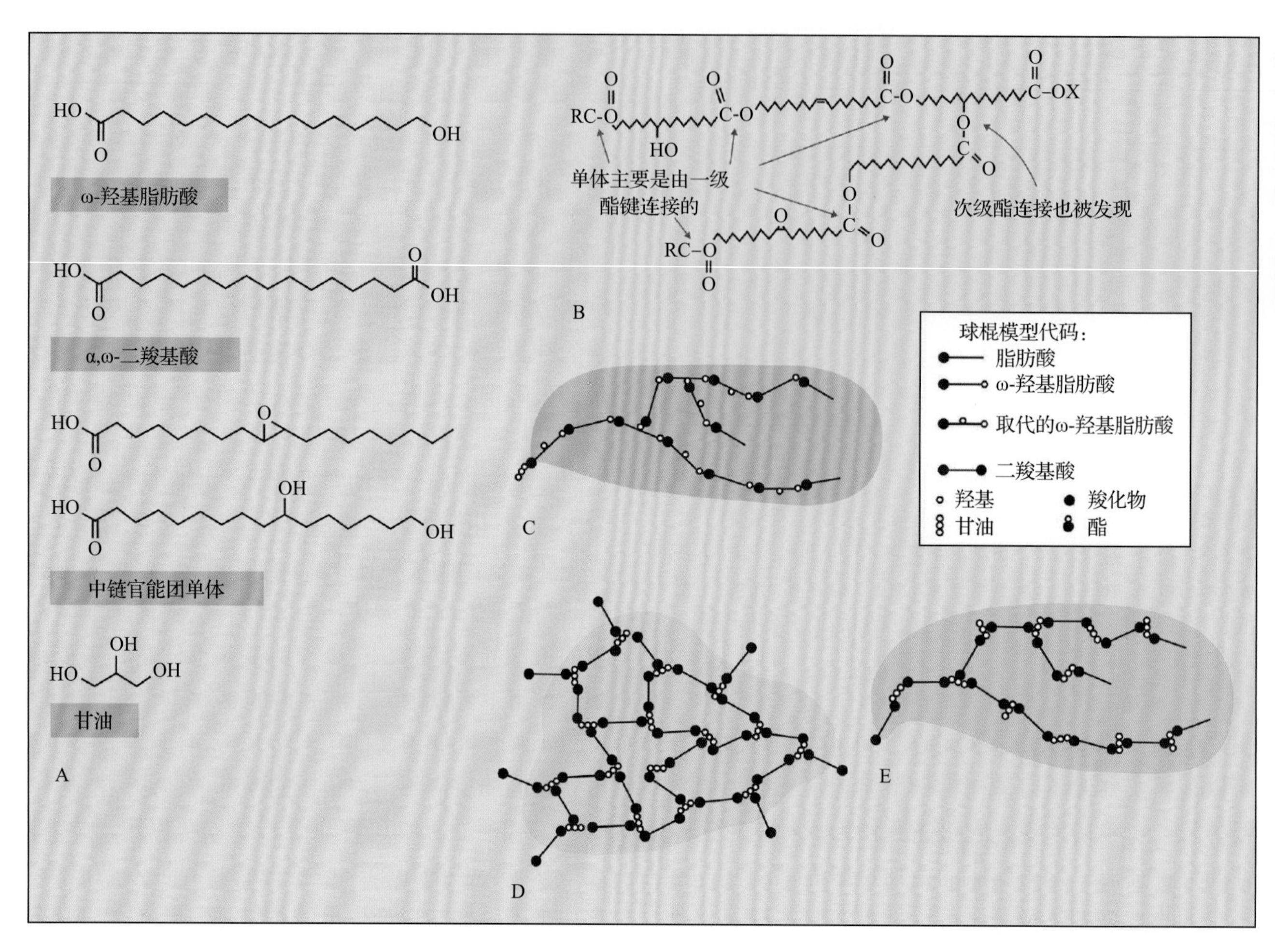

图 8.53 普通角蛋白单体的结构和推测的单体连接模式。A. 每种单体类型的代表性结构。除了常见的脂肪酸、ω- 羟基脂肪酸和 α，ω- 二羧酸（DCA）以外，还包含环氧基、羟基、邻位二羟基和氧代基团的中链氧 - 官能团单体。B. 列举了一小段富含羟基脂肪酸的聚酯，显示出形成链的一级酯键，以及能产生分支点的次级酯键。C ～ E. 用能代表可能的单体连接模式的二维球棍模型来对局部聚酯结构域的结构做出假设。示只有中链的羟基基团；此处未示其他的中链官能团，那些可能的细胞壁底物的非酯连接和酯化物也未示。C. 脂肪酸和 ω- 羟基脂肪酸单体组合以产生树状大分子。D. DCA 和甘油单体组合以产生交联结构域。E. DCA 和甘油单体组合以产生树枝状聚合物结构，通过在一些甘油单体上允许存在游离的羟基基团来实现

表 8.5　角质和鞘脂的单体组成

单体	角质	鞘脂
甘油	10% ～ 50% 单体	20% ～ 60% 单体
未修饰的脂肪酸	次要的（C_{16}-C_{18}）	次要的（C_{16}-C_{26}）
α，ω- 二羧基脂肪酸	次要的 [a]	常见的和大量的（C_{16}-C_{26}）
ω- 羟基脂肪酸	主要的（C_{16}-C_{18}）	常见的和大量的（C_{18}-C_{22}）
中链修饰 ω- 羟基脂肪酸（C_{16}-C_{18}）	主要的	次要的 [b]
脂肪醇	少见的和次要的（C_{16}-C_{18}）	常见的和大量的（C_{18}-C_{22}）
阿魏酸盐	低	高

[a] C_{16}-C_{18} 脱羧产物是拟南芥和油菜中角质的主要单体（> 50%）。
[b] 在一些情况下是大量的。替代的二羧基酸也经常在鞘脂中被找到。

脂转运蛋白可能会促进贯穿细胞壁的单体或者寡聚体的运动。人们认为特异包含 GDSL 结构域的脂肪酶是“聚酯合酶”，它可以催化羟基脂肪酸 - 单酰基甘油的酰基转移，以在细胞壁 - 角质层界面处形成寡聚体。

所有植物都可以产生另一类细胞壁相关的胞外脂质体聚合物——木栓质。两种聚合物在化学组成和合成过程中涉及的酶这两个方面均具有相似

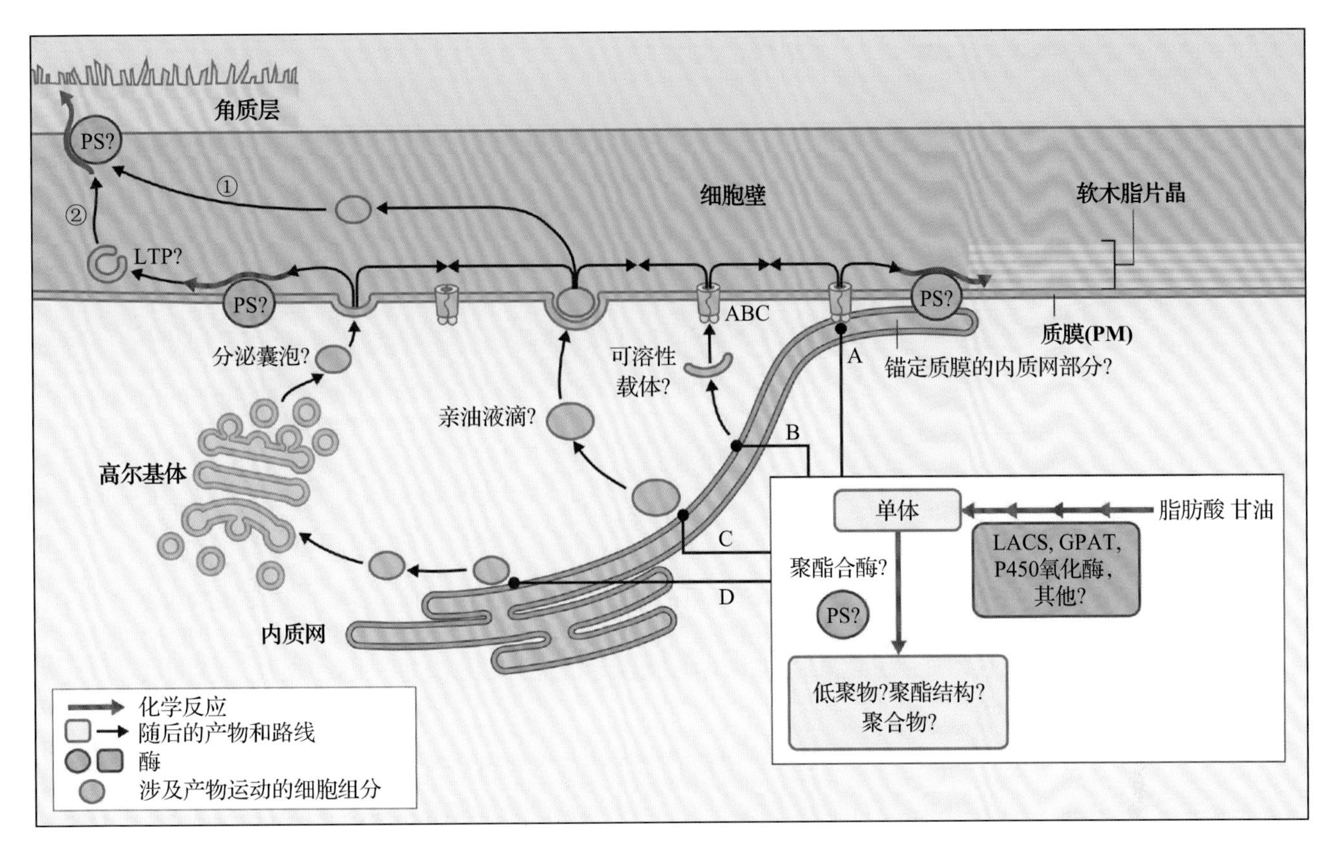

图 8.54 角质及木栓质组装和沉积的机制与细胞定位。人们认为单体合成酶（包括酰基甘油合成）定位于内质网。人们把多聚酯合酶（PS）泛泛地定义为可以催化单体之间、假定的聚酯低聚物或结构域之间形成酯键的酶。额外的酶也可以将聚合物锚定到细胞壁（CW）上。A ～ D. 表示主要从内质网到质膜外表面的相关路线和 4 种可能的机制。另外，针对角质合成（①和②）的情况，描述了将亲脂性前体从质膜（PM）通过质外体到最终组装和沉积的位点的两种可能机制。类似的机制可以用于木栓质的组装和沉积，但此处未画出。这些机制不一定是相互排斥的，此处也没有示出所有的可能性。A. ER 中锚定质膜的区域。这可能涉及单体合成和跨质膜转运的空间偶联。转运可以通过 ABC 转运蛋白（ABC）实现。B. 细胞质载体蛋白。C. 亲油液滴。渗透性颗粒在快速扩张的表皮的外细胞壁中已经观察到，它可能在通向角质层的过程中形成亲油性小滴。这些液滴可以从内质网产生，方式类似于种子中油体发生的出芽过程。D. 高尔基体介导的分泌囊泡机制。如果在内质网中形成聚酯结构域或聚合物，或者如果聚酯连接到细胞内的多糖上，那么这个机制还是很有可能的。此外，聚合物附着位点也可能从胞内加入到细胞壁多糖中。机制 A 和 B 很可能适用于单体或低聚物的转运。与之相反，机制 C 和 D 也适用于聚合物结构域。①脂质前体或亲油液滴独立穿过质外体。②单体、聚合物结合了蛋白质载体（如脂质转移蛋白）或连接到载体（如细胞壁多糖）之后的低聚物的运动

性。但是，它们也存在着一些不同。第一，角质在表皮细胞壁外积累，而木栓质在近细胞膜的初生壁内积累。第二，角质积累具有极性，其只在表皮细胞的最外表面和植物与外界环境之间的界面处积累。与此不同，木栓质可以包围整个细胞膜。第三，角质的合成是限制在表皮细胞里的，但很多细胞类型和器官均可以生产木栓质。在根中，木栓质沉积成表皮细胞的凯氏带，木栓质层也包围着这些细胞（图 8.55；见第 24 章）。通常认为幼根部分的凯氏带主要由木质素或木质素类似物质组成，而在成熟区可以发现典型的木栓质薄片。木栓质在成熟根的周皮、根和茎的块茎表面，以及种皮之中存在。木栓质是木本植物茎（如软木）的木栓层的主要组成部分。软木橡树的木栓层具有重要的商业价值，它有几厘米厚，其中木栓质占总重量的 50%。在 C4 植物的维管束鞘细胞的质膜周围也发现有木栓质，这种情况下，其功能可能是防止 CO_2 从维管束鞘细胞中扩散出去。在其他很多组织中，木栓质积累用以响应伤害或者生物胁迫，尽管这些组织可以正常产生角质。

为了完成从土壤中吸收水分和矿物质，根部通过大量的根毛保持与土壤水分的亲水接触。根内皮层细胞中具有木栓化的凯氏带是植物采取的控制维管结构物质进出以及向地上部分物质运输的系统。凯氏带的疏水性质限制了水分和营养物质在质外体中的运输。这确保溶液仅通过质膜进入内皮层细胞（分布着特异

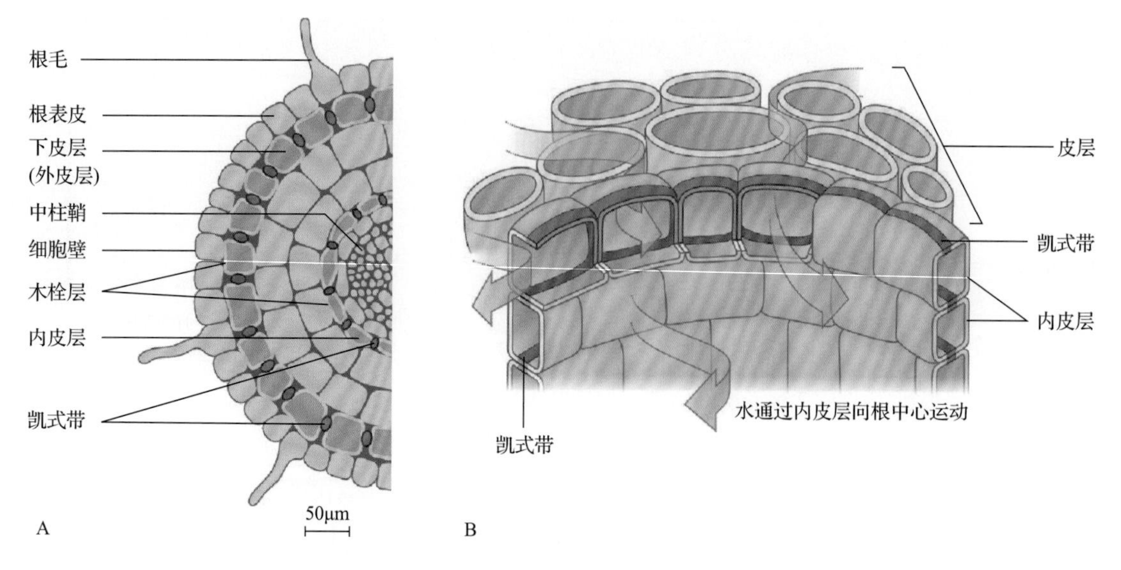

图 8.55 木栓质沉积在根内皮细胞中。A. 双子叶根在其初级发育阶段的横截面，显示出具有固化的内皮层和皮下组织（外皮），两者都具有辐射状细胞壁上的凯氏带（红色），以及沉积在初生细胞壁（灰色）内表面的木栓层（黄色）。B. 表示凯氏带的屏障功能，限制水流通过原生质体进入根微管系统。根通过共质体吸收大量的水和溶质

地转运蛋白)，然后进入到维管系统。人们认为木栓化的内皮层细胞也可以限制水和矿物质运出维管结构，从而导致“根压”的产生，这为水和营养物质从木质部向地上部分的运输提供了最原始的动力。

角质和木栓质的主要组成区别在于它们的脂肪酸。木栓质中的脂肪酸不具有次级醇或者环氧基，而且通常多于 18 个碳（见表 8.5)。此外，木栓质具有相对多的二羧酸和聚芳域（见图 8.55)。尽管角质和木栓质单体的堆积位置和组成有很大差别，但同一家族的同工酶催化了它们相似的合成反应（图 8.53 和图 8.54)。

与角质相似，溶剂溶解的蜡质可以嵌入或者连接在木栓质。然而，木栓质有一些通常不会在角质层上发现的蜡质。与角质层相似，木栓质相关的蜡包括烷烃、初级醇和脂肪酸。独特的木栓质蜡质有羟基肉桂酸烷基酯和单酰甘油，其代谢与木栓质相关。

8.9.2 角质层蜡质可减少水分损失

角质层阻挡水分散失的性能并不是单纯由角质决定的。植物暴露于空气中的表面覆盖着一层可溶于氯仿的非挥发性脂类，统称为蜡质（见图 8.52)。蜡嵌入到聚合的角质基质中，许多植物中蜡也扩展到角质层以外的植物表面。大量的蜡质层减少了水分丧失，使得陆上植物的生存成为可能。

植物通过响应环境因子，如相对湿度、土壤水分、光照强度等对所沉积的蜡的数量与组成进行控制（图 8.56)。不同植物物种之间蜡的成分变化很大，但通常都含有长链烃、酸、醇、酮、醛和酯。植物物种间蜡组分的差异在功能上的意义尚不清楚。但是，从对蜡组分发生改变的突变体的研究看来，蜡的组分似乎可以影响蜡的晶体结构。一些植物产生丝状，另一些则产生盘状、管状或螺旋状的形态（图 8.57)。角质层蜡质的化

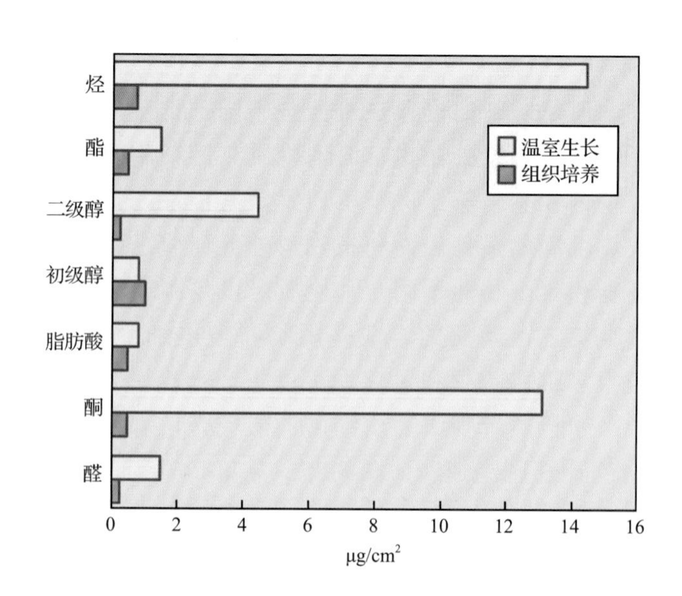

图 8.56 甘蓝（*Brassica oleracea*）的蜡质组分。植物长在高湿度生长条件（组织培养）或低湿度生长条件（温室）下

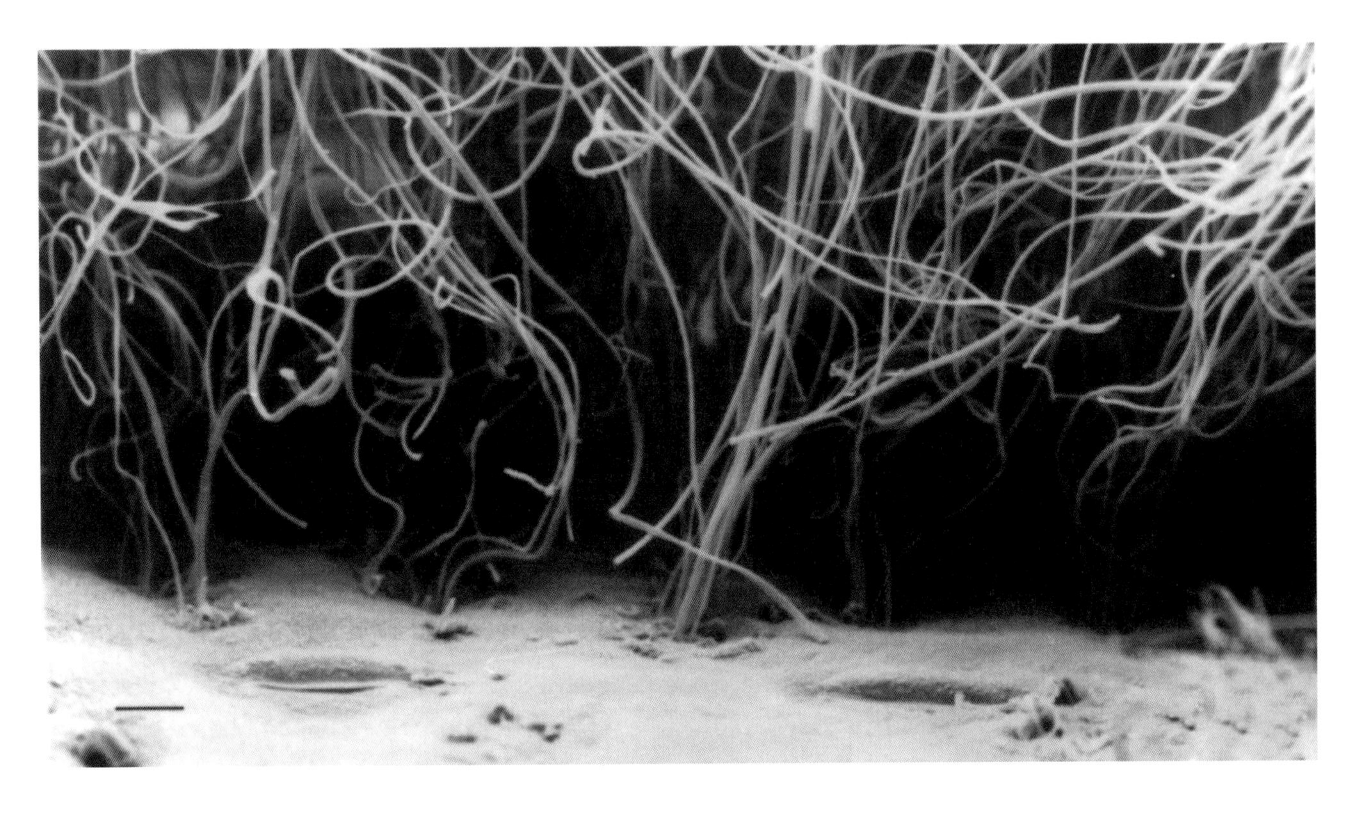

图 8.57 高粱双色叶鞘表面的扫描电子显微镜照片。在此物种中，蜡质晶体呈丝状，似乎是从角质膜的特定区域发生的。标尺（左下）=10μm。来源：Jenks et al.（1994）. Int. J. Plant Sci. 155: 506-518

学组成与蜡的晶体结构有关：仲醇含量高时会形成管状晶体，而在一些物种中，三萜类或原醇丰富时可以形成片状晶体。不同的晶体结构的光反射在能力具有差异，而光反射能力是适应不同生长条件下光照强度的一种非常有用的特性。更重要的是，也许一些病原体和食草性昆虫受某些特殊蜡组分的吸引或排斥。因此，特定植物的蜡组分可能反映了选择性的生物和非生物胁迫压力的平衡。

人们认为蜡单体是由内质网上的延长酶复合体催化 C_{16} 和 C_{18} 脂肪酸得来的（图 8.58）。虽然延伸、还原和氧化反应过程中涉及的酶已经鉴定出来了，但是用于产生脂类主要成分——烷烃的脱羧步骤所涉及的酶还未发现。跨膜转运蜡质涉及 ABC 转运蛋白，ABC 转运蛋白的突变会造成蜡质在表皮细胞内积累（图 8.59）。如同角质的生物合成一样，人们也不十分清楚蜡单体是如何从质膜出发，穿过细胞壁，最终转运到表皮细胞最外面的。因为蜡质的主要成分完全不溶于水溶液，所以单体可能是由脂转运蛋白转运的（图 8.59）。脂转运蛋白是分泌到植物细胞表面的蛋白质中量最大的蛋白质，它们体积小，可以渗透到细胞壁碳水化合物基质的孔隙中。

8.9.3 表面脂类是雄性育性及生殖过程中花粉－雄蕊相互作用所必需的

花粉粒外覆盖着一层称为外壁的蜡质层，该层由复杂得多聚体孢粉素组成。这种聚合物与角质相关，其合成受阻将会导致植物败育。嵌入花粉粒外壁的是一层亲脂性物质，称为含油层或花粉鞘（图 8.60；亦见第 19 章）。在拟南芥中，含油层包括小的脂体，主要含有 C_{28} 和 C_{30} 蜡质单体。也许含油层一个重要的功能就是减少水分从花粉粒中丧失。然而，对拟南芥、水稻等蜡质组分发生了改变的突变体的研究表明，这些蜡质具有更复杂的作用。一些突变体雄性不育；但是，通过将辐射灭活的野生型花粉和突变体花粉混合可以恢复突变体花粉的育性，因此野生型花粉中的一些因子似乎可以弥补缺陷花粉。这些实验说明正常的花粉壁也许在花粉 - 雄蕊相互作用中起到信号交流的作用（见第 19 章）。

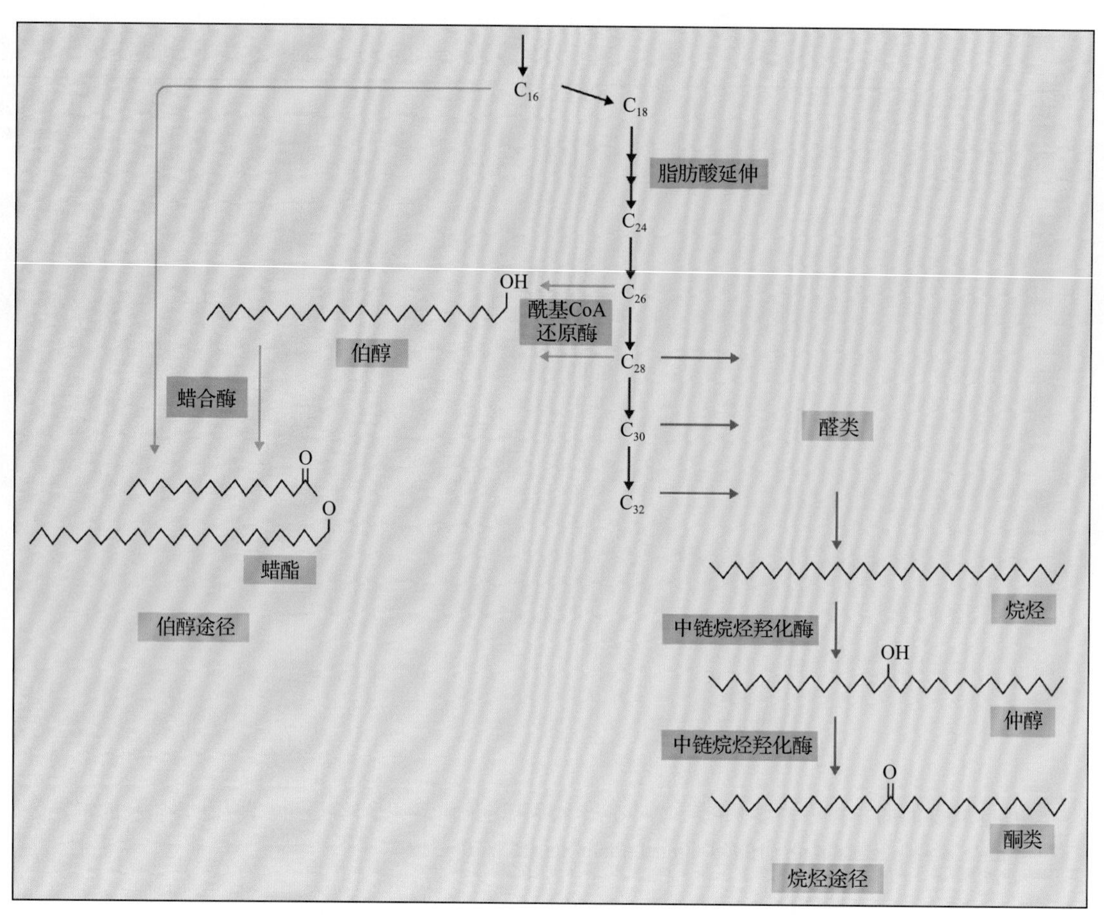

图 8.58 表面蜡质生物合成的简化途径

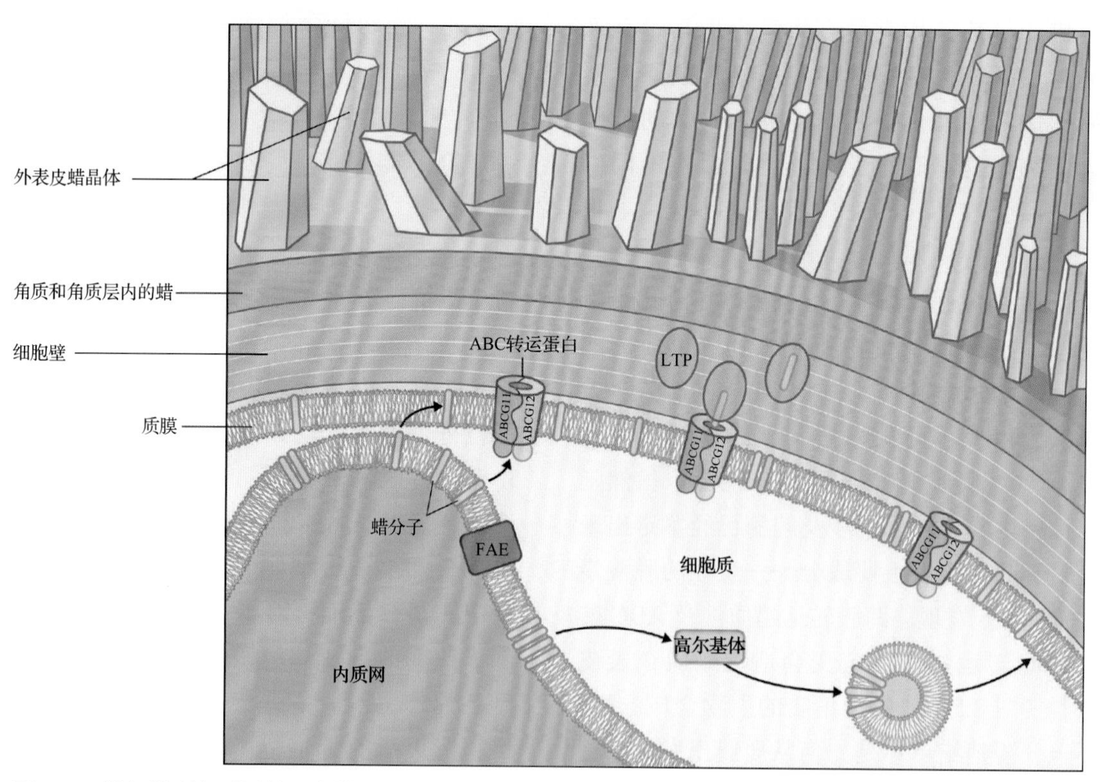

图 8.59 蜡运输到角质层的现有模型。蜡分子从表皮细胞转移到植物表面的机制目前尚不清楚。蜡从内质网到细胞膜的两条假设路线：在内质网 - 质膜连接位点处的直接分子转移，或通过分泌途径中高尔基体介导的囊泡运输。在任一情况下，蜡分子通过 ABC 转运（ATP 结合转运蛋白）穿过质膜；通过细胞壁向角质层的移动可能涉及脂质转移蛋白（LTP）。脂质可能会在空气界面积聚，这是因为它们在水性质体中的不溶性。FAE，脂肪酸延长酶

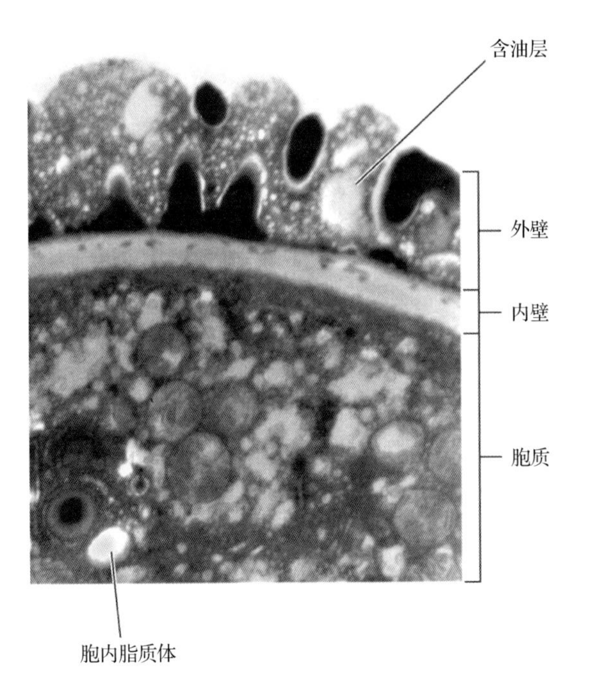

图 8.60 拟南芥花粉粒的透射电镜照片。来源：芝加哥大学 D. Preuss，未发表

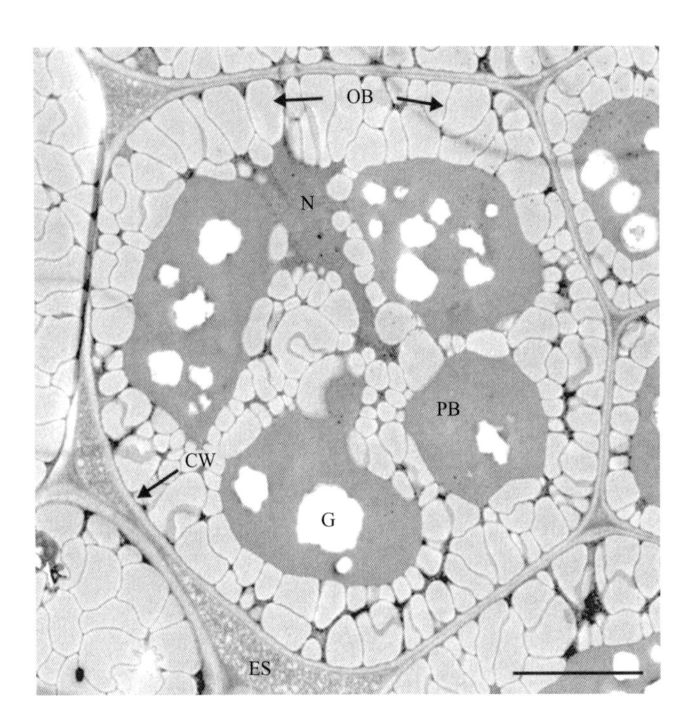

图 8.61 一颗拟南芥成熟种子的子叶细胞的电子显微镜照片，示含有丰富的油体（OB）、蛋白质体（PB）和球形囊（G）。CW，细胞壁；ES，胞外空间；N，核。标尺 =2μm。来源：J. Dyer, USDA, Maricopa, Arizona, USA

8.10 贮存性脂类的合成与分解

三酰甘油形式的脂类在种子、水果和花粉粒中是一种主要的碳源和化学能储备（图 8.61）。少数采用其他形式脂类而非三酰甘油作为储备脂类的植物之一是加州希蒙得木（*Simmondsia chinensis*），这是一种多年生灌木，在种子中采用蜡酯贮存脂肪酸。植物贮存性脂类同样是人类和其他动物摄取脂肪的重要来源。工业化国家人口每日能量需求的大约 40% 由膳食中的三酰甘油补充，并且其中的一半以上来自于植物。此外，三酰甘油在制造业中亦有其用途，特别是洗涤剂、衣料、塑料和专业润滑油的生产。无论是在食物还是在工业应用中，油中的脂肪酸组分决定了它的用途，因而也就决定了它的商业价值。

8.10.1 三酰甘油合成涉及酰基转移酶和酰基 – 交换反应，后者使得脂肪酸在膜与贮存性脂类之间移动

正在发育的油料种子中，三酰甘油合成中的许多生化反应及其亚细胞区室化的一些方面与膜脂相同。但是，由于人们所感兴趣的是那些精确控制三酰甘油中脂肪酸成分的因素，所以，将着重点落在酰基转移酶和酰基 - 交换反应上，对考虑种子中脂类的生物合成是很有帮助的（图 8.62）。这个思路原是用于研究油料作物种子的，现在却用于研究发育中拟南芥种子的分解代谢。拟南芥种子脂类中含有相当比例的不饱和 C_{18} 脂肪酸（30% $18:2^{\Delta9,12}$，20% $18:3^{\Delta9,12,15}$）和由 $18:1^{\Delta9}$ 衍生而来的长链脂肪酸（22% $20:1^{\Delta11}$）。因此，对于富含 $18:2^{\Delta9,12}$/ $18:3^{\Delta9,12,15}$ 和其他含更长链脂肪酸的油料种子的生物化学研究来讲，拟南芥是一个很好的模型。

如同在其他组织中一样，16:0-ACP 和 $18:1^{\Delta9}$-ACP 常常是质体脂肪酸合成及油料种子中 18:0-ACP 脱氢酶的主要产物。在种子组织中，这些产物可经质体基质中的硫脂酶水解生成游离的脂肪酸，然后通过未知的机制穿过质体膜。游离的脂肪酸在质体外膜中转变成酰基 -CoA，作为随后酰基转移酶的反应底物。新产生的 $18:1^{\Delta9}$-CoA、18:0-CoA 和 16:0-CoA 可用于磷脂酰胆碱和磷脂酸的合成，如图 8.62 所示。磷脂酰胆碱是 $18:1^{\Delta9}$ 到 $18:2^{\Delta9,12}$ 和 $18:3^{\Delta9,12,15}$ 连续去饱和反应的主要底物。CDP- 胆碱：二酰甘油胆碱磷酸转移酶负责磷脂酰胆碱的净合成。另外，磷脂酰胆碱：二酰甘油胆碱磷酸转移酶（PDCT）通过催化 PC 和

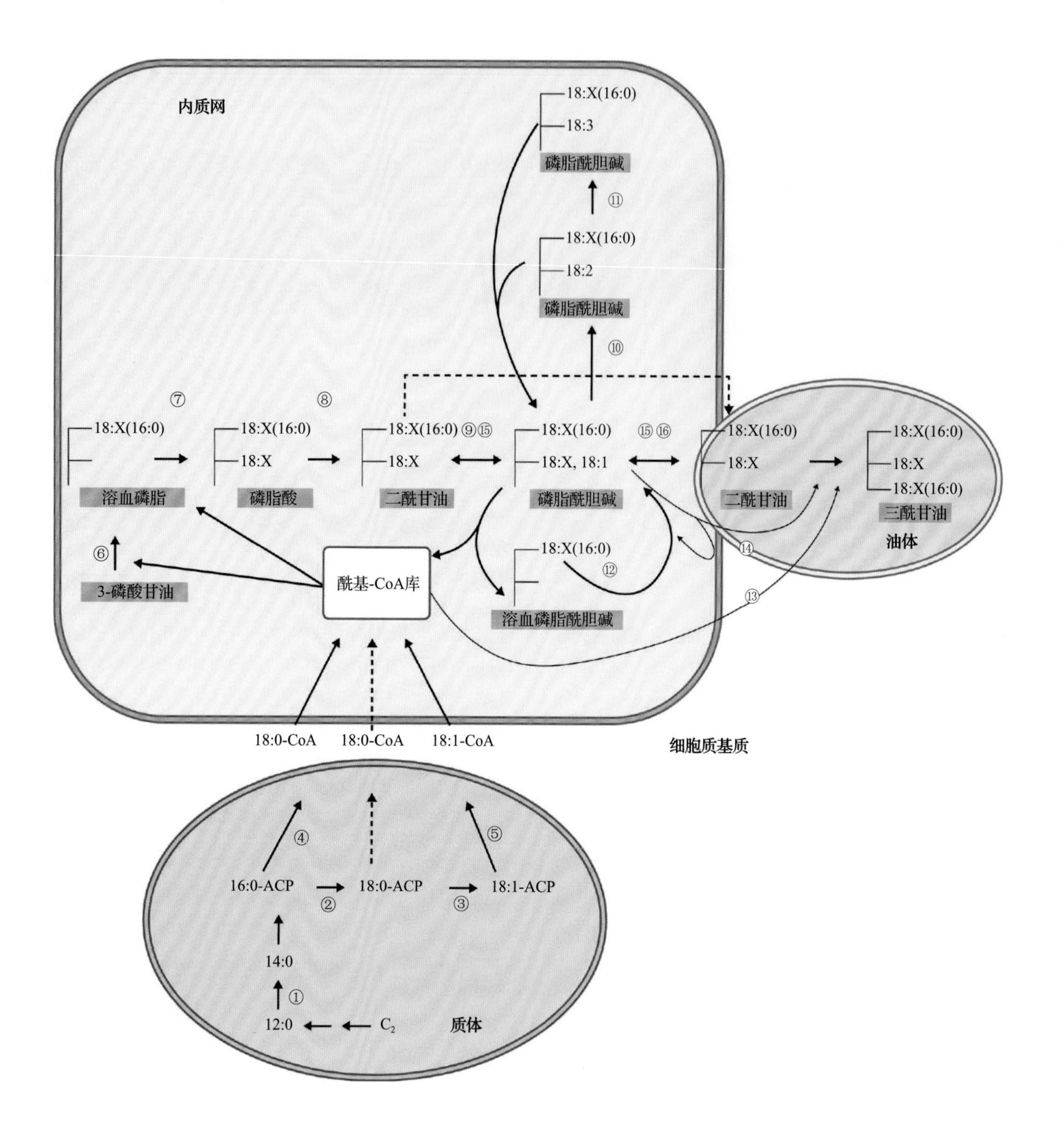

图 8.62 通过体内标记发育中的大豆胚胎和拟南芥种子而推导出的三酰甘油合成反应缩略图。在标记实验中测量的最大通量是反应⑫，即酰基-CoA 库和磷脂酰胆碱之间的酰基交换。因此，离开质体的大多数脂肪酸首先通过酯化作用变成磷脂酰胆碱而不是甘油 3- 磷酸。虚线表示少量从头合成的 DAG，DAG 可以用来合成 TAG，然而大多数 DAG 优先流向磷脂酰胆碱而不是合成 TAG。① KAS Ⅰ - 和 KAS Ⅲ - 依赖型 FAS；② KAS Ⅱ - 依赖型 FAS；③硬脂酰 -ACP 脱氢酶；④棕榈酰 -ACP 硫脂酶；⑤油酰 -ACP 硫脂酶；⑥酰基 -CoA ：甘油 -3- 磷酸酰基转移酶（GPAT）；⑦酰基 CoA ：溶血磷脂酸酰基转移酶（LPAT）；⑧磷脂酸磷酸酶（PAP）；⑨ CDP- 胆碱：二酰甘油胆碱磷酸转移酶（CPT）；⑩油酸脱氢酶（FAD2）；⑪亚油酸脱氢酶（FAD3）；⑫酰基 -CoA ：酰基溶血磷脂酰胆碱酰基转移酶（LPCAT）；⑬酰基 -CoA：二酰甘油酰基转移酶（DGAT）；⑭磷脂：二酰甘油酰基转移酶（PDAT）；⑮磷脂酰胆碱：二酰甘油胆碱磷酸转移酶（PDCT）；⑯其他可能的 PC 向 DAG 转化的反应，包括磷脂酶 C、磷脂酶 D 伴随着反应 8 和反应 9 的逆反应

DAG 之间胆碱磷酸头部基团的转变，来介导磷脂酰胆碱与 DAG 之间的相互转化，这为 $18:1^{\Delta 9}$ 加入磷脂酰胆碱后的去饱和，以及 $18:2^{\Delta 9,12}$ 和 $18:3^{\Delta 9,12,15}$ 转移到 DAG 库后三酰甘油的合成提供了一条替代通路。

但酰基 -CoA 库不仅仅只含 16:0 和 $18:1^{\Delta 9}$；由 $18:1^{\Delta 9}$-CoA 转变而来的 $18:1^{\Delta 9}$ 与磷脂酰胆碱 *sn*-2 位置上的脂肪酸发生交换，从而将 $18:2^{\Delta 9,12}$ 和 $18:3^{\Delta 9,12,15}$ 回输到细胞内的酰基 -CoA 库。一些油料种子中，包括拟南芥和油菜籽（*Brassica napus*)，18:1^{9}- 辅酶 A 可以延长变成 20:$11^{\Delta 11}$-CoA 和 22:$1^{\Delta 13}$-CoA。二酰甘油的合成同样可以涉及酰基 -CoA 库的这些组分，正如二酰甘油经酰基 -CoA:1,2- 二酰甘油 *O*- 酰基转移酶催化而最终乙酰化成三酰甘油。在植物中至少存在两种这样完全不一样的同工酶：一个包含至少 6 个跨膜域的酶和一个预测有 3 个跨膜域的较小的酶。有证据显示，对动物和植物来说，这两种同工酶具有不同的亚细胞定位。三酰甘油也可以通过磷脂酰胆碱：二酰甘油酰基转移酶将酰基从磷脂酰胆碱转移到 DAG 上来形成。这些替代酶对油料种子中甘油三酯体内合成流量的相对贡献在不同物种中有所不同。

8.10.2 三酰甘油在离散的亚细胞器即油体中累积

在油料种子中，油体是由单层磷脂包裹的三酰甘油小滴，磷脂的疏水酰基与三酰甘油相互作用，亲水基团则朝向胞质。油体主要含有称为油质蛋白的蛋白组分，但在其他细胞区域中则未发现明显数量的油质蛋白（图 8.63）。油质蛋白是低分子质量的蛋白质（15 ～ 25kDa），其定义的特征是 70 ～ 80 个疏水氨基酸序列且朝向蛋白质的中部。不同植物的油质蛋白中此疏水结构域序列是保守的，但这些蛋白质并未在动物、细菌或真菌中发现。虽然对于蛋白疏水结构域（β 链或 β 折叠）的二级结构仍存在疑问，但有一点已大体达成共识，那就是它会插入油体中三酰甘油的中心。可能的是，更加亲水的 N 端和 C 端结构域在油体表面形成两亲性螺旋。

油质蛋白只在种子和花粉的油体中发现，而这两者在成熟过程中都会经历脱水。但是，水果 [如鳄梨和橄榄（*Olea europaea*）] 果皮中的油体不含油质蛋白同系物。因此，当成熟的种子和花粉中水势较低时，表面磷脂的水合不足以阻止油体整合或融合，此时油质蛋白可能起到稳定油体的作用。油质蛋白也可以通过给予膜特定的曲率来调节油体的大小，这很重要，因为它可以调节面积 / 体积比以加速油体在萌发过程中的快速分解。从这个角度看来，鳄梨和橄榄的中果皮脂类并未对小苗的萌发或生长起作用，但植物有可能将之用于吸引动物传播种子。

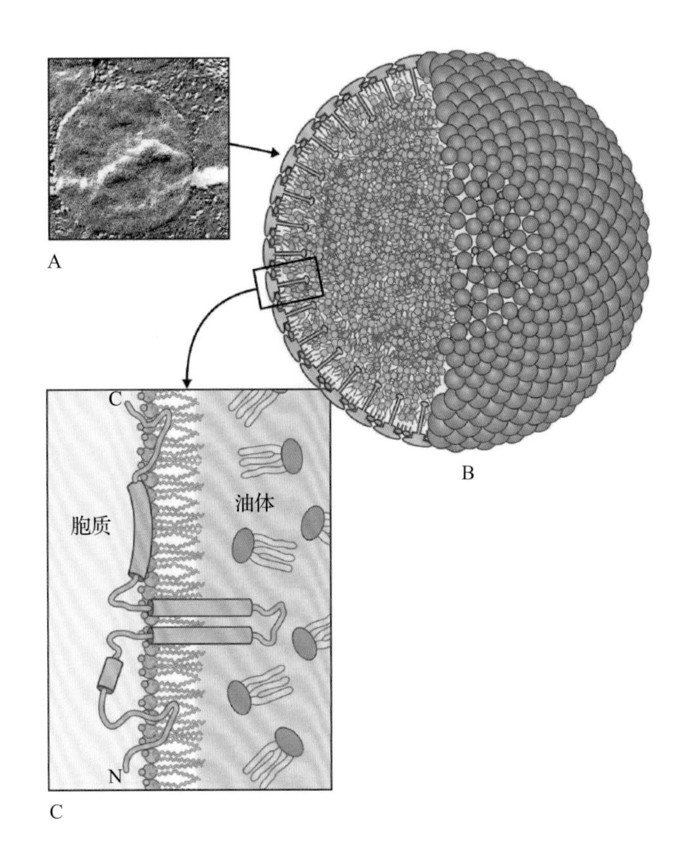

图 8.63 A. 油体的透射电镜照片。B. 油体的几何模型。油质蛋白分子可这样描述：一个两亲的和亲水的球状结构连接着一个 11nm 长的疏水杆状结构，形成油体的外表面。C. 18kDa 油质蛋白构象的推测模型。柱状体代表螺旋。来源：图 A 来源于 Fernandez & Staehelin（1987）. Plant Physiol. 85: 487-496

油体的个体发生学并不十分清楚，但一个流行的观点认为，油体是由内质网两小叶之间三酰甘油沉积而产生的，然后发育成不连续的细胞器，独立或附着在内质网膜上（图 8.64）。此模型可以解释油体的单层膜结构，并且，通过微粒体膜的制备证明了三酰甘油的合成，此生化结果也与模型一致。但是，有报道认为油合成相关的酶也与分散的油体有关。油体和内质网两者之间的联系其实有着重要的意义，因为二酰甘油是三酰甘油和主要膜磷脂合成的前体。由于许多油料种子含有大量不属于膜磷脂的特殊脂肪酸，因此二酰甘油必定在油料种子脂类代谢中占据关键的分支点。

8.10.3 膜脂和贮存性脂的组成成分往往截然不同

种子内常常 90% 甚至更多的脂肪酸是特殊脂肪酸（见表 8.2 及图 8.25），但几乎所有情况下，这些

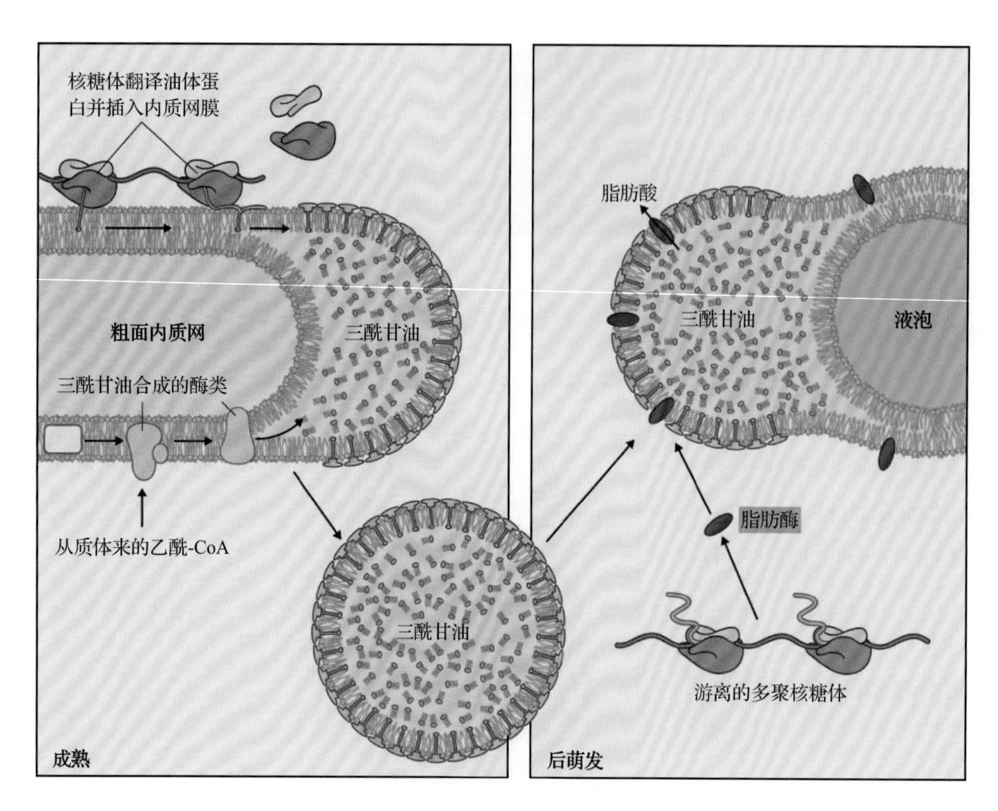

图 8.64 种子成熟及萌发后胚胎中油体的合成及降解模型。为了清楚，这个模型没有按比例绘制。实际上，油体的 1 ～ 2μm 的直径是 ER 横截面的 50 ～ 100 倍

脂肪酸都只以三酰甘油形式出现而不以膜脂的形式出现。这种情况之所以发生，可能是因为有特殊结构的脂肪酸可能使膜产生意想不到的物理和化学特性，或扰乱膜的流动性。因此，那些可以产生这些特殊脂肪酸的植物一定存在某种机制来阻止这些化合物在膜中的积累。此外，羟基 - 脂肪酸、环氧 - 脂肪酸和一些其他的特殊脂肪酸首先合成为磷脂酰胆碱——一种主要的膜脂。什么样的机制可以确保首先将这些修饰过的脂肪酸从磷脂上去除，然后将它们定位于贮存性油类？目前还没有明确和完整的答案。但是，可以制造特殊脂肪酸的植物其发育中的种子常含有特殊磷酸酶，可将脂肪酸从极性脂类上移走。并且，这些种子往往含有一套特化的酰基转移酶，以及其他特异作用于特殊脂肪酸代谢的酶类。

维持膜脂和贮存性脂类不同的一个可能方法是亚细胞区室化。虽然膜和贮存性脂的合成经由相似的途径完成，并且有着共同的中间物（磷脂酸、二酰甘油和磷脂酰胆碱，见图 8.62），但在贮存性油类生物合成中所涉及的特殊酶类可能定位于内质网，这与那些合成“普通“的结合入膜的脂肪酸的酶类是截然不同的。

8.10.4 种子油的生物合成的调控

大多数植物的营养组织中，脂类含量只占干重的 5% 或更低，其中的三酰甘油仅占不到 1%。与之相反，许多含油种子中脂质加起来占干重的 50% 以上，其中的三酰甘油超过了 95%。正在发育的含油种子中蔗糖向三酰甘油的转变是代谢受发育和组织特异性调控的一个经典案例。

种子中油的合成涉及多种调节机制。其中一种调节是对别构酶（如乙酰 CoA- 羧化酶）进行调节。对发育中的种子进行 mRNA 表达分析表明，负责脂肪酸合成及油体组装的酶在很大程度上都受到 mRNA 表达水平上的协同调节。此外，许多脂质代谢相关的酶属于基因家族，有时是基因家族中的一个只在种子中表达的特定成员。转录因子 WRINKLED1（WRI1）在控制种子油合成相关基因的表达上起重要的作用。拟南芥 *wri1* 突变体的种子中油的含量降低了 80%，过表达 WRI1 可以提高种子油的含量。该转录因子的直接下游目标基因包括脂肪酸合成相关酶的基因，以及为编码脂肪酸合成提供前体的糖酵解过程中的酶的基因。其他转录因子如 LEAFY COTYLEDON1（LEC1）作用于 *WRI1* 的上游，参与到种子中胚发育的转录调控的复杂网络中。代谢物（蔗糖）感应机制也参与种子中初级代谢产物的整合，但具体的机制目前还不清楚。鉴定控制植物中油生物合成的因子并搞清相关机制，为将来通过基因工程提高种子和其他植物组织中的油含量奠定了基础。

8.10.5 在有些种子中，二磷酸核酮糖羧化酶在没有卡尔文循环的情况下具有更高的催化碳水化合物向油的转化效率

在种子发育过程中，种子吸收母本植物的光合作用产物糖，再把糖转化为脂肪酸生物合成的前体。在许多种子中，上述转化都是通过传统的糖酵解途径完成的（见第 13 章）。糖酵解产生的丙酮酸随后通过质体上的丙酮酸脱氢酶复合体转化为乙酰 -CoA。在这个反应中，三个碳的丙酮酸转化为两个碳的乙酰 -CoA，同时丢失的一分子碳成为 CO_2。因此，碳水化合物向油的转化会造成 1/3 的碳的丢失。

然而，许多种子是绿色的且含有低水平的 Rubisco 的表达。目前已经发现 Rubisco 可以同磷酸戊糖途径中的酶共同作用，以提高碳水化合物向油生物合成的转化效率。还有另一条途径，它绕开了通过糖酵解中产生磷酸甘油酸酯（PGA）的甘油 -3-磷酸脱氢酶（GAP-DH）和磷酸甘油酸酯激酶（PGK）反应，代之以 Rubisco 合成 PGA。净结果是多了 20% 用于油合成的乙酰 -CoA 并减少了 40% 的碳消耗（CO_2）。然而，GAP-DH 和 PGK 反应通常会提供还原剂和 ATP 辅因子。为了补偿这些在 Rubisco 绕行途径中丢失的辅因子，种子是绿色的，并且通过光系统的光反应来产生辅因子。

8.10.6 贮存性脂类为萌发和授粉提供碳源及化学能

三酰甘油是种子及花粉萌发过程中高效的碳源和能量来源，因为相对于糖或蛋白质而言，脂类以更加紧凑的形式贮存（见图 8.3）。只有为数不多的植物在根、球茎或其他贮存性器官中累积大量的贮存性脂类，因为在这些器官中紧凑的形式并不重要。由于三酰甘油的疏水性及水不溶性，它们被隔离到脂滴中，而脂滴并未提高细胞溶液的渗透摩尔浓度。此外，与多糖不同，三酰甘油的疏水性保证了运输中不必运送额外的水化物的重量。三酰甘油相对的化学惰性使得它们可以在胞内大量储备而无须担心与其他细胞组分发生意料之外的化学反应。

使三酰甘油成为好的贮存化合物的那些特性也带来了使用上的问题。由于它们不溶于水，三酰甘油在用于代谢之前必须水解成脂肪酸。通过在脂肪酸羧基部分 C-1 位置上加上 CoA 进行活化，从而破坏脂肪酸烷基部分相对稳定的 C-C 键，紧接着氧化攻击 C-3 位置。后一个碳原子在普通命名系统中也称 β 碳原子，脂肪酸氧化也因此命名为 β- 氧化。在高脂含量种子的萌发以及受精期间花粉管的萌发和生长过程中，由长链脂肪酸氧化到乙酰 -CoA 的四步循环是产生能量和碳源前体的主要途径。β- 氧化过程中形成的乙酰 -CoA 可以通过乙醛酸循环和糖原异生作用而转化成碳水化合物（图 8.65；亦见第 14 章）。那些在三酰甘油水解、β- 氧化或乙醛酸循环的一些步骤中被阻碍的突变体，需要补充外源的碳水化合物来支持其种子萌发后幼苗的生长。

虽然生物与生物之间脂肪酸氧化的生物学作用各不相同，但植物与动物中的酶促反应本质上是相同的。酶催化机制的细节可以在侧重于动物代谢的生化课本中找到。因此，以下的讨论将强调动、植物中不同的途径。

8.10.7 β- 氧化发生在过氧化物酶体

动物细胞中发生脂肪酸氧化的主要场所是线粒体基质。相反，植物中的脂肪酸氧化则主要发生在叶片组织的过氧化物酶体。通常认为萌发种子中的过氧化物酶体就是乙醛酸循环体，因为它们同时也是乙醛酸循环中的几个反应的发生场所（见图 8.65）。

动物中没有乙醛酸循环，很多 β- 氧化途径产生的乙酰 -CoA 进入 TCA 循环，进一步完全氧化转化为 CO_2 并产生额外的代谢能量。植物过氧化物酶体中 β- 氧化的生物学功能是从贮存性脂类中提供生物合成的前体。在萌发过程中，种子中贮存的大部分三酰甘油转变成葡萄糖、蔗糖和多种必需的代谢物。在许多植物中，脂肪酸合成的蔗糖要从种子组织中转运到正在出土的幼苗的根和茎中。这一过程是从三酰甘油中释放出的脂肪酸被激活形成它们的 CoA 衍生物并在醛酸循环体中氧化而开始的。产生的乙酰 -CoA 经乙醛酸循环转变成糖原异生的 C_4 前体（图 8.65；亦见第 14 章，图 14.41）。乙醛酸循环体也含有高浓度的过氧化氢酶，可以将 β- 氧化产生的 H_2O_2 转变成 H_2O 和 O_2（见第 1 章）。

过氧化物酶体中的 β- 氧化酶形成一个蛋白复合

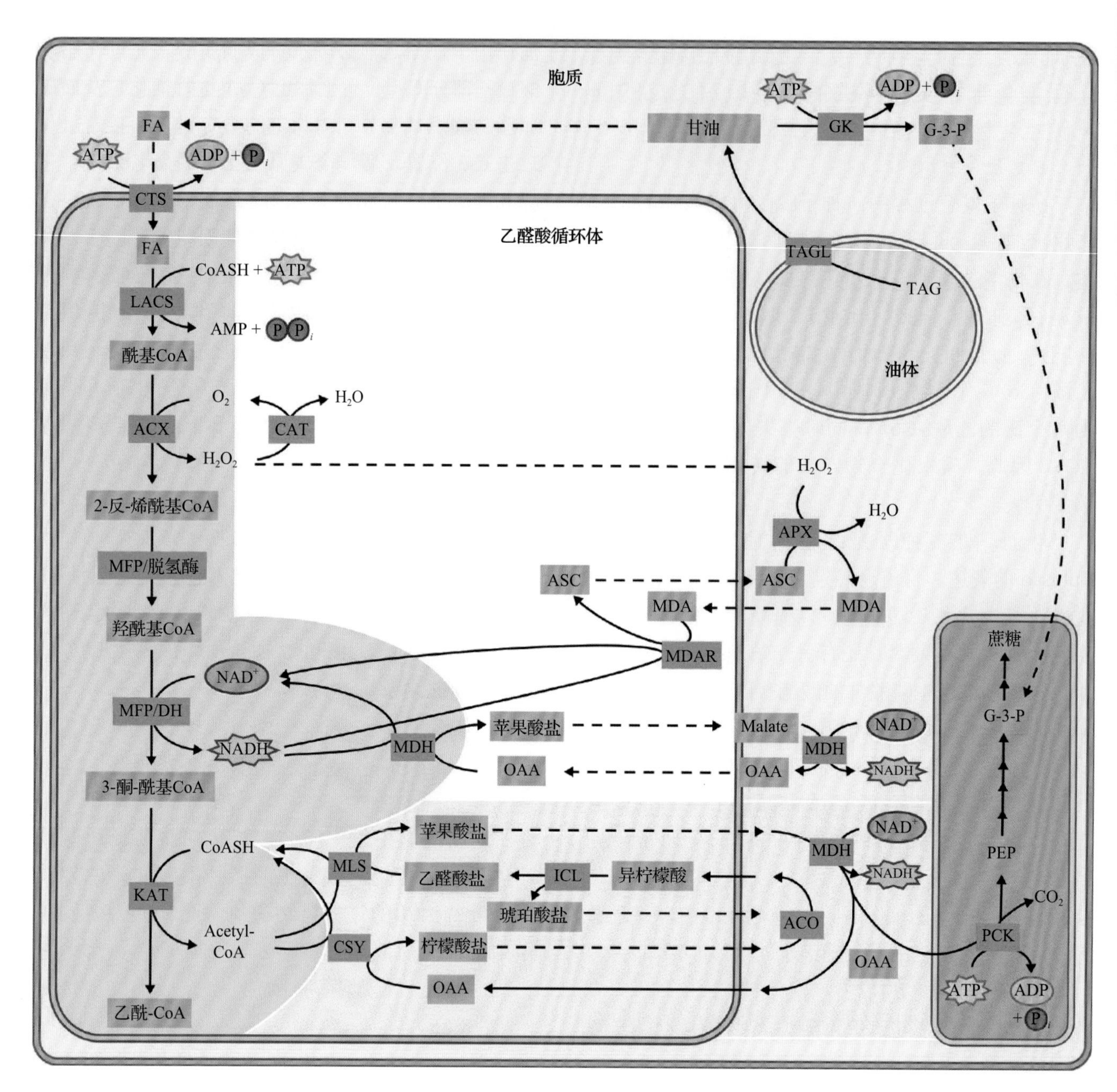

图 8.65 种子萌发后贮存脂质的动员及其转化为碳水化合物涉及的多个途径和亚细胞组分(也可见图 14.41)。三酰甘油(TAG)脂肪酶(TAGL)水解保存在油体中的 TAG 以产生脂肪酸(FA)和甘油。甘油激酶(GK)产生甘油 3- 磷酸(G-3-P),其可以进入糖异生途径(蓝色阴影)。FA 通过“COMATOSE”(CTS)ATP 结合盒子(ABC)转运体进入乙醛酸循环体。FA 在长链酰基 CoA 合成酶(LACS)作用下活化,并进入 β- 氧化(浅绿色背景)的核心反应——酰基 CoA 氧化酶(ACX)、多功能蛋白水合酶(MFP / 水合酶)、多功能蛋白脱氢酶(MFP/DH)和 3- 酮 - 酰基 CoA 硫解酶(KAT)。过氧化氢在乙醛酸循环体基质中由过氧化氢酶(CAT)分解,或在穿过膜时由抗坏血酸过氧化物酶(APX)/ 单脱氢抗坏血酸还原酶(MDAR)电子传递系统分解。乙醛酸苹果酸脱氢酶(MDH)在相反方向上调控将草酰乙酸(OAA)转化为苹果酸,人们认为可以从 NADH 再生 NAD^+,以继续进行 β- 氧化。柠檬酸合成酶(CSY)对于 β- 氧化也是必需的,并且在甘油循环中起作用。定位于乙醛酸循环体的苹果酸合酶(MLS)和异柠檬酸裂解酶(ICL)是乙醛酸循环所特有的。醛缩酶(ACO)和乙醛酸循环的 MDH 反应是在细胞内进行的;MDH 在正向运行,以产生 OAA 和 NADPH。磷酸烯醇丙酮酸(PEP)羧基激酶(PCK)是糖异生过程(蓝色背景)的主要控制步骤,以从 OAA 产生 PEP。线粒体三羧酸(TCA)循环对 OAA 产生的贡献不包括在内。MDA,单脱氢抗坏血酸;ASC,抗坏血酸盐

体。与线粒体中的脂肪酸氧化一样,中间物是 CoA 衍生物,该过程由四个步骤组成(图 8.66):

- 脱氢形成一个 $^{\Delta2}$- 反式不饱和分子;
- 往产生的双键上加水;
- 氧化 β- 羟酰 -CoA 形成酮;
- 通过 CoASH 发生硫解。

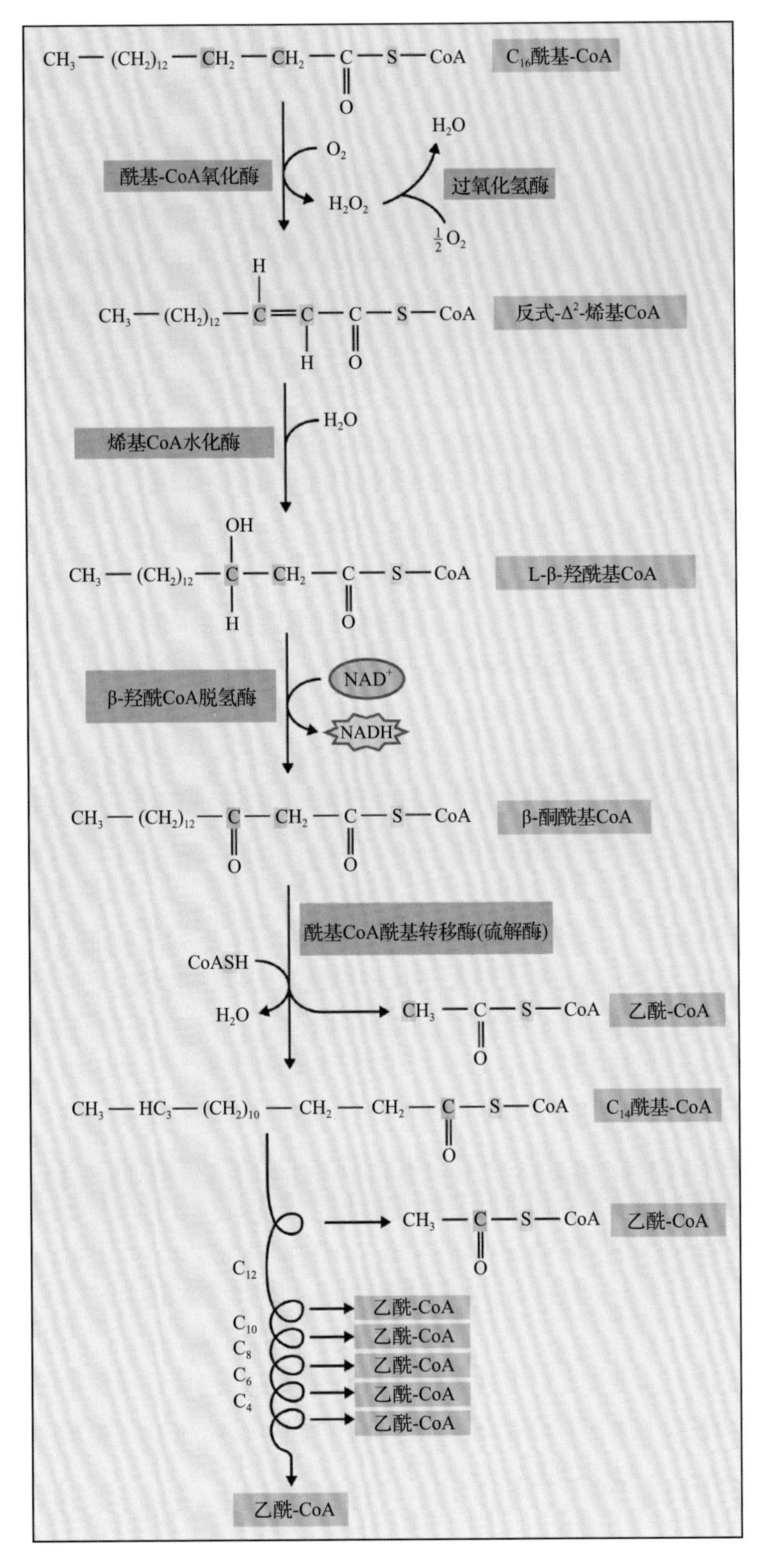

图 8.66 过氧化物酶体中的β-氧化途径。每一次循环中，酰基-CoA羧基末端都去除一个乙酰-CoA形式的乙酰基。一个 C_{16} 脂肪酸的氧化需要7次循环，共产生8分子的乙酰-CoA

过氧化物酶体与线粒体途径的区别在于第一步。在过氧化物酶体中，引入双键的黄素蛋白脱氢酶直接将电子传递给 O_2，产生 H_2O_2。这一存在潜在破坏性的强氧化物立即由过氧化氢酶分解成 H_2O 和 $1/2O_2$（见图8.66）。而在线粒体中，氧化反应第一步的电子转移是通过呼吸链传递给 O_2，生成 H_2O，并且此过程伴随着ATP的合成。过氧化物酶体脂肪酸分解过程中，第一个氧化步骤释放出的能量以热的形式散发了。

8.11 脂类的遗传工程

8.11.1 提高油的质量是植物育种家的主要目标

油菜籽和十字花科（Brassicaceae）的许多其他成员，以及一些别的植物种，都含有高比例的长链（20～24个碳）单不饱和脂肪酸。这些脂肪酸都是由先前所讨论过的将 $18:1^{\Delta 9}$ 经链延长反应而合成的。油菜籽油脂肪酸的大约50%由芥子酸（$22:1^{\Delta 13}$）组成，而实验显示当把芥子酸加入实验动物的食物中时会引起心脏疾病。虽然高含量的芥子酸使油菜籽油在某些工业上十分有用，但它也阻碍了油菜籽成为广泛种植的可食性油料作物。20世纪50年代，为寻找芥子酸及芥子油苷（十字花科植物中另一种无益于健康的成分）含量低的油菜籽变种，人们进行了大量的研究（图8.67，亦见第16章）。在约20年的时间里，人们鉴定出了数种芥子酸含量较低的自然分离群，两个影响表型的基因位点通过多轮回交转入油菜籽的栽培种。为了将低芥子酸含量的栽培种（LEAR）与高芥子酸含量（HEAR）的栽培种区分开来，LEAR栽培种现在称为加拿大油菜(图8.67)。将加州希蒙得木的3-酮脂酰-CoA合成酶转基因到加拿大油菜植物中表达，可以恢复其高含量芥子酸的性状。因此，向油菜籽中转入的那两个产生加拿大油菜的基因显然是两个3-酮脂酰-CoA合成酶基因的天然突变形式。

8.11.2 代谢工程可以提高食用油的产量

发达国家所消耗的卡路里中约20%来自植物

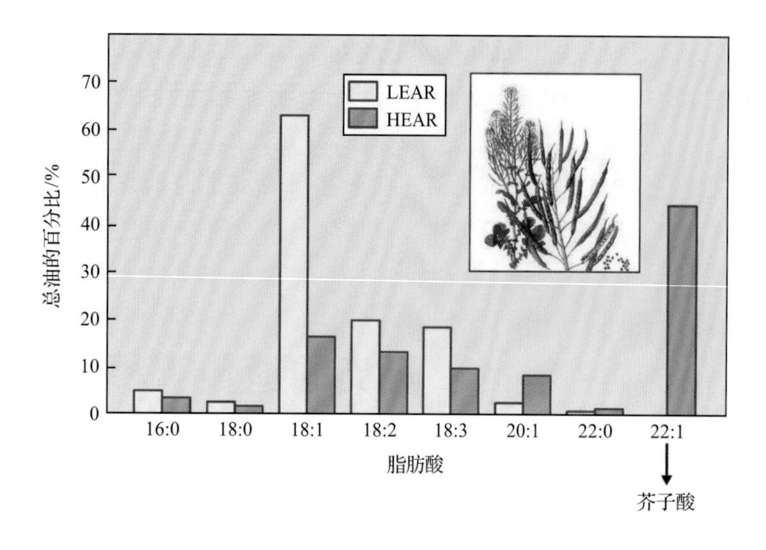

图 8.67 高含量及低含量芥子酸油菜籽（分别是 HEAR 和 LEAR）中脂肪酸的组成。植物育种将目前大多数栽培种的 18 ： 3 组分占总脂肪酸的比例降到了一个很低的水平，并同时相应增加了 18 ： 1 组分。油菜籽是欧洲、加拿大及许多短生长季节国家的主要油料作物。继大豆及油椰之后，油菜籽成为世界第三大植物油来源。芥子酸含量低的变种称为加拿大油菜，由于油含量高（占种子重量 45%）以及转化相对容易，加拿大油菜成为第一个经遗传工程改造来生产新油的作物

油。人们认为食用油的脂肪酸组成，特别是饱和脂肪酸含量，是影响动脉粥样硬化和癌症等主要疾病的病因。为改变食用油中脂肪酸组成，降低 16:0、18:0、$18:2^{\Delta 9,12}$ 和 $18:3^{\Delta 9,12,15}$ 的比例，提高 $18:1^{\Delta 9}$ 的含量，人们进行了许多尝试。流行病学的数据和实验室的实验结果暗示，单不饱和脂肪酸可能通过降低血液中高密度脂蛋白与低密度脂蛋白的比值来减少动脉粥样硬化（及相关心脏病的发作）。此外，含较少 $8:2^{\Delta 9,12}$ 和 $18:3^{\Delta 9,12,15}$ 的油会更加稳定，特别是在食物高温油炸时。

减少多聚不饱和物的目标是内质网中的 $18:1^{\Delta 9}$ 和 $18:2^{\Delta 9,12}$ 去饱和酶，在拟南芥中，它们由 *FAD2* 和 *FAD3* 基因编码。拟南芥中已通过基因标记（gene-tagging）分离到 *FAD2*、通过图位克隆（map-based cloning）分离到 *FAD3*，这些基因的分离使得大豆、加拿大油菜和其他作物中的同源基因很快得到鉴定。这使得可以利用遗传工程来提高食用油的营养特征。在一个特别成功的范例中，对大豆的油酰基去饱和酶进行共抑制，结果导致油酸占总体脂肪酸的比例由不到 10% 增加到大于 85%，同时，饱和脂肪酸的占比由大于 15% 减少到小于 5%。从这些大豆中提取的油在组成上与橄榄油相似，并由于降低 ω-6 脂肪酸的含量而对健康更有利，而且不易氧化。诱变育种项目也创造了富含油酸的加拿大油菜、向日葵（*Helianthus annuus*）和其他油类作物。

鱼油中的 20 个和 22 个碳的 ω-3 脂肪酸，特别是二十碳五烯酸和二十二碳六烯酸，对健康有益，可能降低患心脏病、中风及其他代谢综合征的风险。在油料种子中生产这类脂肪酸是油料工程一个极具吸引力的目标，这已经通过转基因表达缩合酶（3- 酮脂酰 -CoA 合成酶）来催化脂肪酸延伸，并同时表达三种脂肪酸去饱和酶（Δ6-、Δ4- 和 ω-3 去饱和酶）。这种对多种酶参与的途径进行遗传改造比较复杂，但许多动物和微生物中允许测试几种不同酶组合的有效性。一些转基因株系可以产生高于 20% 的目标 ω-3 多不饱和脂肪酸，这成为植物基因工程有助于大大提高食品健康的典型例子。

8.11.3 分子遗传学方法已经用于提高油的产量

除了改造植物种子生产的脂肪酸种类，人们对如何提高油料种了作物中油的产量也抱有很大的兴趣。但是植物脂类代谢中仍存在一个未解决的问题：是什么决定了种子中所贮存的油的数量？除了引起基础研究者的兴趣，这个问题同样具有重要的现实意义，即油料种子衍生而来的化学物质能否与石油化学替代品展开经济竞争。

乙酰 -CoA 转变成三酰甘油需要超过 30 个反应，所以很多基因都可以控制终产物贮存油的产量。一些方法已经证实可以提高种子油含量。例如，在大豆或菜籽中表达二酰甘油酰基转移酶可以增加种子油含量，而过表达转录因子 *WRINKLED1*（*WRI1*）也可以提高种子油含量。

除了主要作为食物，植物油也是一种燃料来源，如“生物柴油”。植物脂肪酸甲酯具有与石油衍生的柴油燃料相似的性能特性，但产生较少的温室气体，且不产生燃烧柴油所产生的一些污染物。2014 年，欧洲生产了约 120 亿升生物柴油。然而，由于运输需要大批量燃料，这种生物柴油占总燃料市场的比例不到 5%。更大的产量可以从多年生的热带物种中获得，如棕榈（*Elaeis* sp.）每年每公顷可生产多达 4000L 油，而这只需要少量的农用化学品输

入。如果基因工程改造油棕榈树成为可能，或扩大其范围，其极有可能作为一个成本可与石油竞争的可再生资源，用于生产燃料和化学制品。

8.11.4 脂肪酸有众多工业应用

大豆油、棕榈油、菜籽油和葵花油约占全世界植物油生产的80%，2011年约消耗1.4亿吨石油。大多数植物油用于食品，在食用油中超过90%脂肪酸属于四种结构：16:0、18:1、18:2和18:3。然而，植物脂类也有许多非食品工业用途，包括制造肥皂、洗涤剂、染料、清漆、润滑剂、黏合剂和塑料（表8.6）。这些非食品应用往往依赖于食品用油中未发现的具有特殊物理和化学性质的“特殊”脂肪酸结构。按体积来算，最大的非食品用途是用椰子及棕榈果核的月桂酸（C_{12}）制造洗涤剂。另一大用途是生产蓖麻油酸（12-羟十八碳烯酸），它可用于制造各种化合物，例如，蓖麻油酸可以裂解成癸二酸，而癸二酸可用于生产某些类型的尼龙；癸二酸的锂盐亦可用于喷气式发动机的高温润滑油。芥子酸可以制造芥酰胺，这是塑料工业的一种滑动剂，它使塑料胶片和其他产品更容易操作。

现在，油料种子的基因工程主要关注对温带作物生产的油的质量进行改善。最近的目标是扩大作物所能提供的脂肪酸的范围，从而扩展植物脂肪酸的用途。

8.11.5 高含量月桂酸的油菜籽：油料种子工程的成功范例

许多自然界发现的特殊脂肪酸都具有重要的工业用途。然而，生产这些脂肪酸的植物往往并不适应农业的大量种植。作为一种选择，对控制特殊脂肪酸合成的关键基因进行分离，采用遗传工程的方法改造油料作物使之可以用于农业，并且容易而又廉价地生产我们所需要的油。酰基-ACP硫脂酶成为脂类生物合成酶系中第一个经改造并转入转基因植物以产生经济产品的酶。肥皂、洗发香波、洗涤剂和相关产品的一个主要成分是表面活性剂，而表面活性剂是从椰子或者棕榈果中提取而来的月桂酸（12:0）以及中链脂肪酸衍生物。在世界范围内，大约价值10亿美元的这些油类用于生产表面活性剂。某种程度上，由于这些原材料供应造成的周期性价格不稳定，表面活性剂工业的长期目标是建立一种可以产生中链脂肪酸的温带植物。这样的一种植物可以提供另一种选择，从而降低或稳定价格。

植物转基因技术的出现带来了这样一个问题：温带油料种子作物是否可以使用外源基因进行工程改造以生产中链脂肪酸和其他新的脂肪酸组分。例如，我们不清楚加入新的特殊脂肪酸是否会打乱脂类代谢或油料种子细胞中的其他过程。更具体一些，一个新的脂肪酸（如月桂酸）会不会正确靶向三酰甘油并被膜排除呢？

研究工作首先从生化角度证明了存在中链酰基-ACP硫脂酶，然后从加州月桂（*U. californica*）中克隆了12:0-ACP硫脂酶。将编码中链酰基-ACP硫脂酶的单个基因转入转基因植物可以明显改变种子油中所储存的脂肪酸链的长度。1995年，当从经过改造的油菜籽植物中提取到100万磅（约454吨）可产生40%～50%月桂酸的油时，遗传工程油类的第一个经济产品产生了（图8.68）。

8.11.6 蓖麻子甘油脂羟化酶基因的表达可以促使转基因烟草中蓖麻油酸的合成

蓖麻子产生的蓖麻油酸（12-OH-18:$1^{\Delta9}$）是一

表8.6 植物脂肪酸的一些非食品用途，在这些油中，所有参与特殊脂肪酸合成的基因都已鉴定

脂质类型	例子	主要来源	主要用途
中等长度链	月桂酸（12:0）	椰子，棕榈果核	肥皂、洗涤剂、表面活性剂
长链	芥子酸（22:1）	油菜籽	润滑油、滑动剂
环氧基	斑鸠菊酸	环氧化的大豆油，*Vernonia*	可塑剂、衣料、燃料
羟基	蓖麻油酸	蓖麻子	衣料、润滑剂、聚合体
三烯醇	棕榈酸（18:3）	亚麻	燃料、清漆、衣料
蜡脂	加州希蒙得木油	加州希蒙得木	润滑剂、化妆品

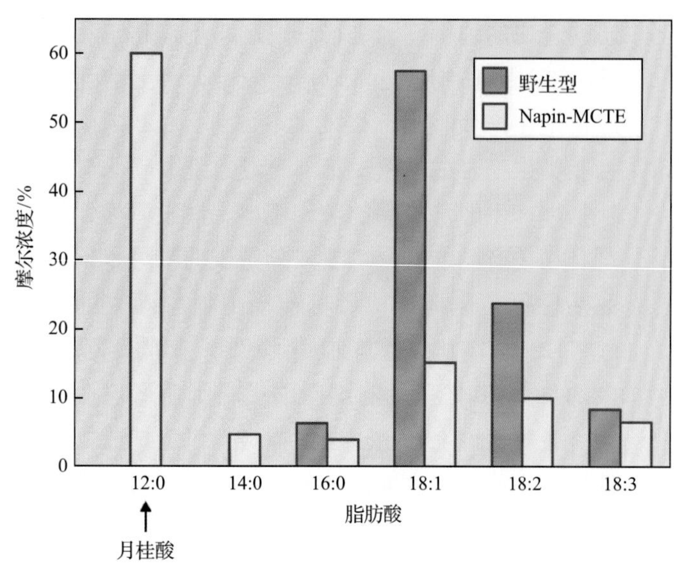

图 8.68 用种子特异性启动子（Napin-MCTE）驱动加州月桂中编码中链酰基 -ACP 硫酯酶（MCTE）的 cDNA 的表达，促使碳用于中等链脂肪酸的合成，进而产生月桂酸组分含量高的油类

个应用极广的天然产物，具有多种工业用途，如用来合成尼龙 -11、润滑剂、液压机液体、塑料、化妆品及其他材料。可是蓖麻子含有一种具极端毒性的植物凝集素蓖麻毒蛋白（见第 10 章，信息栏 10.3），以及其他一些毒素和过敏原。此外，农艺问题使其比其他作物的产量更低。以上因素造成蓖麻子仅是一种次要作物，主要种植在非工业化国家。

基于对相关生化过程的充分了解，人们成功克隆了催化 $18{:}1^{\Delta9}$ 到 $12\text{-OH-}18{:}1^{\Delta9}$ 的羟化酶的基因。一段时间里，人们认为 $18{:}1^{\Delta9}$ 到 $12\text{-OH-}18{:}1^{\Delta9}$ 的转变可能是由于单个酶促使一个羟基插入

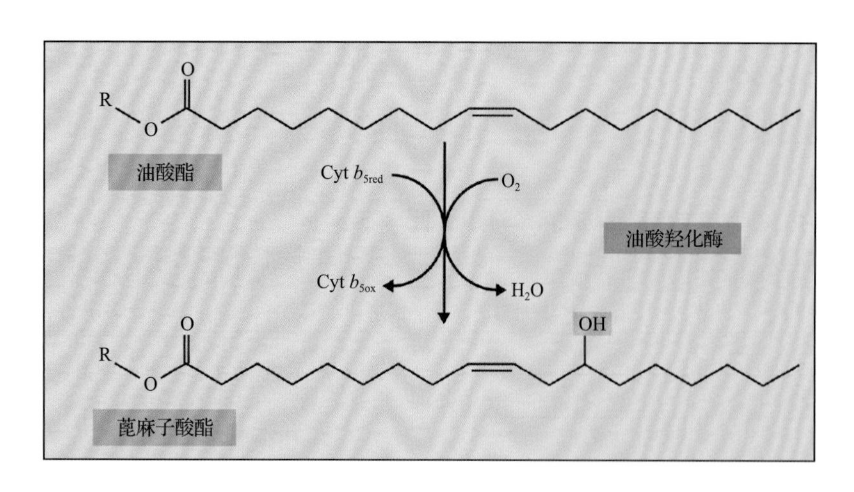

图 8.69 油酸羟化酶催化的反应。类似于用于产生亚麻酸的 FAD2（油酸酯去饱和酶），在反应期间油酸酯底物通过酯化变成磷脂酰胆碱

在与 FAD2 去饱和酶引入的双键相同的位置上（图 8.69）。考虑到去饱和酶可能的反应循环，$12\text{-OH-}18{:}1^{\Delta9}$ 可能是由一个功能受阻的去饱和酶催化产生的。通过对发育中的蓖麻子胚乳 cDNA 文库中随机选择的 cDNA 进行部分测序，人们鉴定到了一种相对大量的 cDNA，该 cDNA 编码一种与其他油料种子中的甘油脂去饱和酶同源的蛋白质。在拟南芥或其他植物中表达此蓖麻子的 cDNA 可使 $12\text{-OH-}18{:}1^{\Delta9}$ 在种子中合成。

遗憾的是，当编码脂肪酸修饰酶的基因在异源宿主中表达时，衍生的脂肪酸的积累远远低于克隆基因的来源物种。而蓖麻油含有＞ 90% 的蓖麻酸，表达蓖麻羟化酶的转基因拟南芥植物的种子油中最多含有 17% 的羟基脂肪酸。理解并克服限制新型脂肪酸积累的因子是目前油籽工程的主要挑战。蓖麻籽中蓖麻酸的积累可能不仅需要来自祖先 FAD2 去饱和酶的羟化酶的演化（8.6.2 节），而且还需要一种或多种脂质合成酶共演化以有效地组合蓖麻油酸成为三酰甘油。为支持这一假设，在拟南芥中共表达酰基 -CoA ：二酰甘油酰氨基转移酶的蓖麻同工酶与羟化酶成功将种子油的羟基酸含量从 17% 提高到接近 30%。

小结

脂类在植物中有着多种多样而又十分重要的作用。作为疏水屏障的膜，其对于细胞及细胞器的完整性至关重要。表层脂质保护植物免受干燥和病原体攻击。另外，它们是种子内一种化学能储存的主要形式，并且，现在人们还认识到它们是信号转导途径中的一种关键组分。大多数（但并非全部）的脂类含有酯化成甘油的脂肪酸，对于这一领域的研究涉及：①脂肪酸的合成；②脂肪酸酯化形成磷脂酸之后的脂的合成。

植物中脂肪酸的生物合成在质体中进行，其起始是乙酰 -CoA 羧化酶催化乙酰 -CoA 形成丙二酰 -CoA。这是脂肪酸合成中的第一个关键步骤，并且可能是调控整个过程的一个调控节点。乙酰 -CoA 和丙二酰 -CoA 经过一系列反应最后都转变为脂肪酸，每次向延

长中的链上增加两个碳。酰基载体蛋白是一个 9kDa 的蛋白质，它负责转运脂肪酸合成途径中的中间物。具有不同特异性链长的三种缩合酶参与作为质体脂肪酸合成的主要产物的 18 个碳脂肪酸的组装。

第一个双键是由一种特殊的、可溶性的、定位于质体的硬脂酰 -ACP 去饱和酶引入，而之后所有的硬脂酰 -ACP 去饱和酶均是定位于内质网或质体上的膜蛋白。脂肪酸生物合成可以通过酰基 -ACP 的硫酯键的水解或通过将酰基转移到甘油脂上来终止。由酰基 -ACP 硫酯酶释放的游离脂肪酸从质体运出，并在质体包膜处转化为酰基 -CoA。

膜甘油脂的合成存在两种独立的途径。原核途径定位于叶绿体内膜，在下一步的甘油 3- 磷酸酰化反应和叶绿体膜甘油脂组分的合成中使用 18:1-ACP 和 16:0-ACP。真核途径涉及：① 16:0 和 18:1 脂肪酸以乙酰 -CoA 的形式从叶绿体输出到内质网；②这些脂肪酸结合入磷脂酰胆碱和其他磷脂中，作为除叶绿体以外细胞中其他膜的主要结构脂类。此外，磷脂酰胆碱的二酰甘油部分可以回到叶绿体被膜，作为叶绿体脂类合成前体的第二种来源。

膜脂作为一种疏水屏障，为细胞划分界限并将之分隔为不同的功能区室。膜脂的组分也可以影响植物的形态及许多细胞功能。例如，植物缺多聚不饱和膜脂，其光合作用就会受到削弱；而且脂的成分可以影响植物对寒冷的敏感性及植物细胞对冰冻的反应。另外，膜脂在信号转导途径和防御过程中也行使功能。

贮存性脂类与膜脂的作用截然不同。贮存性脂类几乎都是三酰甘油，并且累积在分散的所谓油体的亚细胞器中。三酰甘油的移动和代谢为萌发后的幼苗提供能量和碳源。三酰甘油释放的脂肪酸在过氧化物酶体内进行 β- 氧化完成分解代谢。β- 氧化产生的乙酰 -CoA 通过乙醛酸循环转化为植物生长所需的糖。

植物可以合成特殊脂肪酸，在不同植物种类中已经发现了超过 200 种不同的脂肪酸。一些催化合成特殊脂肪酸的酶与普通脂肪酸酶有着相似之处，如结合在膜上的去饱和酶。这些特殊脂肪酸几乎全部存在于种子油内，它们可能执行防御功能。

虽然有几个关键步骤仍然不清楚，植物生物化学家已经发现了几乎所有参与植物细胞中主要脂质成分合成与降解的酶促反应。其余的问题主要集中在脂质生物合成的调控、信号转导的细节、细胞内分布和脂质转运上。此外，拟南芥中已经有超过 700 个基因注释为可能参与脂质代谢，其中仍有至少 500 个基因的功能还没有得到实验证明。

（葛增祥　孙　妍　译，蒋家浩　瞿礼嘉　侯赛莹　校）

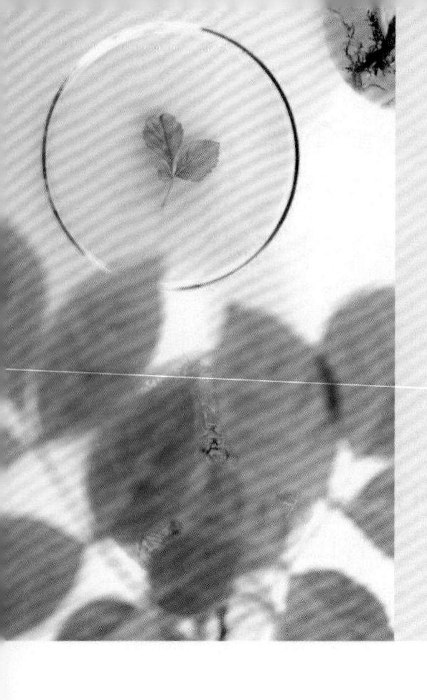

第 9 章

基因组结构与组成

Christopher D. Town, Frank Wellmer

导言

一个物种从形态到衰老的时序的本质特征都源自于储存于这个物种DNA中的信息，即它的整个基因组。人们通过成本相对便宜的大规模DNA测序测定了大量的微生物以及包括植物在内的许多高等真核生物的完整或接近完整的全基因组。本章将以植物基因组的DNA序列为中心，介绍基因组的组成、基因组中编码基因的表达机制，以及基因表达如何调控等内容。

生物体中绝大多数的基因都在核DNA上，当然，质体和线粒体也有DNA，这些DNA编码的是细胞器的功能和复制所必需的基因产物（见第6章）。有几种细胞器基因编码的性状已经用于作物的商业种植，如高粱（*Sorghum* sp.）和玉米（*Zea mays*）的细胞质雄性不育。那些由细胞器基因产生的性状可以清楚地从单亲遗传的模式中分辨出来，因为在大多数物种中，线粒体和叶绿体只能由母本遗传给下一代种子。

20世纪50年代，植物遗传学家们发现有些遗传物质的片段可以从基因组的一个位置移动到另一个位置。随后人们发现，这些可移动的遗传元件是基因组上普遍存在的组分。这就引出了一种可能性，即这些可移动的元件更有可能产生更大尺度的基因组改变，而不是导致点突变的积累。事实上，它们确实促进了演化变化。虽然就一般而言基因组测序只是增加了我们之前从遗传学、细胞遗传学及分子生物学中所学知识的更多细节和特异性，但是其在表观遗传学及小RNA分子家族介导基因表达的调控等领域还是带来了很大的进展。

9.1 基因组结构：21世纪的展望

2000年，第一个完整的植物基因组序列即拟南芥的全基因组序列完成测序并公布。在此之前，我们对植物基因组的结构和组成的认识主要基于若干种跨越整个20世纪开发出来的技术。尽管这些技术提供了一些有用的信息，但它们无法提供DNA测序技术所能达到的分辨率。在这一章中，我们将阐述部分20世纪常用的方法和研究结果，之后将介绍各种用于全基因组测序的方法，以及这些方法所产生的大量信息和前景。

9.1.1 显微镜分辨率的逐步提升揭示了越来越多染色体结构的细节

人们第一次看见染色体是在20世纪之初，那时人们认为它们是细胞中遗传物质的载体。随着对DNA的进一步认识，人们发现高等真核生物的染色体中包含许多以厘米、甚至以米计长度的双链DNA，包裹在紧密的染色体结构中，而在有丝分裂中期观察这种紧密的染色体结构时它仅有几微米的长度。显微镜分辨率的提高使得人们可以观察到染色体的不同特征，目前一定程度上分辨率已达到DNA序列的水平（图9.1）。

利用光学显微镜观察处于有丝分裂中期的染色

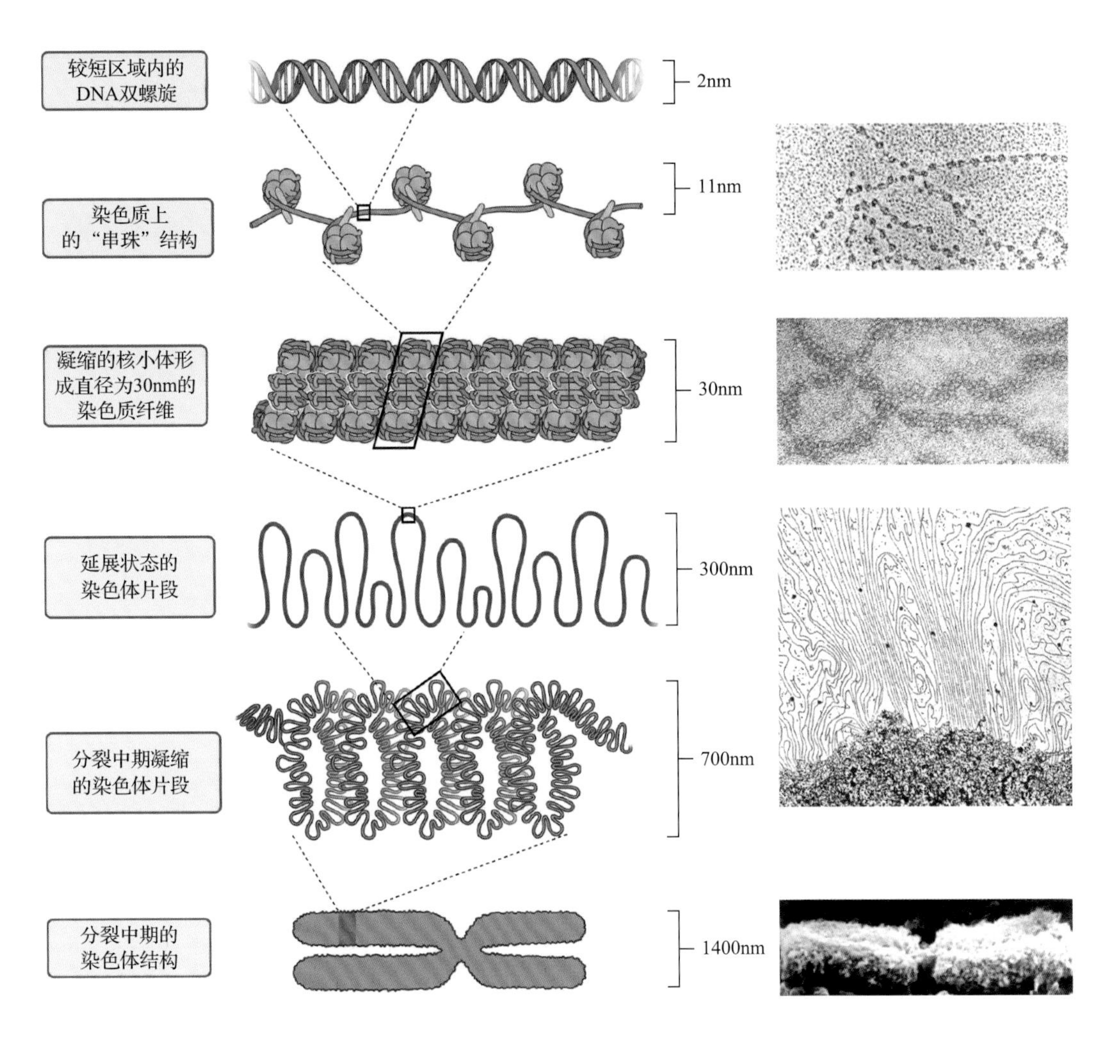

图 9.1 不同凝集程度的染色质中 DNA 和蛋白质的组装。左边示意图由上至下依次为 DNA、DNA 缠绕的核小体、包装好的核小体、包装好的核小体形成的环状突出、可能凝缩成分裂中期染色体的 DNA，以及一个完整的、处于分裂中期的染色体。右图是对应左图的不同分辨率（可从示意图中的标尺推断出）下的染色体的扫描电镜图

体，可以看出染色体的基本特征包括：着丝粒（在有丝分裂时期负责姐妹染色单体的有序分离）、染色体臂和端粒（位于染色体的末端）（图 9.1）。在减数分裂的粗线期看到的染色体处于较低浓缩程度的状态；实际上，荧光原位杂交技术（FISH，见信息栏 9.1）通常用这一时期的染色体作为实验材料，确定某些特殊类型的 DNA 序列在染色体上的位置。在这种水平的分辨率下，由于可以观察到异染色质纽的结构，异染色质和常染色质的区别更为明显。光学显微镜的分辨率用到极限时，人们可以看到 DNA 纤维，可通过 FISH（纤维荧光原位杂交技术，fiber-FISH）或者用限制性内切核酸酶消化 DNA 纤维的方法获得染色体结构的光学图谱。

通过扫描电镜可以在最高水平的分辨率下看到整条染色体，这些染色体还可以部分解聚，看到 DNA 双链结合的核蛋白支架。最终染色体可以分辨到“一条链上带珠子”的水平，显示组蛋白是如何参与把 DNA 压缩成染色质的（图 9.1）。最基础水平的染色质结构是**核小体（nucleosome）**阵列，称为第一级的压缩，以区别后面更高级别的压缩。一个核小体由在一个组蛋白的球状八聚体上缠绕两整圈的 DNA（166 bp）组成，该球状八聚体由两个四聚体（每个包含 H2A、H2B、H3 和 H4）组成。

9.1.2 有花植物的基因组大小差异很大

不同生物体的核基因组大小差异很大，所含有的单倍体 DNA 的容量（**C 值，C value**）为 10^7 ～ 10^{11}bp 不等。人类基因组为 3×10^9bp，处于这个范围的中等水平。虽然人们假设生物体表型特征的复杂程度和其基因组大小大致相关，如人的基因组大于大多数的昆虫、昆虫基因组大于真菌，但是这种相关性并不是普遍存在的。例如，有些两栖动物的基因组大小是人类基因组的 50 倍，软骨鱼的基因组一般比硬骨鱼的更大。植物的基因组在该范围内各个大小都有，例如，已知最小的植物基因组之一拟南芥，已知最大的植物基因组百合家族成员亚西利亚贝母（*Fritillaria assyriaca*）（图 9.2）。

20 世纪中期，人们引入了 **C 值悖论（C-value paradox）**这一概念来描述生物体复杂性和基因组

信息栏 9.1　荧光原位杂交技术可对染色体上的 DNA 序列进行定位

荧光原位杂交技术（FISH）是一种在染色体上对特异 DNA 序列进行检测和定位的细胞遗传技术。操作 FISH 时，用一种荧光染料标记一个基因组中的某种特征性 DNA 分子，然后将之与固定在玻璃板上的染色体或 DNA 分子杂交，随后通过荧光显微镜进行检测（图 A）。

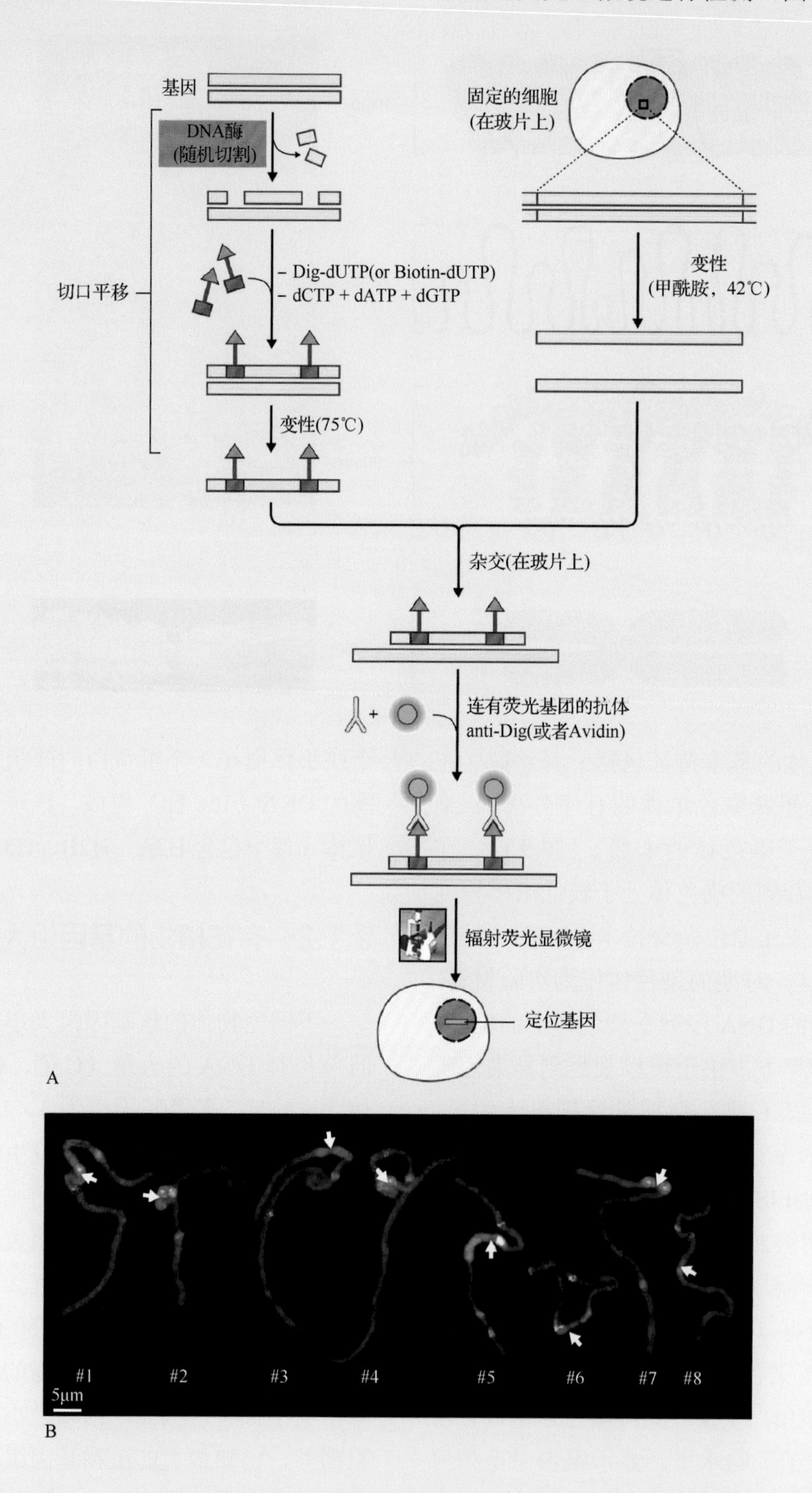

A. 在某一特定染色体上定位一个基因的 FISH 实验示意图。B. 通过 FISH 实验将连锁群分配到染色体上。为了识别染色体，粗线期细胞用 5S rDNA（红色）和一个着丝粒附近的重复元件 *Mt* R1（绿色）探针检测。箭头指示着丝粒。

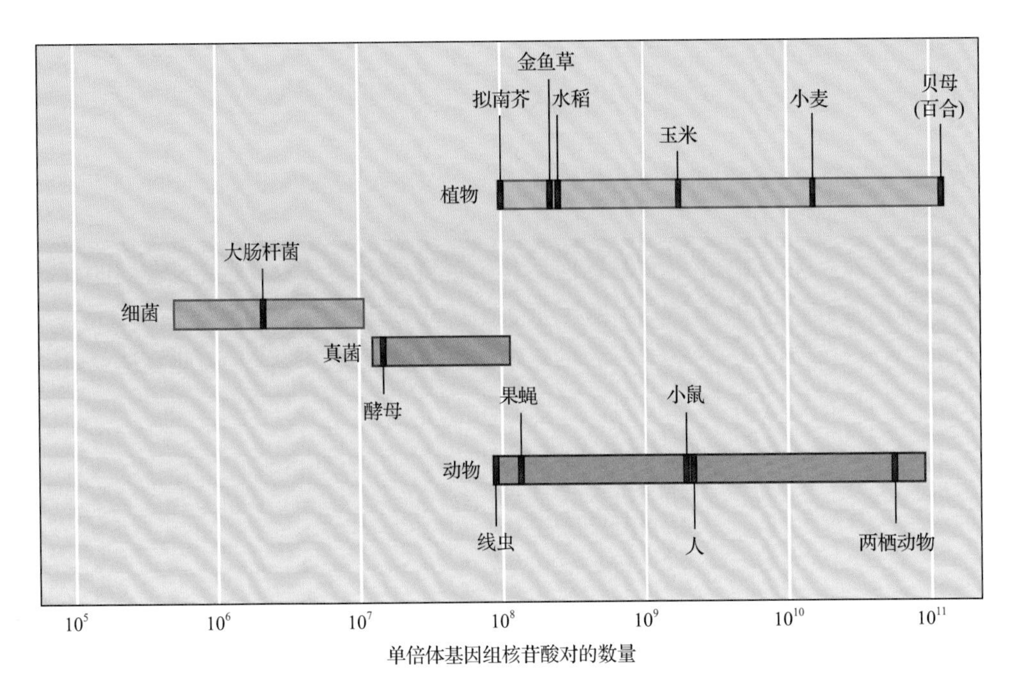

图 9.2 不同物种的 C 值（以碱基对数计的单倍体基因组大小）。大多数真核生物的单倍体基因组大小为 10^7 ～ 10^{11}bp DNA

大小并不直接相关的现象。随着我们手中掌握了越来越多的基因组序列，导致这一悖论的不同种类 DNA 的序列特征都已知晓，尽管这些序列特征对生物体复杂性的意义和贡献仍不清楚。但至少在植物中，有一些基因组大小的差异是由一轮或多轮基因组复制造成的，而且往往更多的是由于转座子或逆转座子家族的扩增及基因组多倍化造成的（见 9.3 节）。

DNA 测序为估算植物基因组的大小提供了更为准确的方法。然而，对于许多基因组还没有完成测序的植物或动物而言，用荧光染料对分离出来的细胞核进行染色来预估 DNA 含量是一种普遍认可并且准确度较高的测定基因组大小的方法。

9.2 基因组的组成

9.2.1 核基因组包含单拷贝的 DNA 序列和重复的 DNA 序列

在 DNA 测序的方法发明之前，人们常用的分析基因组序列成分的方法之一是 Cot 分析（见信息栏 9.2）。通过这个方法可以把基因组分为三种组分：高度重复序列、中度重复序列及单拷贝 DNA。即使在目前已有大量 DNA 序列的情况下，这种宽泛的分类依然可以为人们理解植物基因组结构提供有用的框架。当然，这些分类的划分界限并不是固定不变的。

从定义上看，单拷贝 DNA 在单倍体基因组中只有一个拷贝；而实际上，现在一般将其视为低拷贝 DNA。这一类 DNA 序列包含了基因组中几乎所有的基因编码序列。然而，在大多数植物的基因组中，有一半以上的这类基因分属大小不同的基因家族。因此，根据序列相似性的判断标准不同（如核苷酸序列一致性大于 80%），那些亲缘关系很近的基因在复性实验中可以相互杂交上，且在生物信息学分析中可以高置信度地比对上序列，因而它们就不再划分为单拷贝基因了。

高度重复 DNA 相对来讲比较容易定义，一个典型的例子就是位于着丝粒上的串联重复序列。一些高度重复序列携带一些显著不同于普通序列的基本组分，人们最初称之为卫星 DNA，因为它们是在氯化铯密度梯度离心的不同浮力密度中发现的，所以这个名称一直延续到现在。在大多数动物及酵母中，卫星 DNA 富含 AT 碱基，而植物中的卫星 DNA 则富含 GC 碱基。在植物中，卫星 DNA 主要是与着丝粒或端粒结合在一起的，且一般呈现异染色质状态，即在细胞间期保持凝缩和失活状态。

中度重复 DNA 一般在基因组上有几十到数万个拷贝。已知有数千个的中度重复 DNA 家族，其中任一家族成员之间序列都很相似，但不会完全一致。根据经典的 Cot 分析，一个家族的不同成员之间在复性实验中应该可以相互杂交上。这些序列核酸水平上的一致性将达到 80% 或者更高。用这样较为宽泛的重复 DNA 分类方式，人们可以找出转座子、逆转录转座子、结构性 RNA（包括核糖体 RNA、转运 RNA 和其他类型的 RNA），以及一些大的编码蛋白质的基因家族。这些重复序列家族中

信息栏 9.2 Cot 分析可以用来对样品中重复的 DNA 进行定量

Cot 分析是用于测定样品中重复 DNA 数量的一种技术。该技术的基础是 DNA 复性动力学，需要先让 DNA 样品变性，然后退火，最后随时间追踪 DNA 保持单链状态组分的变化（对于一个复杂的 DNA 样品而言可能需要数天时间）。

一次典型的反应图中，单链 DNA 组分是根据起始时刻（c_0）DNA 的浓度和反应时间（t）的变化来作图，因此称该反应为 **Cot**。这是一个二级反应，其中单链 DNA 分子必须找到它们的互补链才能复性。当基因组大小增加时，每克 DNA 中的每段序列的拷贝数就会降低，因此复性的时间会更长。

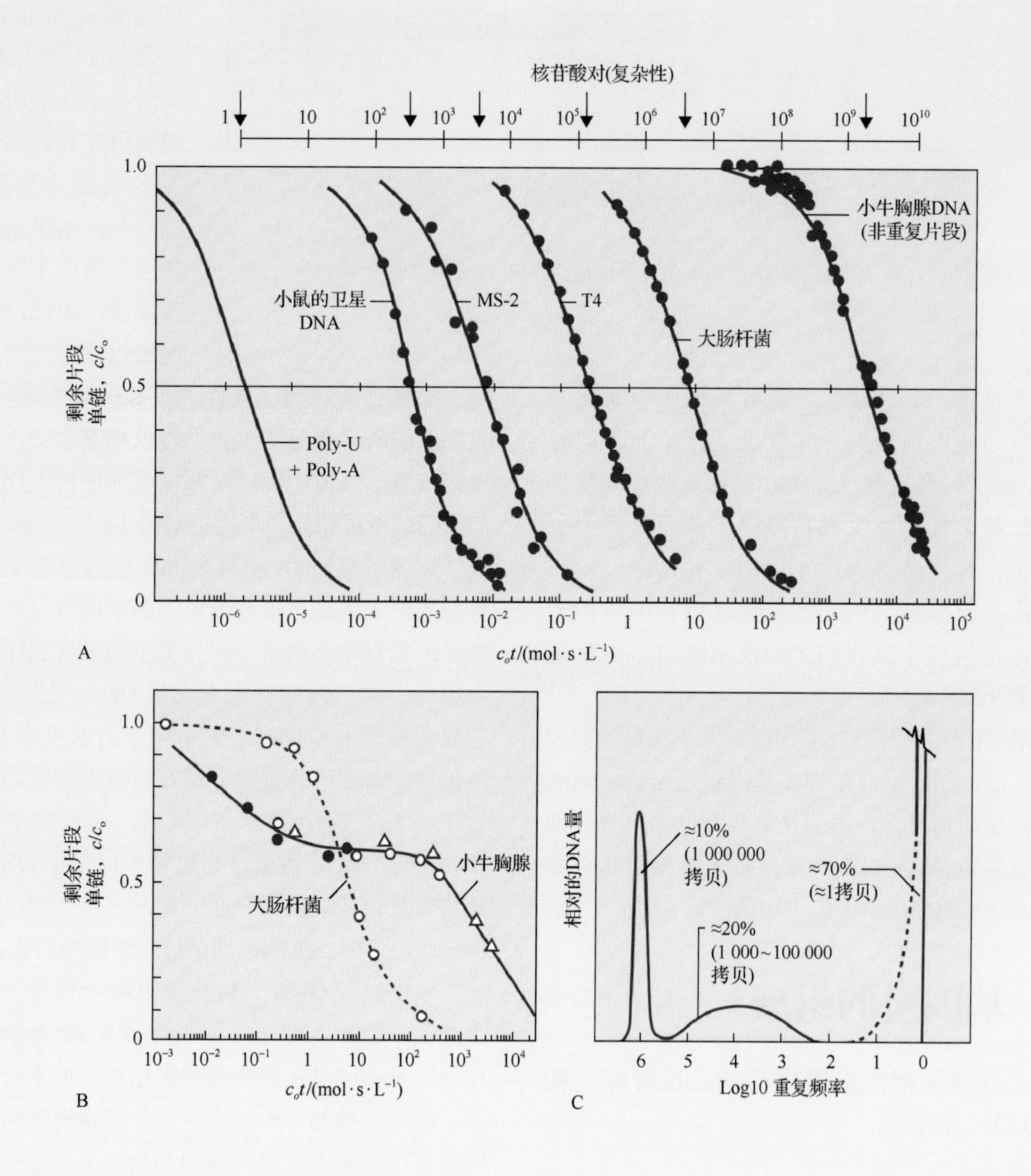

A. 一系列复杂度不断增加（以单一序列的长度论）的同质 DNA 样品的复性动力学。对于任何一种 DNA 而言，复性是一个二级反应，因为解离的单链会寻找到其互补链并与之复性。随着分子长度的增加，其摩尔浓度（对一定质量的 DNA 而言）降低，因此复性需要更长时间。B. 大肠杆菌和小牛胸腺 DNA 的复性动力学之间的比较。C. 小牛胸腺 DNA 复杂的复性曲线可视为三个简单的二级反应的总和；如图所示，不同数量中有不同的 $Cot_{1/2}$ 值。

的相当一部分都属于串联重复序列，如位于核仁组织区（NOR）的核糖体 RNA 和 5S RNA 簇。至于一些大的编码蛋白质的基因家族的串联重复排列，可举的例子包括组蛋白基因和抗病基因。

9.2.2 遗传图谱和物理图谱提供基因组组成的互补性认识

遗传图谱（genetic map）在本质上是每条染色体上不同特征（标记）的一个排序列表，不同标记之间的距离是由这些标记之间在减数分裂过程中的重组频率来决定的。这些标记可以是 DNA 序列，也可以是表型性状（如植物的高度、叶片形状、抗病性及耐逆性等）。

当把遗传图谱与测序的基因组序列进行比对时，遗传图谱上序列标记的排列顺序与基因组本身的标记序列的出现顺序有非常好的契合度。在一些基因组测序计划中，遗传图谱有助于确定 DNA 组装的顺序和方向。把遗传图谱与相对应的注释了的基因组序列比对起来，有助于鉴定那些在遗传图谱上靠近目标表型（如种子产量、油的成分等）位点的候选基因。之后可以通过多种方法确认哪个候选基因真正控制目标表型。

遗传图谱是通过位点之间的重组率来定义染色体上不同位点之间的相对遗传距离（遗传间隙），而**物理图谱（physical map）**则是把基因组分解成许多大的 DNA 片段（一般约 100kb）的有序排列。科学家们在进行大规模测序之前都会依据所研究的植物基因组的数量及大小先建立一个物理图谱。要实现高分辨率的物理作图，需要用克隆的 DNA 片段建立一张含有连续并重叠的 DNA 片段、覆盖很长距离的图谱。这种图谱定义的区域称为一个**重叠群（contig）**，因为它是通过连续重叠的克隆构建出来的。

构建物理图谱的一个通用策略是构建一个细菌人工染色体（bacterial artificial chromosome，BAC）文库。BAC 是一类使用了 F 因子的复制起始位点的质粒克隆载体，因此需要以单拷贝（或低拷贝）质粒的形式在大肠杆菌中扩繁。拷贝数低，又使用重组缺陷型宿主细胞，使得其 DNA 分子保持稳定。大多数 BAC 文库的基因组 DNA 插入片段大小为 100 ～ 150kb，也可以插入更大的基因组片段。然后可以用一种称为“指纹图谱”的技术来确定这些随机克隆的片段之间的重叠度（见信息栏 9.3）：每一个 BAC 的 DNA 用一种或多种限制性内切核酸酶消化，然后确定所得片段的大小。每一个 BAC 会产生有特征的一系列片段；如果两个 BAC 有一定数量的、相同大小的条带，就说明这两个 BAC 重叠（即它们的 DNA 插入来自基因组的相同区域）。

最初的时候，条带大小是通过跑长长的琼脂糖凝胶来判定的，而现在则用能提供更多信息的指纹图谱这一更新的技术。这种方法将限制性内切核酸酶和四色标记相结合，通过毛细管 DNA 测序仪分辨更多、大小更精确的片段，从而得到更高分辨率的图谱。这种测定片段重叠度的方法正在为通过 BAC 文库及多重测序（全基因组表达谱，见信息栏 9.3）构建一套在每一个 BAC 上加上序列标签的方法所取代。

光学图谱（见信息栏 9.3）代表一类更精细的物理图谱。在光学图谱中，把分离出来的 DNA 片段（长度一般为几十万个碱基对）固定在载玻片上，然后用限制性内切核酸酶对其消化。无论选择用何种方法标记 BAC 或者 DNA 纤维（条带大小或序列），都可以根据共同的标签把那些重叠 BAC 或者 DNA 纤维的重叠群组装起来。

9.2.3 植物基因组测序提供了基因组结构的高分辨率图

植物核基因组测序是从 1997 年开始的，那是在人们认识到拟南芥的基因组小（最初估计约 120 Mb）且重复序列相对较少，从而把拟南芥确定为植物基因组学研究的模式植物之后。在接下来的十年中，测序技术、序列组装技术，以及针对基因组的生物信息学方法等得到了巨大的发展，因此更大、更复杂的基因组如小麦基因组（*Triticum* sp.，见图 9.2）也正在测序（译者注：小麦的三个基因组目前都已经完成测序）。下文的讨论将为了解产生全基因序列的不同方法以及这些不同方法的利弊等奠定基础。我们还将讨论策略与技术的概念，以及随着技术发展，策略上发生的变化。

第一个基因组测序计划采用细菌人工染色体（BAC）技术（见信息栏 9.4）。其中的物理图谱是通过 BAC 构建的，然后对每一个 BAC 进行测序。

信息栏 9.3　需要结合不同的方法来建立大基因组的物理图谱

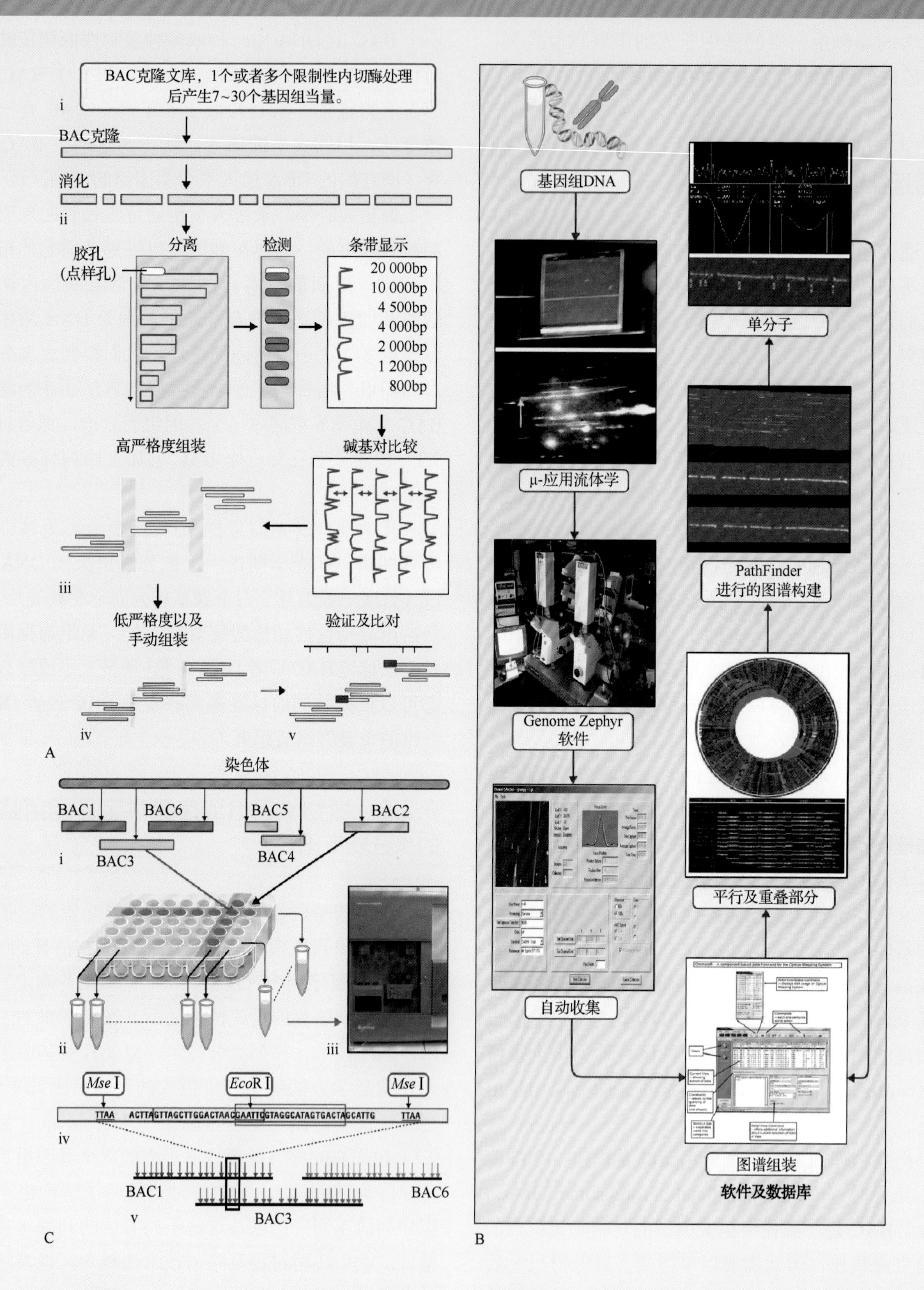

BAC 指纹。图 A.（i）使用不同的限制性内切核酸酶构建的包含 7 ~ 30（或者更多）个基因组当量的细菌人工染色体文库（BAC 文库）。（ii）消化每一个克隆，把产生的片段分开形成一套不同大小的片段，即 DNA“指纹”。（iii）将所有克隆进行配对比较，检测每一对克隆上共同条带

的比例，并构建重叠的克隆形成的重叠群。在高严谨度情况下，有些重叠群是检测不到的（蓝色条带代表组装体上的缺口）。（iv）每一个重叠群末端的克隆用放宽的截限值进行比较，检测那些较小的重叠克隆。（v）用共有标记把重叠群与物理图谱进行比对，确认图谱、合并重叠群。粉红框示用作遗传标记对重叠群和物理图谱进行比对的 BAC 末端序列。

光学图谱。图 B. 将分离的细胞核中高分子质量 DNA 轻轻地涂布并固定在一个载玻片上，产生较长的、处于分离状态的 DNA 纤维。用合适的限制性内切核酸酶消化 DNA，使 DNA 上产生可见的缺刻。这种带有痕迹的 DNA 经高分辨率的自动显微镜扫描，记录连续的限制性片段的长度。与经典的指纹检测或全基因组分析相比，光学图谱一般产生的重叠群更长（长至约 50Mb）。

全基因组分析。图 C.（i）BAC 克隆放置在 384 孔板中。（ii）把每一排（24 个 BAC）和每一列（16 个 BAC）的 BAC 克隆分别合并，并提取 BAC DNA。（iii）合并的 BAC DNA 用限制性内切核酸酶（如 *Eco*R Ⅰ /*Mse* Ⅰ）消化，连接好条形码（barcode）衔接蛋白序列以便测序后进行文库鉴定，然后扩增。（iv）去卷积：根据在合并文库中是否存在于同一行或同一列，把序列标签（每个 BAC 克隆 30 ～ 50 个）分配给相应的单个 BAC 克隆。（v）单一 BAC 克隆的重叠（多套）的标签序列产生重叠群。合起来，这些重叠群就成了一个基于序列的基因组物理图谱。

信息栏 9.4 基因组测序有多种策略

在基于 BAC 的基因组测序计划中（图 A），用限制性内切核酸酶部分消化基因组 DNA，产生的每一个 BAC 克隆包含长 100 ～ 150kb 的 DNA。用这些克隆可以组装成一个物理图谱（见信息栏 9.3），随后，对那些代表基因组的一个最小覆盖片段的单个 BAC 克隆进行测序，并用其重建基因组。在全基因组鸟枪法测序（WGS）中（图 B），通常使用超声波或者流体力学剪切力将基因组打成片段，根据后续要使用的不同的测序方法来选择片段的破碎化程度。然后对这些无序的片段（数以百万计）的集合进行测序，并利用复杂的组装算法重新构建整个基因组。虽然通过 WGS 方法组装的基因组一般而言在准确度和完整性上略微逊色，但这种方法远没有基于 BAC 的方法（因而已基本过时了）那样费钱费力。

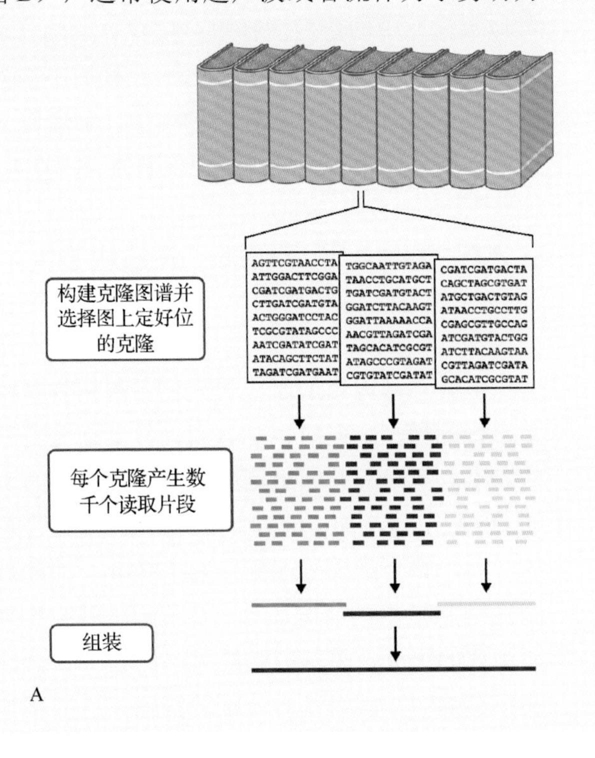

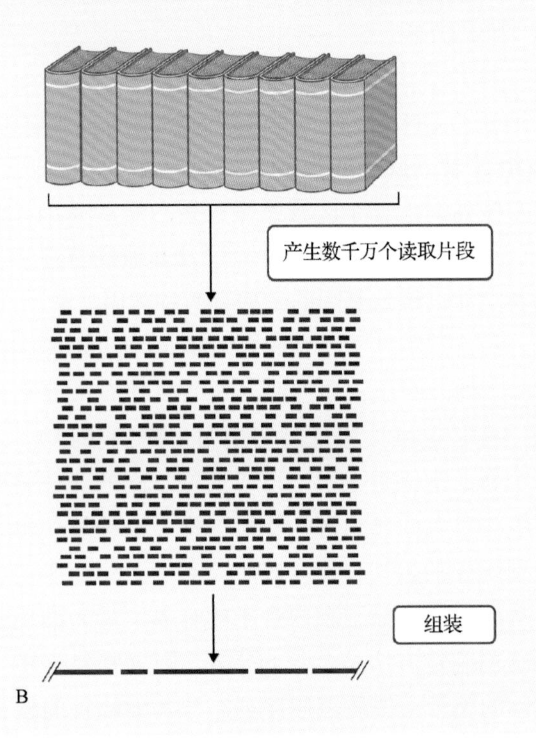

每一个 BAC 的序列先分别组装，然后通过重叠的序列拼接起来，同时借助物理图谱和遗传图谱的帮助，最终形成完整的染色体（也称为人工组装分子）。因为该方法需要大量人力，还要测几千个 BAC，人们随后发明了一个新的技术，称为全基因组鸟枪法（WGS）测序（见信息栏 9.4）。

全基因组鸟枪法测序通过将基因组打成片段，随后对其进行测序。随着序列组装算法越来越复杂、计算机功能越来越强大，该方法的可行性也越来越高。但是，全基因组鸟枪法测序的缺点是，那些基因组不同位置上高相似度的序列会组装到一起，不易区分。这个问题在其他一些成本较低、序列读出更高但错误率也更高、读长更短的 DNA 测序技术中也同样存在。

在大多数基因组计划中，人们作了一些努力，测定各种大小的片段的末端序列以产生“末端配对序列”，这对于区分 DNA 重复序列往往很有用。然而，即使对于重复 DNA 序列数量适中的一些基因组而言，也会出现组装不完全的情况，从而造成基因组上有很大一部分都无法测定，只剩一堆无用的读出序列。最初遗传图谱和物理图谱只是用于对使用 BAC 得到的基因组测序结果进行验证，现在这两种图谱对于确定基因组组装（包含成千上万个序列支架）的顺序和方向非常重要。

9.2.4 基因组注释揭示了 DNA 编码片段的生物学功能

单独的 DNA 序列本身并没有特别的有效信息。**基因组注释（genome annotation）**是确定基因组（DNA 序列）上哪个区域是编码蛋白质的基因、确定基因的结构（内含子、外显子及其他的特征）并推测其功能。确定基因的结构有两种常用方法。

一种方法是基于已有的 mRNA 序列（即测得的 cDNA 序列）和蛋白质序列（通常从核苷酸序列推出来，有时也直接通过测定蛋白质序列获得）。对于一个新的基因组来讲，可以通过不同的算法将新基因组与已有的序列进行比对。许多这种算法也可以识别保守的剪切位点（GA...AG；又称为剪切比对）从而确定外显子和内含子的分界。最为准确的基因结构确定方法是全长 cDNA，因为它包含了一个基因的整个蛋白质编码序列。与其他物种的核苷酸或者蛋白质序列进行比对也可获得信息，但随着新基因组与已有序列之间演化距离的增加，这种途径获得的信息量逐步降低。两个有亲缘关系的基因组之间进行整体比对也可产生大量信息。人们认为在两个基因组之间保守的序列功能上很重要，因为它们可能编码基因或编码调控序列。

第二种确定基因结构的方法则属于严格的计算方法，分析碱基组成的差异、相邻核苷酸的频率差异（如二核苷酸、三核苷酸、四核苷酸等）、外显子、内含子及基因间序列之间转换的可能性等。这些复杂的程序往往需要使用隐马尔可夫模型（hidden Markov model，HMM；见信息栏 9.5），通常都需要使用已有序列对新基因组中小而明确的序列集进行训练。

总体而言，无论新基因组上的区域是否存在已有的核酸序列或蛋白质序列的证据支持，有部分植物基因组学科学家认为只有算法支持的基因结构预测不太可靠。

预测出基因结构（信息栏 9.6），每个基因的蛋白质编码序列（CDS）也随之确定。对这些基因进行功能分类主要看其与数据库（如 GenBank 或 SwissProt）中其他基因的匹配程度。这里所说的匹配是氨基酸水平的匹配，因为在不同物种间蛋白质序列往往比核酸序列要更保守。在数据库中匹配上的功能也可反过来注释新的蛋白质，但这种方法会产生一些可能出错的注释。因为 GenBank 或者其他类似数据库中的蛋白注释中，只有一小部分是通过实验进行过功能验证的。基因注释领域中的人已经注意到了这种“谬种误传”的现象，随着越来越多的蛋白质功能得到验证，这种现象将会逐渐减少。

9.2.5 DNA 测序增加了人们从 DNA 水平对基因组组成的理解

拟南芥基因组的组成是人们了解植物基因组的非常好的模型，同时也是认识许多其他植物基因组的起点。拟南芥基因组测序计划测定了大约 105Mb 的 DNA 序列，加上未测的约 15Mb 的靠近着丝粒的序列，整个基因组序列约为 120Mb。而随后使用流式细胞技术的研究表明，未测的 DNA 数量比之前预期的更大，总基因组的大小约为 150Mb，但这并不影响对基因组基本特征的描述，这些基本特征

信息栏 9.5　隐马尔可夫模型（HMM）是许多基因预测程序的基础

隐马尔可夫模型（HMM）是一种用来帮助确定基因结构的统计学方法。在下面的例子中，如“状态参数”所示，DNA 序列从一个外显子开始，包含一个 5′ 端剪接位点，并以一个内含子结束。为了判断外显子和内含子之间的分界位置（即 5′ 端剪接位点的位置），外显子、剪接位点及内含子序列必须要有不同的统计学特征，包括碱基组成和更高级的寡核苷酸频率等。

假设外显子具有同样的碱基组成（每种碱基有 25% 的可能性），内含子富含 A/T 碱基（例如，A/T 每个比例为 40%，C/G 每个比例为 10%），而 5′ 端剪接位点共有核苷酸几乎总是 G（例如，95% 的情况下是 G，5% 的情况是 A）。我们可以构建一个采用了我们赋予核苷酸的三个状态的 HMM：E（外显子）、5（5′ 端剪接位点）和 I（内含子）。每一个状态本身有自己的发射概率（如状态上方所示），这样就可以模拟外显子和内含子的碱基组成及 5′ 端剪接位点共有的 G。每一个状态也有自己的转移概率（箭头所示），即从一个状态转移到另一个新状态的概率。转移概率描述的是我们预期状态发生的线性顺序：一个或多个 E，一个 5，一个或多个 I。在实际操作中，人们会用多套已知基因结构（由全长 cDNA 推断）的基因对 HMM 进行训练，从而计算出新 DNA 序列的转移概率，预测出它的基因结构。

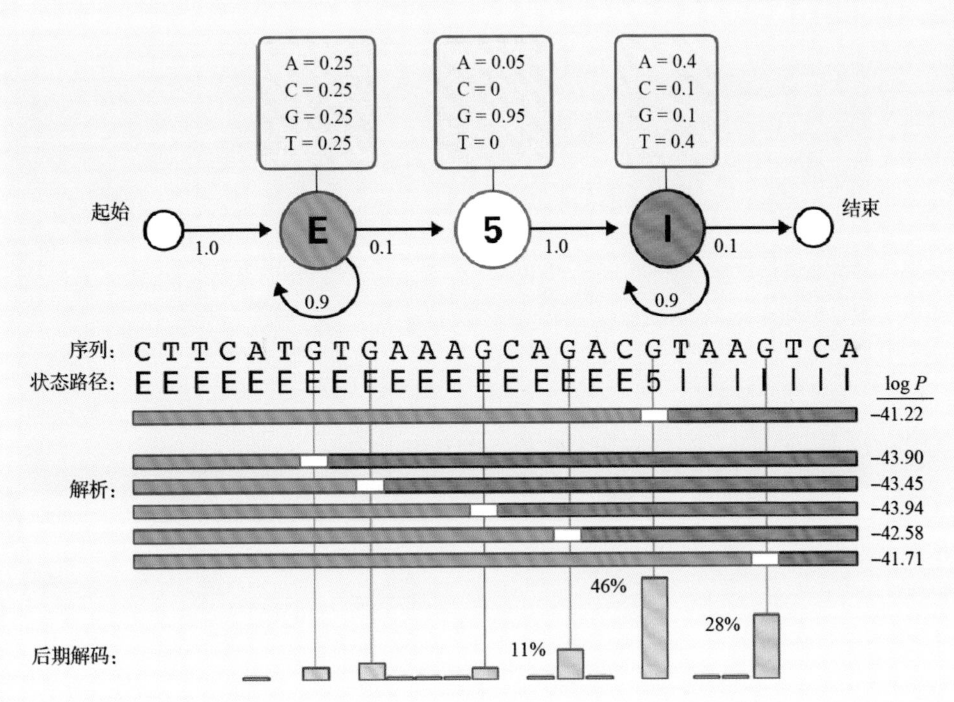

也在大多数其他植物的基因组中得到了印证。与许多其他的植物和动物一样，拟南芥相对较小的基因组与其短暂的生活周期密切相关：基因组大的植物倾向于生殖周期更长。

如图 9.1 中所示，现在已经可以从 DNA 水平上描述染色体的主要特征。

9.2.5.1　大多数基因位于常染色体臂上

染色体臂是指从端粒到靠近着丝粒之间的区域，一般包含约 100Mb 的序列，这段序列或多或少都一致性地富含基因。拟南芥基因组包含约 30 000 个蛋白质编码基因、大量的转运 RNA（tRNA）编码基因，以及不同类型的具有不同调控功能的非编码 RNA 基因。这一数目随着一些较小基因（包括编码蛋白质的基因和调控基因）的不断发现而增加。拟南芥的蛋白质编码基因平均包含 5 个外显子，从起始位点到终止位点大约 2kb。如下文中所述，一个基因的调控序列还可能位于其编码区上游、下游或者其基因内部，当然具有调控功能的启动子大多

信息栏 9.6　人们采用多种类型证据来支持基因结构预测

对基因结构预测的支持包括基因的计算机预测、剪接本与 cDNA 的基因组序列的比对、同种生物的表达序列标签（EST），以及同种或近缘物种的蛋白质序列的剪接比对。比对的算法可找出剪接位点，因此可以鉴定和支持所研究的基因的正确结构。下图显示的是拟南芥 1 号染色体编码 3- 甲基巴豆酰羧酶 1（At1g03090）的一段大约 4.5kb 长的负链窗口。其窗口底部的白背景中，暗绿色表示的是该预测基因的结构，外显子用实框表示，内含子和非编码区用空框表示。在这一栏上方黑色背景的框显示收集到的证据（从下到上）：橘黄色表示剪接位点预测、基因的计算预测和蛋白质序列比对，各种不同的颜色表示来自不同植物的表达序列标签比对，上方的亮粉色表示拟南芥转录本组装的比对，竖直标记线表示一个会产生两种蛋白质亚型的跳读外显子（skipped exon，有 cDNA 和蛋白质比对证据支持）。

屏幕截图来自注释网站（Annotation Station）的基因编辑器，这是一款类似于开放资源阿波罗编辑器（Apollo editor）的软件。

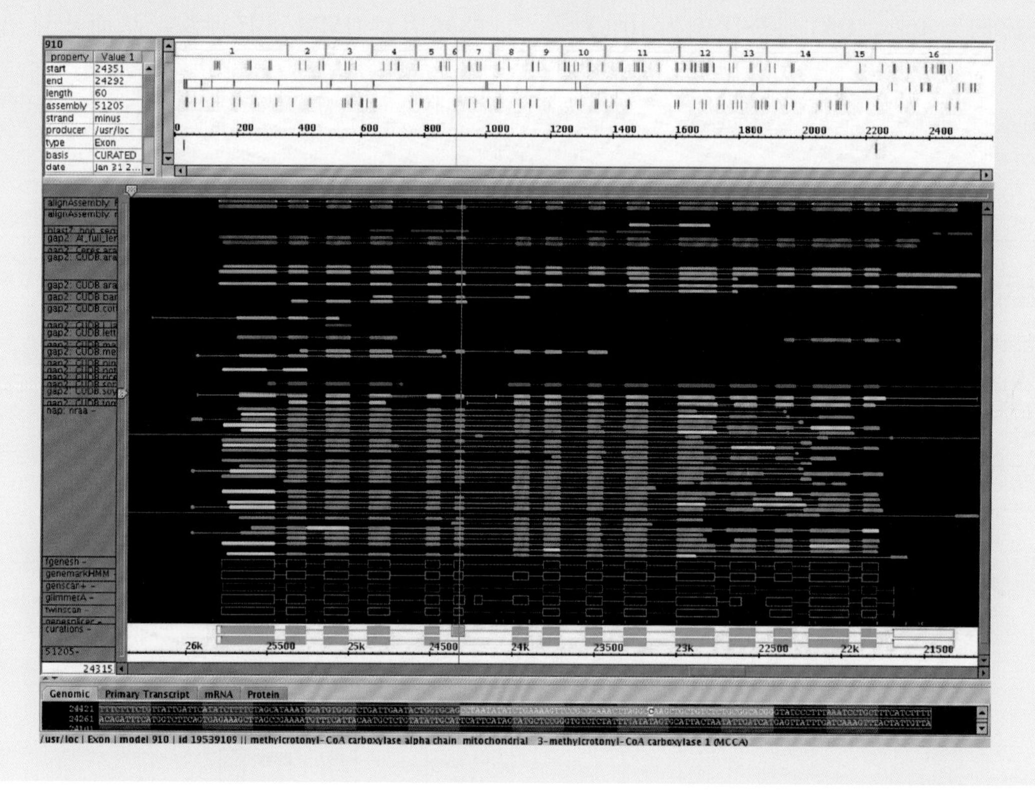

数位于转录起始位点的上游。拟南芥中基因之间大约相隔 2.5kb 的 DNA（包括调控区域），其基因密度为 4.5kb/ 个基因。这在植物中属于基因密度最高的，与短柄草属、小立碗藓以及单细胞的衣藻的基因密度类似。绝大多数情况下，由 DNA 双螺旋中某一段区域的其中一条链来编码蛋白质。因此，蛋白质编码基因可能在任一 DNA 链上，也可以从任一方向进行转录（图 9.3）。

9.2.5.2　端粒保卫着染色体的末端

端粒位于染色体臂的末端，是一种保护染色体的特殊结构。端粒能确保染色体的准确复制，防止染色体在 DNA 合成过程中缩短（参见第 6 章）。在已经测定过端粒序列的大多数植物中，典型的端粒重复序列为 TTTAGGG。拟南芥中端粒长为 2 ～ 3kb。

真核生物有一种特殊的酶，称为**端粒酶**（**telomerase**），可以维护染色体末端单链的延伸，防止单链在每轮复制之后缩短（见图 6.10）。端粒酶是一种逆转录酶，在其蛋白质的三维结构中整合了一段 RNA 片段，这段 RNA 可以作为新的端粒序列的模板。端粒似乎也起到在染色体上维持“非黏性”末端的作用。与之相反，细胞遗传学分析发现，断裂

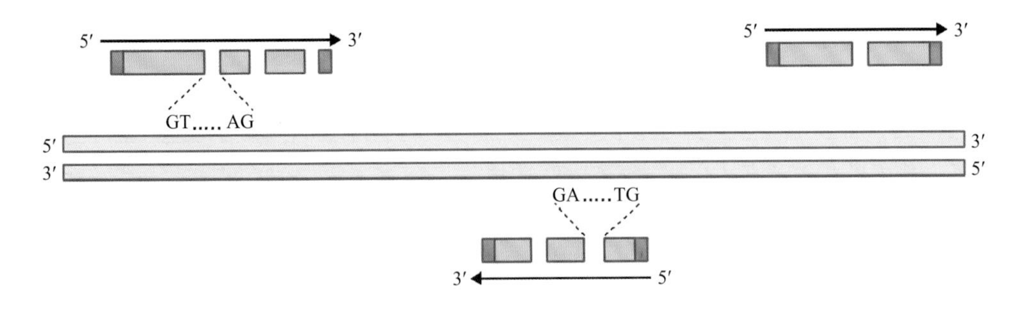

图 9.3 基因（蛋白质编码序列）在 DNA 的两条链上均有，但很少在同一区域的两条链上同时存在。因为转录方向总是从 5′ 端到 3′ 端，因此反义链上的基因以相反的方向转录，转录方向可以相对也可以相反。注意图中两条链上保守的剪接位点边界的方向。绿框代表转录本的蛋白编码区（CDS），蓝框代表 5′ 端和 3′ 的非编码区（UTR）。极少数情况下，两个基因分别在 DNA 的同一个区域的不同链上，其中一个基因在另一个基因内含子中

染色体的末端黏性非常大，随时可以与任何其他的 DNA 片段相连接。端粒似乎也对染色体在细胞核中的排列起作用，把染色体黏附到核膜内表面的核纤层上（见第 5 章）。

9.2.5.3 着丝粒保证染色体在分裂过程中精确地分配到子细胞中

在细胞学上，染色体的着丝粒（图 9.4）是高度凝缩的异染色质收缩区，在有丝分裂或者减数分裂中纺锤丝结合到这个区域，协助分开复制完成的染色单体。已经鉴定清楚的着丝粒中最为简单的是酿酒酵母（*Saccharomyces cerevisiae*）和裂殖酵母（*Saccharomyces pombe*）的着丝粒，它们的长度只有几十到几百个核苷酸。然而，植物的着丝粒几乎总是大得多，也复杂得多。α 卫星重复序列是人的基因组着丝粒的一个特征，植物的着丝粒与之类似，通常也包含一个或多个种属特异性序列的串联排列，这些序列一般长 150 ～ 200bp，大约相当于缠绕在一个核小体上的 DNA 的长度。另外，着丝粒中还含有大量逆转录转座子序列。尽管我们对着丝粒的序列信息已经有一些了解，但关于植物着丝粒的主要组成序列仍不清楚。目前，对于着丝粒较为清楚的是结合到着丝粒区域 DNA 的蛋白质，尤其是组蛋白 CENH3。酵母中的着丝粒上有大约 50 种组成型结合或瞬时结合的蛋白质。许多这些蛋

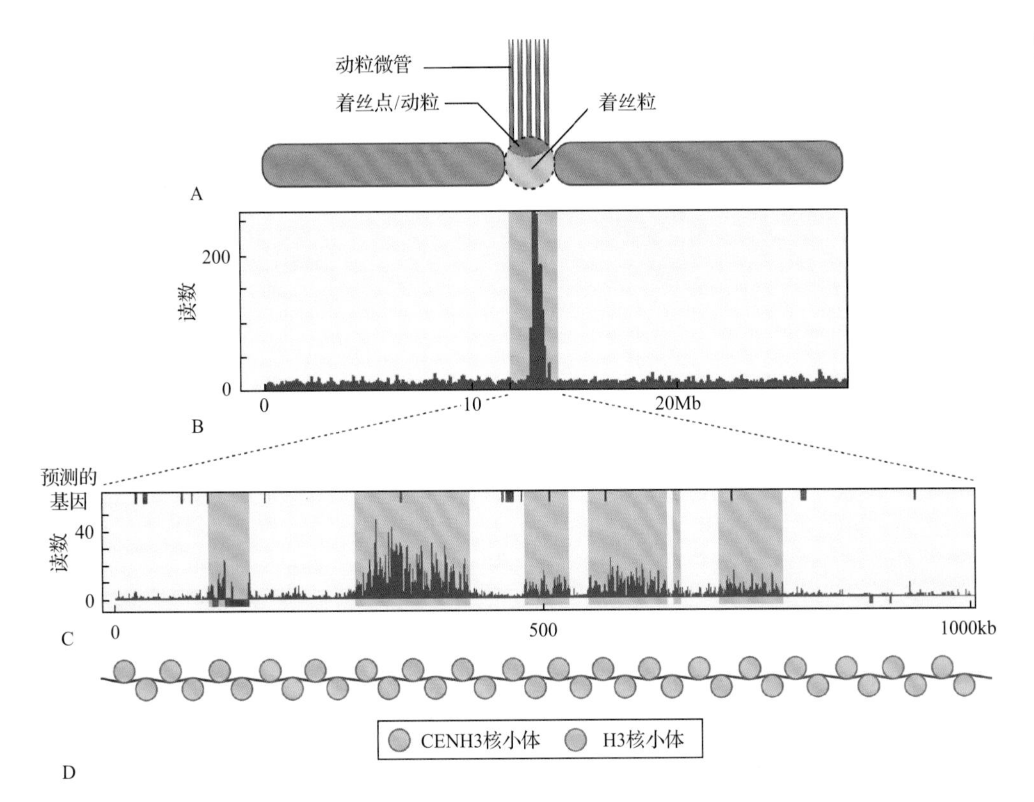

图 9.4 水稻（*Oryza sativa*）的 8 号染色体上着丝粒的结构。A. 染色体的基本结构包括染色体臂（蓝色）、着丝粒（红色）、动粒（黄色）和微管（紫色）。为简单起见，图中仅示一条姐妹染色单体。B. 通过针对 CENH3（着丝粒特异的组蛋白 3 变体）的全染色体 ChIP-Seq（见信息栏 9.10）推断，CENH3 定位在着丝粒区域。灰框代表染色体上交叉互换受到过度抑制的区域。C. CENH3 结合区域的扩大图。预测到的基因（红色）主要位于 CENH3 结合区域（灰色区域）之外，读出片段下面的红框示 155bp 的着丝粒重复（CentO）阵列。D. 水稻 8 号染色体着丝粒上核小体的分布示意图。灰圈表示含有典型的组蛋白 H3 的核小体，蓝圈表示含有 CENH3 的核小体。未按比例绘制

白质的同源蛋白在植物的着丝粒上也有，它们包括 CENP-C、CENP-H-1、CCAN、ASK、CBF5 及 Bud-like 蛋白等。

着丝粒的大小因物种而异，甚至即使是在同一个物种中，着丝粒的大小也可能因不同的染色体而不同，其变化范围在 50kb 到几兆碱基之间。尽管人们对植物中着丝粒的功能元件（包括 DNA 序列和相关的蛋白质组分）了解有限，但是目前还是有可能构建出能持久自主复制的人工染色体，将部分或全部的重要代谢或发育相关的模块转移到其他品种或物种中，达到农作物改良的目的（图 9.5）。

着丝粒周围区域（**pericentromeric region**）在着丝粒两侧延伸数兆碱基，基因密度低，含大量的转座子，且主要是逆转录转座子（见 9.3 节）。这些区域的遗传重组也受到抑制。

9.2.5.4 编码核糖体 RNA 组分的基因位于少数的基因组区域

核仁组织区（nucleolar organizer region，NOR）是指细胞中染色体上的可辨识区域，核糖体 RNA 的转录、合成和组装都围绕着这些区域进行。在活跃的细胞中，核糖体的形成和蛋白质的合成需要大量的核糖体 RNA（rRNA），因此一个或者少数几个拷贝的 rRNA 基因完全不可能满足翻译的需求。在 DNA 序列水平上，核仁组织区包含一段长约 10kb 的多次串联重复序列，该序列编码了核糖体的 28S、18S 及 5.8S 的 RNA 组分（图 9.6）。编码这些区域

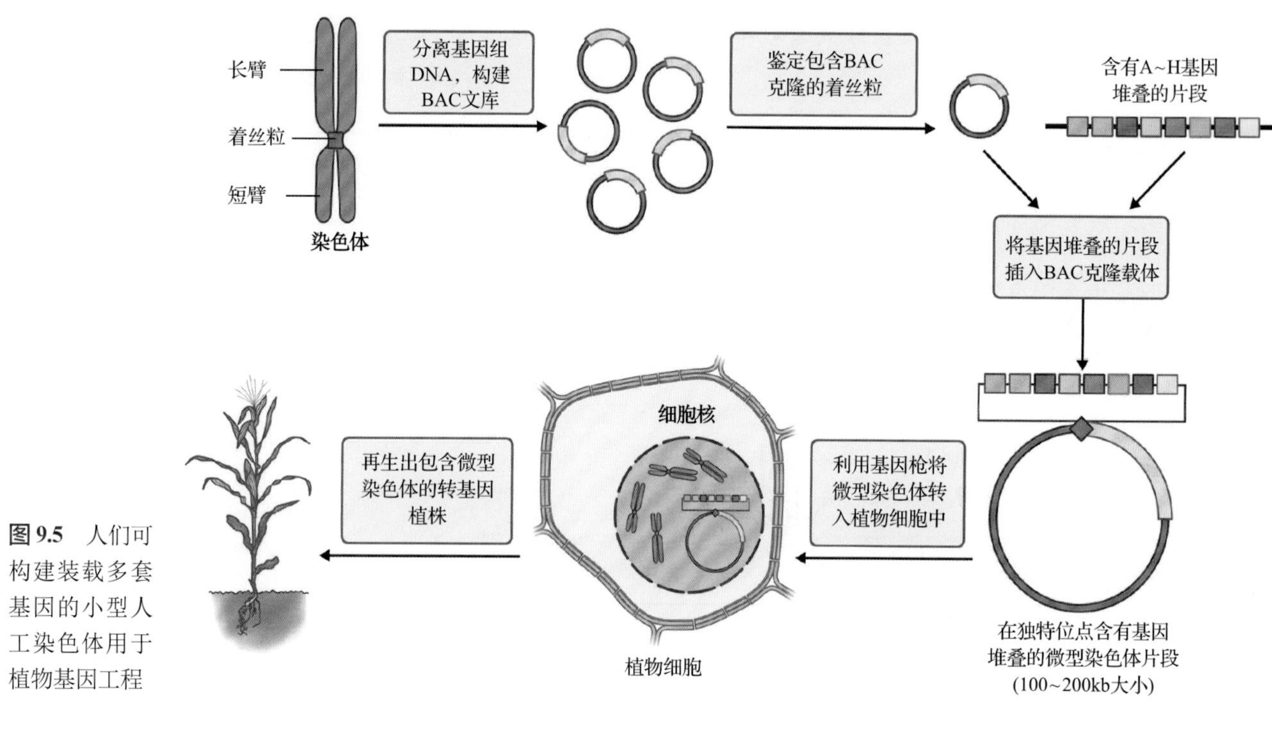

图 9.5 人们可构建装载多套基因的小型人工染色体用于植物基因工程

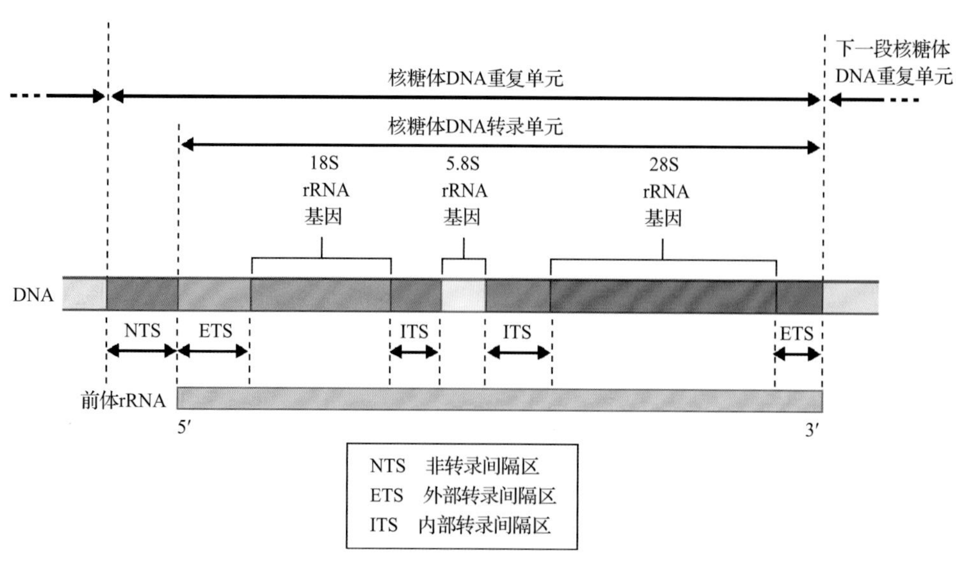

图 9.6 真核生物核糖体 DNA 重复单元。植物的大多数核糖体基因都包含在一个长度为 7800 ～ 185 000bp 的重复单元内。一个重复单元由高度保守的 rRNA 基因组成，这些基因由一些短的、不转录的间隔序列（NTS、ETS 及 ITS）分隔开。核糖体包含四种不同大小的 RNA，分别为 18S、5.8S、28S 和 5S。前三者的基因位于 rDNA 重复单元上，而编码 5S 的 rRNA 基因位于基因组的其他位置

的这三个基因在不同物种中高度保守，但基因间转录间隔区（intergenic transcribed spacer, ITS）变化较大，因此ITS可用来比较不同物种间的亲缘关系。每个物种通常只有一个或两个核仁组织区；它们的数量和在染色体上的位置可以通过FISH确定。其他的核糖体RNA组分（5S RNA）也是通过串联序列的形式编码的，但是这些串联序列位于染色体的其他位置。在拟南芥中，主要的5S RNA基因簇位于3号、4号和5号染色体的着丝粒区。

9.2.5.5 通常看到的异染色质组就是凝缩的染色质

异染色质组是细胞中与着丝粒分开的高度凝缩的染色体区域，普遍存在于基因组较大的植物中，如玉米（图9.7）。拟南芥中唯一的异染色质组位于4号染色体上，对其进行全测序，发现其包含了大量的逆转录转座子。

9.2.6 大的基因组在结构上较为复杂，大区域的重复序列之间插有基因岛

前文中描述的基因结构特征通常适用于大多数基因组小的植物（小于1 Gb）；而玉米基因组的结构则不太一样，它具有禾本科（草本或禾谷类植物）和其他种或属的一类大基因组的典型特征。玉米（*Zea mays*）基因组包含大约80%的重复DNA序列，这些序列大多数编码逆转录转座子（见9.3节）。大多数植物基因组包括基因富集的常染色体臂和基因较少的异染色质端粒，不同的是，玉米基因组中基因岛散布在大量逆转录转座子之间。这种基因岛较小，一般包括1～7个基因（平均4个），长度大约50kb，两个相邻的基因岛的距离是一个基因岛大小的数倍。尽管这个模型也适用于其他具有大的、高度重复序列基因组的禾本科植物如小麦（*Triticum* sp.）及大麦（*Hordeum vulgare*），但其是否适用于禾本科以外的其他单子叶植物，以及有大基因组的双子叶植物如生菜（*Lactuca sativa*）、向日葵（*Helianthus annuus*）、洋葱（*Allium cepa*）等，还有待进一步研究。

9.2.7 祖先基因组的复制事件对植物基因组结构具有重要影响

植物基因组序列为几百万年甚至一亿年之前发生的大规模复制事件提供了惊人而明确的证据（信息栏9.7）。这类复制事件的证据一般用点状图来表示（图9.8），两个坐标轴对应的坐标代表了基因组的一个特征的位置，每一个点代表了基因组中两个部分的具有相似性的区域。点状图通常是用蛋白质序列进行表征的，因为在更长的演化过程中蛋白质序列往往比DNA序列更为保守。因此，用蛋白质序列来表征点状图可以保证检测和观察到较为久远的复制事件。对于某一个基因组自身的点状图来讲，位于中央的斜线表示两个坐标轴（即进行比对的两个序列）中具有相同保守特征的位置，而一系列的点形成的中央斜线之外的斜线则显示的是片段复制的证据。

基因组复制事件的发生时间可以通过两个序列之间的差异进行推算。这种推算是通过计算蛋白质编码序列（可从基因组序列或者EST序列中推出）上碱基的同义替代速率实现的，推算结果还可以与

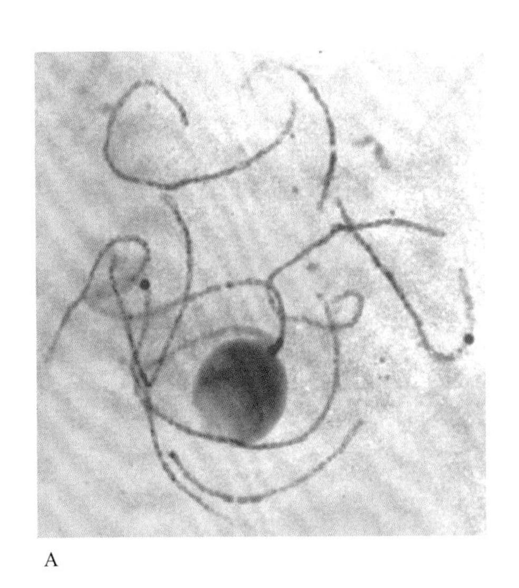
A

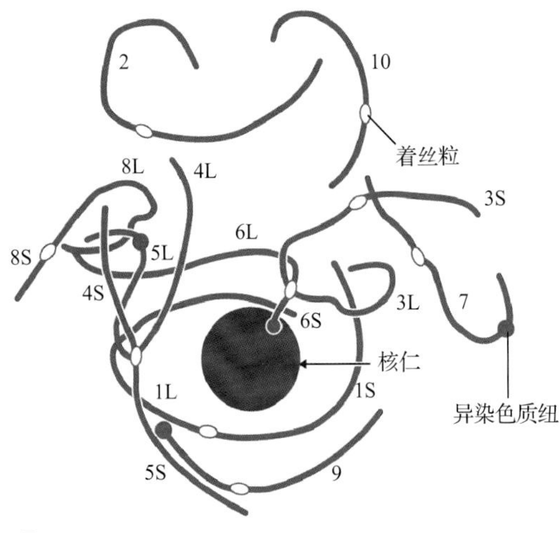

B

图9.7 玉米（*Zea mays*）染色体上的一个异染色质组。A. 粗线期玉米小孢子母细胞的细胞核显微图，示10条染色体及核仁。B. A图的区分染色体的示意图。粗线期时，同源染色体并列排列且足够粗，根据它们的结构特征（如着丝粒和异染色质组的位置）可以区分每一条染色体

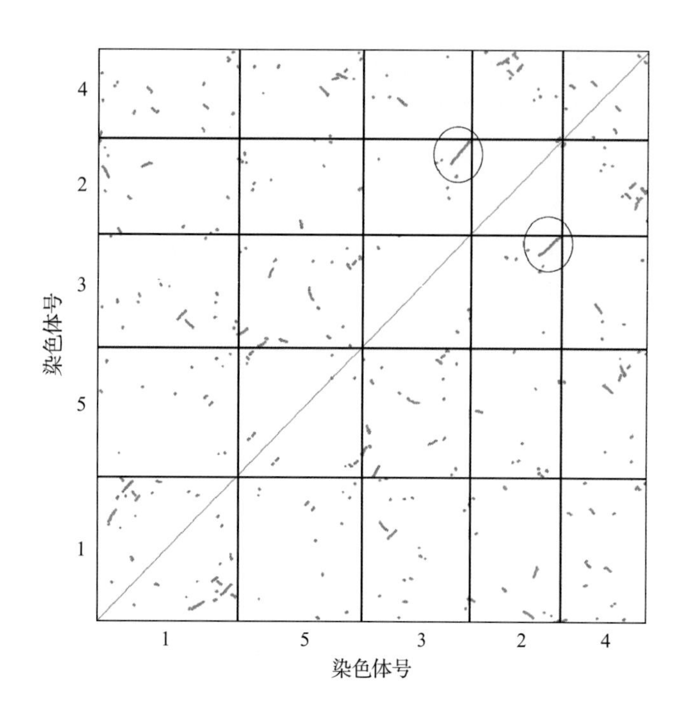

图 9.8 拟南芥基因组点状图揭示古老的复制事件。染色体按照大小以降序的方式排列。每一个点代表基因组上两个不同位置的一类相似的基因。圆圈代表在 3 号染色体末端发生了复制的 2 号染色体末端重复区域（注意对角线两边的对称性代表自身的一致序列）。该图用 CoGe 软件包绘制

化石记录相互对照进行校准。同义替代是指发生在密码子第三位碱基上、不影响该密码子编码氨基酸的突变，由于其不会影响蛋白质的氨基酸序列，因此不会受到选择压力。

随着数据积累及更为精确的计算方法的出现，建立在 DNA 序列上的植物演化历史变得更加复杂，有时甚至引起争议。当你往回看的时间越久远，对复制事件的检测就会变得越困难。这是因为随着更多序列差异的发生，在同一个核酸位置上可能会有连续的突变，这样就增加了识别同源碱基对的难度。

基因组复制事件发生后，基因的功能可能发生丢失和改变。在很多年前人们提出了基因的亚功能化和新功能化的概念，来描述单个基因的复制事件（而不是大规模的基因组复制）。基因的亚功能化是指从同一个最初的单拷贝基因复制产生的两个子基因分别在表达谱和生化活性上都有不同的表现，但它们合起来就是初始基因相同的活性。而基因的新功能化则是指一个复制产生的基因获得了一种原来基因所没有的功能的情况（图 9.9）。这些改变既可能发生在基因的调控区，也可能发生在蛋白质编码

信息栏 9.7 同源、直系同源和旁系同源是植物演化及物种形成中重要的概念

同源基因指的是有共同起源的基因。从演化角度来看，有两种类型的同源基因：直系同源基因是指从两个物种最近的共同祖先中的同一个基因起源的基因；旁系同源基因则是通过复制产生的相似的基因。连续几轮基因组复制可以产生复杂的直系同源和旁系同源基因关系。

在此图中，X、Y、Z 分别代表假设的演化树上最近共同祖先之前就已存在的三个旁系同源基因。在演化树分枝 1 中，在三个不同物种 A、B 和 C 中的基因 XA、XB 和 XC 分别只进行垂直遗传，这些基因属于直系同源基因。在分枝 2 中，物种 A 中发生了谱系特异性复制，这样 YA1 和 YA2 在 A 种内是属于旁系同源基因，而与 YB、YC 之间是共直系同源基因。在分枝 3 中，在每一物种中都发生了两次或三次基因复制，这意味着 ZA1 ～ ZA3 之间是旁系同源基因，它们与 ZB1-2、ZC1-2 之间则属于共直系同源基因。如果单个家系中随后出现不同基因的丢失，那情况会变得更加复杂。

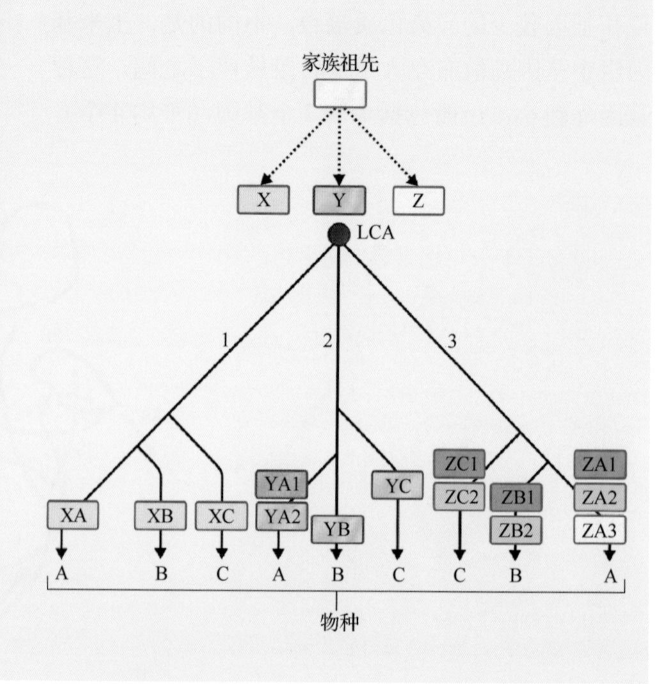

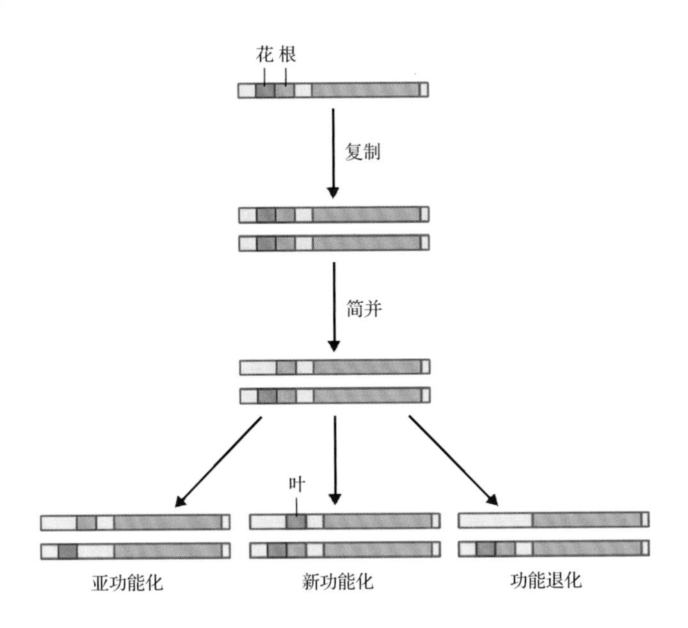

图 9.9 基因的亚功能化及新功能化。某一单基因包含有可以驱动基因在花和根中表达的启动子元件。在复制和退化事件发生后，有三种可能的后果。一是基因的亚功能化，即每个基因只保留一个启动子元件，因此只能在两个器官中的一个表达；二是新功能化，即其中一个基因的启动子元件发生突变（或者基因获得了一个新的调控元件），驱动基因在新的组织（如叶片）中表达；三是无功能化，即其中的一个拷贝的基因变成假基因不再表达

区。一旦复制发生，至少有一个子基因可以进行分化或演化，而无须维持原基因的功能，这可能对生物体的生存至关重要。

9.2.8 在近缘植物种中单拷贝基因的组成和排列具有演化保守性

遗传图谱和基因组测序已经表明，不论是植物还是动物，相近的物种中染色体的一个大片段上，基因的组成和排列顺序通常都是保守的。遗传位点或基因上的这种共线性统一称为**同线性（synteny）**。第一例多个植物种中基因的同线性是在禾本科植物中发现的（图 9.10A），随着更多基于序列的遗传图谱的产生和基因组序列的测定，现在人们已经清楚地了解到，在其他科的植物如茄科植物（包括番茄、土豆、辣椒及茄子等）和豆科植物（包括苜蓿、百脉根、菜豆、大豆及豌豆等）中也存在类似的同线性现象。

对于亲缘关系较远的物种来讲，它们之间的同线性通常可以通过预测同源蛋白序列的顺序（而不是将核苷酸序列进行直接比对）来进行推断。图 9.10B 所示为水稻和玉米之间的同线性例子。当一个物种与亲缘关系越来越远的种进行比较时，同线性区块（synteny block）的长度会越来越短。然而，甚至是不同科的、分歧时间达到 5000 万年的物种之间进行比较，也可以检测到一些短的同线性区块（称为微同线性）。同线性不仅具有学术价值，而且还可拓展已测序基因组的知识，用于推断目标基因在那些因太大而无法测序的基因组上的位置及序列信息（例如，利用蒺藜苜蓿基因组的信息鉴定豌豆中与共生相关的候选基因）。

9.3 转座因子

转座因子是可以从基因组的一个位点移动或**转座（transpose）**到另一个位点的一段 DNA（序列因子）。核基因组的很大一部分都是这些可移动的 DNA，它们携带着包含的遗传信息进行转座，是基因组组成的重要特征。不同生物体（如果蝇、酵母和玉米）的转座因子在组成、序列和转座方式上具有显著的保守性，并根据其序列组成和转座方式进行分类（表 9.1）。

9.3.1 逆转录转座子是通过 RNA 中间产物移动的可移动元件

根据转座方式的不同，转座子分为两种基本类型。Ⅰ类转座子通过一个 RNA 中间产物转座，称为**逆转录转座子（retrotransposon）**。其中 LTR 逆转录转座子有长长的末端重复序列，编码一个 GAG 蛋白（参与类病毒颗粒的产生）、一个 POL 蛋白（逆转录酶），以及（有时还有）一个 ENV 蛋白（包膜蛋白），这些蛋白质常常聚在一起形成多聚蛋白。逆转录转座子可能是起源于病毒，这一点可以通过其作用机制得到证实，即逆转录转座子是通过一个中间产物进行转座的，类似于逆转录病毒在宿主基因组上的复制（图 9.11A），不过有关植物逆转录转座子的实际的病毒颗粒中间产物的证据还不充分。Ⅱ类转座子通过一个 DNA 中间产物转座，称为 **DNA 转座子（DNA transposon）**；切割后，往往会在原来位置处留下一段改变过的 DNA 序列（足迹）（图 9.11B）。

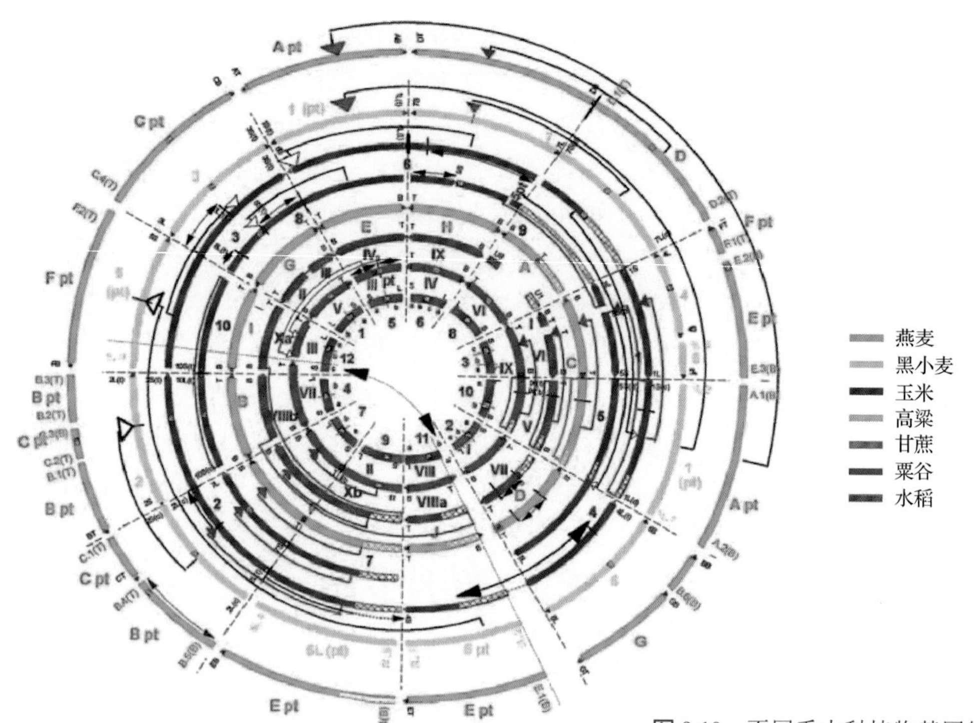

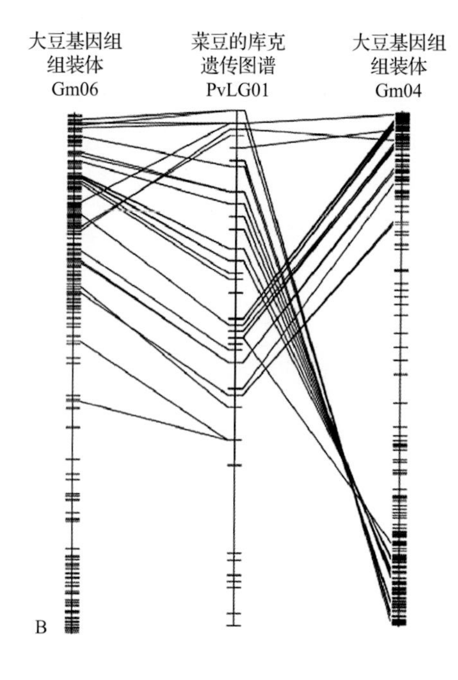

图 9.10 不同禾本科植物基因组之间的同线性。A. 不同禾本科植物的基因组一致性比较图。比对结果来自于多个物种：燕麦 - 小麦 - 玉米 - 水稻；玉米 - 水稻；玉米 - 小麦；玉米 - 高粱 - 甘蔗；粟谷 - 水稻。箭头指示染色体上必要的倒位和转座；△ 指示已知位置的端粒；□指示已知位置的着丝粒。阴影部分表示比对数据量少的染色体区域。染色体命名指示了染色体臂（短臂 / 长臂或者上臂 / 下臂）。B. 通过遗传图谱比对展示的大豆和菜豆之间更为详细的同线性分析图

从逆转录转座子的量或者拷贝数来看，植物基因组上的逆转录转座子（包括处于激活或失活状态下的转录转座子）远多于 DNA 转座子。在较大的基因组（如禾谷类植物和鸢尾花或百合等植物的基因组）中，逆转录转座子的数目占整个基因组的 50% ～ 90%。玉米基因组中存在的嵌套转座子可以很好地解释转座子及转座子的扩张是如何影响整个基因组的大小的（图 9.12）。通过比较这些复杂排列的、插入不同成员之间 LTR 末端序列的相似性，就可以大致判断出这些插入事件的相对年龄，即发生的时间，因为最近期的插入事件其末端重复序列之间相似性最高，而最古老的插入事件其末端重复序列之间分歧最大。

对多个玉米品种的基因序列进行分析，揭示了基因组惊人的多样性。尽管许多品种 / 品系遗传图谱（基因排列顺序）相同（只是在基因内部的顺序有微小的差异），但基因之间的序列差异性（图 9.13A）及基因组成（包括多基因家族的拷贝数）上的差异还是很大的。这样的差异很有可能在其他近期（即在过去的几百万年之内）发生过转座事件的物种中找到。转座的结果是造成同一物种中并非所有成员都含有完全相同的遗传组成。这导致产生了一个种的核心基因组和泛基因组两个概念。这两个概念最早是在细菌中提出来的。核心基因组表示同一物种的所有成员共同拥有的那些基因，而泛基因组表示的是该物种作为一个整体的基因总和（本质上讲，前者为每一个个体的遗传物质的交集，而后者为每一个个体的遗传物质的集合，图 9.13）。

基因组上的很多根据序列划分成逆转录转座子

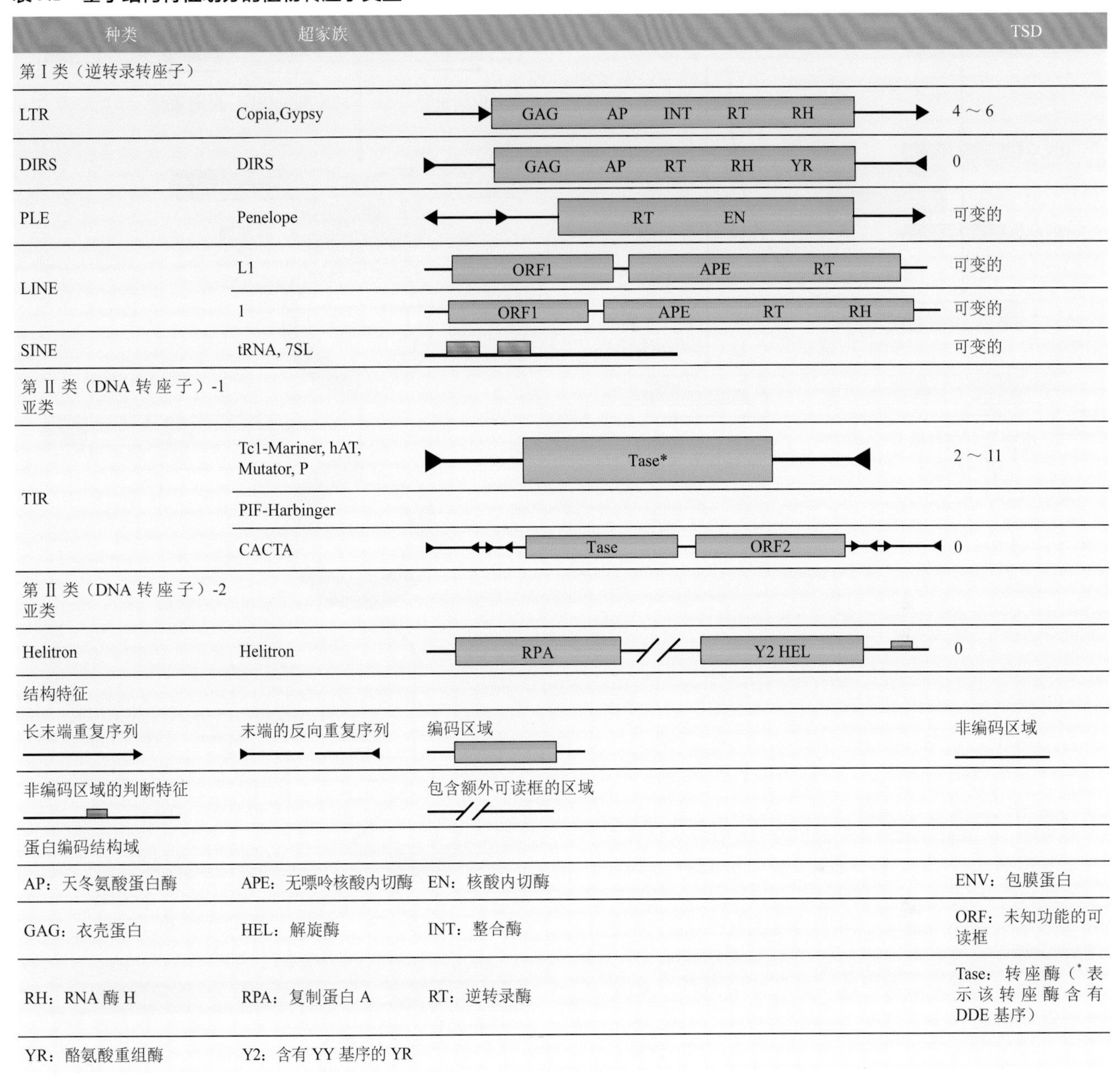

表 9.1　基于结构特征划分的植物转座子类型

种类	超家族		TSD
第 I 类（逆转录转座子）			
LTR	Copia,Gypsy	GAG AP INT RT RH	4 ～ 6
DIRS	DIRS	GAG AP RT RH YR	0
PLE	Penelope	RT EN	可变的
LINE	L1	ORF1 APE RT	可变的
	1	ORF1 APE RT RH	可变的
SINE	tRNA, 7SL		可变的
第 II 类（DNA 转座子）-1 亚类			
TIR	Tc1-Mariner, hAT, Mutator, P	Tase*	2 ～ 11
	PIF-Harbinger		
	CACTA	Tase ORF2	0
第 II 类（DNA 转座子）-2 亚类			
Helitron	Helitron	RPA Y2 HEL	0
结构特征			
长末端重复序列	末端的反向重复序列	编码区域	非编码区域
非编码区域的判断特征		包含额外可读框的区域	
蛋白编码结构域			
AP：天冬氨酸蛋白酶	APE：无嘌呤核酸内切酶	EN：核酸内切酶	ENV：包膜蛋白
GAG：衣壳蛋白	HEL：解旋酶	INT：整合酶	ORF：未知功能的可读框
RH：RNA 酶 H	RPA：复制蛋白 A	RT：逆转录酶	Tase：转座酶（* 表示该转座酶含有 DDE 基序）
YR：酪氨酸重组酶	Y2：含有 YY 基序的 YR		

TSD，靶标位点重复序列。

的区域，由于序列的改变而失去了蛋白质编码的能力，从而不再是有功能的逆转录转座子。但其中有一些 DNA 序列在完整的逆转录转座子的影响下仍然可以转座，它们的启动子也可以影响靠近其基因组插入位置附近的基因的表达。

长散布元件（LINE）和短散布元件（SINE）也属于 I 类转座子。LINE 的全长为 4 ～ 9kb，它们的转座需要元件编码的核酸内切酶、逆转录酶及核酸结合活性。SINE 是一类短的（长 80 ～ 500bp）非自主转座元件，其转座需要利用 LINE 的酶活机制来完成。

9.3.2　人们发现 DNA 转座子就是导致玉米染色体断裂及颜色变化的元件

最早发现的 II 类转座元件（信息栏 9.8）就是玉米的 Ac/Ds 转座元件系统（图 9.14）。Ac/Ds 系统包括两类元件：**自主元件 autonomous element**（Ac，激活因子）和**非自主元件 nonautonomous element**（Ds，解离因子）。Ac 因子可以自主进行转座，因为它的一段 4.6kb 的 DNA 序列可以编码转座所需的所有产物。这段 DNA 序列的中心区域编码一段长 3.5kb 的转座酶的转录本，该转座酶可以切割 Ac 因子和

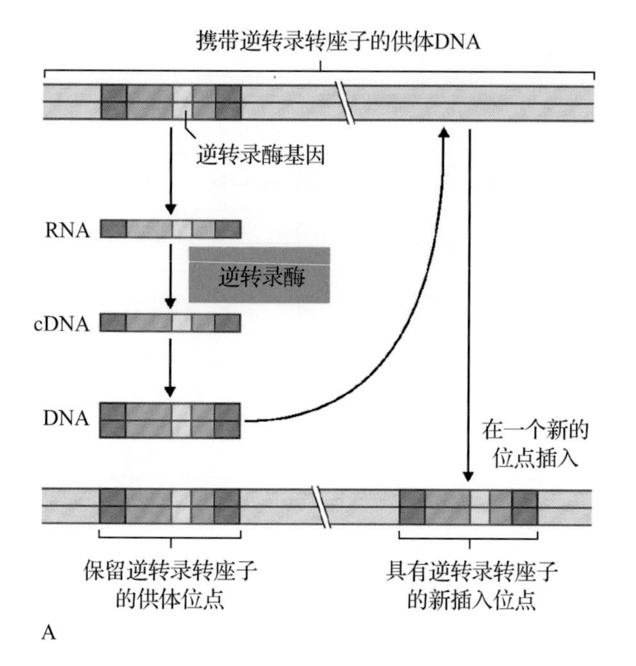

图 9.11 A. 逆转录转座子转座的机制。转座元件转录为 RNA 中间产物。随后通过逆转录为 cDNA 后插入到新的位置。B. Ⅱ类转座子的结构和转座。转座元件的共同特征是两端有短的倒置重复序列。在一个转座模型中，转座酶识别这些短的倒置重复序列，产生一个茎 - 环结构，随后将其从基因组上切除下来。在新插入的位置处会产生一个错位的切口。转座子插入后，错位切口产生的单链区域被填补上，在目标位点发生复制

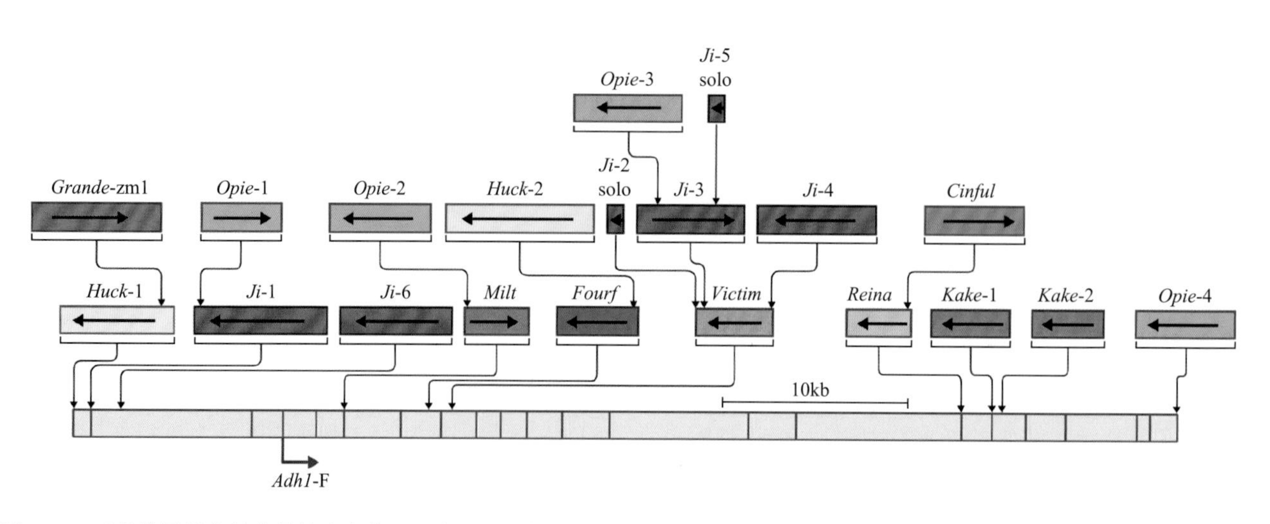

图 9.12 玉米基因组中的大量转座事件。玉米 *Adh1* 基因附近区域基因组上的重复 DNA 序列。逆转录转座子占据了玉米基因组中 *Adh1* 基因附近的大部分区域。人们已对不同类型的序列基序命名（例如，蓝色代表 Opie），并且在图谱中标示出插入位点

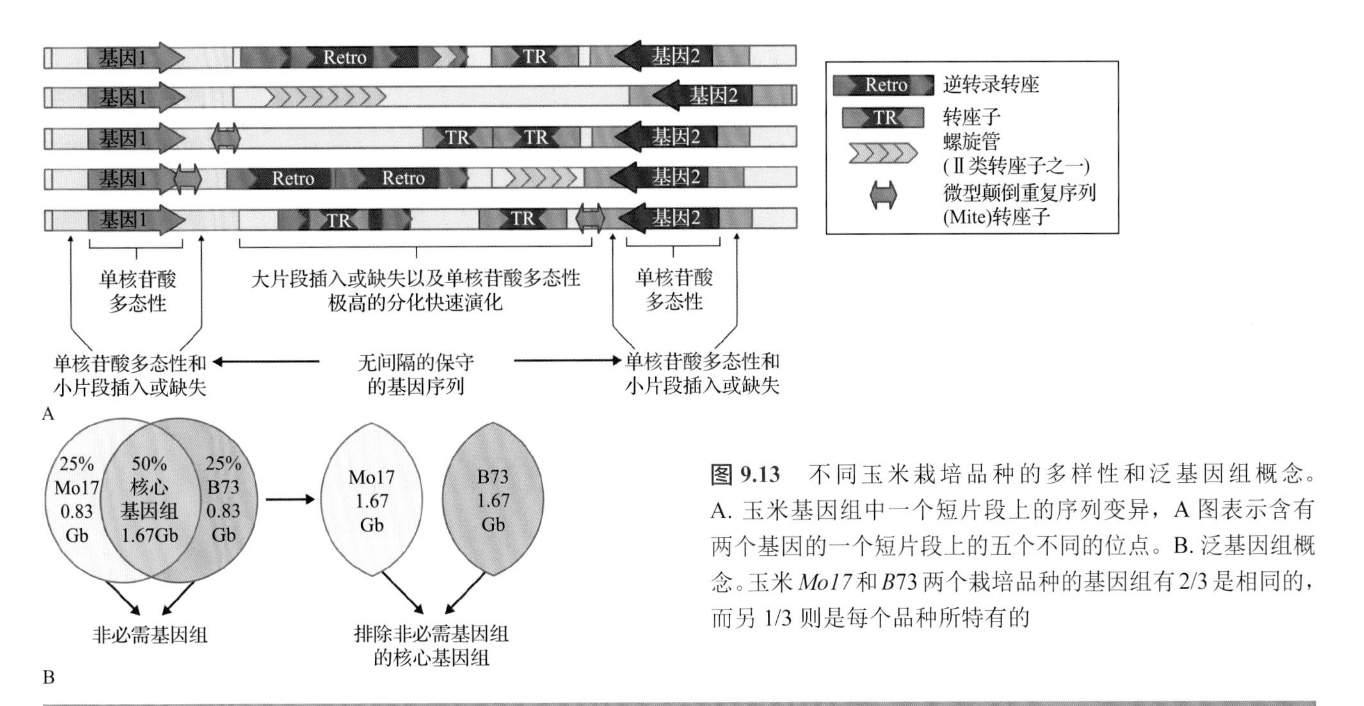

图 9.13 不同玉米栽培品种的多样性和泛基因组概念。A. 玉米基因组中一个短片段上的序列变异，A 图表示含有两个基因的一个短片段上的五个不同的位点。B. 泛基因组概念。玉米 *Mo17* 和 *B73* 两个栽培品种的基因组有 2/3 是相同的，而另 1/3 则是每个品种所特有的

信息栏 9.8 根据转座机制及其编码基因的序列对转座元件进行分类

种类	超家族水平上的结构示例		TSD	序列	存在于
第Ⅰ类(逆转录转座子)					
LTR	*Copia*	GAG AP INT RT RH	4~6	RLC	P,M,F,O
	Retrovirus	GAG AP RT RH INT ENV	4~6	RLR	M
DIRS	*DIRS*	GAG AP RT RH YR	0	RYD	P,M,F,O
	Ngaro	GAG AP RT RH YR	0	RYN	M,F
PLE	*Penelope*	RT EN	可变	RPP	P,M,F,O
LINE	*R2*	RT EN	可变	RIR	M
	L1	ORF1 APE RT	可变	RIL	P,M,F,O
SINE	*tRNA*		可变	RST	P,M,F
第Ⅱ类(DNA转座子)- 1亚类					
TIR	*Tc1-Mariner*	Tase*	TA	DTT	P,M,F,O
	CACTA	Tase* ORF2	2-3	DTC	P,M,F
Crypton	*Crypton*	YR	0	DYC	F
第Ⅱ类(DNA转座子)- 2亚类					
Helitron	*Helitron*	RPA Y2 HEL	0	DHH	P,M,F
Maverick	*Maverick*	C-INT ATP CYP POL B	6	DMM	M,F,O

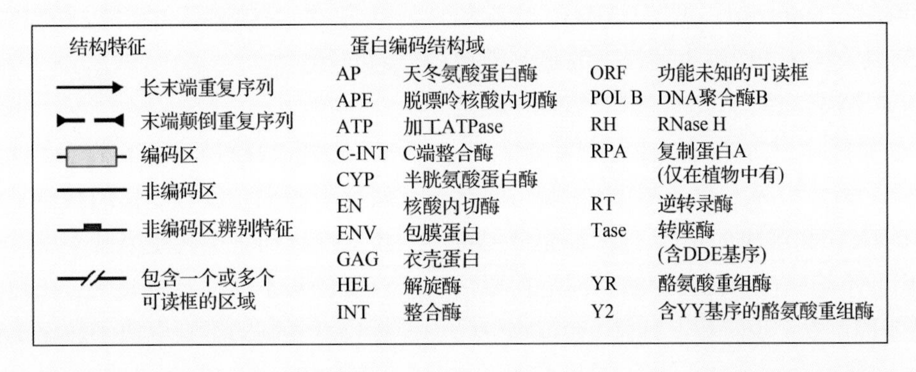

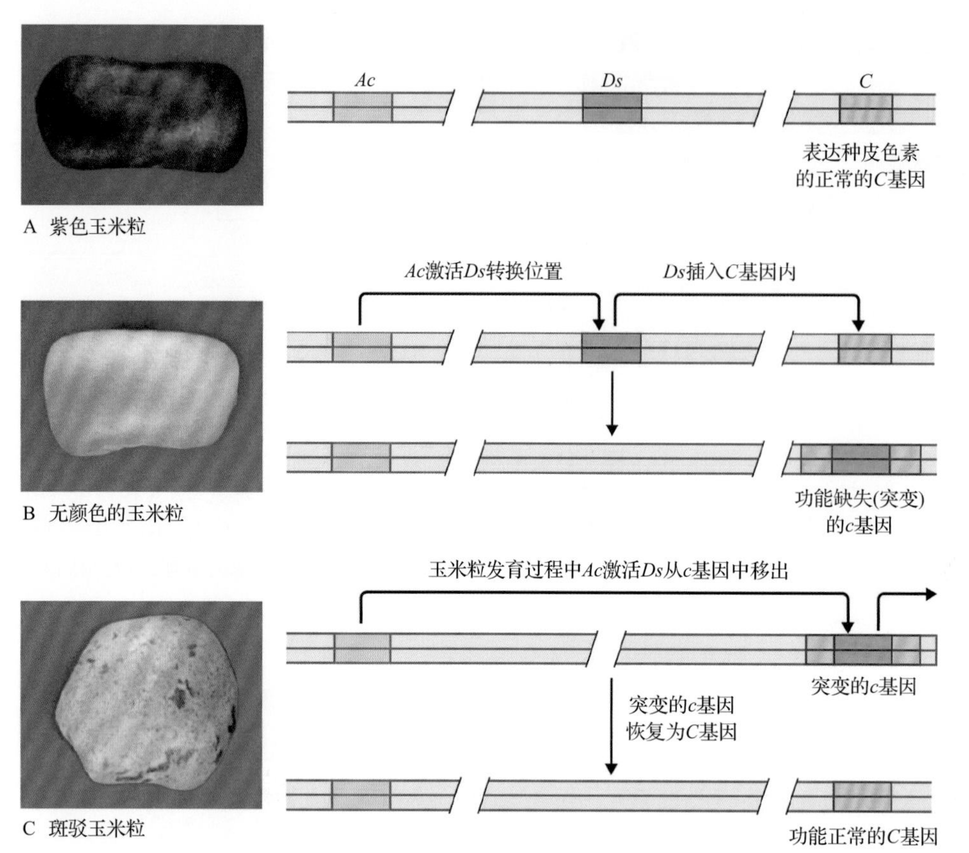

图 9.14 斑驳的玉米粒以及转座对玉米粒颜色模式的影响。巴巴拉•麦克林托克（Barbara McClintock）是第一个认识到基因组中可能存在转座因子的科学家。她根据对某种玉米粒表型的遗传学研究，提出了她的理论上的假设：基因或者基因的片段可以从基因组的一个位置“跳”到另外一个位置。以下的例子说明了这种行为的发生过程。A. *C* 基因编码一种催化玉米色素形成的酶，因此当 *C* 基因有活性时，玉米粒是紫色的。B. *Ac* 编码一个介导 *Ds* 因子转座的转座酶。当转座因子 *Ds* 插入到 *C* 基因中时，*C* 基因会失活，产生一个无色的突变体表型（*c*）。C. 如果在发育过程中 *Ds* 通过转座离开（跳出）*c* 基因，*c* 基因则回复到活性状态（*C*）。这样在无色的背景上就会出现紫色的斑点

Ds 家族的所有成员。Ac 因子的 DNA 区域的每个末端都有大约 11bp 的反向重复序列，该重复序列在转座酶识别过程中发挥作用。当转座元件插入到基因组的一个新位置时，宿主基因组可以在转座元件插入位置的两侧产生一对 8bp 的正向重复序列。之后，即使转座元件再次从该基因组位置转座出去，这些正向重复序列仍然将保留在基因组上，成为该次转座事件的**“足迹”**（**footprint**，见图 9.11B）。末端的反向重复序列以及插入 / 切割事件产生的足迹是像 Ac/Ds 这样的 DNA 转座因子家族的共有特征，但是每个家族的这些特征在大小和序列上都有特异性。

解离因子（*Ds*）实际上是一个由 *Ac* 编码的转座酶识别的 DNA 序列组成的家族。*Ds* 不能自主转座，因为它们并不编码自身的转座酶，而是需要依赖于 *Ac* 及其基因产物实现转座。目前，在植物中已经鉴定到 7 个不同的 II 类转座因子亚家族，其中至少有一些家族在所有植物的基因组中都有。微型反向重复转座元件（miniature inverted repeat transposable element，MITE）是在植物中广泛且大量存在的一类短的、非自主转座的 DNA 元件，它们在转座时需要其他元件提供转座酶。根据结构和序列特征，大多数的 MITE 可分为 Tourist-like 和 Stowaway-like 两大类。

9.3.3 转座因子可以在不同的物种中起作用

由于一个物种的转座因子也可以在其他物种中具有活性，由此产生了**转座子标签**（**transposon tagging**）技术，可以通过这种技术来破坏正常的基因，产生突变体表型。例如，通过农杆菌介导转化把烟草的转座子 TnT 导入到苜蓿中。然后就可以在带有转座子标签的株系中筛选具有目标表型的植株。之后，通过目标位点互补及测序就可以确定插入位置的信息。或者，如果基因组序列已经测定，随机插入的位点可以直接通过测序获得，从而鉴定到在目标基因处有插入的植物株系。

9.3.4 转座事件可以导致基因突变并改变基因表达

大多数植物基因组中含有少数完整且有活性的转座子和大量没有活性的转座子。转座事件可以产生突变。与 I 类转座因子不同，II 类转座因子往往产生的是不太稳定的突变。在切割后，对残留的目标位点复制的影响取决于转座子在所在调控区域或

编码区域中的位置，以及是否会对受到破坏的阅读框进行恢复。许多花和玉米粒上斑驳的颜色就是转座子切割事件的结果（图 9.14）。转座子可能会通过读通转录进入基因中或者通过把表观遗传沉默从转座子扩散至基因组相邻区域这两种方法来影响邻近基因的表达（图 9.15）。

9.4 基因表达

植物的发育及它们对环境变化的响应能力很大程度上取决于它们基因组上信息的读取。**基因表达（gene expression）**过程需要先将基因转录为 RNA，大多数情况下还需要将这些 RNA 翻译为终产物蛋白质。本节将介绍介导基因表达的分子机制，以及植物中调控基因活性的一些最共同的调控机制。

9.4.1 RNA 聚合酶在核基因的转录中有不同的功能

RNA 聚合酶（RNA polymerase，RNAP）负责合成植物细胞中不同类型的 RNA。在植物中有多达 5 种不同的 RNAP 介导核基因组中基因的转录，其他的 RNAP 则负责细胞器基因组中基因的转录（见第 6 章）。细胞核中的 RNAP(命名为 RNAP Ⅰ～Ⅴ）分别有不同的功能，合成不同类型的 RNA（表 9.2）。

RNAP Ⅰ具有高度特异性，只转录 45S 核糖体

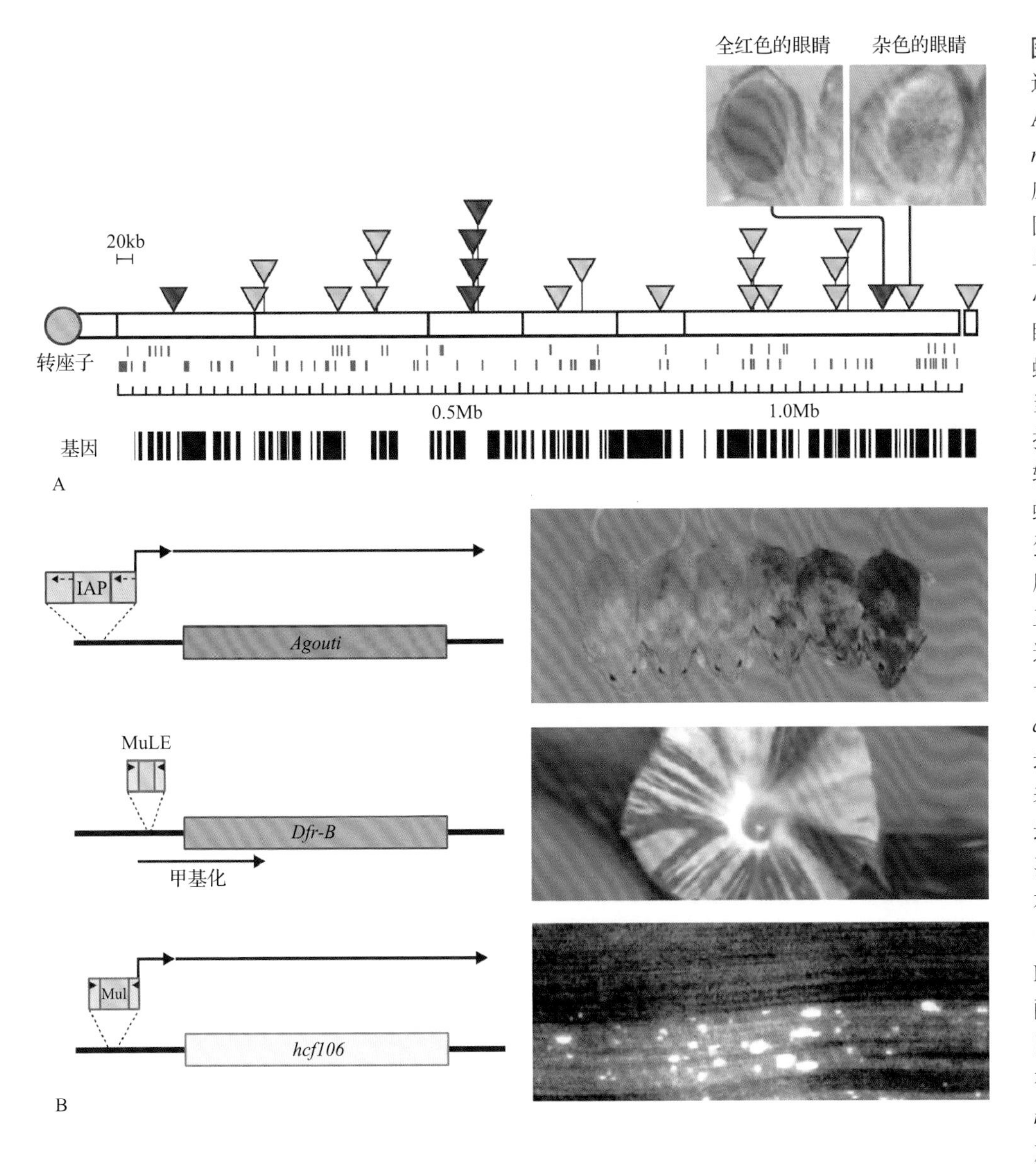

图 9.15 转座元件可对附近的基因产生多种影响。A. 黑腹果蝇（*Drosophila melanogaster*）中的位置效应。控制果蝇红眼的转基因的表达取决于该转基因与转座元件靠得多近。实心的红色三角表示能将白眼突变果蝇变为全红眼果蝇的转基因插入位点；而当转基因插入到橙色三角指示的位置后，由于附近转座元件的表达调控，果蝇眼睛呈现杂色。B. 一个蛋白质编码基因附近的转座插入导致表型多样性的三个示例。在小鼠中，IAP 逆转录转座子的插入产生一个可以向外延伸读取到 *agouti* 毛色基因内部的转录本。毛色基因转录本的表达及皮毛的颜色由逆转录转座子的表观遗传状态决定，并且可遗传。牵牛花（*Ipomoea* sp.）中，非自主性的转座子 MuLE 的 DNA 甲基化能延伸至黄烷酮醇还原酶基因的启动子区域，造成花瓣中出现带有颜色的线条。玉米（*Zea mays*）中，一个转座子家族的活性调控了两个表观等位基因。在 Mutator 转座子家族有活性的区域，两个表观等位基因造成的突变表型同时存在，即叶片呈现浅绿色（高叶绿素荧光，*hcf106* 突变体）并产生坏死的斑点（*les28* 突变体）。只有当基因组上其他位置上的这个自主性转座子失活时，*hcf106* 转录本才会由非自主性转座子 *Mu1* 起始转录

表 9.2 植物细胞核 RNA 聚合酶及其产物

RNA 聚合酶	负责合成的 RNA
Ⅰ	5.8S、18S 和 28S rRNA
Ⅱ	mRNA, miRNA, snRNA, ta-siRNA
Ⅲ	5S rRNA, tRNA, snRNA
Ⅳ	siRNA
Ⅴ	非编码 RNA

RNA（rRNA）的前体，该前体会加工成 5.8S、18S 及 28S 的 rRNA。尽管有这些局限，由 RNAP Ⅰ介导的转录仍然最多可达到生长中细胞 RNA 合成的 50%。

RNAP Ⅱ 负责转录编码蛋白质的基因，因此合成信使 RNA（mRNA）。此外，RNA Ⅱ还能转录 microRNA（miRNA）基因，合成小核 RNA（small nuclear RNA，snRNA）和反式作用干扰小 RNA（*trans*-acting small interfering RNA，ta-siRNA）（见第 6 章）。由于 RNAP Ⅱ在蛋白质表达过程中的重要作用，目前对其研究较为详尽，也已解析了其原子水平的结构（图 9.16）。

RNAP Ⅲ 负责转录编码转运 RNA（tRNA）、5S RNA，以及一部分其他的小分子 RNA 的基因。直到最近人们才发现另外两种 RNA 聚合酶——**RNAP Ⅳ**和 **RNAP Ⅴ**。与真核生物种普遍存在的 RNAP Ⅰ～Ⅲ不同，RNAP Ⅳ和 RNAP Ⅴ是植物所特有的聚合酶（RNAP Ⅴ只在被子植物或有花植物中有）。另外，与 RNAP Ⅰ、Ⅱ、Ⅲ不同，这两类 RNA 聚合酶不是植物生存所必需的。RNAP Ⅳ的功能是合成小分子干扰 RNA（siRNA），而 RNAP Ⅴ转录参与 siRNA 介导的基因沉默通路的非编码 RNA（见第 6 章）。

由于结构上的差异，不同的 RNAP 对转录抑制剂的敏感度不同。例如，RNAP Ⅱ对 α- 鹅膏蕈碱高度敏感。α- 鹅膏蕈碱是鹅膏属蘑菇中的一种环状八肽，是蘑菇中的主要致毒因子之一。与 RNA Ⅱ不同，RNAP Ⅰ对 α- 鹅膏蕈碱不敏感，而 RNAP Ⅲ对 α- 鹅膏蕈碱中度敏感。RNAP Ⅲ还受一种细菌毒素——万寿菊菌毒素（targetitoxin）的选择性抑制。由于敏感性上的这些差异，特异的 RNAP 抑制剂（如 α- 鹅膏蕈碱和万寿菊菌毒素）可用于区分不同的 RNAP 产生的转录本。

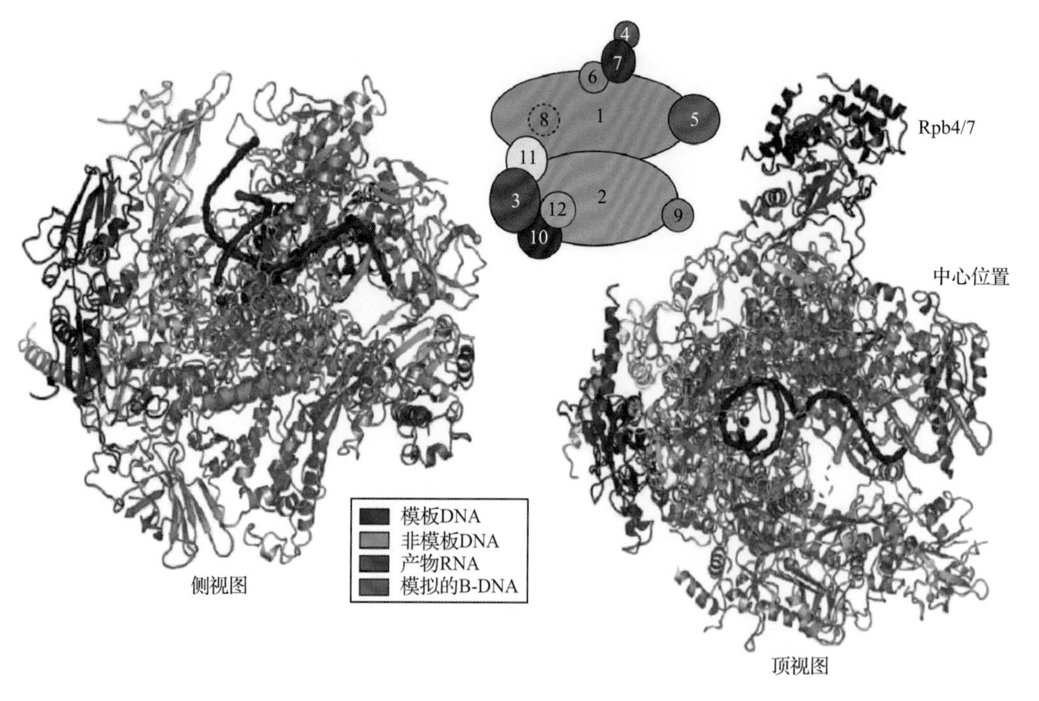

图 9.16 酵母（*Saccharomyces cerevisiae*）RNAP Ⅱ延伸复合体的晶体结构。聚合酶亚基根据顶视图和侧视图之间模型的色调来着色。模板 DNA、非模板 DNA 及产物 RNA 分别标示为蓝色、蓝绿色及红色

9.4.2 通用转录因子和 RNA 聚合酶构成基本的转录机器

转录过程分为三个连续的阶段：①转录的起始；②延伸步骤，通过 RNAP 活性形成的一个 RNA 产物；③转录的终止。

转录起始是一个重要的控制步骤，需要形成**转录前起始复合体（transcription pre-initiation complex）**（图 9.17）。这一多

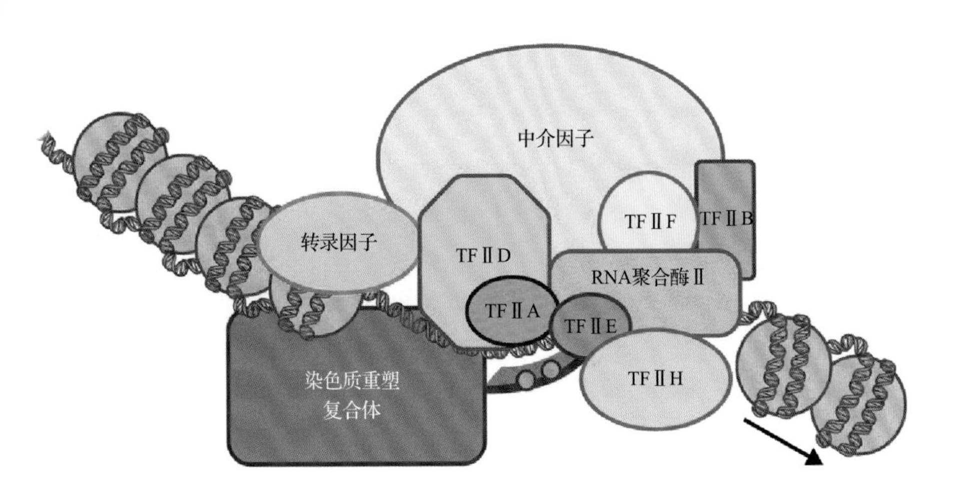

图 9.17 RNAP Ⅱ前起始复合体及其与转录因子和 DNA 上的染色质重塑复合体的相互作用示意图。浅棕色串珠代表核小体

亚基的蛋白复合体包括 RNAP 和那些调控 RNAP 活性，以及将酶招募到启动子上的相关蛋白质等（表 9.3）。例如，RNAP Ⅱ并不能单独结合到 DNA 上，这一过程还需要**通用转录因子（general transcription factor）**（TF Ⅱ A、B、D、E、F 及 H）的参与。TF Ⅱ D 自身就是一个多蛋白复合体，它是转录前起始复合体上关键的一组蛋白质。

TF Ⅱ D 复合体中还有一个组分 **TATA 结合蛋白（TATA binding protein，TBP）**，它可以识别 TATA 框（图 9.17）。**TATA 框（TATA box）**是一种 DNA 基序，位于基因 -30 左右的位置（即距转录起始位点上游 30 个核苷酸的位置，而转录起始位点对应产生的 RNA 的第一个核苷酸）。TBP 介导 TF Ⅱ D 复合体结合到启动子区域，随后招募通用转录因子和 RNAP Ⅱ形成转录前起始复合体，并开始进行转录。

9.4.3 许多植物基因的表达随着发育阶段及响应环境信号而改变

有些植物基因是组成型表达的，这意味着这些基因在一个植物的所有细胞中都转录。这些基因往往都是**持家基因（housekeeping gene）**，因为它们编码参与基本细胞功能（如碳水化合物代谢及蛋白质生物合成等）的蛋白质。然而，一个核基因组中并不是所有的基因都是一直表达的，许多基因只在植物发育的特定时期或者在特定的组织或细胞类型中转录。甚至有另外一些基因的表达是由植物对环境信号或胁迫条件的响应决定的；**差异基因表达（differential gene expression）**这个词指的就是这种发育过程中或是响应环境信号而发生的转录活性上的变化。目前有许多不同的实验方法可用于研究植物的基因表达（信息栏 9.9）。

为了更好地理解差异基因表达对植物生长发育的重要作用，有必要先对如何通过**细胞分化（cellular differentiation）**过程形成不同的细胞类型作一个初步了解。目前人们公认所有已知的生物体（个别例子除外）中，细胞分化不会造成遗传信息的丢失。这一结论最初在植物中通过胡萝卜和烟草的经典实验得以证实，即成熟植物的外植体组织或分离的细胞可以经诱导形成一个完整植株，其遗传物质与供体根细胞完

表 9.3 拟南芥中 RNAPII 前起始复合物的组分

名称	亚基数目	功能
TF Ⅱ A	3	稳定 TBP 和 TATA 框之间的相互作用
TF Ⅱ B	1	选择转录起始位点
TF Ⅱ D	TBP 和 12 ～ 15 个 TAF	识别启动子元件
TF Ⅱ E	2	形成转录起始复合体
TF Ⅱ F	2	招募 TF Ⅱ E 和 TF Ⅱ H
TF Ⅱ H	10	允许 RNAP Ⅱ的启动子和伸长
RNAP Ⅱ	12	转录的起始，延伸和终止
中介因子	≈ 34	将与 DNA 结合的转录因子的信息传递给 RNAP Ⅱ

TAF，TBP 结合因子。

信息栏 9.9 通过不同的方法分析植物中的基因表达情况

对植物中基因表达的分析方法可分为单基因分析和基因组分析。已有多种不同的实验方法用于确定一个植物中某一单个基因的表达模式，最常见的包括**反转录 PCR**（**reverse transcription PCR**，RT-PCR）、原位杂交，以及利用报告基因的方法。

RT-PCR 需要从特定组织或细胞类型中提取 mRNA 合成其互补 DNA（cDNA），该反应是由最早从 RNA 病毒中分离出来的逆转录酶催化的；然后通过基因特异的引物 PCR 扩增可以检测到特定基因的 cDNA。通过使用 DNA 结合染料，检测 PCR 反应中 cDNA 片段的扩增，可以实时追踪并且对一个样本中的转录本进行定量。这个方法称为**实时定量 RT-PCR**（**quantitative real time RT-PCR**，qRT-PCR），现已成为分子生物学中的一种标准检测方法。

原位杂交是在某一组织样本中直接检测 mRNA。这个方法首先需要合成与目标基因 mRNA 互补的 RNA 探针，并标上一个抗原表位标签以便进行后续检测。之后，将这一探针与整个植物器官（称为整装原位杂交，whole-mount *in situ* hybridization）或者组织切片一起孵育。当探针杂交上靶标 mRNA 之后，加入与抗原表位标签相对应的抗体进行检测。这些抗体上偶联了一个酶，可以通过颜色反应进行检测。

对于植物中的报告蛋白而言，目前常用的有**β- 葡萄糖醛酸酶**（**β-glucuronidase**）和**绿色荧光蛋白**（**green fluorescent protein**）及其衍生蛋白。这些报告蛋白或者由一个基因的启动子驱动，或者与所研究蛋白质的 N 端或 C 端融合。GUS 报告基因的检测基础是显色反应；相反，GFP 信号则是通过荧光显微镜或者共聚焦显微镜来检测的。

在全基因组水平上检测差异表达的基因，方法有芯片分析及 RNA 测序。**芯片**（**microarray**，如图）分析需要合成与基因转录本互补的单链 DNA 探针。探针一般通过化学的方法合成，随后点入并固定在载玻片上。要检测一个样本中的转录本，需要提取其 mRNA 并反转录为 cDNA。再之后，利用荧光染料对 cDNA 进行标记，并将标记好的 cDNA 与芯片进行孵育，这样不同的 cDNA 片段就能跟芯片上与其对应的互补探针进行杂交。彻底清洗芯片后，人们就可以对芯片上的荧光信号进行检测并定量。**RNA 测序**（**RNA-sequencing**，RNA-seq）则是通过超高通量的 DNA 测序技术对 cDNA 文库直接测序。在全基因组水平上检测基因表达这个方面，该技术很可能会取代芯片分析技术（译者注：已经基本取代了），因为它灵敏度更高，无须耗费时间和金钱制备 DNA 探针。

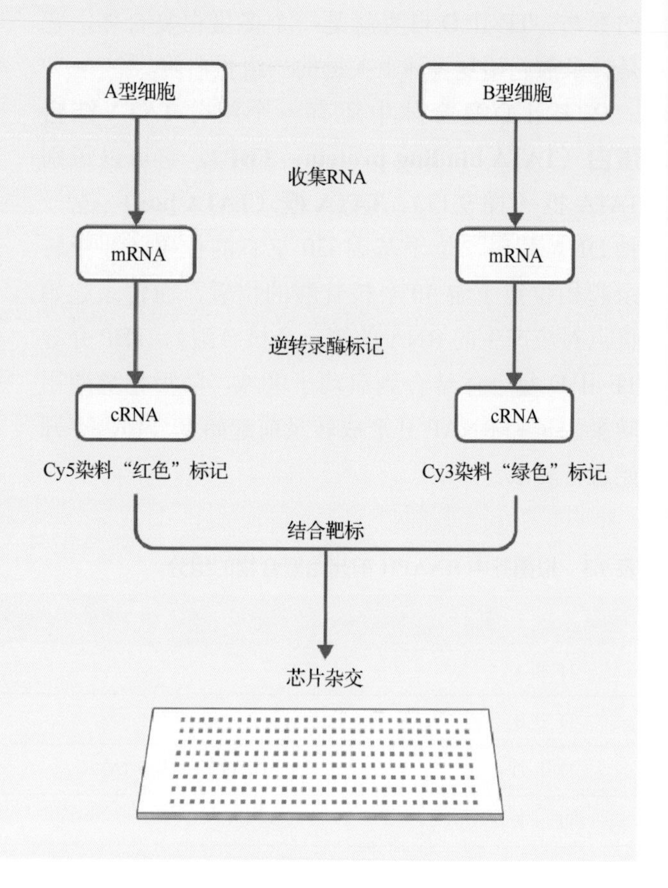

全相同。成熟细胞的细胞核具有**全能性**（**totipotency**）这一观点在蛙中也得到了证实。一个去除细胞核只剩细胞质的卵细胞在重新移植入另一个分化了的蛙细胞的细胞核之后具有了发育的能力。现在，这些经典的实验已经为一些新技术所取代，如先从小鼠、人或其他动物中分离出胚胎干细胞，以及最新的通过转染一整套合适的转录调控子启动已分化的成年哺乳动物细胞的重编程等。因此，生物体发育所伴随

的细胞分化可以看成是不同器官和组织中的某组基因随着发育的时间而精确协调地激活或抑制的过程。如何调控这个过程以确保那些特定的基因只在特定的发育阶段或是特定的植物器官中表达呢？这就涉及基因组上的调控区域，即基因的启动子。

9.4.4 启动子由调控性的 DNA 序列元件组成

一个启动子包含多种序列元件以招募调控一个基因转录的蛋白因子。每一类 RNA 聚合酶结合在相应的启动子上起始转录。启动子包括两类调控元件：**基本元件**（**basal element**）和**顺式元件**（***cis*-element**）。基本元件是 RNA 聚合酶结合和定位所必需的，一般位于转录起始位点上游或下游 50bp 的位置。这段区域在不同的基因之间通常比较保守，统称为**核心启动子**（**core promoter**）。TATA 框是基本元件的一个典型例子（见 9.4.2 节）。另两个核心启动子元件的例子是 **TF Ⅱ B 识别元件**（**TF Ⅱ B recognition element，BRE**）和**下游启动子元件**（**downstream promoter element**，DPE）。BRE 位于紧靠着 TATA 框的上游或下游（图 9.18），由通用转录因子 TF Ⅱ B 识别。DPE 位于转录起始位点下游大约 30bp 的位置，由 TF Ⅱ D 复合体的亚基结合。当然，在一个启动子上并不总是同时具有所有类型的基本元件，相反，核心启动子的组成具有很大程度的可变性。与其他真核生物不同，植物中的基本元件还没有很好地定义，至少部分原因是精准确定的转录起始位点的序列信息有限。

基本元件反映了不同基因之间一定程度的保守性，与之不同的是，顺式元件在不同的基因之间差异极大。“*cis*”（源自拉丁语，意为“在同一边”）指的是调控元件与其调控的基因在同一个 DNA 分子上。顺式元件负责激活、抑制或调节基因的表达。结合在顺式元件上的是**反式作用因子**（**transacting factor**），反式作用因子由基因组上其他位置（“不在同一边”）的基因编码，可以直接与基本转录机器（如结合 TF Ⅱ D 通用转录因子复合体的组分），或者通过**中介因子**（**mediator**）间接与大的蛋白复合体（转录共调控因子）相互作用（图 9.17）。这又反过来影响了 RNA 聚合酶的转录速率。结合顺式元件的反式作用因子通常都是转录因子，为了与之前讨论过的通用转录因子进行区分，故将它们称为**特异转录因子**（**specific transcription factor**）。

植物中大多数顺式元件位于转录起始位点上游 1 ～ 2 kb 的位置（图 9.18）。当然，它们也可能出现在上游更远的地方，或在一个基因的内含子、外显子上，或者转录终止位置的下游区域。顺式元件通常序列较短（小于 10bp），而且其碱基组成差异很大（表 9.4）。

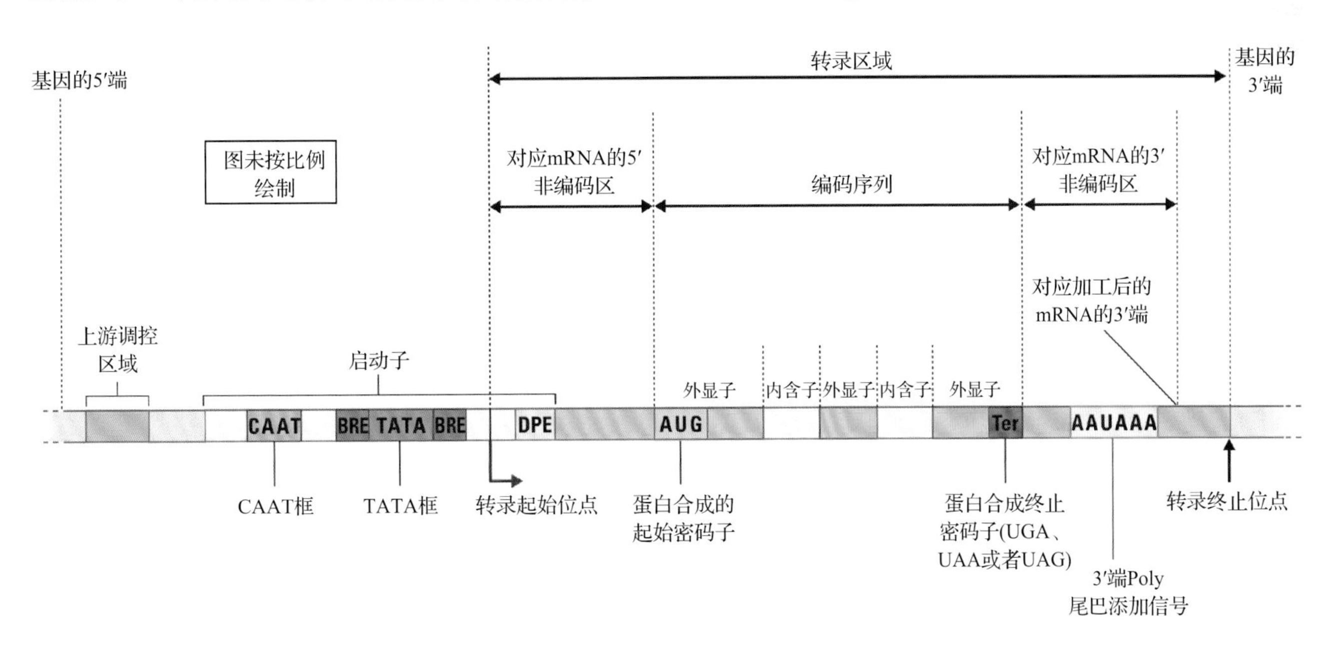

图 9.18 一个真核生物基因的结构和组成。一个基因可以划分为几个功能单元。转录区作为合成 mRNA 的模板，合成的 mRNA 继续经过加工并翻译成基因的终产物蛋白质。转录区中散布着非编码序列，将转录区分为编码区（外显子）和非编码区（内含子）。转录区两侧都有非编码序列，这些序列在调控基因表达中起作用。大多数的调控元件位于 5′ 端。基因 5′ 端上游大约 1000bp 的区域被认为是基因的启动子区，因为这一区域内包含了对“促进”基因转录很重要的基序。其中最为高度保守的调控元件之一就是 TATA 框，其通常位于转录起始位点前 50bp 之内，TATA 框负责协调把 RNAP Ⅱ招募到基因上

表 9.4 拟南芥中转录因子结合的 DNA 基序及其在植物生长发育中功能的示例

基序名称	序列	结合的转录因子	功能
脱落酸响应元件	CACGTGGC	脱落酸响应元件结合因子（bZIP 蛋白）	参与脱落酸响应
生长素响应元件	TGTCTC	生长素响应因子	参与生长素响应
CArG 框	CC(A/T)$_6$GG	MADS 结构域蛋白	参与花发育等
夜晚响应元件	AAAATATCT	某种 MYB 蛋白	参与转录受生物钟调控的基因
G 框	CACGTG	bZIP 和 bHLH 蛋白	参与光响应等
GATA 启动子基序	(A/T) GATA (G/A)	GATA 转录因子	多方面的

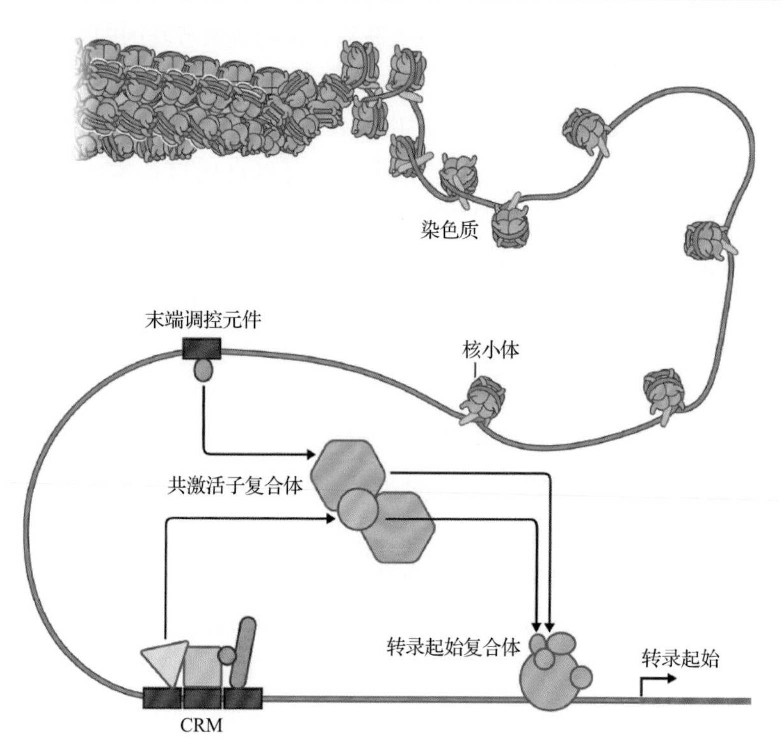

图 9.19 顺式调控模块（CRM）和增强子的作用示意图。几个转录因子结合在一个基因启动子区域的顺式调控模块上。该转录因子复合体与具有增强子作用的远端顺式调控元件（distal *cis*-regulatory element，CRE）一起招募共激活蛋白复合体，最终促进基因转录

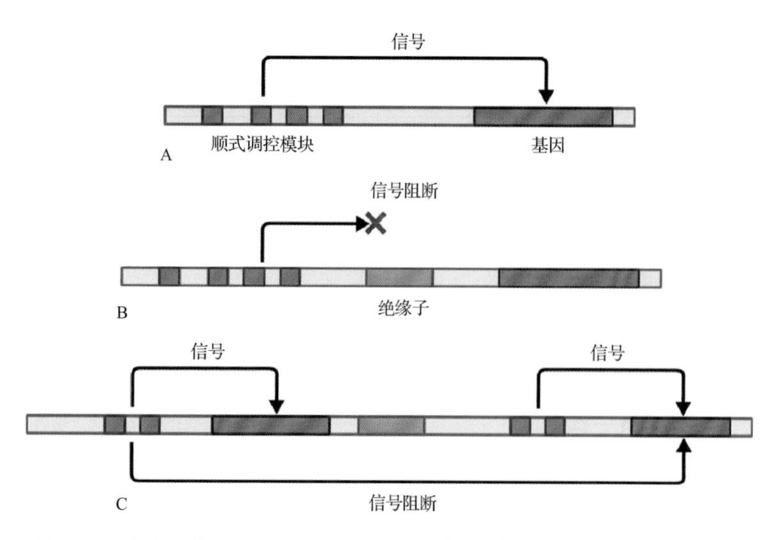

图 9.20 遗传绝缘子的功能。一个顺式调控模块（CRM）对一个基因的调控作用（A）可以为绝缘子（B）所阻断。绝缘子也可以限制 CRM 对某一特定基因的调控，使邻近的基因对 CRM 的调控不作响应（C）

一个启动子上可以包含几个不同的顺式元件，并且同一个元件可以有一个以上的拷贝数。这些元件聚集在一起形成**顺式调控模块**（***cis*-regulatory module**）。顺式调控模块可以通过把调控基因表达的多个转录因子（相同或者不同的）聚拢在一起来实现它们之间的协同作用（图 9.19）。依据是促进还是抑制一个基因的表达，顺式调控模块常常分为**增强子**（**enhancer**）或是**沉默子**（**silencer**）。有些生物学家用增强子和沉默子这些词来指代那些距离一个基因的转录区域较远的调控元件，以便与**近端启动子元件**（**proximal promoter element**）（离转录起始位点较近的调控元件）区分开来。顺式调控模块的功能也可以是**绝缘子**（**insulator**），可阻断来自增强子或是抑制子的信号，防止这些信号影响特定基因的表达活性（图 9.20）。

顺式元件可以随发育阶段，或是响应内部或外部的信号来调节特定基因的表达。一个例子就是在生长素调控的基因的启动子区域的生长素响应元件（AuxRE；序列为 5′-TGTCTC-3′）（见第 18 章）。这些启动子上的特定顺式元件决定了一个基因何时、何地在植物中表达。因此，细胞的差异基因表达的能力就这样以**顺式调控码**（***cis*-regulatory code**）的形式固定在了基因组上。

9.4.5 多种转录因子家族调控基因表达

如上文中所述，转录因子结合顺式

元件后，通过与转录机器中其他组分的相互作用而促进或抑制基因的表达。转录因子通常以序列特异性的方式结合 DNA，因此一个给定的转录因子会结合一个特异的顺式元件，例如，上文中提到的 ARE 元件就会被一类称为生长素响应因子（ARF）的转录因子识所别。

典型的转录因子包括至少两个功能不同的结构域。其中，**DNA 结合域（DNA-binding domain）**介导识别并结合顺式元件，而**转录激活域（transactivating domain）**则与转录机器相互作用并决定转录因子蛋白的活性。转录因子通常还含有一个**核定位序列（nuclear localization sequence）**，使其在细胞质中合成后可以进入细胞核。

目前，人们已经鉴定出了多种不同类型的 DNA 结合域，并且已经解析了它们的结构。这些信息有助于进一步详细了解 DNA 结合域是如何与 DNA 进行结合的（图 9.21）。例如，**锌指（zinc finger）**类转录因子有一个结构域上带有两套一样的突出，可以插入到 DNA 双螺旋的大沟中。这些突出部分是由一个锌离子和四个氨基酸协同形成的（通常是两个组氨酸和两个半胱氨酸残基的组合）。转录因子上另一种常见的基序称为**碱性亮氨酸拉链（basic leucine zipper，bZIP）**结构域。带有这种结构域的转录因子可以形成二聚体，结合在 DNA 分子的大沟上。每个 bZIP 单体都包含一个 α 螺旋，其中每隔 6 个氨基酸就有一个亮氨酸。在二聚体中，亮氨酸残基相对排布，将螺旋像拉链一样“拉”在一起，形成卷曲螺旋排列。卷曲螺旋把二聚体拢在一起，并把碱性区域限制在 DNA 大沟中的位置。与 DNA 结合域相比，目前人们对转录激活域的结构了解不多（需要注意的是，名字虽然是叫转录激活域，但它们也可以抑制一个基因的转录）。

依据对基因表达的影响，转录因子又分为**抑制蛋白（repressor）**和**激活蛋白（activator）**。然而，一些转录因子具有**双功能（bifunctional）**，它们既具有抑制蛋白的功能，也带有激活蛋白的功能。对于这些具有双功能的转录因子，哪一种功能对基因调控起主导作用可能是由位于其调控基因的启动子上的其他转录因子决定的，或者是由使该双功能转录因子其中一个转录激活域失活的翻译后修饰决定的。

植物基因组中有大量编码转录因子的基因，这表明了转录因子对调控植物生长和发育具有关键性的作用。例如，拟南芥基因组中有大约 2000 个基因编码转录因子，约占全部拟南芥基因数的 6%，这个数目远高于许多其他模式生物中转录因子的数目。依据序列的相似性，植物中的转录因子大约可以分为 50 个左右的家族。这些家族的名字有时参考的是一些共同的结构特征 [如**碱性螺旋 - 转角 - 螺旋（basic helix-turn- helix proteins，bHLH）**蛋白就包含了由一个插入的环状片段隔开的两个 α 螺旋片段]（图 9.21）。但也常常可以根据转录因子在植物中的生理功能来命名（如上文中提到的 ARF），或随着该家族中最早的成员的名字来命名 [如植物中数量最多的转录因子家族之一的**类 AP2 转录因子（AP2-like transcription factor）**，这个名字就是随着其调控花发育的一个重要蛋白 APETALA2（AP2）而命名的]。

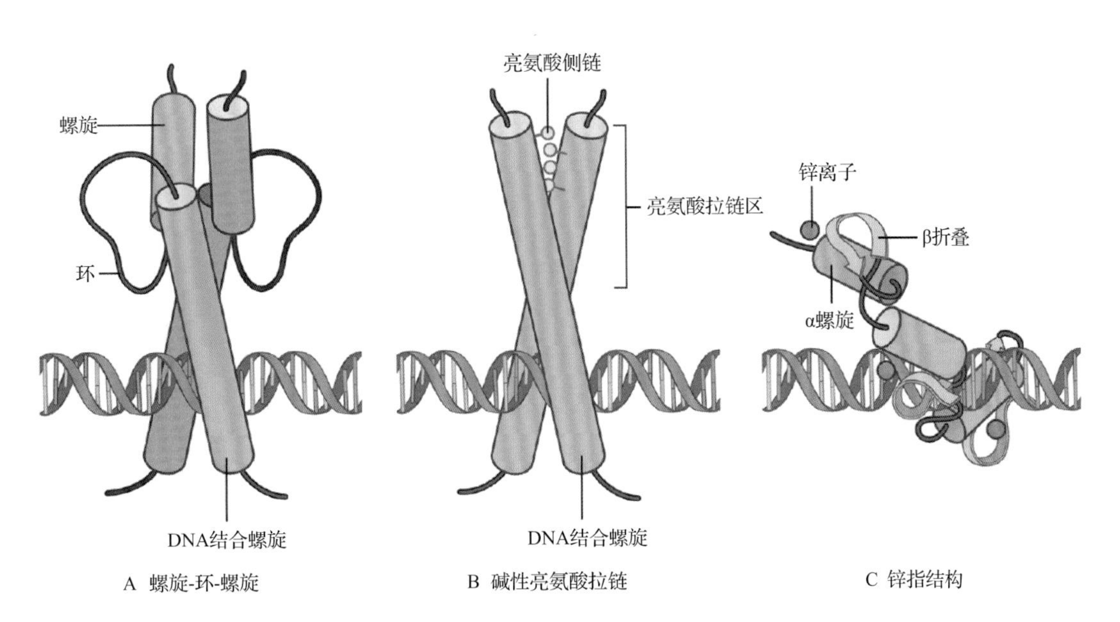

图 9.21 三种主要类型的 DNA 结合域。A. 螺旋 - 环 - 螺旋基序。B. 碱性亮氨酸拉链。C. 锌指结构。每种均示以 DNA/ 蛋白质复合物模型

许多植物转录因子家族在其他真核生物中也有（如 bZIP 家族和 MYB 家族）（表 9.5）。然而，与动物或真菌相比，植物中的相同转录因子家族的成员数量往往大幅增加或减少。一个例子就是 **MADS 转录因子（MADS domain transcription factor）**家族（随着该家族中的 4 个最早的基因而命名的），该家族在拟南芥中有超过 100 个成员，而果蝇中却只有 2 个成员。同时，虽然果蝇中的基因数目比拟南芥的少，但果蝇中锌指转录因子的数目却要远多于拟南芥。除了那些在演化上较为保守的转录因子家族外，植物中有许多植物特异的转录因子，包括上面提到的 ARF 家族。

植物中存在数目众多的转录因子暗示了植物基因表达活性的调控是高度复杂的。许多转录因子（如 bZIP 蛋白）以二聚体的形式行使调控功能也进一步增加了这种复杂性。除了形成**同源二聚体（homodimer）**（一对相同的转录因子）外，不同的转录因子之间也可以形成**异源二聚体（heterodimer）**（两个完全不同的转录因子）。因为一个转录因子可以与其他多个不同的转录因子形成异源二聚体，可能形成的转录因子复合体组合的数目非常惊人。并且，在一个特定的信号转导途径激活的时候，作为响应，转录因子的活性还会受到多种翻译后修饰的调控（见第 18 章）。例如，由一个特定的蛋白激酶对一个转录因子的磷酸化修饰，可以改变其 DNA 结合活性，或提供一个信号让该转录因子降解。其他转录因子的活性还受其亚细胞定位的控制；当转录因子在细胞质中时处于失活状态，而当其进入细胞核时就会激活。

调控生物学中的一个关键问题就是要鉴定出转录因子调控的基因以及它结合的顺式元件。为解决这个问题，人们开发出了许多实验方法来定位转录因子在基因组上的结合位点。**染色质免疫沉淀技术（chromatin immunoprecipition, ChIP）**就是一种鉴定转录因子**靶标基因（target gene）**的非常有效的技术（见信息栏 9.10）。在拟南芥全基因组中分析几种转录因子的结合位点，发现转录因子可以结合在基因组的成百上千个位置上（如果不到数千个的话）。同时，并不是所有的结合事件都会引起基因表达的改变，也许这是因为这些位点位于有功能的顺式调控模块之外。

9.5 染色质和基因表达的表观调控

9.5.1 核 DNA 可以包装入一个动态结构染色质中

许多植物的核基因组都非常大，为了把这么大量的 DNA 纳入直径只有几毫米的细胞核内，核 DNA 需要压缩以减少自身长度。这种有效的包装方式是通过把 DNA 与不同类型的蛋白质结合变成**染色质（chromatin）**来实现的。其中最为重要并且数量最多的蛋白质是组蛋白。组蛋白是一类在序列上包含许多碱性氨基酸残基的小蛋白，它们会产生一个较大的净正电荷，从而能牢固地结合在带有负电荷的 DNA 上。如前所述（见 9.1.1 节），组蛋白的主要功能就是形成核小体（见图 9.1）。

染色质中核 DNA 进行高度凝缩会对基因表达过程（以及其他一些生物学过程如 DNA 复制）造成很大的困难，因为 RNA 聚合酶和转录因子难以接近转录单元及启动子序列。有关基因表达与染色质结构之间关系的早期研究表明，活跃的基因比失活的基因对于核酸酶——DNA 酶 Ⅰ（DNase Ⅰ）的

表 9.5　拟南芥和水稻中的转录因子示例。转录因子的家族成员数量、是否为植物特有如表所示

家族	拟南芥	水稻	植物特有
AP2/ERF	147	161	否 *
bZIP	74	94	否
GRAS	32	57	是
MADS	108	77	否
MYB	198	182	否
NAC	100	149	是
WRKY	71	109	否 *

* 表示主要存在于植物中。

信息栏 9.10 可以通过染色质免疫沉淀法（ChIP）鉴定转录因子的结合位点

染色质免疫沉淀首先是利用化学交联剂（如甲醛）对植物材料进行固定。化学交联剂的处理使 DNA 结合蛋白共价交联在核酸上。随后，将染色质从细胞中分离出来并打成小片段，再将这些染色质片段与目标蛋白的抗体一起孵育，随后纯化出 DNA- 蛋白质 - 抗体复合体，例如，可以用固定化的蛋白质 A，蛋白质 A 与某些抗体类型有高亲和性，使复合体解交联，免疫共沉淀下来的 DNA 就分离出来了。可以通过实时定量 PCR（ChIP-qPCR）检测这些基因组片段中富集了哪些特异基因组区域；也可以对这些基因组片段进行全基因组 DNA 芯片分析（ChIP-chip）或者超高通量 DNA 测序（ChIP-Seq）分析。与负对照区域（蛋白质不结合的区域）相比，免疫共沉淀染色质上的富集基因区域很可能会包含目标蛋白的结合位点。

ChIP 也可以使用染色质修饰蛋白对应的抗体来鉴定表观遗传标记（尤其是组蛋白修饰）。

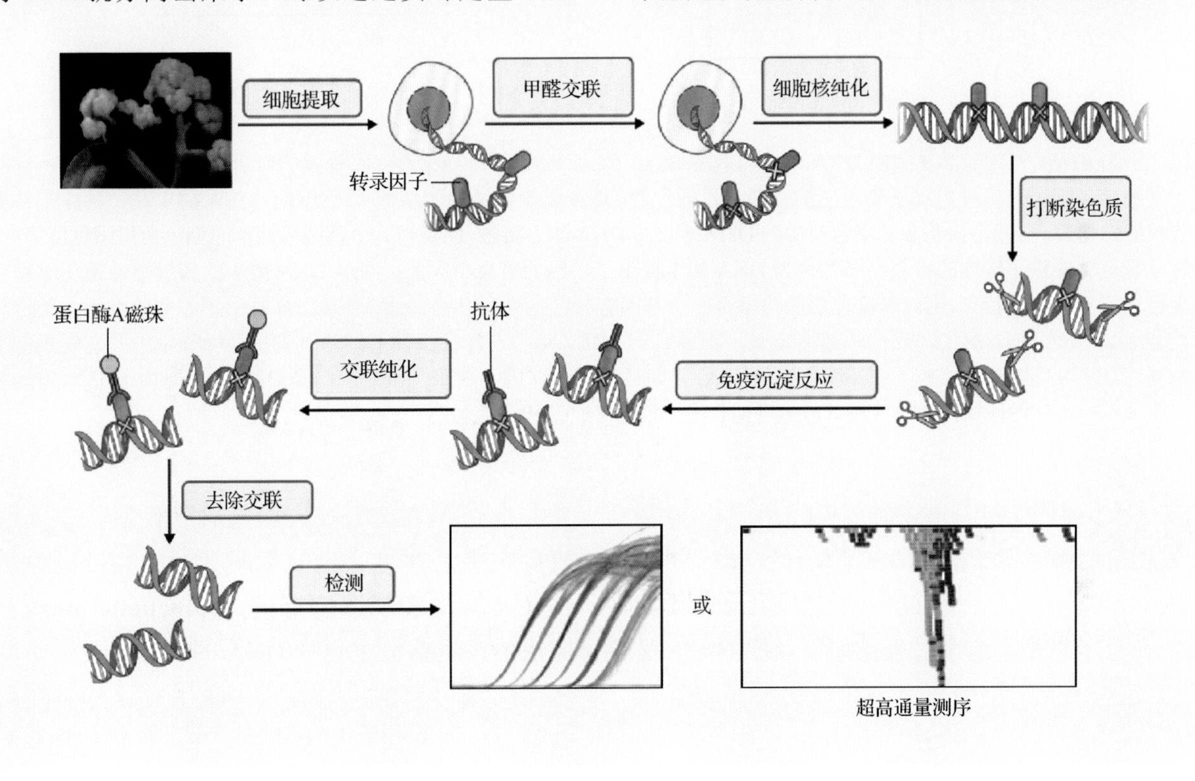

消化更敏感（图 9.22）。产生这些差异的原因是，有转录活性的基因周围的染色质，其压缩水平比基因组染色质的总体水平要低，因而也更容易被核酸酶消化。人们认为对于 DNase Ⅰ 消化超敏感的 DNA 区域没有核小体，因而转录因子更易靠近启动子上的瞬时元件。压缩程度低的染色质区域称为**常染色质**（**euchromatin**），而压缩程度高的区域称为**异染色质**（**heterochromatin**）。

染色体上存在常染色质和异染色质区域之分，表明染色质的结构是可以修饰或重塑的。事实上，染色质是一个结构上可以进行相当程度改变的动态实体。染色质结构可以受到至少两种不同大类的蛋白活性的直接重塑，即**组蛋白伴侣**（**histone chaperones**）和**依赖 ATP 的染色质重塑酶**（**ATP-dependent chromatin remodeling enzyme**）。组蛋白伴侣（如染色质组装因子，chromatin assembly factor 1，CAF-1）参与 DNA 复制和重塑中组蛋白的沉积过程；人们认为它们也可以防止组蛋白的错误折叠和聚集。染色质重塑酶可以改变染色质中核小体的位置，使其他蛋白质更容易或更难于靠近 DNA。染色质重塑酶中包含一个依赖 DNA 的 ATP 酶，作为整个系统的动力源。酵母基因产物 SWI 和 SNF 是经典的染色质重塑的例子，这两种蛋白质分别影响了酵母的交配类型转换（mating type switch，SWI）和发酵蔗糖（sucrose nonfermenting，SNF）的能力，但实际上它们是在同一个复合体中共同行

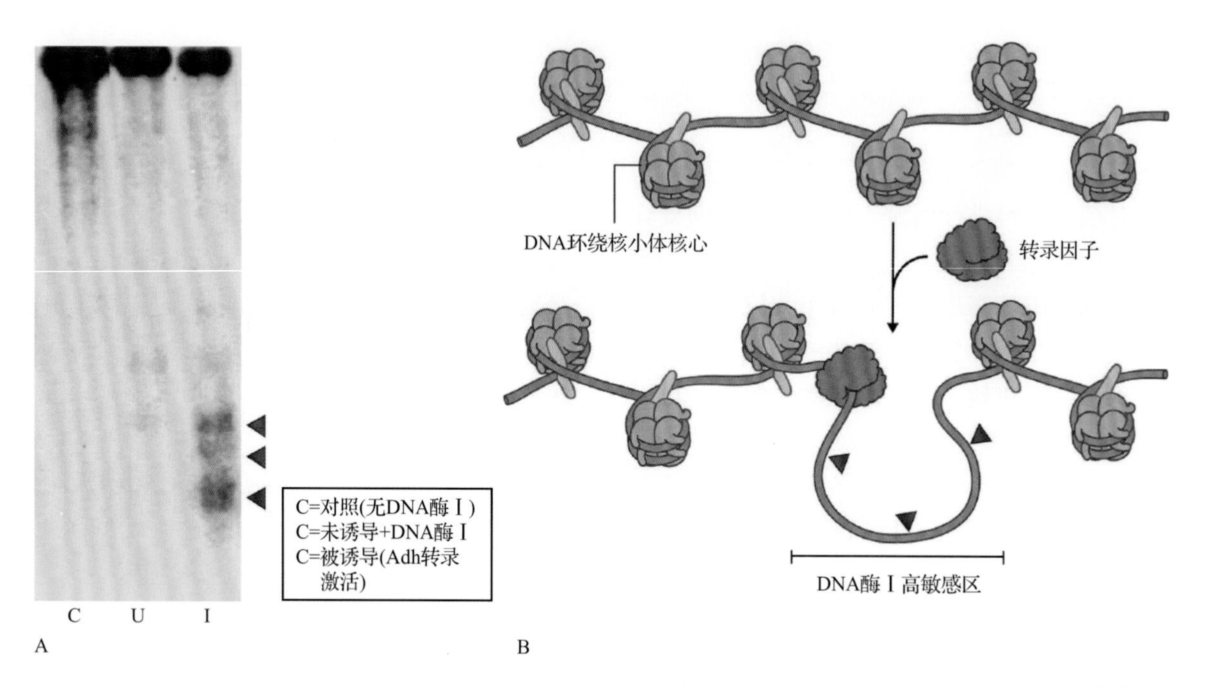

图 9.22 玉米 *ADH1* 基因启动子中的 DNA 酶Ⅰ超敏感位点。当一个基因有转录活性时，基因的启动子区域的压缩水平会降低，以便于接纳转录因子。这种启动子染色质的打开可以通过对 DNA 酶Ⅰ敏感度的增加体现出来。DNA 酶Ⅰ是一种序列特异性很低的核酸内切酶。处于压缩构象的染色质中的 DNA 难以与 DNA 酶Ⅰ接触，但是当一个基因启动子的染色质压缩程度降低时，就为转录复合体提供了接触的机会，同时也为 DNA 酶Ⅰ提供了接触的机会。因此，对于 DNA 酶Ⅰ的超敏感性是压缩程度降低的染色质构象的一个特点，而这种染色质的构象是一个基因有转录活性所必需的。A. 在 *ADH1* 基因不表达的细胞中（未诱导，U），它的启动子对 DNA 酶Ⅰ消化的敏感度较低，明显低于 *ADH1* 基因有转录活性的细胞。受诱导的细胞中的有转录活性的基因有更多的 DNA 酶Ⅰ超敏感区域（红色三角所示），明显多于该基因不转录的细胞（C 是对照）。B. 超敏感区域可能反映的是一个没有核小体的区域，这些区域可以通过结合一个或多个转录因子而加强

使功能。人们也鉴定出了植物中 SWI/SNF 的同源基因，发现它们参与调控植物的多个发育过程。

人们不禁要问，一个细胞具有修饰其染色质的能力，在分子水平上这个过程是如何调控的呢？又是什么信号来决定重塑酶在染色质的哪个位置工作呢？

9.5.2 基因表达可能也受表观遗传机制的调控

谈到基因型和表型之间的关系，传统的观点认为，决定基因表达模式和时间的所有遗传特征，以及个体的性状，都由其 DNA 初级序列编码。在过去几十年，一些零散的例子表明，有些生物体发生的可遗传的变化显然不涉及初级 DNA 序列的改变，人们将这种情况称为**表观遗传**（**epigenetic**，字面意思是“在遗传的上面”）。

副突变（**paramutation**）和**共抑制**（**cosuppression**）是人们早期发现的表观遗传现象的例子（图 9.23），但表观遗传机制还在许多的细胞和发育过程中，尤其在基因表达调控方面起关键作用。表观遗传机制大多是通过大量的不同类型的共价染色质修饰（又称为**表观遗传标记，epigenetic mark**）来完成的。这些标记包括 DNA 的甲基化及大量的翻译后组蛋白修饰，后者优先发生在这些蛋白质的氨基端（图 9.24）和羧基端尾部。尽管植物和动物中的表观遗传机制有许多共通点，但它们也有一些不同之处，下面将对其中的一些不同之处进行介绍。

DNA 甲基化（**DNA methylation**）是由 **DNA 甲基转移酶**（**DNA methyltransferase**）催化对核 DNA 中的胞嘧啶进行甲基化（图 9.25）。在动物中，胞嘧啶的甲基化主要发生 CG 二核苷酸上；而在植物中，DNA 甲基转移酶还可以修饰 CHG 及 CHH[回忆一下，在国际生化联盟代码（IUB code）中，H=C、T 或 A] 中的胞嘧啶。DNA 甲基化是解释表观遗传改变的一个很有吸引力的模型，因为现有的机制可以确保特定 DNA 甲基化模式通过有丝分裂和减数分裂进行遗传。新复制出的包含半甲基化位点的 DNA 是甲基化转移酶的一个较强的底物，甲基化转移酶的活性确保了在子染色体中得以维持之

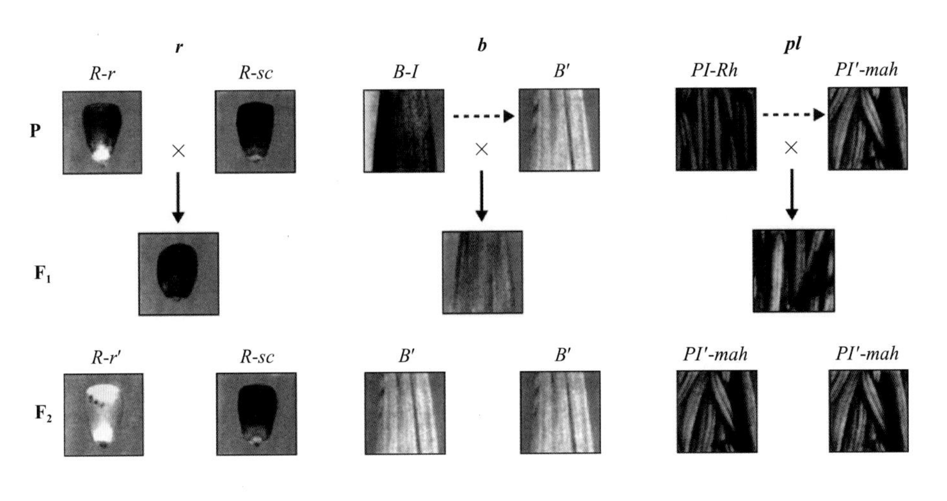

图 9.23 副突变描述了等位基因之间的相互作用，即杂合体中的一个等位基因的表达会受到另外一个等位基因的影响。玉米中的多个例子表明了副突变位点调控色斑的情况。图中显示了种子着色（*r* 表达）、壳着色（*b* 表达）及花粉着色（*pl* 表达）的影响。图中由上至下分别显示的是亲本、F_1 代及产生的 F_2 代分离的表型。A. 在 F_1 代杂合子中，当 *R-sc* 等位基因副突变时，副突变的 *R-r* 等位基因（左侧图示）的遗传活性显著降低。*R-r* 与 *R-sc* 等位基因在结构上是不同的，其中 *R-sc* 等位基因总是强表达的。B. 强表达的副突变 *B-I* 等位基因（虚线箭头）可以自发转变成弱表达的副突变 *B′* 状态（中间图示）。在 F_1 代杂合子中突变成 *B′* 时，*B-I* 等位基因可以只转变为 *B′*。C. 弱表达的副突变 *Pl′-mah*（*Pl′*）状态（右图）可由强表达的副突变 *Pl-Rh*（*Pl*）等位基因（虚线所示）自发转变而来。在 F_1 代杂合子中突变成 *Pl′-mah* 时，*Pl-Rh* 就会只转变为 *Pl′-mah*

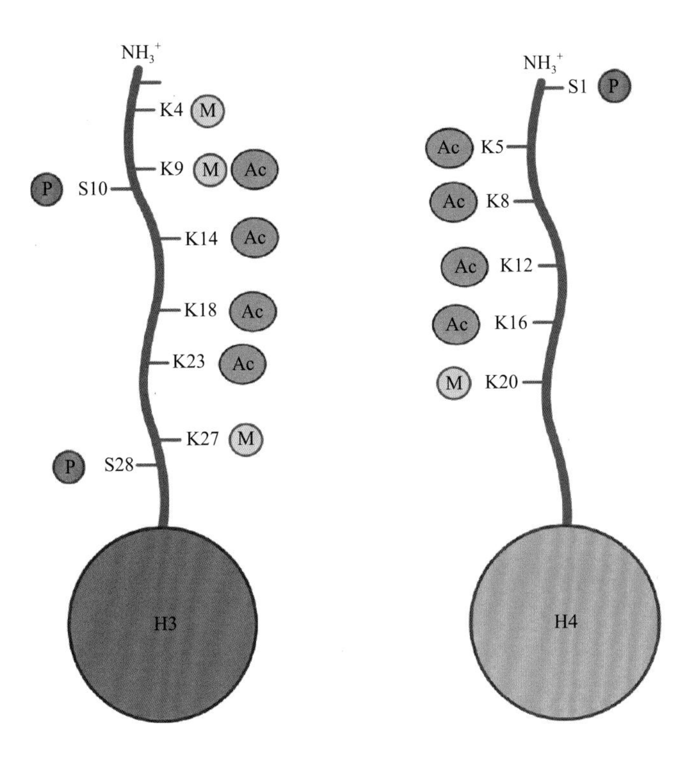

图 9.24 组蛋白 H3 和 H4 的共价修饰。“M”代表甲基化，“Ac”代表乙酰化，“P”代表磷酸化。修饰的氨基酸残基以及这些修饰相对于蛋白质 N 端的位置如图所示

前的甲基化模式。目前，人们已经在拟南芥以及许多（如果不是全部的话）其他植物种中鉴定出了三条不同的但有功能重叠的 DNA 甲基化通路。与哺乳动物中的 DNMT1 同源的 METHYLTRANSFERASE 1（MET1）主要负责维持 CG 位点的甲基化，而植物特有的 CHROMOMETHYLASE 3（CMT3）负责 CHG 位点的甲基化维持。第三条途径是通过 DOMAINS REARRANGED METHYLASES 1 和 2（DRM1/2；哺乳动物 DNMT3a/3b 的同源基因）维持所有序列中的胞嘧啶甲基化。这一过程需要 siRNA 激活靶定位点（见第 6 章）。

DNA 胞嘧啶是否发生甲基化可以通过**亚硫酸氢钠测序法（bisulfite sequencing）**进行检测。这一技术是用亚硫酸氢钠处理基因组 DNA，把基因组中未发生甲基化的胞嘧啶转变为尿嘧啶，而已经甲基化的胞嘧啶则不会变。然后对处理过的 DNA 进行测序就可以区分胞嘧啶是否发生甲基化了。利用这一方法，人们检测出大约 20% 的拟南芥基因组受到了甲基化的修饰，而且随着基因组大小及重复序列的

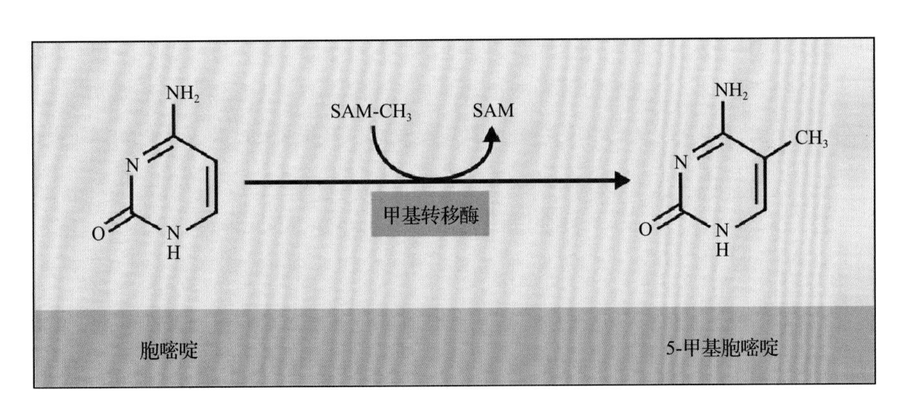

图 9.25 胞嘧啶的甲基化。甲基转移酶（MTase）将甲基从腺苷甲硫氨酸（SAM）转移到胞嘧啶上，形成 5- 甲基胞嘧啶

增加，甲基化 DNA 的比例会增加。最大的甲基化片段出现在转座子和其他的重复序列上。事实上，通过检测甲基化活性维持缺失的突变体中基因组上转座子的转录激活情况，人们证实了甲基化在转座子活性沉默方面起着重要作用。DNA 甲基化对基因表达的影响随发生甲基化的胞嘧啶所在位置的不同而有变化。启动子上的甲基化往往与基因转录水平降低相关，而一个基因内部的甲基化修饰则通常与基因表达上调到中高水平相关。

组蛋白的翻译后修饰包括甲基化、乙酰化及磷酸化（见图 9.24），其中，研究得最清楚的是组蛋白的乙酰化和甲基化。

组蛋白乙酰化（**histone acetylation**）是指通过**组蛋白乙酰转移酶**（**histone acetyl transferase，HAT**）将乙酰 CoA 上的乙酰基转移到主要组蛋白 H3 和 H4 的不同赖氨酸残基的 ε- 氨基上。乙酰化的组蛋白通过与其他包含**溴区结构域**（**bromodomain**）的蛋白质相互作用来调控转录。溴区结构域是一段大约 100 个氨基酸的基序，很多转录因子和某些染色质重塑复合体中都有。一般而言，人们认为组蛋白乙酰化是通过降低染色质的压缩程度来激活基因表达的（图 9.26）。组蛋白的乙酰化修饰可以在**组蛋白去乙酰化酶**（**histone deacetylase，HDAC**）的作用下逆转移除。

组蛋白甲基化（**histone methylation**）主要（但并不仅仅）发生在组蛋白 H3 和 H4 的赖氨酸残基上，通过**组蛋白甲基转移酶**（**histone methyl transferase，HMTase**）将供体 *S*- 腺苷甲硫氨酸提供的甲基转给赖氨酸。与组蛋白乙酰化修饰只加单个乙酰基不同，组蛋白的甲基化修饰可以加单个、两个或三个甲基化基团。组蛋白甲基化对基因表达的影响是由被修饰的组蛋白尾部的氨基酸残基决定的。某些残基的甲基化可以增加基因的表达，而另一些残基的甲基化则有相反的作用。例如，由**多梳抑制复合物 2**（**polycomb repressive complex 2，PRC2**）介导的组蛋白 H3 第 27 位赖氨酸的三甲基化会抑制基因的表达。与之相反，由 trithorax group（trxG）蛋白介导的组蛋白 H3 第 4 位赖氨酸的三甲基化会抵消 PRC2 的活性，从而激活基因的表达。对于组蛋白上的其他残基而言，精细的甲基化程度决定了其对基因表达的影响。例如，组蛋白 H3 第 9 位赖氨酸的二甲基化是一个抑制性标志，而同一个赖氨酸的三甲基化则往往与活跃转录的基因相关。

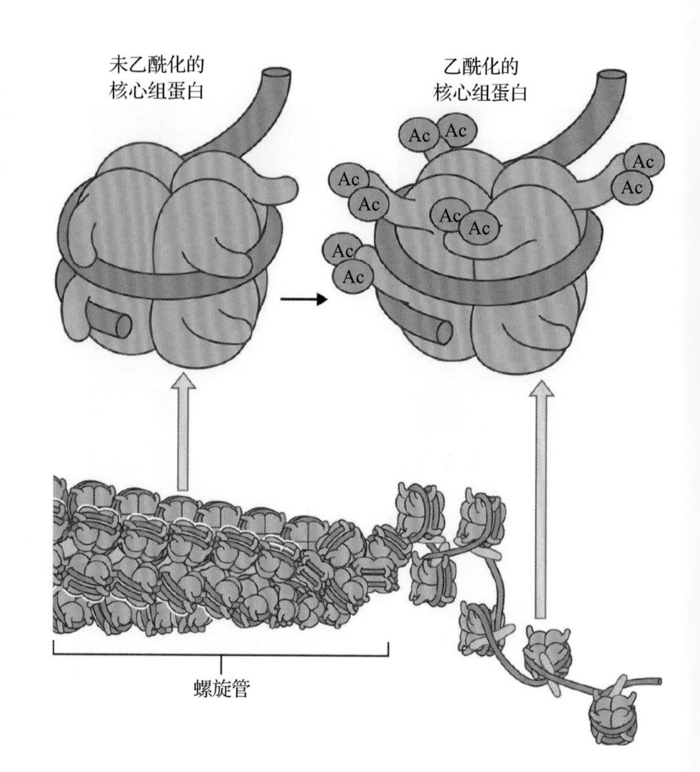

图 9.26 组蛋白受乙酰转移酶和去乙酰化酶修饰，从而影响染色质的压缩程度。无论是核小体的组蛋白还是连接组蛋白 H1，都可以由乙酰转移酶修饰其蛋白质的 N 端区域。一个组蛋白上的乙酰基使周围的结构受到其空间位阻的影响，从而产生一个局部的去浓缩化区域。染色质去浓缩化可以帮助把转录因子招募到周围的序列。组蛋白去乙酰化酶（未显示）可以去除乙酰基，从而使组蛋白 N 端与 DNA 的相互作用更加紧密

9.5.3 表观遗传机制常常需要通过转录因子之间的相互作用

如上文所述，存在一系列令人眼花缭乱的不同的表观遗传标记对一个基因的转录起完全相反的调控作用。那么，细胞是如何在发育过程中以及对环境信号响应时使用这么多的信息来调控基因表达的活性呢？目前，人们普遍认为不同组合的表观遗传标记由一些特异的蛋白质读取并解读，然后通过修饰染色质结构来激活或抑制基因的表达。这种观点最初提出时叫**“组蛋白代码假说”**（**histone code hypothesis**），但是现在这种观点已经逐渐融入到了人们更易接受的**“表观遗传代码”**（**epigenetic code**）的概念中。

因为存在着大量不同的表观遗传标记，因此理论上讲，它们之间在基因组上可以形成的组合数量是惊人的。然而，通过对植物和动物的表观基因

组（如表观遗传标记在全基因组上的分布）进行分析，人们发现并不是所有可能的组合都在体内实际存在。相反，表观遗传标记存在特定的模式（即所谓的**表观遗传状态，epigenetic state**）的情况较为普遍(图 9.27)。表观遗传状态的数量似乎还比较少，但是将来随着研究的深入以及分析特定细胞类型的表观基因组，这一数字可能会改变。

调控生物学研究中一个关键的问题是表观遗传机制是如何与转录因子活性关联起来的。最新的观点认为转录因子为基因表达提供通用信号，然后那些设置或擦除表观遗传标记的酶就根据这些信号进一步修饰染色质的结构。在分子水平上已有充分的证据证明，这些酶通过直接或间接与转录因子相互作用定位到基因上。间接调控机制的一个例子与**转录共抑制子（transcriptional co-repressor）**（图 9.28）有关。转录共抑制子可以结合特定的转录因子，然后把组蛋白去乙酰化酶招募到基因的启动子上，使组蛋白上的乙酰基发生移除，最终导致染色质结构的变化。

9.5.4 表观遗传机制调控植物的生长和发育

综上所述，表观遗传机制调控植物发育中的许多细胞和发育的过程（也见第 19 章），拟南芥开花时间的调控就是一个研究得很深入的例子。对于冬季一年生的植物（通常是秋季萌发、冬季生长、春季开花的植物）而言，基因 *FLOWERING LOCUS*（*FLC*）抑制着开花的起始。经历冬天较长的寒冷期后，植物中这种抑制开花的效应会在**春化（vernalization）**作用下解除。春化作用的机制似乎主要依赖于多梳抑制复合物 2 的活性（见 9.5.2 节），即通过组蛋白 H3 的第 27 位赖氨酸的三甲基化实现对 *FLC* 基因的抑制。一旦 FLC 的表达关闭，开花就可以在特定环境信号（如光周期）的刺激下启动。

多梳蛋白（polycomb group, PcG）还参与抑制

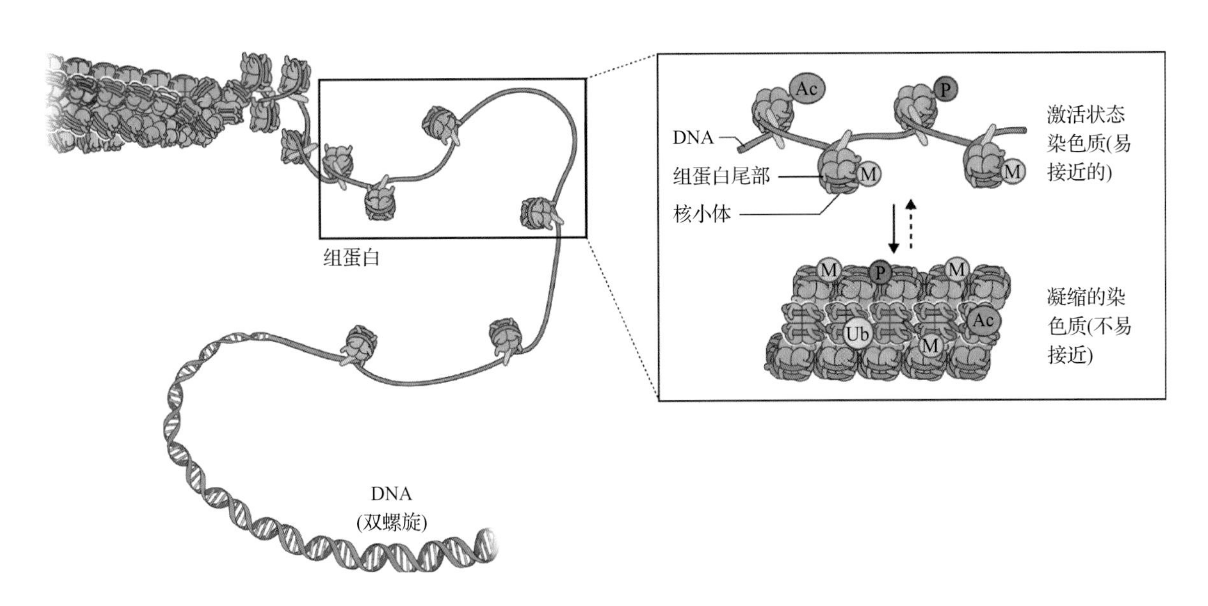

图 9.27 染色质状态。一个基因组上特异的表观遗传标记的组合导致染色质更加凝缩或松弛。这些染色质结构的改变可以阻止或促进转录的进行

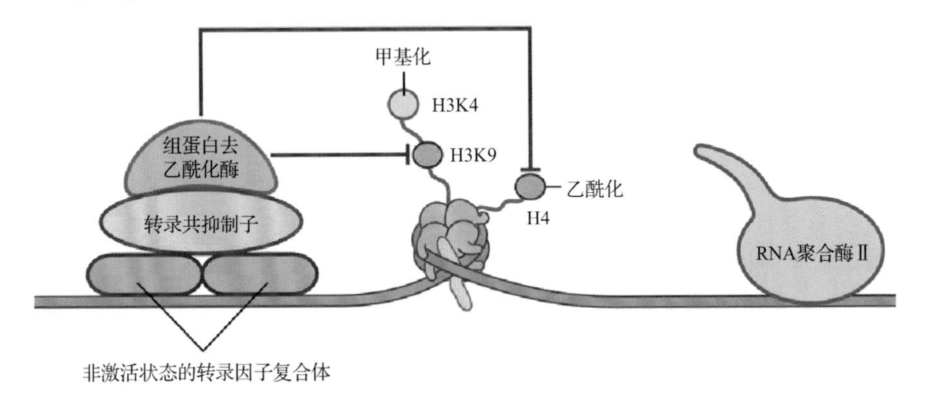

图 9.28 转录共抑制子的工作机制。转录共抑制子与转录因子复合体的结合招募一个组蛋白去乙酰化酶（HDAC）到靶标基因的启动子区域。随后，HDAC 将乙酰基从组蛋白 H3 上特定的位置移除。这种染色质状态的变化将抑制转录

图 9.29 干扰 DNA 甲基转移酶活性。拟南芥的野生型（A ～ C）和一个 MET1 反义植株（D ～ F）的表型比较。利用反义 RNA 敲除技术干扰 *MET1* 基因编码的胞嘧啶甲基化活性，导致在营养生长期间（A，D）、花序发育（B，E）和花发育（C，F）阶段产生异常的表型

植物的整个发育程序（如抑制影响种子和胚胎发育的基因）。PcG 活性的丢失会导致抑制这些基因在植物营养组织的表达，在极端情况下可以导致**体细胞胚形成**（**somatic embryogenesis**），即植物不经过双受精直接由体细胞（如植物体的细胞）形成胚胎。

另一个表观遗传机制调控植物生长过程的例子是由 DNA 甲基化造成的称为**基因组印记**（**genomic imprinting**）的现象。这个词用于表示一种特殊的遗传模式，即后代中等位基因是否表达，是由该基因来自母本还是来自父本来决定的。印记的不同很大程度上取决于父本和母本基因组上胞嘧啶甲基化模式的不同，这些不同的产生可能是由 DNA 去甲基化糖苷酶 DEMETER 导致的，该酶主要在雌配子体中表达，降低母本基因组上的甲基化状态。

DNA 甲基化也能直接影响一个植物的发育。例如，MET1 活性破坏之后（见 9.5.2 节）会导致基因组上甲基化程度降低，同时植物会出现晚花、枝及花的异常发育等表型（图 9.29）。

小结

一个植物的基因组包含了该生物体结构和功能的蓝图。从基因是遗传的单位、染色体是装载基因的载体这些概念开始，我们对基因组结构的理解在过去的这个世纪从细胞生物学方法到越来越复杂的显微镜技术，再到 DNA 测序技术，取得了很大进步。第一个植物基因组（拟南芥）以及之后的许多其他植物基因组测序的完成，显著地提高了人们对基因组的认识。不同植物的基因组之间大小差异很大，更大的基因组包含更多的转座子或其他序列形式的重复 DNA。转座元件的移动对于基因组的演化以及产生种内基因组多样性有作用。大多数植物的基因组包含 25 000 ～ 50 000 个基因，比动物（包括人）的基因组稍微多一些，同时还有更大的基因家族，这主要是由几百万年至超过一亿年前在不同生物中发生的一次或多次全基因组复制事件造成的。DNA 测序技术也让我们把特定的序列同细胞学的特性（如着丝粒、端粒及核仁组织区）联系了起来。

一个基因组中基因的表达赋予了植物生命、形态，以及对环境信号和刺激响应的能力。现在，人们对于转录的基本调控机制、对于特定的转录因子如何通过与基因启动子上的调控元件相互作用、调控基因的时空表达和对环境信号的响应等，都已经了解甚多。目前已有足够多的证据表明，基于组蛋白和 DNA 本身的共价键修饰的众多表观遗传机制参与基因表达的调控，控制植物中的各种生理及发育过程。

（杨　琰　宋子菡　译，钟　声　瞿礼嘉　宋子菡　校）

第 10 章
蛋白质合成、折叠和降解

Judy Callis, Karen S. Browning, Linda Spremulli

导言

蛋白质在植物细胞的干重中占有很大比例，同时执行着许多不同的重要功能。蛋白质也可以氮和能量的方式储存在植物种子的胚乳或胚胎中。蛋白质的代谢对细胞生长、分化和生殖极为重要，细胞通过调控蛋白质的合成和降解来调整特定蛋白质的量，满足细胞的需求，从而响应内部和外部的信号。

虽然植物在蛋白质的合成和降解过程中与其他真核生物有很多的相似性，但是有一些特点是植物细胞和光合作用的单细胞生物[如衣藻（*Chlamydomonas*）和眼虫（*Euglena*）]所特有的。本章主要介绍与其他生物体不同的蛋白质合成过程并描述翻译[“读”信使 RNA（mRNA）和模板并“写”对应的多肽序列]如何受到内在的、生物的及非生物的因素的影响。普通的生物化学教科书中所列出的蛋白质生物合成的基本步骤可直接应用于植物系统，读者可根据需要参考这些资料获得一般性的介绍。本章也会阐述多肽链如何折叠形成一个精确的三维结构来行使特定的生物学功能。最后，本章详细描述了所有细胞区室如何产生特定的通路，通过水解肽键来降解蛋白质。

10.1 蛋白质合成的细胞器区室化

在植物中，蛋白质的合成发生在三个亚细胞区室（图 10.1）：细胞质、质体和线粒体，它们有不同的蛋白质合成装置。大约 75% 的蛋白质在细胞质中合成，由核基因组转录的 mRNA 翻译而来。在有光合活性的细胞（如幼嫩的叶细胞）中，大约 20% 的蛋白质是在叶绿体中用叶绿体基因组转录的 mRNA 模板进行合成的，一小部分蛋白质（总蛋白的 2% ～ 5%）是在线粒体中合成的。在细胞质中，可能有超过 25 000 个不同蛋白质的合成；而在叶绿体中，大约有 40 个蛋白质合成，尽管质体基因组能编码超过 200 种蛋白质。在线粒体中合成的蛋白质的数量因物种的不同而有很大的变化，例如，在地钱（*Marchantia polymorpha*）中，有 20 ～ 40 个蛋白质可能是在线粒体中合成的，然而大多数植物的线粒体基因组编码的蛋白质通常远少于地钱。细胞质、质体和线粒体中蛋白质的总体合成机制彼此相似却又有明显的区别；相应地，植物细胞包含三种不同类型的核糖体、三类转运 RNA（tRNA）和三组蛋白质合成的翻译因子（见 10.2 节）。

很多情况下，植物质体和线粒体基因组编码的 tRNA 特异性地负责细胞器中蛋白质的合成；然而也有一些情况，核基因组编码的 tRNA 要运送到线粒体中进行线粒体蛋白质的合成。质体和线粒体可能是通过古老的原核生物的内共生产生的（见第 1 章和第 6 章）。与此理论相一致，质体和线粒体中的蛋白质合成装置与细菌中的蛋白质合成装置密切相关，核糖体组成和结构的相似性证明了这一点（表 10.1）。然而，细胞器基因组合成蛋白质的能力是有限的，因此，质体和线粒体都需要运入在细胞质中合成的蛋白质（见第 4 章）。大多数细胞器编码的蛋白质在寡聚蛋白复合体中发挥功能，这些复合体包含翻译白核和细胞器基因组的亚基。这

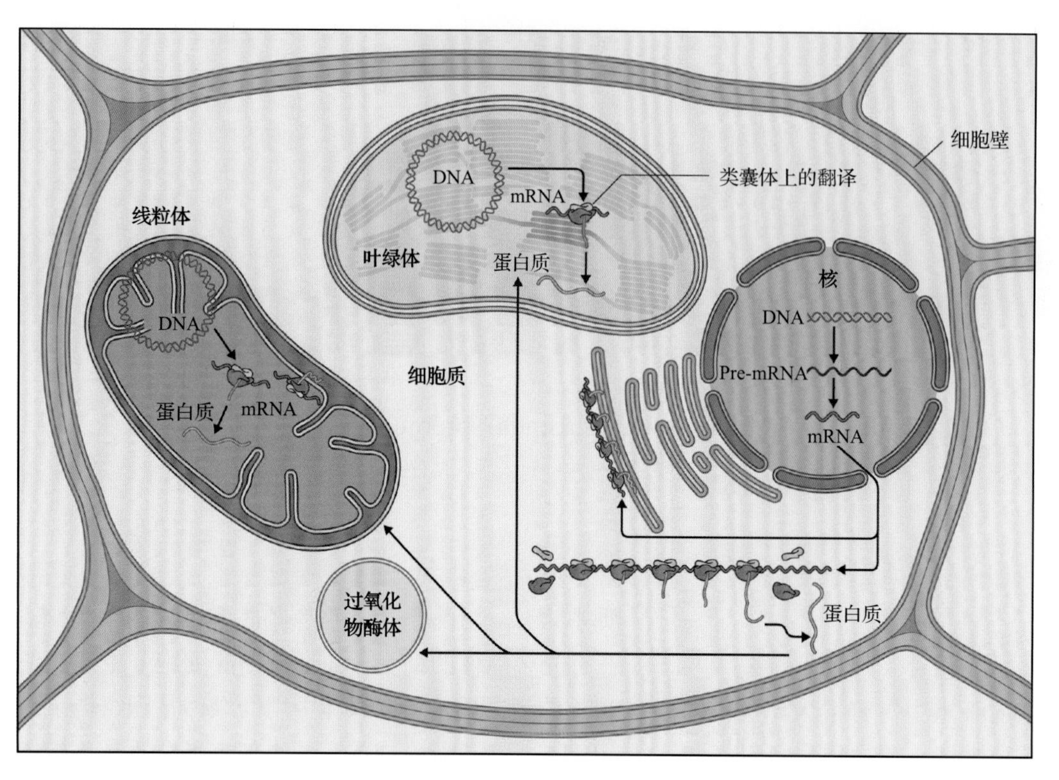

图 10.1 一个植物细胞中蛋白质合成的位置。一个典型的植物细胞在三个不同的区室（细胞质、质体和线粒体）中合成蛋白质。细胞核中转录的 mRNA 在细胞质中游离的或是膜结合的核糖体中进行翻译。与此相反，质体及线粒体 mRNA 的转录和翻译都发生在这些细胞器中。类似地，在细胞器中核糖体也可以是膜定位的。在细胞质中合成的蛋白质可以运送到一个或多个细胞器（即质体、线粒体或微体）中。此处示叶状的微体、过氧化物酶体（见第 4 章）。细胞器的基因组用环形表示，但它也可以以其他构象存在

表 10.1 不同类型植物核糖体的组成和性质简表

核糖体（S 值 *）	亚基（S 值 *）	rRNA（S 值 *）	蛋白质数量
植物细胞质，80S	40	18	32
	60	28、5.8、5	48
植物质体，70S	30	16	≈25
	50	23、5、4.5	≈33
植物线粒体，≈ 70S	30	18	> 25
	50	26、5	> 30
细菌，70S	30	16	21
	50	23、5	31

* 核糖体，它们的亚基及宿存 RNA，均特指它们在蔗糖浓度梯度中的沉降物。S 值越高，核糖体沉降物沉降越快，也反映出分子质量越大。

些复合体的组装需要核、细胞质及细胞器在转录和翻译过程中的紧密协作。

10.2 从 RNA 到蛋白质

10.2.1 蛋白质在核糖体上的生物合成

核糖体是由蛋白质和核糖体 RNA（rRNA，见第 6 章）构成的大复合体，可以将 tRNA 和 mRNA 固定并催化氨基酸残基间肽键的形成。核糖体可以完整分离出来，或是分离出在蛋白质合成过程中可逆地结合和解离的大、小两个亚基（表 10.1，图 10.2）。令人惊讶的是，肽键的形成是由核糖体大亚基中最大的 RNA 类群（而不是由蛋白质组分）催化形成的。这类 RNA（核酶）的重要性体现在，当具毒性的核糖体失活蛋白（RIP）将一个腺嘌呤碱基从大亚基 RNA 上移除后，蛋白质的合成终止（见信息栏 10.1）。

真核生物核糖体的蛋白质组成是高度保守的。植物的细胞质核糖体包含哺乳动物核糖体蛋白（RP）的直系同源蛋白，并且有一个额外的植物特异的亚基（RPP3，酸性核糖体蛋白家族的一个成员，后文讨论）。植物核糖体包含大约 80 个蛋白质，每个蛋白质通常由一个小的基因家族编码。例如，在拟南

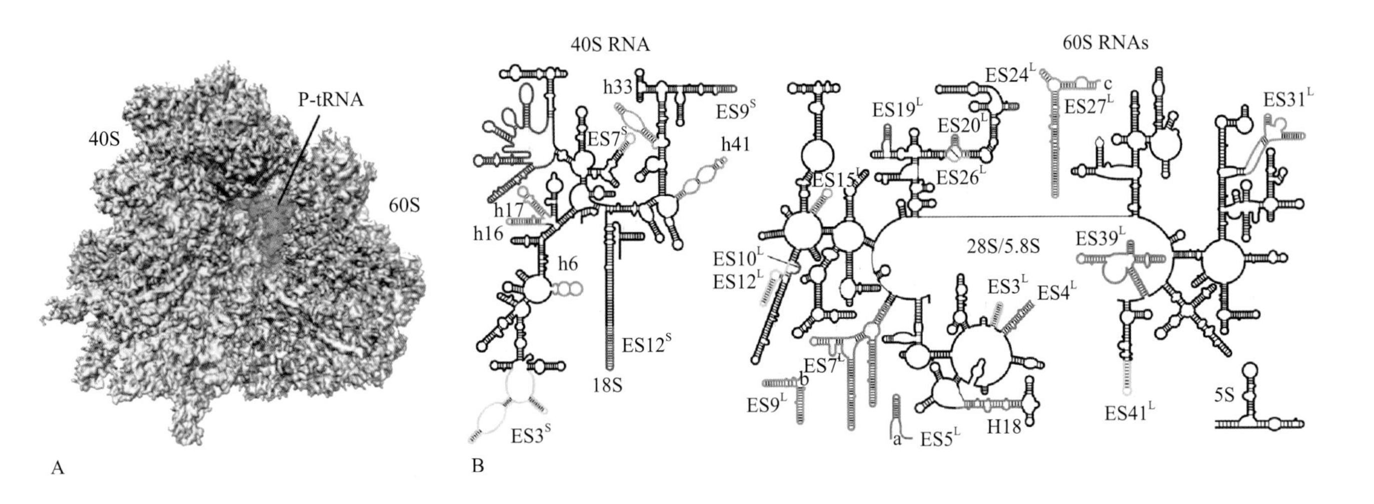

图 10.2 A. 在 5.5Å 分辨率下的正在进行翻译的小麦（*Triticum aestivum*）核糖体的冷冻电镜结构，小亚基（40S）和大亚基（60S）分别用黄色和灰色表示，在 P 位的肽酰 -tRNA 用绿色表示。B. 左、右两图分别代表小麦 40S 和 60S 亚基中的 rRNA 的二级结构。有颜色的部分代表突出部分（ES），即额外的 rRNA 序列，只存在于真核生物的核糖体中，而原核生物核糖体中没有。大部分的 ES 序列位于核糖体的表面，且不同真核生物中长度不同。来源：Armache et al.（2010）PNAS 107:19748-19753

信息栏 10.1　核糖体失活蛋白（RIP）有一个非常阴森的首字母缩略词

蓖麻毒蛋白（ricin）是蓖麻（*Ricinus communis*）种子中一种有毒的蛋白质，是一类称为核糖体失活蛋白（RIP）的植物多肽中最广为人知的成员。1978 年，保加利亚秘密警察在伦敦用蓖麻毒蛋白下毒暗杀叛逃者乔治 · 马科夫（Georgi Markov），蓖麻毒蛋白因此而出名。在这个看起来像流行间谍小说的暗杀计划中，毒素是通过一个雨伞的尖头注入那个不幸的受害者体内的。

蓖麻毒蛋白在 28S 核糖体 RNA 的特定位置切断糖基和腺嘌呤残基间的糖苷键。丢失这个腺嘌呤会使核糖体发生不可逆的失活。人们认为 RIP 能保护种子和植物免受捕食者取食及病毒感染。人们正在研究 RIP 能否成为潜在的治疗药物以定位到恶性肿瘤细胞从而杀死它们；特别是人们还把蓖麻毒蛋白视为潜在的生物恐怖主义药剂。

来源：伊利诺伊大学兽医学图书馆 M.Williams 提供，未发表

芥（*Arabidopsis*）中，该家族成员的数目为 2 ～ 11 个。RP 的多种亚型说明核糖体可能有广泛多样性，其中一些有特定的功能或角色。

自然界中大多数核糖体蛋白都是碱性的，这一特点促进其与带负电荷的 rRNA 相互作用；然而，核糖体也包含一个小的酸性蛋白家族，称为 P 蛋白。除了发现在所有真核生物中都保守的 RPP0、RPP1 和 RPP2 蛋白，植物的核糖体也包含一个特殊的成员 RPP3。RPP3 与 RPP1 和 RPP2 相互作用，在大亚基上形成一个移动的酸性追踪复合体，肽键形成后，该复合体与一个延伸因子（eEF2）相互作用，促进 GTP 水解 tRNA 转位。

很多核糖体蛋白经历翻译后修饰。例如，一些核糖体蛋白是多种激酶的底物，小亚基核糖体蛋白 S6 的磷酸化会受到各种代谢和环境条件（包括热、冷、低氧及糖信号转导）的影响。这些修饰的生理

意义在于对了解核糖体的异质性有很大作用。此外，非核糖体蛋白与核糖体共纯化。一种称为激活 C 激酶 1 受体（RACK1）的骨架蛋白就是这样的蛋白质，RACK1 与 40S 亚基和 eIF6 结合，可能促进 80S 核糖体的组装。RACK1 也有非核糖体的功能。

10.2.2 蛋白质合成起始于 mRNA 上阅读框的建立和第一个氨基酸的定位及添加

蛋白质合成的起始是一系列复杂的事件，在真核生物中该过程是高度保守的。蛋白质翻译的起始受到一类称为**真核起始因子（eukaryotic initiation factor，eIF）**的辅助蛋白因子的促进，人们基于其促进的大致反应将其分类。每个因子可能由单个或多个多肽组成（表 10.2），真核生物中很多调控蛋白质合成的机制影响一个或多个此类因子的活性。

翻译起始于 GTP 存在的条件下，eIF2 与起始子 $Met-tRNA^{Met}$ 相互作用形成一个称为三元复合体的 tRNA- 蛋白复合体（图 10.3）。eIF2 是一个由 α、β 和 γ 亚基构成的异源三聚体。三元复合体一旦形成便结合到游离的 40S 核糖体亚基上，该过程受到一些其他 eIF 的促进（图 10.3）。核糖体的小亚基与 Met-tRNA 和几个 eIF 结合，随后与 mRNA 相互作用。此步反应需要起始因子 eIF4 家族，包括 eIF4A（DEAD 盒解旋酶）、eIF4B（RNA 结合蛋白）、eIF4G（蛋白相互作用）和 eIF4E（帽结合蛋白）的参与。eIF4 促进识别帽结构，也促进 40S 亚基与其他相关 eIF 及 mRNA 之间的相互作用。此外，通过 eIF4G 与结合在 3′ 端 poly（A）尾巴上的 poly（A）结合蛋白（PABP）相互作用实现 mRNA 循环。mRNA 5′ 端的任何二级结构大概都会通过与 eIF4F（eIF4G/eIF4E）和 eIF4B 形成复合体的 eIF4A 的解旋酶及 ATP 水解酶活性去除。

40S 亚基之后必须识别正确的 AUG 密码子才能开始读取 mRNA。有代表性的是，结合 Met-tRNA 的 40S 亚基从帽开始沿着 mRNA 的 5′ 非翻译区（UTR）按 5′ 端到 3′ 端的方向移动，这个过程称为**扫描（scanning）**。基于模式植物中的研究，5′UTR 的核苷酸数目涵盖 10nt 以下到 200nt 以上，平均约为 125nt。在多核糖体中比例较高的是 5′UTR 长度为 50 ～ 75nt 的 mRNA，说明在蛋白质合成过程中此为最佳先导长度。核糖体通常选择其遇到的第一个 AUG 密码子来起始翻译，但是存在明显的特例（特别是病毒模板，见信息栏 10.2）。AUG 密码子通过与相关因子 eIFl、eIFlA 和 eIF5B 在 40S 亚基上结合到三元复合体中的 Met-tRNA 之间的密码子 - 反密码子氢键来促进 AUG 选择。AUG 与 Met-tRNA 之间的配对固定了 mRNA 上的翻译起始位点并建立了正确的阅读框。

核糖体对起始 AUG 密码子的选择并不十分依赖于密码子周围的核苷酸序列。通过对预测的翻译起始位点的生物信息学分析，在拟南芥和水稻（*Oryza sativa*）的 AUG 翻译起始密码子周围发现了共有序列。这些共有序列是高度简并性的：aa（A/G）（A/C）aAUGGcg 以及 c（g/c）（A/G）（A/C）（G/C）AUGGCg，其中小写字母是可变的，大写字母是保守的核苷酸。这些序列类似人的共有翻译起始序列，AUG 密码子后紧随的 G 是 AUG 密码子相邻残基中最重要的一个。脱水胁迫下的拟南芥叶片中，如果没有最优的序列在起始密码子 AUG 附近，

表 10.2 真核起始因子（eIF）及其在起始翻译中的作用

种类	成员	普遍作用
eIF1	eIF1、eIF1A	在促进复合体形成的起始和 AUG 选择中起各种作用
eIF2	eIF2、eIF2B*	依赖 GTP 的 Met-tRNA 的识别和核苷酸交换
eIF3	eIF3†	核糖体亚基解离；促进 Met-tRNA 和 mRNA 与 40S 亚基的结合
eIF4	eIF4A、eIF4B、eIF4F‡、eIF (iso) 4F‡、eIF4H*	识别 mRNA 的 5′ 帽结构；结合 40S 亚基到 mRNA 上并解开 mRNA 的二级结构
eIF5	eIF5、eIF5B*	促进 eIF2 GTP 水解酶活性；AUG 选择和核糖体上因子的释放；60S 亚基的装配
eIF6	eIF6	与 60S 亚基结合；可能参与核糖体的调控和组装
PABP	Poly（A）- 结合蛋白	与 mRNA 3′ 端的 poly（A）结合，与 5′ 端的 eIF4F 相互作用；促进环化

* 植物中的 eIF2B、eIF5B 和 eIF4H 是以其他真核生物中相似的基因序列为基础的。eIF2B 和 eIF4H 还未从植物中提取或发现。

†eIF3 由 13 个 180Da ～ 28kDa 的不同的亚基组成（标为 a ～ m）。

‡ 这些因子由两个亚基组成。eIF4F 由 eIF4G 和 eIF4E（帽结合蛋白）构成；植物特有的 eIFiso4F 由 eIFiso4G 和 eIFiso4E（帽结合蛋白）组成。

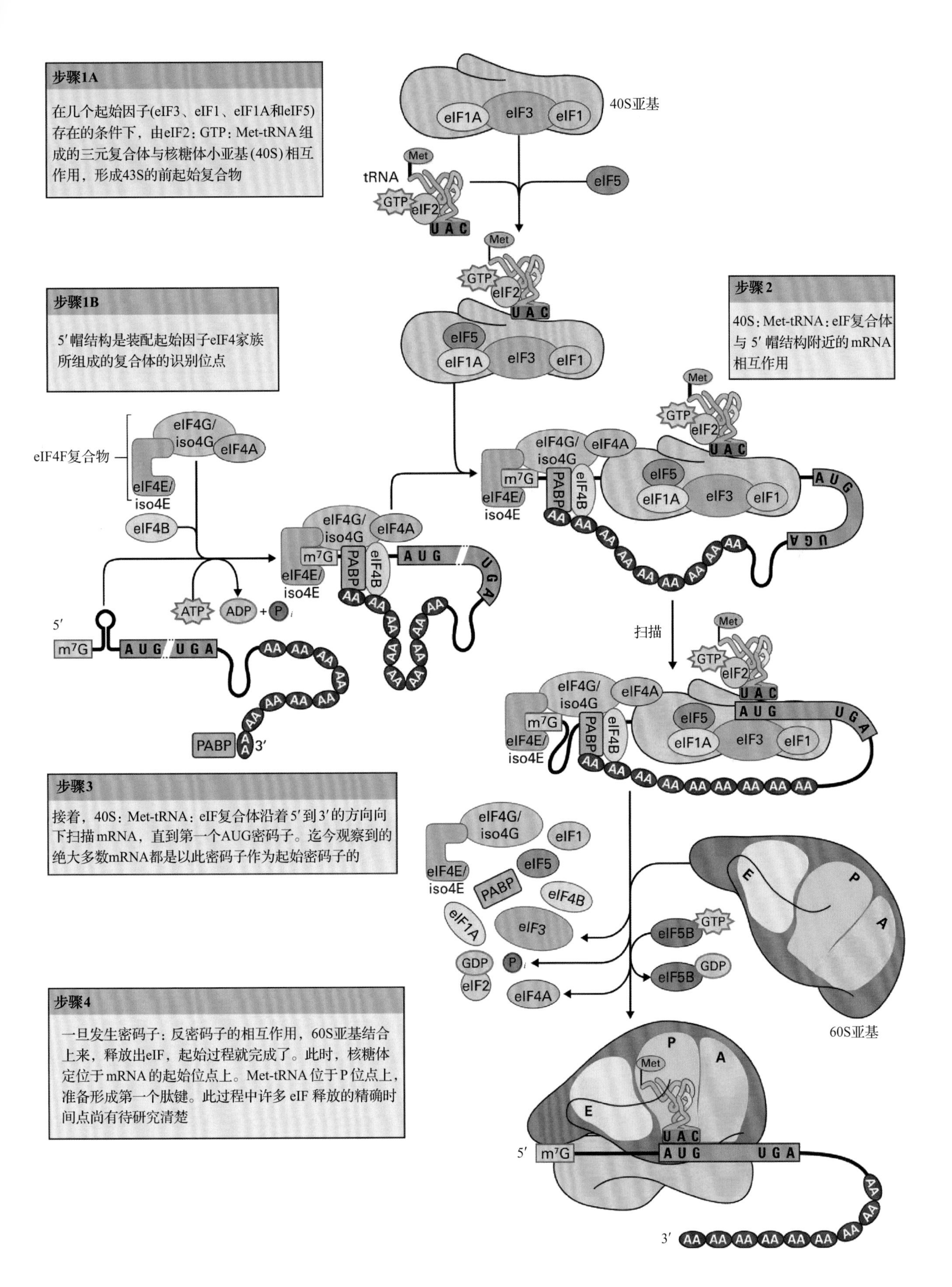

图 10.3 植物细胞质中多肽链起始机制的总览图

信息栏 10.2 植物病毒通过渗漏扫描将一个单一 mRNA 翻译为多个多肽

绝大多数真核生物的 mRNA 都是单顺反子的，从最靠近 5′ 端的 AUG 密码子处起始蛋白质合成。一个特定的 mRNA 有几个特征，包括第一个 AUG 周围的核苷酸序列、mRNA 的二级结构，以及帽子与第一个 AUG 之间的距离等，都会影响在第一个 AUG 处起始的效率。如果第一个 AUG 的上下游不合适，那么，有些核糖体就会越过它而在第二个 AUG 处起始翻译，此过程称为**渗漏扫描**（**leaky scanning**）。如果这两个 AUG 密码子设定的阅读框不同，那么就会产生两个序列很不同的蛋白质，很可能执行不同的生物学功能。许多植物病毒就采用此种策略，如黄矮病毒组的多种病毒（如大麦黄矮病毒），因为这可以让病毒使用最小的基因组而达到最大的基因组编码能力。

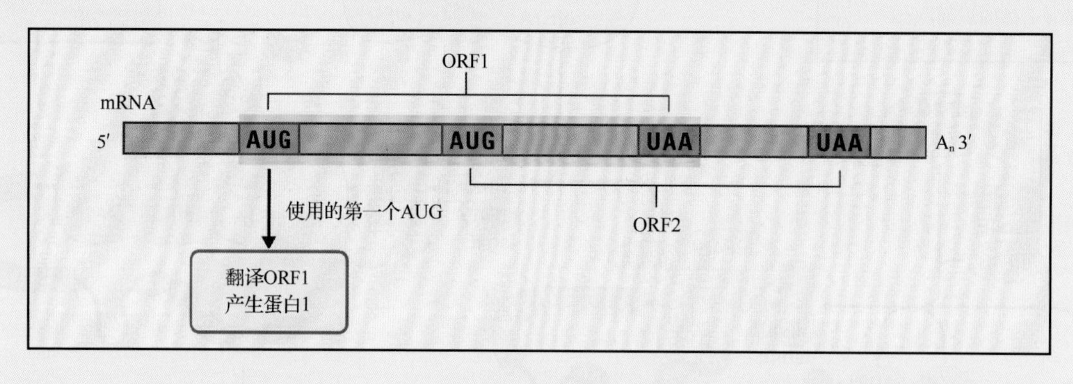

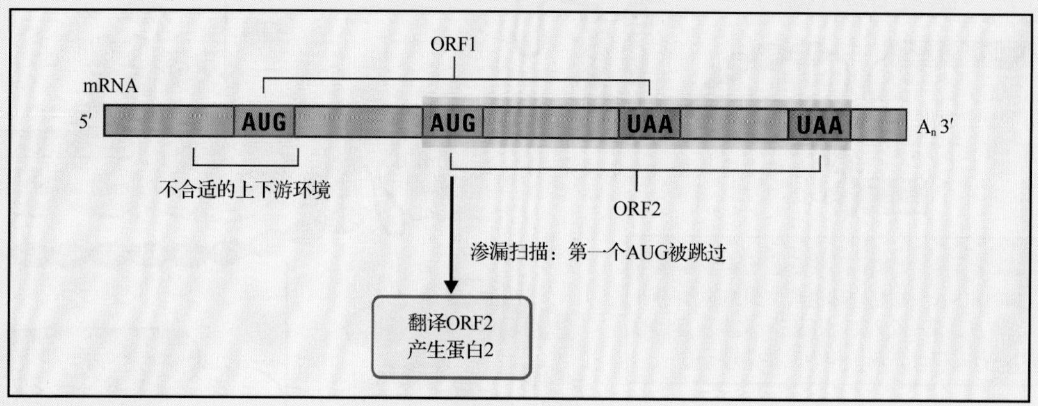

mRNA 的翻译很可能就不充分。因此，当蛋白质的合成受到限制的时候，如在不合适的生长条件下，起始序列显得尤为重要。5′UTR 可以影响它下游可读框（ORF）翻译的其他特性，包括存在潜在的二级结构（如自身互补成环），或是存在所谓的上游可读框（uORF，见信息栏 10.3）的短的可读框。

接下来，核糖体大亚基与小亚基结合，mRNA 和 Met-tRNA 还保持在正确的位置上（图 10.3）。在此阶段，eIF5 作为 GTP 酶激活蛋白，利用三元复合体中 eIF2 激活 GTP 的水解，随后释放 eIF2-GDP。最后一步，60S 亚基的加入需要另一种与大小亚基相互作用的 GTP 酶——eIF5B。

在植物细胞质中起始蛋白质生物合成的机制看上去与其他真核生物中的机制很相似。但有一个区别，就是植物存在两种形式的 eIF4F，参与形成的是在 mRNA 和 40S 核糖体亚基相互作用之前负责识别 5′mRNA 帽的蛋白质复合体。这种起始因子的两种形式——eIF4F 和 eIF（iso）4F，每种都是由两个亚基构成（eIF4G/ eIF4E 或 eIFiso4G/eIFiso4E）。植物中存在两种形式的起始因子的目的还不清楚，可能反映了对于特定的翻译或某些植物 mRNA 翻译调控的需求。

10.2.3 胞质蛋白质合成起始的严格调控

在所有真核生物中，翻译主要在起始过程受到

信息栏 10.3 上游可读框会调控某些 mRNA 的翻译

一个典型的真核生物 mRNA 只拥有一个单一的可读框（ORF），核糖体扫描 5′端的非翻译区（5′UTR）序列寻找主要的AUG起始密码子（见文本）。因此，令人惊讶的是，估计有 1/3 的 mRNA 在其 5′非编码区域（5′前导序列）内含有额外的 AUG 密码子。这些上游的 AUG 和它们相关的**上游可读框**（uORF）会在主要的可读框的 AUG 之前的终止密码子处终止。

uORF 往往有调节功能，例如，拟南芥转录因子 AtbZIP11 的 mRNA 包含一个 42 个氨基酸组成的 uORF（uORF2），其中包括一段演化上保守的肽序列，在蔗糖水平高的时候可抑制主要 ORF 的翻译。由于 AtbZIP11 可以诱导天冬酰胺合成酶 mRNA 的转录，所以其 uORF 可能会参与协调蔗糖和氨基酸代谢。该调控蔗糖的 uORF 嵌在一组可微调其调节活性的额外的 uORF 当中。通用的翻译起始装置中的特定组分（包括 60S 核糖体蛋白和最大的起始因子 eIF3 的亚基），可以使核糖体在一个 uORF 的终止密码子处终止后**重新起始**（**reinitiate**）翻译。若没有这种重新起始，主要的可读框就不能高效地进行翻译。

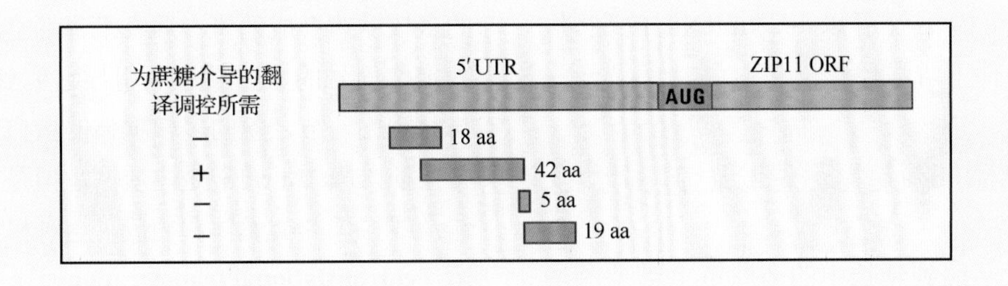

调控。在哺乳动物和酵母中，一些不同的激酶磷酸化 eIF2，阻止通过结合 eIF2 的 GDP 的交换。在植物细胞中，eIF2 的磷酸化是否也是一个主要的调控事件还不清楚，并且这是个热门的研究领域。一些证据表明这个调控系统可能在植物中发挥作用。在正常的生长条件下，几乎检测不到非磷酸化形式的 eIF2α，但是在氨基酸缺乏的幼苗中，磷酸化形式的 eIF2α 增加。与此同时，总体的蛋白质合成下降（图 10.4）。拟南芥中发现一个可以磷酸化植物 eIF2α 亚基的激酶 GCN2，在其他胁迫条件下，它会因氨基酸缺乏而激活，并且在相同条件下，eIF2 以一种依赖 GCN2 的方式发生磷酸化（图 10.4）。这

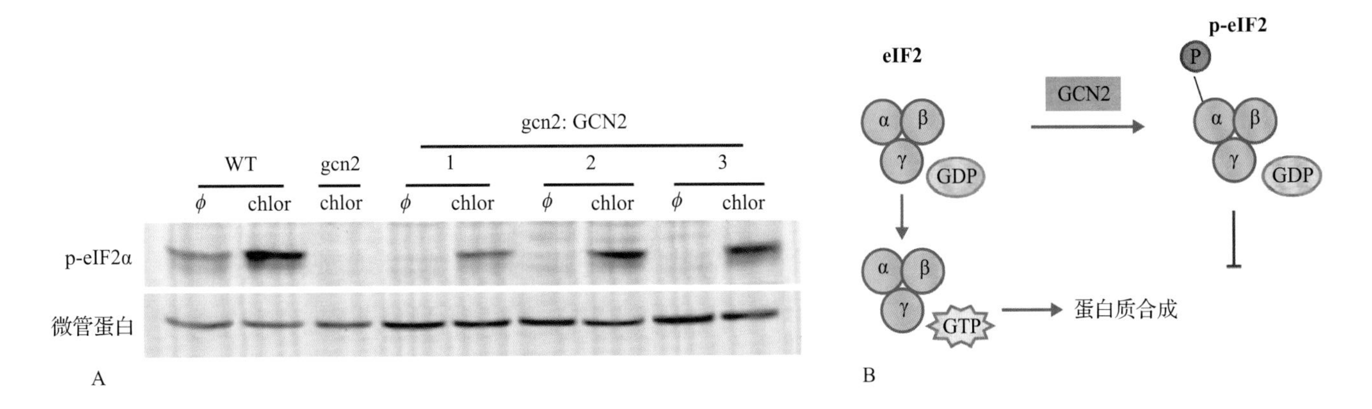

图 10.4 A. 作为氨基酸缺乏［这里是用一种氨基酸支链合成的抑制剂——除草剂氯磺隆（chlor）处理幼苗］的应答，eIF2 的 α 亚基会发生磷酸化。磷酸化可以用一种特异性地检测磷酸化形式的抗体进行检测。在 gcn2 突变体中检测不到 eIF2α 的磷酸化，但是将 GCN2 的表达载体重新转入突变体中后，eIF2α 的磷酸化就会得到恢复，图中示三个单独的转基因植株。微管蛋白免疫印迹（下面）表明在每个样品中蛋白量相等。B. eIF2α 磷酸化调控的蛋白质合成起始示意图。磷酸化与整体蛋白质合成降低相关，但是目前尚未证明此抑制机制与哺乳动物中的机制类似，其具体机制目前尚不清楚。来源：A. Lageix et al.（2008）. BMC Plant Biology 8:134

些变化与蛋白质合成的整体降低是一致的；但是植物 GCN2 激酶磷酸化 eIF2α 对翻译起始的直接影响还未得到证实。

酵母和哺乳动物中，第二条主要的调控通路是通过一个小蛋白与 eIF4G 竞争结合 eIF4E。这些 eIF4E 结合蛋白，在哺乳动物中称为 4E-BP，在信号转导的级联反应中是通过激酶的磷酸化来调控的。在植物中，不管是通过生物化学还是生物信息学途径，都还没有发现这类调控蛋白。

小 RNA 对翻译的调控是一个快速发展的研究领域。小 RNA 调控目标 mRNA 的翻译的具体机制仍在研究中。然而人们认为植物中 microRNA（miRNA）主要作用于降解 mRNA，而在动物中 miRNA 似乎会特异性地抑制翻译而不影响 mRNA 水平。小 RNA 可能不仅可以下调 mRNA 的翻译，还可以在特定条件下增强翻译。

10.2.4 按序添加氨基酸残基以延伸多肽链

有序添加氨基酸到延长中的多肽链上需要利用完成装配的 80S 核糖体的三个位点（A 位、P 位和 E 位，图 10.5）。P 位（肽酰 tRNA 结合位点）参与链起始，向 A 位上的下一个氨酰 -tRNA（aa-tRNA）提供延长中的多肽链。A 位（aa-tRNA 结合位点，或解码位点）暴露 mRNA 上的下一个密码子以供解读，下一个负载的氨酰 tRNA 就结合在此密码子位点上。P 位 tRNA 释放延长中的多肽链后，在离开核糖体前占据 E 位（释放位点）。这三个位点在多肽链合成时顺序使用，一个完整的循环只需 0.05s。

整个链延伸的过程需要三步完成（图 10.5），还需要三个与细菌延伸因子功能相似的延伸因子：eEF1A、eEF1B 和 eEF2。eEF1A 以绑定 GTP 的形式与 aa-tRNA 结合，并将其运送到核糖体上，同时 GTP 水解。eEF1B 将 eEF1A 上结合的 GDP 转变为 GTP 以再利用 eEF1A。形成肽键后 eEF2 通过 GTP 水解催化 mRNA 的转运。eEF2 与其他参与翻译的 G 蛋白（如 eIF2 和 eEF1A）不同，它不需要一个回收因子将 GDP 替换为 GTP。eEF2 是一个通过磷酸化和 ADP 核糖基化调控的靶标，这些调控过程在真核生物中是保守的。人们认为 eEF1A 和 eEF2 会与 P 蛋白的茎在核糖体大亚基上相互作用，这对 GTP 的水解是必要的。

当核糖体开始解码 mRNA 时，核糖体向下游移动，暴露出起始密码子并让第二个核糖体起始 mRNA 的翻译，因此 mRNA 通常与几个核糖体结合，形成所谓的多核糖体或多聚核糖体结构（图 10.6）。mRNA 上经常间隔 80~100nt 就有一个核糖体。一个 80S 核糖体在 mRNA 上占据 30 ～ 35nt 的位置。在多核糖体上有一个 mRNA 说明这个 mRNA 在发生翻译，当然也有例外。最近的研究表明，与多核糖体相互作用的 mRNA 可能是细胞中分离出的总 mRNA 中的一种独特的 mRNA，可以更加精确地代表细胞中蛋白质合成的活性。核糖体足迹技术不仅可以鉴定出是哪些 mRNA 正在进行活跃的翻译，还可以确定核糖体在 mRNA 上的位置。

多核糖体可分为游离的和结合膜的两类。游离的多核糖体合成的蛋白质在翻译后会释放出来，由作为定位信号的蛋白质序列引导它们到达最终目的地。与此相比，结合膜的多核糖体的蛋白产物在翻译期间直接插入膜中，通常是内质网，但是也可能分别是质体及线粒体的类囊体和内膜，这种机制称为**共翻译转运**（**cotranslational translocation**，详见第 4 章）。

10.2.5 蛋白质合成终止于 mRNA 中特定的信号处

当核糖体到达 mRNA 上的三个终止密码子之一（UAA、UAG 或 UGA）时，多肽链的延伸就终止了（图 10.7）。蛋白质合成的终止需要两种称为**释放因子**（**release factor，RF**）的蛋白质——eRF1 和 eRF3 结合到 A 位点。eRF1 是 tRNA 的结构类似物，可以识别三种终止密码子，并与 eRF3 和 GTP 结合。eRF3 有 GTP 酶的活性。释放因子与核糖体相互作用引发一系列反应，包括在 P 位上催化完整蛋白质与最后一个 tRNA 之间化学键的水解反应。RF3 催化的 GTP 水解会促使多肽和 RF 从核糖体上释放。tRNA 和核糖体也会从 mRNA 上释放下来，使其得以参与翻译的另一轮循环。

当前起始复合物形成需要利用 40S 亚基时，80S 核糖体会以依赖 ATP 的方式在 eIF6 和三磷酸腺苷结合盒 E（ABCE1）的促进下解离成 40S 和 60S 两个亚基。因此，当翻译起始受到限制时，缺少 mRNA 的 80S 核糖体会积累，如在低氧、热激或脱水等胁迫条件下。

步骤1

延长中的多肽链在P位与tRNA共价结合。A位空出，暴露出mRNA上的下一个密码子，而E位由前一轮的脱氨酰-tRNA占据

步骤2

只有当氨酰-tRNA的反密码子与mRNA上暴露的密码子配对时，氨酰-tRNA才会结合到核糖体的A位。当氨酰-tRNA结合到A位时，E位的tRNA从核糖体上脱离出来。延长必需的延伸因子eEF1与GTP和氨酰-tRNA形成一个三元复合体，促使了氨酰-tRNA与核糖体A位的结合

步骤3

核糖体用肽基转移酶的中心来催化延长中的多肽链与新氨基酸之间形成肽键。近来的实验表明，在这个催化步骤中rRNA起了特别重要的核酶的作用。此过程最终的结果是新生多肽从P位的tRNA上转移到A位上tRNA所结合的新的氨基酸上。多肽加长了一个氨基酸残基，此时肽基tRNA占据A位；而P位的tRNA没有连接氨基酸，此tRNA称为已经脱酰化

步骤4

复合体必须重排以暴露出下一个三联体，此过程称为易位，包括三个重排：P位的脱酰tRNA转移到空出的E位，A位的肽基tRNA转移到P位；核糖体在mRNA上精确地移动三个核苷酸(一个密码子)，在A位暴露出新的三联体。多移动或少移动一两个核苷酸会起始一个新的阅读框架，并很可能形成一个没有活性的多肽

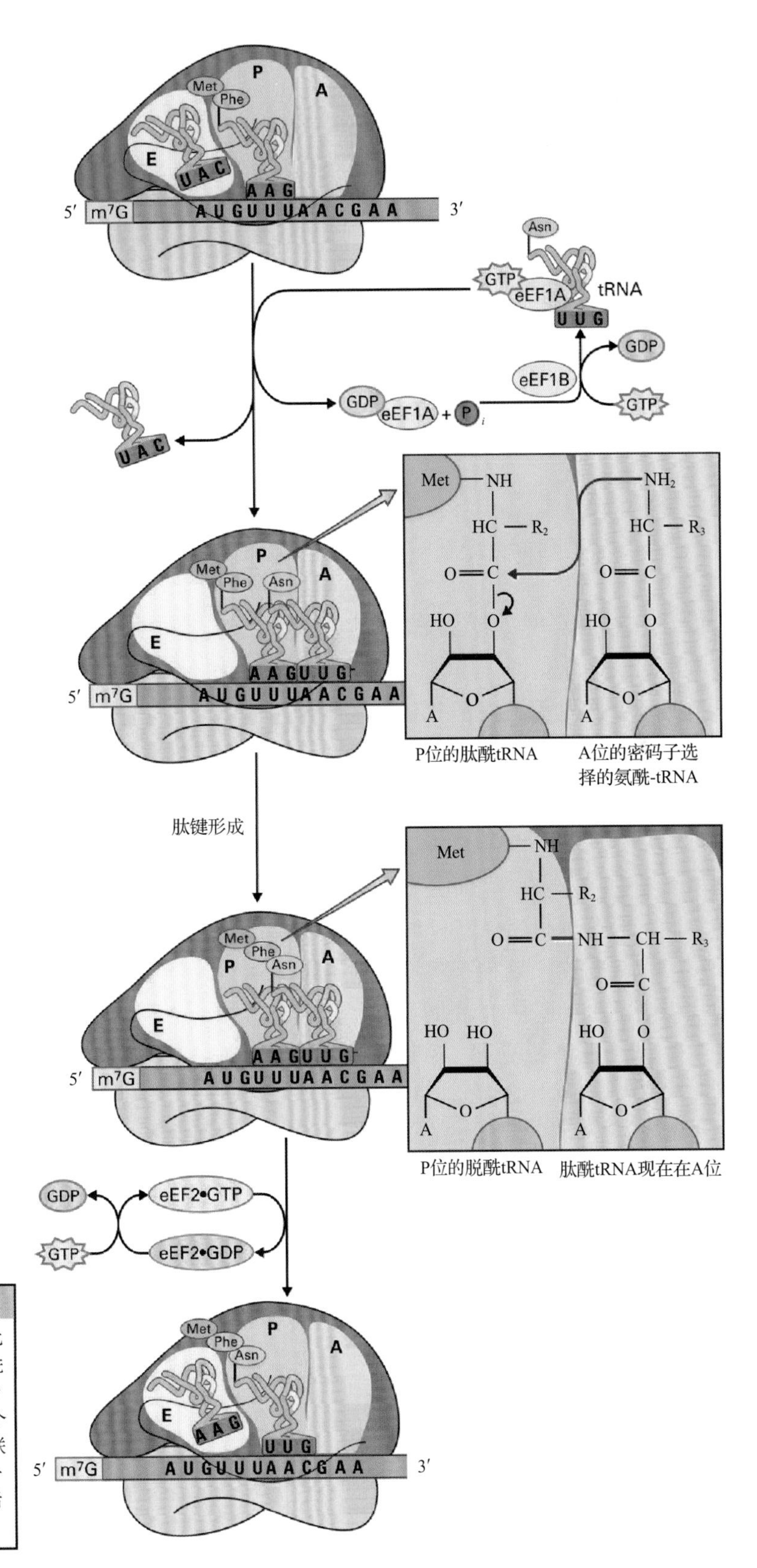

图 10.5 植物细胞质中蛋白质合成的延伸阶段

10.2.6 植物细胞质中 mRNA 的翻译受胁迫条件的影响

植物细胞质中蛋白质的合成不是以一个恒定的速率发生的。相反，它是响应多种生理和环境的变化而被调节的。一些胁迫，如厌氧生活、热激或病毒感染，都会减少细胞质中的蛋白质合成（见第21、22章）。例如，生长在洪涝地区的植物，由于

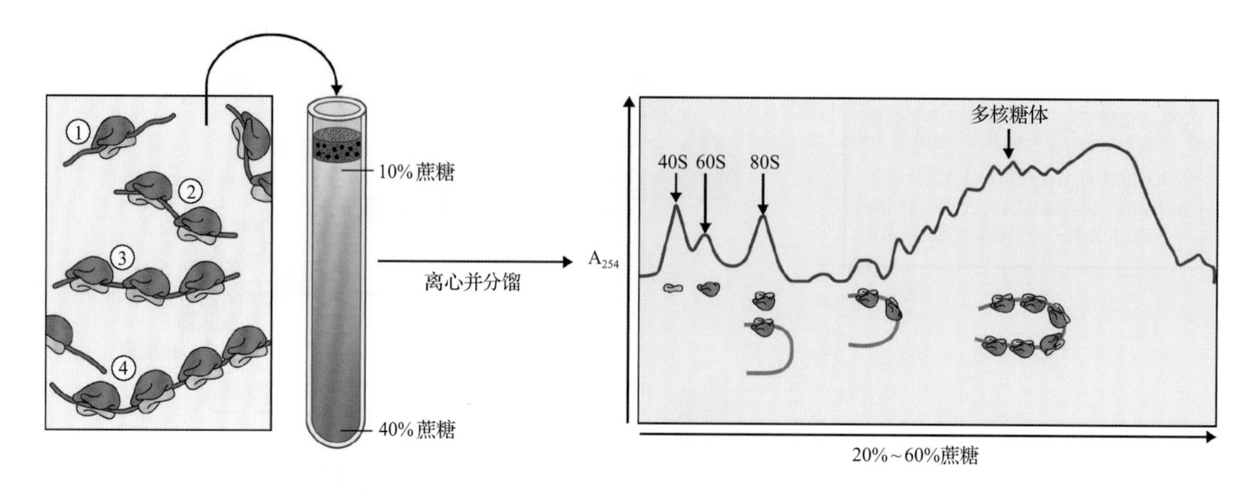

图 10.6 大多数 mRNA 一次被一个以上的核糖体翻译。多核糖体这个词就是指结合了多个核糖体的 mRNA。可通过蔗糖密度梯度离心来分离结合了不同数目核糖体的 mRNA。结合的核糖体越多，多核糖体就越大，其在沉降过程中移动的距离就越长

土壤中的空气被水取代，到达根部的空气很少，可以耐受氧气不足（缺氧）。当缺氧时，氧化磷酸化不能再为细胞提供能量，发酵代谢占主导地位。细胞通过降低大多数正常细胞蛋白质的合成，增加糖酵解和乙醇发酵所需酶的合成来做出应答。参与无氧代谢的这些酶的 mRNA 仍然会与多核糖体结合，然而其他的 mRNA 会从多核糖体上急剧减少。一旦重新引入氧，所有细胞过程中的 mRNA 会快速回到多核糖体上。据推测，这种在胁迫条件下减少蛋白质合成及隔离细胞 mRNA 的机制有助于在有氧代谢受到限制时保存 ATP 和能量。控制翻译装置如何对生理和环境的变化做出应答的调控机制是目前大量研究的焦点。

10.3 植物病毒翻译的机制

10.3.1 病毒 mRNA 可以在没有 5′ 帽的情况下进行翻译

许多植物病毒 RNA 缺少 5′ 帽状结构（5′ cap），所以这样的 RNA 是以不依赖于帽状结构的方式进行翻译的。这些病毒 RNA 在 UTR 上有一个不依赖于帽状结构的翻译增强子或元件（CITE）。这段 RNA 对翻译起始因子有很强的亲和性，翻译起始因子继而可以招募核糖体到 mRNA 上。

植物病毒的 CITE 通常大约长 100nt，并且形成多种序列和结构。马铃薯 Y 病毒组和侵染十字花科的烟草花叶病毒的 CITE 位于病毒 mRNA 的 5′ UTR 上。相反，在庞大多样的番茄丛矮病毒家族中（如香石竹斑驳病毒、番茄丛矮病毒和黍花叶病毒），CITE 位于 3′ UTR 上。一些此类 3′ CITE 会与翻译起始因子 eIF4F 或 eIF（iso）4F 的亚基结合，通常需要借助 RNA 上的帽状结构从而高亲和性地结合。人们发现或预测绝大多数 3′CITE 可以与 5′ UTR 的一段序列碱基互补配对，模拟通过与 eIF4G 和 PABP 相互作用而循环利用的细胞 mRNA（图 10.8）。翻译起始因子 eIF4E、eIFiso4E、eIF4G 或 eIF（iso）4G 在病毒复制周期中的重要作用因编码这些因子的等位基因经常是隐性抗性基因而显而易见（见信息栏 10.4）。这意味着野生型的等位基因对于病毒的感染是必要的。翻译和复制的协调是病毒成功感染的关键（见信息栏 10.5）。

10.3.2 病毒利用改变翻译阅读框、通读终止密码子等再编码机制提高蛋白质合成的多样性

植物病毒经常利用再编码机制（非经典的遗传密码阅读）来提高其蛋白质产物的多样性。核糖体移码使其得以翻译重叠的可读框（图 10.9）。

所有的核糖体从“Zero frame”上的同一个起始密码子处起始翻译，大多数核糖体只读取这个可读框。而在阅读框重叠的区域，很小部分（1% ～ 10%）正在翻译的核糖体会改变阅读框。绝大多数的程序性移码会进入 –1 读码框。–1 处移码发生在通常符合 XXXYYYZ 序列的不稳定的七核苷酸处，其中 X 可以是任何碱基，Y 为 A 或 U，Z 可以是除 G 以外的任何碱基。其下游紧接着一个高度结构化

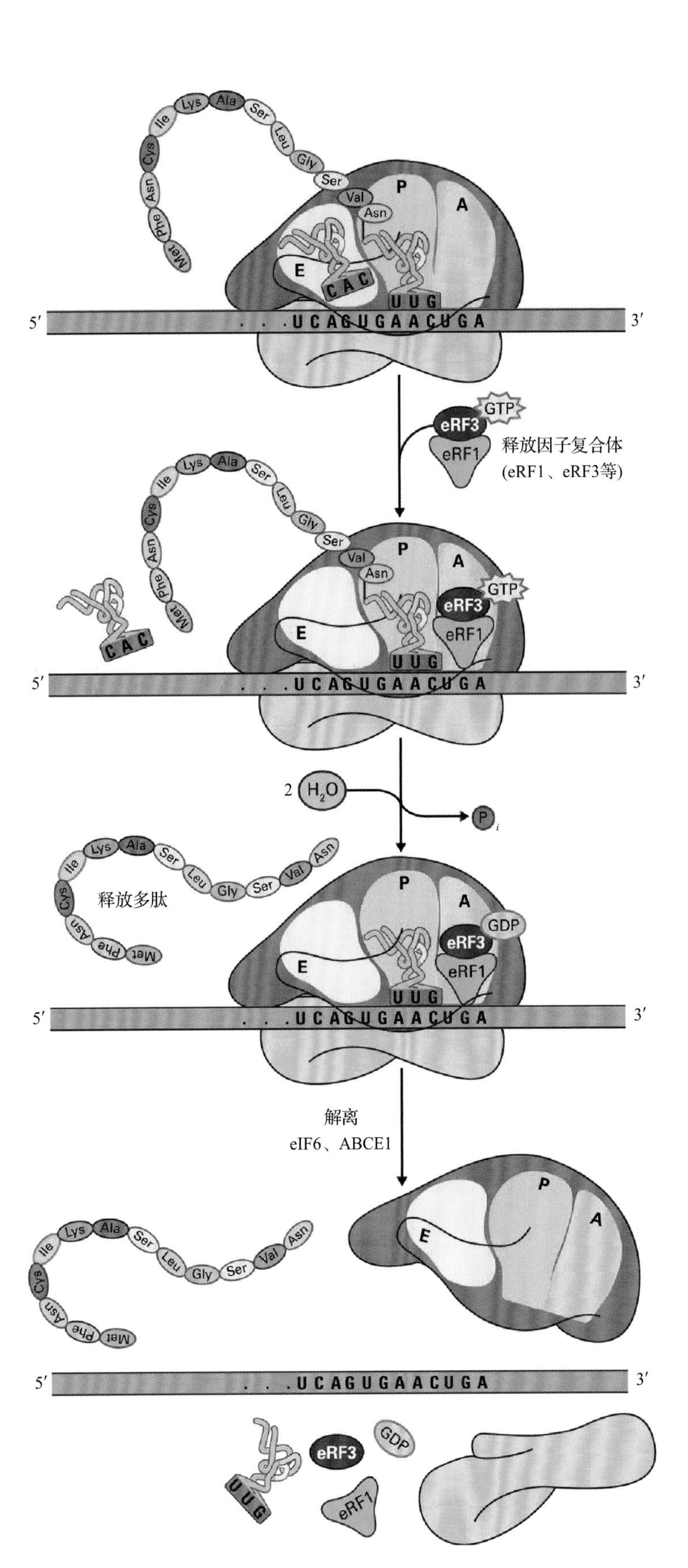

步骤1

一个释放因子复合体(包括eRF1和结合有GTP的eRF3)结合到A位上暴露的终止密码子上。虽未经证实，但E位的脱酰tRNA很可能就在此时释放出来

步骤2

核糖体的肽基转移酶中心催化水解连接完整多肽和最后的tRNA之间的酯键

步骤3

eIF6和ABCE1促进蛋白的释放，mRNA从核糖体亚基上解离下来，使其可用于另一轮蛋白质的合成(注：GTP水解的精确时间和功能尚待深入地研究)

图 10.7 蛋白质合成终止中的事件。一旦三个终止密码子之一出现在核糖体的 A 位，多肽链的合成就会终止

的区域，通常由一个假结体组成，从下游 6 ～ 8 个碱基处开始。一般认为，当核糖体的前缘遇到这个有结构的区域，不稳定位点的位置就会固定在 A- 和 P- 位点结合了 tRNA 的核糖体内。由于核糖体不能“融化”假结体而产生的张力，迫使 A- 和 P- 位的 tRNA 相对于 mRNA 往回滑一个碱基，进入 –1

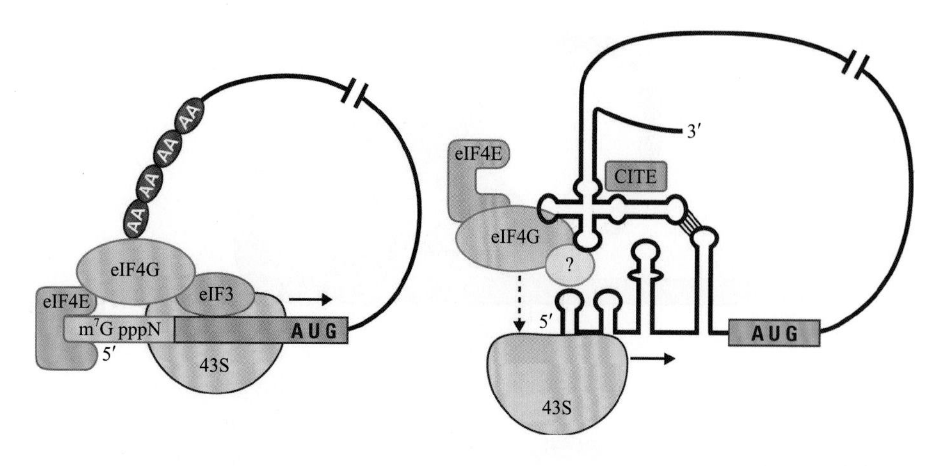

图 10.8 植物病毒 RNA 的翻译起始与胞质中的 mRNA 不同。病毒 RNA（右）包含一个可以结合 eIF4 复合物的 3′ CITE，与胞质 mRNA 的帽状结构（左）相似。病毒的这种类似帽状的结构会与前起始复合物（43S）相互作用，将 RNA 正确地定位在其 5′ UTR 处。来源：W. Allen Miller, Iowa State University

信息栏 10.4　植物中带有天然的病毒抗性基因

在莴苣、番茄、辣椒、豌豆、甜瓜、水稻和大麦中，很多天然的植物病毒抗性基因都是编码帽 - 结合复合物亚基 [如 eIF4E、eIFiso4E、eIF4G 或 eIF（iso）4G] 的基因。大多数（但不是全部）这些抗性因子都对在其基因组的 5′ 端连接着病毒编码的蛋白质（VPg）的 RNA 病毒（包括马铃薯 Y 病毒、南瓜花叶病毒、香石竹斑驳病毒、大麦黄化花叶病毒、南方菜豆花叶病毒、马铃薯卷叶病毒等）具有抗性。翻译起始因子介导的抗性是由于少数几个氨基酸发生改变而引起的，大多数这些改变都是不保守的，并且位于蛋白质的表面（见蛋白质图片中用颜色标记的区域）。有趣的是，突变（常常是单个氨基酸的改变）一般发生在与寄主蛋白的帽 - 结合区域不一样的位点处，这表明帽 - 结合的能力并没有受到突变的影响（因为 eIF4E 必须仍要参与寄主 mRNA 的翻译）。虽然病毒抗性的详细机制仍不清楚，但是由与病毒 VPg 蛋白直接相互作用介导的病毒 RNA 基因组的翻译和（或）复制，在某种程度上似乎仍需要这些寄主的翻译起始因子基因。

选取已知的 VPg 抗性突变

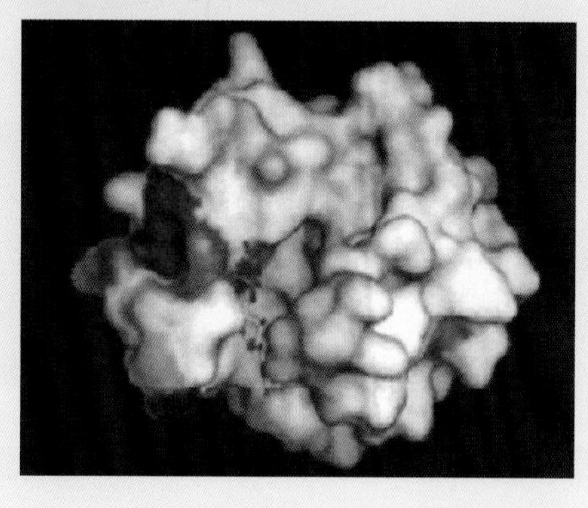

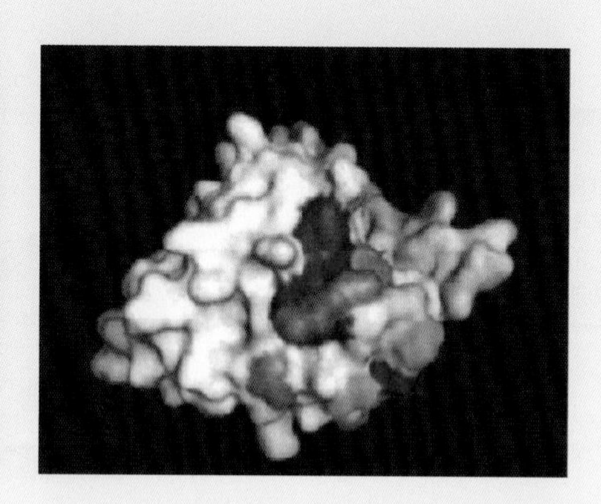

读码框。随后 tRNA 回到 mRNA 上，假结体的二级结构会发生熔解，翻译恢复正常。

在所谓的框内终止密码子通读或密码子重新定义的过程中，许多病毒还可以用一个 aa-tRNA 代替终止密码子处的释放因子。与移码类似，这也是低频率事件，因通读序列的不同，大约只在 <1% 至 10% 的核糖体中发生。这就使得第一个可读框编码的小蛋白比第一个可读框加终止密码子下游序列编码的 C 端延长的蛋白质的比率更高。mRNA 上的“通读终止密码子”信号大不相同，对其了解少于对 –1 移码的了解。最好的例子可能是烟草花叶病毒（TMV）。聚合酶基因的表达需要在共有基序 UAGCARYYA 处通读终止密码子，其中 UAG 是终止密码子，R 是任何一个嘌呤，Y 是任何一个嘧啶，

信息栏 10.5　病毒能协调复制和翻译过程

为什么有些病毒有这样一套复杂系统，通过一段 3′ UTR 区的序列来控制在 5′ 端翻译的起始呢？一个原因就是，它可能会在早期的侵染过程中防止核糖体和病毒复制酶之间发生冲突。所有的正链 RNA 病毒都必须在病毒 RNA 进行复制之前翻译病毒复制酶编码区域。有一个问题，就是必须停止翻译过程以让复制酶在没有正在翻译 RNA 的核糖体干扰的情况下复制病毒 RNA。复制酶在病毒模板 RNA 的 3′ 端起始互补 RNA 的合成。由于复制酶在模板的 3′ UTR 上是沿 5′ 方向移动，它将会遇到并破坏 3′ UTR 区的 CITE 结构，干扰与 5′ UTR 碱基配对的 CITE，因此关闭 5′ 端的翻译起始。这将会减少对复制酶上游 RNA 进行翻译的核糖体数量。当复制酶沿着其模板从上游移动到已翻译的区域时，该区域处的 RNA 是没有结合核糖体的，可由病毒的复制酶进行复制。因此，阻断 3′ CITE 和 5′ UTR 之间的碱基配对可以作为一个分子开关来关闭翻译、促进复制。

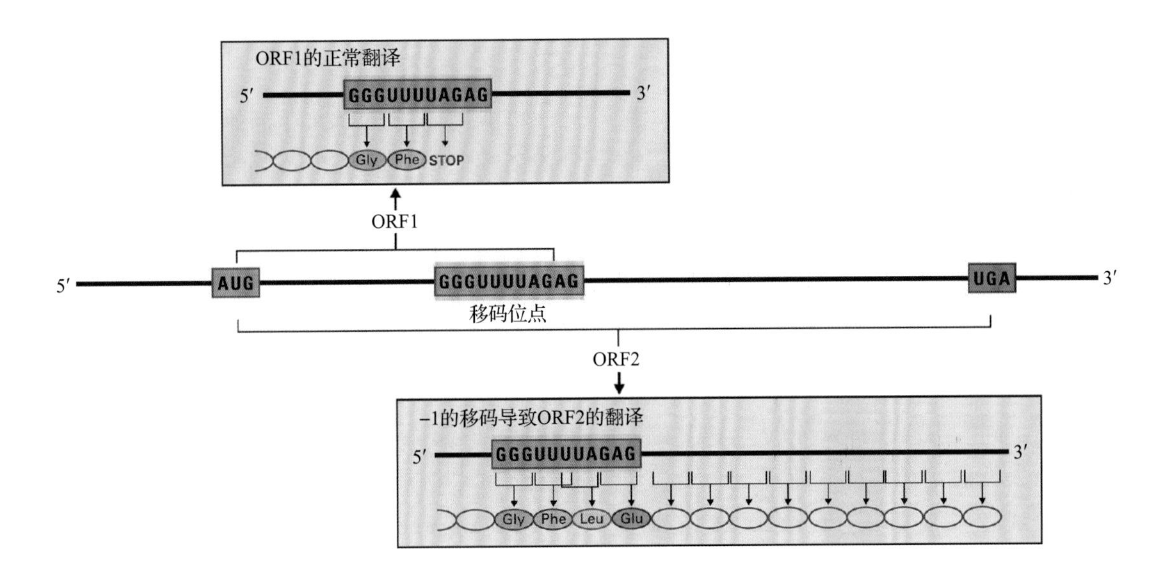

图 10.9　病毒中使用的再编码机制。当两个重叠的可读框共用一个起始密码子但于不同的位点终止时就会发生移码。移码发生的位点处的再编码信号使得一个 ORF 的阅读框架发生移动。核糖体会往回滑一个核苷酸（进入 –1 读码框），然后继续进行翻译直到遇到一个不同的终止密码子

通读的机制仍然未知。

10.4　质体中的蛋白质合成

10.4.1　质体蛋白质合成与细菌蛋白质合成的相似性

质体蛋白质合成与细胞质蛋白质合成在一些细节上有不同之处。一般情况下，细胞质和质体的核糖体、mRNA 及每步反应所需的辅助因子是不能互换的，并且细胞质和质体中特异起始因子的数目及功能也有相当大的差异。生物信息学分析表明植物中有可以基于其与细菌中翻译起始因子的同源性而被识别的质体翻译因子，包括：同源的原核起始因子（IF1、IF2 和 IF3）、延伸因子（EF-Tu、EF-Ts 和 EF-G）、终止因子（RF1、RF2 和 RF3）和核糖体循环因子 RRF（表 10.3）。关于质体中所需的翻译因子的酶学研究很少，研究得最好的是单细胞光合生物细小裸藻（*Euglena gracilis*）中的质体翻译因子，不仅与细菌的翻译因子有很多功能相似性，而且还有很多独特的结构可能促进其在叶绿体中发挥功能。

质体核糖体（见表 10.1）在小亚基中有一个单独的 16S rRNA，在大亚基中有三个 rRNA（23S、5S 和 4.5S）；但是，质体核糖体中的 RNA 总量只比细菌核糖体中的 RNA 多了几个核苷酸。几乎所有的与细菌核糖体蛋白同源的蛋白质都存在于质体

表 10.3　质体翻译因子及其与细菌翻译因子之间的关系

因子	原核生物中的功能	拟南芥和细菌因子间的保守性	注释
IF1	促进 IF2 和 IF3 的功能发挥	切除输入信号后，与大肠杆菌 F1 有 58% 的一致性	非常小的蛋白，切除输入信号后小于 80 个氨基酸
IF2	将起始 tRNA（起始氨酰 -tRNA）与核糖体结合	切除输入信号后，与大肠杆菌 F2 有 34% 的一致性	长度可变，细小裸藻叶绿体中 IF2 比大肠杆菌中的至少大两倍
IF3	介导核糖体亚基的解离，即时校读起始复合物	切除输入信号后，与大肠杆菌 IF2 有 42% 的一致性	通常比细菌因子要长，细小裸藻叶绿体中 IF3 比大肠杆菌中的至少大两倍
EF-Tu	将氨酰 -tRNA 结合到核糖体的 A 位点上	切除输入信号后，与大肠杆菌 IF2 有 69% 的一致性	通常是一个高度保守的因子，在一些物种中是由叶绿体基因组编码的
EF-Ts	介导鸟嘌呤核苷酸与 EF-Tu 间的交换	与大肠杆菌 EF-Ts 有 34% 的相似性；由于整体序列相似度不高，所以具体的比例不清楚	叶绿体核糖体 S7 多聚蛋白
EF-G	转位酶	切除输入信号后，与大肠杆菌 EFG 有 57% 的一致性	GTPase
RF-1	释放因子 1，识别 UAA/UAG	切除输入信号后，与大肠杆菌 RF 有 41% 的一致性	必需基因
RF-2	释放因子 2，识别 UAA/UGA	切除输入信号后，与大肠杆菌 RF 有 41% 的一致性	对 mRNA 的稳定性维持很重要
RF-3	介导 RF1 和 RF2 从核糖体上的释放	与衣藻 RF3 有 33% 的一致性	拟南芥中的同源还未发现
RRF	核糖体循环因子	切除输入信号后，与大肠杆菌 RF 有 44% 的一致性	已从菠菜中分离该基因，并且有初步的酶学研究

核糖体，一些质体特异的核糖体蛋白（PSRP）在细菌中没有对应蛋白。在不同物种的质体中，核糖体蛋白的确切数目不同。例如，菠菜（*Spinacia oleracea*）的叶绿体核糖体有 6 个质体特异的核糖体蛋白（4 个在小亚基，2 个在大亚基）。冷冻电子显微镜观察这些核糖体可以预测出这些质体特异蛋白所在的位置（图 10.10）。其中 PSRP1 蛋白定位于小亚基的解码面，同时阻碍了核糖体的 A 和 P 位点而阻止了翻译。人们假定在翻译起始前这个蛋白质必须要释放下来或者移除掉，这个过程可能直接参与光介导的叶绿体蛋白质合成的调控（见后文）。

植物细胞质和质体中翻译系统最根本的差别之一可能体现在 mRNA 上起始信号的选择过程中。如前所述，细胞质 mRNA 有一个 5′ 帽子结构为起始因子标识出 5′ 端；与此相反，质体 mRNA 没有帽子结构，通常以含有多个阅读框的多顺反子来转录，类似于细菌的 mRNA。

在细菌的系统中，核糖体的小亚基（30S）选择正确的 AUG 密码子来起始翻译。此亚基的 16S rRNA 与起始密码子 AUG 上游的一小段序列——夏因 - 达尔加诺序列（Shine-Dalgarno）碱基配对，Shine-Dalgarno 序列以其发现者来命名（图 10.11）。与 Shine-Dalgarno 序列结合可促进对起始密码子的选择。质体中核糖体识别正确 AUG 起始密码子来起始

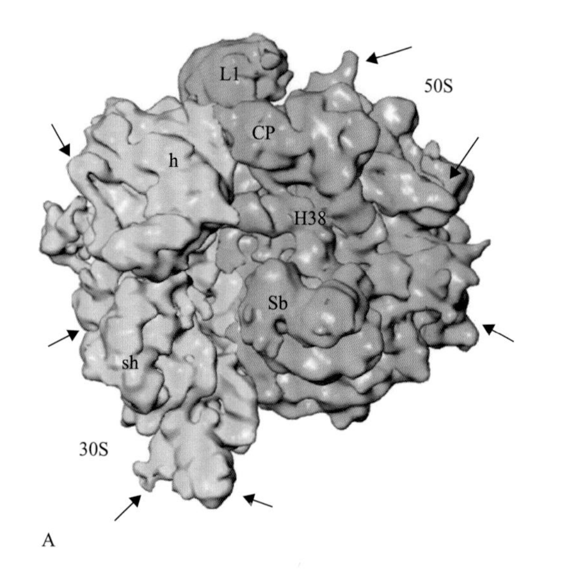

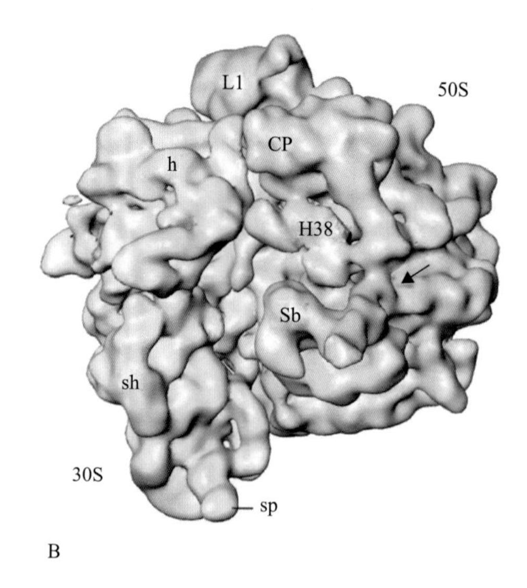

图 10.10　9.4Å 分辨率下的菠菜（*Spinacia oleracea*）叶绿体 70S 核糖体和大肠杆菌（*E. coli*）70S 核糖体的冷冻电镜图比较。A. 叶绿体核糖体的 30S 亚基用黄色表示，50S 亚基用绿色表示。B. 大肠杆菌 70S 核糖体的 30S 亚基用浅黄色表示，50S 亚基用蓝色表示。图 A 中叶绿体和大肠杆菌的核糖体之间不同的结构用红色的箭头示出。30S 亚基的标记：h，头部；sh，肩部；sp，刺。50S 亚基的标记：CP，中心突起；H38，23S rRNA 的螺旋 38；L1，蛋白 L1 突起；Sb，茎基。来源：Sharma et al.（2007）. Pro.Natl. ACAD. Sci. USA. 104: 19315-19320

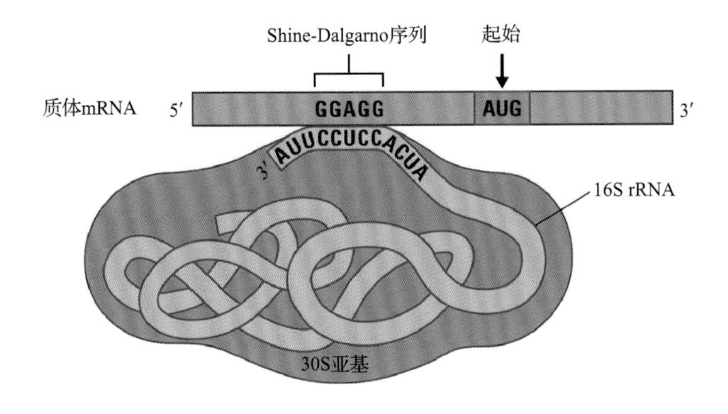

图 10.11 Shine-Dalgarno 互作选择起始密码子。在 mRNA 上的多聚嘌呤序列（Shine-Dalgarno 序列）和小亚基 16S rRNA 靠近 3′ 端的多聚嘧啶序列之间形成氢键，有助于在正确 AUG 密码子处起始翻译

翻译的机制在细小裸藻、菠菜和衣藻中得到了最广泛的研究。来自这些生物的叶绿体 mRNA 可分为两类。第一类在起始密码子上游的 20 nt 以内没有 Shine-Dalgarno 序列。此外，这类 mRNA 在 5′ UTR 内没有保守序列信号。这类 mRNA 中的翻译起始位点由 mRNA 上的无结构区或弱结构区中存在的一个 AUG 密码子来确定（图 10.12），并且很多情况下可能需要一个或多个核编码的反式作用蛋白来促进起始。第二类中的叶绿体 mRNA 在起始密码子上游包含一个 Shine-Dalgarno 序列。在这类 mRNA 中，起始密码子周围的序列呈现出更高程度的二级结构，并且 Shine-Dalgarno 序列通常在翻译起始中发挥作用。

10.4.2 质体 DNA 编码的类囊体膜蛋白在膜结合核糖体中的翻译

光合作用的光反应发生在类囊体膜上，且一些由叶绿体合成的蛋白质最终会组合到在膜上发现的酶复合体中（图 10.13）。叶绿体膜结合蛋白的合成似乎包含两步，人们相信叶绿体中蛋白质的合成是在游离的核糖体上起始的。一旦新生的蛋白质链从核糖体上露出，其 N 端附近的氨基酸序列就成为一个信号序列，引导核糖体到类囊体膜上去。这个过程受到一个蛋白复合体——叶绿体信号识别粒子的调控。一旦核糖体及其新生链与膜结合，翻译就继续进行，且多肽链一边合成，一边插入膜内。在某些情况下，人们相信有的 mRNA 会通过直接与膜上的 RNA 结合蛋白结合，被引导至类囊体膜上。

10.4.3 叶绿体的蛋白质合成受光的调控

有光合活性的叶绿体产生于随着叶片发育的前质体，或来自暴露在光下的暗生长的组织中的黄化质体。在这些转变过程中，细胞器内发生了显著的形态和生化改变。

在类囊体中，主要的蛋白质复合体——最著名的光系统Ⅰ和光系统Ⅱ（PSⅠ，PSⅡ）由核和质体编码的蛋白质组装而成。为了实现这一点，很多叶绿体蛋白质的合成在光诱导的质体变绿期间大大增强。某些叶绿体 mRNA 的翻译会增加 100 倍，有时叶绿体中 mRNA 的量没有显著变化。例如，在黑暗中生长的刺苋（*Amaranthus* sp.）中 Rubisco 大亚基（LSU）的 mRNA 是存在的，且与多核糖体结合，但翻译量很少。而当子叶受到光照时，LSU 的 mRNA 量依然保持恒定，但在 3 ～ 5h 内即可检测到 LSU 蛋白的合成。与此类似，在大麦（*Hordeum vulgare*）中，结合 LSU mRNA 的起始复合体在光

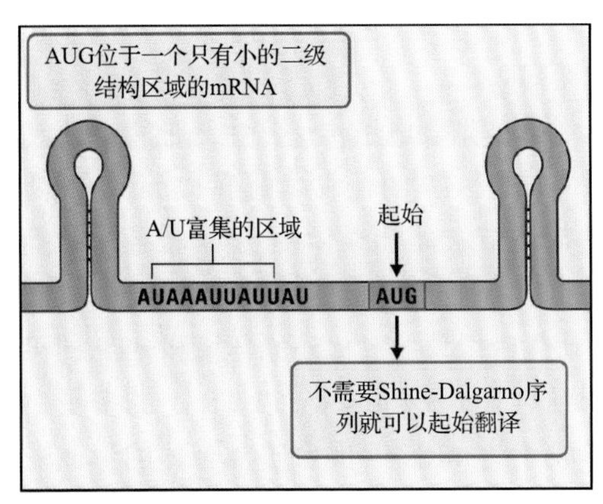

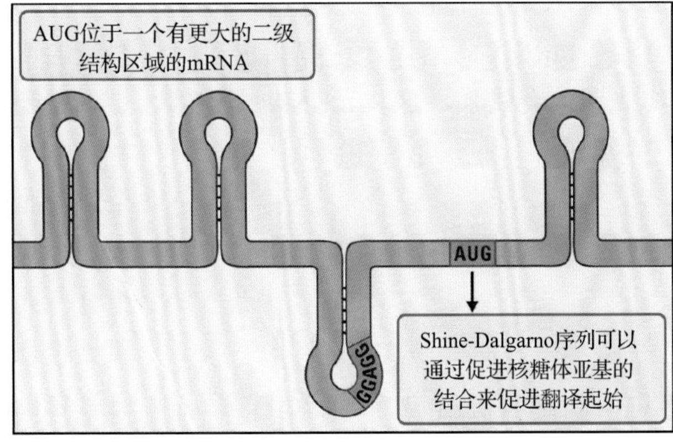

图 10.12 叶绿体 mRNA 上起始位点的选择，经由两个路径中的一个根据 mRNA 的序列进行。在第一个路径中（左），起始密码子位于没有太多二级结构的区域，可能由一个反式作用因子促进。在第二个路径中（右），Shine-Dalgarno 序列处于起始密码子附近，促进其对翻译起始的选择

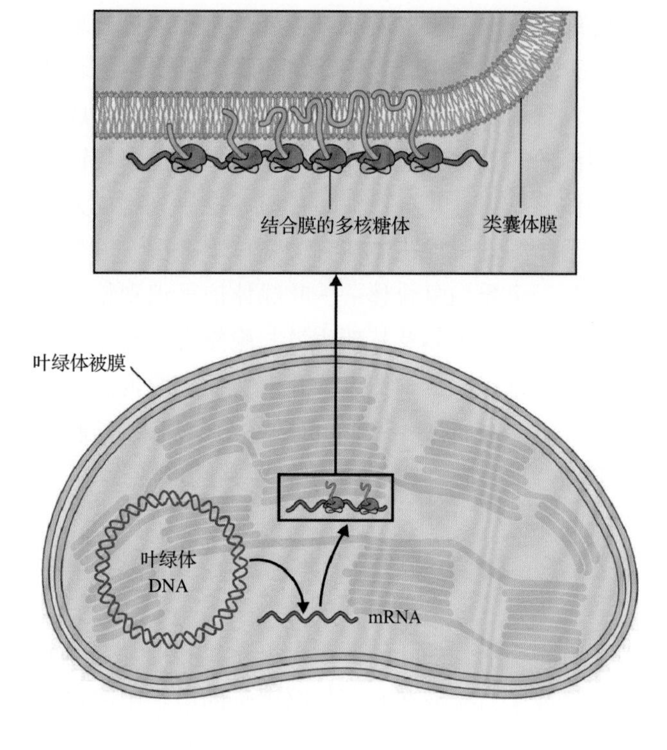

图 10.13 定位到类囊体膜上的多聚体复合物中的蛋白质，是在结合在膜上的核糖体中合成的。这些 mRNA 的翻译是在叶绿体的可溶性部分（基质）中起始的，然后新生肽中的信号引导多核糖体到完成蛋白质合成的地方——类囊体膜上

照和黑暗的条件下均可以形成，但是后续的延伸步骤会在光照条件下得到增强。

除此翻译控制以外，转录、mRNA 稳定性、辅助因子可用性和蛋白质降解的改变也参与调控叶绿体蛋白质的合成（图 10.14）。每个蛋白质有独特的调控模式，一些蛋白质的合成似乎很大程度上受转录控制，而另一些蛋白质的数量受翻译起始速率改变或蛋白质降解的调节。

逐渐清晰的是，核基因的产物作为叶绿体蛋白质合成的调节子，在某些情况下通过与某一种叶绿体 mRNA 的 5′ UTR 相互作用来影响其翻译，或更广泛地影响多个 mRNA 的翻译。这些蛋白质-mRNA 复合体在光照下会增加，这与 mRNA 成分的翻译增强有关（图 10.15，见信息栏 10.6）。

10.4.4 mRNA 结合蛋白可受氧化还原电位调节

在光激活的蛋白质合成中，翻译激活蛋白的结合必须与叶绿体的光合活性保持一致。似乎至少有两条途径与这些过程相关：第一条途径涉及叶绿体的氧化还原电势，而第二条途径将翻译与细胞器中

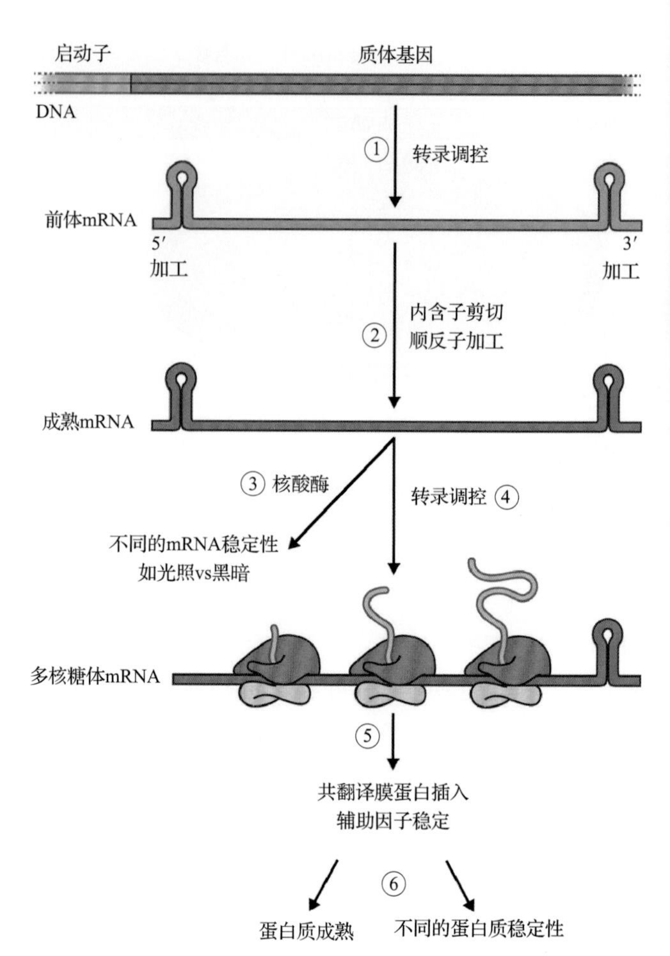

图 10.14 许多调控过程会同时作用，以控制在不同生长和发育阶段中叶绿体蛋白的量。①基因表达可以在 DNA 转录成 RNA 的时候进行调控。②调控也可以发生在前体 mRNA 转变为成熟 mRNA 的成熟过程中。成熟步骤包括：加工去除 3′ 和 5′ 端、去除内含子，以及在顺反子区域剪切多顺反子 mRNA。③ mRNA 的稳定性通过核酸酶来调控，决定将翻译多长的 RNA。④可通过多种方式调控 mRNA 翻译成蛋白质的过程，包括通过特异的 mRNA 结合蛋白的方式。⑤在多肽共翻译插入到膜的过程中，蛋白质合成速率和新生肽链的稳定性都可以通过结合辅助因子（如叶绿素）来调控。⑥一个基因最终的蛋白质产物的量也会受到其成熟过程（折叠、修饰和定位）以及调节其寿命的信号序列的调控

能量的可用性耦联。

在叶绿体中，光合电子传递产生还原力并驱动富含能量的核苷酸 ATP 的合成（见第 12 章）。这两个过程似乎都调节衣藻叶绿体中 *psbA* 转录本的翻译。*psbA* 基因的产物 D1 蛋白是 PS II 的一个核心组分。人们认为叶绿体的氧化还原环境和 ATP 的可用性会影响结合在 *psbA* mRNA 5′UTR 上的多蛋白复合体的形成。此 mRNA- 蛋白质复合体的形成受光的促进，并与 *psbA* 的翻译增强 50 ～ 100 倍有关。

在光合作用的光反应中，水会分解且分解产生的电子通过一系列电子传递体传递给 $NADP^+$。其中

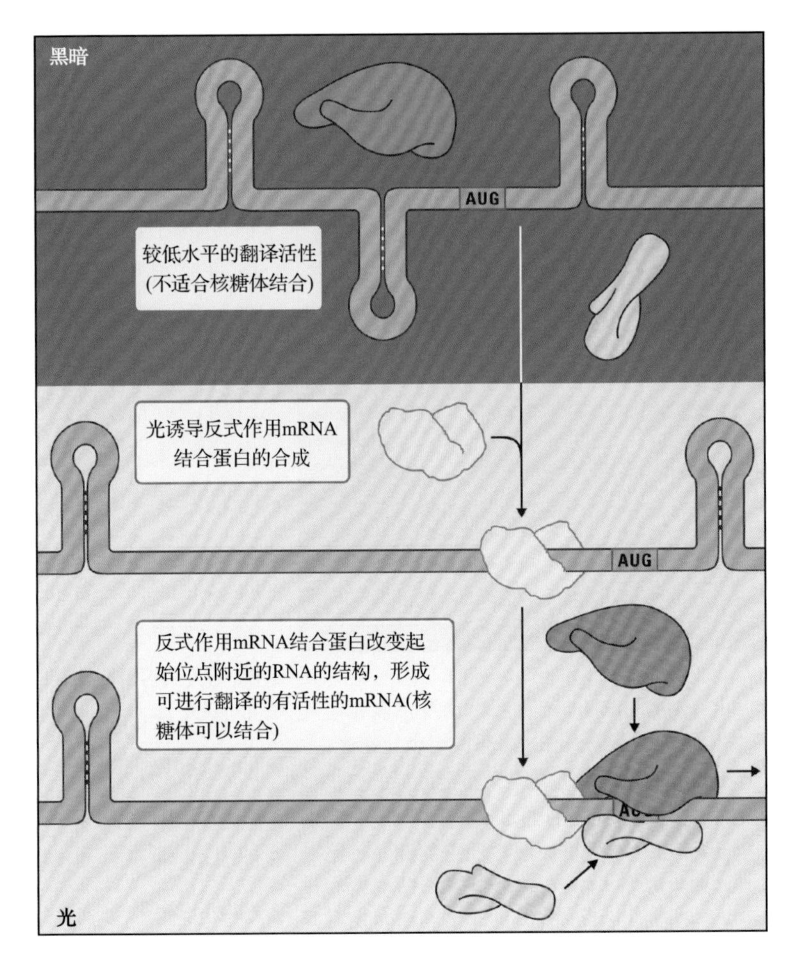

图 10.15 人们认为结合到叶绿体 mRNA 5′ UTR 上的反式作用因子在依赖于光的翻译激活过程中发挥作用

一个氧化还原活性的传递体——小铁硫蛋白铁氧化还原蛋白可以向包括铁氧 - 硫氧还蛋白还原酶（FTR）在内的一些蛋白质提供电子。FTR 除了众所周知的调节电子从还原态铁氧还蛋白到调节性的二硫蛋白硫氧还蛋白的转移之外（见第 12、13 章），还可以还原一个叶绿体酶——所谓的二硫化物异构酶（RB60），该酶可以催化半胱氨酰硫氢基和二硫化物间的相互转换。当前衣藻 psbA 蛋白合成的光调控模型中，RB60 的光依赖性还原会使 RB47 mRNA 结合蛋白的二硫键发生还原（图 10.16）。还原态的 RB47 作为一个寡聚复合体的一部分，随后可以与 *psbA* mRNA 的 5′UTR 结合并上调其翻译。

在叶绿体中，光依赖的 ADP 磷酸化为植物细胞提供能量。在黑暗中，ATP 的浓度下降而 ADP 的浓度升高。将叶片暴露在光下会导致 ATP 的浓度迅速升高同时 ADP 的浓度降低。ADP/ATP 比率的这种光依赖性的变化可能在联结光环境状态与叶绿体中的翻译活性中发挥作用。

ADP/ATP 比率对翻译的调控研究得最

信息栏 10.6 结合到 mRNA 上的蛋白质可以通过凝胶迁移率变动分析来检测

结合到 mRNA 上的蛋白质常常可以通过凝胶迁移率变动分析（gel-mobility shift assay）来检测，其中的 RNA 用放射性标记，其在聚丙烯酰胺凝胶电泳中的迁移可以通过放射自显影法检测。如果一个蛋白质结合了 RNA，那么在凝胶中蛋白质 -RNA 复合体的迁移速率会比未结合 RNA 的分子更慢。结合到叶绿体 mRNA 上的反式作用因子也可以通过这种方法检测。

一个具体的例子是，假设把 *psbA* mRNA 的一部分单独进行电泳（泳道 1）或与光照下生长的、富含一种 mRNA 结合蛋白的细胞中的提取物一起孵育（泳道 2）。在电泳过程中，形成了一个迁移速率更慢的蛋白质 -mRNA 复合体。但是当 mRNA 与黑暗中生长的细胞提取物一起孵育，则只能检测到少得多的 mRNA- 蛋白质复合体（泳道 3）。

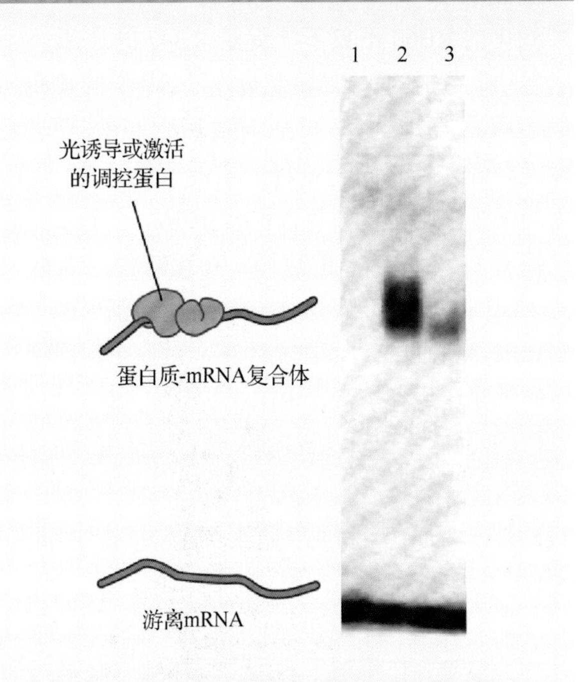

来源：Danon & Mayfield（1991）. EMBO J. 10:3993-4001

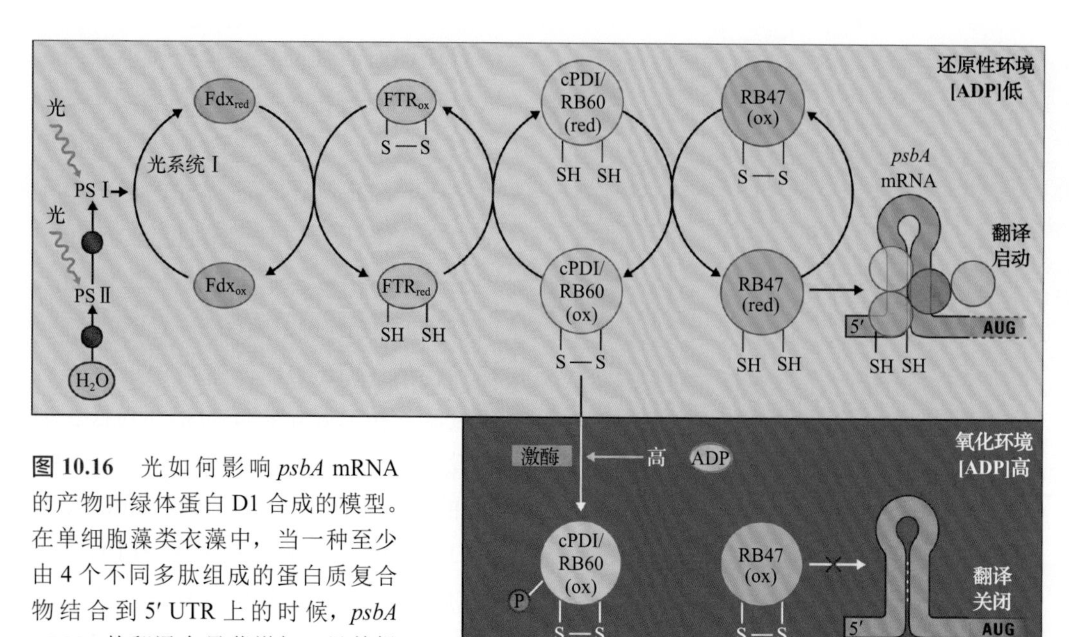

图 10.16　光如何影响 *psbA* mRNA 的产物叶绿体蛋白 D1 合成的模型。在单细胞藻类衣藻中，当一种至少由 4 个不同多肽组成的蛋白质复合物结合到 5′ UTR 上的时候，*psbA* mRNA 的翻译会显著增加。目前提出的模型是，在黑暗中，还原态铁氧还蛋白（Fdx_{red}）的浓度低，cPDI/RB60 发生氧化。因而，RB47 mRNA 结合蛋白也发生氧化，几乎无法结合到 *psbA* mRNA 的 5′ UTR 区域。在没有还原态 RB47 时，*psbA* mRNA 翻译很少。在光中，通过光系统（PS）Ⅱ以及Ⅰ，电子从水转移到铁氧还蛋白上，Fdx_{red} 为铁氧 - 硫氧还原蛋白还原酶（FTR）提供电子，反过来，还原 cPDI/RB60 的二硫键。还原后的 cPDI/RB60 随后通过 PS Ⅱ和 PS Ⅰ提供电子还原 RB47 的二硫键，然后还原态的 RB47 可以结合 *psbA* mRNA，极大地增加它的翻译。第二级调控是通过叶绿体中 ADP 的浓度来控制的。在黑暗中，高浓度的 ADP 可以激活一个能够磷酸化 cPDI/RB60 的蛋白激酶。磷酸化的 cPDI/RB60 不仅不能促进还原性 RB47 的积累，还会积极促进其氧化。由于氧化形式的 RB47 不能很好地结合 *psbA* mRNA，所以在黑暗中翻译不会被激活

充分的例子是 *psbA* 编码的衣藻 D1 蛋白的合成。当受到高 ADP 浓度的激活时，人们认为一个丝氨酸 - 苏氨酸激酶会以一种不常见的反应，将 β- 磷酸从 ADP 转移到 RB60 上来磷酸化 RB60（图 10.16）。磷酸化的 RB60 不仅不能促进 RB47 的还原，还可能主动氧化 RP47，导致氧化态的 RP47 的累积。由于还原态的 RB47 必须结合到 *psbA* mRNA 上才能激活翻译，所以这一过程的最终结果是 D1 蛋白合成的减少。因此，在目前的模型中，一个二元系统调控着 *psbA* mRNA 的翻译。在黑暗中，当有大量的 ADP 时，RB60 磷酸化，降低其激活 RB47 结合到 mRNA 上的能力；在光照下，激酶受到抑制，质体的氧化还原环境激活 RB60，使得还原态的 RB47 累积，增强此蛋白质与 mRNA 结合激活翻译的能力。

10.4.5　光合组分的翻译中经常发生辅助因子的插入

参与光合作用的很多蛋白质需要有辅基（如叶绿素、类胡萝卜素、醌或血红素等）才能行使其生物学功能。通常，一个蛋白质在能够以一种稳定的构象积累前，必须与其辅助因子结合。可能研究得最好的此类蛋白质是一类与叶绿素结合的蛋白质。叶绿体的类囊体膜上含有一些结合叶绿素的蛋白质，其中 6 个是在质体自身中合成的。这些蛋白质是 PS Ⅰ、PS Ⅱ和捕光复合体的必需元件。除叶绿素以外，这些蛋白质还有其他几种辅基，如醌（见第 12 章）。

这些蛋白质在见光以前的新叶和子叶的细胞中是检测不到的。然而，在大多数植物中，无论这些植物处于光照下还是黑暗中，这些叶绿素结合蛋白的 mRNA 转录本都是存在的。令人惊讶的是，即使在黑暗中，一些此类 mRNA 也能与类囊体膜上的多核糖体结合。这表明叶绿素结合蛋白的合成是在黑暗中起始的，但是某种机制抑制了成熟蛋白产物在此条件下的积累。

植物必须有光才能合成叶绿素，因为光对于原叶绿素到叶绿素的转变是必需的（见第 12 章）。叶绿素结合蛋白的累积似乎依赖于叶绿体完成叶绿素合成过程的能力。如果没有叶绿素，脱辅基蛋白质会降解，可能由于蛋白质不能正确地折叠（图 10.17）。因此，叶绿素结合蛋白的累积与其辅助因子的光依赖性合成是相偶联的。

在新生多肽链的合成过程中，核糖体会在分开的不连续位点暂停，留出时间让叶绿体协调蛋白质的合成、蛋白质的跨膜过程及其所需辅助因子的结合。对于辅助因子的共翻译插入研究得最好的例子是 D1 蛋白。在 D1 蛋白的合成过程中，核糖体会在不连续的位置暂停（见信息栏 10.7），并且这些暂

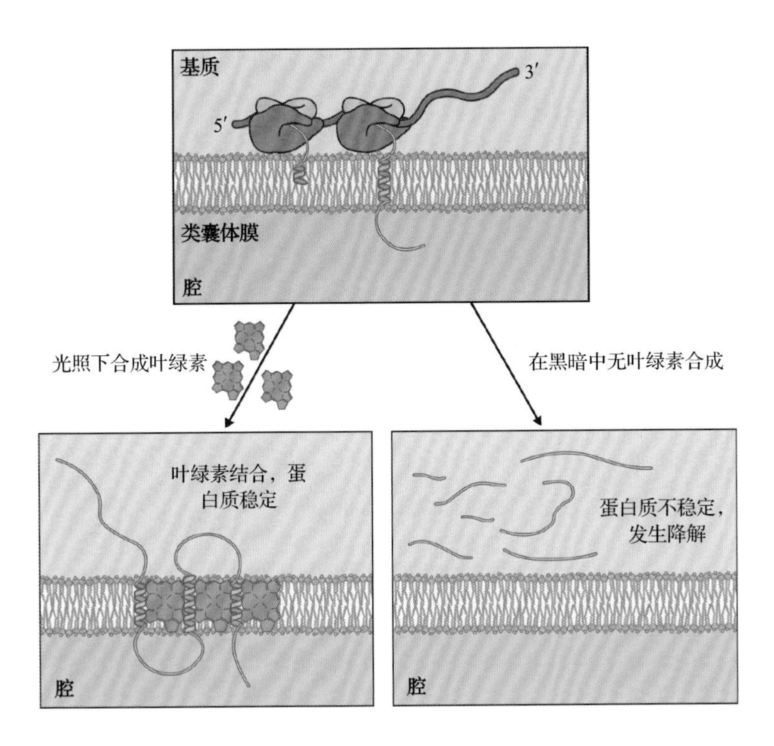

图 10.17 通过辅助因子调控蛋白质的合成：辅助因子结合以稳定一个叶绿体蛋白的模型。类囊体膜上的蛋白质可以结合辅助因子（如叶绿素、苯醌或铁硫簇）。许多结合叶绿素的蛋白质不会在暗生长的叶绿体中积累，尽管在这种叶绿体中有这些蛋白质的 mRNA 存在并且它们还往往在多核糖体中。植物需要光来完成叶绿素的合成。虽然人们相信叶绿素结合蛋白是在黑暗中合成的，但是形成的脱辅基蛋白（没有结合辅助因子的蛋白质）是不稳定的，会发生快速降解。在光照下，植物可以生产叶绿素，结合到延伸肽链上并稳定肽链

停会促进新生链与类囊体膜的相互作用、延长中多肽段的入膜，以及蛋白质组装入 PS Ⅱ。辅助因子与蛋白质的结合发生在蛋白质的合成和组装过程中（图 10.18）。

10.5 蛋白质的翻译后修饰

10.5.1 蛋白质水解加工可用来修饰最终蛋白产物

最初，所有的多肽都是以甲酰甲硫氨酸（细菌、质体和线粒体中）或甲硫氨酸（真核细胞质中）起始的。甲酰基几乎总是由一个与核糖体结合的去甲酰酶切除。大约半数的蛋白质中，起始甲硫氨酸会由一个核糖体结合蛋白酶——所谓的 Met- 氨肽酶从新生链上切除。N 端甲硫氨酸的切除很大程度上是由占据第二位的氨基酸决定的，小的相邻残基会有助于切除起始氨基酸。第二个氨基酸偶尔也会切除掉，虽然尚未鉴定出负责此步的蛋白酶。

一旦蛋白质到达其合适的亚细胞位置，蛋白质水解加工可能就会切除一些 N 端信号序列（见第 4 章）和原始多肽的其他肽段。植物叶绿体中蛋白质水解加工的一个例子发生在 D1 蛋白成熟过程中。在 PS Ⅱ组装完成前，D1 蛋白 C 端的一段肽链（由 9 个或 16 个氨基酸组成，具体的氨基酸数目由物种决定）会切除。新形成的 C 端会与放氧中心的锰原子结合，且这一相互作用是后续的光系统的功能所必需的。

具有活性的肽类激素的产生也涉及蛋白质水解加工。茄科植物 [如番茄（*Solanum lycopersicum*）和马铃薯（*S. tuberosum*）] 在应答受伤时会分泌一种 18 个氨基酸的肽类激素——系统素（图 10.19）。系统素由受伤的植物细胞分泌，而后转运到受伤植物的其他区域，参与诱导与植物防御相关的蛋白质的合成。与动物中的很多肽类激素类似，系统素最初合成的是一个 200 个氨基酸的、非常大的前体，并由蛋白质水解加工形成有活性的肽类激素。磺肽素（phytosulfokines）、磺化五肽和磺化四肽因其在培养细胞增殖过程中的功能而被发现，它们是由一个 N 端含有信号序列的 89 个氨基酸前体产生的。快速碱化因子（rapid alkalinization factor，RALF）也是从前体蛋白合成的，且经历了几次蛋白酶解才产生有生物学活性的分子，然而其他蛋白质，如 ENOD40 和 CLAVATA3 只有一个 N 端信号序列，将其去除即可产生成熟的蛋白质。

10.5.2 蛋白质必须折叠形成精确的三维结构才能行使其生物学功能

在翻译期间或翻译完成之后，多肽链重新排列以产生正确的蛋白质三维构象。对于这一过程还有很多问题尚待研究，但根据目前的模型，新合成的蛋白质首先折叠成一种包含大部分二级结构元件（如 α 螺旋和 β 折叠）的结构（图 10.20）。这些结构互相排列成一行，使其方向接近折叠后蛋白质的最终结构。这种称为**熔球**（**molten globule**）的部分折叠的分子，作为起始材料，通过氨基酸侧链间的很多相互作用，形成蛋白质的最终三维结构。

信息栏 10.7　趾纹法可用来确定蛋白质合成过程中核糖体暂停的位置

核糖体在 mRNA 上暂停的位置可通过绘制出核糖体覆盖的 mRNA 的 3′ 侧区域的核糖体的边缘进行确定。在这个称为**趾纹法**（**toeprinting**）的过程中，分离出结合在停滞位置处的带核糖体的 mRNA，把一小段 DNA 引物杂交到 mRNA 预测停滞位点的下游。利用反转录酶从 mRNA- 引物复合体中合成一段 cDNA。当 mRNA 上没有核糖体时，反转录酶可能会将 mRNA 一路复制下去直到 5′ 端。但是，如果在引物退火处与 mRNA 的 5′ 端之间有一个核糖体，那么反转录酶的这个过程将会受阻。当它到达核糖体的边缘时，酶就会停止并从 mRNA 上解离下来，产生一个位于核糖体前缘的更短的 cDNA。

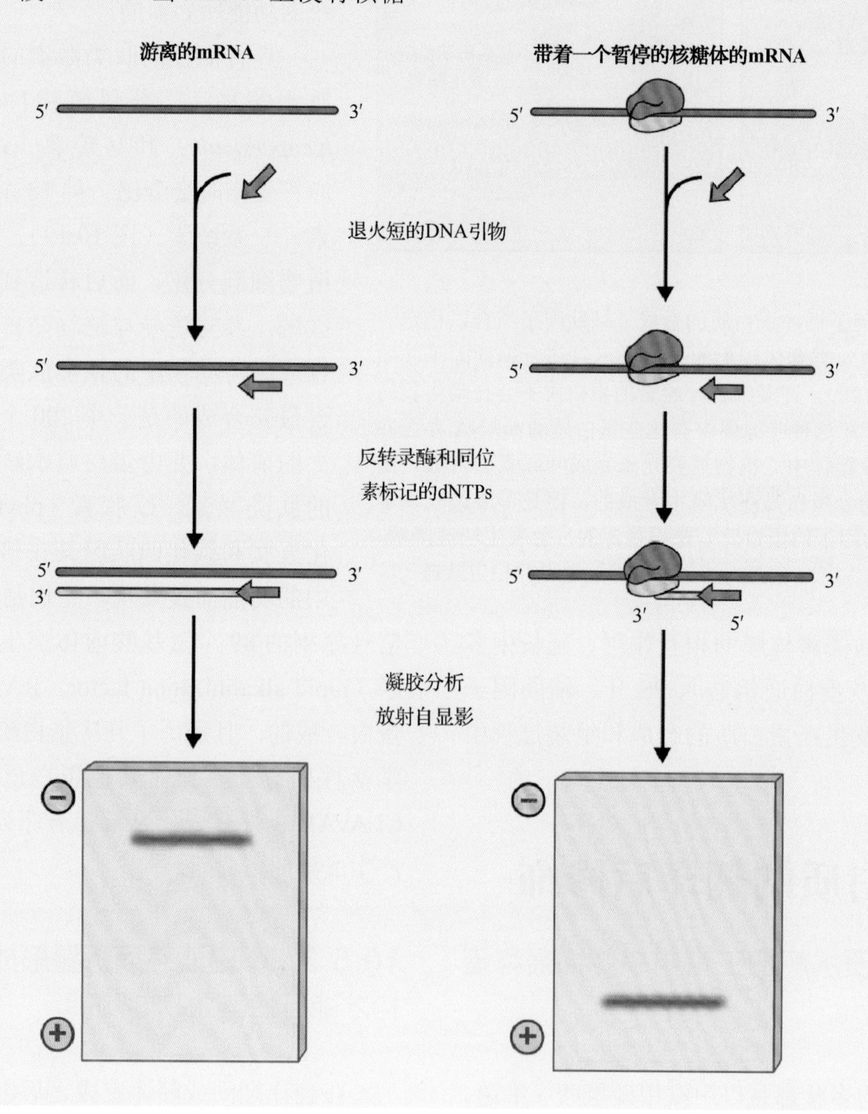

在体外，很多蛋白质可以在没有其他细胞组分的情况下于几微秒内完成展开和正确的重新折叠，重建其天然构象。这种蛋白质行为产生了一种观点，即多肽的一级序列已包含了蛋白质折叠成正确结构的所有必要信息。关于寡聚复合体的形成也存在与此相似的假说。但是，高浓度的细胞蛋白，以及可以和折叠中的蛋白质相互作用的许多表面的存在可能会干扰折叠的正确进行。真核细胞质中，大部分蛋白质的折叠是与翻译同时进行的。叶绿体中，至少一部分蛋白质的折叠是翻译后进行的。体内蛋白质的折叠由一类叫作**分子伴侣**（**molecular chaperone**）的蛋白质调节，这类蛋白质促进多肽的正确折叠，并抑制会导致蛋白质聚集或无功能蛋白产物的折叠方式（图 10.21，见 10.5.3 章节）。

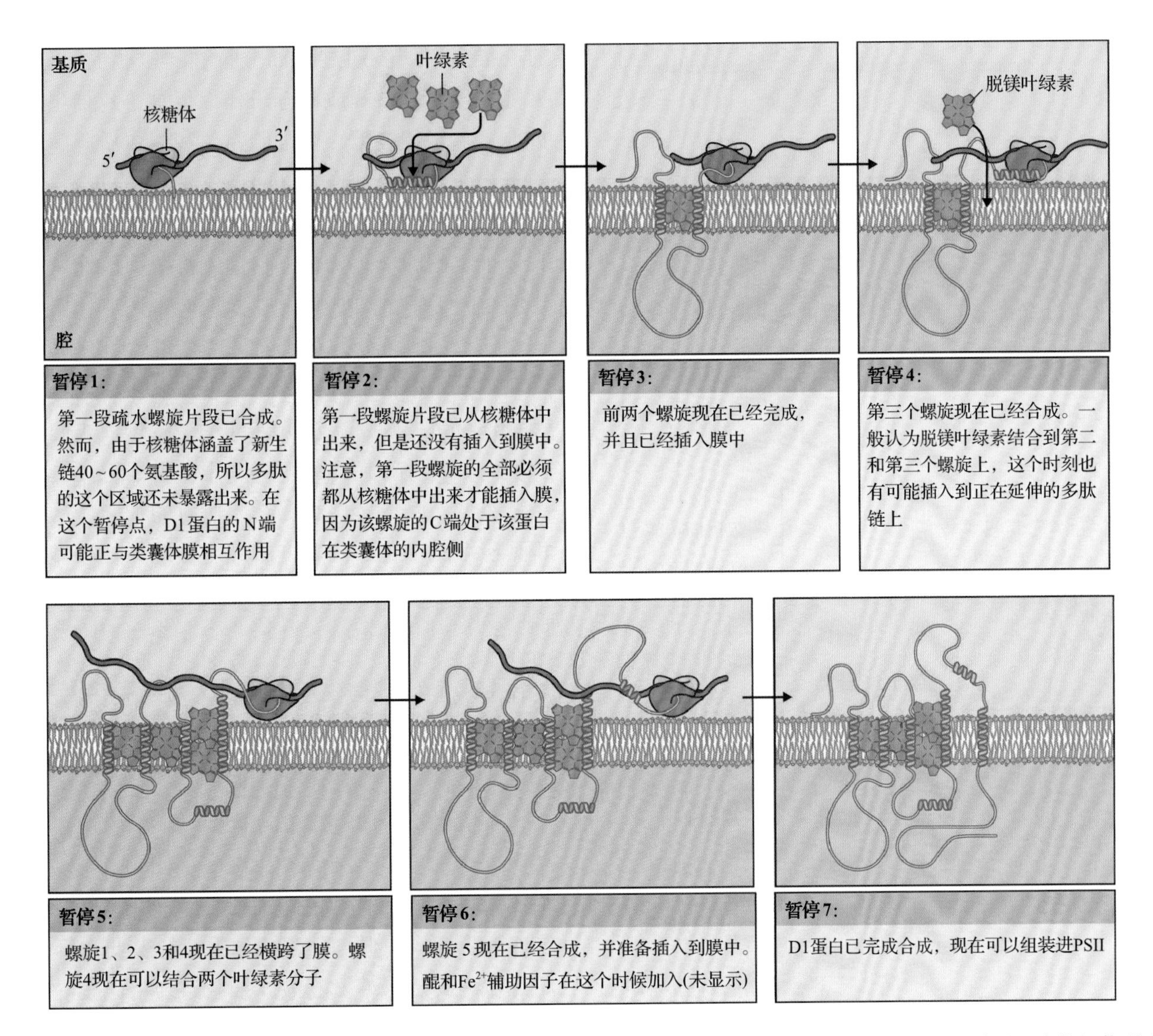

图 10.18 辅助因子共翻译插入 D1 蛋白的模型。在翻译过程中，正在合成 D1 的核糖体会暂停，让蛋白质以正确的拓扑形式与膜相互作用，并让辅助因子（如叶绿素、脱镁叶绿素和醌）插入

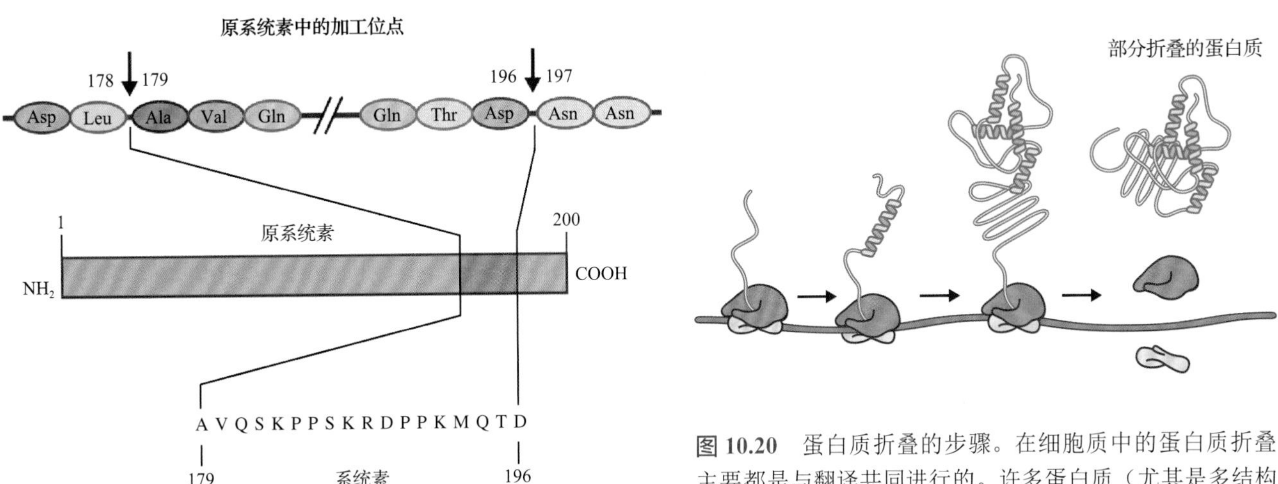

图 10.19 植物细胞在损伤应答过程中合成 18 个氨基酸的肽类激素——系统素。系统素是由一个较大的前体多肽（200 个氨基酸）——原系统素经过蛋白质水解加工而产生的

图 10.20 蛋白质折叠的步骤。在细胞质中的蛋白质折叠主要都是与翻译共同进行的。许多蛋白质（尤其是多结构域蛋白质）边合成边折叠。每个结构域都是在从核糖体中完全出来时即发生折叠。细菌中的蛋白质以及至少有一些叶绿体和线粒体中的蛋白质往往是其合成完成之后（即翻译后）才进行折叠的

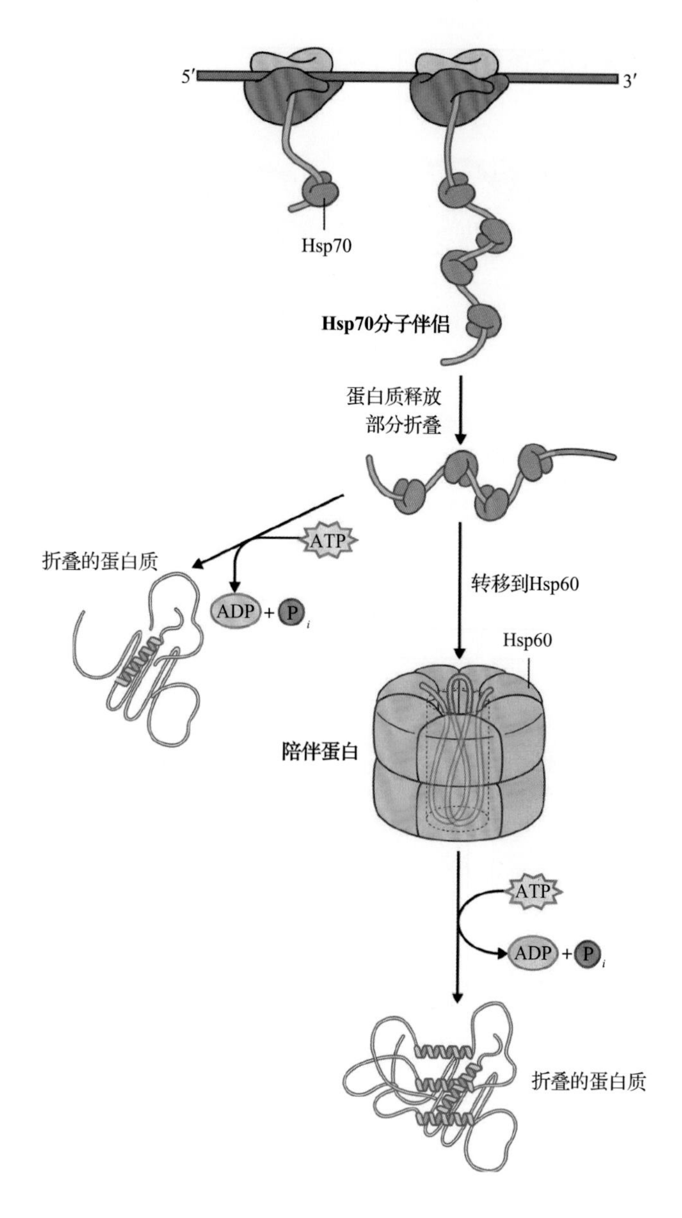

图 10.21 分子伴侣分为两类。Hsp70 分子伴侣通过识别新生肽链表面的小块疏水区域参与蛋白质折叠的早期阶段，该阶段往往是在翻译过程中。许多多肽只需要 Hsp70 通路的帮助就可进行折叠。陪伴蛋白在蛋白质折叠过程的后期（翻译之后）发挥功能，它们提供一个中心的腔室以帮助蛋白质折叠。Hsp70 和陪伴蛋白这两条通路均需要 ATP 水解提供能量来正常行使功能

10.5.3 细胞中的蛋白质辅助折叠

分子伴侣是结合其他不稳定蛋白并稳定其构象的一类蛋白质。通过与部分折叠的多肽的协调性、重复性地结合与释放，分子伴侣促进了包括蛋白质折叠、寡聚体装配、亚细胞定位和蛋白质降解在内的多个过程。分子伴侣并不介导特异的折叠方式，相反，它们阻止多肽内部、多肽之间或多肽与其他大分子之间的不正确相互作用的形成。因此，分子伴侣提高了完全功能性蛋白质的产量。

分子伴侣可分为几个大类，包括 Hsp70 家族（以千道尔顿为单位的大致分子质量命名）和陪伴蛋白（chaperonin）家族（表 10.4 和图 10.21）。人们发现 Hsp70 家族存在于细菌和真核细胞的大部分区室中，与之类似，陪伴蛋白也存在于所有的细胞，从细菌和真核细胞细胞质到亚细胞细胞器（如叶绿体和线粒体）。

10.5.4 分子伴侣中的 Hsp70 家族维持多肽处于未折叠状态

在蛋白质合成过程中，直到一个新生蛋白链的至少一个完整的结构域（如 100 ～ 200 个氨基酸）从核糖体上露出来，新生蛋白链才发生稳定的折叠。这些新生链含有倾向于聚集以最小化其与水环境的相互作用的疏水性氨基酸。细胞必须将这些易聚集的新生链维持在非聚集的可折叠状态。

在蛋白质合成过程中，Hsp70 家族的分子伴侣便结合到从核糖体上露出的氨基酸链上（图 10.22）。这些蛋白质以一种依赖 ATP 的方式与未折叠的蛋白质结合并释放未折叠蛋白质的疏水性片段。Hsp70 的结合稳定了未折叠的蛋白质并阻止了它们的聚集。一旦合成一个完整的结构域，对未折叠蛋白质的这种有控制的释放使它可以沿着折叠途径继续顺利地进行下去（图 10.23）。共分子伴侣如 Hsp40 和 GrpE 促进该过程的进行，Hsp40 促进 Hsp70 与新生链之间的互作，而 GrpE 作为一个核苷酸交换因子，加快 Hsp70 家族成员与 ATP（蛋白质结合

表 10.4 植物、细菌和细胞器中发现的分子伴侣的例子

Hsp70 家族		陪伴蛋白	
细菌	dnaK	细菌	GroEL（cpn60）、GroES（cpn10）
真核细胞细胞质	Hsp70、Hsp40	线粒体	Mt-cpn60
内质网	Bip	叶绿体	Rubisco 结合蛋白（ch-cpn60）、ch-cpn10
线粒体	Grp25	细胞质	TRiC（或 CCT）

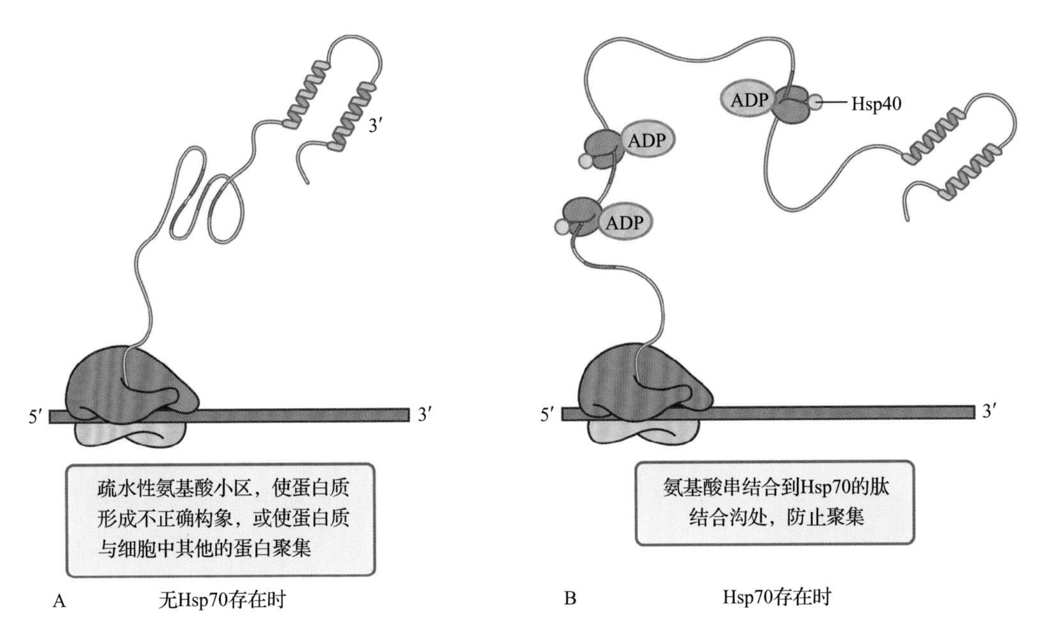

图 10.22 人们认为 Hsp70 在阻止新生肽链及新释放的多肽链的不正确折叠和聚集中发挥作用。A. 一个蛋白质的三维结构往往可参与多肽链上相隔较远的区段之间的相互作用。当新生肽链从核糖体中出来的时候，疏水性氨基酸的侧链会聚集在一起避免与水接触。因此，蛋白质可能不能正确折叠，或是其肽链可能会与细胞中的其他蛋白质发生聚集。B. Hsp70 和它的共分子伴侣 Hsp40 结合到新生肽链上，会阻止新生肽链内部以及未折叠多肽与细胞中其他蛋白质之间发生不利的相互作用。因此，Hsp70 可阻止蛋白质形成不正确的折叠形式，也可阻止新生肽链和细胞中其他蛋白质之间形成聚集

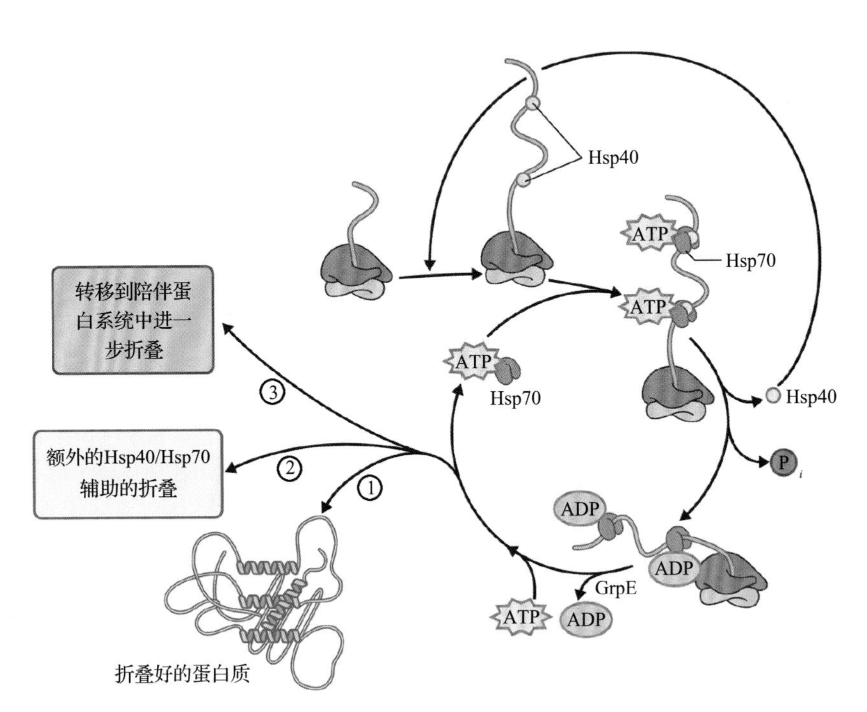

图 10.23 Hsp70 在蛋白质折叠中的作用模型。Hsp40 是一个可以促进 Hsp70:ATP 复合体与未折叠多肽相互作用的共分子伴侣，它先结合未折叠的多肽。Hsp70 蛋白有两个结构域；N 端的结构域包含 ATP 的结合位点，而 C 端结构域会折叠形成一个可结合未折叠蛋白暴露出来的短肽序列的结构。ATP 水解后，未折叠多肽、Hsp70 和 ADP 形成一个稳定的三元复合物。一个核苷酸交换因子（通常称为 GrpE）会促进 ADP 到 ATP 的交换。有 ATP 存在时，Hsp70 与多肽之间的相互作用会减弱，Hsp70 会从正在折叠的蛋白质上解离下来。随后，该蛋白质可以：①完成其折叠并转变成自然状态；②与 Hsp40 和 Hsp70 再次结合进行额外的折叠步骤；③转送到另一个折叠系统——陪伴蛋白系统中

疏松）和 ADP（蛋白质结合紧密）结合构象间的转换速率（图 10.23）。

10.5.5 陪伴蛋白在很多蛋白质的折叠过程中发挥关键性的促进作用

在细菌、叶绿体、线粒体和真核细胞质的蛋白质折叠的现有模型中，新生多肽链与 Hsp40/Hsp70 相互作用，而一部分多肽链仍位于核糖体上。对于一些细胞内特别是叶绿体和线粒体内的蛋白质，后续正确的折叠需要转运到一个第二类折叠复合体——陪伴蛋白系统上。

陪伴蛋白是分子伴侣中最多样化且结构复杂的一类。它们可分为两个家族：GroEL 家族（也称 Hsp60、陪伴蛋白 60 或 cpn60 组）和 TRiC（TCP-1 环）家族（见表 10.4）。人们发现 GroEL 家族存在于细菌、线粒体和叶绿体中，而 TRiC 家族在真核细胞质中起作用。

GroEL 家族研究得最好的成员来自大肠杆菌，但人们认为细胞器中的陪伴蛋白应有类似的结构和

功能。大肠杆菌中 GroEL 家族的成员都是寡聚蛋白质，由分子质量约为 60kDa 的亚基组成。细菌和线粒体似乎含有一种 GroEL 亚基的化学物质，而叶绿体中有两种。植物中，质体和线粒体的 GroEL 是由核基因组编码的，并转运到细胞器中。在线粒体和叶绿体中，与在细菌中相同，GroEL 陪伴蛋白是由 7 个亚基组成的两个叠环构成的，排列成高度大约 150Å、直径 140Å，并且中间腔室宽度大约 50Å 的桶形（图 10.24）。未折叠的多肽以倒塌熔球状的构象结合在中心腔室中。

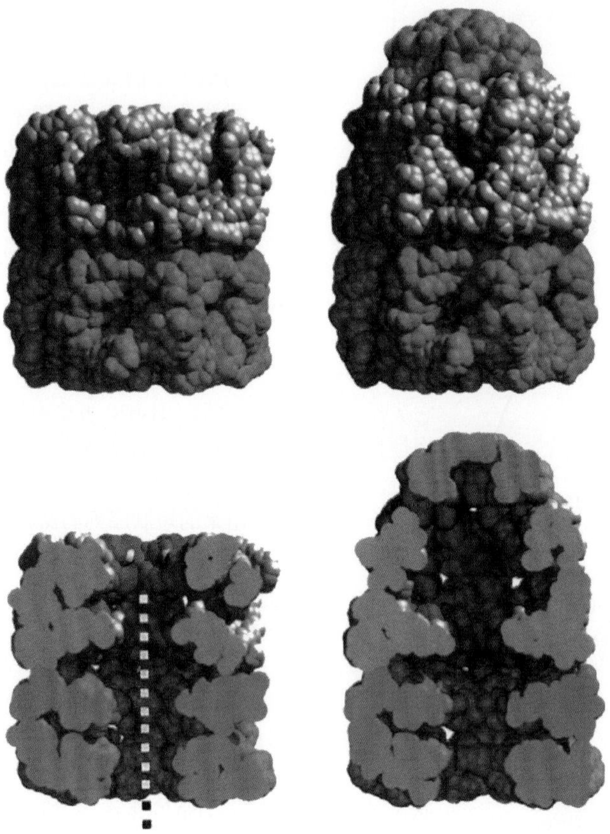

GroEL 与一个更小的蛋白质 GroES 协同作用。在大肠杆菌中，GroES 由分子质量为 10kDa 的亚基构成，这些亚基形成七元环。基于其亚基在大肠杆菌中的分子质量，这个质体蛋白有时也称为 cpn10。但是，由于叶绿体中同源蛋白的分子质量约为 24kDa，由两个类 GroES 单元组成，所以这种命名法可能会造成误解（图 10.25）。GroES 在促进未折叠的多肽链结合和释放过程中发挥重要作用，并且介导 GroEL 构象的显著改变（图 10.26）。

人们认为，少数在细胞质中合成的多肽会借助称为 TRiC 复合体的陪伴蛋白。虽然这个复合体研究得没有 GroEL-GroES 清楚，但是它可能在蛋白质折叠的过程中发挥类似作用。植物中，TRiC 复合体至少含有 6 个不同的多肽，它们中很多似乎彼此在序列上有关联。与 GroEL 相同，TRiC 的亚基也排列成有中央腔室的两个叠环。上述提到的关于在叶绿体和线粒体中蛋白质折叠的普遍原理可能也可以应用到植物细胞质中。然而，还有待于更多的研究来更清楚地了解这个过程。

图 10.24　GroEL 和 GroES 的结构，这些填充的空间表示折叠发生的中心腔室

CroRS(细菌)

叶绿体cpn10
(也称为cpn21)

转运肽　GroES 同源序列　连接体　GroES 同源序列

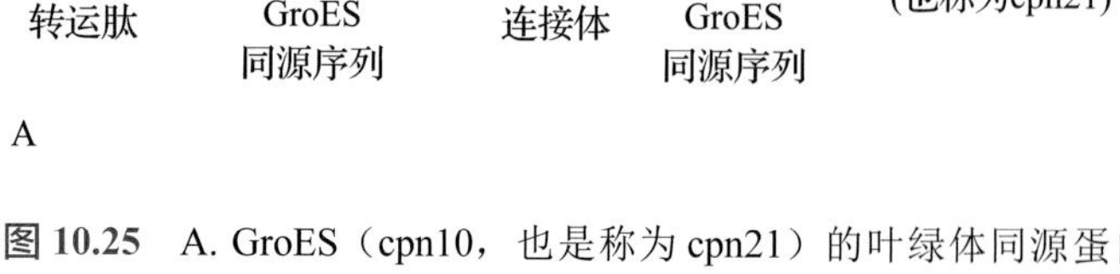

A

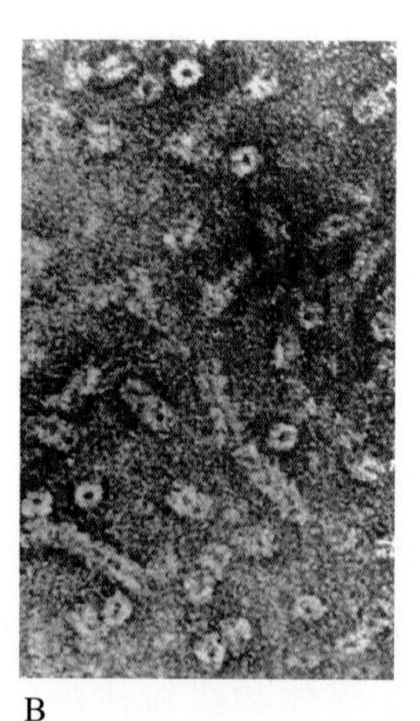

B

图 10.25　A. GroES（cpn10，也是称为 cpn21）的叶绿体同源蛋白有一个不常见的结构。N 端区域包含有一个叶绿体特异定位的转运肽，蛋白质的其余部分由两个约 100 个氨基酸的序列组成，每段序列都与细菌 GroES 相似。这两个重复片段之间由一个短的连接区域分开。B. 在这张电镜图中，可见 cpn10 形成一个与细菌 GroES 中类似的环状结构。来源：B. Baneyx et al.（1995）J.Biol. Chem. 270:10695-10702

10.5.6　蛋白质折叠和转运相协调

很多蛋白质会从细胞中分泌出去或定位到亚细胞区室中，而不是待在它们合成的位置。蛋白质的合成、转运和折叠过程会根据蛋白质所处位置而有所不同。注定会从细胞中分泌出去或定位于分泌途径中被膜细胞器的蛋白质，通过结合于内质网上的多核糖体合成，同时转移到含有可以帮助其折叠的分子伴侣的内质网腔内。由核编码的定位到质体、线粒体或过氧化物酶体的蛋白质在细胞质中合成，然后运入各自的目的细胞器中。在所有的这些例子中，蛋白质的转运和折叠必须紧密协调。第 4 章详细介绍了蛋白质在内质网上的合成、内质网腔内的折叠、半胱氨酸残基间二硫键的正确形成，以及新合成的蛋白质向细胞器中的运入。

第一步

折叠起始于底部的GroEL环与GroES形成复合体，并且每一个亚基上结合一个ADP(未显示)。未折叠的多肽底物会结合到顶端的GroEL环的内部。注意，GroEL两个环中有一个环会与未折叠的蛋白质相互作用，另一个与GroES相互作用

第二步

ATP结合到顶环，诱导ADP和GroES从底环上释放

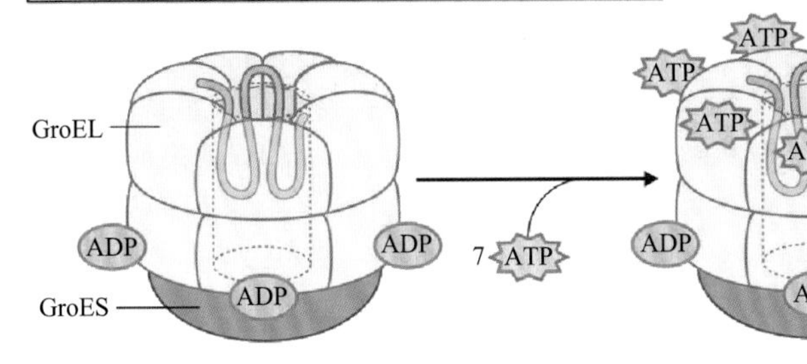

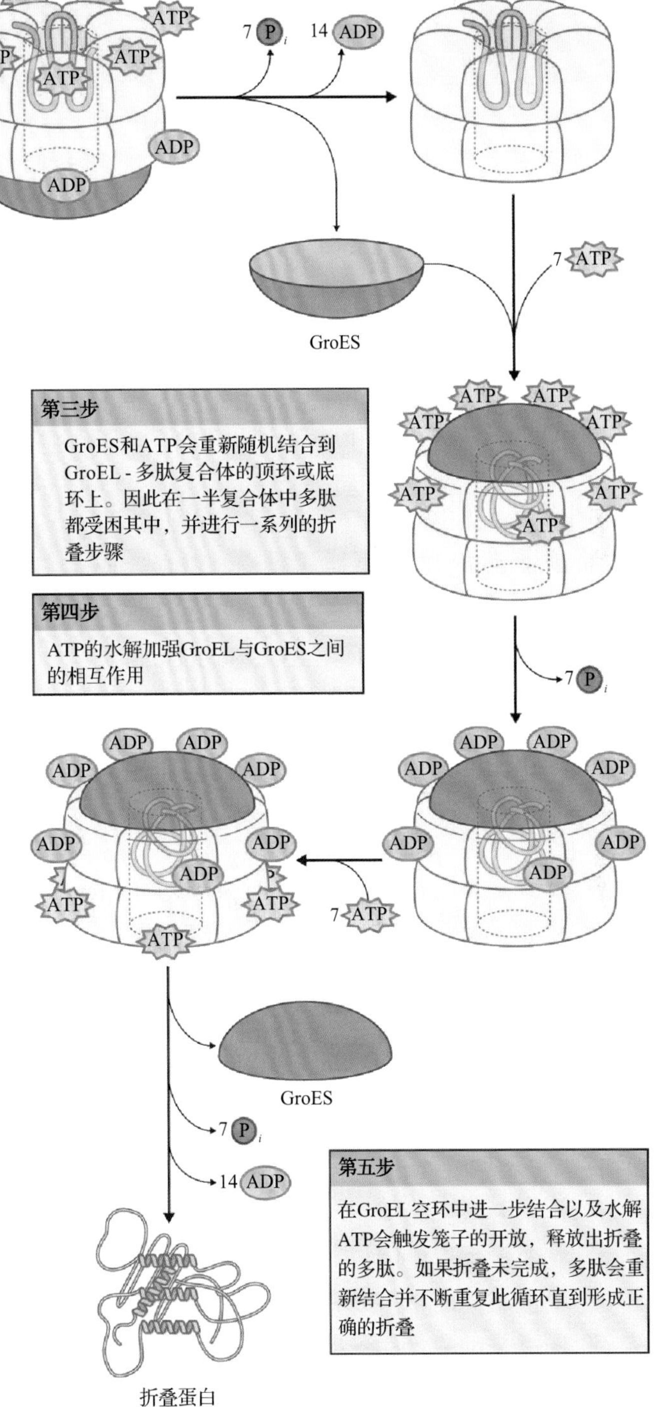

图 10.26 GroEL 和 GroES 在蛋白质折叠中的作用模型，一般认为这类系统存在于叶绿体和线粒体中

10.5.7 可溶性低聚复合体的组装对很多生物过程至关重要

很多生物学过程都需要由一个以上的同一多肽或许多不同的多肽组成寡聚蛋白组装体，正确组装这些寡聚复合体非常关键。关于组装过程的很多分子机制还有待深入研究。

可溶性低聚蛋白复合体组装研究的一个例子是叶绿体 Rubisco 蛋白酶，植物中的 Rubisco 是由 8 个拷贝的大亚基（LSU，53kDa）和 8 个拷贝的小亚基（SSU，≈ 14kDa）组成的（见图 12.39），大亚基会形成一个八聚体核心，而小亚基以每层 4 个亚基形成两层，分别位于八聚体核心的两侧对立面。如图 10.27 所示，LSU 由叶绿体 DNA 编码并在叶绿体中合成，而 SSU 的基因在核中转录，在细胞质中翻译 mRNA，而后蛋白质转运到叶绿体中。

Rubisco 的组装需要叶绿体陪伴蛋白 cpn60 的参与，它是另一种核基因编码的、定位于质体的蛋白质。当亚基从核糖体上释放下来后，cpn60 会很快与 LSU 形成一个大的复合体。LSU 的折叠在依赖 ATP 的条件下得到促进。一旦折叠完成，LSU 会从陪伴蛋白中释放出来。在蓝细菌中，陪伴蛋白释放之后，RbcX 蛋白会通过组织一个可以结合 SSU 的 LSU 八聚物来促进 Rubisco 的组装。目前尚不清楚这种 RUBISCO 特异的分子伴侣是否在高等植物中都有。

10.6 蛋白质降解

10.6.1 蛋白质降解发挥很多重要的生理功能

细胞中蛋白质的降解是一个持续进行的过程，

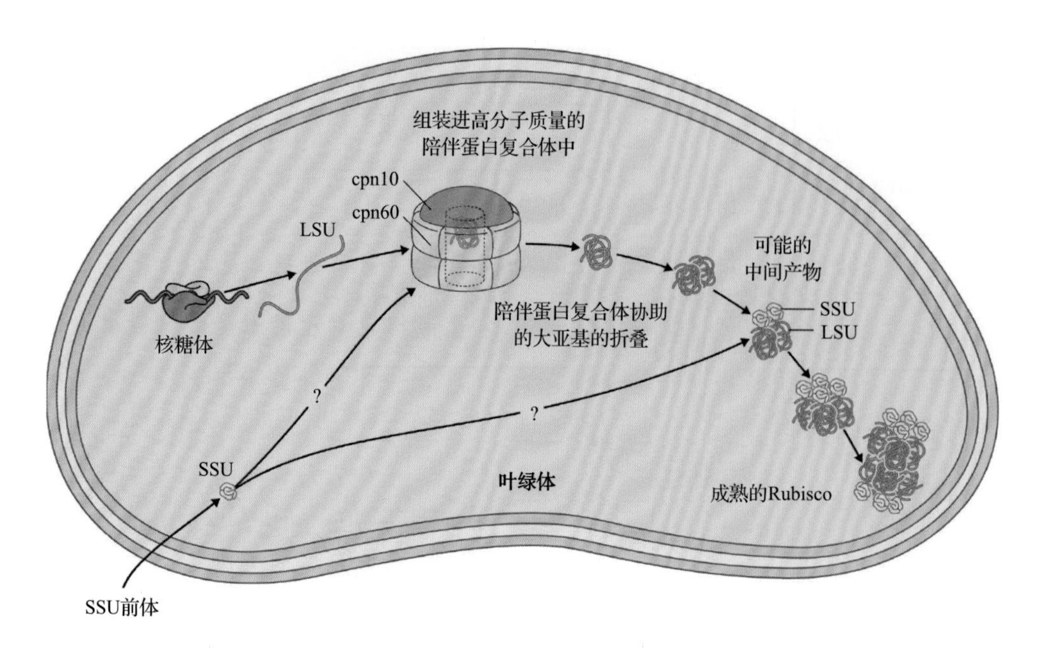

图 10.27 Rubisco 的合成和组装需要两个基因组、两套翻译系统，以及叶绿体分子伴侣的参与。Rubisco 大亚基是由叶绿体基因组编码的，其正确折叠需要由 cpn60（GroEL 的类似物）及其共陪伴蛋白 cpn10（GroES 的类似物）组成的陪伴蛋白系统。cpn60 和 cpn10 均在细胞质中合成其前体，前体运输进叶绿体后，它们的转运肽将会切除，然后把成熟的蛋白质组装进陪伴蛋白复合体中。陪伴蛋白复合体与 Rubisco 大亚基相互作用促进了大亚基的折叠。Rubisco 小亚基是先在细胞质中合成其前体蛋白，当其穿过叶绿体膜后，前体就会加工成成熟的蛋白质形式。然后，8 个拷贝折叠好的大亚基必须与 8 个拷贝的小亚基进行组装，形成有活性的寡聚酶复合体

发挥很多生理功能，其中之一可称为“细胞管家”(cellular housekeeping)。蛋白质的突变、错误合成或折叠、自发性变性、疾病、胁迫或氧化损伤都会导致细胞中产生异常的蛋白质。这些异常的蛋白质若不清除，最后常常形成影响基本细胞过程的大的不溶性凝聚体而对细胞产生毒害作用。植物细胞分裂的速度不足以保持受损蛋白质处于较低的浓度，因此清除这些蛋白质是必要的。PS Ⅱ中光抑制的 D1 蛋白是受损蛋白质在修复过程中发生蛋白质水解的一个很好的例子（见信息栏 10.8）。

信息栏 10.8　D1 修复循环可修复 PSII 的光损伤

虽然光是光合作用的能量来源，但是它也可以对光合装置（特别是 PS Ⅱ）造成广泛的损伤。光可以造成电子传递链的失活，并且会促进对反应中心（尤其是 D1 和 D2 蛋白）的氧化性损伤。植物已经演化出一个复杂并特别消耗能量的机制去修复光诱导的损伤，以与入射光强度成正比的速率进行。当对 PS Ⅰ的损伤超过植物自我修复的能力时，就会产生光抑制，造成植物生长的减缓。光抑制的严重程度因植物的种类、生理状态及其生活史的不同而有所差异，还受到其他环境条件（包括温度和水）的极大影响。

D1 和 D2 是构成 PS Ⅱ光合反应中心的核心多肽（见第 13 章）。如果 D1 在 PS Ⅱ光化学反应过程中受到损伤，它就会被送去进行蛋白降解。据推测，单线态氧或超氧阴离子自由基造成的 D1 氧化损伤会改变它的构象，使其容易受到蛋白酶的水解。D1 是一个整合在类囊体膜上的蛋白质，既含有腔内环，也含有基质环。降解途径有几个步骤，起始步骤需要切去一个可溶性的腔内环或基质环。一旦 D1 发生切割后，一般认为 PS Ⅱ就会进行部分解聚。光损伤的 D1 发生降解，新的 D1 蛋白在叶绿体核糖体上重新合成并插入到类囊体膜上，PS Ⅱ复合体得以重新组装。在高光强条件下，直接降解 D1 以及重新合成 D1 可能变成限速步骤，导致积累一个包含部分解聚的 PS Ⅱ及其他性质未知蛋白的 160kDa 复合体。

D1 修复循环给叶绿体造成了严重的后勤物流问题。类囊体膜具有横向不均匀性。PS Ⅱ主要位于邻近的或紧贴着的膜上。相反，D1 的合成发生在暴露于基质中的非紧贴的膜上，合成过程中核糖体可以结合这种膜并将新生肽链插入膜中。受损的 PS Ⅱ复合体是如何横向移动到非紧贴的区域与新合成的 D1 进行重新组装的，仍是一个有趣的问题。

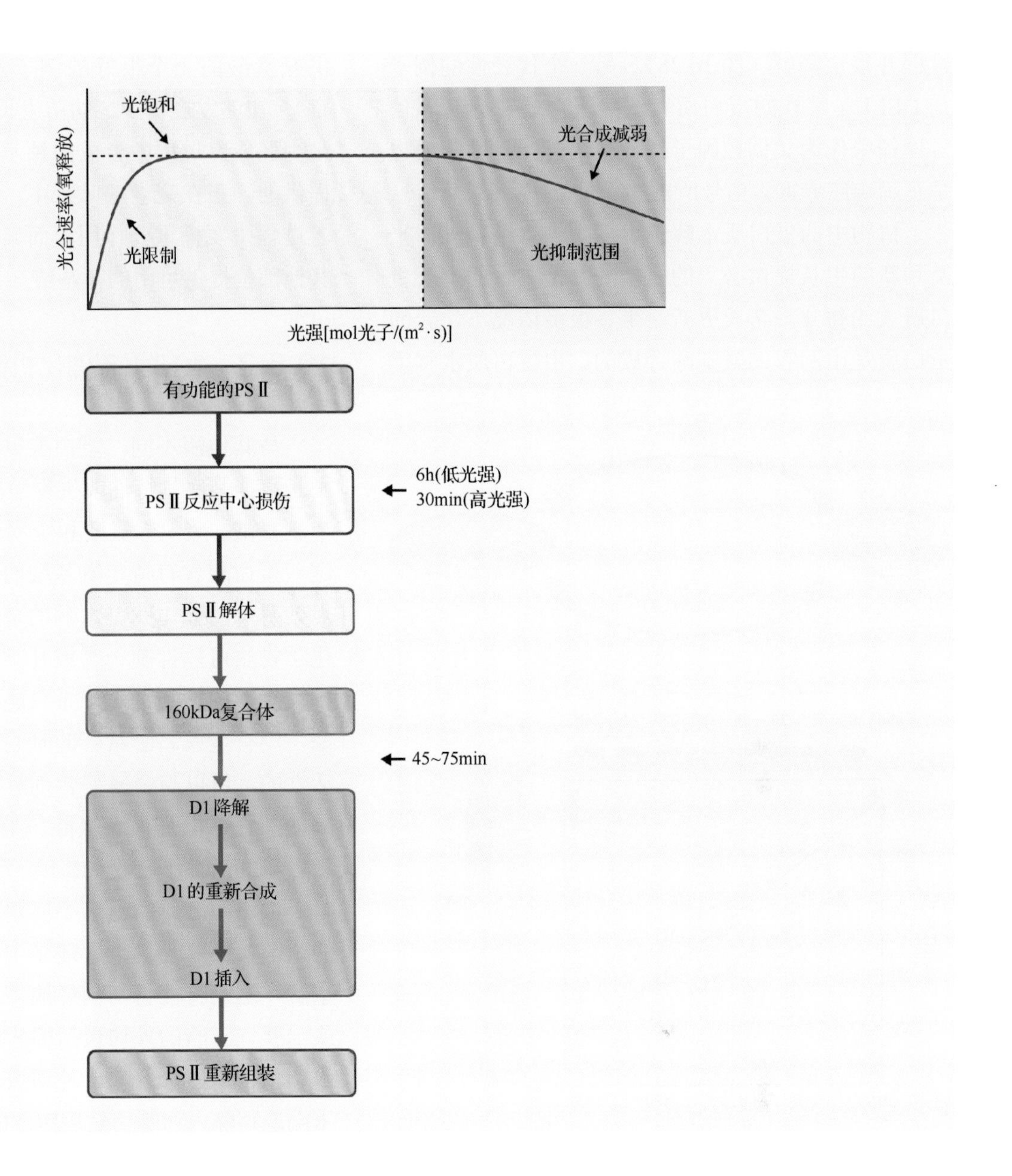

蛋白质降解的另一个作用是调节寡聚蛋白复合体的亚基按正确的化学计量累积，并维持酶与其辅助因子的正确比率。一个例子体现在Rubisco的大、小亚基协调性的积累过程中。当叶绿体中LSU的浓度降低时（如通过实验手段阻止其合成），细胞质中合成的SSU在转运到叶绿体的过程中就会很快地降解。另一个例子体现在叶绿素a/b结合蛋白（chlorophyll a/b-binding protein）的合成上，当叶绿素合成受阻时，该脱辅基蛋白也会很快降解（见图10.17）。

蛋白质降解最重要的一个作用可能是通过降解生物活性分子来调节诸多生物学过程。从这个意义上来说，可以把蛋白质降解看成是调控基因表达的最后机制，即控制蛋白产量的最后调节机制，例如，催化代谢级联反应中的第一步或限速步骤的酶。当由于蛋白质水解而使得这些酶寿命较短时，植物可以简单地通过降低或提高酶催化的限速步骤的蛋白水解速率来改变一个特定代谢途径的产量。例如，激素乙烯的合成是由ACC合成酶的活性来控制的（见第17章关于乙烯合成途径的详细介绍）。在细胞中这些酶寿命较短，并通过调节其降解速率来改变乙烯的产量。

同样地，关键的调控蛋白（如转录因子或调控下游过程的信号蛋白）的浓度也几乎都是通过蛋白质水解来调节的。植物中的植物光敏素A（PhyA）便是一个很好的例子（见第18章）。植物光敏素以两种形式存在，这两种形式可由光诱导而互相转化。PhyA的P_R形式吸收红光，几乎没有生物学活性，在植物细胞中存在时间长；PhyA的P_{FR}形式吸收远红外光，作为光受体来起始很多光调节的发育过程并很快降解（图 10.28）。另一个代表性的例子是 DELLA 家族的蛋白质。这些蛋白质在赤霉素信号途径中作为负调控因子发挥作用，并且其降解也是正确响应赤霉素信号所需的（见第 17 章）。

植物中的蛋白质水解也可以为维持细胞动态平衡和新的生长提供必需的氨基酸。植物中的整套蛋白质大约每 4 ～ 7 天更新一半。很多情况下，新的蛋白质是由回收的氨基酸合成的。由蛋白质水解提供氨基酸的一个很好的例子是种子萌发（见第 19 章）。在萌发过程中，幼苗生长所需的大部分氨基酸是由胚成熟过程中合成的种子储藏的蛋白质降解所提供的。正在衰老的叶片中，一些蛋白酶在激活衰老过程中发挥重要作用，而其他蛋白酶可能为植物其他部位提供可用的氨基酸（见第 20 章）。

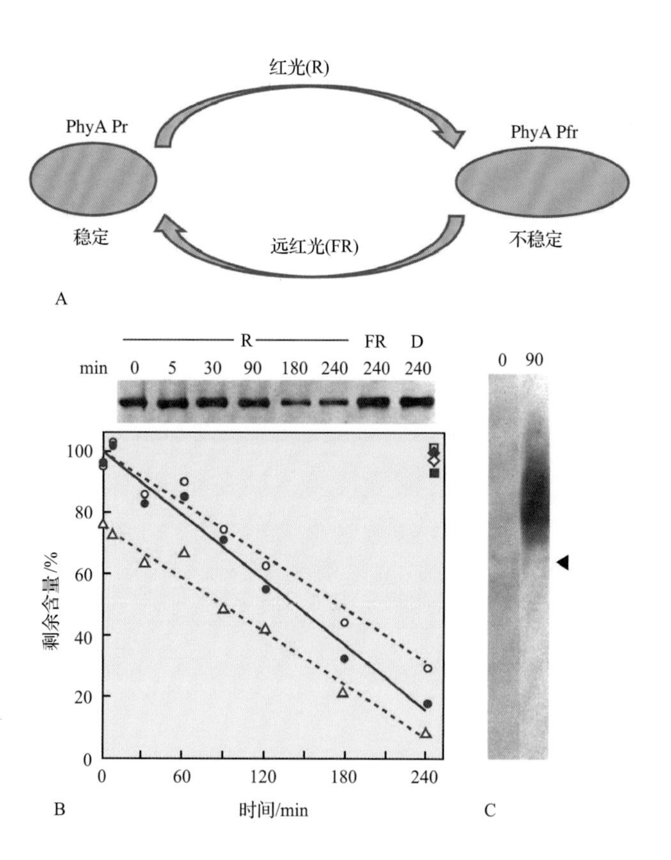

图 10.28 A. 黑暗生长（D）的幼苗中的植物光敏素（Pr）的构象是稳定的，而吸收红光（R）形成的植物光敏素（Pfr）是不稳定的。Pfr 吸收远红光（FR）后会转变成稳定状态的 Pr。B. 通过测量有光谱活性的 PhyA（空心三角形）或利用 anti-PhyA 抗体通过 ELISA 和免疫印迹实验看 PhyA 的量（上图示免疫印迹的分析，用空心圆表示；ELISA 的实验结果用实心圆表示）可以检测到 Pfr 的快速减少。减少的 PhyA 可以量化为剩余量的百分比对曝光时间的函数。无论是黑暗中生长的（正方形）或远红光处理（菱形）的幼苗，它们的 Pr 含量（光谱法用空心符号，免疫法用实心符号）总是随着时间的增加而保持不变（顶部水平线）。C. 通过免疫沉淀法从细胞中分离出 Pr 和 Pfr，并通过分子大小将二者分开。可以看到泛素化的 Pfr，但看不到泛素化的 Pr，说明 Pfr 的泛素化与其降解相关，表明 PhyA 的 Pfr 形式是泛素系统的一个底物。箭头表示未修饰的 Pfr 的迁移，由于一个或多个共价结合的泛素蛋白，泛素化的 Pfr 会迁移得更缓慢。不同种类的 PhyA 会结合不同数目的泛素分子，使得在看到的分子大小上存在差异（异质性）。来源：图 B、C 来源于 Shanklin et al.（1987）PNAS 84:359-363

10.6.2 蛋白酶按催化机制分类

与其他酶不同，蛋白酶以其催化机制分类，而不是根据其底物特性或生物学功能分类。天冬氨酸、半胱氨酸、丝 / 苏氨酸和金属蛋白酶的分类是因为这些蛋白酶含有特定氨基酸的侧链，或是在活性位点处有可以催化肽键水解的金属离子（通常为锌）。化学物质可以抑制一类或几类特定的蛋白酶，并且种类特异的抑制剂对于蛋白酶的鉴定很有帮助。例如，没有金属离子结合的时候，金属蛋白酶是没有活性的，所以与金属螯合剂孵育可以抑制金属蛋白酶的活性，但是天冬氨酸、半胱氨酸、丝 / 苏氨酸蛋白酶的活性不会受到影响。

蛋白酶之间的另一个区别是，它们是在蛋白质的末端（N 端或 C 端）还是中间位点处催化肽键的水解。这个特性将切割释放多肽末端的一个氨基酸或二肽、三肽的外切蛋白酶和切割更靠内的肽键的内切蛋白酶区分开来。外切蛋白酶会加工蛋白质的末端或移除内切酶切割后留下的肽链。

10.6.3 蛋白质水解可以是选择性的或非选择性的

在特定的时刻，蛋白质的降解与蛋白质的自然特性无关。例如，在自噬的时候（自我消化，见第 20 章），会产生新的细胞膜结构，将细胞质组分包围并形成一个封闭的囊泡，不管它们是什么，陷在囊泡中的蛋白质和膜都会发生降解。囊泡对蛋白质的捕获和随后在液泡中由内部蛋白酶的消化，对所有的蛋白质均没有偏好性。

与之相反，绝大多数的蛋白质的降解都是有选择性的，也就是说蛋白质会受到特异性的识别和降解，然而处在同一区室内可能接触同一蛋白酶的那些蛋白质不是这样。对于这种选择性的优点，很容易想到的是，单个的植物细胞在任何时刻都可能有超过5000种不一样的蛋白质，精准地降解单个蛋白质的机制是非常必要的，如果没有这样的调控，蛋白水解酶将会随意地降解细胞内的蛋白质。多种蛋白酶需要ATP水解才能产生活性，由于肽键的水解无需太多能量，并不需要与ATP的水解耦联，因此人们认为在这里ATP的作用是提高特异性。增加对ATP的需求需要辅助蛋白来将ATP水解与蛋白质降解连接起来，因此，蛋白酶系统很复杂，既包括催化的活性，也包括特异性活性。

10.6.4 蛋白酶活性受到严格调控

很明显，未受调控的蛋白酶活性会产生严重的后果，例如，会在不合适的时间清除一个底物蛋白。因此，除了有高度的特异性以外，蛋白酶活性会受到调控其他蛋白质活性的类似机制的调控；其中一些机制包括控制合成、在想要降解之前把蛋白酶送入区室与底物分开、先合成一个没有活性的前体、通过修饰（如磷酸化修饰或与配体互作）改变蛋白酶的活性。上述提到的只是调控细胞中一部分蛋白酶活性以阻止其底物遭到不必要的破坏的可能方法。

10.6.5 植物细胞的一些部位存在大量的蛋白酶

蛋白酶解的重要性的一个指征是，在一种生物中存在大量的与蛋白质加工和切割相关的基因。例如，在基因组已完成注释的水稻（*Oryza sativa*）和拟南芥中，生物信息学研究分别鉴定出约700和800个预测的蛋白酶。此外，预测到的一种蛋白质降解途径——泛素化途径（见下）中的组分其实不是蛋白酶本身，但是对蛋白质的降解却是必要的，这些组分增加了大约1000种其他蛋白质。一个生物体中如此多的编码蛋白酶和（或）蛋白质降解途径组分的基因证明在生物体的整个生命历程中，蛋白质修饰和降解具有多样性与重要性。

蛋白酶定位于多个细胞区室（图10.29），所以在液泡、细胞质、细胞核、叶绿体和线粒体中的蛋白酶系统各不相同。每个区室中蛋白质水解的装置可以反映该区室的演化起源，因此在叶绿体和线粒体中的蛋白质水解机制，相比植物细胞质中的机制，与细菌系统更相近。

液泡是一个非常醒目的细胞器，且占植物细胞体积的95%，富含水解酶，发挥诸多功能。液泡所

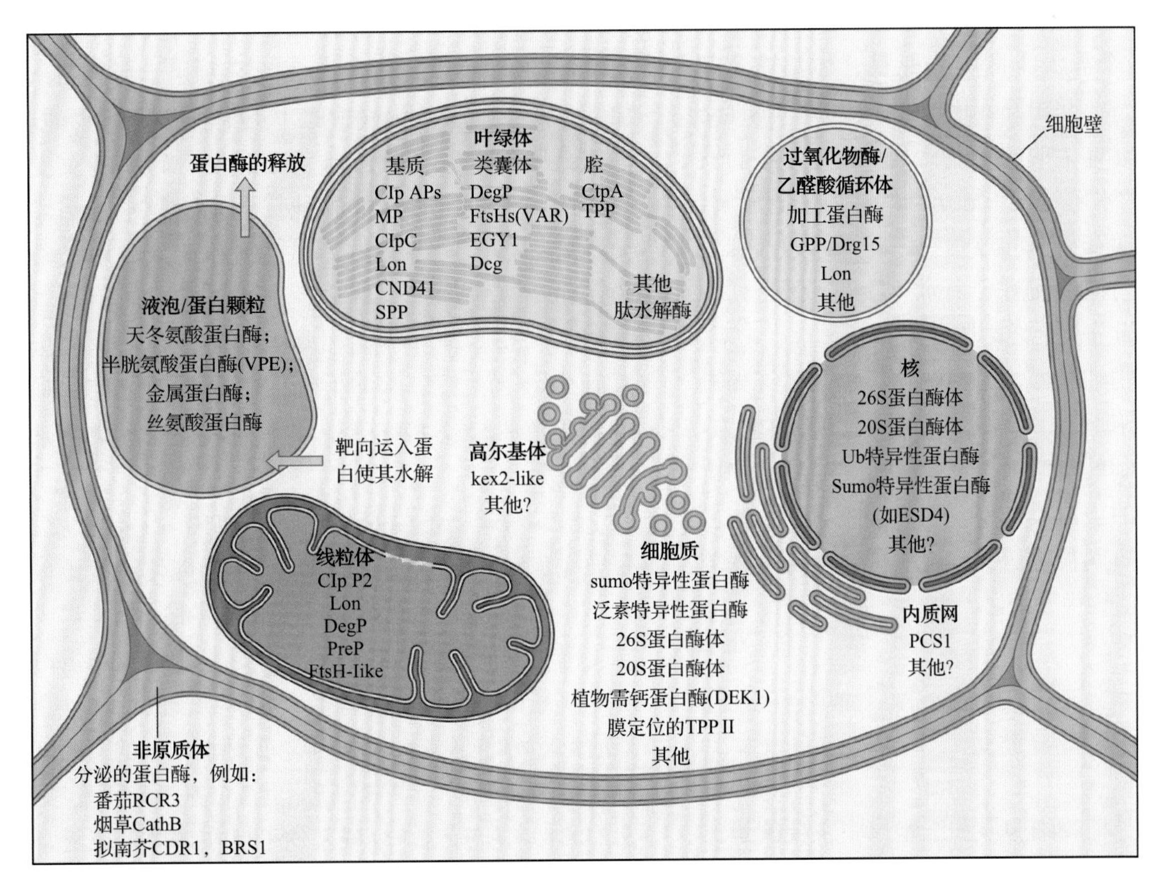

图10.29 一个植物细胞中大部分的亚细胞区室（细胞质、核、叶绿体、线粒体、内质网和液泡）都含有蛋白酶。此外，许多的植物细胞还会分泌蛋白酶

含的蛋白酶可能与动物中的溶酶体发挥相似的蛋白质降解功能。在缺乏营养的时候，液泡是自噬囊泡消化的场所，自噬囊泡中蛋白质通过自噬过程降解为所需的氨基酸(见第20章)。在种子的储备组织中，人们观察到特殊化的液泡——所谓的蛋白体。种子成熟的时候，沉积在蛋白体中的蛋白质一直在原位保持着稳定的状态直到种子开始萌发。种子萌发期间，蛋白体会与另一不同的、含有蛋白酶的液泡相融合，随后储存的蛋白质会发生降解，为新的幼苗提供氨基酸。

质体中包含一些不同于细胞质中的补充的蛋白酶，除了用于加工之外，还有与蛋白质清除相关的蛋白酶。拟南芥中，生物信息学分析预测到在叶绿体中存在约50个基因编码的11种不同的蛋白酶类型。实验证实三种与原核相关的ATP依赖的蛋白酶也存在于叶绿体中，并以大肠杆菌中的同源蛋白Clp、FtsH和Lon命名，每个都由植物中的多基因家族所编码。此外，叶绿体含有不依赖ATP的蛋白酶，包括参与清除受损的PS Ⅱ蛋白的Deg家族（见信息栏10.8）。

ATP依赖的蛋白酶对于单个多肽或不同的蛋白质来说，都有蛋白质水解和ATP酶活性。Clp是一种基质多聚酶体复合物（stromal mutimeric enzyme complex），由多种催化亚基构成；这些ClpP或类ClpP蛋白以一个异源十四聚体亚复合体与有ATP水解活性的调节亚基相互作用（图10.30）。FtsH是一种结合到类囊体上的同聚多亚基复合体，参与受损的D1蛋白的水解过程。除了叶绿体内部的降解，最近的证据表明在自噬的过程中，叶绿体的一部分分裂成囊泡，与液泡膜融合；而一旦进入液泡，源于叶绿体中的组分就会发生降解。

其他的植物细胞器，包括线粒体、微体（如过氧化物酶体）和内质网，也有降解蛋白质的能力，但是对其中机制的了解很少。就酵母和哺乳动物中定位于内质网的蛋白质来说，在降解之前，这些蛋白质就会从内质网被转运到细胞质中，但是这样的机制还没有在植物中发现。

10.6.6 泛素途径是细胞质和细胞核中蛋白质选择性水解的主要途径

泛素途径是植物细胞质和细胞核中主要的蛋白

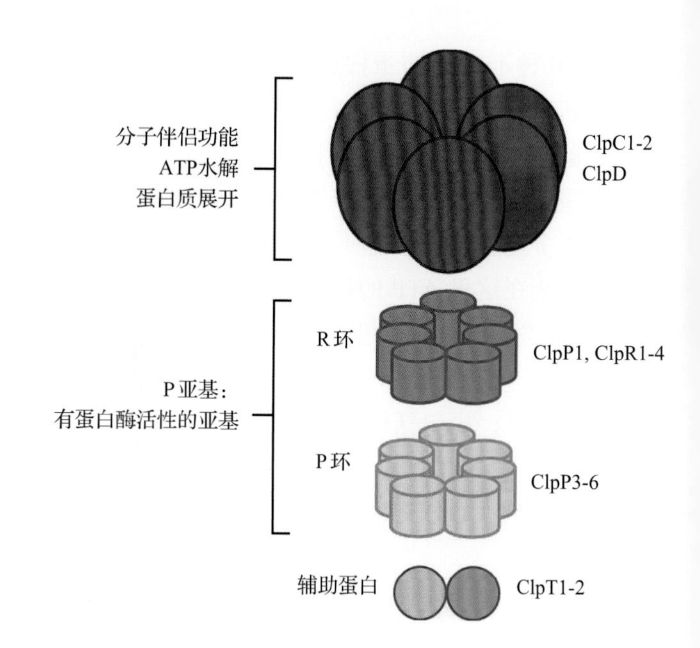

图10.30 叶绿体Clp蛋白酶复合体的示意图。P亚基是有活性的丝氨酸蛋白酶，R亚基是相关的无活性的亚基，形成两个七聚体环。拟南芥中单个亚基的名字标在右边；P环状亚基P3、P4、P5和P6之间存在1:2:3:1的化学计量构成。R环中包含唯一一个叶绿体编码的亚基ClpP，以及R1、R2、R3和R4以化学计量3:1:1:1构成的R蛋白。ClpC1、ClpC2和ClpD形成一个六聚体环，水解ATP来展开蛋白质结构，并将它们放入内部腔室，接触到蛋白酶的活性位点。一般认为ClpT2蛋白在组装过程中发挥作用

质水解途径，该途径是不常见的，因为需要另一种蛋白质即泛素蛋白（图10.31）对底物蛋白先进行修饰，泛素不会降解，而是被循环利用于后续的添加(图10.32)。这种保守的真核途径是必不可少的，可能是因为它在调控细胞周期和发育转变的关键调控因子的丰度方面的功能。泛素途径中包括添加泛素必需的所有酶、水解底物和移除完整泛素的蛋白酶复合体、水解多种泛素连接键的附属蛋白酶，以及各种各样调控其中任何一种过程的蛋白质（图10.32）。单个生物体中参与该途径的基因数目预估超过1200个，并且仍有没有鉴定出来的新组分。

泛素与底物蛋白的结合需要ATP，由多酶途径介导完成（图10.33）。首先，该途径催化泛素蛋白的C端与底物蛋白上赖氨酸残基侧链的ε氨基形成异肽键。目前人们已经了解了单泛素化修饰的蛋白质，但是许多蛋白质都有多个共价结合的泛素。额外的泛素分子通常会添加到之前泛素分子的ε赖氨酰基上，形成一个泛素链。泛素有7个赖氨酸残基(见图10.31)，所有这7个残基均可以在体内形成泛素

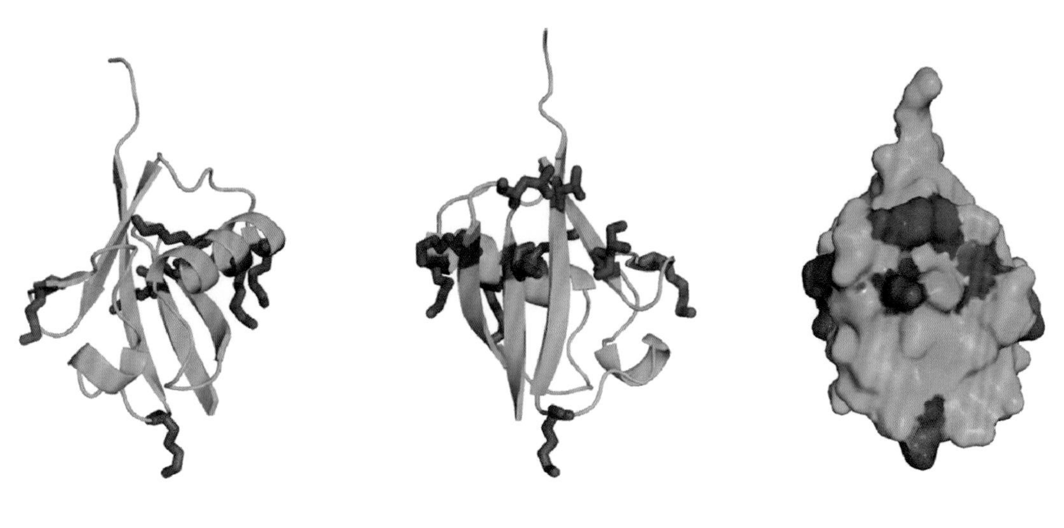

图 10.31 泛素的带状（左边和中间，相对的面）和空间填充（右边）模型。泛素分子包含一个紧凑型球形结构域，有一个柔性突出的、与蛋白质结合的C端片段。表面的三个疏水性残基用蓝色表示，这些残基参与同泛素化途径中的其他组分之间的非共价的蛋白质 - 蛋白质相互作用。作为第二个泛素分子结合位点的 7 个赖氨酸残基用红色标记，最主要的结合位点赖氨酸 -48 用紫红色标记。来源：Vijay-Kumar et al.（1987）.J.Mol.Biol.194:531-544

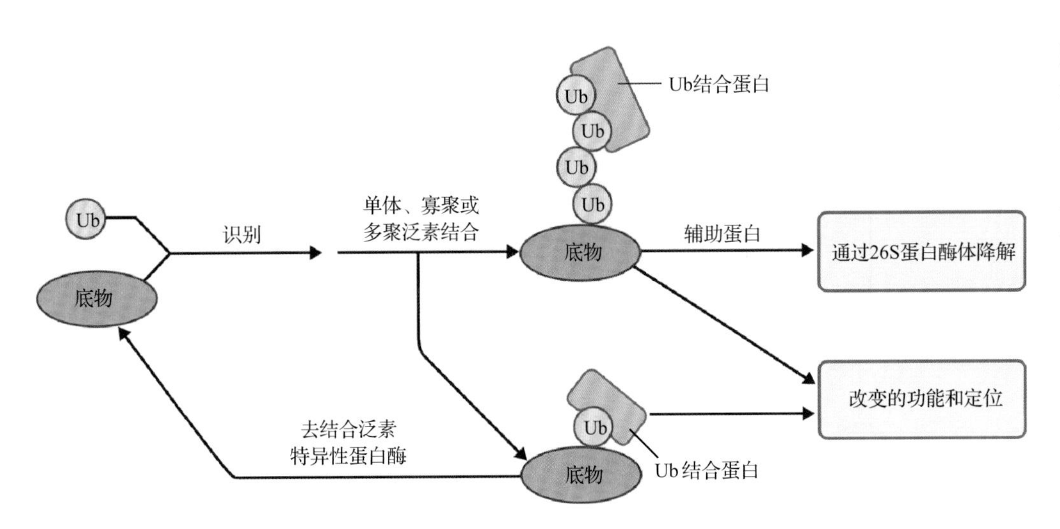

图 10.32 通过共价结合泛素分子对蛋白质进行修饰可产生多种结果。典型的结果是，通过泛素赖氨酸 -48 的多泛素化会把一个蛋白质定位到蛋白酶体进行降解。单泛素化（monoubiquitylation）则会影响蛋白质的亚细胞定位、分子间相互作用、酶的活性，以及其他可能的特性

- 泛素连接，这种连接的主要位点是第 48 位的赖氨酸。除此之外，泛素也可以用这种方式结合底物上的多个赖氨酸残基，在一个蛋白质上形成不止一条泛素链。

E1（泛素活化酶）、E2（泛素结合酶）和 E3（泛素连接酶），这三种负责泛素结合的酶依次发挥作用（图 10.33）。E1 会通过腺苷酸的形成激活泛素蛋白的 C 端，将泛素部分转移到自身的一个半胱氨酸残基上，形成连接了硫酯的泛素，然后把泛素转移到级联反应中第二个蛋白即 E2 酶的半胱氨酸残基上。随后，带有连接了硫酯的泛素的 E2 结合到 E3 上，泛素被直接或间接地转移到底物上。在其中一类 E3 连接酶即 HECT 类连接酶（译者注：RBR 类 E3 连接酶中也是如此）中，泛素首先与 E3 连接酶形成硫酯键，然后转移到底物的肽键上。对其他所有的 E3 连接酶而言，泛素可以从 E2 结合酶上直接转移到底物上（图 10.33）。因此，底物和 E3 连接酶之间的互作是一个关键步骤，通过对该步骤的调节可以控制泛素化的速率和程度。

并不奇怪，E3 连接酶是泛素途径中最庞大的一类蛋白质（表 10.5），E3 连接酶可以根据机制分成两种类型：HECT E3 类型在底物泛素化之前先与泛素共价结合，而 RING/U box E3 类型作为骨架将底物蛋白定位在带有连接了硫酯的泛素的 E2 附近（图 10.34）。RING 蛋白和 U box 蛋白是以与 E2 相互作用的结构域命名的，RING 和 U box 结构域分别利用锌螯合作用和疏水性相互作用这两种不同的机制形成相似的结构。一些 E3 连接酶是多聚体，其中 cullin-RING 连接酶（CRL）在植物中研究得最清楚。在一类 CRL（SCF 类）中，一个亚基（F-box 蛋白）与底物蛋白相互作用，而另一个 SCF 亚基定位 E2 以获得最佳的泛素转移（图 10.34，表 10.5）。其他的 CRL E3 连接酶是相似的，有一个亚基与底物相互作用（表 10.5）。

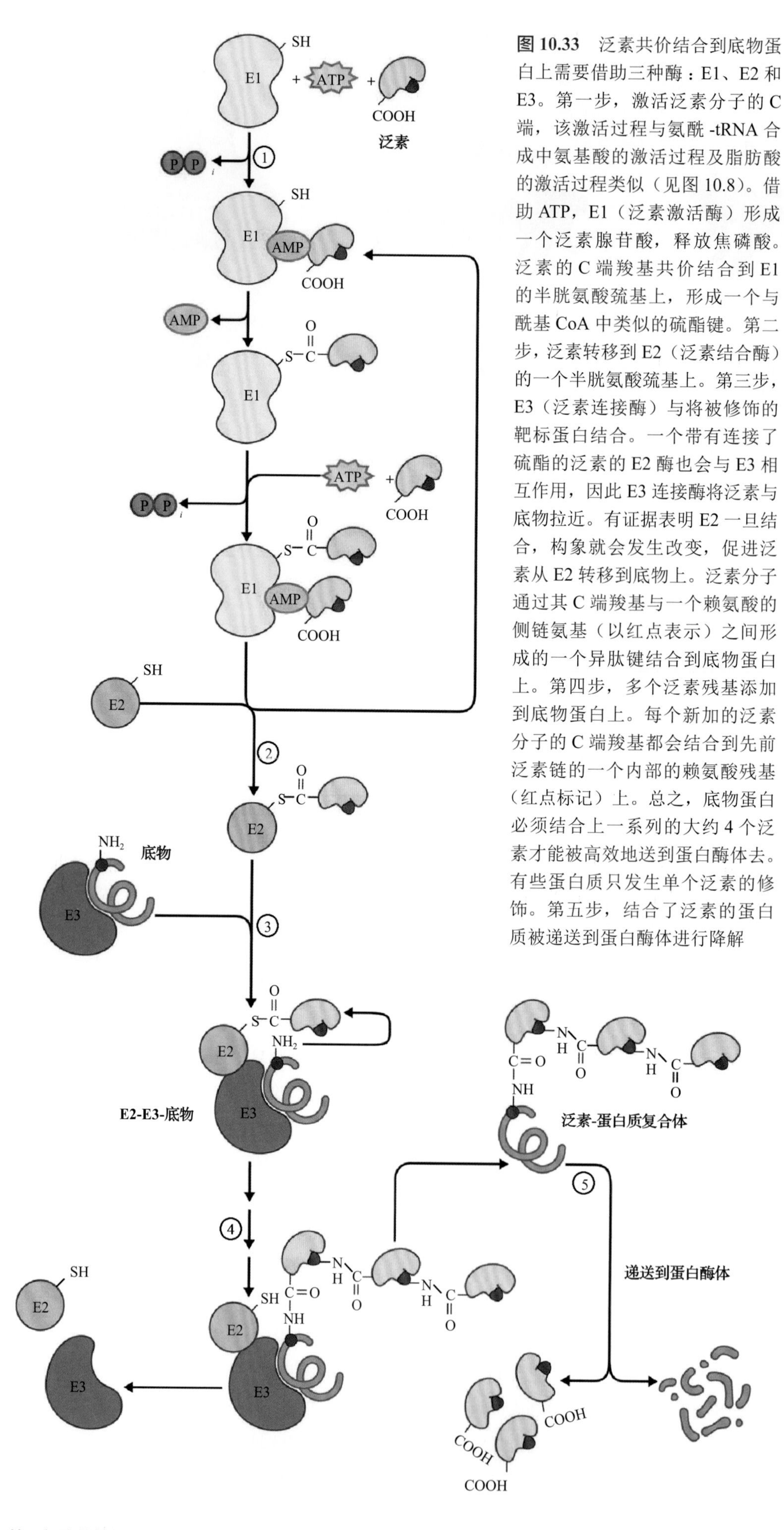

图 10.33 泛素共价结合到底物蛋白上需要借助三种酶：E1、E2 和 E3。第一步，激活泛素分子的 C 端，该激活过程与氨酰 -tRNA 合成中氨基酸的激活过程及脂肪酸的激活过程类似（见图 10.8）。借助 ATP，E1（泛素激活酶）形成一个泛素腺苷酸，释放焦磷酸。泛素的 C 端羧基共价结合到 E1 的半胱氨酸巯基上，形成一个与酰基 CoA 中类似的硫酯键。第二步，泛素转移到 E2（泛素结合酶）的一个半胱氨酸巯基上。第三步，E3（泛素连接酶）与将被修饰的靶标蛋白结合。一个带有连接了硫酯的泛素的 E2 酶也会与 E3 相互作用，因此 E3 连接酶将泛素与底物拉近。有证据表明 E2 一旦结合，构象就会发生改变，促进泛素从 E2 转移到底物上。泛素分子通过其 C 端羧基与一个赖氨酸的侧链氨基（以红点表示）之间形成的一个异肽键结合到底物蛋白上。第四步，多个泛素残基添加到底物蛋白上。每个新加的泛素分子的 C 端羧基都会结合到先前泛素链的一个内部的赖氨酸残基（红点标记）上。总之，底物蛋白必须结合上一系列的大约 4 个泛素才能被高效地送到蛋白酶体去。有些蛋白质只发生单个泛素的修饰。第五步，结合了泛素的蛋白质被递送到蛋白酶体进行降解

表 10.5　E3 泛素连接酶的类型和特异的 E3 连接酶及其底物的例子

E3 连接酶类型	泛素结合机制	亚基组成	底物识别（拟南芥中基因的大致数目）	已发现的被选择的底物蛋白（与连接酶的亚基互作）
CUL1 依赖的 CRL 型连接酶，这种特异的 CRL 又称为 SCF	支架	4 个研究清楚的亚基：CULLIN1、RBX、SKP1、F-box	F-box 蛋白（700）	Aux/IAA（TIR1、AFB，由 IAA 介导两者之间相互作用） DELLAa（GID2、SLY1，赤霉素介导两者之间相互作用） EIN3（EBF1、EBF2） JAZ（COI1，通过茉莉酸调控相互作用） D15（MAX2/D3，独脚金内酯参与调控）
CUL3 依赖的 CRL 型连接酶	支架	三个亚基蛋白：CULLIN3、RBX、BTB	BTB 蛋白（80）	ABF2（ARIA） ACS5（ETO1） NPR1（NPR4，水杨酸介导调控相互作用）
CUL4 依赖的 CRL 型连接酶	支架	四个亚基蛋白：CULLIN4、RBX、DDB1、DCAF/WD40+ 其他的？	DCAF/WD40 蛋白（90）	
非 CRL 类 RING	支架	未知	RING 上其他的结构域或未知（480）	NAC1（SINAT5） ABI3（AIP2）
U box	支架	未知	Ubox 上其他的结构域，未知（40）	
HECT	形成泛素硫酯键	未知	HECT 上的其他结构域，未知（7）	
RBR	均是：支架，然后形成泛素硫酯键	未知	RBR 蛋白的其他结构域（42）	
APC	支架	11 个蛋白质和调节因子（CDC20、CDH1）	CDC20、CDH1	有丝分裂细胞周期蛋白

10.6.7　26S 蛋白酶体是一个可以识别泛素化标记的蛋白质的独特蛋白酶复合体

泛素化标记过的蛋白质可以在一个分子质量超过 1.5MDa 的极大的寡聚蛋白复合体——26S 蛋白酶体中进一步加工处理成肽。26S 蛋白酶体是一个主要由 20S 核心蛋白酶体和 19S 调节复合物（或 19S 帽）构成的组装型复合体。20S 核心由 4 个堆积环组成，每个堆积环由 7 个亚基构成（与 GroEL 分子伴侣有相似性）。面朝内的蛋白质水解活性位点穿过堆积环中心进入一个通道（图 10.35）。将这些催化中心置于通道内部，从而限制了可接近性。通道的入口在正常情况下处于闭合状态，打开入口产生开放构象需要与 19S 帽结合和 ATP 的水解。19S 帽也会与泛素化标记过的蛋白质结合，通过 ATP 水解帮助展开底物蛋白，移除泛素，并将去折叠去泛素化的多肽注入堆积环结构的通道里，在通道中进行肽键的水解。

因此，泛素化标记过的蛋白质的一个主要命运就是送到蛋白酶体中去降解。有些类型的泛素结合蛋白可以促进泛素化标记过的蛋白质和蛋白酶体之间的相互作用。这些泛素结合蛋白中有些是调控元件中的一部分，而其他只是短暂地进行互作。

10.6.8　泛素的结合是受到高度调控的

为了避免不需要的或过量的泛素添加，泛素结合是受到高度调控的。底物与连接酶的相互作用受多种机制调控。在某些情况下，会发生连接酶的修饰，可以是共价修饰（如磷酸化），也可以是与一个激活或抑制性的亚基相互作用。或者，底物蛋白可以通过共价修饰，或通过与另一个蛋白质或小分子相互作用来促进与连接酶间的相互作用。此外，信号通路中特定组分的存在与否也能调控泛素化过程。例如，在拟南芥中一旦发生磷酸盐饥饿，miR399（一种 miRNA）会结合编码 UBC24/PHO2 E2 结合酶的 RNA 使其降解，减少 UBC24 的合成。虽然其中的分子机制未知，但是 UBC24 的减少使得植物的根可以通过增强对外部磷酸盐的吸收和内部磷酸盐的储存来对低磷酸盐环境做出响应。

10.6.9　泛素途径在植物激素响应中是必需的

泛素连接酶 CRL 在所有的生物体中都是必需的，包括在植物中。CRL 与多种过程密切相关，包括激素响应、细胞周期带来的增殖和生物反应。一类 CRL 识别底物的亚基——SCF 类 CRL 的 F-box 蛋白，由一个大的基因家族编码，可能是由于每个

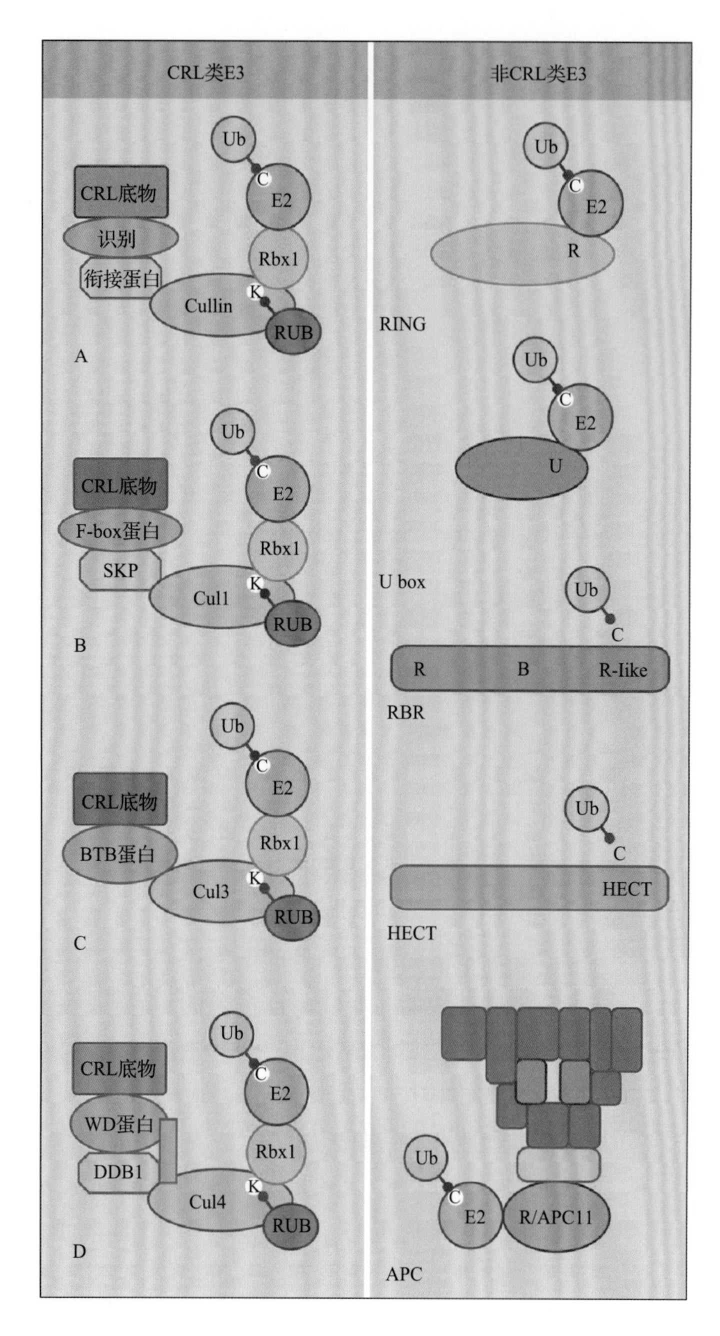

图 10.34 泛素 E3 连接酶的两大类型：CRL 类（左）和非 CRL 类（右）。E3 连接酶与底物和 E2 相互作用。许多不同的蛋白质都受泛素修饰，而不同的 E3 可以修饰特定的一个蛋白质或一类蛋白质。CRL 类（CULLIN-RING-ligase-type）的 E3（左）为多聚体：一个亚基与底物相互作用，另一个亚基结合 E2，而 CULLIN 蛋白在中间起支架作用。A. CRL 的一般结构如图所示。所有的 CRL 类蛋白都有同样的 RING 蛋白（RBX），要在体内获得完全的活性，所有的 CULLIN 都必须接受一个单一的类泛素蛋白（RUB）的修饰。基于 CUL1 的 CRL 称为一个 SCF（SKP-CULLIN1-F box）；F-box 蛋白结合底物见图 B。基于 CUL3 的 CRL 以及作为底物结合亚基的 BTB 蛋白如图 C 所示。基于 CUL4 的 CRL 见图 D。CUL4 CRL 的具体组成还不确定，但是在某些情况下包含 WD 重复（WD-repeat）的蛋白质是与底物相互作用的亚基。非 CRL 类（右）包括 RING、U box、RBR 和 HECT 类，以与 E2 相互作用的结构域（RING 和 U box）或以形成硫酯键结合泛素的结构域（HECT 结构域）来命名。RBR 蛋白则是以三个类似 RING 的结构域来命名的，第一个结构域结合 E2，而第三个结构域上含有一个起催化作用的半胱氨酸，其携带有激活了的泛素，与 HECT 结构域 E3 相似。有证据表明这些非 CRL 类连接酶可能是低聚物，但对其知之甚少。分裂后期促进复合体（anaphase promoting complex，APC）是一个含有多个底物结合亚基的多聚 E3 连接酶，其中小的 RING 蛋白 APC11 结合 E2，参与修饰细胞周期调节因子（如细胞周期蛋白）

F-box 蛋白会与不同的底物蛋白或蛋白家族相互作用。研究得最清楚的 F-box 蛋白是 TIR1，最早是从一个生长素响应突变体中鉴定出来的。TIR1 的 X 射线晶体结构已经解出，人们也已经鉴定出，其底物为 Aux/IAA 家族的成员。Aux/IAA 蛋白是生长素应答反应中的转录调控因子。有些 Aux/IAA 蛋白在细胞中的寿命很短，其降解速率是由生长素的水平来调控的。很明显，生长素自身与 TIR1 结合并帮助形成 Aux/IAA 结合位点。这些结果在分子水平上为生长素可以通过改变泛素化速率来改变蛋白质降解速率提供了一个解释（图 10.36）。

生长素 -TIR1-Aux/IAA 相互作用对泛素化的促进并不是唯一一个小分子调控蛋白质降解的例子。多种激素信号途径都采用受调控的蛋白质降解机制。茉莉酸信号途径需要 JAZ 转录因子降解，并且茉莉酸结合物与所谓的 COI 1F-box 蛋白的结合可以调控 JAZ 蛋白的降解。赤霉素（GA）信号途径需要 DELLA 家族的蛋白质失活，并且 DELLA 家族蛋白下调的一个主要机制就是蛋白质降解。活性的 GA 和 DELLA 会与一个受体结合，形成的 GA-DELLA- 受体复合体会与 SLY F-box 蛋白相互作用来促进 DELLA 蛋白的泛素化，从而促进它们的降解。因此小分子直接修饰泛素途径中的酶似乎是一个常见的过程，并不是植物中的特例。

10.6.10 泛素化标记的蛋白质除经蛋白酶体降解以外还有其他的命运

泛素化标记的蛋白质的命运不仅仅局限于通过蛋白酶体进行降解。酵母和哺乳动物中的研究表明，除了引起蛋白质降解，泛素化还会影响蛋白质的亚细胞定位和活性。在这些方面，泛素化作为一种翻译后修饰而发挥功能。在植物中，关

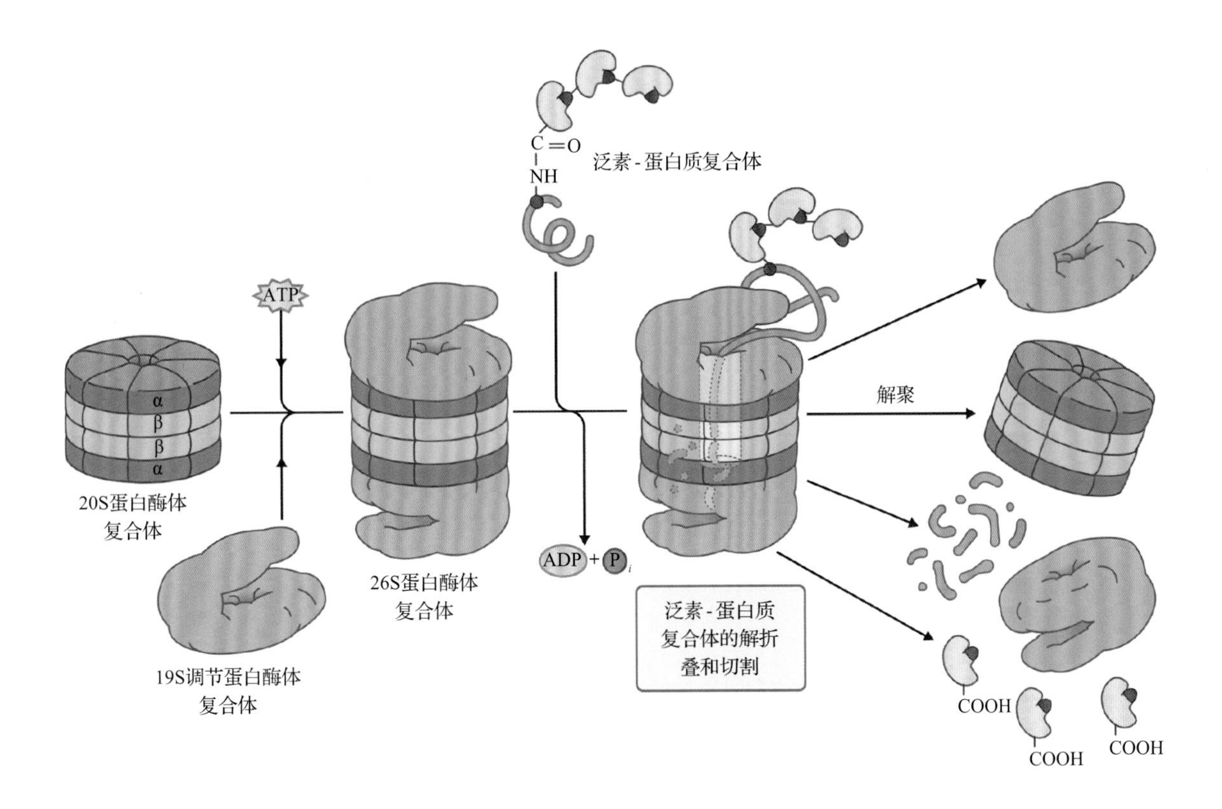

图 10.35 26S 蛋白酶体的结构。核心 20S 蛋白酶体的形状是一个由 4 个堆积环组装形成的特别的中空圆柱。每一个环都包含 7 个多肽。一个 19S 调节亚基结合到 20S 蛋白酶体的两端，形成 26S 蛋白酶体。把泛素标记的蛋白质递送到蛋白酶体进行降解这一过程，可能是由游离的或与蛋白酶体结合的泛素结合蛋白来执行的。调控亚基包含 ATP 酶和泛素特异性的蛋白酶，分别用于底物的解折叠及移除泛素分子

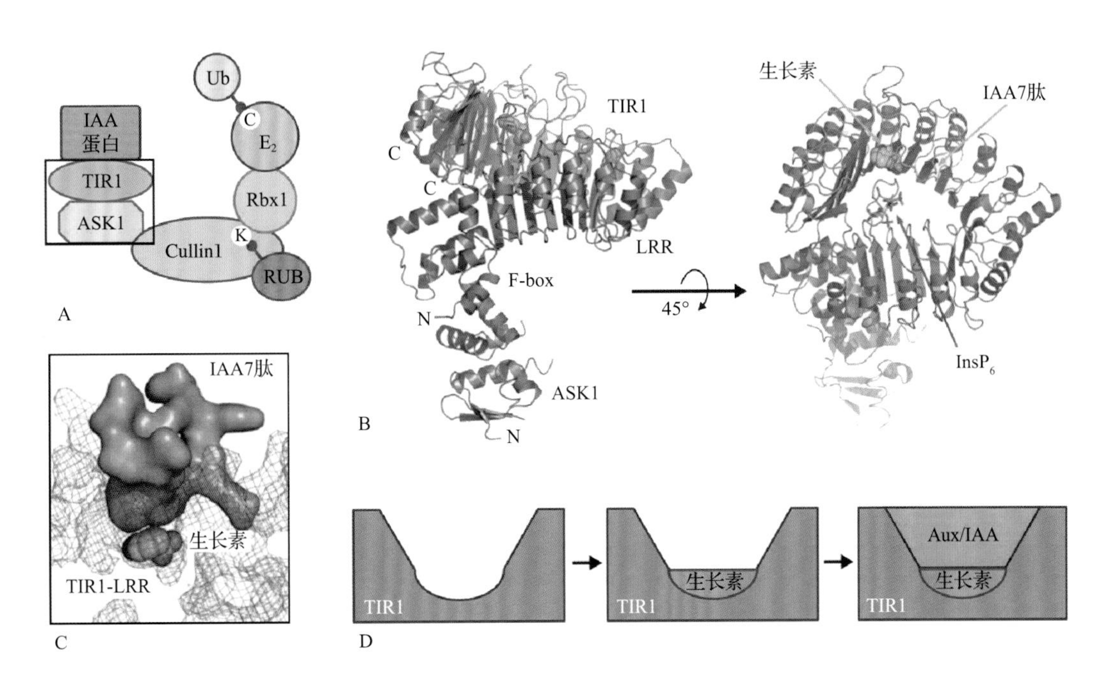

图 10.36 SCF^{TIR1} 是一个受生长素调控的 E3 连接酶。A. 一个含有 F-box 蛋白 TIR1 的特异的 SCF E3 连接酶的示意图。该连接酶以生长素依赖的方式与 Aux/IAA 蛋白（在拟南芥中称为 IAA 蛋白）相互作用，这解释了生长素可以调控 Aux/IAA 的降解速率这一现象。泛素化的速率将受到生长素的调控，反过来，蛋白酶体对底物的识别和降解速率也依赖于生长素。X 射线结构的框中区域如图 B 所示。B. TIR1 与底物接头 ASK1 以及一个拟南芥 IAA 蛋白 IAA7 形成的复合体的 X 射线结构。结合肽的口袋需要有生长素（绿色）位于基部。C. IAA- 生长素 -TIR1 结合位点的扩展图，在一个空间填充模型中示 IAA 肽。D. 需要生长素来帮助 IAA 与 TIR1 相互作用的模型示意图。人们认为生长素就是“分子胶水”，将底物、IAA 蛋白及 E3 连接酶亚基连接在一起。这是一个配体调控降解的例子，生长素对泛素化反应很重要，而泛素化反应又是蛋白酶体介导的底物降解所必需的。来源：Tan X et al.（2007）. Nature 446:640-645

于泛素的不介导蛋白质降解的功能的研究还处于初期阶段。

小结

植物有三个合成蛋白质的区室，不同的区室中蛋白质合成机制也不同，这可能反映了它们不同的演化起源。蛋白质的合成根据植物的生理需求而受到严格调控，尤其是在蛋白质的合成与细胞器的光合活性相一致的叶绿体中，这一机制更为明显。蛋白质合成后，必须要定位到合适的细胞位置，并且也可能会受到修饰。分子伴侣是细胞中蛋白质正确折叠所需的，蛋白质的折叠与定位相互耦联。蛋白质会发生降解，从而调节重要代谢产物的量、提供氨基酸、调控信号途径，以及清除不正确折叠的蛋白质。

（王志娟　钟　声　袁苏凡　译，钟　声　瞿礼嘉　吴美莹　校）

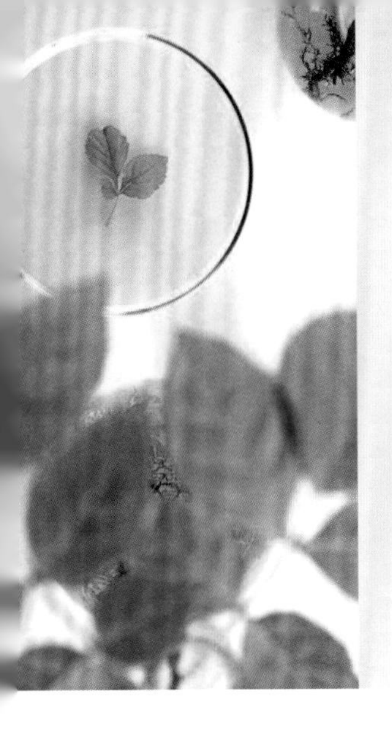

第 11 章 细胞分裂的调控

Dirk Inze, Lieven De Veylder

导言

每个细胞都是一个细胞周期的产物。细胞增殖由细胞分裂调控机制精确控制，以确保细胞仅在恰当的时期分裂，并保证关键的细胞组分得到高保真的复制。

细胞周期包括两个事件：**细胞分裂**（cell division）和**细胞生长**（cell growth）。在细胞分裂期，细胞复制其基因组，并分配给子细胞；而在细胞生长期，细胞合成蛋白质、膜脂和其他重要组分。细胞生长和大多数的生化过程都是连续的，但细胞周期的步骤却是分离、递进的。真核细胞演化出了特定的蛋白激酶、磷酸酶和蛋白酶作为“开关”，确保DNA 复制能逐步进行，并保证了复制的遗传信息在**胞质分裂**（cytokinesis）过程中被分配到两个子细胞中。这种由调节蛋白构成的网络除了监控细胞周期运转外，也能对细胞周期阶段和环境状况进行协调，由此保证细胞周期只在条件适合的时候才会进行。

除了调控细胞分裂进行的时间外，细胞周期调控机制还具有质量控制功能，能防止不完全复制或受损的基因组传递到子细胞中。基因组复制不完全、不伴随分裂的 DNA 重复复制、DNA 损伤，或在DNA 复制完成前进行分裂，都会给子细胞带来灾难。为避免发生这类错误，所有生物都利用分子机制在细胞分裂的特定时期监控细胞分裂的进程，这些特定时期称为**检验点**（checkpoint）。

控制细胞分裂的基本机制起源于早期真核生物的演化，这些机制是相当保守的。虽然细胞周期控制的基本原则在所有的真核生物中都很相似，但植物调控细胞分裂的机制中具有许多物种特异的修饰。本章概述了控制细胞分裂的基本原则，并重点阐述了植物特异的修饰机制。

11.1 动植物的细胞周期

植物、动物和真菌最近的共同祖先生活在距今至少 15 亿年前，那时早已演化出了真核生物。尽管经历了漫长演化历程的现代多细胞生物已外形迥异，但其具有的行使基本功能的细胞机制，包括调控细胞分裂周期的分子，在所有现存真核生物中依然高度保守。这些保守的分子在细胞周期中发挥着重要的功能，包括：控制主要细胞周期时相转换的蛋白激酶及它们的调节亚基、DNA 复制的相关酶类、有丝分裂中染色体移动所必需的细胞骨架结构、泛素依赖性蛋白降解途径中的组分（见第 10 章）。同样的，体细胞在细胞分裂周期中也具有基本的四个亚分裂阶段。虽然所有的真核细胞应用相似的分子机制来复制自我，动物和植物细胞也已经演化出不同的机制来控制细胞分裂，这些区别与植物、哺乳动物及真菌细胞在结构和发育特征上的不同是相关的。

其中一个显著的区别是，在哺乳动物细胞有丝分裂的过程中，染色体分向两极，当两个子细胞核分开的时候，细胞质膜就会在中部收缩环处不断缢缩；而在植物细胞中，两个子细胞核则由一个在母细胞赤道板生长的**细胞板**（cell plate）分隔开，该细胞板最终与质膜以及此时已包围两子细胞的细胞壁融合。为了产生两个子细胞，植物演化出了两种独特的细胞骨架结构：**早前期带**（**preprophase band**）和**成膜体**（**phragmoplast**）（图 11.1）。

植物细胞与哺乳动物细胞的另外一点不同在于它们有坚硬的细胞壁并且不能移动。因此，植物的器官发生依赖于在新器官形成位置的细胞分裂和细胞伸长。此外，植物中的细胞分裂通常局限于被称为**分生组织**（**meristem**）的特定区域，由分生组织产生的新细胞在离开分生组织时会进行分化（图 11.2）。分生组织细胞具有多能性，这意味着它

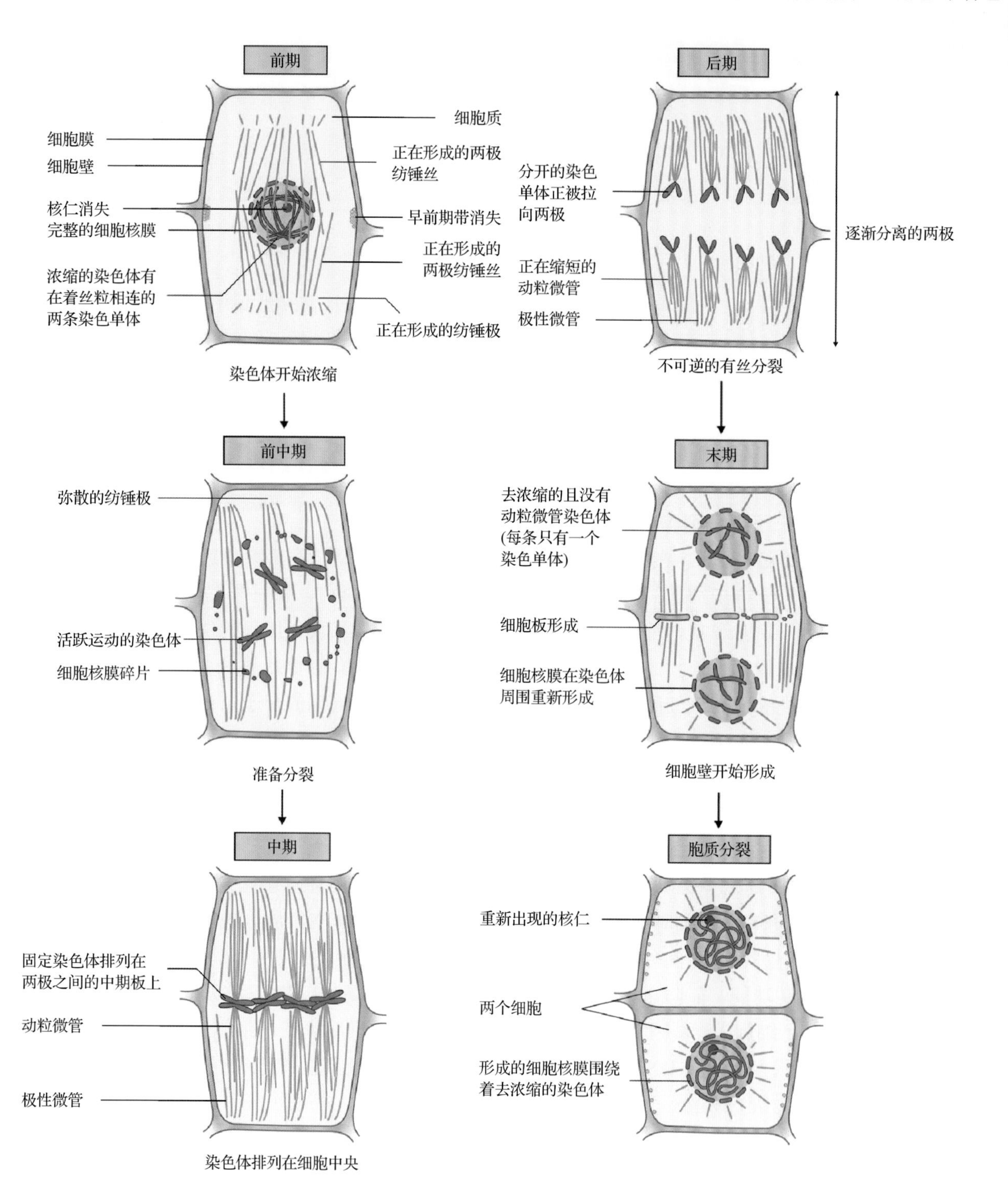

图 11.1 植物中的有丝分裂。19 世纪末，人们对植物细胞进行显微观察，发现正在增殖的细胞的体积在稳定增长时，会不时地被细胞核的消失和浓缩的染色体的出现（前期），以及染色体随后沿着细胞赤道排列（中期）所打断。观察发现，染色体似乎发生了分离，并移向细胞两极（后期），接着两个细胞核重新出现（末期），而后形成两个独立的子细胞，完成胞质分裂。植物细胞的有丝分裂与动物细胞的大致相同，但是它们的纺锤极（植物细胞中更加弥散）和子细胞分开的机制不同。动物细胞在末期时收缩它们的细胞膜，而植物细胞通过形成细胞板来形成新的细胞壁

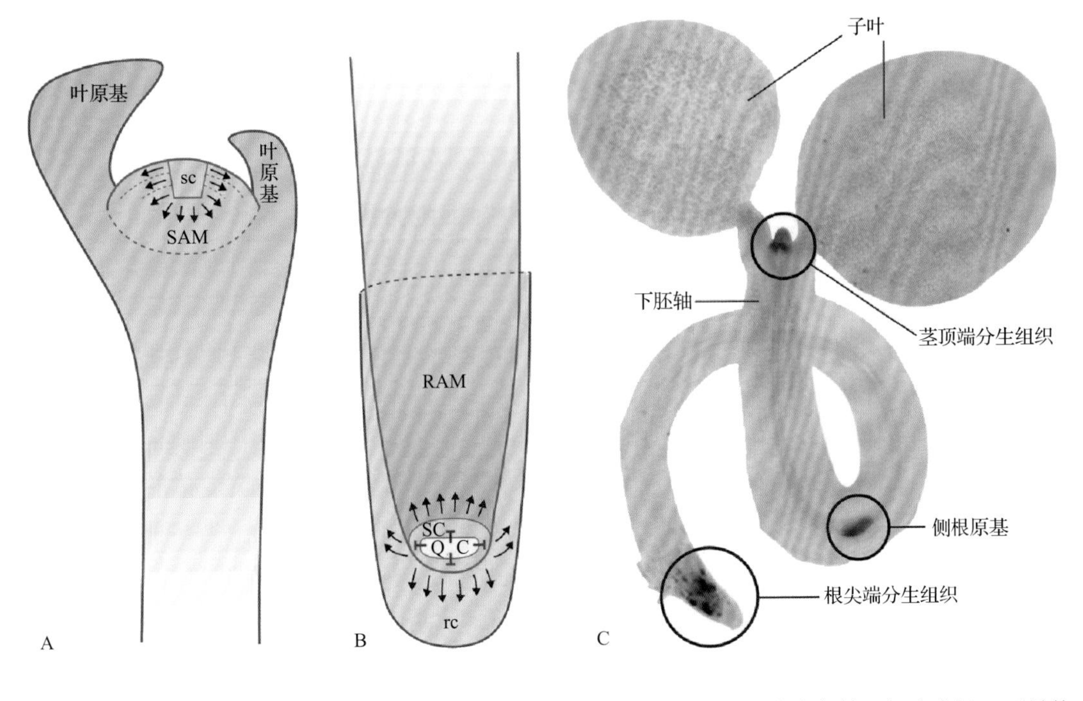

图 11.2 植物中胚胎发生后的连续发育。不同于动物，植物可以在寿命内不断地形成新的器官和组织。负责维持这种开放生活模式的是茎顶端分生组织（SAM）（A）和根顶端分生组织（RAM）（B）。两种分生组织都含有未分化的和分裂的细胞，能产生新的细胞给生长中的结构。分生组织内的一小团干细胞（sc）对于分生组织自我更新能力非常重要。在不对称分裂后，干细胞形成了具有不同细胞命运的子细胞。一个子细胞将会保持干细胞命运，而另外一个将会接受指令分化成特定的细胞类型。然而，最后一次分化会延迟，并只会在几轮对称分裂产生生长细胞集（箭头）后才发生。在茎顶端，由分裂细胞组成的叶原基同样也是在 SAM 附近形成的。在根中，没有新的器官在 RAM 的附近形成，整个 RAM 的结构都被保护性的根冠（rc）所覆盖着。在根的顶冠边界，有一小团不分裂的细胞，被称为静置中心（QC）。这些细胞散发出信号使得紧挨着的细胞保持干细胞的命运，阻止它们进行分化。C. 在拟南芥幼苗中，可以通过有丝分裂的细胞（蓝色）特异表达的 CYCLIN-GUS 融合蛋白的活性观察到细胞分裂的位置。在 SAM 和 RAM 周围，以及侧根原基（即新侧根起始的位置）可观察到细胞分裂活性

们可以使其后代进入一系列的发展命运中。例如，在植物的生命周期中，茎尖分生组织可以从营养生长转换为生殖生长，并最终形成花（见第 19 章）。

同时，与哺乳动物不同，植物和植物的器官会在胚破种而出后，发育成它们特有的形状，具有其相应的功能。尽管在胚胎发生的过程中，根茎轴就已经建立并且第一片叶（子叶）开始发育，但大多数的植物生长通过萌发后在分生组织不断增殖而实现。由于植物是固着生长，因此它们的生长发育和细胞分裂会受到环境因素强烈地影响，如光、重力、营养、生物和非生物胁迫。植物的这些特征有助于植物实现控制细胞分裂元件的特有调控。

11.2 细胞周期研究的历史回顾

DNA 复制和染色体分离，是细胞分裂所需的基本过程。细胞增殖就是在这两个互不相容的状态交替中进行的。这些状态间的转换由细胞周期控制机制来调控。对这些机制的阐明也成为很多年来十分活跃的研究领域。

11.2.1 细胞周期研究的开始可追溯到生物学几个领域中的重大发现

1869 年，科学家们发现 DNA 是细胞核的主要组分。到 19 世纪末，显微观察揭示了增殖细胞在两个状态即**分裂间期**（**interphase**）和**有丝分裂期**（**mitosis**）中交替转换。在分裂间期，无法辨别核内的实体结构。而在有丝分裂期，染色体变得可见，并分配到细胞中相对的两极，但在分裂产生的新细胞形成时再次消失。到了 1944 年，人们证实了 DNA 为遗传物质，这就突显了核在细胞分裂中的重要性。之后，人们在蚕豆根尖细胞中发现 DNA 合成是在分裂间期进行的。伴随着“间隔”期（细胞生长时期），以及进入细胞周期的下一个时相会受到多种细胞间和细胞外的信号调控等现象的发现，科学家们将细胞周期分为四个（而非两个）时相：间期细分为一个合成期（S）和两个“间隔”期（G_1 和 G_2），而将 DNA 合成从有丝分裂期（M）中分

离出来。G_1、S、G_2 和 M 四个时相顺序构成一个完整的细胞周期（图 11.3）。1953 年，詹姆斯·沃森（James Watson）和弗朗西斯·克里克（Francis Crick）发现 DNA 的碱基排列成互补双螺旋，这为 S 期遗传信息的复制提供了一种可能的机制。从此，对细胞周期的研究取得了一系列重大进展，成为过去几十年的标志。

11.2.2 遗传学、生物化学和细胞生物学是阐明细胞周期详细分子机制的研究手段

在几个生物学研究领域中取得的进展加快了人们对细胞分裂机制的了解。遗传分析、生化互补和细胞融合提供了许多重要证据，使人们对细胞周期更加了解。

首先，在 1970 年，科学家发现可以在单细胞酿酒酵母中对细胞周期调控进行遗传学分析。遗传学分析广泛地用于鉴定编码参与细胞分裂机制中重要组分的基因，并阐明这些基因产物在功能上的联系。细胞周期的条件突变体尤为有用，因为它们只在适合的温度（一般为 20 ～ 25℃）下生长，却不能在限制温度（一般为 36℃左右）下生长。幸运的是，酿酒酵母的细胞周期还有一个易于辨认的标志，

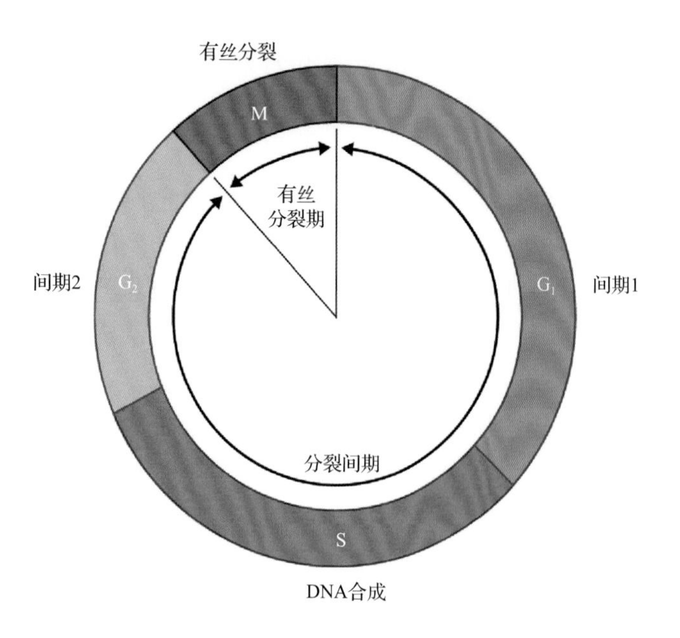

图 11.3 细胞周期时相。显微观察显示细胞周期存在两种截然不同的状态：一是有丝分裂，特征是染色体浓缩，核分裂；二是分裂间期，在此期间，染色体弥散，细胞不分裂。人们发现 DNA 的合成是在分裂间期，从而把细胞周期分为四个时相：有丝分裂（M），DNA 合成（S），以及两个将它们分隔开的间隔时相（G_1 和 G_2）

即**出芽**（**bud formation**），为筛选突变体提供了方便。新生芽体大约在 DNA 合成起始时出现，并在整个细胞周期中一直生长，所以一种突变表型可与母细胞和子细胞体积的特定比例关联起来。

筛选参与**细胞分裂调控**（**cell division control**, *cdc*）的目标是将培养物转移到不适温度下，以此获得生长停滞在特定时期的突变体克隆（图 11.4）。相反，非细胞周期相关基因（如编码代谢酶类的基因）的突变，会使增殖随机停滞在细胞周期的任意时间点，即某特定代谢物耗尽的时刻（图 11.4）。由定时自动照相技术鉴别的 *cdc* 突变体的细胞周期受阻表型，显示了其在细胞周期中当某种野生型基因产物缺乏时细胞周期会运转到的时相，即**终止点**（**termination**）或**阻滞点**（**arrest point**）。但这并不能说明正常情况下，何时需要这种野生型基因产物。要解决这个问题，需要运用到另一项技术，即**同步化**（**synchronization**）。

在一个增殖群体中，细胞个体往往处于细胞周期中不同的时相，因此很难对细胞周期中某一时相特有的蛋白质或 RNA 分子进行研究。然而，可以利用抑制特定过程如 DNA 合成过程的药物，将细胞阻滞在细胞周期的某一特定点，实现细胞培养的同步化。一旦培养物中所有细胞都阻滞在细胞周期中的同一阶段，就可以去除抑制剂，解除阻断作用，然后细胞就能同步地沿细胞周期运转一至两轮。将各种时期的同步细胞分别转移至限制温度下，然后通过定时自动照相技术对这些细胞进行监控，研究人员就可以确定需要野生型基因产物发挥作用的时期，即**效应点**（**execution point**）（图 11.4C）。

其次，生化分析，特别是结合细胞生物学后，也为研究人员提供了鉴定特定细胞周期蛋白质功能的有力工具。人们通常把两种技术结合使用，对特定时相的蛋白提取物进行分析及生化互补（图 11.5）。一种实验是将蛙的卵母细胞激活使其分裂，然后在不同时期提取其总蛋白，并分析蛋白图谱。这个实验发现了一类不稳定蛋白，它们会在细胞周期特定时期出现和消失，这类不稳定蛋白被称为**细胞周期蛋白**（**cyclin**）。在另一些实验中，对正处于有丝分裂的细胞提取的蛋白质进行组分分离，然后把得到的组分分别与受到阻断的卵母细胞的提取物混合，或注射到受到阻断的卵母细胞内。通过确认何种组分可以解除受阻断提取物或卵母细胞的阻

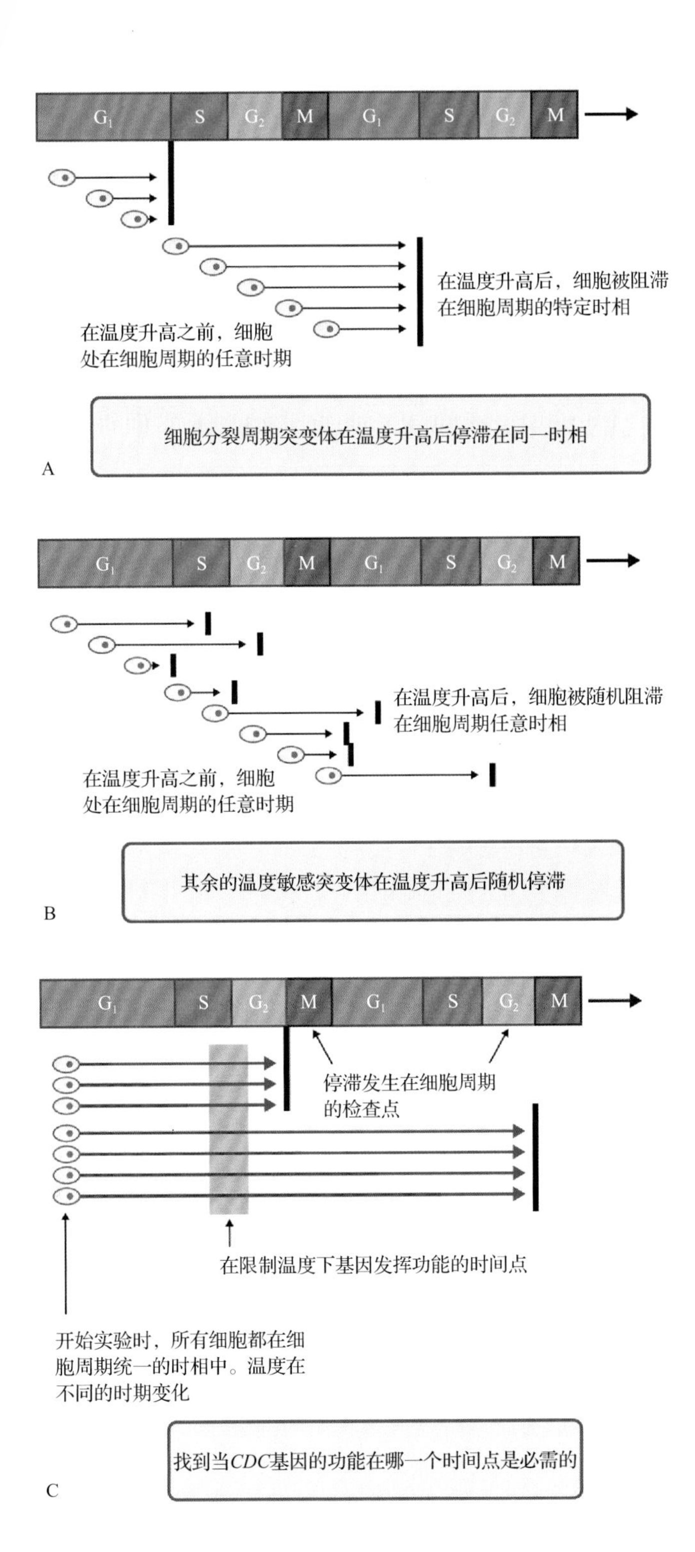

图 11.4 鉴定酵母细胞分裂周期条件突变体（*cdc*）的遗传筛选。当温度升高至限制温度之后，*cdc* 条件突变体（A）会阻滞在细胞周期的同一时相；而与 *cdc* 突变体不同，其他条件突变体（B）会阻滞在细胞周期的随机点。这种实验可以鉴定细胞周期中的终止点或者阻滞点，超过此点，突变体细胞如没有基因产物就不能前进。一旦鉴定出 *cdc* 突变体，就可用同步化细胞培养物来确定细胞周期中需要基因产物的点（C），即效应点。对于不同的同步化细胞培养物，温度在不同时期变化，如同图中由红色到蓝色箭头所指示的转变那样。到达效应点之前，置于限制温度下的培养物会在下一个终止点受到阻滞，而已通过效应点的培养物置于限制温度下会在受到阻滞前继续通过另一轮的细胞周期循环

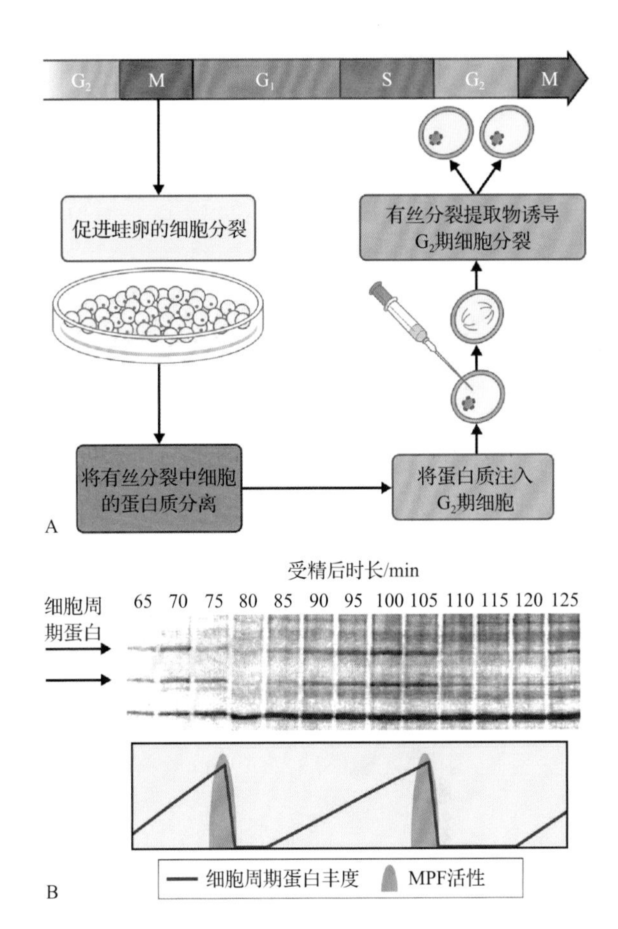

图 11.5 鉴定促有丝分裂因子（MPF）。A. 有丝分裂的非洲爪蟾卵母细胞的提取物可以诱导 G_2 期细胞进行有丝分裂。其他类似实验可用来分离诱导 G_2 期细胞进行分离的促有丝分离因子（MPF）。B. 细胞周期各个阶段提取物的生化分析表明，在细胞周期中，存在一种可溶性的细胞周期蛋白，其丰度存在周期性变化。细胞周期蛋白的丰度与 MPF 的活性相关。来源：图 B 来源于 Minshull（1989）. J. Cell Sci. Suppl. 12: 77-98

断，人们发现了一种**促有丝分裂因子（mitosis-promoting factor, MPF）**。

最后，人们进行了一系列的细胞融合实验，首先是在人类细胞系中（图 11.6），之后在植物细胞中也进行了该实验。在这些实验中，研究人员将处于细胞周期不同阶段的细胞融合，观察核的反应。当 G_1 期细胞与 S 期细胞融合后，G_1 期核迅速进入 DNA 复制期。这表明，尽管 G_1 期具备复制 DNA 的能力，但 DNA 复制仍需要某种 S 期细胞中才含有的因子才能激活。然而当 G_2 期和 S 期细胞融合后，只有 S 期的核继续复制其 DNA。而且，融合后的 G_2 期核也不像原先一样继续进入 M 期。这表明 G_2 期核不能再次复制，而 S 期细胞中存在某种因子可以阻止 G_2 期核进入有丝分裂。当 G_2 期和 G_1

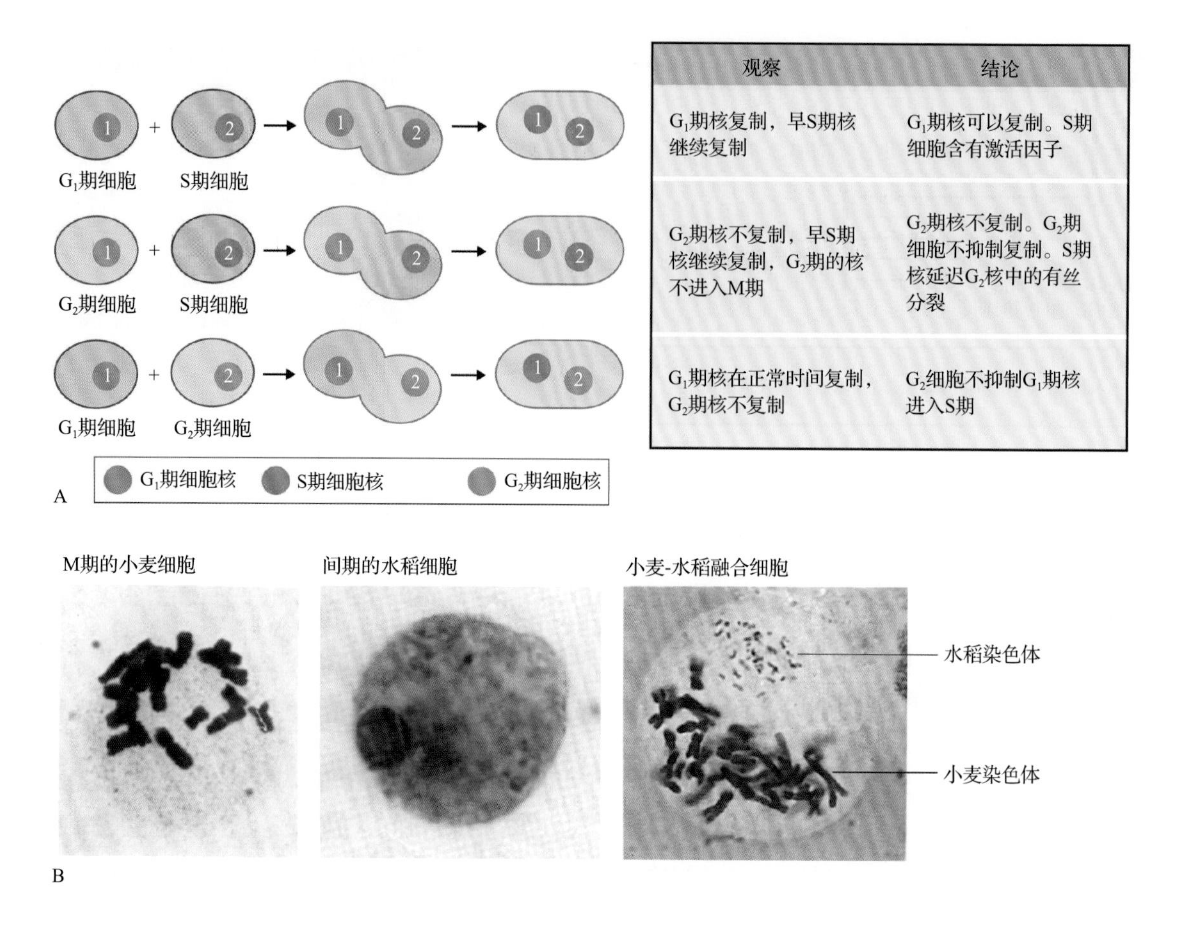

图 11.6 细胞融合实验举例。A. 用动物细胞进行的融合实验表明，可扩散的因子可以调控细胞分裂进程，而与染色体结合的非扩散因子则决定染色体是否有能力对扩散因子做出响应。B. 处于细胞周期不同阶段的植物细胞的细胞融合实验。通过酶解作用去除植物细胞的细胞壁，能得到可以进行细胞融合的植物原生质体。为了便于区分融合原生质体中染色体的来源，研究者采用了不同物种的、染色体形态截然不同的细胞。实验中，处于有丝分裂期的小麦原生质体（浓缩的染色体，左图）与处于间期的水稻原生质体（染色体没有浓缩，故而不可见，中图）融合。融合后，水稻的染色体迅速浓缩，变得可见（右图）。这表明，处于有丝分裂期的小麦细胞含有某种可扩散因子，这种因子可以有效地起始间期细胞染色体的浓缩。来源：图 B 来源于 Szabados & Dudits（1980）. Exp. Cell Res. 127: 441-446

期核融合后，G_1 期核仍按一种与未融合前类似的进程开始复制 DNA，而 G_2 期核并不复制。这些观察共同显示在 S 期细胞中存在一种不稳定的因子，可以激活 G_1 期核（而非 G_2 期核）进入 S 期。细胞中同时还存在一种有丝分裂的抑制物，它在 S 期作用，并在有丝分裂前抑制 DNA 再次复制。

这些不同的实验方法鉴定出了一组激酶，被称为**细胞周期蛋白依赖激酶（cyclin-depedent kinase, CDK）**。CDK 活性受到细胞周期蛋白调控亚基的调控，且该调控依赖于细胞周期时相。CDK 调控细胞周期的性质十分保守，尽管早在 10 亿～ 15 亿年前人和酵母在演化上就出现了分化，但人的 *CDK* 基因可以互补酵母 *CDK* 突变体的表型。另一个发现也再一次支持了细胞周期调控在整个真核生物包括植物中是保守的这个观点，即细胞周期蛋白依赖激酶和细胞周期蛋白组成了促有丝分裂因子。后来，人们发现细胞周期蛋白的峰值与促有丝分裂因子最强生化活性密切相关。

本章后续小节将讨论 DNA 复制和有丝分裂的调控，并阐明在这些过程中起作用的分子。由于细胞周期蛋白的命名较为混乱，因此讨论时将尽可能予以简化。由于历史的原因，文献报道中同一种蛋白质在不同生物中可能会有多种不同的名称，但在以下讨论中我们对同一蛋白质或基因将只采用一个名称。

11.3 细胞周期控制的机制

11.3.1 特定的激酶复合体促进细胞周期的进程

细胞周期进程被 CDK 活性的改变控制着。CDK 蛋白复合体包括至少两个不同的亚基，一个作为蛋白激酶发挥功能（CDK），另一个则作为激活子（细胞周期蛋白，cyclin）。单独的蛋白激酶并没有活性，与细胞周期蛋白结合是激活复合体的第一步。许多单细胞的真核生物，如酵母只有一个CDK，但多细胞真核生物则拥有多个CDK。而所有的真核细胞都具有多个类型的细胞周期蛋白，它们每一个都在细胞周期的特定调控步骤中起作用。

在酵母中，不同的细胞周期蛋白有序地和同一个CDK亚基相互作用，因此能改变细胞周期中激酶复合体底物的特异性。在多细胞生物中，特定的CDK特异地与不同类别的细胞周期蛋白相互作用，这些相互作用决定了在细胞周期特定时间点上，CDK复合体底物的特异性。所以，科学家们认为CDK与特定细胞周期蛋白的结合是推动细胞进入细胞周期不同阶段的关键调控机制。

尽管如此，细胞周期蛋白却不是调控CDK活性的唯一因子，CDK的活性通常依赖其磷酸化状态，以及与其他调控蛋白（如底物对接因子和CDK抑制分子）的结合。另外，蛋白酶会在细胞周期中确定的时间点，选择性地降解细胞周期蛋白和CDK抑制蛋白。这些蛋白质不可逆的损坏会使得细胞周期朝一个单一的方向前进。

11.3.2 多细胞真核生物具有一套复杂的CDK途径

CDK是真核生物中一类高度保守的蛋白激酶，它具有几个特点。CDK与细胞周期蛋白亚基形成复合物，将底物包含的S/TPXR/K识别基序（在大多数CDK底物中都可以找到）中的丝氨酸或苏氨酸残基磷酸化。晶体学研究表明CDK的结构有两叶，即N端（上）叶和C端（下）叶，催化位点在这两叶中间一个深深的裂缝中。激酶活性所需的其他氨基酸残基遍布整个分子；只有当蛋白质折叠成三维结构并和细胞周期蛋白亚基相互作用后，它们才会形成合适的空间排布。

CDK具有一个催化位点，这个位点最初被CDK中一个柔性的CDK结构域（称为T环）遮蔽，底物进入这个催化位点依赖于细胞周期蛋白与CDK的结合。当细胞周期蛋白结合CDK后，T环变为打开状态，T环中一个保守的苏氨酸位点的磷酸化可稳定其打开状态（图11.7）。该位点的磷酸化受到CDK激活激酶（CAK）的催化，而CAK本身也是一种CDK。

植物具有两类有功能的CAK家族，即CDKD和CDKF。CDKD与脊椎动物的CAK相似；而CDKF是一类植物特有的CAK，具有独特的激酶特征。这两类CAK功能的分化在于底物特异性和细胞周期蛋白依赖性，这也表明CAK激活CDK的机制是较为复杂的（图11.8）。除了激活CDK的底物结合外，CDKD还能磷酸化RNA聚合酶Ⅱ最大亚基的C端结构域，这使得细胞能在细胞周期进行中协调转录的功能。与CDKD不同的是，CDKF的激活不需要结合细胞周期蛋白。CDKF磷酸化CDKD，所以CDKF作为CAK激活激酶发挥功能。CDKF具有一个Thr290保守位点，这个位点可能需要被一个未知的蛋白磷酸化后，CDKF才能磷酸化CDKD（图11.8）。这样的磷酸化级联反应可能将CDK激活与发育通路或者激素调控关联起来。

与细胞周期蛋白结合的氨基酸结构域位于CDK的N端（上）叶，并且以它们包含的氨基酸的单字母代码来命名。到目前为止，所有被研究的真核生物都至少含有一个CDK具有的PSTAIRE基序。在植物中含有PATAIRE的CDK被命名为A型CDK（CDKA），它们在G_1-S期和G_2-M期的转换中起着重要的作用。CDKA对于细胞分裂是必需的，植物的CDKA活性降低后细胞分裂的速度会下降，此外CDKA缺失突变体会停滞在雄配子发生第二次有丝分裂时（图11.9）。

其他的CDK具有变异的PSTAIRE基序。植物具有一类独特的CDK，即B型CDK（CDKB），它

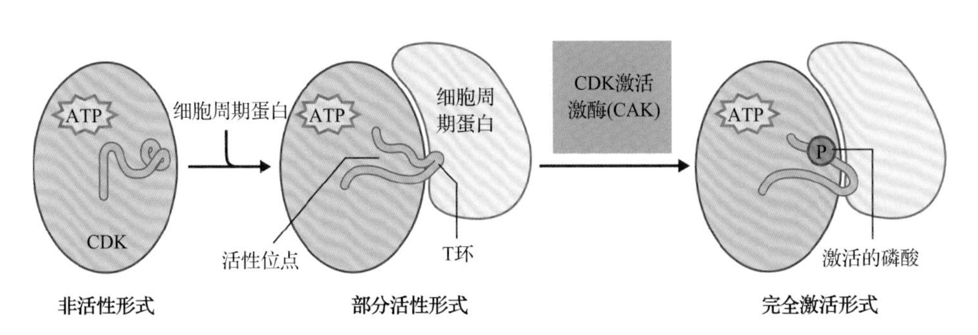

图11.7 CDK激活的结构基础。CDK的活性受到高度调控，CDK催化亚基与激活的细胞周期蛋白的结合对CDK蛋白激酶的活性非常重要。随后，由CAK介导的对CDK保守的第161位苏氨酸残基的磷酸化是该蛋白激酶具有完全活性所必需的

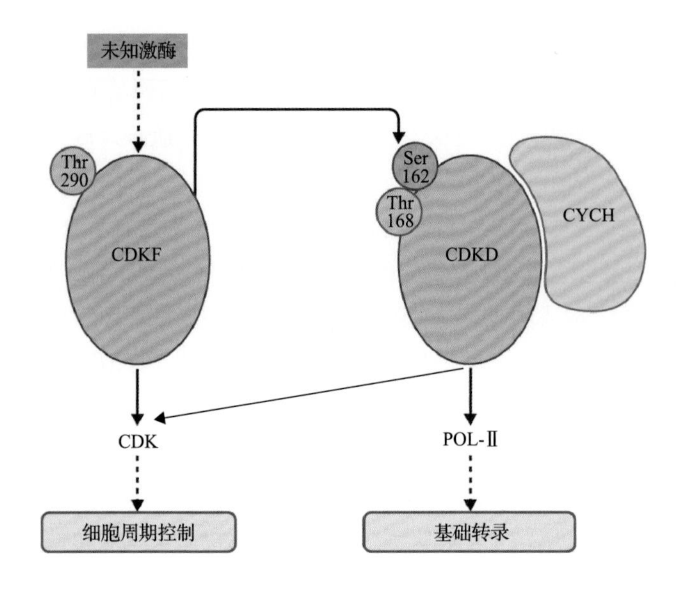

图 11.8 两类植物的 CAK。CDKF 负责磷酸化并激活 CDKD。磷酸化的 CDKD 与 CYCH 形成一个稳定的复合体，CYCH-CDKD 复合体对于 RNA 聚合酶 Ⅱ（POL- Ⅱ）的 C 端结构域和 CDK 均有激酶活性。CYCH-CDKD 复合体中 CDK 的激酶活性显著低于 CDKF

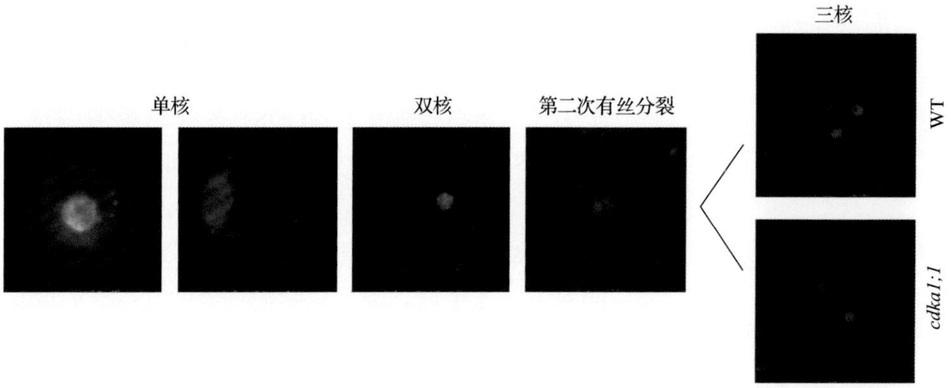

们具有 PPTALRE 或者 PSTTLRE 基序，分为两个亚类，即 CDKB1 和 CDKB2。与 CDKA 不同的是，CDKB 的表达和活性局限在细胞周期的特定时相，这两类在转录的时间上稍微有一些不同。CDKB1 转录本在 S、G_2 和 M 期积累，而 CDKB2 的表达则是特异地在 G_2 期和 M 期。CDKB 蛋白的积累遵循它们的转录模式，而其激酶活性在有丝分裂期达到最高。CDKB1 的活性对于有丝分裂的细胞周期进程是必需的。CDKB1 活性降低的植物突变体，细胞停滞在 G_2-M 转换时期，突变体气孔发育异常且气孔复合体的数量下降（图 11.10）。这种突变体的表型表明，CDKB1 在气孔复合体形成的一系列连续细胞分裂中起作用。CDKB2 在细胞周期调控的作用则表现为，当 CDKB2 的表达降低后，植物茎顶端发育异常并且叶序改变（图 11.10）。

植物也具有一些差异较大的 CDK，命名为 C 型（CDKC）、D 型（CDKD）和 E 型（CDKE），它们在细胞周期调控中扮演的角色并不清楚。CDKC 可能通过磷酸化 RNA 聚合酶 Ⅱ 的 CTD 在转录延伸中起作用，并且将转录和 RNA 剪切联系起来。CDKE（也被称为 HUAENHANCER3）可调控花器官的细胞命运，其调控机制目前仍未可知。

11.3.3 细胞周期蛋白决定了 CDK 的特异性和亚细胞定位

CDK 只有在与细胞周期蛋白结合后才有激酶活性。如前文所述，细胞周期蛋白结合 CDK 后会诱导 CDK 与底物结合所需要的构象变化，包括 T 环的重新定位（见图 11.7）。细胞周期蛋白还决定细胞周期蛋白-CDK 复合体底物的特异性，并且参与在细胞周期中将 CDK 导向特定的亚细胞区室。

单核　双核　第二次有丝分裂　三核　WT　*cdka1;1*

图 11.9 野生型小孢子母细胞产生单倍体小孢子，之后再进行两轮有丝分裂。第一次分裂后，发育的配子体含有两个细胞，即一个大核的营养细胞和一个小核的生殖细胞（2 核时期）。随后，生殖细胞再次分裂（第二次有丝分裂），因此成熟的花粉包含有一个大的生殖细胞和两个小的精细胞（3 核时期）。在 *CDKA* 缺失突变体中（*cdka1;1*），生殖细胞不能进行第二次有丝分裂，最终在花粉里面只有一个营养细胞核和一个类精细胞

植物比其他物种具有更多的细胞周期蛋白。例如，尽管拟南芥基因组较小，但却编码多达 50 个不同的细胞周期蛋白。细胞周期蛋白是依据哺乳动物中功能相似的蛋白质中包含的**细胞周期蛋白框（cyclin box）**结构域进行命名的。细胞周期蛋白框是比较保守的核心结构域，能与激酶亚基相互作用。植物的细胞周期蛋白被分为 A、B、C、D、H、L、P 和 T 类型。到目前为止，科学家们已经揭示了 A 型、B 型、D 型、H 型细胞周期蛋白在细胞周期进程中的功能，其中 D 型细胞周期蛋白参与调控 G_1-S 期转换；A 型细胞周期蛋白调控 S-M 期转换；H 型细胞周期蛋白调控 CDKD 的活性（图 11.11）。

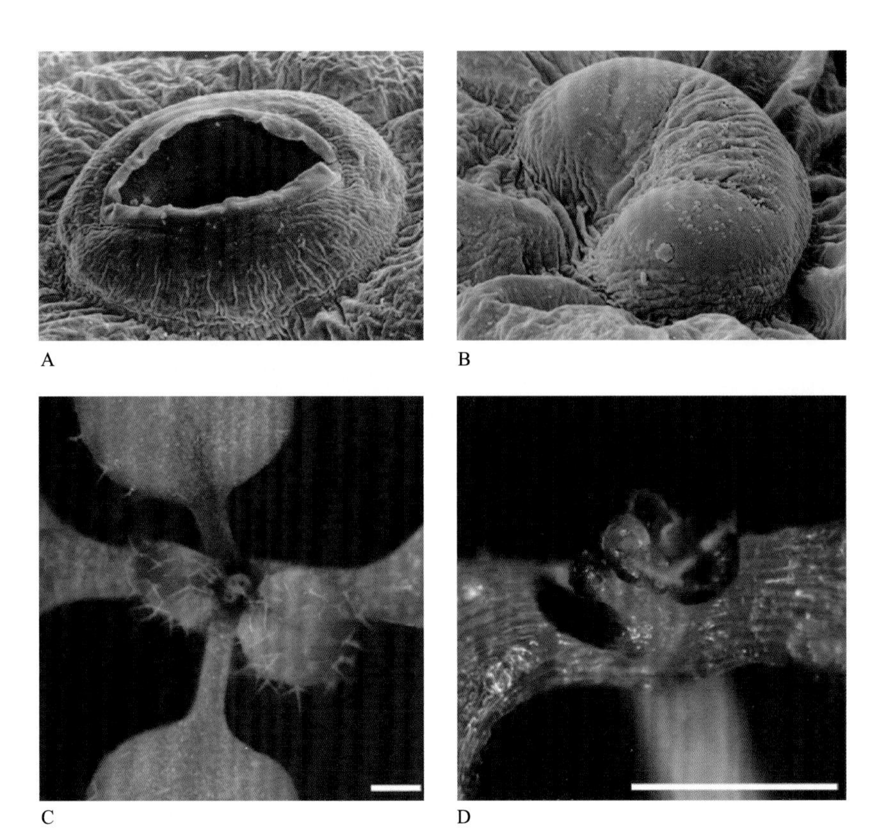

图 11.10　B 型 CDK 调控的细胞周期。A、B. CDKB1 活性下降的植物具有很多形态异常的气孔。相较于野生型植物（A），这些突变体中的气孔呈现圆形或者肾形的单细胞，并且没有孔（B）。值得注意的是，这些异常的细胞仍然具有典型的气孔特征，如保卫细胞形状形成、细胞壁增厚，表明 CDKB 的活性调控气孔的分裂，但不调控细胞向气孔命运进行分化。C、D. CDKB2 活性下降的植物中，由于细胞分裂被强烈地抑制，在野生型（C）植物中能观察到的典型的分生组织结构被破坏了，产生不正常的分生组织结构和缺陷的叶序（D）

D 型细胞周期蛋白（CYCD）在序列上不保守，最初是通过功能互补一个酵母 G_1 期特异的细胞周期蛋白缺陷突变体发现的。在哺乳动物中，CYCD 的积累受到生长激素的刺激。类似的，植物 CYCD 的表达也受到生长因子如细胞分裂素、生长素、独脚金内酯、蔗糖和赤霉素的调控。这表明在细胞周期进程中细胞周期蛋白是连接激素和植物细胞营养状态的重要开关。一些实验支持了这个模型，例如，在萌发的种子中，CYCD 的表达先于细胞分裂进行；CYCD 功能缺失突变体的种子在萌发过程中根尖细胞周期重激活的速度受到限制（图 11.12A）。类似地，*CYCD3;1* 基因的表达依赖于细胞分裂素，并且似乎会影响细胞分裂素缺失的愈伤组织的细胞分裂。

A 型细胞周期蛋白（CYCA）和 **B 型细胞周期蛋白**（CYCB）可能调控了细胞从 S 期到有丝分裂期的转换。除了细胞周期蛋白框，这两类细胞周期蛋白还存在另一类结构域，称为**有丝分裂破坏框**（**mitotic destruction box，D-box**），该结构域介导细胞周期蛋白在有丝分裂晚期的降解。非洲爪蟾卵母细胞的纤维注射实验首次证明，植物的 B 型细胞周期蛋白在细胞周期中具有促进细胞由 G_2 期向 M 期转换的作用，这一结果表明植物的细胞周期蛋白可以克服自然的 G_2/M 期的停滞。之后，人们发现异位表达 CYCB 可以刺激根和表皮毛的细胞分裂。植物 *CYCB* 基因的启动子含有一个常见的顺式作用元件，被称为 **M 特异激活子**（**M-specific activator, MSA**），它对于 G_2/M 时期特异基因的表达是充分而且必要的。

11.3.4　CDK 的活性受激酶、磷酸酶和特异的抑制因子调控

CDK- 细胞周期蛋白复合体的活性受专门的激酶和磷酸酶调控，这些酶对调控细胞周期进程有着重要的作用。在酵母中，这些复合体中 CDK 的 Tyr15 残基会受到抑制性的磷酸化；而在脊椎动物中，CDK 的 Thr14 和 Tyr15 残基均被磷酸化。Tyr 的磷酸化是由 Wee1 激酶催化完成的，而磷酸酶 Cdc25 会特异性地解除 Tyr 和 Thr 的磷酸化（图 11.13）。因此，Cdc25 和 Wee1 分别起着“打开”和“关闭”CDK 活性的作用，它们共同在 M 期开始后扮演着“计时器”一样的重要角色。

植物的 CDK 可能也受磷酸化负调控。在细胞分裂素缺失、渗透胁迫和 DNA 损坏的情况下可检测到 CDKA 中的 Tyr 被磷酸化。这种磷酸化有可能是由植物的 WEE1 激酶催化的，因为过表达 *WEE1* 基因会抑制细胞周期进程。然而，在植物的基因组中没有 *CDC25* 的同源基因，这表明在植物中控制 M 期开始的计时机制不一样。B 型 CDK 或者 CDK 抑制蛋白（CKI）可能是代替 Cdc25 行使有丝分裂计时器工作的候选蛋白。

在所有的生物均可找到 CKI，它们与活化的 CDK- 细胞周期蛋白复合体结合，阻止后者对底物

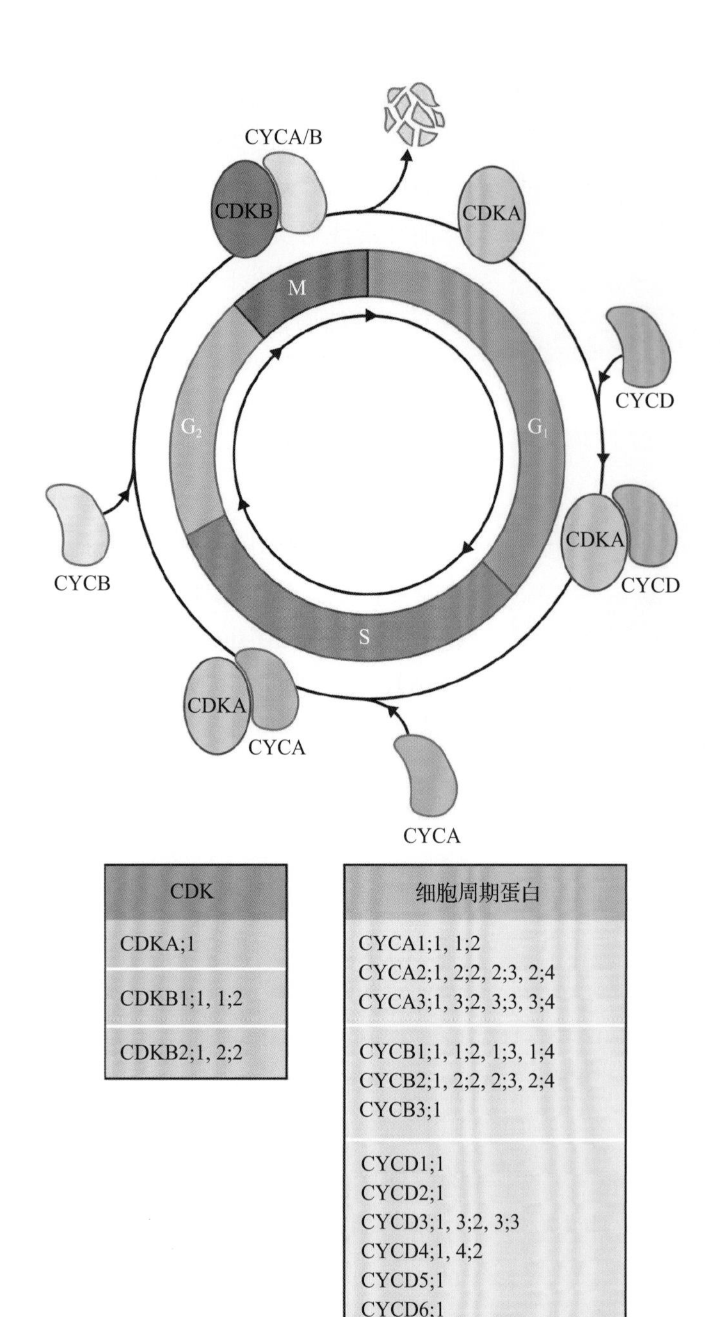

图 11.11 细胞周期的中心调控物是 CDK- 细胞周期蛋白二聚体。拟南芥编码 5 个直接调控细胞周期的 *CDK* 基因，还有多于 50 个基因编码有丝分裂 A 型、B 型和 D 型细胞周期蛋白。这些分类可以进一步细分，各家族成员如图右下框所示。它们形成不同的组合对，调控不同的细胞周期时相进程

的磷酸化。在人中，已知存在两类不同的 CKI。INK4 蛋白家族成员是 G_1 期向 S 期转换中的重要调控元件，在对增殖失去控制能力的瘤细胞中常发现 *INK4* 基因发生突变。CIP/KIP 家族成员抑制大部分在 G_1-S 期和 G_2-M 期转变中起作用的 CDK- 细胞周期蛋白复合体，并且可作为抗有丝分裂刺激的重要效应物。

植物也具有两类 CKI。其中一类 CKI 的 C 端含有一个哺乳动物 CIP/KIP 家族中的保守结构域，这个结构域负责结合 CDK 和细胞周期蛋白，对 CKI 的活性很重要。由于这个保守结构域与哺乳动物 CIP/KIP 蛋白 N 端的 CKI 结构域相似，因此这一类植物的 CKI 被称为 **Kip- 相关蛋白（Kip-related protein，KRP）**。在植物中，提高 KRP 水平会抑制 CDK 活性，抑制细胞分裂，最终导致植株矮化和形态的其他改变（图 11.14A，B）。KRP 的主要靶标是 CDKA-CYCD 复合体。拟南芥中，脱落酸（ABA）处理可诱导 *KRP1* 基因（也被称为 *ICK1*）的表达，可能有助于 ABA 阻止细胞周期进程。生长素、细胞分裂素、赤霉素等其他激素也在 *KRP* 基因的转录及转录后起调控作用。

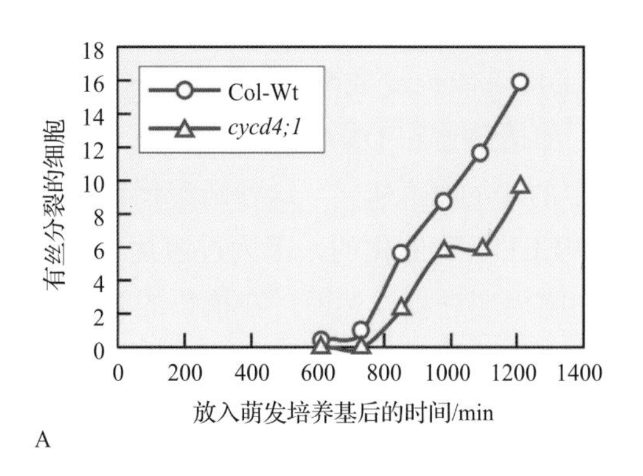

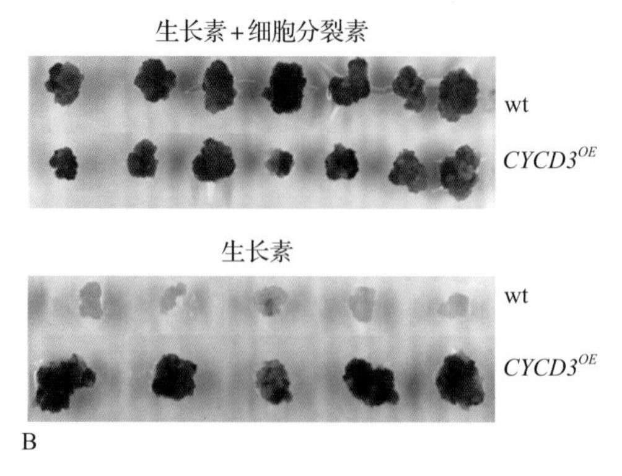

图 11.12 D 型细胞周期蛋白（CYCD）根据植物细胞的营养和激素状态调控细胞周期进程。A. 在萌发过程中，CYCD 的水平影响根分生组织中细胞分裂的激活。*CYCD4;1* 基因缺失的突变体（*cycd4;1*）中细胞分裂活性的起始延迟，分裂的 RAM 细胞更少，与野生型植物（Col-wt）相比，细胞分裂频率更低。B. CYCD 水平影响激素调控的愈伤组织的形成。在外源施加细胞分裂素和生长素时（上图），野生型叶片会高效地产生愈伤组织；但在没有细胞分裂素时（下图），只有少量慢速生长的愈伤组织形成，且这些愈伤组织不能变绿，并且在培养一段时间后降解。相较而言，不论是否外源施加细胞分裂素，*CYCD3* 过表达的转基因植株（*CYCD3^{OE}*）均能产生健康的绿色愈伤组织

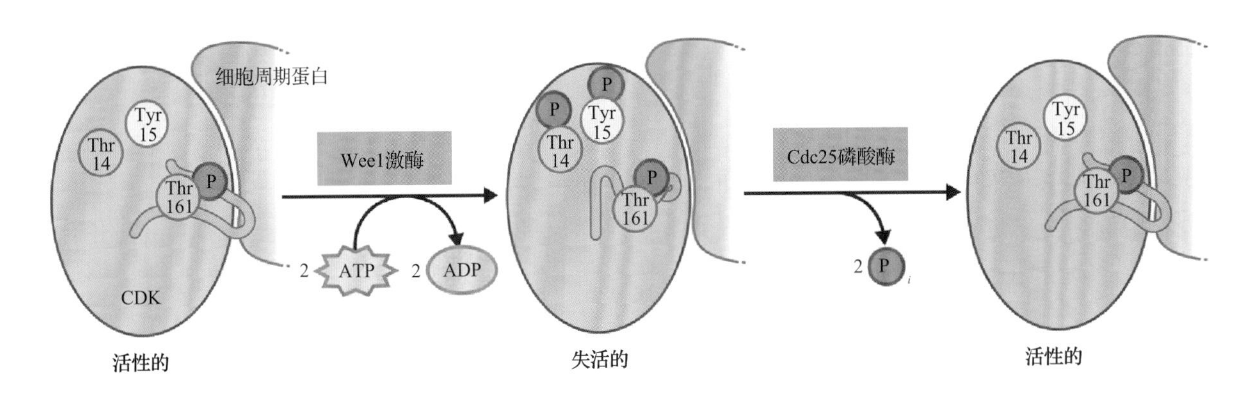

图 11.13 酵母 CDK 的激酶活性受磷酸化调控。Wee1 激酶可以磷酸化 CDK 催化亚基 N 端附近的两个保守的氨基酸残基（Thr14，Tyr15），抑制了 CDK 蛋白激酶的活性。而 Cdc25 磷酸酶则可以去除这两个抑制性的磷酸基团。因此，在许多生物中，Cdc25 磷酸酶调控着细胞进入有丝分裂的时间。尽管这些氨基酸在植物的 CDK 中保守，但尚不清楚它们是否也被相似功能的酶调控

植物中还存在其他类型的 CKI，包括拟南芥 SIAMESE（SIM）和 SIAMESE RELATED（SMR）蛋白。人们最初发现 *SIM* 基因是表皮毛细胞分裂抑制子（图 11.14C，D）。SIM 和 SMR 蛋白含有 KRP 蛋白中一个由 6 个氨基酸组成的结构域，该结构域对细胞周期蛋白的结合及抑制 CDK 激酶活性十分重要。与 KRP 蛋白类似，它们抑制含有 D 型细胞周期蛋白的 CDK 复合体。*SIM* 和 *SMR* 基因对多种胁迫环境响应强烈，暗示着它们在连接细胞周期进程，以及生物和非生物胁迫感应中起着主要作用。

11.3.5 泛素依赖性的蛋白水解发生在细胞周期的关键转换步骤

蛋白水解酶通过快速触发目标蛋白的不可逆分解确保单一方向的细胞周期进程。例如，触发 G_1/S 期的转换需要 CKI 蛋白的水解。同样，细胞从中期不可逆地转换到后期也需要降解联结两姐妹染色单体的黏连蛋白。这些蛋白质的降解过程均通过泛素 - 蛋白酶体系统进行，这套系统用高度保守的多肽 - 泛素作为标签来标记需要被 26S 蛋白酶体降解的靶标蛋白（见第 10 章）。

泛素化过程，必须通过泛素结合酶（E2）和泛素蛋白连接酶（E3）的共同作用，才能将多聚泛素链连接到靶标蛋白上，其中 E3 负责将靶标蛋白和 E2 集合到一起。**Skp1-Cullin-F 盒**（SCF）型 E3 连接酶和**后期促进复合体 / 环体**（APC/C）是与基

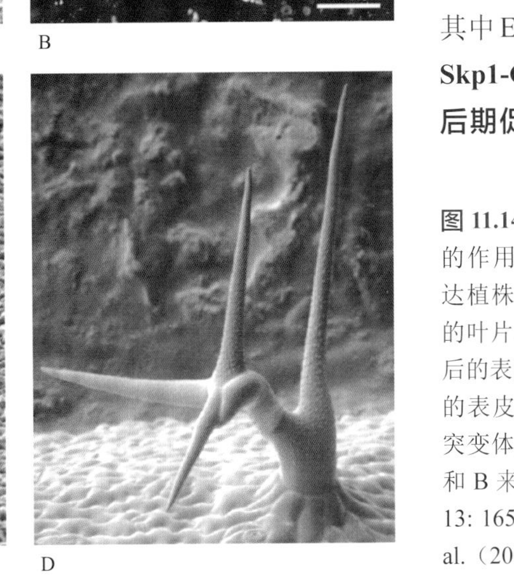

图 11.14 CDK 抑制子和它们对于植物形态建成的作用。A、B. 野生型植株（A）和 *KRP2* 过表达植株（B）。*KRP2* 过表达植株具有窄且锯齿状的叶片。这两种表型是叶片细胞数目被强烈抑制后的表型。C、D. 野生型（C）和 *sim* 突变体（D）的表皮毛。野生型的表皮毛是单细胞的，而 *sim* 突变体呈现高频率的多细胞表皮毛。来源：图 A 和 B 来源于 De Veylder et al.（2001）. Plant Cell 13: 1653-1668；图 C 和 D 来源于 Churchman et al.（2006）. Plant Cell 18: 3145-3157

本的细胞周期调控最密切相关的两种E3复合体，它们分别在G_1-S转换期和M期起作用。

根据在哺乳动物中对同源蛋白的研究可推测植物D型细胞周期蛋白的降解可能依赖于SCF。很多D型细胞周期蛋白也含有PEST序列，该序列富含Pro、Glu、Ser和Thr，会导致蛋白质的不稳定。CDC6、CDT1a、E2Fc和KRP等其他细胞周期调控子也是SCF的靶标蛋白。在SCF型E3连接酶中，F框蛋白识别需要被降解的底物。现在仍然不知道拟南芥中694个F框蛋白中哪些参与了特异识别细胞周期调控蛋白。其中，F-BOX-LIKE 17（FBL17）蛋白是一个例外，它能靶标KRP CDK的抑制子来破坏这些蛋白质。

APC/C包含至少12个蛋白质，识别并且泛素化多个蛋白质，包括含有D框（有丝分裂破坏框，见11.3.3节）的蛋白质。与SCF类似，APC/C能和不同的目标蛋白形成多种不同的形式（图11.15）。APC/C复合体的激活以及底物的特异性在一定程度上是由

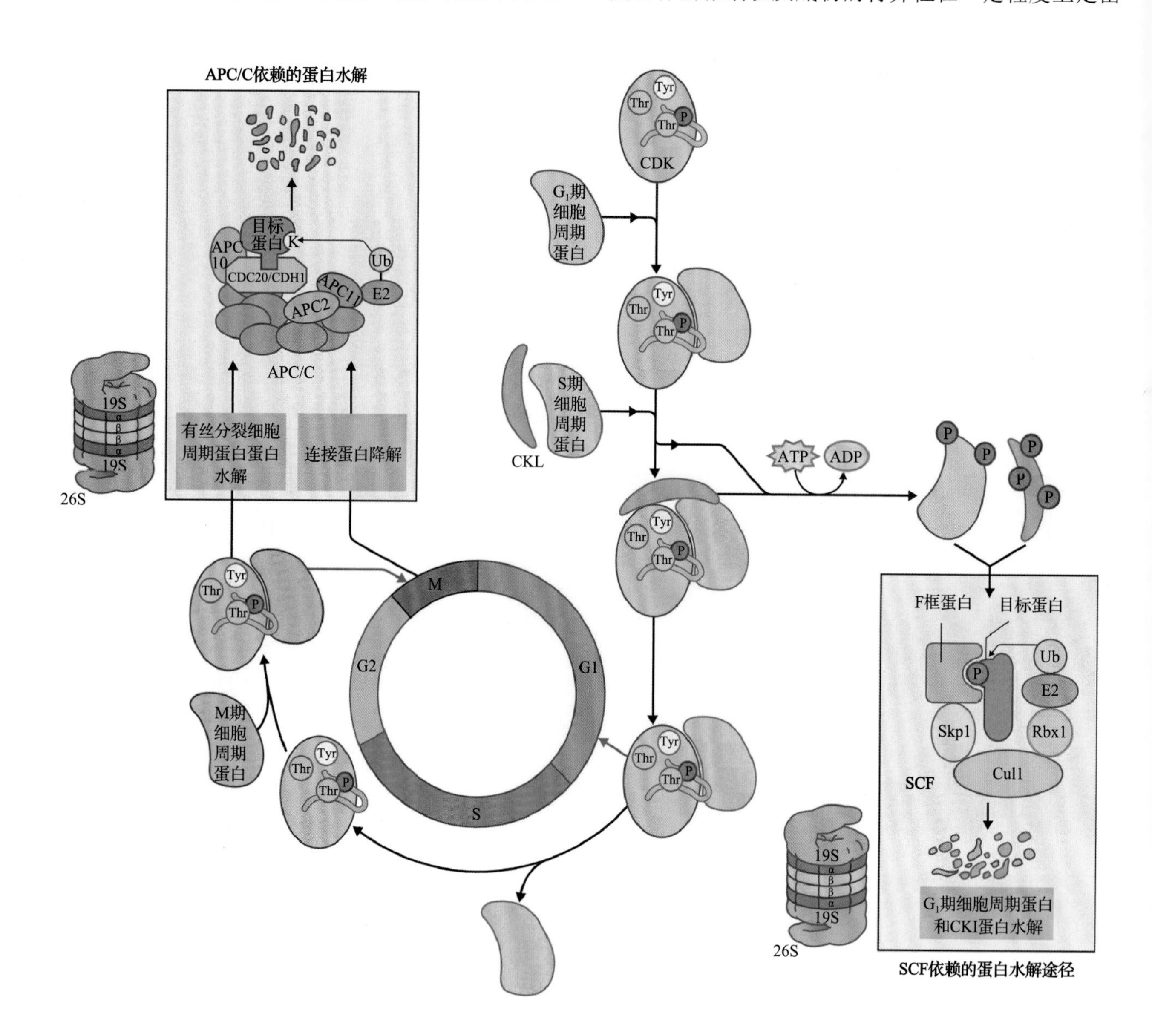

图11.15 蛋白降解有助于在两个转换点上控制细胞周期的进程。在G_1/S期转换点，需被蛋白水解调控的细胞周期蛋白有两类：一类是CKI，它能与结合S期细胞周期蛋白-CDK复合体结合，抑制CDK活性；第二类是G_1期细胞周期蛋白，它被降解后细胞才能不可逆地开始一个新周期。CKI和G_1细胞周期蛋白被Skp1-Cullin-F-box（SCF）型E3连接酶识别，并被蛋白酶体降解。在中/后期转换点，后期促进复合体/环体（APC/C）调控的蛋白水解过程降解有丝分裂细胞周期蛋白，能切断姐妹染色单体之间的联结，从而使姐妹染色单体分离。SCF对底物的识别通常需要底物被磷酸化，磷酸化作用为底物和SCF复合体间的相互作用创造了识别信号。APC/C是目前已经知道的最大且最复杂的E3连接酶，它含有12个亚基。APC/C需要WD40激活蛋白（CDC20/FC和CCS52/FZR）和APC10亚基来招募它的底物，并且靶向它们，让它们被蛋白酶体降解。RING-H2 finger亚基APC11与E2酶相互作用，激活泛素化反应。APC/C底物含有不同的降解结构域（degrons），其中包括大家熟知的破坏框（D-box）

两个衔接蛋白 CDC20 和 CDH1 决定的。拟南芥的基因组编码 5 个 *CDC20* 基因，以及 3 个 CDH1 相关蛋白——被命名为 CCS52A1、CCS52A2、CCS52B。拟南芥的这三个 *CCS52* 基因在功能上可能并不冗余：*CCS52B* 在 G_2 到 M 期表达，而 *CCS52A1* 和 *CCS52A2* 基因则在 M 晚期到 G_1 期表达，暗示着这些 APC/C 激活子在植物细胞周期中连续起作用。CCS52 蛋白以游离形式或者以与 CDK 激酶结合的形式，与不同有丝分裂细胞周期蛋白的子集相互作用。

带 D 框序列的 A 型和 B 型细胞周期蛋白是已经鉴定得较为清楚的由 APC/C 泛素化的细胞周期蛋白。破坏这些细胞周期蛋白对于退出有丝分裂是非常重要的。连续地过表达不能降解的 CYCB，也就是不含有破坏框的蛋白质，会导致由不正常的有丝分裂及细胞分裂素抑制引起的严重的生长延迟及不正常的发育。

11.4 活动中的细胞周期

11.4.1 由 RBR/E2F 信号通路调控的 G_1-S 转换期

在哺乳动物中，D 型细胞周期蛋白由血清生长因子刺激有丝分裂后合成，并起始从 G_1 期进入 S 期。视网膜肿瘤抑制蛋白（RB）可以结合 E2F 转录因子家族成员对细胞增殖进行负调控（图 11.16），当 RB 与特定的 CDK 形成复合体后，D 型细胞周期蛋白起始对 RB 的磷酸化，从而抑制 RB 与 E2F 的结合。

E2F 转录因子对激活 DNA 复制阶段关键蛋白的基因转录是必需的。因此，E2F 转录因子是决定细胞能否通过 G_1/S 限制点进入 S 期的关键效应物。当 RB 结合 E2F 转录因子后，它会遮盖 E2F 的转录激活区域进而使 E2F 失活。此外，在某些环境下，RB 能促进 DNA 修饰蛋白的招募，通过诱导染色质的浓缩来抑制 E2F 启动子区域的活性。CDK-CYCD 复合体对 RB 的磷酸化能够解除 RB 对 E2F 的抑制作用，释放有转录活性的 E2F，起始 DNA 复制。通过这个机制，RB 执行了增殖的决定，以及激活编码 G_1-S 转换期 DNA 合成机器中的基因的细胞周期依赖性转录。

尽管 15 亿年的演化已将哺乳动物和植物分开，

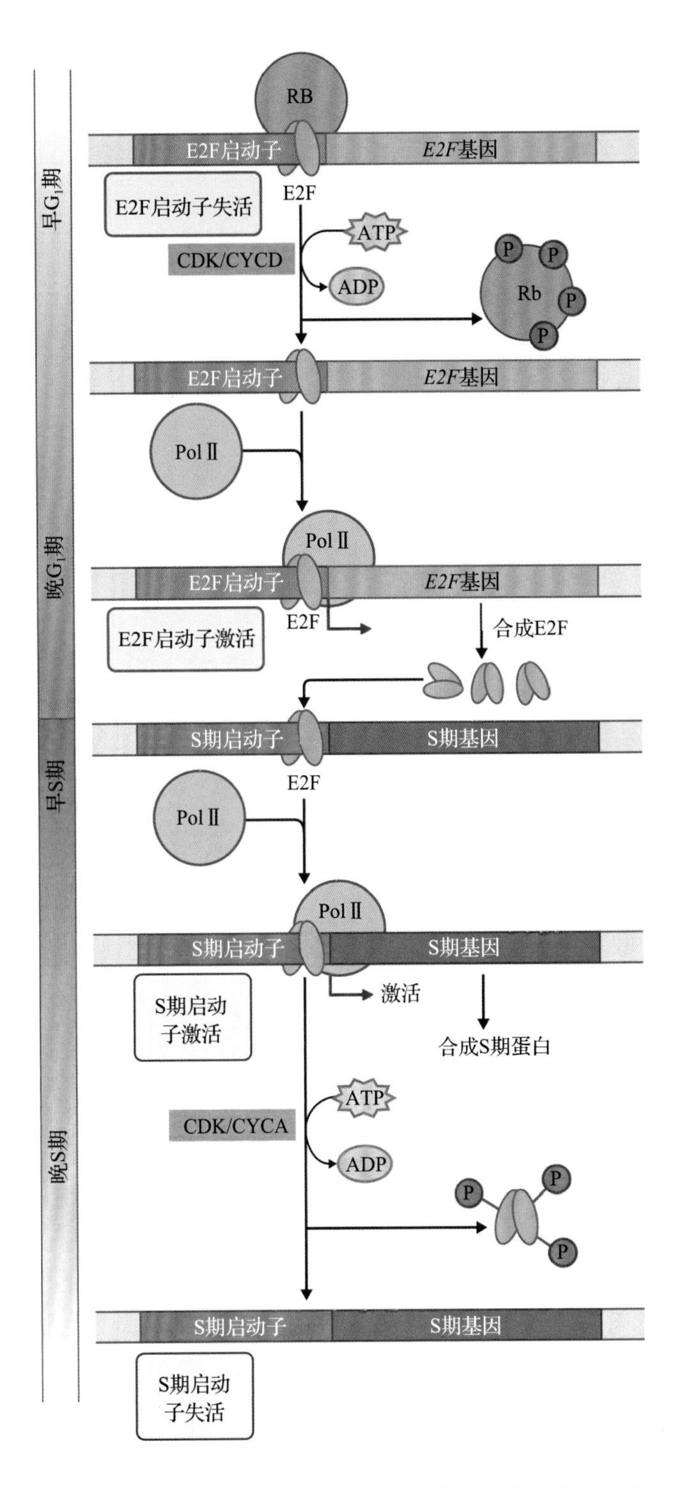

图 11.16 E2F 转录因子在 G_1-S 转换期激活，并且让细胞进入 S 期。E2F 转录因子通过激活自身启动子区域，从而激活自身转录。在 G_1 期，E2F 的活性因其与成视网膜细胞瘤蛋白（RB）的结合被抑制。通过限制点后，CDK/CYCD 复合体将 RB 磷酸化，使其与 E2F 解离，解除对 E2F 的抑制。这一过程激活 E2F 的转录活性，形成一个正反馈环，使 E2F 和其他 S 期特异表达的蛋白质大量积累，随后通过 RNA 聚合酶Ⅱ转录 S 期特异表达的基因。之后，CDK-CYCA 复合体将 E2F 磷酸化，从而抑制依赖于 E2F 的 S 期转录

但是这两类生物都利用相同的 RB/E2F 信号通路调控 G_1-S 转换期。甚至在两类生物 E2F 转录因子靶标

基因的启动子区域，E2F 转录因子识别的典型 DNA 顺式作用元件（TTTCCCGC）完全相同。拟南芥编码一个 RB 相关基因（RB-related gene，RBR）以及三个 E2F 转录因子（E2Fa、E2Fb、E2Fc），其中 E2F 可分为两类。所有 E2F 的结构域组成是相似的，均包含一个单独且保守的 DNA 结合结构域，以及后面的一个 DD 二聚化结构域（图 11.17A）。E2F 与 DP 蛋白发生二聚化，产生了又一个 DNA 结合结构域，这个新产生的 DNA 结合结构域是 E2F 紧密地、特异性地结合到其响应基因的启动子区域的先决条件。E2Fa 和 E2Fb 具有一个转录激活区域，过表达这两个蛋白质均能引起细胞复制。相反，E2Fc 没有明确的激活区域，它作为 E2F 响应基因的负调控因子起作用，称为 E2F 转录因子家族的第二类。过表达 E2Fc 能抑制细胞分裂。E2Fc 过表达会抑制细胞分裂，而当植物缺失 E2Fc 时，细胞复制活性升高。

在动物中，RBR 以一种细胞周期时相依赖的方式受到与 D 型细胞周期蛋白组成复合体的 CDK 磷酸化。这种磷酸化可能会造成 RBR 失活，并且紧接着释放出活化的 E2F-DP 转录因子。与此同时，CDK 介导的 E2Fc 磷酸化使得 E2Fc 进入 SCF 依赖的降解途径。这两个事件共同诱导了 DNA 复制相关蛋白的表达，如核酸生物合成酶（如核糖核苷酸二磷酸还原酶和胸苷激酶）和复制因子（如 DNA 聚合酶和 PCNA）。

当拟南芥基因组测序完成后，人们发现了一类新的 E2F 相关蛋白，它们含有加倍的 DNA 结合结构域，能以一种非 DP 依赖的方式结合到 E2F 靶标基因上（图 11.17A）。这些非典型的 E2F 蛋白首次在拟南芥中被称为 DP-E2F-like（DEL）蛋白，但它们同样也被称为 E2Fd-E2Ff 蛋白。由于这类蛋白没有转录激活域，因此人们推测它们是以抑制子的方式起作用，并且可能以负反馈调节来抑制 E2F 激活的启动子。直到现在，没有报道阐明 DEL 蛋白在 S 期开始时的作用。对 DEL 敲除突变体的表型观察结果暗示着它们可能在协调细胞分裂和后有丝分裂细胞分化过程中起作用。DEL3 在分裂的细胞中作为细胞延长的抑制子起作用，它能在转录水平抑制细胞壁修饰酶（如膨胀素）；而 DEL1 则阻止分裂的细胞过早地进入核内周期（见下文）（图 11.17B）。继在植物中发现 DEL 后，动物中也发

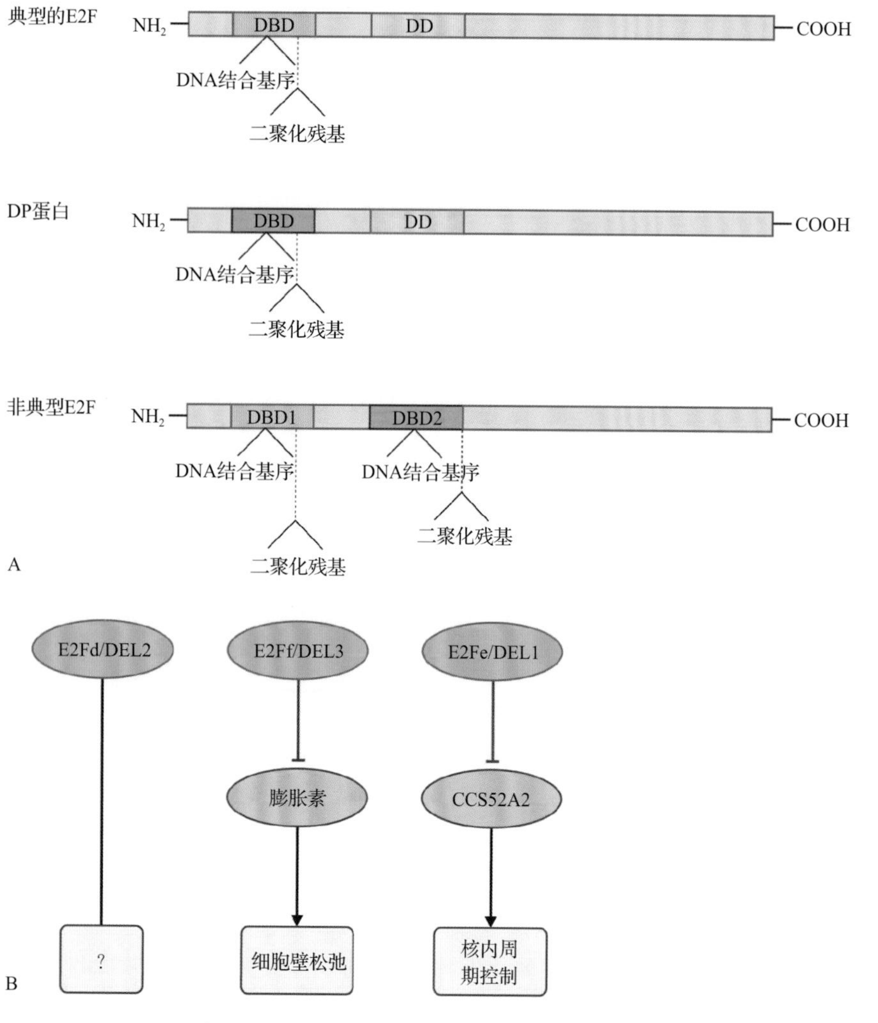

图 11.17 典型的和非典型的 E2F 转录因子。A. 典型和非典型的 E2F 蛋白在结构上的不同。典型的 E2F 蛋白和相关的 DP 蛋白都含有 DNA 结合结构域（DBD）和一个二聚化结构域（DD）。非典型的 E2F 蛋白含有两个 DBD，但没有 DD。非典型的 E2F 必须和 DP 蛋白二聚化后才能结合 DNA，其含有的两个 DBD 让非典型的 E2F 不能以单体的形式结合 DNA。B. 拟南芥中已经鉴定的非典型 E2F 蛋白的概述。在拟南芥 E2Ff/DEL3 缺失突变体植物中，观察到细胞伸长及膨胀素基因上调表达，这意味着非典型的 E2Ff 转录因子在细胞壁松弛控制上起作用。E2Fe/DEL1 表达通过转录调控 CCS52A2 调控 DNA 核内复制的起始，而 CCS52A2 编码了一个 APC/C 激活蛋白参与 DNA 核内复制的调控。E2Fd/DEL2 可以调控细胞复制和分化的平衡，但其分子机制并不清楚

现了 DEL 相关蛋白，它们在协调细胞复制和细胞凋亡中起着重要的作用。

RBR 在细胞周期之外也有着很重要的作用。RBR 控制植物正常发育中细胞周期的进入，与之同等重要的是，RBR 蛋白还具有阻止细胞分裂过早激活的限制性机制。RBR 对于雌雄配子体细胞分化均是必需的。对于胚胎发育而言，胚囊中的中央细胞在受精发生前都必须保持静止状态，染色质重塑似乎是这个过程中十分重要的调控机制。RBR 和多梳家族的 RBR 结合蛋白，如 FIS（fertiliazation independent seed）和 MSI1（multicopy suppressor of IRA1），形成一个多蛋白复合体，该复合体对于诱导异染色质的形成很重要。异染色质可能沉默一些细胞周期基因的表达。在拟南芥 *RBR1* 敲除突变体中，异染色质不能形成，导致未受精的卵细胞进行有丝分裂以及胚乳的自发增殖，并最终导致不育。同样地，在 RBR 不足的细胞中，观察到了细胞分化的延迟，这表明 RBR 介导的染色质模型可能指征细胞不同的分化状态。

11.4.2 许多蛋白参与控制 S 期进程

许多 DNA 复制领域的进展都是结合了酵母中的遗传数据，以及蛙的卵母细胞的生化数据得到的。复制从 DNA 上多个起始点起始，遵循一个包含 4 个步骤的保守机制：起始点识别、**前复制复合体（prereplication comlex**，preRC）的组装、解旋酶激活、复制机器 [也称为**复制体（replisome）**] 装载。

DNA 复制的起始点是基因组中复制开始的位点。除了出芽酵母，复制起始点都不是由 DNA 的初级序列决定的，而是由表观遗传决定因素控制的一种独特结构决定的。通常情况下，复制在一个起始点开始后会朝双向进行，形成两个 Y 形的 DNA 结构，被称为**复制叉（replication fork）**。最终，复制子融合，基因组的复制完成。不是所有的起始点都会在 S 期一开始同时起始 DNA 合成，DNA 合成的起始遍及整个 S 期。正因如此，DNA 复制的起始点被分为早期、中期和晚期几种类型（图 11.18）。

在 S 期中，许多蛋白质直接或者间接地与复制的起始点相互作用，控制复制的进程。DNA 复制的起始是从装配包含多种不同蛋白的 preRC 开始的（图 11.19）。首先，在细胞周期的 S 期至 G_1 期早期，**起始识别复合体（origin recognition complex, ORC）**会与新复制的染色质中的 DNA 结合。ORC 由化学当量相同的 ORC1 ～ ORC6 共 6 种蛋白质组成。ORC 与 DNA 的结合为其他复制蛋白，包括 CDC6（CELL DIVISION CYCLE 6）和 CDT1（CHROMATIN LICENSING AND DNA REPLICATION FACTOR 1）提供对接平台。在 G_1 期，CDC6 和 CDT1 蛋白也会将**微染色体维持解旋酶（minichromosome maintenance helicase, MCM）**装载到 ORC 组装成完整的 preRC。MCM 是一个包括 6 个相关且重要蛋白质的蛋白家族，它们被装配成一个甜甜圈形状的复合体围在 DNA 双螺旋上，在复制起始点解开 DNA，并和其他复制元件一起沿着 DNA 行进，解开复制叉位置的 DNA。将 MCM 解旋酶装配到 DNA 上被称为 DNA 复制许可（DNA replication licensing），表明染色质结合的 MCM 蛋白批准细胞进行一轮 DNA 复制。

DNA 复制的真正开始是由复制体招募到复制起始点调控的。CDC45 蛋白和许多其他蛋白质（例如，含有 4 个亚基的 GINS 复合体，Sld2 和 Sld3）是装配复制体所必需的。在这个步骤中，多个蛋白组装形成大的前起始复合体 preIC（pre-initiation complex），它能打开 DNA 的双螺旋结构，形成稳定的单链 DNA，并允许酶类（包括 DNA 聚合酶）复制 DNA。解旋酶的激活和复制体的装配是偶联事件，保证复制的协调。如果丧失协调，解旋酶则可能在复制叉处产生没有复制的单链 DNA，这种现象在 DNA 复制被抑制时会发生。

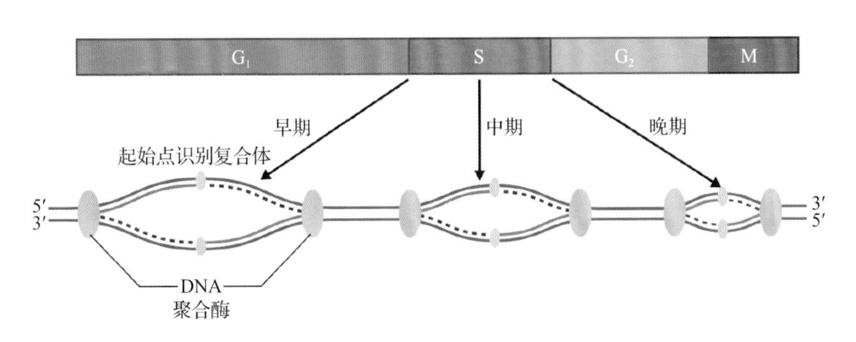

图 11.18 起始点识别复合体（ORC）作为一个界标负责指示细胞在何处起始 DNA 复制。ORC 亦可作为一个复制蛋白的停泊位点。不同的起始点分别在 S 期的不同时刻起始复制（早、中、晚起始点）。这种分散的复制起始点模型是依据电镜数据发展出来的。虚线代表滞后链

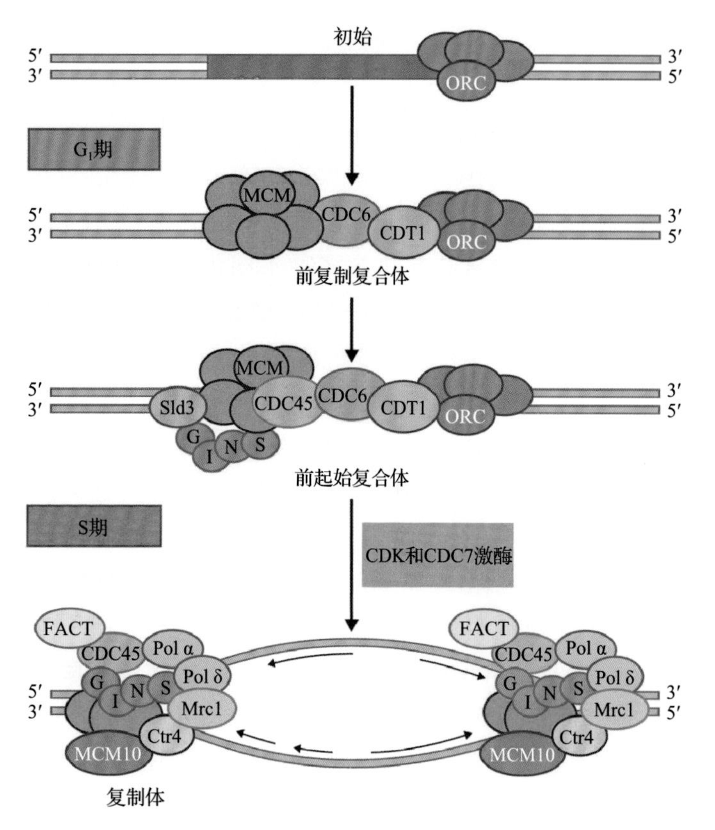

图 11.19 前复制复合体的分步组装。ORC 是一个 6 种蛋白质组成的复合体，它与 DNA 的结合为其他蛋白质提供了停泊的平台。为了阻止 DNA 过早复制，与 ORC 结合的蛋白质采用分步组装的方式。CDC6 和 CDT1 蛋白首先结合 ORC，接着是 MCM 蛋白和 CDC45 蛋白，形成前复制复合体。前复制复合体由蛋白磷酸化（通过 CDK 和 CDC7 激酶）而激活，让细胞开始新一轮的细胞分裂，代表 S 期的开始。MCM 和 GINS 复合体的磷酸化将一些其他的复制蛋白，包括 DNA 聚合酶装配到复制复合体上，并且建立起复制叉。后续 CDC6 和其他起始结合蛋白的磷酸化会导致它们的降解，确保了每个细胞周期中只能激活一次复制的起始

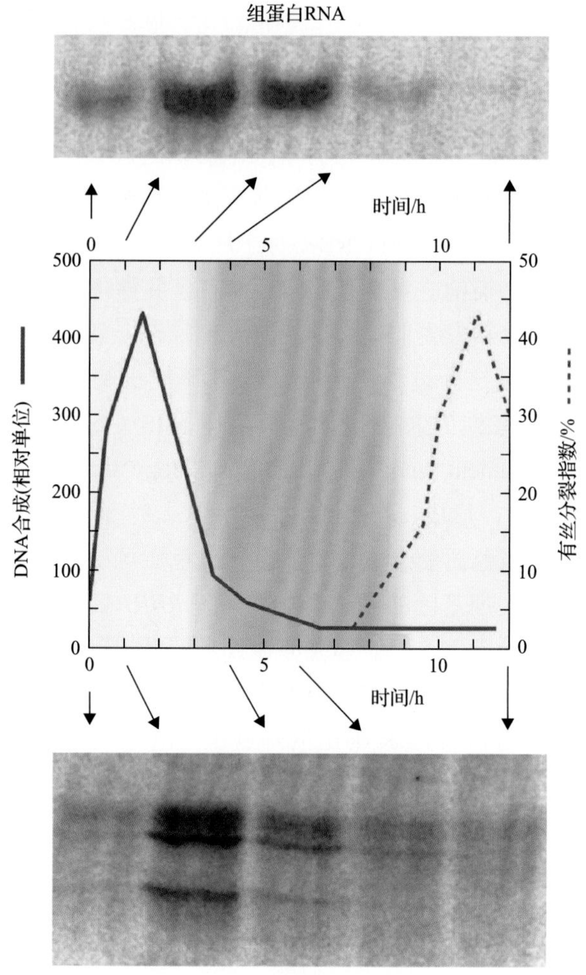

图 11.20 组蛋白的表达受细胞周期的调控。组蛋白是组成染色质结构的基本蛋白。在 S 期，细胞内组蛋白的含量必须加倍，以与新复制的 DNA 组装。因此，组蛋白特异的 RNA 的合成（上图）及组蛋白的累积（下图）在 S 期（本实验中为 0 ～ 4h）而非 M 期（8 ～ 12h）急剧地增加。细胞周期特异性转录因子的活性使组蛋白 mRNA 累积达到峰值。来源：修改自 Reichheld et al.（1998）. Nucleic Acids Res. 26: 3255-3262

还有许多其他蛋白质是建立一个适合的 DNA 复制条件所必需的，但是这些蛋白质并不参与调控 DNA 复制。例如，在 S 期刚开始前，DNA 复制过程所必需的三磷酸核苷酸的合成途径被激活。在复制过程中，染色体 DNA 有序地存在于染色质中，而染色质本身是一个主要由组蛋白组成的复合体。因此，S 期必须合成大量新的组蛋白。在 S 期早期，组蛋白基因的表达和其蛋白质的积累都会被强烈地刺激（图 11.20）。

关于植物的复制体是如何被调控还知之甚少。但是，植物中 DNA 复制的步骤很可能是保守的。因为，证据表明植物中存在大多数形成 preRC 和 preIC 重要元件的同源基因（如 MCM、ORC、CDC6、CDC45 和 CDT1）。此外，一些基因如 *MCM7* 和 *CDC45* 的突变体表现出了胚胎和配子体致死的表型，表明它们在植物 DNA 复制周期中的重要性。

11.4.3 细胞周期中 DNA 复制被严格调控

在 G_2、M 和 G_1 期 DNA 复制的起始均受到抑制，这能避免两种主要类型的细胞周期错误。DNA 在 G_2 期和 M 期早期合成都会导致**倍性**（**ploidy**，即 DNA 含量和基因组拷贝数）发生变化，并影响染色体分离；而在分裂后期、末期和 G_1 期合成 DNA，细胞将不会生长。这种“有且仅有一次”的 DNA

复制特性是通过 preRC 和 preIC 这两种复合体形成时间的差异来达到的。

虽然 DNA 复制仅仅在 S 期发生，但在 M 晚期和 G_1 早期就开始促进介导 DNA 合成起始的蛋白复合体的装配。染色体周期从分裂中期到分裂后期的转变期开始，并伴随着 APC/C 的激活。APC/C 促成有丝分裂细胞周期蛋白的降解，造成了 CDK 蛋白活性的显著下降。CDK 蛋白活性的下降使得因被 CDK 介导的磷酸化标记而降解的 CDC6 蛋白能够累积，并与 ORC 相互作用。所以 CDC6-ORC 蛋白复合体只能在 M 期结束后、S 期开始前形成（图 11.19）。

在 G_1 晚期，细胞在**限制点**（**restriction point**，在酿酒酵母细胞周期中称为**起始点**，**START**）决定是否进行增殖。一旦细胞通过细胞周期中的这个点，它就会进入 S 期。虽然复制起始点此时已有能力起始 DNA 的合成，但在 S 期所需基因（如组蛋白基因）表达激活前，细胞还不能进入 S 期。S 期是在装备好的 preRC 被磷酸化激活时起始的，而 preRC 的磷酸化需要 CDK 和 Dbf4 依赖性激酶（DDK4）合作完成。

DDK4 是一个由 CDC7 催化亚基和 DBF4 调控亚基组成的异聚体蛋白激酶复合体。DDK4 被系在复制起始点上，并在 S 期开始时激活。DDK4 磷酸化 MCM2-MCM7 复合体，目前认为该磷酸化可以造成 MCM5 构象的变化。这一过程诱发了 MCM 复合体的 DNA 解旋活性，并给 preIC 蛋白结合 CDC45 蛋白和 GINS 复合体传递信号。GINS 复合体被 CDK 磷酸化，并与 CDC45 一起结合 DNA 聚合酶的 B 亚基。随后，GINS-CDC45-DNA 聚合酶 B 亚基复合体结合到染色质上，并招募复制体，引起 DNA 复制的起始。因此，MCM 的磷酸化仿佛是开启 preRC 转变为复制状态的一个关键事件。同时，CDC6 和其他复制蛋白的 CDK 依赖性磷酸化将导致这些蛋白质的降解。这确保了复制的起始不会被第二次激活，因而 DNA 只会被复制一次。

因此，在 S 期复制核 DNA 是染色体周期非常重要的事件，但它完全依赖于在 M 期和 G_1 期细胞获得的能力，才能在随后的 S 期起始复制。虽然在 M 期和 G_1 期，DNA 合成受到抑制，但装配起始 DNA 合成的蛋白复合体受到激活。相反，在 S 期，DNA 合成受到激活，而促进 DNA 合成起始的蛋白复合体的装载受到抑制。

11.4.4　G_2–M 转换期需要多种调控元件

一旦 DNA 复制完成，在 G_2 晚期合成的 M 期的细胞周期蛋白就为细胞进行有丝分裂做好了准备。在 G_2-M 转换期，参与有丝分裂的 CDK 蛋白活性的快速增加起始了有丝分裂和随后的胞质分裂，胞质分裂从染色体浓缩和染色体在中期板排列开始。在哺乳动物中，G_2-M 转换期是特异地受到结合 A 型和 B 型细胞周期蛋白的 CDK 的调控。在植物中，调控 G_2-M 转换期的 CDK 可能是 CDKA 和 CDKB，因为它们在 G_2 期至 M 期的转换点上均是激活状态。由于 A 型和 B 型细胞周期蛋白在 G_2 期和 M 期转录呈现峰值的基础，这两种类型的细胞周期蛋白很有可能负责有丝分裂。

植物 B 型 CDK 和其他在有丝分裂过程中表达的基因（如 KNOLLE 和驱动蛋白 NACK）均含有一个普遍的顺式作用元件，即 MSA 元件。该元件对于激活 G_2-M 期特异基因的表达是必要且充分的。MSA 元件可结合两种类型的 MYB3R 转录因子。MYB3R 转录因子与动物 c-Myb 蛋白在结构上具有相关性。其中，*MYBR3A* 表现出了细胞周期时相依赖的转录模式，而 *MYB3RB* 的转录水平则在整个细胞周期中保持一致，但 MYB3RB 蛋白不能激活包含有 MSA 元件的启动子。因此，科学家们提出 MYB3RA 和 MYB3RB 蛋白拮抗地调控 G_2-M 特异基因的表达（图 11.21）。有趣的是，被 CDK 磷酸化的 MYB3RB 的活性会上升。MYB3RB 诱导的细胞周期蛋白与 CDK 形成的复合体可以活化 MYB3RB 活性，这可能有助于有丝分裂过程中特异表达基因的表达水平达到细胞周期中的峰值。另外，在 *MYB3R* 基因的启动子区域存在的 MSA 元件巩固了这种正反馈调控的机制。但到目前为止，*MYB3RA* 的初步转录激活的诱因尚不清楚。

11.4.5　细胞如何成为具有有丝分裂能力的细胞？

我们已知的大多数参与组织有丝分裂的分子，都是来自于动物和酵母的遗传实验。虽然在植物中，对于参与有丝分裂的分子的性质和调控知之甚少，但目前的实验证据都暗示着植物中参与有丝分裂的分子与动物及酵母具有相似性。

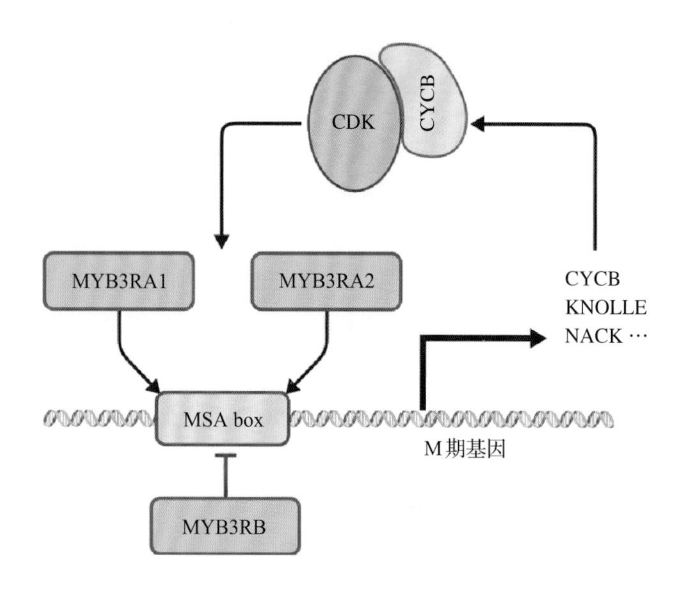

图 11.21 MYB3R 蛋白与 M 期特异激活子（MSA）元件的结合。MSA 元件对于 M 期基因在 G_2-M 期特异的转录激活是必要且充分的。在烟草中，三个 MYBR 蛋白与动物中 c-Myb 蛋白在结构上相关。而 *MYB3RA1* 和 *MYB3RA2* 基因则呈现出细胞周期时相依赖的转录时相，*MYB3RB* 的水平在整个细胞周期保持一致，并且 MYB3RB 不能激活含有 MSA 的启动子。含有 MSA 的启动子受 MYB3RA2 转录激活的程度取决于细胞周期的时相和 MYB3RA2 的 C 端结构域，这个结构域是 CDK 磷酸化的靶标区域。这暗示存在一个反馈机制，即受 MYB3R 蛋白诱导的细胞周期蛋白与 CDK 形成复合体，而 CDK 又能激活 MYB3R 的活性。同样地，细胞周期蛋白的水解也能导致 MYB3R 蛋白的快速失活。两种机制都可以解释在细胞周期期间观察到的有丝分裂特异的细胞周期蛋白的峰值。研究发现 *MYB3R* 基因的启动子区域也含有 MSA 元件，进一步巩固了这个反馈机制。但是，*MYB3RA1* 和 *MYB3RA2* 基因初始转录激活的诱因目前还不知道

如之前所说，在 G_1、S 和 G_2 期有丝分裂受到抑制，其逐步的促进是从 S 期起始的。有丝分裂是从染色体浓缩和将核基质从细胞质分离的核膜的分解起始的（图 11.22）。这一过程通常被称为 M 期的开始，但此时细胞还没有能力进行染色体分离。只有当浓缩的染色体排列在细胞中央的一个平面上，并且每一个染色体包含有两个**染色单体（chromatid）**时，细胞才能够将复制的 DNA 进行分离。两个染色单体虽然相互连接，但各自都与细胞两极的微管相连。当姐妹染色单体中间的连接被切断时，染色体分离就起始了。

多种不同类型的分子的参与使得细胞获得了进行有丝分裂的能力。增殖细胞合成蛋白统称为凝聚蛋白和黏连蛋白，这些蛋白质对于将长染色质纤维组装成染色体是十分重要的，能使复制的 DNA 无

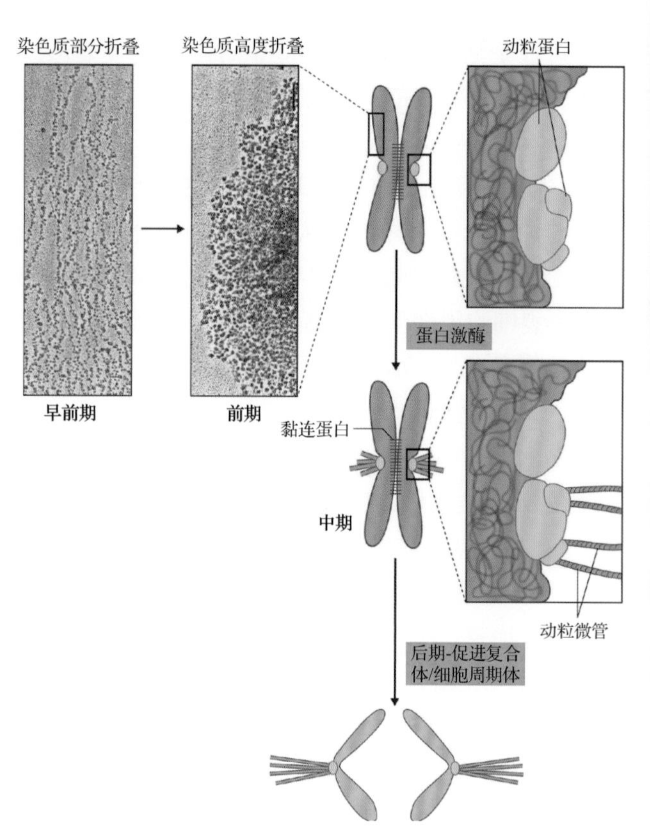

图 11.22 染色体浓缩和动粒复合体。在没有装配的状态下，长而脆弱的 DNA 分子会在染色体聚集和分离时被切断。DNA 在缠绕组蛋白后会被包装为更高阶的染色质结构。尽管此时的染色质可以接触转录因子和 RNA 聚合酶让基因表达，但染色质仍然太弥散，故而姐妹染色体在有丝分裂中不能发生分离。在前期，为了让染色体准备好分离（见图），染色体进一步浓缩和解开。动粒是一种结合在着丝粒的蛋白复合体，作为拉开姐妹染色单体向细胞两极移动的纺锤体微管的附着点。APC/C 被蛋白磷酸化激活，靶向有丝分裂抑制子紧固蛋白，将其降解。这最终导致连接姐妹染色单体的黏连蛋白被破坏，染色单体在后期分离。来源：照片来源于 Sitte et al.（1998）. Strasburger Lehrbuch der Botanik, 34th ed. Custav Fischer Verlag

损伤地分离。染色体凝集和凝聚的分子机制主要是在酵母中发现的。黏连蛋白如 SMC1、SMC3 和 SCC1 是在 S 期合成，这些蛋白质和一个染色体含有的两个姐妹染色单体（子链）均相互作用，并且这种紧密的联系一直维持到分裂后期。凝集在两个着丝粒处发生，而后者在有丝分裂和减数分裂的染色体分离中都发挥着至关重要的作用。黏连蛋白也沿染色体分布，这使得染色体在对 DNA 损伤的响应中，具有更有序的动力学和更高频的姐妹染色单体间的重组。植物也有凝聚蛋白和黏连蛋白，它们的失活会导致胚胎发育的提前终止。

染色体的凝聚会将染色单体压缩成短的棒状结

构，以便于它们在有丝分裂期间的分离。凝聚的染色体围绕支架蛋白的中心轴组装，而支架蛋白推测是结合了DNA长环的凝聚和粘连分子阵列。在凝聚的早期，两个姐妹染色单体凝聚成一个大圆桶。在凝聚的晚前期和细胞分裂的早期，拓扑异构酶将DNA螺旋变成超螺旋。超螺旋进一步增加了DNA的填充密度，在这时候，姐妹染色单体可以在光学显微镜下观察到。该阶段的染色体结构将黏连蛋白暴露在打破后期姐妹染色单体连接的调节因子下。在这个过程中，抑制蛋白如紧固蛋白开始积累，它们保证细胞不会过早进入有丝分裂。紧固蛋白与分离酶蛋白结合并与之拮抗。分离酶可以在细胞分裂后期开始后打破姐妹染色单体间的连接，并诱导染色体分离。酵母中的遗传学分析表明，紧固蛋白必须正确结合到分离酶在细胞分裂中期起作用的位点。因此，紧固蛋白的结合同时抑制了分离酶过早的激活，并确保它的正确定位。植物中，基于序列相似性，没有找到明确的紧固蛋白的直系同源基因；然而，已经发现的分离酶AESP对于有丝分裂染色体上黏连蛋白的去除是需要的，这一作用在植物胚胎发育过程中是必需的。

第二个大的复合体是动粒。动粒附着在染色体的着丝粒上。细胞的微管网络负责最终沿中期板聚集染色体，并随后向细胞两极移动，结合到动粒上（图11.22）。动粒的装配在DNA复制完成时进行。到目前为止，植物中动粒复合体的分子组成仍知之甚少。

11.4.6 蛋白酶调控染色体分离的起始和M期的退出

细胞进行有序的有丝分裂的能力是在S期建立起来的，并一直维持到有丝分裂结束。有序的有丝分裂开始时，黏性蛋白插入到新复制的螺旋，并解除阻止染色体分离的链状排列。一旦染色体松开缠绕并浓缩起来，它们就完全有能力进行分离了。但是，细胞却要到姐妹染色单体在赤道板排列时才能具备有丝分裂的能力。此时，细胞还将监控姐妹染色单体的动粒是否已连向细胞中相对的两极。为防止姐妹染色单体在上述过程还在进行时就过早地分离，在细胞分裂中期，姐妹染色单体分离过程的抑制是通过抑制分离酶而实现的（见上）。在细胞分裂中期结束时，进行染色体分离所需的蛋白复合体已准备充分，其状态类似于从G_1期向S期转换的前复制复合体。

细胞分裂中期向分裂后期的转换是由CDK介导的APC/C的磷酸化而激活的，这个激活过程转而导致了紧固蛋白的泛素化。泛素化的紧固蛋白被26S蛋白酶体识别为底物，并被降解。随着紧固蛋白降解，分离酶被激活，黏性蛋白建立的两个姐妹染色单体之间的联系被打破。一旦这些联系被打破，由动力蛋白产生的机械力就会沿着动力微管将原来成对的两条姐妹染色单体分别拉向细胞相对的两端（图11.22）。激活的APC/C也会让有丝分裂细胞周期蛋白降解，标志着有丝分裂的退出。同时，有丝分裂CDK活性的下降减弱了对G_1细胞周期蛋白合成的抑制，使得从S期到末期一直被抑制的A型细胞周期蛋白积累。所以，G_1期CDK活性逐渐上升，使得新的复制体进行装配并保持APC/C的活性以阻止任何残余的有丝分裂CDK活性。

11.4.7 DNA损伤和未完成的细胞周期事件激活检查点控制

细胞增殖时常发生在不利的条件下。这样细胞可能频繁地发生DNA损伤、DNA合成延迟，或者染色体连接纺锤体滞后。所有细胞都能利用特殊的修复机制恢复到正常细胞周期的活性。尽管如此，细胞周期进程必须能被阻断以避免损伤发展成**有丝分裂灾变**（mitotic catastrophe）。在细胞周期进行的过程中，一旦发生损伤，细胞周期的运转会在检查点被阻断。目前，已发现三类主要的检查点：一类检查点发生在G_1/S期转换限制点之前，一类检查点发生在DNA合成完成后紧连着的有丝分裂S/M期转换之前，还有一类发生在G_2/M期转换或者分裂中/后期转换中姐妹染色单体分离之前。每一类检查点都位于一个不可逆的转换步骤之前（图11.23）。

虽然对于植物如何控制有丝分裂中的检查点仍知之甚少，但现在已有明显的证据表明植物和动物中，与复制相关的检查点是部分保守的。当DNA损伤了，细胞需要两种重要的全细胞反应才能存活：一是激活DNA修复机制，二是延迟或者停滞细胞周期进程。这个协调的行动保证了细胞只有在修复受损的DNA后才会继续进行有丝分裂。在这

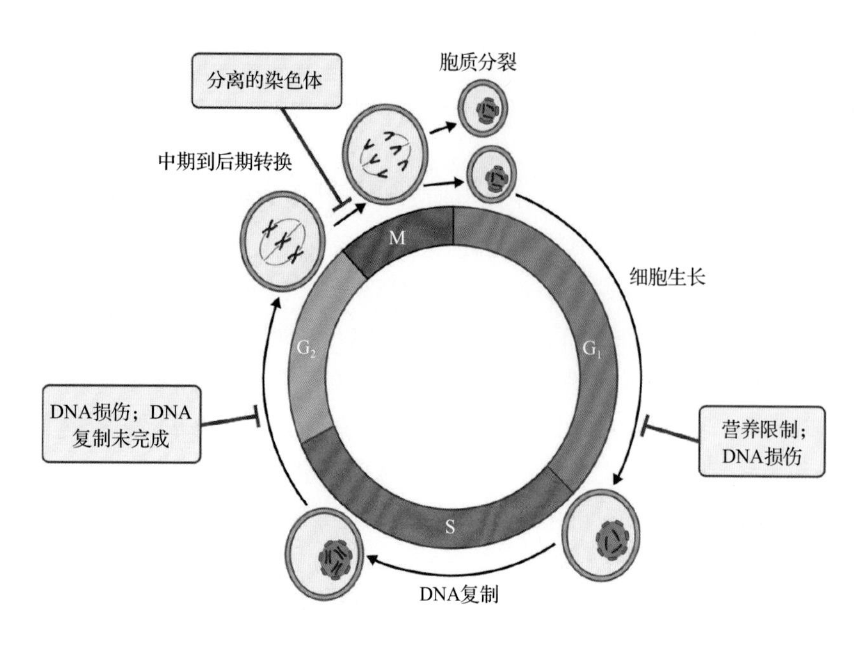

图 11.23 检查点控制监控着细胞的状态。如果 DNA 发生严重损伤或者任何生物合成过程没有完成，细胞周期就会被阻滞在任何不可逆的决定步骤进行之前。在细胞周期达到起始点（酿酒酵母中）或限制点（动物中的相应点），以及中 / 后期转换点（酵母和动物中）和 G_2/M 期转换点（动物中）之前，检查点控制都处于激活状态

两条通路的交叉点，研究者发现了两种相关的激酶：ATM（ATAXIA TELANGIECTASIA MUTATED）和 ATR（ATM AND RAD3-RELATED）蛋白。这些蛋白质是高度保守的，在响应不同类型的 DNA 应激时被激活。双链损伤（double-strand break，DSB）激活 ATM，而 ATR 主要应对单链损伤或者复制叉停顿。*ATM* 或者 *ATR* 基因的突变导致了生物对于 DNA 损伤诱导剂超敏感。在植物中，用 γ 射线（图 11.24A）或者 DSB 的甲磺酸甲酯处理 *atm* 突变体后，突变体表现出生长缺陷。相较而言，*atr* 突变体主要对能抑制复制叉进程的药物（如羟基脲和阿非迪霉素）表现出超敏性。

DNA 损伤诱导的细胞周期停滞是通过 CDK 的失活来介导的。在动物中，ATM 和 ATR 给肿瘤抑制蛋白 p53、检查点激酶 CHK1 和 CHK2 传递信号。激活这些蛋白质会引发 CKI 的转录并且使 CDC25 失活，后者是非植物物种有丝分裂的一个重要计时器（见上）。植物中，应对 DNA 损伤后细胞周期停滞的机制一定与动物存在部分不同，因为植物中缺失 *CDC25* 的功能同源基因。相对应的，植物中，WEE1 激酶而非 CDC25，在 DNA 应激时阻止细胞周期。在 DNA 应激时，WEE1 的表达是以 ATM 和 ATR 依赖的方式快速诱导的，导致了 CDK 的 Tyr 磷酸化和随后的细胞周期停滞。WEE1 激酶可能的靶标蛋白是 A 型

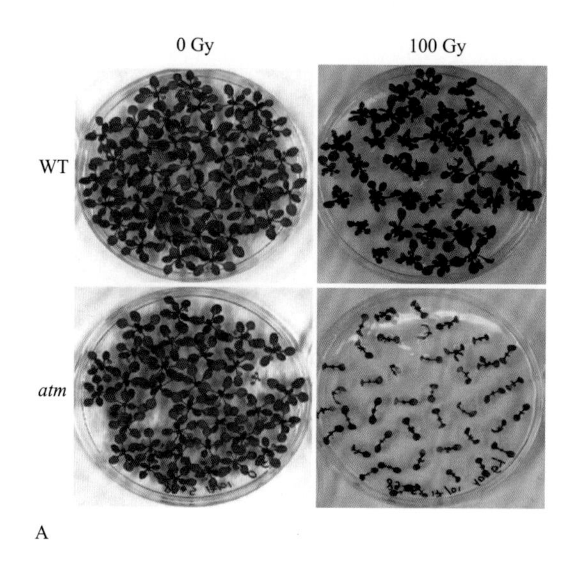

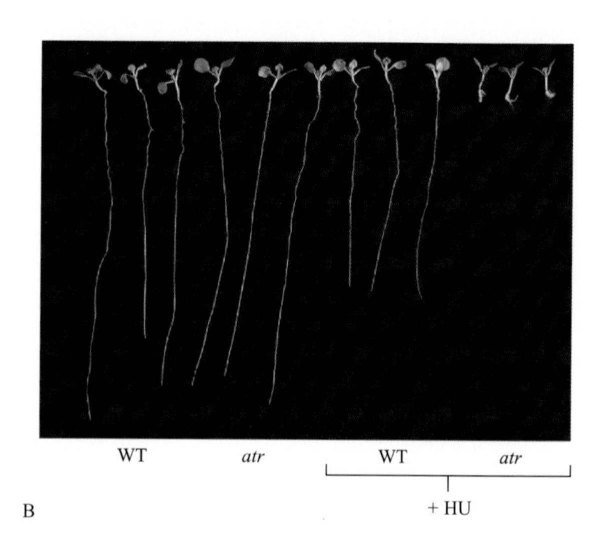

图 11.24 用诱导双链损伤的 γ 射线放射处理高度敏感的 *ATM* 基因突变的植物。A. 培养 5 天的（WT）野生型和 *atm1* 突变体，没有经过处理（0Gray，缩写为 Gy，Gy 是比授予能单位，授予 1kg 受照物质以 1J 能量的吸收剂量），或者经过 100Gy 的放射。照片是在放射后 21 天拍摄。野生型植株生长恢复（右上），而突变体幼苗生长停止（右下）。B. 野生型（WT）和 *atr* 突变体植株对复制停滞试剂，如核酸合成抑制剂羟基脲（HU）的敏感性。种子在对照培养基或者添加了 HU 的培养基上萌发并且生长 3 个星期。野生型和 *atr* 突变体在对照板（左）以相似的速率生长。对比之下，在含有 HU 的板子上（右，+HU），野生型的根生长减慢了，而 *atr* 突变体的根生长则是被完全抑制了

CDK 和 CAK。如果缺少具有功能的 WEE1 基因，植物在应对复制缺陷时，不能停滞细胞周期，最终停止生长。

目前，植物中 ATM/ATR 和 WEE1 之间工作的级联信号未知（图 11.25）。通过 ATM 和 ATR 在 DNA 应激到细胞周期机制之间传递的信号通路与哺乳动物肯定不同，因为在植物基因组中，没有鉴定到 p53 以及编码 CHK1/CHK2 激酶的同源基因。相反，植物具有一个特异的、位于 ATM/ATR 直接下游的转录因子 SOG1，暗示着在植物中演化产生的受到 DNA 损伤后激活细胞周期停滞的信号通路与动物并不相同。

WEE1 可能不是 DNA 损伤检查点的唯一媒介。在哺乳动物中，检查点激活 CKI CIP/KIP 的转录诱导。但对于植物，并没有报道表明 KRP 和 DNA 应激之间存在明显的联系。相反，一些 *SMR* 基因在应对 DNA 应激时，以 ATM 依赖的方式被强烈地诱导表达，意味着在面对基因毒性胁迫时它们有潜力作为检查点调控子。

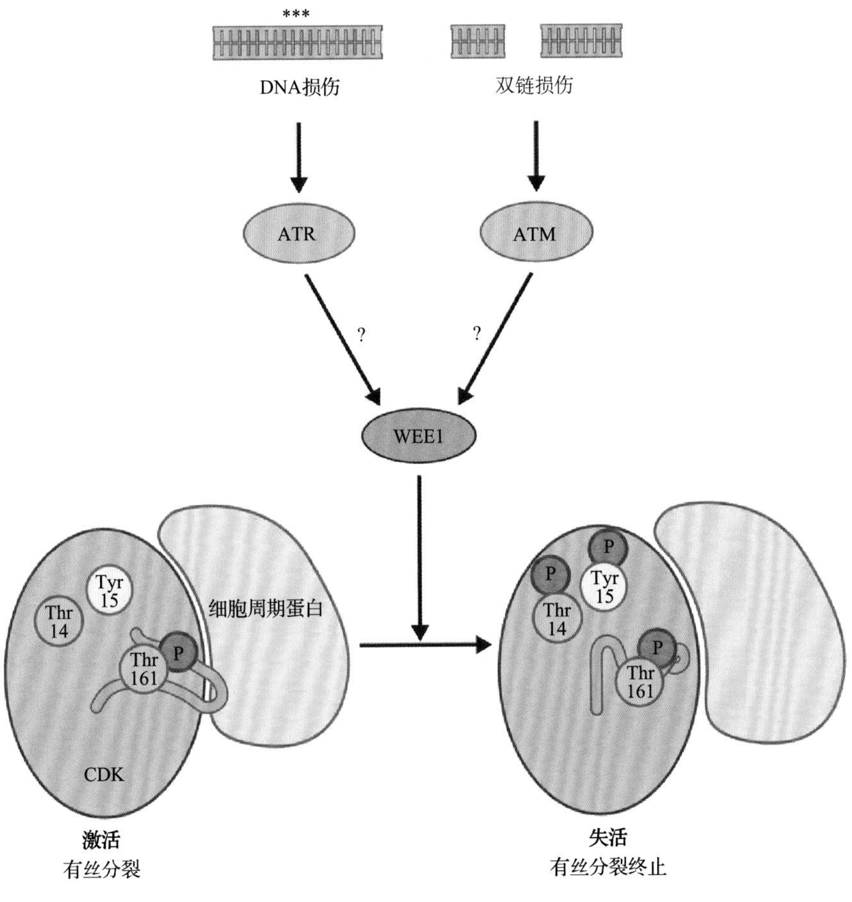

***

DNA损伤

双链损伤

ATR

ATM

?

?

WEE1

Tyr 15

Thr 14

P

Thr 161

细胞周期蛋白

CDK

激活

有丝分裂

P

P

Tyr 15

Thr 14

P

Thr 161

失活

有丝分裂终止

图 11.25　ATR 和 ATM 介导的单链和双链 DNA 损伤信号。通过未知机制诱导（问号所示位置）WEE1 激酶基因的转录诱导。WEE1 磷酸化 CDK-CYC 复合体，造成对它们的抑制，并且阻止细胞进入有丝分裂

11.5　生长发育过程中的细胞周期调控

11.5.1　在茎分生组织中和器官形成时，细胞分裂受严密调控

与动物不同，植物在其胚胎发生后会持续地发育，在整个生命周期中都会形成新的器官和组织。负责这种生长策略的组织是顶端分生组织，位于茎（茎顶端分生组织，shoot apical meristem, SAM）和根（根顶端分生组织，root apical meristem, RAM）的尖端（见图 11.2）。此外，形成层是一种特化的分生组织形式，只在组织次生生长中产生维管细胞，不参与器官形成。侧根是由一些被选择的根中柱鞘细胞在诱导发生细胞分裂时重新产生的。

茎的器官形成发生在 SAM 的侧翼，这一区域细胞分裂活性普遍上升，以产生大量所需的新细胞（图 11.26A）。位于根和茎的分生组织中心的干细胞群，自我更新缓慢，缓慢的分裂不只对维持这些细胞自身有重要意义，而且能够确保长寿命植物中积累低的突变率，例如，在狐尾松这样的长寿植物中，分生组织发挥功能可持续上千年。

通过突变体中 SAM 结构是否被破坏，研究者们找到了一些对于 SAM 功能十分重要的基因。这些基因均在胚胎发生中逐渐发育的 SAM 中表现出特有的表达模式。对 SAM 的遗传学研究将这些基因分为三类（图 11.26B）：第一类是建立和维持对于分生组织自身更新所必需的不确定中心区域的必需基因；第二类是在器官原基中指挥原基分化的基因；第三类是在器官原基中调节局部细胞分裂的基因。突变这三类基

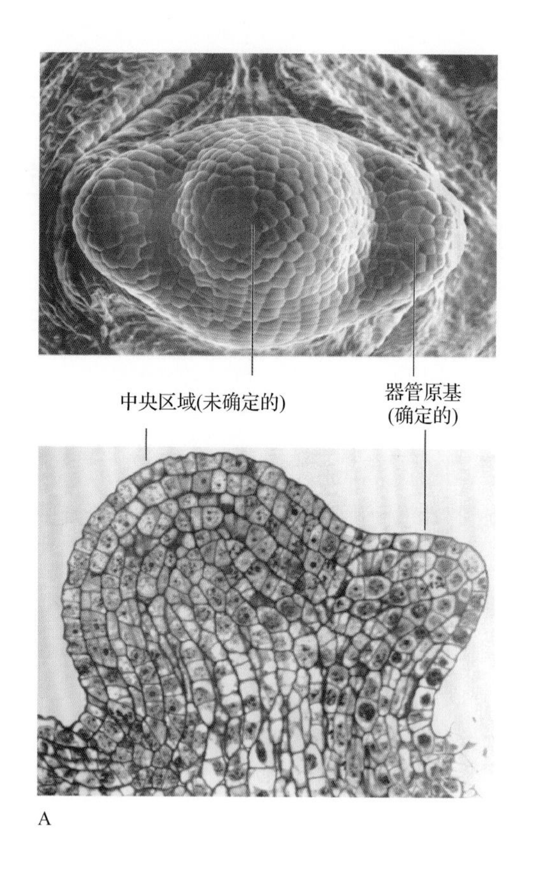

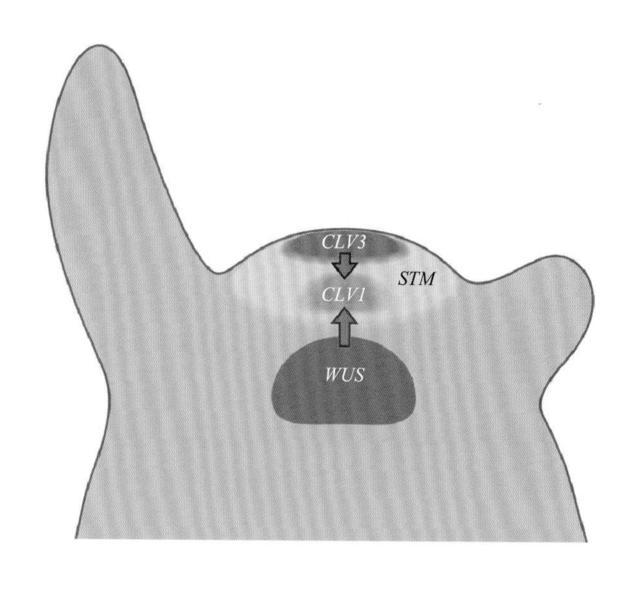

图 11.26 茎端分生组织（SAM）的组织结构。A. SAM 的两种观测结果。俯视图显示初生的器官原基存在于分生组织的外围。纵切面显示 SAM 分层组织结构和发育中的新器官。B. 建立和维持分生组织所需的调控基因在特定区域表达。*WUS* 基因在分生组织基部表达，该基因的表达是位于其上方区域 *STM* 基因表达所必需的。*CLV1* 和 *CLV3* 基因（分别为受体和配体）的产物可能相互作用，以决定分生组织无限区的大小。来源：图 A 来源于 Lyndon（1998）. The Shoot Apical Meristem: Its Growth and Development. Cambridge University Press, Cambridge UK

因中的任何一个，都会影响正常茎分生组织活性的各个方面，说明在分生组织中，这些基因表达区域的个体行为不是自主的。

第一类基因由几类不同的同源域型转录因子定义，这些转录因子是建立和维持分生组织所必需的。第一个被发现的此类基因是玉米中的 *KNOTTED* 基因，其突变型造成分生组织在叶维管组织上异位生长（参见第 7 章）。当 *KNOTTED* 或其在拟南芥中的相关基因 *KNAT1* 被异常激活时，茎分生组织就会异位，例如，会长在叶上。另一个拟南芥中的基因 *STM*（*SHOOT MERISTEM-LESS*），对于维持分生组织中心的自我更新或无限生长的能力是必需的。在缺失具有功能的 *STM* 基因的情况下，SAM 消失，该处的细胞发生分化。*STM* 似乎可以通过促进细胞分裂素的生物合成（细胞分裂素通过 *CYCD3* 基因促进细胞分裂）和降低赤霉素的水平，保持茎分生组织的细胞不分化。另一个同源框蛋白 WUSCHEL（WUS），对于分生组织维持也是重要的。该转录因子在顶层细胞下面紧邻的中央细胞群中的产物对于干细胞特化是必需的。WUS 抑制一些 A 型 *ARR*（*ARABIDOPSIS RESPONSE REGULATOR*） 基 因，后者是细胞分裂素信号的负调控因子（见图 11.26 和第 18 章）。

WUS 的表达也受第二类基因的负调控，这一类基因能促进器官原基的分化。这些基因突变后，细胞不能分化，因此分生组织体积变大。在拟南芥中，*CLAVATA*（*CLV*）失去功能会使分生组织极度膨胀，器官数目增多。*CLV* 编码一个类受体型蛋白激酶，可能具有处理细胞间信号的功能。*clv3* 突变体的表型与 *clv1* 型植物十分相似。*CLV3* 编码一个短的多肽，是 *CLV1* 的配体。目前，对于多种同源域蛋白如何在分生组织中控制细胞周期活性还知之甚少。

叶原基最初纤细如针，但它们很快会沿着未来叶片的平面变宽。分生组织行使功能所需的第三类基因仅限于在发育器官中调控细胞增殖。金鱼草中的基因 *PHANTASTICA*（*PHAN*）沿上侧（背面）叶片调控细胞增殖，生成叶片。这个基因的隐性突变体的表型是产生腹面化的、辐射对称的、仅含中脉的针形叶。此外，在 *phan* 突变体中，对叶发育的削弱抑制了叶尖的增殖和进一步的器官发生，说明新生器官中的逆行信号对于维持茎分生组织的功能来说是重要的。拟南芥中，ASYMMETRIC LEAVES 1 是 PHAN 的直系同源蛋白。

11.5.2 根细胞的正确特化可能并不需要特殊的细胞分裂模式

与芽器官原基中的细胞呈明显的随机排列相反，根尖高度结构化，而且由根尖分生组织衍生出来的组织通常呈长长的、连续的细胞束。这种组织结构是细胞分裂产生的潜在模式的结果。细胞束似乎都会聚于根尖的一个细胞很少分裂的中心区——**静止中心**（**quiescent center, QC**）（图 11.27）。静止中心是一小团细胞，向周围细胞发射信号，阻止它们进行分化。

转录因子 SCR（SCARECROW）和 SHR（SHORT ROOT）对于静止中心的特化至关重要。突变 *SCR* 和 *SHR* 基因会导致根的静止中心不能特化，造成所有的干细胞都丢失。有意思的是，在 *SCR* 突变体中，静止中心的功能和它产生干细胞的能力通过降低 *RBR* 的表达水平就可以被恢复。并且，在野生型背景下，局部降低 *RBR* 的表达能增加 RAM 中干细胞的数量，而过表达 *RBR* 则会导致干细胞消失。同样地，RBR-E2F 信号通路中的其他元素也被发现参与控制根分生组织中干细胞池的大小。这些数据暗示了 RBR-E2F 信号通路在 SCR 下游，决定细胞的干细胞状态。SHR 和 SCR 同样调控参与形成性细胞分裂中所需的特异 D 型细胞周期蛋白的时空表达。

PLT（PLETHORA）转录因子家族对于界定根的分生区和延伸区很重要。高和中等水平的 PLT 活性分别促进了干细胞的维持和增殖，而 PLT 活性的降低对于细胞退出复制进入分化也是必需的。植物激素生长素在根的模式建成中有很重要的作用，PLETHORA 转录因子很可能是根中生长素梯度的整合者。*PLETHORA* 基因的表达与根中生长素的最大值重合。

11.5.3 细胞分裂是数种有关植物发育理论的基础

细胞周期机制在植物发育中的作用已经成为许多争论的主题。显然，细胞分裂对于产生用于组成组织和器官的细胞不可或缺。但是，细胞分裂是否驱动了生长和发育（**细胞学说，cellular theory**），

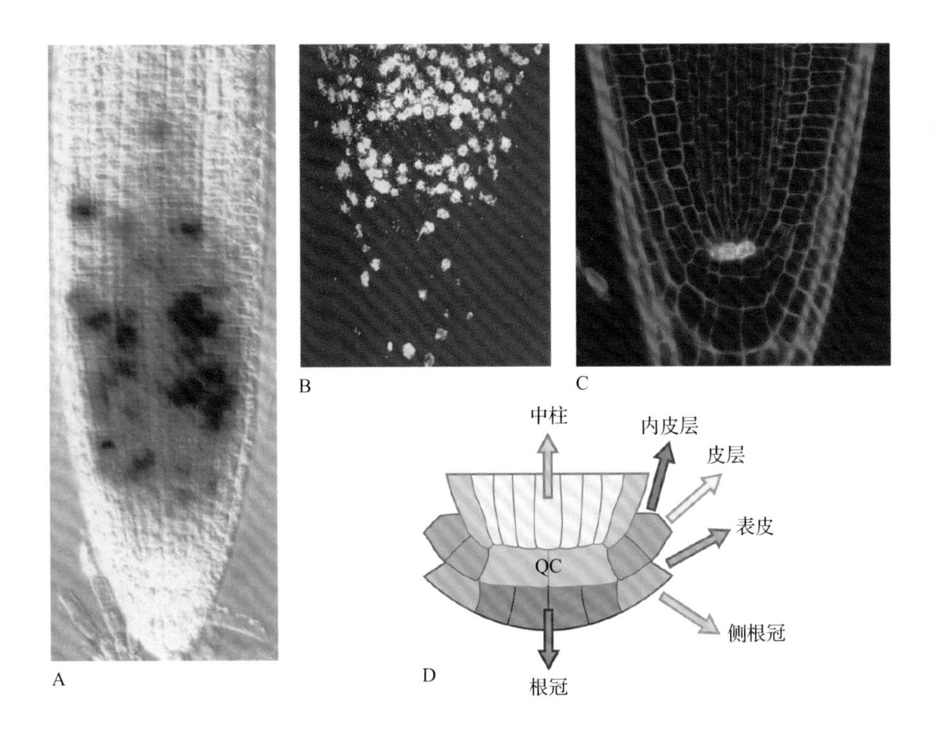

图 11.27 根顶端分生组织的有丝分裂活性。A. 光学显微镜下拟南芥根尖的纵切面。通过一个只在有丝分裂细胞中表达的细胞周期蛋白基因融合 GUS 报告基因，可观察到拟南芥根尖中有丝分裂活性的模式。B. DNA 在拟南芥生长的根中的 DNA 合成模式。将根在具有放射性的胸腺嘧啶溶液中培养，发现具有放射性的胸腺嘧啶掺入到新合成的 DNA 中。将纵切面曝光后就可见 DNA 的合成状况。那些白点代表含有新合成 DNA 的细胞。在静止中心（QC），即根中心的暗区，能看见细胞增殖水平降低。C. 启动子驱动 GFP 报告基因标记根 QC 处的细胞（绿色）。D. 根干细胞龛的结构。箭头显示了干细胞分裂如何产生垂直方向的细胞。在 QC 上面和周围的细胞是根组织的干细胞：侧根冠（Lrc，紫色）和表皮（Epi，紫色），皮层（Cort，绿色），内皮层（End，绿色），维管束鞘（深棕色）和维管组织（浅棕色）。下面是根冠（粉色）中心区域的干细胞。来源：图 A 来源于 Colon-Carmona et al.（1999）. Plant J. 20:503-508；图 B 来源于 O'Brien & McCully（1969）. Plant Structure and Development-A Pictoral and Physiological Approach. Macmillan, New York

或者细胞分裂仅仅是遵循了一个发育的计划（**有机体学说，organismal theory**），这是一个更难回答的问题（图 11.28）。在 20 世纪 50 年代末和 60 年代初，实验结果表明细胞分裂对于生长和形态建成几乎没有作用。经过 γ 射线照射的小麦籽粒长成幼苗可以不经过细胞分裂生长到一定阶段，并且与没有处理过的幼苗在很多生长方面都相似。这些数据提供了第一个实验证据，表明遗传信息，而非细胞分裂的次数和方向，特化了叶的形状。

得益于在转基因植物中可以改变细胞周期参数的技术，细胞分裂对于决定器官大小这一问题的重要性才能被再次察觉。组成型过表达任何 KRP 的转基因植物细胞数目减少了至少 10 倍，然而它们的体积却比野生型植株平均大 6 倍。这说明细胞数目的减少被增大的细胞大小补偿了。类似的，在烟草（*Nicotiana tobacum*）中过表达显性负效应 *CDKA*（图 11.28B）或者是不能被降解的 *CYCB1;1*，则会使细胞周期受到阻滞，导致更大细胞的形成。从另外一个角度，组成型过表达细胞周期的正调控因子，如 *E2Fa* 或者 *CYCD3;1* 会产生更多且更小的细胞，这种情况下，增多的细胞数目被减小的细胞大小补偿了。所有的观察都支持了植物发育的有机体学说，器官的形状和大小被特定的内源机制设定到一定的程度，与细胞分裂的过程没有关系。换句话说，植物能感受到发育中器官的大小，并通过细胞延伸的改变来补偿细胞分裂活性变化对植物器官大小造成的影响，这个现象被称为**补偿机制（compensation）**。对于植物中什么决定叶片形状和大小的模型并不清楚，但激素梯度可能在这一过程中十分重要。

然而，不是所有的实验数据都符合有机体学说。例如，用种子储存过程表达的启动子驱动并过表达显性负效应 *CDKA;1* 会解除对胚胎发育的限制。通过过表达 *KRP* 基因强烈抑制细胞分裂，会导致叶形状的改变。此外，用 *CDKA;1* 基因的启动子驱动并过表达 *CYCB1;1* 会加速根的生长，这种结果应该更加符合细胞学说。上述的这些数据意味着有机体学说只在一定程度上站得住脚，在极端的情况下，生长是由有机体水平和细胞水平共同控制的。

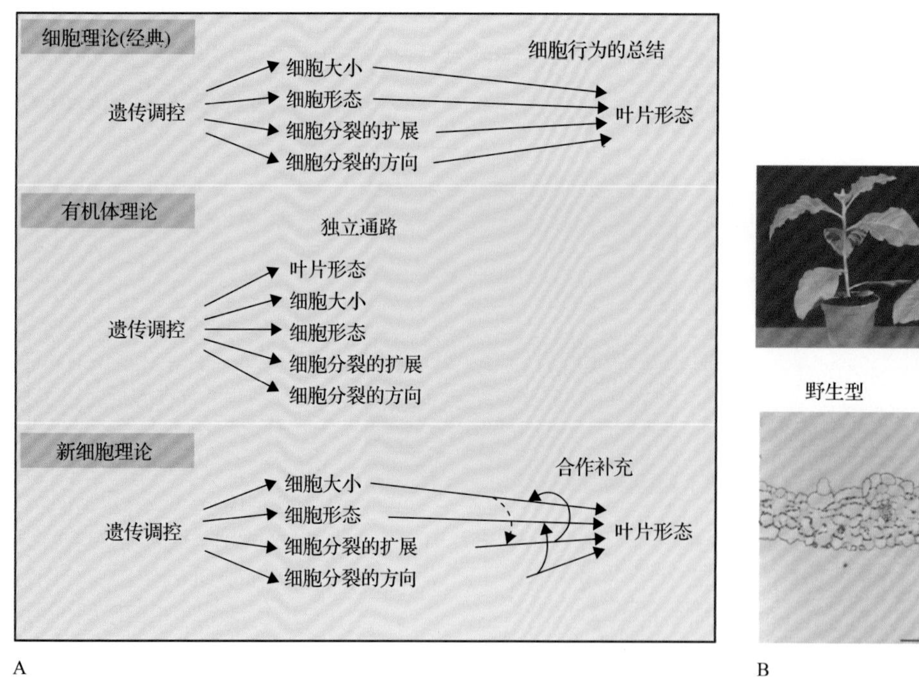

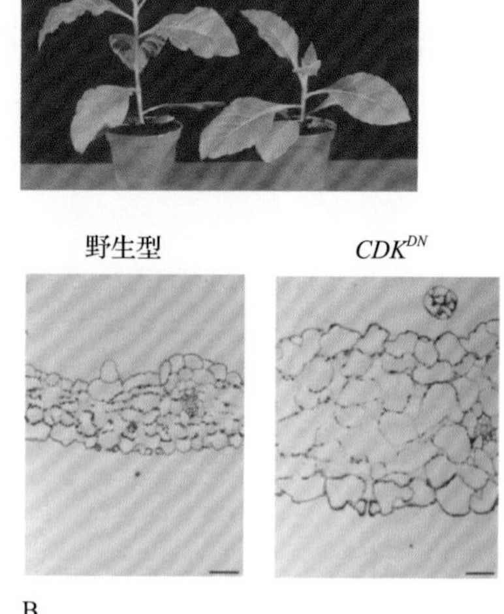

图 11.28 植物生长和细胞分裂并不紧密偶联。A. 细胞学说、有机体理论和新细胞理论的比较。细胞学说是指细胞是控制器官的形状和大小（包括叶片）的基本单元。有机体学说认为有机体，而非细胞是生命的基本单元。在这种情况下，遗传信息独立于遗传对于细胞大小、形状或者细胞分裂数目和方向的影响。新细胞学说协调了两种学说，认为细胞是形态的单元，每个细胞都被控制器官形态发生的因子通过调节反馈机制来调控。B. CDK 活性的改变并不明显影响植物的形态和高度。在转基因烟草（*Nicotiana tabacum*）植株中，无活性的 A 型 CDK 蛋白的显性负效应突变体（CDK^{DN}）中的 CDK 活性降低，细胞增殖受到抑制。所得植株的细胞与野生型相比数量少但大一些，见叶片截面所示（下图）。植物的整体高度与野生型十分相似（上图），说明细胞扩张的增加弥补了细胞增殖的降低。来源：图 B 来源于 Hemerly et al.（1995）. EMBO J. 12: 3925-3936

为了协调这两种对立的观点，科学家们提出了**新细胞学说**（***neo* cell theory**）（图 11.28A）。这个学说提出，细胞分裂和细胞伸长均是生长中器官的控制中心，但是对这两个控制中心也有一个来自于全器官控制系统的调节反馈。与细胞周期装置短期和长期相互作用的两个方面的信号元件需要进一步鉴定。目前，已经鉴定出许多增加植物器官大小的基因，这些基因通过延长细胞分裂的时间实现增大植物器官。例如，转录因子 AIETEGUMENTA 和 GROWTH REGULATING FACTORS 都可通过未知的机制刺激细胞周期基因的表达。

11.5.4 细胞分裂可能与细胞分化是独立的

有证据表明细胞分裂和细胞分化是独立的。通过过表达或者敲除细胞周期基因抑制或是激活细胞分裂对细胞分化均不会造成严重的影响。例如，在拟南芥表皮毛中特异表达 *CYCD3;1* 会将单细胞表皮毛变成多细胞表皮毛，但并不影响细胞分化。另一个例子是在活性降低的 CDKB1 的转基因植物中许多本应该是由两个保卫细胞组成的气孔，因为细胞分裂受到抑制，只含有一个肾形状的细胞。然而，这些异常的细胞仍然具有气孔细胞的特性（见图 11.10），表明细胞分裂和分化是不关联的事件。

11.5.5 全能性是可选择的发育途径中极少采用的一种

在许多植物细胞培养基和合适的条件下，单细胞可以采取两个可选的方式产生整个植株：**器官发生**（**organogenesis**）和**胚胎发生**（**embryogenesis**）。在器官发生过程中，植物先形成芽器官，再形成根器官来进行形态建成。植物也可以以这种方式进行无性繁殖；在许多物种中，根可以产生新的芽，反之亦然。在体细胞胚胎发生中，胚胎在培养物中直接形成。单细胞不需经历中间的繁殖期（开花），就能够以体细胞形式完成胚胎发生和模式建成，这种能力称为**全能性**（**totipotency**）。

在某些属中（如伽蓝菜属植物），体细胞胚胎发生可以在完整植株中发生，但并不要求组织失去完整性（图 11.29）。因此，器官发生和体细胞胚胎发生是两种可代替开花的繁殖策略。这些无性机制可能是开花植物演化出来之前发育中的遗留产物，可能在某些植物中得以保留，以便进行克隆繁殖。

在组织培养中，利用细胞的全能性可产生多种植物器官。高度特化的植物细胞都能保持完整的全能性。例如，甜菜（*Beta vulgaris*）的气孔保卫细胞可以产生整个植株。不论用何种类型的组织作为原始材料，进行植物再生至少要经过三个步骤：细胞去分化、细胞周期再进入和诱导再分化。

细胞去分化和细胞周期再进入是密切联系的，因此在分子水平很难分开这两个步骤。利用原生质体培养进行的研究在这方面取得了很大的进展。植物的原生质体可以利用酶解的方法，去除完整组织的细胞壁获得。在合适的情况下，它们可以重新生成完整的植株。可是在它们再次进入细胞周期前，它们必须经过一个突然的转变，使细胞由完全分化的状态进入去分化状态。证据表明这个转变伴随着染色质结构的改变，因而改变了基因组中可以转录的部分（常染色质）和转录被抑制的部分（异染色

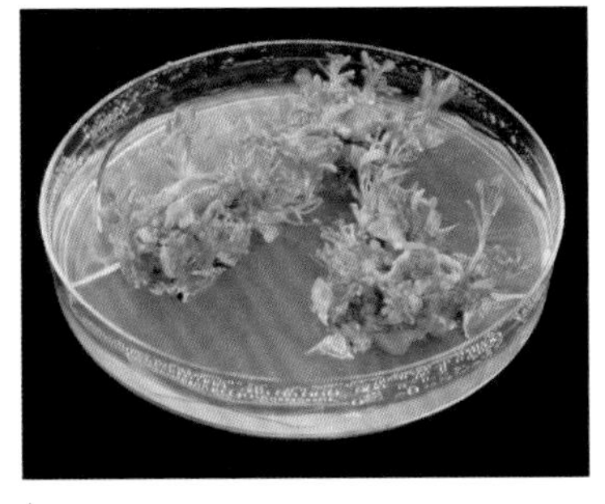

A

B

图 11.29 全能性是一个可选择的发育途径。A. 许多种植物的细胞可以在体外进行培养，并且，在施加合适的植物激素混合物后可诱导营养性器官重新产生。照片显示从愈伤组织的无序组织中生长出的小苗的叶片。B. 对某些植物种类（例如 *Kalanchoe*）而言，生成克隆后代是一种竞争优势。在锯齿叶的叶腋中形成的小苗可以成活，并且在从亲本脱落或衰老后还可以生根。来源：图 A 来源于 Smith, University of Edinburgh, Scotland; previously unpublished；图 B 来源于 Raven et al.（1992）Biology of Plants, 5th ed. Worth Publishers, New York

质）的比例。在细胞分裂刚开始时，常染色质部分显著地增加。研究发现，RBR-E2F 信号通路被认为参与了这个过程。因为在原生质体去分化后，E2F 靶标基因的染色质结构发生了变化。染色质结构的动态变化主要通过核小体中组蛋白转录后的修饰来协调，如通过组蛋白乙酰转移酶对组蛋白进行乙酰化修饰。

在玉米中，组蛋白的去乙酰酶 Rpd3I 与 RB 相关蛋白（RBR）相关联，这些蛋白质共同抑制进入细胞周期所必需的基因的表达。在受生长因子刺激后，CDK 与 D 型细胞周期蛋白形成复合体，可能磷酸化 RBR，这可能会将 RBR 和组蛋白去乙酰酶从其下游的、进入细胞周期必需基因的启动子上释放出来（图 11.30）。实验观察结果证实了这个模型，在萌发的种子中，D 型细胞周期蛋白的表达先于细胞周期的恢复；在根分生组织中，敲除其特异表达的 D 型细胞周期蛋白，会造成细胞周期重新激活的延迟。RBR 不足会导致细胞分化的延迟，而诱导表达 RBR 则可以推进分生组织进入分化途径，这些结果证实了 RBR 在控制细胞分化状态中的作用。

11.5.6 植物发育中倍性增加普遍存在

在发育中，细胞退出细胞周期后开始分化。退出细胞周期有时会伴随着一个可选择周期的开始，叫作核内周期。核内周期在节肢动物、哺乳动物和多种类型的植物细胞中都会发生。在核内周期中，DNA 连续复制但不进行胞质分裂，因此每一轮复制后细胞中的 DNA 含量都会加倍。在有的物种中这种增加十分显著：多花菜豆（*Phaseolus coccineus*）的胚柄细胞会经历 12 轮额外的 DNA 复制而不进行有丝分裂，导致了每个细胞的 DNA 含量增加了大约 8000 倍。

个体细胞的倍性水平可以通过许多机制增加。当 DNA 复制只伴随有丝分裂但没有胞质分裂时会产生多核细胞，这个过程被称为**核内有丝分裂**（**endomitosis**）。此外，当 DNA 复制完成，但是在末期没有形成新的核时，**核内复制**（**endoreplication**）会导致**多倍性**（**polyploidy**）或者**多倍体**（**ployteny**）。在多倍性细胞中，姐妹染色单体分离，就回到有丝分裂细胞周期中的间期状态，导致更多染色体在原始核膜内保持其个体特征。反过来，多倍体的发生是染色体加倍，而没有 DNA 浓缩和去浓缩步骤，也没有姐妹染色单体的分离，形成了 2*n* 染色单体组成的“巨大”多链染色体，因而核膜中染色体的数目也与 DNA 复制之前相同。此外，多倍体和多倍性之间的任何变异都是可能的。

核内复制通常是组织特异的（如在玉米粒和番茄中），但有时能在很多营养细胞中发现，如在拟南芥中就被观察到（图 11.31）。核内复制的生理相关性还在争论中。它可能在有丝分裂期后细胞的分化中起着重要作用，因为核内周期的起始通常指征细胞增殖和分化之间的转换。DNA 多倍性水平和细胞大小的关联通常可以观察到（图 11.32）。核内复

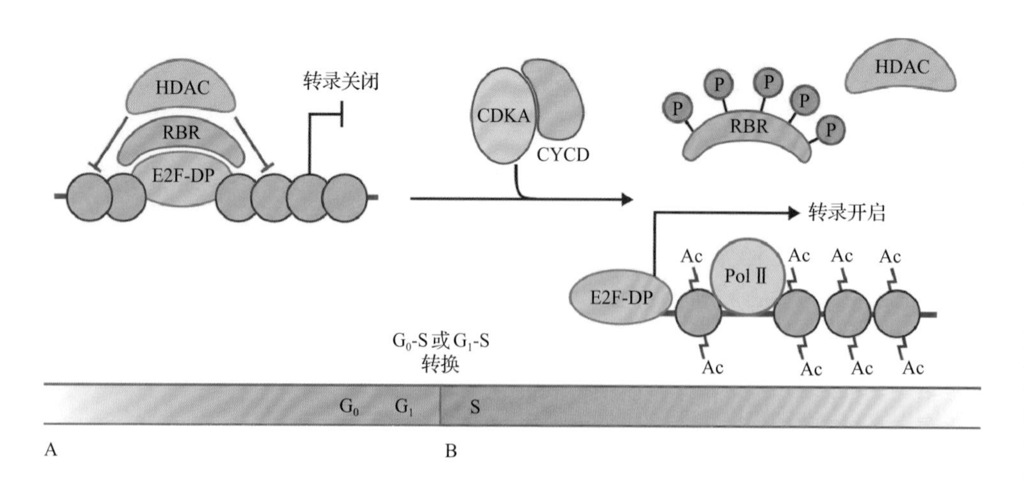

图 11.30 静止细胞到分裂细胞的转换中染色质重塑的模型。A. 在静止（或者 G_1 期停滞）细胞，视网膜母细胞瘤相关蛋白（RBR）将组蛋白去乙酰酶（HDAC）靶向在 G_0/G_1-S 转换期需要的重要调控基因的启动子上。RBR 自身抑制 E2F/DP 转录因子的活性。通过 HADC 的活性，染色质浓缩，因此阻碍了转录调控蛋白靠近 DNA，阻止了 E2F/DP 靶标基因的转录。B. 细胞周期的进入是由能磷酸化 RBR 的 CDKA-CUCD 复合体的激活促进的，因而需要将 RBR 和 HDAC 从 E2F/DP 转录因子上释放出来。在没有 HDAC 时，未知的组蛋白乙酰转移酶的活性占据优势。这导致了组蛋白的乙酰化和之后形成较不浓缩的核小体构象。在这种松弛的染色质结构中的 DNA 可以接触到转录调控蛋白。Ac，乙酰基；Pol II，RNA 聚合酶 II

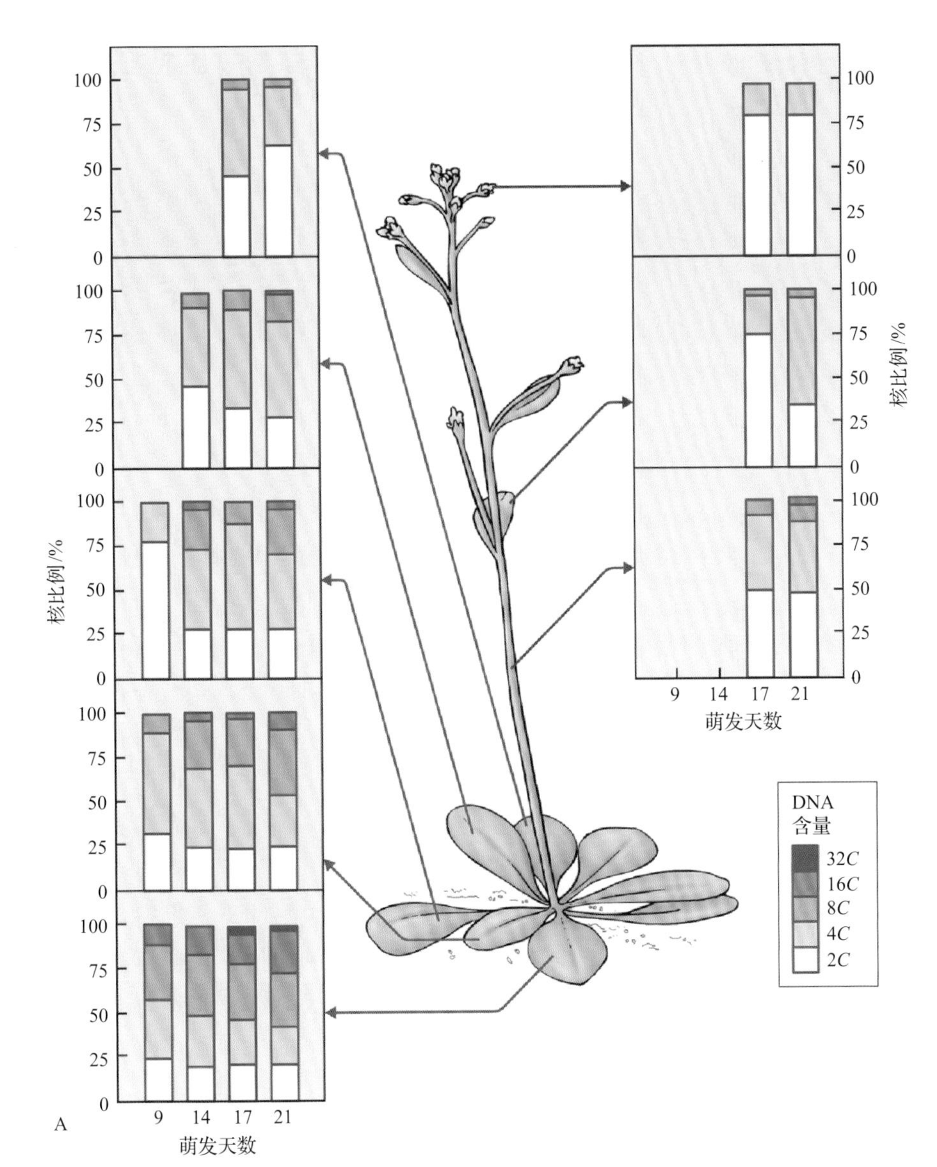

图 11.31 在发育中 DNA 的核内复制和多倍性的控制。A. DNA 含量的发育控制。将拟南芥不同发育时期的组织分离的间期细胞核用流式细胞仪分析发现，DNA 含量的多倍性与增加的组织年龄有很强的关系。对于一个特定的物种，C 是单倍体基因组中的 DNA 质量。B、C. 在有丝分裂和 DNA 核内复制后期中的 CDK- 细胞周期蛋白复合体的作用。B. 典型的有丝分裂周期。在早 G_1 期，CDK 活性肯定很低才能让复制起始进行。在晚 G_1 期，由于 G_1 期细胞周期蛋白增加，CDK 水平上升，直到 CDK 活性水平足够使 RBR 失活及诱导 S 期发生（包括复制起始和 S 期转录）。保持 S 期需要特定的 CDK- 细胞周期蛋白复合体。在 G_2 期，M 期细胞周期蛋白的转录升高，直到达到高水平的、有活性的 CDK- 细胞周期蛋白复合体并起始 M 期。在 M 中期，有丝分裂细胞周期蛋白被 APC/C 破坏，CDK 水平再一次降低至 G_1 早期水平。C. 典型的 DNA 核内复制周期。G_1 期和 S 期的 CDK 水平持续循环：在类 G_1 期中 CDK 是低水平，起始 DNA 复制；为了诱导 S 期有丝分裂的发生，CDK 的水平升高形成 CDK 复合体。然而升高的 CDK 水平要么不能形成足够的复合体，要么复合体活性被抑制，因此永远无法诱导 M 期的发生

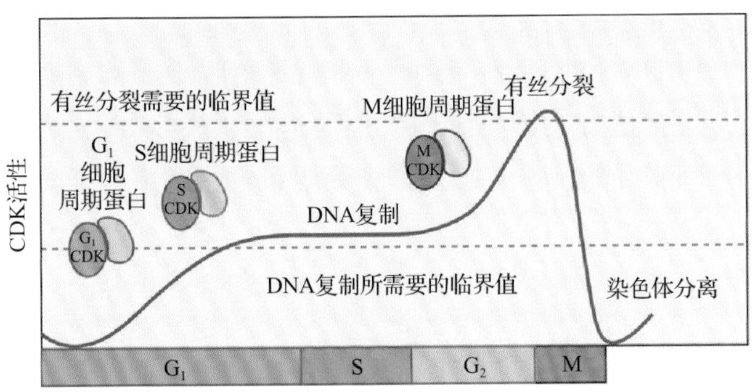

B 有丝分裂细胞周期类

C 核内周期类

制可能提供增加基因的剂量以适应细胞的增大。在植物中，核内复制的特点通常是快速的生活周期，核内复制可能体现了物种适应快速发育的演化策略。核内复制物种可能结合了小和大基因组物种的优点，小的基因组使细胞能以低能耗快速复制，而大的基因组能维持更大的细胞。这些特点在限制细胞分裂但不影响细胞伸长的状态下（如寒冷气候）变得非常珍贵。

核内复制周期可以看成一个 M 期被跳过的有丝分裂细胞周期。相反，由于进行分裂和核内复制的细胞都需要进行 DNA 复制，所以它们可能共享 DNA 复制所需的元件。因为每一个核内复制周期都需要激活复制起始点，所以许多控制装配 preRC 的蛋白质（如 CDC6 和 CDT1）能影响核内周期的调控和进程也就不足为奇。当过表达 E2F 转录因子后，可以观察到核内复制水平上

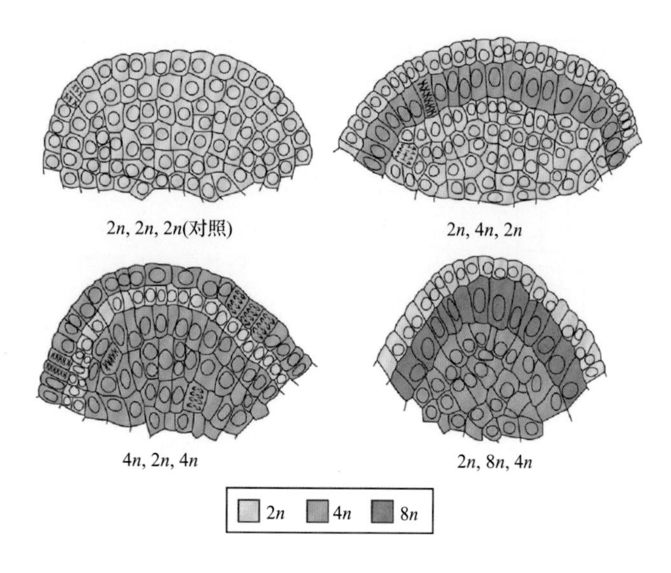

图 11.32 倍性与细胞大小的关系。在植物中，通过嫁接技术可以很容易地产生细胞嵌合体（由不同基因型细胞组成的个体）。对含有嵌合型分生组织的植物进行分析，发现细胞体积不是由位置而是由基因组拷贝数（倍性，n）决定的。观察到倍性增加与细胞体积之间有很强的正相关性

升，意味着 E2F-RBR 信号通路有助于核内周期的发生。

去除有丝分裂 CDK 的活性包含对 G_2 期到 M 期特异表达的 CDK/ 细胞周期复合体的转录抑制和对其蛋白质的降解。受到抑制的 CDK 是 B1 型 CDK，如观察所证实的，当植物的 CDKB1 活性降低后，核内周期的起始加快。CCS52A 激活的 APC/C 活性的增加可能是为了通过泛素化选择性地降解 CDKB1 连接的细胞周期蛋白。同时，A 型 CDK 活性也需要被降低，KRP 和 SIM 家族的 CKI 可能参与这一过程。

11.5.7 植物细胞必须复制并维持三套基因组

与动物或真菌的细胞不同，植物细胞包含三套基因组，分别位于三种细胞区室中：细胞核、质体和线粒体。植物线粒体的基因组通常比动物或酵母的要大得多，通常为 200 ～ 2400kb。质体的基因组大约为 130 ～ 150kb。线粒体和质体的基因组通常只能编码这些细胞器行使功能所需的部分蛋白质，因此它们还依赖于核基因编码蛋白的输入。

在植物个体中，线粒体和质体基因组的拷贝数具有令人惊异的可变性。细胞器基因组的复制主要发生在分生组织和器官原基中。在这些部位细胞器基因组的拷贝数可能很高：每个线粒体含 20 ～ 100 个拷贝，而每个质体含 50 ～ 150 个拷贝。在快速分裂的细胞中，细胞器的数目维持在相对低的水平。伴随有丝分裂后细胞的成熟，细胞器 DNA 逐渐停止复制，质体继续分裂，最终降低了每个细胞器中基因组的拷贝数（图 11.33）。

分裂的植物细胞中质体数目的严格维持，以及不同的细胞类型中质体数目的调控，表明存在一种机制协调质体的分裂和细胞的分裂。这种协调在只含有单个质体的物种中尤为严格，如一些藻类和硅藻中。在温泉红藻中（*Cyanidioschyzon merolae*），通过四吡咯介导的信号通路抑制 DNA 复制所需的特异细胞周期蛋白的降解，可协调细胞器 DNA 和核 DNA 的复制。同样，在高等植物中，抑制质体逆行信号会影响细胞周期的退出和核 DNA 核内复制的开始。尽管如此，在高等植物中，由于在每一

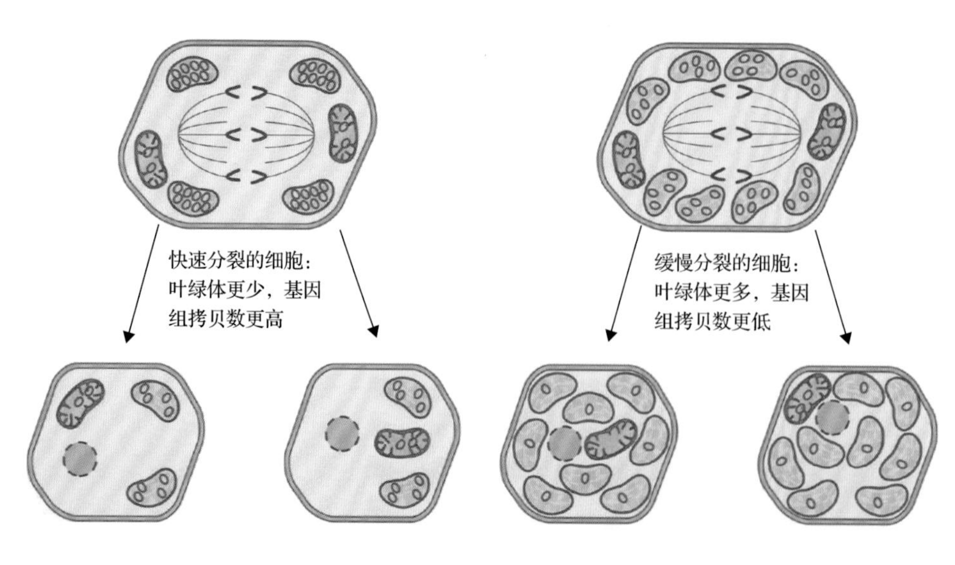

图 11.33 叶绿体 DNA 的复制与细胞核的复制并不偶联。快速分裂的细胞所含叶绿体的数目相对较低，但其环状质体基因组的拷贝数很高。即使在核 DNA 不复制时，这些质体仍继续进行 DNA 的合成。在叶片生长中，当细胞逐渐停止增殖开始扩张时，单个质体的基因组拷贝数将降低，因为质体在质体 DNA 不合成时仍继续分裂 1 ～ 2 次

个分生细胞中已经存在着多个前质体，因此其细胞器DNA和核DNA复制间的协调可能不如单细胞藻类中那么严格。复制因子CDT1被认为同时参与核DNA的复制和前质体的复制。拟南芥CDT1蛋白定位于细胞核和叶绿体中，CDT1水平降低的植物在质体的大小和数量上均存在缺陷。可是，到目前为止，复制因子控制质体分裂的机制还不清楚。

11.5.8 植物生长调节因子影响着特定细胞周期调控子的活性

陆生植物是**固着**（**sessile**）生长的，附着于固定基质上。当植物耗尽了附近的储备，它们就必须朝着新的地方生长，以获取养分和光照。为了充分利用它们的环境，植物需要可变的生长速率和生长模式。尽管生长不是植物对环境变化的唯一响应，但细胞分裂和扩张对于植物体接触周围未利用的资源十分重要。

同其他多细胞真核生物一样，植物也利用长距离信号机制介导远距离器官之间（如茎和根）的交流，协调它们的生长。在这些促有丝分裂的信号传递中，小分子起了关键作用。植物生长调节因子，包括激素（如生长素、细胞分裂素、乙烯、ABA、茉莉酸、独脚金内酯、赤霉素和油菜素内脂）、脂多糖（如结瘤因子）和多肽（如PSK、GRF、PSY和CLV），参与了生长调节的各个方面（见第18章）。激素合成、激素感知和响应方面存在缺陷的突变体，其形态和生长习性都发生了巨大的改变（图11.34）。

生长素和细胞分裂素这两种植物生长调节因子可能参与了对细胞分裂的调控。新建立的植物细胞培养物需要生长素和细胞分裂素才能继续增殖。例如，从新鲜的烟草（*Nicotiana tobacum*）细胞培养物中去除生长素或细胞分裂素，会分别使细胞停滞在G_1期或G_2期。烟草细胞培养基缺乏细胞分裂素，与烟草中一种可能抑制激酶活性的CDK含有的酪氨酸残基的磷酸化程度上升有关。如果向这种受到阻滞的培养物中加入细胞分裂素，酪氨酸残基的磷酸化程度就会下降，细胞将继续进行分裂。在拟南芥中，细胞分裂素是刺激表达一种D型（G_1）细胞周期蛋白（CYCD3）所必需的。并且，在组织外植体中，组成型表达CYCD3可以减轻其对细胞分裂素的需求（见图11.12）。相比之下，组成型表达*E2Fb*能够在生长素有限的条件下维持细胞分裂。

对完整植株进行处理，并不能刺激植株中所有组织的生长。例如，对根施加生长素，可诱发侧根形成，但却抑制顶端分生组织的活性。降低根中细胞分裂素浓度促进了根生长，但抑制茎生长。细胞分裂调控因子（如细胞周期蛋白、E2Fs），以及细胞分裂整体活性的变化，是激素处理后的早期反应（图11.35）。尽管生长素和细胞分裂素浓度的改变都明显影响了细胞分裂的活性，但植物响应二者的本质并不相同，并且受组织类型的影响。

与生长素和细胞分裂素相反，茉莉酸对细胞增殖有抑制作用，它使细胞周期停滞在G_1-S和G-M的转换期。G_2期的停滞与M期基因（如编码B型CDK、细胞周期蛋白和驱动蛋白的基因）表达的剧烈下降相关，但其中的分子机制并不清楚。茉莉酸的抑制效应与它对植物生长的负效应相关，可能体现了

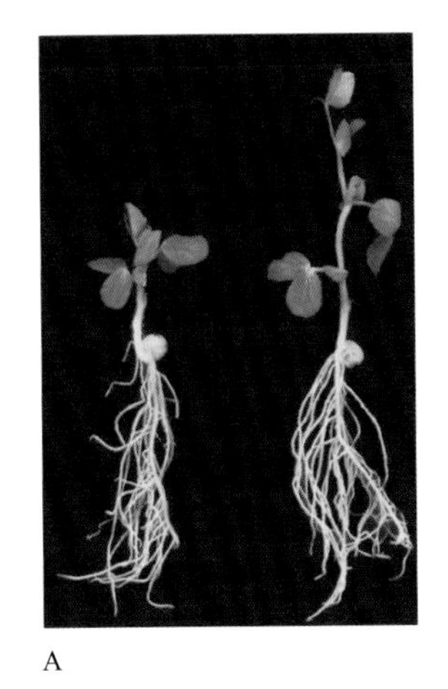

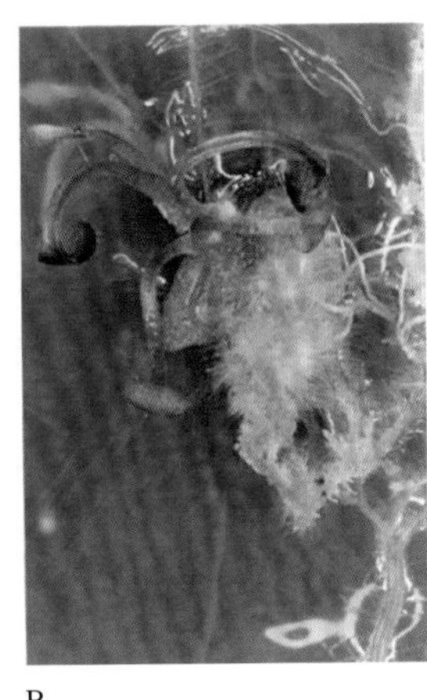

图11.34 不正常的激素合成、感知或应答严重影响植物生长。A. 油菜素内酯合成受阻影响植物细胞正常地扩张，并影响植株对光的应答能力（左侧为豌豆突变植株，右侧为野生型植株）。B. 生长素合成增多，刺激形成过量的侧根。在拟南芥*superroot*突变体中，这种表型最终是致死的。C. 玉米*vp1*突变体不能响应ABA，导致其种子不能维持在休眠状态，种子在穗上过早发芽（vivipary），其种子也不能在干燥环境下存活。来源：图A来源于Yokota（1997）. Science 2: 137-143；图B来源于Boerjan et al.（1995）. Plant Cell 7: 1405-1419；图C来源于McCarty et al.（1991）. Cell 66: 895-905

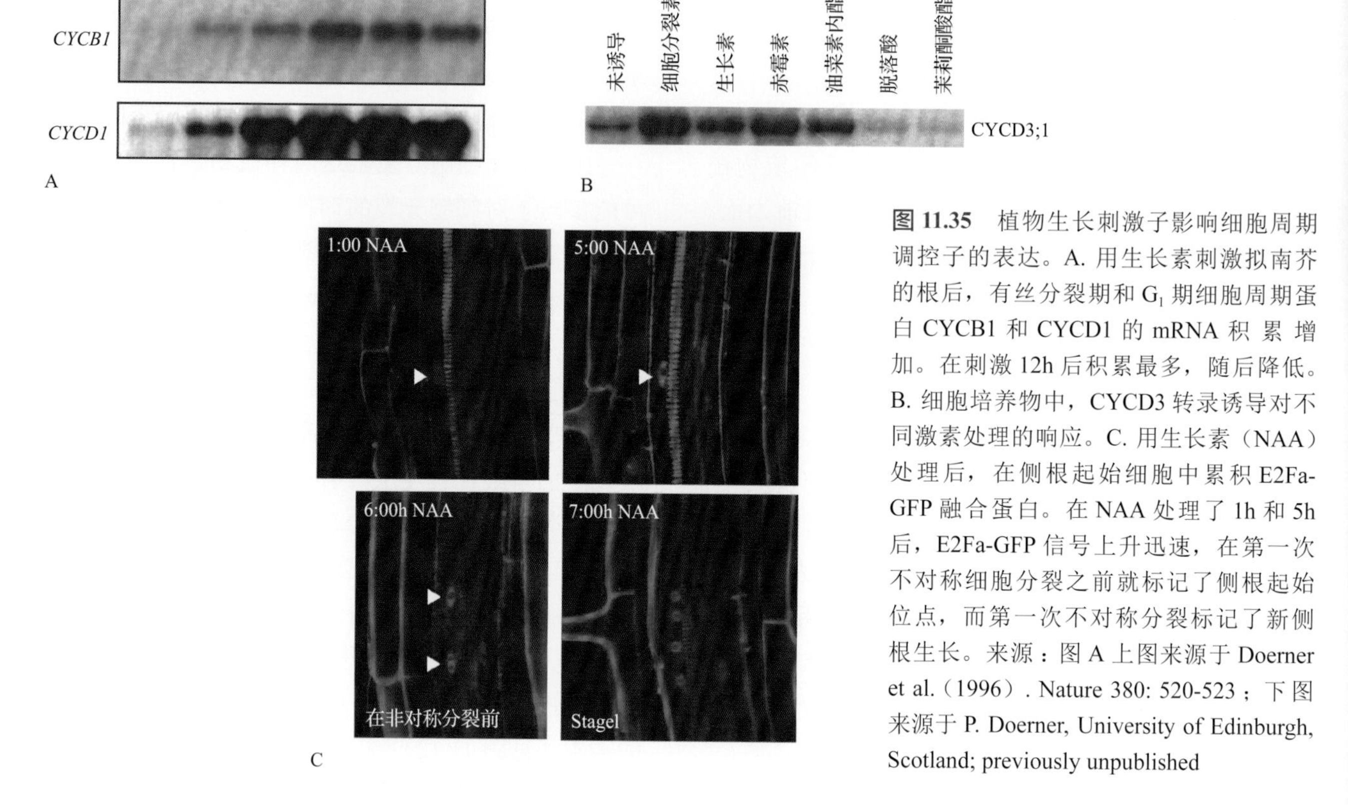

图 11.35 植物生长刺激子影响细胞周期调控子的表达。A. 用生长素刺激拟南芥的根后，有丝分裂期和 G_1 期细胞周期蛋白 CYCB1 和 CYCD1 的 mRNA 积累增加。在刺激 12h 后积累最多，随后降低。B. 细胞培养物中，CYCD3 转录诱导对不同激素处理的响应。C. 用生长素（NAA）处理后，在侧根起始细胞中累积 E2Fa-GFP 融合蛋白。在 NAA 处理了 1h 和 5h 后，E2Fa-GFP 信号上升迅速，在第一次不对称细胞分裂之前就标记了侧根起始位点，而第一次不对称分裂标记了新侧根生长。来源：图 A 上图来源于 Doerner et al.（1996）. Nature 380: 520-523；下图来源于 P. Doerner, University of Edinburgh, Scotland; previously unpublished

细胞周期进程和胁迫识别之间的交流机制。

ABA 主要参与气孔开闭和应答干旱逆境的信号，也是负调控植物生长。当面临缺水胁迫时，根部 ABA 的浓度会上升，在这种情况下，根尖分生组织会受到抑制，CDK- 细胞周期蛋白复合体的抑制物 *ICK1*/*KRP1* 被诱导表达，暗示着在缺水胁迫时，根中的抑制物会调控 CDK 激酶的活性。类似地，当植物遇到轻微胁迫时，乙烯通过抑制 CDK 活性参与对细胞周期的阻滞。

油菜素内酯和赤霉素主要促进细胞生长和扩展。但是，在黑暗中，油菜素内酯可能通过控制细胞分裂，抑制叶的器官发生。赤霉素可以刺激拟南芥根分生组织和深水中水稻茎干节间的细胞分裂，因而细胞能够迅速分裂和扩张以响应水淹。赤霉素对于细胞增殖的作用依赖于 DELLA 蛋白（见第 18 章），这种作用被认为是通过提高细胞周期抑制基因 *KRP2* 和 *SIAMESE* 的表达来抑制细胞增殖。总之，对于植物激素和发育信号如何控制细胞周期活性及组织器官的大小，还有很多需要了解的地方。

小结

在增殖的细胞中，细胞生长和细胞分裂是偶联的。细胞分裂过程最基本的功能是对染色体的精确复制并随后将它们分配至子细胞。这些事件是由蛋白激酶和蛋白酶控制的。这些酶在植物和其他模式生物（如动物和酵母）中都已鉴定到。尽管对这些调节蛋白功能的描述还不完整，但初步观察的结果表明它们在植物和其他生物中都以类似的方式行使功能，但受到的调控可能不同。

（林晓雅　骆兴菊　译，钟　声　校）

第3篇

能　量　流

第 12 章 光合作用

Krishna K. Niyogi, Ricardo A. Wolosiuk, Richard Malkin

导言

自然界以无机物为前体合成有机物需要消耗能量和还原力（低电势电子）。自养生物将二氧化碳（CO_2）作为生成有机分子的唯一碳源。对于**化能自养**（**chemoautotrophic**）细菌和依赖这类细菌进行生命活动的群体（如深海热液喷口的动物群），这种能量完全来源于无机分子的化学键。然而，它们只是生物界中极少数的一部分。对于自然界的大部分生物系统，合成有机物的能量都直接或间接地来自于太阳能。植物、藻类和原核生物直接利用太阳能合成有机物的全部过程称为**光合作用**（**photosynthesis**）。

所有光合作用生物都是光能自养的（**photoautotrophic**）。一些原核生物能将光源作为合成ATP的一种能量来源，但它们的生长需要有机分子作为碳源，这种生物是光能异养的（**photoheterotropic**），不能进行光合作用。光合作用所生成的有机物不仅为自养生物本身所需，还是其他异养生物生存所必需的。植物和藻类所进行的光合作用除了给自然界提供食物和化石燃料外，此过程产生的氧气（O_2）也是所有多细胞生物和许多单细胞生物进行呼吸活动所必需的。

光合作用包括一系列复杂的反应，如光吸收、能量转化、电子传递，以及将 CO_2 与水转变为碳水化合物的多步酶促反应。本章将详细介绍这些维持生命的过程。其他一些与光合作用相关的内容将在其他章节讲解，如蔗糖和淀粉代谢在第 13 章、光呼吸在第 14 章。

12.1 光合作用总论

12.1.1 光合作用是一个生物氧化还原过程

大多数光合生物将太阳能转变为稳定的化学能。如反应 12.1 所示，光合作用实际上就是一个**氧化还原**（**oxidation-reduction**）过程。CO_2 是电子受体，H_2A 是电子供体，(CH_2O)是反应生成的碳水化合物，A 是 H_2A 被氧化后所释放的物质。

反应 12.1：光合作用总反应

$$CO_2+2H_2A \xrightarrow{hv} (CH_2O)+2A+H_2O$$

放氧（**oxygenic**）光合作用是本章的重点。在此过程中，水作为还原剂被氧化，放出电子最终传递到 CO_2，从而生成 O_2 和碳水化合物，如反应 12.2 所示。植物、藻类和原核蓝细菌都能进行这个光驱动的**耗能**（**endergonic**）反应，每合成 1mol 己糖，自由能的改变 $\Delta G^{0'}$ 为 +2840kJ。放氧光合作用是蓝细菌的一次演化革新，正是这一过程使得 20 亿年前的地球大气开始积累 O_2。

反应 12.2：放氧型光合作用

$$CO_2+2H_2O \xrightarrow{hv} (CH_2O)+O_2+H_2O$$

还有很多原核生物不以水为电子供体，进行**不放氧**（**anoxygenic**）光合作用。如反应 12.3 所示，紫色硫细菌将环境中的 H_2S 作为电子供体，生成单体硫而不是 O_2。这些细菌具有还原 CO_2 生成碳水化合物的能力。在很多情况下，它们的固碳机制与放氧光合生物几乎是一样的。不放氧光合细菌是许多陆地和水生生态系统的基本组成部分之一。另外，这些原核生物也是从不同角度研究光合作用的重要模式生物（信息栏 12.1）。

信息栏 12.1　用于研究光合作用的模式生物

与其他植物生物学领域一样，近来分子遗传学和分子生物学的发展大大促进了对光合作用的研究。用于光合研究的几种模式生物各具特点，使其对研究者独具吸引力。

光合细菌在光合研究重要概念的发现上发挥了主要的作用。厌氧的紫细菌（如 *Rhodobacter sphaeroides*）和一些蓝细菌（如 *Synechocystis* sp. PCC6803）代谢多样，可以光合自养或者异养。又如，*R. sphaeroides* 大部分参与光合作用的基因聚在位于基因组的光合基因簇上，这样有利于分子生物学的分析。特定基因功能的研究可以通过构建缺失该基因的缺失突变体来进行。由于这些原核生物可以异养生长，可以利用它们来研究在专性光合自养生物中缺失突变会致死的光合细胞器突变体。编码蛋白的结构功能分析可以通过将专门设计修饰的 DNA 转入细胞来进行。这些技术被广泛地用于研究光化学反应中心复合体和电子传递蛋白，为研究这些光合复合体某个亚基的特定功能提供了可能。

在真核生物的光合作用研究中，真核生物的核基因组及叶绿体基因组协调配合对研究者来说是一种挑战。一种单细胞藻——衣藻，成为真核生物叶绿体形成分子研究的最好模式生物之一。同前面所讲的光合细菌一样，在提供外源碳源（如乙酸）的情况下，衣藻（*C. reinhardtii*）能在黑暗中异养生长，研究者们可以研究缺乏光合作用的突变体。衣藻的另一个好处是，它的核和叶绿体的基因组易于转化。基因组测序和系统发育学方法已经找出数以百计的保守基因，它们被认为参与光合作用或与叶绿体发生相关。利用反向遗传学的方法可检测这些基因的功能，如核基因组随机插入突变或者叶绿体基因组定点突变（与上面提及的光合细菌一样，这种定点突变也很容易获得）。

尽管光合系统的分子生物学研究很受限制，完全缺失光合系统的突变经常是致死的，但是遗传学方法利用拟南芥、玉米、烟草等植物研究光合作用还是取得了丰硕的成果。针对拟南芥开发的大 T-DNA 插入突变体集合，特别适用于高通量突变筛选和反向遗传学。玉米的优点是致死的光合突变体可以以杂合子存在，大型的种子可以满足幼苗在不利用光合作用的情况下达成一定的生长，为生化研究提供了充足的材料。烟草中，叶绿体的转化也是可行的，利用反义技术或其他基因沉默技术研究核基因也很有收获。通过这种方法可以使一些在卡尔文循环中发挥功能的特殊酶类降低浓度。在一些情况下，通过这种操作处理过后的植物光合作用效率降低。在另一些研究中，反义植物还揭示出光合作用调节中未知的复杂性。

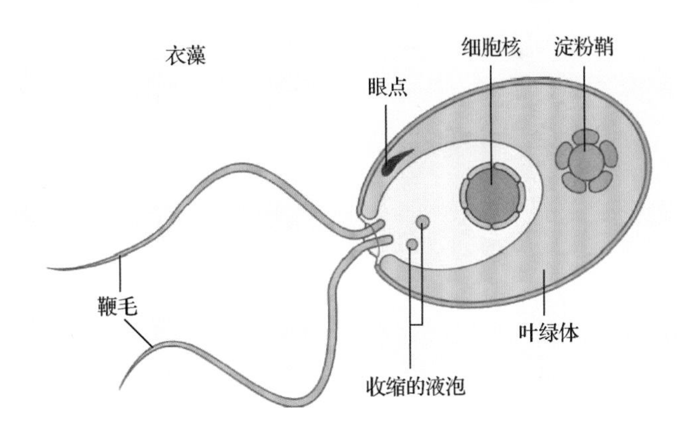

反应 12.3：硫化氢氧化型光合作用

$$CO_2+2H_2S \xrightarrow{hv} (CH_2O)+2S+H_2O$$

12.1.2　成熟叶绿体是真核生物进行光合作用的场所

在真核生物中，光合作用的所有反应都在一种特殊的质体——**叶绿体（chloroplast）**中进行（见第1章）。目前人们认为植物的叶绿体是一种演化自原真核细胞（protoeukaryotic cell）与光合细菌（与现代蓝细菌相关）的内共生细胞器（见第1章和第6章）。叶绿体的复杂结构反映了它复杂的生化功能。高等植物的叶绿体（图 12.1）表面有两层薄膜，即**外膜和内膜（outer and inner envelope）**；叶绿体内部具有一个复杂的内膜系统，被称为**类囊体（thylakoid）**。其中有一些类囊体膜紧密堆积，称为**基粒（grana）**，

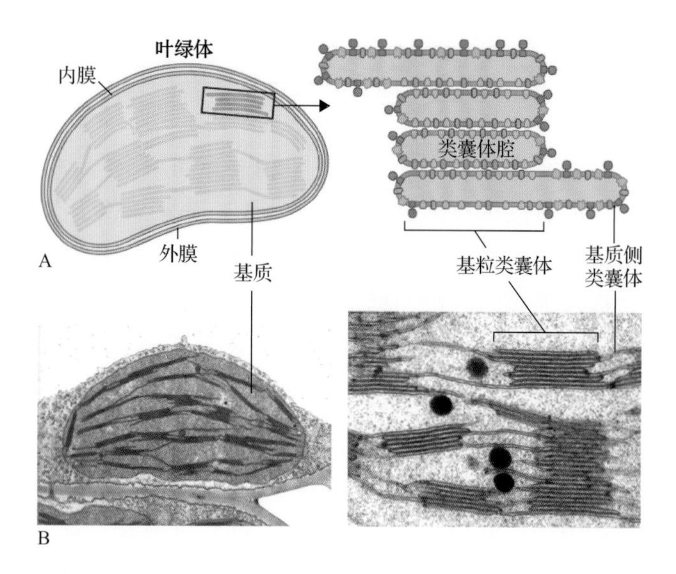

图 12.1 植物叶绿体。A. 叶绿体图解。在典型的植物叶绿体中，类囊体分为堆积的基粒类囊体（granal thylakoid）和非堆积的基质类囊体（stromal thylakoid）。B. 透射电子显微镜下的叶绿体超微结构。可以看到紧密堆积的基粒类囊体和电致密脂体，即质体小球。来源：图 B 来源于 Staehelin & van der Staay（1996）. Structure, composition, functional organization and dynamic properties of thylakoid membranes. In Oxygenic Photosynthesis: The Light Reactions, D. R. Ort and C. F. Yocum, eds. Kluwer Academic Publishers, Dordrecht, The Netherlands, pp. 11-30

这些类囊体称为**基粒类囊体（granal thylakoid）**；还有一些类囊体膜贯穿在基粒之间的**基质（stroma）**之中，称为**基质类囊体（stromal thylakoid）**。所有的类囊体膜都是相互连接的，它们围绕形成的内部空间称为**内腔（lumen）**。

12.1.3 光合作用的两个阶段：光反应和碳反应

19 世纪 50 年代和 60 年代，实验表明分离得到的叶绿体能在光下将 CO_2 转变为碳水化合物（见反应 12.2），而这个光合反应包括两个阶段。第一个阶段是光反应，产生 O_2、ATP 和 NADPH；第二个阶段是碳反应（碳还原发应，也称为**卡尔文循环**），利用在光反应过程中生成的 ATP 和 NADPH 还原 CO_2 生成碳水化合物。

光合作用的两个阶段是同时发生的，但它们发生在叶绿体的不同区域（图 12.2）。类囊体膜上有光系统Ⅰ（PS Ⅰ）和光系统Ⅱ（PS Ⅱ）膜蛋白复合体，它们包含将光能转变为化学能的光合反应中心。光合反应中心是电子传递链的一部分。电子传递链还

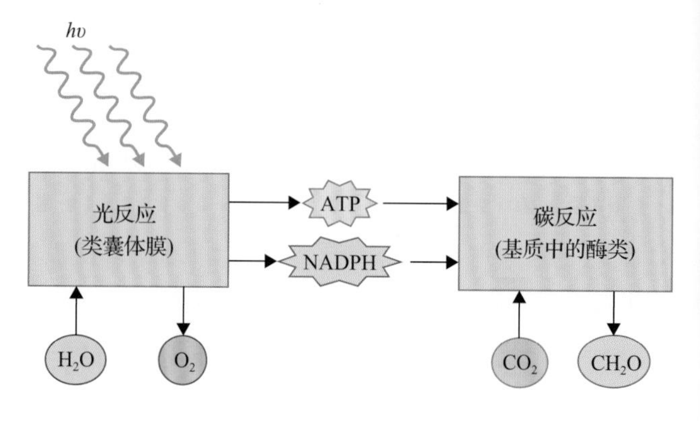

图 12.2 光合作用光反应和碳反应（以前称为暗反应）发生在叶绿体的不同区域。在叶绿体的类囊体膜上生成 ATP 和 NADPH 的一系列反应依赖光能。基质中同化 CO_2 的酶利用 ATP 和 NADPH 进行碳反应

包括了细胞色素复合体（细胞色素 b_6f 复合体）、水溶性铜蛋白（质体蓝素）和脂溶性醌（质醌）。光合电子传递链主要位于类囊体，它把电子从类囊体内腔中的水上转移到基质中的可溶性氧化还原化合物（如 $NADP^+$）上。电子的传递与类囊体膜内外**质子动力势（proton motive force，pmf）**的产生相结合。利用 pmf 的势能，ADP 由叶绿体 ATP 合酶磷酸化。位于类囊体膜上的 ATP 合酶是一个很大的蛋白复合体，暴露在基质中。相反，与碳还原相关的卡尔文循环则在基质中运转。

过去，卡尔文循环又被称为暗反应。这种说法很容易产生误解，因为白天也同样进行这些反应。而且，参与固定 CO_2 的一些酶需要光活化。所以更准确地说，碳反应的发生依赖于光反应所产生的高能产物及调控信号。

12.2 光吸收与能量转换

12.2.1 光的波粒二相性

20 世纪最重要的发现之一是光作为一种电磁波，同时具有波和粒子的性质。在量子力学中，这种能放出能量的颗粒被称为量子。不同波长的光量子，或称为**光子（photon）**，带有不同的能量。光子的能量等于普朗克常数 h（6.626×10^{-34}J·s）乘以光子的频率 v（见公式 12.1）。

公式 12.1：能量与频率成正比

$$E=hv$$

因此，不同颜色的光具有不同的能量。一种特

定波长的光子所带有的能量可用公式 12.2 描述。式中，c 是光速（$3.0\times10^8 m\cdot s^{-1}$），$\lambda$ 是波长（m），所以光子的能量与波长成反比。例如，1mol 光子的 490nm 蓝光光子的能量为 240kJ，1mol 光子的 700nm 红光光子的能量为 170kJ。这样，根据 CO_2 固定所需的 $2840kJ\cdot mol^{-1}$，就可以计算出将 6 个 CO_2 分子转变为 1 个己糖所需的最少量子数。放氧光合生物利用波长为 400 ～ 700nm 的可见光，而一些厌氧光合生物还能利用波长大于 700nm 的近红外区低能光。

公式 12.2：能量与波长成反比

$$E=hc/\lambda$$

12.2.2 色素分子对光的吸收

对于能利用光能的任何系统，光首先被吸收才被利用。光的散射和反射损失了很大一部分能量，所以光合生物体如何有效地吸收光能就成为一个重要的问题。能吸收光能的分子称为**色素**（**pigment**）。一个色素分子在吸收光能后，从基态转变为激发态。

反应 12.4：色素分子的激发

$$色素 \xrightarrow{h\nu} 色素^*$$

一个色素分子吸收了光能后，它的电子从一个靠近原子核的基态，激发到一个具有更高能态的激发态轨道。根据量子理论（公式 12.3），这种跃迁只发生在分子吸收的能量等于基态（E_g）和激发态（E_e）之间的能差。所以，并不是所有的跃迁都会发生。

公式 12.3：激发色素分子所需能量的定量计算

$$E_e-E_g=hc/\lambda$$

由于分子的振动和转动，分子较原子而言有很多近似于基态或激发态的态势。如图 12.3 所示，叶绿素（见 12.2.3 节）有两种激发的**单线态**（**singlet state**），对应两个主要的吸收区，分别在红光区和蓝光区。依据吸收能量的不同，叶绿素分子分别发生从基态到第一单线态或第二单线态的跃迁，能量关系由公式 12.3 决定。值得一提的是，由于存在一系列基态和激发态，分子吸收带比原子吸收带宽。

在分子中，两种类型的激发态是可以同时存在的。一般处于单线态的电子寿命较短，其电子以相反方向旋转；而处于**三线态**（**triplet state**）的电子平行旋转，寿命较长。三线态通常比单线态电子的寿命长得多（需要更长的时间去激活），并处于较低的能量水平。从单线态到三线态的转换可以发生，但属于低概率事件。

电子跃迁到激发态后，可通过几种不同形式再返回到稳定的基态（图 12.3）。最简单的一种形式是以热的形式释放（**relaxation**）。另外一种是发射荧光（**fluorescence**），荧光具有比吸收光更长的波长。这是因为不论哪一种激发态形式发射荧光，电子首先以振动形式到达最低激发态，然后才发射荧光。叶绿体荧光的测量被用来研究光合作用的效率和调控（信息栏 12.2）。

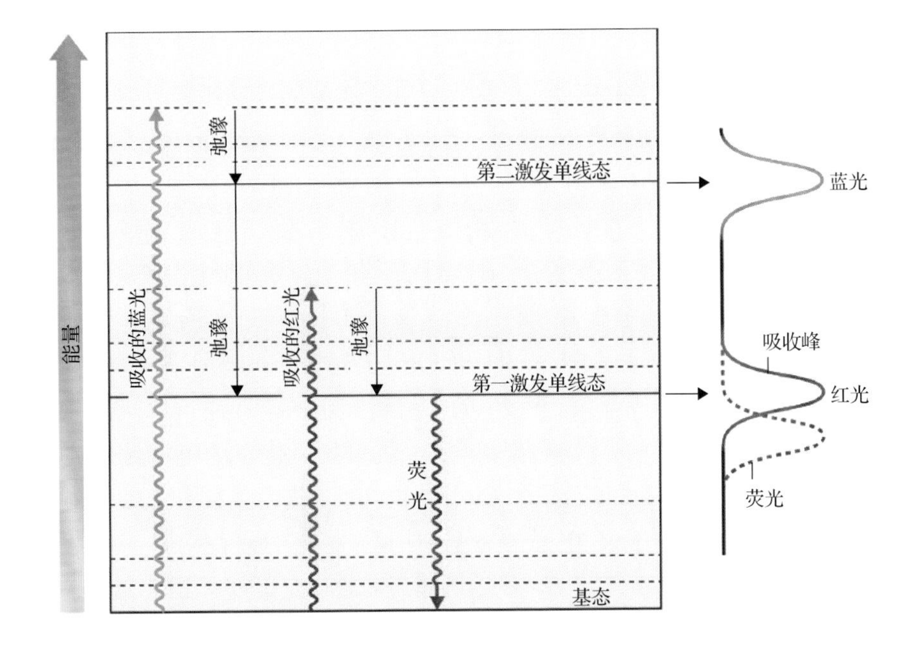

图 12.3 叶绿素分子的能量水平。叶绿素分子吸收蓝光或红光后成为激发态分子。因为蓝光有更高的能量，吸收蓝光到达更高激发态。高能态通过内部转移或弛豫转化为最低激发态（第一激发单线态），同时伴随能量以热能形式耗散。第一激发态又可以荧光的方式再次发射。图右侧是荧光和吸收光谱。短波长吸收峰相应于向较高的激发态转化，长波长吸收峰相应于较低的激发态转化

信息栏 12.2 用于研究光合作用的生物物理学技术

光合研究尤其是光反应相关的研究受益于能够检测光合细胞器的组分及其功能的许多技术。例如，叶绿素荧光的测定常用于研究光合效率，以及光合作用光捕获过程中的能量转移。常温下，大部分的叶绿素荧光来自于结合在 PS Ⅱ上的叶绿素 *a*。尽管在该条件下植物叶绿素 *a* 荧光的量子产率只有 0.6% ～ 3%，但是它提供了关于吸收光能的能量传递、光化学及非辐射性耗散的有用信息。这些机制都涉及单线激发态的叶绿素，所以这些途径的单线激发态叶绿素在去激发后产生的变化会影响叶绿素荧光产量。脉冲幅度调制（PAM）荧光仪可以测定不同光下反映光合系统各方面的参数，例如，PS Ⅱ的最大效率（F_v/F_m，荧光变量 F_v 表示暗适应状态下最大荧光 F_m 与最小荧光 F_0 之间的差）和能量的非辐射耗散（$NPQ=F_m/F'_m-1$，F'_m 是光照下最大荧光）（图 A）。叶绿素荧光也可以在低温（77K）下测定，可以区分和测量 PS Ⅱ和 PS Ⅰ相关的捕光天线。

基于许多在光合作用中光转化和电子能量转移后发生的氧化还原反应，许多光谱学的方法被应用于光反应的研究，这些技术依赖于分子氧化态和还原态的特征性差别。当分子参与电子转移，它们的氧化还原状态就能被检测到。吸收光谱学和电子顺磁共振（EPR）是两种主要技术，前者是基于分子对光的吸收性质，后者是基于分子本身的电磁性质。

光吸收谱学被广泛用于检测色素分子的状态。这些手段为研究光合膜中色素分子的种类及结构特征提供了重要且详细的信息。在这个方法上建立的差示光谱，可以用来研究色素分子在不同条件下（比如光下进行的氧化还原过程中）的吸收变化。光合膜中各种色素分子的浓度都非常低，而且因为有许多不进行氧化还原转变但又有显著光吸收的色素分子存在，少量的吸收改变不易被检测到。通过测定在光下和黑暗中分子的氧化还原状态的差别，我们可以测定这些少量的吸收改变，而无须去检测色素分子绝对吸收光谱。光合反应中心色素分子 P700 就是由于它在光下被氧化时，其吸收在 700nm 处减少而命名（图 B）。其他的电子载体也有伴随氧还状态变化表现出的特征吸收改变。该特性可以用来监测复杂组分中任一组分（如光合膜上的各组分）的变化。可以用不同时间（稳定的光照，如一秒到数秒；或者极短的闪光，如飞秒、纳秒、微秒）的光脉冲来诱导样品获得其光谱变化。闪光可用于特定的氧化还原过程的时间分辨动力学研究；亚微秒级的电子传递动力学技术相当复杂，利用高能激光作为光源。这些技术用于确定光合作用中电荷分离的早期中间物，以及研究特定电子转移事件的总动力学。

另一个应用在光合研究的光谱学技术是电子顺磁旋转共振（EPR）光谱，也称为电子旋转共振（ESR）。不同于吸收光谱中测定分子光学性质的改变，EPR 主要是基于分子的顺磁性质。顺磁分子是指含有不成对电子的分子。在所有光合反应中心原初电荷分离反应中生成的氧化还原产物，都是顺磁分子（产生自单个电子的传递），电子传递改变了这些产物（电子载体）的不成对电子的数目，所以它们都能被 EPR 检测到。EPR 检测放入磁场中的顺磁分子的电子旋转状态间的转变。研究者们利用 EPR 不仅可以了解电子载体的氧化还原状态，还能获得这些载体的一些化学特征信息。不同顺磁分子的 EPR 以 *g* 值(没有单位)表示。例如，理论上自由电子的 *g* 值为 2.0023，而叶绿素反应中心的光氧化分子中未配对电子的 *g* 值为 2.0026，半还原型质醌自由基 *g* 值为 2.0045。这些 *g* 值的微小差异（对比理论上不受环境影响的自由电子 *g* 值）与电子周围的环境相关。含有金属离子的中心，如在 PS Ⅰ和铁氧还蛋白中存在的 Fe-S 中心，有一个更为复杂的 EPR 光谱，因为与自由基轨道相比，它提供了各种可以让不成对电子运动的轨道。图 C 是液态氦中 PS Ⅰ中 F_A（Fe-S 中心 A）的一阶光谱。该中心有三个 *g* 值，分别是 2.04、1.94 和 1.86。另外两个 PS Ⅰ Fe-S 中心蛋白 F_B 和 F_X 的 *g* 值略有不同，从而可以从光谱上分辨出来。含 Cu 蛋白如氧化态的可溶性蛋白质体蓝素中 Cu^{2+} 的电子的 *g* 值为 2.22 和 2.05，与 Fe-S 中心的完全不同。Cu^+ 不含不配对电子（顺磁分子），所以还原后的质体蓝素没有 EPR 信号。

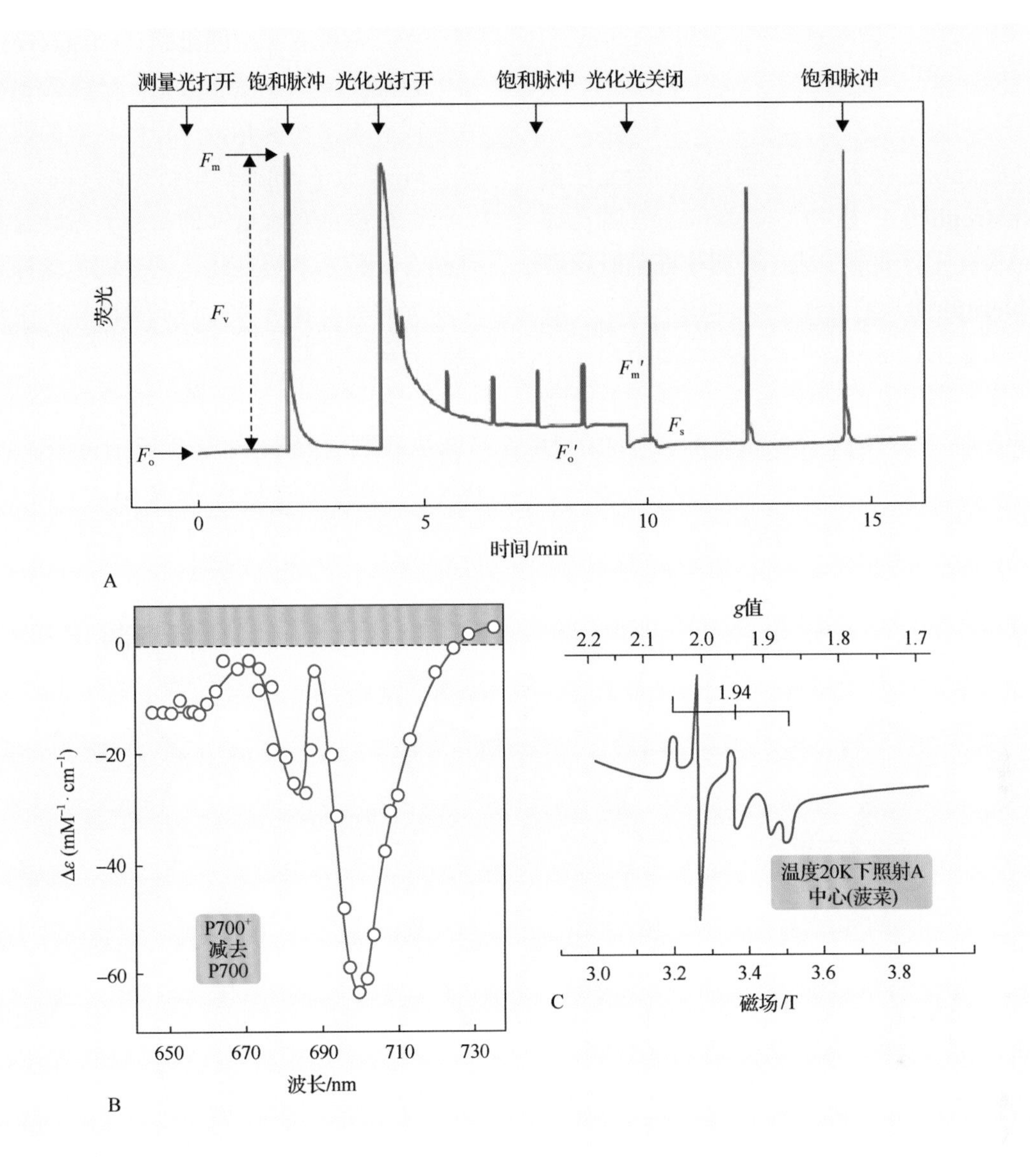

第三种形式是处于激发态的分子将能量传递给邻近的另外一个分子，即**能量转移（energy transfer）**。这种形式是色素分子间传递能量（吸收太阳能）的重要方式。最后一种形式是激发态的分子通过**电荷分离（charge separation）**将电子给予一个电子受体，即激活的色素分子还原一个受体分子。这种机制也称为**光化学反应（photochemistry）**，它将光能直接转变为化学能，是光合作用中的核心过程（反应 12.5）。

反应 12.5：光化学反应

$$\text{色素分子} + \text{受体} \xrightarrow{h\nu} \text{色素分子}^{*} + \text{受体} \rightarrow \text{色素分子}^{+} + \text{受体}^{-}$$

在上述几种途径中，速度越快的过程越容易发生。许多光合色素分子发射荧光的速度在纳秒（ns，10^{-9}s）级水平。然而光化学反应更快，在皮秒（ps，10^{-12}s）级水平（见 12.3.2 节）。因此，当快 1000 倍的光化学反应能正常进行时，光合作用高效运作，产生的荧光很少。叶绿素（见 12.2.3 节）的单线态参与能量转移和光化学反应。叶绿素三线态有较长寿命，所以不可能参与光合作用的电荷分离。

利用公式 12.4，可以通过计算**量子产额（quantum yield）**ϕ 估算光化学的效率。如果所有吸收的光子都被转化成化学能，则量子产额为 1.0。如果量子产额低于 1，表明有其他耗散途径使光化学反应效率降低。在正常条件下，光合作用的量子产额接近 1，说明别的耗散途径很少发生，几乎所有吸收的光能都被用于电荷分离。其他方面对效率的损耗与一些光化学反应产物的稳定性相关。

公式 12.4：量子产额的计算

$$\phi = \frac{\text{光化学产物量}}{\text{吸收光子量}}$$

12.2.3 所有光合有机体都含有叶绿素或相关色素

所有光能自养生物都含有某种形式的吸光色素**叶绿素（chlorophyll）**。植物、藻类和蓝细菌合成叶绿素，而厌氧光合细菌生成一种叫作**细菌叶绿素（bacteriochlorophyll）**的分子变体（图 12.4；一些光能异养的原核生物将结合于类视紫红质蛋白的视黄醛作为色素，利用光能合成 ATP。这些没有叶绿素的物种很有趣，不过与下文所讨论的以叶绿素为基础的光反应无关）。

叶绿素分子同血红蛋白和细胞色素的血红素辅基一样，都含有 1 个**四吡咯（tetrapyrrole）**环（卟啉）（见第 14 章，图 14.17）。叶绿素和血红素的生物合成有很多步骤相似。但叶绿素的四吡咯环结合镁（Mg）原子，而血红素结合铁（Fe）原子。另外，一个二十碳的疏水链（即植醇）与叶绿素的四吡咯环结合，使之非极性化。通过同位素标记实验、酶学研究和突变体分析，目前对叶绿素生物合成的途径已有详细了解。

叶绿素和血红素的生物合成前体是 δ-ALA（氨基乙酰丙酸）。植物和蓝细菌中，谷氨酸在有 $tRNA^{Glu}$ 参与的反应中生成 ALA（图 12.5）。尽管在植物和动物中 ALA 的生物合成不尽相同，但由

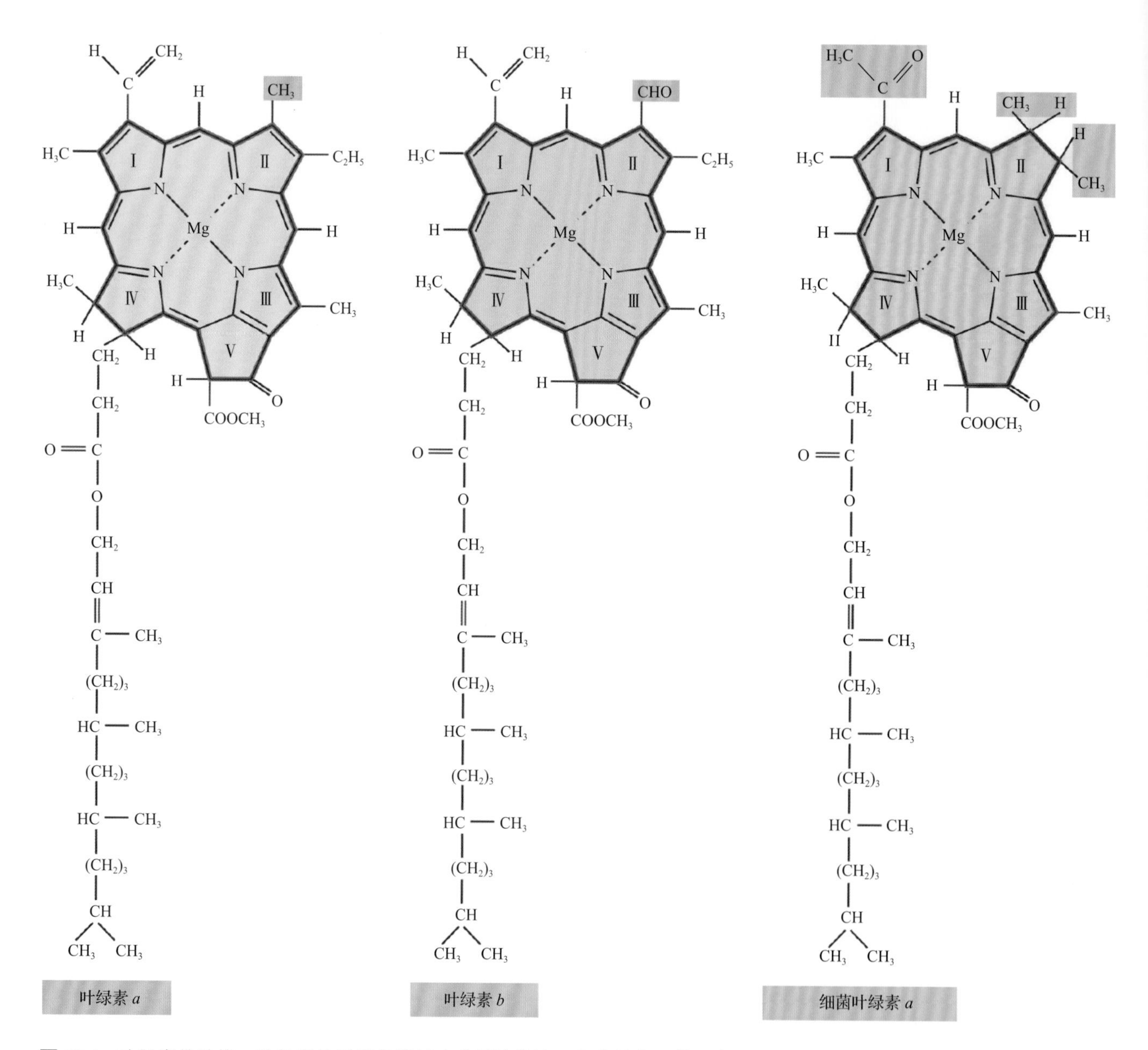

图 12.4 叶绿素的结构。叶绿素分子都有类似卟啉环的结构，大致是中心的 1 个 Mg 原子与 4 个吡咯环结合。叶绿素含有一个长链烃的尾巴，使得其表现出疏水性。不同的叶绿素分子环上基团不同。叶绿素 *a* 和叶绿素 *b* 的差别在一个支链上，前者是甲基，后者是甲酰基。原核光合细菌中的细菌叶绿素与叶绿素 *a* 相比，也是在支链上有不同修饰

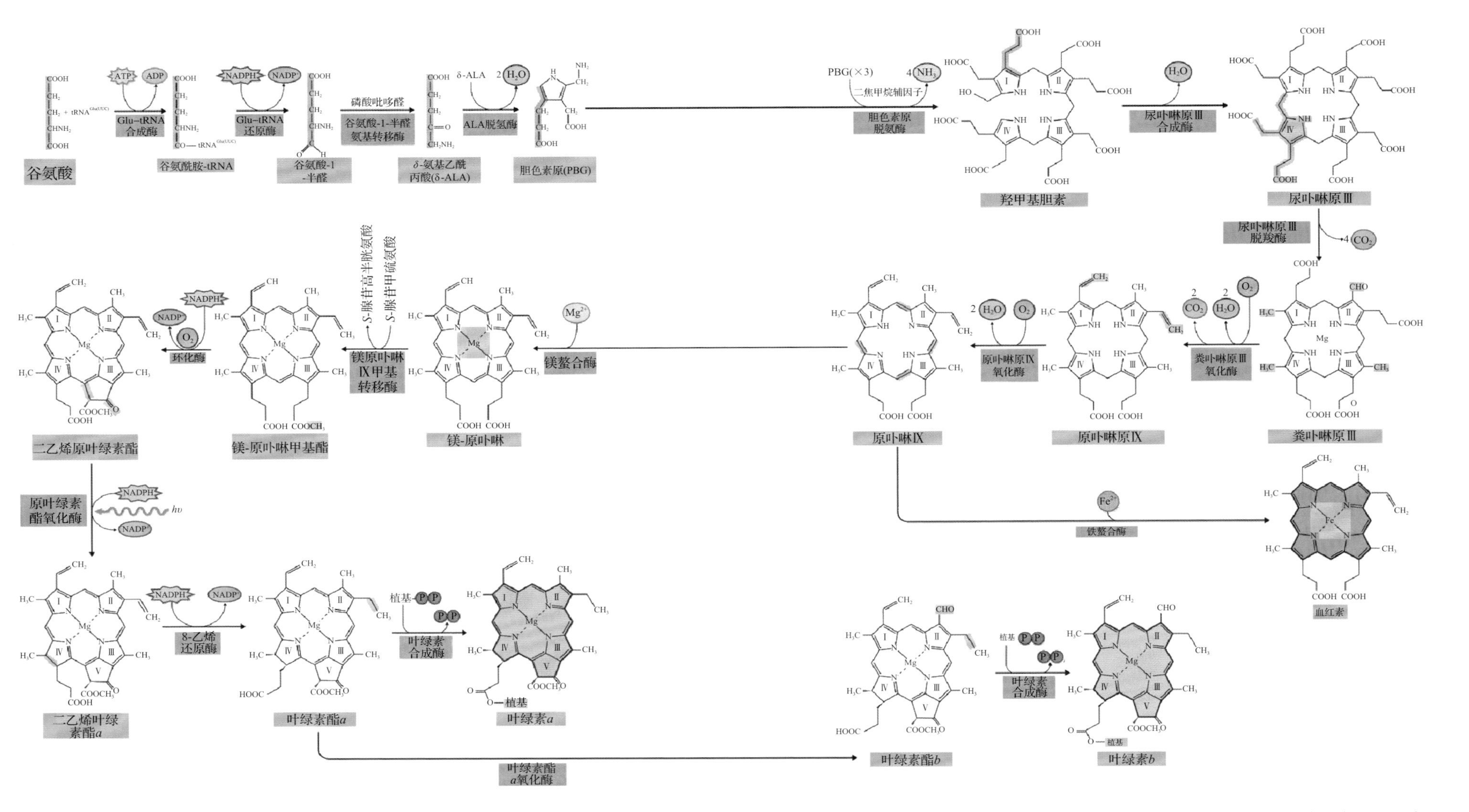

图 12.5 叶绿素和血红素的生物合成。2 分子由谷氨酸合成的 δ- 氨基乙酰丙酸（ALA）反应生成胆色素原（PBG）。4 个 PBG 分子形成原卟啉Ⅸ的环状结构，这里是叶绿素和血红素合成的分支点。叶绿素合成的第一步是由镁螯合酶插入 Mg 离子。铁螯合酶将 Fe 离子插入原卟啉Ⅸ环则生成血红素。叶绿素的合成还需要进一步修饰卟啉环，其中包括形成第五个环（Ⅴ）及加上植基链。被子植物叶绿素 *a* 合成需要光依赖的原叶绿素酯还原酶；叶绿素 *b* 的合成一般认为是以叶绿素酯 *a* 为底物

ALA 生成原卟啉Ⅸ的步骤是相同的。原卟啉Ⅸ在 Fe 螯合酶的作用下，将 Fe 原子插入四吡咯环中心，形成血红素。

叶绿素合成的分支途径，第一步是在 Mg 螯合酶的作用下，Mg 原子代替 Fe 原子插入四吡咯环中心。随后的步骤包括形成第五个环的环化反应，将 Mg 原卟啉Ⅸ转化为原叶绿素酯，再还原生成叶绿素酯。在被子植物中，原叶绿素酯的还原是严格光依赖的；而裸子植物、许多藻类和光合细菌含有不依赖于光的原叶绿素酯还原酶，故而可以在黑暗中合成叶绿素。叶绿素 *a* 合成的最后一步是疏水植醇链的酯化作用。

不同的叶绿素在支链结构和吡咯环的饱和程度上有所不同（图 12.4）。例如，叶绿素 *b* 是由氧合酶将叶绿素 *a* 的甲基转化为甲酰基形成的。这种化学结构上的微小改变使不同种类叶绿素的吸收性质产生巨大差异（图 12.6A）。另外，相邻色素间的相互作用，以及光合膜上叶绿素结合蛋白的非共价结合也会影响光的吸收。叶绿素在 430nm（蓝光）和 680nm（红光）吸收较强，而对绿光吸收较弱，所以更多绿光反射回来，使叶片呈现绿色。值得注意的是，一些耐氧光合自养生物，如蓝细菌和红藻，含有额外的色素。它们是叫作藻胆色素的线性四吡咯，能够吸收绿光和蓝绿光（图 12.6B），从而更有效地利用可见光。

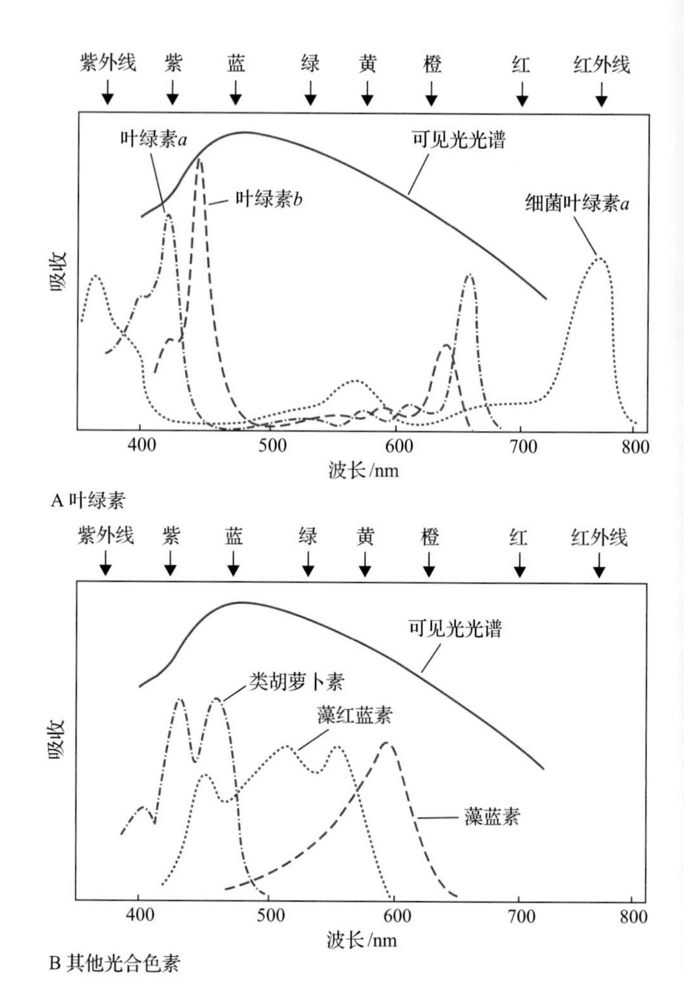

图 12.6 A. 叶绿素的吸收光谱。图中显示非极性溶液中的叶绿素 *a*、*b* 和细菌叶绿素 *a* 的吸收光谱，以及可见光光谱。这些色素分子的吸收光谱随着它们与体内一些蛋白质的结合而发生明显位移。B. 其他光合色素分子的吸收光谱，即非极性溶液中类胡萝卜素吸收光谱和其他的色素分子在含水溶液中的吸收光谱

12.2.4 类胡萝卜素参与光吸收和光保护

在光合有机体内发现的第二类色素分子是**类胡萝卜素（carotenoid）**（图 12.7）。这类分子包括胡萝卜素和叶黄素，它们都含有一个由碳和氢组成的共轭双键系统，而叶黄素在分子两端的环上还含有氧分子。

类胡萝卜素是叶绿体中非甲羟戊酸合成途径（见第 24 章）的产物，是由 8 个异戊二烯生成的四萜类（C_{40}）分子。八氢番茄红素是合成所有类胡萝卜素的前体，它由 2 个分子的牻牛儿牻牛儿基二磷酸生成。在植物中，八氢番茄红素经 2 个脱氢酶（八氢番茄红素脱氢酶和 zeta- 胡萝卜素脱氢酶）和 2 个异构酶（zeta- 胡萝卜素异构酶和胡萝卜素异构酶）催化生成番茄红素。番茄红素两边末端的不同环化生成了不同的胡萝卜素——β- 胡萝卜素（两个 β- 芷香酮环）和 α- 胡萝卜素（一个 β- 芷香酮环，一个 ε- 芷香酮环）（图 12.7）。α- 胡萝卜素羟化后生成**黄体素（lutein）**，它是植物叶绿体中最丰富的叶黄素。β- 胡萝卜素的羟化生成玉米黄素，玉米黄素的环氧化生成紫黄素，而紫黄素通过生成一个丙二烯键和异构化可以转变为新黄素。紫黄素通过去环氧化可以反过来生成玉米黄素，这个循环称为**叶黄素循环（xanthophyll cycle）**。叶黄素循环在强光条件下对植物十分重要（见 12.6.3 节）。藻类和光合细菌还能合成许多其他不同结构的类胡萝卜素。

在玉米和拟南芥等高等植物中，一些突变使类胡萝卜素合成途径受到影响。人们克隆了类胡萝卜素合成途径中编码若干酶的基因，并在大肠杆菌中表达了这些基因（图 12.8）。植物叶片中的橘黄色主要来自类胡萝卜素，它们主要吸收 400 ～ 500nm 的

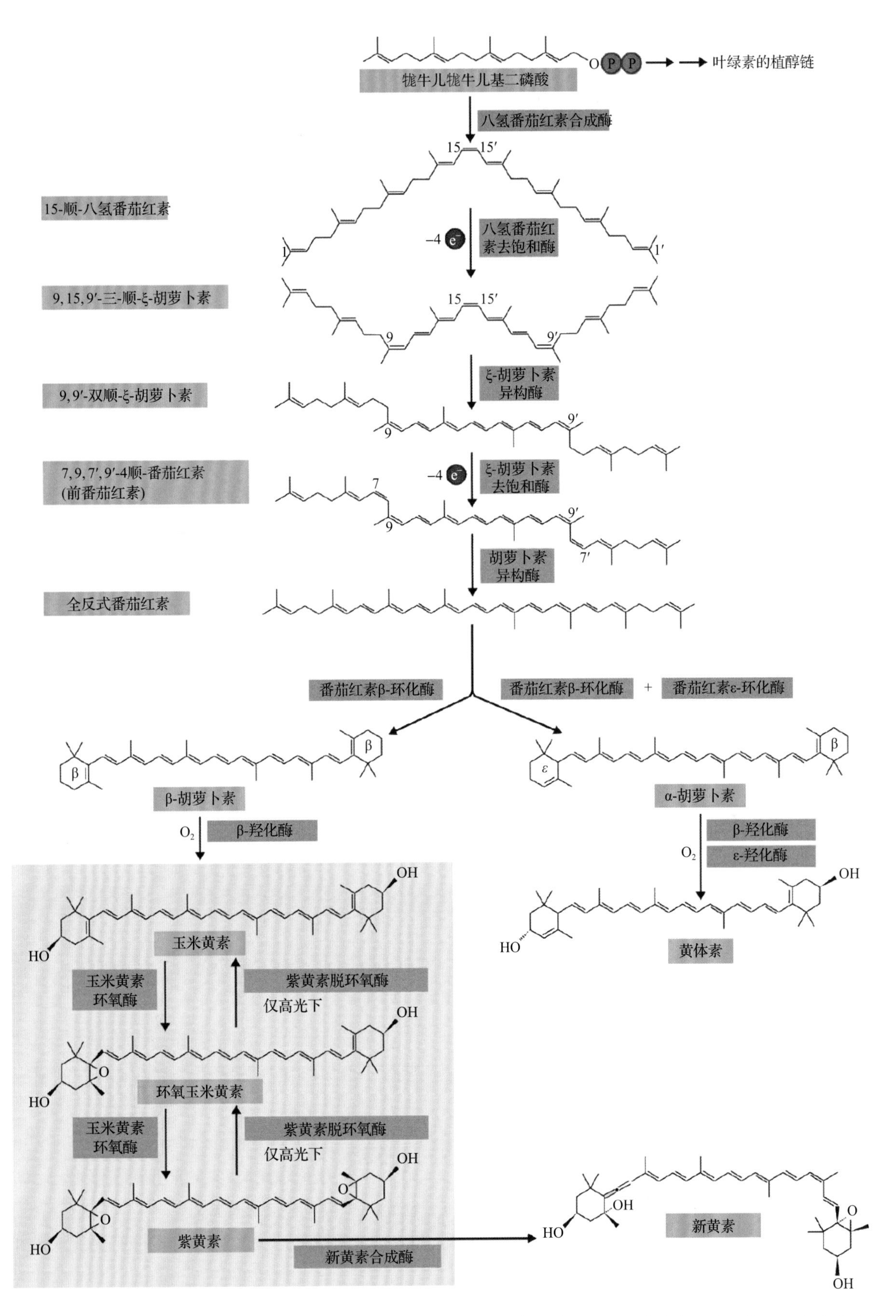

图 12.7 植物类胡萝卜素和叶黄素的生物合成。上半部分是由牻牛儿牻牛儿基二磷酸合成番茄红素，该转化包含去饱和及异构化的反应。参与的酶：两种去饱和酶，即八氢番茄红素去饱和酶（PDS）和 zeta- 胡萝卜素去饱和酶（ZDS）；两种异构酶，即 zeta- 胡萝卜素异构酶（Z-ISO）和胡萝卜素异构酶（CRTISO）。下半部分是从番茄红素转化为类胡萝卜素和叶黄素的反应。β 和 ε 分别代表两种胡萝卜素中的环结构。叶黄素循环（左下）能保护植物抵御强光照射，紫黄素可以在强光条件下生成玉米黄素，这一过程使吸收的多余光能以热的形势耗散，从而起到光保护作用

图 12.8 表达参与类胡萝卜素合成基因的大肠杆菌菌落。所拼出的名字代表该菌落中形成的产物。来源：Cunningham Jr. & Gantt（1998）. Annu. Rev. Plant Physiol. Plant Mol. Biol. 49: 557-583

光，而叶绿素 *a* 在此区域吸收相对较少（图 12.6B）。类胡萝卜素在光能吸收中仅起较小作用，但它是捕光复合体（LHC，见 12.3.8 节）的重要组成部分。

类胡萝卜素在保护光合器官，防止光氧化损伤方面具有重要且不可取代的功能（见第 22 章）。类胡萝卜素分子既能够吸收三线态叶绿素分子的能量，也能够吸收单线态氧的能量。有害的单线态氧由三线态叶绿素分子的能量传递产生，是活性氧引起植物光氧化损伤的主要类型。如果加入抑制剂或经由突变阻断类胡萝卜素的合成，光合生物又在有氧条件暴露于光下，那么单线态氧会达到致死浓度。

12.3 光系统结构和功能

12.3.1 光系统包括光化学反应中心和光捕获天线系统

光合作用将吸收的光能转变为相对稳定的化学产物，该过程由一类整合在膜上的称为**光系统**（**photosystem**）的色素蛋白复合体完成。所有光系统都含有一个**反应中心**（**reaction center**）和一套结合蛋白的捕光或**天线**（**antenna**）色素。天线色素吸收光能并传递至反应中心，在那里光合作用的电子传递以电荷分离起始，特殊结合的叶绿素分子被激活而将一个电子转移给受体 A（反应 12.6）。这是启动光能转化为化学能的主要光化学反应。

反应 12.6：反应中心的光化学反应

$$叶绿素\cdot A \xrightarrow{h\nu} 叶绿素^{*}\cdot A \rightarrow 叶绿素^{+}\cdot A^{-}$$

反应中心的特殊叶绿素可以吸收一个光子而直接被激活，或者接受天线的激发能量。因此由许多色素分子组成的天线增加了反应中心吸收光的横截面。天线中激发能量从一个叶绿素分子转移到另一个遵循 Förster 能量转移或共振机制（反应 12.7）。天线内供体和受体分子的邻近十分重要，因为能量转移的效率与分子间距离的 6 次方成反比。相距 10Å 左右的两个叶绿素分子，观察到的能量转移时间不到 1ps。为了获得有效的能量转移，两个色素的相对排列方向也很重要，而且供体色素的荧光光谱和受体色素的吸收光谱必须重叠。紧密而有序排列的天线色素可以获得高达 99% 的高速能量转移效率。

反应 12.7：激发能量转移

$$叶绿素^{*}_{供体} + 叶绿素_{受体} \rightarrow 叶绿素_{供体} + 叶绿素^{*}_{受体}$$

12.3.2 反应中心包含了参与能量转换的特殊叶绿素分子和电子受体分子

对去垢剂可溶的光合作用膜进行生化分馏，可获得不放氧细菌、蓝细菌、藻类及植物的反应中心，并且它们能在体外进行最初的光化学反应。光谱学研究发现参与原初电荷分离反应的反应中心叶绿素由不止一个叶绿素分子或细菌叶绿素分子组成。紫细菌——类球红细菌的反应中心叶绿素被命名为 P865，因为这一对细菌叶绿素分子氧化反应带来的最大光吸收变化的波长在 865nm（见信息栏 12.2）。这种伴随电荷分离的吸收变化为测定光合反应中心提供了有效方法。

除了叶绿素分子外，反应中心复合体还包含一系列电子受体。这些受体分子的化学性质与反应中心的类型相关。所有反应中心电子传递的基本特征是电子从特殊叶绿素分子对（如 P865）转移给另外一个色素分子，如细菌去镁叶绿素（去镁叶绿素为不含镁原子的叶绿素衍生物），甚至是转移给另一个叶绿素分子。之后电子再从这个色素分子转移给一个非色素分子——醌或者 Fe-S 中心，这将进一步稳定电荷分离的状态。这些电子传递反应如反应 12.8 所示。

反应 12.8：反应中心内的原初电荷分离

$$P^{*}\text{叶绿素 } A_0A_1A_2 \rightarrow P^{+}\text{叶绿素 }^{-}A_0A_1A_2 \rightarrow$$
$$P^{+}\text{叶绿素 } A_0^{-}A_1A_2 \rightarrow P^{+}\text{叶绿素 } A_0A_1^{-}A_2 \rightarrow$$
$$P^{+}\text{叶绿素 } A_0A_1A_2^{-}$$

人们仔细研究了反应中心原初反应的动力学。原初电荷分离反应发生在几皮秒内，完成光能转化反应的同时，化学产物也已经生成。超快吸收光谱利用很短的脉冲激光激活反应中心复合体的电子传递链，可以监测电子从特殊叶绿素到相继电子受体的每一步转移。在紫细菌的反应中心，电荷的最初分离形成氧化态细菌叶绿素（$P865^{+}$）和一个邻近的还原态细菌叶绿素（$BCha^{-}$），这一步大约耗时 3ps。下一步，细菌去镁叶绿素电子受体（$BPha^{-}$）的还原只需 1ps。再经过 100 ～ 200ps，电子被转移到结合态醌（Q_A）。最后电子受体 Q_B 的还原则比较慢，在微秒级别（图 12.9）。

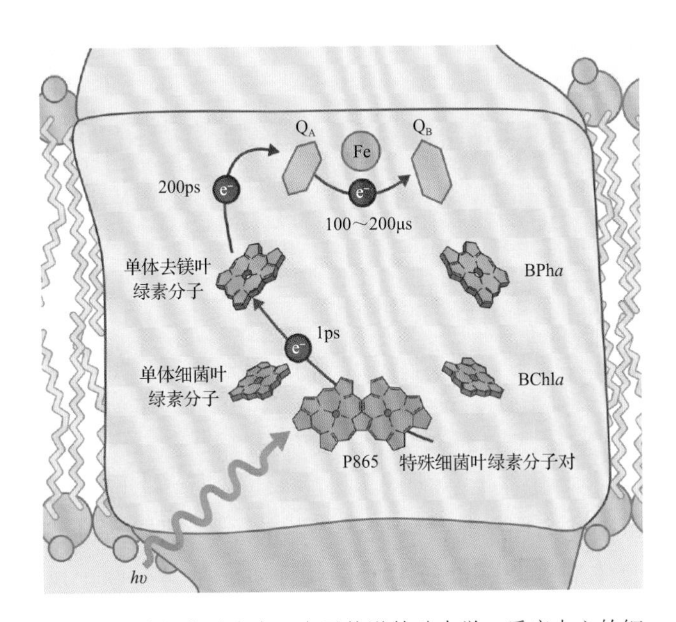

图 12.9 紫细菌反应中心电子传递的动力学。反应中心的细菌叶绿素分子对吸收光能被氧化，将电子从 P865 转移给单体细菌叶绿素分子（BChl*a*），之后传递给去镁叶绿素分子（BPh*a*）。这步反应需要大约 1ps。接下来，电子先被传递给一个醌分子 Q_A，之后再传递给另外一个醌分子 Q_B。这一步反应需要大约 200ps。电子传递只沿着两条对称的分支中的一条进行

12.3.3 放氧光合生物含有两个光化学反应中心——PS Ⅰ和 PS Ⅱ

根据电子受体的性质，反应中心可以被分为两种基本类型。最终还原一个 Fe-S 簇的反应中心属于类型Ⅰ（或 Fe-S 类型），而还原一个醌的反应中心属于类型Ⅱ（或 Q 类型）。不产氧光合细菌的光合膜中只含有一种反应中心复合体，不同物种情况不同。例如，绿色硫细菌和日光杆菌含有类型Ⅰ的反应中心；紫细菌含有类型Ⅱ的反应中心。

相比之下，包括蓝细菌、藻类和植物在内的所有放氧光合生物，同时含有类型Ⅰ（PS Ⅰ）和类型Ⅱ（PS Ⅱ）的反应中心复合体。因此 PS Ⅱ含有与紫细菌反应中心相似的电子载体（去镁叶绿素、醌），而 PS Ⅰ则含有结合态 Fe-S 中心作为稳定的电子受体（表 12.1）。根据色素在差示光谱（见信息栏 12.2）中的吸收峰，PS Ⅰ和 PS Ⅱ中经受光诱导氧化的叶绿素分别命名为 P700 和 P680。

12.3.4 所有反应中心都有一个相似的中心结构

认知反应中心结构和功能的主要突破来自于研究紫细菌红假单胞菌（*Rhodopseudomonas viridis*）类型Ⅱ反应中心复合体的 X 射线晶体衍射结构。该结构的核心是一个异源二聚体，由两个同源的蛋白质 L 和 M 组成，它们各有 5 个跨膜的 α 螺旋（图 12.10A）。L 和 M 的相似性显示它们可能通过基因重复，起源于一个同源二聚体的反应中心。这两个蛋白质在一起结合了原初电荷分离和电子传递过程中所有的色素和辅助因子。电子载体被排列为呈假对称的两个支路（图 12.10B），然而电子传递只使用其中一个途径。第二支路保持不活动可能与蛋白质所处的动态环境相关。

之后对蓝细菌 PS Ⅱ和 PS Ⅰ晶体结构的解析表

表 12.1 PS Ⅰ和 PS Ⅱ的电子转移载体

电子载体	PS Ⅰ	PS Ⅱ
反应中心叶绿素	P700，Chl_A，Chl_B	P680 和 Chl_{D1}
A_0	叶绿素 *a*	去镁叶绿素 *a*
A_1	叶绿醌	质醌 Q_A
A_2	F_X（Fe-S 中心）	质醌 Q_B

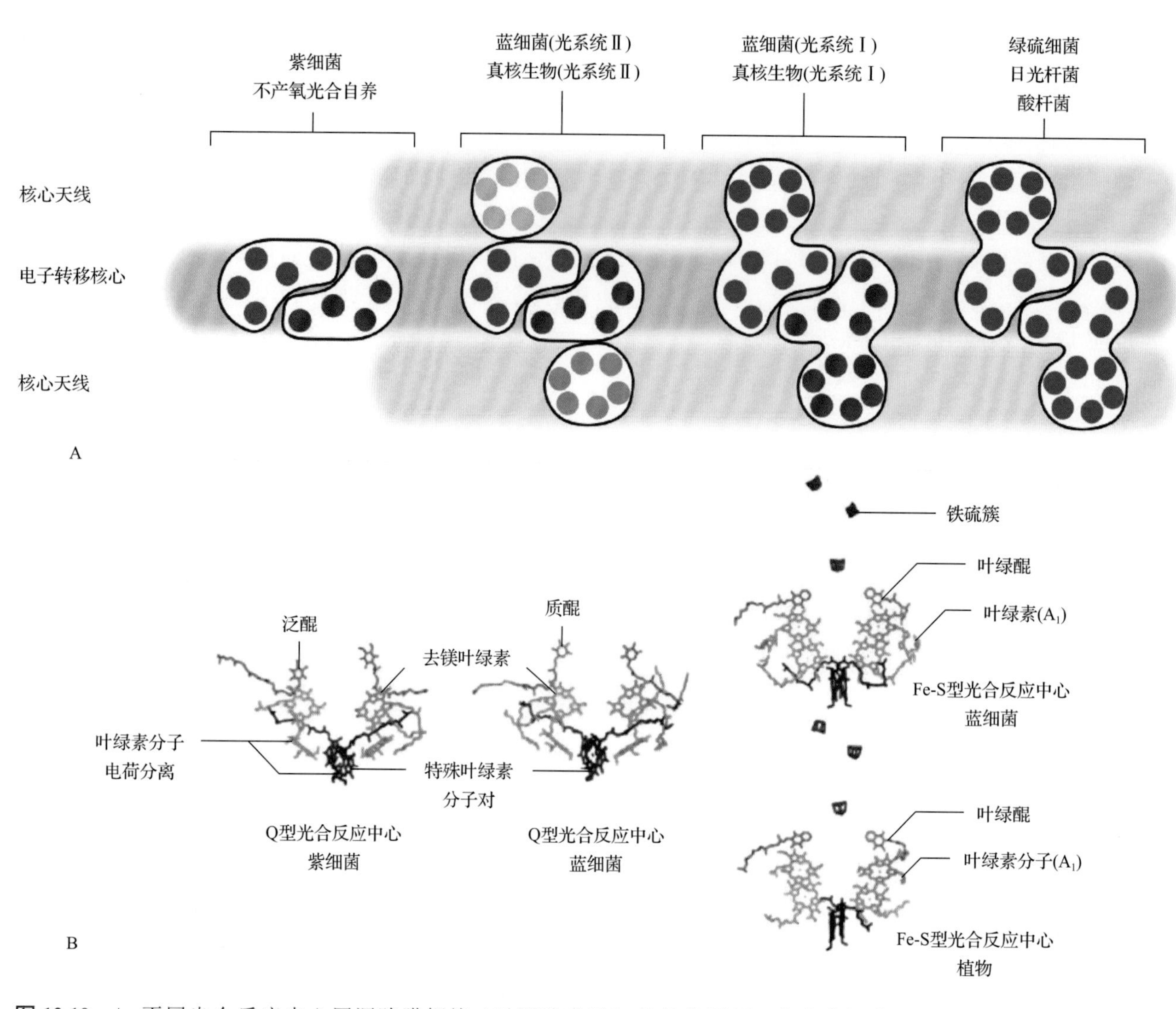

图 12.10 A. 不同光合反应中心同源跨膜螺旋（以圆球表示）的结构图解。光合紫细菌如 *Rhodopseudomonas viridis* 和 *Rhodobacter sphaeroides*，有一个类型Ⅱ反应中心，该中心有一个 L、M 亚基组成的异源二聚体核，图中亚基用 5 个蓝色和 5 个红色圆球分别表示。蓝细菌和光合真核生物的 PS Ⅱ是类型Ⅱ反应中心，含一个 D1 和 D2 的异源二聚体（蛋白标记同上）和两个核心天线亚基（CP47 和 CP43，用 6 个紫色和 6 个淡蓝色的圆球分别标记）。PS Ⅰ是类型Ⅰ反应中心，包含 PsaA 和 PsaB 蛋白异源二聚体（分别用 11 个蓝色和红色圆球表示），核心天线部分与该异源二聚体中心结构域融合。绿硫细菌、日光杆菌及酸杆菌的类型Ⅰ反应中心为同源二聚体（分别用 11 个圆球代表）。B. 不同光反应中心的电子转移载体的晶体结构。每组电子载体组成一个伪二重对称

明，这些反应中心与紫细菌具有相似的、保守的核心结构。PS Ⅱ的异源二聚体由 D1 和 D2 蛋白组成，它们与细菌反应中心的 L 和 M 同源。除 D1 和 D2 对称的 5 个跨膜螺旋外，另两个相关蛋白（CP47 和 CP43）的各 6 个跨膜螺旋组成了 PS Ⅱ的主要天线（图 12.10A）。在 PS Ⅰ的结构中，辅助因子结合区和核心天线区位于 PsaA 和 PsaB 蛋白，它们分别有 11 个跨膜区（图 12.10A）。虽然 PS Ⅱ和 PS Ⅰ核心蛋白的一级氨基酸序列有大量不同，但在跨膜螺旋的排列和电子载体的排位上是相似的（图 12.10）。这种结构上的同源暗示着所有光合作用的反应中心（类型Ⅰ和类型Ⅱ）都从一个祖先演化而来。

12.3.5 PS Ⅱ是依赖于光的水－质醌氧化还原酶

PS Ⅱ是一个包含了 P680 反应中心的膜蛋白复合体。如同早期生化研究显示的，蓝细菌 PS Ⅱ复合体的 X 射线晶体衍射结构证实它是具有两个反应中心的二聚体。植物的 PS Ⅱ也被发现是二聚体，但它的分子结构还没有被解析。

除了原初电荷分离的电子传递组分外，每个 PS Ⅱ复合体的单体还包含 20 多个蛋白质，以及天线色素和一些脂类。PS Ⅱ反应中心复合体单体形式的核心如图 12.11 所示。如同上文提到的，D1 和

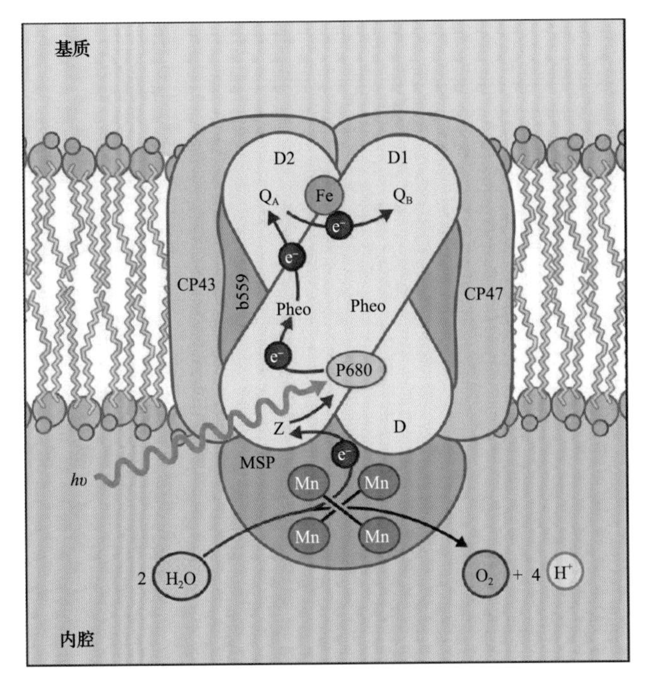

图 12.11 PS Ⅱ单体反应中心结构示意图。主要显示 PS Ⅱ反应中心有 D1 和 D2 蛋白。D1 和 D2 结合大部分与电荷分离及电子转移相关的辅助因子。电子从 P680 传递给去镁叶绿素（Pheo），随后传递给两个质醌分子 Q_A 和 Q_B。$P680^+$ 被 D1 蛋白上的一个酪氨酸残基 Z 还原。H_2O 被 Mn 簇氧化，Mn 簇位于内腔侧，且被 PsbO（标记为 MSP）稳定。CP43 和 CP47 是结合叶绿素 *a* 的核心色素蛋白。D1 蛋白容易被光破坏，周转很快（见第 10 章，信息栏 10.8）

D2 蛋白结合电子转移载体如 P680、去镁叶绿素及质醌。其他蛋白，如 CP43 和 CP47，结合核心天线色素（叶绿素 *a* 和 β- 胡萝卜素）。在复合体的内腔侧还有其他特定的 PS Ⅱ蛋白参与水的氧化。许多低分子质量蛋白质（如细胞色素 b_{559}）的功能尚不清楚。

表 12.2 总结了 PS Ⅱ核心复合体中一些亚基的性质（大部分较小或次要的亚基没有列出）。分子遗传学研究证明 PS Ⅱ中一些低分子质量蛋白质在复合体组装和稳定中起重要作用。

PS Ⅱ是一个依赖于光的水 - 质醌氧化还原酶。它只使用两个辅助因子支路中的一个，将水的电子转移给质醌。PS Ⅱ中还原质醌的电子传递反应，其动力学如图 12.12 所示。随着反应中心特殊叶绿素的激发，$P680^+Pheo^-$ 自由基对在几十皮秒内生成。如同紫细菌的反应中心，PS Ⅱ反应中心复合体结合了两个醌——Q_A 和 Q_B。Q_A 与 PS Ⅱ反应中心结合紧密，是第一个相对稳定的电子受体。Q_B 的结合相对松散，是第二个电子受体。两个醌的还原经过 5 步：

1. 第一个电子从 P680 转移给 Q_A，生成半还原型质醌 Q_A^-。

2. 这个电子随后传递给 Q_B，生成 Q_B^-。电子的失去使 Q_A^- 变回 Q_A。

3. 第二个电子由 P680 传递给 Q_A，又生成一个 Q_A^-。

4. 第二个电子接着由 Q_A^- 转移给 Q_B^-，生成完全还原的 Q_B^{2-}。Q_A^- 再一次恢复为 Q_A。

5. Q_B^{2-} 从基质侧接受两个质子，生成还原型质醌 Q_BH_2。

按照上述模型，在生理条件下，Q_A 只能接受一个电子，成为半还原型质醌。而 Q_B 可在三种状态间转变：完全氧化型 Q_B、半还原型 Q_B^- 和完全还原型 Q_B^{2-}。还原和质子化的 Q_BH_2 脱离 PS Ⅱ反应中心复合体，作为一个可移动的电子载体扩散到脂双层。反应中心复合体的 Q_B 位点将被膜内自由扩散的另一个质醌占据。

表 12.2　植物 PS Ⅱ核心复合体的蛋白亚基。大多数小蛋白及更周边的亚基并未列出

蛋白质		编码的基因	基因所在位置	分子质量 /kDa	功能
疏水性亚基	D1	*psbA*	叶绿体	32	反应中心蛋白
	D2	*psbB*	叶绿体	34	反应中心蛋白
	CP47	*psbC*	叶绿体	51	核心天线
	CP43	*psbD*	叶绿体	43	核心天线
	Cyt *b*-559 α 亚基	*psbE*	叶绿体	9	不清楚
	Cyt *b*-559 β 亚基	*psbF*	叶绿体	4	不清楚
	PsbH	*psbH*	叶绿体	10	不清楚
	PsbI	*psbI*	叶绿体	4.8	组装
亲水性亚基	33kDa	*psbO*	细胞核	33	光合放氧
	23kDa	*psbP*	细胞核	23	光合放氧
	17kDa	*psbQ*	细胞核	17	光合放氧

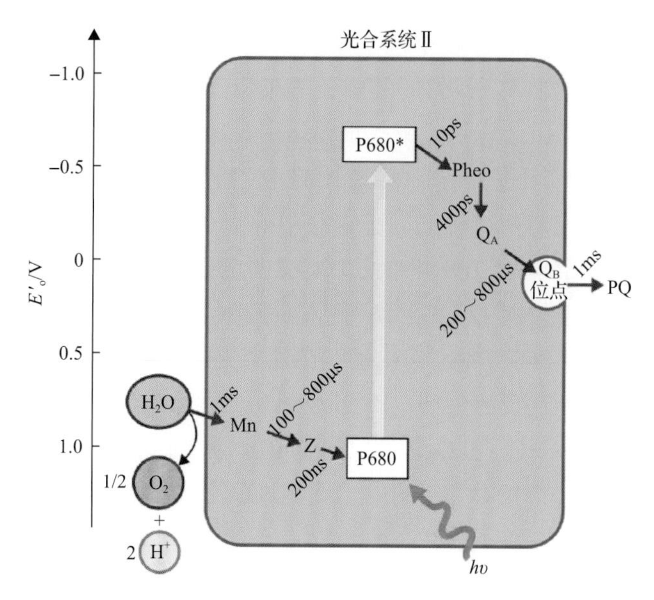

图 12.12 PS Ⅱ电子载体及电子转移动力学。去镁叶绿素（Pheo）从 P680 接受一个电子再转移给与复合体结合紧密的第一个醌分子（Q_A）；第二个醌分子可以移动，在氧化状态（PQ）下可与 Q_B 位点结合，而完全还原状态（PQH_2）下则不能。转移一个电子给 Q_A 需要 400ps。还原与 Q_B 位点结合的 PQ 形成 PQ^- 需要 200 ～ 400μs，进一步还原并形成 PQH_2 需 800μs。总的来说在 1ms 内，PS Ⅱ中每一次电荷分离伴随着放氧复合体被一个电子氧化，醌被一个电子还原

因为直接关系到原初电荷分离反应，Q_A 的还原大约需要 200ps。Q_B 的还原则慢很多，大约 100μs。这说明 Q_B^- 在接受第二个电子前必须与 PS Ⅱ反应中心复合体结合。相对而言，Q_BH_2 的结合弱一些，所以它很容易被完全氧化型 Q_B 取代。

12.3.6 水的氧化产生氧气并释放 PS Ⅱ所需电子

PS Ⅱ的反应中心叶绿素 P680 接受光能被氧化，形成强氧化剂 $P680^+$。$P680^+$ 能氧化水，放出 O_2。由此可知在 pH 7 时 $P680/P680^+$ 的氧化还原电势差必定大于 +820mV，因为分解水至少需要这么多氧化电势。实际上，$P680^+$ 的中点电位估计在 +1.2 ～ +1.4V 之间，因此它是生物领域最具氧化性的分子。水的氧化并非一个直接过程，而是发生在 PS Ⅱ氧化（内腔）侧的一系列复杂反应。这个过程包含 4 个电子的传递：

反应 12.9：水的氧化

$$2H_2O \rightarrow O_2+4H^++4e^-$$

热动力学分析认为水的氧化或者是一步涉及 4 个电子的反应，或者是两步各涉及 2 个电子的反应。单个电子的转移会形成高能氧化态产物，破坏光合膜的组成。这说明在 PS Ⅱ氧化侧存在电荷储存器，能把反应中心 P680 产生的单个正电荷变化与氧化水所需的多个正电荷变化偶联起来。

常用来研究放氧机制的方法是通过一系列闪光检测 O_2 生成量。在暗适应的叶绿体中，前两次闪光，几乎没有 O_2 生成。第三次闪光则放出最大量的 O_2，之后每 4 次闪光会有一个 O_2 释放的高峰。在大量闪光后，O_2 释放趋于稳定（图 12.13）。

S 态（S-state）模型可以解释上述实验发现（图 12.14）。此模型推测 PS Ⅱ中水的氧化需要一个光驱动的电荷积累器。该积累器有 5 种状态，即 S_0 ～ S_4，它们的氧化能力依次增强。其中 S_4 是氧化能力最强的，能够氧化水放出 O_2。P680 反应中心的每一次原初电荷分离反应都产生 $P680^+$，它氧化电荷积累器，使积累器达到下一个 S 态，增加 S 态的正电荷。只有 S_4 状态会有 O_2 生成。

黑暗中的叶绿体，电荷积累器主要都处于 S_1 态，所以 O_2 在第三次光闪后生成量最大，如同实验所见（图 12.13）。第一次闪光使氧化状态从暗适应的 S_1 态转变为 S_2 态。第二次闪光氧化 S_2 到 S_3，第三次闪光产生强氧化物 S_4，引发氧气的释放并使电荷积累器恢复到 S_0 态。接下来每次循环需要 4 次闪光，因为每一个 O_2 的生成需要 4 个光子。因为闪光过程中有“不中现象”（一次闪光没有使某些 P680 氧化）、“双击现象”（一次闪光使某些 P680 氧化两次）和“松弛现象”（S_2 或 S_3 在黑暗中衰退到 S_1），所以在很多次闪光后，放氧趋于稳定。总的来说，S 态模型很

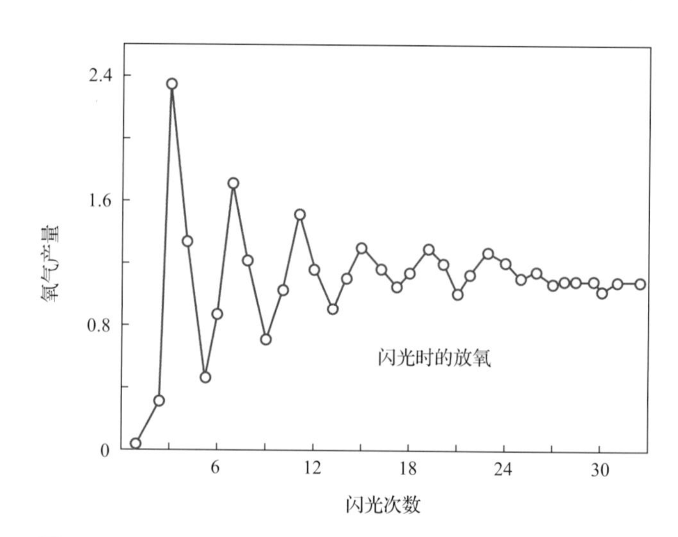

图 12.13 闪光与 O_2 释放。闪光次数与产氧量的关系。第三次闪光释放 O_2 最多，之后每 4 次闪光就会出现一个峰。产氧量在 20 次闪光后趋平

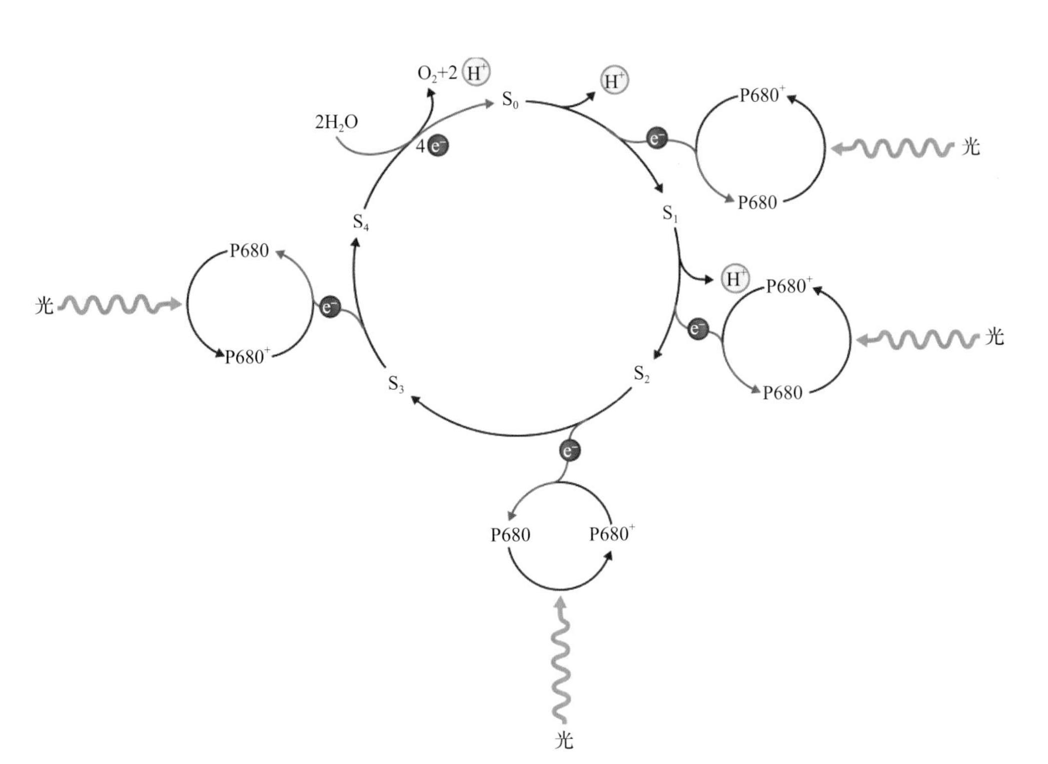

图 12.14 放氧结构有 5 种氧化状态（S_0 ～ S_4），该循环由 PS Ⅱ捕获光子依次驱动直至高氧化态 S_4 形成。只有 S_4 态能氧化 H_2O。图中展示了光驱动的 P680 氧化，还原反应所需电子最终由水的氧化提供

好地解释了在 O_2 释放中观察到的许多基本现象。

12.3.7 水氧化的催化位点是一个 Mn_4CaO_5 簇

S 态模型并未给理解 O_2 释放提供一个直接的生化框架。所以 S 态电荷积累器的化学本质是什么？早期研究发现藻类或叶绿体中锰的缺乏会特异性地影响 O_2 的生成，而后续的研究发现也使人们逐渐认同锰（Mn）是 S 态模型中的主要电荷积累器。Mn 原子可以进行一系列氧化反应，在 S_4 状态中形成一个强氧化复合体进而氧化水。存在 4 个 Mn 原子与 PS Ⅱ放氧复合体相结合，大量生物物理学测算辅助界定了这些锰原子的氧化状态及结构。

蓝细菌 PS Ⅱ结构在 1.9Å 分辨率的解析有助于深入了解锰簇的精细排布。如图 12.15 所示，水氧化的催化位点是一个 Mn_4CaO_5 簇。它的结构如同一把扭曲的椅子，3 个锰原子、1 个钙原子和 4 个氧原子形成类似立方烷的结构（椅子的基座），而 1 个锰原子和 1 个氧原子如同椅背。氧原子形成锰和钙原子间的氧桥。另外，与 Mn_4CaO_5 复合体相连的 4 个水分子（图 12.15）中至少有一个可能是水氧化的底物。这个结构可能展示了黑暗中 S_1 状态下的锰簇。时间分辨 X 射线衍射技术的进步也许能帮助解析其他 S 状态下 Mn_4CaO_5 簇的结构。

$P680^+$ 和 Mn_4CaO_5 簇之间的联系不是直接的。所需的中间电子载体 Z（反应 12.10）是 PS Ⅱ中 D1 亚基的一个酪氨酸残基（Tyr-161）。这个残基由蓝细菌 PS Ⅱ定点突变的研究确认，而高分辨率的晶体结构显示它与 Mn_4CaO_5 簇通过氢键网络相连（图 12.15B）。Z 作为一个强氧化剂参与电荷从 $P680^+$ 到 S 态的转运。Z^+ 形成和衰变的动力学检测与这个假说相符。

反应 12.10：放氧光合反应中 P680 的氧化和还原

$$\text{S Z P680} \xrightarrow{h\nu} \text{S Z P680}^+ \rightarrow \text{S Z}^+ \text{ P680} \rightarrow \text{S}^+ \text{ Z P680}$$

12.3.8 植物以捕光叶绿素 *a*/*b* 结合蛋白为主要的外周天线

植物和绿藻的类囊体膜包含两种不同形式的叶绿素，即叶绿素 *a* 和叶绿素 *b*（见图 12.4）。所有反应中心复合体及天线中都有叶绿素 *a*，而叶绿素 *b* 只存在于外周天线复合体中。PS Ⅱ中的 CP47 和 CP43 蛋白，以及 PS Ⅰ中的 PsaA 和 PsaB 蛋白均有核心天线相连，而外周天线是作为它们的补充。PS Ⅱ和 PS Ⅰ整体天线大小的研究显示，大部分植物每个反应中心大约有 250 个叶绿素分子相连。

经非变性去垢剂处理的叶绿体膜，用电泳分析可知叶绿素和叶黄素至少与 10 种不同的膜整合**捕光复合体**（**light-harvesting complex**，LHC）结合（表 12.3）。这一分析显示类囊体上所有叶绿素都与特殊

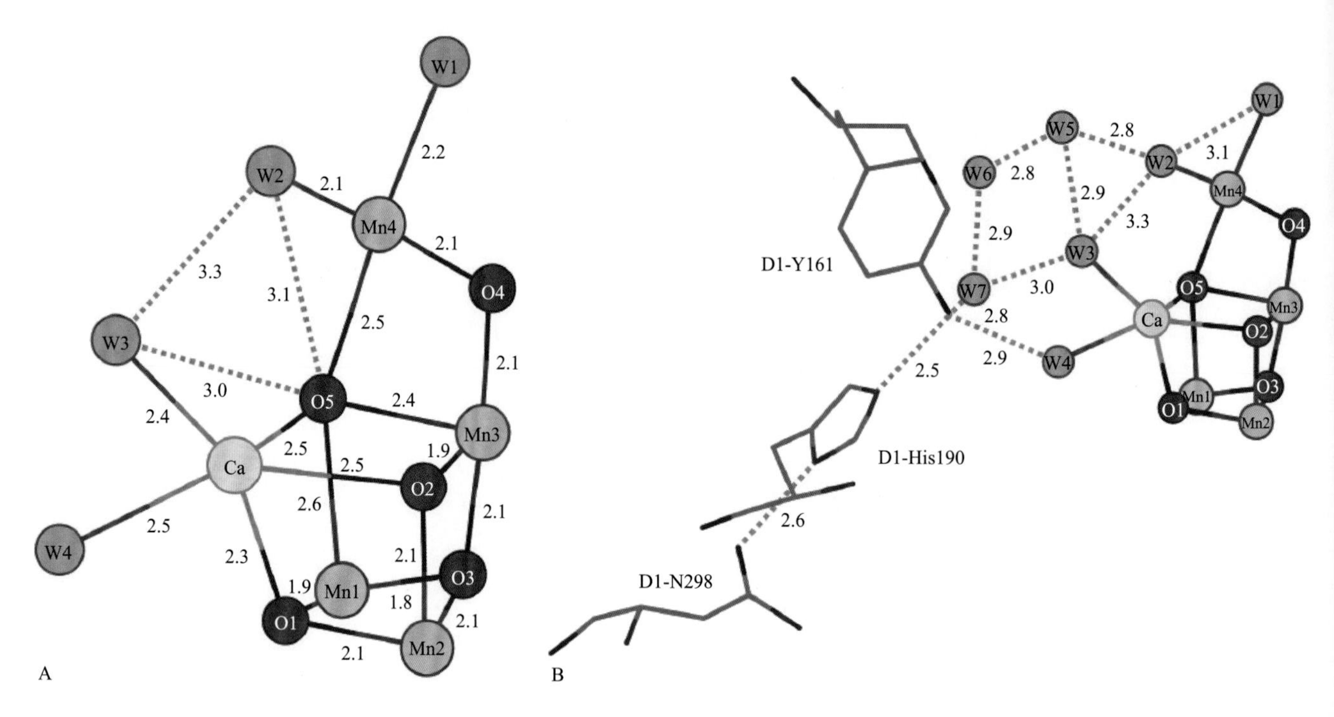

图 12.15 PS Ⅱ中水氧化 Mn_4CaO_5 簇的结构（1.9Å）。A. 图示金属簇氧桥结构及水配体。图中键距单位 Å。虚线代表氢键。B. 与 Mn_4CaO_5 簇及酪氨酸 Z（D1-Y161）连接的氢键网络

表 12.3 捕光叶绿素蛋白复合体的性质

复合体	叶绿素分子的数量	核编码的基因	分子质量 /kDa
	PS Ⅰ的捕光复合体（LHC）		
LHC Ⅰ 680	14	*lhca3*	24.9
	14	*lhca2*	23.2
LHC Ⅰ 730	14	*lhca1*	21.5
	14	*lhca4*	22.3
	PS Ⅱ的捕光复合体		
CP29	13	*lhcb4*	27.3 ～ 28.2
LHC Ⅱ	14	*lhcb1*	24.7 ～ 24.9
	14	*lhcb2*	24.9
	14	*lhcb3*	24.3
CP26	9	*lhcb5*	26.1
CP24	10	*lhcb6*	23.2

蛋白相连，一些与 PS Ⅰ相连，另一些与 PS Ⅱ相连。这些蛋白质都是核基因编码，合成后运输到叶绿体，从而结合叶绿素并整合到相应的光系统。几乎所有光合真核生物都有类似的 LHC 蛋白。

植物类囊体膜中主要的色素结合蛋白是一种命名为 **LHC Ⅱ** 的三聚体复合物。它大概占类囊体膜上总蛋白的一半，可能是地球上最丰富的膜蛋白。分辨率为 2.5Å 的 LHC Ⅱ结构已经被解析出来（图 12.16）。每个 25kDa 的单体蛋白有 3 个跨膜螺旋，结合了 8 个叶绿素 *a* 分子、6 个叶绿素 *b* 分子和 4 个叶黄素分子。两个黄体素分子作为第一个和第三个螺旋的支架，而一个新黄素分子和一个紫黄素分子结合在更外围。

用温和的去垢剂处理植物类囊体膜可以提取到包含所有色素分子的完整 PS Ⅰ和 PS Ⅱ复合体。如 12.3.9 节所述，PS Ⅰ反应中心 - 天线超级复合体的结构已经被解析。植物 PS Ⅱ的详细结构仍未获得，但研究人员基于单颗粒冷冻电子显微镜技术构建了一个 PS Ⅱ超级复合体的模型（图 12.17）。反应中心核心（C）、三聚体 LHC Ⅱ（S 和 M 类型）和单

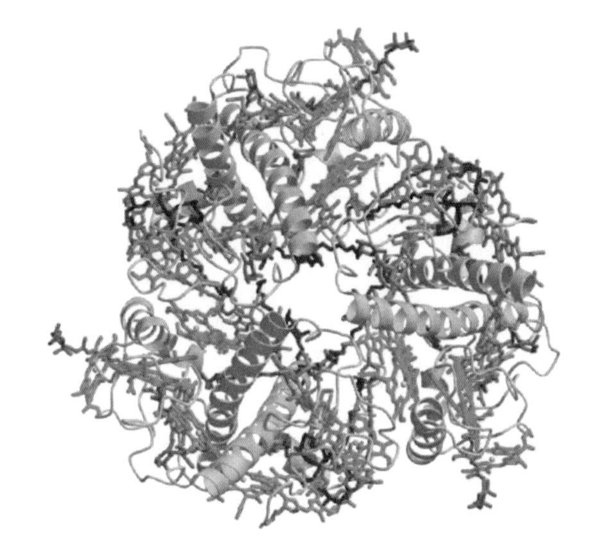

A

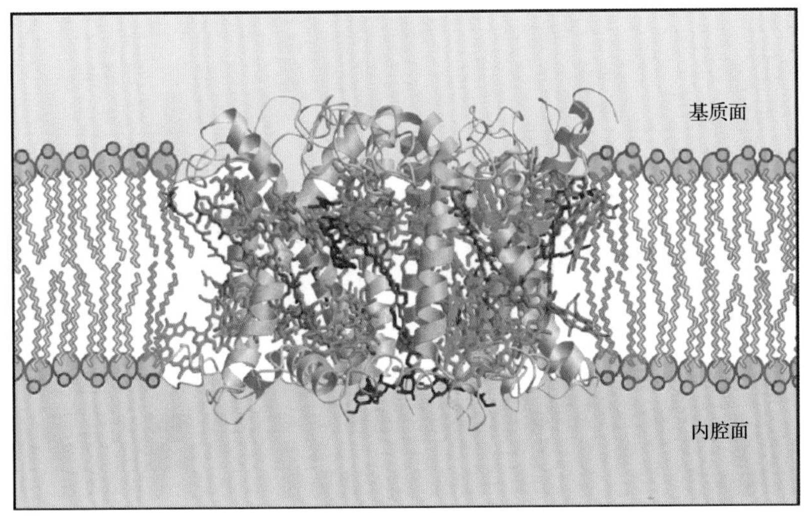

B

图 12.16 LHC Ⅱ三聚体结构。其中每个单体有 3 个跨膜螺旋，结合了 14 个叶绿素 *a* 和叶绿素 *b*，以及 4 个叶黄素分子。A. 膜基质侧面观；B. 膜分子层侧面观

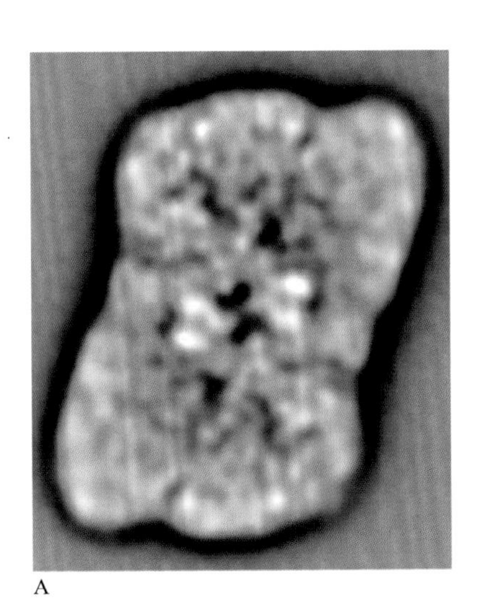

A

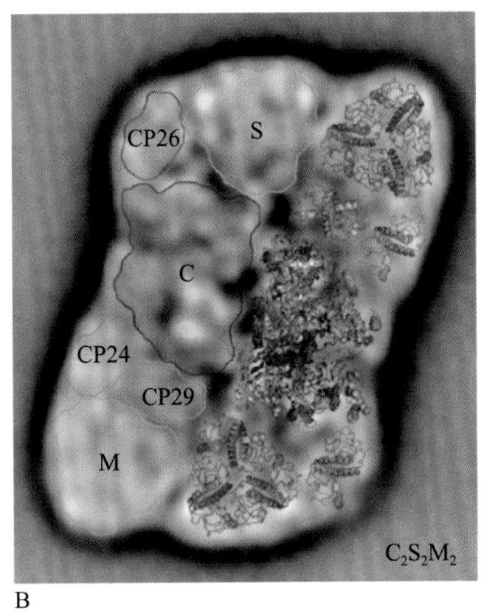

B

图 12.17 植物 PS Ⅱ $C_2S_2M_2$ 超级复合体结构模型。A. 单颗粒冷冻电镜投射图谱顶面观。B. 将各亚基匹配到高分辨率结构中。图中 C 是 PS Ⅱ二聚体，位于该超级复合体中央。单体的 LHC（CP29、CP26 及 CP24）将强结合（S）和中等程度结合（M）的外周 LHC Ⅱ三聚体连接到核心。来源：Kouril et al.（2012）. Biochim. Biophys. Acta 1817: 2-12

体天线的位置分布是根据各自 X 射线结构与电子显微镜数据匹配后获得。由此得到的 $C_2S_2M_2$ 超级复合体展示了 PS Ⅱ 的整体架构，LHC Ⅱ通过单体 LHC 蛋白 CP29、CP26 和 CP24 连接到反应中心核心的二聚体（图 12.17）。

12.3.9 PS Ⅰ是光依赖的质体蓝素－铁氧还蛋白氧化还原酶

植物的 PS Ⅰ含有大约 15 个蛋白亚基（表 12.4）。PsaA 和 PsaB（各大约 80kDa）形成反应中心的核心异源二聚体，参与结合主要的电子传递载体，如 P700、叶绿素 *a* 受体分子（A_0）、叶绿醌（维生素 K1，也就是 A_1 受体）及 Fe-S 中心 F_x。小分子质量蛋白 PsaC（9kDa）结合另两个 Fe-S 中心——F_A 和 F_B。与 PS Ⅱ一样，PS Ⅰ也含有许多不与电子载体结合的亚基，其中大部分亚基的功能尚不清楚。

PS Ⅰ的电子传递途径及动力学如图 12.18 所示。区别于 PS Ⅱ，PS Ⅰ的两条对称辅助因子支路似乎都是活跃的，所以 P700 的电子传递是双向的（图 12.19），不过 PsaA 上的 A 支路占主导地位。两条支路在 F_X 汇聚，因此电子通过 F_A 和 F_B 离开 PS Ⅰ的途径仍旧只有一条。最终的电子受体是铁氧还蛋白，一个位于基质的可溶性铁硫蛋白（一些植物的部分铁氧还蛋白锚定在类囊体上，如豌豆）。在内腔侧，含铜蛋白质体蓝素还原 $P700^+$，是 PS Ⅰ的电子供体。所以 PS Ⅰ复合体是一个光依赖的质体蓝素 - 铁氧还蛋白氧化还原酶。铁氧还蛋白是一个强还原剂，还原电势为 –420mV。PS Ⅰ产生的还原型铁氧还蛋白在生理 pH 范

表 12.4　植物 PS Ⅰ核心复合体的蛋白亚基

蛋白质			编码的基因	基因所在位置	分子质量 /kDa	功能
疏水性亚基		PsaA	*psaA*	叶绿体	83	反应中心蛋白
		PsaB	*psaB*	叶绿体	82	反应中心蛋白
		PsaF	*psaF*	细胞核	17	质体蓝素引导蛋白
		PsaG	*psaG*	细胞核	11	LHC Ⅰ结合
		PsaH	*psaH*	细胞核	10	LHC Ⅱ -P 引导蛋白
		PsaI	*psaI*	叶绿体	4	不清楚
		PsaJ	*psaJ*	叶绿体	5	与 PsaF 作用
		PsaK	*psaK*	细胞核	9	LHC Ⅰ结合
		PsaL	*psaL*	细胞核	18	LHC Ⅱ -P 引导蛋白
		PsaO	*psaO*	细胞核	10	LHC Ⅱ -P 引导蛋白
		PsaP	*psaP*	细胞核	14	LHC Ⅱ -P 引导蛋白
亲水性亚基		PsaC	*psaC*	叶绿体	9	Fe-S 脱辅基蛋白
	基质方向	PsaD	*psaD*	细胞核	18	铁氧还蛋白引导蛋白
		PsaE	*psaE*	细胞核	10	铁氧还蛋白引导蛋白
	内腔方向	PsaN	*psaN*	细胞核	10	质体蓝素引导蛋白

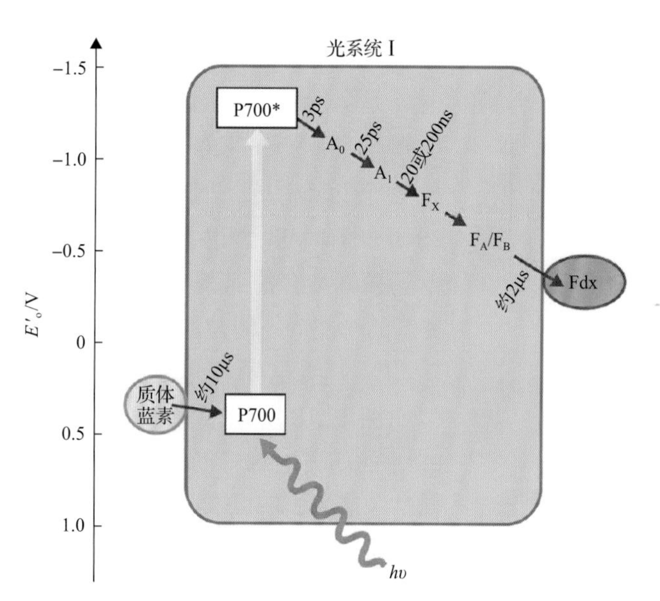

图 12.18　PS Ⅰ的电子传递载体和其动力学。电子从 P700 经 A_0（单体叶绿素 *a* 分子）、A_1（叶绿醌）到三个 Fe-S 中心（F_x、F_A 和 F_B）的传递只需要皮秒到纳秒的时间，最后电子被传递给铁氧还蛋白（Fdx），这一步大约需要 2μs。图中只展示了一条通路，P700 周边的叶绿素也未标示

围可以还原 $NADP^+$。

蓝细菌和植物的 PS Ⅰ晶体结构都已获得高分辨率的解析。蓝细菌 PS Ⅰ是一个三聚体，每个反应中心含有 96 个叶绿素、22 个类胡萝卜素、2 个叶绿醌和 3 个 4Fe-4S 中心。该结构显示了核心天线和对称的辅助因子支路的详细结构，以及它们与蛋白亚基间的相互作用。相比之下，植物 PS Ⅰ是一个含有单体反应中心核心的超级复合物，另有 4 个

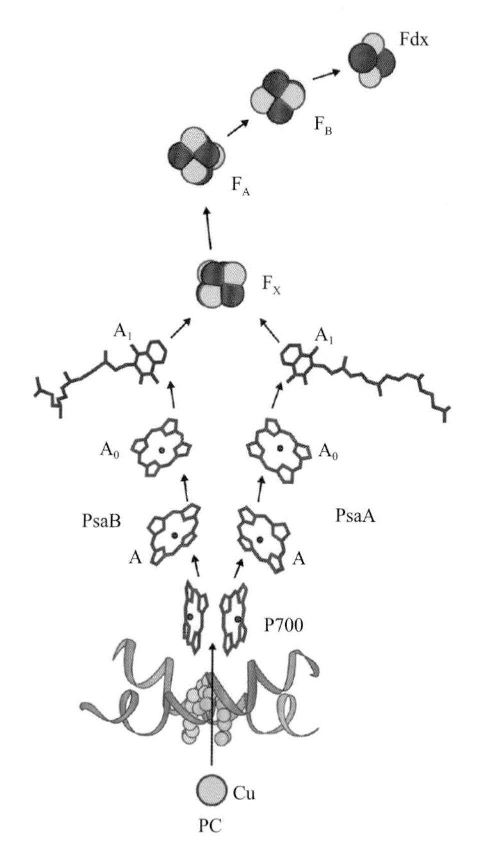

图 12.19　PS Ⅰ反应中心复合体中电子载体的组成及其电子传递途径。P700 二聚体位于该结构的内腔侧，两个对称的辅助因子分支从 P700 向外辐射。每个支路包含一个附加叶绿素 *a* 分子（A）、一个单体叶绿素 *a* 分子（A_0）、一个叶绿醌（A_1）。这两个分支在 Fe-S 中心 F_X 汇合。在复合体的基质侧，另外两个 Fe-S 中心（F_A 和 F_B）位于通往可溶性受体铁氧还蛋白（Fdx）的路径上。PS Ⅰ内腔侧的电子供体是可溶的铜蛋白质体蓝素（PC）

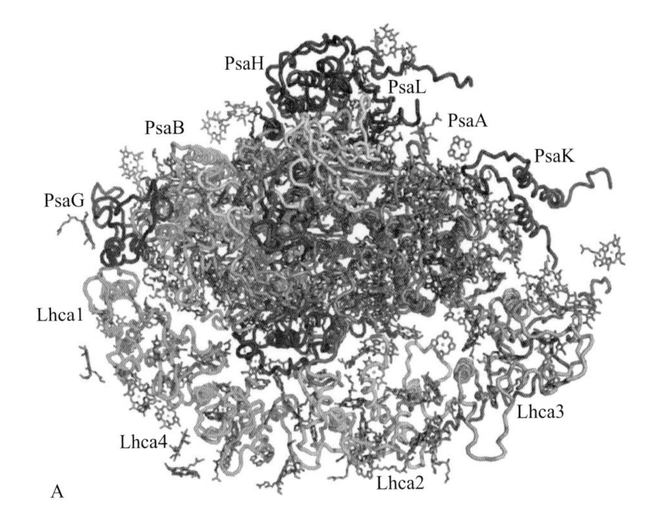

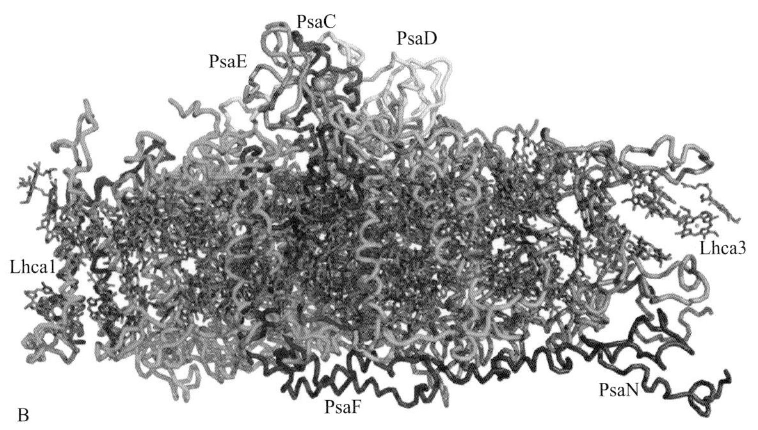

图 12.20 植物 PS Ⅰ结构示意图。A. 膜基质侧面观。单体反应中心核心下方是由 Lhca1 ～ 4 蛋白构成的外周捕光天线。连接外周天线和核心天线的是"缺口叶绿素"，可以很明显看出其处于 Lhca 蛋白与反应中心之间的空隙。B. 膜分子层侧面观。PsaC、PsaD、PsaE 亚基凸入基质，协助电子转移至可溶性终端受体——铁氧还蛋白

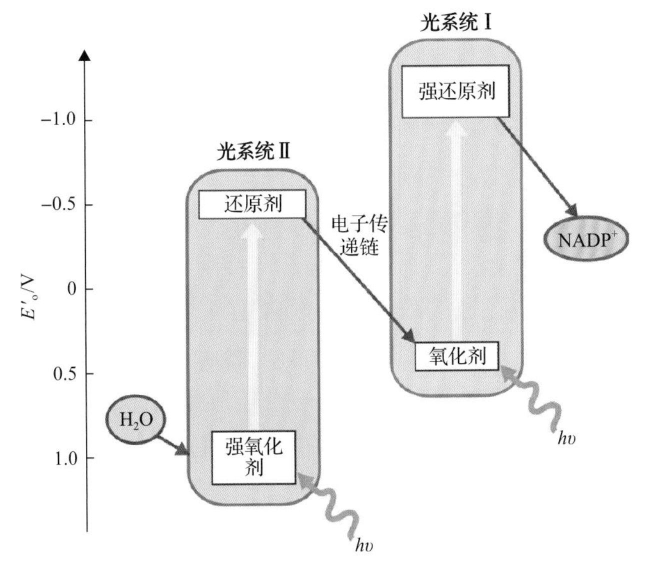

图 12.21 Z 形电子传递示意图，该图展示 PS Ⅱ与 PS Ⅰ的协作使得电子由水传递至 $NADP^+$。PS Ⅱ接受光能，生成一个可以氧化水的强氧化剂和一个还原剂。PS Ⅰ接受光能后生成一个可以还原 $NADP^+$ 的强还原剂和一个弱氧化剂。两个光系统由电子传递链（ETC）连接，使得 PS Ⅰ生成的弱氧化剂可以接受来自 PS Ⅱ的电子

LHC Ⅰ蛋白组成外周天线（图 12.20）。外周 LHC Ⅰ天线位于反应中心一侧，排列成新月状。12 个核心蛋白亚基的定位已经被解析，其中 10 个也存在于蓝细菌 PS Ⅰ。电子传递载体和核心天线叶绿素的位置在植物和蓝细菌中是保守的。

12.4 叶绿体膜的电子转移途径

12.4.1 叶绿体非环式电子传递链通过 PS Ⅰ和 PS Ⅱ生成 O_2、NADPH 和 ATP

20 世纪 40 ～ 60 年代，三个重要的实验发现使人们了解到两个光系统在叶绿体电子传递链中的协同作用。第一个发现是"红降"：人们发现当用大于 680nm 的光照射时，虽然叶绿体的光吸收还存在，但光合作用效率大大降低。红降现象所产生的疑问已由第二个发现解答，这就是"增益效应"：当红光和远红光联合使用时，光合作用效率大于两种光单独使用的和。第三个实验发现是红光和远红光对电子传递链中细胞色素的氧化还原有着相反的效应，红光导致细胞色素被还原，而远红光则导致它们被氧化。

以上三个发现促成了叶绿体电子传递链的"Z 形电子传递模型"(**Z-scheme**)(图 12.21)。该模型涉及两个光系统包含不同的色素及反应中心。PS Ⅰ光合反应中心 P700 能更有效地吸收远红光。PS Ⅱ光合反应中心 P680 吸收红光更有效。两个光系统必须互相配合才能获得最佳的光合作用效率。

两个光系统能吸收不同区域的光，这解释了红降现象和增益效应。当只有红光或只有远红光时，仅一个光系统具活性，光合效率就会下降。而红光和远红光联合使用时，光合效率就不会降低。Z 形电子传递模型也解释了红光和远红

光的相反效应。远红光激活 PS Ⅰ，使位于光系统间的电子载体（如细胞色素）被氧化；相对的，红光激活 PS Ⅱ，使位于电子传递链上的电子载体被还原。

Z 形电子传递模型可以用来阐述光合系统的**非环式电子传递**（**noncyclic photosynthetic electron transfer**）。在光的作用下，PS Ⅱ的原初电荷分离反应产生一个强氧化剂 $P680^+$，以及一个相对稳定的弱还原剂半还原型质醌 Q_A^-。而 PS Ⅰ的电荷分离反应产生一个稳定的强还原剂 F_X^-（Fe-S 中心的还原物）和一个弱氧化剂 $P700^+$。强氧化剂 $P680^+$ 可以氧化水，放出电子，生成 O_2。而 Q_A^- 通过一系列电子载体，包括跨膜蛋白复合体、细胞色素 b_6f，最终将电子传递给 $P700^+$。这种伴随着放能型的（**exergonic**）电子转移有助于形成质子梯度，而这种质子梯度可以被用于合成 ATP。作为 P700 氧化中间产物的还原性铁氧还蛋白，是很多重要反应的电子供体，如 $NADP^+$ 的还原、氮的同化（见第 8 章）及硫氧还蛋白的还原（见 12.9.4 节）。

对 Z 形电子传递的最新描述如图 12.22A 和 B 所示。图 12.22A 中显示了各个电子载体的氧化还原电位。图 12.22B 说明了放氧光合生物非环式电子传递中电子和质子的移动。这条电子传递途径最终生成三种产物：O_2、ATP 和 NADPH。两个光系统由一系列电子载体，如质醌、细胞色素 b_6f 复合体和质体蓝素所连接。水的氧化及放能型电子传递生成的质子电化学梯度，由跨膜 ATP 合酶利用以合成 ATP。参与 Z 形电子传递的蛋白复合体如图 12.23 所示。

12.4.2 细胞色素 b_6f 复合体将还原态质醌的电子传递给氧化态质体蓝素

将还原型质醌氧化的细胞色素 b_6f 复合体是一个整合在膜上的蛋白复合体。它的结构和功能与线粒体呼吸链上的细胞色素 bc_1 复合体（复合体Ⅲ）很相似（第 14 章）。两个复合体都是二聚体，每个单体含一个保守核心，每个核心由 4 个电子载体组成：一个高电势的 c 型细胞色素（细胞色素 f 或 c_1）、一个高电势的 2Fe-2S 型 Fe-S 蛋白（Rieske Fe-S 蛋白）和一个带有两个 b 型血红素的 b 型细胞色素（细胞色素 b_6 或 b）（见图 14.20 和图 14.22）。但是，对蓝细菌和绿藻细胞色素 b_6f 复合体高分率结构的解析揭示了几个令人惊讶的特征。除了 b_6f 复合体特有的 4 个小蛋白亚基，细胞色素 b_6 上结合了一个额外的 c 型血红素、一个叶绿素 a 分子和一个 β-胡萝卜素。同 PS Ⅱ和 PS Ⅰ一样，细胞色素 b_6f 复合体同时含有核基因和叶绿体基因编码的蛋白质（表 12.5）。

细胞色素 b_6f 复合体是一个还原型质醌 - 质体蓝素氧化还原酶，它把电子从还原型质醌转移到质体蓝素（一种位于类囊体膜内腔的铜蛋白）。电子的转移伴随着质子从基质到内腔的转移。通过一种特殊机制，细胞色素 b_6f 复合体每传递一个电子，就可以将两个质子从基质转运到内腔。这种质子的转移可以形成质子梯度，从而推动 ATP 的合成。

12.4.3 质子转移与 Q 循环

Q 循环是最被广泛接受的描述细胞色素复合体反应机制的模型（图 12.24）。在这个模型中，细胞色素复合体含有一个还原型醌结合位点（Q_p）和一个醌结合位点（Q_n），它们分别位于膜的两侧。Q_p 位于膜的内腔侧，在这里，还原型醌的氧化分两步完成。首先，还原型醌被 Rieske Fe-S 中心氧化为半还原型醌，释放电子给 Fe-S 中心之后，再依次传递给细胞色素 f 和质体蓝素。半还原型醌接着被靠近内腔侧的细胞色素 b_6 中的一个血红素 b_l（b 低电势）氧化。伴随着这个氧化，质子从还原型醌释放到内腔。电子再由血红素 b_l 转移下来，通过膜传递给第二个 b 型血红素，即 b_h（b 高电势）。这个电子随即被转移到结合在基质膜侧的 Q_n 位点的醌分子上，生成一个半还原型醌。这个循环再重复一次，氧化第二个还原型质醌。其中一个电子转移给质体蓝素；另一个电子转移到 Q_n 位点，生成一个完全还原的质醌分子（PQH_2）。这个完全还原的质醌从基质接受两个质子，然后从 Q_n 位点脱离。这个循环的最终结果是一个还原型质醌分子被氧化成醌（PQ，在 Q_p 位点），两个电子转移给质体蓝素（PC），四个质子从基质转移到叶绿体内腔（反应 12.11）。细胞色素 b_6f 复合体中电子载体的排布如图 12.25 所示。

反应 12.11：叶绿体中的 Q 循环

$$PQH_2+2PC_{ox}+2H^+_{基质}\rightarrow PQ+2PC_{red}+4H^+_{内腔}$$

细胞色素 b_6f 复合体的反应是电子流动中最重

要的限速步骤之一。Q_BH_2 生成只需要 100μs，还原型醌的氧化则需 10 ～ 20ms。直接测量高电势载体的反应速度，包括质体蓝素氧化细胞色素 *f*，表明反应时间不超过 2 ～ 4ms。然而细胞色素 b_6 相关的反应，尤其是高电势血红素 b_h 的氧化，似乎是复合体中的限速步骤。

12.4.4 水溶性蛋白质体蓝素连接细胞色素 b_6f 和 PS Ⅰ

细胞色素 b_6f 复合体还原可移动的电子载体质体蓝素，它是一个低分子质量（11kDa）的含铜蛋白。电子传递中质体蓝素参与的氧化还原反应都很

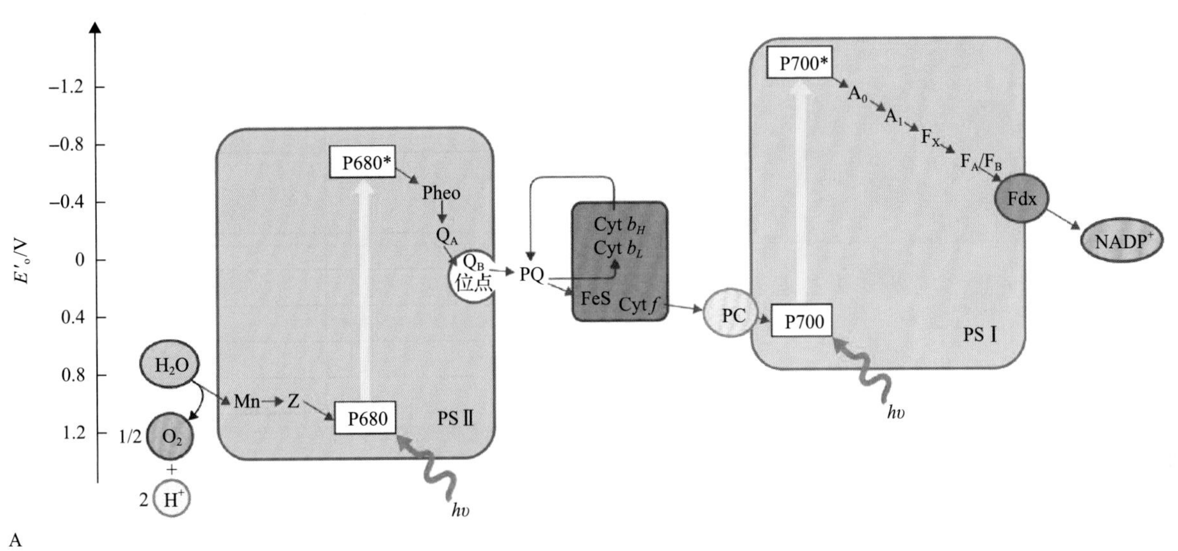

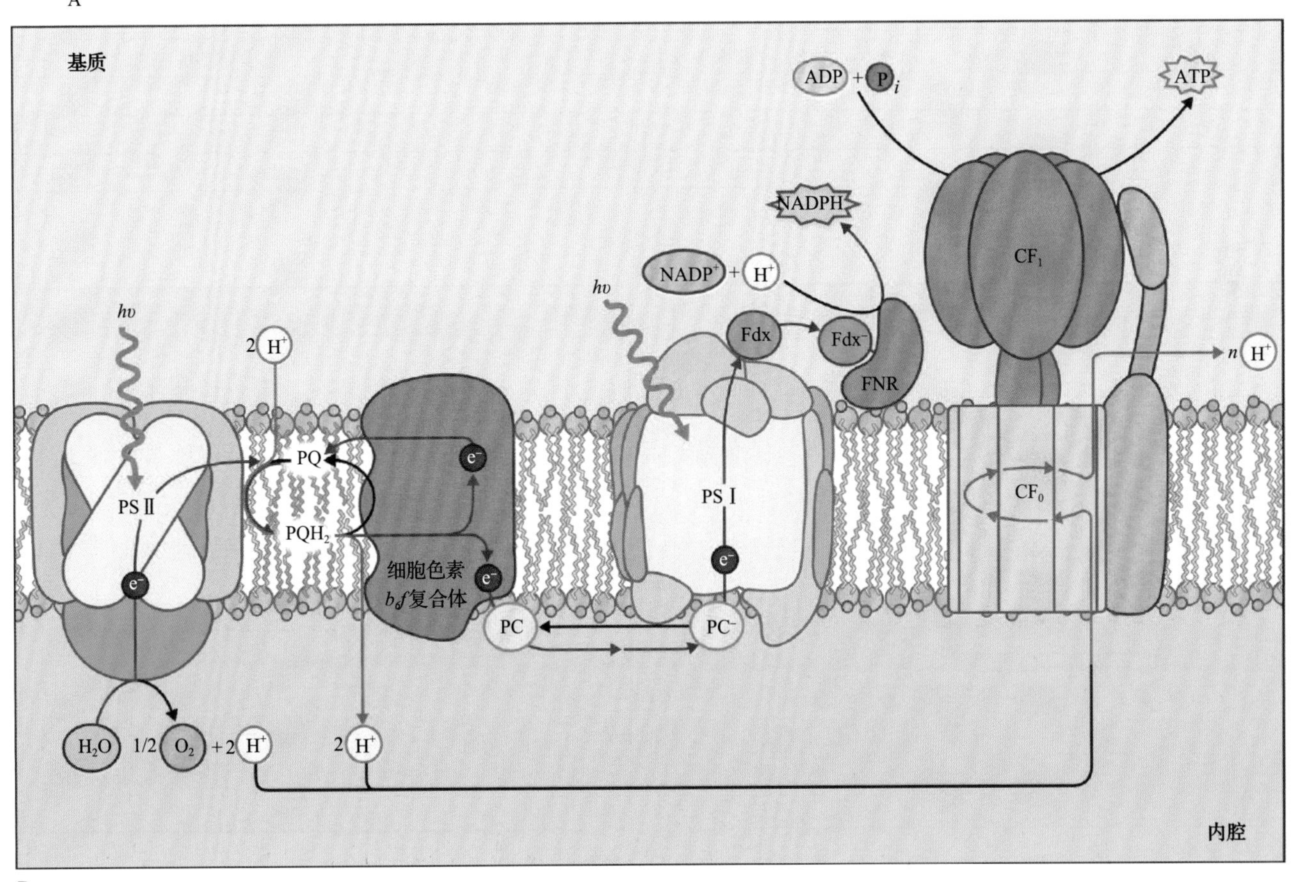

图 12.22 A. Z 形电子传递链中各个载体的电势（E_m）。各非环式电子传递链上的电子载体在纵坐标上的位置反映出它们的氧还电位（伏特）的中值，这些电压值均通过实验验证。B. Z 形电子传递膜蛋白组成示意图。图中显示 4 种膜复合体：PS Ⅱ、PS Ⅰ、细胞色素 b_6f 复合体及 ATP 合酶。电子从水转移到 $NADP^+$，同时也形成了一个跨膜质子梯度。这个质子电化学梯度最终被用于 ATP 合酶介导的 ATP 合成。Fdx，铁氧还蛋白；FNR，铁氧还蛋白 -$NADP^+$ 还原酶

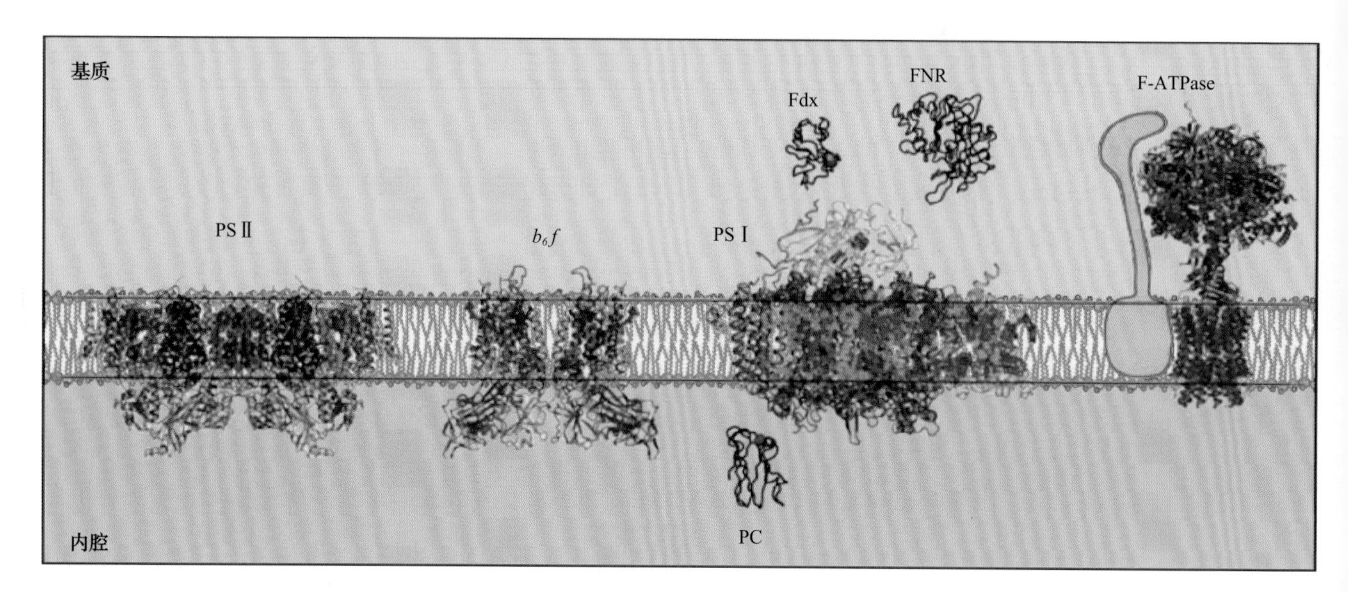

图 12.23　Z 形电子传递链结构图，图中显示了在有氧光合作用光反应中主要的类囊体膜蛋白复合体（PS Ⅱ、细胞色素 b_6f 复合体、PS Ⅰ、ATP 合酶）的结构。同时还显示了 PS Ⅰ膜基质侧可溶蛋白 Fdx 和 FNR 的结构，以及类囊体腔内 PC 的结构

表 12.5　细胞色素 b_6f 复合体的蛋白亚基

蛋白质	编码的基因	基因所在位置	分子质量 /kDa	功能
Cyt *f*	*petA*	叶绿体	32	Cyt *f* 脱辅基蛋白
Cyt b_6	*petB*	叶绿体	24	Cyt b_6 脱辅基蛋白
Rieske FeS	*petC*	细胞核	19	Rieske Fe-S 脱辅基蛋白
亚基Ⅳ	*petD*	叶绿体	17	结合醌的 Q_p 位点
PetG	*petG*	叶绿体	4.0	稳定
PetL	*petL*	叶绿体	3.4	稳定
PetM	*petM*	细胞核	4.0	稳定
PetL	*petL*	叶绿体	3.3	稳定

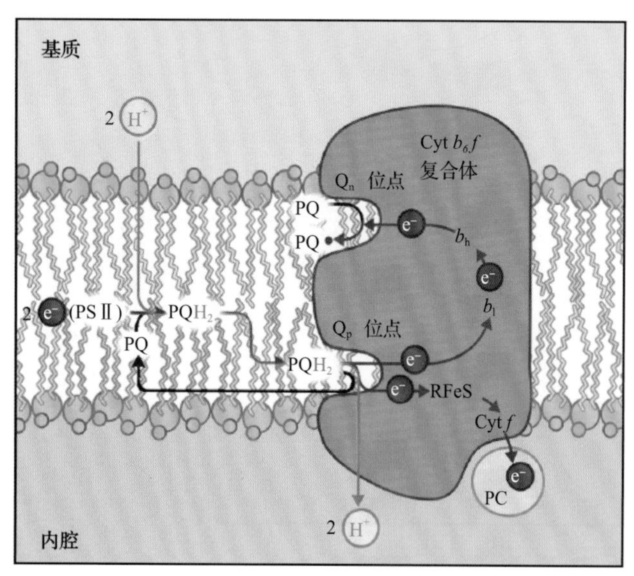

A 第一次周转

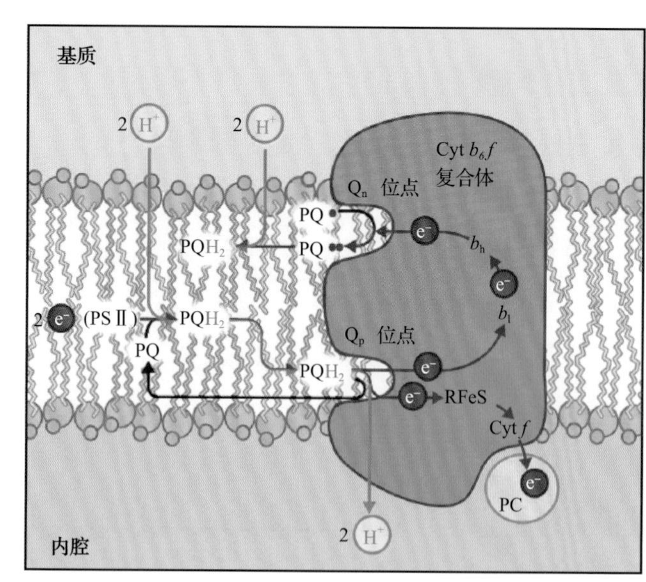

B 第二次周转

图 12.24　Q 循环。图示细胞色素 b_6f 复合体的跨膜结构。在还原型质醌结合位点 Q_p，一个还原型质醌（PQH_2）被氧化，并释放两个质子进入类囊体膜内腔。A 显示复合体第一次周转。放出的两个电子中，一个经高能电子载体 Rieske 铁硫蛋白（RFeS）和细胞色素 *f* 传递到电子受体质体蓝素。另一个电子经细胞色素 b_6 血红素（b_l 和 b_h/c_h）传递到类囊体膜基质侧的醌结合位点（Q_n），将一个醌分子还原为半还原型质醌（$PQ^{\cdot}$）。B 显示复合体第二次周转。电子传递同第一次周转相同，只是这次的电子传递在 Q_n 处将半还原型质醌还原成还原型质醌（PQ^{-}），而后者从基质侧接受两个质子后离开复合体进入质醌库

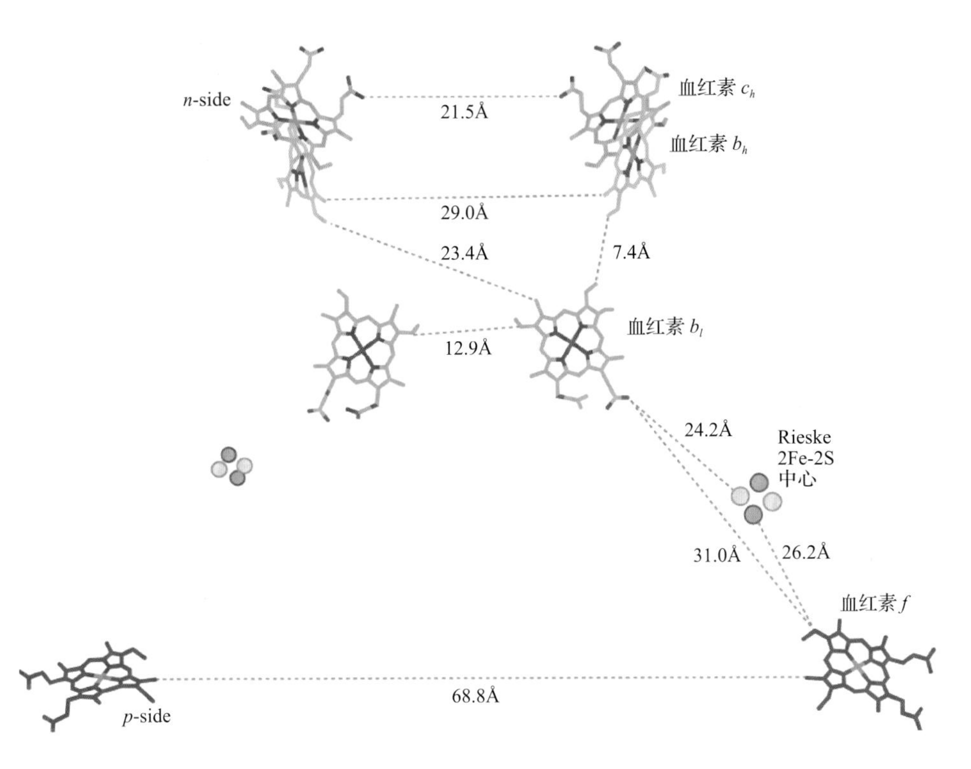

图 12.25 细胞色素 b_6f 复合体（二聚体）中的电子载体及电子传递途径。Q_p 位点靠近复合体位于内腔侧的血红素 b_l 以及 *Rieske* Fe-S 中心。一个来自于还原型质醌氧化的电子经由 Rieske Fe-S 中心传递至细胞色素 *f*，进而传递给质体蓝素。Rieske 蛋白的移动被假定有利于电子向细胞色素 *f* 的传递。第二个来自于还原型质醌的电子转移至血红素 b_l，进而传递至血红素 b_h 及 / 或血红素 c_h（靠近复合体基质侧的 Q_n 位点）。在 Q_n 位点可能存在还原质醌的一种双电子途径

快，被细胞色素 b_6f 还原大约需要 100 ～ 200μs，被 PS Ⅰ氧化只需要 10μs。将质体蓝素引导到 PS Ⅰ的作用力包括与 PsaF 亚基的静电作用，以及与 PsaA 和 PsaB 的疏水作用。

在一些藻类和蓝细菌中，质体蓝素的合成受培养基中铜含量的影响。在缺乏铜的情况下，细胞不能合成质体蓝素，而是合成功能与其相同的 *c* 型细胞色素 *c*-553。

12.4.5 电子从 PS Ⅰ到 $NADP^+$ 的转移需要铁氧还蛋白及铁氧还蛋白 $-NADP^+$ 还原酶

电子从 PS Ⅰ转移到叶绿体基质中的铁氧还蛋白（2Fe-2S 型 Fe-S 蛋白）。这个电子载体没有将电子直接转移给 $NADP^+$，而是通过一个中间媒介——铁氧还蛋白 -$NADP^+$ 还原酶（FNR，见图 12.22 和图 12.23）。有证据表明铁氧还蛋白与 FNR 通过静电吸引形成一个复合体。FNR 是一个 FAD 酶，可以分两步接受两个电子而被还原。FNR 接受第一个电子成为还原型黄素半醌状态，接受第二个电子成为完全还原态的 $FADH_2$（见第 14 章）。之后 FNR 再将这两个电子传给 $NADP^+$。FNR 与类囊体膜结合得很松散，易分离。目前已获得高分辨率的 FNR 及铁氧还蛋白 X 射线衍射晶体结构（见图 12.23），并根据这些结构提出了它们之间相互作用的模型。

12.4.6 叶绿体还具有 PS Ⅰ参与的环式电子传递链

如上所述，叶绿体中的非环式电子传递链氧化 H_2O 而释放 O_2，同时生成 NADPH 和 ATP。叶绿体中也有环式电子传递，参与其中的有 PS Ⅰ、质醌、细胞色素 b_6f 复合体和质体蓝素。图 12.26 显示了一个描述这个途径的模型，PS Ⅰ在光下还原铁氧还蛋白，但是还原态铁氧还蛋白贡献电子到质醌库，而不是将电子转移给 $NADP^+$。然后还原型质醌被细胞色素 b_6f 复合体氧化，并形成质子梯度。电子通过质体蓝素转移回 PS Ⅰ，而 Q 循环产生的 pmf（图 12.26）驱动 ATP 合成。因此环式电子传递仅合成 ATP 而不净生成 NADPH。这似乎与调整光反应中 ATP 和 NADPH 的生成比例相关，以便迎合下游代谢的需求。

生化和分子遗传学研究表明 PS Ⅰ环式电子传递过程中有两种不同的酶催化质醌的还原（依赖铁氧还蛋白）（图 12.26）。一条途径由类囊体膜上的 NDH 复合体（**NADH dehydrogenase-like complex**）催化。这个大型复合体与线粒体复合体Ⅰ相似，不同点在于电子供体是还原态铁氧还蛋白而非 NADH。PS Ⅰ与 NDH 形成的超级复合体依赖于两个次要的 LHC Ⅰ天线蛋白——Lhca5 和 Lhca6。NDH 途径在氧化应激过程中尤为重要。第二条途径涉及一个抗霉素 A 敏感的**铁氧还蛋白 - 醌氧化还原**

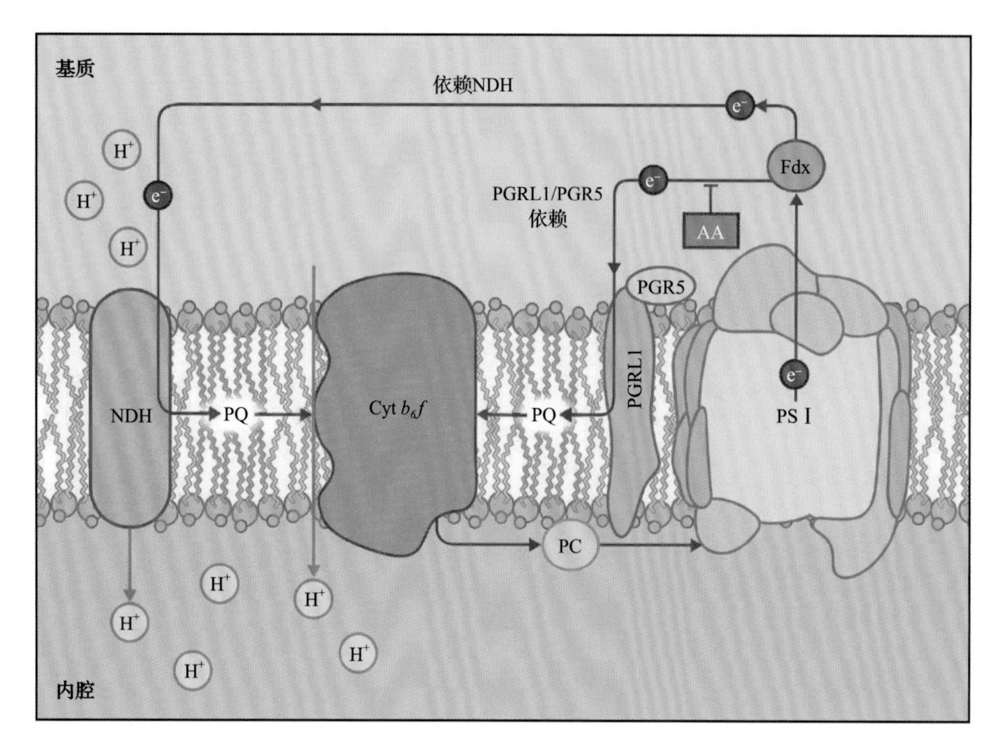

图 12.26　植物中 PS Ⅰ 环式电子传递的两条途径。一条途径利用 NDH 复合体（NADH dehydrogenase-like complex），另一条需要 PGRL1 和 PGR5 提供可能的铁氧还蛋白 - 质醌氧化还原酶活性（对抗霉素 A 敏感）。两条途径都包含 PS Ⅰ、还原型铁氧还蛋白、细胞色素 b_6f 复合体及质体蓝素。环式电子传递唯一的净产物是利用质子梯度合成的 ATP。质子梯度由还原型质醌的氧化产生

酶（ferredoxin-quinone oxidoreductase）。其活性依赖于两个类囊体蛋白 PGRL1 和 PGR5 所组成的复合体。PGRL1 从铁氧还蛋白接受电子，具有醌还原所需的氧化还原活性半胱氨酸残基和一个含铁辅助因子。硫氧还蛋白 *m*（Trx *m*，见信息栏 12.4）与两种类型环式电子传递的调节都有关系。在莱茵衣藻（*Chlamydomonas reinhardtii*）中，PGRL1 也存在于一个由 PS Ⅰ、FNR 和细胞色素 b_6f 组成的超级复合体。

12.4.7　特殊的抑制剂和人工电子受体用于研究叶绿体的电子传递

一些化合物特殊抑制叶绿体的电子传递链，可作为除草剂（图 12.27）。其中一类抑制剂竞争性结合 PS Ⅱ 中 D1 蛋白的 Q_B 位点，阻止 Q_B 的还原。最广泛研究的是敌草隆，3-（3,4- 二氯酚）-1，1- 二甲基尿素（DCMU）。莠去津（Atrazine）也作用于这个位点。第二类抑制剂（如甲基紫精，即百草枯）作用于 PS Ⅰ 还原侧，抑制铁氧还蛋白的还原。除草剂百草枯（Paraquat）可自氧化，形成对光合器官有害的高活性超氧自由基。百草枯在实验中用来作为非生理活性的电子受体，代替铁氧还蛋白。

另一类抑制剂是质醌的类似物，如 2,5- 二溴 -3- 甲基异丙基 -p- 苯醌（DBMIB），通过与还原型质醌竞争结合细胞色素 b_6f 复合体的 Q_p 位点来阻断电子传递。这些抑制剂在叶绿体非环式电子传递链中的作用位点如图 12.28 所示。这些抑制剂除了

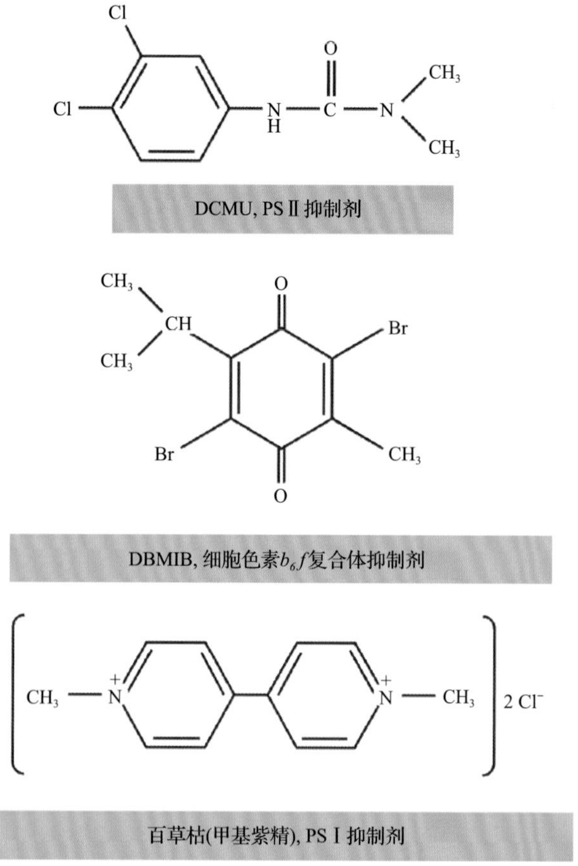

DCMU, PS Ⅱ 抑制剂

DBMIB, 细胞色素 b_6f 复合体抑制剂

百草枯(甲基紫精), PS Ⅰ 抑制剂

图 12.27　三种光合电子传递链抑制剂的化学结构：DCMU，3-（3,4- 二氯酚）-1,1- 二甲基尿素；DBMIB，2,5- 二溴 -3- 甲基异丙基 -p- 苯醌；百草枯（甲基紫精）

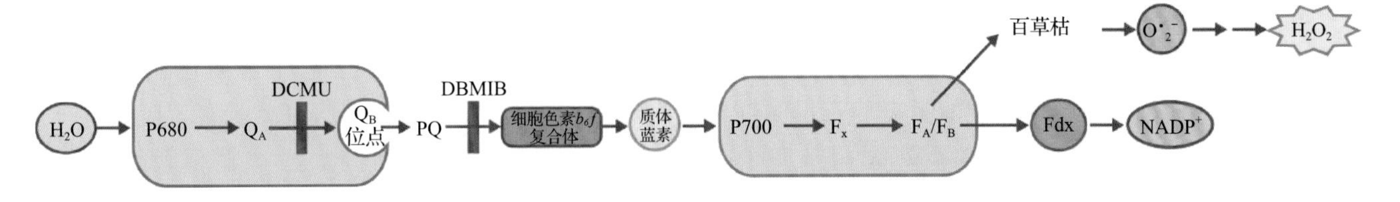

图 12.28 抑制剂在叶绿体电子传递链（图 12.22）中的作用位点。DCMU 和 DBMIB 阻断电子传递。百草枯自氧化，形成超氧化物及其他活性氧化物质

作为除草剂的商业价值外，对研究光合膜的电子传递也提供了帮助。例如，环式电子传递被细胞色素 b_6f 复合体的抑制剂（如 DBMIB）阻断，而 PS Ⅱ 的抑制剂（DCMU）对其没有影响。

12.5 叶绿体中的 ATP 合成

光依赖的 ATP 合成，也叫**光合磷酸化**（**photophosphorylation**），与线粒体中的氧化磷酸化机制相似。叶绿体有两种途径合成 ATP：一种是通过非环式电子传递链，同时伴随着 O_2 和 NADPH 的产生；另一种是通过环式电子传递链，这一过程没有净底物的消耗且除 ATP 外无其他终产物。

12.5.1 体内 ATP 合成和电子传递相偶联

在体内，无论是氧化磷酸化还是光合磷酸化，它们的一个主要特征就是 ATP 的合成伴随着电子传递。这意味没有电子传递就没有 ADP 的磷酸化，且没有 ATP 合成时电子传递受限制。然而在体外一定的非生理条件下，即使没有 ATP 合成，也可能获得很高的电子传递速度，如加入解偶联剂。这种化合物阻断 ATP 合成，但可以使电子传递无阻力地进行。化学渗透模型可以解释这一现象（见 12.5.2 节）。

叶绿体的非环式电子传递链存在两个偶联的能量储存位点。在这两个位点所包含的区域，电子传递过程伴随质子在类囊体内腔的积累。其中，一个位点与水被 PS Ⅱ 氧化时释放质子到类囊体内腔相关；另外一个位点与还原型质醌被细胞色素 b_6f 氧化时释放质子到类囊体内腔相关。

在非环式电子传递中，ATP 的合成量以 $P/2e^-$ 或 $ATP/2e^-$ 比值表示，但该比值的具体数值一直是有争论的。这是因为分离完整的叶绿体在技术上存在困难，所以很难准确测定电子传递中 ATP 合成的最大量。估计在非环式电子传递中，伴随着两个电子从水转移到 $NADP^+$，生成 1.0 ～ 1.5 个分子的 ATP。

12.5.2 叶绿体利用质子梯度的化学渗透势合成 ATP

化学渗透模型提出于 20 世纪 60 年代，用来解释叶绿体和线粒体中的 ATP 合成。这个模型认为推动 ATP 合成的能量来自于选择渗透性膜两侧的离子梯度。在叶绿体和线粒体中，这个梯度是电子传递产生的质子梯度。膜两侧形成不同的质子浓度，也产生相应的电势差。ATP 合酶利用这些势能完成 ADP 的磷酸化，合成 ATP（见图 12.22B，以及第 3 章和第 14 章）。

关于化学渗透模型的几个重要性质已经被实验证明。第一，这个机制需要一个对质子表现出低通透性的完整膜系统。第二，在膜上的电子传递过程中有垂直跨膜电子传递组分，使电子在特定位点跨膜运转。当电子通过这一系列电子载体时，质子也在这些偶联位点进行跨膜转运。在叶绿体中，当电子沿链传递时，质子从类囊体基质转运到内腔。在非环式电子传递途径，质子在内腔的积累靠近放氧复合体 PS Ⅱ 和细胞色素 b_6f 复合体的 Q_p 位点，这两处分别氧化水和还原型质醌。这种质子的单向积累造成膜内腔侧出现高浓度质子，而基质侧质子浓度较低。这个梯度就产生了**质子动力势**（**proton motive force**，pmf）。

如公式 12.5 和公式 12.6 所示，由质子浓度梯度形成的 ΔpH 与由膜两端电荷差异形成的电势差 Δψ 之间有一定的联系。根据化学渗透模型，$\Delta\bar{\mu}_{H^+}$（单位 $kJ \cdot mol^{-1}$）或 pmf（单位 V）是推动 ATP 合成的动力。

公式 12.5：pH 和电势差形成质子动力势

$$\Delta\bar{\mu}_{H^+} = \Delta pH + \Delta\psi$$

公式 12.6：质子动力势

$$pmf=\Delta\bar{\mu}_{H^+}/96.5kJ\cdot V^{-1}\cdot mol^{-1}$$

化学渗透模型的最后一个要素就是膜上的 ATP 合酶，它能利用 pmf 将 ADP 转化为 ATP。ATP 合酶有一个位于类囊体膜基质侧的亲水头部，而它所具有的疏水通道可以让 H^+ 自发地从内腔扩散到基质（图 12.29）。化学渗透模型预测穿过膜的质子数量与合成的 ATP 分子数量之间的比值（即 H^+/ATP 值）应是一个固定值。大多数估算表明 H^+/ATP 在 4.67 左右。根据目前的非环式电子传递链模型，每传递 2 个电子，就有 6 个质子在内腔中积累。这些数字对于理解质子移动位点及 ATP 合成的能量学十分重要。

化学渗透模型解释了叶绿体和线粒体中伴随着 ATP 合成的许多现象。例如，磷酸化和电子传递的结合可以被理解为一个反馈系统。当电子传递链不断地将质子运送到内腔，产生的质子浓度形成一种阻力，减缓质子的进一步运输。当 ATP 合酶将质子转移出内腔时，内腔中的质子浓度降低，阻力减小，更多的质子可被运送到内腔。一些解偶联剂可以消除这种反馈。因为大多数解偶联剂都是弱酸，它们以去质子的形式进入到内腔后，可以结合质子，降低腔内质子浓度。这些结合态质子可跨膜扩散，其结果是用于 ATP 合成的质子减少。所以，在解偶联剂存在的情况下，电子传递可以以很高的速度进行，但却没有 ATP 生成。

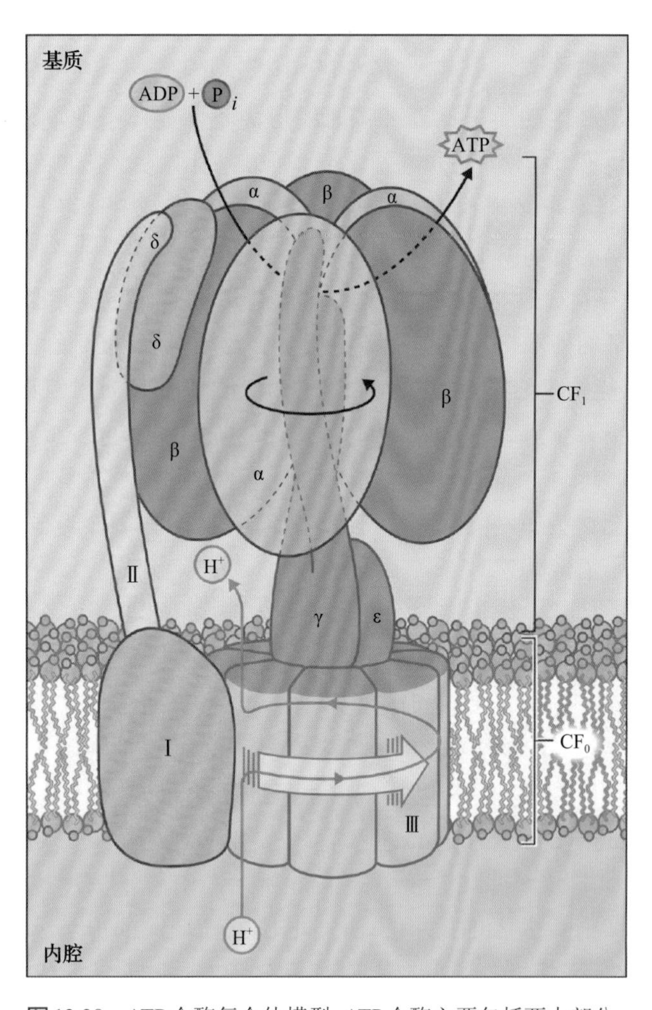

图 12.29 ATP 合酶复合体模型。ATP 合酶主要包括两大部分：一个膜内质子流动通道（CF_0）和一个包含有该合酶的催化位点的膜外部分（CF_1）。CF_1 由 5 个不同的亚基（α、β、γ、δ 和 ε）组成。CF_0 由 4 个亚基组成（Ⅰ、Ⅱ、Ⅲ和Ⅳ，图示其中的 3 个），其中亚基Ⅲ含 14 个拷贝

证明化学渗透模型的最重要实验是“酸诱导的磷酸化”。实验中，叶绿体悬浮液首先温育在 pH 4 左右，使叶绿体内部的 pH 也达到 4。之后将叶绿体的悬浮液迅速调到 pH 8，在膜两侧建立人为的 pH 梯度。这种梯度可以给 ATP 合成提供能量，直至 pH 的差异不足以驱动 ADP 的磷酸化。酸诱导的 ATP 合成不需要光，而且对电子传递抑制剂（如 DCMU）不敏感，说明 pH 梯度自身就足以驱动 ATP 的合成。但是，酸诱导的 ATP 合成受解偶联剂抑制，因为它直接影响质子梯度。后续的研究确认并扩展了原有的观察结果，现在化学渗透模型已经普遍被认为是叶绿体和线粒体中 ATP 合成的机制。

12.5.3 类囊体的 ATP 合酶由许多亚基组成

化学渗透模型指出了 ATP 合酶可以利用质子浓度梯度合成 ATP 这一关键性质。它最早是作为一种水解 ATP 的酶而被发现（见第 3 章，F 类 ATP 水解酶）。生物膜上 ATP 合酶不产生水解酶活性，于是光下 ATP 单向合成。类囊体膜两侧形成的 pmf 在光下激活 ATP 合酶的活性，而抑制其水解酶的活性。

类囊体 ATP 合酶由两个部分组成：一个是跨膜部分（CF_0）；另一个是位于基质表面的亲水部分（CF_1）。CF_0 将质子跨膜转运到酶的催化部分 CF_1，而 CF_1 利用质子梯度储存的能量将 ADP 和 P_i 合成 ATP。该酶也常被称为 CF_0-CF_1 复合体（图 12.29）。

叶绿体 ATP 合酶的分子质量大约为 400kDa，由叶绿体基因和核基因共同编码的 9 种不同亚基组成（表 12.6）。CF_1 含有两种大的亚基 α 和 β（分别为 50kDa 左右），以及三种较小的亚基 γ、δ 和 ε（图

表 12.6　ATP 合酶复合体的蛋白亚基组成

蛋白质		编码的基因	基因所在位置	分子质量 /kDa	功能
CF_1	α 亚基	*atpA*	叶绿体	55	催化
	β 亚基	*atpB*	叶绿体	54	催化
	γ 亚基	*atpC*	细胞核	36	质子引导
	δ 亚基	*atpD*	细胞核	20	与 CF_0 接合
	ε 亚基	*atpE*	叶绿体	15	抑制 ATP 水解酶活性
CF_0	Ⅰ	*atpF*	叶绿体	17	与 CF_1 接合
	Ⅱ	*atpG*	细胞核	16	与 CF_1 接合
	Ⅲ	*atpH*	叶绿体	8	蛋白转运
	Ⅳ	*atpI*	叶绿体	27	与 CF_1 接合

12.29）。CF_1 的每个大亚基有三个拷贝，而其他亚基各有一个拷贝，于是总的化学计量为 $\alpha_3\beta_3\gamma\delta\varepsilon$。α 和 β 亚基结合 ADP 和磷酸，并催化 ADP 的磷酸化。δ 亚基连接 CF_0 和 CF_1，而 γ 亚基似乎控制质子的转运。ε 亚基在黑暗中阻止催化反应的进行，防止 ATP 水解，还可能与 γ 亚基相互作用来控制质子的转运。γ 亚基也参与由铁氧还蛋白 / 硫氧还蛋白介导的调节机制，即在光下低 pmf 时激活 ATP 合酶，而在黑暗中降低酶的活性以减少夜里由于 ATP 水解而造成的浪费。

ATP 合酶的疏水 CF_0 部分由另外 4 种亚基（Ⅰ、Ⅱ、Ⅲ和Ⅳ）组成。除了亚基Ⅲ在植物叶绿体中似乎每个复合体有 14 个拷贝外，其他三种亚基都以单拷贝状态存在。亚基Ⅲ可能形成让质子从内腔转移到基质的通道。

12.5.4　线粒体 ATP 合酶 F_1 复合体的结构解析揭示质子转运和 ATP 合成的结合

在其他可以进行能量转变的膜系统，如线粒体内膜（F_0-F_1 复合体，第 14 章）和细菌膜系统中，参与 ATP 合成的同源酶已经被鉴定。线粒体 ATP 合酶 F_1 部分的高分辨率结构为 ATP 合成的机制提供了新的重要结构信息。该结构的一个重要特征是 α 和 β 亚基交替排列，而 γ 亚基在 $\alpha_3\beta_3$ 六聚体形成的疏水空腔中延展成为一个柱状结构。其他低分子质量亚基（δ 和 ε）的结构尚未解析。γ 亚基的方向与推测的功能相符，即它传递质子梯度的能量到 α 和 β 亚基的 ATP 合成催化位点。

现在关于 ATP 合成被广泛接受的机制是“结合改变机制”（**binding change mechanism**）（图 12.30）。该机制的关键之处在于蛋白质的构象变化。另外，质子梯度中储存的能量并不直接用于驱动 ATP 的合成，而是用来释放紧密结合在催化位点的 ATP。酶的 CF_1 部分有三个核苷酸结合位点，每个位点可以

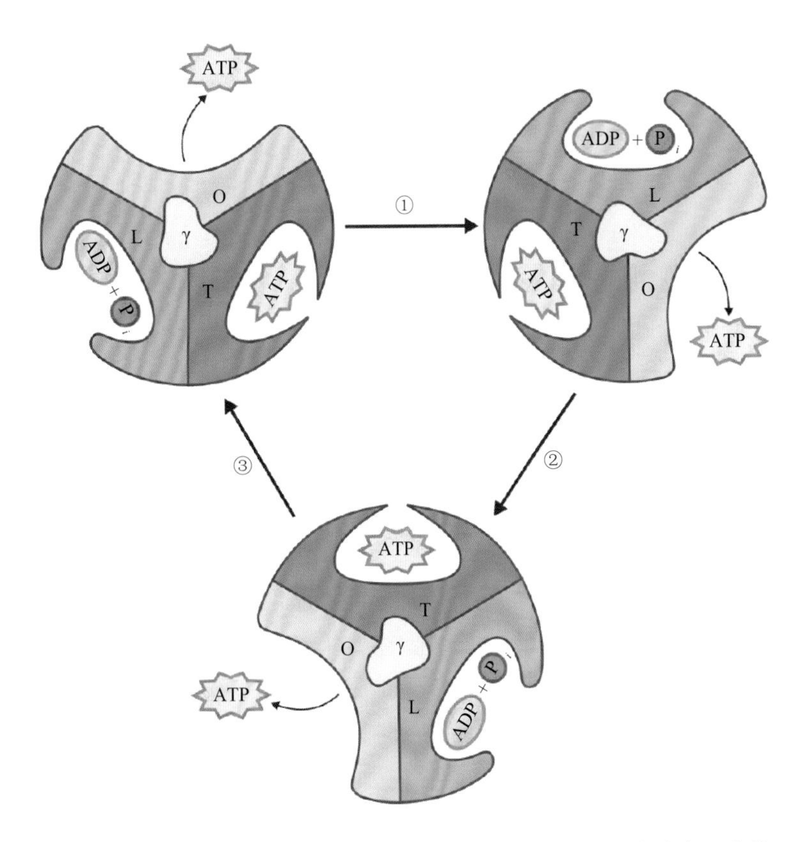

图 12.30　CF_0-CF_1 复合体 ATP 合成的结合改变机制。ATP 合酶有三个核苷酸结合位点：O 位点（开放位点）可以结合 ADP 和 P_i；L 位点（松散结合位点）松散结合 ADP 和 P_i；T 位点（紧密结合位点）是核苷酸结合紧密的位点，ATP 在该处形成。质子跨膜运动推动酶的 γ 亚基旋转，引起构象变化，从而导致位点之间相互转变

有三种构象状态：松散核苷酸结合位点（L）、紧密核苷酸结合位点（T）和不结合核苷酸的开放结合位点（O）。这三种状态任何时候都同时存在于 CF_1 复合体，三个催化中心各呈现一种状态。根据结合改变机制，ADP 和 P_i 一开始结合在一个处于开放状态的位点。随着质子通过 CF_0 通道从内腔运动到基质，释放的能量使 CF_1 的γ亚基开始旋转，而这种旋转使三个核苷酸结合位点的构象发生改变。结合 ATP 的 T 位点随着 ATP 的释放转变为 O 位点，而结合 ADP 和 P_i 的 L 位点随着 ATP 的合成转变为 T 位点。一些实验室对复合体中γ亚基旋转的观察证据支持了结合改变机制。假设亚基III的每个拷贝转移一个质子，每通过 14 个质子，γ亚基可以进行一次完整的旋转并有 3 个 ATP 分子得到释放。因此，叶绿体 ATP 合酶的结构表明 H^+/ATP 值为 4.67。

12.6 光合作用复合体的组装和调控

12.6.1 类囊体膜的蛋白复合体具有横向异质性和多变化学计量

如图 12.1 所示，叶绿体内的类囊体膜以两种形式存在。一种形式是紧密堆积、形成片层结构的基粒；另外一种是暴露在基质中松散的膜，称为基质膜。植物和绿色藻类类囊体的一个重要特征是 PS Ⅰ和 PS Ⅱ在膜系统中并非随机分布。PS Ⅰ主要存在于基质膜上，而 PS Ⅱ主要存在基粒膜上（图 12.31）。

其他蛋白复合体在这两种膜上的分布也是不等的（表 12.7）。例如，ATP 合酶几乎全部都在基质膜上。甚至可溶性的电子传递载体（如质体蓝素），在类囊体内腔也分布不均。这种**横向异质性（lateral heterogeneity）**说明承担着把电子从 H_2O 转运到 $NADP^+$ 的 PS Ⅰ和 PS Ⅱ在空间上是分离的。根据这个模型，长距离电子传递的机制必然存在。需要注意的是，并非所有的膜蛋白在类囊体中都呈现不均匀分布。在两个光系统间传递电子的细胞色素 b_6f 复合体就是均匀分布的（图 12.31）。

人们最初认为参与非环式电子传递链的 PS Ⅰ和 PS Ⅱ在类囊体膜上的比例应该是相同的。然而实验证据不支持这个假设。在绿藻、红藻、蓝细菌

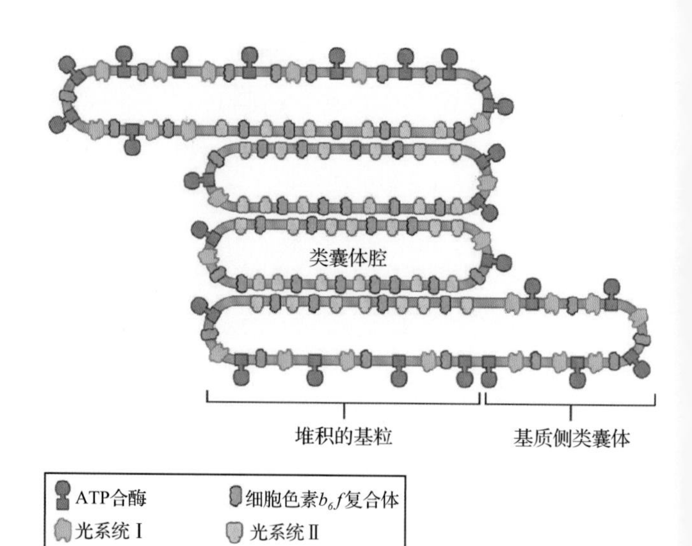

图 12.31 叶绿体膜复合体的横向异质性。PS Ⅱ主要存在于类囊体堆积的膜区域，而 PS Ⅰ和 ATP 合酶几乎只存在于膜的胞质侧。细胞色素 b_6f 复合体均匀地分布在膜上。分隔的光系统需要移动的电子载体，如质醌和质体蓝素，从而让电子可在空间上分离的膜复合体间穿梭

表 12.7 叶绿体膜中光合组分的分布

组分	类囊体 /%	
	堆积形式的	暴露于基质中的
PS Ⅱ	85	15
PS Ⅰ	10	90
细胞色素 b_6f 复合体	50	50
LHC Ⅱ	90	10
ATP 合酶	0	100
质体蓝素 *	40	60

* 百分数表示每种组分在两种类囊体膜区域分布的相对量，但质体蓝素例外，其分布指的是相应膜区域的内腔。

和植物的光合器官中，PS Ⅱ与 PS Ⅰ的比率（光系统化学计量）为 0.4 ～ 1.7 不等。在一些突变体中，这个比率的差异甚至可以更大。光系统化学计量也可以被光的特性调节，说明光合生物具有根据光特性梯度改变膜组成的能力。这种现象在森林冠层或水生环境中可以观察到。

12.6.2 LHC Ⅱ的磷酸化影响能量在 PS Ⅰ和 PS Ⅱ之间的分布

PS Ⅱ吸收光能的辅助天线 LHC Ⅱ主要存在于基粒（表 12.7）。基粒的层状堆积结构与 LHC Ⅱ的存在相关。一些突变体的叶绿体缺少 LHC Ⅱ，堆积结构大量减少，但仍能进行光合作用。膜的这种堆积形式可能有利于光能在 PS Ⅰ和 PS Ⅱ之间有效

分布。要获得最大效率的电子传递，两个光系统的激发必须平衡，所以任何一个光系统都不能有多接受光子的倾向。两个光系统在空间上的分离可能有助于这种调控。此外，叶绿体能通过调整 LHC Ⅱ与 PS Ⅱ的结合，来调控光量子在光系统中的分布。

LHC Ⅱ中的一小部分在光下参与可逆的磷酸化反应。LHC Ⅱ的磷酸化改变蛋白质的表面电荷。LHC Ⅱ磷酸化后带负电，并从基粒垛叠的疏水区移动至暴露且较不疏水的基质膜区。这种迁移降低了与 PS Ⅱ结合的天线数量，从而降低基粒膜上 PS Ⅱ的光吸收（图 12.32）。

目前最被广泛接受的模型认为，叶绿体感受激活的不平衡并进行 LHC Ⅱ磷酸化的应对需要一个氧化还原激酶——STN7。只有在质醌库（在 PS Ⅱ和细胞色素 b_6f 复合体间传递电子的可移动电子载体）处于高度还原状态时，STN7 才被激活（见 12.4 节）。当 PS Ⅱ比 PS Ⅰ吸收更多光能的时候，质醌大部分被还原，从而活化该 LHC Ⅱ激酶。激酶磷酸化 LHC Ⅱ，使 LHC Ⅱ从基粒区域迁出，从而调整 PS Ⅱ和 PS Ⅰ的相对激活。当质醌由于 PS Ⅰ的激活而呈现氧化态时，激酶活性降低，这时一个磷酸酶作用于 LHC Ⅱ的去磷酸化，使其迁移回基粒膜，从而增加 PS Ⅱ的光吸收。虽然两个光系统处于类囊体的不同位置，但这种反馈机制能精确控制光能在它们之间的分布（图 12.32）。

12.6.3 非光化学猝灭过程消散过量光能

在自然条件的高光强下，植物吸收的光能可能超过它们用于光合作用的量。这种叶绿素的过度激活会增加三线态叶绿素和单线态氧（见 12.2 节）。单线态氧及其活性产物造成的损伤会降低光系统效率，这个过程被称为**光抑制**（**photoinhibition**，见信息栏 10.8）。

所有放氧光合生物在光过强时都通过调节光吸收来避免光抑制。在植物中，不同的**非光化学猝灭**（**nonphotochemical quenching**，NPQ）过程作为光合作用的安全阀，将吸收的过量光能通过无害的热量形式消散（图 12.33）。NPQ 造成 PS Ⅱ天线中的单线态叶绿素去激活，利用叶绿素荧光可检测这一过程（信息栏 12.2）。除了猝灭三线态叶绿素和单线态氧的光保护角色，特殊类胡萝卜素（如玉米黄素

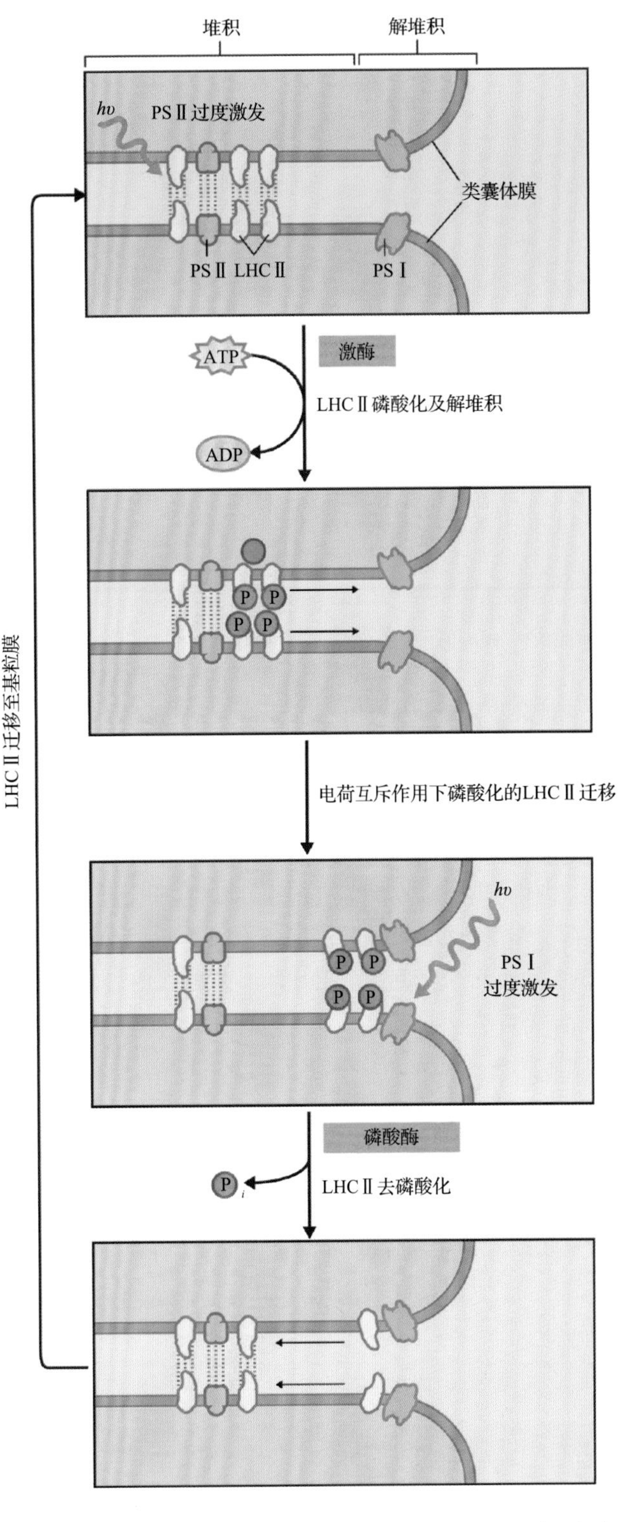

图 12.32 LHC Ⅱ的磷酸化控制能量分布。PS Ⅱ相对于 PS Ⅰ的过度激发增加了处于还原态的质醌水平，活化激酶，进而 LHC Ⅱ磷酸化。磷酸化的 LHC Ⅱ会导致膜的部分解堆积，因为带负电的 LHC Ⅱ产生静电排斥，部分磷酸化的 LHC Ⅱ从堆积的基粒区转移到非堆积膜区域，从而可与 PS Ⅰ作用。这使 PS Ⅱ的天线规模变小而有助于 PS Ⅰ吸收光子。PS Ⅰ过度激发导致还原型质醌氧化，同时激酶失活。磷酸酶能水解 LHC Ⅱ的磷酸基团，从而去磷酸化的 LHC Ⅱ可以再度回到疏水性的基粒区域。这种机制可以调节 PS Ⅰ和 PS Ⅱ的相对激发程度

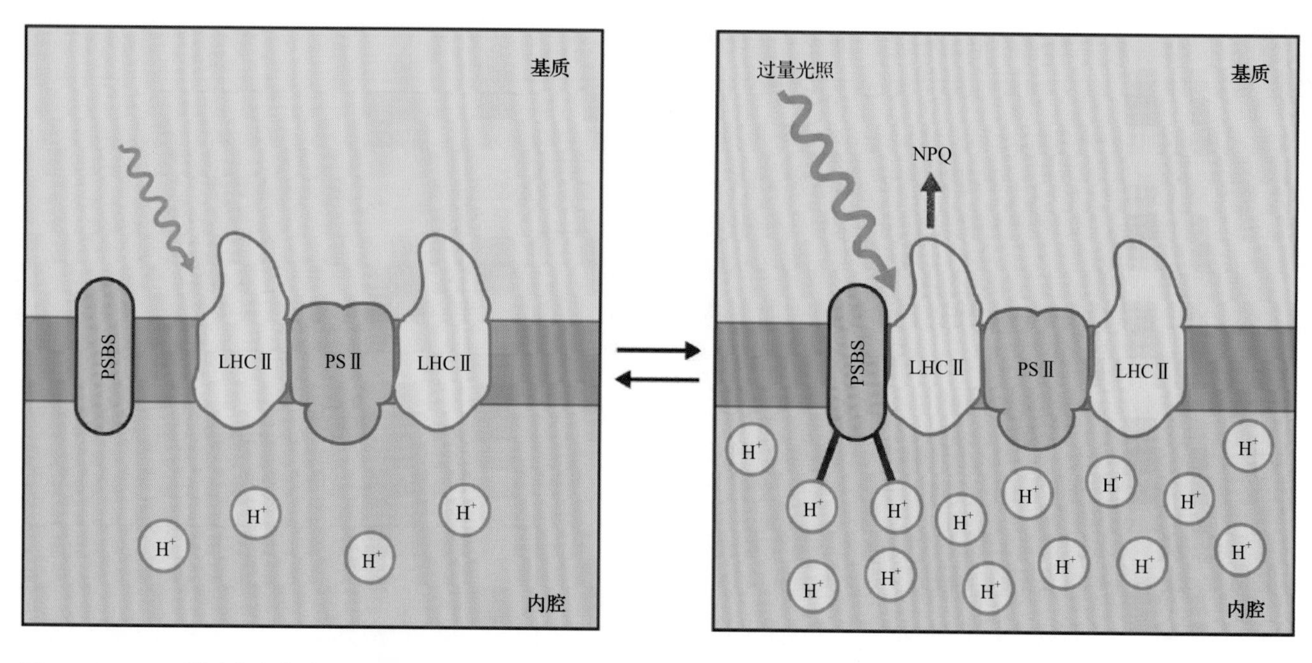

图 12.33 PS Ⅱ通过非光化学猝灭调节光捕获。在限制光照下，LHC 蛋白有效地转移激发能至 PS Ⅱ反应中心。过量光照下，当光合作用速率达到饱和，类囊体内腔质子积累浓度过高，在数秒到数分钟之间，PS Ⅱ捕光天线中一种灵活的非辐射性耗散方式被引发。结合到 PSBS 蛋白上的质子和累积的玉米黄素（未标出）引起 PS Ⅱ构象改变或重构，将天线转换至耗散状态以防止叶绿素的过度激发和电子传递链的过度还原

和叶黄素）也与 NPQ 有关。

NPQ 的几个组件具有不同的感应和松弛作用动力学。出现光过剩时，类囊体建立起的高 ΔpH 引起一种灵活而快速可逆的 NPQ。类囊体内腔的低 pH 激活紫黄素去环氧酶（将紫黄素转化为玉米黄素）（图 12.7），并导致一个膜蛋白 PSBS 的质子化，从而促进 PS Ⅱ天线中的 LHC 蛋白处于一种耗散状态（图 12.33）。这是 NPQ 在自然界波动状态光下调控光吸收的主要形式。缺少灵活 NPQ 的突变体会表现出减弱的适应性。持续类型的 NPQ 在一些经历季节性长期光过剩的植物中更显著（过冬的常绿植物）。

12.7 碳反应：卡尔文循环

12.7.1 叶绿体基质中的卡尔文循环利用类囊体膜储存的能量同化大气中的 CO_2

将无机碳转化为有机物的碳骨架（自养）是构建生命所需所有分子的基础（信息栏 12.3）。在植物中，光能驱动水的氧化，在类囊体膜上产生分子氧（O_2）并生成 ATP、还原态铁氧化蛋白和还原态吡啶核苷酸（NADPH）。叶绿体基质中释放的 ATP 和 NADPH 被用来将大气中的 CO_2 转化为碳水化合物。

信息栏 12.3 自养是从无机向有机的转变

所有活体生物中的有机碳最终来自于无机物，例如，气态的 CO_2、易溶或不溶的 HCO_3^- 和 CO_3^{2-}，其在生物圈的分布取决于环境因素如温度、pH 及压力。陆地和海洋生物以及许多特化的微生物演化出利用无机碳作为唯一碳源合成细胞代谢所需有机分子的能力（图 A）。这个过程，也就是自养，需要源源不断的能量从而将环境中获取的高氧化态 C（如 CO_2：+4）或其他元素转变为能够参与细胞代谢的低氧化态有机分子（—CO_2H：+3；—CO—：+2；—CHO：+1；—CHOH—：0；—CH_2OH：-1；—CH_2—：-2；—CH_3：-3；CH_4：-4）（图 B）。

自然界中维持自养的能量来源有两种：化合物（化能自养生物）和光（光能自养生物）。膜

蛋白复合体让外部的能量进入从而驱动内部电子的流动，产生的还原力将推动酶类催化化学键的转变。

CO_2 的吸收有 6 种不同途径（图 A）：还原性乙酰辅酶 A 途径，还原性柠檬酸循环（逆向柠檬酸循环），二甲酸 /4- 羟基丁酸酯循环，3- 羟丙酸双循环，3- 羟丙酸 /4- 羟基丁酸酯循环，还原性戊糖磷酸循环（卡尔文循环）。前五个途径存在于原核生物中，在 CO_2 固定的早期阶段产生乙酰辅酶 A 或者丙酮酸。后续的各种糖异生途径将进一步生成大的有机分子。现在，人们对于这些途径有了新的兴趣，以期通过合成生物学改善有氧光合。第六个 CO_2 的固定途径——还原性戊糖磷酸循环（卡尔文循环或 C3 途径），是生物量合成（即结构性和储存性多糖的合成）的主要耗氧机制（例如，结构性和储存性的多聚糖）。许多化能和光能自养的原核生物，以及所有光合自养的真核生物利用卡尔文循环同化 CO_2。

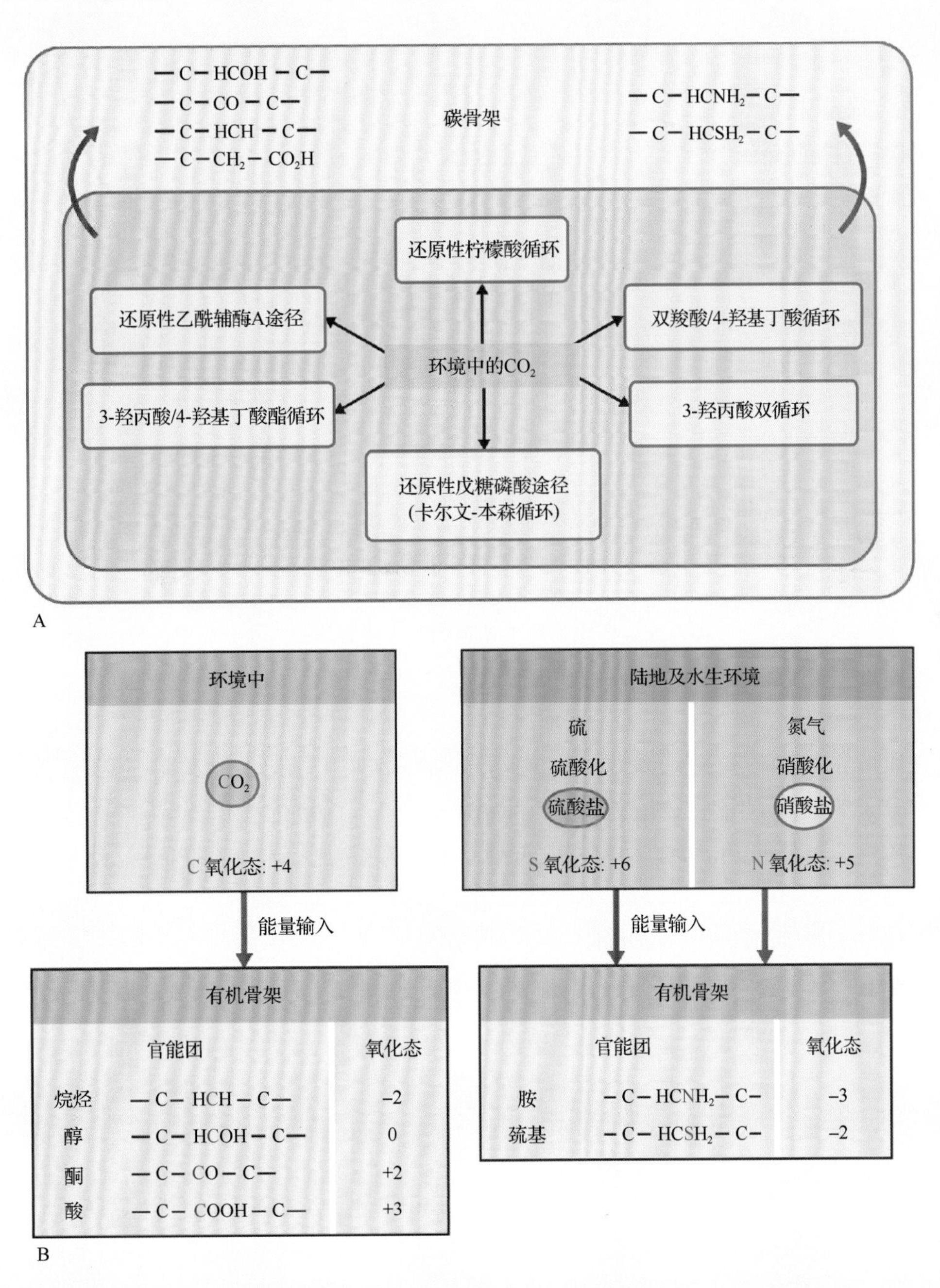

自养。A. 通过自养途径吸收环境中的 CO_2。环境中的 CO_2 是自养生物中碳骨架的构成来源。
B. 生物圈中碳、氮、硫的氧化态形式。当这些元素从环境中进入生物体内形成有机分子时，其氧化态降低

这个转化途径被称为卡尔文循环，支撑着大部分生命形式。它发现于19世纪50年代，研究者给光照下的绿藻小球藻（*Chlorella*）和栅藻（*Scenedesmus*）提供$^{14}CO_2$，短时间间隔取样，将细胞悬浮液注射入煮沸的酒精中。含有^{14}C的化合物由双向纸色谱成功分离，被放射自显影检测到，并经共色谱和降解分离的中间产物分析出^{14}C标记的确切位置。绿藻中光合CO_2同化所需酶活性的存在验证了这一预测的途径。一些光合原核生物（光合细菌、蓝细菌）和所有光合真核生物（藻类、植物）都利用卡尔文循环固定CO_2（信息栏12.3）。

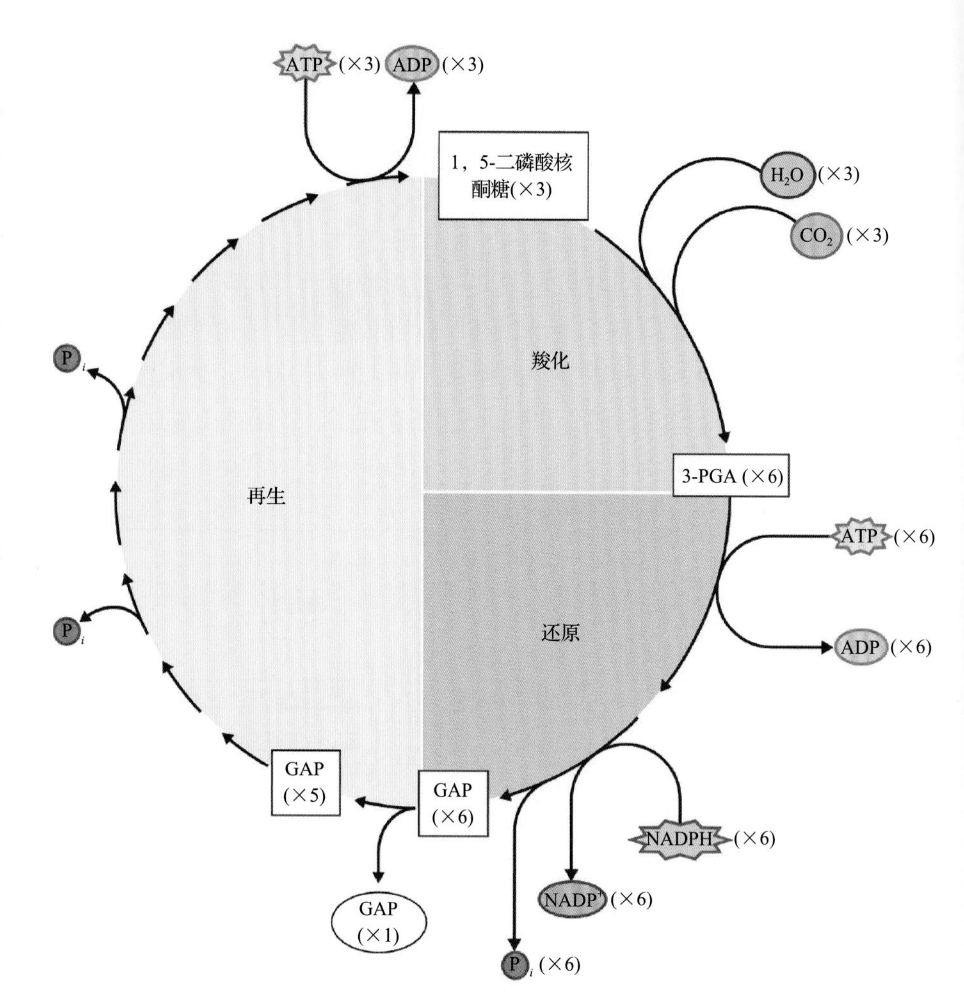

图12.34 卡尔文循环分为三个阶段：羧化、还原和再生。同化3个CO_2分子并生成1分子磷酸丙糖需要6个NADPH分子和9个ATP分子（3 CO_2 ∶ 6 NADPH ∶ 9 ATP ≡ CO_2 ∶ 2 NADPH ∶ 3 ATP）。形成的3-磷酸甘油醛（GAP）或者被随即代谢掉，或者转化为用于储存的碳水化合物——叶绿体中的淀粉或者是细胞质中的蔗糖。3-PGA，3-磷酸甘油酸

12.7.2 卡尔文循环通过13个生物化学反应进行

卡尔文循环通过13个生物化学反应进行，这些反应高度协作完成三项任务，由此可分为三个阶段：羧化、还原和再生（图12.34和图12.35）。

- CO_2受体分子的羧化：1,5-二磷酸核酮糖（RuBP；含有5个碳的受体分子）与一个CO_2分子和一个水分子作用，在循环的第一步酶反应中生成两个3-磷酸甘油酸分子（3-PGA；见12.7.3节）。
- 3-PGA的还原：将3-PGA还原为3-磷酸甘油醛（GAP）由两步酶反应完成（见12.7.4节），这一阶段消耗光化学生成的ATP和NADPH（见12.4.1节）。
- RuBP的再生：CO_2受体RuBP通过10个酶催化的反应再生并结束循环，其中一个反应消耗ATP（见12.7.5节）。

12.7.3 RuBP的羧化是卡尔文循环的第一个反应

在羧化阶段，3个CO_2分子和3个H_2O分子与3个RuBP分子反应生成6个3-PGA分子（反应12.12，图12.35）。1,5-二磷酸核酮糖羧化酶/氧合酶（Rubisco）催化这个反应（见12.8节）。光下加$^{14}CO_2$后，以3-PGA（一个三碳分子）作为第一个稳定合成物的植物被称为**C_3植物（C_3 plants）**。

反应12.12：1,5-二磷酸核酮糖羧化酶/氧合酶（Rubisco）

$$3\ RuBP + 3\ CO_2 + 3\ H_2O \rightarrow 6\ 3\text{-}PGA + 6H^+$$

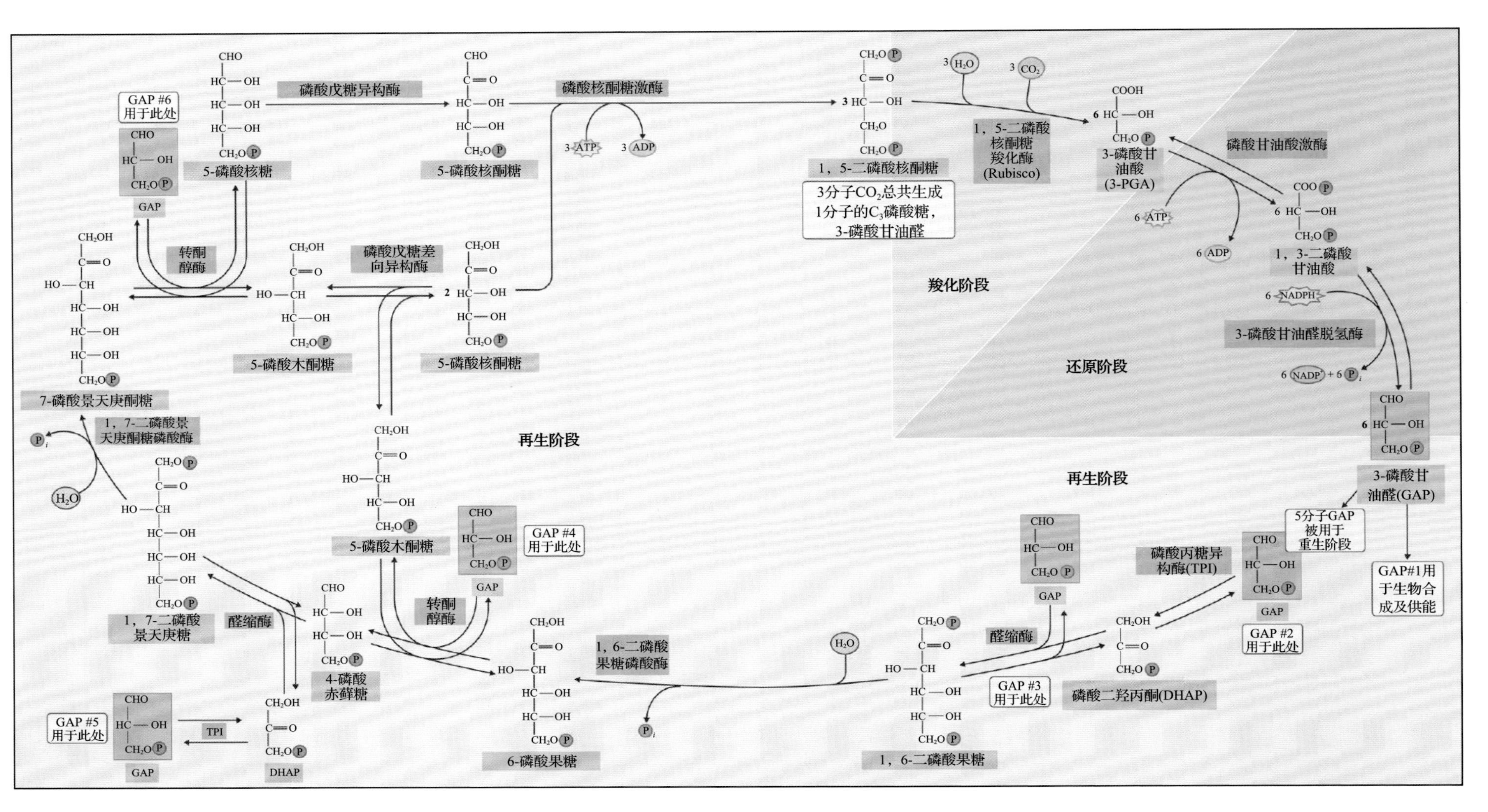
GAP #6用于此处
磷酸戊糖异构酶
磷酸核酮糖激酶
5-磷酸核糖
5-磷酸核酮糖
1，5-二磷酸核酮糖
1，5-二磷酸核酮糖羧化酶(Rubisco)
3分子CO_2总共生成1分子的C_3磷酸糖，3-磷酸甘油醛
3-磷酸甘油酸(3-PGA)
磷酸甘油酸激酶
1，3-二磷酸甘油酸
转酮醇酶
磷酸戊糖差向异构酶
羧化阶段
3-磷酸甘油醛脱氢酶
5-磷酸木酮糖
5-磷酸核酮糖
还原阶段
7-磷酸景天庚酮糖
1，7-二磷酸景天庚酮糖磷酸酶
再生阶段
再生阶段
3-磷酸甘油醛(GAP)
5分子GAP被用于重生阶段
5-磷酸木酮糖
GAP #4用于此处
磷酸丙糖异构酶(TPI)
GAP#1用于生物合成及供能
转酮醇酶
1，7-二磷酸景天庚糖
醛缩酶
醛缩酶
1，6-二磷酸果糖磷酸酶
GAP #2用于此处
4-磷酸赤藓糖
GAP #3用于此处
磷酸二羟丙酮(DHAP)
GAP #5用于此处
TPI
GAP
DHAP
6-磷酸果糖
1，6-二磷酸果糖

图12.35 卡尔文循环

12.7.4 3-PGA 的还原紧随 CO_2 的固定并需要光反应的产物

卡尔文循环的还原阶段将羧化阶段产生的 6 个 3-PGA 分子转化为 6 个 GAP 分子（图 12.35）。这两步过程需要消耗光反应产物 ATP 和 NADPH。首先，3- 磷酸甘油酸激酶（反应 12.13）催化 ATP 与 3-PGA 羧基的反应，生成混合酸酐 1,3- 二磷酸甘油酸（1,3-bis-PGA）。接下来 NADPH 将 1,3-bis-PGA 转化为 GAP 和无机磷酸（P_i），该反应由叶绿体 NADP-3- 磷酸甘油醛脱氢酶催化（NADP-GADP，反应 12.14）。

反应 12.13：3- 磷酸甘油酸激酶

6 3-PGA+6 ATP → 6 1,3-bis-PGA+6 ADP

反应 12.14：NADP-3- 磷酸甘油醛脱氢酶催化（NADP-GADP）

$$6\ 1,3\text{-bis-PGA}+6\ NADPH+6\ H^+ \rightarrow 6\ GAP+6\ NADP^++6\ P_i$$

12.7.5 卡尔文循环的持续进行需要 RuBP 的再生

6 个 GAP 的每个分子中含 3 个碳，说明净固定了 3 个 CO_2 分子，有 1 个 GAP 分子代表新合成的光合产物。另外 5 个 GAP 分子（共 15 个碳）进入最终和最复杂的一系列反应再生 3 个 RuBP 分子（每分子 5 个碳），进而允许持续吸收大气中的 CO_2。

卡尔文循环中所需的 13 种酶有 10 个催化 RuBP 的再生（反应 12.15～反应 12.24，图 12.35）。

- 磷酸丙糖异构酶催化 2 个 GAP 分子生成 2 个 DHAP 分子（反应 12.15）。GAP 和 DHAP 一起被称为磷酸丙糖。

反应 12.15：磷酸丙糖异构酶

2 GAP ↔ 2 DHAP

- 醛缩酶催化第三个 GAP 分子与一个 DHAP 分子的醛醇缩合，生成六碳糖 1,6- 二磷酸果糖（FBP）（反应 12.16）。

反应 12.16：醛缩酶

GAP+DHAP → FBP

- FBP 由一个特殊的叶绿体 1,6- 二磷酸果糖磷酸酶催化水解为 6- 磷酸果糖（F6-P）（反应 12.7）。

反应 12.17：1,6- 二磷酸果糖磷酸酶

$FBP+H_2O \rightarrow F6\text{-}P+P_i$

- F6-P 分子通过转酮酶贡献一个二碳单元（C_1 和 C_2）给第四个 GAP 分子，生成 5- 磷酸木酮糖（Xu 5-P）。F6-P 分子的另外 4 个碳（C_3、C_4、C_5 和 C_6）生成 4- 磷酸赤藓糖（E4-P）（反应 12.18）。

反应 12.18：转酮醇酶

F6-P+GAP → E4-P+Xu 5-P

- E4-P 通过醛缩酶结合剩下的 DHAP 分子生成七碳糖 1,7- 二磷酸景天庚酮糖（SBP）（反应 12.19）。

反应 12.19：醛缩酶

E4-P+DHAP → SBP

- SBP 由一个特殊的叶绿体 1,7- 二磷酸景天庚酮糖磷酸酶催化水解为 7- 磷酸景天庚酮糖（S7-P）（反应 12.20）。

反应 12.20：1,7- 二磷酸景天庚酮糖磷酸酶

$SBP+H_2O \rightarrow S7\text{-}P+P_i$

- S7-P 分子通过转酮醇酶转移一个二碳单元（C_1 和 C_2）给第五个（最后一个）GAP 分子，生成第二个 Xu 5-P 分子。S7-P 分子的另外 5 个碳（C_3、C_4、C_5、C_6 和 C_7）生成 5- 磷酸核糖（R5-P）（反应 12.21）。

反应 12.21：转酮醇酶

S7-P+GAP → R5-P+Xu 5-P

- 5- 磷酸核酮糖差向异构酶催化两个 Xu 5-P 分子转化为两个 5- 磷酸核酮糖（Ru 5-P）分子（反应 12.22）。

反应 12.22：5- 磷酸核酮糖差向异构酶

2 Xu 5-P → 2 Ru 5-P

- 5- 磷酸核糖异构酶催化 R5-P 转化为第三个 Ru 5-P 分子（反应 12.23）。

反应 12.23：5- 磷酸核糖异构酶

R5-P → Ru 5-P

- 最后在磷酸核酮糖激酶（PRK）（也称为 5- 磷酸核酮糖激酶）的催化下，另外 3 个 ATP 分子使 3 个 Ru 5-P 分子磷酸化，生成 3 个 RuBP 分子（反应 12.24）。

反应 12.24：磷酸核酮糖激酶（PRK）

$3\ Ru\ 5\text{-}P+3\ ATP \rightarrow 3\ RuBP+3\ ADP+3H^+$

净反应：3 CO_2+5 H_2O+6 NADPH+9 ATP →

GAP+6 $NADP^+$+$3H^+$+9 ADP+8 P_i

总的来说，3 个 CO_2 分子和 3 个五碳糖 RuBP 分子可以生成 6 个 3-PGA 分子，而 6 个 3-PGA 都被磷酸化和还原，消耗 6 个 ATP 分子和 6 个 NADPH 分子，生成 6 个 GAP 分子。其中 5 个 GAP 分子和另外 3 个 ATP 分子再生 3 个 RuBP 分子，使卡尔文循环得以启动下一轮的 CO_2 固定。剩下的一个 GAP 分子是碳固定的净产物，可被用于合成碳水化合物和其他细胞成分（图 12.35）。

12.8 Rubisco

Rubisco 是植物叶片的主要蛋白，催化 RuBP 的羧化，即卡尔文循环的第一个反应。另外，Rubisco 催化一个竞争性氧合反应（**光呼吸**，见 12.8.3 节和 14.8.2 节），会降低光合碳固定的效率。这部分讲述 Rubisco 的结构和它进行催化及调控的机制。

12.8.1 自然界有四种不同形式的 Rubisco

固定 CO_2 的生物中有 Rubisco，不以 CO_2 作为主要碳源的微生物中也有 Rubisco，酶学分析和基因组测序项目表明这些 Rubisco 属于不同的构型。基本结构的比较表明四种构型的 Rubisco 对大亚基（L，约 50kDa）和小亚基（S，约 15kDa）有不同的排列（表 12.8）。具有催化活性的大亚基以同源二聚体形式存在，是各种构型 Rubisco 的共同组件。Ⅰ、Ⅱ、Ⅲ型具有 Rubisco 催化活性，而Ⅳ型缺少该活性，在代谢中扮演其他角色。

大多自养生物具有Ⅰ型 Rubisco。它是植物叶片中的主要蛋白质，占可溶性叶片蛋白的 50%。每年提供全球 45% 以上净初级产物的浮游植物中也有这类 Rubisco。所以Ⅰ型 Rubisco 是地球上最丰富的蛋白质。鉴于它在植物光合作用中的丰度和重要性，本章对 Rubisco 分子及生化的分析限定在Ⅰ型。

表 12.8　Rubisco 的不同构型

构型	四级结构	物种
Ⅰ	L_8S_8	植物，藻类，变形菌，蓝细菌
Ⅱ	$(L_2)_n$	变形菌，鞭毛藻
Ⅲ	$(L_2)_n$；$(L_2)_5$	古细菌
Ⅳ	L_2	变形菌，蓝细菌，古细菌，藻类

Ⅰ型是唯一一类具有小亚基的 Rubisco，它由 8 个大亚基和 8 个小亚基组成 [L_8S_8]——4 个大亚基二聚体 $[L_2]_4$ 顶部和底部分别罩着 4 个小亚基 $[S_4]_2$，构成 {$[S_4]$.$[L_2]_4$.$[S_4]$=L_8S_8}。虽然 L_8S_8 局限在光合作用真核生物的叶绿体内，但各组成亚基的生物合成及组装有不同的途径（表 12.9）。编码大亚基的 *rbcL* 基因在藻类和陆生植物中位于质粒基因组上，而它在鞭毛藻中位于核上。编码小亚基的 *rbcS* 基因在红藻和褐藻中位于质粒基因组上。在绿色谱系的光合作用真核生物（绿藻和陆生植物）中，*rbcS* 基因在核上，所以这种小亚基会表达为需要转移到叶绿体的前蛋白，在与大亚基组装成为 L_8S_8 前，它的转运肽会在叶绿体膜处被切掉。在植物中，细胞核和叶绿体的一系列因子在转录后、翻译和翻译后水平调控叶绿体编码和核编码基因。

12.8.2 Rubisco 的组装需要分子伴侣

在绿藻和植物中发现一个保守的核编码蛋白（MRL1），通过积累大亚基（L）mRNA，在转录后水平调控Ⅰ型（L_8S_8）Rubisco 的生物合成。而且在形成 L_8S_8 Rubisco 前，分子伴侣在三个主要过程中发挥作用以防止大亚基的错误组装和偏离聚合（图 12.36）。

12.8.3 Rubisco 的氧合酶功能

除了具有羧化酶的活性外，Rubisco 同时有以 O_2 为底物的氧合酶活性。Rubisco 可用 O_2 为底物代替 CO_2，生成 3-PGA 和一个二碳分子——2- 磷酸乙醇酸（图 12.37）。所有 Rubisco，包括来自厌氧菌（无法在有氧条件下生存）的，都有氧合酶功能。这表明氧合酶活性是 Rubisco 固有的。

O_2 和 CO_2 两种底物竞争 Rubisco 的同一活性位点。Rubisco 的两种活性取决于两种底物在环境中的相对含量。在空气中，羧化反应速度大约比氧合反应快 3 倍。但按一定速度进行的氧合反应对 C_3

表 12.9　编码真核 Rubisco 的 DNA 亚细胞定位

物种	四级结构	亚基	
		大	小
植物，绿藻	L_8S_8	叶绿体	细胞核
红藻，褐藻	L_8S_8	叶绿体	叶绿体
鞭毛藻	L_2	细胞核	—

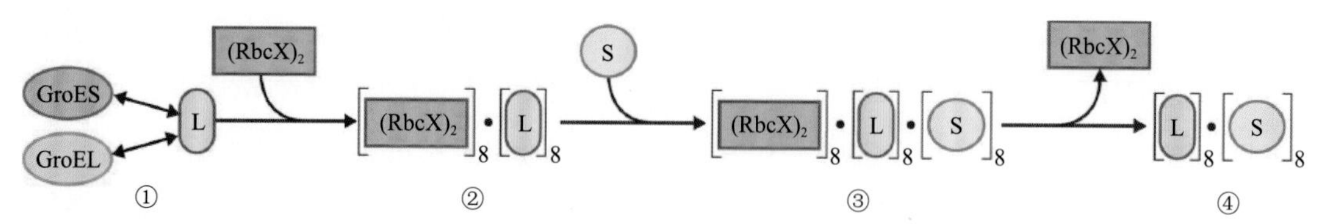

图 12.36　伴侣蛋白协助 Rubisco 亚基的组装。①伴侣蛋白 GroEL 和 GroES 螯合以保证新合成的大亚基 L 能够正确折叠。②组装伴侣蛋白 $(RbcX)_2$ 结合到大亚基上，并为大亚基二聚体正确形成 L_8-$((RbcX)_2)_8$ 复合体提供位置信息。③小亚基 S 结合 L_8-$((RbcX)_2)_8$，引发 RbcL 构象的改变。④ $(RbcX)_2$ 释放从而形成有催化活性的成熟 Rubisco 全酶 $[L]_8$-$[S]_8$

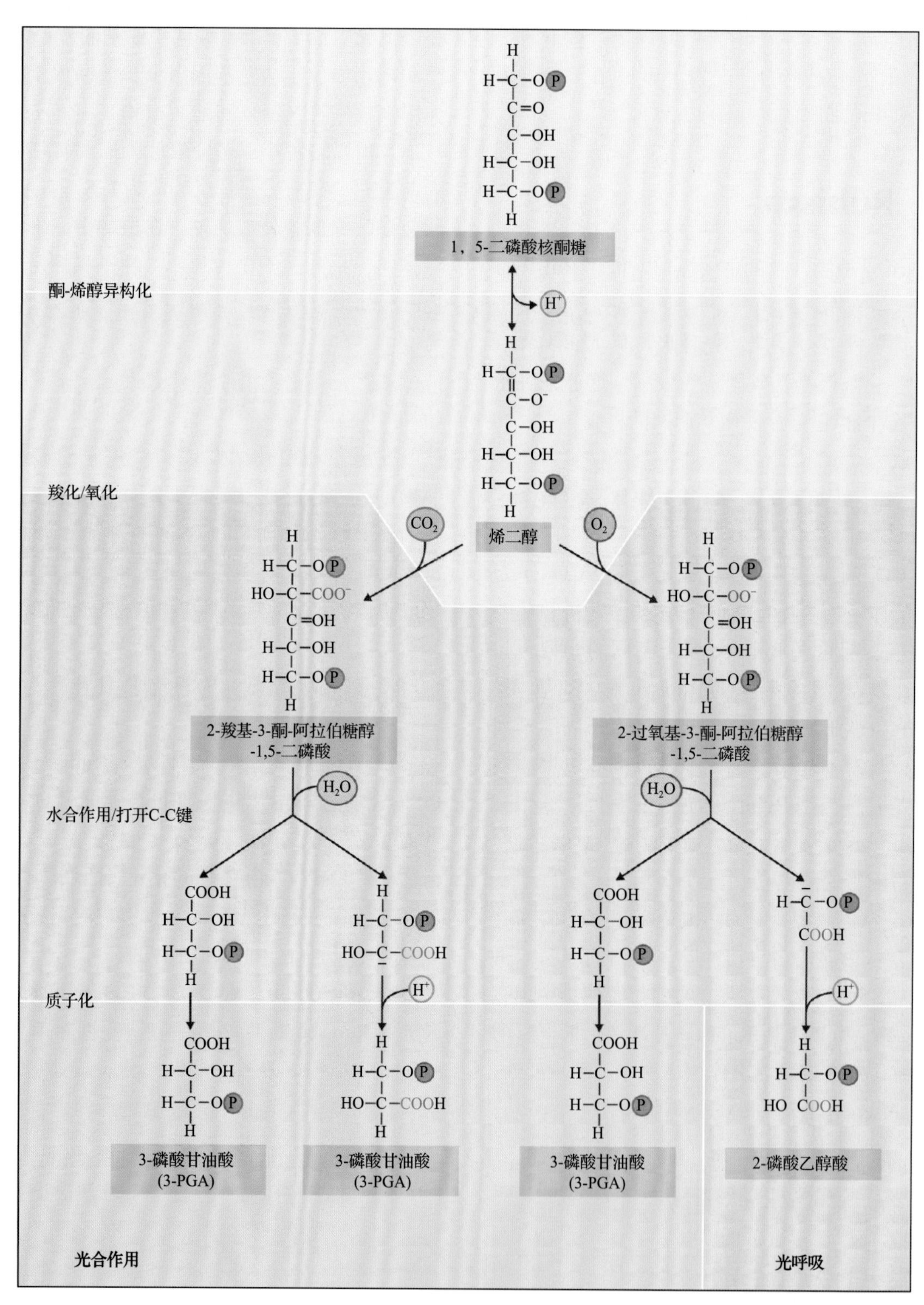

图 12.37　Rubisco 介导的 RuBP 羧化反应和氧合反应。产生的 3- 磷酸甘油酸（3-PGA）和 2- 磷酸乙醇酸分别由卡尔文循环及 C_2 氧化光合碳循环代谢

植物 CO_2 固定的总体效率有深远影响。一些情况下，光合作用固定的 CO_2 大约有 50% 都通过光呼吸损失掉了（见 14.8 节）。

12.8.4 Rubisco 的羧化或氧合反应分为五步

Rubisco 催化羧化或氧合的五步反应中包含稳定性不同的中间产物（图 12.37）。

1. RuBP 的烯醇化：氨基甲酰化的 Rubisco（结合有 Mg^{2+}）与 RuBP 结合，并从其 C_3 获得一个质子，使得 RuBP 变为 2,3- 烯二醇形式（五碳烯二醇 Rubisco 复合体）（见 12.9.3 节）。

2. 2,3- 烯二醇的羧化或氧合：与 Rubisco 结合的烯二醇中间产物不稳定，加入气态 CO_2（或 O_2）后区分开羧化和氧合活性。羧化酶和氧合酶作为竞争性反应是不可避免的，因为 CO_2 和 O_2 都与结合在 Rubisco 活性位点上的 2,3- 烯二醇型 RuBP 反应，分别生成 2- 羧基 -3- 酮 - 阿拉伯糖醇 -1,5- 二磷酸和 2- 过氧基 -3- 酮 - 阿拉伯糖醇 -1,5- 二磷酸。

3. 酮的水合：生成的酮经过水合产生不稳定的中间产物。

4. 特殊碳 - 碳键的切断：RuBP 的 C_2 和 C_3 之间的碳 - 碳键被切断。

5. 羧化物的质子化：羧化产物被质子化，生成两个 3-PGA 分子（羧化酶活性），或一个 3-PGA 分子和一个 2- 磷酸乙醇酸分子（氧合酶活性）。

Rubisco 结合烯二醇 -RuBP 与 CO_2 的反应，启动无机碳同化的卡尔文循环；而与 O_2 的反应启动光呼吸过程（见第 14 章）。

12.9 卡尔文循环的光调控

光通过卡尔文循环调节流量。这种调控非常重要，因为叶绿体基质中不仅有卡尔文循环的酶催化碳水化合物的合成，也有氧化途径的酶催化碳水化合物的降解。为避免无效循环并保证这些竞争性途径有最佳活动状态，在光下必须让合成装置“开启”而降解装置“关闭”。

叶绿体通过修饰酶的浓度水平和催化活性，保证生化转换具有合适速度。在有需求时，特殊的调控机制在光下激活卡尔文循环的酶，而在黑暗中则关闭它们；降解性酶类，如磷酸戊糖途径中的 6- 磷酸葡萄糖脱氢酶，呈现相反的状态，即光下失活而黑暗中激活，从而调节磷酸丙糖的生成并避免竞争性过程引起的无效循环（见第 13 章）。

12.9.1 光调控叶绿体基质中酶类的浓度水平

叶绿体基质中的一些酶类既含有核编码的多肽链，又含有叶绿体编码的多肽链，这类酶的浓度水平取决于基因表达和蛋白质合成的速度。例如，Rubisco，它的小亚基作为核编码的多肽由胞质的 80S 核糖体翻译，其 N 端运输信号在穿过叶绿体膜时被移除，变为成熟形式的酶进入质体并释放到基质中；Rubisco 的大亚基，作为质体编码的蛋白质由基质中的 70S 核糖体（类似原核核糖体）翻译。为了使质体中的每种酶都达到正确的数量，光合组件中核编码和质体编码的部分必须协调表达。基于光的刺激，叶绿体及细胞核的 mRNA 合成能够协调一致，从而保证新合成的多肽一起出现，足以保障通路的运行。

细胞核和质体间的大部分调控是顺行的（**anterograde**）：核基因产物控制质体基因的转录和翻译。例如，Rubisco 小亚基的前体由核基因编码，而大亚基由叶绿体基因编码。基质中小亚基的丰度控制大亚基 mRNA 的翻译，从而使 Rubisco 亚基的化学计量符合复合体 L_8S_8。

在其他情况下，信号转导机制可以是逆行的（**retrograde**）：信号从叶绿体流向细胞核。例如，质体的亚铁螯合酶 I 催化血红素的合成，这能反过来对定位到叶绿体的核编码蛋白进行表达调控。

12.9.2 光控制的翻译后修饰调控卡尔文循环

叶绿体酶的积累对整体催化速度的影响是缓慢的，而翻译后修饰能快速改变催化速度，因为叶绿体基质中的修饰与光合电子传递相关。

循环中的酶通过改变蛋白质结构获取不同催化速度的机制有两种：① Rubisco 激活酶通过去除结合的抑制性糖衍生物调控 Rubisco 活性（见 12.9.3 节）；②铁氧还蛋白 - 硫氧还蛋白系统（FTS）通过还原特殊的二硫键调控 4 种酶的活性（1,6- 二磷酸果糖磷酸酶，1,7- 二磷酸景天庚酮糖磷酸酶，PRK，NADP-GADP）（信息栏 12.4 和 12.9.4 节）。

信息栏 12.4　硫氧还蛋白拥有多种构型以及与目标酶作用的保守结构

生化和基因组学研究揭示了在不同生物体中存在各种 Trx 异构体。以陆生植物核 DNA 为例，共有编码 7 种不同类型硫氧还蛋白的基因（*f*，*m*，*x*，*y*，*z*，*h*，*o*）。Trx *f*，*m*，*x*，*y* 和 *z* 位于叶绿体中，*o* 在线粒体中，而 *h* 在胞质、内质网及质膜上。这类蛋白质中有典型的包含有 Cys-Gly-Pro-Cys 序列的二硫键活化位点，以及一个叫作硫氧还蛋白折叠的三级结构，该结构由 5 个反向平行的 β 片层夹着 3 个 α 螺旋构成（图 A）。蛋白质表面电荷性质决定了其与特定的酶相互作用，如 Trx *f* 与卡尔文循环中调节酶的相互作用。

叶绿体中与 Trx 作用的酶似乎从异养祖先中某些类似物演化而来，这些原本对氧化还原状态不敏感的类似物获得了可调节的半胱氨酸。被研究得最广泛的受 Trx 调节的叶绿体酶在 N 端或者 C 端（如 NADP-MDH，图 B），或者在多肽核心（如 1,6- 二磷酸果糖磷酸酶（CFBPase），图 C）会有特定的序列。该结构信息使得利用基因工程手段转变酶活成为可能：通过导入特定的调控序列，根据 Trx 关联的氧化还原状态变化，非调控状态的酶可转变为调控状态。

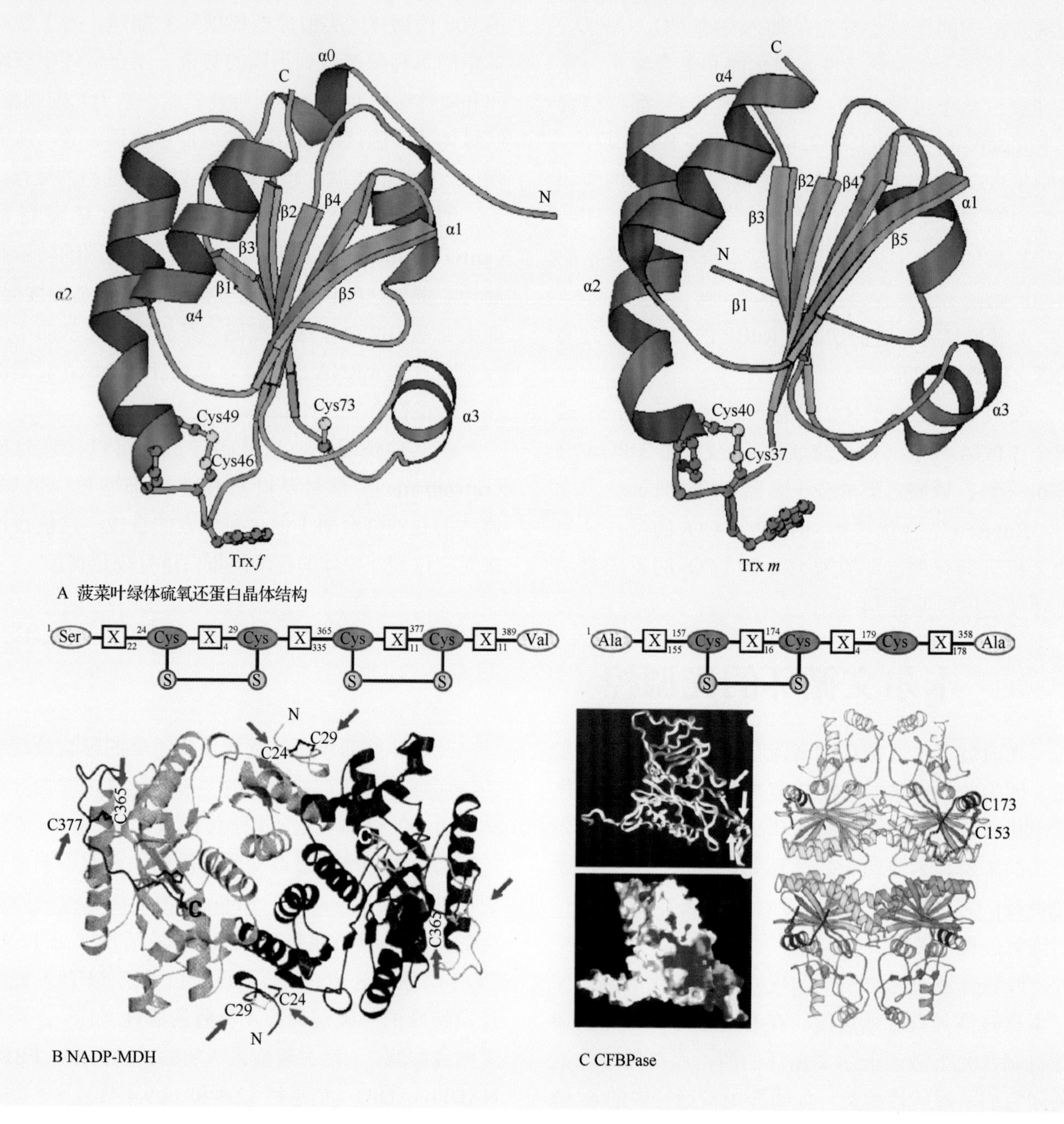

A 菠菜叶绿体硫氧还蛋白晶体结构

B NADP-MDH

C CFBPase

12.9.3 Rubisco 激活酶调控 Rubisco 活性

调节 Rubisco 活性的独特机制与它缓慢固定 CO_2 的能力相关（每个活性位点每秒固定 1 ～ 12 个 CO_2）。

在催化前，Rubisco 必须由一个 CO_2 分子激活（调制，图 12.38A）。该 CO_2 分子通过氨基甲酰化与活性位点中一个特殊赖氨酸的 ε-NH_2 基团反应。然后该氨基甲酸酯衍生物结合 Mg^{2+} 生成有催化活性的酶。在催化过程中，三元复合体 [E-CO_2^- Mg^{2+}] 在活性位点结合另一个 CO_2 分子（底物），随后与 RuBP 反应生成两个 3-PGA 分子。

Rubisco 的去氨基甲酰化和氨基甲酰化都被磷酸糖抑制，甚至是被底物 RuBP 抑制（图 12.38B）。1-磷酸 -2- 羧基阿拉伯糖醇（CA1P）类似于羧化反应的六碳中间产物，是 Rubisco 去氨基甲酰化和氨基甲酰化的强抑制剂。CA1P 和其他结合的磷酸糖都能被依赖 ATP 的 **Rubisco 激活酶（Rubisco activase）**特殊移除，从而使 Rubisco 能够进行催化循环。

许多植物种类包含两种不同的 Rubisco 激活酶（42kDa 和 47kDa）。它们是由同一前体 mRNA 的不同剪接而产生。两种酶基本相同，除了较大的在 C 端区域多一个肽链，该肽链上有两个半胱氨酸经**硫氧还蛋白（thioredoxin）**催化可逆地形成二硫键（见 12.9.4 节）。两种 Rubisco 激活酶都能激活 Rubisco。拟南芥转基因植物的研究表明只表达较大形式酶的植株，其光合作用比野生型或只表达较小形式酶的植株更容易受高温胁迫的抑制。然而，目前并不清楚不同形式的酶是否与耐热相关。

12.9.4 铁氧还蛋白 – 硫氧还蛋白系统调控酶的氧化还原

在白天，光调节的电子传递产生高还原电位的中间产物，将氧化态的无机前体转化为还原态的代

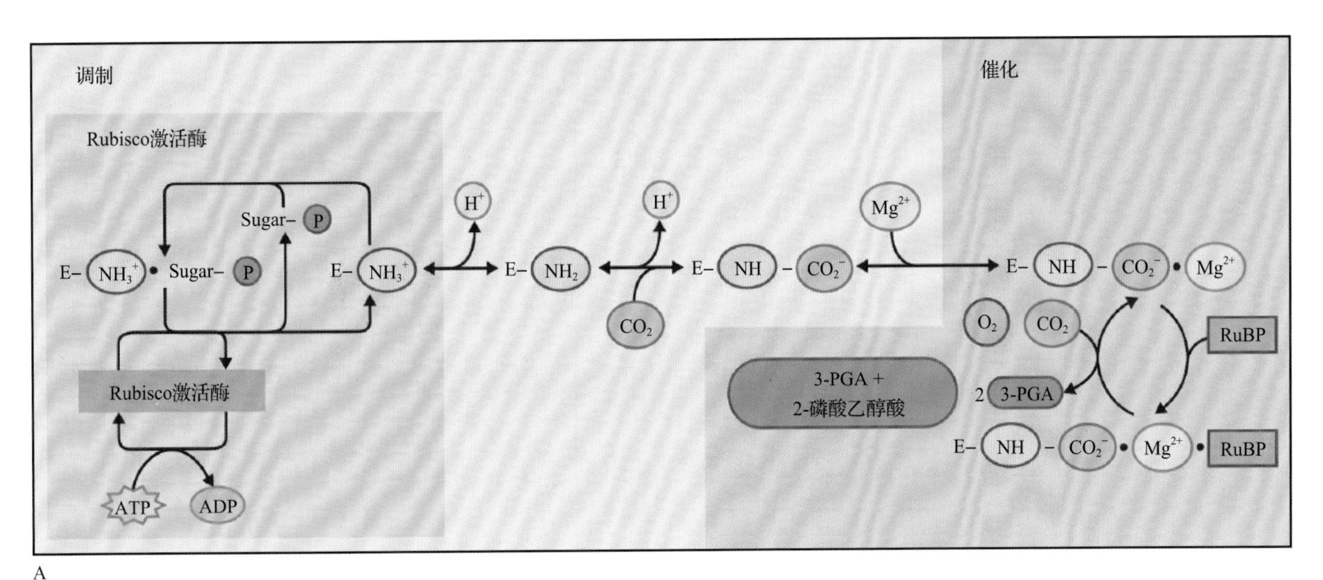

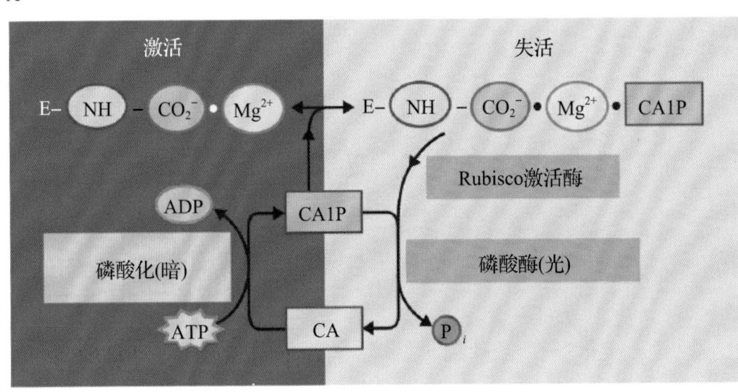

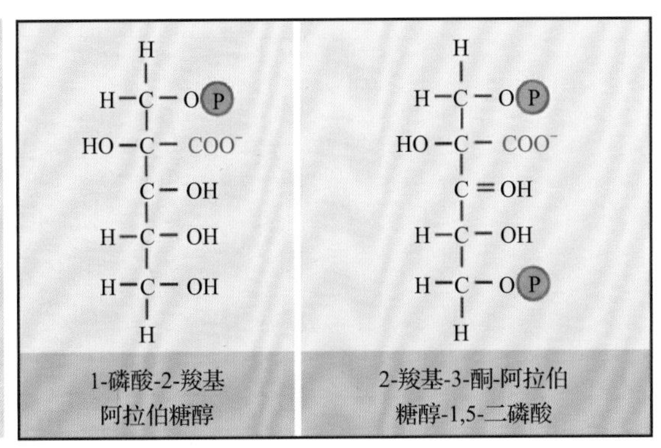

图 12.38 Rubisco 活性的调节。A. CO_2 在 Rubisco（E）活性调节中扮演双重角色：它可以使酶从失活状态转为激活状态（调制），同时它又是羧化酶反应（催化）的底物。B. 紧密结合的磷酸糖会抑制 Rubisco，如天然抑制子 1- 磷酸 -2- 羧基阿拉伯糖醇（CA1P）是羧化反应（见图 12.37）六碳中间产物的类似物。在一些植物中 CA1P 晚上将酶关闭，而 Rubisco 激活酶溢出这些有抑制作用的糖衍生物

谢产物；同时，氧化还原途径所构成的网络将酶的调控信息从类囊体膜传递到基质。分子内或分子间半胱氨酸残基可逆地形成二硫键的能力，对根据叶绿体氧化还原状态动态调控酶活具有重要意义。自从 19 世纪 70 年代发现**铁氧还蛋白 - 硫氧还蛋白系统**（**ferredoxin-thioredoxin system**），光下二硫键（—S-S）还原为氢硫基（—SH）的翻译后修饰就成为植物研究的热点（信息栏 12.5）。

信息栏 12.5　蛋白质组学极大地加深了我们对于植物中氧还调控的认识

蛋白质组学的实验进展已经揭示了 Trx 的作用远不止调控卡尔文循环。利用蛋白质组学手段，可以通过以下两种方法之一来鉴定与 Trx 关联的蛋白质特异性二硫键。

一种方法是用硫醇特异性试剂化学标记目的蛋白，如 Trx 还原单溴甲烷（mBBr）（图 A）。另一个方法是利用还原型 Trx 和被氧化的目标蛋白发生的二硫醇二硫化物交换反应（图 B）。固定的突变Trx 中Cys 被Ser(-Trp-Cys-Gly-Pro-Ser-)替代，二硫键共价结合至特定蛋白。结合柱不释放异二硫化物中间物，因为用 Ser 取代第二（拆分）Cys 中断了硫醇 - 二硫化物交换反应。用二硫化物还原剂（如 DDT 二硫苏糖醇）洗脱，富集对 Trx 还原敏感的蛋白质。两种方法中，Trx 敏感蛋白用 2D 凝胶电泳分离，再用质谱（图 C）鉴定。

利用这些蛋白质组学的手段，找到了 300 多种可能与 Trx 关联的目标蛋白，许多已经用生化或者遗传学技术确定。这些蛋白质存在于整株植

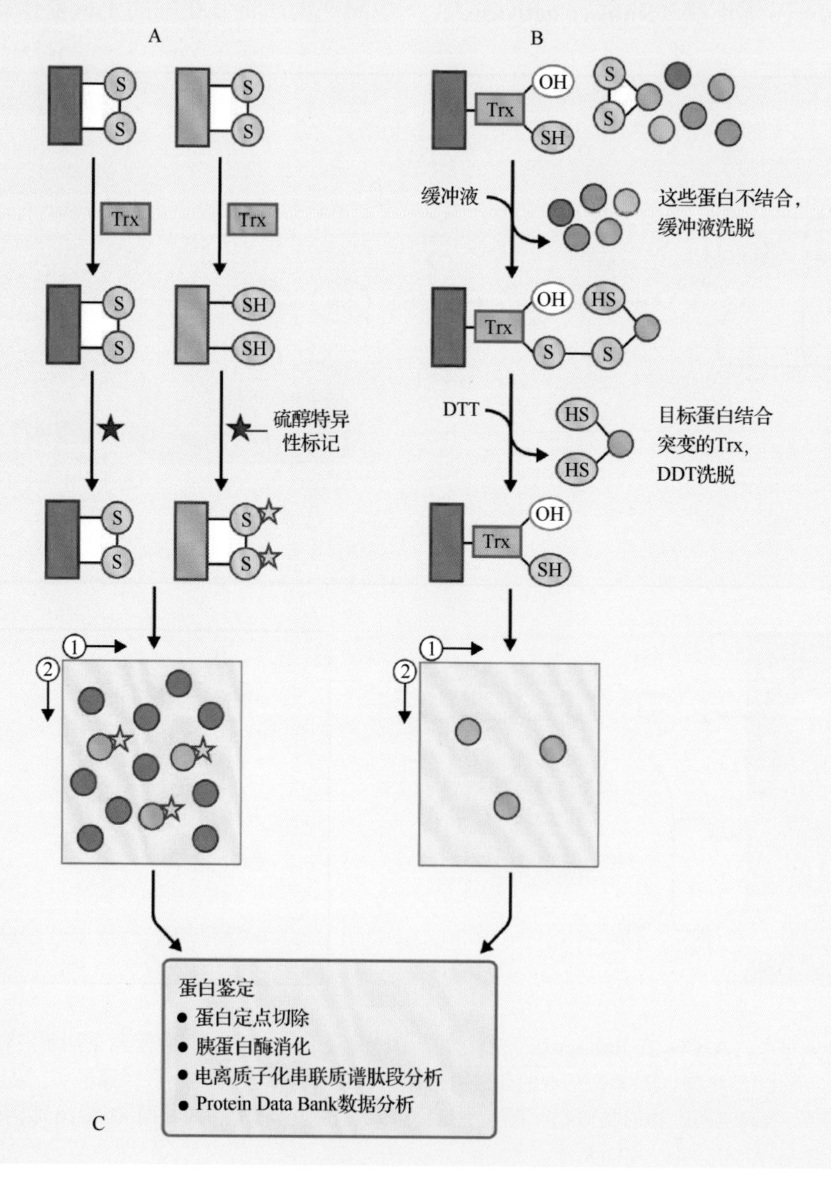

物中，参与的过程多种多样，如叶绿体的形成、激素的合成等。一些酶是氧化还原调控酶，它们在光下被活性氧抑制。当这些有害的氧化剂被清除，酶再次被还原并恢复活性。对于氧化，氧化调节的酶通常利用谷胱甘肽化机制，通过二硫键结合谷胱甘肽，既稳定了其失活形式，又赋予其抗氧化性。一些情况下，结合的谷胱甘肽被 Trx 去掉，但更多的时候，是谷氧还蛋白行使该功能。谷氧还蛋白是一个广泛分布的硫醇氧化还原酶，被还原型谷胱甘肽所还原。

在光合作用中，电子从光合电子传递系统流向目标蛋白的可调控二硫键（图 12.39）。这种变化由铁氧还蛋白 - 硫氧还蛋白系统达成。该系统包含铁氧还蛋白（Fdx，12.4.5 节）、铁氧还蛋白 - 硫氧还蛋白还原酶（FTR）和硫氧还蛋白（Trx，信息栏 12.4）。这三种蛋白质形成一个复合体（图 12.40A），将类囊体膜上光依赖的电子传递所产生的还原力转化为基质中可调控的硫醇信号，从而改变目标酶的活性。

氧化还原转化的起始是光依赖的 Fdx 还原，电子被传递至 FTR，断开它的二硫键（见图 12.40B，反应 1 和 2）。接着，FTR 将 Trx 的二硫键转化为两个氢硫基，形成 Trx-FTR 复合体（图 12.40B，反应 3 和 4）。X 射线晶体衍射研究表明电子供体 -Fdx- 和电子受体 -Trx- 对接在 FTR 分子的相反面（图 12.40A）。Fdx 通过 [Fdx·FTR] 复合体连续两次传递单电子到能接受两个电子的受体 Trx（图 12.40B，反应 5）。在 Trx 的还原中，FTR 的 [4Fe-4S] 簇稳定一个单电子还原中间产物，防止反应中间产物的释放。一旦还原态 Trx 将目标叶绿体酶的二硫键转变为氢硫基水平从而引起活性的变化，光诱导的氧

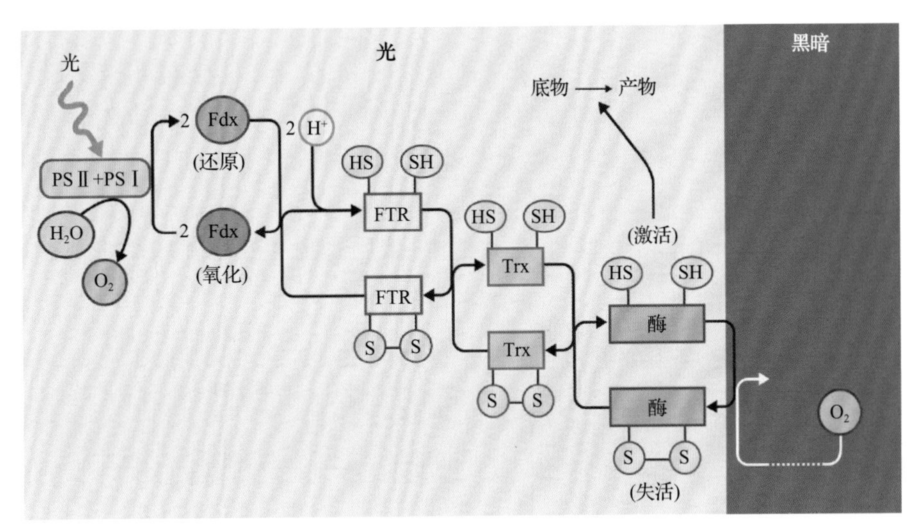

图 12.39 铁氧还蛋白和硫氧还蛋白系统（FTS）提供了一种光依赖的酶激活或失活机制。PS Ⅰ光合电子转移导致铁氧还蛋白（Fdx）的还原。反过来，还原型 Fdx 通过 Fe-S 酶铁氧还蛋白 - 硫氧还蛋白还原酶（FTR）还原硫氧还蛋白（Trx）——一个含二硫键的调节蛋白。还原型 Trx 可以还原许多目标蛋白的二硫键，调制它们的活性。黑暗中，O_2 氧化目标酶和 Trx（未标出），机制不明

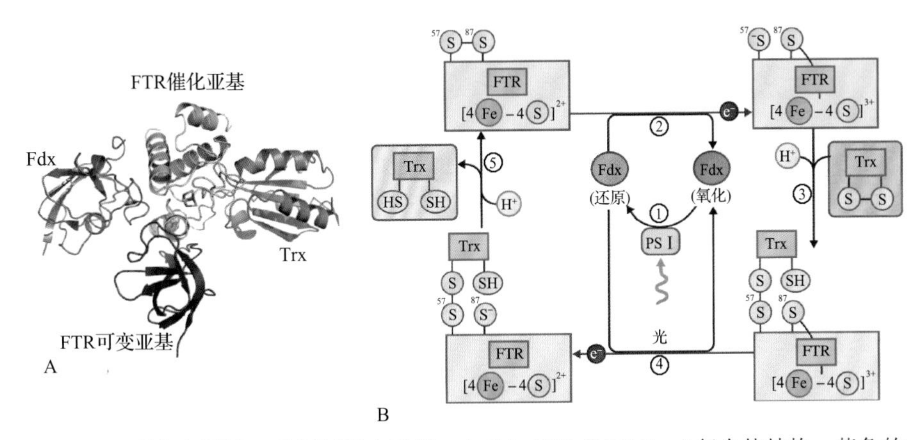

图 12.40 铁氧还蛋白 - 硫氧还蛋白系统。A. Fdx-FTR-C49S Trx-f 复合体结构。蓝色的是 Fdx，淡棕色的是 FTR 的催化亚基，棕色的是 FTR 的可变亚基，而绿色的是 C49S Trx-f。B. FTR 酶活性的可能机制。光通过光合电子传递链还原 Fdx（反应 1）。断开 FTR 的 Cys57 和 Cys87 二硫键需要一分子还原型 Fdx 提供的一个电子，另一个电子来自 FTR 的还原型辅基 $[4Fe-4S]^{2+}$（反应 2）。Cys57 产生一个硫醇阴离子，Cys87 通过形成新氧化的 $[4Fe-4S]^{3+}$ 簇的第五个配体而稳定。Cys57 的硫醇形式和一个质子断开 Trx 的二硫键产生异二硫化物复合体 [FTR-（Cys57）-S-S-Trx]（反应 3）。第二个还原型 Fdx 分子提供一个电子还原 $[4Fe-4S]^{3+}$ 生成 $[4Fe-4S]^{2+}$，Cys87 从 FTR 上的辅基分开（反应 4）。Cys87 的硫醇形式和一个质子断开异二硫化物复合体释放还原型 Trx 并恢复 FTR 的二硫键进入下一个催化循环（反应 5）。总之，FTR 利用来自还原型 Fdx 的两个电子和周围基质中的两个质子驱动 Trx 的还原。接着，还原型 Trx 还原目标酶，从而使活性改变

化还原转化就完成了（反应 12.25，见图 12.39）。

反应 12.25

$$Trx\text{-}(SH)_2 + 酶\text{-}(S)_2 \rightarrow Trx\text{-}(S)_2 + 酶\text{-}(SH)_2$$

Trx 还原的酶（有活性）在黑暗中恢复为氧化态形式（弱活性）的机制仍不清楚。黑暗中电子不再从 Fdx 流向酶，Trx 成为氧化态。

12.9.5 光调节下酶的非共价相互作用变化也控制卡尔文循环

酶与其他蛋白质和代谢物的非共价相互作用在几分钟内的光暗转变下也可以改变催化活性。而且，非共价连接复合体的聚集引起相连接的酶针对光强和光质的细微变化做出快速反应（比如由云层遮蔽或树冠阴影所引起）。卡尔文循环的酶在以下情况会经历分子内和分子间的非共价相互作用：与调控蛋白联合形成超分子复合体，结合叶绿体代谢产物（如 ATP、NADPH），对细胞环境的离子组成做出反应（如 pH 和 Mg^{2+}），结合到类囊体膜表面。总之，这些非共价机制与翻译后修饰协同作用，以便快速控制每个酶的结构和活性。

1）磷酸核酮糖激酶和 NADP-3- 磷酸甘油醛脱氢酶结合到小蛋白 CP12

除了被 Trx 调控，质体磷酸核酮糖激酶（PRK）和 NADP-3- 磷酸甘油醛脱氢酶（NADP-GAPD）与核编码的叶绿体蛋白 CP12（蓝细菌、绿藻和植物中发现的一个约 8.5kDa 的蛋白质）通过非共价相互作用形成超分子复合体，从而被调控。在光下（还原状态），陆生植物叶绿体和大多数藻类包含有活性的 NADP-GAPD（形成同源四聚体）、有活性的 PRK（有半胱氨酸的二聚体）和还原形式的 CP12 蛋白（有 4 个氢硫基）（图 12.41）。

在黑暗中（氧化状态），PRK 和 CP12 的氢硫基都被氧化成二硫键，而这些氧化形式招募 NADP-GAPD 同源四聚体形成一个超分子复合体。两种酶在连接 CP12 的超分子复合体中都表现出临界酶活。用光照射暗适应的蓝细菌和叶绿体将激活铁氧还蛋白 - 硫氧还蛋白系统，进而切断 PRK 和 CP12 的二硫键。这个还原过程将酶从复合体中释放出来，使 NADP-GAPD 和 PRK 都获得全部催化能力（图 12.41）。

相较于 CP12 同 NADP-GAPD 和 PRK 在暗适应的豌豆（*Pisum sativum*）叶片中聚集，基因操作对烟草（*Nicotiana tabacum*）中 CP12 的抑制只引起光合碳固定和两种酶活的较小变化。然而，它在植物生长、

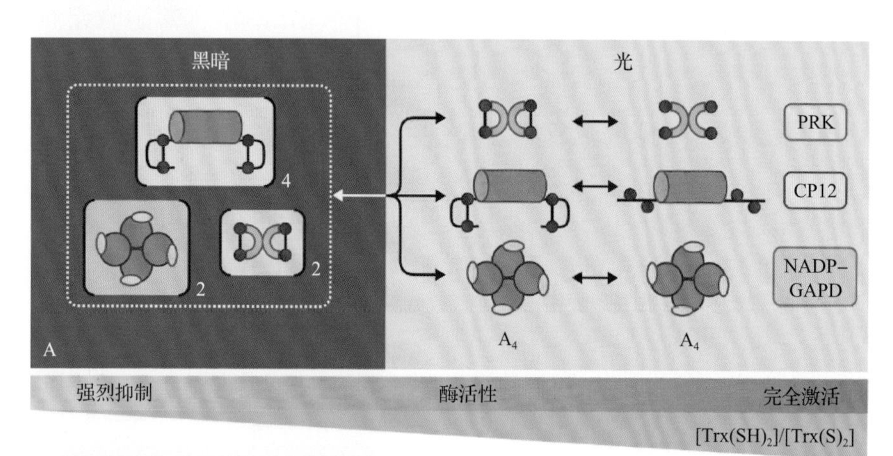

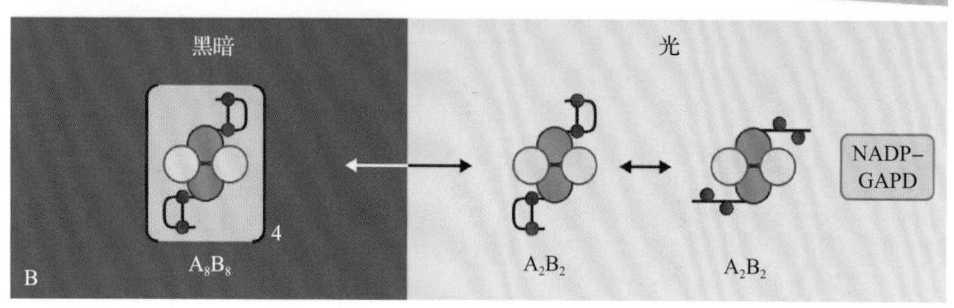

图 12.41 NADP-3- 磷酸甘油醛脱氢酶（NADP-GAPD）和磷酸核酮糖激酶（PRK）调控。卡尔文循环中有两种形式的 NADP-GAPD：同源四聚体（A_4）-NADP-GAPD 和异源四聚体（A_2B_2）-NADP-GAPD。A.（A_4）-NADP-GAPD 活性取决于小蛋白 CP12。光下，高比例的 $[Trx\text{-}(SH)_2]/[Trx\text{-}(S)_2]$ 还原 CP12 和 PRK 的二硫键，使（A_4）-NADP-GAPD 和 PRK 活化。黑暗中，低比例的 $[Trx\text{-}(SH)_2]/[Trx\text{-}(S)_2]$ 情况下，CP12 和 PRK 分子内的二硫键又可以重新形成。CP12 和 PRK 的氧化态招募同源四聚体（A_4）-NADP-GAPD 形成异型复合体 [CP12·PRK·（A_4）-NADP-GAPD]。在该超分子复合体中 PRK 和（A_4）-NADP-GAPD 都不具催化活性。在一些光合生物中 CP12 调控 GAPD 和 PRK 的活性（例如，蓝藻、硅藻、红藻、绿藻和某些植物物种如豌豆和菠菜，但其他植物如烟草则没有）。B.（A_2B_2）-NADP-GAPD 的活性取决于其 C 端的延伸区。光下，高比例 $[Trx\text{-}(SH)_2]/[Trx\text{-}(S)_2]$ 引起（A_2B_2）-NADP-GAPD 的 B 亚基还原，（A_2B_2）-NADP-GAPD 表现出最大活性。黑暗中，低比例的 $[Trx\text{-}(SH)_2]/[Trx\text{-}(S)_2]$ 促进该异源四聚体在 C 端的延伸区形成二硫键。氧化态的（A_2B_2）-NADP-GAPD 促进不具催化活性的十六聚体 A_8B_8 自我组装

碳水化合物分配和形态方面造成显著变化。这种不同物种间的显著差异表明 CP12 的功能不局限于调控卡尔文循环。

2）铁氧还蛋白 - 硫氧还蛋白系统也调控 NADP-GAPD

陆生植物的叶绿体不仅含有 NADP-GAPD 同源四聚体（A_4）-NADP-GAPD 和它的相关调控系统，也含有该酶的另一种形式异源四聚体（A_2B_2）-NADP-GAPD。虽然 B 亚基的主要结构与 A 亚基同源，但它扩展的 C 端有两个半胱氨酸，可被铁氧还蛋白 - 硫氧还蛋白系统控制（图 12.41）。在光下，NADP-GAPD 因半胱氨酸残基被还原 $\{[A_2]\cdot[B\text{-}(SH)_2]_2\}$ 而具备催化活性；在黑暗中，二硫键的形成促使异源四聚体聚合为无酶活的十六聚体 $\{[A_8]\cdot[B\text{-}(S)_2]_8\}$。

3）光驱动基质中 pH 及 Mg^{2+} 浓度的改变

当叶绿体由暗处转到光下，由于质子被转移进类囊体内腔，基质的 pH 升高。当光驱使 H^+ 进入类囊体内腔时，Mg^{2+} 从内腔释放到基质来补偿正电荷的内向流动。于是基质的 pH 从 7 上升到 8，Mg^{2+} 浓度从 1 ～ 3mmol/L 上升到大约 3 ～ 6mmol/L。基质中 pH 和 Mg^{2+} 浓度的改变补偿铁氧还蛋白 - 硫氧还蛋白系统，并对一些酶（如 Rubisco、1,6- 二磷酸果糖磷酸酶、1,7- 二磷酸景天庚酮糖磷酸酶和 PRK）的激活和发挥最大限度的催化作用具有重要意义。

12.10 CO_2 固定机制的差异

12.10.1 一些光合细菌和古细菌在卡尔文循环中不固定碳

虽然卡尔文循环被认为普遍存在于光合有机体中，是 CO_2 到碳水化合物的转化机制，但这也不是绝对的。在一些原核生物中，CO_2 的固定由另外 5 条途径进行。这些各异的自养微生物利用大气 CO_2 合成有机酸，以乙酰 CoA 作为中间产物，从长久的演化中存活下来（见信息栏 12.3）。

12.10.2 植物中 C_4 和 CAM 代谢增加 Rubisco 羧化作用的效率

如 12.8.3 节所述，Rubisco 同时催化 RuBP 的羧化和氧合，光合生物发展出策略克服光呼吸所产生的问题。陆生植物有两种不同机制抑制光呼吸并增加对大气 CO_2 的利用（图 12.42）：**C_4 光合碳固定（C_4 photosynthetic carbon fixation）**（见 12.10.3 节）和**景天酸代谢（crassulacean acid metabolism**，CAM）（见 12.10.7 节）。这两种机制在叶片内将吸收大气 CO_2 与给 Rubisco 提供底物分开。它们作为 CO_2 泵使 Rubisco 羧化位点附近的 CO_2 浓度升高，从而降低 O_2 的竞争效果。

12.10.3 C_4 植物利用两种不同的代谢区室固定 CO_2

具有卡尔文循环的生物并不是都以 3-PGA 作为光合作用碳同化的第一个稳定产物。在 20 世纪 60 年代发现，如果给一些植物提供 $^{14}CO_2$，则 CO_2 固定过程第一步的产物为大量四碳有机酸。于是植物基于光合作用碳固定的最初产物被分为 C_3 或 **C_4 植物（C_4 plant）**：三碳（3-PGA）和四碳（草酰乙酸，OAA）化合物分别是 C_3 和 C_4 植物碳固定的最初产物（图 12.42）。

C_4 光合作用（C_4 photosynthesis） 包括第一步羧化反应，一个三碳前体（磷酸烯醇式丙酮酸，PEP）由 PEP 羧化酶催化为 OAA，接着四碳中间产物先脱羧化，然后在 Rubisco 的活性位点发生第二步（最后的）羧化反应。这两个生化功能被分离在两个胞内区室，以便两步羧化反应能够同时进行。

甘蔗（*Saccharum* sp.）、玉米（*Zea mays*）以及许多热带草本属于这种 C_4 标记模式。几乎所有 C_4 植物的叶片都具有一个特征，即它们有两种含叶绿体的细胞：叶肉细胞和维管束鞘细胞。叶肉细胞围绕维管束鞘细胞，而维管束鞘细胞围绕维管组织排列（图 12.43）。脉间距的减小和叶片厚度的限制使得两种细胞的接触最大化。19 世纪德国植物学家首次报道了这一结构，即**克兰茨结构（Kranz anatomy）**（德语：环）。叶肉细胞和维管束鞘细胞在生化作用上的分化是有效进行 C_4 光合作用所必需的：PEP 羧化酶（PEPCase）在叶肉细胞的胞质中积累（外层区室），而 Rubisco 在维管束鞘细胞的叶绿体中积累（内层区室）。C_4 植物的这种特征增加 Rubisco 周围的 CO_2 水平，使得 Rubisco 羧化活性胜过氧合活性，从而极大程度地减少了光呼吸。维

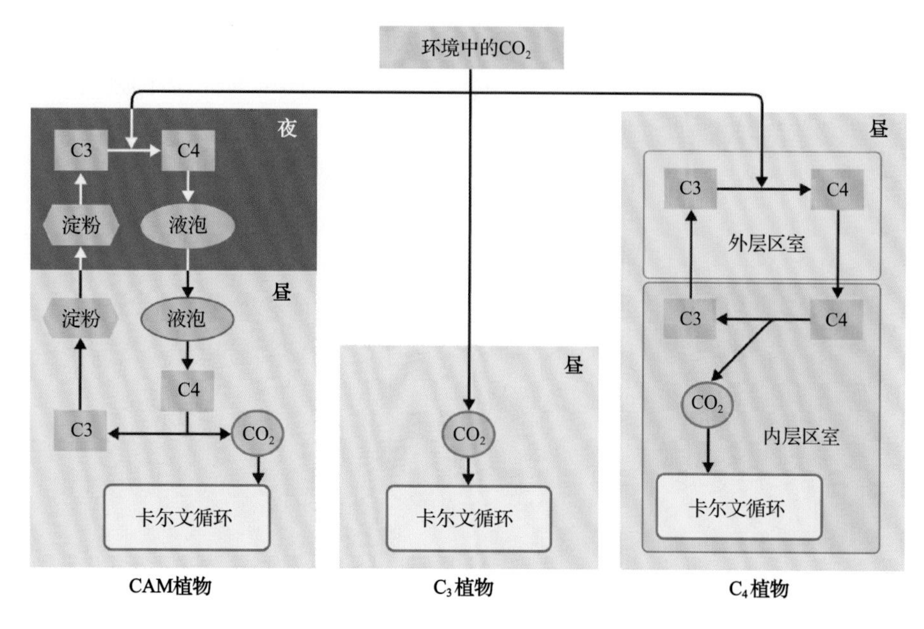

图 12.42 C_3、C_4 及景天酸（CAM）植物光合作用中 CO_2 的同化。C_4 循环和景天酸代谢是卡尔文循环的补充以提高捕获 CO_2 的效率。C_4 循环和景天酸代谢分别从时间和空间与卡尔文循环的 CO_2 固定分开进行

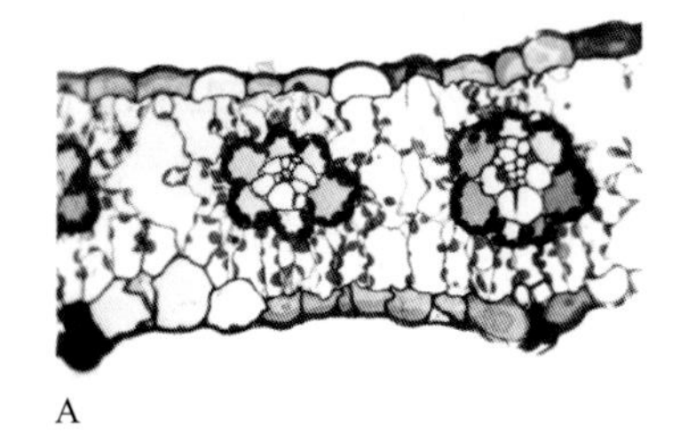

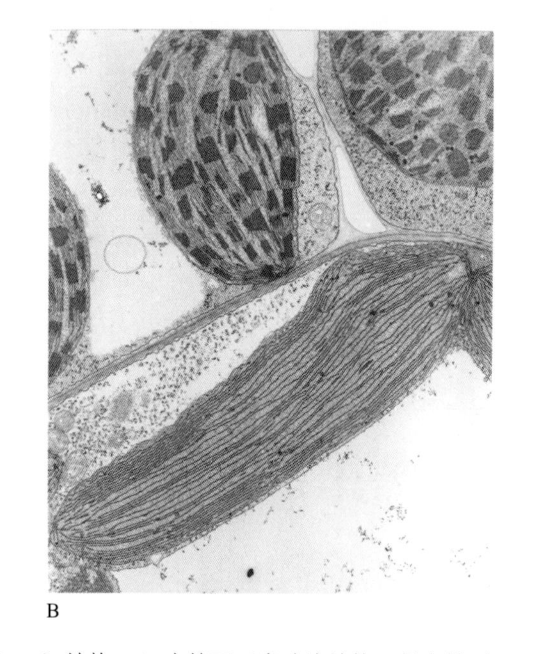

图 12.43 C_4 植物叶片中的克兰茨（Kranz）结构。A. 电镜下玉米叶片结构。紧密排列的维管束被维管束鞘细胞包围。B. 高粱叶维管束鞘细胞（底部）和叶肉细胞（上部）叶绿体的电子显微结构。叶绿体的形态学差异反映了其生化功能的不同。维管束鞘细胞中的叶绿体缺乏堆积的类囊体膜，PS II 含量很低。而叶肉细胞的叶绿体包含光合作用中光反应所需的各种跨膜复合体，却几乎不含 Rubisco。来源：Newcomb, University of Wisconsin, Madison; 未发表

管束鞘细胞较弱的光系统II活性也使得 Rubisco 的氧合反应最小化。

许多没有克兰茨结构的生物也具有 C_4 光合作用，包括一些水生和陆生植物。一些情况下，光合作用酶和两种叶绿体位于一个光合细胞的不同胞质区域（图 12.44）。例如，*Bienertia sinuspersici* 光合功能的亚细胞定位显示，外层和中心区室的叶绿体如同克兰茨结构的叶肉和维管束鞘叶绿体一样有各自的功能。因此，细胞间或细胞内的扩散梯度使得 C_4 循环的代谢中间产物在两个区室之间穿梭。除了植物采用的这种机制，蓝细菌和绿藻也发展出了其他聚集 CO_2 的机制，以增加 Rubisco 可获取的 CO_2。

12.10.4 C_4 途径提高了近维管组织内层区室中 CO_2 的浓度

C_4 途径的 CO_2 固定依赖于两种区室之间复杂的相互作用，包括以下步骤（图 12.45）：

1. 第一步羧化反应：外层区室（如叶肉细胞）中 PEPCase 固定 HCO_3^-，生成 OAA。
2. OAA 转变成另一个四碳酸（苹果酸或天冬氨酸），并将该四碳酸从外层区室运输到内层区室（如维管束鞘细胞）。
3. 脱羧化反应：四碳酸释放 CO_2。
4. 第二步羧化反应：CO_2 由 Rubisco 和卡尔文循环再次固定。
5. 四碳酸脱羧化反应产生的三碳中间产物（丙酮酸或丙氨酸）转移回外层区室。
6. 三碳中间产物转换为 PEP 重新开始 HCO_3^- 的固定。

生化分离分析显示 PEP 和 HCO_3^- 合成 OAA 发生在外层区室（即叶肉细胞）的胞质中，而卡尔文循环

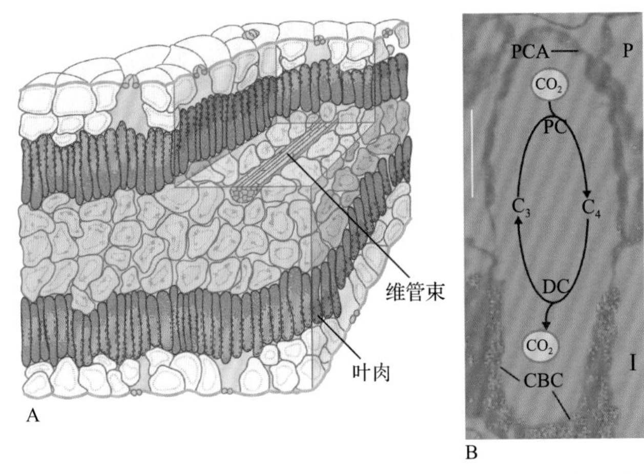

图 12.44 单细胞 C_4 植物的叶片解剖结构。A. 单细胞 C_4 植物 *Borszczowia aralocaspica* 的叶片解剖结构三维图。注意细胞间缺乏分化。B. *Borszczowia aralocaspica* 的一个光合细胞内部区域（Ⅰ）Rubisco 的免疫定位。包含卡尔文循环（CBC）的红色叶绿体功能上相当于 C_4 维管束鞘细胞叶绿体。含有 PPDK 的叶绿体功能上相当于 C_4 叶肉细胞叶绿体，位于周质空间（P），参与光合碳同化（PCA）。PC 和 DC 分别代表 PEPCase 催化的初始羧化反应和 C_4 酸的脱羧化

特有的酶仅存在于内层区室（即维管束鞘细胞）的叶绿体内。叶肉细胞和维管束鞘细胞的叶绿体电子显微镜照片显示出这两种不同功能的细胞在结构上的不同之处（见图 12.43）。维管束鞘细胞叶绿体没有堆积的类囊体膜，几乎没有 PS Ⅱ 的活性，而叶肉细胞叶绿体有堆积的类囊体膜，同时有 PS Ⅱ 和 PS Ⅰ 的活性（见图 12.43B）。值得注意的是，单细胞 C_4 种类（*B. sinuspersici*）内外层区室的叶绿体功能与具有克兰茨结构的陆生植物类似。

在双细胞 C_4 途径中，所有碳固定都起始于叶肉细胞胞质，碳酸酐酶催化大气 CO_2 转化为 HCO_3^-（反应 12.26），随后 PEPCase 催化 PEP 的 β- 羧化反应生成 OAA（反应 12.27）。PEPCase 的单碳底物是 HCO_3^- 而非 CO_2 有两个好处：首先，HCO_3^- 和 CO_2 在溶液中的平衡是极端倾向于 HCO_3^- 的；另外，PEPCase 不能固定 O_2，因为 O_2 的三维结构类似于 CO_2 而非 HCO_3^-。

反应 12.26：碳酸酐酶

$$CO_2 + H_2O \leftrightarrow HCO_3^- + H^+$$

反应 12.27：磷酸烯醇式丙酮酸羧化酶（PEPCase）

$$PEP + HCO_3^- \leftrightarrow OAA + P_i$$

12.10.5 C_4 光合作用有三种不同类型

C_4 光合作用有三种类型，区别在于叶肉和维管束鞘细胞间运输的四碳酸，以及维管束鞘细胞内的脱羧化机制（表 12.10）。这些途径分别以脱羧化酶命名（反应 12.28、反应 12.29、反应 12.31，图 12.45）。虽然每种类型的细胞内分区和能量需求有所不同，但维管束鞘细胞内释放的 CO_2 都被位于相同细胞叶绿体上的 Rubisco 再固定。

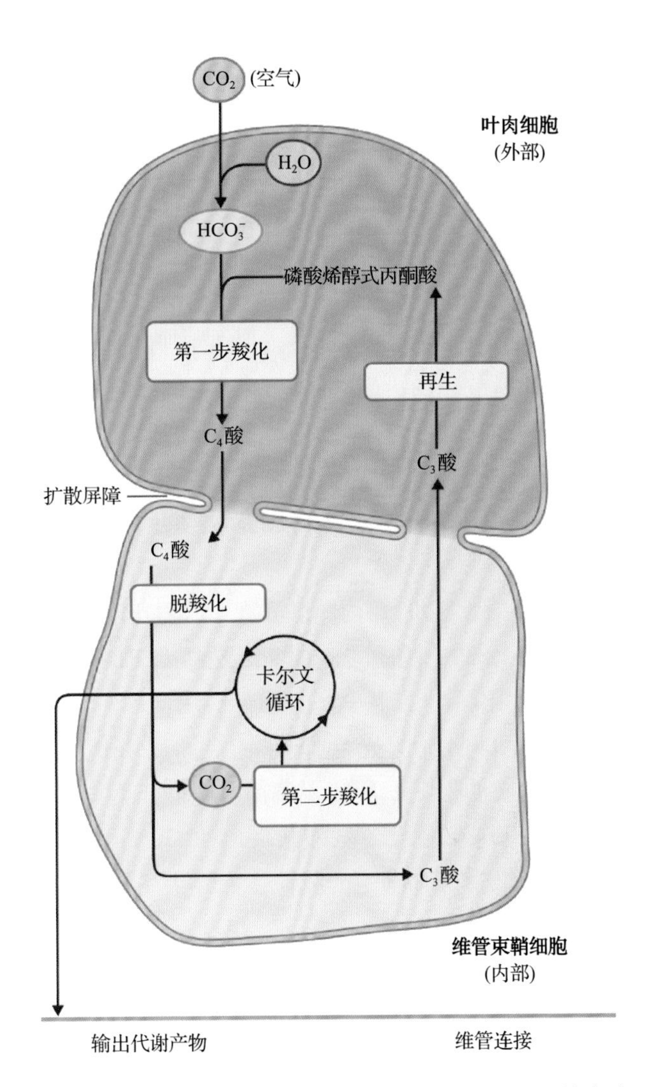

图 12.45 C_4 途径。环境中的 CO_2 进入到叶肉细胞，转变为 HCO_3^-，再与 PEP 反应生成草酰乙酸（OAA，第一步羧化），之后转变为第二种四碳酸（苹果酸或天冬氨酸），经扩散到维管束鞘细胞。在这里，这些四碳酸脱羧化，释放出来的 CO_2 被 Rubisco 利用，经卡尔文循环（第二步羧化）生成碳水化合物并运输至植物体的其他部分。脱羧化产生的三碳酸转运回叶肉细胞，用于再生 PEP（再生）

表 12.10 C_4 光合途径的不同

转运到维管束鞘细胞的 C_4 酸	转运到叶肉细胞的 C_3 酸	脱羧化酶	代表植物
苹果酸	丙酮酸	NADP-ME	玉米、甘蔗
天冬氨酸	丙氨酸	NAD-ME	粟
天冬氨酸	丙氨酸、PEP 或丙酮酸	PEPCK	大黍

在 **NADP- 苹果酸酶（ME）C_4 光合作用**中，OAA 从叶肉细胞胞质被运输到叶绿体，由 $NADP^+$-苹果酸脱氢酶将其还原为苹果酸（图 12.46A）。苹果酸离开叶肉细胞到维管束鞘细胞叶绿体，NADP-ME 催化苹果酸脱羧化生成 CO_2 和丙酮酸（反应 12.28）。CO_2 由卡尔文循环的 Rubisco 再固定，丙酮酸被运输回叶肉细胞，进入叶绿体再生成 PEP。丙酮酸的磷酸化由丙酮酸 - 磷酸二激酶（PPDK，反应 12.29）催化。叶肉细胞叶绿体释放 PEP 到胞质，重启新一轮的 CO_2 固定。

反应 12.28：$NADP^+$ 依赖的苹果酸酶（NADP-ME）

苹果酸 $+NADP^+ \rightarrow$ 丙酮酸 $+CO_2+NADPH+H^+$

反应 12.29：丙酮酸 - 磷酸二激酶（PPDK）

丙酮酸 $+ATP+P_i \rightarrow PEP+AMP+PP_i$

在 **NAD-ME C_4 光合作用**中（图 12.46B），叶肉细胞胞质的天冬氨酸转氨酶用谷氨酸作为氨基供体，转变 OAA 为天冬氨酸（反应 12.30）。天冬氨酸移动到维管束鞘细胞的线粒体，经天冬氨酸转氨酶催化转变回 OAA。线粒体的 NAD- 苹果酸脱氢酶将 OAA 还原为苹果酸，而苹果酸被线粒体 NAD-ME 脱羧化（反应 12.31）。CO_2 被维管束鞘细胞叶绿体中的卡尔文循环再固定，新形成的丙酮酸离开线粒体，在维管束鞘细胞胞质中由丙氨酸转氨酶催化转变为丙氨酸（反应 12.32）。丙氨酸返回叶肉细胞，由丙氨酸转氨酶催化脱氨基生成丙酮酸。如同 NADP-ME C_4 植物中描述的，丙酮酸再生为叶肉细胞叶绿体中的受体 PEP。叶肉和维管束鞘细胞间天冬氨酸 / 丙氨酸的穿梭同时保证了有机碳和有机氮的适当平衡。

反应 12.30：天冬氨酸转氨酶

OAA+ 谷氨酸 $\leftrightarrow$ 天冬氨酸 +α- 酮戊二酸

反应 12.31：NAD^+ 依赖的苹果酸酶（NAD-ME）

苹果酸 $+NAD^+ \rightarrow$ 丙酮酸 $+CO_2+NADH+H^+$

反应 12.32：丙氨酸转氨酶

丙酮酸 + 谷氨酸 $\leftrightarrow$ 丙氨酸 +α- 酮戊二酸

PEP 羧化激酶（PEPCK）C_4 光合作用比另外两种更复杂，因为在叶肉和维管束鞘细胞间 C_4/C_3 代谢产物的穿梭有两个互补循环（图 12.46C）。一些 OAA 在叶肉细胞胞质中转换为天冬氨酸（类似于 NAD-ME 类型），天冬氨酸被运输到维管束鞘细胞胞质并通过转氨作用转换为 OAA。OAA 利用线粒体呼吸作用提供的 ATP，经 PEPCK 催化脱羧生成 CO_2（反应 12.33）。CO_2 被维管束鞘细胞叶绿体中的卡尔文循环再固定。PEPCK 反应生成的另一产物——PEP，返回叶肉细胞启动新一轮的 CO_2 固定。除了以上说明的途径，一些 OAA 进入叶绿体，经 NADP- 苹果酸脱氢酶催化还原为苹果酸。苹果酸从叶肉细胞被运输到维管束鞘细胞，在线粒体中转换为丙酮酸和 CO_2（类似于 NADP-ME 类型）。CO_2 扩散到维管束鞘细胞的叶绿体，被卡尔文循环同化。丙酮酸离开线粒体，经转氨作用转换为丙氨酸；丙氨酸被运输回叶肉细胞，经转氨作用转换为丙酮酸。丙酮酸在叶绿体中生成 PEP，开启新一轮 CO_2 同化。

反应 12.33：PEP 羧化激酶（PEPCK）

$OAA+ATP \rightarrow PEP+ADP+CO_2$

NAD-ME 和 PEPCK 型 C_4 光合作用使用线粒体的 NAD-ME 途径进行苹果酸的脱羧化，而 $NADP^+$-ME 型不是（图 12.46B、C）。NAD-ME 型 C_4 光合作用维管束鞘细胞线粒体中的 CO_2 流动大大高于 C_3 植物中的呼吸和光呼吸途径。植物线粒体的这种特殊能力反映出光合真核生物核心细胞器的演化方向，即异养代谢支撑自养作用。

12.10.6 C_3 和 C_4 途径消耗不同的能量

在 C_3 植物中，卡尔文循环消耗 9 个 ATP 分子和 6 个 NADPH 分子将 3 个 CO_2 分子同化为磷酸丙糖（3 ATP ∶ 2 NADPH ∶ 1 CO_2）。在 C_4 光合作用中，C_4/C_3 的持续穿梭需要叶肉细胞中 PEP 的复原，这个由 PPDK 和腺苷酸激酶（$AMP+ATP \rightarrow 2ADP$）连续催化的反应额外消耗两个 ATP 分子。因此 1 个 CO_2 分子的同化至少需要 5 个 ATP 分子和 2 个 NADPH 分子（5 ATP ∶ 2 NADPH ∶ 1 CO_2）。

C_4 光合作用的演化促使光呼吸造成的能量损失最小化；然而光呼吸的避免却造成了光合效率的降低。代谢产物的跨膜流动需要不同区室之间建立并保持一种热力学不均衡，这必须有持续的能量投入。为了保证 C_4 叶绿体代谢产物跨膜流动的增长，C_4 植物膜上底物特异的转运蛋白要比 C_3 植物更丰富。

12.10.7 C_4 途径的关键酶受光调控

光对酶的调控与叶肉细胞和维管束鞘细胞的

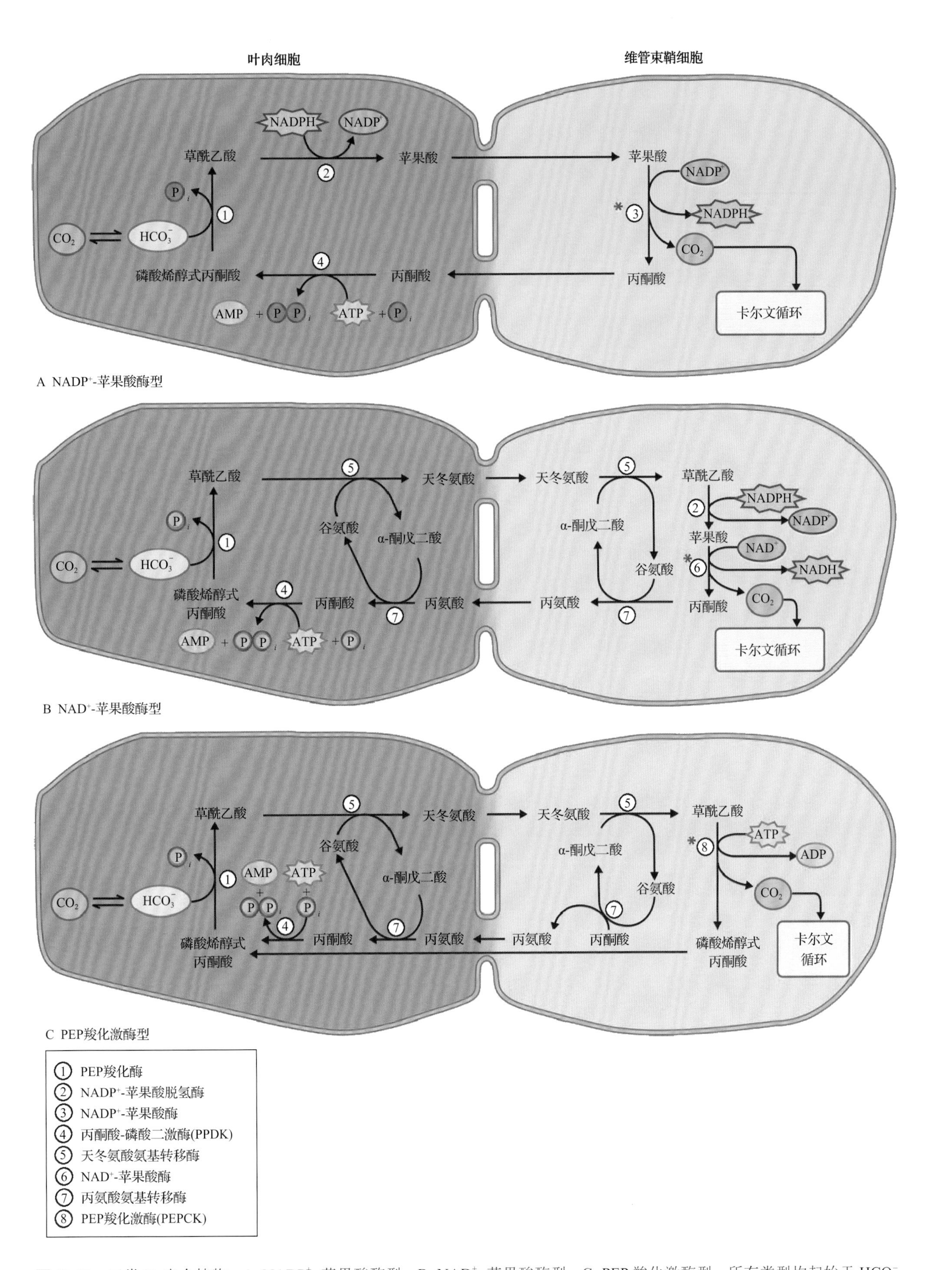

图 12.46 三类 C_4 光合植物。A. $NADP^+$-苹果酸酶型；B. NAD^+-苹果酸酶型；C. PEP 羧化激酶型。所有类型均起始于 HCO_3^- 被叶肉细胞胞质中的 PEP 羧化酶固定。然而，C_4 二羧酸 OAA 的转化通过不同的细胞器和生化途径（见 12.10.5 节）。C_4/C_3 在叶肉细胞和维管束鞘细胞之间的穿梭以及 C_4 酸的脱羧反应在这三类 C_4 植物中遵循不同的机制。星号标记的酶是 C_4 类型特有

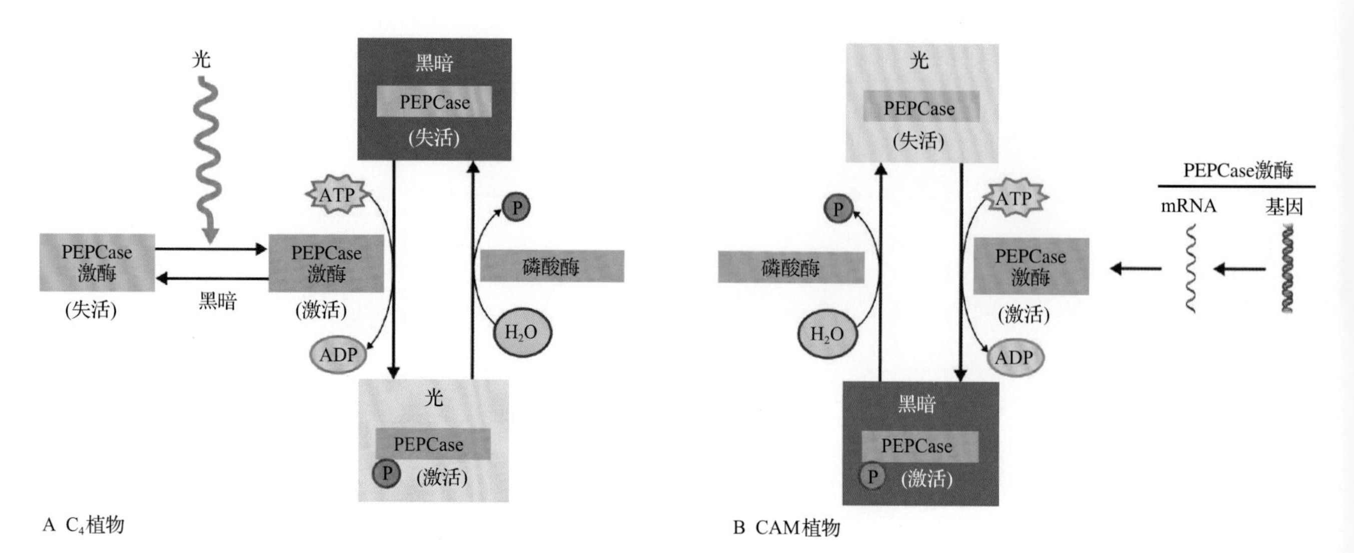

图 12.47 PEP 羧化酶（PEPCase）的调节。相较于未被磷酸化的 PEPCase，磷酸化的 PEPCase 催化活性更高，对苹果酸的抑制作用不敏感。PEPCase 激酶催化 PEPCase 的磷酸化。A. C_4 植物。白天时 PEPCase 磷酸化调控 HCO_3^- 与 PEP 反应。光刺激 PEPCase 激酶的活化，但黑暗条件下，PEPCase 失活，因为 PEPCase 激酶没有活性，磷酸酶催化 PEPCase 去磷酸化。B. CAM 植物。夜间磷酸化 PEPCase 控制最初的羧化反应。PEPCase 激酶转录本在夜间积累，该过程由昼夜节律和代谢产物调控

活性相协调，以保证维管束鞘细胞中有可利用的四碳酸用于 CO_2 固定。在 C_4 光合作用中，卡尔文循环中酶的光调控类似于 C_3 植物。另外，光也控制 C_4 循环过程的酶，包括 NADP- 苹果酸脱氢酶、PEPCase 和 PPDK。NADP- 苹果酸脱氢酶的光活化有铁氧还蛋白 - 硫氧还蛋白系统的参与（见图 12.39），而 PEP 羧化酶和 PPDK 被别构效应物和蛋白磷酸化调控。

PEPCase 在黑暗条件下基本无活性。非磷酸化的 PEPCase 对其底物 PEP 的亲和性较低，低浓度的苹果酸就可以抑制其活性（图 12.47A）。在光下，PEPCase 激酶催化 PEPCase 的磷酸化，使其对苹果酸不那么敏感。光在基因水平对该激酶进行调控，通过磷脂酶 C 和 D 参与一系列复杂信号转导。当回到黑暗中时，PEPCase 经蛋白磷酸酶 2A 催化回到非磷酸化状态。同时，PEPCase 激酶被尚不清楚的机制去活化。

PPDK 催化丙酮酸的磷酸化，与 ATP 和磷酸反应生成 PEP、焦磷酸和 AMP（见反应 12.29）。PPDK 活性位点的苏氨酸在黑暗中磷酸化而成为无活性的酶，相反地，在光下去磷酸化而成为有活性的酶。这种调控由一个调控蛋白（PPDK-RP）完成（图 12.48）。PPDK-RP 催化 PPDK 磷酸化的底物是 ADP，而不是 ATP[PPDK+ADP（AMP-**P**）⇒（PPDK-RP）⇒ PPDK-**P**+AMP]。ATP 合成在无光时受到抑制，于是 ADP 浓度的升高促进 PPDK 的磷酸化，从而消除了 PPDK 的催化活性。在光下，ADP 浓度降低，去磷酸化的 PPDK 增加 [PPDK-**P**+P_i ⇒（PPDK-RP）⇒ PPDK+**P**P_i]，激活 PPDK。

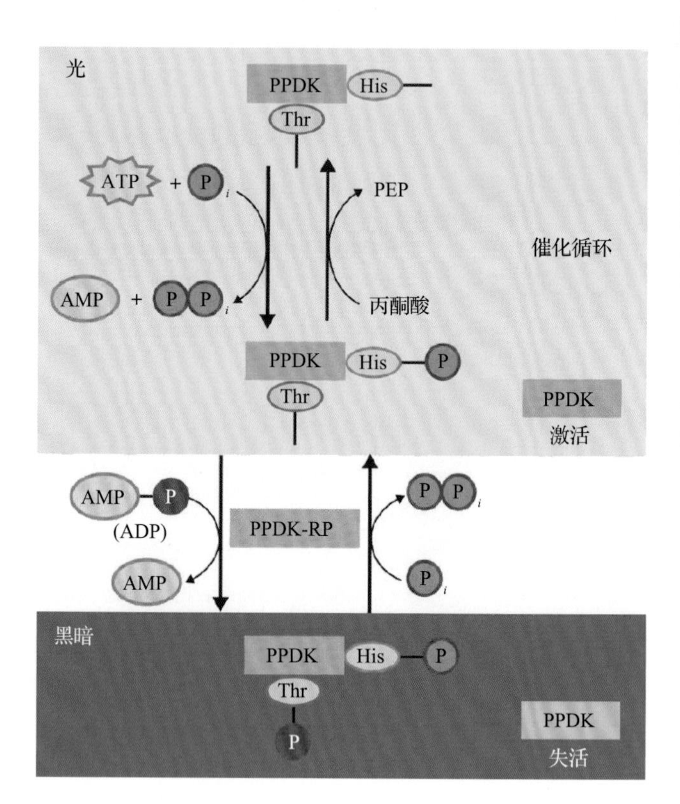

图 12.48 PPDK 的催化活性及 PPDK- 调控蛋白（PPDK-RP）介导的 PPDK 磷酸化调控。催化过程中，PPDK 上一个重要的组氨酸残基被磷酸化（黑色），使得 PPDK 处于易被 PPDK-RP 可逆调控的状态。PPDK-RP 以 ADP 为磷酸供体，使 PPDK 因一个特定的苏氨酸残基被磷酸化（红色）而失活。PPDK-RP 通过移除苏氨酸残基位点的磷酸化使 PPDK 的活性恢复（P_i 依赖 /PP_i 形成）

PPDK-RP 是一个独特的调控蛋白，因为它催化 PPDK 磷酸化时使用 ADP 作为磷酸供体，而非 ATP。而且（PPDK）-Thr-O-P 的去磷酸化产生焦磷酸，不同于大部分蛋白磷酸酶的水解。

12.10.8 CAM 代谢中 CO_2 捕获与碳固定在时间上分离

另外一种与 C_3 途径有别的途径出现在景天酸代谢（CAM）植物中。这个途径根据景天科（Crassulaceae）的肉质植物命名，它演化出一种在产出受限条件下（如高温或缺水）使碳吸收最大化的机制。因此，景天酸代谢机制的光合作用普遍存在于极干燥环境中的植物（多肉植物，如仙人掌；一些有商业价值的植物，如凤梨和龙舌兰）。为了加强水分的保存，这些植物演化出特殊的结构和形态（如厚角质）来避免水分的损失。它们还演化出一套机制保证 Rubisco 活性位点具有高浓度的 CO_2，从而尽量减少光呼吸。

在陆生 CAM 植物中 CO_2 的固定类似于 C_4 途径，但不同于 C_4 植物的是，C_4 植物将 CO_2 固定的两次羧化从空间上隔离，而陆生 CAM 植物利用时间隔离将初始的固定反应与 Rubisco 的同化作用分开（图 12.49）。在夜间，温度较低，叶片气孔打开，CO_2 通过 PEPCase 和 NADP- 苹果酸脱氢酶的催化，先被固定形成 OAA，而后形成苹果酸。苹果酸被储存在液泡中，可达到很高浓度。白天，气孔为了避免水分的损失而关闭，苹果酸被转运出液泡。这时 NADP-ME 催化苹果酸的脱羧化，生成 CO_2 和丙酮酸。释放出的 CO_2 通过卡尔文循环被 Rubisco 固定，而丙酮酸被用于形成淀粉。陆生 CAM 植物光合作用组织的淀粉被称为**短时淀粉**（**transitory starch**），因为它们在夜间就会经糖酵解而分解，为 PEPCase 固定 CO_2 提供 PEP 来源。在此昼夜节律中，气孔的开关、有机酸的变化、碳水化合物的储存、羧化和脱羧化酶的活性，共同调节 Rubisco（白天）和 PEPCaes（黑夜）吸收 CO_2 的比例。

陆生 CAM 植物的一个显著特征是气孔选择性

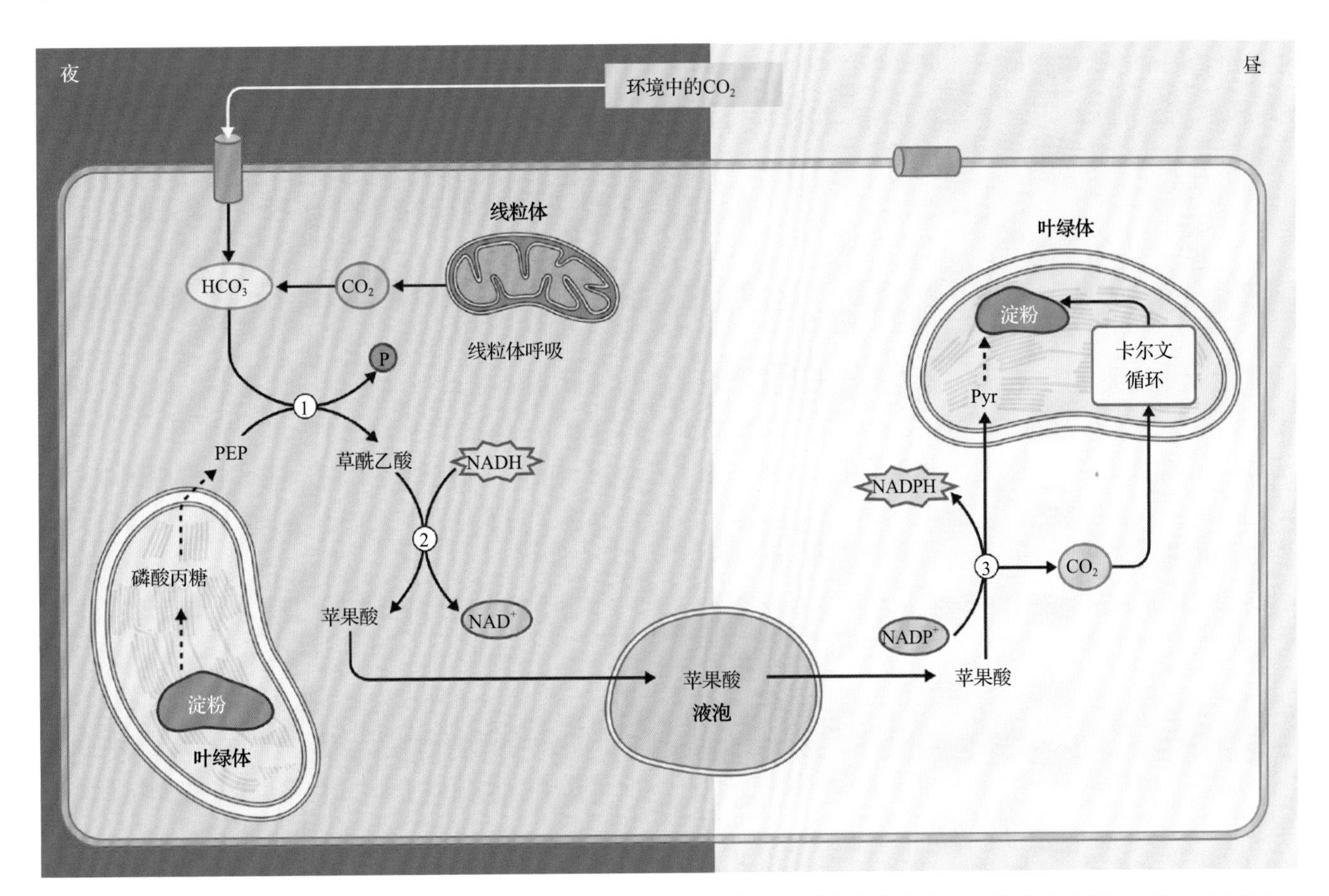

图 12.49 景天酸代谢（CAM）。夜间，大气和呼吸作用产生的 CO_2 均为 PEP 羧化酶催化的 PEP 羧化反应提供 HCO_3^-（反应 1）。NAD- 苹果酸脱氢酶催化 C_4 有机酸 - 草酰乙酸（OAA）生成苹果酸（反应 2），储存在液泡中过夜。白天，储存的苹果酸在 NAD(P)-ME 的催化下脱羧化生成 NAD(P)H、丙酮酸，以及 CO_2（反应 3）。叶绿体中，丙酮酸通过糖异生被用于碳水化合物的合成，CO_2 则参与卡尔文循环

的开放或关闭。晚上较冷且相对较湿，此时气孔保持开放，在维持最低程度水损耗的同时进行大气 CO_2 的吸收。在炎热且干燥的白天，气孔关闭以避免水分的损失，但也同时阻止了大气 CO_2 的进入。此时苹果酸成为叶片中 CO_2 的内部来源。苹果酸的脱羧化提升 CO_2 的浓度到很高水平，因为 CO_2 无法从关闭的气孔逃逸。这种高浓度 CO_2 大大增加了 Rubisco 羧化酶反应的效率。卡尔文循环的调控同 C_3 植物中的一样。

水生植物可获取的水资源是充足的，但环境中的 CO_2 浓度对于一些具有 CAM 光合作用的植物来说太低。淡水 CAM 植物（*Isoetes*, *Littorella*, *Crassula*, *Sagitaria*, *Vallisneria*）缺少气孔，每天 24h 都进行 CO_2 的捕获。通常，大部分淡水中 HCO_3^- 浓度超过 CO_2。然而 CO_2 是水下 CAM 植物偏爱的无机碳来源，因为它更容易被吸收。更重要的是，当溶解水平的 CO_2 有限时，呼吸作用产生的 CO_2 成为 CAM 途径夜间碳吸收的主要来源。因此淡水 CAM 植物同时从周围环境和呼吸作用捕获 CO_2，转化为 HCO_3^- 后用于 PEPCase 催化的第一步固定。总之，水生 CAM 光合作用使植物的碳吸收最大化，在水中获取无机碳的高度可变来源包括：收集脱羧化反应释放的 CO_2 和避免损失呼吸作用中的碳。

12.10.9 CAM 的 PEPCase 在黑暗中有活性

CAM 光合作用给酶调控提供了一个极好的例子。CAM 的 PEPCase 必须夜晚工作而在白天降低活性，所以 C_4 植物暗处理中的抑制机制并不在这里起作用。内源的昼夜节律，而非外源的光 - 暗信号，调节 PEPCase 的夜间活化和日间失活（图 12.47B）。夜间和日间形式之间的转变与苹果酸积累的终止和启动相关。苹果酸（当苹果酸离开液泡时，其浓度很高）抑制酶的日间形式，而酶的夜间形式对苹果酸不敏感，从而允许这种代谢物的积累。

CAM PEPCase 夜间形式和日间形式的调控也包括 PEPCase 激酶的磷酸化作用和磷酸酶 2A 的去磷酸化作用。PEPCase 激酶在夜间活性较高，PEPCase 被磷酸化，而在日间活性较低，PEPCase 被去磷酸化。互补实验显示 PEPCase 激酶在夜间的功能需要 RNA 和蛋白质的合成，这说明 CAM PEPCase 的夜间磷酸化在很大程度上由昼夜节律控制，在蛋白质的合成和降解层面进行调控（图 12.47B）。

小结

光合作用利用太阳能从无机碳生成有机化合物。植物、藻类和各种各样的细菌都可以进行这类氧化还原过程。在所有情况下，光合反应可以被分为两个阶段：光反应和碳反应。在真核生物中，光合作用发生在叶绿体中。这一细胞器有双层被膜，内含复杂的内膜系统（类囊体膜）和称为基质的可溶部分。光合作用的两个阶段同时发生在叶绿体的不同区域：光反应是在类囊体膜上，而碳反应则发生在基质中。

光合作用的光反应包括光合色素、光合电子传递链和 ATP 合成装置。光被类囊体膜上的色素蛋白复合体（光系统）中的色素吸收。光能通过天线色素传输到特殊的色素蛋白复合体，即反应中心。在那里，光能转变成化学产物（光化学反应）。在反应中心，光合作用的原初反应过程是一个特殊的叶绿素发生氧化，同时一个电子被转移到电子受体。

放氧光合生物有两个反应中心和两个光系统，即 PS Ⅱ和 PS Ⅰ。植物中这两种光系统在空间上是分离的：PS Ⅱ位于类囊体基粒部分，而 PS Ⅰ则位于面向基质的类囊体膜上。在类囊体膜上进行的非环式电子传递中，PS Ⅱ和 PS Ⅰ协调配合，将电子从水经一系列电子传递氧化还原载体传递到 $NADP^+$。在这一系列反应中，PS Ⅱ氧化水，在类囊体内腔中产生分子氧。PS Ⅱ和 PS Ⅰ的协调作用经调整满足下游代谢的需求。这些反应为好氧生命提供了所需氧气。

除了 O_2、还原态铁氧还蛋白和 NADPH，非环式电子传递反应与 ATP 的合成偶联。ATP 合成受类囊膜两侧的质子梯度所驱动，而这种质子梯度在电子从水传递到铁氧还蛋白的过程中建立。在电子传递过程中，从基质中转运来的质子和水氧化释放的质子使类囊体内腔酸化。ATP 合酶复合体利用这种电化学势梯度作为能源合成 ATP。该酶由两部分组成：一部分嵌在膜内，进行质子的跨膜运输；另一部分露在膜外，从 ADP 和 P_i 合成 ATP。在 ATP 合成过程中，ATP 合酶似乎有复杂的构象变化，由经过酶的质子运动所驱动。

除了上述非环式途径合成 ATP 外，叶绿体还有另外两个环式途径合成 ATP，其中只有 PS Ⅰ参与。环式电子传递产生的质子梯度用于 ATP 合成，但不产生 O_2 和 NADPH。在两个途径中，质子梯度的建立和随后的 ATP 合成由 Q 循环加强。

将 CO_2 还原成碳水化合物需要光反应过程中生成的还原态铁氧还蛋白、NADPH 和 ATP。所有植物运用 C_3 光合途径（卡尔文循环）固定 CO_2。关键酶 Rubisco 利用 CO_2 和 RuBP 合成 C_3 产物 3-PGA。卡尔文循环中涉及了很多酶，分三个阶段完成：羧化反应、还原反应和再生反应。每固定 1 个 CO_2 分子需要 3 个 ATP 分子和 2 个 NADPH 分子。参与卡尔文循环反应的酶是可溶的，位于叶绿体基质中。卡尔文循环的调节与多种光依赖的机制相关，包括 Rubisco 抑制剂的去除、pH 和 Mg^{2+} 的变化，以及铁氧还蛋白 - 硫氧还蛋白系统催化的二硫键氧化还原转换。

许多植物中还存在与 C_3 途径不同的其他途径。一种是 C_4 途径：植物在叶肉细胞中将 CO_2 固定成 C_4 酸，然后将其转运到维管束鞘细胞中；在该处，CO_2 被释放，再由卡尔文循环进行同化。这种代谢方式使维管束鞘细胞有较高的 CO_2 浓度，从而抑制与 CO_2 固定相竞争的 Rubisco 氧合酶活性，于是加强 C_4 植物的产出。另一种不同途径是 CAM 代谢：CO_2 在夜间被固定为苹果酸，而苹果酸在日间经脱羧化产生 CO_2 提供给 Rubisco。CAM 光合作用有助于水分的保持，使植物能够在干燥环境中生长。在 C_4 和 CAM 植物中，一些光合作用酶保证了 CO_2 浓缩机制与卡尔文循环的有效结合。

（刘旖璇　李雁冰　译，赵进东　校）

第 13 章 糖代谢

导言

植物是碳水化合物专家。它们是自养生物，通过**光合作用**合成碳水化合物，然后再利用它们生产生物大分子。植物来源的糖类（如纤维素）主宰生物圈并作为大气中二氧化碳（CO_2）的主要接收器。它们也主宰着动物的营养，包括我们人类（如糖和淀粉）。因此，植物碳水化合物代谢的全球重要性不能被忽视。

虽然，碳水化合物代谢中的许多反应在多数生物中是相似的，但是植物演化出的酶和通路在其他生物中都不能找到。植物的一些显著特征有助于解释它们独特的代谢结构。

◎植物能进行光合作用 除了极少的一些寄生种类外，其他植物都可以捕获光能，利用光能把简单的营养如 CO_2、水和无机离子转化成它们自养生活方式所必需的所有中间物质。获取的能量首先通过**卡尔文循环**固定和还原 CO_2（见第 12 章）。生成的磷酸丙糖供给光合细胞用于生物合成核酸、蛋白质、脂类和多糖，以及辅酶和丰富的次级代谢产物（天然产品）。同化碳也转化为糖（主要是蔗糖）或者糖醇（山梨醇）输送到植物其他部位。因此，植物的糖代谢同时与许多的合成代谢途径相衔接（图 13.1）。其他与捕获光能有关联的反应包括亚硝酸盐与硫酸盐的还原、氨的同化，同时光合作用还为许多生物合成途径提供还原剂和 ATP（图 13.2）。

因为光合作用和光吸收相关联的过程只能在白天进行，因此植物必须应对在光下和黑暗中营养物质提供能力的差异。在夜间，光合碳同化停止了，而能量和还原力还需要产生，植物就像非光合生物那样，通过储存的碳水化合物进行呼吸作用（图 13.3）。因此，要求植物的糖代谢必须富有灵活性，这种代谢调节不同于其他的生物体。

◎植物细胞含有质体 **质体**这类细胞器只发现于植物细胞和藻类。它们可以以不同的类型出现，以满足各种植物组织中不同而又专门的角色（见第 1 章）。质体密切参与到碳水化合物代谢中，它们执行了许多在植物细胞中必需的生物合成反应，包括叶绿体中发生的光合作用。一些代谢途径是重复的，它们同时出现在细胞质和质体中，每一个酶在二者中有不同的同工酶。质体代谢为了与细胞的其他代谢活动相协调，质体膜上有一套转运蛋白，可以将代谢中间体在两个质体间穿梭传递（图 13.4）。不同类型质体上的转运蛋白的性质是不同的，这取决于质体的特殊功能。除了起到连接细胞质和质体内腔的作用外，转运蛋白通过传达不同质体间代谢水平的变化，在代谢反应的调节中扮演着重要的角色。生物合成反应被不同的细胞器隔开也意味着反应所需要的能量（ATP）和还原剂 [NAD(P)H] 必须在它们之间运输（图 13.5）。

◎并非所有的植物细胞都是可以进行光合作用 很多细胞类型缺乏叶绿素，因此只能进行异养。例如，地下的根部，没有光合细胞，只能依靠枝叶输送的糖。即使在一片绿叶中，也有许多细胞（如表皮细胞）依靠它们邻近的光合细胞提供碳水化合物。因此，通过糖代谢所提供能量的途径即使是在相邻的细胞中也会有显著的差异。

在其他方面，植物中所有的细胞都是相似的。例如，每个细胞都被**细胞壁**包围，细胞壁主

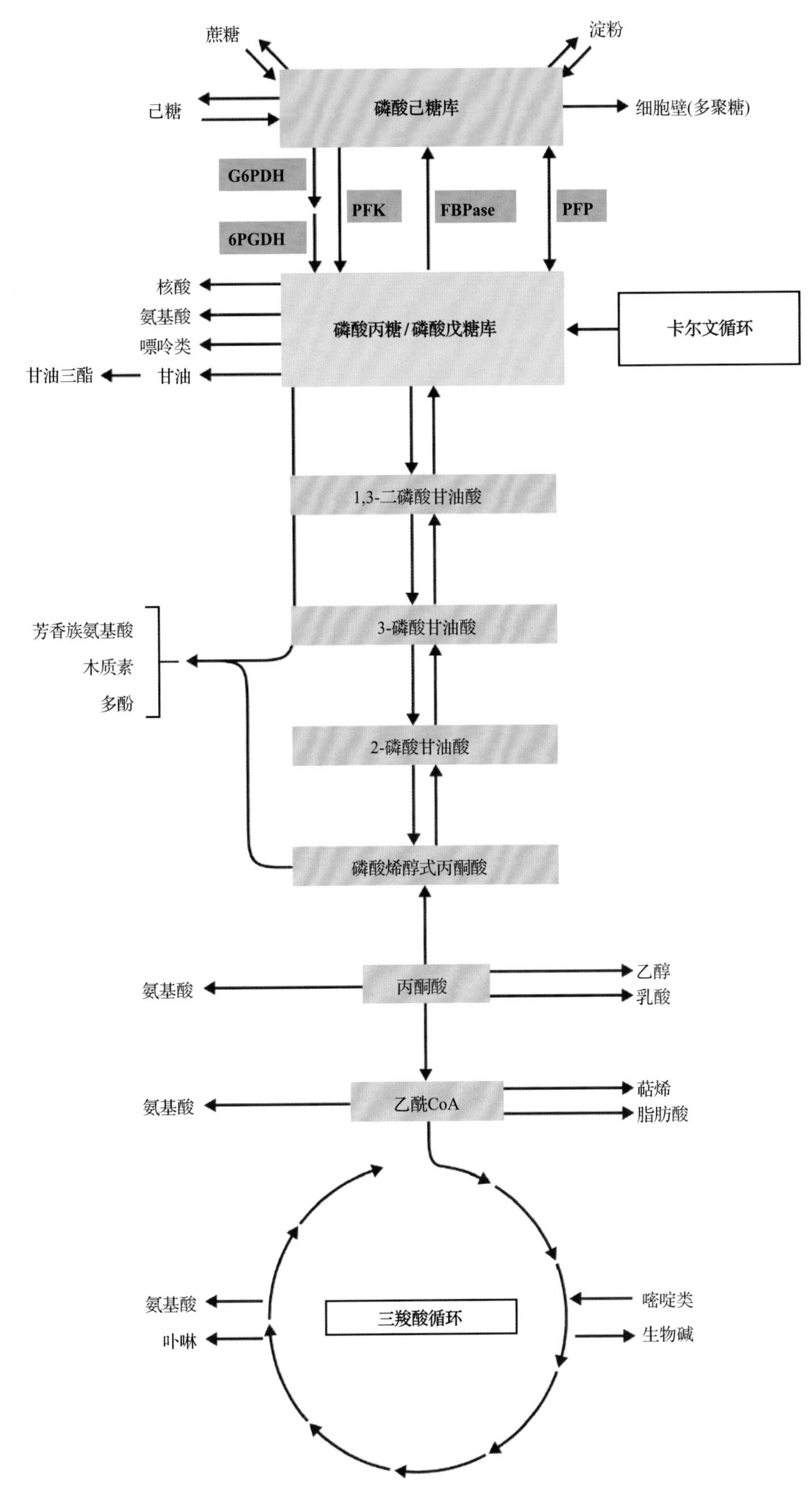

图 13.1 植物的碳水化合物代谢和呼吸途径在为各种生物合成反应提供碳骨架中起着核心作用。G6PDH，葡萄糖-6-磷酸脱氢酶（glucose-6-phosphate-dehydrogenase）；6PGDH，6-磷酸葡萄糖脱氢酶（6-phosphogluconate-dehydrogenase）；PFK，依赖于ATP的磷酸果糖激酶（ATP-dependent phosphofructokinase）；FBPase，1,6-二磷酸果糖酶（fructose-1,6-bisphosphatase）；PFP，依赖于焦磷酸的磷酸果糖激酶（pyrophosphate-dependent phosphofructokinase）

要由碳水化合物组成（**纤维素**、**半纤维素**和**果胶**；见第2章）。合成这些多糖和其他细胞壁的组分（如木质素）是糖类的一个主要消耗方向。因为细胞内所有的糖代谢反应的30%以上，实际上是在进行这些合成反应。也就是说，一个细胞的细胞壁的生物合成可能被限制在一个特定的生长和扩增阶段，一旦细胞充分膨胀，将以其他的代谢途径为主。

◎ 植物是固定不动的 当遇到物理或化学的胁迫时，陆生的植物是不能通过移动来避开的。它们必须忍受草食动物的摄食，适应环境温度的变化，以及光照、水分和营养物质供应情况的波动。这种固定的天性使得植物对环境的变化极为敏感。为了确保在恶劣的环境下可以生存下去，植物的代谢活动需要很高的灵活性，化学组分的变化形成了它们适应性反应的重要组成部分。例如，当受到食草动物摄食时，植物会消耗巨大的资源用以合成防御化合物来阻止食草动物。

总而言之，这些特点说明植物的碳水化合物代谢是复杂、灵活的，并受到精细的调节。

13.1 代谢产物库的概念

人们常常将碳水化合物代谢看成是一些离散的合成代谢和分解代谢反应来加以讨论。虽然这有助于把握每一个途径

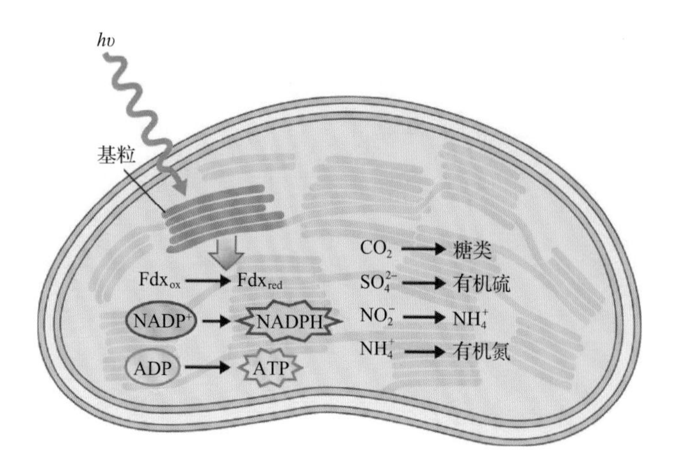

图 13.2 光合作用电子传递产生 ATP 和富含能量的还原剂，用于同化碳、氮和硫。Fdx，铁氧还蛋白（ferredoxin）

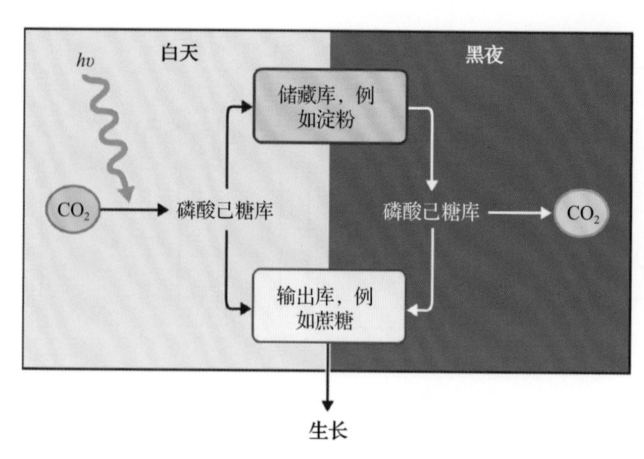

图 13.3 白天，CO_2 通过光合作用被同化，有些用于生长，有些储存起来。夜间，储存的碳水化合物用于供应呼吸作用和持续的生长

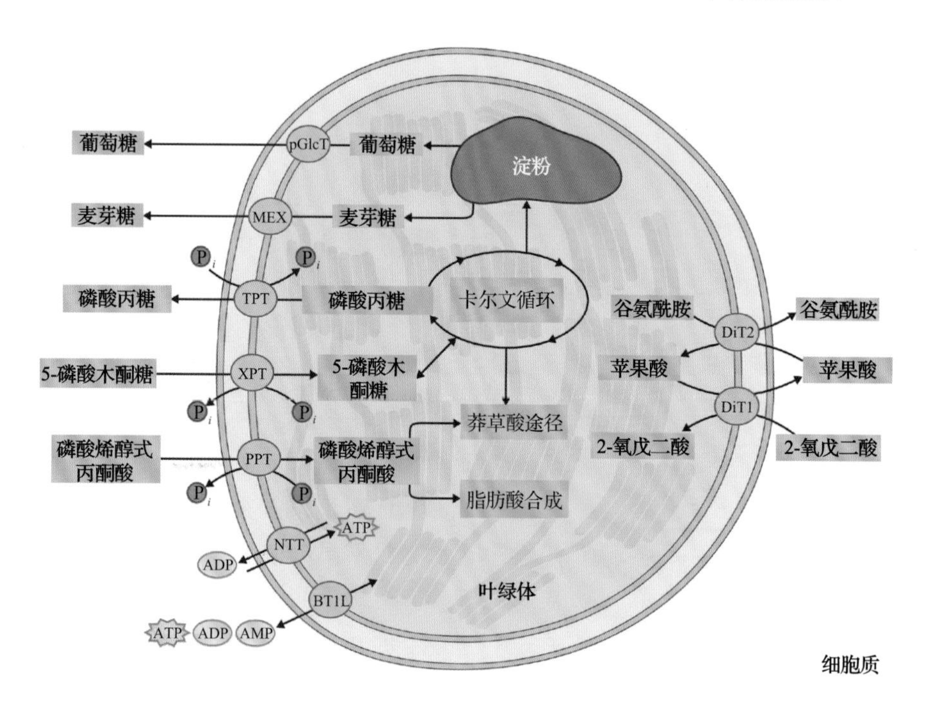

图 13.4 位于质体内膜上的转运蛋白在细胞质和质体基质之间交换代谢物。在这里介绍的转运过程中，进行光合作用的叶绿体输出磷酸丙糖用以交换无机磷，这是光合作用的主要环节。转运体也交换磷酸戊糖和磷酸烯醇式丙酮酸的 P_i，而且非光合作用的质体也有转运蛋白介导磷酸己糖的转运（未显示）。腺苷酸辅助因子也能够通过叶绿体膜被转运，还有麦芽糖和葡萄糖（淀粉降解的产物），以及参与氮同化的中间体。所有的转运都是可逆的，而转运的方向取决于膜两侧代谢物的浓度

的基本元素，但是它不可避免地简化了代谢的真实情况，因为其中许多途径是相互关联的，共享中间体。有些代谢是多通道聚集的，各种代谢中间产物通过可逆的酶促反应保持相互之间的平衡，这可以称为代谢中间产物的“库”（pool）（图 13.6）。这个概念使代谢途径被简化，同时强调了它们之间的联系。代谢物可以加入“库”或者从“库”取出来，以满足不同代谢途径的需要。

代谢物在这些库中的流动方向取决于细胞的活动和需求。例如，在光合作用组织中，碳源的流动途径很大程度上取决于细胞处于光照下还是黑暗中。因此，在白天和黑夜之间，通过某个特定的反应库的流向应该是相反的。代谢反应库也可以出现在不同的亚细胞之间（如叶绿体基质和细胞质）。这些反应库之间的平衡取决于它们是否被有活性的**代谢转运蛋白**连接在一起（图 13.7）。植物中一个重要的代谢反应库由**磷酸己糖**组成（见 13.2 节），另一个由**磷酸戊糖代谢途径**中的代谢中间产物与磷酸丙糖中的 **3- 磷酸甘油醛**和磷酸二羟基丙酮组成（见 13.8 节）（图 13.7；见图 13.1）。

13.2 磷酸己糖库：植物代谢中一个主要的十字路口

13.2.1 三种能互相转化的磷酸己糖组成了磷酸己糖库

磷酸己糖库包括三种中间代谢产物：**6- 磷酸葡萄**

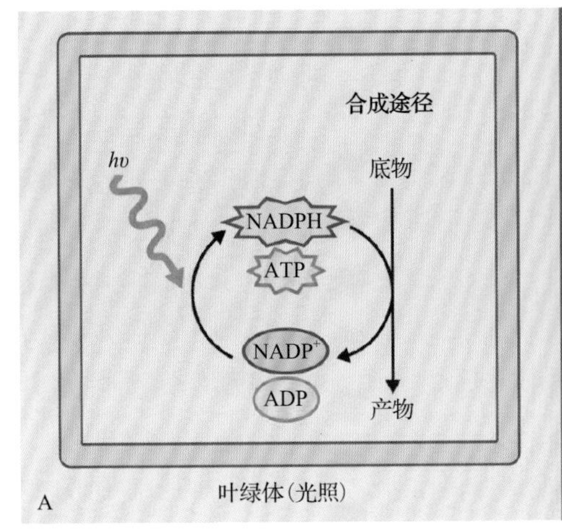

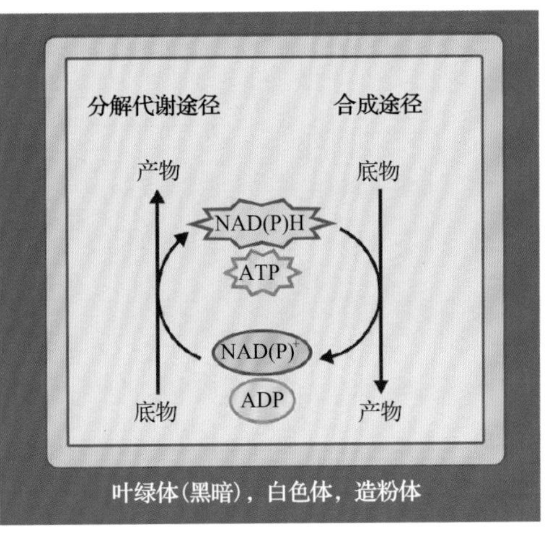

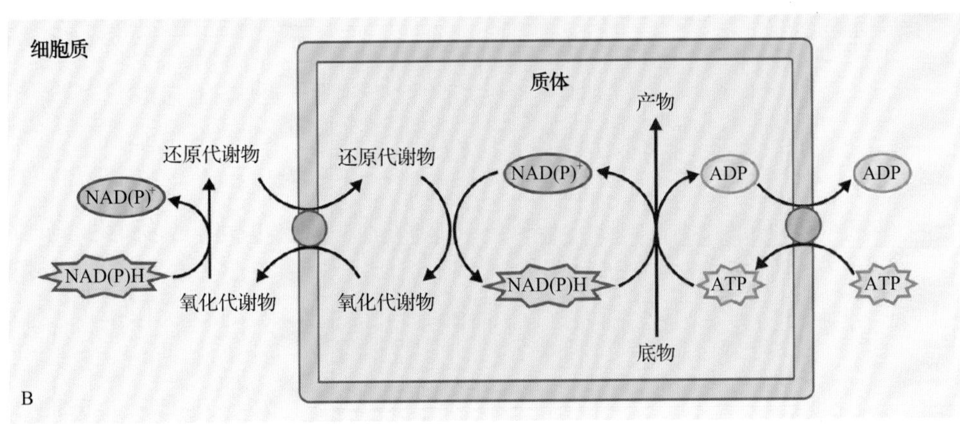

图 13.5　植物向质体提供辅助因子的机制。辅助因子如 NAD(P)H 或 ATP 是合成途径中所需要的。A. 辅因子由质体内部的分解代谢途径产生，在叶绿体中，也可以利用光能产生。B. 通过一个简单的穿梭系统，将还原性物质转运到质体内。辅助因子可以从胞质直接被运入（如用 ADP 交换 ATP），或者通过膜上的穿梭系统进入质体内，就像这里显示的

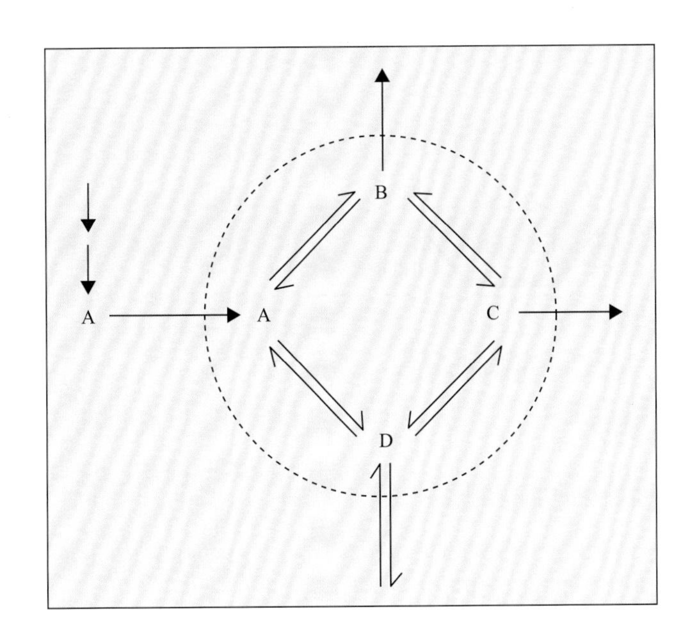

图 13.6　一个代谢库的示意图，图中 4 种代谢物质处于平衡状态。物质的流动是：从 A 加入代谢物，从 B 或 C 取走代谢中间产物。D 是一种特殊的代谢中间产物，在很多情况下，它的流入或者流出是由库的状态来决定的

糖、1- 磷酸葡萄糖和 **6- 磷酸果糖**（图 13.8）。这三种代谢物在磷酸葡萄糖变位酶（phosphoglucomutase；反应 13.1）和 **6- 磷酸葡萄糖异构酶（phospho-glucose isomerase**；反应 13.2）的作用下保持动态平衡，这两个酶促反应在体内是可逆的，而且是接近于平衡状态的。

反应 13.1：葡萄糖磷酸变位酶

1- 磷酸葡萄糖 ↔ 6- 磷酸葡萄糖

反应 13.2：6- 磷酸葡萄糖异构酶

6- 磷酸葡萄糖 ↔ 6- 磷酸果糖

1,6- 二磷酸果糖是植物细胞里的另外一种磷酸己糖，通常我们不把它归入磷酸己糖库。因为在大多数的生物体中，**6- 磷酸果糖**和 **1,6- 二磷酸果糖**之间的转化，是分别由依赖于 ATP 的**磷酸果糖激酶**（phosphofructokinase，PFK）和 1,6- 二磷酸果糖磷酸酶来催化的。两个催化反应都是不可逆的。但是，在植物中，存在着**依赖焦磷酸的磷酸果糖激酶**（PFP），它能催化 1,6- 二磷酸果糖和 6- 磷酸果糖之间的可逆转化，目前它在磷酸己糖代谢中的角色我们还不太清楚（见 13.6.1 节）。

碳源可以以多种方式进入并离开磷酸己糖库（图 13.9）。它可以在光合作用的过程中，当磷酸丙糖生成时，通过转化为磷酸己糖进入，在用于淀粉和蔗糖合成以及形成细胞壁的时候流出。在发芽的

油籽中发现了磷酸己糖产生的另外一个途径，即**糖原异生**，通过它可以使储存的脂类转化成糖（见第 1、14 章）。在夜晚植物不能进行光合作用的时候，以及在一些异养组织中，碳源可以通过糖或者是储存的碳水化合物如淀粉（见 13.7 节）的降解产生的自由己糖的磷酸化进入磷酸己糖库（见 13.4 节）。在没有光合作用时，磷酸己糖库最主要的流出是**糖酵解**的呼吸作用及戊糖磷酸途径的氧化反应，分别为细胞提供能量和还原力（图 13.9）。

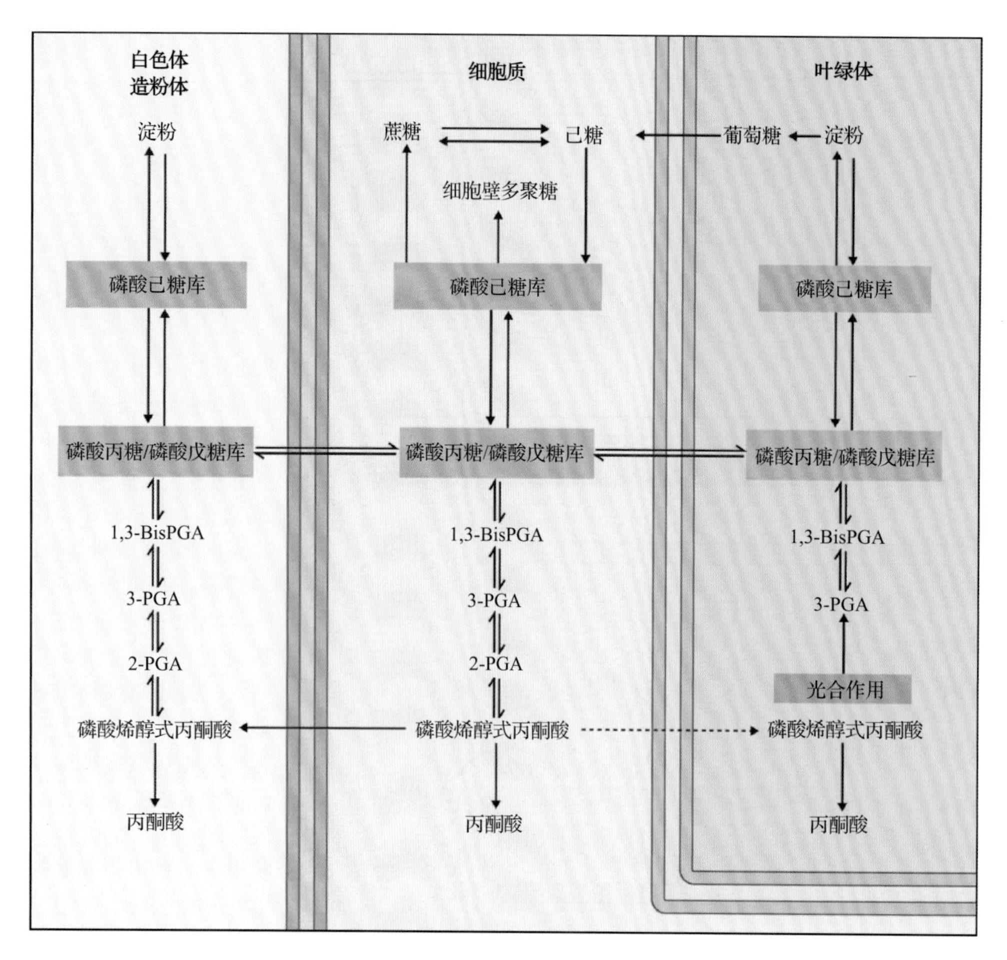

图 13.7 在植物光合作用的叶绿体和非光合作用的质体细胞之间，存在重复的代谢途径。这里显示的是这些途径的简化形式

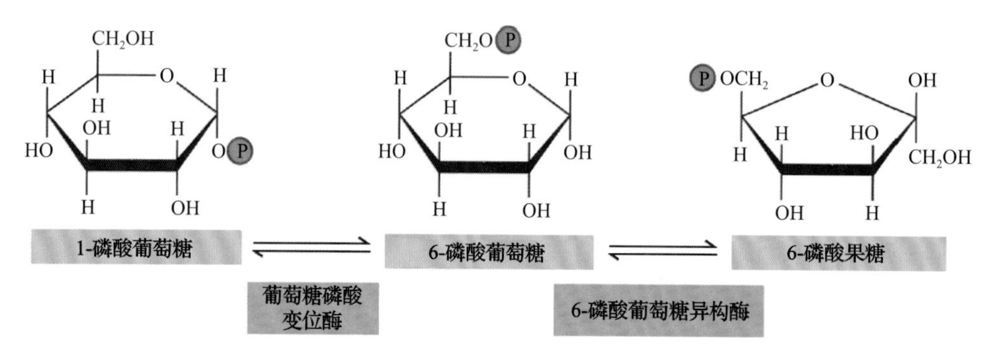

图 13.8 磷酸己糖库里，中间产物在葡萄糖磷酸变位酶和 6- 磷酸葡萄糖异构酶的催化下互相转化

13.2.2 磷酸己糖库存在于细胞质和质体间质中

植物细胞的细胞质和质体都有磷酸己糖库；然而，它们穿过膜运输磷酸己糖的能力是不同的，这取决于质体的类型。

多数叶片的叶绿体运输磷酸己糖的能力较低，它们的磷酸己糖库在代谢途径中的作用与细胞质中的完全不同。相反，存在于叶绿体和细胞质内的磷酸己糖库之间的交流，主要依靠三碳中间体**磷酸二羟基丙酮**、**3- 磷酸甘油醛**和**磷酸烯醇式丙酮酸**，以及五碳中间体 **5- 磷酸木酮糖**。磷酸化中间体通过**反向转运蛋白**交换**无机磷酸盐**（见第 3 章），这些蛋白质属于同一个内膜蛋白家族。这种反向交换是很严格地偶联的，当缺少可交换的底物时，被转运的磷酸根离子很少。实际上，在叶绿体内膜主要存在一种磷酸丙糖转运蛋白（triose phosphate translocator，TPT；见图 13.4），负责运出**卡尔文循环**的产物（见第 12 章）。非磷酸化糖来源于淀粉的分解（见 13.7 节），葡萄糖和麦芽糖也能够穿过叶绿体膜，但并没有磷酸盐的交换（见 13.4 节）。

其他类型的质体，包括有色质体和无色质体、储藏淀粉的**淀粉体**，具有另外一种反向转运蛋白——**6- 磷酸葡萄糖磷酸转运体**（GPT）。这种蛋白质能够使 6- 磷酸葡萄糖穿过质体膜，包括磷酸丙糖和 5- 磷酸木酮糖，

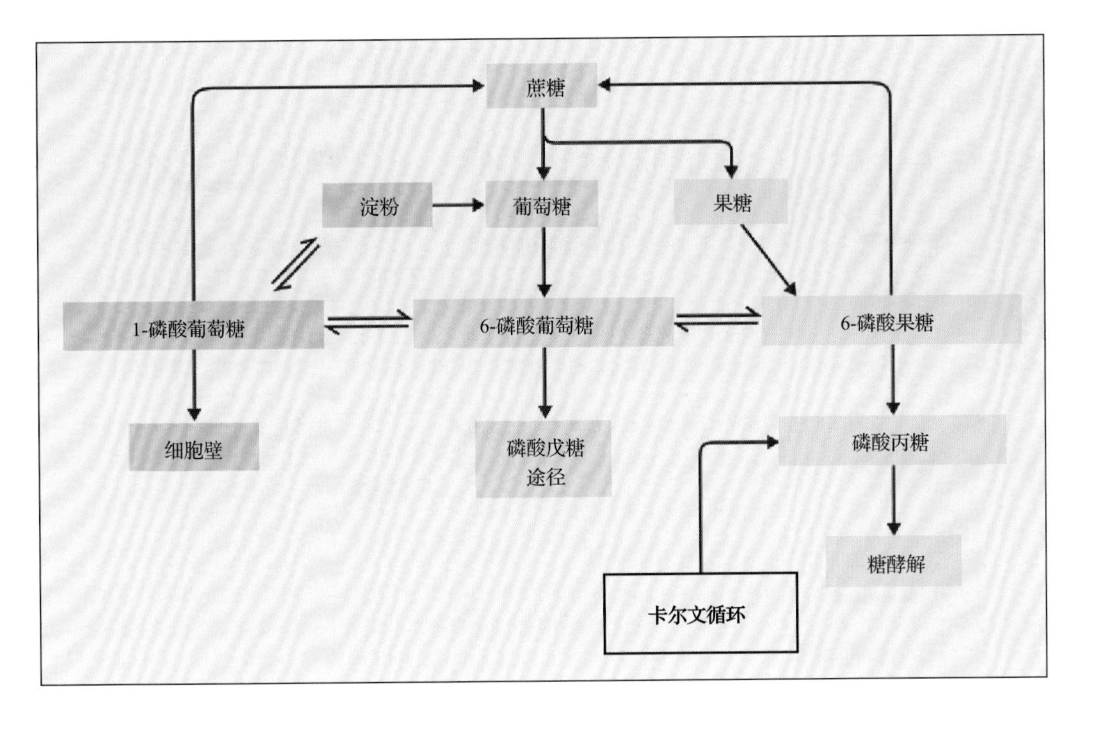

图 13.9 磷酸己糖库输出代谢中间产物到糖酵解和氧化磷酸戊糖途径，以及其他许多合成途径

用以交换无机磷酸盐（P_i）。GPT 的存在表明在胞质和质体的磷酸己糖库之间存在直接的相互作用。一些细胞或组织中的叶绿体（例如，在保卫细胞中，邻近叶片的脉管系统的细胞，或者在发育的果实中）也有 GPT 的存在。这些叶绿体很可能行使着某些特定的功能，而且它们的新陈代谢与进行光合碳同化的叶绿体不同。在特殊的情况下，例如，干旱或用高浓度的蔗糖人工喂养的叶片，也可以诱导叶绿体磷酸己糖转运蛋白的表达，这是与叶片叶肉细胞内的代谢通量的主要变化相关的。

13.3 蔗糖的生物合成

蔗糖是绿色叶片光合作用主要产物之一，占据了光合作用所固定 CO_2 的大多数。在绝大部分植物体内，蔗糖也是碳源长距离运输的主要组分，并且在部分植物中（甜菜、甘蔗、胡萝卜等），它也是一种储存的形式。蔗糖很适合运输形式这一角色：利用稳定的糖苷键将葡萄糖和果糖各自的羰基碳连接起来，可以保护这些活性基团，避免与细胞内其他成分间通过非酶促反应使其氧化。也正是这个缘故，我们认为蔗糖是非还原性糖（图 13.10）。

利用磷酸己糖库作为碳源进行蔗糖的合成，只发生在植物细胞的胞质间。白天，碳源以磷酸丙糖的形式，通过糖异生产生的碳源进入磷酸己糖库，而磷酸丙糖从叶绿体转运出来。这个流量受到**果糖-1,6-二磷酸酶**的调控（FBPase；见 13.6 节）。在夜间，用于蔗糖合成的磷酸己糖来自其他的来源，例如，通过暂时储存在叶绿体中的淀粉的分解代谢。在这种情况下，以葡萄糖或麦芽糖的形式从叶绿体中输送出来的碳源在细胞质中经过代谢生成磷酸己糖（见 13.7 节）。

13.3.1 1-磷酸葡萄糖能够可逆转换为 UDP-葡萄糖

二磷酸尿苷葡萄糖（**UDP-葡萄糖**；图 13.11）是用于蔗糖合成的两个底物之一（另一个是 6-磷酸果糖；见 13.3.2 节）。UDP-葡萄糖也是其他代谢反应的底物，包括细胞壁的合成（见第 2 章）。**UDP-葡萄糖焦磷酸化酶**催化 1-磷酸葡萄糖和 UTP 生成 UDP-葡萄糖和**焦磷酸**（PP_i）（反应 13.3）。

反应 13.3：UDP-葡萄糖焦磷酸化酶

1-磷酸葡萄糖 +UTP ↔ UDP-葡萄糖 +PP_i

由 UDP-葡萄糖焦磷酸化酶催化的这个反应是极可逆的，碳源进入或离开磷酸己糖库依赖于各自代谢产物的浓度。在蔗糖合成的过程中，通过这一步的碳源流量是由 UDP-葡萄糖的消耗驱动的。有趣的是，植物胞质内焦磷酸的浓度保持相对稳定。在这一点上，植物代谢与动物不同。动物细胞的胞质内含有一种**焦磷酸酶**，能够在生物合成反应的过

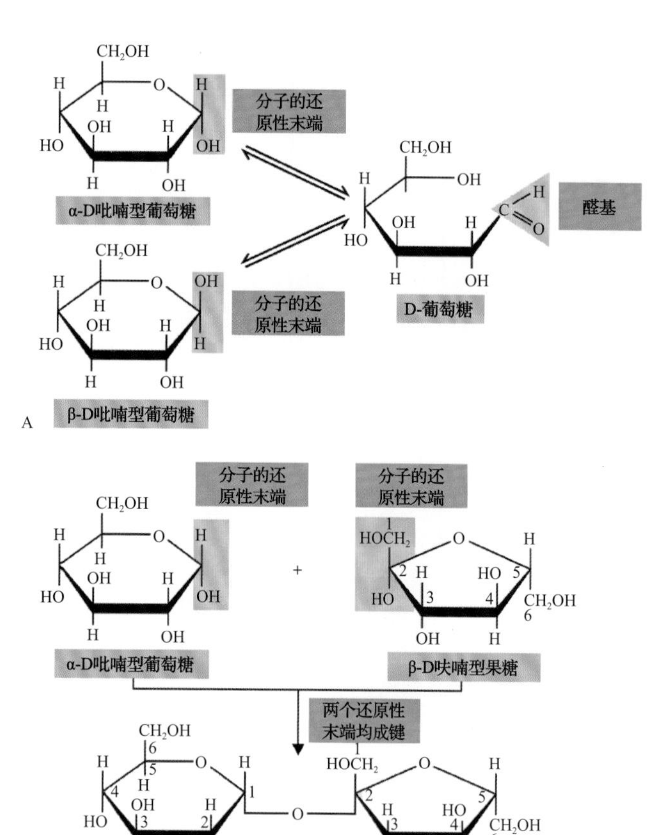

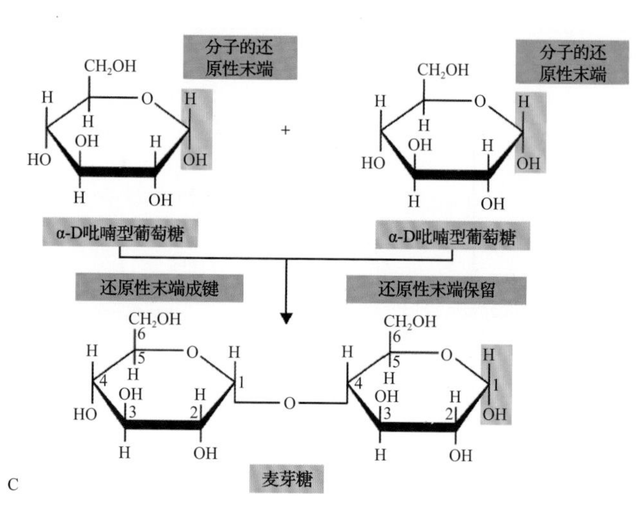

图 13.10 一些糖类可以作为还原剂。A. 葡萄糖在端基碳(C-1)上发生构象变化，产生一种醛的形式（D- 葡萄糖）和两种半缩醛的异构体（α-D- 吡喃型葡萄糖，β-D- 吡喃型葡萄糖）。醛基基团可以还原许多无机物，所以被视为还原性末端。B. 在蔗糖的合成过程中，果糖的端基碳（C-2）和葡萄糖的端基碳以糖苷键的形式连接在一起，这个连接使用了两个单体的还原性末端，因此，蔗糖属于非还原性糖。C. 二糖麦芽糖的一个葡萄糖分子的端基碳是非束缚的，具有还原活性，因此麦芽糖是一种还原性糖。海藻糖也是一个葡萄糖的二糖，两个端基碳是束缚的，使它成为一个非还原性糖（未显示）

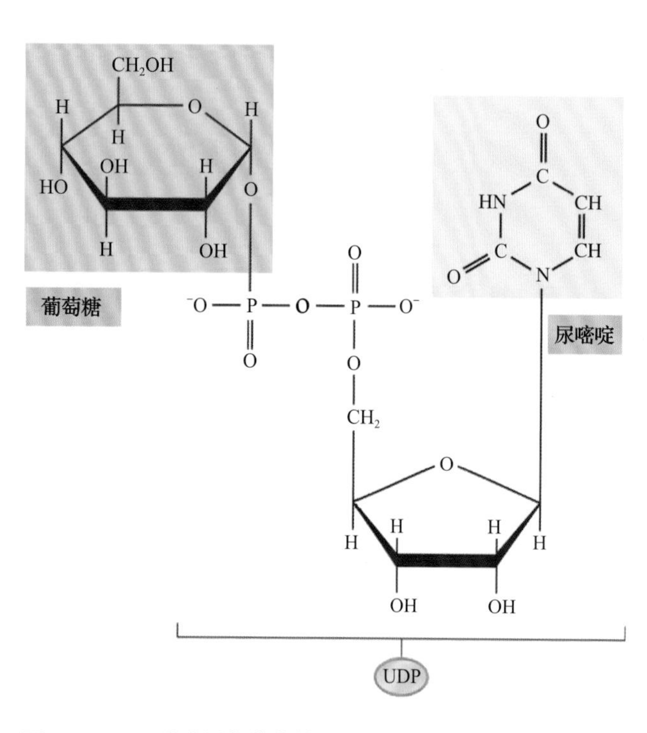

图 13.11 二磷酸尿苷葡萄糖（UDP-glucose）的分子结构

程中，迅速水解任何 PP_i 的产物；然而，在植物细胞的胞质中，PP_i 的代谢是与其他的代谢过程结合在一起的（见信息栏 13.1）。

13.3.2 蔗糖由 UDP- 葡萄糖和 6- 磷酸果糖合成

蔗糖合成的主要路径包含下面两个反应，分别由**磷酸蔗糖合酶**和**磷酸蔗糖磷酸酶**起催化作用（图 13.12）。

反应 13.4：磷酸蔗糖合酶

UDP- 葡萄糖 +6- 磷酸果糖 ↔ 6- 磷酸蔗糖 +UDP

反应 13.5：磷酸蔗糖磷酸酶

6- 磷酸蔗糖 +H_2O → 蔗糖 +P_i

磷酸蔗糖合酶催化 UDP- 葡萄糖的葡萄糖基部分转移给 6- 磷酸果糖，生成 6- 磷酸蔗糖，6- 磷酸蔗糖在磷酸蔗糖磷酸酶作用下后续水解生成蔗糖和磷酸根离子。总的来说，通过这个途径，生成蔗糖的反应，有一个大的、负的、自由能的变化（$\Delta G^{0'}= -25kJ\cdot mol^{-1}$），使这一系列反应在体内基本上是不可逆的。这主要是由于大量负的自由能的变化（$\Delta G^{0'}= -16.5kJ\cdot mol^{-1}$）是与蔗糖去磷酸化联系在一起的；前面的步骤（生成 UDP- 葡萄糖和 6- 磷酸蔗糖）有着相对较小的、负的、自由能的变

信息栏 13.1 焦磷酸在植物代谢中扮演着神秘的角色

许多生物合成的反应中都能产生焦磷酸[例如，糖苷核酸（UDP-葡萄糖和ADP葡萄糖等）合成过程中氨基酸的活化，以及核酸的聚合反应]。在动物和许多微生物体内，焦磷酸酶通过水解去除反应产生的焦磷酸，自由能的巨大变化（$\Delta G^{0'}=-33.4kJ\cdot mol^{-1}$）会大力驱动反应向不利于合成的方向进行。

在植物中，质体的基质是许多生物合成反应的场所，也存在一个焦磷酸酶，但是植物的细胞质是蔗糖和细胞壁生物合成的场所，可以积累高浓度的焦磷酸（可达$0.3mmol\cdot L^{-1}$）。这个胞内焦磷酸库非常重要；在转基因烟草（*Nicotiana tabacum*）中利用胞质定位的细菌过量表达焦磷酸酶，会明显地抑制烟草生长。然而，焦磷酸的代谢是以何种方式与其他的细胞过程相联系的还不清楚。

胞内焦磷酸库的发现是在发现一个可代谢焦磷酸的酶之后，即依赖焦磷酸的磷酸果糖激酶（PFP，见13.6节）。在1,6-二磷酸果糖和6-磷酸果糖互换的可逆反应中，PFP可以去除或生成焦磷酸。它的存在是一个谜，因为它还与另外两个胞质酶一起催化了类似的但不可逆的反应。在其他物种中，6-磷酸果糖转化为1,6-二磷酸果糖，是糖酵解过程中关键的调控步骤。然而，在植物中，由于其自养性，其调控机制是不同的，并且已经推测PFP可能行使以下功能，包括：

- 维持细胞中的焦磷酸浓度的稳定。
- 为蔗糖合酶途径提供焦磷酸，降解蔗糖（见13.4节）。
- 当PFK反应所需的ATP的量可能不充分时，在磷酸盐饥饿的过程中，作为PFK反应的旁路（信息栏13.5）。
- 刺激厌氧条件下糖酵解的碳源流动。
- 在生物合成的活性提高时，维持磷酸己糖与戊糖磷酸/丙糖磷酸库之间的平衡。

在一系列物种中，PFP被抑制或发生了突变。一般来说，这样的植物表现正常，但是对代谢水平和碳源流量的检测显示在不同情况下是有差异的，包括马铃薯（*Solanum tuberosum*）块茎淀粉含量的小幅度降低、甘蔗（*Saccharum* sp.）茎中蔗糖含量的增加、糖酵解微小的抑制作用，以及磷酸己糖和磷酸丙糖之间平衡的变化。这些结果表明PFP影响了磷酸己糖和磷酸丙糖库之间的流量，但是它并不是一个必不可少的酶。因此，它的功能仍未确定。可能在正常的实验室或温室的条件下，这个酶通过很小的以至于不能被检测到的幅度促进生长及适应性，但是在演化过程中，它还是被保留了下来。或许这个酶只是在某种非实验室测试条件下是很重要的。

另一个在焦磷酸代谢中起作用的是位于液泡膜的质子泵焦磷酸酶（见第3章）。焦磷酸水解所释放的能量驱动质子泵，酸化液泡，并产生电化学梯度用于跨膜运输。这个H^+-焦磷酸酶可能参与转移在生物合成中所产生的胞内焦磷酸。通过对拟南芥中这个泵缺失的突变体的分析支持了这个观点：拟南芥幼苗通过糖异生作用，将储存在子叶中的脂类转化成蔗糖，而在此泵缺失的突变体中，蔗糖含量减少，由于积累了抑制水平的焦

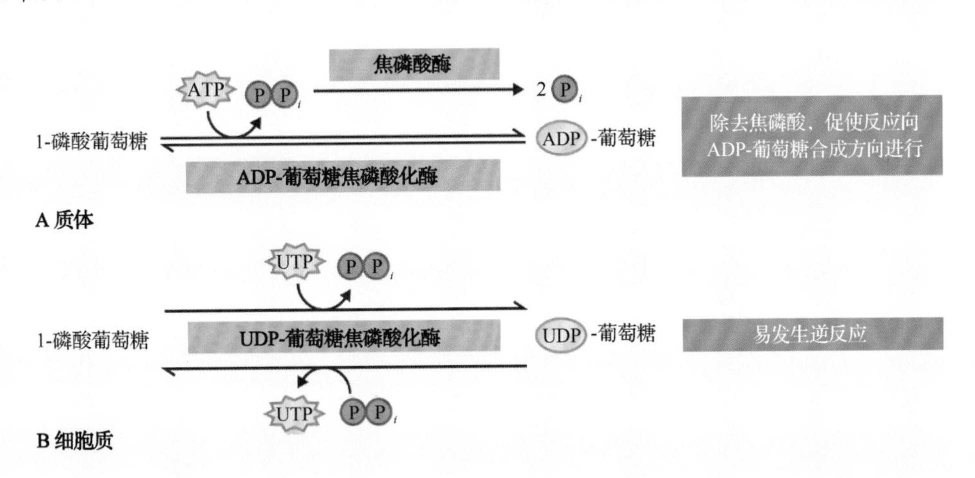

磷酸，导致幼苗发育不良。

尽管有这些发现，我们仍旧不清楚植物细胞是怎样保持一个稳定的胞内焦磷酸库的，以及其原因是什么。

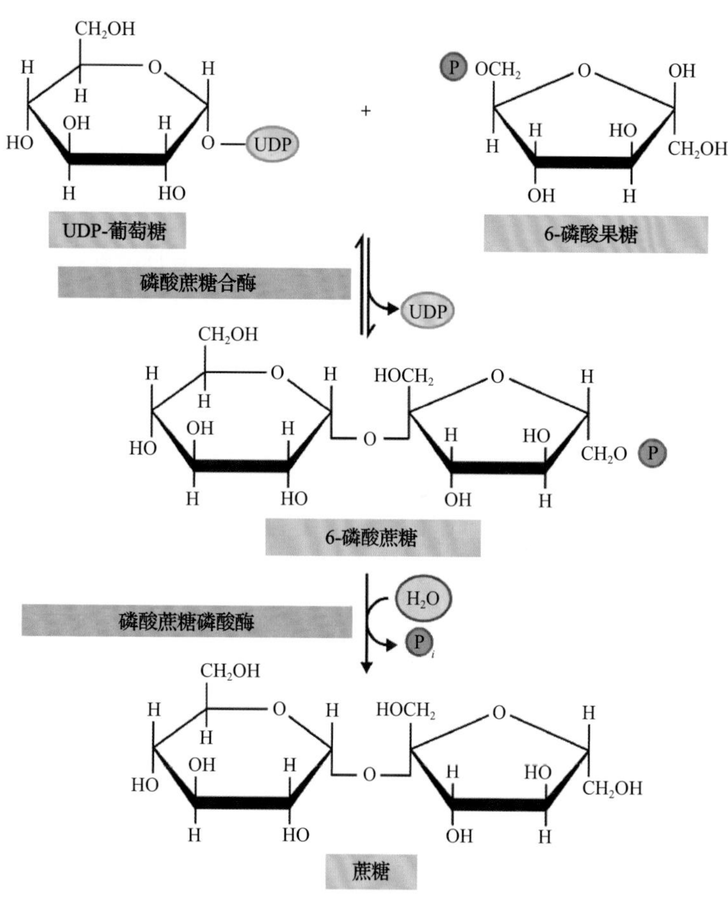

图 13.12 磷酸蔗糖合酶（SPS）和磷酸蔗糖磷酸酶催化蔗糖的合成

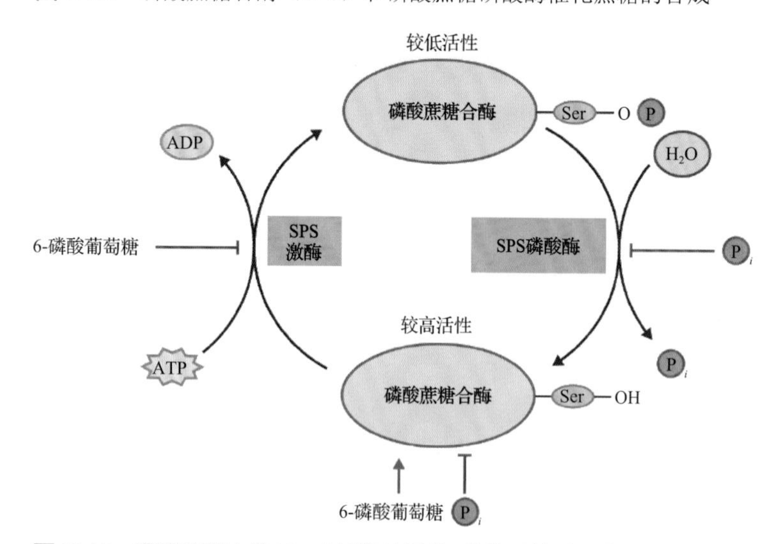

图 13.13 磷酸蔗糖合酶(SPS)活性的调控。酶的活性受别构效应物调节，也受酶分子内一个丝氨酸残基的磷酸化 / 去磷酸化调节。去磷酸化的酶是有活性的，6- 磷酸葡萄糖能通过别构效应使其活性更高。无机磷酸根离子，可能还有蔗糖，则会抑制 SPS 的活性。另外，6- 磷酸葡萄糖能抑制 SPS 激酶的活性，而无机磷酸根离子会抑制 SPS 磷酸酶的活性。结果，当 6- 磷酸葡萄糖和磷酸根离子的浓度比例较高的时候，SPS 保持在有活性的状态；反之，SPS 保持在无活性的状态

化（分别为 $\Delta G^{0'} = -2.88 kJ \cdot mol^{-1}$ 和 $\Delta G^{0'} = -5.7 kJ \cdot mol^{-1}$）。

有一些证据，主要来自于 20 世纪 90 年代对于菠菜（*Spinacia oleracea*）的研究工作，表明蔗糖的合成是受到磷酸蔗糖合酶的活性与磷酸己糖库的状态相协调的机制调控的（图 13.13）。首先，磷酸蔗糖合酶受到 6- 磷酸葡萄糖的**变构调节**，6- 磷酸葡萄糖可以激活这个酶，而 Pi 会抑制其活性。当磷酸己糖量充足时，磷酸蔗糖合酶被激活。此外，自由态 P_i 的减少，通常伴随着磷酸己糖浓度的升高，从而解除抑制。其次，磷酸蔗糖合酶受到多位点的可逆蛋白磷酸化的调控。一个可以使 Ser^{158} 磷酸化从而调控磷酸蔗糖合酶活性的激酶，它本身受到 6- 磷酸葡萄糖的抑制。磷酸蔗糖磷酸酶可以上调磷酸蔗糖合酶的活性，而它本身受到高浓度 P_i 的抑制。蔗糖磷酸合酶也可以在其他位点被磷酸化。Ser^{229} 的磷酸化可以使它与 14-3-3 蛋白相互作用，也可以抑制它的活性。相比之下，Ser^{424} 能在渗透胁迫下发生，能够使酶激活。变构和翻译后修饰作用相结合对蔗糖合酶的活性产生精细的调控。也有证据表明，蔗糖的浓度可以反馈调节蔗糖磷酸合酶的活性，防止生产过剩；然而这种反馈调节的机制还不清楚。

虽然这些生化发现为了解蔗糖合酶的调控奠定了基础，但是实际情况可能更加复杂。多个保守基因编码磷酸蔗糖合酶和磷酸蔗糖磷酸酶的各种异构体，这些异构体的特性还没有仔细地分析（见信息栏 13.2）。这可能会使一些假设酶活性或状态均一的生化研究的解释变得复杂。例如，在小麦（*Triticum aestivum*）和其他单子叶禾本科植物中发现的一类磷酸蔗糖合酶异构体，缺乏与 14-3-3 蛋

信息栏 13.2 植物体中多种基因编码同一种酶的原因尚不明确

全基因组测序显示特定的新陈代谢的酶类常常被多个保守基因编码。在某些情况下，这是由于酶被不同的细胞区室所需造成的。例如，一些糖酵解酶类分别定位在质体和细胞液中，由不同的基因编码。这种亚定位的区分机制相比于单一基因编码产物定位在不同区域显得更有优势，每一种酶演化出不同的酶活及调控方式更有利于植物个体。

然而在另一些情况中，酶定位在不同细胞区室却不能完全解释这些基因的重复。例如，蔗糖磷酸化合成酶与蔗糖磷酸化磷酸酶都是由小型的基因家族编码的胞质酶类，有多种亚型的存在，其中的重要性并不清楚。但从表达出的不同模式可知，每个亚型都负责不同组织的蔗糖合成。在一些时候还会出现更多的基因重复，拟南芥基因组中含有 17 个可能的转化酶基因，其多种亚型分别定位在细胞质内外的 4 个不同位置。

全基因组测序技术的出现也向分子遗传学家及生化学家提出挑战，即试图阐明这些不同基因的功能。而结果总是令人惊喜：拟南芥中 β- 淀粉酶基因家族的研究表示该家族含有 9 个成员，它们的作用可能是使得叶绿体中淀粉分解（见 13.7 节），其中有两个成员作为转录因子定位在细胞核，还有未知功能非催化活性的亚型的存在。新功能的发现使人们认识了新陈代谢酶类扮演的诸如新陈代谢感受器的新角色。

白结合和渗透胁迫激活相关的磷酸化位点，其调控特征尚不清楚。

13.4 蔗糖代谢

蔗糖在其来源组织产生后，在植物体内会通过韧皮部运输到库组织，在那里，蔗糖通过两种途径进入目的细胞。在大多数细胞里，蔗糖利用**共质体传输**，可穿过**胞间连丝**扩散。在这种情况下，进入细胞的蔗糖会在细胞质内分解或者被输送到液泡，以便维持蔗糖被动运输的进行。但是，在一些组织，蔗糖必须穿过细胞质膜才能进入细胞，并且还是逆浓度梯度进行的。这种**质外体运输途径**对植物发育中的胚胎是特别重要的，因为后者并没有和母体的任何组织有直接的连接。蔗糖可以原封不动进入这类细胞，或者先经定位在细胞壁上的转化酶分解成葡萄糖和果糖再进入细胞。由于碳水化合物及代谢中间体在调控许多基因的表达中扮演着重要的角色，利用多种方式运输和降解蔗糖的潜在意义正受到更多的关注。因此，碳水化合物的活动方式可能会影响细胞的活动（见第 8 章和第 16 章）。

蔗糖合酶或**转化酶**都可以催化蔗糖的分解（图 13.14 和图 13.15），分解反应如下：

反应 13.6：蔗糖合酶

蔗糖 +UDP ↔ UDP- 葡萄糖 + 果糖

反应 13.7：转化酶

蔗糖 +H_2O → 葡萄糖 + 果糖

蔗糖合酶的名字使人困惑。蔗糖合酶可以催化蔗糖的合成和分解。然而，磷酸蔗糖合酶在合成蔗

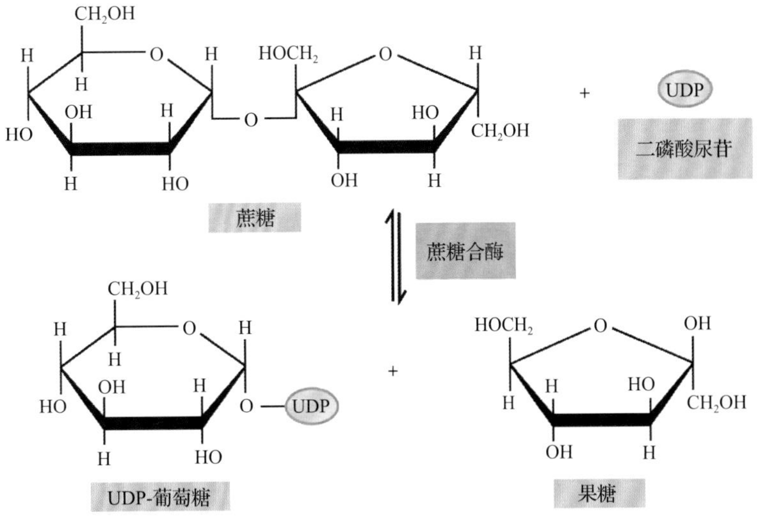

图 13.14 蔗糖合酶催化一个可逆的反应，可以合成或者分解蔗糖，但是在植物细胞里，该酶更多地催化蔗糖分解

糖的组织中具有比较高的活性，这意味着磷酸蔗糖合酶是蔗糖合成的主要酶。相反的，在消耗蔗糖的组织中（如发育中的种子），蔗糖合酶的活性会比其在输出蔗糖的组织（如进行光合作用的叶片和萌发中富含油的种子）中的活性高。因此，蔗糖合酶的主要作用被认为是用于蔗糖的分解代谢。转化酶催化的反应是不可逆的，仅仅催化蔗糖的降解。

这两种分解蔗糖的酶的区别在于它们与磷酸己糖库相关产物的能量状况。转化酶的产物是游离的己糖，必须通过消耗 ATP 来磷酸化。相比之下，蔗糖合酶的作用产物是 UDP- 葡萄糖，可以与焦磷酸反应生成 1- 磷酸葡萄糖和三磷酸尿嘧啶核苷酸（UTP）。所以，蔗糖合酶和 UDP- 葡萄糖焦磷酸化酶（见反应 13.3）共同作用，可以提供一条不依赖于 ATP 的磷酸化己糖的途径（图 13.16）。

转化酶和蔗糖合酶在蔗糖的分解中所扮演的确切角色我们还未很好地理解清楚，二者总是在同一组织中出现，而且，蔗糖合酶和转化酶都有多种同工酶，每种同工酶可能在各自特异的组织或者细胞区室中发挥作用（例如，在拟南芥中 6 个基因编码蔗糖合酶，17 个基因编码不同的转化酶亚型，信息栏 13.2）。

在马铃薯（*Solanum tuberosum*）块茎里，转化酶的活性太低而不能满足植物对蔗糖分解速率的要求，意味着蔗糖合酶行使了蔗糖的分解功能。并且，在块茎中抑制主要蔗糖合酶基因的表达会降低淀粉含量和块茎的生长速度。类似的结果也在豌豆（*Pisum sativum*）和玉米（*Zea mays*）中被发现，在这些植物中蔗糖合酶突变会导致淀粉合成分别在发育的胚和胚乳中减少。类似这样的研究已经使大家普遍认为蔗糖合酶的活性倾向于为无结构的碳水化合物聚合物（如淀粉）和有结构的碳水化合物聚合物（如纤维素和胼胝质）的生物合成中的蔗糖利用有关。揭示蔗糖合酶和纤维素合成酶复合体间可直接相互作用的模型已经被提出，这个模型允许蔗糖合酶产生的 UDP- 葡萄糖能直接导入纤维素合酶的活性位点。

转化酶通常被分为酸性转化酶（最适活性在酸

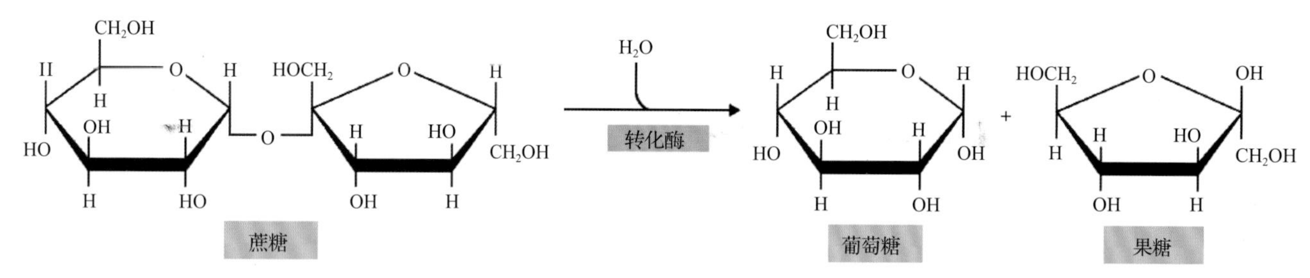

图 13.15　转化酶催化蔗糖的分解

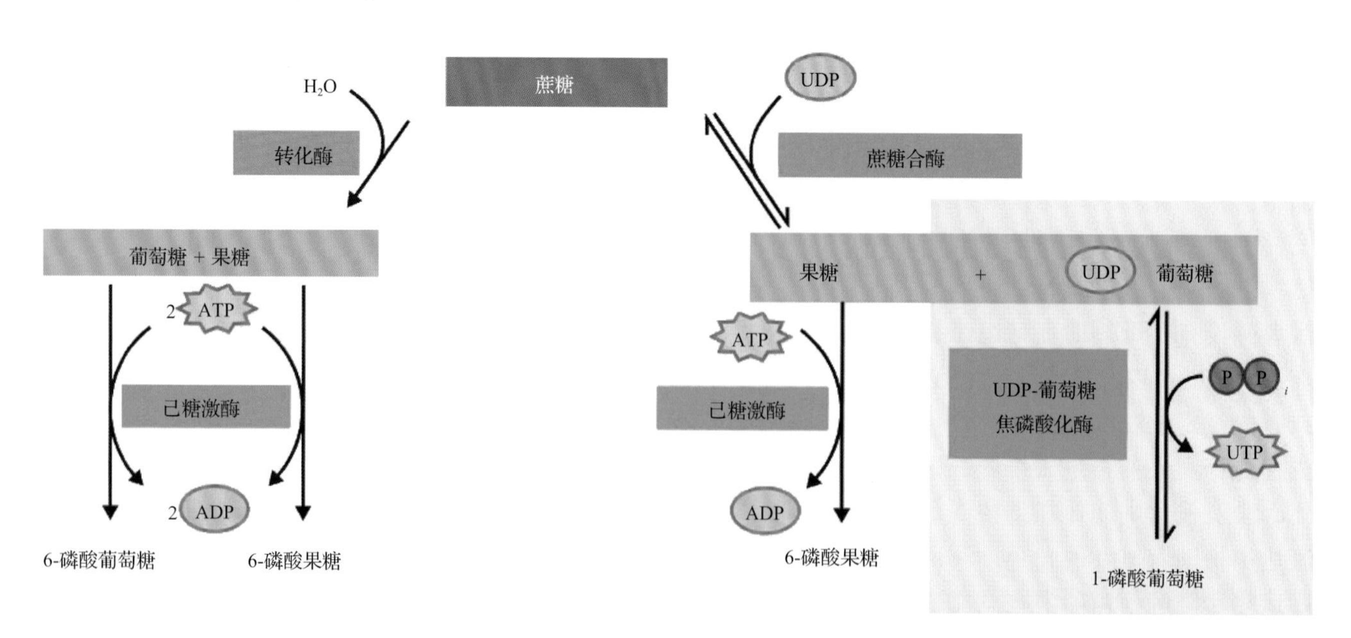

图 13.16　己糖激酶利用 ATP 磷酸化葡萄糖和果糖，二者是转化酶的产物。蔗糖合酶和 UDP- 葡萄糖焦磷酸化酶共同作用，通过一条不依赖于 ATP 的途径，生成磷酸己糖（见图中黄色部分）

性 pH 环境）和碱性转化酶（最适活性在中性或者碱性 pH 环境）。它们分别在不同的细胞部位执行功能：酸性转化酶在液泡和质外体里，而碱性转化酶在细胞质和质体内。液泡转化酶可能水解储存在液泡里的蔗糖，产生的游离己糖再运回细胞质去代谢。细胞壁转化酶和细胞壁基质成分牢固地束缚在一起。高浓度的液泡转化酶被发现存在于积累己酸的组织（如发育中的果实）和快速生长的组织（如根和下胚轴的伸长区）。质外体转化酶和细胞壁基质成分牢固地束缚在一起，水解质外体的蔗糖并运输到汇组织。这在植物的再生组织中特别重要。在重要的农作物如玉米（*Zea mays*）和水稻（*Oryza sativa*）中，抑制细胞壁转化酶活性干扰花粉的形成，导致雄性不育和种子尺寸的减小。通过对拟南芥、百脉根和水稻中的突变体分析，发现细胞质转化酶对植物的生长也十分重要，尤其对根。

植物也形成了蛋白质类的转化酶抑制剂，能与质外体和液泡中的酸性转化酶相互作用。这些抑制剂很可能抑制转化酶的活性，虽然它们确切的功能所知甚少。它们的存在使原本已经复杂的过程变得更加复杂（图 13.17）。但是，考虑到蔗糖在植物代谢生物学中的核心作用，这并不奇怪。

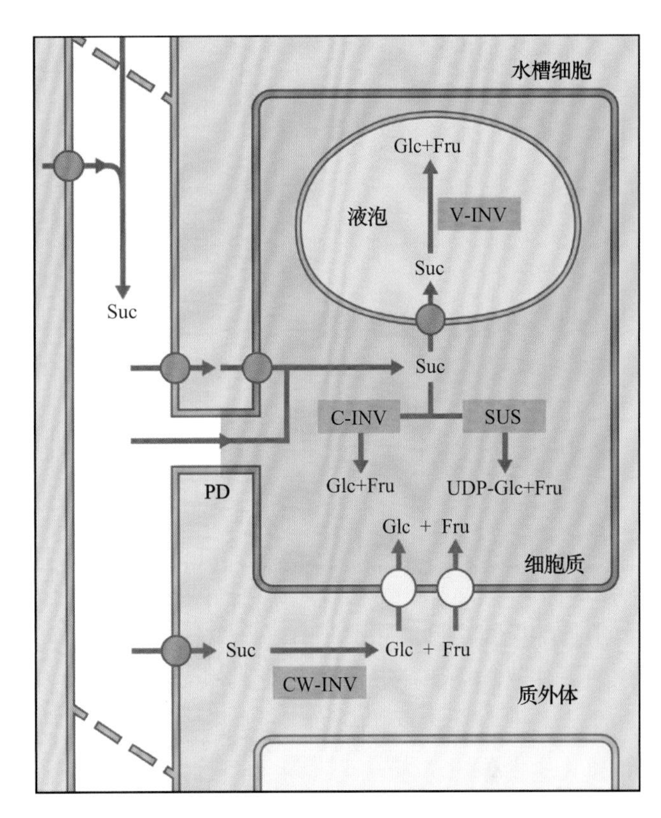

图 13.17 异养组织中转化酶调控或蔗糖合成酶调控的蔗糖分解原理图。在韧皮部的水槽细胞中，蔗糖（Suc）的卸载可发生质外体化进入细胞壁基质或者同质化穿过胞间连丝（PD）。前一种情形里，被卸载的蔗糖在被细胞膜己糖转运体（浅蓝色圆圈）吸入前先通过结合在细胞壁上的转化酶（CW-INV）水解为葡萄糖（Glc）和果糖（Fru）。被同质或膜上蔗糖转运体（深蓝色圆圈）引入的蔗糖则可以通过胞质转化酶（C-INV）水解。另一些组织中，胞质的蔗糖进入液泡或质粒后被液泡转运酶（V-INV）或质粒转运酶（P-INV）水解（后者未显示）。CW-INV 和 V-INV 都通过蛋白质抑制剂进行翻译后抑制（图中未显示）。细胞内的葡萄糖和果糖可能被呼吸消耗，被储藏在液泡或用于合成多聚糖类（例如淀粉和纤维素）。蔗糖还可以通过胞质中的蔗糖合成酶（SUS）被代谢

13.5 淀粉生物合成

并不是所有在叶片中同化的碳水化合物都会立刻用于蔗糖的生物合成和生长，有一些会被储存以备日后无法进行光合作用时使用（见图 13.3）。碳水化合物能以许多种形式被储存，包括液泡蔗糖或者**果聚糖**，但是最普遍的储存形式是**淀粉**。在叶片中，淀粉白天在叶绿体中被合成并临时储存到晚上，然后它被再次降解。在储藏组织，比如块茎或者种子，淀粉在淀粉体中合成并被储存更长的时间。

淀粉是一种重要的植物产物，因为它占据了人类一半的热量摄入。因此，许多研究关注它在农作物和模式生物中的代谢。在其他生物体中，类似淀粉的储存化合物是糖原。在动物和真菌中，糖原是在细胞质中由 UDP- 葡萄糖合成的；而在细菌中，糖原的合成是利用 ADP- 葡萄糖。淀粉和糖原具有一些结构相似性（两者都是由葡萄糖聚合物组成），但是糖原具有更多的分支结构。淀粉的生物合成比糖原要更复杂。

淀粉是一个不寻常的物质，以大量不溶的半晶质颗粒的形式存在（图 13.18）。通过连接数千个葡萄糖单体形成少数分子，然后部分结晶，淀粉代表一种紧凑、稳定、渗透惰性形式的碳水化合物储存物。如果相对于蔗糖有相当数量单位的己糖在质体中积累，基质溶液将含有太多溶质部分，而细胞质中的水分会由于渗透作用涌入，导致质体的膨胀和破裂。

13.5.1 在植物中由 ADP- 葡萄糖起始的淀粉合成

在叶绿体内，卡尔文循环可以直接为基质磷酸

己糖库和之后的淀粉生物合成途径提供碳源（图13.19）。因此，淀粉生物合成比蔗糖生物合成多一些不同库的供给。

6-磷酸果糖在葡萄糖磷酸变位酶的质体同工酶和6-磷酸葡萄糖异构酶的连续反应催化下，能够被转化为1-磷酸葡萄糖（见反应13.1和反应13.2）。在淀粉的生物合成途径中，公认的第一步是由**ADP-葡萄糖焦磷酸化酶**催化**ADP-葡萄糖**的产生（反应13.8）。拟南芥和其他物种的遗传学研究已经表明这是在叶片中淀粉合成的最主要途径，因为这三种酶的任意一种缺失突变都会引起淀粉含量的大量减少。

反应13.8：ADP-葡萄糖焦磷酸化酶

1-磷酸葡萄糖 +ATP ↔ ADP-葡萄糖 +PP_i

在淀粉体中，用于淀粉合成的碳源来自源组织的蔗糖代谢（见第15章和反应13.4）。用于产成ADP-葡萄糖的底物必须从细胞质中运入，通常以6-磷酸葡萄糖的形式（图13.19）。豌豆的 *rogosus3* 突变体说明了这一点，它缺失了质体葡萄糖磷酸变位酶，不能将其胚中淀粉体内的6-磷酸葡萄糖转化为1-磷酸葡萄糖，因此不能合成淀粉（见信息栏13.3）。但是，在玉米（*Zea mays*）和其他谷

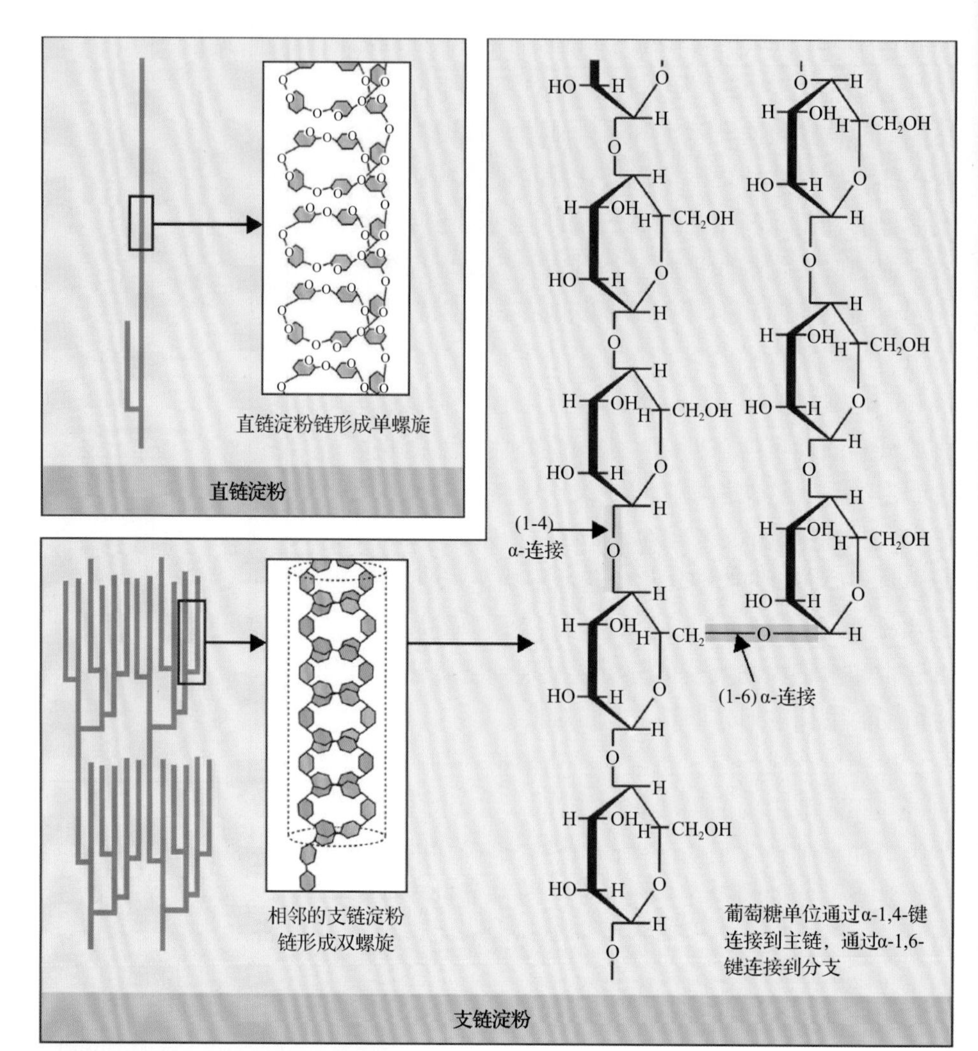

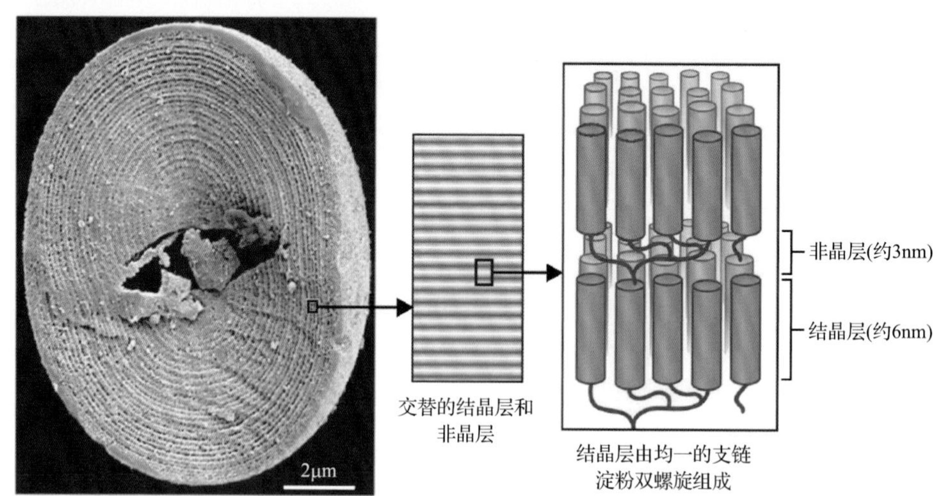

图13.18 淀粉是一种非凡的物质。其通常由直链淀粉和支链淀粉这两种葡萄糖多聚物组成，但也会有大型的不可溶半结晶颗粒。其中，支链淀粉是淀粉颗粒的主要多聚物形式，它有由不分支链部分构成的非随机分支形态。在不分支链部分中，每圈存在左手双螺旋与6个葡萄糖单元形式（中间图）。直链淀粉是线性或带有轻微分支状的，它形成单个螺旋结构（左上图）。支链淀粉的双螺旋排列成有规律的结晶片状。结晶片状与无定型结晶（含有分支点）以9nm的周期交替排列（右下图）。这些周期性的高阶结构可以通过光学显微镜或扫描电镜看到（左下图）。由于这种形态类似树木年轮，故又称之为生长环；但淀粉颗粒的生长环只是一个形态结构特征而非代表周期性的生长阶段

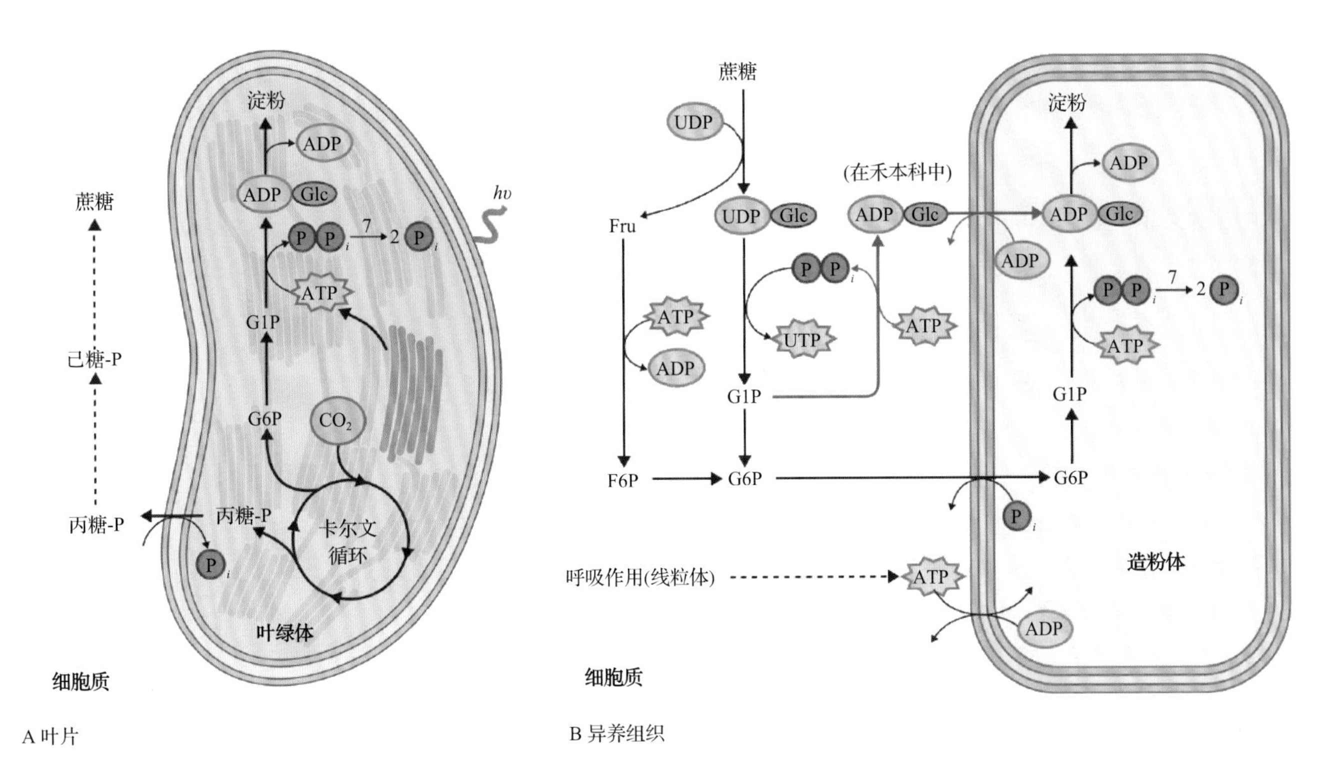

图 13.19 淀粉生物合成途径和它的亚细胞划分原理图。A. 在叶片中；B. 在异氧组织。在叶片中用来进行淀粉合成的能量和底物来自于光合作用；然而在异氧组织中，它们来自于被运来的蔗糖的代谢。粮食作物已经有能力在细胞溶质中产生 ADP- 葡萄糖，并将其转运到造粉体中（蓝色高标）和质体定位途径。这种能力看上去只被限定在禾本科植物

类种子的**胚乳**中，除了淀粉体中的一种，还有第二种形式的 ADP- 葡萄糖焦磷酸化酶存在于细胞质中。在单子叶植物中特异的转运体能将 ADP- 葡萄糖直接运输到淀粉体中交换 ADP（图 13.19）。这种细胞质的途径，而不是质体途径，应该是在谷类胚乳中 ADP- 葡萄糖的主要来源。影响 ADP- 葡萄糖焦磷酸化酶的细胞质同工酶或 ADP- 葡萄糖转运蛋白的突变体中，淀粉的积累会减少约 75%。

13.5.2 ADP- 葡萄糖焦磷酸化酶是一种多亚基、高度调控的酶

几乎所有质体中产生的 ADP- 葡萄糖都直接参与淀粉的合成反应，而 ADP- 葡萄糖焦磷酸化酶（反应 13.8）被认为是在淀粉合成途径中起主要调控作用的酶。它和 **UDP- 葡萄糖焦磷酸化酶**形成对比，后者为多种生物合成（如蔗糖合成和纤维素合成）提供 **UDP- 葡糖糖**，因此不适合作为调控步骤。另一个重要的区别是 ADP- 葡萄糖焦磷酸化酶在质体基质中有焦磷酸化酶活性，但在细胞溶质中却没有。焦磷酸化酶的水解作用使得 ADP- 葡萄糖在质体中的合成在本质上是不可逆的。

ADP- 葡萄糖焦磷酸化酶是由两个大的和两个小的亚基组成的异源四聚体（图 13.20），它们都有一个共同的祖先。小亚基具有酶的催化活性，而大亚基几乎没有活性。但是在天然的酶中，大亚基影响小亚基的活性和调控性质。两个亚基都存在多种同工酶，这些同工酶可能组织特异性表达或者在不同的环境条件下表达。尤其是大亚基比小亚基具有更多的拷贝，并在序列上存在更多的不同。虽然目前对这些同工酶的功能还不是完全清楚，但是在不同的组织或细胞类型中，不同的大亚基和小亚基的组合可能让酶产生独特的酶活动力和调控性质。

在光合作用组织，ADP- 葡萄糖焦磷酸化酶能被 3- 磷酸甘油酸激活，同时又受磷酸根离子的抑制，这是通过一种将酶的活性和光合产物有机地联系起来的调控机制（图 13.20）。卡尔文循环的中间产物 3- 磷酸甘油酸含量水平上升表明固定碳含量丰富。当代谢的磷酸化的中间物积累时（如在光照情况下），磷酸根离子水平下降。因此，活化剂和抑制剂的磷酸根水平以一种对等的方式联系和改变（图 13.21）。因此，相对小量的磷酸根离子和 3- 磷酸甘油酸的比率变化会对 ADP- 葡萄糖焦磷酸化酶的活性产生巨大影响。当光合磷酸化减慢或者一起

信息栏 13.3　孟德尔的圆豌豆和皱豌豆反映了淀粉分支酶不同的等位基因

在发现 DNA 结构的一个世纪之前，有一位叫**格雷戈尔 · 孟德尔**的奥地利僧侣在 Brno 镇的修道院的花园里种了些豌豆。孟德尔用种子是圆的豌豆和种子是皱的豌豆做杂交，然后观察子代的特征，最后得出一个结论，即有一对因子决定了种子的外形，这些因子（现在我们称之为基因）可以从亲本传给子代。孟德尔在 1865 年发表了这些杂交实验的结果，他的实验也被视为经典遗传学的开始。在 1990 年，现代分子生物学揭示了豌豆种子具有圆和皱的表型的原理。孟德尔所观察的突变体是一种类似转座子的插入突变，插入突变的位置发生在编码Ⅱ型淀粉分支酶的基因上。这类突变体内，Ⅰ型淀粉分支酶的存在并不能完全补偿Ⅱ型淀粉分支酶的基因突变造成的功能丧失，最终导致淀粉合成量减少约 30%。原本应该以淀粉形式储存的碳源只能以蔗糖的形式积累起来，导致豌豆种子的口味变甜。过量存在的蔗糖也会降低发育中种子的渗透势，导致种子吸水膨胀。在干燥的时候，种子内多余的水分会丢失，种子就出现皱褶外表。其他褶皱种子豌豆的后续研究帮助探究了淀粉生物合成中的其他重要步骤。

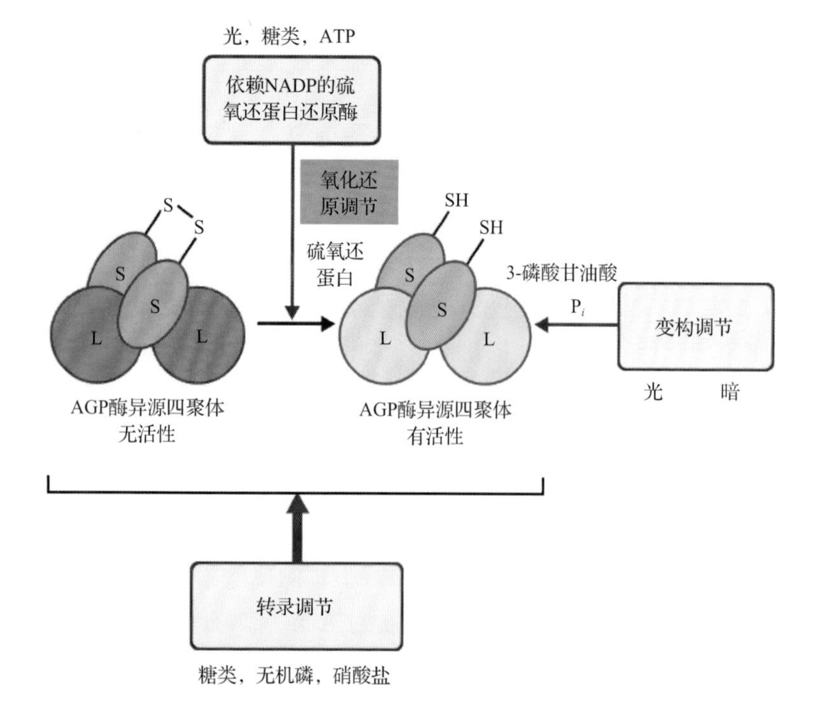

图 13.20　质粒 ADP- 葡萄糖焦磷酸化酶的结构与调控。淀粉在生理和环境刺激下的合成由许多机制调控。这个酶是一种包含两个大亚基和两个小亚基的异源四聚体。通过 3- 磷酸甘油酸酯与无机磷酸盐迅速地异构调节，淀粉可以以不同合成速率合成来适应底物。另外，在光和糖分的信号作用下，氧化还原调控可通过小亚基间可逆的二硫键形成来完成。氧化还原调控需要硫氧还蛋白和一种特殊类型的依赖于 NADP 的硫氧还蛋白还原酶，以及一种在质粒中关联的硫氧还蛋白。相比处于氧化态，这个酶在还原态（硫醇基）时显得更活跃。当应对碳源和营养物质供给变化时，转录调控需通过葡萄糖焦磷酸化酶活性的逐渐变化，而这通常要花费几天的时间。图中红色代表抑制，蓝色代表激活

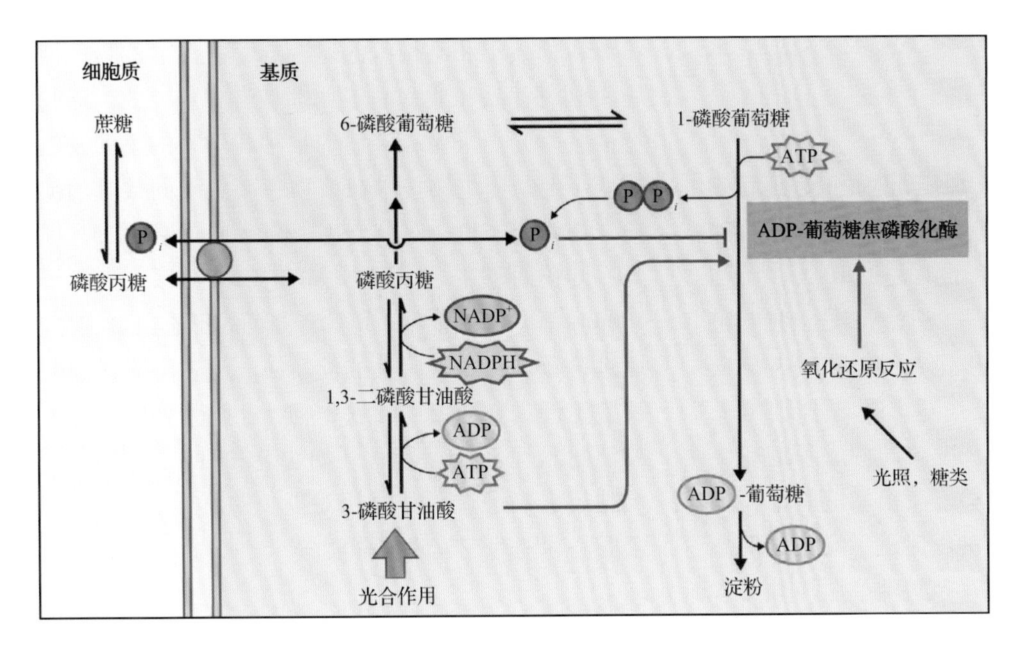

图 13.21 叶绿体内淀粉合成的调控。当 3- 磷酸甘油酸含量丰富时，象征着同化物的可用性，ADP- 葡萄糖焦磷酸化酶被激活。无机磷酸盐经常与磷酸化中间体以互惠的方式发生变化，抑制酶的活性。响应光或糖信号的氧化还原调控会增加酶对 3- 磷酸甘油酸的敏感性，同时降低对无机磷分子的敏感性

终止时（如在黑暗情况下），在叶绿体中的磷酸根离子含量上升，淀粉的合成受到抑制。

在叶片中，淀粉的合成和蔗糖的合成同时发生，对相互影响的合成途径有着精巧的变构调控（见 13.6.2 节）。ADP- 葡萄糖焦磷酸化酶也被可逆的氧化还原激活调控（见图 13.20）。在每个小亚基的两个半胱氨酸残基之间形成一个共价的中间分子二硫键使酶失活。这个二硫键能被还原反应破坏，于是酶变得具有活性。在被光照的叶绿体中，还原反应通过**硫氧还蛋白**（Trx）介导，利用来源于光合作用电子传递链（见第 12 章）中的电子。这为光合作用的光反应和淀粉合成提供了另外的联系。在晚上，ADP- 葡萄糖焦磷酸化酶主要处于氧化态、非活化形式，最小化淀粉的合成。但是，在黑暗中，这个酶也会被 NTRC（见下文）活化，活性强度依赖于 NADPH 的水平，反映了蔗糖的可用含量。ADP- 葡萄糖焦磷酸化酶因此可以将光和糖的可用性与淀粉的合成联系在一起。

在淀粉体和其他非光合作用质体中，ADP- 葡萄糖焦磷酸化酶的调控机制和重要性还不清楚。和叶片中的酶一样，在马铃薯（*Solanum tuberosum*）块茎中，这种酶也是被氧化还原调控并对同样的构象调控敏感。氧化还原反应仍可能被活化，通过蔗糖衍生的 NADPH 的电子，或者通过铁**氧还蛋白 - NADP 还原反应**和**铁氧还蛋白 - 硫氧还蛋白还原反应**的连续反应，或者通过定位在质体的蛋白 **NADP-硫氧还蛋白还原酶 C**（NTRC，含有一个 Trx- 类似的结构域）（见图 13.20）。后者已经被证明在拟南芥和叶绿体中参与了不依赖光，依赖蔗糖的 ADP- 葡萄糖焦磷酸化酶还原活化反应和在根中淀粉体酶的活化。ADP- 葡萄糖焦磷酸化酶被磷酸化抑制也很容易理解，因为非光合作用质体从葡萄糖的磷酸盐合成淀粉，葡萄糖的磷酸盐则通过一种己糖磷酸盐和磷酸根离子的反向运转方式转运到质体中。因此，高浓度的磷酸根离子表明细胞溶质中的己糖磷酸盐供应受到限制（见图 13.19）。在淀粉体中通过 3- 磷酸甘油酸活化 ADP- 葡萄糖焦磷酸化酶更难被理解，虽然它可能表明足够的碳水化合物供应。有意思的是，并不是所有淀粉体定位形式的 ADP- 葡萄糖焦磷酸化酶都表现出这种调控特性。

通过在不同植物组织中表达一种未调控的细菌的 ADP- 葡萄糖焦磷酸化酶，ADP- 葡萄糖焦磷酸化酶在调控淀粉合成中的重要性得到了证明。这种未调控酶的存在使得淀粉含量上升了 60%，表明在野生型植物中，ADP- 葡萄糖焦磷酸化酶的数量或者它的调控限制了淀粉的形成。但是，在已经含有高浓度淀粉的组织中，碳源流向淀粉的量增加会同时引起植物诱导淀粉降解酶，并且淀粉含量并没有增加。这表明植物对它自身新陈代谢状态有一个显著的敏感度。

其他因素也可能在控制淀粉合成速率中起重要作用，尤其是膜运输步骤。例如，一种增加跨越质体包膜运输 ATP 能力的转基因马铃薯（*Solanum tuberosum*）能在它们的块茎中累积更多的淀粉。同样的，在谷类的胚乳中，淀粉体的 ADP- 葡萄糖运输体的活性可能限制淀粉的产生。

13.5.3 淀粉颗粒含有两种独特的葡萄糖多聚物，直链淀粉和支链淀粉

淀粉含有两种分子——**直链淀粉**和**支链淀粉**（图 13.18），均是葡萄糖残基通过 α-1,4- 键连接成的均聚物。典型的支链淀粉分子含有超过 10 万个葡萄糖残基，占淀粉含量 70% 或者以上。它是一种支链分子，其中 4% ～ 5% 的连接键是 α-1,6- 键（分支点）。支链淀粉的分支格式不是随机的，分支频率、分支格式和 α-1,4- 连接链的长度共同构成了淀粉半结晶性质的基础（见图 13.18）。在相邻链的葡萄糖残基的羟基间形成的大量氢键，促进了双螺旋的形成。这些包含在一起形成了有序的结晶层，并与含有分支点的无定型层交替形成。直链淀粉比支链淀粉小，它通常含有 1000 个左右的葡萄糖残基，占淀粉含量 30% 或者更少。与支链淀粉不同，直链淀粉很少有分支点。直链淀粉和支链淀粉的比例，与淀粉颗粒的大小和结构一起，决定了提取的淀粉的性质，这对食品和非食品工业都是十分重要的。这些特性会因为用来储存淀粉的物种和器官的不同发生改变，但是用生物技术在植物中产生不同数量的淀粉生物合成酶也会对其产生影响（见信息栏 13.4）。

淀粉颗粒的尺寸范围从直径小于 1μm 到大于 100μm 都有，并且有时候具有独特的形态。事实上，通过检查粘在古人厨具的淀粉粒，考古学家已经能够鉴定远古文明使用的农作物。在叶片中短暂存在的淀粉粒比在储存器官（如块茎和种子）中的小，反映了它们经过了一个相对更少的时间（1 天）去合成，并随后在夜晚被降解。

13.5.4 涉及链伸长、分支和去分支反应的淀粉合成

三种酶负责由 ADP- 葡萄糖合成淀粉的整个

信息栏 13.4 淀粉的一些特性使得它在烹饪和工业中很有用

淀粉是人类主要食用作物（如谷类、块茎、根、种子）的重要营养成分，它独到的特性不仅影响了食物的质感，还被广泛应用于非食品工业中。

当淀粉在水中被加热（如烹饪）时，悬浮液会变稠。淀粉颗粒吸收水分变得膨胀，并打破半结晶结构使直链淀粉从支链淀粉脱离。在冷却时，直链淀粉与支链淀粉中氢键重构促使胶状物质生成，且抓捕水分子进入这个网络。这种加厚的悬浊液和凝结的淀粉胶体是许多美食的基础（酱汁、布丁等）。

而当这些淀粉做出的食物被冰冻或冷却一段时间后，直链淀粉分子聚集得更为紧密，形成稠密的结晶，这一过程被称为**“倒退”**。由此产生的稀薄无味的伙食一定程度上可以通过再加热恢复。类似的变化可以在老面包中找到，面包失去口感变得不新鲜不仅仅因为水分的丧失，还由于面包烘焙过程中直链淀粉变得分散。这些不新鲜的面包又可以通过重新加湿及加热焕发活力（或许这是一些餐厅供给热面包的原因）。

食品制造商通常采用不同结构与组成的淀粉，例如，有一类常用的淀粉来自玉米的柔软突变体（见第 7 章），这个突变体因其柔软的外观而得名。突变体缺乏形成颗粒的淀粉合成酶，故只产生支链淀粉。由于没有直链淀粉来结晶胶体，柔软突变体淀粉做出的食物在冰冻和解冻过程中对口感损失降至最低。通过突变，影响形成颗粒的淀粉合成酶，创造柔软类型淀粉现已在许多作物中实现。在实验环境下，转基因技术被广泛应用于可同时修饰多种淀粉生物合成的酶类，促使作物能合成独特性质的淀粉。

许多非食品工厂也利用淀粉作为原材料。例如，在生物降解塑料及包装材料行业之中，淀粉可以在油漆中作为增稠剂，在建筑材料里作为粘合剂，在造纸业与纺织品工业中作为包衣涂料成分，在制药业及化妆品行业中作为惰性成分，等等。多数情况下，最初的淀粉都会在提取后经过化学加工以优化特性广泛运用。淀粉还被大量应用在生产生物燃料，尤其是在美国，约 1/3 的玉米用作此用途。

过程：**淀粉合酶**（反应 13.9）、**淀粉分支酶**（反应 13.10），以及令人意外的**淀粉去分支酶**（反应 13.11）。

反应 13.9：淀粉合酶

ADP- 葡萄糖 +α-D- 葡聚糖 $_{(n)}$ → α-D- 葡聚糖 $_{(n+1)}$ +ADP

反应 13.10：淀粉分支酶

直链 -α-1,4-D- 葡聚糖→支链 α-1,6-α-1,4-D- 葡聚糖

反应 13.11：淀粉去支酶

支链 α-1,6-α-1,4-D- 葡聚糖 +H_2O → 2× 直链 α-1,4-D- 葡聚糖

淀粉合酶从 ADP- 葡萄糖在已形成的直链或者支链的非还原端加上一个葡萄糖糖残基，形成一个新的 α-1,4- 键（因为葡萄糖残基是非对称的，淀粉中的葡聚糖有还原末端和非还原末端，见图 13.10）。在植物中存在 5 种独特的淀粉合酶同工酶，每一种都具有独特的生化功能。第一个被鉴定的是束缚型的**淀粉合酶**（GBSS），由于它独特的被束缚到淀粉并在淀粉形成时被埋在颗粒里面的特性而被区分开来。GBSS 负责直链淀粉的合成，缺乏它的突变体产生的淀粉不含直链淀粉（如玉米的蜡质突变型，信息栏 13.4）。GBSS 合成长链通过使用扩散到淀粉颗粒基质中的 ADP- 葡萄糖在同一种底物中进行加工。GBSS 的植入是直链淀粉合成的先决条件，其产物受到质体基质中存在的分支酶的活性的保护。

另外 4 种淀粉合酶同工酶在质体基质中可溶或者部分束缚到淀粉颗粒中。它们用于支链淀粉的形成，每一种倾向性地延伸不同长度的链。单个同工酶突变体仍然能合成淀粉，但是常常会改变支链淀粉的结构（图 13.22）。

淀粉分支酶在淀粉中产生 α-1,6- 键分支（见图 13.18）。这种**葡糖基转移酶**切断 α-1,4- 键，并将切下来的片段的还原端连接在同一个或相邻链的一端，形成一种 α-1,6- 键连接。大多数植物含有两种分支酶同工酶（Ⅰ型和Ⅱ型），二者的区别在于酶的专一性。两种酶具有不同的底物偏好，Ⅰ型淀粉分支酶比Ⅱ型倾向于转移更长的**糖基链**。部分缺失分支酶会导致淀粉合成的抑制，并增加淀粉中直链淀粉的比例，如豌豆（*Pisum sativum*；见信息栏 13.3）的褶皱突变体。完全缺失分支酶（在拟南芥中通过反向基因的方法获得）同时废止了叶片淀粉合成；植物只能合成会被快速降解成碎片的线性的葡聚糖链（如**麦芽糖**二糖）。

虽然淀粉合酶和分支酶可能已经足够完成支链淀粉的生物合成，但是通常过程也包含了大量的去分支。一些物种的脱支酶特殊种类（同工酶 1）的缺失突变体累积了高度分支的可溶聚合物，比起支链淀粉，这些聚合物更像糖原（因此被称为植物糖原；图 13.23）。去分支可能通过移除错位的分支来促进结晶的形成，而错位的分支会干扰支链淀粉形成更高阶的结构。这代表了一个有意思的演化革新，即一种与降解有关的酶，虽然基因多拷贝和功能特异，却被招募行使一个生物合成的角色。植物中其他类型的分支酶在淀粉降解时调节分支点的水解（见 13.7.2 节）。

13.6 蔗糖和淀粉之间光合同化物的分配

在多数植物的叶片中，蔗糖和淀粉作为光合作用的主要产物，在二者之间的**分配**取决于物种及环境条件。越来越多的证据表明这些生物合成途径受

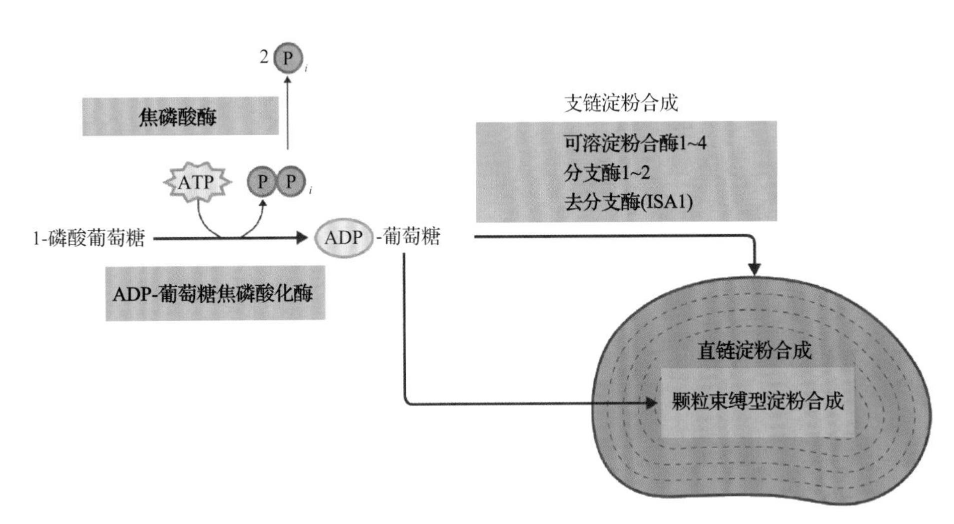

图 13.22　在质体基质中的淀粉合成涉及 4 种可溶性淀粉合酶的同工酶、2 种分支酶、1 种特异的去分支酶的协调控制，使得支链淀粉的分支产生，所有反应发生在颗粒表面。产生的支链淀粉形成一个半结晶基质，埋入颗粒的束缚型淀粉合酶，通过扩散到支链淀粉基质中的 ADP- 葡萄糖来合成直链淀粉

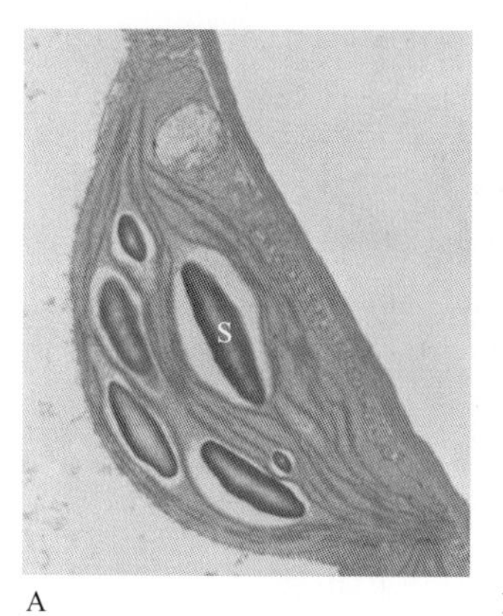

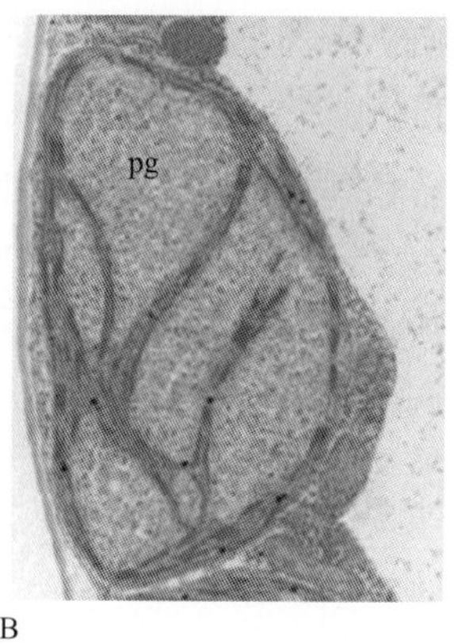

图 13.23 去分支酶参与淀粉合成的证据。缺乏特殊种类的去分支酶的拟南芥突变体（B）比野生型植物（A）合成更少的不可溶淀粉（S），并在它们的叶绿体中产生一种被称为植物糖原（pg）的可溶性的分支葡聚糖。每幅图展示一个大约 5μm 长的叶绿体

到多个细胞信号转导过程的影响，包括感受光刺激、生物钟和代谢信号。这些信息通过整合后用于优化同化产物的分配：用于生长或储存。虽然这些调控机制还没有全部被了解，但一些合成途径中的酶已经确定是重要的控制点。

13.6.1 细胞质中的三种酶介导 6- 磷酸果糖和 1,6- 二磷酸果糖之间的自由转化

在中心代谢中，一个重要的步骤就是胞质中 6- 磷酸果糖和 1,6- 二磷酸果糖之间的转化。这一步已经经过多年的研究，然而仍然存在一些问题。部分原因是因为有三个酶参与（PFK、PFP 和 1,6- 二磷酸果糖磷酸酶；图 13.24），每个酶都有着不同的调控机制。而且 PFK 和 1,6- 二磷酸果糖磷酸酶的同工酶也存在于质体中，这使得针对研究胞质内二者相互转化的调控步骤所设计的实验变得复杂。然而，在光合作用过程中，这一步的调控是与上面讨论的其他步骤一起进行的（即胞质中的磷酸蔗糖合酶和叶绿体中的 ADP- 葡萄糖焦磷酸化酶）。同时，这些调控机制有助于决定光合产物进入不同生物合成途径中的分配。代谢产物作为变构效应物，在这个调控中起到重要的作用；同时**磷酸丙糖转运蛋白**在细胞质和叶绿体基质间，在代谢水平上**传递**这些变化。

反应 13.12：依赖 ATP 的磷酸果糖激酶（PFK）

6- 磷酸果糖 +ATP → 1,6- 二磷酸果糖 +ADP

反应 13.13：1,6- 二磷酸果糖磷酸酶（FBPase）

1,6- 二磷酸果糖 +H_2O → 6- 磷酸果糖 +P_i

反应 13.14：依赖焦磷酸的磷酸果糖激酶（PFP）

6- 磷酸果糖 + 焦磷酸 ↔ 1,6- 二磷酸果糖 +P_i

PFK 催化的 6- 磷酸果糖 C-1 磷酸化，是胞内发生的一个非常重要的不可逆反应。它是一个糖酵解过程中的酶，作用于蔗糖合成过程中碳源流量的相反方向。这个酶在除植物之外的生物体中，已经进行了详尽系统的研究，在控制糖酵解碳源的流量上，它被认为是一个主要的调控步骤。

在植物体内，质体和细胞质都含有 PFK 同工酶，它们都可以被 P_i 强烈的激发，同时被磷酸烯醇式丙酮酸和其他糖酵解途径中的 3- 碳代谢产物抑制。因此，这个糖酵解的早期步骤对于能量的需求（以 P_i 水平显示）和此途径中下游中间产物的负反馈非常敏感（图 13.24）。在光合作用过程中，由于光合磷酸化和叶绿体中代谢产物的积累，导致自由磷酸盐

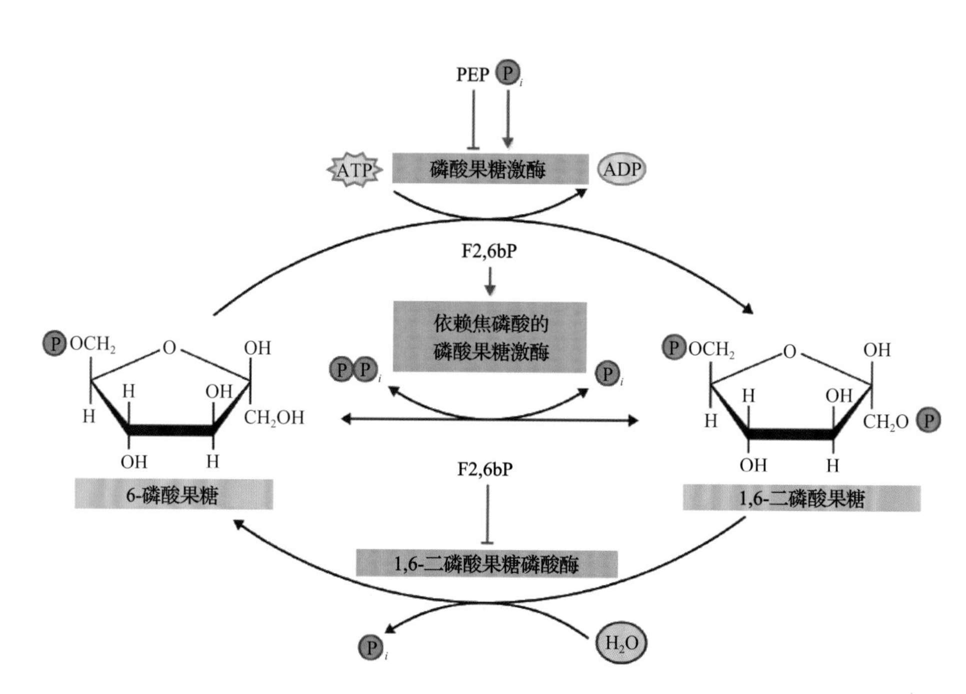

图 13.24 依赖 ATP 的磷酸果糖激酶（PFK）、依赖焦磷酸的磷酸果糖激酶（PFP）和 1,6- 二磷酸果糖磷酸酶介导 6- 磷酸果糖和 1,6- 二磷酸果糖之间的转化。PEP，磷酸烯醇式丙酮酸；F2,6bP，2,6- 二磷酸果糖

的水平很低，同时以磷酸丙糖的形式从叶绿体中输出的碳源却很高。因此，细胞质中有充足的用于糖酵解反应的底物供给，从而使 PFK 受到抑制。与此相反，在夜间和非光合组织中，P_i 的水平较高，碳源的供给来自淀粉和蔗糖的代谢，主要以磷酸己糖的形式；因此，PFK 被激活以满足呼吸作用及生物合成的需要。

1,6- 二磷酸果糖磷酸酶催化 1,6- 二磷酸果糖上的磷酸基团从 C-1 位置上水解断裂，生成 6- 磷酸果糖和 P_i。这个葡萄糖异生酶支持胞质中的碳水化合物从磷酸丙糖库流向磷酸己糖库。它的一个同工酶也存在于叶绿体中，是**卡尔文循环**的一部分，但是在不进行光合作用的质体中通常不存在。FPBase 还参与氧化的磷酸戊糖循环反应（见 13.9 节）。

胞质内的 1,6- 二磷酸果糖磷酸酶可以被 **2,6- 二磷酸果糖**强烈抑制，动物体内的酶也是如此。在植物中，胞质内 2,6- 二磷酸果糖的浓度一部分是由磷酸丙糖库的状态控制的，还有一部分是由磷酸己糖库的状态控制的。因此，这个抑制物的水平，以及胞质内 1,6- 二磷酸果糖磷酸酶的活性，对于来自叶绿体的碳源供给和利用磷酸己糖进行生物合成是敏感的（见 13.6.2 节）。与此相反，质体内的 1,6- 二磷酸果糖磷酸酶的调控是不同的，它通过氧化还原机制使它的活性与光合作用的光反应联系在一起（见第 12 章）。

第三个酶——PFP 是个谜，在动物和其他大多数真核生物中都不存在。与 PFK 和 FPBase 相反，PFP 催化一个快速的可逆反应。在许多组织中，PFP 表现出比 PFK 更高的活性。虽然有很多关于 PFP 功能的假设，但没有一个得到证实（见信息栏 13.1）。PFP 能被 2,6- 二磷酸果糖强烈激活，催化 1,6- 二磷酸果糖的生成，同样的**代谢物信号**也会抑制胞质内 1,6- 二磷酸果糖磷酸酶的活性（图 13.25）。

13.6.2 信号代谢物 2,6- 二磷酸果糖调节蔗糖与淀粉合成之间的分配

在前面的章节描述过的有关酶动力学及调控方面的知识，可以建立一个模型，用以解释淀粉合成是怎样作为一个溢出机制，从而允许在光合作用中产生的过量的碳水化合物得以储存。当蔗糖的合成开始超过叶片的输出及储存能力后，就需要这样做。

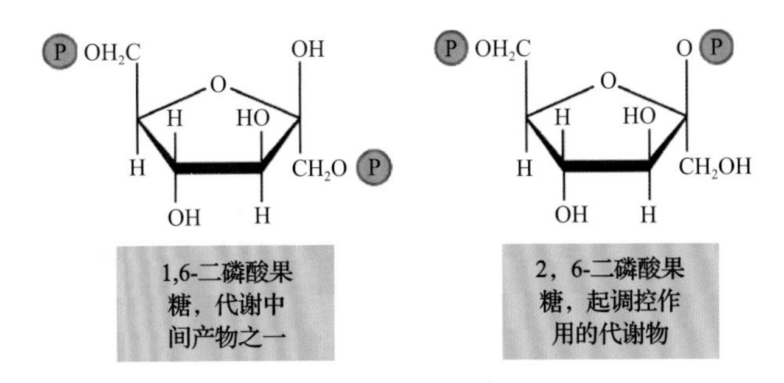

图 13.25 1,6- 二磷酸果糖和 2,6- 二磷酸果糖的结构示意图。起调节作用的代谢物和代谢中间产物之间的区别，在于其中一个磷酸基团所处位置不同

在暗中光合作用停止时，淀粉作为储存的碳源，用于维持呼吸作用，并继续蔗糖的生物合成。在一些植物，如烟草（*Nicotiana tabacum*），储存的同化物很大一部分是淀粉。夜间从叶片运出的蔗糖几乎有一半源自白天合成的淀粉。其他物种，如豌豆（*Pisum sativum*），只合成少量淀粉，在液泡中储存更多的蔗糖。

蔗糖和淀粉的分配，并不是一种简单的开 / 关机制，而是代表了一种对细胞质和叶绿体中不同代谢物库的持续监控的过程。这一模型的核心是调控化合物 2,6- 二磷酸果糖，它只存在于细胞质中，可以抑制胞质内 1,6- 二磷酸果糖磷酸酶的活性（见 13.6.1 节）。2,6- 二磷酸果糖是一个信号代谢物，它不是部分生化途径或循环的一部分，而是在 **6- 磷酸果糖 -2- 激酶**的作用下从 6- 磷酸果糖生成的，并可以在 **2,6- 二磷酸果糖磷酸酶**作用下重新转化为 6- 磷酸果糖（图 13.26）。对于细胞内 1,6- 二磷酸果糖磷酸酶的抑制作用，意味着 2,6- 二磷酸果糖浓度的变化，对于细胞质中碳源从磷酸丙糖库到磷酸己糖库的流向有着重大影响。因此，了解蔗糖和淀粉之间的分配，对于了解 2,6- 二磷酸果糖含量的调控机制非常重要（图 13.27）。

6- 磷酸果糖 -2- 激酶可以被无机磷酸激活，但却受到磷酸丙糖的强烈抑制。相反的，2,6- 二磷酸果糖磷酸酶则被无机磷酸所抑制。因此，2,6- 二磷酸果糖的浓度在某种程度上由发生在光合作用过程中的磷酸丙糖与无机磷酸比例的增加所调控。在细胞质和基质之间，这些调控物的水平通过严格的 TPT 交换机制进行联系，结合叶绿体中磷酸丙糖的产生和它们在细胞质中的消耗，以及无机磷酸在细胞质中的释放和光合磷酸化的重新利用。

在成熟的叶片中，2,6- 二磷酸果糖的浓度也受

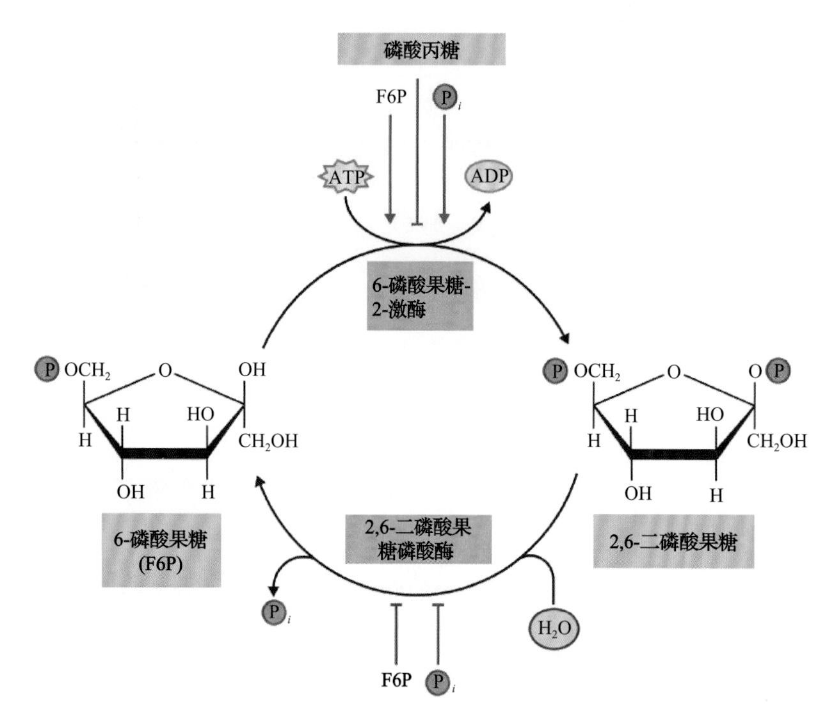

图 13.26 6-磷酸果糖-2-激酶和 2,6-二磷酸果糖磷酸酶介导 2,6-二磷酸果糖的合成及分解。无机磷酸、磷酸丙糖和 6-磷酸果糖参与了酶促反应的调控

到磷酸己糖库的影响，主要反映了叶片中糖输出的情况。当蔗糖的合成大于输出时，导致蔗糖积累，使它的合成受到抑制（很可能是受到 SPS 的抑制，见图 13.13），同时磷酸己糖的浓度增加。磷酸己糖的一种成分——6-磷酸果糖，也可以调节 2,6-二磷酸果糖的水平；它可以活化 6-磷酸果糖-2-激酶，抑制 2,6-二磷酸果糖磷酸酶，从而提高了 2,6-二磷酸果糖的浓度（见图 13.26）。所以 2,6-二磷酸果糖的浓度结合了一个前馈信号（叶绿体光合产物的供给）和一个反馈信号（用于蔗糖合成的底物的需求），用以控制糖异生的碳源流量。

磷酸丙糖的浓度不但影响 2,6-二磷酸果糖的合成，也决定了其作为 FBPase 底物的可利用的 1,6-二磷酸果糖的浓度。在标准条件下，pH 为 7.0，醛缩酶反应的平衡位置有利于 1,6-二磷酸果糖的生成。平衡关系见公式 13.1：

$$K_{eq}=\frac{[\text{3-磷酸甘油醛}][\text{磷酸二羟基丙酮}]}{[\text{1,6-二磷酸果糖}]}$$

由于两种磷酸丙糖被磷酸丙糖异构酶迅速相互转化，上述式子说明 1,6-二磷酸果糖的浓度由磷酸丙糖浓度的平方决定（[磷酸丙糖]^2），这使得醛缩酶反应对磷酸丙糖浓度非常敏感。也就是说，当磷酸丙糖的浓度低时，1,6-二磷酸果糖的浓度也低；而当磷酸丙糖浓度升高时，1,6-二磷酸果糖的浓度则呈指数增加。因此，醛缩酶反应的平衡关系，加上利用磷酸丙糖和无机磷酸对 2,6-二磷酸果糖浓度的调控，通过互补机制，将蔗糖合成的量与光合作用产物转运出叶绿体的量以一定的比例联系起来（图 13.27）。

13.6.3 在一天开始时，蔗糖合成的启动与光合作用产物的供应相协调

当光周期开始时，光合作用开始进行，磷酸丙糖在叶绿体中积累。这导致 TPT 开始转运磷酸丙糖以换取磷酸，所以磷酸丙糖开始在胞质中积累，而胞质中的磷酸浓度则开始下降。结果，6-磷酸果糖-2-激酶被逐渐抑制，而 2,6-二磷酸果糖磷酸酶被活化，导致 2,6-二磷酸果糖浓度下降，进一步减轻了对 2,6-二磷酸果糖磷酸酶的抑制。这些与醛缩酶反应的平衡作用相结合，使得一旦磷酸丙糖浓度达到某一阈值时，碳源便可流入磷酸己糖库。反过来，6-磷酸葡萄糖浓度增加，就会活化磷酸蔗糖合酶，促进蔗糖的合成（见图 13.13）。活化了的磷酸蔗糖合酶处于非磷酸化状态，低浓度的磷酸盐和高浓度的 6-磷酸葡萄糖维持了该酶的稳定性，这对蔗糖的合成起到增强作用（见图 13.13）。所以，这两个前馈机制使得一旦磷酸丙糖达到某一水平时，光合产物就能积极地流向蔗糖的形式（图 13.27）。

13.6.4 当蔗糖的合成速度超过叶片转运的速度时，同化物的分配转向淀粉

在中午高光照的条件下，叶绿体提供**光合产物**的速率既可能会超出库组织对蔗糖的需求，也可能会超出叶片的输出能力。在这种条件下，过量的碳源用于合成淀粉。

当蔗糖开始在叶片中积累时，会降低自身的合成速率，这使得磷酸己糖库的量开始增加。虽然这个现象发生的机制还不清楚，但是对蔗糖合成的抑制，可能是由于磷酸蔗糖合酶的活性受到了抑制。增加的 6-磷酸果糖，既活化了 6-磷酸果糖-2-激

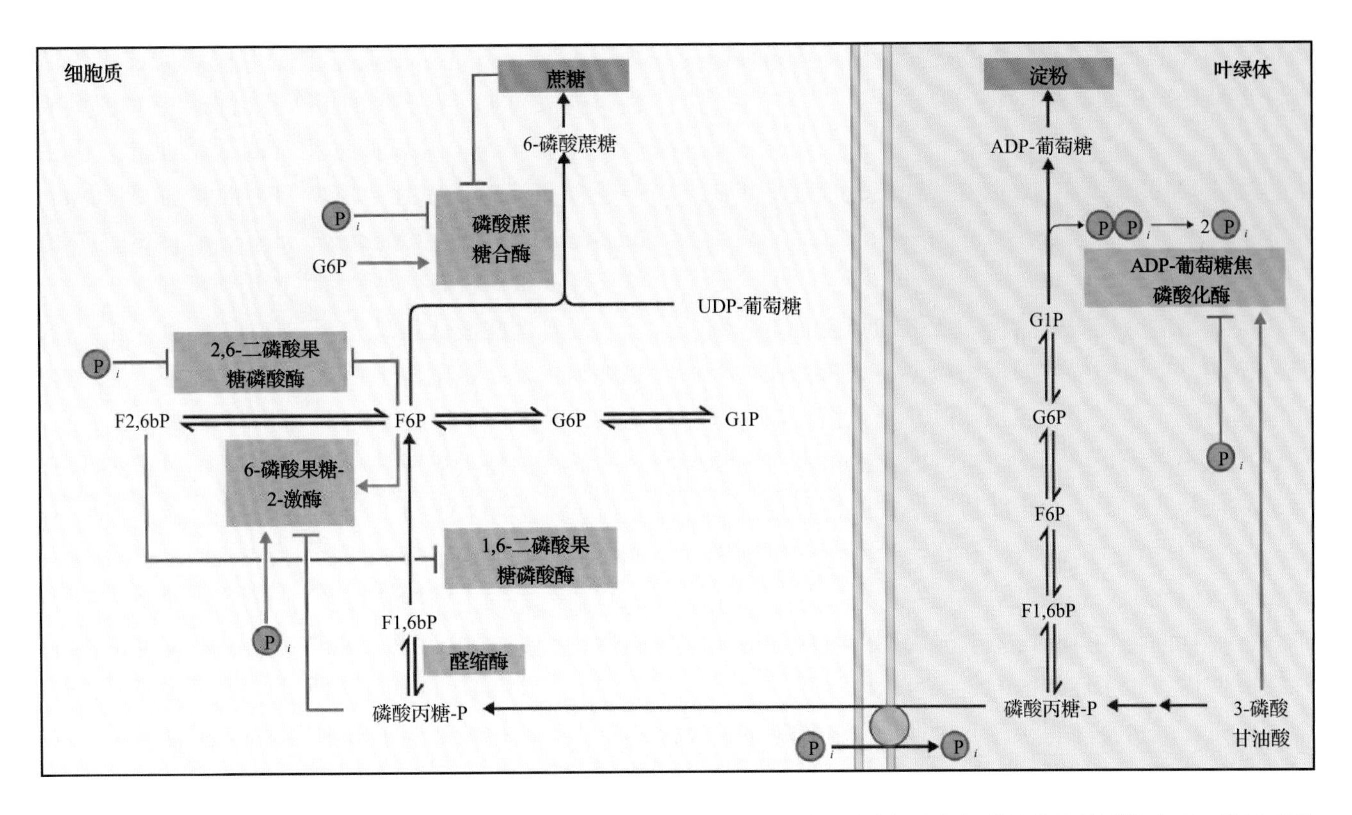

图 13.27 淀粉和蔗糖相互转化的调控。这是一个代谢物互相转化例子，说明叶片细胞如何持续监控代谢物水平，激活或抑制哪些代谢途径，以维持代谢物之间的平衡。清晨：光合作用启动，引起叶绿体内磷酸丙糖的积累。磷酸丙糖被转运出叶绿体以换取细胞质内的无机磷酸。在细胞质内，磷酸丙糖可以抑制 6- 磷酸果糖 -2- 激酶，而逐渐减少的磷酸一方面会削弱自身对该酶的活化作用，另一方面也减轻了对 2,6- 二磷酸果糖磷酸酶和磷酸蔗糖合酶的抑制作用。结果 F2,6bP 含量减少，1,6- 二磷酸果糖磷酸酶受到的抑制作用减轻，磷酸己糖开始积累。随着 G6P 含量的增多，磷酸蔗糖合酶被激活，蔗糖开始合成。中午：假定蔗糖的积累可以通过负反馈的机制抑制磷酸蔗糖合成酶的活性，但是这个假设还没有得到确认。无论如何，磷酸蔗糖合酶活性的降低都会导致底物 F6P 的积累。F6P 抑制 2,6- 二磷酸果糖磷酸酶的活性，同时激活 6- 磷酸果糖 -2- 激酶。结果，随着 2,6- 二磷酸果糖的增多，1,6- 二磷酸果糖磷酸酶受到抑制。因为醛缩酶的反应是可逆的，磷酸丙糖就会在细胞质内积累，从而阻止叶绿体泵出磷酸丙糖，引起叶绿体内 3-PGA 的积累。3-PGA 可以激活 ADP- 葡萄糖焦磷酸酶，促进淀粉的合成。同时，由于从叶绿体泵出磷酸丙糖量的减少，细胞质内的磷酸开始增多，进一步抑制磷酸蔗糖合酶和 2,6- 二磷酸果糖磷酸酶，反过来激活 6- 磷酸果糖 -2- 激酶，结果是进一步抑制蔗糖的合成。夜晚来临：在傍晚，随着光强的减弱，光合作用开始减弱。3-PGA 的合成终止，对 ADP- 葡萄糖焦磷酸酶的激活作用也不复存在，淀粉也不再合成。叶绿体内开始积累磷酸，进一步抑制 ADP- 葡萄糖焦磷酸酶的活性，另外无机磷酸也是淀粉磷酸解反应的底物。淀粉降解产生的磷酸丙糖被转运到细胞质，抑制 2,6- 二磷酸果糖的合成，促使碳源流向磷酸己糖库，最后以蔗糖形式保存。然而，必须记住，大部分的淀粉是以水解的方式降解的，生成的葡萄糖将直接输送到细胞质。虽然，上面示意图显示了叶片细胞内一系列截然不同的事件，但必须记住，各种代谢物的水平是持续被监控的，淀粉和蔗糖的合成总是被严格控制，与光合作用速率步调一致。F2,6bP，2,6- 二磷酸果糖；F6P，6- 磷酸果糖；G6P，6- 磷酸葡萄糖；G1P，1- 磷酸葡萄糖；F1,6bP，1,6- 二磷酸果糖

酶，也抑制了 2,6- 二磷酸果糖磷酸酶的活性（见图 13.26）。这种双重作用覆盖了丙糖磷酸的前馈效应。由于 2,6- 二磷酸果糖浓度的增加，会抑制 1,6- 二磷酸果糖磷酸酶的活性，并减缓碳源流向磷酸己糖库的速度。随着胞质内磷酸丙糖含量增加，它们向叶绿体外的运输将被抑制，在叶绿体中增加的磷酸丙糖造成 3- 磷酸甘油酸在质体中的浓度增加，反过来活化了 ADP- 葡萄糖焦磷酸酶（见图 13.21）。于是，碳源流向由蔗糖转向淀粉（图 13.27）。

这种控制碳源向蔗糖流向的机制，同时反映了光合产物的需求和供给。这个机制的核心是 TPT 和无机磷。TPT 控制着碳源在叶绿体和细胞质之间的流动，并将变化在二者之间进行传达。无机磷在这一溢流机制的精细调控中扮演着重要的角色，它可以影响多个酶的活性，通常以拮抗的方式调节一个磷酸化代谢中间体（如磷酸己糖库和磷酸丙糖库的组分）。由于无机磷的水平经常变化，与这些中间体存在一种互惠的方式，在绝对数量上很小的变化表现在效应物的比率上较大的变化，同时对酶的活性有着更明显的调控影响。这一机制不断监测着不

同的代谢库的状态，以便植物在特定的环境条件下优化蔗糖和淀粉的分配。

13.6.5 叶片淀粉合成的溢出模型不能充分说明同化分配

不管是多么完美的模型，在植物都会有一些例外。例如，上面所描述的溢出模型，意味着在一个多云的日子，当光照强度很低时，光合作用的速率应该永远不能满足蔗糖的需求，因此应该没有淀粉合成。但是实际上，一些淀粉在这种条件下也会合成，尽管数量较少。这表明存在一个潜在的机制确保在白天同化的一些碳源可以储存起来，为夜间做准备。而且同化物的分配是对**光周期**的响应，因此在短时间内，较多比例的同化碳可以以淀粉的形式储存起来。这种变化直接或间接地受到**生物钟**的控制，生物钟允许植物预测到了一个漫长的夜晚伴随着一个短暂的白天，因此需要额外的淀粉。在夜晚，淀粉分解的速率也受到调控，这样淀粉储备逐渐耗尽，并持续整个夜晚（图 13.28）。

对突变植物的研究也显示，在光合碳代谢途径上，它们具有令人惊讶的高度适应性。一些自然产生的佛罗里达杂草 Yellowtop（*Flaveria linearis*）的突变株，虽然在它的叶绿体中含有 1,6- 二磷酸果糖磷酸酶，但是却不能在胞质中检测到该酶的活性。类似的实验室产生的拟南芥植株，它们或多或少的生长正常，并以接近正常的效率在叶片中生产蔗糖和淀粉。而且，缺少 TPT 的番茄（*Solanum tuberosum*）、烟草（*Nicotiana tabacum*）和拟南芥植株已经产生，它们在实验室中也长势良好。

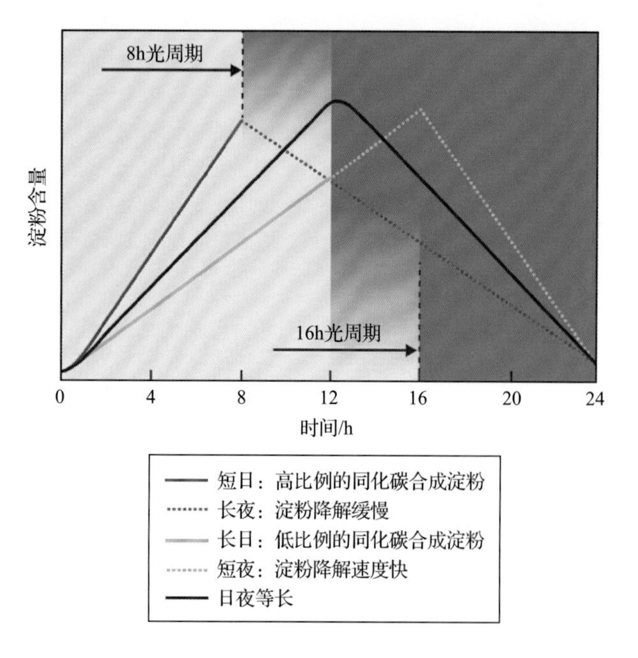

图 13.28 在不同的日变化系统中，拟南芥叶片中淀粉的积累和利用模式。黑线表示在 12h 光照 /12h 黑暗条件下的近对称模式。淀粉合成和降解的速率以互补的方式回应短日照（红色）或长日照（绿色）条件

没有这些被认为是光合碳代谢的核心蛋白，植物如何生存？答案似乎是这些非典型植物，首先在它们的叶绿体中生产淀粉，但同时在白天将其分解，产生游离的糖类麦芽糖和葡萄糖（野生型植株只有在夜间才分解淀粉）。所以，在这些突变体中，碳源不能以磷酸丙糖的形式从叶绿体运出。用于麦芽糖和葡萄糖的不同的转运蛋白，使得植物可以在细胞质中合成磷酸己糖（见 13.7.3 节）。这个替代通路避免了对 TPT 的需求和细胞质中 FBPase 步骤。这种类型的植株证明了植物代谢有着非凡的灵活性（见信息栏 13.5）。

13.6.6 叶片中储备的淀粉在夜间降解用于支持呼吸作用及新陈代谢

黄昏时，光照强度降低，光合作用的供应减少并最终停止。然而在植物中，很多代谢过程仍在继续，由于储存物如淀粉的再次活化利用，使得能量和还原力可以通过呼吸途径来提供（**糖酵解**、**三羧酸循环**和**氧化戊糖磷酸途径**）。

在人工的实验室生长条件下，突然关闭光源，能够引起叶片中蔗糖水平的快速降低，蔗糖合成停止，然而它的输出和代谢仍在继续。然后，经过短时间的延迟，淀粉开始降解，蔗糖的水平再次升高。在自然条件下（利用正弦光场可以在实验室中模拟出来），光强的变化更为平缓，植物代谢能够适应。

随着光照强度和光合作用的降低，蔗糖和淀粉的合成速率也降低了，结果蔗糖的输出速率超出了蔗糖的合成。相关的磷酸己糖浓度的下降，导致 2,6- 二磷酸果糖浓度的降低，解除了对 1,6- 二磷酸果糖磷酸酶的抑制。这样允许了细胞质中碳源从磷酸丙糖到磷酸己糖库的自由流动。磷酸丙糖被转运出叶绿体用以交换无机磷，于是 3- 磷酸甘油酸对 ADP- 葡萄糖焦磷酸酶的活化作用开始消失，而无机磷抑制它。因此，当光合作用变慢时，同化物的分配也从淀粉转移到有利于蔗糖的合成。然而，碳的同化

信息栏 13.5　旁路反应令植物新陈代谢具有灵活性

植物被固定在地面上，只能被动地忍受环境所给予它们的一切，而不可以迁移到一个比较适宜的地方。为了克服这一弱点，植物演化出一套高度灵活的新陈代谢机制，使它可以从代谢的角度来适应环境的变化（例如，植物通常拥有不止一个酶来催化一个特定的反应）。

植物碳水化合物代谢中的一些酶在动物和大多数其他真核生物中都不存在。例如，PFP，它是由1,6-二磷酸果糖磷酸酶催化的反应的旁路酶，是一种非磷酸化的3-磷酸甘油醛脱氢酶，只产生NADPH和3-磷酸甘油酸。这些旁路的作用并没有被完全理解。一个常见的情况是，这些旁路可能给植物提供一种忍受磷酸盐饥饿带来的胁迫的能力。某些植物体内，当磷酸盐短缺时，PFP的活性会增加。在这种情况下，腺嘌呤核苷酸的浓度大大降低，需要ADP或ATP的反应都可能

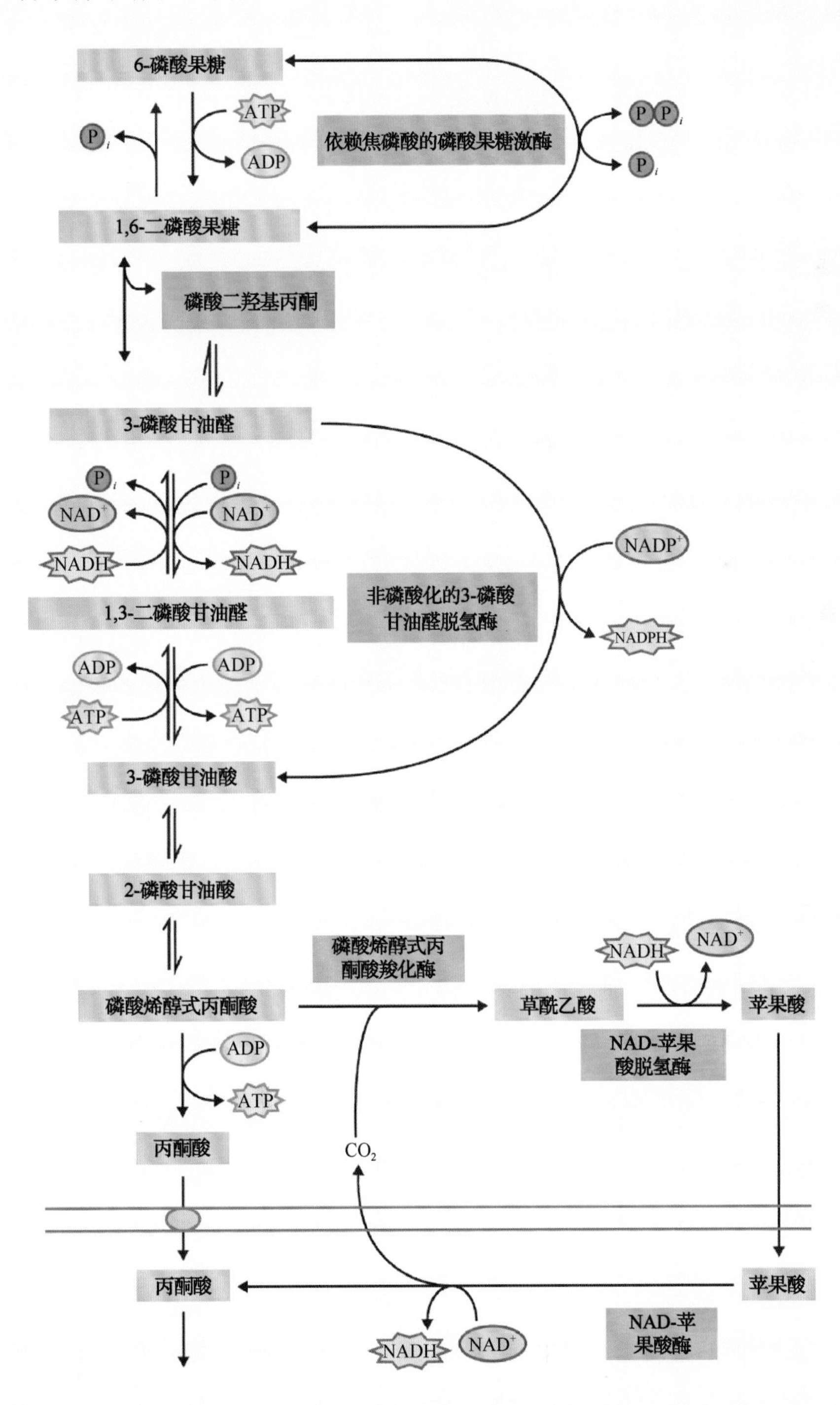

被抑制。同时 PFP 的活化使焦磷酸可以成为一种替代的能源，从而保存 ATP。3- 磷酸甘油醛脱氢酶和磷酸烯醇式丙酮酸磷酸酶同样可以绕开需要 ADP 作为底物的反应，使得碳源可以通过糖酵解途径而不需要 ATP 的合成。

植物代谢的灵活性通常可以利用基因工程的研究得到展示，当敲除掉某些被认为是至关重要的酶所对应的基因后，转基因植物仍然可以或者几乎可以正常的生长和发育。例如，缺失胞质丙酮酸激酶的转基因烟草（*Nicotiana tabacum*）植株，似乎可以正常地生长，然而在其他生物体中，缺乏这个酶会阻碍生长。显然，绕开丙酮酸激酶的反应可以有效地将磷酸烯醇式丙酮酸转化为丙酮酸以维持生长。第二个例子是缺乏 TPT 的植株，这是在光合作用中产生的丙酮酸输出所必需的；这些植物变更了代谢途径，淀粉的合成和降解同时进行，生成的葡萄糖和麦芽糖能够通过不同的转运蛋白被运送到细胞质。在实验室中，缺失丙酮酸激酶和 TPT 的植株生长相对较好，但是与在它们的原生栖息地的野生型同伴相比，肯定会处于劣势。它们的一些代谢灵活性的缺失会给它们带来损失。继续研究这些植物的生长，可能会有助于科学家了解植物之所以形成这种代谢方式的原因。

率逐渐降低到低于供给蔗糖合成所需的速率，最终全部停止。这期间，淀粉的降解被启动，允许蔗糖的合成一直持续到夜间。虽然 20 世纪对叶片中淀粉降解途径的研究已经取得了很多进展，但是对于启动的引发和效率的控制方式仍不完全清楚。

13.7 淀粉的降解

植物中淀粉是最普遍的碳水化合物储存方式，它在很多不同的组织和器官中积累，包括叶片细胞中的叶绿体。然而更典型的是它与植物的储存器官联系在一起，如种子、根和块茎，这些代表主要的粮食作物。许多关于**淀粉降解**的知识来自于对发芽的谷物的生物化学方面的研究，如大麦（*Hordeum vulgare*）和小麦（*Triticum aestivum*），对这方面知识的渴望是由淀粉降解在麦芽和面粉的工业化生产上的重要性驱动的。这导致了称为淀粉酶的水解酶的发现，现在已经知道了一些不同类型的水解酶。

然而淀粉从谷物胚乳中的再活化是一个植物淀粉分解的不同寻常的例子（见信息栏 13.6）。在发育的胚乳中，淀粉在胚乳细胞的淀粉体中生成，而胚乳细胞会在种子成熟后死亡。这样就留下了一个大的、富含淀粉的母体，周围环绕着一层特殊的活胚乳细胞外层，即糊粉层。种子萌发后，降解酶从糊粉层和胚中分泌，淀粉的降解发生在胚乳的细胞外。这个途径在很多重要方面与发生在叶绿体内的过程不同。

13.7.1 葡聚糖磷酸化修饰淀粉颗粒表面

淀粉颗粒的半结晶层状结构，来源于相邻的双螺旋支链淀粉链的挤压（见图 13.18），形成了一个较难为淀粉降解酶所攻击的结构。叶绿体内的淀粉降解的第一步是在两个酶的作用下，一小部分比例的支链淀粉的葡萄糖残基被磷酸化，它们是**葡聚糖，水二激酶**（GWD）和**磷酸葡聚糖，水二激酶**（PWD）。GWD 结合于淀粉颗粒的表面，在葡萄糖残基的 C-6 位置引入磷酸基团（反应 13.15）。然后 PWD 结合于已磷酸化的淀粉并在 C-3 位置引入另一个葡萄糖残基的磷酸化基团（反应 13.16）。

反应 13.15：葡聚糖，水二激酶

1，4-α-p- 葡聚糖 +ATP → 1，4-α-D- 葡聚糖 6-P+P_i+ 麦芽糖

反应 13.16：磷酸葡聚糖，水二激酶

1，4-α-p- 葡聚糖 +ATP → 1，4-α-D- 葡聚糖 3-P+P_i+ 麦芽糖

磷酸化改变了颗粒表面的性质，亲水性的磷酸基团打断了双螺旋的排列，也许甚至破坏了双螺旋本身的稳定。这使得暴露的葡聚糖链对于一系列可以降解糖苷键的酶更加敏感。葡聚糖磷酸化的核心作用已经通过 GWD 缺失突变体或者转基因植物的表型给予说明。淀粉磷酸盐含量的减少和淀粉降解受到抑制，导致叶片中高水平的淀粉积累，形成一

信息栏 13.6 发芽谷物中淀粉的降解是植物淀粉分解的一个特殊例子

富含淀粉的谷物代表了人类营养的基石。另外，几千年以来它们还用于酿制啤酒，因为可发酵糖是由于大量的淀粉在种子萌发时产生的。

胚只代表了谷粒体积的一小部分，其余部分几乎全部是富含淀粉的胚乳。含淀粉的胚乳细胞在种子成熟和干燥时死亡，但这些组织仍旧保留着进行一些代谢过程的能力，包括一个对于种子萌发非常重要的氧化还原体系。

在种子萌发过程中，胚会释放出一种激素赤霉素①引发包围在富含淀粉的胚乳外的糊粉层中酶的分泌②及盾片（胚种的特殊的子叶）中酶的分泌。三种类型的淀粉降解酶被释放：α- 淀粉酶，极限糊精酶脱支酶，α- 葡萄糖苷酶（也称为麦芽糖酶）。降解储存的蛋白质的蛋白酶也被分泌。此外，分泌的蛋白酶通过其羧基末端有限的蛋白水解，激活了一个储藏在胚乳内的预先形成的 β- 淀粉酶。在这些酶的共同作用下，淀粉被水解成葡萄糖，蛋白质分解成氨基酸③，所有这些都是由胚完成的④，以支持幼苗的建立和生长。

没有证据显示参与叶绿体中淀粉降解的酶，例如，葡聚糖，水二激酶和磷酸葡聚糖磷酸酶，参与了胚乳淀粉的分解。相反，α- 淀粉酶被认为是启动了淀粉颗粒的降解，作用于特定位点（淀粉颗粒表面的微孔），引发了颗粒的一个特定的“点蚀”。极限糊精酶和 β- 淀粉酶的结合，能够分解支链和直链的寡糖，在 α- 淀粉酶作用下生成麦芽糖和麦芽三糖，二者能够被葡萄糖苷酶水解成葡萄糖单体成分。胚乳中淀粉降解释放出来的葡萄糖能被己糖激酶磷酸化，进一步在盾片转化为蔗糖，然后被运送到发育中的幼苗。

胚乳中还含有 h 型硫氧还蛋白（Trx h）（见第 12 章），它能够被 NADPH 和 NADP- 硫氧还蛋白还原酶还原（见第 14 章）。反过来，Trx h 还原胚乳中酶抑制蛋白和储存蛋白的关键二硫基团（S-S）⑤，促进了淀粉和储存的蛋白质的降解，为幼苗的生长提供营养；接下来还原成 SH，使储存的蛋白变得更加可溶，并对内源的蛋白酶更加敏感，提高了含氮营养物的形成。而且，那些含有二硫键的蛋白质，是抑制降解淀粉和储存蛋白的酶，会因还原作用而失活，使得降解的酶变得有活性，在幼苗建立的过程中行使功能。虽然还不完全清楚，但是 Trx h 似乎也作为一种手段，在种子萌发的过程中，胚和糊粉层可以通过它感受胚乳的氧化还原状态。

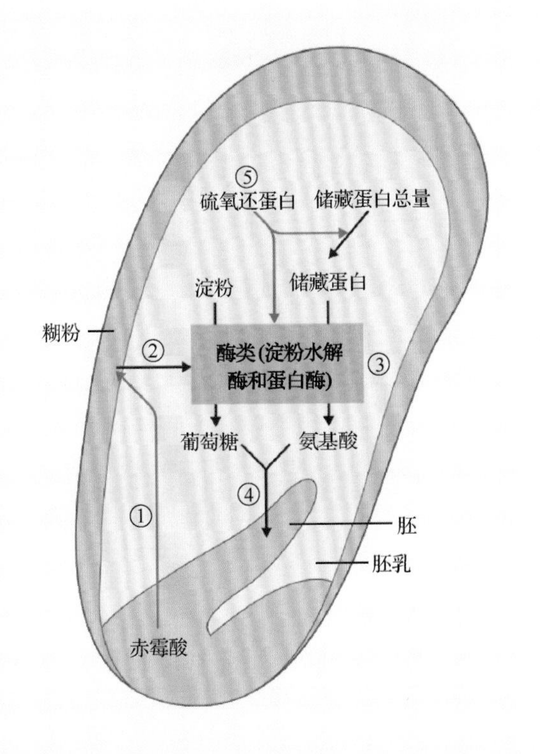

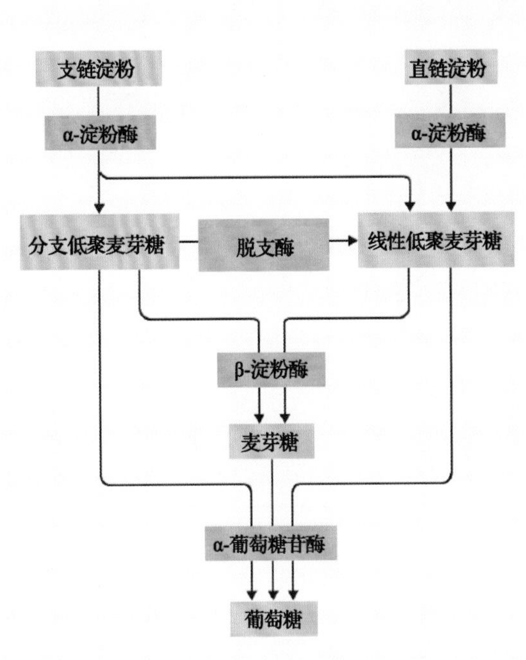

个淀粉过量（*sex*）的表型。

13.7.2 叶绿体中的淀粉降解生成麦芽糖、葡萄糖和 1– 磷酸葡萄糖

有许多酶参与了淀粉随后的降解，包括 β- **淀粉酶**、脱支酶、**磷酸葡聚糖磷酸酶**、α- **淀粉酶**、**歧化酶**和淀粉磷酸化酶。这样就形成了一个反应网络而不是一个线性通路（图 13.29）。以拟南芥中各个基因的突变导致淀粉过量的表型的严重性来判断，有些步骤似乎比其他步骤更有影响力。

支链淀粉和直链淀粉的线性链首先由 β- 淀粉酶降解为麦芽糖，β- 淀粉酶催化了一个水解反应，这是一个在胞内条件下发生的不可逆反应。被 β- 淀粉酶水解后，所释放出的麦芽糖其还原端的羟基基团是以它的 β 异构体的形式存在的，β- 淀粉酶便也因此而得名（反应 13.17）。β- 淀粉酶是一个**外淀粉酶**，它陆续从葡聚糖链的非还原端切下麦芽糖分子，直到遇到 α-1,6- 分支点或磷酸基团。在分支点，β- 淀粉酶会留下一个短的残基链，有两个或三个葡萄糖残基的长度，再通过一个不可逆的水解反应，由一个或两个脱支酶（**异淀粉酶 3** 或**极限糊精酶**；见反应 13.11）将分支移除。这些酶与**异淀粉酶 1- 型脱支酶**不同，后者帮助支链淀粉达到正确的结构（见 13.5.4 节）。当 β- 淀粉酶的分解受到磷酸基团的阻碍时，磷酸可以被两个磷酸葡聚糖磷酸酶其中之一移除（反应 13.18）。因此，葡聚糖的磷酸化和去磷酸化是与葡聚糖的降解同时进行的。

反应 13.17：β- 淀粉酶

1,4-α-D- 葡聚糖 $_{(n)}$ +H_2O → 1,4-α-D- 葡聚糖 $_{(n-2)}$ + 麦芽糖

反应 13.18：磷酸葡聚糖磷酸酶

1,4-α-D- 葡聚糖 -P+H_2O → 1,4-α-D- 葡聚糖 +P_i

叶绿体中也有 α- 淀粉酶，它是一个**内淀粉酶**，能够水解暴露的分子内的 α-1,4- 糖苷键（反应 13.19）。α- 淀粉酶能够从葡聚糖的表面释放一连串线性的和分支的**麦芽低聚糖**。

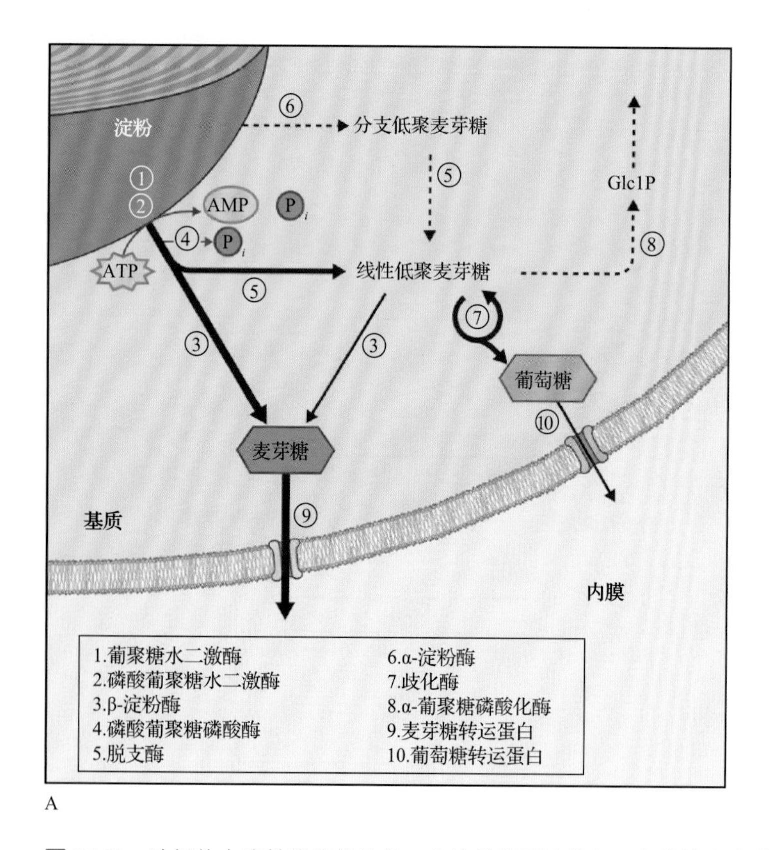

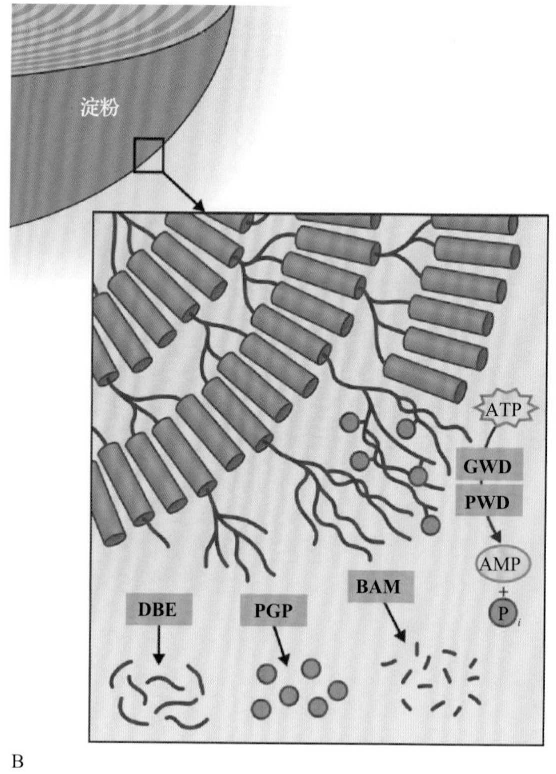

图 13.29 叶绿体中淀粉降解的途径。在淀粉降解过程中，麦芽糖和麦芽低聚糖从不可溶的淀粉颗粒表面被释放。麦芽低聚糖在基质中被代谢，麦芽糖和葡萄糖被运送到细胞质中。估计的碳源流量是由箭头的相对大小表示的，虚线箭头表示的是拟南芥中的次要步骤。插图是一个模式图，描绘了葡聚糖水二激酶和磷酸葡聚糖水二激酶的磷酸化在破坏支链淀粉双螺旋包装中的作用（灰色盒子）。这个作用可以使麦芽糖和麦芽低聚糖（蓝色线）在 β- 淀粉酶（BAM）和脱支酶（DBE）的作用下得到释放。在磷酸葡聚糖磷酸酶（PGP）作用下，淀粉完全降解并伴随着磷酸盐的释放（红点）

反应 13.19：α- 淀粉酶

1，4-α-D- 葡聚糖 $_{(n)}$ +H_2O → 1，4-α-D-葡聚糖 $_{(x)}$ + 麦芽糖 $_{(y)}$，$_{(x+y=n)}$

因此，在淀粉降解的过程中，α- 淀粉酶、β- 淀粉酶和脱支酶共同作用，能够在叶绿体基质内生成麦芽糖，以及短的线性和分支的麦芽低聚糖的混合物（图 13.29）。基质中的分支的麦芽低聚糖能够在脱支酶的作用下去分支，长度长于三个葡萄糖残基（麦芽三糖）的麦芽低聚糖能够进一步被 β- 淀粉酶降解。然而，麦芽三糖作为 β- 淀粉酶的底物又太短；它可以被 α-1,4- 葡聚糖转移酶的反应代谢掉，该反应是由歧化酶（D- 酶，DPE1；反应 13.20）催化的。这个多功能的酶充当了麦芽低聚糖的提供者，并将其转移给一个受体分子。例如，当作用于两个麦芽三糖分子时，歧化酶将其中一个的麦芽糖基部分转移给了另一个，生成葡萄糖和麦芽五糖（一个五葡萄糖残基链）。这样产生的长链能够再一次被 β- 淀粉酶攻击，当这两个酶协同作用时，能够有效地形成一个将麦芽三糖转化成麦芽糖和葡萄糖的循环。有趣的是，DPE1 并不能利用或产生麦芽糖，这就意味着任何一个生成的麦芽糖都输出到了细胞质。

反应 13.20：α-1,4- 葡聚糖转移酶（D- 酶 DPE1）

2- 麦芽三糖 → 麦芽五糖 + 葡萄糖

在某种程度上，麦芽糖和葡萄糖可以说是叶绿体内淀粉降解的主要产物这一点通过分析暗中培养的离体叶绿体糖的输出及遗传证据（例如，就缺失前述酶的突变体中淀粉过量表型的严重表型而论）得到支持。麦芽糖和葡萄糖都能够通过位于叶绿体内膜上不同的转运蛋白输出到细胞质，从而促进它们的跨膜扩散。然而，叶绿体也有 α- **葡聚糖磷酸化酶**（也称为**淀粉磷酸化酶**），它可以通过磷酸化分解作用，从葡聚糖链的非还原端切下单个的葡萄糖残基，产生 1- 磷酸葡萄糖（反应 13.21）。

叶绿体中，一些酶在淀粉降解中的功能可以被还原型的 Trx 激活，即葡聚糖水二激酶、磷酸葡聚糖磷酸化酶（SEX4）、β- 淀粉酶 1 和 α- 淀粉酶 3。这些发现的含义还不清楚，因为淀粉的降解主要在夜间发生，其时叶绿体中的 Trx 多数还处于氧化状态（见第 12 章）。而且，Trx 被认为是使碳水化合物降解酶失活的，而不是激活的。在这种情况下。有可能是 NTRC，能够在夜间被 NADPH 还原，从而参与了酶活性的调节（见 13.5.2 节）。

淀粉磷酸化酶与糖原磷酸化酶同源，是动物体内重要的糖原降解酶。此酶受到复杂的变构调节和转录后调节，这对于葡萄糖代谢的调控非常重要。相比之下，淀粉代谢中磷酸化酶的确切作用还不清楚。淀粉磷酸化酶催化的反应是可逆的，并且一个给定的葡聚糖底物，净反应的方向取决于 1- 磷酸葡萄糖和 P_i 各自的浓度。一般来说，预测质体基质中它们的浓度有利于葡聚糖的降解，尤其是在夜间，这时 P_i 水平升高，磷酸己糖水平下降。然而，与通过水解释放的麦芽糖和葡萄糖不同，淀粉降解所释放的 1- 磷酸葡萄糖有可能用于支持质体中的代谢（例如，质体中的氧化戊糖磷酸化途径和糖酵解）。推测淀粉磷酸化还有其他的作用，如生成麦芽低聚糖，为淀粉的合成做准备，但是还没有结论性的遗传学证据，还需要进行进一步研究。

反应 13.21：α- 葡聚糖磷酸化酶

α-D- 葡聚糖 $_{(n)}$ +P_i → α-D- 葡聚糖 $_{(n-1)}$ + 1- 磷酸葡萄糖

13.7.3 细胞质中麦芽糖和葡萄糖通过代谢生成磷酸己糖

对于夜间发生在细胞质中的麦芽糖的代谢还了解较少。一个**二歧化酶**（DPE2；反应 13.22）催化一个葡萄糖基转移酶的反应，释放葡萄糖，并转移其他的葡萄糖基部分给一个受体分子。对于这个受体分子的性质还不明确（图 13.30），推测它是一个可溶性的杂聚糖，一个相对低丰度的多聚物，含有混合的糖残基，包括阿拉伯糖、半乳糖、鼠李糖和葡萄糖。通过 DPE2 转移到杂聚糖上的葡萄糖残基可以再次被胞质内的 α- 葡聚糖磷酸化酶的同工酶移除（见反应 13.21），此酶由一个单独的基因编码，并与质体内的酶有着不同的特性。

对于这个杂聚糖库的结构，生物合成和功能的重要性还知之甚少。它可能扮演着一个短暂的缓冲区，调节夜间来自叶绿体的碳源的供给与细胞质中碳源的利用之间速率的波动。DPE2 与胞质中 α- 葡聚糖磷酸化酶的协同作用，可以将麦芽糖中一半的碳源转换成 1- 磷酸葡萄糖，这样能够保持与磷酸己糖库的其他成分之间的平衡。另一半以游离葡萄糖形式释放，它们与来自叶绿体的葡萄糖一起，在胞

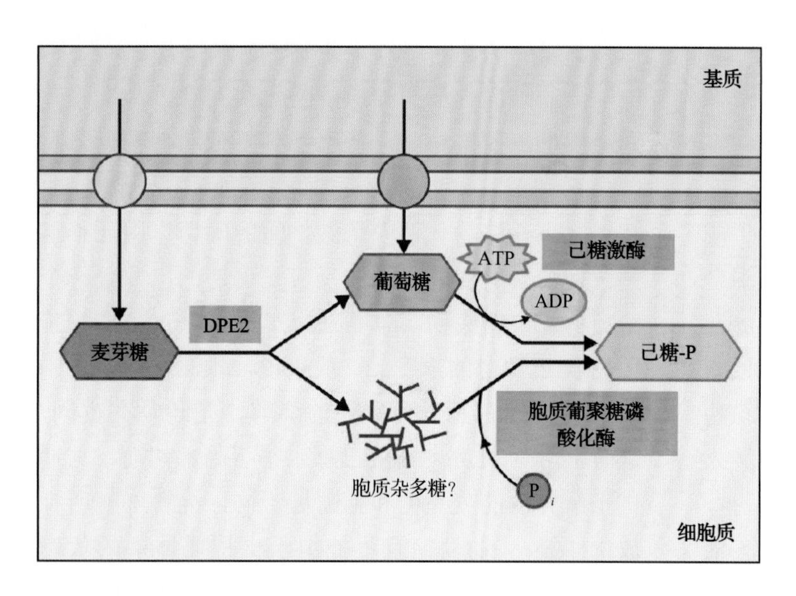

图 13.30　细胞质中麦芽糖和葡萄糖的代谢。歧化酶 DPE2 从麦芽糖转移一个葡糖基分子给一个受体分子，也许是一个胞质杂多糖，其确切性质还不清楚

质己糖激酶的作用下发生磷酸化（反应 13.23）。

反应 13.22：α-1,4- 葡糖基转移酶（D- 酶 DPE2）

麦芽糖 + 杂聚糖 $_{(n)}$ → 葡萄糖 + 杂聚糖 $_{(n+1)}$

反应 13.23：己糖激酶

己糖 +ATP → 6- 磷酸己糖 +ADP

对于在淀粉降解途径中的酶是怎样调控的，目前还知之甚少，虽然有证据表明降解的总速率是受到精细调控的（例如，在不同的光周期下植物会持续一整晚的时间；见图 13.28）。植物会在叶片中积累大量的淀粉，精细调控淀粉的周转非常重要。淀粉储备过早枯竭会导致夜间的饥饿，同时对淀粉不完全的利用意味着同化物可能已经运出到新的根、芽及种子生产地，而并未在叶绿体中被利用。葡聚糖磷酸化和去磷酸化的作用在促进叶片中淀粉降解方面的重要性显而易见，表明调控很可能发生在这些酶上，而不是下游的水解酶。

在其他组织中，淀粉降解所受到的关注远不如叶片和谷物胚乳中。很可能是由于在非光合作用的组织，如根和块茎中淀粉在淀粉体中降解，类似于前面所描述的叶绿体中的运转，尽管不同步骤的相对重要性可能会与拟南芥叶片中的有一些不同。然而，在其他组织中，如豌豆（*Pisum sativum*）的子叶——一个末端衰老的组织，有迹象显示，淀粉体的完整性丧失了，淀粉的降解发生在细胞质或者液泡中。也有这样的可能性，例如，在碳源饥饿的条件下，淀粉可能通过自噬作用，与其他胞内成分一起被降解，在这种情况下，只能推测确切的途径和相关的酶。

13.8　磷酸丙糖 / 磷酸戊糖代谢库

在本章的前面部分，磷酸丙糖被认为是**卡尔文**循环的唯一产物，并介导了光合作用中主要产物的合成：胞质中蔗糖的合成，以及叶绿体基质中淀粉的合成。然而，磷酸丙糖实际上是一个更大的相互转化代谢产物库的一部分，通常被称为磷酸丙糖 / 磷酸戊糖库。**磷酸丙糖 / 磷酸戊糖代谢库**包括一大套糖类中间产物：**5- 磷酸核酮糖**，**5- 磷酸核糖**，5- 磷酸木酮糖，**磷酸二羟基丙酮**，**3- 磷酸甘油醛**，**7- 磷酸景天庚酮糖**，**4- 磷酸赤藓糖**，**1,6- 二磷酸果糖**。通常 6- 磷酸果糖被视为磷酸己糖代谢库的一部分，但作为**转醛酶**和**转酮酶**的一种底物，该复合物同时归入两种代谢库（图 13.31）。

13.8.1　磷酸丙糖 / 磷酸戊糖库整合了几个关键的生物合成途径

将这些糖类的磷酸化合物视为这个代谢库的组成成分，由于该代谢库参与了许多不同的代谢途径，这就强调了这样一个事实：每个代谢途径实际上是一个更大的代谢网络中的一个路径。糖酵解通常描述为一个线性排列的反应，开始于磷酸己糖，终止于丙酮酸（见图 13.1），是产生一个小的 ATP 和 NADH 的净增量的过程（大多数是由三羧酸循环和线粒体中的电子传递提供的）。同样，磷酸戊糖氧化途径描述为一个循环的过程，在其中，6- 磷酸葡萄糖氧化生成 5- 磷酸核酮糖，伴随着用于生物合成的 NADPH 的形成和随后的 6- 磷酸葡萄糖的再生步骤（见 13.9 节）。然而，在植物细胞中，这两条代谢途径实际上共享了许多中间产物，所以应该是相互关联的，并且它们也可以相互作用。

糖酵解和磷酸戊糖途径中的各种糖类的磷酸化合物同时出现于质体和细胞质，并且利用质体膜上的通道相互联系（见图 13.4）。而且，利用这两条途径，而不是其中之一，植物不仅可以产生高能量化

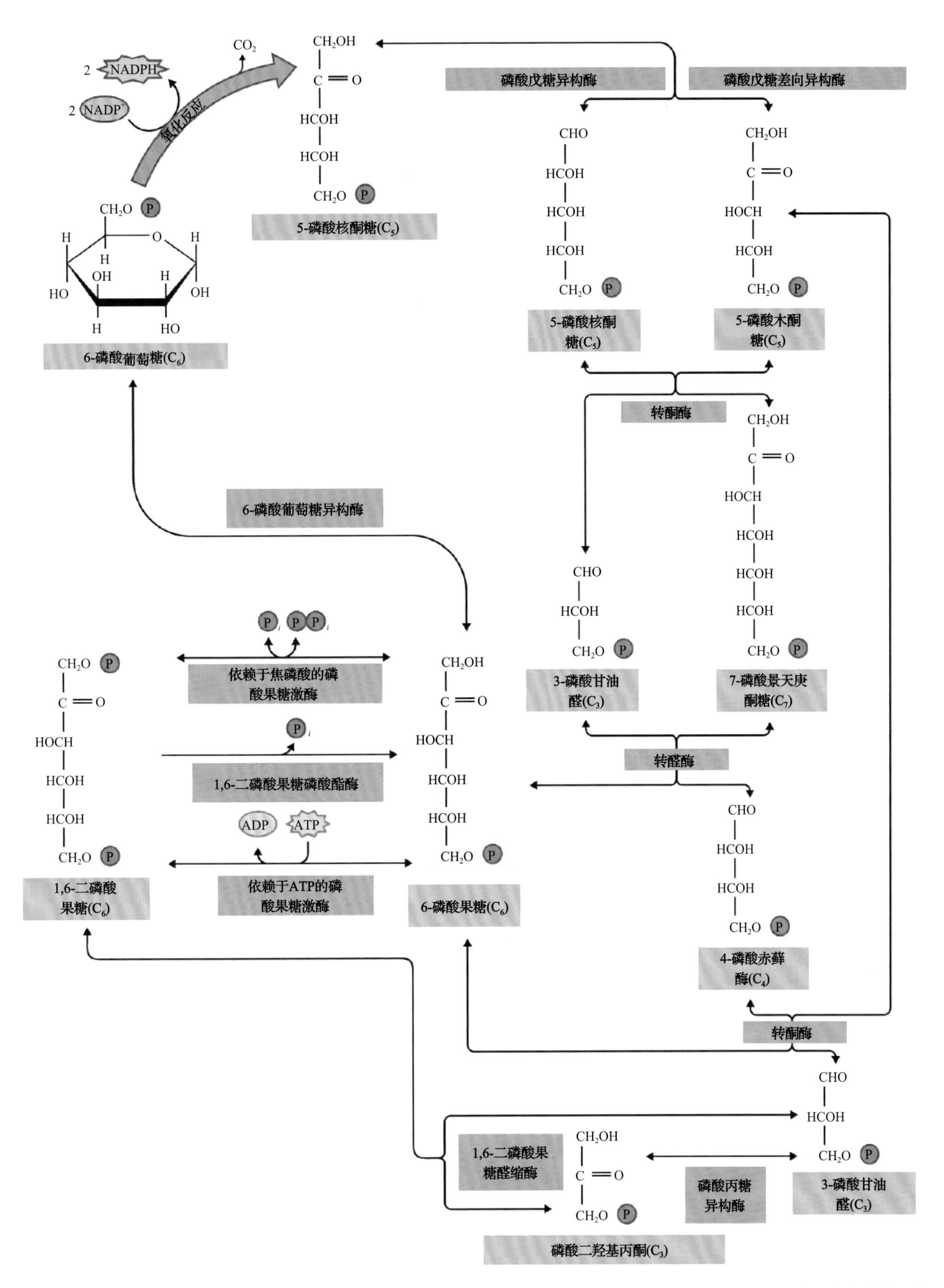

图 13.31 磷酸戊糖氧化途径包括一系列生成 NADPH 的不可逆氧化反应和一些可逆反应，后者使得磷酸丙糖 / 磷酸戊糖代谢库的各种中间代谢产物相互之间处于平衡状态。在一些组织中，该氧化途径的主要功能是产生 NADPH，用于其他生物合成途径，如脂肪酸的合成。对于这种情况，反应生成的 5- 磷酸核酮糖可以通过一系列的可逆反应，重新转化为 6- 磷酸葡萄糖。在大部分的组织中，该途径能为很多代谢途径提供碳源中间代谢物（见图 13.32）

合物，还可以获得生物合成反应所必需的各种碳骨架。简而言之，糖酵解、磷酸戊糖途径，以及各种生物合成途径，是通过它们和磷酸丙糖 / 磷酸戊糖代谢库的关系来组成一个整体的。

因此，代谢中这些途径的碳源流量会有很大的不同，这取决于当时的条件。例如，叶肉细胞中通过糖类磷酸化合物库的碳源的流向，在当它被照亮并进行光驱动的生物合成反应时，与在暗中通过呼吸作用产生能量和还原力时会有不同。同一个细胞内碳源的流量也会不同，这取决于主要的代谢活动；一个异养的淀粉储存细胞和一个异养的脂肪储存细胞相比，前者通过磷酸丙糖库的碳源流量会比较低。这是因为乙酰辅酶 A 所需要的用于脂肪合成的全部底物都来自于磷酸丙糖库，而用于淀粉合成的碳源来自于磷酸己糖库。测量这样的流量可以说是从事植物碳水化合物代谢研究中最重要的部分之一，但也是最难部分（见信息栏 13.7）。

13.8.2 磷酸戊糖 / 磷酸丙糖代谢库中，各种代谢产物通过许多的可逆的酶促反应来维持相互之间的平衡

糖酵解过程中，当 6- 磷酸果糖转变为 1,6- 二磷酸果糖后，由 1,6- 二磷酸果糖醛缩酶和磷酸丙糖异构酶催化的反应都属于可逆反应。同样的，除了最初的氧化反应外，磷酸戊糖途径中的许多酶，包括 5- 磷酸核酮糖差向异构酶、5- 磷酸核糖异构酶、转醛酶和转酮酶等，催化的反应也是可逆的。这些可逆反应可以维持细胞质和质体内磷酸丙糖 / 磷酸戊糖代谢库中代谢物之间的平衡（见图 13.31）。

信息栏 13.7　代谢碳源通量揭示了代谢的真相

现代对**新陈代谢**的研究有一系列先进的工具：**转录组学**和**蛋白质组学**分析，以提供一个系统概述，选择性的基因沉默或正调节的方法，以研究酶在体内的重要性，通过重组表达研究酶在体外的性质。**代谢组学**的方法也被开发出来，代谢组学是以气相或液相色谱与质谱相结合的技术及核磁共振技术为基础，同时测定许多代谢产物。这提高了对于大量的代谢数据的采集能力。由于代谢产物之间有着不同的化学性质，以不同的数量呈现，并且在某些情况下有些是不稳定的，使得研究仍然面临挑战。因此，即使有了大量的提取和分析方法，对一个代谢途径中的每一个代谢产物进行研究依旧是困难的，即便是对像三羧酸循环这样主要的代谢途径。

然而，由于代谢产物的水平未必能反映出碳源流量，所以即便是代谢组学以及它产生的大量的代谢产物的数据，仍旧不能给出一个完整的新陈代谢的画面。假设，当通过某一途径的流量增加，这个途径中代谢产物的水平预计也应该增加。然而，这种情况却不是经常出现。而且，如果在一个代谢途径的末端反应下调，同一个代谢产物的增加会经常发生，这样就会降低此途径的碳源流量。因此，应该谨慎看待代谢产物的水平，碳源流量应该被看成是新陈代谢的真相。

在有些情况下，流量的测量相对简单（例如，根吸收的营养，光合作用过程中的净固碳量，或者是终产物的积累，如淀粉）。然而，在碳水化合物代谢的核心，检测流量非常困难，并且需要采取理论、实验和分析相结合的综合的手段。

定义一个代谢网络中的途径是检测流量的前提。这一理论性的步骤能够通过利用基因组序列信息和转录组数据，来定义一个给定的植物组织中的酶而得到帮助或完善。作为一个起点，可以先建立一个代谢网络的模型，然后能够通过实验直接进行验证。实验通常包括提供一个同位素标记的化合物（例如，提供给进行光合作用的叶片的 ^{13}C 或 ^{14}C 标记的 CO_2；提供给异养细胞培养的 ^{13}C 标记的葡萄糖）。随着时间的推移，可以通过不同的方法检测到同位素在整个代谢中的分布。与代谢网络模型一起，这个再分布能够用来计算流量图，或者与理论代谢模型相比较。虽然这方面的研究正在复兴，但植物代谢的复杂性、通路的重复性和亚细胞的划分，以及植物组织中存在的多种细胞类型，意味着还有很多东西要探索。

磷酸丙糖/磷酸戊糖库中的代谢产物有三个主要去向（图13.32）。第一，磷酸丙糖用于糖酵解（见13.9节）中能量储存反应。这类化合物可以通过TPT系统穿过质体被膜。第二，**莽草酸途径**使用**4-磷酸赤藓糖**来合成木质素、氨基酸和多酚（见第8章、第24章）。第三，核酸的合成需要**5-磷酸核糖**。当从库中取走某些代谢物时，上述的可逆反应就可调节方向，促进即将被消耗完的代谢物的生成。因为这些反应是可逆的，代谢物可以朝生成物或反应物反应方向流动。而磷酸戊糖途径的氧化反应不是可逆的，只有当需要还原剂（如NADPH）时才进行（见13.9节）。

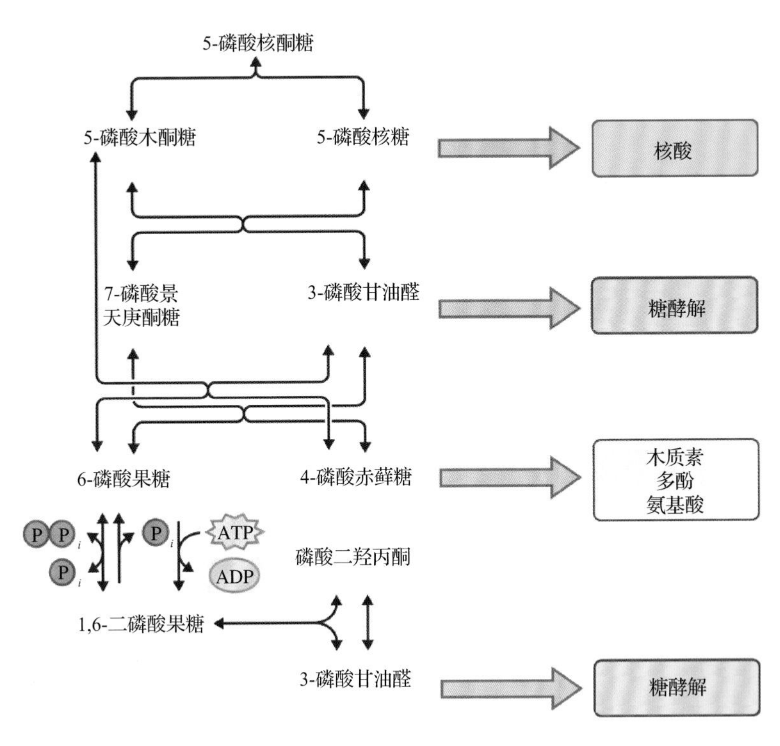

图13.32　三条代谢途径，包括合成代谢和分解代谢，从磷酸丙糖/磷酸戊糖库中取走代谢物。糖酵解部分氧化磷酸丙糖，生成有机酸。核糖用于核苷酸的合成。4-磷酸赤藓糖进入莽草酸酯途径，合成木质素、芳香族氨基酸和多酚

1,6-二磷酸果糖醛缩酶已经在蔗糖合成中提到过（见13.6.2节）。1,6-二磷酸果糖醛缩酶催化可逆的1,6-二磷酸果糖醛醇裂解，生成3-磷酸甘油醛和磷酸二羟基丙酮（反应13.24）。该反应标准自由能的变化表明反应倾向于1,6-二磷酸果糖。但是，真正的平衡位点取决于这三种复合物的浓度，所以只有当裂解的产物达到足够的浓度时，1,6-二磷酸果糖才能开始积累。自然界中，醛缩酶有两种完全不一样的形式，类型Ⅰ（存在于植物和动物中）和类型Ⅱ（真菌和原核生物）是趋同演化的结果。植物中，编码类型Ⅰ的醛缩酶的基因家族可以再划分为两组，一组含有细胞质同工酶，另一组含有质体同工酶。

反应13.24：1,6-二磷酸果糖醛缩酶

1,6-二磷酸果糖↔磷酸二羟基丙酮+
3-磷酸甘油醛

细胞质和质体都含有磷酸丙糖异构酶，该酶催化3-磷酸甘油醛和磷酸二羟基丙酮的互换，是已知的最活跃的酶之一（反应13.25）。在细胞内，这个反应倾向于磷酸二羟基丙酮的方向，代谢物浓度比例大约为14∶1，使得磷酸二羟基丙酮成为细胞内磷酸丙糖的主要形式。尽管如此，这个反应还是很容易发生逆反应的。醛缩酶和磷酸丙糖异构酶的平衡作用，可以使得3-磷酸甘油醛在细胞内的浓度很低。但是，糖酵解途径后面进行的反应消耗了3-磷酸甘油醛，从而使醛缩酶和磷酸丙糖异构酶的平衡向生成3-磷酸甘油醛方向进行（见13.8节）。

反应13.25：磷酸丙糖异构酶

3-磷酸甘油醛↔磷酸二羟基丙酮

由5-磷酸核酮糖差向异构酶、5-磷酸核糖异构酶、转酮酶及转醛酶所催化的反应（反应13.26～反应13.29）都属于可逆反应，保持磷酸戊糖途径的糖磷酸盐接近平衡。

反应13.26：5-磷酸核酮糖差向异构酶

5-磷酸木酮糖↔5-磷酸核酮糖

反应13.27：5-磷酸核糖异构酶

5-磷酸核酮糖↔5-磷酸核糖

反应13.28：转酮酶

7-磷酸景天庚酮糖+3-磷酸甘油醛↔
5-磷酸木酮糖+5-磷酸核糖

反应13.29：转醛酶

3-磷酸甘油醛+7-磷酸景天庚酮糖↔
4-磷酸赤藓糖+6-磷酸果糖

上述几种酶存在于各种类型的质体，但已有报道表明，在叶肉细胞的细胞质里并不存在这些酶。现在的全基因组序列信息表明，一些酶，尤其是转酮酶和转醛酶，可能在多数植物的细胞质中都不存在，而预测的编码胞质内5-磷酸核酮糖差向异构酶和5-磷酸核糖异构酶的基因是存在的。磷酸戊

糖途径中一些作用于可逆反应的胞质酶的缺失是由存在于质体内膜中的转运蛋白调节的，它们能够转运磷酸戊糖和磷酸丙糖，并且在某些情况下，磷酸戊糖用来交换磷酸盐 P_i（见 13.4 节）。而且，这种代谢产物的交换意味着 NADPH 的产生和用于生物合成的前体的收回能够在每个细胞间隔中独立发生（见 13.9 节）。

13.9 为生物合成反应提供能量和还原力

在光合细胞中，光能可以提供大部分生物合成反应所需的能量和还原力。然而，在暗中和非光合细胞中，光能不能够被利用，同时植物需要进行呼吸作用。以 NAD(P)H 形式存在的还原力是由磷酸戊糖途径中的两个氧化反应产生的。大部分的 ATP 是由线粒体内的丙酮酸的有氧呼吸产生的（通过三羧酸循环；见第 14 章），但是还有一些是通过能量守恒的糖酵解反应产生的，如磷酸己糖转化为丙酮酸。

13.9.1 两个磷酸戊糖途径的酶氧化 6- 磷酸葡萄糖生成 5- 磷酸核酮糖和 NADPH

6- 磷酸葡萄糖脱氢酶氧化 6- 磷酸葡萄糖，生成 6- 磷酸葡萄糖酸 -δ- 内酯，同时还原 $NADP^+$ 为 NADPH（反应 13.30 和图 13.33）。植物体内的酶不能利用 NAD^+ 作为电子的受体。

反应 13.30：6- 磷酸葡萄糖脱氢酶

6- 磷酸葡萄糖 +$NADP^+$ → 6- 磷酸葡萄糖酸 -δ- 内酯 +NADPH+H^+

在所有研究的植物材料中，都能够找到高活性的 6- 磷酸葡萄糖脱氢酶，基因组分析显示多个基因编码定位于细胞质和质体中的 6- 磷酸葡萄糖脱氢酶的同工酶。虽然 6- 磷酸葡萄糖酸 -δ- 内酯从热力学的角度来讲，是可以还原为 6- 磷酸葡萄糖的，但是由于内酯是不稳定的，会自发分解为 6- 磷酸葡萄糖酸，这使得氧化反应变成不可逆的。同样，**内酯酶**也存在多基因编码的同工酶，进一步提高了 6- 磷酸葡萄糖酸的比率。

令人惊讶的是，虽然 6- 磷酸葡萄糖脱氢酶在提供 NADPH 的过程中扮演着很重要的角色，但它在胞质中的同工酶却没有变构调节的性质。然而，这个酶会被它的产物之一 NADPH 强烈地抑制，这与认为该酶的功能是为生物合成反应提供 NADPH 的观点相一致。相反地，质体内的同工酶则受到复杂的调控。这个同工酶可以以还原的形式或者氧化的形式出现，其中的氧化态形式是有活性的。二硫醇 - 二硫化物在两个高度保守的具有调节作用的半胱氨酸残基之间相互转化，使这个酶的活性与 Trx 库的氧还状态及光能的可利用性相关联。在光合作用的过程中，$NADP^+$ 可以被光合电子传递链还原（见第

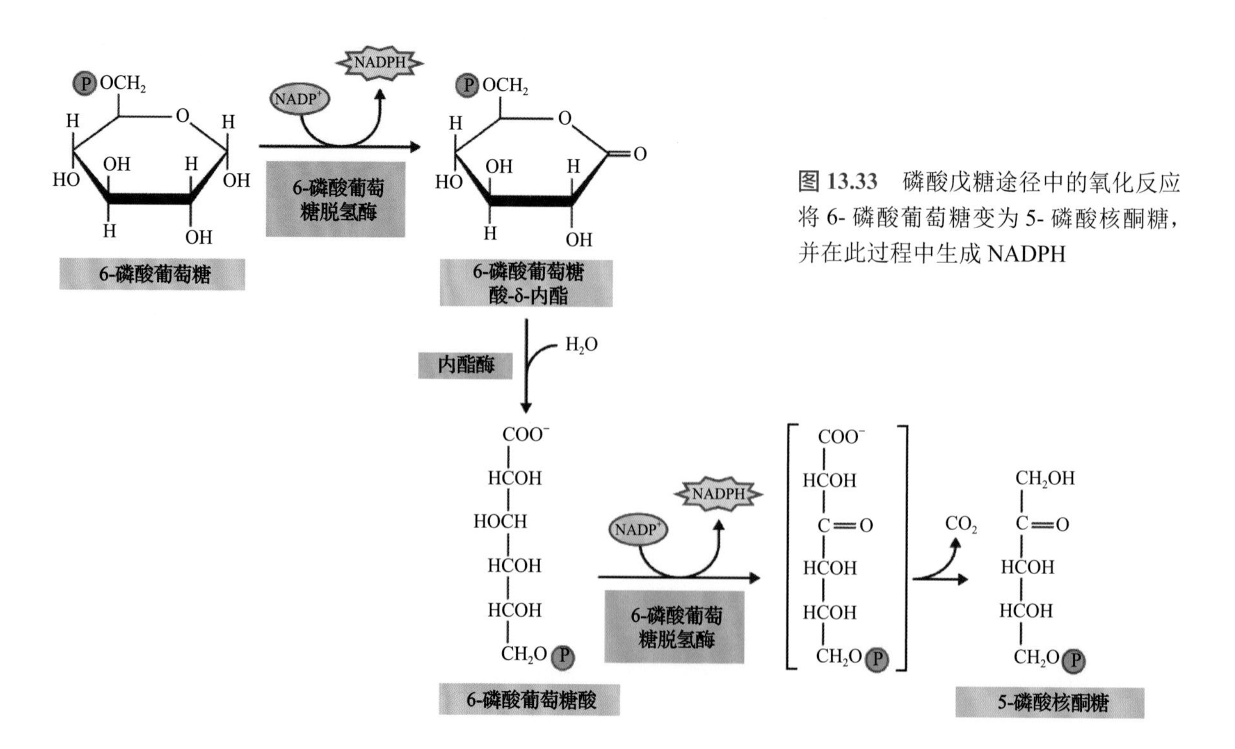

图 13.33 磷酸戊糖途径中的氧化反应将 6- 磷酸葡萄糖变为 5- 磷酸核酮糖，并在此过程中生成 NADPH

12 章），这使得戊糖磷酸途径中的氧化步骤不再是必要的，在这种情况下，定位于质体的光合还原中的 Trx 还原了定位于质体的 6- 磷酸葡萄糖脱氢酶，导致其失活，从而使得整个途径变得无效。

磷酸葡萄糖酸脱氢酶（反应 13.31）催化 6- 磷酸葡萄糖酸的氧化脱羧反应，生成 5- 磷酸核酮糖和 CO_2，同时伴随 $NADP^+$ 的还原（见图 13.33）。反应是不可逆的。

反应 13.31：磷酸葡萄糖酸脱氢酶

6- 磷酸葡萄糖酸 $+NADP^+ \rightarrow$ 5- 磷酸核酮糖 $+CO_2+NADPH+H^+$

所有的植物组织在胞质和质体内似乎都有这种磷酸葡萄糖酸脱氢酶的同工酶。有些植物的胞质中包含有几种不同的同工酶，关于这种酶的调节属性还没有报道，它的活性可能由 6- 磷酸葡萄糖脱氢酶所产生的 6- 磷酸葡萄糖酸的可用性来决定。

13.9.2 糖酵解后半部分的反应储存能量

糖酵解后半部分的反应中，磷酸丙糖分子氧化为丙酮酸，在这个过程中，能量被储存在高能磷酸化复合物里，并可以用来利用 ADP 合成 ATP。这些高能化合物由两种酶催化生成：一是 **3- 磷酸甘油醛脱氢酶**，它可以催化生成 **1,3- 二磷酸甘油酸**（反应式 13.32）；二是**烯醇酶**，它可以催化生成一个与丙酮酸烯醇式结构相连接的磷酸酯，即磷酸烯醇式丙酮酸（图 13.34；见 13.9.3 节）。由于丙酮酸烯醇式结构的不稳定，使得磷酸酯键水解时释放出很大的自由能，因此它的磷酸基团可以转移给 ADP，产生 ATP。

3- 磷酸甘油醛脱氢酶（反应 13.32）催化底物（**3- 磷酸甘油醛**）的氧化反应与底物的磷酸化直接相关，并与 $\mathbf{NAD^+}$ 还原为 **NADH** 相关。生成的产物 1,3- 二磷酸甘油酸属于高能化合物，可以将其 C-1 位的磷酸基团转移给 ADP。在有关 ATP 合成的化学渗透假说被接受（第 3、12、14 章）之前，这一底物水平磷酸化的例子一直被看成适合于细胞内所有 ATP 生成的模型。

反应 13.32：3- 磷酸甘油醛脱氢酶

3- 磷酸甘油醛 $+NAD^++P_i \leftrightarrow$ 1,3- 二磷酸甘油酸 $+NADH+H^+$

3- 磷酸甘油醛脱氢酶催化的反应是极可逆的，虽然在平衡位置 3- 磷酸甘油醛和 1,3- 二磷酸甘油酸的比例大概是 10 ∶ 1，反应有利于生成 3- 磷酸甘油醛。但是，随后的磷酸甘油酸激酶的反应，将驱动 3- 磷酸甘油醛脱氢酶反应朝产物的方向进行。在细胞中，该反应的平衡位置也受 $NAD^+/NADH$ 比率的影响，因为这些分子可以竞争酶的结合位点。在细胞中，NAD^+ 的浓度通常约 10 倍于 NADH 的浓度，这也有利于 1,3- 二磷酸甘油酸的形成。

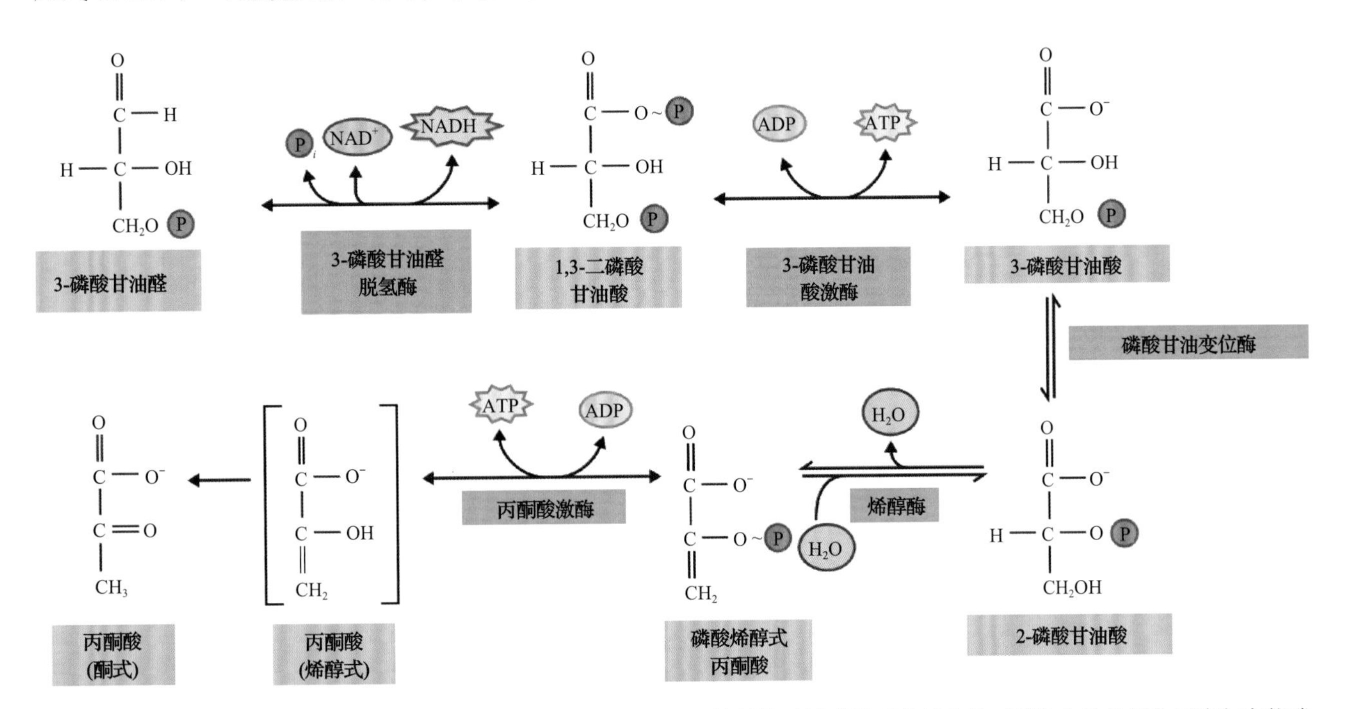

图 13.34 糖酵解途径中的氧化反应和生成 ATP 的反应。图中显示的是位于糖酵解后半部分的三碳化合物的氧化反应与高能磷酸键形成之间的关系

在 3- 磷酸甘油醛脱氢酶催化的反应过程中，3- 磷酸甘油醛的氧化伴随着 NAD^+ 还原。3- 磷酸甘油酸形成后，仍以硫酯键与酶的活性中心的一个半胱氨酸相连。此键含高自由能。所以，3- 磷酸甘油醛的氧化不仅形成 NADH，而且还形成了一个硫酯键。在该酶催化反应的第二部分，一个 P_i 也结合到酶的反应中心，然后被转到 3- 磷酸甘油酸上。硫酯键的水解使反应向 1,3- 二磷酸甘油酸形成方向进行（图 13.35）。

植物中存在三种不同形式的 3- 磷酸甘油醛脱氢酶。除了胞质中依赖 NAD^+ 的酶外，还有叶绿体中参与光合作用并依赖 $NADP^+$ 的酶（见第 12 章）。第三种酶有着一个不同的演化起源，是一个非磷酸化酶，即依赖 $NADP^+$ 的 3- 磷酸甘油醛脱氢酶。它存在于细胞质中，它的产物是 3- 磷酸甘油酸而不是 1,3- 二磷酸甘油酸。因此该酶并不像其他的同工酶那样储存很多能量，在细胞中它催化一个基本上不可逆的反应。在拟南芥中，这种非磷酸化的酶会在磷酸缺乏时上调，推测它能在 ADP 浓度太低而无法从 1,3- 二磷酸甘油酸合成 ATP 时，让碳源顺利流经这一途径（见信息栏 13.5）。也有推测认为，这个酶将 TPT 与三羧酸循环的还原反应相结合，间接地从叶绿体输出 NADPH 到细胞质。

磷酸甘油酸激酶（反应 13.33）催化 1,3- 二磷酸甘油酸生成 3- 磷酸甘油酸。在这个过程中，1,3- 二磷酸甘油酸 1 位上的磷酸基团转移给 ADP，生成 ATP。这个酶存在胞质型和质体型两种，都具有与其他生物来源相似的属性。

反应 13.33：3- 磷酸甘油酸激酶

1,3- 二磷酸甘油酸 +ADP ↔ 3- 磷酸甘油酸 +ATP

因为 1,3- 二磷酸甘油酸的混合酸酐键很不稳定，水解时释放出很大的自由能，平衡强烈地有利于反应产物的生成。因此，在糖酵解过程中生成 ATP。当然，当 ATP/ADP 的比率很高时，反应也可能发生逆转。例如，在光合作用的过程中，这个酶参与了三羧酸循环的还原反应，利用光合磷酸化产生的 ATP。

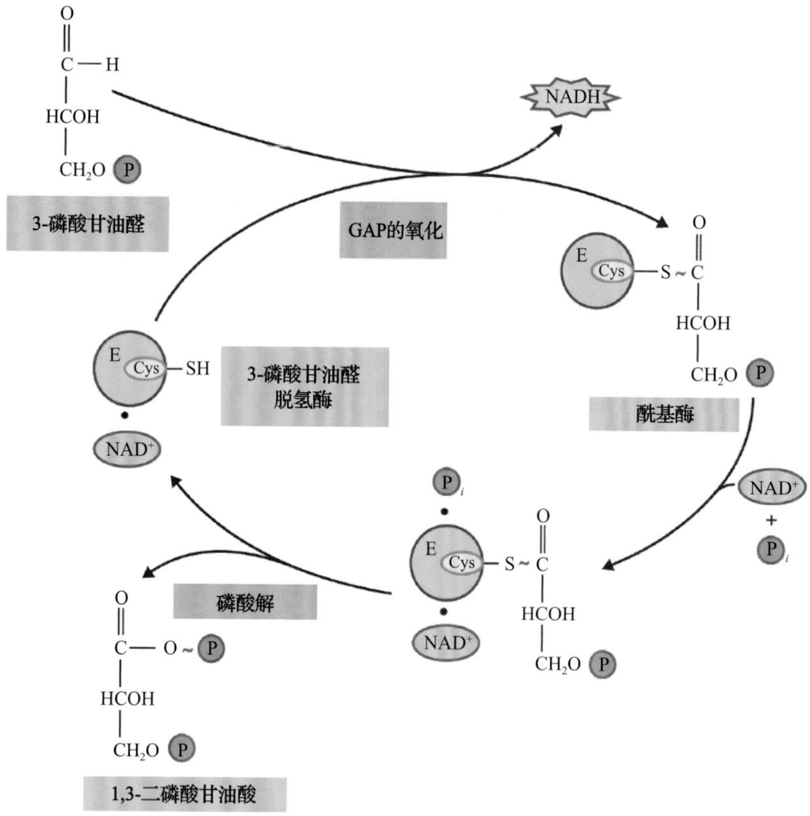

图 13.35　3- 磷酸甘油醛脱氢酶介导的底物水平磷酸化。在反应过程中，磷酸甘油酸（GAP 的衍生物）与酶的一个半胱氨酸残基生成一个高能的硫酯键，水解时可释放大量的自由能。这个高能键在无机磷酸参与下发生磷酸解，而无机磷酸则与磷酸甘油酸形成混合酸酐（如 1,3- 二磷酸甘油酸）。和硫酯键一样，混合酸酐键也含有很高的负的自由能，在图中用（～）表示。在随后的磷酸甘油酸激酶（图中未示）催化的反应中，该磷酸基团将从 1,3- 二磷酸甘油酸转移给 ADP，生成 ATP

13.9.3　磷酸甘油酸变位酶和烯醇化酶存在于胞质和异养的质体中

磷酸甘油酸变位酶催化 3- 磷酸甘油酸和 2- 磷酸甘油酸之间的相互转化——一个极可逆反应（反应 13.34）。该酶将磷酸基团从 3 位移至 2 位，使得后续的由烯醇化酶催化的脱氢反应产生一个高能化合物——磷酸烯醇式丙酮酸（反应 13.35）。

反应 13.34：磷酸甘油酸变位酶

3- 磷酸甘油酸 ↔ 2- 磷酸甘油酸

反应 13.35：烯醇化酶

2- 磷酸甘油酸 ↔ 磷酸烯醇式丙酮酸（PEP）+H_2O

2- 磷酸甘油酸脱氢产生烯醇式的磷酸烯醇式丙酮酸。由于后者的构型不稳定，2 位磷酸基团水解时可以释放出大量的自由能，因此，在后续的由丙酮酸激酶催化的反应中，磷酸基团可以转移给 ADP。

虽然针对质体的磷酸甘油酸变位酶和烯醇化酶都是在植物基因组中编码的，这些酶在叶绿体中似乎是缺失的。这可能是由于 3- 磷酸甘油酸是**卡尔文**循环中 CO_2 固定的第一个产物，这些酶的存在会将碳源从此循环中带出，进入质体糖酵解途径。磷酸甘油酸变位酶存在于种子和根部的无色质体中，它们的活性通常与这些组织的合成活性呈正相关。

13.9.4　丙酮酸激酶在细胞质和质体中产生 ATP

丙酮酸激酶（反应 13.36）催化磷酸烯醇式丙酮酸的磷酸基团转移到 ADP，生成 ATP 和丙酮酸。

反应 13.36：丙酮酸激酶

PEP+ADP → 丙酮酸 +ATP

这一反应是完全不可逆的，因为反应的产物是烯醇式丙酮酸（见图 13.34）。在磷酸烯醇式丙酮酸中，烯醇形式由于磷酸酯键而得到稳定。移去磷酸基团使烯醇式丙酮酸转化为更稳定的酮基，从而使平衡反应向产物方向进行。

在质体和胞质里存在着多种丙酮酸激酶的同工酶。例如，在拟南芥中，有 14 个基因编码丙酮酸激酶。与糖酵解途径中的其他酶不同，质体类型的丙酮酸激酶存在于目前所有研究过的植物组织中。据报道，这个酶是以同源或异源发生的相关亚基的形式出现的。有趣的是，几个来源的丙酮酸激酶都会被氨基酸抑制，如谷氨酸或谷氨酰胺（图 13.36）。这将酶的活性与用于氮同化和氨基酸生物合成的碳骨架的供应相关联。酶活性的这种调节方式与植物的自养性相关，它需要大量的碳源直接用于生物合成。而且，丙酮酸激酶可以被某些代谢产物激活，如磷酸二羟基丙酮（图 13.36），从而作为底物供应的需求信号。

但是植物中的丙酮酸激酶，似乎并不具有已经研究得很充分的哺乳动物肝脏中此酶的调节特性。这个酶的一些特定位点可以被激酶磷酸化或者去磷酸化，而磷酸化的酶处于无活性状态。植物中所有的丙酮酸激酶似乎都不进行类似的磷酸化。动物和多数其他生物体中的丙酮酸激酶，同样可以通过变构被 1,6- 二磷酸果糖活化（图 13.37），这样，丙酮酸激酶的活性与 PFK 的活性就可以通过前馈的方式联系起来。虽然，与 1,6- 二磷酸果糖活化位点相似的序列确实存在于植物的丙酮酸激酶中，但是没有证据表明该酶具有任何前馈的调控。相反地，植物的糖酵解似乎是通过抑制 PFK 的活性进行上游调节的（图 13.37；见 13.6 节）。

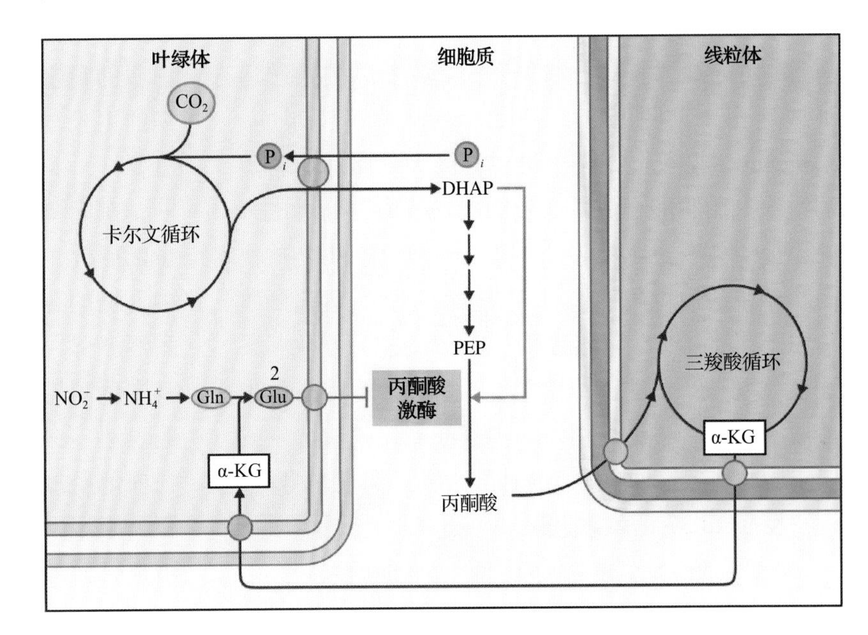

图 13.36　胞质丙酮酸激酶的调控，以及它与叶绿体内氮同化之间的联系。丙酮酸激酶在细胞质中的活性可以被氨基酸抑制，如谷氨酸，有人认为这不仅会影响柠檬酸循环的中间产物 α- 酮戊二酸（α-KG）的合成速率，还会影响叶绿体中用于固氮的碳骨架。Gln，谷氨酰胺；Glu，谷氨酸；DHAP，磷酸二羟基丙酮；PEP，磷酸烯醇式丙酮酸

13.9.5　在非绿色质体中，碳源的输入和质体的呼吸作用支持了生物合成

质体中氧化磷酸戊糖途径中的酶和糖酵解途径后半部分的酶，在提供生物合成的碳骨架和辅助因子方面起着重要作用，尤其是在非光合作用质体中。质体定位的合成代谢途径，如淀粉的合成、脂肪酸的合成、芳香族氨基酸的合成，会消耗大量（以 ATP 的形式）的能量和还原力 [以还原型 Fdx 和 NAD(P)H 的形式]。叶绿体能够通过光合作用产生所需的辅助因子，但是在非光合作用质体中，辅助

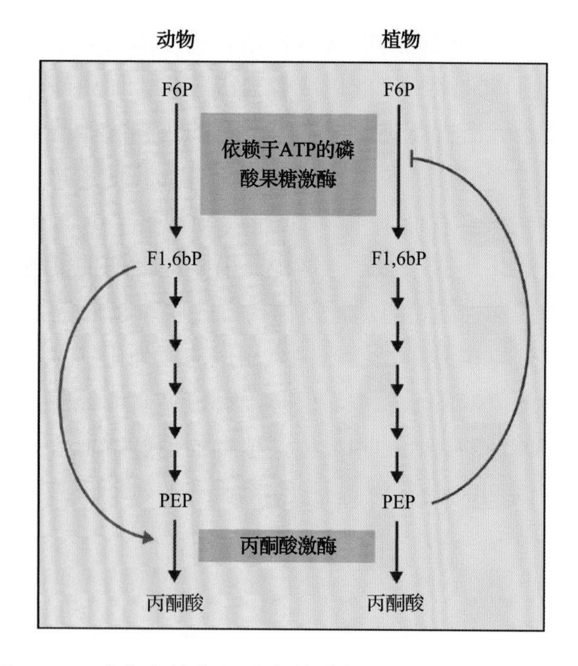

图 13.37 动物和植物细胞中糖酵解的调控。在动物方面，通过激活 PFK，有一个从上而下的调控，生成 1,6- 二磷酸果糖（F1,6bP）。植物细胞没有这种激活作用。相反的，它有一个由下向上的调控，利用磷酸烯醇式丙酮酸（PEP），抑制 PFK 的活性。丙酮酸激酶是不同的调控，这反映了植物自养的特性

因子必须经由另外的途径产生。

质体有一种腺苷酸转运系统，能利用 ATP 交换 ADP，这对于马铃薯（*Solanum tuberosum*）块茎的淀粉体中淀粉的生物合成尤其重要。虽然还没发现有什么运输系统可以直接输入 NADH 或 NADPH，但等同的还原物可以通过一个或多个穿梭系统运进或运出（见图 13.5）。例如，蓖麻种子（*Ricinus communis*）胚乳，是一个可以合成大量储存脂肪酸的组织，脂肪酸合成最有效的底物（通过分离出来的无色质体）是苹果酸，它是在细胞质中 PEP 羧化酶和苹果酸脱氢酶的作用下产生的，然后运输到质体中。在质体中，**苹果酸酶**（反应 13.37）催化苹果酸氧化脱羧，产生 NADPH 和丙酮酸。随后在丙酮酸脱氢酶复合体的作用下，丙酮酸氧化脱羧，生成用于脂肪酸生物合成的乙酰辅酶 A 和还原剂 NADH。

反应 13.37：苹果酸酶

苹果酸酶 +$NADP^+$ → 丙酮酸 +NADPH+CO_2

在绝大多数质体中，辅助因子也能够在细胞器内通过呼吸作用产生。在其他油料种子，如油菜（*Brassica napus*）种子中，分离出来的质体将磷酸己糖和磷酸烯醇式丙酮酸作为喜好碳源。这些质体都含有糖酵解途径及氧化磷酸戊糖途径所必需的酶来代谢磷酸己糖。后一个途径可以产生相当多的 NADPH，用于脂肪酸链的延长反应。丙酮酸激酶提供 ATP，因为它可以将转入的磷酸烯醇式丙酮酸转化成丙酮酸以生成乙酰辅酶 A。因此，辅助因子及作为脂肪酸生物合成底物的乙酰辅酶 A 都是在细胞器内产生的（图 13.38）。由于所有生物合成反应均需要能量和还原力，所以需要呼吸途径提供辅助因子，无论质体的主要合成物是氨基酸、次级代谢产物，还是脂肪酸。

在有些物种中，包括油菜（*Brassica napus*），脂肪酸合成的质体是绿色的，还能够利用通过从种荚壁渗透进来的光线进行有限的光合作用。有趣的是，这些质体还含有有活性的 Rubisco。然而，这些组织中的酶并不是**卡尔文**循环的一部分。与此相反，它是由磷酸戊糖途径的非氧化反应来提供底物，它可以捕捉到一些在丙酮酸生成乙酰辅酶 A 的过程中所丢失的 CO_2。再加上光合作用产生的能量，这个途径使得脂肪酸生物合成的过程具有更高的碳效率。

13.10 糖调控的基因表达

代谢产物能够作为酶活性的变构调控因子。除了它们在新陈代谢和代谢调节中的作用以外，糖类也能作为信号，调控细胞活性，如基因的转录、蛋白质的稳定性、蛋白激酶的活性。这对于细胞或组织的生长与新陈代谢和碳源的可利用性相耦合非常重要。

在简单的生物系统中，已经对糖感知进行了大量的研究工作。例如，在大肠杆菌中，生长培养基中乳糖的存在会导致乳糖代谢相关基因的表达。在酿酒酵母（*Saccharomyces cerevisiae*）中，生长培养基中葡萄糖的存在会抑制代谢其他碳源所需的基因的表达。在植物中，情况就更为复杂，因为糖类是在内部经过光合作用产生的。因此，糖类不仅在发育的组织中会增加，而且在成熟的组织中，光合作用也必须对糖的可利用性做出回应。

13.10.1 光合作用是由糖类调控的，同时己糖激酶 1 作为葡萄糖感应器

植物中，对于糖感知的早期研究集中在过量的

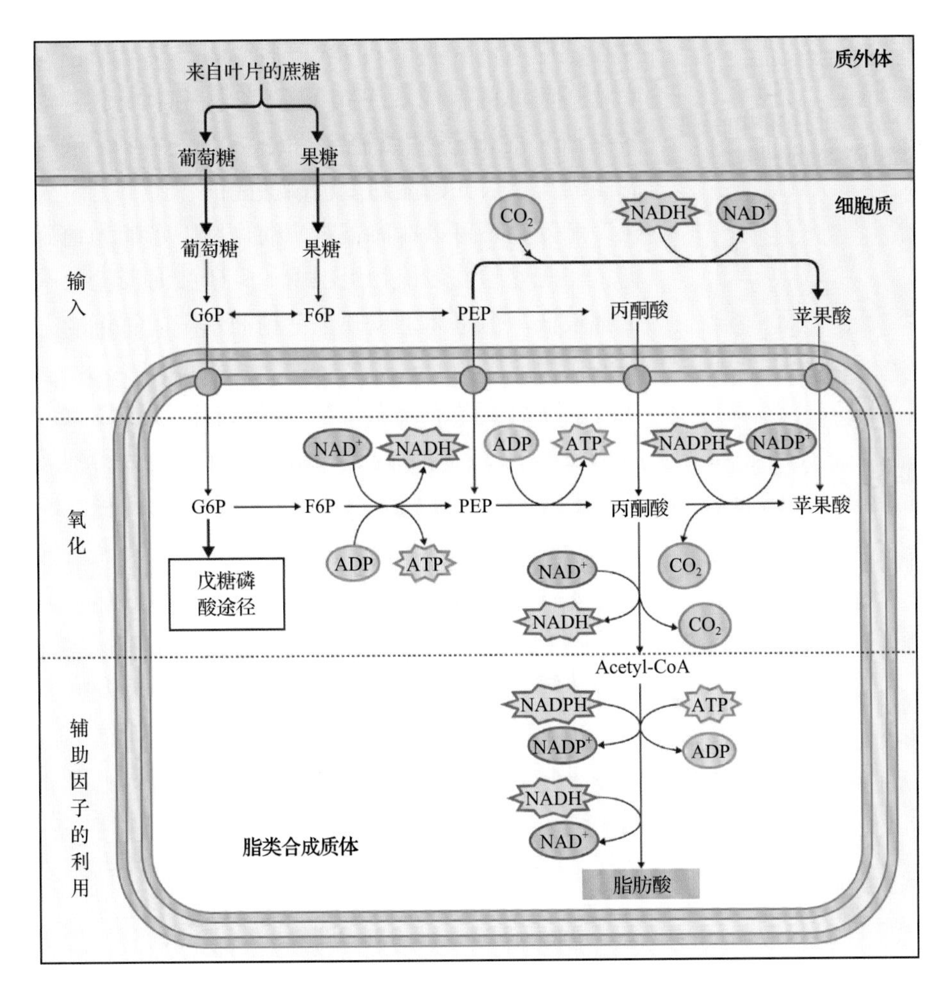

图 13.38 储存脂类的种子在进行脂类合成的质体里，利用光同化作用为脂肪酸的合成提供辅助因子。在无色质体里，糖酵解酶、依赖于 NADPH 的苹果酸酶、丙酮酸脱氢酶不仅为脂肪酸的生物合成提供碳源，而且还提供 ATP、NADH、NADPH 等辅助因子。G6P，6- 磷酸葡萄糖；F6P，6- 磷酸果糖；PEP，磷酸烯醇式丙酮酸

糖类对于光合作用的抑制方面。提供外源性的糖，或者阻断光合产物的输出，在完全展开的源叶中会引起糖的积累。这导致叶绿素含量的减少和**卡尔文**循环中酶活性的降低，但也会有一个淀粉的积累。基因表达研究显示，由于光合作用的基因被高浓度的糖所抑制，参与碳存储的相关基因被诱导。随后的全基因组研究显示，糖水平的变化在调控数千个基因方面发挥了重要作用。虽然关于糖受体和随后的信号转导途径，还有许多有待发现，但目前一些糖感应的机制已经被提出。在研究糖感应方面一个主要的困难是这样一个事实，即最初的信号事件（即感应特定糖水平的变化）能够与因代谢而产生的糖水平变化的后果相混淆，这也可能通过其他下游机制影响细胞的活性。理论上，这两种不同的影响应该彼此区分开来。

已经被使用的一个方法，就是利用拟南芥对高水平的外源性糖的反应作为遗传筛选的基础。例如，高水平的葡萄糖会抑制幼苗萌发后的生长。对葡萄糖不敏感（*gin*）和葡萄糖敏感（*glo*）突变体的分离，可以分别降低或提高生长抑制，有助于确定参与糖感知和信号转导的相关蛋白质（图 13.39）。由于一些激素反应突变体也表现出对糖变化的反应，这些筛选也强调了糖信号与植物激素信号（如生长素、ABA 和乙烯；见第 7 章）之间的整合程度。

己糖激酶 1（HXK1）是直接的葡萄糖感知的良好候选物，其酶功能是利用 ATP 磷酸化葡萄糖和果糖（见反应 13.23）。在 HXK1 缺失的突变体中，会有一个 *gin* 的表型，这既有可能是信号丢失的结果，也可能是丧失代谢葡萄糖能力的结果。然而，三条证据表明 HXK1 是一个真正的信号蛋白。第一，*hxk1* 突变体仍旧具有由其他同工酶提供的己糖激酶的活性。第二，在 *hxk1* 突变体中引入一个无催化活性形式的 *hxk1*，会恢复葡萄糖敏感性，表明葡萄糖敏感性与葡萄糖磷酸化可以被解偶联。第三，HXK1 蛋白的一小部分，能够在核中找到“替代”，在多蛋白复合物中与转录调节因子相关。

还有一些证据显示，除葡萄糖以外的糖类也可以在植物中被感知（如蔗糖和果糖），不同的营养物质和代谢类别也是如此。而且，对一个特定的糖可以存在多种信号转导机制，就像 HXK1 的信号转导不能解释所有对葡萄糖的反应除己糖激酶外，其他类型的蛋白质也被推测是**糖信号**的受体。这些蛋白质包括其他的酶类、膜受体，以及位于质膜上的激活细胞质信号通路的特殊的糖转运蛋白。核蛋白具有 DNA 结合结构域和酶样结构域，也推测在对糖的反应上直接调控了基因的表达（见信息栏 13.2）。

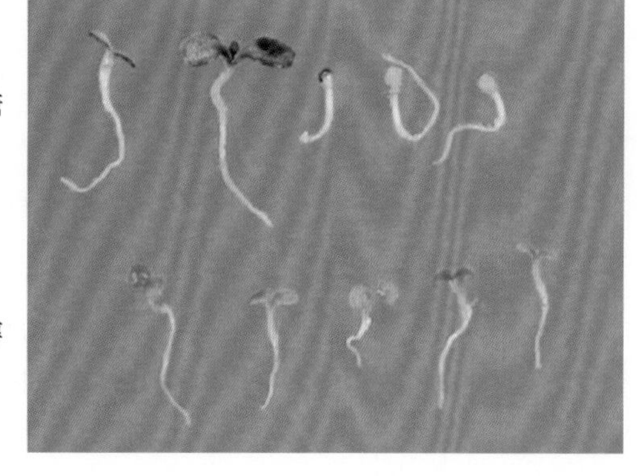

图 13.39 利用外源性糖发现糖感知机制。对拟南芥幼苗施以 6% 的葡糖糖，会引起萌发后的发育停滞和子叶不绿（左）。利用这个表型作为遗传筛选的基础，导致发现了葡萄糖不敏感突变体（*gin*），它在 6% 葡萄糖存在时依然发育出绿色的子叶。*gin2* 突变体己糖激酶（HXK1）缺失，这个酶可以利用 ATP 使葡萄糖磷酸化生成 6- 磷酸葡萄糖。用野生型 HXK1 蛋白或缺乏催化活性的突变蛋白转化 *gin2* 突变体，会回复葡萄糖敏感性。这表明是这个蛋白质本身，而不是它的催化活性对葡萄糖信号做出反应。甘露醇不能被幼苗利用，因此作为对照。来源：根据 Moore et al.（2003）. Science 300: 332-336

13.10.2 6- 磷酸海藻糖是一个参与了生长调控的信号代谢物

蔗糖可以直接被检测到，也可以通过合成信号代谢物 **6- 磷酸海藻糖**间接地被检测到（图 13.40）。海藻糖是一个由 α-1，1 糖苷键连接葡萄糖基的二糖（见图 13.10），在自然界中分布广泛，在很多细菌、菌类和无脊椎动物中是主要的糖。在植物中，海藻糖的生物合成起初被认为只限于数量有限的干旱物种，在这些物种中，海藻糖的高度积累有助于赋予脱水生物忍受延长的干燥期的能力。然而，现在已经很清楚，即便不是所有的植物，在许多植物都有合成和降解海藻糖的能力，生物合成中间体 6- 磷酸海藻糖而并非海藻糖本身，是生物活性信号化合物。

海藻糖的合成途径与蔗糖合成途径（图 13.40）相似的地方是，它的合成在细胞质，并利用 UDP- 葡萄糖和磷酸己糖作为底物（蔗糖的合成利用 6- 磷酸葡萄糖而不是 6- 磷酸果糖）。在**磷酸海藻糖合酶**的作用下生成 6- 磷酸海藻糖，然后在**磷酸海藻糖磷酸酶**的作用下去磷酸化。海藻糖还可以在海藻糖酶的作用下水解为葡萄糖。在研究的许多植物组织中，6- 磷酸海藻糖的水平都很低，但总体上反映了蔗糖的水平，有可能充当替代物，代替了蔗糖本身。

阻断海藻糖的代谢，会对植物的生长和发育产生重要影响。这可以通过拟南芥 *tps1* 突变体得到最清晰的说明，此突变体不能生成 6- 磷酸海藻糖。纯合的 *tps1* 种子表现出胚发育的停滞，即使有充足的碳水化合物可用于生长。这个表型能够通过在一个化学诱导型启动子下 *TPS1* 基因的表达得到回复，但当从生长的莲座叶去除诱导物时，会强烈影响生长，并延迟开花（图 13.40）。另一个惊人的例子是玉米（*Zea mays*）*RAMOSA3* 位点突变的影响，此基因编码一个磷酸海藻糖磷酸酶的同工酶。突变株在开花时，其花序结构表现出明显异常（图 13.40）。

研究人员正在尝试通过抑制一类保守的真核蛋白激酶的作用，探索 6- 磷酸海藻糖介导其影响的机制。植物中的 SnRK1 蛋白激酶与酵母中的 Snf1（sucrose nonfermenting 1）蛋白激酶及哺乳动物中的

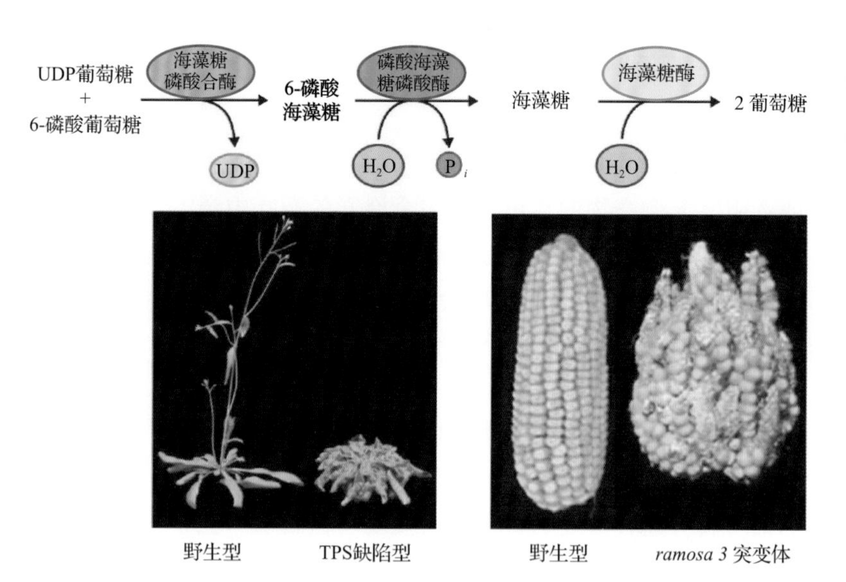

图 13.40 植物海藻糖代谢和信号转导。海藻糖是通过海藻糖磷酸合酶（TPS）和磷酸海藻糖磷酸酶（TPP）的作用，由 UDP- 葡萄糖和 6- 磷酸葡萄糖合成的。海藻糖能够被海藻糖酶（TRE）水解而返回到组成它的葡萄糖单体成分。最近这些年，越来越多的证据显示，6- 磷酸海藻糖是一个重要的影响植物发育的信号，以玉米（*Zea mays*）*ramosa 3* 突变体的花序表型为例，它缺少 TPP 同工酶（右下），拟南芥植株晚花的表型是由于 TPS 活性的缺失（左下）。来源：来自 Ponnu et al.（2011）. Frontiers Plant Sci. 2: 70; Satoh-Nagasawa et al（2006）. Nature 441: 227-230

AMP 激活的蛋白激酶（AMPK）同源，它们是至关重要的代谢和能量平衡调节器。在植物中，SnRK1 通过磷酸化和使中心代谢的酶失活（例如，3- 羟甲基 3- 二酰 - 辅酶 A 还原酶、磷酸蔗糖合成酶和硝酸还原酶）控制能量消耗的过程。它还通过协调转录的重编程抑制参与生物合成反应的基因，同时诱导那些参与营养元素活化的基因表达，协调转录的重编程。

糖信号转导，或者是一般意义上的营养感知，一般来说，仍旧处于研究的前沿，在未来的几年里，将提高我们对于光合作用、矿物营养的获取和生长之间联系的理解。

小结

这一章介绍了植物糖代谢的复杂性和独特性，重点是光合代谢及其主要产物——蔗糖和淀粉。鉴于植物界的多样性，任何这样的章节都将是不完整的。例如，有些植物的叶片中，叶绿体根本不合成淀粉，但是却在液泡中积累果聚糖。遗憾的是，这里并不能覆盖所有的代谢途径。

植物中的糖代谢不同于其他生物的最重要的一点，是植物在细胞质和质体两个部位进行糖代谢，而绝大多数生物合成的活动是在质体中进行的。植物细胞的这个特性对于糖代谢途径的组织和调节有一个主要影响。也就是说，细胞质和质体中的糖代谢途径通过位于质体被膜上的一系列代谢转运蛋白相联系。而且，所有的植物组织都含有质体，每种质体类型都含有一组不同的载体蛋白代谢及补充系统，能反映出该细胞器内所进行的生物合成的性质。糖代谢的全面调控与所有的转运蛋白活动相联系。例如，磷酸己糖转运蛋白——叶绿体膜上最主要的蛋白质，它催化光合作用产生的糖大量外流——在糖酵解反应的过程中将细胞质与质体基质连接起来。因此，植物中糖酵解的调控与动物中的明显不同，也就不足为奇了。

虽然新陈代谢被描绘为许多独立的途径，但这些途径之间是有密切联系的。代谢中间体库通常由几个代谢途径共享，代谢物的流向决定于细胞的需求，能够发生戏剧性的变化（例如，会根据叶片中光照的可利用性发生变化）。也有一个趋势倾向于将植物组织视为同质的，然而实际上植物组织包含有很多不同的细胞类型，所有这些细胞有着不同的代谢。也许叶片中只有大约 1/3 的细胞是大型栅栏细胞和海绵状叶肉细胞，多数是更小的存在于脉管系统和表皮的细胞。也许细胞间对比的一个很好的例子是栅栏组织细胞和气孔保卫细胞中的叶绿体淀粉的代谢。在栅栏组织细胞中，淀粉是在白天通过碳同化合成的，在夜晚降解，然而，在气孔保卫细胞中事实是相反的：淀粉在白天降解，为增加细胞的膨胀提供溶质，帮助气孔开孔。之后，再合成淀粉，可能有助于螯合这些溶质并帮助气孔关闭。

植物代谢的另外一个关键特点是它的灵活度——有些时候这种灵活度会给植物代谢研究带来困难和困惑，但是最终是有趣的。这种灵活性在演化中的主要动力是这样一个事实，即植物是固着的，必须忍受外部环境的极端变化。这应该可以解释为什么有时有多个酶可以催化某一途径中的同一步反应，以及为什么部分酶似乎绕过了糖代谢中的主要反应。

对于那些读完这一章，并且希望更加深入地了解植物糖代谢和其调控机制及代谢信号转导途径的读者，在他们面前有很多可以研究的课题。今天，利用遗传学、生物化学、细胞生物学和系统学方法的组合去研究植物已经成为可能，将会告诉我们植物是怎样制造社会所依赖的产品的。

（董春霞　郑正高　译，赵进东　校）

第 14 章 呼吸与光呼吸

A. Harvey Millar, James N. Siedow, David Day

导言

第 12、13 章中我们讲述了植物怎样利用光能把碳源同化成糖类和淀粉，以及这些分子怎样降解、转变成有机酸和其他化合物。在这一章里，我们将讨论有氧呼吸作用，包括这些化合物在线粒体中进一步氧化成 CO_2 和 H_2O 的过程，以及氧化磷酸化，即在呼吸作用中能量以 ATP 形式释放的过程。本章还将讨论植物如何在维持呼吸速率的情况下，使 ATP 产率最小化，以对抗环境压力。最后我们将讨论底物在线粒体内膜的穿梭和线粒体与其他细胞区室的相互作用。

除了有氧呼吸作用外，在许多植物的叶片中还有另一种呼吸作用——光呼吸。它依赖光，吸收 O_2 并释放 CO_2。O_2 的吸收是叶绿体中 Rubisco（**核酮糖-1,5-二磷酸羧化酶/加氧酶，ribulose bisphosphate carboxylase oxygenase**）加氧反应的结果，该过程同时产生磷酸乙醇酸。磷酸乙醇酸的代谢涉及叶绿体、过氧化物酶体和线粒体之间复杂的相互作用，并最终释放 CO_2。虽然光呼吸会影响植物的碳源，进而影响生长，但在绝大多数植物中，这一反应是 CO_2 固定过程中不可避免的副反应。有些植物已经演化了一些特殊的解剖学上的和生化上的特征，尽量使这个氧化反应最小化，像 C_4 植物和 CAM（景天酸代谢，crassulacean acid metabolism）植物，它们的光呼吸速率非常低。

14.1 呼吸概论

有氧呼吸作用（**aerobic respiration**）是将还原性有机底物逐步氧化成 CO_2 和 H_2O 的过程。几乎所有的真核生物都进行有氧呼吸。许多化合物都可作为呼吸作用的底物，包括糖类、脂肪、蛋白质、氨基酸和有机酸。呼吸作用释放的大量自由能通常由 ATP 分子的酸酐键储存。储存的化学能驱动各种代谢反应，包括植物生长、发育和维持生存。此外，呼吸作用途径中的各种代谢中间物，还可作为合成核酸、氨基酸、脂肪酸和许多次生代谢物的底物。植物的呼吸作用除了基本的过程与其他真核生物一样外，还有几个比较独特的特征。这些改变是植物长期演化的结果，以适应特殊的环境和代谢需要。

14.1.1 植物线粒体外膜和内膜将其分成四个功能区

线粒体（**mitochondrion**）是真核生物呼吸作用的基本细胞器。在电镜结果中，植物线粒体呈球状或杆状，直径约 0.5 ～ 1.0μm，长约 1 ～ 3μm，但是在活细胞中的线粒体荧光成像显示其达到 10μm，或者是更长的非连续网状结构，这种结构还在不断融合和分裂，处于动态变化过程中（图 14.1A）。每个植物细胞所含的线粒体的数目并不确定，主要与植物各组织的代谢状况有关。但同一类细胞在不同发展阶段，单位体积的细胞质所含的线粒体数目基本维持不变。例如，玉米幼苗根冠的每个小细胞含大约 200 个线粒体，而成熟的根尖细胞每个含大约 2000 个线粒体。在代谢旺盛的细胞中，如韧皮部的伴胞、分泌细胞和传递细胞等，线粒体能占细胞内体积的很大一部分（最高达 20%）。而一些单细胞藻类中（如衣藻），每个细胞中仅含几个线粒体。除了一些特殊的细胞（如上面提到的代谢旺盛的细胞），绝大多数已知的植物细胞所含线粒体的密度要比一般动物细胞低，但从植物中分离的线粒体的呼吸速率通常要比动物中线粒体的高。

线粒体含有两层膜，由此将线粒体分成四个部分：**外膜（outer membrane）**；高度内陷的**内膜（inner membrane）**；两膜之间的部分，即**膜间间隙（inter membrane space）**；内膜所包的水相，即线粒体基质（图 14.1B）。内膜的内陷部分称为**嵴（cristae）**，在电子显微镜下观察，嵴呈囊状（图 14.1C）。嵴的膜结构和其中的蛋白质组成都是特异的，其与内膜的接触点被称为**嵴交接点（junction point）**（图 14.1D）。内膜是非通透性的，只有在有转运载体存在的条件下，代谢产物才能在细胞质、嵴间间隙和线粒体基质间转运。而外膜是通透性的，能通过小于 10kDa 的分子。这种通透性与**孔蛋白（porin）**的存在有关。在一些非植物细胞中，孔蛋白通道的开关是受电压和电压门离子通道（voltage-gated anion channel，VDAC）控制的（见第 3 章）。

线粒体演化的起源、它们作为一个含有 DNA 并且能合成自身组成蛋白的这种半自主的细胞器的状态、线粒体的分裂详见第 1 章。

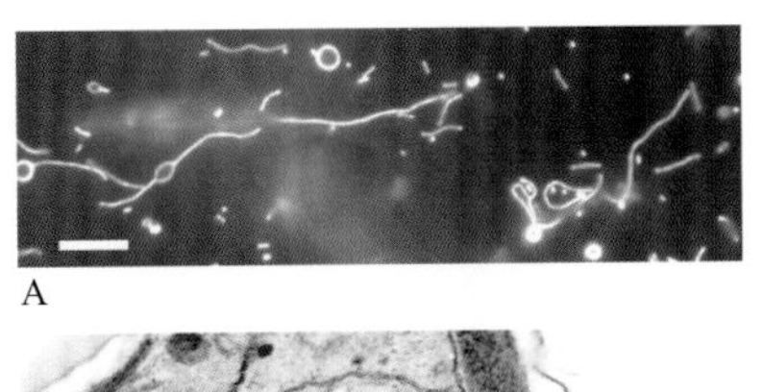
A

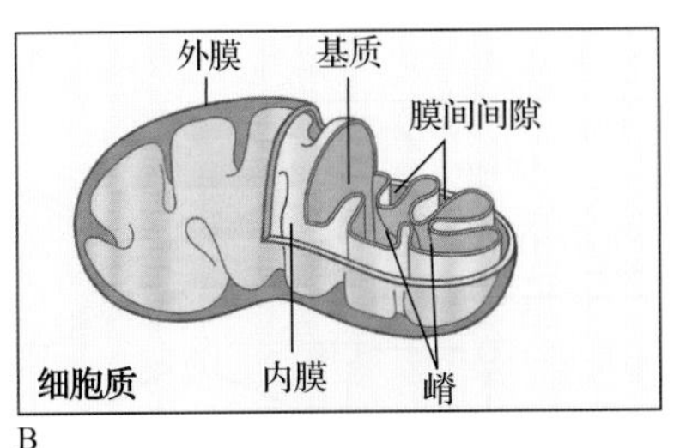

B

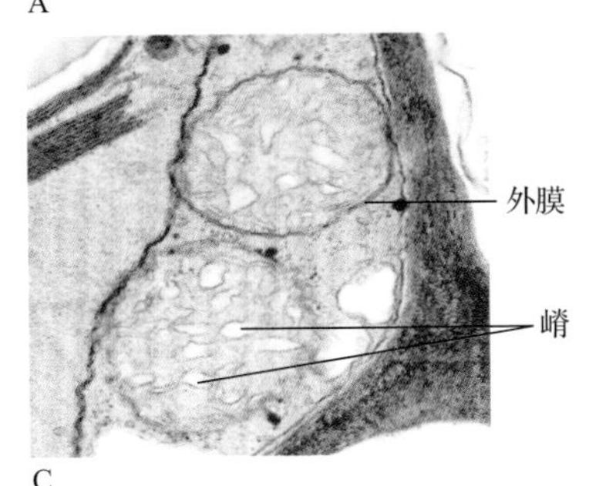

C

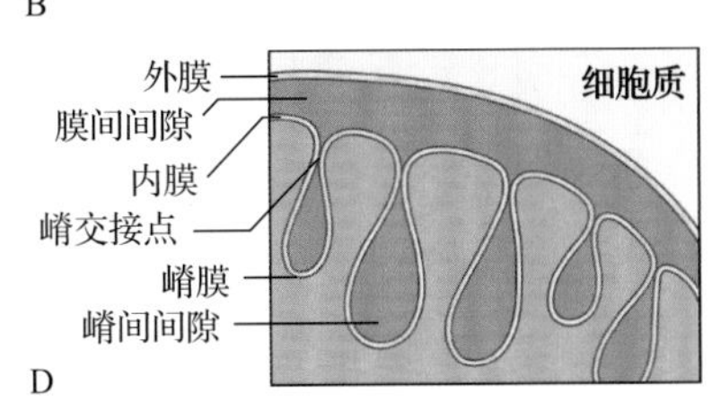

D

图 14.1 线粒体结构。A. 用 GFP 标记的拟南芥叶片表皮细胞中线粒体结构的荧光图像。B. 植物线粒体膜结构示意图。外膜含孔形成蛋白（孔蛋白），可通透 10kDa 以下的分子。高度折叠内膜含线粒体的电子传递链和 ATP 合成酶，是非通透性的。两膜之间的空间，称为膜间间隙。内膜包围的部分是基质，含线粒体基因组、三羧酸循环有关的酶和线粒体蛋白合成有关的酶。C. 植物线粒体的薄层切片电子显微镜图片，显示了高度折叠的内膜结构（嵴）和外周的外膜。D. 线粒体外膜与内膜细节。来源：图 A 来源于 Logan, Universié d'Angers, France; unpublished；图 C 来源于 Wiser, University of Wisconsin, Oshkosh; unpublished

14.1.2 呼吸作用的主要产物是 CO_2、H_2O 和储藏自由能的 ATP

虽然许多化合物都可作为呼吸作用的底物，但植物呼吸作用的主要底物是光合作用产生的蔗糖和淀粉。以蔗糖作为底物为例，有氧呼吸全过程的化学方程式如下：

反应 14.1：蔗糖的有氧呼吸

$$C_{12}H_{22}O_{11}+12O_2+13H_2O \rightarrow 12CO_2+24H_2O$$

这个反应是与光合作用相反的过程。它偶联了一对氧化还原反应，蔗糖被完全氧化成 CO_2，而作为电子最终受体的 O_2 被还原成水（图 14.2）。这个放能反应的标准自由能变化（$\Delta G^{o\prime}$）为 $-5764kJ \cdot mol^{-1}$。这些能量被用于驱动生成 ATP。

呼吸作用的三步反应——**糖酵解（glycolysis）**、**三羧酸循环（citric acid cycle）**和**电子传递 / 氧化磷酸化（electron transfer/oxidative phosphorylation）**，发生在不同的亚细胞部位。糖酵解发生于细胞质中，涉及一系列可溶性的酶。此反应中，一个蔗糖先被降解成两个己糖，再继续降解成四个三碳化合物（即丙酮酸）。这个非完全氧化反应产生还原性辅酶 NADH（图 14.3）和 65 个 ATP。三羧酸循环发生在线粒体基质中，此过程将丙酮酸完全氧化成 CO_2；电子被传递给 NAD^+ 和另一个辅酶 FAD

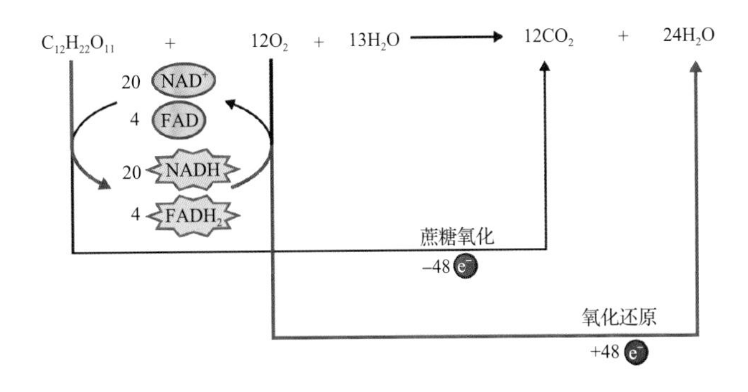

图 14.2 呼吸作用氧化还原反应。糖类氧化成 CO_2 的反应与 O_2 还原成 H_2O 的反应是偶联在一起的。此反应释放的自由能将用来合成 ATP

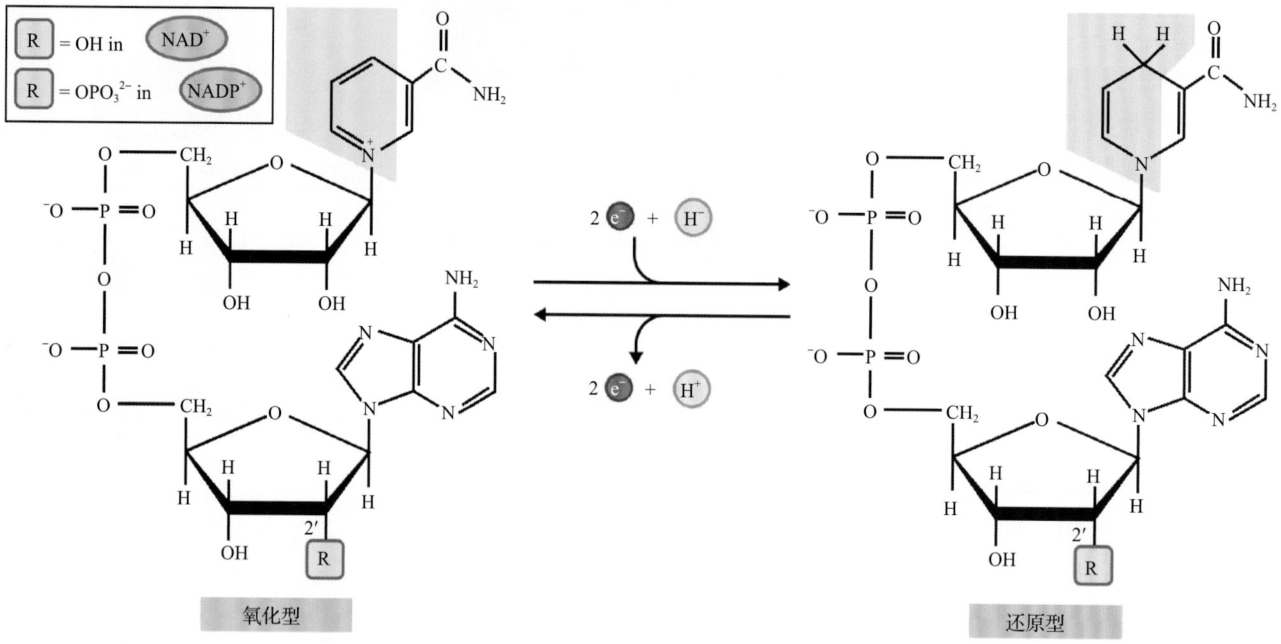

图 14.3　烟酰胺腺嘌呤二核苷酸（NAD^+）的结构和氧化还原反应。氧化型 NAD^+ 的烟酰胺部分获得两个电子和一个质子生成还原型的 NADH。$NADP^+$ 比 NAD^+ 在核糖的 2′- 羧基上多了一个磷酸基因（见图中的 R 基团）

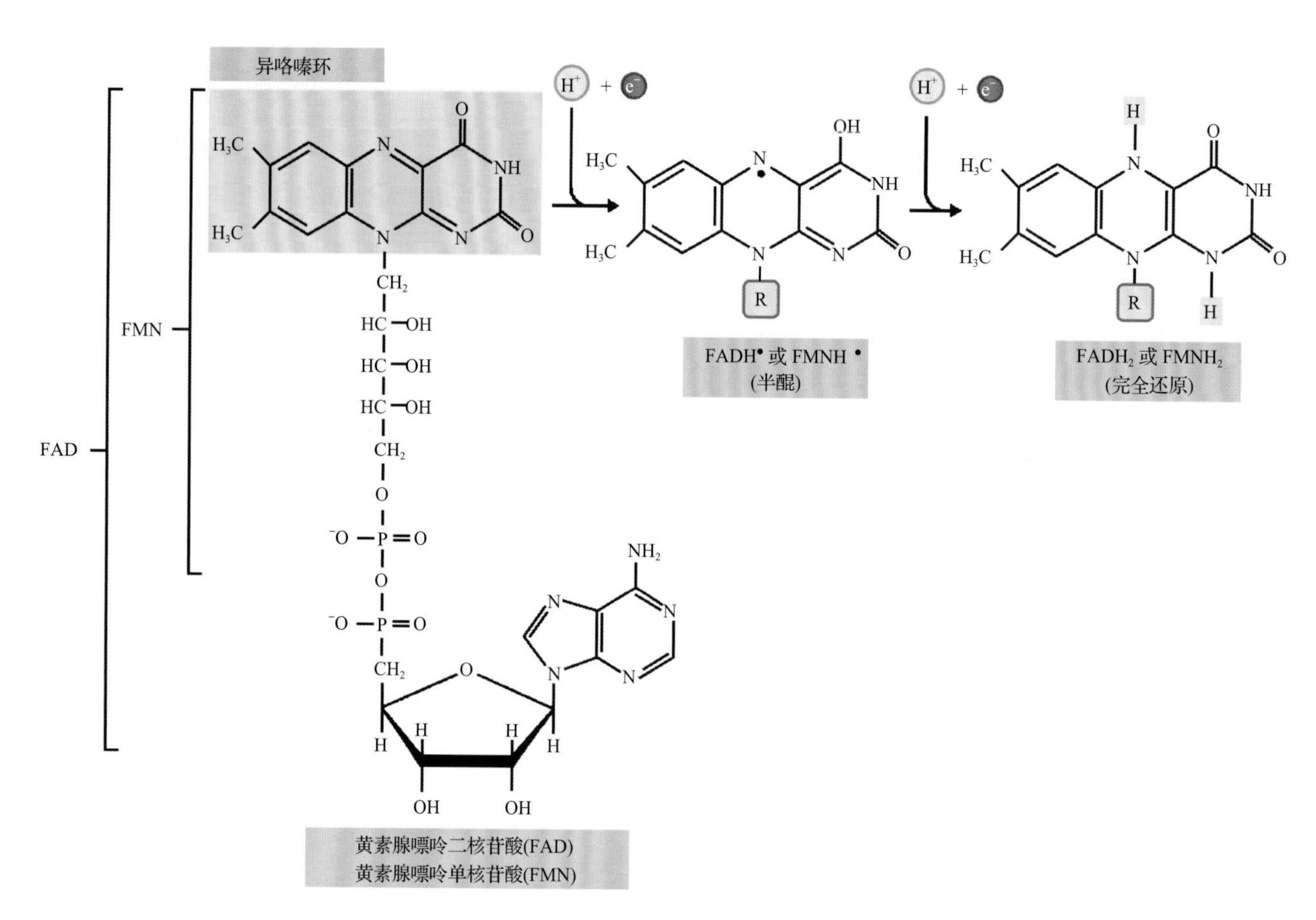

图 14.4　黄素辅酶，即黄素腺嘌呤二核苷酸（FAD）和黄素单核苷酸（FMN）的结构及氧化还原反应。FAD 和 FMN 的氧还活性部位异咯嗪环是一样的，而它所带的取代基 R 基因则不同。FAD 或 FMN 得一个电子和一个质子后在形成一个半醌（FADH˙ 或 FMNH˙），然而再得一个电子和一个质子，生成完全还原型的 $FADH_2$ 或 $FMNH_2$

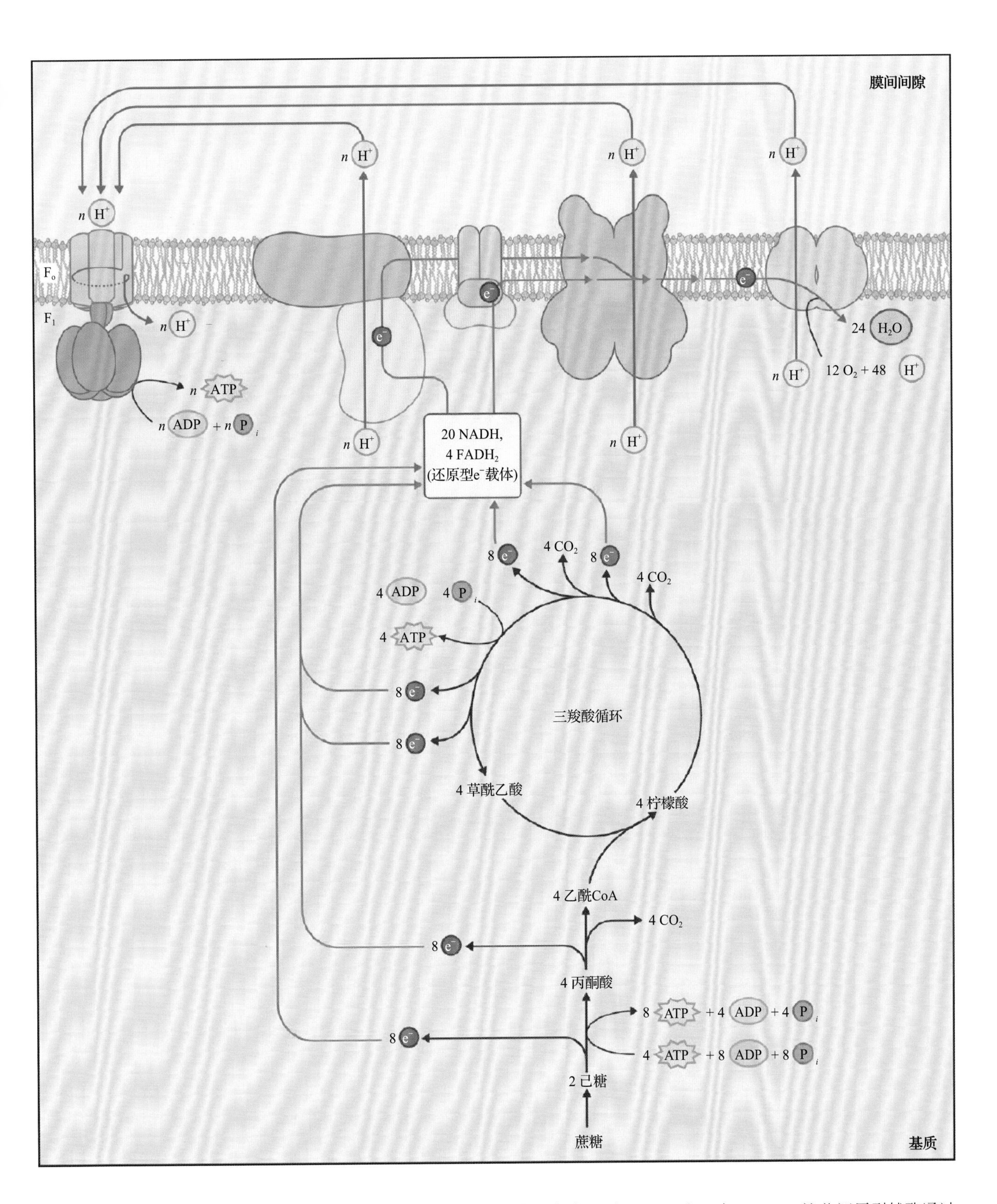

图 14.5 线粒体中氧化磷酸化机制。糖酵解和三羧酸循环产生的电子生成 20 个 NADH 和 4 个 $FADH_2$。这些还原型辅酶通过线粒体的电子传递链被氧化。氧化产生的自由能驱使质子穿过线粒体内膜从基质向膜间间隙转移，从而在内膜两边产生质子电化学梯度（$\Delta\mu_{H^+}$）。质子通过 ATP 合酶的 F_0 质子通道不断流回基质，产生自由能。在线粒体基质中，这些自由能被 ATP 合酶的催化活性部分 F_1 用于 ATP 的合成。H^+ 净传递与 ATP 合成的效率会有所差异，详见表 14.1 和 14.4.3 节

（图 14.4），生成 NADH 和 $FADH_2$。三羧酸循环也能直接磷酸化 ADP，产生 ATP（图 14.5；表 14.1）。最后，在线粒体的内膜上，糖酵解和三羧酸循环产生的还原性辅酶会被氧化。电子通过一系列电子传递蛋白，最终传递给 O_2，生成 H_2O。电子传递过程中产生的大量能量，将驱使线粒体内膜两边产生质子电化学梯度（$\Delta\mu_{H^+}$）。然后通过氧化磷酸化过程（图 14.5；表 14.1），膜两侧积累的质子电化学梯度可以驱动 ATP 的合成。值得注意的是，并非每个蔗糖分子或者淀粉的 C_6 单位都通过糖酵解和三羧酸循环被完全氧化。这两个途径中的许多中间产物是合成其他重要细胞化合物的底物（图 14.6）。

表 14.1　蔗糖氧化的化学计量关系

代谢途径	底物	产物	ATP 产生量
糖酵解	1 蔗糖	4 丙酮酸	
	4 ADP+4 P_i	4 ATP	4
	4 NAD^+（胞质）	4 NADH（胞质）	
三羧酸循环	4 丙酮酸	12 CO_2	
	4 ADP+4 P_i	4 ATP	4
	16 NAD^+（线粒体）	16 NADH（线粒体）	
	4 FAD	4 $FADH_2$	
氧化磷酸化	12 O_2	24 H_2O	
	4 NADH（胞质）	4 NAD^+（胞质）	6 ~ 10[a,b]
	16 NADH（线粒体）	16 NAD^+（线粒体）	40[b]
	4 $FADH_2$	4 FAD	6[b]
ATP 净产量			60 ~ 64[ab]

a 内膜外侧的 NADH 脱氢酶（见 14.3.4 节）氧化胞质的 NADH 所产生的 ATP 与线粒体氧化 $FADH_2$ 一样。但如果胞质的 NADH 经苹果酸 - 天冬氨酸穿梭器输入线粒体（见图 14.36），则所产生的 ATP 与线粒体内的 NADH 相同。

b 假设氧化 1 分子线粒体 NADH 可合成 2.5ATP，氧化 1 分子 $FADH_2$ 可合成 1.5ATP（见 14.4.3 节）。

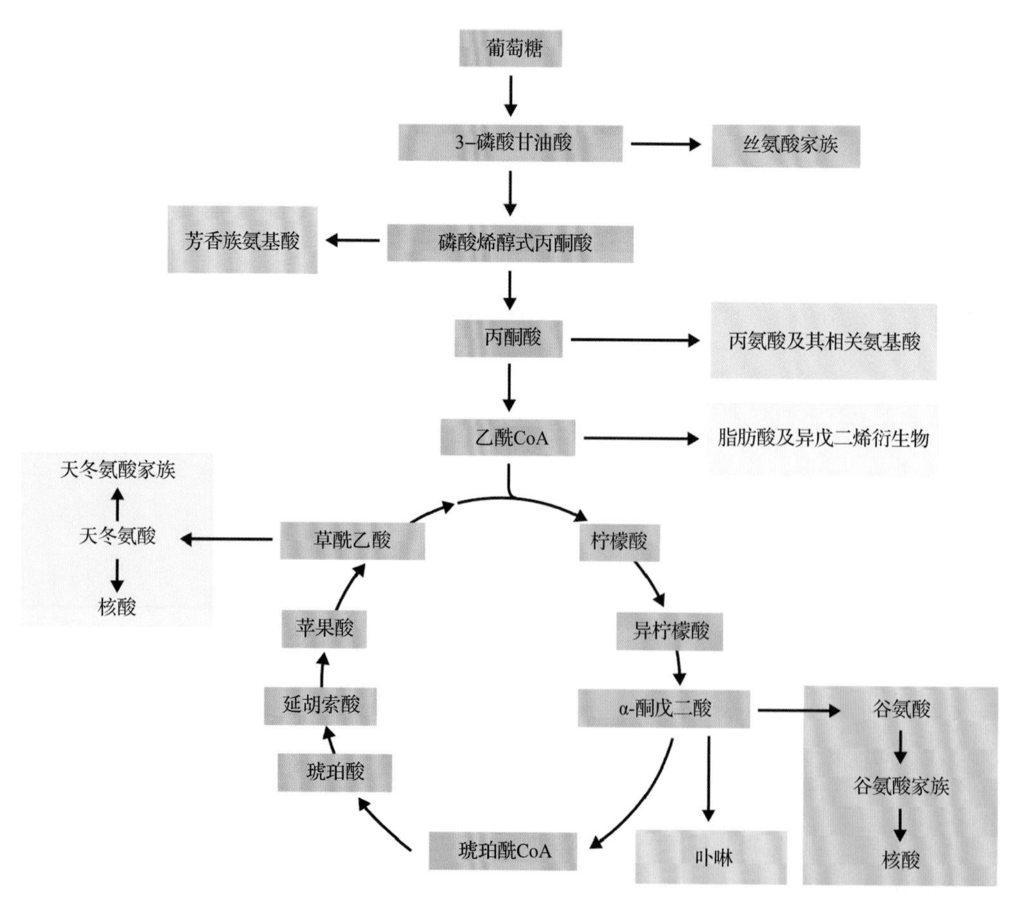

图 14.6　糖酵解和三羧酸循环产生的中间产物可作为许多植物生化合成途径的底物。用于氨基酸、脂类、核酸、卟啉、细胞壁糖类和其他许多重要植物细胞化合物合成的中间产物主要来自糖酵解和三羧酸循环

14.2 三羧酸循环

三羧酸循环，又称柠檬酸循环或者 Krebs 循环（因它的发现者是 Hans Krebs），将电子从有机酸转移给氧化型辅酶 NAD^+ 和 FAD，形成 NADH 和 $FADH_2$。

14.2.1 细胞质内生成的产物被转运到线粒体内参与三羧酸循环

植物细胞质中有三个能以磷酸烯醇式丙酮酸（PEP）作为底物的酶，它们的活性决定了糖酵解生成最终产物的形式。其中，丙酮酸激酶和 PEP 磷酸酶催化导致丙酮酸形成；PEP 羧化酶催化形成草酸乙酸（OAA）（图 14.7）。丙酮酸能直接进入线粒体。草酸乙酸可以直接进入线粒体，也可通过细胞质内的苹果酸脱氢酶先还原成苹果酸。草酸乙酸在细胞质中的还原反应，为糖酵解过程中甘油醛-3-磷酸脱氢酶产生的 NADH（见第 13 章）提供了一个线粒体外的、非发酵的氧化途径。

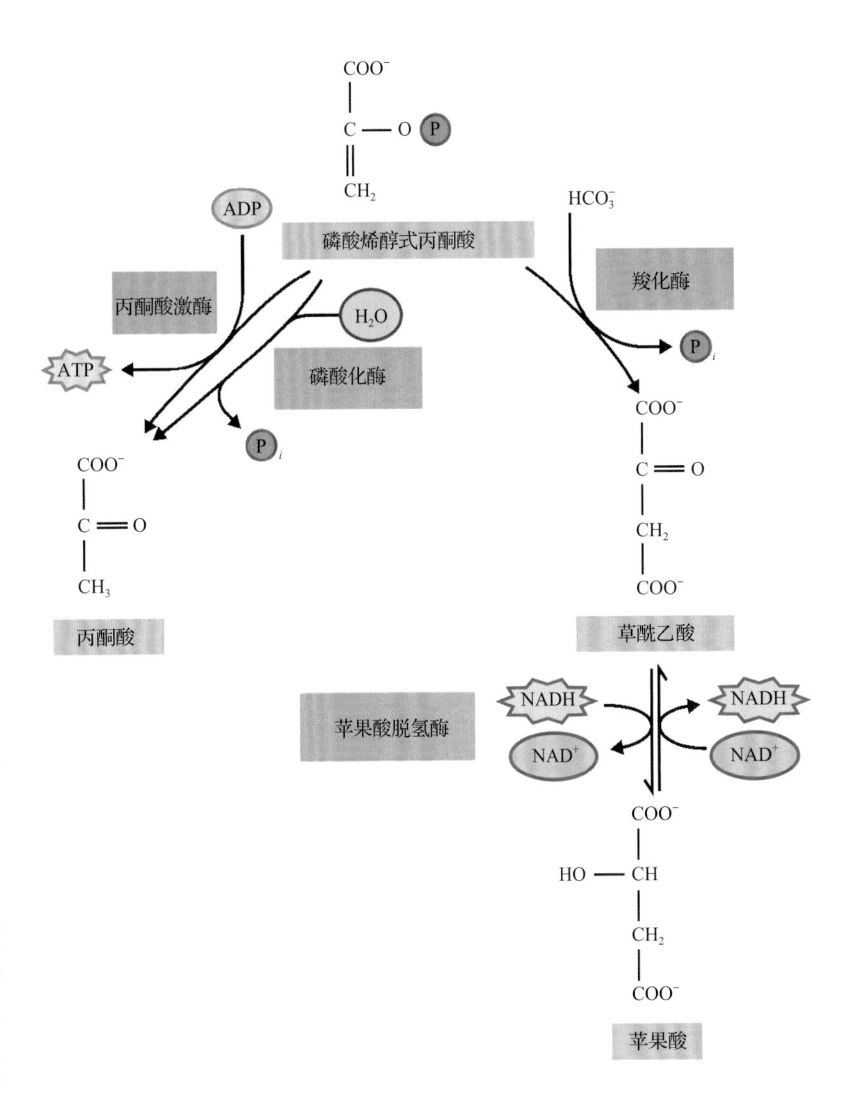

图 14.7 植物呼吸作用中磷酸烯醇式丙酮酸（PEP）转化成丙酮酸或者苹果酸。PEP 通过丙酮酸激酶转化成丙酮酸，同时生成一个 ATP。PEP 磷酸酶能绕过 ATP 合成步骤，释放无机磷。此外，在 PEP 羧化酶催化下，PEP 能与 HCO_3^- 反应，生成磷酸盐和 C_4 产物草酰乙酸（OAA）。在苹果酸脱氢酶作用下，OAA 被 NADH 还原成苹果酸。通过固定在线粒体内膜上的转运载体，丙酮酸和苹果酸被转运到线粒体内（见图 14.36）

线粒体内膜上有苹果酸和丙酮酸的转运载体（见 14.7.1 节）。苹果酸一旦进入基质，就会通过两个酶被氧化：一个是线粒体内的苹果酸脱氢酶的同工酶，生成草酰乙酸和 NADH；另一个是 NAD^+- 苹果酸酶，生成丙酮酸、CO_2 和 NADH（图 14.8）。因此，将苹果酸从细胞质转运入线粒体的同时也输入了还原力。苹果酸脱氢酶和 NAD^+ 依赖的苹果酸酶增强了代谢的灵活性，允许植物在其不同组织中特异性地调节三羧酸循环。

14.2.2 丙酮酸通过丙酮酸脱氢酶复合体进入三羧酸循环

丙酮酸在进入三羧酸循环之前，先经丙酮酸脱氢酶复合体氧化脱羧生成 CO_2、乙酰 CoA 和 NADH。丙酮酸脱氢酶复合体是联系糖酵解与三羧酸循环之间的纽带，它需要结合辅酶硫胺素焦磷酸（TPP）、硫辛酸、FAD、游离的辅酶 A（CoASH）和 NAD^+ 才有活性。这个复合体由三个酶组成：丙酮酸脱氢酶、二氢硫辛酸转乙酰酶和二氢硫辛酸脱氢酶（图 14.9）。

精致复杂的调控机制控制着丙酮酸脱氢酶复合体的活性。除了被其产物 NADH 和乙酰 CoA 反馈抑制外，丙酮酸脱氢酶的调控主要通过激酶和磷酸酶的磷酸化及去磷酸化作用完成。依赖 ATP 的磷酸化作用（激酶）抑制此脱氢酶活性，并在丙酮酸脱氢酶磷酸酶的去磷酸化作用下恢复其活性（图 14.10）。当丙酮酸抑制这个蛋白激酶，即底物充足时，丙酮酸脱氢酶活性被激活。另一方面，铵离子激活蛋白激酶活性，因而抑制丙酮酸氧化（见 14.7.6 节）。

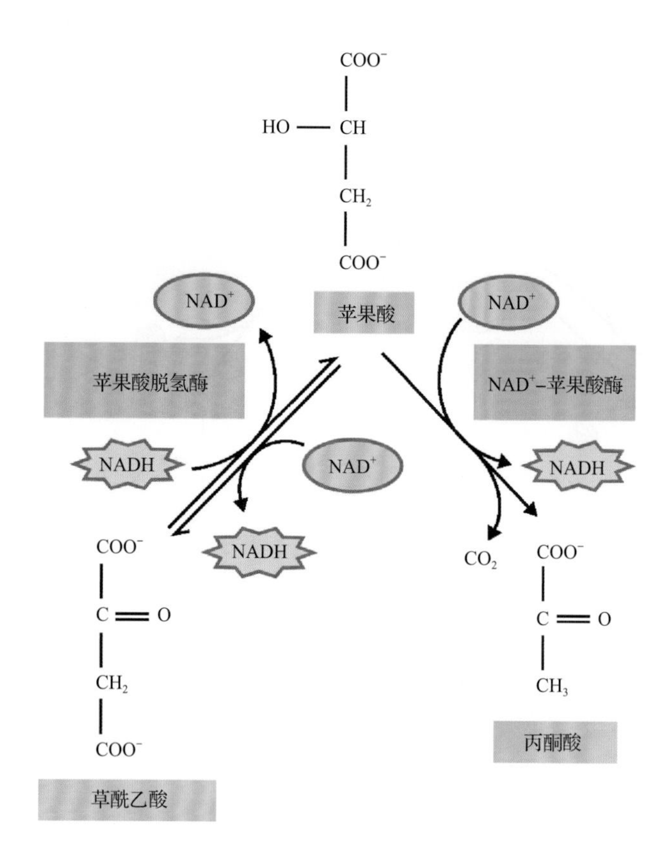

图 14.8 植物线粒体中苹果酸氧化的两条途径。苹果酸一旦进入线粒体，或者被苹果酸脱氢酶氧化成 OAA 并还原 NAD^+ 生成 NADH；或者被 NAD^+- 苹果酸酶氧化脱羧生成丙酮酸和 CO_2，并还原 NAD^+ 成 NADH。这两个酶都在线粒体基质中

14.2.3 三羧酸循环生成 CO_2 和 ATP

三羧酸循环开始于乙酰 CoA 和草酸乙酸在柠檬酸合酶催化下生成 C_6 分子柠檬酸和游离的 CoASH（图 14.11）。柠檬酸在顺乌头酸酶作用下异构化成异柠檬酸。异柠檬酸然后在与 NAD^+ 相连的异柠檬酸脱氢酶作用下氧化脱羧，生成 CO_2、α- 酮戊二酸和 NADH。α- 酮戊二酸在 α- 酮戊二酸脱氢酶复合体催化下，氧化生成琥珀酰 CoA、CO_2 和 NADH。这个复合体的结构与丙酮酸脱氢酶复合体相似，化学反应也与丙酮酸转变成乙酰 CoA 类似（见图 14.9）。反应的机制也非常相似，例如，硫辛酰胺参与 α- 酮戊二酸脱氢酶反应。二氢硫辛酸脱氢酶（L-protein）在两个复成合体中是一样的。

琥珀酰 CoA 合成酶催化琥珀酰 CoA 生成琥珀酸，同时伴随 ADP 磷酸化生成 ATP。这是三羧酸循环中唯一直接把能量转化成为 ATP 的反应。与动物中不同，植物中这个过程由 ADP 参与而非 GDP。琥珀酸经琥珀酸脱氢酶氧化成延胡索酸。琥珀酸脱氢酶是三羧酸循环中唯一的膜结合蛋白，它同时也是呼吸电子传递链复合物Ⅱ的催化活性部位（见 14.3.2 节）。

延胡索酸经延胡索酸酶可逆水合作用生成苹果酸。延胡索酸酶和琥珀酸脱氢酶是线粒体内特有的，因此是线粒体基质常用的标记。三羧酸循环的最后一步是苹果酸在苹果酸脱氢酶的催化下氧化成草酰乙酸，同时生成 NADH。这也是一个可逆反应，但体外平衡大大趋向于草酰乙酸还原方向。在体内，该反应的产物草酰乙酸与乙酰 CoA 缩合生成柠檬酸，而 NADH 被呼吸电子传递链氧化。由于产物被立即消耗，使得反应平衡朝着生成草酰乙酸的方向移动。苹果酸脱氢酶活性受它自身的产物 NADH 和乙酰 CoA 抑制。

虽然绝大多数三羧酸循环的酶是与 NAD^+ 相关联的，但有一些异柠檬酸脱氢酶和苹果酸脱氢酶的同工酶依赖 $NADP^+$。这些酶产生的 NADPH 有许多不同的用途。植物线粒体的电子传递链可以氧化这些 NADPH（见 14.3.5 节）。此外，有许多线粒体的反应把 NADPH 作为电子供体。这些反应包括：二氢叶酸还原为四氢叶酸，而四氢叶酸是 C_2 光呼吸循环的底物（第 14.9 节）；产生还原型的谷胱甘肽，而还原型谷胱甘肽可防止线粒体电子传递过程中产生的活性氧（reactive oxygen species，ROS）的毒害（见 14.3.7 节）及硫氧还蛋白的还原（见 14.3.6 节）。

综上所述，在丙酮酸脱氢反应和随后的三羧酸循环中，生成了 3 个 CO_2、1 个 ATP、4 个 NADH 和 1 个 $FADH_2$（图 14.11）。当然，在没有依赖 $NADP^+$ 的异柠檬酸和苹果酸脱氢酶的同工酶参与反应的条件下，这些计量关系才能成立。

14.2.4 三羧酸循环能氧化氨基酸，但是脂肪酸的氧化一般发生在过氧化物酶体

一般来说，糖酵解产生的丙酮酸、苹果酸和草酰乙酸是线粒体中最常用的底物，特别是在黑暗条件下或非光合作用组织中。但是，还有一些化合物可以被线粒体代谢和参与三羧酸循环。光呼吸产生的甘氨酸就是其中一例（见 14.9.2 节）。某些组织中，其他氨基酸也可作为线粒体呼吸作用的底物，尤其是在富含蛋白质的种子中。氨基酸可以通过转氨反应成为三羧酸循环的中间产物直接被氧化。线粒体

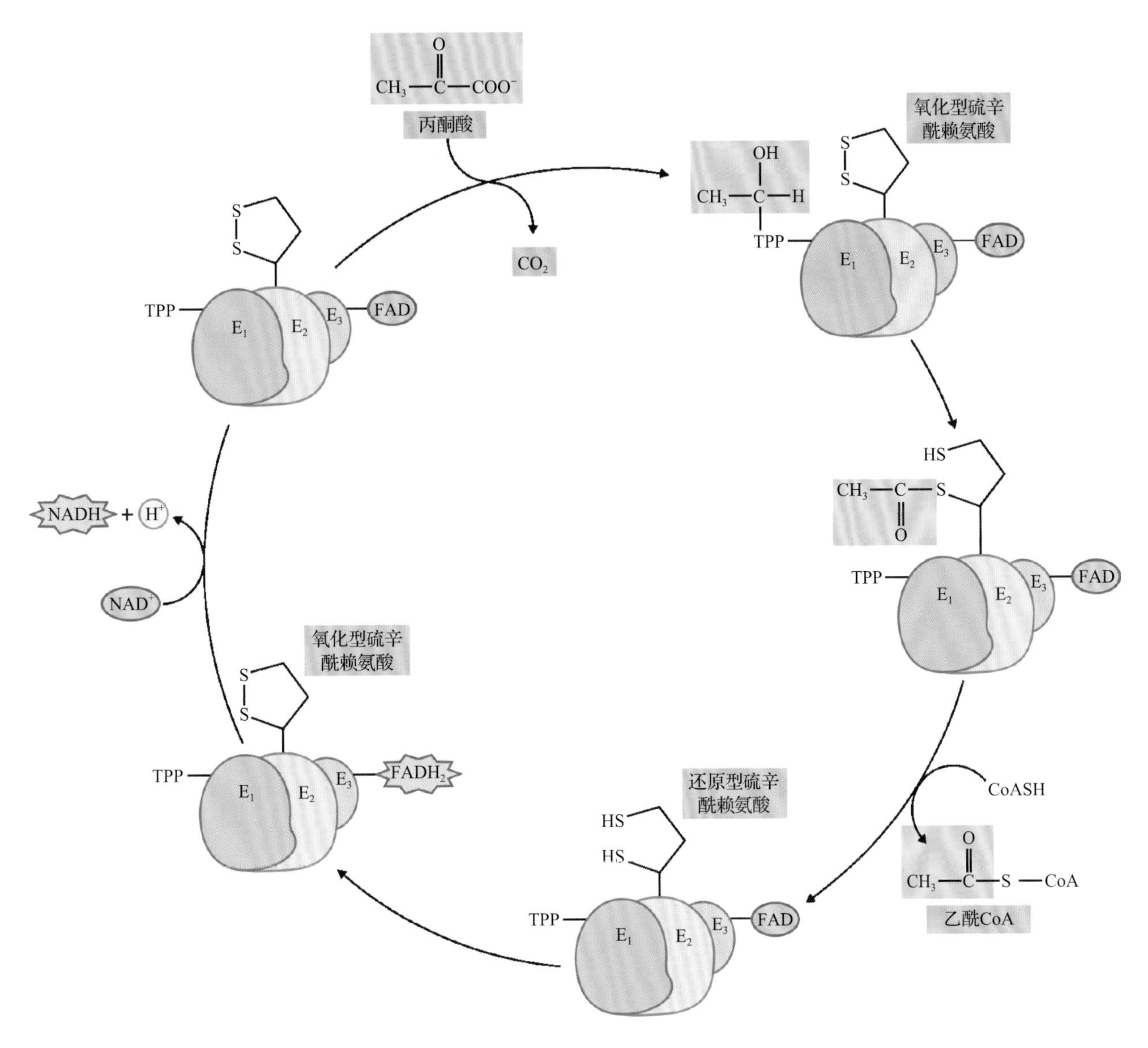

图 14.9　丙酮酸脱氢酶复合体催化反应的机制。此复合体催化的总反应是丙酮酸氧化脱羧，生成乙酰 CoA、CO_2 和 NADH。丙酮酸脱氢酶（E_1）先将丙酮酸脱羧生成 C_2 产物乙醛，乙醛与硫胺素焦磷酸（TPP）结合形成羟乙基 -TPP。这个羟乙基然后转移到二氢硫辛酸转乙酰酶（E_2）的氧化型硫辛酰胺基团上，形成还原型硫辛酸的乙酰硫酯。E_2 再把这个乙酰基转移到辅酶 A（CoASH）的巯基上，生成乙酰 CoA，并在二氢硫辛酸转乙酰酶上产生一个完全还原的硫辛酰胺。二氢硫辛酸脱氢酶（E_3）再把 E_2 硫辛酰胺上的 2 个电子和 2 个质子转移到 E_3 的 FAD 上，生成氧化型的硫辛酰胺和 $FADH_2$。最后，E_3 转移 2 个电子和 1 个质子给 NAD^+，生成 NADH

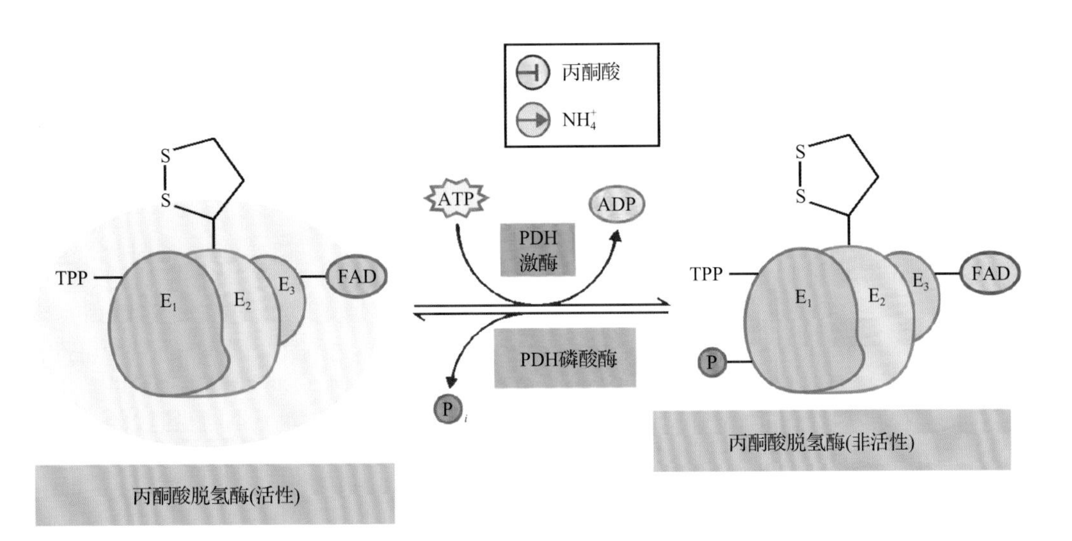

图 14.10　丙酮酸脱氢酶（PDH）复合体的磷酸化 / 去磷酸化调控。PDH 激酶能通过磷酸化 E_1 抑制 PDH 复合体活性。铵离子激活 PDH 激酶，丙酮酸抑制 PDH 激酶。PDH 可通过 PDH 磷酸酶的去磷酸化再被激活

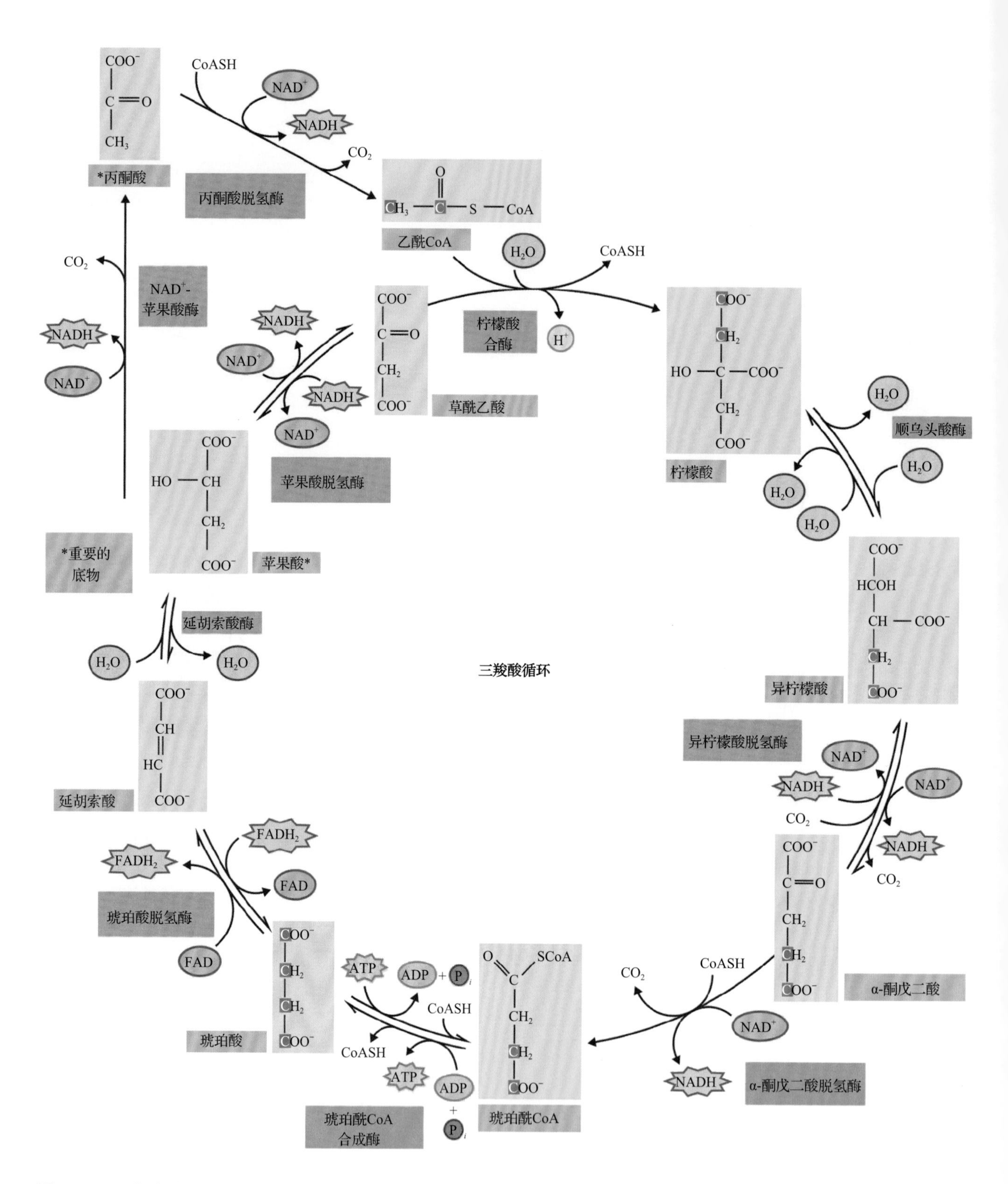

图 14.11 三羧酸循环反应。在柠檬酸合成酶催化下，乙酰 CoA 与 OAA 反应生成 C_6 三羧酸——柠檬酸。在整个循环反应中，柠檬酸被氧化生成 2 个 CO_2，同时生成 1 个 OAA、3 个 NADH、1 个 $FADH_2$ 和 1 个 ATP。生成的 OAA 再与一个乙酰 CoA 反应生成新的柠檬酸，开始新一轮循环。而丙酮酸的氧化脱羧也可生成一个 CO_2 和一个 NADH。因此，丙酮酸在三羧酸循环中氧化生成 3 个 CO_2 和 10 个 e^-（最终储存于 4 个 NADH 和 1 个 $FADH_2$ 中）。植物糖酵解的另一种产物苹果酸（见图 14.7），可在 NAD^+ 苹果酸酶作用下生成丙酮酸、CO_2 和 NADH。循环中的不可逆反应由实心箭头表示。由乙酰 CoA 提供的 2 个碳原子用深背景表示，这两个碳原子从循环中的柠檬酸到第一个对称中间产物琥珀酸都可以被标记出来，但在随后过程中它们就随机分布了

中谷氨酸脱氢酶直接氧化谷氨酸就是一个例子：

反应 14.2：谷氨酸脱氢反应

$$谷氨酸+NAD^++H_2O \longleftrightarrow α\text{-}酮戊二酸+NADH+NH_4^+$$

此酶在植物的各个组织中的作用并不都清楚。在豆科植物（如豌豆、大豆）的子叶中，谷氨酸脱氢酶和线粒体的天冬氨酸转氨酶参与储存蛋白质的降解，以氧化谷氨酸为能源。分解产生的氨被重新吸收（见第 7 章）。在叶片中，谷氨酸脱氢酶催化反应逆向进行，作为重吸收光呼吸所产生的氨的辅助酶。但最近对大麦和拟南芥的光呼吸突变体的筛选并没有发现缺乏谷氨酸脱氢酶的植物（见第 7 章）。

动物线粒体中脂肪酸也能通过 β- 氧化生成乙酰 CoA。但植物绝大多数的脂肪酸氧化发生在过氧化物酶体中（见第 9 章）。线粒体确实参与过氧化物酶体糖异生作用——一个特殊的互作网络，允许植物将脂类转变成糖类（见 14.7.4 节），而动物没有这种合成能力。

14.3 植物线粒体的电子传递

在真核生物中，线粒体的电子传递链是非常保守的，我们称之为标准线粒体电子传递链。它由 4 个多肽蛋白复合体组成，通常称为复合体Ⅰ～Ⅳ（图 14.12）。在线粒体中，这些蛋白质复合体通过催化多步电子转移反应，将 NADH 和 $FADH_2$ 的电子传递给 O_2，生成水，并将质子从基质转移到膜间间隙中，这个**吸能**（**endergonic**）质子泵由**放能**（**exergonic**）的电子传递（从强还原剂向强氧化剂）驱动。$2e^-$ 从 NADH 转移到 $1/2O_2$，有 1.14V 还原电位差（$\Delta E°'$）（图 14.13）。在这个过程中，每摩尔 NADH 可产生 219.2kJ 自由能。如果 NADH 或 $FADH_2$ 直接被氧化，释放的热量就无法被生物化利用。电子传递链逐步进行氧化还原反应，有序地释放能量，而不是一次性暴发地释放，从而通过转运质子储存能量。F_0F_1-ATP 合成酶（有时被称为复合体 V）没有电子传递能力，但是质子可通过其进入基质，然后利用质子自由扩散产生的自由能，F_0F_1-ATP 合酶可驱动 ADP 的磷酸化，合成 ATP。

14.3.1 标准的线粒体电子传递链包括周边蛋白、跨膜蛋白和脂溶性醌

在好氧的真核生物中，线粒体的电子传递链是

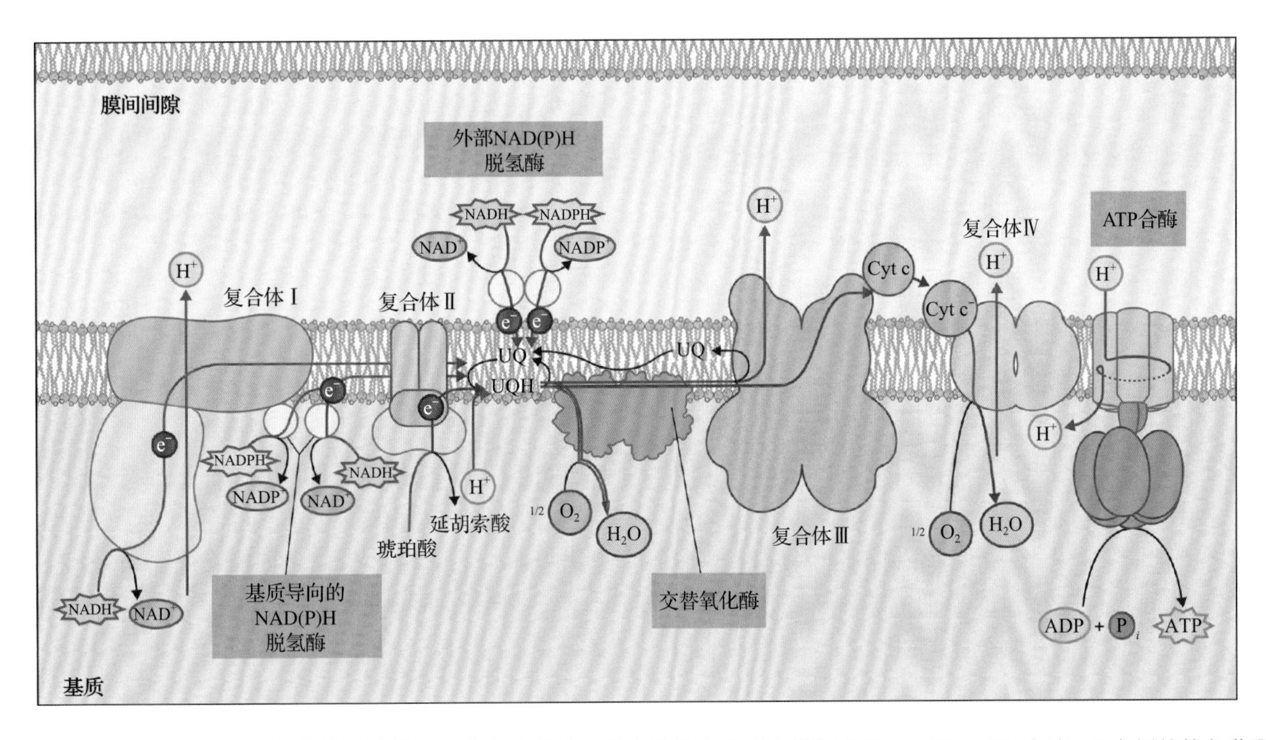

图 14.12 植物线粒体电子传递链在线粒体内膜上的结构。图中所示为电子传递复合体Ⅰ～Ⅳ、ATP 合酶、4 个额外的鱼藤酮耐受的 NAD(P)H 脱氢酶和交替氧化酶在内膜上的位置及方向。泛醌库中还原的和氧化的泛醌可在内膜中自由扩散，把电子从脱氢酶传递到复合体Ⅲ或交替氧化酶。红箭头表示电子传递方向；蓝箭头表示质子转运方向。质子的跨膜转运产生了质子电化学梯度，ATP 合酶用于将 ADP 和 P_i 合成 ATP

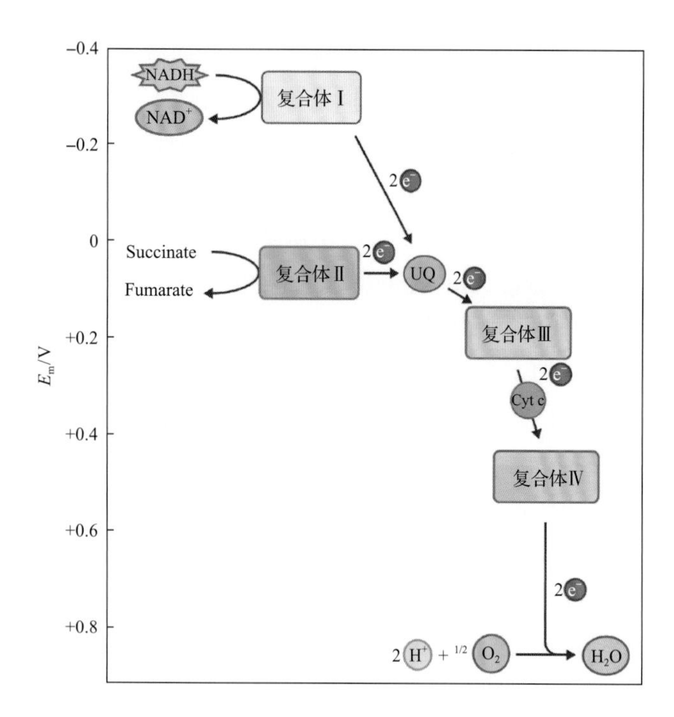

图 14.13 呼吸链中各组分氧化还原电势层级的近似位置。能量释放会在其中三处发生质子转移：复合体Ⅰ与辅酶 Q 之间；辅酶 Q 与细胞色素 c 之间；细胞色素 c 与复合体Ⅳ之间

非常保守的，我们有时称之为细胞色素通路。前文提到过它由 4 个含有多个蛋白亚基的复合体组成（复合体Ⅰ～Ⅳ），这些蛋白亚基有的由线粒体 DNA 编码，有的由核基因组编码。复合体Ⅰ是 NADH 脱氢酶，能氧化三羧酸循环产生的 NADH，生成 NAD^+ 和还原的泛醌。复合体Ⅱ包含一个三羧酸循环中的酶——琥珀酸脱氢酶。它能把琥珀酸氧化成延胡索酸，并像复合体Ⅰ那样把电子传递给泛醌。泛醌由一个 *p*- 苯醌和一个 C_{45} ～ C_{50} 的异戊二烯基的长链组成（图 14.14），它是一个具很大流动性的电子转移载体。泛醌能携带 1 个或者 2 个电子，完全氧化和完全还原的泛醌都是高度疏水的，并能在内膜中横向、侧向移动。内膜中有一个泛醌库，泛醌浓度远高于与之有关的蛋白质。通过这个泛醌库，电子可从复合体Ⅰ、复合体Ⅱ被传递到复合体Ⅲ上。

复合体Ⅲ把电子从泛醌转移到细胞色素 c 上。细胞色素 c 是电子传递链中唯一不与跨膜蛋白复合体紧密结合的蛋白质（见图 14.12）。它约 12.5kDa，是一个定位于内膜外面、面向膜间间隙的周边膜蛋白。细胞色素 c 每次从复合体Ⅲ向末端电子载体复合体Ⅳ（细胞色素 c 氧化酶）传递 1 个电子。每传递 4 个电子，就还原 1 个 O_2，生成 2 个 H_2O。

许多电子传递辅酶因子结合在电子传递链中的

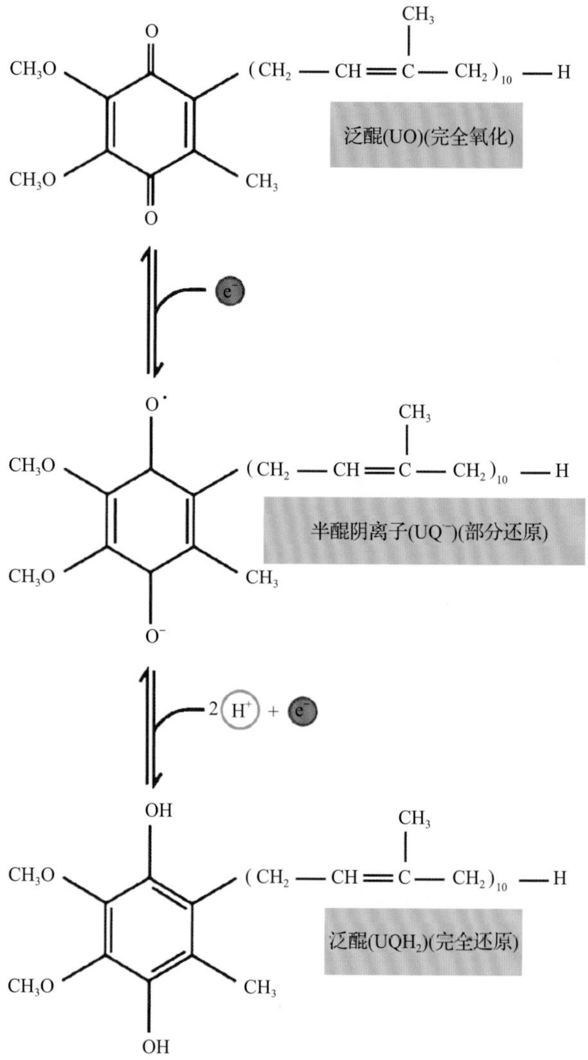

泛醌(UO)(完全氧化)

半醌阴离子(UQ^-)(部分还原)

泛醌(UQH_2)(完全还原)

图 14.14 泛醌的结构及氧化还原反应。氧化型泛醌接受 1 个电子，形成半醌阴离子（UQ^-）。半醌阴离子再接受 1 个电子和 2 个质子，形成还原型泛醌（UQH_2）。植物中疏水的异戊二烯基长链通常含 45 ～ 50 个碳，它可以使 UQ 定位在内膜的中心

蛋白质上，包括结合态 FAD 和 FMN（见图 14.6）、血红素（图 14.15）、Fe-S 中心（图 14.16）和 Cu 原子。

通过质谱的蛋白质组学分析揭示了植物细胞色素通路的电子传递复合体的组成，包括一些植物特异的蛋白质。其中 85% 的蛋白质与其他大部分真核生物相同复合体中的蛋白质同源，而大约 15% 的蛋白质是植物特异或者植物和藻类共有的，这些蛋白质在酵母和动物中则没有。这些特异蛋白的功能目前还未知。

除了细胞色素通路，植物线粒体内膜的两面还含有可以氧化 NAD(P)H 的脱氢酶，以及备选的可以不通过质子泵减少氧气的氧化酶（见图 14.12），通过它们的电子流动可以将能量以热量的形式释放，

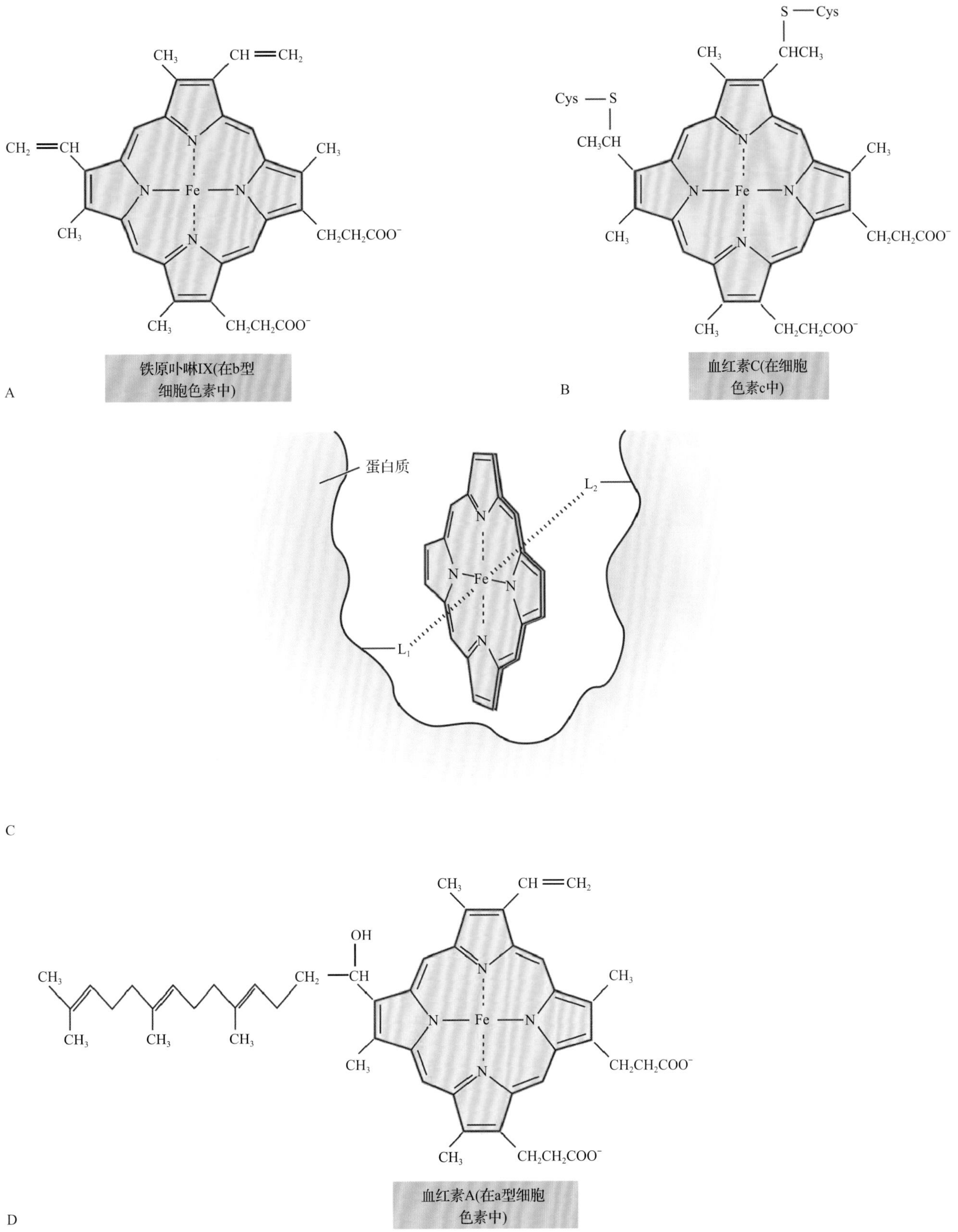

图 14.15 细胞色素中的血红素辅基的结构。4 个吡咯环连接成一个大的环状结构，其中心含一个 Fe 原子。Fe 原子与 4 个吡咯环的 N 原子处于同一平面上，这样就组成了卟啉辅基。b 型（A）和 c 型（B）细胞色素都含有铁原卟啉IX，铁卟啉通过链垂直于卟啉环平面的轴向的铁络合键（L_1 和 L_2）结合到蛋白上（C）。在 c 型细胞色素中，除了轴向络合键外，卟啉还通过卟啉的乙烯基侧链与蛋白质的半胱氨酸残基（1 ～ 2 个）的硫醚键（$—CH{=}CH_2$）共价结合到蛋白质上（见 B 中黄色标记）。a 型细胞色素含有血红素 A（D），并有一个 C_{15} 的类异戊二烯尾巴。它通过 1 ～ 2 个轴向络合键结合到蛋白质上。这些细胞色素位于线粒体内膜的复合体上：复合体III（b 型和 c 型）与复合体IV（a 型）

而不产生 ATP。

14.3.2 线粒体内膜上的 4 个呼吸作用复合体中的 3 个参与质子转运

复合体 I 是含大约 45 个多肽的巨大的多亚基复合体。在某些生物中，植物线粒体的基因组编码多达 9 个复合体 I 亚基的基因。植物线粒体复合体 I 与哺乳动物和真菌的 NADH 脱氢酶复合体相似，但是含有一些植物特有的组分。电子显微镜观察纯化的拟南芥复合体 I 发现，复合体的形状呈 L 形，同面包霉（*Neurospora crassa*）、牛心脏以及 X 射线解析的细菌的脱氢酶复合体相似（图 14.17B）。

复合体 I 能氧化线粒体基质中三羧酸循环和其他 NAD^+ 相连的酶产生的 NADH。电子通过复合体 I 从 NADH 传递到 UQ，并使复合体跨膜的臂中的 4 个反向转运蛋白结构发生改变，从而导致质子跨膜转运（图 14.17A）。类黄酮鱼藤酮（一种鼠药）及其类似物能特异抑制复合体 I 的活性，它作用在（或近于）泛醌的还原反应上（图 14.18）。

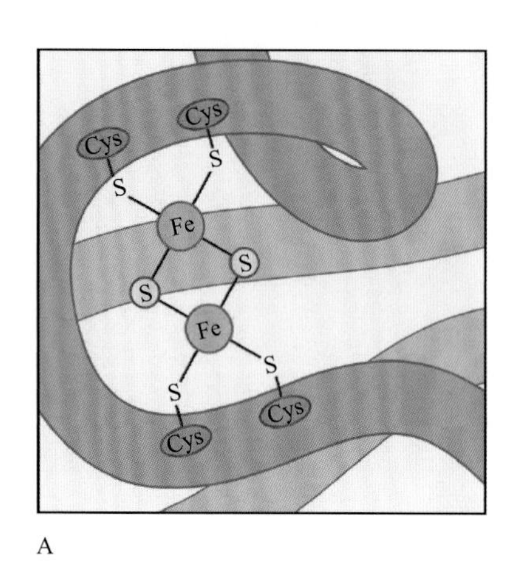

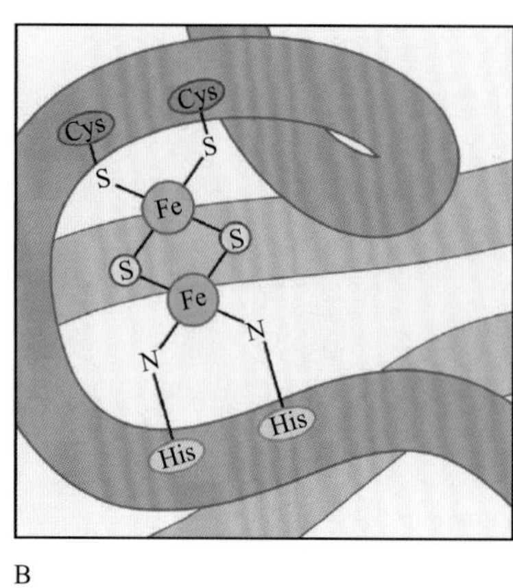

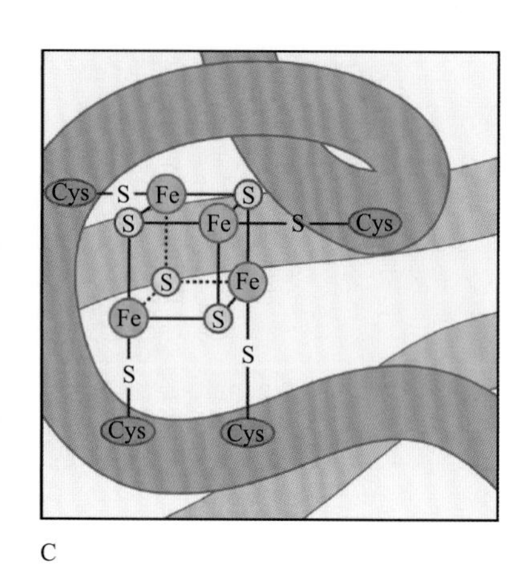

图 14.16 铁硫蛋白中铁硫簇的结构。线粒体电子传递链的复合体 I 和 II 的铁硫蛋白含 2Fe-2S 簇和 4Fe-4S 簇。复合体III含一个 Rieske 铁硫蛋白。低氧还电位的 2Fe-2S 中心通过 4 个 Cys 残基与铁原子络合（A），而高氧还电位的 Rieske 2Fe-2S 中心通过 2 个 Cys 残基和 2 个 His 残基与蛋白质结合（B）。4Fe-4S 中心也是通过 4 个 Cys 残基络合从而与蛋白质结合（C）

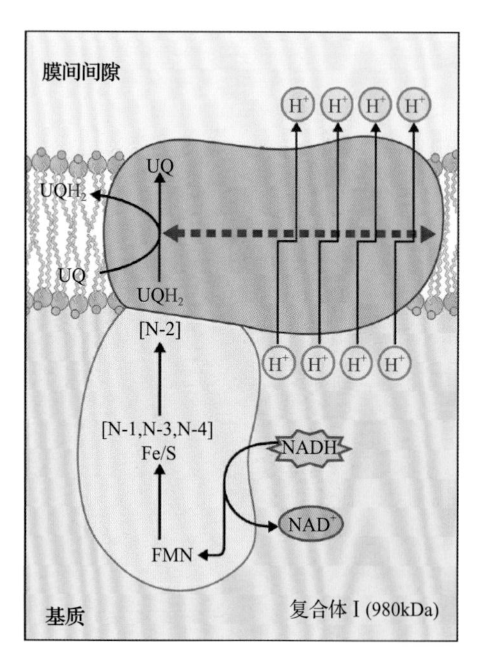

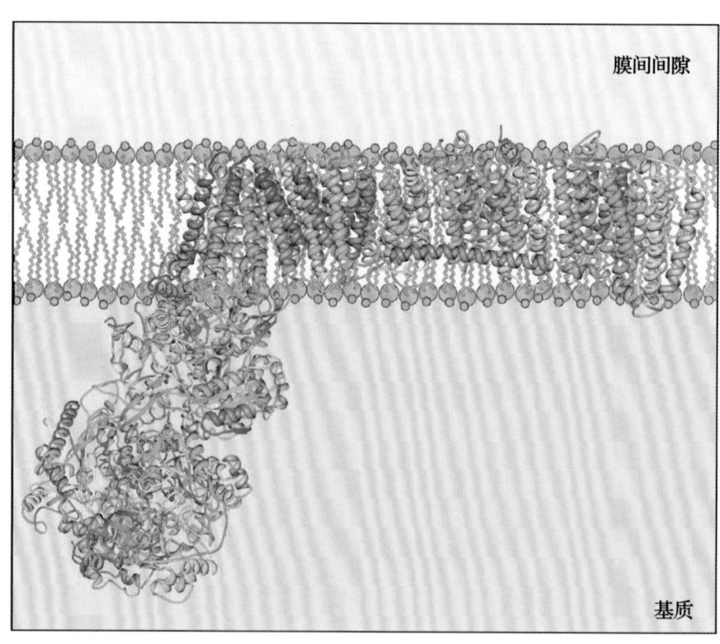

图 14.17 推测的线粒体复合体 I（NADH：UQ 氧化还原酶）的结构和在膜上的拓扑定位。A. 复合体 I 将电子从基质的 NADH 转移到泛醌，电子转移包括 FMN 和四个铁硫中心（N1 ～ N4）。对于每一个由反向转运体跨膜转运的 H^+，$H^+/2e^-$ 的比例是 4。此复合体可以分成两个小复合体，一个亚基（蓝色）是非常疏水的，包括反向转运亚基，其所有亚基主要由线粒体基因组编码；另一个亚基（绿色）伸到基质内，其所有亚基由主要核基因组编码。B. 嗜热菌（*Thermus thermophilus*）复合体 I 的结构

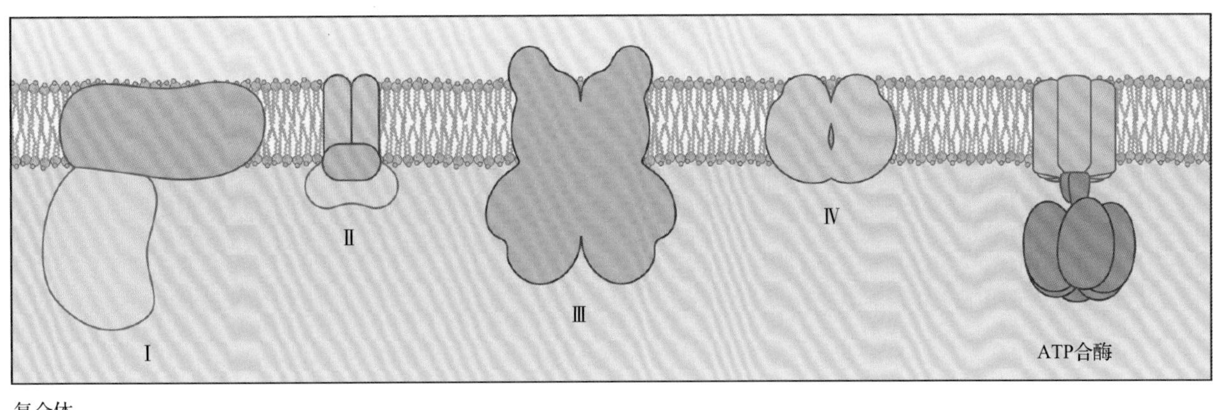

复合体

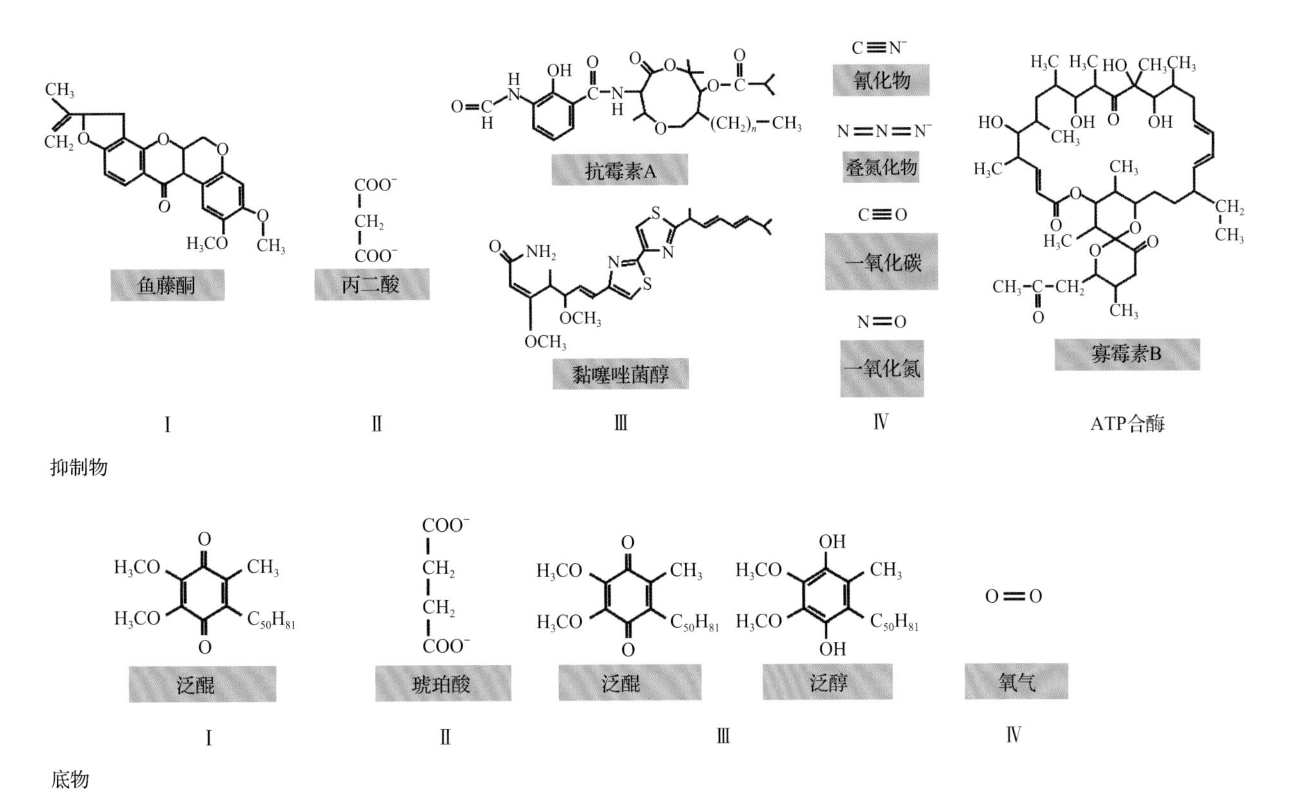

图 14.18 线粒体电子传递链的抑制物。图中显示了各复合体的底物，上面是各底物对应的竞争性抑制剂

复合体Ⅱ是四个电子传递复合体中最小的一个，由分子质量为 70kDa、27kDa、15kDa 和 13.5kDa 的四个蛋白质组成（图 14.19A，B）。在裸子植物和被子植物中，复合体Ⅱ的亚基不由线粒体基因编码，是唯一完全由核基因编码的呼吸电子传递链的复合体。但是，地钱（*Marchantia polymorpha*）的两个小分子质量亚基由线粒体基因编码；红藻（*Chondrus crispus*）只有最大的亚基由核基因编码。与复合体Ⅰ不同，复合体Ⅱ不转移质子。因此，琥珀酸氧化生成的 ATP 比 NADH 氧化产生的少。琥珀酸的类似物——丙二酸，是琥珀酰脱氧酶的强抑制剂（见图 14.18）。猪心脏的复合体Ⅱ的结晶结构表明电子传递模型周围的蛋白质环境及其独有的中性氧化还原电势，抑制剂的结合也揭示了两个泛醌的结合位点（图 14.19）。

复合体Ⅲ，即细胞色素 bc_1 复合体，包括分子质量为 42kDa 的含 2 个 *b* 型血红素（b_{566} 和 b_{560}）的细胞色素、31kDa 的细胞色素 c_1、27kDa 的 Rieske 型 Fe-S 蛋白和 5 个左右的其他的多肽（图 14.20）。复合体Ⅲ最大的亚基被称为复合体的核心蛋白，植物复合体Ⅲ的核心蛋白有三个多肽，分子质量为 51 ～ 55kDa。复合体Ⅲ含两个醌结合位点：一个氧化 UQH_2，称 P 中心；一个还原 UQ，称 N 中心。上述的这些结合位点和电子传递辅助因子都参与质子转运，形成 Q 循环（见 14.3.3 节）。广泛使用的抑制剂抗霉素 A 结合在 N 中心上，阻断 UQ 的还原。

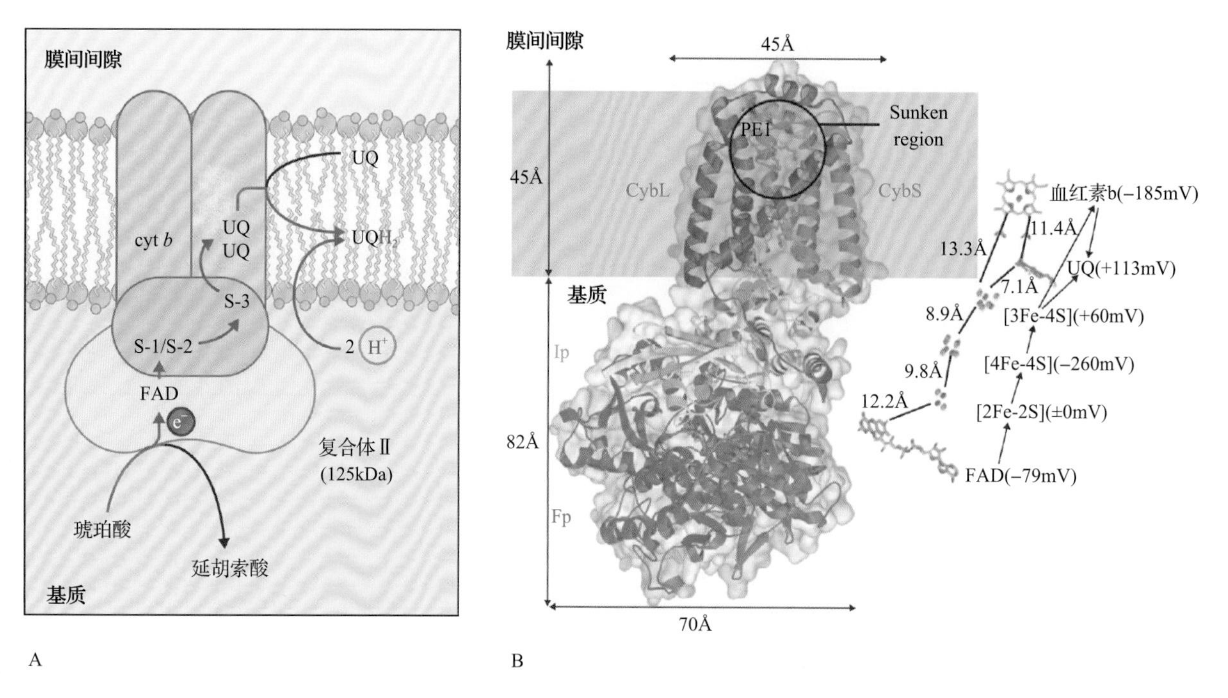

图 14.19 推测线粒体复合体Ⅱ（琥珀酸：泛醌氧化还原酶）的结构与膜上的拓扑定位。A. 两个大的外周亲水性亚基——与 FAD 共价结合的亚基 I_P（铁蛋白，棕色）——组成琥珀酸脱氢酶。这两个大亚基与两个跨膜的疏水性小亚基（橙色）结合而定位于膜上。两个疏水小亚基含一个 b 型细胞色素和一对泛醌，但其具体的定位不清楚。推测的电子传递途径是琥珀酸→ FAD → S-1/S-2 → S-3 → UQ 对→ UQ 库中的一个 UQ 分子。B. 线粒体呼吸复合体Ⅱ的晶体结构，蓝色为 F_P，乳白色为 I_P，灰色阴影为假定的膜区域。图的右半部分，电子传递链（FAD、2Fe-2S、4Fe-4S、3Fe-4S 和血红素 b）以及泛醌（UQ）一同展示，同时每个分子间的距离以及氧化还原电位中点都被标注在一旁。箭头表示 Qp 位置的电子传递的方向

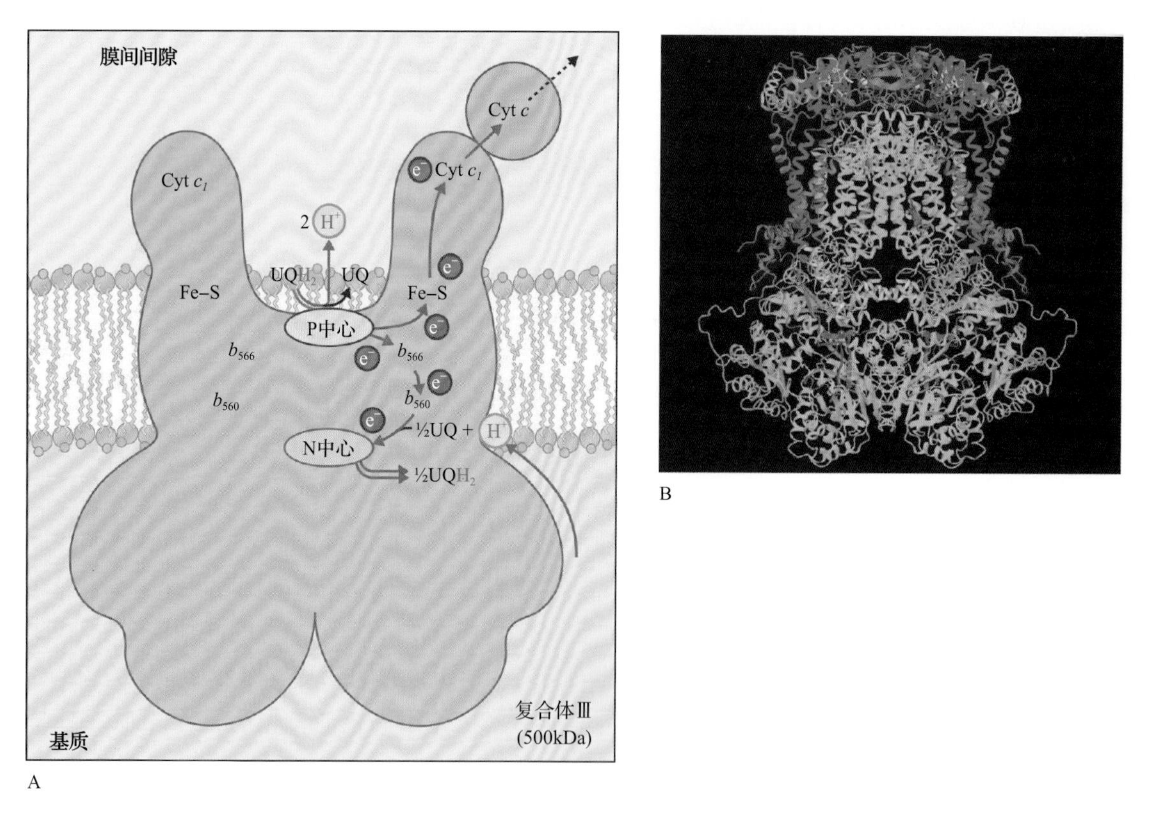

图 14.20 推测的线粒体复合体III即细胞色素 bc_1（泛醌：细胞色素 c 氧化还原酶）的结构与膜上的拓扑定位。A. 此复合体为二聚体，每个单体含多个亚基。P 中心氧化 UQH_2，N 中心还原 UQ。UQH_2 的两个电子经两个不同的途径，一个通过 Rieske Fe-S 中心和细胞色素 c_1 传递到可移动的细胞色素 c 上，另一个通过两个 b 型细胞色素传递到 N 中心上。抗霉素和黏噻唑菌醇的抑制位点分别是 N 中心和 P 中心。B. 哺乳动物细胞色素 bc_1 复合体（二聚体）的晶体结构

另一个常用的线粒体复合体Ⅲ抑制剂黏噻唑菌醇结合在P中心上，阻断UQH_2的氧化（见图14.18）。

标准呼吸链中的最后一个复合体是复合体Ⅳ（细胞色素c氧化酶）。它从内膜细胞质一边的细胞色素c接受电子，并把此电子传递给内膜另一边基质内的O_2。动物中此复合体含13个多肽，而植物中至少多于这个数字。大多数植物中，3个最大的多肽由线粒体基因组编码。复合体Ⅳ的氧化还原活性中心包括两个a型血红素和两个含Cu中心。这四个氧化还原中心都定位在线粒体基因编码的亚基Ⅰ和Ⅱ内（图14.21A）。最近哺乳动物细胞色素c氧化酶的高分辨率晶体结构分析证实了许多对这个复合体的结构功能特征的预测（图14.21B）。与复合体Ⅰ一样，复合体Ⅳ在传递电子的同时转移质子。尽管晶体结构预示了一些质子的跨膜途径，但仍无法阐明质子泵的机制。氰化物、叠氮化物、一氧化碳和一氧化氮同O_2竞争，抑制复合体Ⅳ活性（见图14.18）。

直接抑制线粒体功能的细胞色素通路抑制剂，如抗霉素A（复合体Ⅲ的抑制剂）和鱼藤酮（复合体Ⅰ的抑制剂），会导致基因表达的改变。改变后的基因表达与铝或镉胁迫条件、病毒感染和过氧化氢引起细胞凋亡过程中的细胞状态相似。

14.3.3 复合体Ⅲ通过Q循环转移质子

复合体Ⅲ每从泛醌转2个电子给细胞色素c，就有4个质子转运跨过内膜（图14.22）。这个机制就是Q循环，是电子传递链中唯一较清楚的质子转运机制。Q循环中，泛醌在内膜的基质一侧被还原。电子传递链上能还原泛醌的位点有三个：复合体Ⅰ和Ⅱ各有一个，还有复合体Ⅲ的N中心（见图14.17、图14.19和图14.20）。泛醌还原成UQH_2的同时，有2个基质的质子被吸收。UQH_2然后扩散到膜的外表面，结合到P中心UQH_2的氧化位点在复合体Ⅲ。UQH_2一旦结合到P中心，就被氧化，其原有的一个电子还原Rieske Fe-S中心，另一个电子还原细胞色素b_{566}，同时释放两个质子到膜间间隙中。Rieske Fe-S中心的电子随后传递给细胞色素c_1，再传递给细胞色素c。细胞色素b_{566}的电子传递到细胞色素b_{560}上，再传递给N中心的UQ。

在这个过程中，每两个泛醌在P中心氧化，会

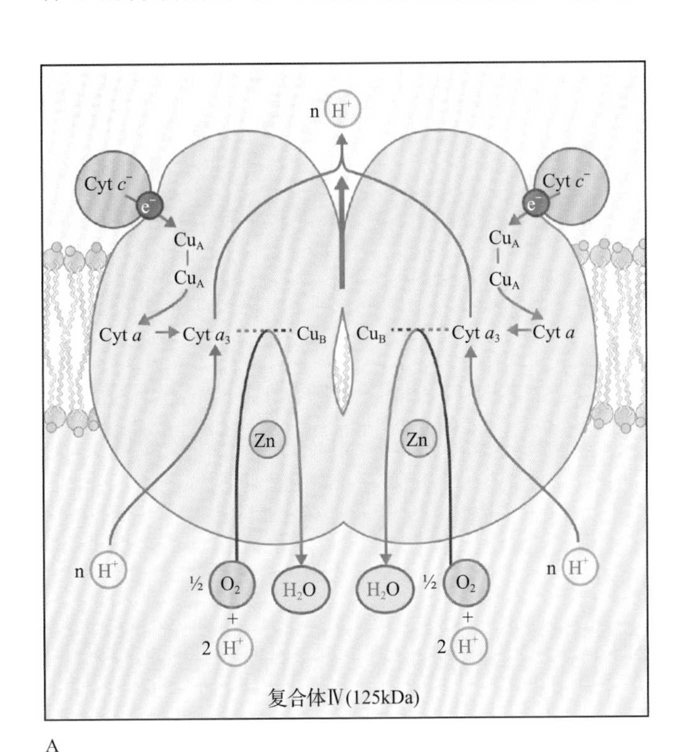

A

B

图14.21 推测的线粒体复合体Ⅳ（细胞色素c氧化酶）的结构和膜上的拓扑定位。最初氧化细胞色素c的电子传递中心是Cu_A。Cu_A含两个铜原子，定位于复合体的亚基Ⅱ上。此复合体其他的电子氧还中心都定位在亚基Ⅰ上。随后，电子从Cu_A传至细胞色素a，再到由细胞色素a_3与Cu_B偶联形成的双核金属中心上。a_3-Cu_B中心是O_2的还原位点，也是抑制物氰化物的作用位点。质子转运的具体途径仍在研究，并且可能在细菌的和真核生物的酶中存在差异。Zn原子会影响质子在酶中的进出。（B）小牛心肌细胞色素c氧化酶的晶体结构

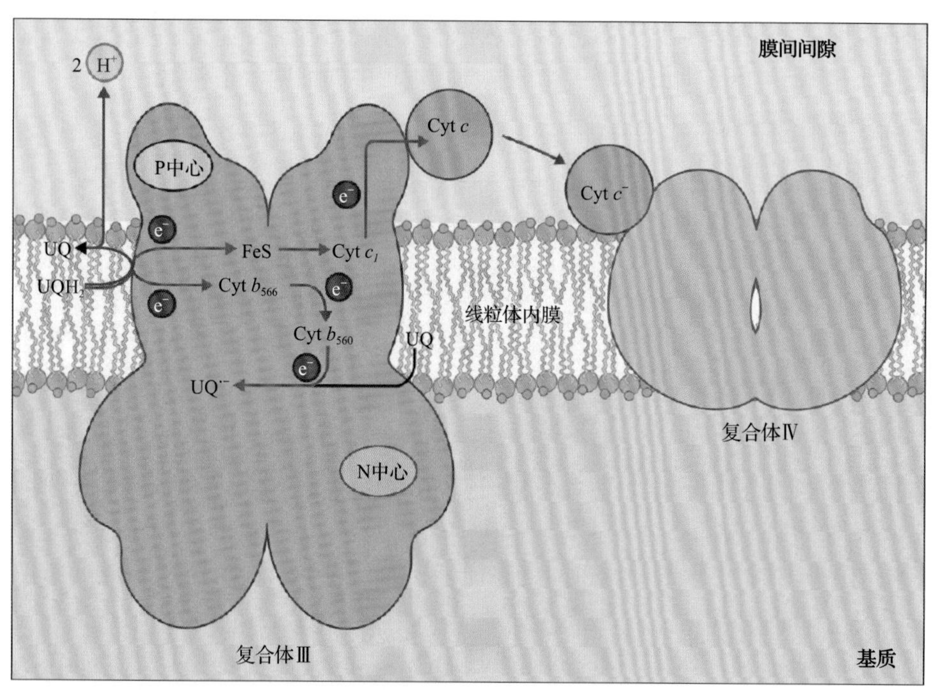

A　第一个UQH_2氧化

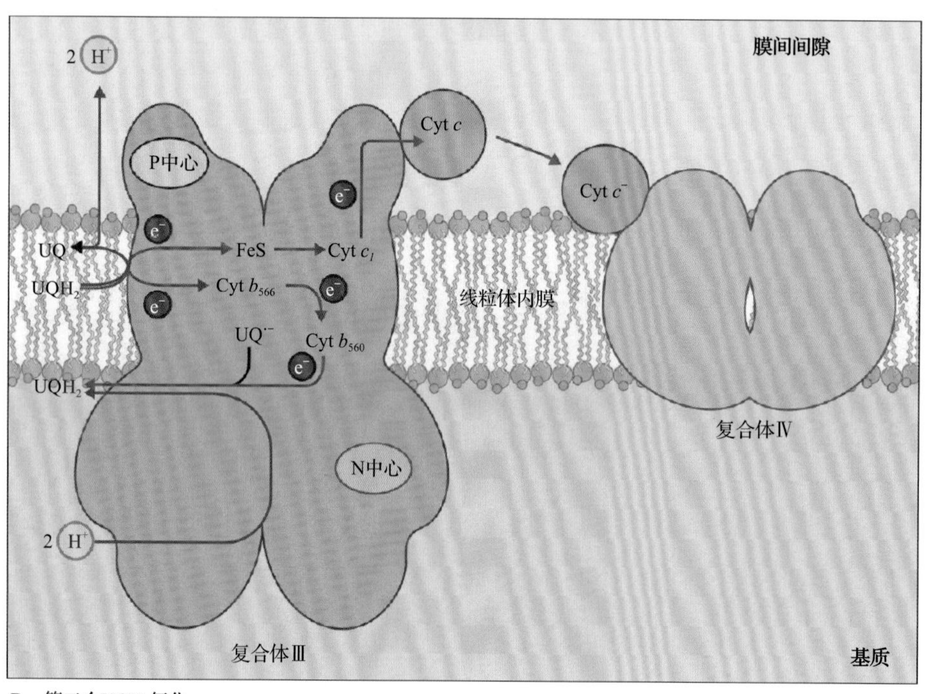

B　第二个UQH_2氧化

图 14.22　Q 循环转运质子的机制。A. UQH_2 结合在 P 中心（没显示）上，P 中心位于细胞色素 b 与 Rieske Fe-S 蛋白形成的口袋中。最初，一个电子转到 Rieske 蛋白上，两个质子被释放到膜间间隙中。UQH_2 形成 UQ$^-$ 后，再转一个电子给低电位的细胞色素 b_{566}。Rieske 蛋白上的电子随后传给细胞色素 c_l，再传给细胞色素 c。而细胞色素 b_{566} 上的电子随后传给高电位的细胞色素 b_{560}，细胞色素 b_{566} 在膜的基质的一侧，与另一个 UQ 结合位点 N 中心（没显示）结合。UQ 结合到 N 中心上，被一个电子还原，形成相对稳定的 UQ$^-$。B. 当第二个电子从细胞色素 b_{566} 传递给细胞色素 b_{560} 时，UQ$^-$ 被还原，同时从基质中吸收两个质子而形成 UQH_2。产生的 UQH_2 从 N 中心脱离后，进入内膜的 UQ 库，再扩散到 P 中心，开始新一轮反应。Q 循环中，复合体Ⅲ每传递给细胞色素 c 两个电子，有四个质子从基质转运到膜间间隙

有四个质子释放到膜间间隙。但在这个过程中，只有两个电子通过传递链最终还原细胞色素 c；而另两个电子则经 b 型细胞色素重新传递到 N 中心，还原 1 个泛醌（图 14.22）。

14.3.4　整个电子传递链是呼吸复合体通过物理的方式结合成的一个超级复合体

通过去垢剂溶解线粒体的膜揭示呼吸复合体可以结合成一个更高级的超级复合体，称为**呼吸体**（**respirasome**）。植物中，最紧密地结合在膜上的是一个复合体Ⅰ和两个复合体Ⅲ组成的 1.5MDa 的超级复合体，但是仍有其他的证据表明还有大于 1.5MDa 的超级复核体、包含有复合体Ⅰ、Ⅲ和Ⅳ。这个更高级的结构可以促进呼吸过程中代谢通道的形成，这可以帮助建立和维持一个各个呼吸复合体之间稳固的化学计数。这个现象在动物和植物线粒体中很常见（图 14.23）。

14.3.5　植物线粒体含有鱼藤酮不敏感的脱氢酶，能氧化内膜两侧的 NAD(P)H

除了复合体Ⅰ的脱氢酶活性外，植物还有一个基质侧的 NADH 脱氢

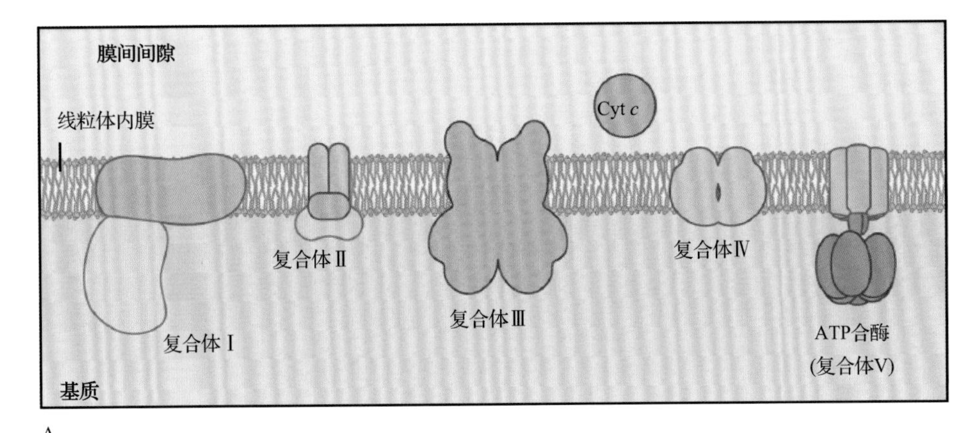

A

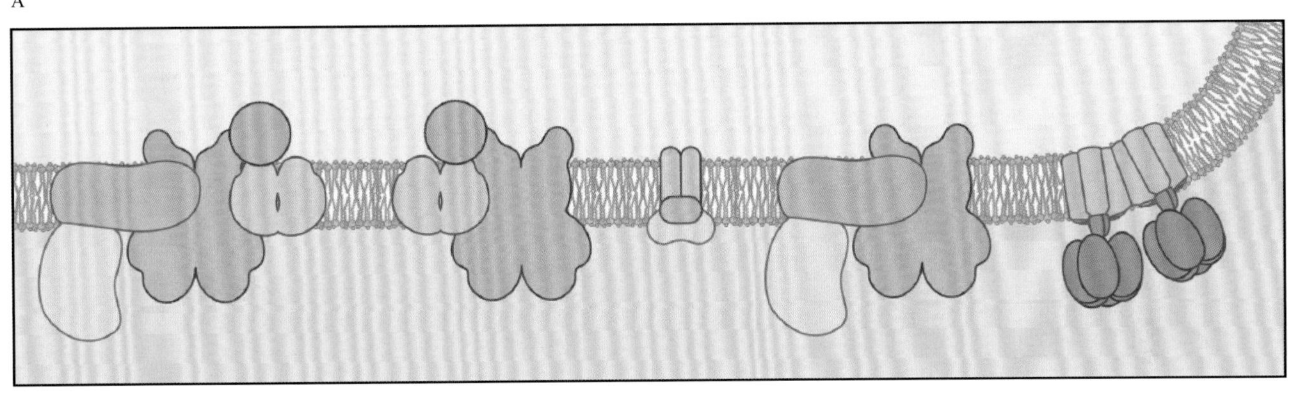

B

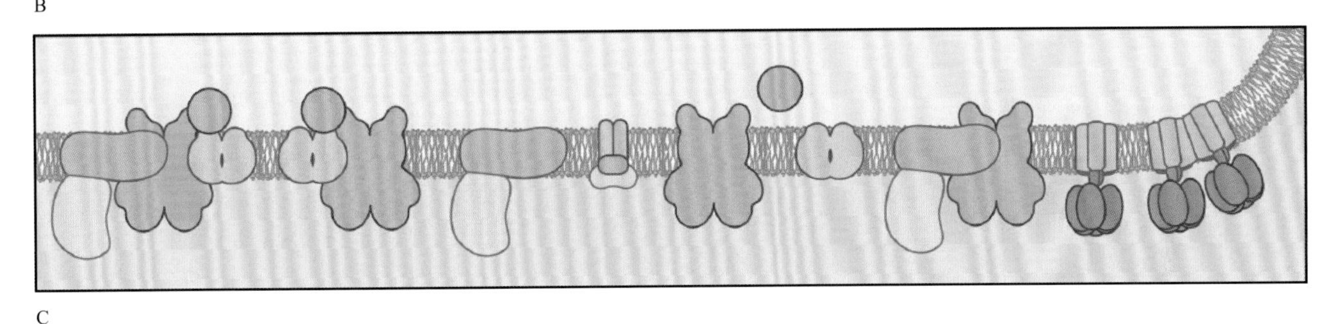

C

图 14.23 线粒体氧化磷酸化系统的模型。A. 经典模型；B. 最近提出的呼吸超级复合体模型；C. 二者兼顾的模型

酶（图 14.24，也见图 14.12）。这个 NADH 脱氢酶与复合体Ⅰ不同的是，它对鱼藤酮不敏感，因此常称之为备选的或者鱼藤酮不敏感旁路。这个旁路将 NADH 的电子传递给泛醌库，但没有质子穿过内膜，也对氧化磷酸化没有贡献。由于这个旁路的存在，分离的植物线粒体对 NAD^+ 相关联的底物的氧化不能被鱼藤酮完全抑制，但是它却降低了 ADP/O 的比例并伴随底物的氧化，或者可以说每个 O_2 伴随的被磷酸化的 ADP 分子数减少了（图 14.25）。鱼藤酮不敏感旁路对 NADH 的亲和力远小于复合体Ⅰ对 NADH 的亲和力。所以只有在基质中的 NADH 浓度很高时，这个旁路才运作。

膜外部脱氢酶体外实验表明其活性依赖于 Ca^{2+} 的存在，而其体内的调节机制还不清楚。但这些脱氢酶有可能影响细胞质内吡啶核苷酸库的氧化还原平衡，即 $NAD(P)^+/NAD(P)H$ 比值，因而可能影响许多细胞质内的反应。

14.3.6 植物线粒体有耐受氰化物的交替氧化酶，可把电子传递给 O_2

除了非磷酸化的氧化 NAD(P)H 通路外，植物线粒体中还有一条途径可不经过细胞色素 *c* 氧化酶而把电子从泛醌传递给 O_2（图 14.12）。在植物，许多藻类和真菌，以及一些原生动物中，都发现了一种核基因编码的交替氧化酶（AOX）。通过这个交替氧化酶的电子传递流不受细胞色素 *c* 氧化酶抑制物（氰化物、叠氮化物、一氧化碳和一氧化氮）和

信息栏 14.1　线粒体电子传递链与叶绿体电子传递链的比较

光合电子传递链与线粒体电子传递链有很大的相似处。在叶绿体的类囊叶中（见第 12 章），3 个多亚基蛋白复合体（光合系统Ⅱ，细胞色素 b_6f 复合体，光合系统Ⅰ）由膜结合的醌（质体醌）和一个可流动的小蛋白质（质体蓝素）连接。细胞色素 b_6f 复合体的电子传递辅酶与复合体一样：2 个 *b* 型细胞色素、1 个 *c* 型细胞色素（细胞色素 *f*）和 1 个 Rieske Fe-S 中心。细胞色素 b_6f 复合体与质体醌相互作用，把质子从基质转运到类囊体内腔，形成 Q 循环。此外，质体蓝素与细胞色素 c 都是膜结合的可溶的金属蛋白，都能被细胞色素复合体还原，并载运 1 个电子。质体蓝素的氧化活性金属是铜，而不是铁。但是一些藻类在铜缺乏的培养基中可以用可溶的 c 型细胞色素代替质体蓝素。这些电子传递链和 ATP 合酶的相似性，可能是由于它们起源于共同的原核生物。

线粒体和叶绿体都含有替代的呼吸酶，典型的是在细胞质中参与叶绿体呼吸和环式电子传递的单个多肽链的对苯二酚氧化酶、IMMUTANS，以及参与线粒体非磷酸化呼吸的 AOX。

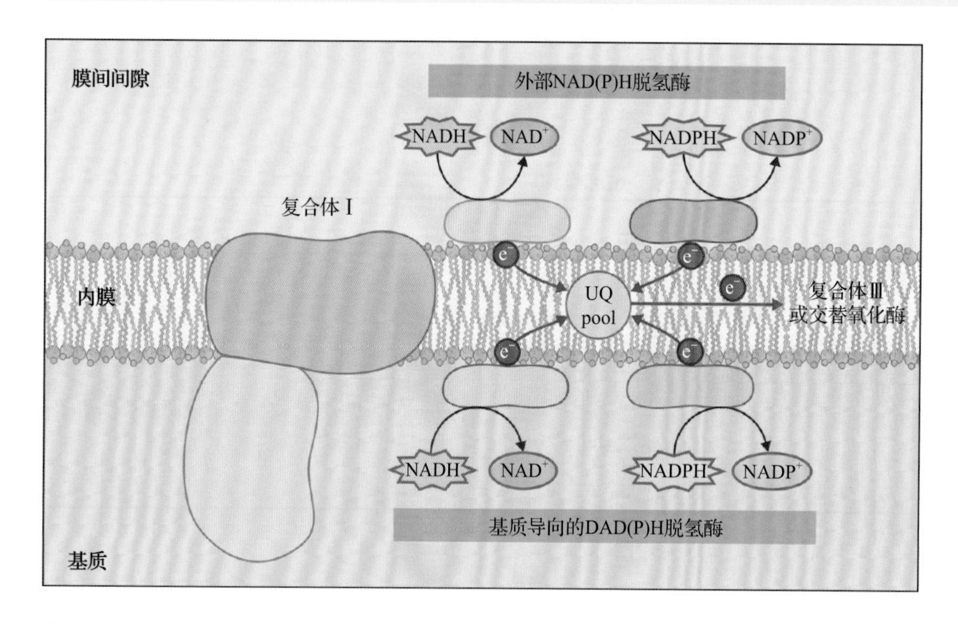

图 14.24　线粒体内膜上的交替 NAD(P)H 脱氢酶。除了复合体 I 外，植物线粒体内膜还有较简单的单肽的脱氢酶，它们在内部两侧都有分布。这些酶不转移质子，对复合体 I 的抑制物（如鱼藤酮）不敏感。在拟南芥中确定了 7 个可能编码交替脱氢酶的基因，然而在分离的线粒体中只发现了 4 个。外部的 2 个脱氢酶氧化细胞质中的 NAD(P)H，并将电子提供给质醌库。这两个酶也为氧化基质中形成的 NAD(P)H 提供了额外的途径

复合体III抑制物（抗霉素 A、黏噻唑菌醇）的抑制。但水杨酰氧肟酸（SHAM）和 *n*- 丙基没食子酸能特异抑制交替氧化酶（图 14.26）。所有被测序的植物都含有表达 AOX 的基因，在所有研究的高等植物的组织中，AOX 的活性取决于基因表达水平及氧化酶激活的状态（见下文），其表达经常会因环境胁迫条件而大量上调。AOX 紧紧结合在内膜上，以同泛醌（UQ）库相同的水平从标准电子传递链传递电子，结果是将泛醇传递给 O_2 而生成水。

反应 14.3：交替氧化酶

$$O_2 + 2UQH_2 \longrightarrow 2H_2O + 2UQ$$

氧化态 + O_2 + UQH_2(还原态) → 氧化态-UQH· → UQ(氧化态) + H_2O + 氧化态-oxidised；氧化态-oxidised + UQH_2(还原态) → 氧化态 + UQ(氧化态) + H_2O

AOX 通过结合并氧化 2 分子的 UQH_2 获得了 4 个电子，从而还原 O_2 生成水。这个过程第一步形成一个 AOX- 泛醌复合体并且释放 1 分子的水，然后还原第二个 UQH_2 产生第二个分子的水，同时从

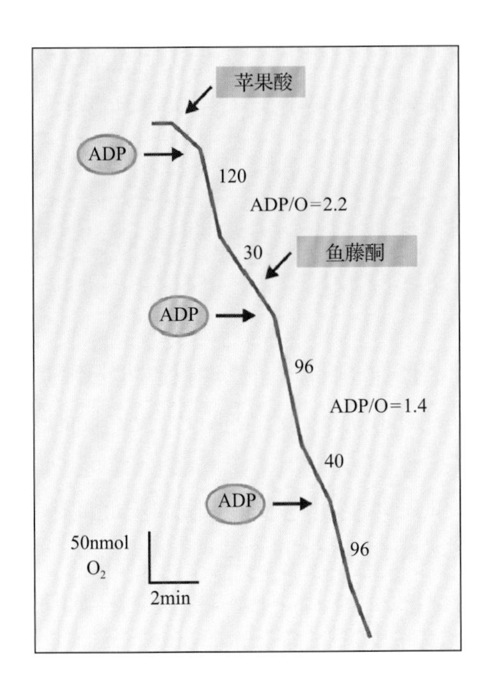

图 14.25 植物线粒体中复合体 I 的鱼藤酮不敏感旁路的生理机制。图中显示分离的线粒体在过量的无机磷酸盐条件下氧化苹果酸所得到的氧电极记录。苹果酸在基质中氧化生成 NADH，NADH 再被呼吸电子链氧化并消耗 O_2。加入少量的 ADP，可以导致 ATP 合成，消耗跨膜质子动力势，增加 O_2 消耗率。当 ADP 完全被磷酸化后，氧消耗率又减慢。每减少一个 O_2 所磷酸化的 ADP 数称为 **ADP/O 比率（ADP/O ratio）**，它可以确定有多少质子泵位点。加鱼藤酮前，ADP/O 比率大于 2，说明有 3 个质子泵位点在运作；加鱼藤酮后，复合体 I 的电子流被阻断，电子从内膜内侧的另一个 NADH 脱氢酶流入；此酶无质子泵功能，ADP/O 比率下降。当电子不经过复合体 I 的质子泵时，O_2 消耗速率有所上升

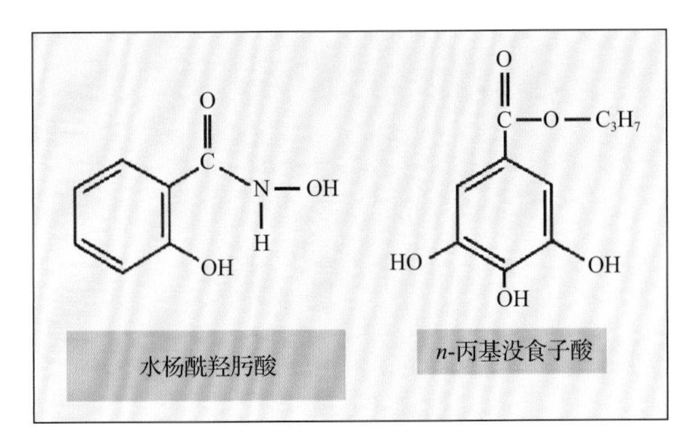

图 14.26 交替氧化酶抑制物水杨酰羟肟酸（SHAM）和 *n*-丙基没食子酸的结构。SHAM 是质醌（UQH_2）的竞争性抑制剂

新生成 AOX 的活性位点进入新一轮的催化反应。

因电子从泛醌到 O_2 的过程中没有质子电化学梯度产生，故所有电子通过交替氧化酶产生的自由能，都作为热能散失而不生产 ATP。因此，当电子从 NADH 氧化酶流到交替氧化酶时，至少少了 2 ～ 3 个质子泵位点，从而减少了质子梯度形成，ATP 的合成也减少了（见 14.4.1 节）。

一个原生生物的 AOX 氧化酶的结构已经被获得，而且许多植物、真菌到原生动物的 cDNA 序列的关键位点非常保守，说明已经获得的结构在物种之间可以作为一个很好的研究模型（图 14.27）。交替氧化酶以同源二聚体形式存在于线粒体的内膜上，两个还原型的 32kDa 大的单体通过非共价键相互作用而形成二聚体。在植物和真菌中，单体中存在一个额外的伸展，其中含有一个保守的丝氨酸，两个单体的丝氨酸可以通过硫氧还蛋白形成一个二硫键，而 NADPH 和 $NADP^+$- 硫氧还蛋白还原酶可以还原并打开二硫键（反应 14.4）。

反应 14.4：$NADP^+$- 硫氧还蛋白还原酶

$$\underset{}{NADPH + H^+ + \underset{(—S—S—)}{Trx_{氧化态}}} \rightarrow NADP^+ + \underset{(—SHHS—)}{Trx_{还原态}}$$

AOX 的活性位点是一个通过氢键结合的二铁离子中心。其结构与许多含二铁中心的蛋白质相似，如核苷酸还原酶。但是 AOX 的铁原子是通过氨基酸残基的羟基结合的，这在二铁蛋白中并不常见。要注意的是，核苷酸还原酶和大部分的 AOX 与还原的硫氧还蛋白相互作用，其中，硫氧还蛋白是

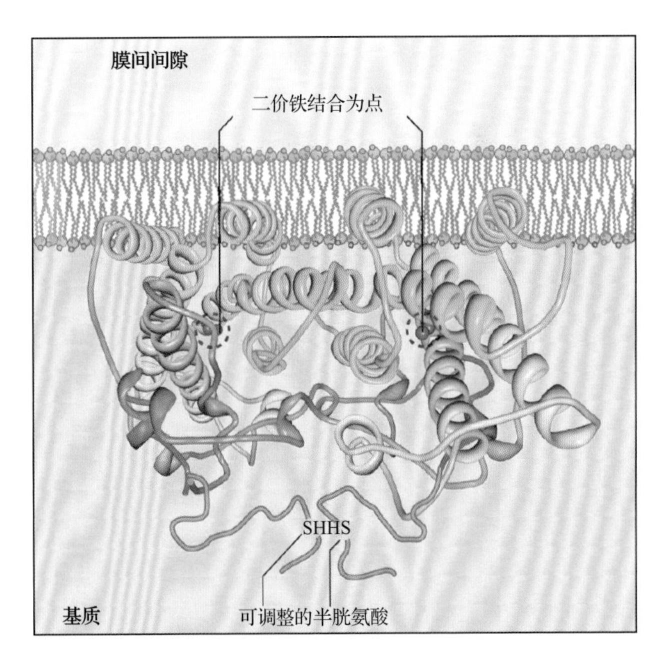

图 14.27 根据添加了一段植物特有的带有可调整的半胱氨酸的 N 端序列的一种原生动物的 AOX 结构推测的交替氧化酶二聚体结构与在膜上的拓扑定位。在植物中，交替氧化酶在膜中以部分嵌入膜内的二聚体形式存在。二聚体的结构由蛋白质 - 蛋白质相互作用保持，不受分子间二硫键氧化与否的影响。每个单体由两个嵌入膜的 α 螺旋锚定在线粒体内膜上。两个大的亲水结构域位于螺旋侧翼并延伸入线粒体基质。组成 2Fe 中心的氨基酸位于亲水区

前者核苷酸还原反应的底物，也是后者的激活因子（见 14.6.1 节）。

14.3.7 一个抗氧化防御机制负责移除电子传递链中产生的活性氧分子

超氧离子（Q_2^-）主要是线粒体电子传递链的组分和 O_2 反应生成的。对于 Q_2^- 的解毒主要是去回避脂类膜的过氧化，以及对线粒体蛋白和 DNA 的氧化。一个在线粒体基质中锰离子依赖的超氧化物歧化酶将 Q_2^- 转化成过氧化氢。然后线粒体中一系列酶的催化反应，包括 TRX 依赖的过氧化物酶、抗坏血酸 - 谷胱甘肽循环（见图 20.37）、某些植物线粒体中报道的谷胱甘肽依赖的过氧化物酶，将过氧化氢降解为水。

14.4 植物线粒体 ATP 合成

线粒体的电子传递链将质子从内膜的基质侧转移到胞质侧，在膜间区积聚 H^+ 并因此产生一个电化学梯度（$\Delta\mu_{H^+}$），质子通过 F_0F_1-ATP 合酶复合体扩散回基质侧，并且由此复合体催化 ADP 和 P_i 合成 ATP，许多内膜转运装置协助了这一过程。

14.4.1 电子传递链将还原力的氧化和质子电化学梯度形成偶联起来

由电子传递链的作用形成的质子电化学梯度（$\Delta\mu_{H^+}$）包含两个势能：一个电势能，一个化学势能（见第 3 章）。自由能的差异包含电势组分（$\Delta\Psi$，线粒体基质内为负电）和 pH 组分（ΔpH）。它也可以以质子动力势（Δp）按伏特计算。

公式 14.1：质子电化学梯度

$$\Delta\mu_{H^+}=\Delta\Psi+\Delta pH$$

公式 14.2：质子动力势

$$\Delta p=\Delta\mu_{H^+}/96.5kJ\cdot V^{-1}\cdot mol^{-1}$$

通过质子电化学梯度将两个反应相偶联这一概念构成了化学渗透理论的基础。在包括那些来自植物的线粒体中，对 $\Delta\mu_{H^+}$ 的主要贡献者是 $\Delta\Psi$（–150 ～ 200mV）；膜间间隙 pH 只比基质的低 0.2 ～ 0.5 个单位。在静息状态下植物线粒体典型的 $\Delta\mu_{H^+}$ 值（如缺乏 ADP）为 –200 ～ –240mV。在叶绿体中，相反地，ΔpH 占有了大部分的 $\Delta\mu_{H^+}$，因为叶绿体对一些离子有较高的通透性，并且含有线粒体所没有的门控离子通道。

14.4.2 F_0F_1-ATP 合酶复合体偶联了质子电化学梯度的扩散及 ATP 的形成

F_0F_1-ATP 合酶是一个跨内膜的多亚基复合体。尽管线粒体的功能一般与 ATP 合成相偶联的质子扩散有关，但有些情况下 F_0F_1 复合体可以水解 ATP 成 ADP 和 P_i 并驱动质子从基质向膜间间隙的转移。

F_0F_1-ATP 合酶由两个主要部分组成（图 3.5）。整合膜蛋白复合体 F_0，其功能为穿过内膜的质子通道，含有多达 8 ～ 9 种多肽，包含 3 个主要的亚基，它们的比例为 $a_1b_2c_{10-12}$。外周膜蛋白复合体 F_1，其基部有一柄固定于 F_0 复合体上，上部伸向基质空间（图 14.28），F_1 复合体含有的 5 种多肽，从 α ～ ε，具体比例为 $\alpha_3\beta_3\gamma\delta\varepsilon$。ATP 合成的催化位点主要在 β 亚基上。$F_0$ 的 4 条多肽链（ATP4、ATP6、ATP8、ATP9）和 F_1 的 1 条多肽链（α 亚基，ATP1）一般由植物线粒体 DNA 编码。F_1 柄包括 γ- 多肽和几个

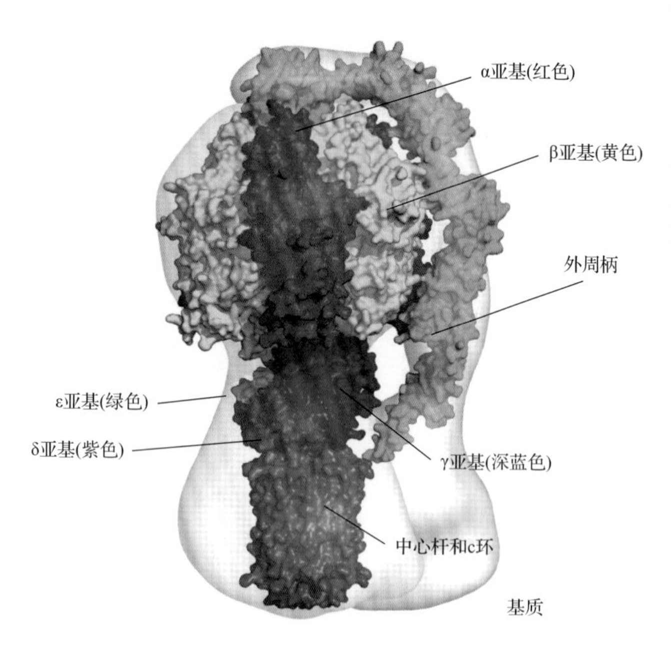

图 14.28 小牛线粒体中 F_0F_1-ATPse 的镶嵌结构。利用冷冻电镜将各组分整合成完整的酶结构。膜外区域包括球形的催化中心，由 3 个 α 亚基和 3 个 β 亚基构成（两种亚基分别标记为红色和黄色）。F_1 中心杆的 γ-、δ- 和 ε- 亚基分别标记为蓝色、紫色和绿色。标记为棕色的中心杆 F_0 c- 环构成了转子。外周杆（青色）穿过膜结构域连接催化结构域。该复合体是一个作为质子通道的跨膜复合体，使质子可以从内膜进入线粒体基质

其他的亚基。F_1 柄的一个亚基为寡霉素敏感性蛋白（OSCP），因为它结合抗生素——寡霉素。当寡霉素结合 OSCP 时，它阻止质子通过 F_0 复合体转移，抑制 ATP 合成，并因此限制线粒体氧的吸收（见 14.5.2 节）。

“结合变构”模型解释 ATP 合酶的反应机制，根据这一假设，从质子扩散吸收的自由能并不用于磷酸化 ADP，而是引起一个构象的变化，从三个 F_1 活性位点之一释放紧密结合的 ATP（见第 3 章，图 3.6）。F_1 复合体中 $\alpha_3\beta_3$ 亚基比例与这一模型相符，而最近来自哺乳动物线粒体的 F_1 复合体的高分辨率晶体结构的解析从结构和核苷酸（如 ATP 和 ADP）结合特性上也支持这个作用机制。

14.4.3 ATP、ADP 和磷酸进出植物线粒体的运动也由电化学质子梯度驱动

从 NADH 到 O_2 转移一对电子所需的准确质子数还不清楚，因为复合体 Ⅰ 和Ⅳ相关的电子流和质子转移的机制还没有研究清楚，但是不同组织提取的线粒体的研究表明细胞色素通路对 1 个 NADH 的氧化导致了 10 个质子的转移。根据 ATP 合成所需的自由能，以及由 $\Delta\mu_{H^+}$ 测定到的自由能，热动力学计算显示生成 1 分子 ATP 需要 3 个质子。然而，如果转运腺苷酸和磷酸通过内膜的能量损耗也被计入的话，H^+/ATP 值就增加了（图 14.29）。叶绿体中 ATP 的合成与消耗都发生在同样地方（基质），而线粒体必须耗费自由能来运入 ADP 和无机磷（P_i），以及运出 ATP。一个 ATP^{4-} 由线粒体运出，交换一个细胞质的 ADP^{3-}，而一个来自线粒体基质的氢氧根离子则交换一个胞质的 P_i。氢氧根的转运等于一个质子从膜间间隙返回基质。在 ADP 和 P_i 合成 ATP 所需的 3 个质子基础上再加上这个质子，所以每合成一个 ATP 需要 4 个 H^+。

在计算线粒体效率时把核苷酸及磷酸转运的能量消耗包括在内的话，降低了和底物氧化相关的 ADP/O 的值。如果转运 ADP 和 P_i 进入线粒体合成 ATP 需要 4 个质子，则 ADP/O 的比值实际上是 2.5，而不是之前估计的 3。对分离的线粒体精确地测量 ADP/O 比值时常常发现，在 NAD^+- 相关联底物氧化过程中，ADP/O 的比值接近 2.5。通过 FAD 与复

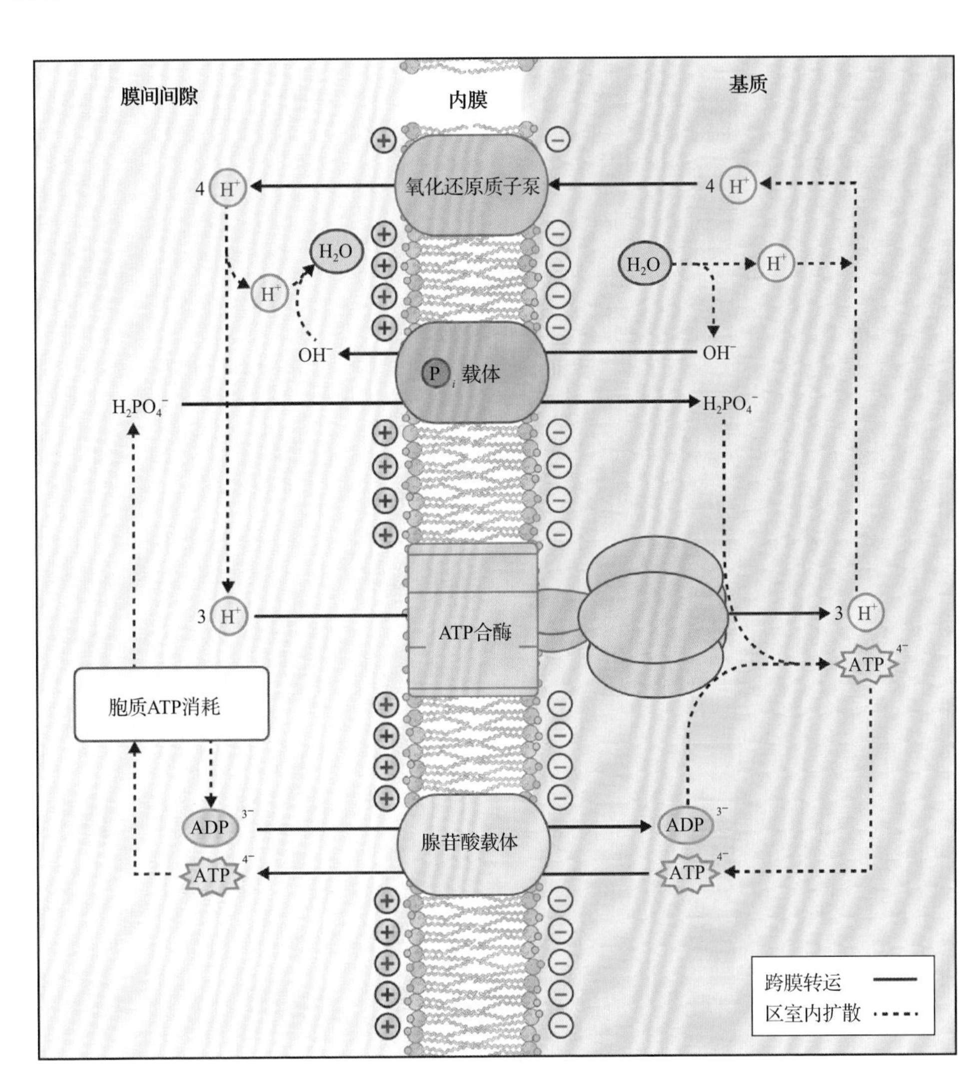

图 14.29 腺苷酸载体和磷酸载体利用质子动力势来给 ATP 合酶提供底物。腺苷酸载体催化从胞质 ADP^{3-} 到线粒体 ATP^{4-} 的交换，在膜的基质侧的净负电荷（$\Delta\psi$）推动 ATP 运出，维持细胞质中的高 ATP/ADP 比率。另外，载体的表面有对 ADP 有很高的亲和力，因此即使在细胞质 ADP 浓度很低的情况下，也可以运入 ADP 来维持氧化磷酸化。P_i 载体催化一个负电荷磷酸和氢氧根离子之间的电中性交换，因此通过耗散等量的 ΔpH 而平衡了生电的腺苷酸交换

合体结合而对琥珀酸的氧化，或者通过鱼藤酮-非敏感脱氢酶对NAD(P)H的氧化，每还原1/2O_2只有约1.5个ATP分子合成，这是因为这些反应只利用了三个质子转移位点中的两个。

14.5 柠檬酸循环和细胞色素通路的调控

14.5.1 植物组织中很多呼吸作用的基因表达都是组成性的

对各个阶段的植物和不同组织的基因表达的研究表明，线粒体酶的表达在大部分器官中是相对稳定的，但是在花中的表达量会增加。有趣的是，细胞色素通路和柠檬酸循环的相关基因表达明显与环境压力无关，尽管一些信号，如光、蔗糖和细胞内的氮状态确实影响丙酮酸脱氢酶复合体和细胞色素通路一些组分的表达。另一方面，AOX和一些备选的NAD(P)H脱氢酶的表达对环境非常敏感。

14.5.2 离体线粒体中呼吸活力的调控依赖于ADP和P_i的供应

在分离到的线粒体中，电子传递的速度，以及由此导致的氧吸收的速度，主要是由ADP和P_i的供应决定的，这个现象被称为**呼吸控制**（**respiratory control**）。当ADP或P_i缺乏时，ATP合酶的F_0质子通道就被阻断，而$\Delta\mu_{H^+}$会逐渐增加，直到它施加了一个反压力，限制更多的质子穿过内膜转移。由于电子传递必然和质子转移联系在一起，一个大的$\Delta\mu_{H^+}$也将会限制氧吸收的速率（图14.30）。在稳定状态下，电子传递的速度由膜间间隙的质子返回基质的速度决定。当ADP和P_i存在时，质子通过ATP合酶的回流是很迅速的；当ADP或P_i或两者都缺乏时，质子只能缓慢地渗漏通过内膜。

一些起质子载体（允许质子通过膜与离子结合的脂溶性分子）或质子通道作用的化合物可以大大增强质子渗漏。这些化合物被称为**解偶联剂**（**uncouplers**），它们通过平衡膜两侧的质子梯度来切断电子传递与ATP合成酶的偶联，并以热量的方式耗费$\Delta\mu_{H^+}$。解偶联剂刺激氧的吸收，然而由于没有$\Delta\mu_{H^+}$建立，并没有ATP合成。来自植物和动

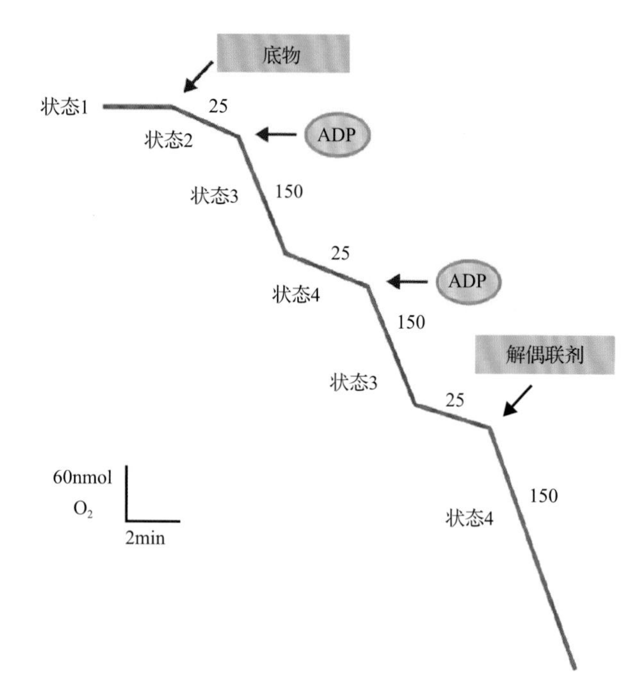

图14.30 呼吸控制及解偶联剂对ADP/O比值的影响。氧吸收速率由四个呼吸状态组成：状态1发生于没有底物可氧化时；氧消耗（O_2 nmol·min^{-1}·mg^{-1}蛋白）在状态1不显著。当只有底物加入时，一些氧被还原（消耗）了（状态2），但氧吸收通过加入ADP被明显激活（状态3）。当所有ADP被消耗光时，氧吸收速率再次下降（状态4）。状态3和状态4的电子传递速率的比率被命名为**呼吸控制比率**（**respiratory control ratio**）。它显示ADP磷酸化和电子传递偶联的紧密程度。化学解偶联剂破坏了质子梯度并失去了呼吸控制，使氧消耗增加到状态3的速率

物的线粒体都含有非偶联的蛋白质，通过调控的方式促进质子的跨膜运输。一些植物利用不产生ATP时释放的热量促进开花（信息栏14.2）。有趣的是，类似的现象在婴儿中也有发现，他们利用富含线粒体的棕色脂肪保温。但是，植物中非偶联蛋白的主要作用似乎还是维持腺苷酸电荷高时的线粒体电子传递，从而可以防止泛醌库的过还原，后者会导致过氧化的伤害。

14.5.3 底物供应、ADP和基质NADH都可能调节组织中的呼吸代谢

一般认为，在活体中呼吸速率至少和植物细胞的能量需要有一定联系。然而，控制因素可能是组织特异性因素或环境因素，比较难以确定。在活体中线粒体常常只使用全部呼吸活性中的一部分。在许多组织中，呼吸速率是由线粒体底物供应速度控制的。如果碳水化合物的储存量低或者糖酵解被代

信息栏 14.2 交替氧化酶在一些花的产热过程中有作用

AOX 和解偶联蛋白参与一些植物开花过程中产热。这些开花植物大多数是天南星科植物，其中包括臭菘和巫毒百合。它们于正在发育的花的顶端产生一个棒状结构（附属杆）（见图示），其外层含有比大多数植物组织多得多的线粒体。在开花（anthesis）期，附属杆的线粒体利用 AOX 和解偶联蛋白进行高速率的呼吸，自由能以热的形式释放，将组织温度提高到比外界环境高 10 ～ 25℃，并使带味的化合物挥发以吸引花粉传播者。在某些情况下，这种机制可以模仿腐肉的气味，用于欺骗产卵的昆虫。

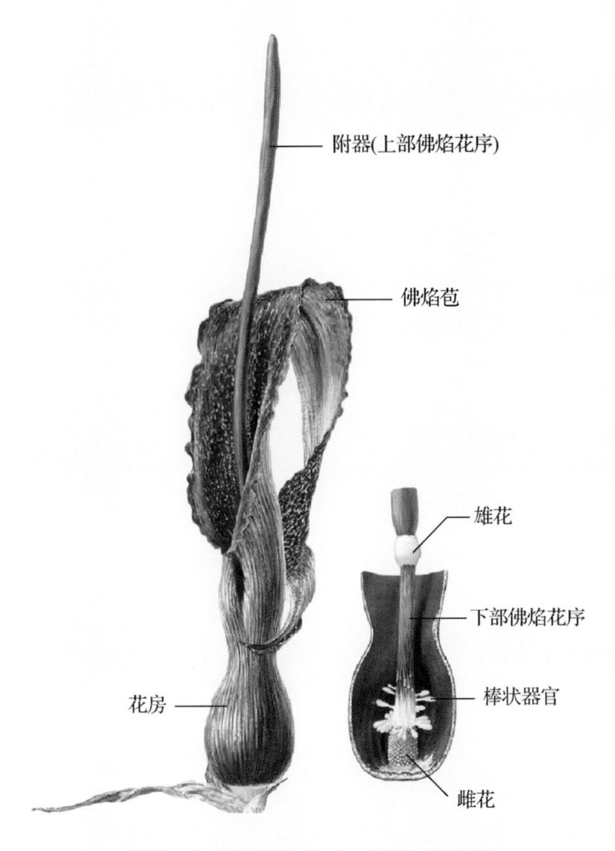

来源：Benstead, Fife, Scotland, UK；未发表

因为植物并不是普遍产热的，AOX 和解偶联蛋白不大可能在其他植物组织中促进产热。观察到的植物器官的呼吸速率都太低，即使所有电子都流到 AOX 途径，抑或解偶联蛋白通过耗尽线粒体膜的潜能完全阻止电子传递的限制，也不能产生足够大的热量。

谢因子（如 ATP）下调的话，这个呼吸速率会放慢。在底物供应充足的组织中，呼吸速率可以因 ATP 周转速度而受限制。在分离的线粒体中，呼吸速度可以通过加入 ADP 控制。在活体中，呼吸也被细胞质的 ATP/ADP 比率所影响，这一比率同时依赖于 ADP 的浓度和 ATP 利用的速率。植物柠檬酸循环的调控机制还没有被充分地研究清楚，但是现在的数据表明循环的活性受细胞能量状态的调控，细胞的能量状态会影响线粒体基质中 NADH、ATP 和乙酰辅酶 A 的浓度。而 NADH、ATP 和乙酰辅酶 A 会通过结合到脱氢酶的底物结合或者变构位点，以及通过硫氧还蛋白的氧化还原作用与特定的酶结合，来抑制许多脱氢酶的活性。因此，柠檬酸循环在体内的改变速率取决于呼吸电子传递链对 NADH 再氧化和细胞 ATP 利用速率。质体和细胞溶质通路提供给柠檬酸循环的底物的速率也可能非常重要。

例如，在一些碳水化合物随着昼夜节律改变的叶片中，呼吸速率与叶肉细胞中碳底物的浓度成正比，在夜晚的最后时刻会非常低，而白天会因为光合作用补充了大量的碳资源而极大地增加。

14.6 细胞色素通路和非磷酸化通路的相互作用

当非磷酸化的呼吸通路对氧气的代谢有贡献时，呼吸速率受细胞溶质中 ATP/ADP 比率的调节程度会下降。因为这些酶不涉及 H^+ 跨线粒体内膜的转运过程，它们对 $\Delta\mu_{H^+}$ 也不敏感，因此不受氧化磷酸化的限制。这导致了在静息状态下更快的呼吸速率。因为在一个能量转化如此重要的细胞器中产生这样一个浪费能量的通路实在令人费解，所以研究清楚非磷酸化 $NAD(P)^+$ 脱氢酶和 AOX 的调控方式，以及它们是如何与细胞色素通路相互作用的是非常重要的。

14.6.1 交替氧化酶（AOX）的调控非常复杂

AOX 的表达和活性是受到调控的。在大多植物中，可探测到两个或多个交替氧化酶蛋白。这些蛋白质是由不同的基因位点编码的，可能由组织特异性方式调控。例如，在大豆中，一种异构体蛋白主要在光合组织中表达。在大豆（*Glycine max*）和拟南芥中，AOX 多个异构体中的一个在环境胁迫条件下有极高的表达量。在大部分植物组织中，交替氧化酶的量处于低水平，直到组织受到某种方式下的压力。引起交替氧化酶合成的条件包括：低温，干旱，超氧化物或过氧化氢，某些除草剂，线粒体蛋白合成抑制剂或电子传递抑制剂，以及在一些果实成熟的时候。大多数情况下，诱导增加交替氧化酶 mRNA 的含量。在培养的烟草（*Nicotiana tabacum*）细胞中，将三羧酸循环中间产物柠檬酸加入培养基中也引发交替氧化酶的合成，表明了碳代谢和交替氧化酶基因转录调控之间的联系。

对于 AOX 过表达突变体和胁迫条件下植物的研究表明 AOX 活性的调控非常复杂，不仅仅取决于蛋白质丰度。AOX 的活性可以被 α- 酮酸（图 14.31）极大地增强，如丙酮酸和乙醛酸。此外，AOX 还

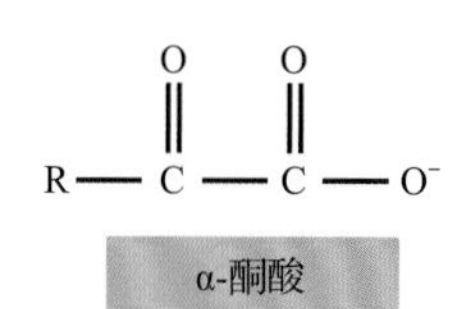

图 14.31 α- 酮酸的结构

是硫氧还蛋白的靶标（图 14.32）。当连接两个单体的二硫键被硫氧还蛋白还原而变成两个含有巯基的单体时，丙酮酸的存在会让 AOX 的活性显著增高。在氧化态，即低活性态，二聚体的 AOX 则对 α- 酮酸的刺激非常不敏感。

在分离的线粒体中添加柠檬酸盐和异柠檬酸盐可以诱导二硫键的还原，并且伴随 $NADP^+$ 相关的异柠檬酸脱氢酶作用的 NADPH 的产生。这个系统可能将线粒体基质的还原态和 AOX 的有调节作用

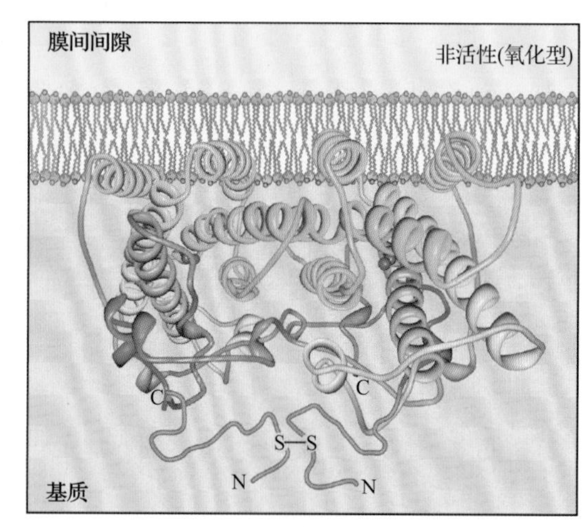

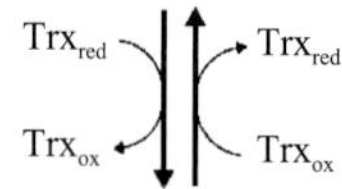

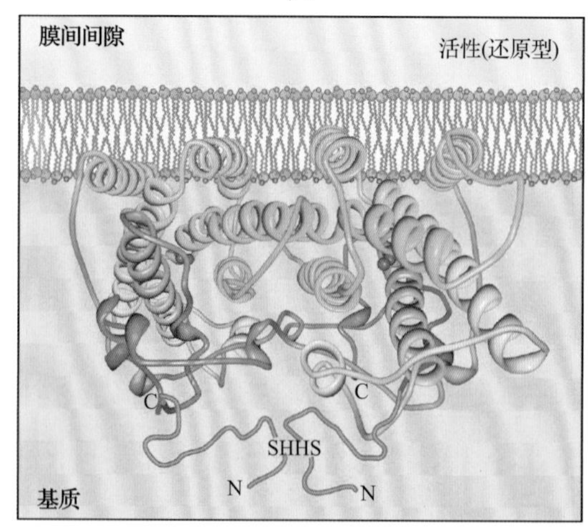

图 14.32 通过一个巯基 / 二硫键系统调控交替氧化酶的可能机制。分子间二硫键被还原后提高了交替氧化酶二聚体对 α- 酮酸活化的敏感性。被还原的硫氧还蛋白可能会通过一种过氧化物酶被氧气氧化（见第 12 章）

的半胱氨酸残基的氧化态联系在一起，后者的还原态与 NADH 相关（见 14.4 节）。由于柠檬酸也可以促进 AOX 的表达，所以交替氧化酶的活性和合成是与细胞的碳、能量状态整合在一起的（图 14.33）。

α- 酮酸和二硫键还原对交替氧化酶活性的影响揭示了一幅呼吸控制更清晰的画面。一些限制电子流通过细胞色素途径的因素，包括胞质中 ATP/ADP 比率的升高、胞质 ADP 的浓度降低、环境压力（如低温），将提高基质 $NAD(P)^+$ 库的还原状态并抑制柠檬酸循环活性，从而增加线粒体中丙酮酸的浓度。这两种反应可以用于活化 AOX，其中丙酮酸的作用是直接的，增加的基质 NAD(P)H 水平是通过增加还原的硫氧还蛋白。一旦被活化，AOX 可以有效地与细胞色素途径竞争来自泛醌库的电子，使得植物维持一个更高的有氧呼吸速率。这种呼吸活性可能可以防止发酵代谢（见第 22 章）及活性氧形成带来的损害（见 14.3.7 节）。最后，除了在分离的线粒体中观察到调控 AOX 蛋白量和活性的机制外，完整的组织中可能还存在其他的机制调控两个氧化酶的分离。这些机制对于改变呼吸效率的作用是巨大的，这种精致的调控也是可以被预料的。

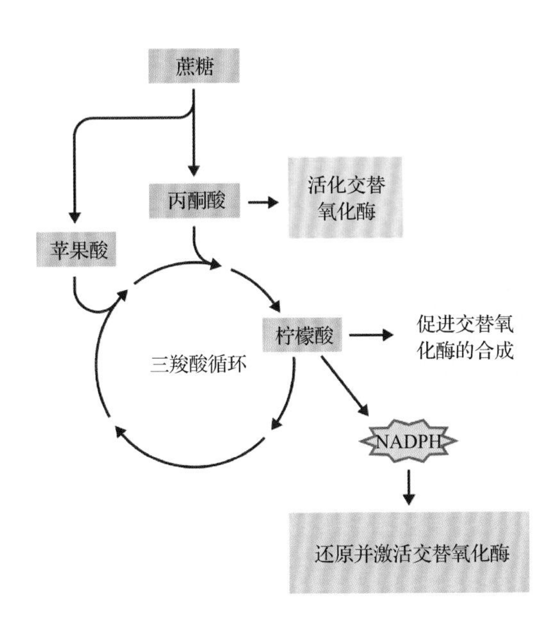

图 14.33 糖代谢对交替氧化酶活性酶的影响。交替氧化酶的活化及合成都与细胞中碳状态有关，当碳流向线粒体的量超过电子传递链接受电子的能力时，碳代谢中间产物如丙酮酸和柠檬酸就会积聚，基质的吡啶核苷酸库就被大量还原。柠檬酸的积累导致更多交替氧化酶蛋白的合成，而丙酮酸和 NADPH 的积聚激活了此酶。这种前馈（feed-forward）控制确保只有当细胞内碳供应充足时，可能造成能量浪费的交替氧化酶才有活性。交替氧化酶的活化防止了其他呼吸链成分被过度还原，由此减少了有害的活性氧的生成

14.6.2 交替氧化酶（AOX）的调控和泛醌库的氧化还原状态影响通过细胞色素及其替代通路的电子流

过去人们认为交替氧化酶仅仅作用于电子溢出时。根据这一模式，交替氧化酶活性只有在 40% ~ 60% 以上的泛醌库被还原时才可能是显著的。随着细胞色素途径处于或接近饱和，泛醌库会因此转移电子给交替氧化酶。由于这一思路的引导，交替氧化酶的抑制剂（如 SHAM）抑制呼吸的程度就成为测量交替氧化酶活性的量度。这种方法假定细胞色素途径已经饱和，并且不能补偿被抑制的交替氧化酶途径。因此，任何观察到的呼吸速率的降低都反映了交替氧化酶在没有抑制剂时的活性。这种模型目前被认为已过时。

现在普遍认为 AOX 可以被 α- 酮酸和硫氧还蛋白介导的氧化还原反应激活。这种激活作用使得交替氧化酶即使在还原泛醌很少时，也和细胞色素途径竞争电子（图 14.34）。如果细胞色素途径还未饱和，通过它的电子流的增加可以掩盖对交替氧化酶途径的抑制。因此，在 SHAM 存在和缺乏情况下对呼吸速率的测量不能定量表示交替氧化酶的活性。现在，科学家们直接测量植物组织的呼吸速率并同

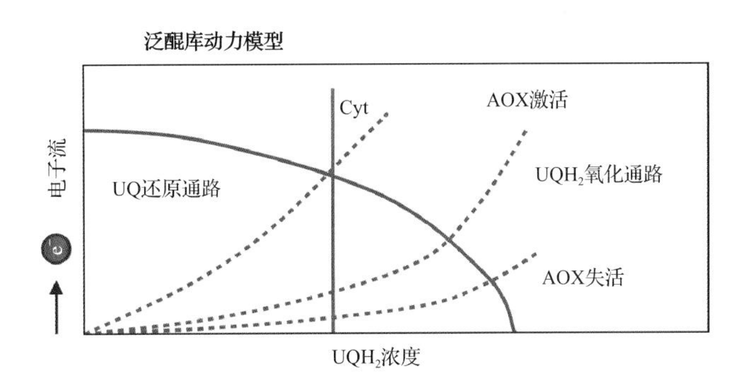

图 14.34 包含细胞色素途径和 AOX 的泛醌库动力学模型。一个用电子传递速率（*y* 轴）衡量 UQ 还原度（*x* 轴）的曲线图可用以描述 UQ 还原通路（复合体 Ⅰ、SDH 和旁路 NADH 脱氢酶）和两个 UQ 氧化通路（细胞色素链和 AOX）。对于 UQ 还原通路，最大的还原速率发生在 UQ 库的氧化状态下，并且随着 UQ 库的还原而降低（如 UQH_2 浓度上升）。另一方面，对于氧化通路，在 UQ 库完全处于氧化态时速率为零，但是，随着 UQ 库的还原而增加。UQ 还原和氧化动力学的交叉表明在已有的电子传递率基础上，UQ 处于一个稳定的还原状态。这个图显示了在 UQH_2 浓度较低时，细胞色素通路对于电子的流动起主导作用（红线），而随着 UQ 还原势增大或者细胞色素通路被阻滞，UQH_2 浓度持续上升，AOX 则开始占主导地位

时测量 ^{18}O 的浓度。植物线粒体的这两个呼吸氧化酶排斥含有 ^{18}O 的氧气分子，所以在一个封闭的呼吸系统里面 ^{18}O 的比例会随着时间的增加而升高。由于植物中细胞色素氧化酶和 AOX 对于 ^{18}O 的排斥率有可以测量的区别，所以这个方法可以被用于测量完整植物组织中两个氧化酶消耗氧气分子的比例。

泛醌库动力模型确认泛醌和泛醇作为电子传递链的泛醌还原酶（复合体Ⅰ和Ⅱ以及鱼藤酮不敏感旁路）和泛醇氧化酶（复合体Ⅲ和 AOX）的底物或者产物。因此，区分细胞色素和非磷酸化通路就取决于泛醌的还原态和这些酶的动力特性。

14.6.3 非磷酸化旁路是植物呼吸代谢的一个独特方面，但它们的作用还不清楚

对鱼藤酮不敏感 NAD(P)H 脱氢酶和交替氧化酶的存在表明，植物线粒体可能将电子全部通过这些非磷酸化旁路传递，并完全消除 ATP 合成（这通常是线粒体主要的功能）。植物不大可能处于这种极端状态，但这些不能进行能量储存旁路的存在令研究者开始思考有关它们在植物代谢中所起作用的问题。

除一个不寻常的例子外（见信息栏 14.2），各种假定的旁路功能并没有直接证据的支持。不过，目前提出了几个关于它们的功能的假说。这些假说都基于这样的原则：通过旁路的电子传递不受呼吸控制的限制。当 ADP 浓度低的时候，非磷酸化旁路可能会比细胞色素途径支持更高的呼吸速率。这样将确保生物合成反应中代谢物的稳定供应。在某些情况下，这可能还是 C_4 或 CAM 光合作用所需的（见 14.6.5 节）。另外一种相关的观点认为非磷酸化旁路起一种“能量溢出”的作用，这可能构成了对碳水化合物代谢的一种粗放的调控机制。通过这种调控，底物如果积聚的量大于生长、储藏及 ATP 合成所需的量则被氧化。这两种概念都来自目前已经废弃的观点，即电子只有在标准的细胞色素途径饱和时才流向交替氧化酶。尽管最近获得的证据不排除以上所设想的非磷酸化旁路的作用，但尚无直接证据证实这些观点。

一种假说认为非磷酸化旁路在环境条件不利时增强。由于替代的 NAD(P)H 脱氢酶和交替氧化酶二者都远不如标准呼吸电子传递途径复杂，这些较简单的途径在胁迫下的作用可能比标准的电子传递链更为有效。这样，电子在胁迫条件下通过这些旁路以维持比细胞色素途径更高的呼吸速率。这些内部的替代的 NAD(P)H 脱氢酶可能还通过调整基质 NAD(P)H 的浓度以维持在胁迫条件下的呼吸速率，并且因此影响柠檬酸循环的碳流动（见 14.5.3 节）。由内部替代的 NADH 脱氢酶氧化的胞质 NADH 可以提供糖酵解所需的 NAD^+，而交替氧化酶可以继续支持有氧呼吸。因此，尽管 ATP 合成会受到限制，但植物可以就此避免转入有潜在危害的发酵代谢方式。

微阵列研究表明 AOX，以及内部和外部的替代的 NAD(P)H 脱氢酶的表达在各种胁迫条件下得到诱导。这些结果支持替代的旁路成分对于在环境抑制呼吸作用的情况下避免或者减少 ROS 的产生非常重要。在动物线粒体中，如果醌库被过度还原，Q_2^-、过氧化氢和氢氧根离子就会因为泛醇的自氧化而产生。有趣的是，Q_2^- 在真菌细胞中促进 AOX 的合成，而过氧化氢在植物细胞中也如此。

如果一种因子在泛醌库下游的一个位点抑制了植物线粒体的电子传递链，丙酮酸、三羧酸循环的中间产物及还原的吡啶核苷酸将通过硫氧还蛋白积聚并激活交替氧化酶（图 14.32）。这种活化作用将减弱这种压力对呼吸的抑制作用，并且在这个过程中防止泛醌库的过度还原以减少 ROS 的产生。激活替代的 NAD(P)H 脱氢酶可能也帮助组织复合体Ⅰ处 ROS 的产生，同时促进 NAD(P)H 的产生以维持糖酵解和柠檬酸循环的活性。

用 AOX 表达抑制或者过表达的烟草（*Nicotiana tabacum*）细胞研究确定了 AOX 帮助减少 ROS 的产生。拟南芥的研究表明，缺少 AOX 会让植物对于高温和强光更加敏感。这些研究支持 AOX 通过维持泛醌库一个相对的氧化状态来抑制 ROS 的产生而起到抗过氧化作用的观点。这些帮助阻止线粒体被过氧化破坏并且影响信号通路，如协调其他一些胁迫相关基因的表达，可以解释 AOX 是如何阻止植物细胞程序性死亡的。

总之，通过调节细胞氧化还原态和 ROS 的水平，替代的 NAD(P)H 脱氢酶和 AOX 帮助维持细胞的稳态。

14.7 线粒体和细胞其他区域的相互关系

除了合成ATP，植物线粒体还生成生物合成所需的前体，执行与其他代谢途径相连的反应，包括种子萌发过程中的糖异生、C_4光合作用、景天酸代谢（crassulacean acid metabolism，CAM），还有光呼吸（见14.8节到14.10节）。这些过程由一整套膜转运蛋白协助完成。

14.7.1 代谢物进出植物线粒体由一系列特异的转运体调控

线粒体内膜具选择通透性。气体和水可以快速穿过膜，一些不带电分子也可以，比如一些非离子形式的小分子有机酸（如乙酸）。然而由于线粒体的化学渗透能量转换主要由$\Delta\mu_{H^+}$支持，带电分子跨过内膜的运动必须受到控制以防耗散$\Delta\mu_{H^+}$。

带电化合物进出线粒体由$\Delta\mu_{H^+}$调控的选择性载体完成。图14.35总结了可能出现的物质跨膜运动类型。转运可以与膜电位（ΔΨ）、pH梯度（ΔpH），或ΔpH和Δψ（$\Delta\mu_{H^+}$）相关；当一个交换反应中质子的协同转运造成了电荷不平衡时，就涉及$\Delta\mu_{H^+}$。$\Delta\mu_{H^+}$可以直接驱动转运，或者通过将两种转运偶联起来的方式间接起作用。

生电（**electrogenic**）的转运涉及电荷跨膜的不平衡运动，而电中性转运没有净电荷转运。当一个

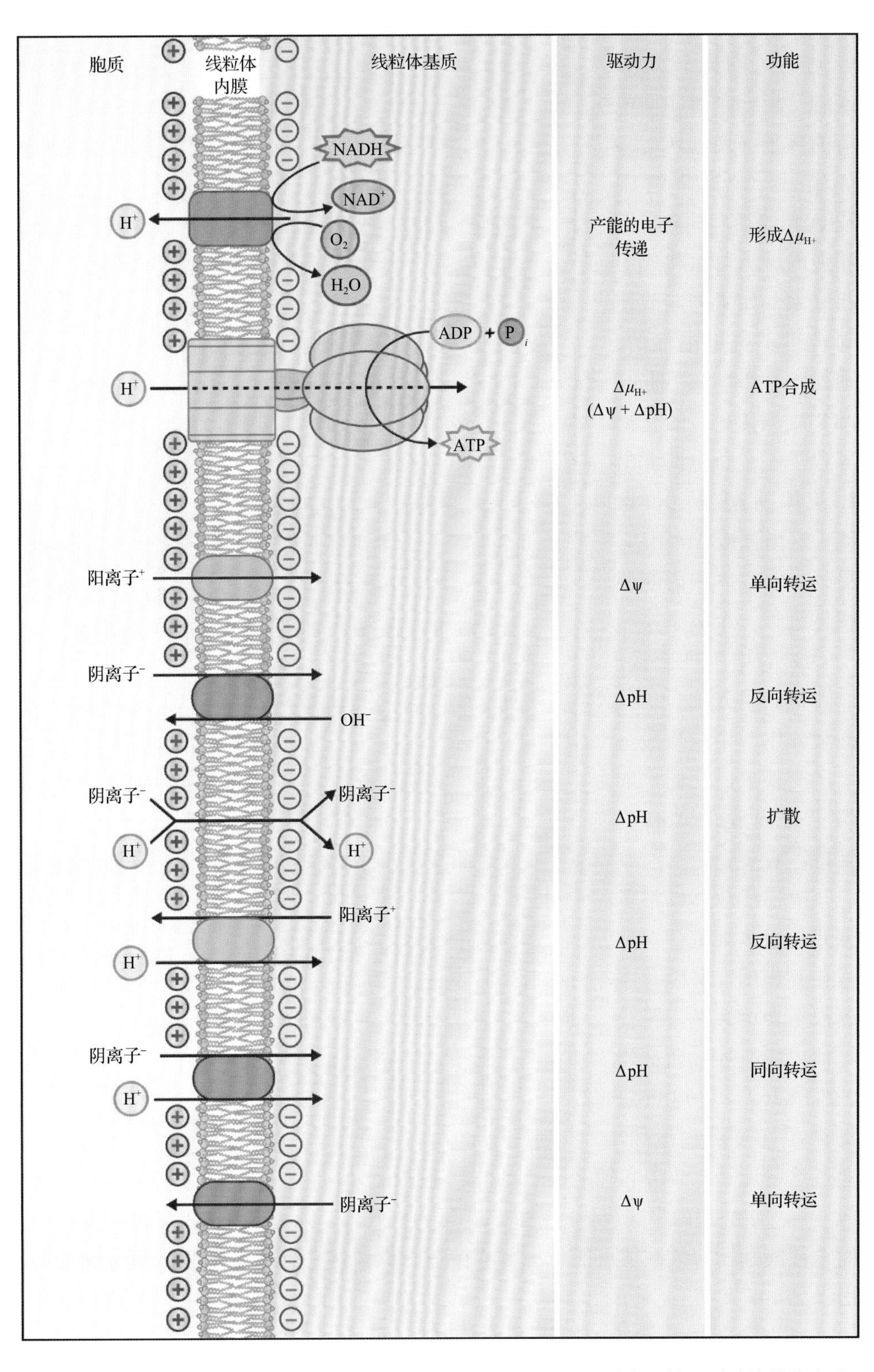

图14.35 由呼吸链的质子泵建立的质子动力势（$\Delta\mu_{H^+}$）可用于驱动离子转运通过线粒体内膜。生电转运指跨膜时有电荷净运动的转运；无净电荷转运的跨膜运动称为电中性转运。只转运一个离子的内膜载体（单向载体）直接与Δψ联系。两种化学物质可能会由同向载体向同一方向协同转运，或由逆向载体向相反方向转运。在线粒体膜中，这种转运的动力可能来自ΔpH，也可能来自Δψ，或者ΔpH和Δψ（$\Delta\mu_{H^+}$）都有贡献

离子单独运动时，这种转运器称为单向转运器，它直接和 $\Delta\psi$ 相联系。一个离子可以和另一个离子一起运动，或者同向（同向转运），或者交换一个有相同电荷的离子（逆向转运）。如果另一个离子是 H^+ 或 OH^- 的话，同向转运和逆向转运可以和 ΔpH 相联系；如果同向或逆向转运不是电中性的，则同 $\Delta\psi$ 相联系。例如，$ATP^{4-}{}_{内}$ / $ADP^{3-}{}_{外}$的交换导致了一个负电荷流出线粒体的产生电位运动，这由直接 $\Delta\psi$ 驱动。另外，P_i 载体和丙酮酸载体进行一个离子换一个 OH^- 的电中性交换，二者都利用 ΔpH。二羧酸载体用一个二羧酸负离子交换 P_i，它们也依赖于跨内膜的 ΔpH 的维持。

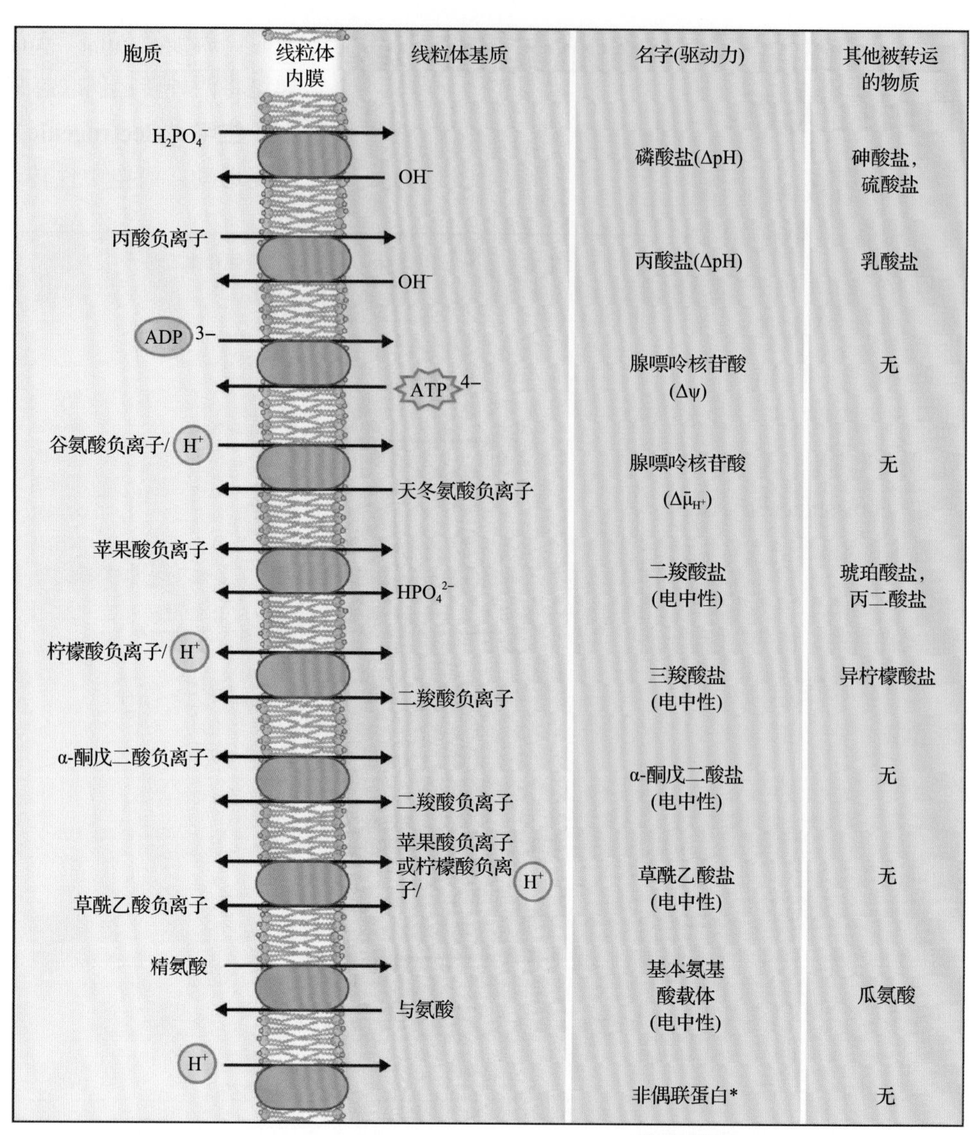

图 14.36 线粒体内膜的载体（底物转运系统）。所有这些次级主动转运系统都间接和跨膜的质子动力势相连，并使底物在线粒体基质内积累。丙酮酸和 P_i 的吸收与 ΔpH 及氢氧根离子的交换相连。由此产生的 P_i 梯度则可以用于经二羧酸载体驱动的二羧酸负离子的吸收。二羧酸反过来可以交换 α- 酮戊二酸或三羧酸；在后者的交换中，通过和柠檬酸协同转运一个质子来维持电中性。由 OAA 转运系统催化的交换也是如此。由 ADP 交换 ATP 及由谷氨酸交换天冬氨酸是生电的，并由跨内膜的 $\Delta\psi$ 驱动。注意谷氨酸交换和一个质子的协同转运相偶联，形成电荷不平衡，这对于苹果酸 / 天冬氨酸穿梭（见图 14.37）的运行是很重要的。在萌发期精氨酸的运输对其降解是很重要的。在特定情况下，解偶联的蛋白会被激活并消除跨内膜的 $\Delta\psi$

植物线粒体以很多方式与很多细胞代谢过程相互作用，并因此需要很多转运系统来跨线粒体内膜交换代谢产物（图 14.36）。转运蛋白提供了许多运输途径，通过这些途径，碳源和辅助因子可被运进或运出线粒体。二羧酸和丙酮酸载体可能将底物运入线粒体，而二羧酸和三羧酸载体可能将三羧酸循环的碳源运出（见 14.7.2 节）。

植物线粒体有特异的转运器单独转运 NAD^+、CoASH 和硫胺素焦磷酸，这些都是三羧酸循环的重要辅助因子。这些转运系统的发现，是因为分离的植物线粒体在长时间保存过程中失去氧化底物（如苹果酸、丙酮酸）的能力，添加这些辅助因子可以恢复呼吸活性。这个转运蛋白的鉴定是通过将植物基因转入酵母突变体中实现的，这些酵母突变体缺少转运相应组分的能力，且相应的植物转运蛋白的基因可以弥补这种缺陷。尽管这些转运系统的速率慢于那些转运其他代谢物跨过线粒体内膜的速率，但它们可以协助积累重要的辅助因子。在活体中，这些转运系统还可能参与线粒体的发生过程；如果辅助因子不能被运入细胞器，细胞器分裂将会稀释并最终丢失这些辅助因子。

14.7.2 碳源和还原剂在线粒体和其他细胞区室中代谢穿梭

在植物线粒体研究中的主要挑战之一是从细胞代谢的角度提出一个完整的有关线粒体功能的观点。从这点上说，了解内膜上各种载体如何相互作用以向线粒体和胞质提供底物是十分重要的。

α- 酮戊二酸载体和谷氨酸 / 天冬氨酸载体在一起作用，这个底物循环被称为苹果酸 / 天冬氨酸穿梭器（图 14.37A）。这个穿梭将胞质的还原力（如 NADH）以苹果酸的形式运入线粒体。通过苹果酸 / 天冬氨酸穿梭器运入的还原力可以还原复合体 I。相对于呼吸链外面的非磷酸化的脱氢酶氧化胞质的 NAD(P)H 而言，氧化输入的 NADH 可产生更多的 ATP。谷氨酸 / 天冬氨酸交换在本质上是生电的：谷氨酸和一个质子由胞质运入，天冬氨酸从基质运出。转运一个净负电荷出线粒体确保了这种穿梭单向进行，因为跨内膜的 ΔΨ（基质内为负）驱动天冬氨酸运出线粒体。然而，苹果酸 / 天冬氨酸穿梭器只在胞质中 $NADH/NAD^+$ 比值高于基质中的比值时才起作用。苹果酸 / 天冬氨酸穿梭器可能参与了油料种子中过氧化物酶体——线粒体的相互作用（见 14.7.4 节）。

植物线粒体还有一个 OAA 载体，可以用苹果酸或柠檬酸交换 OAA（二羧酸载体不转运 OAA）。在分离的线粒体中可观察到这种较简单的穿梭器。它容易逆转，可以将还原力转运进或转运出线粒体（图 14.37B）。运输的方向可能依赖于线粒体内膜任一侧有关的代谢物浓度。在叶片中，苹果酸 /OAA 穿梭器参与了光呼吸循环。在线粒体基质中，由氧化甘氨酸形成的还原力被运出到过氧化物酶体中，在那里它们被用于还原羟基丙酮酸（见 14.9.1 节）。

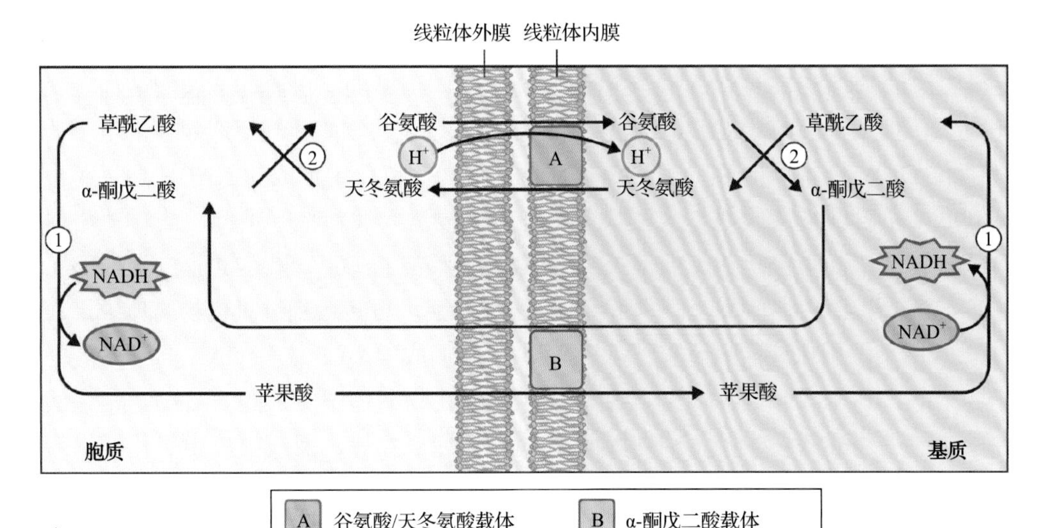

图 14.37 线粒体代谢物穿梭的几个例子：植物线粒体中的底物穿梭。植物可以通过跨内膜的底物穿梭将胞质的 NAD(P)H 转运到线粒体基质中。两个这样的穿梭，已经在分离的线粒体中被证实了，在活体中尚未得到证实。A. 苹果酸 / 天冬氨酸穿梭。苹果酸脱氢酶①和天冬氨酸氨基转移酶②的同工酶在线粒体内膜的两边都存在。在胞质中，氧化 NADH（或 NADPH）而还原 OAA 生成苹果酸，它进入线粒体后，在那里发生逆向反应，释放 NADH 到基质中。细胞质中的 NADH 还原剂被有效地转运入线粒体中，并可以被呼吸链氧化，这使得从 NADH 氧化中形成了更多的 ATP。基质中的 OAA 的转氨基化防止了对苹果酸脱氢酶的底物抑制作用。形成的天冬氨酸和 α- 酮戊二酸被运出线粒体，分别交换谷氨酸（载体 A）和苹果酸（载体 B）。生电的谷氨酸 / 天冬氨酸交换由跨内膜的质子动力势驱动，因此为穿梭提供了方向性（还原力只转运进入线粒体）。B. 苹果酸 /OAA 穿梭。在线粒体膜任一侧的苹果酸脱氢酶同工酶都通过 OAA 载体（载体 C）的苹果酸 /OAA 交换联系起来。当足够的苹果酸脱氢酶加入到反应介质中时，这个穿梭很容易在分离的线粒体中逆转

14.7.3 三羧酸循环为氨同化及氨基酸合成提供碳骨架

线粒体在所有组织中的一个重要的辅助功能是生产并运出 α- 酮戊二酸用于细胞

质和质体中氨的同化及转氨反应。氨同化需要α-酮戊二酸（见14.9.2节，第7章和第16章）。这种α-酮酸的唯一来源就是三羧酸循环。另外，一些植物根中的线粒体可能运出三羧酸循环的中间产物如苹果酸和柠檬酸，它们分泌到根际来溶解阳离子并协助植物对 Fe^{3+} 和其他矿物质的吸收（见第23章）。

三羧酸循环中间代谢物的运出需要线粒体运入可以生成乙酰CoA和OAA的底物。如果丙酮酸作为唯一的碳源，三羧酸循环中间产物的运出会阻止OAA再生成并使三羧酸循环停止。这种对补充三羧酸循环中间产物库的需要，可能解释了为何植物线粒体拥有相对大量的NAD-苹果酸酶（见图14.8）。

线粒体内膜的α-酮戊二酸、OAA和柠檬酸载体可能作用于α-酮戊二酸和柠檬酸的运出。可以有不少方式进行这些碳运出过程，但还没有确定在活体中哪个途径被启用。例如，OAA载体可能和丙酮酸载体调协运作，促进OAA和丙酮被吸收进入线粒体基质，并被用于合成柠檬酸，随后被运出（图14.38A）。因为胞质中也有一个异柠檬酸脱氢酶，运出的柠檬酸可生成α-酮戊二酸用于氨同化或转氨作用。另外，苹果酸/α-酮戊二酸在α-酮戊二酸载体上交换，或者苹果酸/柠檬酸在三羧酸载体上交换，这些都可以参与一个复杂的系统。其中NADH被转运到线粒体，通过呼吸链氧化产生更多能量（图14.38B）。分离的植物线粒体可以在适当的条件下催化两个系统所需的所有交换。

14.7.4 一些植物组织通过糖异生可以将脂类转变为糖类

大多数植物组织储存和呼吸消耗碳水化合物。油料种子则是一种重要的例外，如蓖麻（*Ricinus communis*）和大豆（*Glycine max*）。蓖麻的胚乳和大豆的子叶，储备有相当量的脂类。这些脂类多以三酰甘油的形式储藏于叫做储油小体的特殊细胞器中（见第1章和第8章）。对这些三酰甘油的利用方式是将它们转变为蔗糖，然后再被转移到其他器官。

这种转化包括四个细胞间隔：油体，乙醛酸循环和脂肪酸β-氧化专有的**过氧化物酶体**（**peroxisome** 有时被称为乙醛酸体），细胞质，线粒体（图8.65）。过氧化物酶体甘油三酯通过油体中的脂酶被水解成游离脂肪酸和甘油（图8.61）。甘油被转变为磷酸丙糖，然后在胞质中合成蔗糖（见第13章）。油体中输出的脂肪酸的β-氧化发生在过氧化物酶体中，生成NADH和乙酰CoA（图8.65）。乙酰CoA随后通过乙醛酸循环转变为琥珀酸和苹果酸。这一循环利用两种不同的酶，即异柠檬酸裂合酶和苹果酸合酶，它们绕过了三羧酸循环的氧化阶段。通过防止有机酸完全氧化成 CO_2，乙醛酸循环将碳骨架转向了糖的生物合成。一些自过氧化物酶体输出的苹果酸经糖酵解的逆向反应氧化和脱羧，转化成果糖1,6-二磷酸，最终在细胞质中转化为蔗糖。

线粒体参与了糖异生，因为过氧化物酶体缺乏加工琥珀酸的酶。过氧化物酶体中生成的琥珀酸被转运到线粒体中，在那里，它通过三羧酸循环转变为OAA。还有，过氧化物酶体缺乏线粒体的电子传递链，因此在脂肪酸氧化中形成的NADH通过苹果酸/天冬氨酸穿梭运入线粒体。由此，线粒体中的天冬氨酸氨基转移酶将OAA和谷氨酸转变为天冬氨酸和α-酮戊二酸，再转运到过氧化物酶体中，在那里逆反应发生形成OAA。这种OAA向苹果酸的转化氧化了过氧化物酶体中多余的NADH。苹果酸被运回到线粒体完成穿梭，而线粒体中氧化苹果酸形成的还原力通过呼吸链驱动ATP的合成。

有人提出是苹果酸/天冬氨酸穿梭器而不是一个较简单的苹果酸/OAA穿梭器在这里起作用。这是因为离体的蓖麻胚乳线粒体并不容易转运OAA，还因为苹果酸脱氢酶反应平衡并不倾向OAA形成。因此OAA的氨基化有助于驱动线粒体中苹果酸的氧化。在呼吸过程中，三羧酸循环对OAA的需求为苹果酸氧化提供动力。但在糖异生过程中，碳必须回到过氧化物酶体中，为进一步的糖的生成提供底物。糖异生所需的ATP由线粒体呼吸提供（见图8.65）。

14.7.5 一些 C_4 及CAM植物利用线粒体反应为光合作用积累二氧化碳

一些 C_4 植物和许多CAM植物的光合途径包含与线粒体相关的反应。这些反应对植物线粒体是独特的，反映了作为异养代谢的关键细胞器已演化到支持自养碳固定。

C_3 植物的光合作用会产生一个三碳组分作为第

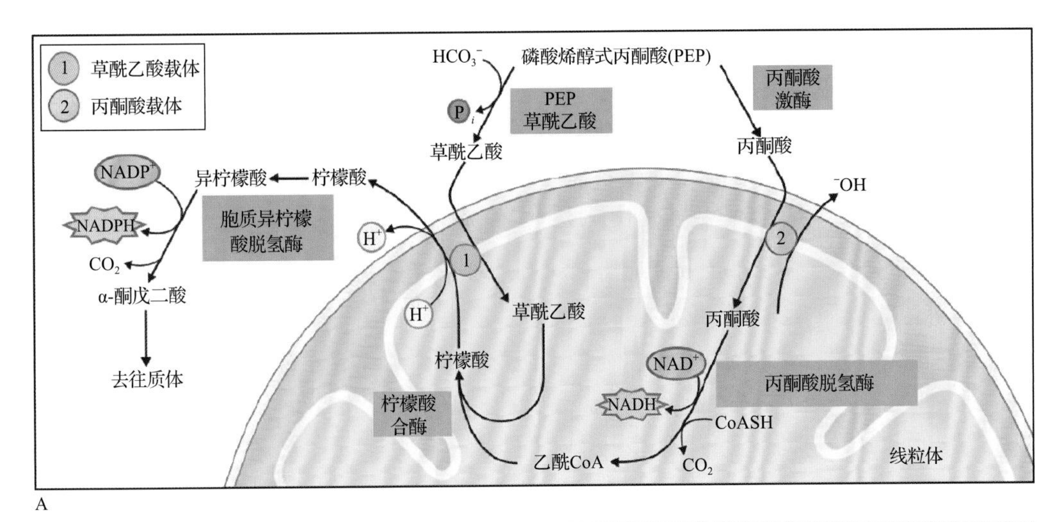

A

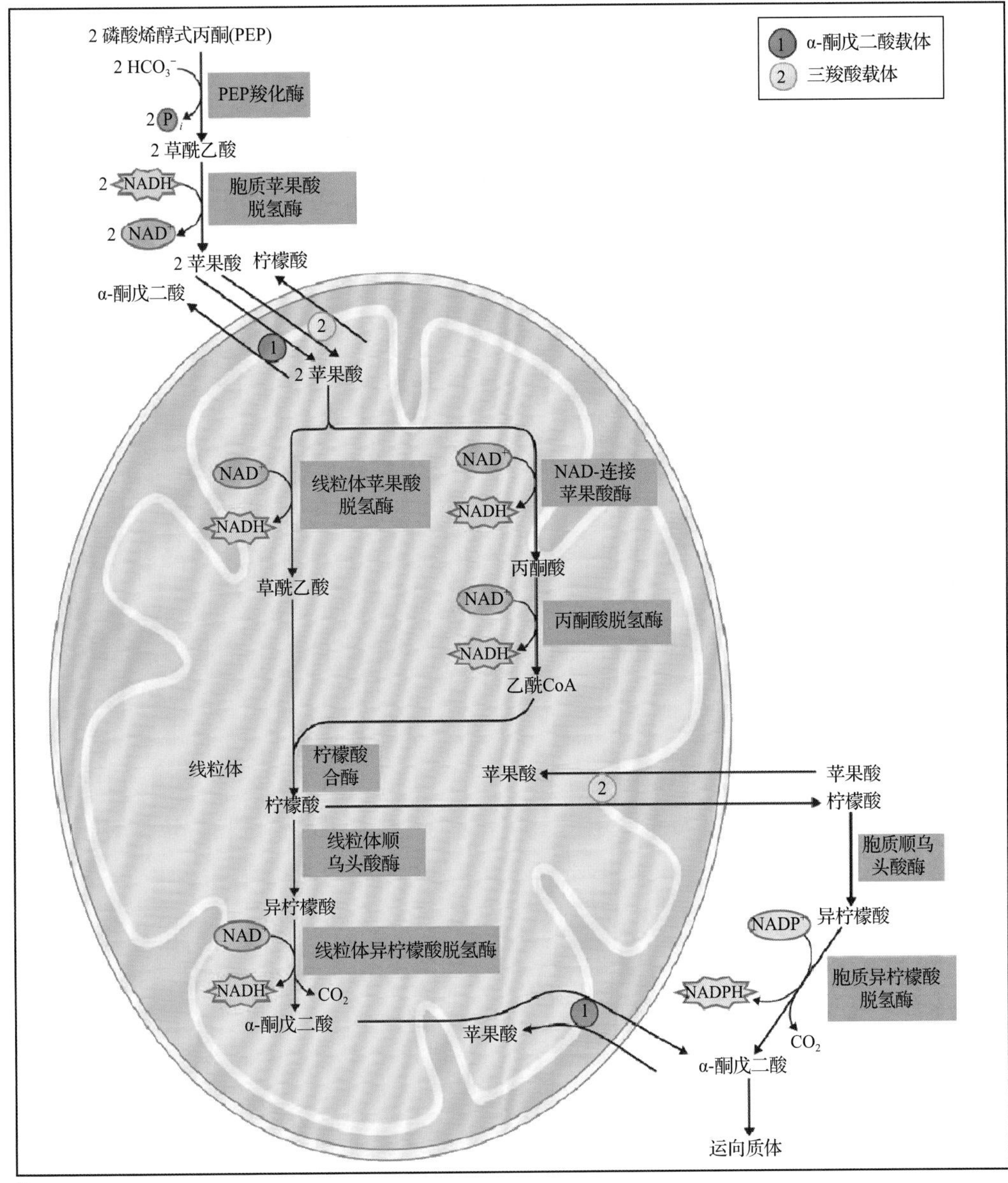

B

图 14.38 从线粒体中运出有机酸，用于维持质体中的氨同化。推测线粒体中可能有两种底物穿梭运输。胞质中 $NADH/NAD^+$ 和 $NADPH/NADP^+$ 比率可能通过调控苹果酸脱氢酶和 $NADP^+$- 异柠檬酸脱氢酶的活性来决定哪个方式运行。A. OAA 和丙酮酸进入线粒体并被用于产生柠檬酸，柠檬酸流出线粒体（交换 OAA），并在胞质中由 $NADP^+$- 异柠檬酸脱氢酶转变为 α- 酮戊二酸。B. 两分子苹果酸进入线粒体并通过苹果酸脱氢酶和 NAD^+- 苹果酸酶氧化而在基质中产生 OAA 和丙酮酸，随后转变柠檬酸或 α- 酮戊二酸。后者通过 α- 酮戊二酸或者三羧酸载体交换苹果酸

一个稳定的产物（见 14.8 节）。C_4 植物的光合作用（第 12 章）形成一种新的平衡体系更喜欢 HCO_3^- 而不是 CO_2。在叶肉细胞中，PEP 羧化酶将碳酸氢盐羧化，形成一个 C_4 有机酸，随后转运入维管束鞘细胞。这个 C_4 有机酸在维管束鞘细胞中脱羧，从而达到浓缩 CO_2 的目的。CO_2 由 Rubisco 固定。提高的 CO_2 浓度还防止了 Rubisco 的加氧反应。

有三种不同的 C_4 光合途径：$NADP^+$- 苹果酸酶途径，NAD^+- 苹果酸酶途径，PEP 羧化激酶途径，每一个都以维束管鞘细胞中释放 CO_2 的酶命名（见图 12.46）。$NADP^+$- 苹果酸酶途径不需要线粒体的活动，而 NAD^+- 苹果酸酶和 PEP 羧化激酶途径都利用线粒体的 NAD^+- 苹果酸酶催化苹果酸脱羧反应。可以预知的是，维管束鞘细胞的线粒体加工大量的碳提供给叶绿体。NAD^+- 苹果酸酶植物的光合作用速率表明通过维管束鞘细胞线粒体的碳流量比标准的呼吸碳流量大 10 ～ 20 倍，比 C_3 植物光呼吸过程中通过线粒体的甘氨酸流大几倍。

在 PEP 羧化激酶途径中，情况更加复杂。尽管已知线粒体的 NAD^+- 苹果酸酶在此途径中有活性，但细胞质的 PEP 羧化激酶向 Rubisco 提供了大部分 CO_2（图 12.46C）。为什么两种酶都是必需的？NAD^+- 苹果酸酶的一个可能的作用是参与了氧化磷酸化，PEP 羧化激酶在一个消耗一分子 ATP 的反应中将 OAA 转化为 PEP 和 CO_2。如果由 NAD^+- 苹果酸酶产生的 NADH 被用于 ATP 合成，则预测的化学计量是大约每产生 5 分子 PEP 有 2 分子苹果酸被氧化。

CAM 是一种 C_4 代谢的变异，它允许植物在进行光合作用时保存水分（见第 12 章）。在 CAM 植物中，PEP 羧化酶吸收 HCO_3^- 发生在夜间，此时气孔是张开的。由此产生的 C_4 酸，尤其是苹果酸，储存在液胞中。在同样的细胞中，苹果酸脱羧和 Rubisco 的 CO_2 固定在随后光照期进行。此时气孔关闭，防止水分丢失（见图 12.45）。和 C_4 植物一样，CAM 光合作用的亚型也以脱羧酶命名。苹果酸酶型 CAM 植物同时利用胞质 $NADP^+$- 苹果酸酶和线粒体 NAD^+- 苹果酸酶来催化苹果酸脱羧。相反地，PEP 羧化激酶 CAM 植物含有非常低浓度的苹果酸酶。这并不排除 CAM 植物的线粒体通过 PEP 羧化激酶参与光合作用，因为在这些植物中呼吸也仍可以为 PEP 羧化激酶反应提供 ATP。更进一步，PEP 羧化激酶 CAM 植物在吸收 $^{13}CO_2$ 后，传递相当量的标记从苹果酸的 C-4 位到 C-1 位，这表明在暗反应阶段可能有大量苹果酸进出线粒体，因为这种标记的再分配要求苹果酸和对称化合物延胡索酸之间的转化，而这种转化由三羧酸循环中的延胡索酸酶催化（图 14.39）。

14.7.6 三羧酸循环的运行在光合组织中被光抑制

尽管研究清晰地表明植物线粒体会参与光代谢过程（如光呼吸、C_4 光合作用及 CAM），光合组织进行呼吸的程度仍不清楚。在光中测量呼吸是极端困难的，因为由叶绿体释放的 O_2 及摄取的 CO_2 掩盖了线粒体中相反的过程。光呼吸更使得这种测量复杂化。在黑暗中叶片进行有氧呼吸的速率一般只是最大光合速率的 5% ～ 10%。但是，所有非光合组织都呼吸，而在夜晚整个植物都呼吸。因此，根据生长情况，一些植物呼吸会用掉每天光合作用固碳的 50% ～ 70%。

人们长久以来认为，光合作用，尤其是光合磷酸化，将胞质中 ATP/ADP 比例保持在一个高水平上，导致呼吸控制严重限制呼吸作用。由完整叶片间接测到的 CO_2 释放，结合在 **CO_2 补偿点**（**CO_2 compensation point**，光合作用中的 CO_2 摄取量和呼吸中 CO_2 释放量相等）时对外部 CO_2 浓度的估计，表明非光呼吸 CO_2 释放受光的抑制。光使通过三羧酸循环碳流减慢了大约 50%。人们对这一抑制机制并不了解，但可能涉及丙酮酸脱氢酶、α- 酮戊二酸脱氢酶和苹果酸酶活性的下调。光呼吸作用产生的氨可以刺激 PDH 激酶，这导致丙酮酸脱氢酶的失活（见图 14.10）。硫氧还蛋白和柠檬酸循环的几个酶都有相互作用，但是它对激活的影响仍然需要研究。

另一方面，糖酵解及三羧酸循环中间产物参与许多重要生物合成途径，这说明一些有氧呼吸必然发生在光照的绿色细胞中。几个观察指出正在进行光合作用的组织仍进行呼吸。就如上面所讨论的，线粒体电子传递的非磷酸化途径提供了一个机制，至少在理论上，植物线粒体可以利用此机制在不必合成 ATP 的情况下氧化 NADH，所以当细胞 ADP 浓度低时不必处于呼吸控制之下（见 14.6.3 节）。而且，将小麦叶片原生质体中细胞器快速分离的实

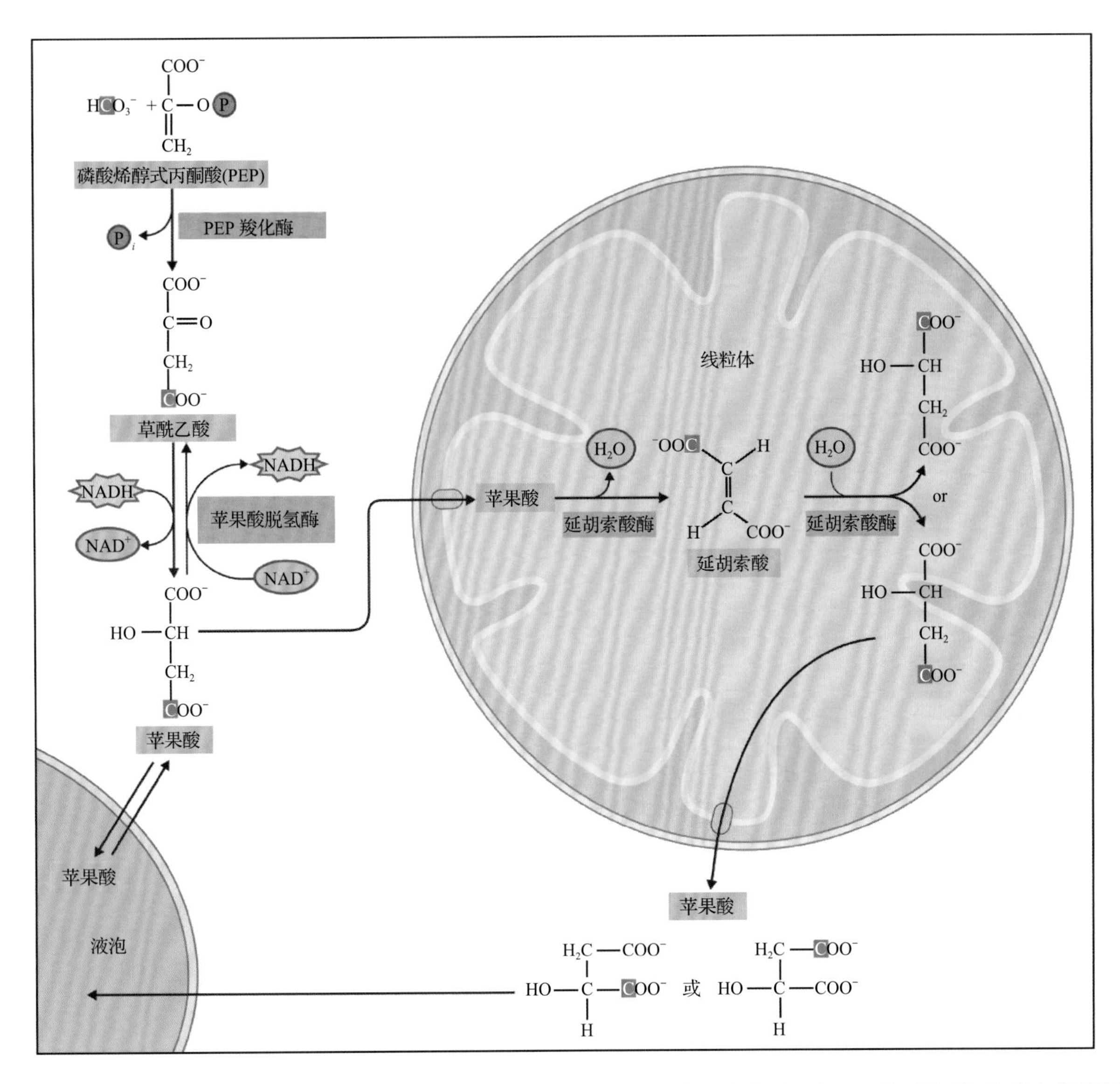

图 14.39 磷酸烯醇式丙酮酸羧化激酶型的景天科酸代谢植物的标记碳的随机分布表明，在 CO_2 被吸收到细胞质中并用于形成苹果酸后，晚间通过线粒体的流量很大。由磷酸烯醇式丙酮酸羧化酶催化的 $H^{13}CO_3$ 与磷酸烯醇式丙酮酸（PEP）的反应，显示被标记的苹果酸全部处于 C-4 位。液泡中储藏的苹果酸中有大量的标记移动到 C-1 位，表明了苹果酸通过线粒体的运动。苹果酸上 C-1 和 C-4 位上的碳原子在三羧酸循环中的酶——延胡索酸酶作用下混杂在一起。这种酶可将苹果酸转变为对称的延胡索酸分子。当产生的延胡索酸被重新转变为苹果酸时，延胡索酸酶同时可以羟化 C-2 或 C-3；因此，标记的碳（先前的 C-4，蓝色背景）在重新合成的苹果酸分子中既可在 C-1 位也可在 C-4 位

验也证明了胞质 ADP 浓度在光中及黑暗中无区别，这表明光合作用并不耗尽可用于氧化磷酸化的 ADP 库。线粒体的 ATP 生产似乎对于维持高光合速率是必要的，这可能是因为蔗糖合成需要大量胞质 ATP。

14.8 光呼吸的生物化学基础

14.8.1 绿色植物组织中的光呼吸具有依赖于光的氧气吸收及二氧化碳的释放

在 20 世纪 20 年代，生化学家瓦博革（Warbarg）（1931 年诺贝尔奖获得者）发现增加小球藻外的氧浓度会抑制光合作用。在大多数 C_3 植物中，当氧浓度由外界的 21% 加倍时，其光合作用的速率可降低 50%。另一方面，将氧浓度减少到低于 2% 时，光合作用的速率会加倍。外界氧浓度和 CO_2 补偿点间的比例关系也反映了氧浓度和光呼吸之间的联系（图 14.40，见 14.7.6 节）。CO_2 补偿点随氧浓度上升而上升，表明光合作用中存在 O_2、CO_2 的竞争。另外，正在进行光合作用的组织在光照停止后会迸发式地放出 CO_2。在**光照后迸发（post-ilumination burst）**中放出的 CO_2 的量也直接和外部氧浓度成比例。这些观

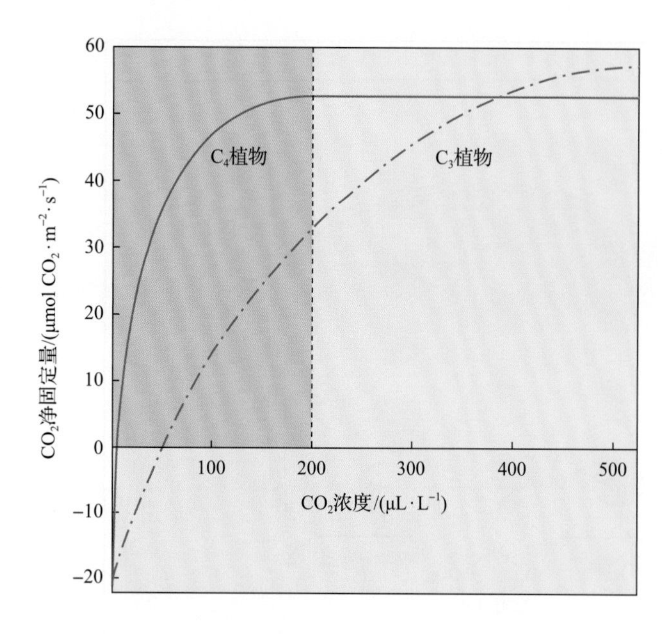

图 14.40 二氧化碳浓度对于二氧化碳固定速率的影响。在饱和光下，当外界 CO_2 浓度增加时，光合作用过程中 CO_2 净摄入量接近呈线性增加，对 C_4 植物会在一个低的 CO_2 浓度处达到饱和，而对 C_3 植物在外界 CO_2 水平达 360 ～ 375μL·L^{-1} 时才刚刚显示出饱和的迹象。当 CO_2 的净交换量为 0 时，外界 CO_2 浓度定义为 CO_2 的补偿点，它反映了当光合作用中 CO_2 的总摄入速度恰好等于呼吸速率时的 CO_2 浓度。总呼吸速度包含线粒体相关（暗）呼吸和光呼吸。C_3 植物的 CO_2 补偿点（20 ～ 50μL·L^{-1}）比 C_4 植物的（0 ～ 5μL·L^{-1}）高，这与 C_3 植物中存在光呼吸而 C_4 植物中几乎完全光呼吸现象有关

察最终揭示了一条新颖的路径，尽管几乎所有植物可以进行光合作用，即在光照下吸入 CO_2 放出 O_2，大部分植物还可以进行**光呼吸**（**photorespiration**），这是一种在光的作用下耗氧释放 CO_2 的过程。

高速的光呼吸只限于所谓的 C_3 植物（见第 12 章），大多数植物都属于此类植物。但某些植物（如 C_4 和 CAM 代谢植物）演化出相对复杂的生化机制，通过在碳固定位点富集 CO_2 来限制光呼吸。许多放氧的光合生物生活于水生环境中，包括藻类、蓝细菌和一些较高等植物。它们也发展出一套机制在细胞中富集 CO_2 或 HCO_3^- 并将之运送到叶绿体中，从而将光呼吸的速率减到最小。光呼吸和它对植物的影响都不可避免地与地球大气中的 CO_2 和 O_2 的比例的变化相联系起来。从 20 世纪初开始，大量人为的 CO_2 的排放导致了全球大气中 CO_2 浓度的升高，这有可能影响和抑制光呼吸，因此改变许多植物物种间业已存在的竞争关系。

14.8.2 Rubisco 的加氧酶活性催化光呼吸的第一步反应

光呼吸起始于 Rubisco。在光合作用中，Rubisco 催化核酮糖 1,5- 二磷酸（RuBP）羧化形成 2 分子的 3- 磷酸甘油酸（3-PGA），这是 C_3- 还原光合碳循环或卡尔文循环中的第一个稳定的中间产物。但是，Rubisco 同样能催化加氧反应，1 分子氧和 RuBP 反应生成 1 分子 3-PGA 和 1 分子 2- 磷酸乙醇酸。

Rubisco 反应的机制为（图 12.38）：RuBP 首先与酶结合，然后是中间产物 2,3- 烯二醇的形成。CO_2 或者 O_2 都可直接与这类烯二醇反应，分别产生不稳定的 C_6 或 C_5 中间物，它们可以迅速且不可逆地分解为最终产物。由于这种机制，CO_2 和 O_2 表现为 Rubisco 的竞争性底物，O_2 抑制 RuBP 羧化，CO_2 抑制 RuBP 加氧。羧化酶和加氧酶的比例是根据两种气体的相对含量而变化的。

14.8.3 Rubisco 的羧化酶和加氧酶的相对活性依赖于酶动力学性质

RuBP 羧化酶和 RuBP 加氧酶活性之比（v_c/v_o）是光合作用效率的一个重要决定因素，可用这两个竞争性反应的动力学参数的函数来表示。

公式 14.3：羧化酶活性与加氧酶活性之比

$$v_c / v_o = ([V_c / K_c] / [V_o / K_o]) \cdot [CO_2] / [O_2]$$

其中，V_c 和 V_o 分别是羧化酶反应和加氧酶反应的最大速度（V_m）；K_c 和 K_o 分别是羧化酶反应和加氧酶反应的米曼氏常数（K_m）。这个公式假定 CO_2 和 O_2 都处于低于其表观 K_m 的浓度。比值 V_m/K_m 为这两个反应定义了拟二级速率常数，因此动力学常数 $[V_c/K_c]/[K_o/V_o]$ 构成所谓**速率特异比**（**specificity factor**），它代表了当这两种气态底物的量相同时，羧化和加氧的速率的比值。在陆地植物中，Rubisco 速率特异比的平均值为 100，其范围从 80 ～ 130。在当今大气条件下，这两种底物在 25℃时的空气平衡浓度约分别为 8μmol·L^{-1}（0.036%）和 250μmol·L^{-1}（21%）。因此，当速率特异比的值为 100 时，v_c/v_o 的比值为 3.2。

14.9 光呼吸途径

当 Rubisco 的速率特异比值为 100 时，在目前大

气条件下，羧化酶和加氧酶活性之比约为3∶1。因此，少量的RuBP被转变成为2-磷酸乙醇酸，这是一种不能被C_3植物**还原性光合碳循环（Calvin-Benson cycle）**利用的化合物。但C_2**氧化性光合碳循环（oxidative photosynthetic carbon cycle**，或光呼吸碳循环）可以利用这种C_2化合物，从而避免了这种碳的丢失。在这个C_2循环中，两分子磷酸乙醇酸被转化成1分子CO_2和1分子3-PGA，后者可以回到C_3循环。当考虑C_3植物中的光合碳代谢时，应记住C_3和C_2循环是一起作为一个整体的方式运作的（图14.41）。

14.9.1 光呼吸反应发生于三种细胞器中：叶绿体、过氧化物酶体和线粒体

C_2循环（图14.42）在叶绿体中开始。2-磷酸乙醇酸形成后，在磷酸乙醇酸磷酸酶的作用下转变为乙醇酸和磷酸（P_i）。乙醇酸通过叶绿体被膜的内膜上的乙醇酸转运器离开叶绿体，然后进入过氧化物酶体，这个过程很有可能是通过扩散作用。在过氧化物酶体中，乙醇酸与O_2反应生成乙醛酸和H_2O_2。这个反应由过氧化物酶体中的一个含FMN（flavin mononucleotide）的酶——乙醇酸氧化酶催化。两分子乙醛酸被过氧化物酶体中两个氨基转移酶催化氨基化形成甘氨酸。这两个酶分别是丝氨酸∶乙醛酸氨基转移酶和谷氨酸∶乙醛酸氨基转移酶，这两种酶都必须起作用，不然C_2循环就无法继续运行（见14.10.2节）。H_2O_2被过氧化物酶体存在的大量过氧化酶除去；每2分子磷酸乙醇酸进入C_2循环，就生成2分子H_2O和1分子O_2。由于1分子O_2进入这个循环，所以并没有多余的O_2产生。

在过氧化物体中产生的甘氨酸然后进入到线粒体中。甘氨酸脱羧酶是一个含量相当多而且很复杂的酶，它的反应机制会让我们联想到丙酮酸脱氢酶（见图14.9）和α-酮戊二酸脱氢酶。这个酶催化甘氨酸的氧化脱羧反应生成CO_2、NH_3、NADH和亚甲基四氢叶酸（图14.43）。丝氨酸羟甲基转移酶使这个亚甲基四氢叶酸和另一分子甘氨酸结合，产生C_3氨基酸丝氨酸，此反应需要磷酸吡哆醛作为辅助因子。这些酶实际上在非自养的植物组织的线粒体中是不存在的。黑暗保存的叶片中这些酶的活性低。这些酶的表达由光照所刺激，可能用于加工由光呼吸带来的大量甘氨酸。

每2分子甘氨酸进入线粒体，产生1分子丝氨酸、1分子CO_2和1分子NH_3，并且有1分子NAD^+被还原成NADH。这些反应由两个酶催化，

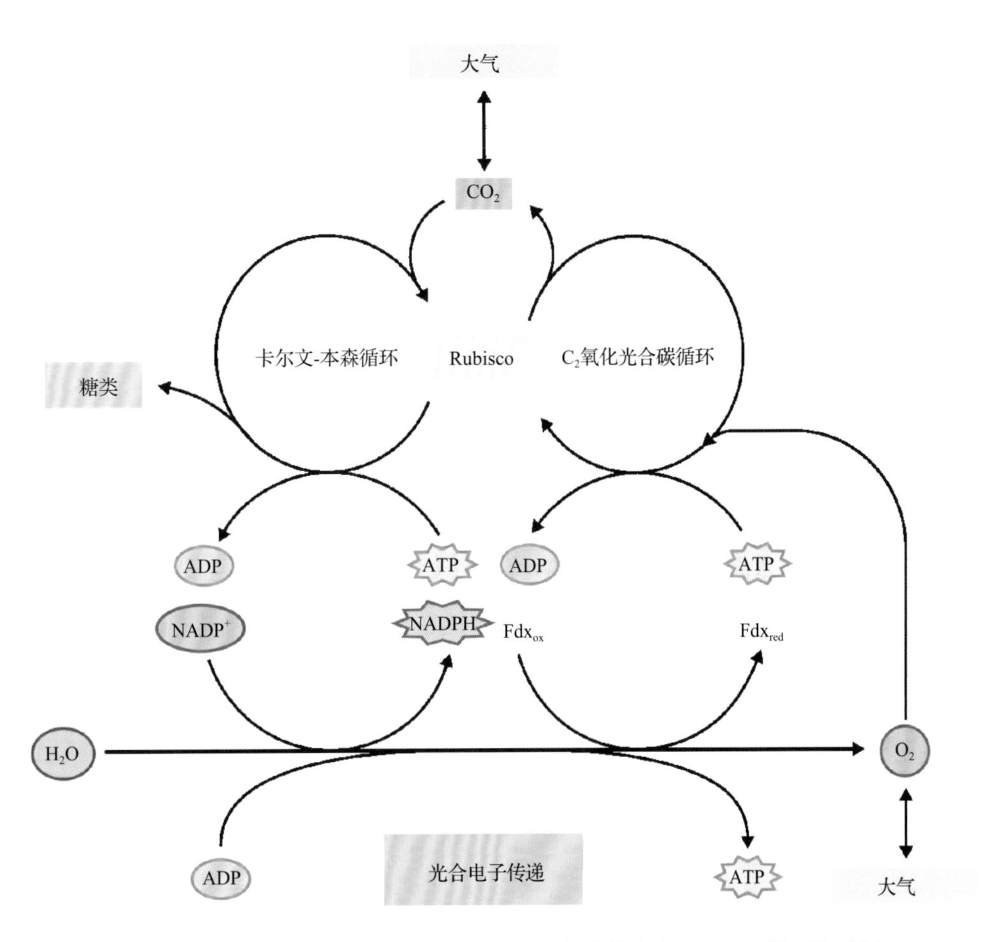

图14.41 还原性光合（C_3或卡尔文循环）碳循环和氧化性光合（C_2）碳循环关系图。Rubisco起始卡尔文循环和光呼吸（C_2循环）。在两种情况下，光合电子传递提供高能底物：ATP和NADPH用于光合，ATP和还原性的铁氧还蛋白（Fdx_{red}）用于光呼吸和产生的氨的再同化。C_3循环的底物之一CO_2，是C_2循环的产物；反过来，C_2循环的底物之一O_2，是C_3光合作用的产物。这两个过程的气态底物/产物来自于并且回到同一个大气环境中

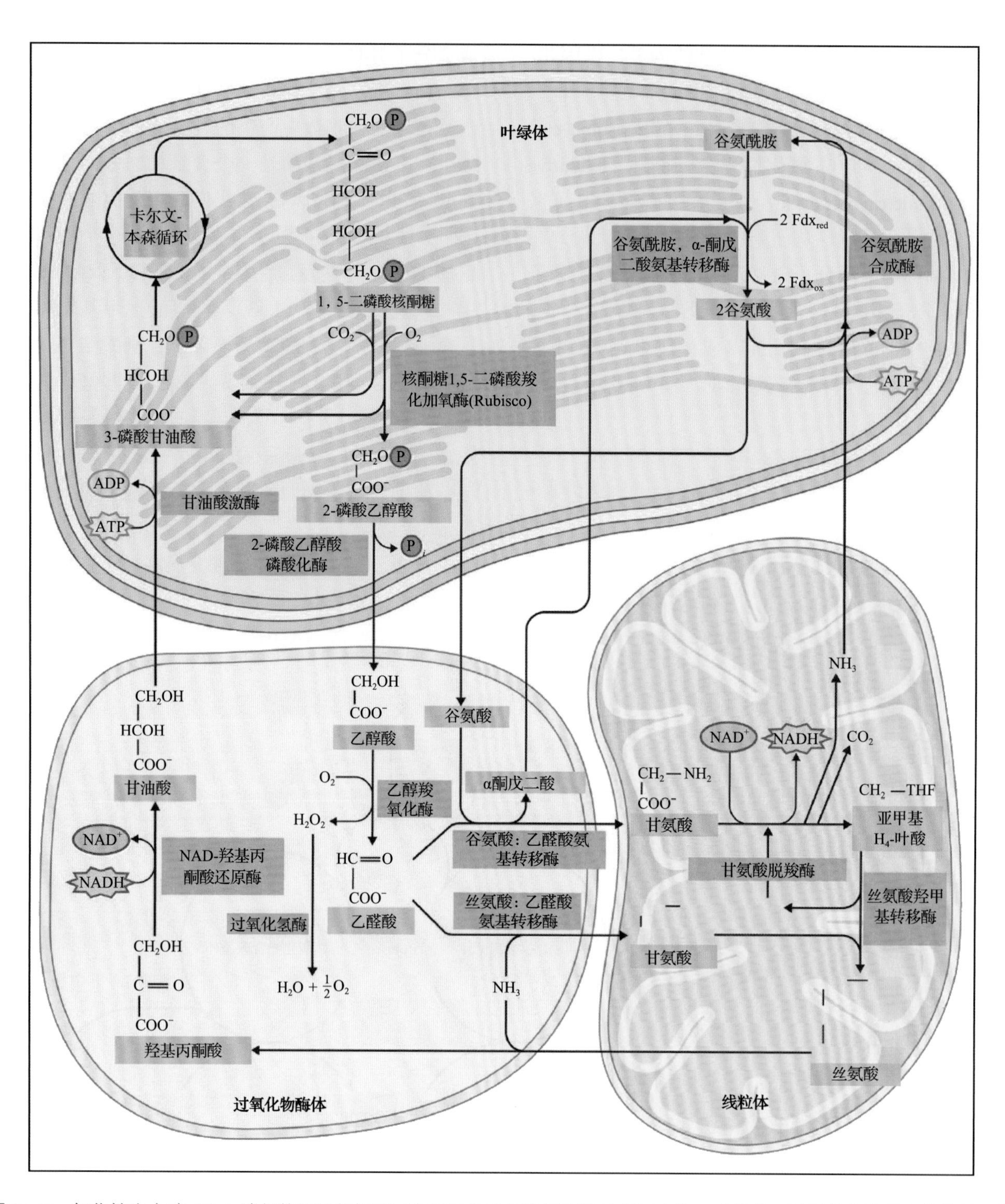

图 14.42 氧化性光合碳（C_2）途径的运行包括了三个不同的亚细胞细胞器的相互合作：叶绿体、过氧化物酶体和线粒体。此途径起始于叶绿体中，Rubisco 酶催化 1,5- 二磷酸核酮糖加氧生成 1 分子 3- 磷酸甘油酸和 1 分子 2- 磷酸乙醇酸。C_2 途径的反应导致了 2 分子 2- 磷酸乙醇酸向 1 分子 3- 磷酸甘油酸和 1 分子 CO_2 的代谢转变，产生的 3- 磷酸甘油酸可以用于 C_3 循环的运作，另外，C_2 途径导致了 1 分子 O_2 的摄取及 1 分子氨（NH_3）的释放。NH_3 的再同化需要净摄入 2 个还原电子 [如 1 分子 NAD(P)H 或 2 分子 Fdx_{red}] 和 1 分子 ATP。形成 3- 磷酸甘油酸的最终步骤也需要 1 分子 ATP

即甘氨酸脱羧酶和丝氨酸羟甲基转移酶。因此，由于 RuBP 加氧酶作用，每摄入 2 分子 O_2 产生 1 分子 CO_2。

在线粒体产生的丝氨酸转运回过氧化物酶体。经丝氨酸：乙醛酸氨基转移酶脱氨形成羟基丙酮酸。另一个过氧化物酶体的酶——羟基丙酮酸还原酶，利用 NADH 作为电子供体，催化羟基丙酮酸变为甘油酸的还原反应。甘油酸离开过氧化物酶体，然后进入叶绿体。这一过程所使用的转运器是将乙醇酸运出叶绿体的同一乙醇酸转运器。一旦进入叶绿体

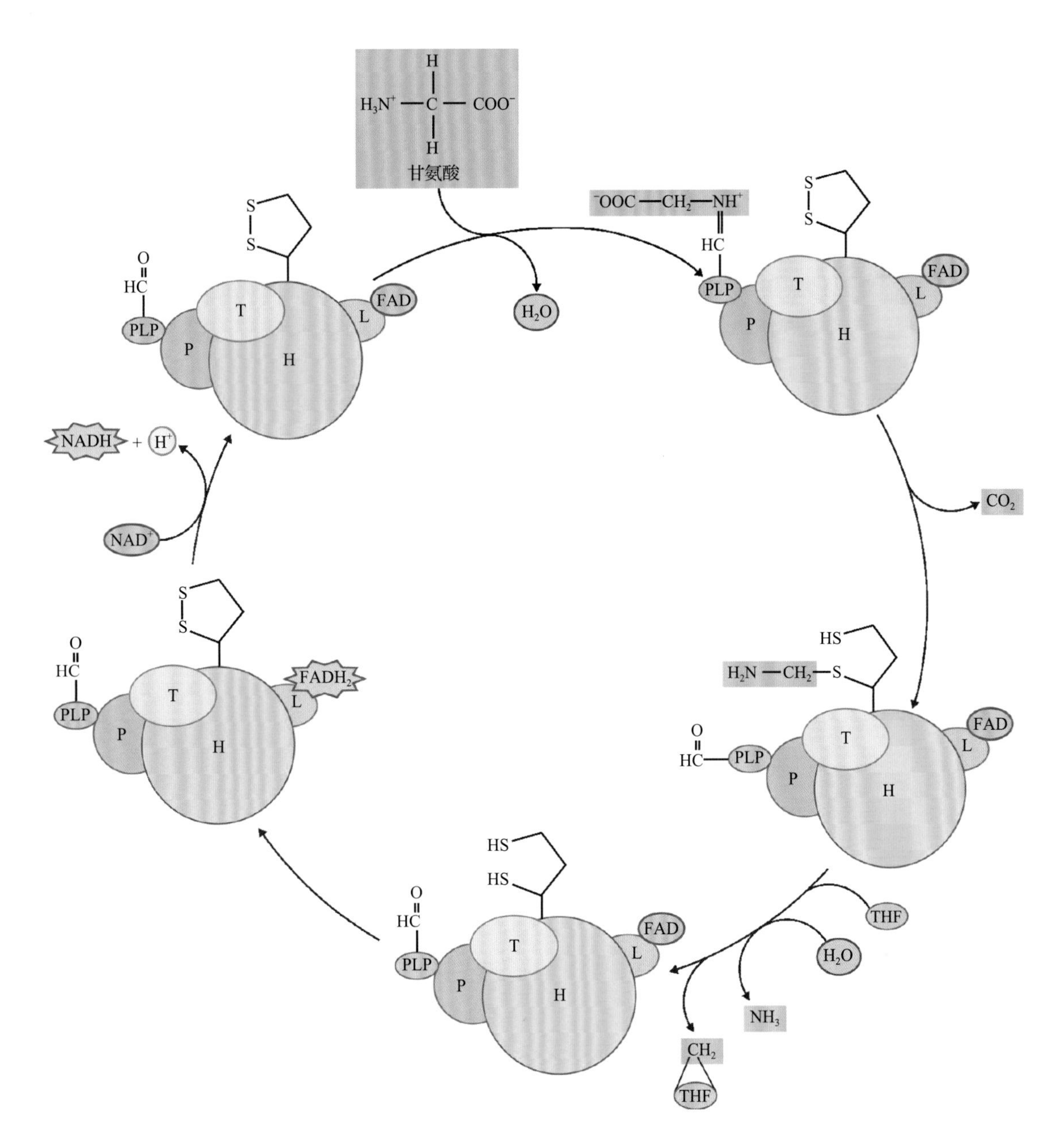

图 14.43 甘氨酸脱羧酶复合体的反应机制。此复合体包含 4 个酶：一个含磷酸吡哆醛（PLP）的蛋白（P 蛋白），一个含硫辛酰胺的蛋白（H 蛋白），一个与四氢叶酸相互作用的蛋白（T 蛋白），一个含 FAD 的硫辛酰胺脱氢酶（L 蛋白）。反应顺序从甘氨酸与 P 蛋白上的 PLP 形成席夫碱开始。P 蛋白催化甘氨酸氧化脱羧并将还原力和甲胺转移至 H 蛋白上的硫辛酰胺部分。尽管并不完全相同，甘氨酸脱氢酶以下的反应与三羧酸循环中的丙酮酸脱氢酶和 α- 酮戊二酸脱氢酶反应相似。所有三个复合体中都使用相同的 L 蛋白

的基质，甘油酸就被 ATP 磷酸化生成了 3-PGA 和 ADP。这步由甘油酸激酶催化的反应，完成了从 2 分子磷酸乙醇酸向 1 分子 3-PGA 的转化，而 3-PGA 则可以进入 C_3 循环。

编码 C_2 循环的酶的基因突变导致出现的表型支持这个循环推测的功能，即回收由加氧酶反应产生的 2- 磷酸乙醇酸。这种突变体在促进光呼吸的正常大气条件下（21% O_2，0.036% CO_2）死亡，但在处于高 CO_2 浓度（大于 0.2%）大气中生长正常。这种情况下 Rubisco 的加氧酶活性最低。一个缺乏磷酸乙醇酸磷酸酶的拟南芥突变株是第一批被报道的有这一表型的植物，现在又发现了另外的突变体有这种表型，如过氧化物酶体的过氧化氢酶、丝氨酸：乙醛酸氨基转移酶、甘氨酸脱羧酶、丝氨酸羟甲基转移酶、定位于叶绿体的谷氨酰胺合成酶（glutamine synthetase，GS）和依赖于铁氧还蛋白的谷氨酰胺：α- 酮戊二酸氨基转移酶（glutamine：α-ketoglutarate aminotransferase，GOGAT）的同工酶突变体（见 14.9.2 节）。

14.9.2 在光呼吸中产生的氨需要一个辅助循环来进行有效的再同化

在 C_2 循环的运作过程中，在线粒体中甘氨酸脱羧放出 NH_3。为防止氮源通过挥发损失，同时为了避免有毒的氨的积聚，光呼吸的植物细胞必须有效地再同化这些氨。再同化发生在叶绿体，通过两个酶的连续作用，这两个酶是 GS 和 GOGAT（见第 7 章和第 16 章）。

反应 14.5：GS/GDGAT 净反应

$$\alpha\text{-酮戊二酸} + NH_3 + ATP + 2e^- \longleftrightarrow \text{谷氨酸} + ADP + P_i$$

GOGAT 反应的还原剂是由光合电子传递过程中产生的还原性铁氧还蛋白（Fdx_{red}）提供的，而 GS 反应中消耗的 ATP 由光合磷酸化产生（见第 12 章）。

C_2 循环过程中产生的氨需要被同化，这有助于解释为何在过氧化物酶体中乙醛酸向甘氨酸的转变需要两个不同的转氨酶（见图 14.42）。每两个通过 C_2 循环的乙醛酸，只有一个丝氨酸在线粒体中形成。这个丝氨酸向 3-PGA 的转变需要丝氨酸：乙醛酸氨基转移酶催化，使丝氨酸脱氨基形成羟基丙酮酸。这个反应使上述两个乙醛酸之一氨基化而生成甘氨酸。另一个乙醛酸氨基化是与光呼吸的氨的再同化相关联的。氨的同化形成一分子谷氨酸，谷氨酸必须被脱氨从而再生成 GOGAT 的底物 α- 酮戊二酸。如果谷氨酸积聚，氨的同化就会由于过多的产物积累和底物不足而受到抑制。谷氨酸：乙醛酸氨基转移酶提供了一个将谷氨酸变回 α- 酮戊二酸的机制。光呼吸的氮循环和两个过氧化物酶体中的乙醛酸氨基转移酶确保了氮平衡进出 C_2 循环。

14.9.3 光呼吸增加了和光合作用有关的能量消耗

和 C_2 循环相关的化学计量关系的计算并不是可以直接计算的。2 个 RuBP 的加氧产生了 2 分子 3-PGA 和 2 分子 2- 磷酸乙醇酸，反应 14.6 描述了后者向 1 分子 3-PGA 的净转化。

反应 14.6：C_2 循环

$$2\ RuBP + 3\ O_2 + 2\ Fdx_{red} + 2\ ATP \longrightarrow 3\ 3\text{-PGA} + CO_2 + 2\ Fdx_{ox} + 2\ ADP + 2\ P_i$$

在光合作用中，放出的 O_2 和吸入的 CO_2 是 1：1，在光呼吸中，相反地，每放出 1 个 CO_2，有 3 个 O_2 被吸收。利用磷酸乙醇酸将其转变为磷酸甘油醛需要净摄入 2 个 ATP 和 2 个还原型铁氧还蛋白（Fdx_{red}），后者等同于一个 NAD(P)H。还原剂和一个 ATP 分子在光呼吸的氨同化过程中被消耗，剩下的 ATP 被用于甘油酸磷酸化，这种精确的化学计算是否存在于活体并不很确定。在过氧化物酶体中没有内源的 NADH，因此必须运入用于羟基丙酮酸还原酶反应的还原剂。这很有可能涉及苹果酸，它可以通过过氧化物酶体的苹果酸脱氢酶产生 NADH 和 OAA。

正如 14.7.2 节讨论过的，苹果酸和 OAA 可以通过 OAA 载体的运作在线粒体基质和胞质中进行交换。这种苹果酸 /OAA 穿梭提供了一个便利的机制，使过氧化物酶体可以利用线粒体甘氨酸脱氢酶反应产生 NADH，为羟基丙酮酸的还原提供电子。如果这种线粒体穿梭可行，线粒体的电子传递链和 C_2 循环就没有必要相联系，上文提到的化学计算（反应 14.5）也就有效。但是，叶绿体也有一个 OAA 载体，并且可以利用苹果酸 /OAA 穿梭器转移还原剂到过氧化物酶体中。如果这里使用定位于叶绿体的苹果酸 /OAA 穿梭器，而甘氨酸脱羧过程中产生的所有 NADH 都通过线粒体的电子传递链被氧化，那么在 C_2 循环中，每放出 2 个 CO_2，就消耗 2 个 NAD(P)H 还原剂并产生 1 个 ATP。

如果每个 NADH 能够通过氧化磷酸化产生 2.5 个 ATP，那么在活体中无论使用哪个路径，C_2 循环每释放 1 个 CO_2 的净能量消耗为 4.5ATP。通过 C_3 还原型光合碳循环将产生的 3-PGA 转变为 0.6 个 RuBP 将再消耗 4 ATP（即 1 NADPH+1.5ATP）。然而，C_2 循环还导致了一个 CO_2 的损失，而再固定这个 CO_2 又要消耗 8ATP（即 2 NADPH+3ATP）。假定 C_3 植物每固定 3 分子 CO_2，C_2 循环固定 1 分子氧，则 C_3 植物固定 3 分子 CO_2 的耗能是 32.25ATP，而许多 C_4 植物中只需 30ATP（表 14.2）。很明显，C_2 循环构成了一个主要的能量流失，降低了 C_3 光合作用的 CO_2 吸收的效率。这一点在我们考虑 C_4 植物光合作用通过减小光呼吸而弥补额外的 ATP 消耗时就强调过了。那些演化出减小光呼吸的植物在正常大气 CO_2 浓度条件下有明显优势，但是过量的 CO_2 排放可能在未来改变这种优势（见 14.10.3 节）。

表 14.2 光呼吸和光合作用的能量消耗 [a]

由 Rubisco 固定 1 O_2	
C_2 循环	2.25ATP
卡尔文循环（由 3-PGA 再生成 RuBP）	2ATP
重捕获 C_2 循环释放出的 1/2 CO_2	4ATP
总计	8.25ATP
由 Rubisco 固定 1 CO_2（C_3 植物）	
卡尔文循环	8ATP
总计	8ATP
掺入 C_4 酸中的 1 HCO_3^-（C_4 植物）	
C_4 循环	2 或 3ATP[b]
卡尔文循环	8ATP
总计	10 或 11ATP[b]

[a] 假定每氧化 1 个 NAD(P)H 相当于消耗 2.5 个 ATP。

[b] 对于 NAD- 苹果酸酶或 NADP- 苹果酸酶植物为 2ATP，对于 PEP- 羧化激酶植物为 3ATP。

14.10 光呼吸在植物中的作用

14.10.1 光呼吸的速率可以抵消相当一部分光合作用的速率

在现在大气条件下，设定速率特异比为 100，羧化与加氧之比应约为 3 ∶ 1。因为每个加氧反应只产生 0.5 CO_2，光呼吸的 CO_2 释放速率应等于总的光合作用的 CO_2 吸收速率的 16%（例如，每次加氧放出的 0.5 CO_2，每次加氧相当于 3 次羧化反应）。考虑到通过 C_2 循环代谢的碳原子数量，在任何时间通过 C_2 循环的碳流的速率将是光合速率的大约 65% 之多（光呼吸每放出 1 分子 CO_2，就有 4 个通过 C_2 循环代谢的碳原子，4×16% 光合吸收的 CO_2）。用氧的同位素可以区分光合吸收的 CO_2 和光呼吸放出的 CO_2。利用这种方法测量光呼吸碳流显示，光呼吸放出 CO_2 的速率是光合固定碳速率的 18% ～ 27%，这些数据和上面的理论计算一致。事实上，后面这一数值表明通过 C_2 循环的碳流可以超过光合 CO_2 固定的速率。

上面所给出的数值表明了光呼吸对光合作用的抑制效应。然而，光呼吸对光合的抑制并不仅限于 C_2 循环过程中 CO_2 的释放。对于每个在 C_2 循环过程中释放的 CO_2，2 分子氧同 Rubisco 的活化位点互相作用并阻止 CO_2 固定。因此我们可以假设，如果光呼吸的 CO_2 流等于光合的 CO_2 吸收的 20%，则用 CO_2 代替这 2 个氧分子将会使光合作用的速率再增加 40%（见图 14.42 和反应 14.5）。因此，破坏了 RuBP 的加氧反应及随后的 C_2 循环将使光合 CO_2 固定增加 60%，而不是 20%。这个假定是有实验支持的，当 C_3 植物在 1% ～ 2% 氧气下时，光合净速率增加 50% ～ 70%。类似地，在高 CO_2 或低 O_2 下生长时（相对于正常大气），植物干生物量增加，这更进一步证实了 C_2 循环的能量消耗。

14.10.2 Rubisco 的加氧酶活性和此酶的厌氧环境起源设想一致

Rubisco 最初出现在原始光能自养菌中，早于地球大气中游离氧的积聚至少一亿年。因此在很长一段时间内，Rubisco 内在的加氧酶活性催化机制没有受到环境筛选。尽管早期大气含有比今天的空气更少的 O_2 和更多的 CO_2，但在游离大气氧出现以后，使加氧酶活性减小的选择性压力一定很大。在一亿年以前的白垩纪时期，CO_2 约占大气的 0.3%，几乎比现在的 CO_2 含量大一个数量级。

我们可从不同光合有机体所展示的速率特异比（见 14.8.3 节）的范围看到这种选择性压力的效应。在厌氧环境中进行光合的细菌的速率特异比低至 15。这些原核生物生长在现在的有氧条件下；即使能够容忍氧，它们固定的 O_2 也多于 CO_2。蓝藻的速率特异比为 50 ～ 60，但可以利用传输系统向固定位点的积累 CO_2，使加氧酶活性最小化。陆地植物的速率特异比平均值为 100，考虑到加氧酶活性已被筛选了很长一段时间，这可能是环境压力对 Rubisco 能筛选出的最佳值。这种环境压力在冰期一定尤其明显。此时 CO_2 浓度跌至 0.030% 以下，比现在水平还低（0.038%）。值得注意的是，尽管会消耗光合作用产生的氧气，卡尔文循环是唯一一个可以在当今大气环境下同化 CO_2 的通路。其他的五碳循环通路则一般在能自养的厌氧细菌中。

光呼吸的负面影响可能导致了 C_4 植物的演化，它不是演化出一个更有效的酶，而是演化出了一个复杂的生化途径，用来在 Rubisco 附近富集 CO_2。组成 C_4 光合作用复杂的生化、生理及结构关系表明，光呼吸无法通过操纵一个甚至几个基因来克服。Rubisco 的基因工程是否能完成几十亿年来这么强的选择压力所没有完成的任务，仍要拭目以待。但是，最近基因工程在 C_3 植物的叶绿体中制造了一个可以产生 RuBP 的循环通路，表明还原光呼吸通路的损耗和传输代价可以获得有用的产物。

14.10.3 光呼吸已经成为 C_3 植物代谢通路中有多种益处的必不可少的过程

尽管光呼吸会限制光合作用整体的效率，但是它紧密地与叶片细胞的碳氮代谢通路结合，而且一定条件下是有益处的。旁侧的来源于光呼吸的限制反应可以帮助完善 C_3 植物的代谢功能。大部分这种益处与氮代谢和抗逆有关。光呼吸刺激 C_3 植物根的氮同化，这可能通过提高胞质的 NADH 的浓度实现。所以光呼吸在氮缺乏的条件下是有益的。光呼吸不是一个封闭的循环，光呼吸通路中少量的丝氨酸会被抽离用以合成甲硫氨酸和丝氨酸，所以优化 C_3 植物的氨基酸合成需要光呼吸。光呼吸可以增强 C_3 植物对干旱、高盐和低温的耐受力。其中的机制仍在研究中，但是可能与光呼吸耗尽叶绿体产生的过多的、会导致光抑制的还原力有关，也可能与光呼吸产生的 ROS 会刺激 C_3 植物抗逆基因的表达有关。

14.10.4 光呼吸会影响 C_3 植物对未来气候事件的反应

当温度上升时，Rubisco 的动力学常数的变化减小了速率特异比的值，增加了加氧酶相对于羧化酶的活性。温度升高时，溶液对 CO_2 的溶解度的降低超过溶液对 O_2 的溶解度的降低，从而降低了与大气平衡的溶液中 CO_2 与 O_2 之比。这两个影响在外界温度升高时都促进了光呼吸相对于光合作用的速率。因此，在 C_3 植物中光合作用的量子产率（见第 12 章）在温度升高时逐渐降低，并且净光合作用的光饱和最适点一般在 25 ～ 35℃。C_4 植物可以有效积累 CO_2 而抑制光呼吸。当温度上升时，C_4 植物的光合作用的相对量子产率几乎保持不变，并且光合作用的最适温度要比大部分 C_3 植物高（30 ～ 40℃）。当大气中 O_2 的比例低时（小于 2%），一个典型的 C_3 植物的光合量子产率高于 C_4 植物，并且当温度升高时保持恒定（图 14.44 和图 14.45）。

预计在 21 世纪大气 CO_2 浓度将会加倍，这对光合作用会产生显著的影响。因为 CO_2 和 O_2 直接竞争 Rubisco 结合的 RuBP，所以即使光合作用的速率并不由 Rubisco 或 RuBP 控制，高浓度 CO_2 也会使羧化作用加强。羧化酶活性和加氧酶活性的理论比值将会从现在的 3 倍升至 10 倍以上，这会导致 C_3 植物的净光合作用的增加。C_4 植物几乎不含光呼吸，所以将不会表现这种光合作用的增强。到时候，相对于 C_3 植物，C_4 植物可能会处于一个选择性的不利处境。这种变化可能会有助于农业，因为世界上许多最有害的杂草是 C_4 植物。

尽管由于更高的 CO_2 浓度，光合作用效率可以提高，但光合作用的绝对速率可能不一定增加。大量研究显示，许多植物在习惯了持续暴露于高浓度 CO_2 中后，它们的光合速率类似于那些生长于现实条件中的植物。这种反应的原因包括在高 CO_2 中生长植物的 Rubisco 的量的减少，以及由于不能利用在高 CO_2 条件下生产出的所有多余的碳水化合物而造成的反馈抑制。不过，尽管有这些适应效应，增

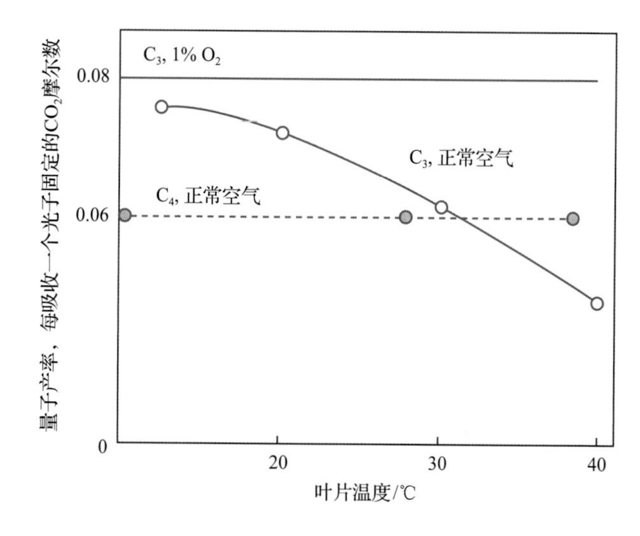

图 14.44 叶片温度对 C_3 和 C_4 植物量子产率的影响。随着温度的升高，C_3 植物的光呼吸速率的增加远高于总光合速率增加。在较高温度时氧化型光合碳循环的增强导致每固定一个净 CO_2 所耗能量的增加，这从量子产率（每吸收一个光子固定的 CO_2 摩尔数）的减少可以反映出来。当 C_3 光合作用在降低的 O_2（1%）条件下运作时，光呼吸有效地被抑制，量子产率在温度增加时保持恒定。有 C_4 途径的植物的量子产率在温度升高时保持不变，这是没有光呼吸的反映；取而代之的是，C_4 植物在维管束鞘细胞中固定 CO_2 的位点积累 CO_2。在 1%O_2 中 C_4 植物量子产率低于 C_3 植物反映了这样的事实：尽管二者在此时都缺乏光呼吸，C_4 植物运行 C_4 途径所需能量的消耗是不可避免的（每固定 1 个 CO_2 需要 2 个 ATP）。在较低的温度时，正常空气中条件下 C_3 植物比 C_4 植物量子产率高。这是一种能量利用的权衡：C_3 植物虽然有较低光呼吸速率，但并不负担运行 C_4 途径的能量消耗

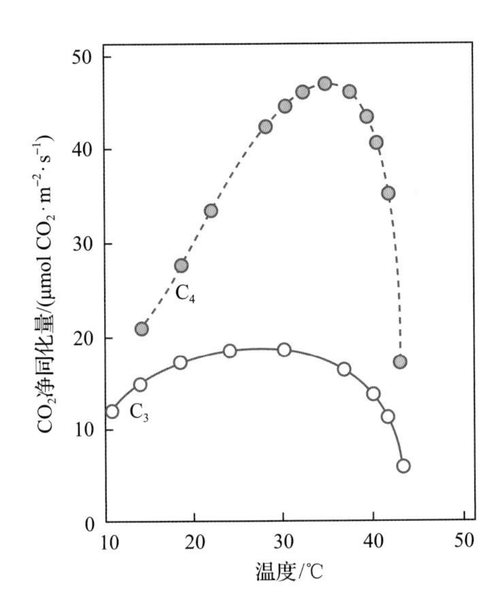

图 14.45 外界温度对 C_3 和 C_4 植物二氧化碳同化的影响。在 C_3 植物中，随温度升高，光呼吸对净光合 CO_2 吸收的相对影响增加，从而导致了 C_3 植物比 C_4 植物的最适光合温度低。C_4 植物缺乏光呼吸，所以净 CO_2 固定的最适温度较高。当温度高于 40℃时，光合作用速率的迅速下降对于 C_3 和 C_4 植物都是普遍的，这反映了光合作用的某些成分在高温下不可逆转的热变性

加的大气中的 CO_2 可能会影响许多植物光合作用和光呼吸反应的平衡，造成一些目前还未知的后果。

小结

有氧呼吸将还原性的有机化合物有序地氧化成 CO_2 和 H_2O。大多数在呼吸中产生的自由能以 ATP 的形式储存起来。在糖酵解这呼吸的第一阶段中，碳水化合物在胞质中被氧化成有机酸。在糖酵解中产生的有机酸在线粒体基质中通过三羧循环被完全氧化成 CO_2。在三羧酸循环过程中释放出的电子在一系列定位于线粒体内膜的蛋白复合体中传递，最终还原 O_2 生成 H_2O。在线粒体电子传递过程中释放的自由能被用于产生一个跨膜的质子电化学梯度。另一蛋白复合体（ATP 合酶）随后利用质子梯度的能量将 ADP 和 P_i 合成为 ATP。线粒体的呼吸受 ADP 和 P_i 调控，也受那些能进行呼吸电子传递但不产生质子梯度的复合体所调控。

植物线粒体除了呼吸外还参与多种代谢过程，包括为其他细胞器提供还原剂，为氨基酸的生物合成提供碳骨架。植物线粒体还参与某些正在发芽的种子中由脂类向糖类的生物合成，也参与 C_4 和 CAM 植物中与光合作用相关的脱羧反应。代谢物进出线粒体需要线粒体内膜上特定的转运装置，其中有些是受质子梯度调控的。

光呼吸涉及在绿色植物组织进行光合作用的过程中依赖于光的 O_2 吸收及 CO_2 释放。光呼吸的第一步同 Rubisco 的加氧酶活性相关。在加氧酶反应中生成的磷酸乙醇酸通过光呼吸碳循环代谢，从而以磷酸甘油酸形式节省了两个磷酸乙醇酸 75% 的碳；其余的 25% 以 CO_2 的形成损失掉。光呼吸碳循环的反应在三种细胞器中发生：叶绿体、过氧化物酶体和线粒体。在光呼吸中损失的 CO_2 代表相当一部分光合作用过程中固定的 CO_2，从而降低了光合作用的总效率，特别是在 C_3 植物中，但是它会正向地影响其氮代谢和抗逆。光呼吸反映了 Rubisco 在厌氧环境中的演化起源，并可能影响某些植物对将来大气浓度变化反应的竞争力。

（刘轶群　译，赵进东　校）

第4篇

代谢与发育的整合

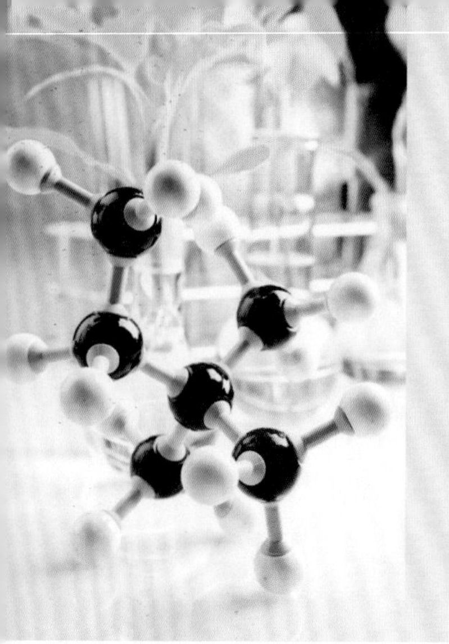

第 15 章 长距离运输

John W. Patrick, Stephen D. Tyerman, Aart J.E. van Bel

导言

长距离运输系统是陆地植物不可或缺的组成部分。本书关注的是长距离运输系统演化更加完善的被子植物。含有维管系统的植物称为维管植物，维管系统由两种特化的组织——木质部和韧皮部组成。木质部和韧皮部同时产生并存在于整个植物体中（图 15.1）。木质部将根吸收的水分和来自土壤的营养物质运输至叶片中，叶片通过光合作用合成有机碳水化合物（又称光合同化物质）。韧皮部则将完全成熟的叶片或源储藏器官（又称源区，能源输出器官）中的水、矿物质、氨基氮化合物及光合同化物质（营养物质）运输到非自养生长器官或库储藏器官（又称库区，能源输入器官）以满足其营养需求（碳、氮和矿物质）。而木质部不能运输这些营养物质，因为库器官的蒸腾效率过低，不能有效驱动营养物质通过木质部来运输到库器官以满足其新陈代谢需求。除了运输营养物质，木质部和韧皮部还通过传导信号分子来协调植物器官间的防御、稳态和发育功能。病原菌，特别是病毒会利用木质部和韧皮部运输大分子信号的机制在植物体内传播繁殖。

本章首先利用特化细胞支持营养物质高效运输形成条件来分析长距离运输系统。该系统通过特化薄壁细胞的装载和卸载形成的短距离运输而与轴向流动系统相连。短距离运输包括通过细胞膜、液泡膜及胞间连丝的运输。目前，对木质部运输的生物物理原理了解较多，但对木质部装载（修复）和韧皮部运输的机制还需更多研究。对运输机制的理解

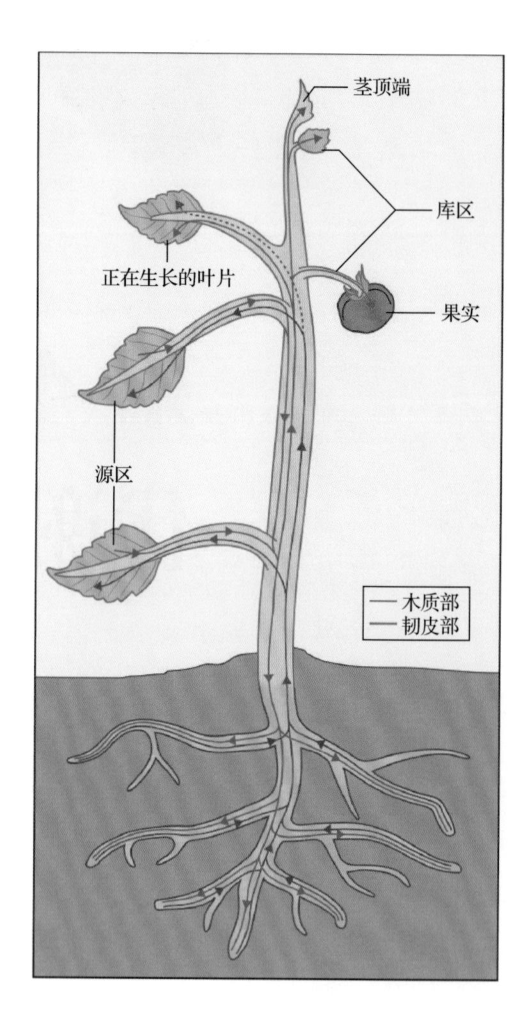

图 15.1 木质部和韧皮部物质运输示意图。木质部中物质是从根系向上运输到成熟的叶片，即进行蒸腾作用和光合作用的主要部位。只有少部分木质部运输的物质（虚线）供应正在生长的“库”细胞（如正在生长的叶片），还有更少量物质直接进入茎顶端和储存“库”（如发育中的果实）中。这两种途径的水分蒸腾速率都很低。韧皮部物质运输的方向是从产生同化物的部位（主要是成熟的叶片），到消耗同化产物的生长或储存“库”中。在一个节间的韧皮部中可同时进行物质的双向运输，但在某个特定维管束中，物质只能进行单向运输。在植物更高和更低的节间，物质的运输分别向上或向下单向运输

为发现营养物质和信号分子的流动如何调控，以及大分子、病毒和细菌又是如何运输提供了基础。以上运输机制是控制整个植物生长关键法则的核心，贯穿于本章对长距离运输的综述。信息栏 15.1 和信息栏 15.2 简单介绍了目前用于理解长距离运输的生物物理和生物化学理论。

信息栏 15.1　运输的理论基础

分子和离子沿自由能梯度移动，该梯度能单独或共同反映物质的浓度差、温度差、压力差、电势差异（对电解质来说）。有效驱动力在不同的距离尺度上有所差异。溶质分子沿压力梯度进行集流（对流），可进行长距离运输。而短距离运输主要以溶质分子的扩散为主。溶质的总运输量（$J_{总}$，单位：$mol \cdot m^{-2} \cdot s^{-1}$）是集流和扩散运输的总和：

$$J_{总}=J_{集流}+J_{扩散}=vc-D_i\Delta c/\Delta x \quad （公式 15.B1）$$

其中，集流量为溶质浓度（c）乘流动速度（v），扩散运输量由溶质浓度梯度（$\Delta c/\Delta x$）和扩散系数（D_i）决定。

扩散（diffusion）

菲克第一定律表明溶质分子 i 的扩散通量（J_i，单位：$mol \cdot m^{-2} \cdot s^{-1}$）与其浓度梯度（$\Delta c_i/\Delta x$）成比例：

$$J_i=-D_i\frac{\Delta c_i}{\Delta x} \quad （公式 15.B2）$$

其中，扩散系数（D_i，单位：$m^2 \cdot s^{-1}$）取决于扩散发生时的条件、溶质和基质。例如，在水中（25℃），蔗糖的扩散系数 D 为 $0.52\times10^{-9}m^2 \cdot s^{-1}$，而葡萄糖的扩散系数为 $0.67\times10^{-9}m^2 \cdot s^{-1}$（注意扩散系数随着分子量的减小而增加）。

扩散理论暗示了扩散时间随着距离的平方（x^2）的增加而增加，常用以下关系描述：初始浓度的 37% 通过一定距离（x）所需的时间为：

$$t_{37\%}=\frac{x^2}{4D_i} \quad （公式 15.B3）$$

径流（bulk flow）

溶质在木质部和韧皮部的流动与细管中的层流类似。层流是指在细管半径范围内，溶液的流速形成一条光滑的抛物曲线，即靠近细管中心流速快，而在细管表面由于摩擦力的存在流速降低。哈根 - 泊肃叶定律可精确地计算一个细管中集流的体积流率（J，单位：$m^3 \cdot s^{-1}$）：

$$J=\frac{\pi r^4\Delta P}{8\eta l} \quad （公式 15.B4）$$

其中，ΔP 为在距离 l 上的压力梯度；r 为细管半径；η 为运动黏度（单位：$Pa \cdot s$）。该公式可计算出单位压力梯度下流体受到的有效阻力，或计算某个体积流率（J）下的压力梯度（$\Delta P/l$）。另外，当细管半径减半时，阻力会增加 16 倍。

水力传导系数 / 传导率（hydraulic conductance/conductivities）

由哈根 - 泊肃叶定律可推导出，体积流率（J）和压力梯度与水力传导系数（L_0）的乘积成比例：

$$L_0=\pi r^4/8\eta l \quad （公式 15.B5）$$

传导系数取决于传导长度，在不同系统中比较这个因素时可发现传导系数与传导距离相乘的结果决定了传导率。在特定的流动通路中，传导系数和传导率可在多个方面进行标准化。当水通过一个表面（如细胞或根）时，传导系数通常在该表面标准化，此时也可称为水力传导系数（L_p，单位：$m \cdot s^{-1} \cdot MPa^{-1}$）。流速等于 L_p 乘以压力梯度，对细管来说，流速或体积通量（单位：$m \cdot s^{-1}$）等于 $r^2\Delta P/8\eta l$（公式 15.B1）。通常通量（单位：$mmol \cdot s^{-1}$）除以水势梯度和叶片表面积可计算出叶片的水力传导系数，单位为 $mmol \cdot m^{-2} \cdot s^{-1} \cdot MPa^{-1}$。

水势和水势梯度（water potential and water potential gradients）

在上述流体特征的讨论中，驱动力只简单地看成是压力梯度或浓度差（对扩散来说）。考虑所有驱动力时，水的总自由能梯度被称为水势（Ψ_w，压力单位），是压力势（Ψ_p）、渗透势（Ψ_π）、基质势（Ψ_m）和重力势（Ψ_g）的总和：

$$\Psi_w=\Psi_p+\Psi_s+\Psi_g+\Psi_m \quad （公式 15.B6）$$

水势可指示单位体积的自由能（单位：$Joules \cdot m^{-3}$ 或者 Pa）。压力势（Ψ_p）等于静水压力（P），值得注意的是它可以是负值。在一个细管或者多孔的植物细胞壁中，水流只被水势差驱动。重力势解释了自由能随高度的变化（$0.01MPa \cdot m^{-1}$）。

这一概念与组织或细胞无关，但当水流沿着数十米高的树木的韧皮部或木质部进行时就十分重要了。当水流通过对水的渗透选择性增强的膜时，渗透势差就变得有效了。溶解的溶质降低了水的自由能（降低了Ψ_{π}），数值上等于由所有溶质的总渗透浓度决定的渗透压（π），但为负数。有时一种基质组分可说明附着在表面某一薄层中水的自由能的降低。这一效应在土壤中更加重要，在植物中，这一效应包含 P 和 π。综上，公式 15.B6 可简化为：

$\Psi_w=\Psi_p+\Psi_{\pi}$ 或 $\Psi_w=P-\pi$ （公式 15.B7）

其中，P 可以是正值（静水压力）或负值（张力）。细胞的膨压（turgor pressure，TP）是质膜和细胞壁内外静水压力的差值，在平衡状态时（即当内部 Ψ_w = 外部 Ψ_w 时），细胞膨压等于内外渗透压的差，即 $TP=\pi_i-\pi_o$。

信息栏 15.2 通过质膜和胞间连丝的细胞间运输

溶质通过脂质相或特殊跨膜蛋白完成的跨膜运输称为**促进扩散（facilitated diffusion）**。溶质或水的促进扩散可通过蛋白质通道，或溶质与蛋白载体互作形成溶质 - 蛋白复合体并进行构象变化来将溶质从膜的一边运输至另一边。

跨膜扩散首先将元素或分子从周围的溶质中分离到质膜中，接着进行跨膜扩散，最后融入另一边的溶质中。这个过程可能同时经过了脂质和跨膜蛋白，其比例取决于元素或分子的类型和出现的特殊跨膜蛋白。这一过程与**渗透系数（permeability coefficient）**（P_s，单位：$m\cdot s^{-1}$）相关。因此，一个不带电分子（s）跨膜的扩散通量（J_s，单位：$mol\cdot m^{-2}\cdot s^{-1}$）取决于其浓度梯度（$\Delta C_s$），用公式表示为：

$J_s=P_s\times\Delta C_s$ （公式 15.B8）

特定元素或分子在特定的质膜运输中有特定的 P_s。通过膜通道的扩散也遵循公式 15.B8，只是其 P_s 要高得多。例如，水通过质膜运输的 P_s 是通过水通道蛋白（aquaporins）运输的 500 倍。

电解质类的扩散速率和方向由膜电势差决定（详见第 3 章）。

由跨膜载体介导的促进扩散的速率（R_v，单位：$mol\cdot s^{-1}$）可通过溶质饱和组分和不饱和组分来共同模拟，前者遵循米氏方程，后者遵循一级动力学方程：

$R_v=[V_{max}\cdot C/（K_m+C）]+kC$ （公式 15.B9）

其中，V_{max}（单位：$mol\cdot s^{-1}$）为最大速率；K_m（$mol\cdot m^{-3}$）为米氏常数；C 为溶质浓度；k（单位：$m^3\cdot s^{-1}$）为一级速率常数。

多数情况下，逆化学梯度（非电解质）或电化学梯度（电解质）的溶质跨膜运输可分为同向运输和反向运输，需要通过质子偶联运输来实现，并伴随着质子电化学梯度的降低，即受到**质子动力势（proton motive force**，单位：mV）的驱动：

$pmf =（E_i-E_o）+59（pH_o-pH_i）$（公式 15.B10）

其中，$（E_i-E_o）$为膜电势差；$（pH_o-pH_i）$为跨膜 pH 差。

假设一个蔗糖 /H^+ 转运蛋白的化学计量为 1，在给定的 pmf 下，利用能斯特方程（Nernst equation）可推导出细胞内（C_i）和细胞外（C_o）的蔗糖浓度差：

$Log_{10}（C_i）=Log_{10}（C_o）-[（E_i-E_o）+59（pH_o-pH_i）]/59$（公式 15.B11）

胞间连丝运输（plasmodesmal transport）

渗透系数也适用于胞间连丝运输（公式 15.B8），且扩散物质很大程度上取决于胞间连丝的亚结构（公式 15.B2）。通过胞间连丝的集流也适用上述规则（公式 15.B5）。

15.1 选择压力和长距离运输系统

15.1.1 细胞间运输可通过质外体、共质体和跨细胞途径实现

细胞间的运输有不同的途径。充满水的细胞壁基质（直径 5 ～ 20nm）和木质部管状分子内腔（直径 10 ～ 300μm）共同称为质外体，为细胞间的运输提供了一种途径（途径①，图 15.2）。在很多情况下，细胞通过胞间连丝紧密相连（见 15.1.2 节），精细的质膜包被的小管形成连续的细胞间质，可以实现细胞间的运输（途径②，图 15.2）。这种连接在一起的细胞质被称为共质体。有时需要跨细胞途径进行运输，如水在根里的辐射状运输。在这种途径中，对于每层细胞，水在进出每个细胞及其液泡时，细胞膜和液泡膜都被穿过两次（途径③，图 15.2）。一般来说，很难区分跨细胞运输和共质体运输，所以这两条途径均被视为细胞间水分运输途径。

15.1.2 胞间连丝形成相连共质体促进细胞间运输

大约 60 年前，人们通过电子显微镜观察到了直径为 20 ～ 50nm 胞间连丝，作为质膜包被的胞质通道连接着相邻细胞。该通道的中央轴连接细胞壁两边的内质网形成内质网中央轴（图 15.3），被螺旋形排列的大分子覆盖，这些大分子辐射状延伸至胞间连丝腔内与质膜连接的蛋白复合体。胞间连丝的开口处（孔口或者胞质口）通常能收缩（颈环区域），这暗示着胞间连丝有关闭的可能。

胞间连丝最初被认为是细胞间运输小分子的通道，因为显微注射大于 10kDa（直径 0.5 ～ 1.0nm）的荧光染料不能通过胞间连丝（图 15.4）。后来研究发现胞间连丝分子排阻界限取决于发育阶段、组织类型和生理条件。例如，根中的分生组织细胞间的胞间连丝可以通过分子质量小于 65kDa 的物质。最近在胞间连丝腔内发现了一类参与大分子运输的蛋白质，包括肌动蛋白和肌球蛋白。

胞间连丝的数目（密度）可指示胞间运输的潜力。共质体运输是否发生取决于胞间连丝打开的情况。例如，尽管在叶表皮毛基部有很多胞间连丝，但是胞间连丝关闭会造成功能性的共质体运输障碍（图 15.4）。在共质体运输障碍处（没有胞间连丝或者胞间连丝关闭），营养物质通过质膜释放至相连的细胞壁，经由细胞壁上的水通道扩散（质外体运输），从而被相邻细胞的质膜吸收。

15.1.3 陆生环境能源分布所需的长距离运输

多细胞植物为了更有效地适应陆生环境，存在一个巨大的选择压力使得植物可从土壤和空气中吸收水分和营养物质。土壤是水分和矿物质最基本的来源，而从地面环境中获得的光能可为光合作用提供充足的能量。根和叶两个同化作用器官在空间上的分离导致它们对营养物质获取相互依赖，因而根与叶之间的长距离运输是植物生存必需的条件（图 15.1）。

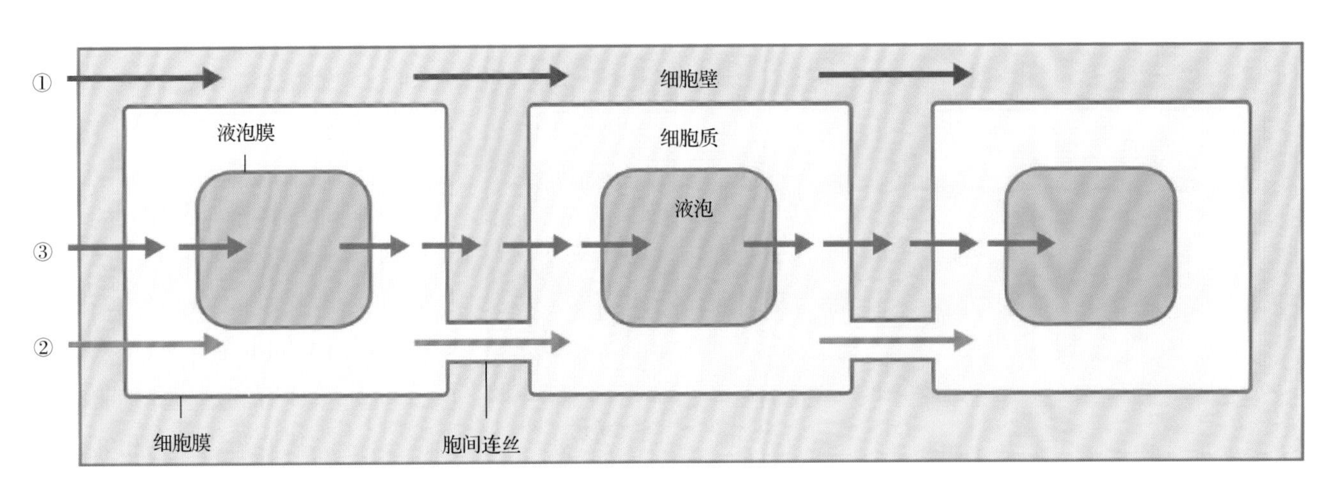

图 15.2 质外体 / 共质体概念和运输通路示意图。营养物质在细胞间运输的途径有：①通过细胞壁的质外体运输（棕色箭头）或者营养物质先跨膜进入一个细胞；②通过相连的胞间连丝进行共质体运输（绿色箭头）；③跨液泡膜通过液泡后再跨细胞膜运输至相邻细胞（主要是水的细胞间运输，蓝色箭头）

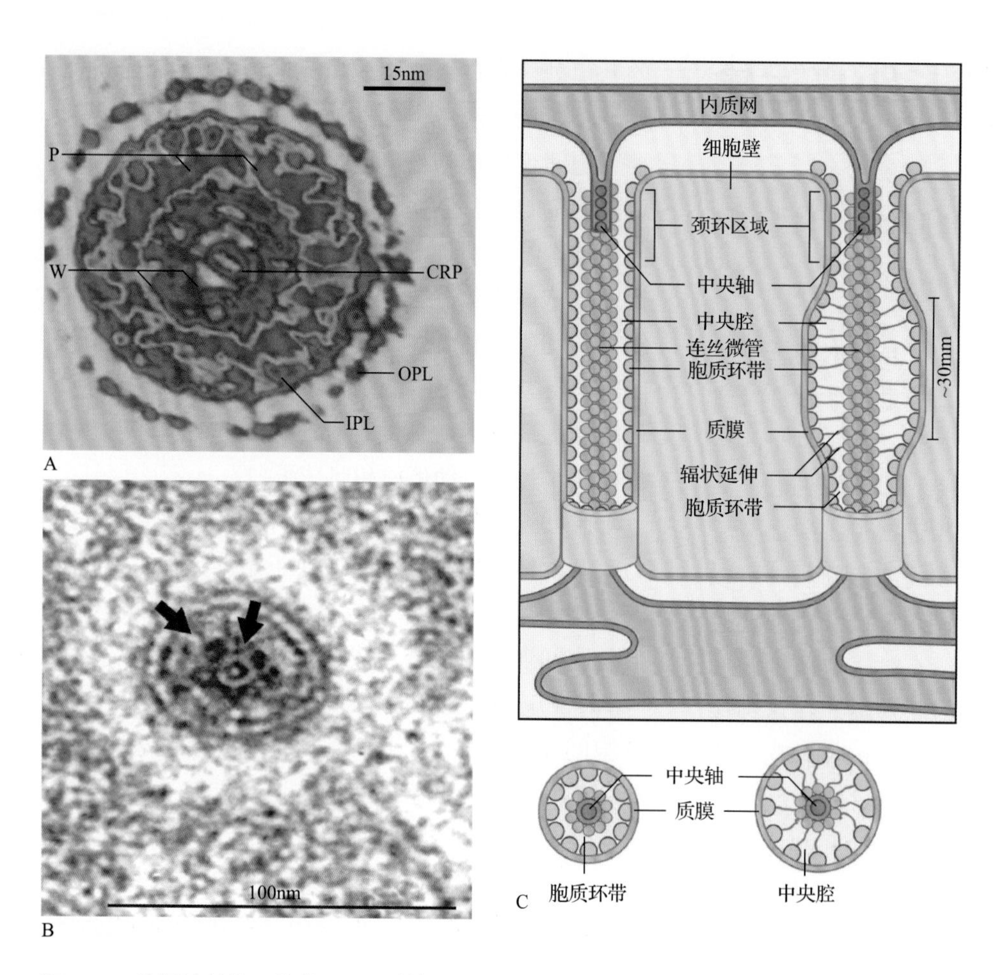

图 15.3 胞间连丝的亚结构。A. 计算机增强伪彩图展示了贯穿细胞壁的细胞膜外层（OPL）和内层（IPL），一层蛋白质与 IPL 相连（紫色），呈辐射的蛋白质条（P，红色）从这里连接螺旋环绕的内质网中央轴（CRP）或连丝微管的蛋白层（W，由两条线界定的紫色环）。B. 胞间连丝的横切面电镜照片，展示了位于质膜双分子层和连丝微管间的辐射状蛋白质条（箭头）。C. 建立在幼嫩叶片（左）和成熟叶片（右）电镜照片（如 A，B）基础上的胞间连丝结构模型。质膜和内质网在细胞间是连续的，后者紧密卷曲形成连丝微管。细胞质环带占据了质膜和连丝微管间的空隙；在成熟的（右）胞间连丝中，细胞质环带膨大形成一个中央腔。大部分细胞质环被部分镶嵌于细胞质膜和连丝微管上的蛋白样颗粒所阻塞。这些粒子之间的缝隙是共质体运输分子筛选特性的物理基础。在中央腔中，辐状结构延伸穿过胞质环带；目前还不知道它们是否存在于颈区。来源：图 A 来源于 Botha et al.（1993）. Annals of Botany. 72: 255-261；图 B 来源于 R. Kollmann, University of Kiel, Germanny

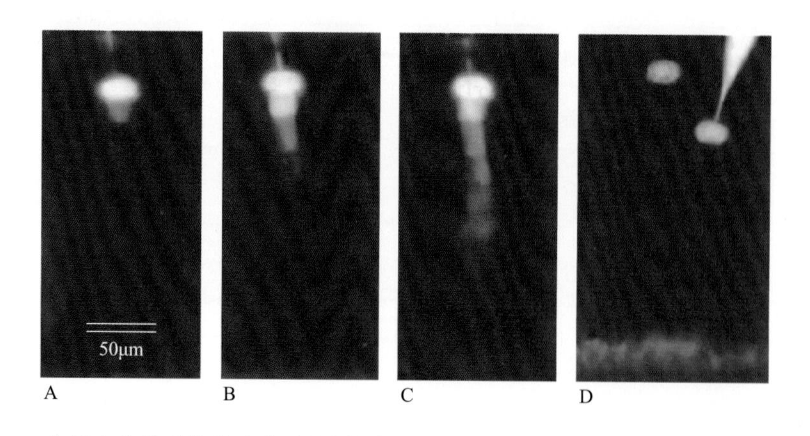

图 15.4 在茴麻密腺毛状体中移动和固定的荧光探针（毛状体的示意图见图 15.5）。A ～ C. F-Glu（536Da）注射入顶芽细胞后的运动状况。经常观察到的阶梯式荧光分布是胞内扩散运输相对快，而胞间运输相对较慢的结果。D. 稍大些的 F-Trp-Phe（739Da）在 60s 后没有运动迹象。来源：Terry & Robards（1987）. Planta. 171: 145-157

15.1.4 扩散会限制细胞间营养物质的长距离运输

通过共质体或质外体途径进行扩散是细胞间运输最简单的机制。例如，将扩散理论（公式 15.B3）应用于蔗糖的运输，它在水中的扩散系数是 $0.52\times10^{-9}m^2\cdot s^{-1}$，预计蔗糖穿过超过 100μm（一个典型细胞的长度）达到其平衡浓度的 37% 需要 4.8s。然而，蔗糖扩散超过 1mm（大约是 10 个由胞间连丝首尾相连的细胞长度）需要 8min，当距离增加至 1cm 后，时间将增加至 5.6 天。因此，当距离超过 1mm 时，仅靠扩散运输蔗糖已经不能满足植物新陈代谢的需求。

由于扩散受到的限制可由胞质流动（cytoplasmic streaming）来部分恢复（即集流，见信息栏 15.1）。集流虽然限制了蔗糖在细胞间通过胞间连丝扩散运输的速率，但与跨细胞运输相比，其运输能力要更强（图 15.5）。水的膜运输与蔗糖运输不同，因为水通道蛋白可使水的膜运输更高效。

胞间连丝过程中 $2\times10^{-4}mol\cdot m^{-2}\cdot s^{-1}$ 的蔗糖流量即可满足异养细胞的新陈代谢需求。当相邻细胞壁交界处的蔗糖浓度差达到 $33mmol\cdot L^{-1}$（由公式 15.B8 推导）、渗透系数

为 $6\times10^{-6}m\cdot s^{-1}$ 时，即可通过胞间连丝产生蔗糖流。假设运输途径中蔗糖初始浓度为 $1mol\cdot L^{-1}$，那么蔗糖最多可以在 30 个连续的细胞间运输。细胞的平均长度为 100μm，那么蔗糖向前运输的最大距离为 3mm。这个计算结果表明，在陆生植物演化过程中，存在着强选择压力使其演化产生长距离运输系统，从而高效运输蔗糖和其他营养物质以满足植物生长需求。

15.1.5 利用低阻导管集流消除植物大小的限制

与扩散相反，集流（公式 15.B4）的长距离运输能力很强。由不同方式产生的压力梯度推动经木质部（张力）和韧皮部（静水压力）的相反方向的集流（图 15.6）。由于胞间连丝（见图 15.4）、膜系统（质膜和液泡膜；见图 15.2）和细胞壁（见图 15.5）是细胞间运输的限制因素，韧皮部组分即筛管分子（sieve element, SE）和木质部组分即**管状分子（tracheary element, TE）**通过演化增强了集流的能力（公式 15.B5）。这些演化包括绕过膜系统运输和拓宽胞间连丝孔径最终形成了**筛管（sieve tube, ST）**，或移除两端细胞壁和质膜最终形成了木质部导管（见 15.2 节）。

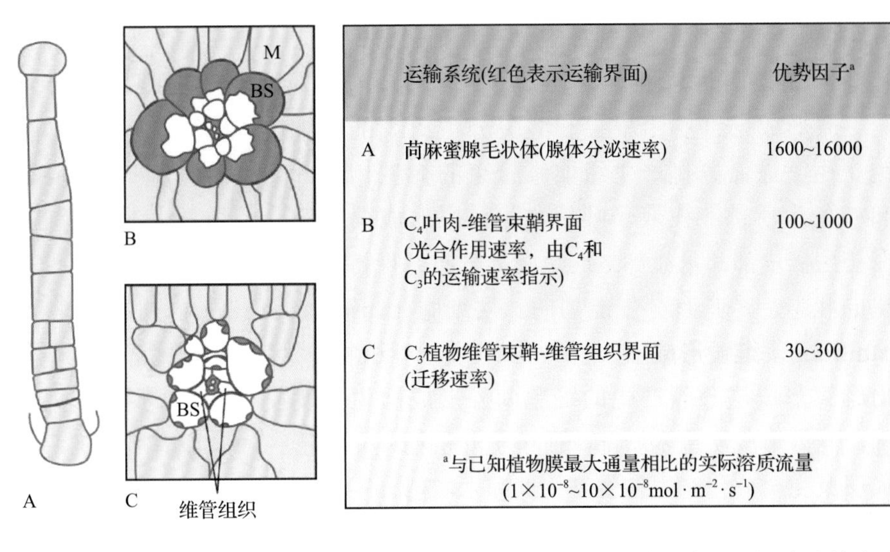

	运输系统(红色表示运输界面)	优势因子[a]
A	苘麻蜜腺毛状体(腺体分泌速率)	1600~16000
B	C_4叶肉-维管束鞘界面(光合作用速率，由C_4和C_3的运输速率指示)	100~1000
C	C_3植物维管束鞘-维管组织界面(迁移速率)	30~300

[a]与已知植物膜最大通量相比的实际溶质流量(1×10^{-8}~$10\times10^{-8}mol\cdot m^{-2}\cdot s^{-1}$)

图 15.5 细胞间营养物质运输通量远远高于预期的跨膜运输，说明胞间连丝是溶质运输的路径。在以上的三个例子中，溶液流的运输界面用红色表示。BS，维管束鞘；M，叶肉细胞

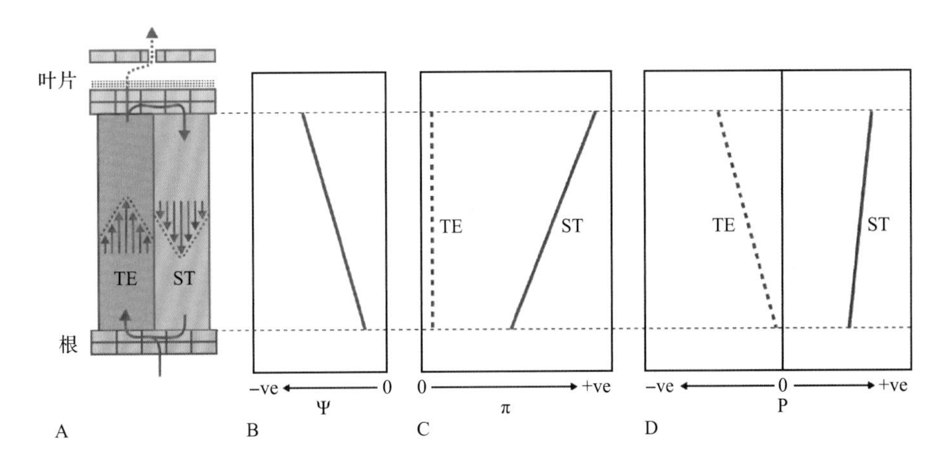

图 15.6 蒸腾过程中，木质部和韧皮部的运输及驱动力的模式说明水在其中运输方向相反。A. 水流在根部和成熟叶片沿木质部管状分子（tracheary element，TE）和韧皮部筛管（sieve tube，ST）纵向运输示意图。其中简化的 TE（管胞或导管）代表了整个木质部运输系统。水在 TE 和 ST 中的流动可类比为细管中的层流，即沿着细管的半径其流速呈平滑的抛物线变化，越靠近中心流速越快，而在表面由于摩擦力流速减慢（如垂直的箭头所示）。根吸收的大量水分由于叶片的蒸腾作用而流失。B. 木质部决定了茎运输途径中的水势梯度，在相邻的木质部和韧皮部组织中水势接近平衡。因此，连接根和叶片的维管组织水势在轴向上（Ψ）梯度基本相同。C. TE 溶液中营养物质浓度很低，所以 TE 溶液的渗透压（π）很低，在运输途径中可视为常数；相反，ST 溶液中糖和营养物质的浓度均很高，产生了高渗透压，是 ST 溶液 Ψ 的主要来源。轴向运输途径营养物质的流失导致从叶片到根 ST 溶液渗透压逐渐减小。D. 静水压力（P）梯度是 Ψ 和 π 的总和（公式 15.B7）。TE 的 Ψ 值由蒸腾引起的张力决定（P 为负值），它驱动了由根到叶片的集流；相反，在 ST 中，水分摄入量与其渗透物含量成正比，由叶片到根静水压力梯度为正

15.2 运输模块的细胞生物学

15.2.1 维管细胞由原形成层细胞产生

SE 与经过修饰的韧皮部薄壁组织细胞**伴胞（companion cell, CC）**形成细胞复合体共同发挥功能。TE、

SE/CC 复合体和辅助维管细胞分别具有装载、轴向运输和卸载营养物质的特化功能。

原形成层细胞由根尖和茎尖分生组织的干细胞产生，进而分化产生组成维管束的初生韧皮部和初生木质部。在双子叶植物中，原形成层细胞在初生韧皮部和木质部之间呈圆周分布并保持未分化的状态，是具有分生能力的一层细胞（**vascular cambium，维管形成层**）。在大多数双子叶植物中，由维管形成层分裂产生的细胞向外形成次生韧皮部，向内形成次生木质部。在单子叶植物中，原形成层束完全分化产生初生韧皮部和木质部，不形成维管形成层。

15.2.2 细胞分化有利于木质部的运输功能

TE 是经过伸长、次生细胞壁加厚和木质化的中空管。木质素由活的原生质体在细胞程序性死亡和失去质膜前沉积形成，水和溶质不能通过（见第 20 章）。TE 包括两种组分：**导管分子（vessel element）**和**管胞（tracheid）**（图 15.7）。管胞是大多数裸子植物中唯一的 TE，而在被子植物中可能同时具有管胞和导管分子。导管由一系列的导管分子首尾相连组成。导管分子间的细胞壁在细胞成熟的晚期被不同程度地降解，剩下的部分被称为纹孔板（perforation plate）。导管分子由早期被子植物的管胞演化而来，宽度有所增加、长度有所减少，纹孔板开始打开。

在 TE 中不含脂质膜的优势可通过比较有膜和无膜细胞的导水率（hydraulic conductance）说明。以 10 个首尾相连细胞的组成一个典型的木质部导管分子（长 200μm，内部直径 50μm），水力传导系数（L_0，等式 15.B6）为 $7.7\times10^{-8}m^3\cdot s^{-1}\cdot MPa^{-1}$。水力阻力（hydraulic resistance）是水力传导系数的倒数，为 $1.3\times10^{7}s\cdot MPa\cdot m^{-3}$。对膜表面而言，一片水力传导系数 L_p 高达 $3\times10^{-6}m\cdot s^{-1}$（指示了水通道蛋白的活性）的膜的圆形部分（直径 50μm）水力传导系数为 $5.9\times10^{-15}m^3\cdot s^{-1}$（水力阻力为 $1.7\times10^{14}s\cdot MPa\cdot m^{-3}$）。将 20 个这样的膜表面压力相加引起这些细胞的阻力为 $3.4\times10^{15}s\cdot MPa\cdot m^{-3}$，为一个开放管的水力阻力大小的 2.6 亿倍。这意味着如果要在活细胞中实现同样的流速，需要提供 2.6 亿倍的压力梯度。

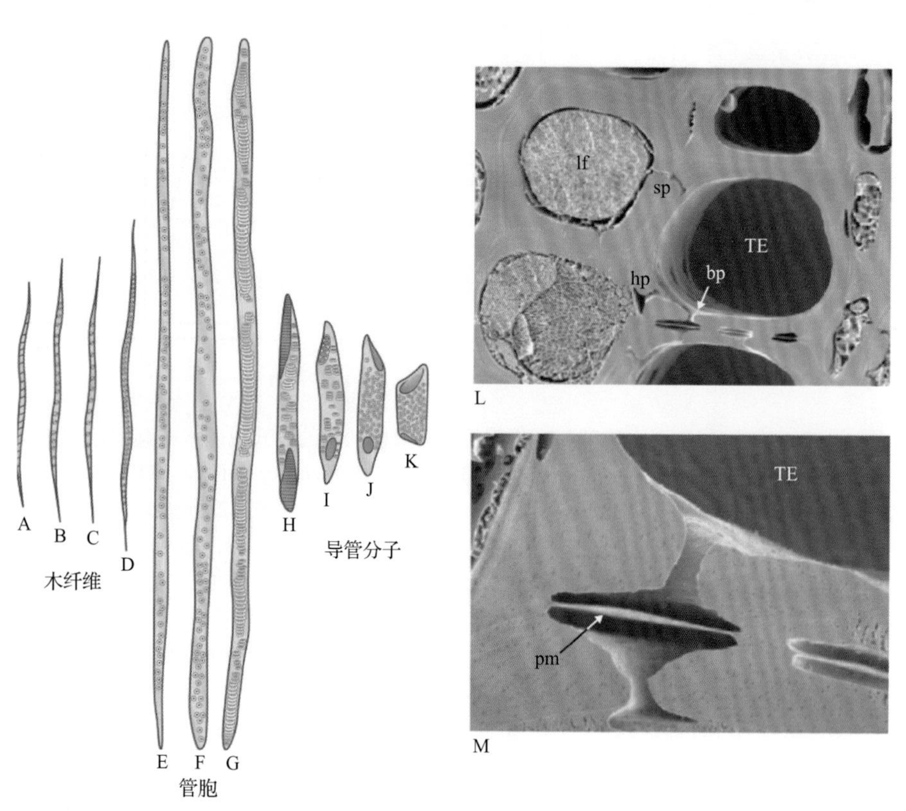

图 15.7　被子植物木质部组分。木纤维（A ～ D）是次生细胞壁很厚的细长细胞，为木材提供强有力的支撑；管胞（E ～ G）是狭长的锥形细胞，可运输水分；分布在管胞上的纹孔也可在管胞之间运输水分；导管分子（H ～ K）比管胞短，但更宽，其两端细胞壁（纹孔板）可部分（H）或全部打开（K），导管分子首尾相连形成木质部导管。L. 具缘纹孔（bordered pit，bp）连接了相邻导管分子（TE）腔，而半具缘纹孔（half bordered pit，hp）连接了导管分子（TE）腔和木质薄壁细胞（XPC）。在内皮纤维一侧（libriform fiber，lf）是单纹孔（simple pit，sp），在 TE 侧是小的具缘纹孔。M. 高倍放大后纹孔膜（pm）上的具缘纹孔对（pm 长度为 3.7μm）。来源：图 A ～ K 来源于 Bailey & Tupper（1918）；图 L, M 来源于 Micrograph provided by Dr J. Nijsse, Wageningen University; from De Boer and Volkov（2003）. Plant Cell Environ. 26: 87-101

导管的直径在不同的物种中差异很大（15 ～ 300μm），并且与植物的年龄和导管在植物中的位置有关，这就导致阻力差异很大（公式 15.B5）。但是，60% ～ 80% 的水力阻力都来自两端的细胞壁，暗示导管的长度是其水分运输效率的决定性因素。通常管胞直径（10 ～ 50μm）比导管分子直径（50 ～ 100μm）小，而长度更长（6 ～ 11mm）。因此，管胞较小的直径和单位距离内的细胞壁数目增加使其水分运输效率与导管相比较低。导管由许多导管分子组成，长度由数厘米至数米不等。水流沿着相对较长的部分而不仅仅是管胞和导管的两端，从一个管胞或者导管流入与其细胞壁相连的另一个细胞中。这里水流通过木质化细胞壁上易于通过的小孔，又称纹孔（pit）进行流动。

相邻管胞和导管次生细胞壁上的圆顶状纹孔相互衔接，形成纹孔对（pit pair）（图 15.7L, M）。相邻导管和管胞之间的纹孔对形成复杂的中间层，该中间层包含纤维素微丝和果胶 / 半纤维素基质组成的无数小孔，从而产生了一个水和可溶性溶质可相对容易通过的“膜”，但由于小孔的直径很小（双子叶植物中为 5 ～ 20nm），空气不能进入其中。纹孔膜（pit membrane）上的果胶会像水凝胶一样改变木质部溶液的离子浓度；较高的 K^+ 浓度可提高水力传导系数，可能的原因是 K^+ 使水凝胶基质皱缩并加宽了纹孔膜上的孔径。这可能是植物将水运输到不同器官以及在一天中改变茎的水力传导系数的重要调控机制。

TE 细胞壁的木质化有两个作用：使细胞壁防水；加强其对抗自身发育引起的巨大张力。在正在伸长的茎中，螺旋和环形的木质化使得导管可以拉伸。有证据表明，在过度的拉力下 TE 会损坏，并且在木质素合成缺陷的突变体中 TE 的机械强度降低。细胞壁的厚度可能受到发育阶段的限制：直径小的 TE 机械强度强，导致 TE 的强度和运输能力间产生了明显的矛盾。在包含导管、管胞和木纤维的木材中，导管行使运输水的功能，而管胞和木纤维起维持形态的作用。木纤维细长且高度木质化细胞的细胞壁薄、直径小，可提供强的支撑力（图 15.7A ～ D），因而增大导管直径可以提高水力传导系数。

木质部薄壁细胞是与 TE 相伴的活细胞，新陈代谢活性高，具有许多功能，如促进从 TE 装载和卸载水及营养物质，使木质素多聚化，使营养物质在木质部和韧皮部之间进行交换，储存碳水化合物及修复木质部。除了与 TE 之间的连接是跨膜而不是通过胞间连丝，木质部薄壁细胞还有一个和韧皮部 CC 相似的功能。因为 TE 除了纹孔，其余地方均木质化，所以在木质部薄壁细胞和 TE 交界的地方营养物质及水分的运输本质上来说是小范围的半纹孔（half pit）（图 15.7L）。与导管相连的木质部薄壁细胞在纹孔下的细胞壁经常发生内陷，因此增强了细胞膜的表面积，进而增强了运输能力。转运蛋白在木质部薄壁细胞中具有高度活性（见 15.3.4 节）。

15.2.3 筛管的多方面特点增强了韧皮部的主要功能

在演化过程中，某些纵向排列的细胞逐渐失去细胞内容物而演化为韧皮部筛管（表 15.1）。在 SE 发生过程中，细胞核、液泡和一些其他的细胞组分逐渐降解，最终留下的是细胞膜及细胞质周缘的薄层（混合质），该薄层由堆叠的内质网、少部分变大的线粒体、韧皮部特异的质体及 SE 蛋白组成（图 15.8 和图 15.9）。

轴向排列的原形成层细胞不均等地纵向分裂产生了 SE（筛管）和 CC（伴胞），随后的分裂中，子细胞由共质体隔离，开始趋异分化（图 15.8）。在完成发育后，共质体的胞间连丝连接（孔 - 胞间连丝单位，PPU）恢复，在 SE 一侧有单通道，在 CC 一侧有分支通道（图 15.8E），共同组成了遗传和代谢的单位（SE/CC 复合体）。CC 通过新陈代谢使细

表 15.1 一组陆生植物的筛管分子超微结构反映了筛管的演化过程

	藓类	维管束隐花植物	松柏类	被子植物
质膜	存在	存在	存在	存在
细胞核	降解	核残余物	核残余物	消失
液泡膜	由丝状物质填充的小液泡	消失	消失	消失
核糖体	未观察到	消失	消失	消失
线粒体	完整	完整	几乎没有，降解	几乎没有，降解
内质网	光滑的网腔和堆叠	光滑的网腔和堆叠	光滑的网腔和堆叠	光滑的网腔和堆叠
细胞骨架	微管，无微丝	消失？	消失？	消失？
高尔基体	消失	消失	消失	消失

胞处于活性状态，通过 PPU 独特的共质体连接 SE，这一结果可能导致在演化过程中 SE 不再需要代谢能力（表 15.1）。

SE 和 CC 的一个特性是其胞间连丝连接结构具有多样性。在（原）形成层细胞中，所有界面通过无支链的胞间连丝连接（图 15.8A ～ C）。在 SE/CC 分化过程中，胞间连丝在 SE 之间转化为筛孔，在 SE/CC 界面处转化为 PPU，但在 CC 和韧皮薄壁细胞之间保持不变（图 15.8E）。

为什么 SE 与死亡的 TE 相比仍保留了最小的细胞组织呢（见 15.2.2 节）？完全除去细胞内容物有利于优化水力传导系数（见 15.1.5 节和 15.2.2 节），而强选择压力会部分保留细胞内容物。其中最重要的原因是 ST 的集流是由膜运输产生并调节的静水压差驱动的运输（图 15.6C，D）；因此，质膜的完整性对 SE 的运输功能非常重要。

SE/ER 可为 Ca^{2+} 依赖性阻塞储存 Ca^{2+}（见 15.6.4 节），并作为大分子的局部运输的途径（见 15.6.5 节）。结构性 SE 蛋白的主要功能（图 15.9D ～ G）可能是 Ca^{2+} 依赖性的筛孔阻塞（见 15.6.4 节）。为了防止由于 ER 堆叠，以及质体、线粒体和蛋白质聚集导致的筛孔阻塞被集流缓慢带走，这些组分彼此锚定在质膜上。尽管被子植物中普遍存在 SE 质体（图 15.9A ～ F），它们的作用还未知。

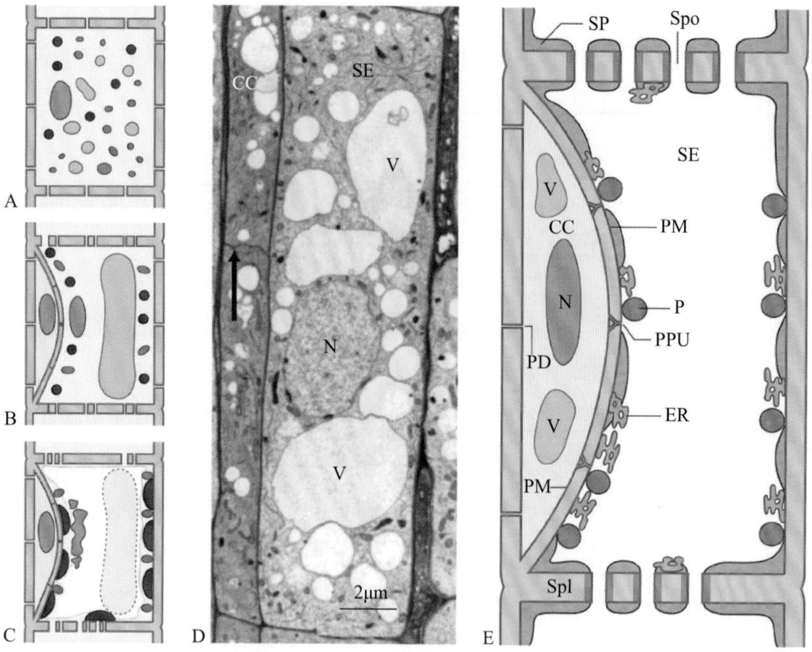

图 15.8 运输韧皮部中筛管分子 / 伴胞（SE/CC）复合体的发生。A. 这两类细胞都起源于细胞质致密并含有很多简单胞间连丝的（原）形成层细胞。B. 纵向分裂后，子细胞以不同模式发育。致密的细胞质留在狭窄的 CC 中，而 SE 中形成了一个大的中央液泡（蓝色）、明显的蛋白小体（红色）和质体（橙色）。C. SE 中的细胞核（紫色）、核糖体、高尔基体和液泡膜（如图 B 中所示）降解。发育中的 CC 通常横向分裂。D. 蓖麻（*Ricinus communis*）茎纵切面的电镜照片展示了正在分化中的 SE/CC 复合体。此时，SE 高度液泡化（V），细胞核（N）开始降解，SE- 蛋白小体和质体开始出现。在 CC 中，横向的细胞壁（箭头处）暗示着细胞分裂刚刚完成，其细胞质比 SE 的致密得多。筛孔（sieve pores）和孔 - 胞间连丝单位（PPU）尚未形成。E. 随着细胞的伸长，SE 中只剩下细胞膜（PM）、内质网腔（浅棕色）、SE 质体（P）及双子叶植物中韧皮部特异的结构蛋白。CC 还保留所有的细胞器。在致密的细胞质中可看到细胞核（N）、许多液泡（V）和线粒体脊（未标注）。早期 SE/CC 复合体的胞间连丝（PD）根据所在的不同表面逐渐发生特化。位于 SE/CC 交界处的 PD 转化为 PPU，其分支朝向 CC 一侧；位于细胞壁纵向的 PD 被截掉；而位于细胞壁横向的 PD 变为了筛孔（sieve pore，Spo，最大直径为 1μm），筛孔由积累的胼胝质连接在一起形成筛板（sieve plate，SPl）。简单的 PD 将 CC 和相邻的韧皮薄壁细胞相连。注意上图为了节省空间，与宽度相比，SE/CC 复合体的长度被严重缩减，且 SE/CC 交界处的细胞壁向 SE 方向大幅弯曲。事实上，CC 向 SE“膨胀”的程度更小。来源：图 D 来源于 A Schulz, University of Copenhagen, Denmark

15.3 木质部和非维管细胞间的短距离运输

15.3.1 木质部以不同的速率向地上部分传递水、营养和信号

水流很大程度上取决于蒸腾作用。然而，来自根尖和果实中韧皮部卸载的水可通过木质部回收。一些植物不通过蒸腾作用，只依靠根压（root pressure）迫使溶液运输到地上部分来为其提供足够的营养物质。木质部中液体的流速在白天变化较大，而在夜间变化较小，这与相对恒定的韧皮部溶液流速相反。具有大导管的植物中木质部溶液的最高流速为 $40mm\cdot s^{-1}$，但其流速一般为 0.4 ～ $1.0mm\cdot s^{-1}$。流速不同意味着营养物质和信号以不同的速率运输到地上部分。大部分水被运送至完全伸展的叶片中，但是与正在生长的枝条相比，这些叶片对营养物（如钙）的需求较少，因此这需

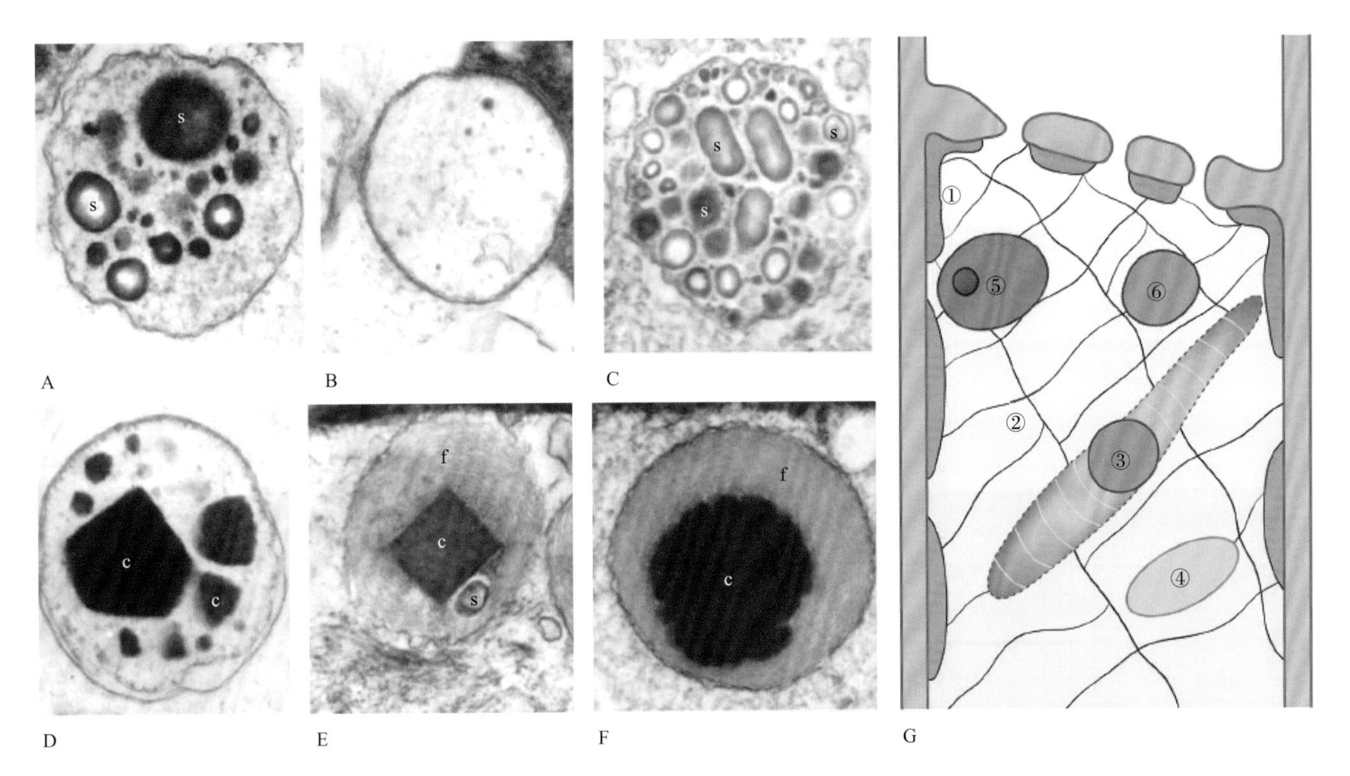

图 15.9 筛管分子质体和韧皮部特异蛋白小体定位于 SE 周缘细胞质并锚定于细胞质膜。A ～ F. 乌头属（*Aconitum*）(A)、草胡椒属（*Peperomia*）(B)、木兰藤属（*Austrobaileya*）(C)、马蹄香属（*Saruma*）(D)、灯粟草属（*Macarthuria*）(E) 和单球菌（*Monococcus*）(F) 中不同 SE 质体的电镜照片，约 1μm。部分没有包涵体（B），部分含淀粉粒（A，C）、蛋白晶体（D），部分同时含有蛋白晶体、蛋白纤维和淀粉粒（E），或有蛋白晶体和蛋白纤维（F）。s，淀粉粒；c，蛋白晶体；f，蛋白纤维。G，SE 中组成成分不同的韧皮部特异蛋白。①壁蛋白凝块；②蛋白纤维网；③弥散的蛋白小体；④非弥散的蛋白小体；⑤ SE 质体中的蛋白包涵体；⑥溶解在 ST 溶液中并随集流运输的可溶性蛋白。来源：图 A ～ F 来源于 Behnke（1993）. ALISO 3: 167-182

要调整根木质部对营养物质和水的装载以满足地上部分对营养物质的需求和水的流速。由此看来，茎中的木质部导管之间以及木质部导管与韧皮部之间的运输非常重要。

15.3.2 水和营养物质在木质部的装载涉及大量细胞通路和转运蛋白

水径向穿过根部进入木质部 TE（图 15.10）。中柱是根的中心部分，存在于内皮层的内侧，包含髓（pith）（如果存在）、维管组织和周皮（pericycle）。在重要位置（内皮层，有时为外皮层）中，根部质外体被由沉积在细胞壁中的木质素组成的**凯氏带（Casparian band）**阻断。而一些内皮层和外皮层细胞明显没有木质素和软木脂片层，它们被称为通道细胞（passage cell）。

通过根质外体的水分运输仅由压力梯度驱动，而跨膜途径（跨细胞运输；见 15.1.1 节）的运输涉及压力和渗透梯度。在蒸腾作用下，由于木质部中较强的张力，压力梯度占主导地位。当蒸腾速率降低时，渗透梯度占主导地位，由于没有强压力驱动，溶质主动装载到中柱后不被稀释，因此产生渗透梯度。根据基因型和环境条件，30% ～ 80% 的根部水流通过细胞 - 细胞途径运输（共质体运输和跨细胞运输，图 15.2）。例如，在干旱土壤中生长的根，会产生更多质外体屏障，在这些根中通过细胞 - 细胞途径的水流更多。基因型比较结果显示，在细胞 - 细胞途径中，小麦（*Triticum aestivum*）和大麦（*Hordeum vulgare*）的根与羽扇豆（*Lupinus angustifolius* L. 和 *Lupinus luteus* L.）的根相比具有更多张力驱动的流量。此外，小麦根在其顶端附近吸收大部分水分，而羽扇豆根在根的多个部位来吸收水分。

在径向流动路径中，因为中柱的表面和根的外表面须具有相同体积的流量（水是不可压缩的），所以朝向中柱每单位面积的水流量逐渐增加。由于水通道蛋白具有更强的活性（图 15.11），它可能通过逐渐增加质膜水力传导系数来进行补偿。在木质

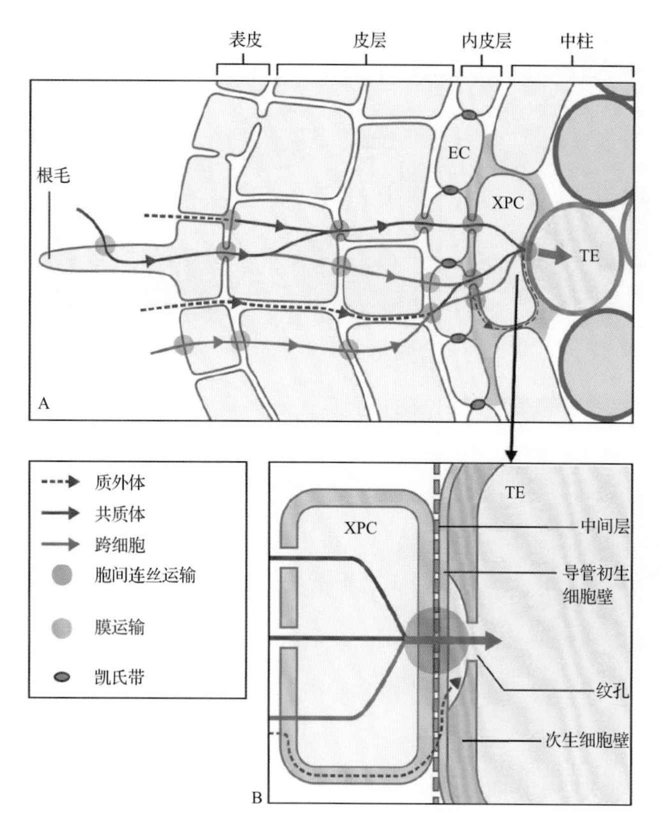

图 15.10 木质部装载营养物质和水分的途径。A. 根横切示意图，包括根毛、表皮、皮层、内皮层和中柱。营养物质和水分跨根运输的途径与胞间连丝和细胞质膜的关键运输步骤相同。在内皮层，凯氏带阻碍了营养物质的质外体运输，因此营养物质必须跨过每个内皮层细胞（EC）的细胞膜运输，并且由共质体和跨细胞运输途径运至中柱，或从内皮层通过质外体途径流出。B. 木质薄壁细胞（XPC）通过富含细胞膜转运蛋白的半具缘纹孔向木质部管状分子（TE）装载

部薄壁细胞和 TE 的交界处，集中的水流与高表达的水通道蛋白相关（图 15.11D，E）。在烟草中反义抑制基因 *NtAQP1* 的表达导致根水力传导系数减半，很好地说明了水通道蛋白在水分径向运输中的重要作用。

养分主要通过根表面（根毛和表皮细胞）内皮层进入共质体中。内皮层细胞吸收在根质外体中的水和养分（图 15.10）。一些营养物和盐（NaCl）可能在内皮层的质外体屏障周围（“旁路流”）发生泄漏，并直接流入木质部。当质外体屏障发育不完全或从中柱出现侧根会导致这些屏障中断，从而产生这些现象。在内皮层屏障发育受损的突变体中，向地上部分运输钾离子的能力会相应降低。

共质体营养物质生在内皮层或木质部薄壁细胞中柱中。与皮层和表皮相比，中柱中有不同的转运蛋白和通道（图 15.12）。皮层和表皮转运蛋白可在营养物浓度很低的情况下摄取营养，木质部薄壁细胞中的转运蛋白需要释放营养物质。但也有例外，韧皮部中柱在运输营养物如 K^+ 时并不如此。这些营养物被木质部薄壁细胞吸收，释放到 TE 中，并运回到地上部分。氨基氮和 K^+ 以这种方式再循环，约 30% 的 K^+ 从韧皮部运至木质部。另一个例外是钠离子从木质部转运以防止过量运到地上部分，这可能是一些植物具有耐盐性的基础。

在木质部薄壁细胞中，阴离子如 NO_3^- 和 Cl^- 通过多种阴离子通道被动释放到 TE 中，而阳离子如 K^+ 和 Na^+ 通过高选择性和非选择性的阳离子通道释放。Na^+ 和 Cl^- 释放进入木质部的过程是抗盐研究的热点，因为减少木质部对这两种离子的装载可防止盐对植物地上部分的损害。质子外排泵（H^+-ATP 酶）对于离子的再吸收和木质部装载非常重要（图 15.12A）。该泵建立了电压和质子梯度，可驱动离子的被动传输（电压梯度）及耦合质子流的其他分子和离子的运输（见信息栏 15.2 和第 3 章）。TE 溶液的 pH 还会将土壤中的水分胁迫信号传到地上部分。

木质部溶液的总渗透压浓度通常小于 $40mosmol\cdot kg^{-1}$，或渗透势约为 –0.1MPa，这是总水势相对小的组成部分。TE 的营养物浓度随土壤养分组成、水流速度和植物营养状况而不同。例如，NO_3^- 可根据条件在根或茎的薄壁细胞中被还原为有机氮，从而有助于木质部中 NO_3^- 水平调节（表 15.2）。

目前通过基因沉默技术鉴定出一些转运蛋白在木质部装载中的作用。SKOR 蛋白在木质部薄壁组织和中柱鞘细胞中表达，是 K^+ 外排通道（图 15.12A）。在 *SKOR* T-DNA 插入的基因敲除突变体中，向地上部分运输的 K^+ 减少了 50%。与此相似，当锌离子泵 HMA2 和 HMA4 敲除后，突变体在根中累积锌并且在地上部分中具有缺锌的表型。根细胞中转运蛋白的不对称性暗示着营养物质运输的高度定向性。水稻硅转运蛋白 Lsi1 和 Lsi2 位于表皮和内皮层细胞的不同表面（图 15.12B）；与水通道蛋白相关的 Lsi1 被视为允许硅进入细胞外表面的被动运输通道，而 Lsi2 则有效地将硅从细胞排出到根质外体中。

木质部装载受到来自地上部分的激素和其他信号的调控（图 15.12A）。K^+ 的木质部装载与地上部分的 K^+ 状态有关，并且韧皮部从地上部装载 K^+ 也可能发挥了作用。从地上部分韧皮部再循环的植物

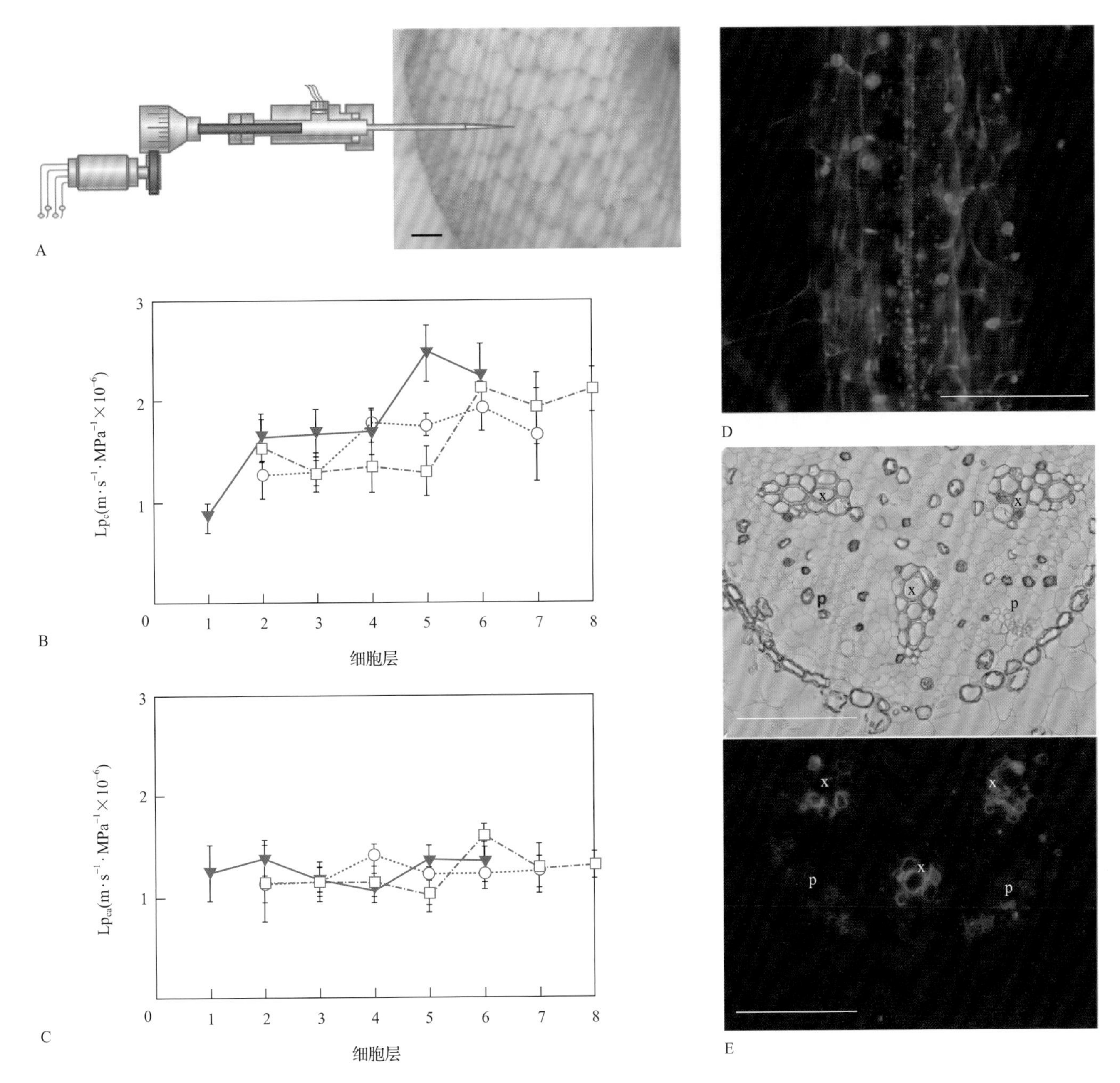

图 15.11 水分跨根运输并装载入木质部时，越靠近根的中央，其径向流量越大。A. 细胞压力探针测量位于根不同位置细胞的水力传导系数（Lp，见信息栏 15.2）。标尺：50μm。B. 三种不同植物（由三种符号表示）的细胞膜 Lp_c 相似且越靠近根中央越大。C. 当细胞 Lp_{ca} 按比例缩小到逐渐减少的跨根总细胞膜表面积时，有效 Lp 在各个细胞层上是恒定的，说明 Lp 补偿了流向根中心的增加的水流量。D、E. 在中柱中，水通道蛋白在 TE 周围高表达以适应其增长的水分运输。D. 用碘化丙啶染色（细胞壁为红色）的表达有 GFP-AtPIP2；3 的拟南芥根的激光共聚焦显微镜下的照片。水通道蛋白基因 *AtPIP2;3* 的表达与 TE 密切相关。E. 葡萄（*Vitis vinifera*）根中 PIP1 的免疫定位。光学显微镜下（上图）和荧光下（红色）图像表明 PIP1 的定位与木质部（X）和韧皮部（P）相邻（下图）。标尺：100μm。来源：图 A ～ C 来源于 Bramley et al.（2009）. Plant Physiology. 150（1）: 348-364；图 D 来源于 Wang；图 E、F 来源于 Vandeleur et al.（2008）. Plant Physiology

激素脱落酸（ABA）影响 SKOR 的外排活性并抑制 SKOR 表达。ABA 还通过位于中柱中的阴离子通道下调阴离子的释放水平。ABA 在水胁迫时发生积累，此时木质部的离子装载减少使得根中溶质积累，有助于维持其膨压和生长（见第 22 章）。这说明了营养物在木质部的装载和向地上部分的水流运输速率是相互独立的。

15.3.3 木质部物质的浓度在流向目的地的过程中受到调控

在根 / 茎到蒸腾叶片的轴向通路中，水、营养

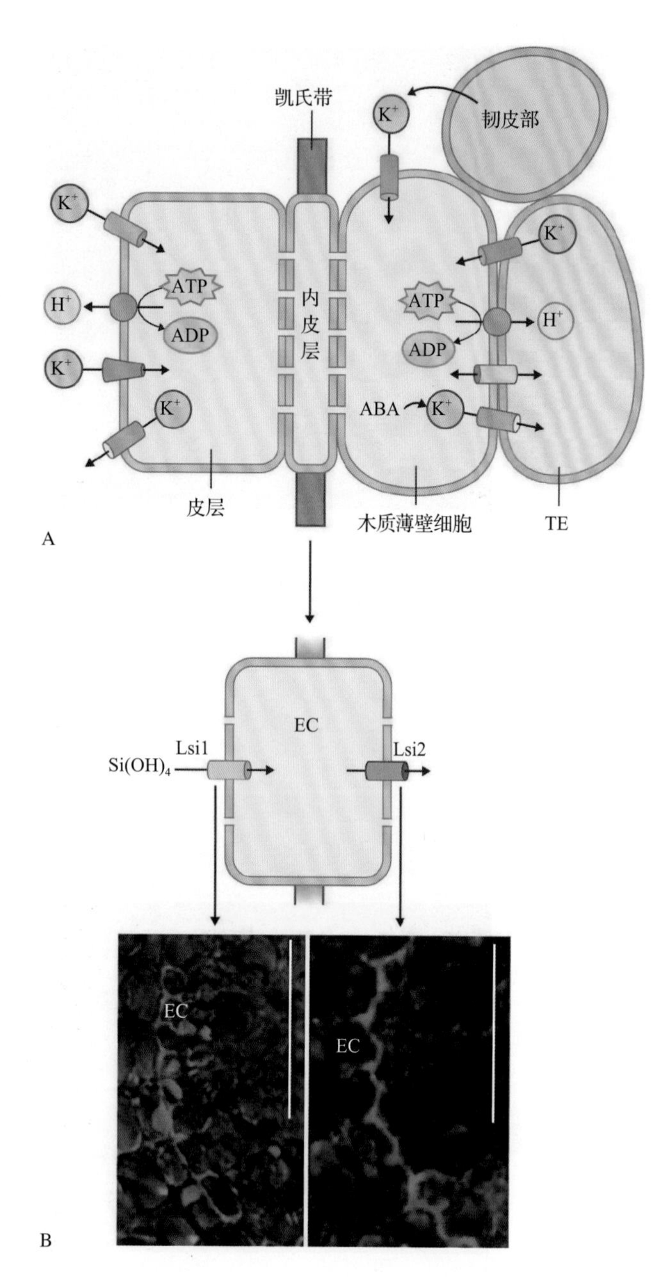

图 15.12 向木质部的定向运输由特定细胞中特异转运蛋白完成，不同的转运蛋白定位于同一细胞的不同位置。A. 通过位于表皮 / 皮层与木质薄壁细胞中的不同类型的转运蛋白将 K^+ 定向运输至木质部。所有细胞均利用 H^+-ATPase（绿色）来为吸收营养物质和木质部装载提供动力。在中柱中，韧皮部卸载 K^+，其中大部分都重新装载入木质部。TE 装载 K 通道也受到 ABA 的调控。B. 定向运输也受到在细胞中不对称分布的转运蛋白的调控，如图所示，通过免疫定位显示了内皮层（EC）中硅转运蛋白（Lsi1 和 Lsi2）的位置。标尺：100μm。来源：De Boer and Volkov（2003）. Plant Cell and Environment 26: 87-101; De Boer（1999）. Plant Biology 1: 36-45

物质和激素能与木质薄壁细胞交换以促进 TE 之间、韧皮部与 TE 之间的运输。根据 TE 运输目的地的不同，营养物质和毒性离子的浓度会发生变化。一些植物可从茎或树干的 TE 溶液中回收 Na^+。

表 15.2 三种植物木质部溶液中主要溶质的浓度

溶质 / 物种	浓度 / (mmol·L⁻¹)		
	杨树	棒柯	向日葵
NO_3^-	1～3	0.01	5～15
$H_2PO_4^-$	0.5～1.5	0.11	0.2～0.7
SO_4^{2-}	0.2～2	0.25	nmol·L⁻¹
Cl^-	0.2～0.8	2.92	nmol·L⁻¹
K^+	2～6	2.39	2～8
Ca^{2+}	0.5～1.5	0.48	0.3～1.2
Mg^{2+}	0.4～1.2	0.55	0.2～0.8

运输到正在生长的地上部分的 TE 溶液中的氮（N）是通过木质部到木质部转运的有机氮（氨基酸），而不是通过茎节处叶迹间 NO_3^- 的转运来富集。类似地，木质部到韧皮部转运富集了从叶片输出到韧皮部溶液的有机氮。这种运输改变了氮元素由成熟叶片来供应的模式，并增强了植物生长部位氮的运输。

15.3.4 叶片对水和营养物质的卸载涉及特异的细胞通路和转运蛋白

大大小小的维管组成的网络将水和营养物分配到叶片的各个部分（见 15.4.3 节），叶片中的每一个细胞与小维管的距离不超过几层细胞。次级维管通常被包裹在一层称为维管束鞘的特异细胞中。在根中，水和营养物可通过质外体或共质体途径从木质部运输到蒸腾部位。将膜非渗透性极性染料加到蒸腾叶的叶柄中，结果显示一旦染料从木质部导管出来到达维管束鞘界面处的次级维管，质外体运输就会被中断（图 15.13A）。因而，水和营养物质进入木质部薄壁细胞或维管束鞘细胞以进行之后的共质体运输。水卸载途径中的膜运输步骤与叶片中光依赖的水力传导系数需要水通道蛋白表达是一致的。Ca^{2+} 是一个例外，它主要通过质外体运输到叶片特定的储存细胞中（见下文）。

特定的转运蛋白参与了木质部卸载（图 15.13B）。例如，位于叶片木质薄壁细胞质膜上的 AtHKT1，通过再循环 Na^+ 保护叶片免受 Na^+ 胁迫。破坏 AtHKT1 表达会增加 TE 溶液中的 Na^+ 浓度，并降低其在 ST 溶液中的浓度。在叶木质薄壁细胞中表达的铁 - 烟酰胺转运蛋白（AtYSL1）调节铁和烟碱（铁螯合物）的再分布。木质部薄壁细胞中还存在

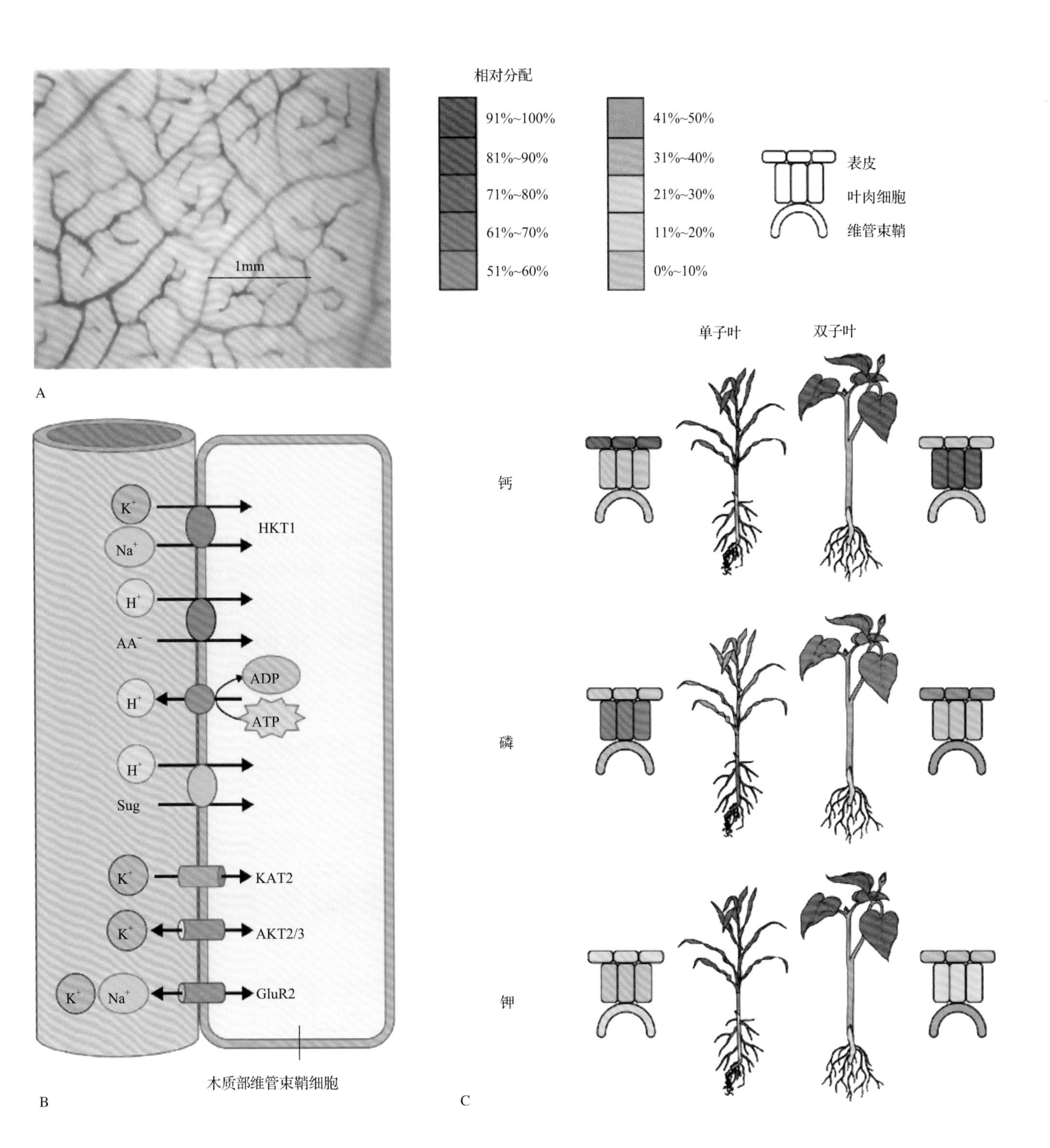

图 15.13 叶片木质部卸载涉及共质体运输和膜定向运输。A. 通过伊文思蓝液染色的离体蓖麻（*Ricinus communis*）叶片所示，蒸腾流存在于次级叶脉中，不能和水一起流进共质体的木质部溶质而被留在次级叶脉的质外体中。B. 木质部维管束鞘细胞含有多种转运蛋白，它们共同调节营养物质的卸载和重新分布。在根的装载过程中，H^+-ATPase 为膜上的次级主动转运蛋白 [如 HKT1 Na^+ 转运蛋白、氨基酸转运蛋白（AA）、糖转运蛋白（Sug）] 和转运通道（K^+ 通道 KAT2 和 AKT2/3、非选择性通道 GluR2）提供动力。这只是预期在木质部卸载中起作用的一小部分转运蛋白。C. 叶片中选择性运输元素钙、磷、钾在组织水平和细胞水平的相对积累。模式单子叶植物（每幅图的左侧）和双子叶植物（右侧）展示了上述元素在根和茎中的浓度。单子叶植物和双子叶植物叶片横切模式图以热图的形式展现了每种离子的相对比例。其中，钙和磷在叶肉细胞和表皮细胞的浓度互补，且在单双子叶植物中相反，当然这种分布也有例外。钙的分布与不同类型细胞液泡膜上 CAX 型钙转运蛋白的分布呈正相关。来源：图 A 来源于 D. Fisher, Washington State University, Pullman，未发表

其他特定转运蛋白的例子。

不同植物演化出不同的离子聚集模式使营养物质有针对性地运输到叶片不同类型细胞中（图 15.13C）。例如，在大多数草本中，Ca^{2+} 在表皮细胞中积累，而不是叶肉或维管束鞘细胞。在双子叶植物中，Ca^{2+} 在栅栏状或海绵状叶肉中积累，而不是表皮细胞。叶片质外体的营养物质浓度也受到高度的调节，还与叶细胞的膨压调节和气孔控制相关。

15.4 韧皮部和非维管细胞间的短距离运输

15.4.1 韧皮部可以分为三个功能区

被子植物韧皮部包括三个连续的部分，每个部分具有特定的功能（图 15.14）。由叶肉细胞产生的光合同化物、矿物质和氨基氮化合物随着水从根部到达蒸腾流中（见 15.3.4 节），被装载到位于成熟叶片（“源”——净营养物质出口处）次级维管内的**收集韧皮部（collection phloem）**（韧皮部装载）中。装载的营养物质由**运输韧皮部（transport phloem）**通过“源”叶的主要维管、叶柄和最终的茎和（或）根轴（韧皮部输送）在“库”（净营养物质进口处）之间分配。到达**释放韧皮部（release phloem）**的营养物质卸载（韧皮部卸载）到库器官正在膨大的细胞或储存细胞中。

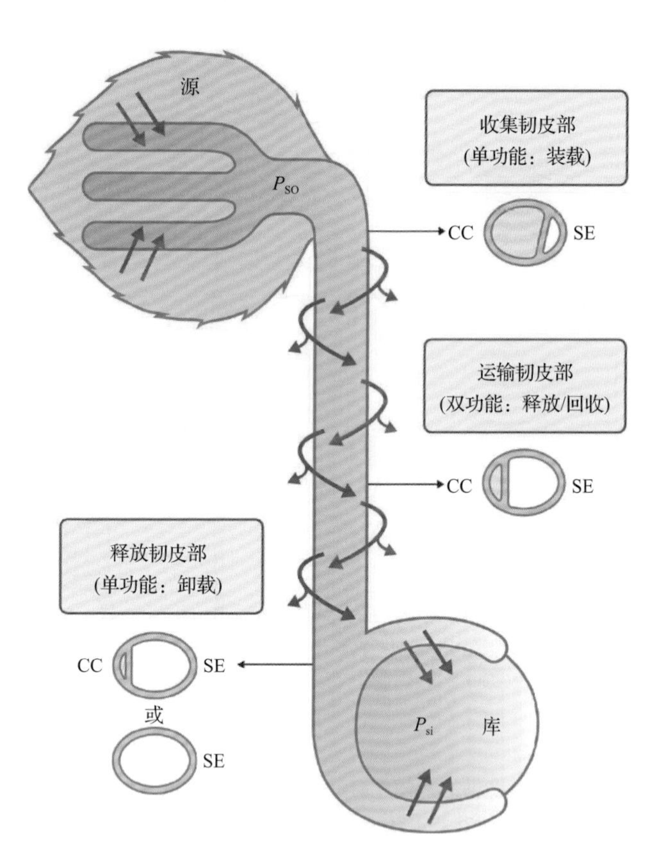

图 15.14 韧皮部包括三个功能区：收集、运输和释放韧皮部。这些功能区可能与 CC 和 SE 的大小比例相关（椭圆形代表了 SE/CC 的横切面，其中 CC 为黄色部分），该比例从源到库显著减小。从 SE 吸收和释放光合同化物（紫色箭头）的同时伴随着韧皮部途径的水流流动（蓝色箭头）。源和库 ST 两端的静水压力差（P_{so} 和 P_{si}）受到水流出入的调节。集流持续进入“库”细胞中，因此其中压力为 P_{si}。图中的蓝色梯度为假定的静水压力梯度

15.4.2 收集韧皮部是 SE 装载的位置

光合作用“源”叶是支持韧皮部装载的主要器官。**韧皮部装载（phloem loading）**包括负责将营养物质从其获取和存储的细胞转移到 SE/CC 复合体的所有运输过程。营养物质转移到 SE/CC 的最终步骤被称为 **SE 装载（SE loading）**，紧随其后的可能是质外体或共质体运输（图 15.15）。

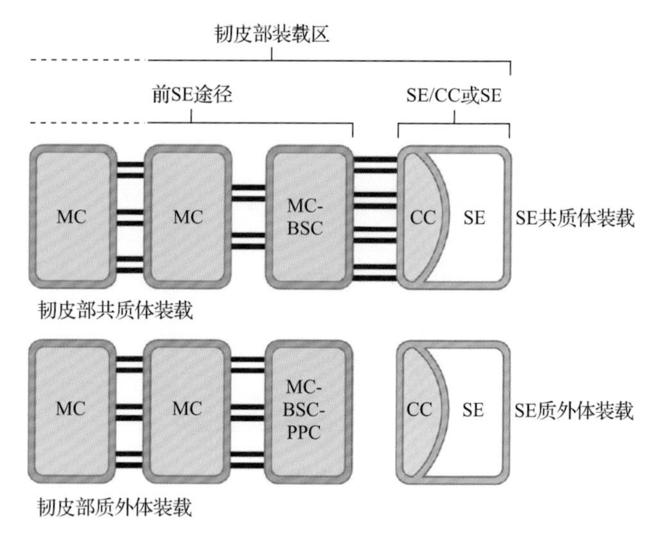

图 15.15 韧皮部装载模型和相关术语。韧皮部装载包括了在装载区发生的一系列运输过程。营养物质装载入 SE/CC 复合体的过程称为 SE 装载，在此前的过程称为前 SE 途径（pre-SE pathway）。如果 SE/CC 复合体通过共质体与 MC 连接，那么韧皮部装载就不会被膜运输抑制剂抑制（见图 15.18B，C），此时 SE 装载属于共质体运输。如果 SE/CC 复合体没有通过共质体与 MC 连接，那么韧皮部装载会被膜运输抑制剂抑制（见图 15.18D，E），此时 SE 装载属于质外体运输。多种细胞类型的组合可与 SE/CC 复合体相接。MC，叶肉细胞；BSC，维管束鞘细胞；PPC，韧皮部薄壁细胞；CC，伴胞；SE，筛管分子。平行双线条代表胞间连丝

15.4.3 营养物质通过共质体从叶肉细胞运输到维管束鞘细胞或位于次级维管收集韧皮部的韧皮部实质细胞

功能叶片的模式形成，特别是叶脉的模式最有利于光合同化产物从叶肉细胞向 SE/CC 复合物运输。在双子叶植物中，维管系统大多为网状，分支数为 2 ～ 7 个不等（图 15.16A），次级维管是次序最高的维管分支，包含一个或多个 TE 及一个或多个 SE/CC 复合物。因此，次级维管通过与叶肉细胞紧密接触产生了大的光合同化物聚集区，从而形成了韧皮部装载的主要部位（图 15.16A，C）。单子叶的维管系统包括平行的小型、中型和大型的维管束（图 15.16B），横向维管与纵向维管连接。小型和中型纵向维管（图 15.16B，D）收集光合同化物，而横向维管将光合同化物从小型维管转移到大型维管以实现营养物质从叶片产物的输出。

由胞间连丝的密度可推断出光合同化物通过共质体途径从叶肉细胞运输到次级维管束鞘细胞或韧皮薄壁细胞（图 15.15; 图 15.16C，D）。玉米（*Z. mays*）的突变体 *sxd1*（*sucrose export defective1*）为共质体运输提供了重要的证据。该突变导致位于维管束鞘和小的纵向维管的韧皮实质细胞之间的胞间连丝结构产生异常，从而导致光合同化物的输出显著减少。

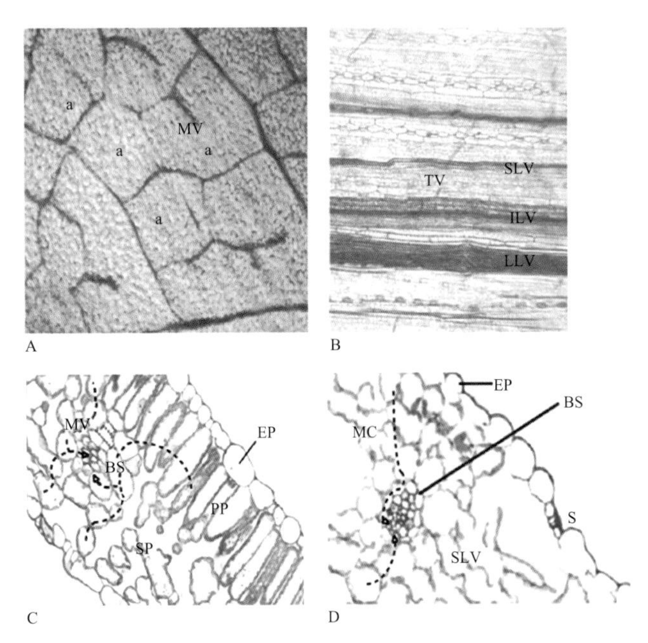

图 15.16 与韧皮部装载和卸载相关的叶片结构。A、B. 光学显微镜下叶片局部叶脉模式图，去除叶绿素进行漂白从而显现维管组织。A. 双子叶植物蚕豆（*Vicia faba*）叶片中分支的叶脉；韧皮部装载发生在次级维管（MV）中，但叶片空隙（a）周围的小维管可能也参与其中。下一级的（即更大的）维管参与营养物质的运输。B. 单子叶植物大麦（*Hordeum vulgare*）叶片中平行的叶脉。平行分布的小型（SLV）、中型（ILV）和大型（LLV）纵向维管由横向维管（TV）连接。韧皮部装载发生在 SLV 和 ILV 中，ILV 和 LLV 参与营养物质的运输。C、D. 番茄（*Solanum esculentum*）和大麦叶片横切面。C. 光合同化物通过维管束鞘细胞（BS）共质体从叶肉细胞栅栏组织（PP）或海绵组织（SP）运输到次级维管（MV）的韧皮薄壁细胞（虚线），在此处光合同化物装载入韧皮部。EP，表皮。SE 装载可能通过共质体途径或质外体途径进行（见图 15.15）。D. 光合同化物通过 BS 细胞共质体途径（虚线）从叶肉细胞（MC）运输至小型纵向维管（SLV）的韧皮薄壁细胞。SE 装载可能通过共质体途径或质外体途径进行（见图 15.15）。S，气孔；EP，表皮。来源：K. Ehlers, University of Giessen, Germany

15.4.4 筛管溶液的组成确定了装载到韧皮部的复合物

由于 ST 受损后会发生阻塞，所以不能用人为切割的方法收集 ST 溶液来分析内容物组成（见 15.6.4 节）。然而，一些植物物种在器官切除后可持续渗出 ST 溶液，其中包括蓖麻、许多棕榈科植物、一些百合科植物和几种葫芦科植物。由于可渗出 ST 溶液的物种数量有限，科学家们设计了几种收集 ST 溶液的替代方法。例如，Ca^{2+} 螯合剂如 EDTA 通过防止 Ca^{2+} 诱导的筛板阻塞（见 15.6.4 节）延长了 ST 溶液的渗出，但是器官切割的缺点是会受到非韧皮部溶液化合物潜在的污染。最巧妙的方法是通过插入切除的蚜虫吻针收集 ST 渗出物。由薄的（直径为 1μm）吻针尖端造成的损伤不会引起筛板阻塞（见信息栏 15.3），并且在单子叶植物中纯的韧皮部溶液可渗出长达 24h。

ST 溶液含有 10% ～ 12% 的干物质和 88% ～ 90% 的水，所以水是最丰富的运输物质。溶解在 ST 溶液中的物质包括非还原性糖、氨基酸、有机酸、无机离子、激素、RNA、蛋白质和广泛的植物特异次级代谢产物。这些物质共同将 ST 溶液的 pH 缓冲至 7.0 ～ 7.5，并产生高渗透势（Ψ_π 为 –1.4 ～ –2.2MPa；表 15.3，图 15.6C）。

糖分占 ST 溶液渗透物质的 80%。大多数草本植物转运蔗糖，有两类植物在其 ST 溶液中含有其他糖的成分，但仍都含有一定比例的蔗糖。一类转运糖醇或多元醇（主要是甘露醇或山梨醇），另一

信息栏 15.3　蚜虫饲养与 ST 渗出物收集

蚜虫从 ST 溶液中吸取营养物质，并可追踪 ST 的位置。蚜虫将吻针刺入表皮细胞间共用的细胞壁，接着吻针穿过皮层薄壁细胞（CPC）和韧皮薄壁细胞（PPC）直达 ST（图 A、B）。几乎可以肯定，吻针的前进依赖于它不断地探测细胞内容物。在这个阶段，蚜虫会分泌凝胶状唾液（gs，图 B），这些分泌物会立即变硬形成管状以保护它们柔软而灵活的吻针（图 B）。通过对这些管状物染色可看到吻针前进的路径（图 A）。

一旦刺穿一个 SE，蚜虫会立即改变它们的行为，分泌大量的水状唾液（ws，图 B）。在这个阶段，可通过微灼烧探针将吻针切断。ST 中的静水压力可使韧皮部溶液从吻针切口处渗出，此时便可收集纯净的 ST 溶液液滴。然而，吻针常常会被韧皮部特异蛋白堵塞，尤其是在双子叶植物中。因此，这个方法主要适用于相对短时间内（< 24h）收集单子叶植物 ST 溶液。

电子刺吸仪（electropenetrogram，EPG）记录了蚜虫肌肉运动产生的电流和被刺穿细胞的膜电势（图 C）。这些数据表明水样唾液分泌后的常规模式与由压力流驱动的 ST 溶液摄取和少量水样唾液运输交替进行相一致。

最近发现了水样唾液的一个功能。灼烧蚕豆（*Vicia faba*）植物的其中一片成熟叶片会诱导电势沿着 ST 产生波动，使得大量 Ca^{2+} 内流进入 ST，进而导致一种豆科植物筛管特异蛋白（forisome）分散堵塞筛孔（见 15.6.6 节），这会阻断蚜虫的取食。此时位于主导管几厘米之外的蚜虫会立即停止取食，并开始分泌唾液（图 C）。经过一段时间的分泌（约 20min，图 C），蚜虫再次开始取食。从 ST 阻塞和唾液大量分泌之间的相关关系可得到疏通韧皮部途径的机制：ST 阻塞依赖于 Ca^{2+}，分泌的唾液可用来结合 Ca^{2+}，因为它含有一些 Ca^{2+} 结合蛋白和植物防御化合物解毒蛋白。

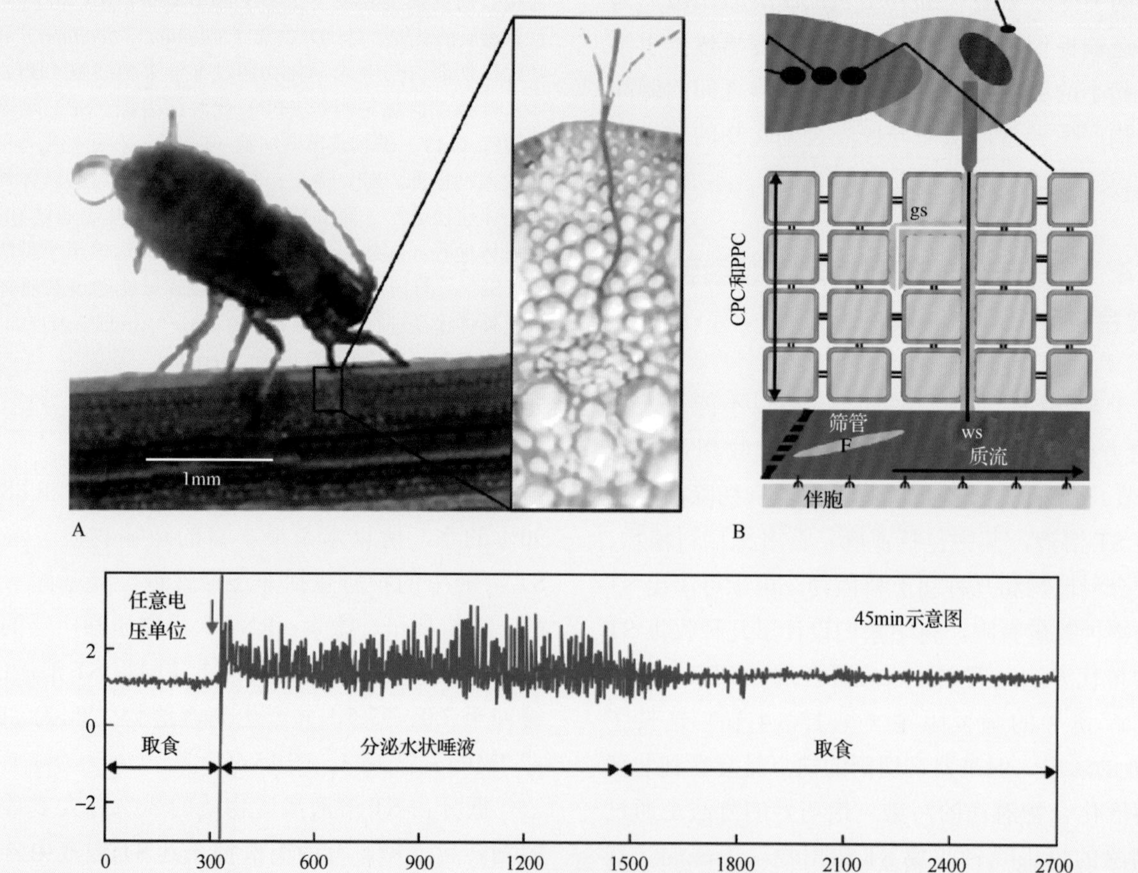

表 15.3 叶片特殊细胞组分中糖和氨基酸的浓度。蔗糖是大麦（单子叶）和菠菜（双子叶）运输的主要糖类。除了蔗糖，车前草和芹菜分别运输多元醇、山梨醇和甘露醇

植物物种	转运物质	浓度 / （$mmol \cdot L^{-1}$）		
		叶肉细胞质	叶片质外体	韧皮部溶液
大麦	蔗糖	232	1.5	1030
	总氨基酸	275	3.1	830
菠菜	蔗糖	53	1.3	830
	总氨基酸	86	3.24	192
车前草	山梨醇	133	5.5	422
	蔗糖	12	0.3	645
芹菜	甘露醇	100	6.7	732
	蔗糖	86	1.2	389

类转运棉子糖家族的寡聚糖（RFO，图 15.17）。

广谱的氨基酸和其他含氮化合物（酰脲、瓜氨酸、尿囊素、尿囊酸）也存在于 ST 溶液中。谷氨酰胺 / 谷氨酸和天冬酰胺 / 天冬氨酸的酰胺 / 氨基酸对的丰度非常高。

对于无机化合物和元素，K^+ 是唯一对 ST 溶液渗透势（60 ～ 100$mmol \cdot L^{-1}$）有重要贡献的物质。Mg^{2+} 和 $H_2PO_4^-$ 的浓度相当低；Na^+、Fe^{2+}、Mn^{2+}、Cl^-、SO_4^{2-} 和几种微量元素的浓度甚至更低。NO_3^- 和 Ca^{2+} 的水平低于纳摩尔级。

次级代谢产物（包括一系列萜烯、生物碱和含氮物质）也在 ST 中运输，这些物质是食草动物的威慑物或毒物（见 15.4.10 节）。维生素的浓度也很可观。例如，维生素 C（抗坏血酸）和谷胱甘肽在解毒氧自由基过程中发挥重要作用。实际上，ST 具有完整的抗氧化能力。

ST 溶液中检测到了生理浓度的信号分子，包括脂肪酸、激素、腐胺和环 AMP。一部分韧皮部特异蛋白可与 RNA（见 15.6.5 节）一起参与长距离运输。

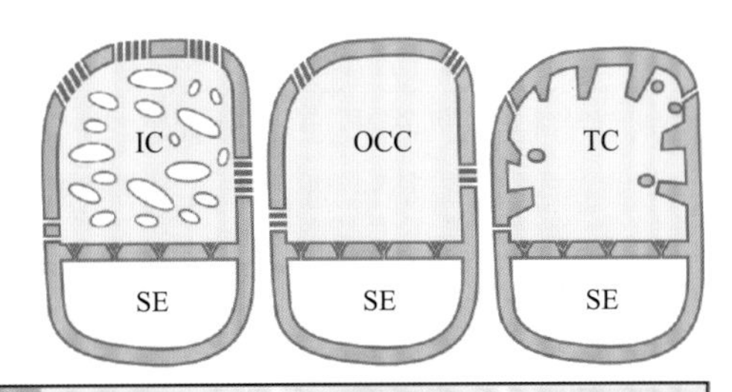

PC/CC界面胞间连丝的数目	类型1 $>10\mu m^{-2}$	类型2a $10\sim0.1\mu m^{-2}$	类型2b $<0.1\mu m^{-2}$
上升的糖浓度梯度	平缓	不太陡峭	陡峭
主要运输的糖	蔗糖，半乳糖基寡聚糖(RFO)	蔗糖，糖醇，RFO	主要是蔗糖

A

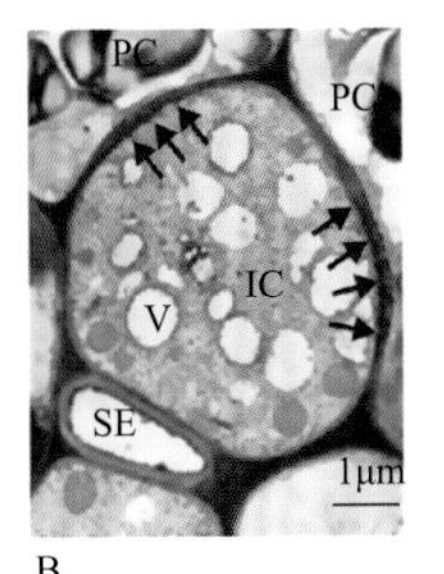

B

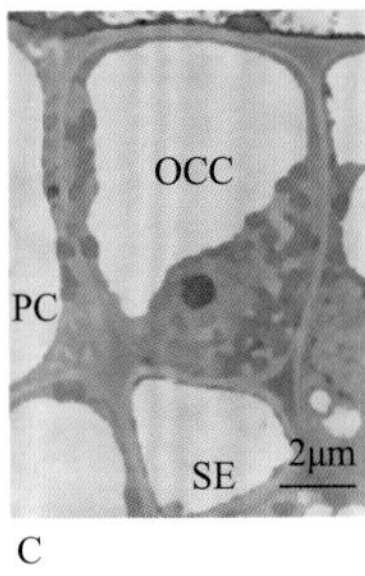

C

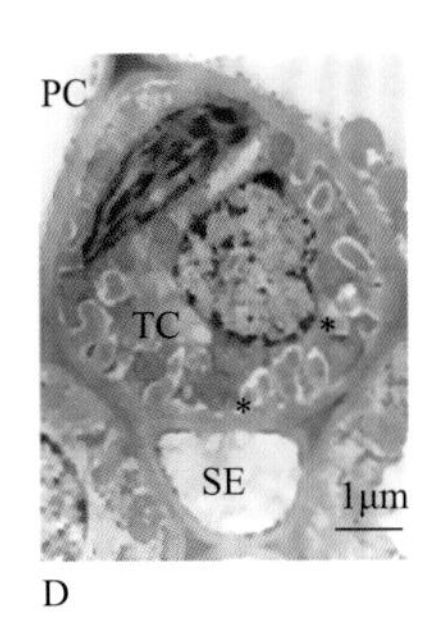

D

图 15.17 双子叶植物中次级维管 CC 超微结构和韧皮部装载的关系。A. 根据与韧皮薄壁细胞（PC）或维管束鞘细胞（BSC）相连的胞间连丝（平行的线群）的密度，从叶肉细胞到 SE/CC 复合体间的糖梯度陡峭程度以及运输的糖的种类可将 CC 区分为三种类型。B. 中间细胞（IC）含有很多细胞质囊泡（V），且在 PC 和 IC 间的细胞壁之间有很多分支胞间连丝（箭头所示为胞间连丝区域），它们装载棉子糖家族的寡聚糖（RFO）和蔗糖。C. 普通的伴胞（OCC）没有显著的结构特征。该类型在 BSC/OCC 或 PC/OCC 界面胞间连丝的密度多种多样，并装载很多种糖。D. 含有转运细胞（TC）形态的伴胞细胞壁内陷（星号）来增加其质膜面积，在 PC/CC 界面几乎没有胞间连丝，主要运输的糖类为蔗糖。SE，筛管分子。来源：图 B、D 来源于 Oparka & Turgeon（1999）. Plant Cell 11: 739-750；图 C 来源于 Reidel et al.（2009）. Plant Physiol. 149: 1601-1608

15.4.5 SE 装载需要细胞结构和代谢间复杂的相互作用

植物可根据其转运糖的主要形式进行分类（图 15.17），这与糖的 SE 装载机制有关。

SE/CC 与相邻维管束鞘 / 韧皮薄壁细胞相连的胞间连丝数目和 CC 超微结构可用于建立预测 SE 装载途径的假设（图 15.17A）。基于明显的共质连续性，次级维管结构可分成两种宽泛的类型。类型 1 中，具有大量胞间连丝的“开放”型共质体装载器连接了 CC 和边界薄壁细胞，其 CC 总是呈现中间细胞超微结构（图 15.17A，B）。类型 2 为在 CC 和相邻细胞之间具有中等至低密度的胞间连丝的结构。这一类型可分成两组：第一组（类型 2a）具有缺乏细胞壁内陷的 CC（图 15.17C），并且可能同时包括共质体和质外体装载器；第二组（类型 2b）具有转运细胞形态（图 15.17D），并且仅具有质外体装载器。

用于 SE 质外体装载的常规测试是确定质膜运输受到光合同化物输出抑制的敏感性，可以通过一种膜 - 非渗透性巯基试剂（对氯苯磺酸，PCMBS）来实现，并且可同时检测任何对叶片光合作用的不良影响。使用这些方法，发现具有 2 型次级维管构型的植物物种，特别是草本植物物种，包括许多作物物种（图 15.18），蔗糖和多元醇的装载均为 SE 质外体装载。

来自“源”叶光合同化物的 PCMBS 不敏感输出（图 15.18B，C）暗示着韧皮部的共质体装载。相应的 SE/CC 复合物表现出大于 $1\mu m^{-2}$ 的胞间连丝频率（即类型 1 和类型 2a，图 15.17A ～ C）。然而，几个具有 2a 型次级维管结构的物种采用质外体装载，表明单独的结构并不能决定 SE 加载途径。此外，维管解剖和生理证据表明不同的加载路径可以共存，例如，一些 1 型结构在相同次级维管中也具有壁内陷生长或不内陷的 CC（图 15.19）。

转移速率(C.μg · min⁻¹ · dm⁻²)
光合速率(C.μg · min⁻¹ · dm⁻²)
PCMBS
15 10 5
60 40 20
100 120 140 160 180 200 220 240
时间 /min

A

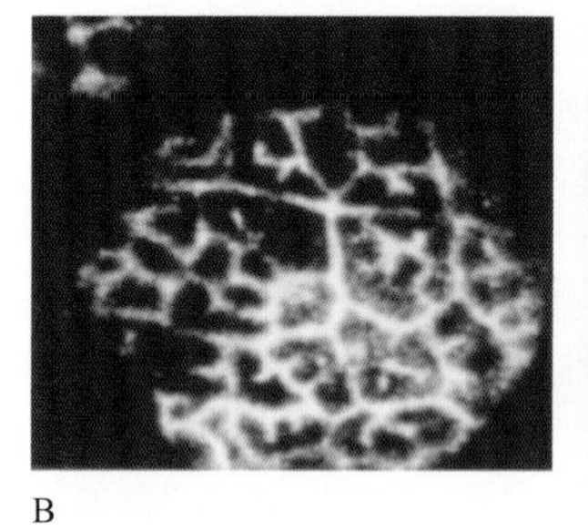
B

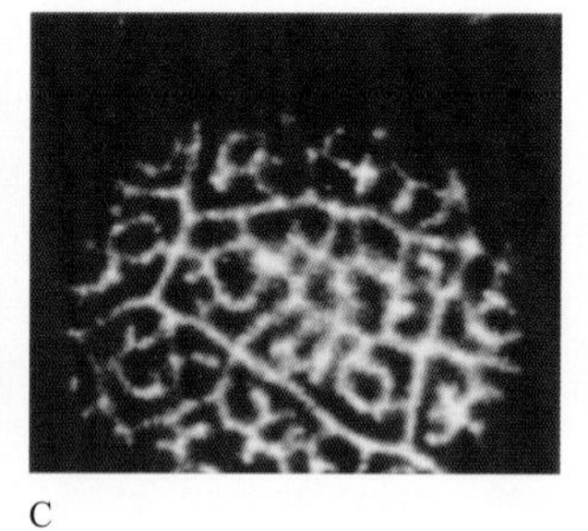
C

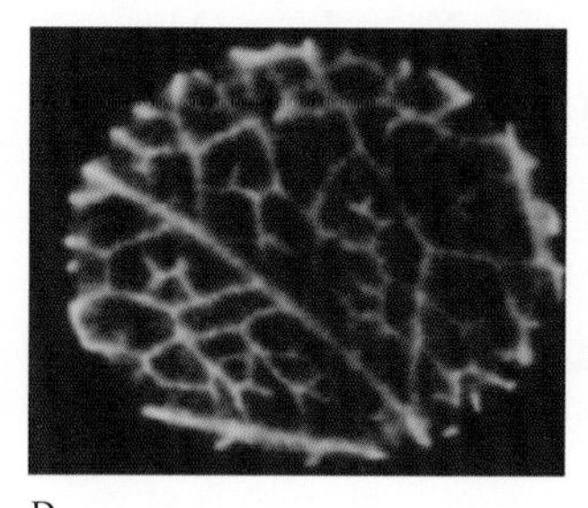
D

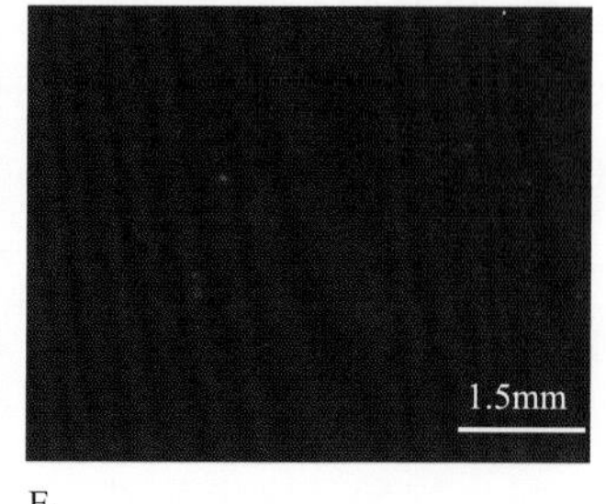

E

图 15.18　用质膜转运蛋白抑制剂膜 - 非渗透性巯基试剂（PCMBS）处理叶片来观察其质外体和共质体韧皮部装载。A. 在加入 PCMBS 后，韧皮部输出立刻减少，但光合作用不受影响，表明 PCMBS 没有进入叶片细胞，而是仅仅同质膜外表面的巯基基团发生了反应。B ～ E. 含有蔗糖 ^{14}C 标记的番薯（B，C）和豌豆（D，E）叶盘放射自显影图。B、D 为没有 PCMBS 处理的情况，C、E 为有 PCMBS 处理的情况。无 PCMBS 处理时，由叶盘积累的 ^{14}C（白色区域）位于收集韧皮部。在番薯叶片中，韧皮部装载不受 PCMBS 的影响（C），暗示了其通过共质体途径装载。相反，豌豆叶片的韧皮部装载受到 PCMBS 的强烈抑制，暗示其通过质外体途径装载。来源：图 B、C 来源于 Madore & Lucas（1987）. Planta 171: 197-204；图 D、E 来源于 Turgeon & Wimmers（1988）. Plant Physiol. 87: 179-182

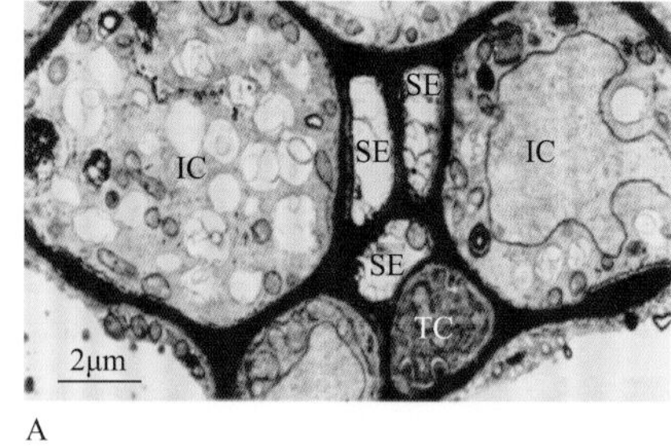

A

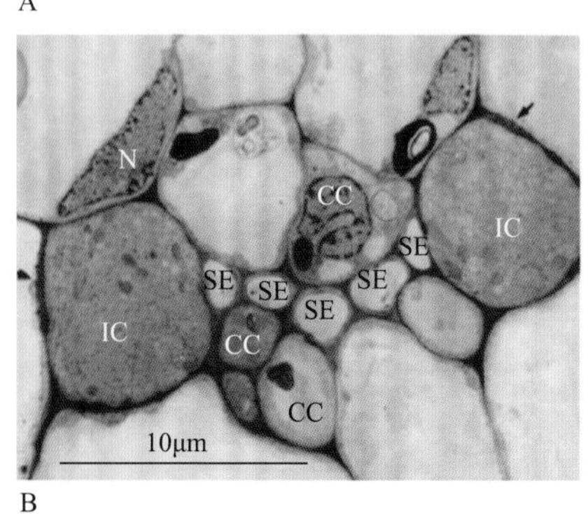

B

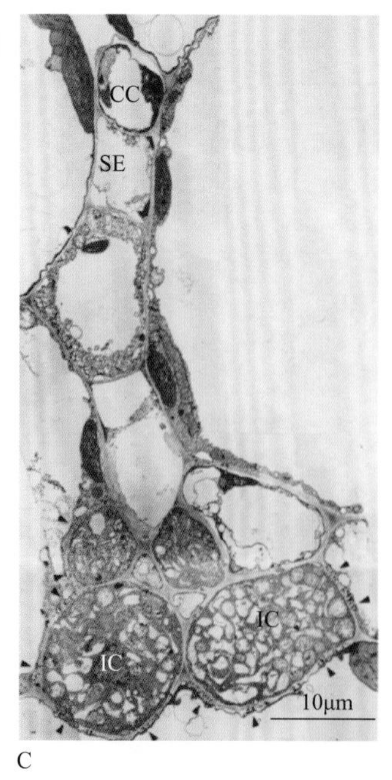

C

图 15.19　在同一次级维管中，不同的 SE/CC 构造表明在一些物种中同时存在韧皮部装载的不同类型。A. 叶蓟（*Acanthus mollis*）次级维管包含两个 SE，均被一个 IC 和一个旁边有 TC 的中央 SE 夹在中间。B. 彩叶草（*Coleus blumei*）的次级维管中，两个 SE 被 IC 和旁边有普通 CC 的几个中央 SE 夹在中间。C. 黄瓜（*Cucumis sativus*）次级维管中，两个 IC/SE 复合体在底端，一个 SE 和普通 CC 在顶端。IC，中间细胞；TC，具有转运细胞形态的伴胞。箭头所指为胞间连丝的凹陷区域。来源：图 A 来源于 van Bel et al.（1992）. Planta 186: 518-525；图 B 来源于 Fisher（1986）. Planta 169: 141-152；图 C 来源于 Schmitz et al.（1987）. Planta 171: 19-27

15.4.6 SE 质外体装载取决于细胞位置和膜结合蛋白的转运功能

目前所有被鉴定的质外体装载器都可转运蔗糖和多元醇。质外体装载包括两个跨膜步骤：糖释放到维管质外体中，随后被 SE/CC 复合体摄取（图 15.15）。

直到最近，负责将糖释放到维管质外体的膜转运机制才被发现。一种新型糖转运蛋白 SWEETS（sugar will eventually be exported transporters）的克隆填补了这一空白。这些蛋白质作为糖转运促进剂能够以外排模式运输蔗糖和葡萄糖（见第 3 章）。AtSWEET11 和 12 定位于收集韧皮部，并且它们的双突突变体导致碳水化合物在源叶中积累且光合同化物输出减慢，与其在韧皮部装载过程中的主要作用一致。

通过 SE/CC 复合体摄取蔗糖的模式研究较为透彻，H^+- 协同转运机制将蔗糖或多元醇装载到 SE/CC 复合体（图 15.20 和公式 15.B9；也见第 3 章）中，以达到比在周围叶片质外体和叶肉细胞质中更高的浓度（表 15.3）。几个蔗糖 /H^+ 协同转运蛋白（SUT 或 SUC）定位于次级维管 SE/CC 的质膜以参与质外体装载。高亲和力 SUT1 寡聚形式取决于植物的物种（K_m 值为 0.5 ～ 2mmol·L^{-1}；公式 15.B9），且仅定位于 SE 或 CC（图 15.21 和图 15.22B）。在心叶假面花（*Alonsoa meridionalis*）叶片中，与质外体和共质体同时存在的装载系统一致，SUT1 定位于 SE 和 OCC，而不是中间细胞（intermediary cell，IC）。低亲和力 SUT2 和 SUT4 寡聚体（K_m 值约为 10mmol·L^{-1}）与 SUT1 共定位于茄科植物的次级维管 SE 中。然而，在其他双子叶物种中，SUT2 定位在 SE 中，SUT1 定位于 CC 中（图 15.22B），而 SUT4 定位于叶肉细胞的液泡膜上。在车前草（*Plantago major*）的叶片中，两种高亲和力多元醇 /H^+ 转运蛋白 PmPLT1 和 PmLT2 共定位于 CC 次级维管并富集了 SE 中的多元醇（表 15.3）。

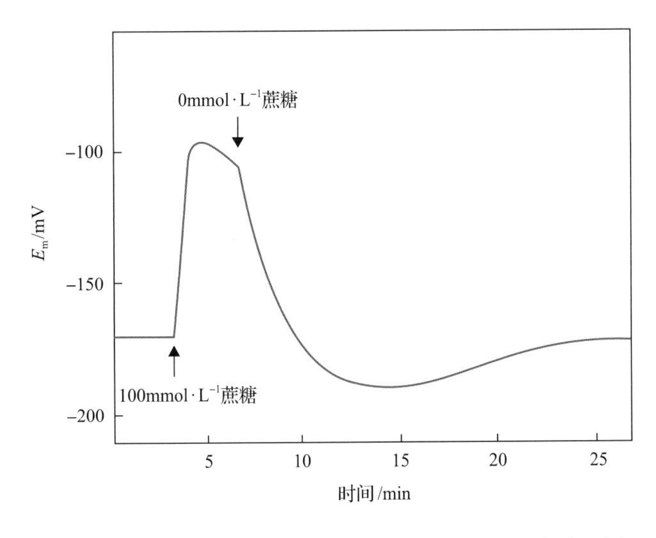

图 15.20 通过质外体供给蔗糖会导致筛管膜电势的急剧去极化，暗示可能存在一个韧皮部装载的蔗糖 /H^+ 协同运输机制。曾有实验用正在渗出液体的蚜虫吻针来监测筛管的膜电势，实验材料为柳树枝（*Salix exigua*）的韧皮部。用含有 100mmol·L^{-1} 蔗糖的溶液冲洗形成层表面，几分钟后再用不含蔗糖的溶液冲洗

反向遗传学证明 SUT1 在质外体 SE 装载中发挥关键作用，下调 SUT1 的表达会导致光合同化物的输出显著减少。相比之下，在马铃薯中下调定位于质膜的 SUT4 表达可提高光合同化物的输出（表 3.5），暗示着 SUT1 转运蛋白的活性受到翻译后调控。然而，在那些 SUT4 定位于液泡膜的物种中，SUT4 的下调抑制韧皮部装载，这与 SUT4 可将液泡储存的蔗糖释放到细胞质蔗糖库中的功能相一致。

糖协同转运蛋与 H^+-ATP 酶共定位于次级维管中。质子输出活性产生质子动力势（*pmf*）驱动 SE/CC 复合体中蔗糖 /H^+ 的协同转运（公式 15.B10 和图 15.20）。通过抑制一个 H^+-ATP 酶的表达导致 ST 渗出物的蔗糖含量降低可证明该功能（表 15.4）。

氨基酸和酰胺的韧皮部装载取决于一系列复杂情况，包括硝酸盐还原酶的根 / 叶定位（见第 16 章）、沿运输韧皮部的木质部 - 韧皮部交换的程度、叶片衰老程度（见第 20 章），以及非生物胁迫（见第 22 章），此时多肽也可被装载。叶肉细胞和 ST 渗出物中氨基酸浓度的比较（表 15.3）表明一定具有主动的韧皮部装载机制。表达和定位研究表明，广泛的氨基酸和酰胺转运蛋白参与到韧皮部装载，包括负责维管质外体释放的蛋白质（如 AtSIARS1 和 AtBAT1）和负责吸收到 SE/CC 复合体的蛋白质（如 AAP、AtCAT6 和 9、AtProT1；见第 3 章）。例如，在豌豆（*Pisum sativum*）的收集韧皮部过量表达靶向 SE/CC 复合物的 PsAAP1 可增强韧皮部装载。

离子随着蒸腾流被运输至叶片中（见 15.3.4 节），并可直接从维管质外体运输到 SE/CC 复合体，如 K^+ 运输（图 15.21）。在 CC 和 SE 的原生质体中检测到的 K^+ 内流通道（图 15.22）可将 K^+ 装载至高

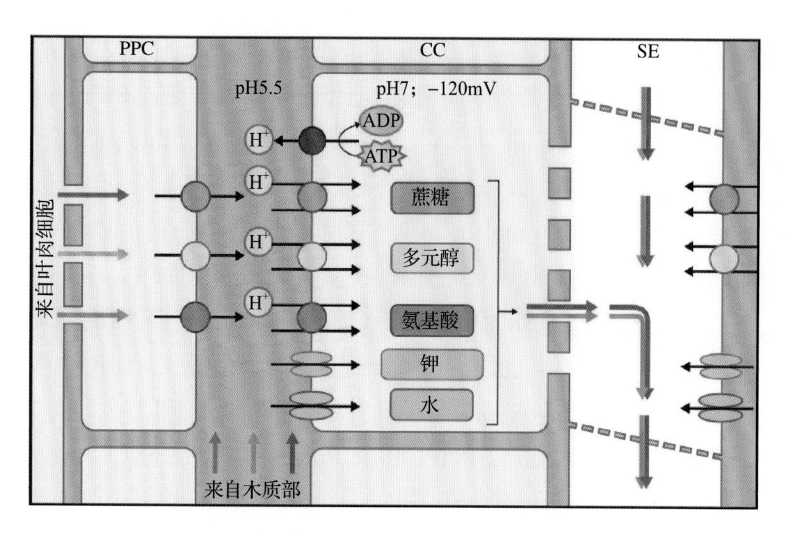

图 15.21 韧皮部质外体装载转运蛋白的细胞定位示意图。糖和氨基酸由一组未知的转运蛋白经韧皮薄壁细胞（PPC）从叶肉细胞共质体运输至韧皮部质外体释放。氨基酸与蒸腾流中的 K^+ 和水分一起直接从木质部运输至韧皮部质外体。定位于 CC 质膜的 H^+-ATP 酶产生巨大的 *pmf* 驱动质子和蔗糖、多元醇及氨基酸共转运至 SE/CC 复合体。K^+ 通道重吸收 K^+ 并维持 SE/CC 的膜电势。水通过水通道蛋白进入 SE/CC 复合体

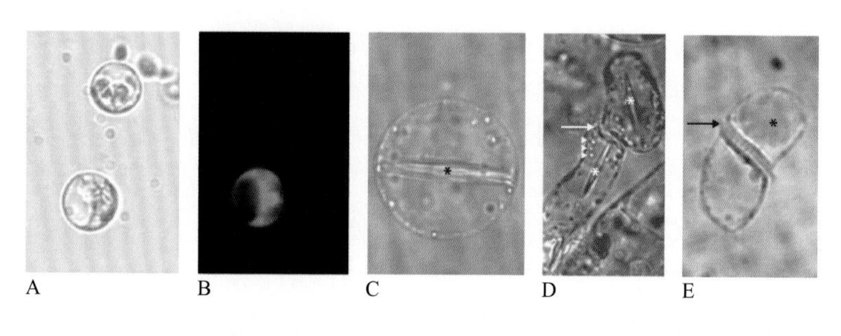

图 15.22 伴胞和筛管原生质体。A，B. 光学显微镜下（A）和荧光显微镜下（B）同一组原生质体的图像。拟南芥 *SUC2*：*GFP*（*SUC2* 启动子为 CC 特异启动子）转基因植株中，通过 GFP 绿色荧光（B）从其他原生质体中区分出 CC 原生质体。C～E. 蚕豆（*Vicia faba*）SE 原生质体。C. 根据纺锤状豆类筛管特异蛋白（星号）鉴定 SE 原生质体。放大倍数为 1390×。D. 筛板两侧的“SE 原生质体双胞胎”（箭头，筛板；星号，豆类筛管特异蛋白；短箭头，SE 质体）。放大倍数为 570×。E. 有筛板（箭头）和离散的筛管特异蛋白（星号）的“SE 原生质体双胞胎”。放大倍数为 1066×。来源：图 A、B 来源于 Ivashikina et al.（2003）. Plant J. 36: 931-945；图 C、D、E 来源于 Hafke et al. Plant Physiol. 145: 703-711

表 15.4 下调蔗糖协同转运蛋白（SUT1 和 SUT4）和一个 CC 特异 H^+-ATP 酶（pma4）后对源叶光合同化物输出相对速率的影响

植物物种	下调表达	光合同化物输出相对速率（% 野生型）
番茄	*NtSUT1*	18
拟南芥	*AtSUT1*	51
马铃薯	*StSUT4*	306
烟草	*pma4*	38

浓度（60～100mmol·L^{-1}）。随着人们对食品质量的要求不断增加，过渡元素如铁（Fe）和锌（Zn）的韧皮部运输在近几年受到关注。

15.4.7 在 SE 共质体装载过程中，“陷阱”机制可以将糖富集至 SE

考虑到不能通过胞间连丝主动运输，在 SE/CC 复合体累积 RFO（图 15.23A）是一个挑战。对于这些物种，“聚合物陷阱”模型可解释这种现象。在叶肉细胞中合成的蔗糖通过胞间连丝逆浓度梯度扩散到次级维管的 IC（图 15.23B），在那里，蔗糖用于合成较大的棉子糖和水苏糖 RFO 分子。这些糖的合成维持了浓度梯度以驱动蔗糖叶肉细胞扩散到 IC。分子质量较大的 RFO 可防止它们从 IC 通过共质体移回至叶肉细胞，但它们可以通过更大的 PPU 到 SE。该模型与 IC 中的 RFO 合成一致，在 IC 中它们的浓度比在叶肉细胞中高得多。此外，通过下调两个肌醇半乳糖苷合酶基因的表达水平可抑制 RFO 的合成，进而降低了叶片光合同化物的输出。

在几种类型 2a 物种中，转运的大部分是非 RFO 糖，总渗透浓度在叶肉细胞和次级维管 SE/CC 复合体中相似。这些观察结果表明，糖通过不间断的共质体从叶肉细胞到 ST 进行径流。这种现象可能比以前认为的更普遍，尤其是在木本物种中。在这些情况下，韧皮部装载是被动的，并且不依赖于代谢能量的消耗。

15.4.8 在收集韧皮部中，韧皮部装载营养物质伴随着水的流动

蔗糖和多元醇的质外体装载及 RFO 的共质体装载在韧皮部薄壁组织和 SE/CC 复合物之间产生陡峭的浓度和渗透

细胞类型	渗透势/MPa	浓度/(mmol·L^{-1})	
		棉子糖	水苏糖
叶肉细胞	–0.8	0.1	67
维管束鞘细胞	–0.8	ND	ND
中间细胞	–4.4	0.2	334

A

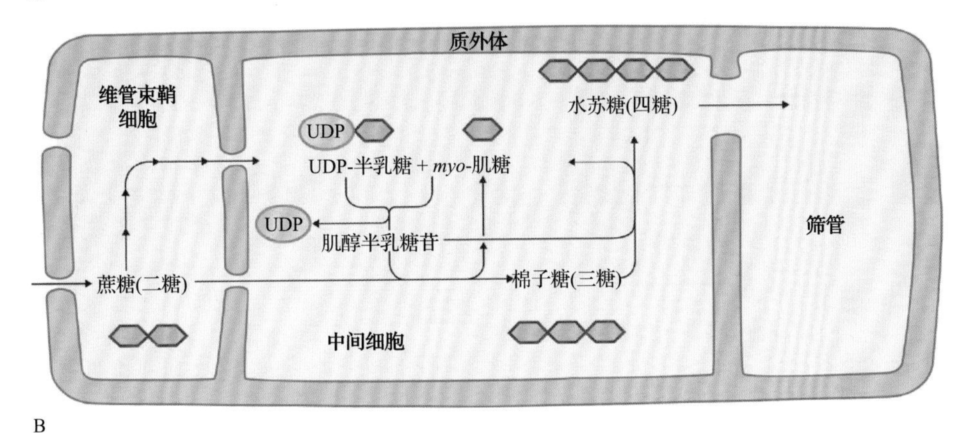

B

图 15.23 在类型 1 次级维管（图 15.17A，C）中的 RFO 共质体装载示意图。A. 葫芦叶片叶肉细胞、维管束鞘和中间细胞（IC）中 RFO 浓度及渗透势。ND，无数据。B. 韧皮部共质体装载的“聚合体陷阱”模型。蔗糖（在一些物种中为肌醇半乳糖苷）通过共质体途径进入 IC 并用于合成 RFO、棉子糖和水苏糖。这些糖可通过直径较大的 PPU 从 IC 扩散至 SE，但由于它们分子质量较大，不能通过连接 IC 和维管束鞘细胞的孔口较小的胞间连丝回流

梯度。这些梯度诱导水以 $7\times10^{-10}m^3·m^{-2}·s^{-1}$ 的大通量跨越 SE/CC 复合体的质膜，这需要水渗透值达到 40 ～ 200μm·s^{-1}，与含有高密度水通道蛋白的质膜的预期相一致。事实上，在次级维管 CC 质膜上已经检测到了水通道蛋白的存在。进入 SE/CC 复合体的水从次级维管质外体中流出，然后通过蒸腾流补充（图 15.21）。通过茎秆切除术（信息栏 15.3），同时测量采集的 ST 溶液的静水压和渗透压，估计 ST 溶液水势为 –1.0 ～ –1.5MPa（表 15.5）。这些值比草本植物的水合蒸腾叶片（约 –0.5MPa）和凋零初期叶片（约 –1.4MPa）中的 TE 溶液值更低。因此，ST 溶液水势比周围的质外体液体更低，允许水在大多数条件下的韧皮部装载。对于那些叶肉细胞和次级维管 SE/CC 复合体总渗透浓度相似的共质体装载物种来说，水可能沿着整个韧皮部装载途径流入。

表 15.5 筛管中静水压力（P）和溶液渗透势（π）的最大值和最小值

植物物种	参数	势能 /MPa	
		最大值	最小值
大麦	静水压力	+0.8	+1.4
	渗透势	–1.9	–2.6
	水势	–1.1	–1.2
苦苣菜	静水压力	+1.0	+1.5
	渗透势	–2.0	–3.0
	水势	–1.0	–1.5

注：利用蚜虫吻针组学分析灌溉良好的大麦和苦苣菜，ST 溶液的水势（Ψ）是根据分析估计的（见公式 15.B7）。

15.4.9 运输韧皮部在运输系统中的重要作用被低估

运输韧皮部将来自收集韧皮部的营养物质和信号分子转运到释放韧皮部。收集和释放韧皮部区域通常为几百微米长，而运输韧皮部则覆盖从源叶到根和芽顶端很长的距离，草本植物和灌木长 0.1 ～ 3m，木本植物可达 100m。

压流理论将运输韧皮部看成是惰性和不可渗透的运输通道，但事实上运输韧皮部对营养物运输和分布的影响远远大于由压流所造成的韧皮部运输。新的证据表明，运输韧皮部通过缓冲 ST 溶液浓度（静水压力）向相邻的非维管细胞运输营养物质和信号物质，维持向前的纵向通量，并对 ST 溶液的组成具有显著影响。由于 SE 的代谢能力有限（见 15.7.3 节），由 SE 相关细胞（CC 和韧皮薄壁细胞）执行这一动态功能。

15.4.10 运输韧皮部的功能依赖于 SE、CC 和韧皮薄壁细胞之间的互作

CC 的寿命可持续 30 年，在这期间 CC 一直保持产生或处理 SE 所需代谢物的功能。除了提供能量底物（图 15.24）外，CC 还可能通过其 PPU 将结构大分子组分转移到 SE（见 15.6.5 节）。尽管未来有关 CC 和 SE 原生质体的研究可能可以区分它们

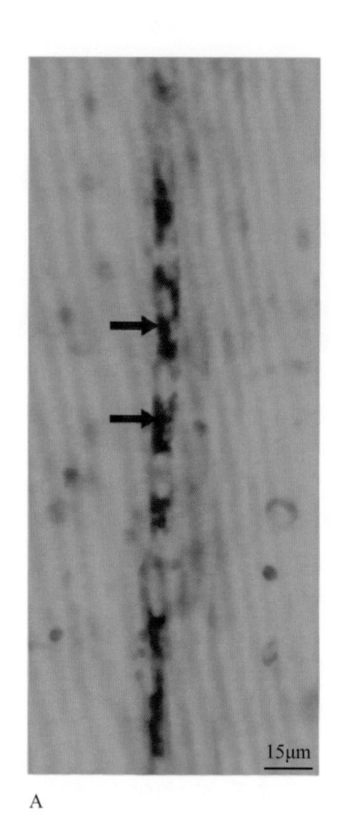

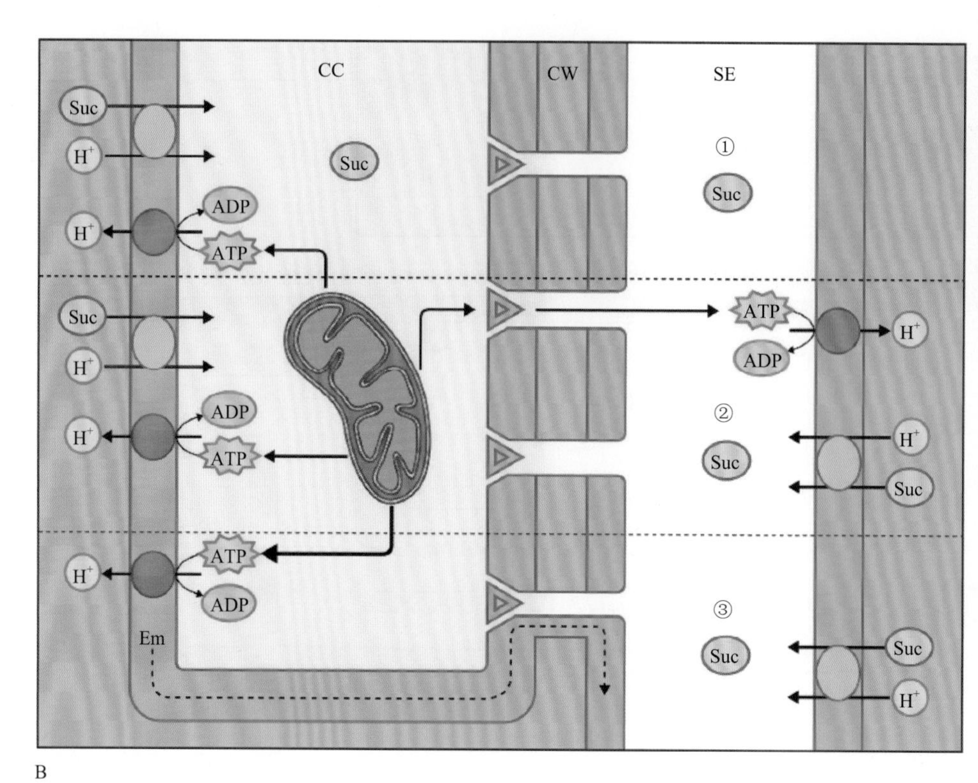

图15.24 筛管的功能依赖于伴胞在遗传和代谢方面的贡献。A. SE中没有代谢机器(表15.1)，该功能由CC中高密度的线粒体(短箭头所指的深色区域）补偿。B. 势能在SE和CC间的转移。SE中维持糖浓度的方式有三种：① CC产生*pmf*为H^+-协同转运蛋白功能重吸收蔗糖（Suc），接着通过CC和SE共同细胞壁（CW）的PPU运输至SE中；② CC线粒体产生的ATP通过PPU运输至SE，为SE中的质子泵提供能量，产生的*pmf*驱动SE质膜上的蔗糖协同转运蛋白；③由CC质子泵产生的电势通过质膜和PPU部分传递至SE。在SE中该电势产生*pmf*为蔗糖协同转运蛋白供能。CC质膜或SE质膜上蔗糖/H^+-协同转运蛋白的调度可解释蔗糖的重吸收。由质子泵产生的*pmf*可被位于SE/CC质膜上的AKT2通道释放K^+代替，这一机制称为“K^+电池”，图上未显示。来源：图A来源于van Bel & Kempers（1991）. Planta 183: 69-76

各自的功能，但它们之间这种复杂的相互关系使得其各自重要性难以确定。

韧皮薄壁细胞对韧皮部的生理功能可能是最重要的。它们可能是临时储存碳水化合物的场所（图15.25A）。在运输韧皮部中，CC和相邻韧皮薄壁细胞之间的胞间连丝频率通常较低，表明分子沿着运输韧皮部的横向共质体交换的能力有限。膜-非渗透性荧光染料的ST限制性运输显示这些胞间连丝在“库”需求超过“源”供应（“源”限制的条件下）的条件下是闭合的（图15.25B）。当“源”供应超过“库”需求时，在这个交界处的胞间连丝通道会打开（图15.25C）。

韧皮薄壁细胞也在植物防御中起作用。例如，在茄科植物中，韧皮薄壁细胞产生系统素前体蛋白。当响应未知信号时，系统素多肽链从系统素前体蛋白上剪切并释放到SE中。到达“库”器官后，系统素立即触发蛋白酶抑制剂的产生，阻止食草昆虫消化蛋白质。一个著名的韧皮部细胞内生物学过程互作的例子是在罂粟（*Papaver somniferum*）中SE/CC和韧皮薄壁细胞之间的分工，其韧皮薄壁细胞产生丰富的苄基异喹啉生物碱，但吗啡代谢途径的酶并不存在于薄壁细胞中，而存在于SE中，其转录本则定位于CC。这表明转录物和次级代谢物通过胞间连丝和PPU运输，随后运输到乳汁管细胞中。

15.4.11 营养物质的横向运输发生在运输韧皮部

沿着运输韧皮部的释放提供了储存的营养物质，并支持了次生生长和细胞维持。成熟的叶柄、茎和根（轴向的“库”）是从运输韧皮部释放的营养物的短期储存库，最终会重新装载并转运到其他（末端）“库”（图15.25）；停留时间为几秒到几个月。

变换很快的蔗糖库位于运输韧皮部质外体中，由来自SE/CC复合体的大量被动流质填充，这些流质由蔗糖浓度的外向梯度驱动通过质膜。例如，在

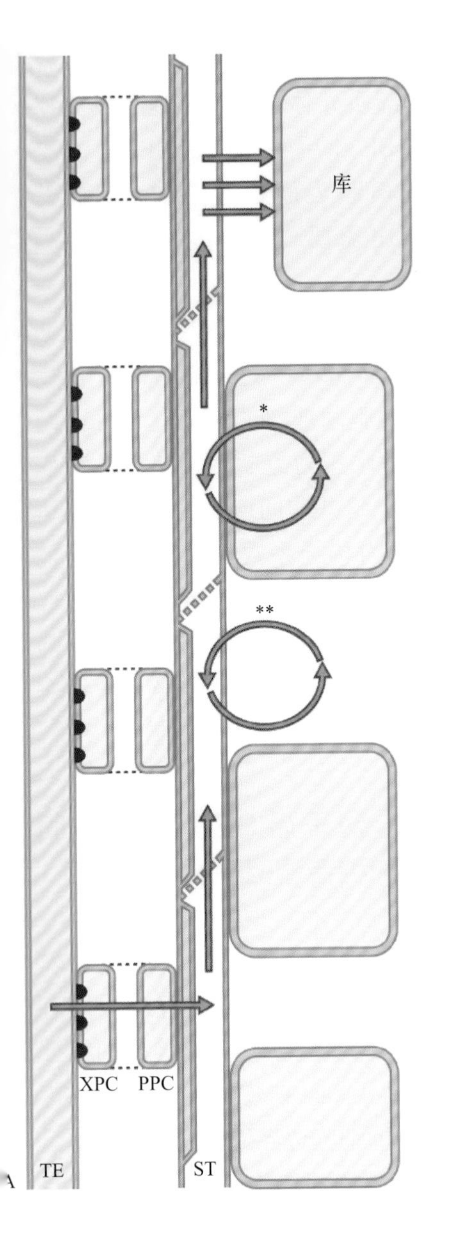

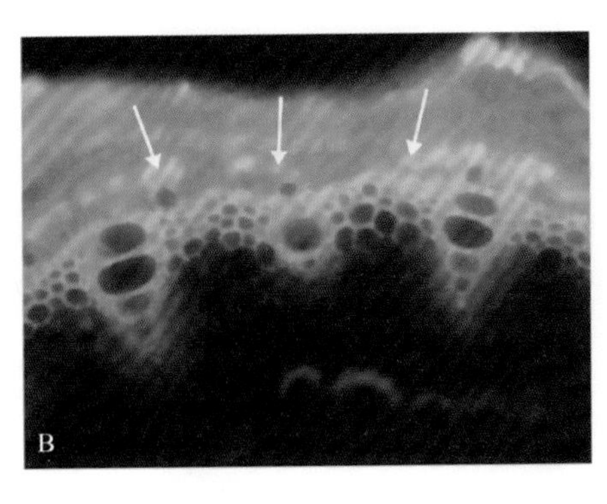

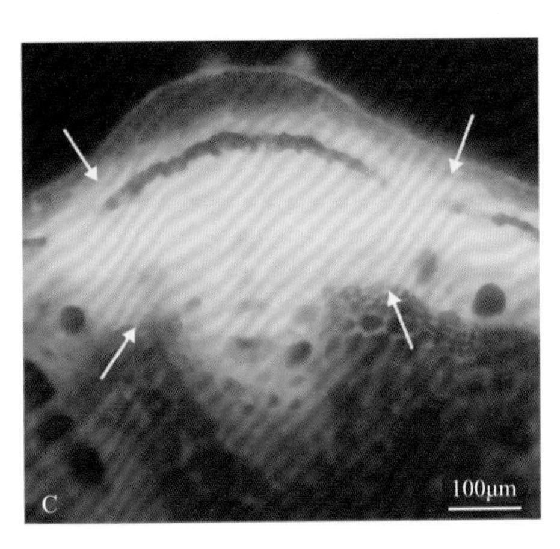

图 15.25 运输韧皮部和周围组织营养物质的交换。A. 运输韧皮部（P）营养物质交换示意图。由木质薄壁细胞（XPC，通常有细胞壁内陷，黑色圆圈表示）从 TE 重吸收的营养物质（氨基 N 和矿物元素）沿横向通路（虚线）运输，并通过韧皮薄壁细胞（PPC）装载至 ST 中，然后被运输至库区。在运输过程中，营养物质在运输韧皮部和周围长期（*）储存或短期（**）储存组织的交换是可逆的。PPC 和非维管细胞可进行营养物质的长期（几天至几个月）储存。当源 / 库比例较低时，这些物质重新运输并装载入运输韧皮部。轴向质外体可进行短期（几分钟到几小时）储存。营养物质在 SE/CC 复合体质膜间的快速双向交换会缓冲它们的静水压力和溶液中营养物质的浓度。B ～ C. 膜 - 非渗透性荧光染料羧基荧光素（CF）装载至源叶韧皮部可指示源 - 库比例对横向营养物质交换细胞通路的影响。B. 菜豆（*P. vulgaris*）茎徒手切片的荧光显微图，该部分源 / 库比例较低，CF（箭头，亮黄色荧光）被限制在运输韧皮部的 SE/CC 复合体中，这表明它们与周围细胞是共质体隔离的。C. 菜豆茎徒手切片的荧光显微图，该部分源 / 库比例较高，CF（箭头，亮黄色荧光）从 SE/CC 复合体移动到周围细胞中，表明运输韧皮部与周围细胞共质体具有连续性。来源：图 B、C 来源于 Patrick & Offler（1996）. J. Exp. Bot. 47: 1165-1178

菜豆（*P. vulgaris*）中，每厘米茎中 ST 会损失 6% 的光合同化物，其中 2/3 被回收。韧皮部质外体库通过糖 /H^+ 协同转运循环释放和回收光合同化物来缓冲光合同化物的浓度，进而缓冲 ST 的静水压力（图 15.24B，15.25A）。

茎质外体蔗糖浓度一般为 3 ～ 70mmol·L^{-1}。在该浓度范围下，运输韧皮部的回收定位于 SE/CC 复合物的低亲和力和高亲和力糖转运蛋白复合体。事实上，SUT 类蛋白的特点和它们在收集韧皮部中的定位（见 15.4.6 节）与运输韧皮部中一样。该发现同样适用于氨基氮运输蛋白和 K^+ 通道。总体来说，这些转运蛋白发挥着将泄漏到韧皮部质外体的营养物质回收到 SE/CC 复合体的功能。然而，在芹菜（*Apium graveolens*）叶柄中，糖泄漏到韧皮部质外体和 SE/CC 回收及分配到横向储存库之间的竞争可能是由甘露醇转运蛋白在 SE、CC 和韧皮薄壁细胞的定位决定的。

在一些单子叶植物的茎中，沉积在维管束鞘细胞细胞壁中的软木带会阻挡茎质外体途径的径向运输，并且至少对于该部分的卸载途径而言，共质体途径是必要的。实际上，在小麦和水稻茎中，存储产物积累期间整个韧皮部卸载都是共质体途径（图 15.26A，C），位于 SE/CC 复合体（图 15.26B，D）的蔗糖协同转运蛋白可回收泄露到韧皮部质外体的蔗糖。有趣的是，切换为质外体装载的步骤发生在 SE/CC，与茎为促进籽粒灌浆而活化储存物一致。双子叶植物茎的径向运输也可在质外体途径和共质体途径之间可逆转换（图 15.25）。

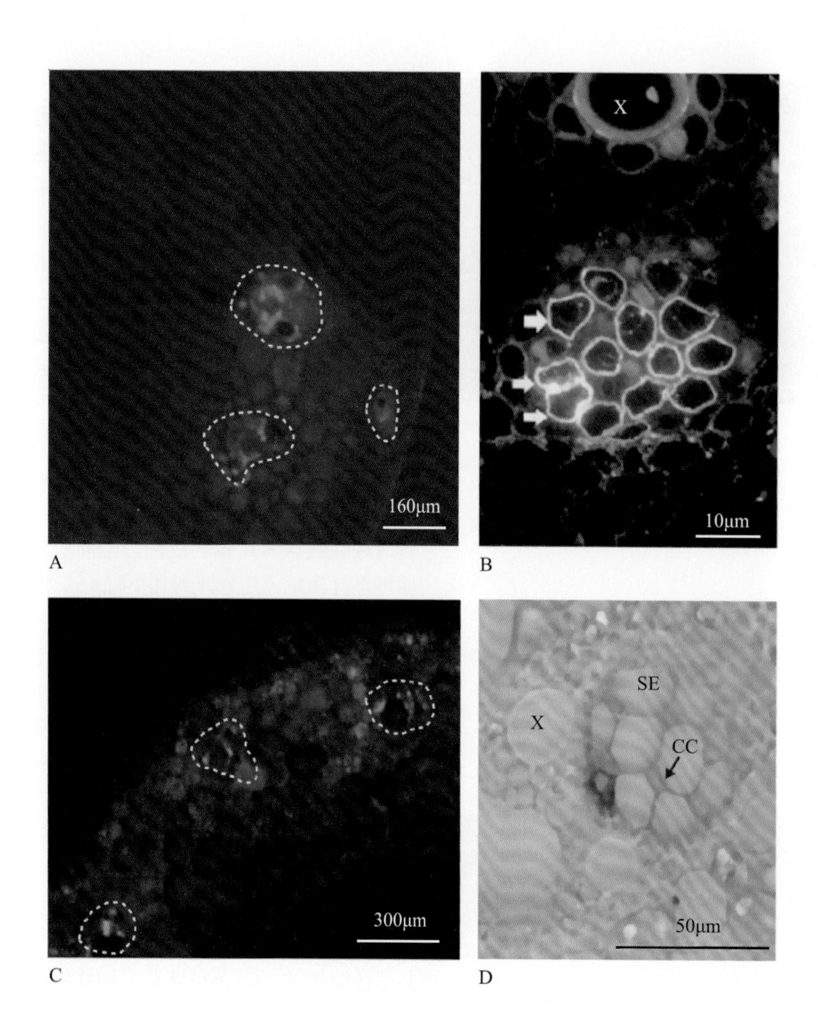

图 15.26 小麦（A，B）和水稻（C，D）茎的运输韧皮部展示了羧基荧光素的荧光信号由韧皮部（白色虚线圈出）转运至周围组织（A，C），说明存在共质体卸载途径。免疫定位显示，蔗糖 /H^+ 协同转运蛋白在小麦中定位于 SE（B；箭头，SUT1 抗体由一个荧光二级抗体标记，显示出强烈的荧光信号），在水稻中定位于 SE 和 CC（D；箭头，SUT1 抗体由连接了磷酸酶的二级抗体标记，免疫细胞化学染色使细胞壁呈现灰蓝色）。X，木质部。来源：图 A、B 来源于 Aoki et al.（2004）. Planta 219: 176-184；图 C、D 来源于 Scofield et al.（2007）. J. Exp. Bot. 58: 3155-3169

15.4.12 韧皮部释放介导了韧皮部卸载

韧皮部卸载（phloem unloading）是指营养物质从 SE 到“库”细胞的细胞间运输。该通路包括 **SE 卸载（SE unloading）**，随后通过维管细胞和非维管细胞进行细胞间运输（**后 SE 运输，post-SE transport**）（图 15.27）。根据“库”细胞类型的不同，营养物质可能从初生或次级韧皮部卸载（见 15.2.1 节）。卸载发生于**生长“库”（growth sink）**的原韧皮部和**存储“库”（storage sink）**的初生（后生）或次级韧皮部。

15.4.13 韧皮部溶液一般通过共质体途径流出 SE

对大多数“库”细胞来说，SE 卸载遵循共质体途径，只有一小部分从 SE 卸载的营养物直接释放到韧皮部质外体。质外体途径受到原生韧皮部 SE 和后生韧皮部 SE/CC 复合体有限的质膜表面积的限制，因此营养物的流出需要一定密度的转运蛋白（表 15.6）。

SE 卸载的主要部分可能发生在通过连接 SE 或 SE/CC 复合物与邻近韧皮薄壁细胞的胞间连丝的集流。该界面两侧巨大的静水压力差驱动了集流的产生（图 15.28）。这些胞间连丝的直径可高达 8nm，其水力传导系数显著大于在其他组织中发现的直径 2 ～ 3nm 的胞间连丝（50 ～ 256 倍）（公式 15.B5）。因此，静水压力差和胞间连丝水力传导系数均有利于集流（公式 15.B4）。

15.4.14 对于后 SE 运输，共质体途径是一种普遍但不通用的途径

SE 连接到“库”细胞的胞间连丝表明，共质体卸载的结构前体存在于所有“库”类型中（图 15.27）。该途径的特征在于，位高于 SE/ 韧皮薄壁细胞或 SE-CC/ 韧皮薄壁细胞边界处可能的共质体运输限制（即低胞间连丝密度），会导致穿过这些边界的渗透梯度（表 15.6）。通过韧皮部导入的膜 - 非渗透性荧光染料的通过说明这些相连的胞间连丝有运输能力。

在发育过程中，在根尖、块茎和肉质果实中发生了质外体和共质体途径之间的转变（图 15.29A）。在马铃薯匍匐茎中的块茎起始之前，胞间连丝是关闭的，并且来自 SE/CC 复合物的营养物质卸载通过质外体途径进行（图 15.29C）。块茎的内部和外部韧皮部开始对应地进行共质体卸载（图 15.29B），这与块茎膨大现象一致。发育中的番茄（*Solanum lycopersicum*）和葡萄（*Vitis vinifera*）表现出相反的情况，韧皮部卸载是从共质体切换到质外体途径（图 15.29D, E）。因此，共质体卸载与聚合物形成相关，质

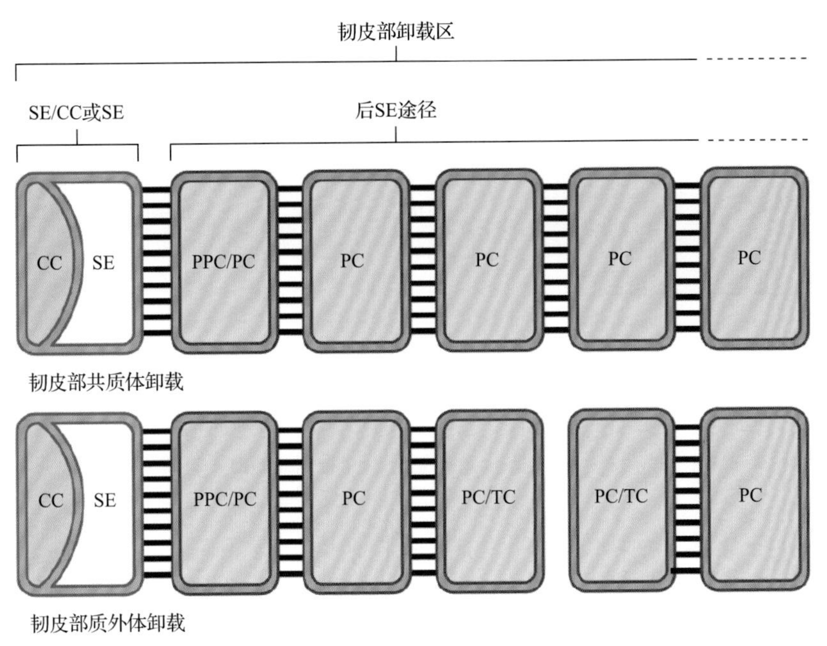

图 15.27 韧皮部卸载包括在一列细胞中（有或没有 CC 的 SE；PPC，韧皮薄壁细胞；PC，薄壁细胞；TC，转运细胞）发生的一系列运输过程，该列细胞称为韧皮部卸载区。韧皮部装载和卸载遵循相似的规则，只有一处不同。如果在后 SE 卸载途径（下面一列）中有一次质外体卸载，那么该卸载过程就被定义为韧皮部质外体卸载。SE 卸载主要为共质体卸载（见表 15.6）

表 15.6 在部分生长库或储存库中，蔗糖在原生韧皮部 SE 或次生韧皮部 SE/CC 质膜（10^{-8}mol·m^{-2} 膜表面·s^{-1}）和胞间连丝（10^{-4}mol·m^{-2} 胞间连丝切面·s^{-1}）的可能流量

库	可能的质膜通量		胞间连丝通量		
	预测	% 贡献	SE or SE/CC-PPC	PPC-PPC	PPCvNVC
大麦根初生韧皮部（无 CC）	700	1.4	77	ND	ND
正在伸长的大豆茎					
原生韧皮部	43	23	原生韧皮部 SE 之间没有 PD		
次生韧皮部	56	18	47	0.5	6
成熟的大豆茎	7	100	20	2	6
发育中的种子					
小麦种子	553	1.8	16	10	10
蚕豆种子	194	5.2	23	7	14
番茄果实					
* 共质体	290	3.4	14	4	34
† 质外体	11.3	89	0.1	0.2	660

预测的蔗糖通量是根据每个输入器官包括了呼吸损失的干重增加估算。此外，对流量的估计基于所有的蔗糖都从特定的质膜或组织切片所测量的胞间连丝切面通过。

膜总通量的最大贡献百分比被促进膜运输的最大通量 10×10^{-8}mol·m^{-2}·s^{-1} 限制。例如，大麦质膜通量对根初生韧皮部的贡献为（10/700×100%）=1.4%。相反，预测的通过成熟茎的韧皮部的质膜通量为 7×10^{-8}mol·m^{-2}·s^{-1}，促进膜运输的最大通量为 10×10^{-8}mol·m^{-2}·s^{-1}，因此此时对膜运输的贡献为 100%。报道的胞间连丝切面每秒的蔗糖通量为 -2×10^{-4} ～ 84×10^{-4}m^{-2}。

PPC，韧皮部薄壁细胞；NVC，非维管细胞；ND，无数据。* 糖积累最大前期。† 糖积累最大时期。

外体卸载与胞内糖水平的升高相关。总的来说，卸载途径中的胞间连丝门控可以灵活调节营养物质的通量，因为“库”的功能在发育中会发生变化。

15.4.15 后 SE 卸载过程中，营养物质的运输结合了通过共质体途径的扩散和集流

主要渗透溶质的浓度梯度会转化为渗透压梯度。因此，后 SE 的营养物质共质体卸载包括扩散和集流两个部分（表 15.1），它们的相对贡献取决于每个运输机制的传导率和驱动力。

通过扩散的营养物卸载可能与“库”细胞代谢和细胞内分隔相关联，因为这些过程决定了细胞质中的营养物浓度和从 SE 到“库”细胞的浓度梯度。生长过程中的集流和多聚物储存“库”可能存在类似的关联，在多聚物储存“库”中，非渗透性物的种类在代谢中的相互转化保持了细胞低渗透和低静水压（图 15.30A）。

与扩散有助于卸载相一致，光合同化物进入在蔗糖溶液中的根尖和茎秆的速度与容器中的蔗糖浓度成反比。类似地，光合同化物运入与发育中的种子、根尖和茎的“库”细胞静水压的变化是相反的（图 15.30B）。

15.4.16 某些后 SE 卸载途径存在质外体运输步骤

经过后 SE 卸载路径的营养物质在发育中的种子，其母体种皮和后代胚胎/胚乳界面、在肉质果实中，以及共生关系如植物宿主和菌根或致病真菌之间的物质交换中会进行

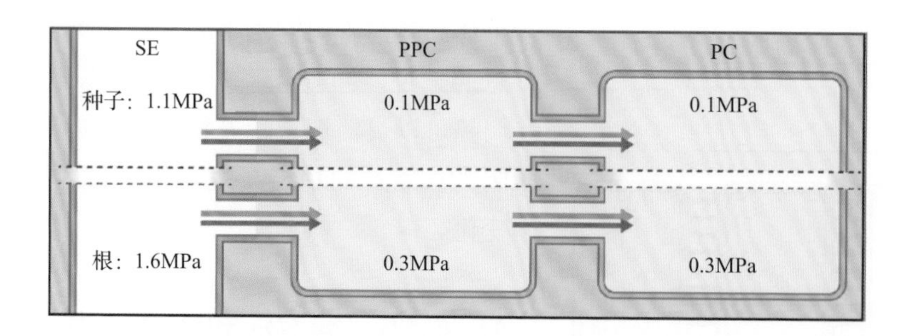

图 15.28 共质体卸载途径的静水压力。测量（种子和根的 SE；PC，根地面细胞）或预估（PPC，种子和根的韧皮薄壁细胞；PC，种子的成熟细胞）的根尖和小麦发育中种子的种皮静水压力在 SE 和相邻细胞（PPC；PC）有明显的压力差（1.0 ～ 1.3MPa）。相反，沿着后 SE 卸载途径的细胞间静水压力差很小（见图 15.27）。箭头表示预期的营养物质流（棕色）和水流（蓝色）

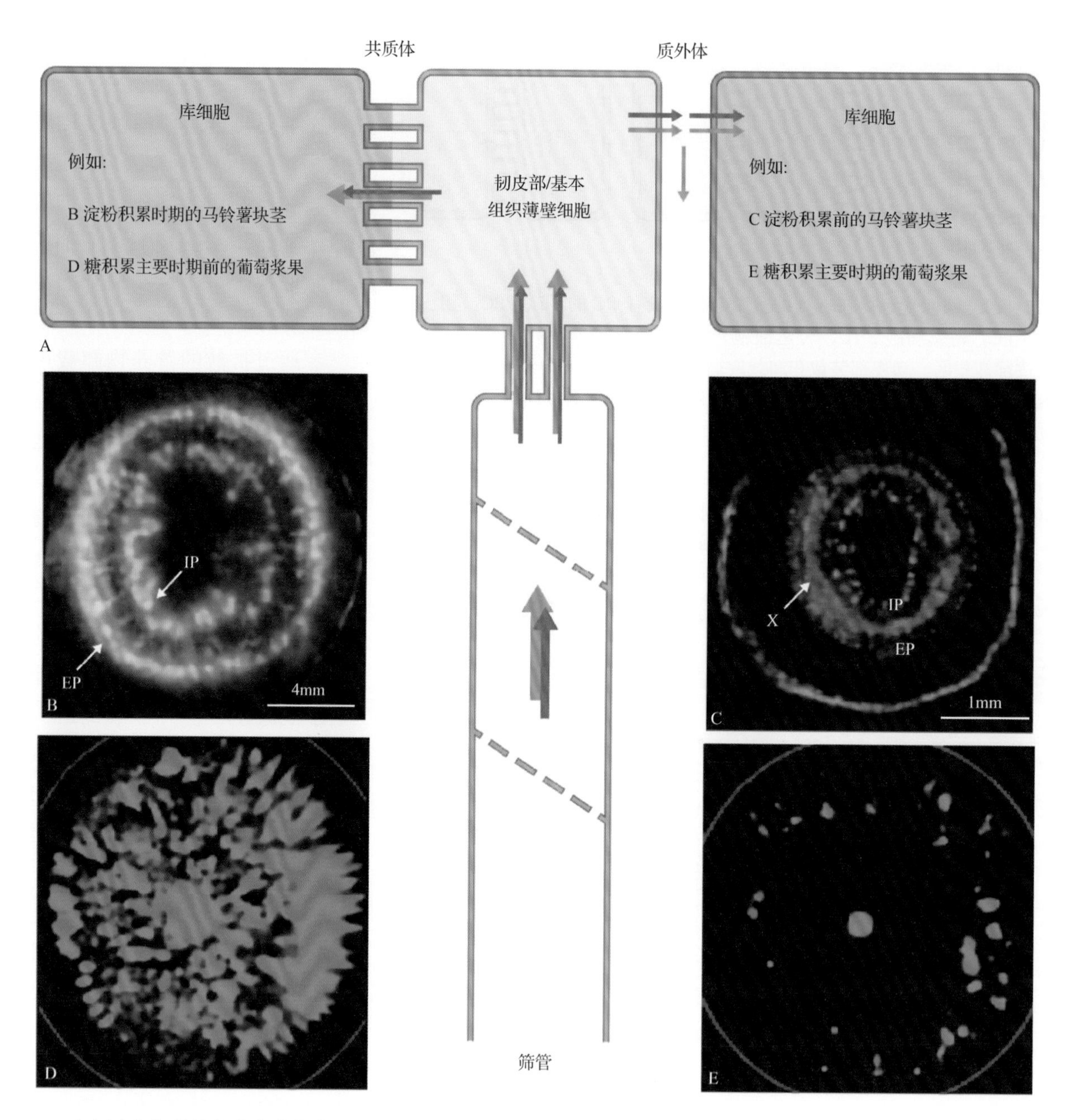

图 15.29 在韧皮部卸载途径中程序化发育的胞间连丝门控。A. 韧皮部运输的水（蓝色箭头）和溶于其中的营养物质（棕色箭头）通过集流从 SE 共质体卸载至韧皮薄壁细胞，然后可能进入基本组织薄壁细胞。后 SE 运输可能是共质体的（A，左），或者包括一步质外体运输（关闭的胞间连丝）（A，右）。水可能流入伸展的库细胞（水平蓝色箭头），或通过木质部重新循环（垂直蓝色箭头）至成熟植物体。B ～ E. 起始（C）和随后发育过程中的（B）马铃薯块茎组织学切片图展示了韧皮部输入的羧基荧光素（CF）的分布，在 CF 被限制（B）在内部韧皮部（IP）或外部韧皮部（EP），或从 IP 和 EP 流出时淀粉开始积累。木质部（X）被得克萨斯红葡聚糖染色。D，E. 起始（D）和发育过程中的葡萄浆果（*Vitis vinifera*），CF 从其维管束鞘共质体移动（D）或被限制（E）在维管束鞘时是糖积累的主要时期。来源：图 B, C 来源于 Viola et al. Plant Cell 13: 385-396；图 D, E 来源于 Zhang et al.（2006）. Plant Physiol. 142: 220-232

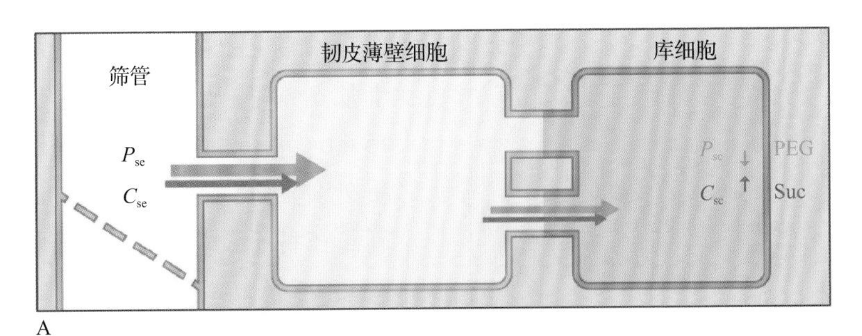

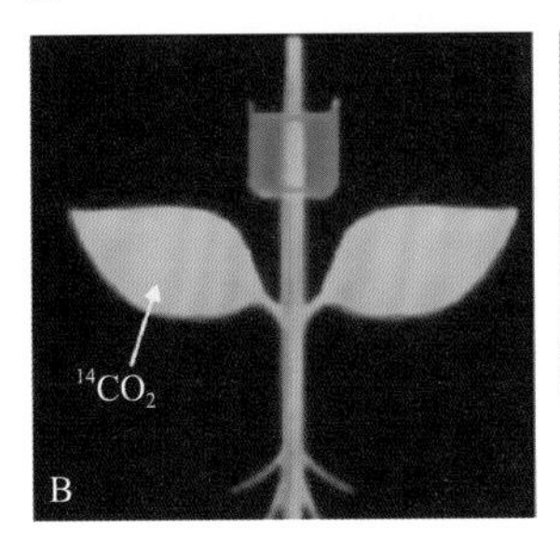

响应 C_{se}-C_{sc}(↑)或 P_{se}-P_{sc}(↓)改变的卸载

	对茎的处理		
	山梨醇	蔗糖	PEG
^{14}C光合同化物 (dpm/2-cm stem)	1641	211	4699

图 15.30 细胞间静水压力差（径流；P_{se}–P_{sc}）和（或）蔗糖浓度差（扩散；C_{se}–C_{se}，见公式 15.B1）可能调控了韧皮部共质体卸载。A. 该理论可通过实验证明：通过将库细胞分别浸泡至含有同一渗透压的山梨醇、蔗糖或聚乙二醇（PEG；8kDa）溶液中增加其细胞内蔗糖浓度（C_{sc}）或降低其静水压力（P_{sc}）。蔗糖很容易被吸收，因此增加了库细胞内蔗糖浓度，进而降低了 SE 和库细胞间的蔗糖浓度差（C_{se}–C_{sc}）。PEG 分子质量为 8kDa，不能穿过细胞壁，所以通过在最外层细胞重吸收水来发挥功能。因此静水压力（P_{sc}）减小，导致 SE 和最外层细胞间静水压力差增大（即 P_{se}–P_{sc}）。相同渗透浓度的山梨醇用来控制蔗糖对细胞外的渗透影响。进入茎质外体的分子不会在 SE 与外层细胞间产生静水压差。增加 C_{sc} 会减少通过扩散进行的光合同化物的卸载，而降低 P_{sc} 会促进通过集流进行的光合同化物的卸载。箭头指示了共质体卸载途径中蔗糖（棕色）和水（蓝色）的流动。B. 通过检测菜豆（*Phaseolus vulgaris*）茎中 ^{14}C 标记的光合同化物的积累来度量韧皮部卸载对 A 图中模型的实验进行了验证。含有蔗糖、山梨醇或 PEG 的浸泡液装入容器中，并固定于被处理的茎秆周围。等待几小时使浸泡溶质达到平衡状态，用 $^{14}CO_2$ 脉冲处理源叶（左侧面板）。^{14}C 光合同化物在被处理茎秆处积累的水平（dpm，disintegrations per minute）反映了韧皮部卸载。结果显示增加 C_{sc} 抑制同化物的积累，与通过扩散来卸载相一致（参见山梨醇的处理）。相反，降低 P_{sc} 同化物积累增加，暗示这是集流在驱动卸载。来源：图 B 来源于 Patrick & Offler（1996）. Journal of Experimental Botany 47: 1165-1178

不连续的共质体运输。

在番茄果实和葡萄浆果中，一旦糖开始积累，番茄的维管束 / 储存薄壁细胞界面处（图 15.31）和葡萄的 SE/CC 复合物 / 韧皮薄壁细胞界面处（图 15.29E）便开始形成不连续的共质体运输。维管和“库”组织的共质体分离确保“库”细胞中的高静水压力或糖浓度（例如，葡萄浆中的 1mol·L^{-1} 己糖）不会影响驱动光合同化物进入“库”细胞的静水压力或浓度差。染料耦合实验表明，在发育中的种子种皮中，输入 SE 和非韧皮部组织之间存在连续共质体，但在它们的种皮 / 胚胎界面处存在不连续共质体（图 15.32A）。因此，上述所有例子中，存在两个质膜运输步骤：营养物质释放进入“库”质外体，随后再回收。

15.4.17 营养物在“库”质外体的进出发生在后 SE 卸载过程中

简单扩散、促进扩散和能量耦合运输（见信息栏 15.2）是细胞质膜到“库”质外体营养释放的机制。

在番茄（*Solanum lycopersicon*）果实中，预测的通过简单扩散的膜通量（公式 15.B8）占观察到的直接来自 SE/CC 蔗糖通量的 50%，但在菜豆（*Phaseolus vulfaris*；*V. faba*）种皮中，只占蔗糖总膜通量不到 25%（表 15.7）。其余的膜通量通过蛋白促进实现（公式 15.B9）。在这种情况下，SUT 和 SUF（蔗糖促进转运蛋白）定位于肉质果实的外排细胞和种子的内种皮细胞中（分别为图 15.31 和图 15.32）。如果跨膜蔗糖浓度差的潜在能量超过 *pmf*，蔗糖 /H^{+} 协同转运蛋白就会启用外排的模式（公式 15.B11）。例如，在发育的种子和含有细胞外转化酶活性的肉质果实中（图 15.31 和图 15.32），其质外体溶液中的蔗糖浓度为 1mmol·L^{-1} 或更低，外排细胞的 *pmfs* 为 –100mV。根据公式 15.B11 可预测得到 48mmol·L^{-1} 的胞质蔗糖浓度，此时 SUT 将反过来促进蔗糖外排。在这些条件下，ST 溶液浓度高了一个数量级，因此 SUT 反转是合理的。

在缺乏细胞外转化酶活性的“库”（如储存阶段的豆类和温带谷物）或吸收不被转化酶水解的多元醇的“库”（如苹果果实）中，糖协同转运蛋白的反转不太可能成为卸载机制。在这些情况下，细胞内糖的浓度需要协同转运蛋白反转的活性达到非生理水平的高度（公式 15.B11），这样，AtSWEET、11、12 和 15 蔗糖外排载体负责将一部分蔗糖从种皮释放。剩余的蔗糖运输可通过蔗糖 / 质子反向运输。除蔗糖外，大量的矿质营养，特别是 K^{+} 和 Cl^{-}，通过膜通道从豆类种皮释放到种子质外体（图 15.32B）。

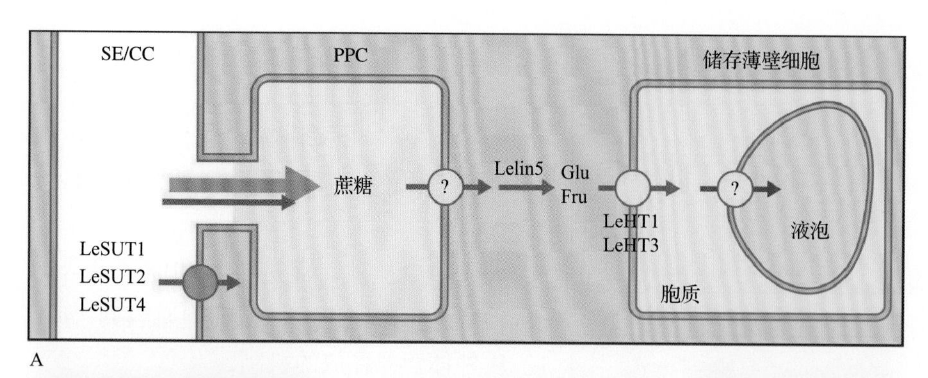

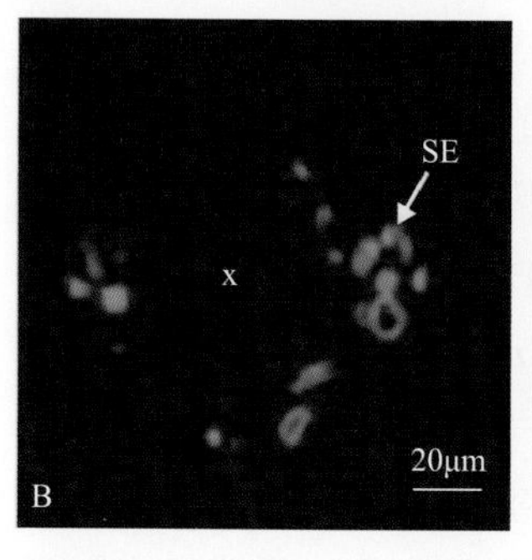

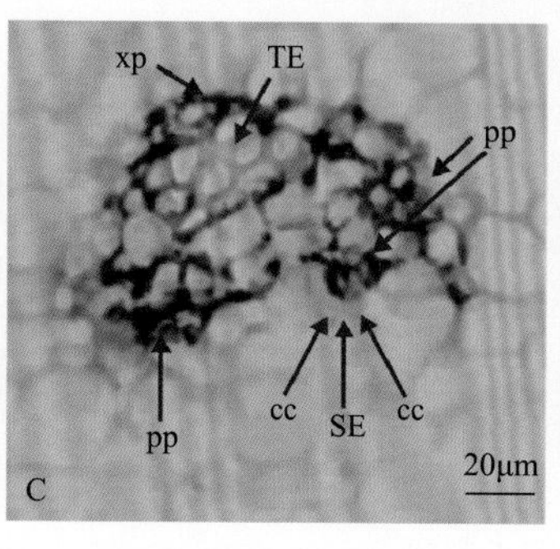

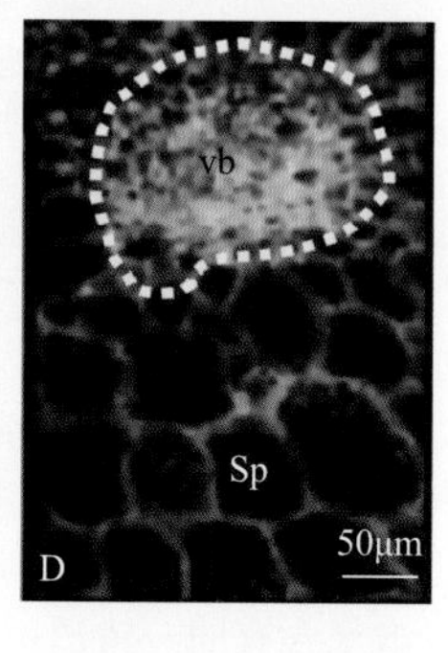

图 15.31 在发育中的番茄果实中韧皮部卸载途径和糖转运蛋白的定位。A. 细胞间韧皮部卸载示意图。通过 SE 质膜上 SUT 的反转（见文章）或通过集流（蔗糖为棕色箭头；水为蓝色箭头）从 SE/CC 复合体共质体运输至韧皮薄壁细胞后再通过还未被鉴定到的转运蛋白的运输可将蔗糖外排至果实质外体中。一个细胞外转化酶（Lelin5）水解释放蔗糖，导致由 LeHT1 和 LeHT3 介导己糖 /H^+ 协同转运从果实质外体将己糖积累至储存薄壁细胞。液泡中的己糖是由质子跨液泡膜反向运输，可能由一个位于液泡膜上的单糖转运蛋白介导。B ～ D. 关键的糖转运蛋白和一个细胞外转化酶的细胞定位。B. SE 中 LeSUT1 的免疫定位（绿色荧光）。C. 用原位杂交检测韧皮薄壁细胞（pp）中 LeLin5 的转录本。xp，木质薄壁细胞。D. 用原位杂交检测储存薄壁细胞（Sp，橙色信号）中 LeHT3 转录本与产生 *pmf* 驱动己糖协同运输的 H^+-ATP 酶的共定位。在维管束（vb，由白色虚线圈出）中没有这些转运蛋白，说明向果实质外体卸载糖时无能量消耗。来源：图 B 来源于 Hackel et al.（2006）. Plant J. 45: 180-192；图 C 来源于 Jin et al.（2009）. Plant Cell 21: 2072-2089；图 D 来源于 Dibley et al.（2005）. Funct. Plant Biol. 32: 777-785

表 15.7 在发育中的种子和肉质果实中，预测[a]和估算[b]的跨越卸载细胞质膜至库区质外体的蔗糖通量

库器官的卸载细胞类型	跨膜浓度差	预测的简单扩散通量	估算的通量
小麦籽粒			
珠心突起转运细胞	50	0.5	2.2
菜豆种皮			
基本组织薄壁细胞	10	0.1	8.8
蚕豆种皮			
薄壁转运细胞	40	0.4	7.0
番茄果实			
SE/CC	500	5.0	11.1
PPC	100	1.0	10.4

[a] 预测的简单扩散的蔗糖通量 = 膜渗透系数 × 跨膜浓度差。蔗糖的脂膜渗透系数约为 $10^{-10}m\cdot s^{-1}$。
[b] 估算的膜通量取决于质膜总表面积的测量和通过生物量增加和呼吸损失计算的蔗糖输入速率。

目前已发现更多类似于质外体韧皮部装载（见 15.4.6 节）的，关于从“库”质外体回收营养物质的机制。在种子发育过程中，高密度的膜转运蛋白与 H^+-ATP 酶一起共定位于其子代组织（胚乳；胚）的最外层细胞层，与种皮释放营养物质的位置相邻（图 15.32B）。反向遗传学证明氨基酸和蔗糖 /H^+ 协同载体在种子生物量的增加中起着关键作用。例如，*OsSUT1* 表达量的下调导致水稻种子萎缩的表型。在豌豆子叶中过量表达马铃薯的蔗糖 /H^+ 协同载体（*StSUT1*）提高了蔗糖的内流和生物量增加的速率。类似地，*PsAAP1* 在大蒜（*P. sativum*）种子中的过表达导致种子蛋白水平的提高。

15.4.18 韧皮部卸载也包括水的卸载

对于生长“库”，吸收韧皮部溶液是细胞膨大所需的水的主要来源，这是韧皮部吸收和生长之间的直接联系。

对于膨胀生长停止的储存“库”来说，吸收的韧皮部水分通过木质部被循环回收到成熟植物体，随后可能是通过水通道蛋白（图 15.33）膜交换到“库”质外体。这种系统需要在某一点分离营养物和水。如果 ST 溶液是通过共质体卸载的，吸收的水可沿着韧皮部卸载途径交换到“库”质外

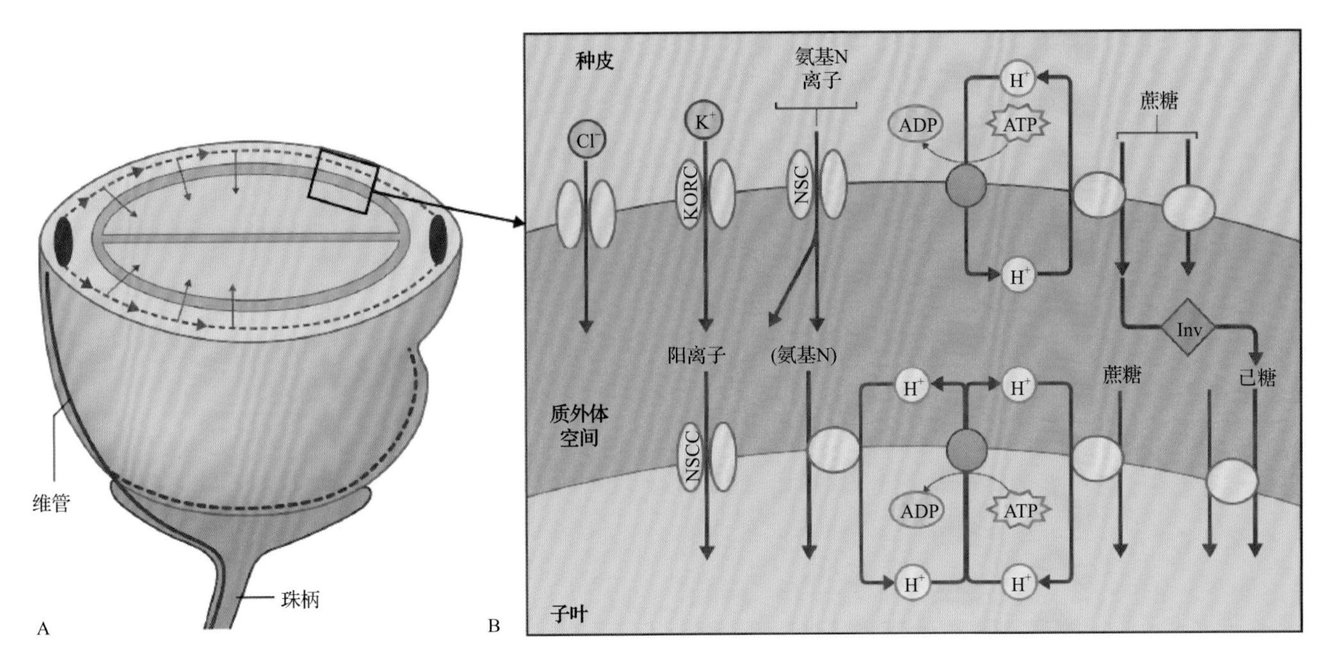

图 15.32 在豆类植物种子中营养物质运输至种皮 / 胚胎界面且膜运输蛋白在此处工作。A. 蚕豆（*Vicia faba*）种子示意图显示，合点端的（灰色实线）和较小的横向（灰色虚线）叶脉通过珠柄与亲本维管相连，在种皮“赤道”区形成一个单独的维管环。韧皮部输入的营养物质在辐射状运输进种皮和子叶之间的质外体空间（红色箭头）之前，在种皮共质体卸载并沿圆周扩散（红色虚线）。B. 该示意图展示了已知的从种皮向子叶运输韧皮部输入的营养物质的膜转运蛋白（黄色图形）。质膜和种子质外体的运输发生在一些特异细胞中，在一些物种中这些细胞呈现转运细胞形态。不论是母本还是子代，运输细胞均由 H^+-ATP 酶（紫色图形）提供能量，产生 *pmf* 驱动从种皮至子叶蔗糖 /H^+ 的反向运输，以及氨基 N 化合物和糖的协同运输。蔗糖促进运输转运蛋白及离子通道存在于种皮的卸载细胞中，包括对 K^+（K 向外运输通道——KORC）和氯化物具有特异性的离子通道，以及能输送大分子化合物的非选择性通道（NSC）。一个阳离子非选择性通道（NSCC）位于子叶装载细胞。一个细胞外转化酶（Inv）只在种子灌浆储存前期存在

体，而吸收的营养物保留在“库”共质体中。水流和营养物的分离在后韧皮部卸载路径发生质外体卸载的“库”中更重要（图 15.31 和图 15.32）。这样几种策略避免了吸收的营养物质释放至“库”质外体，进而避免了其在水再循环至木质部的过程中被带回到亲本植物体（图 15.33）。

15.5 整个植物木质部运输系统的组织

15.5.1 内聚力－张力机制解释了溶液的上升

在蒸腾过程中，水从叶片中润湿的细胞壁中沿着充满气体的细胞间隙蒸发，然后以蒸汽形式通过开放的气孔扩散出叶片。细胞壁微孔中的表面张力使水受到张力作用。对于直径 0.01μm 的毛细管，如存在于叶片叶肉细胞壁中的毛细管，张力可能为 –15MPa。该张力传递到 TE 的水中，继而向下传递到根表面和土壤溶液中。因此，TE 溶液的上升是由于水沿着连续的液体路径被牵引到叶片细胞壁。这个连续而完整的水运输体系被称为土壤 - 植物 - 大气连续体。

TE 中的空气间隙不能提供抵抗重力和驱动流动所需的巨大张力。即使是最小直径的 TE（10μm），也只能通过毛细管作用保持 3m 的高度。连续水柱只能通过水分子间氢键的内聚力保持张力。充水毛细管的离心和其他测量结果表明，水可保持 –21MPa 的张力，足以对抗木本植物承受的重力。

TE 内的张力和连续水柱是内聚力 - 张力机制的关键。当条件不能满足时，实验结果可能会受到木质部张力的干扰。目前认为，这些张力的存在与内聚力 - 张力定理存在一致性，对该理论的争议更多的是与张力的大小相关，而非其是否存在。最近，人们利用合成水凝胶制作了一个“人工”树来模拟根和叶中的微孔膜，通过孔径为 11 ～ 73μm、长度小于 35cm 且类似于木质部导管的微孔流体系统连接。在“叶”中可建立的高达 –1.0MPa 的张力，证明了该系统中可进行集流运输（图 15.34）。

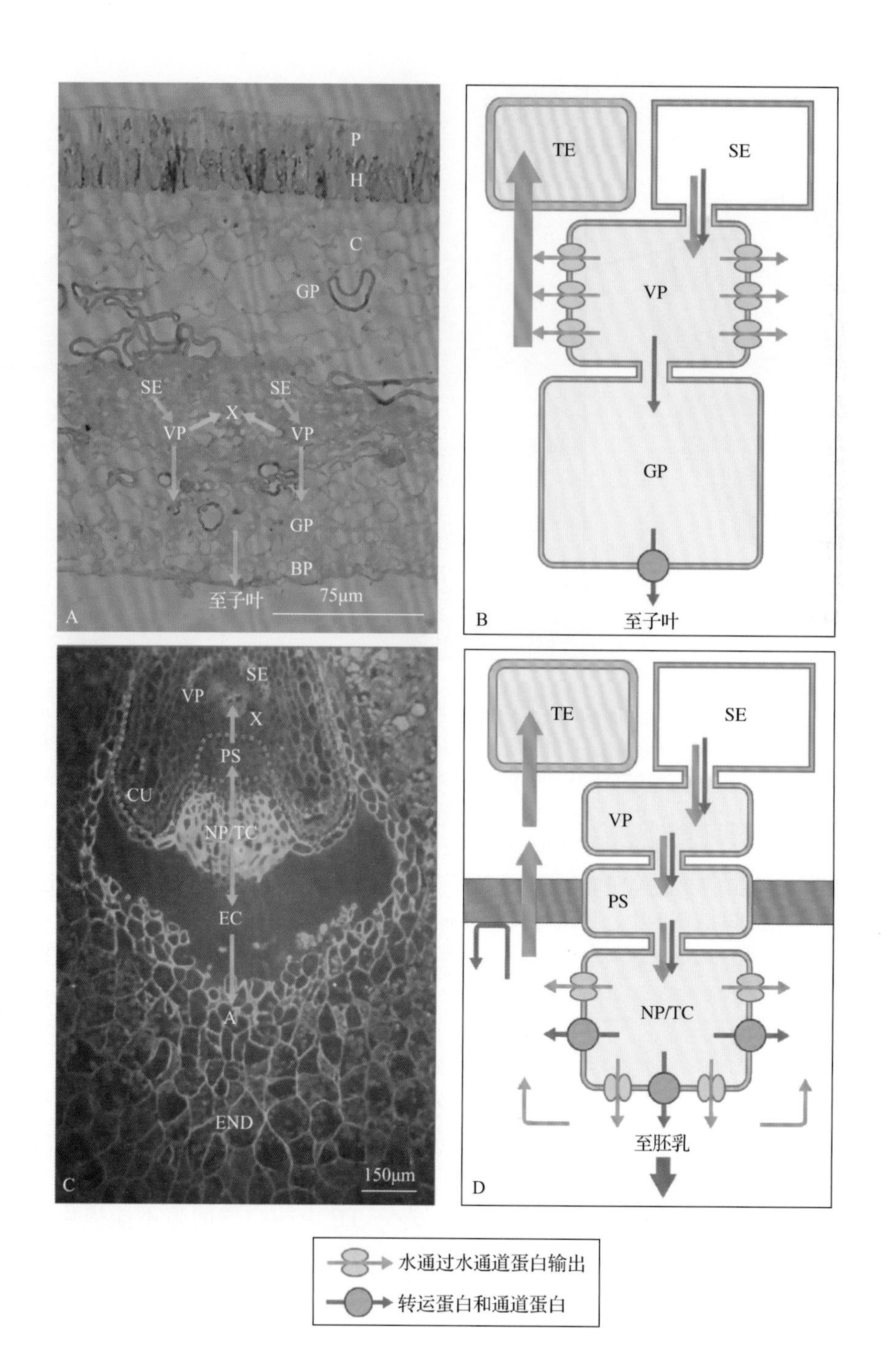

图 15.33 将运输至发育中的种子胚胎/胚乳的营养物质与水分离并将水重吸收至木质部的几种策略。A，B. 发育中的菜豆（*P. vulgaris*）种子种皮中的水流（蓝色箭头）和营养物质流（棕色箭头）。A. 原位杂交显示的 PvPIP2,3（水通道蛋白）在维管（VP）和基本组织薄壁细胞（GP）（只有向内辐射状的维管束）中的定位，深色的细胞质（VP 与 GP 相比）说明其在 VP 的大量表达。BP，分支薄壁细胞；C，绿色组织；H，真皮层；P，栅栏组织；SE，筛管分子；X，木质部分子。B. 后韧皮部营养物质流和水流模型。通过集流（与棕色箭头一列的蓝色箭头）进行从 SE 到 VP 的共质体卸载。水通过水通道蛋白从 VP 流出，沿着水势梯度回到木质部 TE 进行再次输出。营养物质扩散至 GP，通过转运蛋白和通道蛋白释放至种子质外体，进而运输至被包裹着的子叶中（见图 15.31B）。C，D. 发育中的小麦籽粒中的水流（蓝色箭头）和营养物质流（棕色箭头）。C. 用 SUT 抗体处理切片获得该蔗糖转运蛋白的定位，结果显示这些转运蛋白定位在筛管分子（SE）、维管薄壁细胞（VP）、珠心突起转运细胞（NP/TC）和糊粉层（A）中。红色虚线界定了一个在表皮层（CU）和色素链（PS）细胞壁中沉积而成的水渗透性质外体障碍。该质外体障碍将维管束（包括了 SE；VP，维管薄壁细胞）从包含了 NP/TC、胚乳腔（EC）和胚乳（END）的质外体体系中分离出来。胚乳将输入的蔗糖储存为淀粉（注意在 END 中大的淀粉粒）。D. 后韧皮部运输的营养物质流和水流模型。通过集流从 SE 到 VP 的共质体卸载可能通过 PS 延伸至 NP/TC。水和营养物质分别通过水通道蛋白和营养物质转运蛋白输出。水沿水势梯度回到木质部 TE，并且通过一个沉积在 PS 和 CU 细胞壁（深红色）的水渗透性但营养物质非渗透性质外体障碍，重新运输回亲本植物体。来源：图 A 来源于 Zhou et al.（2007）. Plant Cell Environ. 30: 1566-1577；图 C 来源于 Bagnall et al.（2000）. Aus. J. Plant Physiol. 27: 1009-1020

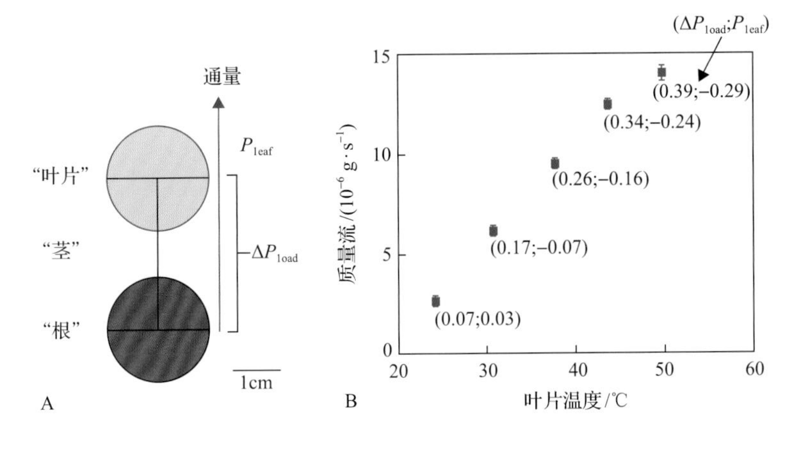

图 15.34 合成树显示了在"叶片"和"导管"中的集流和随后产生的张力。A. 合成树包含一个叶片和根的网络（pHEMA 水凝胶，在示意图中分别用绿色和红色表示）。叶脉包含 80 个平行排列、长短各异的管道，它们排列成一个环（"叶片"和"根"均是），并由一个"茎导管"（内直径约为 10μm）连接。B. 由用不同温度处理"叶片"所得的函数关系表示的集流。当温度升高，"叶片"的蒸腾作用增强，通过整个系统的集流增强。每个点显示的是跨"茎"的压力差（ΔP_{load}）（MPa）和在叶脉网络入口处产生的负压（P_{leaf}）

15.5.2 空化现象是内聚力——张力理论面对的最大障碍

TE 必须保持充满液态水的状态来保持溶液的上升。连续的、充满水的 TE 张力处于亚稳态，如果产生与剩余液态水平衡的水蒸气组成的间隙，则该亚稳态可快速地转换到不同的状态。这种突然恢复到蒸汽状态的现象被称为空化。最终空气会泄漏到空化的 TE 中，使得压力升高至大气压进而引起栓塞。随着 TE 逐渐栓塞化，剩余部分可能会由于供水的减少，在逐渐增加的张力下被替换为气体。

张力最初突然释放可被记录为一次声振动事件（AE）（图 15.35），并且 AE 的累积总和与水力传导系数的减小相关。AE 的增加和木质部张力传导系数的降低通常可用 S 形曲线描述。这些木质部脆弱性曲线可用于定义压力。水力传导系数减小 50%（50% 失去传导力，PLC）时的压力，可作为空化脆弱性的度量。不同物种在 50% PLC 时显示出不同的木质部压力值，反映了环境中的水势范围（图 15.35C）或不同的气孔调节策略（等氢离子与非等氢离子相比，前者中午水势与土壤含水量保持相对恒定，后者中午的水势会随着土壤含水量的下降而下降）。栓塞会降低 TE 水力传导系数，并最终限制碳的积累，因为气孔会关闭以防止进一步的空化和叶片干燥。

15.5.3 "空化"现象源自"空气接种"

"空化"的产生有两条途径：空气通过细胞壁进入 TE，或者由维管组分内的水分子直接"汽化"产生。有证据表明，"空化"主要源自第一条途径，称为"空气接种"。引发"空气接种"的原因是细胞壁上最大孔隙内水膜的表面张力小于 TE 的内部张力，所以会将微小气泡吸入导管。对空气接种的模拟可通过增加环绕茎秆的套环中的空气压力来实现。正如空气接种机制所预测的，外部施加的压力与木质部内的平衡张力对栓塞的形成具有相同的影响（图 15.35A，C）。

最有可能进入空气的地方是纹孔膜。通常来说，为防止空气进入，纹孔膜上的孔径已足够小，但大的张力可能使纹孔变形并造成损伤，从而增加其孔径。

具缘纹孔可作为阀门，会在纹孔两端有大的压力梯度时（图 15.35D）关闭。纹孔塞（torus）- 塞周缘（margo）纹孔中，纹孔膜中央的木质化纹孔塞被压向纹孔口（具缘），暂时堵塞纹孔。这一现象发生在栓塞 TE 与功能 TE 相邻时，导致纹孔塞紧贴在功能 TE 的具缘纹孔上，防止了功能 TE 的空气接种；然而，在大的张力下，纹孔塞也可能穿过纹孔口使得空气进入（图 15.35D）。

反复冻融也会引起空化。在冷冻期间溶解的空气可从溶液中释放，当解冻发生并且 TE 中产生张力时，气泡便会膨胀形成栓塞。在冷冻环境中生长的植物必须使 TE 重新充水或由维管形成层产生新的 TE。

15.5.4 栓化木质部可被修复

TE 的空化是有规律地形成的（图 15.35B），它们必须再充水才能使蒸腾作用继续。在一些植物中，蒸腾作用发生时似乎发生了水的重新填充，这暗示着在重新充水时，功能 TE 中的压力可能为负。该机制难理解之处在于，根据物理原理，压力必须增加来迫使气泡中的气体回到溶液中。气体由气体浓

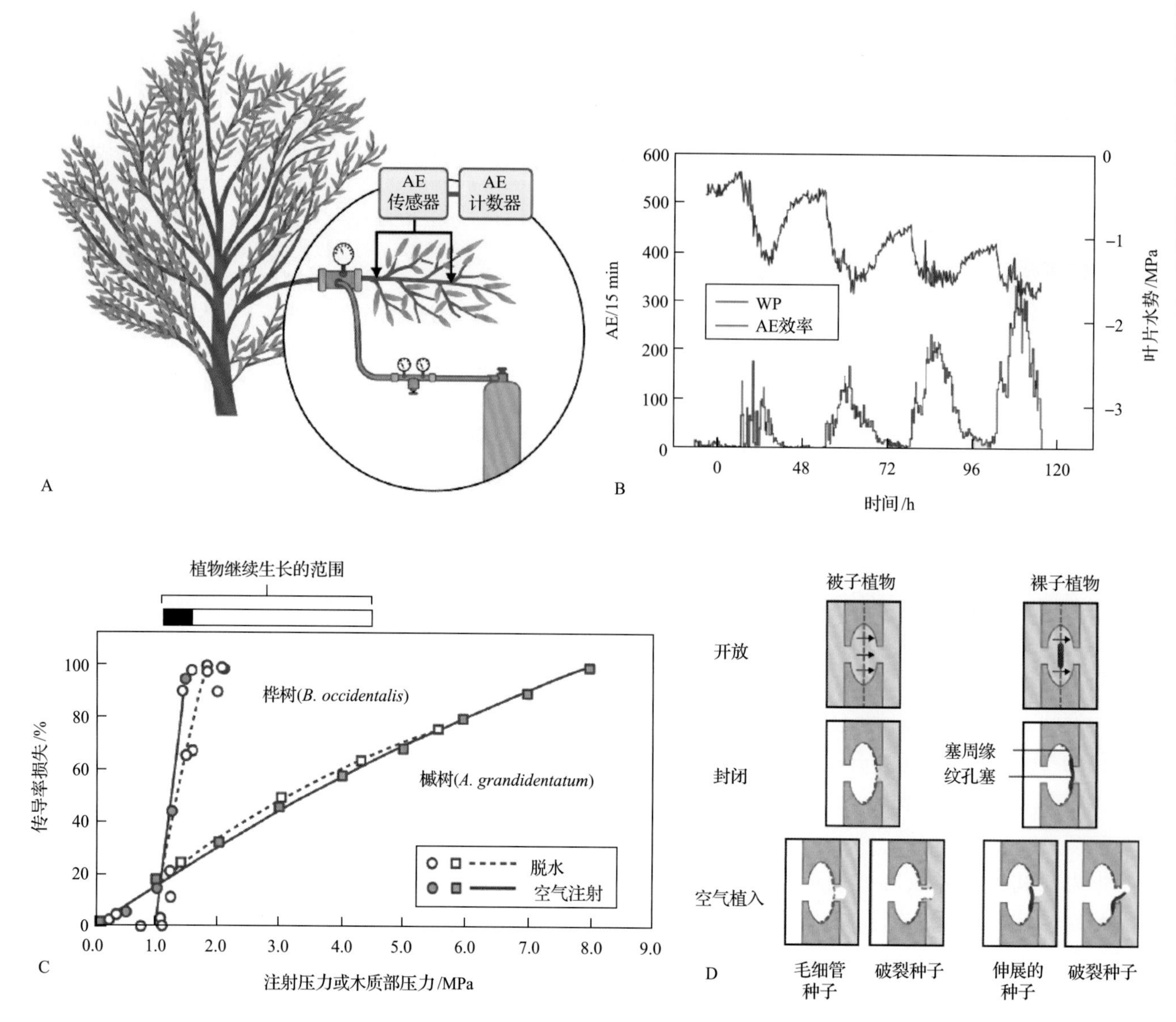

图 15.35 空化现象源自于空气植入且很可能是通过纹孔膜发生。A. 注射空气诱导的空化。通过环绕茎秆的密封环向植物注入处于正压状态下的空气，可导致空化，其作用方式和木质部张力相同。实验中用声波释放（AE）传感器和计数器来检测空化进程。B. AE 传感器检测到一天中随着植物受到干旱胁迫的增强其叶柄处的空化频率有所增加。随着叶片水势（WP）变负，声振荡信号频率增加。C. 桦树（*Betula*）和槭树（*Acer*）的木质部脆弱性曲线。干旱期枝叶脱水，木质部张力增加，空化会使木质部不断丧失其功能。木质部张力和木质部功能丧失的关系对不同的物种来说相差很大，这和它们生长的环境有关。图中实心图形代表桦树，空心图形代表槭树。分别由外部正压（见 A 图）和木质部内部张力引起的木质部脆弱性曲线非常相似。D. 空化现象很可能通过纹孔膜发生。被子植物和裸子植物的纹孔膜结构不同。图中为具缘纹孔中间的横切片。上部：打开的状态。中部：导管左侧被栓化的封闭状态。底部：由于纹孔膜受损（左）或纹孔塞离开纹孔口（右）时气泡溢出导致了气穴形成

度梯度驱动从 TE 扩散。气泡中的压力将高于零，更高的正压力将增加扩散的浓度梯度。有模型证明如果木质部压力比 –0.1MPa 高，那么气泡便可溶解。

在夜间，当蒸腾作用减慢或停止时，在根木质部中可产生显著的正压。这是因为离子泵入到 TE 中使 TE 溶液的水势低于周围土壤中的水势。水沿着水势梯度进入 TE 并增加其压力。用压力探头可检测到根部远端的压力约为 0.1MPa。这些压力足以迫使水上升到 10m 的高度，并可溶解栓塞 TE 中的空气。这是在灌木和草本植物中实现 TE 再充水的重要机制。在木本植物中是否存在这种机制还不清楚。

为了在蒸腾过程中实现再充水，需要局部增加栓塞 TE 中的压力。有证据显示再充水需要能量代谢以及韧皮部供应水分。从再充水木质部的计算机断层扫描图可清楚地看出，与导管相邻的木质薄壁细胞在再充水中发挥了作用。有四种假说解释了局部再充水现象：细胞膜渗透、纹孔膜渗透、组织压力和膜不对称性假说。所有的假说都包括在栓塞 TE

中建立压力的机制，其中除了纹孔膜渗透机制外的其他机制都假设木质部薄壁细胞对溶质分泌和水流运动进入栓塞 TE 有促进作用，且在张力作用下栓塞 TE 与其他传导 TE 液压隔离。纹孔和纹孔膜的特性再一次成为关键，因为它们必须处于液压阻塞的位置，使得栓塞 TE 中的压力可升高。有研究表明水通道蛋白可能参与再充水过程，因为在过冬后 TE 再充水时，木质部相关细胞中水通道蛋白基因的表达会显著增加。

15.5.5 空化现象可作为“液压保险丝”并放大叶片中水压的影响

虽然空化降低了 TE 木质部导水率，但它不一定总是有害的。因为空化倾向于发生在木质部通道末端（即叶片和小枝），减少了蒸腾过程的水分损失并保护了主要运输途径如茎和主根的脱水。在一定程度上，可预料到植物细小的枝条中更容易发生空化，因为木质部通道终点的水势最低，并且这一现象会通过朝向这些位置的 TE 阻力增加而加剧。叶片的液压阻力可占植物整体水力阻力的 30% ~ 80%。叶中的 TE 空化可导致叶片快速脱水，且气孔也会高度响应，如叶片木质部空化和气孔关闭间有着密切的联系（图 15.36）。

豌豆 *ramosus2*（*rms2*）分枝突变体说明叶片的水分状态对叶柄木质部承载力的敏感性——该突变体会由于高强度的蒸腾作用而萎蔫。这种表型是由于其叶柄中的 TE 直径减小，根据哈根 - 泊肃叶（Hagen- Poiseuille）定律可知其导水率会急剧降低（公式 15.B5 和图 15.37A，B）。在高蒸腾作用下，降低的叶柄导水率只需要很低的叶片水势来驱动水流，这种低叶片水势会降低叶片膨压，所以与野生型植物相比，突变体相对含水量降低并发生萎蔫（图 15.37C）。

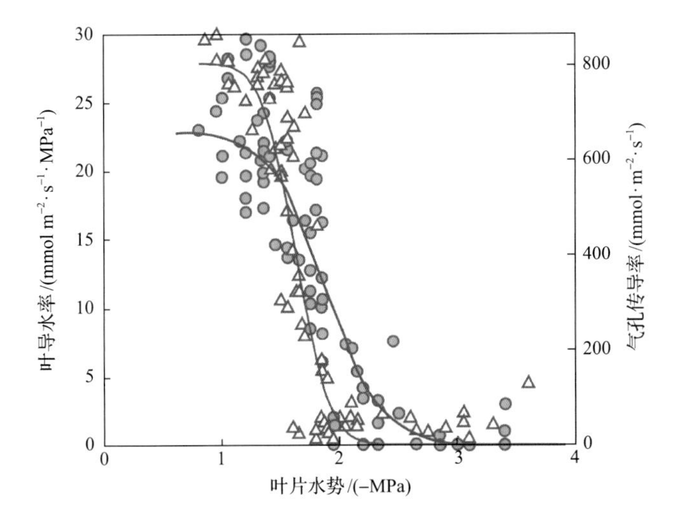

图 15.36 由于叶片水势下降，气孔关闭预防了叶片导水率的显著损失。气孔关闭发生在叶片空化前期。气孔传导系数（细线三角形）可代表气孔大小。叶片导水率（粗线圆圈）包括了叶片叶脉和叶片中的蒸发点途径。维管空化导致了叶片导水率减小。以上数据来自一个热带豆类植物

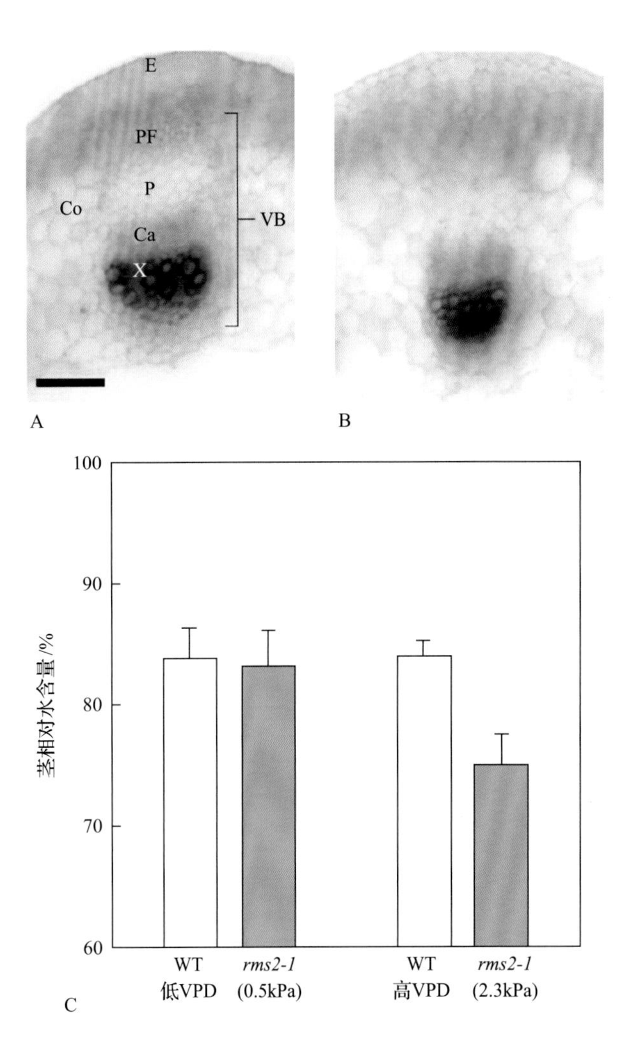

图 15.37 叶柄导水率会限制水向叶片的流动，导致对干旱胁迫敏感性增加。豌豆 *rms2-1* 突变体分枝增多，但当植物暴露于高蒸汽压不足（VPD）的环境中时，会出现暂时的萎蔫。A、B. 野生型（A）和 *rms2-1* 突变体（B）最顶端成熟叶片的叶柄横切片通过染色可看到其木质部维管（深绿色）。*rms2-1* 突变体的木质部总面积和 TE 直径均减小，导致导水率减小。标尺 =100μm。Ca，形成层；Co，皮层；E，表皮；P，韧皮部；PF，韧皮部纤维；VB，维管束；X，木质部。C. 野生型和 *rms2-1* 突变体在低和高的蒸汽压不足情况下相对水含量。当水流失量超过水吸收量时相对水含量降低，叶片萎蔫。来源：Dodd et al.（2008）. Plant Cell Physiol. 49: 791-800

15.5.6　导水率和木质部效率的整合会加强水的运输

降低 TE 对空化的敏感性是使植物保持水平衡的要素之一。其他因素还包括气孔反应、叶片脱落、根 - 土壤相互作用和季节性生长模式。植物保持水平衡的策略在不同的环境中可能有所差别，而在相同的环境中，不同的策略也可实现相同的目标。以槭树（*Acer*）和桦树（*Betula*）的木质部敏感性曲线为例（图 15.35C），这两个物种都在潮湿的环境中生长，但槭树也可在更干燥的条件下生长。在桦树中，当木质部张力增加时，如果要避免木质部功能的快速丧失，那么气孔必须在空化开始后迅速关闭。已有实验观察到了气孔的这种行为，且桦树木质部保持着超过 90% 的功能。槭树在水势低得多的情况下，自然环境下气孔依然可保持开放，而且并不完全丧失木质部功能；但在干燥环境中，槭树可能有 50% 的木质部发生栓塞。

根茎间协调传导对将茎和叶的水势保持在合适范围内也十分重要。如果根不能供应茎所需的水，茎水势就会降低，可能引起过度的空化和萎蔫。与直觉相反的是，这种情况可能发生在灌溉后，因为大量水的注入会导致根系缺氧。缺氧导致了根细胞中的胞质 pH 降低，使得大多数质膜水通道蛋白关闭。根系导水率的突然减小使得茎中水供应不足，进而导致植物快速枯萎。根到茎的信号传导涉及木质部的 ABA 的转运，可在不利于根有效吸水的土壤条件下向气孔发出闭合信号。同样，也有茎到根的信号，使蒸腾需求与根系传导水的能力相匹配（图 15.38）。显然，这是一个复杂的主题，这里不展开讨论。

15.6　整个植物韧皮部运输系统的组织

15.6.1　韧皮部运输的压流机制涉及“源”和“库”间的径流

1930 年，恩斯特 • 敏希（Ernst Münch）在他的著作“*Die Stoffbewegungen in der Pflanze*”中发表了韧皮部运输的第一个清晰的概念。他提出了压流假说，即韧皮部运输的发生可看成是由位于 ST 两端

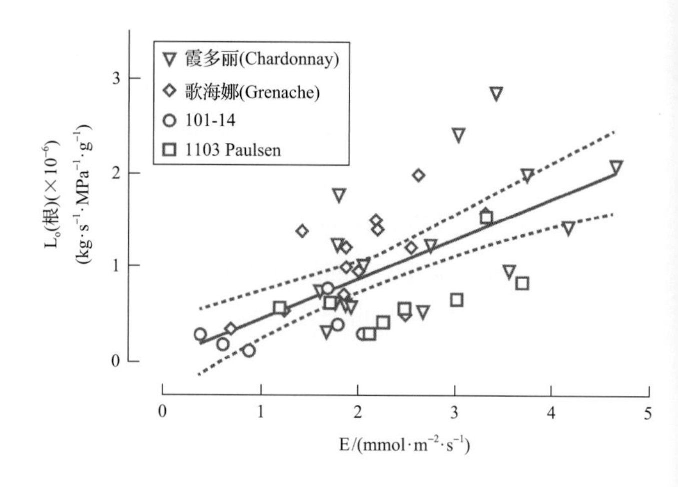

图 15.38　与茎需求（蒸腾作用，E，*x* 轴）相当的根导水率（L_o，*y* 轴）可用来表示根从土壤中吸收水的能力。这说明信号可在茎和根之间运输以协调水分传导。将根系导水率标准化为根干重，并用连接到在盆中生长的葡萄（*Vitis vinfera*）品种（列于图左上）的切割茎的流量计测量。在测量根导水率之前先记录成熟叶片的蒸腾速率。进一步的测量表明根导水率取决于水通道蛋白的表达

自养“源”（P_{so}）和异养“库”（P_{si} 和图 15.39）之间的静水压力（*P*）差驱动的径流。

但当他观察发现有沉积物堵塞筛孔时，压流假设受到了严峻的挑战。结合观察到的韧皮部运输速率，人们认为这些沉积物使导水率足够低，可阻止集流。随后更精细的研究表明筛孔沉积物是组织固定的假象，这样与压流假设相矛盾的看法就不成立了。

多种实验方法已证实通过 ST 的集流（见信息栏 15.1），包括热量（溶剂）的传播速度和放射性标记的光合同化物（溶质）的转运是一致的。最近，韧皮部移动荧光染料的实时转运成像和通过核磁共振监测水分子的位移两种方法，为韧皮部运输以集流的方式通过 ST 提供了结论性证据（图 15.40）。

虽然压力流假说已成为一个已证实的概念，但仍然有一些注意事项。例如，ST 比植物轴短，连续排列的 ST 之间的运输必须通过横向筛板进行。其筛孔的几何形状，以及伴随的蛋白质和 ER 的沉积在何种程度上影响导水率（公式 15.B5）是不确定的，但通常认为它们不影响集流（见 15.6.3 节）。

15.6.2　韧皮部内外水的流动和平衡状态对营养物质的运输至关重要

水流通过水通道蛋白并沿着 SE/CC 复合物活跃

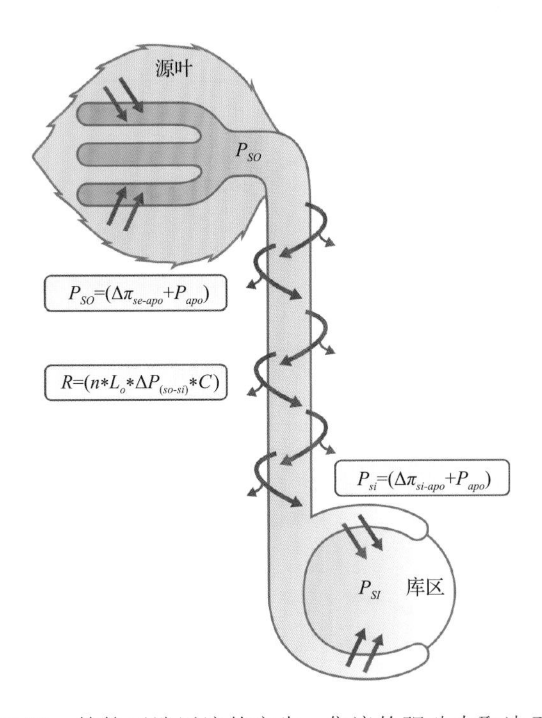

图 15.39 筛管两端压流的产生。集流的驱动力取决于运输途径中“源”端（P_{so}）和“库”端（P_{si}）的静水压力（P）差（即 $\Delta P_{so\text{-}si}$）。由于 SE 之间或库细胞与其周围质外体（apo）的水接近平衡状态，每个细胞的水势取决于 P 和渗透压（π）的差值，对于 SE 来说就是：$P_{se}-\pi_{se}=P_{apo}-\pi_{apo}$（见公式 15.B7），因此 $P_{se}=(\pi_{se}-\pi_{apo})+P_{apo}=(\Delta\pi_{se\text{-}apo}+P_{apo})$。在源叶中，主要的渗透物质装载入 ST 中并达到很高的浓度，所以 π_{se} 抵消了由蒸腾作用导致的驱动水分吸收的叶片质外体张力（P_{apo}），从而产生了 P_{so}。在库区，ST 溶液通过胞间连丝集流从 ST 中运出，导致 P_{si} 位于后 SE 卸载途径（见图 15.27）。由于生长库和储存库与植物的其他部分是水力隔离的，所以 P_{si} 主要由 $\pi_{si}-\pi_{apo}$ 决定，而 P_{apo} 的影响很小。因此韧皮部的装载和卸载产生了巨大的 $P_{so}-P_{si}$。ST 溶液的体积流速（$m^3 \cdot s^{-1}$）（见公式 15.B4）受到运输途径中筛管横截面总和（n）的导水率（L_o 见公式 15.B5）的调控。某一营养物的集流速率（R）满足体积流速和运输的营养物浓度（C）的函数关系

的营养装载产生的水势梯度（见 15.4.8 节）进入收集韧皮部。随之升高的静水压力驱动韧皮部溶液通过 ST 纵向流动（图 15.39）。

进入收集韧皮部和运输韧皮部的水流不受叶 / 茎中水势明显的昼夜波动影响（图 15.41），表明收集韧皮部和运输韧皮部能与周围组织保持恒定的水势差以确保溶液的稳定流入。与上述结论一致的是，实验观察到收集韧皮部和运输韧皮部能维持静水压力稳态，这种稳态通过渗透调节营养物从韧皮部质外体的装载来实现，交替地依赖 K^+ 或蔗糖转运蛋白。

SE 卸载水和营养物的速率必须与通过运输韧皮部的径流速率相匹配。由于水和每种营养物的扩散以由其浓度梯度和扩散系数驱动的速率独立发生

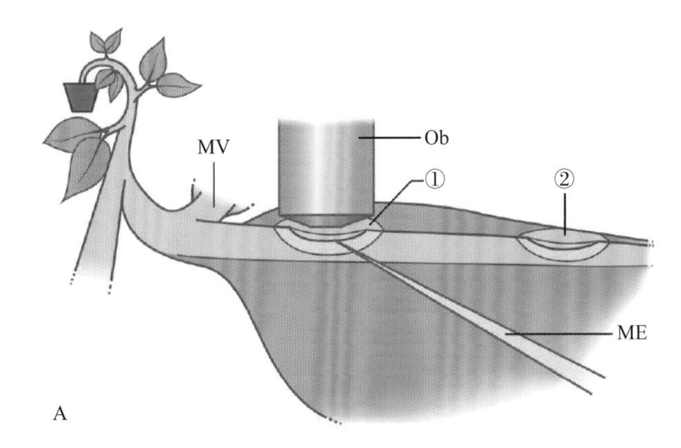

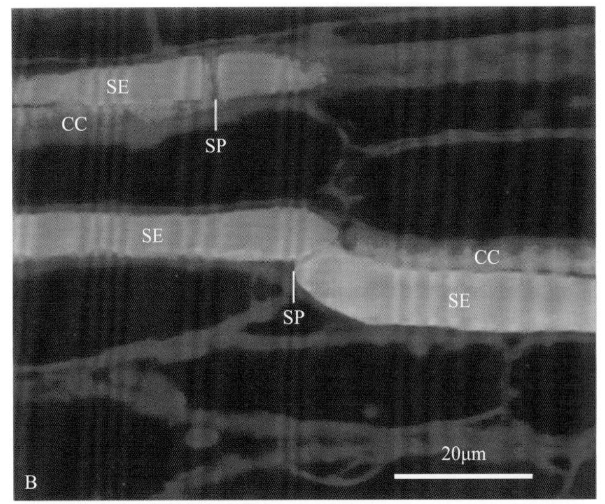

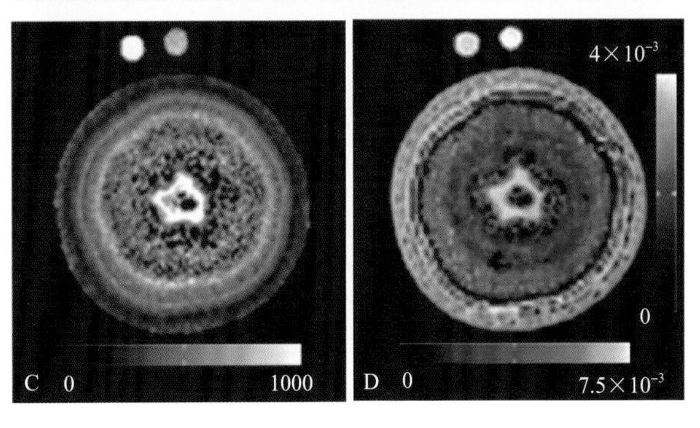

图 15.40 评估韧皮部运输功能和监测集流流速的方法。A、B. 用韧皮部荧光染料处理蚕豆叶片。A. 用荧光染料处理主要维管（MV）被切开的表皮组织处②，在处理位置的下游用共聚焦显微镜（Ob）的观察窗口①检测荧光信号。B. 蚕豆 SE 中强烈的荧光信号（绿色）表明这些细胞形成了韧皮部运输。荧光强度在纵向的均匀分布与集流一致，其在筛板（SP）两侧的荧光表明筛板结构或任何在此处的沉积都无法阻挡集流。荧光染料（黄色）也在 CC 液泡中积累。C、D. 如下胚轴的横切面所示，核磁共振记录了在韧皮部和木质部中移动的水分子的核磁自旋共振（NMR）。C. 横切面的显微对照图。D. 图中给出的是速度流（即体积流率；见公式 15.B4）图，该图来自向下流过韧皮部（橙色 / 黄色，0.1 ~ 0.3mm·s^{-1}）和向上穿过木质部（蓝色，0.3 ~ 0.8mm·s^{-1}）的水。这些测量到的速率远远超过预测的在大于几毫米的距离上扩散的速率（见公式 15.B3）。在水平和竖直条上分布的颜色表示了流速。来源：图 A、B 来源于 Knoblauch & van Bel（1998）. Plant Cell 10: 35-50；图 C、D 来源于 Windt et al.（2006）. Plant Cell Environ. 29: 1715-1729

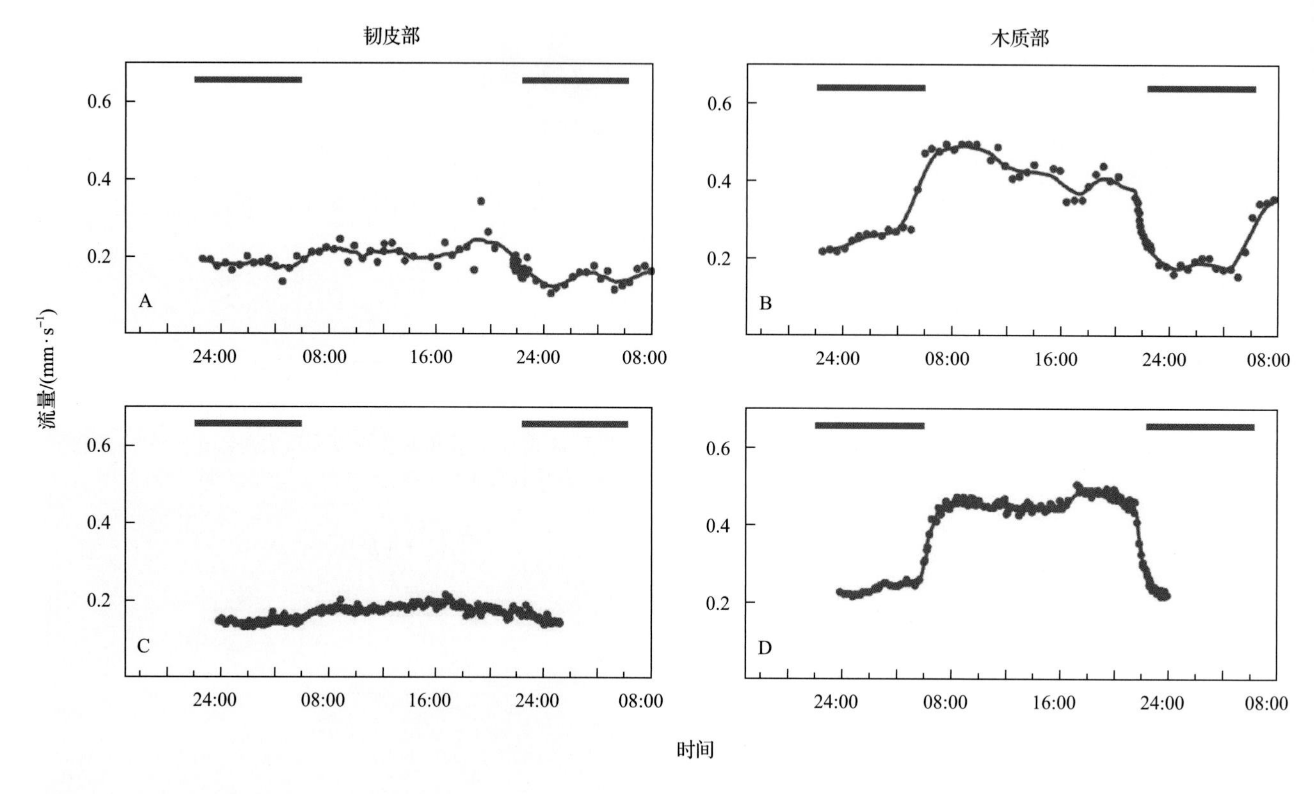

图 15.41 韧皮部运输速率（A,C）不受木质部运输速率明显的昼夜波动（B,D）影响。用 NMR 对蓖麻茎的运输速率进行测量（见图 15.40C）。黑色水平条表示夜间

（见信息栏 15.1），因此问题在于使扩散水和营养物从这些 ST 卸载的速率与进入释放韧皮部 ST 的集流速率相匹配。相反，通过集流进行的共质体卸载确保了 ST 输入和卸载速率相匹配。此外，通过径流向周围细胞体积较大（约 10 倍）的韧皮薄壁细胞的 ST 卸载，可分散 ST 中较大的静水压力（类似于气体定律 $P_1V_1=P_2V_2$）（图 15.28）。综上所述，这些考虑因素表明径流很可能是 SE 共质体卸载的机制。

15.6.3 从决定径流的变量中可推导出敏希压流（Münch flow）概念预测的运输途径的总体调节位点

韧皮部运输调节的潜在位点可从决定径流的变量进行推导（参见信息栏 15.1 和图 15.39）。该分析确定了可调节营养物运输速率的 ST 结构（ST 导水率；通道横截面的 ST 数目）和生理（静水压力；营养物浓度）特性。其中韧皮部通道横截面积对营养物的运输明显存在限制，因而受到广泛关注（图 15.39）。但对于草本植物来说，韧皮部通道传导系数（n L_0）对营养物运输速率没有明显影响，这一点在对蓖麻（*R. communis*）的研究中已证实（图 15.42）。该研究还强调了“库”反向静水压对韧皮部运输的调节，即在它们通过“库”消耗时，韧皮部运输通量会显著增加（10 ～ 20 倍）（图 15.42A ～ C）。连接 SE 和释放韧皮部韧皮薄壁细胞低密度的胞间连丝（表 15.6）有助于它们相应的低导水率，交界处显著的静水压差（图 15.28）反过来可调节共质体卸载。因此，运输韧皮部可被认为是高压多功能管，其中静水压力源头由受静水压调节的收集和运输韧皮部中的营养物质装载来维持。因此，营养物在竞争“库”之间的分配主要由连接 SE/CC 复合物与韧皮薄壁细胞的胞间连丝的导水率控制，从而确定韧皮部卸载速率（图 15.43，另见 15.7.5 节）。

收集韧皮部和由共质体连接的“库”细胞间的静水压力差由主要渗透物质的韧皮部装载和卸载来维持，以分别提高和降低这些细胞与周围质外体间的渗透差（图 15.39 和公式 15.B7）。相反，次要渗透物质对流过输送通道的水的静水压力和体积通量几乎没有影响。因此，对某个由主要渗透物质决定的体积通量来说，次要渗透物质的韧皮部运输速率仅由它们在 ST 溶液中的浓度决定，而它们的浓度由韧皮部卸载和回收活性决定（图 15.39）。ST 溶液

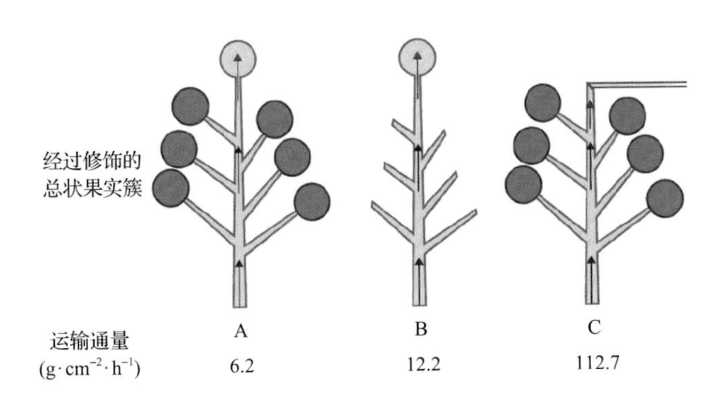

图 15.42 用可流出很多 ST 溶液的蓖麻（*Ricinus communis*）（见 15.4.4 节）证明运输韧皮部的备用运输能力。ST 溶液的集流速率可表示为通过总状果实簇最顶端果实（绿色圆圈）下面的运输韧皮部 ST 横截面（红色箭头）的运输通量。其余果实（紫色圆圈）进行的营养物质输入由紫色箭头表示。在图 A 和图 B 中，用在设定呼吸损失（输入碳的 40% ~ 50%）的一定天数间隔内最顶端果实干重的增加来确定运输通量。在图 C 中，ST 溶液从顶端果实被切割后的切口处渗出，由一个微管每隔几小时收集一次，最后用收集到的 ST 溶液的干重来确定其运输通量。在 A 图中，运输通量是在一个完整的果实簇中沿运输韧皮部到达顶端果实，而 B 图中，由于在开花期其余花便被剪掉，所以果实簇中只有顶端果实。C. 图中运输通量由运输韧皮部到达顶端切口处渗出，此时其余果实依然在果实簇上。运输流量（R_f）= 通路传导系数（L_p）× 压力差（源区 – 库区）（P_{source}–P_{sink}）× 营养物浓度（C）。上述三种处理方法中通路传导系数（见信息栏 15.1）和营养物浓度均不相同。如果通路传导系数限制集流，那么 B 图中由于没有两侧果实，备用韧皮部也可被利用，所以流向顶端果实的流量应该会按比例增加。因此，如果通路传导系数限制流量，则观察到的 2 倍通量小于预期的约 6 倍的通量增加。相反，“库”反向静水压力通过胞间连丝控制果实韧皮部末端的流量释放，C 图中的果实切除实验使胞间连丝控制被移除可用来验证这一点。切口处的静水压力为零，因此急剧增加的 P_{source}–P_{sink} 与增加 18 倍的通量相当。这一结果证明运输韧皮部具有备用运输能力

中的氨基酸浓度和氨基氮转运速率之间的高度相关性清楚地说明了这一点（图 15.44）。

15.6.4 筛孔堵塞是一种可防止韧皮部溶液从机械损伤的 SE 流失的精密监测系统

筛板能响应机械损伤进行有效堵塞，这可能是被子植物在演化上成功的关键因素。堵塞可防止光合同化物从被草食动物损坏的 SE 中泄漏，也是抵抗植物病原体入侵的机械屏障。

筛孔的胞间连丝起源揭示了筛孔堵塞的可能演化途径。薄壁细胞通过 PD 孔处胼胝质沉积维持的胞间连丝封闭来应对邻近细胞突然减小的膨压（如

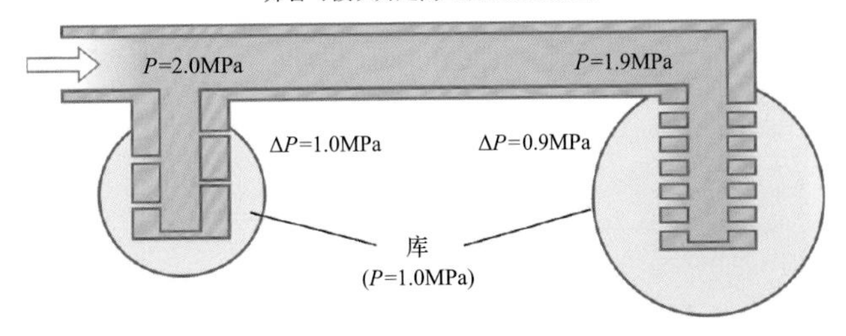

图 15.43 连接 SE/CC 和相邻韧皮薄壁细胞的胞间连丝的有限连通（即水力传导系数）限制了营养物质从 SE 共质体卸载。所以，SE/CC/ 韧皮薄壁细胞界面处的静水压力差远高于 ST 两端源区和库区的静水压力差。因此运输韧皮部可被认为是高压管汇分配系统，该系统中 ST 两端的源区和库区的静水压力差对不同的库类型来说均相似。这强调了连接 SE/CC 和韧皮部薄壁细胞的胞间连丝对 ST 和库区细胞压力差的调控作用，该压力差可决定不同库中营养物质的分配

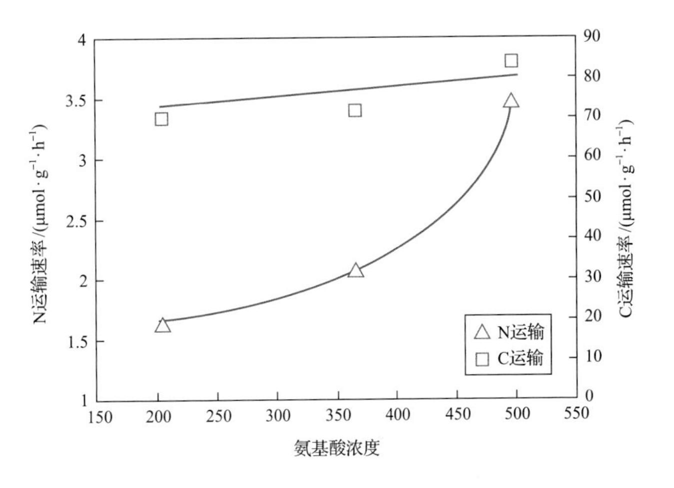

图 15.44 主要和微量渗透物质如何决定它们韧皮部运输速率的区别。三种芸薹属植物发育种子的碳和氨基氮输入速率与 ST 溶液中总氨基酸浓度具有上图的函数关系。每个点代表了一类植物的数据。值得注意的是，氨基酸浓度强烈依赖于氨基氮的输入速率，而与 C 的输入速率无关。在这些研究中，氨基氮化合物为 ST 溶液提供了约 20% 的渗透物质

机械损伤）。筛孔已通过即时流入 Ca^{2+} 起始胼胝质在筛孔周围的沉积（图 15.45A ~ D）完善了这种损伤反应策略。此外，筛板经常会被 SE 蛋白堵塞，该过程很有可能也是因为响应了 Ca^{2+}。例如，葫芦科 ST 中的 PP1 蛋白具有与许多结构性 SE 蛋白一致的 Ca^{2+} 结合活性，特别是豆科植物筛管中特异的大蛋白。这些大蛋白体存在于豆科植物（Fabaceae）SE 中，当响应 Ca^{2+} 供应和膨压冲击时，这些蛋白质呈解聚状态（图 15.45E ~ G）。当 Ca^{2+} 存在 / 不存在时，分离的豆科植物筛管蛋白表现出可逆的解聚 / 聚集。

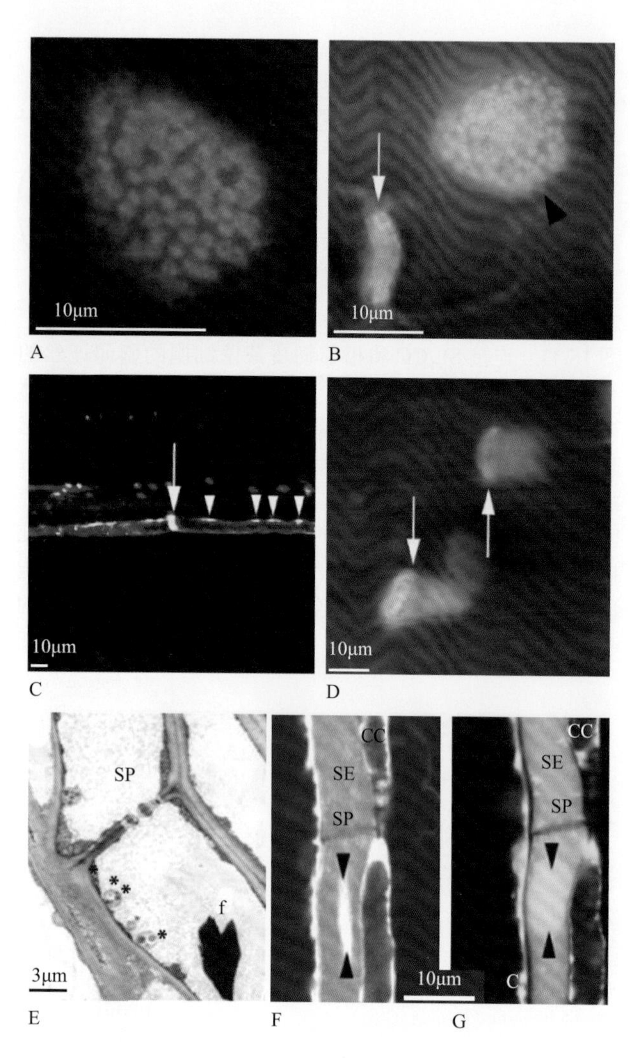

图 15.45 筛板的堵塞。A. 蚕豆（*V. faba*）筛板的表面。筛孔周围的胼胝质环（绿色）。B. 有很厚胼胝质沉积（由苯胺蓝染色）的普通筛孔（白色箭头）横切面，两个 ST 之间纵向细胞壁上的横向筛板（黑色短箭头）表面。C. 筛孔（白色箭头）和 PPU（短箭头）周围被苯胺蓝染色的胼胝质环。D. 蚕豆（*V. faba*）STs 中的胼胝质沉积（白色箭头）和蛋白堵塞（逐渐褪色的雾状蓝色）。E. 包含豆科植物筛管特异蛋白（f）和 SE 质体（星号）的完整蚕豆 SE（SP，筛板）电镜图。F，G. 蚕豆中筛板（SP）被筛管特异蛋白堵塞的荧光共聚焦显微镜图。在 SE 中荧光标记的筛管特异蛋白聚集在一起（G）（在两个短箭头之间），在被微管（G 图中看不到）刺穿后发生解聚（G）。SE，筛管分子，CC，伴胞。来源：图 A ～ D 来源于 A. Furch, University of Giessen, Germany；图 E 来源于 Ehlers et al.（2000）. Protoplasma 214: 80-92；图 F、G 来源于 Knoblauch et al.（2001）. Plant Cell 13: 1221-1230

15.6.5 大分子信号通过韧皮部传递

植物体内有些大分子信号整合了内稳态和空间隔离的器官发育，韧皮部则是长距离运输的这些大分子信号的管道。通过嫁接实验已证明 ST 溶液中的蛋白质和 RNA（见 15.4.4 节）与系统信号相关（图 15.46）。属间砧木和接穗的嫁接（例如，番茄嫁接到马铃薯植株上；图 15.46D）之间的功能性连接通过维管细胞间的胞间连丝形成（图 15.46A ～ C）。对长距离信号传导的研究需要有（略微）不同基因组的个体进行嫁接，以通过接穗 / 砧木界面处检测系统性转运的基因产物。

属间嫁接已证明参与转录和转录后调控的蛋白质、mRNA 和 sRNA（包括 siRNA 和 miRNA）会系统性运输并在远离其起点的多个位点影响基因表达（图 15.46E ～ J）。因此，器官间的响应可通过韧皮部运输大分子信号来协调。这在真菌感染或食草动物的防御反应中至关重要。此外，空间隔离的发育事件也由大分子信号协调。例如，花的起始通过成熟叶片感应日照长度变化来调控，相关信号分子（此时为 CC 合成的蛋白质）通过韧皮部运输到茎顶端（见第 19 章）。最近，在 TE 溶液中也发现了长距离运输的大分子，赋予了植物对生物和非生物胁迫的抗性。

大分子信息在 CC（或韧皮薄壁细胞）中转录和翻译，再释放到 SE 中，通过径流运输到其作用位点。大分子信号如何释放到 SE 仍有争议。主流的模型（图 15.47A）设想内源性大分子复合物在 CC 中形成，并且包含了用于胞间连丝识别、胞间连丝对接和用于其解折叠的位点蛋白质。无论大分子复合物是否包裹在膜囊泡中，与 ER 结合的肌动蛋白丝都可能是它们运输至胞间连丝的轨道（图 15.47B）。在胞间连丝 ER 棒上（图 15.3C）螺旋排列的大分子可能是使大分子复合物通过胞间连丝运输的肌动蛋白丝（图 15.47B）。这些运输机制大概类似于薄壁细胞间的共质体运输（见 15.1.2 节）。此外，该运输的选择机制报道较少。例如，与 GFP（图 15.22B）融合的肽段大小高达 65kDa，可在 CC 中表达并释放到 SE 中。这种外源蛋白似乎不太可能采用特异运输机制通过 PPU。

至少一部分 SE 蛋白可由 CC 回收并重新进入 ST，似乎是沿着运输韧皮部发生了“跳跃”。大分子重新进入 CC 可能对长距离信号很重要。例如，信号放大需要大分子沿着这条途径返回 CC。此外，被“编码”标记的大分子信号似乎会各自移动到特定的受体细胞，这种现象需要选择性的进出机制。

尽管 ST 溶液中的大分子丰度很高，但参与长距

图 15.46 嫁接处和嫁接物的实验用途。A. 凤仙花种间（*Impatiens walleriana* 和 *Impatiens olivieri*）嫁接接穗（scion，sc）和根砧木（stock，st）嫁接界面横切面。为了获得有功能的嫁接产物，接穗必须置于砧木之上，这样它们的维管区域可以连接在一起（Ⅰ）。在其他区域（Ⅱ，薄壁组织；Ⅲ，不匹配的组织），细胞并不能通过胞间连丝相连。以上是接穗与砧木功能性偶联的先决条件。深色区域（红色箭头）为接穗和砧木的界面。B. 只有在维管区（I，见 A 图）才会形成连接的胞间连丝。C. 其他区域的胞间连丝不能连接。D. 番茄（接穗）和马铃薯（砧木）形成的异种嫁接展示了木质部和韧皮部功能的恢复，并能产生番茄果实和马铃薯块茎。箭头所指为嫁接联合。E ～ J. 在不同基因型的番茄物种上嫁接接穗表明砧木中的突变会在接穗上表现出不同表型。这意味着突变的 mRNA 会沿韧皮部从根运输至地上部分。E. 叶黄素突变体（*Xa*，黄色的叶片）的叶片。F. *Xa* 的小叶。G. 鼠耳（*Me*）突变体的叶片。H. *Me* 的小叶。I. *Xa* 做接穗的嫁接产物的叶片表现出与 *Me* 类似的形态，如叶片形状改变、叶片分枝增多、在发育叶片中央区域的表皮毛及叶片绿色加深。J. *Xa* 异种嫁接产物的小叶。结果表明增加小叶数目和叶绿素表达的遗传信息通过嫁接连接处转移到接穗。来源：图 A ～ C 来源于 Kollmann et al.（1985）. Protoplasma 126: 19-29；图 D 来源于 R. Kollmann, University of Kiel, Germany；图 E ～ J 来源于 Kim t al.（2001）. Science 293: 287-289

离信号转导的大分子在很大程度上还未知（表 15.8），包括那些参与系统获得性抗性（SAR）的化合物。预计有许多错综复杂的反应跨越 SE、CC 和韧皮薄壁细胞负责 SAR。

植物病毒利用宿主植物的核酸复制机器和通过胞间连丝运输大分子的机制，并依赖韧皮部集流进行长距离传输。病毒感染通常通过进入叶片次级维管被运输至 ST 从而进行扩散（图 15.48A）。病毒充分利用了它们的基因组小的特点来繁殖和扩散。例如，烟草花叶病毒基因组仅包含 4 个可读框，它编码的一个 183kDa 蛋白能够将宿主基因组分解成大分子复合物，并通过随后的核酸序列重排而繁殖。一个 126kDa 蛋白可能负责病毒 RNA 的细胞内转移和对接到胞间连丝。运动蛋白通过胞间连丝携带病毒复合物，抵达 CC 后表达衣壳蛋白。对黄瓜花叶病毒的研究证明，与 RNA 运动蛋白类似，衣壳蛋白复合物通过 PPU 被转运到次级 SE。其中，运动蛋白没有偶联，病毒基因组被包裹在衣壳蛋白中（图 15.48B）。

蚜虫会传播大量病毒（见信息栏 15.3）。其中一些病毒（脊髓病毒科、孪生病毒科）不能从 SE/CC 中逃逸且仅在 CC 中繁殖。这些病毒颗粒被限制在 SE/CC 复合体中，说明韧皮薄壁细胞 /CC 和 SE/CC 的胞间连丝具有不同的性质。

15.6.6 筛管可传递电信号

除了化学信号，ST 还以电势波动的方式传递电

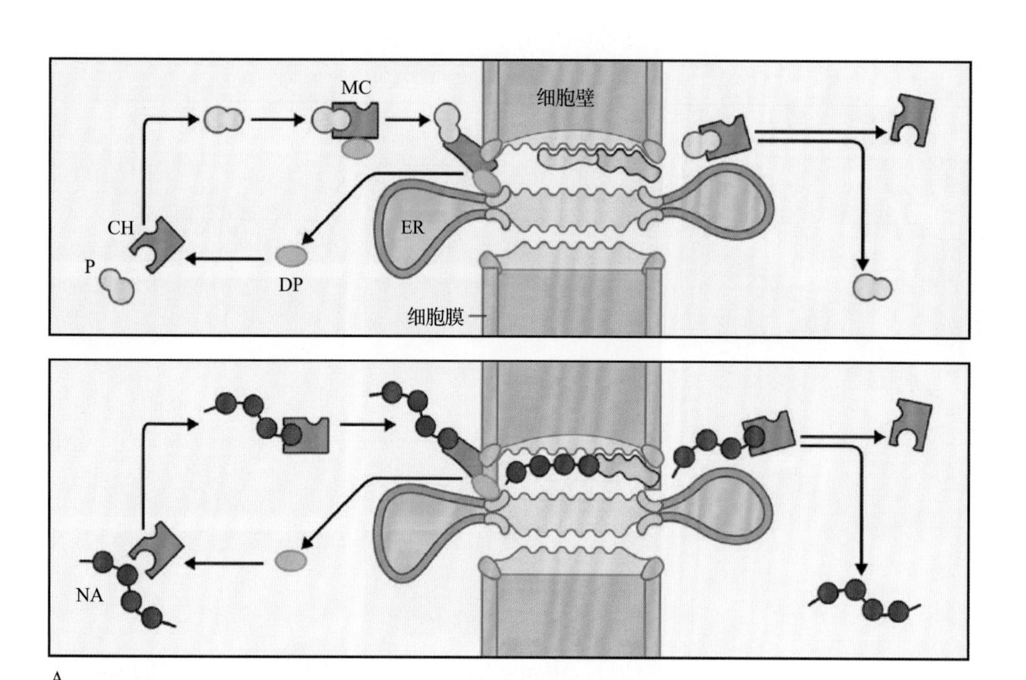

A

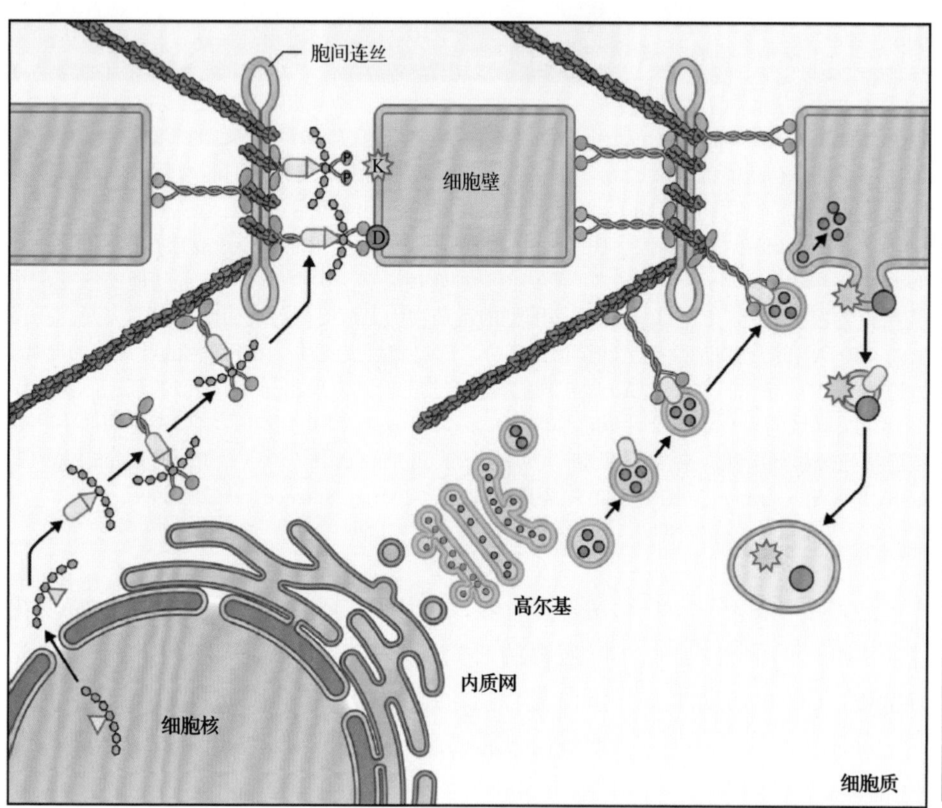

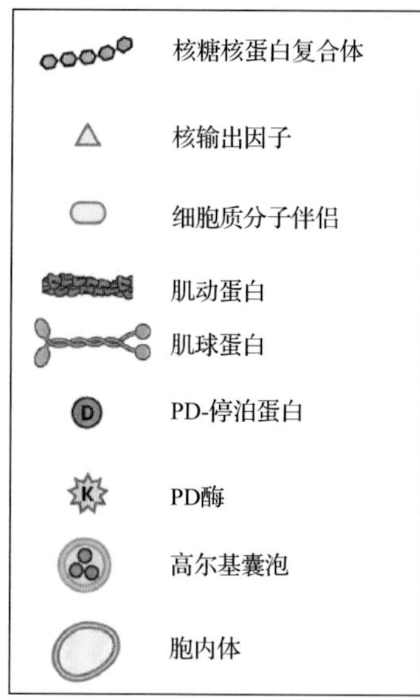

B

图 15.47　大分子通过胞间连丝运输的理论模型。A. 上面的示意图：分子伴侣（chaperone，CH）和停泊蛋白（docking protein，DP）只选择某些特异蛋白（P）形成大分子复合物（MC）。这个复合体由位于胞间连丝孔口的蛋白结构识别和加工。与停泊蛋白解聚后，P-CH 复合体以非折叠的形式穿过胞间连丝并在胞间连丝的另一端被释放。下方示意图：内源 RNA 和病毒 RNA（NA）以相同的方式穿过胞间连丝。病毒运动蛋白（见图 15.48）在病毒 RNA 的胞间连丝运输中具有与分子伴侣相似的功能。B. 另一个细胞内和细胞间大分子胞间连丝运输的模型。左侧：结合肌球蛋白的大分子复合物沿肌动蛋白丝运输，最有可能是在肌动蛋白丝和 ER 小管之间，运输至胞间连丝孔口识别、停泊和加工的位点处。随后大分子复合物通过胞间连丝依赖于肌球蛋白和肌动蛋白的互作。右侧：高尔基囊泡可能通过相同的途径运输至胞间连丝并通过胞吐作用外排至胞间连丝孔口附近

表 15.8　筛管溶液的转录组学分析

RNA	功能	植物物种
BEL-1	块茎发育	马铃薯
CmGAIP	叶片发育	笋瓜
CmNACP	分生组织维持	笋瓜
CmPP16	RNA 运输	笋瓜
DELLA-GAI	叶片发育	拟南芥
PFP-LeT6	叶片发育	番茄

注：迄今为止在 ST 溶液中发现的一些 mRNA 被证明是长距离运输的遗传信息载体。

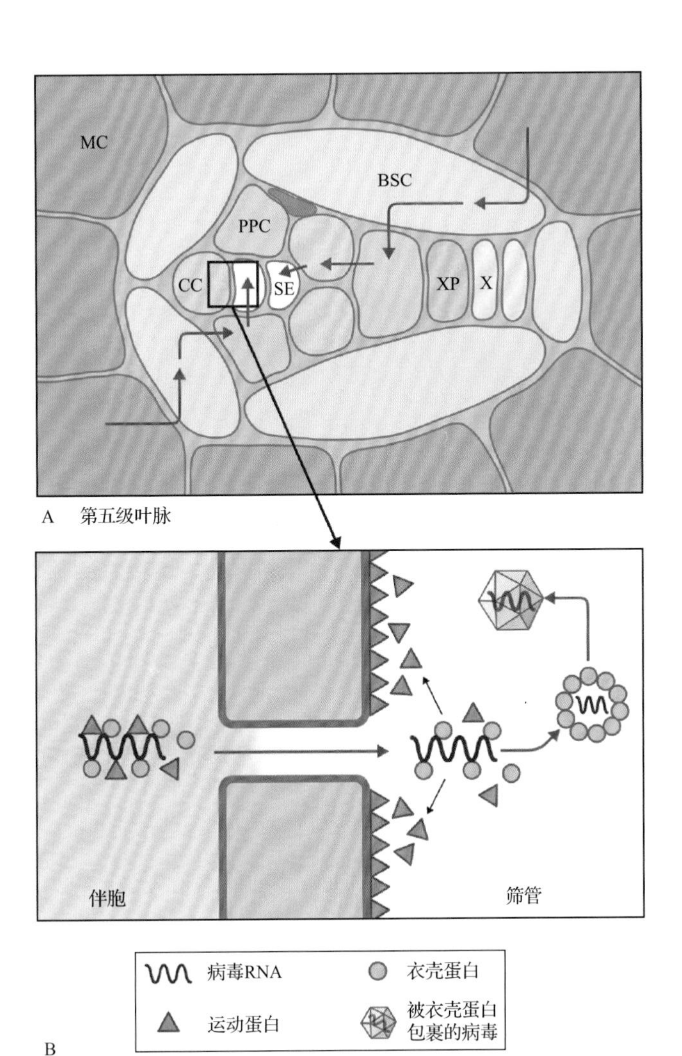

图 15.48　病毒传播的韧皮部运输。A. 感染源叶的病毒通过细胞间运输到达维管系统并扩散，通常是通过韧皮部运输。为了进入次级维管的韧皮部，病毒必须穿过叶肉细胞（MC）、维管束鞘细胞（BSC）和韧皮部薄壁细胞（PPC），最终进入 CC 和 SE。目前还不清楚病毒通过哪种细胞（BSC 或 PPC）以及如何进入 CC。B. 运动蛋白参与了病毒从叶肉细胞至 SE 的运输。运动蛋白通常与其他病毒蛋白互作，对病毒穿过胞间连丝十分重要（见图 15.47）。在病毒 RNA/ 蛋白复合体通过 PPU 进入 SE 期间及之后的过程，病毒通常都由衣壳蛋白包裹（病毒的 RNA 由衣壳蛋白单体包裹），随后与运动蛋白解聚。X，木质部导管；XP，木质薄壁细胞

信号。目前已发现两种类型的电势波动：一种为动作电位，另一种为伤口或变化电位。通常，动作电位与变化电位相比，持续时间更短且移动更快；变化电位的振幅与刺激强度相对应，而动作电位的振幅却没有这种对应关系。触摸、光脉冲或突然的温度变化等刺激可诱导产生动作电位，而变化电位来自机械损伤。燃烧产生的严重创伤可能同时引起动作电位和变化电位。

Ca^{2+} 内流后大量 Cl^- 外流以及随后的 K^+ 内流触发了主要沿 ST 的电势波的传播，最终影响远端器官的功能。例如，电势波会刺激干扰昆虫摄食和消化的相关酶的基因表达。电势波还影响远端叶片的光合作用和其他生理过程。

远程电势波效应对筛板堵塞有显著影响。在蚕豆（*V. faba*）ST 中，与电势波传播相伴随的 Ca^{2+} 内流导致其筛管蛋白突然解聚（图 15.49B）。当蛋白重新聚集时，胼胝质沉积在筛孔周围，并在接下来的几个小时内缓慢降解（图 15.49C ～ E）。因此，严重的创伤通过一个两步堵塞机制对 ST 闭合进行远程控制，首先是蛋白质快速插入筛孔中，然后胼胝质沉积以确保更长期的堵塞（图 15.49E）。如果损伤不再影响 SE 功能，膜定位的离子泵会从 SE 排出 Ca^{2+} 以恢复筛板的传导能力。

15.7　控制韧皮部运输事件的交流和调控

15.7.1　源 / 库的限制调控韧皮部溶质的流动

通量控制分析表明所有韧皮部区域都有助于调节运输。异养“库”器官营养物质间的供需平衡调节了沿着运输路径的每个运输过程施加控制的程度。在营养物质供应不能满足“库”细胞潜在需求时，可通过限“源”来进行控制。相反，当潜在营养物质供应超过“库”需求时，通过限“库”进行控制。“源”或“库”限制的运输易受环境条件的影响，并在植物发育过程中发生变化。例如，向分生组织运输倾向于限“源”，而向成熟和存储“库”的流动为限“库”。

信号可通过确定运输结构的绝对通量（胞间连丝数量；质膜面积；转运蛋白密度）来进行大体调控，通过可逆地调节运输结构的运输能力（胞间连丝传导系数；转运蛋白动力学性质的翻译后调节）来进

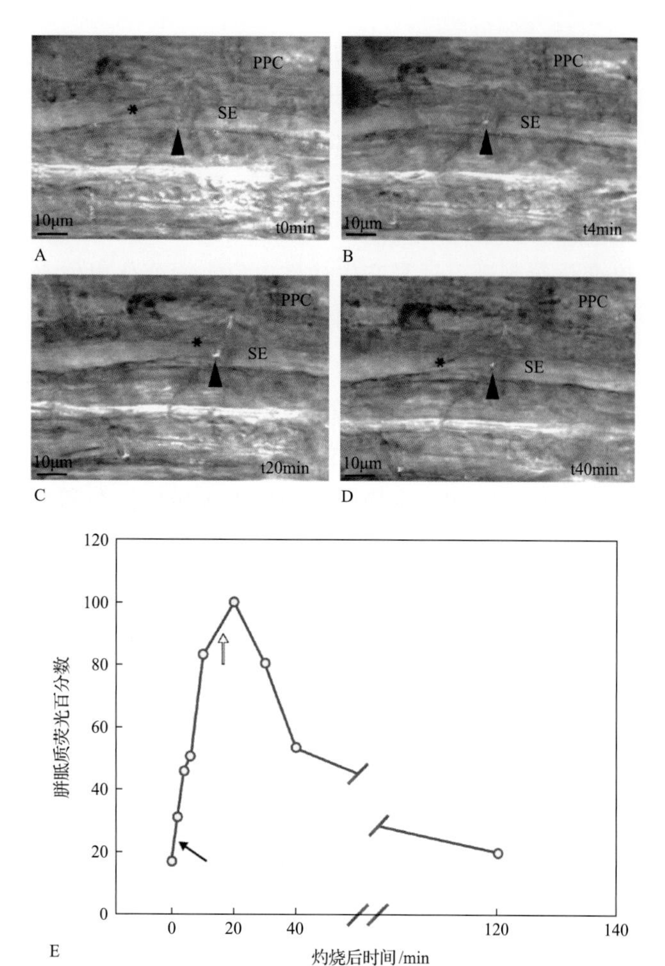

图 15.49 远端的灼烧刺激导致筛板关闭。A ～ D. 光学显微镜和多光子共聚焦激光扫描显微镜的实时重叠图，蚕豆叶片顶端（距离观察窗口 3cm 处）灼烧后，SE 中的豆科植物筛管特异蛋白解聚 / 聚集（星号）以及胼胝质沉积 / 降解（由苯胺蓝染色的红色荧光部分）的图像。B. 该蛋白质已经解聚，故无法观察（PPC，韧皮部薄壁细胞）。A ～ D 中相对荧光值在筛板处（短箭头）进行量化。E. 豆科植物筛管特异蛋白解聚（实心短箭头）/ 聚集（空心短箭头）和胼胝质沉积 / 降解的时间相关性比较。在胼胝质沉积达到最大值前，筛管蛋白开始重新聚集。2h 后胼胝质降解至基本值。来源：图 A ～ D 来源于 Furch et al.（2007）. J. Exp. Bot. 58: 2827-2838

行精细控制。

15.7.2 叶片光合作用和糖代谢 / 储存调控光合同化物的输出

对低光照条件下培养的植物从上至下进行通量控制分析（见 15.7.1 节）发现，在“源”限制情况下，叶片光合作用可对韧皮部运输进行前馈控制。据计算，光合同化物从“源”到“库”转运的调控约有 80% 位于光合叶片中。这表明光合速率不仅决定了可用于韧皮部装载的糖的浓度（公式 15.B9），如下文所述，还是可调节韧皮部装载过程的信号。

总体来说，目前的光合作用、蔗糖合成和叶片存储的糖的再运输决定了用于输出的叶片糖库（leaf sugar pool）的瞬时尺寸。如果光合速率低于“库”需求，则可通过平衡进入和离开叶片储存库（leaf storage pools）的碳流量来改善叶片糖库的消耗。受糖调节的关键光合酶（见第 12 章）、蔗糖合成酶（见第 13 章）和有助于碳从叶绿体和液泡交换中排出的膜转运蛋白的表达可调控碳向叶肉细胞质蔗糖库的流入（图 15.50）。

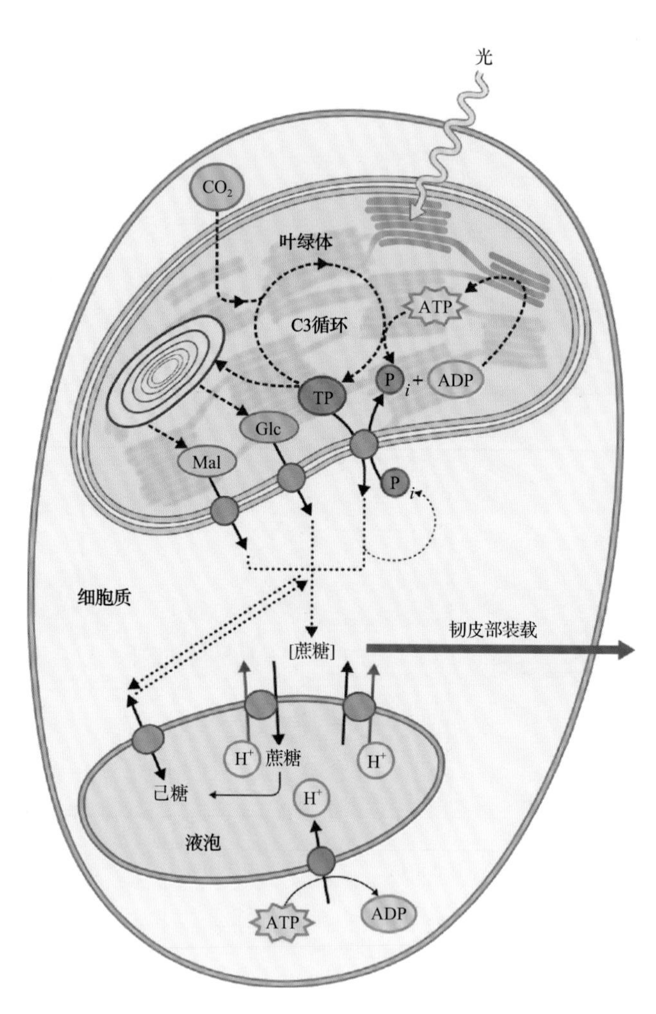

图 15.50 用于韧皮部装载的细胞质蔗糖库的生物化学和膜运输过程。图中叶肉细胞含有叶绿体和液泡。叶绿体基质中的麦芽糖（Mal）、葡萄糖（Glc）和磷酸丙糖（TP）通过叶绿体膜上的运输蛋白运输出去，其中麦芽糖和葡萄糖为淀粉水解产物，磷酸丙糖由 C3 循环产生。在叶肉细胞质中这些底物可快速转变为蔗糖。超过韧皮部装载需求的蔗糖和己糖分别由蔗糖 /H^+ 反向运输蛋白和己糖协同转运蛋白运入叶肉细胞液泡中，其中蔗糖 /H^+ 反向运输蛋白由位于液泡膜的质子泵 ATP 酶供能。它们从液泡的输出分别依赖于蔗糖协同转运蛋白（如 SUT4）和己糖转运蛋白。P_i，无机磷酸盐

15.7.3 通过缓冲邻近储存库的供给调控韧皮部的营养物质流动

当“源”供应和“库”需求间的平衡发生变化时，运输韧皮部与周围质外体间的横向营养物质交换可为通过运输韧皮部的纵向流动提供短期缓冲。对茎的冷胁迫处理实验可证明这一缓冲现象。在冷胁迫的下游，光合同化物被加速释放，同时上游光合同化物回收增强，从而产生有利于驱动韧皮部运输到达和离开冷胁迫处所需的静水压力（图 15.51）。蔗糖的质外体库相对较小并且半衰期仅有几分钟。如果“源”/“库”平衡地向下移动持续数小时，则纵向流动的缓冲会越来越依赖于对茎储存物的重新利用（图 15.25）。事实上，对于一些籽粒类作物来说，特别是在干旱条件下重新利用茎储存的碳水化合物对最终籽粒产量贡献极大。

15.7.4 “库”对营养物质的需求可通过激活远端调控响应的信号分子来传递

从限“源”叶（见 15.7.1 节）输出的光合同化物不会快速响应“库”需求的增加。相反，在需求

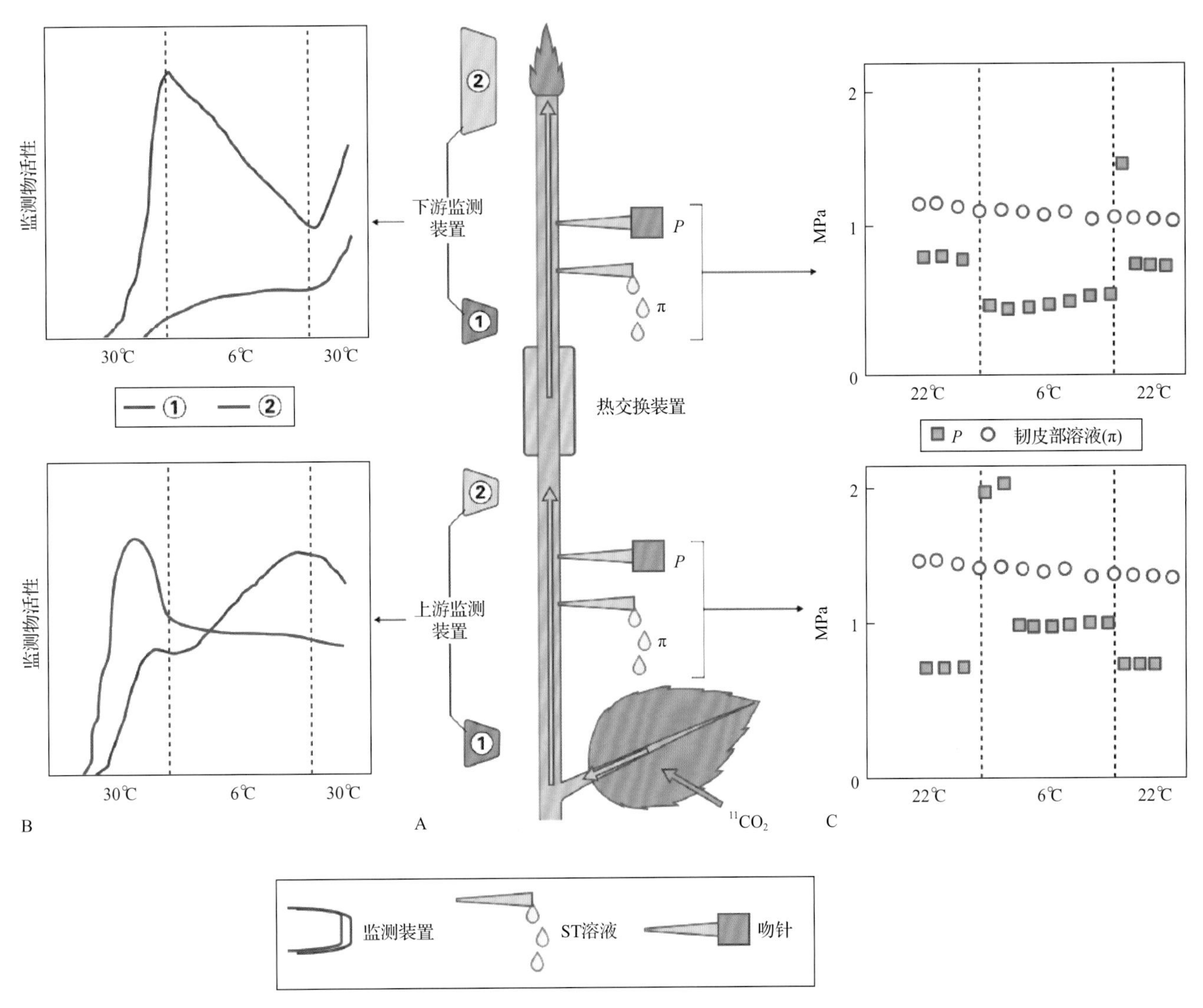

图 15.51 用一个冷块阻断纵向运输后可观察径向水和溶质的交换对纵向运输快速的缓冲作用。A. 实验的设置。将源叶暴露于 $^{11}CO_2$，引入强 γ 射线发射碳同位素 ^{11}C 连续实时测量光合同化物的运输。在由热交换装置环绕的茎秆上下游用监测装置检测 ^{11}C 光合同化物的运输（灰色箭头）。切割蚜虫吻针，置于热交换装置的上下游用于收集和测量 ST 溶液渗透势（π）。SE 静水压力（*P*）由粘接在吻针上的压力传感器测量。B. 将源叶暴露于 $^{11}CO_2$，在纵向运输途径某个选定位置连续测量 ^{11}C 光合产物水平的记录结果。用 6℃冷处理来阻断茎秆运输。而在处理位置的上下游，轴向运输均可继续进行。C. SE 静水压力（*P*）和 ST 溶液 π 的测量。*P* 值快速改变以适应茎秆温度的变化，在温度处理上游升高，在下游降低。这种适应性的改变解释了在温度处理上下游光合同化物运输的维持。由于溶液的 π 与温度相互独立，*P* 值的改变一定由与周围韧皮部质外体偶联的通过 SE/CC 和水与营养物质的交换引起。轴向净交换与温度处理上游净装载和下游净卸载方向相反

改变时，限“库”系统（见 15.7.1 节）会大量而快速（几分钟到几小时）地输出光合同化物（图 15.52）。这些快速响应说明“库”需求之间存在紧密耦合，在“库”限制时也可进行韧皮部装载。

主要渗透物质的“库”需求变化可通过 SE/CC 复合体的静水压力变化立即传递到“源”叶。H^+-ATP 酶活性的压力调节可改变跨 SE/CC 复合体质膜的 *pmf*，提供了通过质子耦合转运机制调控质外体韧皮部装载的通用机制。

“源”供给和“库”需求之间稳态平衡的变化也可通过收集韧皮部质外体蔗糖含量的上下变化来检测。例如，在切下的甜菜（*Beta vulgaris*）叶 CC 中，蔗糖 /H^+ 协同转运蛋白（*BvSUT1*）的转录和蛋白质水平被选择性地快速抑制以响应蔗糖的蒸腾运输。与调节系统一致，这些影响在质外体蔗糖水平降低时快速逆转。目前还不确定蔗糖是如何被感知的，但信号转导途径一定包含了蛋白质磷酸化级联反应（图 15.53）。

微量渗透物质需求的变化取决于其韧皮部装载速率的改变（图 15.39）。需求必须从“库”传递到“源”，因此与糖信号通路相互作用的激素无疑是最有可能的候选信号。

15.7.5 胞间连丝的运输能力与“库”代谢 / 区室化相比对运输的影响更大

由细胞代谢 / 区室化和韧皮部卸载速率之间的直接关系可推断，代谢 / 区室化产生的细胞间浓度梯度或静水压力梯度可调节韧皮部卸载速率。然而，SE 和“库”细胞之间较大的浓度差或渗透差（0.7 ～ 1.3MPa）（图 15.28）减弱了“库”细胞营养物浓度或渗透压的变化对这些差值的影响。例如，在“库”细胞胞质中预期的蔗糖浓度范围为 10 ～ 100mmol·L^{-1}，SE 蔗糖浓度最小为 350mmol·L^{-1}（表 15.3）。因此，SE 和“库”细胞之间可用于调节韧皮部卸载浓度差和渗透差的蔗糖浓度为 250 ～ 340mmol·L^{-1}。通过“库”细胞的代谢 / 区室化进行的控制最多可将卸载速率改变 36%（即 340/250）。实验观察结果与该结论一致，例如，韧皮部向伸长根的输入速率与静水压力差，以及韧皮部和地上组织之间的关键渗透物的浓度无关（表 15.9）。将扩散和径流的等式应用于该发现

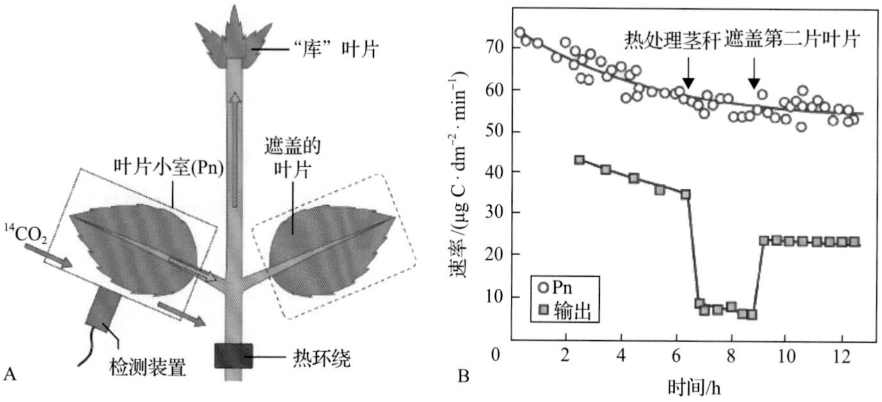

图 15.52 “源”供应和“库”需求改变时，光合同化物输出的快速响应。A. 为了同时检测源叶光合产物的合成和输出，源叶被一个持续通入 $^{14}CO_2$ 的小室包裹，同时检测 ^{14}C 输出和净光合速率（Pn 由红外气体分析确定）。输出速率为 Pn 和留在叶片中的 C（由 GM 检测装置测量）的差值。在茎秆处还环绕了热处理装置以阻断向根韧皮部的运输，其余的源叶进行暗处理。B. 实时测量记录了改变菜豆（*Phaseolus vulgaris*）的源 / 库比对 Pn 和光合产物输出的影响。通过逐渐加热茎秆来阻断向根部库区的运输（增加源 / 库比），通过暗处理其余的源叶（降低源 / 库比）来改变源 / 库比。在叶片光合作用几乎不变的情况下，不论源 / 库比如何变化，输出速率总能快速做出响应

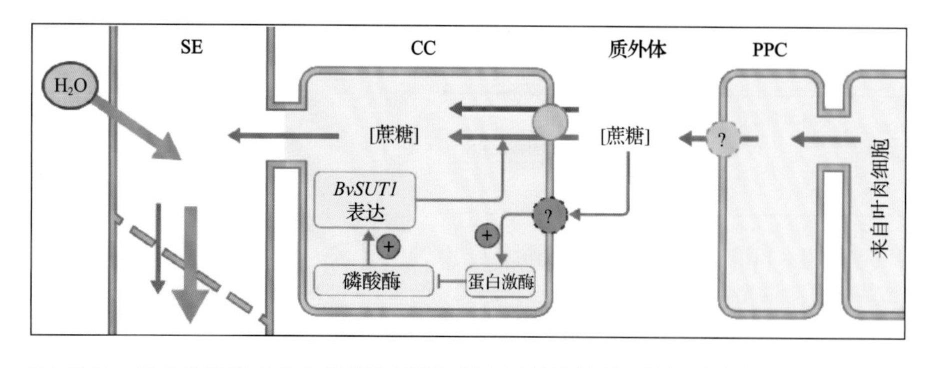

图 15.53 质外体装载叶片中蔗糖协同转运蛋白活性的抑制可协调蔗糖的供应和库区对蔗糖的需求。质外体中蔗糖浓度的动态变化可平衡蔗糖需求和叶肉细胞的蔗糖供应。假设一个与己糖激酶途径无关的未知蔗糖受体可激活蛋白激酶，该蛋白激酶反过来抑制磷酸酶，从而解除对 BvSUT1 转运蛋白转录本表达的抑制

（见信息栏 15.1），可推导出通过共质体途径卸载的营养物通量主要受到胞间连丝传导系数的控制（图 15.43）。

胞间连丝运输能力最低点对沿共质体途径卸载的营养物运输速率影响最大。根据对一系列“库”类型中胞间连丝通量（表 15.6）、最大蔗糖浓度差和最大静水压力差的估计（图 15.28），这些位置位于 SE / 韧皮薄壁细胞界面。因此，可通过改变连接 SE/CC 复合体与周围韧皮薄壁细胞的胞间连丝传导系数来调控韧皮部卸载。例如，激素可通过调节胞间连丝传导系数来控制茎中的韧皮部共质体卸载（图 15.54）。

总体而言，这些观察表明，“库”通过调节胞间连丝的传导系数以将营养物卸载速率调节至与其代谢和生长需求相称的水平。

表 15.9　碳 -11 向玉米主根的瞬时相对输入速率与主根皮层细胞静水压力和细胞内营养物浓度之间的关系，其中韧皮部 P 为恒定的 1.4MPa。碳 -11 的输入水平是相对于整个根中检测到的总碳 -11 水平

距根尖的距离 /mm	碳 -11 相对输入	皮层细胞 P/MPa	浓度 / （mmol · L^{-1}）		
			钾	蔗糖	己糖
0 ～ 5	0.18	0.66	95	12	90
5 ～ 10	0.09	0.66	51	1	150
10 ～ 15	0.02	0.61	ND	ND	ND

ND, 无数据。

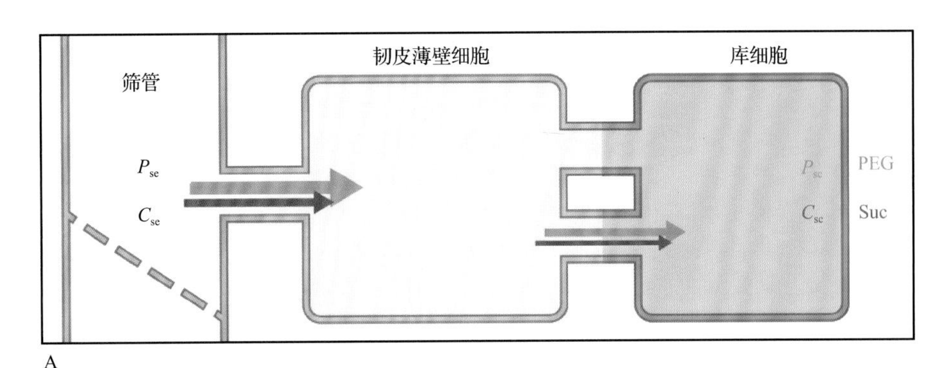

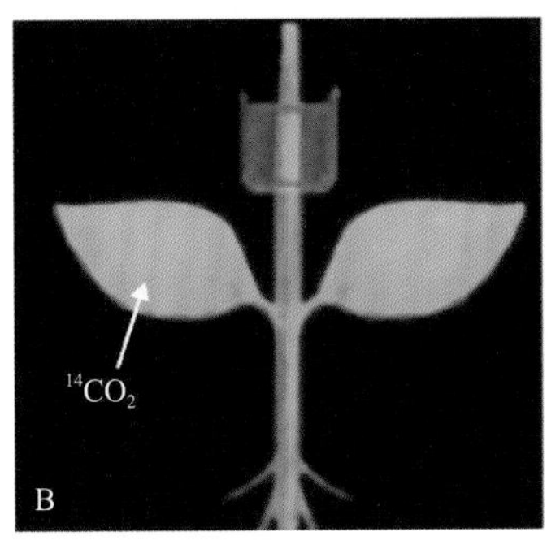

在 C_{se}–C_{sc} 或 P_{se}–P_{sc} 恒定时，激素对韧皮部卸载途径胞间连丝传导系数的影响

对扩散和径流的操控	^{14}C光合同化物 (dpm/2cm茎长) 对照	激动素
蔗糖	211	971
PEG	4669	8182

图 15.54　植物激素对韧皮部共质体卸载途径传导系数的调控。韧皮部共质体卸载的实验模型：菜豆（*Phaseolus vulgaris*）茎在 300mosmol·kg^{-1} 浓度的蔗糖或聚乙二醇（PEG；8kDa）的处理下，蔗糖浓度差（C_{se}–C_{sc}）和静水压力差（P_{se}–P_{sc}）固定。箭头指示为共质体卸载途径中的蔗糖流（红色）和水流（蓝色）。详见图 15.30。B. 将含有蔗糖或 PEG，±10^{-5}mol·L^{-1} GA_3 和激动素的浸泡液装入容器中，并将该容器环绕在茎上。几小时后浸泡液达到平衡状态，用 $^{14}CO_2$ 脉冲处理源叶（左侧面板）。^{14}C 光合同化物在处理茎秆处积累的水平（dpm，disintegrations per minute）反映了韧皮部卸载的情况。当 C_{se}–C_{sc} 或 P_{se}–P_{sc} 固定时，植物激素刺激 ^{14}C 光合同化物的积累只能由于激素分别对扩散（见公式 15.B8）和集流（见公式 15.B5）中胞间连丝传导系数的作用

15.7.6　质外体卸载需要跨质外体步骤中的两个相邻质膜来传递“库”需求

位于发育的种子和肉质果实（图 15.31 和图 15.32）中的后 -SE 卸载通路中的质外体步骤需跨两层膜来传递“接受库”组织的需求：一层负责营养物质释放，另一层负责营养物质摄取。由营养需求产生的反馈调控包含来自“库”组织内代谢 / 区室化位点的调节信号的传递，以控制营养物质运输过程。对于主要渗透物质，下述闭环控制适用于发育中的豆科种子。通过增加子叶中聚合物形成的速率，蔗糖库的消耗缓解了对 *SUT1* 表达的抑制，因此增加了从种子质外体的蔗糖摄取（图 15.55C）。质外体溶液渗透压的降低刺激了种皮营养物质的外排，这一过程由膨压 - 稳态平衡机制调节（图 15.55B）。在这些条件下，卸载细胞的静水压力是关键调节因素，将子叶对主要渗透营养物质的需求与来自种皮的营养物质供应联系起来。反之，也可将需求与韧皮部输入速率（图 15.55A）联系起来，该速率通过调节某些未知机制中的胞间连丝传导系数来增加（见 15.7.5 节）。

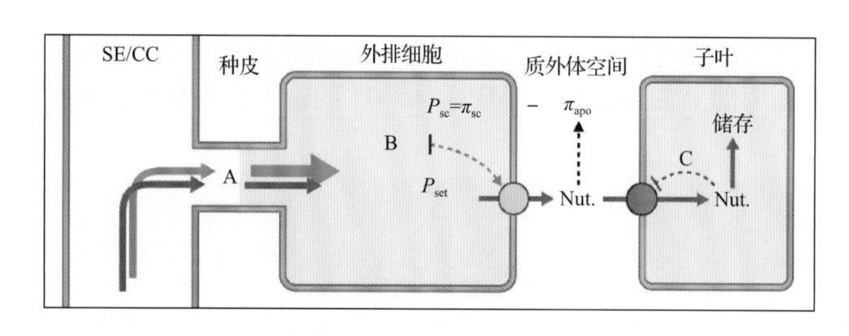

图 15.55 描述如何整合豆类植物种子营养物质的输入与保持的机制模型。韧皮部输入的营养物质由集流卸载（A；营养物质为棕色箭头，水为蓝色箭头）。转运蛋白介导的从种皮（sc）向质外体空间（apo）的外排（黄色圆圈上的棕色箭头）由膨压 - 稳态平衡机制调控（B）。子叶从种子质外体空间上吸收的营养物质的变化会立即导致种皮膨压（P_{sc}）渗透压（$\pi_{sc}-\pi_{apo}$）的改变。P_{sc} 与设定的膨压值（P_{set}）的任何偏差都会产生错误的压力信号（蓝色虚线），该信号会改变外排蛋白的活性来适应子叶吸收营养物质速率的改变。转运蛋白介导的子叶从种子质外体的营养物质吸收（橙色圆圈上的棕色箭头）与营养物质向储存化合物的转变速率相关（C）。代谢引起的细胞间营养物质库大小的改变可通过解抑制转运蛋白基因的表达来调控质膜转运蛋白的活性（C 图中的棕色虚线）

小结

维管植物中营养物质和信号的长距离运输由两个功能不同的途径完成，即木质部途径和韧皮部途径，它们在整个植物体中彼此紧密平行。木质部溶液的流动主要由蒸腾作用产生的张力所驱动。木质部中的物质会运输到蒸腾旺盛的位置，而韧皮部运输由代谢导向。

木质部 TE 和韧皮部 SE 的结构修饰后形成了具有相对高水力传导性的通路。这种特化的特征还适应了其他需要，如窄的 TE 有利于增加强度和快速密封（防止栓塞扩散）。类似地，SE 中的蛋白质可能会阻碍径流，对运输的主要控制似乎发生在韧皮部通路的“库”端。快速密封机制可防止受损的 SE 流失溶液。

营养物质和信号的长距离传输涉及维管的装载、纵向运输和卸载。装载和卸载取决于短距离运输过程，它们共同确定了营养物质和信号的总通量。质膜（来自和去往质外体）和胞间连丝（共质体）运输在营养物质装载和卸载中都起着重要作用。TE 装载和卸载的关键是分别从木质薄壁细胞流出和回收。木质薄壁细胞还控制营养物和毒性离子向植物不同区域的转移。这些细胞还涉及空化后栓塞 TE 的修复。SE/CC 复合体的装载可能完全通过共质体途径进行，或通过 SE/CC/ 韧皮薄壁细胞或维管束鞘细胞界面处的质外体途径进行。共质体装载的富集步骤依赖于 CC 中大分子质量糖物质（RFO）的合成，它们的分子质量超过了胞间连丝分子排阻限制，防止它们反向泄漏到叶肉细胞。相反，质外体装载依赖于将蔗糖装载到 SE/CC 复合体中的膜协同转运蛋白的活性。这些协同转运蛋白也沿着运输韧皮部缓冲向前运输的溶液，并与受调控的胞间连丝门控一起调控进出 SE 的营养物质通量。

在 CC 中合成的大分子信号、激素和介导系统获得性抗性的信号一起通过 PPU 转移到 SE。病毒利用了这些运输机制并利用它们系统性扩散至整个宿主植物。在大多数“库”中，营养物质以径流的方式通过胞间连丝离开 ST。该步骤导水率低并伴随静水压力的大幅下降，使该过程有效地不可逆。后韧皮部卸载途径中的胞间连丝的分子排阻限制至少为 30kDa，这可能是适应高溶质通量的重要因素。在某些情况下，还可能存在一次质外体运输，有助于提高“库”将渗透物积累至高浓度的能力。

装载、纵向运输和卸载被高度调控以运输足够的营养物质和信号。对韧皮部来说，运输速率由主要渗透物质（糖为主）的装载来控制以产生静水压力。从“库”沿韧皮部筛管传输的压力信号可调节装载活性。运输韧皮部具有备用运输能力，可缓冲运输通量以应对“源”输出的变化。营养物质的分配由“库”器官控制，其中胞间连丝传导能力似乎发挥着重要作用。对木质部来说，运输速率取决于蒸腾作用，会更加多变，营养物质的运输可通过 TE 装载与水的运输分离。一些营养物会从韧皮部回收到木质部，根系细胞中从韧皮部回收到木质部的 K^+ 可能作为传递地上部分 K^+ 状态的信号以调节 TE 装载。

（兰子君　何　清　译，秦跟基　校）

第16章 氮和硫

Sharon R. Long, Michael Kahn, Lance Seefeldt, Yi-Fang Tsay, and Stanislav Kopriva

导言

植物主要通过与土壤中溶液的相互作用来获取氮和硫元素（图 16.1）。氮和硫离子的吸收及利用是通过高度演化的形态学、生物学和生物化学机制来进行的。土壤中无机氮和无机硫以氧化形式存在，这些氧化形式的硫和氮元素只有还原后才可用于代谢。转化过程在高度还原的环境下（低 E^o 值）发生，并且氮和硫的同化过程与还原能的产生途径偶联。硝酸盐和硫酸根的还原是在有机体一定的区域内进行的，并受到了调节，从而加强了和其他细胞代谢过程的联系。生化和分子遗传学的结合研究正深入地阐释这些途径。

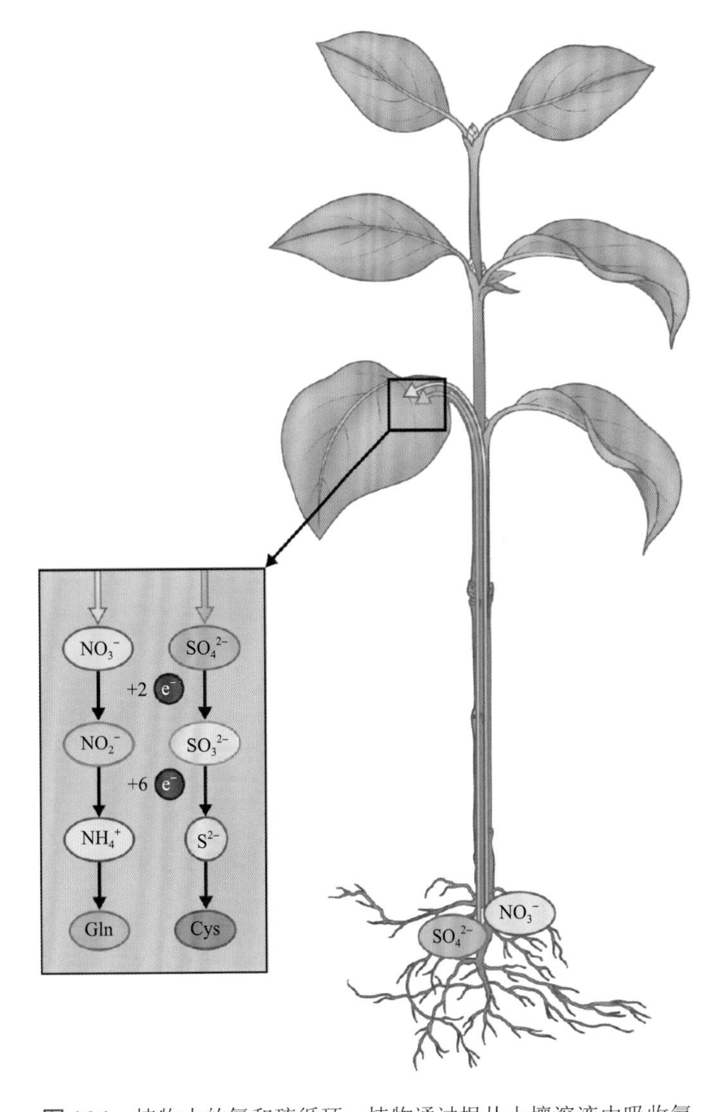

图 16.1 植物中的氮和硫循环。植物通过根从土壤溶液中吸收氮和硫，经过转化过程之后将非有机、氧化状态的氮和硫转化为生物可以利用的状态。在通过谷氨酰胺（glutamine, Gln）将氮进一步整合到各种化合物之前，氮从硝酸盐的状态（NO_3^-，氧化态 +5）转变为氨盐（NH_4；–3）。硫从硫酸盐（SO_4^{2-}；–6）到亚硫酸盐（SO_3^{2-}，氧化态 +3），接着到硫化物（S^{2-}）和含巯基的化合物（R-SH；–2），如氨基酸半胱氨酸（cysteine，Cys）

16.1 生物圈和植物中氮素概况

在有机体中，氮是位于第四位的大量元素。虽然它在地壳中的含量低于 0.1%，但它却以氮气的形式占大气层中空气的 80%。尽管含量不同，但是地壳的巨大质量却使地壳内 N 原子数量是整个大气层中的 N 原子数量的近 50 倍。绝大部分矿物氮存在于火山岩中，但是火山岩的风化却并没有为有机体提供很多氮元素。

氮在地球化学和生物化学状态之间的循环是非常复杂的（图 16.2），因为各种氧化态的氮都会在无机化合物和有机化合物中出现（表 16.1）。大多数机体利用的氮都从一个氮化合物库重新

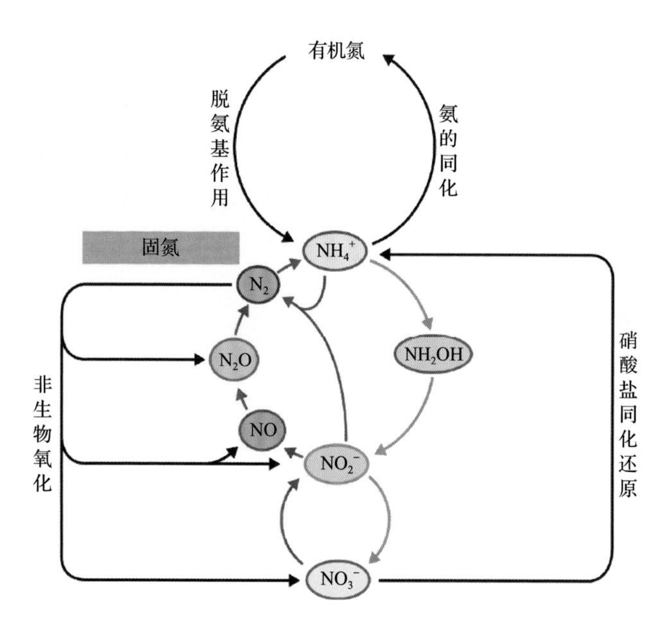

图 16.2　氮素循环。有机氮复合物是所有机体的组成成分。机体死亡、腐烂或者排泄有机氮回归环境，微生物以碳源为能量来源将有机氮脱氨，释放出铵（NH_4^+）。植物和微生物均能利用硝酸盐（NO_3^-）并将之还原为铵，接着将其同化为含氮的有机化合物，涉及氮氧化形式转化的生物反应许多都只能由原核生物催化。这些过程包括：硝化（蓝色 - 绿色箭头；包括铵或亚硝酸盐氧化，同时释放能量固定无机碳），反硝化（红色，在这个过程中，氮作为末端电子受体，在厌氧条件下发生还原反应），厌氧氨氧化（紫色，铵和亚硝酸根厌氧生产分子氮），固氮反应（绿色，氮气还原为氨）

表 16.1　无机氮化合物

化合物	N 的氧化态	名称
N_2	0	氮气
NH_3	–3	氨
NH_4^+	–3	铵离子
N_2O	+1	一氧化二氮
NO	+2	一氧化氮
NO_2^-	+3	亚硝酸盐
NO_2	+4	二氧化氮
NO_3^-	+5	硝酸盐

吸收得来，库里面的氮化物曾经被其他有机体利用过。氮库中新生的化合物来源于自然条件下的化学反应（如火或闪电）或者人为活动（如使用内燃机和施用化学肥料）。

在自然生态系统中，新增的可为有机体所用的氮主要来源于生物**固氮（nitrogen fixation）**反应，这一过程把大气中和溶解状态下的氮气（N_2）还原为 NH_3（表 16.2）。固氮作用只有真细菌和古细菌这类原核生物才能完成。氮固定产生的 NH_3 通过同化

表 16.2　自然和人为的固氮率

来源	固氮量（Tg/ 年）[a]
闪电	<10
陆地系统的生物固氮 [b]	90 ～ 140
海洋系统的生物固氮	30 ～ 300[c]
化学合成氮肥	100
化石燃料燃烧	>20

[a] 测量的标准单位是太克（teragram），即 Tg（10^{12}g），等于 10^6t。
[b] 该估值包括自然生态系统和农业固氮。
[c] 由于数据变动，估值会改变。

作用可变成氨基酸，进而合成蛋白质和其他含氮化合物，由有机体释放或者通过化肥添加的 NH_3 可被硝化细菌转化成 NO_2^- 和 NO_3^-。相应的，NO_3^- 可还原成为 NH_4^+ 从而进入有机代谢，再通过细菌、真菌和植物的同化作用进入到氨基酸分子中，或在缺氧条件下作为反硝化细菌的电子受体。氮库中的氮也会发生流失：一方面是物理流失，即氮（特别是硝酸盐）渗入到无法得到利用的土壤区域；另一方面是化学流失，即反硝化作用或者**厌氧氨氧化（anammox）**释放出 N_2（图 16.2）。

植物不仅合成了存在于所有生命体中的含氮化合物，而且还合成了许多植物特有的含氮化学物质（图 16.3）。氨基酸的合成对氮的需求量最大（见第 8 章），因为它不仅是合成蛋白质的基本组成单位，而且还是许多其他化合物的前体。氮元素是核苷酸（见第 6 章）、辅助因子和一些常见代谢物的必需元素，同时也是叶绿素的主要成分（见第 12 章）。氮缺乏植株的特征是会黄化（萎黄病），因为这些植物在氮缺乏的条件下无法合成足量的叶绿素（图 16.4）。另外，一些植物激素含氮，或者由含氮的化合物前体衍生而来（见第 17 章）。植物可以合成各种含氮的次生代谢物，其中最主要的是生物碱（见第 24 章）。尽管植物中黄酮类化合物和酚类化合物不含氮，但它们从苯丙氨酸衍生而来（见第 24 章），这意味着它们的合成过程与氨基酸代谢紧密相连。无机氮转化为有机代谢物的过程中，最重要的一步是谷氨酰胺合成酶催化氨与谷氨酸形成谷氨酰胺的反应，这种酶在所有植物中都受到严格的调控（见第 8 章）。

植物获取氮的方式有多种：摄取 NH_4^+ 直接用于有机化合物的合成；摄取 NO_3^- 后将其还原为 NH_4^+；或者在固氮菌存在情况下，宿主植株从细菌**内共生**

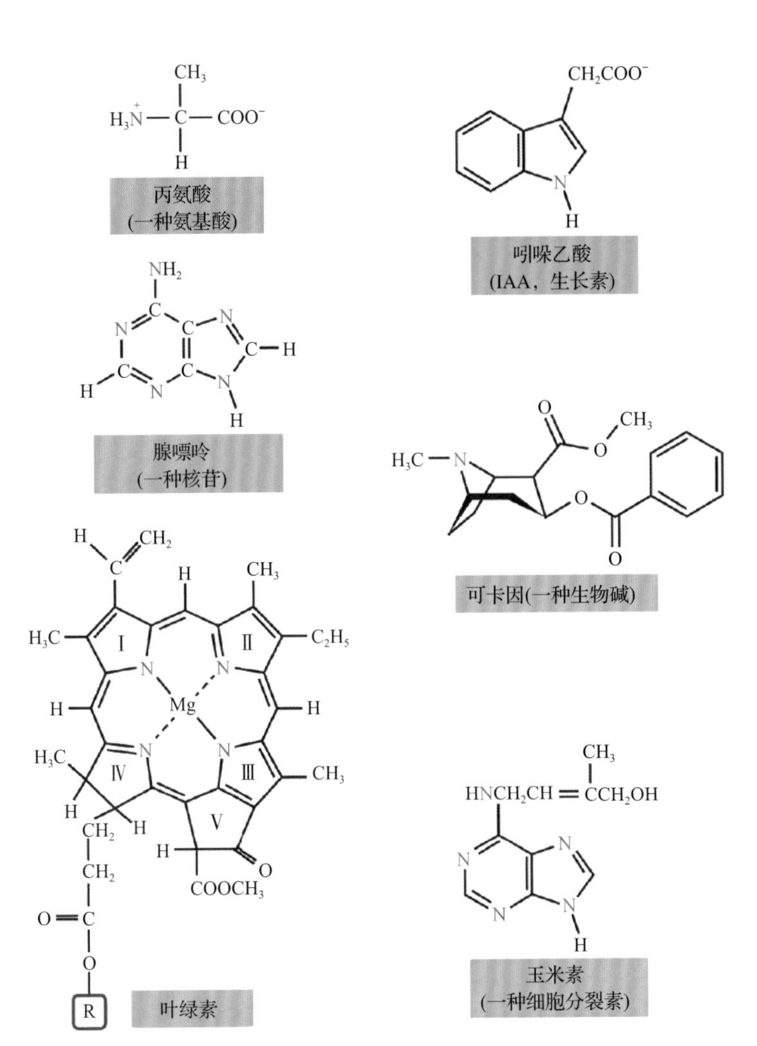

图 16.3 具有重要生物学含义的含氮化合物，其中一些是所有生物体都含有的（如氨基酸、碱基），还有一些是植物特有的化合物。叶绿素仅在植物和其他光合作用的生物中发现。生物碱如可卡因是植物特有的；植物激素如玉米素和生长素在植物以及植物和微生物互作的过程中产生

图 16.4 小麦缺氮后的表现型。缺氮后，茎叶通常单一黄化（退绿），与生长于含丰富的土壤中的植株（照片左侧）相比，生长于缺氮土壤中的植株（照片右侧）的老叶黄化特征就非常明显。来源：CIMMYT gallery，International Maize and Wheat Improvement Center http：//www.flickr.com/photos/cimmyt/5083622155

体（**endosymbionts**，希腊语含义是“共同生活内部”）中获取固定的氮。通过对不同种类的植物进行比较，或把在不同环境下生长的同种植物的个体进行对比，就会发现植物存在多种获取氮元素的策略(图 16.5)。例如，由根吸收的硝酸盐可在根中还原后，进行同化作用（NO_3^-→NH_4^+→谷氨酰胺），或者直接把硝酸盐运送到芽中然后再同化。NO_3^-也可储存于根或茎细胞的液泡中。植物可根据自身所处的营养环境，决定是否建立共生体，并可对这一结构的形成和功能进行调控。例如，生长于NO_3^-环境下的豆科植物，更倾向于利用NO_3^-作为氮源，而不形成共生瘤（见 16.4.2 节），不过它们也可以允许根瘤菌与它们形成共生体。氮的摄取涉及生理、发育及环境因素。要全面了解氮同化过程，需要对这三方面因素进行综合研究，其内容包括基因和基因表达、蛋白质结构和活性、根发育及根的生理。

由于植物属于光自养生物，它们的生长受到碳及碳以外其他营养元素的限制。相对来说，它们需要大量的氮元素，并且可利用的氮会在根际通过渗漏或通过微生物的转化而丢失，而氮的利用频率通常是植物产率的限制因素。在 19 世纪和 20 世纪（信息栏 16.1），广泛使用氮肥是提高农作物产量的一个主要手段。随着人口的增长，对农产品需求增加，深入了解植物获取氮的机制就变得更加重要。

16.2 固氮概论

16.2.1 一些原核生物能够利用固氮酶将氮气还原为铵盐

N_2占大气的 80%，但由于它具有三个共价键，因此很稳定，不能为大多数生物体直接利用。真核生物不能利用N_2，但一些被称为**固氮微生物**（**diazotrophs**）的微生物可通过酶促反应将N_2转化为铵盐（反应 16.1，见 16.3 节），这些固氮微生物包括各种不同的真细菌和一些产烷的古细菌。与**哈勃 - 伯**

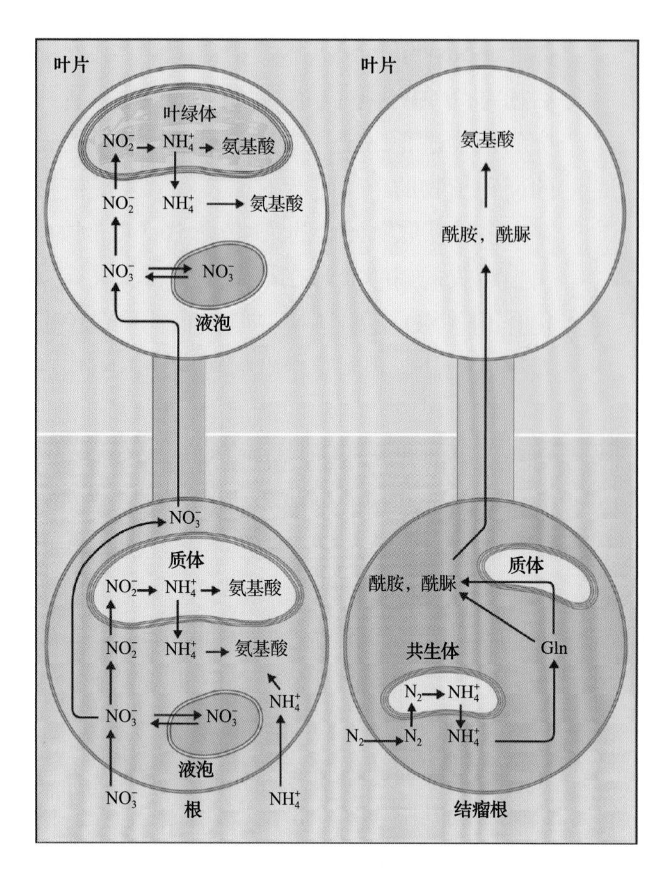

图 16.5 矿物质营养（左）和根瘤植物（具有氮固定共生体）中氮的摄取（右）。植物的根可以摄取土壤中的硝酸盐、铵盐和其他含氮化合物。硝酸盐被用于合成胺之前，必须经历先还原为亚硝酸盐再还原为铵盐的过程。根或叶中，均能在胞质中还原硝酸盐和在液泡中储存硝酸盐，根瘤植物能从土壤中摄取固定的氮，通过共生菌的作用，将 N_2 还原产生铵盐。固氮产生的铵盐经过同化作用进入氨基酸，或者成为酰胺型氨基酸（谷氨酰或天冬酰胺）或者脲的一部分，经过运输进入叶（具体细节见 16.4.9 节，以及图 16.25 和图 16.26）

氏过程（**Haber-Bosch process**）不同（见信息栏 16.1），由固氮酶催化的生物固氮是在常温常压下进行的。

反应 16.1：固氮酶

$$N_2+16ATP+8e^-+8H^+ \rightarrow 2NH_3+H_2+16ADP+16P_i$$

固氮生物的代表是能够独立生活的微生物，也有一些与植物共生的细菌。我们已知道的很多生物固氮的遗传和生化知识是通过对独立生长的固氮真细菌的研究获得的，这些真细菌包括梭菌（*Clostridium*）、克雷伯氏菌（*Klebsiella*）、固氮菌（*Azotobacter*）和项圈藻（*Anabaena*）。这些研究为了解所有固氮系统的限制因素提供了详细的信息。这些独立生存的固氮微生物必须从外界资源中获取能量，如氧化降解或分解土壤中的有机质。与独立生存的固氮微生物不同，在共生体中，细菌固定的氮与植物固定的碳发生了交换，并且共生菌氮固定效率很高，因为共生菌与植物的相互作用使固氮过程可在良好的生理条件下进行，从而克服了非共生细菌固氮反应中经常遇到的限制因素（见 16.4 节）。

16.2.2 固氮反应对氧气的敏感性

固氮反应是一种独特的生化反应，它需要消耗高能化合物，同时需要强的生物还原剂（参考反应 16.1）。由于固氮酶和一些为它提供还原底物的蛋白质对氧敏感，所以许多固氮菌都是厌氧的。由于发酵和厌氧呼吸利用还原化合物的效率远低于有氧呼吸，因而厌氧菌必须消耗大量的底物以产生足够的 ATP 来实现氮的固定。相反，好氧菌和微需氧菌从有氧呼吸中可以高效地产生 ATP，但这势必与对氧敏感的固氮酶相冲突。

在某些情况下，自生的固氮菌采取机械、时序或生化的屏障将氧气与生物固氮反应隔离。在另外一些情况下，固氮系统隔离到一个特定的结构体中。例如，丝状的蓝细菌形成**异形胞**（**heterocysts**），这是一种厚壁细胞，它可以固氮但不能进行完整的生氧光合反应。异形胞通过循环光合磷酸化——一种不产生氧的光依赖反应，生成固氮反应所需的 ATP（见第 12 章）。一些非丝状蓝细菌将固氮反应与光合作用在时序上隔离开：光照条件下进行生氧光合反应，黑暗条件下进行固氮反应。

16.3 氮固定中的酶学

固氮酶是一个包含金属离子的复合体。已经知道至少有三种固氮酶含有不同的金属中心。研究最清楚的是依赖于金属钼的酶（图 16.6）。

16.3.1 固氮酶由两种蛋白组成

固氮酶由异源四聚体的 MoFe 蛋白（固氮酶或是组分 Ⅰ）和同源二聚体的 Fe 蛋白（固氮酶还原酶或组分 Ⅱ）组成。N_2 的固定过程需要固氮酶这两种组分之间密切的相互配合。MoFe 蛋白含有 N_2 结合的活性位点金属簇。Fe 蛋白传递电子到 MoFe 蛋白，这个反应伴随着 MgATP 的水解。由固氮酶催化还原 N_2 同时需要两个质子还原形成 H_2，所以

信息栏 16.1 土壤施氮有长远的历史

根据文字记载和一些口头流传，在许多文明发展阶段中，通过对土壤施肥以促进植物生长的耕作方式非常普遍。18 世纪到 19 世纪以后，土壤的化学分析，以及对植物生长营养需求的研究变得更为精细。而在此之前，农民们对庄稼进行轮作，或者对土地施加堆肥或简单的矿物质。到 19 世纪早期，氮肥大规模使用，此时氮肥形式有堆肥（包括鸟粪）及无机硝酸盐。然而，用于肥料的氮化合物的需求常常与弹药或火药制造业对氮化合物的需求相冲突。

最初氨是煤炭焦化过程中的副产品。1913 年，Fritz Haber 和 Carl Bosch 的工作实现了铵的转化。他们用铁作为催化剂，在高温高压下用 N_2 和 H_2 合成 NH_3。N_2 和 H_2 的反应是放热反应（$\Delta H^o_{f(NH_3)}=-46.1kJ\cdot mol^{-1}$），但由于 N_2 中的三键，该反应的活化能非常高：

$$N_2(g)+3H_2(g)\rightarrow 2NH_3(g)$$

常温下，该反应可自发进行，但速度缓慢，并且在高温条件下，反应平衡趋向于反应物。反应温度为 298K 时，$K_{eq}=6.0\times10^5$；450K 时，$K_{eq}=2.1$；800K 时，$K_{eq}=4.4\times10^{-5}$。工业化生产中的 **Haber-Bosch** 反应条件是这些因素的综合：反应压力为 150 ～ 400 个大气压，反应温度 400 ～ 650℃，金属催化剂，氨一经形成即被移去（见封面的图）。氮肥以 NH_3 为基础（见表 16.2），农业对氮肥需求的增加造成矿物燃料的大量使用，使得能量供给成为限制因素，并且使得反应成本更昂贵。目前**工业固氮**（**industrial nitrogen fixation**）达 10×10^{12}g/ 年（见表 16.2）。

共生固氮超过了陆地生态系统生物固氮量的一半，固氮共生体微生物学可追溯到 19 世纪。1888 年 Martinus Beijerinek 发现微生物（后来证明是细菌）造成了豆科植物上的根瘤。同年，Hermann Hellriegel 和 Hermann Wilforth 经缜密推理和证据，证明了豆科根瘤能利用大气中的氮合成有机含氮化合物，而无根瘤的豆科植物或非豆科植物只能利用溶液中的矿质氨。

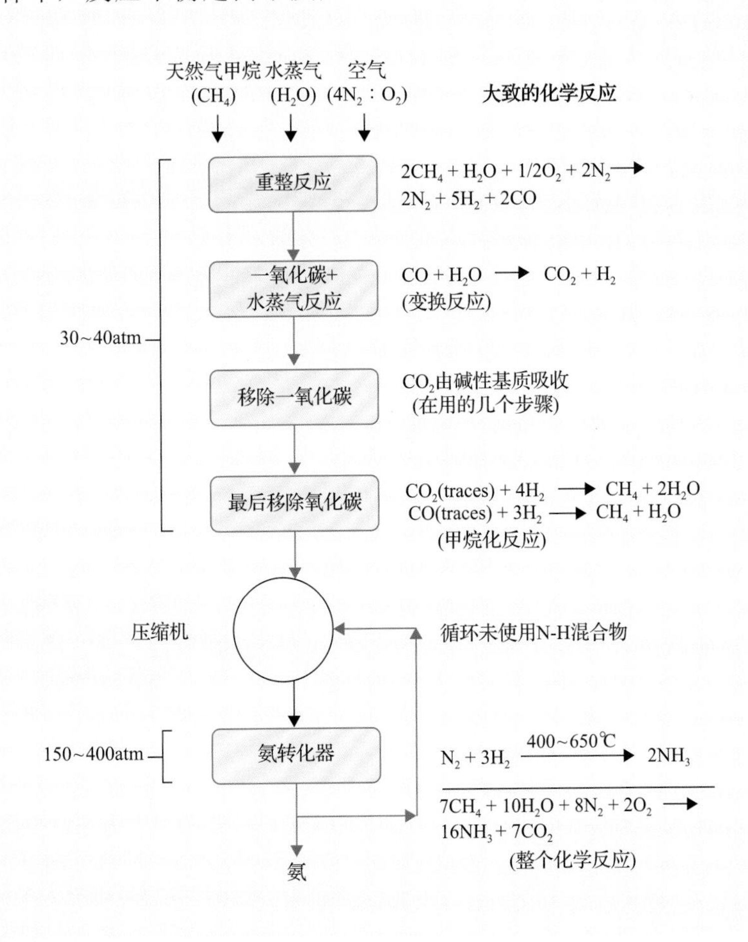

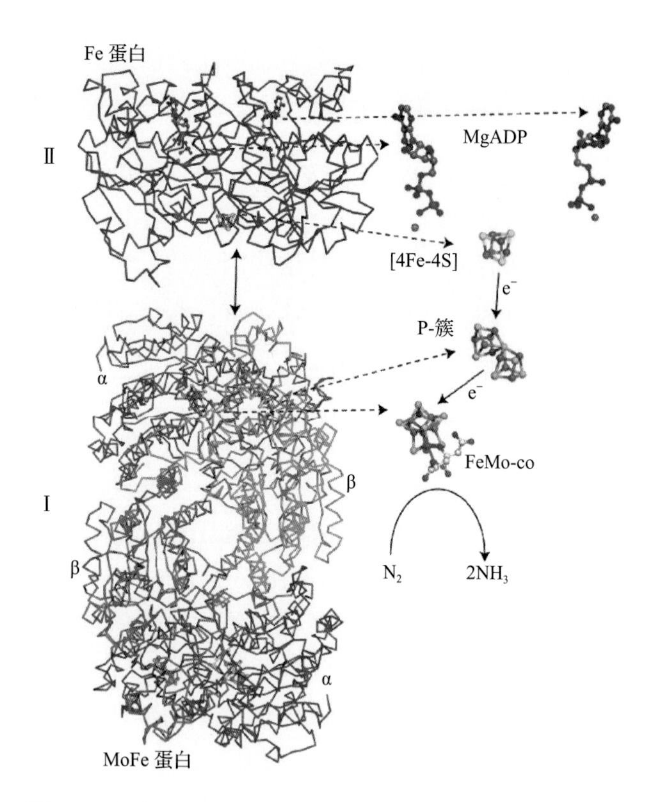

图 16.6 固氮酶的 MoFe 蛋白（组分 Ⅰ，固氮酶）和 Fe 蛋白（组分 Ⅱ，固氮还原酶）结构，以及两个酶之间的电子流。铁蛋白，由 *nifH* 编码，从载体（如铁氧还蛋白或黄素氧还蛋白）接受电子。载体因生物固氮体系的不同而有差异。伴随净 ATP 的水解，铁蛋白将低势能的电子传送到 MoFe 蛋白的 P- 簇。MoFe 蛋白，是由 *nifD* 和 *nifK* 编码的异型四聚体，接受电子，分步与 H^+ 和 N_2 结合，最后产生 H_2 和氨

这个反应利用 8 个质子和 8 个电子，水解 16 分子 MgATP 形成 MgADP 和 16 分子 P_i（见反应 16.1）。固氮酶在 N_2 还原的过程中产生 H_2 的机制并不是很清楚。

这两个蛋白质之间复杂的相互作用，部分原因是 Fe 蛋白每次只能转移一个电子到 MoFe 蛋白上。这种转移伴随着两分子 MgATP 的水解，生成 MgADP 和两分子的 P_i。当 Fe 蛋白将一个电子转移给 MoFe 蛋白后，氧化的 Fe 蛋白发生解离，另一分子还原态的 Fe 蛋白代替其位置。因此，完整的 N_2 的还原需要至少 8 次 Fe 蛋白与 MoFe 蛋白之间的结合和解离，来积累足够多的电子参与 N_2 和质子的还原，从而产生氨。氧化的 Fe 蛋白利用电子的供体（如铁氧还原蛋白或黄素氧还原蛋白）重新被激活后循环利用，这些电子的来源是代谢过程，激活过程同时伴随着两分子的 MgADP 被交换为 MgATP。

两类相似的固氮酶（被称为另外的固氮酶）含有钒（V）或是 Fe 代替了 Mo 的位置。关于这两类固氮酶是如何工作的目前仍不是很清楚，但认为其和上述依赖 Mo 的机制相似。相关但不同的基因编码了不同的其他固氮酶。不同家族的固氮酶活性位点的金属含量相似，关键的不同点在于辅因子的活性位点包含单个 Mo 或 V，或另外的 Fe 原子（见 16.3.2 节）。

16.3.2 N_2 结合在 MoFe 蛋白的一个独特的辅助因子上

MoFe 蛋白具有活性位点，N_2 可以结合到这个位点并还原。这个蛋白质是 αβ 异源四聚体，每一个 αβ 二聚体都具有一个有功能的催化位点（图 16.6）。因此，每一个 MoFe 蛋白都是由两个催化单位组成，每单位都有一个位点能够与 Fe 蛋白相互作用。

MoFe 蛋白的每一个 αβ 二聚体单位都含有独特的金属簇组装位点或者是辅助因子。其中一个辅助因子，称为 FeMo 辅助因子或是 FeMoco（fee-moh-koh），由 Mo、Fe、硫（S）、碳（C）和有机酸 R- 高柠檬酸组成，它们之间的排列方式大致可由 1Mo-7Fe-9S-1C-1 高柠檬酸的化学式表示（图 16.7）。FeMoco 可被看成是一个 4Fe-3S 构成的立方体，通过三分子的 S^{2-} 被连接到 1Mo-3Fe-3S 构成的立方体上。有机酸 R- 高柠檬酸通过与辅助因子末端的两个氧原子相互作用结合到 Mo 上。辅助因子通过半胱氨酸侧链结合到蛋白质一端的一个特殊的 Fe 上，另一端通过组氨酸侧链结合到 Mo 上。一个高分辨的 X 射线结构显示，MoFe 蛋白在 FeMoco 的盒子中含有另外一个不同的 C 原子。

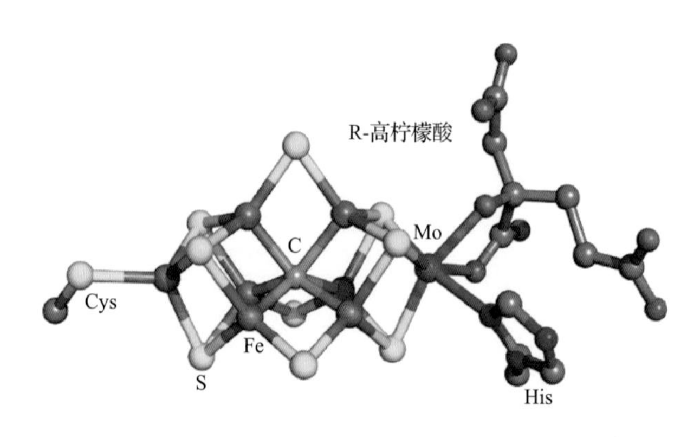

图 16.7 FeMo 共因子（FeMo cofactor）的分子结构。碳为灰色，铁为铁锈色，硫为黄色，氧为红色，氮为蓝色，钼为品红色。FeMoco 的中心原子是 C^{4-}。Mo 类的氮还原酶在所有的共生细菌中都有，包括根瘤固氮菌和慢生根瘤菌

FeMoco 是 N_2 结合和还原的位点，但是在这个反应中，N_2 在金属簇中的准确结合位点还不确定。越来越多的实验证据暗示着包括 N_2 在内的底物结合到中心位置的一个或多个 Fe 原子上。这些研究还充分利用了固氮酶能够还原一些含有双键或三键的非生理学底物。经典的可替代固氮酶底物是乙炔，它能够被还原形成乙烯。由于利用气相色谱法很容易测定空气中的乙烯，所以乙炔的还原被作为检测田间或是纯化的固氮酶活性的常用方法。

MoFe 蛋白的每一个 αβ 二聚体都含有第二个金属簇，称为 P- 簇（P-cluster，见图 16.6 和图 16.8）。这个簇含有 Fe 和 S，分子式为 [8Fe-7S]，大致可认为是排列在 [4Fe-4S] 立方盒子的上方，通过在 [4Fe-3S]（图 16.8）拐角处的 S 相互连接。除了常见的通过半胱氨酸残基将 P- 簇连接到蛋白质上，P- 簇还会通过丝氨酸的侧链的氧原子与蛋白骨架上的氨基形成共价键与蛋白质相连接。当 P- 簇被氧化或还原时，会发生重排，但是重排的作用并不清楚。P- 簇可能从 Fe 蛋白处接受电子，然后将一个或多个电子转移到 FeMo 辅助因子处来支持底物的还原。在催化反应的过程中有多少电子聚集在 P- 簇以及通过 P- 簇的电子流的顺序仍需进一步确定。

16.3.3 Fe 蛋白是一个可以水解 MgATP 的还原酶

Fe 蛋白是一个还原酶，传递电子到 MoFe 蛋白，它由两个相同的蛋白亚基 γ 组成。这两个亚基分别

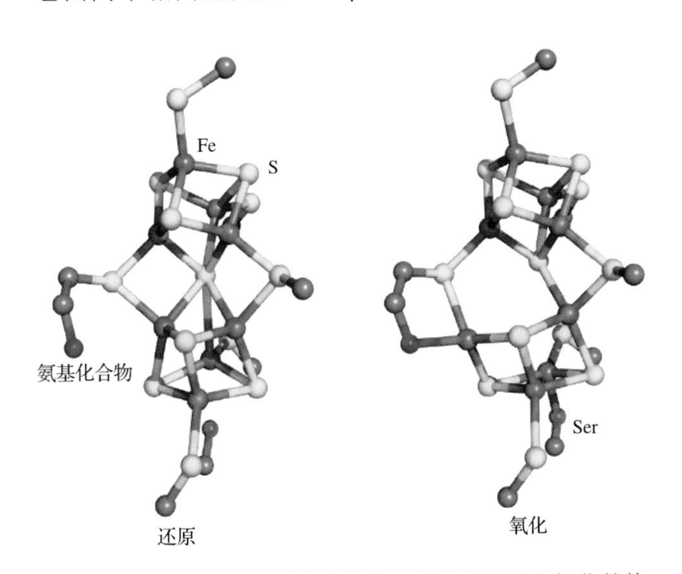

图 16.8　P- 簇和 MoFe 蛋白的结构。展示了还原和氧化的构象。铁原子为铁锈色，硫原子为黄色

通过自身的一个半胱氨酸与 [4Fe-4S] 簇立方体分别形成二硫键而将这两个亚基共价连接到一起（见图 16.6）。[4Fe-4S] 簇位于 Fe 蛋白的一端。每一个蛋白亚基都含有一个核苷酸结合位点，每一个位点都位于远离 [4Fe-4S] 的一端。

每一个亚基可以结合一分子的 MgATP，两个 MgATP 的结合能够改变 Fe 蛋白的整体结构。构象的改变会引起一些重要的影响，包括 [4Fe-4S] 簇的性质的改变。当 MgATP 结合到该位点时，[4Fe-4S] 簇的还原点的电势从 –300mV 变到 –420mV。由于核苷酸的结合位点远离 [4Fe-4S] 簇，所以这个电势的改变一定是通过蛋白构象的改变完成的。当 ATP 结合时，更高的还原势能促进电子从 Fe 蛋白转移到 MoFe 蛋白。MgATP 诱导的蛋白构象的改变也会增加 Fe 蛋白与 MoFe 蛋白的结合。因此，Fe 蛋白的 MgATP 结合状态有利于其与 MoFe 蛋白的结合以及随后的电子转移。

根据这个性质，可利用 MgATP 的类似物来构建稳定的 Fe 蛋白 -MoFe 蛋白复合物。X 射线晶体研究揭示了 Fe 蛋白与 MoFe 蛋白相接的位置（见图 16.6），这个重排揭示了电子流的传递方向是从 Fe 蛋白的 [4Fe-4S] 簇转移到 MoFe 蛋白的 P- 簇，最终止于 MoFe 蛋白 MoFe- 辅助因子。单个电子从 Fe 蛋白的 [4Fe-4S] 簇开始转移是由两分子的 MgATP 发生水解而激活。Fe 蛋白和 MoFe 蛋白的活性可以看成是两个连接的环（图 16.9），Fe 蛋白的循环逐步驱动 MoFe 蛋白的循环过程。

在 MoFe 蛋白上积累了许多电子，这些电子可能位于 P- 簇，也可能位于 MoFe 辅助因子处，或位于部分还原的底物位置。MoFe 蛋白至少积累 8 个电子来完成 N_2 的还原。为了方便表示 MoFe 蛋白的每一个还原状态，就把不同还原态下的 MoFe 蛋白用 E_n 来表示，其中 *n* 代表的意思是 MoFe 蛋白积累的电子数目。在这个命名法中，E_0 代表了 MoFe 蛋白处于休眠状态，即没有电子输入的状态，随后接受不同数目电子的还原状态被称为 E_1、E_2 直到 E_8。不同的底物结合到不同的 E 态的 MoFe 蛋白。例如，乙炔结合是 E_2 状态，然而推测 N_2 的结合状态可能是 E_3 和 E_4。

没有 N_2 时，在还原质子和乙炔的过程中，只需要 E_0-E_2 的状态，因为这个反应只需要 2 个电子。在还原 N_2 的过程中，8 个状态的 E 都需要，N_2 被

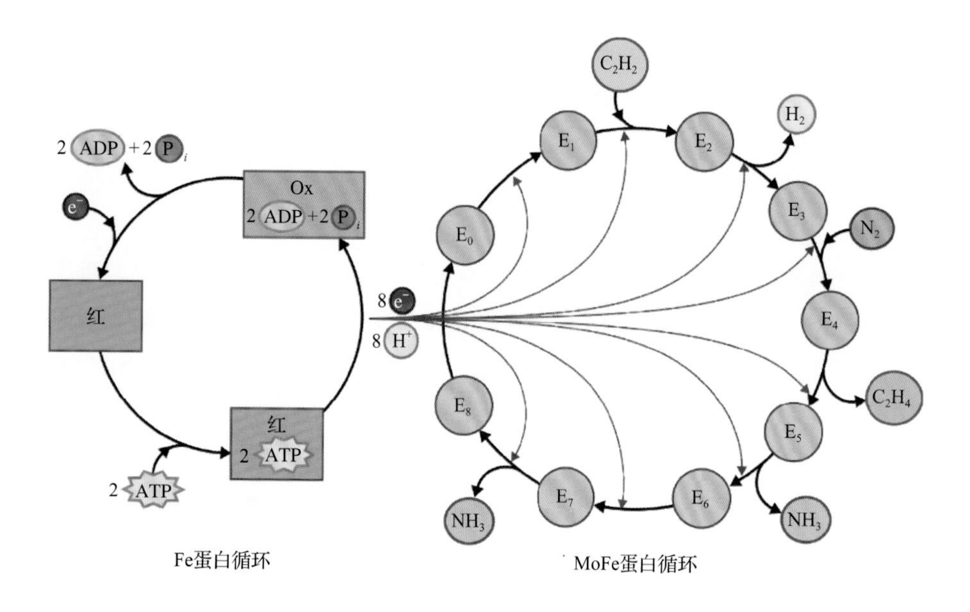

图 16.9 Fe 和 MoFe 酶循环。E_n 表示固氮酶接受 *n* 个电子后的氧化还原态。红色箭头表示单个电子和相应的单个质子的传递。在反应起始几步，H_2 参与反应，但没有相应 N_2 的结合，实际上在产生这一系列中间反应物时，消耗了 ATP 和还原剂。N_2 能够从 E_3 或是 E_4 的形式替换 H_2，因此，形成分子氢是 N_2 还原中必需的过程。用酸处理后面的复合物，可以释放氨，这表示在这些复合物中 N 原子不止与一个 H 结合

还原过程中的中间产物并不很清楚，但在整个还原 N_2 的过程中，N_2 都和 FeMo- 辅助因子结合，作为部分还原的中间产物，在还原成氨并被释放前，它们都与 FeMo- 辅助因子结合在一起。由于 N_2 和小分子金属化合物在一起被还原，很容易推测二氮烯（HN=NH）和联氨（H_2N-NH_2）的还原过程也存在与 FeMo 蛋白结合的中间产物。在未来的研究中，还需要弄明白这个复杂的复合体中具体的中间产物、中间产物准确的结合位点，以及在酶催化过程中 MoFe 蛋白的电子分布等，这样才能更好地理解这个复杂的酶的工作机制。

在许多独立生存的固氮菌中，一些还原的铁氧化还原蛋白（另一些物种为黄素氧还蛋白）能够传递电子到固氮酶的还原酶。丙酮酸酯铁氧化还原蛋白 / 黄素氧还蛋白氧化还原酶能从丙酮酸酯传递电子到氧化的铁氧化蛋白 / 黄素氧还蛋白。在一些生物中，包括共生固氮菌，有许多可选择的方案来产生还原电子载体蛋白所需要的低电势的电子。

16.4 共生固氮

在陆地自然生态系统中，植物体可利用的氮有 80% ～ 90% 来源于生物固氮。生物固氮的总量中，将近 80% 来源于共生固氮。当植物在缺氮的土壤中生长时，与没有高效共生固氮的植物相比，共生固氮有利于植物的生长，并可显著提高作物产量（图 16.10）。然而，要得到固氮的好处就必须付出一定的代价。如果所有植物都需要建立根瘤（固氮发生的位点，见图 16.4.2）来固氮，那么把固氮以及合成的氨在整个植株中运输消耗的能量算在一起，从共生体中每获得 1g 固定的氮就需消耗 12 ～ 17g 碳源。由此推测，豆科植物有抑制根瘤形成和发挥功能的机制，在有足够的硝酸盐或铵盐作为氮源的情况下，这些机制就会启动。更好地理解植物和细菌在共生固氮中发挥功能的基因，可协助植物育种者和微生物学家为农业生产系统提供更好的寄主菌株。

用同位素定量比率测定可估测固氮来源的氮在植物总氮中的分布情况。大气中的 N_2 全部由 ^{14}N 组成，然而，土壤中却通常有较高含量的、稳定的 ^{15}N 同位素。与只从土壤中获取 N 的植物相比，通过共生固氮作用从大气中获得 N 的植物会含较少量的 ^{15}N。这个测定方法中，最好的对照是生长于同样土壤条件下的没有共生菌的同种植株。**根际（rhizosphere）**环境中如果有自生固氮菌（如 *Azospirillum*、*Azoarcus*、*Herbaspirillum*）生长，就

图 16.10 豆类植物依赖于有效的固氮菌。右侧，大豆接种有效的根瘤菌；左侧，大豆在含有无效的根瘤菌土壤中生长。来源：Vessy（2004）Crop Management

会提高甘蔗和高粱等的产量。微生物可通过产生植物激素及其他化合物促进植物生长，但是非共生固氮对促进植物生长的贡献大小仍不清楚。

16.4.1 很多维管植物可建立固氮共生关系

氮固定共生（**nitrogen-fixing symbioses**）并不只局限于维管植物中，寄主还包括真菌类（地衣）、动物（从海洋珊瑚到陆地生物白蚁）等。在维管植物中，有三种主要的原核固氮菌可与植物形成固氮共生体结构。

第一种类型是由蓝细菌，如**项圈藻**（***Anabaena***），和不同的植物间建立的共生关系，包括苏铁类植物、蕨类植物、地钱、金鱼藻和被子植物**根乃拉草**（***Gunnera***）。这些宿主演化出精致的特殊结构来适应蓝藻细菌。例如，根乃拉草在叶柄基部的腺体处被感染；苏铁类植物产生特殊的“珊瑚状”的根；**满江红**（***Azolla***）是一种可以与鱼腥蓝细菌共生的水生蕨类植物，它将鱼腥蓝细菌藏在叶片腔中。通常可将它们与水稻一起种植，为水稻提供足够的氮源，从而保证水稻的可持续种植。

第二种类型是属于革兰氏阳性菌中的**放线菌属成员**（**弗兰克氏菌**）与不同种群的双子叶植物形成共生体。其中双子叶植物的蔷薇分支（Rosid I）中有 8 个甚至更多的科中不少于 20 个属的植物可形成这种共生（图 16.11）。这些宿主包括树或灌木类植物，如桤木（*Alnus*）、桃金娘（*Myrica*）、木麻黄（*Casuarina*）和鼠李（*Ceanothus*）。在森林及其他自然生态系统中，这种共生体系在氮的利用中占有重要的地位。尽管传统分类学并没有迹象表明与放线菌共生的植物间有密切联系，并且侵入宿主植物的放线菌之间也没有明显的演化关系。但在分类学上，这些放线菌的分类与其宿主植物的分类是相对应的。

共生的弗兰克氏菌和其宿主之间形成根瘤，固氮就发生在这样一个特殊的器官中。弗兰克氏菌通过纤维状的菌丝穿进植物的根部或者是沿着相邻的细胞壁通过细胞内的穿刺作用进入根毛。在植物细胞中，细菌菌丝

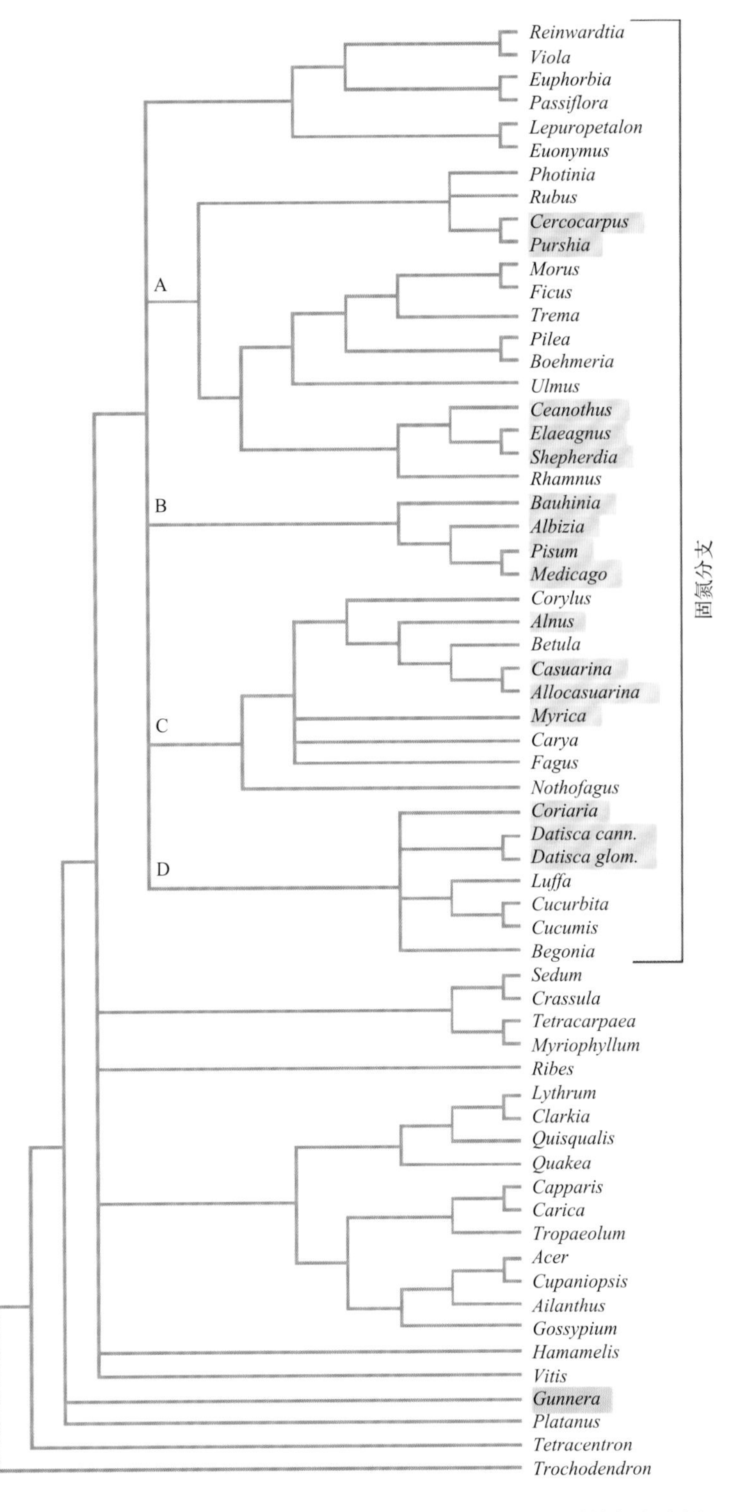

图 16.11 99 个 *rbcL* 基因（来自于 Rubisco 的最大的亚基）系统发育分析，这些属来自于被子植物蔷薇类和其他类群的代表。根瘤固氮共生体系中涉及的类群用黄色表示（蓝细菌内共生体寄主根乃拉草 *Gunnera*，用绿色表示）。注意在系统树上，一条独立的分支包括了所有能形成根瘤的属。亚级分支 A、C、D 包括了放线菌类根际共生宿主；亚级分支 B 包括了豆科（Fabaceae）

形成分叉，建立起巨大的细菌表面积，能够与植物细胞膜密切相互作用。侵入植物体内的放线菌的形状因宿主不同而不同，它们的形态多种多样，可由简单或膨大的分枝到有隔膜的囊泡等。为了适应放线菌的入侵，植物形成了富含细胞壁类似物的外围荚膜结构。根瘤的形成是由于皮层和皮下细胞发生分裂。在感染和根瘤形成的过程中，植物激素也发生了改变，例如，在根瘤中生长素依赖的启动子活性增强。植物也通过表达根瘤特异的编码蛋白酶、细胞壁蛋白、血红蛋白、细胞分裂功能和代谢相关的酶基因进行分化。在分子水平，豆科植物共生所必需的一些基因（见16.4.3节）在弗兰克氏菌宿主中也存在序列和功能相似的同源基因（见信息栏16.2）。

第三种共生包括根瘤菌，属于革兰氏阳性菌，能够感染大量的豆类植物和已知的一类非豆类植物榆科的山豆麻属（***Parasponia***）。这些植物也属于蔷薇分支谱系中（图16.11，见16.4.2节）。根瘤菌内共生体为许多具有重要商用价值的豆科植物和草料植物提供氮，前者包括花生、大豆、扁豆、蚕豆、豌豆和豇豆，后者包括三叶草、紫色苜蓿等。根瘤菌的内共生体对于植物的重要性还体现在土地的稳定性和重复耕种，共生体对自然环境的维持也有重要的作用。

分类学将大多数根瘤菌分为不同主要类型，包括α-变形菌类（根瘤菌 ***Rhizobium***、中华根瘤菌 ***Sinorhizobium***、固氮根瘤菌 ***Azorhizobium***、中生根瘤菌 ***Mesorhizobium*** 和慢生根瘤菌 ***Bradyrhizobium***）及β-变形菌类（伯克氏菌属 ***Burkholderia*** 和贪铜菌属 ***Cupravidius***）。不论是α类还是β类，在系统发育树中这些属都不会形成单独的分支。在植物宿主和特定细菌菌种或变种间的共生表现出不同水平的特异性（表16.3）。宿主的特异性与寄生菌的演化过程并不严格地关联，不同属的寄生菌可能会与同一种类型的寄生植物形成根瘤。然而，寄主的特异性体现在对寄生菌的不同结构的信号分子响应上，这个信号分子称为结瘤因子（**Nod factor**）（见16.4.4节），并且和细菌的 *nod* 基因相关。

16.4.2 豆科植物与根瘤菌形成根瘤共生体

在有相匹配的根瘤菌存在时，豆类宿主允许根瘤菌侵入并产生根瘤（图16.12），在根瘤中，形成有利于固氮菌固氮的环境，尤其是根瘤中的微氧环

信息栏16.2 成瘤和其他共生有相似的信号通路

Nod因子在结构上与几丁质相似，几丁质是真菌细胞壁及其分解产物的组成成分，能够引起植物的防御反应。有趣的是，豆科植物感受到细菌的信号类似于病原诱导子，而且，植物中诱导细菌 *nod* 基因表达的诱导物是黄酮类物质，而黄酮类物质是植物在抗病反应中的植物抗毒素。生物体演化出耐受有毒分子并对其作出反应的信号模式是非常经典的共演化的例子。

一些对固氮共生所必需的宿主基因对于其他植物的共生也是必需的，这个事实暗示了将已经存在的信号通路招募用于新的用途。弗兰克氏菌（*Frankia*）共生所需的木麻黄基因是 *SYMRK* 的同源基因，能够互补豆科植物 *SymRK* 缺失突变的表型。固氮共生所需的一些豆科基因——SymRK、离子通道和CCAMK的编码基因，对于囊丛枝菌（vesicular-arbuscular mycorrhizal）与豆科植物的共生也是必需的。囊丛枝菌培养基中产生与几丁质寡糖（lipochitin oligosaccharide, LCO）类似的几丁质低聚物，它与Nod因子相似，能利用豆科植物的 Ca^{2+} 火花。Ca^{2+} 火花也能被未修饰的几丁质触发。囊丛枝菌LCO的化学修饰是否提供了更多的信息还有待继续探索，如宿主的排序和触发特异性的功能来支持囊丛枝菌的感染和分化。

囊丛枝菌和固氮菌的共生演化关联性的进一步研究证据来自糙叶山黄麻（***Parasponia***）的研究，糙叶山黄麻是唯一的固氮菌结瘤的非豆科植物。在该物种中，囊丛枝菌和固氮菌的信号好像是同一个蛋白受体分子。**菌根菌共生**（**mycorrhizal symbioses**）是一种古老且广泛存在的共生，这暗示了参与的这些相关基因可能在共演化的过程中获得共选择，产生了最近的弗兰克氏菌和根瘤菌的共生。

表 16.3 根瘤菌及其宿主植物的范围

细菌类型[a]	经常研究的宿主植物[b]
中华根瘤菌	苜蓿属（苜蓿，蒺藜苜蓿）
豆科根瘤菌	野豌豆 豌豆 三叶草
中慢生根瘤菌属	三叶草 羽扇豆
慢生型大豆根瘤菌	大豆 大翼豆 豇豆

[a] 之前分类方案中将许多都分为根瘤菌。
[b] 标注的是宿主植物的属。宿主植物的表并不详尽，尤其对于广谱宿主的细菌。

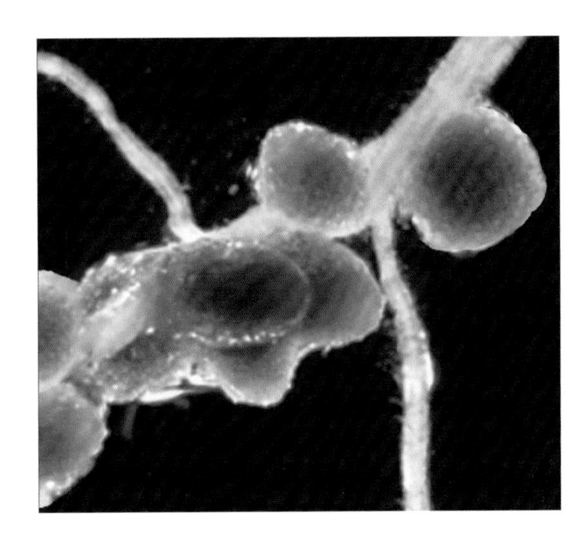

图 16.12 豌豆（*Pisum sativum*）的根瘤。来源：Long，Stanford University，Palo Alto，CA，未发表

境，这是固氮微生物合成 ATP 及稳定固氮酶所必需的。在根瘤中植物的代谢产物包含有机酸，其中一些有机酸能被根瘤共生的固氮菌用于固氮。这些固氮菌释放出植物需要的氨，这些氨能够被同化形成**酰胺（amides）**或**酰脲（ureides）**。这些化合物是植物可直接利用的氮源，且能够被转运到植物的其他组织和器官中。非常少的根瘤菌能在植物外固氮。细菌的固氮作用对植物非常重要，尤其是没有其他氮源时。当给植物提供硝酸盐或铵盐时，根瘤的形成和功能发挥都相应下调。

根瘤是植物在受到细菌信号分子诱导后形成的一种独特结构。简单来说，豆科植物的根部能够释放出信号分子，根瘤菌受到信号分子吸引（见 16.4.3 节）后吸附到植物的根毛处。根瘤菌能够产生出信号分子结瘤因子（见 16.4.4 节），它引起被侵染的根毛发生卷曲，使根瘤菌内陷，从而使根瘤菌穿入根毛，形成一个典型的管状结构，称为感染螺纹。当细菌到达根部后，它能够促进皮层的细胞分裂形成根瘤（见 16.4.5 节～ 16.4.8 节）。伴随着根瘤的发育，根瘤菌被释放到形成根瘤的细胞中，这些细胞仍由植物来源的膜包裹着，在这些植物膜中的细菌具有很弱的细胞壁，并形成大的不规则分支形状的称为类菌体细胞。在这时候，细菌所需的所有营养都来源于宿主豆科植物（见 16.4.9 节）。

遗传学、细胞生物学、生物化学和基因表达等综合实验方法都被用于研究根瘤的形成过程中的分子信号和机制。

16.4.3 植物类黄酮激活根瘤菌的转录

通过信号分子的交换，豆科植物能够与根瘤菌之间发生精确的识别。植物释放的信号分子能够诱导细菌基因的表达（图 16.13），导致细菌产生影响植物代谢和发育的信号分子及蛋白质。

在共生发生的顺序阶段中，细菌特异的基因开始表达。负责早期根瘤形成的根瘤菌基因称为 *nod* 基因（见 16.4.4 节）。这些基因的表达依赖于植物的信号分子（诱导因子）和细菌转录激活子 NodD（图 16.13B）。诱导 *nod* 基因表达的植物信号分子大部分是黄酮类物质（图 16.13C，见第 24 章），其多样化的结构为植物和细菌的交流提供了最初的识别方式。

遗传和生物化学的证据表明，根瘤菌的 NodD 蛋白能直接与植物释放的信号分子相互作用。植物诱导因子生物合成通路（见第 24 章，图 24.59）对细菌信号做出反应，在接种根瘤菌时，根分泌物中的黄酮类物质表达谱发生改变。植物释放诱导因子和抑制因子的方式暗示着其受发育和环境的调节。例如，诱导因子大部分都聚集在根尖处释放，对根瘤菌发生响应的黄酮类物质的合成途径的变化也主要发生在根尖。*nod* 基因其他的正负调控因子包括一些与营养和环境信号相关的细菌蛋白。

16.4.4 细菌合成的信号分子调控植物发育

共生根瘤菌也能产生各种各样的信号分子，如**寡糖（oligosaccharides）**、**多糖（polysaccharides）**和蛋白质等，触发宿主植物产生与根瘤相关的改变。例如，根瘤菌中的 *nod* 基因，编码可指导结瘤

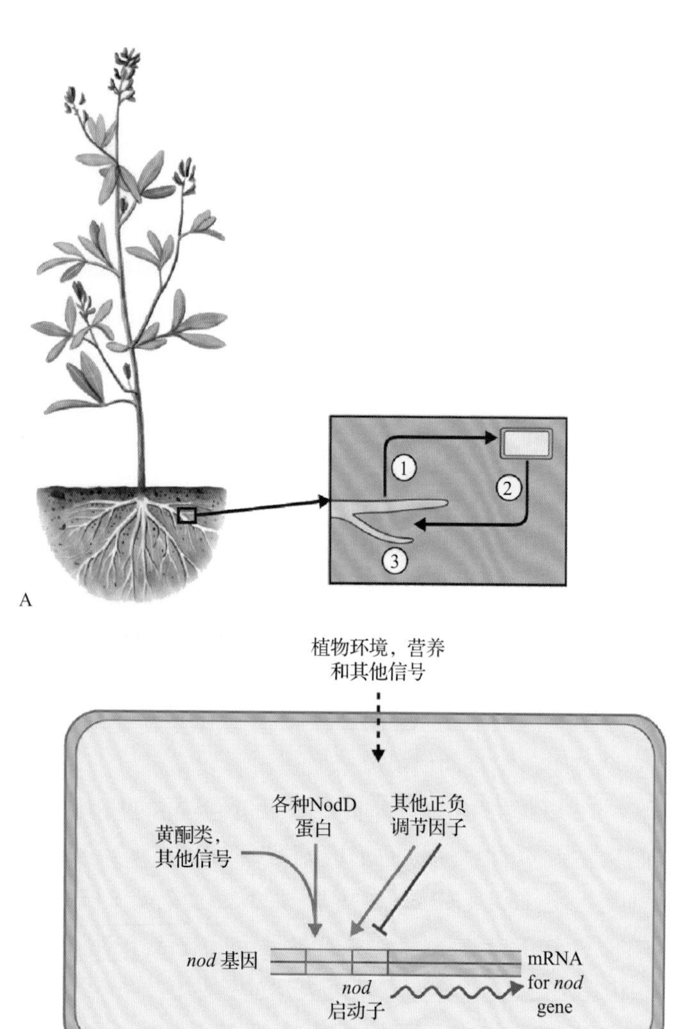

主动诱导*nod*基因表达的宿主化合物		
黄酮类诱导物列表	名称/活性	特殊的结构
黄酮	Luteolin, a flavone inducer from *Medicago* spp., active on *S. meliloti*	
查耳酮	4,4′-Dihydroxy-2′-methoxychalcone, a chalcone inducer from *Medicago*	
异黄酮	Daidzein, an isoflavone active on *B. japonicum*	
黄烷酮	Naringenin, a flavanone active on *R. leguminosarum* bv. *viciae*	

C

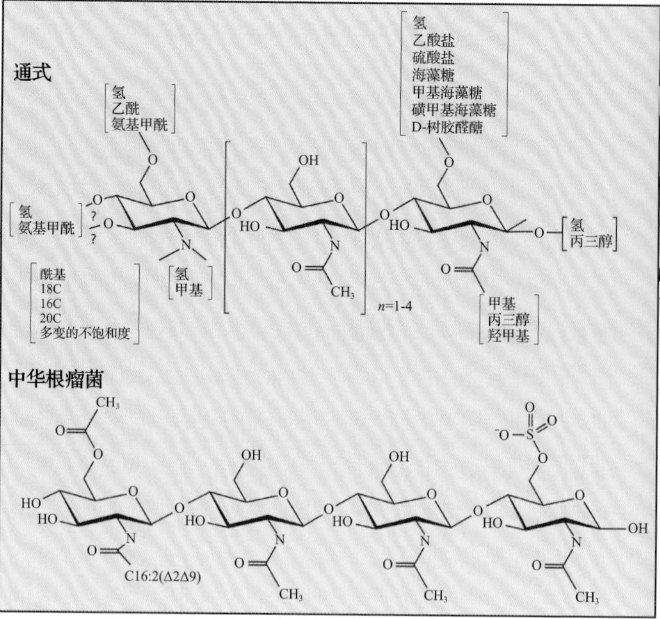

D

图 16.13 早期根瘤发育中的信号。A. 植物和细菌交换分子信号。在许多条件下，第一步是根产生黄酮，第二步是黄酮的识别和细菌 Nod 因子产生，触发植物中的第三步反应。B. 在细菌中，转录激活因子 NodD 与植物中的诱导子相互作用，细菌的转录机器诱导细菌 *nod* 基因的表达。*nod* 基因激活的通路可能也受到环境信号或其他来自植物的未知信号的调控。C. 黄酮类物质是根瘤菌中诱导 *nod* 基因表达的宿主化合物。在不同的植物共生体系中，激活结瘤基因表达的主要植物复合物差异很大，细菌的 *nodD* 基因型是主诱导物结构的决定因子。D. Nod 因子的结构，*N*- 乙酰化几丁酰寡糖 Nod 因子由细菌产生。Nod 因子由细菌中的 nod 基因（B）编码的酶催化合成并从细菌中运输到植物中（A 中第二步）。植物对 Nod 因子做出的应答包括离子流的改变、钙火花、形态和转录的改变（A 中第三步）。上：所有已知的 Nod 因子都有线性的 β-1,4-*N*- 乙酰葡萄糖胺骨架，不同的菌株中，还原性末端或非还原性末端有不同的修饰。Nod 因子的结构，特别是它的修饰模式，决定了寄主植物的成瘤反应。下：由苜蓿中华根瘤菌（*Sinorhizobium meliloti*）中合成的 Nod 因子在苜蓿属中具有活性。在分子的还原末端残基（右）的 6-*O*- 磺酰修饰和在非还原末端（6-*O*- 乙酰基和 *N*- 酰基）的修饰影响其活性和宿主的特异性

因子合成的酶，结瘤因子能作为根瘤的形成素。结瘤因子是寡聚糖脂类物质，是几丁质（β-1,4- 连接的 *N*- 乙酰葡萄糖胺［GlcNAc］）寡聚物的衍生产物（图 16.13D）。结瘤因子的核心结构是 3 ～ 5 个 GlcNAC 残基构成的几丁质结构，其中 GlcNAc 残基的非还原末端的 *N*- 酰基发生了替换。在所有的产生结瘤因子的菌株中，结瘤因子的基本结构由 NodA、NodB 和 NodC 这三种酶催化形成。其他的酶主要用来修饰结瘤因子的核心骨架，例如，对还原性和非还原性末端的 C-6 进行各种各样的修饰，非还原末端的 *N*- 甲酰化或 *O*- 氨甲酰化，或其他内部 GluNAC 残基的 *O*- 替代修饰。这些参与核心骨架修饰的酶在不同的菌种中是不一样的。结瘤因子的修饰决定了根瘤菌会与哪种宿主植物共生而产生根瘤，这种精细的识别被认为是由植物内部结瘤因子受体的精确结构介导完成的（见 16.4.6 节）。广谱宿主的根瘤菌能产生多重结瘤因子结构。*nod* 基因产生的酶可能还会形成或者修饰其他的化合物（如脂类和碳水化合物）来调控共生。

侵染很多的宿主植物可能需要特殊的胞外多糖结构。在苜蓿中华根瘤菌（*S. meliloti*）中，胞外多糖（EPS）结构或加工过程有缺陷的突变体都不能完成侵染苜蓿的过程。在侵染苜蓿之后，它们的侵染线生长很弱并且提前终止。重要的根瘤菌胞外碳水化合物包括相关性不强的 **EPS**（如图 16.14A 所示的琥珀酰聚糖）、从细菌外层膜的脂 A 锚定物延伸出来的多聚糖脂、被称为 K 抗原的含酮基 - 脱氧辛酸的非常规 EPS、中性环状葡聚糖及纤维素。不同 EPS 在共生体中所发挥的作用因寄主 - 宿主对的不同而不同。

在一些广谱宿主细菌中，Ⅲ型和Ⅳ型细菌分泌系统在细菌决定与什么宿主形成根瘤的过程中发挥着主要功能（图 16.14B）。这些分泌复合体可能将效应因子分泌到胞外环境或直接传递给宿主细胞。侵染和释放的过程不仅需要细菌和植物细胞的协调作用，也可能还需要在细菌和植物交界面上特定的信号及物质的转移。

16.4.5 根瘤的发生需要分子和发育信号之间的相互作用

在许多情况下，细菌感染的起始是根的根毛部分。细胞和分子生物学实验证明了当结瘤因子处理根时（表 16.4），会发生许多反应并且伴随着根毛功能的改变。在这些反应中，包括离子流和钙火花（**Ca^{2+} spiking**）的改变，这可能是引起根毛发育改变的信号，接着根毛生长为弯曲的结构，被称为“牧羊杖”（shepherd’s crook），这个结构能够包裹一个或更多的细菌使其紧贴正在发育中的细胞壁（图 16.15A）。

在随后的几小时到几天之间，紧贴细菌的细胞壁发生形变，向内延伸进入根毛内部，从而形成一个管状结构，这就是所熟知的侵染线。随着根瘤菌的生长和分裂、附近的质膜和侵染线细胞壁的延伸，细菌被一步步推向根的深处（图 16.15Bi）。依然处在植物细胞膜内的细菌可与其接触，并和位于根组

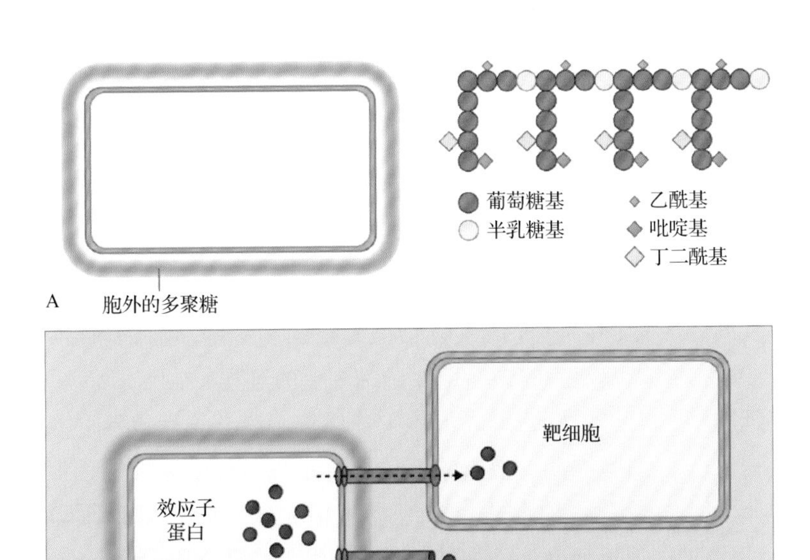

图 16.14 胞外分子对于一些根瘤菌感染宿主植物的重要性。A. 某些根瘤菌，特别是苜蓿中华根瘤菌，产生入侵所必需的胞外多聚糖（EPS）。左：在革兰氏阴性菌在膜外壁含有多聚糖。右：研究清楚的苜蓿中华根瘤菌的 EPS-I（succinoglycan）的结构：EPS 的重复单元是一个八糖的分支寡聚物，由四个残基 [→ 4）β-Glc-（1 → 4）β-Glc-（1 → 4）β-Glc-（1 → 3）β-Gal-（1 →] 形成主链，四个残基（混合了 β1 → 3 和 β1 → 6Glc 形成侧链。主链和侧链被酸性衍生物修饰。EPS 含有成百上千个这样的八残基重复。图中只显示了四个重点单元。B. 在一些广谱寄生的根瘤菌中，如费氏中华根瘤菌 NGR234 和百脉根根瘤菌，Ⅲ型或Ⅳ型的分泌系统对于与某些植物共生是必需的。原则上讲，这些分泌系统运输的蛋白质可能到达其他的细菌细胞、植物细胞，或是到达培养基中

表 16.4 根毛对细菌 Nod 因子的细胞水平的反应

反应	时间
膜蛋白去极化 离子流 尖端 Ca^{2+} 流出	施加 NF，1min 后可以从根毛中观察到
在根毛细胞核中和其附近产生 Ca^{2+} 火花	暴露在 NF 中约 10min 后
根毛生长紊乱：停止生长，重新启动极性生长和卷曲	几小时后观察到
活性氧产物的效率下降	持续至少 1h；随后 ROS 上升

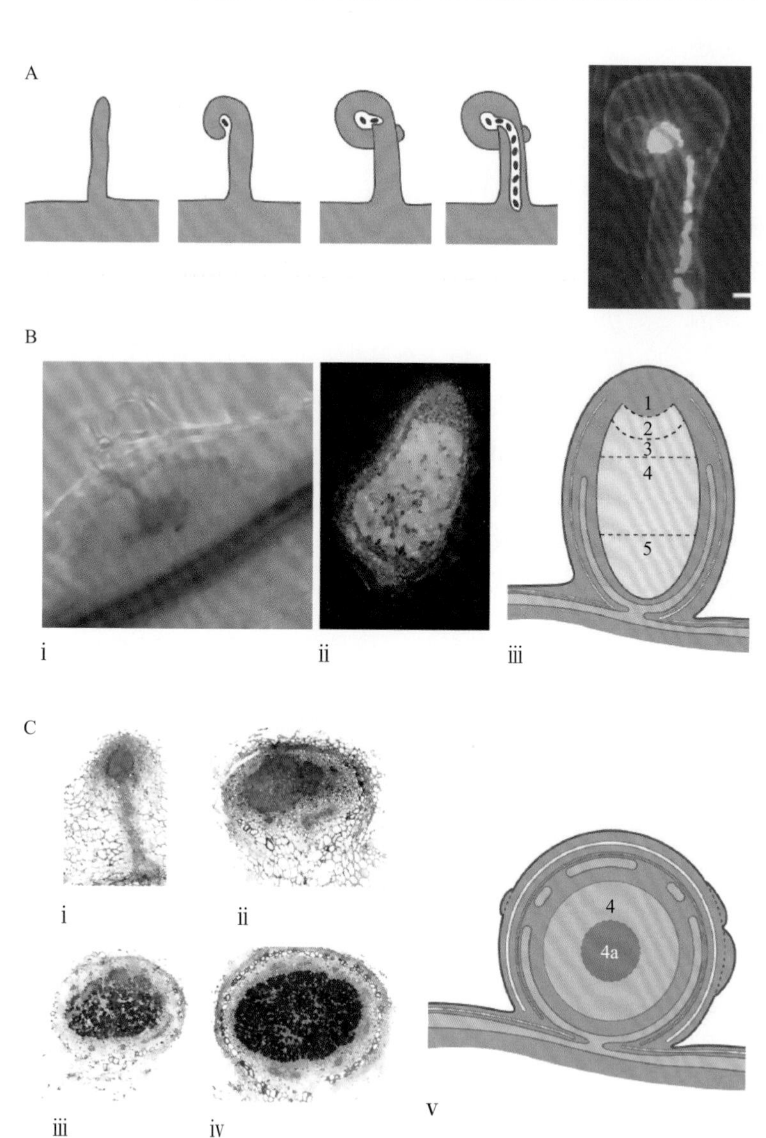

图 16.15 固氮根瘤的形成。A. 根毛侵染过程图解（左）和苜蓿被侵染的根毛照片。在图片中，细菌为绿色和黄色荧光，植物细胞为红色荧光。侵染过程中根毛的生长因干扰而变形，在延伸过程中发生卷曲。细菌被封在卷曲根毛中形成侵染线，并在侵入植物过程中大量繁殖。B. 无限型（圆柱，分生区）的根瘤形态，例如，由苜蓿、豌豆和三叶草产生的根瘤。这种根瘤的形成始发于皮层中细胞的分裂，接着侵染线穿过表皮进入内皮层（i）；在侵染线中的细菌为 LacZ 标记显示的蓝色。根瘤分生组织形成并且持续存在使得新合成、未感染的植物细胞能够在根瘤远端（相对于根）继续形成。在伸长的根瘤的远轴和近轴端，有一个随之增长的区带，内含感染、未感染及老化的细胞。根瘤由 DAPI（标记 DNA 和细胞壁）和吖啶橙（将 DNA 标记为绿色，RNA 标记为橙色）染色（ii）。图表（iii）中的数字代表的结构为：1. 根瘤分生组织；2. 侵染线的生长区和细胞侵入点；3. 被感染细胞的扩展区；4. 成熟的含类菌体的组织；5. 老化的含类菌体的组织。C. 有限型（球形）的根瘤形态，如大豆、三叶草和菜豆中产生的根瘤。i. 细菌侵入植物细胞后，寄主细胞外皮层中的细胞开始早期分裂；ii ～ iv. 寄主细胞和细菌细胞的多轮分裂在球形的根瘤中形成由感染细胞或未感染细胞组成的细胞带，标尺 =250μm；v. 成熟定型瘤中细胞带的大致结构示意图：4 表示成熟的含类菌体组织，4a 表示定型瘤中的老化起始区。成熟的定型瘤缺乏分生组织。来源：（A）Gage;（B）Long & Haney；© ASM 出版；（C）Long & Dudley Dudley C Springer citation Planta volume

织中更深层的组织相互作用。充满正在分裂中的细菌的侵染线会穿过一层或多层根组织与正在分裂的植物细胞接触。感染螺纹的基质中包含大量的细菌分泌蛋白、植物分泌蛋白和胞外产物，例如，**延展素**家族的植物特异的**阿拉伯半乳聚糖蛋白**。植物果胶水解酶活性的改变是细胞壁发生改变的一种分子机制。在这个过程中，皮下和皮质细胞表现出细胞骨架、细胞质和膜系统的重组，这个过程类似于成膜体分裂之前。感染螺纹离开植物细胞的机制还不清楚，但肯定包含感染螺纹膜和细胞质膜的融合，以及随后的根瘤菌穿透细胞壁的过程。

根瘤的形成依赖于皮层细胞脱分化后重新进入细胞周期。根瘤的整体发育过程可能是不同的，但是有两种形式已研究得很清楚了，分别是**有限型（determinate）根瘤**（球形的）和**无限型（indeterminate）根瘤**（圆柱形的，分生组织的）（图 16.15Bii，iii 和

C）。形态的改变和发育包含一系列植物激素的调控，下文将会介绍。

已观察到不同的入侵机制。例如，在破裂入侵中，产生结瘤因子的细菌在表皮细胞和皮质细胞的破裂处，利用短感染螺纹进入细胞。另外一种该形式的变种是在一些**慢生根瘤菌种**（***Bradyrhizobium***）中发现的。这些根瘤菌不能够合成结瘤因子，但仍然能实现入侵并且产生根瘤，其所利用的方式就是不依赖于结瘤因子的方式。这些细菌通过表皮细胞的裂缝处刺入细胞，通过类似于内吞的方法与细胞之间的细胞壁和基质相互作用进入细胞。这种进入细胞的类型可能代表了细菌感染从而和宿主共生的最原始的机制。

16.4.6 分子遗传学和生物化学分析揭示了根瘤的形成需要植物基因和蛋白质

通过生物化学分析和使用植物或者细菌突变体的方法相结合，已揭示了根瘤发育的分子遗传学机制。生化分析主要是分析提取蛋白或 RNA 的种类。在模式生物百脉根（*Lotus japonicus*）和蒺藜苜蓿（*Medicago truncatula*）中不能形成根瘤（Nod^-）或固定根瘤（Fix^-）的突变体常被用来研究根瘤形成的细胞和分子过程（表 16.4）。对于根瘤形成的分子机制的关键见解来自于这些不能形成根瘤的突变体的相关研究。例如，不能形成根瘤的突变体可根据其突变体的根瘤能够发育到哪个阶段停止来加以辨别。利用这样的方法，鉴定了大量参与协同作用和各种不同发育阶段的基因和基因产物。

通过直接的生化分析发现，在培养组织、种子和根中都发现了能够与结瘤因子相互作用的蛋白质。已报道了一些豆科植物的根部和培养细胞中存在一些低亲和力和高亲和力的蛋白质，一些纯化的凝集素也能与结瘤因子结合。这些蛋白质可能的功能是传递、隔绝或降解结瘤因子，当然很可能还不只是这些功能。

多重植物的受体参与了结瘤因子的感知。已发现了豆科植物百脉根和蒺藜状苜蓿的成瘤基因编码类受体蛋白。在每一个品种中，不同的基因编码受体可分为“进入型受体”和“信号受体”。这些基因的突变都会引起严重的表型，不能形成根瘤或植物对细菌和结瘤因子没有响应。

这两类蛋白质都是跨膜类受体蛋白，其胞外部分包含有几个 LysM 结构域（图 16.16）。LysM 结构域最早在细菌和噬菌体中发现，含有 44 ～ 65 个氨基酸残基，并形成能结合几丁质的结构。与几丁质结合的植物蛋白是植物识别真菌过程中的组分。几丁质组成了结瘤因子中的低聚物骨架。这两种含有 LysM 结构域的蛋白质被认为是结瘤因子的受体蛋白。该受体蛋白与结瘤因子的直接结合还没有被证实，不过这两种受体蛋白的膜定位已在细胞生物学实验中得到了证实。将两种不同的信号受体的胞外结构域进行互换可改变植物与根瘤菌形成共生体的情况。这暗示信号受体在植物对有物种特异性的结瘤因子进行识别的过程中直接发挥作用。

进入型受体，如 LjNFR1 和 MtLYK3，其胞内域含有典型激酶结构域（图 16.16）：一个保守的富含甘氨酸的 P（磷酸化，phosphorylation）环，催化结构域，激活结构域（磷酸化发生后，能够通过构象的改变帮助激酶和底物的正确结合），一个位于激活环附近、在磷酸化的过程中发挥功能的 Asp-Phe-Gly（DFG）三联体。进入型受体能够利用 γ-^{32}P-ATP 自我磷酸化，并且被认为能将磷酸基团转移给目标信号转导蛋白。然而，信号型受体蛋白缺乏一些在活性激酶中普遍存在的特征性序列，在其 C 端的胞内域中含有激酶催化结构域，但是却没有 P 环和激活环，并且不能自我磷酸化。信号型受体可能是通过与其他蛋白质相互作用，利用激酶结构域传递信号。

共生受体激酶（symbiosis receptor kinase, SymRK）是与进入型受体和信号型受体一起工作的候选蛋白（图 16.16）。这个受体对于植物与根瘤菌共生以及植物与具有广谱宿主的菌根真菌形成共生体都是必需的。与这些真菌的共生可帮助植物吸收矿物质并且增强抗旱能力。*SYMRK* 基因被预测编码含有一个**富亮氨酸重复**（leucine-rich repeats）结构域的胞外域、一个跨膜域和胞内激酶域。激酶域可以自我磷酸化，并且在体外能够作为激酶磷酸化目标蛋白。

即使不存在共生受体激酶时，信号型和进入型受体也能影响植物早期根毛的形态（表 16.4，第 1 ～ 3 行），推测可能是影响离子通道和细胞骨架。生物化学与成像分析暗示了进入型受体与 E3- 泛素连接酶和膜结合蛋白（如脂筏结构蛋白和标记蛋白）相互作用。在根毛细胞中，进入型受体被认为和其他

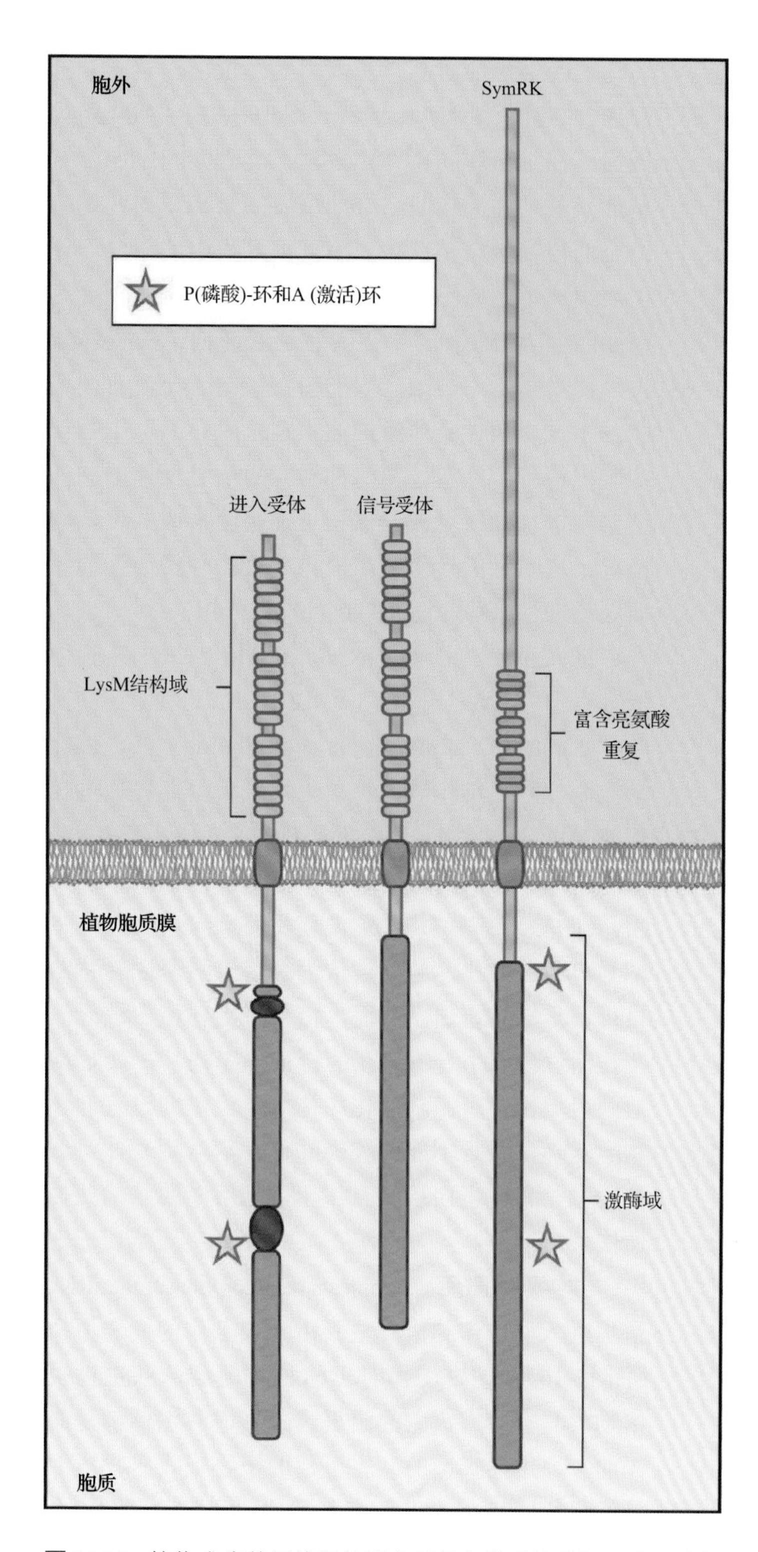

图 16.16 植物成瘤基因编码的蛋白质具有类受体特征。进入受体（以 LjNFR1 和 MtLYK3 为例）有三个胞外 LysM 结构域，与几丁质和类几丁质分子结合的蛋白质相似。进入受体的胞内结构域包含有共同激酶元件的激酶域，如磷酸和激活环（星号指示）。信号受体有三个相似的 LysM 结构域，但缺乏激酶结构域的特征。信号受体（如 MtNFP 和 LjNFR5）对于任何宿主对 NF 的响应都是必需的。入门受体（如 MtLYK3 和 LjNFR1）对于侵染是必需的。共生受体激酶 SymRK，如 MtDMI2、LjSYMRK（大豆），在 N 端有三个胞外的富含亮氨酸重复的结构域。胞质部分具有激酶结构域，激酶结构域包含保守的激活环。这些残基突变后会改变体外的自磷酸化活性，并且在体内产生 *Nod*⁻ 的表型

信号通路相互影响，可能是通过共选择系统，代替了植物细胞的其他功能。药理学研究间接表明在结瘤因子与对应的植物宿主的受体作用后需要磷酸肌醇信号通路的参与，直接证明第二信使信号转导途径机制还需要确定更多的宿主基因变化来影响随后的植物细胞活性。

在根瘤形成过程中还需要位于受体下游的其他植物蛋白，包括**核膜**（**nuclear membrane**）组分和一些序列上与古细菌（*Methanobacterium thermoautotrophicun*）中 K^+ 转运蛋白相似的蛋白质。这些通道蛋白定位于细胞核膜上（图 16.17），对钙火花的形成是必需的（见 16.4.7 节）。遗传分析暗示了这些蛋白质介导 K^+ 和其他类似单价阳离子的转运。这些蛋白质的 C 端对离子通道功能的调控非常重要。有可能这些蛋白质介导的离子流对于细胞核内 Ca^{2+} 的动态变化非常重要。

其他需要的基因编码的蛋白质是参与环状复合体中保守的核孔蛋白，在酵母或哺乳动物中，环状复合体位于核孔朝向细胞质的细胞核表面（图 16.17）。小分子可自由通过核孔，但蛋白质和 mRNA 的通过却是有选择性的。在正在分裂的动物细胞中，环状复合体参与细胞周期磷酸化的过程中，有可能在纺锤体的组装和对齐过程中发挥功能。这些共生相关的、定位于细胞核膜的离子通道和细胞核蛋白暗示了在结瘤因子信号传递的过程中，细胞质和细胞核之间动态的相互作用。

16.4.7 钙火花和钙离子－钙调蛋白依赖的蛋白激酶是结瘤因子信号通路中的关键调控节点

结瘤因子处理会引起根毛细胞出现钙火花：Ca^{2+} 浓度的周期性升高和降低（图 16.18A）。这些反应依赖于上游的受体和上面描述的细胞核膜组分。反应发生在根毛细胞核和核周区域。Ca^{2+} 火花在动物细胞中具有信号转导的功能，如 T 淋巴细胞对抗原的反应和在脊椎动物神经发育过程中的 Sonic Hedgehog（Shh）信号通路。实验观察研究及

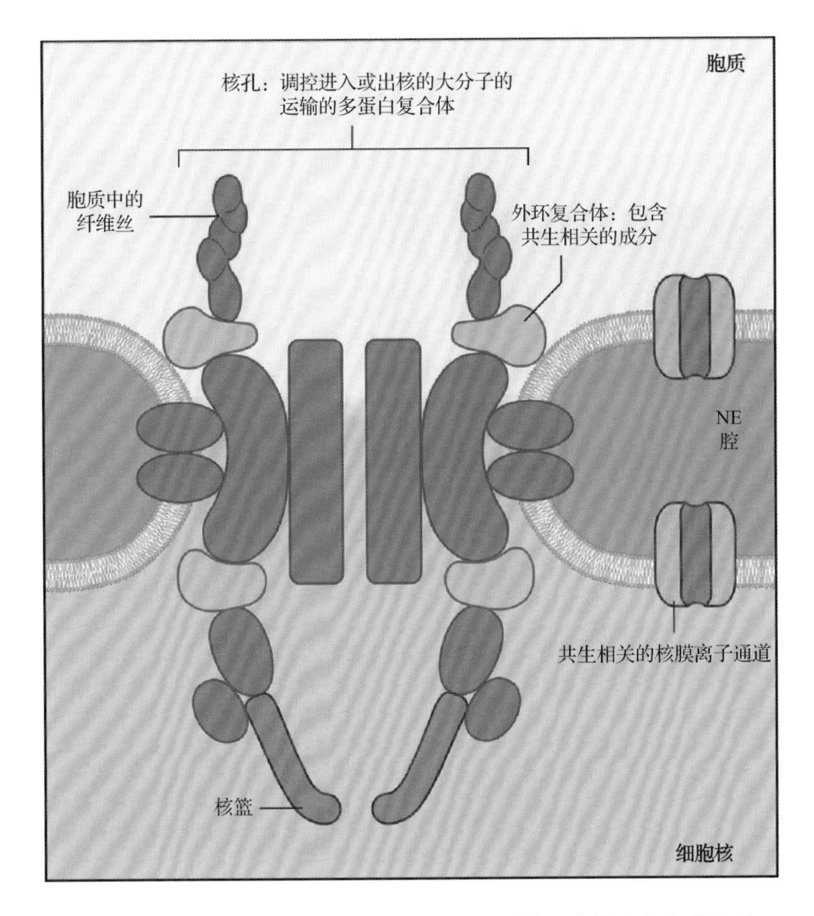

图 16.17 核孔元件对于有效的共生信号是必需的。本图中上部是胞质一侧的膜，下部表示大部分核。有些豆科共生基因是哺乳动物中编码核孔环复合物的同源基因。这些蛋白质定位在 Nup107 复合体上（蓝色），作为环结构的一部分，在核膜的胞质和核两侧定位。信号需要的核孔膜蛋白可能是离子通道（粉色），但它定位在核膜的内部还是外部并不清楚

建模分析表明，Ca^{2+} 反应需要至少两种组分：①从 Ca^{2+} 库中释放 Ca^{2+} 的离子通道；②能量依赖型 Ca^{2+} 泵，能将 Ca^{2+} 从胞外重新运回 Ca^{2+} 库，使 Ca^{2+} 浓度恢复到最初的状态。这两种组分之间具有反馈调节的功能，调节 Ca^{2+} 的浓度维持或衰减。在动物细胞中，反馈调节包括第二信使或是 Ca^{2+} 及其他离子诱导的效应子。在根毛中，反馈调节的 Ca^{2+} 库被认为是细胞核的腔室。药理学的证据表明还包括磷酸肌醇信号通路和 IIA 型 Ca^{2+} 泵。

Ca^{2+} 火花的下游因子是**钙离子 - 钙调蛋白 - 激活蛋白激酶**（**calcium-calmodulin-activated protein kinase**，CCaMK）（图 16.18B）。这个蛋白质对于根瘤的形成是必需的。这个蛋白质从结构和功能上来看是之前发现的百合（*Lilium*）CCaMK 的同源基因。在有 Ca^{2+} 存在时，CCaMK 蛋白的 N 端发生自我磷酸化，从而抑制 C 端激酶的活性。缺失或将 N 端自我磷酸化位点突变，会引起组成型根瘤的形成，即在没有根瘤菌的情况下也会形成根瘤（图 16.18C），这说明 CCaMK 蛋白在根瘤形成的信号通路的早期显然是信号通路中的中心调控位点。CCaMK 蛋白有效行使功能需要一个伴侣蛋白 CYCLOPS，这个蛋白质也可能定位于细胞核中。

16.4.8 结瘤素是植物合成的根瘤特异性蛋白

根瘤是一种不同的植物器官，能够表达几十到几百个根瘤特异的、由植物合成的蛋白质，称为**根瘤素**（**nodulins**）。同时，转录组的研究也证明在根瘤发育的不同阶段会产生不同的新的 RNA。纯化的结瘤因子和活细菌培养基在与宿主植物根毛共孵育 24h 之后，都能够诱导产生相同的转录反应，这之后，只有活细菌能够引起下一步的植物整株变化。

在没有细菌感染之前，植物表达的基因称为“早期结瘤素”（由 *ENOD* 基因编码）。在即将出现的根瘤中，一些根瘤素可能会被限制在特定的细胞类型中或是特定的根瘤区域（图 16.19）。遗传和生物化学分析有可能解释 *ENOD* 基因产物的功能和它们的特异表达模式。这些蛋白质可作为植物对细菌各个阶段反应的有用的发育标记蛋白，也可以作为在共生早期区分不同微生物信号对植物影响的报告因子。

与细菌或结瘤因子共孵育 4h 之后，一些结瘤素 *ENOD* 基因快速在根毛中表达。上面描述的信号通路的诱导，也需要 *NSP1* 和 *NSP2* 这两个基因编码的植物特有的 GRAS 家族转录激活子。NSP1 和（或）NSP1-NSP2 蛋白复合体能够与已经研究清楚的早期结瘤素 ENOD11（图 16.20）的启动子结合。许多转录因子如 NIN 和 ERN 在共生的后期发挥功能。根瘤基因的表达应还有其他机制调控，如 microRNA（miRNA）调控根瘤分生相关的基因 *MtHAP* 的转录。

最重要的后期结瘤素是豆血红蛋白（Lb），这个蛋白质对于建立合适的 O_2 环境非常重要，这个环境中具有高的 O_2 流

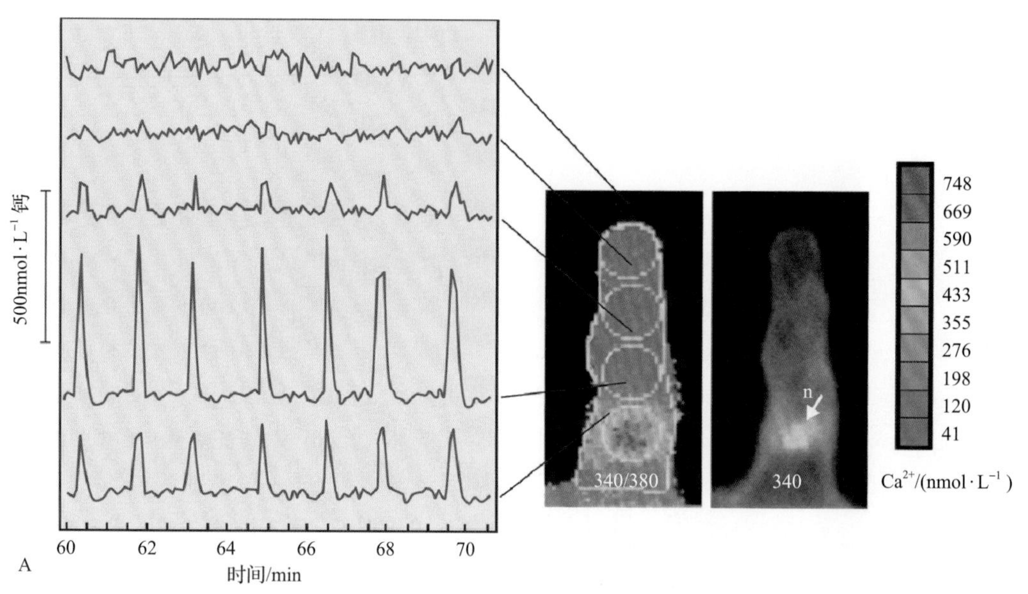

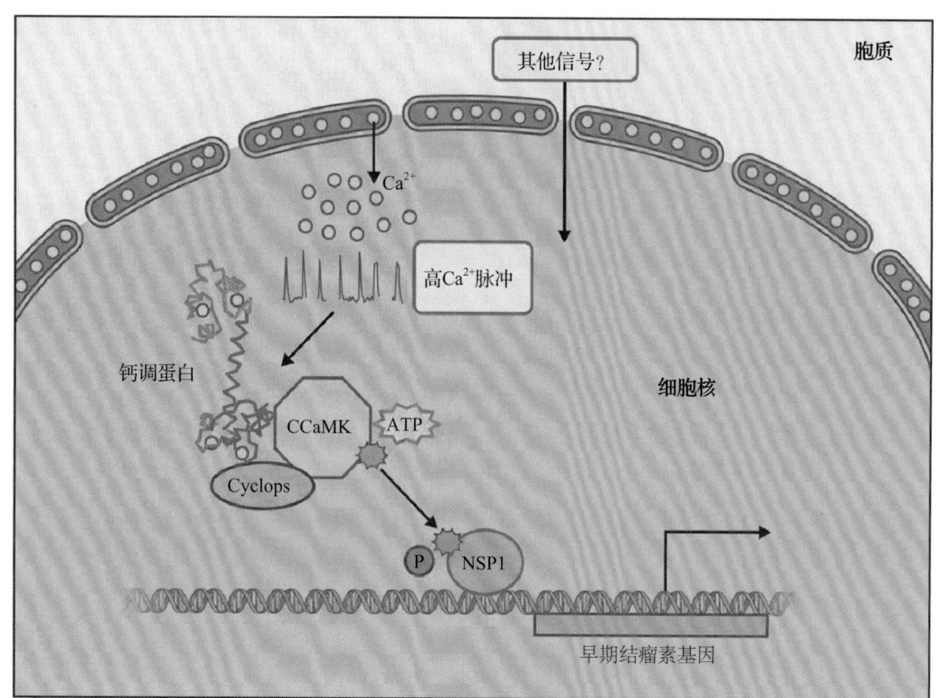

激酶域

CaM 结合结构域

苏氨酸残基磷酸化位点突变

C

响应nod因子之后是否形成根瘤？	磷酸化底物蛋白？	在没有细菌时形成自发根瘤？
是	是；CCaM依赖	否
否	野生型的40%；CCaM不依赖	
否	野生型的30%；CCaM不依赖	
否	野生型的30%；CCaM不依赖	是
否	失活	否
是	失去自我磷酸化；保持部分CCaMY依赖的激酶活性	是

图 16.18 A. 根毛中对根瘤菌结瘤素的钙火花反应。Nod因子能够通过影响钙特异的泵和通道引起植物细胞反应。利用钙敏感荧光染色指示胞质中的钙，并利用340nm和380nm可见荧光的比例对钙离子定量，右图中单波长的成像（340nm）表示细胞核（n），细胞核是钙火花最明显的地方。B. 在植物细胞核中，钙激活的钙和钙调蛋白依赖的蛋白激酶（CCaMK）磷酸化转录因子NSP1。激活的NSP1和一个相似的因子NSP2能够与早期成瘤基因（如ENOD1、下游调控因子ERN和NIN）的启动子区域结合。C. CCaMK是根瘤发育中主要的调控开关，野生型CCaMK的功能结构域包括：N端的激酶结构域，C端能够直接和Ca^{2+}结合的EF-hand结构域，以及与钙调蛋白（CaM）结合的结构域。野生型的蛋白质（上）展示出体外的钙和钙调蛋白依赖的活性：Ca^{2+}结合后刺激自磷酸化，CaM结合后刺激磷酸转移到目标蛋白

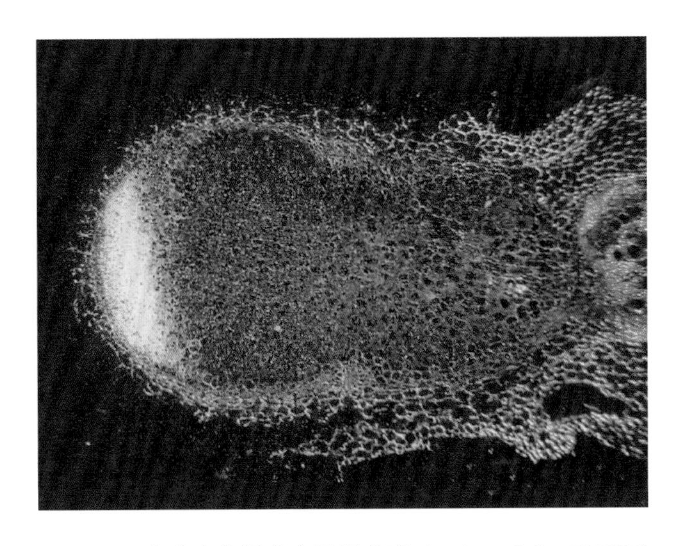

图 16.19 在发育的根瘤中早期成瘤（early nodulin, ENOD）基因的表达模式。根据基因的不同，表达模式也不相同。例如，在这张原位杂交图中，*ENOD12* 在豌豆的早期侵染区表达（与图 16.15C 比较）。杂交探针的银颗粒对光的散射使在暗背景上显示出亮影像。来源：Scheres et al.（1990）. Cell 60: 281-294

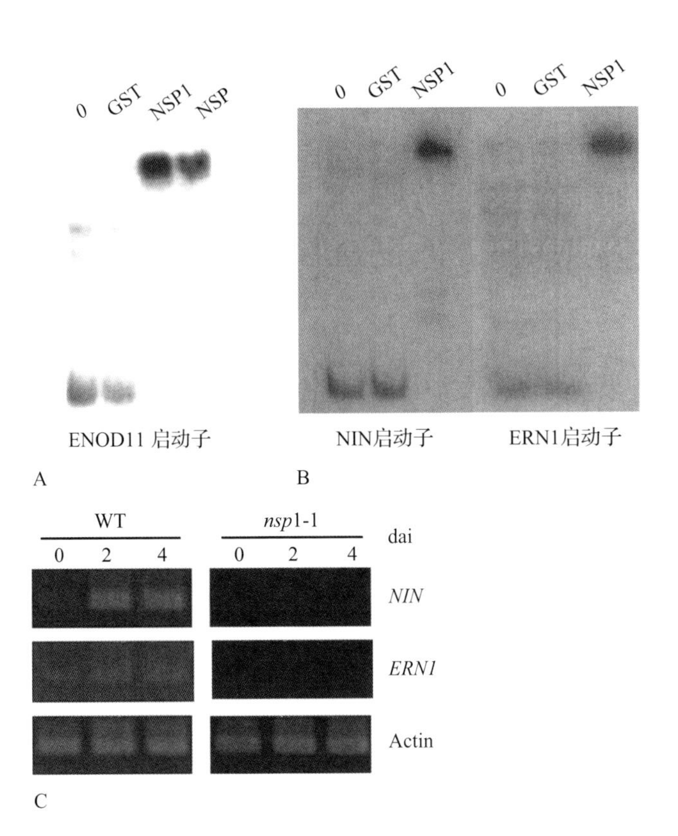

图 16.20 早期结瘤素和其他调节子所需的转录因子。A. 凝胶迁移实验显示 NSP1 蛋白能够与 *ENOD11* 的启动子结合，ENOD11 是一个早期结瘤素。通过未标记的 DNA 片段的竞争显示结合的特异性。B. NSP1 结合到 *NIN* 和 *ERN1* 的启动子，*NIN* 和 *ERN1* 编码对下游成瘤反应所需的转录因子。C. 在野生型根瘤中（左）*NIN* 和 *ERN1* 基因被转录，但在 *nsp1* 或 *nsp2* 突变体中对根瘤菌的共孵育没有响应。dai：days after inoculation，共孵育天数。来源：Hirsch et al.（2009）. Plant Cell 21:545-557

动性和低的自由氧存量（见 16.4.9 节）。其他后期结瘤素蛋白参与碳和氮的代谢，或参与跨共生膜的物质运输（见 16.4.5 节～ 16.4.9 节）。一些结瘤素可能参与信号转导和细胞响应信号通路的调控，这些过程是植物和细菌为了完成生物固氮而进行分化过程所必需的。在某些情况下，在未感染的细胞中选择性基因表达也会发生，这些基因的功能有可能是形成特殊的代谢过程，当然这些基因也可能编码调控蛋白。同样，细菌也会分化，最明显的特征是形成固氮酶所必需的基因，以及细菌和植物形成相互协调的联盟共生体所必需基因的转录。细菌和植物形成联盟共生体涉及电子转运和物质代谢的各种途径。

16.4.9 植物激素参与根瘤发育的过程

分子和发育生物学研究暗示了植物激素包括生长素、细胞分裂素、茉莉酸、脱落酸和乙烯在根瘤形成过程中发挥功能。这些不同激素之间的功能可以是一致的，也可以是相互竞争的，并且这些激素在不同的细胞（表皮细胞 vs 皮层细胞）及根瘤发育的不同阶段（早期信号转导、根瘤的形成、根瘤的生长和成熟）中发挥不同的功能。

许多实验证明了细胞分裂素与根瘤的形成之间有联系。当暴露在合适的根瘤菌中后，根中的细胞分裂素含量增加，对细胞分裂素响应的相关基因的表达上升。在一些豆科植物的根部接种能够产生细胞分裂素的大肠杆菌，会引起根部形成假根瘤（不含有细菌的器官，形态与根瘤相似，并且表达根瘤特有的蛋白质）。细胞分裂素受体基因（*MtCre1* 或是 *LjLHK1*，都是拟南芥 *AtCre1* 的同源基因）功能缺失能限制根瘤的形成，暗示细胞分裂素的反应对于根瘤原基的形成是必需的。进一步研究表明，组成型过表达 LjLHK 的根毛，在没有细菌或是结瘤因子的条件下，也可以自发地生长出假根瘤。总而言之，这些结果表明细胞分裂素能够促进根瘤的形态建成。遗传分析表明细胞分裂素信号分子位于结瘤因子的下游，另外一种可能性是细胞分裂素与其他参与细胞分裂调控的分子同时起作用。

通过植物突变体分析、抑制子研究以及乙烯合成酶在根瘤中的表达模式的分析，证明乙烯功能的复杂性（图 16.21）。乙烯降低植物对结瘤因子的

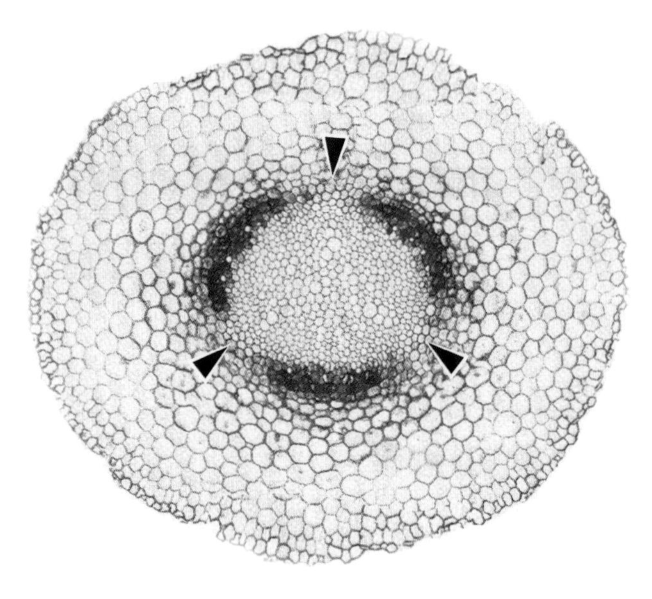

图 16.21 在根响应根瘤菌过程中，早期乙烯合成基因氨基环丙烷羧酸氧化酶（ACC）的表达状况。在这张豌豆根的横切图中，与 ACC 氧化酶杂交的探针在根切片上呈现青色信号。ACC 氧化酶在根维管部的韧皮部表达，根瘤原基细胞在箭头标示的区域中形成，该区域表示木质部外周皮层细胞，这说明根瘤原基细胞不可能在乙烯产生的相邻区域形成。来源：Heidstra et al.（1997）. Development 124:1781-1787

敏感性：当乙烯的浓度增加时，钙火花反应及早期结瘤素转录需要更高浓度的结瘤因子。对乙烯不敏感的突变体（如 *AtEIN2* 同源基因缺陷的豆科植物）形成过多数目的根瘤。另一方面，乙烯又促进侵染线的形成和一些其他反应。

根瘤形成的过程中，生长素的转运发生变化。生长素转运抑制剂能够引起根瘤发育的拟表型。通过生长素依赖的启动子的转录强度来指示生长素的活性和可利用性。这些结果暗示在根瘤发育的早期，如根瘤原基的形成过程中，生长素的浓度很显然是很低的，不过随着根瘤的发育，生长素的浓度逐渐升高。不同的生长素转运基因家族成员在根瘤形成的过程中发挥不同的功能。在根瘤形成过程中，生长素、乙烯和细胞分裂素的信号通路之间会有相互作用；此外，其他植物激素如脱落酸、茉莉酸和水杨酸的调控机制也会参与到根瘤形成过程中，并与生长素、乙烯和细胞分裂素信号通路有交集。

16.4.10 在根瘤形成和发育过程中发挥功能的局部和系统分子

除了植物激素之外，其他细胞间信号分子在根瘤形成和根瘤的数目调控中也发挥功能。特别是根瘤数目的调控，这个过程依赖于根和芽之间的信号交流。嫁接实验研究表明，根和芽的遗传型都在根瘤数目的调控中起作用。根瘤数目的调节由一系列基因调控。在这些基因中，*CLAVATA-1* 的同源基因在芽中发挥功能，该基因（*LjHar1*、*MtSUNN* 和大豆的 *NTS*）发生突变的植物中，形成根瘤的数目多到极其不正常。反过来，一些在根瘤中有活性的 CLV3 样的小肽（CLE 类）在根中下调形成根瘤的数目。这些小肽的功能发挥依赖于其下游基因 *SUNN*（*NTS1* 和 *HAR1*）。因此，根部的 CLE 小肽或其调控的信号有可能和芽中的受体激酶相互作用，从而导致芽产生第二信使信号分子，这个信号分子随后降低新形成的根瘤的数目。

16.4.11 根瘤菌和它们的宿主植物相互作用，在根瘤中创造一个固氮所需的微氧环境

在侵染线穿过一层或多层宿主细胞，或当细菌经由植物细胞间空隙穿过一层或多层宿主细胞后，细菌被释放到感染细胞中。这种类似于胞吞的过程会产生一种位于胞质中的器官，称为**共生体**（**symbiosomes**）（图 16.22），其含有植物来源的膜，并且将固氮菌包裹其中。在共生体中，固氮菌分化形成可固氮的**类细菌**（**bacteroids**），在一些宿主植物中它们的形态可能与最初的游离状态有显著的差异（图 16.22A，B）。在某些情况下，固氮菌的基因组发生复制，但并不发生细胞分裂，这可能是分化的终止。

共生体的膜被认为介导植物和细菌间的营养及能量的交换（图 16.22C）。一些植物蛋白仅仅在感染的细胞中表达，并能被转运到或直接穿透共生体膜。这些蛋白质有不同的靶标小肽，这暗示了共生体是植物细胞中独特的细胞区室。在一些豆科植物中，一些特异性的植物信号肽酶对于根瘤菌的分化是必需的。这些复合体位于内质网上，能够加工宿主前体蛋白，产生具有调控细菌分化能力的成熟蛋白。当通过转基因方法在其他宿主植物中表达该复合体时也具有此功能。一种细菌转运蛋白 BacA，对于细菌的分化和固氮也是必需的，可能参与植物和细菌之间的信号交换过程。

根瘤提供了一个可以固氮的环境，固氮菌通过固氮为植物提供大量有用的氮源。由于固氮酶对氧

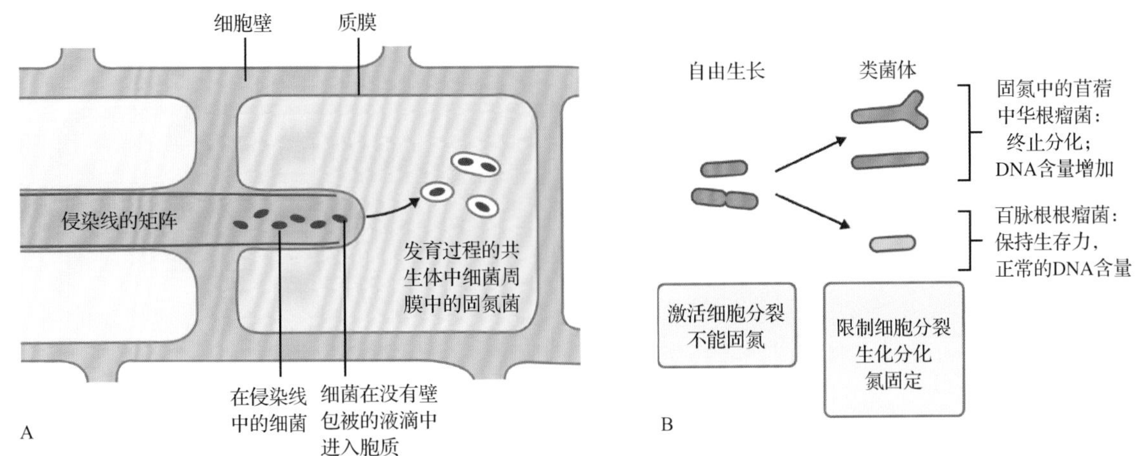

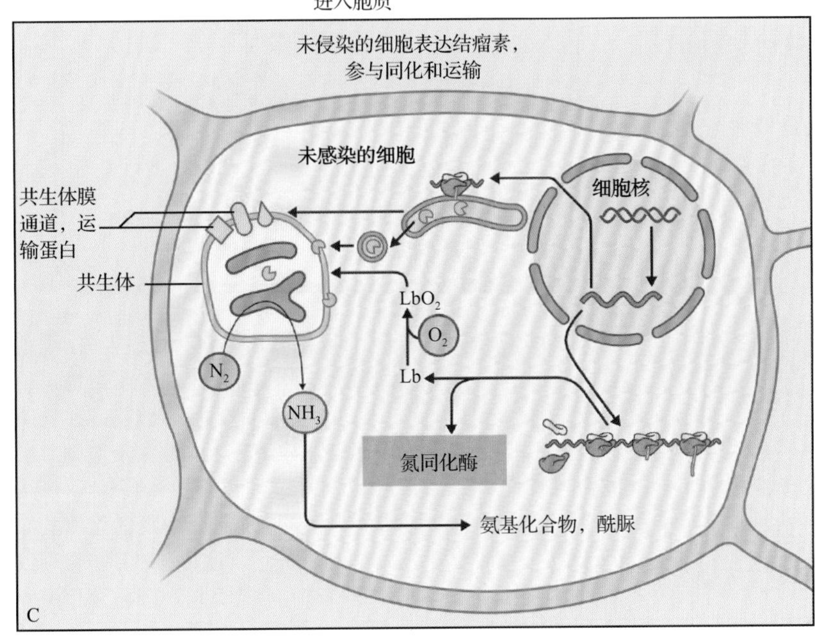

图 16.22 细胞中引起固氮的事件。A. 侵染线释放细菌到靶细胞中，靶细胞通过宿主膜包被这些细菌。接着，细菌进行有限的细胞分裂（不定型根瘤）或是伴随宿主细胞分裂的更多的细胞分裂（定型根瘤）。B. 释放之后，先分化形成形态不同的类菌体，不同植物 - 细菌组成形态不同的类菌体形态。C. 在植物细胞核中，只有在根瘤形成后期，植物核内编码的一系列相关基因才根据细菌的分化状况进行表达，这些植物基因一般都归类为后结瘤素。其中某些基因感染细胞或非感染细胞特异转录，植物编码表达的产物包括：氧结合蛋白豆血红蛋白，定位于共生小体膜上的特异性膜蛋白，催化氨同化的酶。植物还合成用于氮运输的分子，这些分子将氮运输到植物根以外的其他部位。细菌的基因在该过程中也表达

气非常敏感，所以同时提供大量 ATP 和低电势的还原剂在生理学上是一个挑战。因此，固氮根瘤的一个主要特点是能够建立一个微氧的环境，该环境中既能稳定地支持有氧呼吸和 ATP 的合成，同时又兼顾了固氮酶对氧气的敏感性。这个微需氧的环境是通过共生者之间的相互作用建立起来的。

三个重要因子对于维持根瘤中低 O_2 浓度是必需的（图 16.23）。首先，O_2 的进入需要穿过位于薄壁组织中的一个渗透性可调的障碍。实验表明，降低或升高外部 O_2 的浓度会引起细胞内 O_2 浓度的改变，但这个改变立即会被细胞感应，并通过一种未知的补偿机制，将细胞内的 O_2 浓度恢复到最初的值。

其次，在感染的细胞中，结合 O_2 的豆血红蛋白 Lb 在氧气的运输和调控方面发挥积极功能。所有的脱辅基蛋白和亚铁血红素都是由植物基因编码的。豆科植物氧血红蛋白基因和其他同源基因相似，编码一个 O_2 结合蛋白，但是在不同种类植物中，其启动子区域却差异很大。只有在根瘤中，Lb 才会有高水平地表达，浓度达到毫摩尔级。豆血红蛋白是由一个单体加上一个亚铁血红素辅基组成的。尽管它的名字含有血红蛋白，但它更像是肌动蛋白，因为它没有动物血红蛋白结合氧气的协同作用。Lb 对氧气的亲和能力受到 pH 和有机酸的影响，但是 Lb 是否受到根瘤中小分子的调控并不清楚。豆血红蛋白能够增强氧气从植物胞质中到类细菌中的流动，同时严格控制游离 O_2 的浓度。尽管 Lb 结合的 O_2 扩散比游离的 O_2 要慢，但是 O_2 的溶解度（≈ 25μmol·L^{-1}）远不及 Lb:O_2 复合体。作为一个 O_2 结合蛋白，Lb 能够作为缓冲剂缓冲由于呼吸速率的波动或氧气穿透屏障渗透性变化而引起的 O_2 的浓度改变。

最终，细菌呼吸主要消耗的氧气来源于 Lb 结合的 O_2（图 16.23）。自由状态固氮菌的细胞色素氧化酶结合 O_2 的 K_m 值约为 50nmol·L^{-1}，类细菌的 K_m

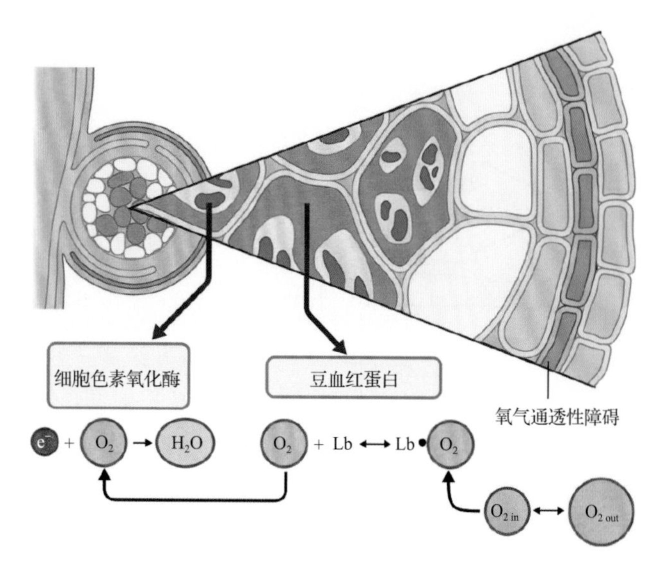

图 16.23 在进行固氮活动的根瘤中，在正常的低氧环境下维持 ATP 产生所需要的机制包括高亲和力的细胞色素氧化酶、氧结合蛋白豆血红蛋白，以及控制根瘤周边气体交换通透性的可变屏障。环绕中心区的“空细胞”可能含有通透性屏障，限制氧气向含豆血红蛋白的中心区扩散，中心区中含有感染细胞

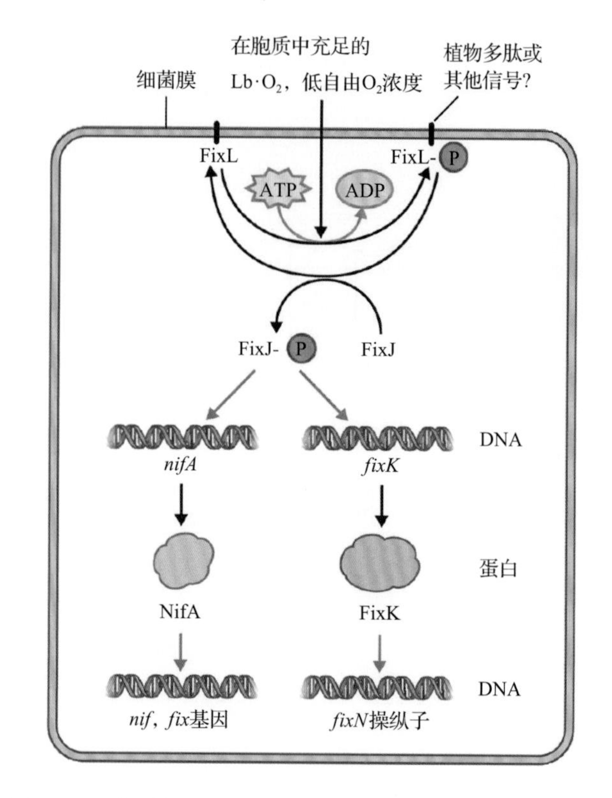

图 16.24 在低氧环境下，FixL/FixJ 信号级联反应激活了固氮反应中所需的细菌基因的表达。FixL 血红素蛋白锚定于细菌细胞质膜上。在缺氧条件下，FixL 被磷酸化，并且磷酸化的 FixL 继续磷酸化 FixJ 反应调节子，这些反应调节子能够与 DNA 结合，并且激活固氮所需的基因的表达。氧结合到 FixL 的血红素基因时，就抑制了该蛋白质的组氨酸激酶活性，从而抑制了相关基因的表达，这种有氧环境会导致固氮酶的不稳定。除了这种感应 O_2 的系统，细菌分化受到植物细胞核编码、在内质网上加工的多肽的影响

值要小得多，约为 8nmol·L^{-1}（相比之下，植物的线粒体细胞色素氧化酶的 K_m 约为 100nmol·L^{-1}）。在根瘤中，细菌能够表达具高亲和性的细胞色素氧化酶，这对于固氮是必需的。在低 O_2 浓度时，细菌的呼吸更高效，所以认为在根瘤中的呼吸作用大部分都发生在类细菌中。然而，由于植物线粒体位于感染细胞内更边缘的位置，所以植物的线粒体有可能更容易接触通过细胞间隙扩散的 O_2。

根瘤的生理状态在一些氧气相关的化合物，如过氧化氢、超氧化物、羟基自由基等面前是很脆弱的。尽管在根瘤中氧气的浓度非常低，但是丰富的铁（Fe）蛋白能够产生大量活性氧。植物细胞和类细菌具有对活性氧脱毒的系统，从而抵御这些物质对根瘤的代谢和固氮的伤害。

低 O_2 浓度是调控类细菌中固氮酶表达的关键因素。在一些种类的固氮菌中，O_2 敏感的血红蛋白激酶 FxiL 调控固氮相关基因的转录（图 16.24）。作为二元信号转导组分中的一部分，FixL 能够磷酸化它的伴侣 FixJ，当 FixJ 被磷酸化后，能够激活其他调控蛋白的转录。其中有两个蛋白质分别为 NifA 和 FixK，调控不同的 *nif* 和 *fix* 基因的表达（*nif* 是一类存在于自由生活的固氮菌中固氮所需要的基因，*fix* 是其他种类固氮菌中固氮所需要的基因）。这些类细菌只可能在发育正常且形成微氧环境的成熟的根瘤中表达固氮酶（nifHDK），且能将二价氮还原成氨相关酶。特异性的铁氧还蛋白和高亲和性的细胞色素是典型的由 *fix* 基因编码的蛋白质，这些蛋白质是根瘤中固氮所必需的，且只在根瘤中表达。植物对于形成激活态的固氮酶也有一定的贡献，能够提供给细菌 FeMoCo 辅助因子组分高柠檬酸。

16.4.12 宿主植物以二羧酸的形式为类菌体提供碳源

尽管光合作用产物以蔗糖的形式进入根瘤，但是遗传和生化研究表明，类菌体固氮并不需要分解单糖或二糖。相反，植物很可能通过发酵途径而不是有氧呼吸途径（图 16.25）将单糖或二糖转化成有机酸，然后这些有机酸在类细菌高效固氮过程中被利用。

一些证据表明，磷酸烯醇式丙酮酸（PEP）经 PEP 羧化酶催化转化为草酰乙酸，草酰乙酸还原为

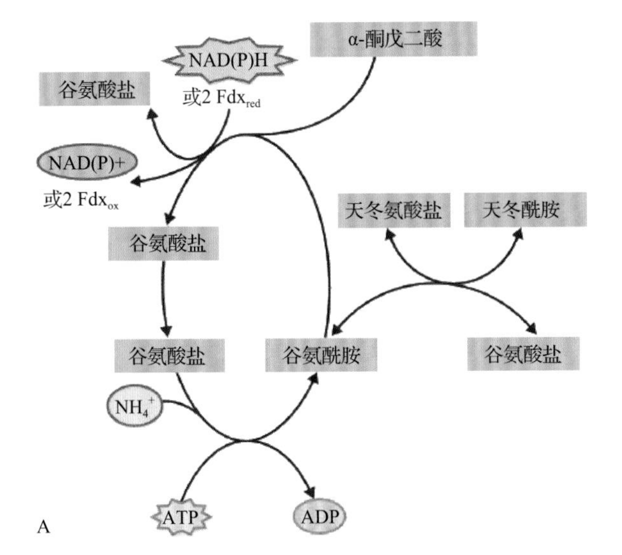

图 16.25 豌豆、苜蓿和其他以酰胺形式运输的植物中的初级氮同化途径。A. GS-GOGAT 循环通过依赖 ATP 的反应，氨和谷氨酸结合形成谷氨酰胺，谷氨酸和 α- 酮戊二酸在还原物的存在下生成两分子的谷氨酸，其中一个继续参加反应，另一个将氨基向代谢途径传递。B. 植物碳代谢产生二羧酸，这些物质在类菌体中产生固氮反应所需的 ATP，还原物类菌体释放的还原氮在植物胞质和质体内发生同化作用形成谷氨酰胺和天冬酰胺，谷氨酰胺和天冬酰胺穿过木质部运往植物的其他部位

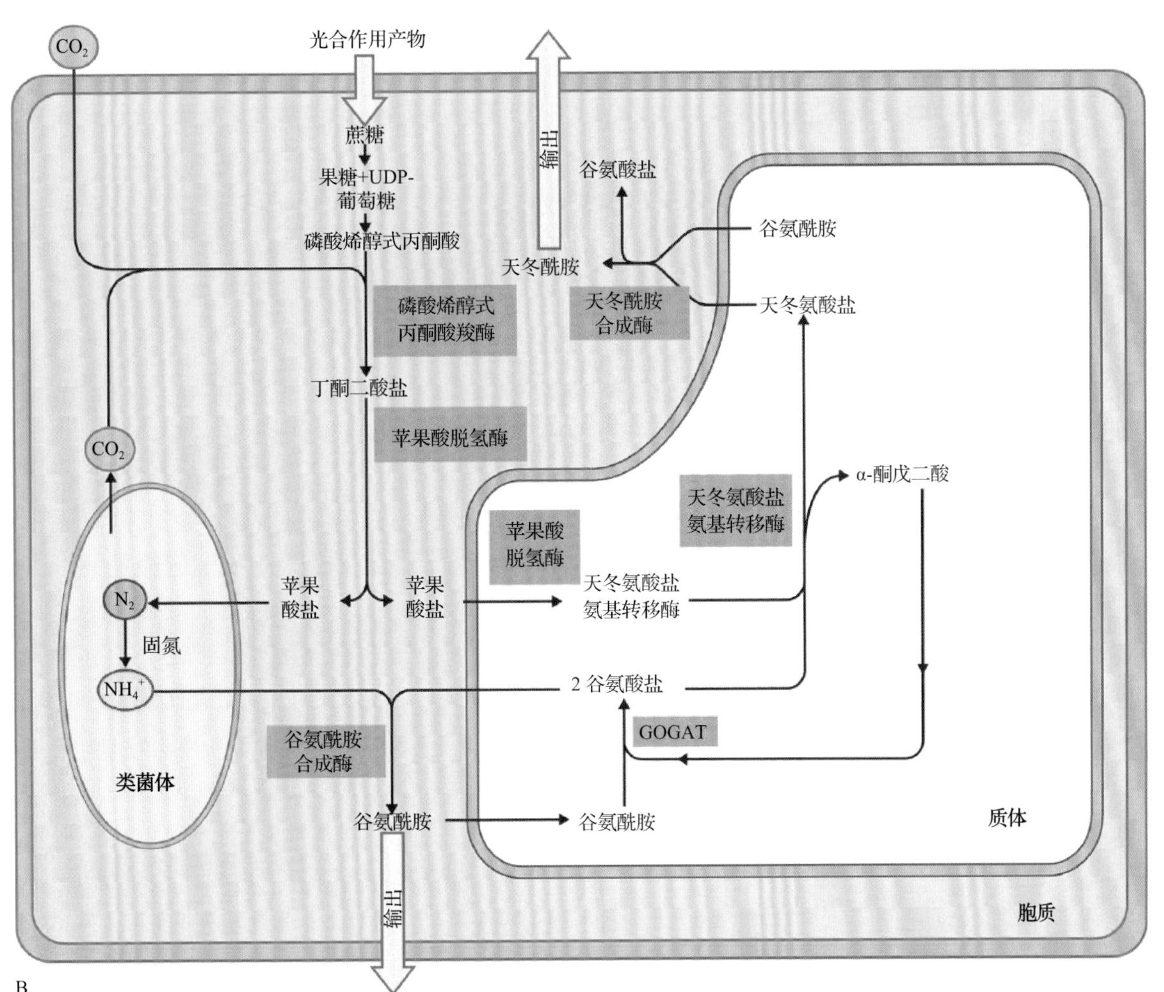

苹果酸过程中产生 NAD^+（见第 13 章和第 14 章）。完整的根瘤中，$^{14}CO_2$ 可迅速被整合到苹果酸和天冬氨酸中，根瘤本身可以合成根瘤特异性 PEP 羧化酶和苹果酸脱氢酶的同工酶，从而增加了这些酶在组织中的浓度。转运过程研究进一步表明有机酸在共生体碳代谢过程中具有重要作用。共生体质膜可以转运二羧酸但不能转运糖类。大多数二羧酸转运系统有缺陷的细菌突变体通常是无转运二羧酸功能的。共生体代谢也需要氨基酸的转运，因为有一些固氮菌在自由生长过程中不需要有侧链的氨基酸，而在类细菌中，需要由植物提供有侧链的氨基酸（图 16.25）。

在根瘤中，二羧酸既用于分解代谢，也用于合成代谢。一些有机酸可作为类菌体的能量来源，类

菌体将其氧化后，经过以细胞色素氧化酶为终点的电子传递链，把电子传递给 O_2。该呼吸过程最终为固氮提供 ATP，但是该过程中还原物的产生和转运机制并不清楚。二羧酸另一个重要的作用是为氮的转运物如天冬酰胺和谷氨酸提供碳骨架。这些转运物从根瘤中输出，将氮运送到植物的其他部位（图 16.25）。

16.4.13 植物一些基因产物参与氨同化和从根瘤输出氮的过程

和自生固氮菌同化自身固定的氮不同，类菌体是直接把自己生产出的氨输送给植物（图 16.22C）。氨可能是通过协助扩散的方式穿过共生体的细胞膜，在大豆中这种运输可能是由 NOD26 通道介导的，NOD26 是一种水通道相关的通道。氨同化发生在植物根瘤的胞质和细胞器内。NH_4^+ 同化进入有机化合物的起始是由植物的谷氨酰胺合成酶（GS）和 NADH 依赖的谷氨酸合成酶（NADH-GOGAT）介导的（图 16.25A，见第 7 章）。某些植物可表达根瘤特异性的 GS；而在另一些植物可增强自身 GS 的表达。GS 能够和 NOD26 结合，这种结合也许能够增加氨同化的效率。

当氨经同化进入谷氨酰胺后，氨去向主要取决于宿主植物采用什么类型的含氮物质转运组分。在一大类豆科植物类群中（包括苜蓿和豌豆），根瘤以**酰胺**（**amides**）形式（即以谷氨酰胺和天冬酰胺的形式）输出氨（见图 16.25B），它们是柠檬酸循环的中间产物（参考第 14 章）。根瘤中含有活性的天冬氨酸氨基转移酶，这些酶定位于受感染细胞周边的质体，特别是接近细胞间隙的质体中。根瘤诱导的天冬酰胺合成酶也位于感染组织中，该酶以谷氨酰胺为氨基供体、以天冬氨酸为底物合成天冬酰胺（图 16.25A）。在车轴草（三叶草）中，一种通常在根中发挥功能的天冬酰胺合成酶，在根瘤形成过程中酶活性受到了抑制。这种抑制可能有助于从根瘤中输出完整的天冬酰胺。酰胺在叶中通过转氨和转酰胺基反应进行代谢，这些反应与其合成过程相似（第 7 章）。

另外一大类豆科植物（包括大豆和豌豆）中，根瘤也可以酰脲尿囊素和尿囊酸的形式输出氮。合成这些化合物涉及多种细胞区室，在受感染的细胞先合成嘌呤，然后在附近非感染细胞将这些嘌呤化合物氧化为尿囊素和尿囊酸（图 16.26）。在结瘤植物的叶中，尿囊素被尿囊素酰胺水解酶催化，代谢产生氨；而不是通过水解尿囊素产生尿素，随后利用尿素水解酶降解尿素。氨经过 GS 和依赖铁氧还蛋白的 GOGAT 的催化被同化。

16.5 氨的吸收和运输

对于依赖矿物元素氮的植物，铵盐（NH_4^+）和硝酸盐（NO_3^-）是主要的氮来源。尽管在土壤中通常硝酸盐的浓度要大于铵盐的浓度，但是酸性或是缺氧的土壤中也可存在大量的铵盐，在这种环境中，硝化作用的速率非常低。例如，铵盐是生长在水中的稻田土壤中水稻的主要氮源。然而，过量的铵盐是有毒的，不过植物演化出了依赖于能量的、能够调控吸收和排出铵盐的途径。

为了能从土壤中吸收铵盐，植物有两种相互独立的转运系统：不可饱和且低亲和的转运系统；可以饱和且高亲和的系统（图 16.27A），高亲和的吸收系统包含了 AMT/Rh 家族中的转运子。拟南芥中有 6 个 *AMT* 基因，即 *AMT1;1* ～ *5* 和 *AMT2;1*，在拟南芥根中，6 个基因中的 4 个，即 *AMT1;1*、*AMT1;3*、*AMT1;5*（在根表皮中表达）和 *AMT1;2*（皮质和内皮层；图 16.27B）参与运输的铵盐的量大约占高亲和转运总量的 90%。具体各基因在转运过程中的转运比例如下：*AMT1;1* ≈ 30%，*AMT1;3* ≈ 20%，*AMT1;5* ≈ 30%，*AMT1;2* ≈ 10%。大部分生物都含有 *AMT*/Rh 基因，但是与原核生物的 AMT 转运蛋白和人类的血红细胞 Rh 因子（这些都可以作为 NH_3 的通道）不同，植物的 AMT 转运蛋白是 NH_4^+ 的单向传递体。参与低亲和系统转运的蛋白质还不清楚，它们可能是钾离子通道、非选择性阳离子通道或者水通道。

植物的 AMT 蛋白在转录和翻译后水平都被调控。在氮缺乏的条件下，*AMT1;1-3* 和 *AMT1;5* 的转录水平会上升。AMT1.1 和 AMT1.2 蛋白通过变构反式激活调控。大肠杆菌和古细菌铵盐转运蛋白的晶体结构反映了这个转运子是一个三聚体，每一个单体亚基上都有一个底物传导通道（图 16.28）。同源模建、抑制子筛选及磷酸化蛋白组研究表明植物 AMT 转运子胞质的 C 端含有两个保守的 α 螺旋，

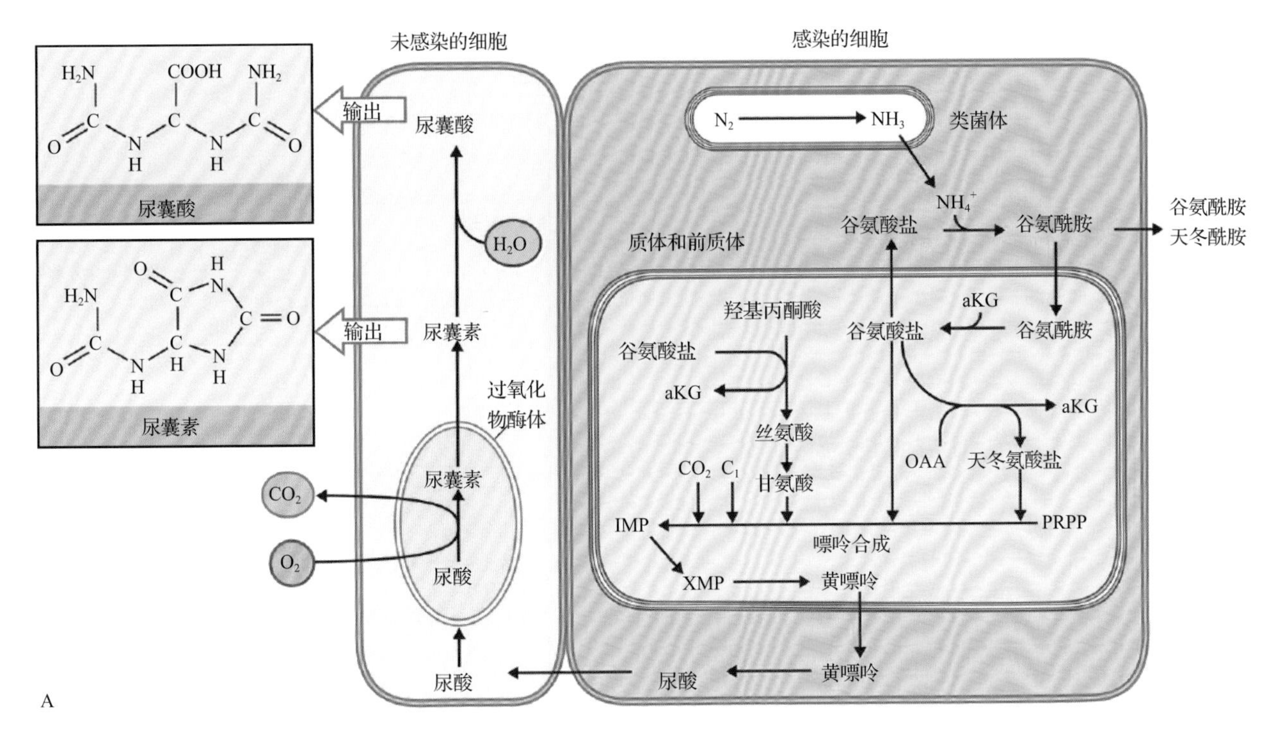

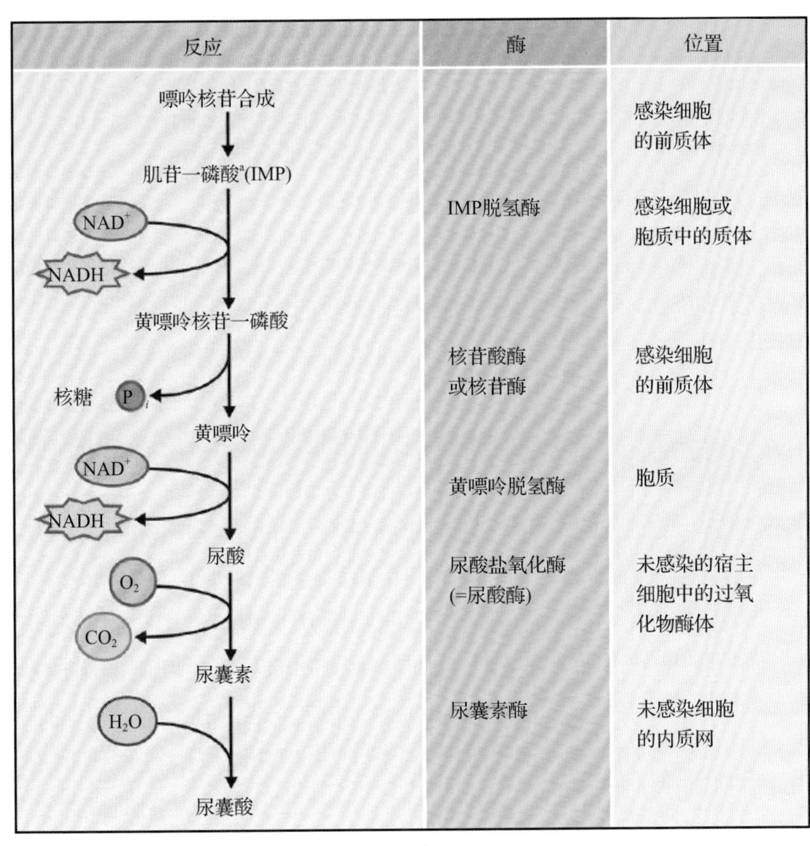

图 16.26 在大豆和豇豆等植物中，酰脲合成涉及复杂的分区化（如大豆和豇豆）。A. 热带豆科植物如大豆和豇豆中，除了谷氨酰胺和天冬酰胺，其他含氮化合物都是从感染细胞中输出的，相当一部分固定氮都是以尿酸的形式（嘌呤的一种降解产物）从感染细胞运向未感染细胞。在未感染细胞中，尿酸降解为尿囊素和尿囊酸，然后通过木质部运往植物的其他部分，由于脲酸酶是依赖氧的反应，因而在根瘤中氧的供给受到限制。B. 根瘤嘌呤的降解过程，显示了反应中涉及的酶及其定位

能够和相邻亚基的胞质侧相互作用。在 C 端单个亚基上的苏氨酸残基的磷酸化（AMT1.1 的 460 位和 AMT1.2 的 472 位）会导致构象的改变，从而引起在三聚体中所有三个孔道协同关闭（图 16.28）。这为阻止有毒的铵盐的积累提供了快速的关闭机制。

铵盐能够在液泡中积累。在酵母和卵母细胞中表达拟南芥液泡内蛋白 TIP2;1 和 TIP2;3 时，发现它们能够转运 NH_3。这些液泡内水通道蛋白可能参与将 NH_3 运输到酸性液泡中，在该环境中 NH_3 能够被质子化形成 NH_4^+（图 16.29）。总的来说，膜电

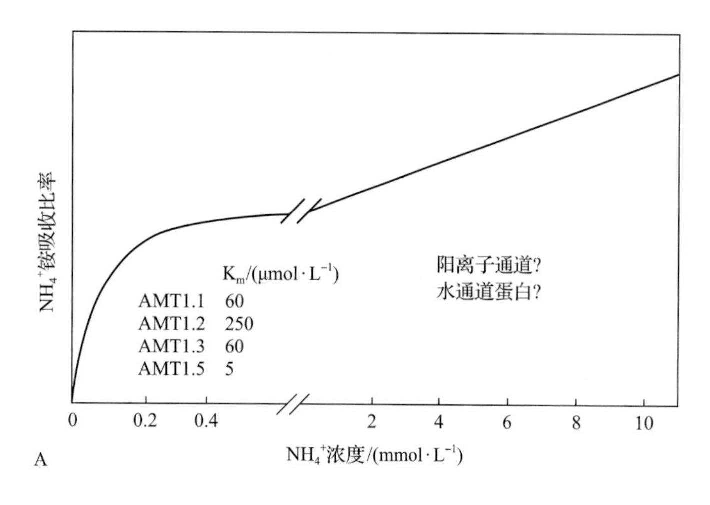

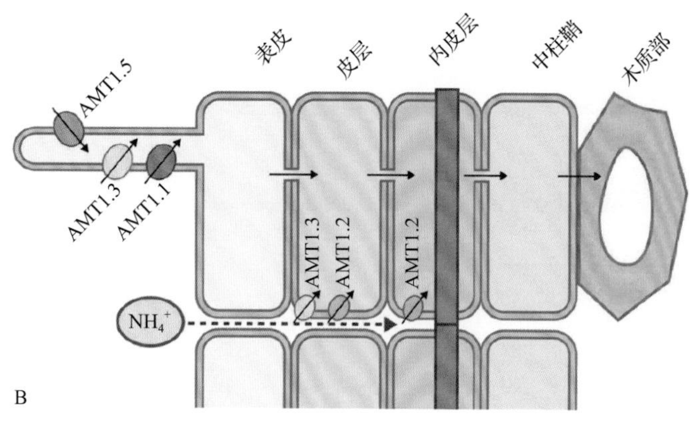

图 16.27 铵的吸收。A. 高亲和力运输系统的吸收线表现出 Michaelis-Menter 动力学特征，低亲和力运输系统的吸收曲线表现出非饱和的动力学特征。在拟南芥中，有 4 个铵盐转运载体（AMT1.1、AMT1.2、AMT1.3 和 AMT1.5）参与高亲和吸收。低亲和吸收所需要的蛋白质还未鉴定到。B. 拟南芥根中铵盐转运蛋白的空间表达模式

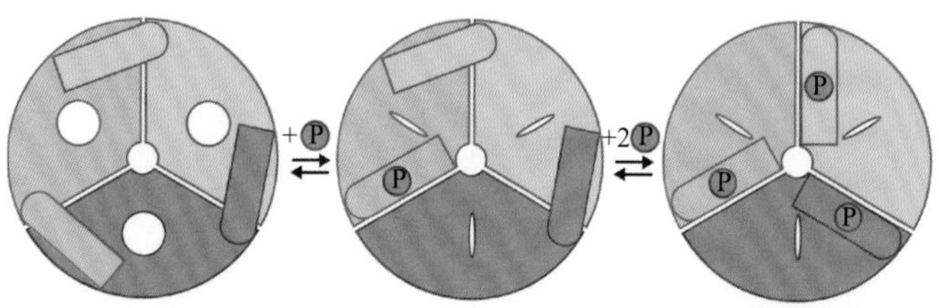

图 16.28 铵转运载体 AMT 的变构调节。铵转运载体为同源三聚体结构，每个单体包含了一个独立的铵通道孔。每个单体的 C 端能够和邻近的单体相互作用，推测单体的 C 端（红色的磷酸）翻译后磷酸化会引起构象改变，导致复合体中的三个通道协同关闭

势是高亲和性铵盐跨细胞膜转运的驱动力，这个过程通过 AMT 转运子介导实现。同时，液泡的酸化可能是液泡中积累铵盐的主要因子（图 16.29）。

16.6 硝酸盐吸收和转运

硝酸盐作为营养和信号分子，对植物生长和代谢

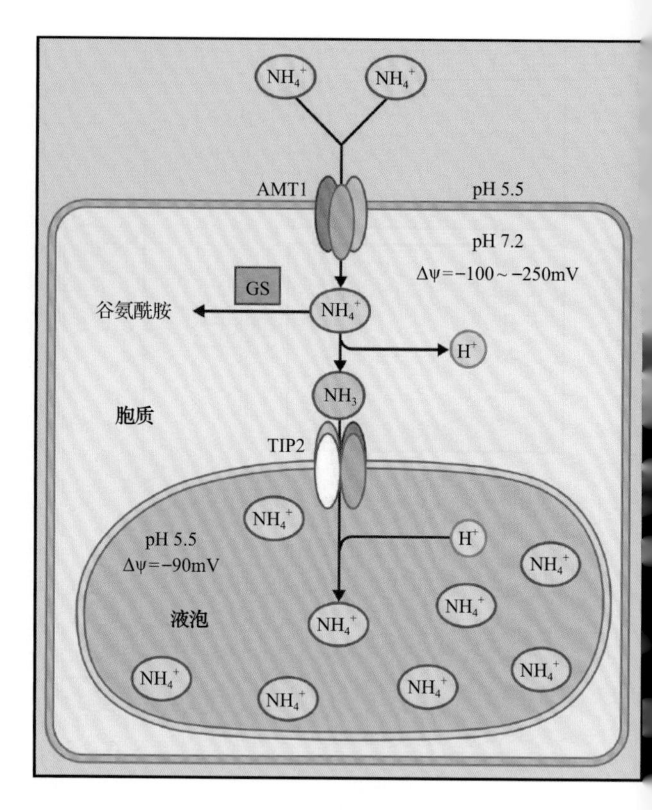

图 16.29 由 ATM 介导的跨膜铵盐吸收，动力来自膜电位。铵盐的跨液泡膜运输可能是由水通道蛋白 TIP2 介导的，液泡的酸化是铵在液泡中积累的主要因子

都有非常重要的功能。硝酸盐是主要的土壤中的氮源。植物为硝酸盐的吸收和同化提供大量的碳源和能量。植物通过整合光合系统和碳 / 氮的代谢来检测和完成硝酸盐的同化。这使得植物能在各种环境条件中，调控其生长速率、根的形态建成、碳 / 氮比、还原水平和离子与 pH 的平衡。

硝酸盐的同化（nitrate assimilation）从跨膜转运开始（图 16.30）。通常条件下，硝酸盐被根的表皮、皮层和内皮层细胞从土壤溶液中吸收，初级吸收也能够发生在叶中。叶的吸收对叶肥的施加及附生植物（epiphytes）非常重要。在合胞体中的硝酸盐能够被转运到液泡中，可能原因是液泡储存浓度高（＞ 20mmol·L^{-1}）。大部分硝酸盐的储藏器官包含根、茎和叶中脉，但是硝酸盐也能通过木质部，经过长距离运输到芽中。各种生理、遗传和环境因子决定硝酸盐的分配和储藏。

两种协同转运蛋白（symporter）（NRT1 和 NRT2）以及一种反向转运蛋白（antiporter）（CLC）参与植物中硝酸盐的转运。NRT1 和 NRT2 在硝酸盐跨质膜和液泡的吸收与转运中发挥功能，CLC 在跨液泡转运中发挥功能。

16.6.1 植物从土壤中吸收硝酸盐有低亲和和高亲和两种形式的转运系统

土壤中可用的硝酸盐浓度的变化范围非常大，在从微摩尔到毫摩尔 4 个数量级之间变动。为了应对这种浓度的变化，避免氮缺陷或是氮过多引起的毒害，植物使用两种硝酸盐吸收系统：高亲和系统，$K_m \approx 50\mu mol \cdot L^{-1}$；低亲和系统，$K_m \approx 5mmol \cdot L^{-1}$（图 16.31）。这两种都由活化的 H^+- 偶联的机制调控，利用 H^+-ATP 酶产生的 H^+ 梯度，作为硝酸盐吸收的动力。

这两种硝酸盐吸收系统包含两个硝酸盐转运蛋白家族，即 NRT1 和 NRT2。在拟南芥中，两个 NRT1 转运蛋白（AtNRT1.1[CHL1]、AtNRT2.2）和四个 NRT2 转运蛋白（AtNRT2.1、AtNRT2.2、AtNRT2.4 和 AtNRT2.5） 在 NAR2（AtNAR2.1）蛋白的帮助下完成硝酸盐的吸收。AtNRT2.1 和 AtNRT2.2 是硝酸盐诱导的、高亲和的硝酸盐转运子。AtNRT1.2 是组成型表达的低亲和性的转运蛋白。AtNRT1.1（CHL1）是双重亲和性的转运蛋白，既参加高亲和性吸收，也参加低亲和性吸收（图 16.31）。

AtNRT1.1（CHL1）是通过筛选具有氯酸盐抗性的遗传学方法鉴定到的第一个 NRT1 家族的成员。氯酸盐是硝酸盐的氯类似物，通过硝酸盐的吸收途径吸收到植物体内后，对植物具有毒害作用，并且可以通过硝酸盐的还原系统还原为亚氯酸盐（图 16.32）。*chl1* 是具有氯酸盐抗性的突变体，在氯酸盐吸收方面具有缺陷。CHL1 具有 12 个跨膜结构域，一个大的亲水环将 N 端的 6 个跨膜域和 C 端的 6 个跨膜域分开（图 16.31）。在非洲爪蟾卵母细胞中表达该蛋白质，然后进行功能分析表明，它是一个 H^+ 耦合的硝酸盐转运蛋白，H^+/NO_3^- 的比率大于 1。拟南芥基因组包含 53 个 NRT1（PTR）转运蛋白基因；这些家族中编码的某些蛋白质能够转运二肽（dipeptide），而不是硝酸盐。同样的，许多从细胞中分离得到的 NRT1 的同源蛋白是二肽的转运蛋白（例如，来自于大肠杆菌的 DtpT，来自人的 PepT1，

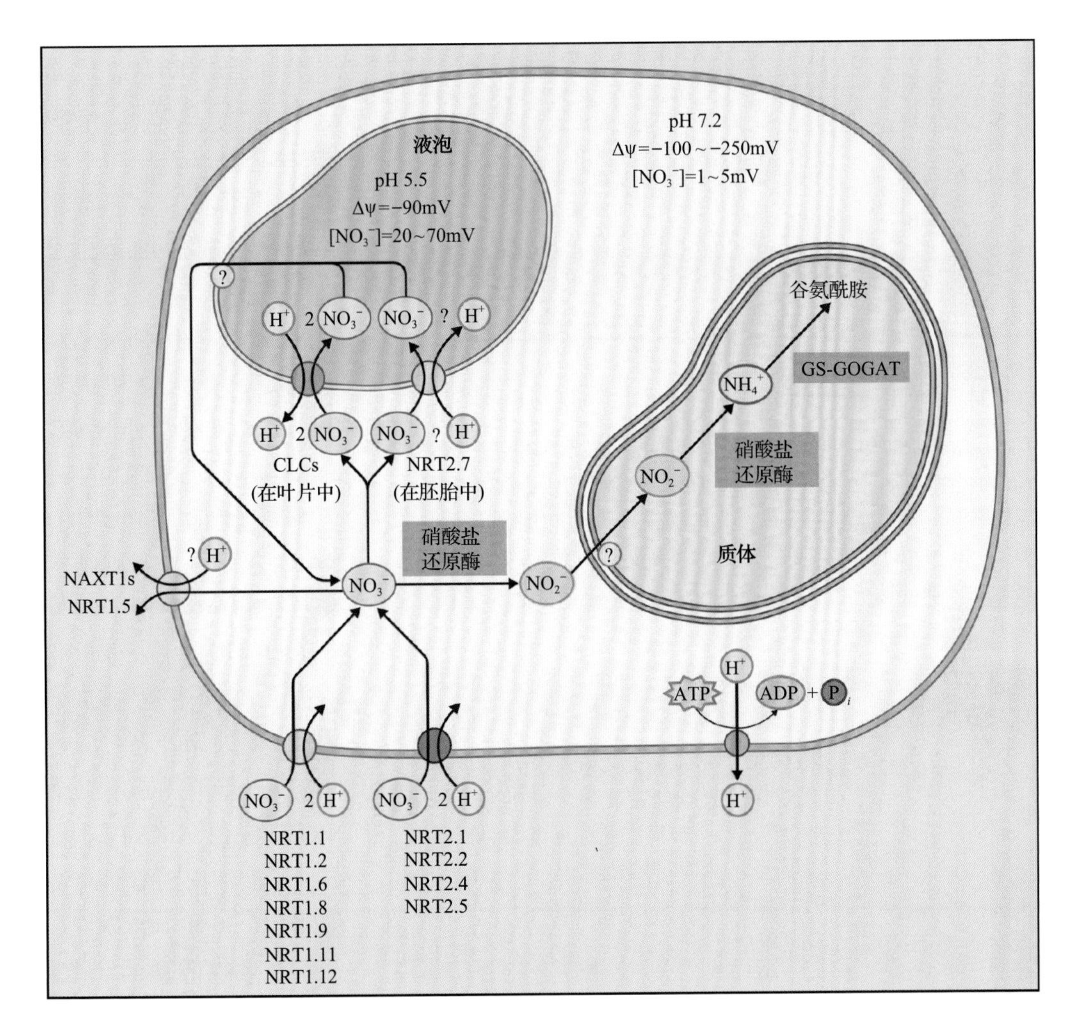

图 16.30 植物细胞硝酸盐的同化，包括硝酸盐穿越质膜的运输，然后在两步反应过程中还原为氨。硝酸盐能够被储存在液泡中，或从液泡中再活化。质子泵型 ATP 酶维持电化学梯度，促使硝酸盐往胞内吸收。图中所示的电势和硝酸盐浓度只具有一定的代表性，会显著波动

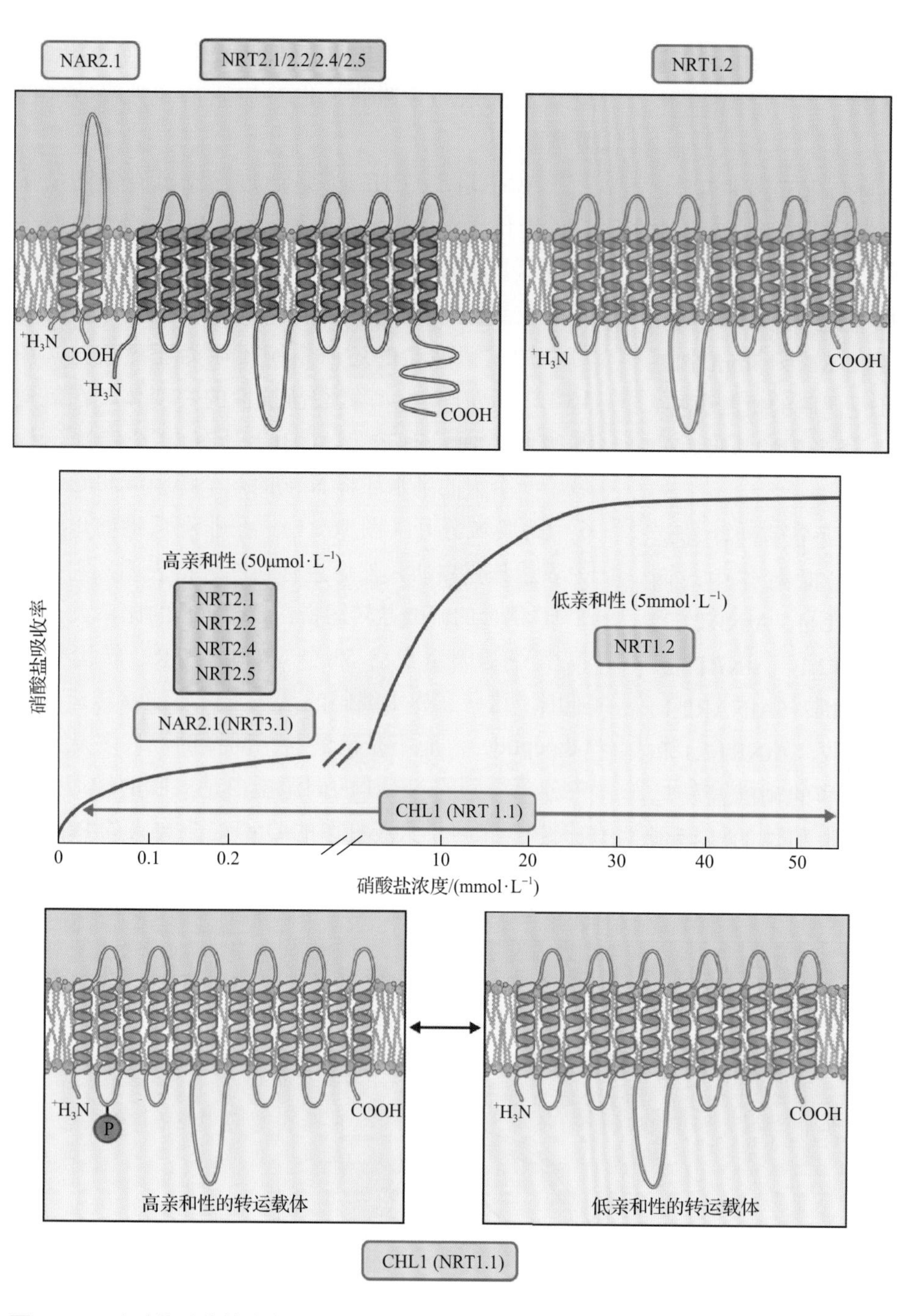

图 16.31 硝酸盐吸收的动力学。硝酸盐的吸收展现出两种饱和阶段，高亲和系统中 K_m 值为微摩尔级，低亲和系统的 K_m 为毫摩尔级。在拟南芥中，CHL1（AtNRT1.1；蓝色）是一种双亲性硝酸盐转运载体，能够参与高和低亲和的摄入，它的调控模式是 T101 的磷酸化 / 去磷酸化之间的转化。AtNRT2.1 和 AtNRT2.2（红色）及 ArNAR2.1（黄色）一起参与高亲和吸收，此外，AtNRT1.2（绿色）参与低亲和吸收

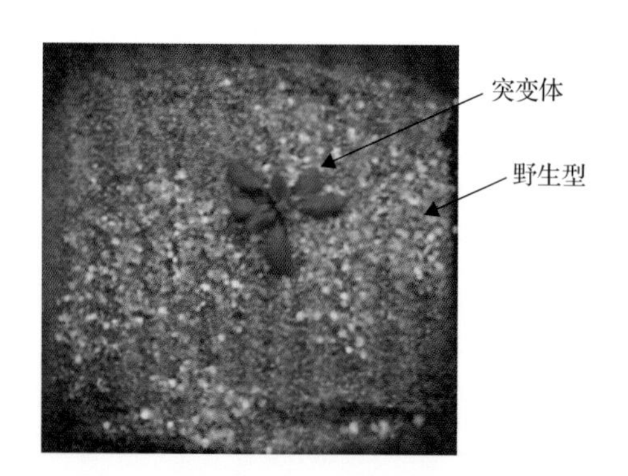

图 16.32 用氯酸盐处理植物，可以选择到硝酸盐吸收的突变体。野生型植株吸收氯酸盐，并将之还原为有毒的亚氯酸盐离子，从而导致植株退绿，硝酸盐吸收缺陷型不会引入氯酸盐离子，因而能保持绿色

来自酵母的 PTR2）。推测硝酸盐转运蛋白是从古老的二肽转运蛋白演化而来的。

AtNRT1.1 的两种活性是通过 101 位苏氨酸残基的磷酸化和去磷酸化调控的（图 16.31）。当 T101 被磷酸化后，AtNRT1.1 是高亲和硝酸盐转运蛋白，去磷酸化后，变为低亲和硝酸盐转运蛋白。磷酸化的开关是由外界硝酸盐的量决定的。这种调控能使转运蛋白调节自身的功能去适应根所处的环境中可利用资源的浓度。

NRT2 转运蛋白是高亲和的 H^+ 耦合的硝酸盐转运蛋白，含有 12 个跨膜结构域（图 16.31），序列上与 NRT1 转运蛋白并没有显著的相似性。NRT2 家族中第一个被鉴定的基因是曲霉中的 crnA。随后细菌、酵母、苔藓、绿藻及植物中的 *NRT2* 基因都被陆续被鉴定。在绿藻和植物中，另外一种组分 NAR2（NRT3），对 NRT2 的高亲和性转运是必需的。NAR2 包含两个跨膜结构域，在将 AtNRT2.1 定位到质膜的过程中发挥重要功能。拟南芥含有 7 个 *NRT2* 基因和 2 个 *NAR2*（*NRT3*）基因，其中一个 NRT2 蛋白 AtNRT2.7 参与种子液泡内硝酸盐的转运（图 16.30 和 16.6.2 节）。

与吸收的功能一致，

AtNRT1.1、1.2和2.1的表达限制在根细胞的外层，包含表皮、外皮层和内皮层（图16.33）。AtNRT2.1主要在根的基部表达（最老的部分）。另外，NRT1和NRT2的基因表达水平受到硝酸盐、氮饥饿和还原态氮的调控。每一个转运蛋白在氮吸收过程中的具体贡献是由植物的年龄及氮源的状态决定的。

16.6.2 负责液泡储藏和木质部装载的转运子已得到鉴定

硝酸盐进入细胞后，大部分都储藏在液泡中，其浓度能够达到20～70mmol·L^{-1}。当植物转移到缺氮或是氮充足的培养基中时，液泡中的氮浓度会发生很显著的变化，但是细胞质中的氮浓度保持不变。胞质中氮浓度的维持是由氮吸收、氮流出、氮还原酶的活性，以及液泡中氮的储藏和重新动员这些过程之间的平衡来共同调控的（图16.30）。

拟南芥AtCLCa是一个$2NO_3^-/1H^+$的反向转运体蛋白，参与氮的平衡。该蛋白质主要在叶片中表达，定位在液泡膜上，负责液泡中氮的积累（图16.30），属于**巨大氯通道家族（large chloride channel CLC family）**的成员。该家族中的有些成员蛋白是H^+门控阴离子通道（如哺乳动物中的CLC-0和CLC-1），其他都是Cl^-/H^+反向转运体（例如，哺乳动物溶酶体CLC7和大肠杆菌ClCec-1）。然而与这些CLC不同，AtCLC对氮的通透性要高于氯。拟南芥有7个CLC基因。

不同的植物组织可能利用不同的转运子。拟南芥种子发育的过程可阐明这一观点。AtNRT2.7（图16.30）是液泡定位的转运子之一，主要在种子发育的晚期表达，在*nrt2.7*突变体中硝酸盐含量低，表明在种子成熟的过程中AtNRT2.7调控将硝酸盐的装载运输到液泡的过程。相反，质膜定位的转运子AtNRT1.6主要在胚胎发育早期的丝状器表达。在*atrnt1.6*突变体中，种子败育率和不正常胚胎的比例上升，表明硝酸盐对于早期胚胎发育非常重要。

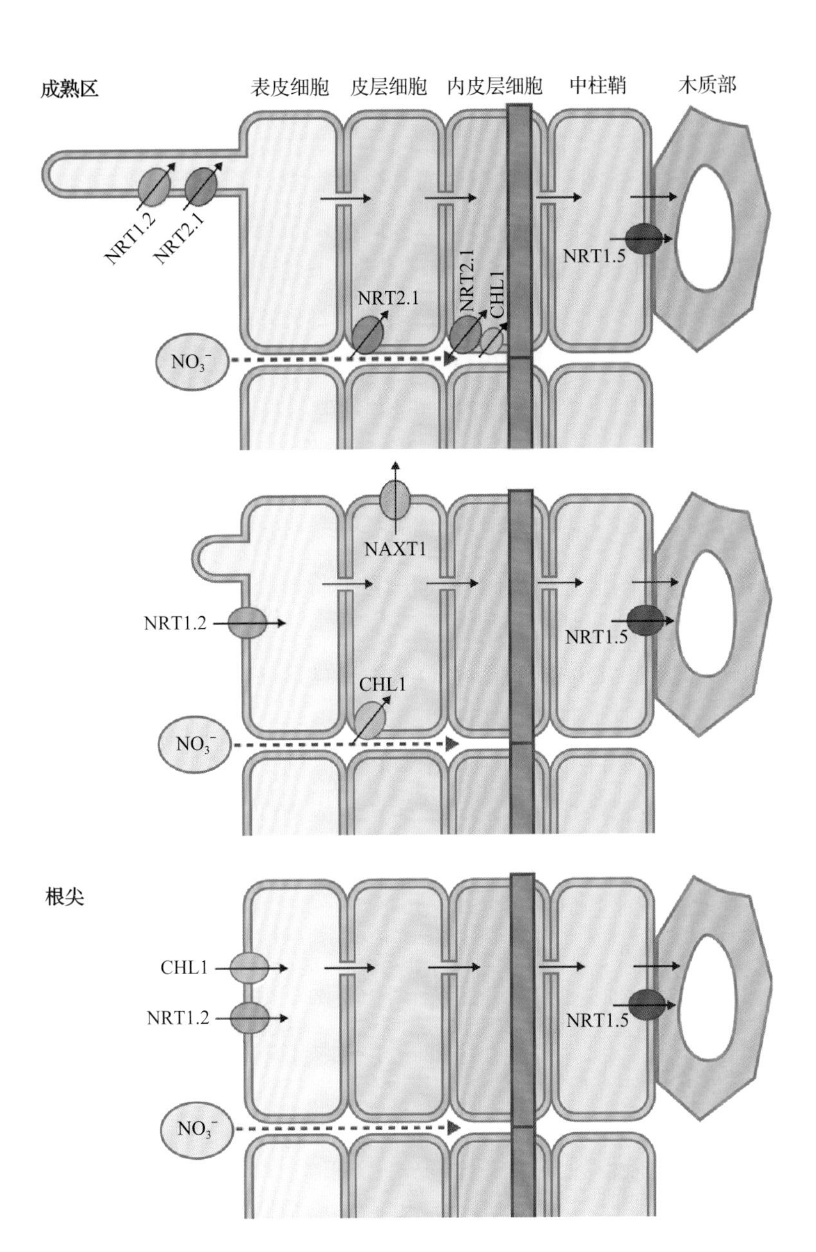

图16.33 拟南芥根不同区域中硝酸盐转运载体的空间表达模式。下：根尖附近横切，其附近的表皮细胞未形成根毛。中间：刚出现根毛位置的横切。上：形成根毛的成熟区。CHL1（AtNRT1.1）、AtNRT1.2、AtNRT2.1和AtNRT2.2都参与吸收，AtNRT1.5参与木质部的装载

硝酸盐由根到芽的转运是由木质部介导的。为了能在**木质部装载（xylem loading）**运输，硝酸盐必须从紧贴木质部的薄壁组织细胞运出。根据电化学浓度，硝酸盐可能由通道蛋白通过被动运输运出。然而两个NRT1转运子（NAX1和AtNRT1.5）介导硝酸盐的输出，主要在紧挨木质部的中柱鞘细胞中表达的AtNRT1.5，负责木质部硝酸盐的装载（图16.30和图16.33）。在*atnrt1.5*突变体依然存在硝酸盐由根到芽的运输，说明还有其他的基因或是机制参与木质部的装载。

16.7 硝酸盐的还原

硝酸盐并不直接参与合成有机化合物，而是经过两步还原为铵盐（图 16.30）。硝酸盐首先被**硝酸还原酶**（nitrate reductase，NR，反应 16.2）还原成亚硝酸盐。接着亚硝酸盐被亚硝酸盐还原酶（nitrite reductase，NiR，反应 16.3）还原形成铵盐，该反应需要还原型铁氧还蛋白（ferredoxin，Fdx_{red}）的参与。在这八个电子被转移的过程中，氮的价态由 +5 降到 –3。随后的反应中将铵盐同化成氨基酸，这个过程也需要有机酸的碳骨架（见第 7 章）。植物还原硝酸盐和亚硝酸盐的反应在根和芽中都能够进行。

反应 16.2：硝酸盐还原酶

$$NO_3^- + NAD(P)H + H^+ \rightarrow NO_2^- + NAD(P)^+ + H_2O$$

反应 16.3：亚硝酸盐还原酶

$$NO_2^- + 6Fdx_{red} + 8H^+ \rightarrow NH_4^+ + 6Fdx_{ox} + 2H_2O$$

在硝酸盐还原形成亚硝酸盐（反应 16.2）的过程中，NADH 或者是 NADPH 作为还原剂并且消耗一个质子。这个反应由 NR 催化，它是一种金属酶复合体，形成同源二聚体（图 16.34）和同源四聚体。NR 具有硝酸盐结合位点和 NAD(P)H 结合位点，三个辅助因子——FAD、亚铁血红素和钼辅酶（molybdenum cofactor，MoCo，图 16.35），提供了促进电子在电子链传递的氧化还原中心。在原酶中，FAD、亚铁血红素 -Fe 和 MoCo 的中间点的电势（E'^{o}）分别为 –272mV、–160mV 和 –10mV。每一个 NR 亚基几乎为 1000 个氨基酸长，上述三种辅助因子都与亚基相结合。大多数植物 NR 使用 NADH，但是也有一些是双向特异的，既可以使用 NADPH，也可以使用 NADH。

16.7.1 NR 亚基有三个不同的区域，每个区内都结合有一个特异的电子传递辅助因子

在 NR 全酶中，每一个辅助因子都是一个氧化还原中心，它们都与蛋白质某个特定的功能和结构区相关。酶经部分水解后产生不同的片段，这些片段具有部分酶活性。一个能与 FAD 结合的片段可利用 NADH 为还原物还原人工电子受体——铁氰化物。另外一个含 MoCo 和血红素铁的片段可利用人工合成的电子供体甲基堇菜素苷（methyl viologen，MV）来还原硝酸盐。NR 的片段具有部分活性，这与 NR 有不同独立的功能区域这一结构特征是一致的。

从 cDNA 序列可推导出功能区域的空间排列：MoCo 功能区位于 N 端，血红素铁功能区位于中部，FAD 功能区位于 C 端（见图 16.34）。三个功能区由两个铰链结构连接，其

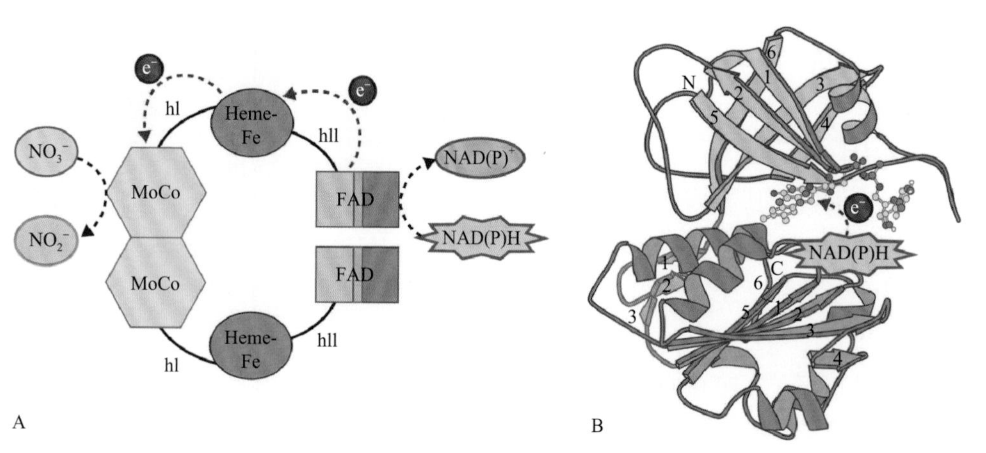

图 16.34 A. 硝酸还原酶的结构域。NR 单体有三个结构，分别与钼辅酶、血红素和 FAD 结合。FAD 结合区从 NAD(P)H 接受电子；血红素结构域可将穿梭电子传递给 MoCo 结合区，MoCo 结合电子传递给硝酸盐，hI 和 hII 指铰链区 1 和铰链区 2，通过它仍将功能结构域分隔。B. NR 的 FAD 结合结构域的晶体结构。NR 的 C 端区域中，用绿色表示 N 端的叶状结构，蓝色表示连接区，红色表示 C 端的叶状结构。N 端叶状结构与 FAD 结合，而 C 端的叶状结构与 NAD(P)H 结合

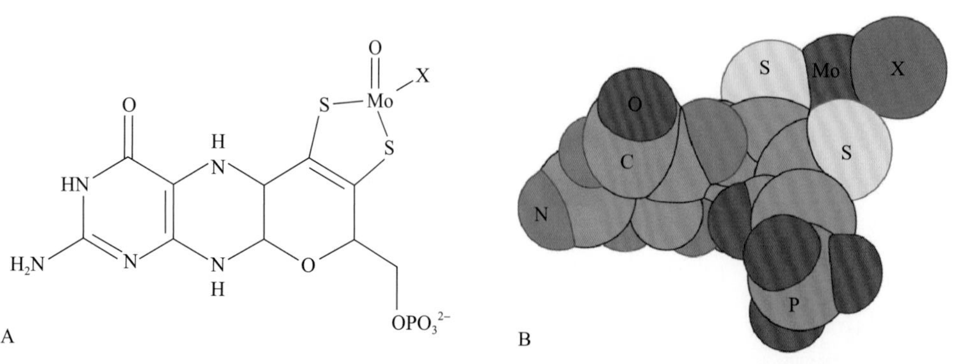

图 16.35 NR 的钼辅助因子（MoCo）。A. 化学结构；B. 分子结构实体模型

中一个含有调控位点，可被磷酸化且可和14-3-3蛋白（见16.7.4节和第3章、第18章）结合。14-3-3蛋白可调节NR的活性（见16.7.4节）。图16.34B给出了NR的结构和功能之间关系的模型。

NR的每一个功能区都可看成是一个独立的单元，而每个单元又属于不同的蛋白家族。FAD结合区（含260～265个氨基酸）与铁氧还蛋白-$NADP^+$还原酶（FNR）家族中的黄素氧化还原酶相似。这个蛋白家族包括FNR、细胞色素P450还原酶、一氧化氮合成酶和细胞色素b_5还原酶。FAD功能区的晶体结构显示该区具有两个结构域，每个结构域形成一个叶状结构，一个裂隙将二者隔开（图16.34B）。N端的叶状结构与FAD结合，C端的叶状结构与底物NAD(P)H结合。在C端的叶状结构中，半胱氨酸的巯基与NAD(P)H结合并将其固定，以助于电子向FAD转移。尽管该半胱氨酸残基在黄素蛋白的FNR家族中是不变的，但NR并不需要它，而是用丝氨酸残基替代了半胱氨酸。这使得NR活性降低，不过它仍有足够的能力结合NADH并还原FAD。

血红素结构域中间的75～80个氨基酸残基与血红素蛋白中的细胞色素b_5家族成员相似。这些蛋白质共享一定的特征：都可氧化细胞色素*c*，并具有*b*型细胞色素的折叠特征，这个折叠特征就可与血红素非共价结合。细胞色素b_5家族中的蛋白质可能是溶解在细胞质中，也可能是结合在膜上，并且通常与黄素蛋白结合。NR中血红素铁的主要轴向配体可能是NR蛋白中的组氨酸。

N端较大的（含360～370个氨基酸）、含有MoCo辅助因子的结构域，属于MoCo结合蛋白中特殊的一类。在含有MoCo辅助因子的各种酶中，包括黄嘌呤氧化酶、生物素亚砜还原酶、二甲基亚砜还原酶、亚硫酸根氧化酶（见16.14.5节），只有亚硫酸根氧化酶与NR具有显著的序列相似性。与NR类似，亚硫酸根氧化酶有一个与细胞色素b_5结合的血红素结构域，但该结构域处于亚硫酸根氧化酶的MoCo结合区的N端，而在NR中，其位于MoCo结合区的C端。这些蛋白质功能单元的可变排列方式表明，在演化过程中，结构域可能通过不同的组合方式形成不同的构象，从而产生新的酶。与亚硫酸根氧化酶相比，NR的MoCo结构域的底物结合位点变窄，形成一个狭槽，这对于平坦的硝酸盐是足够宽的，但对于庞大的硫酸盐并不够。这也许可以解释为什么硝酸盐能够抑制亚硫酸根氧化酶活性，而硫酸根并不会抑制NR活性。

16.7.2 硝酸盐在根和芽细胞质中进行还原

NR和硝酸盐还原发生在整个植株的营养器官细胞质中。在大多数植物的根和芽中都可以找到NR，其分布受环境因素的影响。然而，在一些植物（如酸果蔓、白三叶草和菊苣幼苗）中，几乎所有的NR都分布于根，而另一些植物（如欧龙芽草）几乎只在叶中表达NR。

在特定的器官中，NR的定位有细胞特异性。在低浓度的硝酸盐条件下，NR主要位于靠近根表面的表皮细胞和皮层细胞中。在较高浓度的硝酸盐环境下，皮层细胞和维管束系统中均可检测到NR活性。在C_4植物玉米中，NR定位于叶肉细胞而非维管束鞘细胞中。该现象与叶肉细胞叶绿体具有更强大的生产还原物的能力一致，叶肉细胞的叶绿体是通过光合反应非环化电子传递过程来产生还原物的（见第12章）。

16.7.3 NR基因的转录受到各种信号的调控

绿色组织中NiR活性远远大于NR活性，这样可以避免亚硝酸盐在组织中累积引起的毒性。因而，在硝酸盐转化为铵盐的过程中，NR催化反应是限速步骤。对于各种不同的信号，如硝酸盐丰度、氮代谢物（主要是谷氨酰胺）、CO_2、碳代谢物（主要是蔗糖）、细胞分裂素和光，植物通过采用数种机制以调节NR的浓度和活性以便适应这些环境。

在大多数植物中，NR基因的表达是受底物诱导的（图16.36A和16.9节）。在叶中，NR的诱导还需要功能和遗传性完整的叶绿体。如果因为叶绿体损伤而引起NiR活性丧失，这就会造成亚硝酸盐累积，而质体信号分子协同调控胞质中的NR酶则可避免这种现象的发生。

除了对主要的硝酸盐信号有应答外，NR mRNA的合成量还受其他信号的影响，这些信号将硝酸盐还原反应与光合作用过程、碳代谢过程和昼夜交替联系在一起。要最大程度地诱导NR mRNA，植物

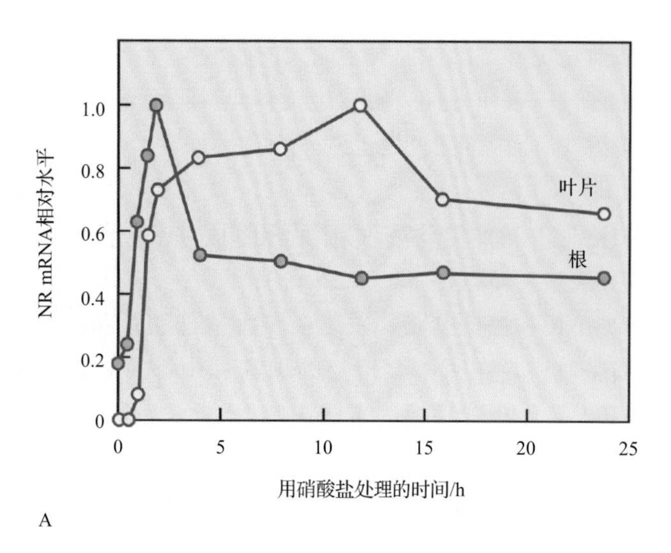

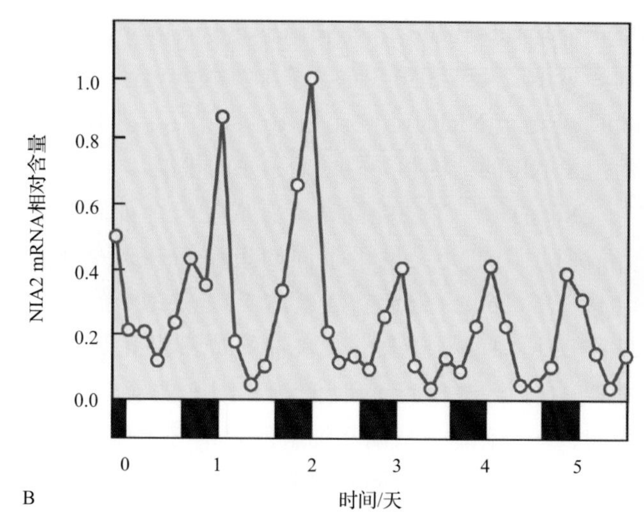

图 16.36 NR 基因的表达调控。A. 可利用的硝酸盐影响根和叶中 NR mRNA 的转录。硝酸盐匮乏条件下生长 7 天的大麦苗在时间点为零时用 $15mmol \cdot L^{-1}$ 硝酸盐处理，在图中标出的时间从根和叶中提取 RNA，测定 NR mRNA 的相对浓度。B. 有硝酸盐供给条件下生长的植物中，NR mRNA 浓度表现出昼夜节律循环，在图中所示的时间抽提番茄叶中的 RNA，测定 NR mRNA 的相对浓度

需要光照或还原型碳源。遗传学和生理学证据显示，**光敏色素**（见第 18 章）介导了光诱导的 NR mRNA 浓度的增加过程。这种光调控在黄化苗中是非常强的，当然也存在于绿色组织中。一旦 NR 基因获得诱导，NR mRNA 的量就会随昼夜节律一起发生周期性的变化（图 16.36B）。可能有一种下游代谢物作为信号分子来控制 NR 活性。一些证据表明谷氨酰胺能够抑制 NR 基因的表达（表 16.5）。在昼夜循环过程中，野生型植物体内，随着 NR 转录物浓度下降，谷氨酰胺浓度增高；而且在 NR 的突变株中，谷氨酰胺浓度一直维持高浓度而 NR mRNA 浓度一直处于低水平。

表 16.5　影响 NR 转录和活性的信号

信号	对 NR 的影响	
	转录	酶活
谷氨酰胺	↓	
缺 N	↓	
节律	根据一天中的时间调控	
硝酸盐	↑	
细胞分裂素	↑	
蔗糖	↑	
光	↑	↑
黑暗	↓	↓
高 CO_2		↑
低 CO_2		↓
氧气		↑
缺氧		↓

总之，植物体有关键的调节机制控制 NR 基因的表达，从而协调硝酸盐还原反应与一系列相关因素间的关系。这些相关因素包括芽对氮的需求、硝酸盐和光能（还原性碳）的获得，以及叶绿体的正常功能。

16.7.4　蛋白 14-3-3 通过依赖于 NR 的磷酸化结合 NR 在翻译后水平上调节 NR 活性来对内源信号和外界环境做出应答

翻译后修饰机制根据特定的生理条件变化来调控 NR 蛋白的浓度和活性。例如，当植物在缺乏氮源或没有光照的环境下生长数天后，尽管 NR mRNA 仍有较高水平，但 NR 蛋白量下降。当植物处于黑暗条件或低浓度的 CO_2 环境中时，会发生一种快速可逆的抑制 NR 活性的反应。在这些情形中，NR 的抑制会在数分钟之内发生，这是由于 NR 绞链 1 区中保守的丝氨酸残基在钙依赖型蛋白激酶的作用下发生了磷酸化（图 16.34），接着 Ca^{2+} 或 Mg^{2+} 依赖的 **14-3-3 蛋白**（图 16.37）结合上去。一类 2A 型蛋白磷酸酶将绞链 1 区上的丝氨酸去磷酸化，从而阻止了 14-3-3 蛋白与 NR 的结合而将 NR 重新激活。NR 的抑制和再活化反应受到 Ca^{2+}、5′-AMP 和

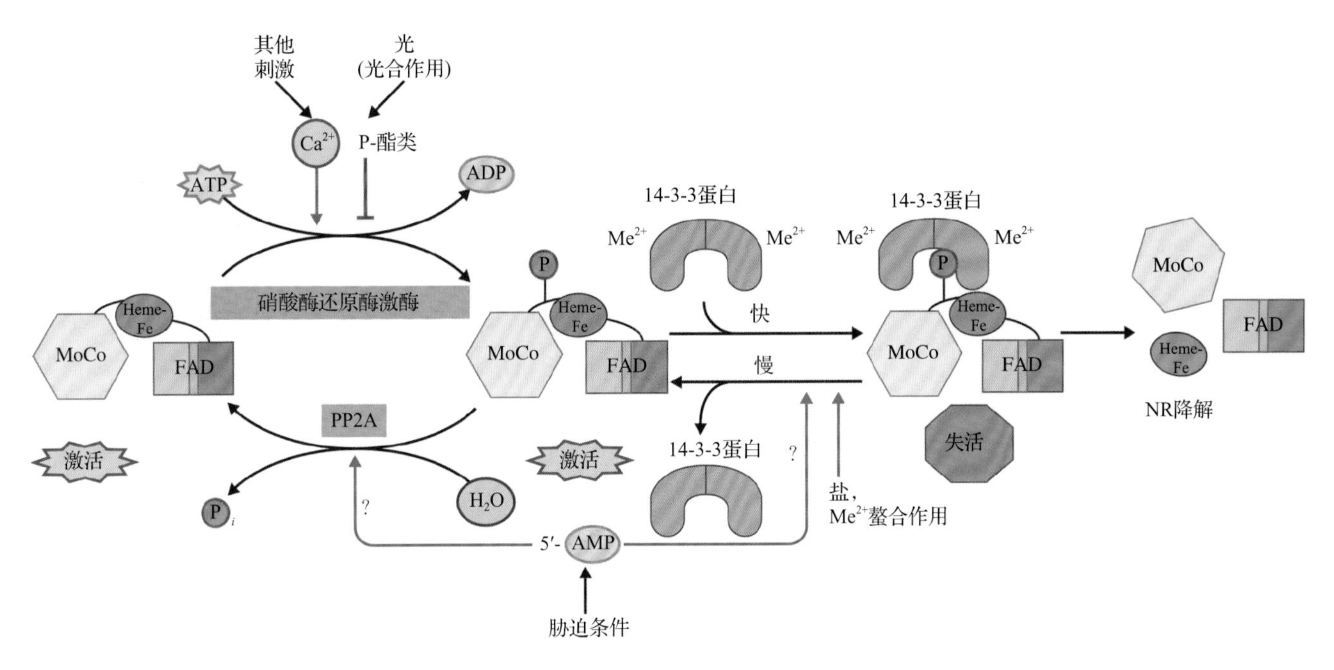

图 16.37 磷酸化/去磷酸化和14-3-3蛋白的可逆结合对硝酸盐还原酶的调控模式。NR铰链区1上的Ser残基被蛋白激酶磷酸化，磷酸化的NR依然具有活性，但它可被14-3-3二聚体蛋白结合，从而使NR失活。与14-3-3复合物结合的NR比未结合的NR易于降解，并且不能作为磷酸酶的底物。如果NR从14-3-3蛋白释放，蛋白磷酸酶PP2A可将NR上的磷酸基团水解

P_i的调节，这些小分子可能作为第二信使发挥作用。当环境不利于植物对硝酸盐同化时，激酶/14-3-3抑制机制可迅速可逆地抑制NR活性。

NR转录和活性调节可使植物体对硝酸盐的还原量进行精细调控。光照（或光合产物或蔗糖）诱导植物尤其是黄化苗NR的转录。另一方面，有可能是一种负反馈调控，光照也可增加谷氨酰胺的浓度，从而抑制NR的转录（见第8章）。然而，NR一经诱导，其在光合组织中的转录就显现周期性变化，所以在植物受到光照前的瞬间，NR转录体浓度达到最高值（见图16.36B）。抑制光合碳还原的条件，如黑暗和CO_2匮乏，却可逆性地抑制光合组织中NR蛋白的活性。NR转录的上调可增加亚硝酸盐的产量。因而，当NiR活性降低时，如黑暗条件下，NR活性也会相应降低以防止亚硝酸盐积累到毒性浓度。表16.5中列出了影响NR转录和活性的信号。

16.8 亚硝酸盐还原

硝酸盐还原为亚硝酸盐后，硝酸盐同化途径的第二步就是将亚硝酸盐还原为铵盐，该反应由NiR催化（反应16.3）。在该过程中，有6个电子发生转移，电子来源于还原型铁氧还蛋白（Fdx_{red}），它由叶绿体通过光合非环化电子传递反应产生。在非光合组织（如根）的质体中，亚硝酸盐还原也需要Fdx_{red}。这些无色的质体内Fdx_{red}是通过以下途径产生的：由磷酸戊糖途径产生的NADPH经**铁氧还蛋白-$NADP^+$还原酶**催化，将铁氧还蛋白还原（反应16.4）。值得注意的是，铁氧还蛋白在非光合质体中比在叶绿体中具有更强正电性（以大约70mV），由此来促进利用NADPH的还原反应。

反应 16.4：黄素蛋白-$NADP^+$还原酶

$$NADPH+2Fdx_{ox}（Fe^{3+}）\rightarrow$$
$$NADP^{+}+2\ Fdx_{red}（Fe^{2+}）+H^{+}$$

NiR是一个核编码蛋白，这个蛋白质在N端具有一个转运肽，在将蛋白质转运到质体之后被切除从而形成成熟酶蛋白。它是一个分子质量为60～70kDa的单体酶蛋白，含有两个功能结构域和两个辅助因子，负责电子在Fdx_{red}和亚硝酸盐之间的传递（图16.38A）。酶的N端这一半可能可以结合铁氧还蛋白。C端这一半与细菌NADPH-亚硫酸根还原酶具有序列同源性，含有亚硝酸盐结合位点及两个氧化还原中心，一个是4Fe-4S中心，另一个是西罗血红素（图16.38B）。这两个辅基距离很近，由一个硫配基相连。位于两个结构簇中的四个半胱氨酸既为二者提供了桥联配基，又为4Fe-4S提供了硫配基。在其中两个半胱氨酸残基附近引入体积庞大

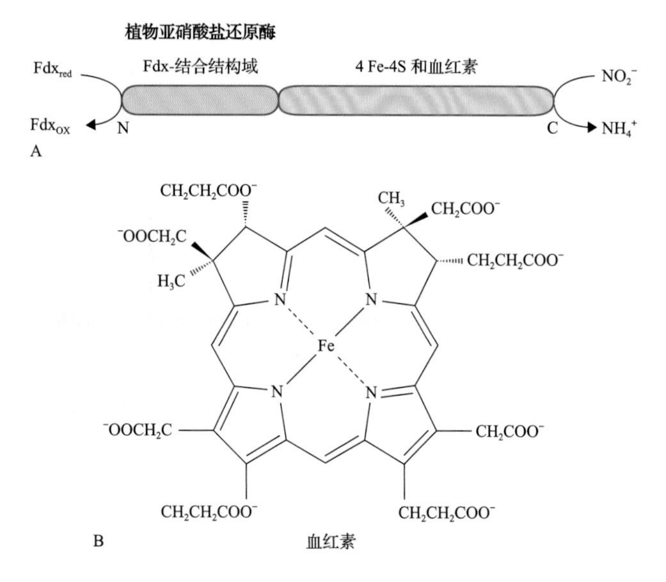

图 16.38 A. 高等植物中亚硝酸盐还原酶的结构。N 端区域氧化铁氧还原蛋白。C 端区域与 Fe_4S_4 中心及血红素结合，将亚硝酸盐还原为铵盐。B. 血红素辅基结构

的侧链突变时，NiR 活性降低，NiR 蛋白内铁血红素的结合位置范围发生改变，表明这些半胱氨酸在辅助因子的结合中发挥了作用。

NiR 受转录水平的调控，通常与 NR 转录相协调。因为亚硝酸盐对植物有毒性，细胞必须有足够的 NiR 活性以还原 NR 产生的亚硝酸盐。因此植物只要有 NR 存在，都会在光和硝酸盐诱导下表达 NiR，并维持过量的 NiR 活性。如果植物由于突变或反义链的表达而使 NiR 浓度下降，植株就会累积亚硝酸盐，并表现出萎黄病症状。在野生型植物中，NR 活性的调控机制有助于防止亚硝酸盐的累积。

16.9 硝酸盐信号

除了作为营养，硝酸盐还可以作为信号分子调控自身的吸收和同化。硝酸盐能够诱导硝酸盐转运蛋白、NR 和 NiR 的转录，以及硝酸盐还原所必需的还原剂的生成。这些快速的转录水平的调控，称为初级硝酸盐反应，只需要 $100nmol·L^{-1}$ 的硝酸盐处理 10min 就能被诱导，并不需要蛋白质的从头合成。亚硝酸盐和硝酸盐还原产物也可作为上调硝酸盐吸收和同化的信号分子。然而，作为负反馈调节，有机氮化合物如谷氨酸盐（表 16.5）可抑制这些基因的表达。

在根中，硝酸盐诱导初级硝酸盐反应基因的表达水平表现出两个饱和阶段，与硝酸盐转运蛋白 NRT1.1（CHL1，见 16.6.1 节）的双亲和性相关，WRT1.1 也是硝酸盐的感受器。使用蛋白激酶 CIPK23 调控的双亲和结合和磷酸化开关，NRT1.1（CHL1）既可感知硝酸盐的浓度，又可根据硝酸盐的浓度诱导不同水平的转录反应（图 16.39）。

在植物中，除了调控转录水平，硝酸盐也能调控种子的休眠、叶片的扩张和根的形态建成。储存在种子中的硝酸盐或是外源性施加的硝酸盐都能解除种子的休眠。ABA 和 AtNRT1.1（CHL1）参与该信号通路。硝酸盐通过复杂的信号通路来影响根的形态建成，例如，局部施加硝酸盐能够促进初级和次级根的生长。然而，高浓度的硝酸盐会引起根发育的系统性抑制。这种调控能允许植物寻找到充足的氮源并以最优的方式完成氮的摄取。ABA、生长素、硝酸盐转运蛋白 NRT2.1 和 NRT1.1（CHL1）、转录因子 ANR1、miRNA167 及其靶基因 ARF8 参与到不同的调控和信号途径中，从而调控根的发育来适应硝酸盐的供应。

16.10 硝酸盐同化和碳代谢间的相互关系

为了统一协调氨基酸合成所必需的碳骨架的生产，硝酸盐也能上调参与碳代谢的基因。当植物处于硝酸盐环境下时，机体通过控制关键酶的合成及其活性，将碳代谢从淀粉合成途径转向氨基酸和有机酸的合成（如苹果酸）途径。例如，在高浓度的硝酸盐作用下 **PEP 羧化酶**活性上调，该酶催化草酰乙酸的合成。草酰乙酸是一种三羧酸循环的中间产物，很容易转化为 α- 酮戊二酸。与之相反，在用高浓度的硝酸盐处理植物后，**ADP 葡萄糖焦磷酸化酶**活性下降，该酶在淀粉合成中必不可缺。这些调节在 *NR*⁻ 的突变体中表现得最显著，这些酶会在 *NR*⁻ 突变体中大量表达，因为该突变体无法还原硝酸盐而使硝酸盐发生了累积。因而，硝酸盐是一个信号分子，指导植物的碳流向，合成有利于氮同化生成氨基酸的化合物。

另一方面，参与硝酸盐吸收和同化的基因的表达被光和糖诱导。在黑暗条件下，这些基因的抑制可通过提供高浓度还原碳化合物如蔗糖而解除。然而，在这个信号通路过程中，葡萄糖 -6- 磷酸是一个糖信号分子，并且己糖激酶的催化活性是通过蔗

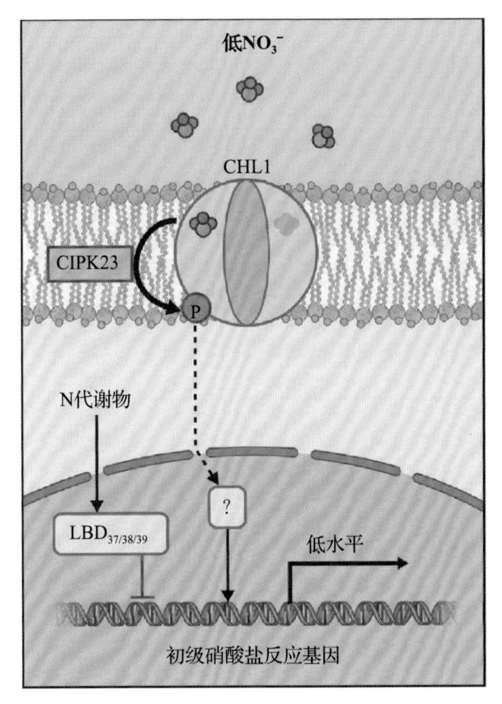

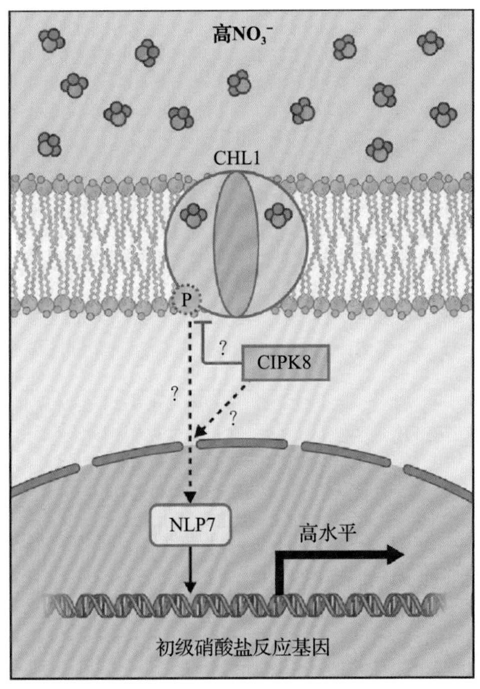

图 16.39 在拟南芥中硝酸盐调控转录反应的信号通路。外部低硝酸盐刺激硝酸盐的转运载体 CHL1 的磷酸化，磷酸化的 CHL1 能够诱导硝酸盐的初级应答基因；外部高硝酸盐抑制 CHL1 的磷酸化，导致基因表达水平提高。在低硝酸盐条件下，CIPK23 磷酸化 CHL1，CIPK8 参与高硝酸盐的应答。NLP7 和 LBD 是调控硝酸盐相关基因的转录因子

糖诱导硝酸盐吸收转运子 NRT1.1 和 NRT2.1 的表达所必需的。这显然与其他的糖代谢信号通路调节是不一样的，其他的信号通路中己糖激酶是糖的感应器，并且这种感应能力与其催化活性是相互独立的。协同调控硝酸盐代谢和碳代谢能确保高效利用这两种营养，使植物生长得最好。

16.11 在大气和植物中的硫概述

对所有的生命体来说，硫是非常关键的大量元素。在自然界中，硫的各种氧化态以无机物或者有机物的组成形式广泛存在。所有的这些氧化状态的硫都能支持各种细菌和古细菌的生长。主要的无机状态的硫的形式为**硫酸盐**（SO_4^{2-}），存在于很多矿物中（如石膏），在海洋中也有很高的浓度（大约 26mmol·L^{-1}，或者是 2.8g/L）。天然有机态的硫化物包括气体如硫化氢和二甲硫醚，经过地球化学和生物圈的活动释放到大气环境中。

植物缺硫会导致农作物产量和质量降低，并且使植物更易感病。尽管大气或土壤中硫的供给是充足的，但近年来植物对大气中硫的利用能力下降，已经引起许多种植区植物出现硫缺陷表型。硫缺陷引起植物代谢的许多方面发生改变，这些对硫饥饿的分子水平反应已通过各种遗传和基因组学技术进行了研究。这些研究结果将植物硫的生理学变成研究植物系统生物学的卓越模型。

硫主要通过主动运输从根进入植物（图 16.40）。尽管根可同化硫，但大部分硫转运到芽和叶中。在光合作用细胞中，硫能被转运到液泡中储藏起来，也可转运到叶绿体中同化。有两种主要的同化途径：一种是硫酸盐被还原形成**硫化物**，然后参与到半胱氨酸的合成中；另一种是硫酸根被活化形成 **3′-磷酸腺苷-5′-磷酰硫酸（PAPS）**，然后被整合到有机分子中。硫能够和氧原子连接形成硫酯，或是和氮原子结合形成氨基磺酸盐，也可以和碳原子结合形成磺酸，硫醇进一步代谢可产生硫醚、甲基硫盐化合物和亚砜（表 16.6 和图 16.40）。

16.12 硫的化学性质和功能

16.12.1 半胱氨酸在甲硫氨酸合成过程中是硫的供体，对蛋白质的合成起着至关重要的作用

半胱氨酸和甲硫氨酸是蛋白质合成中的两种含硫氨基酸。在植物中，半胱氨酸是主要的硫同化产物，也是合成甲硫氨酸的起点，这个反应是一系列的转硫化反应（图 16.41，第 7 章）。半胱氨酸对蛋白质的结构和催化功能尤其重要。两个半胱氨酸残基的硫醇基团能被氧化形成共价的二硫键，它是维系蛋白质三级结构以及在某些情况的四级结构中最

表 16.6　植物中含硫化合物的结构和示例

化合物	一般结构	示例
硫醇	RSH	L- 半胱氨酸、辅酶 A
硫化物或硫醚	RSR_1	硫化氢、L- 甲硫氨酸
亚砜	$RSOR_1$	蒜素
甲基硫盐化合物	$(CH_3)_2S^+R$	*S*- 腺苷 -L- 甲硫氨酸、*S*- 甲基甲硫氨酸、DMSP、二甲基亚砜羟基丁酸
硫酸酯	$R-O-S(=O)_2-O^-$	苯酚硫酸盐、多糖硫酸盐
氨基磺酸盐	$R{=}N-O-S(=O)_2-O^-$	芳基氨基磺酸盐、芥末油糖苷
磺酸	$R-O-S(=O)_2-O^-$	葡萄糖 -6- 硫酸盐、半胱氨酸、牛磺酸、硫酸甘油糖脂

DMSP，dimethyl sulfoniopropionate，二甲基硫丙酸盐

重要的共价连接。二硫键能被还原，这种特性对于蛋白质活性的调控非常关键。半胱氨酸有氧化态和还原态两种形式，细胞中半胱氨酸的氧化还原势最终是由生成生物还原剂的反应和细胞过程所控制（如非环化电子传递和氧化磷酸戊糖途径）。对一些参与碳代谢的叶绿体酶的活性调控是通过含硫蛋白（如**硫氧还原蛋白**和**谷氧还原蛋白**）和非蛋白的三肽即谷胱甘肽所含二硫键的可逆变化来完成的（见 16.15 节）。

16.12.2　许多植物产物包括辅酶、酯类和次级代谢物都含有硫

植物体含有很多种含硫化合物，一些产物在初级和次级代谢过程中发挥作用，另一些功能还不明。几类与基团转移相关的辅酶和维生素，包括辅酶 A、*S*- 腺苷 -L- 甲硫氨酸（SAM）、维生素 B_1、生物素、硫辛酸、硫铵、*S*- 甲基甲硫氨酸（有时称维生素 U），都含有功能性硫原子（图 16.42）。叶绿体细胞膜上含一种**硫脂**成分**硫代异鼠李糖二酰基甘油**（见第 10 章）。硫在一些含硫的信号分子中是非常重要的成分，这些信号分子包括硫酸酯寡聚糖脂（图 16.13D）和膨胀素（图 16.42）。前者可作为结瘤因子发挥功能，后者是一种**没食子酸**的硫酸酯衍生物，该化合物与含羞草叶的向触性活动相关。一些**小肽类激素**，如植物磺肽素（phytosulfokines）的生物学功能需要酪氨酸残基被硫化。

含硫化合物在植物的抗胁迫反应中发挥特殊的功能。各种各样的防御体系的主要成分是谷胱甘肽（将在 16.15 节详细描述）。另外，十字花科植株在受到病原体侵染时，可产生含硫的植物抗毒素如植保素（图 16.42）。在特定的抗病反应中，硫氧还蛋白也是主要的防御体系中的蛋白质。一些植物在茎中积累元素硫作为有效的杀菌剂。研究最清楚的含硫的防御化合物是洋葱和大蒜中的蒜碱，以及十字花科中的葡糖异硫氰酸盐，这些也是其口味和气味的来源，并对健康有益（第 24 章）。

16.12.3　土壤中有足够的硫对于农作物的产量和品质非常重要

因为不能还原硫，包含人类在内的动物均需要含有甲硫氨酸的食谱。农作物的价值也受其甲硫氨酸和半胱氨酸含量的影响。因此，硫的可获得性及含量对于农作物的产量和利用有非常大的影响。一些作物尤其是豆类植物的种子蛋白中，甲硫氨酸的含量非常低，所以来源于豆科植物的食物应添加富含氨基酸的食物。改变种子中储藏蛋白的氨基酸的组成从而提高营养是许多生物技术工程的目标。

长期以来，人们并不认为硫是农业生产中的限

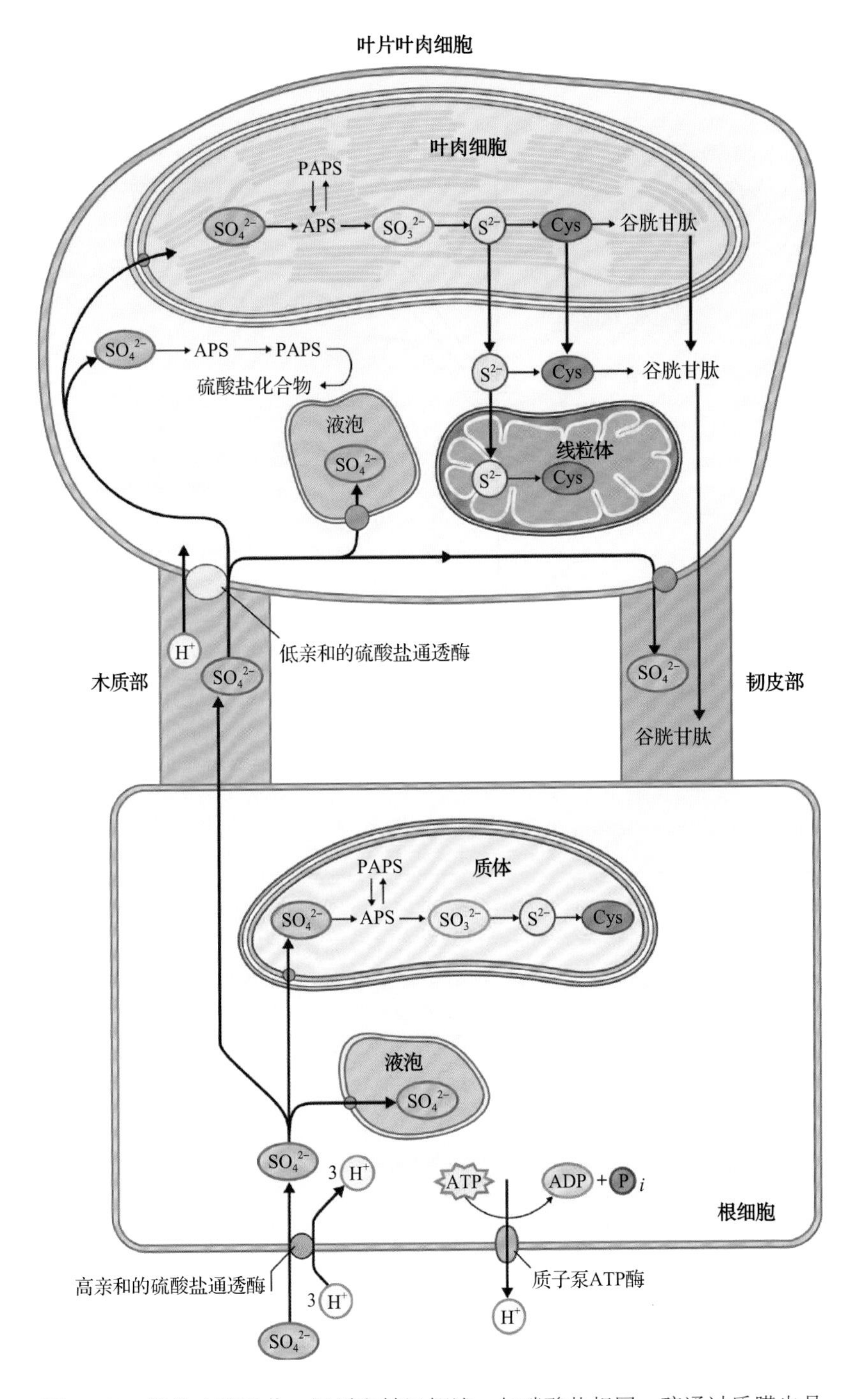

图 16.40 植物中硫吸收、还原和转运概述。与硝酸盐相同，硫通过质膜也是由电化学梯度驱动的，质子 ATP 酶维持这种电化学梯度。部分硫酸盐储存于液泡中，在根细胞和叶细胞质体中发生硫的还原及同化。半胱氨酸的合成发生在胞质、质体和线粒体中，谷胱甘肽在胞质和质体中合成。硫酸盐同化形成硫化物发生在胞质中

制性营养元素。近年来，对含硫的空气污染物如 SO_2 排放控制加强后，导致了土壤中硫含量的下降。现在，在许多农业区，特别是北欧，如果想保持作物的产量和品质，必须施加硫肥（图 16.43）。硫的匮缺会影响小麦面粉烘烤质量（图 16.44）。在许多面包店中，硫的缺陷也是**聚丙烯酰胺**含量上升的原因。这是由于在烘烤面包的过程中，还原糖和天冬酰胺反应形成聚丙烯酰胺。硫缺陷的植物中积累大量的自由氨基酸，因此提高了聚丙烯酰胺形成的可能性。另外，硫缺陷与农作物易被真菌和昆虫感染相关，这与一些含硫化合物和蛋白质参与植物抗病体系一致。

16.12.4 在地球硫循环中，植物占有重要的地位

地球上氧化态硫和还原态硫的互变就是熟知的生物地球化学硫循环（图 16.45）。尽管大气中硫主要是矿物质燃料的燃烧产生的，但许多生物的含硫化合物主要来源于海洋中的藻类。许多藻类产生丰富的**二甲基砜丙酸酯（DMSP）**。这是一种三价硫盐，类似于四价氮化合物如**甜菜碱**（图 16.46A）。DMSP 具有许多功能，包括可以作为抗渗剂、抗冻剂和植食性浮游生物驱逐剂。DMSP 从藻类中释放后，就会降解为**二甲硫醚（DMS）**，挥发进入大气层，经氧化后生成二甲基亚砜（DMSO）（图 16.46B）、亚硫酸根和硫酸根。大气中的硫酸根可作为水滴形成的核心，与云的形成有关。海洋中藻类和云层形成之间的联系可能是一种气候调节机制。

16.13 硫的吸收和转运

和氮一样，硫通过和质子共运输被转运进根部细胞中（见图 16.40）。由于植物根含有许多转运子，这些转运子对硫有不同的亲和性，所以植物对硫的吸收随着浓度的变化呈现多相性（图 16.47）。硫的吸收被**硒酸盐**、**钼酸盐**和**铬酸盐**阴离子所抑制，这些物质能和转运硫的转运子竞争性结合。植物含有 12 ～ 16 个基因编码硫转运蛋白，可分为四类。每个转运蛋白都有不同的动力特性、表达模式和调控方

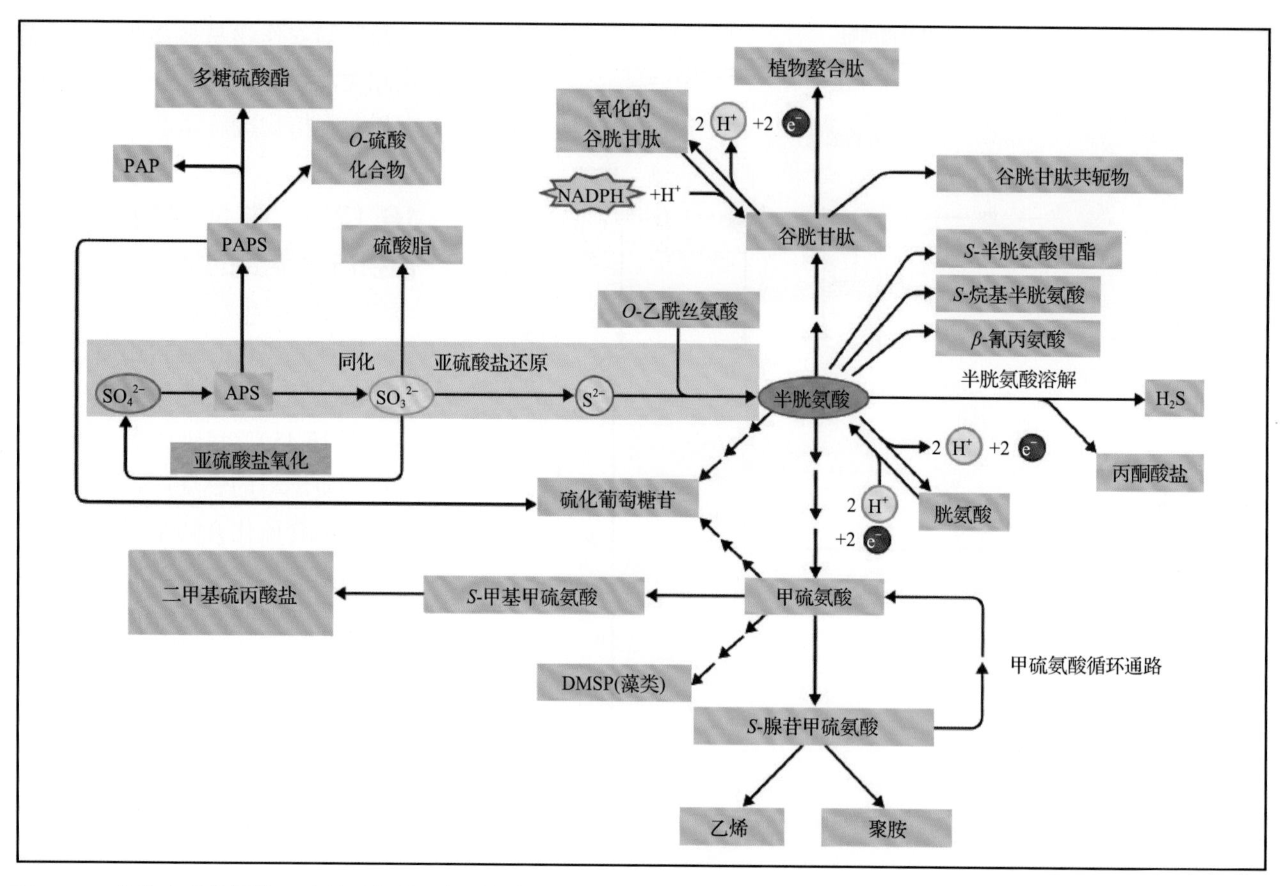

图 16.41 植物中硫的同化。硫经同化进入范围很广的化合物中。大多数硫首先还原为硫化物，然后进入半胱氨酸，作为许多反应中的硫供体。一些硫直接以氧化形式进入早期的分支反应，一些化合物（如芥子苷），既含有氧化型硫，又含有还原型硫。磺酸基和硫脂是亚硫酸盐的衍生物。APS，5- 腺苷酰硫酸，PAPS，3′- 磷酸腺苷 -5′- 磷酰硫酸；PAP，腺苷 3′,5′- 双磷酸

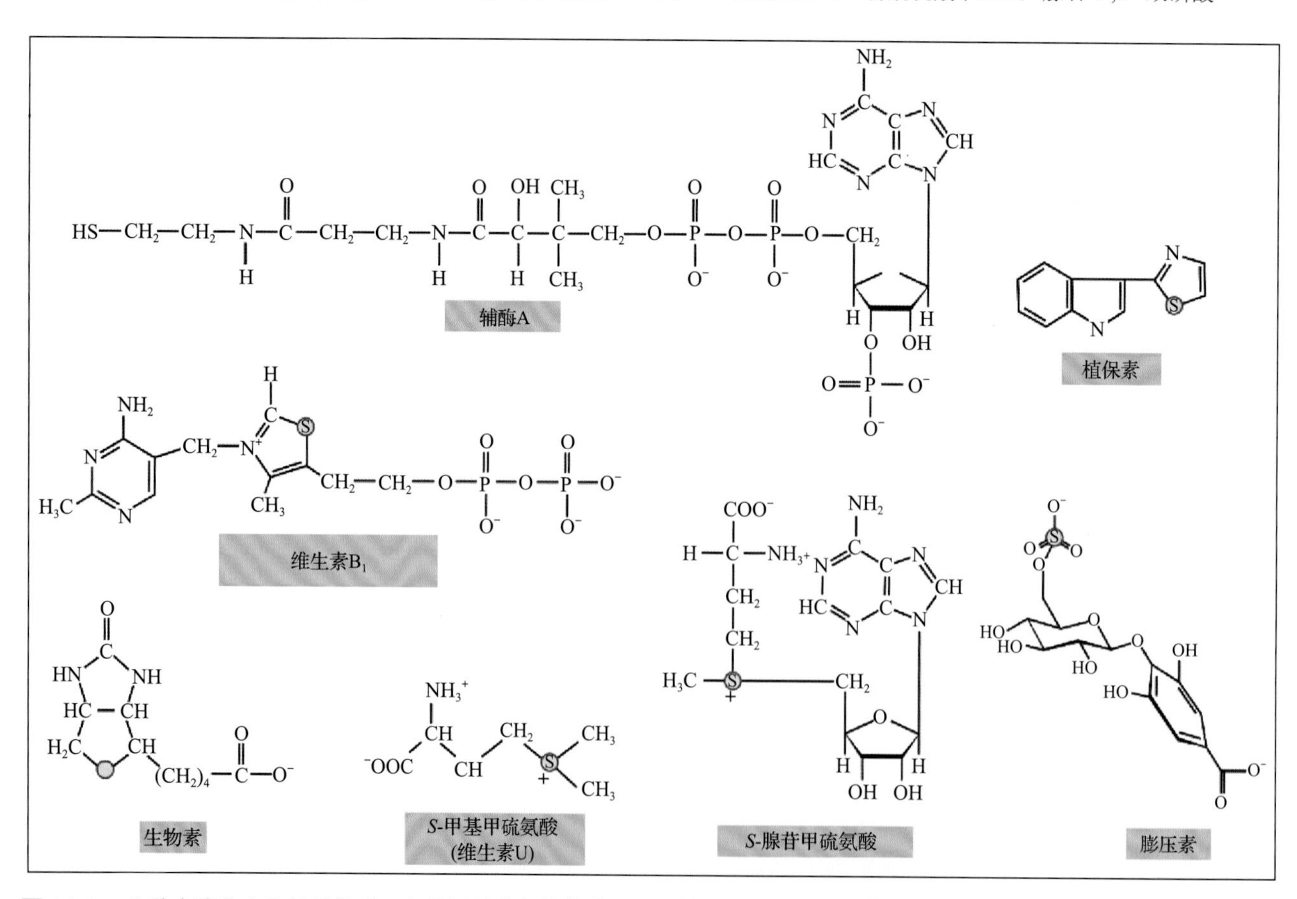

图 16.42 几种含硫化合物的结构式：与基团转移相关的共因子、信号分子和植物抗毒素

图 16.43　两片欧洲油菜田的鸟瞰图，一块油菜施加了硫酸盐（前景），另一块没有施加（后景）。油菜是一种油料作物，必须施加饱和硫才能得到高产量，在施肥和未施肥的田中，花的数量有显著差别。来源：Schnug & Haneklaus（1994）. Voelkenrode Sonderh. 144:14-21

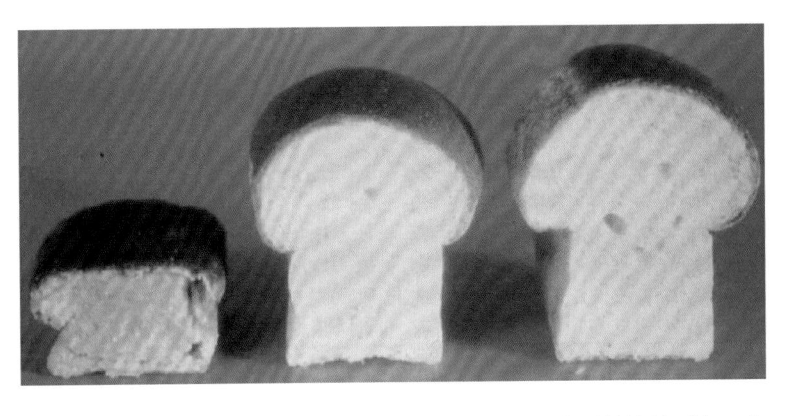

图 16.44　从左至右分别是含低硫、高硫和过量硫小麦面粉烤的面包。有效硫的不足会导致小麦种子中储存蛋白表达情况发生改变。生长于缺硫环境下的小麦种子，蛋白质中所含的半胱氨酸减少，因而不能形成足量的二硫键，严重影响小麦面粉焙烤质量。来源：Byers et al.（1987）. Aspects Appl. Biol. 15:337-344

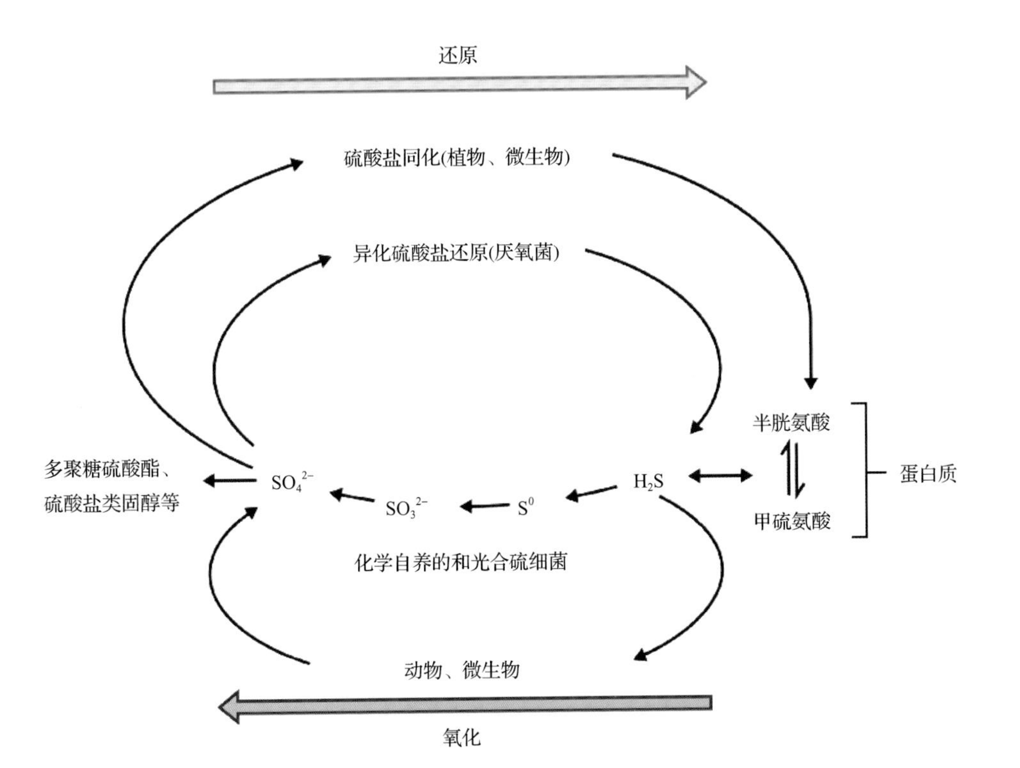

图 16.45　硫的生物地理循环。同化硫的生物体将硫酸盐还原为硫化物，并将之用于半胱氨酸的合成。一些厌氧菌就如好氧生物利用氧气一样，以硫酸盐作为呼吸过程中的电子受体，这个过程称为异化作用，能够产生 H_2S。还原态的硫氧化形成硫酸盐完成其整个循环。氧化发生在硫化物的需氧代谢过程中，该过程在动物、微生物和植物，或在利用还原的硫化物作为电子供体进行化能合成或光合作用反应的细菌中都能进行。当氧气存在时，还原硫可以直接在地球化学环境下氧化

式，表明每类转运蛋白以及各类中的每个转运蛋白都具有特定的功能。

硫的吸收系统可分为硫通透酶介导的系统或硫转运促进系统。植物硫通透酶与真菌及哺乳动物的 H^+/SO_4^{2-} 协同转运蛋白相似。这些蛋白质都由一个含有 12 个跨膜结构域的聚合肽链组成，具有阳离子 / 可溶的转运子特点。这些植物转运子能互补缺乏硫通透酶的酵母突变体。第二种机制是 ATP 依赖的转运，例如，蓝藻中的一个系统包括由三个胞质膜蛋白（CysA、CysT 和 CysW）组成的多蛋白复合体和一个位于周质空间的硫结合蛋白 SbpA（SulT 家族转运蛋白）。这是细菌中硫转运的主要类型，在衣藻属中介导硫转运进入质体中。

尽管研究植物硫转运有这些进展，负责将硫经过液泡膜转入液泡中的主要硫转运蛋白还不清楚。

16.14　硫酸根的还原同化途径

硫酸根还原为硫醚是一个极为耗能的过程，该过程需消耗 $732kJ \cdot mol^{-1}$ 的能量。相比较之下，硝酸根和碳的同化过程消耗的能量较少（分别为 $347kJ \cdot mol^{-1}$ 和 $478kJ \cdot mol^{-1}$）。植物体中，**硫酸根同化**

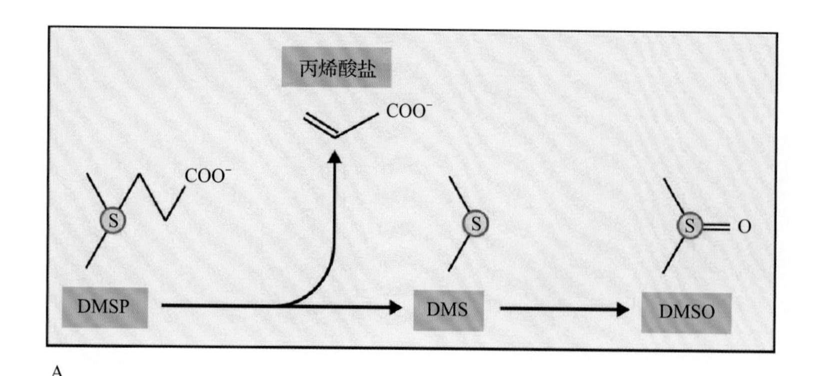

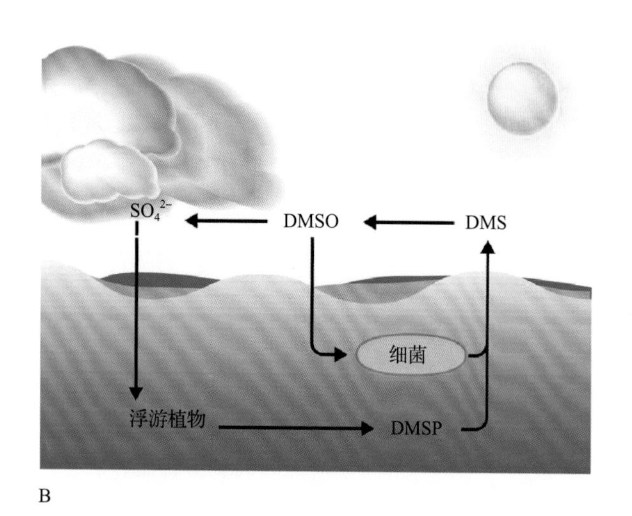

图 16.46 浮游植物与气候之间的联系。A. 浮游植物产生 DMSP，DMSP 能被细菌分解为 DMS 和丙烯酸盐。B. DMS 挥发被氧化形成 DMSO 和硫酸盐，硫酸盐能够作为成核的水滴，引起云的形成。硫酸盐溶解在雨中进入大海。由于云的覆盖减少浮游植物的生长，接着伴随着大气的冷却，浮游植物可能作为气候稳定的调节机制。浮游植物调节气候的程度仍有争论

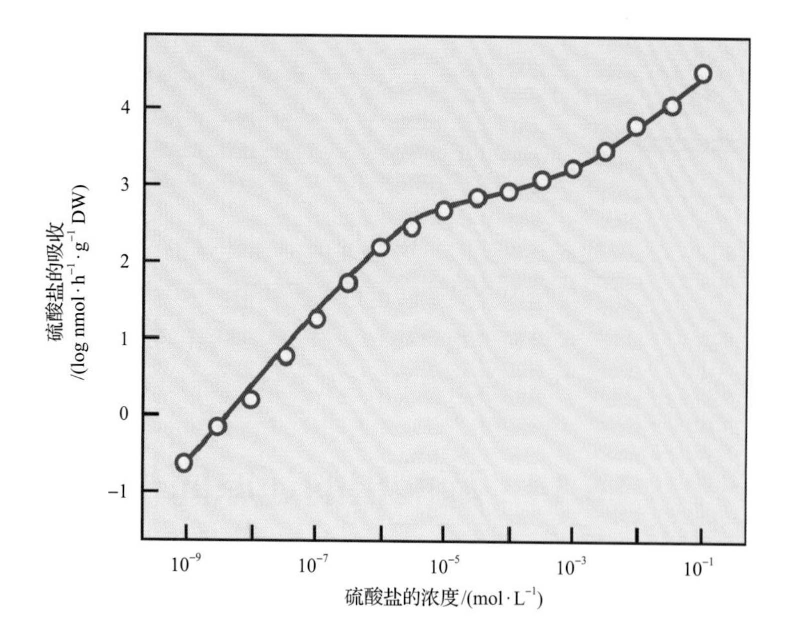

图 16.47 大麦根对硫酸盐的吸收。图表展示了大麦根和一系列浓度的硫酸盐处理时硫酸盐吸收的速率。DW，dry weight，干重

所需的能量主要是由光合过程中生成的 ATP 和还原物提供。在非光合组织中，硫酸根同化所需的能量来源还不清楚，可能类似于非光合组织中的硝酸盐同化，即利用氧化磷酸戊糖途径产生的还原物和呼吸过程产生的能量。

硫酸根同化分为三步：活化、还原成硫醚、硫醚整合入半胱氨酸。质体里存在从无机硫到半胱氨酸的整个生物合成途径。这个活化步骤能够在胞质和质体中发生，半胱氨酸的合成发生在所有能够合成蛋白质的场所中（如胞质、质体和线粒体）。

16.14.1 ATP 硫酰化酶催化硫酸根的活化过程

硫酸盐的化学性质是惰性的，要进入同化途径，必须先由 ATP 硫酰化酶（EC2.7.7.4）所活化，反应如图 16.48 和反应 16.5。反应产物 5′- 腺苷酰硫酸（有时称为 5′- 腺苷磷酸硫酸，因此缩写为 APS）中含有一个高能硫酸酐键，从而增强了后续反应中硫酸根的反应活性。

反应 16.5：ATP 硫酰化酶

$$SO_4^{2-} + MgATP \longleftrightarrow MgPP_i + APS$$

APS 是提供硫酸根还原和硫酸化两条途径中间产物的核心分支点。APS 的自由能（$\Delta G^{o\prime}$）大约为 41.8kJ·mol^{-1}，更有利于形成 ATP。因此，在反应平衡点时，APS 浓度只能累积到不足 10^{-7}mol·L^{-1}。有效地除去 APS 和 PP_i 将有利于正反应进行，**APS 激酶**和 **APS 还原酶**催化 APS 的代谢。焦磷酸酶负责水解 PP_i（见第 13 章）。

植物 ATP 硫酰化酶是一个同源四聚体，由 52 ～ 54kDa 聚合肽组成。它的底物以一种有序和协同的方式与其结合，在硫化之前 MgATP 先与之结合。这个酶主要在质体中发挥功能（占总活性的 85% ～ 90%），剩下的在胞质中发挥功能。在拟南芥中，植物生长过程中的叶绿体 ATP 硫酰化酶活性降低，胞质中酶

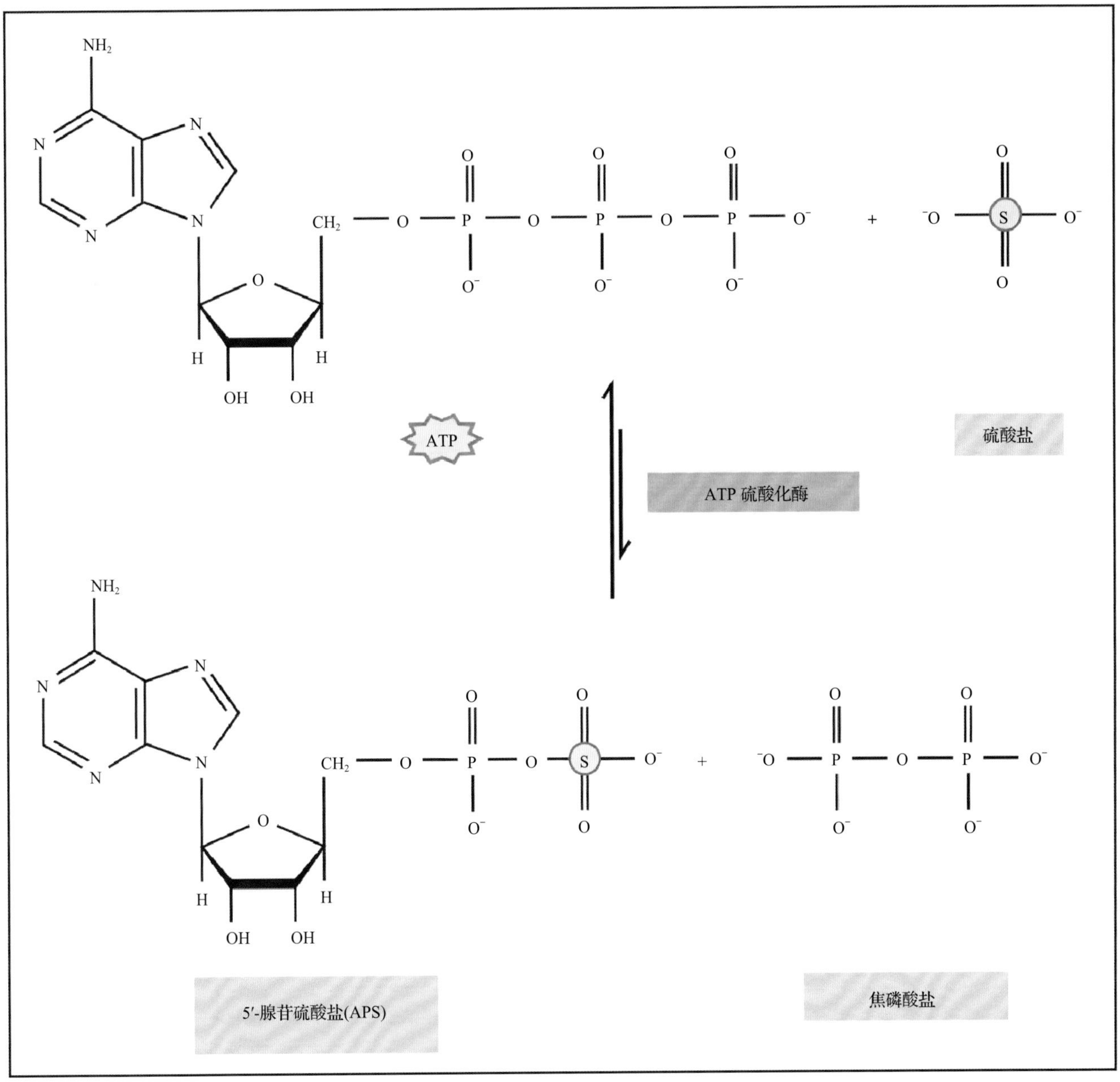

图 16.48　ATP 硫酸化酶的催化反应

活性上升。迄今为止分析的所有植物种类中 ATP 硫化酶都由小的多基因家族编码。在许多物种中，质体和胞质中的同工酶是可区分的，然而，在拟南芥中编码 ATP 硫酰化酶的 4 个基因都含有质体定向的信号肽。

在植物中，ATP 硫酰化酶对硫酸盐的同化贡献仍不清楚。在一些植物中，稳定状态的 ATP 硫酰化酶的 mRNA 的量和酶的活性在硫酸盐缺乏的条件下都会上调，当给植物提供还原性硫化物如半胱氨酸和谷胱甘肽时，mRNA 和酶的活性都会下调。因此，在这些物种中 ATP 硫酰化酶基因的表达受到植物体对终产物需求的调控。在其他植物中，包含拟南芥，ATP 硫酰化酶并不受这么广泛的调控，而是有其他调控途径存在。即使在后者中，破坏 ATP 硫酰化酶也会导致硫酸盐的积累。ATP 硫酰化酶的转录本被 microRNA 靶向结合并且被清除（见 16.17.1 节）。在芥菜中过表达 ATP 硫化酶会导致各种金属的积累及对硒酸盐耐受性的增加。因此，这些植物具有修复硒污染土壤的潜力。

16.14.2　APS 还原酶能够将活化的硫酸盐还原形成亚硫酸盐

在生理条件下 APS 被 APS 还原酶（EC1.8.4.9）

还原形成亚硫酸盐，该反应中谷胱甘肽是电子的供体（反应 16.6）。

反应 16.6：APS 还原酶

$$\text{APS}+2\text{谷胱甘肽}_{red} \longrightarrow SO_3^{2-}+\text{谷胱甘肽}_{ox}+\text{AMP}+2H^+$$

APS 还原酶定位于植物和藻类的质体中，一个例外是在眼虫藻中硫酸盐还原主要集中于线粒体中。植物的酶由 45kDa 的亚基组成二聚体，每一个亚基都含有还原酶和谷氧还蛋白类似的结构域。N 端还原酶的结构域具有非典型的反磁性且不对称的 $[Fe_4S_4]$ 铁硫簇，C 端的结构能和电子的供体谷胱甘肽相互作用，这与在细菌和真菌中对 PAPS 的还原所必需的硫氧还原蛋白辅助因子是相同的。根据这些，APS 被还原形成亚硫酸盐可分为三个不同的步骤（图 16.49）。

植物含有多个 APS 还原酶基因（拟南芥含有 3 种同工酶），这些基因受到多种环境条件的调控，通常是根据对还原硫的需求来调控的。转录本的水平和酶的活性在硫饥饿的条件下会上升，在对植物施加还原形式的硫时，转录水平和酶的活性都会下调。在拟南芥中，流动控制分析揭示了 APS 还原酶控制 90% 的体内硫酸盐还原形成硫醇和蛋白质。硫酸盐还原反应的调控也可参与硫酸盐吸收系统的调控。破坏拟南芥的 APS 还原酶的同工酶 APR2 会降低硫酸盐还原成亚硫酸盐的通路流量，从而增加硫酸盐的积累。另外，在植物中过表达 APS 还原酶可提高含有还原态硫化合物的含量，当其活性过高时可能导致细胞受伤害。

16.14.3 依赖铁氧还原蛋白的亚硫酸盐还原酶介导亚硫酸盐的还原

植物的**亚硫酸盐还原酶**（EC1.8.7.1）能够加 6 个电子到自由态的亚硫酸盐中，形成硫化物（S^{2-}，反应 16.7）。还原态的铁氧还原蛋白是这个催化反应的电子来源。

反应 16.7：亚硫酸盐还原酶

$$SO_3^{2-}+6Fdx_{red} \longrightarrow S^{2-}+6Fdx_{ox}$$

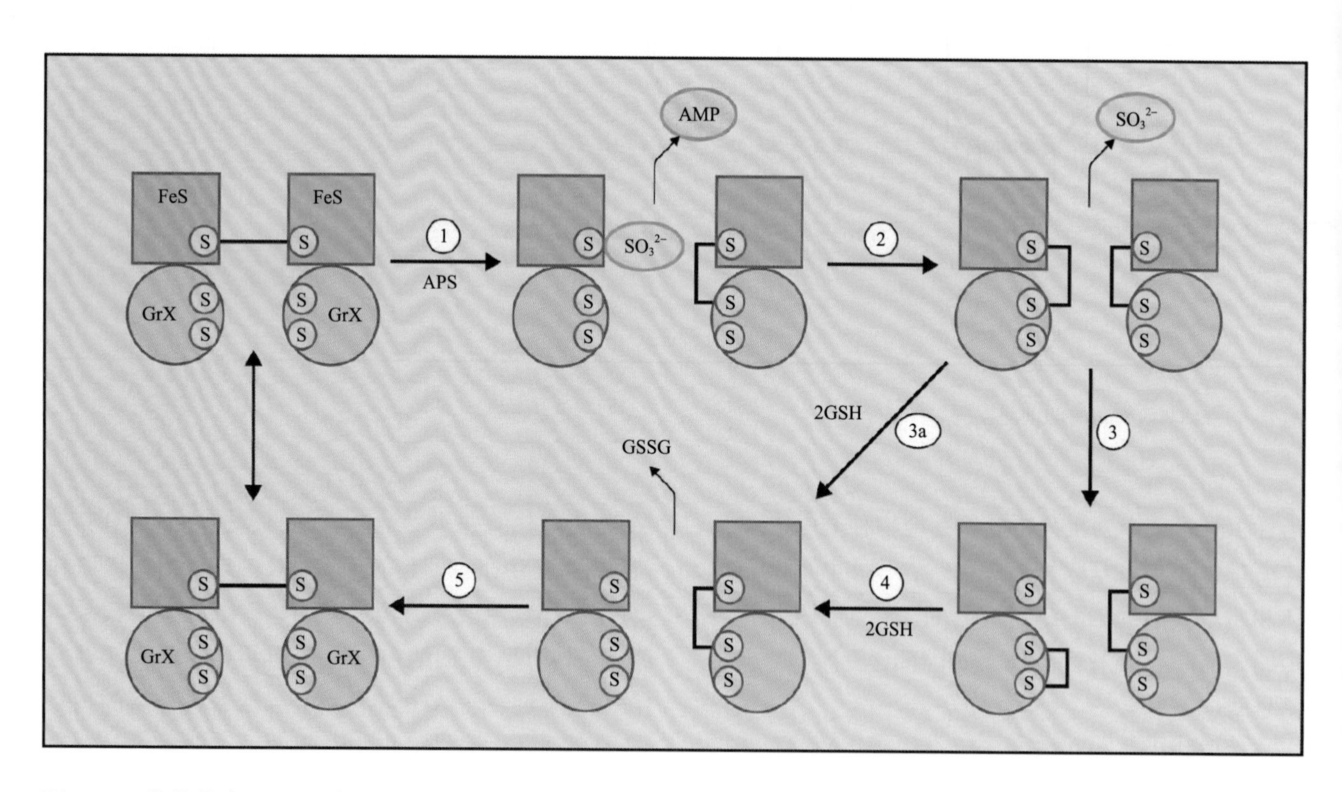

图 16.49　植物体中 APS 还原酶（APR）可能的反应机制。含有 APR 结构域的 Fe-S 簇的 N 端，表示为方框，圆框表示谷氧还类似蛋白 C 端（GrX）。在静息状态下，APR 通过 N 端 Fe-S 结构域的二硫键形成二聚体，二硫键由 Cys-248 形成。在 Grx 结构域的活性中心被还原。当 APR 和 APS（1）反应时，生成与 Cys-248 结合的稳定中间产物亚硫酸盐，AMP 被释放。硫醇盐的 Grx 结构域和硫酸半胱氨酸反应，释放亚硫酸盐，在 Grx 结构域和 Cys-248 之间形成二硫键（2）。在 Grx 结构域上的第二个半胱氨酸能够攻击二硫键，将其转移到 Grx 的活化位点（3），或是谷胱甘肽（GSH）能够直接还原 Grx-Cys248 键（3a）；更偏好哪种反应不清楚。Grx 活性位点 /Grx-Cys248 接着被 GSH 还原，释放 GSSG（4）。在 Cys-248 之间的二硫键被分子内的相互作用进一步加强

植物的亚硫酸盐还原酶都是65kDa的单体血红素蛋白，存在于质体中。和NiR（见16.8节和反应16.4）相似，亚硫酸盐还原酶包含一个西罗血红素（图16.38）和一个铁硫簇$[Fe_4S_4]$。在植物中，亚硫酸盐还原酶的氨基酸序列与NiR是同源的，暗示了亚硫酸盐还原酶和亚硝酸盐还原酶的出现是由于基因复制。实际上，从菠菜中纯化的亚硫酸盐还原酶也能够还原亚硝酸盐，但是它对亚硝酸盐的亲和性比对亚硫酸盐的亲和性低了两个数量级。

与ATP硫酰化酶和APS还原酶不同，亚硫酸盐酶活性和转录本的水平不会明显受到硫营养浓度改变的影响。亚硫酸盐是有毒的阴离子，在细胞中的积累会导致细胞伤害，所以亚硫酸盐还原酶的活性在细胞中可能是过量的。显著地降低亚硫酸盐的活性会在很大程度上影响植物的生长。

16.14.4 参与硫酸盐同化的酶在不同的生物中存在不同的形式

尽管硫酸盐同化过程中的每一反应在植物、真菌和原核生物之间是相似的，但是催化这些反应的酶却是多种多样的（图16.50）。例如，在小立碗藓和其他低等植物中发现一种新的APS还原酶的同工酶APR-B，这是一种全新形式的同工酶，它和细菌中的PAPS还原酶更相似，因为它不需要$[Fe_4S_4]$辅助因子，也没有谷氧还原蛋白类似的结构域（图16.50）。在这种情况下，与细菌相似，Trx（硫氧还蛋白）被作为还原剂使用。另外，许多原核生物的APS还原酶与植物APR的N端结构域相似，而不是PAPS还原酶的N端。通过真核生物基因组序列分析发现在真核生物中有更多的多样性存在。真核微藻如硅藻和鞭毛藻的基因组来源于第二次和第三次内共生事件，这些事件对真核微藻类基因组的基因融合和变异提供了特别有价值的来源（图16.50）。有意思的是，已经完成测序的真核微藻类的基因组序列中只有APR-B类似的基因。APS还原酶中APR-B家族是所有海洋浮游生物的主要形式，这可能代表着对缺铁环境的一种适应性。这些新基因被利用到提高农作物硫酸盐代谢的效率上潜力还是很大的。

16.14.5 亚硫酸盐氧化酶能够保护植物免受过量SO_2的伤害

动物和微生物中的亚硫酸盐氧化酶很早就被发现了，但是直到近10年才在植物中发现。亚硫酸盐氧化酶（EC1.8.3.1）属于钼蛋白酶家族，并且有**氧代钼氧蛋白辅助因子**。这个蛋白质是由45kDa的单体蛋白组成的二聚体，位于过氧化物酶体中，在不同的组织中都是组成型表达。这个酶催化亚硫酸

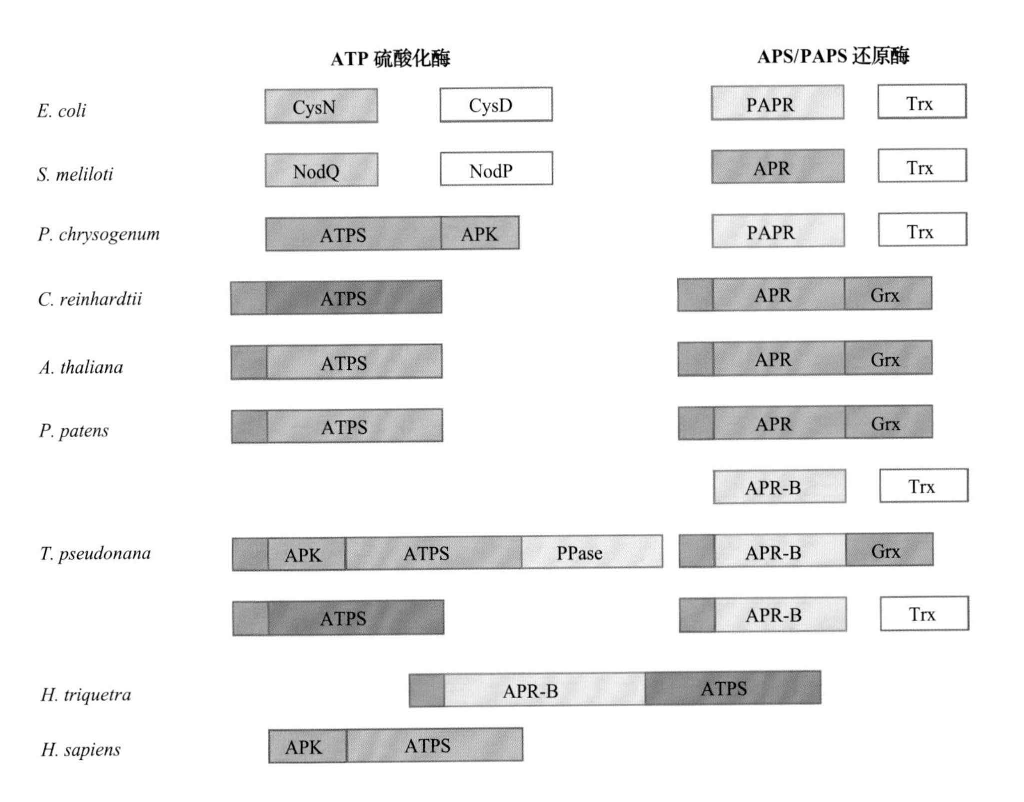

图16.50 ATP硫酸化酶和APS或PAPS还原酶在不同物种中的形式。图示中的酶来自于大肠杆菌、固氮菌、青霉菌、衣藻、拟南芥、小立碗藓、海链藻、三角异孢藻和人。注意植物和绿藻中ATP硫酸化酶的不同以及植物和动物基因的相似之处。ATPS的异构体以不同的绿色展示。$[Fe_4S_4]$簇结合结构域为蓝色，不依赖于共因子的PAPS还原酶/APR-B为黄色，Grx结构域或Trx结构域为紫色，酶反应所必需的自由硫氧还蛋白为白色。橘色长方形代表靶向质体的多肽的N端

盐氧化形成硫酸盐，氧分子作为电子受体（反应16.8）。过氧化氢（H_2O_2）是该反应的另一个产物，能被过氧化氢酶催化而代谢或去氧化其他亚硫酸分子（图 16.51）。

反应 16.8：亚硫酸盐氧化

$$SO_3^{2-}+H_2O+O_2 \longrightarrow SO_4^{2-}+H_2O_2$$

植物中亚硫酸盐氧化酶的作用并不清楚，因为这个酶催化的反应与硫的同化反应方向相反。硫酸盐还原形成亚硫酸盐和反向的通过亚硫酸盐氧化酶的氧化反应分别发生在质体和过氧化物酶体中，从而阻止了无用循环的发生。亚硫酸盐氧化酶缺陷的植物对重亚硫酸盐的处理或用 SO_2 烟熏的处理更敏感。过表达该基因会产生保护。因此，植物中亚硫酸盐氧化酶可能保护植物不受过多的亚硫酸盐的伤害。

16.15 半胱氨酸的合成

16.15.1 乙酰转移酶和 *O-* 乙酰丝氨酸（硫醇）裂解酶的结合将丝氨酸转化成半胱氨酸

还原硫酸盐同化过程的最后一步是合成半胱氨酸，这个过程需要 *O-* 乙酰丝氨酸（OAS）和硫化物这两种底物。OAS 是由丝氨酸乙酰转移酶（EC2.3.1.30）催化丝氨酸和乙酰 CoA 发生反应（反应 16.6 和图 16.52）形成，并在半胱氨酸的合成过程中是特异的。OAS 和硫化物离子接着反应形成半胱氨酸（反应 16.10 和图 16.52），该反应是由 OAS 裂解酶（EC2.5.1.47）催化，该酶含有吡哆醛磷酸。

反应 16.9：丝氨酸乙酰转移酶

丝氨酸 + 乙酰 CoA ⟶ *O-* 乙酰丝氨酸 +CoA

反应 16.10：乙酰丝氨酸（硫醇）裂解酶

O- 乙酰丝氨酸 +S^{2-} ⟶ 半胱氨酸 + 乙酸盐

丝氨酸乙酰转移酶和 OAS（硫醇）裂解酶定位于细胞质、质体和线粒体中。有证据表明这两种酶是由小的多基因家族编码。

迄今为止分析的所有植物种类中至少有三种**丝氨酸乙酰转移酶（SERAT）**基因。拟南芥中 SERAT 同工酶的动力学特性不同，半胱氨酸的反馈调节的敏感性也不一样。半胱氨酸敏感的丝氨酸乙酰转移酶的定位在植物物种之间是不相同的：在拟南芥中胞质定位的 SERAT1;1 和 3;2 被半胱氨酸抑制，在豌豆中定位于质体中的丝氨酸乙酰转移酶被半胱氨酸抑制。通过用 T-DNA 插入敲除多个 *SERAT* 基因的方法来研究拟南芥中 *SERAT* 基因的功能，结果发现每一个同工酶都可支持植物的生长，虽然突变体总的酶活性还不到野生型的 1%。即使如此，该酶的活性对于植物的生长仍是不可缺少的，

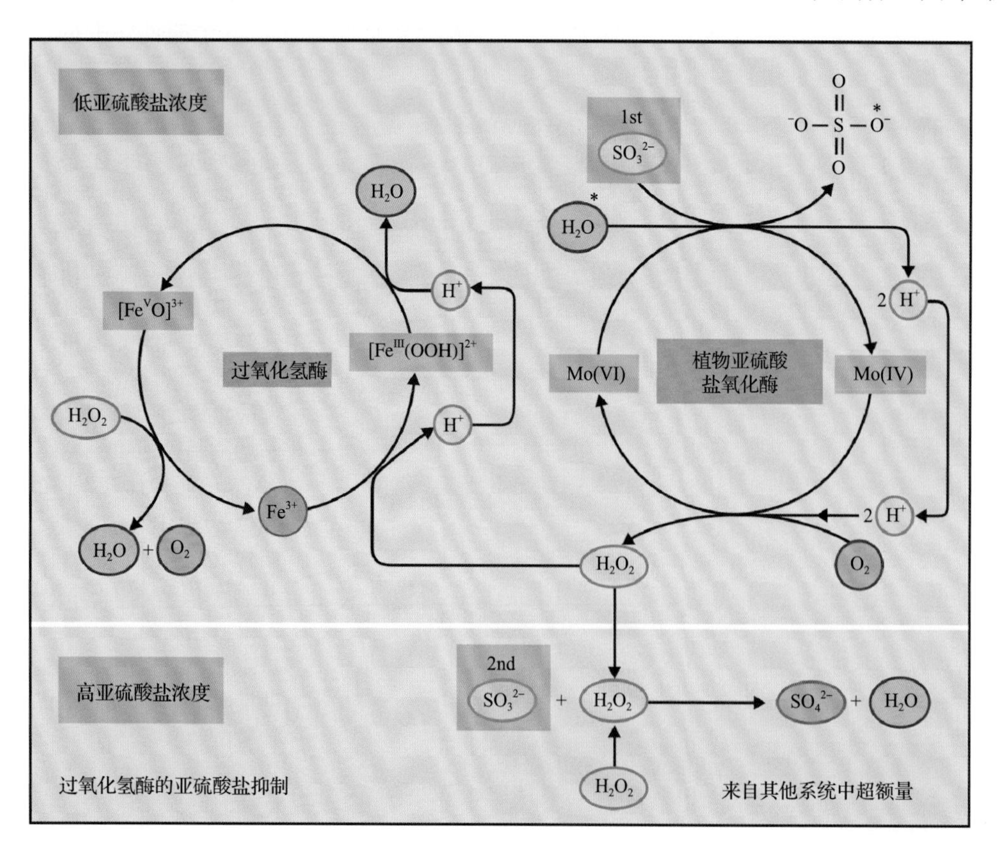

图 16.51 植物亚硫酸盐氧化酶（SO）和过氧化氢酶之间相互作用的模型。在每个催化循环中，植物的 SO 氧化一分子的亚硫酸产生一分子 H_2O_2。在低亚硫酸盐浓度时，所有形成的 H_2O_2 立即被过氧化物酶降解。在高亚硫酸盐浓度时，过氧化氢酶被亚硫酸盐抑制，由植物 SO 产生的 H_2O_2 分子以非酶活催化的形式氧化第二个亚硫酸盐分子，星号指示了从水中来的由硫酸盐引入的氧气

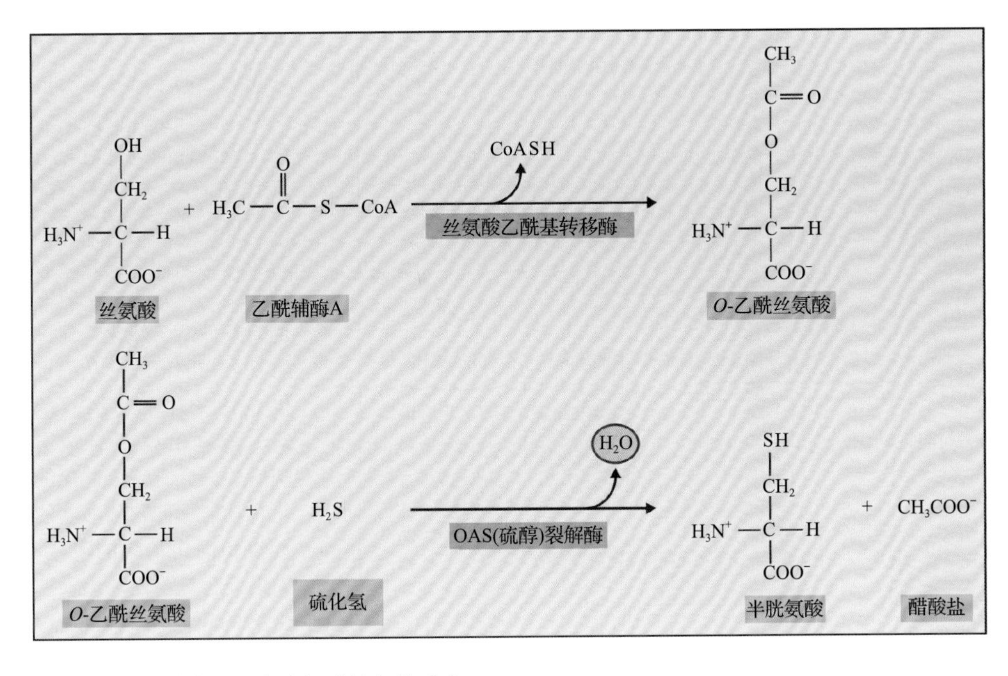

图 16.52 还原硫进入半胱氨酸的相关反应

醇）裂解酶和丝氨酸乙酰转移酶的 mRNA 在叶片和根中都有表达，mRNA 的稳定表达水平也不会受到硫酸盐饥饿的影响。为了增加半胱氨酸及半胱氨酸代谢物的含量，通过过表达丝氨酸乙酰转移酶和 OAS（硫醇）裂解酶的方法得到了各种各样的结果。在不同种类植物的质体或是胞质中过表达 OAS（硫醇）裂解酶对半胱氨酸和谷胱甘肽含量的影响非常小，但是这些植物对各种胁迫的抵抗能力会增加，这些胁迫会引起对还原硫的需求。过表达丝氨酸乙酰转移酶会引起半胱氨酸和谷胱甘肽的含量提高，提高的程度依赖于同工酶的亚细胞定位和对半胱氨酸的敏感性。这两个酶一起形成一个复合体，称为半胱氨酸合成酶。

因为当将所有的 *SERAT* 基因都突变时，会引起胚胎致死。根据条件的不同，显著降低定位于线粒体的 SERAT 的同工酶可能会引起植物生长缓慢。总的来说，线粒体是 SERAT 活性和 OAS 合成的主要场所。

OAS（硫醇）裂解酶属于吡哆醛磷酸依赖型酶超家族中的 β- 替代丙氨酸合成酶（BSAS）家族。在拟南芥中 BSAS 酶由 9 个基因编码，在水稻中有 8 个基因，在演化上低等的植物中至少含有 4 个。除了半胱氨酸合成酶的活性，BSAS 同工酶还能够催化由半胱氨酸和 HCN 起始的 β- 氰丙氨酸的合成，以及由 OAS 和硫代硫酸盐起始的 *S*- 磺基半胱氨酸的合成。不同的 *BSAS* 基因之间具有功能冗余，但也有一些同工酶具有其特定的功能。破坏单个的 *BSAS* 基因并不会引起在正常条件下生长植物的产生明显的表型变化。有一个例外是线粒体定位的 *AtBSAS2;2*，破坏该基因会导致轻微的生物量积累的下降。然而，在缺少 BSAS1;1（胞质定位）或是 BSAS2;1（质体定位）的植物中，总的 OAS（硫醇）裂解酶活性会显著下调。β- 氰丙氨酸合成酶的活性可能是线粒体 BSAS3;1 的基础活性，所以它可能是在氰化物的解毒方面发挥功能。半胱氨酸的主要合成场所是细胞质。这个过程利用了在线粒体中合成的 OAS 和在质体中产生的硫化物。

与参与到激活和还原硫酸盐的酶不同的是，*SERAT* 和 *BSAS* 基因与微生物中基因的相似度非常高，并且不具有丰富多样性。所有的 OAS（硫

16.15.2 半胱氨酸合成酶多酶复合体在调控硫酸盐同化的过程中表现出新的调控机制

半胱氨酸合成酶复合体中的丝氨酸乙酰转移酶和 OAS（硫醇）裂解酶不会促进底物之间形成协同催化效应。取而代之的是，蛋白质 - 蛋白质相互作用起的是调控功能。这个活化的复合体是由丝氨酸乙酰转移酶六聚体（三聚体再次二聚化形成）和 OAS（硫醇）裂解酶二聚体组成。该复合体中的蛋白质 - 蛋白质相互作用增加了丝氨酸乙酰转移酶的活性，但是 OAS（硫醇）裂解酶却被失活（图 16.53）。这两个蛋白质在植物中的表达水平不相同，OAS（硫醇）裂解酶的含量更丰富。在不同的细胞区间中这两种蛋白质含量的比率是不同的，在质体中丝氨酸乙酰转移酶的含量大约是 OAS（硫醇）裂解酶的 300 多倍，在线粒体中大约为 4 倍。因此，体内大约只有非常少的 OAS（硫醇）裂解酶和丝氨酸乙酰转移酶相互结合，更多的 OAS（硫醇）裂解酶以自由状态存在，完成半胱氨酸的合成。

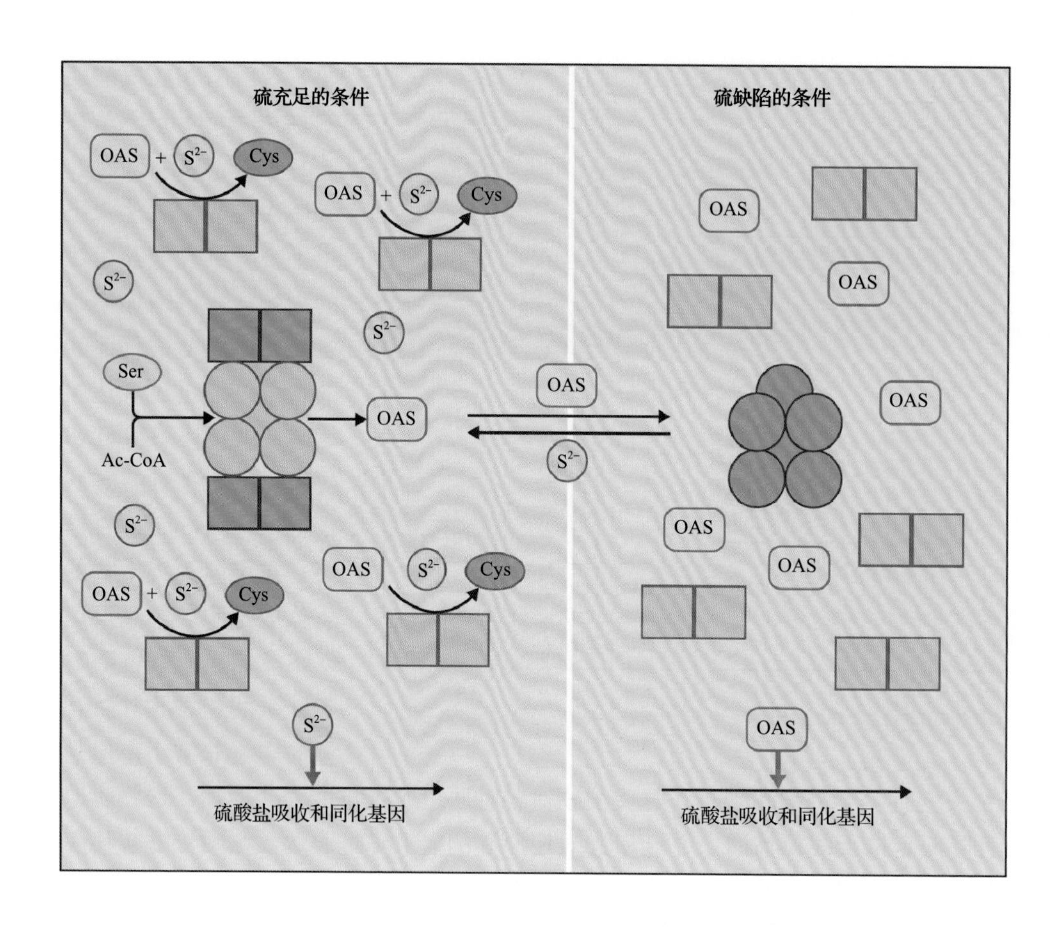

图 16.53 OAS 和硫醇化合物调控的半胱氨酸合成反应。活性形式的酶为绿色，无活性的为红色。方形代表 OAS（硫解）酶二聚体，并且在数量上大大超过丝氨酸乙酰转移酶（圆形）四聚体。在硫充足的条件下，硫化物促进酶复合物的形成，从而催化 OAS 的合成。OAS（硫解）酶利用 OAS 合成半胱氨酸。含有还原性硫的化合物能够抑制硫酸盐的吸收和同化基因的表达。如果硫含量不足，由于硫化物的不足引起 OAS 积累。酶复合物解离，丝氨酸乙酰基转移酶失活。OAS 的积累诱导参与硫酸盐吸收和同化的基因表达。硫化物抑制这些基因的表达

这两个蛋白质的结合特性会被 OAS 和硫化物的浓度影响：OAS 促进复合体的解离，硫化物促进复合体的形成（图 16.53）。引起 50% 的复合体解离的 OAS 的浓度（$58\mu mol\cdot L^{-1}$）正好处在 OAS 的生理浓度范围内，因此，相对小的浓度改变非常大地影响 OAS 对半胱氨酸合成的比率。这个调控机制互补了在硫缺乏的条件下，硫酸盐转运子和 APS 还原酶的转录调控。在硫缺乏中，OAS 可能作为信号分子，由此完成整个通路的精细调控。拟南芥突变体的实验表明，在叶绿体中复合体的形成通过**亲环蛋白**（**cyclophilin**）间接和非环状电子转运链相连接，亲环蛋白是一个折叠酶，其活性能被还原性硫氧还原蛋白（见第 12 章）增强。

16.16 谷胱甘肽及其衍生物的合成和功能

三肽谷胱甘肽是硫酸根还原同化途径中主要的含硫非蛋白终产物。在植物体内，其浓度达到毫摩尔级，远远超过微摩尔级的半胱氨酸的浓度。谷胱甘肽及其衍生物与一系列生理活动相关，例如，还原硫的储存和长距离运输、信号转导、清除过氧化氢及其他活性氧化合物（见第 22 章）、去除异生素（如除草剂，见第 3 章）的毒性、激活并缀合苯丙酮和激素、作为底物合成植物螯合剂。谷胱甘肽在维持细胞氧化还原平衡方面发挥重要功能。

16.16.1 谷胱甘肽是由两步依赖于 ATP 的酶促反应合成

两种酶组成谷胱甘肽的生物合成通路（图 16.54）。首先，γ- 谷酰基合成酶（EC6.3.2.2）催化谷氨酸的 γ 羧基基团和半胱氨酸的 α 氨基基团之间形成肽键（反应 16.11）。接着谷胱甘肽合成酶（EC6.3.2.3）催化 γ- 谷氨酰半胱氨酸中的半胱氨酰的羧基与甘氨酸 α- 氨基形成肽键（反应 16.12）。ATP 在每个反应中都需要被水解释放能量。

反应 16.11：γ- 谷氨酰半胱氨酸合成酶

$$\text{谷氨酸} + \text{半胱氨酸} + ATP \longrightarrow \gamma\text{- 谷氨酰半胱氨酸} + ADP + P_i$$

反应 16.12：谷胱甘肽合成酶

$$\gamma\text{- 谷氨酰半胱氨酸} + \text{甘氨酸} + ATP \longrightarrow \text{谷胱甘肽} + ADP + P_i$$

某些植物生成一些与谷胱甘肽相关的三肽化合

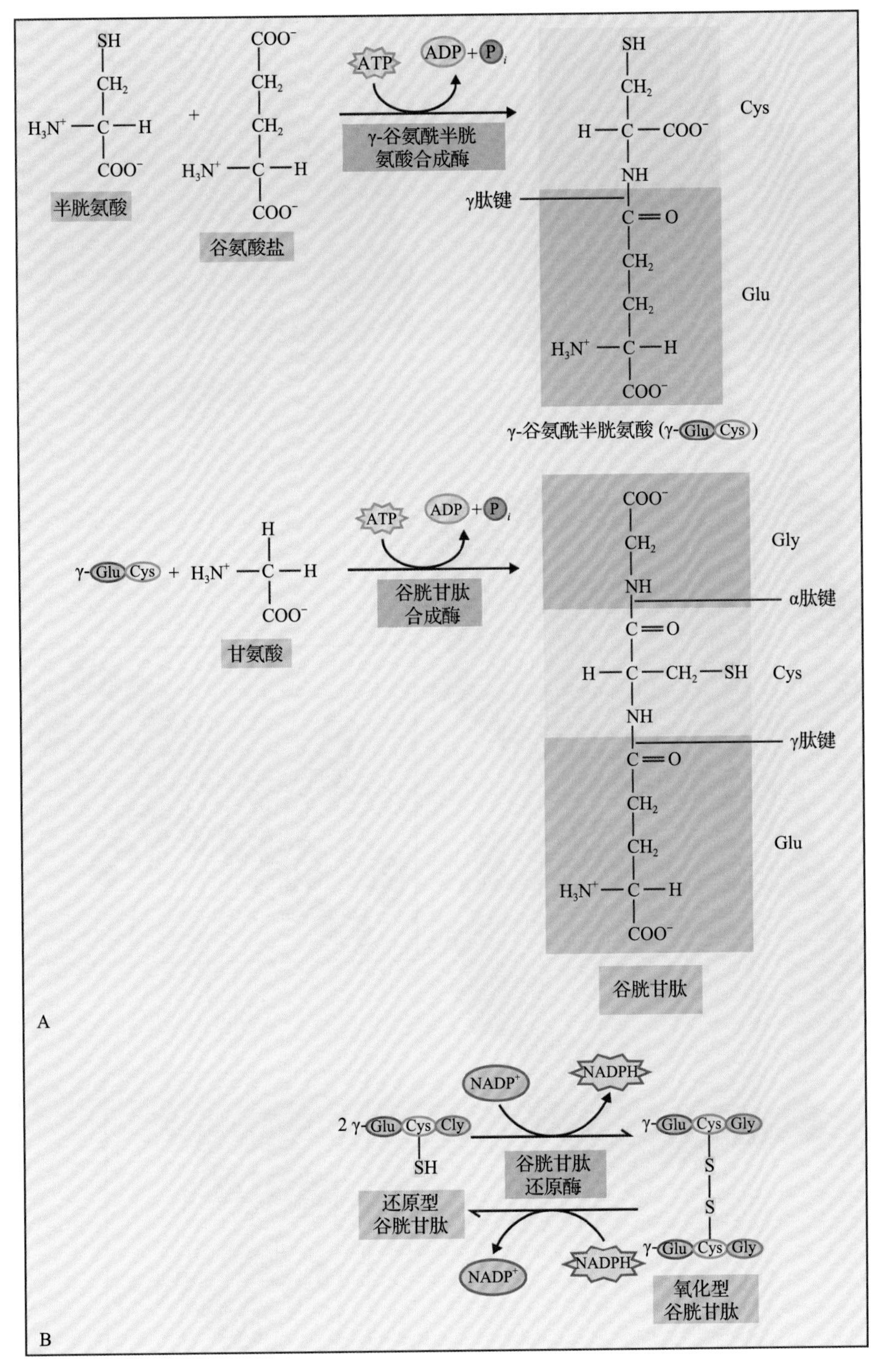

图 16.54　谷胱甘肽生物合成的相关反应（A）和氧化还原平衡（B）

物。豆目的一些种类的植物可合成**高谷胱甘肽**（**homoglutathione**），即 β-丙氨酸取代了谷胱甘肽中的甘氨酸残基；禾本科的一些植物种可合成**羟甲基谷胱甘肽**（**hydroxymethylglutathione**），它以丝氨酸替换了谷胱甘肽的甘氨酸残基。在玉米中发现了第三种形式的三肽化合物（谷氨酸取代了甘氨酸的位置）。同时，所有这些植物也合成谷胱甘肽。在豆科植物中，高谷胱甘肽由一种特殊的高谷胱甘肽合成酶（EC6.3.2.23）催化合成，这个基因是由于谷胱甘肽合成酶基因发生近期复制产生的。这两种硫醇对于根瘤的形成和功能都是必需的。谷胱甘肽同源基因的其他特殊功能还没有被揭示。

谷胱甘肽在植物细胞的各种区室中都存在，但其只在质体和胞质中合成。最初在这两种区室中都发现了 γ-谷氨酰半胱氨酸合成酶的存在，然而这个酶随后仅仅定位于质体中，至少在十字花科中是这样。例如，在拟南芥中，定位于质体和细胞质中的两种形式的谷胱甘肽合成酶是由一个基因编码的，这个基因通过使用可变剪接转录本起始位置的剪切可产生两种转录本，一种有质体定位的信号肽，另外一种没有信号肽。破坏 γ- 谷氨酰半胱氨酸合成酶会引起胚胎致死，缺乏谷胱甘肽合成酶的植物种子能萌发，但即使体外施加谷胱甘肽也不能够使其度过幼苗期。这种表型能被只定位于胞质中的 γ- 谷氨酰半胱氨酸合成酶互补。因此，在拟南芥中，谷胱甘肽的合成和分配依赖于许多转运的步骤。为确保谷胱甘肽在细胞质中合成，不仅是谷胱甘肽必须被转运进入线粒体和质体中，中间产物 γ- 谷氨酰半胱氨酸也必须从质体中运输出来进入细胞质。这种跨质体膜的交换是由疟原虫抗氯喹的转运子的同源基因所介导的。

在不同的物种，γ- 谷氨酰半胱氨酸合成酶具有多样性。尽管植物 γ- 谷氨酰半胱氨酸合成酶能够互补大肠杆菌 γ- 谷氨酰半胱氨酸合成酶突变体，但植物的 γ- 谷氨酰半胱氨酸合成酶的蛋白序列与大肠杆菌、真菌和哺乳动物中蛋白序列相似性程度非常低。植物的γ-谷氨酰半胱氨酸合成酶受到体内谷胱甘肽含量的反馈抑制，并受到细胞氧化还原稳态改变的调节。在芥菜中，该蛋白质的晶体结构显示了两个半胱氨酸配对形成两个二硫键（图 16.55）。在植物中，其中一个二硫键是保守的，受到氧化还原状态的调控。这种反馈调节的机制可能是避免植物中存在大量的前体氨基酸时会合成过多的谷胱甘肽。在生理条件下氧化态酶的还原机制还不清楚。

对谷胱甘肽合成酶的调控非常小地影响谷胱甘肽含量，但γ-谷氨酰半胱氨酸合成酶却是决定细胞谷胱甘肽浓度的重要因子。在植物中过表达细菌的γ-谷氨酰半胱氨酸合成酶会使植物谷胱甘肽（GSH）含量增高，高浓度 GSH 可增强植物对非生物胁迫的抵抗性。谷胱甘肽的合成也受到半胱氨酸和甘氨酸（光呼吸的产物，见第 14 章）含量的调控。拟南芥γ-谷氨酰半胱氨酸合成酶突变体表现出谷胱甘肽含量下降，同时对各种胁迫的抵抗能力也下调。例如，*cad2* 突变体对重金属离子镉非常敏感，*pad2* 突变体对于病菌非常敏感，*rax1* 突变体在叶绿体 - 细胞核之间的信号交流遭到破坏且组成型表达胁迫诱导的基因。*rml1* 是一种谷胱甘肽含量非常低的突变体，缺少根的分生组织，不能生长出初级

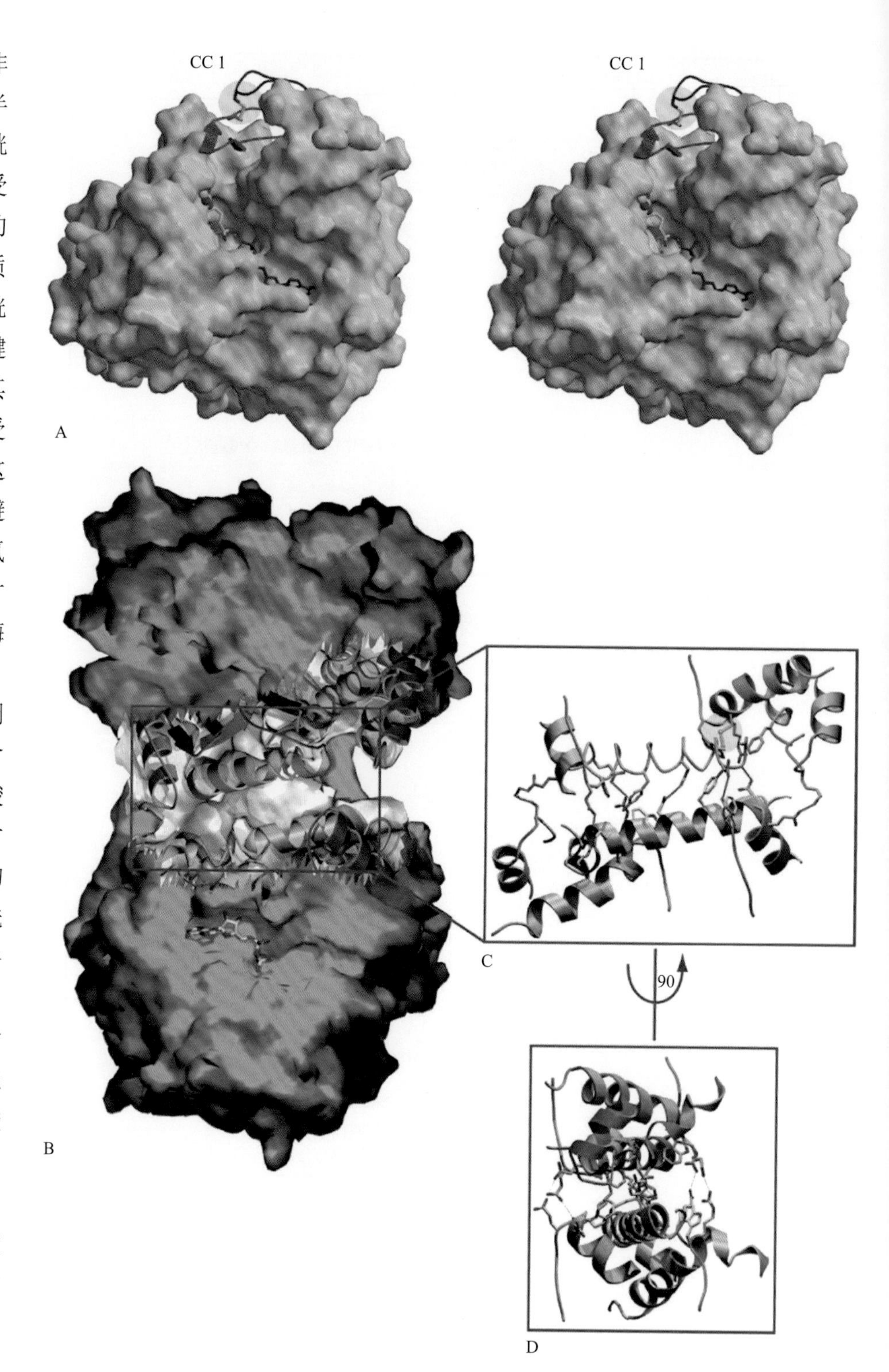

图 16.55 来自芥菜（BjGCL）的γ-谷氨酰半胱氨酸合成酶的氧化还原反应调控通过两个分子内二硫键完成。A. 氧化态的 BjGCL（灰色面）的立体结构揭示了β-发夹结构（红色）的相对位置。二硫键 CC1（黄色）可能作为一个装载弹簧，固定在底物结合位点上的发夹位点。抑制子丁硫氨酸亚砜与活性位点结合，见与黑色所示 ADP 一起的黄色所示的键。这个结构是根据大肠杆菌中结构（PDB ID: 1VA6）推测的。rax1-1 的侧链 R220 展示为空间填满的模型。B. 在非还原条件下生长的晶体二聚体的表面。通过二聚体 - 单体之间的转化调节 BjGCL 氧化还原反应。在二聚体相互作用的面，将表面移除，露出有功能的螺旋形元件（蓝色）。在两个分子中的 CC2 二硫键为黄色，ADP 的分子在核苷结合位点处显示。C. B 和 D 中相同方向的二聚体界面放大，90° 旋转。键距小于 3.1Å 的 7 个盐桥（品红）和在每个分子表面的 3 个保守的芳香残基使得界面更加稳定。来源：Hothorn et al.（2006）. J. Biol. Chem. 281:27557-27565

根。谷胱甘肽控制的氧化还原稳态对根尖生长素的转运和信号也非常重要。

16.16.2 谷胱甘肽是植物螯合肽的前体

植物**螯合肽**（**phytochelatins**）是一种小的富含半胱氨酸的低聚肽，一般的结构单元是 [γ- 谷氨酸（Glu）- 半胱氨酸（cys）]$_n$ 甘氨酸（gly）（n=2 ～ 11）。当植物、真菌和其他生物暴露在高浓度的重金属环境中（如镉）或高浓度的微量元素（如铜离子）中时，植物螯合肽能够与重金属结合。

植物螯合肽合成的起点是谷胱甘肽，然后由螯合肽合成酶（EC2.3.2.15）催化合成。在这个转肽反应中，需要有金属离子，来自于谷胱甘肽的 γ-Glu-Cys 二肽被转移到一个正在延长的螯合肽链（或只是另外一分子的谷胱甘肽）上（图 16.56 和反应 16.13）。

反应 16.13：螯合肽的合成

$$\gamma\text{-Glu-Cys-Gly}+(\gamma\text{-Glu-Cys})_n\text{-Gly} \longrightarrow (\gamma\text{-Glu-Cys})_{n+1}\text{-Gly}+\text{Gly}$$

植物螯合肽合成酶由一个保守的 N 端和可变的 C 端组成。蓝藻细菌中含有一个截短的蛋白质形式，缺少可变的结构域。螯合肽合成酶属于半胱氨酸蛋白酶超家族，如木瓜蛋白酶。与木瓜蛋白酶催化机制一致，在 γ-Glu-Cys 单元转移到谷胱甘肽的 N 端或螯合肽上之前，螯合肽合成酶将谷胱甘肽上的二肽基团首先转移至具有催化功能的半胱氨酸残基上。螯合肽合成酶能降解谷胱甘肽轭合物。

螯合肽螯合重金属离子之后，通过液泡的吸收和隔离能对重金属离子起到解毒的功能，这也是生物矿化的一个例子（图 16.57）。正是因为这样，螯合肽在植物对重金属离子，尤其是在 Cd 和砷（As）的耐受性方面发挥重要功能。在拟南芥中螯合肽合成酶发生突变或者完全缺失的各种 *cad1* 突变体（镉敏感），表现出对镉敏感的表型，在苔藓中的情况也一样。过表达螯合肽合成酶或 γ- 谷氨酰半胱氨酸合成酶都能引起谷胱甘肽含量上升，这种情况通常会增加植物对 Cd 和 As 的耐受性。合成螯合肽的潜能的增加会导致更多的金属在植物组织积累，这样的植物可作为植物修复的候选植物。

16.16.3 谷胱甘肽在异型生物质的解毒方面发挥重要功能

通过和谷胱甘肽形成螯合物，植物可使许多物质失活或脱毒，这些物质包括植物自身合成的毒素和激素，以及异源的化学物质如除草剂。该反应由谷胱甘肽 *S*- 转移酶催化，该酶将谷胱甘肽的半胱氨酸活性巯基与异生素缀合（图 16.58；见第 3 章，图 3.14）。在 ABC 型谷胱甘肽转运酶的作用下，谷胱甘肽缀合物经主动运输进入液泡。在液泡中，通过将谷胱甘肽的缀合物水解成半胱氨酸的缀合物，从而完成解毒的过程。

植物谷胱甘肽转移酶（EC2.5.1.18）是由一个非常大的且具有多样性的基因家族编码，在拟南芥中该家族含有 48 个成员。这些酶通常定位于胞质中，在胞质中完成在氧化胁迫过程中形成的过氧化氢有机物的还原和有害异物的解毒。另外，谷胱甘肽转移酶促进自身产物转运进入液泡中，并参与各种胁迫信号通路。尽管每一种转移酶都有特异性结合的底物，但蛋白质的总体结构是保守的。

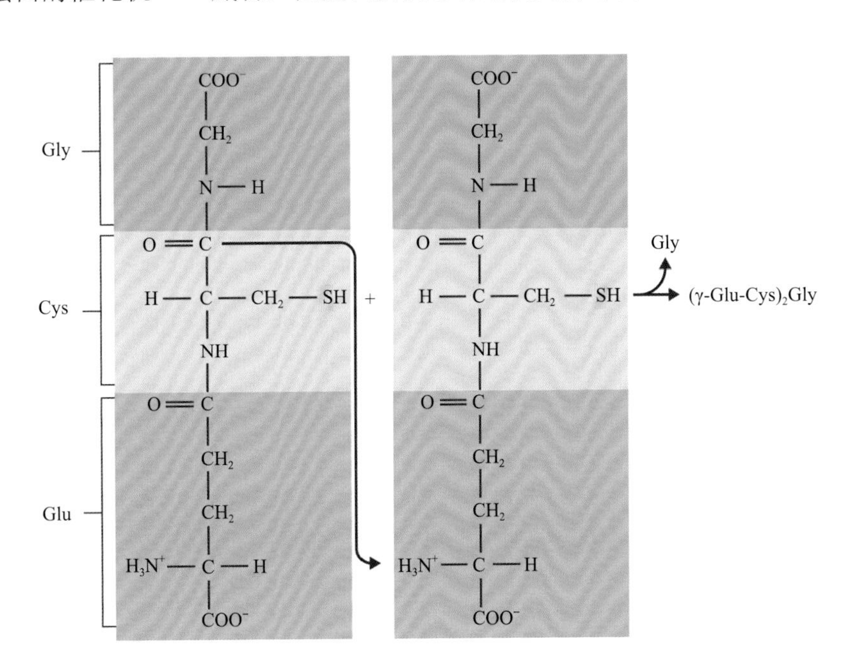

图 16.56 植物螯合肽合成酶催化转肽反应，以谷胱甘肽为底物合成 (γ-Glu-Cys)$_n$ Gly（n=2 ～ 11）。首先，移去一个谷胱甘肽的甘氨酸残基，半胱氨酸残基与第二个谷胱甘肽谷氨酸的氨基形成肽键，重复该反应可形成植物螯合肽多聚体

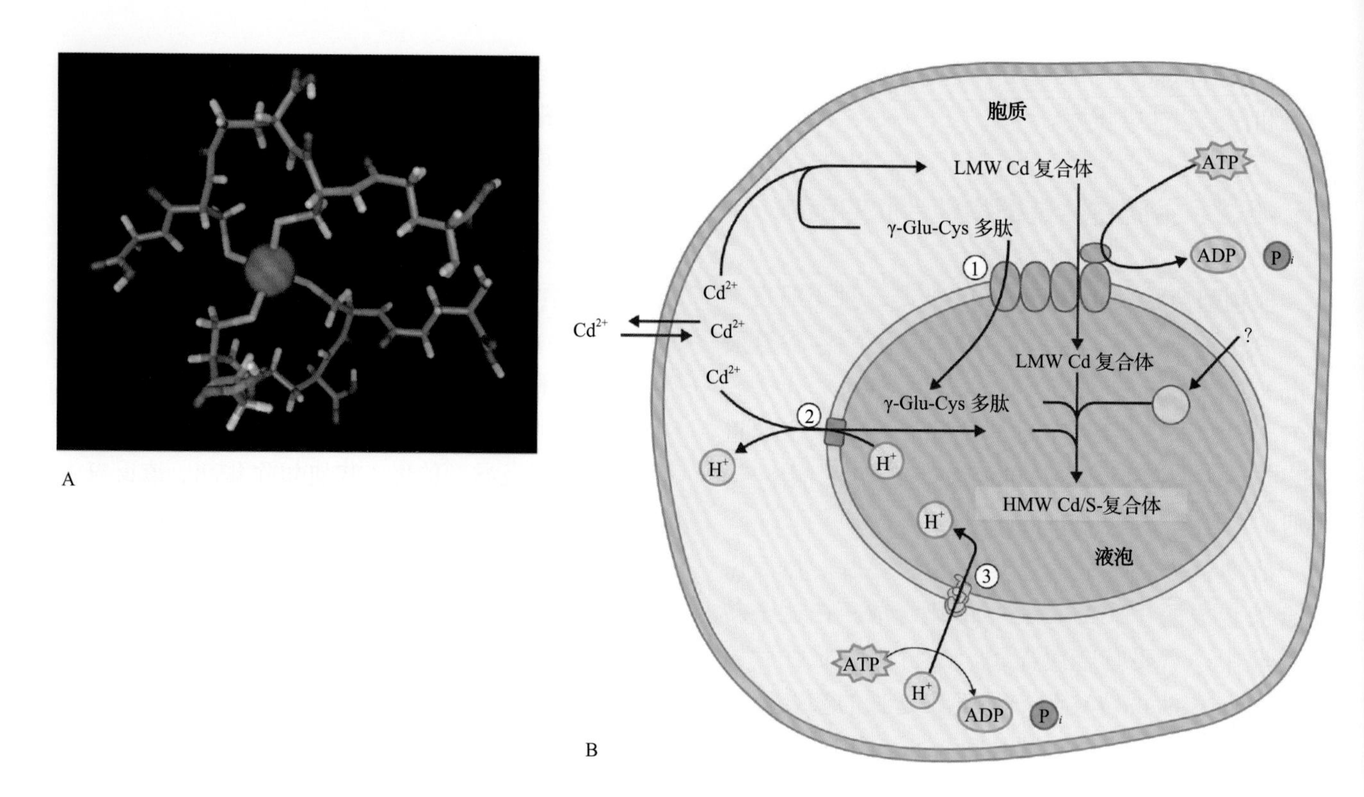

图 16.57　2 分子的 [(γ-Glu-Cys)$_2$Gly] 与镉之间的协调。A. 植物螯合肽通过与有毒金属离子结合，将这些离子驱除出细胞。一般认为植物螯合肽中的硫基基团是重金属离子的配基。B. 植物细胞中植物螯合肽介导的 CdS 矿化和俘获机制。植物螯合肽和胞质中形成的低分子质量（LMW）植物螯合肽 -Cd 复合物通过 ABC 转运蛋白进入液泡①。通过质子协同的反向转运机制，Cd 离子进入液泡②。HMW，高分子质量。液泡膜内外的电化学梯度由质子泵 ATP 酶维持③。终产物是 CdS 微晶

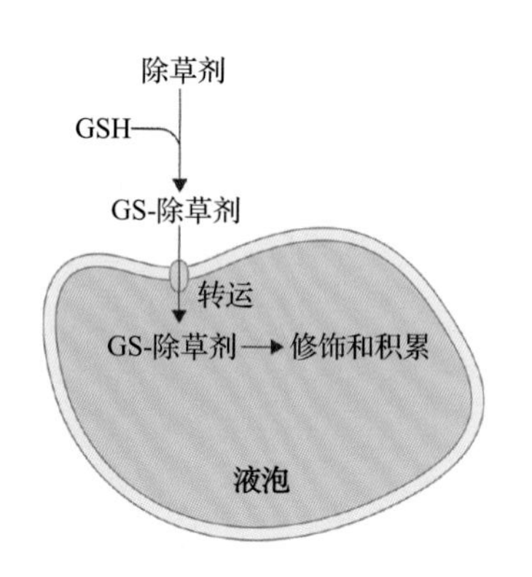

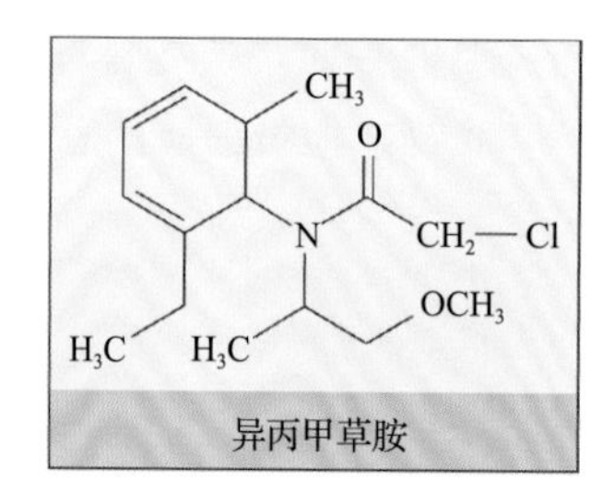

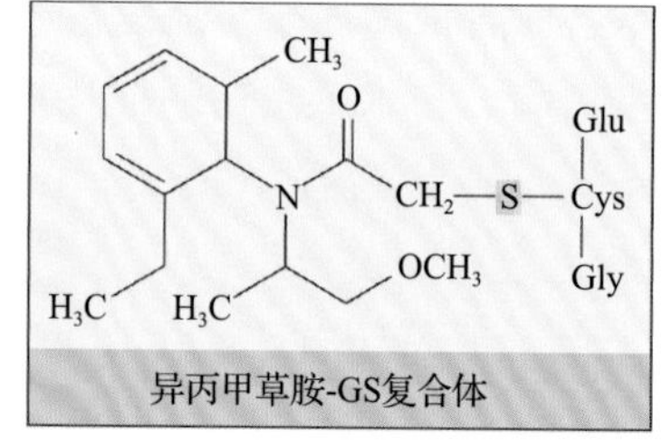

图 16.58　通过谷胱甘肽偶联的除草剂（如 Metachlor）解毒过程。复合物转运入液泡

在鉴定了一些可刺激谷胱甘肽 *S*- 转移酶和液泡转运蛋白表达或可引起谷胱甘肽合成速率增加的物质之后，已经把这一除草剂解毒机制运用于农业。这些物质称为安全剂，可用于提高作物对除草剂的抗性。

谷胱甘肽和外来异生素的共轭结合已被应用到谷胱甘肽的体内成像过程。由于共轭反应需要谷胱甘肽转移酶的催化，所以可特异地观测胞质中谷胱甘肽的总含量。使用激光共聚焦扫描显微镜（图 16.59）能以一种非侵入的、细胞特异的方法测定胞质中谷胱甘肽的含量。利用这种方法，在根表皮细胞中的胞质中谷胱甘肽的浓度约为 $3mmol·L^{-1}$，在植物器官不同细胞中，谷胱甘肽的浓度也有显著差异（图 16.59）。谷胱甘肽的氧化还原电势能够通过定位于不同细胞器中的修饰的氧化还原敏感荧光蛋白变得可视化。

16.17　硫酸酯化合物

大多数能进入植物细胞的硫酸盐通过硫酸盐还原反应途径进行代谢，但是还有一些转化为 PAPS 并整合进入各种硫酸酯化合物（sulfated compound）中。在植物中，许多已知的磺酸化代谢产物在生物胁迫和非生物胁迫的抵抗过程中起作用。葡糖异硫氰酸盐是其中硫酸酯化合物的次级代谢物的主要代表（见第 24 章），另外一个硫酸酯化合物大家族是

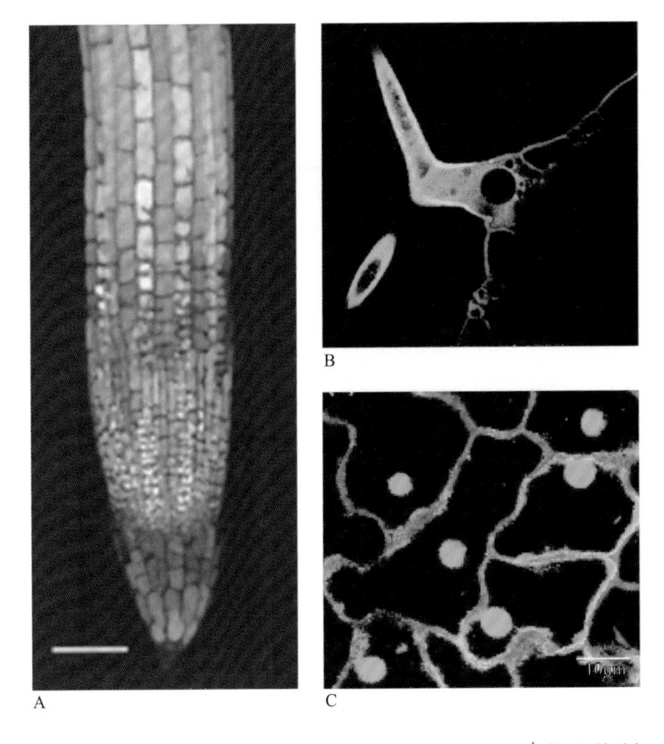

图 16.59　谷胱甘肽的原位定位。用 100μmol·L^{-1} 荧光染料 monochlorobimane 浸泡组织，monochlorobimane 能够和谷胱甘肽结合产生有荧光的产物，在 B 和 C 图中，与 5mmol·L^{-1} 的 PI 孵育，能够将细胞壁染为红色，5mmol·L^{-1} 叠氮化钠阻止将其运输进入液泡。A. 拟南芥的黑白图片，在非根毛细胞（atrichoblasts）处谷胱甘肽浓度（亮处所示）高于根毛发生的细胞（trichoblasts）处。B. 拟南芥叶片表皮的表皮毛处细胞表现出高浓度的谷胱甘肽（绿色）。C. 白杨叶片上表皮在胞质和细胞核中都有谷胱甘肽。来源：图 A 来源于 J. Microsc.（2000）. 198（3）: 162-173 中的图 6A；图 B 来源于 Proc. Natl. Acad. Sci. USA（2000）. 97（20）: 11108-11113 中的图 2D；图 C 来源于 Plant Cell Environ.（2003）. 26（6）: 965-975 中的图 1A

硫酸化类黄酮，该物质对医药行业非常重要。硫酸化类黄酮存在于 250 多个种中，在这些物种中，其参与活性氧的解毒和调控植物的生长，此外还具有抗凝剂的活性，抑制血小板的聚集，可被用来阻止血栓的形成。一些其他硫酸盐化合物直接参与植物对病菌的抵抗，如茉莉酸的硫酸盐衍生物、被硫酸化的 β-1,3- 葡聚糖和脱氧半乳聚糖，被硫酸化的脱氧半乳聚糖参与水杨酸的防御信号过程。此外，硫酸酯化合物参与含羞草的感震性运动。小的硫酸化多肽，如植物硫酸肽和 PS1，是植物生长的重要调控因子。

16.17.1　APS 激酶处在初级和次级代谢反应的交汇点

为了整合到硫酸化化合物中，硫酸盐要经过两步的激活。如在 16.14.1 节提到的一样，硫酸盐首先被硫酸化酶激活，在这个反应中硫酸被腺苷酸化产生中间产物 APS（见反应 16.5）。第二步中，APS 被 APS 激酶进一步磷酸化形成 PAPS，这种活化的硫酸盐能够参与所有的硫酸化反应（反应 16.14，图 16.60）。

反应 16.14：APS 激酶

$$\text{APS+ATP} \longrightarrow \text{PAPS+ADP}$$

PAPS 在质体和胞质中合成，在这两种细胞区室中也产生 APS。植物 APS 激酶和细菌、真菌以及动物中的同源基因具有强的序列保守性，并都是由小基因家族编码。例如，拟南芥含有一种胞质定位和三种质体定位的不同同工酶。内膜定位的 PAPS 转运子能通过参与质体和胞质中的 PAPS 之间的交换而将胞质中的 PAPS 库和质体中的 PAPS 库联系在一起。

在植物中，与硫酸酯化合物参与胁迫反应的功能一致，APS 激酶的转录水平受到氧化胁迫和胁迫中的信号分子的调控。破坏两种质体定位的 APS 激酶，即 APK1 和 APK2，能够降低葡糖异硫氰酸（glucosinolate）和其他硫酸酯化合物的含量。这些次级代谢产物合成减少会导致硫向初级同化方向流动，并会在植物中积累谷胱甘肽。此外，与该通路中其他酶相似，APS 激酶受到氧化还原水平的调控。

16.17.2　磺基转移酶催化磺酸基转移到各种代谢产物中

将有功能的磺酸基转移到羟基底物上，称为磺基化，该反应由磺基转移酶催化。在该反应中需要 PAPS 作为硫的供体，一个含有羟基基团的化合物作为受体。高等真核生物编码许多不同的磺基转移同工酶，能识别许多不同底物作为磺基的受体。在拟南芥中，磺基转移酶有 18 个成员，但其中知道底物特异性及生物学功能的还不到一半。磺基转移酶 SOT16、SOT17 和 SOT18 催化葡糖异硫氰酸盐的生物合成的最后一步，即脱硫葡糖异硫氰酸酯的磺基化。根据这些，其底物的范围非常广（见第 24 章）。相反，在拟南芥中 SOT15 只特异性催化 11- 和 12- 羟基茉莉酸的磺基化。与磺基化合物在植物中可能参与的防御过程的功能一致，在用茉莉酸或水杨酸处理，或与病菌和诱导子相互接触的

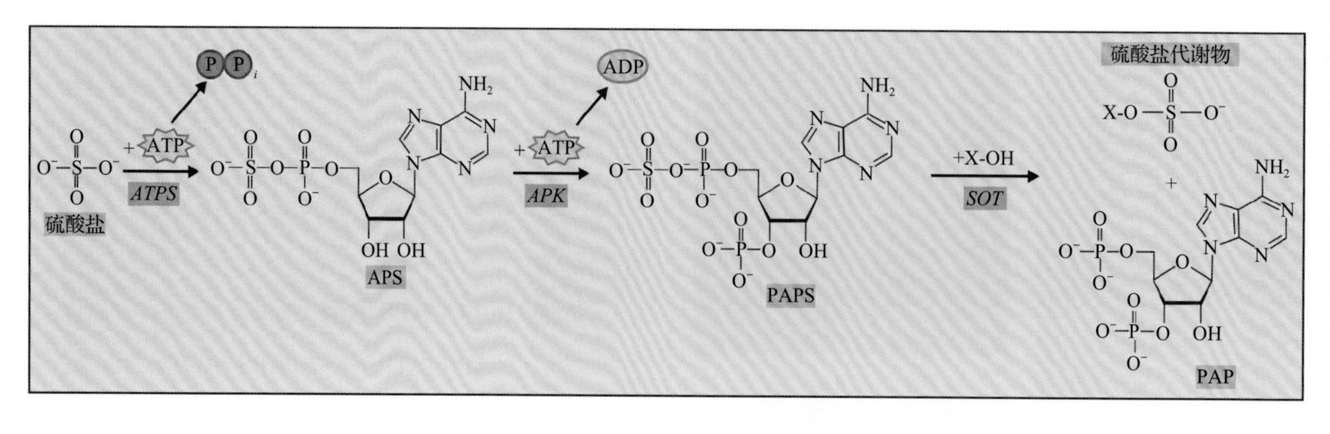

图 16.60 硫酸盐同化进入硫酸盐代谢物。硫酸盐通过硫酸化酶（ATPS）催化的 ATP 依赖的反应腺苷酰化形成 5′- 磷酸硫酸盐腺苷（APS）来激活。APS 进一步由 APS 激酶（APK）磷酸化形成 3′- 磷酸腺苷 5′- 磷酸硫酸盐（PAPS）。PAPS 是 X-OH 中硫酸盐化反应的硫酸供体，该反应被硫酸基转移酶（SOT）催化，形成硫酸盐代谢物和腺苷 3′,5′- 二磷酸（PAP）

情况下，磺酰基转移酶的各种同工酶的基因 mRNA 水平会上升。一些其他的磺酰基转移酶已经成功从其他物种中分离、克隆和鉴定，包括从一枝黄花（*Flaveria chloraefolia*）和黄顶菊（*F. bidentis*）中分离出的黄酮醇磺酰基转移酶，以及从含羞草（*Mimosa putida*）中分离出能催化膨压素合成的磺酰基转移酶。在小立碗藓（*Physcomitrella patens*）或是莱茵衣藻（*Chlamydomonas reinhardtii*）中并没有找到磺酰基转移酶，暗示了这些酶的起源非常晚。

16.18 硫的同化的调控、与氮和碳代谢的相互作用

16.18.1 谷胱甘肽在需求驱动的硫酸盐同化过程的调控中发挥重要功能

植物根据对还原硫的生理需求调控硫酸盐的同化。当供应受到限制时（硫饥饿），硫的需求上升。在胁迫的条件下硫的需求量也上升，这是由于谷胱甘肽和其他含硫化合物参与胁迫反应。在实验条件下利用丁硫酸氨亚砜胺抑制 γ- 谷氨酰半胱氨酸合成酶，可以将生物体的谷胱甘肽消耗殆尽。相反，当通过二氧化硫或硫化氢烟熏或是硫醇等为植物提供还原性硫时，植物对硫的需求下调。根据由需求驱动的硫同化过程的调控模型，硫的吸收和合成转运在需求增加时上升，在需求降低时下调（图 16.61）。因为 APS 还原酶的活性和硫酸盐转运蛋白是受还原性硫的需求调控的，所以它们在生物体硫利用过程的调控中具有很高的地位。这些调控处理及环境条件的改变都会影响谷胱甘肽的水平，所以植物很可能感知并且对谷胱甘肽的波动做出反应。

硫酸盐的同化通路中的组分在酶活性、蛋白质积累及 mRNA 水平进行平行的调控，说明在该通路中有直接的转录水平的调控。硫饥饿反应的顺式反应因子 SURE，以及转录因子 SLIM1，调控硫同化过程相关酶的转录水平。SLIM1 属于乙烯不敏感类家族的转录因子，在植物对硫饥饿的反应中发挥关键作用。SLIM1 缺陷的植物在硫不足的条件下，也不能诱导硫转运蛋白转录，导致在这种条件下生长的植物具有显著的生长缺陷（图 16.62）。还有其他的参与植物对环境因子响应的精细调控机制，包含谷胱甘肽对 APS 还原酶和 γ- 谷氨酰半胱氨酸合成酶的翻译后抑制、半胱氨酸对丝氨酸乙酰转移酶的反馈抑制，以及 OAS 和硫化物对 OAS（硫醇）裂解酶与丝氨酸乙酰转移酶之间结合状态的调整。在硫需求改变的条件下，mRNA 水平的反应和酶活性的调节可能不是偶联的，硫酸盐转运蛋白和 APS 还原酶的转录后调控已经描述过。

在硫饥饿条件下会诱导一种转录后调控机制，其中包含 microRNA miR395。在硫饥饿的条件下，它以依赖 SLIM1 的方式，在根和叶中大量积累，它的靶基因是三种不同的 ATP 硫酸化酶和低亲和性的 SULTR2;1 硫酸转运蛋白。这种 microRNA 通过将 *SULTR2;1* 的表达限制在根的木质部薄壁细胞中，并且限制根中的硫同化，从而确保高效地将硫转运到叶芽中。有证据表明，异位过表达 miR395 会引起硫酸盐在叶片中的积累。

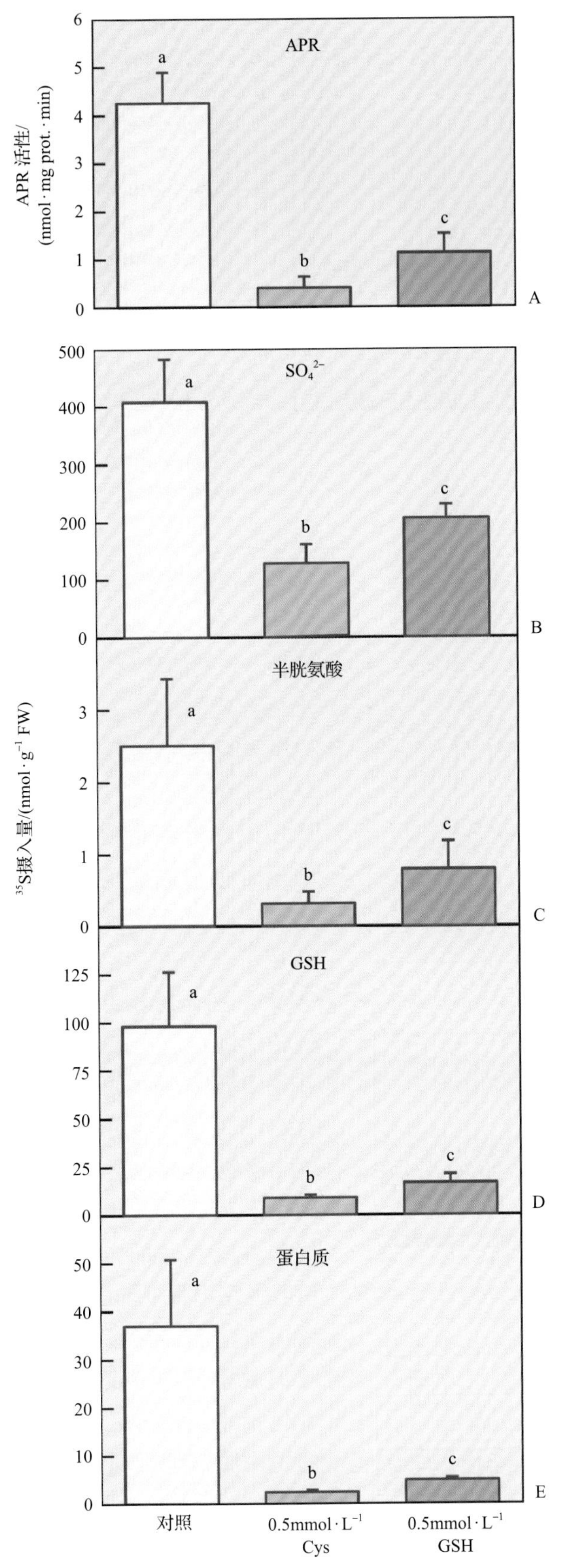

图 16.61 通过硫酸盐同化进行的转运反馈调节。拟南芥根培养基中加入 0.5mmol·L^{-1} 半胱氨酸或是 0.5 mmol·L^{-1} 谷胱甘肽（GSH），孵育 20h。然后加入放射性硫酸盐 [^{35}S]，接着孵育 4h。测量了 APS 还原酶（APR）的活性和摄入的 [^{35}S] 放射性（测量硫酸盐的吸收）、半胱氨酸、谷胱甘肽及蛋白质水平。对照组为没有添加物

16.18.2 硫饥饿反应是系统生物学中常见的模型

通过对在正常条件和无硫条件下生长的植物转录组和代谢组的图谱揭示了硫缺陷广泛影响植物的代谢。在缺硫条件下生长的植物，有大量参与硫同化的基因上调，而参与谷胱甘肽合成的基因下调。相关性代谢分析表明，在硫缺陷的条件下，谷胱甘肽作为可以得到的硫源被降解。结合转录组和代谢组数据的网络分析表明，新的调控子和一些新的基因参与谷胱甘肽的合成。硫缺陷会导致自由氨基酸尤其是 OAS 的积累，并且会引起硫酸盐转运蛋白、APS 还原酶和许多对硫饥饿反应的基因 mRNA 水平上调。其中的一些基因是由 OAS 直接诱导的。硫缺陷也会影响参与茉莉酸和生长素合成的基因，以及生物体主要的代谢通路中的基因的表达，如卡尔文循环、糖酵解和脂的合成。

在莱茵衣藻（*Chlamydomonas reinhardtii*）中已经揭示了硫饥饿信号转导通路中的组分。**硫驯化基因 [sulfur acclimation（sac）gene]** 的突变体对硫缺陷的条件缺乏反应：*sac1* 突变体对硫饥饿没有普遍和特异的反应，对光合作用也一样。但是 *sac2* 和 *sac3* 的突变体只在硫的吸收和同化方面都有缺陷。*Sac1* 基因编码了一个离子通道的同源蛋白，被认为可能是硫的感应蛋白。*Sac3* 编码了一个 Snf1 类似的激酶 [破坏该基因会导致芳香基硫酸酯酶（arylsulfatase）表达的去抑制]。*Sac2* 参与 APS 还原酶的转录后调控，但是这个调控机制还不确定。在水藻中，另外一个 Sac3 上游的 Snf1 类似激酶对于诱导硫饥饿反应是必不可少的。陆地植物是否有相似的组分及调控机制仍然不清楚。

16.18.3 硫的同化与碳和氮的代谢关系密切

半胱氨酸的合成连接了初级代谢的三个关键通路——碳固定、硝酸盐同化和硫酸盐同化。这些通路之间有非常协调的调控。在氮和碳饥饿的条件下（例如，在低 CO_2 浓度的空气中），硫酸盐的吸收和 APS 还原酶的活性下降。硫饥饿会导致硝酸盐的吸收和硝酸盐还原酶的活性下降，叶绿素降解，光合作用下降（图 16.63 和图 16.64）。APS 还原酶与硝

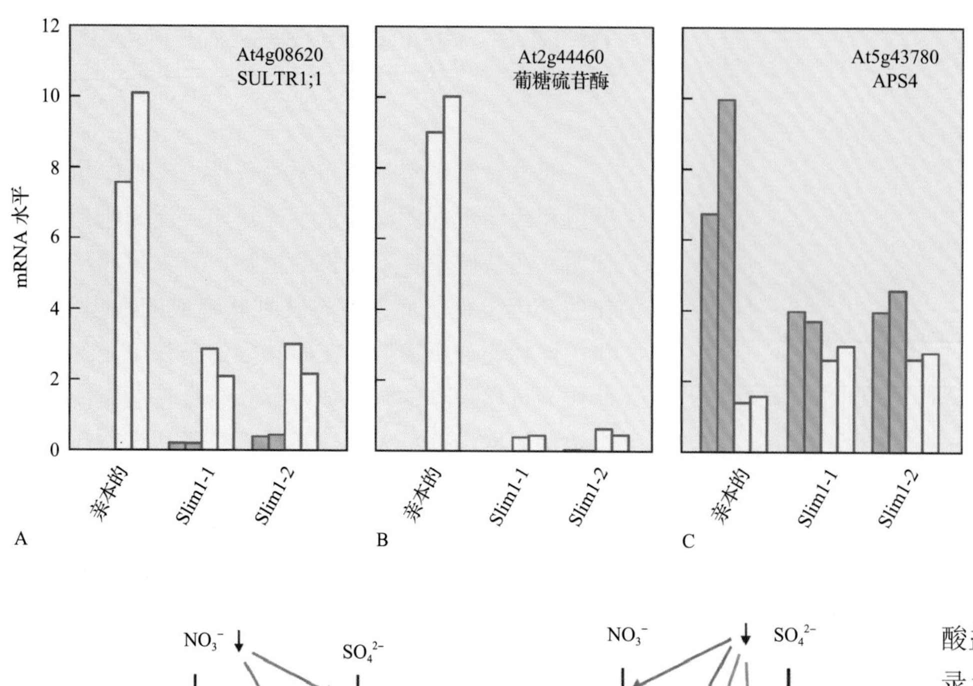

图 16.62　SLIM1 是植物硫缺陷反应的中心调节子。将拟南芥在 1500μmol·L^{-1} 硫酸盐（绿色条）或是 15μmol·L^{-1} 硫酸盐（白色条）中培养。两个基因（At4g08620 和 At2g4460）转录水平被硫酸盐缺陷诱导，一个基因（At5g43780）被 S 缺陷抑制。实验有两组重复，通过实时定量 PCR 鉴定两个 *slim1* 突变体。A. SULTR1;1 是一种高亲和的硫酸盐转运蛋白；B. 葡糖硫苷酶；C. APS4 是 ATP 硫酸化酶的一种形式，内参基因为泛素

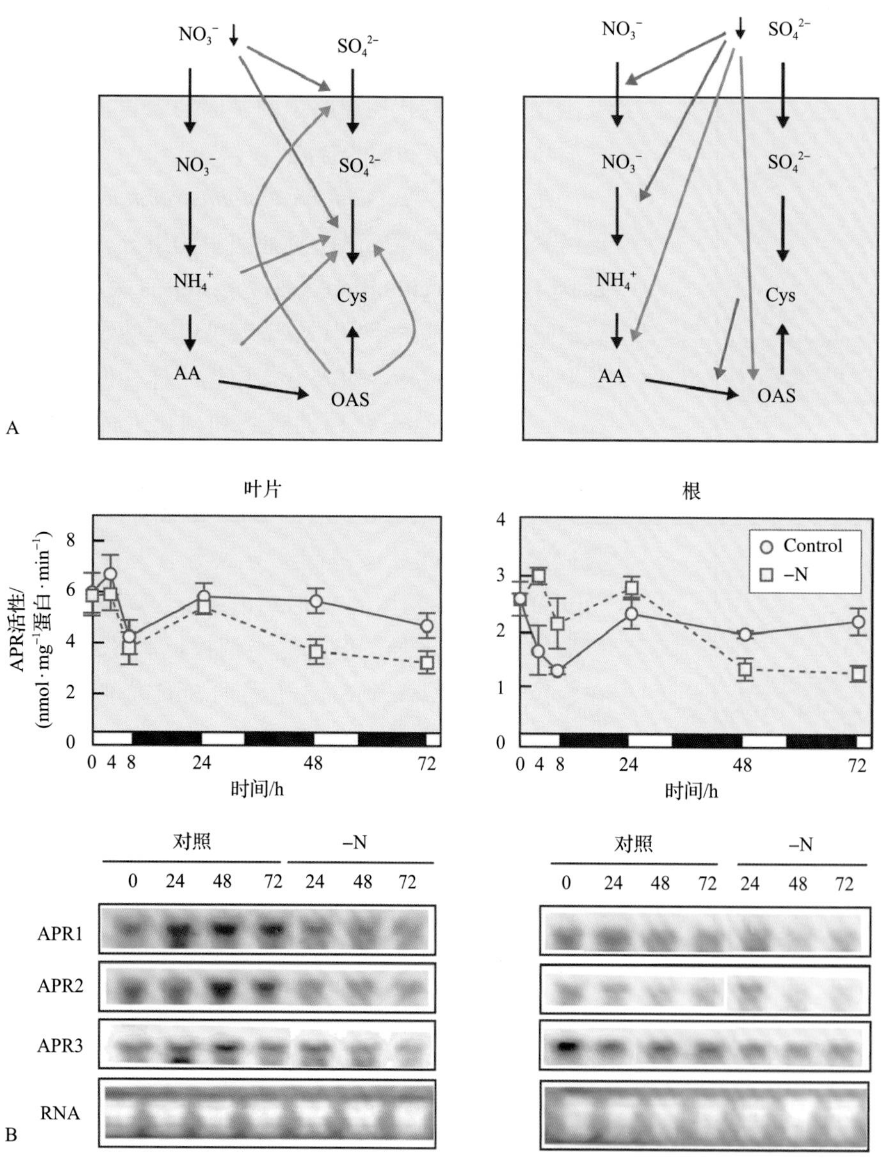

图 16.63　硫酸盐和硝酸盐同化调节的相互作用。A. 绿色箭头代表上调，红色指示由 N（左）缺陷或硫（右）缺陷引起的抑制。B. N 缺陷 72h 后，在拟南芥叶和根中 APR 活性（上图）和 mRNA 水平（下图）

酸盐还原酶一起，在活性和转录水平上都受到昼夜交替的调控，它们的转录受到光和碳水化合物的诱导（图 16.64）。光下与暗中相比，硫的还原通路的进度快很多，并且另外增加还原性氮源和碳水化合物的量时也会提高该通路的反应速率。最近，研究发现转录因子 LONG HYPOCOTYL（HY5）在光诱导的 APS 还原酶转录过程中发挥重要功能，并且 OAS 和氮的可利用性也对 HY5 有调控作用。

植物激素也会影响硫的同化。茉莉酸可以诱导硫的同化和谷胱甘肽的合成。这个信号通路中重要的酶——APS 还原酶，能够被参与胁迫响应的激素诱导上调，这些激素包括水杨酸和乙烯。有趣的是，脱落酸促进半胱氨酸和谷胱甘肽的合成，但是对 APS 还原酶却有负调控功能。细胞分裂素是与氮和磷营养的利用紧密相连的激素，也调控硫的同化。硫转运蛋白能够在硫饥饿的条件下被上调，这在一定程度上依赖细胞分

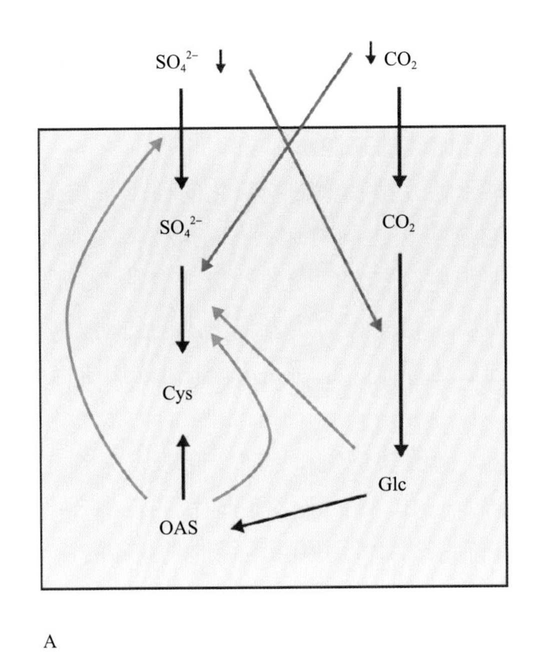

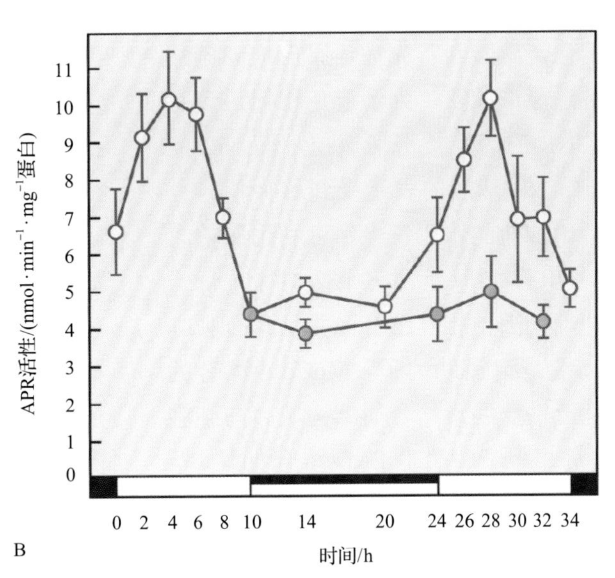

图 16.64 硫酸盐和碳同化调节的相互作用。A. 绿色箭头代表上调，红色箭头代表 CO_2 或硫酸盐缺陷条件下的抑制。B. APR 活性在白天/晚上（实心符号）以及持续白天（空心符号）的两种节律反应

裂素信号。硫酸盐的同化非常复杂，包含了许多的信号分子和效应子，并对它们进行协调调控。

小结

植物在硫和氮的地球化学循环中发挥主要功能。利用光合作用中的还原力，这些无机形式的元素被整合到含有碳键的分子中。这些还原反应和同化反应被整合到植物的各种代谢过程并受到调控，例如，光和碳的可用率、植物的生长、激素和其他因子都能够调控这些反应。氮和硫对于蛋白质的合成是必需的，可形成许多不同的大分子或小分子。氮和硫的同化发生在特异的细胞区室内，或在特定的组织或器官中进行。

生化条件下可以被生物体直接利用的氮源是 NH_3。这种形式的氮的来源是硝酸盐（NO_3^-）的还原，或是利用细菌对 N_2 的固定。固氮过程中关键的酶是固氮酶，它含有两个有功能的蛋白组分。固氮酶（dinitrogenase）是参与 N_2 分子还原反应的酶。它含有一个不同寻常的金属簇，这些不同类型的金属簇中通常含有 Fe、S 和（或）Mo 或是 V。固氮酶还原酶使用 ATP 降低还原剂的电势到可以让电子能够还原固氮酶金属簇的水平，这些还原剂是从代谢途径中获得的。

一些植物包含在农业和生态上都非常重要的豆科植物，能够和固氮菌共生，从细菌中获得氨，作为交换植物也为细菌提供光合作用的产物碳。在豆科植物共生的过程中包含信号的交流和特异基因的表达，从而完成代谢途径的改变。类细菌是在共生体中能够固氮的细菌的形式，由植物来源的膜包裹，控制类细菌和植物细胞胞质中的营养物质的交换。

成熟的根瘤能够支持需要大量能量的固氮反应，并且能够将氧气和碳源传递到类细菌内，这个过程中自由氧的浓度非常低，这是为了保护我们都很熟知的对自由氧非常敏感的固氮酶。类细菌释放出来的氨首先被植物中的谷胱甘肽合成酶或是其他酶同化，有时候是利用根瘤特异表达的同工酶进行同化。氮的同化物作为氨基化合物或是酰脲化合物（ureides）被运输出根瘤，在不同的物种中被运输的氮同化的形式是不一样的。因此在不同的宿主植物中，具有不同的基因表达模式、区室划分，以及在这个途径中最后一步的调控机制。

植物利用环境中的氨和硝酸盐的第一步是利用高亲和及低亲和的转运蛋白进行氮源吸收，它们应该受到不同水平的调控。在 AMT/Rh 家族中，高亲和的铵转运蛋白似乎是单向传递蛋白，能够在转录水平和翻译后磷酸化水平被调控。硝酸盐转运子包含协同转运蛋白 NRT1 和 NRT2，它们定位在质膜和液泡中，与液泡中的反向转运子 CLC 蛋白一起工作。NRT1/2 通过利用活性质子耦合的机制，既能够参与高亲和运输，又可以参与低亲和的转运，为了适应环境中可利用硝酸盐的含量的变化，这些酶的总活性的变化可以相差一万倍。具体形式是由环境条件及组织特异性调控的表达、翻译后修饰等来

决定。硝酸盐在液泡中的储藏可能利用的是其他不同的转运蛋白。

为了完成同化，硝酸盐首先被还原形成亚硝酸盐，接着马上被还原形成氨。为了避免积累过多有毒的亚硝酸盐，NR 的活性被密切调控，而 NiR 的活性并不受限制。NR 基因的表达受到各种信号分子的调控，包括硝酸盐的水平、光、可利用碳的含量和植物激素。NR 多聚肽包含三个结构域，每一个都能与特异的辅助因子相互结合，并且具有独立的部分活性：N 端是钼辅助因子（MoCo）结合的结构域；中间是亚铁血红素结合的结构域，与细胞色素 b_5 家族非常相似；C 端是 FAD 结合的区域，也能够与底物 NAD(P)H 结合。三个结构域是由铰链（hinge）连接，铰链参与酶翻译后的活性调节，如与依赖磷酸化的 14-3-3 蛋白的结合。NR 位于胞质中，在某些情况下，会表现出细胞特异性的定位。

铁氧还原蛋白（Fdx）为质体定位的 NiR 提供了还原力，催化亚硝酸盐形成氨，反应中包含 6 个电子的转移。在绿色组织细胞的叶绿体中，Fdx_{red} 是由非环状电子转运途径产生的。在非光合系统的细胞中，通过利用来自戊糖磷酸化途径的 NADPH，在铁氧还蛋白 -$NADP^+$ 还原酶的作用下将具有高正电势的 Fdx 还原。所有的生物都需要硫来用于合成蛋白质和辅助因子。在植物中，硫化合物具有另外一些独特的结构和功能，例如，叶绿体膜上的硫代异鼠李糖二酰甘油（sulfoquinovosyl-diacylglycerol）。作为有机硫化物的最初生产者，植物在全球的硫循环中发挥重要功能，通过将光合作用和硫的还原偶联，将硫同化形成半胱氨酸，通过半胱氨酸的代谢形成甲硫氨酸、谷胱甘肽和其他化合物。这些化合物也是动物中还原硫的来源。

硫酸盐离子通过植物根细胞活化的质子共转运蛋白吸收。通透酶和协同转运系统完成器官之间、细胞之间和细胞内区室之间硫的转运。多基因家族编码这些蛋白质，这些蛋白质表现出不同的动力学活性及不同的表达模式，从而完成硫在植物中的合理分布。

为了同化，硫酸盐首先和 ATP 一起反应被活化形成 APS，该反应由 ATP 硫化酶催化。在 APS 中的 S 原子能够首先被 APS 还原酶还原形成亚硫酸盐，接着被亚硫酸盐还原酶还原形成硫化物。硫酸盐的还原反应对能量的需求非常大。硫酸盐能够在许多细胞类型的质体中被还原，但是在绿色组织中硫的还原占大多数，且在光下比在暗中还原的速度更快。半胱氨酸的合成是通过将硫化物和 *O*- 乙酰丝氨酸结合形成的，催化该反应的酶定位于所有能够合成蛋白质的亚细胞组分中。半胱氨酸是合成其他含硫代谢产物如甲硫氨酸和谷胱甘肽的还原硫的供体。

除此之外，APS 还能够被 APS 激酶进一步活化，形成 PAPS（磷酸腺苷磷酰硫酸），它是硫酸化多糖、硫酸化葡糖异硫氰酸盐（glucosinolate）和其他代谢产物过程中的活性硫酸供体。硫酸盐的吸收和同化受到需求以及从转录水平到酶活水平的多层次调控。这种调控能够整合生长、光和硫的含量等因子。这些调控功能在系统生物学分析中是很有吸引力的靶点。

（原荣荣　译，秦跟基　校）

第 17 章 植物激素生物合成

Gerard Bishop, Hitoshi Sakakibara, Mitsunori Seo, Shinjiro Yamaguchi

导言

植物激素是植物体内的微量信号分子。植物体内激素的浓度以及组织对激素敏感性的变化调节了植物一系列的发育过程，其中许多的变化都涉及与环境因子的相互作用。这一章主要讨论调控植物体内激素平衡的植物激素的生物合成、分解代谢及偶联作用途径，集中介绍最早发现的 5 种经典的植物激素，即赤霉素、脱落酸、细胞分裂素、生长素和乙烯；同时也介绍几种新发现的在植物发育过程中起调控作用的化合物，即油菜素内酯、多胺、茉莉酮酸、水杨酸和独脚金内酯（图 17.1）。每种化合物都有各自独特的性质，因而调节它们生物合成与降解的途径也多种多样。现在，我们综合多门学科（包括化学、生物化学、植物生理学、遗传学及近来兴起的分子生物学）来阐

GA1(一种赤霉素[GA])

(S)-脱落酸(ABA)

乙烯

反式玉米素(一种细胞分裂素[CK])

吲哚-3-乙酸(IAA，一种生长素)

油菜素内酯(一种油菜素类固醇[BR])

亚精胺(一种多胺)

(-)-茉莉酸(JA)

水杨酸(SA)

(+)-独脚金醇(一种独脚金内酯[SL])

图 17.1 本章所涉及的 10 种植物激素的结构

明这些途径。其中，植物突变体是研究植物激素的最有力的工具。在这些突变体中，由于基因突变而无法催化与植物激素生物合成或降解有关的酶促反应。这些突变体在植物激素分析研究，以及在生物合成途径中利用中间产物进行的表型拯救实验中发挥了难以估量的作用。它们也为克隆那些编码生物合成有关酶的基因提供了重要的材料。此外，对于那些尚无相应突变体的基因，人们通过植物激素生物合成的抑制剂来解析生物合成反应。最近，转基因技术也为这些途径的研究提供了新的方法，它通过改变参与植物激素生物合成或降解基因的表达来进行研究；总之，各种植物激素的生物合成途径均经过类似技术的研究分析，但根据其生物合成途径的本质及能否获得相应的突变体，在方法上也有些不同。

17.1 赤霉素

赤霉素（gibberellin, GA）最早于1926年由日本科学家黑泽英一（Eiichi Kurosawa）从一种名为赤霉菌（*Gibberella fujikuroi*）的真菌中分离得到。他当时在从事水稻赤霉病（即“恶苗病”）病因的研究，这种病是造成粮食减产的主要原因。患病的水稻幼苗表现出苗端过度伸长及叶缘黄化现象（图17.2）。存活至成熟的患病植株比健康植株长的高，但谷粒少或变成不实粒。黑泽英一证明患病的水稻是由于受到一种真菌病原体赤霉菌的感染，这种病菌分泌一种使苗端伸长的因子。他也注意到，这种活性因子可以促进玉米、芝麻、小米和燕麦的生长。在20世纪30年代，研究者们从致病真菌中成功结晶出这种生长诱导因子，并命名为赤霉素。与此同时，西方的科学家们正积极地致力于研究植物生长素对植物生长的调控作用（见17.4节）。遗憾的是，尽管有相应的英译文献，但是他们并未对日本人有关赤霉素的工作给予重视，也并未了解日本人的研究。直到20世纪50年代，当英、美学者开始自己着手对于赤霉菌进行研究后，赤霉素的研究才在一定范围内开始国际化。英国科学家分离得到赤霉酸，美国科学家分离得到赤霉素X。随后证明这两种化合物是同一种物质，并且在1956年阐明了赤霉酸（也就是现在的赤霉素GA_3）的结构。不久之后，人们证明了赤霉素是植物内源的成分，

图17.2　由真菌病原体 *Gibberella fujikuroi* 感染引起“恶苗病”的水稻幼苗

显然，它们不仅仅是真菌中一组有趣的代谢物，也是植物生长发育诸多环节的内源调节剂。

17.1.1 植物中有超过100种赤霉素，但仅有少数有生物活性

赤霉素是一种双萜，由4个异戊二烯单位组成。至本书编写时，共鉴定出136种不同的赤霉素。为避免混淆，采用由GA_1到GA_{136}的命名原则，而且，随着研究的深入，GA_{137}到GA_n将用来命名新的赤霉素。在这136种赤霉素中，有超过100种赤霉素是在植物中发现的，只有少数几种赤霉素具有生物活性。在植物中，许多不具有生物活性的赤霉素作为有活性的赤霉素的前体存在，或者是灭活的代谢物。在植物中，最常见的有生物活性的赤

霉素是 GA_1 和 GA_4，这两种赤霉素均在 C-3β 上含有一个羟基，在 C-6 上含有一个羧基，并且在 C-4 和 C-10 之间存在一个 γ 内酯（图 17.3）。最近，在水稻中发现了可溶性赤霉素的受体 GIBBERELLIN INSENSITIVE DWARF 1（GID1），在拟南芥和大麦中也鉴定出赤霉素的受体是 GID1 的同源蛋白。GID1 受体和赤霉素的亲和性揭示了有生物活性的赤霉素在结构上的特殊要求。在植物中，GA_1 在很多物种中均有发现，表明 GA_1 是一种普遍存在的有生物活性的激素。然而，GA_4 同样也存在于大多数植物种中。在拟南芥和某些葫芦科的植物中，GA_4 是主要的有生物活性的赤霉素。GA_3 和 GA_7 分别是 GA_1 和 GA_4 的 1,2- 双键类似物，在各种植物中也有生物活性（图 17.3）。

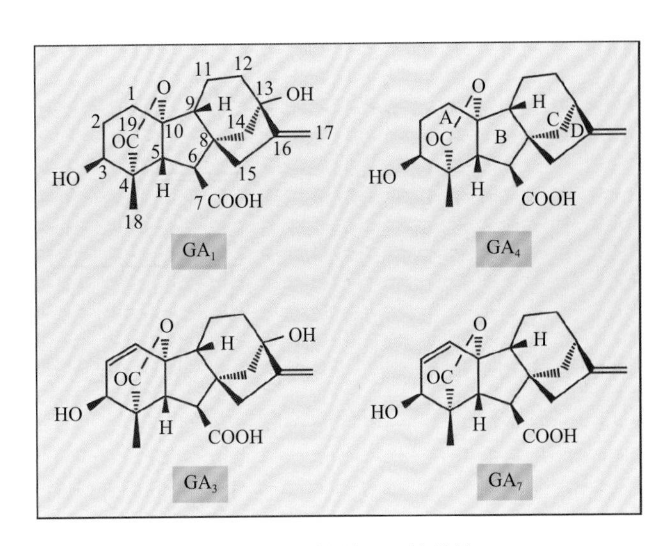

图 17.3　植物中具有生物活性的 GA 的结构

17.1.2　有生物活性的赤霉素影响植物生长发育的诸多方面

虽然赤霉素促进茎伸长（图 17.4）和叶片生长（图 17.5）的作用已广为人知，但它们在很多植物中影响其他的发育过程。在一些物种中，赤霉素能够刺激未受精的胚珠中果实的发育（称为单性结实）。在一些需要光周期信号或者寒冷处理的开花植物中，赤霉素的使用通常可以代替环境信号。在很多植物中，赤霉素还能刺激种子的萌发。在拟南芥和番茄中，在赤霉素生物合成途径中存在严重缺陷的突变体表现为种子不萌发，而经过赤霉素处理后这一缺陷却能得到弥补。赤霉素诱导大麦糊粉层 α- 淀粉酶及其他酶的从头合成已广泛用于研究赤霉素的作用模式。基于赤霉素具有的这种作用，它已广泛地应用于麦芽糖工业，以加速及调整麦芽的生产。一般来说，每克鲜重的营养组织中含有纳克级或亚纳克级气体量的赤霉素，但是在一些生殖组织（如花药和发育的种子）中，赤霉素的含量偶尔会积累到很高的水平。

图 17.4　施加 GA_3 对矮化豌豆幼苗茎伸长的影响：（左）对照植株，（右）用 5μg GA_3 处理后 7 天的植株。来源：A. Crozier, University of Glasgow, UK，未发表

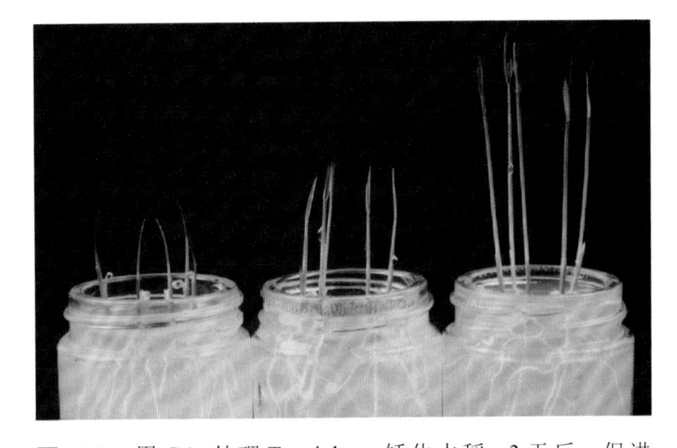

图 17.5　用 GA_3 处理 Tanginbozu 矮化水稻，3 天后，促进叶鞘延长：（左）对照；（中）每株幼苗 100pg GA_3；（右）每株幼苗 1ng GA_3。来源：A. Crozier, University of Glasgow, UK，未发表

17.1.3　赤霉素的生物合成在质体中起始

赤霉素生物合成的起始步骤中包括异戊烯二磷酸的形成，以及其向许多种萜类（如类胡萝卜素和叶绿醇）的共同前体牻牛儿基牻牛儿焦磷酸（GGDP）的转化（图 17.6）。植物中有两条截然不同的戊烯

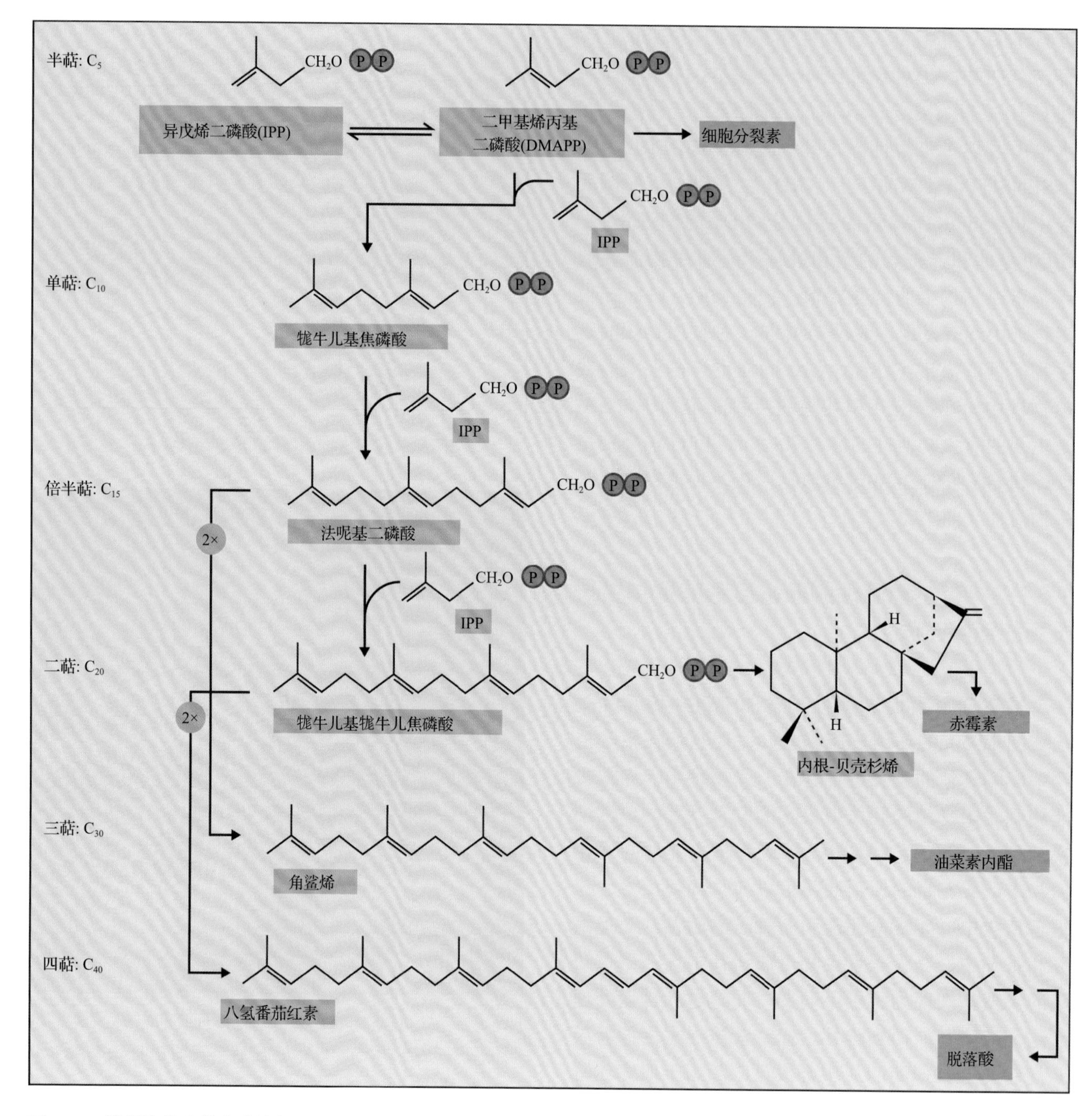

图 17.6 类萜生物生物合成途径，显示了赤霉素、细胞分裂素、油菜素内酯、脱落酸的合成起始物

二磷酸生物合成途径：一是细胞质中的甲戊二磷酸途径，二是质体中的甲基赤糖醇磷酸途径（MEP）（见第 24 章）。在拟南芥的幼苗中，利用同位素标记前体的代谢研究发现赤霉素生物合成需要的戊烯二磷酸大多由质体中的 MEP 途径提供，仅少量由细胞质中的甲戊二磷酸途径提供。

植物中，由牻牛儿基牻牛儿焦磷酸合成赤霉素需要三种酶：萜类合酶（一种环化酶）、细胞色素 P450 单加氧酶和 2- 氧化戊二酸依赖的双加氧酶（见 17.1.4 ～ 17.1.6 节）。

17.1.4 植物中由牻牛儿基牻牛儿焦磷酸合成内根－贝壳杉烯是由两种不同的酶催化的

由牻牛儿基牻牛儿焦磷酸合成内根 - 贝壳杉烯的过程需要两种完全不同的萜类合酶，即柯巴基焦磷酸合酶（CPS）和内根 - 贝壳杉烯合酶（KS）（图 17.7）。首先，柯巴基焦磷酸合酶催化牻牛儿基牻牛儿焦磷酸向部分环化产物柯巴基焦磷酸的转化。这一步反应不涉及二磷酸的去除，起始于向底物柯巴基焦磷酸的末端烯烃键加入质子。随后，KS

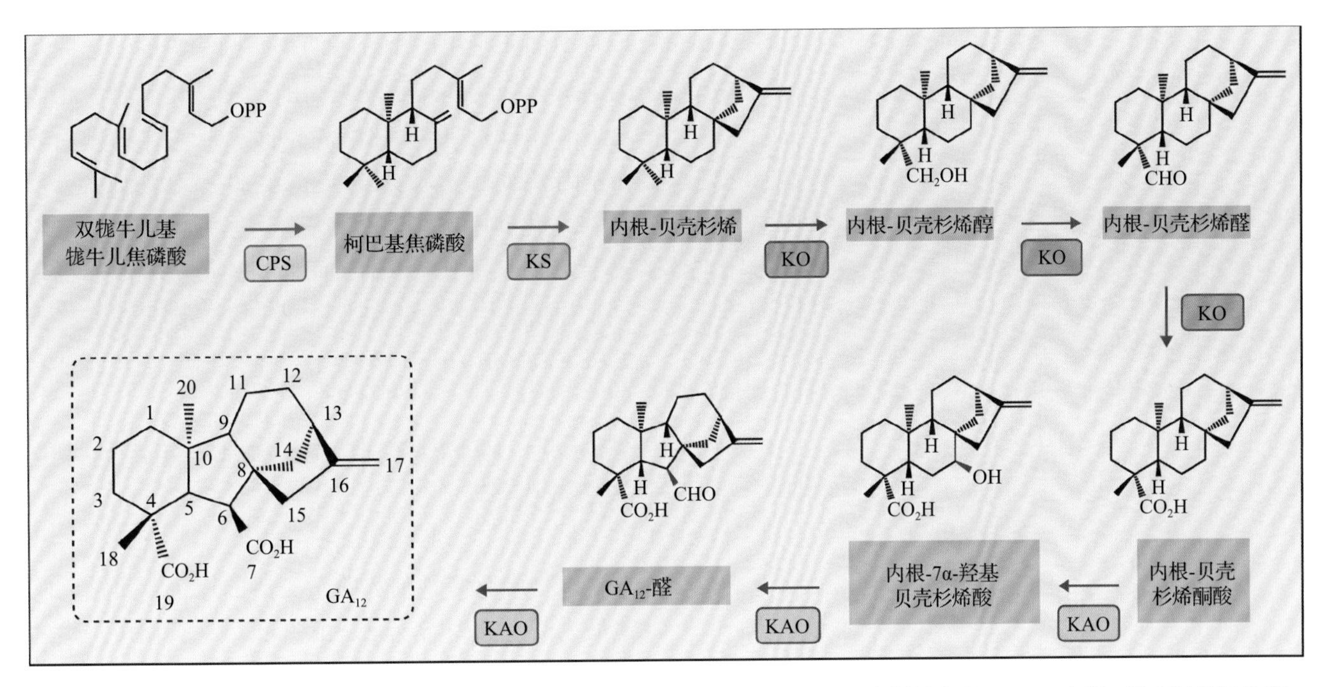

图 17.7 植物 GA 生物合成的前期反应。CPS，柯巴基焦磷酸合酶；KS，内根 - 贝壳杉烯合酶；KO，内根 - 贝壳杉烯氧化酶；KAO，内根 - 贝壳杉烯酮酸羟化酶。GA_{12} 上的用颜色标记的碳原子发生氧化以合成 GA_1（也见图 17.9）

催化柯巴基焦磷酸形成四环烃，即内根 - 贝壳杉烯。这一步环化反应是由二磷酸的去除起始的。拟南芥的突变体 *ga1-3* 呈现出 GA 不足引起的植株非常矮小的表型，利用这一突变体研究者们首次发现了编码柯巴基焦磷酸合酶的基因。而编码内根 - 贝壳杉烯合酶的 cDNA 的序列，最初是通过参考从富含 GA 生物合成酶的未成熟南瓜种子中纯化的酶的部分氨基酸序列得到的。证据表明柯巴基焦磷酸合酶和内根 - 贝壳杉烯合酶两种酶的氨基末端都具有质体定位信号，并且内根 - 贝壳杉烯是在质体中合成的。

17.1.5 细胞色素 P450 单加氧酶催化内根 – 贝壳杉烯向 GA_{12}- 醛的转变

内根 - 贝壳杉烯是在质膜结合的细胞色素 P450 单加氧酶的催化下氧化成 GA_{12}- 醛的，这些酶依赖于 NADPH。细胞色素 P450 包括内根 - 贝壳杉烯氧化酶（KO，CYP P701A）和内根 - 贝壳杉烯酮酸羟化酶（KAO，CYP P88A）（图 17.7）。内根 - 贝壳杉烯氧化酶催化内根 - 贝壳杉烯 C19 上的三步氧化反应，生成内根 - 贝壳杉烯酸。内根 - 贝壳杉烯酮酸羟化酶也是一个多功能的酶，参与催化内根 - 贝壳杉烯酸向 GA_{12} 转化的三步反应，包括将 7α- 内根 - 羟化贝壳杉烯酸转化为 GA_{12}，这其中涉及 7α- 内根 - 羟化贝壳杉烯酸上 B 环由 C6 向 C5 结构的收缩。包含 N 原子的杂环化合物如多效唑、烯效唑、四环唑和嘧啶醇均会通过抑制内根 - 贝壳杉烯氧化酶影响赤霉素的生物合成，从而阻碍植物的生长（图 17.8）。但是，这些化合物并非赤霉素合成的特异性抑制剂，因为它们同时会影响其他细胞色素 P450 酶（如参与油菜素内酯和脱落酸分解代谢的酶）的活性（见 17.6.4 节）。一些赤霉素缺陷型矮化突变体，包括豌豆的 *lh*、水稻的 *d35* 和拟南芥的 *ga3*，其内根 - 贝壳杉烯氧化酶活性都有缺陷。大麦中 *grd5* 突变体呈现 GA 响应缺陷的植株矮小表型，借助于该突变体，研究者们发现了首个编码内根 - 贝壳杉烯酮酸羟化酶的基因。将参与 GA 生物合成的酶融合绿色荧光蛋白（GFP）观察这些酶的亚细胞定位，发现内根 - 贝壳杉烯氧化酶存在于质体的外膜上，而内根 - 贝壳杉烯酮酸羟化酶定位于内质网上。

17.1.6 由 GA_{12} 转变成有生物活性的赤霉素有两条途径：一种是 C-13 先发生羟基化，另一种是 C-13 不发生羟基化

由 GA_{12} 到有活性的赤霉素包含两条多步骤转化的途径：经过“C-13 先发生羟基化的途径”生成 GA_{20} 和 GA_1；经过“C-13 不发生羟基化的途径”产生 GA_9 和 GA_4（图 17.9）。尽管已在菠菜叶片的

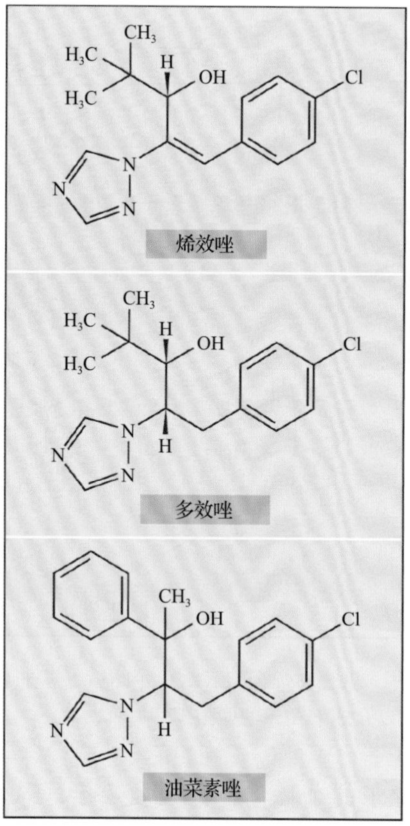

烯效唑

多效唑

油菜素唑

图 17.8 烯效唑、多效唑和油菜素唑的结构。烯效唑和多效唑是三唑，能够抑制 KO（图 17.7）。然而，烯效唑不是特异性的，也抑制 BR 的生物合成。结构上相关的化合物油菜素唑是一种强的 BR 抑制剂，阻断 BR 生物合成途径中至少一个由细胞色素 P450 介导的步骤（见图 17.58）。它对 GA 生物合成的影响尚未确定

无细胞提取物中检测到可溶性的依赖 2- 氧化戊二酸的 C-13 羟基化活性，但在南瓜（*Cucurbita* spp.）的胚乳、大麦（*H. vulgare*）和豌豆（*P. sativum*）发育的胚中鉴定出的 C-13 羟化酶均是单加氧酶。

在任意一种途径中，GA 20- 氧化酶和 GA 3- 氧化酶均为可溶性的依赖 2- 氧化戊二酸的双加氧酶，负责生成有生物活性的赤霉素（图 17.9）。GA 20- 氧化酶催化 C-20 上连续的氧化反应，包括以 CO_2 的形式脱去 C-20 并形成 γ- 内酯。随后 GA-3 氧化酶引入 3β- 羟基将没有活性的前体 GA_{20} 和 GA_9 转化为具有生物学活性的 GA_1 和 GA_4。但某些 GA-3 氧化酶仅有很弱的催化活性，将 GA_{20} 通过其 1,2- 双键类似物 GA_5 合成为 GA_3（图 17.9）。到目前为止，没有实验结果表明 GA 20- 氧化酶和 GA 3- 氧化酶的亚细胞定位，但由于这两种酶并没有明显的定位序列，因此人们认为它们是细胞质定位的酶。

在拟南芥和水稻中，催化 GA 生物合成的早期步骤中的酶是由一个或者两个基因编码的。这些基因的缺失突变体均呈现典型的严重矮化表型。相比之下，赤霉素 20- 氧化酶和赤霉素 3- 氧化酶则由多个基因家族编码，因此，赤霉素 20- 氧化酶或者赤霉素 3- 氧化酶不同亚型的突变体只呈现出轻度的矮化表型。在豌豆中，控制节间伸长的最主要的赤霉素 3- 氧化酶是由 *Le* 基因编码的，这个基因最早在格雷戈尔 • 孟德尔关于高矮豌豆育种的实验中就有描述。

17.1.7 植物中有多种代谢途径使有活性的赤霉素失活

植物中有多种使赤霉素失活的途径。目前，阐述最为清楚的失活反应是由依赖于 2- 氧化戊二酸的双加氧酶（赤霉素 2- 氧化酶）在 C-2 上的氧化反应（图 17.10）。最初发现赤霉素 2- 氧化酶是利用了有生物活性的赤霉素 GA_1 和 GA_4，以及它们的直接前体 GA_{20} 和 GA_9 作为底物。之后，人们发现了一种新型的赤霉素 2- 氧化酶，它能接受更早期反应生成的中间产物 GA_{12} 和 GA_{53} 作为底物。因此，在生物合成的途径中许多赤霉素都是 GA-2 氧化反应的底物。而编码赤霉素 2- 氧化酶的基因最早是通过 cDNA 表达文库的功能筛选发现的。

在水稻高突变体 *elongated uppermost internode*（*eui*）的研究中，研究者们发现了一种新的赤霉素失活的机制。在 *eui* 突变体中，其节间积累大量的有生物活性的赤霉素。*Eui* 基因编码细胞色素 P450 单加氧酶 CY P714D1，能够通过对 16,17- 双键的环氧化作用使包括 GA_4、GA_9 和 GA_{12} 的多种赤霉素失活（图 17.10）。在体内或者纯化过程中，16,17- 环氧化物均会水解为 16,17- 二氢二醇。在多种植物中，赤霉素 16,17- 二氢二醇的发现都暗示着 16,17- 环氧化是一种普遍存在的赤霉素失活机制。最近的研究表明，拟南芥中 GAMT1 和 GAMT2 利用 *S*- 腺苷 -L- 甲硫氨酸（SAM）为甲基供体催化赤霉素 C-6 羧基的甲基化（见图 17.10）。同 GA-2 氧化酶和 EUI 一样，GAMT1 和 GAMT2 均可用多种赤霉素作为底物，催化产生相应的甲酯。但是赤霉素的甲基化是否在其他植物中也是一种普遍的失活反应，到目前为止还未研究。

在植物中，赤霉素还能转化为缀合物。赤霉素与葡萄糖或者通过羟基形成赤霉素 -*O*- 葡萄糖酯，

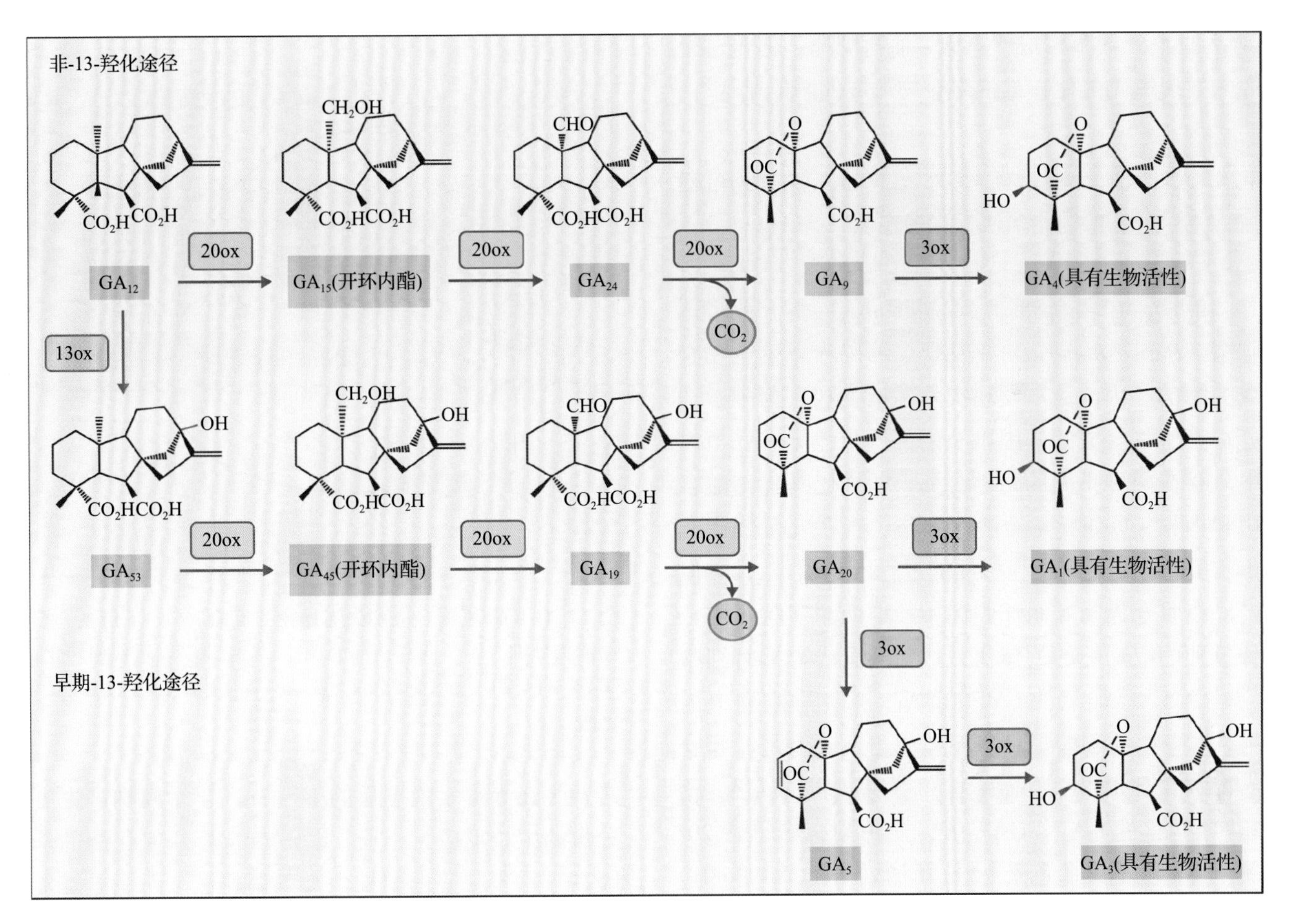

图 17.9 植物中 GA_{12} 转化为具有生物活性的 GA。20ox，GA 20- 氧化酶；3ox，GA 3- 氧化酶；13ox，GA 13- 氧化酶

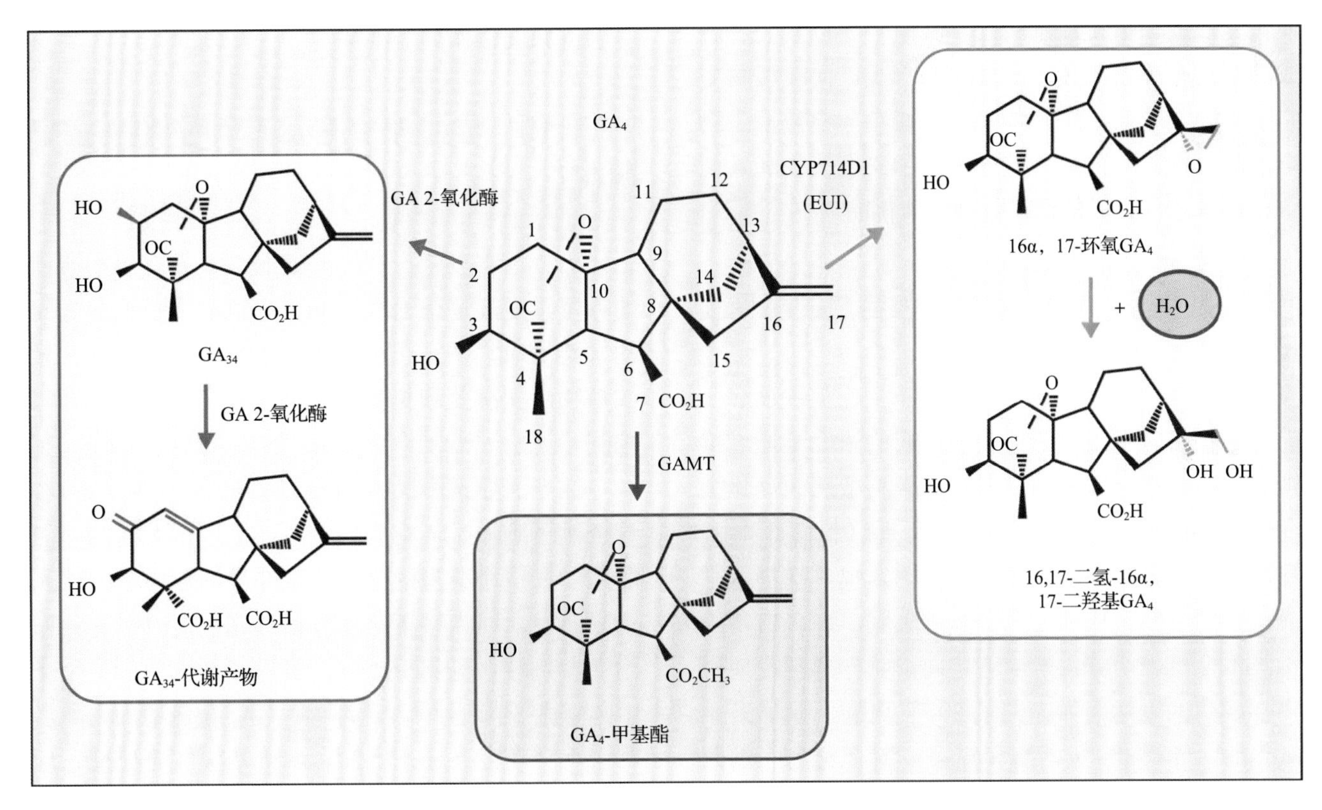

图 17.10 GA_4 失活途径，由 GA 2- 氧化酶引入 2β- 羟基导致失活。在某些情况下，进一步代谢形成 GA- 分解代谢物，其中 C-2 发生氧化变成酮，并且打开内酯形成一个双键。由 CYP714D1（EUI）催化产生的 16α，17- 环氧 GA，在植物体内或纯化过程中水解生成 16,17- 二氢二醇。GAMT 催化 C-6 羧基的甲基化。GA 也可以转化成植物中的各种葡萄糖缀合物（未显示）

或者通过 6- 羧基形成赤霉素 - 葡萄糖酯。但是，至今未发现编码催化赤霉素缀合物形成的酶的基因。

17.1.8 植物和真菌中赤霉素生物合成的途径及参与的酶有非常明显的差异

最近，在藤仓赤霉（*G. fujikuroi*）和一种暗球腔菌（*Phaeosphaeria*）中发现了编码赤霉素生物合成的酶的基因，这一发现揭示了植物和真菌中参与赤霉素生物合成的基因以及酶的明显差异。在植物中，存在两种不同的萜类合酶，即柯巴基焦磷酸合酶和内根 - 贝壳杉烯合酶，参与由牻牛儿基牻牛儿焦磷酸合成内根 - 贝壳杉烯的过程（见图 17.7）。但是，在藤仓赤霉和暗球腔菌中，这两个步骤则由一种单独的双功能的酶催化完成。藤仓赤霉拥有细胞色素 P450 单加氧酶 CYP P68A，扮演与植物中内根 - 贝壳杉烯酮酸羟化酶相似的角色。但是，藤仓赤霉中 CYP P68A 还能催化 3β- 羟基化形成 GA_{14} 及 3β- 羟基化的 GA_{12}。GA_{14} 由另一种具有赤霉素 20- 氧化酶活性的细胞色素 P450 单加氧酶（CYP P68B）转变为 GA_4。因此，不同于植物，在藤仓赤霉中 3β- 羟基化和 20- 氧化均由细胞色素 P450 单加氧酶催化完成的。值得注意的是，真菌中赤霉素生物合成的基因在单条染色体上聚集在一起，而在植物中它们则随机分布于染色体上。这些参与赤霉素生物合成的基因和酶的显著差异都暗示着在植物和真菌中赤霉素生物合成的途径是独立演化的。

17.1.9 一些参与赤霉素生物合成的酶受到反馈调节

植物中，有生物活性的赤霉素的浓度是通过反馈调节实现稳态平衡的。在赤霉素不敏感的矮化突变体如 *Rht3*（小麦）、*D8*（玉米）及 *gai*（拟南芥）中，赤霉素浓度异常高，这些突变体的发现首次揭示了赤霉素的生物合成和反应存在着关联。许多植物的转录本分析表明赤霉素浓度定向影响赤霉素晚期生物合成酶的表达，如赤霉素 20- 氧化酶、赤霉素 3- 氧化酶、赤霉素 - 灭活酶和赤霉素 2- 氧化酶。编码赤霉素 20- 氧化酶和赤霉素 3- 氧化酶的基因在赤霉素缺乏的植物中高度上调表达，而在赤霉素处理后则下调表达（图 17.11）。这种转录本水平的变化通常发生在赤霉素处理后的 1 ～ 3h，早于植株产生可分辨的生长反应。相反，编码赤霉素 2- 氧化酶的基因在赤霉素缺陷的植株中却下调表达，而在赤霉素处理后则上调表达（图 17.11）。因此，植物中赤霉素的稳态很可能或至少部分是由其生物合成和灭活基因的共同协作调节维持的。

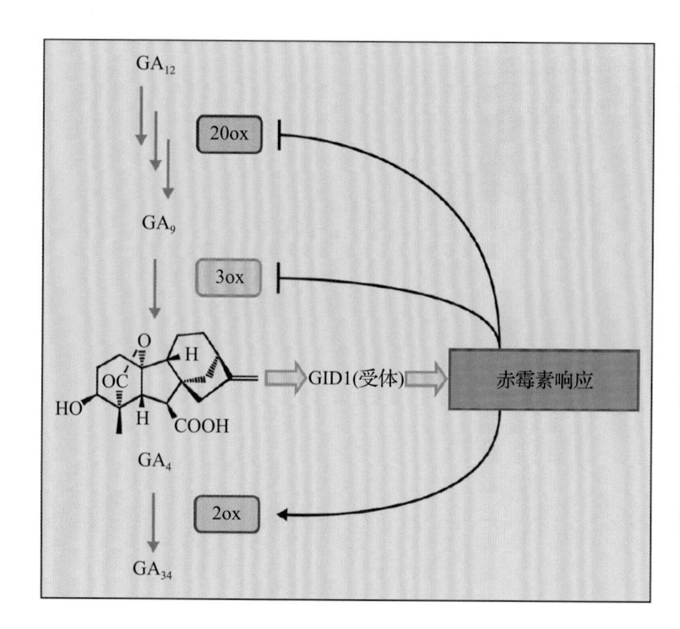

图 17.11 GA 生物合成和失活途径的反馈调节。T 形条和黑色箭头分别表示负向和正向的调控。灰色箭头表示代谢转化。20ox，GA 20- 氧化酶；3ox，GA 3- 氧化酶；2ox，GA 2- 氧化酶

17.1.10 赤霉素介导莴苣种子的光诱导萌发

已有证据表明，在一些情况下，具有生物活性的赤霉素是环境信号接收和其导致的生长反应之间的关键介质。在一些光效应主要由光敏色素介导的植物（如莴苣和拟南芥）中，种子萌发受到光照控制。

红光诱导光休眠的 Grand Rapids 生菜种子萌发，这个例子确立了赤霉素代谢与光敏色素之间清晰的联系。在一个典型的光敏色素介导的反应中，红光诱导萌发，而当接下来受到远红光照射时，这种作用又会倒转（见第 18 章）。接受红光脉冲后，种子中赤霉素 3- 氧化酶表达增强，GA_1 含量增加，随后种子就会萌发（图 17.12）。如果紧接红光处理之后施加远红光脉冲，GA_1 库的大小不会增加，并且赤霉素 3- 氧化酶转录本保持不变，当然就不会诱导萌发（图 17.12）。种子只有在用赤霉素处理后才能在

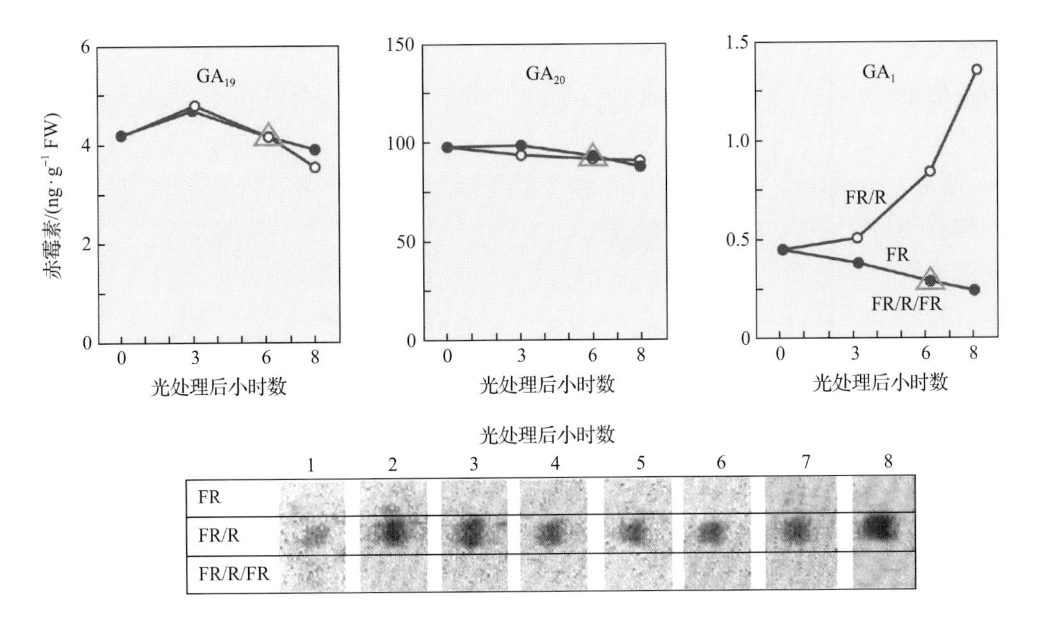

图 17.12 在 Grand Rapids 莴苣中，红光、远红光与赤霉素含量的调控。上图表示红光与远红光在 GA 水平上的作用。注意，由光敏色素介导并由红光诱导的种子萌发伴随着 GA_1 含量的增加。下图表示提取经红光（R）与远红光（FR）处理的莴苣种子的总 RNA，然后用 50μg 所提取的 RNA 与 GA 3- 氧化酶 cDNA 克隆进行 Northern 印迹杂交。来源：电泳图来源于 Toyomasu et al.（1998）. Plant Physiol. 118：1517-1523

黑暗中萌发。

GA_1 前体 GA_{19} 和 GA_{20} 的含量不会受到红光和远红光处理的影响（图 17.12）。我们还不清楚究竟是红光还是远红光控制了这些化合物的代谢速率。科学家从莴苣中克隆了两个赤霉素 20- 氧化酶基因：一个是光调节的，它的表达在红光下受抑制，而在远红光下加强；另一个基因是光独立的。但是，在所有光时段下，莴苣种子中 GA_{20} 的含量总是远远超过 GA_1，所以赤霉素 20- 氧化酶活性及 GA_{20} 合成的速率并不限制用于合成 GA_{20} 的底物浓度（图 17.12）。这些结果表明，受红光诱导的赤霉素 3- 氧化酶基因的表达和 GA_1 浓度的升高在莴苣种子萌发中起非常关键的作用。

17.1.11 赤霉素途径中的突变体引发了农业的重大进步

在 20 世纪 60 年代，在谷类作物如水稻和小麦中，引入了半矮化培育品种，结合增强型肥料的使用，全世界的粮食产量有了大幅度的增加。人们称农业上的这种发展为“绿色革命”。水稻中重要的半矮化基因 *sd-1*，最初来源于中国培育品种 Dee-Geo-Woo-Gen。这种培育品种能够产生短的、粗茎并且耐倒伏水稻，但并不影响谷粒的质量。从 20 世纪 60 年代起，*sd-1* 作为最重要的半矮化基因引入到水稻培育品种中，之后人们证明该基因编码一个缺陷的赤霉素 20- 氧化酶。赤霉素 20- 氧化酶是由一个小的基因家族编码，该家族成员存在功能冗余，因此赤霉素 20- 氧化酶的缺失突变体仅仅呈现出轻微的赤霉素缺陷表型（图 17.13）。有趣的是，在小麦中，赤霉素信号通路中半矮化基因的缺陷却促成了“绿色革命”的到来。这些案例强调了赤霉素调控发育的作用在农业中十分重要。

17.2 脱落酸

在 20 世纪 50 年代，科学家们从植物中分离到了抑制生长的化合物。他们通过纸层析分离到酸性

图 17.13 携带 *sd-1* 基因（*dee-geo-woo-gen*，左）的半矮化水稻和其株高更高的等基因系（*woo-gen*，右）

的化合物，并检验了它们对燕麦胚芽鞘生长的促进作用，然而他们也发现了一种抑制胚芽鞘延长的化合物，称之为β-抑制物复合体。随后，大量的研究表明高水平的β-抑制物同马铃薯块茎抽芽、羽扇豆荚果败育，以及落叶树（如美国梧桐、白桦）芽的休眠存在联系。在20世纪60年代早期，美国科学家从棉花幼果中分离到了促进脱落的化合物（“脱落素Ⅱ”），同时，英国研究者们分离到了一种休眠诱导因子（“休眠素”）。1965年，脱落素Ⅱ的结构得以确定，后来称之为**脱落酸**（**abscisic acid**，ABA），随后也证实休眠素与其为同一种物质。

脱落酸在C-1′位有一个单一的手性中心。在自然界中只存在（*S*）-对映体（图17.14）。相反，人造脱落酸是一种外消旋混合物，尽管立体异构合成（*S*）-脱落酸与（*R*）-脱落酸均已有报道。2-顺式对映体的双键经过光学异构后就形成2-反式异构体，即（*S*）-2-反式脱落酸与（*R*）-2-反式脱落酸（图17.14）。为方便起见，此后提到的脱落酸均指自然界中存在的（*S*）-对映体。

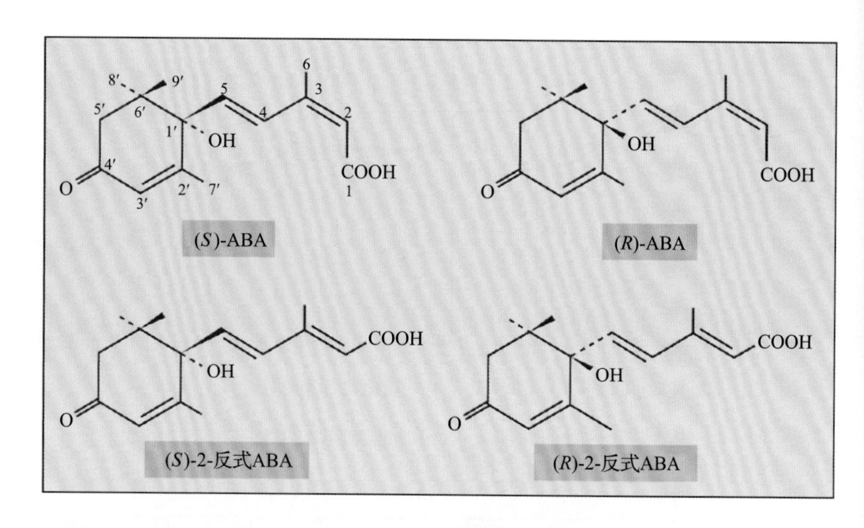

图17.14 脱落酸对映体的结构。（*S*）-脱落酸是自然界中存在的形式

图17.15 玉米脱落酸缺陷型突变体*vp1*中，未成熟种子的过早萌发（胎萌）。无色的*vp1*籽粒糊粉层中缺少花色素苷。而胚在成熟前萌发是因为对脱落酸不敏感。直接从未成熟谷穗中移植的种子是可育的。来源：S. McCormick, University of California, Berkeley，未发表

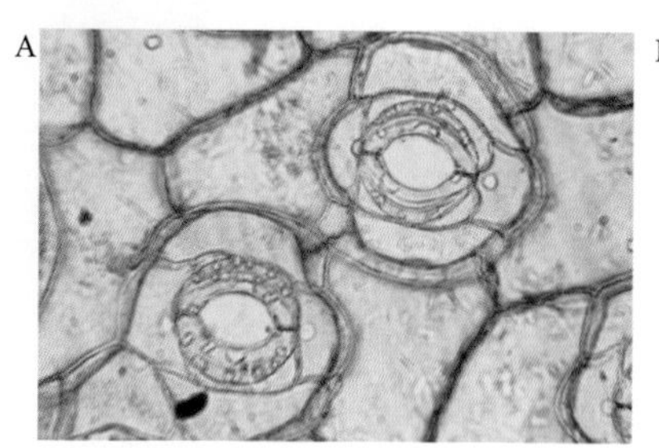

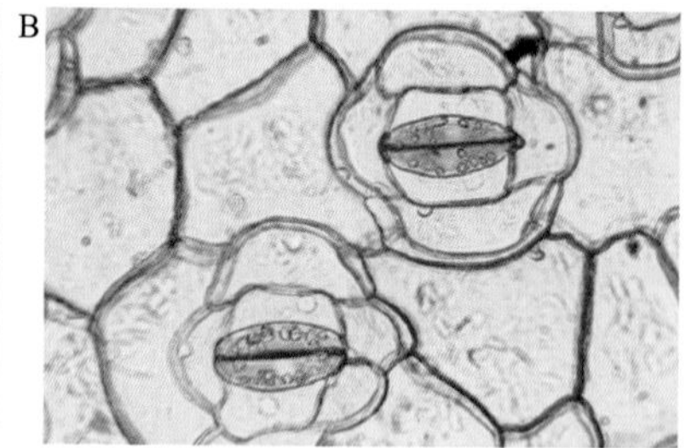

图17.16 脱落酸诱导气孔关闭。将鸭跖草（*Commelina communis*）表皮层在缓冲液（10mmol·L^{-1} Pipes，pH6.8）中培养，其中含有50mmol·L^{-1} KCl，并通以无二氧化碳的空气。A. 在2～3h后气孔张开得很大。B. 转移到添加了10μmol·L^{-1}脱落酸的同样的溶液中后，在10～30min之内，气孔完全关闭。来源：J. Weyers, University of Dundee, UK，未发表

17.2.1 与它的名字相反，脱落酸并不诱导脱落

脱落酸的名字暗示了人们原先认为它可以诱导脱落。然而，现在已经清楚的是，脱落是受乙烯调节的，而并非脱落酸。而且，增加脱落酸的浓度并不能造成马铃薯块茎的休眠，或者落叶树芽的休眠。人们在研究了脱落酸缺陷突变体后，并没有找到证据证明他们的猜测——脱落酸的不对称分布与根的负向地性反应有关。但是，人们发现在种子发育中会积累脱落酸，从而促进种子成熟、提高脱水耐受力、抑制胎萌（图17.15）。一些种子的休眠与脱落酸有关，并且许多数据将脱落酸迅速增加同缺水胁迫诱导气孔关闭联系起来（图17.16）。

17.2.2 包括尾孢菌属（*Cercospora*）和灰霉菌属（*Botrytis*）两类真菌病原体在内的许多真菌都从法呢基焦磷酸合成脱落酸

尽管脱落酸只是一个由 15 个碳原子组成的简单化合物，但是它的生物合成途径也是很难弄清楚的。部分原因是因为标记其可能的前体比较困难，甚至是在脱落酸快速合成的缺水逆境处理的叶片中。在 20 世纪 70 年代早期，科学家提出了两条脱落酸生物合成途径——“直接 C_{15}”路线与“间接 C_{40}”路线。在“直接 C_{15}”路线中，脱落酸由 C_{15} 前体法呢基焦磷酸合成；而在“间接 C_{40}”路线，假定由 C_{40} 中间物（如紫黄质）经氧化裂解产生脱落酸的 C_{15} 中间物（图 17.17，也见图 17.6）。

虽然人们最初认可第一条途径，但是关于该途径的证据还是很少。有人报道，光照或脂氧化酶可以使紫黄质转变成一种结构类似脱落酸的 C_{15} 化合物黄氧素。基于这项报道，有人提出脱落酸可能源于叶黄素。黄氧素在植物组织中以痕量存在，并且已在番茄和菜豆植株中发现 ^{14}C 标记的黄氧素可以代谢产生脱落酸。然而，关于内源脱落酸来自黄氧素这一说法仍缺乏完备的证据，并且黄氧素是由一个 C_{40} 前体形成的，还是更为直接地由法呢基焦磷酸形成的，暂时还不能确定（图 17.17）。

1977 年，研究者发现植物病原蔷薇生尾孢（*Cercospora rosicola*）可以产生大量脱落酸，远远超过植物中的产量。在一种组成简单的液体培养基中，蔷薇生尾孢在培养 20 天后可积累脱落酸多达 $30mg \cdot L^{-1}$。与高等植物不同，这种真菌可以将标记的乙酸、法呢醇及其他中间物并入脱落酸和 1′- 脱氧脱落酸。用 $[^{14}C]$1′- 脱氧脱落酸饲喂蔷薇生尾孢，发现它可以代谢生成脱落酸。这说明在这种真菌的脱落酸生物合成途径中，1′- 羟基化是最后的一步。图 17.18 列举了在蔷薇生尾孢中生物合成脱落酸的可能途径。注意，这条途径在不同种属之间略有不同。但是，显然在真菌中存在一条“直接 C_{15}”脱落酸生物合成途径。

17.2.3 气相色谱－质谱分析显示植物经由一个 C_{40} 前体合成脱落酸

利用突变体和胡萝卜素合成的抑制剂进行实验是了解脱落酸生物合成途径的关键。例如，在类胡萝卜素缺陷型玉米突变体中脱落酸含量会减少，野生型大麦和玉米在经过氟草酮（fluridone）处理后，脱落酸含量也会减少。这是由于氟草酮可以通过阻断八氢番茄红素转变成六氢番茄红素，从而抑制 β- 胡萝卜素的合成（图 17.19）。1984 年，确凿的证据证明，C_{40} 叶黄素是脱落酸生物合成途径的中间产物。研究者们在 $^{18}O_2$ 存在的条件下培育菜豆和苍耳缺水

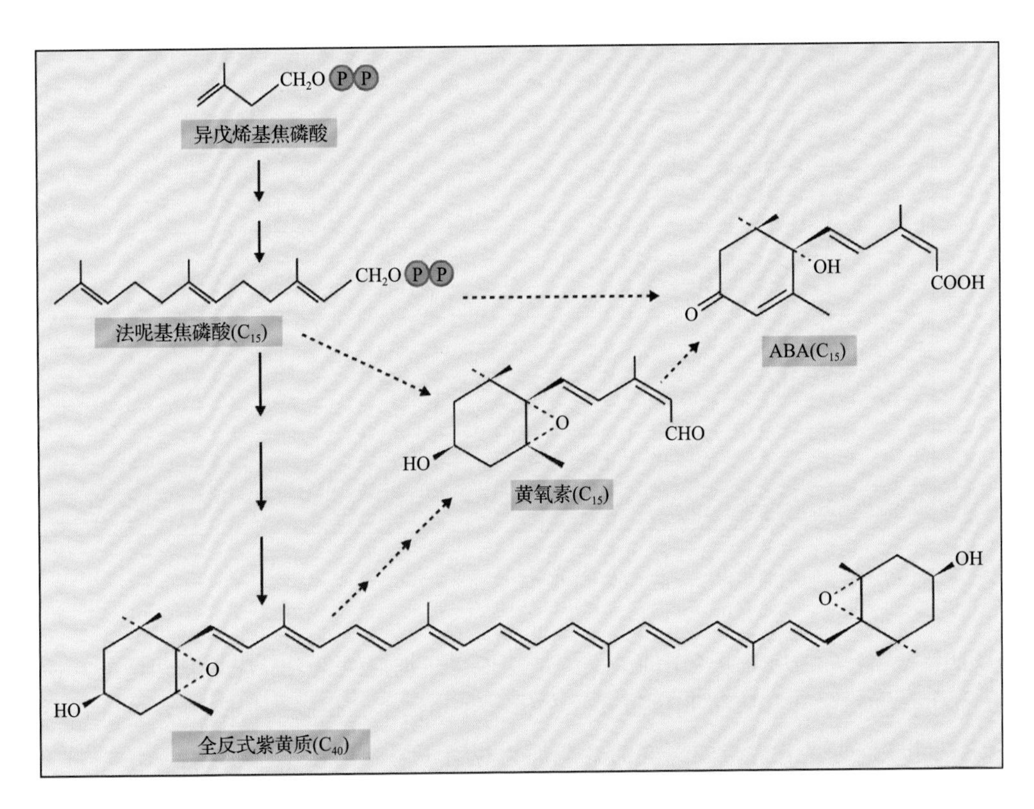

图 17.17 生物合成脱落酸的两条可能的路线。在直接 C_{15} 途径中，法呢基焦磷酸修饰生成脱落酸；在间接 C_{40} 途径中，一种类胡萝卜素 9- 顺式 - 紫黄质经裂解生成 C_{15} 脱落酸前体——黄氧素

胁迫的叶片，以推断1′-脱氧脱落酸是否也是植物中脱落酸的直接前体，即像在蔷薇生尾孢中一样，一个 ^{18}O 原子会随着羟基进入脱落酸环的1′-位（图17.20A）。研究者使用气相色谱来分离 ^{18}O 标记的代谢物，之后又通过质谱分析进行鉴定（见第2章信息栏2.1中关于质谱分析技术的讨论）。然而，气相色谱-质谱分析揭示并没有 ^{18}O 掺入脱落酸环中。相反，他们发现一个标记的原子出现在侧链羧基中。这说明在水分胁迫的叶片中，1′-脱氧脱落酸并非脱落酸的直接前体。这些结果表明，脱落酸是由一个预先形成的前体合成的，而这个前体的1′和4′位置上有氧原子。这与合成脱落酸的 C_{40} 途径相一致：$^{18}O_2$ 切开紫黄质形成1-醛基标记的黄氧素，随后标记的黄氧素氧化生成羧基中含一个 ^{18}O 的脱落酸（图17.20B）。

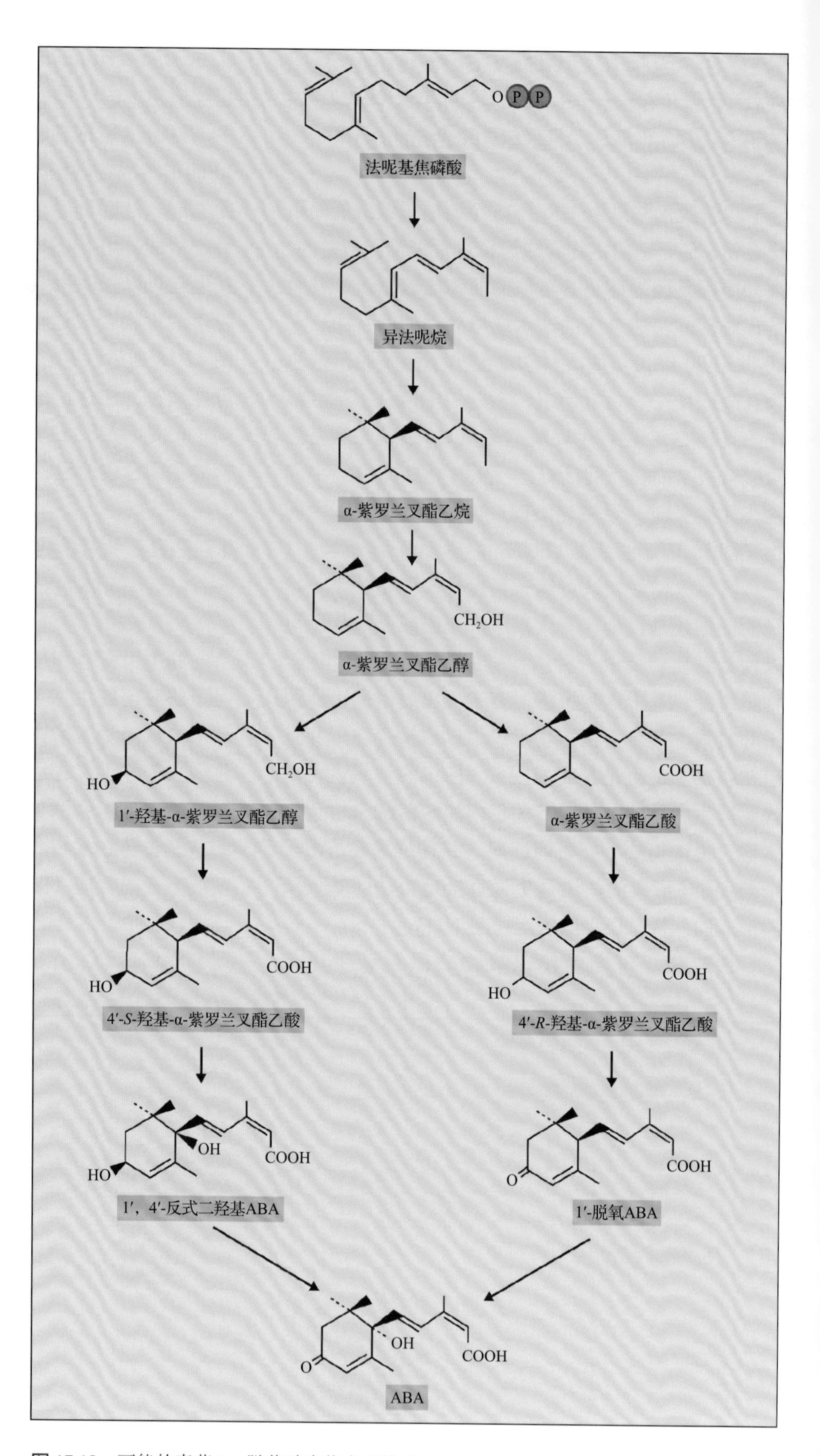

图17.18 可能的真菌 C_{15} 脱落酸生物合成途径

17.2.4 脱落酸生物合成受到产生第一个 C_{15} 中间产物的裂解反应的调节

许多玉米脱落酸缺陷的胎萌突变体，在类萜和类胡萝卜素生物合成途径中的不同步骤受到阻断（图17.19）。牻牛儿基牻牛儿焦磷酸合酶是类萜途径中的关键酶，它催化三次连续聚合异戊烯基焦磷酸，使二甲烯丙基焦磷酸转化为 C_{20} 化合物牻牛儿基牻牛儿焦磷酸。在牻牛儿基牻牛儿焦磷酸缺陷型突变体 *vp12* 的幼苗中，叶绿素含量很低，同时类胡萝卜素与脱落酸的合成能力也有下降。与化学抑制剂氟草酮类似，

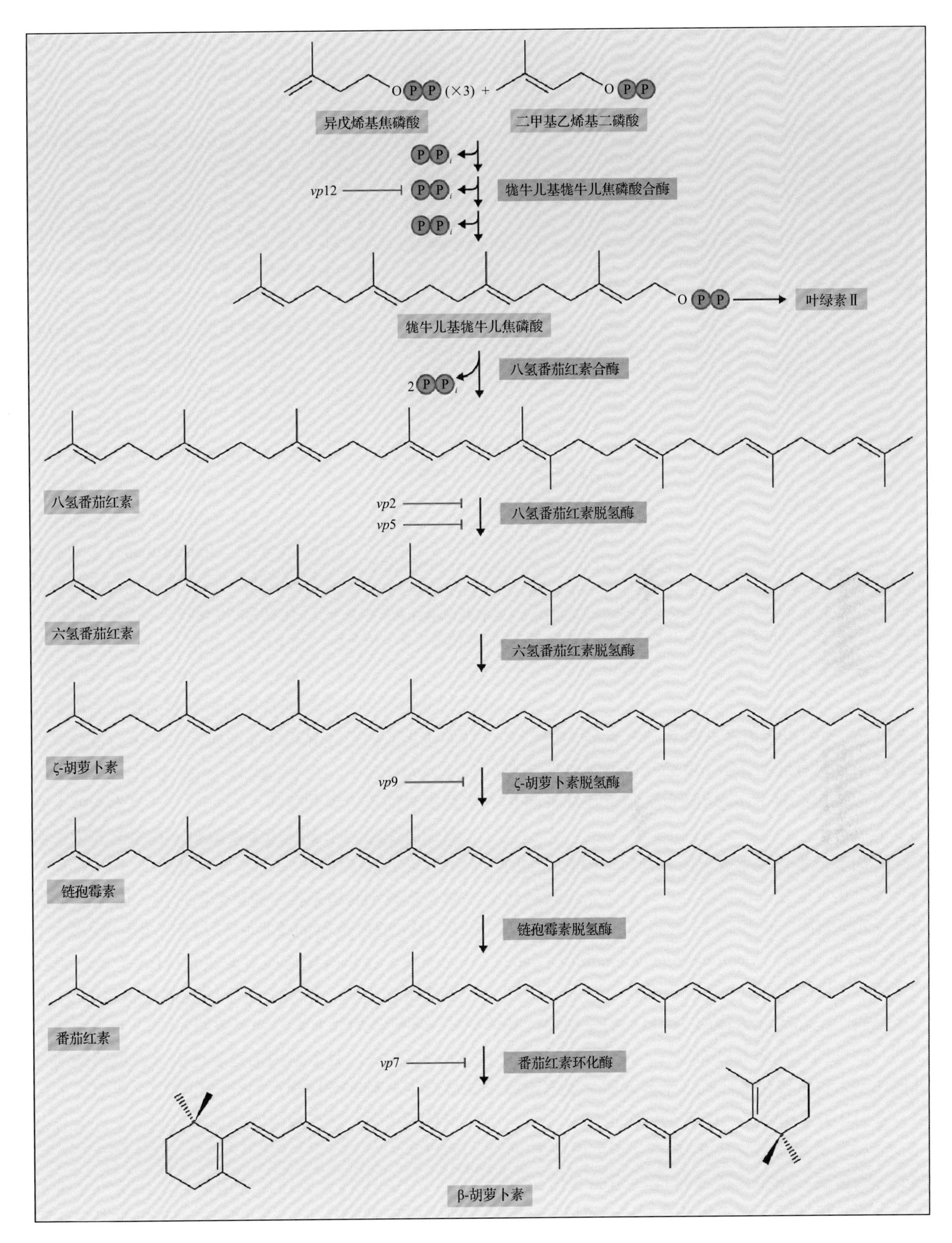

图 17.19 脱落酸生物合成的间接 C_{40} 途径早期：产生牻牛儿基牻牛儿焦磷酸，并合成β- 胡萝卜素。图中标出了玉米 *vp* 突变体中缺陷的酶。化学抑制剂氟草酮与哒草伏（norflurazon）可以阻断八氢番茄红素向六氢番茄红素转变（未显示）

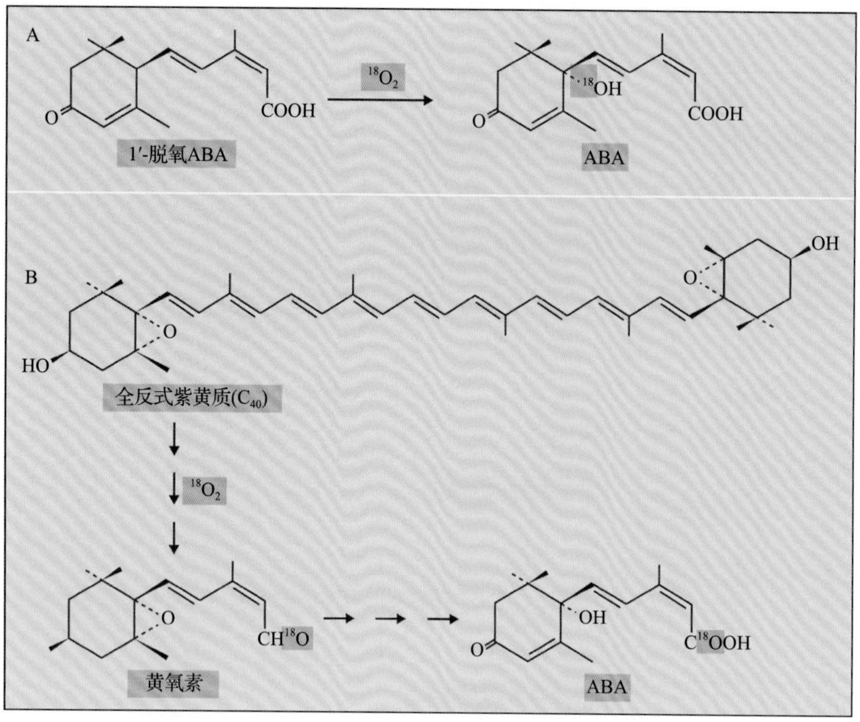

图 17.20 放射性标记实验证明了在植物中存在脱落酸的间接 C_{40} 生物合成途径。气相色谱 - 质谱分析揭示，在 $^{18}O_2$ 存在的条件下，植物组织合成的脱落酸，其 1′- 羟基并未标记上，这个结果与研究者们认为的赤霉素直接由 1′- 脱氧脱落酸（A）合成的预期一样。然而，全反式紫黄质氧化裂解，随后黄氧素转变成脱落酸，则会出现标记的脱落酸羟基（B）

vp2 和 *vp5* 突变也会阻断八氢番茄红素转变成六氢番茄红素。现有证据显示 *vp9* 突变体不能由 ζ- 胡萝卜素合成链孢红素；*vp7* 缺陷会限制番茄红素向 β- 胡萝卜素转变。

β- 胡萝卜素代谢生成玉米黄素后，接着发生的两步环氧化反应使玉米黄素经过环氧玉米黄素转化成全反式紫黄质（图 17.21）。在拟南芥 *aba1* 突变体及白花丹叶烟草（*Nicotiana plumbaginifolia*）*aba2* 突变体中，这两步环氧化反应都受到了阻断。*ABA2* 基因编码一个输入叶绿体的 72.5kDa 的蛋白质，其序列与细菌的氧化酶具有相似性。ABA2 可以在体外催化玉米黄素转化成环氧玉米黄素和全反式紫黄质。人们认为 ABA1 是 ABA2 的同源蛋白。

全反式紫黄质转化成 9′- 顺式 - 新黄质或者 9′- 顺式 - 紫黄质。在拟南芥脱落酸缺陷突变体 *aba4* 中，内源的 9′- 顺式 - 新黄质和全反式新黄质含量下降，而全反式紫黄质和 9′- 顺式 - 紫黄质含量上升。*ABA4* 编码的蛋白质具有一个预测的叶绿体定位肽。成熟的 ABA4 蛋白，经预测分子质量为 17.0kDa，且具有 4 个跨膜域。研究者们认为 ABA4 是作为新黄质合酶或新黄质合成所需的复合体的组分之一来行使功能的。到目前为止，全反式紫黄质或全反式紫黄质异构反应中缺陷的突变体暂还没有分离到。

氧化切除 9′- 顺式 - 新黄质和（或）9′- 顺式 - 紫黄质，生成第一个 C_{15} 中间物黄氧素，这是脱落酸生物合成途径中的第一个关键步骤。有人研究了 *vp14*，一种由转座子标签法获得的玉米脱落酸缺陷型胎萌突变体，成功克隆了编码催化这步关键反应的酶，即 9′- 顺式 - 环氧类胡萝卜素双加氧酶的基因。推导出的 VP14 的氨基酸序列与细菌的木素芪（lignostilbene）双加氧酶类似，后者催化了一个类似氧化切除 9′- 顺式 - 新黄质的反应。VP14 重组蛋白可以在体外催化 9′- 顺式 - 紫黄质和 9′- 顺式 - 新黄质向黄氧素的转化，但不能催化相应的反式异构体的反应。在野生的番茄突变体 *notabilis* 中，由 9′- 顺式 - 环氧类胡萝卜素生成黄氧素的反应受到阻断。9′- 顺式 - 环氧类胡萝卜素双加氧酶由一个多基因家族编码。在拟南芥中，由 *AtNCED3* 编码的 9′- 顺式 - 环氧类胡萝卜素双加氧酶负责缺水胁迫条件下脱落酸的产生，而 *AtNCED6* 和 *AtNCED9* 编码的蛋白质参与种子中的脱落酸生物合成。这步转化反应看起来是 ABA 生物合成途径的限速步骤。缺水胁迫下的脱落酸积累与 9′- 顺式 - 环氧类胡萝卜素双加氧酶的 mRNA 和蛋白质水平高度相关，且该基因的过表达会导致脱落酸的过量产生。对这个控制点的分析和鉴定，将对人们认识种子休眠、抗旱和耐寒的调控机制带来许多有益的启发。

ABA 生物合成途径的倒数第二步反应是将黄氧素转变成 ABA 醛。这步反应包括 4′- 羟基氧化成酮，2′-3′ 去饱和，以及 1′-2′ 环氧的开环。目前还没有鉴定到中间产物。4′- 羟基的化学氧化促进了黄氧素向 ABA 醛的定量转变，这暗示了在体内，单一的酶促步骤及随后的重排反应导致了这个反应的发

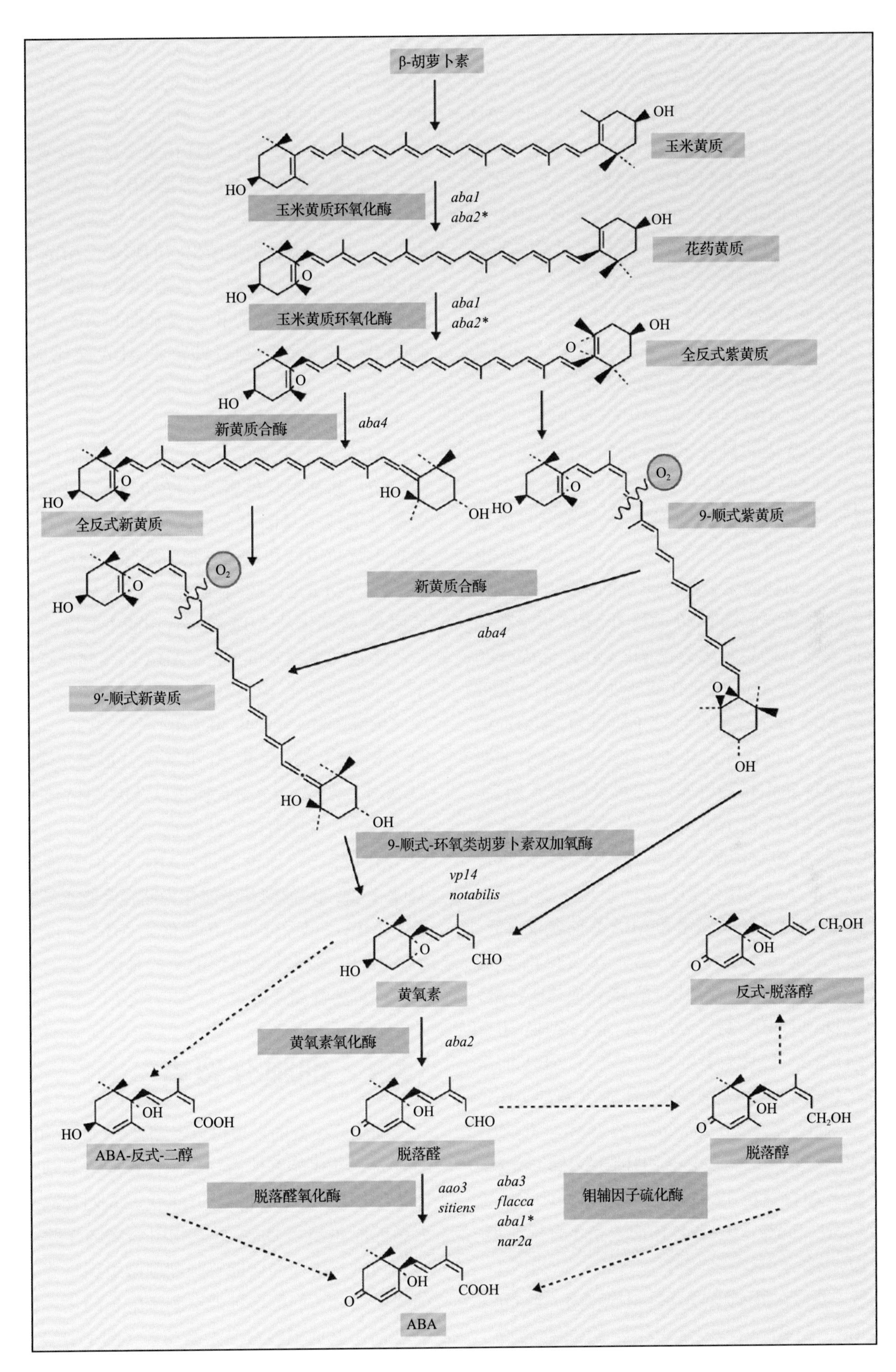

图 17.21 脱落酸间接生物合成 C_{40} 途径的晚期：β-胡萝卜素转变成脱落酸。图中标示出了在下列突变体中阻断的生物合成步骤。拟南芥突变体：*aao3*、*aba1*、*aba2*、*aba3*、*aba4*；大麦突变体：*nar2a*；番茄突变体：*flacca*、*notabilis*、*sitiens*；白花丹烟草突变体：*aba1**、*aba2**；玉米突变体：*vp*14

生。后来证实拟南芥的 *aba2* 突变体在这步反应中有缺陷。*ABA2* 基因编码黄氧素氧化酶，属于短链脱氧酶 / 还原酶家族。重组的 ABA2 蛋白在 NAD 的存在下催化黄氧素向 ABA 醛的转化。ABA 醛氧化酶催化了 ABA 醛 1-CHO 基的氧化，这导致了 ABA 的形成（图 17.21）。ABA 醛转变成 ABA 的反应中，已经鉴定得到了很多突变体，包括番茄的 *sitiens* 和 *flacca* 突变体、大麦的 *nar2a* 突变体、拟南芥的 *aba3* 和 *aao3* 突变体、白花丹叶烟草的 *aba1* 突变体。*flacca*、*aba3* 和 *aba1* 突变体除了缺少醛氧化酶外，还缺乏黄嘌呤脱氧化酶的活性。

FLACCA 和 *ABA3* 编码钼辅因子硫化酶，该酶催化钼辅因子合成的最后一步，而钼辅因子是醛氧化酶和黄嘌呤脱氧化酶活性所必需的（图 17.21）。*nar2a* 突变体除醛氧化酶和黄嘌呤脱氧酶活性缺陷外，硝酸盐还原酶活性也有缺陷。这暗示相关基因编码的酶是在钼辅因子合成的更早的步骤中发挥作用。玉米的胎萌突变体 *vp10*/*vp13* 和 *vp15* 也是在钼辅因子合成的早期步骤中有缺陷。然而，*sitiens* 和 *aao3* 突变体只是 ABA 醛氧化酶活性有缺陷。*AAO3* 基因编码 ABA 醛氧化酶，以分子质量为 147kDa 的蛋白质二聚体的形式行使功能，该二聚体含有非血红素铁、FAD 和钼作为辅基。在水分胁迫开始后，尽管诱导了 *AAO3* 和 *ABA3* 的表达，但从黄氧素经由 ABA 醛产生的脱落酸没有增加。这最后两步转化反应似乎不是脱落酸生物合成的限速步骤，因为与脱落酸相比，叶片的黄氧素和 ABA 醛的含量很低。

番茄的 *flacca* 和 *sitiens* 突变体以及拟南芥的 *aba3* 突变体，都可以将 ABA- 醛转变成 ABA- 醇，并且积累反式 -ABA- 醇。从 ABA- 醇到 ABA 还有一条旁路途径，它是大多数植物中产生 ABA 的次要途径，但可以使这些突变体合成少量的 ABA。野生型番茄以及 *flacca* 和 *sitiens* 突变体，都含有 ABA-1′,4′- 反式 - 二醇，并将 [^{2}H]ABA-1′,4′- 反式 - 二醇转变成 ABA（图 17.21）。然而，人们还不知道二醇的来源，二醇与 ABA 在体内的关系还有待证实。

17.2.5 ABA 可代谢为多种化合物，包括红花菜豆酸、二氢红花菜豆酸和葡萄糖缀合物

图 17.22 总结了 ABA 的新陈代谢途径。主要路径包括：8′ 碳的羟基化，羟基化产生的 8′- 羟基 ABA 自发重排形成红花菜豆酸（PA），二氢红花菜豆酸和表 - 二氢红花菜豆酸的还原。二氢红花菜豆酸经过 4′ 位的缀合作用，形成二氢红花菜豆酸 -4′- 氧 -β- 葡糖苷。由于它向红花菜豆酸的转变速度很快，人们很少能分离到 8′- 羟基 ABA，但是可以从是否有其缀合物 8′- 氧 -（3- 羟基 -3- 甲基戊二酰基）-8′- 羟基 ABA 出现来推断出它的形成。ABA 新陈代谢中的可变路径包括向 7′- 羟基 -ABA 的转变及缀合反应，以形成 ABA 的 β- 葡糖基酯和 ABA-1′- 氧 -β- 葡糖苷。据报道，豌豆幼苗将 ABA 转化成 ABA-1′,4′- 反式 - 二醇；但是在番茄中，二醇是 ABA 的一个前体而非分解代谢物。

ABA 8′- 羟化酶是一个膜结合的细胞色素 P450 单氧酶，其基因分类属于 *CYP707A*。这些基因缺陷的单基因或多基因突变体内源 ABA 水平升高，并表现出抗胁迫性和种子休眠的增强。相反，其中一个 *CYP707A* 的组成性表达导致 ABA 含量下降，这证明 8′- 羟基化是 ABA 分解代谢的主要途径。

大量的生物分析显示，ABA 的生物学活性依赖于一个游离的 1- 羧基基团、一个 2- 顺式 -4- 反式 - 戊二烯醇侧链、一个 4′- 酮基和一个 2′-3′ 双键的存在。除了 8′- 氧 -（3- 羟基 -3- 甲基戊二酰基）-8′- 羟基 ABA 外，ABA 的分解代谢物以及由 ABA 形成的缀合物并不具备所有的这些特点，很可能是失活的产物（图 17.22）。理论上讲，ABA 的 β- 葡糖基酯和 ABA-1′- 氧 -β- 葡糖苷不能作为储存产物水解释放游离的 ABA。已经分离出编码催化 ABA 的 β- 糖苷化和 ABA β- 葡糖基酯水解的酶的基因，但它们生理学上的重要性尚待确定。

17.3 细胞分裂素

细胞分裂素的发现可以追溯到 20 世纪 30 年代，当时人们寻找能够使植物组织在合成培养基中生长的化学物质。在 20 世纪 50 年代，人们首次从高压灭菌的鲱鱼精子 DNA 提取物中分离纯化并结晶了一种物质，这种物质能够强烈刺激组织培养的烟草细胞增殖。人们把这种能够刺激生长的化合物——N^6 呋喃甲基腺嘌呤命名为激动素（图 17.23）。当时激动素尚未在活体植物中发现，并且人们认为它是 DNA 人为分解的副产物。研究者们发现激动素与生长素结合使用，可促进培养的烟草薄壁组织中细胞

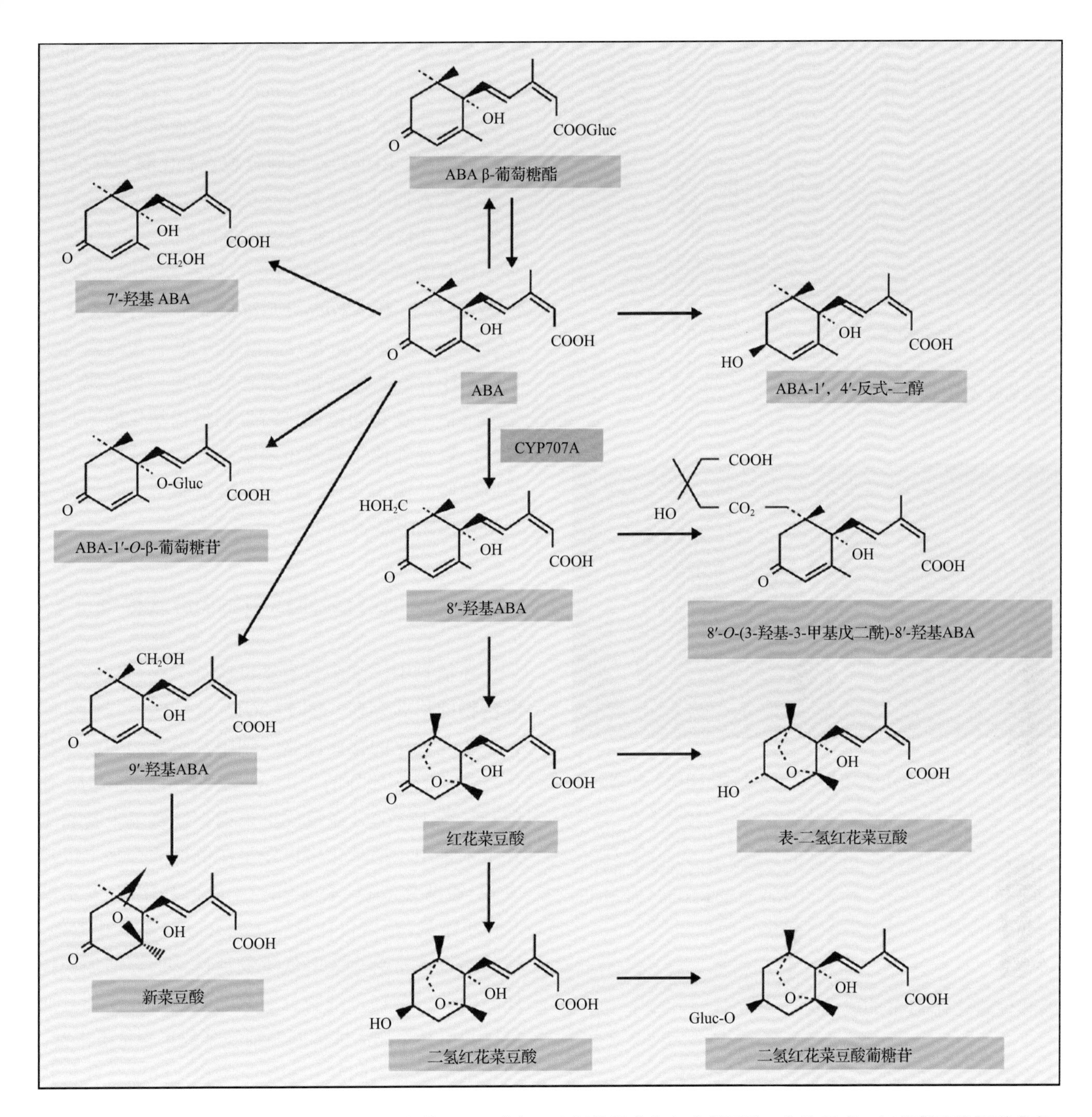

图 17.22 ABA 代谢途径。主要路径根据 8′- 羟基 -ABA 进行，它很快转变为红花菜豆酸；作为回应，红花菜豆酸还原成表 - 二氢红花菜豆酸和二氢红花菜豆酸。二氢红花菜豆酸经过缀合反应产生二氢红花菜豆酸 -4′- 氧 -β- 葡糖苷。ABA 也可以变构，形成 ABA β- 葡糖基酯和 ABA-1′- 氧 -β- 葡糖苷

分裂的发生和维持。20 世纪 60 年代初期，研究者们首先从未成熟的玉米胚乳中分离出一种天然存在的激动素类似物，并命名为玉米素（反式玉米素，tZ；图 17.23）。术语“细胞分裂素”用于命名类激动素化合物，其定义为“促进细胞分裂并以与激动素相同的方式发挥其他生长调节功能的物质的通用名称”。人们已经分离得到了一些内源的植物细胞分裂素，它们都是在腺嘌呤的 N^6 氨基上连接着一个异戊烯基侧链（更丰富）或芳香族衍生物侧链（不太丰富）。

尽管细胞分裂素首先是鉴定为细胞增殖的激活剂，但现在已知它们参与各种各样的植物生长和发育过程，通常与一种或多种其他植物生长调节剂密切合作。例如，高的细胞分裂素 / 生长素比率促进培养基中的愈伤组织的芽分化，而只用生长素可以促进根的生长（图 17.24）；细胞分裂素和生长素的比例相近时，可以引起大部分未分化的愈伤细胞增殖。细胞分裂素还参与调控顶端优势，延缓叶片衰

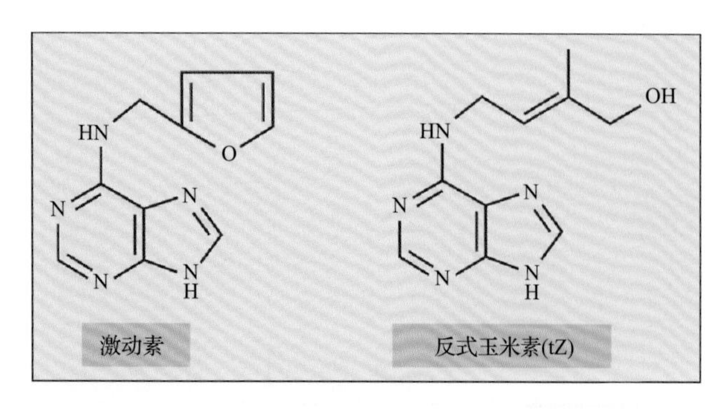

图 17.23 细胞分裂素的结构。人工合成的化合物激动素，是鉴定出的第一个细胞分裂素。第一个分离出的植物细胞分裂素是反式玉米素

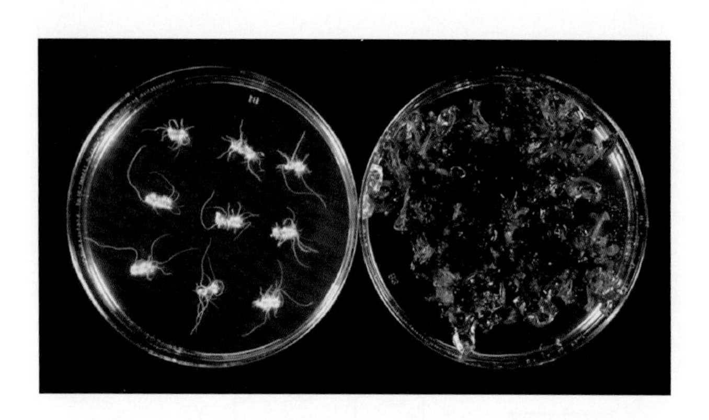

图 17.24 当把拟南芥组织放在含有生长素（IBA）和细胞分裂素的培养基中时，会诱导愈伤组织的生长。当愈伤组织在只含有生长素的培养基上再培养时，根产生（左）；当在含有高比率的细胞分裂素（玉米素）/ 生长素的培养基上再培养时，幼芽增殖（右）。来源：T. Kakimoto, Osaka University, Japan，未发表

老和促进生殖器官的成熟。

17.3.1 不同细胞分裂素的结构差异体现在侧链上

类异戊二烯细胞分裂素具有异戊二烯衍生的侧链，常见的活性形式包括异戊烯腺嘌呤［iP; N^6-（Δ2-异戊烯基）腺嘌呤］、反式玉米素（tZ）、顺式玉米素（cZ）和二氢玉米素（DZ）（图 17.25）。它们的活性、丰度和体内稳定性存在差异，但是迄今还没有令人广泛认可的理论来阐释这些衍生物的生理相关性。一般而言，异戊烯腺嘌呤和反式玉米素是有活性的，并且它们的衍生物很丰富，但它们容易被细胞分裂素氧化酶（CKX）降解。由于顺式玉米素对细胞分裂素氧化酶的亲和力低，人们认为其比反式玉米素和异戊烯腺嘌呤更不活跃，并且相对更稳定。在玉米、水稻、鹰嘴豆（*Cicer arietinum*）和小立碗藓（*Physcomitrella patens*）中，顺式玉米素及其缀合物比反式玉米素型和异戊烯腺嘌呤型细胞分裂素更丰富。由于其对细胞分裂素氧化酶具有抗性，二氢玉米素似乎是生物稳定的，并且除了一些豆类之外，在其他植物中通常以少量出现。

具有芳香族衍生物侧链的芳香类细胞分裂素，仅报道在白杨（*Populus*×*robusta*）、白色马蹄莲（*Zantedeschia aethiopica*）、拟南芥和小立碗藓等少数植物中存在。经鉴定，芳香族细胞分裂素属于邻位修饰衍生物和间位修饰衍生物如羟基化的苄基腺嘌呤，以及邻位甲氧基苄基腺嘌呤和间位甲氧基苄基腺嘌呤（图 17.25）。目前尚不清楚芳香类细胞分裂素在植物中是否常见。

17.3.2 细胞分裂素以缀合物形式存在

在植物中，细胞分裂素以核苷、核苷酸和糖苷**缀合物**的形式存在（图 17.26），这意味着它们之间存在相互转化的代谢网络。细胞分裂素的葡萄糖基化发生在嘌呤部分的 *N3*、*N7* 或 *N9* 位，形成 *N*- 葡糖苷（图 17.26）。在反式玉米素、二氢玉米素和顺式玉米素中，糖基化可以发生在侧链的羟基上以形成 *O*- 葡糖苷或 *O*- 木糖苷，*O*- 葡糖基化比 *O*- 木糖基化更常见，后者仅在菜豆（*Phaseolus* sp.）中发现。糖基缀合通常会大大降低生物活性，但会增加稳定性。因此缀合物是细胞分裂素的储存形式，并且通常比其更具生物活性的同源细胞分裂素含量更丰富。

细胞分裂素的氨基酸缀合物也已经从一些生物体中分离出来。在羽扇豆幼苗中首次发现的羽扇豆酸是反式玉米素在腺嘌呤部分的 *N9* 位置上的丙氨酸缀合物（图 17.27），更稳定但活性较低。在黏菌（盘基网柄菌，*Dictyostelium discoideum*）中，发现盘状腺嘌呤（图 17.27）是孢子萌发的抑制剂。在其他几种植物种中已经发现了羽扇豆酸，包括玉米和豌豆，但是盘状腺嘌呤似乎仅存在于盘基网柄菌属（*Dictyostelium*）。

17.3.3 类异戊二烯细胞分裂素生物合成的起始步骤由腺苷磷酸异戊烯基转移酶催化

植物中类异戊二烯细胞分裂素主要的生物合

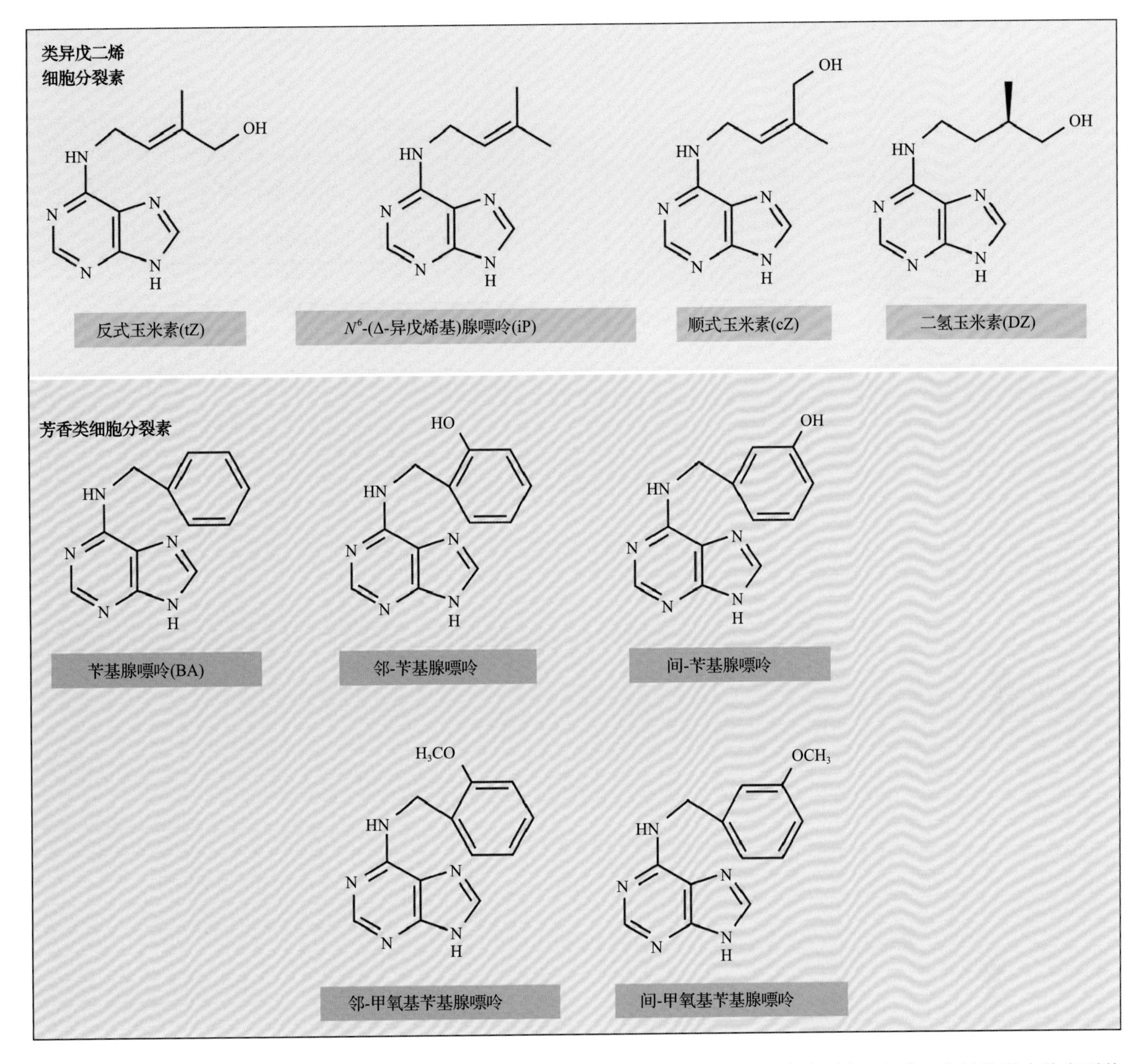

图 17.25 自然界中存在的一些 CK 的结构。一般来说，类异戊二烯 CK 比芳香族 CK 丰度更高。仅在一些植物种中鉴定到芳香族 CK。苄基腺嘌呤在小立碗藓中发现

成步骤是腺嘌呤核苷酸和二甲基烯丙基焦磷酸（DMAPP）的异戊二烯基部分的偶联，由腺苷磷酸异戊烯基转移酶（IPT）催化（图 17.28）。该反应需要二价金属离子，如 Mg^{2+}。植物 IPT 主要使用 ATP 或 ADP 而不是 AMP 作为异戊二烯基受体。在植物中，*IPT* 由一个小的多基因家族编码，其成员在不同的组织中差异表达。*IPT* 在拟南芥中的表达模式表明，细胞分裂素生物合成的起始步骤发生在植物体的不同部位，如根和嫩芽的韧皮部、未成熟种子和侧根原基。拟南芥 *IPT* 突变体中，异戊烯腺嘌呤和反式玉米素型细胞分裂素水平严重下降，表明 IPT 负责合成大量的异戊烯腺嘌呤型和反式玉米素型细胞分裂素。人们对芳香族细胞分裂素的生物合成途径的特征了解较少，参与该过程的酶还有待克隆。

17.3.4 反式玉米素生物合成中的反式羟基化由一个细胞色素 P450 单加氧酶催化

在拟南芥中，反式玉米素生物合成中异戊二烯侧链的反式羟基化由细胞色素 P450 单加氧酶 CYP735A1 和 CYP735A2 催化（图 17.28）。CYP735A 主要使异戊烯腺嘌呤 5′- 单磷酸（iPRMP）或异戊烯腺嘌呤 5′- 二磷酸（iPRDP）羟基化，而不是异戊

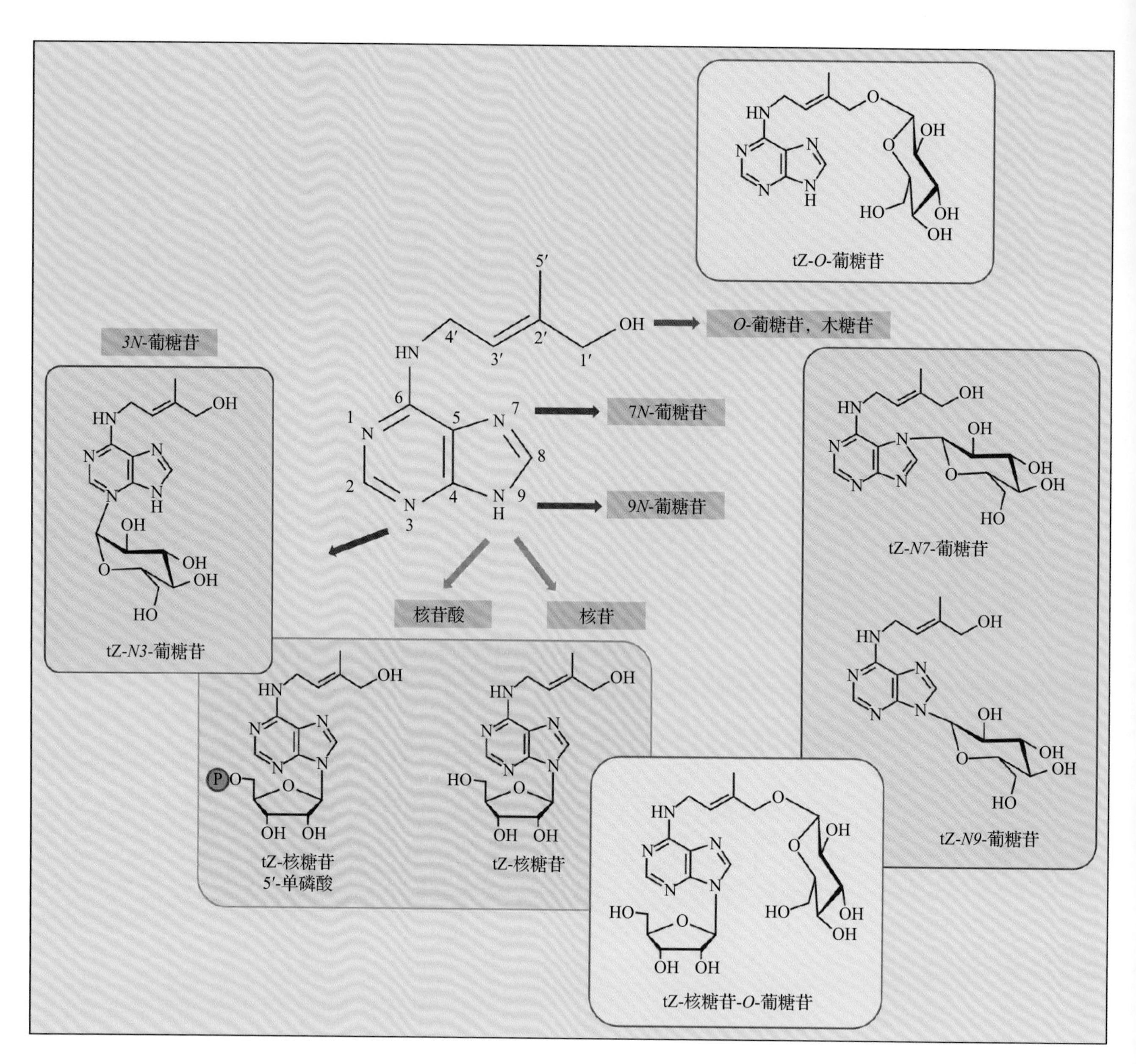

图 17.26 反式玉米素的缀合物。图中只显示出一些有代表性的种类的结构。异戊烯腺嘌呤、顺式玉米素和二氢玉米素的缀合以相同的方式发生，但异戊烯腺嘌呤的缀合物不包括 *O*- 糖苷，因为它们在侧链末端缺少羟基。P 代表磷酸酯基团

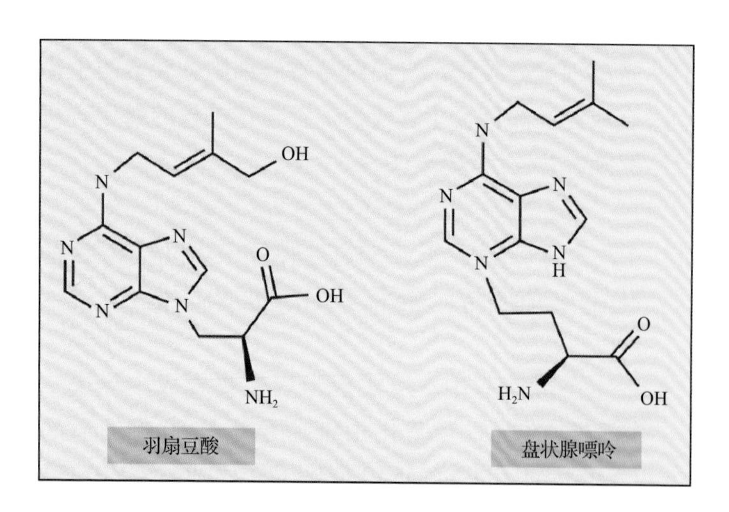

图 17.27 细胞分裂素的氨基酸缀合物的结构。盘状腺嘌呤只能在黏菌中找到

烯腺嘌呤 5′- 三磷酸（iPRTP），并且不使异戊烯腺嘌呤或异戊烯腺嘌呤核苷羟基化。*CYP735A1* 和 *CYP735A2* 的表达受到细胞分裂素本身上调，并受到生长素或 ABA 下调，表明生长素和 ABA 通过抑制 *CYP735A*，共同负调节反式玉米素形成。

17.3.5 有两种途径形成具活性的细胞分裂素

异戊烯腺嘌呤和反式玉米素核苷酸转化为核碱基后才有生物活性。有两种途径可形

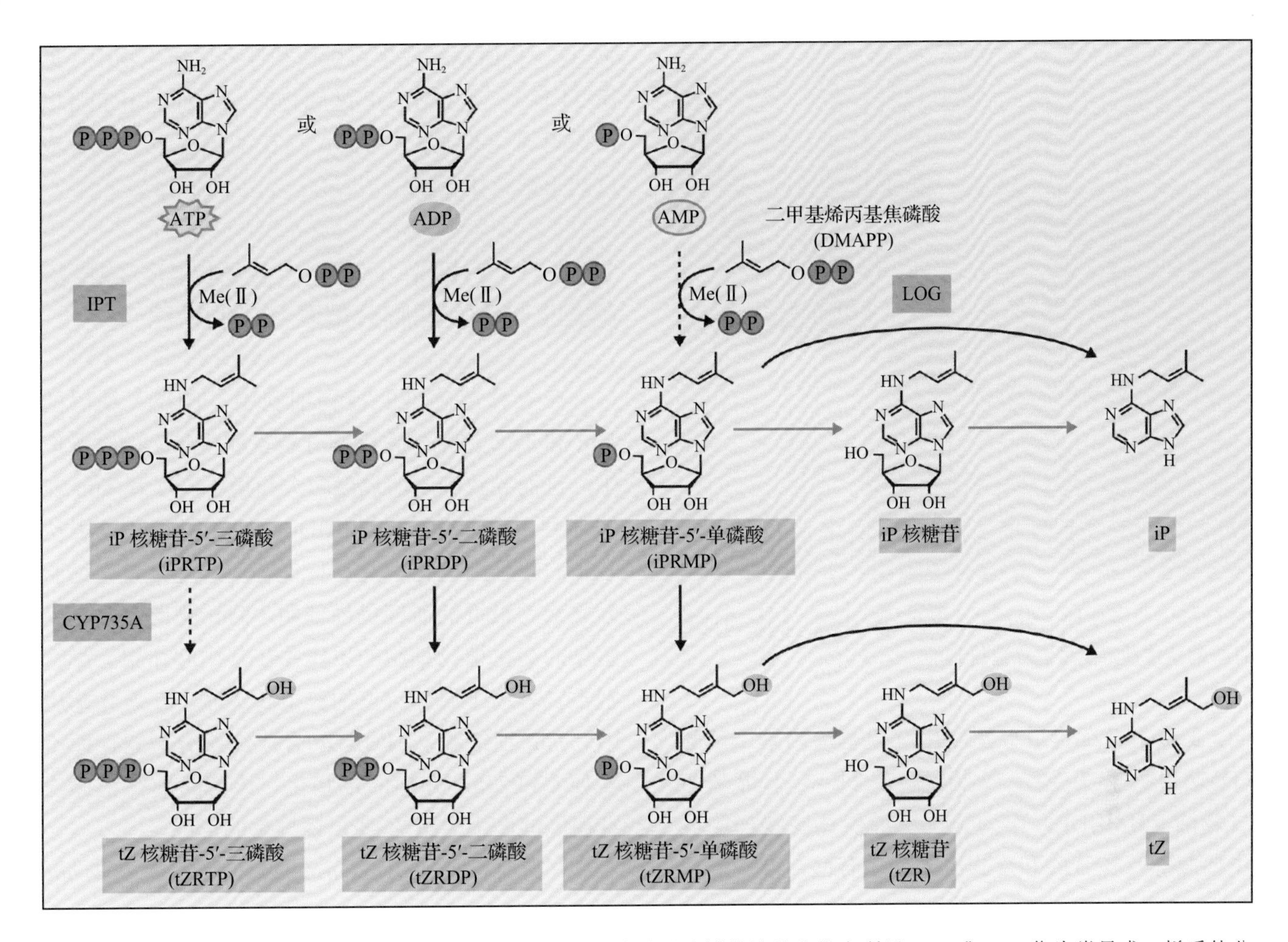

图 17.28 植物细胞分裂素的从头生物合成途径。植物腺苷磷酸异戊烯基转移酶优先利用 ATP 或 ADP 作为类异戊二烯受体分别形成 iPRTP 和 iPRDP。CYP735A 优先利用 iPRMP 和 iPRDP 作为底物。由灰色箭头表示的合成途径在遗传水平上未得到很好的表征。涉及两步途径的酶参见图 17.33。P，磷酸；Me（Ⅱ），一种二价金属离子

成有活性的细胞分裂素：两步途径和直接途径（图 17.28）。在两步途径中，5′- 核糖核苷酸磷酸水解酶（5′- 核苷酸酶）催化细胞分裂素核苷酸去磷酸化为核苷，并且去核糖基化由腺苷核苷酶催化。人们已经从几种植物种的部分纯化样品中鉴定出了这些酶，但相应的基因尚未鉴定到。在这两步反应中，酶对细胞分裂素核苷酸和核苷都不是特异性的，但它们对腺嘌呤核苷酸和腺苷的亲和力高于对应的 N^6- 取代的化合物。因此，人们认为两步途径是嘌呤代谢途径的一部分。

17.3.6 LONELY GUY 催化直接激活途径

直接途径介导细胞分裂素核碱基从相应的核苷酸释放的一步反应，由细胞分裂素核苷 5′- 磷酸磷酸核糖水解酶催化（图 17.28）。这种酶在水稻 *longely guy*（*log*）突变体中有缺陷，该突变体具有异常的芽尖分生组织。LOG 只代谢细胞分裂素核苷酸（5′- 单磷酸）而非 AMP，表明它是细胞分裂素代谢的特异性酶。类似于腺苷磷酸异戊烯基转移酶（IPT），*LOG* 由一个小的多基因家族编码，成员表现出不同的表达模式。目前尚不清楚两步途径和直接途径之间是否存在功能差异。

17.3.7 农杆菌 IPT 具有不同的底物特异性

一些植物病原菌利用细胞分裂素来影响植物生长。通过将 Ti 质粒的 T-DNA（转移 DNA）区域整合到植物核基因组中，根癌农杆菌感染真双子叶植物及一些单子叶植物，并诱导冠瘿形成（图 17.29）。Ti 质粒通常在 T-DNA 内含有 *IPT*（*Tmr*），并且形成胭脂碱的 Ti 质粒在未转移至宿主植物的区域中含有另一个 *IPT* 基因（*Tzs*）。Tmr 和 Tzs 在结构上与高等植物 IPT 类似，但它们的底物特异性不

图 17.29　月季植株上生长了 3 个月的冠瘿瘤。这是通过对月季的茎接种野生型农杆菌得到的

同。Tmr 和 Tzs 可以分别利用二甲基烯丙基二磷酸（DMAPP）和 1- 羟基 -2- 甲基 -2-（E）- 丁烯基 4- 二磷酸（HMBDP）作为异戊二烯供体底物产生异戊烯腺嘌呤核苷酸和反式玉米素核苷酸，并且专门使用 AMP 作为异戊二烯受体（图 17.30）。HMBDP 是甲基赤糖醇磷酸途径（MEP）中的代谢中间产物，这一代谢途径发生在质体和许多原核生物中（见第 24 章）。当 HMBDP 是底物时，农杆菌 IPT 可以在没有寄主植物 CYP735A 存在的情况下直接合成反式玉米素核苷酸。

17.3.8　农杆菌 IPT 在宿主质体中形成直接反式玉米素型细胞分裂素合成的旁路

在农杆菌感染的植物细胞中，T-DNA 编码的 Tmr 和 Tms 分别导致细胞分裂素和生长素的过量产生，进而导致细胞的过度膨大和增生。尽管 Tmr 在体外利用 DMAPP 和 HMBDP，但在冠瘿和过表达 Tmr 的转基因植物中几乎只含有反式玉米素型细胞分裂素。最近的研究已经证明，Tmr 靶向定位于受感染的宿主植物细胞的质体并在其中起作用，尽管它不含有用于质体定位的典型转运肽。在质体基质中，Tmr 使细胞从 HMBDP 合成细胞分裂素，而不需要 CYP735A 介导的羟基化。该旁路使得根癌农杆菌能够产生大量的 tZ 以诱导瘿的形成。

在感染橄榄（*Olea europaea*）、夹竹桃（*Nerium* sp.）和女贞（*Ligustrum* sp.）后，萨氏假单胞菌（*Pseudomonas savastanoi*）产生大量的细胞分裂素

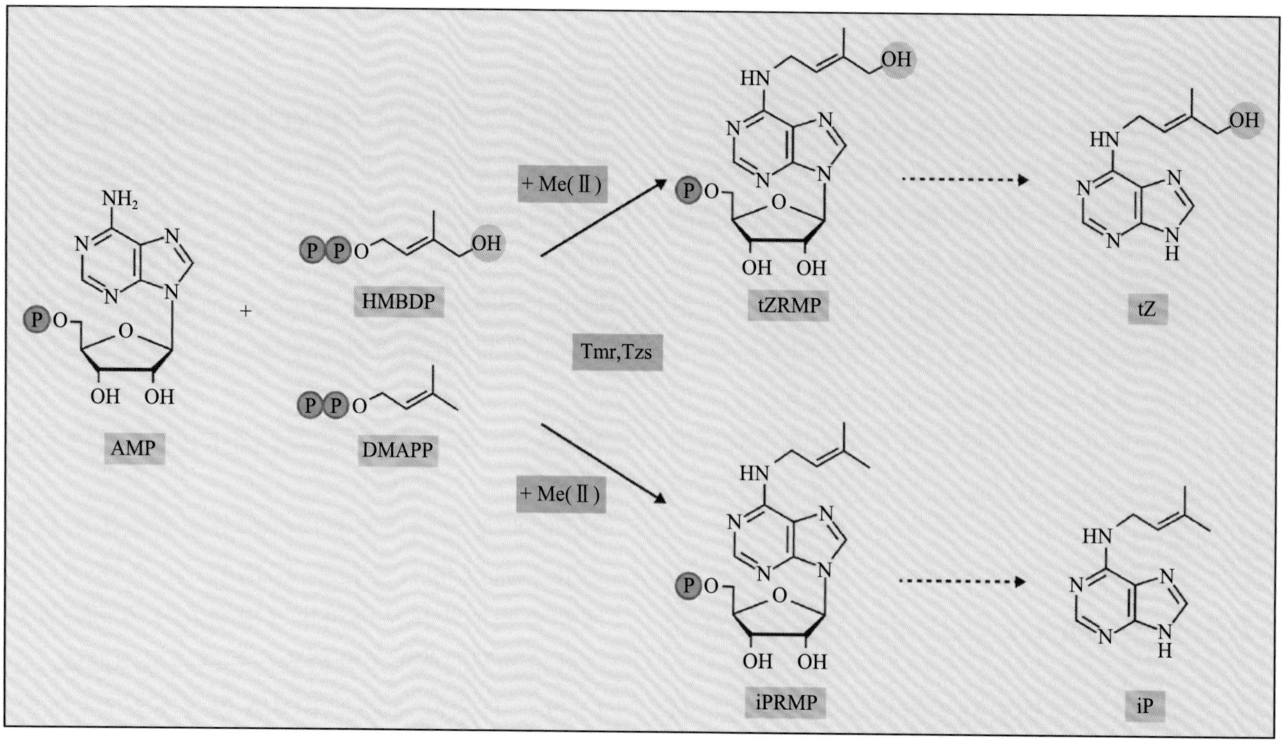

图 17.30　农杆菌的 IPT 催化的细胞分裂素生物合成途径。农杆菌的 IPT、Tmr 和 Tzs 专门利用 AMP 作为类异戊二烯受体，并且可以利用 HMBDP 或 DMAPP 作为供体。在农杆菌感染的细胞中，Tmr 在质体中优先使用 HMBDP 并产生 tZRMP。P，磷酸基团；Me（II），二价金属离子

和生长素，其中大部分是反式玉米素和反式玉米素核苷，导致形成细胞分布无序的瘿。萨氏假单胞菌的质粒具有 *Ptz* 基因和 *Tms* 基因，前者编码异戊烯基转移酶。虽然这些基因在序列上和农杆菌相应基因有着很高的同源性，但和农杆菌导致的根瘤不同，萨氏假单胞菌根瘤并没有发生遗传物质的转移。因此，目前尚不清楚 Ptz 是否利用受感染的宿主植物细胞质体中产生的 HMBDP。

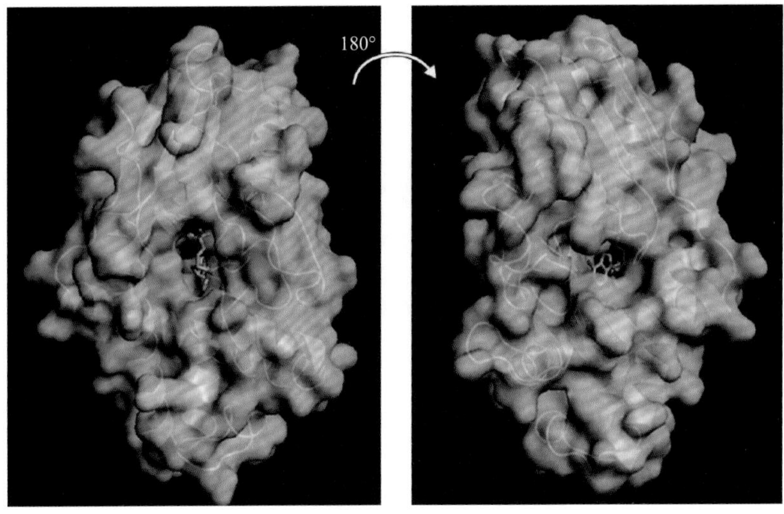

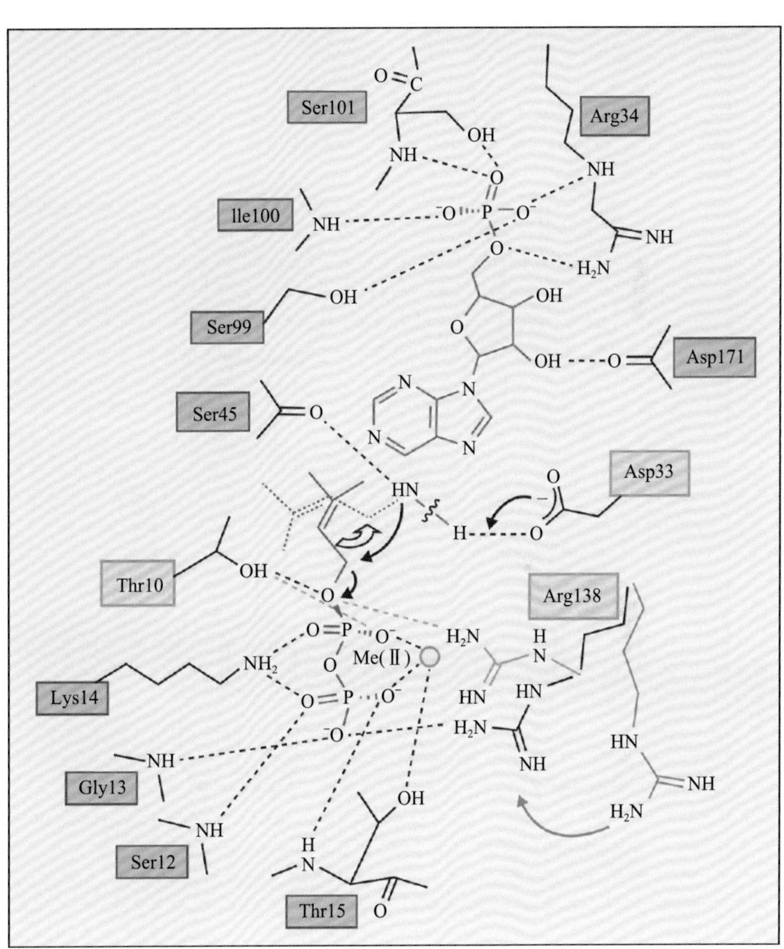

图 17.31　农杆菌 IPT 、Tzs 的结构（上）和已提出的异戊二烯转移的反应机制（下）。Arg-138 在没有二价金属离子 [Me（II）] 的情况下以橙色标示，在异戊二烯供体底物不存在时标为灰色。虚线表示底物和氨基酸残基之间的氢键网络。高亮部分的氨基酸残基对于反应过程是重要的

17.3.9　结构研究揭示了细胞分裂素生物合成的起始步骤的分子机制

Tzs 的晶体结构表明，细胞分裂素生物合成的起始步骤，即一个基于碳 - 氮的异戊二烯化过程，是通过 SN2 反应机制进行的（图 17.31）。Tzs 拥有溶剂可及的通道，可充当反应中心。在该反应中，天冬氨酸残基的羧酸酯基团（Tzs 中的 Asp33）用作 AMP 的 N^6- 氨基去质子化的广义碱。由此产生的亲核物质攻击 DMAPP 的碳（C^1）。五价共价过渡态产物崩解，产生异戊烯腺嘌呤核糖苷 5′- 一磷酸和二磷酸。而苏氨酸和精氨酸残基（Tzs 中的 Thr10 和 Arg138）稳定了五价过渡态。

17.3.10　细胞分裂素也可以通过降解 tRNA 产生

除了通过异戊烯基转移酶对腺嘌呤核苷酸进行异戊二烯化之外，植物还可以通过降解 tRNA 产生细胞分裂素。除了植物之外，哺乳动物和细菌等生物体的 tRNA 中也含有异戊二烯化的腺嘌呤。因此 tRNA 的降解可以释放细胞分裂素。目前已经报道了来自 tRNA 降解的几种细胞分裂素，如异戊烯腺嘌呤核糖苷（iPR）、顺式玉米素核糖苷（cZR）、反式玉米素核糖苷（tZR）及其 2- 甲硫基衍生物（图 17.32）。tRNA 修饰的第一步由 tRNA- 异戊烯基转移酶（tRNA-IPT）催化，其中二甲基烯丙基二磷酸作为异戊二烯供体，并通过进一步的修饰生成其他的细胞分裂素。拟南芥和水稻中均含有两个 *tRNA-IPT* 基因，其中一个与真核基因相似，另

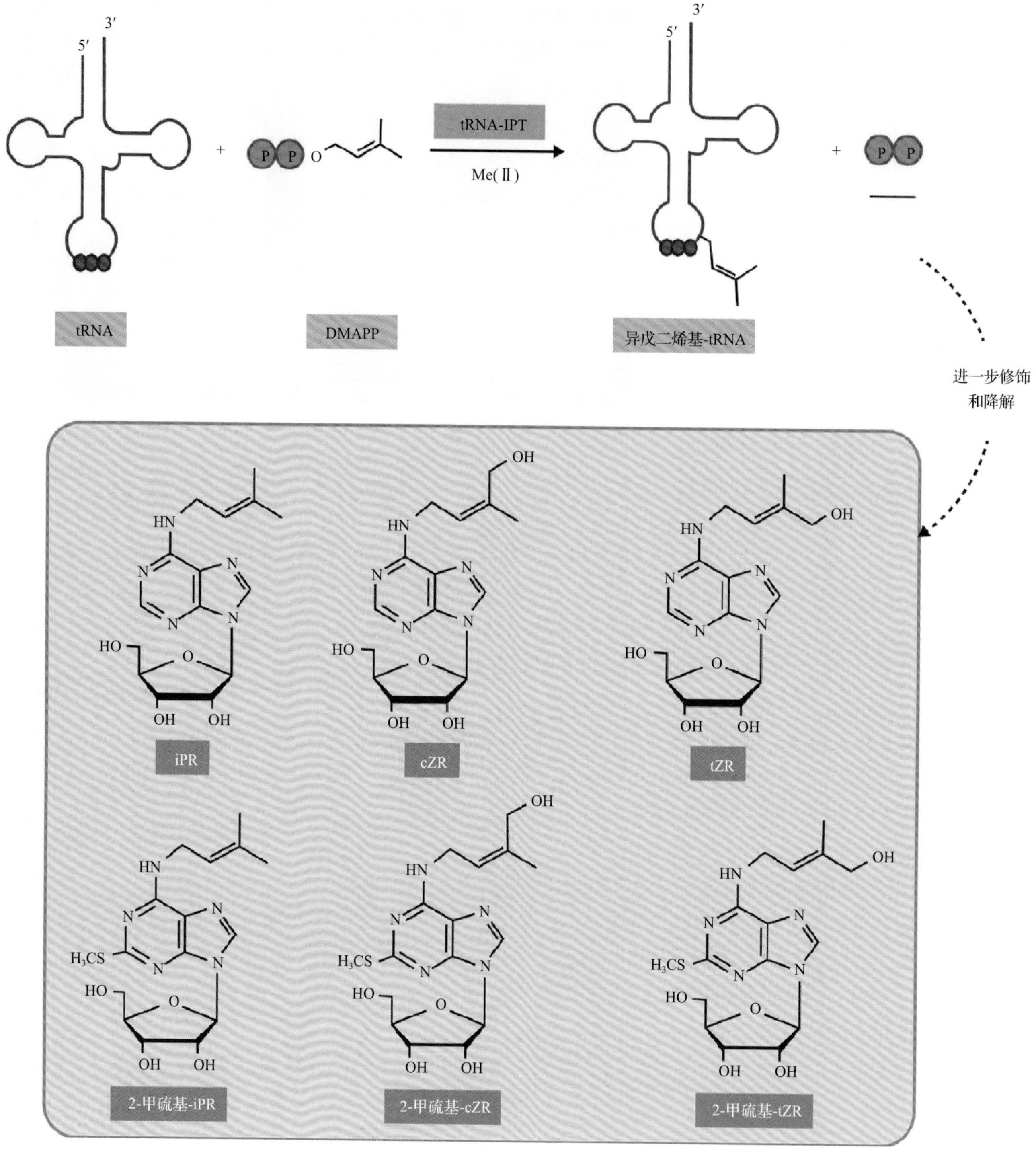

图 17.32　通过 tRNA 降解产生的 CK。tRNA-IPT 将 DMAPP 与某些 tRNA 物种中的腺嘌呤缀合。进一步的修饰和降解导致 CK 的释放。图中展示了由 tRNA 衍生的 CK 的结构

一个与其原核生物相似。在拟南芥中，*tRNA-IPT* 双突变体缺乏具有异戊烯基或顺式 - 羟基化侧链的 tRNA，但还有顺式玉米素型细胞分裂素，这有力地证明了顺式玉米素型细胞分裂素由拟南芥中 tRNA 降解产生。目前还不清楚是否所有的顺式玉米素型细胞分裂素都源自富含顺式玉米素的植物种（如水稻）的 tRNA 降解。

17.3.11　细胞分裂素生物合成的起始步骤可使用不同来源的 DMAPP 在多个亚细胞区室中进行

DMAPP 是通过甲基赤糖醇磷酸途径（MEP）和甲羟戊酸（MVA）途径产生的（见第 24 章）。一般而言，MEP 途径存在于细菌和质体中，而 MVA

途径发生于真核生物的胞质溶胶中。IPT 定位于多个亚细胞区室。在拟南芥中，IPT1、IPT3、IPT5 和 IPT8 位于质体中，*IPT3* 和 *IPT5* 的相对表达水平高于其他 *IPT*。拟南芥幼苗的选择性标记实验表明，iP 和 tZ 型细胞分裂素的侧链主要来源于 MEP 途径。另一方面，IPT4 和 IPT7 分别定位于细胞质和线粒体中。用洛伐他汀（一种 MVA 途径的抑制剂）来处理烟草 BY-2 细胞培养物，发现 tZ 型细胞分裂素的积累量减少。这表明 MVA 途径可能是不同发育阶段和不同条件下 tZ 型细胞分裂素的主要来源。已经证实大部分 cZ 型细胞分裂素侧链来自 MVA 途径。

17.3.12 反式玉米素可以转化为二氢玉米素和顺式玉米素

反式玉米素侧链的双键可以通过玉米素还原酶，酶促还原为二氢玉米素，并且已经从菜豆的未成熟胚中分离得到了该酶。玉米素还原酶需要 NADPH 作为辅因子，以 tZ（而不是 cZ、tZR、iP 或 tZ-*O*- 葡萄糖苷）为底物。

除了 tRNA 的降解，cZ 型细胞分裂素可以通过 tZ 的异构化形成，该反应由玉米素顺式 - 反式异构酶催化。从菜豆的未成熟种子部分纯化分离得到该异构酶，它可催化正、逆两个方向上的玉米素异构化，但更倾向于 cZ 至 tZ 的转化。由于拟南芥 *tRNA-IPT* 双重突变体缺乏 cZ 型细胞分裂素，因此反式至顺式异构化是拟南芥中 cZ 产生的次要因素。目前，细胞分裂素还原和异构化的生理意义尚不清楚。负责侧链修饰反应的基因也尚未鉴定出来。

17.3.13 细胞分裂素的核碱基、核苷和核苷酸之间的互相转化部分共用了嘌呤补救途径

外源施用的细胞分裂素核碱基和核苷迅速代谢为相应的核苷酸，然后进一步转化为其他形式，这表明核苷酸的形成在代谢外源性细胞分裂素中起关键作用。目前认为嘌呤补救途径中的一些酶催化细胞分裂素核碱基、核苷和核苷酸的相互转化（图 17.33）。

腺嘌呤磷酸核糖转移酶（APT）能够催化从细胞分裂素核碱基到相应的核苷酸及腺嘌呤的转化。在拟南芥 *APT* 突变体中，外源施加的细胞分裂素核碱基的代谢转换减少，这一现象支持了上面的猜想。腺苷激酶能在体外磷酸化细胞分裂素核苷。腺苷磷

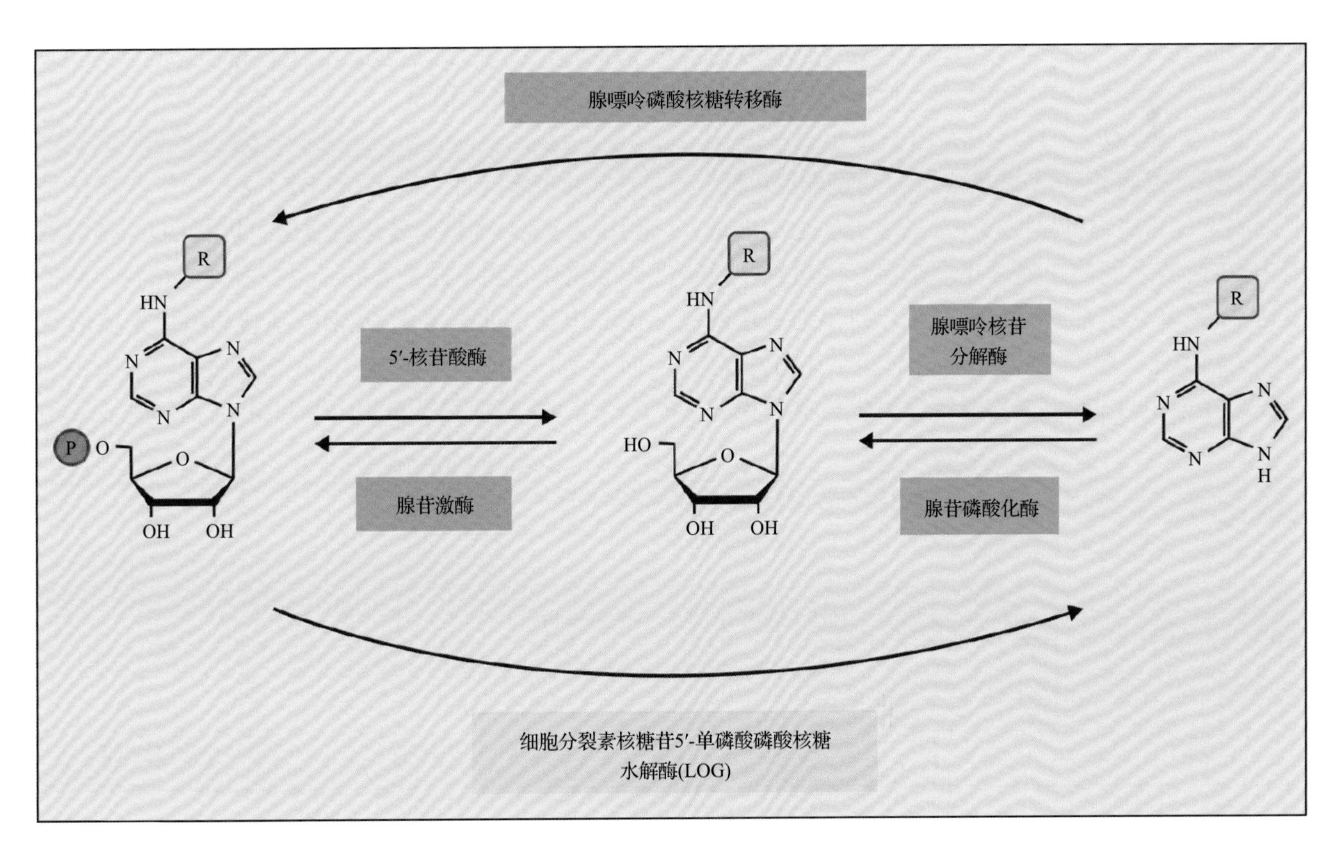

图 17.33 各种形式（游离碱基、核苷酸、核苷）的细胞分裂素间可能的相互转变。LOG 是 CK 代谢的特定酶，但其他酶不是

酸化酶也可以将细胞分裂素核碱基转化成其相应的核苷。与5′-核苷酸酶和核苷酶一样，同N^6-取代的化合物相比，这些酶对腺嘌呤和腺苷的亲和力更高，表明这些转化是嘌呤补救途径的副反应。

通过嘌呤核苷磷酸化酶/腺苷激酶途径和APT途径，这些通路可以在体内调节细胞分裂素活性。然而，这些通路对内源性细胞分裂素代谢的生理贡献尚未明确。

17.3.14 由细胞分裂素氧化酶（CKX）催化的降解反应对调节细胞分裂素活性起关键作用

除了生物合成和活化之外，失活是控制活性形式的细胞分裂素水平的重要步骤。细胞分裂素氧化酶通过裂解不饱和异戊二烯侧链的侧链，来介导不可逆的细胞分裂素降解（图17.34）。在天然存在的细胞分裂素中，iP、iPR、tZ、tZR、cZ、cZR、*N*-葡糖苷和*N*-丙氨酰缀合物都可以作为细胞分裂素氧化酶的体外底物，但是通常细胞分裂素氧化酶对iP、tZ和它们的核苷的亲和力高于其他。芳香族细胞分裂素对细胞分裂素氧化酶有抗性。CKX是黄素蛋白，是FAD依赖性氧化还原酶超家族的成员，并且作为脱氢酶，与除氧之外的电子供体一起进行反应更有效。

像*IPT*和*LOG*一样，*CKX*由一个小型多基因家族编码。拟南芥*CKX*家族成员的基因表达模式、亚细胞定位和底物特异性存在显著差异，这可能是因为CKX酶之间的功能分化。在芽分生组织中过表达CKX降低了细胞分裂素含量，使得细胞增殖速率大幅降低（图17.35），并因此延缓了芽的发育。相反，在根中过表达CKX则促进根生长并使根分生组织变大。因此，CKX在调节芽和根分生组织发育中扮演相反的角色。另一方面，在水稻中通过自然变异减少*CKX2*表达，使得细胞分裂素含量增加（图17.36），这表明在降解步骤中控制茎尖分生组织中的CK活性，对于农业生产力有重要意义。

17.3.15 局部细胞分裂素的代谢对调节顶端优势起重要作用

生长素和细胞分裂素的相互调控在控制腋芽生长和休眠方面发挥着核心作用（图17.37）。该调节系统包括依赖生长素表达的*CKX*、*PIN*和受生长素抑制的*IPT*，其中*PIN*是生长素极性运输的组分。在一个完整的植物中，茎尖生长素向基部输送，抑制了*IPT*并维持茎中的*CKX*和*PIN*表达，导致稳定态的细胞分裂素水平的降低和生长素运输的维持。在打顶后，茎中生长素极性运输的缺陷诱导*IPT*表达并抑制*CKX*，导致细胞分裂素在茎节中的积累。新生的细胞分裂素促进腋芽向新枝顶端的发育。在新的茎尖建立之后，基部运输的生长素抑制*IPT*并上调*CKX*以将细胞分裂素活性降低至打顶前水平。

17.3.16 侧链羟基的葡糖基化由玉米素*O*-葡糖基转移酶催化

玉米素（即tZ、cZ和DZ）的*O*-葡糖基化是由玉米素*O*-葡糖基转移酶催化，其中UDP-葡萄糖作为供体底物。在*P. lunatus*（一种豆科植物）和拟南芥中鉴定的玉米素*O*-葡糖基转移酶优先使用tZ而不是cZ、DZ或tZR作为底物。然而，玉米中的玉米素*O*-葡糖基转移酶主要利用cZ而不是tZ。尽

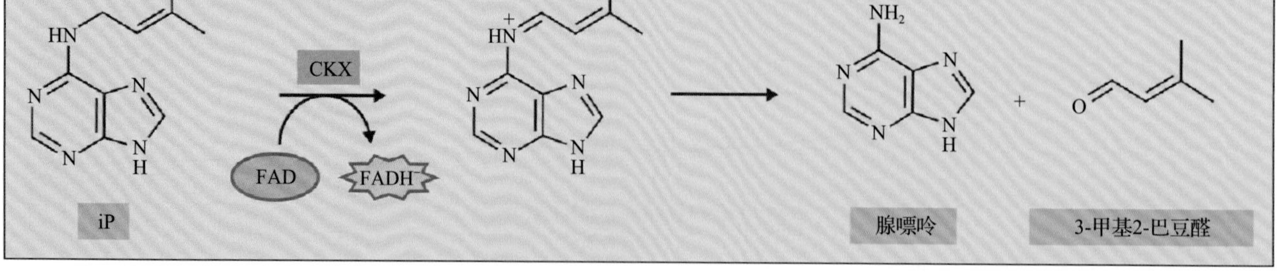

图17.34 细胞分裂素氧化酶把侧链从细胞分裂素分子上去掉。细胞分裂素氧化酶催化腺嘌呤环侧链上的仲胺基团的氧化。得到的亚胺产物通过非酶水解，产生腺嘌呤和醛

管 *O*- 葡萄糖苷在代谢稳态中的作用尚未完全了解，但这些葡糖基化的化合物可受到 β- 葡萄糖苷酶重新激活以释放有活性的细胞分裂素。目前已经从玉米中分离得到可能的细胞分裂素 β- 葡糖苷酶基因 *Zm-p60.1*，但其生理相关性尚未明确。

17.3.17 嘌呤部分的 *N*- 葡糖基化由 *N*- 葡糖基转移酶催化

细胞分裂素的糖基化发生在嘌呤部分的 3、7 和 9 位，且在 7 和 9 位的糖基化修饰会导致失活。在拟南芥中，细胞分裂素 *N*- 葡萄糖基转移酶——UGT76C1 和 UGT76C2，将葡萄糖连接到细胞分裂素核碱基的腺嘌呤的 *N7* 或 *N9* 位。但在植物中很少发现 *N3*- 葡糖苷，并且在 *N3* 位置作用的葡糖基转移酶的生化性质是未知的。由于 Zm-p60.1 不水解 *N7*- 和 *N9*- 葡糖苷，所以认为 *N*- 葡糖苷是不可逆的失活形式。

图 17.35 在烟草芽和根中减少细胞分裂素的含量，会引起相反的表型。A. 野生型（WT）烟草和过表达两种不同的拟南芥细胞分裂素氧化酶（AtCKX1 和 AtCKX2）基因的烟草转基因系的茎的表型。B. WT 和 *AtCKX1* 的根表型。C、D. WT 和 *AtCKX1* 根尖的 DAPI 染色。E、F. WT 和 *AtCKX1* 的茎尖分生组织（SAM）的纵向切片。在细胞分裂素缺乏的植物（*AtCKX1*）中，SAM 减少。RM，根分生组织；P，叶原基。标尺，100μm

17.4 生长素

在 19 世纪，西奥非利 • 西希尔斯基（Theophili Ciesielski）研究了植物的向地性，查尔斯 • 达尔文（Charles Darwin）和他的儿子富兰西斯 • 达尔文（Francis Darwin）研究了植物的向光性和向地性。这些研究为弗里茨 • 温特（Frits Went）的工作打下了基础。温特在 1926 年从燕麦胚芽鞘中分离出了一种可扩散的促进生长的因子，后来命名为**生长素**（**auxin**）。最终人们鉴定出在大多数植物中生长素的主要形式为吲哚 -3- 乙酸（IAA）（图 17.38）。吲哚 -3- 丁酸（IBA）、4- 氯吲哚 -3- 乙酸和苯乙酸也称为生长素，它们天然存在于植物中，但不如 IAA 普遍。生长素参与多种生理过程的调控，包括顶端优势、植物的向性、叶序的调控、茎的延长、形成层细胞的分裂及根的萌发。人工合成的生长素如 2, 4- 二氯苯氧基乙酸（2,4-D）和萘乙酸（NAA）（图 17.38）在园艺中得到了广泛应用，其作用是诱导生根，提高结实率。高浓度的合成生长素对于阔叶植物来说是有效的除草剂。

植物组织的 IAA 含量是由一些过程来调节的，包括从头生物合成，以及通过各种连接修饰和分解代谢途径失活。有两个从头生物合成 IAA 的途径，其中一个依赖于氨基酸前体 L- 色氨酸，另一个不依赖于 L- 色氨酸，而 L- 色氨酸依赖途径可能占优势。IAA 缀合物的水解也可以释放活性生长素。在个别组织中的 IAA 含量也可能受向基部的极性运输

图 17.36　水稻的细胞分裂素氧化酶基因突变增加了谷粒数量。Koshihikari（越光米，左）和 Habataki（籼稻，右）的圆锥花序。籼稻 *CKX2* 基因的自然变异，导致其在茎尖分生组织中的表达水平降低，从而使谷粒数量增加

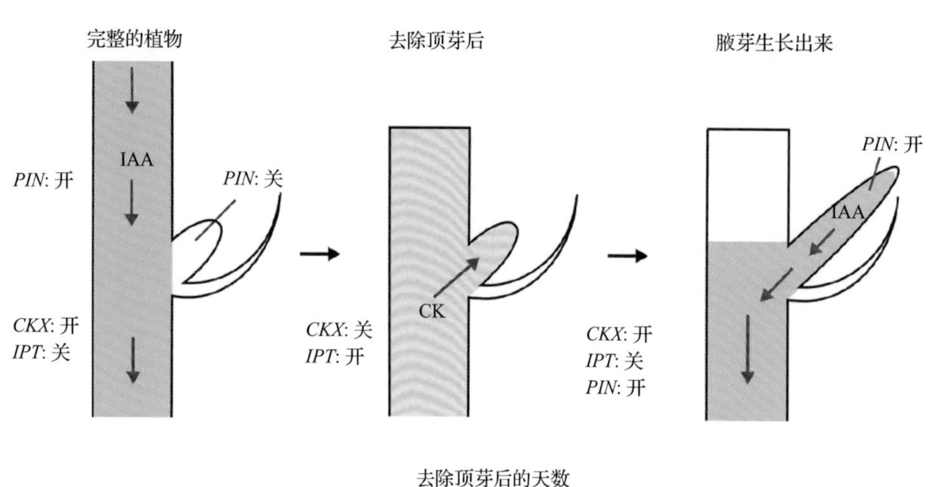

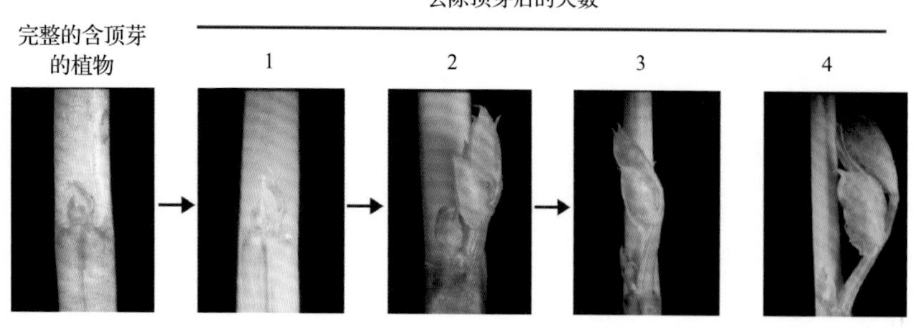

图 17.37　生长素和细胞分裂素在控制顶端优势方面的相互作用模型。在完整的植物中，来自茎尖的生长素维持 *PIN1* 和 *CKX* 表达并抑制 *IPT* 表达。由于细胞分裂素水平较低，所以不会发生腋芽生长。打顶后（照片中打顶后 1 天），茎中生长素水平降低，解除了对 *IPT* 表达的抑制且下调 *CKX* 和 *PIN1* 的表达。茎中从头合成的 CK 运输到休眠的腋芽中，并引发它们的生长。在腋芽生长（照片中打顶 2 天及以后）后，从新芽顶端重新合成的 IAA 再次抑制 *IPT* 表达并诱导 *CKX* 和 *PIN1*

的影响，导致 IAA 从顶端分生组织和幼叶向根系运输。

17.4.1　依赖于 L- 色氨酸的生长素生物合成采用多种途径

在植物中，已经发现了多种依赖于 L- 色氨酸的 IAA 生物合成途径：它们的第一种产物是吲哚 -3- 丙酮酸和色胺（图 17.39）。吲哚 -3- 丙酮酸由色氨酸氨基转移酶催化形成，随后通过含黄素的单加氧酶 YUCCA 转化为 IAA。吲哚乙胺由色氨酸脱羧酶催化 L- 色氨酸脱羧而产生（图 17.39）。然后吲哚乙胺转化为吲哚 -3- 乙醛，最后转化为 IAA。

吲哚 -3- 乙醇和它的缀合物由吲哚 -3- 乙醛代谢的一个旁支得来。这些化合物可能具有储存作用，因为它们可以迅速转化为吲哚 -3- 乙醛并用作 IAA 生物合成的底物。

已经在一些植物中发现了吲哚 -3- 丁酸。它具有生长素的活性，可以用来诱导插条根的建成。在玉米和拟南芥中，IAA 可转变成吲哚 -3- 丁酸（图 17.39）。玉米的体外研究表明，吲哚 -3- 丁酸合成酶以乙酰 CoA 和 ATP 为辅因子，并且外源吲哚 -3- 丁酸可以在植物中快速缀合。从吲哚 -3-

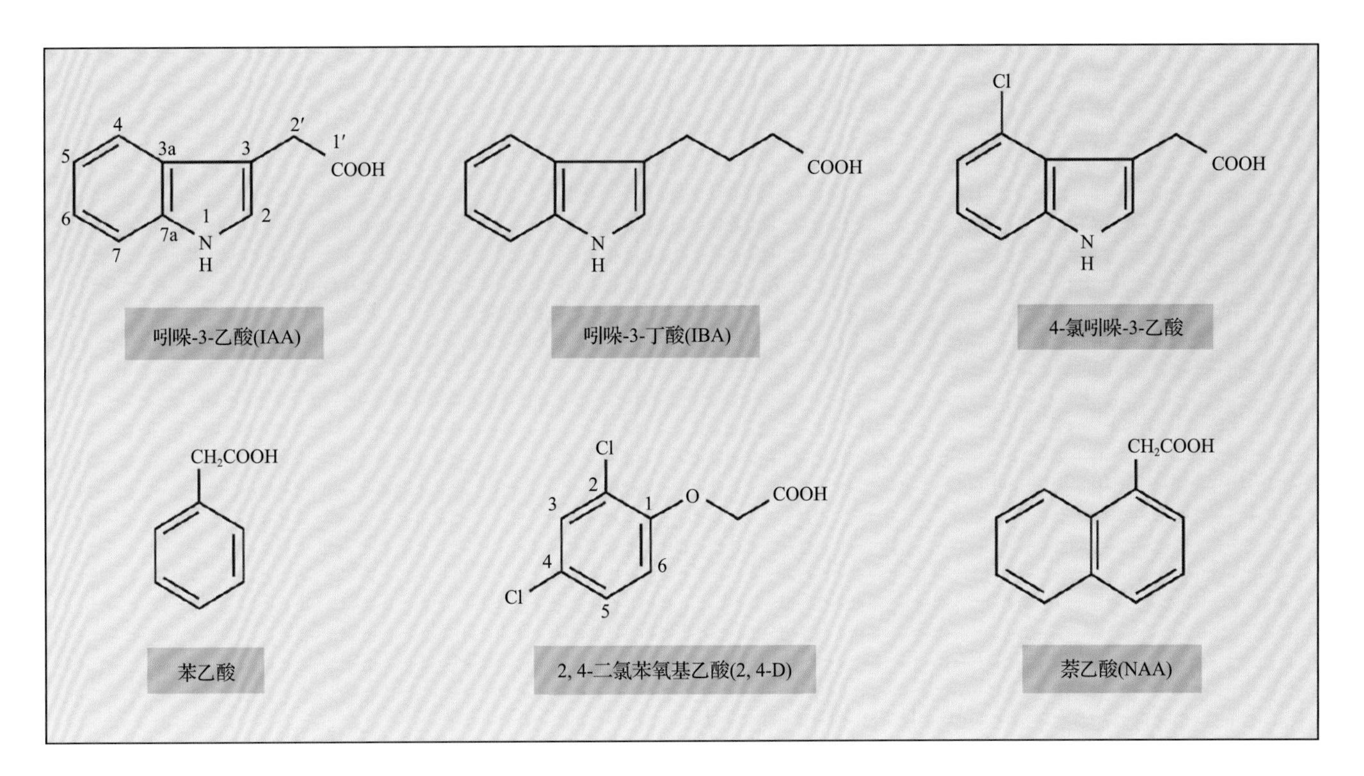

图 17.38 生长素的结构。吲哚 -3- 乙酸（IAA）是在植物中分布最广的生长素。吲哚 -3- 丁酸（IBA）、4- 氯吲哚 -3- 乙酸和苯乙酸也天然存在，但不如 IAA 普遍。2,4- 二氯苯氧基乙酸（2,4-D）和萘乙酸（NAA）是人工合成的生长素

丁酸到 IAA 的转化也已经有过报道。但人们目前还不清楚是吲哚 -3- 丁酸本身就是植物生长素，还是它转变成 IAA 后获得了生物学活性。

17.4.2 YUCCA 在生长素生物合成和植物发育中起关键作用

尽管植物中有多条依赖于 L- 色氨酸的生长素合成途径，但从功能获得和功能缺失突变体研究中得到的几条证据表明，YUCCA 在生长素生物合成中起着关键作用。在拟南芥的 *YUCCA* 功能获得性突变体 *yuc-1D* 中，游离 IAA 的浓度增加，并显示出生长素过量产生的突变体的表型。过表达 *YUCCA* 同源基因的水稻（*O. sativa*）和矮牵牛也表现出 IAA 浓度增加、生长素过量产生的表型。*YUCCA* 由一个小的多基因家族编码，其成员的表达有组织差异性。*YUCCA* 的表达受到时空限制，它们主要在芽和花序顶端、成熟胚胎的子叶顶端、雄蕊、花粉和托叶中表达。*YUCCA* 的双突和四突植株呈现出各种生长素缺陷表型。

拟南芥 *yuc1 yuc4* 双突变体中维管组织减少，不能产生正常的花并且不育，而 *yuc1 yuc4 yuc10 yuc11* 四突变体发育成缺少下胚轴和根分生组织的幼苗。因此，由 YUCCA 介导的 IAA 的从头生物合成，在花器官和维管组织的形成中起关键作用。

17.4.3 在几个科的植物中，IAA 生物合成途径是与硫代葡萄糖苷生物合成途径共用的

一些科［如十字花科（Brassicaceae）和番木瓜科（Caricaceae）］的植物含有芥子油苷，这是一类由葡萄糖和氨基酸衍生的含硫次级代谢产物。在吲哚硫代葡萄糖苷的生物合成中，通过 CYP79B2 或 CYP79B3 将 L- 色氨酸转化为吲哚 -3- 乙醛肟，再通过 CYP83B1（SUR2）催化，转化为 1-*aci*- 硝基 -2- 吲哚乙烷，最终转化为吲哚 -3- 甲基芥子油苷（图 17.39）。SUR1 参与 1-*aci*- 硝基 -2- 吲哚乙烷向吲哚 -3- 甲基芥子油苷的转化。在这些科的植物中，IAA 生物合成途径与芥子油苷合成途径共用。吲哚 -3- 乙醛肟通过吲哚乙腈或吲哚 -3- 乙酰胺转化为 IAA。CYP71A13 催化吲哚 -3- 乙醛肟转化为吲哚 -3- 乙腈，腈水解酶催化吲哚 -3- 乙腈转化为吲哚 -3- 乙酰胺或 IAA。最近在拟南芥中的研究表明，通过吲哚 -3- 乙酰胺将吲哚 -3- 乙醛肟转化为 IAA，但催化该反应的相关酶暂未鉴定到。CYP79B2 过表达系的拟南芥幼苗中 IAA 浓度的增加，*cyp79B2 cyp79B3*

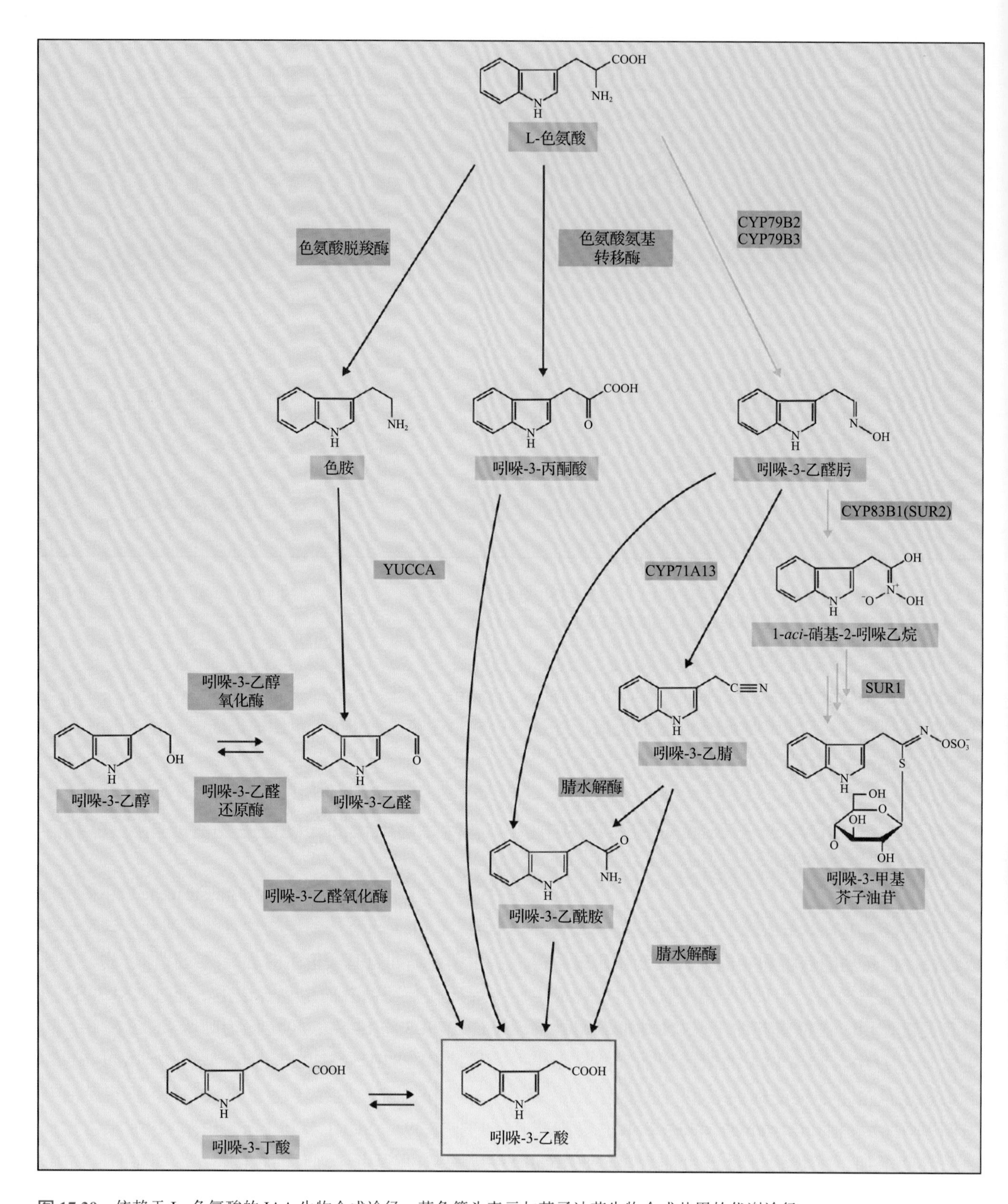

图 17.39　依赖于 L- 色氨酸的 IAA 生物合成途径。蓝色箭头表示与芥子油苷生物合成共用的代谢途径

双突变体中 IAA 浓度的降低，这两个现象可以证实该途径在 IAA 生物合成中的生理相关性。在拟南芥的 *sur1* 或 *sur2* 突变体中，生长素过度累积可能是因为吲哚 -3- 乙醛肟不能用于芥子油苷生物合成，而用于 IAA 生物合成了。

17.4.4　TAA1 也在生长素生物合成和植物发育中发挥作用，并且是避荫反应所必需的

拟南芥中色氨酸氨基转移酶（TAA1）基因的鉴定，揭示了通过吲哚 -3- 丙酮酸的生长素生物合成

在避荫反应和乙烯 - 生长素互作中发挥作用。*TAA1* 的等位基因是 *shade avoidance*（避荫）突变体的致病基因，该突变体在模拟的阴影条件下不能伸长。*TAA1* 也同时鉴定为 *weak ethylene insensitive*（对乙烯弱不敏感）突变体的突变基因，该突变体表现为其根特异地降低了对乙烯的敏感性。*TAA1* 编码与 C-S 裂解酶具有强相似性的氨基转移酶小家族。这个基因家族的多基因突变体显示出严重的生长素相关表型，例如，根的重力向性、维管组织结构，以及芽和花的发育缺陷。由于在 *YUCCA* 的多基因突变体（*yuc3 yuc5 yuc7 yuc8 yuc9*）中没有看到避荫诱导的下胚轴伸长的任何缺陷，因此植物的避荫反应可能不需要 YUCCA。

17.4.5 已经证实存在有不依赖于色氨酸的 IAA 生物合成途径，但其生物学意义仍不清楚

不依赖于色氨酸的 IAA 生物合成的证据来自于玉米橙色种皮突变体（*orp*），它是一种色氨酸缺陷型突变体（图 17.40）。*orp* 突变体的表型是由两个编码色氨酸合成酶 β 亚基的基因发生了突变所致，这个酶催化了 L- 丝氨酸和吲哚的缩合（图 17.41；详见第 7 章）。*orp* 突变体的种子含有高浓度的两个 L- 色氨酸前体：氨基苯甲酸和吲哚（图 17.41）。种子可以正常萌发并生成正常的苗，但如果不额外供给色氨酸的话，幼苗会在长出 4 ～ 5 个叶片的阶段死亡。尽管 *orp* 突变体失去了合成色氨酸的能力，但它们仍然富含 IAA。虽然 *orp* 突变体幼苗中色氨酸的含量不到野生型玉米的 1/7，它们的 IAA 含量比野生型升高了 50 倍。进一步，用 $^{2}H_2O$ 的标记实验表明 *orp* 突变体 IAA 库中同位素的富集量比野生型色氨酸库中同位素富集量要高得多。[^{15}N]L- 色氨酸在 *orp* 突变体和野生型幼苗中并没有显著标记 IAA 库，但 [^{15}N] 氨基苯甲酸在两种组织中对 IAA 的标记程度很相似。这些发现证明，在玉米幼苗中存在不依赖于 L- 色氨酸的 IAA 生物合成。IAA 的前体很可能是色氨酸合成途径中一个吲哚类中间产物，它处于氨基苯甲酸的下游、色氨酸的上游。从吲哚 -3- 甘油磷酸到吲哚的转变是可逆的，现有的数据提示它们中的一个可能处于 IAA 生物合成途径的分支点（图 17.41）。

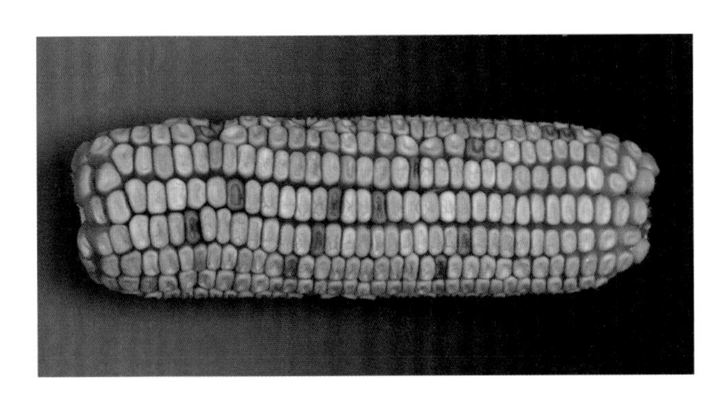

图 17.40 一个果皮是橙色的玉米穗（*orp*）显示出了预期的双隐性表型；橙色的玉米粒是两个基因的纯合突变体。来源：J. Cohen, University of Minnesota, MN, and A.D. Wright, University of Missouri, Columbia，未发表

虽然玉米橙色种皮突变体的实验结果看起来很稳定，并且有几篇报道声称不依赖于色氨酸的途径对 IAA 的生物合成起主要作用，但随后的研究还是表明依赖于 L- 色氨酸的 IAA 合成是生长素生物合成的主要途径，而不依赖于 L- 色氨酸的途径只扮演次要角色。用含 ^{13}C 标记的前体物质的培养基进行玉米粒孵育实验显示，[3,3′-^{13}C] 色氨酸有效地并入 IAA 并保留了 3,3′-C 键，排除了吸收的色氨酸降解为吲哚并随后作为 IAA 前体的可能性。此外，通过使用 [U-$^{13}C_6$] 葡萄糖来追溯 IAA 碳骨架的代谢起源，也排除了通过吲哚 -3- 甘油磷酸合成 IAA 的可能性。

尽管拟南芥所有的条件色氨酸缺陷型突变体 *trp1*、*trp2* 和 *trp3* 都能够证明存在有不依赖于色氨酸的合成途径，但用标记的前体（[^{2}H]$_5$-L- 色氨酸和 [^{15}N] 邻氨基苯甲酸）处理 *trp3* 的实验表明，不依赖于色氨酸的合成途径在 IAA 生物合成中即使有作用，也是发挥次要的作用。

17.4.6 已阐明了数条 IAA 的缀合途径和分解代谢途径

IAA 的分解导致其丧失生长素活性，并且不可逆地减小了 IAA 库。分解代谢由去羧基和不去羧基两条途径来完成，两条途径都涉及吲哚环的氧化。和细胞分裂素一样，IAA 的分解代谢有时会涉及缀合反应。虽然一些缀合的 IAA 一直处于失活状态，但其他的缀合 IAA 却可以剪切成游离的、有活性的激素（见 17.4.8 节）。

人们已经用不同的植物材料在体外对过氧化物酶催化的 IAA 脱羧基进行了研究。过氧化物酶（常称为 IAA 氧化酶）催化的结果是产生了去羧基的羟

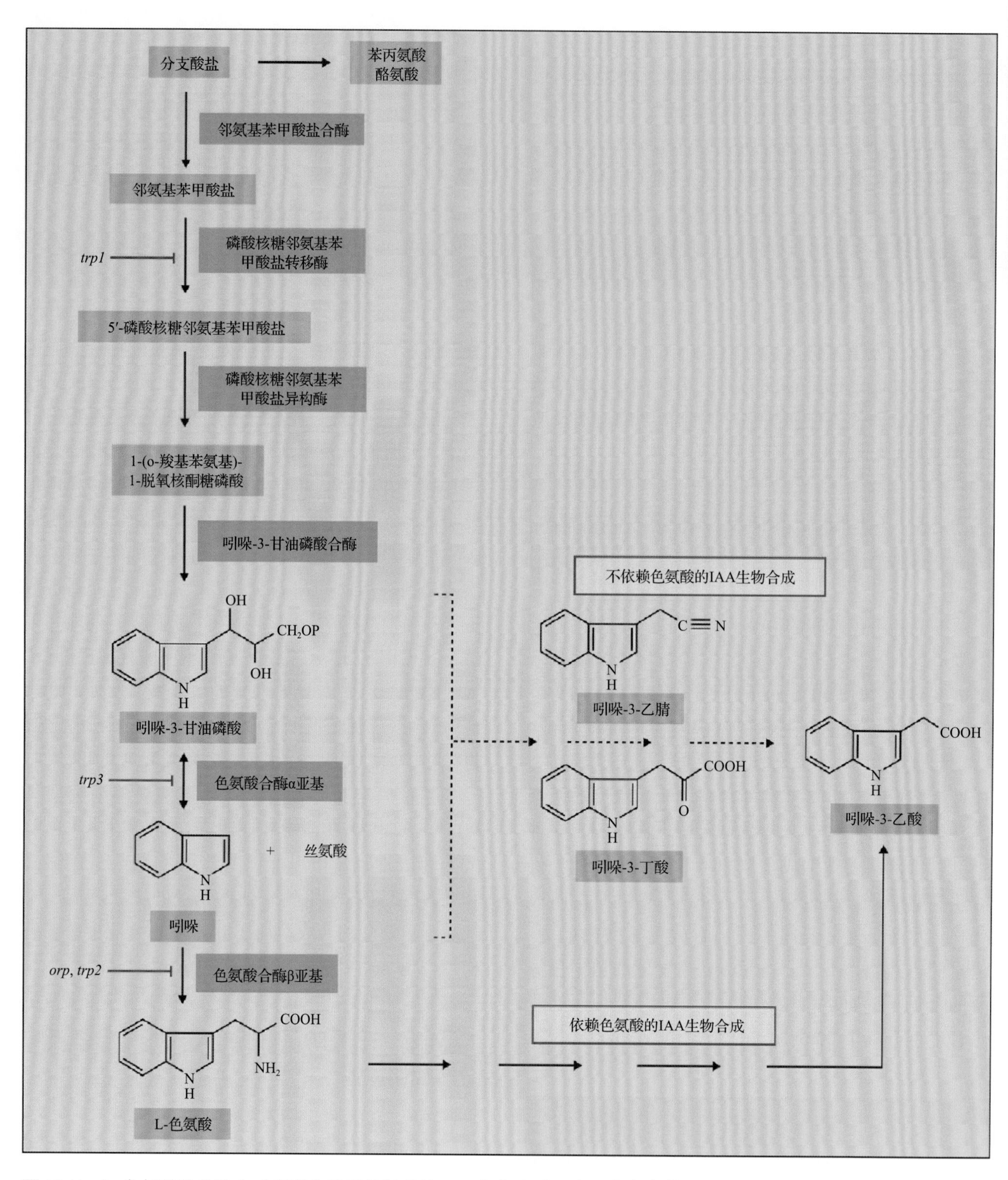

图 17.41　L- 色氨酸的生物合成和不依赖于色氨酸的 IAA 生物合成。在玉米突变体（*orp*）和拟南芥突变体（*trp1*、*trp2* 和 *trp3*）中受到影响的酶已标出

吲哚或去羧基的吲哚。很多年来，人们认为去羧基化分解代谢是植物组织 IAA 降解的主要途径。然而，玉米、番茄和豌豆中的证据指出，过氧化物酶在调节内源 IAA 库中至多只是扮演了一个小角色。曾经认为是储存产物的 IAA- 氨基酸缀合物已经鉴定为非去羧基代谢途径的中间产物，这一代谢途径可以使 IAA 不可逆地失活。

在番茄的绿色果实中，主要的 IAA 失活途径将 IAA 转变成了 *N*-（吲哚 -3- 乙酰基）-L- 天冬氨酸（IAA- 天冬氨酸）。IAA- 天冬氨酸的吲哚环氧化形成 *N*-（羟吲哚 -3- 乙酰）-L- 天冬氨酸（羟 IAA- 天冬氨酸），这个化合物吲哚环上的 N 接着又发生糖基化（图 17.42）。从 IAA 到羟 IAA- 天冬氨酸的失活途径在黄檀中也起作用，不同的是，羟 IAA- 天冬氨酸吲哚环上的 N 没有发生糖基化，而是吲哚环的 C3 和 C4 发生了羟基化。黄檀中一个平行的途径形成了相似的产物，其缀合物是谷氨酸，而不是天冬氨酸。还有一些涉及 IAA 缀合反应的非脱羧基降解途径，人们已经在蚕豆和玉米幼苗中鉴定出来了（图 17.43）。

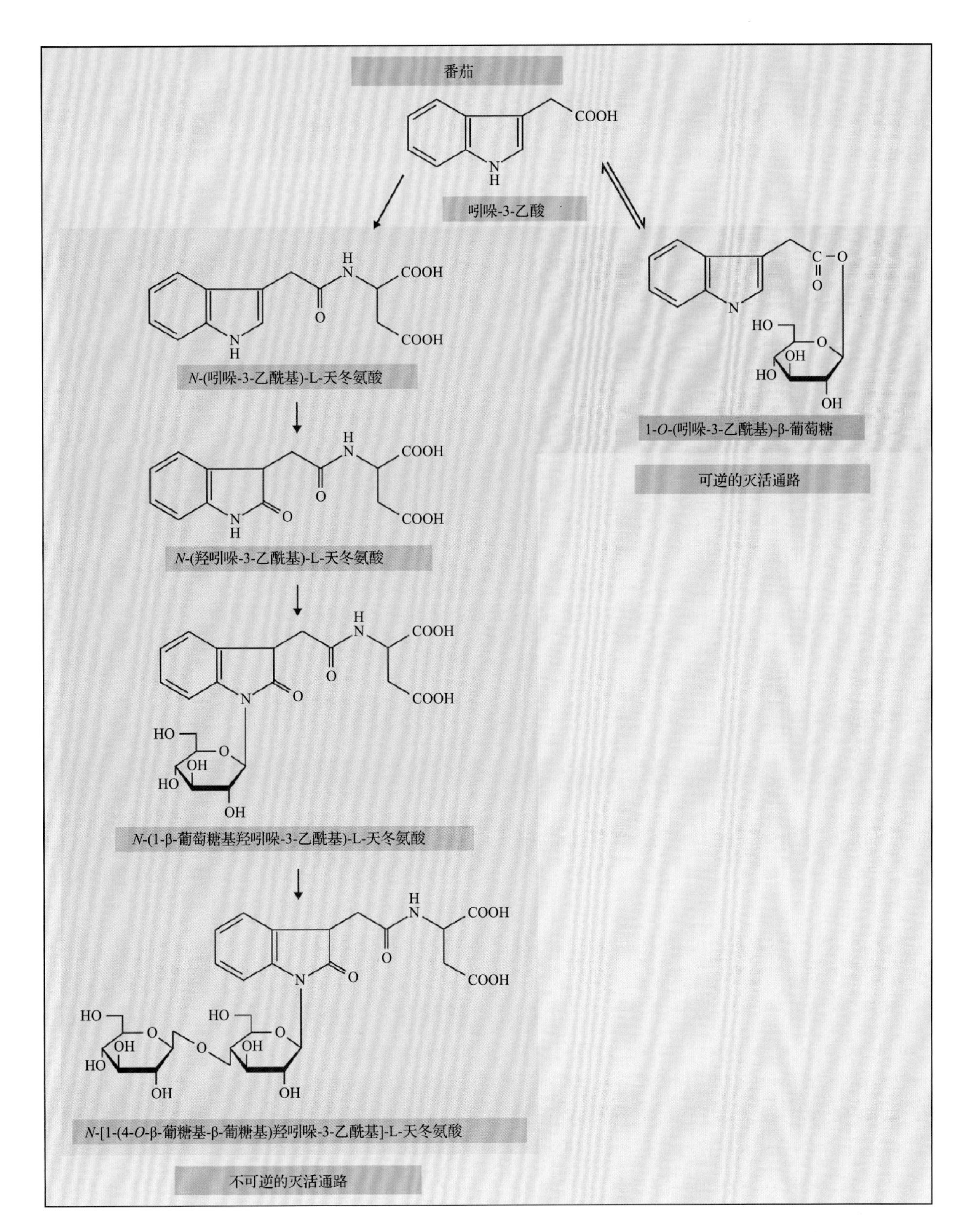

图 17.42 番茄果皮中 IAA 的缀合和非脱羧基分解代谢。*N*-（1-β- 葡萄糖基羟吲哚 -3- 乙酰基）-L- 天冬氨酸和 *N*-[1-（4-*O*-β- 葡萄糖基 -β- 葡萄糖基）羟吲哚 -3- 乙酰基]-L- 天冬氨酸是永久失活的 IAA 缀合物，绿色和红色番茄果实都可以产生这些化合物，然而，由红色果实组织产生的 1-*O*-（吲哚 -3- 乙酰基）-β- 葡萄糖可以再转变成 IAA

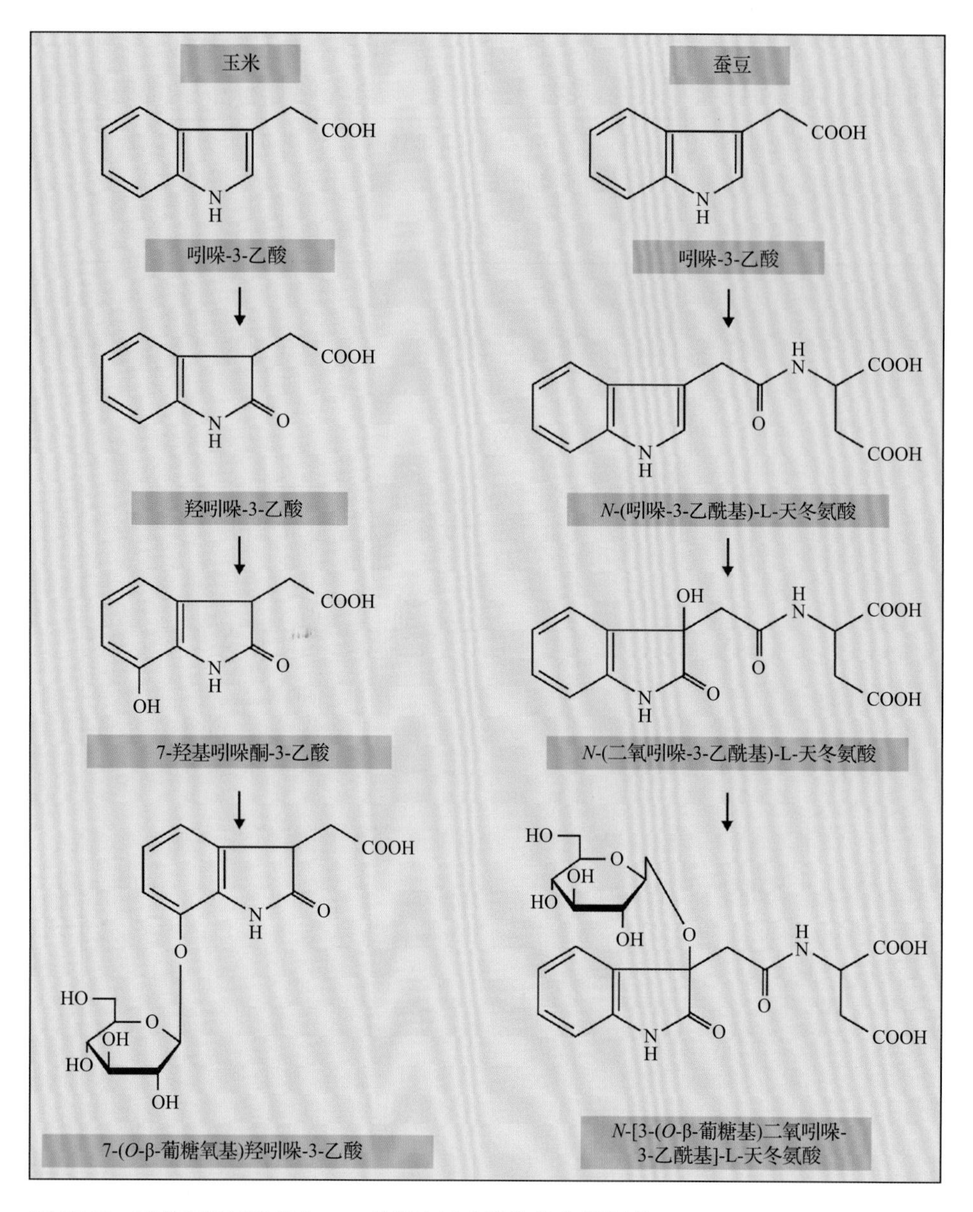

图 17.43 玉米和蚕豆幼苗中 IAA 的缀合及非脱羧基分解代谢

17.4.7 IAA- 酯缀合物是玉米种子中的储存产物

上面所讨论的缀合反应，包括 1′ 羧基的天冬氨酸或谷氨酸化、吲哚环上 N 的糖基化，以及 3 或 7 位羟基的糖基化，都可以使 IAA 永久性失活。然而，1′ 羧基的 *O*- 糖基化是典型的可逆过程，因此 IAA- 酯缀合物可能作为储存产物（图 17.42）。

在玉米中，IAA- 酯缀合物主要在发育中的种子的液态胚乳中合成。IAA 首先通过一个 IAA- 葡糖基转移酶催化的反应转化成 1-*O*-（吲哚 -3- 乙酰基）-β- 葡萄糖（1-*O*-IAA- 葡萄糖）（图 17.44）。1-*O*-IAA- 葡萄糖的异构体可以通过非酶促反应得到。这些异构体中的两个（即 4-*O*-IAA- 葡萄糖和 6-*O*-IAA- 葡萄糖）会由 6-*O*-IAA- 葡萄糖水解酶剪切，从而释放出有活性的 IAA。第二种可以释放活性激素的酶——1-*O*-IAA- 葡萄糖水解酶也可以把 IAA 从 1-*O*-IAA- 葡萄糖转移到甘油上。然而，1-*O*-IAA- 葡萄糖可以转化为 2-*O*-（吲哚 -3- 乙酰）- 肌醇，而它又可以缀合成 2-*O*-（吲哚 -3- 乙酰）- 肌醇阿拉伯糖苷和 2-*O*-（吲哚 -3- 乙酰）- 肌醇半乳糖苷（图 17.44）。在萌发初期，玉米胚胎的绝大部分 IAA 来自于这三种缀合物。然而，随着幼苗的生长，IAA 缀合物的供给量逐渐减少，同时，幼苗很快具备了通过不依赖于色氨酸的合成途径来合成 IAA 的能力。

在玉米和拟南芥中已经分别鉴定了 IAA 葡糖基转移酶的基因，即 *iaglu* 和 *UGT84B1*。体外研究表明，除 IAA 外，UGT84B1 还与吲哚 -3- 丁酸、吲哚 -3- 丙酸和肉桂酸反应。令人惊讶的是，拟南芥中与 iaglu 关系最近的同源蛋白 UGT75D1 对 IAA 没有活性。

17.4.8 GH3 家族的酶催化 IAA 的氨基酸缀合，并且与 IAA- 酰胺水解酶一起参与 IAA 稳态调控

在拟南芥中鉴定出一些 GH3 家族蛋白的成员为 IAA- 酰胺合成酶，其在 ATP 和 Mg^{2+} 存在下催化 IAA 的氨基酸缀合。GH3.2 到 GH3.6 和 GH3.17 可以在体外催化多种 L- 氨基酸与 IAA 的缀合，如 L- 丙氨酸、L- 天冬氨酸、L- 谷氨酸、L- 甲硫氨酸和 L- 酪氨酸，并且可以利用吲哚 -3- 丙酮酸、吲哚 -3-

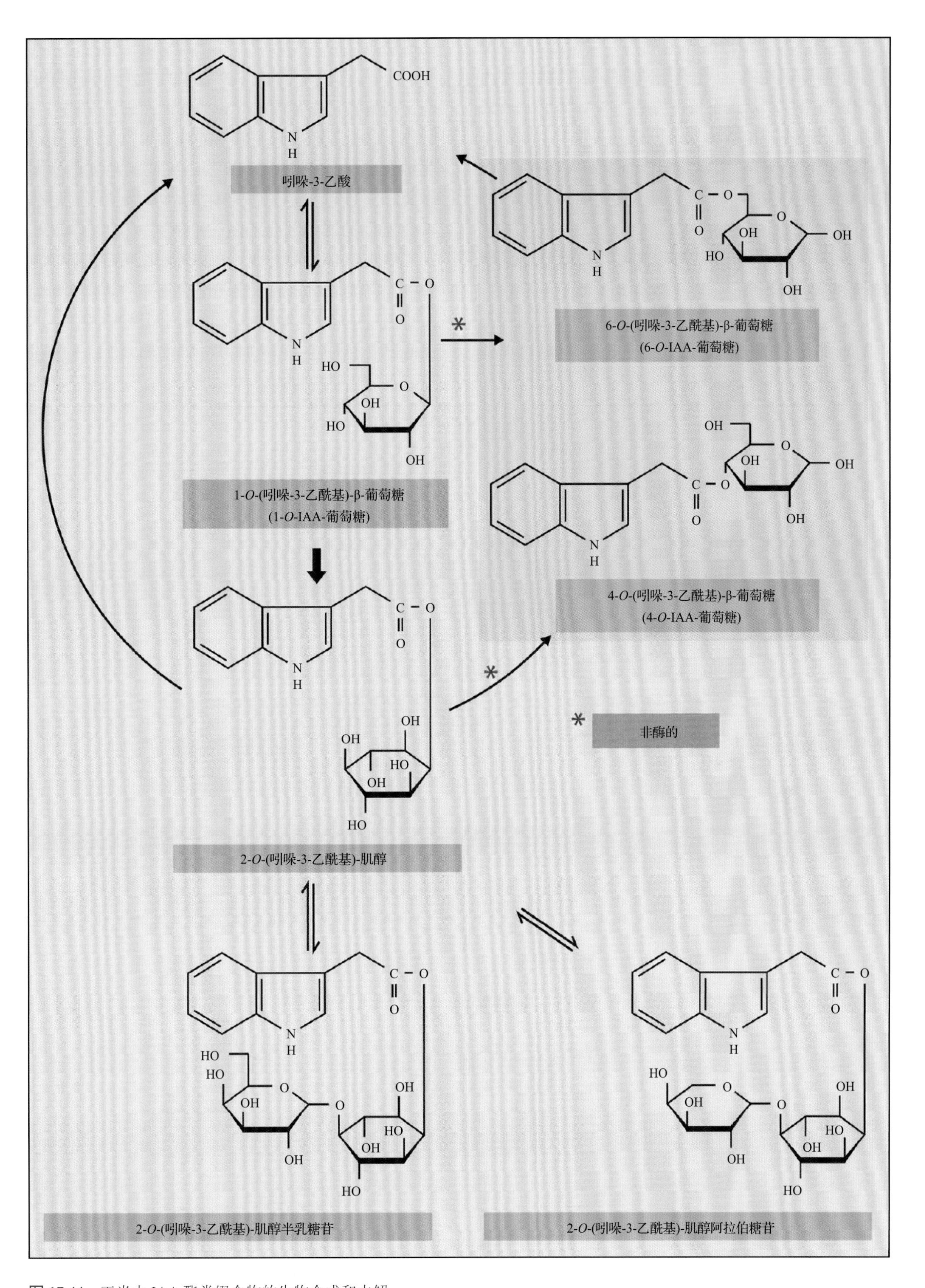

图 17.44　玉米中 IAA 酯类缀合物的生物合成和水解

丁酸、苯乙酸和萘乙酸作为底物。大多数 IAA- 酰胺合成酶基因能够响应生长素处理，表明植物使用反馈调节来控制活性生长素的量。IAA- 酰胺水解酶的基因已经在拟南芥中鉴定出来，并发现由一个小的多基因家族编码。IAA- 酰胺合成酶和水解酶在维持 IAA 体内平衡中起互补作用（图 17.45）。

17.4.9 有些病原细菌编码了新的 IAA 生物合成及缀合途径

在 17.3.7 节中已经提到，一些细菌的酶可以催化植物激素的生物合成。在土壤农杆菌诱导的冠瘿瘤中（图 17.29），IAA 生物合成的增强是由 T-DNA 整合到植物宿主基因组时带去的两个细菌基因表达所致。这些基因和一个唯一的依赖于色氨酸的 IAA 两步合成途径有关。*iaaM* 基因编码了色氨酸单氧化酶，它可以把色氨酸转化成为吲哚 -3- 乙酰胺。*iaaH* 基因的产物吲哚乙酰胺水解酶，催化了吲哚 -3- 乙酰胺到 IAA 的转变。在植物病原菌萨氏假单胞菌中含有类似功能的同类基因。第三种萨氏假单胞菌基因——*iaaL*，编码一个 IAA- 赖氨酸合成酶。当在植物宿主细胞中表达时，这个酶可以将 L- 赖氨酸

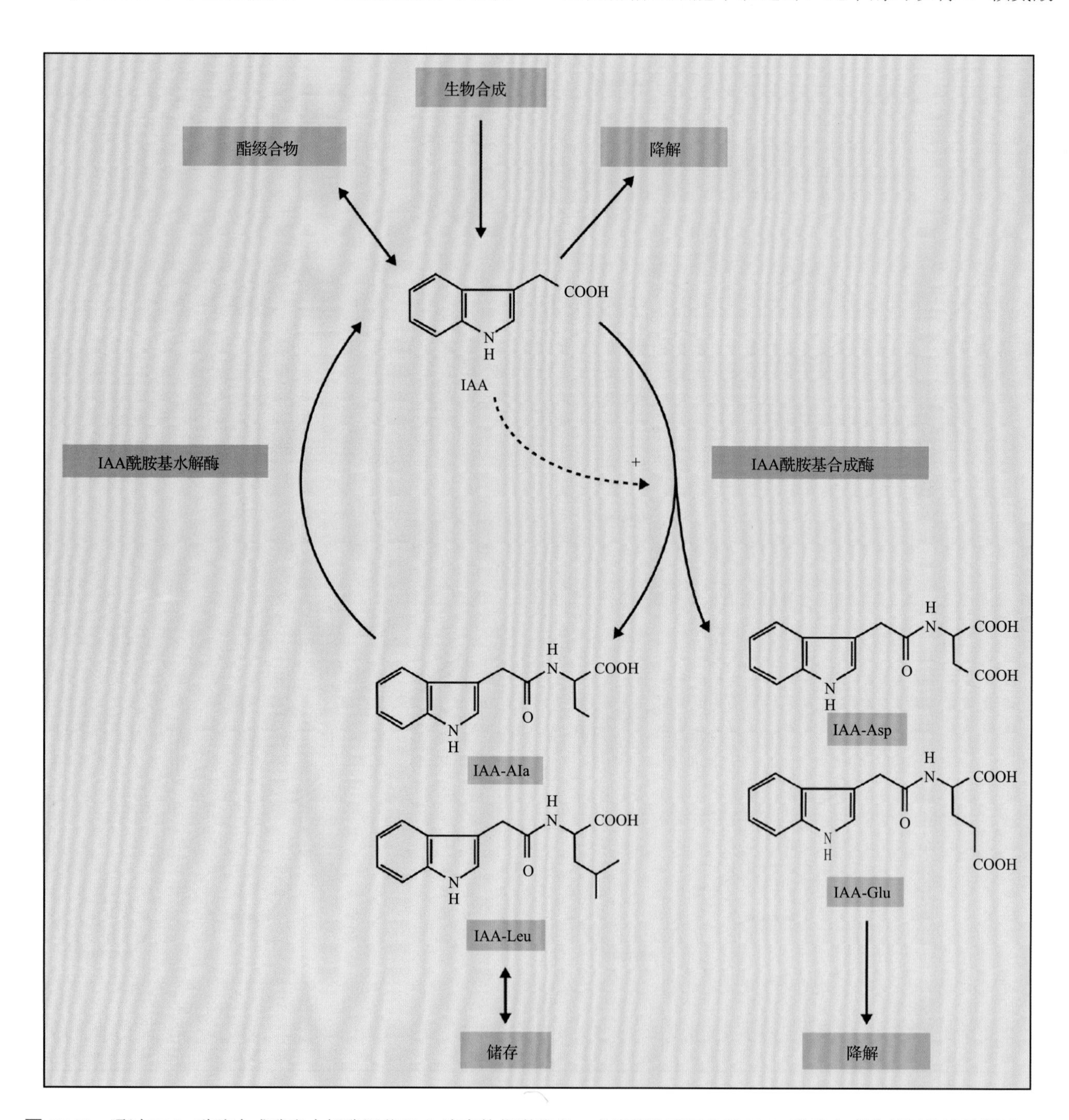

图 17.45 通过 IAA- 酰胺合成酶和水解酶调节 IAA 浓度的代谢稳态。虚线箭头表示几种 IAA- 酰胺合成酶基因的转录激活

缀合到 IAA 上形成 ε-*N*-（吲哚 -3- 乙酰）-L- 赖氨酸（IAA- 赖氨酸），然后进一步代谢成为 α-*N*- 乙酰 -ε-*N*-（吲哚 -3- 乙酰）-L- 赖氨酸（图 17.46）。

17.4.10 表达 IAA 生物合成基因的转基因植物可用以研究过量内源 IAA 的效应

几个实验室已经获得了表达土壤农杆菌 IAA 生物合成基因的转基因植物。在转基因烟草（*N. tabacum* cv. Petit Havana SR1）中，*iaaH* 和 *iaaM* 基因较弱的共表达导致内源 IAA 含量少量上升。对于转基因植物的不同组织而言，IAA 缀合物含量上升了 2 ～ 3 倍，主要是 IAA 天冬氨酸和 IAA 谷氨酸，另外还有少量的 1-*O*-IAA- 葡萄糖。转基因植物的营养器官没有明显的表型变化，但是它们的花柱异常，花粉形成受到严重影响，致使不育。因此，当 IAA 生物合成增强时，缀合反应似乎对调节内源 IAA 库的大小并维持正常的表型起关键的作用。由 CaMV 35S 启动子驱动的 *iaaH/iaaM* 基因的强表达分别使茎中游离的和缀合的 IAA 浓度升高了 10 倍和 20 倍，而叶中的 IAA 及其缀合物浓度升高了 3 ～ 5 倍。IAA 浓度的升高伴随着较大的表型变化，包括显著的顶端优势、植株矮化、过量形成不定根、韧皮部和木质部形成增多、过量木质化、叶片上卷以及产生异常的花（图 17.47），在几种过表达 IAA 的转基因植物（包括矮牵牛和拟南芥）中都观察到了类似的表型。

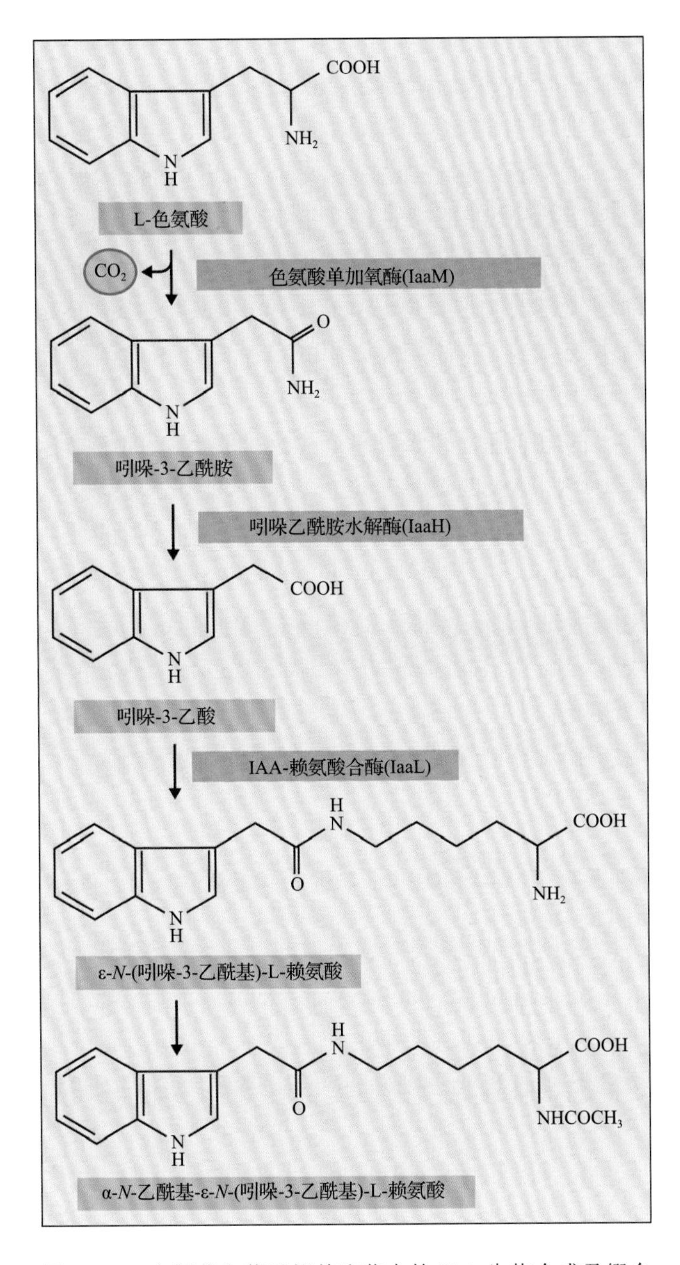

图 17.46　农杆菌和萨氏假单胞菌中的 IAA 生物合成及缀合途径。在农杆菌中不发生 IaaL

图 17.47　8 周的烟草植株 *Nicotiana tabacum* cv. Petit Havana SR1。左侧为野生型植株；右侧为 CaMV 35S 启动子控制下表达的土壤农杆菌 *iaaH* 和 *iaaM* 基因过量产生 IAA 的植株。注意，突变体严重矮化和它可以产生比野生型高 5 倍的 IAA 有关。来源：改编自 Nilsson et al.（1993）. Plant J.3：681-689

高浓度的IAA通常伴随着乙烯生物合成的增高，因此，起初不能确定转基因植物表型的改变是IAA过量合成直接导致，还是乙烯生物合成增加的结果。为了研究这两种可能性，有人把过表达IAA的转基因烟草和表达细菌ACC脱氨酶的植物进行杂交。ACC脱氨酶可以催化乙烯前体ACC的降解，因此它可以降低乙烯的浓度（见17.5.2节）。IAA过量表达对Samsun烟草小种（图17.48）表型的影响不像对Peti Havana SR1小种转基因植株的那么严重（图17.47），但是茎生长受抑制、叶上卷、顶端优势下降等现象依然很明显。在Samsun烟草小种双转化植株中，IAA的过表达并不伴随乙烯生物合成的增加，它的表型表明顶端优势和叶上卷主要由IAA控制，然而高浓度乙烯所产生的一个间接的结果是茎伸长的减小（图17.48）。

17.4.11 赤霉素可增加IAA库，而细胞分裂素可下调IAA的生物合成和周转

对矮化的豌豆幼苗Little Marvel施用GA_3可以促进茎的生长，同时正在伸长的组织中的IAA含量升高了8倍。相反，利用单效唑处理矮化的阿拉斯加豌豆幼苗中，内源IAA库减少。单效唑是GA生物合成的抑制剂，它阻断了贝壳杉烯的氧化途径（见17.1.5节）。施用GA_3可逆转单效唑对节间生长和IAA含量的影响。

图17.48 8周的转基因烟草（*Nicotiana tabacum* cv. Samsun）植株中生长素与乙烯作用的解偶联。左侧是一棵缺少乙烯的植株，玄参花叶病毒19S启动子控制表达了假单胞菌ACC脱氨酶基因。其表型与野生型表型没有区别。（中间）IAA含量升高，乙烯生物合成减少的双基因转化体。右侧是一棵CaMV 35S启动子控制下表达土壤农杆菌*iaaM*基因从而过量产生IAA的植株。这些植株的表型表明，顶端优势和叶片的上卷主要由IAA控制，而乙烯的作用只能部分解释在过量产生IAA的植株中观察到的茎延长受抑制的现象。来源：Romano et al.（1993）. Plant Cell 5：181-189

人们对GA_3提高豌豆内源IAA浓度的机制所知甚少。一种假设推测，和它的立体异构体——L-色氨酸相比，D-色氨酸可以更有效地转变成IAA。在IAA生物合成途径中，D-色氨酸有可能是由L-色氨酸转变成IAA的中间产物；而且，GA_3的处理可以增强消旋酶（催化L-到D-色氨酸的转变）的活性，因此可加大IAA的生物合成速率。

和GA_3相反，细胞分裂素减小了内源IAA的库。表达根癌土壤农杆菌*ipt*基因的转基因烟草可以过量产生细胞分裂素。和野生型相比，这些转基因植物体内的游离IAA含量非常低，大多数情况下，IAA缀合物也是如此。通过^2H_2O的掺入研究发现，*ipt*转化的植物的IAA生物合成速率也降低了，而且外源[$^{13}C_6$]IAA的降解速率也变得很慢。因此，细胞分裂素（主要是tZ、tZR和tZRMP）含量的提高不仅减少了内源IAA库和IAA缀合物库，而且也降低了IAA的代谢速率。

正如细胞分裂素过量产生会抑制IAA的生物合成一样，IAA的过量产生也下调了细胞分裂素的产生。表达*iaaH*和*iaaM*的烟草，会产生过量的IAA（图17.47）。和野生型相比，它体内细胞分裂素氧化酶活性较低，内源tZ和相关的细胞分裂素浓度较低。因为IAA抑制*IPT*和*CYP735A*的表达（见17.3.4节和17.3.15节），生长素下调细胞分裂素产生的作用点是细胞分裂素生物合成的早期步骤。

17.5 乙烯

在1886年，圣彼得堡大学的毕业生迪米特里•内尔尤波（Dimitry Nikolayevich Neljubow）注意到黄化的豌豆幼苗在实验室的空气中水平生长，而在实验室外部的空气中则垂直生长。经过大量的研究，在排除了种植习惯、光、温度这些可能的诱发因素后，他指出**乙烯**（**ethylene**，他们实验室照明气体的一种成分）诱导了这种畸形生长。在1940年以前，人们就发现，在生理上，乙烯对植物生长和发育的许多方面都有影响，它影响的过程包括：种子萌发，

根和茎的生长，花的发育，花、叶的衰老和脱落，果实的成熟。后来的工作已经表明，乙烯也参与调节了植物一系列对应于生物和非生物胁迫的反应。

当20世纪30年代研究人员提出乙烯既是内源植物生长调节因子，又是果实成熟激素时，同时代的很多人都反对这种假说，他们中的很多人都认为乙烯是生长素这一重要植物激素的产物。因为存在这种偏见，对乙烯的研究受到了阻碍，而其他植物激素（生长素、赤霉素和细胞分裂素）却受到了高度重视。

最初的乙烯定量技术繁杂而且不灵敏，一些生物实验技术是根据叶片上卷或者黄化豌豆、绿豆幼苗的生长来检测乙烯含量（图17.49 A,B）。气相色谱和火焰离子化探测器设备的发展，将检测乙烯的灵敏度提高了10^6倍。这一重要技术的进步使乙烯研究领域快速进展，很快，人们就把乙烯视为一种大多数植物都能产生的内源生长调节因子。

17.5.1 乙烯由*S*-腺苷-L-甲硫氨酸通过中间产物1-氨基环丙烷-1-羧酸（ACC）合成

由前体中间产物ACC合成乙烯的过程是由ACC氧化酶（ACO）催化的，而ACC是SAM通过一个由ACC合酶（ACS）催化的反应得来的。这个反应叫甲硫氨酸循环（也叫作Yang循环，因为杨尚发为揭示这一途径做了很多早期的工作）（图17.50）。SAM除了在乙烯生物合成中起作用之外，它也和多胺的生物合成（见17.7节）相关，并参与了很多甲基化反应。

最初在番茄果皮的半提纯物中对ACS进行了鉴定，此酶可将SAM裂解为乙烯前体ACC和5′-甲硫腺苷（图17.50）。后来，从受诱导的植物组织中分离出了这个酶，诱导的因素包括外源IAA、伤害诱导、氯化锂胁迫，以及果实成熟时的呼吸跃变。已经从多个物种中克隆到了ACS。序列比对发现，高度保守的序列含有一个赖氨酸残基，它同SAM和吡哆醛5′-磷酸在活性位点处反应。植物一般都含有几种ACS的同工酶。它们是一个多基因家族的一部分，不同的成员表达以应对伤害、成熟及各种胁迫伤害。在拟南芥中，根据在蛋白质周转中发挥作用的C端序列不同，将ACS分为三大类（图17.51）。1型酶具有三个保守的C端丝氨酸（Ser）残基，可由有丝分裂原激活的蛋白激酶（MAPK）磷酸化，一个保守的丝氨酸作为钙依赖性蛋白激酶（CDPK）的底物。2型酶只有CDPK位点，而C端更短。3型酶缺乏两种类型的磷酸化位点。

17.5.2 ACS是乙烯生物合成的主要调节因子

ACS催化了乙烯生物合成途径的限速步骤，而ACS的水平在转录和蛋白稳定性上受到调控。在萌芽、成熟、水涝、冷冻过程中，乙烯的产量都增加，同时也不可避免地伴随着ACC产量的增加，这可能是因为ACS受到了诱导或激活。活性酶需要吡哆醛5′-磷酸，这个酶对吡哆醛5′-磷酸的抑制剂非常敏感，尤其是氨基羟乙基乙烯基甘氨酸和氨基草酰乙酸。研究者利用这些抑制剂可以区分ACS和ACO。自然存在的SAM异构体（-）-*S*-腺苷-L-甲硫氨酸是ACS的最适底物，而（+）-SAM是一个有效的抑制剂。然而，把酶与高浓度的（-）-SAM一起孵育会不可逆地修饰和抑制ACS，这种“自杀失活”机制可能与一种共价连接有关，即SAM分子的一部分和酶活性位点的共

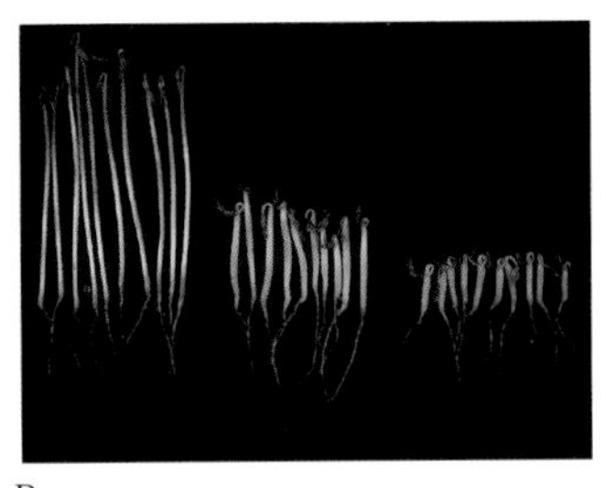

图17.49 6天的豌豆黄化幼苗和4天的绿豆黄化幼苗对乙烯的三重反应。A. 未经处理的豌豆对照组幼苗，以及在含有乙烯的空气中生长2天的豌豆幼苗（乙烯的浓度分别为$0.1\mu L\cdot mL^{-1}$、$1.0\mu L\cdot mL^{-1}$和$10\mu L\cdot mL^{-1}$）。注意乙烯的效应和浓度相关，这些效应包括横向地性、上胚轴伸长的抑制，以及上胚轴的侧向膨大。B. 绿豆对照组幼苗，以及在含有乙烯的空气中生长2天的绿豆幼苗（乙烯的浓度分别是$1.0\mu L\cdot mL^{-1}$和$10\mu L\cdot mL^{-1}$），这使下胚轴伸长受到了抑制，而且侧向膨大，顶端极度弯曲，这些效应都依赖于乙烯的浓度。C. 放大的、经过乙烯处理的绿豆黄化幼苗。来源：H. Mori, Nagoya University, Japan，未发表

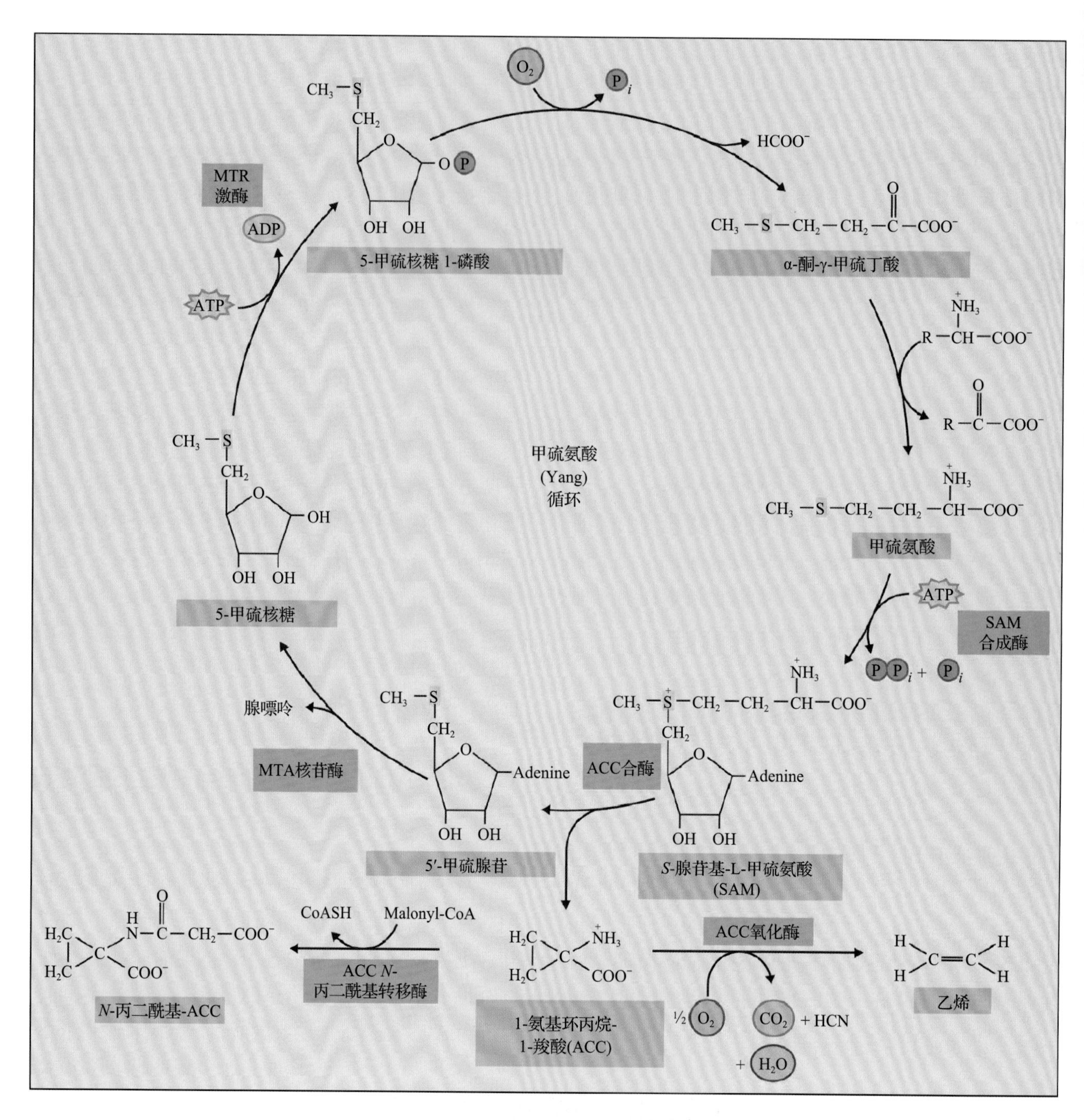

图 17.50 甲硫氨酸循环和乙烯的生物合成。乙烯是通过 SAM 和 ACC 由甲硫氨酸合成的。催化这三步反应的酶是：甲硫氨酸 *S*- 腺苷转移酶（SAM 合成酶），*S*- 腺苷 -L- 甲硫氨酸甲硫腺苷裂解酶（ACC 合酶，ACS），ACC 氧化酶（ACO）。5′- 甲硫腺苷是 ACO 催化的反应的一个产物，通过甲硫氨酸循环可将这一产物回收用于甲硫氨酸的再合成（见第 7 章）。如果 SAM 的甲硫基团不能进入循环，甲硫氨酸的获得及乙烯的生物合成都很可能受到硫的限制。通过将 ACC 转化为 *N*- 丙二酰 - 氨基环丙烷羧酸而不是乙烯，植物可以耗尽 ACC 库，因此减少乙烯的生物合成速率

价连接。这种依赖于底物的失活方式至少部分地解释了为什么植物组织中 ACS 可以快速地周转。

17.5.2.1　转录调控

乙烯生物合成速率还受到其他植物激素和乙烯本身的影响。生长素可通过提高 ACC 的生成速率来增强乙烯的生物合成。转录本分析表明，施用生长素可以导致某些 ACS 的 mRNA 水平升高，这暗示生长素是通过上调转录来起作用的，并且各 ACS 的基因具有响应生长素的顺式作用元件。在番茄果实发育和成熟期间也观察到对 ACS 转录水平的调控。未成熟的果实产生的乙烯具有自我抑制作用，并且只有某个 ACS 的基因发生转录。在成熟期间，乙烯可以促进（自动催化）乙烯产生，并且有多个不同的 ACS 的基因发生转录。

17.5.2.2 通过蛋白质周转进行调控

早期观察表明，未成熟和成熟的番茄果实中，ACS 的稳定性存在差异。近期的研究表明，ACS 周转在调节乙烯产量中发挥重要作用，并且 ACS 的 C 端区域起着调节蛋白周转的作用。ACS 蛋白的稳定性受其在 C 端区域的磷酸化影响，该区域磷酸化的蛋白质更稳定。1 型 ACS 受到 MAPK 和 CDPK 磷酸化以响应胁迫（如病原体和伤口）。磷酸化增加蛋白质稳定性，而未磷酸化的蛋白质通过尚未确定的机制降解。2 型 ACS 受 CDPK 磷酸化，这阻止了 ETO（ethylene overproducing）蛋白的结合，该蛋白质是蛋白质泛素化所需的 E3 连接酶的部分。ETO1 结合 ACS 和 CUL3（Cullin3 是 E3 连接酶的另一部分），可以催化泛素与 ACS 的连接。与 ACS 降解有关的 E- 连接酶复合物是由 E2 连接酶、Cullin 蛋白、RBX1（Ring Box 1）和衔接蛋白（图 17.51）组成的 RING 连接酶。一旦 ACS 发生泛素化，就会成为 26S 蛋白酶体的水解靶标。有关泛素化和蛋白酶体降解的更多细节，请参见第 18 章。

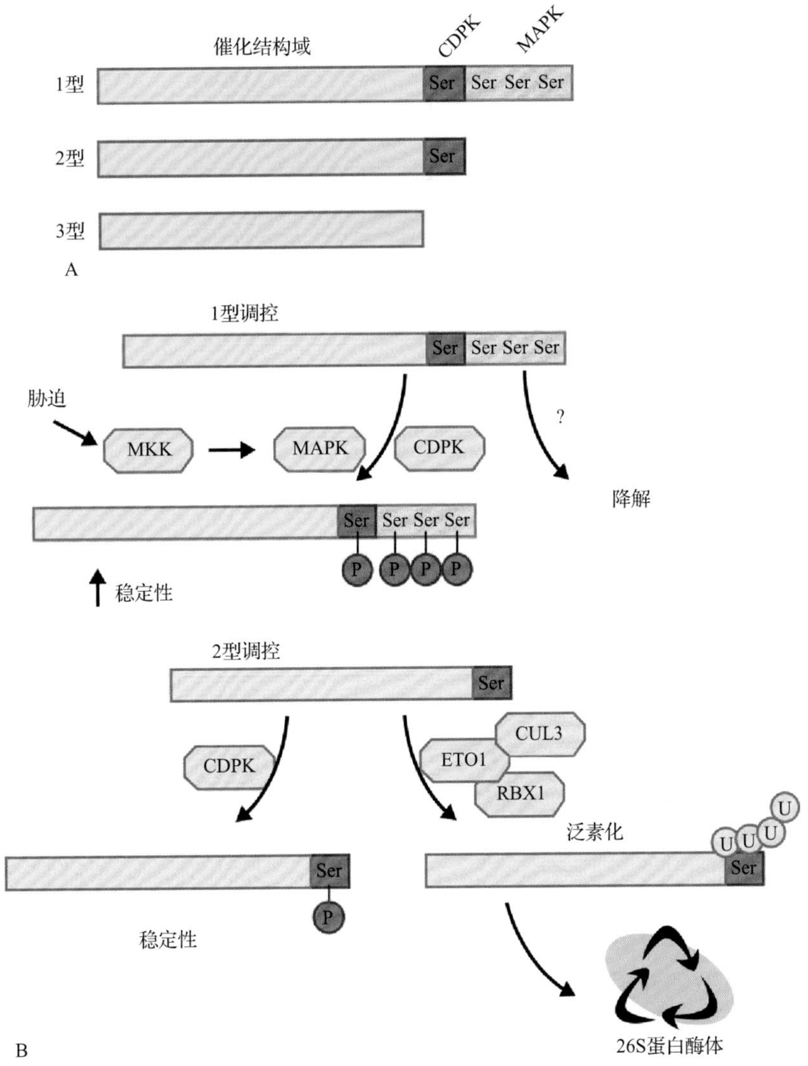

图 17.51 ACS 的类型和蛋白质调控机制。A. 根据其 C 端序列，ACS 蛋白分为三大类。1 型具有三个受 MAPK 磷酸化的保守 Ser 残基（黄色）和一个可由 CDPK 磷酸化的保守 Ser 残基（红色）。2 型略有截短，并具有可由 CDPK 磷酸化的 Ser。3 型缺乏任何保守的 C 端 Ser 残基。B. 1 型调节：C 端区域受到 CDPK 和 MAPK 磷酸化，增加 ACS 的稳定性。MAP 激酶（MKK）在应激刺激时（如受伤或病原体攻击）诱导 MAPK 活性。未磷酸化的蛋白质通过尚未确定的机制去除掉。2 型调节：C 端 Ser 受到 CDPK 磷酸化，通过阻止 ETO 蛋白的结合来增加 ACS 的稳定性。未磷酸化的 ACS 受到 ETO 结合，这有助于形成包含 Cullin3 蛋白（CUL3）和 RING Box 1 蛋白（RBX1）的 RING E 连接酶复合物。E3 连接酶将泛素（U）部分连接到 ACS 上，从而将其定位到 26S 蛋白酶体进行降解

17.5.3 ACC 氧化酶无法生化鉴定，但通过分子技术已经克隆了这个基因

ACC 到乙烯的转化是由 ACC 氧化酶（ACO）催化的，这个酶以前叫作“乙烯 - 生成酶”（图 17.50）。反应 17.1 总结了 ACO 催化的反应。

$$\text{ACC} + O_2 + \text{抗坏血酸} \xrightarrow{Fe^{2+}} C_2H_4 + CO_2 + \text{脱氢抗坏血酸} + \text{HCN} + 2H_2O$$

ACO 可受它的一个产物（CO_2）激活。此反应产生的氰化氢可通过转变成 β- 氰丙氨酸而失去活性，它进一步可代谢为天冬氨酸或 γ- 谷氨酸 -β- 氰丙氨酸。

ACO 极端不稳定，很难用传统的方法对其进行提纯。最后人们利用分子克隆的方法鉴定了此酶。在研究成熟的番茄果实基因表达的过程中，用差异筛选的方法分离出了一个 cDNA（pTOM13）。表达 pTOM13 反义基因的转基因番茄（图 17.52）中，乙烯的生物合成降低，这进一步说明 pTOM13 基因产物和乙烯的生物合成相关。将 pTOM13 cDNA 的有义链在酵母中表达后，人们最终确定了 pTOM13 产物的功能。转化了

图 17.52 反义 ACO 基因对番茄果实成熟和腐烂的影响，这些果实包括开始成熟后 3 周才采摘下来的番茄，以及室温下储存了 3 周的番茄。左图为 TOM13 反义植物后代个体的果实，它们产生的乙烯只相当于正常量的 5%。这些果实可以完全成熟，但不会过熟、变坏。右图为生长在相同条件下的野生型植株的果实，这些果实也在同样的条件下储存，它们可以产生正常含量的乙烯，而且表现了出几种过熟的征兆。来源：D. Grierson, University of Nottingham, UK，未发表

的酵母株可以把 ACC 转变成乙烯，而对照组的酵母却不能催化这一反应。这个重组的 35kDa 蛋白符合 ACO 的所有标准，包括其受 Co^{2+} 抑制。

所有的植物组织中好像都有 ACO。有饱和浓度的外源 ACC 时，通过测量乙烯的产率可得出这一结论。在胁迫的条件下，作为对乙烯的应答，以及在发育的特定阶段（如果实成熟期），ACO 的活性会显著增加。现在已经证明，衰老和成熟诱导的 ACO 活性的增加是转录增加的结果。

17.5.4 当可利用的 SAM 供给量较低时，乙烯和多胺生物合成途径会竞争这一共同底物

ACC（见图 17.50）和多胺（见图 17.63）的生物合成都涉及氨丙基的整合过程，而这个基团都来自于 SAM。特定条件下，对 SAM 的竞争会限制乙烯或多胺的产生速率。通过氨基草酰乙酸抑制 ACC 的合成会使多胺合成增多。相反，多胺的合成如果受到抑制，ACC 和乙烯的浓度都会升高。这暗示一条依赖于 SAM 的途径发生阻断时，另一条就会激活。多胺或 ACC 的需求量较少时，可避免对可利用的 SAM 的竞争，而且，5′- 甲硫核糖循环相关酶活性的上调也会补偿 SAM 以减少竞争，在这种情况下，乙烯和多胺的生物合成互不干扰（图 17.50）。是否 ACC/ 多胺生物合成途径的相互作用为控制乙烯的生物合成提供了一个很普遍的调控方法呢？这还是一个未能解决的问题。

17.5.5 绝大多数激素必须要分解代谢，但是挥发性的乙烯可以作为气体释放出来

在 1975 年以前，人们认为植物中的乙烯代谢可能是由于细菌污染而产生的假象。然而，现在有证据证明很多无菌条件下生长的植物中的 [^{14}C] 乙烯可氧化为 [^{14}C]CO_2 或转化为 [^{14}C] 氧化乙烯或 [^{14}C] 乙二醇。乙烯代谢有很高的 K_M 值，说明这是一个化学反应而不是一个生理过程。豌豆中，乙烯代谢的速率达到最大速率一半时，乙烯的浓度是图 17.49A 豌豆生长实验中的相应数值的 1000 倍。乙烯的代谢很可能是人为提高乙烯水平的结果。向周围大气中扩散可能是植物组织中丢失乙烯的主要途径。

17.5.6 抑制乙烯生物合成会延迟果实的成熟，这是生物技术研究的一个重点领域

人们对乙烯生物合成的下调非常感兴趣，因为高浓度的乙烯可以启动果实的成熟，然后导致果实（如香蕉、苹果、番茄）过熟及呼吸跃变。人们已经采用了两种不同的生物技术策略来生产抗过熟的转基因番茄。一种是过表达假单胞菌 ACC 脱氨酶基因，通过催化 ACC 转变为 α- 酮戊二酸和 NH_3 来减少果实中的乙烯含量。第二种途径是限制乙烯的生物合成，这涉及 ACO 或 ACS 反义基因的应用。对这些技术产生的转基因果实进行分析，其结果证明乙烯受抑制的程度和果实成熟速度之间存在着直接的联系。

人们已经对表达 ACS 反义基因的转基因番茄的表型进行了详细的研究。在这些果实成熟的过程中，乙烯的产量抑制了约 95%。转入 ACO 反义基因的果实可以正常生长、变色、褪绿，并且和非转基因番茄一样，在发育的某一时期积累番茄色素。然而，转基因番茄红色较浅，对过熟和皱缩的抗性增加，并且即使长期在室温储存（图 17.52），这种番茄也不会很快变软。为了让这种转基因番茄充分成熟，可以让它在植株上多待一段时间。乙烯类产品也可以用在其他呼吸跃变的水果上，如西瓜、梨、猕猴桃、苹果、油桃、鳄梨，以及其他一些外来的热带水果。在此之前，除了原产地，其他地方很难见到这些水果，因为它们很容易过熟腐烂。这种转基因技术还可用来延迟花的衰老，或者延长切花的寿命。

17.6 油菜素类固醇

在20世纪60年代早期，研究者就认为花粉粒的快速萌发、生长与一种生长启动因子有关。欧洲油菜（*Brassica napus*）花粉粗提物能够诱导斑豆节间的快速伸长，但这一过程又区别于GA介导的茎伸长过程。这个早期的研究引导人们在1979年鉴定和分离了第一个甾醇类植物生长因子，即油菜素内酯（图17.53）。第二种植物甾醇——栗甾酮（图17.53）是从日本栗（*Castanea*）的虫瘿中分离出来的。在这个报道之后，人们已经从各种植物中分离出了很多相关的甾醇化合物，现在统称为**油菜素类固醇**（**brassinosteroid**, BR）。它们均在水稻叶片倾斜度检测实验中表现出显著的生物学活性（图17.54）。

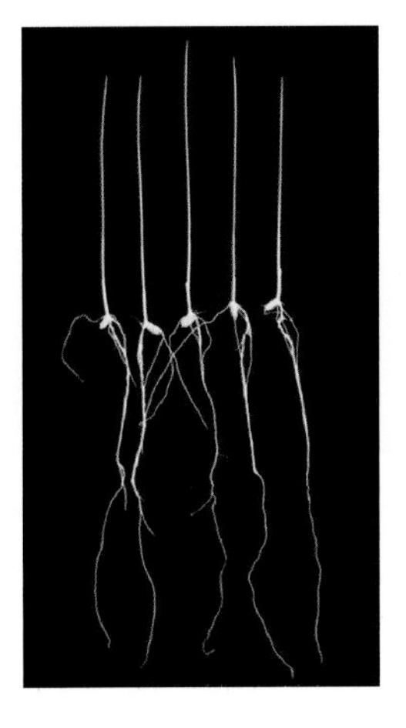

图17.54 获取黄化水稻幼苗的离体叶片（左），用以研究提高油菜素内酯浓度对水稻叶片倾斜度生物测定的影响（右）。油菜素内酯和其他的BR可以诱导叶片和叶鞘之间节的近轴细胞的剂量依赖性膨胀。这种生物检测很敏感，可以用来研究BR结构-活性关系，也可以用来筛选植物提取物组分以获得BR活性。来源：T. Yokota, Teikyo University Utsunomiya, Japan，未发表

BR存在于藻类、蕨类、裸子植物和被子植物中，但在微生物中还未检测到。现在已经鉴定了40多种BR，它们在结构上都是C_{27}-、C_{28}-、C_{29}-甾醇，只是A环和B环，以及侧链上的取代基不同（图17.55）。油菜素内酯是一个C_{28}-BR，在BR中生物活性最高，和一些生物合成相关的化合物一起在植物中广泛分布。人们已经利用正常的或者转化的长春花（*Catharanthus roseus*）细胞，广泛地研究了从油菜甾醇到油菜素内酯的生物合成。

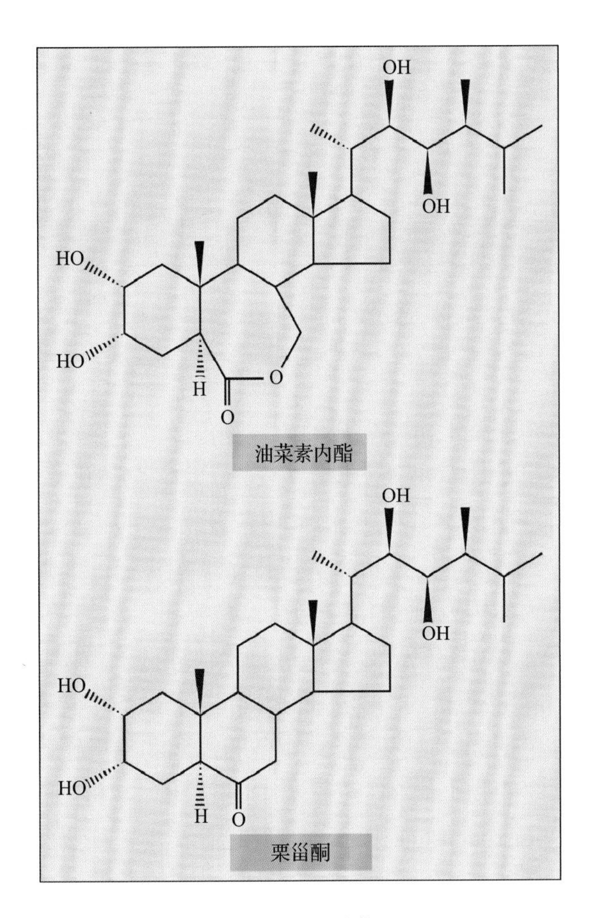

图17.53 油菜素内酯和栗甾酮的结构

17.6.1 BR影响了植物一系列形态特征

施用BR会诱导广泛的反应，包括：促进茎的伸长和花粉管生长，促进草叶片伸展，使草叶片在鞘/叶片连接处弯曲，激活质子泵，促进纤维素微纤丝重排、木质形成及合成乙烯。BR生物合成或信号转导有缺陷的拟南芥、豌豆（*Pisum sativum*）、水稻、番茄的突变体有矮化的表型，说明BR促进植物细胞的生长或者伸长。光下生长的拟南芥突变体植株在颜色上呈深绿色，且细胞较小，顶端优势减弱，雄方育性减弱（图17.56）。令人好奇的是，当这些突变体在黑暗中生长时，它们不会白化，并具有一些光下生长植株的特征。向拟南芥BR生物合成突变体施加油菜素内酯可以逆转这些不正常的表型。

17.6.2 植物甾醇——菜油甾醇是油菜素内酯的前体

所有的植物甾醇都是由环木菠萝烯醇合成而来的（图17.57）；环木菠萝烯醇是通过2，3-环氧鲨烯衍生而来的；相比之下，动物体内的胆固醇生物

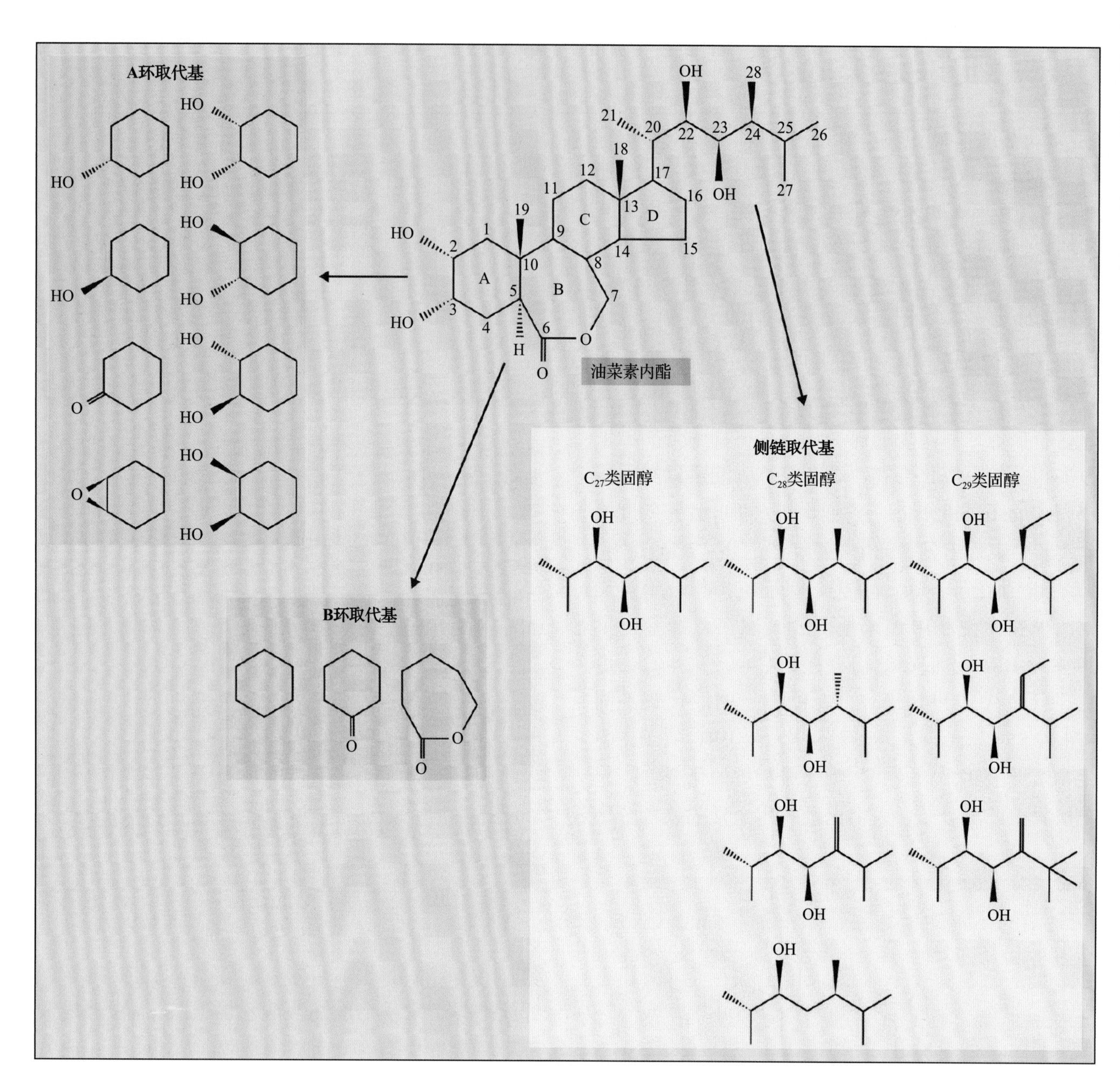

图 17.55 天然 BR 的 A 环、B 环和侧链的功能性基团。油菜素内酯是最具生物活性的 BR

图 17.56 6 天的拟南芥幼苗：左侧为野生型，中间为缺乏油菜素内酯的 *det2* 突变体，右侧为缺乏油菜素内酯的 *dim* 突变体。来源：T. Yokota, Teikyo University, Utsunomiya, Japan，未发表

合成是由羊毛甾醇生成的。植物甾醇的一个典型特征是用 C_1 或 C_2 取代基在 C-24 位发生烷基化作用。然而，胆固醇作为植物体内广泛分布的甾醇，却在 C-24 位上不发生烷基化作用（图 17.57）。通常在植物体内发现的甾醇包括谷甾醇（C_{29}）、豆甾醇（C_{29}）、菜油甾醇（C_{28}）、24- 表菜油甾醇（或者 22- 二氢 - 菜油甾醇）（C_{28}）和胆固醇（C_{26}）。更稀有的甾醇包括 24- 亚甲基 -25- 甲基胆固醇和甾醇生物合成的中间物［如 24- 亚甲基胆固醇（C_{28}）和异岩藻甾醇（isofucosterol，C_{28}）］等也存在于一些物种中（图 17.57）。除了豆甾醇，人们认为所有的这些化合物都是 BR 的前体，因为它们和 BR 衍生物具有

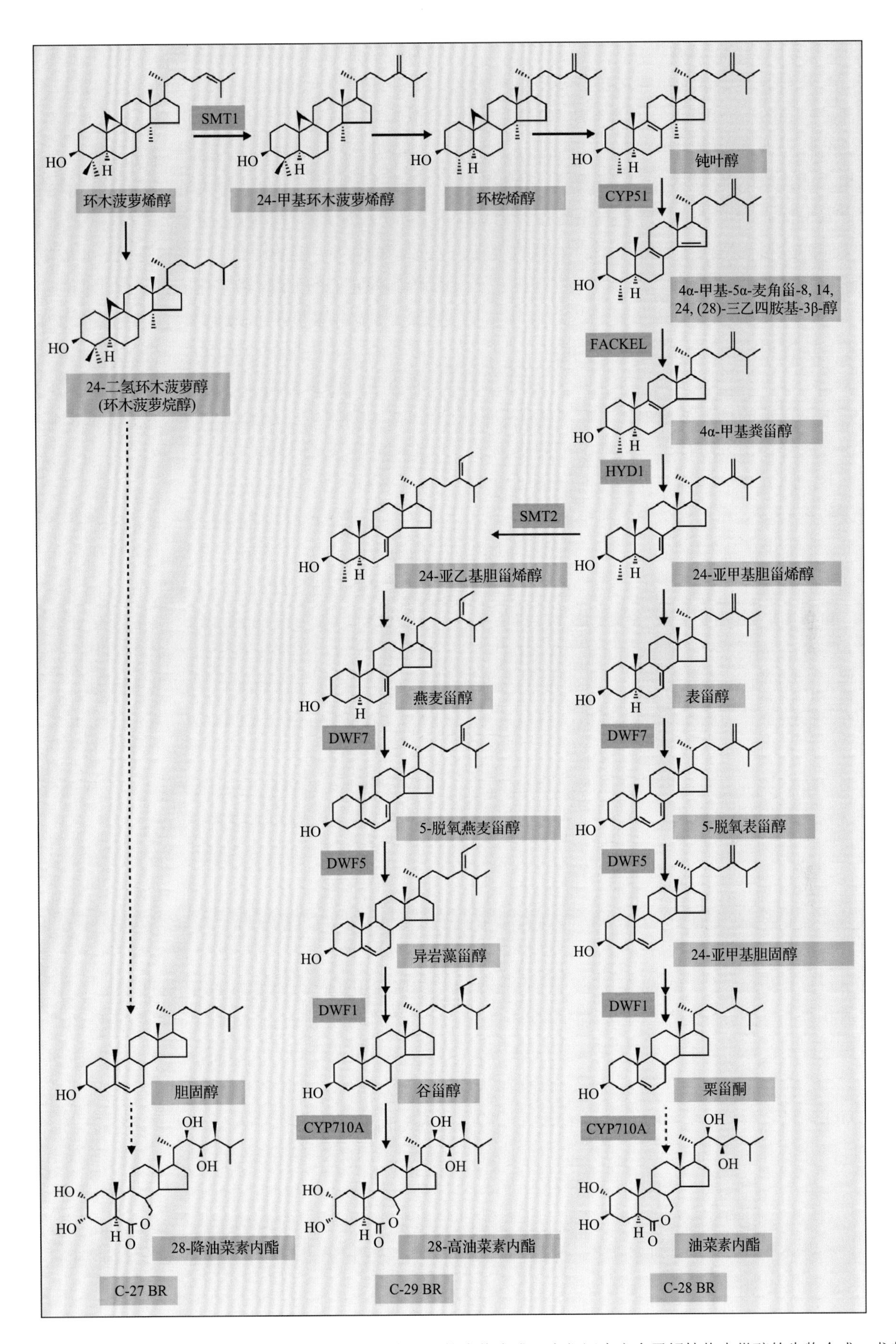

图 17.57 维管植物中甾醇的生物合成及拟南芥突变体中受损的生物合成。人们还未完全了解植物中甾醇的生物合成，尤其是胆固醇的合成。虚线表示多个步骤。图中标明了拟南芥基因产物作用于该途径的位点：CYP51; CYP710A; DWF1、DWARF1; DWF5、DWARF5; DWF7、DWARF7、FACKEL; HYD1、HYDRA1; SMT1、STEROL METHYLTRANSFERASE1; SMT2、STEROL METHYLTRANSFERASE2

相同的C-24位和C-25位取代基。

谷甾醇是含量最丰富的甾醇，在许多植物中占甾醇总含量的50%～80%，但可能不是BR生物合成的首选前体。在许多植物中，油菜素内酯及其生物合成相关的化合物是主要的BR类物质，这说明在生物合成中优先利用菜油甾醇。对甾醇生物合成缺陷突变体的分析表明，谷甾醇和菜油甾醇的合成利用相同的酶。

17.6.3 从菜油甾醇合成油菜素内酯

人们在长春花的培养细胞中建立起了油菜素内酯的生物合成途径，方法是用同位素标记的底物培养细胞，并追踪它们的代谢。对BR生物合成缺陷型突变体的表型拯救和内源性BR水平的分析，为揭示代谢途径提供了新的手段。由于有许多C-6-脱氧中间产物的存在，导致产生了早期C-6氧化途径和晚期C-6氧化途径。随后研究者们提出，油菜素内酯的生物合成是通过“代谢网络”发生，其中某些C原子的氧化顺序是任意的。对重组酶的分析和对不同底物的亲和力的检测，也提供了对反应顺序的新见解。人们已经达成共识，即油菜素内酯的生物合成通路不是单一的，但最可能的通路是通过BR晚期C-6氧化，如下所述。

17.6.3.1　第一步反应

生物合成油菜素内酯的第一步是将菜油甾醇转化成其22-羟基化产物（22*S*）-22-羟基菜油甾醇（图17.58）。拟南芥*DWARF4*基因编码细胞色素P450酶CYP90B，这个酶更容易使菜油甾醇而非菜油甾烷醇发生羟基化，因此菜油甾醇向油菜素内酯的转化是优先反应。然后CYP90A1将（22*S*）-22-羟基菜油甾醇转化成C-2酮，而酮部分是DEETIOLATED2（DET2）的5α-还原酶活性的底物。拟南芥矮化突变体*det2*中，D4键的还原受损。这个反应类似于动物中睾酮到二氢睾酮的转变。由*DET2*基因推导出的氨基酸序列和哺乳动物类固醇5α-还原酶具有40%的序列相似性，后者催化NADPH-依赖性的睾酮到二氢睾酮的转变。

17.6.3.2　C-23羟基化

在之前的研究中，人们认为由*Constitutive photomor-phogenic and dwarfism*（*Cpd*）基因编码的CYP90A是油菜素内酯生物合成中的C-23羟化酶。然而现在认为，细胞色素P450酶CYP90C和CYP90D催化BR的C-23羟基化（图17.58）。在拟南芥中，这些酶功能冗余，因为只有*cyp90C cyp90D*双突变体具有明显的矮化表型。重组酶的实验表明，CYP90C1和CYP90D1均能够将（22*S*，24*R*）-22-羟基鞘果烯-4-烯-3-酮、（22*S*，24*R*）-22-羟基-5α-麦角菌素-3-酮和3-表-6-脱氧胞外酯转化为它们的C23-羟基化产物。但它们对（22*S*）-22-羟基甾醇和6-脱氧胞外酯的羟化能力有限。这表明油菜素内酯的生物合成是通过一种新的、优先的通路，这条通路与之前发现的通路相比，简化了一些中间产物（如6-脱氧肉豆蔻酮和6-脱氧柚皮甾酮）的合成（图17.58）。

17.6.3.3　C-6氧化

通过转座子标签的方法克隆得到了番茄（*S. lycopersicum*）的*Dwarf*基因，并发现它编码细胞色素P450酶CYP85A1。CYP85A1催化6-脱氧肉豆蔻酮转化为栗甾酮（CS）。番茄中的*CYP85A3*是*CYP85A1*的同源基因，在果实中特异表达，可将6-脱氧肉豆蔻酮转化为油菜素内酯。在拟南芥中，CYP85A1和CYP85A2功能冗余，单基因功能缺失突变体具有弱表型或没有表型。生化分析表明CYP85A1可以催化合成栗甾酮，而CYP85A2可以催化合成栗甾酮和油菜素内酯。

17.6.3.4　油菜素内酯生物合成的转录反馈调控

在拟南芥中，有生物活性的BR可以下调*CYP85A1*、*CYP85A2*、*CYP90B1*、*CYP90C1*和*CYP901*的转录。反馈调节需要通过有功能的BRASSINOSTEROID-INSENSITIVE1（BRI1）受体，因为缺乏该受体的突变体呈现反馈调节的缺陷，P450转录水平极高，并能观察到BR积累。BRASSINAZOLE RESISTANT 1（BZR1）是参与BR信号转导的转录因子（见第18章），已经鉴定出了与BZR1结合的BR应答元件，BZR1作为抑制蛋白与其结合，抑制基因表达。在BR生物合成中，其他P450基因的启动子中也已鉴定出这种应答元件，表明BR生物合成基因共同受到抑制。

17.6.4 使用化学抑制剂可解析BR生物合成途径

使用植物激素生物合成抑制剂可补充那些使用

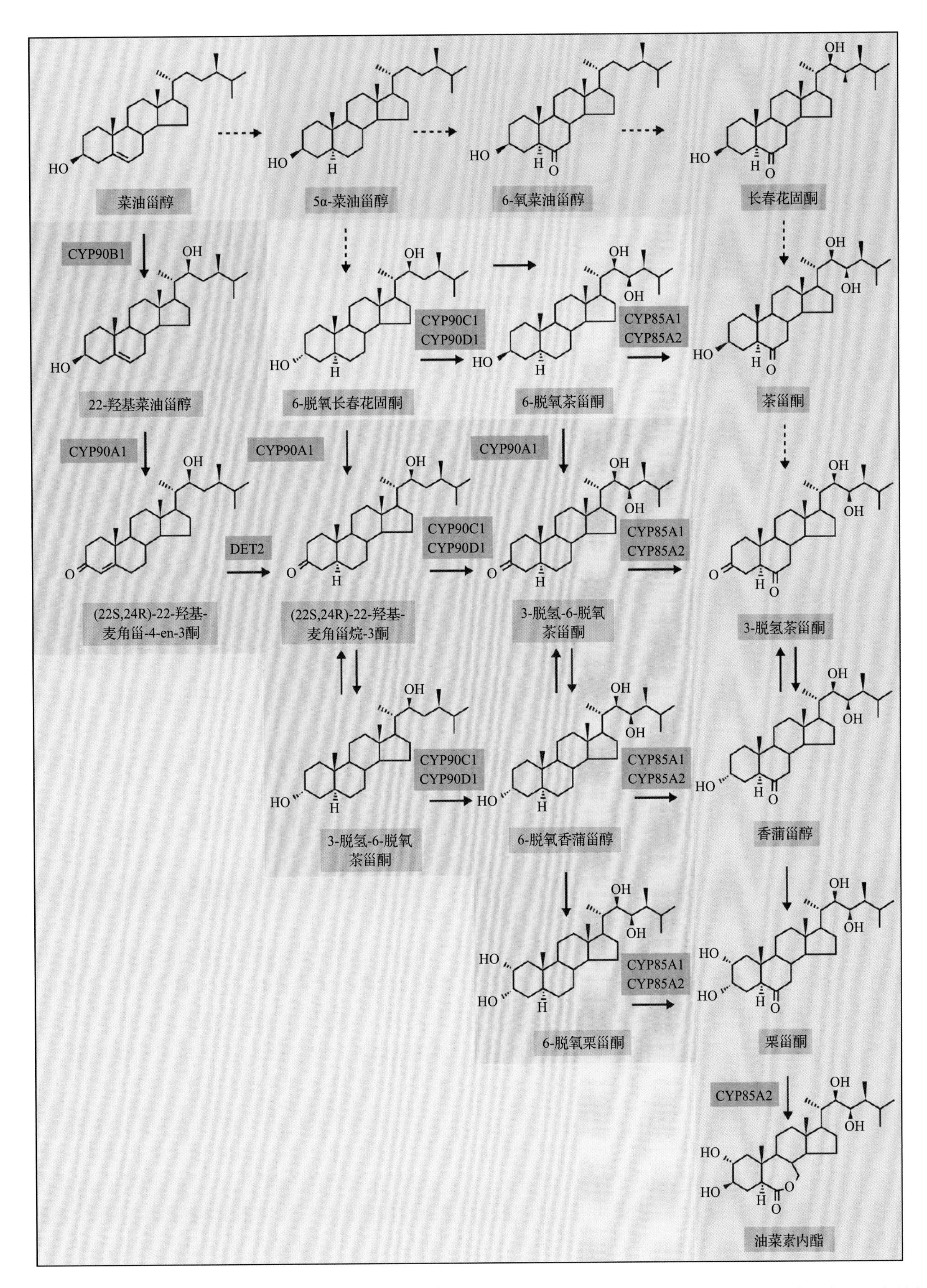

图 17.58 来自菜油甾醇的油菜素内酯的生物合成。具有绿色背景的中间体最初是作为早期 C-6 氧化途径观察到的。具有粉色背景的中间体表示最可能的合成途径。图中标示了细胞色素 P450 酶的位置和类别：85A1，C-6 氧化酶（非内酯化）；85A2，C-6 氧化酶（内酯 -BL 形成）；90B，C-22 羟化酶；90C / D，C-23 羟化酶；DET2，DEETI0LATED2 =5α- 还原酶；CYP90A1，C-3 氧化。虚线箭头表示可能的多酶催化反应与其他介入中间体，实箭头表示单步

生物合成突变体的研究，阐明代谢途径。它们也可以在那些难以创造突变体的植物种中，为解析激素在生长和发育中的作用提供表型证据。三唑（三氮杂茂），如单效唑和多效唑（图 17.8），抑制内根 - 贝壳杉烯合酶，而内根 - 贝壳杉烯合酶是一种与 GA 生物合成有关的细胞色素 P450 酶（图 17.7）。用苯基取代单效唑中的叔丁基基团，产生了 BR 生物合成的强抑制剂油菜素唑（brassinazole）（图 17.8）。用油菜素唑处理拟南芥幼苗，产生了与抑制由 CYP90B 催化的 C-22 羟化酶反应的 BR 生物合成突变体类似的表型。

17.6.5 BR 的代谢途径已得到鉴定

17.6.5.1 突变体和基因

分子遗传学和化学方法都有助于阐明 BR 代谢的机制。激活标签的突变体导致 *CYP734A1* 和 *CYP72B1* 的过表达，这些突变体表现出与 BR 缺陷型矮化突变体类似的表型。*CYP734A1* 过表达突变体积累 C-26 羟基化的 BR，并且该重组酶已显示具有 C-26 羟化酶活性。*CYP72B1* 过表达突变体不积累 C-26 羟基化的 BR，其功能尚未确定。*CYP734A1* 转录水平受 BR 的正反馈调节，而 *CYP72B1* 转录似乎不受影响。

分子遗传技术也揭示了 BR 代谢中糖基化和磺化的重要性。UDP- 糖基转移酶（UGT）的分析显示植物类固醇可以作为底物，并且在拟南芥中也观察到油菜素内酯和栗甾酮的 23-*O*- 葡糖基化。在过表达 *UGT73C5* 的转基因植物中，BR 含量下降，并可通过外源施用 BR 拯救 BR 缺陷表型。尽管已经观察到重组的植物类固醇磺基转移酶可以对 BR 进行磺化，但这些酶的底物范围有限，并且在植物中未观察到 BR- 硫酸盐。

17.6.5.2 代谢物分析

对包括栗甾酮和油菜素内酯在内的 BR 代谢物的化学分析为分子遗传学实验提供了补充。对栗甾酮和油菜素内酯代谢的深入研究揭示了失活步骤，已在图 17.59 中说明，虽然也形成了许多结构尚未确定的水溶性代谢物。24- 表栗甾酮和 24- 表油菜素内酯的代谢虽然在植物中很稀少，但是已得到非常详尽的研究（图 17.60 和图 17.61）。从这些研究中，已鉴定得到 4 个基本的反应顺序。代谢类型取决于植物种和 BR 种类。

17.6.5.3 2- 和 3- 羟基的差向异构化，其后紧跟葡糖基化和酯化作用

A 环上的 α- 羟基可以通过差向异构生成 β- 羟基。在烟草和水稻幼苗中发现了少量的栗甾酮代谢产物 3- 表栗甾酮（图 17.59）。向番茄和鸟趾豆（*Ornithopus sativus*）（图 17.60 和图 17.61）的细胞培养物中施加 24- 表栗甾酮和 24- 表油菜素内酯后，也观察到了 3- 差向异构化作用。当黄瓜幼苗代谢了 24- 表油菜素内酯时，可以观察到 2- 差向异构化作用（图 17.61）。因为 2- 表栗甾酮、3- 表栗甾酮和 2, 3- 双表栗甾酮是菜豆种子中主要的内源 BR，并且其生物学活性都要比栗甾酮低，所以 2- 和 3- 羟基的差向异构化作用似乎是一种通用失活反应。

在鸟趾豆细胞中，在 3- 差向异构化作用之后，生成的 3β- 羟基基团由月桂酸、豆蔻酸或者棕榈酸酯化（图 17.60 和图 17.61）。百合花粉中包含缀合有月桂酸和豆蔻酸的茶甾酮 -3- 氧 - 酯。然而，没有香蒲甾醇、栗甾酮和油菜素内酯的酰基缀合物自然地发生，这说明只有 3β- 羟基形式对脂肪酸的缀合敏感。在番茄细胞中，3- 差向异构化后没有酯化作用，但有 2α- 或 3β- 羟基的葡糖基化作用发生。因此，在进一步缀合之前，会发生 3- 差向异构化作用以形成 3β- 羟基基团。

17.6.5.4 C-20 的羟化作用和后继的侧链裂解

对鸟趾豆细胞施用 24- 表栗甾酮和 24- 表油菜素内酯后观察到 C-20 的羟化作用（图 17.60 和图 17.61）。C-20 的羟化作用可能发生在 3- 差向异构化作用之后，紧接着 C-20 的羟化作用发生 C-20 和 C-22 之间键的裂解，由此生成孕甾烷衍生物。由 24- 表栗甾酮衍生而来的孕烷 -6,20- 双酮上的 6- 酮基基团进一步发生还原，生成 6β- 羟基基团。

17.6.5.5 C-23 羟基基团的葡糖基化

在绿豆（*Vigna radiata*）插条中，油菜素内酯几乎全部转化为 23-*O*- 葡糖苷，而栗甾酮转化到非糖苷代谢上（图 17.59）。25- 甲基多萜醇甾酮的 23-*O*- 葡糖苷和它的 2- 表异构物是菜豆不成熟种子里的内源成分。因此，在一些豆科植物中 23-*O*- 葡糖基化作用可能至少是一个重要的失活步骤。

17.6.5.6 C-25 和 C-26 的羟化作用以及后继的葡糖基化作用

在番茄（*S. lycopersicum*）的培养细胞中，栗甾

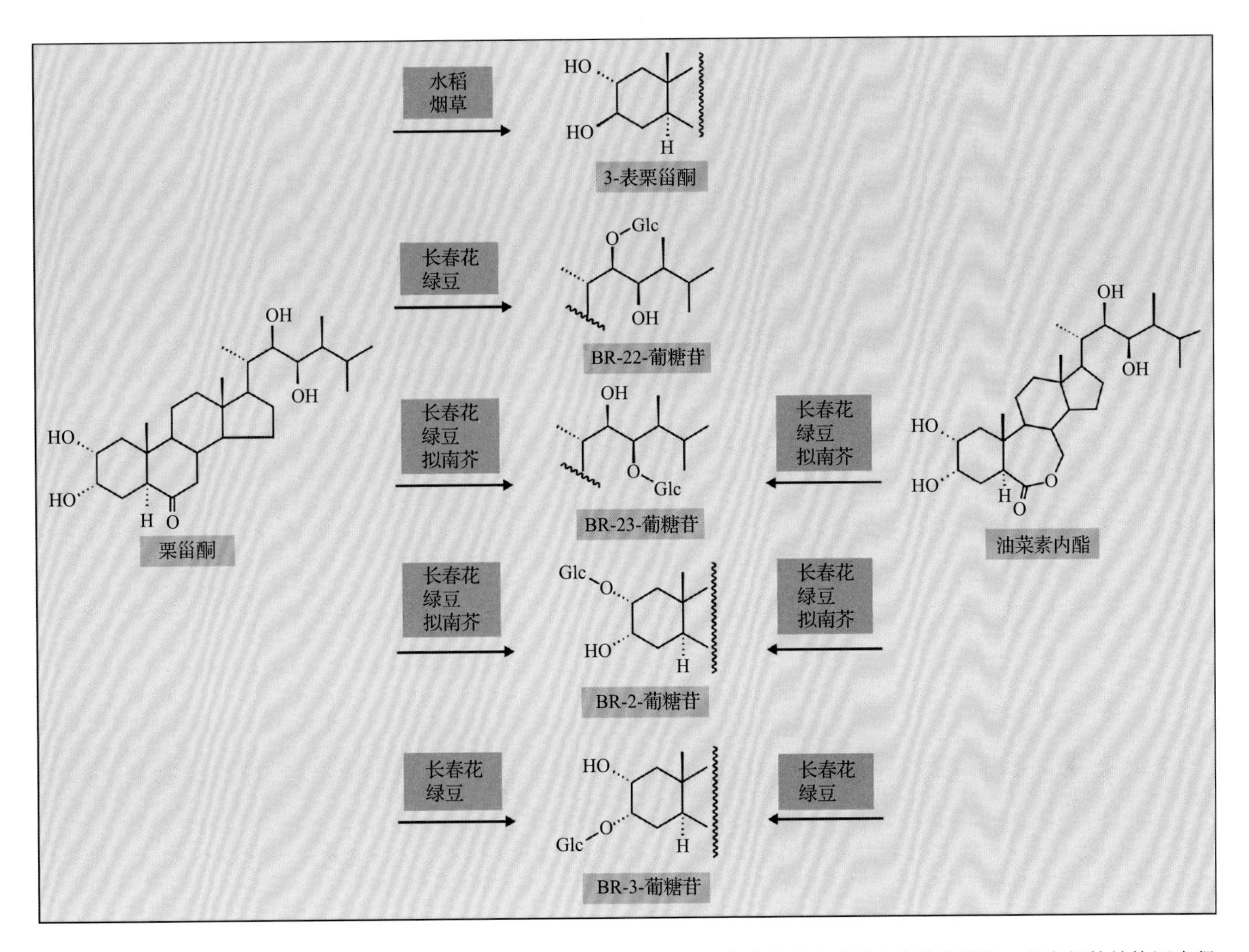

图 17.59 栗甾酮和油菜素内酯的代谢。除了图中的代谢物，栗甾酮和油菜素内酯也形成水溶的代谢物，但它们的结构还未得到确定

酮和油菜素内酯的 24- 表异构物不会代谢为 23- *O*-葡糖苷。相反，C-25 和 C-26 位置接受羟基化，紧接着接受葡糖基化（图 17.60 和图 17.61）。因此，BR 侧链的修饰可能取决于 BR 上是有 24α- 还是有 25β- 甲基基团。然而，不能将其他的可能性排除在外，因为在同一植物种中还未检测到 α- 和 β- 同分异构体的代谢。在番茄细胞中，25- 羟基 -3，24- 双表栗甾酮是由 24- 表栗甾酮衍生而来的，而在鸟趾豆细胞中 25- 羟基 -3，24- 双表油菜素内酯是由 24-表油菜素内酯生成的。

在水稻（*O. sativa*）叶片倾斜度检测实验中（图 17.54），据报道，25- 羟化作用将 24- 表油菜素内酯的生物活性提高 10 倍，而 26- 羟化作用减弱了它的活性。然而，向拟南芥 BR- 缺乏突变体施用 25- 羟基化合物时，25- 羟基化合物没有活性。在植物中还未检测到 25- 羟基油菜素内酯，在自然界产生的 BR 中，油菜素内酯表现出最高的生物活性。

17.7 多胺

多胺（**polyamines**, PA）是常见于原核生物和真核生物中的有机聚阳离子。因为多胺的聚阳离子特性，多胺对阴离子成分（如 DNA、RNA、磷酸酯和酸性蛋白质），以及膜与细胞壁中的阴离子基团具有高度亲和力。多胺刺激 DNA、RNA 和蛋白质合成中涉及的许多反应，并且对于活细胞的生长和发育是必不可少的。在植物中，多胺引发了不同的生理反应，包括细胞分裂、块茎形成、根发端、胚胎发育、花发育和果实成熟。在植物体内，多胺比起其他激素（如 GA 和细胞分裂素）要丰富得多，因为诱导一个生物学反应需要毫摩尔量级的多胺，所以在植物中多胺可能不是真正起激素的作用。相反，如同在动物中一样，它们可能直接或者间接地参与多个在细胞水平高效行使功能所必需的关键的代谢途径。

在植物和其他生物体中最常见的多胺是腐胺、

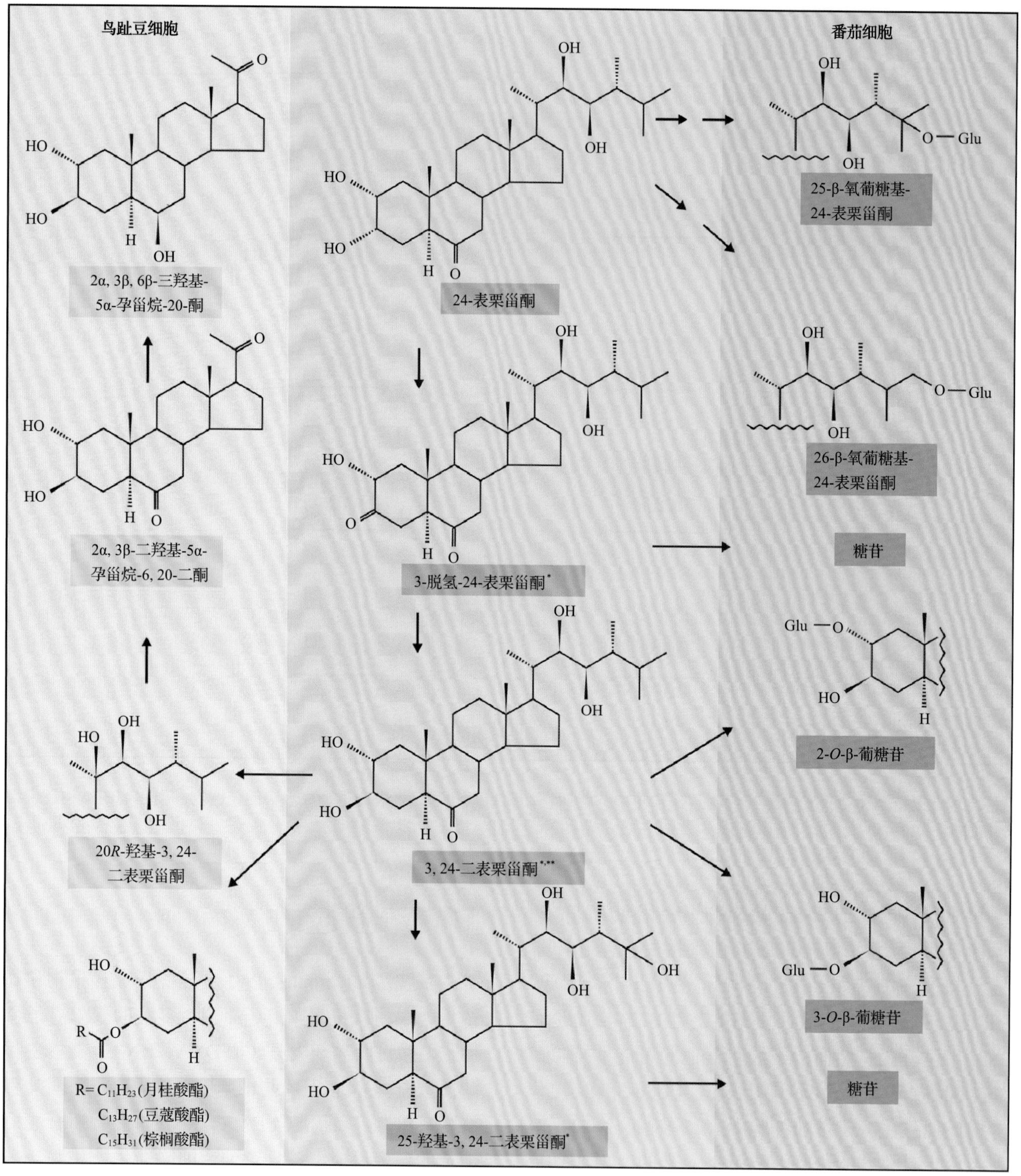

图 17.60　24- 表栗甾酮的代谢。* 表示在番茄细胞中以糖苷形式存在。** 表示在鸟趾豆细胞中经鉴定为游离形式

亚精胺和精胺（图 17.62）。另外，在植物中已经发现了几种不常见的多胺，如高精脒、去甲脒、去甲精胺、热精胺和尸胺。虽然与其他的多胺相比，尸胺（1，5- 戊二胺）要少得多，但是尸胺是豆科植物的共有成分。植物多胺以游离胺形式或者羟基肉桂酸的酰胺缀合物（如 *p*- 香豆酸、阿魏酸和咖啡酸）形式存在。这些缀合物不仅仅是总多胺库的一个重要组成部分，它们在花、种子和果实发育，以及应对病毒和真菌感染的超敏反应中也发挥重要的作用。

17.7.1　多胺生物合成的第一步是精氨酸或鸟氨酸的脱羧

多胺生物合成的第一步是由精氨酸脱羧酶

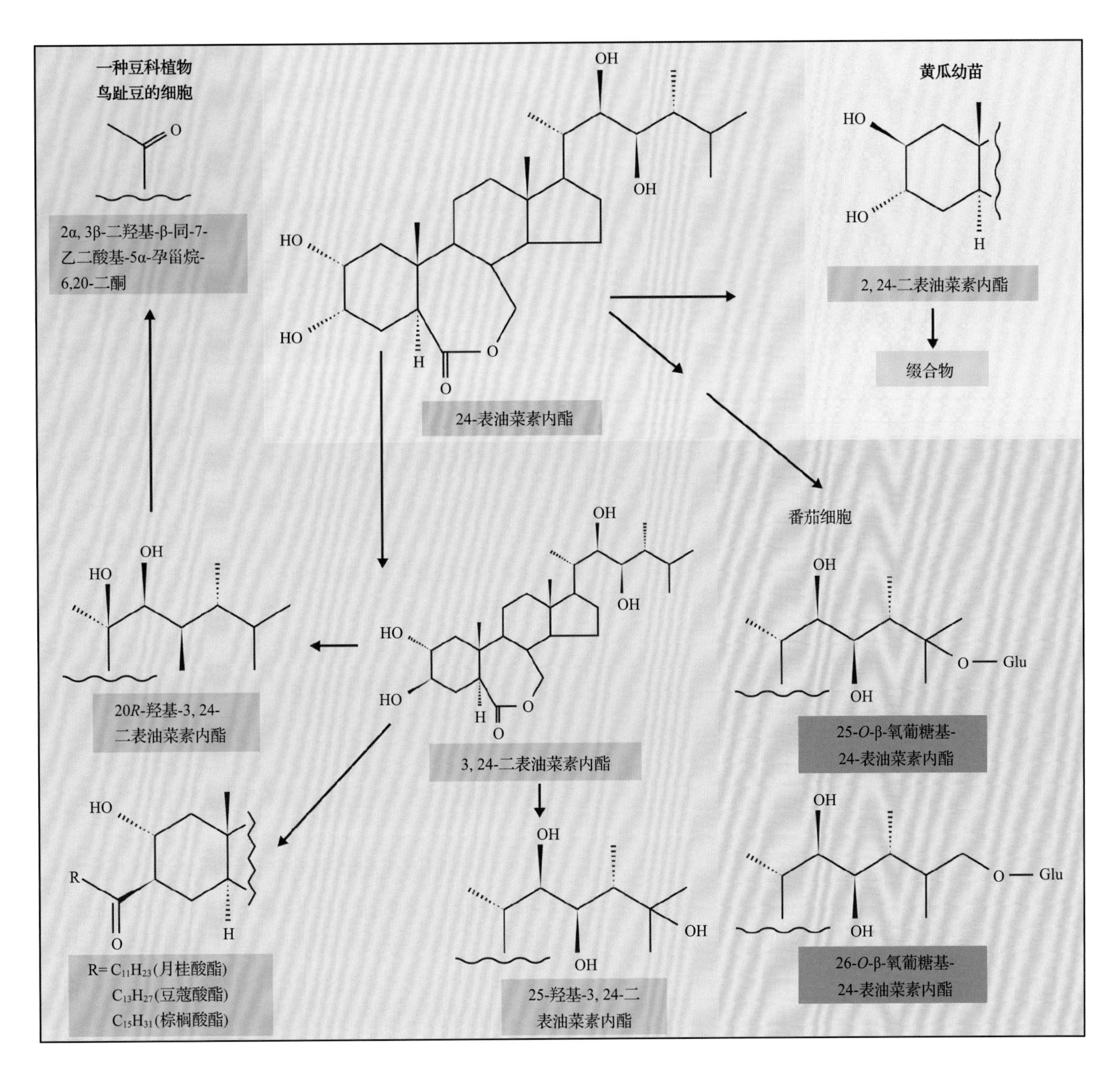

图 17.61 24- 表油菜素内酯的代谢

（ADC）或鸟氨酸脱羧酶（ODC）催化的精氨酸（Arg）或鸟氨酸（Orn）的脱羧（图 17.63）。由精氨酸合成腐胺，需要由 ADC、胍丁胺亚氨基水解酶和 *N*-氨基甲酰基腐胺酰胺水解酶催化的三个酶促反应，但腐胺也可以通过鸟氨酸脱羧直接产生。由于植物中的 ODC 通常比 ADC 活性低，因此精氨酸脱羧是腐胺生物合成的主要途径。在番茄根中，响应蔗糖、细胞分裂素和生长素的刺激时，*ODC* 的表达模式不同于 *ADC*，表明这两种途径之间的生理学作用存在差异。另外，拟南芥中有两个 *ADC* 基因（*ADC1* 和 *ADC2*），但没有 *ODC* 基因，这表明在拟南芥中，多胺仅通过 *ADC* 途径产生。拟南芥 *ADC* 双突变体的种子异常且不能萌发。

虽然有一些证据相互矛盾，但是，当存在腐胺、亚精胺和精胺时，大麦、黄麻和番茄中的鸟氨酸脱羧酶通常表现出终产物抑制。然而，燕麦、水稻、黄瓜和山黧豆（*Lathyrus sativus*）中的精氨酸脱羧酶可为精胺所抑制，却对多胺相对不敏感。在大多数组织中，精氨酸脱羧酶的活性受光和激素的调控。环境胁迫提高了精氨酸脱羧酶的活性，上调了腐胺的生成。非生物胁迫，如低温、高盐、脱水及 ABA 处理，能够诱导拟南芥中 *ADC1* 或 *ADC2* 的表达。有效的酶抑制剂 α- 二氟甲基精氨酸和 α- 二氟甲基鸟氨酸分别不可逆地抑制 ADC 和 ODC。

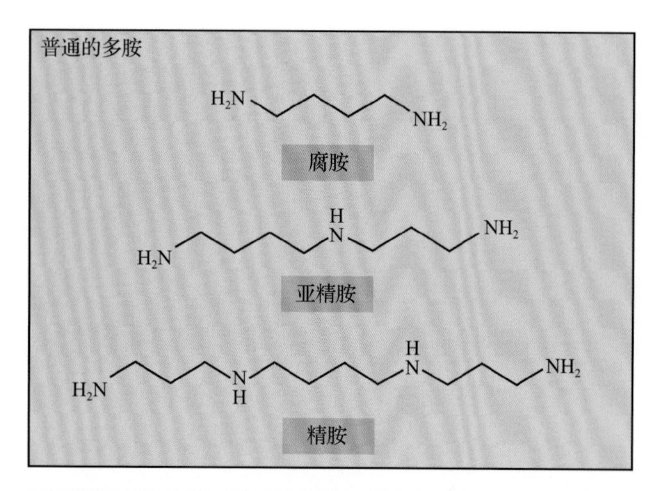

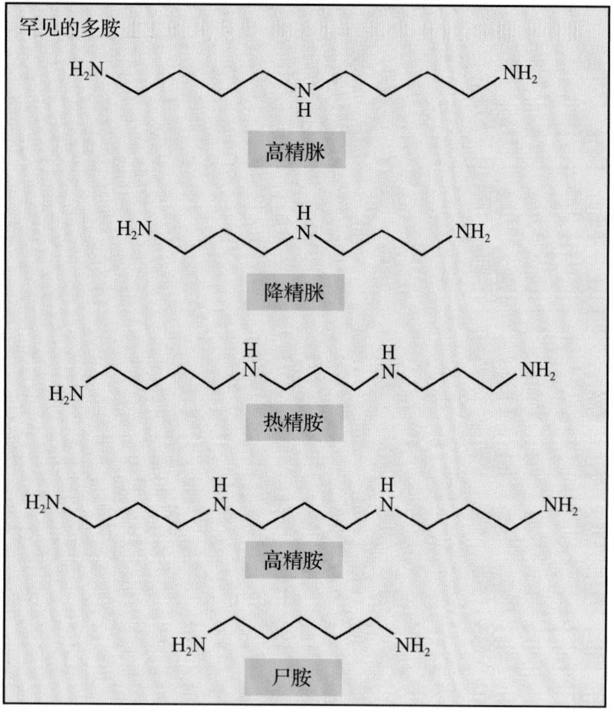

图 17.62 多胺的结构。植物中常见的多胺：腐胺、亚精胺和精胺

17.7.2 腐胺转化为亚精胺和精胺

亚精胺合酶催化腐胺转化成亚精胺，精胺合酶将亚精胺转化为精胺（图 17.63）。两种酶都将脱羧的 *S*- 腺苷 -L- 甲硫氨酸（dSAM）中的氨基丙基转移到它们各自的底物上。*S*- 腺苷 -L- 甲硫氨酸脱羧酶（SAM 脱羧酶）将 SAM 转变为 dSAM。dSAM 的合成受亚精胺的抑制，但是腐胺增多时，dSAM 的合成也增多。乙烯和多胺都是由 SAM 衍生而来，因此可能存在对 SAM 的竞争。因为多胺和乙烯相互抑制对方的生物合成，所以 SAM 命运的调控可能显著地影响到植物的生长（见 17.5.4 节）。

在拟南芥中，有两个亚精胺合酶基因（*SPDS1* 和 *SPDS2*）和两个精胺合酶基因（*ACL5* 和 *SPMS*）。最近的研究表明，ACL5 催化合成热精胺而不是精胺。ACL5 的功能丧失突变体在茎伸长方面具有严重缺陷，外源施加热精胺能拯救表型，而外源施加精胺则不能拯救表型，表明热精胺对拟南芥正常茎伸长是必需的。

17.7.3 尸胺由赖氨酸或 L- 高精氨酸合成

从 L- 赖氨酸开始的尸胺合成由赖氨酸脱羧酶催化（图 17.64）。在大多数植物组织中赖氨酸脱羧酶活性较低；然而，在豆科植物种类中，赖氨酸脱羧酶的活性随着喹嗪烷类生物碱的积累而提高，后者由尸胺合成而来。在山黧豆中，尸胺要么由赖氨酸生成而来，要么通过 L- 高精胺由 L- 高精氨酸生成而来（图 17.64）。这两种转化都是由单独一种不同于精氨酸脱羧酶和赖氨酸脱羧酶的脱羧酶催化。在植物中尚未鉴定到编码尸胺合成的基因。

17.7.4 多胺是通过氧化脱氨降解

由二胺氧化酶和多胺氧化酶催化的氧化脱氨作用使多胺分解代谢（图 17.65）。二胺氧化酶是一种含铜酶，对二胺（如腐胺和尸胺）有很高的亲和力。末端（伯）氨基经过氧化脱氨，导致氨基醛、过氧化氢和氨的共同产生。由腐胺和尸胺衍生而来的氨基醛分别自发环化生成 1- 吡咯啉和 1- 哌啶。多胺是各种重要生物碱的前体，二胺氧化酶参与含有杂环的生物碱的生物合成。

第二类植物酶多胺氧化酶以亚精胺和精胺这两种胺为底物，而不催化其他的胺的氧化。这些黄素酶氧化次级氨基，形成过氧化氢、1,3- 二氨丙烷和氨基醛。由亚精胺和精胺衍生而来的氨基醛是 4- 氨基丁醛和 4-（3- 氨丙基）氨基丁醛。部分多胺降解似乎发生在质外体中，因为在细胞壁组分中检测到多胺氧化酶活性。这些氧化酶产生的过氧化氢可能参与细胞壁的木质化。

拟南芥中有 5 个多胺氧化酶基因（*PAO1* ～ *PAO5*）。PAO1 和 PAO4 将精胺转化为亚精胺，PAO3 催化精胺转化为亚精胺及亚精胺转化为腐胺。这些证据表明这些多胺氧化酶参与反向转化途径，这已

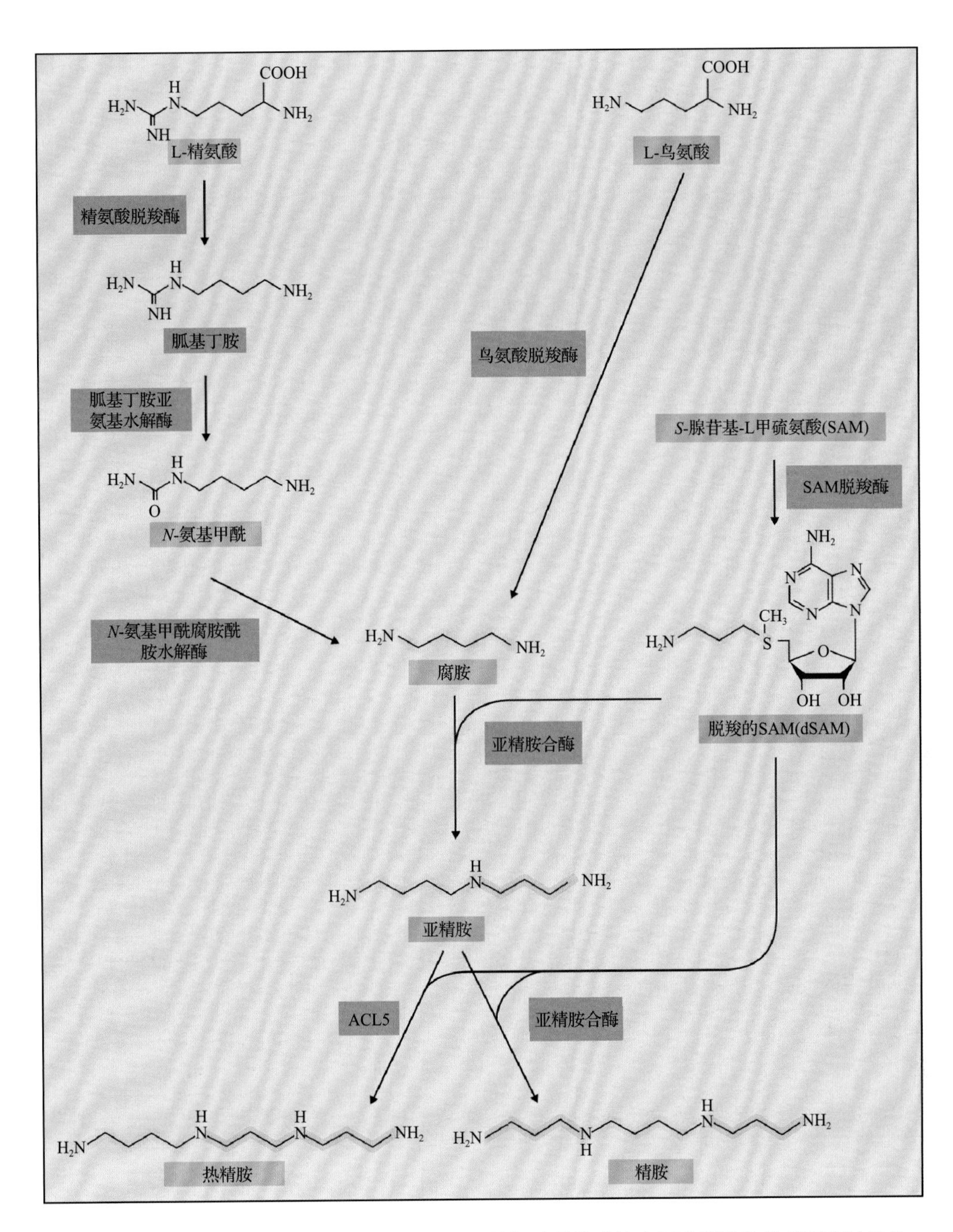

图 17.63 腐胺、亚精胺和精胺的生物合成。在大多数植物中，精氨酸脱羧酶比鸟氨酸脱羧酶具有更高的活性。一些植物种能够合成热精胺

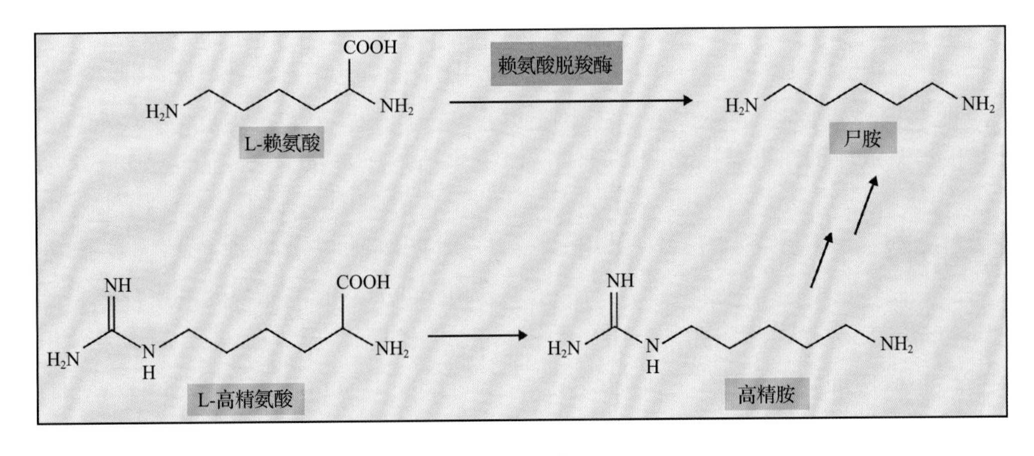

图 17.64 尸胺的生物合成。在植物中尚未鉴定出负责合成尸胺的基因

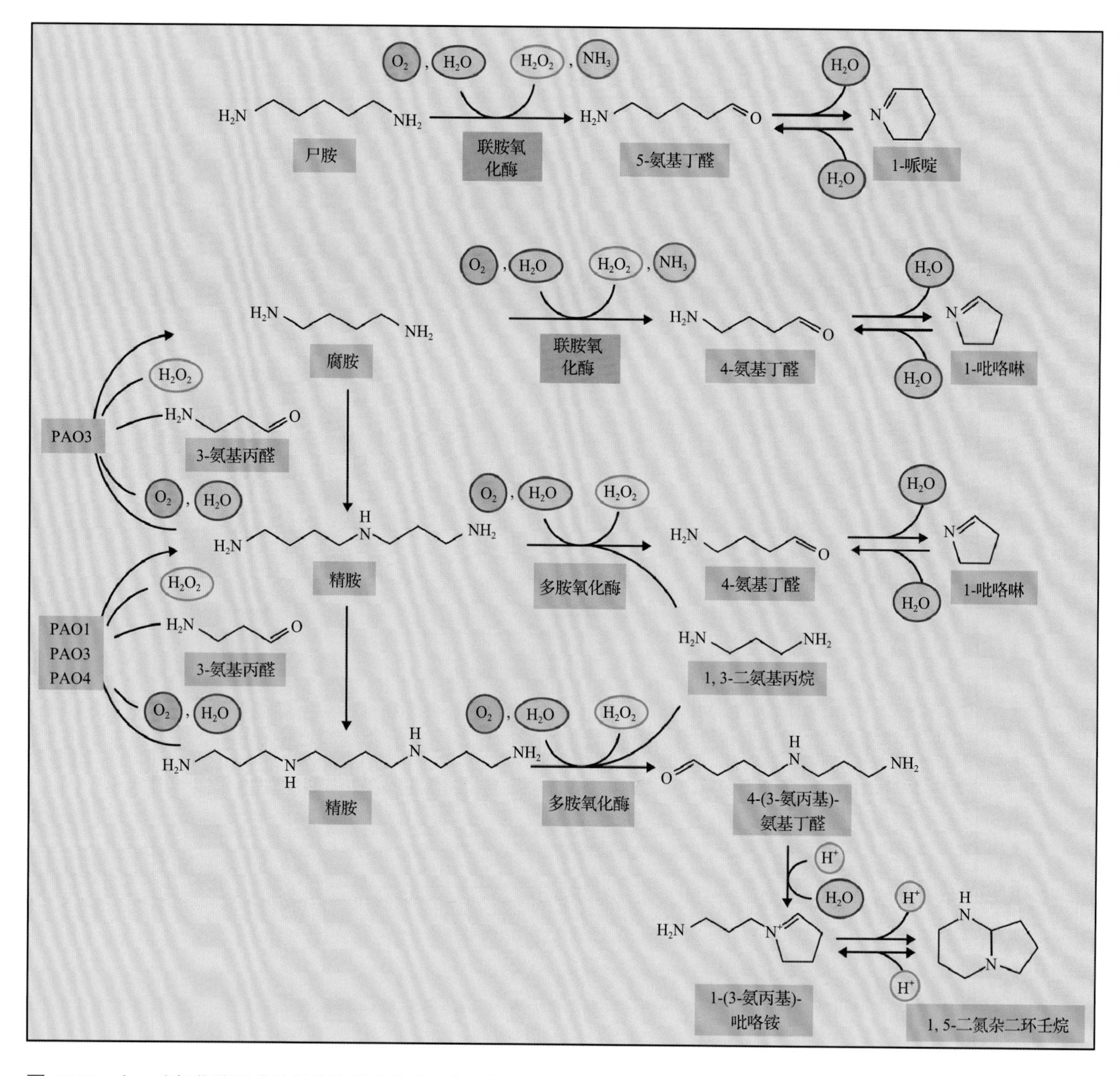

图 17.65 由二胺氧化酶和多胺氧化酶催化的多胺分解代谢。拟南芥的一些多胺氧化酶（PAO1、PAO3、PAO4）可能参与多胺的回复转换途径

经在哺乳动物中得到证实。此外，PAO2、PAO3 和 PAO4 定位于过氧化物酶体中，表明过氧化物酶体在多胺代谢中具有新的作用。由这些氧化酶产生的过氧化氢不太可能在细胞功能中发挥特殊作用，因为过氧化物酶体能够有效地消除过氧化氢。

17.8 茉莉酸

茉莉酸（**jasmonic acid**, JA）和相关化合物（通常统称为茉莉酸酯）最初是作为植物生长抑制剂分离得到的。后来的研究证明它们可以调节植物的多种生理过程，包括花的发育、对食草动物和真菌病原体的防御反应。JA 和前列腺素在结构上相似，后者是一种内分泌激素，在哺乳动物中具有多种生理活性（图 17.66）。茉莉酸酯和前列腺素都衍生自脂肪酸。素馨（*Jasminum grandiflorum*）精油中的甲基茉莉酸酯作为香料工业中的芳香成分为人所熟知。

在 1971 年，JA 作为一种植物生长抑制剂，从一种真菌——可可球色单隔孢菌（*Botryodiplodi theobromae*）的培养物滤液中分离得到。1977 年从未成熟的西葫芦（*Cucurbita* sp.）种子中分离得到南瓜酸（图 17.66），将它鉴定为一种不同于 ABA 的新型生长抑制剂。在 20 世纪 80 年代的早期，人们在包括苦艾（*Artemisia absinthium*）、蚕豆（*Vicia*

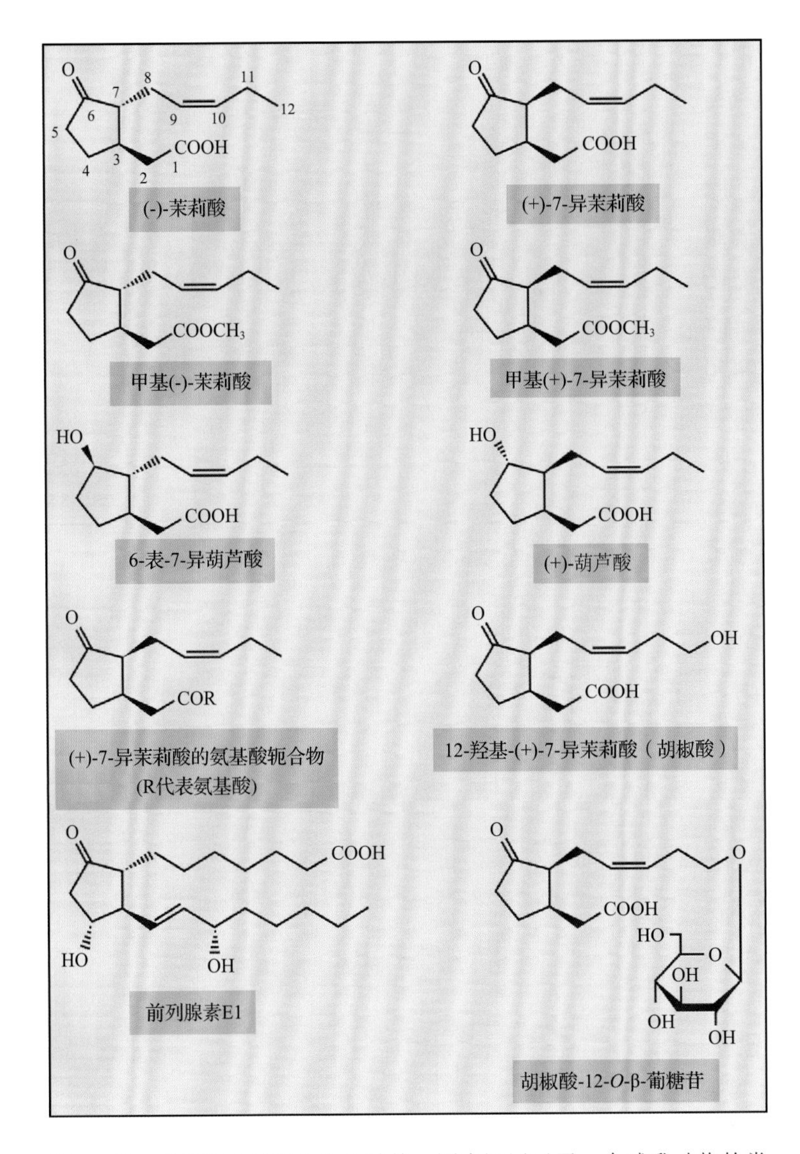

图 17.66 茉莉酸及其衍生物的结构。图中还展示了一个哺乳动物的类固醇激素前列腺素 E1 的结构

faba)、菜豆、扁豆（*Dolichos lablab*）和日本栗在内的许多植物种类中都检测到了 JA 和甲基茉莉酮酸酯，它们是促进衰老或者延迟生长的物质。1989 年，块茎酸的 12-*O*-β- 葡糖苷［即图 17.66 中 12- 羟基 -(+)-7- 异茉莉酸］被确定为土豆块茎的诱导因子。

(-)-JA 和 (-)- 甲基茉莉酸酯是植物组织中主要的茉莉酸酯。它们在自然界中存在的立体异构物，即 (+)-7- 异茉莉酮酸和甲基 (+)-7- 异茉莉酮酸酯，在植物中也可能是有活性的，因为它们在一些（而并非所有）测试系统中表现出较高的生物活性。在体外，(+)-7- 异茉莉酮酸不稳定，当用酸、碱或热处理时会发生异构化作用，并形成 9:1 平衡混合物的 (-)-JA: (+)-7- 异茉莉酮酸，因为通过利用来自 C-7 的质子，C-6 上的羰基可以互变异构成烯醇。在植物中，这种化学过程到底在多大程度上是和 (+)-7- 异茉莉酮酸到 (-)-JA 的转变相关的，人们还不清楚。人们还在争论 (-)-JA 是自然发生的还是由 (+)-7- 异茉莉酮酸衍生而来的假象。然而，在植物提取物中鉴定到反式烷基，即 6- 表 -7- 异南瓜酸（不具有 C-6 羰基；图 17.66），这支持了 (-)-JA 是植物组织的内源成分的观点。

17.8.1 茉莉酸抑制许多组织的生长过程，并且对生殖发育和病原体抗性十分重要

最初报道称，外源 JA 可以抑制水稻（*O. sativa*）、小麦（*T. aestivum*）和莴苣（*L. sativa*）幼苗的生长；而后有报道称 JA 可以抑制种子和花粉的萌发，延迟根生长，并促进卷须的卷缩。在营养库组织中，JA 含量较高；这种化合物在大豆和拟南芥的种子发育过程中调节营养储存蛋白的积累。

拟南芥中 JA 生物合成或响应严重缺陷的突变体是雄性不育的。外源 JA 处理可拯救此类 JA 生物合成突变体的育性。在拟南芥 JA 缺陷型突变体中，花药丝不能伸长到柱头上方的位置，这表明 JA 在协调花器官生长和发育的时间中起作用。另外，该突变体开花时花药不开裂，大多数突变花粉粒不存活。

JA 在植物对昆虫和坏死病病原体的抗性中起着重要作用。当植物受伤或用病原体衍生的激发因子（低聚糖）处理时，植物积累 JA 及其衍生物。用 JA 进行的外源性治疗激活了数百种防御相关基因的表达。基因表达的变化导致防御相关蛋白质和代谢物的合成上调，包括抗真菌蛋白质、拒食剂、植物抗毒素和吸引捕食性昆虫的挥发性物质。JA 处理还下调编码参与生长和初级代谢（包括光合作用）的酶的基因的表达，以便植物体内的资源可用于防御反应。

17.8.2 茉莉酸是由 α- 亚麻酸合成而来的

JA 生物合成的第一步是通过脂肪酶

从质体膜脂质中释放α-亚麻酸（一种C_{18}多不饱和脂肪酸）（图17.67）。相关的酶是在拟南芥*defective in anther dehiscence 1*（*dad1*）突变体中首次发现的，该突变体是由于JA缺陷导致花发育缺陷。脂肪氧化酶氧化α-亚麻酸生成13(*S*)-过氧化氢基亚麻酸。13(*S*)-过氧化氢基亚麻酸由丙二烯氧化物合成酶（AOS）催化转变为12,13(*S*)-环氧亚麻酸。丙二烯氧化物合成酶是一种质体定位的细胞色素P450酶，具有几个不寻常的特征。与大多数作为单加氧酶的细胞色素P450酶不同，AOS不需要氧气，因此不是氧化酶，也不需要NADPH或P450还原酶。AOS产物12,13(*S*)-对羟基苯甲酸通过丙二烯氧化物环化酶（AOC）迅速环化，产生12-氧代-顺式-10,15-植二烯酸（OPDA），即环戊酮衍生物。AOC也是一种质体定位酶，氨基末端有质体定位序列。

JA生物合成的第二阶段发生在过氧化物酶体中，表明在质体中产生的OPDA首先从该质体中输出，然后输入过氧化物酶体用于随后的代谢转化。这种运输的机制尚不清楚，而拟南芥中向过氧化物酶体的运输部分依赖于ATP-盒转运蛋白PXA1/CTS。在过氧化物酶体中，OPDA首先被OPDA还原酶（OPR）转化为3-氧代-2-（顺式-2′-戊烯基）环戊烷-1-辛酸（OPC-8:0）（图17.67）。该酶最先在白紫堇（*Corydalis sempervirens*）中纯化得到。随后在拟南芥中进行的反向遗传研究表明，由*OPR3*基因编码的特定蛋白亚型参与JA合成。OPC-8:0被羧基-CoA连接酶激活，该连接酶由拟南芥中的*OPCL1*基因编码，然后通过三轮β-氧化转化为(+)-7-异茉莉酸（图17.67和8.8.5节）。植物中的β-氧化是由酰基Co A氧化酶及L-3-酮酰基-CoA硫解酶催化的，其中酰基Co A氧化酶是一种多功能蛋白质（表现出2-反式-烯酰-CoA水合酶、L-3-羟酰CoA脱氢酶、D-3-羟酰CoA差向异构酶和Δ3Δ2-烯酰-CoA异构酶活性）。

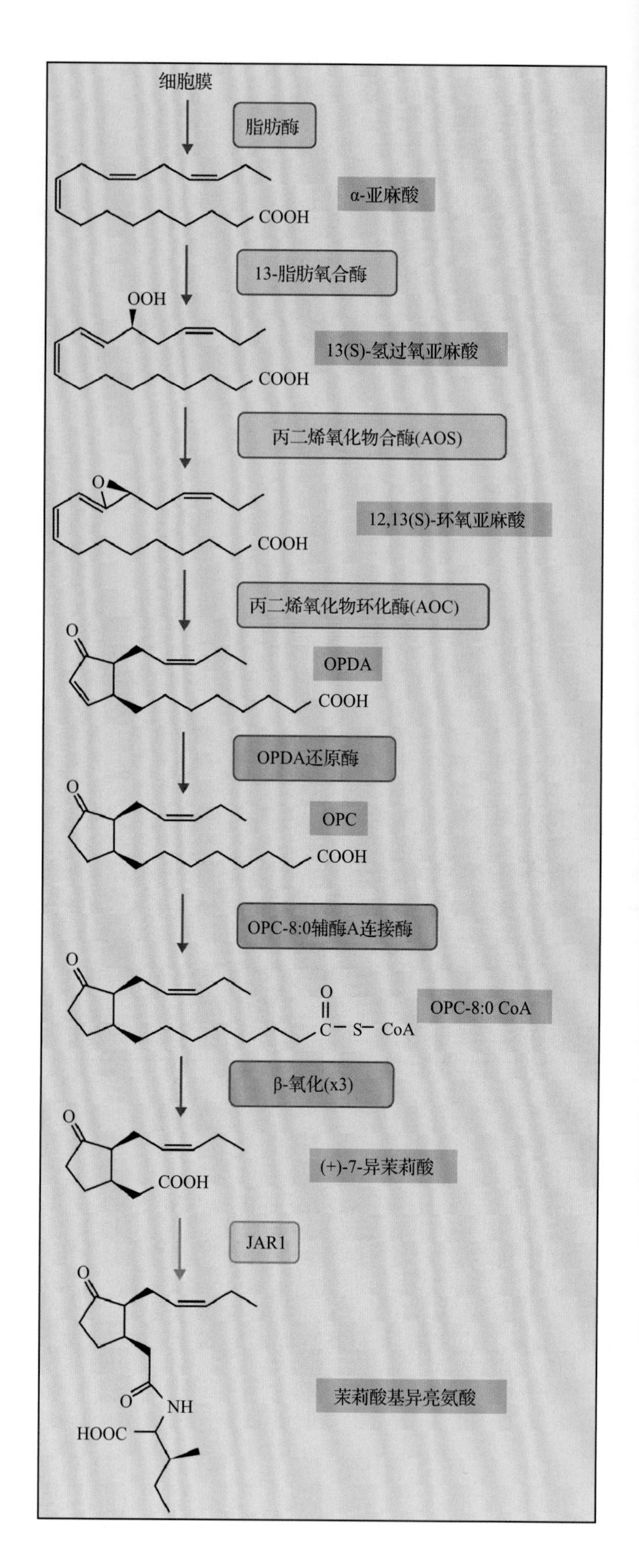

图17.67 植物中JA-Ile的生物合成途径。JA-Ile生物合成的第一步是从质体膜脂质释放α-亚麻酸。质体和过氧化物酶体中的酶及发生的代谢转化分别以绿色和蓝色显示。JAR1的亚细胞定位尚未经实验确定，但人们认为它是胞质溶酶，因为缺乏任何明显的细胞器靶向序列。OPDA，12-氧代-顺式-10,15-植二烯酸；OPC，3-氧代-2-（顺式-2′-戊烯基）-环戊烷-1-辛酸

17.8.3 茉莉酰基－异亮氨酸是茉莉酸信号途径中的活性激素

将茉莉酸分别与异亮氨酸（Ile）和其他氨基酸进行酰胺连接的缀合，可以分别产生茉莉酰基-异亮氨酸（JA-Ile）和其他茉莉酰基-氨基酸缀合物（图17.67）。在拟南芥中，这些缀合反应由*JAR1*

（*JASMONATE RESISTANT 1*）基因编码的酶催化。*JAR1* 属于一个大的基因家族，该家族的酶将底物的羧基腺苷化，接着与第二底物交换；在 JAR1 催化的情况下，第二底物为氨基酸。该反应与由 GH3 家族蛋白的亚型催化合成 IAA 的氨基酸缀合物的反应类似（见 17.4.8 节）。

分离到 *jar1* 突变体是因为其在根生长抑制测定实验中对外源茉莉酸有抗性。*jar1* 表型表明，JA 转化为 JA-Ile 是激活 JA 信号通路所必需的。最近，研究人员发现，JA-Ile 刺激 F-box 蛋白 CORONATINE- INSENSITIVE 1（COI1）与茉莉酸 ZIM 结构域（JAZ）蛋白结合，JAZ 是一类负向调节 JA 信号的蛋白质。由 JA-Ile 触发的 COI1-JAZ 相互作用，促进了 26S 蛋白酶体对 JAZ 蛋白的泛素依赖性降解。对 *coi1* 突变体的研究表明，大多数（如果不是全部的话）JA 反应需要 COI1。总之，这些结果表明，COI1 是 JA 信号的关键感知组分。与 JA-Ile 不同，其他茉莉酮酸酯化合物，包括 (-)-JA、(-)- 茉莉酸甲酯和 OPDA 等，不能在体外激活 COI1-JAZ 相互作用。这些发现表明，JA-Ile 以及其他能够促进 COI1-JAZ 相互作用的 JA- 氨基酸缀合物，在 JA 信号转导途径中起着活性激素的作用。

有证据表明，JA-Ile 的合成处于正反馈调节之下。许多编码 JA-Ile 生物合成酶的基因受 JA 处理正向调节，包括 13- 脂氧合酶、AOS、AOC、OPDA 还原酶（OPR3）和 JAR1（图 17.67）。

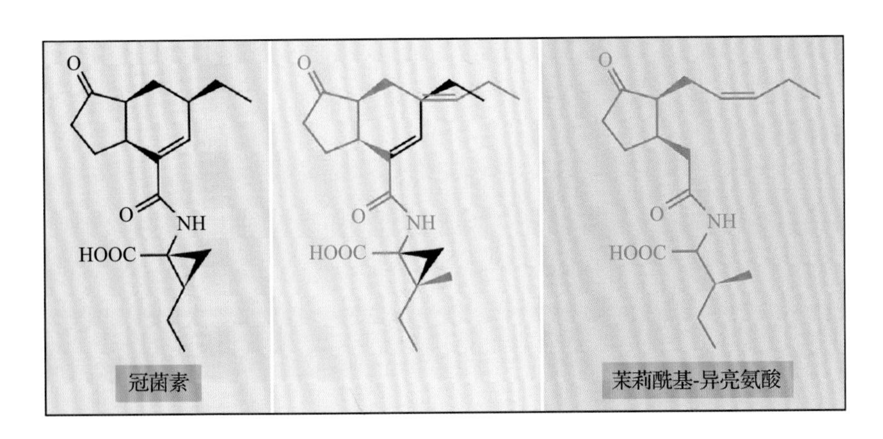

图 17.68　冠菌素（一种细菌毒素，左）和 JA-Ile（右）之间的结构相似性。为了突出相似性，对结构进行了叠加（中心）

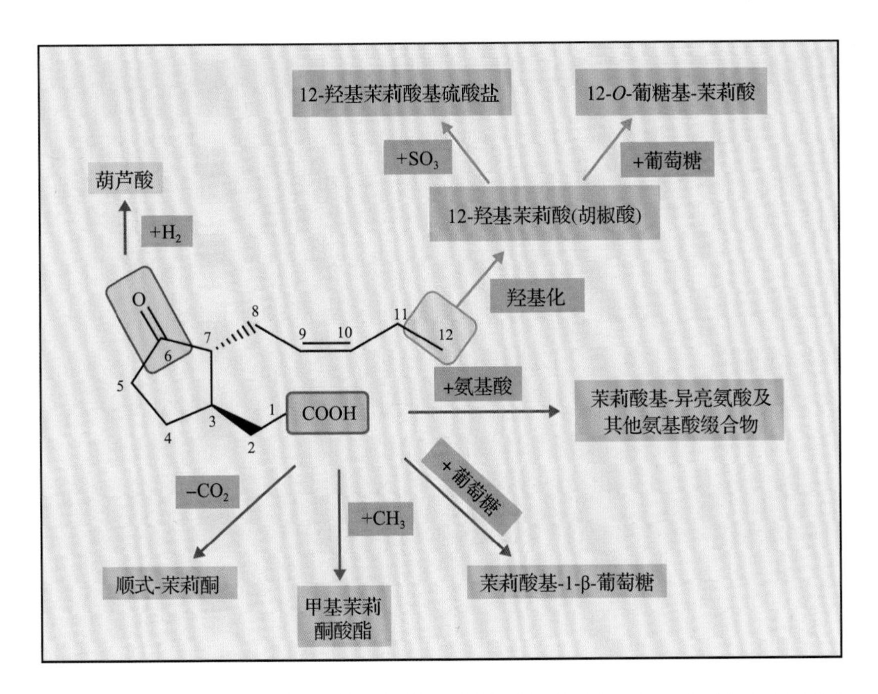

图 17.69　植物中茉莉酸的代谢。茉莉酸通过对羧基（蓝色）、C-12 氧化（橙色）或 C-6 酮（绿色）的还原进行代谢。12- 羟基 -(+)- 7- 异茉莉酮酸进一步代谢为缀合物

17.8.4　冠菌素是一种可激活茉莉酸信号转导的细菌毒素

冠菌素（coronatine, CO）是一些植物病原菌产生的植物毒素。有证据表明 CO 通过激活寄主植物中的 JA 信号发挥其毒力效应。CO 与 JA-Ile 的结构相似性，支持这种毒素作为 JA-Ile 的分子模拟物的想法（图 17.68）。最近的实验证明了这一假说，即体外实验中，CO 能够比 JA-Ile 更有效地直接结合 COI1-JAZ 复合物。CO 可能通过激活 JA 信号转导途径，来降低依赖水杨酸的抗病反应的效力。

17.8.5　茉莉酸通过多种途径代谢成各种产物

除了转化为氨基酸缀合物之外，茉莉酸还可以进行其他几种修饰反应（图 17.69）。到目前为止，只鉴定出了少数参与这些反应的酶，并且这些修饰反应的生物学作用尚未完全了解。JA 通过 SAM 依赖性羧基甲基转移酶转化为挥发性甲基茉莉酸酯。人们认为甲基茉莉酸酯是

植物间通讯中的信号气体，因伤害和其他非生物胁迫而释放。另一种挥发性化合物是顺式茉莉酮，由JA通过脱羧合成（图17.69），但是负责该反应的酶尚未明晰。在拟南芥中，受顺式茉莉酮调节的基因的表达谱表明，与茉莉酮酸甲酯处理相比，顺式茉莉酮处理会导致更独特而有限的一组基因的上调，这表明顺式茉莉酮在防御响应中的独特作用。在烟草和番茄的细胞培养物中，JA的羧基还可以通过与葡萄糖缀合进行修饰以产生茉莉烷基-1-(3-葡萄糖)。

由于在马铃薯中具有块茎诱导活性，12-羟基-(+)-7-异茉莉酸也称为块茎酸（图17.66），而它的葡萄糖苷可能是转运形式。对拟南芥磺基转移酶的生物化学功能的系统研究确定了一种酶，命名为AtST2a，该酶以3′-磷酸腺嘌呤5′-磷酸硫酸作为硫酸盐供体，催化12-羟基-(+)-7-异茉莉酸的磺化作用（图17.69）。最近对12-羟基-(+)-7-异茉莉酸及其磺化和葡糖基化衍生物的研究表明，这些化合物在许多植物种的各个器官中都有广泛分布。因此，JA的12-羟化及随后的葡糖基化和磺化似乎是植物中广泛的JA代谢途径。对环戊酮环的C-6酮基还原，会导致葫芦酸的形成。

17.9 水杨酸

水杨酸（**salicylic acid**，SA，图17.1）的医疗特性（信息栏17.1）比其在植物中的调节作用更为人所知。虽然已报道了施用SA产生的许多生理效应，但是只有少数几种影响对植物的生理很重要，例如，SA在植物中的生热作用，以及在植物应对病原体中的调节作用。

17.9.1 水杨酸可以延迟花瓣的衰老，诱导开花

水溶性的阿司匹林片剂在水中迅速崩解，乙酰基水杨酸转化为水杨酸。向装有切花的花瓶水中加

信息栏17.1 水杨酸已作为镇痛药使用了2000余年

从公元前4世纪开始，柳树、桃金娘、白杨树和绣线菊就被用于减轻各种情况引起的疼痛，包括眼疾、风湿症、分娩和发烧。19世纪以前人们不知道其活性成分，直到从柳树和其他植物资源中分离得到SA和相关的化合物，如甲基水杨酸、水杨醇和它们的葡糖苷。从美洲植物伏卧白珠树（*Gaultheria procumbens*）中提取的冬绿油是特别丰富的甲基水杨酸来源，在19世纪中期，冬绿油广泛地用作镇痛药。

1858年，在德国化学合成了SA，1874年开始了SA的商业生产，且只需制作冬绿油成本的1/10。然而，水杨酸特别苦，对胃具有刺激性，所以很难长期服用。在19世纪90年代，这个问题得到解决——德国拜耳制药公司进行的临床检测表明用SA的乙酰化衍生物替代SA可以克服这些副作用。1898年，乙酰水杨酸得到商业名“阿司匹林”。在阿司匹林得到开发的一年以内就开始制作成片剂（而不是粉剂）形式，销售量的增长速度令人吃惊。

100余年以后，阿司匹林片剂作为很多病征的治疗药剂仍在广泛销售，用于治疗感冒、头疼、发烧和风湿性关节炎。阿司匹林越来越多地用于预防和治疗心脏病及大脑血栓症。这些有益疗效归因于乙酰水杨酸延缓了会促进血栓形成的前列腺素的生成。而且，越来越多的航班乘客在飞机起飞之前服用一片起预防作用的阿司匹林，以减轻罹患与长途飞行有关的血栓和心脏问题的风险，即使这种风险相对较小。现在每年阿司匹林的世界年产量呈数千吨，在发达国家平均消费量大约是每人、每年100片。

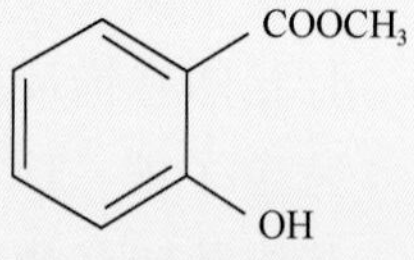

$COOCH_3$ / OH

甲基水杨酸盐

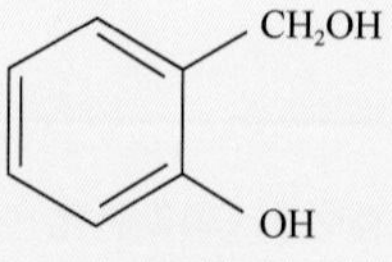

CH_2OH / OH

水杨醇

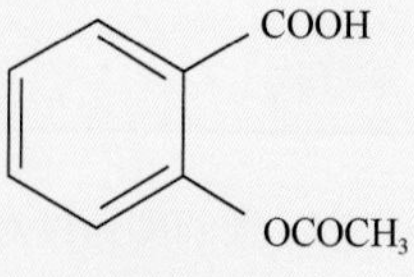

COOH / $OCOCH_3$

乙酰水杨酸

入阿司匹林，可以延缓花瓣的衰老，并且使花持续更久。这可能是乙烯生物合成速率减低的结果，因为有报道称 SA 阻断了 ACC 转变为乙烯。当小囊浮萍（*Lemna gibba*）、多根浮萍（*Spirodela polyrrhiza*）和微帚浮萍（*Wolffia microscopia*）这些长日照植物生长在非诱导性的短日照光周期下时，SA 也可以诱导它们开花（见第 19 章）。然而，这种影响是非特异性的，相关的酚也可以在这些和其他物种中刺激开花。而且，因为在营养组织和受诱导组织中 SA 的浓度是相似的，SA 不大可能是一种内源的诱导开花的信号。

17.9.2 水杨酸调节巫都百合的生热作用

最早是在巫都百合（voodoo lily，即滴状斑龙芋 *Sauromatum guttatum*）花的研究中，获得清楚的证据说明内源 SA 在植物中的调节作用。在生热作用的发生过程中，电子流的大部分由植物线粒体特有的氰化物不敏感非磷酸化电子转运途径（见第 14 章）转向光合色素呼吸途径。为其他的氧化酶提供底物的糖酵解途径的酶和三羧酸循环的酶也得到激活。通过这种交替呼吸途径，由电子流释放的能量没有以化学能量的形式储存，而是以热的形式释放出来。巫都百合的花从球茎发育而来，可以达到 70 余厘米高（见信息栏 14.2）。在开花早期，佛焰苞展开；稍后，肉穗上部开始生热，挥发出刺激性的胺和吲哚以吸引传粉者。肉穗的温度可以在午后上升到比周围温度高出 14℃，但是到晚上就降回正常温度。第二轮生热作用的爆发在肉穗下部，开始于深夜，在温度上升到多出 10℃后，结束于第二天清晨结束(图 17.70)。1937 年阿德里安•赫克(Adriaan van Herk）在他的博士论文中提出巫都百合中的生热作用是由一种他称之为“热源物质”的水溶性物质起始的，这种物质产生于位于肉穗上部和下部之间的雄花原基。1987 年，科学家发现只需按 0.12μg SA 每克鲜重的量处理不成熟的肉穗部分时，就可以引起它们的温度上升高达 12℃，由此鉴定热源物质是 SA。在上部和下部肉穗刚刚开始升温之前，SA 的内源浓度就大幅提高。

17.9.3 水杨酸的产生与疾病抗性相关

当水杨酸和超敏反应紧密联系在一起时，水杨酸引起人们广泛的兴趣。而超敏反应是一种疾病抗性机制，植物通过在真菌、细菌或病毒病原体渗入起始位点周围形成坏死斑，可以限制这些病原体的扩散（图 17.71）。局部性的细胞死亡经常和健康的远端组织的改变有关，而这种改变提高了远端组织对很多种类的病原体的第二次感染的抗性。这种增强的抗性在病原体初次侵染后的几天到一周内形成，称为系统获得性抗性（systemic acquired resistance，SAR）。植物会合成在血清学上不同且和致病机制相关（PR）的五种或者更多家族的蛋白质，这与超敏反应及系统获得性抗性有关。这些家族中

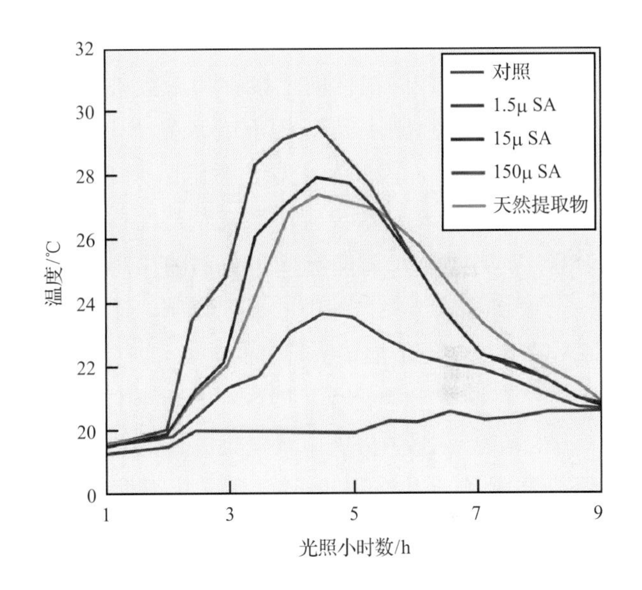

图 17.70 在施用水杨酸或者同物种雄花的粗提物后，滴状斑龙芋附器（在肉穗之上）的反应。两种外源物质的处理都可以使附器温度显著升高

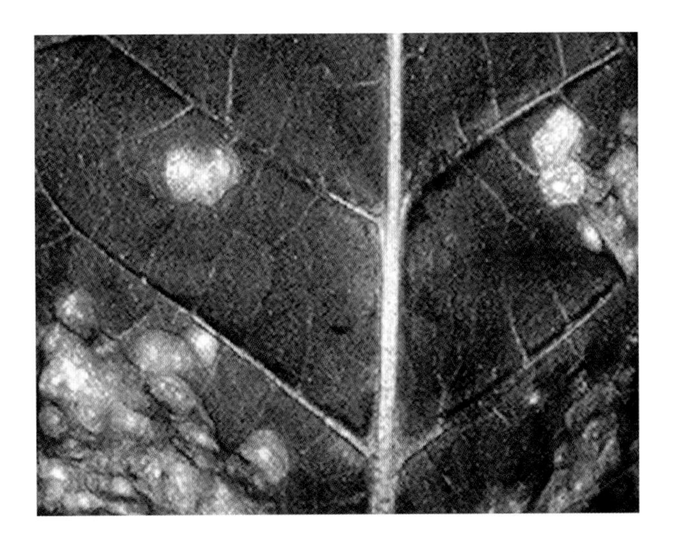

图 17.71 抗性烟草在应对 TMV 感染时叶片上形成的坏死斑。来源：J. Draper, University of Wales, Aberystwyth, UK，未发表

有两种编码起水解作用的β-1,3-葡聚糖酶和几丁质酶。虽然人们还不是很清楚其他PR蛋白家族的准确功能，但是它们的表达与植物对许多种病毒、真菌和细菌病原体的抗性相关。

人们最初指出SA参与植物的疾病防御是因为发现当用SA处理对烟草花叶病毒（TMV）敏感的烟草（*N. tabacum* cv. Xanthi-*n*）叶片后，会诱导PR蛋白的积累，并提高对TMV感染的抗性。现在已有人发现SA处理也可以诱导多种植物对许多病原体的获得性抗性。在对TMV有抗性的烟草栽培种Xanthi-*nc*而不是敏感的Xanthi-*n*中，接种了TMV的叶片的内源SA库提高了大约40倍，而在同一株植物未接种的叶片的内源SA库提高了大约10倍。在对TMV有抗性的植株的已接种和未接种的叶片中，SA含量的急剧上升平行于或者先于PR蛋白基因表达的诱导。因此，在导致激活编码PR蛋白的基因中，以及在超敏反应与系统获得性抗性的建立过程中，内源SA可能起到了关键的作用。在黄瓜、土豆和其他一些物种中的研究表明，这些反应中SA的参与并不是烟草所特有的。

虽然有这样一种论点，即SA是一种主要的长途信号，在韧皮部中由病原体侵染的位点转运到未受感染的叶片，并在那里起始系统获得性抗性反应的形成，但是，用野生型和TMV敏感的转基因Xanthi-*nc*烟草植株进行的嫁接研究反驳了这一种假说。转基因植株表达恶臭假单胞菌的*nahG*基因，这种基因的产物催化水杨酸转化为邻苯二酸，因此抑制了SA的积累（图17.72）。这项研究表明了局部性的感染导致生成一种尚未确定的移动信号，这种信号转运到远端组织，在那里它起始了诱导系统获得性抗性所需的SA的积累。

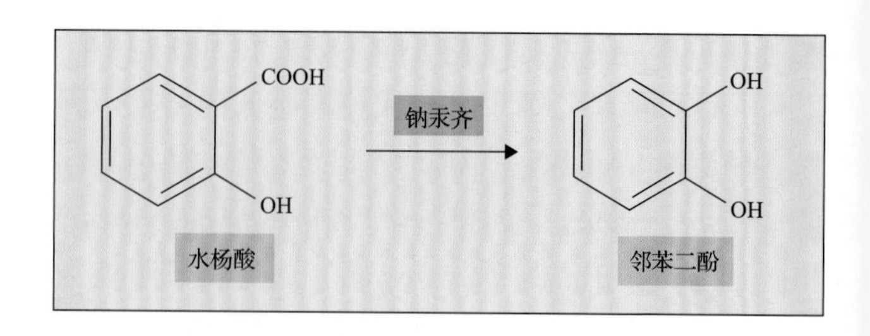

图17.72 恶臭假单胞菌（*Pseudomonas putida*）*nahG*基因的产物催化SA到邻苯二酚的代谢

17.9.4 植物中水杨酸的生物合成有两种不同的通路

1993年，有人认为烟草中水杨酸生物合成涉及苯丙酸途径的分支，此分支中将反式肉桂酸转变为苯甲酸，然后苯甲酸经过2-羟基化形成SA（图17.73）。有人认为在TMV接种后，苯甲酸缀合物的极大的一个库（$100\mu g \cdot g^{-1}$鲜组织）发生水解，释放出相当大量的苯甲酸，这就激活了苯甲酸2-羟化酶，催化苯甲酸转化为SA。苯甲酸2-羟化酶已得到部分纯化，并且具有NADPH依赖型细胞色素P450单加氧酶的特征，除了都是可溶性蛋白质外，苯甲酸2-羟化酶的其他性质也不同于膜结合的典型P450酶。没有确定编码苯甲酸2-羟化酶的基因。最近有文献报道SA生物合成的限速步骤是反式肉桂酸转变为苯甲酸，它涉及一个β-氧化途径，其中反式肉桂酰辅酶A是四种中间体的第一种（图17.73）。间接的证据支持了在SA生物合成途径中反式肉桂酸是一种关键的中间产物：转基因Xanthi-*nc*烟草植株的叶片受TMV接种后，苯丙氨酸裂合酶的活性受到抑制，但和野生型植株受到接种的叶片相比，SA增多了将近4倍。

在一些细菌中，水杨酸由分支酸合成，作为铁载体（铁螯合化合物）的生物合成前体。在细菌中，分支酸盐首先通过异分支酸合酶（ICS）转化为异分支酸，然后通过异分支酸丙酮酸裂解酶（IPL）将其转化为SA和丙酮酸。有证据表明，拟南芥中的大部分SA是由异分支酸合成的，如同细菌一样：异分支酸合酶缺陷的*ics1/sid2*突变体，在病原体感染后仅累积野生型植株5%～10%的SA（图17.73）。到目前为止，还没有在植物中报道异分支酸丙酮酸裂解酶活性。拟南芥异分支酸途径的发现提出了一个问题，即苯甲酸-途径和异分支酸盐-依赖途径的相对贡献的问题。这两条途径可能在不同的条件下进行，尽管在拟南芥中这种情况可能不是这样，因为*ics1/sid2*突变体不能积累SA以响应各种诱导SA的环境信号。两种途径的相对贡献可能在植物种中有所不同。在暴露于臭氧诱导的烟草的SA生物合成中，放射性标记的苯甲酸就引入SA中，并且*ICS*基因（基因组中独特的）不表达，表明在这种条件下SA的生物合成是通过BA依赖性途径。相反，在拟南芥中，相同的臭氧处理诱导*ICS1*基因的表达。

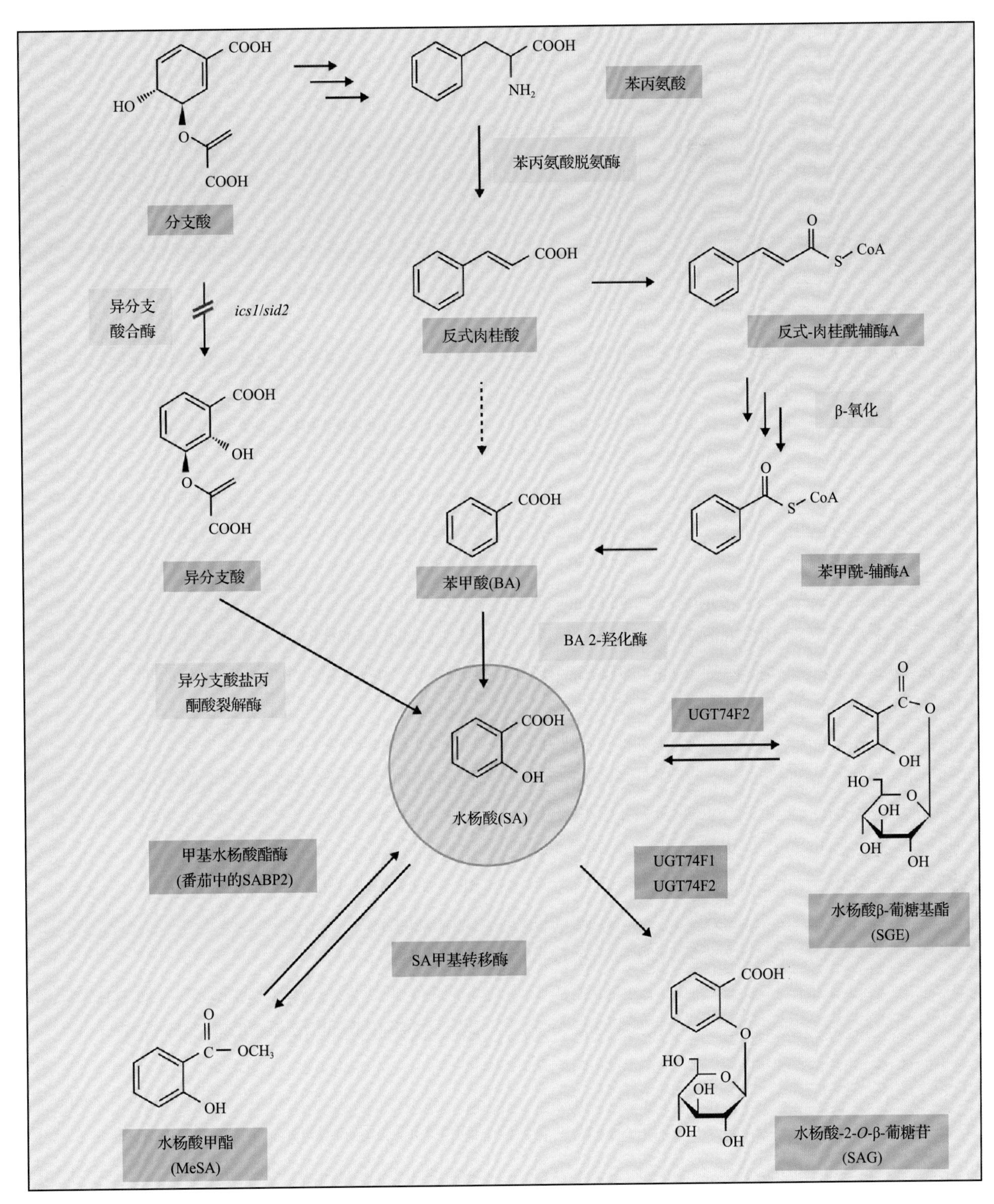

图 17.73 植物中可能的水杨酸生物合成和代谢途径。目前的证据表明，反式肉桂酸通过 β- 氧化途径转化为苯甲酸。还存在将反式肉桂酸转化成苯甲酸的不依赖 CoA 的路线（虚线箭头）。在拟南芥中，使用异分支酸合酶缺陷突变体（*ics1* / *sid2*）的研究表明，大部分的水杨酸是通过异分支酸合成的。在拟南芥中，名为 UGT74F1 和 UGT74G2 的 UDP- 葡萄糖依赖性葡糖基转移酶催化水杨酸 β- 葡糖基酯（SGE）和水杨酸 -2-*O*-β- 葡糖苷（SAG）的形成

17.9.5 水杨酸甲酯可能作为系统获得性抗性的移动信号分子发挥作用

在健康和受感染的烟草叶片中，主要的 SA 代谢物是水杨酸 2-*O*-β- 葡萄糖苷（SAG）和水杨酸葡萄糖基酯（SGE），后者只是瞬时发生并且含量少于前者（图 17.73）。已在烟草和拟南芥中鉴定了 UDP 葡萄糖依赖性葡糖基转移酶，该酶催化 SAG

和SGE的形成。SGE很容易被SA β-葡萄糖苷酶转换回SA，这在烟草叶片中已得到了部分研究。

以SAM作为甲基供体的羧基甲基转移酶，可对SA的羧基进行甲基化，形成水杨酸甲酯（MeSA）（图17.73）。已经在几个植物种包括拟南芥、烟草和仙女扇（*Clarkia breweri*）中鉴定到了这种酶。MeSA酯酶SABP2催化MeSA转化回SA，其最初是作为高亲和力SA结合蛋白在烟草中纯化得到的。SABP2蛋白的氨基酸序列表明它是α/β水解酶超家族的成员，该家族成员都具有保守的α/β核心结构域，并催化不同底物的水解。对SABP2和SABP2-SA复合体的晶体结构分析，揭示了α/β水解酶的典型活性位点，其中丝氨酸、组氨酸和天冬氨酸残基为催化三联体。SA能够结合活性位点，并作为该催化反应的有效产物抑制剂。SABP2（A13L）的13位的丙氨酸为亮氨酸所取代，会导致SA结合活性的丧失，但并不丧失其作为MeSA酯酶的催化功能。因此，这种突变型SABP2对SA产物抑制不敏感。

对*SABP2*的*A13L*突变体的实验表明，SABP2的MeSA酯酶活性对于烟草叶片中的系统获得性抗性信号转导是必需的。在转基因烟草植株受感染的叶片中，MeSA酯酶活性上升，而受感染的叶片、韧皮部分泌物和系统叶片中的MeSA浓度却不增加。此外，当受感染的叶片中SA甲基转移酶（其将SA转化为MeSA）沉默时，SAR受到阻断，而用MeSA处理下部叶片，能够在未经MeSA处理的上部叶片中诱导SAR。因此，人们认为MeSA是烟草SAR信号的重要组成部分。然而，最近的工作表明，拟南芥甲基转移酶基因表达缺陷的拟南芥突变体受病原体诱导时没有MeSA积累，但仍然表现出全身叶片中SA浓度增加，并且在局部接种病原体时发展为SAR，表明MeSA对拟南芥的SAR来说是可有可无的。因此，MeSA是否是植物SAR常见的移动信号，目前仍在争论中，需要进一步调查。

17.10 独脚金内酯

独脚金属、列当属和黑蒴属（Orobanchaceae，列当科）的寄生植物是导致世界许多地区作物产量损失的根寄生物。想要控制这些寄生植物的生长是困难的，因为它们会产生大量的种子，这些种子能够在土壤中长期存活，直到它们感知到从寄主根释放的发芽刺激物。1966年，从棉花的根分泌物中分离得到了能够刺激独脚金属种子萌发的物质的纯晶体。这种刺激物称为独脚金醇，具有特殊的化学结构，包括两个通过烯醇醚桥连接的内酯环（图17.74）。后来，从多种植物的根分泌物中分离到了刺激寄生植物的种子萌发的物质（图17.74），人们将这些与独脚金醇相关的化合物统称为**独脚金内酯**（**strigolactone**，SL）。

直到最近，寄主植物中独脚金内酯的生物学功能还不清楚。2005年发现SL是植物发出的信号，诱导丛枝菌根真菌（AM真菌）的菌丝分枝，这是在定殖初期观察到的现象（图17.75）。在超过80%的陆生植物中，都观察到了这种共生相互作用。由于AM真菌能够促进宿主植物吸收水和矿物质营养物（如磷酸盐和硝酸盐），因此认为植物演化产生独脚金内酯以使AM真菌能够在其根部定植。人们认为寄生植物利用这些化学信号来识别附近潜在的寄主植物（图17.75）。使用各种SL及其合成类似物的研究表明SL的CD环的结构对其生物活性至关重要。

对SL的广泛调查发现，它们存在于各种植物种的根分泌物中，包括AM真菌的非宿主（如拟南芥所属的十字花科）。这些发现表明，SL可能在植物中具有未确定的作用。在2008年，人们明确了SL不仅是根际的化学信号，而且还是内源性枝条分枝调节剂。

17.10.1 遗传研究表明有一种由类胡萝卜素衍生来的新型信号抑制枝条分枝

枝条分枝过程包括在叶腋中形成腋芽和随后的芽的生长。在许多物种中，只有一小部分芽生长形成分枝，芽的激活时间和激活程度受内源因素和环境因素的严格调控。人们早已知道生长素和细胞分裂素参与调节腋芽活动（见图17.37）。除了这两种激素之外，具有过量枝条分枝突变体的研究表明，某种新型的激素类化合物参与抑制腋芽的生长。这些突变体包括豌豆的*ramosus*（*rms*）、矮牵牛的*decreased apical dominance*（*dad*）、拟南芥的*more axillary growth*（*max*）和水稻特定的*dwarf*（*d*）突变体。嫁接实验表明，这些突变中的一些影响合成该激素所需的基因，而另一些则是影响感知或转导

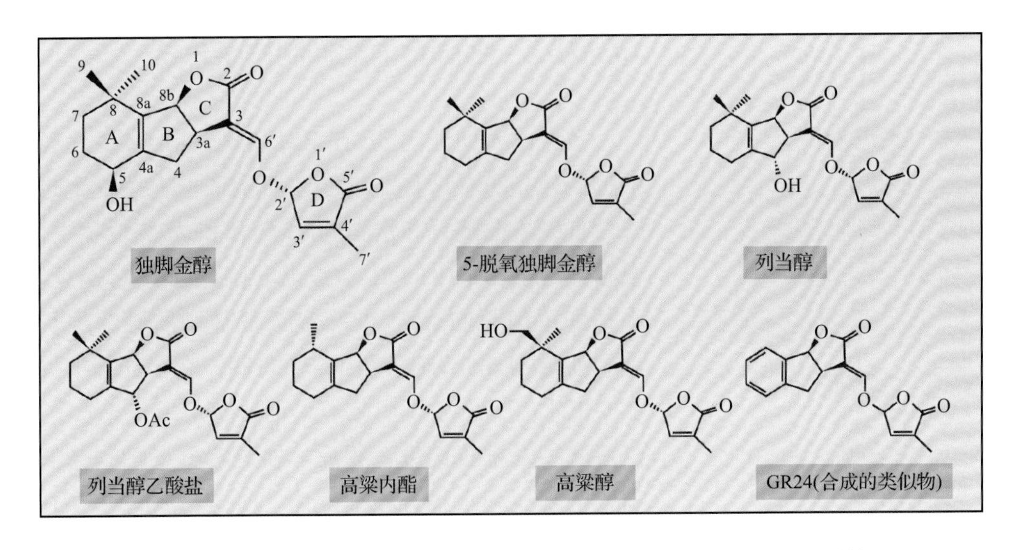

图 17.74　天然存在的独脚金内酯（SL）和合成的独脚金内酯类似物 GR24 的结构

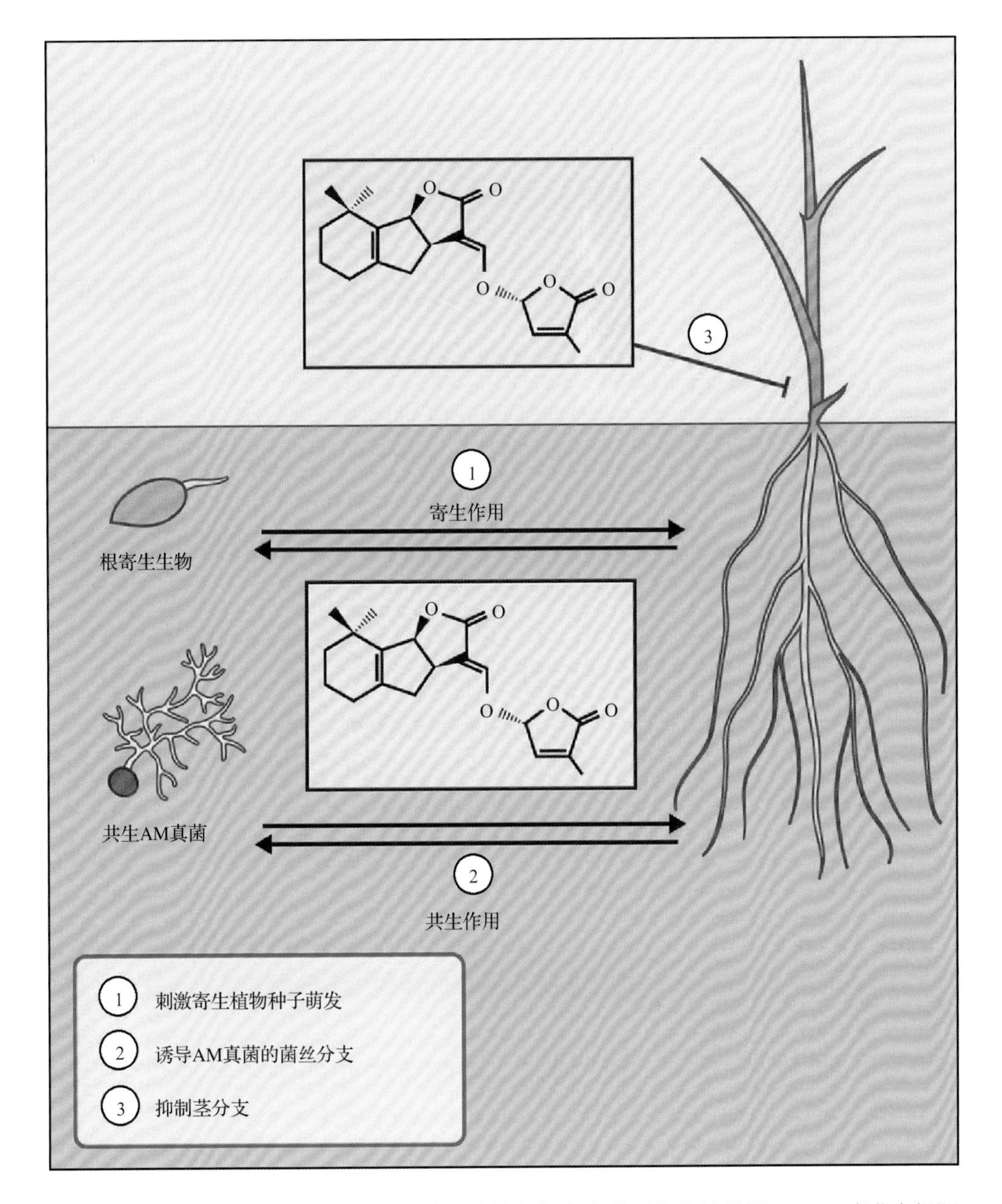

图 17.75　独脚金内酯从根部释放，并作为植物与根寄生种子和丛枝菌根（AM）真菌在根际交流的化学信号。它们也作为植物枝条分枝的内源调节剂

信号所需的基因。例如，在野生型砧木上嫁接 *max1*、*max3* 和 *max4* 突变体时，突变体枝条过度分枝的表型得到拯救，而野生型砧木上的 *max2* 接穗仍然产生过度分枝（图 17.76）。这些结果表明 *MAX1*、*MAX3* 和 *MAX4* 是根合成一种可转移的信号物质所必需的，这种物质可向上运输抑制腋芽生长；而 MAX2 涉及这种信号在芽中的感知或转导。由于 *max4* 根系不会在野生型接穗中造成过度分枝，因此在接穗（茎）中合成的枝条分枝抑制剂也足以防止枝条过度分枝（图 17.76）。

一些分子鉴定支持了这个观点，这些得到鉴定的基因包括拟南芥的 *MAX* 基因，以及番茄、矮牵牛和水稻中一些 *RMS*、*DAD* 和 *D* 位点。*MAX3*、*RMS5* 和 *D17* 编码类胡萝卜素裂解双加氧酶 7（CCD7），而 *MAX4*、*RMS1*、*DIO* 和 *DAD1* 编码命名为 CCD8 的另一个 CCD 亚型（图 17.77）。如前所述，*MAX1* 编码一个 CYP450 单加氧酶超家族的成员，该家族的蛋白质通常参与亲脂性小分子的代谢。这些发现与 MAX1、MAX3 和 MAX4 参与类胡萝

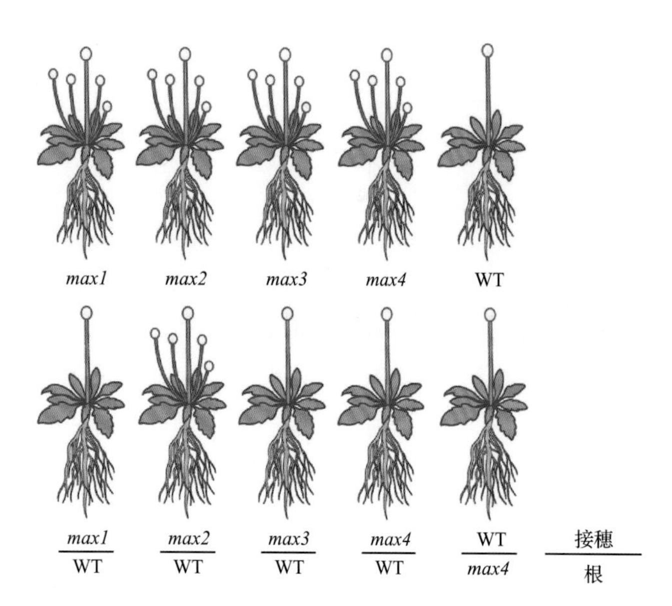

图 17.76 拟南芥 *max* 突变体与野生型（WT）相比产生更多的分枝（上图）。当将突变体枝条嫁接到 WT 上时，能够拯救 *max1*、*max3* 和 *max4* 枝条的分枝表型，但不能拯救 *max2* 枝条的分枝表型

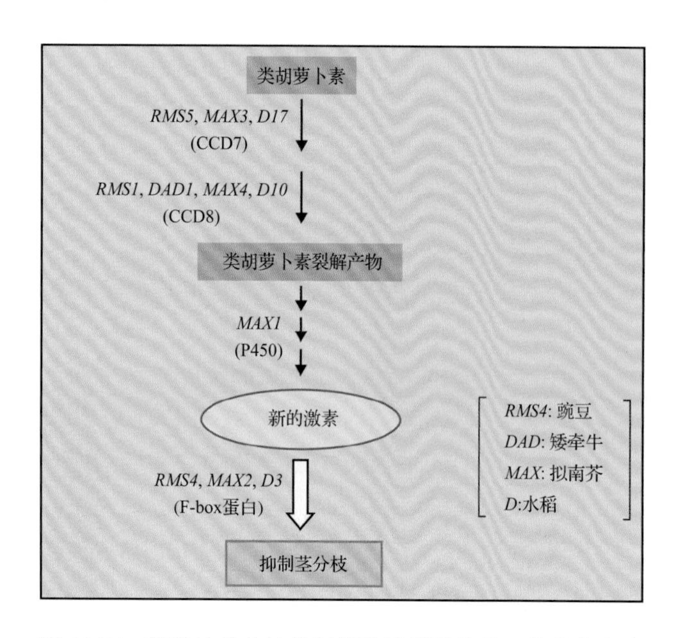

图 17.77 新型枝条分枝抑制激素的假设途径。类胡萝卜素裂解双加氧酶(CCD)和细胞色素 P450 是生物合成所必需的，而 F-box 蛋白可能参与激素信号的感知或转导

卜素衍生的激素样化合物的生物合成的想法一致。MAX2，RMS4 和 D3 是 F-box 蛋白家族的直系同源，已知其作为 SCF 泛素 E3 连接酶的底物识别亚单位用于蛋白酶体介导的蛋白水解。这种蛋白质家族的一些成员包括 TIR1、GID2/SLY1 和 COI1，它们都是激素感知或信号转导的组成部分（见第 18 章），表明 *max2*、*rms4* 和 *d3* 突变体对新激素的反应有缺陷。

17.10.2 独脚金内酯抑制枝条分枝

最近，人们证明 SL 在 RMS/DAD/MAX/D 途径中抑制枝条分枝（图 17.78）。两条证据支持这个想法。首先，在豌豆和水稻的 *ccd7* 和 *ccd8* 突变体中，根系分泌物和根中的 SL 浓度显著降低。其次，豌豆、水稻和拟南芥的 *ccd7* 和 *ccd8* 突变体中的腋芽生长受到外源 SL 的抑制。图 17.78 表明，在培养基中添加 GR24，几乎完全互补了水稻 *ccd8*/*d10* 突变体的分枝表型及植物高度。相反，缺乏对分枝抑制剂的响应的豌豆和水稻分枝突变体（*rms4*、*max2* 和 *d3*，参见图 17.77）对外源 GR24 不敏感（图 17.78），并且对 SL 也是如此。这些结果表明，SL 对枝条分枝的抑制作用对于 RMS/D 途径是特异的。目前还不知道 SL 本身是否是这种激素类的活性形式，因为施用的 SL 类似物可能在植物中代谢并转化为活性化合物。总之，目前的证据表明，SL 可以作为一类新的分支抑制激素或其生物合成前体。

17.10.3 独脚金内酯生物合成途径仍有待阐明

直到最近，SL 的生物合成来源还不清楚，尽管它们的化学结构表明它们是萜类化合物。最近的一个使用化学抑制剂、番茄和玉米突变体的研究显示，SL 是从类胡萝卜素衍生来的。这与类胡萝卜素裂解双加氧酶 CCD7 和 CCD8 参与 SL 生物合成的发现一致。来自拟南芥和水稻的重组 CCD7 和 CCD8 蛋白依次裂解 β- 胡萝卜素，在体外和细菌细胞中均能形成 C_{18} 类胡萝卜素裂解化合物（图 17.79）。然而，CCD7 也可以以其他类胡萝卜素为底物，并且这些 CCD 在植物中催化的确切反应尚未确定。MAX1，名为 CYP711A1 的 CYP450 单加氧酶可能催化 SL 生物合成的后续步骤，虽然其底物和产物仍是未知的。考虑到 SL 的化学结构，从类胡萝卜素裂解产物的生物合成可能需要更多的酶。

17.10.4 独脚金内酯的生物合成受到反馈调节

在水稻、番茄和矮牵牛中，编码 CCD8 的基因在 SL 缺陷和 SL 不敏感的突变体中高度上调，表明 CCD8 表达受到反馈调节。与此相一致的是，用 SL 处理水稻，发现 *CCD8/D10* 基因的表达下调。此外，与野生型相比，SL 不敏感的水稻 *d3* 突变体中，SL 水平显著增加。这些结果表明，在这些植物种中 SL 的作用和其生物合成之间存在联系，如之前对其他植物激素所认识的那样。

图 17.78 通过外源 GR24（一种合成的独脚金内酯类似物，在水培培养基中以 $1\mu mol \cdot L^{-1}$ 浓度添加）完全弥补了水稻突变体 *d10* 的过度分枝（分蘖）和半矮化表型。相反，*d3* 突变体对 GR24 不敏感

17.10.5 在矿质营养素缺乏的条件下，独脚金内酯产量增加

在 AM 真菌宿主中，磷酸盐或硝酸盐缺乏时，从根释放的 SL 的量急剧增加。人们认为这是植物在营养缺乏条件下的适应性反应，以便最大化与 AM 真菌的共生相互作用，这有助于宿主植物吸收矿物质营养。观察的结果支持了这种理论，即与红车轴草（*Trifolium pratense*）不同，白羽扇豆（*Lupinus albus*）不是 AM 真菌的寄主植物，不会增加 SL 对磷酸盐缺乏的反应。这些结果表明，SL 产生与植物获取矿物营养的策略密切相关。

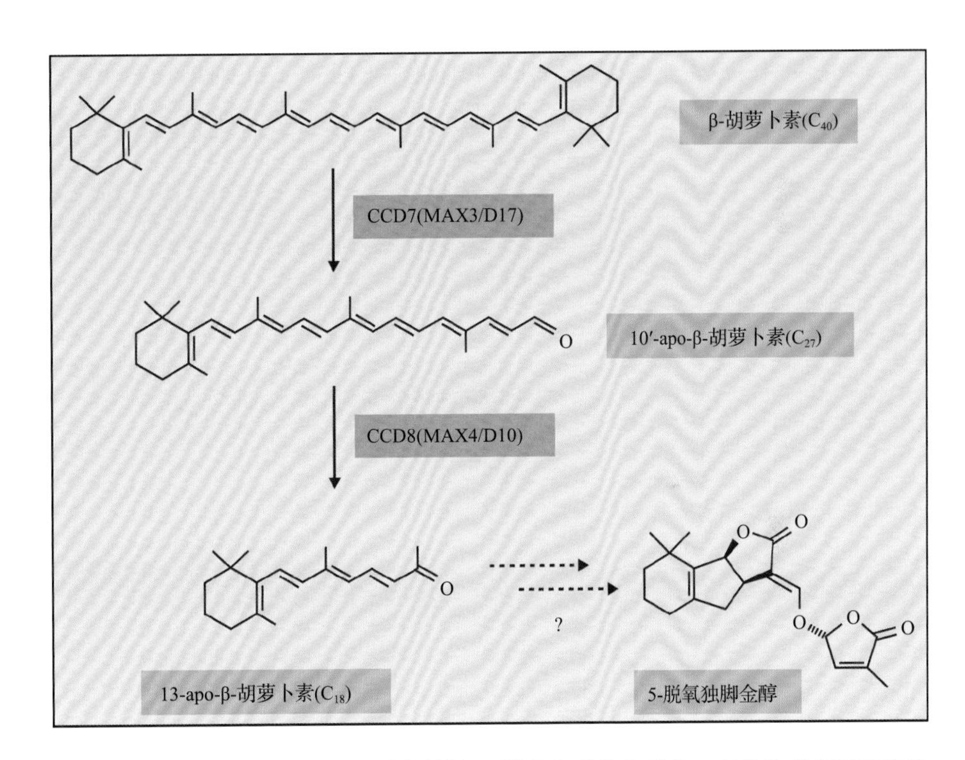

图 17.79 重组 CCD7 和 CCD8 蛋白使用 β- 胡萝卜素作为底物，在体外或在细菌细胞中催化氧化裂解反应。请注意，CCD7 可以使用其他类胡萝卜素作为底物，并且这些 CCD 在植物中催化的确切反应尚未确定

小结

植物的生长以及对环境刺激的反应受到一组内源激素的调节，包括赤霉素、脱落酸、细胞分裂素、生长素吲哚乙酸、乙烯、油菜素类固醇、多胺、茉莉酸、水杨酸及独脚金内酯。在植物组织中这些化合物大多以微量存在（每克鲜重含几纳克），并且受到各种生物合成、分解代谢，以及偶联途径的严格调控。迄今为止，已经阐明了这些激素的主要生物合成途径，并且已经鉴定出这些途径中编码酶的大多数基因。包括化学、生物化学、分子生物学和遗传学在内的不同实验方法的组合为这些成就做出了贡献。在分离新基因以及理解基因产物的生物化学功能方面，使用激素缺陷型和产生型突变体是很有效的手段。

虽然这些激素的化学结构多样，但它们的生物合成和分解代谢途径有一些共同特征。细胞色素

P450 单加氧酶超家族的成员经常参与各种激素（包括赤霉素、脱落酸、细胞分裂素、生长素吲哚乙酸、油菜素类固醇、茉莉酸及独脚金内酯）的生物合成和（或）失活。依赖于 SAM 的甲基转移酶对羧基的甲基化，也参与了本章讨论的多种激素的稳态调控。除乙烯外，与葡萄糖或氨基酸的缀合通常发生在许多激素代谢途径中。然而，激素的缀合只是许多失活途径之一。人们认为，至少在某些情况下，激素的缀合物是一种储存形式，通过水解可以释放出游离的、具有生物活性的激素。长期以来，人们一直认为激素缀合物本身在植物中没有生物活性。然而，最近发现 JA-Ile（和 JA 的一些其他氨基酸缀合物）可能是 JA 应答途径中的活性信号，这提供了关于激素缀合作用的新观点。

研究表明，激素生物合成和分解代谢途径的主要部分在多种植物种中是保守的。但是在某些情况下，也发现了物种特异性的生物合成途径，如拟南芥中的一种 IAA 途径。该途径产生吲哚硫代葡萄糖苷，作为拟南芥的次级代谢物。越来越多的证据表明，许多激素（如果不是全部的话）作为环境信号感知和由此产生的生长发育模式变化的中间体起作用。具体例子包括光调控下莴苣种子中 GA_1 浓度的变化、在水分胁迫下 ABA 浓度的增加，以及在受伤时 JA 的积累。此外，激素浓度受其他激素的作用调节。

有新的证据表明，植物中的激素浓度是由多层调控决定的。例如，在赤霉素和油菜素内酯途径中，负反馈调节涉及特定的编码生物合成的 mRNA 的积累和酶的失活。然而，如 ACS 在乙烯生物合成中所示，激素稳态也可以通过蛋白质修饰的酶的更新来控制。植物激素生物合成研究的进展，正在加深我们对植物在不断变化的环境条件下如何利用多种激素来调节其生长和发育过程的理解。

（宋子蓝　钟　声　王志娟　译，钟　声　顾红雅　瞿礼嘉　宋子蓝　校）

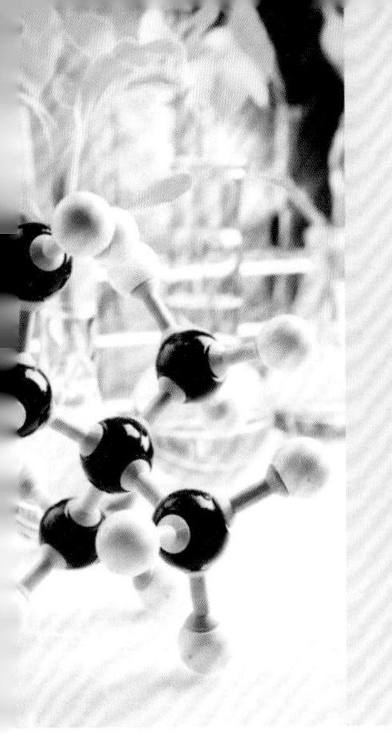

第 18 章 信号转导

Ottoline Leyser, Stephen Day

导言

植物细胞可以检测到植物体内部和周围环境中的多种多样的信号，用以调整自身的行为。无论在何种情况下，细胞对信号的应答都依赖于**信号转导**（**signal transduction**），即把信号从感知部位传递到效应部位的过程。经过近些年的研究，人们从分子层面阐明了几种信号转导途径，揭示了信号感知和细胞响应之间的相互作用关系。另外，还揭示了细胞是如何通过多种信号途径间的相互作用来整合多种来源的信息的。

18.1 植物中信号感知、转导和整合的特征

18.1.1 植物细胞可以监测连续的、复杂的信息流

植物可以根据各种环境和内部信号来调整自身的生命活动。植物细胞不仅可以察觉物理环境的变化，包括重力、温度、土壤中水分和养分的局部分布，还有一些机械压力（如风力、根系与土壤之间的压力、内部张力或压力）；而且可以感知气体（如二氧化碳、氧气和臭氧）的浓度，以及光的强度、方向和光谱性质，甚至植物细胞还可以通过光和温度的变化感受昼夜交替和四季轮回。植物细胞还可以感受到生物环境中病原菌、食草动物、共生的细菌与真菌，以及周围的植物的存在。植物细胞也可以监测其内部的发育阶段、健康状态、水分、养分及光合作用。此外，植物细胞间信号的相互作用决定了细胞、组织和器官的发育模式，而远距离信号可以协同调控植物体内更大范围的生长或发育模式。总之，植物体会以合适的方式对不同信号进行局部及系统的响应（图 18.1）。

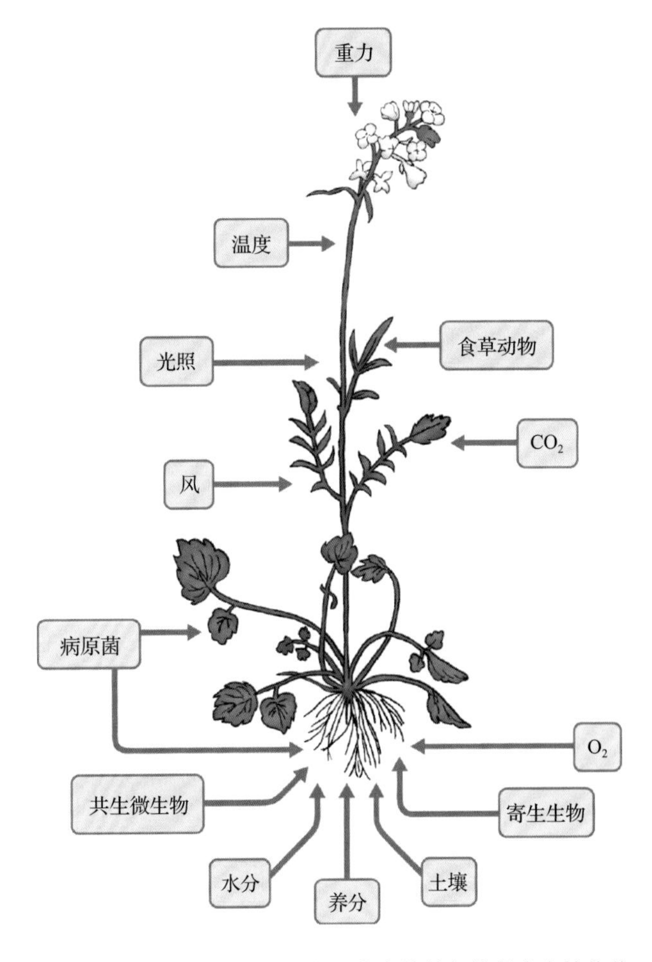

图 18.1 影响植物生理、防御和发育的外部信号来自植物物理和生物环境的诸多方面。几乎所有的外部信号都有强度上的变化，有时每分钟都在变

植物可以识别不同类别的信息交叉互作并一一反馈。例如，植物的茎顶端生长点，局部细胞间的信息交流首先决定了叶片起始的模式，而且还可以在叶片的发育过程中控制不同类型细胞的排布方式。这些形态建成的过程不需要外部的帮助，因为组织培养中，分离出来的茎顶端或单个叶原基均可以萌发出正常或者稍微小一些的芽和叶。但实际上，类似茎顶端这样的处于发育中的区域可以通过维管组织中携带的远距离信号与植物的其他部分保持着持续的信号交流，这样植物可以调节更大范围的发育模式，例如，植物茎与根之间生长的平衡，或是植物开花的决定等。因为植物的每个区域都能响应此类信号，从而可能会改变自身的信号模式，例如，腋芽从休眠状态到生长状态的转变，就与启动生长素从芽到主茎的运输联系在一起。

无论多么复杂，所有植物对内部和环境信号的反应都始于单个细胞的水平。因此，本章从细胞水平揭示植物信号的感知、转导和整合过程。本节讨论在真核细胞，特别是在植物细胞中起作用的信号机制的特点。接下来的章节将详细讨论特定的植物信号通路和细胞内信号整合的例子。

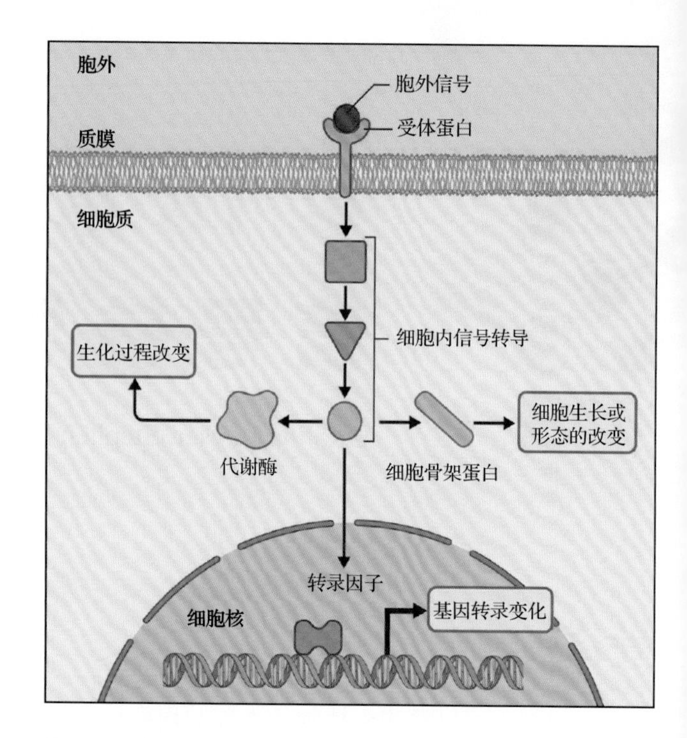

图 18.2 植物信号的感知、转导和反应。图示一个胞外信号与质膜受体蛋白结合。受体控制一个胞内转导通路的活性，从而调节细胞对信号的反应。总体而言，信号内在的信息从感知部位转导传递到细胞内的反应部位。注意，为了清晰起见，细胞壁未示

18.1.2 信号转导分子形成的链将信号接受与响应联系起来

植物从环境中接收到的信号主要包括物理信号（如光照强度和温度）和化学信号（如是否有水分及养分浓度）两种类型。植物细胞内部和细胞之间起作用的主要是化学信号。但也有一些例外，例如，质膜的电信号，以及组织生长产生的机械压力。

无论信号是何种类型，植物细胞都能通过特定的**受体蛋白**（**receptor protein**）感知到大多数环境和细胞间的信号。在识别信号后，受体蛋白的活性往往会发生改变，从而调节细胞内信号转导通路（图 18.2）。信号转导通路之间的相互交流依赖于其蛋白质组分及元件之间的相互作用，通常会导致共价修饰和（或）构象变化。例如，一些受体蛋白通过激活细胞内蛋白**激酶**（**kinase**，催化蛋白磷酸化反应的酶）来响应信号。蛋白磷酸化通常引起靶蛋白的构象变化，会造成靶蛋白活性的改变，从而诱导细胞行为或下游信号的改变。转导通路内的相互作用也常常导致细胞内信号分子的移动，例如，从锚定的复合物中释放一个信号蛋白或打开离子通道。这样，细胞就通过信号转导途径将信号传递到应答部位。

许多信号转导途径最终调节**转录因子**（**transcription factor**）的合成、活性或稳定性，这些转录因子是调节基因转录的蛋白质。这反映了转录调控可能在细胞整体响应模式的建立中起着关键作用。因此研究的重点集中在转录调控，但基因表达也受其他水平的调控，并不是所有的细胞反应都需要基因活性的改变。

一些转导途径也作用于细胞质中或细胞膜上的组分，通常引发一些非常快速的响应过程。例如，萌发的花粉管以每秒数十至数百纳米的速度生长，快速穿过引导组织到达胚珠。期间位于质膜上的受体在多种信号的诱导下影响了花粉管顶端的骨架蛋白的排列，从而决定花粉管的生长方向。同样，保卫细胞的渗透势的变化可以造成细胞膨压改变，从而可以在短短几分钟内打开或关闭气孔。而光、ABA 或者 CO_2 等信号也能诱导质膜上的离子通道的打开或关闭，导致离子流动，最终造成细胞渗透势的变化（见 18.9 节）。

18.1.3 植物细胞中的信号转导过程是从古老的信号转导机制演化而来的

植物细胞中信号分子的种类和信号相互作用的类型，在一定程度上与原核生物、动物和真菌中的类似。因此，细胞内信号转导机制在演化上是非常古老的。相比之下，大多数植物内部都有独特的信号分子，反映了不同真核生物中植物的独立演化。

细胞外信号的多样性和细胞内信号转导机制的保守性反映在受体蛋白的结构上。例如，质膜上的受体蛋白通常有一个胞外的**配体结合结构域**（**ligand-binding domain**）来捕捉信号、一个跨膜结构域将其固定在膜上，以及一个细胞内的**效应器结构域**（**effector domain**）与下游信号元件相互作用。而配体结合结构域有不同的结构，反映了细胞外信号的多样性；效应器结构域通常在种内和种间高度保守。例如，酿酒酵母（*Saccharomyces cerevisiae*）的受体蛋白SLN1是渗透调节所必需的，其功能缺失会造成酵母致死。而*sln1*突变致死的酵母可以通过转化拟南芥细胞分裂素受体1（CRE1）的基因来拯救，但必须在施加细胞分裂素并激活受体的前提下（图18.3）。CREl和SLNl是同一类组氨酸激酶，可以通过双元系统发挥作用（见18.5节）。尽管CREl和SLNl响应不同的外部信号，但它们的效应器结构域（以激酶接收器结构域为代表，见18.5节）非常相似，从而使CREl可以向下游传递信号。

同样的现象也发生在一个物种的单个细胞水平上：细胞外不同的信号激活细胞内相似的信号转导通路。结合细胞内信号机制的古老起源，这就产生了**信号组件**（**signaling cassette**）的概念。这是一种模块化的信号转导机制，通常在物种内部和不同物种之间非常保守，处理不同来源的上游信号以触发不同类别的下游响应机制。本章列举的例子包括激酶级联反应和双元系统机制。

18.1.4 多种不同的信号转导通路具有共同的特征

植物细胞中有多种信号转导途径，这些途径在分子组分及其相互作用方面呈现出多样性。尽管如此，植物细胞中的信号转导途径仍有一些共同的特征。

信号在沿着通路传递过程中会逐渐放大。例如，单一激酶可以磷酸化大量靶蛋白，而单一钙离子通道的开放允许大量钙离子流出。在这种信号放大的特殊情况下，大规模的基因转录激活往往是通过**转录级联放大过程**（**transcriptional cascades**）实现的。例如，当幼苗破土而出时，光的感知会导致关键转录因子的积累（见18.7.3节），随后诱导次级转录因子的转录表达，而次级转录因子又可能诱导其他转录因子基因的转录。总的来说，级联反应中的转录因子调控下游数千个幼苗自养生长所必需的基因的表达。

初始信号消失之后，信号转导的过程仍然会继续往下进行，其持续时间受到磷酸化蛋白的去磷酸化等失活机制的严格调控。相反，如果初始信号持续存在，反馈调节机制往往会降低相关转导通路的活性，导致细胞对信号脱敏。

当通路中的一个组分有多个下游靶位点时，同一个信号经由不同的通路分支传递会导致细胞不同的应答反应，这些反应可能发生在细胞的不同区域。这些下游的信号元件通常是由多基因家族编码的，因此细胞信号调控网络的复杂性也大大增加。通常，同一个家族的成员有相似的但不尽相同的功能与活性，而细胞的反应是由家族内基因的差异表达调节的。植物光敏素（即光受体）就是一个典型的例子。如18.7节所述，植物光敏素分为两个亚组：光不稳定植物光敏素（phyA，在光照下降解）和光稳定植物光敏素（phyB~E，其在光照和黑暗中稳定）。在黑暗中生长的幼苗中，光不稳定phyA的大量积累使细胞对光信号具有极端但短暂的敏感性；而在成

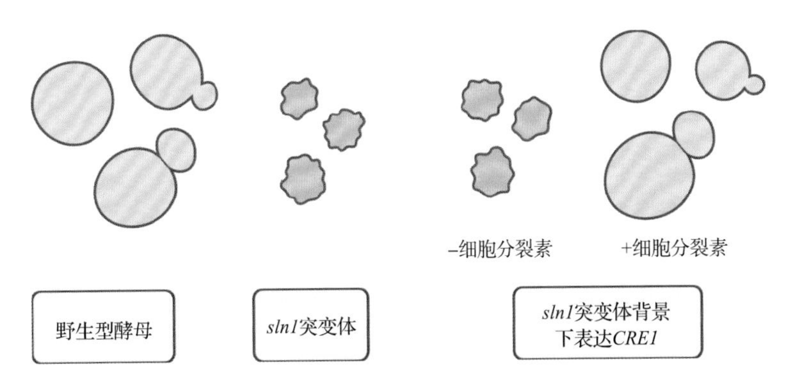

图18.3 植物细胞分裂素受体CRE1可以替代酵母细胞渗透调节所需的SLN1受体。酵母*sln1*突变体致死，转入并表达CRE1受体的突变体酵母可以存活，但是只有在施加细胞分裂素激活了CRE1受体时才能存活

熟植株中，含量较低但光稳定的植物光敏素占据了主导地位。

细胞间受体和信号传递中间体在不同细胞之间的表达差异可能有助于解释植物信号转导研究中一个长期存在的难题——一部分经典的植物激素在植物发育、生理和防御过程中起着广泛的调节作用。例如，生长素在胚胎极性的建立、茎端和根端分生组织的起始与维持、叶起始的部位和维管发育的图式形成、植物的向性运动调节、侧枝分枝程度、茎与根之间的生长平衡的调节，以及植物受伤后再生等过程中均发挥了重要的功能。不同类型的细胞必须以不同的方式响应独立信号，才能产生如此多样的功能。举个简单的例子，吲哚-3-乙酰乙酸（IAA，一种主要的天然植物生长素）在浓度为 $10^{-7}mol·L^{-1}$ 时可以刺激茎部细胞的伸长，但抑制根部细胞的伸长。信号转导网络在细胞间或表达时间上的差异变化也可能是信号竞争的基础，即细胞（或组织或器官）对具有特定发育结果的信号做出反应的能力。

18.1.5 信号转导途径之间的互作可整合信号网络

在植物细胞中几乎不会有完全独立的信号通路，不同信号的转导途径之间存在着紧密的联系。目前已知的信号通路之间交叉联系组成了复杂的网络，既调节细胞的应答，又可以对网络的结构和行为进行反馈调节。

不同的信号转导通路往往会流向相同的信号中间体或元件，共同调控植物同一生长发育的过程。例如，在植物气孔开合的过程中，由光和 ABA 引发的细胞内信号会协同调节保卫细胞质膜上的质子泵的活性，质子泵的活动会影响膜的极性变化，这是两个信号转导过程中的关键步骤。而这两种信号对质子泵的影响是不一致的：光会增强质子泵的活性从而促进气孔的开放，而 ABA 会抑制质子泵的活性从而导致气孔的关闭（见 18.9 节）。

一个信号通路也可以受到另一个信号通路中的元件调控从而相互作用。再以气孔的开合作为例子，光信号通过引起质子泵的磷酸化而激活质子泵，这一通路会受到 ABA 信号转导途径的中间物——过氧化氢的抑制。ABA 信号通路不仅可以直接参与调控质子泵，而且可以通过间接干扰光信号介导的通路，调控质子泵的活性。类似的，一些信号响应的过程可以改变其他信号的合成、感知，甚至是传递的过程，例如，生长素和乙烯可以相互影响对方的合成过程，从而达到一个动态调节的过程。

通过这些相互作用，不同受体感知到的信号代表了细胞获得的不同信息，这些信号经过一个复杂的、不断调整的信号转导网络处理加工的同时整合在一起。这使得细胞可以快速整合多个信息源，例如，根据与植物整体状态相关的细胞间信号（如 ABA 就是水分胁迫的指示信号），调节它们对局部环境信号（如保卫细胞暴露在光下）的响应。

不同的信号转导途径汇聚到共同的信号中间产物和反应分子上，使得信号途径可以整合起来，但是也存在丢失**特异性**（**specificity**）的风险，即不同的信号可以诱导产生不同的反应。例如，像 18.3 节中讨论的那样，Ca^{2+} 作为一种信号中间分子，处于各种不同受体分子的下游。这就提出了一个问题：当细胞在不同的信号通路中使用了相同的信号元件，那么细胞如何对每个信号做出合适的响应呢？

这个问题的部分答案是细胞通过信号通路耦联到信号元件的快速失活来区分不同的信号源。而且，信号转导途径可能局限在细胞质、特定的细胞器或细胞核等部位，如果信号中间体失活的速度能快于其扩散速度，就可以避免破坏性的相互作用。类似的现象出现在较小物理尺寸的条件下，通过调控信号元件与支架蛋白的结合，促进了转导通路内元件之间的相互作用，同时限制了通路之间的相互作用。在**丝裂原活化蛋白激酶**（**mitogen-activated protein kinase**，MAPK）级联中，人们认为它有助于将众多可能的级联划分为已定义的信号组分（见 18.3.2 节）。

18.1.6 植物细胞的信号转导机制可以通过多种标准进行分类

植物的信号类型可以根据细胞的位置和信号机制的类别来区分，也可以根据信号本身，或特定的细胞反应来讨论。通过列举最相符的具体的事例，本章对以上三种方式进行了阐释。接下来，18.2 节主要说明的是质膜上发生的信号接收的过程，同时也包括植物细胞感知 ABA、BR、细菌鞭毛、CLE 小肽及机械压力的相关研究。18.3 节则介绍了第二信使和激酶级联反应在信号转导与整合中的功能。

18.4 节～ 18.7 节详细说明了某几个信号的感知及响应的过程：细胞如何响应植物激素（如乙烯、细胞分裂素、生长素），以及细胞如何通过植物光敏素感受光信号。18.8 节主要讨论了 GA 信号，涉及幼苗光反应过程中 DELLA 蛋白对信号的整合。18.9 节主要讨论了光、ABA 和 CO_2 在调控植物气孔开度中的重要作用。以上内容仅仅是植物细胞信号转导过程的一部分，希望可以对理解整个植物信号转导网络的研究提供一些帮助。

18.2 质膜上的信号接收概述

18.2.1 质膜是信号接收的主要场所

植物细胞之间有两种相互交流的方式：一种是由植物细胞的细胞壁相互连接形成的**质外体**（**apoplast**）途径；另一种是通过植物细胞特有的胞间连丝连接相邻细胞而形成的**共质体**（**symplast**）途径。第 15 章已经详细描述了质外体和共质体介导的物质运输过程。而在信号转导的过程中，质外体途径主要与植物激素及信号肽等的传递有关，这类信号的转导需要常规的受体；相比之下，共质体途径主要调节 RNA 及转录因子的活性，从而更直接地诱导细胞的响应行为。

对于通过质外体途径到达细胞的信号而言，质膜是主要的感知部位。事实上，大的亲水分子缺乏膜通道，只能通过质膜上的受体蛋白来感知。膜上的受体也可以感知一些物理信号，如机械力（见 18.2.4 节）和蓝光（通过向光蛋白，见信息栏 18.2）。

质膜上的受体根据其与细胞内信号元件的相互作用方式大致可分为三大类：受体激酶、G 蛋白偶联受体和离子通道受体。受体激酶是目前植物中最大的受体类别，它们通过使细胞内靶蛋白的磷酸化传递细胞外信号（见 18.2.2 节）。G 蛋白偶联受体可以调控位于膜内表面的三聚体 GTP 结合蛋白（**G 蛋白**，**G protein**）（见 18.2.3 节）。最后，离子通道受体则通过调节膜离子通道，从而使离子流入或流出细胞（见 18.2.4 节）。

尽管在质膜上的信号感知很重要，但需要注意的是，亲脂小分子可以直接穿过膜，由细胞质或细胞核中的受体来识别。例如，乙烯小分子就是由内质网膜上的受体识别的（见 18.4 节），生长素和赤霉素是由与细胞蛋白降解机制相互作用的可溶性受体识别的（见 18.6 节和 18.8 节）。同样，质膜无法阻止许多物理信号的传递，例如，光受体中的植物光敏素和隐花色素家族，它们是胞内受体，根据光照条件和特定的家族成员，它们同时具有细胞质定位和核定位（见 18.7 节，信息栏 18.2）。

18.2.2 通过最大的一组膜受体激酶进行信号转导涉及受体的异源二聚化和受体的内吞

磷酸化是细胞用来调节蛋白质活性的最常见的翻译后修饰。在**激酶**（**kinase**）催化下的磷酸化可以改变蛋白质的稳定性、亚细胞定位、结合特性、酶活性，以及对后续修饰的敏感性。此外，同一个蛋白质的多个氨基酸残基位点都可以发生磷酸化，有时是通过不同的激酶进行磷酸化的，作用也不同，从而整合了不同的信号转导通路。因此，激酶和**磷酸酶**（**phosphatase**，使蛋白质去磷酸化）在所有生物体的信号转导中均发挥重要作用也就不足为奇了。

在植物中，信号的感知似乎主要是依赖于质膜上的**类受体激酶**（**receptor-like kinase**，RLK）。RLK 在拟南芥中是一个有超过 600 个成员的蛋白质家族，在水稻（*Oryza sativa*）中有 1100 多个成员，它们通常会对靶蛋白的丝氨酸和苏氨酸残基进行磷酸化。RLK 有一个作为配体结合位点的胞外结构域、一个跨膜结构域和一个细胞内激酶结构域。它们在许多过程中发挥作用，包括激素感知、发育、防御、共生、花粉管萌发和引导。在 RLK 介导的信号转导机制中，研究最透彻的是油菜素内酯（BR）分子的识别过程。RLK 也可以感知 **CLE 小肽**（**CLE peptide**，CLAVATA3/ENDOSPERM SURROUNDING REGION，见信息栏 18.1）。

BR 是一种类固醇激素，在多种细胞和发育环境中发挥作用，如促进黑暗介导的幼苗黄化过程中的细胞的伸长生长。对 BR 感知所需的 RLK 和其他密切相关的 RLK 的研究揭示了 RLK 之间的多重、成对的交互作用。这些研究结果也证明了受体的内吞作用可以在 RLK 信号转导调控中起关键作用。

BR 与 BR 受体 BRASSINOSTEROID INSENSITIVE1（BRI1）的胞外结构域结合（图 18.4）。BRI1 是 RLK 最大亚家族 LRR-RLK 的成员之一，其胞外结构域富含亮氨酸重复序列（LRR），

信息栏 18.1　CLE 小肽信号在多种发育过程中起作用

通过对拟南芥茎端分生组织（SAM）大小控制的研究，人们发现了**CLE 小肽（CLE peptide）**，其名字源于 CLAVATA3（CLV3）/ 胚乳周围区域（ENDOSPERM SURROUNDING REGION, ESR）。SAM 由一个中央区域（CZ）和一个周围区域（PZ）组成（图 A）。CZ 中的细胞是茎干发育的干细胞；它们通过分裂为 PZ 提供细胞。在这个过程中，细胞既进行分裂又进行分化，启动形成茎的结构。

因此，CZ 及整个 SAM 的大小都受到作用在 *WUSCHEL*（*WUS*）和 *CLAVATA3*（*CLV3*）两个基因上的反馈环的调控。*WUS* 基因在 CZ 深层的一小部分细胞中表达，是产生一个赋予整个 CZ 干细胞身份的信号所必需的。该信号包含（至少部分）转录因子 WUS 蛋白，它可以通过胞间连丝在分生组织细胞之间转运（见 11.5.1 节）。

在 CZ 的上层中，WUS 激活了 *CLV3* 的转录，*CLV3* 编码一个小蛋白，其经过加工可产生一个分泌的、13 个氨基酸的 CLE 小肽。CLV3 CLE 小肽是 CZ 深层细胞接受的短距离信号（图 B；细胞壁未示）。在目前的模型中，有两个受体参与对 CLV3 CLE 肽的接受：一个是 CLV1 蛋白的同源二聚体，另一个是由 CLV2 和 CORYNE（CRN）蛋白组成的异源二聚体。CLV1 是一种 LRR 类受体激酶（见 18.2.2 节），而 CLV2 和 CRN 是有关联的蛋白质。CLV2 与 CLV1 类似，但缺少一个胞内激酶结构域。相比之下。CRN 有一个激酶结构域，但它缺乏完整的胞外结构域。因此，CLV2/CRN 异源二聚体带有信号感知和转导所必需的结构域。CLV2 / CRN 受体接受 CLV1 信号后下调 *WUS* 的表达。这完成了反馈循环，并创建出一种机制，即 SAM 的大小由 *WUS* 表达的平衡决定，*WUS* 表达维持 CZ 干细胞的身份特性，从而促进 SAM 的增长，而 CLV3 信号则限制 *WUS* 的活性。

在拟南芥中总共鉴定出超过 30 个编码可能产生分泌的 CLE 小肽的基因。这些基因在多种组织中表达，人们也发现 CLE 小肽参与调节根端分生组织活性和维管的分化。尽管 *CLV1* 的表达仅限于 SAM 中，但 *CLV2* 和 *CRN* 均在多种组织中表达。因此，CLV2 / CRN 受体的功能可能超出控制 SAM 的 CZ 的范畴，有可能接受其他 CLE 肽信号。支持这一观点的证据是，*crn* 和 *clv2* 突变体在雄蕊和花药发育中均存在缺陷。

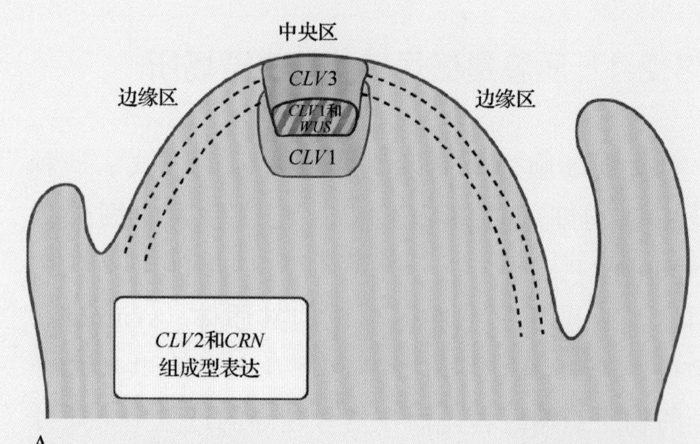

A

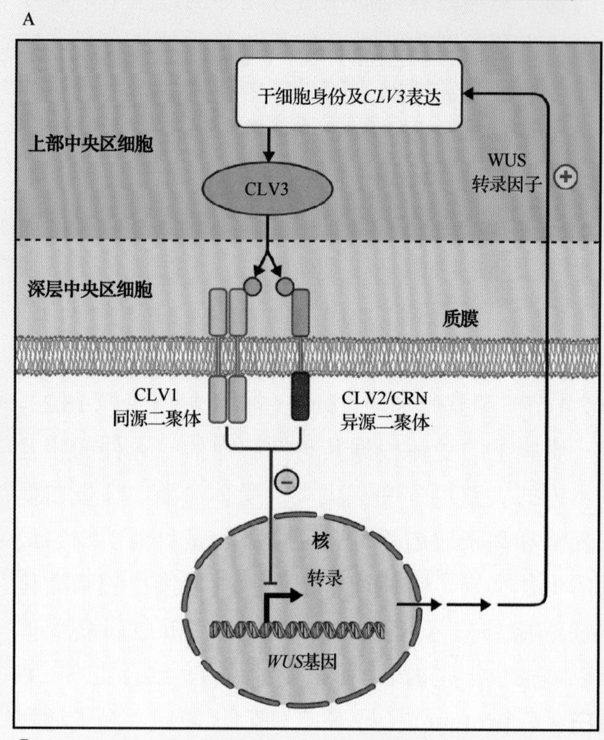

B

这些重复序列由一系列富含亮氨酸的 20 ～ 29 个氨基酸残基组成，人们认为其在蛋白质与蛋白质的相互作用中起作用。作为类固醇分子，LRR 区域不太可能是 BR 的结合位点；然而，在 BRI1 中，LRR 为一个 70 个氨基酸的可能结合 BR 的“岛域”所打断。

受体 BRI1 在质膜上形成同源二聚体与抑制蛋白 BKI1（BRI1 KINASEINHIBITOR1）结合，结合

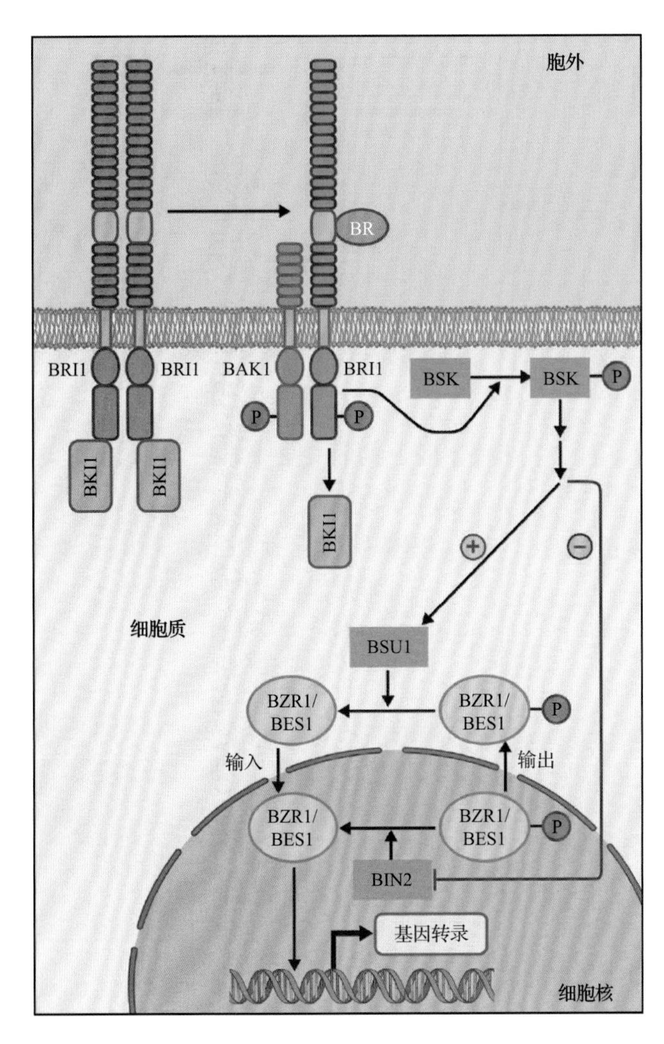

图 18.4 BR 与 BRI1 受体结合，导致抑制蛋白 BKI1 的解离，BRI1 和 BAK1 形成异源二聚体并相互磷酸化。BRI1 磷酸化 BSK，诱导信号转导，导致转录因子 BZR1 和 BES1 的非磷酸化形式在细胞核中积累，最终引起基因转录的变化。注意，为了清晰起见，细胞壁未示

了 BR 后会诱导 BKI1 与受体的解离，这个过程可能是由 BRI1 磷酸化 BKI1 诱导的，导致 BKI1 从质膜上脱离下来。BKI1 的释放解除了对 BRI1 的抑制，从而使 BRI1 可以磷酸化下游靶点。此外，BRI1 同源二聚体解离，BRI1 与另一种 LRR 受体激酶 BAK1 形成异源二聚体进行交互磷酸化，先由 BRI1 磷酸化 BAKl，然后由 BAKl 磷酸化 BRI1，从而增强了来自 BRI1 的信号强度。BAK1 有一个截短的胞外结构域，只包含一个短的 LRR 结构域，没有岛域，而且似乎也没有配体结合功能。

BRI1 下游的信号转导通路尚不完全清楚。在目前的模型中，BRI1 磷酸化并激活一个小家族的激酶（BSKl、BSK2 和 BSK3），这些激酶通过自身的激酶活性诱导下游的 BR 反应。虽然 BSK 的靶蛋白还不清楚，但 BSK 介导的下游反应是通过调控包括 BZR1 和 BES1 在内的一系列转录因子实现的。这些转录因子的活性通过激酶 BIN2 的磷酸化下调，通过磷酸酶 BSU1 的去磷酸化上调。磷酸化可以通过多种机制抑制 BZR1 和 BES1 的活性，包括使这两种转录因子在细胞质中滞留、加快它们的降解速率，以及降低它们的 DNA 结合能力。在 BR 信号感知后，BIN2 受到抑制，而 BSU1 受到刺激，导致核内未磷酸化的 BZR1 和 BES1 的积累，调控 BR 响应基因（如抑制 *DWF4* 基因的转录）。

番茄（*Solanum lycopersicum*）中 BRI1 的同源蛋白既充当 BR 信号，又充当防御信号**系统素**（**systemin**）的受体。系统素是一种 18 个氨基酸的小肽，在番茄和其他茄科植物受到昆虫的攻击时充当系统性信号并诱导防御相关基因表达。随着番茄中 BRI1 可以结合两种不同信号的能力得到了验证，科学家们提出这样一个问题，即如何保持特异性来区分对 BR 和系统素的反应。一种可能的解释是，系统素的结合可以诱导 BRI1 与 BAK1 以外的 LRR-RLK 的相互作用。

BRI1 有可能可以识别来自质膜和内体（由内吞作用产生的胞内小泡，见第 1 章）的信号。BRI1 和 BAK1 二者均从质膜中进入内体膜，然后通过回收内体上出芽形成的运输小泡循环回到质膜上（图 18.5）。BRI1 的循环回收是组成型的，不受 BR 结合或 BAK1 功能缺失的影响。用一种内体运输的抑制剂 brefeldin A 处理，可导致 BRI1 在内体中积聚，并通过 BR 信号通路增加信号的传递，说明内体中的 BRI1 在此过程中有作用。质膜受体介导的信号转导过程中，内体的使用，增加了膜上不同信号通路的相互作用面积。此外，对于中央大液泡占据了大部分体积的、典型的伸长特化的植物细胞而言，受体的内吞过程可能有助于保证来自质膜不同区域信号强度的平衡。随着产生的内体在胞质环流的帮助下绕着细胞转圈，可以把所有在质膜上激活的受体都带到细胞核附近。

对 BAK1 的其他功能进行研究表明，除了 BR 信号途径之外，质膜上的（至少是）RLK 对之间有多种相互作用。除了 BRI1 以外，BAK1 还与细菌鞭毛蛋白受体蛋白、一个称为 FLS2（FLAGELLIN-SENSITIVE2）的 LRR-RLK 相互作用。鞭毛蛋白结合后，FLS2 可以诱导细胞产生一系列的防御反应。

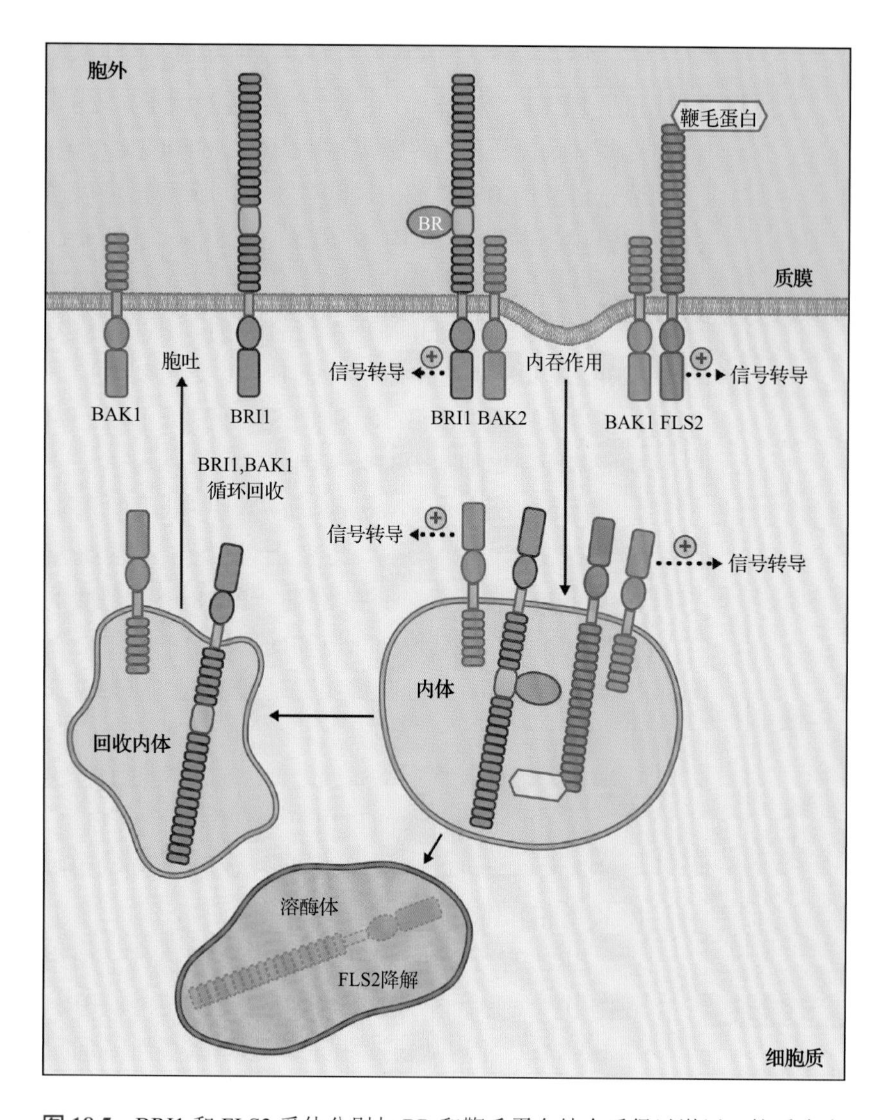

图 18.5 BRI1 和 FLS2 受体分别与 BR 和鞭毛蛋白结合后得以激活，接受来自质膜和内吞后的内体膜的信号。无活性形式（未显示）和活性形式的 BRI1 发生内吞后，内体中的 BRI1 通过再循环至质膜。与之相反，只有有活性的 FLS2 才会进行内吞，而内体中的 FLS2 运输到溶酶体后发生降解。注意，为了清晰起见，细胞壁未示

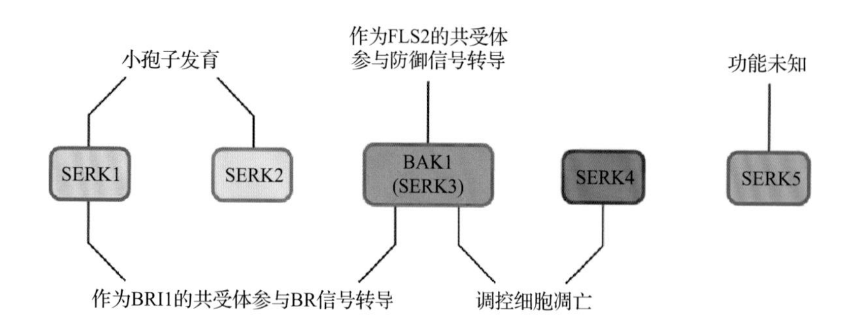

图 18.6 LRR-RLK 中的 SERK 家族成员有多样且冗余的功能

与 BRI1 的情况类似，与 FLS2 结合的配体诱导 FLS2 与 BAK1 的结合，从而促进该受体介导的信号转导过程。然而，与 BRI1 不同的是，FLS2 并不通过内体组成型地循环利用。相反，FLS2 的内吞过程是由鞭毛蛋白的结合引起的，虽然人们认为 FLS2 也是通过内体接受信号，但受体并不回收；内体中的 FLS2 最终会降解掉（图 18.5）。

与 BAK1 密切相关的激酶功能进一步证明了其复杂性（图 18.6）。BAK1 是一类命名为 SERK 的 LRR-RLK 家族成员。BAK1 即 SERK3。SERK1 作为 BRI1 的共受体，和 BAK1 存在功能冗余。然而，SERK1 和 SERK2 也在花药中的小孢子发育中发挥重要的功能，而这一过程似乎不需要 BAK1。最后，SERK4 突变分析表明，BAK1 在控制细胞死亡反应方面不依赖 BR。SERK5 的功能目前未知。

除了 RLK，植物还有组氨酸激酶受体，如乙烯和细胞分裂素的受体，是由细菌的双元系统演化而来的相对独立的一类激酶。组氨酸激酶受体将在 18.4 节和 18.5 节中详细讨论。

18.2.3 植物细胞具有一小类推定的 G 蛋白偶联受体

G 蛋白偶联受体（**G protein-coupled receptor**，GPCR）可以调节三聚 GTP 结合蛋白（**G 蛋白**，**G protein**）的活性（图 18.7）。G 蛋白是由 Gα、Gβ 和 Gγ 三个亚基组成的三聚体，其 Gα 亚基可以与一个 GDP 分子结合。G 蛋白偶联受体有一个胞外配体结合结构域、一个 7 个疏水螺旋组成的跨膜域，以及一个与无活性的 G 蛋白三聚体结合的胞内域。配体与受体的结合诱导三聚体的 Gα 亚基释放，并结合 GDP 分子，转而与 GTP 分子结合，从而激活 G 蛋白，从受体上脱离并水解成一个 Gα 单体和一个 Gβ/Gγ 二聚体。

Gα 和 Gγ 都有短的、共价结合的脂质尾巴，可以将它们锚定

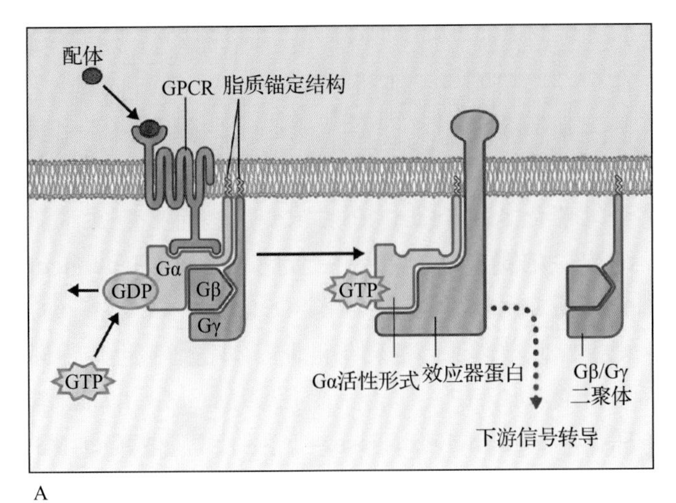

A

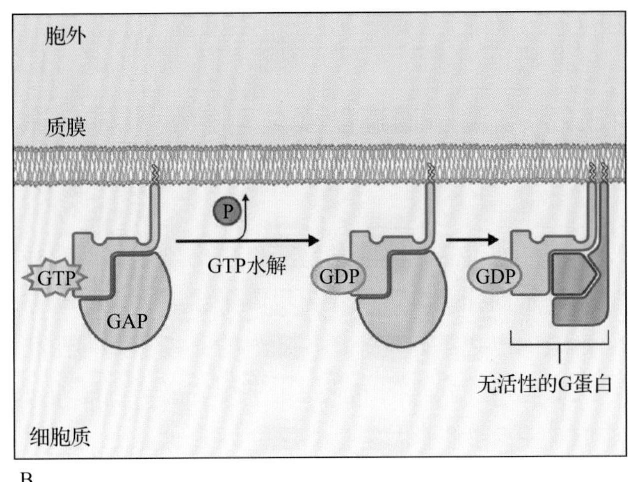

B

图 18.7 G 蛋白异源三聚体的调控。A. G 蛋白偶联受体（GPCR）结合配体后诱导 G 蛋白异源三聚体中 Gα 亚基将 GDP 交换为 GTP。这导致 G 蛋白解聚成有活性的 Gα 和 Gβ/Gγ 亚基，从而调节下游效应蛋白的活性（Gβ/Gγ 的活性没有显示）。B. Gα 由于 GTP 水解形成 GDP 而失活，该过程受 GTPase 激活蛋白（GAP）的激活。无活性的 Gα 结合到 Gβ/Gγ 二聚体上，重组形成无活性的 G 蛋白异源三聚体。注意，细胞壁未示

在质膜内部，使得 Gα 单体和 Gβ/Gγ 二聚体在质膜上可以自由扩散并激活下游信号蛋白。与配体结合的一个 G 蛋白偶联受体可以激活多个 G 蛋白放大信号。而信号传递的终止则是依赖于把 Gα 结合的 GTP 水解成 GDP（Gα 有 GTP 酶的活性）的过程，该过程是由 **GTPase 激活蛋白**（**GTPase activating protein**，GAP）刺激促进的。GDP 结合的 Gα 亚基与 Gβ/Gγ 二聚体重新聚合，形成一个无活性的三聚复合物，循环结合下一个 G 蛋白偶联受体。

Gα 结合 GTP 时为活化形式，Gα 结合 GDP 时为无活性形式，这是 GTP 结合蛋白家族成员的共性，其中还包括在蛋白质合成中起作用的 GTP 结合起始因子和延伸因子，以及**小**（**small**）或**单体 G 蛋白**（**monomeric G protein**），其功能包括信号转导、细胞器转运和细胞骨架组装。单体 G 蛋白的调节与 Gα 的类似（图 18.8），单体 G 蛋白的激活由**鸟嘌呤核苷酸交换因子**（**guanine nucleotide exchange factor,** GEF）诱导，发挥类似 GPCR 的功能，促进 GTP 与 GDP 的交换。在 Gα 的调节过程中，GAP 可以调节 GTP 水解成 GDP 的过程。最后，**GDP 解离抑制因子**（**GDP dissociation inhibitor,** GDI）可以抑制单体 G 蛋白上的 GDP 自然解离过程，而这个过程通常是由 Gβ/Gγ 二聚体在三聚 G 蛋白中催化的。

植物和动物的 GPCR 信号转导途径存在显著的差异。哺乳动物中有 500 ～ 1000 个 GPCR，数量因物种不同而不同，并且有多拷贝的 G 蛋白亚基，以

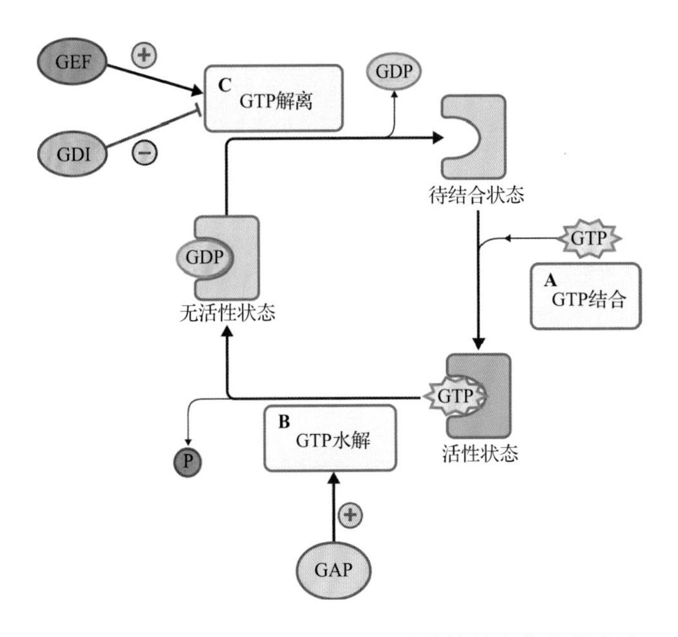

图 18.8 A. 单体 G 蛋白结合 GTP 后从待结合状态转变为活性状态。B. 它们通过 GTP 水解而失活，该过程受到一个 GTPase 激活蛋白（GAP）的激发。C. GDP 的释放，该过程受到 GDP 解离抑制蛋白（GDI）的抑制，以及鸟嘌呤核苷酸交换因子（GEF）的刺激，使 G 蛋白回到待结合状态，以备重新激活

及广泛的 G 蛋白调控的信号转导蛋白，包括激酶、离子通道和催化第二信使（如环核苷酸）合成或降解的酶。相比之下，对拟南芥基因组的分析只发现了少量推测是 GPCR 的成员，而且对它们的功能还缺乏明确的认知。此外，拟南芥只有一个 Gα、一个 Gβ 和两个 Gγ 编码基因。植物中作用于 Gα 和

Gβ/Gγ 二聚体下游的信号蛋白的性质尚不了解。

18.2.4 离子通道型受体可接受机械刺激信号

离子通道是由多亚基跨膜蛋白构象变化而形成的充满水的孔隙，可以让无机离子穿过膜，沿着它们营造的电化学梯度流动。通道的孔径和排列在孔隙上的氨基酸残基的电荷决定了哪些离子可以通过通道（详见第 3 章）。

离子通道可以通过与胞外或胞内配体结合、膜上电压的变化或机械压力来调节。在植物质膜中，还未发现离子通道蛋白作为结合胞外配体的受体发挥功能；然而，感受机械压力的钙离子通道在植物对物理力的反应中起着重要作用。

植物会对重力、触碰、土壤压力、风，以及自身重量和组织生长施加的机械压力做出发育响应。机械压力可以立刻导致细胞内钙离子浓度的瞬时增加。虽然这暗示可能存在感受机械压力的离子通道，但目前尚未鉴定出这类通道。有一个候选是 MIDl COMPLEMENTING ACTIVITY1（MCAl）蛋白。人们认为 MCAl 是一种对机械刺激有反应的质膜钙离子通道，而 *mca1* 功能缺失突变体对压力的响应异常，突变体的根部无法穿透更坚硬的琼脂培养基。

18.3 通过第二信使和 MAPK 级联反应可实现细胞内信号的转导、放大与整合

18.3.1 第二信使在细胞内是可扩散的信号

第二信使是可在细胞内扩散的信号，通常在初级信号感知后可以短暂且集中地合成或释放，提供了一种向下游转导元件快速传递信号的方法。第二信使包括小分子和矿物质离子（它们可以在细胞质中扩散），以及脂质构成的信号分子（它们在膜上扩散）。这里主要介绍两种胞质第二信使——环状核苷酸和钙离子（Ca^{2+}）。

20 世纪 50 年代后期，“第二信使”一词首次用以描述**环 3′,5′- 腺苷单磷酸**（**cyclic 3′,5′-adenosine monophosphate**，环腺苷酸，cAMP），它们介导一些动物激素信号的转导过程。在经典的信号转导途径中，动物 G 蛋白偶联受体通过 G 蛋白的 Gα 亚基识别激素信号，并激活质膜上的**腺苷酸环化酶**（**adenylyl cyclase**，见 18.2.3 节）。腺苷酸环化酶可以催化 ATP 向 cAMP 的转变，进而扩散并激活细胞内**依赖 cAMP 的蛋白激酶**（**cAMP-dependent protein kinase**, PKA）（图 18.9）。PKA 磷酸化下游靶蛋白，激活适当的转导通路。动物细胞也使用**环鸟苷酸**（**cGMP**）作为第二信使；cGMP 由**鸟苷酸环化酶**（**guanylyl cyclase**）产生，激活**依赖 cGMP 的蛋白激酶**（**cGMP-dependent protein kinase**，PKG）。除了激活 PKA 和 PKG 外，动物细胞中的环核苷酸还通过打开质膜**环核苷酸门控型离子通道**（**cyclic nucleotide-gated ion channel**，CNGC）发挥作用，使 Ca^{2+}、K^+ 和 Na^+ 阳离子非选择性流入。环核苷酸信号通过磷酸二酯酶将 cAMP 和 cGMP 转变为非环化形式而终止。

环核苷酸在植物细胞中的作用比在动物细胞中受到更多的限制。重要的是，植物中还没有发现 PKA 或 PKG 的同源蛋白，因此，植物细胞中的环状核苷酸信号转导可能仅限于调控 CNGC。与动物细胞一样，植物 CNGC 也是一种非特异性阳离子通道，它们参与了包括赤霉素（GA）和植物光敏素信号转导、花粉管生长、细胞周期调控、压力和防御信号转导等生物学过程。例如，病原体感染诱导 cAMP 和 Ca^{2+} 快速产生并流入植物细胞，人们认为这是通过 CNGC 发生的。细胞质 Ca^{2+} 浓度的峰值与多种防御反应有关，如防御相关基因的表达和诱导细胞程序性死亡。

植物中，Ca^{2+} 是比环状核苷酸更重要的第二信使。通常，植物细胞保持非常低的静息 Ca^{2+} 浓度，细胞质中 Ca^{2+} 的浓度（$[Ca^{2+}]_{cyt}$）为 100 ～ 350nmol·L^{-1}，而在液泡和内质网（ER）中 Ca^{2+} 有更大储存量，浓度约 1 ～ 2μmol·L^{-1}（图 18.10）。在细胞壁中，Ca^{2+} 浓度估计为 0.5 ～ 1mmol·L^{-1}。$[Ca^{2+}]_{cyt}$ 通过转化细胞产生 Ca^{2+} 反应性发光或荧光染料来测量。这种方法可以显示出 $[Ca^{2+}]_{cyt}$ 的峰值达到大约 1μmol·L^{-1} 时，会诱导植物细胞对大量的生物和非生物刺激作出适当的响应，包括病原体感染（如前所述）、结瘤因子、植物激素 GA 和 ABA、红光和蓝光、UV-B 辐射、低温和高温、触摸、风力、重力方向的变化，以及低氧、干旱和盐胁迫。

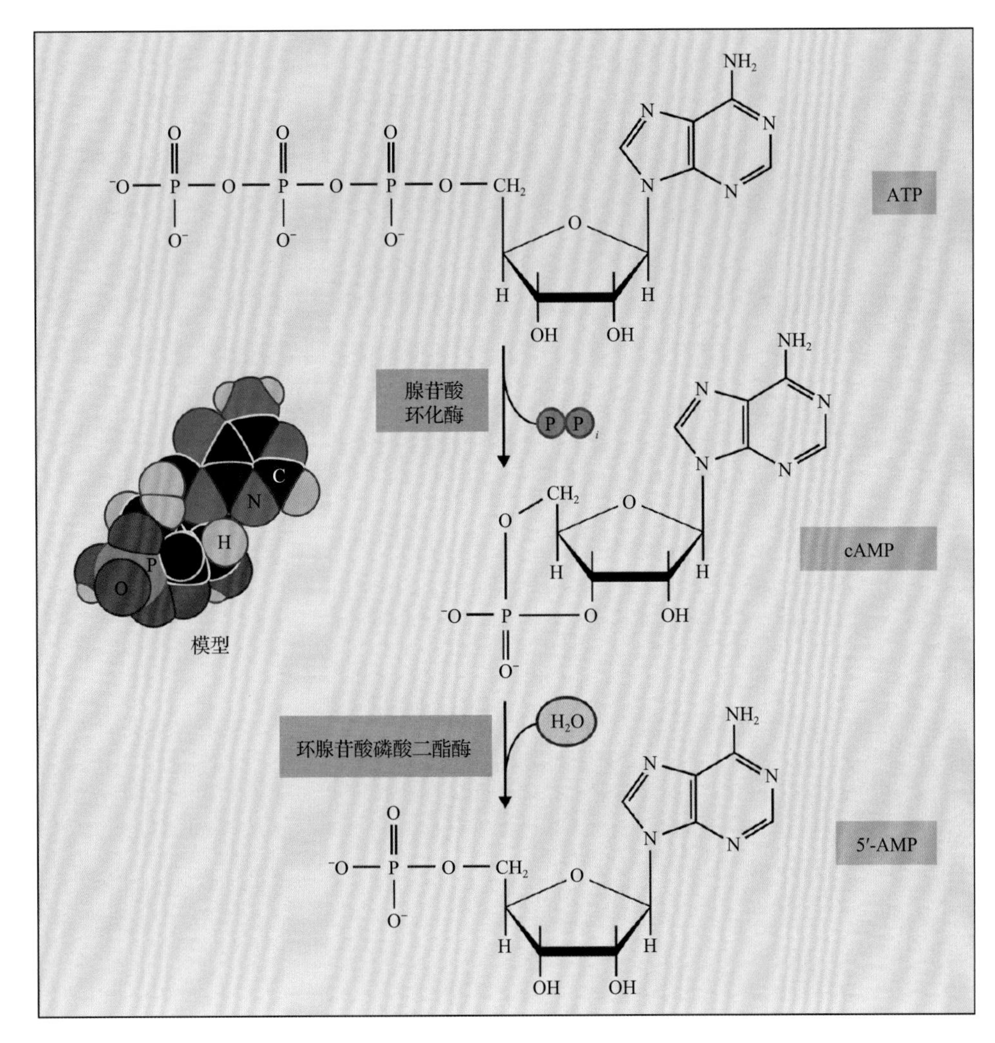

图 18.9 环 3′,5′ - 腺苷单磷酸通过腺苷酸环化酶和 cAMP 磷酸二酯酶的合成与降解。cAMP 示一个结构分子和一个空间填充模型

$[Ca^{2+}]_{cyt}$ 峰值是由质膜、ER 膜或液泡膜中 Ca^{2+} 渗透通道的开放引起的。Ca^{2+} 通道的开闭主要是由机械刺激（见 18.2.4 节）、膜电势的变化、结合配体如环核苷酸（与质膜上的 CNGC 的结合），以及第二信使三磷酸肌醇（IP_3）和环化二磷酸腺苷核糖（对于内膜通道）门控的。

$[Ca^{2+}]_{cyt}$ 对下游信号的调控主要由 Ca^{2+} 敏感的蛋白激酶介导。在植物中存在可以直接结合 Ca^{2+} 的激酶，以及受 Ca^{2+} 结合**钙调蛋白**（**calmodulin**，CaM）调控、可以同时结合 Ca^{2+} 和 CaM 的激酶。Ca^{2+} 信号可以在膜 Ca^{2+} 泵（Ca^{2+} ATPase）和质子 / 钙交换器的作用下终止，使 $[Ca^{2+}]_{cyt}$ 的浓度复位至静息水平（图 18.10）。

Ca^{2+} 信号的研究阐明了有关第二信使面临的关键问题之一，即信号特异性问题（见 18.1.4 节）。如此多的刺激导致 $[Ca^{2+}]_{cyt}$ 峰值，以及大量 Ca^{2+} 和（或）CaM 调控的激酶激活不同的下游通路，Ca^{2+} 信号如何将每个刺激与其适当的反应联系起来？经过研究，植物学家们提出了几种假说。

首先，细胞对 Ca^{2+} 信号的响应可能依赖于 Ca^{2+} 的空间表达模式。由于细胞器对 Ca^{2+} 的吸收和蛋白质对 Ca^{2+} 的结合，Ca^{2+} 在细胞质中扩散的速率至少比在简单溶液中扩散的速率低两个数量级。这使得 $[Ca^{2+}]_{cyt}$ 的空间分离发生变化，例如，形成 $[Ca^{2+}]_{cyt}$ 的浓度梯度，这对于根毛和花粉管的导向生长非常重要（图 18.11）。

其次，$[Ca^{2+}]_{cyt}$ 在时间上的变化模式也可以携带信息。例如，在调节气孔孔径的过程中，信号转导需要正确的 $[Ca^{2+}]_{cyt}$ 振荡周期（见 18.9 节）。在某些情况下，$[Ca^{2+}]_{cyt}$ 浓度的增加也可能是很重要的，但不足以引发细胞响应，这意味着是否存在其他信号分子决定细胞可否响应 $[Ca^{2+}]_{cyt}$ 的浓度变化。

最后，不可能所有的细胞随时都可以产生 Ca^{2+} 信号转导所需的所有元件。信号特异性可能依赖于 Ca^{2+} 相关信号装置的部分子集，而该子集可能由单个细胞表达。

18.3.2 MAPK 级联反应在信号转导途径中行使功能

MAPK 级联在所有真核细胞中都有，是一个经典的级联反应。级联反应是一种保守的模块化信号转导机制，可以处理多个上游信号并触发多个下游响应。级联反应的核心由三类激酶组成：MAPK、**MAPK 激酶**（**MAPK kinase**，MAPKK），以及**MAPKK 激酶**（MAPKKK）（图 18.12）。MAPKKK

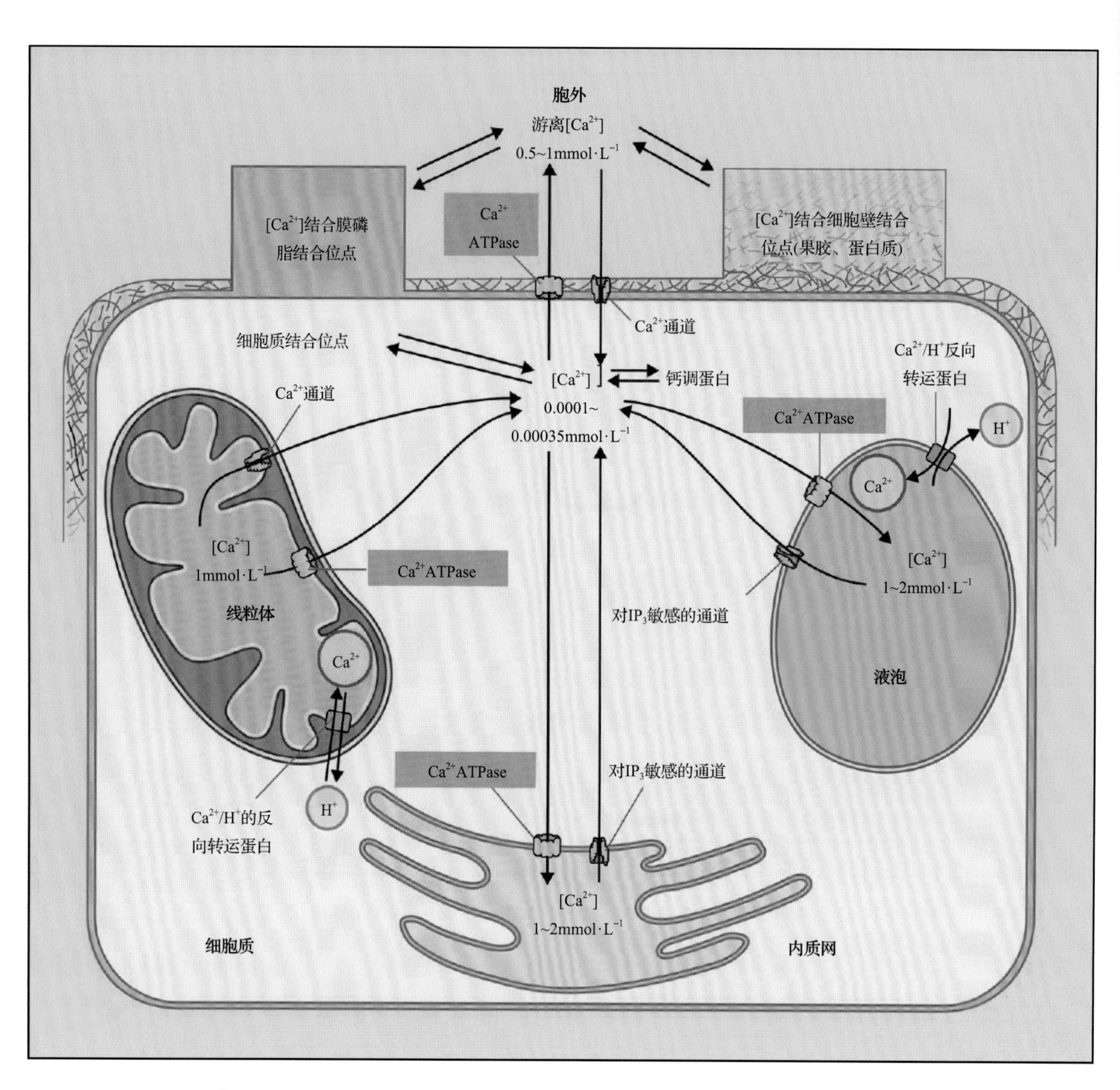

图 18.10 细胞内外 Ca^{2+} 在细胞信号转导中的相互作用。细胞质中游离 Ca^{2+} 的浓度远低于细胞壁或细胞器中的浓度。当细胞接收信号时，各种细胞器和（或）质膜中的通道都会打开，让 Ca^{2+} 沿着电化学梯度扩散进入胞质。Ca^{2+}ATPase（Ca^{2+} 泵）和 Ca^{2+}/H^+ 的反向运输使细胞质 Ca^{2+} 浓度恢复到其静息值

可以磷酸化并激活 MAPKK，MAPKK 可以磷酸化并激活 MAPK。有活性的 MAPK 可能会定位到细胞的不同区域，并磷酸化下游信号转导元件，如其他激酶、代谢酶或转录因子，以调节其活性。级联反应是由 MAPKKK 的激活诱发的，MAPKKK 可以受到多种机制激活，如上游激酶的磷酸化或单体 G 蛋白的结合。而级联反应也可以在磷酸酶的作用下减弱。

在植物中，MAPK 级联反应是一个非常复杂的激酶网络，参与了多个生物学过程，包括茉莉酸（JA）和 ABA 信号转导、细胞分裂过程中分裂板的形成、胚胎发生和气孔形成过程中不对称分裂的调控，以及细胞对非生物胁迫和病原体的响应。在拟南芥中，大约有 60 个 MAPKKK、10 个 MAPKK 和 20 个 MAPK，这为成千上万的 MAPK 级联组合提供了可能性。单个上游信号可以激活多个 MAPK 级联，单个激酶可以受到多个上游信号激活，表明该网络可以同时接收和整合多个转导通路。每个级别上的激酶数量都有一个“沙漏”模式：大量 MAPKKK 激活数量少得多的 MAPKK，而 MAPKK 反过来又激活数量稍微多一些的 MAPK。

植物细胞对细菌鞭毛蛋白的响应，可以较好地

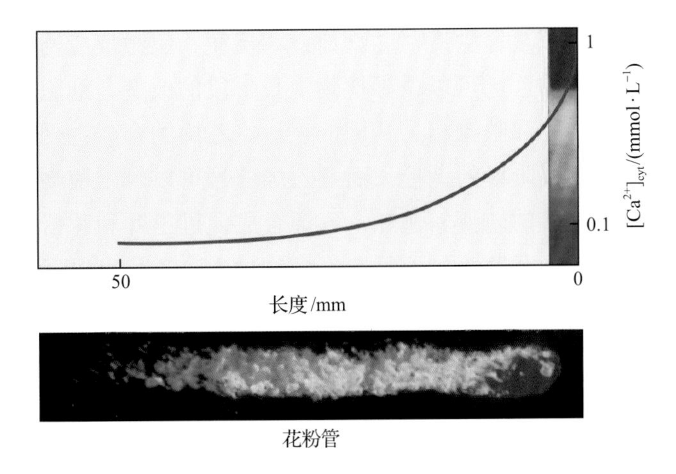

图 18.11 花粉管在其顶端区域维持着稳定的细胞质 $[Ca^{2+}]$ 浓度梯度。该稳定梯度对于其生长是必要条件，它是由结合在花粉管尖端的钙离子通道簇产生的。可以在花粉管中装入对 $[Ca^{2+}]$ 敏感的荧光染料（如 *indo-1* 或 *fura-2*），以通过荧光显微镜定量检测游离 $[Ca^{2+}]$

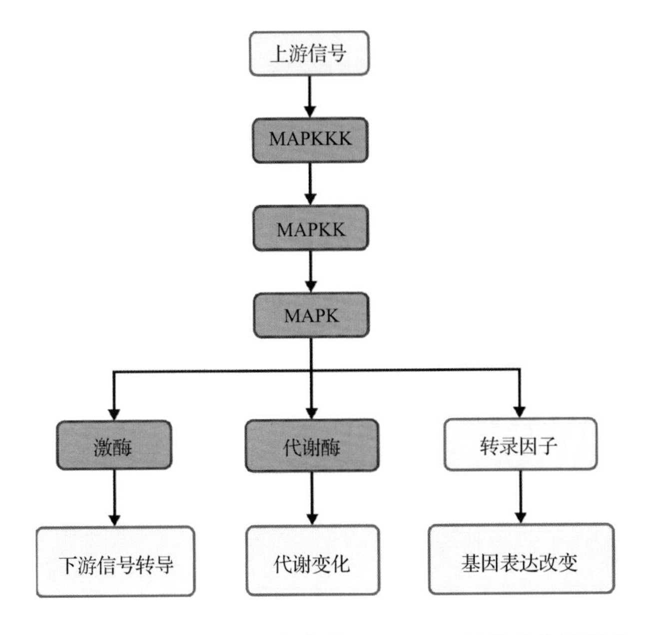

图 18.12 丝裂原活化蛋白激酶（MAPK）级联反应是所有真核细胞中都有的信号传递模块。上游信号激活一个 MAPK 激酶的激酶（MAPKKK），后者磷酸化并激活一个 MAPK 激酶（MAPKK）。而 MAPKK 反过来磷酸化并激活一个 MAPK, MAPK 可以磷酸化下游各种各样的靶蛋白

解释 MAPK 级联反应可以整合多个信号通路。如 18.2.2 节所述，细胞表面受体 FLS2 识别鞭毛蛋白后，可以引发拟南芥产生多种防御机制。这些在一定程度上是通过 MAPK 级联介导的，其中有至少三个 MAPK（MPK3、MPK4 和 MPK6）活性增加，每个 MAPK 级联对下游信号转导都有不同的影响（图 18.13）。例如，MPK3 磷酸化并激活转录因子 VIPl，导致 VIPl 从细胞质转移到细胞核，在

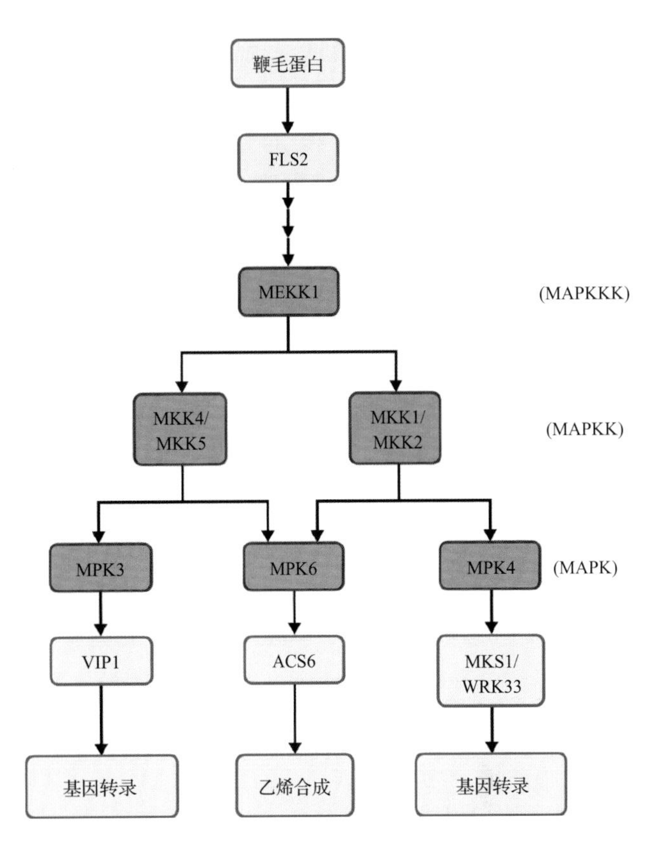

图 18.13 响应鞭毛蛋白的不同信号途径。鞭毛蛋白与细胞表面受体 FLS2 结合，激活 MAPKKK（MEKK1），通过 MKK1、MKK2、MKK4 和 MKK5 传递信号，MEKK1 的活性导致激活了三个 MAPK——MPK3、MPK4 和 MPK6，从而对下游信号转导产生不同的影响（见正文）

细胞核中激活防御相关基因。无活性的 MPK4 与转录因子 WRKY33 形成一个核内复合物。而有活性的 MPK4 可以磷酸化底物蛋白 MKSl，导致含有 MKSl/WRKY33 的复合物与 MPK4 分离，从而使 WRKY33 特异地诱导一类防御相关基因转录。最后，MPK6 可以磷酸化并稳定乙烯生物合成途径中的关键酶 ACS6，并导致乙烯产量增加。

MPK6 介导的信号转导途径很好地解释了不同信号通过 MAPK 级联反应进行整合。除了可以响应细菌的鞭毛蛋白外，也报道了 MPK6 在植物细胞响应过氧化氢、臭氧、寒冷、干旱、触摸、创伤、JA 和 ABA 等信号转导途径中的功能。此外，MPK6（与 MPK3）可以受 MAPKKK YODA 激活，而 MAPKKK YODA 在胚胎发生和气孔发育模式形成中起作用。MPK6 至少与 5 个 MAPKK 有相互作用，暗示了信号通路之间的整合。

这些数据表明 MAPK 级联反应形成了一个复杂的信号转导网络，其中单个激酶有多个输入和输出。正如 18.1.4 节所讨论的，植物细胞如何保持信号特

异性的问题？通过选择性地将激酶与级联形成的复合体共定位，从而限制激酶相互作用的程度，提高了信号的特异性。在酵母和动物细胞中有几个例子就是通过适当的激酶与细胞支架蛋白结合而形成特定的级联反应的。另一种可能机制是磷酸酶选择性抑制某些级联反应，只允许某些转导途径起作用。而在拟南芥中也已经发现了这些针对特定 MAPK 的磷酸酶。

最后，激酶级联之间的相互作用可能允许细胞整合它们接收到的信息，从而根据它们各自的环境做出相应的反应。例如，在烟草（*Nicotiana tabacum*）中，MAPK WIPK（与拟南芥 MPK3 同源）和 SIPK（与 MPK6 同源）激活了针对损伤和病原体的多种防御机制。通过 SIPK 促进 *WIPK* 基因的转录，导致 WIPK 蛋白的积累及 WIPK 活性的增加。因此，通过 MAPK 级联网络的信号可以反馈调节整个网络结构，在这种情况下，为细胞提供了一种机制来增强防御相关的信号。

18.4 乙烯信号转导

18.4.1 乙烯参与胁迫应答、发育阶段转换以及图式形成事件

乙烯（C_2H_4）可以在整个植物中合成，它的产量随着非生物或生物胁迫而迅速增加，如物理外力、伤害、干旱、洪涝、动物捕食和疾病。应激反应诱导合成的乙烯可以诱导植物生长阶段的改变、细胞壁的增固和防御相关基因的表达。乙烯的合成也受植物发育阶段的调控，而且乙烯信号可以触发植物发育阶段的转变。例如，乙烯合成促进了叶和花器官的衰老及脱落，而且在许多物种中，乙烯可以促进果实的成熟。最后，乙烯在发育器官的图式形成中发挥作用，例如，乙烯可以影响拟南芥根分生组织区大小和根毛的排列方式。

乙烯信号转导的研究主要集中在黑暗条件下拟南芥幼苗对乙烯信号的响应，包括幼苗顶端弯钩的加剧、抑制茎的伸长，以及促进茎或根的增粗，合起来称为**三重反应**（**triple response**，图 18.14）。这种三重反应为研究人员提供了一种清晰的表型，可用于筛选影响乙烯信号转导的突变及处理条件。在自然环境中，三重反应增强了幼苗穿过密实土壤生长的能力，既通过机械力刺激乙烯的产生，又抑制乙烯的扩散。

18.4.2 受体复合物在内质网接受乙烯信号

乙烯是一种小的、非极性的气体分子，可以在细胞间通过溶液和空气扩散。乙烯的直接前体 1- 氨基环丙烷 -1- 羧酸（ACC）的维管运输也有可能实现远距离传输乙烯信号。

在拟南芥中，乙烯信号的识别依赖于位于 ER 膜的五个相关受体：ETHYLENE RESPONSE1 和 2（ETR1 和 ETR2），ETHYLENE RESPONSE SENSOR1 和 2（ERS1 和 ERS2），ETHYLENE INSENSITIVE4（EIN4）。这些受体的鉴定是通过单一的显性突变造成乙烯结合的减少，从而引发植物不能产生乙烯反应的相关研究完成的（图 18.14）。这是一个令人惊讶的结果，因为每个乙烯不敏感的突变体仍然拥有四个可以正常编码乙烯受体的基因。此外，任何一个受体的隐性、敲除突变都没有表型效应，这表

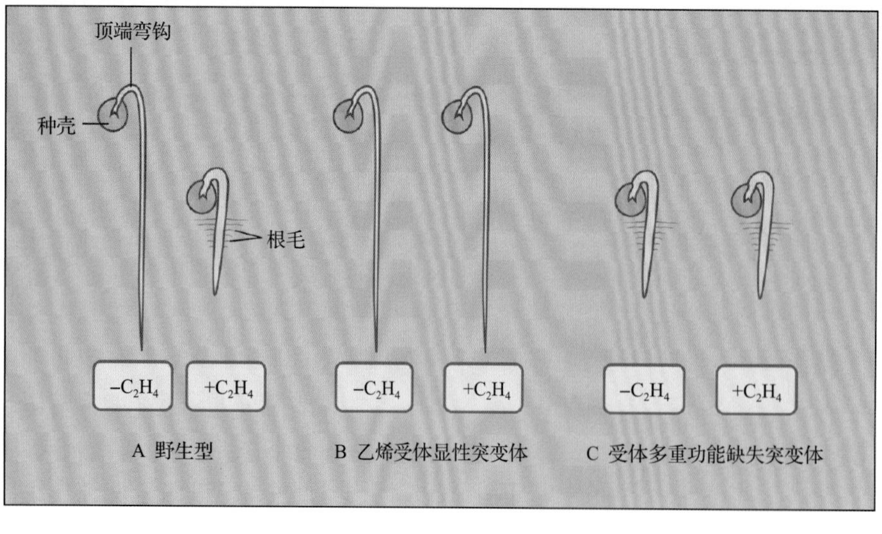

图 18.14 黑暗中生长的拟南芥幼苗可在乙烯诱导下展示出三重反应。A. 乙烯处理抑制茎的伸长、促进茎的增粗、导致顶端弯钩变紧。B. 乙烯受体基因的显性突变导致植物对乙烯不敏感。C. 与之相反，多个乙烯受体功能丧失的突变体表现为组成型的乙烯反应

明乙烯受体存在功能冗余。然而，多个受体功能的缺失导致组成型的乙烯反应，与显性突变诱导的表型相反（图 18.14）。

综上所述，这些数据为乙烯信号的感知提供了一个反直觉的模型，其受体在没有乙烯的情况下是有活性的，并在乙烯结合时失去活性（图 18.15）。显性突变可以阻止乙烯结合，因此将受体维持在有活性状态，产生“无乙烯”的信号，从而导致植物丧失乙烯反应。相反，即使在没有乙烯的情况下，功能缺失的多突突变体会显著降低受体活性，从而导致组成型的乙烯反应。

乙烯受体形成同源和异源二聚体，并通过铜辅助因子与乙烯结合。乙烯受体与细菌的双元系统中的组氨酸激酶受体同源；然而，组氨酸激酶似乎并不参与乙烯信号的转导。18.5 节讨论了与细胞分裂素信号有关的双元系统，并在此背景下详细介绍了乙烯受体的结构和亚型。

乙烯受体在 ER 膜上与下游信号蛋白 CONSTITUTIVE TRIPLE RESPONSE 1（CTRl）形成复合物。CTRl 的功能缺失突变可导致组成型的乙烯三重反应，表明 CTRl 抑制乙烯反应。CTRl 在 ER 中的定位及其抑制乙烯反应的能力取决于 CTRl 与受体之间的结合。突变的 CTRl 不能与受体结合，因此定位在胞质中，处于无活性的状态，造成组成型的三重反应。这些数据表明，在没有乙烯的情况下，乙烯受体会结合并激活 CTRl，从而阻止乙烯的反应。然而，乙烯的结合抑制了受体激活 CTRl，因此诱导乙烯反应的发生（图 18.15）。

受体 -CTR1 复合物在 ER 膜上转导乙烯信号的确切机制尚不清楚。CTRl 与哺乳动物中的 RAF 激酶是同源蛋白，RAF 是一类 MAPKKK，可以启动 MAPK 信号级联反应（见 18.3.2 节），CTRl 激酶功能的缺失突变也会造成组成型乙烯反应，表明 CTRl 抑制乙烯信号需要其激酶的活性。这表明 MAPK 级联在乙烯信号转导中发挥功能，但目前还缺乏确凿的证据。

18.4.3 乙烯的响应依赖于 EIN3 转录因子家族

突变体分析发现了一些 CTRl 下游乙烯反应的正调控因子，其中包括 EIN2 和 EIN3 蛋白（图 18.16）。EIN2 功能缺失导致植物对乙烯完全不敏感，证明 EIN2 诱导乙烯反应是绝对必要的。EIN2 是一种 ER 锚定的蛋白质，其磷酸化依赖于 CTRl。乙烯分子可以将 EIN2 去磷酸化并裂解，产生的 C 端裂解产物转移到细胞核中激活 EIN3。

EIN3 是一种转录因子，可以响应 EIN2 介导的乙烯信号途径，诱导下游基因表达。EIN3 与 EIN3-LIKEl（EILl）和 EIL2 等相关蛋白，是诱导大多数乙烯响应基因转录的必要条件。例如，EIN3 和 EILl 功能缺失的双突突变体在乙烯处理后，基因的转录水平几乎没有变化。在 EIN3 和 EIL 诱导的基因中，大多数编码一类可以诱导乙烯响应基因表达的转录因子（如 ERFl），可以迅速放大乙烯信号，激活数百个乙烯响应基因（图 18.16）。

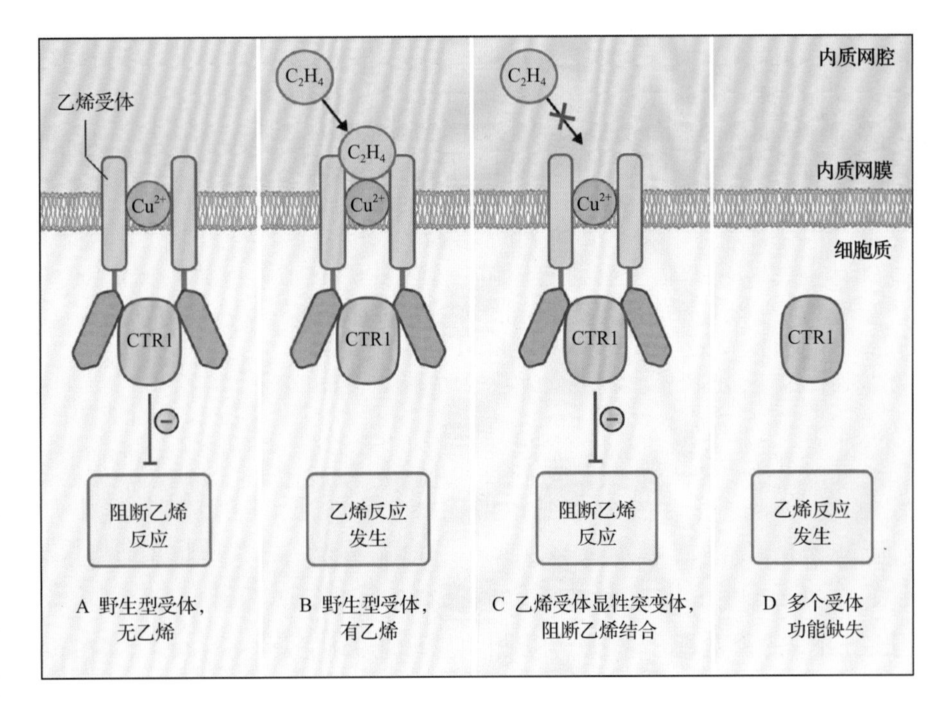

图 18.15 受体 -CTR1 复合物介导的乙烯信号转导。A. 在没有乙烯时，ER 膜上的乙烯受体激活结合的 CTR1，抑制乙烯反应。B. 乙烯结合后阻止受体激活 CTR1，从而使乙烯反应可以进行。C. 显性受体突变体不能结合乙烯，导致 CTR1 有组成型的活性，抑制乙烯反应。D. 多个受体的功能缺失减少了 CTR1 的结合和活化，导致持续性的乙烯反应

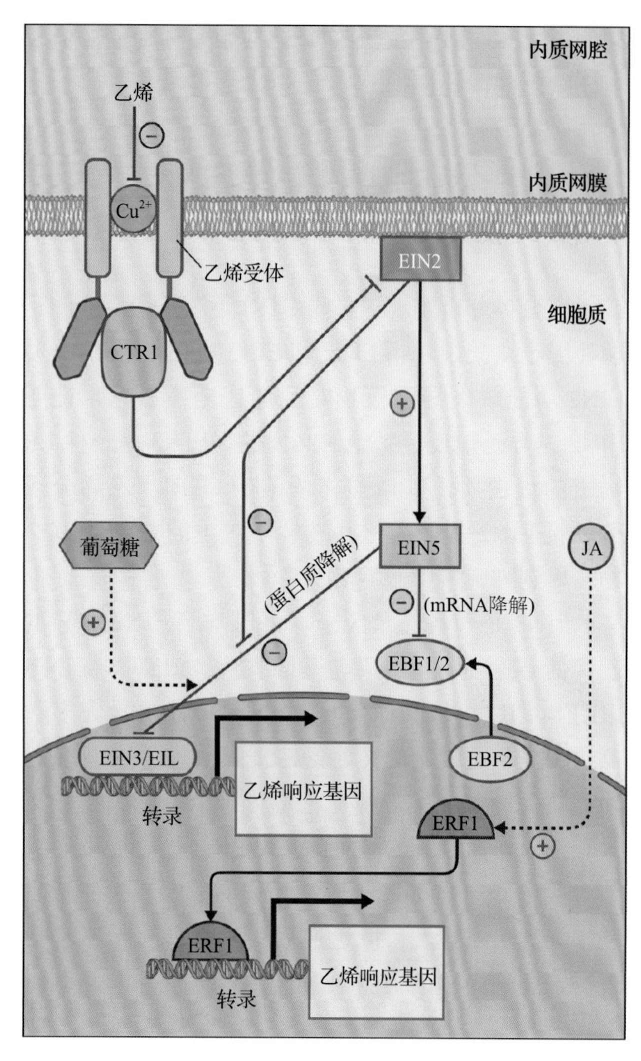

图 18.16 乙烯信号转导。乙烯的结合阻止了乙烯受体激活 CTR1，从而阻止 CTR1 抑制下游组分（如 EIN2）的活性。从 CTR1 到 EIN2 的抑制信号的转导可能涉及激酶级联反应。EIN2 通过阻止 EBF1 和 EBF2 介导的蛋白质降解，促进转录因子 EIN3 和 EIL 的活性，其中部分是通过激活 EIN5 而实现的，EIN5 激活后会降解 EBF1 和 EBF2 的 mRNA。EIN3 和 EIL 促进乙烯反应基因（包括下游转录因子如 ERF1，以及负调控因子 EBF2）的表达。葡萄糖信号途径可增强 EIN3 的降解；茉莉酸（JA）信号转导则促进 ERF1 的表达。末端为箭头的线条表示正调节，以条形线结尾的线条表示负调节

EIN3 的活性是通过调节 EIN3 蛋白的稳定性来控制的。F-box 蛋白 EBFl 和 EBF2 与 EIN3 结合，使之泛素化降解而失活（见 18.6 节）。乙烯信号的转导可以抑制 EBFl 和 EBF2 对 EIN3 的降解过程，导致 EIN3 的积累并诱导乙烯响应相关基因的表达。一种可能的机制是通过 EIN5 蛋白（也称为 XRN4）的作用降解了 EBFl 和 EBF2 的 mRNA。EIN5 蛋白是一种核糖核酸外切酶，对植物体内完整的乙烯响应非常关键。EIN3 的稳定性也受到磷酸化的调控，EIN3 可以在两个位点发生磷酸化反应，一个位点增加其半衰期，另一个位点减少其半衰期。

有趣的是，受 EIN3 直接诱导的基因编码合成 EBF2 蛋白，并形成了一个负反馈循环来调控 EIN3 蛋白的降解过程。由此推断，一旦乙烯不再存在，这种机制会使乙烯信号的转导过程迅速关闭。一个有效的开关对乙烯信号的转导特别重要，因为乙烯似乎与其受体结合紧密。例如，在转基因酵母中检测到的乙烯从 ETR2 受体上解离下来的半衰期约为 10h。

18.4.4 乙烯信号途径与其他信号机制之间互作

乙烯信号转导与植物内其他信号机制之间存在交叉互作（图 18.16）。例如，乙烯促进 EIN3 的稳定性，而葡萄糖促进 EIN3 的降解。葡萄糖影响 EIN3 稳定性的机制尚不清楚，但葡萄糖诱导的信号可能抵消乙烯反应。由于乙烯信号转导通常会导致植物的株高和叶片大小的下降，这就为光合作用产生的大量葡萄糖可以促进植物生长提供了一种解释。

在 EIN3 的下游，ERF1 转录因子提供了另一个相互作用的方向。如上所述，EIN3 可以直接诱导 *ERF1* 基因的表达，而 *ERF1* 也受到 JA 激活，JA 是一种调节植物对食草动物防御的激素。乙烯和 JA 在激活 *ERF1* 的过程中是协同作用的，由于食草动物的取食行为可以诱导两种激素的合成，所以乙烯和 JA 结合增强了植物的这种防御反应。

除了乙烯信号转导过程中的相互作用外，乙烯与其他激素的交叉调控还发生在激素合成水平上。最容易理解的例子是乙烯和生长素之间的相互作用。如上所述，乙烯的直接前体是 ACC。生长素促进 ACC 合成酶的表达，从而诱导乙烯的产生。同样，乙烯促进拟南芥根部生长素生物合成所需基因的转录。因此，生长素和乙烯之间相互诱导对方的合成影响植物的生长发育。

18.5 细胞分裂素的信号转导

18.5.1 细胞分裂素信号通过源于细菌双元系统的蛋白质进行转导

细胞分裂素是一种与腺嘌呤相关的信号分子，

在一系列生物学过程中发挥重要的作用，包括种子的发育和萌发、茎和根顶端分生组织的发育、维管的图式形成、茎分枝、叶片衰老、昼夜节律、应激反应，以及与病原体和根瘤细菌的相互作用。细胞分裂素信号的转导机制来源于细菌的**双元系统**（**two-component system**），这是一个在原核生物中主要的信号转导模块，广泛调节物理和分子的刺激。

基本的双元系统由两个蛋白质组成，即一个**组氨酸激酶**（**histidine kinase**）和一个**应答调控因子**（**response regulator**）（图 18.17）。组氨酸激酶形成二聚体，可能跨膜，也可能是可溶性的。每个激酶单体都有两个结构域：输入结构域和发射器结构域。这两个单体的输入结构域负责信号的感知，然后单体在彼此的发射器结构域内相互磷酸化组氨酸残基。因此，信号识别可以导致组氨酸激酶的自磷酸化。

应答调控因子还包含两个结构域：一个接收器结构域和一个输出结构域。磷酸化基团从自磷酸化的组氨酸激酶转移到应答调控因子的接收器结构域的天冬氨酸残基，并且激活了应答调控因子的输出结构域，向下游传递信号（例如，作为转录因子的应答调控元件可以诱导基因的转录表达）。

虽然双元系统只在原核生物中有，在除动物外的原核生物、植物和真菌中却演化出了一个由三种元件组成的多步磷酸转移系统（图 18.17）。在多步骤系统中，组氨酸激酶通常包含自己的接收器结构域，磷酸基团自磷酸化后转移到接收器结构域。其次，这种磷酸转移不是由磷酸基团直接从激酶转移到应答调控因子，而是通过一种叫作**组氨酸磷酸转移蛋白**（**histidine phosphotransfer protein**，HPt）的中间体发生。HPt 与组氨酸激酶的发射器结构域类似，表明该多步骤磷酸转移系统是利用基本系统中已有的蛋白质结构域演化而来的。在基本和多步骤系统中，所有的磷酸都在正、反两个方向转移（例如，从应答调控因子到基本体系中的组氨酸激酶）。因此，信号转导依赖于“正向”和“反向”磷酸转移的平衡。

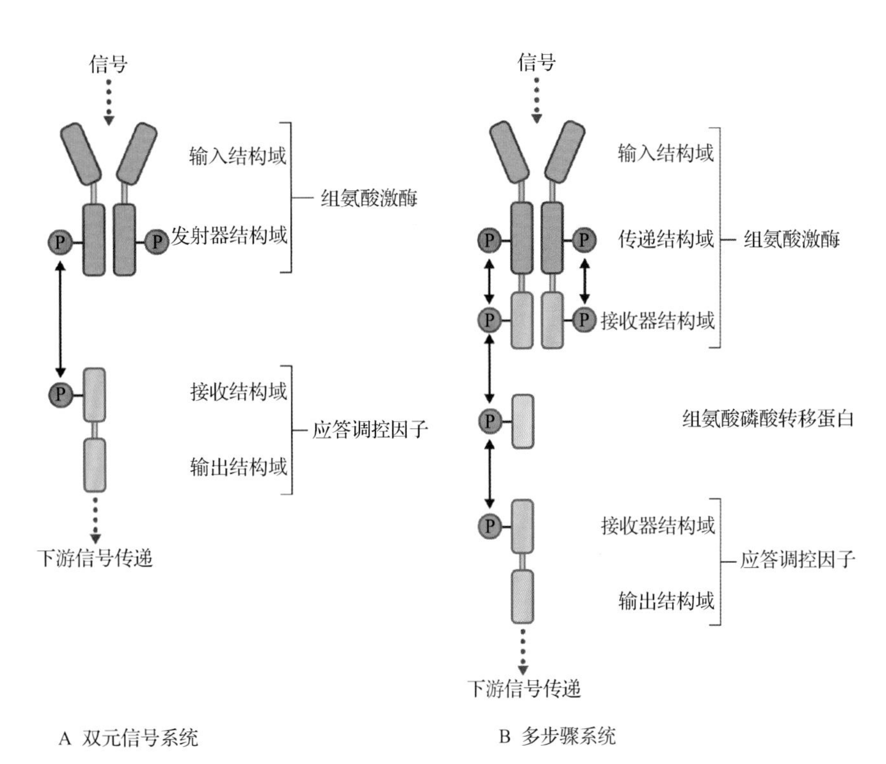

图 18.17 双元系统及其衍生的多步骤系统。A. 双元系统由一个组氨酸激酶和应答调控因子组成。当通过配体的结合或其他过程激活输入结构域时，组氨酸激酶会对发射器结构域中的一个组氨酸残基进行自磷酸化。然后，将这个磷酸基团转移到应答调控因子接收器结构域中一个保守的天冬氨酸残基上，导致激活邻近的输出结构域。B. 在多步骤衍生系统中，组氨酸激酶通常包含其自身的接收器结构域，而磷酸转移到应答调节因子的过程是由一个组氨酸磷酸转移蛋白介导的。该磷酸基团从发射器结构域转移到组氨酸激酶的接收器结构域，再到一个组氨酸磷酸转移蛋白，然后到应答调节因子上。两种体系中所有的磷酸转移也可以反方向进行

18.5.2 拟南芥中细胞分裂素是几种通过双元系统进行转导的信号之一

全基因组分析显示，拟南芥中有 11 个假定的组氨酸激酶、5 个功能性 HPt（拟南芥含组氨酸磷酸转移因子 *Arabidopsis* histidine-containing phosphotransfer factor，**AHP**）和 23 个应答调控因子（*Arabidopsis* response regulator，**ARR**）。所有的三种组氨酸激酶 AHP，以及几乎所有的 ARR 都参与了细胞分裂素信号转导（图 18.18）。

拟南芥的三种细胞分裂素的受体，即 ARABIDOPSIS HISTIDINE KINASE2 和 3（AHK2 和 AHK3）以及 CYTOKININ RESPONSE1（CREl，

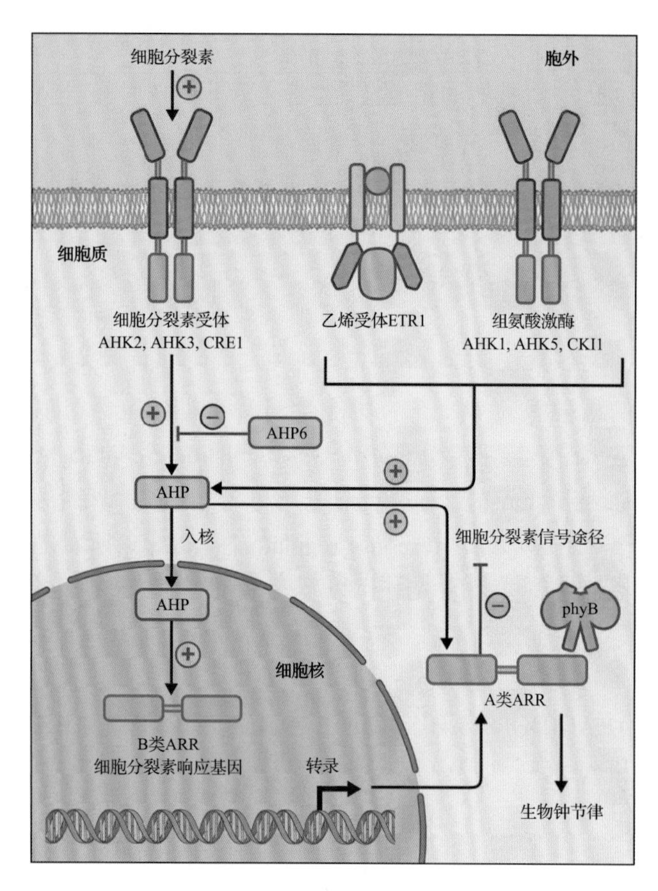

图 18.18 拟南芥中由双元衍生蛋白介导的信号转导。在细胞分裂素信号转导过程中，组氨酸激酶受体结合细胞分裂素，启动磷酸转移，激活 B 型 ARR，从而诱导细胞分裂素应答基因的转录。信号转导过程会受到 AHP6 抑制，AHP6 是一种假的 AHP，人们认为它与真正的 AHP 竞争受体。其他组氨酸激酶（ETRl、AHKl、AHK5 和 CKI1）可能也是通过磷酸传递机制转导信号的。A 型 ARR 由细胞分裂素受体启动的磷酸转移激活，由 B 型 ARR 诱导转录，在某些情况下通过细胞分裂素信号通路稳定蛋白质（未显示）。A 型 ARR 通过一种未知的机制抑制细胞分裂素信号转导，产生负反馈调节。有些 A 型 ARR 还与 phyB 相互作用，介导 phyB 对昼夜节律的调控。注意，为了清晰起见，细胞壁未示

又称 AHK4），都是位于质膜上的组氨酸激酶。受体都有一个细胞外输入结构域，可以与细胞分裂素结合，还有一个发射器结构域和一个接收器结构域。细胞分裂素结合后诱导受体自磷酸化，然后磷酸基团转移到 AHP，诱导 AHP 从膜上移动到细胞核，随后磷酸基团转移到“B”类 ARR。拟南芥也会产生一种“假的”AHP 蛋白（AHP6），AHP6 缺少细胞分裂素受体接收磷酸基团所需的组氨酸残基，通过与真正的 AHP 竞争，抑制细胞分裂素信号的转导。

B 型 ARR 是一类转录因子，在 AHP 磷酸化作用下，它们以功能冗余的方式诱导细胞分裂素响应基因的转录。除了 B 型 ARR 外，拟南芥还有 A 型 ARR，不能与 DNA 结合，也不能诱导转录。A 型 ARR 作为 AHP 磷酸转移的直接靶点受到激活，作为细胞分裂素信号的负调控因子。但 A 型 ARR 作用的生化机制尚不清楚。有趣的是，B 型 ARR 可以诱导 A 型 ARR 基因的转录来响应细胞分裂素，而细胞分裂素信号也会延长 A 型 ARR 的半衰期。因此，细胞分裂素促进 A 型 ARR 的活性和积累，形成一个负反馈回路，抑制细胞分裂素信号的转导（图 18.18）。

在拟南芥中，除了 3 个细胞分裂素受体外，其余 8 个假定的组氨酸激酶中有 5 个是乙烯受体（ETRl、ETR2、ERSl、ERS2 和 EIN4，见 18.4 节）。它们有一个跨膜的输入结构域，该输入结构域通过铜辅助因子和组氨酸激酶发射器结构域与乙烯结合；然而，组氨酸激酶域只在 2 个乙烯受体（ETRl 和 ERSl）中起作用。此外，利用突变体分析表明，乙烯信号转导不需要 ETRl 和 ERSl 中的激酶活性。由于 5 个受体中只有 3 个（ETRl、ETR2 和 EIN4）有双组分类型的受体接收器结构域。因此，只有 ETRl 既有组氨酸激酶活性，又有受体接收器结构域。这可能意味着 ETRl 与下游的 AHP 相互作用，并通过它们与 ARR 相互作用。但目前这种信号传递的范围和功能还不清楚。

在拟南芥中，另外的三个组氨酸激酶是 AHK1、AHK5 和 CKI1。它们都有输入结构域、组氨酸激酶和受体接收器结构域，因此很可能通过与细胞分裂素（和 ETRl）信号产生可能的相互作用并向下游传递信号（图 18.18）。CKI1 参与了雌配子体的发育过程，而 AHK1 和 AHK5 参与植物逆境胁迫响应的过程：AHK1 作为一个植物应答干旱和盐胁迫的正调控因子，而 AHK5 则响应多种胁迫产生的过氧化氢，调控气孔的关闭（见 18.9 节）。

最后，双元系统衍生的蛋白质也可以传递组氨酸激酶无法感知的信号。拟南芥植物光敏素 B（phyB，见 18.7 节）与 ARR3 和 ARR4（A 型 ARR）相互作用（图 18.18），将 phyB 与昼夜节律振荡器联系在一起，并且独立于细胞分裂素介导的信号途径。ARR3 和 ARR4 功能缺失的双突突变体在蓝光和持续黑暗的条件下也有昼夜节律异常，而在这种条件下，phyB 处于无活性形式。因此，这两种反应调节因子在调节昼夜节律方面可能有其他的功能。有趣的是，生物钟的核心振荡器也涉及了一

类“假的”应答因子，即与 ARR 相关但缺失接收从 AHP 转移来的磷酸基团的能力。

18.6 生长素的信号转导与转运的整合

18.6.1 生长素流动和积累的复杂模式指导了植物发育的关键事件

生长素是在 20 世纪初通过对幼苗向光性的研究发现的。植物中生长素的主要形式是 **IAA**，其在已知的植物发育的许多其他方面都发挥重要的功能。生长素除了具有调节向性运动的功能外，还有调控胚胎建成、控制根和茎顶端分生组织的发育，以及诱导植物受伤后再生的功能。在器官发育的层面上，生长素对侧根的起始和芽的生长起着控制作用，还在调控根和茎生长平衡的机制中发挥重要的功能。

生长素影响植物发育的功能依赖于细胞间生长素运输和积累的复杂模式。以拟南芥胚胎建成为例，在合子分裂形成的二细胞期的胚胎中，生长素从基底细胞运输到顶端细胞的过程决定了顶端细胞向胚胎分化的命运，而基底细胞分化并形成一个支持、营养结构，称为胚柄。随后，生长素从假定的胚芽向下穿过胚胎进入胚柄的运输方向决定了根的发育过程。

不同于其他植物激素，生长素通过一个由复杂的跨膜蛋白网络组成的专用运输系统在细胞之间移动。该运输网络受生长素信号的调控，并且在生长素信号转导与生长素转运之间形成多层次的反馈调节。与生长素局部合成和降解一起，这种反馈调节有助于生长素的运输及其积累的稳定和动态平衡，对植物的正常发育非常重要。生长素的运输过程也受到了内源发育信息和外源环境信号的协同调控。

下面几节讨论生长素信号转导、细胞间生长素转运，以及两者之间的反馈调节。

18.6.2 细胞内生长素的转导是通过靶蛋白的降解来调控的

生长素可以通过被动运输和主动转运的方式进入细胞（见 18.6.4 节）。在细胞内，生长素为一个小的可溶性核受体家族所识别，这些受体以蛋白复合物的形式降解下游靶蛋白（图 18.19）。

在真核细胞中，蛋白质可以受到小蛋白**泛素**（**ubiquitin**）形成的多聚泛素链标记，从而进入降解途径。一旦以这种方式标记，蛋白质就可以为 **26S 蛋白酶体**（**26S proteasome**）所识别并破坏，而 26S 蛋白酶体是一种大型的蛋白水解酶复合物。泛素的添加是一个多步骤的过程。首先，泛素和 **E1 泛素激活酶**（**E1 ubiquitin-activating enzyme**）之间通过 ATP 水解形成高能硫酯键。然后，泛素转移到 **E2 泛素结合酶**（**E2 ubiquitin-conjugating enzyme**），它也通过硫酯键附着在 E2 泛素结合酶上。**E3 泛素蛋白连接酶**（**E3 ubiquitin-protein ligase**）将泛素载体 E2 和靶蛋白连接在一起，催化泛素分子向靶蛋白转移。

植物有多种 E3 酶，它们组成不同的家族。在生长素信号转导中的 E3 酶是一种多蛋白 **SCF 复合物**（**SCF complexes**，以三种主要成分命名：**Skp1** 蛋白、**Cullin** 蛋白和 **F-box** 蛋白）。第四个亚基 **Rbx1** 与 Cullin 形成二聚体，Cullin-Rbxl 二聚体将泛素转移到靶蛋白（见 10.6 节）。靶蛋白通过 F-box 蛋白与复合物结合，Skp1 作为支架连接其他亚基

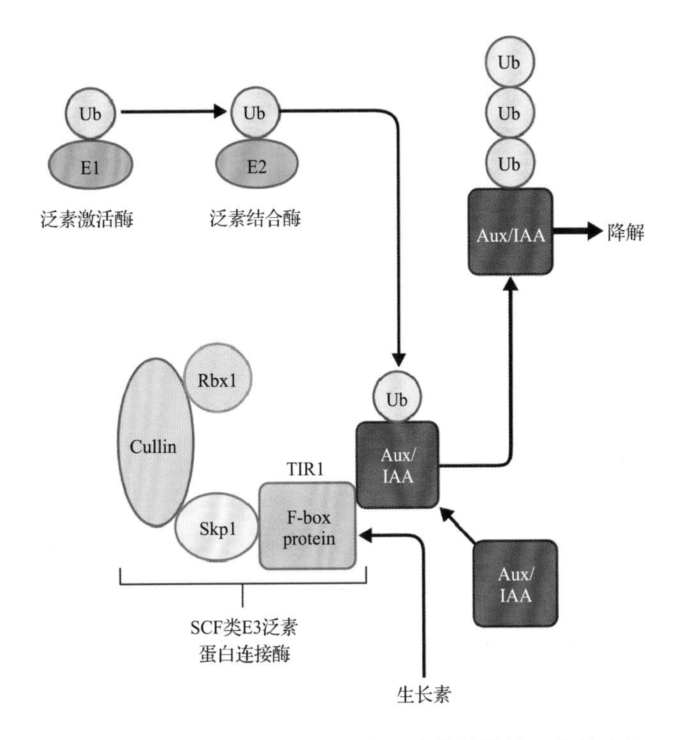

图 18.19 靶向蛋白降解介导了生长素信号转导。生长素与 F-box 蛋白 TIR1 的结合增强了 TIR1 与 Aux/IAA 蛋白之间的相互作用。这使得 Aux/IAA 蛋白在 El、E2 和 E3 酶的顺序作用下发生多聚泛素化，使 Aux/IAA 发生降解。Ub 表示泛素

（图 18.19）。因此，F-box 蛋白使 SCF 复合物对靶蛋白具有特异性。

细胞内生长素信号转导涉及生长素与作为生长素受体的 F-box 蛋白家族成员的结合。该家族由 TIRl（TRANSPORT INHIBITOR RESISTANT 1）和相关 AUXIN SIGNALING F-BOX PROTEIN（AFBl、AFB2 和 AFB3）组成。拟南芥基因组中约有 700 个 F-box 蛋白，除了生长素受体之外，还包括调控昼夜节律的 **zeitlupe** 光受体（信息栏 18.2），以及在赤霉素（见 18.8 节）和与防御有关的激素 JA 信号转导中发挥作用的蛋白质。

在生长素受体中，TIRl 的研究最为详细。TIRl 是一种可溶性核蛋白，通过自身的 LRR 结构域和 Aux/IAA 相互作用，可以将转录抑制因子 Aux/

信息栏 18.2　植物的光受体

光调控反应的**作用光谱**（**action spectra**）表明，植物对 UV-B 辐射（波长为 280 ～ 320nm）、UV-A 辐射（波长为 320 ～ 380nm）、蓝光（380 ～ 500nm）、红光（620 ～ 700nm）和远红光（700 ～ 800nm）均高度敏感。因此，在这些波长下植物光受体也是最敏感的。UV RESISTANCE LOCUS 8（UVR8）蛋白可以感受 UV-B 辐射；**隐花色素**（**cryptochrome**）、**向光蛋白**（**phototropin**）及最近发现的 **zeitlupes** 可以感受 UV-A 和蓝光；而**植物光敏素**（**phytochrome**）介导的则是对红光和远红光的反应。有人还提出植物可能有绿光的受体（波长为 500 ～ 600nm）。但是，对绿光的反应通常很微妙，有时是由隐花色素和植物光敏素共同介导的，因为它们对光谱的这一区域都有一定程度的敏感性。

大多数光受体的构成是蛋白质结合在称为发色团的吸光色素上，而发色团赋予了光受体光谱敏感性。作为发色团对光吸收的响应，光受体蛋白会调节下游信号。植物光敏素和隐花色素都是可溶性受体，主要在细胞核中起调节转录因子活性的作用（见 18.7 节）。这两类光受体合起来调节对光强度的发育反应，例如，幼苗到达土壤表面时的去黄化（光形态建成）。如 18.7 节所述，植物光敏素还介导对光的光谱质量变化的响应，即对其他植物避荫的反应。

Zeitlupes 是一种对光反应的 F-box 蛋白（见 18.6.2 节），它针对的是那些在昼夜节律和光周期调控开花过程中发挥作用的蛋白质。无论是昼夜节律还是开花的起始，都是由隐花色素和植物光敏素启动的信号来调节的。UVR8 是一种 **β 螺旋桨蛋白**（**β-propellerprotein**，其特征是具有一个由围绕中央通道的扁平“叶片”构成的螺旋桨状结构域）。在没有 UV-B 的情况下，UVR8 以同源二聚体的形式存在。吸收 UV-B 时，该二聚体发生解离，UVR8 单体与核蛋白相互作用，从而诱导适应 UV 和形态上的反应（如降低下胚轴伸长）。

向光蛋白是调节向光性和光诱导叶绿体运动的结合质膜的蛋白激酶。它们还起着控制气孔开度（见 18.9 节）、调节下胚轴和叶片扩展的作用。向光蛋白吸收光后导致其自身磷酸化，并诱导信号转导通路，导致定向生长所需的生长素外排载体 PIN 的重新分布（见 18.6.3 节），以及改变质膜上离子的进出，从而调节保卫细胞的膨压（见 18.9.2 节）。

不同光受体介导的信号转导通路相互作用，从而使植物细胞可以整合来自光环境的信息。例如，尽管向光性主要是由向光蛋白介导的，但向光性弯曲的幅度是由隐花色素和植物光敏素信号转导来调节的。正如 18.7.3 节所讨论的那样，质膜结合蛋白 PKS1 与 phyA 和 phototropin1 都有相互作用，可能使植物光敏素信号转导影响向光性反应。在植物光敏素和隐花色素之间也存在直接和间接的相互作用。例如，植物光敏素可以在体外磷酸化隐花色素，植物光敏素和隐花色素二者均抑制蛋白质 COP1 的活性，而 COP1 充当光反应的负调节因子（见 18.7.3 节）。UVR8 也可与 COP1 相互作用。与植物光敏素和隐花色素的作用相反，这会导致 COP1 的积累，从而促进 UV-B 诱导的反应。

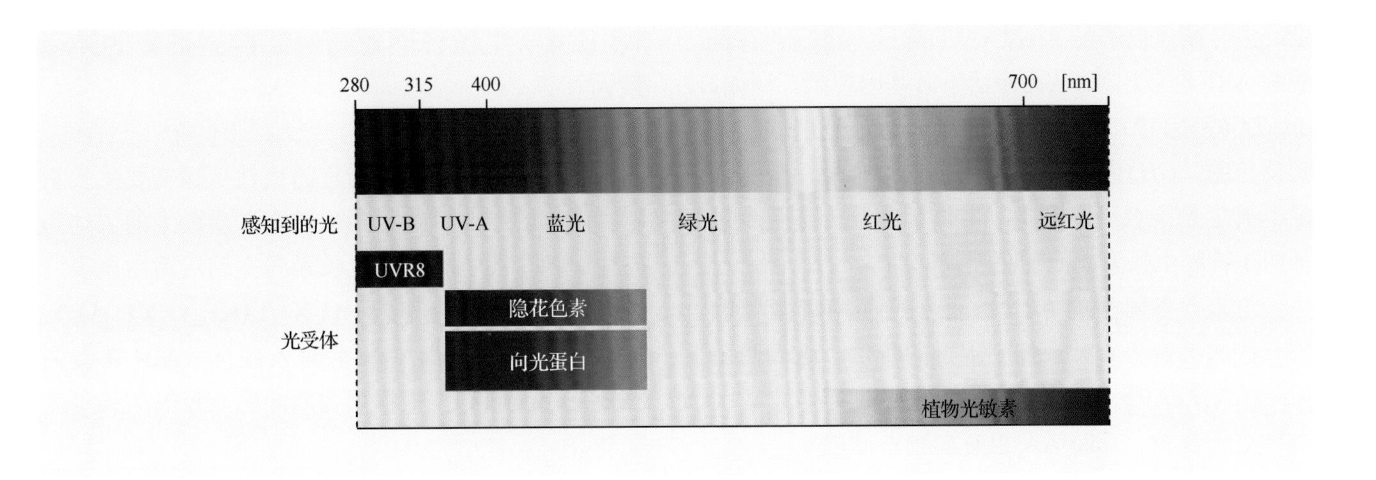

IAA带到SCF复合物中进行多聚泛素化而降解（见18.2.2节）。生长素与LRR结构内的疏水区结合，增大了TIRl与Aux/IAA的结合面积，从而增强了相互作用，而六磷酸肌醇可能是相互作用的辅助因子。根据生长素的作用方式，生长素就像是分子胶，帮助Aux/IAA粘在TIRl上。因此，生长素增加了Aux/IAA发生泛素化和降解的速率，生长素浓度的增加会缩短Aux/IAA蛋白的半衰期（图18.19）。

Aux/IAA包含4个保守域（图18.20）。氨基末端的Ⅰ结构域是一种转录抑制因子。Ⅱ结构域负责与TIRl的相互作用，并且对于生长素诱导的Aux/IAA降解是必需的。羧基末端的Ⅲ和Ⅳ结构域是介导Aux/IAA二聚体形成的二聚结构域。在一类称为**生长素响应因子**（**auxin response factor**，ARF，图18.20）的转录因子中也有Ⅲ和Ⅳ结构域，它们介导ARF-ARF和ARF-Aux/IAA二聚体的形成。因此，在一个细胞内，Aux/IAA与ARF家族的内部和之间存在形成二聚体的复杂模式，人们认为这种模式的改变是生长素信号转导的关键。

最简单的例子来自于Aux/IAA和一组有转录激活活性的ARF之间的相互作用（图18.21）。ARF包含一个氨基末端DNA结合域，也可以介导ARF之间的二聚化，还有一个中间结构域及羧基末端二聚结构域（见图18.20）。根据拟南芥基因组中22个ARF中间结构域的组成进行分类，其中5个ARF的中间结构域富含谷氨酸（Q-rich），作为转录激活因子发挥功能。ARF与生长素诱导基因的启动子结合。在生长素浓度较低时，ARF与Aux/IAA形成异源二聚体，而Aux/IAA的抑制结构域抑制基因转录（图18.21）。由于Aux/IAA缺少DNA结合域，因此需要ARF将它们带到启动子区域来抑制转

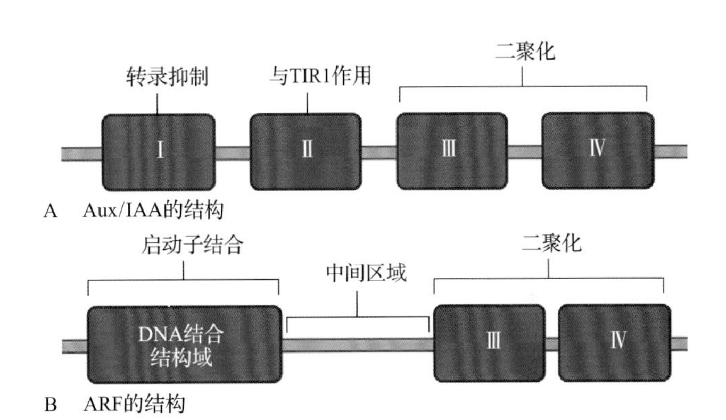

图18.20 Aux/IAA和ARF的结构。A. Aux/IAA有一个转录抑制因子结构（Ⅰ）、一个与TIR1和AFB蛋白相互作用所需的结构域（Ⅱ）和两个二聚化结构域（Ⅲ和Ⅳ）。B. ARF有一个DNA结合域、一个中间结构域和二聚化结构域（与Aux/IAA中的二聚化结构域相关）

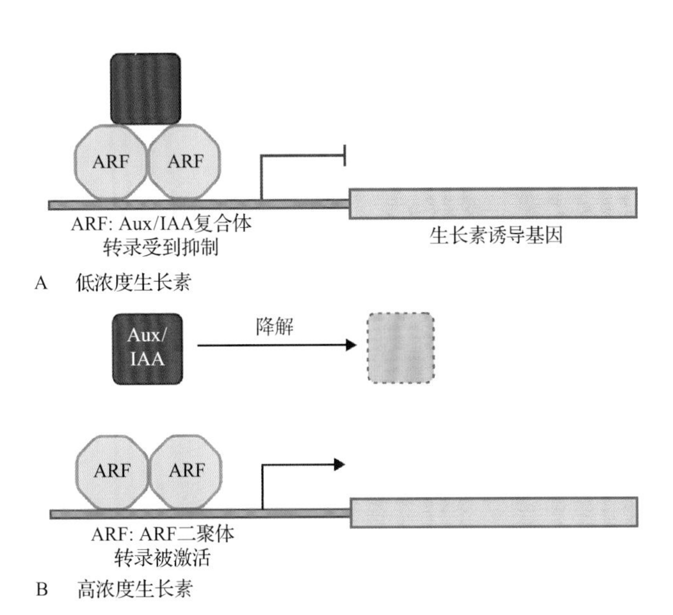

图18.21 生长素响应基因是由富含谷氨酸的ARF蛋白亚家族激活的。A. 生长素浓度较低时，形成ARF：Aux/IAA复合体，抑制下游基因激活。B. 高浓度生长素会诱导Aux/IAA降解，因而激活转录

录。生长素可以降低 Aux/IAA 的浓度，将富含谷氨酸的 ARF 释放出来，从而激活下游基因转录。例如，*Aux/IAA* 基因和 *GH3* 基因的转录表达都是由这一机制调控的，*GH3* 基因编码的生长素结合酶，负责降低游离生长素水平。因此，生长素信号转导至少包括两个抑制生长素响应的负反馈回路。

与富含谷氨酸的 ARF 不同，其他 ARF 亚家族的一些成员扮演着转录抑制因子的角色，这表明由 Aux/IAA 和 ARF 介导的生长素响应比简单的基因诱导更为复杂。Aux/IAA 也有多种不同的性质。例如，拟南芥中 29 种 Aux/IAA 的半衰期可以相差一个数量级。这些数据表明生长素信号的作用取决于在单个细胞中表达的 ARF 和 Aux/IAA 的特定组合。

18.6.3 植物细胞可以接收胞外的生长素信号

除了通过 TIR1 和 AFB 感知细胞内生长素外，还有证据表明存在一类胞外生长素受体。候选蛋白是一种膜结合蛋白，称为 AUXIN-BINDING PROTEIN 1（ABP1）（译者注：最新的研究已经证明 ABP1 可以结合生长素，但它不是生长素的受体）。

ABP1 定位于质膜和 ER，然而，ABP1 只在细胞外 pH 水平才能有效地结合生长素，这表明它与质膜外表面的生长素有关。ABP1 可能作为细胞外生长素受体的证据来自于对原生质体（缺乏细胞壁的组织培养细胞）生长素反应的研究。

在某些情况下，生长素处理会引起质膜离子浓度的快速变化（< 1min）。在原生质体中，其结果是渗透势的改变，导致水的摄入和原生质体膨胀。在没有生长素的情况下，如果原生质体用结合 ABP1 生长素结合位点的抗体处理后也会导致类似的表型，但是可以为结合到其他部位的 ABP1 的抗体所阻断。这些结果支持了 ABP1 是生长素受体。与生长素结合位点结合的抗体可能触发信号转导，导致离子浓度的变化，而与其他部位结合的抗体可能阻止生长素结合或 ABP1 随后的信号转导。

18.6.4 生长素信号转导调控生长素的转运装置

生长素通过组织和器官的极性运输需要生长素进出连续的细胞，这包括生长素在质膜上的主动和被动运输（图 18.22）。生长素的主动运输由至少三类膜转运蛋白参与，包括：**AUX1/LIKE AUX1（AUX/LAX）**家族，充当生长素输入载体；**ABCB 蛋白（ABCB protein）**，根据蛋白质的性质调节生长素流

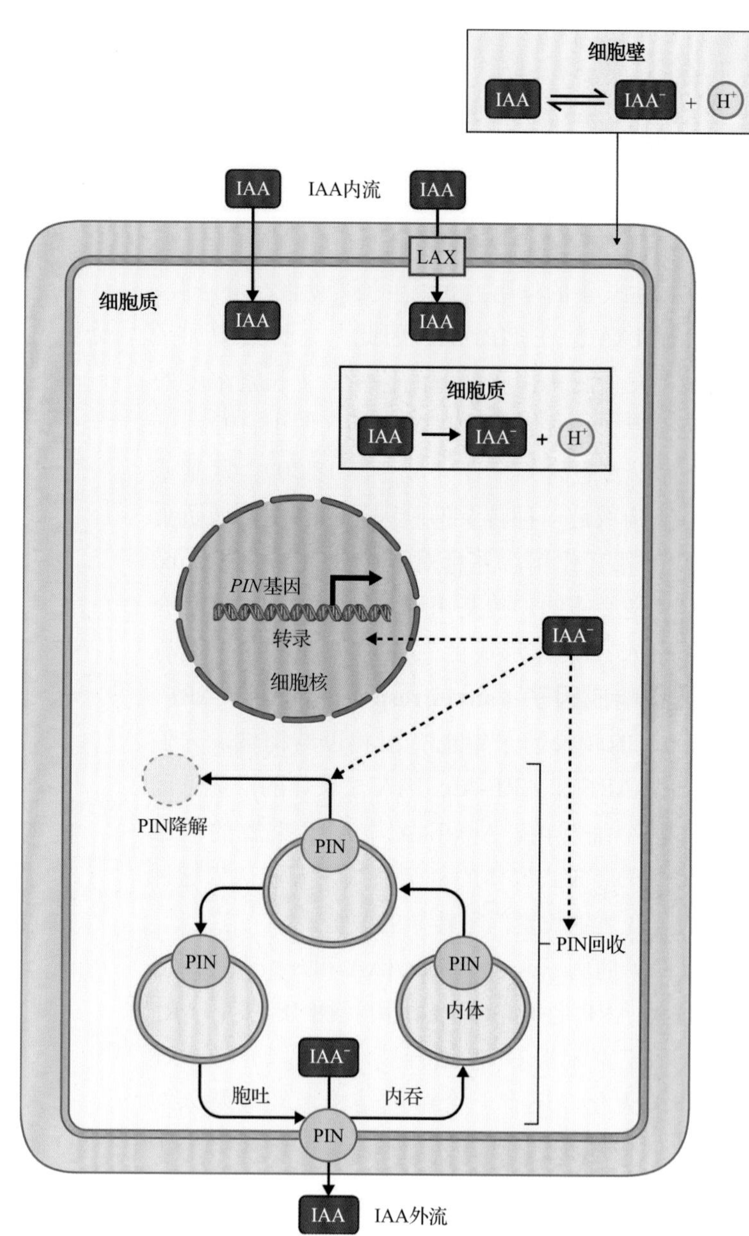

图 18.22 生长素（IAA）的内流可以通过被动扩散，也可以通过 LAX 蛋白介导的主动运输进行。生长素的外流是通过 PIN 蛋白介导的主动转运实现的，人们认为 PIN 蛋白的分布决定了细胞间生长素运输的方向。生长素信号转导途径与生长素转运之间存在多个层次上的反馈调节。例如，生长素信号途径调节 *PIN* 的基因转录、循环使用及蛋白降解。生长素流入和流出也由 ABCB 蛋白介导（未显示）

入和流出；PIN 蛋白（**PIN protein**），作为生长素输出载体。此外，人们认为质外体（pH5.5）和细胞质（pH7）之间的 pH 差异是驱动生长素被动进入细胞的动力。IAA 是一种弱酸，在酸性条件下以质子化和电离两种形式存在。不带电的、质子化的 IAA 可以穿过质膜，但一旦进入中性细胞质，它就会电离，无法再移动出去。因此，尽管生长素进入细胞是由被动流动和主动转运同时介导的，但生长素流出细胞必然是由输出载体介导的。

细胞间生长素的极性运输在很大程度上取决于生长素膜转运蛋白，尤其是 PIN 蛋白的不对称分布。拟南芥有 8 个 PIN 蛋白（PIN1~8），其中一些与生长素运输中断的突变表型有关。例如，*pin1* 突变体在茎顶端分生组织的器官起始方面存在缺陷，这一过程需要生长素流驱动形成局部最高的生长素浓度（见下文）。免疫定位或 PIN 蛋白与报告蛋白融合等技术表明，生长素转运细胞中的 PIN 极性定位与生长素运输假定的方向一致。例如，植物生长素流动的一个主要特征是，由幼叶通过木质部薄壁细胞和维管形成层从茎向根运输其合成的生长素。这种生长素的流动称为**极性转运流**（**polar transport stream**），与 PIN1 向转运细胞基膜（向根面）的极性定位有关。此外，生长素也通过韧皮部从茎部大量运输到根部。

相互作用的证据表明生长素信号参与调控生长素的运输过程。生长素诱导 *PIN* 基因的表达并导致了 PIN 的积累，通过这种机制，增加细胞中生长素的浓度可以促进生长素的流出。然而，在某些情况下，生长素处理也会降低 PIN 蛋白的稳定性；因此，生长素浓度对 PIN 蛋白积累的总体影响比较复杂。

生长素信号转导也影响 PIN 的极性定位。在一些细胞类型中，PIN 蛋白在细胞的膜和内体之间循环（图 18.22）。在短期内，生长素处理抑制 PIN 蛋白的内吞作用，因此可能导致 PIN 在质膜上积累，从而促进细胞生长素的输出。相反，长期的生长素处理可以促进 PIN 的内吞。因此，与 PIN 丰度一样，生长素信号似乎以一种复杂的方式与 PIN 循环的过程相互作用，包括正调节和负调节。

生长素还诱导了一种编码调节 PIN 极性的蛋白激酶的基因——*PINOID*（*PID*）的转录。PID 是一种丝氨酸 / 苏氨酸激酶，可以调节植物基 - 顶（茎到根）轴上 PIN 蛋白的位置。PID 功能的缺失导致顶端定位的 PIN 蛋白持续转移到细胞的基底。相反，PID 的组成型表达可导致基底定位的 PIN 蛋白移动到细胞的顶端。PID 可以直接磷酸化 PIN 蛋白。因此，对这些结果直观的解释是，PID 磷酸化的 PIN 蛋白靶向细胞的顶端，而非磷酸化的 PIN 靶向细胞的基底。

除了由生长素信号控制外，生长素运输还受细胞类型和环境信息的调节。例如，根尖和茎尖的表皮细胞向下层组织细胞转运生长素的特点就不同。下文将会具体讨论关于叶的起始。环境影响生长素转运的一个明显例子体现在向性生长中，生长素会响应环境变化而进行重新定向转运，导致了局部生长素浓度依赖性的细胞扩增的改变，并引起向性弯曲。

18.6.5 维管的图式形成和叶片的起始都需要生长素信号转导与转运之间的反馈调节

生长素对 PIN 蛋白分布和浓度的调控表明生长素信号转导与生长素转运之间存在反馈关系。这种反馈调节主要在发育过程中发挥功能，尤其是在建立细胞、组织和器官的自组织机制等方面。生长素介导发育的两个充分研究的例子是维管组织的图式形成和叶片的起始。

渠化假说（**canalization hypothesis**）提出了一种正反馈机制，将维管组织的发育与生长素运输联系起来（图 18.23）。根据这一假说，生长素的极性运输会导致细胞极化程度及生长素转运活性的增加，继而促进生长素的极性运输。在有限的生长素源和固定的生长素库的情况下，这就在细胞之间产生了竞争，生长素的运输逐渐进入到一个由高度极化的细胞组成的窄链中，这些细胞将生长素的源与库连接起来。该假说进一步提出，当生长素浓度提高到某个阈值以上时，这些链中的细胞会分化为维管组织。而通过融合绿色荧光蛋白（PIN-GFP）检测 PIN 蛋白的定位，则表明渠化作用确实发挥了功能。在不同的背景下，维管的分化是不断解读细胞遗传信息的过程，是建立在根据生长素假定的运输方向增加 PIN 蛋白的极性定位的基础上。而这些细胞随后分化成维管束。

与维管发育过程中生长素运输的稳定路线不同，茎端分生组织的器官起始依赖于生长素的运输

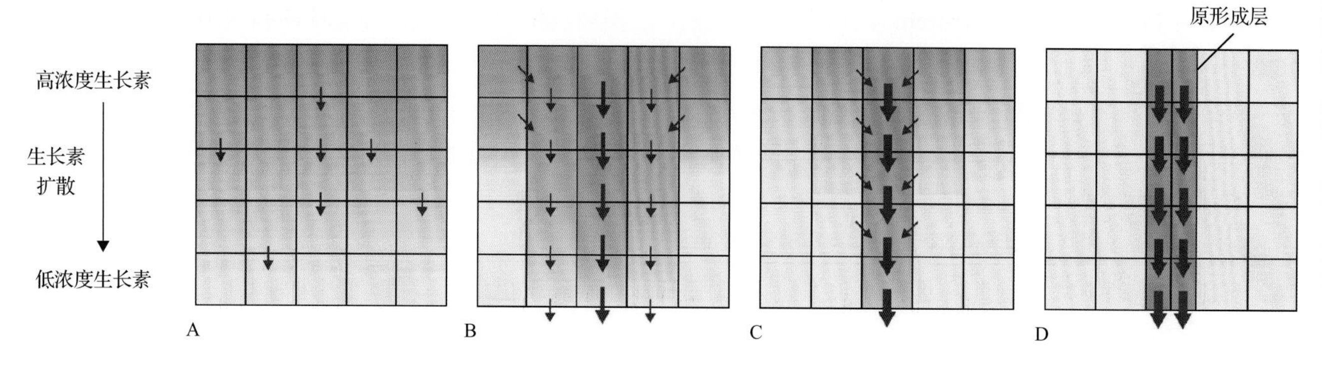

图 18.23 渠化假说。A. 生长素源（顶部）和库（底部）之间的细胞开始向生长素扩散的方向运输生长素。B, C. 生长素转运与生长素转运能力之间的正反馈调控导致生长素流导入由越来越极化的细胞组成的窄链。D. 当生长素浓度提高到某个阈值以上时，这些链中的细胞分化为维管组织

和积累的反复变化（图 18.24）。利用生长素转运抑制剂或利用 *pin1* 突变体（该突变体赋予了 *PIN* 基因名称）发现，破坏生长素运输后，在茎尖会发育出裸露的针状结构。局部施加生长素可以诱导叶片在这些结构上生长萌发，说明叶片和其他器官是在生长素浓度较高的部位起始的。

通过 PIN-GFP 实时成像和 PIN 免疫定位，研究了生长素在未处理的野生型分生组织中的分布规律。这些研究的结果表明，分生组织表皮层的细胞分布着 PIN 蛋白，使得表皮层每个细胞都将生长素转运到生长素浓度最高的相邻细胞。其结果是一个反馈机制，使得生长素运输最后汇聚于表皮一处，创造一个局部生长素浓度最高的部位。该部位的细胞开始形成叶片。在叶片起始部位的内皮层部位，PIN 蛋白最终重新定位到细胞的底部，并直接向更深层的组织流动（发育中的叶片的维管组织分化）。

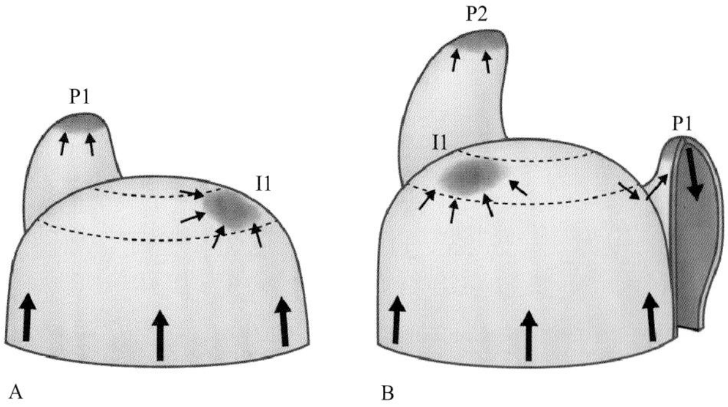

P1 I1 P2 P1 I1
A B

图 18.24 叶片的起始。生长素浓度用红色表示，生长素极性运输用箭头表示。A. 在分生组织表皮中，生长素沿着其逐步升高的浓度梯度运输，导致局部生长素积累，从而决定了叶片的起始部位（I1）。B. 当叶片起始时（P1），生长素从叶尖的表皮运输到下表皮层。这使得生长素从周围的表皮流出，导致生长素运输向下一个起始点处重新分布

而生长素从表皮细胞周围流出，抑制叶片的起始部位附近产生新的原基。

当叶片起始时，表皮细胞的生长素浓度模式的改变会导致表皮细胞的 PIN 极性发生变化，生长素会导向下一个叶片的起始位置。这就在茎尖周围产生了规则的排列模式（叶序）。值得注意的是，该机制通过将 AUX/LAX 内流载体定位到表皮细胞，使生长素保留在表皮层。

维管图式形成和叶片起始的假说显示了生长素及其信号转导和转运之间复杂的相互作用，以及在调控植物生长发育方面的重要功能。相互作用的结果的属性取决于植物的发育背景。此外，核心机制可以通过局部和远距离信号进行调控。

18.7 植物光敏素介导的信号转导

18.7.1 植物光敏素的一个主要功能就是区分红光和远红光

植物光敏素在所有的绿色植物、一些细菌群和一些真菌中都有。它们是通过对**红光 / 远红光的光可逆性**（**red/far-red photoreversibility**）现象的研究发现的。例如，在许多物种中，短时间暴露于红光（波长为 620 ～ 700nm）可以促进萌发，但如果随后立即暴露于远红光（波长为 700 ～ 800nm）则会抑制萌发。

光可逆性是两种具有不同吸光性能的植物光敏素异构体之间的相互转变造成的（图 18.25）。$\mathbf{P_R}$ 为无活性的红光吸收异构体，P_R 吸收红光以后转变为

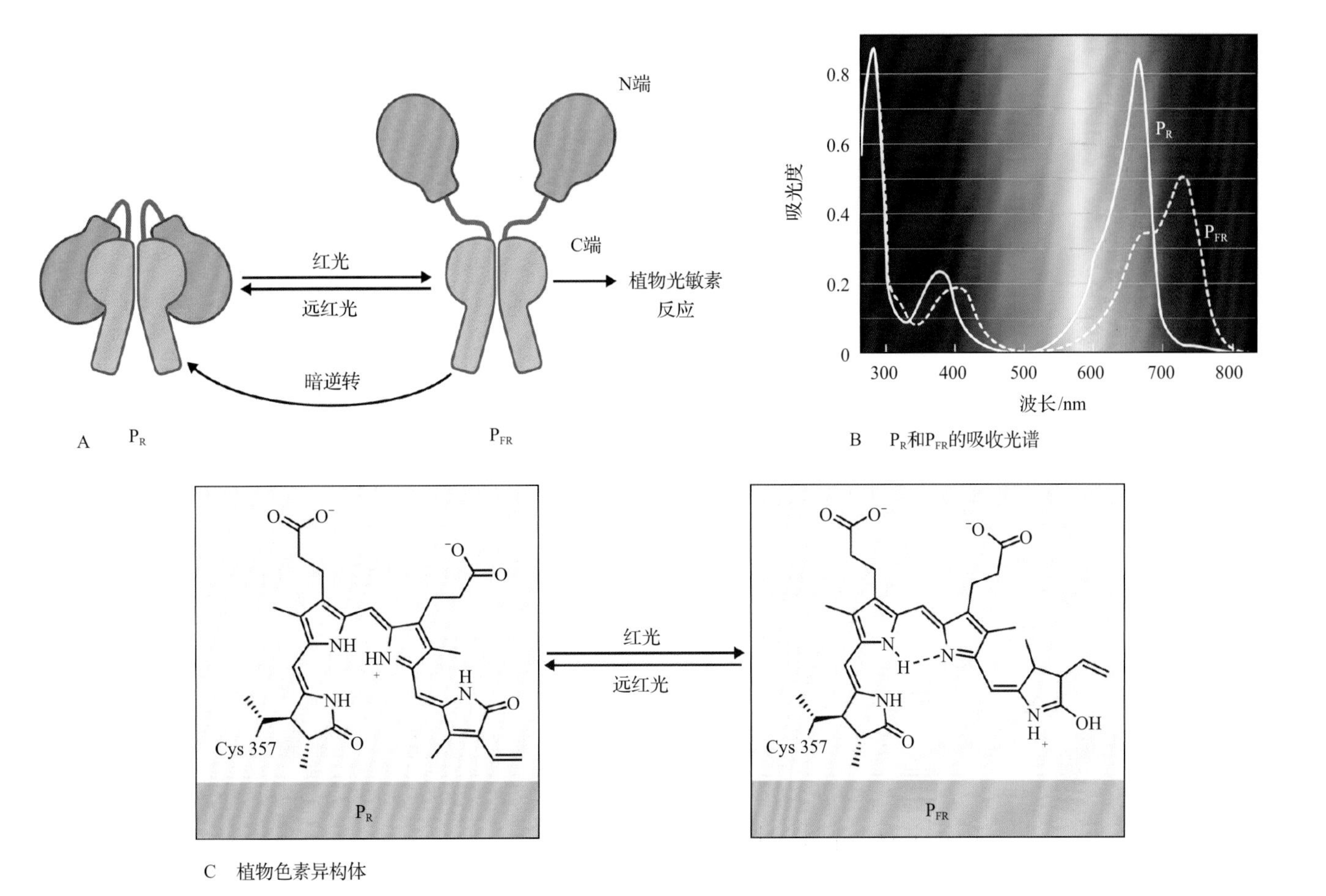

图 18.25 植物光敏素形成二聚体，在无活性的 P_R 和有活性的 P_{FR} 之间进行光的转换。A. P_{FR} 也可以不依赖于光的方式恢复为 P_R（暗逆转）。当 P_R 转变为 P_{FR} 时，植物光敏素的构象发生变化，人们认为这涉及把 N 端折叠展开而远离 C 端。B. P_R 和 P_{FR} 的吸收光谱分别为红光（约 660nm）和远红光（约 730nm）。C. 植物光敏素的生色团是一种线性四吡咯，称为植物色素（phytochromobilin），在光诱导下会发生异构化

一种有活性的、远红光吸收异构体，称为 $\mathbf{P_{FR}}$（**光转变，photoconversion**）。同样，P_{FR} 吸收远红光也可以转变成 P_R。因此，红光可以促进植物光敏素从无活性 P_R 转变成活性形式 P_{FR}，而远红光则可以导致活性形式 P_{FR} 转变成无活性 P_R。需要说明的是，在光形态转换过程中，活性形式 P_{FR} 可以自发地转变成无活性形式 P_R。虽然这种转换发生在光照与黑暗条件下，但它是通过黑暗中 P_{FR} 浓度的下降来测量的，所以称为**暗逆转**（**dark reversion**，图 18.25）。

植物光敏素与其他光感受器共同调节植物的发育及代谢（信息栏 18.2）。P_R 和 P_{FR} 之间的转换建立在植物光敏素从环境中感知红光与远红光比值（R ∶ FR 比值）的信息基础上。这在生物学上是息息相关的，叶片吸收绝大部分的红光，反射远红光。因此，较低的 R ∶ FR 比值表明光照为竞争者所遮蔽，引发不同的物种产生不同的效应。在拟南芥等草本植物中，低 R ∶ FR 值抑制种子萌发，并在植物生长过程中诱导避荫反应。植物光敏素介导的应答还包括幼苗的光形态建成、开花和昼夜节律的调控。

植物光敏素是一种可溶性的蛋白二聚体，其中每个亚基都与一分子的植物色素（phytochromobilin）结合。该种色素是一种线性四吡啶构成的吸收光的发色基团（图 18.25）。这种色素对光的吸收会导致其异构化，进而改变发色基团的吸收光谱和植物光敏素的蛋白质构象。虽然 P_R（约 660nm）和 P_{FR}（约 730nm）的吸收峰分别位于光谱的红光和远红光区域，但两种异构体都吸收了从 UV-B 到远红光之间所有波长的光（图 18.26）。因此，没有一种波长的光可以诱导植物光敏素完全以 P_R 或 P_{FR} 的形式存在。

植物有几种不同的植物光敏素。例如，拟南芥有 5 种不同的植物光敏素（phyA ～ E），它们有相同的发色基团，并且 P_R 和 P_{FR} 形式的吸收光谱相同，但它们的脱辅基蛋白不同，因而功能上有重叠

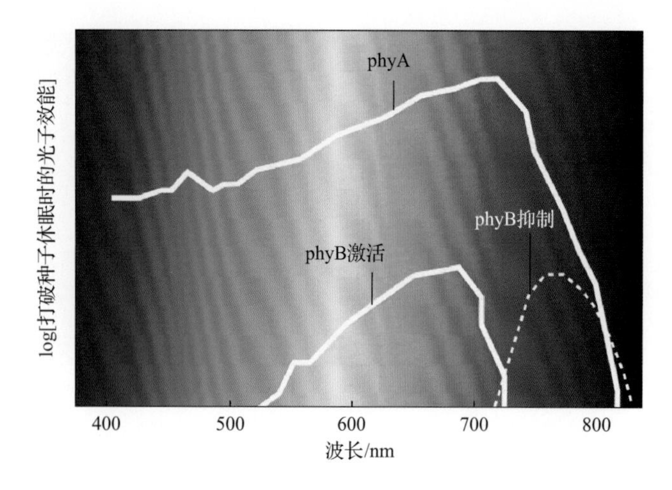

图 18.26 phyA 和 phyB 诱导的拟南芥种子萌发的作用光谱。种子在水中浸泡很短时间后测定 phyB 的作用光谱，其在远红光照射下可以发生逆转。采用黑暗中浸泡 2 天的种子测定 phyA 的光谱。phyA 诱导的种子萌发对光极其敏感，且光不可逆

但不同。主要的功能上的不同就是**光不稳定**（**light-labile**）还是**光稳定**（**light-stable**）。在拟南芥中，只有 phyA 是光不稳定的，其他 4 种植物光敏素是光稳定的。

黑暗中吸胀的种子与幼苗中的植物光敏素主要是 phyA。在拟南芥中，这种情况会诱导 *PHYA* 基因大量表达，因此植物光敏素 P_R 异构体（P_RA）会大量积累，从而导致对光极端敏感，即使是非常少的光也足以诱导 $P_{FR}A$ 的转换。在整个 P_R 吸收光谱中都是如此。因此，在黑暗中培养几天后，经过短暂的 UV-B 或远红光照射，吸胀的种子就会发芽。显然，这些光应答反应都不属于光可逆性（图 18.26）。

长时间的光照以及 P_RA 向 $P_{FR}A$ 的转变导致 phyA 浓度下降约 100 倍，其部分原因是 $P_{FR}A$ 蛋白发生了迅速降解，还有部分原因是光抑制 *PHYA* 转录的过程本身是由植物光敏素信号介导的。尽管浓度下降，phyA 仍然在光下生长的植物中发挥作用。与 phyA 不同的是，光稳定的 phyB ～ E 在光照和黑暗中浓度相同，是成熟植物中植物光敏素的主要形式。

18.7.2 P_{FR} 形式的植物光敏素转运到细胞核中

由于植物光敏素合成时是无活性形式的 P_R，这是在持续黑暗中发芽的幼苗中存在的唯一的异构体。利用免疫定位和荧光标记植物光敏素，发现在黑暗条件下，植物光敏素定位在胞质。然而，光照使 P_R 转变为 P_{FR} 会导致植物光敏素从胞质转移到细胞核。

拟南芥的研究表明，phyA 与 phyB 之间的动力学和机制不同（图 18.27）。植物光敏素是一个生物大分子，不能被动地通过核孔扩散，因此需要通过核膜进行主动转运。phyB 拥有一个核定位序列（NLS），会在 P_RB 转变为 $P_{FR}B$ 发生构象变化时暴露出来，并与核输入蛋白结合，从而通过核膜运输，因此 phyB 的转运过程可以持续几个小时。相比之下，phyA 缺少 NLS，$P_{FR}A$ 的核导入依赖于 FHY1 和 FHL 蛋白。FHY1 和 FHL 的功能冗余，可以特异地结合 $P_{FR}A$，并通过它们自己的 NLS 将 $P_{FR}A$ 转运到细胞核。$P_{FR}A$ 的核输入速度非常快，光照几

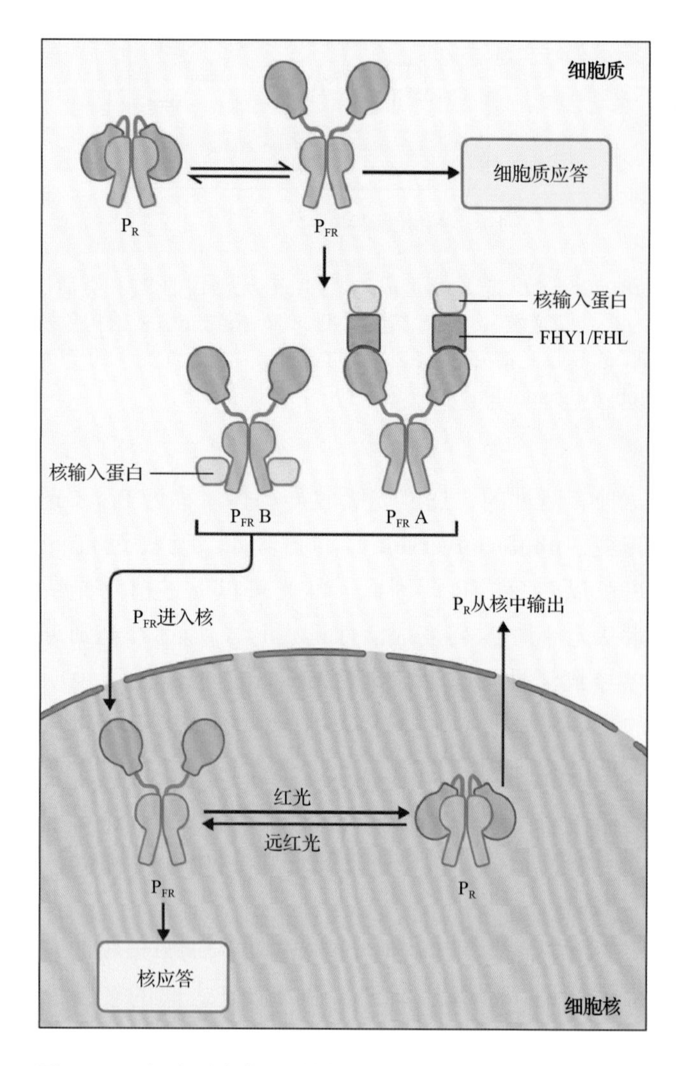

图 18.27 细胞质中的 P_R 转变为 P_{FR} 会诱导植物光敏素进入细胞核。$P_{FR}B$ 的入核是由结合 phyB 核定位序列的导入蛋白介导的。与之相反，phyA 没有核定位序列，$P_{FR}A$ 的入核需要 FHY1 和 FHL 两个蛋白质。核中的 P_{FR} 转变为 P_R 会诱导植物光敏素向细胞质转移

分钟内就可以检测到。此外，由于暗生长幼苗中 phyA 的浓度较高，红光和远红光都可以产生足够的 $P_{FR}A$，使其在细胞核中积累。

在细胞核内，phyA 和 phyB 都以斑点的形式积累，这也是植物光敏素在细胞核内作为大型信号复合物组成部分的假说基础。与此一致，这种大型复合物称为**核体**（**nuclear body**，NB），在接触到远红光之后，P_{FR} 转变成 P_R，NB 消失。此外，NB 还有昼夜模式：晚上消失，黎明之前重新形成，参与生物钟的调节，以及光信号和生物钟信号之间的交流。最后，在远红光照射下，$P_{FR}B$ 向 P_RB 的逆转也会导致 phyB 从细胞核输出，这表明，胞质中的 P_{FR} 进入细胞核的同时，核 P_R 也会从细胞核中流出。值得注意的是，由于光转变相对于植物光敏素的转运而言非常迅速，因此在光生长植物的胞质和细胞核中，P_{FR} 和 P_R 这两种形式都有。

18.7.3 植物光敏素调控转录因子的稳定性

一些植物光敏素介导的反应非常迅速，几乎可以肯定依赖于细胞质内的信号转导。例如，在苦草中（*Vallisneria*），光照射下 2.5s 内，就可以检测到植物光敏素诱导的胞质环流。植物光敏素有丝氨酸 / 苏氨酸激酶活性，因此可能通过下游信号蛋白的磷酸化启动细胞质信号转导。一个候选效应因子是 PKSl，这是一种质膜结合蛋白，生化功能未知，受到植物光敏素磷酸化，是正常 phyA 诱导反应所必需的。PKSl 还与趋光性所需的光感受器 phytotropin1 相互作用（信息栏 18.2），可能是植物光敏素信号调节向光性弯曲的部分机制。

尽管有细胞质信号转导的证据，导致植物光敏素不能入核的突变也会抑制由其介导的大多数细胞应答。例如，在拟南芥的 *fhy1/fh1* 双突突变体中，phyA 不能正常进入细胞核，突变体的种子不能正常萌发，而突变体的幼苗不能正常去黄化反应，这些结果表明细胞响应植物光敏素的信号传递途径是由核信号介导的。与植物光敏素在细胞核内的作用类似，植物光敏素介导的信号途径与大量的基因表达变化有关。当幼苗最初暴露在光照下，植物光敏素介导的信号途径可以改变拟南芥转录组 10% 以上的基因的表达。

植物光敏素介导的基因表达变化很大程度上依赖于转录因子稳定性的调节。简单来说，植物光敏素介导的信号转导既促进了光反应负调控因子的降解，又稳定了光反应正调控因子（图 18.28）。

负调控因子主要是植物光敏素相互作用因子（PIF），它们可以与 P_{FR} 特异性结合。PIF 是碱性螺旋 - 环 - 螺旋（bHLH）类转录因子。在拟南芥中，这个家族包含 15 个蛋白质成员，其中至少有 6 个成员在植物光敏素信号转导中起着重叠但不完全相同的作用。PIF3 是第一个鉴定出来的与植物光敏素相互作用的因子。研究表明，PIF3 通过诱导黄化相关基因的表达，促进暗生长幼苗的黄化。在光照下，PIF3 与 NB 中的植物光敏素共定位，随后发生降解，从而抑制黄化，促进光形态建成。PIF3 的降解与 PIF3 的磷酸化有关，依赖其泛素化随后靶向 26S 蛋

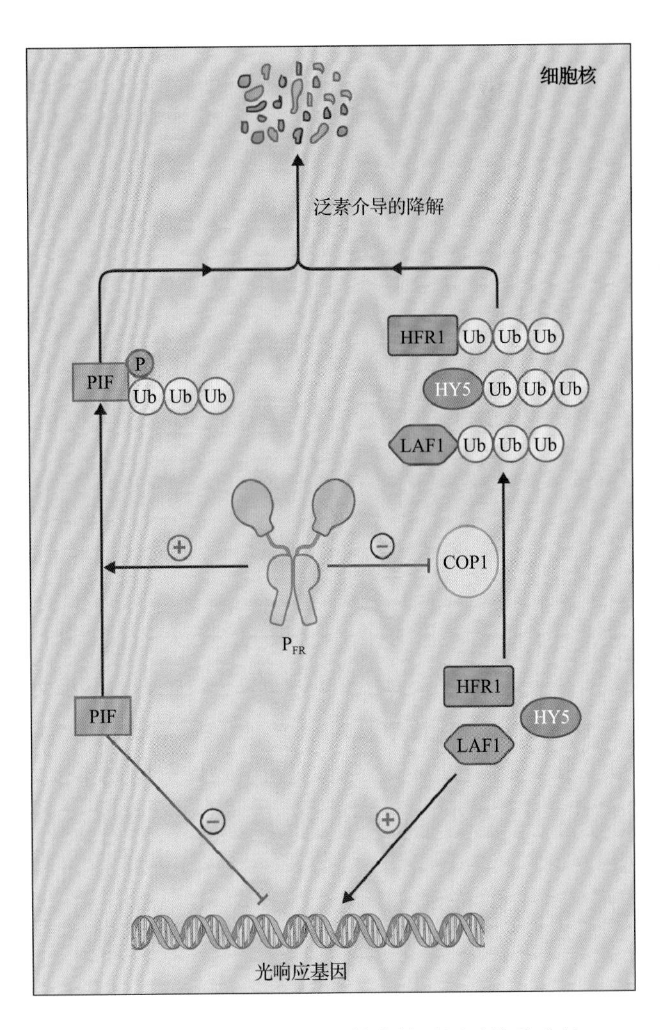

图 18.28　植物光敏素调节细胞核内转录因子的稳定性。P_{FR} 形式的植物光敏素诱导抑制光反应的转录因子 PIF 发生磷酸化及泛素化，使之降解。P_{FR} 还抑制 COP1 的活性，COP1 对转录因子 HFR1、HY5 和 LAF1 泛素化，HFR1、HY5、LAF1 可以促进光反应。这样，P_{FR} 就会增加 HFR1、HY5 和 LAF1 的稳定性，从而诱导光反应基因表达

白酶体（见18.6.2节）。植物光敏素作用的一个工作模型是，植物光敏素诱导PIF磷酸化，从而导致PIF导向E3泛素蛋白连接酶进行泛素化（见18.6.2节）。实验证明，植物光敏素可在体外磷酸化PIF。

在促进PIF泛素化的同时，植物光敏素还可以抑制转录因子HY5、LAF1、HFR1的泛素化，从而促进光诱导基因的表达（图18.28）。在黑暗中，HY5、LAF1和HFR1可以由E3泛素连接酶COP1进行泛素化，从而通过26S蛋白酶体降解。有趣的是，COP1介导的泛素化也负责phyA在光照下的降解。植物光敏素与COPl结合后通过将COP1从细胞核中排出来抑制其活性，导致HY5、LAF1和HFR1的积累及诱导光敏基因的表达。

植物光敏素的活性受磷酸化影响。P_{FR}形式的自磷酸化比P_R形式的自磷酸化更活跃，同时也受到其他未知激酶的磷酸化。植物光敏素的磷酸化改变了其稳定性，以及其对互作因子的亲和力（如PIF3），从而降低了P_{FR}活性。植物光敏素可以由5型蛋白磷酸酶（PAPP5）去磷酸化。因此，植物光敏素磷酸化和去磷酸化的结合可能为细胞提供一种控制植物光敏素信号强度的方法。

18.8　赤霉素信号转导及其在幼苗发育过程中与植物光敏素信号途径的整合

赤霉素（gibberellic acid，GA）是一类四环、二萜类的植物激素，在多种发育过程中发挥作用，包括种子萌发、茎的伸长、叶的延伸、开花和花的发育。GA在植物的许多部分都可以合成，促进发育阶段的转变和植物生长。GA合成减少的突变体和经GA生物合成抑制剂处理的植物种子萌发不良、植株矮小、开花较晚（图18.29）。本节描述赤霉素信号转导，并且揭示在幼苗发育过程中赤霉素和植物光敏素信号的整合。

18.8.1　GA信号转导依赖于DELLA蛋白的降解

与生长素信号转导惊人的相似之处在于（见18.6节），GA信号依赖于由泛素化介导的**DELLA蛋白**（**DELLA protein**，DELLA）的降解，DELLA在生长过程中起负调控作用。GA由可溶性的**GID1蛋白**（GA-insensitive dwarf 1 protein，**GID1 protein**，图18.30）感知，最初通过水稻（*Oryza sativa*）的*gid1*突变体鉴定。拟南芥基因组编码三个功能上冗余的GA受体GID1a ～ c。GID1蛋白与GA结合，这增强了与DELLA的相互作用。反过来，GID1-DELLA相互作用促进了DELLA与拟南芥中SLEEPY1（SLY1）相关的F-box蛋白家族及其在水稻中的同源蛋白GID2之间的相互作用。这导致含

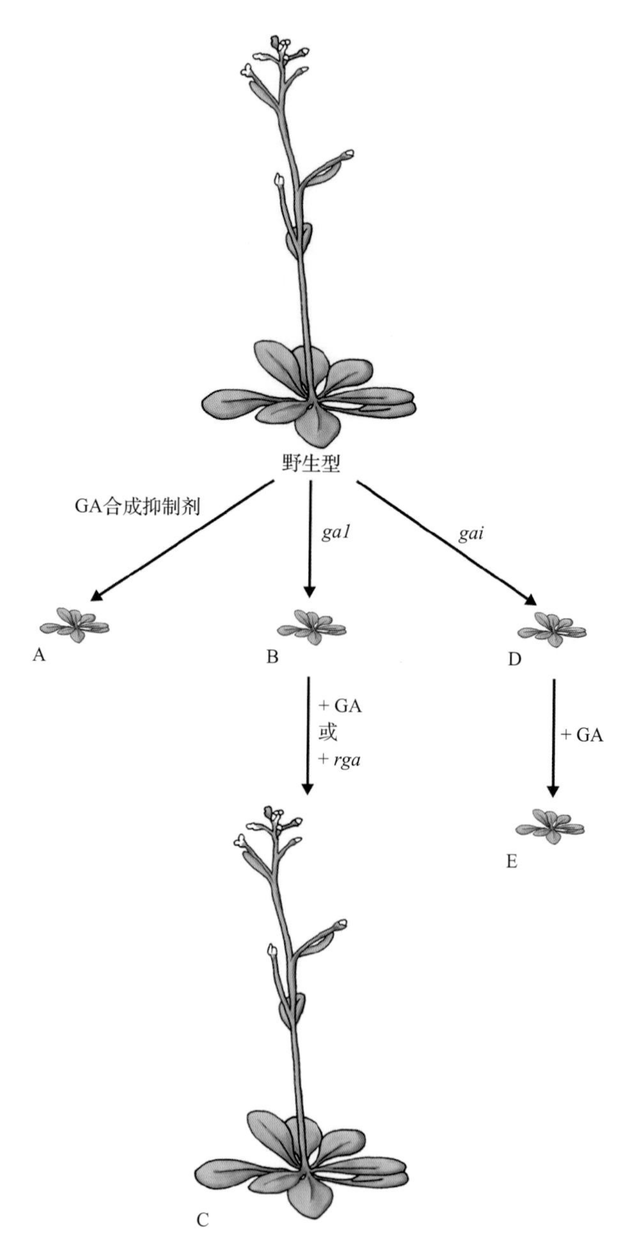

图18.29　赤霉素（GA）合成或响应发生改变的拟南芥突变体。通过化学抑制GA的合成（A）以及通过*ga1*突变打断GA的生物合成（B）均导致植物矮化和晚花。*ga1*突变体表型可以通过施加GA或DELLA基因的功能缺失（突变体*rga*）（C）来拯救。而*gai*突变导致组成型DELLA活性，其造成的矮化表型（D）无法通过施加GA来恢复（E）

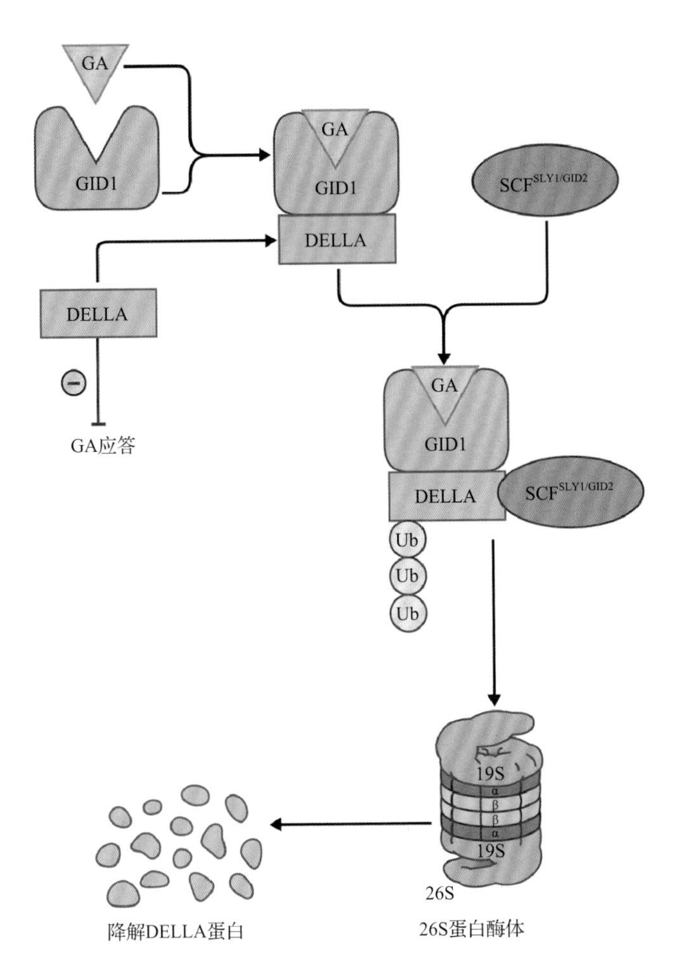

图 18.30 GA 介导的 DELLA 蛋白降解可减轻 DELLA 对 GA 反应的抑制作用。GA 结合受体 GIDl 后促进了 GIDl 与 DELLA 的结合，有利于 DELLA 与含有 F-box 蛋白 SLY1/GID2 的 SCF 复合物（SCF$^{SLY1/GID2}$）之间的相互作用。SCF$^{SLY1/GID2}$ 对 DELLA 蛋白进行泛素化，使其定位到 26S 蛋白酶体进行降解

有 SLY1/GID2 的 SCF 复合物使 DELLA 蛋白泛素化，随后被 26S 蛋白酶体降解（图 18.30）。有关 F-box 蛋白、SCF 复合物和泛素介导的蛋白降解的详细内容，请见 18.6.2 节。

DELLA 蛋白作为 GA 信号负调控因子和植物生长抑制因子的功能，通过 DELLA 基因功能缺失突变的表型证实（见图 18.29）。例如，拟南芥的 GA 生物合成突变体 *ga1*（*gibberellic acid 1*）的 GA 水平显著降低，并呈现出矮化、晚花的表型。然而，*ga1* 突变体表型由于 DELLA 基因 *RGA*（*REPRESSOR-OF-gal-3*）功能的丧失而部分回补。这些数据可以解释为：RGA 具有抑制生长和延迟开花的作用，并且 RGA 的功能受到 GA 的抑制。

DELLA 是可溶性核蛋白，属于植物调节蛋白 GRAS 家族［来自 GAI（见下文）、RGA 和 SCARECROW］。它们与该家族其他成员的 C 端都有一个 GRAS 结构域，但在 N 端拥有一个特异的 DELLA 结构域（图 18.31），该结构域以 N 端附近的一段保守氨基酸序列命名（D、E、L、L 和 A 是该序列中前 5 个氨基酸残基的单字母缩写）。DELLA 域也包含一个保守的 VHYNP 序列，DELLA 和 VHYNP 序列都是 DELLA 蛋白与 GID1 相互作用所必需的。两个序列的突变会导致显性的、GA 不敏感的矮化表型，因为 GA 不能诱导突变的 DELLA 蛋白的降解。对这些突变的研究发现了第一个拟南芥 DELLA 蛋白 GAI（GA-insensitive）（见图 18.29）。小麦（*Triticum aestivum*）DELLA 基因 *Reduced height 1* 的突变导致小麦的株高显著降低，这是半矮秆小麦品种培育成功的原因，这种小麦品种使产量增加，是 20 世纪 60 年代和 70 年代“绿色革命”的基础。

水稻基因组只编码一种 DELLA 蛋白（SLR1）。相比之下，拟南芥编码了 5 种 DELLA 蛋白［RGA、GAI、RGA-LIKE1（RGL1）、RGL2 和 RGL3］，研究分析了 DELLA 功能缺失突变与 *ga1-3* GA 合成缺陷突变体之间的相互作用，揭示了拟南芥 DELLA 家族成员不同的生物学功能。例如，GAI 和 RGA 的功能与 RGL2 有明显的区别。未经 GA 处理，*ga1-3* 突变体不会萌发，它们会发育成极其矮小、花器官发育异常的晚花植物。*GAI* 和 *RGA* 功能的缺失挽救了 *ga1-3* 突变体在矮化和晚花方面的缺陷，但其种子萌发离不开 GA。相反，*RGL2* 的缺失使 *ga1-3* 种子在不添加 GA 的情况下发芽，但不能弥补营养生长或开花时间的缺陷。这些实验表明，GAI 和 RGA 是营养生长和开花的主要抑制因子，而 RGL2 是种子萌发的主要抑制因子。

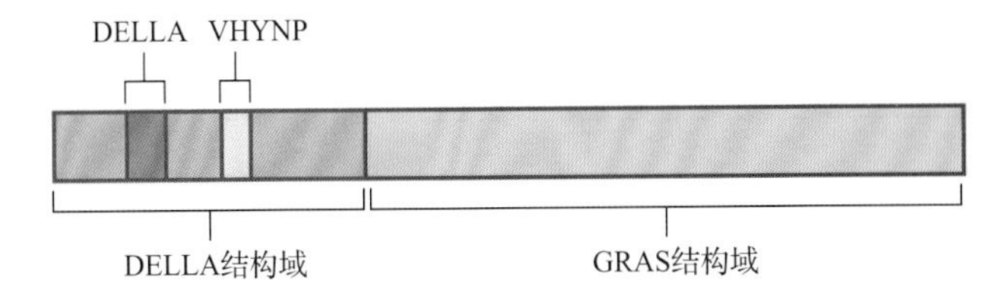

图 18.31 DELLA 蛋白的结构。DELLA 蛋白属于植物调节蛋白 GRAS 家族。C 端的 GRAS 结构域是决定 DELLA 蛋白活性的功能结构域。N 端的 DELLA 结构域包含保守的 DELLA 基序和 VHYNP 基序（以每个基序的前 5 个氨基酸命名），这些基序对于 DELLA 蛋白与 GID1 的相互作用、GA 诱导的 DELLA 蛋白的降解至关重要

18.8.2 DELLA 蛋白在细胞核中发挥两种功能

DELLA 蛋白在细胞核中似乎有两种不同的作用方式：促进目标基因的转录；抑制一些植物光敏素相互作用因子的活性（PIF，见 18.7.3 节）。18.8.3 节揭示了 DELLA 和 PIF 之间的相互作用。在这里，科学家们讨论了 DELLA 蛋白在增强基因转录方面的作用，特别是参与 GA 信号转导的基因。

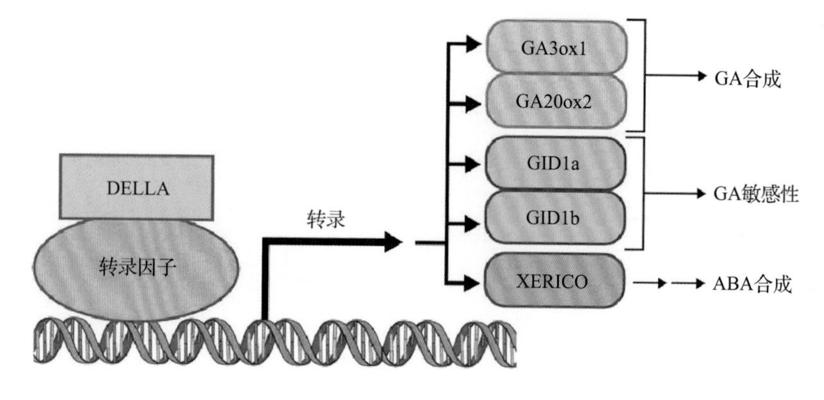

图 18.32 通过 DELLA 蛋白诱导转录。在目前的 DELLA 蛋白作用模型中，DELLA 通过结合并激活一个单独的转录因子来诱导转录。DELLA 诱导表达的基因包括那些编码 GA 生物合成的酶（GA3oxl 和 GA20ox2）、GA 受体（GIDla 和 GIDlb），以及促进 ABA 合成的 XERICO 等基因

利用可诱导的 DELLA 转基因植物（编码对 GA 不敏感的 RGA），科学家们在拟南芥中已鉴定出 14 个可以受 DELLA 迅速诱导表达的基因，进一步研究表明 DELLA 蛋白与其中 8 个基因中的启动子相互作用。然而，DELLA 蛋白缺乏已知的 DNA 结合域，因此，DELLA 很可能通过与一个单独的 DNA 结合蛋白或转录因子结合来促进基因表达（图 18.32）。

有趣的是，在 DELLA 下游的靶基因中有两个 GA 生物合成基因（*GA3oxl* 和 *GA20ox2*），以及两个 GA 受体基因（*GID1a* 和 *GID1b*）。通过促进这些基因的表达，DELLA 增加了 GA 的合成和对 GA 的敏感性，形成了一个负反馈调节，其中 DELLA 活性增加了 GA 信号转导，从而导致 DELLA 降解（图 18.32）。这与 GA 信号反馈的其他证据是一致的。例如，在拟南芥中，GA 处理或由于突变而增加的 GA 信号会导致编码 GA 生物合成酶的基因的转录下降，以及促进编码失活 GA 酶的基因的表达。相反，GA 缺乏或抑制 GA 信号的突变具有大致相反的效果。

预测的 DELLA 下游基因还包括 *XERICO* 基因，人们认为该基因可以促进 ABA 的合成。这代表了 GA 和 ABA 信号通路之间普遍存在的拮抗关系中的一个相互作用点（见信息栏 18.3）。

信息栏 18.3 GA 和 ABA 在种子萌发及胁迫响应时的拮抗调控作用

GA 和 ABA 之间通常有拮抗作用。例如，很多植物种的种子萌发需要合成 GA 及随后的 GA 信号转导。与之相反，ABA 则会抑制种子萌发，导致缺乏 ABA 的突变可以拯救缺乏 GA 的突变体中不萌发的表型。

在种子和正在生长的植物中，ABA 和 GA 会互相抑制彼此的合成，并相互促进对方的降解。因此，缺乏 GA 的拟南芥突变体 *ga1*，其种子中会积累更高浓度的 ABA；而缺乏 ABA 的突变体 *aba2*，其种子中含有更高水平的 GA。这表明了一种控制种子萌发的模型，其中 GA 和 ABA 负责两个竞争性正反馈回路。开始时，ABA 信号途径与 GA 途径相比处于主导地位，ABA 影响 GA 的合成与降解，从而使种子中有高水平的 ABA 和低水平的 GA；随后，一些因子把 GA 信号途径转为主导地位而诱导萌发，GA 影响了 ABA 的新陈代谢（图 A），种子中维持高水平的 GA 和低水平的 ABA。

GA 和 ABA 在种子萌发时的拮抗作用反映在拟南芥 DELLA 蛋白 RGL2 的功能上（见 18.8 节以及图 B），RGL2 通过促进 ABA 的合成来部分抑制萌发。人们认为 RGL2 可以诱导 *XERICO* 基因的转录，而该基因编码 E3 泛素连接酶（见 18.6.2 节）。*XERICO* 的过量表达会导致 ABA 浓度的增加，说明 XERICO 蛋白针对的目标是一个 ABA 合成的抑制蛋白，使其降解。因此，通过诱

导 XERICO 的合成，RGL2 可以增加种子中 ABA 的水平；而通过诱导 RGL2 的降解（见 18.8 节），GA 可以降低 ABA 的水平。有趣的是，种子中 ABA 浓度的增加会导致 RGL2 的 mRNA 和蛋白质二者均增加，这说明在 ABA 与 RGL2 之间存在正反馈调节。在 RGL2 的下游，ABA 促进 *ABI5* 基因的表达，*ABI5* 基因编码一个抑制萌发的转录因子。有趣的是，ABA 和 GA 在种子萌发过程中的拮抗作用，在植物对不利条件如盐胁迫、干旱和极端温度等的应答中得以重现。这些非生物胁迫导致了植物生长速率的适应性降低，这似乎很大程度上是由于 DELLA 蛋白的作用造成的。例如，盐胁迫导致了 GA 水平的下降，随之而来的是 DELLA 蛋白浓度的增加。此外，降低 GA 合成的突变体（如 *ga1*）或表达组成型 DELLA 活性的突变体（如 *gai*）都有更高的耐盐性。与之相反，DELLA 功能丧失的突变体不能完全抑制植物在盐胁迫下的生长，其在盐胁迫下存活率降低。盐胁迫还会促进 ABA 的合成。ABA 诱导胁迫相关基因的表达，该诱导独立于 GA 信号通路。但是，除此之外，ABA 会通过抑制 GA 的合成来诱导 DELLA 的积累。

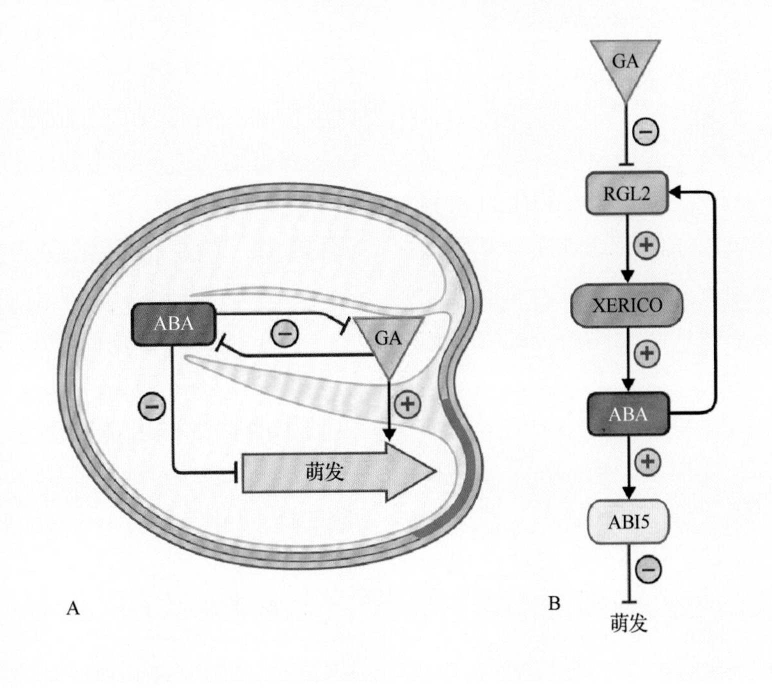

18.8.3 在幼苗的光形态建成中 DELLA 蛋白与 PIF 转录因子的作用相互拮抗

在有花植物中，在黑暗中持续生长的幼苗呈**黄化**（**etiolation**），即根系生长减少、有一种快速伸长和顶端弯钩的茎（下胚轴或叶柄），围绕着一个失活的茎顶端分生组织有折叠的、未膨胀的叶片或子叶的一种特殊的发育过程。这种发育模式可以最大限度地向上生长，将幼苗的芽带到土壤表面。在光照下，幼苗呈**光形态建成**（**photomorphogenesis**，去黄化），茎的伸长迅速减慢，顶端的弯钩展开，叶片或子叶扩展并发育出叶绿体，茎的顶端分生组织变得有活性，以及根的生长加速（图 18.33）。

比较种子萌发和光形态建成两个过程，科学家们可以清楚地发现光可以改变 GA 调控的生物学过程。以拟南芥种子和幼苗为例。在萌发过程中，光促进 GA 的合成和信号转导，导致胚根和胚轴的细胞伸长。相反，在黄化幼苗中，光照降低了下胚轴的 GA 合成和信号转导，减弱了细胞的伸长。在其他器官的情况更为复杂，例如，子叶的扩展是由光和 GA 促进的，但主要发生在光形态建成时期的幼苗，而不是在萌发期间。

萌发和光形态建成的另一个区别是，光诱导种子萌发主要是由植物光敏素介导的过程，而幼苗的光形态建成是由植物光敏素和隐花色素（UV-A/ 蓝光受体，信息栏 18.2）参与调控的过程。在这两种

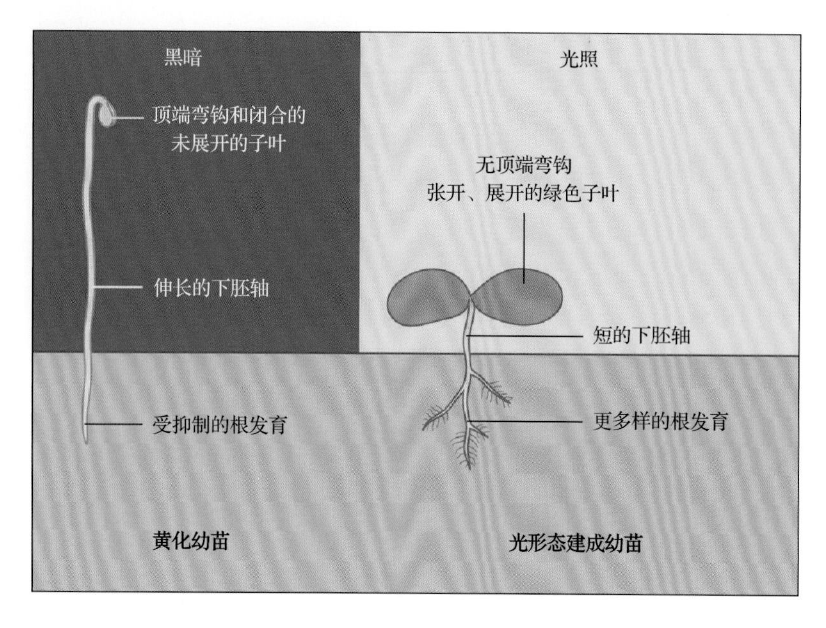

图 18.33 黄化幼苗和光形态建成幼苗的特征

情况下，光照可以抑制 E3 泛素连接酶 COPl 的活性，导致转录因子如 HY5、LAFl 和 HFRl 的积累（见 18.7.3 节）。这些转录因子随后诱导光敏基因的表达。同时，植物光敏素促进 PIF 转录因子泛素化和降解，从而促进了在黑暗中黄化相关基因的表达（见 18.7.3 节）。

在萌发和光形态建成之间，光对 GA 信号的影响的变化主要发生在 GA 代谢水平上。光照促进种子中 GA 的合成，但抑制黄化幼苗中 GA 的合成（图 18.34）。例如，蓝光抑制 GA 生物合成基因 *GA3oxl* 和 *GA20oxl*，促进 GA 失活基因 *GA2oxl* 在拟南芥幼苗中的表达。同样，光照导致豌豆（*Pisum sativum*）黄化幼苗中有活性 GA 的浓度迅速降低；与此一致的是，GA 缺乏的幼苗在黑暗中呈部分光形态建成表型。

除了光对 GA 浓度有影响外，最近发现植物光敏素和 GA 信号对幼苗 PIF 活性有拮抗作用（图 18.34）。DELLA 蛋白在拟南芥中结合 PIF3 和 PIF4，抑制 PIF 结合其靶基因的启动子，从而阻止了 PIF 介导的黄化过程。然而，在黑暗中，高水平的 GA 促进黄化，导致 DELLA 降解，促进了 PIF3 和 PIF4 的活性。可见，GA 浓度的下降导致 DELLA 的积累，抑制了 PIF3 和 PIF4。结合植物光敏素介导的 PIF 的破坏，从而导致植物幼苗从黄化到光形态建成的转变。

18.8.4 GA 信号转导途径是分阶段演化的

被子植物（有花植物）和裸子植物（针叶树）的 GA 信号转导通路，以及 DELLA 和 GA 在调控生长中的拮抗作用都是保守的。通过对小立碗藓（*Physcomitrella patens*）和石松（*Selaginella kraussiana*）的 GIDl 同源蛋白与 DELLA 蛋白相互作用的研究，揭示了 GA 信号转导在各个阶段的演化过程。

苔藓植物是大约 4.3 亿年前演化而来的非维

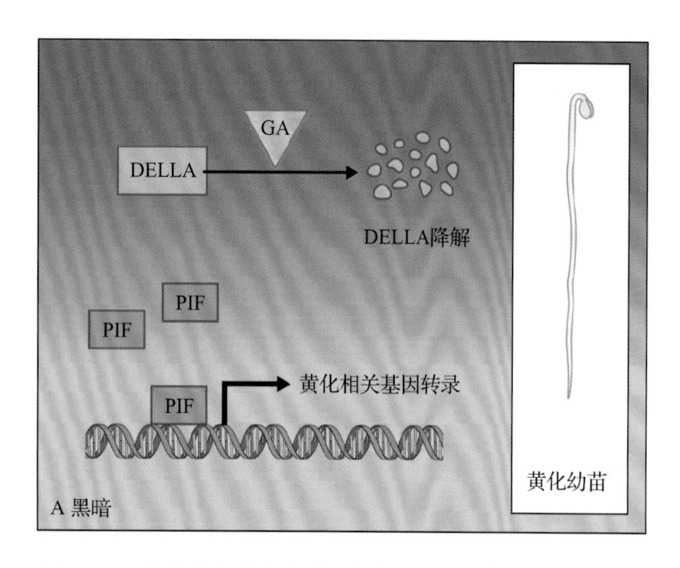

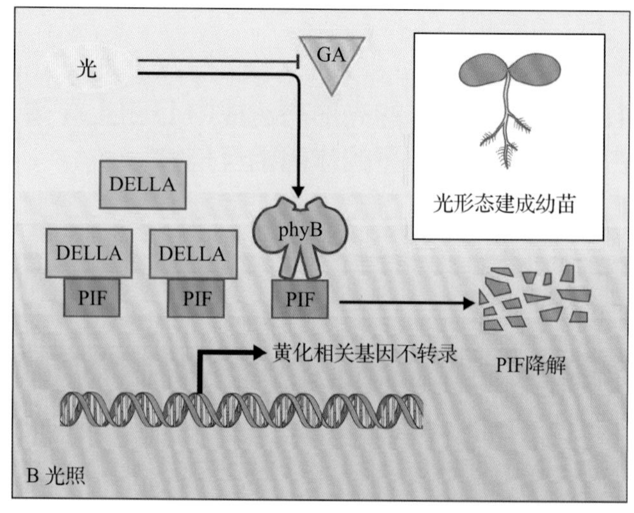

图 18.34 在幼苗光形态建成过程中 DELLA 与 PIF 之间的直接相互作用。A. 在黑暗中，高赤霉素（GA）水平导致 DELLA 蛋白降解，使 PIF 转录因子诱导黄化相关基因进行转录。B. 光照导致幼苗中的 GA 浓度下降，导致 DELLA 蛋白在细胞核中积累。DELLA 直接与 PIF 结合，阻止 PIF 诱导的基因转录。此外，光诱导植物光敏素进入细胞核，从而介导 PIF 蛋白的降解。结果是幼苗从黄化转变为光形态建成

管植物，而石松是大约4亿年前出现的原始维管植物（图18.35）。基因组分析表明，苔藓和石松均有GID1同源蛋白和DELLA蛋白；然而，在苔藓中似乎没有GA信号转导，仅限于石松中。

苔藓植物不产生有已知生物活性的GA，对外源GA也没有明显的反应。与此一致，苔藓中类GID1蛋白缺少必需的DELLA和VHYNP序列（见上文），与DELLA同源蛋白之间没有相互作用。因此，苔藓植物可能不感知GA，缺乏GA信号转导途径；苔藓GID1同源蛋白和DELLA蛋白肯定具有（未知的）独立于GA的功能。

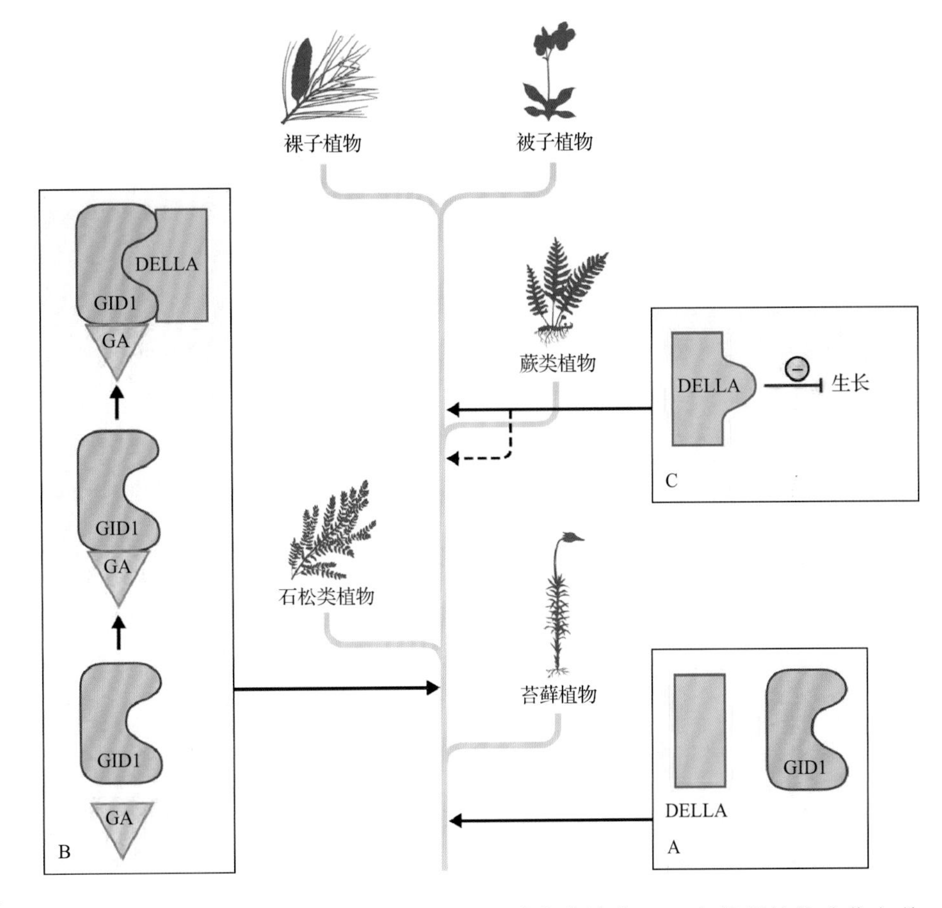

图18.35 GID1/DELLA相互作用及DELLA功能的演化。A. 在苔藓植物分化之前DELLA和GID1类似蛋白就已经演化出来了，但在苔藓植物中它们并不相互作用。B. 随后（但在演化出石松之前），相继产生了GA的合成、GID1-GA结合、GA促进的GID1/DELLA相互作用。C. 在种子植物（裸子植物和被子植物）演化出来之前，也许在蕨类植物演化出来之前，DELLA获得了抑制生长的功能

石松中GID1和DELLA蛋白相互作用，并可以受到GA促进。因此，石松中GA信号转导的初始过程与有花植物相似。此外，GA处理下调了石松中*GID1*基因的转录，与拟南芥GA信号转导中观察到的负反馈一致（见18.8.2节）。然而，与有花植物不同的是，GA并不刺激石松的生长，而且DELLA蛋白并不抑制石松（或苔藓）的生长。目前还不清楚GA在石松中的功能。

有趣的是，在拟南芥中，来自苔藓和石松的DELLA基因都可以抑制拟南芥的生长。这表明，DELLA抑制生长的演化依赖于下游相互作用成分的变化，如PIF和DELLA调控基因的变化，而不是DELLA自身结构的变化。同样，拟南芥和石松中的DELLA也可以与苔藓中的类GID1蛋白相互作用，说明这种相互作用的演化在很大程度上依赖于DELLA结构的变化，而不是GID1结构的变化。然而，在苔藓的演化和维管植物的演化之间需要改变GID1的结构，使GA可以为GID1所结合，使GID1作为受体发挥功能。

这些实验为GID1/DELLA相互作用的演化及其结果提供了如下模型（图18.35）。苔藓中没有GA信号转导，但是有GID1同源蛋白和DELLA，这些蛋白质可能具有其他功能。在石松演化之前，GID1获得了与GA结合的能力，DELLA蛋白获得了与GID1结合的能力，GA刺激了GID1/DELLA的相互作用。DELLA对生长的抑制作用出现在石松分化之后，但在种子植物（裸子植物和被子植物）演化之前。目前还不清楚在这个过程中的哪个时间点演化出了由F-box蛋白泛素化的DELLA，以及由GA促进的DELLA的泛素化。

18.9 整合光照、ABA和CO_2信号调控气孔开度

18.9.1 一个复杂的信号转导网络调控气孔的开度

气孔允许二氧化碳进入叶片进行光合作用，同

时也允许水分离开叶片，从而驱动蒸腾作用。气孔的大小孔隙是由内源信号和环境因素共同控制的，包括光、二氧化碳、湿度、激素（特别是 ABA）、温度、臭氧，以及植物的生物钟和水势。这些因素结合起来调节气孔开度，在二氧化碳的吸收和过多的水分流失之间提供一种折中的方式。

由于两侧保卫细胞的膨压变化，气孔孔隙的大小也会发生变化。由于保卫细胞壁中微纤维的排列，细胞膨压的增加导致保卫细胞伸长，并迫使它们向外弯曲，从而打开气孔。相反，细胞膨压的减少会缩短保卫细胞并关闭气孔。这些变化伴随着保卫细胞体积的巨大变化，需要细胞质和质膜之间大量的小泡运输来增加或减少质膜表面积。

近年来，人们对保卫细胞充盈的调节机制，以及将这些机制与内源性和环境信号联系起来的信号转导网络进行了大量的研究。在这里，我们主要考虑了响应光、ABA 和 CO_2 浓度的信号转导的整合。

18.9.2 光诱导的气孔开放依赖于向光蛋白的信号转导

在大多数物种中，光照可以促进气孔的张开。作用光谱和突变分析表明，这个过程取决于向光蛋白感知到的蓝色 /UV-A 的波长（信息栏 18.2）。在吸收光的过程中，保卫细胞向光蛋白激活质膜质子泵（H^+-ATPase），将质子泵出细胞质并进入质外体（图 18.36），增加了胞内外的电位差，导致质膜的超极化，从而激活跨膜的电压门控钾离子内流通道（K^+_{in}），钾离子（K^+）沿其电化学梯度从胞外进入细胞质。细胞质 K^+ 浓度的增加需要与苹果酸盐和 Cl^-、NO_3^- 等阴离子的积累相平衡。这些阴离子通过质膜导入。苹果酸盐是在保卫细胞内由淀粉合成的。有关离子运输的详细讨论，请参阅第 3 章。

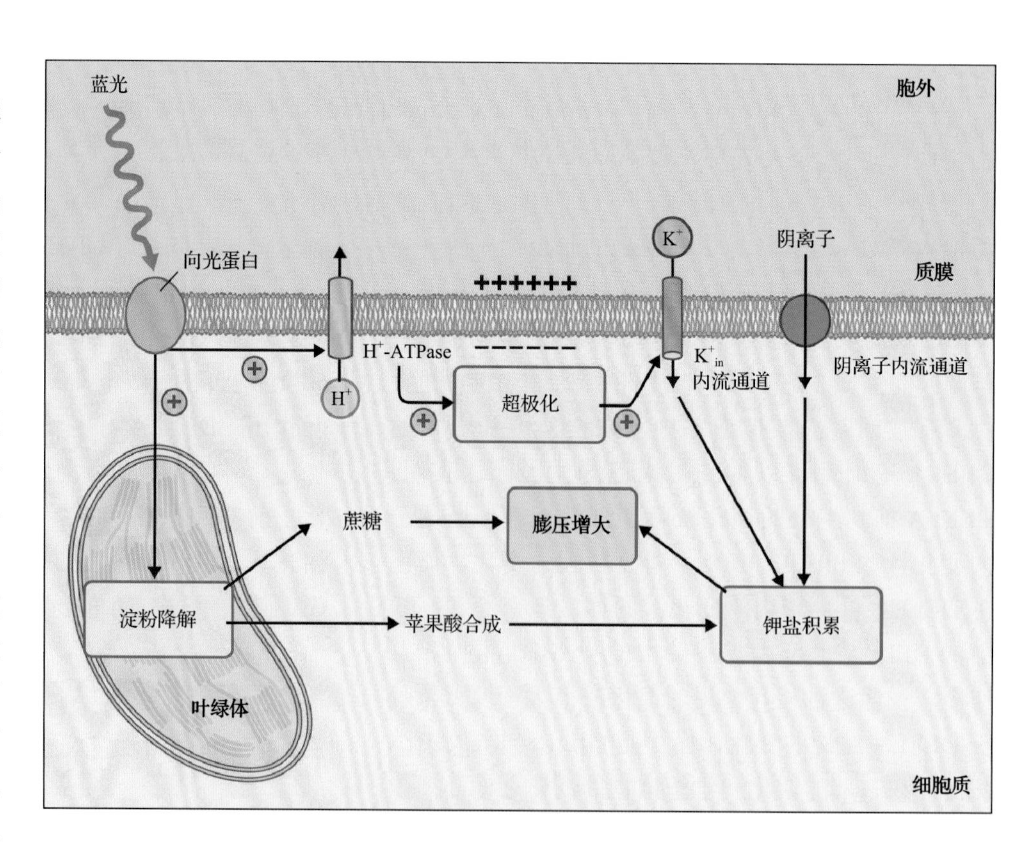

图 18.36 蓝光诱导保卫细胞的膨压增大。向光蛋白吸收蓝光导致激活质膜 H^+-ATPase，使膜发生超极化，从而激活电压敏感的 K^+_{in} 内流通道。K^+ 内流由阴离子的内流及合成来平衡，导致钾盐的积累和膨压的增加。到下午时，渗压剂由钾盐替换为蔗糖。注意，为了清晰起见，细胞壁未示

质膜离子的运输与液泡膜离子的运输相匹配，这导致钾盐在细胞质和液泡中积累，因此，整体上降低了保卫细胞的水势。随后的水分摄取使保卫细胞膨胀，并导致气孔的开放。在自然条件下，早上积累的钾盐会为蔗糖所取代，蔗糖负责全天维持保卫细胞的膨压。

目前还不完全了解向光蛋白介导的光信号识别与 H^+-ATPase 活化之间的转导通路（图 18.37）。在蓝光作用下，H^+-ATPase 在其 C 端丝氨酸和苏氨酸残基上磷酸化，结合一个 14-3-3 蛋白。14-3-3 蛋白可引起靶蛋白活性的改变或蛋白质的重新定位，也可作为支架，使蛋白质与蛋白质相互作用。H^+-ATPase 的工作需要 H^+-ATPase 磷酸化反应，而后与 14-3-3 蛋白结合。

向光蛋白是一种质膜结合的蛋白激酶，它们的激酶活性受到光吸收的刺激，导致自磷酸化，从而启动下游信号。没有直接的证据表明向光蛋白可以

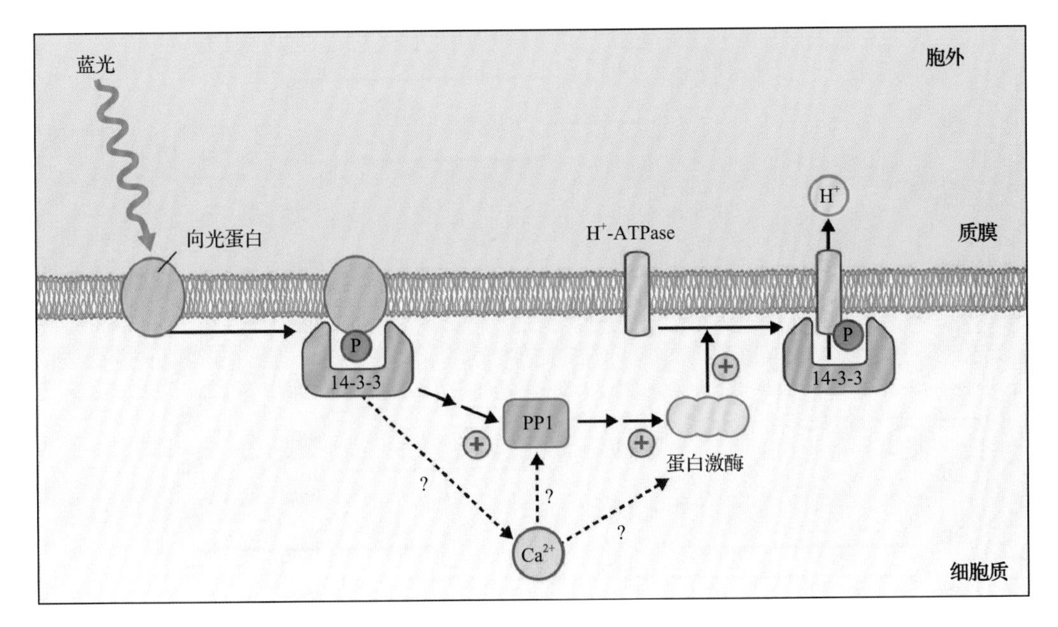

图 18.37 保卫细胞中向光蛋白到 H^+-ATPase 的信号转导过程。向光蛋白吸收蓝光会诱导其自磷酸化，并与一个 14-3-3 蛋白结合。这就启动了一个包括一个 1 型蛋白磷酸酶（PP1）和一个磷酸化 H^+-ATPase 的蛋白激酶的信号转导通路。磷酸化诱导 14-3-3 蛋白的结合和 H^+-ATPase 的激活。向光蛋白信号途径也可能与细胞内钙离子浓度的增加有关。注意，为了清晰起见，细胞壁未示

直接磷酸化 H^+-ATPase。因此，其他信号元件必须将信号从向光蛋白传输到 H^+-ATPases。有趣的是，其中包括一个 14-3-3 蛋白，H^+-ATPase 磷酸化反应后与 14-3-3 蛋白结合。考虑到 14-3-3 蛋白和 H^+-ATPase 之间的结合，这就增加了形成含有向光蛋白、14-3-3 蛋白和 H^+-ATPase 复合物的可能性。

一种 1 型蛋白磷酸酶（PP1）也参与了转导途径。化学抑制 PP1 活性会抑制光诱导的 H^+-ATPase 磷酸化和气孔开放。同样，在过量表达无活性形式 PP1 的植物中，光诱导的气孔开放明显减少。这些实验表明，PP1 是连接向光蛋白与质子泵激活通路的正向调节因子。转导途径也可能涉及细胞内 Ca^{2+} 浓度的变化（见 18.9.4 节）。最终，来自向光蛋白的信号一定会导致负责磷酸化 H^+-ATPase 的蛋白激酶的激活。

18.9.3 ABA 诱导细胞质 Ca^{2+} 浓度升高，促使气孔关闭

ABA 是诱导气孔闭合的信号。ABA 是在水分胁迫下的叶片中合成的，土壤干燥的根中也会产生 ABA，并通过蒸腾作用运输送到茎部。然而，野生型和 ABA 缺乏的突变体之间的嫁接实验表明，只有在根部水分胁迫时，才需要合成 ABA 来诱导气孔关闭。这表明，水分胁迫的根系会传递一种独立于 ABA 的信号，诱导茎部合成 ABA，从而导致气孔关闭。研究表明，根到茎的信号可能是干旱引起的木质部的液压的变化。这种变化从根部迅速传递到叶片中木质部毛细管，并可以由叶片细胞里的机械敏感的离子通道检测到。

ABA 通过逆转保卫细胞中钾盐的积累，诱导糖转化为淀粉，导致气孔关闭。溶质浓度的下降导致水从保卫细胞通过渗透作用进入质外体，保卫细胞的膨压下降，关闭气孔。

保卫细胞中的 ABA 信号主要通过第二信使 Ca^{2+} 介导（图 18.38）。ABA 通过一个尚未研究清楚的信号中间体网络发挥作用，诱导钙离子从内质网（如 ER）释放，并激活质膜 Ca^{2+} 流入通道。因此，保卫细胞的细胞质中钙离子浓度（$[Ca^{2+}]_{cyt}$）的上升，使质膜上的 H^+-ATPase 失活，从而阻止质子泵出细胞。$[Ca^{2+}]_{cyt}$ 的上升也激活质膜阴离子流出通道，这两种作用结合起来使膜去极化。膜去极化关闭电压敏感的 K^+_{in} 内流通道，但打开 K^+_{out} 外排通道。此外，$[Ca^{2+}]_{cyt}$ 的上升直接抑制了 K^+_{in} 内流通道。总体而言，$[Ca^{2+}]_{cyt}$ 的上升导致阴离子和 K^+ 从细胞中净流出，使保卫细胞的膨压下降。

尽管保卫细胞的 $[Ca^{2+}]_{cyt}$ 在响应 ABA 信号中有明确的作用，但并不是所有的保卫细胞在 ABA 处理后都显示出 $[Ca^{2+}]_{cyt}$ 显著增加，这表明 ABA 可能同时激活 Ca^{2+} 依赖和 Ca^{2+} 无关的信号途径诱导气孔关闭，而且这两种途径在保卫细胞之间的意义可能不同。所提出的 Ca^{2+} 独立通路可能涉及 ABA 诱导的细胞内 pH 的变化（图 18.38）。ABA 使保卫细胞的细胞质碱化，使 pH 增加 0.1 ～ 0.3 个单位。这既促进了质膜阴离子流出通道的活性，又促进了 K^+_{out} 通道的活性，因此也应引起保卫细胞膨压的下降。

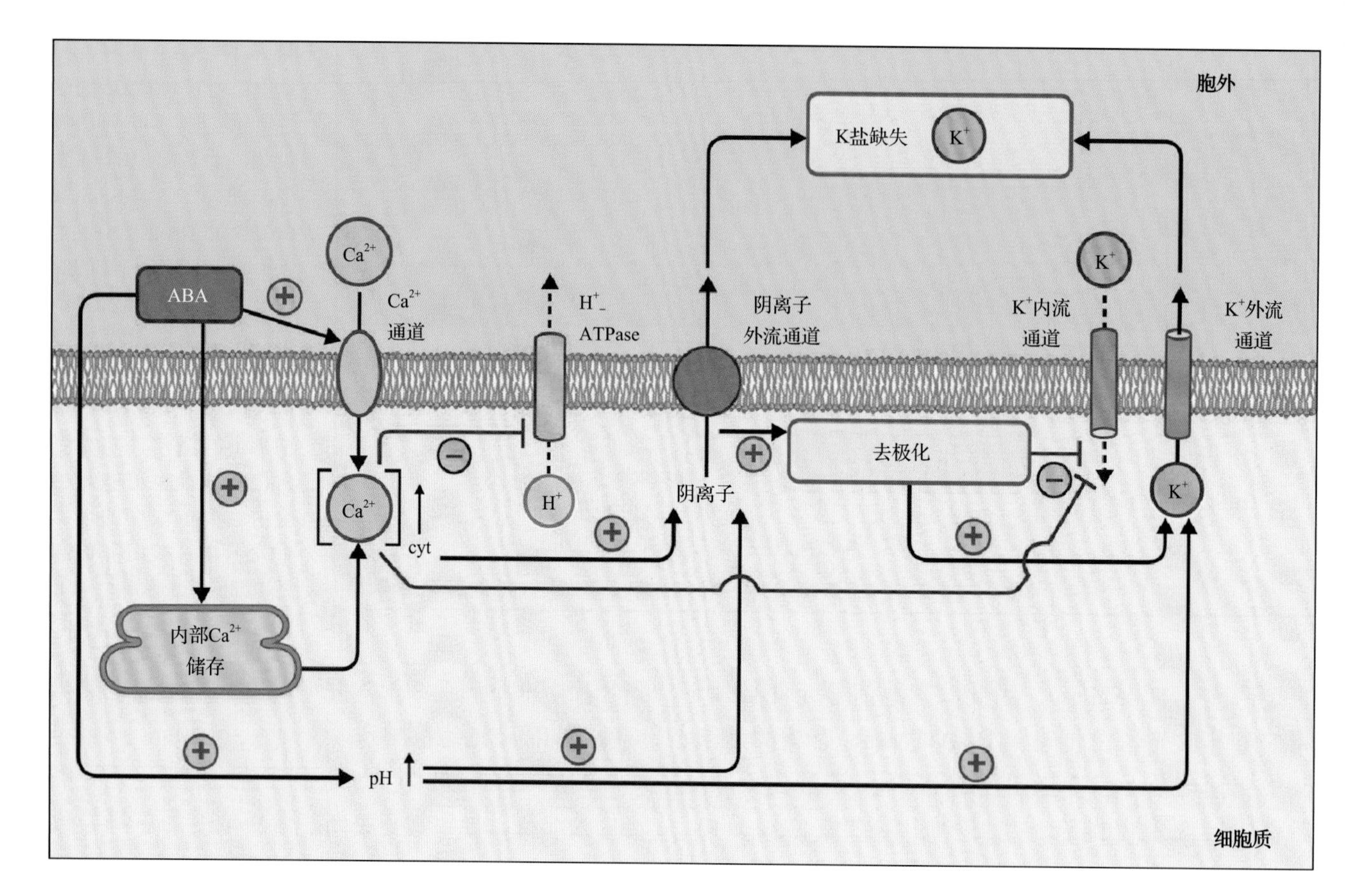

图 18.38 ABA 诱导钾盐从保卫细胞流出。ABA 激活 Ca^{2+} 流入通道，并诱导 Ca^{2+} 从内部存储处释放，导致细胞质中 Ca^{2+} 浓度 $[Ca^{2+}]_{cyt}$ 升高。这会抑制 H^+-ATPase 并激活阴离子流出通道，使膜去极化。去极化抑制 K^+_{in} 通道，激活 K^+_{out} 通道。K^+_{in} 通道也受到 Ca^{2+} 的直接抑制。此外，ABA 引起细胞内 pH 升高，促进阴离子流出和 K^+_{out} 通道开放。注意，为了清晰起见，细胞壁未示

通过用弱酸性的丁酸钠处理保卫细胞可以阻止细胞质的碱化，从而阻止了 ABA 诱导的气孔关闭，这一事实支持了 pH 变化的作用。

比较 ABA 和蓝光的作用表明，不同的信号转导通路通过对质膜离子转运蛋白和质膜极化的拮抗作用来竞争性地调控保卫细胞膨压。此外，ABA 抑制向光蛋白和 H^+-ATPase 之间的信号转导，拮抗蓝光诱导的磷酸化和 H^+-ATPase 的激活。而这种抑制作用似乎依赖于 ABA 作用下过氧化氢（H_2O_2）的生成。

18.9.4 保卫细胞胞质中钙离子浓度的振荡与 ABA 及 CO_2 的信号转导都有关

虽然简单的 ABA 诱导 $[Ca^{2+}]_{cyt}$ 增加就足以导致气孔关闭，但 $[Ca^{2+}]_{cyt}$ 信号的长期机制更为复杂。长时间的 ABA 处理诱导保卫细胞 $[Ca^{2+}]_{cyt}$ 的缓慢振荡，通过荧光指示剂对 $[Ca^{2+}]_{cyt}$ 的长期监测与通过改变外部离子浓度影响 $[Ca^{2+}]_{cyt}$ 的实验操作相结合表明，$[Ca^{2+}]_{cyt}$ 浓度的振荡是保持气孔关闭所必需的。持续的高 $[Ca^{2+}]_{cyt}$ 不能维持闭合，而缓慢的 $[Ca^{2+}]_{cyt}$ 振荡可以维持闭合（图 18.39）。拟南芥中测量到的最佳振荡速率约为每 10min 出现一个 $[Ca^{2+}]_{cyt}$ 峰值，说明在下游对 Ca^{2+} 浓度的解读中存在一个动态调控元件。

由于 CO_2 浓度对 $[Ca^{2+}]_{cyt}$ 振荡的影响（图 18.39），使得保卫细胞钙信号的调控更加复杂。高 CO_2 浓度与缓慢的 $[Ca^{2+}]_{cyt}$ 振荡速率有关（每 10min 一个峰值），这与气孔关闭有关。然而，低 CO_2 浓度与更快的 $[Ca^{2+}]_{cyt}$ 振荡有关（每 10min 两个峰值），这与气孔开放有关。因此，$[Ca^{2+}]_{cyt}$ 振荡似乎可以诱导气孔开放、关闭或保持关闭状态，这取决于振荡的速率和上游信号。

在拟南芥中，ABA 或高浓度 CO_2 诱导缓慢的 $[Ca^{2+}]_{cyt}$ 振荡需要 *GROWTH CONTROLLED BY ABA2*（*GCA2*）基因（图 18.39）。功能缺失的 *gca2* 突变体

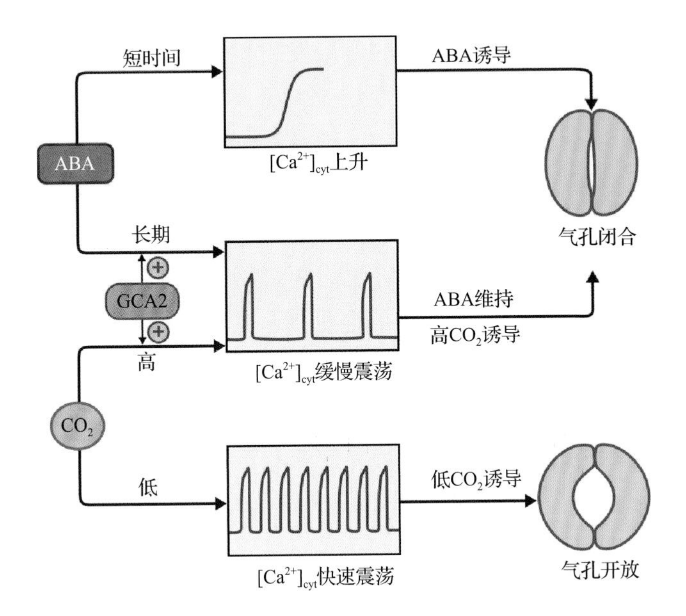

图 18.39 ABA 和 CO_2 对保卫细胞细胞质中 Ca^{2+} 浓度 $[Ca^{2+}]_{cyt}$ 的影响。ABA 诱导 $[Ca^{2+}]_{cyt}$ 迅速升高，这与 ABA 诱导的气孔关闭有关。ABA 还诱导了一种 $[Ca^{2+}]_{cyt}$ 缓慢振荡的长期模式，该模式是 ABA 维持气孔关闭所必需的。高 CO_2 也可诱导产生缓慢的 $[Ca^{2+}]_{cyt}$ 振荡，其与高 CO_2 诱导的气孔关闭有关。相反，低 CO_2 导致 $[Ca^{2+}]_{cyt}$ 快速振荡，这些与低 CO_2 诱导的气孔开放有关。ABA 和高 CO_2 均需要 GCA2 来诱导缓慢的 $[Ca^{2+}]_{cyt}$ 振荡

在 ABA 和高浓度 CO_2 的作用下气孔闭合受阻，这与调控 $[Ca^{2+}]_{cyt}$ 振荡的缺陷有关。相反，HTl 蛋白激酶在 CO_2 信号转导中起作用，而在 ABA 信号转导中不起作用。功能缺失的 *ht1* 突变体的气孔在高浓度和低浓度的 CO_2 中均关闭，但仍然对 ABA 有反应，这说明 HTl 对 CO_2 诱导的气孔关闭起负调控作用。植物细胞感知 CO_2 浓度的机制尚未发现。

最后，在拟南芥和烟草幼苗中，向光蛋白对蓝光吸收会导致 $[Ca^{2+}]_{cyt}$ 的瞬时升高，而钙调素拮抗剂（见 18.3.1 节）会抑制蓝光诱导的 H^+-ATPase 和气孔开放。因此，$[Ca^{2+}]_{cyt}$ 也可能诱导气孔在蓝光照射下打开。

对于导致保卫细胞膨压的增加或减少的钙信号转导而言，单个离子通道必须对 $[Ca^{2+}]_{cyt}$ 变化的不同模式做出不同的反应。为了帮助解释这是如何实现的，人们提出，关键信号转导元件对 Ca^{2+} 的敏感性可能可以根据保卫细胞中先前的信号转导模式来进行调节。支持这一观点的证据有，通过升高 $[Ca^{2+}]_{cyt}$ 激活保卫细胞原生质体中的质膜阴离子流出通道，需要将原生质体预先用高的外部 Ca^{2+} 浓度处理。

18.10 展望

近年来，在寻找植物细胞感知和传递个体信号的核心机制方面取得了一些成功。这项工作将不断继续下去，尤其是因为还会继续发现新的细胞间信号分子。然而，随着对单个转导通路的研究，植物细胞中信号机制的知识已经变得足够渊博，因此可以描述信号通路之间相互作用，以及信号网络随时间变化的模型。

随着越来越多的信号组件和它们之间相互作用的发现，信号转导系统将变得过于复杂以至于难以直观理解。在此阶段，研究信号系统的特性需要建模和计算机仿真相结合。这在一些情况下已经开始进行。计算机仿真通过理论系统和实际系统的行为来测试模型，忠实地再现生命系统受到新的约束或扰动的行为变化，从而提出假设和实验建议。

科学家们对植物信号转导的最新理解来自于模式物种，如拟南芥。将这些知识应用到农业中更重要的物种上可能获得实际性收益，如在耐旱等领域。更多的物种研究，让科学家们对信号机制有更深入的了解。这已经在一些个别信号元件的演化上实现，例如，植物光敏素在植物、细菌和真菌中的不同区域结构和信号机制，以及植物光敏素家族演化模式的揭示。类群之间的比较也可以揭示信号相互作用的差异，例如，陆地植物 GID1/DELLA 相互作用和 DELLA 介导的生长抑制的逐步演化（见 18.8.4 节）。随着信号转导网络研究的进展，应该有可能将诸如此类的结果扩展到更大的信号系统演化中，并更准确地绘制出植物演化过程中信号演化的时间点。

小结

植物的发育、生理和防御是由许多内源和外源信号灵活调控的过程。在细胞水平上，受体蛋白对物理和化学信号的感知启动了细胞内信号的转导，从而调控细胞应答。此外，由不同的信号启动、不同受体感知的转导通路相互作用，形成了一个整合所有信息的信号网络。在细胞水平以上，细胞间的短距离和远距离信号转导途径共同协调组织、器官和整个植物的活动。细胞内和细胞间信号是紧密耦合的，当细胞根据它们接收到的信号来调节激素和其他细胞间信号的合成时，还可以相互反馈。

近年来，科学家们对植物细胞内信号转导的理解有了快速的进展，发现了几种信号的感知、转导和反应机制。特别令人感兴趣的是蛋白质降解调控的广泛作用，例如，由植物光敏素、生长素和GA受体产生的调控作用，以及在乙烯信号的调节中发挥的作用。鉴于超过5%的拟南芥基因组编码的蛋白质与泛素化依赖的蛋白水解的调节因子有同源性，因此，靶向蛋白降解可能在许多其他信号转导途径中发挥作用。根据类似的论点，由拟南芥基因组编码的600多个RLK很可能在信号感知中发挥着重要的作用，尽管目前人们对这种作用知之甚少。

在理解不同信号的响应发生整合的机制方面也取得了进展，例如，通过MAPK级联网络，在GA和光信号的整合过程中，或者在气孔的调节过程中的例子。然而，关于如何在不丧失信号特异性的情况下实现信号整合（即特定信号诱导特定响应的能力）的细节较少。也许这方面最著名的例子是细胞质中调控 Ca^{2+} 浓度的信号机制，其特异性可能来自 Ca^{2+} 浓度在不同时空调节下的模式（见18.3.1节和18.9.4节）。随着细胞内信号网络模型的日益复杂，解释信号整合和信号特异性的双重问题可能变得越来越重要。

（韩　翔　李　晶　刘　璞　译，刘　璞　瞿礼嘉　吴美莹　校）

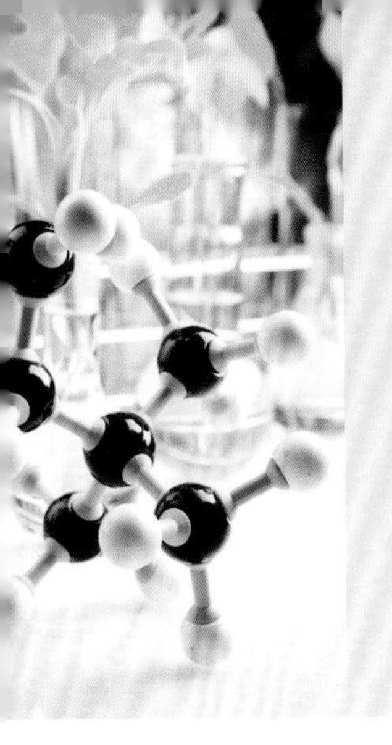

第 19 章 植物生殖发育的分子调控

Ueli Grossniklaus

导言

花和种子的形成是植物生命周期中的一个重要阶段（图 19.1）。花中含有产生配子的生殖器官，在植物有性生殖中起主要作用。有性生殖以种子的形成作为结束。对花期的严格调控保证了足够数量种子的形成，这对一种植物在自然生境中保持竞争优势起着关键作用，在农业环境中也如此。植物繁殖在农业中的重要性体现在作物果实和种子上。谷类产品在世界热量供应中占有 80% ～ 90% 之多。

本章描述了有关植物如何根据体内和体外信号以决定自身开花时间，同时还描述花形态发生的调控、配子在生殖器官中的形成，以及配子结合后产生下一代的胚胎发育。本章集中阐述模式植物拟南芥的遗传学研究，很多植物生殖发育的分子机制是借助于拟南芥而阐明的。其他一些植物种类在本章也有涉及。

19.1 植物营养生长到生殖生长的过渡

19.1.1 开花决定是植物有性生殖的第一步

开花决定是植物从营养生长到生殖生长过渡开始的标志，是植物生命周期中关键性的决定。在营养生长时期，植物茎顶端分生组织产生叶腋分生组织，随后发育成不确定的二级分枝。在过渡到开花的期间，顶端分生组织重编程成为花序分生组织，从而在边缘形成了花分生组织。花分生组织生成花器官，多个花器官共同形成一朵花，因为花形成一定数量的器官，所以是有限生长的。分生组织特性的转变是植物发育的主要变化。

开花决定的精确时间是保证生殖成功的关键。不仅要确保条件适合生殖繁衍，并且要保证配子体能相遇。一个很好的例子是仙人掌类植物的花期相遇，这类植物花苞开放只有短短的几个小时。花期同步提高了相互授粉的概率，并减少了食种子生物导致的种子损失的量。并且，在育种中对植物花期的调控扩大了种植范围并提高了作物产量。例如，冬麦和冬油菜是秋季播种，营养生长阶段都是冬季，延长的营养生长时间可比春季播种的品种提高 50% ～ 100% 产量（图 19.2），具体增产量因作物和栽培品种而异。毫不奇怪，植物开花时间的决定需要几个层次的调控。

19.1.2 开花诱导包含外部和内部信号

植物开花之前必须积累足够的资源来供应种子的发育，并要保证环境条件适宜确保生殖的成功。植株首先需要形成足够多的叶片来生产充足的光合作用产物来维持种子的形成，这需要相当数量的代谢资源。另外，开花优化需要根据环境条件，诸如光照、温度和水。因此，植物需要复杂的基因调控网络来整合环境信号和内部条件，从而调控开花。

事实上，大量的拟南芥突变体表现出开花时间的变化，对这些突变体的生理、基因和分子层面的分析表明开花时间是受日长（光周期）、光质、环境温度、长时间冷处理（春化作用），以及发育和

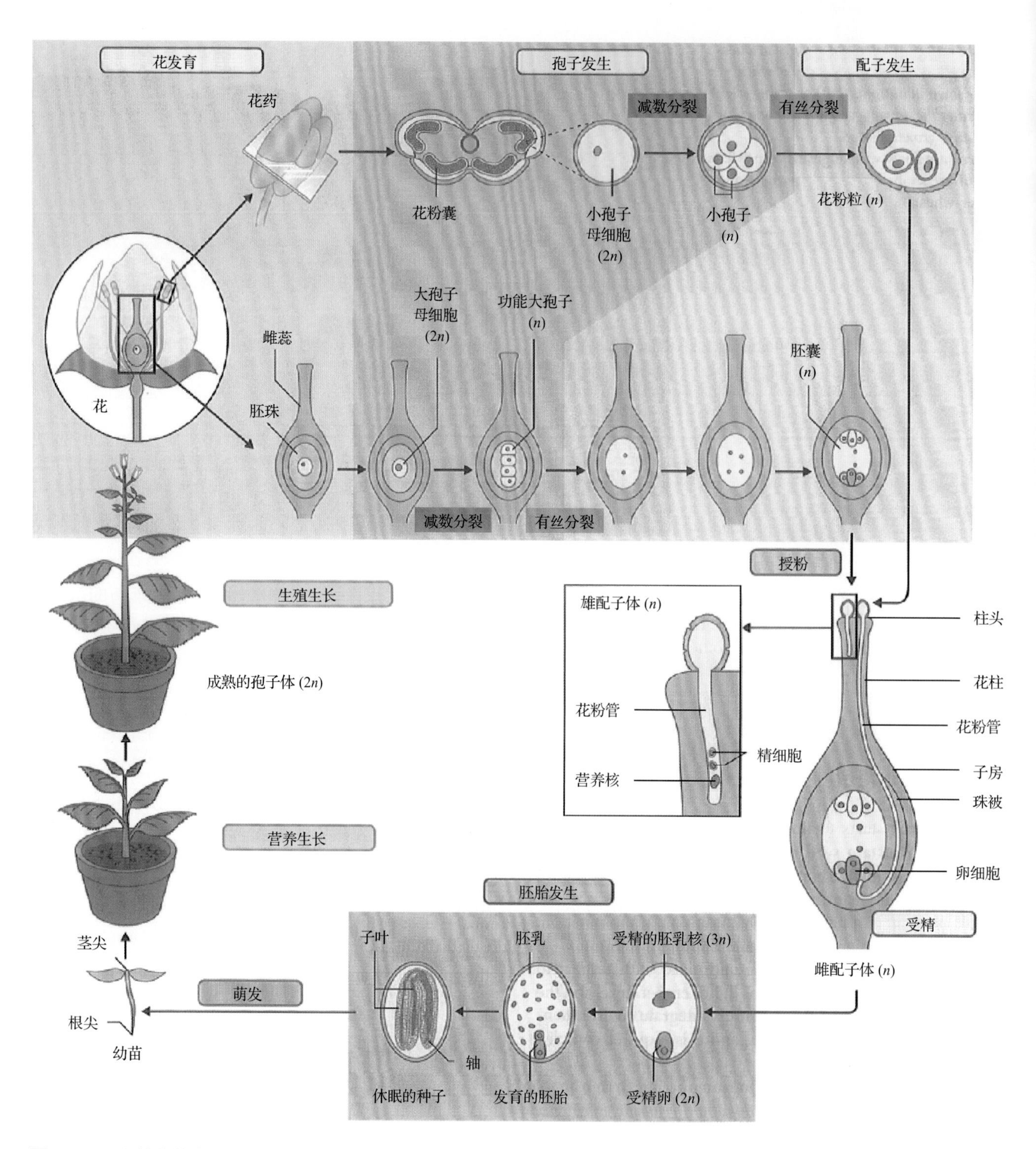

图 19.1 开花植物的生活周期，涉及单倍体（配子体的）和二倍体（孢子体的）世代交替。单倍体的减数分裂产物在花药（小孢子）和胚珠（大孢子）中产生，经历了一些分裂周期形成多细胞的配子体，分别是花粉粒（雄配子体）和胚囊（雌配子体）

激素信号的影响。例如，拟南芥突变体和自然变种的研究发现了光周期和春化作用对开花时间的控制。放置在长日照（日照 16h）下的植物比短日照（日照 8h）下的植物更早开花。破坏对光周期产生反应的突变使得植株在长日照条件下也较晚开花，短日照下没有效应（图 19.3）。一些拟南芥材料经过春化作用后开花提早，尤其是在较北部（高纬度）的材料，然而来自南部的一些材料不需要春化作用。这个现象是适应寒冷气候的表现。拟南芥在短日照以及未经春化的条件下也能最终开花，自主通路的基因是这一反应所必需的。自主通路基因受影响的突变体在长日照和短日照下开花都较晚，但是对春化作用有响应（图 19.3）。拟南芥的开花时间还会受环境温度和植物激素赤霉素的影响，这些因素对

图 19.2　冬季和春季的农作物品种。播种在秋季（左）和春季（右）的同一小麦品种表明延长营养生长时期的优势

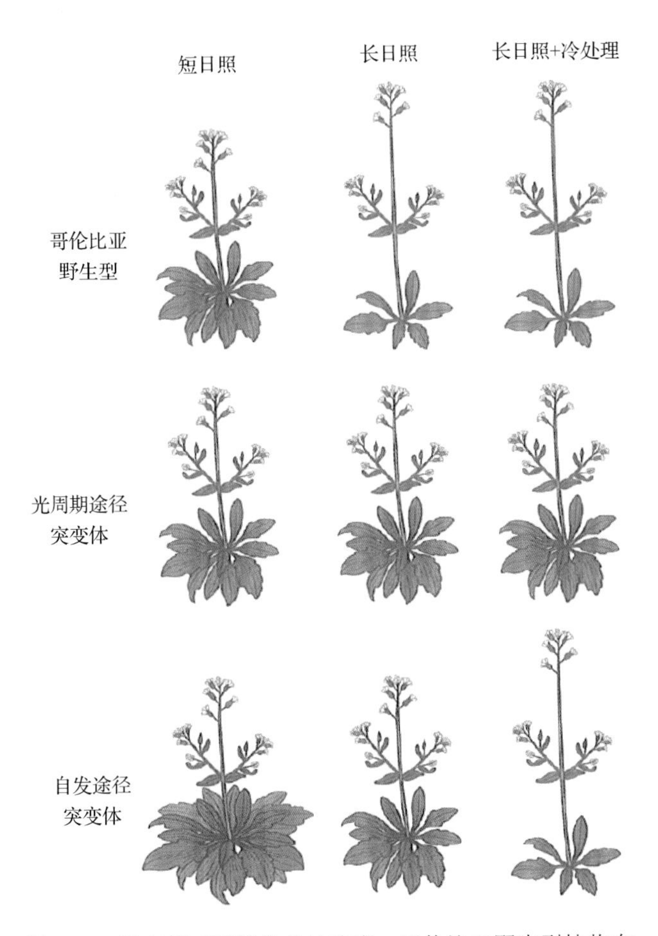

图 19.3　拟南芥对环境条件的响应。哥伦比亚野生型植物在短日照条件下晚花而在长日照条件下早花，不受春化作用影响的反应。影响光周期通路的突变体植物在短日照条件下与野生型没有区别，但是在长日照条件下晚花，与春化作用无关。相反，影响自主通路的突变体植物不管在短日照还是长日照条件下都比野生型晚花，但该表型可被春化作用克服

植物开花有促进作用，尤其是在短日照条件下。

总的来说，拟南芥的遗传分析发现了 5 个不同但是相互关联的影响开花时间的通路，即光周期、春化作用、自主通路、热敏感、赤霉素通路。

19.1.3　光周期是开花诱导的重要调节因子

在中高纬度地区，光周期是季节变化的可靠指示器，因为不难想象很多植物利用日长来作为开花的信号。20 世纪初，科学家发现某些烟草（*Nicotiana tabacum*）品种在美国南部短日照地区开花但是在美国北部的长日照条件下反而不开花。相比之下，黑麦草（*Lolium perenne*）只在长日照条件下才能开花。类似的实验显示光周期可调节多种植物的开花，根据对光周期的反应可以将植物分为三大类（图 19.4）。

长日照植物如三叶草（*Trifolium pratense*）和燕麦（*Avena sativa*）在长日照和短夜条件下才开花；短日照植物则相反，在短日照和长夜下才开花，如咖啡（*Coffea arabica*）和大麻（*Cannibis sativa*）；日中性植物，其开花不受光周期的影响，如番茄（*Solanum lycopersicum*）和黄瓜（*Cucumis sativus*）。如上所述，很多类植物如拟南芥（*Arabidopsis*）和金鱼草（*Antirrhinum majus*）在没有光周期诱导的条件下（不严格的长日照和短日照植物）都能开花，其他类植物如三叶草却有严格的光周期要求（严格的长日照和短日照植物）。另有一些植物对日照长度有复杂的要求，即要求特定的长日照和短日照组合才能诱导开花。

大多数情况下，植物感受的是夜长而非日长，这一规律可通过短时间的光照打破黑暗的实验来说明。短日照植物苍耳子（*Xanthium strumarium*），在黑暗中即便很少的 5min 间断光照，足够能阻止其开花。大部分的长日照植物对黑暗中的间断并不这么敏感，但是很多长日照植物在短日照并且黑暗期间有 30 ～ 60min 的光照间断的条件下能够开花（图 19.4）。除了光周期，植物开花时间还受光质的调控。

19.1.4　光敏色素与隐花色素参与感受光周期

植物有一系列的光受体，两种色素——光敏色素（红光受体）和隐花色素（蓝光受体）是光周期现象所必需的。拟南芥基因组编码 5 种光敏色素（从 PHYA 到 PHYE），这几种光敏色素有区别也有共同点。光敏色素吸收红光和远红光，参与不同的发

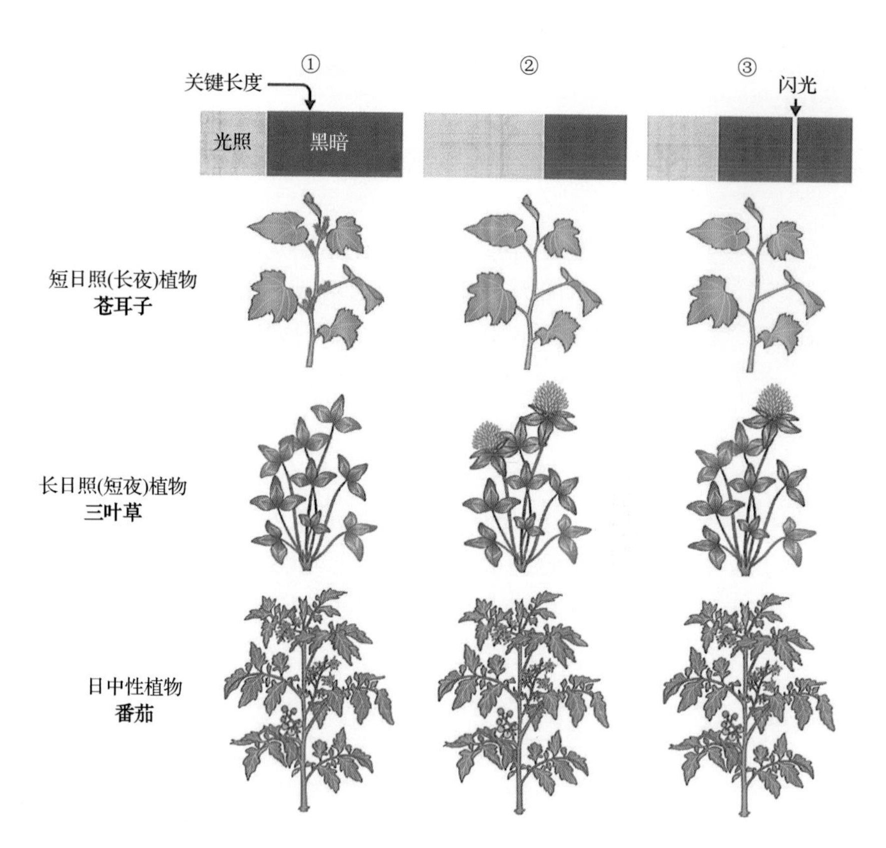

图 19.4 植物响应不同的光周期（1 ～ 3）。一个短日照植物需要长于 12h 的黑暗时长，而长日照植物需要短于 12h 的黑暗时长。一个长日照植物的长夜如果被一个光照间断打断则可诱导开花。一个日中性植物的开花与光周期无关

育过程，包括种子萌发、节间伸长、避阴、生物钟及开花（见第 18 章）。拟南芥有两种隐花色素——CRY1 和 CRY2，除了参与开花诱导以外，在生物钟和趋光性中也起到一定作用。

黑暗期间的短时间光照干扰可抑制短日照植物开花，这一发现促使进一步研究关于植物所感受的光波长对其开花的影响。红光的干扰可阻碍植物到开花的过渡，但是这一效应是可逆转的，放置于红光照射之后继续放置在远红光的照射下便可逆转。这一可逆的现象说明了光敏色素参与调控植物开花时间。拟南芥 *phyA* 突变体的开花时间比野生型晚，且对黑暗时间的光照干扰没有反应。然而这一情况较为复杂：*PHYA* 促进开花，而 *PHYB* 延迟开花，*phyB* 突变体提早开花的表型可以证明这一点，其他的光敏色素也同样起到抑制开花的作用。隐花色素也参与植物的光周期：在长日照诱导下，拟南芥 *cry2* 突变体开花时间比野生型晚。因此，在拟南芥和它的近缘植物中，*PHYA* 和 *CRY2* 促进开花，而在其他植物中，*PHYA* 独自起到促进开花的作用。例如，虽然豌豆是长日照植物，但是缺失 *PHYA* 基因的豌豆突变体对于光周期不敏感，且在长日照或者短日照条件下都同时开花。

19.1.5 移动信号控制开花诱导

光周期现象的发现打开了植物开花转换中的多种实验操作和生理解析的大门。由于开花诱导引起茎端分生组织的重编程，需要解决的一个很重要的问题是日照长度是直接由茎顶端感受，还是通过植物其他部分来感知。在短日照植物菠菜的实验研究中，只将叶片（无须其他部分）暴露在诱导性（短日）光周期条件下，即可诱导菠菜开花。然而，仅把茎端暴露在短日光周期条件下，则不会诱导开花。这些结果表明是叶片感受了光周期信号，但是这些是怎样导致了茎端组织中的重编程事件呢？

一系列的嫁接实验回答了这一问题。将一片经过光周期诱导的紫苏叶片嫁接到未经诱导的砧木上，结果使植株开花（图 19.5）。因此，一个称为成花素（florigen）的移动信号经过韧皮部从光周期诱导的叶片传递到了未经诱导的茎端分生组织。同样，一片受光周期诱导的叶片可诱导 6 ～ 7 株营养生长的砧木植物开花。这说明叶片一经诱导便可持续地产出调控植物开花的移动信号。

成花素分子特征的揭秘经过了好几十年，直到拟南芥的分子遗传实验鉴定出了诱导开花的移动信号的主要成分是一个 *FLOWERING LOCUS T*（*FT*）编码的蛋白质。FT 具有一个磷脂酰乙醇胺结合的结构域，这个结构域在哺乳动物中参与激酶信号转导，而且可能介导蛋白质互作。在拟南芥中，FT 经开花诱导在叶片中合成并转运到茎端分生组织（图 19.6）。FT 在茎端与 bZIP 转录因子 [由 *FLOWERING LOCUS D*（*FD*）编码] 结合，调控靶基因从而介导分生组织产生花的重编程。

19.1.6 光周期调控 CONSTANS 的活性

植物必须通过与自身体内参数的比对来感受日

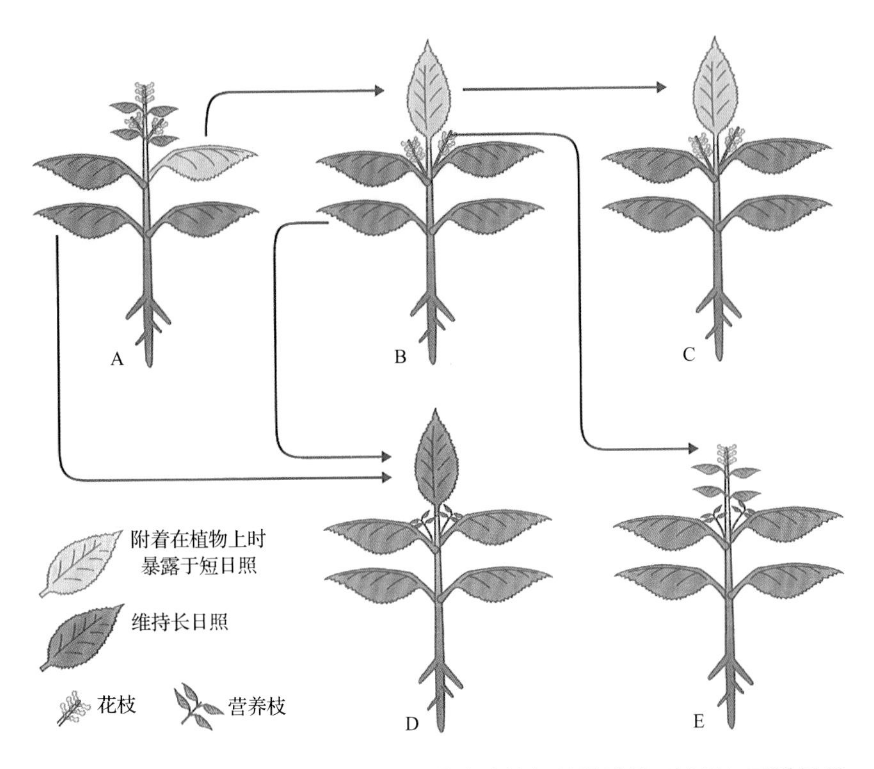

图 19.5 紫苏叶片的永久光诱导。A. 单片叶被短日照诱导（浅绿）可诱导开花。B. 如果同一片叶嫁接到一株一直保持在非诱导条件下的植物上，那么可诱导这株植物开花，表明促进开花的产物是在诱导的叶片中产生的可移动的信号。C. 重复嫁接过程产生相同的效果，表明移动信号的诱导是永久性的。嫁接一个非诱导的叶片（D）或一个开花的顶端（E）不能诱导寄主植物开花

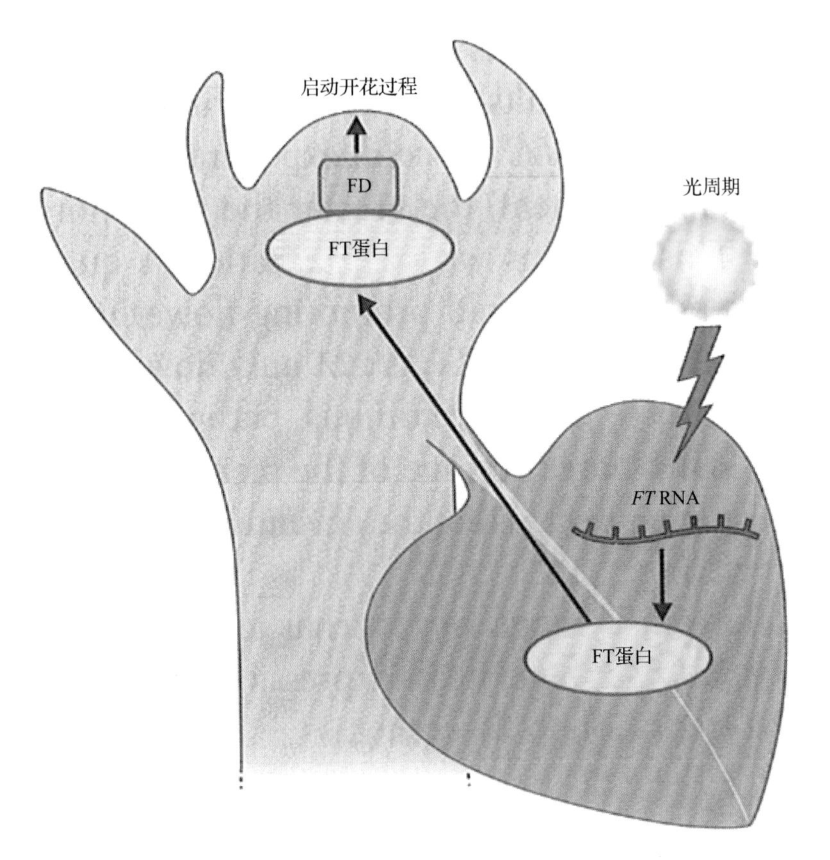

图 19.6 FT 蛋白是成花素。在光周期的诱导下，FT 在叶中产生。其通过韧皮部运输到茎端与 FD 形成一个异源二聚体来调节目标基因控制重编程形成花序分生组织

照长度。很多生理过程遵循生物钟的节律，即一个大约以一天为周期的振荡行为。这可使生物有机体预测环境的周期性变化，并相应地调整自身生理动态。植物有多达 60% 的基因是受生物钟调控的，生物钟可以影响发育的很多方面，如开花、叶片运动、气孔开启等，当然也包括影响植物的开花决定。

有人提出，开花是在生物钟控制下的节律过程在一天中的某一特定时间对光敏感引起的；换句话说，在对光敏感的特定时间用光处理，可诱导长日照植物开花，而抑制短日照植物开花（外部一致模型）。实际上，很多拟南芥的突变影响光周期的通路，这些突变导致在长日照下延迟开花，但是短日照下没有延迟，并与生物钟有关联。突变或影响周期变化，即生物钟自身的组件，或被生物钟调控。*CONSTANS*（*CO*）在植物开花中起到关键作用，它的 mRNA 在黄昏开始积累，在短日照的条件下经过长时间黑暗积累到最多（图 19.7）。

CO 的转录不仅受生物钟的调控，还受蓝光依赖的复合体 GIGATEA（GI）、FLAVINBINDING、KELCH REPEAT、F-BOX1（FKF1）蛋白的调节，FKF1 蛋白介导蛋白质的降解。下午后期 GI-FKF1 复合体的积累导致 CYCLING DOF FACTOR1（CDF1）的降解，由于 CDF1 是 *CO* 的抑制因子，因此在黄昏的时候 *CO* 的表达被激活。在黑暗中 CO 蛋白不稳定且难以积累。相比之下，在长日照下，*CO* 的 mRNA 在白天的最后达到最高点，并在光照中完成翻译。暴露在蓝光和远红光下能通过 CRY2 和 PHYA 促进拟南芥开花，稳定 CO 蛋白，CO 蛋白从而在长日照下富集并激

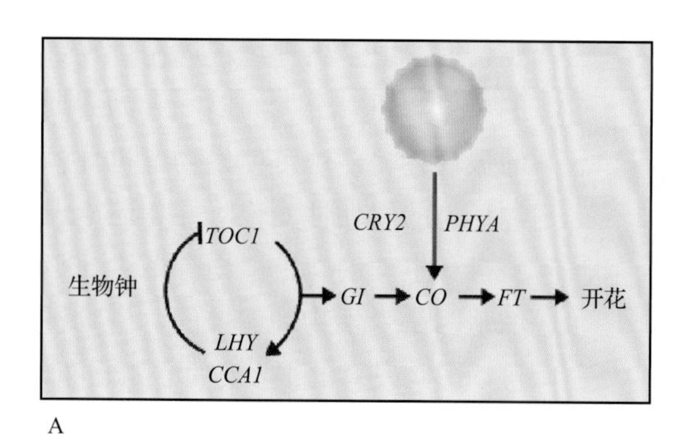

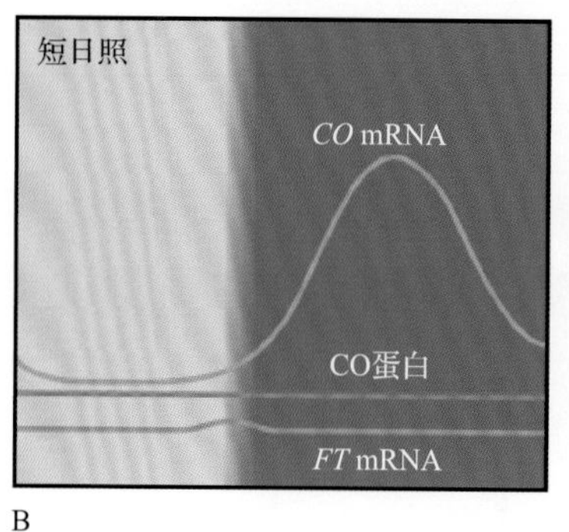

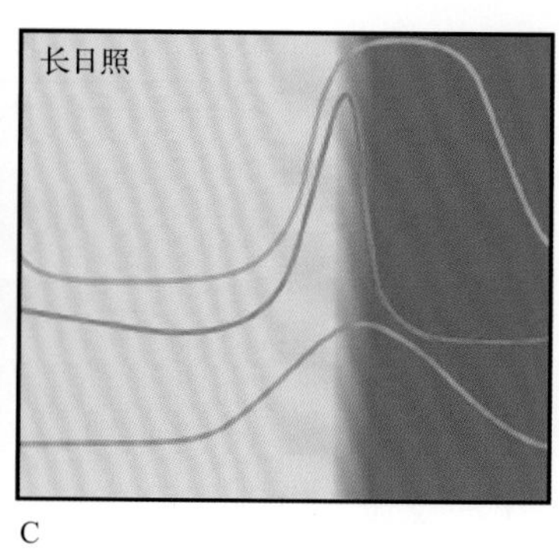

图 19.7 CO 是光周期通路的一个中心调节因子。A. CO 通过生物钟的输出，以及光受体 PHYA 和 CRY2 来调节。B. 在短日照条件下 *CO* mRNA 在黑暗中积累但蛋白质降解，所以不能积累来激活 FT。C. 长日照条件下，*CO* mRNA 在光下积累，同时 CO 蛋白被有活性的光受体稳定，所以 FT 的转录被激活

活目的基因 *FT*（图 19.7）。*CO* 基因的表达和之后的 *FT* 激活是在韧皮部的伴胞细胞中发生的，FT 蛋白随后被运送到茎端分生组织。因此，拟南芥只有在 *CO* 基因的转录和翻译与暴露在光下同时发生时（长日照下）才能开花。CO 蛋白的节律性积累和它对光的敏感为外部一致模型提供了分子基础。

尽管水稻属于短日照植物，*CO* 和 *FT* 的直系同源基因 *Heading date 1*（*Hd1*）和 *Heading date 3a*（*Hd3a*）也控制水稻的开花。同 *CO* 和 *FT* 基因在拟南芥中的关系一样，水稻的 *Hd1* 基因调控 *Hd3a* 基因的表达，但其中的分子机制不同。Hd1 蛋白在长日照下是作为 *Hd3a* 基因的转录抑制因子，在短日照下反而成为 *Hd3a* 基因的激活因子。因此 *FT* 的同源基因 *Hd3a* 在短日照下才能诱导水稻开花。

19.1.7 春化作用和自主通路集中于 *FLOWERING LOCUS C* 的调控

在高纬度地区生长的很多植物需要春化作用，即于寒冷条件下放置 4 ～ 12 周的时间，这是在冬季常常会发生的。春化作用保证了植物不会在夏末提早成熟开花，这时光周期可能诱导植物开花，但种子的形成可能会由于霜冻而遭损害。然而，即便一些需要春化作用的拟南芥材料，在未经寒冷处理时最终也能开花（这一类开花是由自主通路促使的）。其他植物如甘蓝（*Brassica oleraceae*）却严格需要春化作用才能开花（图 19.8）。

图 19.8 甘蓝的春化作用需求。左边的植物是生长 5 年的冬季品种，没有经过冷处理所以不能开花。相反，儿童所抱的夏季品种没有经过春化作用即开花。来源：R. Amasino，University of Wisconsin-Madison，未发表

一年生植物经过春化作用后，它的整个生命周期就会“记住”这个寒冷处理（通过很多细胞有丝

分裂）。这个现象通过菥蓂（*Thlaspi arvense*）的实验得以说明，菥蓂的叶片可在春化作用以后摘下用来体外再生。再生的植株表现出能开花的习性，就如已经通过春化作用一样。再生植株的后代则不开花，表明其后代需要春化作用。因此，春化作用的记忆在历经很多有丝分裂后仍存在，但是经过减数分裂后不再保持。

光周期的诱导是在叶片中，而春化作用则不同，其作用在茎端。这可通过对芹菜的冷处理实验证明：分别冷处理茎端和叶片，只有茎端冷处理过的植株表现出对春化作用典型的响应。

春化作用的遗传机制首先在拟南芥中得到解析，将一年生的冬拟南芥（种子秋季发芽且需要春化作用才能春季开花）和夏拟南芥（种子春季发芽且不需要春化作用便能开花）杂交。需春化作用的材料在 *FRIGIDA*（*FRI*）和 *FLOWERING LOCUS C*（*FLC*）位点是有活性的等位基因，不需春化作用的夏拟南芥材料则在这两个位点表现为无活性的等位基因。*FLC* 基因编码 MADS 结构域家族的一个转录因子（见第 9 章），该基因的表达是受 FRI 蛋白的调控。*FRI* 基因的突变导致 *FLC* 基因表达减少使植物早开花，这和 *FLC* 基因的其他调控因子的突变而导致的现象一样，这些调控因子有 *FRIGIDA LIKE1*（*FRL1*）、*FRIGIDA ESSENTIAL1*（*FES1*）、*SUPPRESSOR OF FRI4*（*SUF4*）及 *FLC EXPRESSOR*（*FLX*）。这些调节蛋白组成一个多亚基活性复合物，该复合物整合基本的转录因子和染色质修饰因子（见 19.1.8 节）到 *FLC* 位点。FLC 是开花强抑制因子，含有大量 *FLC* 基因表达的植株开花较晚，如具有活性的 *FLC* 和 *FRI* 基因的一年生冬拟南芥。春化作用减少 *FLC* 的表达，从而导致提早开花（图 19.9）。

FLC 基因对冷处理的反应是渐进的：冷处理时间越长，*FLC* 表达的减少就越显著。这也就解释了为何春化作用是数量性的，短时间冷处理不如长时间更能促进开花。然而 *FLC* 并非只受春化作用影响而下调，自主通路也影响 *FLC* 基因的表达。随着植株生长时间的增长，*FLC* 的表达量逐渐减少，直到降低至不足以抑制开花。

总之，一系列的体外和体内的信号在 *FLC* 基因上汇集并调控该基因的表达，这些最终影响植物从营养生长到开花的过渡。

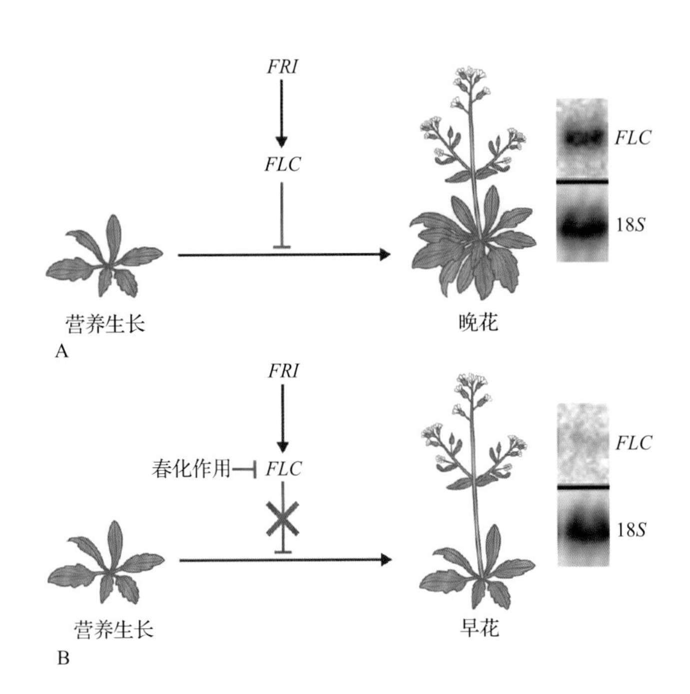

图 19.9 FLC 被春化作用抑制。A. FLC 是一个开花的强抑制因子，它被 FRI 激活，在不冷处理的情况下高表达，如右图 Northern 杂交所示。B. 春化作用抑制 FLC（参照 Northern 杂交），所以植物可以起始开花

19.1.8 通过拟南芥突变体解析春化作用细胞记忆的分子机制

植物通过有丝分裂而稳定传递春化作用的现象暗示着一个使细胞记忆冷处理的记忆机制。当 *FLC* 基因由于春化作用而下调后，即使在植株返回温暖环境之后，它的表达量依然很低。由于 *FLC* 基因经过大量细胞有丝分裂，即便在离开冷处理之后仍能保持较低表达量，这应该视为表观遗传现象。

有些拟南芥的突变体即使在春化作用之后仍开花较晚，对这些突变体的遗传筛选使得解析这一过程的分子机制成为可能。在突变体 *vernalization insensitive3*（*vin3*）中 *FLC* 基因在春化过程中不被诱导，这个基因对于冷处理时起始 *FLC* 基因的表达是必需的。*VIN3* 的表达量在冷处理中增加（即受冷处理诱导），但在过表达时也不足以导致春化作用。其他的突变体如 *vernalization2*（*vrn2*）不会导致 *FLC* 基因的下调，但是会作用于 *FLC* 表达量的维持，在将 *vrn2* 突变体放回温暖环境中时 *FLC* 的表达量再度提高。因此，*VRN2* 可看成是在细胞记忆系统中起到部分作用。

这些基因的分子特性显示出它们影响组蛋白修饰并导致沉默的染色质构型（见第 9 章）。*VIN3* 基

因编码一个植物同源域的结构域（PHD），这个结构域经常在修饰染色质的蛋白质中发现。VRN2 与果蝇的 Suppressor of zeste 12 同源，这是高度保守的 *Polycomb* repressive complex 2（PRC2）中的一个组分。PRC2 复合物在动物、植物中较为保守，且具有组蛋白H3第27位赖氨酸的三甲基化（H3K27me3）活性，该活性是由果蝇组蛋白甲基转移酶 Enhancer of zeste [E（Z）] 调控的（信息栏 19.1）。

19.1.9 信号整合控制分生组织身份基因的表达

除了光周期、春化作用和自主通路以外，环境温度和赤霉素也控制植物开花。最终，所有这些活动导致营养生长顶端分生组织重编程成为花序分生组织。

重编程转变的发生需要所有不同的开花信号通路整合在茎顶端，这是通过开花整合基因的调控完成的（floral integrator genes），开花整合基因是多个开花通路的靶标。例如，*FT* 基因受 CO 蛋白的激活，同时又受 FLC 蛋白和热敏通路调节因子的抑制。与此相似，MADS box 基因 *SUPPRESSOR OF OVEREXPRESSION OF CONSTANS1*（*SOC1*）受 FLC 蛋白的抑制，但能够被 FT 蛋白和赤霉素通路激活（图 19.10）。通过这些方式，不同通路的信息整合来导致茎顶端分生组织的重编程并激活顶端特定基因如 *LEAFY*（*LFY*）和 *APETALA1*（*AP1*）。这两个基因都被 FT 和 SOC1 蛋白激活，并最终导致顶端分生组织产生花原基。*AP1* 和 *LFY* 分别编码 MADS 结构域的转录因子和 LFY-FLO 家族蛋白。这两个基因的突变导致花到芽的部分转变。

19.2 花发育的分子机制

花的发育是研究最多的发育过程之一。对金鱼草（*A. majus*）、水稻（*O. sativa*）、烟草（*N. tabacum*）、矮牵牛花（*Petunia hybrida*）等植物的研究使得对花发育的分子遗传机制有了一定的了解，但大部分的分子机制研究集中在拟南芥。

19.2.1 *LEAFY* 决定花序的结构

当营养分生组织转变成花序分生组织时，新的分生组织产生次级花序或花（图 19.11）。如果一个花序在植物一生中能持续产生花朵，则这一花序为无限花序；当顶端分生组织产生一定数目的花，转变成花的分生组织从而终止花序的产生，则这种花序为有限花序。一些极端形式如郁金香（*Tulipa gesneriana*）和其他很多百合科的植物，生殖分生组织只产生单个顶生花。

花分生组织的身份是由两个编码 AP1 和 CAULIFLOWER（CAL）转录因子的紧密相关的基因所决定的。突变体 *ap1* 的表型显示出该基因作为分生组织和花器官身份基因的功能，而突变体 *cal*

信息栏 19.1　植物和动物中的 Polycomb 复合体

PRC2 复合体在演化过程中高度保守，在脊椎动物、无脊椎动物和植物中都有发现。它们由 4 个保守的核心亚基和一些可变相关蛋白组成。PRC2 通过其组蛋白甲基转移酶的活性［由果蝇 E（Z）和它的同源异构体介导］从而维持靶基因处于抑制状态。在植物中，E（Z）有三个同源异构体，即 CURLY LEAF（CLF）、MEDEA（MEA）和 SWINGER（SWN），根据在不同发育阶段的功能，至少有三个不同的 PRC2 复合体已经被鉴定出来。

例如，在春化作用期间，VRN-PRC2 复合体包含核心亚基 VRN2、FERTILIZATION INDEPENDENT ENDOSPERM（FIE）、MULTISUPPRESSOR OF IRA1（MSI1）、组蛋白甲基转移酶 CLF 或在 FLC 位点标记 H3K27me3 的 SWN，因此沉默了 FLC 的表达。两个 PHD 结构域蛋白 VRN5 和 VIN3 的二聚体，后者是被冷诱导的，增强了 VRN-PRC2 的活性，稳定抑制 FLC。然而在生殖周期的某些时刻，抑制的 H3K27me3 组蛋白标记不得不被移除，因为春化植物的后代不能早花。这种移除是在早期胚胎发生时发生的，但内部的分子机制到目前为止还未知。

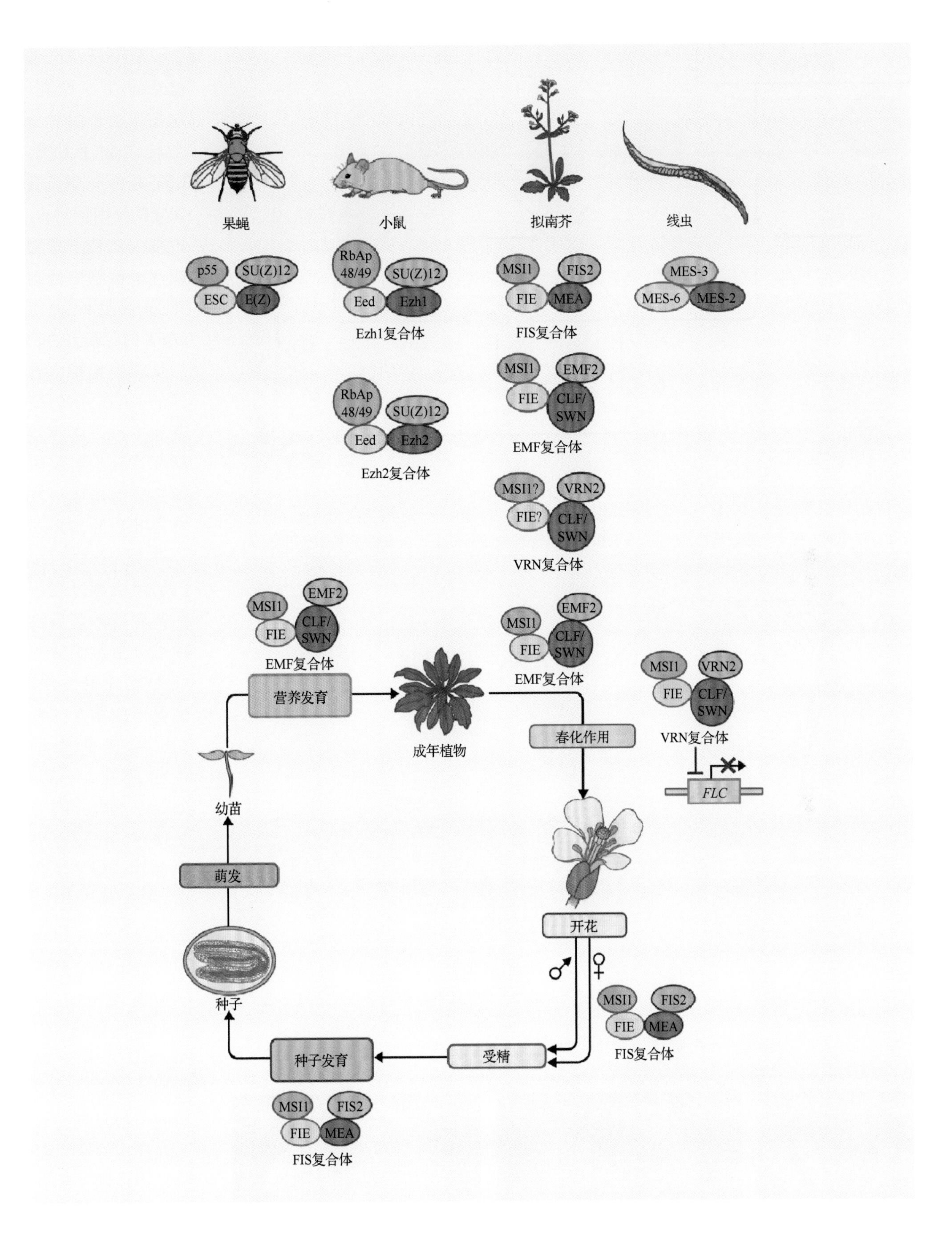

与野生型表型相似。然而，在双突变体 *ap1 cal* 中，这 2 个基因决定花分生组织的功能被戏剧性地揭示了：双突变体 *ap1 cal* 的顶端分生组织不能产生花分生组织，而产生花序分生组织，再产生花序分生组织，这样就导致了大量的花序分生组织的产生，但是没有花的形成（图 19.12）。这样的顶端看起来像小花椰菜。芸薹属甘蓝中的花椰菜和西兰花就是这一类型，顶端有很多的花序。

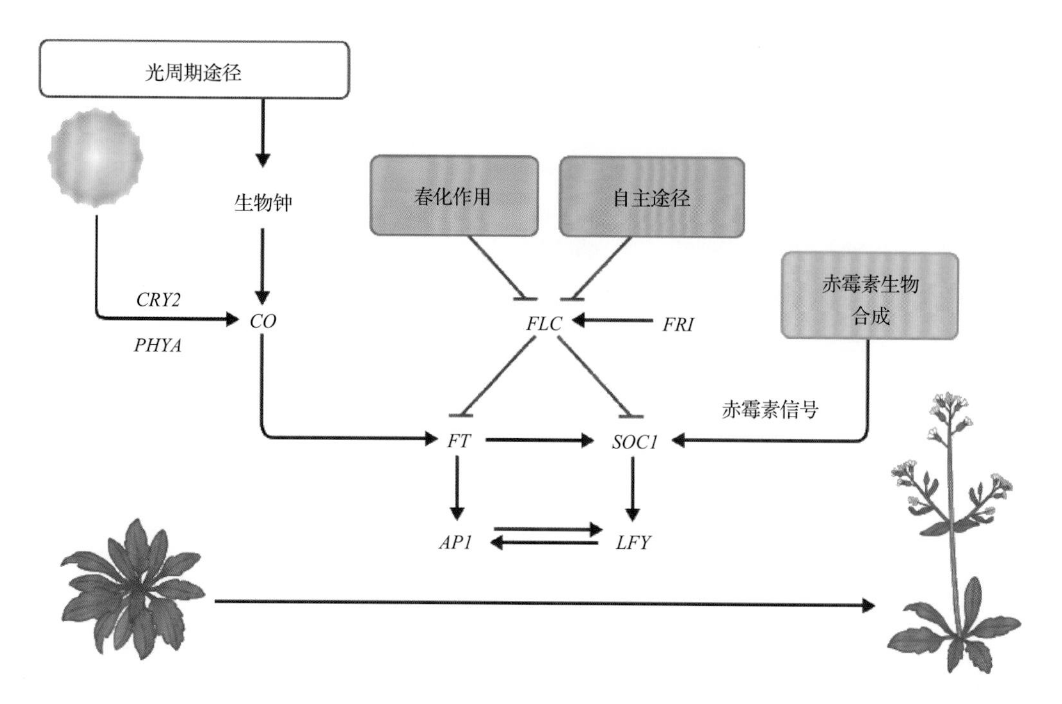

图 19.10　不同开花通路的整合。从营养生长到生殖生长的转变由 4 个主要的通路调控，通过调节 FT 和 SOC1 将 4 个通路整合到一起，FT 和 SOC1 反过来激活分生组织身份基因 *AP1* 和 *LFY*

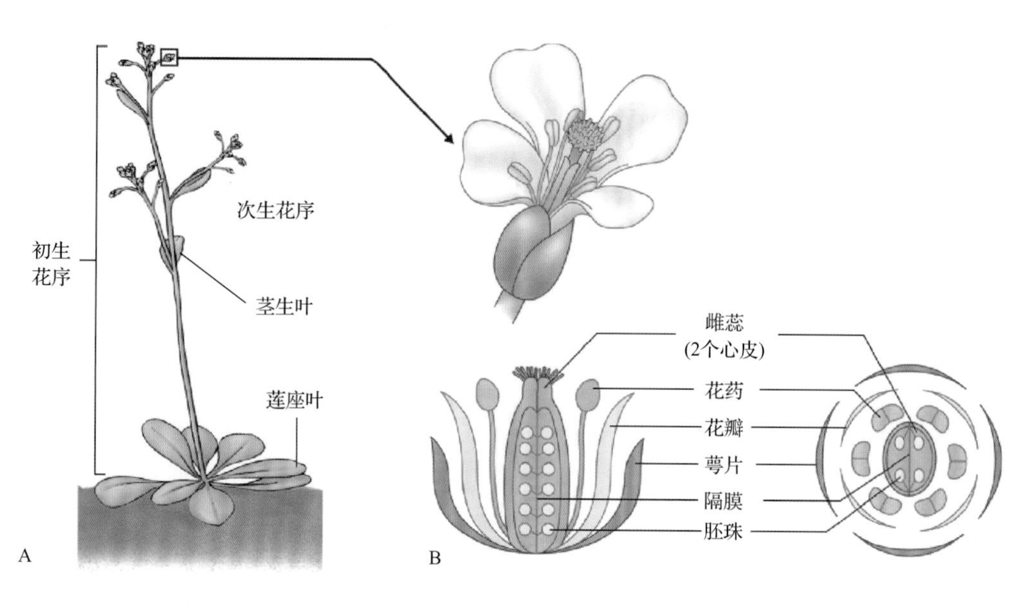

图 19.11　拟南芥的植株和花。A. 开花前，营养分生组织产生莲座叶。成花诱导后，初生花序分生组织产生茎生叶，次生花序从叶腋下冒出，然后开花。B. 图示花的纵向和横切面。第一轮和第二轮产生不育的花器官萼片和花瓣。第三轮和第四轮产生生殖器官雄蕊和心皮

图 19.12　分生组织身份基因控制花序的发育。A. 拟南芥的野生型花序；在拟南芥（B）和花椰菜（C）*ap1 cal* 双突变体中，这两个冗余的花分生组织身份基因突变

至于一个原基能否产生一朵花，这还取决于另外一个转录因子 LFY。LFY 是由一个高度保守的基因编码的，该基因在被子植物或裸子植物中控制花分生组织决定（*LFY* 同源基因的表达是在生殖锥中诱导的）。在 *lfy* 的突变体中，原本应该形成花分生组织的细胞转而形成了发育成叶片的茎顶端分生组织。相反，LFY 组成型过表达在开花过渡之后将顶端分生组织转变成为花分生组织，使得形成单个顶生花。类似的表型也出现在 *terminal flower1*（*tfl1*）的突变体中。在这一突变体中，*LFY* 在花序分生组织中表达，使得花序分生组织转变为花分生组织。LFY 控制花形成所必需的包括 *AP1* 和 *CAL* 在内的其他调控基因，其在细胞中很早期便表达并形成花分生组织。调控因子的互作相对复杂，*LFY* 基因自身的激活是通过 AP1、CAL 和 FRUITFUL（FUL）的冗余功能，这些

引起正反馈回路。

野生型无限花序的分生组织中，LFY 只在将来形成花分生组织的细胞中表达，在顶端受 TFL1 的抑制而不表达（图 19.13）。这也就是为何阻断 *TFL1* 或者 *LFY* 的组成型表达都会导致顶生花的形成。LFY 和（或）TFL1 表达的变化可改变花序分生组织的有限性而进一步引起花序结构的变化。

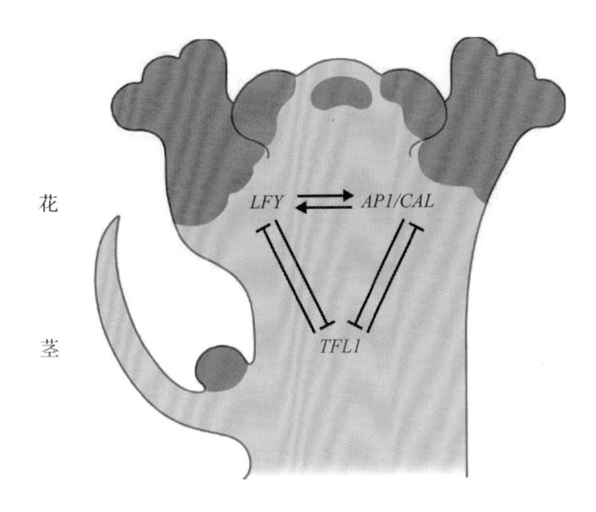

图 19.13 基因间的调控作用赋予花序和花分生组织身份。LFY 和 AP1/CAL 在花分生组织中表达，而且两者彼此正调控。TFL1 在花序分生组织顶端表达，参与与花分生组织身份基因 *LFY* 和 *AP1/CAL* 的负调控作用，阻止花朵中的茎端终止

19.2.2 多样的花形态具有相同器官构成

花的形态多种多样，在白垩纪中期，开花植物的突然出现和迅速多样化引发了达尔文的“恼人之谜”。然而，这些繁多又美丽的多样性仅仅是基于一个共同主题的变异：所有的花，不管表现出怎样的多样性，都有相同器官构造且发育方式极其相似。

所有植物有同样的花器官排列，从外向内包括萼片、花瓣、雄蕊和心皮，且从花分生组织的外围到中心以同心圆环的方式排列分布（见图 19.11 和图 19.14）。细胞一旦转变成花分生组织，花器官便依次形成。在拟南芥中，4 个萼片形成花的最外轮（1 轮），4 个花瓣形成第 2 轮。萼片和花瓣是不育的器官且一起组成花被，多具特定的形状和颜色，用来吸引传粉昆虫且保护花中心的生殖器官。拟南芥的生殖器官有 6 个雄蕊，形成第 3 轮，从第 4 轮中来源的 2 个心皮融合形成雌蕊，包含胚珠（见图 19.11）。随着花分生组织形成特定数目的 4 轮花器官，新的细胞的形成便终止，这是有限生长的分生组织。与此一致的是，一旦生殖器官的原基形成之后，分生组织中参与维持干细胞的 *WUSCHEL*（*WUS*）基因在花分生组织中受到抑制。

然而，花也可缺少器官，或一些花器官被修饰成更像其他器官。例如，很多百合科植物的萼片颜色鲜艳且像花瓣一样，所以花被的这些器官较为相似，时常会称为被片（图 19.15）。尽管禾本科植物的花朵较为不同，但这种典型的花器官的分布也时常见到。禾本科植物的浆片占据花瓣的位置，内稃和外稃可以看成等同花萼的 2 个二型器官（图 19.15）。

花构造的高度保守性表明了相同的潜在分子机制。相应地，控制花器官身份的基因也高度保守，导致花形态各异的原因是基因调节上的不同。

19.2.3 ABC 模型决定花器官身份

控制花器官身份的基因是通过同源异型突变的研究而发现的。这些突变体中一种器官转变成另外一种器官，因此这些基因决定花器官的身份。众所周知，吸引很多园艺家的同源异型突变导致了生殖器官转变为花被器官，由此产生了重瓣花（图 19.16）。第一个拟南芥的重瓣花是在 1873 年报

A

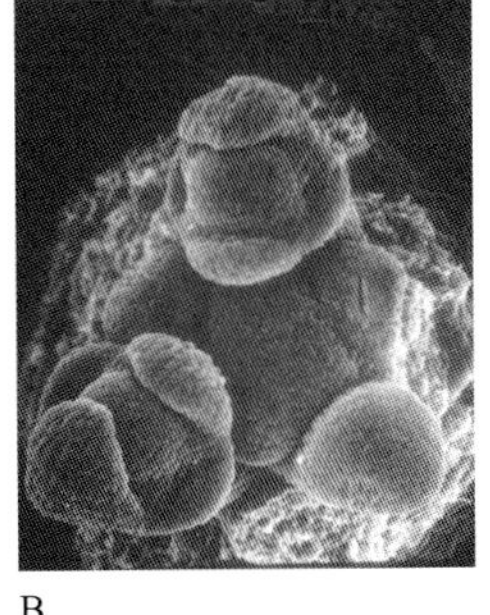

B

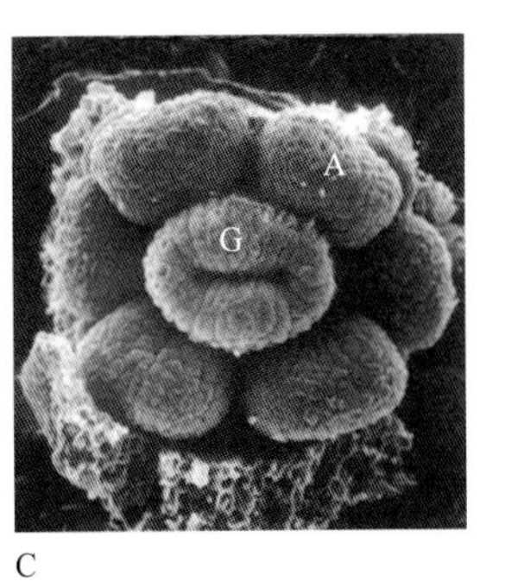

C

图 19.14 拟南芥花发育的扫描电镜观察。A. 初生花序的俯视图，展示了螺旋排列的花芽。B. 高放大倍数的茎端展示了花分生组织螺旋的起始模式。相反，花分生组织在中心一轮中起始花器官原基（萼片）的发育。C. 后期花分生组织特写。萼片和花瓣原基被移除来观察同心的雄蕊和两个心皮融合到一起形成的雌蕊。A，花药；G，雌蕊。来源：图 A、C 来源于 Smyth et al.（1990）. Plant Cell 2:755–767; 图 B 来源于 J. Bowman, Monash University, 未发表

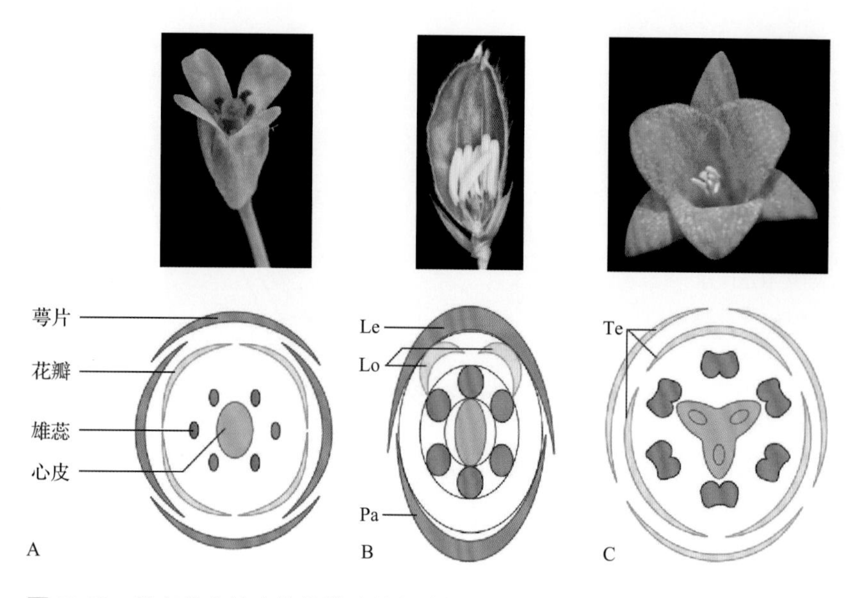

图 19.15 具有保守基本结构模式的花结构变异。A. 拟南芥的花，图示 4 轮花器官结构。B. 水稻的花、内稃和外稃组成第一轮，浆片是第二轮，雄蕊和心皮组成第三和第四轮。C. 在百合和其近缘种中，第一和第二轮的器官看起来相似，称为被片。来源 : Nagasawa et al.（2003）. Development 130:705–718; Page & Grossniklaus（2002）. Nat. Rev. Genet. 3:124–136; Bowman（1997）. J. Biosci. 22:515–527

图 19.16 驴蹄草的重瓣花。野生型（A）中第三和第四轮的生殖器官被突变体（B）中不育的器官代替，类似 *agamous* 无限花的表型。来源 : 图 A 来源于 Hedhly, University of Zurich, 未发表

道的，它也具备高度保守的花器官分布。相似的表型在拟南芥和金鱼草中也有发现，突变影响的基因是同源基因。

拟南芥的同源异型突变通常影响两个相邻的花轮，例如，突变体 *agamous*（*ag*）产生重瓣花，第 3 轮的雄蕊被花瓣取代，第 4 轮的雌蕊被另一个 *ag* 花取代，所以花萼 - 花瓣 - 花瓣的模式就会出现多次（图 19.17）。这一表型表明 *AG* 不仅控制花器官特异性，并且也与花的有限性有关。在 *ag* 突变体中，内轮中的花原基启动后 *WUS* 不会被抑制，因此花分生组织的干细胞库得以维持并产生额外的器官。有相同表型的同源异型的突变体 *pistillata*（*pi*）和 *apetala3*（*ap3*）也影响 2 轮器官，第 2 轮的花瓣被花萼取代，第 3 轮的雄蕊被心皮取代。最终最外层的 2 轮在同源异型突变体 *ap1* 和 *apetala2*（*ap2*）中受到影响（图 19.17）。

AP1 除了决定花序分生组织的身份外，还参与决定花器官身份。突变体 *ap1* 的花萼转变成在叶腋处产生二级和三级花的类似叶的器官，花瓣时常缺失且有时被雄蕊或嵌合器官取代。在 *ap2* 的突变体中，第 1 轮的花萼转变成心皮，第 2 轮的花瓣被雄蕊取代（图 19.17）。此外，*ap2* 的花相对野生型的花通常有较少的器官，有时第 2 轮的所有器官都缺失。这一表型表明 AP2 不仅决定花器官的特异性，而且决定所形成的花原基数目。

基于这些同源异型突变体中观察到的花器官身份的表型，最初的花发育的 ABC 模型得以建立（图 19.18）。在这一模型中，控制花器官特异性的基因被划分成三类：A 类基因（*AP1*、*AP2*）在第 1 和第 2 轮中起作用，B 类基因（*PI*、*AP3*）在第 2 和第 3 轮中起作用，C 类基因（*AG*）在第 3 和第 4 轮中起作用。各类同源异型基因有活性的区域具有重叠性，每轮有一特定的作用组合来确定该轮形成器官的身份。A 类基因单独决定花萼身份，A 和 B 类共同决定花瓣的身份，B 和 C 类确定雄蕊的身份，心皮的形成需要 C 类基因。此外，A 类和 C 类功能拮抗，即它们抑制彼此的活性。因此，如果在第 3 和第 4 轮的 C 类基因的活性缺失，A 类基因的功能延伸至这两轮，反之亦然。

A、B 和 C 类基因组合功能的简单模式解释了在单突变体中观察到的表型，且准确地预测了双突变体的表型（图 19.19）。例如，如果 A 类基因功能缺失，C 类基因就延伸至第 1 和第 2 轮，心皮在第 1 和第 4 轮中形成，此时在第 1 和第 4 轮中只表达 C 类的基因 *AG*。雄蕊在第 2 和第 3 轮中形成，这里表达

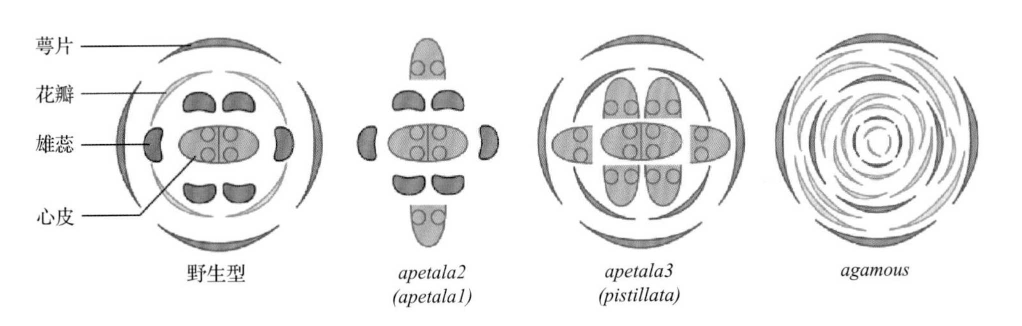

图 19.17 最初的ABC突变体。每一个突变体表现出同源转化，即一种器官转换成另一种器官。B类突变体*ap3*和*pi*看起来相同，A类突变体*ap1*除了有*ap2*所示的同源表型外，还有花分生组织身份的表型。C类突变体*ag*除了影响器官的身份，还影响花分生组织的有限性

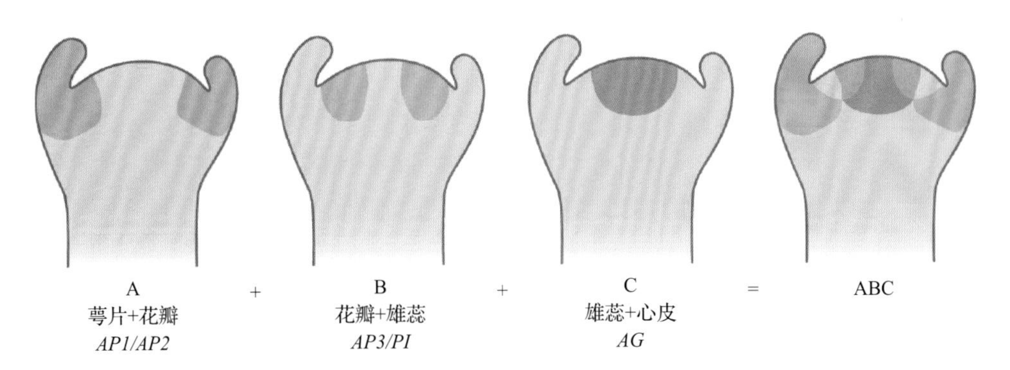

图 19.18 花器官决定的ABC模型。A（深绿）、B（橙色）、C（紫色）类基因的功能域包括两轮花器官，其特异地组合确定了每轮花器官的身份

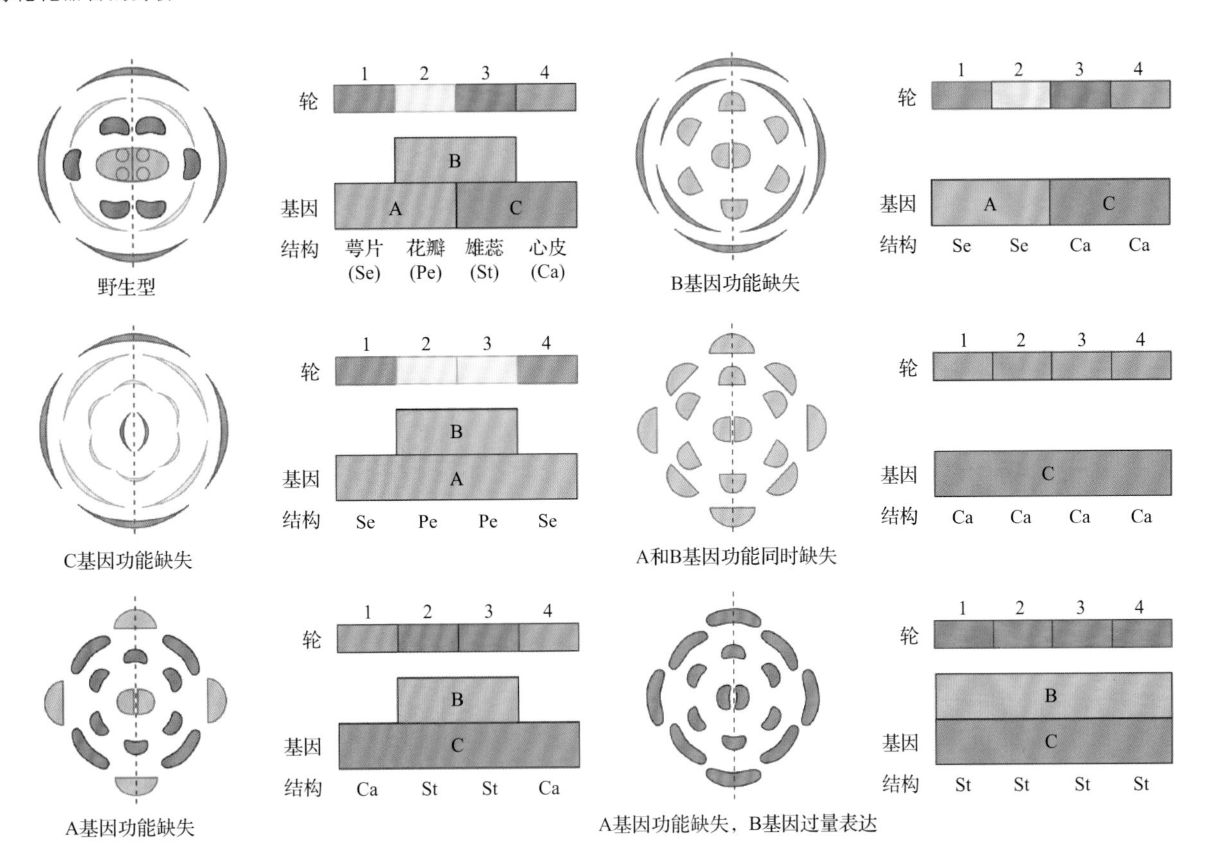

图 19.19 基于ABC模型的单突变体和多突变体的表型。ABC模型指出A和C的功能是相拮抗的。当C功能缺失时，A功能会扩大到第3和第4轮导致在第3轮B功能存在的位置形成花瓣，第4轮形成萼片。相反，如果A功能缺失，C功能就会扩大到第1和第2轮，导致形成心皮和雄蕊。基于ABC模型，双突变体的表型可如文中所述那样精确的预测。然而，同源异型基因的其他功能可引起表型变化，例如，与*ag*突变体组合还具有无限生长的花，*ap2*突变体通常缺少第2轮花器官

C类和B类的功能。如果A和B类同时缺失，只有C类基因在所有4轮花器官中表达，导致心皮在所有花轮中形成。利用同源异型突变体和在4轮中过表达同源异型基因的转基因植物的组合，任何花器官可用一个可预测的方式在任何位置中出现。例如，如果A类基因的突变体与一个转基因导致B类基因在花分生组织中的过表达植株结合，那么由C类和B类基因组合所控制，产生4轮只有雄蕊的花（图19.19）。

但一些表型没有办法根据ABC模型来预测。A、B、C类基因都不表达的三突变体所产生的花在所有花轮中产生像叶片一样的器官，说明了花器官是叶演变而来的。ABC模型也不能预测A和C类基因受影响的双突变体的表型，因为B类基因通常和A或C类基因联合起作用。这类突变体在第1轮有叶片一样的器官，而在第1轮不表达任何同源异型基因，在第2轮中类叶器官具有雄蕊的特征，这是由于第2轮中B类基因的表达参与雄蕊的形成。这一模式得以重复，因为在C类突变体 *ag* 中花分生组织丧失了有限性。

虽然随后的分子机制分析在最初的ABC模型上又添加了复杂的层次，这一模型在推测多重突变体和转基因材料的表型上很有效，而且解释了自然界中存在多种多样花形态的原因。例如，在郁金香和其他百合科植物中，这一模型预测了第1和第2轮具有类似花瓣器官，B类基因的功能延伸到第1轮。的确，在郁金香中，B类基因在第1轮中表达，因此类花瓣器官在这一轮中形成是受A和B类基因的调控。

19.2.4 器官特化可由分子四重模型解释

前文提到的所有同源异型基因都编码转录因子，这与其控制器官身份的功能相吻合。人们认为A、B、C类转录因子的每一种组合可以调控一系列相应器官发育所需的目的基因。

除了 *AP2* 以外的所有同源异型基因都编码MADS结构域的转录因子（见第9章），它们的特点是高度保守且具备N端DNA结合结构域。MADS结构域含有56～60个氨基酸，在植物、动物和真菌中都存在，MADS结构域结合DNA序列类似于CC[A/T]G基序，又称CArG-box（图19.20）。AP2不同于其他基因，它是植物特有的一个转录因子家族的创始成员，包含一个AP的DNA结合结构域。MADS结构域蛋白以多聚复合体形式与DNA结合；例如，只有当AP3和PI蛋白都是多聚体一部分时才可与CArG-box结合，这给为何相应的突变体具有共同的表型提供了分子层面的解释。

植物同源异型基因的分子和遗传特征表明了其与动物的同源异型基因功能相似。在两者中特定的转录因子组合决定器官或体节的身份。在动物中，所有同源异型基因编码同源域转录因子，而植物同源异型基因编码MADS结构域或AP2 DNA结合结构域家族的转录因子。花器官特异性基因在被子植物中较为保守，在很多植物中也发现具有相应功能的同源基因。

除了在所有4轮花器官中都表达的 *AP2* 以外，花器官身份基因在ABC模型预测的结构域中表达。例如，B类基因 *PI* 和 *AP3* 在第2和第3轮中表达，C类基因 *AG* 在第3和第4轮中表达（图19.21）。这种功能和表达区域的一致性表明同源异型基因最初是在转录水平上被调控。

AP2的表达模式和它的功能结构域的不同可通过 microRNA *miR172* 在第3和第4轮中表达而解释

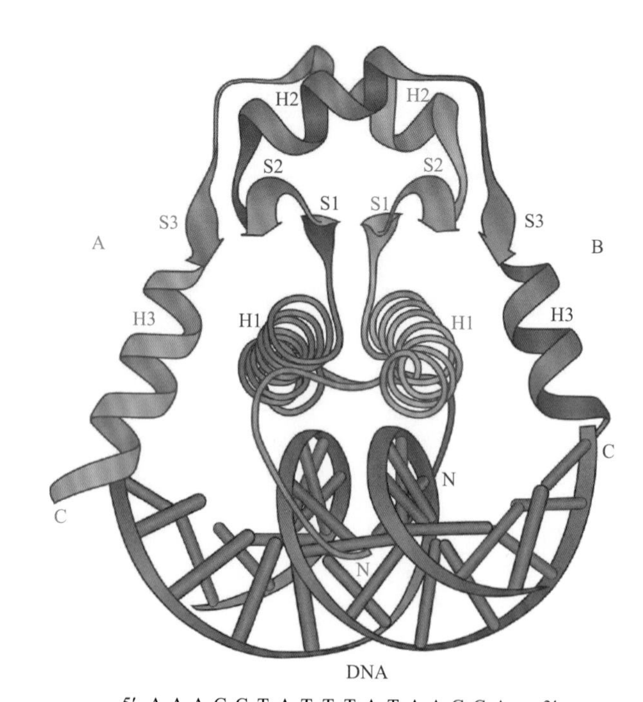

图19.20 MADS-功能域蛋白结合DNA。两个MADS-功能域结合到一个DNA的CArG盒上形成的二聚体结构

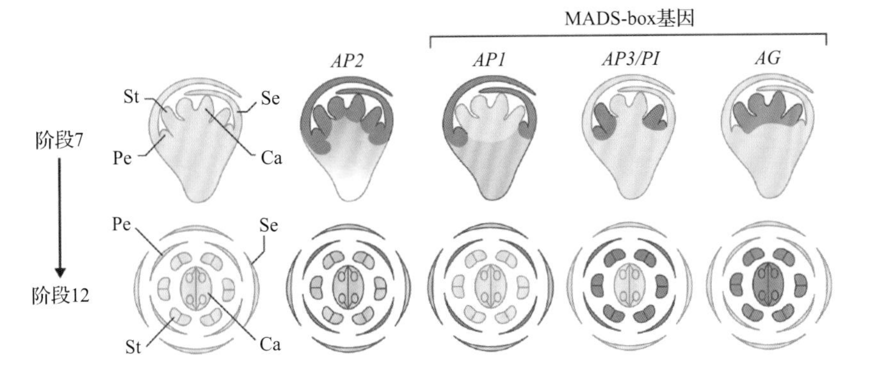

图 19.21 花同源异型基因的表达模式。正如 ABC 模型理论预测，MADS-box 基因 *AP1*、*AP3*、*PI* 和 *AG* 在相邻的两轮花器官中表达。然而 *AP2* 在花发育的所有花器官中表达。这引起了关于 *AP2* 功能的讨论，预测 *AP2* 与 *AG* 功能相拮抗，基于经典的 ABC 模型，应该不与 *AG* 共表达在第 3 和 4 轮花器官中

（见第 6 章）。这一 microRNA 靶向 *AP2* mRNA 且阻止其翻译成蛋白质（图 19.22），因此 AP2 蛋白只在第 1 和第 2 轮中存在，与基于 ABC 模型所推测的 AG 蛋白互补。对 *AP2*、*AG* 和 *miR172* 表达模式的精细分析表明 *AP2* 大多在第 1 和第 2 轮中积累，且只与 *miR172* 在花的中心有部分重叠。并且，AP2 并没有完全地扩展到 *ag* 突变体花的中心。因此，最初的 ABC 模型必须经过进一步改良从而使 *AP2* 和 *AG* 不会在一个互相排斥的模式下作用；相反，形成花瓣或雄蕊的决定取决于它们在第 2 和第 3 轮的相对丰度。

尽管对同源异型基因的操作可改变花器官的身份，但是 A、B、C 类基因不足以将一片叶子转变成一个花器官。然而，当它们与 *SEPALATA* 基因（*SEP1*、*SEP2*、*SEP3*）共表达时，营养叶和茎生叶转变成花器官，这些花器官身份取决于 A、B、C 哪一类与 *SEP1/2/3* 组合共同表达。*SEP* 基因是功能冗余的，且只有三重 *sep/1/2/3* 突变体产生所有花器官都转变成花萼的花。因此，*SEP1/2/3* 是正常花瓣、雄蕊、心皮发育所需要的，且称为 E 类基因（D 类

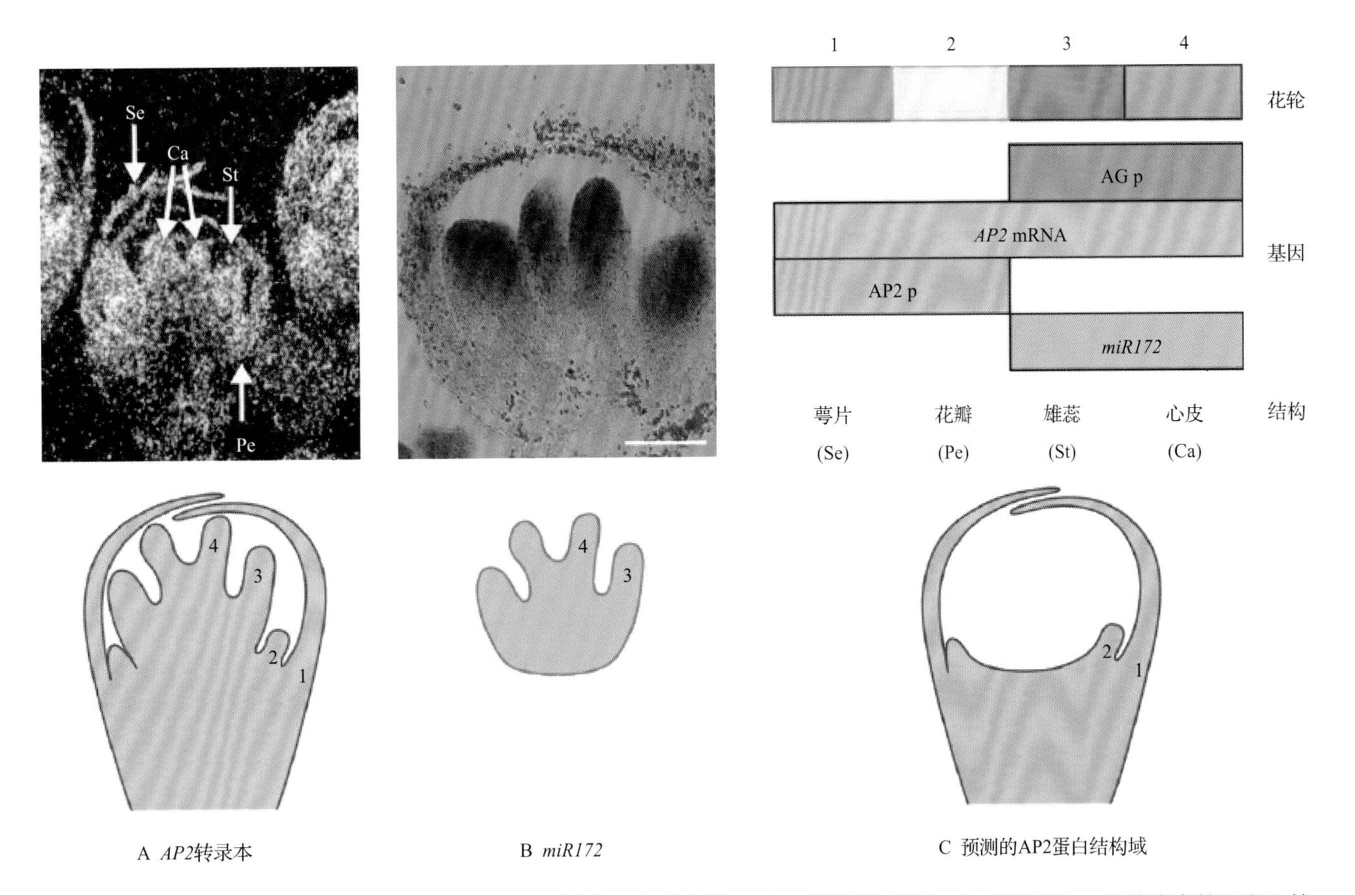

图 19.22 *AP2* 受 microRNA 调控。*AP2* 在所有的 4 轮花器官中表达（A），尽管其可能与 *AG* 作用拮抗，因此应在第 3 和 4 轮花器官中抑制 AG。该问题通过发现在第 3 和 4 轮花器官中表达 miR172 得到解决（B），miR172 可阻止 *AG* 在第 3 和 4 轮花器官中的翻译。因此，AP2 和 AG 蛋白不能同时在第 3 和 4 轮花器官中存在，正如预期一样，它们的作用相拮抗（C）

基因参与胚珠的身份决定，见 19.4.1 节）。在花发育的早期，*SEP1* 和 *SEP2* 在所有 4 轮花器官中都表达，而 *SEP3* 只在第 2、3、4 轮中表达。

与很多其他的同源异型基因一样，*SEP* 基因编码与其他 MADS 结构域蛋白互作的 MADS 结构域转录因子。对已知的组合相互作用的解释是它们组成具有 4 个蛋白质的复合体（“花的四聚体”），每一个四聚体包含一组 MADS 结构域蛋白来决定特定的器官，调控一组特定器官形成所需的靶基因（图 19.23）。例如，决定花瓣发育的四聚体包含 A 类蛋白 AP1，B 类蛋白 PI 和 AP3，以及 SEP 蛋白。然而在第 4 轮中，2 个 SEP 蛋白与 2 个 AG 蛋白也能组成一个四聚体，用来决定心皮的发育。确实，植物中确实存在在花的四聚体模型中提出的多聚体蛋白复合体。

19.2.5 很多因子调控花同源异型基因的表达

大多数花器官身份基因在花分生组织的特定区域表达从而产生它们调控的花器官。同源异型基因是由 LFY 和 AP1 激活，因此这两个基因在花发育早期对决定花分生组织的身份和激活器官身份基因起到重要作用。在花发育的早期阶段，*AP1* 和 *LFY* 在整个花分生组织中表达，而它们的 B 和 C 类靶基因只在特定区域表达。因此，其他因子肯定参与调控同源异型基因的特定表达区域。

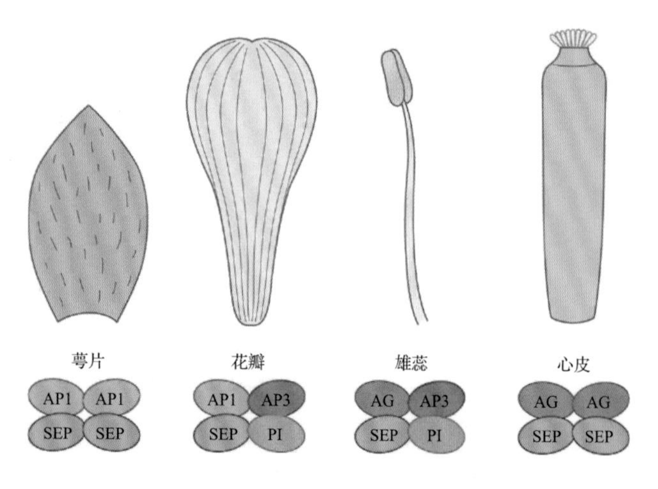

图 19.23 花器官身份的四聚体模型。同源异形蛋白形成包含 2 ～ 4 个不同的蛋白四聚体。在每一轮花器官中，蛋白质的特异组合形成四聚体，调节花器官发育所需的特异目标基因

例如，LFY 激活 C 类基因 *AG*，但这需要同源域转录因子 WUS（见第 11 章）作为辅因子。*WUS* 在花发育早期先于 *AG* 表达。在 3 轮和 4 轮中，LFY 和 WUS 通过与 *AG* 基因第二个内含子的顺式作用元件结合激活 *AG*。然而由于 A 和 C 类基因拮抗性的作用，*AG* 也受 A 类基因调控。尽管 *AP1* 的突变不影响 *AG* 的表达，在 *ap2* 突变体的第 1 和 2 轮中 *AG* 的错误表达导致同源异型转变。因此，*AP2* 调控 *AG* 的空间表达模式。参与调控同源异型基因空间表达区域的基因被称为地籍基因（cadastral gene）。因此，*AP2* 同时是同源异型和地籍基因。由于 *AP1* 的表达在 *ag* 突变体中扩展到第 3 和 4 轮，*AG* 具有三个功能：它是一个同源异型、地籍基因和花决定性基因。

花同源异型基因的表达模式是通过花分生组织特异性和地籍基因的作用而建立，它们的保持是通过 *Polycomb* group（PcG）和 *trithorax* group（TrxG）基因来完成的。PcG 基因编码一组异质蛋白形成的具有抑制活性的多蛋白复合体。在果蝇中，其定义是因为它们是维持同源异型基因表达处于抑制性状态所需的。另一方面，TrxG 基因是维持基因表达激活状态所需的。例如，在一个 *curly leaf*（*clf*）突变体中，第 1 和 2 轮中 *AG* 基因的抑制在花发育晚期时不能保持，*AG* 在叶中异位表达。*CLF* 编码果蝇中组蛋白甲基转移酶 E（Z）的同源蛋白，是 PRC2 复合体的一部分，调控同源异型基因表达（EMF-PRC2）和花抑制因子 *FLC*（VRN-PRC2）（见第 11 章和信息栏 19.1）。有趣的是，在一个类似果蝇 *trithorax* 的拟南芥基因 *ATX1* 突变体中，花同源异型基因的表达降低了。*ATX1* 也编码一个组蛋白甲基转移酶，但其负责组蛋白 H3 第 4 位赖氨酸的三甲基化（H3K4me3），这一组蛋白与活性染色质相关并与 H3K27me3 起拮抗作用。因此，在动物和植物中，这些组蛋白修饰被用来保持同源异型基因表达的抑制或激活状态。

这些高度保守的多蛋白复合体一定有一个非常古老的起源，早于植物和动物谱系的分离。然而，多细胞化和同源异型基因的功能在动物和植物中独立演化，表明 PcG 和 TrxG 调控模块在这两个谱系中独立地被招募用来调控同源异型基因（图 19.24）。这是一个趋同演化的例子，因为 PRC2 复合体不仅被动物和植物被招募来调控同源异型基因，并且还

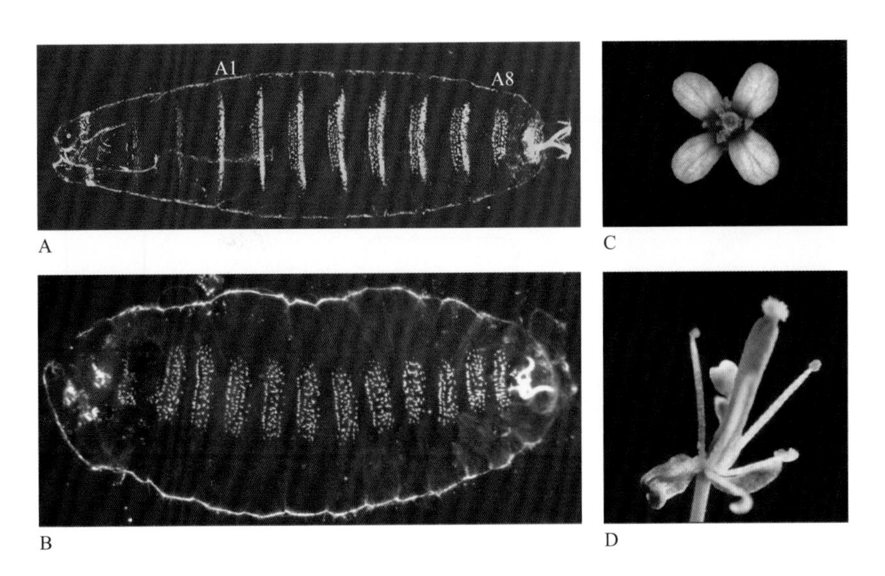

图 19.24 *PcG* 突变体的同源异形表型。PcG 蛋白高度保守，在动物和植物中发挥相似的功能，它们被独立招募来调节同源异型基因。A. 果蝇野生型幼虫每一个腹节（A1 ～ A8）都有不同的角质模式。B. 果蝇 *su*（*z*）*12* 幼虫所有的腹节被同源转化成具有 A8 的身份。C. 野生型拟南芥的花。D. 拟南芥 *clf* 突变体的花，具有同源转化的器官

能在这两个谱系中调控基因组印记（见 19.10 节）。

在动物中，另一个复合体 Polycomb repressive complex 1（PRC1）由 PcG 蛋白组成，该复合体是稳定 PRC2 目的基因的沉默状态所必需的，这一过程是通过组蛋白 H2A 的单泛素化来完成的。只有几个编码果蝇 PRC1 组分的基因在植物基因组中是保守的，其中包括 RING-finger 蛋白的 RING1 和 RINGB，它们介导 H2A 的单泛素化，当功能受到破坏时表现出与 PRC2 突变体中看到的类似表型。这表明除了高度保守的 PRC2 外，在植物中也存在类似 PRC1 功能的复合体。

19.3　雄性配子的形成

19.3.1　植物的配子形成与动物大不相同

一旦植物产生了花，在花的生殖器官（花药和胚珠）中便发生植物生殖中的关键事件：从二倍体孢子体世代到单倍体配子体世代的转变。

在动物和植物生殖中有很多大不相同的地方。植物中的减数分裂产生孢子，然而动物减数分裂与配子形成密切相关。实际上产生孢子的孢子体世代是开花植物生命周期中的主导阶段，然而产生配子的配子体仅仅由几个细胞组成，且它们的发育依赖孢子体提供能源（见图 19.1）。但这并不适用于一切植物，例如，在苔藓和地钱中，配子体是独立生存且光合作用活跃的有机体，是其生命周期中的主导阶段（图 19.25）。然而所有配子体共同的特点是它们是多细胞且由经有丝分裂的单倍体孢子产生，只是随后才形成配子。这与动物形成鲜明对比，动物的减数分裂产物直接分化成配子。

在植物中没有体细胞和生殖细胞的早期分离。当然，任何孢子体细胞可形成配子体，所以体细胞的突变有时是可遗传的。第一批最终形成配子的细胞是在花药和胚珠中分化的孢原细胞。因此，这类细胞可看成是植物生殖细胞的最初细胞，这只在发育晚期建立且在每个生殖器官中独立发生。

19.3.2　在花药发育中先被预留的细胞最终产生花粉

开花植物的雄性生殖器官是雄蕊，其典型结构是一个梗状的花丝和一个花药。单倍体小孢子的形成（小孢子发生）和花粉发育（小配子发生）是在花药中进行的。花药和雄配子体的发育在被子植物中高度保守，只在某些特定植物中有细微不同。因此，在模式植物雄性生殖阶段的分子机制研究可直接应用于农作物中，这已在生物技术应用中成为事实。雄性不育的突变体在生产杂交种中起很大作用，在农业中广泛应用，因为把雄性不育材料作为母本来杂交，大大简化了大规模生产杂交种。

在花药发育中，细胞先被预留，最终形成花粉。这一过程的第一步是 4 个亚表皮细胞分化成孢原细胞，最终形成开花植物典型的四裂花药。表皮细胞可以追溯到产生生殖细胞的 L2 层的茎分生组织。在拟南芥中，*SPOROCYTELESS/NOZZLE*（*SPL/NZZ*）基因是雄性和雌性生殖器官的孢原细胞形成所必需的。*SPL/NZZ* 是 AG 的直接靶标基因，编码一个含有转录抑制基序的转录抑制因子。

每个孢原细胞分裂形成一个初生壁细胞和一个初生造孢细胞。初生造孢细胞再次分裂产生小孢子

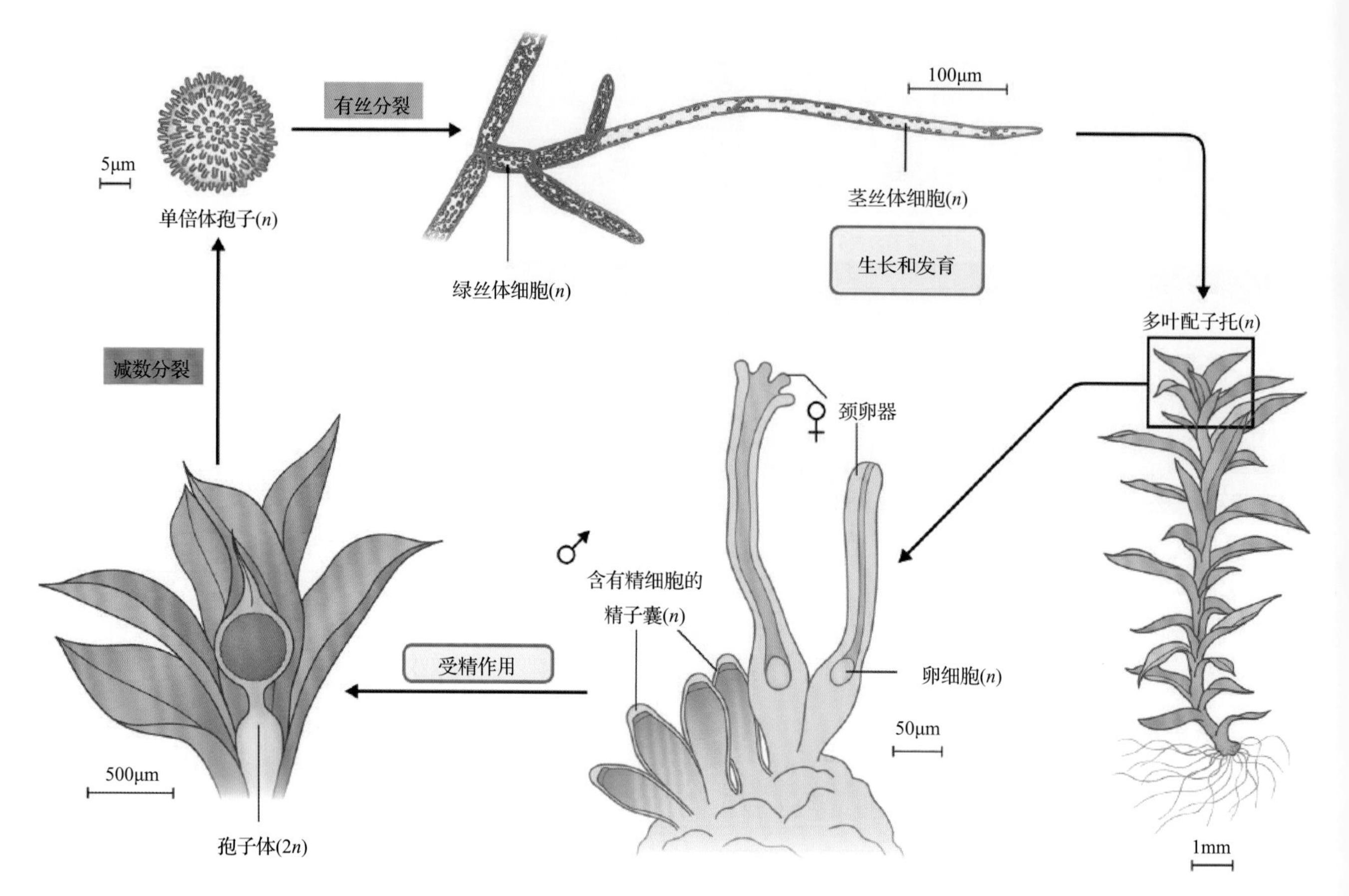

图 19.25 苔藓小立碗藓的生活周期。配子体是自由生存的有机体，在特化的生殖器官中产生配子。卵细胞被一个可移动的精细胞受精形成合子，合子发育成一个依赖于配子体的孢子体。孢子发生过程中产生孢子起始配子体世代

母细胞（又称为小孢子或花粉母细胞），它是形成花粉囊（小孢子囊）的一个组织中心，花粉的发育在花粉囊中进行。受造孢细胞信号的诱导，初生壁细胞分裂形成外层的内皮层和内层的次生壁细胞，次生壁细胞再分裂形成中层和绒毡层，绒毡层与小孢子母细胞直接接触（图 19.26）。

绒毡层包裹花粉囊，花粉囊中包含小孢子母细胞。绒毡层细胞产生多种化合物，如酚醛树脂、黄酮醇，以及有助于形成复杂的花粉外壁的蛋白质。绒毡层细胞最终经过程序性细胞死亡，一些细胞组分进入花粉外被，排列在成熟花粉粒外壁的表面（图 19.27）。花粉外被在对花粉与柱头表面的识别中起到关键作用（见 19.5.2 节）。很多导致雄性不育的突变（不产生花粉）最主要是影响到绒毡层，这表明绒毡层在花粉发育中起到主要和非细胞自主的作用。

19.3.3 小孢子发生过程中复杂的细胞间交流事件

上一章节提到，在花药发育中，孢原细胞的两个子细胞有不同的命运：初生造孢细胞形成小孢子母细胞继而形成配子，然而初生壁细胞形成花粉囊的孢子体组织。利用拟南芥和水稻的突变体的研究发现，这些子细胞的不同命运是受若干信号级联反应所调控的。

在拟南芥的 *extra sporogenous cells*（*exs*）/*excess microsporocytes1*（*ems1*）突变体中，很多小孢子母细胞是以消耗绒毡层细胞为代价形成的。这一表型可用那些应该形成绒毡层的细胞获得了小孢子母细胞的命运来解释。*EXS/EMS1* 编码在壁细胞谱系中表达的富亮氨酸重复序列类受体激酶（LRR-RLK; 见第 18 章）。另外一个基因 *TAPETAL DETERMINANT1*（*TPD1*）的突变引起与 *exs/ems1* 突变相同的表型，但是 *TPD1* 主要在小孢子母细胞中表达，它编码一个与 EXS/EMS1 互作的分泌蛋白。这说明 TPD1 是在造孢细胞谱系中产生的配体，它被壁细胞谱系的 EXC/EMS1 识别从而组织花粉囊的形成。水稻的两个直系同源基因也与拟南芥的作用通路一致。最后，另外一对 RLK，即 SOMATIC EMBRYOGENESIS RECEPTOR-LIKE KINASE1

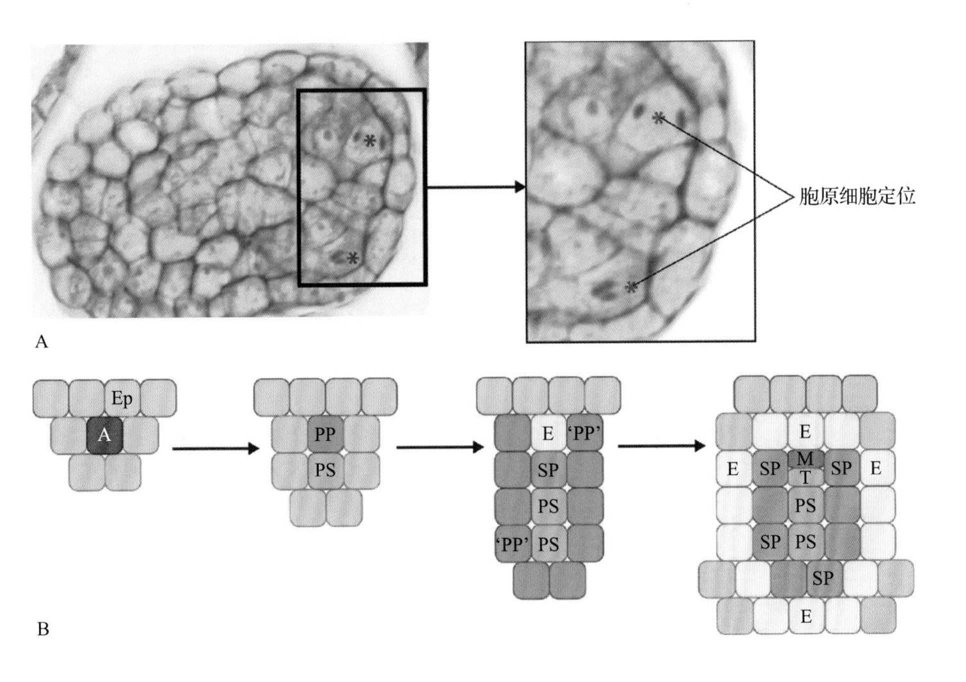

图 19.26 花粉囊的发育。A. 初期花药原基横切面显示出 4 个膨大的孢原中的 2 个。B. 花药不对称分裂。在表皮（Ep）下面的一个孢原细胞（A）分化。一次不对称分裂形成初生壁（PP）和初生造孢（PS）细胞。PS 分裂形成多个小孢子母细胞，诱导周围细胞成类似 PP（"PP"）的命运，而且 PP 细胞分裂形成内皮（E）细胞和次生壁（SP）细胞。然后 "PP" 细胞经历相同的不对称分裂形成 E 和 SP 细胞，最终分裂形成围绕着 PS 细胞的中间细胞层（M）和绒毡层（T）细胞。来源 : Scott et al.（2004）. Plant Cell 16:S46

和 2（SERK1 和 SERK2）的双突变体有同样的表型，这表明调控这一细胞重要命运的细胞间交流的复杂性。

一旦小孢子母细胞形成，将经历两次减数分裂产生 4 个单倍体的小孢子。减数分裂过程需要一系列的基因，其中很多在酵母、动物和植物中保守。植物中很多不育的突变体是由于产生了影响减数分裂的突变，这些突变大多数同时影响雄性和雌性生殖，也有一些是性别特异的。减数分裂的最后，一个包裹在胼胝质壁中的小孢子四分体形成。在胼胝质酶（由绒毡层细胞产生的酶）的作用下，把四分体里的细胞释放出来，成为游离的小孢子（图 19.27）。

游离小孢子的出现标志着配子体阶段的开始，这时成熟的雄性配子体在花粉囊中产生。但是小孢子具有很强的可塑性，在适当的条件下，小孢子可形成单倍体的胚胎（雄性单性生殖）。染色体的加倍可在自然条件下发生或用秋水仙素处理，形成了纯合基因组的双倍体植株。植物育种者对这样快速纯合的方法有很大兴趣，因为该方法能在植物育种过程中减少很多时间和重复的自交来产生纯合植株（信息栏 19.2）。

19.3.4 小配子发生涉及两轮有丝分裂

最初游离的小孢子是没有极性的，包括一个中心定位的细胞核及环绕在核外的很多小液泡。随后伴随着一个大液泡的形成，小孢子膨大形成具有极性的单细胞小孢子，在花粉有丝分裂 Ⅰ 期（PM Ⅰ）不均等分裂而产生二细胞的小孢子，包括一个大的营养细胞和一个小的生殖细胞（图 19.28）。生殖细胞从花粉细胞壁上脱离，被营养细胞的细胞质包裹在内（"细胞内细胞" 的构造）。

正如动物和植物的很多其他发育过程一样，不均等分裂的 PM Ⅰ 标志着两个子细胞不同发育命运的开始。只有生殖细胞会经历花粉有丝分裂 Ⅱ（PM Ⅱ）形成两个精细胞，从而进入下一个世代。生殖细胞的细胞核染色质较营养细胞更为稠密，最终达到精细胞典型的高度浓缩状态（图 19.28）。相比之下，营养细胞不再分裂，但在细胞质中负责将精细胞如同运送货物一样传递到雌性配子的过程中发挥作用。营养细胞储存很多种 mRNA 和蛋白质，从而在授粉后产生快速反应，如快速的花粉萌发和起始、花粉管在雌性生殖组织中的生长（见 19.5.3 节）。PM Ⅱ 在不同植物种类中进行的时间不同，拟南芥的 PM Ⅱ 在花药释放花粉之前，所以释放的是三细胞的花粉。然而如玉米和烟草等大部分植物，PM Ⅱ 是当花粉在柱头萌发后开花期所释放的花粉，是二细胞的。

很多已知的雄性不育突变体通常是影响二倍体孢子体的隐性突变，大多数时候是影响花药的发育和减数分裂。影响单倍体阶段发育的突变很难鉴定，这是由于即使一个影响小配子发生的完全渗透突变体也能产生 50% 的正常花粉，因此这些植株看起来

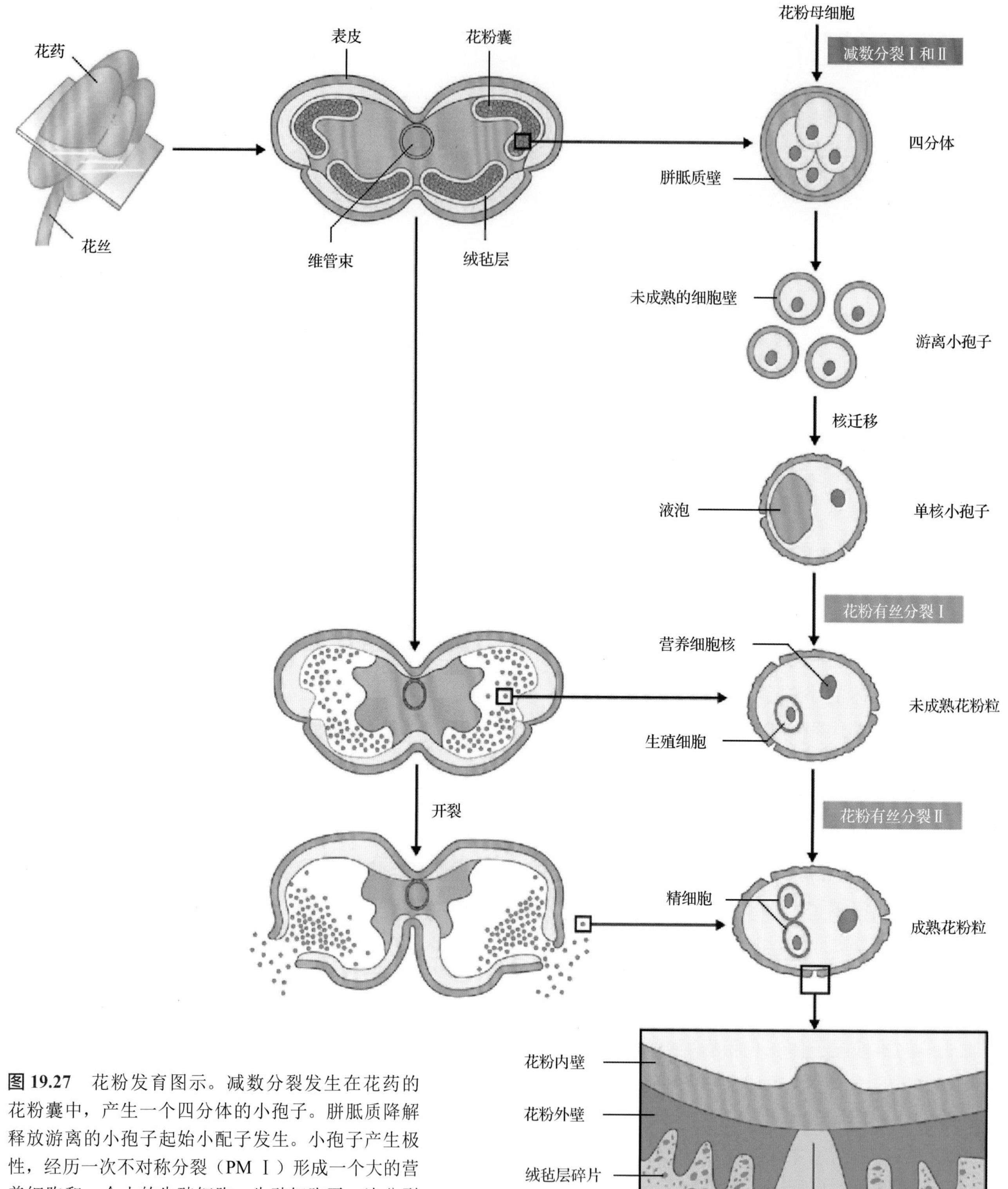

图 19.27 花粉发育图示。减数分裂发生在花药的花粉囊中，产生一个四分体的小孢子。胼胝质降解释放游离的小孢子起始小配子发生。小孢子产生极性，经历一次不对称分裂（PM Ⅰ）形成一个大的营养细胞和一个小的生殖细胞。生殖细胞再一次分裂（PM Ⅱ）形成两个精细胞

如完全可育的一样。伴随着高效的插入诱变系统的发展，大规模的筛选影响雄性和雌性配子体发育的突变体成为可能（信息栏 19.3）。

配子体突变体的鉴定为多种多样控制小配子发生的发育过程提供了深入的了解。例如，A 类细胞周期蛋白依赖性激酶基因 *CDKA;1*（见第 11 章）或 *F-BOX-LIKE 17*（*FBL17*）基因（见第 18 章）的突变导致花粉中只含有单个类精细胞，尽管这个细胞在以后的花粉管生长阶段会分裂。FBL17 靶向 CDK 抑制蛋白 KRP6 和 KRP7，并通过泛素——蛋白酶体信号通路将其降解（见第 11 章）。虽然这两个 CDK 抑制蛋白在 PM I 后的两个子细胞里都有表达，

信息栏 19.2 小孢子培养可将配子体发育程序恢复成孢子体发育程序来生产单倍体植株

培养的花药或者小孢子可被用来生产单倍体植株。植物育种者对该技术非常感兴趣，因为通过自发的或者化学处理，对产生的单倍体植株的染色体加倍可产生纯合的二倍体植株。

选择适当发育时期的花芽，从中分离小孢子并培养。对一些植物来说，小孢子培养（左边通路）的效率很低，必须进行花药培养（右边通路）。孢子体的花药组织被认为可提供小孢子起源的胚发育所需因子。胚的形成通常由胁迫处理诱导。在一些情况下，整个植株在胁迫条件下（如低温或者氮饥饿）生长。另外一些情况下，花药或者小孢子从一个非胁迫的植株上分离；分离后的组织或细胞经胁迫处理（如热激或者氮和蔗糖饥饿），然后将它们转移到含有氮和蔗糖的培养基上促进小孢子来源胚的进一步发育。

胁迫处理后，小孢子胚通过两条发育通路中的一条开始出现。第一条通路中（左边所示），双核花粉粒的营养细胞持续增殖形成一个多核花粉粒，最终形成一个胚。在第二条通路中，单核的小孢子经历一个对称的细胞分裂，产生两个相同大小的、可以继续分裂的细胞。两条通路都包含正常花粉发育过程中营养细胞经历的细胞周期阻滞的解除。

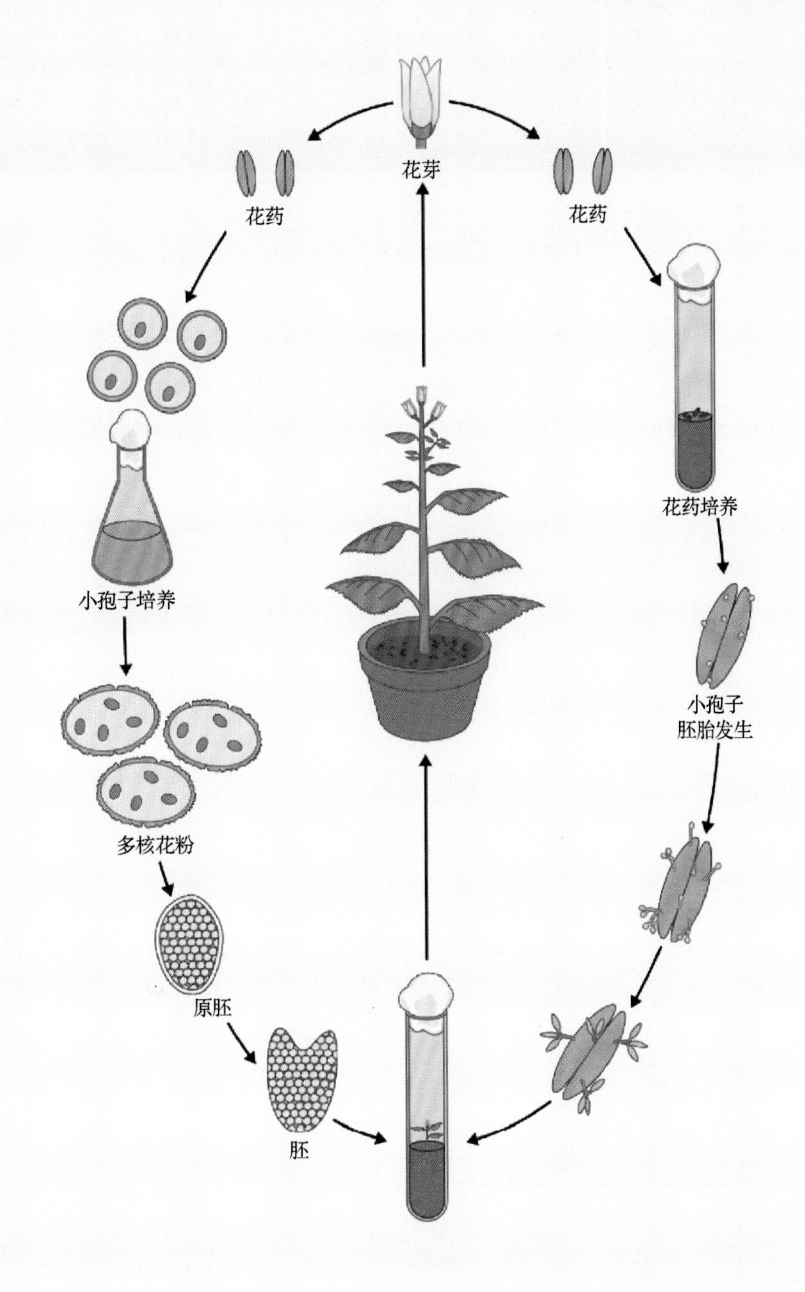

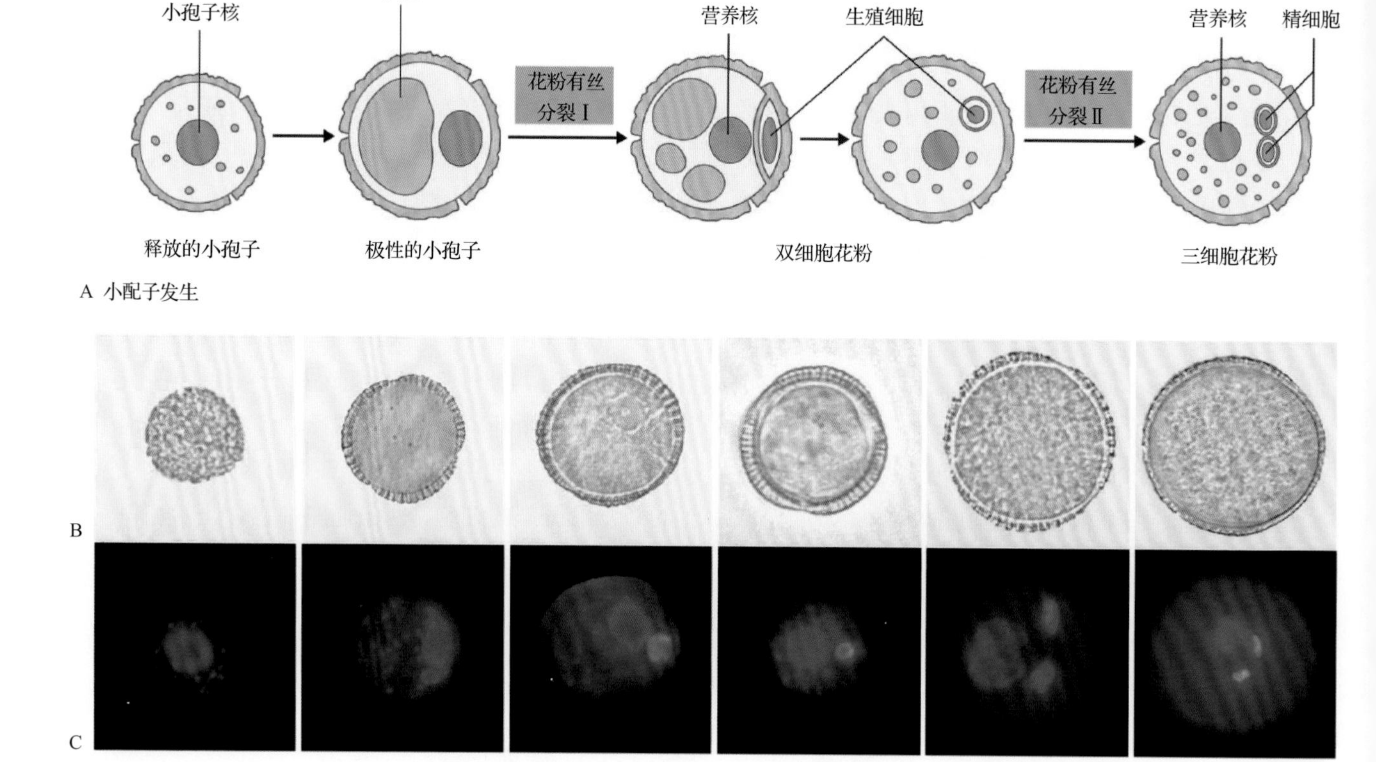

图 19.28 拟南芥中的小配子发生。雄配子发生的不同发育进程的图示（A）、明场（B）和荧光显微镜（C）观察（详见正文）。荧光图片表示 DAPI 染色的花粉。大的营养核和染色质高度浓缩的两个小的精细胞核在三细胞花粉中清晰可见。来源：图 B 来源于 D. Twell, University of Leicester, 未发表

但是 *FBL17* 只在生殖细胞中瞬时表达，在生殖细胞中导致细胞类型特异性的 KRP6/7 降解，使得生殖细胞进入 S 期。相比之下，CDKA;1 的活性仍受到营养细胞中 KRP6/7 的抑制，由此来阻断细胞周期的进程和增强营养细胞的命运（图 19.29）。

RETINOBLASTOMA-RELATED（*RBR*）编码 G_1/

信息栏 19.3　配子体突变可通过不正常分离比来鉴定

因为对雄性或雌性必不可少的突变只能通过杂合子来保持，所以它们的鉴定十分困难。杂合的雄配子体突变体产生 50% 的野生型花粉，而且由于花粉的过量表现出完全的育性。雌配子体突变体也产生 50% 正常的雌配子体，而且由于一半的胚珠可发育成种子，因此可导致产生表面上正常的果实。一半胚珠保持不育（图 B 箭头所示），因此植物是半不育的，只有当果实打开时才能看到半不育。由于化学突变的发生导致育性的明显降低，只有可能通过转座子或 T-DNA 的插入突变成为可能时，才有可能使用这种特有的表型。如果一个插入干扰雌配子体发育和功能所需的 *FEMALE GAMETOPHYTE FACTOR*（*FGF*）（图 A），就会引起半不育现象（图 B）。然而，半不育也有可能是由其他原因引起的，如染色体易位、部分渗透的孢子体突变或特别恶劣的生长条件。由于突变体的配子体不能把插入传递给后代，因此配子体突变需要通过分离比例（图 C）进一步鉴定。一个只影响雌或雄的完全不育的配子体突变的后代预期分离比是 1 ∶ 1，而不是孟德尔定律的 3 ∶ 1。因为插入通常携带一个显性的标记（如卡那霉素抗性），因此分离很容易追踪。不正常的分离比是致死突变的标志，分离比的不同可用来鉴定合子致死（2 ∶ 1）和性别特异的配子体致死（1 ∶ 1）突变体。

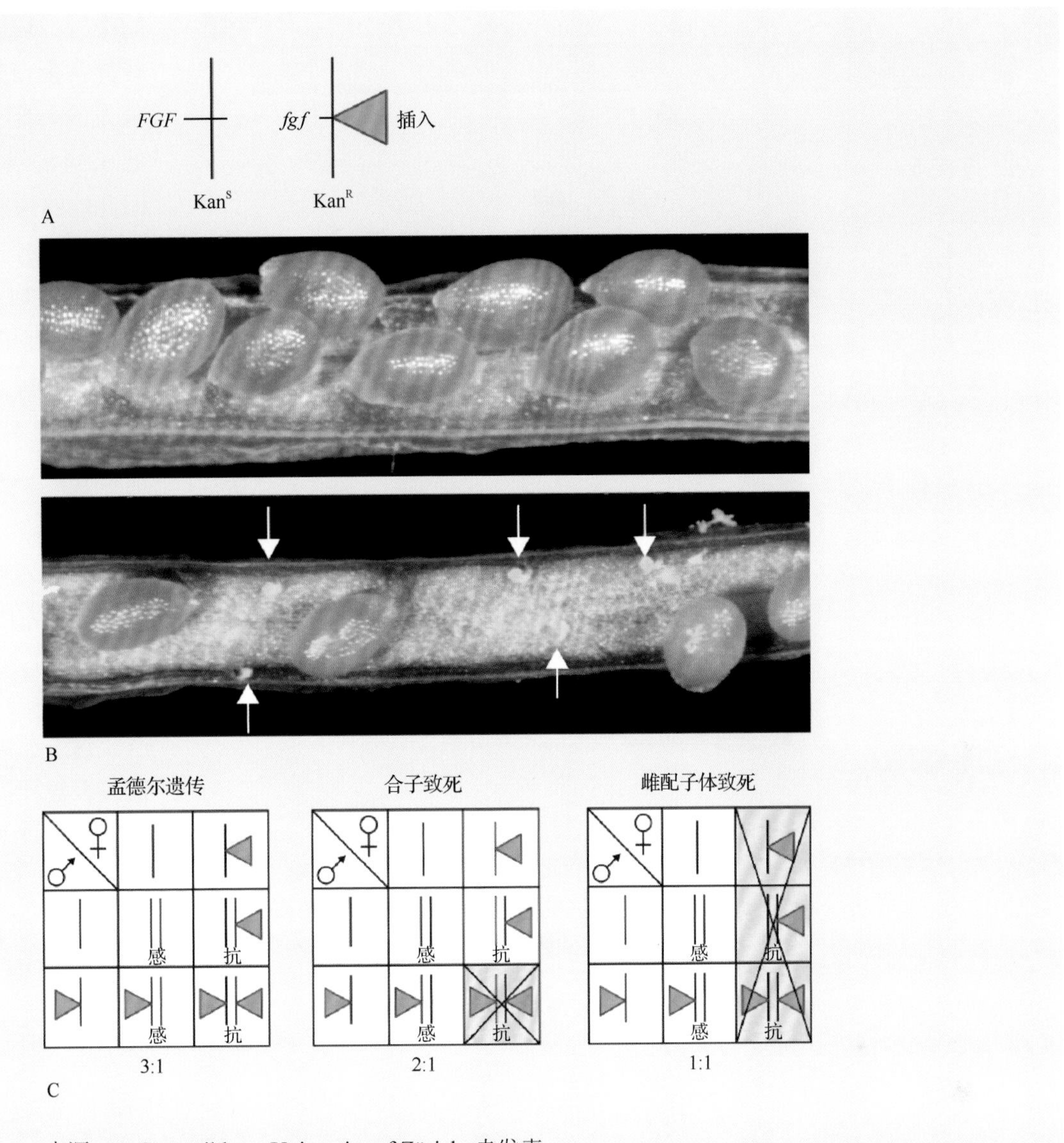

来源 : U. Grossniklaus, University of Zürich, 未发表

S 期转变的一个重要调控子，该基因的突变引起与 *cdka;1* 和 *fbl17* 相反的表型：营养细胞和生殖细胞有时会经历额外的分裂周期。因为这一表型依赖于 CDKA;1 的活性，RBR 在 KRP6/7 介导的 CDK;1 抑制的下游作用，用来加快细胞周期的进程和促进营养细胞的分化，然而在生殖细胞中也加快细胞周期的进程（图 19.29）。*DUO POLLEN*（*DUO*）基因的突变也导致二胞花粉的形成。*DUO1* 编码 R2R3 MYB 转录因子（见第 9 章），在生殖细胞和精细胞中特异性表达。*DUO1* 是激活配子分化以及进入 G_2/M 期所必需的，因此整合分化和细胞周期控制来确保产生一对完全分化的精细胞（图 19.29）。

花粉和精细胞含有复杂的 mRNA 及小 RNA，包括 microRNA 和天然反义 RNA（见第 6 章）。例如，转座元件沉默特定地在营养细胞核中的消失，导致从 Athila 反转录转座子中形成短的干扰 21 个核苷酸的 RNA（21nt siRNA）。虽然 21nt siRNA 是在营养细胞中产生，但其倾向于在精细胞中累积。在精细胞中，其可能将这些转座子一代一代稳定地沉默。虽然具体的机制还不清楚，但此发现表明营养和生殖细胞彼此交流，具体交流的通路可能是通过小 RNA 的作用。

19.3.5 线粒体缺陷导致细胞质雄性不育

另一类型的雄性不育是由线粒体而非细胞核基因组的突变造成的。在大多数被子植物中，线粒体是通过卵细胞的细胞质遗传的。因此，这类突变被

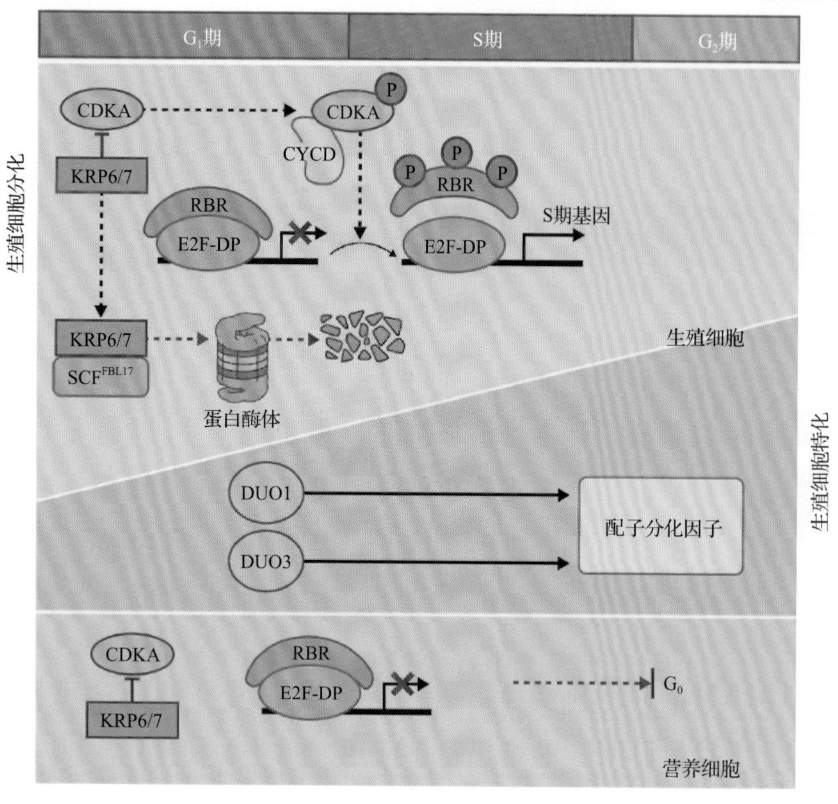

图 19.29 花粉发育过程中细胞周期进程和细胞特化之间的关系。在营养细胞中，不经历花粉有丝分裂 II，KRP6/7 抑制 CDKA，因此 RBR 保持与 E2F/DP 形成复合体来抑制 S 时期起始所需要的基因。在生殖细胞中，FBL17-SCF 泛素连接酶复合体泛素化 KRP6/7 将其降解释放对 CDKA 的抑制，CDKA 便可以与 CYCD 形成复合体，将 RBR 磷酸化，导致其从 E2F/DP 中释放来激活 S 时期基因的表达。同时，转录因子 DUO1 和 DUO2 激活配子分化所需的基因

称为细胞质雄性不育（CMS）突变，它们表现出完全的母性遗传，不遵循孟德尔的分离定律。CMS 在野生植物类群中较为普遍，在包括玉米、水稻和菜豆（*Phaseolus vulgaris*）等的 150 多种植物中已被报道。由于 CMS 有利于杂交种的生产，因此有很大的商业价值：如果用来生产 F_1 代杂交种的母本是雄性不育（核或细胞质 CMS），则需要大量劳力的去雄工作就可以免除。然而，因为其独特的遗传特性，CMS 母本的后代都是雄性不育的，不利于农业利用。因此，F_1 代杂交种的雄性不育需要被抑制。解决方法是通过使用特殊的父本材料，该父本持有一个核基因组编码的育性恢复 *Restorer of fertility*（*Rf*）基因。

在所有研究过的自然发生的 CMS 中，雄性不育的形成被追溯到线粒体中一个异常蛋白的产生，但是具体起作用的蛋白质取决于具体的物种。尽管植物的所有细胞都携带相同的线粒体，但是 CMS 仅在花药或花粉中造成缺陷，这取决于物种或 CMS 的类型。现在还不完全了解这些异常蛋白是如何影响雄性生殖发育，但是很多 *Rf* 基因降低了异常线粒体蛋白的产生，因此能够恢复育性。

第一个商业使用的玉米 CMS 是 CMS-T，它是从 1950 年开始用于杂交种生产的，到 1970 年，美国 85% 的玉米 F_1 代杂交种都有 CMS-T。然而 CMS-T 导致南方玉米特别易感染真菌从而引发叶枯病（*Bipolaris maydis*），该病害于 1969 ～ 1970 年侵袭美国，导致玉米的大幅度减产，因此 CMS-T 不再用于杂交种的生产。这一悲剧说明了在农业中依赖少数种类基因型的危害。

CMS-T 特异的异常线粒体蛋白是 URF13，该蛋白质是由一个嵌合基因所编码的。绒毡层如何受其影响尚属未知。CMS-T 的恢复需要 Rf1 和 Rf2，二者共同清除异常 URF13 蛋白的产生，从而使其恢复育性（图 19.30）。*Rf1* 的分子特性尚不清楚，但是 *Rf1* 大大减少 *urf13* 转录物的丰度，而 *Rf2* 对 *urf13* 转录物的积累没有影响。*Rf2* 编码乙醛脱氢酶，它可能参与一些由 URF13 蛋白引发或积累的毒素的去毒作用。

19.4 雌配子的形成

雌配子由胚囊（单倍的雌配子体）产生，在胚珠中与包裹它的孢子体珠被以协同的方式发育。雌配子的形成涉及两个后续的发育过程：**大孢子发生**产生单倍体孢子；雌配子体发生，通过其中一个单倍体孢子的有丝分裂而产生成熟的胚囊。

19.4.1 胚珠发育具有芽发育的特点

在心皮内部，胚珠从胎座形成手指状的突起，

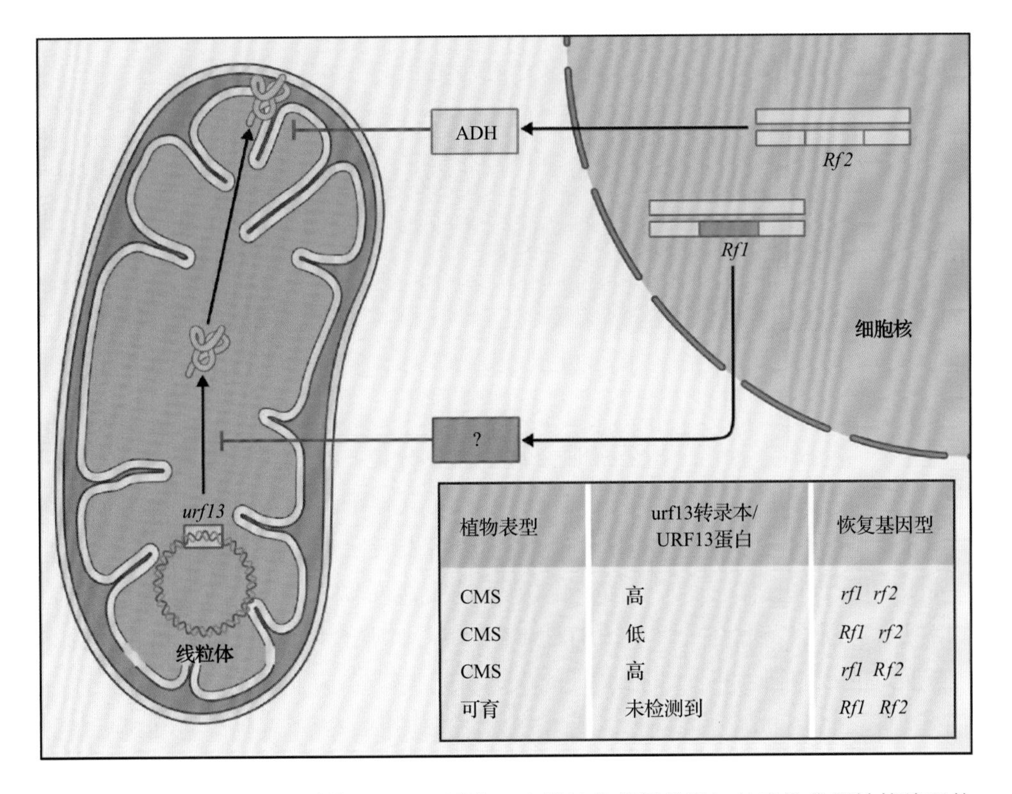

植物表型	urf13转录本/URF13蛋白	恢复基因型
CMS	高	*rf1 rf2*
CMS	低	*Rf1 rf2*
CMS	高	*rf1 Rf2*
可育	未检测到	*Rf1 Rf2*

图 19.30 玉米的 CMS-T 系统。URF13 蛋白（由线粒体基因编码）的毒性作用被核编码的恢复蛋白 Rf1（诱导 urf13 的转录）和 Rf2 抑制，Rf2 是乙醇脱氢酶，可解除 URF13 蛋白诱导的复合物毒性

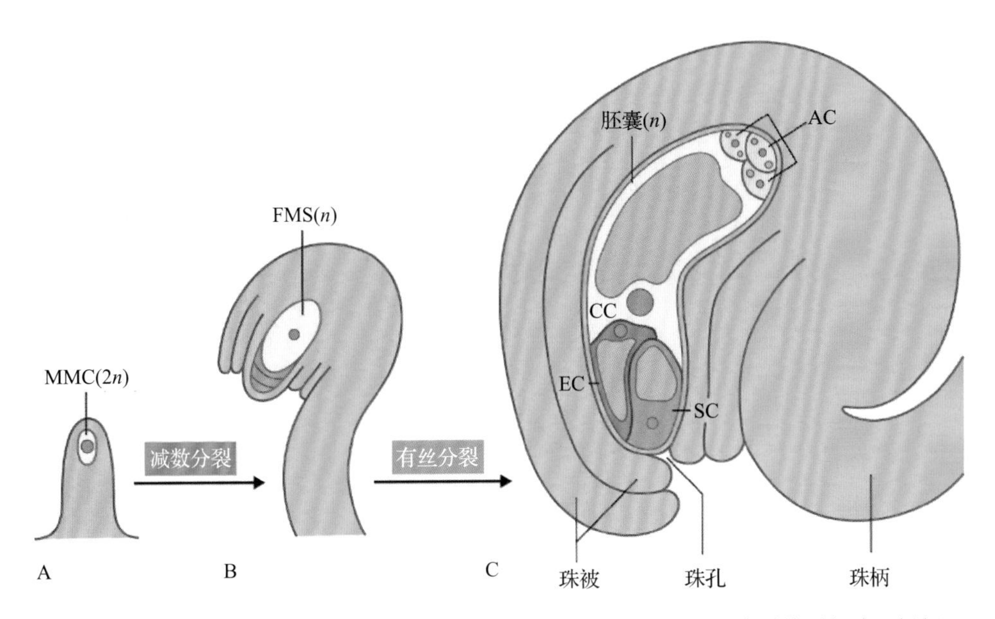

图 19.31 胚珠发育与大孢子发生和雌配子体发生同步。A. 从年幼胚珠原基顶部珠心组织一个亚表皮细胞分化成大孢子母细胞（MMC）。B. 珠心被两个珠被包围，胚珠弯曲成各向异性的形状。幸存的功能大孢子（FMS）起始胚囊的发育。C. 成熟的胚珠有两个发育完全的珠被包裹着成熟的胚囊，胚囊有 4 种细胞类型：2 个助细胞（SC）（图中只画出了一个），卵细胞（EC），中央细胞（CC），3 个反足细胞（AC）

在早期胚珠原基中有三个可区分的不同的区域（图 19.31）：生殖细胞分化的顶端珠心区域、形成珠被的合点区域，以及连接胚珠和胎座的珠柄区域。珠被生长并将珠心包裹在内，在一端留下一个小孔——珠孔，花粉管通过珠孔进入胚珠，完成受精（见 19.5.5 节）。受精过后，珠被发育成种皮，为下一代提供保护。珠柄作为与母本植株的连接，为种子发育提供所需要的养分。

在拟南芥中，在发育的原基上，胚珠的身份是由功能冗余的 3 个 MADS-box 基因决定的。*SHATTERPROOF1*、*SHATTERPROOF2*（*SHP1*、*SHP2*）和 *SEEDSTICK*（*STK*）基因的三突变体中，胚珠转变为心皮。当 MADS-box 基因 *FLORAL BINDING PROTEIN 7* 和 *FLORAL BINDING PROTEIN 11*（*FBP7*、*FBP11*）的表达下调时，在矮牵牛花中也出现同样的表型。强启动子驱动下过量表达的 *FBP11* 导致胚珠在花萼和花瓣表面形成，这也证明了其作为胚珠身份基因的功能（图 19.32）。由于这些基因只决定胚珠的身份，所以它们有时会被称为 D 类基因。

一些拟南芥突变体表现出异常的珠被。在很多孢子体胚珠突变体中，胚囊的发育受阻，这表明珠被中发生的事件是正常的雌配子体发生所需要的，这可能是通过非细胞自主信号来完成的。相反地，缺失胚囊的胚珠可能看起来正常，即使可以检测到胚珠孢子体组织中基因表达受到影响。这也表明了在胚珠发育中孢子

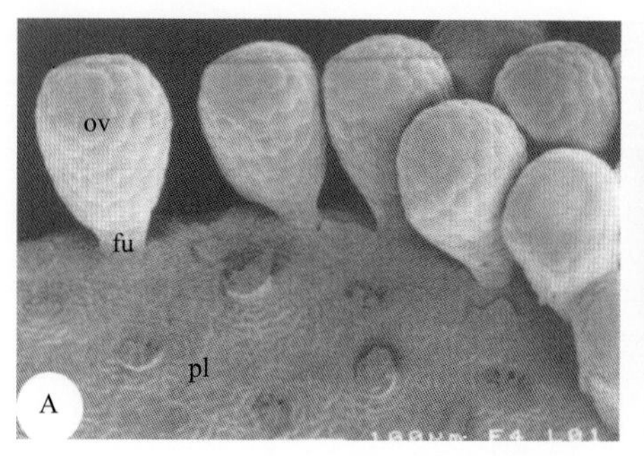

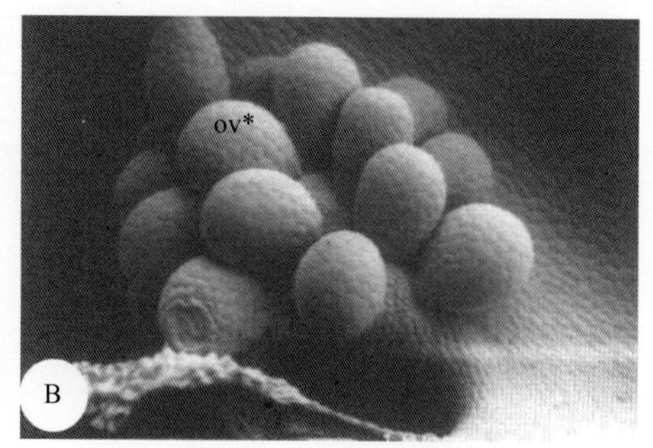

图 19.32 D 类基因确定了胚珠的身份。A. 矮牵牛的胚珠（ov）通常形成珠柄（fu）连接的胎座（pl）。B. 矮牵牛的 D 类基因 *FBP11* 在萼片过量表达，诱导产生异位的胚珠（ov*）。来源 : Colombo et al.（1995）. Plant Cell 7:1859

体和配子体世代存在交流。

参与胚珠发育基因的分子遗传学特点揭示了模式形成原理在茎端分生组织和胚珠原基中相同。事实上，叶原基和珠被都是从顶端的侧面产生且具有明显的远轴 - 近轴极性。这些相似点也同样表现在分子水平上。例如，*WUS* 是一个通过非细胞自主机制来控制茎顶端干细胞维持的基因（见第 11 章），其也在珠心中表达。*WUS* 活性的缺失导致叶片和珠被发育起始失败，这表明相同的信号模块用来影响邻近的细胞群。另外，一组基因（或它们相近的同源基因）在珠被和叶片的极性建立中起作用（图 19.33），这些包含在近轴端的 HD-ZIP Ⅲ类及远轴端 KA Ⅳ和 YABBY 类同源结构域蛋白的转录因子。举例来说，*YABBY* 基因 *INNER NO OUTER*（*INO*）只在外珠被的远轴端区域表达，*ino* 突变导致外珠被的生长完全抑制。

19.4.2 二倍体的大孢子母细胞在大孢子发生阶段经过减数分裂产生四个单倍体大孢子

胚珠发育早期单个孢原细胞膨大且分化形成大孢子母细胞（MMC），大孢子母细胞通过两次减数分裂形成四个单倍体大孢子。这一过程需要很多同样在小孢子发生中起作用的减数分裂基因。在很多开花植物中，只有一个大孢子——功能大孢子（FMS）最后存活并形成胚囊（单孢发育），它的细胞因此都具有同样的基因型。

大孢子母细胞（MMC）的形成需要 SPL/NZZ 蛋白，其在小孢子的形成中也起作用（见 19.3.2 节），通常只有 L2 层表皮下的一个细胞分化产生 MMC。然而在一些诸如玉米 *multiple archesporial cell 1*（*mac1*）和水稻 *multiple sporocyte 1*（*msp1*）的突变体中，L2 层的多个细胞可分化形成 MMC，甚至有时会发生减数分裂。这一现象说明 MMC 通常经侧向抑制来阻断其他细胞产生同样的分化。侧向抑制在动植物很多发育决定上扮演重要角色，该抑制依赖细胞间的交流。*MSP1* 编码 RLK，其可结合 TAPETUM DETERMINANT- LIKE 1A 小肽，该小肽基因的下调引起类似 *msp1* 的表型。

近年来对拟南芥的研究表明，小 RNA 介导的信号通路在限制生殖细胞数量方面也发挥作用。*ARGONAUTE 9*（*AGO9*）基因（见第 6 章）和其他两个影响小 RNA 生物发生或功能的基因（*RDR6* 和 *SGS3*）突变后，在珠心会产生多个膨大的细胞。*MNEME*（*MEM*）的突变也是一样，该基因编码 RNA 解旋酶并可能参与这个信号通路（图 19.34）。然而，不同于 *mac1* 和 *msp1* 的突变体，*ago9* 和 *mem* 突变体中伸长的细胞中能表达 FMS 特异性标记，且能在不需要减数分裂的情况下启动配子体发育。因此，这些突变体表现出无孢子生殖的特征，是孤雌生殖的元素之一（见 19.4.5 节）。

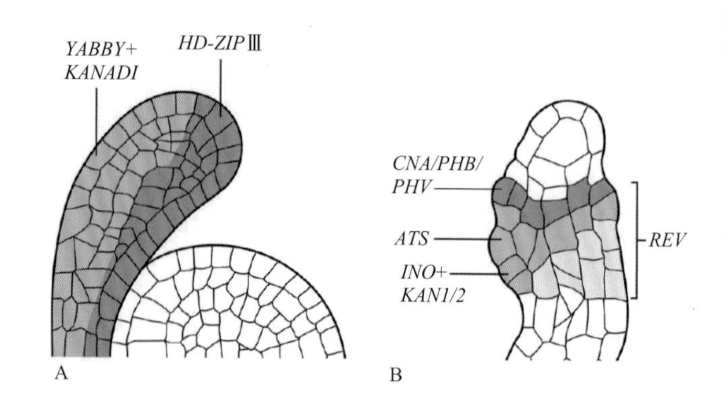

图 19.33 叶和珠被极性的建立基于相似的分子。A. 叶的极性由转录因子特异表达在原基的远轴端（KAN 和 YABBY 家族）和近轴端（HD-ZIP Ⅲ）来确定。B. 珠被的极性模式与叶相似，涉及在远轴端的 YABBY 因子 INO 和 KAN1/2 及近轴端的 HD-ZIP Ⅲ因子 PHB、PHV 和 CNA。参与珠被极性的其他因子还包括 REV 和 ATS

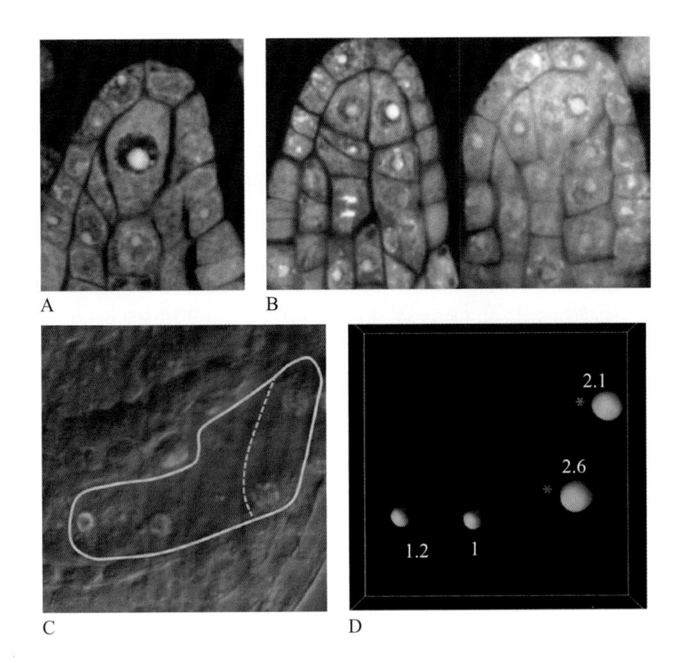

图 19.34 小 RNA 通路调控植物生殖细胞系的特化。A. 在拟南芥的野生型植物中，单个亚表皮细胞膨大分化成 MMC。B. 在 *ago9* 突变体中，2 个或 3 个膨大的细胞形成 MMC，这里面有些可直接产生胚囊。C. 突变体 *mem* 中有 2 个二核胚囊。D. C 图中所示细胞核的 DNA 含量测量表明一个来自于正常的 FMS（1*n*），另一个来自于未减数分裂的膨大细胞（2*n*）。来源 : Olmedo-Monfil et al.（2010）. Nature 464:628–632 and Schmidt et al.（2011）. PLoS Biol. 9（9）:e1001155

19.4.3 在雌配子体发生阶段，功能大孢子有丝分裂形成胚囊

一旦单倍体 FMS 分化形成后，便进行有丝分裂形成雌配子体。另外一个 ARGONAUTE 蛋白——AGO5，似乎是启动雌配子体发生过程所需的。在有表型的细胞中，*AGO5* 和 *AGO9* 均不表达，暗示着这是一种非细胞自主性的效应。大约 70% 的开花植物形成具有“七胞八核”的蓼型胚囊，尽管还有很多其他各种各样的形态。

在拟南芥和玉米中，蓼型胚囊是合胞体经过 3 次有丝分裂形成的，在 8 个核形成后便细胞化。第一次分裂后，两个核分别移动到对立的两极并被中间的大液泡隔开，在两极同时再经过两次分裂，使得每一极有 4 个核，其中的 2 个（极核）移动到一起且在受精前或受精过程中融合，具体融合时间取决于物种（图 19.35）。与此同时，细胞化的结果产生 7 个细胞：2 个配子和 5 个副卫细胞。在珠孔端的副卫细胞是 2 个在受精中起到重要作用的助细胞，在合点端的是 3 个反足细胞，反足细胞的功能还不明确。与助细胞相邻的是卵细胞，卵细胞在受精后形成胚胎。在中心的同源二倍体中央细胞受精以后形成胚乳。

与花粉发育研究一样，遗传筛选新方法的使用（见信息栏 19.4）发现了很多有关影响胚囊发育的突变。由于配子体是单倍体，所以很多突变直接影响到通用的功能，突变体在有丝分裂期就停止发育。因此，很多分子方面的研究集中在有晚期表型的影响细胞分化或干扰受精作用的突变体上（见 19.5.5 节和 19.5.6 节）。然而很多其他的突变体为一些基本的细胞生理过程提供了新发现，例如，由于基因功能冗余的原因，细胞周期调控很难被研究。举例来说，影响 DNA 复制的蛋白突变、复制起点的许可、泛素 - 蛋白酶体通路的降解、染色质重塑、组蛋白乙酰化都会在配子发生过程中阻断有丝分裂进程。*RBR* 基因的突变导致在胚囊中发生额外的有丝分裂，并使细胞类型特异性标记基因不表达，从而连接细胞周期调控和分化过程。RBR 在雄性配子体发育中也起到类似的作用（见图 19.29）。

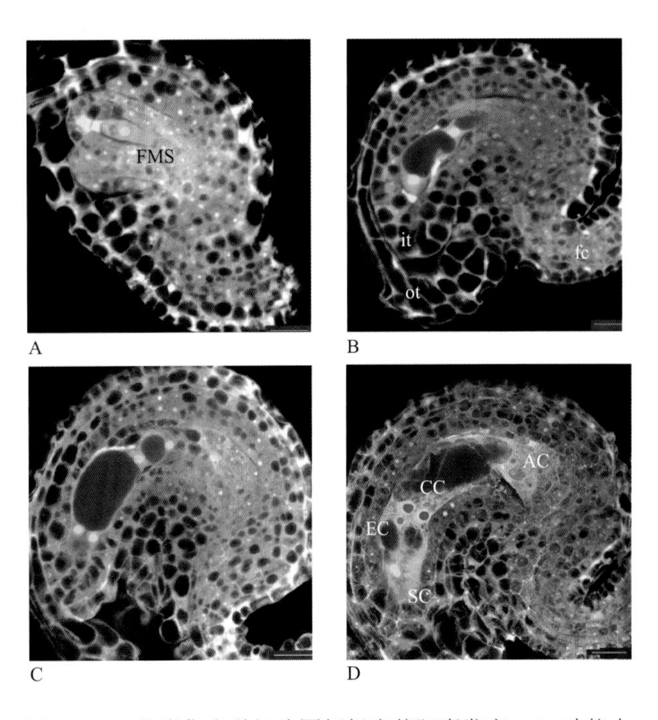

图 19.35 共聚集光学切片图解拟南芥胚囊发育。A. 功能大孢子（FMS）起始胚囊发育。B. 有大中央液泡的二核胚囊。C. 四核胚囊。D. 成熟的胚囊含有分化的助细胞（SC，黄色细胞核）、卵细胞（EC，红色细胞核）、中央细胞（CC，蓝色未融合的极核）和反足细胞（AC，三个细胞核中只有两个紫色的细胞核在图中可见）。it，内珠被；ot，外珠被；fc，珠柄。来源 : Yang et al.（2010）. Annu. Rev. Plant Biol. 61:89

19.4.4 胚囊中细胞命运的决定依赖于位置信息和胞间交流

由于胚囊的极性和其少数独特的细胞类型，胚囊成为研究植物发育基础层面如细胞命运决定和分化的理想系统（图 19.36）。虽然对雌配子体中细胞命运决定的理解仍不完整，但是很多拟南芥的突变体的发现却带来了一些重要的认识。

在细胞化之前，合胞体胚囊的 8 个核有明显的大小差异，基于此可预测它们的命运。这一发现促使了一个假设 —— 胚囊内的细胞核感受在胚囊中的位置信息最终决定了它们的命运。事实上，细胞命运在一些细胞核位置改变的突变体中是受到影响的。例如，在拟南芥 *eostre* 突变体的一些胚囊中，只有一个核占据珠孔端，另有两个核的位置更靠近中央，这一模式与在野生型拟南芥中发现的模式是相反的。甚至，这两个靠近中央区域的细胞核可以分化成卵细胞，并都是可育的。研究表示，生长素梯度确定了胚囊中细胞的命运；然而，目前的实验不能检测到雌配子体中的生长素活性。因此，提供这种位置信息的分子仍是未知的。

对拟南芥突变体 *lachesis*（*lis*）、*clotho*（*clo*）、*atropus*（*ato*）的研究显示，非细胞自主的信号在阻止辅助细胞向配子细胞的命运转变过程中起到重要作用。在这些突变体中，助细胞和中央细胞失去了它们原本的特性反而表现出卵细胞的特性，并且反足细胞表现出中央细胞的特性。因此，胚囊中所有

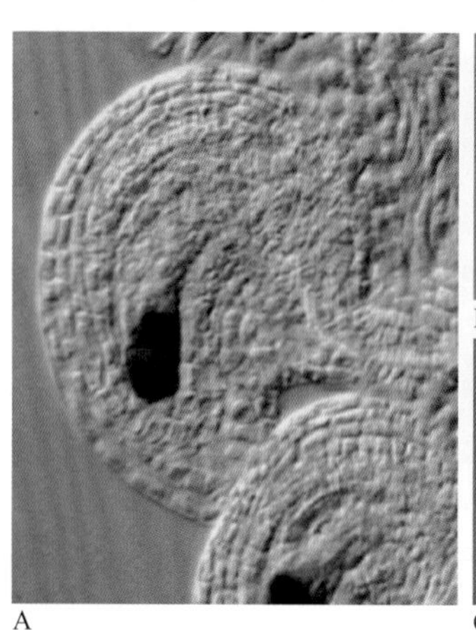
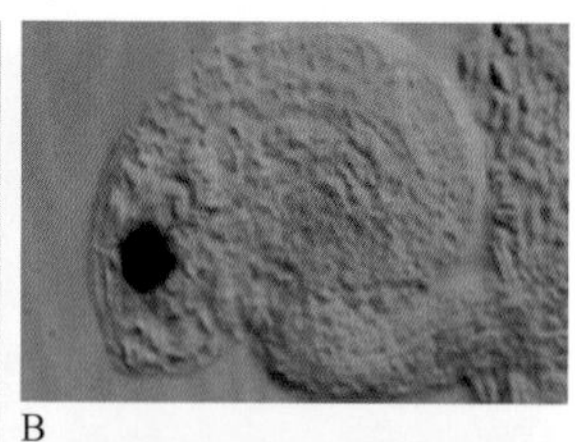
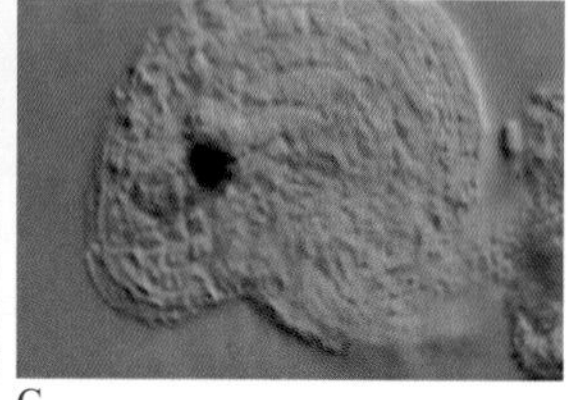

图 19.36 拟南芥胚囊中细胞类型特异的标记。在卵器（卵细胞和助细胞）（A）、助细胞（B）和卵细胞（C）中表达的增强子捕获株系。来源：U. Grossniklaus, University of Zurich, 未发表

细胞具有转变成配子的潜力。*LIS* 主要是在卵细胞和中央细胞中表达，暗示着配子细胞通过侧向抑制机制来阻止辅助细胞转变成配子。

LIS、*CLO*、*ATO* 编码中心剪接体的组分，因此它们在侧向抑制中所起的作用可能是间接的。*LIS* 的活性只在卵细胞中需要，因此其在胚囊中是通过非细胞自主的信号作为组织中心来编排细胞的命运。玉米中的类防御素分泌蛋白 ZmEAL1 在卵细胞中表达，该蛋白质也会影响这一过程，表明肽信号在细胞命运中的作用。

19.4.5 单性生殖：通过种子进行的无性繁殖

有性生殖产生新的基因型组合，因而产生基因型和表型多变的后代。一些植物也可通过单性生殖方式繁殖，即种子的无性繁殖，产生与母本植株完全一样的种子。由于单性生殖的种子是母本植株的克隆并且保持母本的基因型，所以单性生殖对于农业生产有很大的潜在价值。因此，单性生殖可用来在植物多个世代中保持杂种优势。很多作物是作为 F_1 代杂交种而种植，杂交种是通过两个亲本自交系的杂交而产生。杂交种有更高的产量，但它们的种子不能保存用于来年种植，这是由于重组和分离打破了它们一致且高度杂合的基因型。因此必须每年生产杂交种，但是如果将无性生殖方式用于 F_1 代杂交种，这一障碍便可以被克服。

无性繁殖在大约 40 多个科的 500 ～ 600 种植物中存在，所以推测其在演化中产生了多次演变。因此，生产无性系种子也有很多不同的方法。在诸如柑橘和芒果的物种中，胚胎是从一个珠被的孢子体细胞直接形成的，它侵入胚囊且与有性繁殖产生胚胎竞争。在这样的孢子体无性生殖中，一个二倍体细胞产生下一世代，因此能保持母本的基因型。因为这个可伴随有性生殖一起发生，因此孢子体的无融合生殖体通常会产生混合的无性和有性生殖的后代。

另一方面，在配子体无性生殖中，一个雌配子体由一个未减数分裂的细胞形成，因此它保持母本植株的基因型。由于这种生殖方式没有减数分裂，因此被称为不完全减数分裂（apomeiosis）（图 19.37）。这一生殖可通过很多不同的方式发生，这

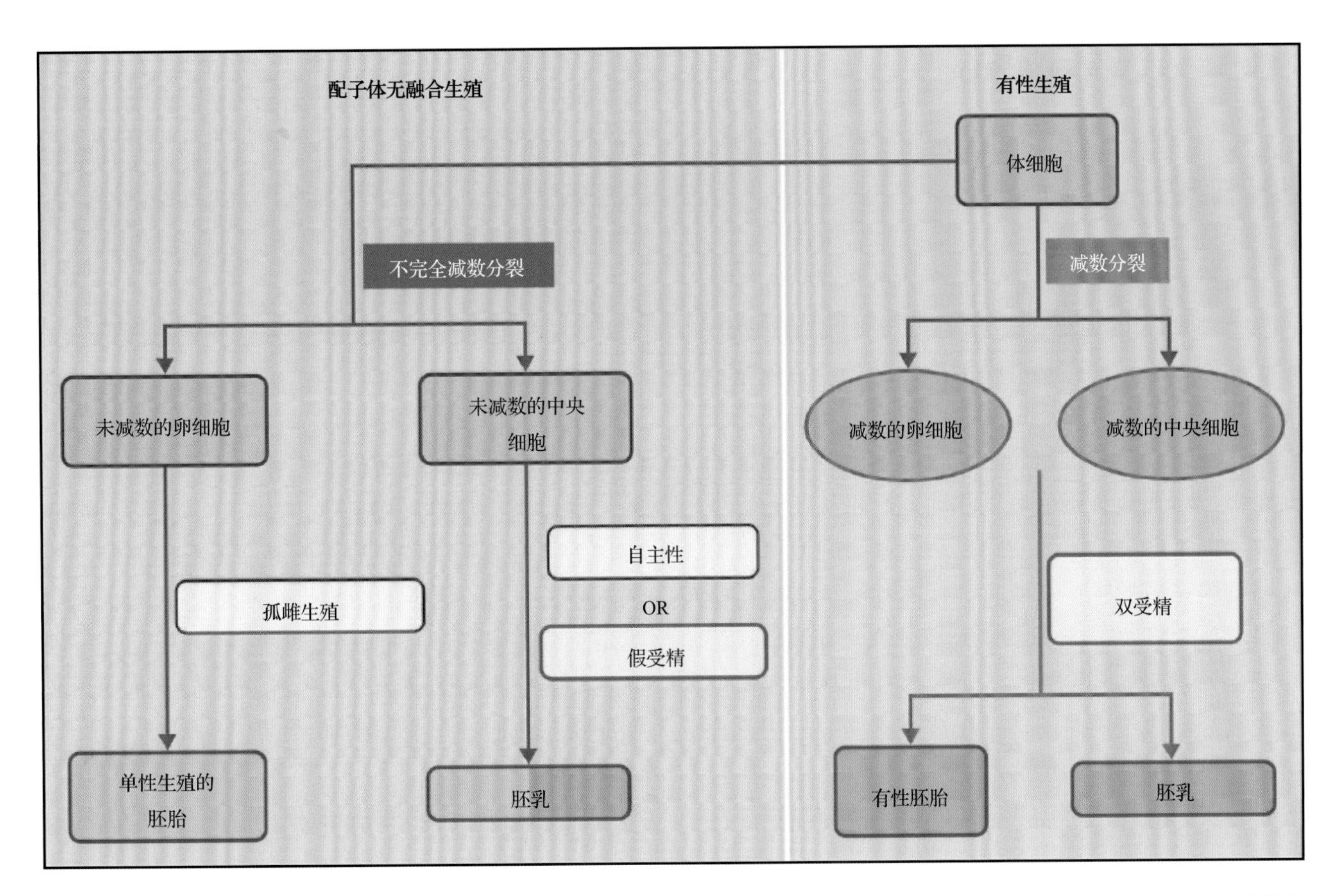

图 19.37 配子体无融合生殖和有性生殖图示。在配子体无融合生殖中，三个发育步骤的改变抑制了减数分裂（不完全减数分裂），胚胎可在未受精的情况下继续发育（孤雌生殖），功能胚乳可形成（自主性或假受精）

些方式可大致分为二倍体孢子生殖和无孢子生殖，这两种方式分别在如蒲公英和山柳菊的物种中出现。在二倍体孢子生殖中，大孢子母细胞的减数分裂被省略或中止，形成两个未经减数分裂的孢子，其中一个形成雌配子体。无孢子生殖则不同，胚囊是由珠心细胞而不是大孢子母细胞产生的。然而为了产生下一代，胚囊中未经减数分裂的卵细胞也必须在没有受精的条件下产生胚胎（孤雌生殖）。最后，在没有胚乳形成的条件下种子发育不能正常进行，胚乳是被子植物有性生殖双受精的第二个产物。胚乳可通过假受精而形成（经历受精），也可通过自主胚乳发生而形成（不经历受精）。然而无融合生殖体中这两种方式的胚乳发育都需要发育上的适应。因此，与有性生殖相比，至少有三个发育过程在单性生殖中有改变：来自未经减数分裂细胞的胚囊发育的启动（未减数孢子生殖）、未经受精的胚胎发生的激活（孤雌生殖）、功能性胚乳的产生（图 19.37）。

无性生殖的分子基础目前还知道的很少，但该过程受遗传控制且常受环境影响。在很多物种中，未减数孢子生殖和孤雌生殖受两个独立的显性基因调控。这些基因位点经常是位于基因组的一个不发生重组的大块区域，这使得很难用图位克隆的方法来研究。然而，在拟南芥和玉米的筛选中发现了能进行单性生殖表型的突变体。很多小 RNA 的生物合成和功能受影响的拟南芥突变体（*ago9*、*rdr6*、*sgs3*、可能还包括 *mem*；见 19.4.2 节）可通过类似无孢子生殖的方式形成未减数的胚囊。其他的突变体如 *dyad* 和参与减数分裂的基因的三突变体（“有丝分裂而不是减数分裂”的 *MiMe*）都类似二倍体孢子生殖且形成未减数的胚囊。

然而，不依赖特定的花粉供体的真正的单性生殖在拟南芥中还没有成功。一个特别的单倍体诱导株系与 *dyad* 或 *MiMe* 的杂交产生无性系后代。类似的单倍体诱导系在受精后消除了父本的基因组，这一机制还不清楚。该机制在玉米中也存在，被用来生产母本单倍体子代已经几十年了。如果这些单倍体植株的染色体组得以通过诸如秋水仙素处理的方式加倍，则能产生纯合的自交系植株。作为小孢子培养（见信息栏 19.2）的替代，这一方法在植物育种中常被使用。

19.5 授粉和受精

19.5.1 植物使用各种各样的策略使精细胞和卵细胞在一起

配子一旦产生以后，它们必须融合到一起才能产生下一轮孢子体世代。在苔藓植物和蕨类植物中，精子囊产生的精细胞是可移动的，受精作用依赖于水。相反，种子植物产生花粉，花粉萌发形成花粉管，花粉管运输精细胞到它的目标细胞。在苏铁和银杏中，精细胞有鞭毛可以移动，一旦从花粉管中释放到一个珠被包裹的空间之后，精细胞便可以游向卵细胞完成受精。在所有其他的种子植物中，精细胞是不能移动的，精细胞的运输依赖于花粉管（营养细胞）。在裸子植物中，花粉管的萌发和生长可花费数月至数年的时间，而在被子植物中，花粉管的萌发和生长则极其迅速，这可能是归功于演化的成就。实际上，花粉管是已知生长最快的细胞，在菊苣（*Cichorium intybus*）中，花粉管的生长速率达到每分钟 650μm。

在被子植物中，受精成功的许多过程都需要花粉和雌性组织之间的信号交流。这开始于花粉在柱头表面的识别（见 19.5.2 节），随后是花粉管穿过引导组织的定向生长（见 19.5.3 节）、花粉管的珠孔导向（见 19.5.4 节）、花粉管被雌配子体接收（见 19.5.5 节），最后以双受精结束，即一个精细胞与卵细胞结合，另一个精细胞与中央细胞结合，分别形成受精卵和胚乳（见 19.5.6 节）（图 19.38）。

19.5.2 花粉粒黏附到柱头上水合后萌发

花粉粒在花粉囊中形成后，从花药中以一种干燥的状态（开花或花药开裂）释放出来。根据植物的生殖策略，花粉可通过风、昆虫、鸟类甚至果蝠传播到其他的花上，然后黏附到心皮形成的雌蕊的顶端 - 柱头上。这样的初步接触对于随后的相互作用是十分重要的，它能决定一个亲和互作是否可以发生。其他物种的花粉往往不能在柱头上萌发，或者自身花粉通过自交不亲和系统阻止近亲交配（见 19.6 节）。

一些物种，如拟南芥和向日葵（*Helianthus annuus*），是干柱头，花粉在柱头的乳突细胞上的黏附作用是通过花粉外被的成分介导的。这种黏附作用很强，但是比其他植物家族花粉的黏附要弱得多，尽管深层的化学互作仍然是未知的。初步接触之后，花粉外被，即长链、短链脂类和少量蛋白的基质，

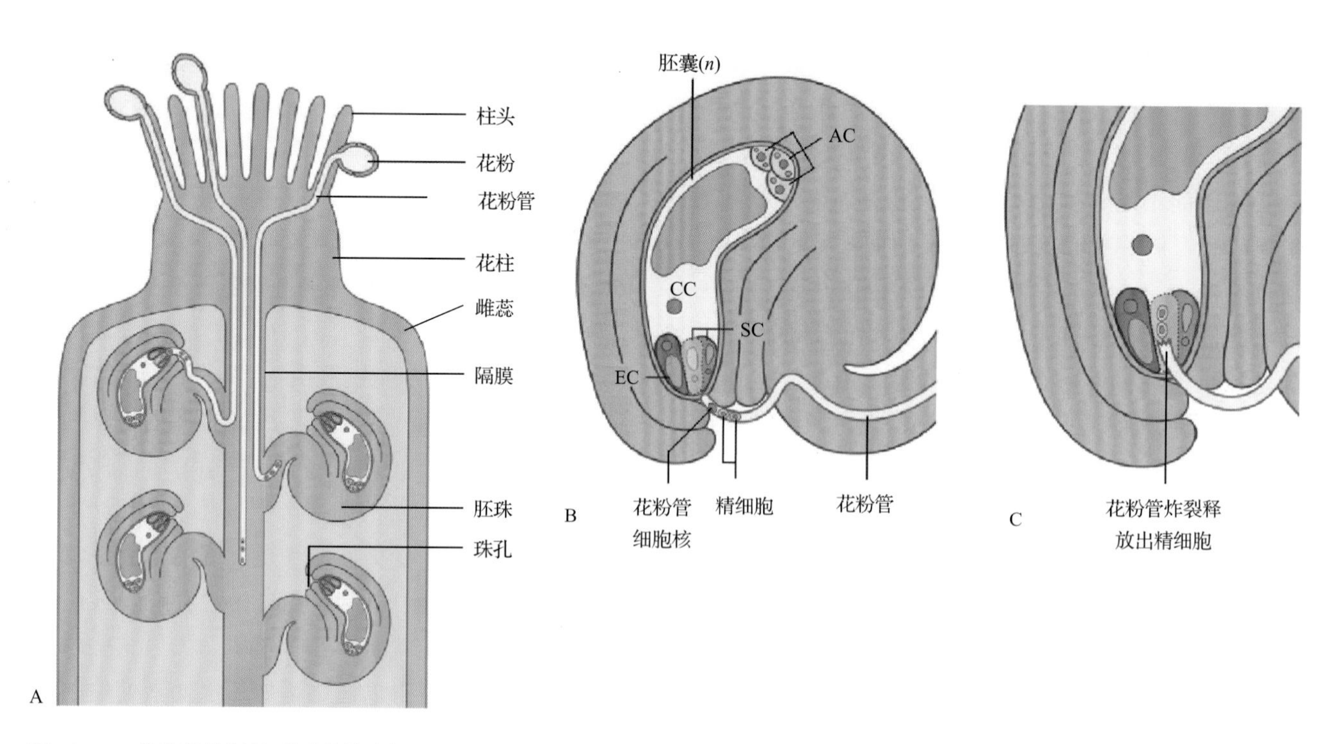

图 19.38 花粉管从授粉到受精的路径。A. 花粉萌发生长出花粉管，花粉管穿过花柱到达雌蕊引导组织的隔膜，然后穿出隔膜导向珠孔。B. 随着花粉管到达珠孔，其中一个助细胞开始降解。C. 在花粉管接受的过程中，花粉管穿透正在降解的助细胞，然后在里面炸裂释放出精细胞，与卵细胞和中央细胞完成受精作用

在接触的位点流动到乳突细胞上。这种接触好像是改变了细胞膜的性质，能使水分从乳突细胞流动到花粉粒，从而使花粉粒水合。这个过程可能是由乳突细胞细胞膜上的水通道蛋白介导的（见第3章）。

花粉壁在花粉的水合过程中起着至关重要的作用，这已通过拟南芥的*eceriferum*突变体得到证明。这些突变影响了长链脂类及蜡质的生物合成，突变体在干燥的条件下是雄性不育的。但是如果在高湿度的环境下生长，雄性不育的表型就会被抑制。水合作用激活了花粉的新陈代谢，利用花粉发育时储存的能量便可迅速萌发形成花粉管。

在湿柱头物种中，如番茄、矮牵牛和百合（*Lilium longiflorum*），柱头分泌物中含有水分，所以水分释放不像在干柱头上那样需要严格的控制。柱头分泌物含有蛋白质、脂类、多糖和色素类物质，从而维持花粉管的生长。然而，富含脂质的分泌物可能部分代替了花粉外被的功能。缺少分泌基质的突变体是雌性不育的，但是不育可通过在柱头上添加外源脂类物质来互补，这些外源脂类物质足以让花粉水合和萌发。因此，在湿柱头上，花粉的水合似乎也是通过脂类物质调节来影响的。

19.5.3 花粉管在花粉萌发后生长到达胚囊

花粉萌发后，花粉管必须快速生长穿过柱头和花柱到达胚囊，在胚囊中释放两个精细胞完成受精作用。相对于胚珠的数目，花粉通常是过量的，因此生长的花粉管之间存在激烈的竞争。花粉管仅仅在它的顶端生长，随着花粉管的生长，它们的细胞质保持在顶端后面的区域，胼胝质栓定期形成来封闭花粉管其余的部分。胼胝质栓是通过胼胝质合成酶产生的，它的精确定位依赖于皮层的微管。花粉的细胞壁是与众不同的，可被分成一个主要成分是果胶的外层细胞壁，以及一个主要成分是胼胝质和纤维素的内层细胞壁两部分，但是这些物质只在距离顶端一定距离处沉积。

花粉管的顶端生长依赖于膨压，细胞壁松散允许细胞膨大以及细胞壁和细胞膜原料的持续供给以在顶端结合。囊泡运输也通过将特异的蛋白质和脂类物质运输到局部膜域来提供位置信息。例如，当花粉管改变生长方向，囊泡运输必须重新定向，且膜内稳态也进行调整。因此，囊泡和内膜运输经过适当的调节可允许极性的花粉管顶端生长的动态调控。

小GTP酶（见第18章）在酵母和动物细胞中可将信号从细胞膜传递到细胞骨架。在植物中，ROP GTP酶（见第5章）也影响花粉管顶端的肌动蛋白聚合动态，这对于囊泡的适当靶向和融合是必需的。然而，被ROP GTP酶调控的其他目标蛋白更为直接地参与了囊泡的融合，例如，通过调控一个复合体将囊泡拴在细胞膜上。ROP信号也影响细胞内钙离子和活性氧的水平，这反过来影响钙离子通道、肌动蛋白细胞骨架和囊泡运输的活性（图19.39）。

花粉管顶端生长需要顶端的离子流和钙离子浓度梯度，这与离子转运蛋白和离子通道蛋白在花粉管中大量表达是一致的。当花粉管改变生长方向时，首先第一个被检测到的变化就是最大量的钙离子梯度的再定位。干扰钙离子梯度可阻止花粉管的顶端生长。在之后的花粉管生长过程中，钙离子和质子梯度会有波动，这种波动与花粉管生长的活跃程度紧密相关。

19.5.4 花粉管的导向需要与雌方组织的互作和交流

花粉管必须定向朝着雌配子体生长，这个生长的路径需要花粉管与提供方向信号的雌方组织之间的各种相互作用。在百合和拟南芥中，已知作为植物花青素苷的铜结合蛋白提供了这个最初的趋化导向。在百合中，植物花青素苷由湿柱头的引导组织细胞分泌，在体外可重新定位花粉管的生长方向，表明它们发挥趋化信号的功能。拟南芥中，其同源基因突变体的花粉管能正常生长可能是由于基因冗余引起的；然而，在柱头的乳突细胞过量表达植物花青素苷可阻止花粉管的定向生长，即很多花粉管围绕乳突细胞生长，不能找到引导组织。这表明植物花青素苷的过量表达可能掩盖了趋化信号的正常浓度梯度，导致花粉管失去方向性。

在拟南芥中，花粉管在引导组织细胞之间朝向雌蕊的基部生长，引导组织存在于分隔两片心皮的隔膜中。花粉管最终在貌似随机的位置穿出引导组织生长到心皮腔内部的胎座组织表面，然后沿着胚珠的珠柄生长进入珠孔（见图19.38）。在野生型植

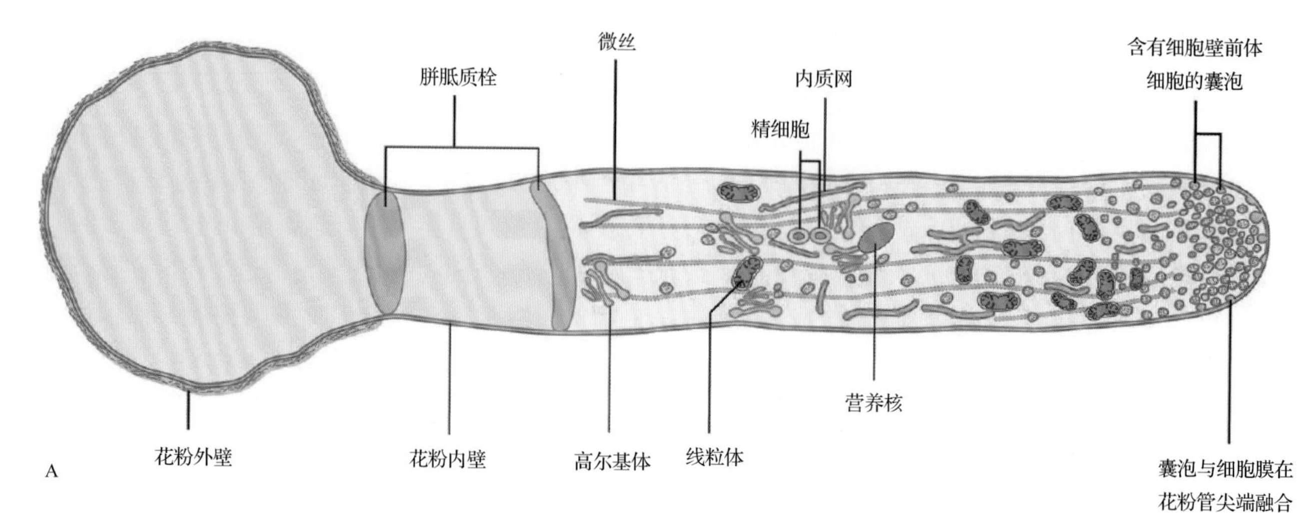

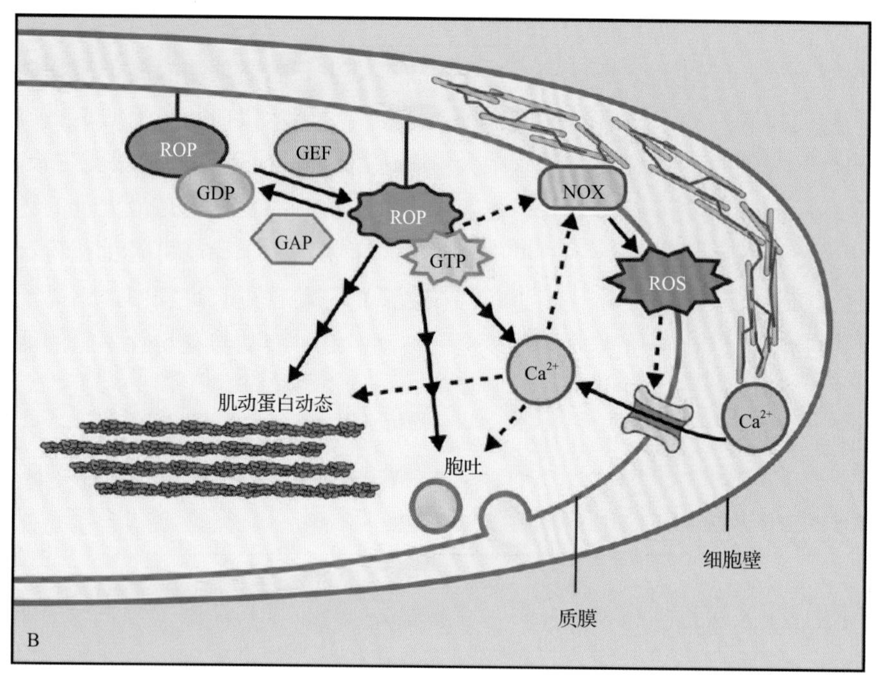

图 19.39 A. 生长的花粉管图示。B. 生长的花粉管顶端的信号事件。在 GDP 结合状态和 GTP 结合状态之间的 ROP GTP 酶循环，由 GDP 交换因子 GEF 和 ROP-GTP 激活蛋白 GAP 介导。激活的 ROP 引起 NADPH 氧化酶产生活性氧及钙离子内流，调节胞吐及顶端生长的肌动蛋白动态

物中，这个过程是十分精确的，每一个胚珠只能接收一根花粉管。这种精确的调控被认为由引导花粉管生长的几个信号参与。首先是一个引导花粉管沿着珠柄朝向珠孔端的长距离信号，然后是一个引导花粉管在珠孔内部生长的短距离信号，在珠孔内部花粉管与雌配子体接触。

一旦受精发生，就不会有其他的花粉管再被吸引，暗示着存在一个排斥信号。在体外，花粉管的生长方向受到一氧化氮的影响，一氧化氮是在动物和植物中作为信号分子功能的气体。然而，一氧化氮在植物中是否作为一个排斥信号尚属未知。吸引和排斥信号的结合确保了只有一根花粉管进入珠孔，因此阻止了多于两个精细胞的释放，避免了多精受精。

在拟南芥中，趋化信号是由胚囊产生的：雌配子体缺失或败育的突变体中花粉管导向被扰乱。趋化信号的来源已经利用蓝猪耳的胚珠通过半体外的系统进行了仔细研究。在蓝猪耳的胚珠中，胚囊的珠孔部分不被珠被封闭，所以助细胞、卵细胞和部分中央细胞是裸露的。如果这样的胚珠放在生长培养基中，花粉管可以探测到导向信号，然后靶向助细胞的一个分泌的结构丝状器（图 19.40）。然而，只有当花粉管穿过在培养基中培养的切下的柱头之后生长才能有正确的导向，而纯体外萌发的花粉管不能导向胚珠。这暗示花粉管必须通过与柱头上未知的相互作用被激活后才能具有响应导向信号的能力。

雌配子体细胞进行激光消融的实验表明助细胞是导向信号的来源。随后，蓝猪耳助细胞的基因表达分析鉴定出分泌型 CRP 与抗菌防御素有相似

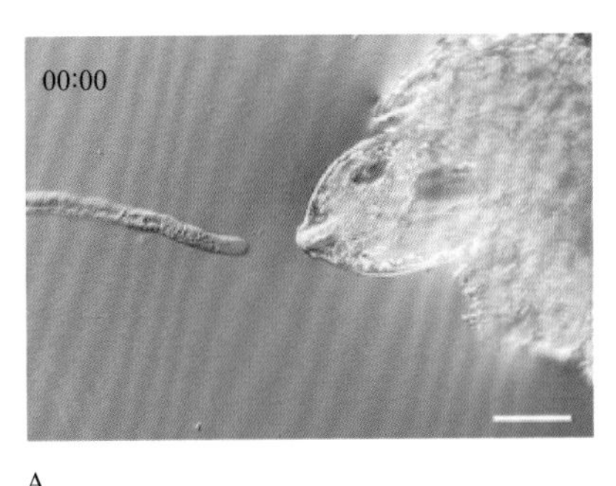

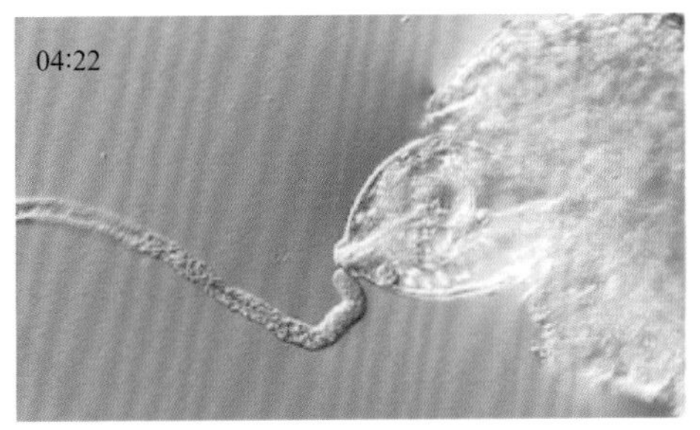

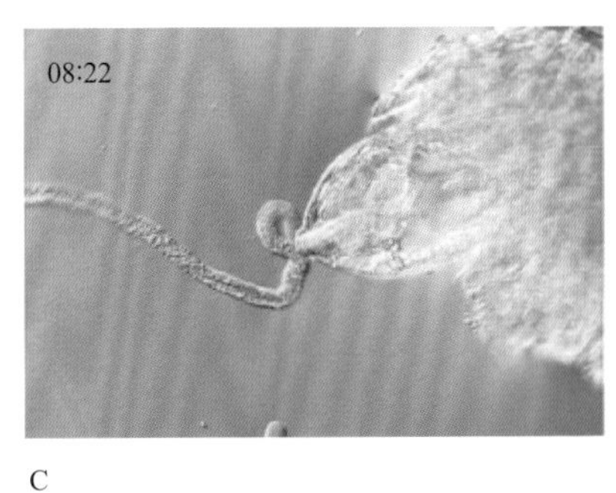

图 19.40 A～C. 半体内系统中的花粉管导向。蓝猪耳裸露的胚囊分泌一种吸引物质，这种吸引物质可引导花粉管朝着两个助细胞之间的丝状器生长。花粉管靶向并穿透助细胞。来源 : Higashiyama et al.（2008）. Sex. Plant Reprod. 21: 117

性，可以吸引花粉管。将两个 CRP 下调的实验表明它们对于前面提到的半体外系统中花粉管的吸引是必需的。因此，将这两个 CRP 命名为 LURE1 和 LURE2，在该系统中是花粉管导向信号。

另外一个珠孔导向的信号分子是从玉米中鉴定出来的。*ZmEA1* 基因在助细胞和卵细胞中表达，编码一个可被切割的具有跨膜域的小蛋白，切割后，该蛋白质的一部分可以扩散到珠孔。RNAi 转基因植物中 *ZmEA1* 的下调干扰花粉管的珠孔导向，表明其在这个信号过程中的重要性。但这些导向分子是怎样被花粉管感知的，目前尚属未知。

19.5.5 花粉管接受需要雌雄配子体之间活跃的交流

花粉管一旦进入珠孔，穿透其中一个助细胞，便破裂释放出两个精细胞。随后，其中一个精细胞与卵细胞融合，另外一个精细胞与中央细胞融合从而起始种子的发育。接受助细胞启动程序性降解过程，可能是为了降低它的膨压，让其他细胞进行调整以使得花粉管破裂。这个降解过程的时间因物种不同而不同：它可在授粉之后很快就开始，这意味着存在调控这个过程的长距离信号，或当花粉管进入珠孔的时候进行，如在拟南芥中。

多年以来，人们都认为花粉管在助细胞中的破裂是一个纯粹的机械过程，这个过程是由导致花粉管裂解的截然不同的渗透环境引起的。导致花粉管细胞溶解的截然不同的渗透环境引起的。然而，等位的雌配子拟南芥突变体 *feronia*（*fer*）和 *sirene* 的发现则表明这个过程由雌配子体控制的。在这些突变体中，野生型的花粉管被吸引进入雌配子体，但是花粉管并不是停止生长炸裂释放出精细胞，而是在胚囊中持续生长。这表明花粉管的接受需要雌雄配子之间活跃的信号交流。*FER* 编码一个 RLK（见第 18 章），在助细胞中表达，而且在助细胞丝状器的周围聚集（图 19.41）。尽管 FER 的配体还未知，

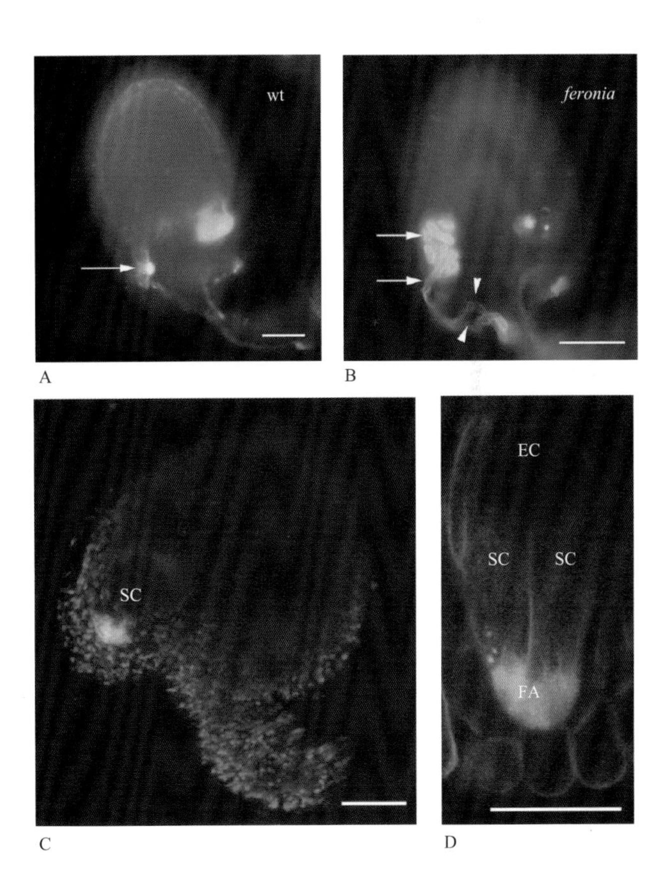

图 19.41 拟南芥中花粉管接受需要 FERONIA 类受体激酶的参与。A、B. 胚珠苯胺蓝染色使花粉管可见。在野生型（A）中，花粉管进入珠孔穿透助细胞炸裂。在 *fer* 突变体的雌配子体（B）中，花粉管持续在胚囊内部生长不能炸裂。在此图中，两根花粉管进入珠孔。C、D. FER 启动子驱动的 FER-GFP 融合蛋白（绿色）在助细胞（SC）中高表达，在丝状器（FA）的珠孔端积累。EC，卵细胞。来源 : Escobar-Restrepo et al.（2007）. Science 317: 656

但它很可能分泌到或存在于花粉管的表面。

其他和*fer*表型很像的一些其他突变体也被鉴定出来，包括*lorelei*（*lre*）以及与FER一样以伊特鲁里亚的生育女神来命名的*nortia*（*nta*）和*turan*（*tun*）。这些基因的分子特征表明复杂的信号事件发生在助细胞膜上。然而*LRE*编码一个磷脂酰肌醇锚定蛋白，NTA属于具有7次跨膜蛋白的MLO（MILDEW RESISTANCE LOCUS O）家族（见第21章），*TUN*编码一个UDP-糖基转移酶超家族蛋白，对于参与花粉管接受的膜蛋白的糖基化可能是必需的。

*NTA*的分子特征揭示了花粉管接受和真菌感染（见第21章）之间有趣的平行性。MLO家族被鉴定出来的第一个成员是大麦（*Hordeum vulgare*）中的一个白粉病抗性基因。野生型等位基因对于顶端生长的真菌菌丝成功穿透表皮是必需的，这个功能在植物物种保守，而拟南芥中有三个冗余的MLO蛋白（见第21章）具有此功能。这就引出了一个问题，即是否相似的分子机制参与了植物防御和生殖。然而NTA是特异在助细胞表达的，FER在大部分植物组织中都能检测到，在表皮细胞中的表达量较高。的确，纯合的*fer*突变体能抵抗白粉菌的侵染，表明在叶片中，FER和三个冗余的MLO蛋白一起，赋予了对入侵的真菌的易感性，然而助细胞中的FER与NTA一起对于成功的花粉管接受是必要的。防御相关过程相似性在植物生殖的其他方面也已被发现。例如，作为花粉管导向、花粉管炸裂和自交不亲和过程中的信号分子，CRP与防御素相似（见19.6节）。

成功的受精也依赖于花粉管炸裂的精确时间，这涉及拟南芥中两个亲缘关系最近的FER的同源基因——冗余的ANXUR（ANX1/2）RLK，两个都专一在花粉中表达。在*anx1/2*双突变体中，花粉管可在体外萌发，但在萌发之后很快就炸裂。在植物体内，花粉管可生长进入花柱，但只有很少的花粉管可到达胚珠。因此，ANX1/2似乎可阻止花粉管过早的炸裂，推测一个配体可能在花粉管进入助细胞之后减轻这种抑制作用。

然而，花粉管的炸裂依赖于离子转运蛋白，它可能通过改变花粉管的渗透压导致花粉管细胞裂解。在拟南芥中，影响自抑制的钙离子ATP酶*ACA9*基因的突变体花粉管能进入珠孔但不能炸裂释放出内含物，表明钙离子运输在这个过程中起着十分重要的作用（图19.42）。目前在玉米上的研究已表明，体外施加类防御素CRP ZmES4导致内流型钾离子通道KZM1开放。*ZmES4*在胚囊中特异表达，其下调导致花粉管不能炸裂但花粉管导向没有受到影响。综合ZmES4物种特异性的作用方式，这些结果表明ZmES4是作为雌配子体来源的信号在正常的花粉管接受过程中诱导花粉管炸裂，释放精细胞影响受精作用。

19.5.6 双受精涉及两个配子的融合事件

当花粉管炸裂释放出内容物，两个精细胞保持在一起迅速到达卵细胞和中央细胞之间的位置。精细胞保持几分钟不动，然后分开分别与卵细胞和中央细胞受精后启动种子的发育（图19.43）。

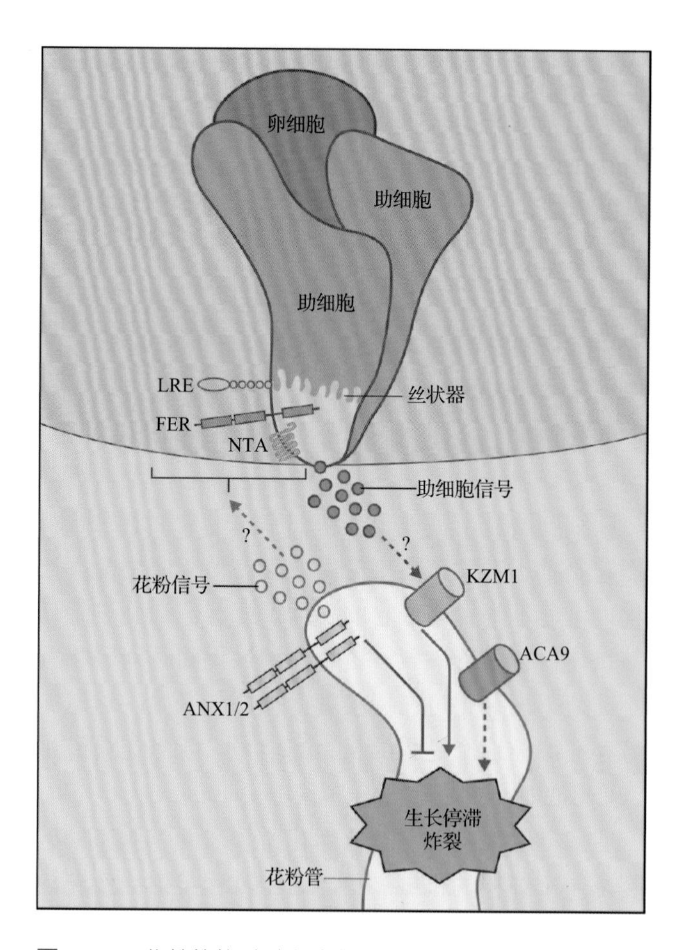

图19.42 花粉管接受过程中的信号交流。在助细胞中，膜蛋白FER、NTA和LRE参与感知花粉管产生的配体。花粉管炸裂受FER类受体激酶同源关系最近的ANX1/2抑制。炸裂可能是由助细胞分泌的信号诱导；在玉米中是ZmES4，最终激活KZM1。详见正文

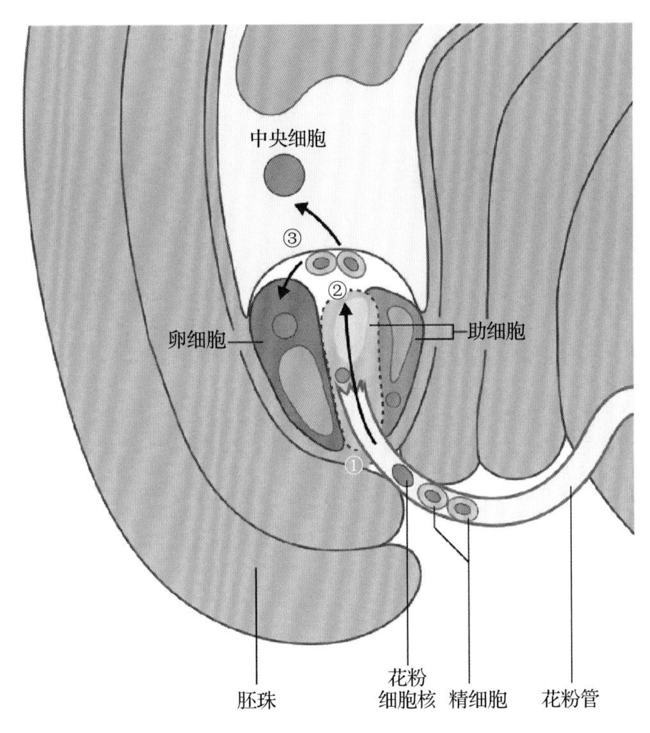

图 19.43 双受精过程的连续步骤。①花粉管穿透退化的助细胞；②随着花粉管的炸裂，精细胞释放后定位到卵细胞和中央细胞的附近；③一个精细胞与卵细胞融合，另一个精细胞与中央细胞融合，接着是父母本细胞核的融合

在雄配子体突变体 *generative cell specific1/hapless2*（*gcs1/hap2*）中，精细胞的迅速移动是正常的，但却保持在卵细胞和中央细胞之间不能与雌配子体融合，表明 *GCS1* 基因产物对配子融合是必需的。有趣的是，*GCS1* 高度保守，在单细胞绿藻 *Chlamydomonas reinhardtii* 和疟原虫 *Plasmodium flaciparum* 的配子融合过程中发挥相似的功能。

使用从玉米中分离出精细胞和卵细胞的体外系统，研究者发现配子的融合触发了融合位点处的钙内流，与动物中的作用方式相似，一个钙离子的波动随即传遍卵细胞。通过在卵细胞中添加钙离子载体导致的人工钙内流触发了卵细胞激活的一些方面，如细胞壁组分的分泌，暗示钙离子增加十分重要。

一个长期存在的问题是开花植物的两个精细胞功能是否等同。例如，在野生型白花丹（*Plumbago zeylandica*）中，两个精细胞是两种形态，细胞的大小和细胞器的数目都不同，较小的精细胞总是与卵细胞受精。这就提出了一个问题，即在其他物种中两个精细胞是否可能也是不等同的，尽管它们在形态上可能没有差异。拟南芥的突变体已表明同形态的精细胞在功能上是等同的。一些突变体，如 *eostre* 和 *rbr*（见 19.4.4 节），有时产生两个卵细胞，而且两个卵细胞都可受精。另一方面，一些雄配子体突变体只产生一个类精细胞，可与卵细胞或中央细胞受精。这些发现表明两个精细胞之间没有先天的差别，在精细胞中表达的一个光转换荧光蛋白的实验即花粉管中的两个精细胞进行差异标记也证明了这一点。通过观察双受精过程发现，两个精细胞与两个雌配子的融合是随机的，表明了它们的功能等同。

两个精细胞具有融合卵细胞或中央细胞的潜能这一事实引发人们思考一个问题，即为什么在植物中不能发生多精受精（两个精细胞融合同一雌配子的事件）。在动物中，依赖于膜去极化和钙内流的一个快速阻滞作用，以及涉及分泌小泡融合和细胞外基质修饰的一个缓慢阻滞作用阻止了多精受精。在植物中，体外受精之后尽管一个钙离子波动已被观察到，但其是否与动物中有相似的机制存在仍未知。然而，中央细胞可被多个精细胞受精。在许多无融合生殖的植物中，卵细胞不受精进行孤雌生殖发育，中央细胞与花粉管递送来的两个精细胞融合确保正常的胚乳发育（见 19.7 节）。因此，至少中央细胞没有快速阻滞作用来阻止多精受精。

如果可通过某种方式确保两个精细胞与不同雌配子融合，那这样的阻滞作用可能不是必需的。因为通常只有一根花粉管能进入珠孔，所以与多个精细胞融合的机会非常少。实际上，植物通过阻止多根花粉管吸引限制精细胞进入胚囊。在野生型植物中，宿存助细胞的基因表达在花粉管接受后迅速下调，花粉管吸引物质的表达很可能也是这样。然而，在 *fer* 和其他影响花粉管接受的拟南芥突变体中，两根甚至三根花粉管可进入珠孔，这可能是由于这些突变体的宿存助细胞中持续的基因表达导致。因此，花粉管的炸裂和精细胞的释放需要助细胞中基因表达的下调和停止持续产生吸引物质。受精作用本身引起这种下调，暗示着雌配子和助细胞之间是非细胞自主的信号事件。在 *gcs1* 和 *duo1* 突变体中，花粉管可炸裂但精细胞不能与雌配子融合，额外的花粉管可被吸引穿透宿存助细胞。如果这些额外的花粉管是野生型，那么它们可拯救那些接受了缺陷精细胞的胚珠，因此最大限度地保证受精的成功。

19.6 自交不亲和的分子基础

植物的柱头暴露于多种类型的花粉中，如果来自不同物种的花粉与卵细胞受精，通常会产生不成活的后代。在大多数情况下，外来花粉不能萌发，或即使能萌发也不能识别引导它进入珠孔的信号。然而，如果花粉是来自于亲缘关系很近的物种，它可能会克服这些种间杂交受精之前的障碍，最终到达降解的助细胞。

然而，在这一步如果花粉管接受所需的信号不能被正确识别，那么受精作用也还会被阻滞。例如，拟南芥（*A. thaliana*）和琴叶拟南芥（*A. lyrata*）之间杂交时，几乎所有拟南芥的胚珠都能吸引琴叶拟南芥的花粉管，但其中大约有一半的胚珠中，花粉管不能炸裂，表现出与 *fer* 突变体相似的表型。剩余的一半胚珠可以受精，表明有时候如果物种的亲缘关系足够近（拟南芥和琴叶拟南芥的物种分化发生在 500 万～ 1000 万年前），复杂的信号可被成功转换。然而产生的这些杂交种子如果不通过胚珠培养拯救的话，通常会败育。胚珠培养是一种在育种体系中经常用来促进广泛杂交的方法。

植物不仅演化出阻止种间杂交的机制，而且大多数物种还能阻止自花受精。自花受精可导致与杂种优势相对应的近交衰退，因为近亲交配导致高水平的纯合性，包括那些有害的等位基因。当然，自花受精也是有益的，因为繁殖不需要其他配对体。因此，许多先驱植物都是自花受精的。然而，基于系统发生学证据，大部分自花受精的物种在演化上是“年轻的”，这种生殖模式对于长期的物种生存起着消极的影响。

大多数物种依赖一种机制阻止自花受精。例如，花药开裂和柱头的接受的时间可能不一致（雌雄异熟），因此可以阻止自体花粉在柱头上的萌发，或花药和柱头在空间上分离来降低自花受精（雌雄异位）（图 19.44）。空间分离的一个极端的例子是形成不同的雄花和雌花，两者在同一个体上（雌雄同株），如玉米；或者是两者在不同的个体上（雌雄异株），如大麻（*C. sativa*）或柳树（*Salix alba*）。另一个阻止自花受精的机制是自交不亲和系统，即在相同的柱头上自体和非自体的花粉存在差异。

19.6.1 自交不亲和性的遗传非常复杂

生物化学的自交不亲和系统依赖于自体和非自体花粉的分子识别过程。从概念上讲，这样的一个

图 19.44 报春花的花柱异长。在线式型（左）中，花药在花柱管的顶部，柱头在花柱管的中央。在针式型（右）中，花药和柱头的位置颠倒。来源 : R. Ganz, B. Keller and E. Conti, University of Zurich, 未发表

系统必须包含至少一个花粉因子和一个柱头因子。如果两个因子匹配，例如，类似于配体 - 受体识别的分子间互作，自花受精就会被阻止。

自交不亲和性的遗传研究在孟德尔遗传定律发现后不久很快就开始了，是在大约 200 年前早期的植物杂交研究中发现的。在 20 世纪 20 年代，自交不亲和被认为是由单基因位点决定的，现在被称为 Sterility，或者在大多数物种中称为 S 位点。S 位点有多个等位基因（S_1、S_2、S_3 等），只要两个杂交的植物携带相同的等位基因就会导致自交不亲和。因此，S 位点必须高度多态，S 位点的每一个等位基因的序列与其他等位基因都不相同，例如，甘蓝（*B. oleracea*）拥有 50 多个 S 等位基因。

每一个 S 位点等位基因至少包含分别编码花粉和柱头因子的基因。为了阻止自交不亲和受到破坏，编码雄性和雌性因子的基因必须作为一个单位一起遗传下去。因此，S 位点两个成分之间的重组必须被抑制。S 位点的重组怎样被抑制还未知，但确定 S 位点不同等位基因的染色体重排可能导致了这种重组抑制。

根据遗传行为，自交不亲和可细分为两种。在配子体自交不亲和（gametophytic self-incompatibility, GSI）中，自身识别依赖于单倍体花粉粒携带的 S

位点的基因型。如果那个花粉的 S 位点与二倍体柱头组织中两个 S 位点的其中一个相匹配，那么花粉就会不亲和（图 19.45）。配子体自交不亲和比较常见，并在至少 60 个植物家族中存在，包括茄科、蔷薇科和罂粟科。在这些系统中，不亲和的花粉管通常可萌发，但它们的生长在进入胚珠之前的花柱中就受到抑制。在孢子体自交不亲和（sporophytic self-incompatibility，SSI）中，授粉通常在早期即在花粉水合或花粉管萌发阶段就被阻止。二倍体花粉的亲本孢子体 S 位点的基因型决定了授粉的成功与否。如果父本两个 S 位点的任何一个与母本的相同，那么杂交就是不亲和的（图 19.45）。孢子体自交不亲和比较少见，发生在菊科和十字花科的植物中，但它包含了其中一个在分子水平最好的研究例子——芸薹属（*Brassica* spp.）。

尽管大多数自交不亲和系统都是由单个 S 位点的基因控制，但是情况可能会更复杂。例如，在黑麦（*Secale cereale*）中，两个配子体的作用位点 S 和 Z 控制自交不亲和，在毛茛（*Ranunculus acris*）中，

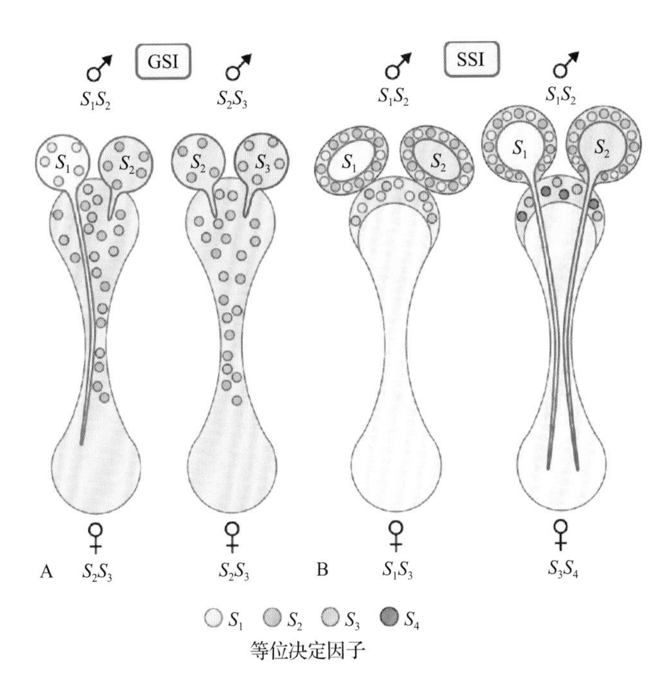

图 19.45 自交不亲和的遗传机制。A. 在配子体型自交不亲和（GSI）中，花粉粒中的 S 等位基因与雌方不同时，授粉才能成功，也就是与雄配子的基因型有关。例如，在一个 S_2S_3 的柱头上，S_1 的花粉可生长穿过花柱，但是 S_2 和 S_3 的花粉管败育。B. 在孢子体自交不亲和中（SSI），来自雄方的所有花粉与雌方共享任何 S 等位基因都不能萌发，也就是说与雄方孢子体的基因型有关。因为花粉外被上有花粉因子，不管 S_1 或 S_2 的花粉都不能在 S_1S_3 柱头上萌发，但是可在 S_3S_4 柱头上萌发

自交不亲和依赖于至少 4 个不同的位点。然而，接下来描述的系统中单个 S 位点编码的基因决定授粉成功与否，但是其分子机制却有很大不同。

19.6.2 芸薹属植物孢子体自交不亲和由类受体激酶介导

在十字花科植物中，SSI 系统依赖于花粉粒和柱头乳突细胞之间的相互作用。自交不亲和反应十分迅速，数分钟之内便可完成，而且局限在乳突细胞表面发生。这可通过使用显微操作器将花粉粒放到单个的乳突细胞上来证明。当自交亲和与不亲和的花粉粒紧挨着放置到单个乳突细胞上时，不亲和的花粉粒不能水合，但是亲和的花粉粒可萌发。因此，相互作用必须局限在乳突细胞表面的一个小区域，而且不涉及整个细胞的响应。此外，如果不能水合的花粉随后放到一个亲和的柱头上，它可成功授粉。因此，和下面描述的系统不同，在十字花科植物中的 SSI 系统不会引起不亲和花粉的细胞死亡。

花粉粒一旦落到柱头上，花粉外壁的成分就会流动到乳突细胞上（见 19.5.2 节）。花粉外壁包含决定自交不亲和作用特异性的花粉因子。这可通过将一个亲和的花粉粒放到不亲和花粉粒放过之后又移走的位置处来证明。亲和的花粉不能萌发是因为不亲和的花粉留下的花粉外壁成分引发了一个不亲和反应（图 19.46）。花粉外壁中花粉因子的存在解释了十字花科植物中自交不亲和系统的孢子体性质。花粉外壁包含绒毡层产生的分子。由于绒毡层是二倍体，它通常可表达花粉亲本的两个 S 等位基因，所以推测花粉外壁中存在两个 S 等位基因编码的两个不同的花粉因子。

自交不亲和反应是由一个在乳突细胞表达的 RLK 和一个花粉外壁分泌的配基之间的相互作用介导的（图 19.47）。S 位点受体激酶（SRK）是一个定位在乳突细胞质膜上的单跨膜丝氨酸 / 苏氨酸激酶。它结合和识别花粉因子，即防御素类的一个小的 CRP，被称为 S 位点富含半胱氨酸蛋白（SCR）或 S 位点蛋白 11（SP11）。SRK 和 SCR/SP11 都是多态的，在氨基酸水平的序列差异 SRK 达 35%，而 SCR/SP11 多达 70%。实际上，鉴定花粉因子的一些生物化学、遗传和分子生物学的方法都失败了，通过寻找一个在花药表达且与 SRK 紧密连锁的多肽

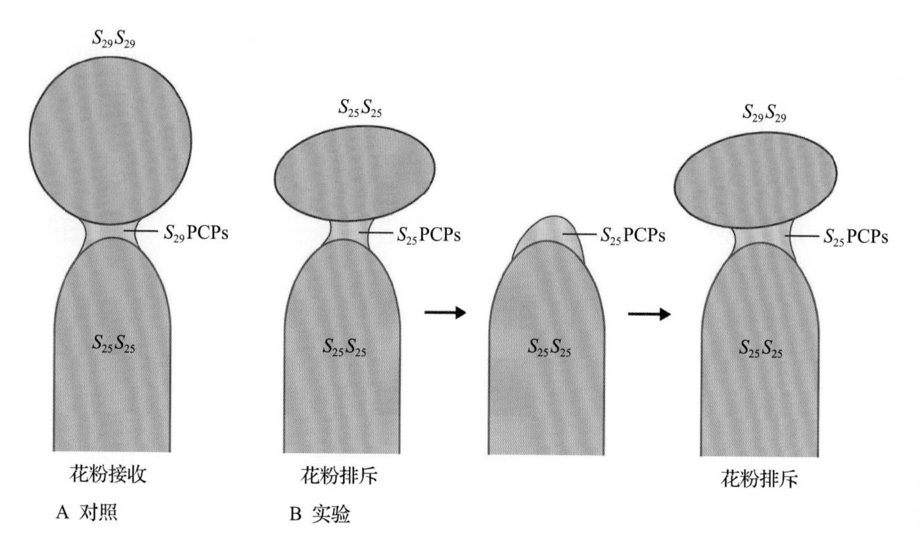

图 19.46 花粉因子存在于花粉外壁上。为了简单起见，只用了 S 等位基因纯合的植物。花粉黏附到乳突细胞上后，含有花粉外壁蛋白（PCP）的花粉外壁成分流动到乳突细胞上。利用显微操作器将花粉粒放到乳突细胞上可使 PCP 在乳突细胞堆积，然后再将花粉粒移除。A. $S_{29}S_{29}$ 植物的花粉和 $S_{25}S_{25}$ 雌蕊之间可进行亲和的杂交。B. 首先把 $S_{25}S_{25}$ 植物的花粉放到黏附点处，累积的 PCP 可起始自交不亲和反应。在乳突细胞上放置 6～8kDa 大小的 PCP 生物化学片段也能达到相同的效果

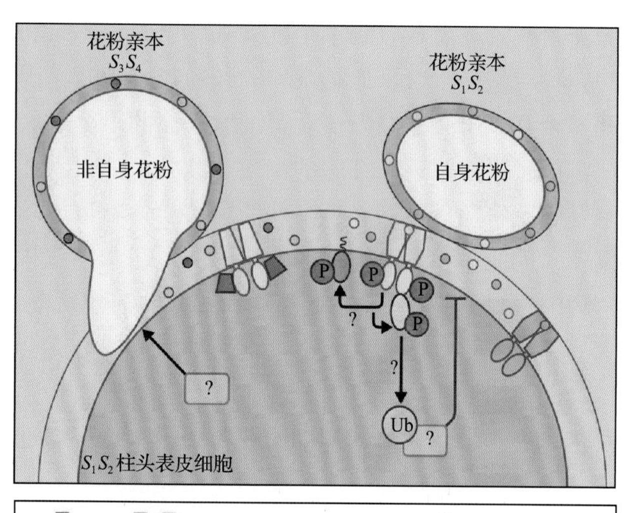

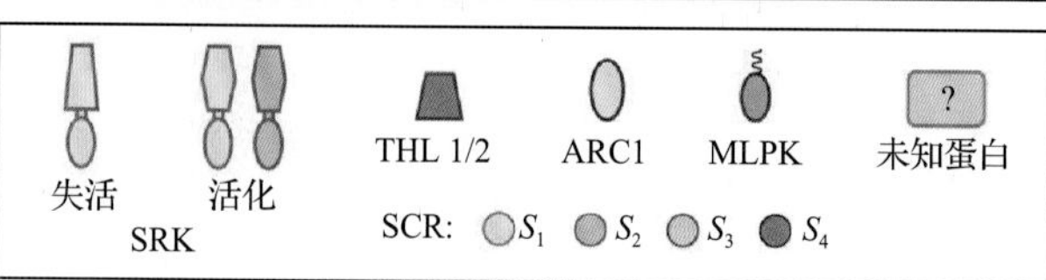

图 19.47 芸薹属植物的 SSI 模型。左，在 SRK 未被激活处显示为一个亲和的相互作用。右，SCR/SP11 配体诱导乳突细胞中信号级联反应导致的一个不亲和的作用。详见正文。Ub，泛素。THL，类硫氧还蛋白 h 蛋白

基因的基因组学方法带来了突破性的进展。

相同的 S 等位基因编码的 SRK 和 SCR/SP11 变异的特异相互作用阻止了花粉的水合作用。这两种蛋白质已通过功能缺失和功能获得的方法证明了分别独立负责决定相互作用的特异性。在转基因植物中，*SRK* 的下调导致自交不亲和以等位基因特异的方式受到破坏。相反，一个额外的 *SRK* 或 *SCR/SP11* 等位基因的表达分别赋予柱头或花粉额外的特异性。

这两个蛋白质不仅是必需的，而且对于自交不亲和是足够的，因为相应的 *SRK* 和 *SCR/SP11* 等位基因从琴叶拟南芥向拟南芥的转移，拟南芥在不到一百万年之前成为自花授粉，表明它们仍然是有功能的。尽管拟南芥中的自花授粉有多个独立的起源，95% 的欧洲来源的拟南芥共享一个 SCR/SP11 的倒位，暗示着这个基因快速的近期传播。因此，*SRK* 下游的信号转导组分在自花授粉的拟南芥中都起作用。这不仅与拟南芥自花授粉的近期演变一致，也与以下事实一致，即这些下游组分可能也对除了自交不亲和以外的信号传递过程必不可少。

虽然已做了很多工作来研究决定花粉和柱头因子的演化和功能，但是对 SCR/SP11 与 SRK 结合诱导信号转导级联反应知之甚少。SRK 在其配基不存在时形成同源二聚体，被 THL1/2（thioredoxin h-like）通过一种不太清楚的机制保持在非活性状态。SRK 与 SCR/SP11 的相互作用依赖于这种抑制作用，导致 SRK 的自身磷酸化。这使 SRK 与 ARC1（Armadillo repeat-containing protein 1）相互作用，ARC1 只结合磷酸化形式的胞内 SRK 激酶域。这种相互作用怎样抑制花粉萌发仍未知，但 ARC1 定位在蛋白酶体上暗示着它参与了蛋白质的降解。最后，突变之后可导致植物自交亲和蛋白 MLPK（*M*-locus protein kinase）通过一种未知的机制也参与信号转导，推测 MLPK 是一个可能的豆蔻酰化蛋白，因而可能定位在膜上（图 19.47）。

大部分 S 等位基因共显性，但有一些表现出显性 / 隐性相互作用。例如，在芜菁花粉中 S_{11} 等位基因相对于 S_{60} 等位基因显性，所以一个 $S_{11}S_{60}$ 植物产生的花粉可在表达 S_{60} 等位基因的柱头上萌发。这些显性 / 隐性相互作用可能很复杂，而且在柱头和花粉之间可能不同。在花粉中 S_{11} 等位基因的显

性作用依赖于一个表观遗传的机制。最近发现的S_{11}等位基因*Smi*编码一个反式作用于S_{60}等位基因*SCR/SP11*上的小RNA，导致它的启动子通过RNA依赖的DNA甲基化通路发生甲基化。DNA甲基化导致花粉管因子基因S_{60}等位基因*SCR/SP11*的沉默，因此导致了其在花粉中的隐性行为（图19.48）。

19.6.3 罂粟中的配子体自交不亲和：一个信号级联反应导致花粉管的细胞凋亡

虽然在芸薹属植物中，孢子体自交不亲和系统作用于花粉-柱头相互作用的早期，但配子体的自交不亲和系统导致花粉管在萌发之后死亡。例如，在虞美人（*Papaver rhoaes*）中，花粉管可萌发但在穿过柱头以后很快死亡。在罂粟中的自交不亲和反应信号事件已经被详细描述，因为这个反应可在体外系统中重现，罂粟柱头的提取物可有效地抑制不亲和的花粉管生长。因此，自交不亲和反应的需求和与其相关的信号事件可通过比较亲和或不亲和植物柱头提取物存在时的花粉管来研究。

诱导花粉管细胞凋亡的配体是一个由柱头细胞分泌的大约15kDa的低丰度糖蛋白。这个柱头因子，被称为PrsS（*Papaver rhoaes* stigma S）是多态的，能以等位基因特异的方式抑制花粉管的生长。尽管其与已知的配体没有明显的相似性，其分泌性质和小分子质量表明它是由花粉管上一个推测的受体以等位基因特异的方式检测到的。这个受体PrpS（*Papaver rhoaes* pollen S）编码一个新型的大约21kDa的跨膜蛋白。与预期一致，PrpS和PrsS是多态的，蛋白质通过PrpS的胞外的环相互作用。PrpS的下调以一种等位基因特异的方式减轻了花粉管生长的抑制，表明了PrpS在识别过程中的关键作用。另外一个整合膜蛋白SBP（the S-protein binding protein）可能促进配体和受体之间的相互作用。它结合PrpS，但并不是以等位基因特异的方式增强PrpS体外系统中抑制花粉管的生长效应。

受体-配体结合之后发现的第一个反应是钙离子内流进入花粉管，这改变了花粉管生长所需要的顶端聚集的钙离子浓度梯度（见19.5.3节）。钙离子浓度的增加也扰乱了肌动蛋白细胞骨架，诱导了钙离子/钙调蛋白依赖的靶蛋白磷酸化作用。这些靶蛋白中有一个26kDa的无机焦磷酸酶（p26，IPP）和一个56kDa的有丝分裂原激活的蛋白激酶（p56，MAPK）。MAPK级联反应的激活最终导致程序性细胞死亡的起始，特点是细胞色素*c*从线粒体中泄漏、类半胱天冬酶蛋白酶的激活和细胞核DNA的降解（图19.49）。

19.6.4 一个普遍的配子体自交不亲和系统涉及花柱核糖核酸酶

发生在以下几个家族包括茄科、蔷薇科和玄参科的植物中的不同的配子体自交不亲和系统是基于非特异性的核糖核酸酶——S-核糖核酸酶（S-RNases），代表这个系统的柱头因子。不亲和的花粉管可萌发，但花粉管生长到花柱上部1/3时受到明显抑制。这些花粉管生长缓慢，细胞膜和细胞器异常，并且顶端膨胀有时会炸裂。这是由于大量S-RNase分泌到这些科植物的湿柱头细胞外基质引发的效应。

尽管S-RNase是非特异性的，可降解不同的RNA分子，但它们只在自身花粉中发挥功能。S-RNase具有多态性，有两个高度变异的结构域负责它们S等位基因的特异性。如果亲和的与不亲和的花粉管在同一个花柱中生长，只有不亲和的花粉管被阻止进入胚珠。为了解释这种等位基因特异的行为，人们提出只有自身的S-RNase通过一个等位基因特异的转运蛋白被摄入花粉管。但这个观点被驳回，因为后来发现S-RNase可被自身和非自身的花粉管非特异性地摄入，因此导致等位基因特异的生长抑制过程肯定发生在S-RNase进入花粉管之后。尽管S-RNase是20世纪80年代末期在分子水平上

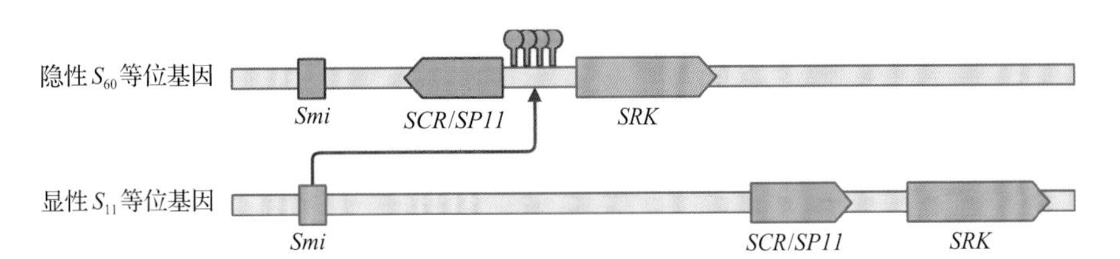

图19.48 芜菁中显性/隐性S等位基因模型。显性的S_{11}等位基因包含*Smi*基因，可以生产小RNA互补隐性S_{60}等位基因*SCR/SP11*基因启动子区的一段序列。小RNA通过DNA甲基化导致*SCR/SP11*在隐性位点沉默。蓝色基因：表达的；红色基因：未表达的

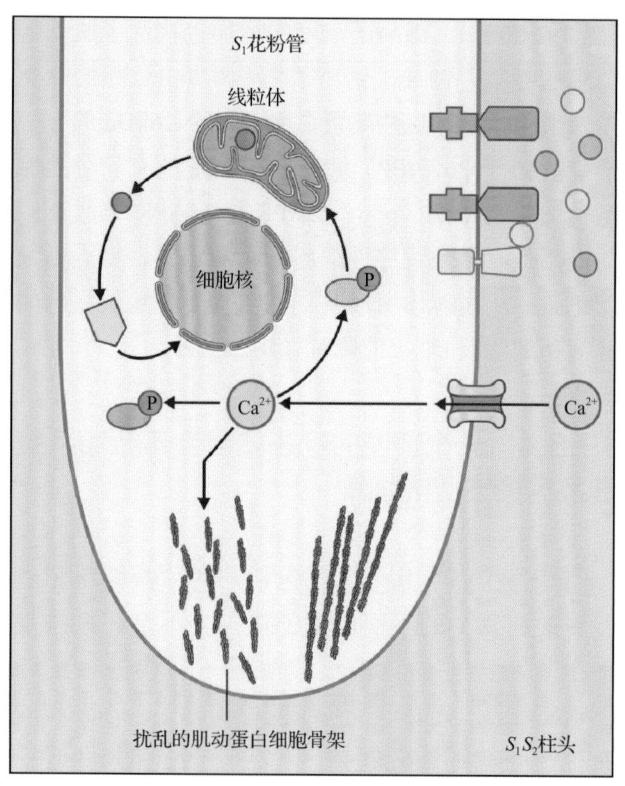

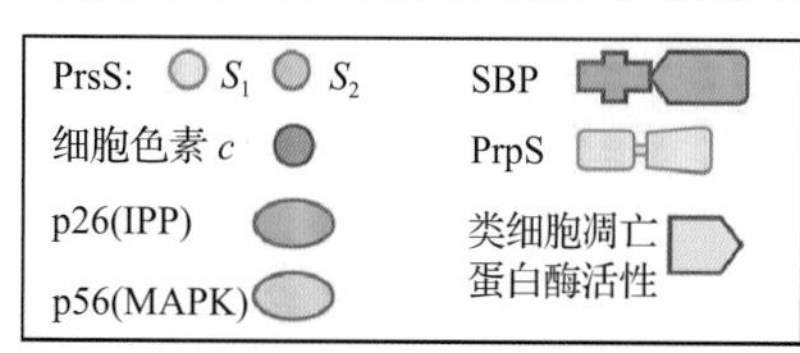

图 19.49 罂粟 GSI 模型。柱头因子 PrsS 与花粉膜蛋白 PrpS 结合并通过肌动蛋白解聚作用激活信号级联反应导致花粉管生长停止，最终引起程序性细胞死亡。详见正文

鉴定出来的所有自交不亲和系统中的第一个因子，但却花了几乎 30 年的时间来理解 S-RNase 这种特异的作用是怎样完成的。

紫花矮牵牛（*P. inflata*）的花粉因子在寻找与柱头因子 S-RNase 基因紧密连锁的多态基因时被鉴定出来。通过研究鉴定出 SLF（S-locus F-box）蛋白，SLF 蛋白属于一个胞质蛋白家族，这个蛋白家族的成员是 E3 泛素连接酶复合体的一部分。F-box 蛋白为 E3 泛素连接酶提供特异性，是通过结合特异的底物靶向底物然后通过泛素——蛋白酶体通路将底物降解（见第 10 章）。SLF 的确结合到 E3 连接酶复合体亚基上，也与 S-RNase 相互作用。尽管这种相互作用不是等位基因特异的，SLF 与非自身的 S-RNase 的相互作用要比与自身 S-RNase 的作用强得多。蛋白酶体抑制剂阻碍亲和的而非不亲和的花粉管生长的事实为正常花粉管的生长需要 S-RNase 的降解这一观点提供了进一步的支持。基于这些发现，人们提出所有非自身 S-RNase 都与通过 SLF 相互作用经蛋白酶体通路降解，因此可允许亲和的花粉管生长。相反，SLF 不能与自身 S-RNase 相互作用，因此自身 S-RNase 仍然保持活性抑制自身花粉管的生长。

这个模型需要花粉因子 SLF 识别除了被相同的 *S* 等位基因编码外的许多不同 S-RNase。这就带来问题，因为 *SLF* 基因的多态程度是有限的（9 个已分析的 *SLF* 等位基因之间只有 0~15%，比对应的 S-RNase 基因的 20%~60% 低很多）。而且 S-RNase 和 *SLF* 基因没有表现出如自交不亲和系统中花粉和柱头因子那样的共同演化的明显特征。尽管 SLF 不能明显地与花粉特异性连锁，但腋花矮牵牛 *P. axillaris* 中 S_7 和 S_{19} 等位基因编码的 SLF 蛋白的氨基酸序列相同，尽管在杂交实验中它们的遗传行为不同，表明还有其他因子参与。每个 S 等位基因编码多种 SLF 的发现表明它们对于识别许多不同的 S-RNase 共同被需要。因此，每一个 SLF 只与少数的非自身 S-RNase 相互作用，但是它们一起可识别很多非自身 S-RNase（图 19.50）。

S-RNase 是怎样以及在哪里被降解仍未知，这个过程可能涉及亚细胞区室化作用和 S-RNase 的动态释放。非自身的 S-RNase 被摄取后不会被降解，而是与一个 120kDa 的糖蛋白一起被隔离到内膜囊泡。在随后的花粉管生长中，自身花粉管的囊泡破裂释放 S-RNase，但是非自身花粉管的囊泡依然保持原状态。HT-B、factor 4936 或者抑制自交不亲和反应的 120kDa 糖蛋白的功能缺失也能阻止这些囊泡的破裂。因此，细胞生物学过程，如亚细胞区室化作用和包含蛋白质降解的生物化学的机制必须整合起来完成功能的自交不亲和反应。

19.7 种子发育

随着精细胞和卵细胞的融合，下一个孢子体世代开始发育，这发生在由胚珠受精形成的具有保护性覆盖作用的发育的种子中。种子由雌蕊发育成的果实所包被。果实是植物种子传播的主要途径，许多植物依靠动物传播种子。

19.7.1 种子发育涉及不同部分的协调

在被子植物中，受精的卵细胞（二倍体合子）

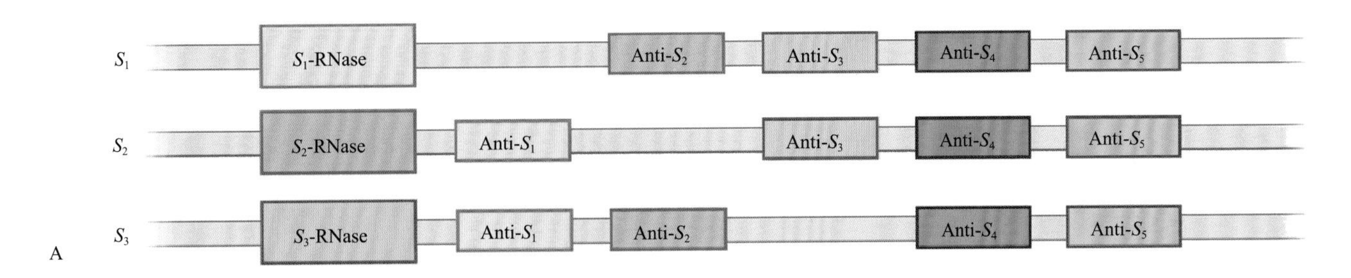

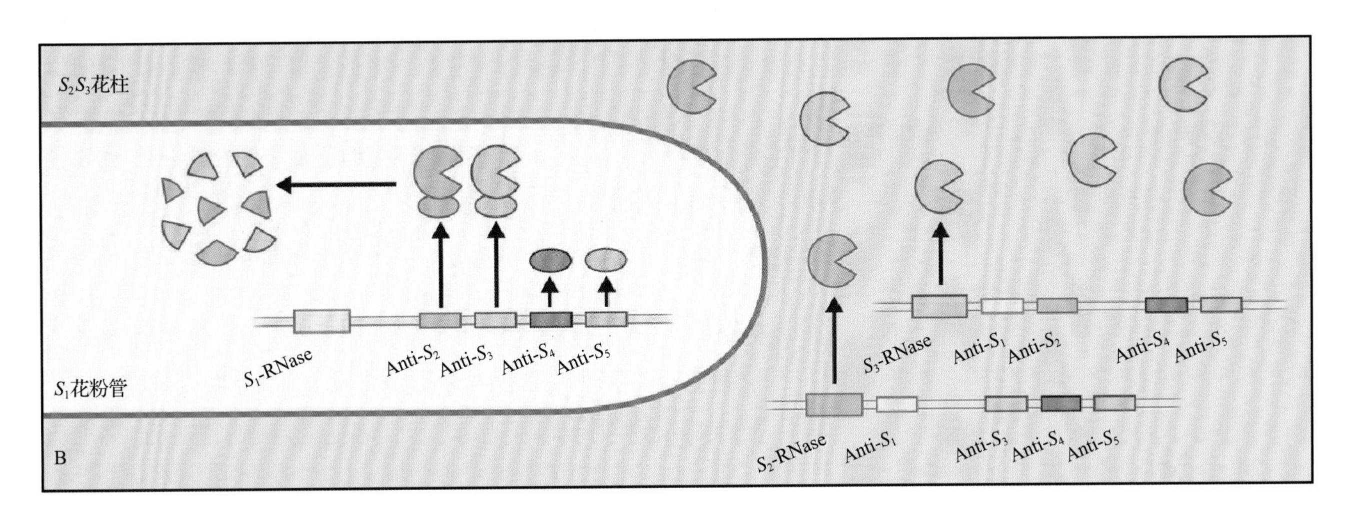

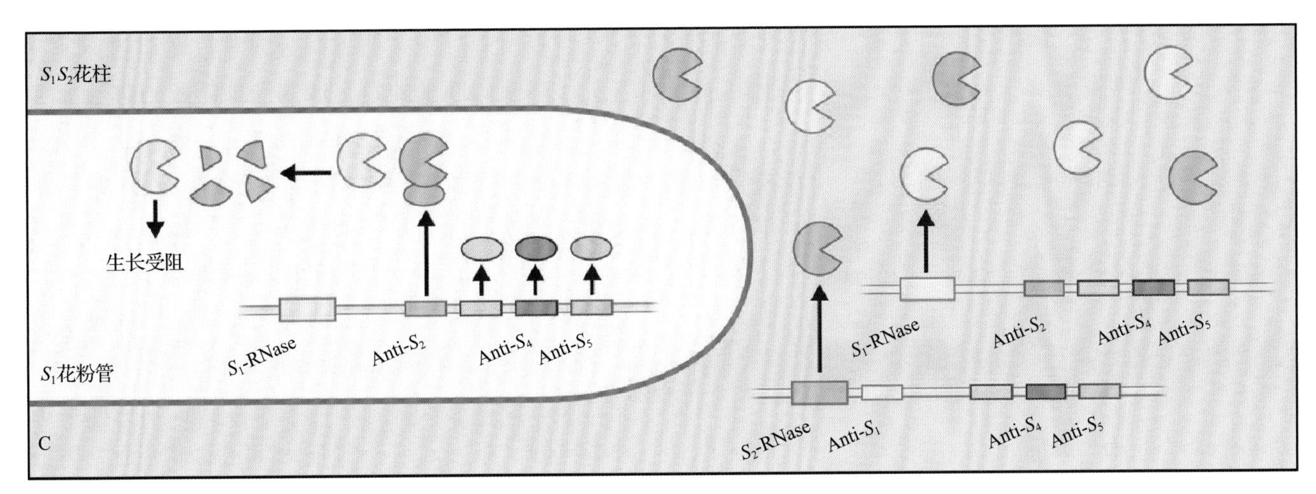

图 19.50 矮牵牛 GSI 模型。A. 不同 S 等位基因具有单个 S-RNase 基因编码的柱头因子，但几个有不同特点（anti-S_1, anti-S_2 等）的 *SLF* 基因共同代表花粉因子。（B）亲和相互作用和（C）不亲和相互作用。在不亲和相互作用中，花粉中不存在 anti-S_1 SLF，所以 S_1-RNase 不能降解，导致花粉管生长停止。详见正文

发育成胚，受精的中央细胞发育成胚乳，胚乳是一个在胚发育过程中提供营养的组织。相反，在裸子植物中，受精之前形成的大的多细胞雌配子体作为胚胎发育提供营养的组织。

一个多世纪之前人们提出了解释胚乳演化的两个相互矛盾的理论，但演化的起源仍然不清楚。裸子植物雌蕊中未受精雌配子体的形成是十分消耗能量的。因此，人们提出它们的形成依靠受精作用来阻止能量浪费。在这个理论中，胚乳的演化起源具有雌配子体的特征。第二个理论表明胚乳是合子起源的，最初形成的是另一个胚，然后演化成胚乳来支持胚的发育。尽管双受精被认为是被子植物的典型特征，但是在长叶麻黄（*Ephedra nevadensis*）和灌状买麻藤（*Gnetum gnemon*）两个裸子植物中也形成两个合子。因此，双受精并不是被子植物特有，但由于它是衍生的还是原始的特点仍未知，所以还不能确定胚乳演化的起源。

胚和胚乳相互依赖并以协同的方式发育。另外，它们被种皮包被，种皮是母体来源的组织，也影响胚和胚乳的发育（图 19.51）。为完成正常的发育，

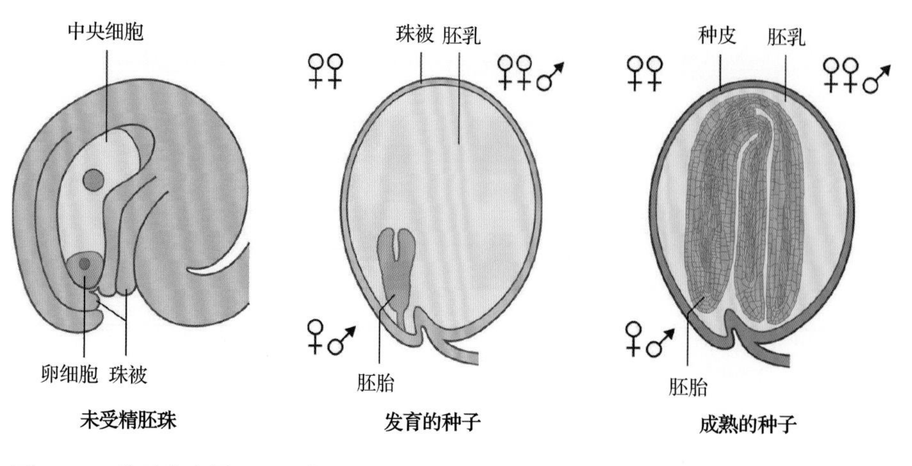

图 19.51 种子发育图示。父本和母本对胚胎、胚乳和种皮的起源及遗传贡献

19.7.2 种子发育的亲本效应可能是孢子体或配子体起源

亲本效应在种子发育过程中发挥重要的作用。种子的所有部分都是相互依赖的，因此一个母体种皮基因的突变可潜在地影响两个受精产物中任何一个的发育。这样的突变可导致种子发育的孢子体母本效应。来自于纯合突变体母本的种子即使携带一个野生型的花粉供体，也还是会产生缺陷；如果反向杂交，种子就会正常发育。正反交结果的差异是母本（或父本）效应突变体的特点。

种子这三部分必须交换信号来协调发育，但这些相互作用的分子机制知之甚少。然而胚乳对于胚的后期发育十分重要，但在胚发育的早期好像并不是绝对必要的。例如，如果卵细胞和中央细胞中 RNA 聚合酶Ⅱ下调，胚可发育到球形期（见下文），而胚乳的发育受到抑制。与此相似，在拟南芥 *glauce* 突变体中，没有胚乳产生但胚可发育到球形期。因此，在胚的早期发育阶段，似乎不需要来自胚乳的信号和产物。

然而，种皮和胚乳间重要的相互作用在受精前后均有发生。例如，受精之前种皮的发育被 PcG 蛋白（见第 9 章）抑制。这种抑制的解除需要中央细胞的受精作用，因为在不影响母体组织的自发胚乳突变体（见 19.4.7 节）中没有观察到这一表型。受精后，其他的通路控制种皮发育。例如，*mini*（*miniseed*）和 *iku*（*haiku*）之类的突变体产生胚乳增殖降低的较小的种子。这些基因编码一个信号转导通路中的成分，包括一个 LRR-RLK（IKU2）、一个 WRKY 类的转录因子（MINI3）和植物特异的 VQ 基序蛋白（IKU1）。尽管这些基因只在胚乳中表达，但是它们影响种皮的珠被细胞的伸长，表明来自胚乳的信号控制种皮的发育，而且对于种子大小的影响也十分重要。相反，另一个 WRKY 转录因子 TTG2（TRANSPARENT TESTA GLABRA2）在珠被中发挥功能，可促进细胞伸长，导致胚乳增殖和种子形成。与 TTG2 相反，转录因子 AP2 和 ARF2（AUXIN RESPONSE FACTOR2）抑制珠被的细胞增殖，因此限制了种子的大小。这些相互作用共同阐明种子发育过程中母体组织和合子组织相互依赖。

配子本身可能也缺乏种子发育后期阶段十分重要的基因产物。在这种情况下，影响配子体活性的一个突变可通过配子体母本效应导致异常的种子发育。一个阻碍胚囊的发育或功能的雌配子体致死突变导致胚珠不能受精发育成种子。然而在一个配子体母本效应突变中，雌配子参与受精作用，缺陷只有在后来才变得明显，如导致种子的败育（信息栏 19.4）。因此，在一个杂合的配子体母本效应致死突变中，尽管具有父本贡献，但仍然有一半的种子败育；在正反交中没有观察到任何表型。

配子体母本效应影响种子发育的机制可能是多种多样的。第一，这样的突变在胚乳中可能是单倍剂量不足；与野生型的正反交产生不同的三倍体胚乳的遗传组成，有一或两个野生型等位基因。如果一个野生型的等位基因不足以维持正常的种子形成，就会导致种子发育的母本效应。第二，其中一个或者两个雌配子可能缺少积累和存储，但只在受精后才需要的基因产物。如果这种缺乏的基因产物不能被父本的基因组补偿，就会导致种子发育的配子体母本效应，有时候称为胞质特征的母本效应。这种情况在许多动物的母本效应中是十分典型的，在动物中大的卵细胞携带合子最初分裂周期所有需要的产物。最后，雌配子的基因组中可能携带特异的表观遗传修饰导致受精之后差异表达，有时候称为染色体特征的母本效应。例如，一个母体的等位基因可能携带一个标记使得它在受精之后被激活而

信息栏 19.4 生殖突变体的表型种类

不同种类的雌性生殖突变体可通过打开的、发育的、角果中的表型来鉴定。在野生型（图 A）中，几乎 100% 的种子发育正常（绿色种子）。相反，携带一个雌配子体致死突变（图 B）的突变等位基因的胚珠不能发育成种子。因此，在这样一个突变杂合的植物中，只有一半的种子正常发育，然而剩下的胚珠不能受精，而且可看出是枯萎的、白色的胚珠（箭头）。在配子体母本效应突变中（图 C），携带突变配子体的胚珠可受精，但种子在之后的发育过程中败育，因此 50% 的种子正常（绿色）、50% 的种子败育（白色或者褐色）。这与合子胚胎致死突变（D）相反，这种突变只有纯合的胚败育，只产生 25% 败育的种子（白色或褐色）。

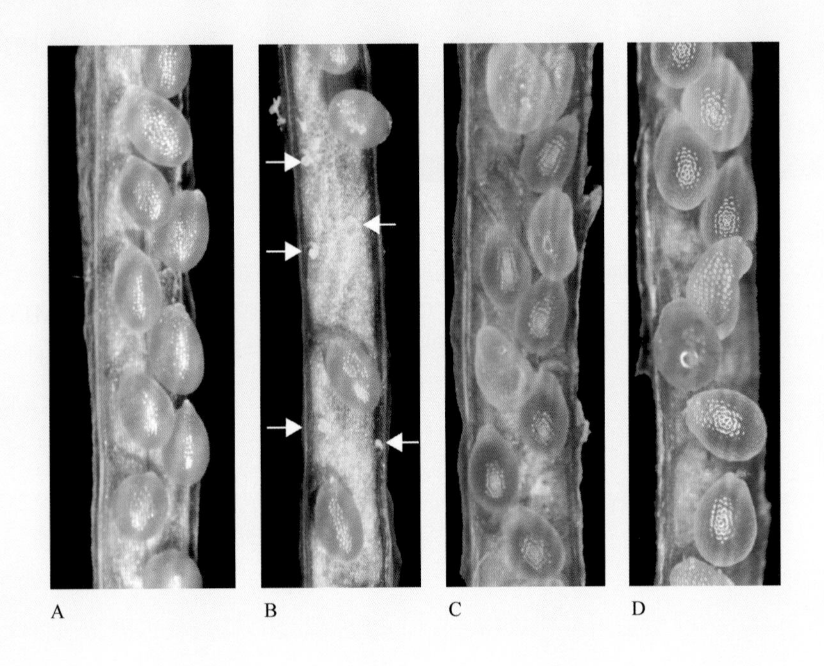

父本遗传的等位基因保持沉默。因此，在这个位点处，胚在功能上是半合子的。这种基因表达的亲本来源依赖效应被称为基因组印记（见 19.7.5 节）。

母体的种皮在种子休眠和萌发中发挥作用，母本效应对种子颜色和幼苗生理机能的影响也已经被描述，但人们认为母本效应对于发育并不重要。这种观点主要是基于植物细胞可在培养基中产生胚的事实，暗示着胚胎形态建成既不需要卵细胞特化的细胞质，也不需要基因组特别的表观遗传配置。*medea*（*mea*）突变体的发现改变了这一观点，*mea* 是拟南芥中的配子体母本效应突变，其对正常的胚和胚乳发育是必需的。从雌配子体继承了一个突变的 *mea* 等位基因的种子是败育的，尽管父本也有贡献（图 19.52）。随后，人们发现大约有一半的突变体有配子体遗传的模式（见信息栏 19.3），受精后表现出胚或胚乳的表型。因此，母本效应是广泛存在的，与培养条件下形成对照，合子的胚胎形态建成似乎需要大量的母体资源。

从概念上讲，精细胞的缺陷也能导致胞质或者染色体特征的父本效应。植物的精细胞含有一套不同的转录本，所以通过与雌配子融合一些转录本被传递到合子产物中。拟南芥的 *SSP*（*SHORT SUSPENSOR*）基因在精细胞中转录，但是只有被传递到雌配子体中后才能翻译。在合子中，SSP 激活 YODA（YDA）MAPK 通路，调节合子的伸长和第一次不对称分裂。在 *ssp* 和 *yda* 突变体中合子不能伸长，而且第一次分裂几乎是对称的。然而只有纯合的 *yda* 的胚是这个表型，*ssp* 是一个父本效应突变，它的表型只有当 *spp* 是由父本继承而来的时候才能表现出来。合子伸长对父本 *ssp* 活性的依赖性提供了一种机制，以确保只有在受精成功之后才会发生这种情况。

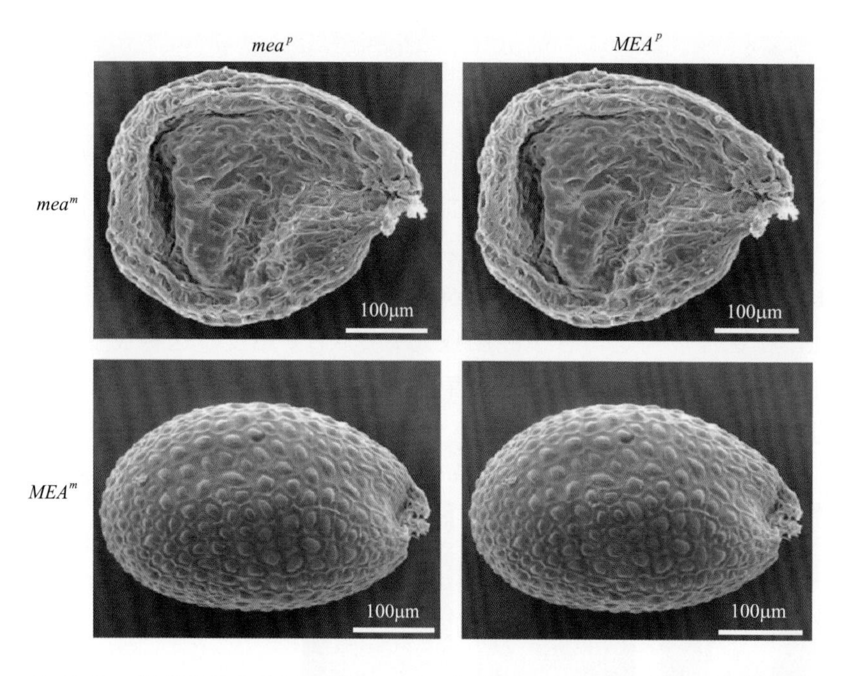

图 19.52 拟南芥母本效应突变体 *medea* 在正反交中的遗传行为。来自突变的雌配子体的种子（也就是那些带有母本 *mea*^{m} 等位突变基因的）的败育与父本贡献无关。相反，所有带有野生型 *MEA*^{m} 等位基因的种子都是正常的，尽管其带有父本来源的 *mea*^{p} 等位基因突变。来源：Baroux et al.（2002）. Adv. Genet. 46: 165

19.7.3 胚胎发生建立了孢子体的主轴

虽然配子体亲本效应突变清晰地显示了一些早期发育的资源来自于亲本，但胚胎的形态建成需要更多基因，它们的突变可使胚胎致死（见信息栏 19.4）。

对于受精之后何时合子的基因组变得活跃的争论十分激烈。不同的证据表明母体的贡献十分重要，合子基因组的激活和动物中一样是一个渐变的过程。基于基因位点，在母系和父系遗传的基因组完全激活之前，可能需要几个分裂周期。另一方面，受精不久后一些基因就被激活了，有些例子是两个亲本的基因组似乎早在胚胎形态建成的二细胞期就充分激活。还需要更多的研究来确定合子基因组被激活的时间是怎样被调控的，以及就这一点而言植物物种之间具有怎样的差异。

胚胎发生的主要功能是在胚胎的根端和茎端分生组织建立干细胞群。在拟南芥中，胚胎形态建成中的细胞分裂遵循一个常规的模式，因此哪些细胞分裂及分裂面的朝向都可高度预测(图 19.53)。然而，在许多植物物种中，胚的细胞分裂并不遵循一种可预测的模式。这表明一个胚细胞的命运不能由它的谱系决定，而是被它的邻近细胞所影响：细胞的命运取决于它们在胚胎中的位置。

大量的证据表明在拟南芥中也是这样，在发育的过程中，细胞的命运决定是灵活的。如同目前研究的所有植物，在拟南芥中，合子沿着胚珠的珠孔 - 合点轴伸长，然后不对称分裂形成一个大的基细胞和一个小的顶细胞。顶细胞进一步分裂形成胚体，而基细胞形成胚柄，连接胚体和胚珠（图 19.53）。考虑到第一次不对称分裂建立了胚的顶端 - 基部极性，人们已花了很多的精力去理解这个过程的调控。

合子的伸长和分裂需要亲本因子和合子因子。WOX（WUSCHEL-RELATED HOMEOBOX）转录因子家族成员在这个时期发挥重要的作用。WOX2 和 WOX8 的转录本在卵细胞和合子中都有，但分别仅仅局限在顶部和基细胞中。合子分裂后，WOX8 连同它同源的 WOX9 一起调节基细胞的发育，也通过非细胞自主的方式激活 WOX2 调节顶细胞的发育（图 19.54)。这些基因的单突变或多突变都不影响不对称分裂，所以这个过程中的这些突变的功能仍然不清楚。

在合子中，*WOX8* 和 *WOX9* 被转录因子 WRKY2 直接激活。在 *wrky* 突变体中，卵细胞可形成，但受精后合子不能识别细胞质的极性分布，不能正确地伸长和不对称分裂。当 WOX8 在卵细胞和早期胚胎中表达时这种缺陷可部分恢复，这就提供了胚胎极性和早期胚胎模式建成之间的联系（图 19.54)。这种缺陷的部分恢复以及 *wox8/9* 双突变体拥有正常的合子分裂，共同表明一个额外的未知因子也参与这个过程。

前面提到的 YDA MAPK 通路，是由父本精细胞的 *SSP* 激活，也参与调节第一次不对称分裂。这两个通路的相互关系还不很清楚，但是对 RKD 家族的一个转录因子 GRD（GROUNDED）的特性研究已经有了新的见解，GRD 是 YDA 信号转导所必需的，但它不是 YDA MAPK 级联反应的靶点。然而，*grd* 和 *wox8/9* 突变体表现出很强的协同作用：三突变体败育因为合子或早期胚胎没有明显

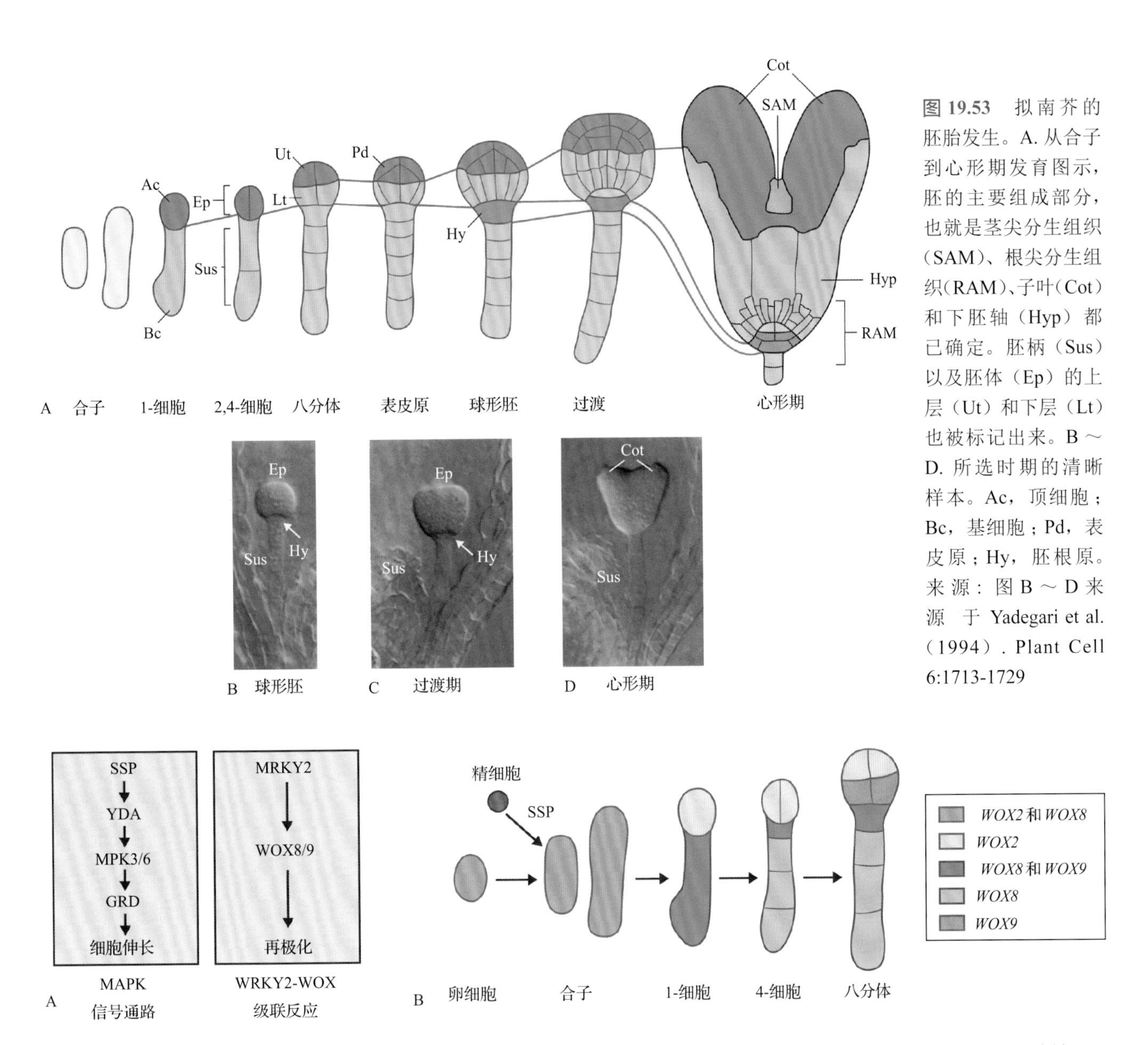

图 19.53 拟南芥的胚胎发生。A. 从合子到心形期发育图示，胚的主要组成部分，也就是茎尖分生组织（SAM）、根尖分生组织（RAM）、子叶（Cot）和下胚轴（Hyp）都已确定。胚柄（Sus）以及胚体（Ep）的上层（Ut）和下层（Lt）也被标记出来。B ～ D. 所选时期的清晰样本。Ac，顶细胞；Bc，基细胞；Pd，表皮原；Hy，胚根原。来源：图 B ～ D 来源于 Yadegari et al.（1994）. Plant Cell 6:1713-1729

图 19.54 拟南芥合子不对称分裂的调控。A. 合子伸长和不对称分裂由平行的 WOX 和 YDA 通路控制。B. YDA 通路被 SPP 蛋白激活，SPP 的 RNA 通过精细胞传递。*WOX* 同源异形基因沿着胚胎的顶端 - 基部轴表现出不同的表达模式

的极性，表明它们独立作用来调节合子极性和伸长（图 19.54）。

一旦不对称分裂完成，胚的顶端 - 基部轴必须被巩固和加强。后来的模式建成的过程依赖于植物激素生长素。尽管生长素明显没有参与合子的第一次分裂，但是分裂完成后它便在顶细胞快速积累，这是生长素极性运输的结果。PIN（PIN-FORMED）质膜蛋白家族成员的功能是作为生长素输出转运蛋白（见第 18 章）。

PIN7 定位在基细胞的顶膜上，最初是在基细胞发育而来的胚柄细胞上，因此将生长素运输到顶细胞中（图 19.55）。顶细胞第一次分裂之后，PIN1 在胚体细胞的内表面聚集，导致生长素均衡分布形成胚体。在早期的球形胚时期，PIN 转运蛋白发生动态重排，导致 PIN1 和 PIN7 分别定位到胚胎和胚柄细胞的基部膜上。这导致生长素在胚柄最顶部细胞胚根原积累。胚根原是对胚胎有贡献的唯一来源于基细胞的细胞，在胚根分生组织的建立中发挥重要作用（图 19.55）。这种 PIN 蛋白的重新定位依赖于 GNOM，一个腺苷核糖基化因子（ARF-GEF）的鸟嘌呤核苷酸转换因子，参与了 PIN 蛋白到质膜的定向运输。这解释了 *gnom* 突变体严重的模式缺陷，*gnom* 突变体是从影响胚胎模式建成的突变体筛选中分离出来的。在 *gnom* 突变体中，PIN 蛋白的非极性分布导致胚胎顶端 - 基部轴不能形成。

胚根原不仅积累生长素，还有很高水平的细胞

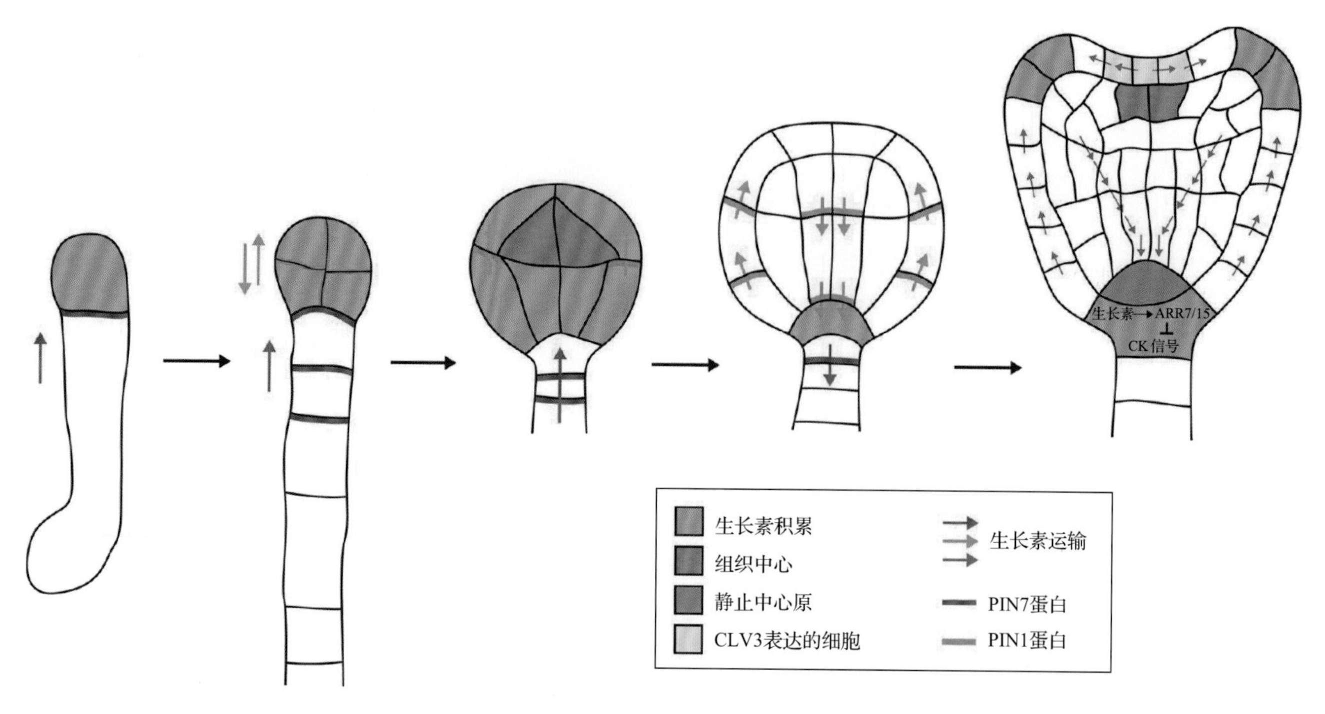

图 19.55 胚胎的根和茎分生组织的形成。沿顶端 - 基部轴的模式涉及生长素首先在顶细胞和它的子细胞中局部积累，然后在可形成根分生组织的胚根原处积累。WUS 和 CLV3 在幼胚的表达建立了茎分生组织。详见正文

分裂素信号。胚根原不对称分裂形成透镜状的顶细胞，里面细胞分裂素信号依旧保持高的水平，较大的基细胞中生长素水平较高。在基细胞中生长素直接激活细胞分裂素信号抑制子基因 *ARR7* 和 *ARR5*。因此，生长素和细胞分裂素拮抗作用建立了透镜状细胞的身份，透镜状细胞发育成静止中心细胞，组织建立胚胎的根分生组织。

茎端分生组织是通过调节因子表达区域的建立和连续细化而独立形成的。胚中基部和顶端区域根与茎的命运是由 PLETHORA 和 HD-ZIP Ⅲ转录因子分别决定的。在适当的遗传背景下，这两个因子的异位表达可使根和茎相互转化。例如，HD-ZIP Ⅱ因子 *REVOLUTA* 在胚基部区域表达可将根转变成另一个茎。茎端分生组织的干细胞微环境的建立是在八分体时期横向分裂形成胚体的外层（表皮原和表皮前体）和内层细胞之后。顶端的 4 个内部细胞开始表达 WUS，产生胚胎茎端分生组织的组织中心（图 19.55）。稍后，在过渡期，球形胚失去其辐射对称性形成一个双侧的心形胚，*CLAVATA3*（*CLV3*）在相同的区域表达。CLV3 通过与 WUS 的一个反馈回路维持分生组织干细胞群。在新生的子叶之间确定胚茎端分生组织涉及许多因子，包括生长素和转录因子 SHOOT MERISTEMLESS 和 CUP SHAPED COTYLEDON1/2，它们以复杂的方式相互调节。

胚不仅沿着顶端 - 基部轴进行模式建成，形成表皮原的分裂也沿着辐射轴进行模式建成，最终形成一个表皮层、多层基本组织和中心维管系统。在心形期，胚的体平面完全建立：茎端和根端分生组织轮廓分明，子叶原基及不同的径向组织已建立。接下来，形成子叶和下胚轴的细胞膨大后形成一个鱼雷形胚，最终成为成熟的胚。在成熟胚中，子叶和下胚轴大约是相同长度。在拟南芥中，开始于合子、结束于完全长成的胚的全部形态建成的过程在一周之内即可完成，接下来的一周是种子成熟，胚胎建成是为种子的传播和萌发做好准备。

19.7.4 胚乳的发育是由来自母本和合子的因子调控

受精的另一个产物——胚乳能产生蛋白质和碳水化合物来支持胚形态建成及种子萌发。在很多被子植物中，胚乳的存在其实是一个很短暂的过程：它只在种子形成的早期进行增殖，在种子生长的过程中被胚胎吸收。这个过程可能涉及一些形式的程序性细胞死亡，仅仅残留一层或几层细胞围绕着胚胎，包括胚乳的表皮层（糊粉层）。在这些情况下（包括番茄、烟草和拟南芥），胚乳不是作为主要的存储物质的功能，而是胚自身存储能量以供应种子

萌发。在其他物种中，尤其是谷类植物，胚乳是持续存在的，对种子质量的贡献多达 80%，还提供直到幼苗形成之前种子萌发和生存所需的资源。持续存在的胚乳是非常重要的能源之一，可用作食物、饲料、生物能源以及其他的工业原料。

尽管很多研究已经涉及胚乳中食物储备的生物合成和调动，但是对于胚乳发育的分子机制的了解仍非常有限。有两种主要类型的胚乳发育。在一些物种中，如橙色凤仙花（*Impatiens capensis*）和北美山梗菜（*Lobelia inflata*），受精的胚乳分裂，在每个分裂区形成子细胞，这与胚胎形态建成相似。然而这种细胞型的胚乳发育十分少见。

大多数的物种是核型胚乳发育，即胚乳最初的分裂发生在一个合胞体中。因此，在核型胚乳发育中，如在雌配子体中，细胞核在没有胞质分离的情况下分裂（图 19.56）。受精的中央细胞核（次生胚乳）的分裂优先于合子的第一次分裂，随后快速分裂形成合胞体胚乳（多核体）。最初的分裂是同步的，但以后的分裂速率因细胞核在胚乳中的位置不同而不同，形成相应的胚乳珠孔端、外周及合点端有丝分裂的区域（图 19.56）。游离核分裂周期完成后紧接着就是胚乳的细胞化。在拟南芥中，细胞化发生在胚发育的心形期，开始于珠孔的胚胎周围区域（ESR）朝着合点端进行。在谷类植物多核体中，细胞化从外围开始朝着种子的中央进行直到胚乳腔被填满。也是在禾谷类植物的胚乳中，具有不同细胞命运的区域可被鉴定出来：ESR、糊粉层、中央的淀粉质胚乳，以及与拟南芥合点胚乳有关的基底胚乳转移层（BETL）（图 19.56）。

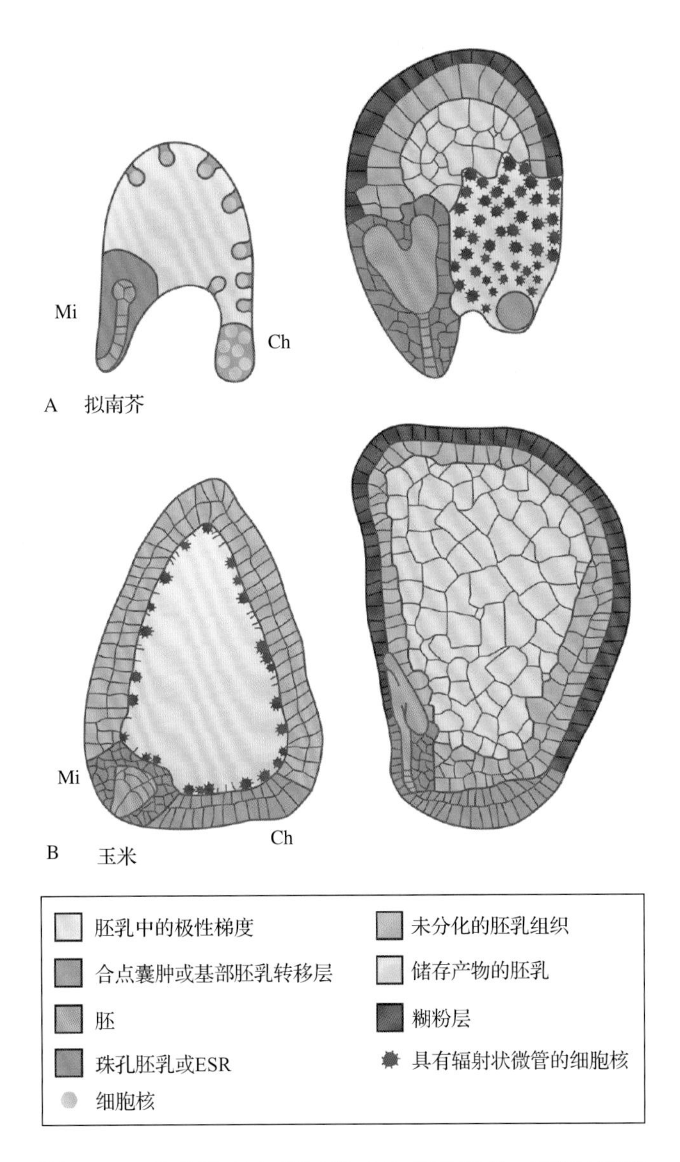

图 19.56 拟南芥（A）和玉米（B）胚乳发育。尽管油料作物和谷类植物的胚乳结构不同，但是在胚的珠孔端（Mi）、合点端（Ch）以及珠孔和合点之间可区分等同的区域。拟南芥胚乳的细胞化围绕胚胎起始，然后扩散到外围朝向合点端，然而在玉米中，细胞化从外围开始向中间进行。在细胞质浓密区域的外围细胞核形成一个径向微管网络来组织周围细胞壁形成

胚乳细胞化是在胚乳内特异的组织分化成熟后进行的。在后期阶段，大量的谷类胚乳合成和储存淀粉及蛋白质，而糊粉层积累萌发所需要的蛋白质和脂类物质。在这里只讨论其中一个特化的胚乳组织——对胚胎建成非常重要的珠孔胚乳或 ESR。

拟南芥和谷类植物的 ESR 具有区域限制基因表达的特征。ESR 表达的基因包括参与胚储备积累的蔗糖转运蛋白基因 *AtSUC5*，也包含编码分泌小肽的基因，暗示着分泌小肽信号对于 ESR 的功能十分重要。确实，在拟南芥中，胚乳分解为生长的胚胎提供营养物质以及空间。这首先关注到 ESR，而且可能涉及胚和胚乳间的信号交流。尽管胚似乎不影响 ESR 的降解（至少在谷类植物中甚至在正常胚胎不存在时也能发生），胚乳对于胚胎的发育具有很强影响。特异在 ESR 表达的 bHLH 转录因子 ZHOUPI（ZOU）突变的植物中，胚乳是持续存在的，胚胎小而且有一个异常的表皮。因此，*ZOU* 调节两个不同的过程：ESR 降解和胚胎表皮形成的非细胞自主信号。后者是通过激活 ESR 表达的编码枯草杆菌蛋白酶的 *ABNORMAL LEAF SHAPE1*（*ALE1*）基因来调控。这样的枯草杆菌蛋白酶可能在小肽配体的加工过程中发挥功能，其中一些小肽配体在 ESR 表达。因此，胚胎表皮的形成似乎需要一个未知的

小肽配体，这个小肽配体在ESR中产生而且依赖于*ZOU*和*ALE1*。这个信号的传递需要胚胎表达的RLK GASSHO1和GASSHO2的功能，这两个基因的突变也会导致胚胎表皮的缺陷。这些例子表明在种子各区域的细胞与细胞之间交流的重要性。

胚乳的产生是一个能量大量消耗的过程，它应该被严格调控并与胚发育相协调。因此，胚乳的分化在未受精时被PcG蛋白（见第9章）的功能抑制。FIS-PRC2复合体在调控雌配子体和种子发育过程中发挥主导作用（见信息栏19.1）。它包含组蛋白甲基转移酶MEA和中心亚基FERTILIZATION-INDEPENDENT SEED2（FIS2）、FIE和MSI1。这四个基因的任何一个突变，统称为*fis*类突变，都会导致未受精的自发胚乳的形成（图19.57）。因此，像在动物中PRC2复合体的降解可导致癌症，它们在植物中也调控细胞增殖。

然而，这种自发的二倍体胚乳不能正常发育也不能细胞化，因为I类的MADS-结构域转录因子AGL62在*fis*突变体中不能下调。在野生型种子中，AGL62的表达在细胞化之前下降，在*agl62*突变体中，胚乳过早细胞化，表明AGL62对于维持胚乳的合胞体状态十分重要。因此，FIS-PRC2复合体控制从细胞核胚乳到细胞胚乳的发育转变。

一般来说，胚乳的分化是由受精激发，受精作用解除了FIS-PRC2复合体的抑制作用，但参与这个解除过程的信号事件还未知。除了在受精前的功能，FIS-PRC2复合体在受精后也发挥作用。如果*fis*类突变体被野生型的花粉受精，所有的种子可开始发育但发育不久之后便败育。胚和胚乳都表现出异常分化，产生增大的心形期胚胎和过度生长的合点胚乳。然而由于胚胎和胚乳具有相同的基因型，所以很难确定FIS-PRC2在这两个受精产物中是否都发挥作用，如表型和*FIS*基因的mRNA表达模式所示，或者胚缺陷是否是胚乳缺陷的结果。在所有*fis*类突变中，种子败育仅仅依赖于胚囊的基因型，因此代表了一个典型的配子体母本效应。

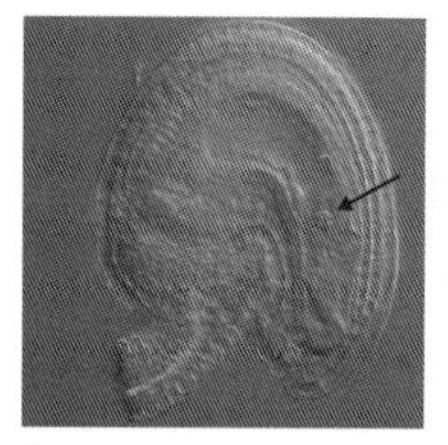
A

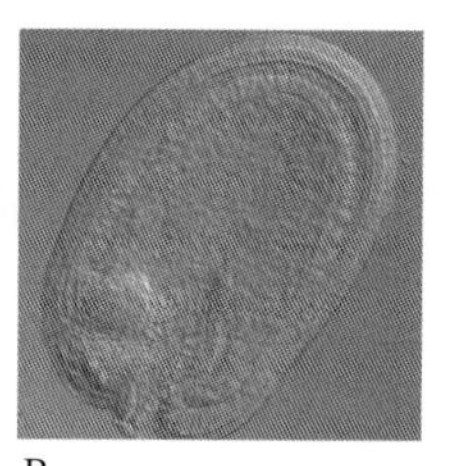
B

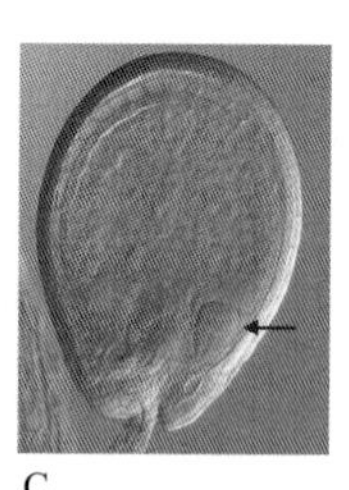
C

图19.57 *fis*类突变体中依赖受精的胚乳发育。A. 在野生型未授粉的雌蕊中，中央细胞（箭头指示中央细胞核）停止发育直到受精发生，而在*mea*突变体胚囊中，胚乳的增殖不需要受精作用，但突变体不产生胚胎（B）。C. 来自授粉雌蕊的野生型种子，含有发育中的胚胎（箭头）和胚乳对照。来源：Köhler et al.（2003）. EMBO J. 22:4804

19.7.5 基因组印记涉及DNA甲基化和基于PRC2的抑制作用

基因组印记是一个染色体或基因的亲本特异的标记。此术语的发明是用来描述在尖眼蕈蚊（*Sciara coprophila*）中父本的X染色体在胚胎建成的过程中被特异淘汰的一种现象。因此，这些染色体必须携带一个标记或印记，把它们与来自母本的染色体区分开来。玉米*R1*位点首次证明了单基因而非整条染色体的亲本依赖行为。*R1*位点控制糊粉层的花青素色素沉积，其等位基因基于亲本杂交方向不同而表现出不同的表型。来自母本的*R1*等位基因的遗传导致谷粒全部色素积累，然而来自父本的遗传则使谷粒表现出斑点状色素积累，大部分糊粉细胞不能表达*R1*。在20世纪60年代，一系列的遗传实验表明*R1*表型仅依赖于亲本来源，换句话说*R1*受基因组印记调控。

在分子方面，基因组印记导致一个等位基因的差异表达，取决于其遗传自哪一方的亲本。尽管印记位点的母本和父本的等位基因可能在序列上没有什么不同，而且存在于同一个细胞核中，但是它们差异表达。因此，当等位基因被分离时，它们必须根据父母的性别建立不同的印记。在植物中，这必须发生在受精之前和雌雄生殖器官谱系分离之后。

目前关于植物印记机制的工作已表明与哺乳动物的一些相似之处，尤其是DNA甲基化的作用以及基于PRC2的抑制。考虑到印记在这些谱系中独立演化，这是一个趋同演化的显著例证，相似的分子组件被招募来调控基因的差异表达。更多的关于印记表达的分子基础来自于对拟南芥中一小组基因的研究，主要是母本表达的*MEA*、*FIS2*和*FWA*（*FLOWERING WAGENINGEN*），以及父本表达的*PHE1*（*PHERES1*）基因。印记表达的两个主要的调节因子是MET1和DME。MET1是一个维持性DNA甲基转移酶，可以在复制之后在CG环境中重建甲基化。DME是一个DNA糖基化酶，可从DNA中除去甲基化的胞嘧啶。*FIS2*和一个在种子发育中没有明显功能的同源框基因*FWA*是由MET1和DME调控的。5′调节区的胞嘧啶甲基化在孢子体发育过程中由MET1维持，在这里两个等位基因都是甲基化的。在雄配子体发育的过程中也是这样，精细胞中父本的等位基因被甲基化不能表达。然而在雌配子体中，甲基化可能被DME从母本的等位基因中去除，DME主要在胚囊的中央细胞表达。的确，FWA和FIS2在中央细胞表达很强，母本的等位基因随后也在胚乳中激活而父本等位基因不会（图19.58）。因此，这些基因的启动子区域存在或不存在甲基化似乎决定了它们的印记状态。当受粉之后7~8天分析等位基因特异的甲基化时，胚乳中亲本的等位基因甲基化程度不同。

母本等位基因什么时候去甲基化还不清楚，但*DME*在中央细胞的表达表明可能发生在受精之前。

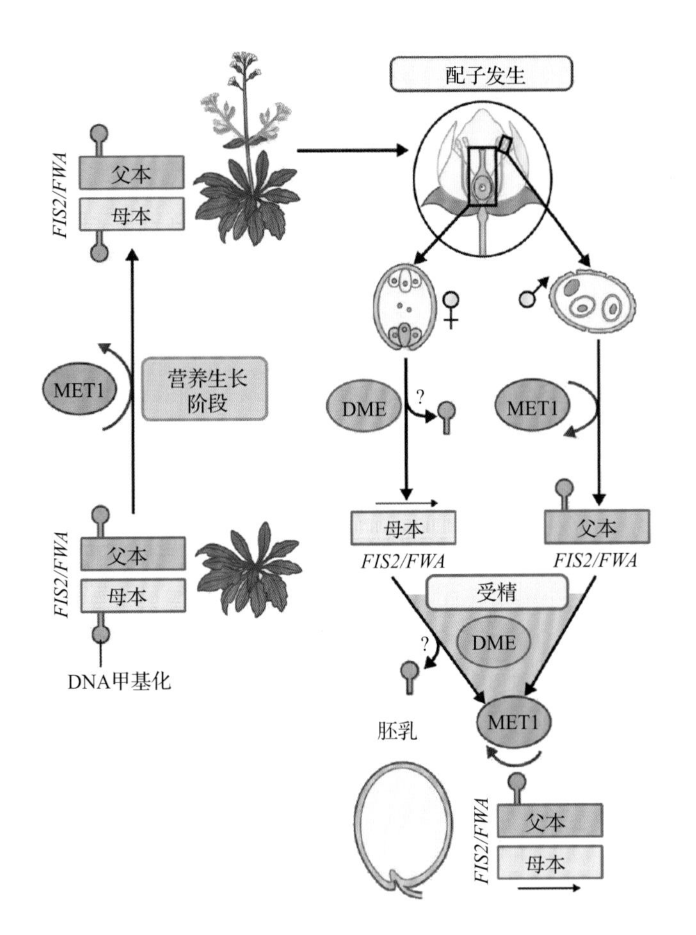

图19.58 DNA甲基化调控的基因组印记模型。MET1 DNA甲基转移酶在孢子体和花粉发育的过程中维持FIS2和FWA位点的甲基化。在中央细胞中，不管受精前还是受精后，DNA糖基化酶DME移除甲基胞嘧啶，导致最终父本和母本等位基因在胚乳中差异标记和表达。详见正文

然而，最近一个中央细胞*FWA*位点DNA甲基化分析表明它仍然被甲基化。这表明DME只在受精之后发挥作用，母本和父本的等位基因如何被标记引起差异的甲基化还不清楚。在玉米胚乳的*ZmFie2*位点和胚的*Mee1*位点也出现了一个相似的情况。在这两种情况下，等位基因特异的DNA甲基化或去甲基化分别仅在受精之后发生，甲基化状态和基因表达并不相关。因此，至少在一些情况下，差异的DNA甲基化似乎不是从亲本遗传下来的印记，因为它只是在受精之后建立，可能是转录的结果。

MEA和PHE1的调控更加复杂，除了DNA甲基化，还涉及被FIS-PRC2复合体的抑制。在*dme*突变体中，母本的*MEA*等位基因不能表达，暗示着DME介导的去甲基化作用与其对*FWA*和*FIS2*发挥相似的功能。然而，如果DNA甲基化作用父系移除，如*met1*突变体中，父本的等位基因仍然沉默，而母本的*fis*突变导致来源于父本的*MEA*等位基因的一些表达。这些发现表明母本产生的FIS-PRC2复合体以自抑制的方式抑制了受精后父本*MEA*等位基因。然而一个更详细的分析表明缺少DNA甲基化的MEA启动子的一个短链片段可以赋予一个报告基因印记表达。这表明*DME*的功能是间接的，可能通过调控高级的染色质结构（染色质环），而且这不是特异标记母系等位基因的差异甲基化作用。另外，如果缺乏已知的父系等位基因调控因子即MET1和母系FIS-PRC复合体，那么这2个父系等位基因仍有差异表达，这表达在建立标记父系等位基因的印记时还涉及其他未知因素。

*PHE1*作为MEA直接的目标基因被鉴定出来，它可特异地抑制母本的*PHE1*等位基因。因此，FIS-PRC2复合体参与了等位基因特异的抑制作用。在哺乳动物中也发现了这个功能，即PRC2抑制所作用的印记基因的父系等位基因。然而，由于FIS-PRC2复合物对父系等位基因的有效抑制需要基因座下游重复序列的甲基化，因此*PHE1*的调控更为复杂。相反，在活跃的父系等位基因中，这些重复序列被甲基化。由于*PHE1*基因上游和下游的序列都参与了其调控，可能如MEA位点那样通过形成一个染色质环相互作用（图19.59）。

随着测序技术的进步，已经在拟南芥、玉米和水稻中发现了数百个额外的印记位点，这些位点可以以等位基因特异的方式对mRNA进行分析。这样

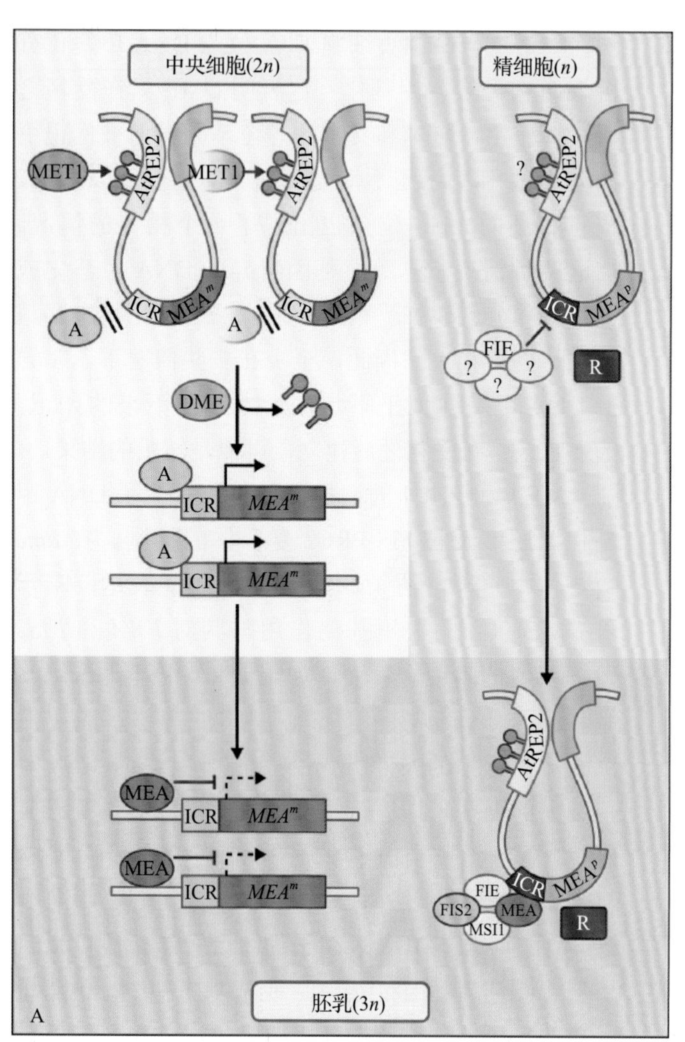

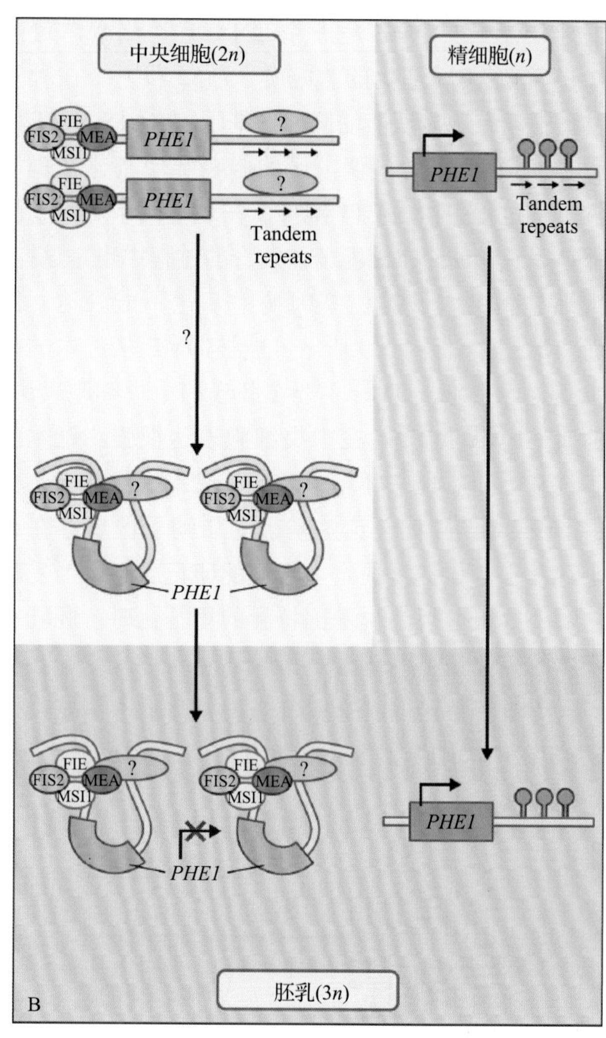

图 19.59 高阶染色质组织在调节基因组印记中的功能模型。在 *MEA* 和 *PHE1* 位点，染色质环在印记中发挥作用。A. *MEA* 母本的拷贝在染色质环里使得它们很难激活印记因子。在中央细胞中 DME 移除甲基胞嘧啶可打开染色质环，允许接近标记活性等位基因的未知因子（A）。父本的拷贝仍然在染色质环内保持且被胚乳中的 FIS-PRC2 和未知的抑制因子（R）沉默。*MEA* 的自发抑制作用降低了母本等位基因在受精后的表达。B. 在 *PHE1* 处，染色质环保留在母本拷贝上，这涉及 FIS-PRC2 和 PHE1 下游串联重复序列的过程，这个串联重复序列必须维持未被甲基化。父本的 *PHE1* 等位基因的这些重复序列被甲基化，不能形成染色质环，而且在胚乳中被激活

的分析方法已鉴定出来在胚乳中亲本等位基因差异表达的基因。虽然这些基因是进一步研究的非常好的候选基因，但父本和母本转录本不同的恒定状态水平不足以证明印记。相同的差异可通过在卵细胞中生产和存储一个 mRNA，或者通过精细胞将它传递给合子这两种方式产生。因此，非常重要的是证明基因不在配子中表达，或者一个亲代等位基因仅仅在受精之后被激活转录，这是一个在实验上很难完成的任务。

基因组印记通常被认为发生在胚乳中，但仍有很少的基因似乎在胚中印记。研究最透彻的是 *Mee1*——一个未知功能的基因，它仅在受精之后的玉米胚中母系表达。然而，胚胎中相当多的差异表达的基因已被鉴定出来，而且最近发现大约有 12 个基因表现出在拟南芥的胚中印记表达。最后，胚或胚乳中印记基因功能的了解还很少，因为只有少量的印记基因的功能已知（参照上文）。

19.7.6 种子成熟为种子的传播和萌发做准备

胚和胚乳形成后种子的发育还未完成。实际上，种子形态建成之后的种子成熟，包含了准备种子传播所需的许多步骤（图 19.60）。

种子成熟主要涉及储存产物如淀粉、脂类物质和蛋白质等的积累，紧接着是种子干燥过程。储存

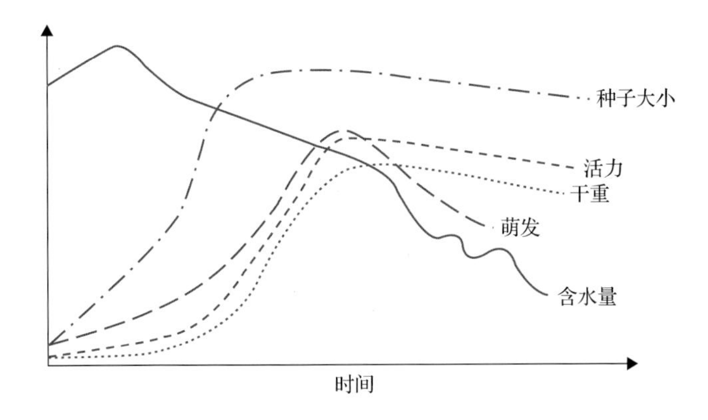

图 19.60 种子发育过程中的生理变化。注意种子成熟过程中水分含量减少及萌发能力的降低，这反映了成熟后期种子休眠的建立

在种子中的营养物质的合成对于种子萌发形成幼苗十分关键。这些能源可帮助植物度过幼苗时期，直到幼苗变得具有光合活性且能够从土壤中获取营养物质。胚胎必须在没有水的情况下生存很长时间这一事实需要胚胎的生理机能发生很大的改变，因为它丢失了多达 90% 的水分。很多数量的分子伴侣，包括 LATE EMBRYO ABUNDANT（LEA）蛋白家族，在种子和花粉的干燥过程中发挥关键作用，种子和花粉都是以干燥的状态传播。营养物质的积累和耐干燥的建立对于种子的传播及陆生植物的成功演化十分关键。

在种子成熟期间，休眠也已建立。成熟的种子会休眠一段时间，这是植物所特有的。当休眠时，种子即使在适合萌发的条件下也不能萌发。种子成熟期间休眠的开始以及种子萌发期间休眠的停止都是由植物激素赤霉素和脱落酸（ABA）控制。脱落酸促进休眠、阻止萌发，而赤霉素则是萌发所必需。在 ABA 合成缺陷的突变体中，种子没有休眠期，在穗上或者心皮内部过早萌发（胎萌）。最终是由这两个植物激素的平衡来调节种子萌发的时间。

萌发和幼苗建成之后就是植物的营养生长，然后在合适的内部和外部条件下，营养生长转变为生殖生长。回到发育的生殖阶段和花的形成结束了这个循环。

小结

生殖是植物生活周期中的一个中心过程，从开花、授粉和受精到种子形成结束。种子的产生确保了物种的繁殖和主要农业生产的产量。生殖的成功涉及控制最佳开花时间的相互关联的信号事件，依赖于控制花形态建成的复杂基因调控网络，需要复杂的一系列胞间交流机制完成受精，依靠表观遗传调控形成植物生殖的最终产物——种子。在过去的十年间对这些不同发育过程的分子机制的解析已取得巨大的进展，主要是通过以拟南芥作为模式系统的实验研究，但也包含其他植物的研究工作。

内部和外部信号整合严格控制开花时间，确保形成尽可能多的种子。分子水平上最好的理解是控制两个关键转录调节因子的调控级联：光周期通路的 *CO* 以及春化作用和自主通路的 *FLC*。*FLC* 抑制的稳定维持和暴露在冷处理下的记忆依赖于多梳蛋白复合体——从植物到动物都保守的表观遗传调控因子。CO 和 FLC 整合不同的信号，两者协同调控 *LFY* 和 *AP1*，介导营养分生组织到花序分生组织身份的转变。

花的形成是植物发育过程中研究得最为彻底的过程，主要由调控器官特异基因表达的转录调节网络所控制。同源异型基因和 MADS 结构域家族主要转录因子的联合作用决定了花器官的身份。这些转录因子的表达被分生组织身份因子 LFY 和 AP1 调控。反过来，同源异型基因的基因产物形成四聚复合体调控参与不同花器官发育的下游基因。花的多样性可通过改变花同源异型基因的表达模式来解释，导致花形态的改变。

由于雌雄配子体的发育是深埋于花生殖器官内部进行，所以控制它们发育的分子机制一直难以捉摸。然而最近研究表明，细胞周期调控和细胞特化的紧密整合对雄配子体的发育极为重要，而小的分泌蛋白信号途径似乎参与了雌配子体的模式建成。胞间交流涉及各种分泌小肽——很多属于富含半胱氨酸的防御素家族，细胞表面受体在授粉和受精期间甚至更重要。很多植物物种演化出自交不亲和系统，让它们从非自身花粉中辨别出自身花粉。这些系统的分子特征不同，但在分子和细胞生物学水平上已了解得十分透彻。花粉萌发后，在花粉管生长、导向及接受过程中一系列的胞间交流信号确保受精成功。

最后，双受精是种子形成的起始，种子形成是由三个部分（母本种皮、胚胎和胚乳）相互作用、高度协调的过程：在胚胎发生期间，植物激素生长素对早期胚胎的顶端 - 基部轴的建立发挥关键作用，形成根端和茎端分生组织的主轴。胚胎的正常发育依赖于受精的第二个产物——胚乳的形成，其可给发育的胚提供营养和信号。胚乳的发育作为植物表观遗传调控的一个范例，因为其是基因组印记的主要位置，而且其增殖依赖于多梳蛋白复合体。胚胎一旦形成，复杂的生理变化确保种子进入休眠且能在干燥的状态下生存，使长距离的种子传播成为可能。

（柳美玲　于　浩　译，秦跟基　校）

第 20 章 衰老与细胞死亡

Howard Thomas, Helen Ougham, Luis Mur, Stefan Jansson

导言

细胞、组织和器官的选择性死亡是植物发育与生存的一个重要特征。植物一些部位受调控的死亡与清除强烈地影响植物的形态、习性、对环境的响应以及适应（图 20.1），如温带树种中的落叶行为。植物和植物某些部分在生命最后阶段中所隐含的生物学机制统称为细胞程序性死亡（programmed cell death，PCD）。细胞程序性死亡的概念包含一切原生质体死亡过程，而与对应的细胞壁是否被清除无关，细胞的程序性死亡在植物生活史中调控发育或适应是可遗传的。细胞的程序性死亡在植物分化与适应中扮演了非常重要的角色，如果没有它，世界植物群不会演化出如此丰富多彩的形态与功能。举例说明如下。

- 单性花的发育过程。在这一过程中，形成雄性或雌性生殖器官的细胞被选择性去除。
- 花粉细胞与卵细胞的产生，以及小孢子体和大孢子体在减数分裂后的发育过程。
- 胚分化过程中胚柄细胞的退化。
- 谷粒成熟过程中淀粉胚乳的发育及萌发过程中糊粉层细胞的死亡。
- 木质部、厚壁组织及其他特化细胞与组织类型的形成，如表皮毛、油脂腺和离层。
- 复杂器官类型的形成，如条状细胞（被称为 lorea）的退化会产生扇状棕榈叶。
- 器官的衰老，包括叶、根、花及成熟果实的组织。
- 对非生物胁迫的反应，如在无氧条件下通气组织的形成。
- 对生物胁迫的反应，包括过敏反应——病原体侵染宿主后引起的防御性细胞死亡。

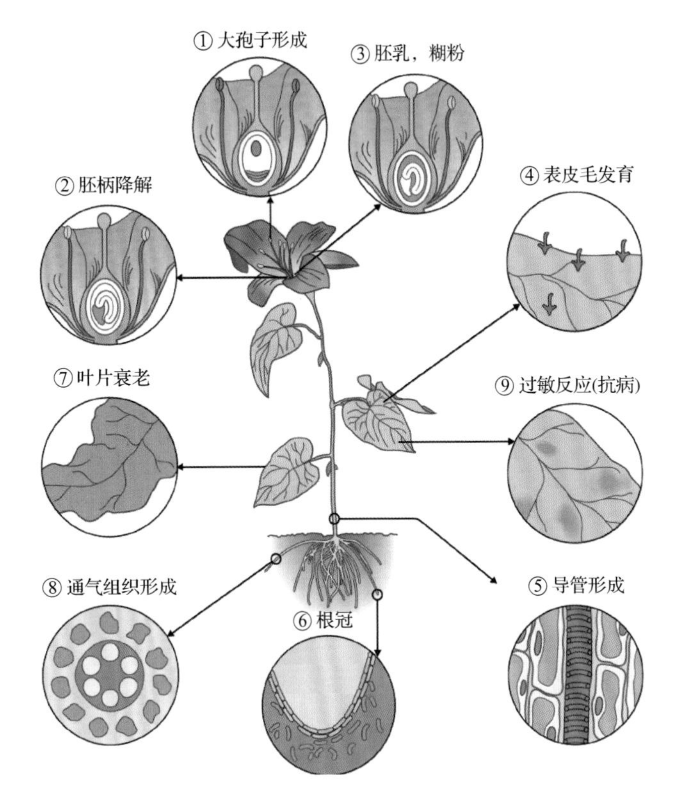

图 20.1 细胞程序性死亡（PCD）在很多植物细胞和组织中发生，并参与大量发育和适应的过程，包括：配子体形成①；胚胎发育②；种子和果实中的组织降解③；组织和器官发育（④～⑥）；衰老⑦；对环境信号和病原体的响应（⑧，⑨）

20.1 细胞死亡的类型

尽管“细胞程序性死亡”这一术语包含了细胞

为植物发育和生存而牺牲的所有方式，但它并没有指出任何有关机制的内容。本章概述了植物与植物的某些部分起始、执行，以及调控细胞死亡过程的各种方式。

20.1.1 对真核细胞死亡的现代研究源于动物科学

近期对真核细胞死亡研究的热潮由20世纪70年代对动物细胞死亡的研究引发。研究确立了两种主要的细胞死亡类型：被严密调控的、需要能量的细胞凋亡，以及由损伤引起的细胞坏死（图20.2）。

尽管细胞凋亡中细胞质膜和细胞器仍保持完整性，但会发生细胞的皱缩和细胞质的凝聚。核DNA也会浓缩并切割成大约50kb的片段。核DNA有时经常被内源的钙离子依赖型核酸内切酶切成寡核小体大小的片段。通过凝胶实验可观察到该现象，DNA在凝胶中会呈现梯状分布模式，条带大小都是180bp的倍数（图20.3）。

被内切酶切过的细胞核DNA可用末端断裂脱氧尿苷三磷酸标记（terminal dUTP nick end labeling, TUNEL；图20.4）的方法检测。核DNA的碎片化导致了染色质结构变异，也是一些细胞凋亡的特征。与此同时，细胞核裂解，细胞本身转变为**凋亡小体**——一种包含细胞核残骸的小型膜包裹的结构。凋亡小体向细胞边缘迁移并在吞噬作用过程中被邻近的细胞吸收。

细胞凋亡的其他标记包括线粒体通透性转移孔道（permeability transition pores, PTP）的形成，以及与DNA修复相关的酶——多聚二磷酸腺苷核糖聚合酶[poly（ADP）-ribose polymerase, PARP]的水解过程。通透性转移孔道（PTP）的形成干扰了

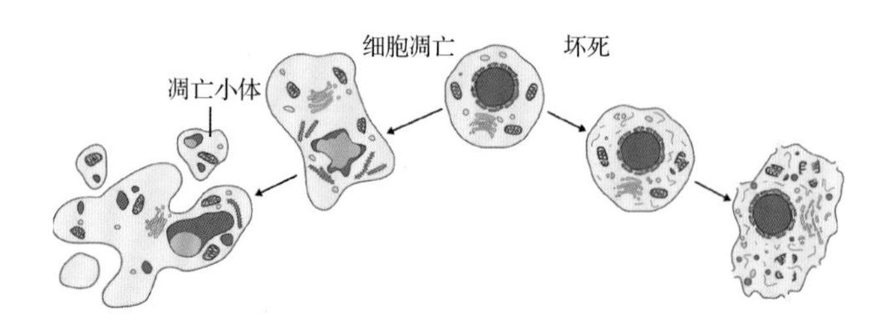

图20.2 动物细胞中发现的两种细胞死亡的类型。细胞凋亡是一种程序性细胞死亡，在这一过程中，染色质皱缩，细胞核与质膜起泡，凋亡小体形成，最终会被周围的吞噬细胞包裹。坏死经常在细胞受到物理伤害时发生；它会导致细胞膜破裂、细胞内容物释放及组织上的炎症反应

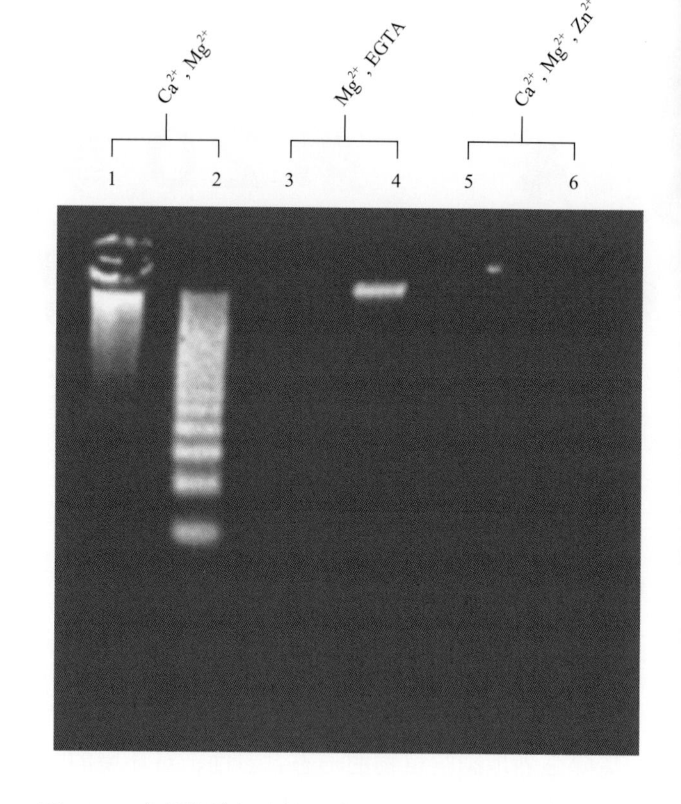

图20.3 大鼠胸腺细胞核（第1、3、5泳道）的DNA降解及淋巴结细胞核（第2、4、6泳道）的DNA降解，这一过程是被内源依赖钙离子和镁离子的核酸酶活性所催化。在钙离子和镁离子存在的情况下观察到DNA阶梯化现象（第1和2泳道）。加入钙离子螯合剂EGTA（第3和4泳道）或者锌离子（第5和6泳道）可抑制DNA降解。来源：Peitsch et al.（1993）. EMBO J.12（1）: 371-377

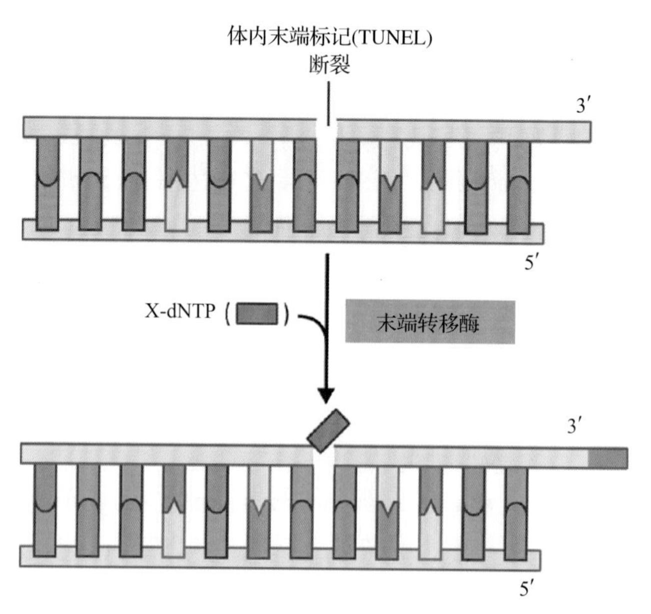

图20.4 在TUNEL实验中，末端脱氧核苷酸转移酶被用来估计DNA断裂的程度，这是根据DNA的3′-OH端荧光素标记的dNTP（X-dNTP）或一些其他荧光素标记的核苷三磷酸来判断的。注意，TUNEL的方法只能用来估计DNA断裂的程度，并不能估测剪切产物片段的大小

线粒体功能并使线粒体内的蛋白质得以释放进入细胞质。在这些释放进入细胞质的蛋白中，**细胞色素 *c*** 似乎尤为重要。在人类细胞中，细胞色素 *c* 与分子伴侣（Apaf-1）及一个凋亡蛋白酶前体相互作用。凋亡蛋白酶是半胱氨酸蛋白酶中的一个家族，可在含有天冬氨酸的位点进行特异性切割。凋亡蛋白酶参与细胞凋亡的起始及细胞成分的分解。细胞色素 *c*-Apaf-1- 凋亡蛋白酶前体多聚体的相互作用使得具有超复杂结构的轮状复合体得以形成，被称为凋亡复合体（apoptosome）。凋亡蛋白酶前体通过一个需要 ATP 的过程被切割成为成熟形式，这导致了其他凋亡蛋白酶和凋亡蛋白酶依赖的核酸酶的激活、PARP 的切割，以及核结构蛋白与几种细胞骨架组分的降解。

受到物理损伤的动物细胞以细胞坏死的方式死亡。坏死与凋亡具有根本上的不同：坏死导致细胞质膜与内膜的破裂，使得水解酶和其他成分快速释放（见图 20.2）。绝大部分的细胞碎片被特化的巨噬细胞吞噬。由损伤导致酶的释放将引起炎症反应，然而通过凋亡途径死亡的细胞不会破损，也就不会产生炎症反应。

细胞凋亡这个概念虽然经常被用来作为细胞程序性死亡的同义词，但其还有特殊含义。应避免在脱离已形成的动物发育与病理学背景的情况下使用细胞凋亡这个概念。尽管如此，细胞凋亡的模型已影响了生物体中细胞和组织死亡的概念，并建立了在各种类型的细胞程序性死亡过程中普遍认可的基本原则：

- 非坏死性细胞死亡是一个主动的过程，该过程需要依赖生物能作为能源进行有序代谢。
- 细胞死亡过程大体上由特定的基因负责，这些基因可由一系列终末代谢与细胞事件所调控。
- 细胞程序性死亡包括一系列的级联过程。在该级联过程中，一个特定过程的激活可由下游活动的级联启动所放大。

植物中最终的程序性细胞死亡过程如呈现以上特点，有时会称为“类细胞凋亡”，但这并不意味着在植物体内发生了严格意义上的细胞凋亡。

20.1.2 植物程序性细胞死亡过程中特定细胞溶解事件导致细胞质及其组分溶解

植物中观察到的大多数细胞程序性死亡过程中不会伴随着染色质凝缩和 DNA 碎片化现象。细胞壁的存在阻碍了类似凋亡小体的结构被周围细胞吞噬的发生。此外，在植物中没有发现与凋亡蛋白酶在序列上有可信度的同源基因。但在植物中有与凋亡蛋白酶特性类似的蛋白酶的报道，如液泡加工酶（vacuolar processing enzyme, VPE）中的肽链内切酶。对这类所谓的半胱天冬酶的生理学功能并没有一致的认识，其活性已在一些植物的程序性细胞死亡过程中测定，包括管状分子的形成、自交不亲和导致的花粉死亡以及过敏反应。哺乳动物凋亡蛋白酶抑制剂能有效抑制上述某些过程。

在没有吞噬作用的情况下，植物如何在细胞程序性死亡过程中清除不需要的细胞质或整个细胞呢？自分解（autolysis）表示通过细胞自身分解代谢机制实现的细胞壁内细胞质的溶解。在下文会讲到，通过发育与适应，植物形成几种不同的自我降解过程。自噬是一种细胞从内部“吃掉自己”的死亡过程，一些植物细胞通过这种方式处理自己细胞组分。在自噬过程中，会产生小泡来吞噬细胞质的部分成分（包括完整细胞器），这些被称为自噬体的小泡则会被细胞的中央液泡吸收（图 20.5A），或在某些情况下与溶酶体（图 20.5B）融合并被水解酶降解。用抑制性化学物质如 E-64 或刀豆素 A（CMA）抑制蛋白水解酶的活性，会扰乱自噬过程并导致自噬小体的积累（图 20.5A,B）。在三色牵牛（*Ipomoea tricolor*，图 20.5C）衰老的花冠细胞及蔗糖饥饿处理的烟草（*Nicotiana tabacum*）BY-2 细胞中均可以发现自噬小体（图 20.5D 显示 CMA 处理的细胞中液泡内的凋亡小体）。

从机制上讲，自噬包括几个不同的阶段：①小泡诱导；②小泡增大；③在液泡膜处的停靠和融合；④消化。在酵母中，调控自噬的分子组分已很好地鉴定出来，而绝大多数自噬基因（autophagic gene, ATG）的同源基因在拟南芥（表 20.1）和其他物种中也存在。自噬的起始由雷帕霉素靶标（TOR）的激酶调控。在正常条件下，TOR 激酶磷酸化 ATG1 激酶及与其相连的蛋白质，从而导致其活性丧失。TOR 激酶失活能够起始自噬过程，使得 ATG1 得以与 ATG 蛋白互作，最终形成包括磷脂酰肌醇 -3 激酶（PI3-K）在内的一系列液泡分选复合物。这是一个关键的囊泡成核步骤，此时管状前自噬结构（PAS）

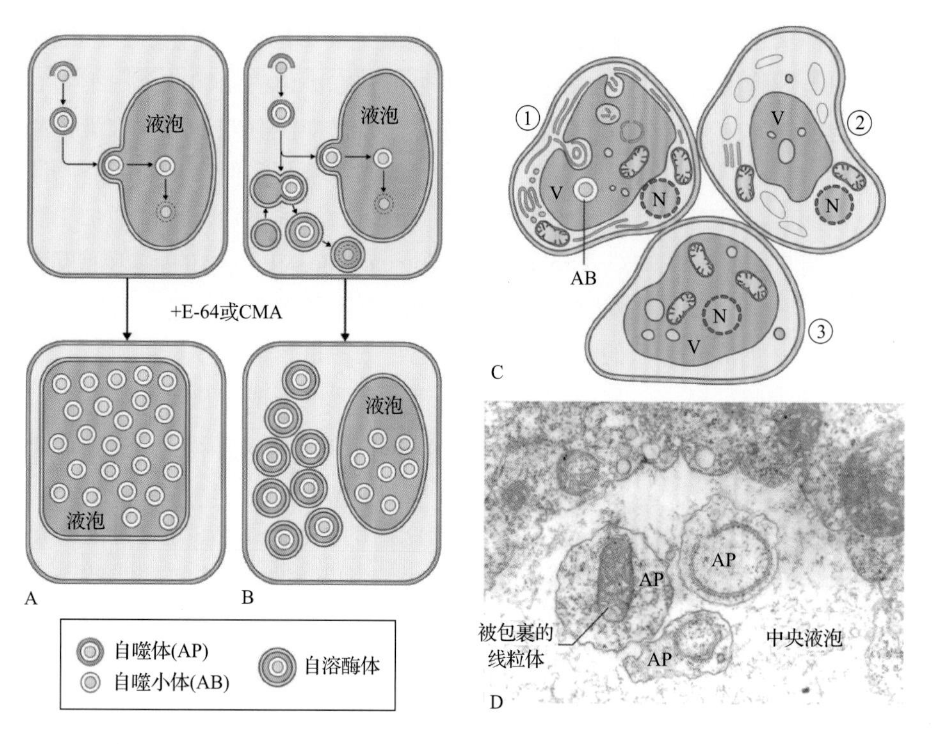

图 20.5 植物细胞中的自噬途径。A. 在拟南芥和很多其他物种中自噬的引发会导致在部分细胞质周围形成双层膜的自噬体。它的外膜与液泡膜融合，内膜与内容物进入液泡（Vac）腔并被降解（上半部分）。用液泡膜蛋白酶的抑制剂（E-64，CMA）处理会导致液泡内自噬小体的积累（下半部分）。B. 在烟草（*Nicotiana* spp.）中有另一种自噬途径，在该途径中自噬体通过与小溶酶体结合的方式降解（上半部分）。用 E-64 或 CMA 处理会导致自噬体在细胞质中积累，自噬小体在液泡中积累（下半部分）。C. 三色牵牛花将死的花冠细胞中的自噬现象。图中三个细胞表示程序性细胞死亡的不同阶段，①为早期，②和③为自噬晚期。AB，自噬小体；N，细胞核；V，液泡。D. 透射电镜观察到的用 CMA 处理的处于蔗糖饥饿状态的烟草 BY-2（bright yellow-2）细胞系培养细胞的一部分，中央液泡中部积累了自噬体，其中一个包裹了整个线粒体。来源：Bassham（2007）. Curr. Opin, Plant Biol. 10: 587-593

表 20.1 拟南芥蛋白在自噬过程中的功能

复合物 / 过程	蛋白质	蛋白功能
PI-3K 复合物	ATG6, VPS15, VPS34	自噬体形成
泛素类似的连接	ATG5, 7, 10, 12	ATG12 与 ATG5 连接
泛素类似的连接	ATG3, 4, 7, 8	ATG8 与磷脂酰乙醇胺的连接
ATG9 复合物与定位	ATG9, 2, 18	自噬体中膜的招募
调控	TOR, ATG1, 13	自噬过程起始
SNARE	VTI12	自噬体与液泡融合

来源：Bassham（2007）. Curr. Opin, Plant Biol. 10: 587-593.

可能在内质网中形成。前自噬结构相互联合，形成可捕获部分细胞质的结构。扩增后期由很多 ATG 蛋白协助完成，关键在于通过 ATG8 蛋白将囊泡与细胞骨架微管连接，此时 ATG8 与一个亲脂的磷脂酰乙醇胺部分相结合，使其可与液泡相连。

另一个重要的特征是向自噬体中加入由 ATG5、ATG12 和 ATG16 组成的蛋白复合体。这个复合体具体的功能还不太清楚，但是小泡扩张的过程需要这一复合体。VT11 是定位于液泡的可溶性 *N*- 乙基马来酰亚胺敏感因子衔接子受体（v-SNARE，见第 4 章），VAM3 是一个液泡膜突触融合蛋白，停靠 / 融合过程包括含 VT11 和 VAM3 的受体复合物的形成。一旦进入液泡（图 20.5），包括 VPE 类型的半胱天冬酶在内的几种植物中的酶便会参与降解（见 20.7.1 节）。

20.1.3 植物细胞在绝大多数导致细胞死亡的发育过程中保持活性

要了解程序性细胞死亡，需要明确区分导致死亡的过程、细胞何时仍可存活、最终死亡有何行为。在某些情况下，死亡之前的过程可被阻止甚至逆转。叶片绿色（叶肉）细胞的衰老就是这样的例子。直到几乎叶片所有营养物质都被运输出去，叶肉细胞才会死亡。死亡前，质体和细胞器被回收利用，衰老的叶片有肿胀的表型，表明细胞膜、细胞器及水分的持续完整性。萎蔫是细胞不再肿胀的结果，随之发生的细胞死亡在叶片衰老过程后期发生。与衰老过程的时间相比，自身活性衰退导致的自溶过程可能相当迅速。

植物中的细胞死亡赋予发育过程及生化过程的可塑性。植物生活史中几乎所有阶段都受程序性细胞死亡影响。下文将描述一些植物发育过程中程序性细胞死亡的例子，先从种子萌发开始，再到营养生长及生殖生长的过程。

20.2 种子发育及萌发过程中的程序性细胞死亡

许多物种的种子与果实是多胚乳的，也就是说，它们将物质存储在胚乳里以利于萌发，胚乳是二次受精的产物，在花粉管中两个精细胞之一与雌配子体的极核结合时产生。谷物胚乳由两种细胞类型组成：淀粉样胚乳与糊粉细胞。糊粉细胞来自母系组织。对玉米（*Zea mays*）突变体与转基因植株的研究表明，它们的命运是由其在淀粉样胚乳表面的外周分布决定的。淀粉样胚乳与糊粉细胞都会经历由发育调控的程序性细胞死亡，但却通过两种完全不同的方式。在成熟的谷粒中，淀粉样胚乳死亡，但与其他几乎所有经历程序性细胞死亡的真核细胞不同的是，这些细胞内容物并不被降解，反而以干燥或干瘪的状态保留。当谷粒萌发时，由角质鳞片和糊粉层分泌的水解酶降解整个淀粉样胚乳。在双子叶植物与其他单子叶植物的胚乳种子中，胚乳与糊粉细胞发育过程中的程序性细胞死亡过程与后面描述的作物相似。

20.2.1 在作物种子发育过程中，经历程序性细胞死亡的淀粉状胚乳细胞的内容物得以保存

在玉米中，有一些胚乳发育与胚乳细胞死亡模式异常的突变体已鉴定出来。*shrunken2*（*sh2*）的突变导致淀粉样胚乳细胞的过早死亡及其细胞壁和内容物的降解（图 20.6）。DNA 阶梯化会发生在 *sh2* 淀粉样胚乳细胞的程序性死亡过程中。除此之外，与正常的淀粉样胚乳细胞不同，*sh2* 的淀粉样胚乳细胞会自溶，从而导致胚乳畸形，胚乳细胞产物异常，谷粒皱缩。

有趣的是，玉米淀粉样胚乳的细胞死亡与衰老相关的激素乙烯（见 20.11.2 节）有很大的关联。相比野生型，*sh2* 突变体的谷粒中产生了更多的乙烯，并且对正在发育中的野生型谷粒施加乙烯会导致细胞死亡的增多和干瘪谷粒的产生（图 20.7）。乙烯生物合成抑制剂氨氧乙基乙烯基甘氨酸（AVG）的实验表明，乙烯在调控玉米籽粒的程序性细胞死亡

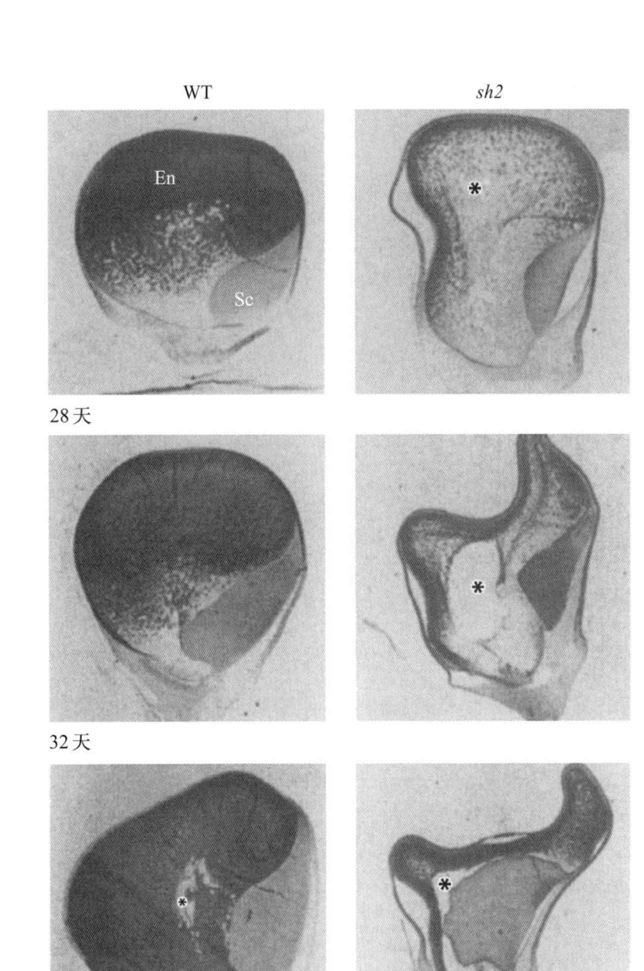

图 20.6 玉米野生型与 *shrunken2*（*sh2*）突变体中胚乳（En）的发育。*sh2* 突变体经历了淀粉质胚乳的提前降解，产生空腔（*）。图中显示野生型（WT）和 *sh2* 突变体的籽粒在萌发后 28 天、32 天和 40 天的状态。淀粉被碘化钾 - 碘染色。Sc，盾片 / 胚胎。来源：Young et al.（1997）. Plant Physiol. 115:737-751

过程中扮演关键角色。氨氧乙基乙烯基甘氨酸减少了 *sh2* 突变体的淀粉样胚乳细胞中 DNA 片段化的数量，此外还缩小了皱缩谷粒中央空腔的大小（见图 20.6 中的星号）。

20.2.2 赤霉素和脱落酸是谷物糊粉细胞死亡的重要调控因子

与淀粉样胚乳细胞不同，糊粉细胞可在萌发和胚乳活化完成前保持活性，之后其经历自溶和死亡过程（见图 20.8）。赤霉素（GA）和脱落酸（ABA）严格调控该过程。赤霉素引发大麦（*Hordeum vulgare*）和小麦（*Triticum aestivum*）糊粉层的程

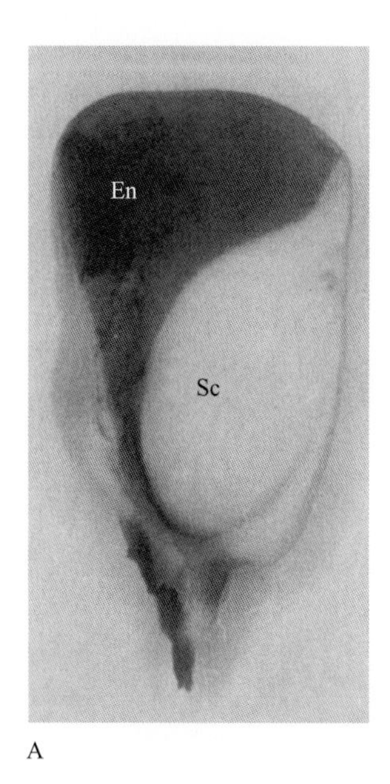

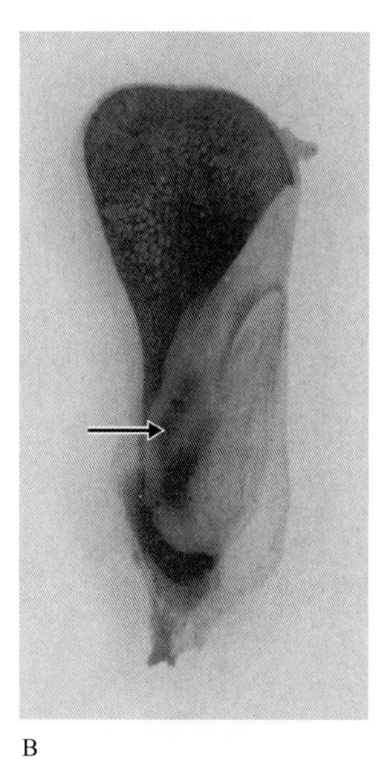

图 20.7 在野生型玉米籽粒中，乙烯可以导致籽粒变形。图中显示对照组野生型玉米籽粒（A）及乙烯处理的籽粒（B）萌发后 32 天的状态。箭头指示盾片中的死细胞。淀粉被碘化钾 - 碘染色。En，胚乳；Sc，盾片 / 胚胎。来源：Young et al.（1997）. Plant Physiol. 115: 737-751

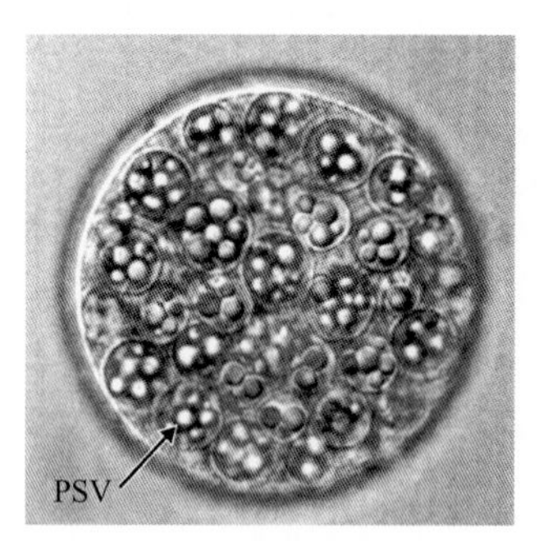

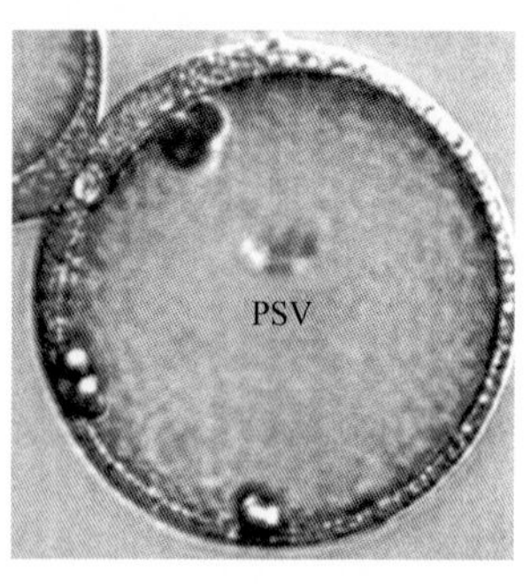

图 20.8 谷物糊粉细胞中的程序性细胞死亡伴随着自溶过程，此时大量没有发生细胞膜破裂或形成自噬液泡的细胞质发生液泡化。在大麦（*Hordeum vulgare*）糊粉细胞（左）中，小的蛋白存储液泡（PSV）失去了它们存储的蛋白质并融合形成一个大的中央液泡（右）。膜的完整性一直保持到死亡发生。来源：P.Bethke & R.Jones, University of California, Berkeley，未发表

序性细胞死亡，脱落酸则延缓这一过程（图 20.9）。脱落酸对大麦糊粉层程序性细胞死亡具有戏剧性的效应。经过脱落酸处理的糊粉原生质体可存活 6 个月以上，而经过赤霉素处理的原生质体使得绝大部分细胞在 5 ～ 8 天中死亡。

糊粉细胞的蛋白存储液泡（PSV）在赤霉素处理的最初几个小时内变为酸性的、含裂解酶的细胞器。糊粉细胞含有液泡内 pH 大约为 7 的蛋白存储液泡，但经过 3 ～ 4h 的赤霉素处理，蛋白存储液泡内的 pH 变为 5.5。赤霉素处理过的细胞也会积累一系列的酸性水解酶，包括几种天冬氨酸和胱氨酸蛋白酶，它们也具有核酸酶活性。脱落酸处理的细胞液泡不经历程序性细胞死亡，缺乏上述的酶活性并保持着近中性的 pH。用赤霉素处理过的糊粉层细胞中，蛋白存储液泡与衰老过程中光合细胞液泡的功能类似（见 20.7.1 节）。这两种组织的液泡有类似的裂解酶，且与导管的程序性细胞死亡（见 20.3.2 节）不同，它在大分子降解与外运过程中维持完整的液泡膜。在赤霉素介导的程序性细胞死亡过程中，糊粉 DNA 并不被降解成阶梯状，而是直接被剪切成不能被电泳（图 20.10）或 TUNEL 分辨的小碎片。

20.2.3 环式磷酸鸟嘌呤（cGMP）和一氧化氮（NO）可能参与谷物的糊粉层中导致程序性细胞死亡的信号通路

可导致赤霉素合成和水解酶分泌的信号转导级联已详细研究，现已知与胞质中的自由钙离子、胞质的 pH、cGMP、钙调蛋白（CaM）、蛋白激酶和蛋白磷酸化酶相关。但对在谷物糊粉细胞中促进赤霉素介导的细胞死亡的信号通路组分还了解很少。作物糊粉层细胞受抑制剂或合成底物处理后的实验表明，蛋白磷酸化在该过程中起到重要作用。与 cGMP 相关的赤霉素信号通路阻断后会减少 α 淀粉酶的表达和分泌，并阻止赤霉素介导的核酸酶活性、DNA 降解和细胞死亡。这让 cGMP 成为在糊粉层

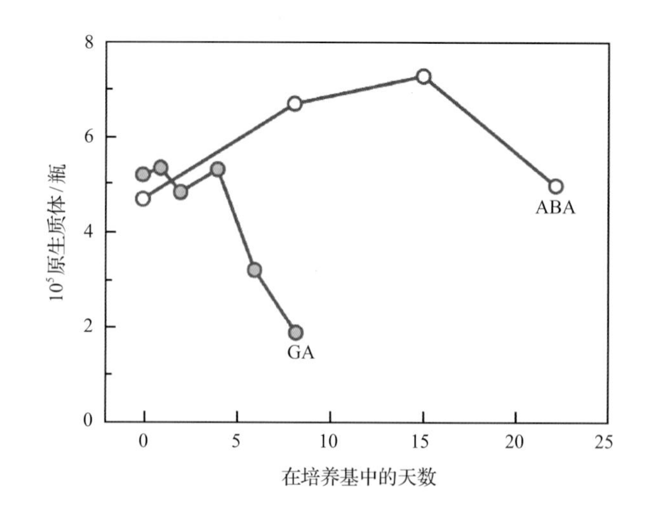

图 20.9 在大麦糊粉细胞中赤霉素（GA）促进程序性细胞死亡，而脱落酸（ABA）延缓程序性细胞死亡。糊粉细胞在含有 5μmol·L^{-1} GA 或 25μmol·L^{-1} ABA 的培养基中培养；细胞死亡情况通过计算活细胞数检测

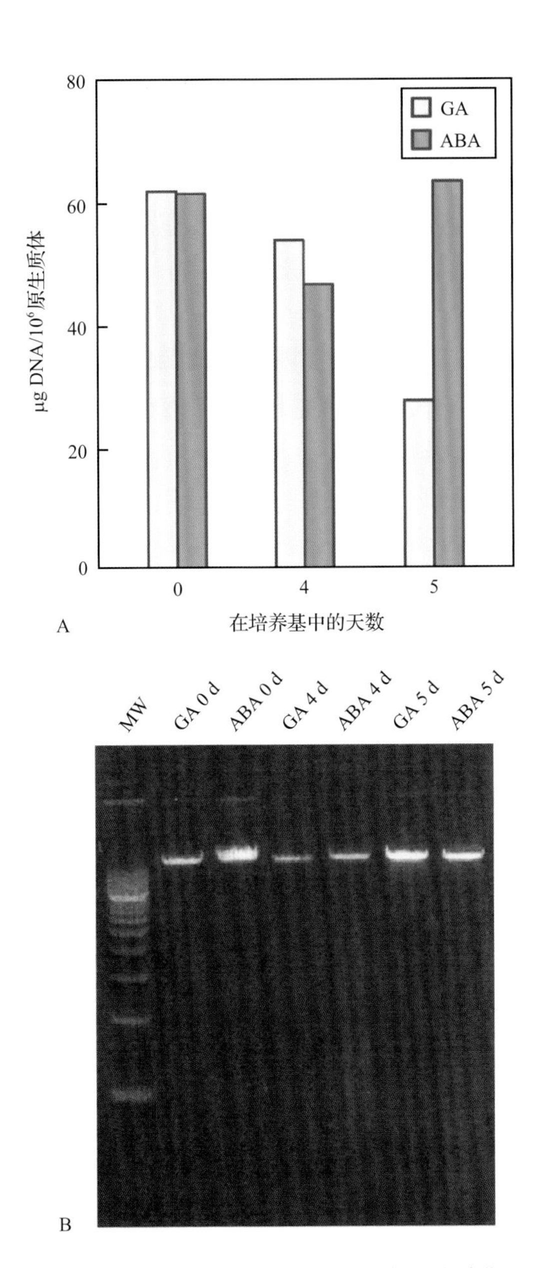

图 20.10 DNA 降解发生在糊粉细胞程序性死亡晚期。A. 只有在将要死亡时，糊粉细胞才会开始失去 DNA。B. DNA 降解并不伴随着细胞凋亡特征性的 180bp 片段的形成（对比图 20.3）。MW，分子质量标记；GA，赤霉素；ABA，脱落酸。来源：Bethke et al.（1999）. Plant Cell 11: 1033-1045

细胞中赤霉素信号转导通路的一个可能成员。

NO 最近被认为在植物的程序性细胞死亡过程中起重要作用。像硝普钠这样的 NO 供体在大麦糊粉中会延迟赤霉素介导的细胞死亡，而 NO 的清除剂会加速这一过程。糊粉组织可非酶促地将亚硝酸盐转变为 NO。细胞感知 NO 与糊粉细胞程序性细胞死亡关联的机制还不清楚。NO 能与含有亚铁血红素的蛋白质相互作用，如鸟苷酸环化酶。鸟苷酸环化酶被 NO 激活并产生环式磷酸鸟嘌呤。NO 还可亚硝酰化含硫基团暴露的蛋白质，导致可逆的构型变化。NO 还是有效的抗氧化剂。以上描述的 NO 性质都可能在调控糊粉细胞和其他组织的程序性细胞死亡过程中起到重要作用。

20.3 分泌体、防御性结构以及器官形态发育过程中的细胞死亡

在动物胚胎形成过程中，细胞迁移（原肠胚形成）常形成各种结构。在植物中，形态学和解剖学上的结构不会由原肠胚形成这样的细胞移动完成，因为植物细胞被坚固的细胞壁牢牢固定在原地。植物通过局部细胞死亡来控制比表面积，以及建立转运和分泌空间。

植物学家用**溶原现象溶生**（**lysigeny**）这一概念解释新结构分化过程中发生的细胞解体。溶原现象可能伴随细胞移动（裂生）现象，这一现象在许多物种中负责分泌性导管、空腔及通道结构的分化。植物广泛地利用与溶原现象和裂生结果相似的细胞与细胞质清除过程塑造内部和外部结构，使其形成高效、存活能力强、适应性强的形态。与高等植物普遍存在的溶原现象类似，发育过程中程序性细胞死亡形成了原生质体缺乏的厚壁细胞，而厚壁细胞是维管和支持组织的重要成分。关于程序性细胞死亡在形态学和解剖学上的塑造性作用在下文中将会讲述。

20.3.1 由溶原现象和裂殖导致的分泌型结构分化过程中的局部细胞死亡

柑橘属植物果实表面的油腺的发育是由一群表皮下的细胞经历了**溶裂生**（**schizoly sigeny**），即溶原性和裂源性程序性细胞死亡的结合形成了充满精油的腔体（图 20.11）。在欧洲小叶椴（*Tilia cordata*）的芽鳞痕中发现的黏液道仅由溶原性细胞死亡形成，而海榄雌（*Avicennia marina*）叶片中充满空气的空间则是由裂殖产生的。漆树属植物韧皮部中的树脂分泌管道由裂殖发育形成，分泌毒葛和毒藤（漆属）汁液中的严重过敏源漆酚。

叶片和茎表面的许多表皮毛和刺在成熟的时候就已死亡。其中一个极端的例子是仙人掌，绿色的茎在功能上取代了叶，而叶变成了刺。在叶发育过

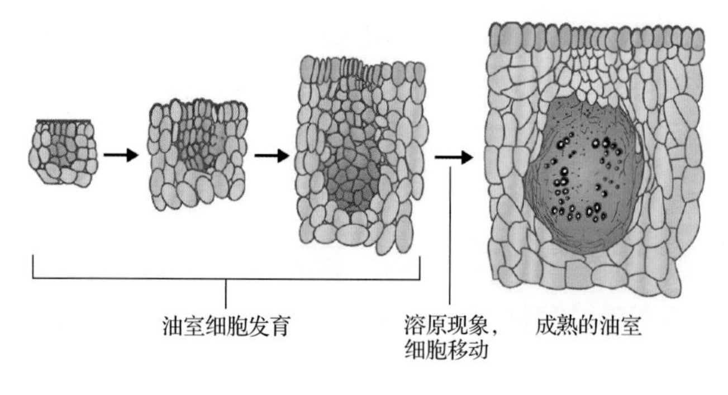

图 20.11 柑橘皮中油腺的形成是由溶原现象、原生质体和细胞壁的降解与死亡、细胞与细胞壁的分离产生细胞间隙的过程共同产生。最终产生的腔室充满了从腔室周围细胞分泌出来的精油

程中的局部细胞死亡也是天南星科和水蕹科植物某些物种叶片的凹陷和孔洞的来源（信息栏 20.1）。

系统比较研究还未确定溶原现象、自噬和其他种类的自溶型程序性细胞死亡过程在调控上，以及生物化学过程中是否有共同的机制。

20.3.2 在导管形成过程中程序性细胞死亡通过以体外培养的百日菊叶肉细胞为材料的体外实验进行研究

木质部发生（木材的形成）是一种受发育调控

信息栏 20.1 程序性细胞死亡如何修饰叶片形态

令人感兴趣的淡水植物网草（*Aponogeton madagascariensis*）经历了特别的叶片形状改变过程，产生了精细的网状结构。在叶片发育早期，一部分细胞经历了程序性细胞死亡，在叶片成长过程中形成了空洞。在导管分化过程中，网草细胞的液泡膜在程序性细胞死亡早期破裂，释放出液泡内容物。与此不同的是，细胞核完整性直到整个过程的晚期才受破坏，而且尽管基因组 DNA 发生了碎片化，但并不会产生像细胞凋亡那样的阶梯化的形式。除了细胞内容物之外，将死细胞的细胞壁在程序性细胞死亡过程中也会被降解，在空洞形成早期纤维素酶会发挥作用，而果胶酶则在整个叶片发育过程中发挥作用。随后，在空洞周围的活细胞细胞壁由于软木脂沉积被修饰（见第 24 章），这可以阻止程序性细胞死亡过程的进一步扩散并保护细胞不受微生物的侵扰。

在其他利用程序性细胞死亡过程在叶片上制造空洞和缺口的植物中，最著名的是龟背竹（*Monstera deliciosa*）。与网草不同，龟背竹的特定叶片细胞不经历细胞壁降解过程。在发育早期，由于细胞不连续死亡，叶片产生不同的穿孔。随着叶片的增大，最初的小穿孔面积增加了将近 10 000 倍。短时间而非贯穿整个叶片发育过程的程序性细胞死亡的发生导致了叶片表面出现相对少数的孔洞和中断。

与网草和龟背竹叶片孔洞的类溶原现象起源不同，棕榈树的扇状深裂叶由细胞分离产生。波纹（褶皱）的形成通过夹层的生长产生，随后通过一种类似脱落的叶片分离过程分离最初的单叶。对穿孔和分离的叶片发育时采用的多种机制进行系统发育分析，表明控制叶片形状而进行的细胞死亡和细胞分离过程在演化上独立发生了多次。

来源：A.N.D. Dauphine, Dalhouse University, Canada.

的程序性细胞死亡行为，从胚胎产生开始伴随着植物的一生。典型的木质部包括导管分子（TE）、筛管分子及水传导系统的管胞（图 20.12）。在分化的最后阶段，导管经历了次生细胞壁加厚，随后原生质体裂解，细胞死亡。在细胞最终分化状态下留下的只有细胞壁及其次生加厚层，它们的末端相连，中空的管道形成了水传导的导管。

导管的分化一般发生于原形成层和形成层，但这一过程可用培养的、从完整百日菊叶片中分离出来的叶肉细胞体外重现。将分离出来的细胞放在含有生长素和细胞分裂素的培养基中培养，有 40% ～ 60% 的细胞在没有细胞分裂的情况下经历了去分化和再分化变成了导管分子（图 20.13）。分化中的导管分子经历了自身细胞壁的加厚，而这一特点在体内分化的过程中也被发现。在次生细胞壁加厚变得可见后不久液泡膜破裂，这可能是细胞死亡中共有的一步，因为紧跟着就是其他细胞器的降解，并最终导致细胞内容物消失。原生质的降解伴随着包括 DNA 酶、RNA 酶及蛋白酶在内的降解酶活性的提高。

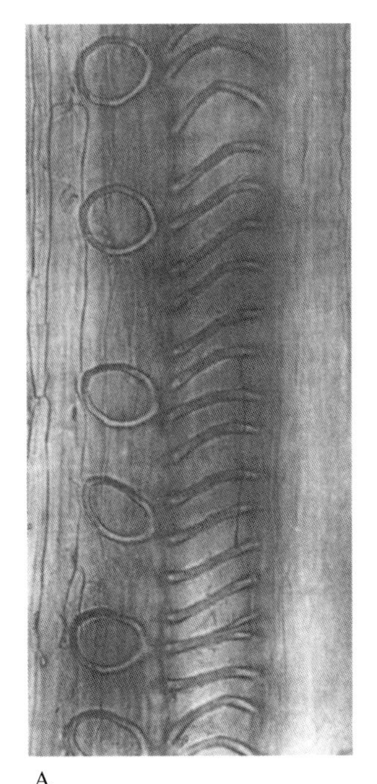

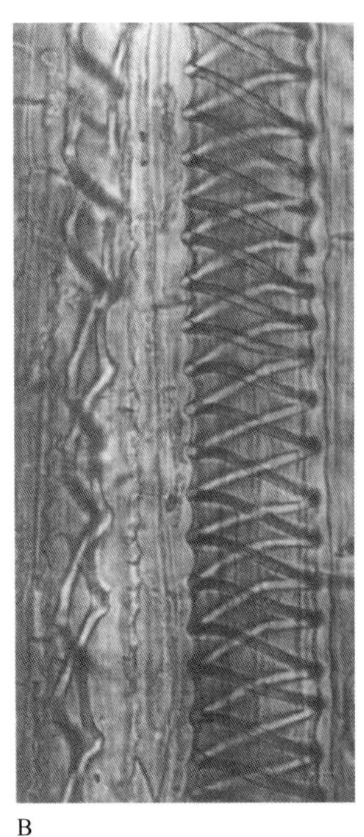

图 20.12 蓖麻子（*Ricinus communis*）中初生木质部中的导管，显示了维管束细胞壁的环状（A）和双螺旋（B）加厚。来源：A. Raven et al.（1999）. In Biology of Plants, W.H. Freeman, New York

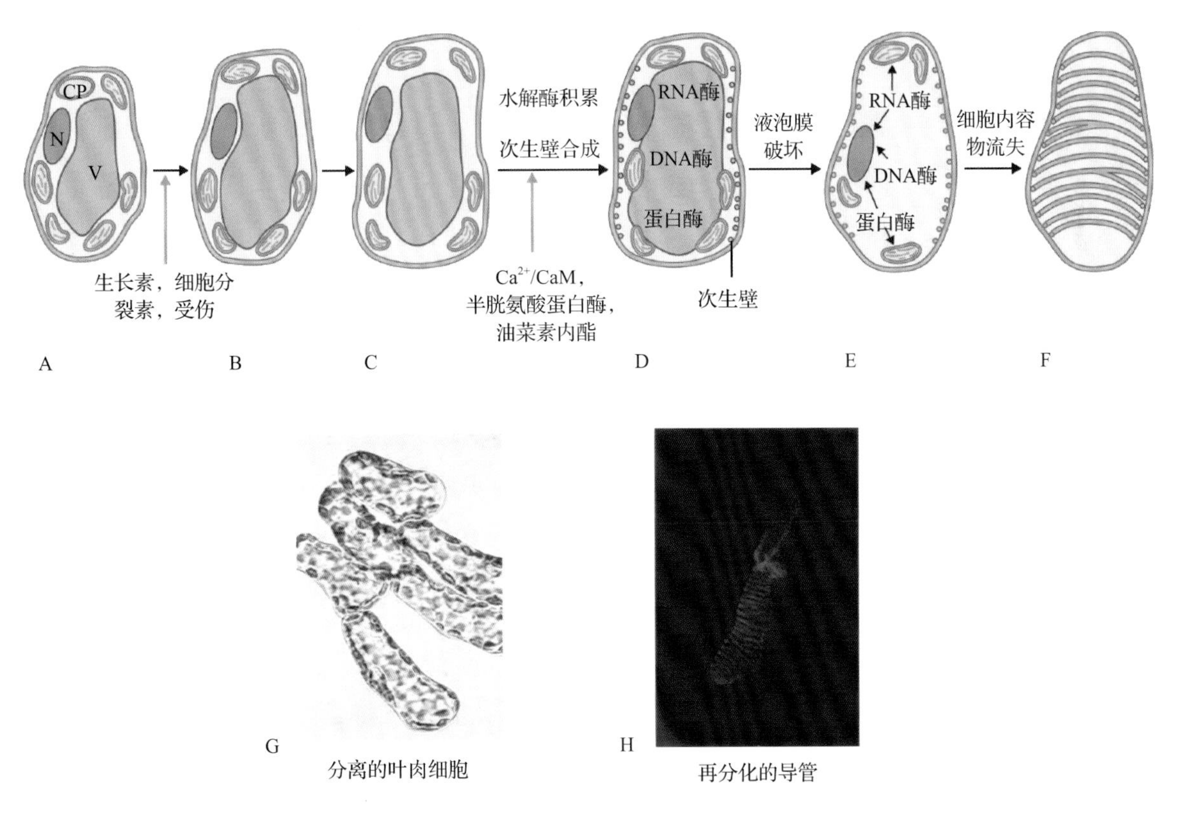

图 20.13 培养的百日菊叶肉细胞再分化成为导管的过程包括程序性细胞死亡。A. 一个培养的叶肉细胞以及它的细胞器。当被培养基中的激素诱导修饰后，细胞去分化（B），之后分化成为导管前体细胞（C）、一个有次生壁加厚的不成熟的导管（D），成熟中的导管内液泡降解，紧跟着细胞内容物降解（E），最终成熟死亡为中空导管（F）。G. 培养的叶肉细胞在普通光学显微镜下可观察到小型绿色的叶绿体位于细胞质外周。H. 由培养的叶肉细胞产生的成熟导管，这个空细胞由间苯三酚染色，间苯三酚可在有木质素的地方发出荧光，因此它可标记次生细胞壁。CaM，钙调蛋白。来源：图 G, H 来源于 A. Groover, University of North Carolina, Chapel Hill，未发表

程序性细胞死亡对细胞最终形态和功能至关重要，体外诱导导管分化的方法为研究细胞发育过程提供了一个理想的系统。大量的细胞可被诱导来同步经历这个过程，使得分化过程中的生物化学及分子生物学分析成为可能。这与绝大多数体内系统不同，在体内系统中只有少数细胞同时分化，并且这些细胞还位于其他组织。

20.3.3 百日菊导管的体外形成过程由三步组成

在百日菊的体外系统中，导管的形成在 4 天之内完成并可分为三个不同的步骤：①分化；②发育潜能的限制；③导管特化的发育。许多基因的表达模式在这些过程中发生改变（图 20.14）。在分化过程（阶段 1）中表达的基因包括那些与植物受伤反应相关的基因，如蛋白酶抑制基因 *ZePI-1* 和 *ZePI-2*、与病原体相关的基因 *ZePR*，以及与蛋白质合成相关的基因 [如核糖体蛋白（RP）及延伸因子（EF）基因]。与苯丙素类物质代谢（见第 24 章和 20.6.3 节）相关基因的不同转录本在不同阶段出现，苯丙氨酸氨裂解酶和肉桂酸 -4- 羟化酶在阶段 1 和阶段 3 中表达，肉桂醇脱氢酶（CAD）在阶段 2 和阶段 3 中积累。微管蛋白基因（*Tub*）在这三个阶段中都表达。阶段 2 开始以导管分化（TED）相关转录本的出现为标志，此阶段中培养细胞开始形成导管。

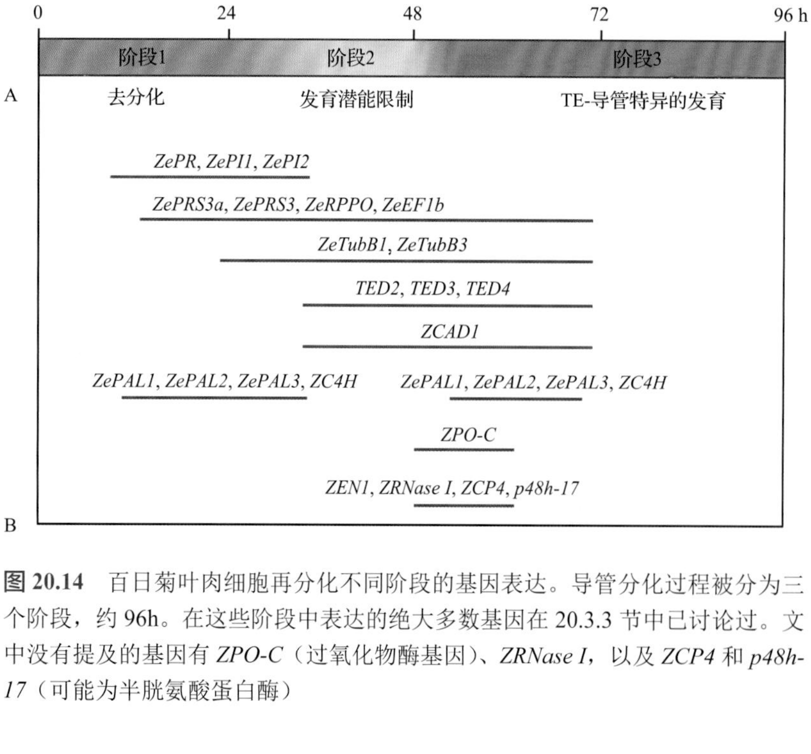

0 24 48 72 96 h
阶段1 阶段2 阶段3
A
去分化 发育潜能限制 TE-导管特异的发育
ZePR, ZePI1, ZePI2
ZePRS3a, ZePRS3, ZeRPPO, ZeEF1b
ZeTubB1, ZeTubB3
TED2, TED3, TED4
ZCAD1
ZePAL1, ZePAL2, ZePAL3, ZC4H *ZePAL1, ZePAL2, ZePAL3, ZC4H*
ZPO-C
ZEN1, ZRNase I, ZCP4, p48h-17
B

图 20.14 百日菊叶肉细胞再分化不同阶段的基因表达。导管分化过程被分为三个阶段，约 96h。在这些阶段中表达的绝大多数基因在 20.3.3 节中已讨论过。文中没有提及的基因有 *ZPO-C*（过氧化物酶基因）、*ZRNase I*，以及 *ZCP4* 和 *p48h-17*（可能为半胱氨酸蛋白酶）

百日菊培养细胞的阶段 3 次生细胞壁加厚停止。免疫细胞化学研究显示阿拉伯半乳聚糖类及延伸素类蛋白和很多新的糖蛋白在导管细胞壁中积累。在次生细胞壁形成结束后，原生质体降解。电子显微镜观察显示，细胞内容物的自溶在液泡膜破裂并且释放液泡降解酶到细胞质中的时候就已发生。

编码降解酶（如蛋白酶与核酸酶）的基因在阶段 2 晚期与阶段 3 早期就已表达。半胱氨酸蛋白酶基因以及一个 S1 类核酸酶（ZEN1）基因已克隆，有生物化学证据表明在分化的导管中有这些基因产物的定位。*Zen1* 基因表达的瞬时抑制实验表明 ZEN1 是核 DNA 降解的关键核酸酶。除了半胱氨酸蛋白酶，百日菊导管中至少还有三种丝氨酸蛋白酶。其中一种丝氨酸蛋白酶可能是一种调控导管分化的分泌型酶。有证据显示半胱氨酸蛋白酶及蛋白酶组（见第 10 章）在起始死亡程序过程中起到调控作用。例如，在次生壁加厚开始前向百日菊细胞中施加半胱氨酸蛋白酶抑制剂，可抑制导管进一步分化。各种蛋白酶活性抑制剂也可抑制导管形成。然而，迄今为止没有证明某种特殊的蛋白酶在导管的程序性细胞死亡过程中不可缺少。利用邻近细胞提供的前体，木质化似乎紧随着程序性细胞死亡发生。

20.3.4 除生长素和细胞分裂素，钙离子和蛋白酶似乎可促进百日菊导管分子的程序性细胞死亡

百日菊的程序性细胞死亡过程缺乏与细胞凋亡相关的标志性细胞事件。液泡膜的破裂伴随着细胞器和细胞壁的重新组织（图 20.15）。细胞壁的木质化在液泡膜破裂后发生，并直到几乎所有可识别的细胞器都消失后，细胞膜的完整性才会破坏。这种类型的程序性细胞死亡可能特别适合于清理这类细胞组织，它们需要为导管中水的移动提供途径。

在百日菊导管的分化中需要生长素与细胞分裂素，但其他信号分子仍有可能在这一过程中起到重要

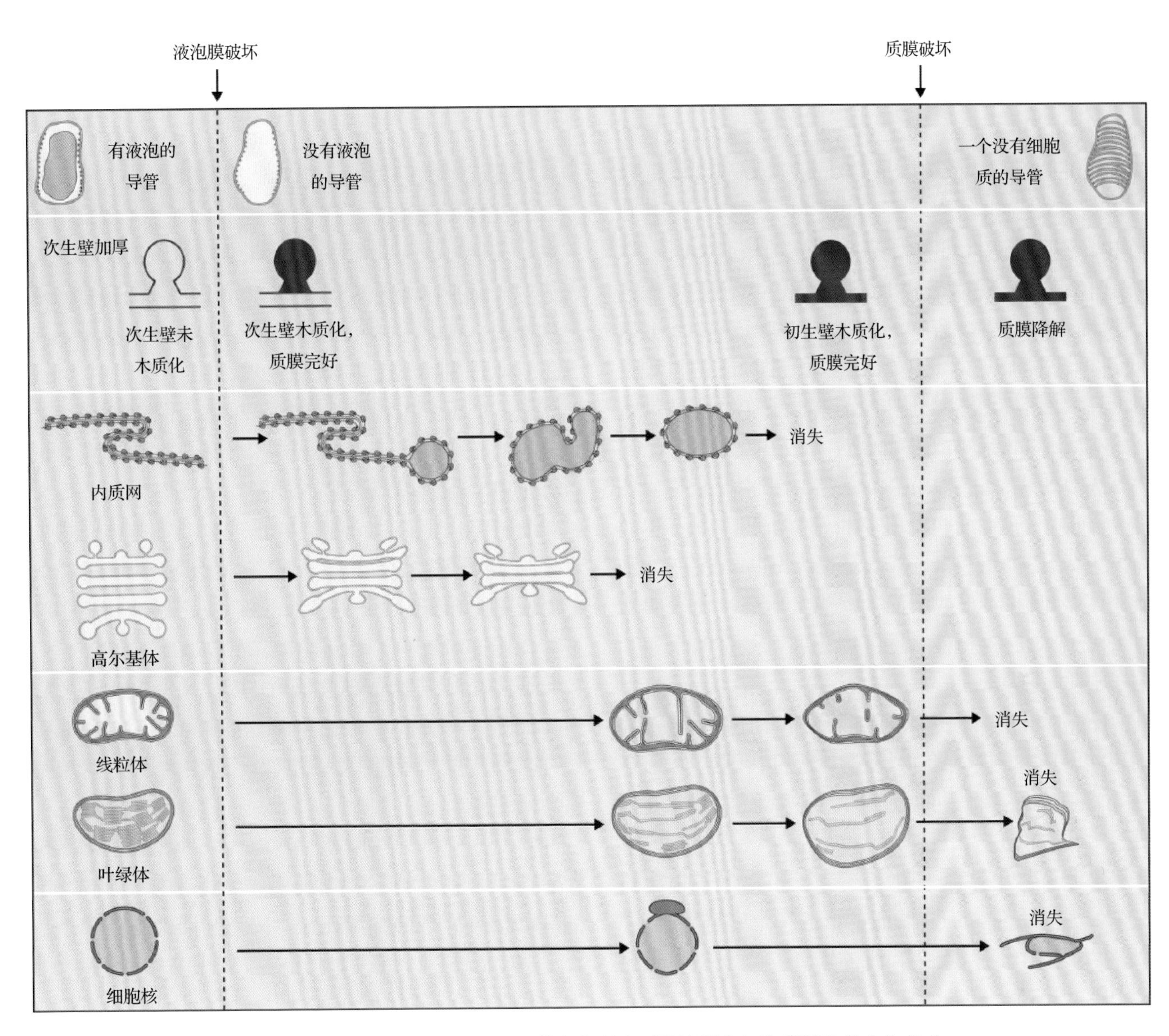

图 20.15 分化的百日菊导管细胞器的结构变化。细胞器的变化顺序以液泡膜和细胞质膜的状态为参考

作用。已证明钙离子和钙调蛋白有可能参与导管分化信号通路。例如，将培养基中的钙离子去除可让导管的形成率从 50% 降到 10%，并在培养开始的 48h 内，在任一时间段施加钙离子通道的阻断剂都可有效地抑制导管的分化。导管分化也可通过向培养基中添加钙调蛋白拮抗剂来阻止。钙离子可能在导管形成过程的细胞死亡阶段扮演重要角色，因为钙离子通道的阻断剂可抑制分化中的导管分子细胞死亡。也有强有力的证据显示，其他的分子（如 NO）也与百日菊导管中的细胞死亡起始相关。

可在培养百日菊的培养基上积累的一种丝氨酸蛋白酶也证明对导管的程序性细胞死亡有影响。有几个实验显示该丝氨酸蛋白酶可能在培养的百日菊细胞的程序性细胞死亡中起作用。第一，向导管培养基中施加大豆（*Glycine max*）胰蛋白酶抑制剂可抑制细胞死亡并阻止导管的分化。大豆抑制剂也可抑制一种 40kDa 大小的丝氨酸蛋白酶活性，该蛋白酶在培养基上与细胞死亡过程同步积累。第二，像胰蛋白酶或木瓜蛋白酶这样的蛋白降解酶，如施加到培养基上可显著加速导管的细胞死亡。向导管施加胰蛋白酶从而对导管程序性细胞死亡产生的作用可通过降低培养基中的钙离子浓度或施加钙离子通道的抑制剂逆转。这些数据显示钙离子可能与导管形成过程中由蛋白酶介导的程序性细胞死亡相关。

20.3.5 在拟南芥和杨树中研究导管的形成

导管中的细胞死亡也在除百日菊以外的模式系统中被分析。拟南芥用于研究体内导管分化过程中基因表达模式，并鉴定了影响导管程序性细胞死亡的突变体。已在拟南芥中鉴定到了几种与在百日菊导管特异基因同源的基因。导管分子程序性细胞死亡过程中，只有一对液泡半胱氨酸蛋白酶的旁系同源基因 *XCP1*、*XCP2*（*XYLEM CYSTEINE PROTEASE*）和 *ZEN1* 的功能得到了证实。体外实验中，ZEN1 能促进百日菊导管分子核 DNA 降解，并有详细的免疫标记分析显示 XCP1 和 XCP2 参与了清除导管细胞内容物的过程。对拟南芥的研究表明，导管的程序性细胞死亡作为一个独立的过程受到控制或紧随次生细胞壁加厚过程发生。过量表达 *NST1-3*（*NAC SECONDARY WALL THICKENING PROMOTING FACTOR1,2 and 3*）的拟南芥表现出在薄壁细胞中次生细胞壁增厚的异位沉积，并不伴随着细胞死亡。相反，*gpx*（*gapped xylem*）突变体细胞死亡，但并不形成明显的次生细胞壁，这表明次生细胞壁的形成和程序性细胞死亡可能是两个相互独立的过程。

树干的巨大体积保证了不连续的细胞分层，并且由于可获得模式植物杨树广泛的基因组信息资源，基因表达模式可通过转录分析确定。图 20.16 是部分杂交白杨（*Populus tremula×tremuloides*）木质组织的显微图像。图中可看到木质部随着年龄的增长，与代表细胞死亡阶段的形成层距离越来越远。热图（用颜色表示表达强度的矩阵）显示与细胞死亡相关基因的表达梯度。高度表达的基因是拟南芥中编码 XCP2、VPE α 和 γ 异构及 AtMC9 的同源基因，所有这些基因均控制导管程序性细胞死亡或植物中的其他程序性细胞死亡过程。值得注意的是，杂交白杨的木质部纤维经历了一种与导管细胞死亡完全不同的程序性细胞死亡。木质部纤维的程序性细胞死亡过程缓慢，并涉及细胞质内容物的缓慢降解。在纤维而非导管中几个与自噬相关的基因高表达，这表明纤维中的细胞质降解是一个自噬的过程（图 20.16）。

20.4 生殖发育中的程序性细胞死亡

如图 20.17 所示，程序性细胞死亡在生殖发育过程中发生，生殖发育在第 19 章有详细的表述。本部分集中论述程序性细胞死亡在花器官和配子体形成、花粉萌发及早期胚胎发育中的作用。

20.4.1 在单性花发育过程中雌性和雄性花器官选择性死亡

有选择的细胞或一组细胞的程序性死亡对花器官的发育影响很大。在拥有单性花的绝大多数植物中，花器官发育最开始都拥有雄性和雌性器官的原基。在早期，雄性和雌性花差异不大。花器官形成过程中，在某个因植物物种而异的发育过程中，雄性或雌性部分停止生长并通过细胞死亡程序清除。例如，在玉米中，雄性花序（雄穗，图 20.18A）在空间上与雌性花序（雌穗）相分离。在雄性花序的幼花中有雄蕊与雌蕊群的原基，随着花发育，雌蕊群细胞停止生长和分裂，并出现包括细胞核在内的细胞器降解。在 *tasselseed2* 突变体中，雌蕊群的生长停止和降解并不发生，雌性花在雄性花序中产生（图 20.18B）。因此，*TASSELSEED 2*（*TS2*）对于雄性花序发育中雌性器官的死亡至关重要。*TS2* 在雌蕊群降解前在雄花序雌蕊群中表达。*TS2* 编码的产物与类固醇脱氢酶相似，这加大了其调控细胞死亡过程的可能性，该调控可能通过产生一种固醇类分子作为细胞死亡通路中一个信号。*TS2* 也在雌性小穗的雌蕊中表达，但初级雌蕊并不经历 *tasselseed* 介导的细胞死亡，因为其活性受另一个基因 *SILKLESS 1*（*SK1*）抑制。*TS2* 和 *SK1* 是玉米中一类通过在不同组织中选择性地促进或抑制细胞死亡来控制花性别的基因（图 20.18C）。

20.4.2 细胞死亡对配子发生非常重要

细胞死亡程序也影响单倍体组织。在被子植物大孢子生成过程中，大孢子母细胞经历减数分裂后形成的四个大孢子中的三个经历程序性细胞死亡，留下一个大孢子产生卵细胞和胚囊中的其他细胞。

在小孢子发生过程中，围绕小孢子的绒毡层细胞死亡并分解。在该过程中可观察到细胞皱缩、染色质凝缩、内质网膨胀及线粒体滞留的现象。在花粉发育进入最后的单细胞阶段时，DNA 阶梯化降解发生，绒毡层细胞核和花粉壁组织显示 TUNEL 阳性。也有报道说明从线粒体释放出细胞色素 *c*，这与动物细胞凋亡特点相似。在小孢子发生早期表达一个编码细胞凋亡抑制因子基因可阻断拟南芥绒毡层细胞凋亡，从而导致花粉败育。如果小孢子母细

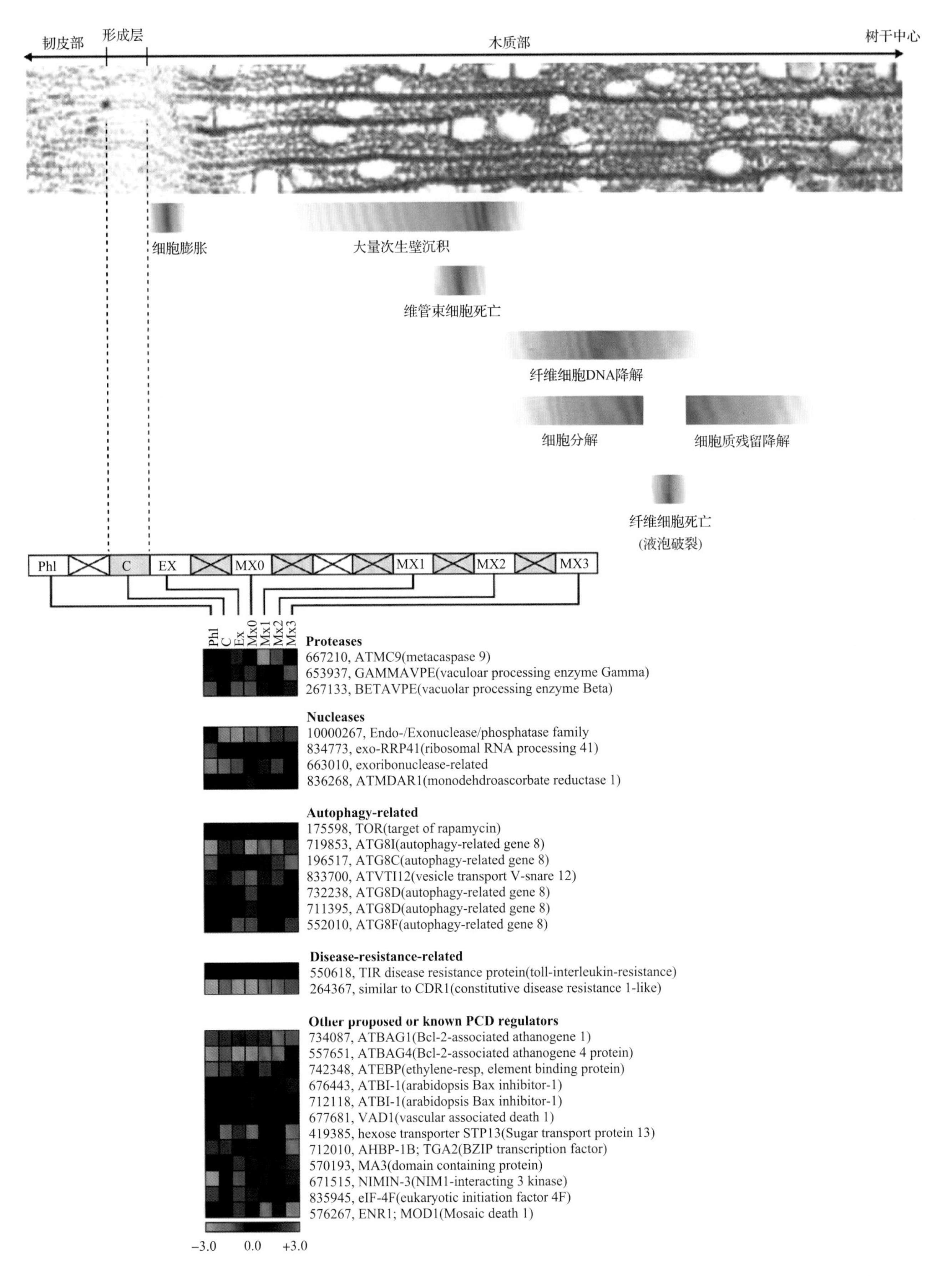

图 20.16 杂交白杨（欧洲山杨 × 杨树，*Populus tremula×tremuloides*）树干木质组织的木质部发育中的基因表达。样本是从杨树树干上取得的 50μm 切面冰冻切片。图的下半部分为热图，代表木质部发育晚期统计学上明显上调的杨树基因表达水平，这些基因与拟南芥中已知的细胞死亡调控因子或自噬相关基因同源；每个注释的杨树基因都与最相似的拟南芥基因的名称一致。表达量取自一个芯片杂交分析结果，显示的是取对数后的相对值。来源：Courtois-Moreau et al.（2009）. Plant J. 58:260-274

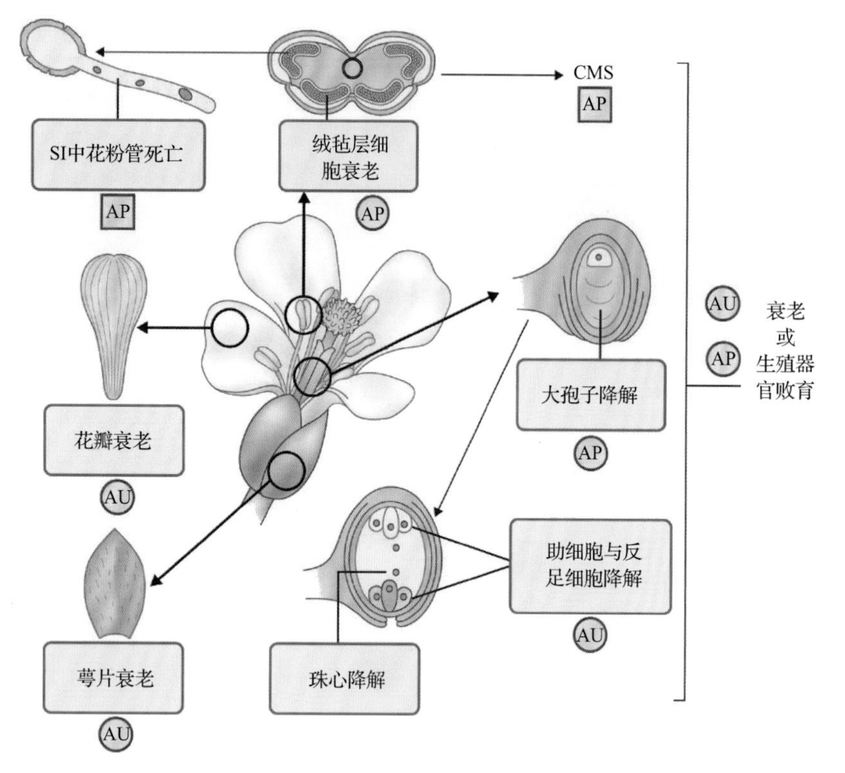

图 20.17 花器官中的程序性细胞死亡事件。SI，自交不亲和；CMS，胞质雄性不育；方框表示证明程序性细胞死亡机制——坏死类似（AP）或自噬类似（AU）机制的有力证据，不太充分的证据用圆圈代表。来源：Rogers（2006）. Ann. Bot. 97:309-315

胞发生过程中绒毡层细胞凋亡过早，也会导致成熟花粉败育。这可能是细胞质雄性不育（CMS）的一个解释，细胞质雄性不育是由线粒体基因组决定的一种花粉败育现象。很多种细胞质雄性不育可被核恢复基因恢复，这也反映了在小孢子发生过程中线粒体与细胞核交流的重要性。一种植物的线粒体参与细胞质雄性不育的机制是释放细胞色素 *c*。可以得出一个结论：绒毡层细胞程序性死亡的启动可能是通过在大约小孢子母细胞发生的四分体阶段相对窄的发育窗口时间进行信号转导，也是定时特异细胞死亡作为正常分化的重要事件的一个例子。

20.4.3 自交不亲和过程中的细胞死亡

许多植物物种演化出一种自交不亲和的策略以保证异交。在虞美人（*Papaver rhoeas*）中，柱头自交不亲和基因座编码一个小分子质量的 S 蛋白，这种蛋白质可在不亲和的花粉中诱导一个钙离子依赖的信号通路。由此可导致花粉管生长迅速停止、肌动蛋白解聚，以及激活 MAPK 级联信号。这些事件进一步促进程序性细胞死亡，因为与此同时细胞色素 *c* 渗透进入细胞质，DNA 碎片化且类凋亡蛋白被激活。

在绝大多数被子植物中紧跟着受精的是受精卵的第一次有丝分裂。第一次有丝分裂可产生两个细胞，其中一个形成胚胎，另一个发育成胚柄，胚柄可经历几轮的有丝分裂，但最终经历程序性细胞死亡。在玉米籽粒的胚柄降解，以及胚体的盾片、胚芽鞘和根冠分化过程中都有 DNA 阶梯化降解的现象。

20.5 叶片和其他侧生器官的发育末期的衰老和细胞程序性死亡

衰老和随后的死亡是包括叶片、茎、根和花在内的所有植物器官发育的最终阶段。在衰老过程中，植物去除无用的细胞和组织，与此同时吸收有用的营养物质，特别是氮和磷。器官成熟后慢慢衰老，并且衰老不伴随着生长和形态建成。衰老在很大程度上受环境因素和内源因素（如激素）变化的影响。有时衰老很快，如三色牵牛花（*Ipomoea tricolor*）的花瓣在开花后仅仅一天便迅速衰老（图 20.19）；有时衰老需经过几个月或几年才开始，例如，研究表明刺果松（*Pinus longaeva*）叶片有 45 年的生命周期，而沙漠植物千岁兰（*Welwitschia mirabilis*）（图 20.20）的大型带状叶估计可存活 1000 年甚至更长。

植株或器官的发育和生活史中各种细胞衰老程序如何整合还不清楚。可能有一种“触发死亡”的信号会立即发送给组织或器官，继而在各自发育过程中响应这些信号。或者说，有一种细胞特异的“触发死亡”的刺激可引发目标衰老和死亡的过程。一些遗传变异表型，包括变绿（见 20.5.3 节）和疾病应激反应（见 20.10.3 节），似乎反映了基因调控正常衰老和程序性细胞死亡过程的时空变化。对这些基因的分析为理解在植物分化过程中选择性细胞死亡是如何展开的提供了重要见解。20.5 节至 20.8 节讨论了衰老的具体细节。

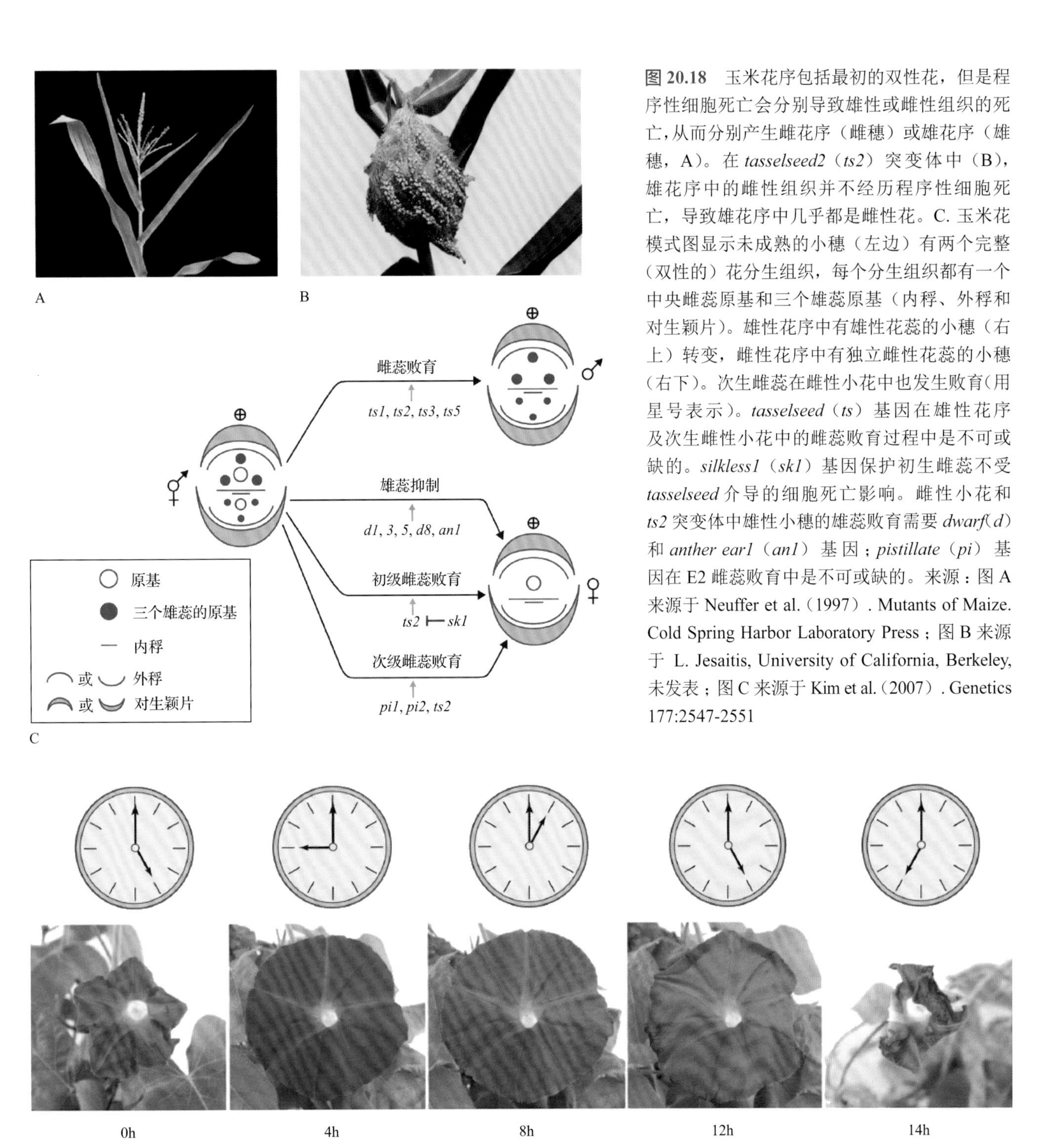

图 20.18 玉米花序包括最初的双性花，但是程序性细胞死亡会分别导致雄性或雌性组织的死亡，从而分别产生雌花序（雌穗）或雄花序（雄穗，A）。在 *tasselseed2*（*ts2*）突变体中（B），雄花序中的雌性组织并不经历程序性细胞死亡，导致雄花序中几乎都是雌性花。C. 玉米花模式图显示未成熟的小穗（左边）有两个完整（双性的）花分生组织，每个分生组织都有一个中央雌蕊原基和三个雄蕊原基（内稃、外稃和对生颖片）。雄性花序中有雄性花蕊的小穗（右上）转变，雌性花序中有独立雌性花蕊的小穗（右下）。次生雌蕊在雌性小花中也发生败育（用星号表示）。*tasselseed*（*ts*）基因在雄性花序及次生雌性小花中的雌蕊败育过程中是不可或缺的。*silkless1*（*sk1*）基因保护初生雌蕊不受 *tasselseed* 介导的细胞死亡影响。雌性小花和 *ts2* 突变体中雄性小穗的雄蕊败育需要 *dwarf*（*d*）和 *anther ear1*（*an1*）基因；*pistillate*（*pi*）基因在 E2 雌蕊败育中是不可或缺的。来源：图 A 来源于 Neuffer et al.（1997）. Mutants of Maize. Cold Spring Harbor Laboratory Press；图 B 来源于 L. Jesaitis, University of California, Berkeley, 未发表；图 C 来源于 Kim et al.（2007）. Genetics 177:2547-2551

图 20.19 三色牵牛花的衰老过程很快。5:00 到 6:00 开花（t0 阶段），开到当天 13:00 ~ 14:00（t8）。这时，牵牛花开始卷曲，并且花的颜色从蓝色变成紫色（t12）。白天持续卷曲，直到最终阶段（t14）花完全内卷。来源：Shibuya et al.（2009）. Plant Physiology 149:816-824

20.5.1 衰老中的细胞经历了内部的重新组织并具有代谢活性

在衰老过程中，新的代谢通路激活而其他通路关闭。图 20.21 描述了导致叶片衰老可能的几条通路。在该图中，激素或环境刺激等不同诱因所连接的级联信号转导会导致涉及许多基因激活和抑制的最初阶段，以及向受控的细胞结构再分化和物质再分配的阶段转变。最后出现普遍程序性细胞死亡的许多特征的最终阶段继而发生。细胞器膜的完整性和生化通路的区室化可保留到最后阶段的末期。

叶片和果实的衰老以主要细胞器的剧烈改变为特征：

- 叶肉细胞和绿色未成熟果实的叶绿体会分别

图 20.20 南非沙漠的奇异植物千岁兰（*Welwitschia mirabilis*）的叶片可以存活几十年甚至上百年。来源：http://www.biologie.uni-hamburg.de/b-online/earle/we/welwitschaceae.htm

再分化为衰老叶绿体和色质体（图 20.22）。

- 如同在 20.2.2 节中讨论过的那样，衰老的糊粉细胞中的蛋白存储液泡形成了一个大的中央液泡，可维持液泡膜的完整性（见图 20.8）；这一现象也在真双子叶植物的胚乳和存储子叶中有发生。
- 子叶和胚乳的油体在衰老过程中消失，在这些存储组织中脂类的代谢和一种特殊类型的过氧化物酶体相关，这种过氧化物酶体在糖异生过程中起到重要作用（见 20.8.1 节，第 1 章和第 8 章）。
- 在许多物种中，光合组织的过氧化物酶体的衰老也与糖异生过程有特异的联系（见图 8.65）。

这些细胞器的变化将分化与退化区分开来，并且说明衰老是一个受调控的过程而非某种形式的坏死。

衰老中的叶片细胞超结构的变化，伴随着生化水平的转变，尤其是叶绿体和存储蛋白的降解，这一过程伴随着初级和次级代谢产物的重组。在衰老的植物细胞中很多生物化学过程可对代谢产物和结构物质回收利用与重新分配，特别是对氮和磷的保存。然而，其他必要的生理学过程也会影响衰老。光合效率下降意味着物质再活化以及其他过程中的能量来源于异养，这一趋势与呼吸和氧化代谢的修

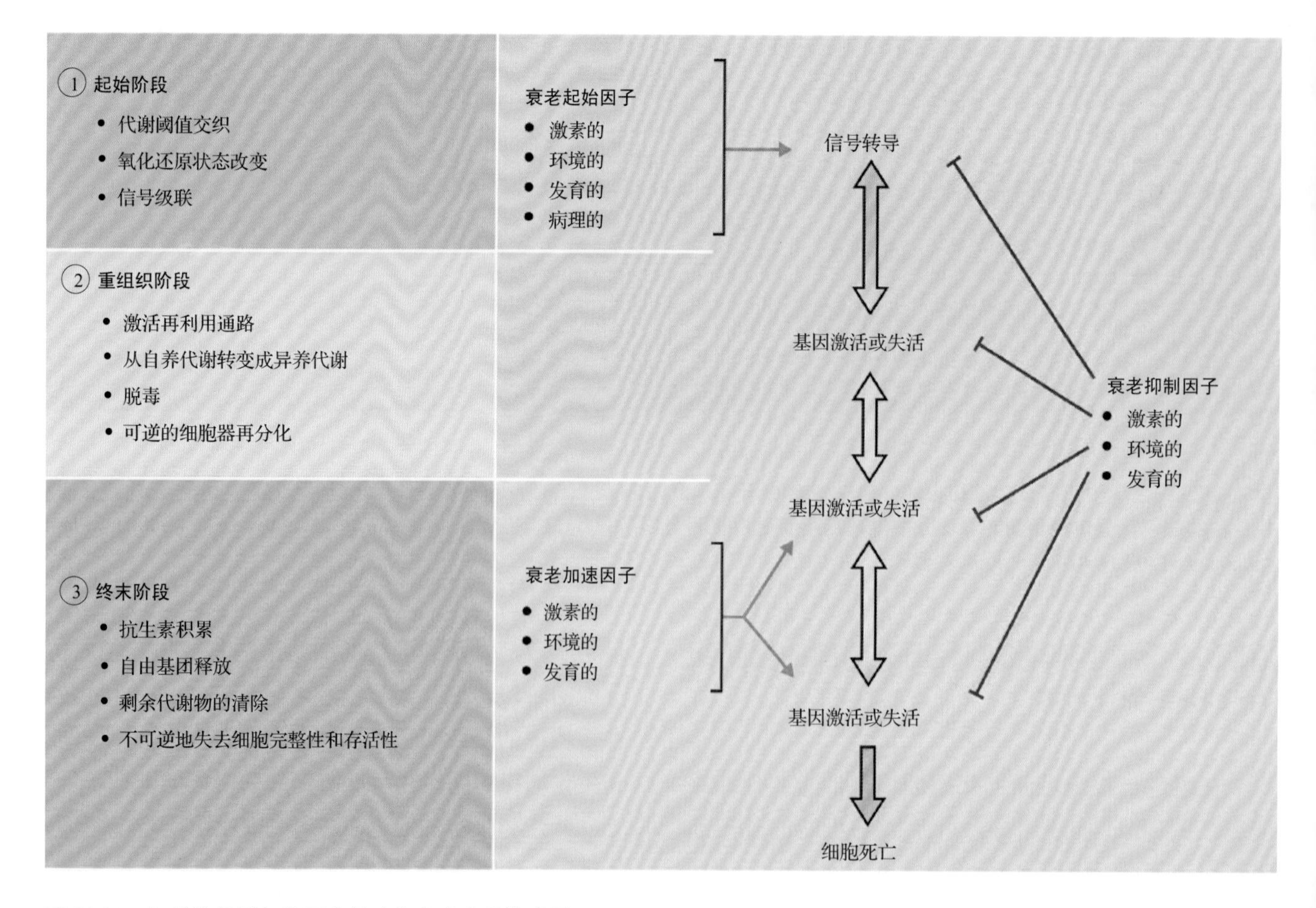

图 20.21 起始信号到细胞死亡的叶片衰老步骤模式图

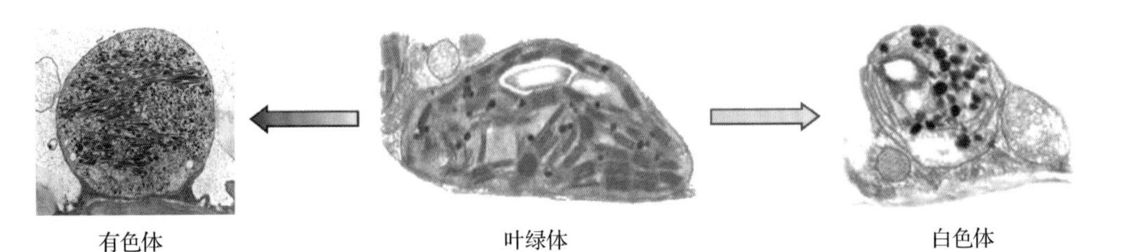

图 20.22 在衰老过程中，叶片中的有色体变成黄色的白色体，而绿色果实中的叶绿体在成熟过程中变成黄色、橙色或红色的有色体

饰相关，进一步可能影响次生代谢产物，进而影响其与有害和有益生物体的互作。

因为受精后的花可能与那些还没有吸引传粉者的花竞争，花器官部分相比于叶而言生命周期更短（尤其是授粉后），这些器官的衰老常不可逆且对非生物环境影响更不敏感。花和叶的衰老包括大分子的降解、营养物质的再利用，以及细胞器结构和功能的修饰。不同的程序性细胞死亡有的通过溶原现象完成，有的通过类似凋亡的途径完成。

20.5.2 植物基因组工具和资源的利用使对衰老调控的机制有了新的理解

DNA 微阵列和其他基因表达分析的高通量技术为研究衰老过程中的基因表达情况提供了很多信息。现在还没发现统一的与衰老相关的基因表达模式。尽管在衰老过程中整个基因组的表达模式在不同植物中看起来类似，但在同一物种中不同引发衰老的方式会诱导不同的基因表达模式。然而，衰老过程总伴随着大量的基因表达的变化：大量在未衰老叶片中高表达的基因受到抑制，而其他基因（迄今为止在拟南芥中包括超过 800 个）的表达被激活。许多在衰老中表达上调的基因都可能有降解细胞组分的功能。这些基因的命名方法因物种而异，包括玉米中的 *See*（Senescence Enhanced Expression）、欧洲油菜中的 *LSC*（Leaf Senescence Clone）、拟南芥中的 *SAG*（Senescence-Associated Gene）、番茄（*Solanum lycopersicum*）中的 *SENU*（Senescence Upregulated），以及欧洲山杨中的 *PAUL*（*Populus* Autumn Leaf）。在这里将用 *SAG* 作为在衰老过程中被上调基因的代表。表 20.2 列举了不同物种来源的代表性 SAG。

SAG 有不同的表达模式（图 20.23）。有些在衰老的早期表达，有些在晚期表达，有些似乎在自然衰老的相连的组织而非分离的组织中表达。衰老过程中的基因表达模式分析表明，衰老过程中的基因表达与水杨酸、茉莉酸或乙烯处理后的基因表达模式有一定程度上的重合，然而很难区分这到底是初级效应还是次级效应，并且现在还没有一个简单模型去解释衰老过程中的基因表达调控。微阵列分析可提供更多的衰老过程中与基因分类相关的信息，也包括对某种处理和突变体有不同反应的基因分类信息。尽管 mRNA 丰度的提升并不一定导致蛋白质含量的提升，但在绝大多数情况下某个通路中编码酶的基因的高表达暗示这个通路可能更活跃。例如，许多编码蛋白酶的基因在衰老过程中被诱导（表 20.2）。其他 *SAG* 编码酶参与蛋白质和氨基酸的重新分布、脂质的代谢、脂肪酸 β 氧化和糖异生。大量基因编码金属硫蛋白（见第 16 章），可能参与保护氧化损伤，或者参与金属离子的存储和运输，这些基因同样也在衰老过程中表达上调。在很多物种中 *SAG* 也编码抗菌蛋白、病原体相关的蛋白质（PR）及几丁质酶（见第 21 章）（表 20.2）。拟南芥突变体 *ore* 的特征可解释大量影响叶片衰老因子的存在。在众多突变体中，编码质体核糖体蛋白、细胞分裂素受体及一个 F 框蛋白的基因与 *ore* 突变体植株中衰老延迟相关。

编码光合蛋白的核基因在叶片进入衰老状态（见图 20.21）后很大程度上被关闭，间接证据显示质体中的基因表达很大程度上被抑制。意料之中的是，几个与合成光合作用色素（叶绿素与类胡萝卜素）相关的基因也被下调，而一些类黄酮生物合成相关的基因可能被诱导。

在衰老过程中，转录因子 mRNA 的丰度变化很大。过量表达或下调很多这样的转录因子可导致衰老的表型。然而，这种不是很强的关联性很难去解释，因为所有影响叶片生长或健康的过程都可能潜在地延迟或加速衰老。尽管如此，拟南芥 *WRKY53*（见 20.8.2 节和 20.11.3 节），以及 *AtNAP* 和衰老的关联性很强。*WRKY53* 和 60 多种不同类型的基因相互作用，其中包括其他的转录因子和 SAG12（液泡巯基蛋白酶家族中的一种液泡半胱氨酸蛋白酶，是

表 20.2　衰老过程中转录增加的已克隆的基因

基因名称	功能	类[a]	植物	其他信息[b]
SAG2	半胱氨酸蛋白酶		拟南芥	Oryzain γ- 类似
See1	半胱氨酸蛋白酶	5	玉米	Oryzain γ- 类似
LSC7	半胱氨酸蛋白酶	7	油菜	Oryzain γ- 类似
See2	半胱氨酸蛋白酶	5	玉米	液泡形成
SAG12	半胱氨酸蛋白酶	5	拟南芥	广泛使用的衰老标记
LSC790	半胱氨酸蛋白酶	10	油菜	
LSC760	天冬氨酸蛋白酶	7	油菜	
UBC4	泛素携带蛋白		林烟草	
UBI7	多泛素		马铃薯	
RNS2	核糖核酸酶		拟南芥	衰老中的花瓣
MS	苹果酸合酶	6	黄瓜	循环体酶
ICL	异柠檬酸降解酶	6	黄瓜	循环体酶
pBPCK-7A	磷酸烯醇式丙酮酸羧化酶	6	黄瓜	子叶
gMDH	NAD$^+$– 苹果酸脱氢酶	6	黄瓜	
LSC101	果糖 -1,6- 二磷酸缩醛酶	10	油菜	
LSC540	甘油醛 -3- 磷酸脱氢酶	10	油菜	
See3	丙酮酸正磷酸盐二激酶	10	玉米	
$LSC2C_{2}13$	丙酮酸正磷酸盐二激酶	5	油菜	
pTIP11	β- 半乳糖苷酶	10	芦笋	收割期后
PLD	磷脂酶 D		蓖麻子	离体叶片
LSC8	NADH: 泛醌氧化还原酶	10	油菜	
Atgsr2	谷氨酰胺合成酶	7	拟南芥	
	谷氨酰胺合成酶		萝卜	
	谷氨酰胺合成酶		水稻	
LSC460	谷氨酰胺合成酶	7	油菜	
pTIP12	天冬氨酸蛋白酶	9	芦笋	收割期后
SGR	维持绿色		蓖麻子	叶绿素降解
LSC54	金属硫蛋白 I	5	油菜	
JET12-like	金属硫蛋白		接骨木	叶片脱落
$LSC2C_{2}10$	金属硫蛋白 II	7	油菜	
rgMT	金属硫蛋白 II		水稻	压力诱导
LSC30	铁蛋白	7	油菜	
LSC680	ATP 硫酸化酶	9	油菜	
GSTII-27	谷胱甘肽转硫酶	5	玉米	
LSC650	过氧化氢酶	7	油菜	
LSC550	细胞色素 P450	9	油菜	
$LSC2C_{2}60$	细胞色素 P450	9	油菜	
$LSC2C_{2}26$	细胞色素 P450	5	油菜	
LSC94	PR1a	8	油菜	
$LSC2C_{2}22$	几丁质酶	5	油菜	
$LSC2C_{2}12$	抗真菌蛋白	7	油菜	
TOM13	ACC 氧化酶	5	番茄	果实成熟
TOM75	MIP 膜通道		番茄	果实成熟，水肋近
AtNAP			拟南芥	转录因子
NAM-B1			小麦属	营养物质移动调控
WRKY53			拟南芥	调控衰老和压力反应

[a] 第 1 类到第 10 类对应图 20.23 中的表达模式。

[b] 指示已检测基因诱导表达的酶或任何其他情况。

PR，发病机制相关；ACC，1- 氨基环丙烷 -1- 羧酸；MIP，主要内在蛋白。

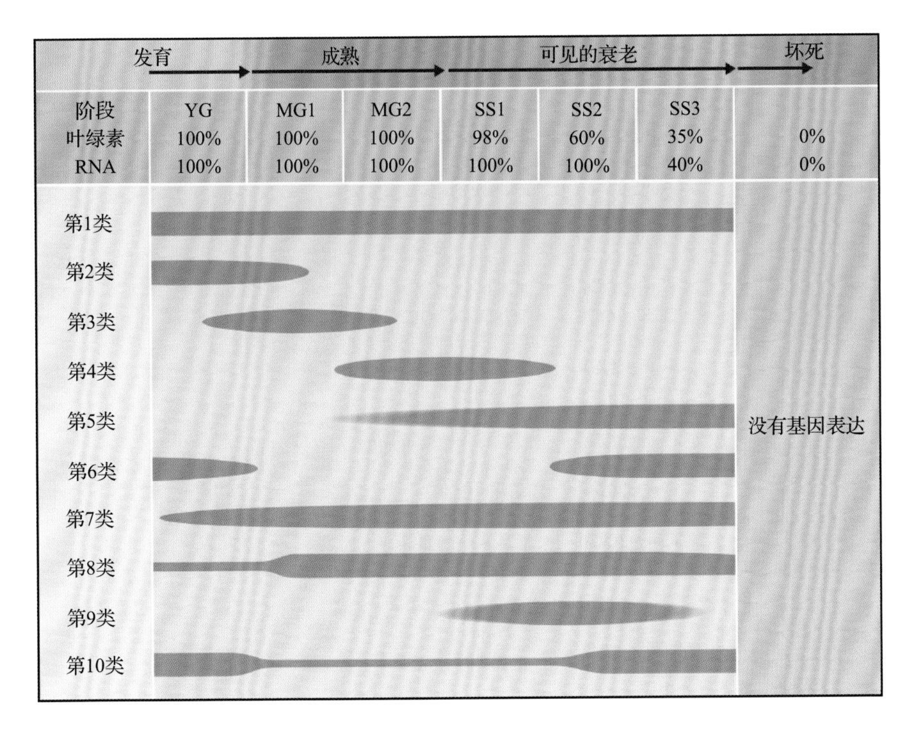

图 20.23 欧洲油菜（*Brassica napus*）叶片衰老阶段。*SAG* 根据它们表达的时间模式被分为 10 类（见表 20.2）。叶绿素和 RNA 的含量以占成熟的伸展叶片的百分比来表示。YG，完全伸展的叶片；MG1，来自开花植物的叶片；MG2，来自正在发育角果的叶片；SS1、SS2 和 SS3，明显衰老的叶片

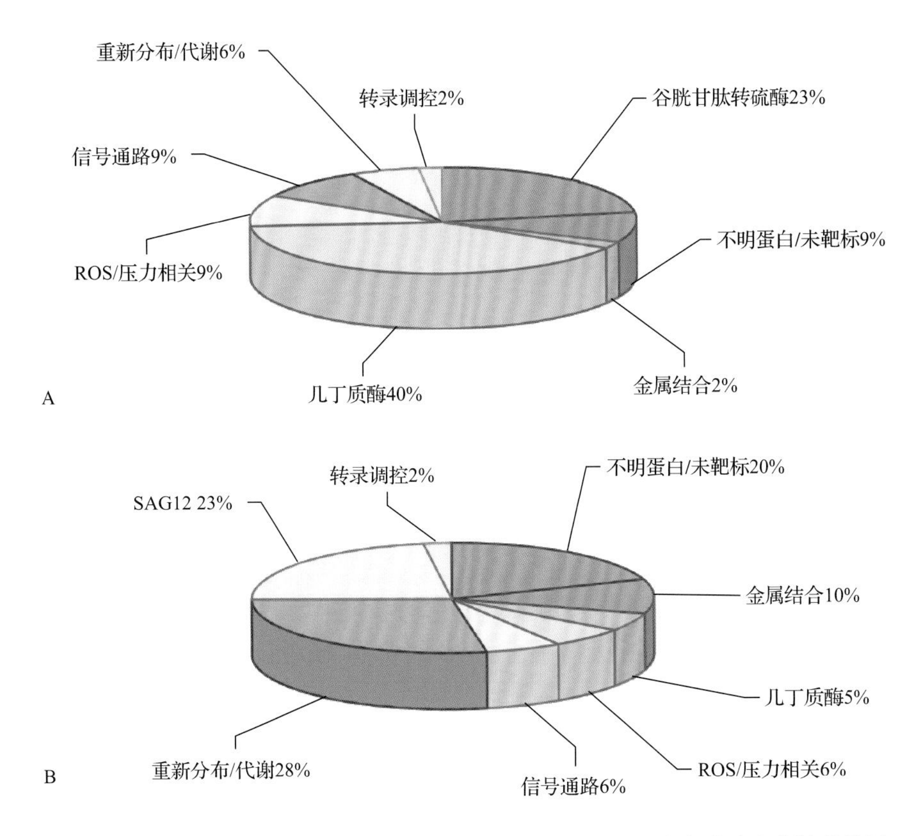

图 20.24 通过微阵列分析评估桂竹香（*Erysimum linifolium*）衰老叶片和花瓣的基因表达情况。A. 在衰老花瓣中表达上调但在衰老叶片中表达不变或下调的基因，根据推断的功能分类。B. 在衰老花瓣和叶片中都上调的基因。来源：Price et al.（2008）. Plant Physiol. 147:1898-1912

拟南芥中衰老的一个标志）。

叶片和花瓣细胞之间衰老的相似性与差异很好地体现在两种器官中基因的表达模式。拟南芥转录组分析显示衰老的叶片和花瓣有大概 25% ～ 30% 的基因表达一致，表明花瓣可能从变态叶演化而来。桂竹香（*Erysimum linifolium*）（图 20.24）中对叶片和花瓣衰老的比较表明，在这两种组织中与物质移动相关的基因都被上调，如类似 SAG12 的编码液泡巯基蛋白酶类的半胱氨酸蛋白酶。与之相反，几丁质酶和谷胱甘肽转硫酶基因的表达量随着叶片的衰老维持不变或下降，而在花瓣中这些基因的表达被强烈激活。这暗示对病原体侵染的防卫在花组织衰老中被增强，以保证种子正常的发育和散播。

20.5.3 衰老相关基因的突变与变异已被定位到基因组的特定位置，并且部分基因已通过图位克隆的方法分离

对衰老的遗传学研究有很长的历史：现代遗传学之父孟德尔研究豌豆（*Pisum sativum*）子叶的颜色，发现植物纯合的隐性基因 *i* 会导致叶绿体降解的失调（见 20.6.1 节），而这会导致衰老过程中产生绿色的子叶，叶片黄化延迟。最近，孟德尔发现的子叶衰老的基因通过基因定位、比较基因组学和功能分析相结合的方法被分离出来（图 20.25）。

在牧草草甸羊茅（*Festuca pratensis*）（图 20.25A）中，通过传统的孟德尔分析方法鉴定出基因 *y*（*stay-green*），这一基因的突变会使叶片保持绿色。草甸

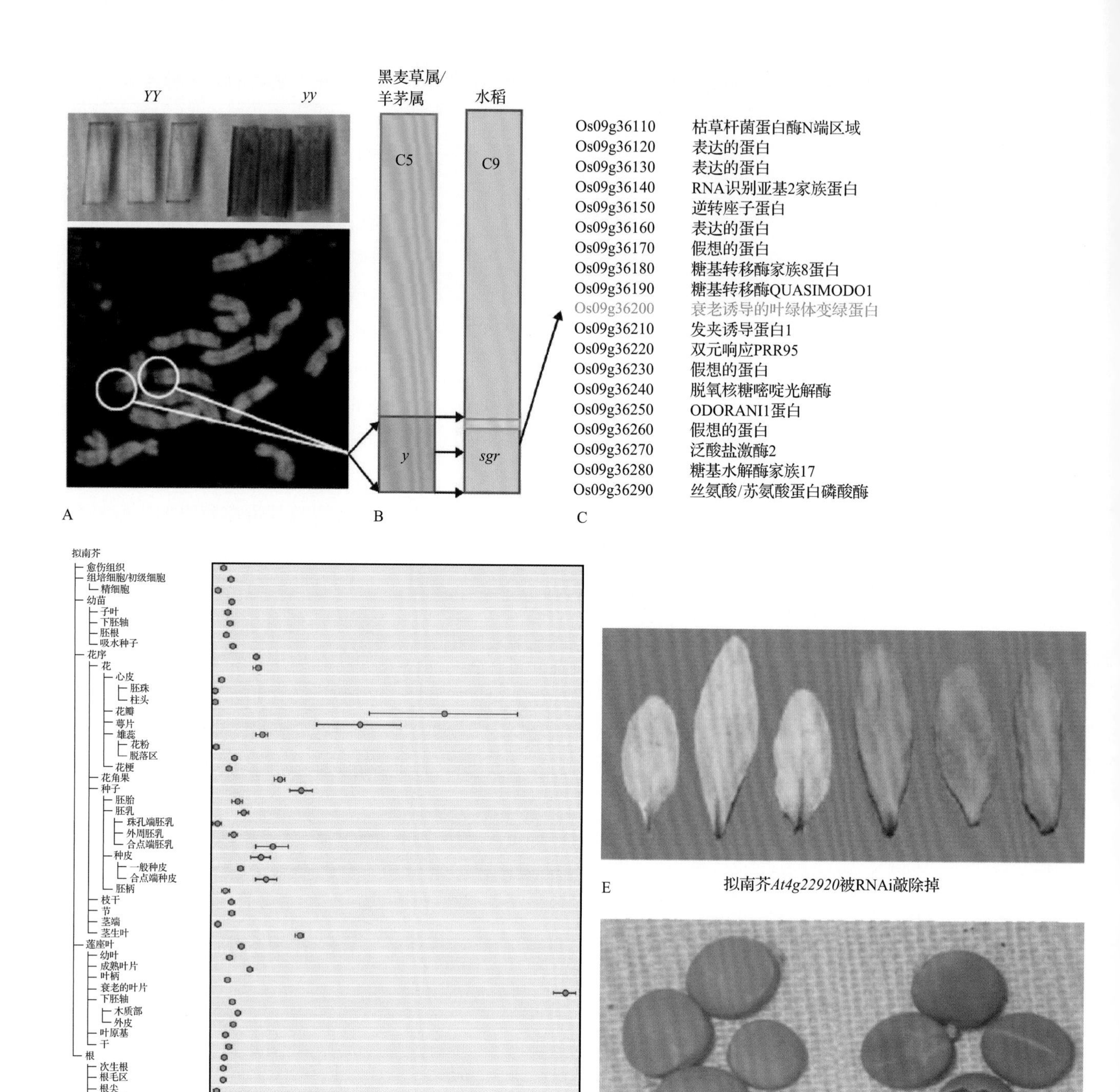

图 20.25 图位克隆分离出衰老基因。A. 从草甸羊茅和黑麦草杂交而来的隐性常绿突变体（*y*）定位在每对黑麦草染色体末端片段上。B. 分子定位结果显示 Y 位点定位在黑麦草 / 羊茅杂交种的 5 号染色体上，与水稻叶片衰老相关的主要 QTL *sgr* 定位在水稻 9 号染色体上的一个区域相一致。C. 候选基因的数量被缩小到单个水稻 BAC 克隆的大约 30 个基因上。D. 单一序列 *Os09g36200* 是拟南芥 *At4g22920* 的同源基因，有很明显的衰老相关的表达模式。E. 拟南芥中用 RNAi 敲除 *At4g22920* 的表型和草甸羊茅中的表型一致。F. *SGR* 等位基因的差异是引起孟德尔豌豆实验中黄色和绿色子叶表型的原因。来源：Jones et al.（2009）. New Phytol. 183:935-966

羊茅突变体与孟德尔的绿色子叶株系中的叶绿体代谢显示出相似的生化异常。羊茅属（*Festuca*）和黑麦草属（*Lolium*）易形成种间杂交，基因组间重组以较高的速率进行。常绿位点 *y* 从草甸羊茅中流向了黑麦草（*Lolium perenne*）（图 20.25A），可利用草甸羊茅特异的分子标记对这个基因进行遗传上的定位。黑麦草是一种农业上很重要的温带草种，其基因图谱已很完善，比较研究显示它的图谱和单子叶模式植物水稻（*Oryza sativa*）的基因图谱有很大程度上的共线性。使用一般的分子标记有可能实现从黑麦草向水稻基因图谱的“读通”。用图位克隆定位到了渗入片段“变绿基因”（位于黑麦草的5号染色体的短臂上），它和水稻9号染色体上的一段区域相同（图20.25B），在这段区域上，之前有几个研究组定位到了控制水稻叶片衰老过程中黄化的数量性状基因座（QTL）。黑麦草和水稻的位点似乎代表了同一个基因。

水稻基因组的细菌人工染色体（BAC）库可以在这项研究中发挥作用，在这个库中，每个单个的克隆都关联到水稻基因组图谱的某个特定位置上。通过将变绿基因位点通过细菌人工染色体比对定位到水稻物理图谱，基因被定位到相对较少的一部分候选的细菌人工染色体。对草甸羊茅-黑麦草远交种进一步精确定位，最终定位到一个含有不到20个基因的细菌人工染色体（图20.25C）。

研究者开始对拟南芥进行研究，拟南芥中有复杂的基因组工具，可用来对推定的基因进行评估和定性分析。拟南芥转录本分析测试了来自水稻细菌人工染色体的很多可能参与的基因，有一个突出的基因在叶片衰老过程中显著上调（图20.25D）。在拟南芥中这个基因（当时还不清楚它的功能）的表达通过RNA干扰被抑制，植株表现出与最初的黑麦草突变相同的常绿表型（图20.25E）。最终通过定位与基因特性分析相结合的方法揭示了如今称为*SGR*（*Stay-GReen*）的基因对孟德尔观察到的豌豆子叶颜色性状起的作用（图20.25F）。*SGR*拥有高度保守的结构，并且这一基因在双子叶植物、苔藓、单细胞绿藻和原核生物蓝细菌中都有发现。*SGR*在光系统复合体的类囊体解聚中发挥作用，使得叶绿体和蛋白质都可进入各自的降解途径。

通过在一个数量性状基因座内进行图位克隆，研究者在作物中鉴定到一个农业上很重要的影响衰老的基因。野生二粒小麦（*Triticum turgidum*）是硬质小麦的祖先，硬质小麦的6号染色体被野生二粒小麦的6号染色体替代之后的杂交种相比硬质小麦拥有更高的籽粒蛋白含量（GPC）。这与硬质小麦叶片衰老加快和叶片中氮元素的移动相关。分子定位将调控籽粒蛋白含量的基因缩小到6号染色体上的一个单独的QTL位点，最终确定到一个编码单个转录因子的基因，与拟南芥的蛋白NAM序列高度相似。野生二粒小麦的基因被命名为*NAM-B1*。*NAM-B1*在硬质小麦和普通小麦中的等位基因是没有功能的，因为在作物驯化的过程中它的基因序列改变并稳定下来。野生二粒小麦中*NAM-B1*的等位基因对于硬质小麦衰老和谷粒蛋白含量的影响被基因组中两个其他*NAM*位点的冗余性弱化了。当六倍体小麦中所有*NAM*的转录水平都被RNA干扰技术降低，叶片衰老明显推迟了24天并且籽粒蛋白含量下降了5.8%。晚衰的植株也缺乏锌元素和铁元素（分别缺乏30%和24%）。这一研究确定了*NAM*基因在调控作物叶片衰老中的重要作用，并且决定了作物从衰老部分回收利用氮元素和矿物质的效率。

20.5.4 晚衰有农业上的应用潜能

关于常绿表型遗传差异的研究发现了两大类的*SAG*基因。以*SGR*为代表的第一类基因编码了在衰老过程中激活的代谢酶或效应因子。*NAM-B1*是第二类基因的代表，这类基因调控衰老过程的起始或速度。两类基因中的*SAG*都有重要的农学意义。例如，1985年伊利诺伊州农场上食用玉米产量几乎达到每公顷24t。导致这一超高产量（超过当时理论最大产量的70%）的因素非常复杂。但重要的是当时使用的是常绿株系FS854的变种。在半干旱的热带地区，要在严酷的经济和环境条件下养活众多人口，常绿性非常重要。高粱（*Sorghum* spp.）和黍类谷子（*Pennisetum* spp.）中表现出常绿表型的株系常常伴随着其他有利性状的增强，如抗病虫性、野外环境的适应性、合适的成熟时间、适当的抽穗、高产、多汁、易种植和易消化性。

常绿如此重要，但为什么不能在所有的植物中出现呢？常绿灌木和乔木采用了这一策略，因此利于它们在所处的特殊生态环境——缺乏营养元素的环境中需要低速的内部氮元素循环。已发现NAM家族的功能缺失等位基因相比于其野生近缘属更倾向于让硬质小麦和面包小麦晚衰。要保护这样的物种免受环境压力和竞争，很大程度上取决于农业操作，包括杂草和害虫的控制、水和肥料的供给，否则在多数生态系统中晚衰都不利生长且易被淘汰。

传统的植物育种通过筛选经验上更有利的、与特定农业性状相关的等位基因进行作物改良。结合高精度定位、修饰特定基因的工具，深入理解植物衰老分子机制，可让育种变得更加高效且有针对性。

20.6 衰老中的色素代谢

颜色的变化是衰老、成熟及程序化死亡的特点。对色素代谢进行遗传学和生物化学调控研究可使对衰老过程的机制和适应有更深层次的理解。叶片衰老的一个最明显的现象就是可见的绿色损失（图 20.26）。在叶片衰老过程中颜色的变化直接与叶片细胞中营养物质流动和再吸收的调控相关，常伴有生物与非生物的胁迫。花与成熟果实的颜色分别会吸引授粉和传播种子的动物。一些色素代谢通路如叶绿素的降解和花青素的合成，会在衰老过程中被特异激活。有时现有的色素会暴露，或者它们光吸收的性质会受到化学调控而改变。

20.6.1 亚细胞器参与一系列复杂酶促反应的叶绿素降解

图 20.27 阐述了叶绿素的分解代谢。第一步就是将叶绿素从和它们相连的类囊体膜上的色素结合蛋白分离开来，在这个反应过程中 SGR 发挥了重要的作用（图 20.27 反应①）。叶绿素 a 中的镁元素被移出，产生脱镁叶绿素 a（图 20.27 反应③）。现在还不清楚镁元素的缺失是否被一种酶催化，还是被一种小分子质量的螯合底物所结合。脱镁叶绿素 a 被脱镁叶绿素水解酶水解成为脱镁叶绿酸 a（图 20.27 反应④）。脱镁叶绿素水解酶反应的另一个产物是叶绿醇，而叶绿醇经常在白质体小球中以酯的形式积累（见图 20.22）。叶绿素 b 在进入降解代谢通路前必须转化成叶绿素 a。负责这一过程的叶绿素 b 还原酶（图 20.27 反应②）在衰老过程中被激活。脱镁叶绿素和脱镁叶绿酸都有完整的四吡咯环结构并且均为橄榄绿。

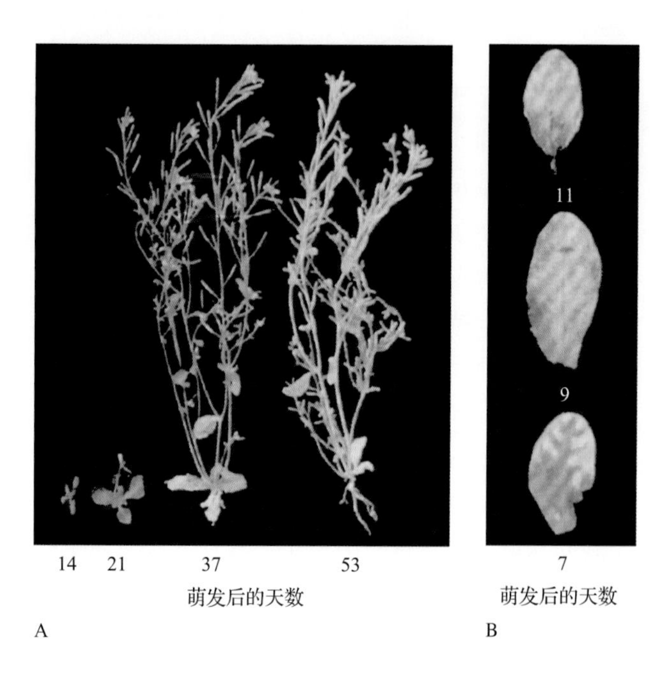

图 20.26 拟南芥的衰老。A. 显示了萌发后不同时期的拟南芥的发育。图片显示了萌发后 14 天、21 天、37 天和 53 天的植株（从左至右）。注意 53 天时发黄的上半部分。B. 与衰老相关的拟南芥莲座叶在膨大停止的 7 天、9 天、11 天的变化。注意从主脉最远端开始出现逐渐变黄的模式。来源：Bleecker & Patterson（1997）. Plant Cell 9:1169-1179

脱镁叶绿酸的吡咯环被打开从而产生一个无色的直链四吡咯。在这一过程中有两种酶发挥作用。第一种是脱镁叶绿酸加氧酶（PaO，图 20.27 反应⑤），PaO 反应需要氧气和铁元素，因为这个反应要在被铁氧化还原蛋白驱动的氧化还原循环中完成。PaO 以脱镁叶绿酸 a 而非脱镁叶绿酸 b 为底物。PaO 反应产生了一个红色的叶绿素代谢物（RCC），RCC 在植物中并不会正常积累，而是迅速被 RCC 还原酶代谢掉（图 20.27 反应⑥）。这个酶会催化依赖于铁氧化还原蛋白的 RCC 吡咯系统内双键的还原，由此产生一个几乎无色的四吡咯和一个非常强的蓝色荧光物质（初级叶绿素代谢荧光产物，pFCC）。

RCC 还原酶将脱镁叶绿酸 a 转变成为两种 pFCC 异构体中的一种，这两种异构体在第一个碳原子的立体化学构象上有所不同。将 RCC 还原酶活性位点的缬氨酸转变为苯丙氨酸可将酶促反应产物由 pFCC-1 变成 pFCC-2。RCC 还原酶在叶绿素分解代谢中的作用已通过拟南芥中 RCC 还原酶的基因工程操作确定，该还原酶可产生 pFCC-1 的产物。将活性位点改变，从而可积累另一种立体化学构象的最终分解产物。

对叶绿素分解代谢催化酶进行亚细胞定位和相互作用的研究发现它们可形成一个与类囊体膜相连接的复合物。SGR 可稳定这个复合体并介导它和类囊体叶绿素蛋白的停靠。这个复合体的完整性对于避免光敏感的叶绿素代谢产物的泄露是必要的。在 *SGR* 敲除的突变体中，该复合体不能组装且叶绿素不被降解。

FCC 被定位到质体膜上依赖 ATP 的转运复合

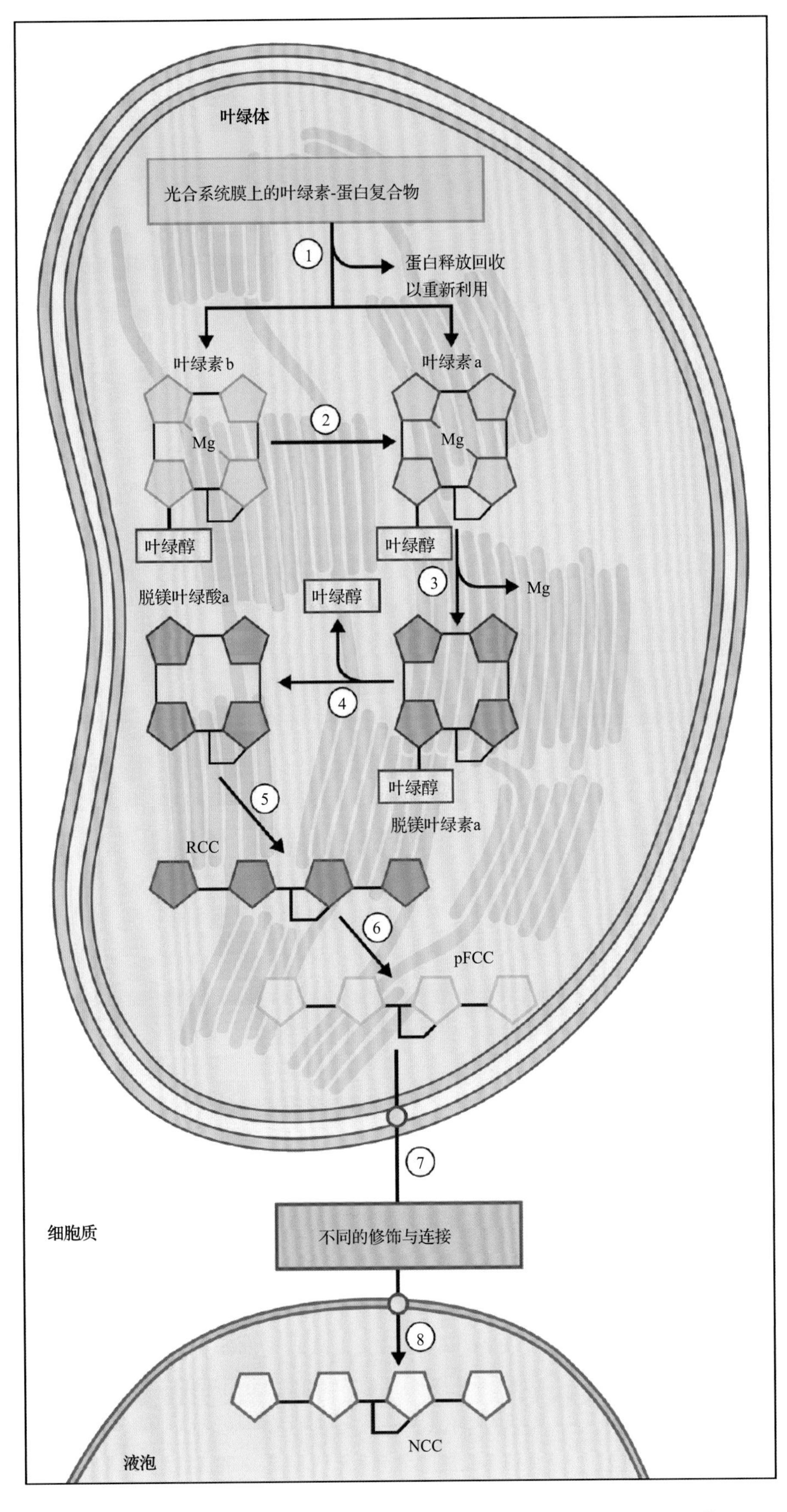

图 20.27 衰老中叶绿素降解的途径与亚细胞位置。酶与活动标记如下：① SGR；②叶绿素 b 还原酶；③去螯合反应；④脱镁叶绿素 a 酶；⑤脱镁叶绿素甲酯酸 a 氧化酶；⑥ RCC 还原酶；⑦ ATP 依赖的降解代谢转运子；⑧ ABC 转运子。来源：Thomas（2010）. McGraw Hill 2010 Yearbook of Science and Technology, pp. 211-214

体（图 20.27 反应⑦）从白质体运出到细胞质，通过液泡膜上的 ABC 转运复合体进入液泡（图 20.27 反应⑧；见第 3 章）。进入液泡之后，pFCC 被水解并可能被修饰或被连上基团——已鉴定的有丙二酰基和β- 葡糖基。这些修饰的最终产物是一系列没有荧光的叶绿素代谢产物（NCC），这些产物在数量和类型上存在巨大的物种间差异。一旦进入液泡的酸性环境，NCC 可能会经历非酶促的互变异构过程和进一步的变化。叶绿素分子中所有的碳原子和氮原子最终都进入液泡：没有证据证明这些原子被运出细胞，意味着在衰老细胞进入死亡阶段时分解的叶绿素即被丢弃。这就是植物获得大量与类囊体膜色素复合物蛋白结合的可移动氮元素的代价。

20.6.2 在衰老过程中类胡萝卜素及其衍生物出现并在某些情况下增加

某些物种的叶片叶绿素的流失伴随着类胡萝卜素的减少，但落叶乔木和许多其他植物在落叶前出现了艳丽的色彩。果实在成熟过程中也会变得色彩鲜艳。在这些例子中，叶绿素的流失让被掩盖的类胡萝卜素得以显现，提供了新色素积累的黄色和橙色背景。

新的类胡萝卜素通过萜类途径合成（见图 17.19）。牻牛儿基牻牛儿基焦磷酸

（GGPP）合酶构建好类胡萝卜素 C_{20} 的基本单元。八氢番茄红素合酶将两分子 GGPP 合成为含有 40 个碳的类胡萝卜素八氢番茄红素，并且八氢番茄红素脱氢酶（PDS）的活性可生成番茄红素，而番茄红素是番茄、甜椒（*Capsicum*）和其他类似果实的红色色素。GGPP 合酶和八氢番茄红素脱氢酶的活性在辣椒成熟过程中显著提高。类胡萝卜素可能进一步代谢成为所谓的脱辅基类胡萝卜素，该复合物在不同生物学过程（包括维生素的合成、挥发性引诱剂的产生、抗真菌过程，以及发育和衰老的调控）中都有重要作用。例如，脱辅基类胡萝卜素激素脱落酸的产生在衰老过程中普遍上调（见 20.11.5 节）。脱辅基类胡萝卜素是类胡萝卜素裂解氧化酶作用的产物。CCD8 是一个裂解氧化酶，参与反应可产生 13- 脱辅基 -β- 胡萝卜素酮（C_{18}）和一个九碳产物。现在还不清楚是这个产物还是它的前体具有抑制分枝的生物学活性。CCD8 基因在经历发育性细胞死亡的组织如木质部、木栓及衰老的叶片中高度表达。CCD8 功能缺失突变体具有晚衰和分枝增多的表型。

成熟果实质体中合成的类胡萝卜素集中在不同的组织中，如纤丝、晶体和小球，这些组织在叶绿体再分化成为有色体和白色体时数量开始增多，被称为原纤维蛋白的特殊蛋白在成熟果实的组织中与类胡萝卜素体相关。原纤维蛋白也存在于白色体的质体小球表面。原纤维蛋白基因在果实、花器官及衰老叶片中高表达。质体小球类油体在植物和细菌界都有存在，并且原纤维蛋白的同源基因相应地也有广泛分布。原纤维蛋白在果实、叶片及其他有色器官的脂质储存，运输新合成或新修饰的类胡萝卜素和稳定质体结构过程中发挥作用。

20.6.3 衰老也可以改变苯丙素类的代谢

在衰老过程中和成熟的组织中积累的其他色素和次生物质是苯丙素类代谢产物。秋天许多叶片中艳丽的色素都是红色和紫色的花青素及黄色的类黄酮，均为在液泡中积累的水溶性苯丙素类衍生物。这类植物化学物质也包括石炭酸、单宁酸、类黄酮和木质素（见第 24 章）。苯丙素类物质的代谢通路非常复杂，通路上有很多分支，在这些分支中有几个控制的节点（图 20.28）。受伤、乙烯处理、暴露在臭氧中，以及其他可引发衰老和程序性细胞死亡类似反应的刺激也会增加酚类物质合成的速率和种类。水杨酸是苯丙素类代谢的重要衍生物，是调控抗病性以及与程序性细胞死亡事件相关的一个重要因子（见 20.11.3 节，以及第 17 章和第 21 章）。

花青素有利于植物适应环境胁迫以及对有益或有害动物发出信号，有一篇专业的文章讲述了花青素在衰老叶片中可能的重要性。与类胡萝卜素这种高度疏水并局限在如质体膜和质体小球这样的亲脂环境的物质不同，花青素和其他黄酮类物质是水溶性的，而且会在液泡中积累。这两类色素在衰老过程中的行为指示了各自所在细胞器的状态。花青素与原花青素是一些成熟果实颜色的来源，如草莓（*Fragaria* spp.）。二氢黄酮醇还原酶（DFR，图 20.28）的表达在草莓果实发育的过程中会产生变化。二氢黄酮醇还原酶在早期发育中被激活，而随着单宁酸的积累，表达将被下调，然后随着果实颜色的变化又开始大量表达。

导致秋天叶片变红的花青素一般是矢车菊素 -3- 葡萄糖苷。矢车菊素 -3-*O*- 葡萄糖苷转移酶催化它合成的最后一步。这个基因在衰老过程中强烈上调。*C1* 是一个花青素信号通路中的转录调控基因，随着叶片的衰老和花器官的发育表达增强。*C1* 也在木质部和皮栓发育性细胞死亡的过程中表达上调。类胡萝卜素在植物、动物和细菌中均有表达，但花青素的表达仅限于松柏类植物和被子植物中，最近才演化为参与衰老和细胞死亡过程。

20.7 衰老过程中的大分子降解以及营养物质的再分配

植物生长过程并不缺乏光和二氧化碳，但是在许多生态条件及农业条件下常缺乏水和营养物质，特别是氮和磷元素。植物通常会高效利用氮和磷，将其和其他大量元素从衰老的器官或从木质部等经历程序性细胞死亡发育的组织中回收。大部分成熟细胞中的氮和磷元素都存在于蛋白质和核酸中，而且必须通过某些特殊代谢通路的激活才能从这些大分子之中释放出氮和磷。衰老和细胞死亡的一个主要遗传学上的功能就是调控氮和磷元素的有效回收利用，从而保证它们转移到生长中的组织和存储组织中。

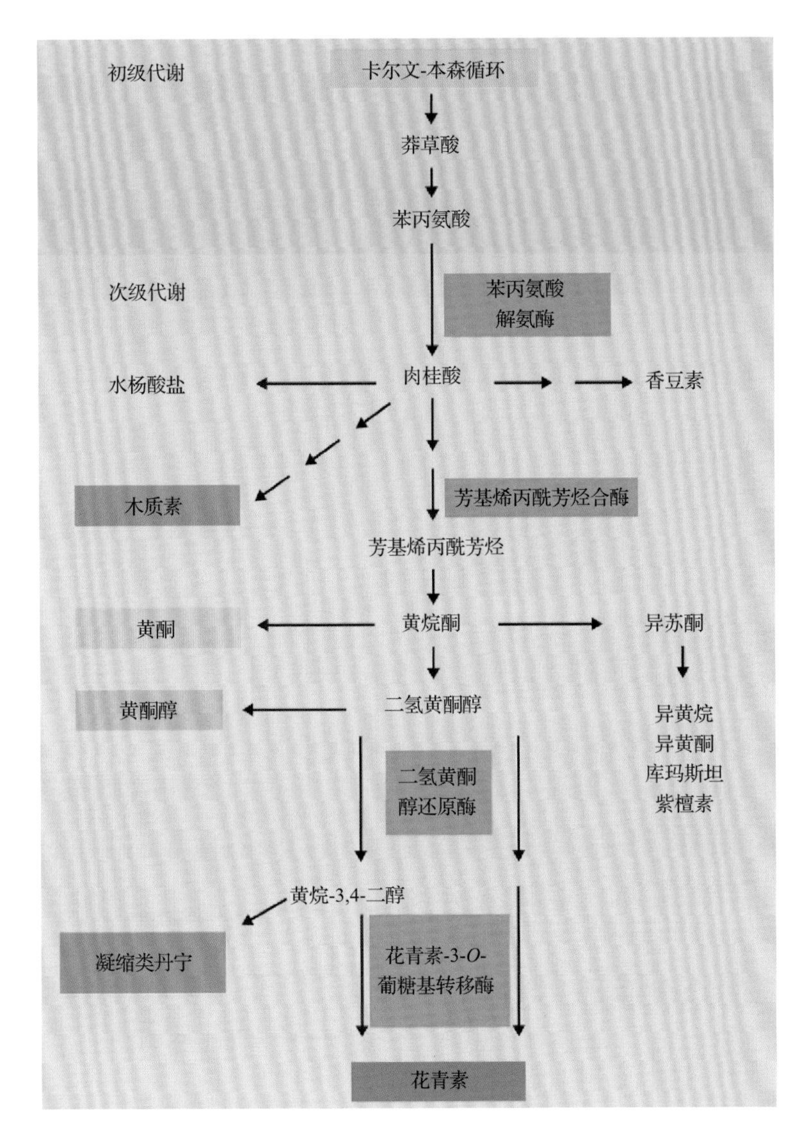

图 20.28 苯丙素类代谢。苯丙氨酸是莽草酸通路的产物（见第 7 章），被苯丙氨酸解氨酶催化反应进入次生代谢。在苯丙素类最终产物中，对衰老和程序性细胞死亡起重要作用的是水杨酸盐，参与类似程序性细胞死亡的病原体感染过程（见第 17、21 章）；随着组织的生长，木质素和单宁开始积累（见第 24 章）；异黄酮类植物抗毒素有抗病性（见第 21、24 章）；而花青素（见第 24 章）是衰老叶片和成熟果实各种色素的部分来源。花青素的产生依赖二氢黄酮醇 -4- 还原酶，在草莓果实成熟时含具有活性的调控发育的酶

20.7.1 在衰老过程中，许多蛋白酶基因的表达被上调

绿色细胞中大部分的蛋白质都定位在叶绿体中，所以这些细胞器是从衰老组织中回收的大部分有机氮元素的来源。其中最丰富的蛋白质是核酮糖 -1,5- 二磷酸羧化酶（Rubisco），这种酶定位在叶绿体的可溶基质和类囊体膜上结合叶绿体的光能获取蛋白（LHCP）上。研究显示，以黄化程度或光合作用减弱速度衡量的叶片衰老过程很大程度上与其他质体蛋白的减少是同步的。尽管可衡量这一过程，并且底物可利用诸如免疫印迹的高灵敏度方法进行相对简单的测定，但是对于质体蛋白在衰老过程中定位、调控及酶促过程的了解还很不完善。

在质体中发生的许多蛋白降解活动中，Clp 类的 ATP 依赖的蛋白酶很可能是衰老过程中质体蛋白降解的一个关键调控因子。在质体中至少有 15 种不同的 Clp 被鉴定出来，其中有两个基因（*Clp3* 和 *ClpD*）在衰老过程中被显著上调。另一类 FtsH 类蛋白酶也是大家感兴趣的对象。这类酶有 9 个成员，其中 2 个成员 FtsH7 和 FtsH8 的基因在衰老的叶片中高表达。这些蛋白酶是否在衰老和成熟过程中起作用并导致核酮糖 -1,5- 二磷酸羧化酶和其他质体蛋白净损失还未知。

蛋白质可能从待降解的质体被运到其他位置，而这个位置可能是液泡。研究人员大都认为蛋白降解过程，尤其是最重要的第一步在质体内发生，但是新的显微镜技术的应用揭示了衰老细胞内囊泡运输的一个更为复杂的模型，这可能解释了蛋白酶和底物是如何聚集在一起。通过给液泡蛋白酶 SAG12 加上绿色荧光蛋白标签，可利用共聚焦显微镜在细胞内观察它的定位（图 20.29）。被标记蛋白的荧光和液泡特异的染料信号重合，这说明细胞质中存在降解囊泡。

SAG12 是在许多物种叶片衰老过程中特异表达的半胱氨酸内肽酶之一。这些酶没有质体定位蛋白的典型结构。事实上，它们许多都明显地定位在内质网和液泡中（见第 4 章），并且与种子萌发过程（见第 19 章）中表达的蛋白酶有非常紧密的联系。例如，在玉米衰老叶片中表达的一个半胱氨酸蛋白酶 SEE1 在结构上和萌发大麦的液泡巯基蛋白酶及水稻 oryzain 半胱氨酸蛋白酶相似（图 20.30）。拟南芥中至少有 15 种与液泡巯基蛋白酶类似的半胱氨酸内肽酶。半胱氨酸蛋白酶和植物衰老的联系与凋亡蛋白酶和细胞凋亡间的联系类似。然而，这两种蛋白酶结构和特点均不相同，并且没什么关联。

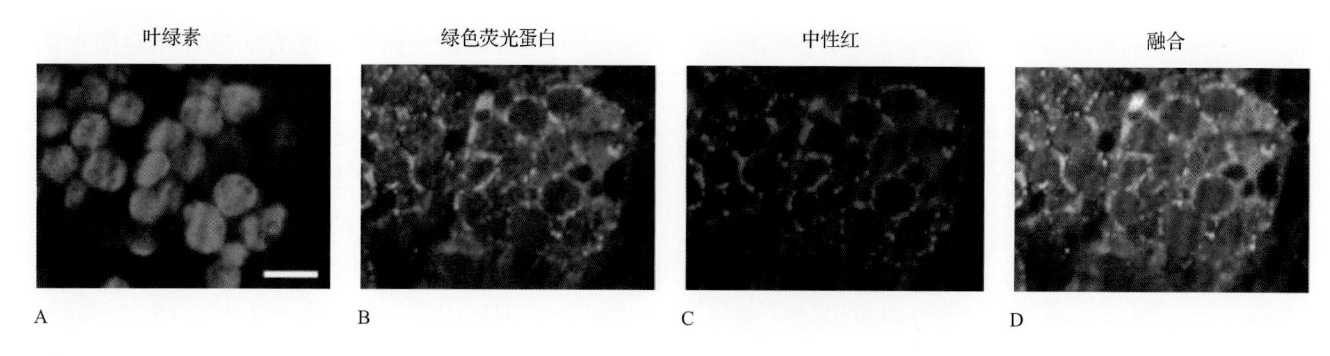

图 20.29 共聚焦显微镜显示衰老的拟南芥叶片叶肉细胞。表达 SAG12-GFP 融合蛋白的转基因植物中荧光信号和中性红色染料共定位，说明 SAG12 定位在液泡中。标尺 =10μm。来源：Otegui et al.（2005）. Plant J. 41:831-844

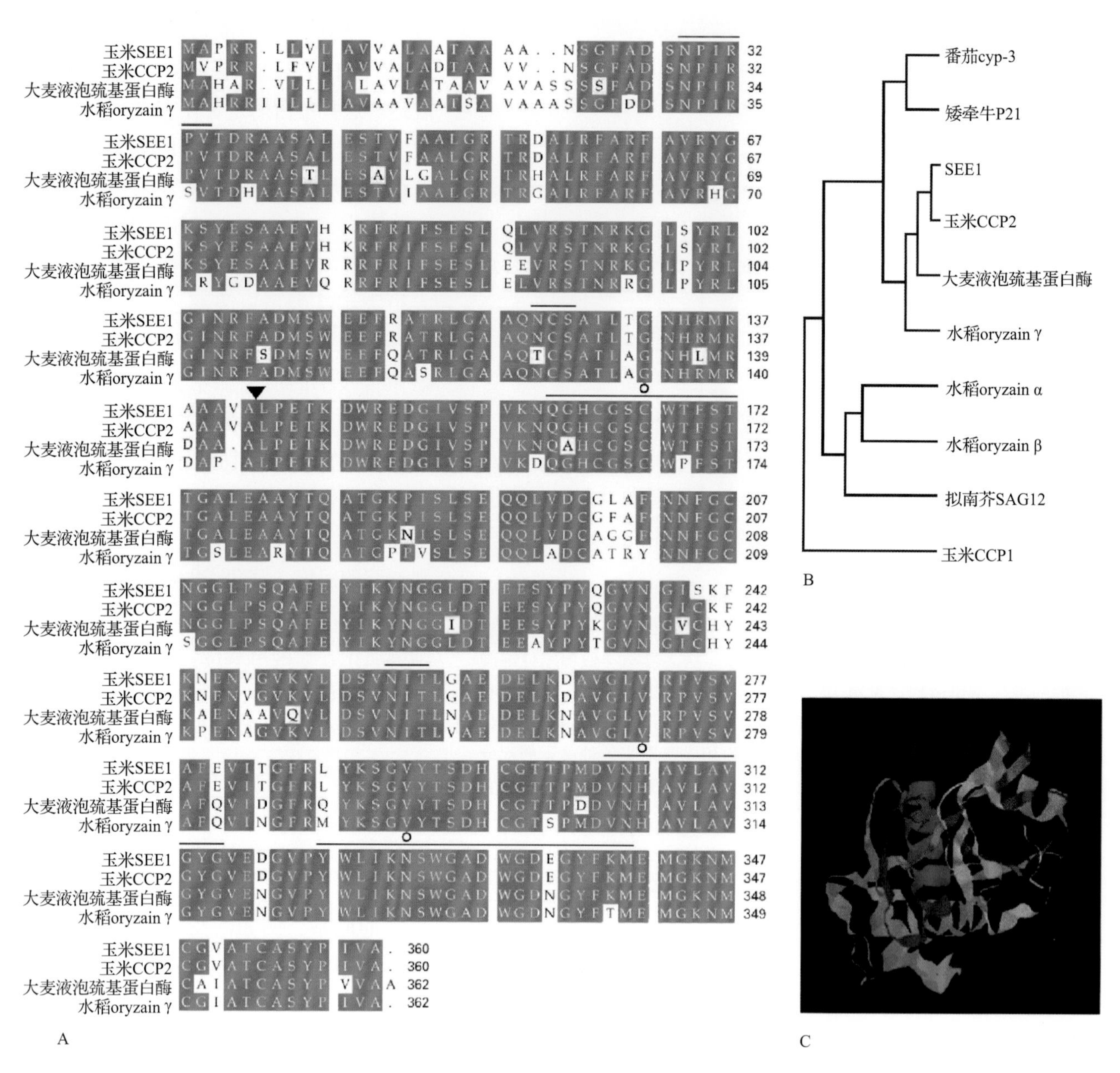

图 20.30 玉米叶片衰老相关的蛋白酶 SEE1 和其他半胱氨酸内肽酶的比较。A. *SEE1* 的 cDNA 预测的氨基酸序列和同一家族的其他蛋白酶序列比对。保守的结构特征包括：可能的液泡分选残基（29 ～ 34；红线标注），可能的糖基化位点（125 ～ 127，256 ～ 258；蓝线标注），可能的前导肽切割位点（142 和 143 之间；箭头显示）。空心环显示半胱氨酸 - 精氨酸 - 天冬氨酸三个一组的活性位点，绿线指示周围的保守区域。B. 系统发育树将 SEE1、谷物萌发蛋白酶——液泡巯基蛋白酶以及 oryzain 分到同一个亚家族中。注意拟南芥 *SAG12* 和 *SEE1* 关系相对较远。C. *SEE1* 中半胱氨酸蛋白酶结构域的保守性使得它可以预测出三维模型

液泡巯基蛋白酶样的内肽酶和凋亡蛋白酶都在翻译后被激活。总的来说，这些蛋白质都以前体酶的形式合成。新合成的蛋白质有 10 ～ 26 个氨基酸的酸性信号肽，信号肽（pre-domain）可引导蛋白质进入内质网腔。蛋白质还有 38 ～ 105 个氨基酸的前导肽（pro-domain），可封闭酶的活性位点并帮助蛋白质正确折叠。酶活性的激活需要蛋白水解去掉前体蛋白的多余部分。

植物中主要有切割活性的蛋白酶是在液泡中产生的酶，即豆荚蛋白类天冬氨酸特异的半胱氨酸内肽酶。VPE 被鉴定到积极参与一系列衰老和程序性细胞死亡过程。和液泡巯基蛋白酶类似，VPE 是以有活性的前体蛋白形式合成。这个酶的激活发生在液泡并参与了多肽 N 端和 C 端的自催化移除。玉米中豆荚蛋白 SEE2 的基因在叶片衰老过程中激活。通过转座子突变的方法抑制 *SEE2* 基因的表达会产生一系列形态学和生理学上的影响，包括晚衰（图 20.31）。这个证据显示豆荚蛋白依赖的蛋白降解级联可能对整株植物和某些部分的发育性衰老过程有直接和间接的影响。

如同在叶片细胞中，类液泡巯基蛋白酶及豆荚蛋白家族的 VPE 在花瓣衰老过程中上调表达。在衰老的黄花菜（*Hemerocallis* spp.）花瓣中观察到含有一种半胱氨酸蛋白酶的运输囊泡。这种囊泡被认为可将其内容物释放到细胞质中，引起快速的蛋白降解。液泡膜的破坏、水分和电解质的泄露，以及液泡中水解酶的释放引起了细胞的萎蔫，使得大分子进一步降解，并最终导致花瓣细胞的死亡。

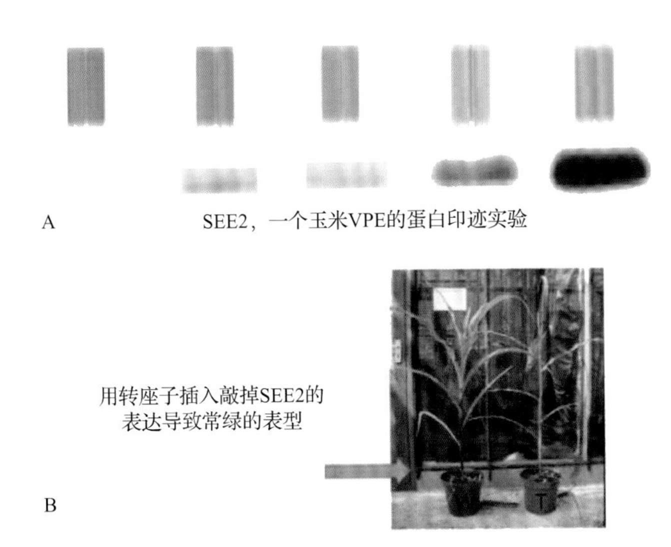

图 20.31　SEE2 是一个 VPE 类的蛋白酶，它的表达与玉米叶片衰老有关。A. 免疫印迹试验检测到的 SEE 蛋白量在叶片黄化过程中有所增加。B. 一个转座子插入敲除 *SEE2* 表达的突变体表现出晚衰（常绿）的表型。来源：Donnison et al.（2007）. New Phytol. 173:481-494

20.7.2　质体 rRNA 是衰老过程中一个重要的磷元素再活化的来源，但核酸酶如何接近这个底物仍未知

衰老过程中核酸的降解和调控与蛋白质的降解和调控在很多方面非常相似。编码降解酶的基因被激活，伴随着水解酶的活性上升，体内底物含量下降。然而，已知酶的定位和降解的重要位点并不重合。质体核糖体 RNA 是使磷元素重新分布的最大量的核酸碎片。RNA 酶可快速将 RNA 降解为小分子质量的产物，并积累少量中间体大片段。某些 RNA 酶（特别是与自交不亲和（见第 19 章）相关的酶定位在细胞外，但是其他酶会有内质网和液泡的靶向基序（见第 4 章）。BFN1 是在拟南芥衰老的叶片、花瓣和花药中高度表达的 RNA 酶；ZEN1 是一个在导管组织发育过程中与程序性细胞死亡相关的核酸酶；DSA6 是黄花菜中一年生花的核酸酶，三者高度类似。通过启动子结合报告基因的方法，研究人员在拟南芥和番茄中完成了 BFN1 的转录调控机制的研究，它的启动子在衰老的叶片和花器官、分化的木质部、叶片、花朵和果实的离层、开花期及种子发育过程中激活。这和 BFN1 在植物生活史的衰老与程序性细胞死亡过程中发挥的功能一致。

20.7.3　大分子降解的产物从衰老细胞中运出前被进一步代谢

在连接衰老叶片和幼小的发育组织的韧皮部中，不同氨基酸的比例和整个叶片蛋白差异很大。尽管有证据证明氨基酸在转运过程中会被修饰，但是蛋白水解产物的广泛代谢在它们进入韧皮部之前就已发生。

谷氨酰胺与天冬酰胺是两个典型的在叶片衰老过程中从降解的蛋白质中得到的重要有机氮成分（图 20.32）。通过向已存在的谷氨酸加第二个氨基基团，可得到同化与分解代谢产生的谷氨酰胺。催化这一反应的酶是谷氨酰胺合成酶，该酶可催化谷氨酸与铵根离子间 ATP 依赖的反应。另一个主要的

酰胺天冬酰胺，是通过将谷氨酰胺的酰胺基团转移到天冬氨酸上得到。在衰老过程中用于酰胺合成的铵根离子主要来源是天冬氨酸脱氢酶引起的脱氨基作用。脱氨酶也可从其他氨基酸中释放铵根离子。谷氨酸是酰胺合成中的一个关键中间体，既是铵根离子的受体，也是它的供体。植物组织中也含有一系列的转氨酶，这些转氨酶可催化特定氨基酸和α-酮谷氨酸之间的反应，从而产生谷氨酸和潜在的可进行呼吸作用的α-酮酸（见20.8.1节，第14章）。

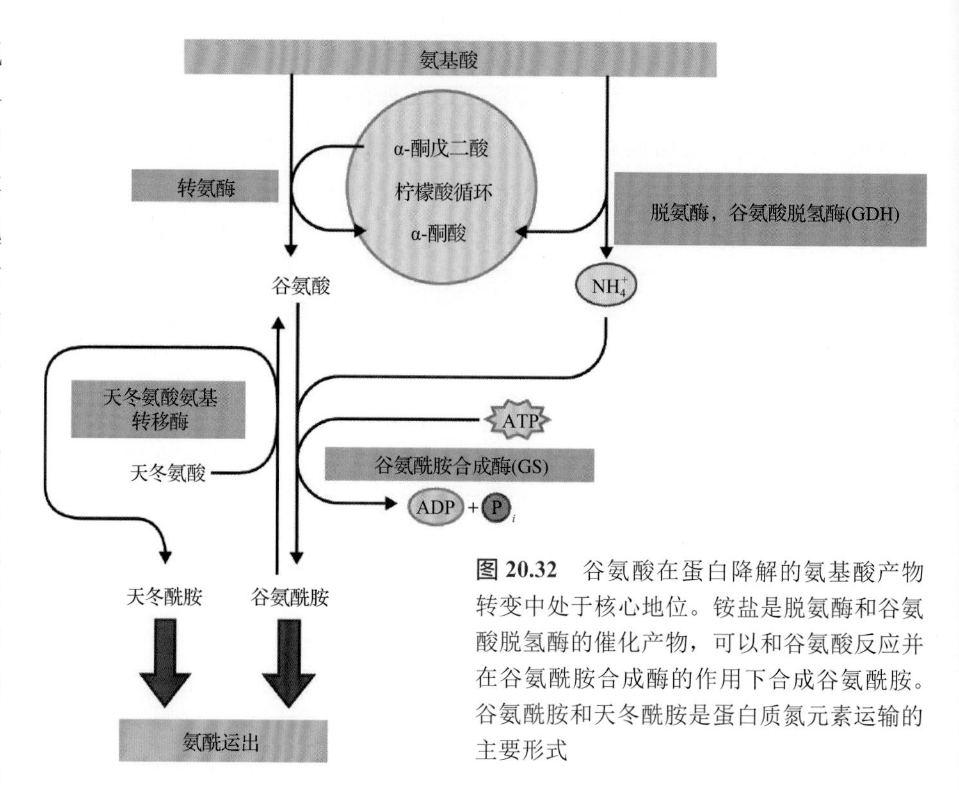

图 20.32 谷氨酸在蛋白降解的氨基酸产物转变中处于核心地位。铵盐是脱氨酶和谷氨酸脱氢酶的催化产物，可以和谷氨酸反应并在谷氨酰胺合成酶的作用下合成谷氨酰胺。谷氨酰胺和天冬酰胺是蛋白质氮元素运输的主要形式

蛋白质是可移动的硫元素及氮元素的主要来源。有机硫主要以高谷胱甘肽的形式进行移动。较低的氮元素供应会促进氮元素和硫元素从衰老中的叶片中重新分配，但是硫元素的缺乏就没有明显的使硫元素重新分配的效果。这暗示着内部的硫元素循环被蛋白质氮元素循环调控（见第16章）。

叶片中许多有机磷元素以核酸的形式存在。细胞内磷元素和氮元素化学上有机组成的基本区别是：磷元素不直接与碳元素成键，而是形成以酯键连接的磷酸盐。磷酸酯在水解时会释放出大量自由能。磷酸酶普遍存在且在衰老过程中尤其活跃。因此在衰老过程中，能量和酶促反应条件都利于有机分子释放出磷酸盐。磷元素以磷酸盐的形式在韧皮部周围轻松移动。核酸酶与磷酸酶催化反应产生的核苷被进一步分解为糖、嘌呤和嘧啶。图20.33显示了鸟嘌呤核苷的分解代谢通路。黄嘌呤氧化脱氢

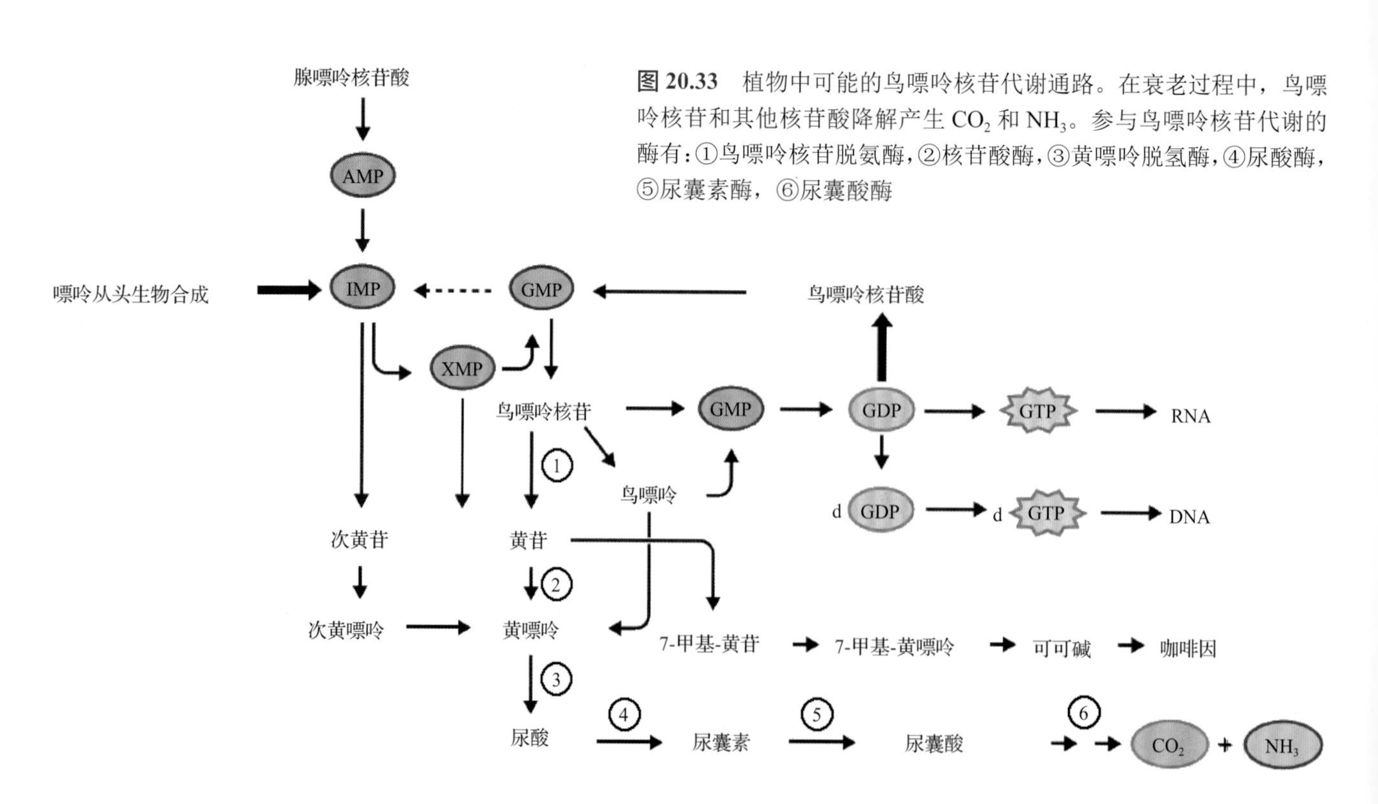

图 20.33 植物中可能的鸟嘌呤核苷代谢通路。在衰老过程中，鸟嘌呤核苷和其他核苷酸降解产生 CO_2 和 NH_3。参与鸟嘌呤核苷代谢的酶有：①鸟嘌呤核苷脱氨酶，②核苷酸酶，③黄嘌呤脱氢酶，④尿酸酶，⑤尿囊素酶，⑥尿囊酸酶

酶、尿酸氧化酶及尿囊素酶（通路中将腺嘌呤和鸟嘌呤分解代谢为氨和 CO_2 的乙醛酸酶）的表达量在衰老的叶片中大大提高。拟南芥在木质部和木栓组织中有大量尿囊素酶基因的转录本，暗示着这个酶在最终的程序性细胞死亡过程中起作用。

20.7.4 底物的可获得性以及回收酶的丰度调控大分子的重新利用

产生和激活新的蛋白水解酶活性是衰老中起始和保持蛋白降解的方法。降解酶可能已存在于将要衰老的组织中，而它们的底物可能要经历结构上的变化或者亚细胞定位的改变才能被水解。衰老细胞中关键酶结构和功能上的完整性如何在有蛋白水解及其他降解过程的环境中维持？这一点仍然未知。

有几种可以保持分化稳定性的可能方法。一种方法是让酶或多或少地等量暴露在降解条件下，但却激活一些特定的基因表达，从而让这些基因的产物能够持续的补充。另一种机制是分区。尽管它们的细胞器经历了结构上的变化，但是衰老组织中的细胞在程序性细胞死亡晚期前都保持着高度完整的结构和分区。叶绿素降解的例子说明，细胞器间的运输调控机制对于有序的衰老过程是必要的。这一通路包括了高度有序的位于类囊体膜、细胞基质、质体膜、细胞质、液泡膜及液泡内液的活动。将叶绿素看成一种有毒物质看起来很奇怪，但自由的叶绿素是一种潜在的感光剂，可杀死任何积累它的细胞。为了在叶绿体的色素 - 蛋白复合物中得到可利用的氨基酸的主要来源，需要移除叶绿素并将其通过有害复合物的一般途径快速代谢。

分离酶的亚型可能影响它们的稳定性。例如，质体、线粒体、过氧化物酶体及细胞质分别含有不同类型的天冬氨酸氨基转移酶。在叶片衰老过程中，氨基转移酶及谷氨酰胺合成酶的活性下降，但细胞质中这些酶的亚型活性并没有受到影响，有些反而上升。衰老过程中，碳元素和氮元素初级代谢的酶中质体亚型的丢失说明蛋白水解过程在分区进行。此外，一些酶在质体中的亚型如甘氨酸氨基转移酶，与胞质亚型相比，本质上对蛋白水解的抗性更弱。因此调控衰老过程的机制包括生物化学调控及基因表达调控。

对分离的不稳定性实验说明了底物、辅因子及变构效应物存在与否如何对衰老细胞蛋白结构完整性和功能产生影响。如果一种酶（如谷氨酰胺合成酶的胞质形式）的催化和变构位点被代谢效应物和底物以合适的平衡比例所占据，这种酶就能相对更耐受蛋白酶的降解（图 20.34）。这说明如果一种酶被有效地应用于一个活跃的代谢通路，相比于低效工作的酶，其被蛋白水解的可能性更小。因此，如果光合作用的能量供应减少，流经卡尔文循环的物质变少（就如同在衰老过程中发生的那样），可以预计，相比于像氨基酸代谢酶那样完全参与处理蛋白降解产物的酶来说，该循环中的酶更容易被降解。

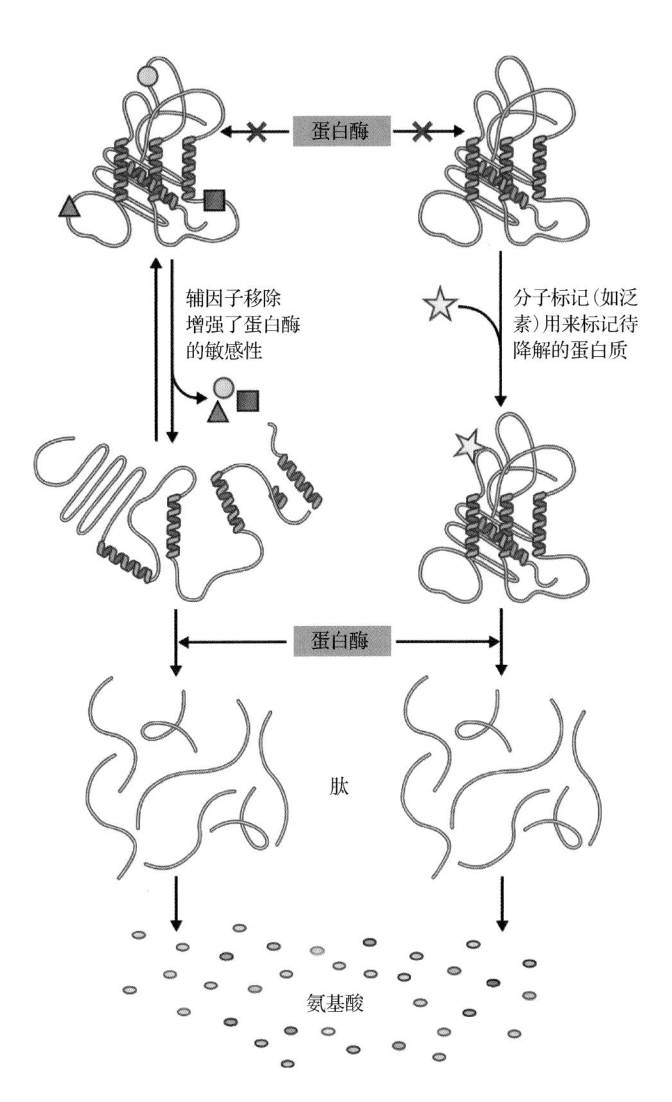

图 20.34 衰老可能和蛋白降解敏感性的增加有关。图中阐述了两种可能的机制。一种（左图）是辅因子（如酶的底物）或异构效应物占据了结合位点，从而将蛋白质锁定在抗降解的状态。因此蛋白抗性和易感蛋白间构象的平衡由这些配体的丰度决定。另一种（右图）机制是蛋白质被额外的降解标记如泛素标记，使得这些蛋白质可以降解。泛素系统和叶绿素对一些叶绿体蛋白稳定性的影响在第 10 章中讨论

一个辅因子可通过影响构型的方式控制一个特定蛋白的降解，这样的观点可解释衰老的一些其他过程。例如，类囊体膜上的叶绿素 - 蛋白复合物对蛋白酶的降解有很好的抗性，但当色素没有以正确的化学计量比出现时，叶绿素结合蛋白就不能正确折叠，而且容易被蛋白酶攻击。因此，在衰老过程中用脱镁叶绿素 a 氧化酶降解去除叶绿素对于降解类囊体复合物的蛋白质来说是必要的。在缺乏脱镁叶绿素 a 氧化酶活性的突变体（见图 20.25）中，不仅叶绿体有所残留，类囊体色素结合蛋白的降解也大打折扣。

另一种激活蛋白降解过程的方法是对固有的稳定蛋白底物进行结构上的修饰（图 20.34）。例如，核酮糖 -1,5- 二磷酸羧化酶暴露在活性氧簇下会激活它的降解。泛素系统（在一系列的细胞活动中调控蛋白质寿命的系统，见第 10 章）是另一种激活蛋白降解的机制，这种机制在程序性细胞死亡过程中被认为起到一定的作用。编码多聚泛素、泛素延伸蛋白、泛素激活蛋白、泛素转移蛋白、泛素连接蛋白及蛋白酶体组分的基因在多种植物中已被克隆出来。其中一些基因从衰老的组织中被分离出来，多聚泛素和泛素连接酶的 mRNA 在衰老的烟草（*Nicotiana tabacum*）叶片中丰度较高。启动子 - 报告基因融合的实验表明，多聚泛素的启动子活性在衰老组织中比在幼嫩组织中更高。衰老过程中泛素系统对于蛋白质再活化的作用还缺乏生物化学上的证据，但关于这一系统在逆境反应通路上的功能研究非常详尽。也有这样的一种可能：泛素系统并不是引发衰老的因素，而是为了响应细胞程序性死亡过程出现的类似逆境胁迫的情况。

20.8 衰老过程中的能量和氧化代谢

衰老是一个主动的过程，这一过程需要能量的供应以完成代谢和物质的转运。在衰老过程的早期，光合作用负责能量的供应，而呼吸作用随着光的阻滞和二氧化碳固定效率的降低而逐渐变得重要。植物代谢中产生的活性氧簇（ROS）可伤害甚至杀死细胞；而活性氧簇含量会随着组织的衰老而上升。特定的酶系统、基因调控机制及细胞的氧化还原状态会控制这一过程。程序性细胞死亡末期细胞活性的消失通常是 ROS 和自由基级联的无限制氧化、增殖的结果。

20.8.1 衰老过程会修饰，并且也会被质体、过氧化物酶体以及线粒体的能量代谢状态所影响

在衰老过程中，叶片和其他绿色组织（如果皮）中光合作用速率下降。对气体交换的估测表明，光合作用能力的下降与叶绿体或蛋白质含量这样的指数变化是同步的。导致光合作用速率下降的决定性代谢步骤可能因物种、发育阶段、环境条件而异。光系统 II 效率的下降（通过叶绿素的荧光去衡量）常常限制了整个光合作用。在其他情况下，细胞色素 b_6f 电子传递复合物的能力或核酮糖 -1,5- 二磷酸羧化酶的二氧化碳固定活性随着叶片的衰老会限制光合作用的效率。光合作用能力下降开始的时间和速率是衡量衰老的重要标准，这一标准限制了叶片同化对整株植物碳利用的净贡献（图 20.35）。由于这个原因，农业上延缓衰老常可保证高产（见 20.5.4 节）。

在叶片衰老过程中，特别是对那些可高效将碳从营养组织转移到谷粒的栽培作物来讲，将脂质转化为糖类的糖异生过程被激活（图 20.36）。糖异生

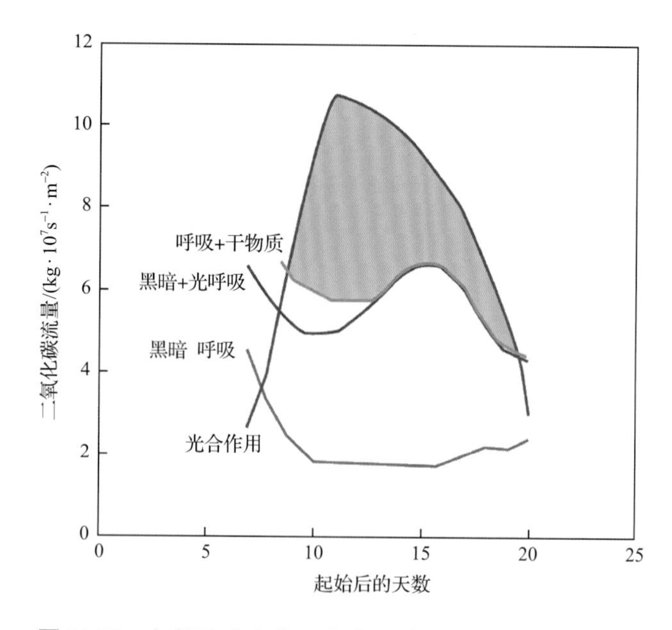

图 20.35 在菜豆叶片的一生中，通过光合作用同化的碳可通过呼吸作用消耗，转变为叶片组织（干物质）。来源：Thomas（1984）. In Cell Aging and Cell Death（eds. I Davies, DC Sigee）, pp. 171-188. Cambridge: Cambridge University Press

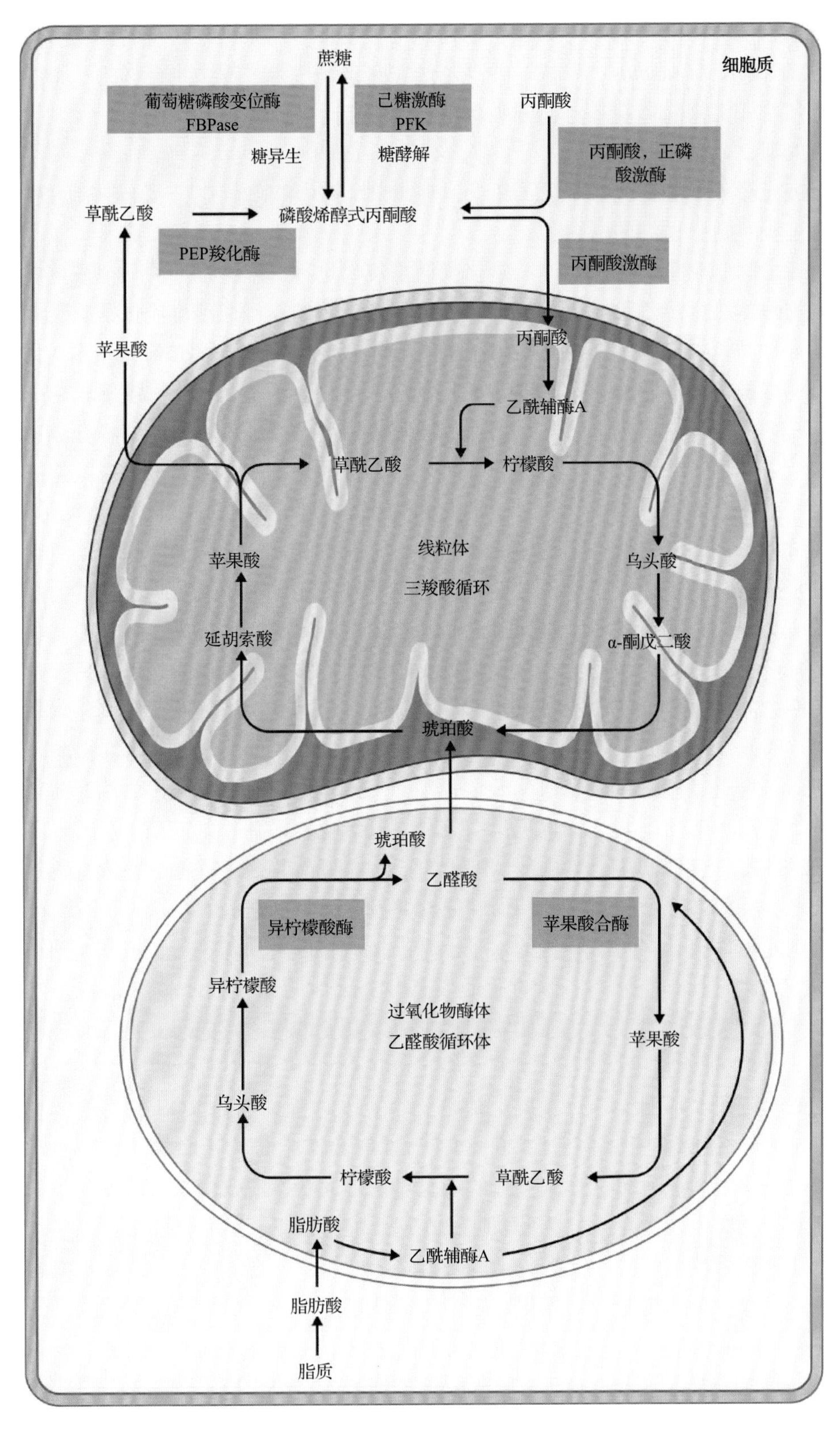

图 20.36 衰老叶片细胞中的糖异生过程。在衰老过程中，乙醛酸循环在过氧化物酶体中激活，可使脂质降解和β氧化中的碳（乙酰辅酶A）进入到柠檬酸循环的两个二氧化碳释放的步骤。在这个过程中，苹果酸合酶和异柠檬酸酶活性的发挥是关键。假设不可逆的丙酮酸激酶反应可以绕过，从脂质中回收的碳可通过糖酵解的逆向步骤转变为可移动的蔗糖。这可能是通过将某种有机酸转变为糖酵解过程中，丙酮酸上游的某个中间产物（如磷酸烯醇式丙酮酸羧化酶催化草酰乙酸的脱羧反应，生成磷酸烯醇式丙酮酸）来实现。另一种丙酮酸激酶反应不经过丙酮酸到磷酸烯醇式丙酮酸的替代通路，比如被丙酮酸、正磷酸激酶催化的反应，该酶在玉米叶片衰老过程中被激活

过程的关键特征是一条特殊的通路：脂肪酸β氧化得到的乙酰辅酶A由三羧酸循环中两个产生二氧化碳的反应产生，并进一步转变成有机酸。乙醛酸通路的特征是有两个不同的酶，即异柠檬酸裂解酶和苹果酸合酶，这两种酶在衰老过程中激活。苹果酸盐、草酰乙酸盐和丙酮酸盐不断地交替循环，这代表碳开始进入糖酵解途径。逆向进行糖酵解反应就会导致己糖的产生和蔗糖的进一步合成。然而，在糖酵解过程中有一步极其重要的不可逆步骤，是丙酮酸激酶将磷酸烯醇式丙酮酸（PEP）转变为丙酮酸的反应。如果糖异生是移动叶片存储物质的重要途径，那么一个乃至更多的经过丙酮酸激酶反应的酶将会在衰老过程中被激活甚至被诱导表达。在油料作物种子萌发过程中，催化由草酰乙酸生成磷酸烯醇式丙酮酸的磷酸烯醇式丙酮酸羧化酶产生了酶活性，但随着叶片的衰老，这种酶的活性及蛋白含量逐渐变少。另一个可能在糖异生过程中经历这一过程的是丙酮酸正磷酸二激酶。相比衰老前，编码这种酶的mRNA在衰老中的玉米叶片内含量更高。也有证据证明丙酮酸正磷酸二激酶在衰老时的氨基酸代谢与转运过程中发挥作用。

叶片衰老过程中的糖异生过程与过氧化物酶体功能的变化相关。这种变化在黄瓜（*Cucumis sativus*）子叶中有详细的研究。有过氧化物酶体功能的酶负责种子萌发过程中脂质的活化，而随着子叶细胞进行光合作用，这一功能被光呼吸细胞器代替，随着子叶的衰老再由糖异生过程负责。精细的免疫显微观察表明乙醛酸循环的标志酶（苹果酸合酶和异柠檬酸裂解酶）及过氧化物酶体的标记乙醇酸氧化酶在功能变换时共存于同一种微粒中。细胞器内蛋白补充并重新发挥功能与观察到特殊内肽酶和外肽酶的现象一致，有些酶在衰老过程中相当活跃。

衰老过程需要能量，而呼吸作用产生的有毒物质如二硝基苯酚，对于呼吸作用的抑制十分明显。在衰老过程中，许多消耗 ATP 的反应被激活，如叶绿素的降解代谢、酰胺的合成、运输与装载活动、糖异生过程中糖酵解反应的逆转，以及蛋白质的从头合成。衰减的光合作用活性及持续的糖类运出使得衰老中的组织越发缺少碳元素，因此需要新的可用于呼吸作用的能量来源满足代谢与物质运输的需求。从蛋白降解过程得到的氨基酸是碳骨架的重要来源（见 20.7.3 节）。对于为什么酰胺是有机氮从衰老细胞转移出去的最普遍形式这一疑问，一个假设是在碳元素饥饿状态下，一个碳元素骨架具有两个氮元素（如天冬酰胺和谷氨酰胺）比只具有一个氮元素更好（见第 7、16 章）。

在番茄、桃子（*Prunus persica*）及其他水果中，成熟和“跃变”（climacteric）相关。所谓“跃变”，指的是呼吸作用突然增加的现象。为什么在这些物种中会出现呼吸作用“跃变”的现象还不清楚。在像柑橘、草莓、葡萄这样的非跃变型果实中，所有成熟过程中的活动，都是在没有呼吸作用跃变的情况下发生。呼吸作用跃变后淀粉或多或少全部转变成蔗糖。举个例子，未成熟的香蕉（*Musa* spp.）中淀粉约占鲜重的 20%，在蔗糖积累的过程中，大约 5% 的碳水化合物以二氧化碳的形式流失了。在果实组织中，糖酵解过程和线粒体的呼吸作用增强了，这会产生大量的 ATP，用来满足淀粉向蔗糖的转变，产生转氨反应所需的碳骨架及其他代谢过程的需求。

呼吸反应跃变的过程常常伴随着乙烯的大量产生，而产生乙烯的过程本身就需要 ATP。乙烯反过来在自催化过程中发挥作用来调控自身的生物学合成，并且乙烯在衰老与成熟过程中也会作为一个参与呼吸作用等代谢活动的转录调控因子。

20.8.2 衰老过程对细胞氧化还原状态敏感

氧化代谢是衰老过程中细胞水平的一个最重要的特征。一些调控衰老的信号通路可能包括感受氧化还原状态的组分。举个例子，编码原纤维蛋白（见 20.6.2 节）的基因的表达对氧气含量很敏感。由干旱、伤口或脱落酸诱导的原纤维蛋白的生物合成都包含一个信号通路，通路中产生的过氧化氢或超氧负离子是其重要组分。过氧化氢是在过氧化物酶体、乙醛酸循环体、叶绿体和其他细胞分区中正常酶促反应的产物。防止过氧化氢和超氧负离子积累的是过氧化物酶（CAT）、超氧化物歧化酶（SOD）和抗氧化抗坏血酸盐。抗氧化抗坏血酸盐可与另一种抗氧化剂谷胱甘肽，参与到由抗坏血酸过氧化物酶（APX）、单脱水抗坏血酸还原酶、脱氢抗坏血酸还原酶及谷胱甘肽还原酶驱动的循环中（图 20.37；也见第 22 章）。过氧化物酶体中的 CAT2 及细胞质中的 APX1 的活性在拟南芥抽薹过程中含量有所下降，而叶绿素并没有可见的损失。在这时，过氧化氢的水平上升，接着又随着胁迫诱导的 CAT3 异构体的激活及 APX1 活性的恢复而下降。最终，过氧化氢的水平随着衰老过程的完成而上升。通过以上观察结果，可在 CAT 和 APX 活性的时空特异性基础上提出一个衰老过程中调控 ROS 的简单模型（图 20.38）。活性氧簇产生与清除间的动态平衡与其导致的细胞氧化还原状态的改变，共同改变了基因的表达。在这样的背景下，过氧化物酶体再分化成为乙醛酸循环体的过程在衰老中可能有很重要的作用，因为该转化过程的变化明显与超氧化物产生及抗氧化酶的表达变化有关。

转录因子 WRKY53（见 20.5.2 节）参与氧化还原状态调控衰老过程的复杂信号网络。WRKY53 被过氧化氢诱导产生并通过反馈抑制机制自动调节自身的含量。与 WRKY53 相互作用的衰老相关基因包括 *CAT1*、*2* 和 *3*，以及 *NPR1*（Non-expressor of Pathogenesis Related genes 1），*NPR1* 是一个对氧化还原状态敏感的、由逆境诱导的转录共激活因子，在衰老和植物抗逆反应过程中参与水杨酸信号通路

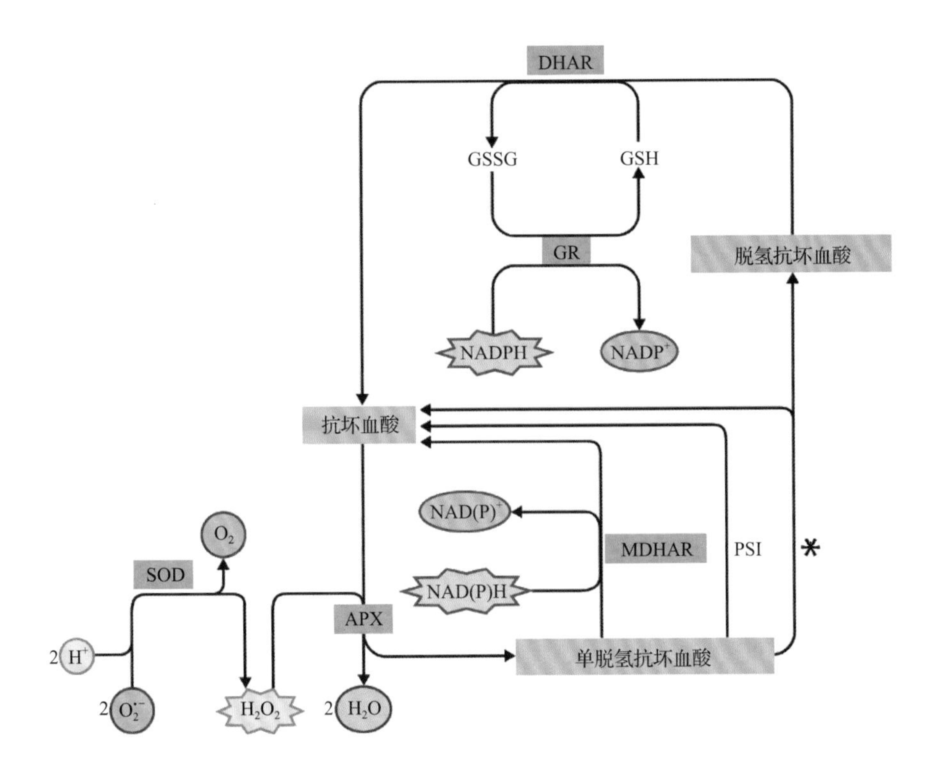

图 20.37 衰老中的抗坏血酸 - 谷胱甘肽氧化还原循环。抗坏血酸被抗坏血酸过氧化物酶（APX）、单脱氢抗坏血酸还原酶（MDHAR）、脱氢抗坏血酸还原酶（DHAR）和谷胱甘肽还原酶（GR）催化，在循环中以氧化状态再生。超氧化物歧化酶（SOD）是对抗活性氧簇产生的防御酶之一。在成熟叶片中，光合作用电子转移产生 NADPH，它可通过还原型谷胱甘肽（GSH）将电子转移给抗坏血酸。在衰老的叶片中，NADPH 产量减少，导致氧化型谷胱甘肽（GSSG）与还原型谷胱甘肽（GSH）的比例上升，也导致脱氢抗坏血酸与抗坏血酸比例上升。这些相对比较微小的变化可导致后续的细胞氧化还原状态的改变和新基因表达模式的建立。PS Ⅰ，光系统 Ⅰ；* 表示非酶促反应

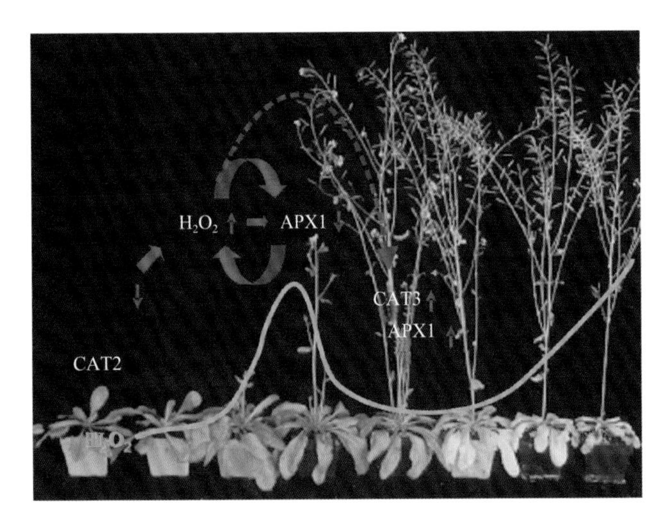

图 20.38 拟南芥抽薹时会出现过氧化氢产生的峰值。示意图阐述了峰值产生的可能机制。CAT2 被下调，导致过氧化氢水平上升，进而可能导致 APX1 的失活。APX1 活性的降低会让过氧化氢的水平进一步升高，最终导致 CAT3 表达并产生活性，从而移除过氧化氢并恢复 APX1 的活性。来源：Zimmerman et al.（2006）. Plant Cell Environ. 29:1049-1060

的信号转导。水杨酸与茉莉酸在衰老以及通过调控蛋白 ESR（epithiospecifying senescence regulator）抵抗病原体的过程中调控 WRKY53 的功能，两种植物激素在衰老过程中起到的作用将在 20.11 节中提及。因此，WRKY53 是氧化还原状态调控衰老过程的复杂信号网络中的一个重要节点。

值得强调的是，在这里，活性氧簇被认为是相连活细胞信号通路中的一个部分。此外，它们可通过自由基的级联传播来快速摧毁细胞，病原体侵染时显然会引发死亡（见第 21、22 章）。但这样不受控制的摧毁机制很可能只在正常细胞衰老过程中的最后出现。

20.9 环境对衰老和细胞死亡的影响 Ⅰ：非生物相互作用

季节性或可预期的环境因素可诱发衰老以适应生存，就如同树木在日照时间变短的秋天叶片大量衰老一样。在面临未知胁迫时，衰老也是一种应对策略，如通气组织在面对氧胁迫时的发育。环境刺激与衰老之间的关系很复杂。例如，在许多物种中，干旱会引发叶片的提前衰老，但衰老过程中水的缺乏会减缓黄化与其他症状的发展。发育中胁迫发生的速度与严重程度常超过植物组织所能承受的范围，因此相对延缓了衰老过程，导致细胞或多或少地直接转向更为迅速的程序性死亡过程，这一过程以生理学或病理学上的事件为特征，如过敏现象（见 20.10 节）。

20.9.1 植物的适应与驯化常需要环境因素诱发的衰老过程

在离赤道较远的高纬度地区，一年四季的日长

变化是一个稳定的参考，植物可感知这个变化来提前适应季节变化。叶片的衰老是这一区域植物群落的突出发育事件。适当的叶片衰老时机对植物来说很重要，可看成是植物平衡碳氮需求的结果，因为叶片光合色素及蛋白降解导致光合作用碳固定减少，通过衰老叶片中回收的氮元素和其他营养物质进行补偿，从而达到平衡。这可很简单地被特定地区落叶树木在秋天经历的同步衰老现象所解释。在山杨（*Populus tremula*）（图 20.39）中，秋天衰老的起始被光周期严格调控。山杨每年基本在同一天进入秋天的衰老期，基本不受温度的影响。许多胁迫，比如被病原真菌或植物昆虫袭击，可诱导局部叶片的早衰，但是当秋天的衰老开始，整个树冠都开始协调衰老，按时进行各种细胞活动（图 20.40）。

衰老的起始由日长决定，但一旦开始衰老，秋天树叶变色的过程就由温度控制。低温可通过增强光氧化胁迫加快叶绿素降解的速度。因此从衰老开始到叶片开始变黄（当大概 2/3 的叶绿素被降解时，见图 20.40）的时间可能会有 1 ～ 2 周的差异，由降温的剧烈程度决定。花青素也受低温刺激产生。到第二阶段关键周（图 20.40）时气温更低，叶绿素的减少和花青素的增加让秋天变得更绚丽多彩。同一物种的不同树木个体常常有较大的自然差异，在

图 20.39 白杨树在秋天的衰老。9 月 7 日至 10 月 1 日在瑞典于默奥拍摄。高度一致的个体叶片生理学行为让白杨成为自由生长物种中研究衰老的一个简便模型。衰老的起始时机由日长决定，而一旦开始衰老，衰老的速率就很大程度上由温度决定。来源：Bhalerao et al.（2003）. Plant Physiol. 131:430-442

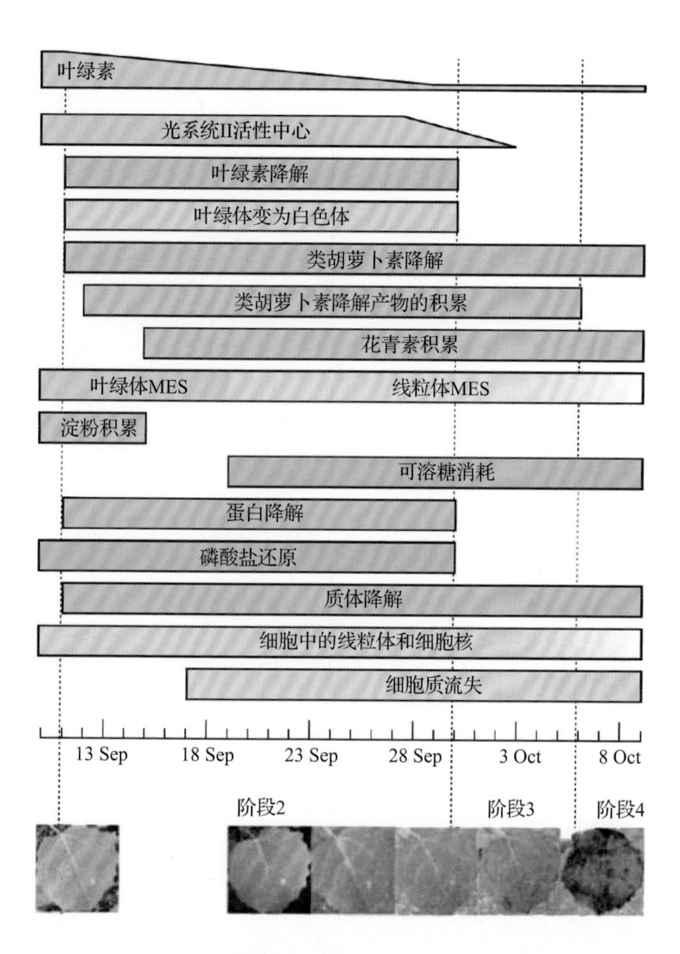

图 20.40 白杨树秋天衰老过程中的详细细胞事件。根据生理学、生物化学和显微观察分析，衰老过程分为四个阶段。衰老前期阶段 1 后是阶段 2，在阶段 2 中叶绿体转化为白色体，发生主要的色素变化，同时伴随氮和磷的运输及糖类的代谢。在阶段 2 中主要能量来源（MES）从叶绿体转向线粒体。到阶段 3 为止，原先的叶绿素剩余不足 5%，细胞内容物严重流失但是代谢活动还在继续，一些细胞依旧存活。阶段 4 中，细胞死亡完成，只有少量残留细胞壁内的结构可以辨认。来源：Keskitalo et al.（2005）. Plant Physiol. 139:1635-1648

同一地方生长的两棵桦树衰老的时间可能相差 3 周。由光周期控制的衰老起始过程对高纬度生长的树木是有益的。在森林里，氮元素的供应是一个典型的生长限制因素，许多树木牺牲了几周的可能由光合作用固定的碳元素，为的是保证在寒霜来临前完成叶片营养物质的转移，不会因为落叶而导致大量的氮元素和其他营养物质流失。由于秋天气温变幻莫测，相比于温度变化，光周期的变化能够可靠地提前预知冬天的到来。此外，光周期的日变化在高纬度地区更加明显，这让植物可以精确规划自己的生物钟。越来越多的证据证明了欧洲山杨光合色素（见第 18 章）在光周期感知和秋天活动中的重要作用，但还不清楚信号如何从光受体传递出来引发衰

老过程。转录因子在整合秋季衰老与生长、开花与休眠的过程中发挥了重要调控作用。例如，在杨树中组成型表达 MADS 在欧洲白桦（*Betula pendula*）和苹果（*Malus*×*domestica*）中的同源基因，可以诱导早花的表型。这是由冬天芽休眠与衰老延迟以及光合作用活性、叶绿素和叶片中的蛋白质滞留导致的。值得注意的是，苹果、梨（*Pyrus* spp.）及其他木本的蔷薇科植物，在光周期不敏感的温带落叶冬眠树种中是个例外。寒冷似乎是引起这些物种在秋天产生一系列行为的主要诱因。

20.9.2　当环境条件超出了植物的适应能力时，衰老成为一种胁迫反应

作为不能移动的生命体，植物不能躲避诸如干旱和洪水这样的环境胁迫。衰老是植物面对不利环境条件时采取的对策之一，经常在响应非生物胁迫而上调的基因中鉴定到衰老相关的基因（见第 22 章）。例如，组织衰老和死亡的模式会受温度与二氧化碳的影响，而受紫外线辐射影响的植物组织的变化包括与衰老相关基因表达的上调。

植物根系遭受浸水胁迫的通气组织发育可说明植物如何利用程序性细胞死亡应对各种环境胁迫。在绝大多数物种通气组织形成过程中，成熟根中的细胞被溶原现象清除，从而形成了一个可供空气从顶部扩散到根部的通道（图 20.41A, B）。在少数物种中，通气组织以裂殖方式起始，充满空气的空间由细胞的移动分布形成，没有细胞死亡。因为浸水和通气不畅对产量有不利的影响，很多关于通气组织的研究都在作物中开展，特别是水稻和玉米。最近，根对于缺氧的一个重要反应过程在模式植物拟南芥中重现出来，可从基因组学的角度对通气组织的形成进行研究。

不适应湿地环境的植物根系通气组织的形成由

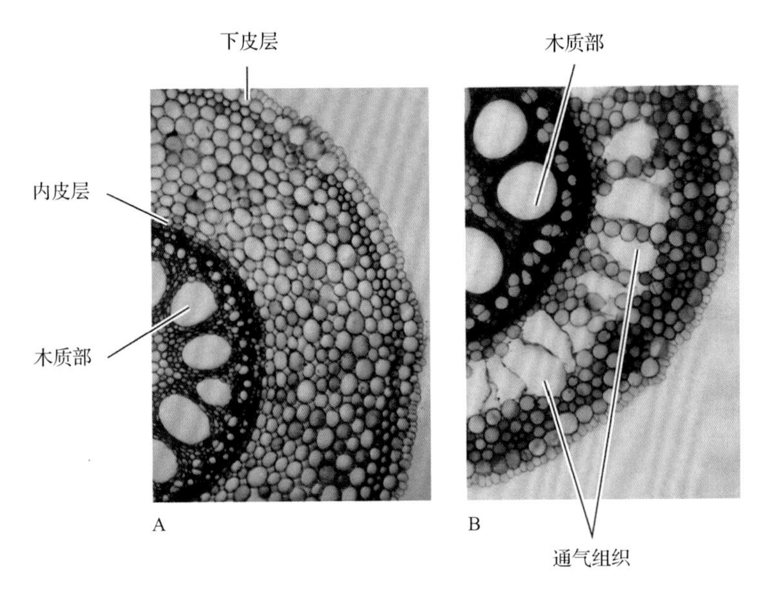

低含氧量+EGTA

C

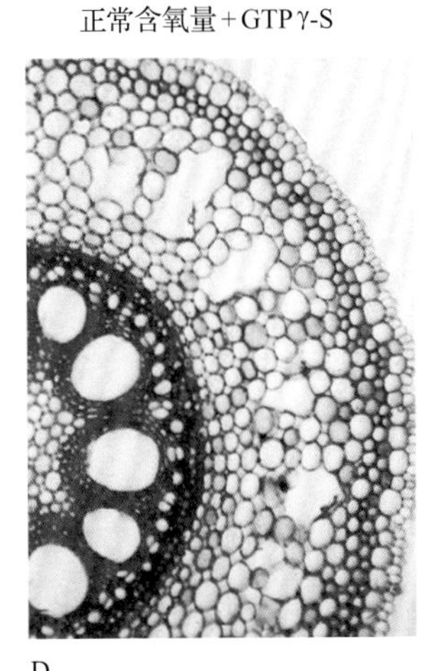

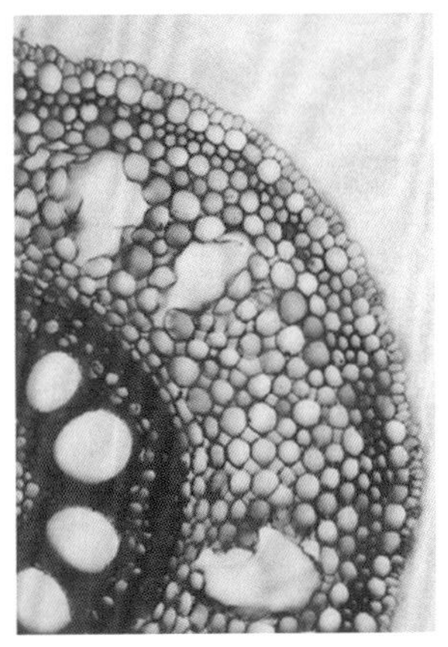

图 20.41　缺氧反应下玉米根通气组织的形成。根分别生长在有氧（A）和缺氧（B）的条件下。在氧气含量低的条件下，内皮层和下皮层之间的皮层细胞经历了溶原性细胞死亡以形成贯穿根系的空隙，使得被淹的根从地上组织中接触到环境中的空气。通气组织的形成受相互拮抗的信号转导途径影响。钙离子螯合剂 EGTA 可抑制缺氧条件下玉米通气组织的形成（C），而 G 蛋白激活因子 GTPγ-S（D）和蛋白磷酸化酶抑制剂冈田软海绵酸（E）可在有氧条件下诱导通气组织的形成。来源：（A-E）He et al.（1996）. Plant Physiol. 112:463-472

缺乏氧气诱导。通气组织为响应氧气不足和其他环境条件（如氮胁迫和磷胁迫）而在玉米根中形成的过程已被详细研究过。通气组织的形成由一群特殊的位于内皮层与下皮层之间的根系皮层细胞的程序性死亡导致。氧气胁迫的应答反应非常迅速，可清除包括细胞壁在内的整个皮层细胞（图 20.41A, B）。

在缺氧条件下，植物根中乙烯和它的前体氨基环丙烷羧酸（ACC）的浓度上升。有很确凿的证据证明乙烯会调控通气组织的形成。乙烯合成的抑制剂如氨氧乙基乙烯基甘氨酸（AVG），或乙烯活性的抑制剂如银离子，可在氧气缺乏的情况下抑制通气组织的形成。相反，体外施加乙烯可在有氧条件下形成通气组织。

拟南芥根系中缺氧后通气组织形成过程中的转录本丰度的芯片分析显示，许多过程的基因表达都产生了变化，这些过程包括糖酵解和发酵过程、乙烯合成与感知、钙信号通路、氮元素的利用、海藻糖代谢及生物碱的形成。玉米根系中缺氧或乙烯处理引发了各种活动，包括细胞壁修饰酶如纤维素酶的合成。和正常情况（21% 氧气）相比，缺氧条件（4% 氧气）会使纤维素酶的活性大大提升，这一现象与乙烯生物合成中的关键酶氨基环丙烷羧酸合酶的水平紧密相关（图 20.42）。

玉米细胞质中的钙离子是与缺氧和乙烯相关的程序性细胞死亡的信号通路中的一部分。在缺氧条件下，将钙离子用螯合剂 EGTA 从根细胞周围的培养基中去除会阻止通气组织的形成（见图 20.41C）及纤维素酶活性的上升。在玉米根中，特异抑制剂的施加显示 G 蛋白、蛋白激酶与蛋白磷酸化酶也有可能响应氧气与乙烯条件对通气组织的形成进行调控。GTPγ-S 可保持 G 蛋白的活性，冈田软海绵酸可以抑制蛋白磷酸化酶活性，二者在缺氧条件下都会促进根系中纤维素酶和通气组织的形成（见图 20.41D,E）。另一方面，蛋白激酶抑制剂可抑制缺氧条件下根中通气组织的形成。总之，这些证据暗示在参与激活蛋白激酶和蛋白磷酸化酶活性的信号级联中，细胞质的钙离子和钙调蛋白可促进程序性细胞死亡过程中相关蛋白的修饰。在缺氧或乙烯处理条件下培养的玉米根细胞中，TUNEL 阳性的皮层细胞细胞核会出现在几小时之内，而在对照组中就没有或很少有 TUNEL 阳性的细胞（图 20.43），暗示 DNA 碎片化是通气组织形成过程中的程序性细胞死亡的一个因素。

20.10 环境对衰老和细胞死亡的影响 II：程序性细胞死亡对病原体侵染的反应

植物总是不断地受到微生物及昆虫等害虫的侵扰。为了生存下去，植物演化出一套高效的防御系统，防御活动主要限制危害在被入侵的部位，这一点与人和动物的免疫系统不同，人和动物中的免疫防御常常和细胞死亡相关。相反地，一些病原体积极诱导细胞死亡和衰老相关的症状，以此来促进疾病的发展。不同的病原体会采取不同的策略，因此，要注意不能将一个物种中观察到的现象或一小部分植物与病原体的相互作用过度概括为普遍现象或规律。

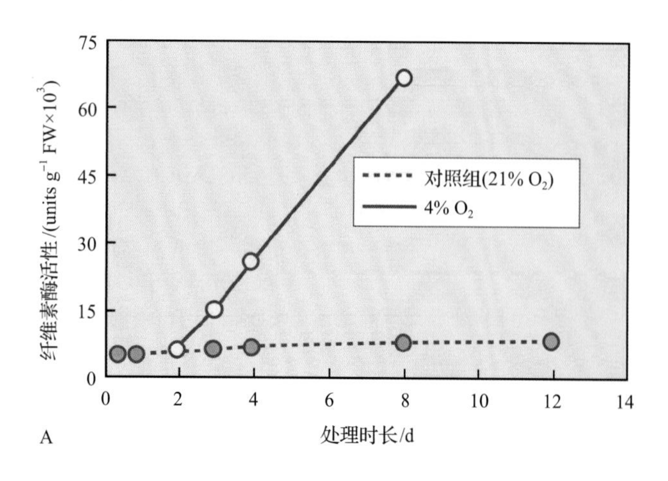

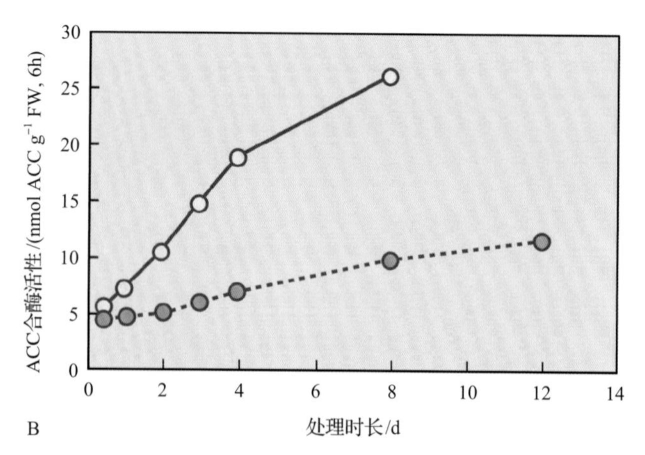

图 20.42 在缺氧的玉米根中，随着通气组织的形成，纤维素酶的活性上升（A），乙烯生物合成限速酶 ACC 合酶活性也上升（B）。这两种酶在缺氧条件下活性持续上升

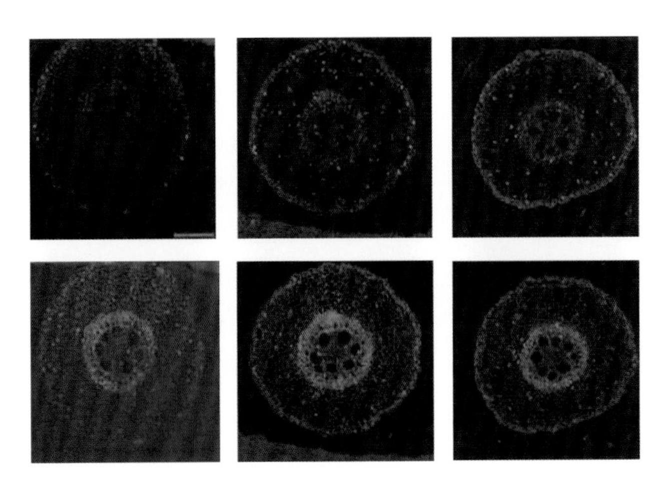

图 20.43 玉米根横切面 TUNEL 染色情况（见图 20.4，20.1.1 节）。（上排，从左至右）根的皮层在含氧量正常的条件下（21% 氧气）没有发生 DNA 碎片化（绿色荧光），但在低氧（3% 氧气）或外源施加乙烯（$1\mu L \cdot L^{-1}$ 乙烯）的条件下会出现 DNA 碎片化现象。（下排）用 DNA 结合试剂碘化丙啶（红色荧光）染色的根部切面作为对比。标尺 =250μm。来源：Gunawardena et al.（2001）Planta. 212:205-214

20.10.1 细胞死亡是响应病原体侵染的常见反应

植物细胞死亡可能在植物与病原体互作过程中研究得最为详细。在植物中，与抗性相关的细胞死亡过程被称为“过敏反应”（hypersensitive response，HR），该词是显微镜下观察作物与锈病相互作用后产生的，作物细胞被观察到有这种所谓的过敏反应。过敏反应和有机体尝试控制感染的威胁。然而即使经过了这么多年的研究，过敏反应究竟是不是抗病反应所必需的或引发的，还不清楚。

过敏反应所影响的部位的大小可能有差别，但总是和感染发生的部位有联系。过敏反应的表型很大程度上和病原体侵害的方式有关。烟草花叶病毒（TMV）在感染的细胞之间快速移动，因此当过敏反应形成抗性时出现了大面积（直径大约 0.5cm）的细胞死亡（图 20.44A）。在其他的例子里，过敏反应显示为坏死斑点。同一种病原菌可在两种不同基因型的植物中产生不同大小的斑点（图 20.44B）。坏死斑点和单细胞的过敏反应（图 20.44C）常常是由真菌或细菌病原体引起。尽管过敏反应有不同的表型，但具有一些共同特点。过敏反应中细胞死亡反应迅速，常在首次感染的第一天之内完成。显微镜观察的经历程序性细胞死亡过程的细胞经常显示出细胞质凝聚及囊泡化现象（图 20.44D），过敏反应末期细胞的细胞壁由酚类物质加固，因此在紫外线下显示出荧光（图 20.44E）。早期的研究工作用代谢和蛋白合成抑制剂处理细胞，很快发现过敏反应依赖植物的生物化学过程，因此过敏反应是程序性细胞死亡的一种。

一般认为在过敏反应中有一种（或少数几种）普遍机制，由多种刺激引发（比如不同的致病菌物种）。病原菌入侵后可能有以下三种基因参与过敏反应相关的遗传过程：①响应起始细胞死亡的诱因基因；②与抑制细胞死亡程度相关的基因和在没有病原体侵扰时可能抑制程序性细胞死亡过程的基因；③整合细胞死亡机制与其他植物防御行为的基因。鉴定以上几类基因成为分子植物病理学家的主要任务。

许多与过敏反应起始有关的基因经过多年的研究已被详细了解。这些基因被育种学家称为“抗性（*R*）基因”，他们发现这些基因对植物抵抗病原体入侵很重要。20 世纪 40 年代，研究人员有了突破性的进展，他们发现过敏反应的起始需要一个单独的 *R* 基因编码的产物和一个单独的病原体编码的基因产物“无毒基因（由 *avr* 基因编码）”互作。*R-avr* 的相互作用被认为是程序性细胞死亡过程的诱发因素，这在第 21 章中有详细讲述。除了 *R* 基因，植物分子生物学家还通过以下方法阐述过敏反应机制：①从研究更加透彻的哺乳动物的程序性细胞死亡过程中找到类似机制；②建立并筛选细胞死亡过程发生变化的突变体；③研究在过敏反应中大量产生的活性氧簇及活性氮簇的作用。每种方法都对我们了解过敏反应做出重要贡献。

20.10.2 过敏反应中的程序性细胞死亡机制与自噬和凋亡类似，但也有明显的区别

研究者们比较了动植物中过敏反应与其他类型的程序性细胞死亡过程，发现过敏反应与细胞自噬、细胞凋亡具有相似性。最新的分子生物学进展显示自噬过程（见 20.1.2 节）在过敏反应中扮演着很复杂的角色。当在本氏烟草（*Nicotiana bethamiana*）中评估抑制 *ATG* 基因的作用时，发现 *ATG6*（也被称为 *Beclin1*）的表达下降，导致烟草在被烟草花叶病毒或病原体入侵后表现出扩散的过敏反应（图 20.45）。*ATG6* 参与囊泡形成过程中的成核阶段，与此一致的是，抑制包含 PI3-K 的液泡分选复合物的

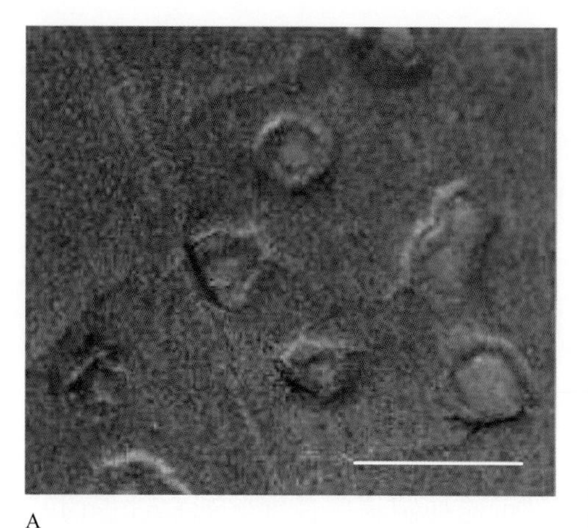

A

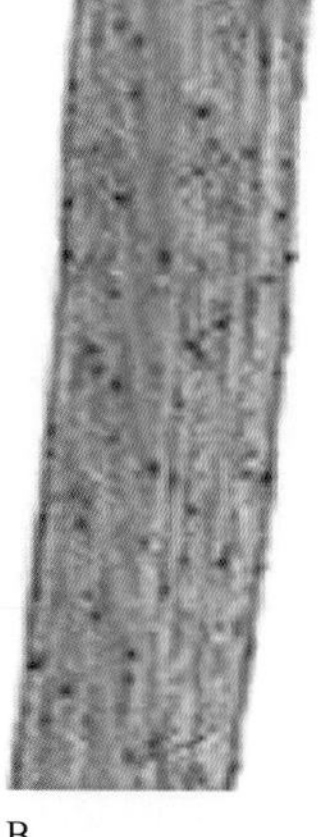

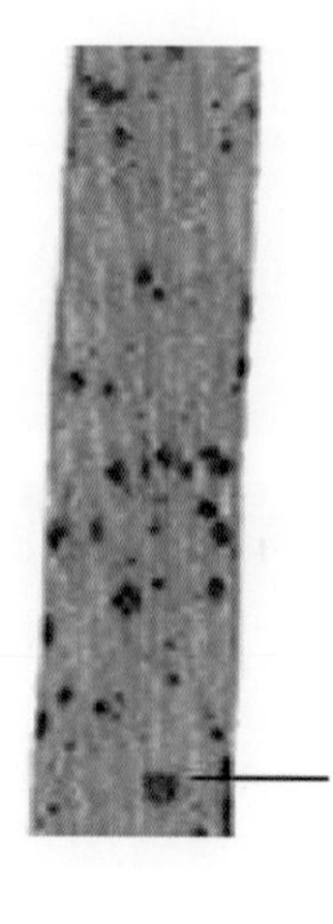

B

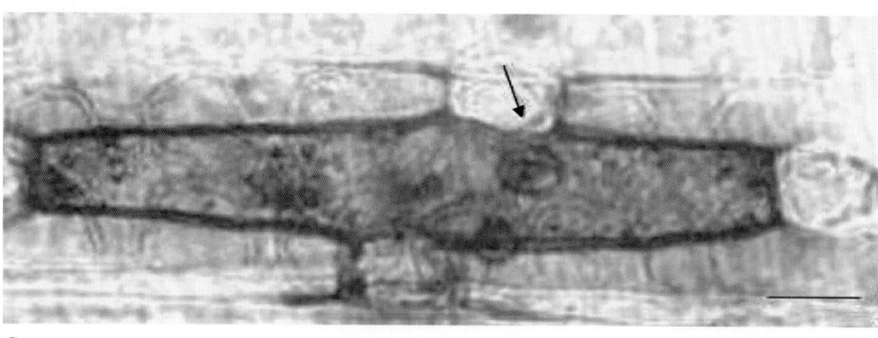

C

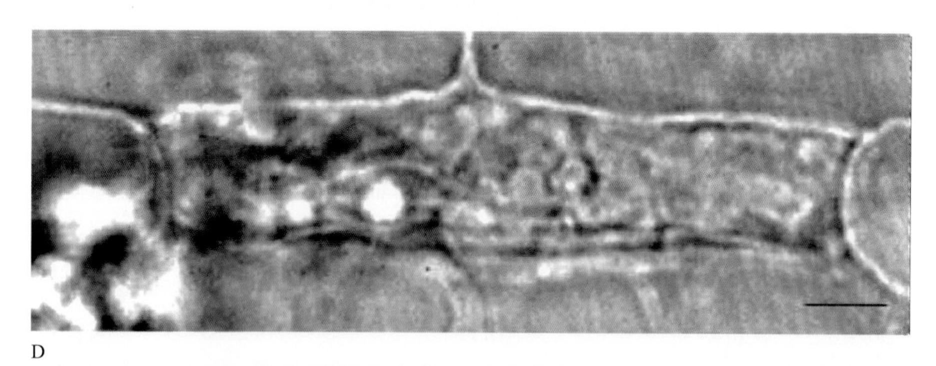

D

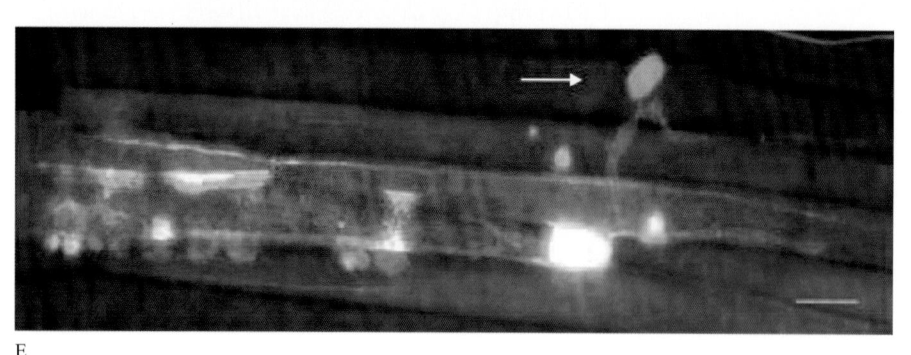

E

图 20.44 过敏反应中的细胞死亡。A. 在用烟草花叶病毒（TMV）感染有抗性的烟草后第 4 天激活的过敏反应。标尺 =1cm。B. 在接种了稻瘟病病原体稻瘟菌（*Magnaporthe grisea*）Guy-11 株型 3 天后的二穗短柄草（*Brachypodium distachyon*）生态型 ABR5 和 ABR2 过敏反应斑点。图中显示将死的二穗短柄草生态型 ABR5 细胞受稻瘟病菌 Guy-11 攻击后的状态。C. 台盼蓝染色（感染的真菌用箭头显示）。D. 未染色的图像以突出细胞质结构受到破坏。标尺 =10mm。E. 单个大麦细胞被白粉病菌（*Blumeria graminis*，箭头显示）感染后 48h 在过敏反应位置附近增加的自发荧光。标尺 =10mm。来源：图 B ～ D 来源于 Routledge et al.（2004）. Mol. Plant Pathol. 5:253-265

功能也导致了细胞死亡的扩散。以上结果说明自噬过程对于抑制过敏反应的细胞死亡过程很重要。

其他的结果显示 VPE（见 20.7.1 节）被认为是自噬体产生的最终复合物（见图 20.5），在细胞死亡过程中有积极的作用。和很多类型的过敏反应一样，烟草花叶病毒诱发的反应可通过施加哺乳动物凋亡蛋白抑制剂抑制（图 20.46A）。然而，VPE 抑制剂也可抑制过敏反应，而一般的半胱氨酸（E-64）或丝氨酸蛋白酶抑制剂（PMSF；苯甲基磺酰氟）不能。在本氏烟草中抑制 *VPE* 的功能可消除过敏反应（图 20.46B ～ E），表现出类凋亡蛋白的活性降低及 DNA 阶梯化减少的表型。拟南芥 γVPE 的缺失突变体在面对可引发过敏反应的细菌病原体时，细胞死亡现象和凋亡蛋白活性显著减少。这个数据表明 VPE 是过敏反应相关的凋亡蛋白类似物活性的来源，也暗示过敏反应细胞死亡过程中的一个重要特点就是液泡的加工。VPE 活性在体内的靶标还需要寻找，不过这个靶标很可能是细胞死亡过程中的关键引发因素。

20.10.3 细胞死亡突变体是解析植物对病原体反应的有力工具

程序性细胞死亡这一概念的本质是一个基本的遗传学过程，因此一般的实验方

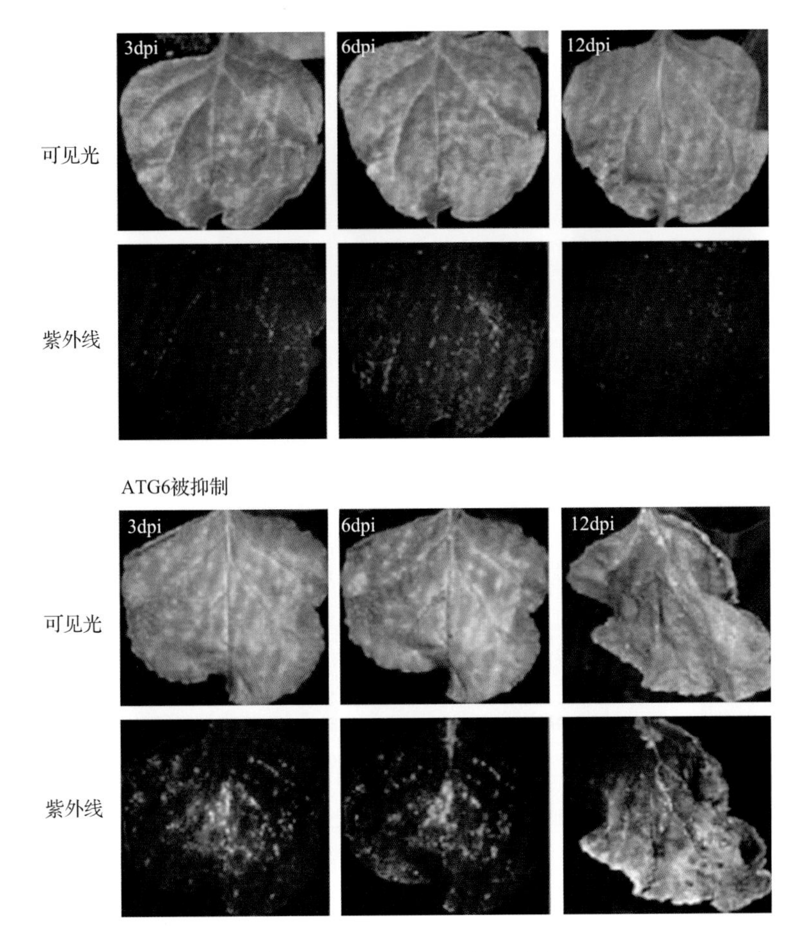

图 20.45 *ATG6*（也叫 *Beclin1*）基因的表达局限在过敏反应的位置。在对照组和 *ATG6/Beclin1* 沉默的植株中评估 TMV 介导的程序性细胞死亡。在可见光和紫外线下拍摄了 TMV 的代表性照片。注意 *ATG6* 沉默株系在紫外线下具有扩散性的坏死症状和绿色荧光。紫外线下的红色荧光来源于叶绿体的自发荧光。由于细胞死亡，接种 12 天后（dpi）叶片上的感染部位呈现白色。来源：Liu et al.（2005）. Cell. 121:567-577

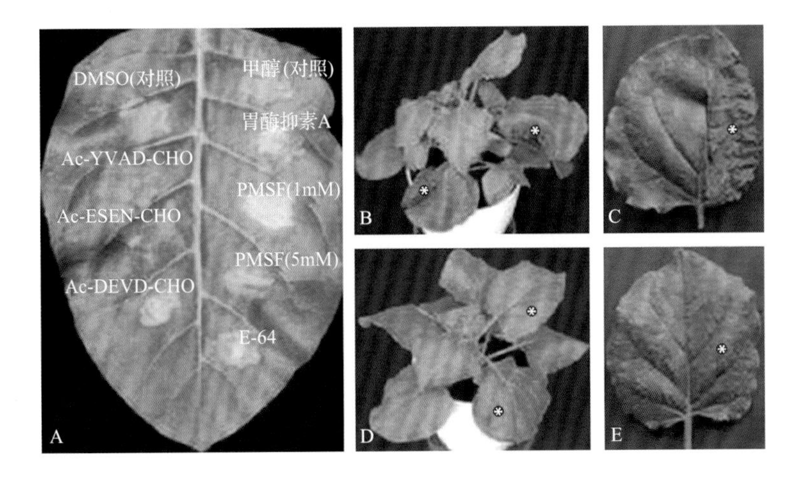

图 20.46 通过特定抑制剂处理和基因沉默发现液泡加工酶（VPE）在过敏反应起始中的作用。A. 烟草叶片中 TMV 引起的过敏反应被凋亡蛋白 I 抑制剂（Ac-YVAD-CHO）所抑制，也被 VPE 抑制剂（Ac-ESEN-CHO）抑制。照片在感染后 24h 拍摄。未沉默的（B,C）和 VPE 沉默的（D,E）烟草叶片被 TMV 侵染一半（*）。植株和叶片的照片在接种 24h 后拍摄。来源：Hatsugai et al.（2004）. Science 305:855-858

法是寻找有不同死亡表型的突变体。在预期的条件下细胞死亡过程减弱或消失的突变体中，死亡过程中的产物基因可能发生了变化。相反地，细胞意外死亡的突变体有可能是正常抑制细胞死亡的基因产生了突变（图 20.47）。

作物中自发的细胞死亡损害经常引发关注，如玉米已经有 32 个已知的例子。其中一个是 *lls1*（*lethal leaf spot*），这个突变体的细胞死亡与发育和光有关。*lls1* 基因的克隆及特性研究发现它编码脱镁叶绿素 a 氧化酶，这个酶参与叶绿素代谢产物——脱镁叶绿酸盐的降解（见 20.6.1 节）。当脱镁叶绿酸盐完整的四吡咯环被光激活，可能产生有破坏性的单线态氧。*lls1* 突变体中会积累脱镁叶绿酸，因为脱镁叶绿素 a 氧化酶参与的这一步会被阻断，这导致了细胞损伤及自发的光诱导损伤。

一些自发损伤的突变体具有实践意义。在水稻中，自发的细胞死亡最先和关口损伤（Sekiguchi lesion，*sl*）突变体联系起来。虽然导致 *sl* 表型的突变还没有被鉴定到，但这并不影响它在农业上的应用，因为它可让水稻对由稻瘟病菌（*Magnaporthe grisea*）引起的毁灭性疾病稻瘟病产生抗性。大麦的 *mlo* 突变体可让植物产生坏死斑点，因为它可产生长效的对白粉病的抗性，被广泛应用到春大麦栽培种中。

然而，拟南芥才是人们为了产生和鉴定细胞死亡突变体付出了最大努力的物种（表 20.3）。这些突变体被分为弱细胞死亡（RCD）及自发死亡（SD）突变体。相对而言，很少有 RCD 突变体显示出弱的细胞死亡表型。有些其他的 RCD 突变体被分离出来，但没有列到表 20.3 中，因为它们要么和改变的 *R* 基因有关，要么和紧靠着 *R* 基因的下游组分的缺失有关，这些基因有 *ndr1*、*pad4* 和 *eds1*（见第 21 章）。这样的突变体仍然会有非过敏反应类的细胞死亡过程发生，说明仅仅是死亡程序的起始而非程序本身受到了影响。

图 20.47 损伤模拟突变体自发产生死亡组织，说明控制细胞死亡的功能失调。很多植物都鉴定出了具有损伤模拟表型的突变体，包括玉米（如 *lls1*，左图）和拟南芥（如 *lsd* 突变体，右图）。A. *lls1* 的表达受发育调控。植物下部的老叶片受到更严重的影响，靠上的幼嫩叶片损伤相对较小。B. *lls1* 的损伤可能由一些机械损伤触发，比如针孔。*lls1* 属于增殖型损伤模拟，意味着损伤一旦开始，就会在叶片中扩散。叶片中观察到的细胞死亡数量要多于直接产生的机械损伤。C. *lls1* 中恢复的部分依旧是绿色，说明 *lls1* 功能是细胞自主的。D. 一个条件损伤模拟突变体 *lsd1-1* 在适宜环境下可以正常生长。E. 当转移到不适宜的环境中时，*lsd1-1* 产生死亡的组织。与 *lls1* 类似，*lsd1* 也是一个增殖型损伤模拟突变体；组织死亡从起始位点开始扩散，直到整片叶死亡。*lsd3* 也是条件性的突变体，如图中适宜条件（F）和非适宜条件（G）下所示。*lsd3* 是一个起始类的损伤模拟突变体，表明损伤的大小固定，一旦产生就不会再变大。来源：Dangl et al.（1996）. Plant Cell 8:1793-1807

一些 SD 突变体同样和 *R* 基因有关联（推测是由于功能失调）。例如，*Rp1* 基因在玉米中编码一个对高粱柄锈菌的抗性基因。有几个与 SD 表型有关的等位基因被定位到 *Rp1* 基因座位点。将大量不同生态型的拟南芥进行杂交，发现 *R* 基因起始细胞死亡过程。大约有 2% 的种间杂交后代表现出 SD 的表型，并且有至少一个表型和与定位于其他基因座上的同源基因互作的疾病抗性同源基因相关。

在细胞死亡过程的杀伤组分出现问题的 RCD 突变体中，*dnd*（*defence-no-death*，*dnd1*，*dnd2*）类（表 20.3）是被研究得最为详细的。这类突变体的突变发生在质膜中的环式核苷门控通道。这些异三聚体的离子通道便于阳离子流动，如钙离子、钾离子和钠离子。*dnd* 类突变体也呈现出高度活跃的防御反应，然而最近的遗传学分析结果显示这并不是细胞死亡过程起始失败的原因。离子的流动是过敏反应重要的早期事件。生物化学分析显示过敏反应的第一个征兆是 H^+/K^+ 跨膜交换的起始，这导致了叶片质外体的碱化。H^+/K^+ 交换对起始细胞死亡的作用是通过在转基因植物中表达细菌质子泵 *bO* 引发细胞死亡这一现象发现的。钙离子穿过细胞质膜，从内质网和细胞器向细胞质的流动过程代表了一个复杂而重要的细胞死亡起始途径。通过一系列钙离子抑制剂的施加，配合对转基因植物中钙离子流动的观察，最终发现如果钙离子的流动被打乱，细胞死亡过程会抑制。钙离子流动的一个关键效应就是起始活性氧簇的产生，后者可直接对细胞产生毒性，也可作为一个信号物质。

SD 突变体也被称为损伤模拟突变体，植物会表现得像在受病原菌侵染，以此来产生与过敏反应类似的损伤。虽然这有可能是真的，但细胞死亡也有可能是由于功能失衡导致的。在这种情况下，许多 SD 突变体中过敏反应没有发生变化和功能失衡有关。SD 的种类可分为坏死斑点不扩散的突变体

表 20.3　拟南芥中损伤模拟类和其他类型细胞死亡突变体。表中显示了与程序性细胞死亡相关的基因、细胞功能和信号因子

	等位基因	基因产物（在哪里发现）	作用（在哪里发现）	主要相关的信号					
				Ca^{2+}	活性氧簇/$^1O_2$	水杨酸	茉莉酸	乙烯	鞘脂
细胞死亡减弱（RCD）突变体	*dnd1*	AtCNGC2	环式核苷酸调控的离子通道			+	+	+	
	dnd2	AtCNGC4		+		+	+	+	
	executer1/2	核蛋白	被依赖纯态氧的死亡过程需要		+				
	Atrboh D/F	NADPH 氧化酶的细胞膜组分	产生导致活性氧簇生成的跨膜电子流		+				
自发起始类死亡（SD）突变体	*acd5*	脂质激酶				+			+
	acd6	有跨膜区的锚蛋白				+			
	flu	四吡咯生物合成的负调控因子	调控 Glu tRNA 还原酶，公认的四吡咯生物合成的第一步		+				
	lsd2 to *lsd7*	—	—			+			
	cpr5	跨膜运输因子	—			+	+	+	
	hrl1	—	—			+	+	+	
	cet1 to *cet4*	—	—				+		
	cpr22	AtCNG11/ AtCNG12 的融合	环式核苷酸调控的离子通道	+		+			
	lin2	粪卟啉原III氧化酶	叶绿素生物合成		+				
传播类	*acd1*	脱镁叶绿素 a 氧化酶	叶绿素分解代谢		+				
	acd2	红色叶绿素代谢物还原酶	叶绿素分解代谢		+				
	lsd1	锌指蛋白	转录激活因子		+				
	acd11	—	鞘氨醇转运蛋白						+
	vad1		包含 Gram 结构域的蛋白			+		+	

及细胞死亡失控的突变体。显而易见的，前者可能有抑制细胞死亡起始的因子发生了改变（起始型），后者可能是因为将过敏反应局限于感染位点的因子被干扰了（增殖型）。对 SD 的分子机制进行研究发现，不同位点的突变现在还不能用一种普遍的机制去解释（表 20.3）。进一步的研究可能会考虑每种基因型中激活的防御信号通路。起始类突变体通常具有和过敏反应有关的激活的水杨酸、茉莉酸或乙烯介导的信号通路，部分通路的激活可能是起始的关键事件。拟南芥 *vad1*（vascular associated death1）突变体（表 20.3）可能是一种增殖型 SD 突变体，叶片从维管处开始坏死。*vad1* 突变被定位到一个与膜相关的蛋白质上，这个蛋白质在过敏反应中也被诱导，可能表明发育性细胞死亡与病原体引发的细胞死亡具有联系。

acd 类（表 20.3）SD 突变体的特征是加速细胞死亡（**a**ccelerated **c**ell **d**eath）。在 *acd5* SD 突变体中观察到的一种脂质（有可能是神经酰胺）激酶变化可能是机制的成因。在哺乳动物细胞凋亡过程中，线粒体功能紊乱导致局部神经鞘脂的积累是一个重要的起始事件。相反地，磷酸化的鞘脂有抗凋亡的能力，因此，脂激酶蛋白的突变会导致磷酸神经酰胺功能的失常，从而导致细胞死亡。一个鞘脂转运蛋白被鉴定属于一个增殖型 SD 突变体（*acd11*），说明了这类脂质在植物细胞死亡过程中的重要性。然而，值得注意的是，*acd5* 突变体中发生过敏反应明显是正常的。

在拟南芥中，一个被详细研究的增殖型细胞死亡突变体是 lesions simulating disease1（*lsd1*，图 20.48）。突变体植株表现出激活的过敏反应，这种过敏反应由接种的各种低剂量病原体起始产生。LSD1 蛋白是一个锌指蛋白，作为一个转录激活因子发挥作用，已知它可以调控铜 / 锌超氧化物歧化酶基因和 *CAT* 基因的表达，因此 LSD1 功能的缺失导致活性氧簇水平的上升。LSD1 还与 LSD-ONE-LIKE 1（LOL1）蛋白物理上相互作用，通过一种未知的机制促进细胞死亡。与 LOL1 在过敏反应的程序性细胞死亡中的功能一致的是，在转基因植物中

图 20.48 拟南芥的过敏反应和损伤模拟类突变体。损伤模拟类突变体自发地在发育过程中产生死亡的组织，说明控制细胞死亡的功能发生了失调。损伤模拟类突变体中细胞死亡和过敏反应中的类似，因此可以从遗传学的角度研究过敏反应的调控。A. 拟南芥中接种番茄丁香假单胞菌(*Pseudomonas syringae* pv.) *DC3000 avrRpm1* 48h 后的过敏反应。B. *lsd1-1* 中的自发细胞死亡，有证据证明它可影响抗氧化剂和细胞死亡促进基因的表达，也可与类凋亡蛋白相互作用，类凋亡蛋白可促进（*AtMC1*）或抑制（*AtMC2*）细胞死亡。C. *acd1* 在编码 PaO 的基因上有损伤（见 20.6.1 节）。在 *acd1* 中产生脱镁叶绿素，脱镁叶绿素可通过产生单线态氧 $^1O_2$ 来起始细胞死亡。D. 由 *ACD2* 编码的红色叶绿素降解产物还原酶还原 RCC 以产生带荧光的初级叶绿素降解代谢产物（pFCC）。*acd2* 缺失突变通过 RCC 的积累和 $^1O_2$ 的产生表现出细胞死亡的表型

过表达 *LOL1* 会抑制过敏反应。

此外，在增殖型突变体 *acd1* 和 *acd2*（图 20.48）中，两种参与叶绿素代谢物降解的基因发生了突变（见 2.6.1 节）。拟南芥中的 *acd1* 相当于玉米中的 *lls1*，脱镁叶绿素 a 氧化酶发生了突变，而降解代谢通路中下一个酶 RCC 还原酶在 *acd2* 中失活。这两种突变体都和玉米中的 *lls1* 突变体类似，都能在叶绿体基质中积累自由的光激活四吡咯环，在光下产生有害单线态氧。类似地，异常地过量产生自由四吡咯环 [就像在 SD 突变体 *flu*（*fluorescent*）中那样]，会导致细胞死亡。在这种情况下，单线态氧导致的细胞死亡需要至少两种核蛋白的参与，分别是 EXECUTER 1 和 2，它们是 RCD 类基因的产物（表 20.3）。EXECUTER 蛋白通过什么样的机制作用，现在还未知。

20.10.4 活性氧簇是过敏反应死亡程序的起始者和参与者

对引发过敏反应的病原体的早期反应是产生活性氧簇（ROS），主要由超氧负离子、过氧化氢及羟基组成。每种物质都可作为氧化剂，对大分子产生显著伤害进而影响细胞活性。氧爆作用（oxidative burst）指在感染数小时内产生大量活性氧簇，起始了过敏反应与细胞死亡。这个理论的核心是基于观察到的细胞培养物或完整的植物组织，通过启动过敏反应类似的细胞死亡过程响应超氧负离子或过氧化氢环境。使用活性氧簇清除酶如 CAT 与 SOD 可以进一步抑制过敏反应。然而，即使经过了多年的研究，超氧负离子或过氧化氢对于过敏反应起始到底有多大的作用还是有争议的。

一系列产生活性氧簇的复合物被认为会导致氧爆作用，植物学家们还在不断地讨论它们相对的重要性与作用（图 20.49）。最常见的活性氧簇产生方式与 NADPH 氧化酶复合物有关，这一复合物和人中性粒细胞中的 NADPH 氧化酶的膜相关成分有同源性，它利用 NADPH 作为电子供体来产生超氧负离子。一些拟南芥中的 NADPH 氧化酶突变体（例如，呼吸爆发氧化酶同源基因，*Atrboh*；表 20.3）会明显减轻过敏反应。然而，研究同样显示活性氧簇在细胞信号通路中有与细胞死亡不相关的功能。

在中性粒细胞中，NADPH 氧化酶的主要作用是提高被称为吞噬小体的水解囊泡内部 pH。吞噬小体会吞噬入侵的病原体。类似地，植物中的 NADPH 氧化酶会通过改变化学环境起始氧爆作用，以利于另一种活性氧簇的来源——高 pH 激活的过氧化物酶体的活性作用。其他活性氧簇来源于细胞器：干扰线粒体和（或）叶绿体中的电子传递链会导致活性氧簇的产生。

活性氧簇可通过多种途径来激活细胞死亡。其中一种特殊的途径是脂质过氧化反应。在这个过程中亲水基团被引入脂双层，引发脂双层结构的破坏和细胞内容物的外流。事实上，电解质泄露增加是过敏反应一个普遍的早期标志。此外，几种磷脂双分子层衍生物降解产物表现出植物细胞毒性。在过敏反应过程中有很多关于明显的脂质过氧化反应报道，但其是通过氧化损伤发生还是通过脂肪氧合酶的活性导致还存在争议（见 20.11.4 节）。例如，抑

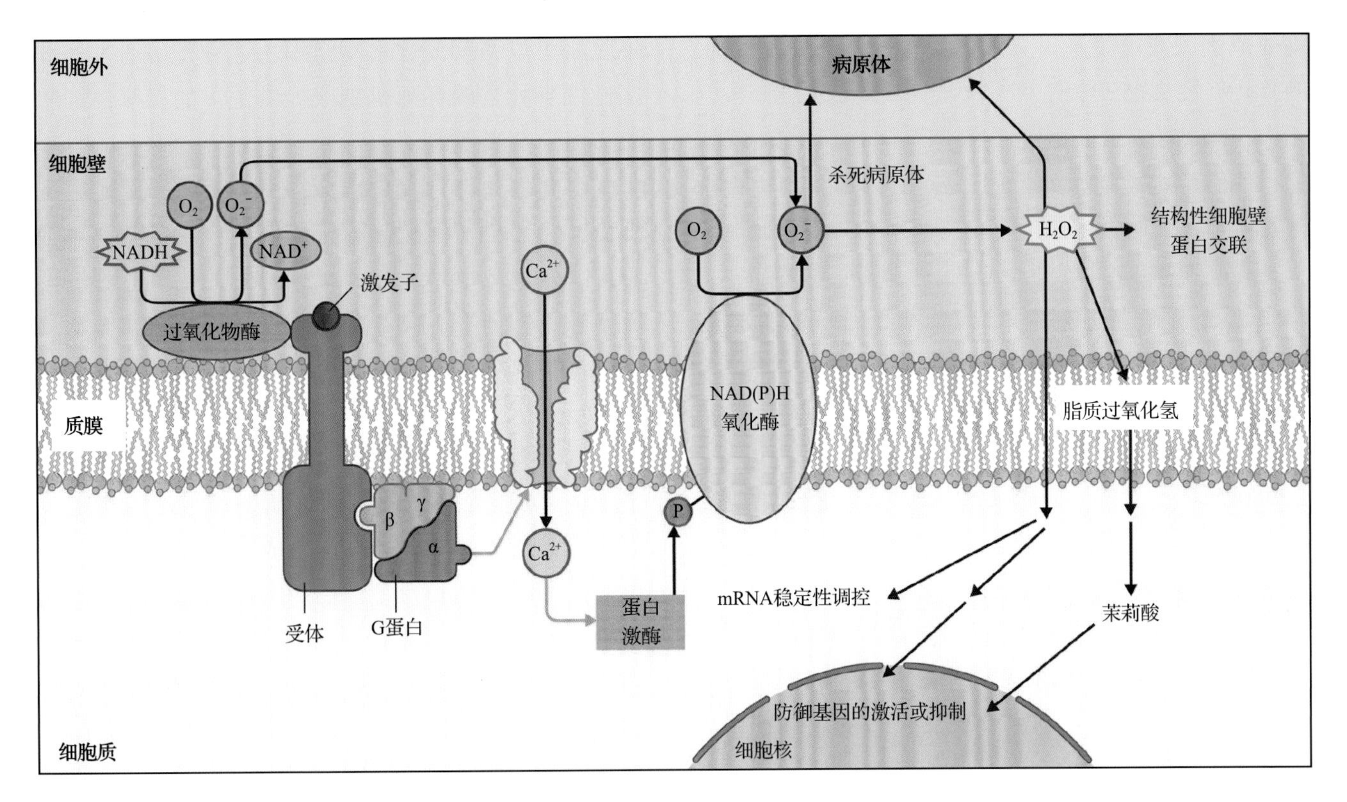

图 20.49 病原体进攻和活性氧簇产生之间联系的假设模型。来自病原体的激活子可和一个受体互作，起始细胞外活性氧簇的产生。活性氧簇的产生通路如图所示。受体可激活 NADH 依赖的细胞壁过氧化物酶，这种酶可将分子氧（O_2）还原成超氧负离子（O_2^-），这一机制现在还研究得不是很清楚。与此同时，受体可能激活一个异构的 G 蛋白去起始钙离子的外流，这将进一步激活蛋白激酶活性，从而激活 NAD(P)H 氧化酶活性。将 NAD(P)H 作为一个还原剂，NADPH 氧化酶会产生 O_2^-，O_2^- 可杀死病原体或在低 pH 环境下，生成 H_2O_2，H_2O_2 也可杀死病原体或作为细胞壁蛋白氧化交联的辅因子，从而限制病原体在宿主中穿行。H_2O_2，特别是如果进一步被还原成羟基（·OH），将起始细胞膜脂质的过氧化反应。该步骤可能会诱导防御激素茉莉酸的产生。同样地，H_2O_2 可在细胞膜之间移动，从而作为一个氧化信号去调控防御基因的表达

制本氏烟草中脂肪氧合酶基因的表达将会导致烟草在烟草黑胫病菌小种感染后细胞死亡减少。

活性氧簇杀死细胞的机制中一氧化氮的作用不容忽视，除了在各种植物衰老及细胞死亡过程中发挥功能（见 20.2.3 节及 20.11.2 节），一氧化氮对过敏反应也有基础性的作用，它可能在细胞死亡过程中和活性氧簇一起协同发挥作用。一氧化氮还有抑制细胞死亡的功能。这些不同发挥功能的方式依赖于一氧化氮的浓度。有一系列的方法可用来测定一氧化氮的产生，研究表明，一氧化氮产量的增加和氧爆作用同时出现，与它在脂质过氧化反应中的辅助作用相一致。除了这些相关证据，一氧化氮清除剂的施加或者哺乳动物一氧化氮合酶（NOS）抑制剂的施加会在植物 - 病原体相互作用范围内抑制过敏反应的细胞死亡。一氧化氮对过敏反应作用的遗传学证据通过在转基因拟南芥中表达一氧化氮加双氧酶（NOD）得到。NOD 催化一氧化氮双氧化生成硝酸盐，表达 NOD 的转基因植株在病原体激活的过敏反应中一氧化氮的产生减少，更重要的是细胞死亡也延缓。一个重要而突出的问题是一氧化氮通过什么样的机制产生。尽管哺乳动物的一氧化氮合酶抑制剂可以抑制一氧化氮的产生，但是没有一种植物一氧化氮合酶被分离出来。NADPH 通过硝酸盐还原酶还原依赖的亚硝酸盐的反应可能是机制之一，但是，非酶促的亚硝酸盐还原可能也是一氧化氮的潜在来源（见 20.2.3 节）。

20.10.5 一些植物病原体导致宿主植物组织坏死

过敏反应并不是病原体侵害导致细胞死亡的唯一形式。当受到死体营养型（以死亡组织为生）的病原体侵害时，宿主细胞的死亡和衰弱正符合固有的病原体反应机制。其中一种死体营养型病原体就是灰霉菌（*Botrytis cinerea*）的致病因子，对无核水果毒性很大（图 20.50A），是引起无核水果减产的

主要原因。灰霉菌不仅会入侵果实，还会入侵植物的叶片（图 20.50B）。

在过敏反应中细胞死亡常常是阻止病原体扩散的机制之一，死体营养型病原体意外地可能诱导程序性细胞死亡发生。然而，过敏反应的开始帮助了灰霉菌的病发是再清楚不过的。显微镜观察显示，感染了灰霉菌的细胞会有细胞质囊泡化和凝结的现象发生，这也是过敏反应的特征之一（将图 20.44D 与图 20.50C 比较）。在死体营养型病原体攻击发生时，细胞死亡不是从无毒基因产物的识别开始，而是从病原体产生的有毒物质和酶的活跃开始。灰霉菌产生一系列的葡双醛霉素和灰霉菌毒素，当这些毒素施加到植物体时，会导致黄化和过敏性死亡。然而，对于灰霉菌来说，更重要的是降解角质层的酶。这种酶有两种作用：帮助病菌穿透宿主表皮，以及诱导宿主产生由细胞壁碎片介导的氧爆作用。因此，病原体诱使宿主自杀。而灰霉菌必须继续承受活性氧簇产生的影响。在这里可能是 SOD 起到了作用，因为将 *BcSOD* 基因敲除会导致病原菌毒性的下降。当细胞开始死亡时，一系列真菌产生的

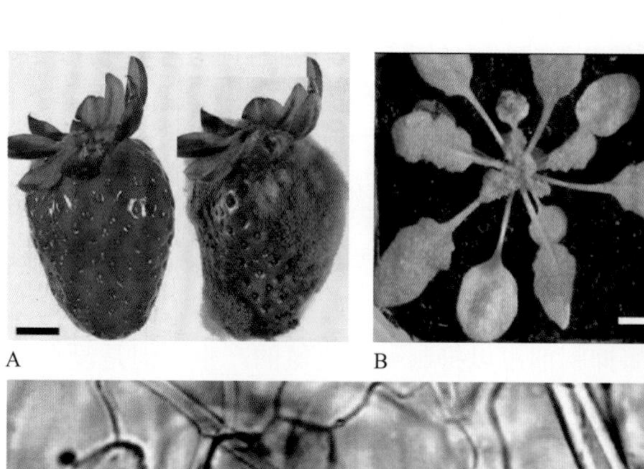

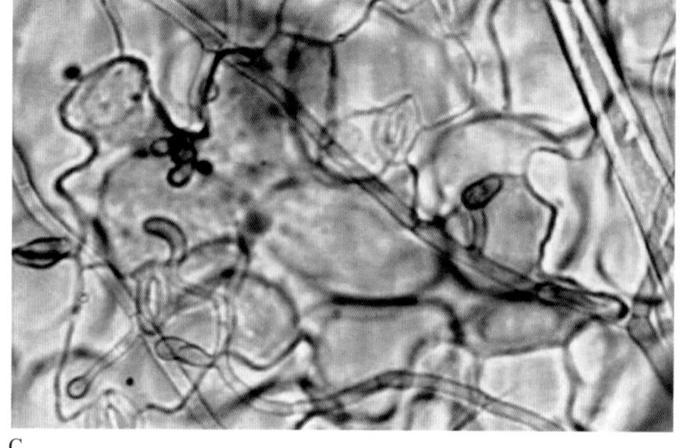

图 20.50 灰霉病菌（*Botrytis cinerea*）感染的植物。灰霉病菌接种后 7 天（A）的草莓果实和 3 天（B）的拟南芥叶片。标尺 =1cm。C. 感染后 24h 的拟南芥表皮细胞的台盼蓝活体染色。标尺 =50mm。来源：照片来自 L. Mur 工作，由 T. Pugh 拍摄

果胶酶可以帮助浸软宿主组织，这种作用通过非程序性细胞死亡的坏死机制或提供更多的程序性细胞死亡促进剂实现。

在其他死体营养型病原体中，毒素在起始宿主细胞死亡过程中有更加积极的作用。维多利亚旋孢腔菌（*Cochliobolus victoriae*）产生的维多利长蠕孢毒素被深入研究。维多利亚旋孢腔菌的致病性依赖于维多利长蠕孢毒素的产生，并引发了燕麦（*Avena sativa*）枯萎病。维多利长蠕孢毒素是一种宿主选择性毒素，因为它要和燕麦中的 *Vb* 等位基因相互作用。单独向 *Vb* 燕麦施加维多利长蠕孢毒素足以引起黄萎病和最终的细胞死亡，这已成为了一个被研究得很清楚的细胞死亡模型（图 20.51）。最初的研究显示维多利长蠕孢毒素结合并抑制了一个 100kDa 的光呼吸过程（见第 14 章）中甘氨酸脱羧酶（GDC）的功能。维多利长蠕孢毒素也能通过未知蛋白酶起始核酮糖 -1,5- 二磷酸羧化酶的裂解，这会使碳元素无法正常固定并因此开始衰老过程。进一步分析显示维多利长蠕孢毒素可诱发和程序性细胞死亡相关的典型症状，包括 DNA 碎片化及线粒体中 PTP 的起始。PTP 的形成可让维多利长蠕孢毒素进入细胞抑制 GDC 活性并消除线粒体膜电位，导致 ATP 合成系统的崩溃。重要的是，抑制剂的施加表明引发维多利长蠕孢毒素效应的一个重要触发因素是宿主细胞内钙离子和乙烯信号通路的激活。总之，维多利长蠕孢毒素可能引发宿主细胞的程序性细胞死亡，也会引起部分衰老程序的发生。下面进一步讨论在衰老和病原体相关的程序性细胞死亡相互作用过程中植物激素的作用。

20.11 在衰老和防御相关的程序性细胞死亡过程中的植物激素

值得注意的是，与衰老类似的黄化反应的发生是许多植物疾病的共有特征。一种被详细研究的病菌——番茄细菌性斑点病菌（*Pseudomonas syringae* pathovar, *P.s.* pv.）可以感染拟南芥，黄化病依赖于冠菌素的存在。冠菌素通过精确模仿茉莉酸的生物学功能来发挥作用，尽管茉莉酸有防御功能，仍能引发黄化症状。相关致病细菌也产生其他的毒素。

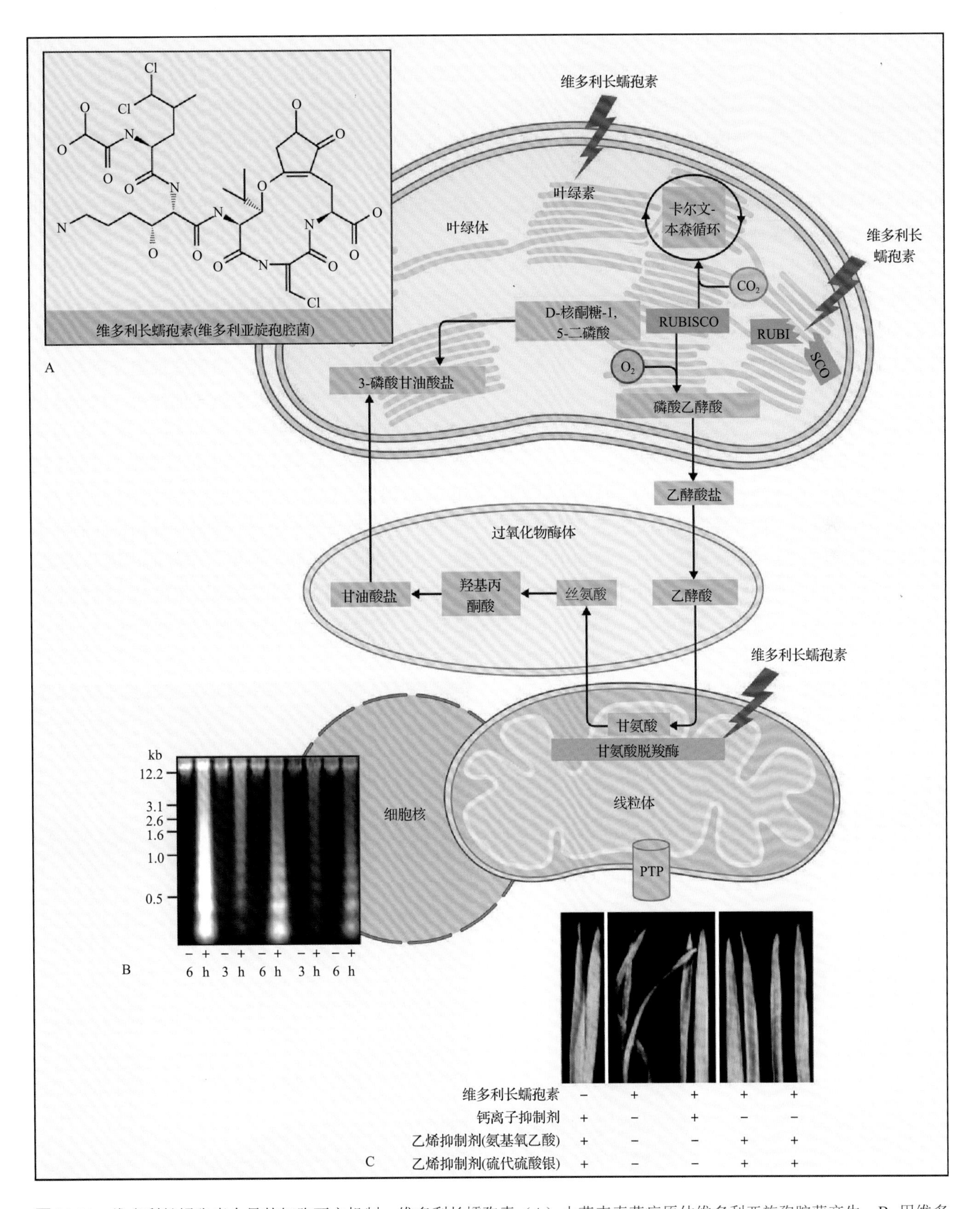

图 20.51 维多利长蠕孢素介导的细胞死亡机制。维多利长蠕孢素（A）由燕麦真菌病原体维多利亚旋孢腔菌产生。B. 用维多利长蠕孢素处理将会切断核酮糖 -1,5- 二磷酸羧化酶，起始蛋白降解性叶绿素降解代谢并通过抑制甘氨酸脱羧酶活性扰乱光呼吸过程。由于 PTP 的起始，线粒体功能紊乱，导致质子流动力消失。在细胞核内，维多利长蠕孢素引发 DNA 阶梯化降解。C. 维多利长蠕孢素引发的程序性细胞死亡可由钙离子和乙烯抑制剂所抑制。来源：Navarre & Wolpert（1999）. Plant Cell 11: 237-249

在菜豆（*Phaseolus vulgaris*）致病菌菜豆细菌性斑点病菌（*P.s.* pv. *phaseolicola*）中，黄化症状由四肽的菜豆丁香假单胞杆菌毒素导致。这种毒素通过抑制鸟氨酸循环中的氨甲酰基转移酶来抑制精氨酸的生物合成。在烟草野火病菌（*P.s.* pv. *tabaci*）作用下，多肽毒素起始了植物黄化。这种毒素是一种二肽，可抑制谷氨酰胺合成酶导致氨的积累，进而扰乱光合作用，并破坏类囊体膜。如果将烟草野火病症状与同一物种的衰老过程相比，可明显发现表型上的相似性（图 20.52）。因此，目前认为病原体的侵染让植物体内产生一个新的库，被感染的细胞变成了光合作用产物的来源。当感染发生的时候，光合作用的电子流动快速减少但六碳糖的产生增加，这可能是淀粉的迁移导致。细胞壁转化酶的活性也有所提高，可为质外体中的病原体提供糖类。

意外的是，在生活史的衰老阶段，植物会在营养物质进行分配时（如籽粒灌浆期）为潜在的入侵者提供大量食物。这可能解释了为什么植物中真正的衰老经常与植物抵抗胁迫的开始相关，也解释了为什么一些特定的、引起衰老的激素，如水杨酸和茉莉酸，也是很重要的抗病物质。在这里我们会讨论最主要的植物生长调节因子在衰老、程序性细胞死亡和发病中的作用。

20.11.1 细胞分裂素作为衰老的拮抗剂发挥作用

细胞分裂素可能通过抑制衰老过程去完成调控

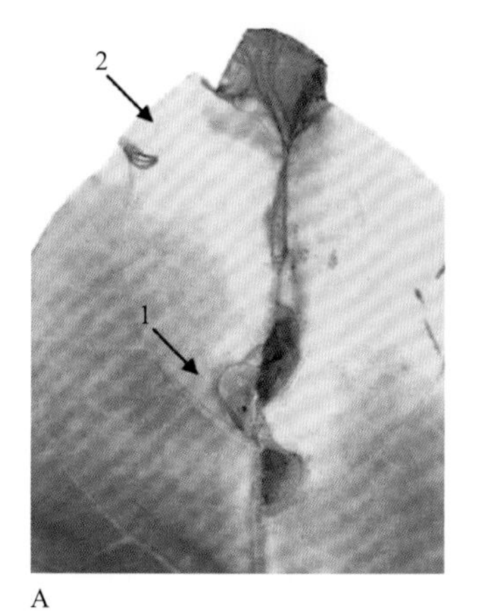

图 20.52 烟草的野火病和衰老。A. 烟草丁香假单胞菌感染 7 天后导致的野火病症状。最开始的感染区域已经坏死（见箭头 1 标注）。注意沿着主脉传播的坏死症状和大面积的缺绿现象（箭头 2）。B. 衰老的烟草叶片也呈现坏死症状和黄化现象

作用。最初有两条证据暗示细胞分裂素可能在衰老过程中发挥抑制作用。第一，衰老组织中内源细胞分裂素的水平会下降；第二，外源施加的细胞分裂素在绝大多数植物组织中都有延缓衰老的作用。细胞分裂素的效用会因组织的年龄、种类和植物物种而异。细胞分裂素延缓衰老的作用被一些感染植物叶片的病原体利用，在受感染的部位周围提高的细胞分裂素水平会导致这部分组织晚衰，形成“绿岛”，即在衰老的黄色叶片中形成绿色组织（图 20.53）。还不清楚细胞分裂素由病原体自身产生还是由植物诱导产生。

可以利用分子生物学手段研究细胞分裂素在包括衰老在内的植物各个发育阶段的作用。农杆菌中 *ipt* 基因编码异戊烯基转移酶，该酶催化了细胞分裂素合成过程的限速步骤（见第 17 章），因而可利用 *ipt* 基因建立过量产生细胞分裂素的转基因植株。*ipt* 基因与多种启动子融合后来进行组织特异的高表达，从而在特定的部位产生高浓度的细胞分裂素。所有的情况都表明，细胞分裂素浓度高的组织中衰老延缓。过量表达使得细胞分裂素水平偏高，也产

图 20.53 李树（*Prunus*）叶片的绿岛现象，由坏死性真菌尾孢菌（*Cercospora*）感染引起。来源：照片来自 John L Stoddart 和 Howard Thomas

生其他不正常的表型。这让研究人员难以判断晚衰的表型是来源于细胞分裂素过量的直接效应还是由于某些次生效应。当与热激启动子融合的 *ipt* 基因的转基因植物被热处理后，诱导的 *ipt* 基因表达会导致衰老的延缓，这与细胞分裂素水平的上升是一致的。通过热激启动子热激诱导基因表达本身也是一种胁迫，有可能会影响衰老的过程，因此最终的结果比较复杂。

实验优化后，*ipt* 基因和 *SAG12* 的启动子融合后在拟南芥衰老组织中特异表达。转入 *SAG12* 启动子和 *ipt* 基因融合的烟草植株呈现出一种自我调控的细胞分裂素产生模式（图 20.54）。当组织开始衰老的时候，转入的基因被诱导表达，然后细胞分裂素开始产生。细胞分裂素会抑制衰老过程，因此转入的基因表达量开始下降。细胞分裂素只在衰老的组织中产生，而产量又刚好可以阻止衰老。表达了 *SAG12-ipt* 的植物在形态学上和未转基因的植物没有什么不同，但是前者表现出明显的衰老延迟，老叶保留了更多的光合作用能力，保留时间也更长（图 20.54）。这个实验在许多物种中被重复，包括粮食作物，发现叶片中细胞分裂素的产生可以延缓衰老。这些植物中叶片拥有更长光合作用寿命的一个结果就是与此同时有更多种子产生，且抗旱能力明显提升，显然有农业上的应用前景。

对细胞分裂素延缓衰老效应的一个可能的解释是它增强了植物的储藏能力。细胞分裂素水平最高的部位是最强的代谢物库，因此主要的营养物质都直接流向这里。细胞分裂素一般在根中产生，继而被运送到叶片中。一个解释开花后叶片衰老的假说是：在许多植物中，根产生的细胞分裂素会直接流向发育中的种子而不是叶片。因此，种子成为一个更大的“库”，叶片中的营养物质流向种子，从而导致叶片的衰老。细胞外转化酶与质外体韧皮部装载有关，在细胞分裂素功能中的物质储存相互作用中有重要的作用。抑制细胞外转化酶的活性也可抑制细胞分裂素介导的叶片晚衰。

最近鉴定出了一个细胞分裂素受体——精氨酸激酶 AHK3，在调控叶片衰老和其他响应细胞分裂素的发育过程中具有重要作用。在已知的细胞分裂素受体突变体中，只有拟南芥中 *AHK3* 的功能缺失突变体可以减少细胞分裂素对叶片晚衰的影响，但在这个突变体中，正常的衰老过程不受影响。另一方面，拟南芥 *AHK3* 的功能获得性突变 *ore12-1*（见 20.5.2 节）表现出叶片晚衰的表型。AHK3 的活动是由 ARR2（*Arabidopsis* Response Regulator 2）的磷酸化介导的，ARR2 对于叶片寿命很重要。

细胞分裂素可能通过抑制关键基因 *SAG* 的表达影响衰老的程度。当矮牵牛（*Petunia hybrida*）愈伤组织培养物被转移到低浓度细胞分裂素培养基上时，表达上调的基因中有一个编码半胱氨酸蛋白酶的基因及一个编码某种过氧化物酶的基因。在衰老的叶片中这两个基因的表达被明显加强了。在玉米和多花黑麦草（*Lolium multiflorum*）中，蛋白酶基因 *See1* 的上调表达可以被细胞分裂素处理所抑制。因此，细胞分裂素可能从两个水平上发挥作用：远距离上促进分化并增强储存能力，以及在衰老细胞中原位介导衰老过程的进行。

细胞分裂素的双重作用在返青现象中得到了最佳体现（图 20.55）。在开花期，成熟的黄花烟草（*Nicotiana rustica*）最下端最老的叶片几乎完全黄化。这时如果在最基部的茎节处剪掉地上部并将植物置于昏暗的光下，叶片将会逐渐重新变绿。如果用细胞分裂素溶液处理叶片，这一过程将会大大加

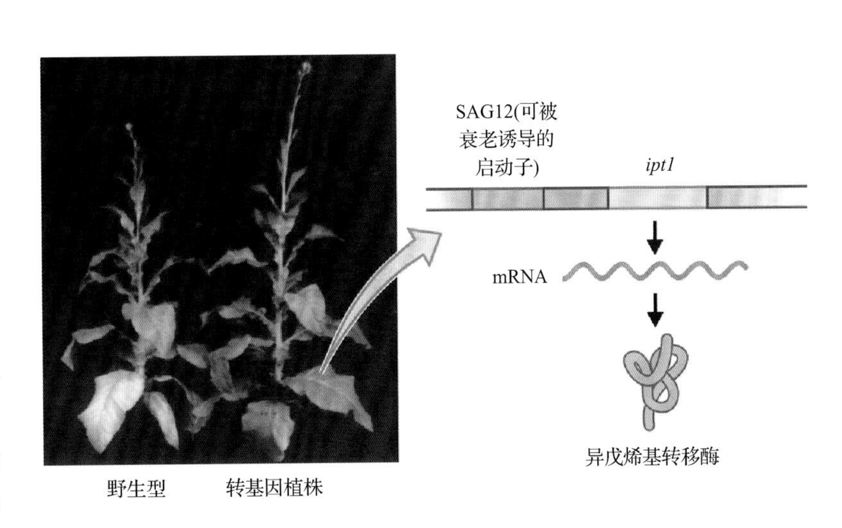

图 20.54 与野生型植株（左侧）相比，转基因植株（右侧）中自我调节的烟草细胞分裂素合成基因表达导致晚衰。农杆菌中编码异戊烯基转移酶（一个催化细胞分裂素生物合成的酶）基因 *ipt1* 和 *SAG12*（在衰老组织中特异表达）的启动子融合，这个融合基因在烟草中的表达受衰老诱导，细胞分裂素水平上升，从而阻止了衰老。来源：Gan & Amasino（1997）. Plant Physiol. 113:313-319

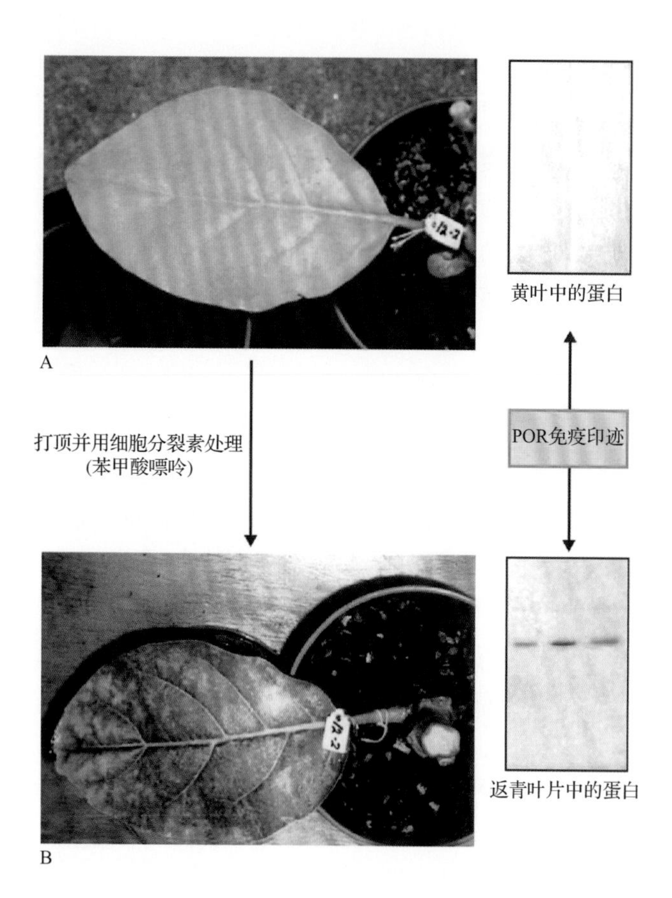

图 20.55 烟草的返青现象。衰老与其他类型的程序性细胞死亡最重要的差异就是衰老是可逆的。A. 黄花烟草最基部（最老）的叶片已经失去了几乎所有可测量到的叶绿素。然而，只要在茎节处去掉茎秆叶片就可以全部返青（B），尤其在合成的细胞分裂素苄氨基嘌呤（BA）处理时。即使叶片衰老进行到最终阶段，也能让白色体重新分化成叶绿体。在幼嫩细胞中表达的负责叶绿体组装的蛋白质，如叶绿素合酶原叶绿素酸酯氧化还原酶也会重新表达。来源：Zavaleta-Mancera HA（2000）Regreen of senescing *Nicotiana* leaves. PhD Thesis, University of Wales

速。在返青过程中，*SAG* 基因的表达被抑制，质体组装的基因被激活，发黄叶片中的白色体再分化成为叶绿体并且光合作用能力恢复。这不仅是细胞分裂素作为抗衰老因子的潜力的一个解释，也说明叶片衰老过程是可逆的，叶片衰老可以回到前一个阶段，而这与其他程序性细胞死亡过程有本质的区别。

20.11.2 乙烯在促进衰老过程中有主要作用

在所有已知的激素中，乙烯是典型的最强的衰老促进因子。外源施加乙烯可在很多但不是所有植物中诱导叶片和花的衰老及果实的成熟。例如，对拟南芥的叶片施加乙烯可以观察到和自然衰老叶片一样的变化（图 20.56）。叶片开始变黄，而且光合

图 20.56 乙烯在野生型（WT）叶片中促进衰老，但不能在乙烯不敏感的突变体 *etr1* 中促进衰老。来源：Bleeker, University of Wisconsin, Madison, 未发表

作用相关的基因表达相应下降，并伴随着 *SAG* 基因表达的上升。此外，内源的乙烯水平与叶片衰老相关。随着叶片的衰老或黑暗处理诱导的衰老会产生更多的乙烯。

对很多植物来说，授粉会诱发花的衰老。在矮牵牛中，授粉 20min 之内就可以检测到乙烯的产生，这发生在花粉管穿过柱头之前（图 20.57）。因此，花粉被柱头识别应该就足够诱导乙烯的产生。与此不同的是，在很多情况下，正常的花衰老过程完全对乙烯不敏感。水仙百合（*Alstroemeria*）常常被用作切花，是最著名的乙烯不敏感的花衰老例子之一。

由于在经济上的重要意义，很多乙烯调控衰老的研究都以果实成熟过程来完成。在番茄等跃变型果实正常发育过程中，呼吸作用与乙烯产量的显著增加受到发育调控，随后特定基因表达量上升，这些基因编码与果实成熟过程中组织软化有关的酶，如多聚半乳糖醛酸酶。与此相关的还有果实颜色及味道的变化，这些都是果实成熟的标志。外源施加乙烯作为有效催熟剂已有一个多世纪的历史，许多水果的成功上市主要归功于外源乙烯的适量添加。验证对乙烯的识别是否被衰老过程所需要的实验进一步证明了乙烯在衰老过程中的重要作用。拟南芥中 *etr1* 突变体（见图 20.56）和番茄中 *never ripe* 突变体（图 20.58）由于乙烯受体蛋白的突变而对乙烯不敏感，表现出叶片晚衰的现象。在番茄中，花器官的正常衰老也延缓。*never ripe* 突变体命名来源于其果实不能完全成熟。

在植物中减少乙烯产生的实验为研究乙烯在衰老中的作用提供了更多的证据。乙烯合成作用的化

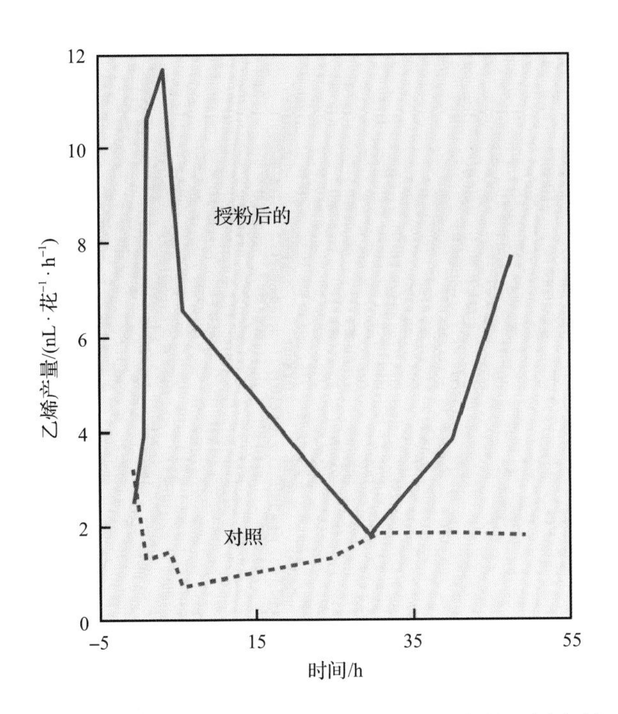

图 20.57 未授粉的对照和授粉的矮牵牛花中的乙烯产量。注意乙烯在授粉之后产量急剧增加

图 20.58 在野生型番茄中，对花序进行乙烯处理会导致衰老和脱落（A）。乙烯受体突变体 *never ripe* 对乙烯不敏感，因此对其花序进行处理不会导致衰老和脱落（B）。在未处理的野生型中授粉后花衰老（C），而 *never ripe* 在花授粉后并不衰老，仍正常生长，甚至当果实开始发育时也是如此（D）。就如同它的名称，*never ripe* 突变体的果实不会成熟，下面是野生型和 *never ripe* 在同时期同样生长条件下的果实（E）。因此，在番茄中乙烯是一个诱导授粉后花衰老和果实成熟的关键信号分子。来源：Lanahan et al.（1994）. Plant Cell 6:521-530

学抑制剂被发现可以抑制叶片衰老和果实成熟。对植物进行基因工程操作让其产生更少的乙烯，也可观察到类似现象。ACC 合酶与 ACC 氧化酶在植物中催化乙烯生物合成的最后一步反应。在番茄中反义表达这些基因可让乙烯的产生大大减少。当这些植物在空气中生长时，它们的果实不会完全成熟，而且叶片的衰老会延缓；而当外源施加乙烯处理时，果实便可正常成熟，叶片也可正常衰老（图 20.59）。

值得注意的是，即使是同一种植物，不同器官的乙烯作用也不同。在拟南芥和番茄的乙烯不敏感突变体中，叶片的衰老延迟，但最终叶片甚至可在没有乙烯的情况下衰老。然而在乙烯不敏感的番茄突变体中果实就不能完全成熟。因此，乙烯可促进叶片衰老，但其不是必须，而番茄果实的成熟必须要有乙烯。最后，乙烯不会单独发挥作用促进衰老。未鉴定出来的与衰老相关的信号通路也对衰老的调控有重要作用，只有当器官达到一定发育阶段时，对叶片、花和果实的乙烯处理才能促进它们的衰老。此外，过量产生乙烯的番茄植株叶片衰老的表型没有改变，这再次说明只有乙烯不足以引发衰老。

乙烯对衰老的作用被一氧化氮中和。在未成熟的草莓和鳄梨（*Persea americana*）中一氧化氮的浓度高而乙烯浓度低，在成熟过程中这一情况发生了反转。表达一氧化氮降解双氧化酶（NOD）的转基因拟南芥表现出类似衰老的表型，而且很多与衰老和乙烯合成相关的基因表达量都上调了。如果用一氧化氮处理 NOD 植株，衰老的表型就会受抑制。一个可能的机制是一氧化氮会抑制乙烯的合成，这是通过对蛋白 *S*- 亚硝基化的蛋白质组学研究得到的结论。*S*- 亚硝基化指的是一氧化氮连到半胱氨酸的巯基上。在众多的 *S*- 亚硝基化的蛋白中研究人员鉴定到 *S*- 腺苷甲硫氨酸（SAM）合成酶，这种酶参与到乙烯生物合成循环中。*S*- 亚硝基化的 *S*- 腺苷甲硫氨酸合成酶的酶活降低，因此在一氧化氮的存在下，乙烯的生物合成可能被抑制。

20.11.3 水杨酸在某些程序性细胞死亡信号通路中是关键组分

水杨酸这种激素最初被发现是一个重要的移动信号，当遭遇病原体侵害时，在产生过敏反应（HR；见 20.10 节）几天之内参与建立一个系统获得性抗性。接下来水杨酸被证明可能不是最重要的系统性信号，但在建立过敏反应动力学过程、耐热性产

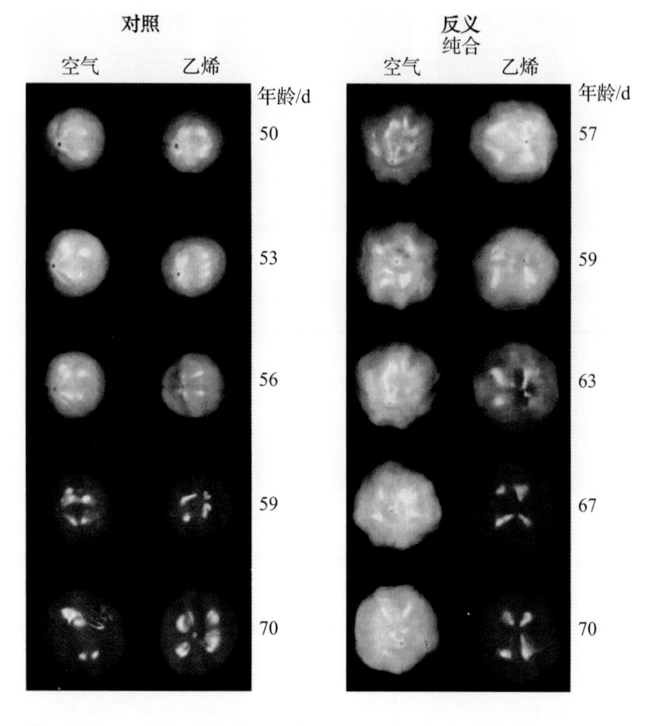

图 20.59 番茄果实需要乙烯和未知的年龄依赖性因子才能正常成熟。正常野生型对照的果实（左边）在空气中和在有乙烯的空气中几乎同时成熟。表达反义 ACC 合酶基因的番茄植株（右边）比野生型产生更少的乙烯，它的果实在空气中不会成熟，但在外源施加乙烯的情况下可成熟。这些结果说明以下两点：第一，乙烯对番茄的果实成熟是必需的。在几乎不产生乙烯的植株中，除非外源施加乙烯，否则果实不会成熟。第二，只有乙烯不足以诱导果实成熟。例如，乙烯不能诱导生长不足 59 天的野生型植株的果实成熟。来源：Theologis et al.（1993）Dev. Genet. 14:282-295

生、抑制植物在寒冷条件下的生长过程中有主要作用。水杨酸影响许多基因的表达，包括那些编码酸性 PR 蛋白和小分子质量热激蛋白类的基因。PR 蛋白基因 *PR1* 对水杨酸信号通路的定位特别有用。例如，PR 蛋白不表达的突变体 *npr1-1*（见 20.8.2 节）的特性揭示了一个水杨酸介导效应的关键转录调控因子。在非胁迫条件下 *NPR1* 以寡聚体形式存在于细胞质中，但当氧化胁迫发生时，在硫氧还蛋白的帮助下，*NPR1* 单体被释放。*NPR1* 单体进入细胞核，与 *PR1* 基因表达的激活因子相互作用。*NPR1* 也结合了一个衰老过程中重要的转录调节因子 *WRKY53*。

水杨酸与氧胁迫的相互作用对其活性至关重要。此外，水杨酸可增强氧化胁迫。水杨酸介导的氧爆现象在病原体激活的过敏反应以及热胁迫中都增强。在这两种条件下水杨酸 - 活性氧簇互作对完整的抗性 / 耐受性的表现至关重要。水杨酸增强的氧化胁迫机制还有待完善，但已知该过程包含线粒体电子传递的中断。

水杨酸还在叶片衰老过程中发挥作用。在用芯片杂交比较分析拟南芥野生型和 *npr1* 及表达 *NahG*（可将水杨酸降解为儿茶酚的细菌基因）的株系衰老情况时，包括 *SAG12* 在内的很多 *SAG* 基因的表达被抑制（图 20.60）。*NahG* 转基因植物和 *npr1* 突变体表现出黄化推迟和坏死现象减少的表型，这暗示着水杨酸主要在衰老过程中的死亡阶段发挥作用。

20.11.4 一些证据证明茉莉素在衰老过程中起作用

茉莉素是指包括茉莉酸（JA）和相关复合物（见第 17 章）在内的一类信号分子，由膜磷脂的酰基链衍生而来。脂氧合酶可催化脂质中多不饱和脂肪酸双氧化反应产生氧脂素。氧脂素是一类有生物学活性的茉莉素衍生物，在明确了这些分子在防御昆虫的过程中起到核心作用后，就更加说明了氧脂素特别是茉莉素的功能。越来越多的证据支持氧脂素有很多发育上的功能，包括调控衰老。例如，抑制磷脂酶或酰基水解酶的活性可延缓衰老，而且脂氧合酶活性上升是衰老过程的特征。茉莉素自身在衰老中的作用还不清楚。分离的拟南芥叶片在衰老过程中茉莉酸类的水平上升，而在茉莉酸不敏感突变体 *coi1* 中，核心的信号通路组分发生改变，导致衰老过程被打乱。另外，在 *coi1* 中正常发育性衰老没有受影响。还需要进一步实验阐明茉莉素在衰老中的作用。

20.11.5 其他激素会影响防御反应与衰老过程

在绝大多数情况下，脱落酸都是衰老的促进剂。叶片的脱落明显和衰老相关，外源施加脱落酸可导致叶片变黄，而内源脱落酸水平和组织衰老之间没有一致的联系。在衰老过程中大体上编码脱落酸合成酶的基因表达都有普遍上升，包括 9- 顺式 - 环氧类胡萝卜素加双氧酶和醛氧化酶，以及受 ABA 诱导的受体类激酶基因 *RPK1* 编码的酶。

一些可能的脱落酸与衰老之间的联系看起来有些自相矛盾。有报道显示脱落酸可促进叶片组织中的过氧化氢积累，但还不清楚这是衰老加速的起

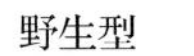

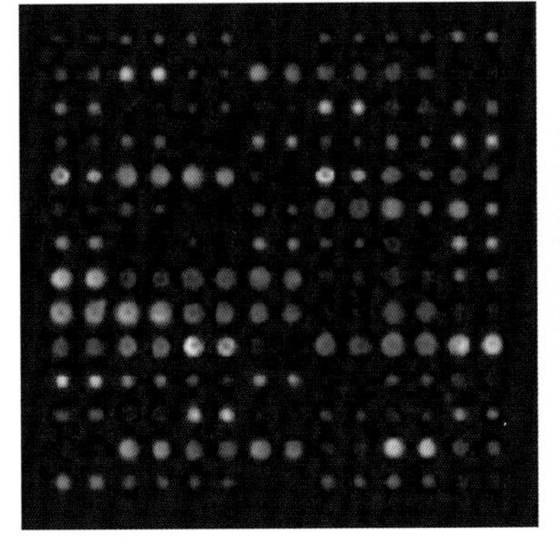

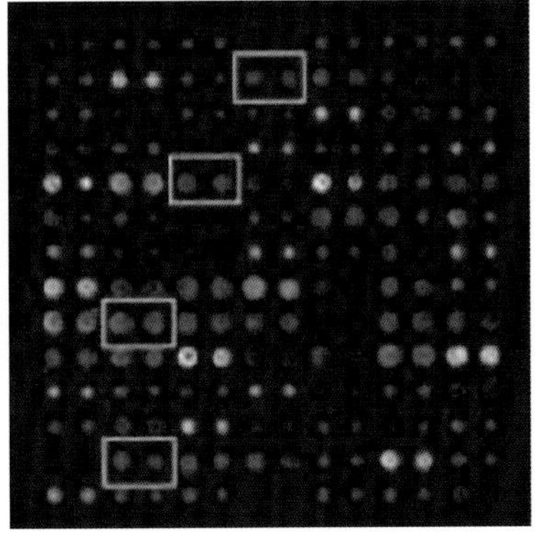

图 20.60 cDNA 芯片杂交分析说明水杨酸（SA）对野生型拟南芥和表达细菌 *NahG* 基因（产物可将水杨酸降解成为儿茶酚）的转基因株系中与衰老相关的基因表达的影响。与增强衰老和控制衰老相关的基因的 cDNA 点在在玻璃片上，由野生型或 *NahG* 植株分离出的 RNA 得到的第一链 cDNA 作为探针进行检测。荧光的强度和基因表达水平相关，白色说明表达量最高，之后依次是红色、橙色、黄色、绿色、蓝绿色、亮蓝色和深蓝色。在两种植株中绝大部分基因的表达水平都是一致的，但一些 *SAG* 在 *NahG* 植株中的表达被抑制（见图中方框）。来源：Buchanan-Wollaston et al.（2003）Plant Biotechnol. J. 1:3-22

因还是结果。与此同时，脱落酸也被发现可增强 *SOD*、*APX* 和 *CAT* 的基因表达及酶活性。此外，脱落酸诱导的衰老过程在磷脂酶活性降低的转基因植株中受到抑制，膜结构的破坏可能会依赖氧化胁迫，对于脱落酸在衰老过程中发挥作用非常重要。在番茄脱落酸突变体 *sitiens* 中发现了脱落酸与活性氧簇的相互作用。在该突变体中，脱落酸信号的减弱导致了植物在被坏死性病原体灰葡萄孢菌（*Botrytis cinerea*）感染后过氧化氢产生的增加、细胞死亡和抗性的增强。这表明脱落酸有抑制防御（包括细胞死亡在内）病原体的作用。类似地，在丁香假单胞菌（*Pseudornonas syringae*）中，细菌致病效应物 *AvrPtoB* 被运进细胞质并特异激活脱落酸信号通路，再次抑制了防御反应。简而言之，脱落酸的效应与不同的背景有关。例如，脱落酸可让分离出来的糊粉细胞永生（20.2.2 节），表明脱落酸能够维持衰老过程中细胞活性和随后开始并进入程序性细胞死亡末期之间的平衡。

其他激素也会影响衰老过程。赤霉素（GA）会抑制衰老，但这并不是一个普遍的反应。例如，在拟南芥中 GA 有抑制抗衰老激素细胞分裂素的作用。这一效应可能是 *SPINDLY*（*SPY*）这个基因介导的，因为 *spy* 突变体除了表现出组成型 GA 表达的表型以外，并不会以衰老延缓的方式响应外源施加的细胞分裂素。在绝大多数情况下，外源施加生长素会延缓衰老，但在某些物种中反而会促进衰老。目前还不能将内源生长素或赤霉素的水平与衰老过程联系起来。

小结

植物中衰老和细胞死亡与其他生物中的程序性细胞死亡过程具有一致性，但它们调控的方式、整合到发育阶段的方式，以及对环境响应的方式都不尽相同。绝大多数植物细胞最终的命运都是以各种方式进行自溶。这些方式包括溶原现象（可能裂殖）、自噬、分化转移、过敏性细胞死亡及坏死。它们具有一些共同点，如大分子水解和氧化代谢的激活，但也各自具有很多不同的功能。这为植物适应固定的生活环境提供了丰富的选择。

尽管对于植物程序性细胞死亡过程的了解迅速增加，但还有很多方面未知。对于模式植物，特别是拟南芥的程序性细胞死亡过程知识有多少能够普遍应用到各种植物（特别是作物物种）中？细胞死亡和衰老过程在分子水平是如何启动的？营养物质回收的生物化学过程和调控机制是怎样的？程序性细胞死亡、衰老、成熟、果实成熟、寿命及老化有什么关联？研究这些关联能为我们控制这些重要的生物过程提供多大的应用前景？为了解决这些问题，有很多新方法已发明出来，其中有系统生物学工具、microRNA 与表观遗传分析，以及模式技术和物候学方法。下一阶段研究工作的目标是将程序性细胞死亡和衰老分成更细致的步骤去研究，并定量分析它们对发育、适应性及产量的作用。这样的研究需要包含生理学、生物化学及组学分析的比较研究，并建立模式物种到其他物种的交流桥梁。最终实际目标是精确定位到可通过操纵对这些过程产生重要影响的基因，让发育、寿命、适应性及作物性状都可被预期和控制。

（于　浩　何　清　译，秦跟基　校）

第 5 篇

植物、环境与农业

第 21 章 植物对病原物的反应

Kim E. Hammond-Kosack, Jonathan D. G. Jones

导言

植物需要保护自己就必须持续地抵抗细菌、病毒、类病毒、真菌、卵菌、原生生物、支原体、无脊椎动物，甚至其他植物的袭击。在脊椎动物的免疫系统中，存在专门防御的特化细胞，可迅速移动到感染部位消灭病原生物以遏制其发展。植物的免疫则不同，植物细胞同时具有先天形成的和可经诱导产生的两套防御系统，这些细胞自动产生的免疫功能足以抵御大部分感染。实际上，野生植物居群中大部分植株在大部分时间都是健康的。病害即使发生，一般也只限于少数植物，而且只影响植物小部分组织。一次成功的侵染往往可使植物染病，但很少能杀死植物。自然选择可能通过某种作用，限制了致命性病原物对植物的毒害；毕竟，患病宿主存活得时间越长，病原物也就繁殖得越多。

为什么要研究植物和病原物间的相互作用呢？至少有五条主要理由。第一，对植物 - 微生物相互作用的细致研究，将为控制农作物病害提供可行的、持续性的实际解决方案。大规模种植单一基因型的作物品种，往往会导致严重的病害爆发，发生这种疫病不仅降低作物的产量和质量，还危及农产品的安全性（图 21.1 及信息栏 21.1）。而使用农药控制植物病害则会导致更高的能量消耗并产生严重的污染，从而提高生产成本。第二，此类研究有助于阐明植物细胞对抗逆境所采用的信号转导机制。例如，植物中由病原生物侵染所激发的反应是否不同于由机械损伤或由极端温度、高盐、旱涝等逆境所激发的反应呢？第三，对植物 - 病原物相互作用的研究可引导我们发现分属于不同界的生物怎样相互

图 21.1 六倍体小麦（*Triticum aestivum*）的花组织被子囊菌纲真菌禾谷镰刀菌（*Fusarium graminearum*）和该纲的其他一些致病种严重感染。这种病被称为小麦赤霉病、镰刀菌穗枯病或小麦“头疥”，威胁着全球的小麦作物。如果天气以潮湿为主，那么小麦在开花期时麦穗就会被感染，导致花组织在未成熟时变白并衰老（左图）。受感染的麦粒小而皱缩，相较于从健康小穗上收获的饱满麦粒（右上图）呈现一种偏粉的颜色（右下图）。镰刀霉属病原菌可侵染禾谷类，产生的毒枝霉素（mycotoxin）对食用谷物的人和动物都有害。来源：Beacham et al.（2009）.The Biologist 56: 98-105

信息栏 21.1　植物病害造成农业生产灾害

植物病害引发的农业生产灾害在历史上时有发生，有些时候会导致作物大量减产，以至于造成灾难性的社会后果。

其中最恶名昭著的一个例子大概是19世纪40年代的爱尔兰马铃薯饥荒。致病疫霉（*Phytophthora infestans*）导致的马铃薯晚疫病（图A），使爱尔兰在三年内由于饥荒和移民，人口从800万减少到500万。

20世纪50年代，担子菌纲的小麦秆锈病菌（*Puccinia graminis* f.sp. *tritic*，图B）导致北美小麦（*Triticum* spp.）作物产量急剧下降。随后人们培育出了具有抗性的新型小麦株系，使产量下降的问题得以缓解。Ug99是小麦秆锈病菌的一个新型高毒性变种，大多数小麦不具有对它的抗性。这一株系的出现使秆锈病又在非洲出现。非洲地区所有感染了Ug99的小麦都出现减产。这种病菌已经在非洲和中东传播，可能将要传播至印度的班贾布地区。

全球的香蕉（*Musa* spp.）生产都受到香蕉叶斑病的威胁。导致该病害的病原物是一种称为香蕉叶斑病菌（*Mycosphaerella fijiensis*）的真菌。这种疾病导致果实过早成熟，难以运输，产量损失可超过50%。该威胁香蕉产量的因素将持续存在，因为80多年前人们培育出了一种叫作“卡文迪许”的易感病香蕉品种，如今全球都栽培该单一品种的香蕉。除了导致食物短缺，植物病害还具有文化上的影响。19世纪70年代，斯里兰卡的咖啡（*Coffea* spp.）生产由于咖啡锈菌（*Hemileia vastatrix*）而遭受了毁灭性的打击，这使得英国改用茶叶作为含咖啡因饮料的来源。

全球范围内，害虫和病原物每年导致25%～35%的作物减产，相当于价值300亿美元的农业产业损失。收获后的谷类、果实、种子和根上发生的疾病可能导致产品缺陷，严重影响产品市场价值。一些病原物损害收获后的植物组织，在运输和储存过程中造成损失。

A．马铃薯作物中迅速蔓延的马铃薯晚疫病，由一种卵菌病原物——致病疫霉（*Phytophthora infestans*）导致。左图从上到下显示了苏格兰的一片马铃薯田地中马铃薯晚疫病的发展。短短两周内，所有的植株都毁于感染。右上图：马铃薯（*Solanum tuberosum*）叶片上的晚疫病复合病变。当同一叶片上两种交配型A1、A2的卵菌相遇，就能交配并产生孢子。右下图：白色无性孢子囊和孢囊柄从潮湿的叶片下表面向叶片病变处发展的放大图

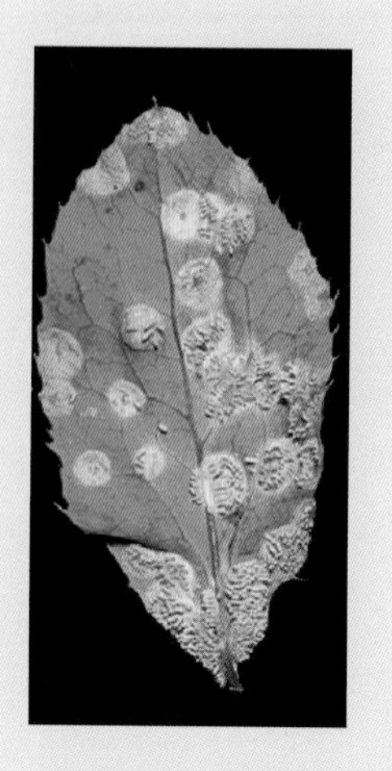

B

B. 担子菌纲的禾柄锈菌（*Puccinia graminis* f.sp. *tritic*）导致小麦秆锈病。左图：被感染的小麦（*Triticum aestivum*）分蘖上，长满锈孢子从植物表面生出的锈子。孢子随后随风或随着麦粒收获（中图）而传播。小麦秆锈病导致的小麦减产通常很严重，可达 50% ～ 70%，单块的田地可能完全被毁。这种真菌还在小麦植株上产生冬孢子（teliospore），经过生长和有性生殖产生次级孢子，称为担孢子（basidiospore）。担孢子侵染另一种宿主，即欧洲小檗（*Berberis vulgaris*）。在欧洲小檗的叶和茎上，这种真菌产生第三种孢子——锈孢子（aeciospore，右图）。这些随风散播的锈孢子可再度侵染小麦。在小麦种植区周边清除欧洲小檗可阻止真菌的有性繁殖阶段，减缓病原物新变种的出现

交流。其交换的是何种信息，又是如何激发适当的反应呢？第四，此类研究可揭示一些生物如何在不损害植物的情况下与之共生，或它们如何与植物建立互利共生关系。第五，宿主 - 寄生物互作或宿主 - 共生体互作为生物演化研究提供了线索。

本章将探讨植物抵御病原微生物和无脊椎害虫侵害的分子机制。本章亦讨论了病原物的演化过程，阐述它们侵入植物组织的策略。

21.1 病原物、害虫与疾病

在农作物驯化前，病原物和害虫就已经与其植物宿主共演化了很长时间。**植物病原物（plant pathogen）**定义为：在植物体内完成一部分或全部生活周期并对植物造成有害影响的生物体。**植物害虫（plant pest）**则指草食性昆虫、线虫、哺乳类或鸟类，它们取食植物组织、果实和种子。

人们对病原物的起源提出了三种假设。第一种是，当植物祖先从海洋登陆时，也随之带来了寄生物。第二种是，原本生活于海洋的物种在登陆后，从自由生活演化为寄生生活。第三种是，新到来的陆生物种和以植物群体为基础形成的固定群落为已有的寄生生物提供了新的生态环境，它们借此改变或扩大宿主范围。这些演化过程发生于数百万年前，使陆生植物及周边生物的密切关系成为连续统一的整体（图 21.2）。

约 10 000 年前，农业出现并改变了被驯化物种（< 30 种）与其害虫和病原物之间的关系。在农作物驯化的过程中，农业生产方式越来越机械化、农业范围越来越广。随着人们和家畜对农产品产量和质量的需求增加，农作物种群的规模越来越大、密度越来越高、遗传背景越来越一致。如今，地球上 10.5% 的面积用于农业生产，其中许多地区种植着数百万基因相同的**单作（monoculture）**作物。单作作物大面积存在，使对它们有侵染性的病原物变种和能取食它们的害虫变种被加速筛选出来。这些变种可能起源自基因突变、遗传重组或**水平基因传递（horizontal gene transfer）**，它们一旦出现，就会在单作作物间迅速传播，使作物大量减产。

21.2 免疫与防御概论

不同界生物间的互作过程可被分为三个阶段，用“双 Z 型”图示意（图 21.3A）。大部分微生物

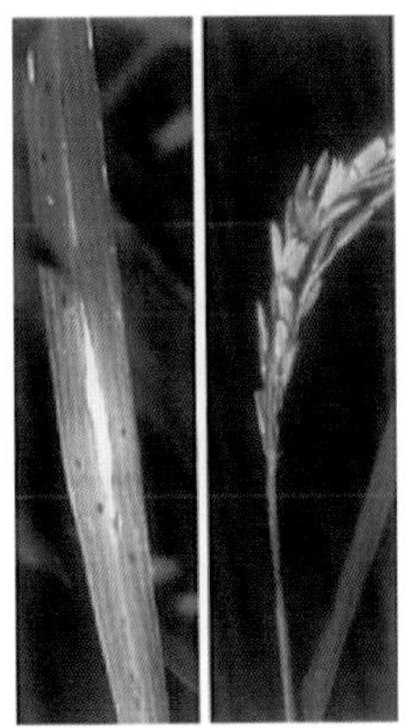

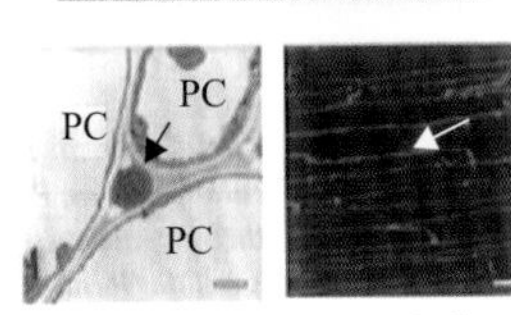

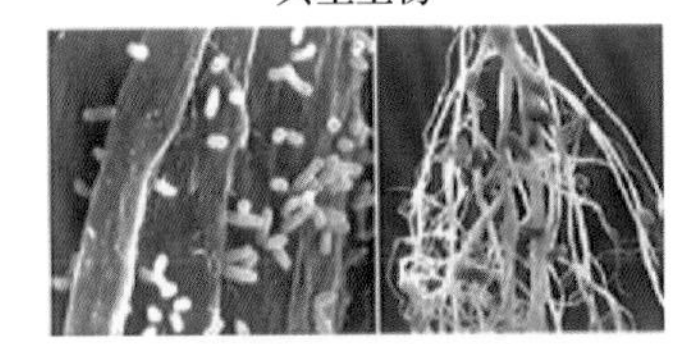

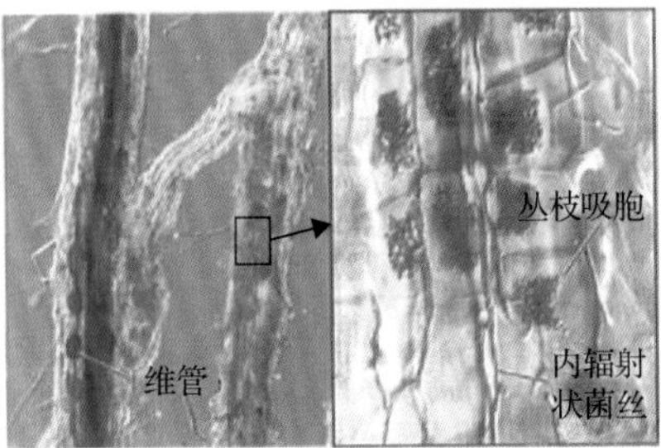

图 21.2 病原物、植物内生菌与共生生物：微生物 - 植物互作的连续统一性。许多微生物物种在演化中具有了侵染植物的能力，由此生长、发育以完成本身的生活周期，但侵染对植物造成的影响多种多样。病原物（左图）通过各种不同方式侵入并定殖于植物细胞，以植物细胞为营养来源，使植物自身的代谢发生不利的改变，造成一系列有害的病症和植物减产。例如，真菌病原物水稻稻瘟病菌（*Magnaporthe oryzae*）引起水稻稻瘟病，给全球水稻生产带来严重威胁。相反，植物内生菌（中图）在植物体内完成其生活史的部分或全部阶段，但并不引发明显的病症。一些植物内生菌可起到保护植物的作用，增强植物应对非生物和生物胁迫的能力，另一些则对植物有害。例如，*Epichloe festucae* 这种植物内生真菌侵染早熟禾亚科的冷季型草，真菌的侵染不会造成植物的疾病症状，但会导致取食草料的畜牧动物和野生动物出现健康问题，这是由于在植物细胞（PC，中央下图箭头所指）间生长的细菌菌丝产生了多种有毒的吲哚 - 二萜类代谢产物。共生生物（右图）与植物形成紧密的关联，并在很大程度上促进植物的生长发育。例如，根瘤菌属的许多细菌都可侵染不同豆科植物的根，形成根瘤为植物固氮。内生菌根（endomycorrhizae）中是一种特化的真菌，可侵入植物根部细胞、形成丛枝吸胞（arbuscule）结构。丛枝吸胞附近的植物细胞和真菌细胞膜含有特殊的转运蛋白介导双方营养物质的交换。糖从植物体转运到真菌体内，作为真菌生长的碳源；矿物质（特别是磷酸盐类）则从真菌转运至植物体。真菌菌丝从其侵染的根延伸至周围的土壤中，远达根毛接触不到的区域。丛枝菌根的结构利于多种植物的生长，特别是乔木类植物，因为可帮助乔木从贫瘠的土壤中获取磷酸盐。来源：Rice blast – APS website - *Magnaporthe oryzae* Epichloe: Takemoto et al.（2006）Plant Cell 18:2807-2821. Rhizobium：Todar's Online textbook of bacteriology, http://textbookofbacteriology.net/Impact_2.htm. Arbuscularmycorrhiza- Prof Martin Parniske

都带有一类特殊的分子，称为病原物相关分子模式（pathogen-associated molecular pattern，PAMP）或微生物相关分子模式（microbe-associated molecular pattern，MAMP）。这些分子常常是微生物细胞壁的组分，可被植物细胞上的**模式识别受体（pattern recognition receptor，PRR）**识别。PRR 识别 P/MAMP 触发分子模式诱发的免疫反应（pattern-triggered immunity，PTI）（图 21.3A，B）。PTI 对潜在致病菌施加选择压，筛选出能合成蛋白质或其他效应因子来干扰或抑制 PTI 的致病菌种（图 21.3B），这称为**效应因子诱发的感病性（effector-triggered susceptibility，ETS）**。PTI 也选择出能导致较弱 PTI 的 P/MAMP。

特化的效应因子帮助病原物定殖到植物体内，同时也对植物群体施加了选择压，筛选出能识别效应因子、触发免疫反应的植物变种。这些植物变种具有**抗性等位基因（*R*，resistance gene）**，能直接或间接地识别效应因子，通过 ***R* 基因介导的防御（*R* gene-mediated defense）**或称**效应因子激活的免疫反应（effector-triggered immunity**，ETI，图 21.3A，B）来重建植物的抗性。ETI 通常比 PTI 更强，乃至引发程序性细胞死亡，这被称为**超敏反应（hypersensitive response，HR）**（图 21.4）。R 蛋白通常是胞内受体，直接或间接地识别胞内的病原物效应因子，也有一些 R 蛋白是细胞膜上的受体，识别胞外的效应因子。

由于历史原因，许多编码效应因子的基因被称为**无毒基因（avirulence gene，Avr）**，因为它们能被同源的抗性基因识别出来。例如，假单胞菌属（*Pseudomonas*）的 AvrPto 效应因子对具有相应 *Pto* 抗性基因的番茄（*Solanum lycopersicum*）品系没有致病力。

成功侵入的病原物可克服 PTI，并具有不被 R 受体识别的效应因子。能带来 P/MAMP 微小改变或效应因子改变的突变，都可能帮助病原物绕开或抑制植物 PTI。成功逃脱识别的病原物施加的选择压，筛选出有抗病能力的新 *R* 基因；反过来，能广谱地识别效应因子的 R 蛋白，再次对病原物进行选择，选出不被新 R 蛋白识别的变种，这些往复的分子互

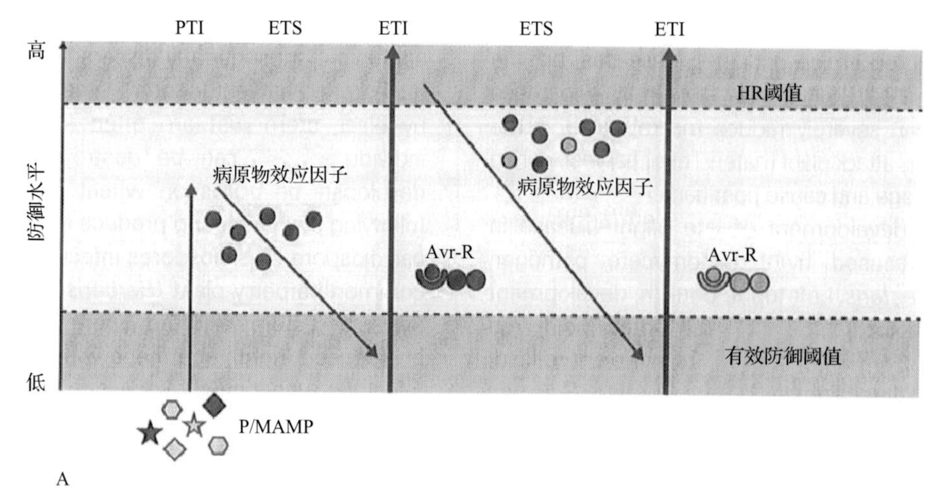

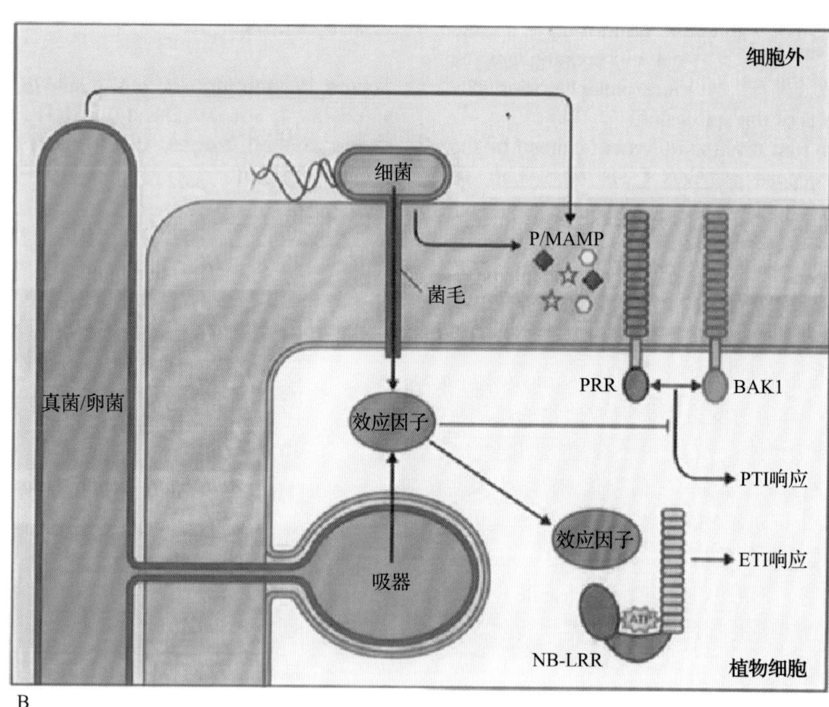

图 21.3 植物免疫的基本原理。A. "双Z型"植物防御反应模型，展示了侵染的各个阶段引发的防御反应强度。P/MAMP，病原物或微生物相关分子模式；PTI，模式诱发的免疫；ETS，效应因子激活的感病性；ETI，效应因子激活的免疫；Avr-R，被识别的效应因子（由无毒 *avr* 编码）和宿主抗性基因（*R* 基因）之间的相互作用；HR，超敏反应。B. 病原物 - 宿主的交流可在许多细胞结构中发生。细菌性植物病原物在植物组织的胞外间隙繁殖，大部分真菌和卵菌病原物也将菌丝伸入这一区域。许多真菌和卵菌还会形成特化的取食结构——吸器，这种结构穿透宿主细胞壁而不穿透宿主细胞膜。另一些真菌将大量菌丝伸入植物细胞中，但也不破坏细胞膜。病原物向胞外间隙释放脂多糖、鞭毛蛋白和壳多糖等病原物 / 微生物相关分子模式（P/MAMP），P/MAMP 可被植物细胞表面的模式识别受体（PRR）识别，激活 P/MAMP 诱发的免疫（PTI）。许多模式识别受体由胞外富亮氨酸重复结构域（LRR 结构域，图中蓝色）和胞内蛋白激酶结构域（图中红色）构成。很多模式识别受体与 BAK1（BRASSINOSTEROID INSENSSITIVE 1-ASSOCIATED KINASE）蛋白互作来起始 PTI 信号通路。细菌病原物通过III型分泌菌毛将效应因子蛋白转运进宿主细胞；真菌和卵菌则通过吸器或其他胞内结构传送效应因子，具体机制尚不清楚。这些胞内效应因子通常可抑制 PTI。然而，许多效应因子被植物胞内 NB-LRR 受体识别，引发效应因子诱发的免疫（ETI）。NB-LRR 蛋白由 C 端的 LRR 结构域（图中浅蓝）、中部结合 ATP 或 ADP 的 NB 结构域（核酸结合结构域，图中橘色月牙）和 N 端的 TIR（Toll, Interleukin-1 receptor, Resistance 蛋白）或 CC（卷曲螺旋）结构域（图中紫色椭圆）组成

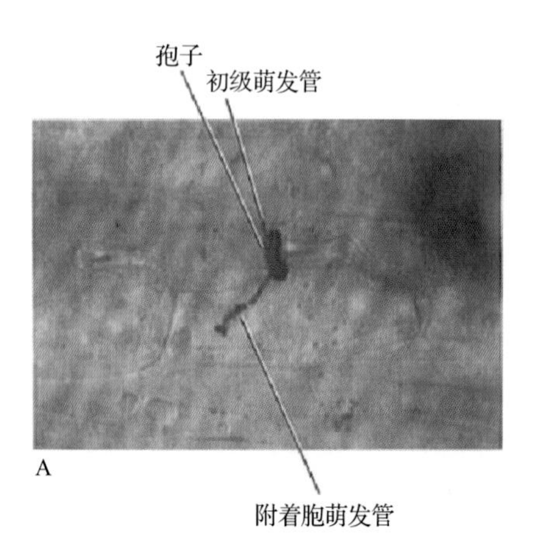

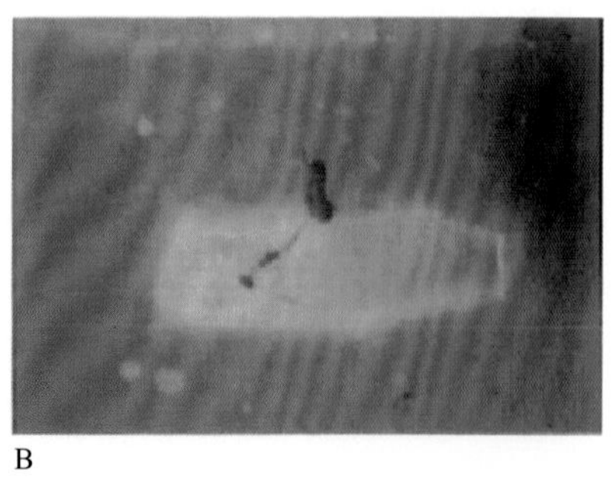

图 21.4 抗性大麦（*Hordeum vulgare*）表皮细胞被大麦白粉病菌（*Blumeria graminis* f. sp. *hordei*）的萌发孢子攻击，产生超敏反应（HR）。A. 相差光学显微镜拍摄的图片，展示了真菌孢子和被染色的胞外初级萌发管，即附着胞萌发管。B. 紫外光（波长 310nm）激发下的同一个表皮细胞，整个细胞发出自发荧光；只有正在发生超敏反应的细胞有自发荧光现象。来源：Gorg et al.（1993）Plant J.3:857-866

作带来了植物和病原物的**共演化**（coevolution）。

即使面对易感病原物，植物也会启动**基础防御**（**basal defense**），尽管基础防御不足以完全阻止病原物入侵。疾病易感性提高的突变体（EDS mutant）的基础防御能力减弱，因而整体上较野生型更易感病。一般认为基础防御源自未完全被病原物效应因子抑制的PTI，也可能包含对效应因子不完全识别引发的弱ETI响应。哺乳动物的先天免疫系统首先依赖于细胞表面的TOLL受体介导的PTI，也可以由Nod-like受体（Nod-like receptor, NLR）激活，NLR与植物细胞内的R蛋白类似。哺乳动物还具有适应性免疫系统，包含多元化抗体和抗体分泌细胞的循环系统。植物则缺乏适应性免疫和可移动的细胞，完全依赖细胞自主的**先天免疫**（**innate immunity**）。尽管如此，仍仅有很少一部分病原物感染能引发植物病害。病原物的低致病率可能归因于：

- 被攻击的植物不支持潜在病原物生存需求，因此不能成为宿主；
- 植物原本就具有屏障结构或含有有毒物质，只容许特定病原物种的侵染。这类固有的防御对抗病性很重要；
- 植物识别出病原物并启动防御机制，将侵染限制于局部；
- 侵染尚未进行到可免受外界逆境影响的阶段时，病原物由于环境条件的改变而死去。

前三种互作被认为是基因**不相容**（**incompatible**）的，但只有第三种完全依赖于防御反应的激活来阻止病原物侵染。

诱发的防御反应可以是快速的（如产生各种活性氧），也有迟缓的（如抗微生物化合物的累积）。一片叶中防御的激活，可通过系统信号分子在植物体内的移动，触发末端叶片的防御反应。植物防御系统必须能够分清有害的植物病原物和有益生物，后者如根瘤菌（对豆科植物）或真菌菌根物种（对大多数维管植物）。

21.3 植物病原物和害虫如何导致病害

成功的病原物必须进入植物体内、长出足够长的结构以获取养分、抑制植物防御反应、自我繁殖以完成生活史。上述每一阶段都面对各种问题，需要不同的应对方法。

病原物已演化出多样且特异的侵染植物的方式（图21.5）。某些种类的病原物利用机械压力或酶解作用直接穿透植物表层，另外一些病原物从天然的孔隙进入（如气孔或皮孔），有些则只侵入已受损伤的组织。病原物一旦进入植物，将采用以下三种主要方式之一来攻击宿主（表21.1）：**死体营养**（**necrotrophy**），在感染前先杀死植物细胞；**活体营养**（**biotrophy**），植物细胞在感染期间保持存活；以及**半活体营养**（**hemibiotrophy**），病原物最初让细胞存活，但在感染晚期杀死被感染细胞。

病原物感染、定殖并繁殖的过程称为**病程**（**pathogenesis**）；能使植物发病的病原物小种定义为有**毒性的**（**virulent**）。有些活体营养的病原物只能与活着的植物宿主共生，称为专性活体营养病原物（obligate biotrophs，图21.6）。

21.3.1 毒性病原物具有独特的提高生存机会的策略

某些植物病原物可广泛地传播，得益于以下几个主要的因素：

- 病程允许病原物在植物的主要生长季节高效地繁殖（往往可以循环几代）；
- 高效的传播机制，如通过风、水流（溅落的雨点），或媒介生物（如昆虫）的携带；
- 在植物生长季节末期采用不同的繁殖方式（通常为有性繁殖），形成一种不同的结构（如孢子或繁殖体），以获得长期存活的能力（有时长达30年）；
- 产生遗传多样性的能力很强。许多病原物，在旺盛繁殖时期是单倍体，使适应性突变能立即在种群中被选择出来。随后通过有性繁殖产生全新的重组基因型库，新的流行病就可由此产生；
- 作物的单一种植加上有高度适应性的病原物基因型。

21.3.2 卵菌和真菌类植物病原物具有多样的致病策略

卵菌（oomycetes）是类似真菌的生物体，属于

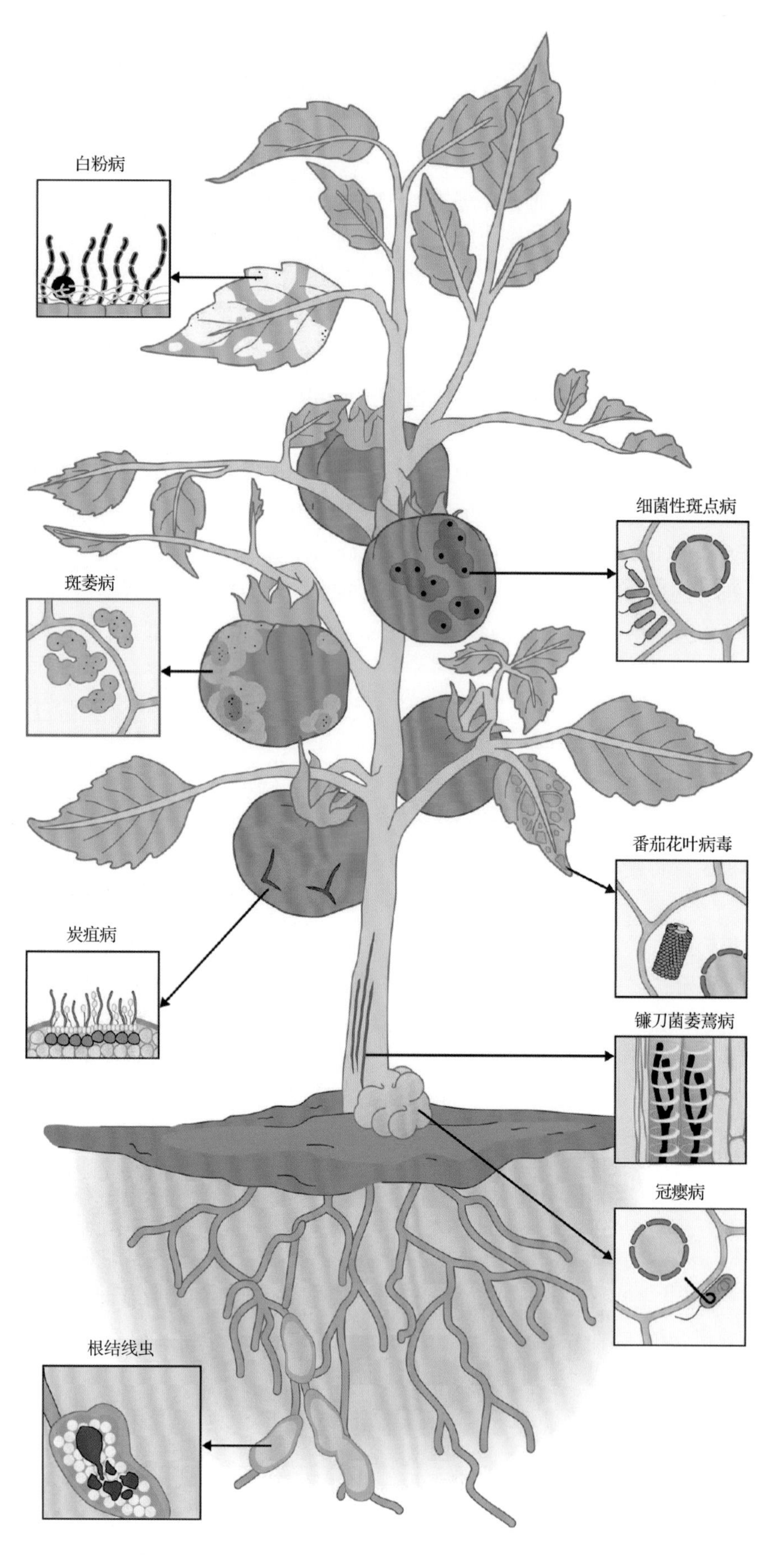

图 21.5　大部分微生物只进攻植物某个特定的部分，并导致特定的病症，如花斑、坏死、点斑、枯萎或根膨大。番茄（*Solanum lycopersicum*）可被超过 100 种病原物微生物攻击。图示表明了细菌（细菌性斑点病、斑萎病、冠瘿病）、真菌（镰刀菌萎蔫病、白粉病、炭疽病）、病毒（番茄花叶病毒）和线虫（根结线虫）导致的症状

囊泡藻（*Chromalveolates*）类。褐藻与一些哺乳类寄生虫（如恶性疟原虫 *Plasmodium falciparum*）也属于这个类群。卵菌和真菌都可能是死体营养、活体营养或半活体营养的植物病原物。然而，在已知的大约 100 000 种真菌中，只有不到 2% 可在植物中定殖并致病。

死体营养型能分泌酶来降解植物细胞壁。死体营养型卵菌 / 真菌常可攻击多种植物。例如，腐霉属（*Pythium*）卵菌和灰霉病菌属（*Botrytis*）真菌已知均可攻击 1000 种以上的植物。某些死体营养型的病原物可产生宿主特异性的毒素，这些毒素只在少数几种植物中有活性。每种毒素都有高度专一的作用方式，特异地使植物中的某一种酶失活。例如，玉米病原真菌碳旋孢腔菌（*Cochliobolus carbonum*）产生的 **HC 毒素（HC-toxin）**，抑制组蛋白脱酰酶的活性（图 21.7），而这种酶参与基因调控（参见 21.3.7 节和第 9 章）。链格孢菌番茄致病变种（*Alternaria alternata* f. sp *lycopersici*）产生的 AAL 毒素，可能在番茄中启动细胞死亡程序。小麦叶斑病真菌（*Stagonospora nodorum*）和小麦黄斑病真菌（*Pyrenophora tritici- repentis*）是两种感染小麦（*Triticum* spp.）的真菌，它们都可产生光敏毒素蛋白 ToxA，前者导致小麦稃枯病而后者导致小麦褐斑病。另外一些真菌产生非宿主特异性的毒素。例如，扁桃壳梭孢（*Fusicoccum amygdali*）产生的壳梭孢菌素（fusicoccin），可作用于许多植物的细胞膜 H^+-ATP 酶（参见第

表 21.1 植物病原物的策略

	死体营养	活体营养	半活体营养
进攻策略	分泌消化细胞壁的酶和（或）针对宿主的毒素	与植物细胞进行紧密的胞内接触	初期与活体营养类似
植物-病原物互作的特征	植物组织被杀死，病原物定殖；大量组织浸润降解	在整个侵染过程中，植物细胞保持存活；植物细胞损伤小	植物细胞在感染初期保持存活；在感染后期有大量植物组织损伤
宿主范围	广泛	范围小，通常只有单一的植物被攻击	中等
举例	腐烂细菌（如欧文氏菌属的一些细菌）、腐烂真菌（灰霉菌）	真菌类的霉菌和锈菌；病毒和内寄生线虫；假单胞菌属的一些细菌	致病疫霉（引起马铃薯晚疫病）

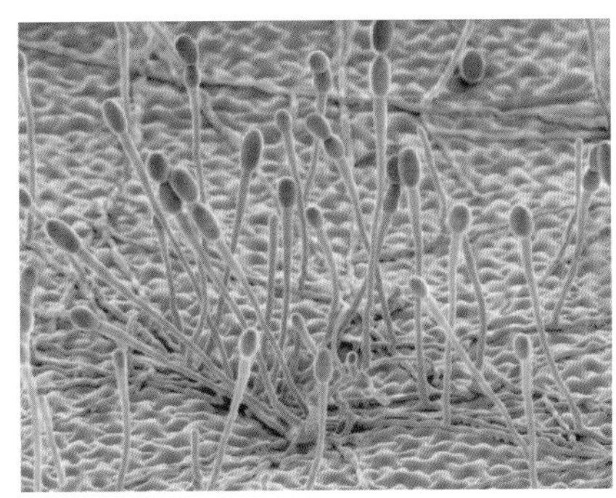

图 21.6 大麦和葡萄叶上白粉病胀包的扫描电镜显微照片。病原真菌分别是侵染大麦（*Hordeum vulgare*，左图）的大麦白粉病菌（*Blumeria graminis* f. sp. *hordei*）和侵染葡萄藤（葡萄属植物，右图）的葡萄白粉病菌。叶片表面集中了大量无性繁殖孢子，在干燥环境下可借助风力传播。来源：J. Foundling, Syngenta Jealott's Hill, 未发表

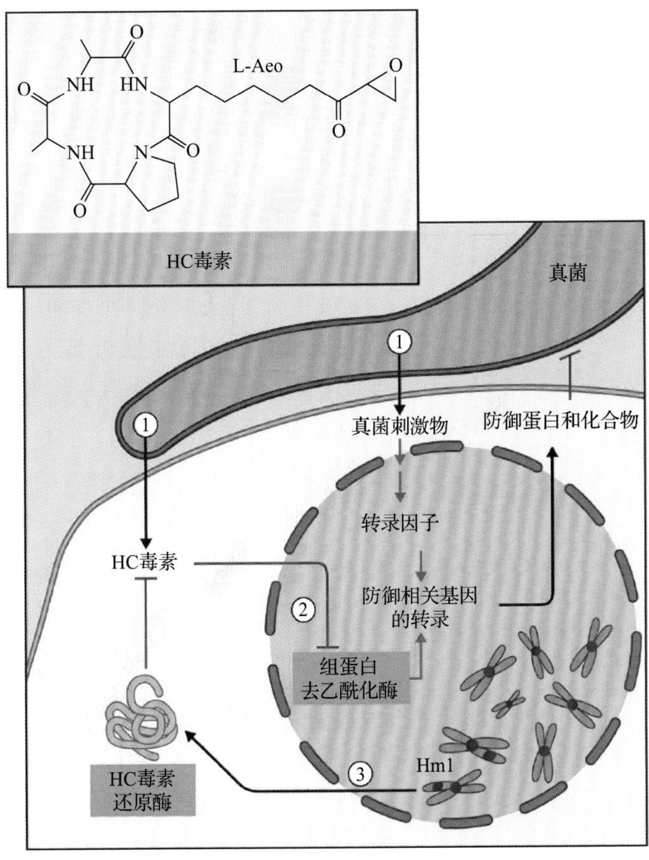

图 21.7 一些死体营养型真菌产生有宿主选择性的毒素。玉米圆斑病菌（*Cochliobolus carbonum*）是一种玉米病原物。①它分泌 HC 毒素和许多非专一的真菌刺激物，引发植物防御反应。②推测 HC 毒素会进入响应的植物细胞，在细胞内抑制组氨酸去乙酰化酶的活性。组氨酸去乙酰化酶参与核心组蛋白 H3 和 H4 组装为核小体过程中的可逆乙酰化，当它的活性被抑制时，玉米防御基因的转录可能会受到干扰，从而使胞内条件利于真菌生长和疾病发展。③ Hm1- 抗性玉米植株产生 HC 毒素还原酶（HCTR），可通过还原 L-Aeo（2-氨基 -9,10- 环氧 -8- 氧癸酸）的侧链羧基使 HC 毒素失去活性。L-Aeo 是一种不常见的环氧脂肪酸

3 章）。这种毒素可使气孔不可逆开放，植物枯萎、死亡，然后病原真菌定殖到植物体内进行死体营养。

核盘菌（*Sclerotinia sclerotiorum*）是死体营养型真菌，可感染 400 多种植物。它分泌草酸（一种植物毒素）来辅助早期侵染。草酸改变了植物组织的氧化还原态，由此抑制了几种植物早期防御，如氧化爆发（见 21.5.3 节）和胼胝质沉积。一旦侵染过程完成，核盘菌死体营养型就会诱导植物细胞产生活性氧（ROS）。接下来宿主组织被杀死，病原物得以繁殖。

活体营养型的真菌让宿主细胞保持存活，通常表现出宿主选择的特异性。例如，专性活体营养型的布氏白粉菌（*Blumeria graminis*）具有针对物种的专化型（*formae specialis*，即 forms of a species, f.sp.），特异侵染大麦（*Hordeum vulgare*）或小麦（*Triticum* spp.），但一种专化型不能同时侵染两种植物。活体营养型病原物定殖期间，宿主的代谢和发育往往出现巨大改变。营养从宿主转移到病原物，植物体内激素（phytohormones）水平也发生改变，结果是被侵染组织可能出现衰老（senescence）延迟

（图 21.8）、生长受抑制，或出现其他异常的生长模式，导致减产。

活体营养型真菌发生三步发育变化来有效地以活植物细胞为营养来源（图 21.9）。首先，它们通常形成特化的侵染结构**附着胞**（**appressorium**）来穿透植物细胞壁。接下来，它们形成穿透栓来破坏坚硬的植物细胞壁、打开进入植物细胞的通道。最后，真菌在进入细胞后形成**吸器**（**haustorium**，图 21.9B）。吸器生长在植物细胞质膜内陷处的后面，每个吸器被宿主的**囊状鞘**（**extrahaustorial membrane，EHM**）所包围。这种特殊的取食结构增加了两种生物表面的接触面积，使水和营养物质的运输量最大化，有利于病原物增殖。EHM 的起源和构造尚不清楚。通过对拟南芥和白粉菌的研究，人们发现 EHM 缺乏大多数的细胞膜蛋白。这暗示 EHM 可能起源于其他膜结构（如液泡膜）的从头组装，或来源于因某种机制丧失了膜蛋白的细胞膜。锈菌、白粉菌、卵白锈菌和霜霉菌都可形成与其宿主相连的吸器结构。

并非所有物种都需要形成附着胞才能侵入宿主。有些活体营养型的真菌，如番茄叶霉病病原物黄枝孢（*Cladosporium fulvum*），它并不形成吸器，而是只在植物胞外空间（**质外体**）中生长，靠细胞渗漏的养料生活（图 21.10）。

半活体营养型的真菌先采用活体营养方式，再采用死体营养方式。真菌生物量的增加使营养需求增加，继而触发了这种由活体营养方式到死体营养方式的转换。有些世界上最具破坏力的植物病原物就属于这一类。例如，致病疫霉（*Phytophthora infestans*）可使马铃薯（*Solanum tuberosum*）得马铃薯晚疫病（见信息栏 21.1）。在这二者的互作过程中，病原物从活体营养方式转变为死体营养方式仅需数天。相反，其他非活体营养型病原物侵入植物后的无症状

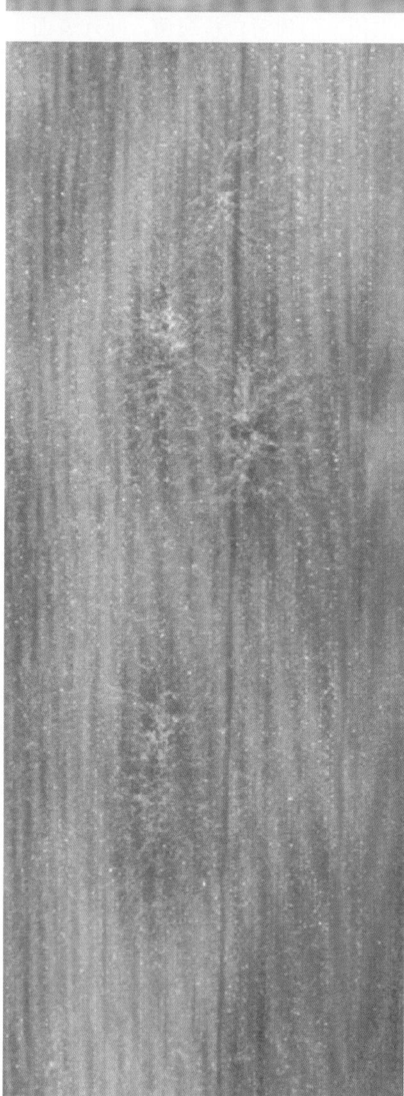

图 21.8 活体营养型病原物侵染植物后植物依然存活。活体营养型生物侵染植物后会改变植物激素水平，延缓被侵染组织的衰老并促进其吸收营养。在大麦白粉病真菌（*Blumeria graminis* f. sp. *hordei*）形成的脓包内和脓包附近（上图），由于衰老延迟形成了“绿岛”（左下图），在叶片衰老而失去叶绿体时这一现象格外明显，受侵染区域衰老速度和叶绿体减少的速度都慢于周围区域（右下图）。来源：P.Spanu, Imperial College, 未发表

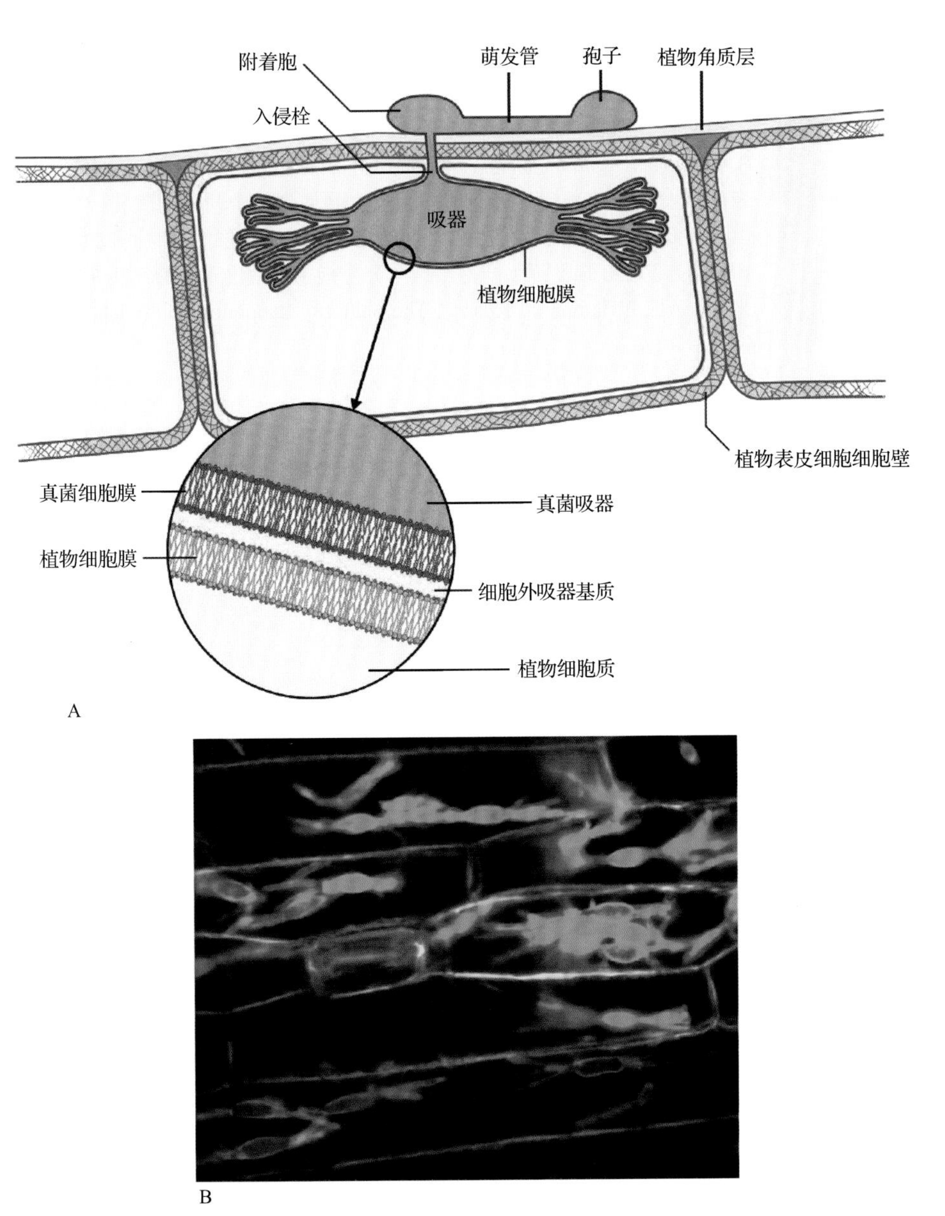

图 21.9 一些活体营养型真菌侵入宿主细胞以吸取营养。A. 真菌吸器有助于病原物从活体植物细胞汲取营养。胞外的吸器基质中既含来自真菌的物质，也含来自宿主细胞的物质。B. 进入大麦（*Hordeum vulgare*）表皮细胞的活体营养型大麦白粉病菌（*Blumeria graminis* f. sp. *hordei*），用植物凝集素（麦胚素）结合 Alexa-288 染色。每一个多分枝的结构都被来源于宿主细胞的吸器缘膜包围。像其他的白粉菌一样，这个特化的膜结构与宿主细胞膜结构相连，但却具有不同的生化特性。人们认为在白粉菌中，真菌通过吸器缘膜从宿主细胞汲取养分，并传输效应因子。来源：B.P.Spanu, Imperial College, 未发表

期要长很多。例如，侵染小麦的真菌禾生球腔菌（*Mycosphaerella graminicola*）（*Zymoseptoria tritici*）通过开放的气孔侵入叶片，但要经历一个很长的细胞间增殖阶段后才会杀死植物，真菌的生物量随后增加并产生孢子（图 21.11）。同属的香蕉黑条叶斑病菌（*Mycosphaerella fijiensis*）侵染香蕉后无症状的阶段通常会持续 50 天，此后才出现黑色叶斑的病症（见信息栏 21.1）。

21.3.3 植物和动物的细菌类病原物具有相似的致病机制

植物致病菌擅长在质外体中定殖，造成腐烂、斑点、维管萎缩、溃败和枯萎。它们大多数是呈革兰氏阴性的杆状菌，分属假单胞菌属（*Pseudomonas*）、农杆菌属（*Agrobacterium*）、黄单胞菌属（*Xanthomonas*）、软腐病菌属（*Dickeya*）或欧文氏菌属（*Erwinia/Pectobacterium*）。农杆菌介导的植物转化在信息栏 21.2 中有介绍。

细菌和植物之间的关系有三个特征。第一，植物致病的细菌很少直接穿过细胞壁侵入植物，多数生活在各种植物器官的胞间间隙或木质部中（图 21.12），许多细菌通过分泌毒素、胞外多糖（EPS）或降解细胞壁的酶来破坏植物组织。第二，细菌毒素可令某些植物产生病症，但定点突变结果表明细菌毒素并非致病过程所必需。第三，细菌分泌的 EPS 包围整个生长着的菌落，可能会增加细菌的毒性，例如，使胞间间隙的水分达到饱和，或填充木质部造成萎缩，但它们也不是致病过程所必需的。

细菌分泌的毒素因子可能有其他与致病相关的潜在作用，这方面重新受到了人们的关注。冠菌素（coronatine）是一种丁香假单胞菌（*Pseudomonas syringae*）分泌的毒素效应因子，它可模拟植物激素茉莉酸 - 异亮氨酸作用（见 21.8.5 节），利于细菌侵染。气孔响应 PAMP 后关闭，冠菌素则促进气孔开放，且能干扰水杨酸（SA）介导的防御反应。有些死体营养型细菌会在侵染早期分泌果胶酶，死体营养型

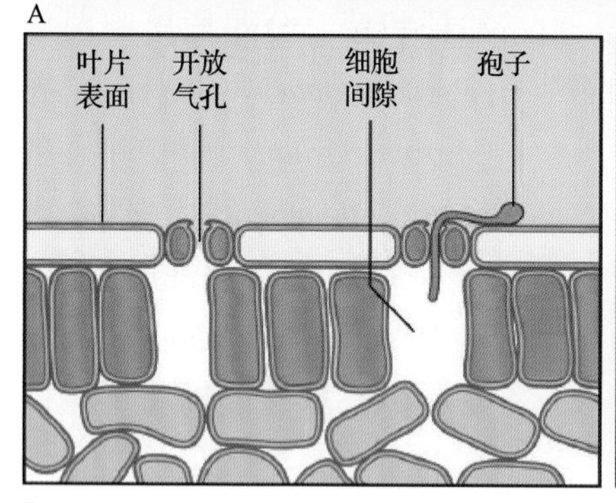

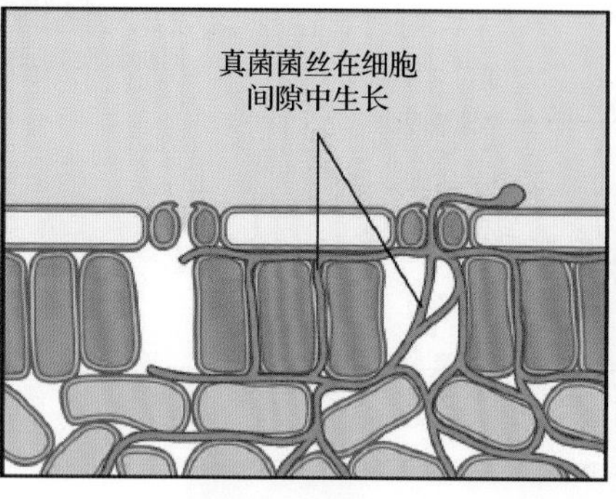

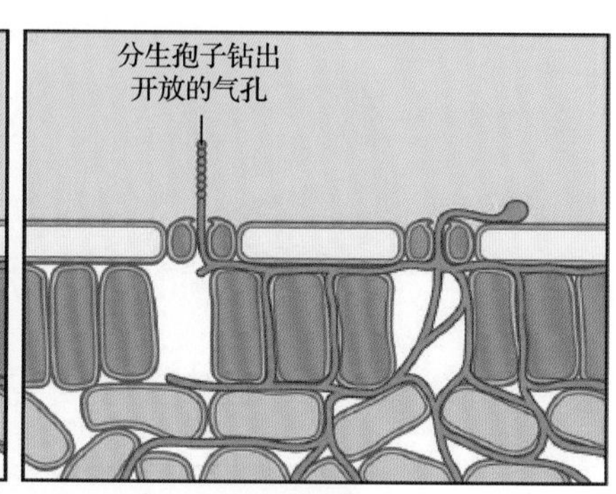

图 21.10 一些活体营养型病原物通过气孔侵入植物叶片。A．叶霉真菌黄枝孢霉（*Cladosporium fulvum*）经番茄（*Solanum lycopersicum*）叶片下表面侵入植株，图示为侵染后 14 天。该病菌仅侵染茄属的几种植物。B. 黄枝孢霉（*Cladosporium fulvum*）在番茄中的生活周期。孢子在叶片表面萌发，菌丝沿叶片表面横向生长直到遇到一个开放的气孔，然后菌丝进入叶片的细胞间隙（左图）。菌丝沿着叶肉细胞层的细胞间隙生长（中图）。侵染大约 14 天后，产孢结构（分生孢子）钻出开放的气孔（右图）。来源：A.K.E.Hammond-Kosack, The Sainbury Laboratory, Norwich, UK, 未发表

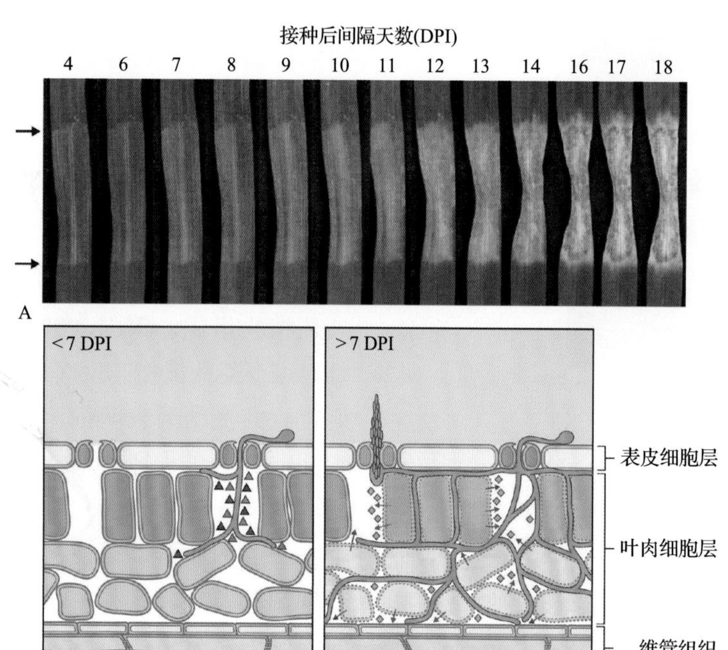

图 21.11 半活体营养型真菌 *Mycosphaerella graminicola*（*Zymoseptoria tritici*）导致的小麦（*Triticum* sp.）叶片感染。这种叶斑病在持续的凉爽潮湿天气下格外严重，可致小麦减产 30%。A. 症状发展的时间过程。一个代表性叶片在箭头所限区域内被注射了真菌孢子，然后每隔 24h 拍照。在最初的 8 ～ 9 天中，没有什么病原物侵染的症状出现。到第 14 天，快速出现了可见的棕色损伤，这一区域中存在分生孢子器，产孢结构就存在于分生孢子器中。B. 侵染过程。（左图）早期无症状定殖（叶片注射后 7 天内）（days post leaf inoculation，DPI）过程中，缓慢生长的胞间菌丝（橙色）释放了抑制植物非原生质体防御反应的效应因子（红色和蓝色三角）。（右图）7 天后，叶肉细胞死亡和细胞膜选择透过性丧失导致营养成分被释放出原生质体。病原菌停止释放抑制防御的效应因子，转为分泌另一些可能有毒性的效应因子（蓝色四方形）。在叶片损伤区，菌丝广泛生长，无性孢子形成（分生孢子器和器孢子生成）。在湿度高的条件下，成熟的器孢子通过开放的气孔喷出到叶片表面。来源：Keon et al.（2007）MPMI 20:178-193

如欧文氏菌属，它们有着更为广泛的宿主，会造成大面积的细胞死亡和组织软化。这些果胶酶经水解反应（如多聚半乳糖醛酸酶）或 β 消除反应（如果胶酸盐或果胶裂解酶）降解细胞壁的多聚物组分（见第 2 章）。

细菌常通过“群体效应”（quorum-sensing）机制来成功侵入植物组织（图 21.13）。在细菌群体密度达到足以马上使植物细胞遭到破坏的程度后，致病因子才会开始表达。软腐病的病原物胡萝卜软腐欧文氏菌（*Erwinia carotovora*）只有在细菌密度在植物胞间区域达到一定密度时才会分泌降解细胞壁的酶。这类酶如果在细菌处于低密度时产生，它们就可能引发植物的防御反应（见 21.8.2 节），而此时细菌密度还不足以抑制植物的防御反应。胡萝卜软腐欧文氏菌的群体效应由 *N*- 酰基同型丝氨酸内酯介导，这种小分子由细菌释放到外周环境中。水

稻（*Oryza sativa*）的白叶枯病病原物水稻黄单胞杆菌（*Xanthomonas oryzae* pv. *oryzae*）分泌一种高度保守的硫酸化的肽 Ax21。Ax21 通过控制细菌的移动性、生物膜形成和毒性来介导水稻黄单胞杆菌的群体效应。

有些植物致病菌通过昆虫进入植物体内。这主要包括侵染韧皮部、木质部和相关维管组织的细菌。通过草食性昆虫的侵入和取食，昆虫口器沾染了组织中已有的细菌。当昆虫再取食其余的维管组织时，细菌也就随之转移到了新的区域。例如，植原体（phytoplasma）是一种特化的细菌，它专一寄生韧皮部。它们主要由叶蝉科（Cicadellidae）、蜡蝉科（Fulgoroidae）和木虱科（Psyllidae）的昆虫传播。苛养木杆菌（*Xylella fastidiosa*）是一种寄生在木质部的细菌，由多种叶蝉科翅叶属的昆虫传播。

在侵染过程中，大多数细菌都停留在细胞间区域，它们用一种叫作Ⅲ型分泌系统（T3SS）的特殊机制将细菌效应因子传入植物细胞。这一机制也适用于一些侵染动物的病原物。T3SS 包括一个跨越细菌内膜和外膜的蛋白复合体和穿过植物细胞壁

信息栏 21.2　农杆菌侵染的 T-DNA 转移机制被用于植物转化

根癌农杆菌（*Agrobacterium tumefaciens*）是一种与根瘤菌亲缘关系相近的土壤细菌，它在许多双子叶植物中导致冠瘿病（图 A）。农杆菌将自身称为 T-DNA（transferred DNA）的 DNA 片段转移入植物细胞核，进而整合进植物基因组（图 B）。

野生型 T-DNA 表达的基因可导致植物细胞代谢发生显著的变化，刺激植物生长激素（生长素和细胞分裂素）的合成，导致瘿瘤的生长。同时，瘿组织中合成多种**冠瘿碱（opines）**，农杆菌可利用冠瘿碱作为主要的碳源和氮源。可根据合成的冠瘿碱类别，如章鱼碱（octopine）和胭脂碱（nopaline）对农杆菌进行分类。细菌中冠瘿碱的代谢需要一些特定的酶参与，这些酶由农杆菌**成瘤质粒（tumor-inducing plasmid, Ti plasmid）**编码。植物和其他土壤微生物都不能利用冠瘿碱，这使得农杆菌在瘿组织中占据生长优势。

分子遗传学研究是阐明农杆菌 - 植物互作机制的关键。受损伤的植物细胞合成和分泌一系列特异的酚类化合物，包括**乙酰丁香酮（acetosyringone）**。细菌主要通过植物损伤处侵染植物。农杆菌染色体上的一系列毒性基因（*chv*）参与调控了农杆菌向受损植物细胞移动的趋化性和附着到植物细胞上的过程。有时开放的气孔提供了植物角质层屏障的薄弱点，利于细菌侵染。

农杆菌随后结合到植物细胞壁的特定组分上，启动 7 步侵染过程，包括农杆菌 T-DNA 的合成、转移、定位、插入植物基因组等，直至瘿的形成（图 B）。这一过程受农杆菌 200kb 的 Ti 质粒上基因的调控，这些基因或定位在 T-DNA 区域，或定位在一个 35kb 的毒性（*Vir*）区域内。*Vir* 区域主要包含编号 *VirA* ～ *VirG* 的 7 个基因位点。在第 2 步中，转录调控因子 VirA/VirG 构成两组分感应 / 传导系统，激活其余全部 *Vir* 基因的表达（见第 18 章）。在细菌中该系统被广泛用于调控环境和发育介导的响应。在第 5 步中，将农杆菌 T-DNA 复合体转移入植物细胞质的蛋白质与参与细菌质粒接合的蛋白质在功能上类似。T-DNA 复合体的目的地是植物细胞核，该靶向过程由胞内大分子转移和靶向途径介导，与某些植物 DNA 病毒所采取的途径相似。

A

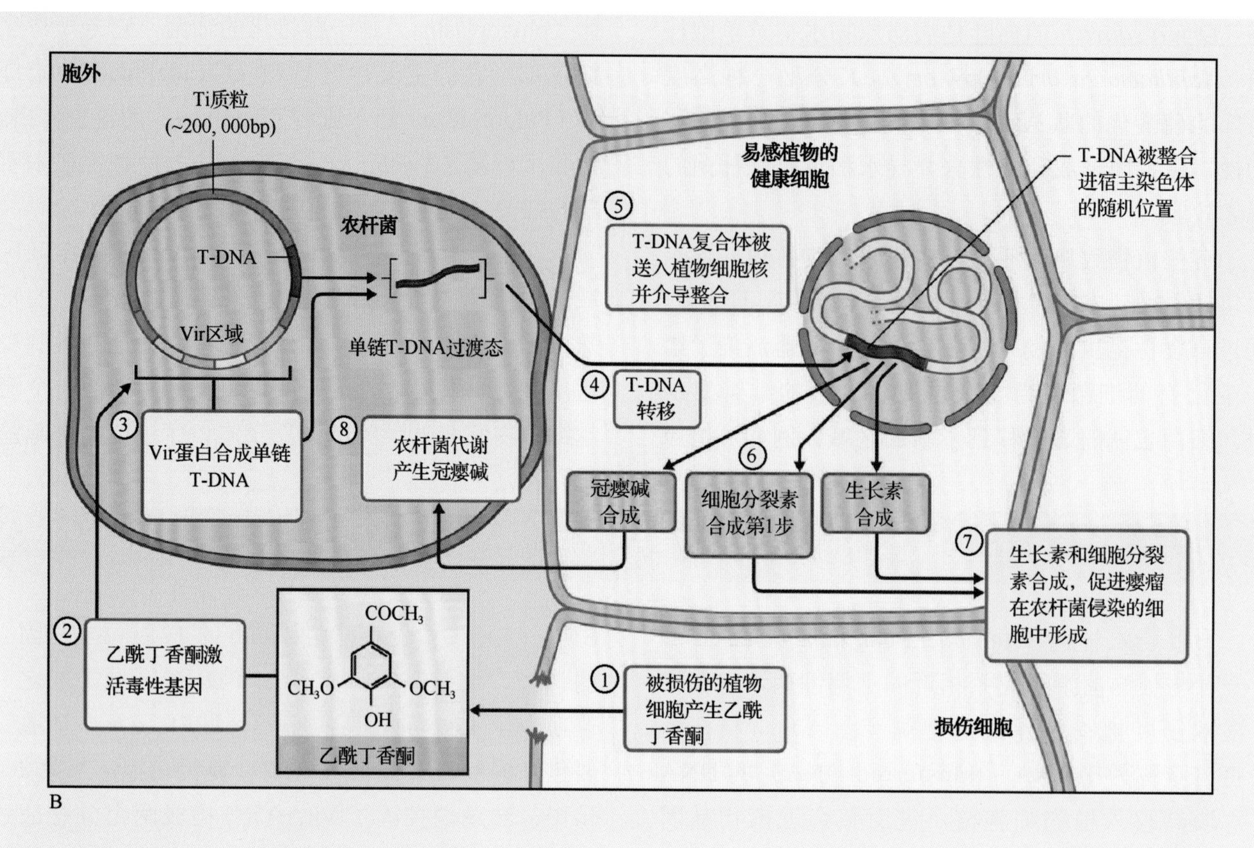

来源：A.M. Hammond-Kosack，未发表

农杆菌 T-DNA 可转移进植物细胞并稳定存在，这一性质使得其成为被广泛使用的载体，用于向高等植物基因组中转入**重组 DNA（recombinant DNA）**分子。当然，需要去除农杆菌中导致瘿瘤形成的基因以获得外观正常的新植物。此外，在几个物种中，农杆菌渗入法（agroinfiltration）已成为了一项常用技术，该技术通过向植物叶片中渗入大量含有重组 DNA 的农杆菌来瞬时表达基因。

进入宿主细胞的菌毛（图 21.14）。T3SS 的蛋白组分由**超敏反应致病簇（hypersensitive response and pathogenicity cluster，*hrp*）**基因编码。许多通过 T3SS 分泌的细菌 Avr 效应因子属于磷酸酶、蛋白酶、磷酸丝氨酸裂解酶和 E3 泛素连接酶类，它们可削弱宿主防御信号响应。

21.3.4 植物致病病毒通过胞间连丝和韧皮部移动

自然界有超过 40 科的 DNA 和 RNA 植物病毒，其中绝大多数是单链（ss）正义 RNA 病毒（图 21.15A）。病毒感染的症状包括组织黄化（萎黄）、褐化（枯死）、花斑和发育迟缓。植物病毒都是活体营养型，都面对同样的三大根本挑战：如何在最初侵入的细胞中复制、如何移动到相邻的细胞和维管系统，以及如何抑制宿主的防御作用从而占领整个植株。

植物病毒基因组很小，大多数仅编码 3 ～ 10 种蛋白质。通过对烟草花叶病毒（TMV，图 21.15B）的研究，人们发现病毒的每个基因都有一种或多种特化的功能，如复制、细胞间运动、病征发展和外壳包装。最初的主要挑战是鉴定病毒复制和转移所需的宿主基因。

当病毒通过机械损伤或载体转移进入植物细胞后，通过翻译或转录后翻译生产病毒复制所需的蛋白质。单链正义 RNA 病毒、单链反义 RNA 病毒、双链 RNA 病毒和拟逆转录病毒（如包括部分双链 DNA 基因组的花椰菜花叶病毒 CaMV）的基因组复制都在细胞质中进行，利用病毒 DNA 编码的 RNA 依赖的 RNA 聚合酶（RdRp）进行复制。与之不同的是，单链 DNA 病毒的基因组复制发生在细胞核中，并且利用了宿主 DNA 复制的组分，如双生病毒（geminivirus）。

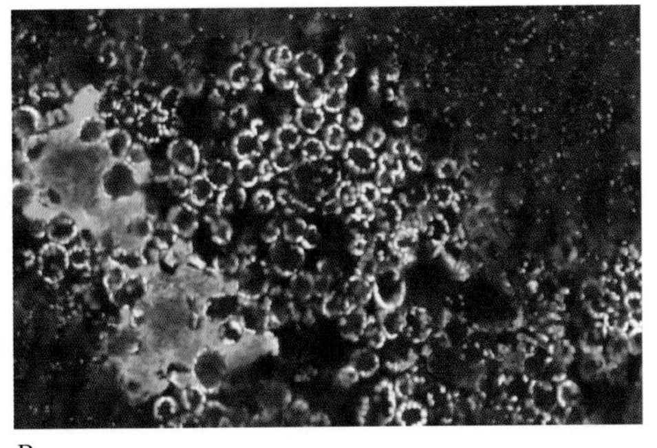

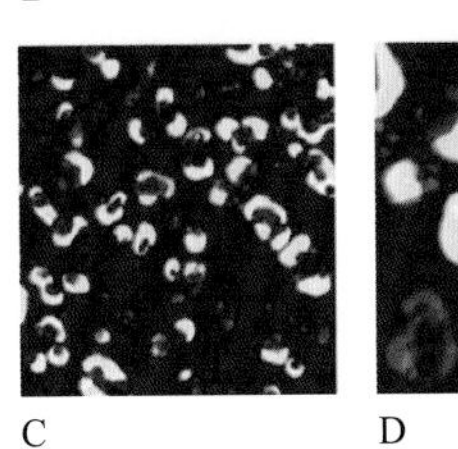

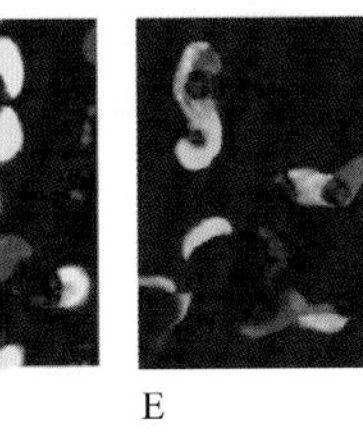

图 21.12 细菌性病原物丁香假单胞菌（*Pseudomonas syringae*）的不同致病变种可侵染许多作物并在细胞间隙中定殖，包括番茄（*Solanum lycoper-sicum*）、大豆（*Glycine max*）、烟草（*Nicotiana tabacum*）和四季豆（*Phaseolus vulgaris*）。A. 用表达绿色荧光蛋白（GFP）的丁香假单胞菌株系（*P. syringae* pv. *tomato*）侵染烟草，通过紫外线照射烟草叶片来观察一个细菌居群的定点增殖。B. 叶肉细胞中生长的两个丁香假单胞菌菌落，分别表达绿色荧光蛋白（GFP，左）和红色荧光蛋白（RFP，右）。C ～ E. 激光共聚焦显微镜图像，显示带有不同荧光标记的丁香假单胞菌 *Pseudomonas syringae* pv. *phaseolicola*（Psp）株系在菜豆（*Phaseolus vulgaris*）叶片组织的质外体中形成菌落。C. 表达黄色荧光蛋白（YFP）的 Psp 形成一系列独立菌落，与叶肉细胞紧密联系。D、E. 混合注射表达红色荧光蛋白（RFP）和黄色荧光蛋白（YFP）或绿色荧光蛋白（GFP）的 Psp 株系。尽管两种菌可形成独立的菌落（D），也发现了两种荧光混合的菌落（E）。来源：图 A 来源于 Collmer（2012）.Trends Microbiol；图 B 来源于 Collmer & Worley, 未发表；图 C ～ E 来源于 Godfrey et al.（2010）. MPMI 23（10）, 1294-1302

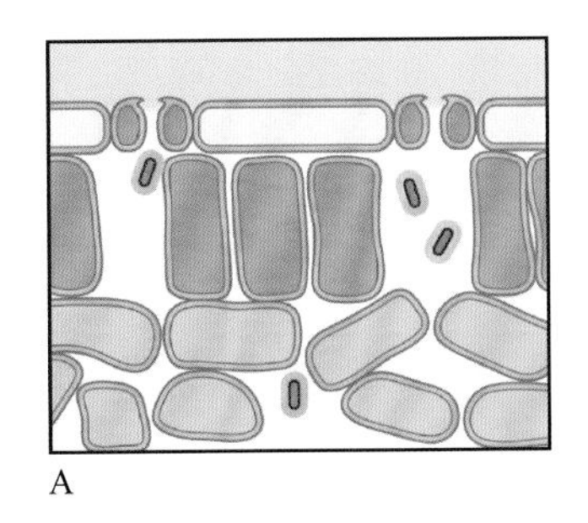

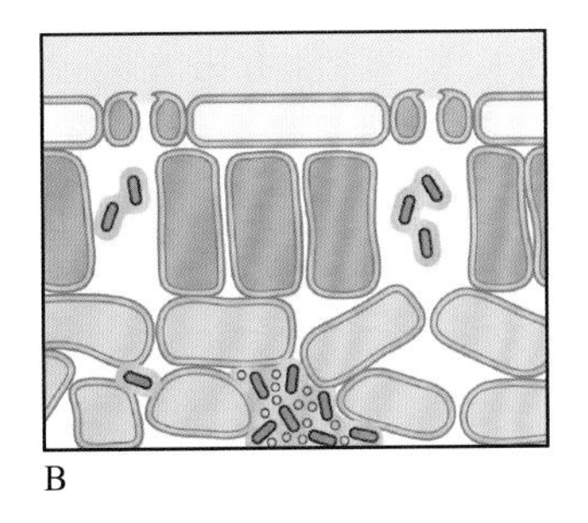

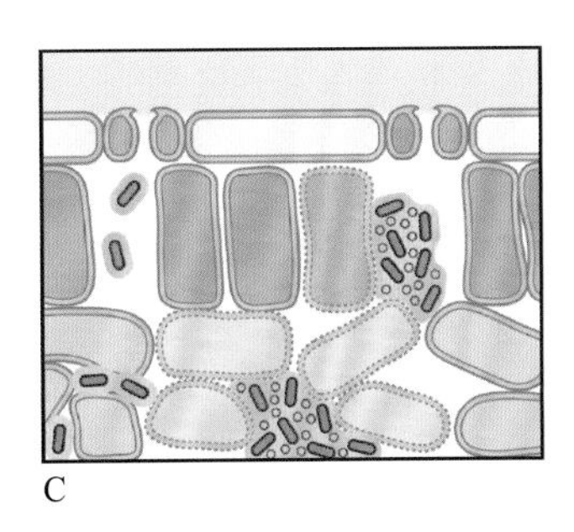

图 21.13 病原性细菌在植物叶片胞间间隙生长时的群体感应。细菌通过开放气孔进入植物叶片。A. 在早期叶片定殖中，细菌分布稀疏，*N*- 酰基高丝氨酸内酯的浓度很低。B. 随着细菌密度升高，*N*- 酰基高丝氨酸内酯的浓度也升高，这导致细菌表达多种不同的细胞壁降解酶和其他效应因子。C. 这些高浓度的细菌、酶和效应因子引发了植物细胞死亡和病症的出现

病毒基因组复制呈现为区间化特征，复制的核蛋白复合体和新生基因组需被运输至**胞间连丝**（**plasmodesmata**），这是植物细胞内唯一的共质体运输通道。与动物病毒不同，尚未发现植物病毒直接穿过被侵染植物细胞膜的例子。植物病毒移动蛋白与宿主细胞的细胞骨架的多种组分相关联，包括肌动蛋白丝和微管，这些结构将核蛋白复合体与病毒颗粒经改造的胞间连丝运输到邻近细胞。

病毒采用两种策略转移。烟草花叶病毒组（含正链单链 RNA 基因组），如 TMV，能使胞间连丝允许通过的蛋白大小上限瞬时增大 10 倍，以运输大型核蛋白复合体。遗传研究表明，TMV 的细胞间移动和侵染需要其 30kDa 运动蛋白和细胞壁果胶甲酯酶的相互作用。相反，某些双链 DNA 病毒，如花椰菜花叶病毒（CaMV），会形成由运动蛋白组成的大型管道结构以利于包装好的病毒颗粒通过被扩大了的胞间连丝。

病毒在细胞间移动的第二个特征是内质网和膜运输的参与。突触结合蛋白（synaptotagmin）作为钙受体，调控动植物中突触小泡胞吐和胞吞过程（见第 4 章）。在拟南芥中，突触结合蛋白 SYTA 调控内体循环，也调控运动蛋白介导的植物病毒基因组通过胞间连丝的转运。SYTA 蛋白定位在植物细胞内体中，它直接与甘蓝曲叶病毒（CaLCuV, ssDNA 基因组）或烟草花叶病毒（TMV，ssRNA 基因组）的运动蛋白结合，促进它们在细胞间移动。

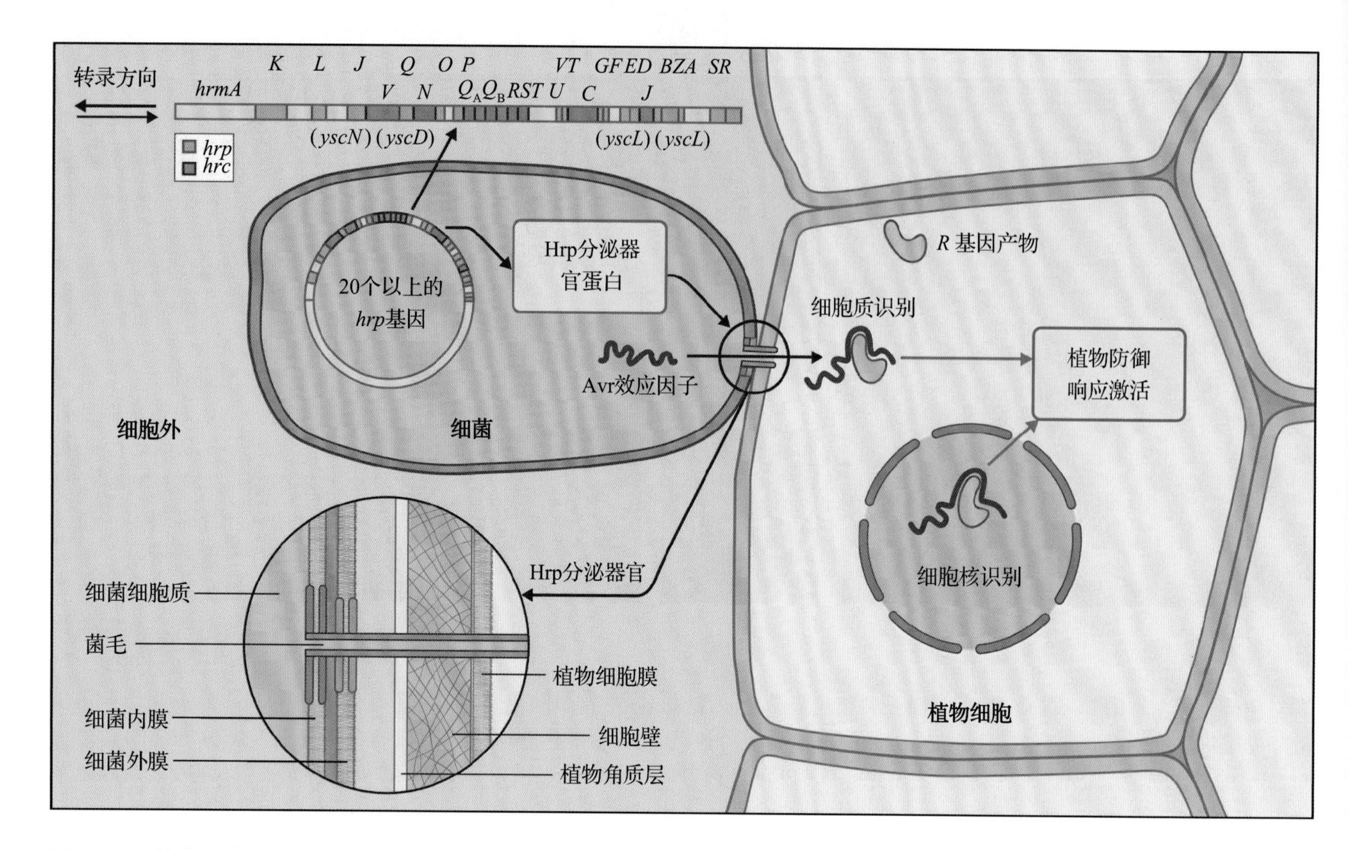

图 21.14 植物与动物的细菌病原物在致病过程中利用相似的分泌通路，III型分泌系统（T3SS）就是其中之一，它包括一个跨细菌细胞膜内膜和外膜的蛋白复合体和插入植物细胞壁并进入宿主细胞的菌丝。T3SS 的结构性成分由成簇的 *hrp* 基因编码。植物细菌病原物的 9 个 Hrp 蛋白与动物细菌病原物的 T3SS 组分相似。因此，*Hrp* 基因的这个亚类又被称为 *Hrc*（hypersensitive response and conserved）基因。细胞质 R 蛋白仅在相应的 Avr 效应因子被直接送入细胞质时才激活植物防御反应。Avr 效应因子一旦进入植物细胞，植物防御激活就不需要 Hrp 蛋白了

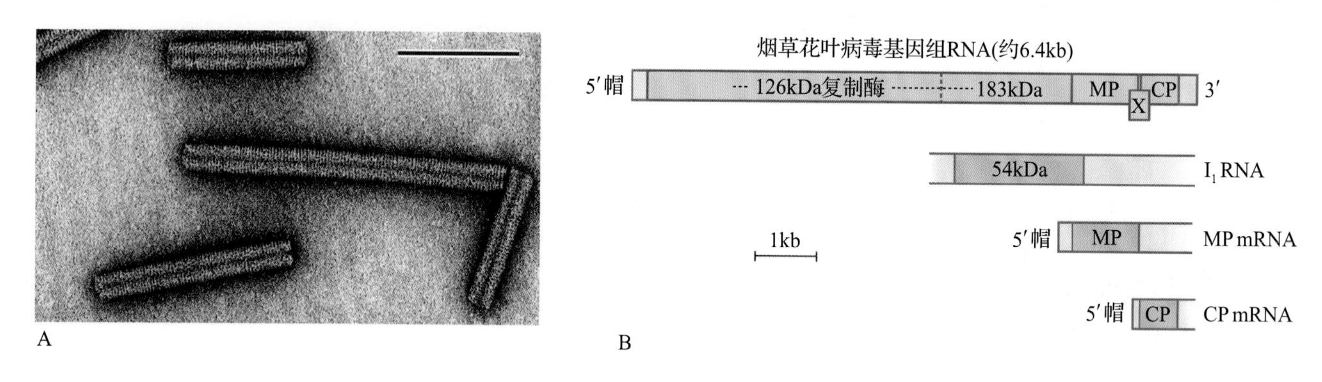

图 21.15 包装后的一种单链 RNA 病毒——烟草花叶病毒（TMV）。A．烟草花叶病毒颗粒的透射电镜显微照片。每个棒状颗粒的直径是 18nm。B. 烟草花叶病毒具有单链正义 RNA 基因组，长度是 6395bp，5′ 端有帽状结构，3′ 端有一个类似 tRNA 的二级结构。其基因组至少编码四个蛋白，可读框（ORF）如图中长方形所示。编码 126 kDa 复制酶的阅读框有可变的终止密码子，如果翻译不在这里终止而继续阅读，就会产生 183kDa 的复制酶。复制酶蛋白翻译自基因组 RNA。移动蛋白（MP, 29kDa）有助于病毒颗粒经胞间连丝进行胞间转移并进入系统性组织。外壳蛋白（CP，17kDa）翻译自亚基因组 RNA。另一个亚基因组 RNA（I_1）编码一个预测的 54kDa 的蛋白质，该蛋白质在烟草花叶病毒侵染的烟草叶片中被检测到，但尚不清楚它是否是烟草花叶病毒感染过程中翻译的蛋白产物。来源：图 A 来源于 Franki et al.（1985）Atlas of Plant Viruses, Vol.2, CRC Press, Boca Raton, FL, p.138

这些病毒运动蛋白将它们的“货物”运送到胞间连丝处，为病毒通过胞吞循环途径进行细胞间传播做准备（图 21.16）。

病毒颗粒或病毒核酸在韧皮部中进行长距离系统运输的机制，可能与它们在叶肉细胞间运输的机制不同。目前还不完全清楚病毒如何进入或离开韧

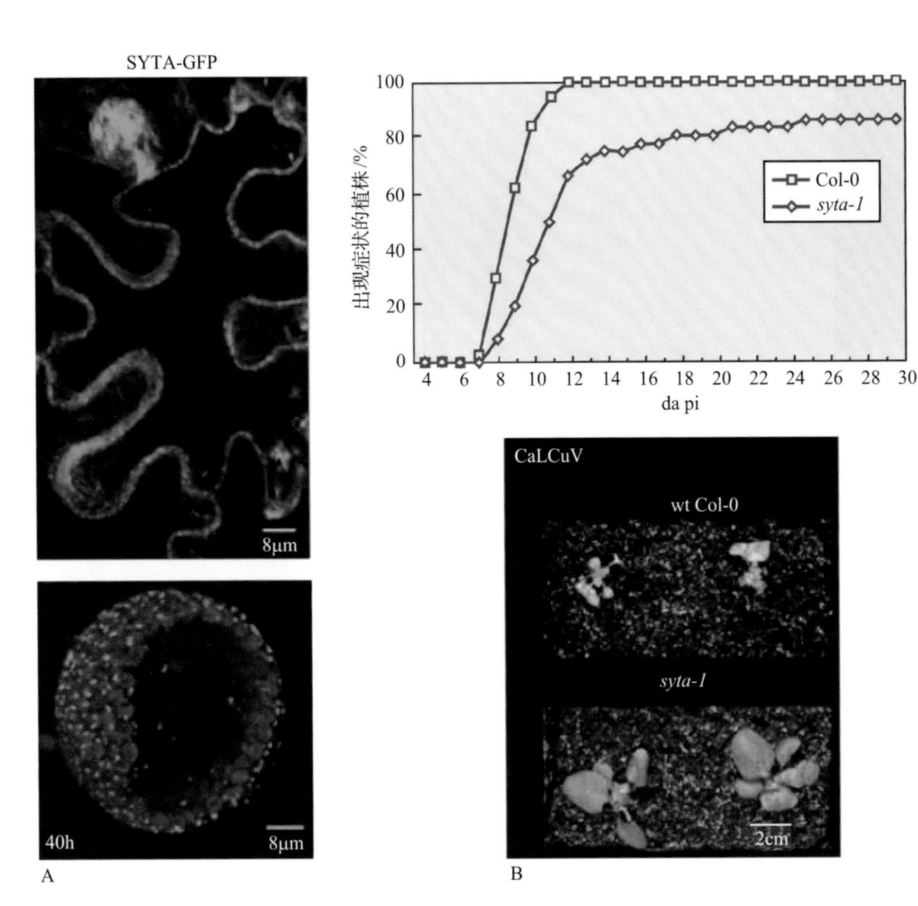

图 21.16 胞间连丝蛋白 STYA 帮助病毒移动。A. STYA-GFP 蛋白在叶表皮细胞（上图）和叶肉细胞的原生质体（下图）中定位于内体（endosome）。STYA 蛋白可直接结合白菜卷叶病毒（CaLCuV-ssDNA 基因组）和烟草花叶病毒（TMV-ssRNA 基因组）的运动蛋白，帮助病毒在细胞间移动。B. *stya-1* 拟南芥突变体植株中 CaLCu 病毒的侵染速度被减缓（上图），疾病症状也相对不明显（下图）。来源：Lewis & Lazarowitz（2010）. Proc. Natl. Acad. Sci. USA 107: 2491-2496

皮部。病毒颗粒一旦进入到韧皮部后，就可观察到其运动速度达到 1cm/h。在韧皮部中，大多数病毒以核蛋白复合体或病毒颗粒的形式依赖于病毒和宿主的蛋白质进行运输。对某些病毒（如 TMV）来说，这个过程需要有外壳蛋白才能有效进行。而对另一些病毒而言，外壳蛋白可能并不参与运动过程。未来的挑战之一就是要鉴定宿主韧皮部里的何种组分和外壳蛋白或病毒颗粒相互作用，来推动这一快速运输的过程、帮助病毒在到达新器官后重新进入叶肉细胞。TMV 的毒粒或外壳蛋白 - 核酸 - 蛋白复合体在末梢叶片离开维管的过程中需要几种机制的参与，其中之一是 TMV 的 30kDa 运动蛋白和细胞壁果胶甲酯酶的相互作用。植物细胞可经 RNA 沉默途径降解病毒 RNA，一些病毒蛋白正是通过抑制这一途径来帮助建立和维持病毒系统性侵染（见 21.9.2 节）。

21.3.5 某些植物致病线虫改变了根细胞的代谢，诱导植物产生特殊的喂食结构

超过 20 个属的线虫可以使植物感病。这些微小圆虫（长约 1mm）通常仅感染植物的根系，但根部感染可显著改变植物整个代谢，并通常会使根部构造发生实质上的变化（图 21.17）。

所有寄生性线虫种类都是专性活体营养型，有一个中空的吸食口锥，可以穿透植物的细胞壁。外寄生的线虫只在根部表面取食，内寄生的线虫则侵入根部，其生活周期的一大部分都与根细胞有密切联系。目前世界上危害最大的线虫是两种固着内寄生的线虫：**包囊线虫**（**cyst nematodes**，属于异皮线虫属和球异皮线虫属）和**根结线虫**（**root-knot nematodes**，属于根结线虫属）。这些线虫用 30～40 天取食高度特化的木质部薄壁细胞，会严重限制植物的生长和发育。

休眠的线虫卵觉察到植物根释放的化学信号后，内寄生线虫的生活周期就开始了。诱导马铃薯包囊线虫孵化的信号因子是 solanoeclepin A，诱导大豆（*Glycine max*）孢囊线虫孵化的信号因子是 glycinoeclepin A。有运动能力的 2 龄幼虫穿透根部，并进入维管组织。一旦开始取食，幼虫就失去了运动能力，开始固着生存。

开始取食时，包囊线虫的幼虫将口锥插入选定的植物细胞的细胞壁，但不穿透细胞膜，然后释放腺体分泌物（图 21.17B）。分泌物中的分子诱导植物细胞细胞质迅速发生改变，植物细胞的代谢水平显著升高。此外，线虫还引发植物细胞壁的部分溶解，这样经修饰的细胞和相邻细胞间的共质体联系更加广泛，最后导致原生质体融合。最终为线虫所

A

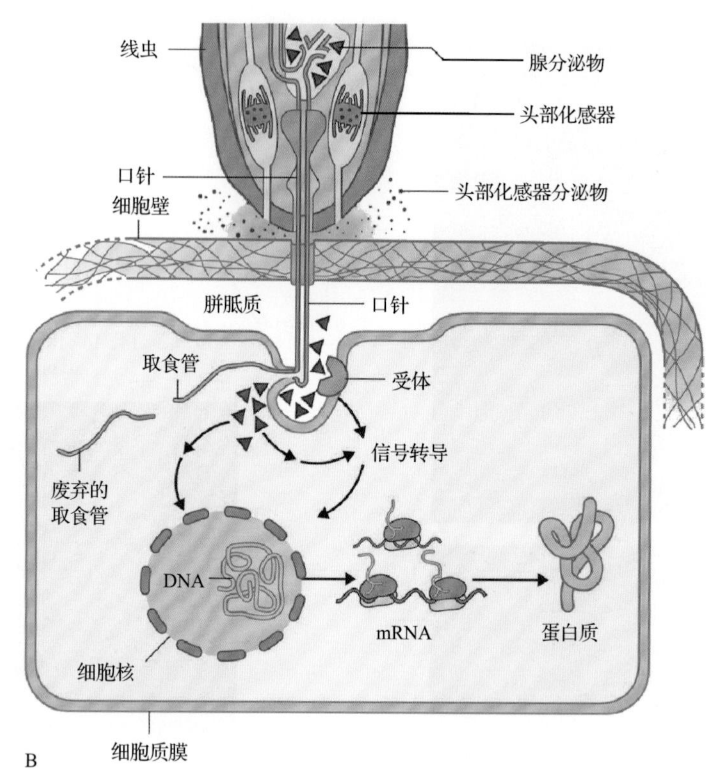

B

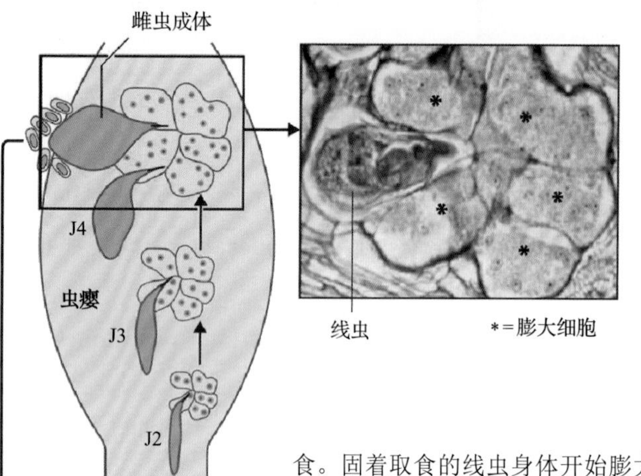

C

图 21.17　植物根与内寄生线虫相互作用。A. 北方根结线虫（*Meloidogyne hapla*）侵染导致胡萝卜（*Daucus carota*）的根肿胀扭曲。B. 线虫通过前部口针刺入植物细胞，将头部化感器腺体（amphid gland）的分泌物注入植物细胞。接下来，在被侵染的植物细胞中，新的取食管被合成，线虫利用取食管专门从经修饰的植物细胞中摄取营养。在每个这样的植物细胞中，都可能积累了上百条被废弃的取食管。C. 根结线虫的生活周期。一个植物组织横切染色图展示了固着取食的线虫所导致的膨大细胞。线虫卵在根末端附近的区域孵育。二龄幼虫（J2）向根迁移，从末端进入根组织，进而向维管系统迁移，选择一个木质部薄壁组织的细胞，停止移动并开始取食。固着取食的线虫身体开始膨大（三龄幼虫，J3），其取食导致植物细胞的有丝分裂中胞质分裂和 DNA 复制解偶联，产生异常的皮层细胞生长，并在三龄幼虫、四龄幼虫（J4）和成熟线虫周围形成巨大的植物细胞。这些巨大细胞促进了营养物质从维管系统流出，进而加速线虫的生长、促进雌性线虫体内形成数百个成熟的卵。来源：图 A 来源于 Hapla, APS website; C.Mitchum et al.（2008）. Curr. Opin. Plant Biol.11: 75-81

征用的细胞可能多达 200 个，它们形成**合胞取食结构**（**syncytial feeding structure**）。与此相反，根结线虫的幼虫取食时会诱导植物细胞进行异常有丝分裂，表现为 DNA 复制和胞质分裂解偶联（参见第 11 章），造成皮层细胞不正常生长，并产生一系列巨大细胞（giant cell）（图 21.17C）。在其他方面，合胞体和巨大细胞的形态相似：两者都是通过转移细胞与韧皮部密切联系，以保证吸收整个植株的养分。事实上，发育中的雌性的根瘤线虫和孢囊线虫群体在根部形成很有竞争力的光合产物库，使受侵染的作物产量降低。

通过研究拟南芥突变体，人们发现了几种线虫侵染所需的植物蛋白和代谢产物。根结线虫需要破坏植物细胞的细胞骨架才能成功侵染。通过降低肌动蛋白解聚因子的丰度，细胞骨架中的 F- 肌动蛋白组分得以稳定，从而阻抑巨细胞成熟和线虫增殖。甜菜胞囊线虫在虫体增长、卵成熟时要向周围扩张，生长素最初被转移到合胞体中，接下来发生横向再

A

B

图 21.18　咀嚼性和吸食性昆虫。A. 马铃薯甲虫（*Leptinotarsa decemlineata*）啃食植物的茎和叶。B. 吸食性绿桃蚜（*Myzus persicae*）。绿桃蚜可传播超过 100 种植物病毒，其中有些病毒能引发破坏性极强的疾病，如马铃薯卷叶病毒、侵染茄科的马铃薯 Y 病毒、侵染藜科的西部甜菜黄化病毒和甜菜黄化病毒、侵染菊科的莴苣花叶病毒、侵染十字花科的花椰菜花叶病毒和芜菁花叶病毒、侵染葫芦科的黄瓜花叶病毒和西瓜花叶病毒。来源：图 A 来源于 Monsanto Co., St. Louis, MO, 未发表；图 B 来源于 Rothamsted Research images, 未发表

分配，这是线虫辐射扩张的关键。

植物与固着线虫的关系中还有一个关键问题，即在线虫腺体分泌物中究竟是什么生化信号造成根细胞结构发生如此显著的变化。显微分析表明，存在一个取食管（feeding tube）的结构，现在认为它专一地与口锥相作用。但与口锥不同，取食管位于植物细胞的胞质中（图 21.17B）。线虫每次取食都会形成新的取食管。于是，当致病过程完成时，每个巨大细胞或合胞细胞中已有成百上千个取食管了。用荧光标记的不同分子质量的葡聚糖进行显微注射实验，证明能通过取食管的分子质量为 20 ～ 40kDa。这表明，线虫发出的修饰植物细胞胞质和提高细胞代谢水平的信号应是相对较小的分子。对腺体分泌物中生物活性成分的鉴定是近来的研究热点（见 21.3.7 节）。

21.3.6　取食的节肢动物不仅直接损害植物，也帮助病毒、细菌和真菌病原物定殖

许多种昆虫以植物为食，在植物上繁殖并隐蔽其中。食草性昆虫可分为两大类：咀嚼性昆虫和吸食性昆虫（图 21.18）。

咀嚼性昆虫对植物组织造成的损害更显著。例如，科罗拉多马铃薯甲虫（图 21.18A）和蝗虫可在一天左右的时间内把几公顷作物全吃光。对其他咀嚼性昆虫种类而言，植物的受损害程度常常取决于害虫和植物两者的发育阶段。欧洲玉米螟的幼虫危害玉米（*Zea mays*）幼苗的叶片，但当植物和害虫都成熟后，这种昆虫就成了玉米茎的破坏性钻蛀虫。另一些咀嚼性昆虫只吃植物的根或种子。

大多数吸食性昆虫，如成年蚱蜢、蚜虫（图 21.18B）、蓟马和盲蝽，对植物组织的损伤甚小。这些昆虫利用口部一个特化的口锥来定位和刺穿植物维管组织的韧皮部筛胞分子，并吸取汁液（图 21.19）。吸食性昆虫侵袭严重时，会造成光合产物长期不足，因而极大地降低了植物的生长能力。

植物在昆虫损伤处释放挥发性物质，对于同种或异种昆虫的进一步定殖，它们既可能是引诱剂，也可能是阻遏剂。人们对取食植物的昆虫附近空气

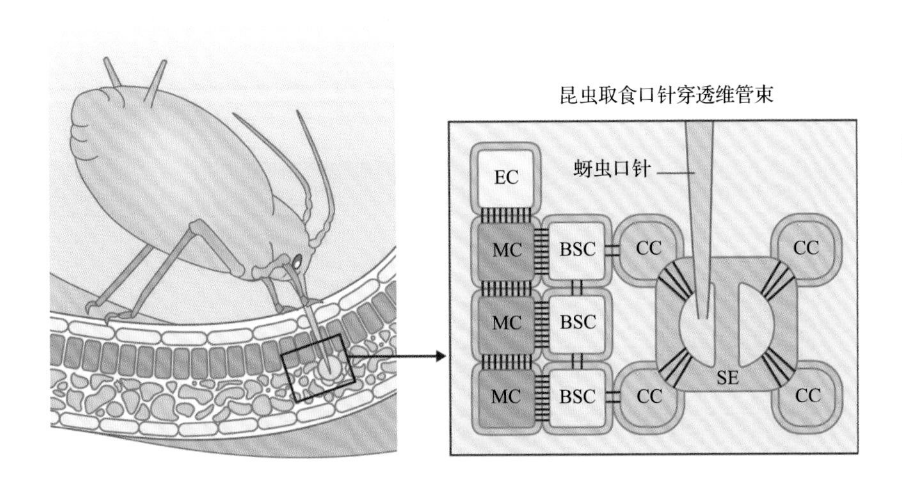

图 21.19　昆虫可作为植物病毒传播的载体。蚜虫取食口针可直接将病毒送入韧皮部筛管分子（SE），随后病毒颗粒随着韧皮部液流移动到植物的其他区域，它们可以穿过筛管分子进入周边的细胞，也可经胞间连丝进入伴胞（CC）。BSC，维管束鞘细胞；MC，叶肉细胞；EC，表皮细胞。胞间连丝的相对数目在图中用连线多少表示

组分变化进行了深入分析，还进行了电生理学实验以探究昆虫神经系统对植物挥发物的响应，这些实验表明昆虫与植物之间的交流十分复杂。

萜类是最大的植物挥发物类别，这是一个多元化的次生代谢产物家族，包括单萜类（C10）和倍半萜类（C15）（见第 24 章）。（E）-β- 法呢烯（EBF）是一种植物产生的倍半萜，当植物释放这种物质的时候，蚜虫从植物上掉下来或离开取食点，因此人们认为它可能是一种防御蚜虫的物质。对于很多种类的蚜虫，EBF 是蚜虫报警信息素的主要组分。植物组成型表达 EBF 可有效防御特定种类的蚜虫。在某些农业种植区（如热带雨林），昆虫取食带给植物很大的生存压力，植物长出在光学和化学特性上与成熟叶片不同的新叶，以保护叶片在萌生时不被取食昆虫发现。

许多有害昆虫在取食时还传播病毒。吸食性昆虫是非常有效的病毒载体：它们可将病毒颗粒直接传递到维管组织，使病毒迅速传播到整个植株。某些病毒还可在昆虫体内复制并存活下来，因此受感染的昆虫下一次在植物上取食时，可继续把病毒传播给几乎全部易感植物。大麦黄矮病毒和马铃薯 Y 病毒都可持续不断地由桃蚜（*Myzus persicae*）传播（见图 21.18B）。咀嚼性昆虫极少传播病毒，但它们造成的组织损伤常常引来死体营养型的真菌和细菌侵袭。

21.3.7 病原物效应因子通过多种机制增强植物易感性

植物与真菌、卵菌、细菌、线虫、病毒和昆虫的相互作用表明，病原物合成一系列化学分子来帮助它们汲取植物中的养分，接着增殖以完成生活周期。**效应分子（effector molecule）**是病原物合成的分子，可提高病原物定殖的能力。

亲和互作（compatible interactions）是指引起病害的病原物 - 植物互作，这其中的效应分子被称为亲和性因子。与之相反，非亲和（incompatible）互作指未能引起病害的互作。有些效应因子单独作用或组合作用可抑制宿主 PTI 或 ETI（见图 21.3）。效应分子的分离和鉴定是研究热点。数百万年的自然选择使得这些效应分子以重要宿主防御组分为靶标。表 21.2 总结了各类效应因子。

植物角质层和细胞壁是阻止病原物定殖的关键屏障。许多真菌、细菌病原物分泌特定的酶促进侵染，如角质酶、纤维素酶、木质素酶、果胶酶和多聚半乳糖醛酸酶。**角质（cutin）**是植物与空气接触表面的主要成分，其下的植物细胞壁组分包括**纤维素（cellulose）**、**半纤维素（hemicellulose）**和**果胶（pectin）**，水解这些组分有利于削弱细胞壁强度、帮助病原物侵入。大多数病原物都合成一系列**细胞壁水解酶（cell wall-degrading enzyme）**。

表 21.2　植物病原物效应因子举例

病原物类别	物种	效应因子名称	效应因子功能
病毒	烟草花叶病毒	P50	病毒复制酶
病毒	马铃薯 X 病毒	CP	壳蛋白
卵菌	拟南芥透明孔菌	Atr1/Atr13	通过抑制模式诱发的免疫提高病原物在宿主细胞中的活性
卵菌	马铃薯晚疫病菌	Avr3a	与植物 U 盒 E3 连接酶 CMPG1 蛋白相互作用并稳定它，阻止活体营养阶段 INF1 诱导的植物细胞死亡
真菌	亚麻栅锈病菌	AvrL567	吸器表达的分泌蛋白，可以进入植物细胞；具体的生物毒性原理未知
真菌	黄枝孢霉	Avr2	抑制多种胞外半胱氨酸蛋白酶，如 Rcr3，为效应因子激活的免疫和基础防御所需
细菌	番茄丁香假单胞菌	AvrPto	促进细菌生长和植物坏死，对蛋白激酶的功能进行干扰以抑制植物防御
细菌	淡黄单胞菌	AvrBs2	这个蛋白质含有一个与大肠杆菌甘油磷酸二酯酶、根癌农杆菌素碱合酶同源的结构域。为细菌毒性所需，具体机制未知
细菌	青枯雷尔氏菌	PopP2	PopP2 效应因子属于在哺乳动物和植物中存在的类 YopJ 家族。PopP2 具有自动乙酰转移酶活性，作用于该家族蛋白中高度保守的赖氨酸残基。它有可能通过抑制植物基因转录来实现细菌毒性
根结线虫	南方根结线虫	16D10	与番茄中调控根系的辐射生长的类 Scarecrow 转录因子互作。线虫分泌的这一短肽作为信号因子干扰根的发育
孢囊线虫	甜菜异皮线虫	CBP	结合植物果胶甲基酯酶并增强其活性，进而降低细胞壁中甲基酯化果胶的含量，有助于其他细胞壁修饰酶与细胞壁多聚体分子接触，为合胞体形成与发育所需
蚜虫	豌豆蚜	C002	有助于蚜虫吸收韧皮部筛管分子的汁液，提高蚜虫生存率

许多植物病原物也合成一系列毒素（见 21.3.3 节）。有些化学物质对所有植物都有毒，有些则只对特定物种有毒（**宿主选择毒素，host-selective toxin**）。这些毒素都抑制特定植物蛋白活性。例如，异旋孢腔菌（*Cochliobolus carbonum*）是导致玉米大斑病的真菌，它产生的 HC 毒素就是一种宿主选择毒素（见图 21.7）。与很多真菌毒素一样，HC 毒素是一种环肽。它由两种特殊的四分环肽合成酶（HTS1 和 HTS2）连续合成，然后被运出真菌细胞。在玉米（*Zea mays*）叶片中，HC 毒素抑制组蛋白去乙酰酶的活性，影响宿主基因表达（可能是参与防御异旋孢腔菌的基因）。不合成 HC 毒素的异旋孢腔菌突变品系是**非致病的（nonpathogenic）**。携带 *Hm1* 的玉米编码一种可代谢 HC 毒素的酶，因此对 HC 毒素具有脱毒作用（见图 21.7），对异旋孢腔菌具有抗性。

小麦叶斑病真菌（*Stagonospora nodorum*）和小麦黄斑病真菌（*Pyrenophora tritici-repentis*）是两种感染小麦（*Triticum aestivum*）的死体营养型真菌，它们分别导致小麦稃枯病和小麦褐斑病。两种病原物都合成多种宿主特异的分泌蛋白类毒素。在携带对应显性敏感型等位基因的小麦品系中，这些毒素会引发严重的细胞坏死和疾病。*ToxA* 基因编码一个 13kDa 的多肽，这个基因很可能是从小麦叶斑病真菌（*S. nodorum*）转移到小麦黄斑病真菌（*P. tritici-repentis*）中的。在小麦叶片中，ToxA 蛋白被内化到易感细胞中、定位于叶绿体。ToxA 触发宿主细胞死亡的过程依赖于光照：ToxA 形成寡聚体并与质体蓝素互作，质体蓝素是光合电子传递链的一个组分（见第 12 章）。ToxA 的蛋白序列和结构研究表明，毒素内化进入细胞需要一个暴露在溶剂中的精氨酸 - 甘氨酸 - 天冬氨酸环。ToxA 与其他病原物产生的效应因子具有结构相似性（表 21.2）。

黄孢菌属的植物病原菌分泌的 TAL（类转录激活因子）效应因子（图 21.20）可结合寄主 DNA、激活特异的宿主基因表达，由此帮助致病或激发防御。到目前为止，TAL 效应因子是已知的唯一一类可直接调控宿主基因表达的细菌效应因子。TAL 效应因子的发现也促使人们发现了一类新型 DNA 结合蛋白。TAL 效应因子被 T3SS 运输入植物细胞，一旦进入细胞，就激活特定植物基因的转录，促进病原物的传播。例如，PthXo1 是一个来自水稻黄单胞菌的 TAL 效应因子，它激活水稻基因 *Os8N3* 的表达，有利于病原物定殖于水稻植株。水稻的正常生长也需要 Os8N3 蛋白，因此植物不能通过沉默或去除 *Os8N3* 基因来避免病原物侵染，强选择压力下，植物在 *Os8N3* 启动子区域积累突变，使 PthXo1 不再能结合启动子。这继而又导致黄孢菌属细菌改变其 TAL 效应因子的 DNA 结合特异性，从而适应启动子序列的变化。

TAL 效应因子结合 DNA 的特异性以及适应宿主突变的能力取决于 TAL 蛋白中一系列串联重复序列（不完全重复），重复序列的典型数目是 34 个。在每个重复单位中，第 12 和 13 位氨基酸的多态性最大，被称为重复可变双残基（RVD，图 21.20A）。每个 RVD 可相对特异地识别一个核苷酸，即存在“一个 RVD 对应一个核苷酸”的关系，有时候这种匹配不完全精确。TAL 蛋白形成特殊构象帮助 RVD 结合到靶标 DNA 序列上（图 21.20B）。研究人员在探究 AvrBs3[一种辣椒（*Capsicum* sp.）黄单胞菌属病原物分泌的效应因子] 与靶标基因 *Bs3* 的启动子区域互作的过程中，发现了 RVD 密码。*BS3* 是植物演化出的一个等位基因，当被细菌效应因子激活转录时，可激发防御反应。人们可通过蛋白质序列预测每个黄单胞菌属效应因子的特异性，并找出宿主基因组中的靶标基因。可在植物启动子中加入各种 DNA 结合位点，从而构建 TAL 效应因子依赖的报告基因表达系统。此外，人们可任意设计结合特定 DNA 序列的 TAL 效应因子。

丁香假单胞菌（*P. syringae* pv. *syringae*，*Pss*）可导致多种植物疾病，如在菜豆（*Phaseolus vulgaris*）中引起褐斑病。一些 *Pss* 株系可分泌 syringolin A（SylA），SylA 是一种多肽衍生物，由一个基因簇编码的混合非核糖体多肽合成酶 / 聚酮合成酶合成。SylA 效应因子由细菌分泌并进入宿主植物细胞。通过基因工程构建不表达 SylA 的 *Pss* 细菌株系，发现其对菜豆叶的致病性显著下降（见图 21.16）。SylA 一进入细胞就不可逆地抑制蛋白酶体活性（见第 10 章）。

效应因子常常以宿主细胞的酶为目标，使其失活。在黄枝孢霉（*C. fulvum*）中已鉴定到三种有不同功能的效应因子，每种效应因子的类别和序列多样性都不同（表 21.3）。Avr2 效应因子抑制番茄半胱氨酸蛋白酶的活性，而这种酶对于植物防御很重要。

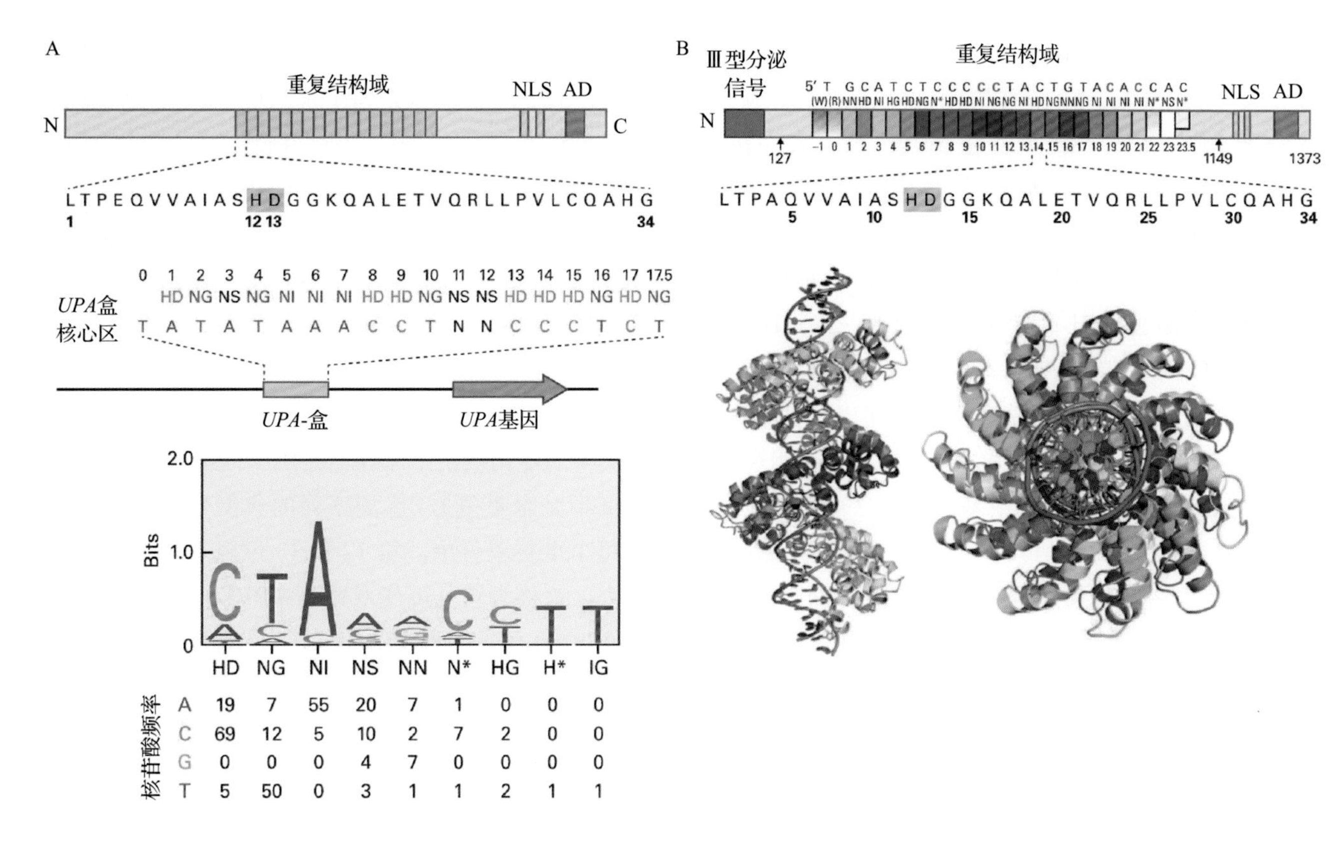

图 21.20 转录激活因子样效应因子（TALE）是天然的Ⅲ型效应因子蛋白，黄单胞菌属的多种病原物都可分泌这种蛋白质。A. TALE 有巧妙的“氨基酸密码”，介导 TALE 核心结构域与靶标 DNA 结合。在示例中，AvrBs3 效应因子在植物细胞核中起转录激活因子的作用，它通过串联重复序列直接结合被 AvrBs3 上调的基因的启动子区（upregulated by AvrBs3, UPA）。核心结构域中的重复序列主要在第 12 位和第 13 位氨基酸上有高度多态性（重复可变双残基，RVD）。计算机分析和功能分析表明，在特定 RVD 与 TALE 结合的核苷酸之间存在很强的相关性。例如，组氨酸 - 天冬氨酸（HD）结合胞嘧啶（C），天冬酰胺 - 甘氨酸（NG）结合胸腺嘧啶（T），天冬酰胺 - 异亮氨酸（NI）结合腺嘌呤（A），天冬酰胺 - 天冬酰胺（NN）结合鸟嘌呤（G）、偶尔也结合腺嘌呤（A）。受 AvrBs3 诱导的基因，在启动子区域含有被 TALE 识别的序列（*UPA* 盒），含 *UPA* 盒的基因即为 TALE 的靶基因。B. 水稻黄单胞菌（*Xanthomonas oryzae*）的效应因子 PthXo1 靶向水稻 *Os8N3* 基因的启动子，图中为二者结合状态下的晶体结构。上图显示了 PthXo1 的结构域组成，其中包含 23.5 个重复单元（用不同颜色表示），重复单元的序列见下排，其中，灰框标记的是识别胞嘧啶的 RVD。下图展示了 PthXo1 的 DNA 结合区域和靶 DNA 序列形成的复合体结构。每段重复序列形成一个左手双螺旋束，成为独特的“含 RVD 的 DNA 结合环”。重复序列们自发形成一个右手超螺旋结构，包裹 DNA 的大沟。第一个 RVD 与蛋白质的骨架形成稳定接触，第二个 RVD 则与 DNA 正义链碱基特异地结合。两个退化的 N 端重复也与 DNA 有相互作用

表 21.3 黄枝孢霉产生的一些 Avr 和 ECP 蛋白的特征，这些蛋白质会在这种真菌感染番茄叶片的时候被分泌进入质外体

蛋白质	多态性的程度和种类	蛋白质主要功能	相互作用中的角色
Avr2	小片段插入 / 缺失	抑制植物的半胱氨酸蛋白酶	降低一类诱导性防御蛋白的效力
Avr4	颠换	结合壳多糖	保护真菌壳多糖不被植物受诱导产生的壳多糖酶降解
Avr9	全基因缺失	在抗菌和易感的番茄及非宿主茄科植物中检测到了一个高亲和性 Avr9 结合位点	分泌性半胱氨酸结蛋白；功能未知
Ecp2	颠换	功能未知；已经在超过 100 种包括植物病原物在内的微生物中找到 Ecp2 的同源序列	功能未知
Ecp6	少量点突变，产生 5 个位点的单核苷酸多态性和 1 个氨基酸的替换	结合壳多糖片段；在其他植物病原物中也找到了功能性同源蛋白	消除能被植物壳多糖受体识别到的壳多糖片段；敲除该基因导致病原物毒性下降

致病疫霉（*P. infestans*）的效应因子和线虫的效应因子也抑制该种半胱氨酸蛋白酶的活性。Avr4 抑制植物的几丁质酶，可能在生长菌丝的末端起关键作用。Ecp6 效应因子具有一个 LysM 结构域，这个结构域特异结合几丁质片段。然而与 Avr4 不同的是，Ecp6 并不抑制植物几丁质酶的活性，它结合自身几丁质片段来阻止植物细胞识别这种 PAMP，也就阻止了植物起始 PTI 响应。稻瘟病菌（*Magnaporthe oryzae*）

和一种小麦斑枯病菌 *Mycosphaerella graminicola* 的效应因子也具有 LysM 结构域，通过结合几丁质片段来抑制 PTI，并有助于病原物早期侵染。

稻瘟病菌（*Magnaporthe oryzae*）通过产生吸器来侵入水稻（图 21.21）。吸器中，原来储存的碳水化合物被水解为甘油，产生了巨大的细胞膨压。吸器下部有胞裂蛋白环（spetin ring），为入侵栓的形成提供坚固外部支撑和弯曲的膜。随后入侵栓进入植物细胞。然而，与白粉病菌不同，稻瘟病菌的菌丝并不通过形成吸器来汲取营养，而是由源自宿主的菌丝膜包裹着、接连不断地侵入活细胞。观察入侵菌丝分泌的效应因子（带荧光标记），发现它们在活体营养表面复合体（biotrophic interfacial complex，BIC）中富集（图 21.21）。BIC 复合体将部分稻瘟病菌分泌的效应因子转运进宿主细胞。另一些稻瘟病菌效应因子不在 BIC 处富集，而是环绕在入侵的菌丝周围。进入水稻细胞质的真菌效应因子随后经胞间连丝进入未被侵染的相邻细胞，可能有助于侵染新细胞。

担子菌纲真菌亚麻栅锈菌（*Melampsora lini*）导致亚麻锈病，人们已经鉴定出它分泌的几种效应因子并获得了晶体结构。这些效应因子属于小型分泌蛋白，在真菌吸器中特异表达然后被转运进宿主细胞（图 21.22A）。AvrL567 和 AvrM 锈菌效应因子进入植物细胞的机制尚有争议，这一过程可能包括了胞吞作用（图 21.22B）。蛋白质表面的氨基酸残基对于植物识别效应因子很关键（见 21.7 节）。

另一些担子菌纲真菌，如玉米黑粉病菌（*Ustilago maydis*），可导致植物长出大型肿瘤。在侵染过程中，玉米黑粉病菌分泌几种分支酸变位酶，它是莽草酸途径中催化分支酸转化为预苯酸的关键酶，而预苯酸是酪氨酸和苯丙氨酸的前体（见第 7 章）。玉米黑粉病菌分泌的分支酸变位酶 Cmu1 可被植物细胞吸收，并扩散到相邻细胞，改变这些细胞的代谢水平，是病菌定殖所必需的。玉米黑粉病菌分泌的 Cmu1 和其他效应因子的综合作用是减少植物中水杨酸积累，从而减弱了病原物侵入位点的防御反应（见 21.8.2 节）。

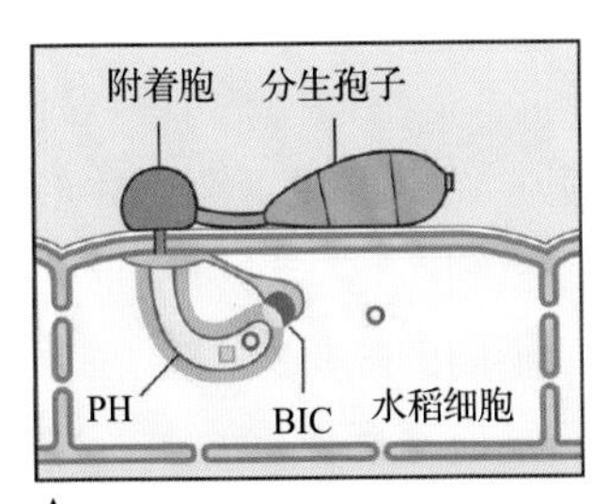

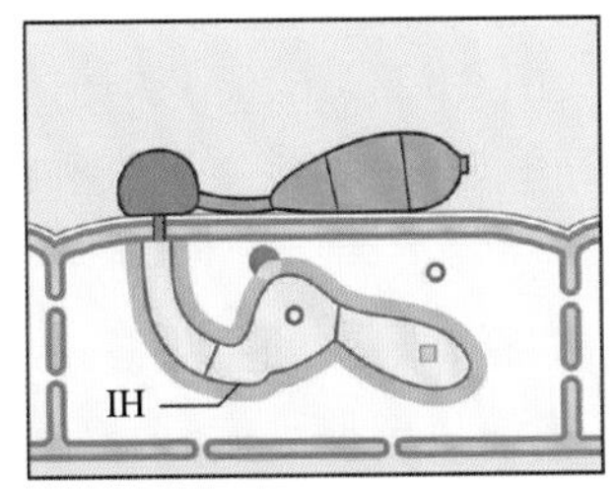

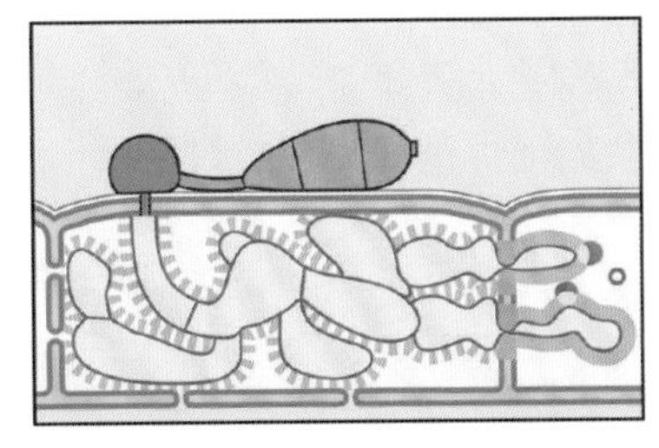
A
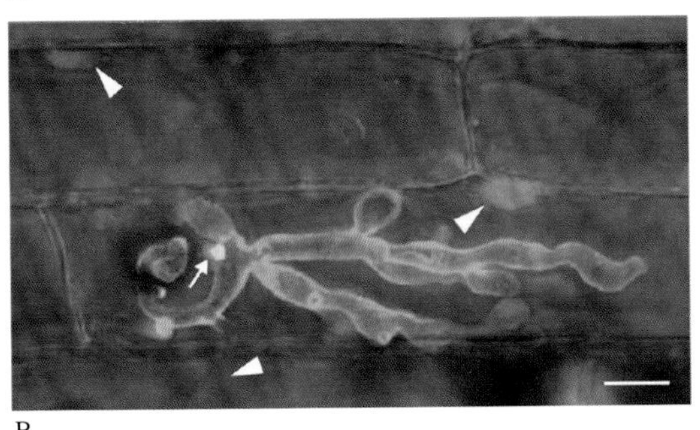
B
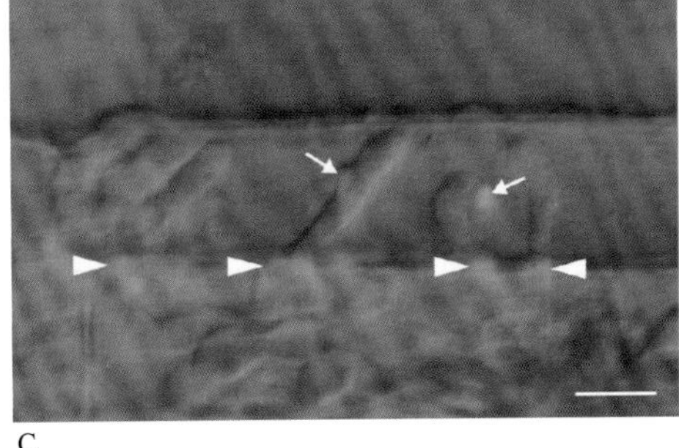
C

图 21.21 水稻（*Oryza sativa*）叶片被水稻稻瘟病菌（*Magnaporthe oryzae*）侵染时形成活体营养表面复合体（BIC）。BIC 是一个来源于植物的、富含膜的结构，它有助于某些效应因子蛋白进入宿主细胞的细胞质。A. 菌丝侵入后的发育进程图示。在被入侵的水稻细胞中，丝状初级侵入菌丝（PH）（左图，注射后 22 ～ 25h）分化为假菌丝型球状入侵菌丝（IH）（中图，注射后 26 ～ 30h）。菌丝每次侵入一个新的邻近活细胞，都要发生这一分化过程（右图，注射后 36 ～ 40h）。细胞质效应因子（图中空心红圈）在 BIC 处选择性富集。它们起先定位在生长中的初级菌丝末端前部，继而定位于最先分化的 IH 细胞旁边。另一些质外体效应因子（图中绿色方块）被分泌并储存在围绕 PH 的侵入菌丝外膜结构处（图中绿色实线）。B. 共聚焦显微图像显示一个 IH 结构（注射后 30h）。这个菌丝表达了融合 GFP 的 BAS4 效应因子和融合了 mCherry（红色荧光蛋白，是 mRFP 的一个更亮的变体）及核定位信号的 PWL2 效应因子。荧光标记的 PWL2（红色）更倾向于在 BIC 处（白色箭头）聚集，给胞质定位的 PWL2 添加核定位信号有助于观察效应因子经 BIC 转运，以及后续新菌丝定殖前在胞间的转运。质外体效应因子 BAS4:EGFP（绿色）始终定位在菌丝细胞外的侵入菌丝外膜中。C. 表达胞质效应因子 BAS4:mRFP（红色）的 IH，图像拍摄于菌丝侵入后 36h，此时菌丝已侵入第二个宿主细胞。BAS2:mRFP 融合蛋白在 BIC 处（箭头处）和菌丝跨细胞壁处（楔形符号，A 中右图紫色）积累。来源：图 B 来源于 Giraldo et al.（2013）. Nat. Commun. 4:1996

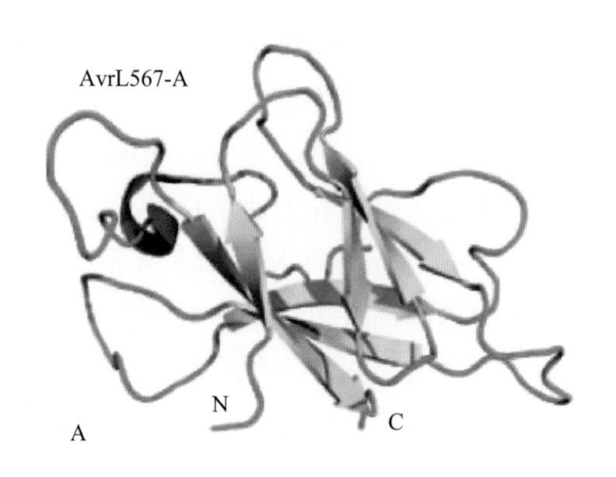

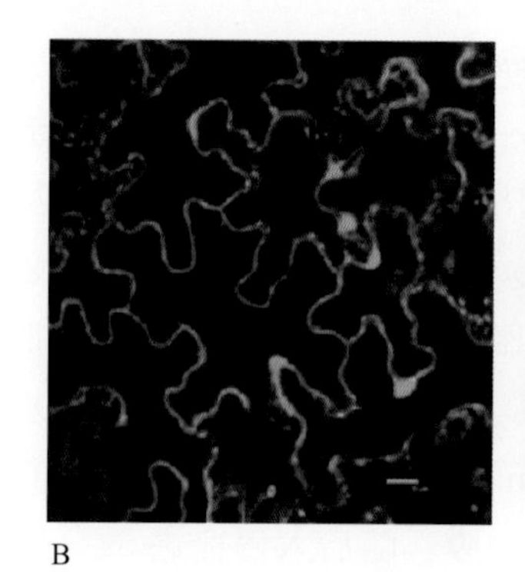

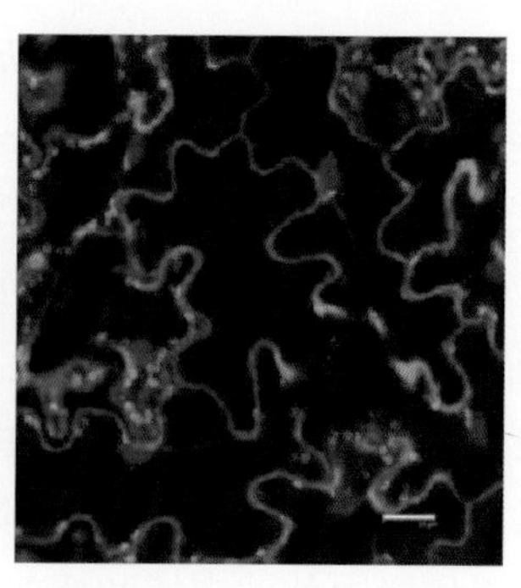

图 21.22 亚麻锈菌效应因子。A．亚麻锈菌效应因子 AvrL567-A 的晶体结构。B. 病原物效应因子蛋白向宿主细胞质中转移。通过在烟草（*Nicotiana tabacum*）叶片中瞬时表达效应因子（AvrM-cerulean 融合蛋白）来监控这一过程：左图是仅表达 cerulean 标签的效果，右图是表达 AvrM-cerulean 融合蛋白的效果，用显微镜在紫外光下观察，融合蛋白在植物细胞膜内呈亮红色圆圈。来源：图 B 来源于 Rafiqi et al.（2010）. Plant Cell 22:2017

对于许多病毒，人们已经阐明了其病毒蛋白的效应因子特性以及它们引起疾病抗性的能力。通常是病毒的衣壳蛋白激发了抗性反应。植物可通过演化识别任何病毒蛋白。与之相反的是，鉴定寄生性线虫或蚜虫产生的效应因子十分困难。线虫分泌的多肽 16D10 最初从一种大豆根瘤线虫（*Meloidogyne incognita*）中被分离出来的。该蛋白质可与植物调控蛋白相互作用，刺激根的生长，还可在植物中与两种 SCARECROW 类转录因子结合（见第 11 章）。但人们尚不清楚这个多肽如何促进线虫侵染过程。

21.3.8 病原物为定殖于不同宿主组织而发生分化

通常而言，各种病原物都侵染其特定的植物组织或器官（见图 21.5）。人们尚不清楚导致这种组织 / 器官特异性的机制。可以确信的是，只有特定的组织细胞可满足特定病原物的营养需求。此外，不同效应因子可能也需要特定的环境才能完全实现功能，因此效应因子可能仅能在植物的特定区域或特定生长阶段中帮助病原物侵染宿主。

一些专性活体营养型病原物具有复杂的生活周期，如锈病真菌。它们需要在生活周期的不同阶段侵染分类地位上相对独立的植物。小麦秆锈菌（*Puccinia graminis* f. var. *tritic*）侵染小麦的秆和叶，但它随后必须要侵染一种双子叶小檗属植物（欧洲小檗，*Berberis vulgaris*）的叶片才能完成生活史（见信息栏 21.1）。对于病原物而言，侵染不同宿主植物所需的效应因子可能是完全不同的。在这个例子中，小麦秆锈菌在单子叶植物叶片上寄生时产生无性孢子，其有性繁殖阶段则必须在小檗属植物中完成。

霜霉病病菌（*Hyaloperonospora arabidopsidis*）和白锈病病菌（*Albugo laibachii*）是专性活体营养型卵菌，侵染拟南芥，它们都会在侵染的植物细胞中形成吸器。值得注意的是，植株被白锈病菌侵染后，对包括霜霉病菌在内的其他病原物的敏感性会提高，而通常植物对于其他病原物是有抗性的（图 21.23）。在白锈病菌削弱了宿主的防御能力后，原本与植物宿主不亲和的病原物也可侵染植物并形成孢子。细胞程序性死亡的机制在这一过程中也被抑制。最终的结果是，许多不同的病原物得以在邻近的位置侵染同一植物。这种交叉感染在自然界中很常见，但由于系统复杂，人们对此研究很少。

21.3.9 基因组测序揭示植物病原物的基因互补和毒性因子列表

病原物基因组测序使植物病原物的全部预测基因得到注释。研究者通过比较不同基因组的内容和组织形式，可以获得关于病原物与害虫生物学的丰富信息。植物细胞识别病原物生产的许多胞内或胞外分子（蛋白质和代谢产物）来引发免疫，基因组信息也为鉴定这些病原物分子提供了线索。对植物病毒和类病毒的测序拉开了植物病原物基因组时代的序幕，接下来人们依次对侵染植物的细菌、种类丰富的真菌、卵菌、植物寄生性线虫和昆虫类害虫进行了基因组测序。表 21.4 列举了各界第一个基因组被测序的病原物，以及一些为探究病原性和宿主

A

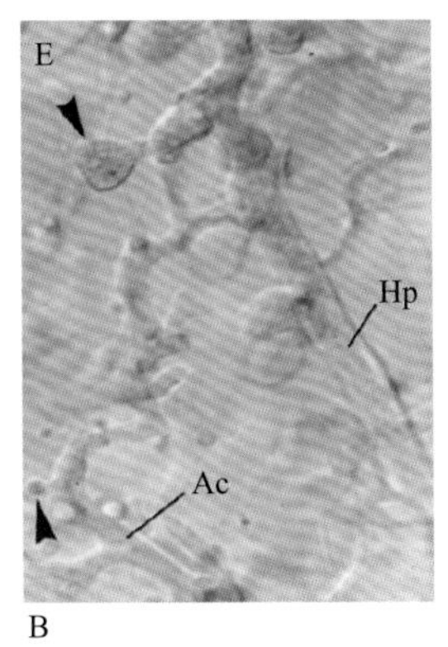

B

图 21.23　A. 用白色疱锈病菌（*Albugo candida*）的致病株系侵染野生型拟南芥 48h 后，宿主的防御机制被抑制，此时无毒的白粉病菌也可定殖和繁殖。B. 被依次注射了两种病菌的芥菜（*Brassica juncea*）子叶中，白色疱锈病菌 *A.candida*（Ac）的菌丝和寄生霜霉菌 *Hyaloperonospora parasitica*（Hp）的菌丝出现在一起。箭头分别指示 Hp 相对大的叶状菌根和 Ac 相对小的茎状菌根。来源：图 E 来源于 Kemen, Max-Planck-Institute, Cologne

表 21.4　模式植物和植物病原物基因组测序史

年份	物种	基因数目	注解
1977	噬菌体 ϕX174	11	第一个病毒基因组
1995	流感嗜血杆菌	1 740	第一个原核生物（细菌）基因组
1996	酿酒酵母	6 000	第一个真核生物（酵母）基因组
1998	秀丽隐杆线虫	20 000	第一个无脊椎动物（线虫）基因组
2000	黑腹果蝇	14 000	第一个昆虫基因组
2000	拟南芥	25 500	第一个植物基因组
2000	木质部难养菌	2 900	第一个细菌性植物病原物基因组
2002	稻瘟病菌	11 100	第一个真菌性植物病原物基因组
2002	水稻	37 500	第一个作物基因组，2002 年完成草图，2005 年完成全图
2003	丁香假单胞菌	5 800	模式细菌性植物病原物
2008	北方根结线虫	14 200	第一个植物病原物线虫基因组
2009	马铃薯晚疫病菌	14 000	马铃薯致病疫霉 —— 卵菌基因组
2010	豌豆蚜	34 000	第一个蚜虫基因组
2010 以后	单物种下多个分离菌株的平行测序		主要利用新一代测序方法，以已测序的参考基因组为骨架

范围提供了信息的重要病原物。

自 2000 年年底，低成本的新一代测序技术（NGS）与新型序列整合算法的出现，使得对众多病原物株系或小种进行全基因组测序成为可能。通过比较这些紧密关联的基因组，人们可精确定位候选效应因子基因并进一步评估其功能，这些基因是导致不同品系间生物学性质差异的关键因素。在许多全基因组研究中，病原物在植物体的转录组也被解析，以期据此鉴定潜在效应因子和它们诱导的植物代谢通路。如今，已有上百种病原物的基因组被测序，预计在近期这一数目可能会升至几千。

到目前为止，如此丰富的基因组信息都揭示出了什么？最令人意想不到的发现也许是，在分类上关系非常紧密的物种，其基因组大小和结构上常存在巨大的多样性（图 21.24 和表 21.5）；相反，有些系统发生关系上相距甚远的物种具有相似的基因组特征，如效应因子都成簇聚集在基因组的某个区域。例如，许多植物病原性细菌都具有编码III型分泌系统（T3SS）的基因簇（图 21.25）。此外，植物病原物与其自主生活的近亲常常具有相似的基因组。总而言之，人们已获得了数百个来自不同分类群的病原物基因组信息，这些信息正揭示着病原物的基因互补信息和毒性因子组成。

21.4　先天性防御

大多数健康的植物都会合成一系列抗菌性次生代谢产物（见第 24 章），这些化合物有时以生物活性状态存在，有时以无生物活性的前体物质状态储存，在遭遇病原物攻击或组织损伤时通过宿主酶的作用转化为活性形式。这些预先合成的抑制因子通常储存在植物最外层细胞的液泡或细胞器中。因此，

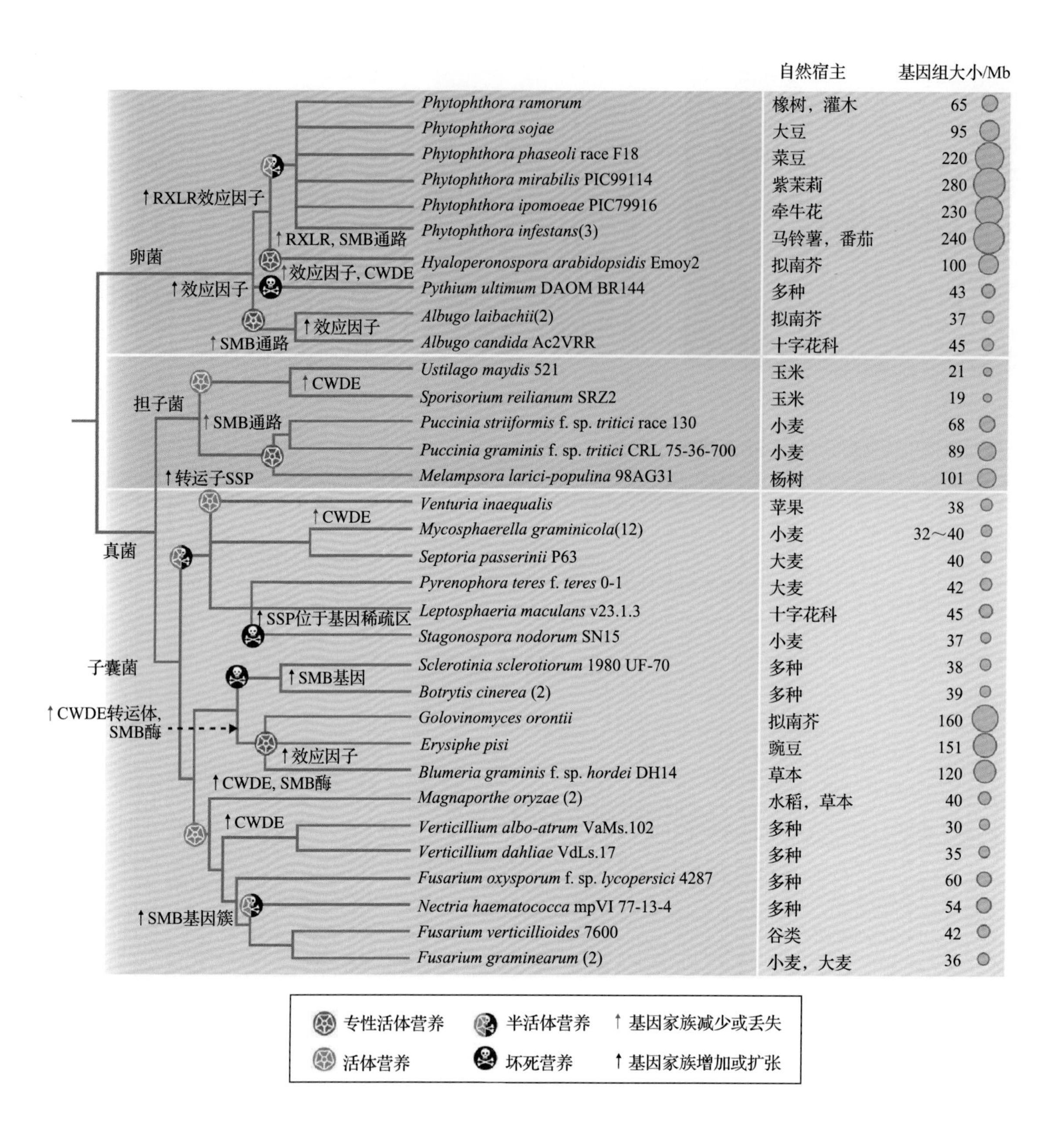

图 21.24 已测序丝状植物病原物的基因组大小及演化。真核丝状植物病原物属于真菌类或卵菌类。图中系统发生树基于软件 iTOL（Interactive Tree Of Life）和美国国立生物技术信息中心（NCBI）物种分类标识符建成（分支长度为任意的）。物种名右侧标出了被测序的单个分离菌株标识符或不同分离菌株（isolates）个数。分支旁还标记了主要宿主、病原菌基因组大小和经基因组比较获得的主要结论。CWDE，细胞壁降解酶；RXLR，精氨酸 - 任意氨基酸 - 亮氨酸 - 精氨酸；SMB，次级代谢物合成；SSP，小分泌蛋白

采用不同进攻方式的病原物会遭遇的抑制分子的量也不同：死体营养型病原物总是引发大量抑制因子的释放，而产生吸器的活体营养型真菌可能从来不会遭遇抑制因子。人们研究得比较清楚的两类预先合成的抑制因子是皂苷类（saponins）和硫代葡萄糖苷类（glucosinolates）物质（见第 24 章）；另一类物质则是苯并恶唑嗪酮 D- 糖苷缩醛（benzoxazinoid acetal D-glucosides）。

皂苷类物质是与固醇类物质有关的糖基化三萜。**燕麦根皂苷 A-1（avenacin A-1）**是在燕麦（*Avena sativa*）根中发现的一种三萜皂苷，其结构见图 21.26。全蚀病菌（*Gaeumannomyces graminis* var. *tritici*）是一种小麦根的病原物，对燕麦根皂苷格外敏感。因此，该病原物在小麦和大麦根部引起根系衰弱的“全蚀”病，却从不在燕麦中引起该病（图 21.26）。另一种燕麦全蚀病菌（*G. g. avenae*）则含有一种皂苷解毒酶（avenacinase），这种酶是其侵染燕麦所必需的。番茄产生一种叫番茄苷的化合物，性质与燕麦根皂苷相近。只有特殊致病变种的番茄壳针孢菌（*Septoria lycopersici*）才能侵染番茄，因为它

表 21.5　植物病原物基因组的主要特征

病原物物种	基因组特征	功能
革兰氏阴性菌 / 假单胞菌属、黄单胞菌属、青枯菌属、欧文氏菌属、果胶杆菌属	多个基因岛：编码III型分泌效应因子（T3SE）的基因成簇存在	T3SE 在一些情况下具有物种特异性，另一些情况下在多个物种中存在，它们中有许多与病原物侵染过程有关
	亲缘关系远的细菌物种间发生水平基因转移	获得新的致病性或扩大宿主范围
革兰氏阳性菌 / 甘蔗宿根矮化病病原菌	存在大量假基因（13%）和基因组缩减（如丢失了特定类型的基因）	适应特定的植物位置，如甘蔗木质部
严格活体营养 / *Blumeria formae speciales*	庞大的基因组（120 ～ 150Mb）中含有大量重复 DNA（65% ～ 75%），这既包括谱系特异性扩增，也包括特定基因家族的收缩	病原物基因功能严格限于吸收硝酸盐和硫酸盐，反映了病原物的营养依赖于植物代谢
半活体营养或死体营养的子囊菌	大部分的基因组大小为 35 ～ 45Mb；含各种家族大小的 CWDE 基因和小分泌蛋白（SSP）；许多有次级代谢基因簇	基因的获得 / 丢失和基因家族的扩增 / 缩小与特定的侵染生活史有关；很多小分泌蛋白是物种特异的，可能有助于侵染特定的植物宿主
活体营养的担子菌门黑粉菌 / 玉米黑粉菌和玉米丝黑穗病菌	较小的基因组（19 ～ 21Mb）；小型基因簇编码分泌蛋白，一组缩小的基因编码植物细胞壁水解酶	有助于长期活体营养的生活史，以及在不同宿主植物上成瘤
卵菌 / 疫霉属	疫霉属有庞大的基因组（220 ～ 280Mb）；有大量重复 DNA，尤其是转座元件（TE）；RXLR 和 Crinkler 效应因子基因镶嵌在长片段重复 DNA 中	重复 DNA 往往伴随近缘物种间大范围或局部基因次序（共线性）的改变；在这些共线性改变的区域内，效应因子和其他基因的演化速度比其他区域的基因快
严格活体营养型卵菌 / 白锈菌属和灰霉菌属	较小的基因组（40 ～ 100Mb），一组缩小的基因编码植物细胞壁水解酶	特定的一组基因反映了病原物的营养依赖于植物代谢
根结线虫 / 根结线虫属	北方根结线虫的基因组约 54Mb，南方根结线虫的基因组约 86Mb；拥有很大的植物细胞壁降解酶（PCWD）基因家族，包括纤维素酶、木质素酶、阿拉伯糖酶、果胶酶和扩展蛋白酶；很多基因经由水平基因转移从土壤细菌或植物基因组进入线虫基因组；在预测的分泌组中有许多物种特异的序列	适应于特定的植物结构和特定的植物分类单元
专取食韧皮部的昆虫 / 豌豆蚜	庞大的基因组（约 464Mb）；扩张的基因家族中包括许多糖转运蛋白；缺失了很多编码免疫系统组分的基因	免疫功能的削弱有助于蚜虫获得并维持与它们共生的细菌，这些细菌可以合成植物韧皮部汁液中缺乏的氨基酸

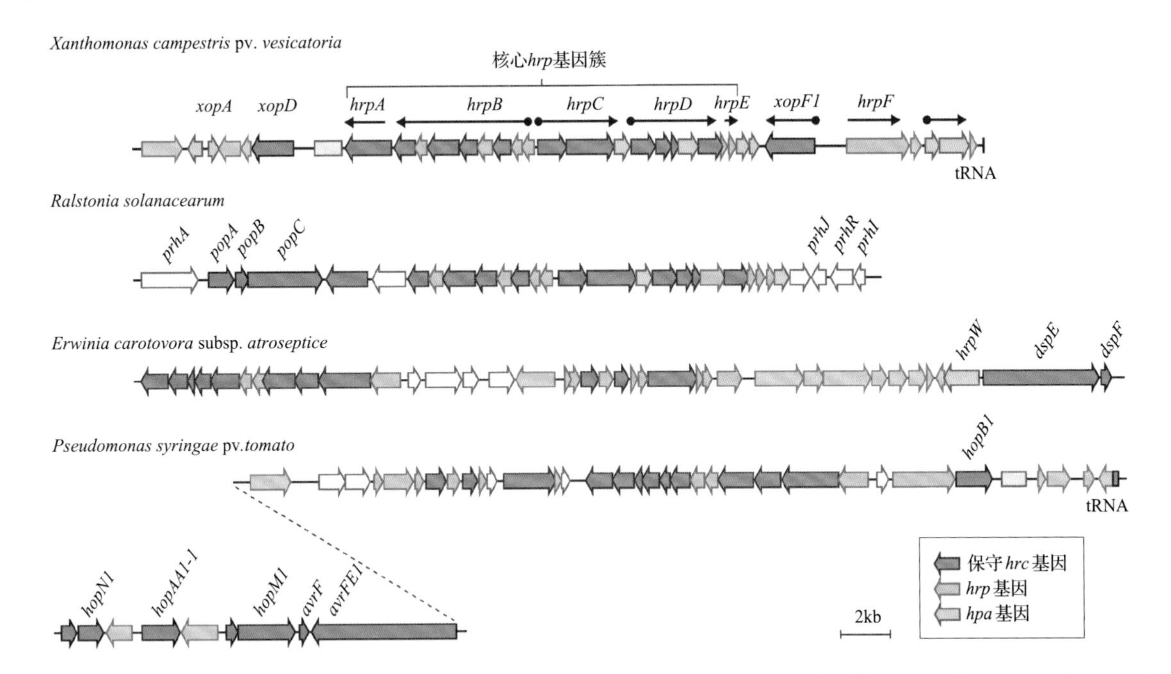

图 21.25　细菌毒性基因岛。图示中为四种已测序的植物细菌性病原物的超敏反应及病原性基因区域（*hrp*），从上至下分别为野油菜黄单胞菌（*Xanthomonas campestris* pv. *vesicatoria*）85-10 株系、青枯雷尔氏菌（*Ralstonia solanacearum*）GMI1000 株系、欧文氏菌（*Erwinia carotovora* subsp. *atroseptica*）SCR11043 株系和丁香假单胞菌（*Pseudomonas syringae* pv. *tomato*）DC3000。红色箭头代表 *hrc*（侵染植物及动物的细菌中保守的 *hrp*）基因，蓝色箭头代表 *hrp* 基因，绿色箭头代表与病原物 - 植物互作有关但非必需的 *hpa* 基因（*hrp* 相关基因），黑色箭头代表III型效应因子基因，灰色箭头代表编码其他功能或未知功能蛋白的基因，白色箭头代表编码调控III型分泌系统（T3SS）表达的基因。黄色方框代表插入序列（IS），来自其他植物病原细菌的水平基因转移。黄单胞菌序列上方的箭头表示一个操纵子结构，黑点标记出启动子区存在植物诱导启动子盒（PIP box）的受 *HrpX* 调控的基因

CHO
O
O
O
HNCH3
β-D-glu(1→2)
α-L-ara(1→)O
β-D-glu(1→4)
3
OH
OH
燕麦根皂苷A-1

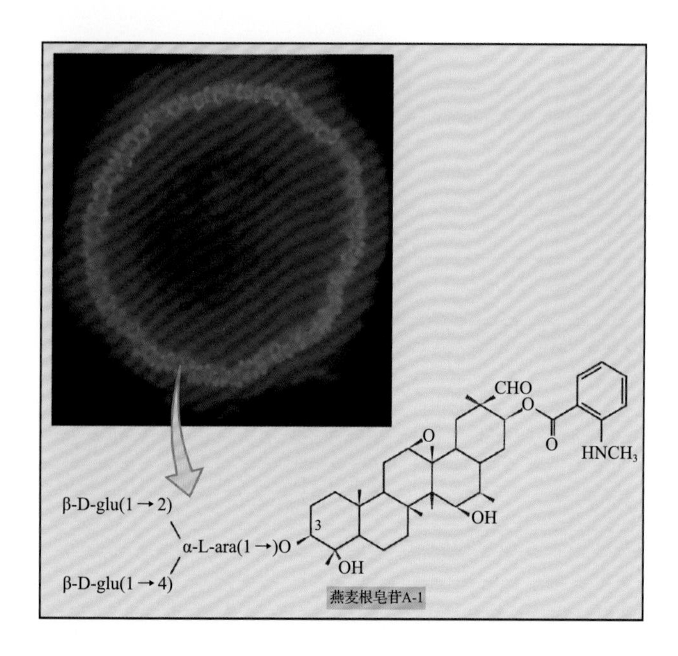

图 21.26　燕麦根皂苷 A-1（avenacin A-1）是一种预先合成的防御性皂苷，存在于燕麦（*Avena sativa*）的根系中，但小麦（*Triticum* spp.）和大麦（*Hordeum vulgare*）不能合成。如图，在紫外光（UV）下观察，健康燕麦根中的燕麦根皂苷位于表皮层。侵染根部的小麦全蚀病菌（*Gaeumannomyces graminis* var. *tritici*）对燕麦根皂苷 A-1 格外敏感，而近缘菌种燕麦全蚀病菌（*G. g.* var. *avenae*）则含有一种皂苷解毒酶，可移除燕麦根皂苷 A-1 的末端 1-2、1-4 连接 D- 葡萄糖分子，从而解除燕麦根皂苷毒性。来源：Osbourn（1999）. Fungal Genet. Biol. 26:163-168

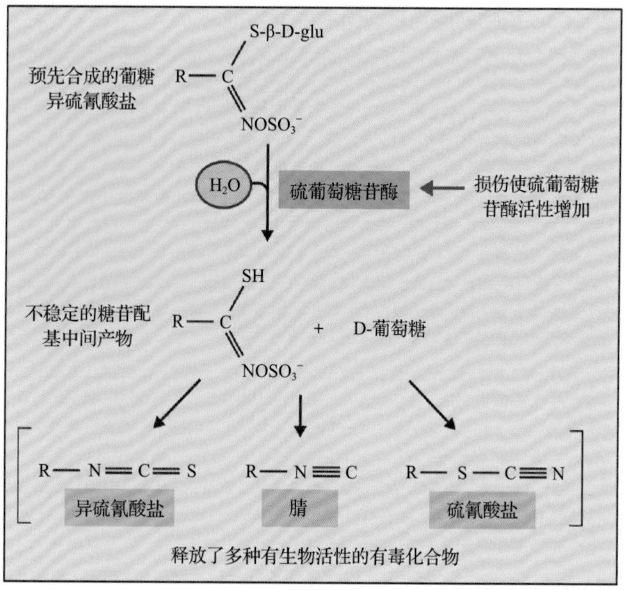

S-β-D-glu
预先合成的葡糖异硫氰酸盐
R—C
NOSO3⁻
H2O
硫葡萄糖苷酶
损伤使硫葡萄糖苷酶活性增加
SH
不稳定的糖苷配基中间产物
R—C
NOSO3⁻
+ D-葡萄糖
R—N=C=S
异硫氰酸盐
R—N≡C
腈
R—S—C≡N
硫氰酸盐
释放了多种有生物活性的有毒化合物

图 21.27　有些葡糖异硫氰酸盐是植物预先合成的防御化合物。葡糖异硫氰酸盐含有两个硫原子，其中一个与核心碳原子和一个糖分子相连，另一个是亚硫酸根。植物组织被损伤后，存储的葡糖异硫氰酸盐发生水解，产生并释放许多有生物活性的毒性化合物。损伤激活了硫葡萄糖苷酶，也导致细胞结构解体，使得被激活的硫葡萄糖苷酶接触到葡糖异硫氰酸盐底物，切断其糖基 - 硫键、释放糖分子，形成的化合物自行分解，产生硫酸根（SO_4^{2-}）、有毒的异硫氰酸盐、腈和硫氰酸盐

们可以产生一种葡萄糖苷酶，使番茄苷失去毒性。

硫代葡萄糖苷类物质是包括拟南芥在内的十字花科植物合成的一类含硫葡萄糖苷类物质。根据侧链性质，硫代葡萄糖苷可分为三类；它们的侧链通常来源于脂肪族氨基酸、吲哚类氨基酸或芳烷基 α- 氨基酸（见第 24 章）。基于硫代葡萄糖苷的防御可能是预先形成的，也可能是诱导性防御。有些硫代葡萄糖苷仅在组织受到损伤时经由黑芥子酶（一种葡糖硫苷酶）催化成为有生物活性的形式（图 21.27）。在健康的植物细胞中，黑芥子酶和硫代葡萄糖苷存储在分开的亚细胞结构中，它们通常位于韧皮部薄壁组织中特化的芥子酶细胞或气孔细胞中。黑芥子酶催化底物形成不稳定的糖苷配基，进而转化为多种产物，如挥发性异硫氰酸酯（芥末油）（图 21.27）。油菜（*Brassica napus*）中所含的硫代葡萄糖苷类物质存在遗传差异。戊烯基硫代葡萄糖苷的含量减少使得丁烯基硫代葡萄糖苷所占比例上升，导致油菜叶片的可口程度在一些非特异性取食油菜的生物眼中下降，如兔子、鸽子和蛞蝓，但是这种改变使得油菜对特化的昆虫类害虫易感度增加，如油菜金头跳甲（*Psylliodes chrysocephala*）成虫。防御昆虫和死体营养型病原物的硫代葡萄糖苷通常都是植物预先合成的，但也有一些抗菌性硫代葡萄糖苷是受诱导合成的（见 21.5.6 节）。

苯并恶唑嗪酮 D- 糖苷缩醛是玉米、小麦和黑麦（*Secale cereale*）合成的一类含氮化合物，植物对一些昆虫的抗性与这类物质密切相关。例如，在玉米中，对欧洲玉米螟（*Ostrinia nubilalis*）的抗性与 DIBOA 及 DIMBOA 的出现显著相关（见第 7 章）。人们已阐明了玉米中该物质的合成途径（图 21.28）：吲哚在叶绿体内被合成并外运至细胞质，在内质网上，细胞色素 P450 加工吲哚、合成苯并恶唑嗪酮类物质，随后获得来自 UDP- 葡萄糖的葡萄糖而被糖苷化，生成糖苷储存在液泡中。这些糖苷是无毒的。在玉米叶绿体中存在特定的糖苷酶，可以切割存储的糖苷、释放苯并恶唑嗪酮类物质。DIMBOA（2,4-dihydroxy-7-methoxy-2H-1,4-benzoxazin-3（4H）-one）是苯并恶唑嗪酮类物质中

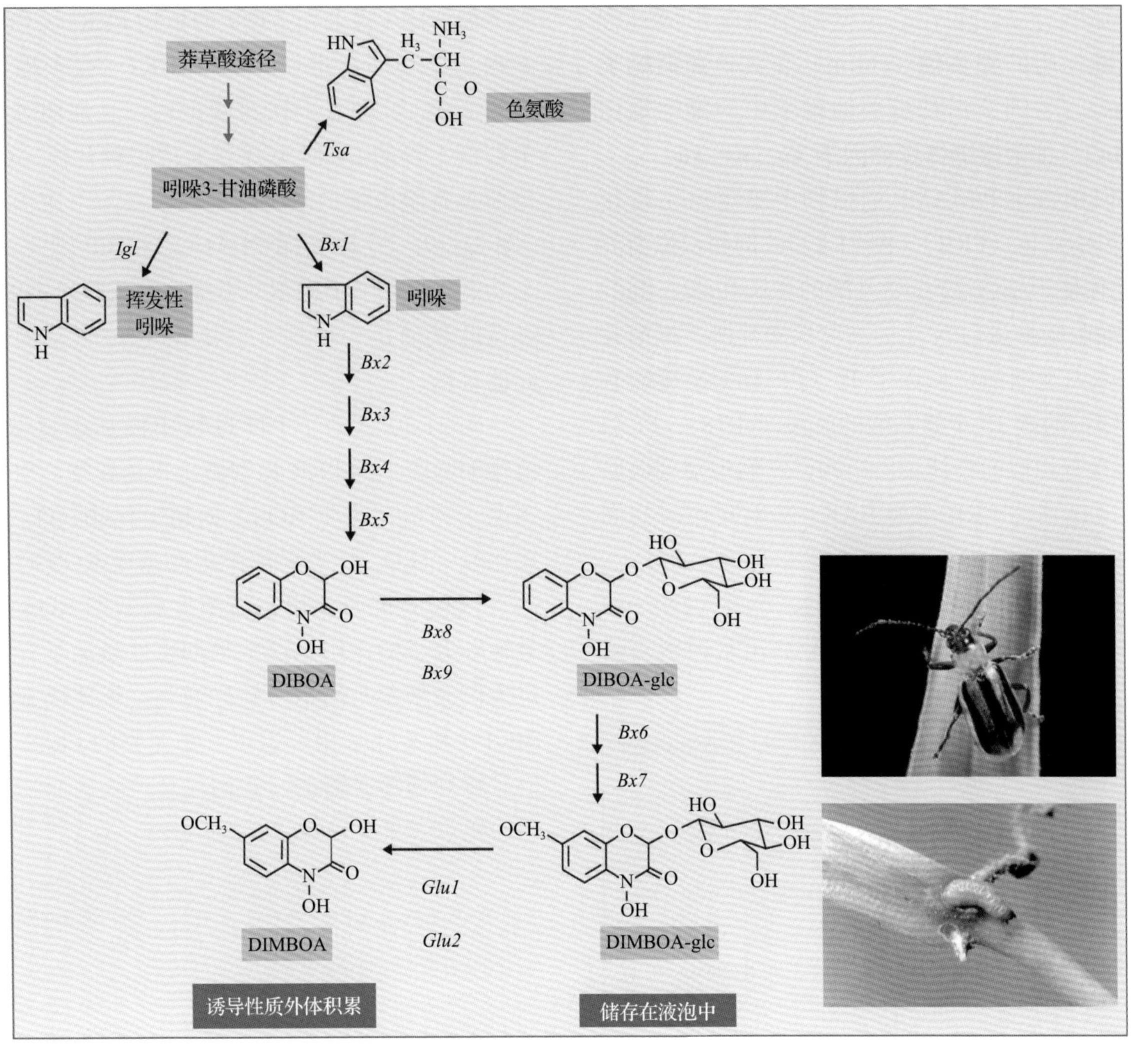

图 21.28 草本植物中苯并恶唑嗪酮类物质（benzoxazinoid，Bx）次生代谢产物的合成与储存。Bx 合成的第一步是吲哚的合成。吲哚 3- 甘油磷酸是色氨酸合成通路的中间产物，在叶绿体中被转化为吲哚。在玉米（*Zea mays*）中，这个反应由 BENZOXAZINELESS1（Bx1）或 INDOLE GLYCEROL PHOSPHATE LYASE（吲哚甘油磷酸裂解酶，Igl）催化。*Bx1* 基因受发育调控、主要负责 Bx 的生成，而 *Igl* 基因受逆境信号诱导，如损伤、啃食、茉莉酸信号。在玉米叶片中，吲哚被外运至细胞质，在内质网定位的多种 Bx 酶催化下发生反应。在很多草本植物中，Bx 生物合成主要受发育调控，产物以无活性 Bx- 糖苷化合物的形式存储在液泡中。在黑麦（*Secale cereale*）和野生大麦（*Hordeum vulgare*）中，主要的苯并恶唑嗪酮类物质是 2,4- 二羟基 -2H-1,4- 苯并恶唑嗪 -3（4H）-one（DIBOA），而在小麦和玉米中，其甲基衍生物 2,4- 二羟基 -7- 甲基 -2H-1,4- 苯并恶唑嗪 -3（4H）-one（DIMBOA）含量更高。DIMBOA 在质外体中积累，而无活性 DIMBOA 糖苷储存在液泡中。除了 *Bx9* 基因在玉米 1 号染色体上外，其余 *Bx* 基因都集中存在于玉米 4 号染色体上的一个小片段内，遗传图距只有 6cM。相比于 DIMBOA 含量低的玉米株系，根中含有高 DIMBOA 的玉米株系更不易被玉米根叶甲（*Diabrotica virgifera*）的幼虫侵害。来源：Ahmad et al.（2011）. Plant Physiol. 157（1）:317-327

的一种，它对昆虫有毒，只在植物细胞被破坏、液泡和叶绿体中的物质混合时积累。

21.5 诱导性防御

在 21.2 节中已提到，引发防御的一种途径是通过细胞表面模式识别受体（PRR）识别相对保守的 P/MAMP，导致 P/MAMP（或 PRR）诱发的免疫（PTI）；另一种途径是细胞内 NB-LRR 受体直接或间接识别效应因子，导致效应因子激活的免疫（ETI）。本节阐述了受体识别后如何进行信号转导，并最终引发多种防御反应。

21.5.1 PTI 是一种诱导性防御

引发 PTI 的是许多病原物共有的、功能比较保守的那些分子，如在真菌坚硬细胞壁形成过程中起关键作用的**壳多糖（chitin）**和其他**葡聚糖类（glucans）**、与细菌运动有关的鞭毛中的**鞭毛蛋白（flagellin）**、细菌**核糖体延伸因子 Tu（EF-Tu）**。

从识别特定 P/MAMP 的植物中鉴定出了特化的模式识别受体（PRR）（图 21.29），例如，拟南芥 FLS2 受体能识别含 22 个氨基酸的多肽 flg22，flg22 来源于细菌鞭毛蛋白 N 端的高度保守片段。拟南芥 EFR 受体识别细菌延伸因子 Tu（EF-Tu）N 端的有乙酰化修饰的含 18 个氨基酸的肽段（elf18）。FLS2 和 EFR 具有相似的整体蛋白结构，它们识别到病原分子后，迅速与 LRR 激酶 BAK1 发生互作，共同引发次级信号（图 21.29）。

人们已从水稻（*Oryza sativa*）、小麦（*Triticum* sp.）和拟南芥（*Arabidopsis*）中分离出了识别真菌

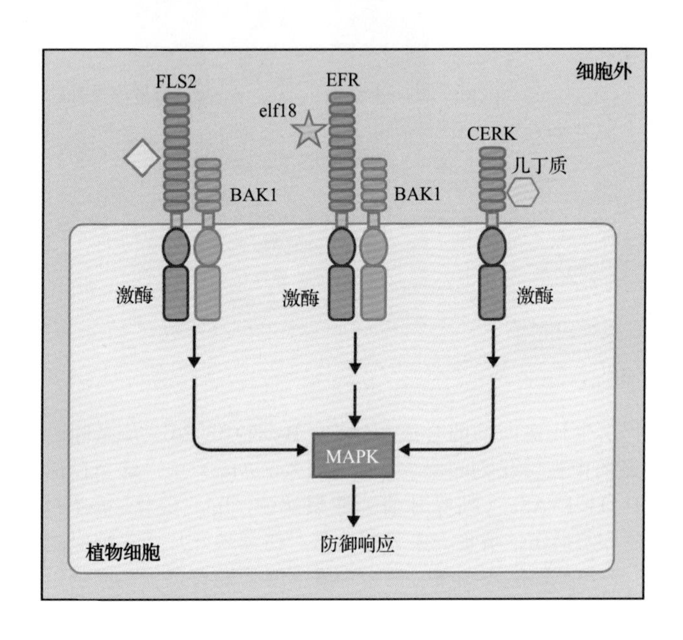

图 21.29 植物通过表面模式识别受体（PRR）识别保守的病原物分子（P/MAMP）激活防御，导致模式诱发的免疫（PTI）。在拟南芥中，模式识别受体 FLS2 识别鞭毛蛋白 flagellin（flg22）N 端的片段，该片段在细菌性病原物中十分保守。第二种拟南芥模式识别受体 EFR 是 EF-Tu 的受体，可识别细菌延伸因子 Tu 的 N 端 18 个氨基酸组成的肽段 elf18，elf18 上有乙酰化修饰。FLS2 和 EFR 在整体蛋白结构上十分相似：它们都是单次跨膜蛋白，都具有富含亮氨酸的胞外重复结构域（LRR），LRR 结构域识别并结合同源的 PAMP；FLS2 和 EFR 还都具有胞内蛋白激酶结构域，两者被激活后，迅速与另一个 LRR 激酶 BAK1 结合，BAK1 参与下游信号启动。第三种拟南芥模式识别受体是壳多糖受体 CERK1（几丁质激发子受体激酶 1），其胞外结构域含有 LysM 基序，可结合几丁质片段。CERK1 蛋白有一个胞内激酶结构域，可独立于 BAK1 参与下游防御的信号转导。为图示简洁，图中没有画出细胞壁

壳多糖片段（寡聚壳多糖）的植物 PRR。CEBiP（壳多糖诱导物结合蛋白）和 CERK1（壳多糖诱导物受体激酶 1）都是一次跨膜蛋白，且都通过胞外域中数量不等的 LysM 基序结合壳多糖片段。CERK1 蛋白具有胞内蛋白激酶结构域，参与下游信号转导（图 21.29，另参见图 21.41），CEBiP 则不具有这个功能。拟南芥 CREK1 还参与细菌肽聚糖的识别。细菌肽聚糖是一种具有重复 *N*- 乙酰氨基葡萄糖单元的多糖。

图 21.30 总结了 PTI 过程中激活的序列事件。植物细胞膜上的 PRR 识别微生物诱导物，引发大量钙离子内流，产生 ROS，如超氧化物（O_2^-）和过氧化氢（H_2O_2）。当局部产生高浓度 ROS 时，它们具有直接的抗菌作用；而浓度较低的 ROS 起到信号转导分子的作用。这些早期事件激活了有多种特定蛋白激酶参与的信号转导通路。受体样胞质激酶 BIK1（和某几个相关蛋白）是完整的 FLS2 和 EFR 信号转导通路必需的，它们也是一些病原物效应因子的靶点（见 21.3 节）。

21.5.2 MAPK 和 CDPK 参与植物防御中的蛋白激酶信号转导

诱导产生后至少激活了两类激酶：**丝裂原活化蛋白激酶**（MAPK，见第 18 章）和**钙依赖蛋白激酶**（CDPK）。哺乳动物中没有 CDPK 类蛋白激酶，而 MAP 类激酶参与全部真核生物的信号转导。PAMP 识别和钙离子快速内流引发激酶的级联反应：MAPKK 激酶（MAPKKK）、MAPK 激酶（MKK）和四种 MAP 激酶（MAPK）依次经翻译后修饰被激活，CDPK 也同时被激活（图 21.30）。

一些基因的表达迅速被上调，典型的是编码信号转导蛋白（如蛋白激酶）和调控蛋白（如转录因子）的基因。这些基因的表达增加了信号转导的复杂度，也进一步促进了植物防御系统的激活。稍后表达的基因往往编码参与降解途径的蛋白质，它们协助将靶蛋白递送到**蛋白酶体（proteasome）**降解（见第 10 章）。这类降解可能通过移除防御的负调控因子来促进植物防御，或重启防御系统，以识别和抵御新到来的病原物。蛋白质失活常常由泛素分子被添加到蛋白质的特定氨基酸位点（泛素化）引起，泛素标记介导了蛋白酶体的降解（见第 10 章）。

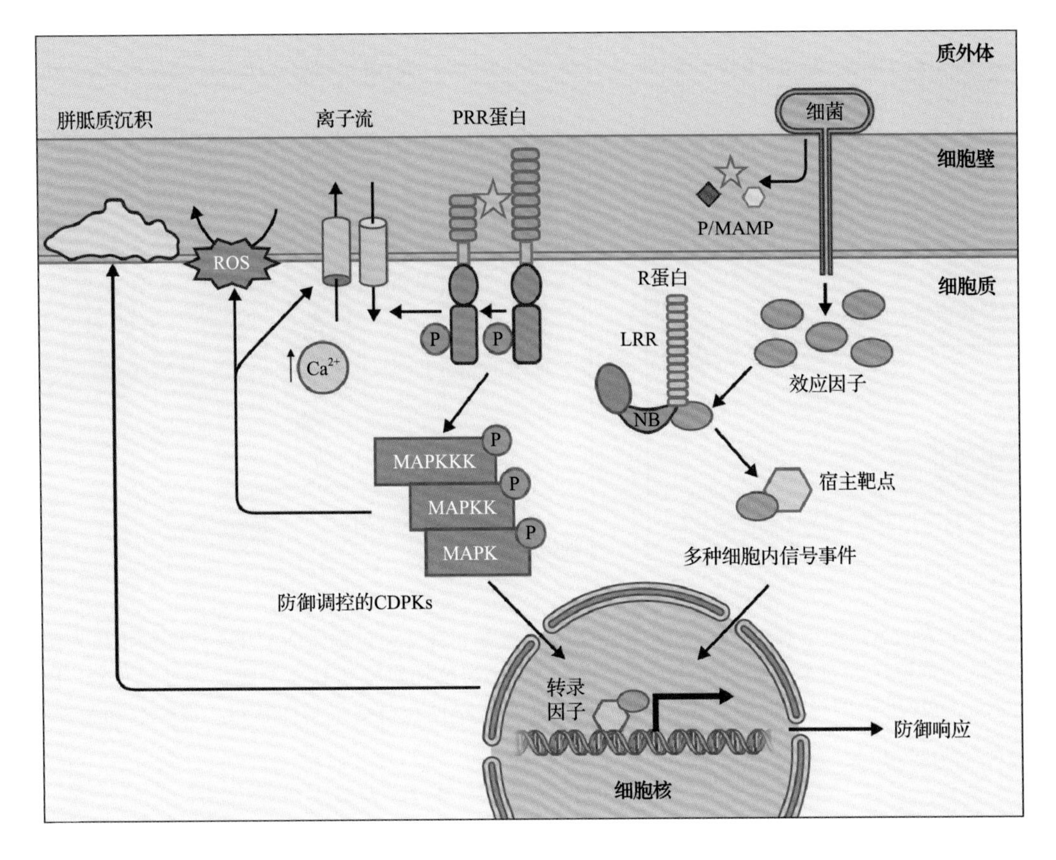

图 21.30 早期防御激活的模式诱发的免疫（PTI）与效应因子激活的免疫（ETI）。细菌侵染植物后，细胞表面模式识别受体（PRR）识别 P/MAMP、R 蛋白识别进入细胞质中的特定细菌效应因子，进而产生快速而多样的植物防御反应。这些协同响应包括细胞膜离子流的变化、细胞质游离钙离子浓度局部升高、细胞表面附近产生多种活性氧、促分裂素原活化蛋白激酶（MAPK）与钙离子依赖的蛋白激酶（CDPK）参与的细胞质信号级联放大、蛋白质磷酸化（P）、编码调控蛋白和信号蛋白的第一组基因开始表达、局部胼胝质沉积加固细胞壁。综合起来，这些植物响应创造出了一个不利于细菌生长发育的局部环境

MAP 激酶中的 MPK3、MPK4 和 MPK6 在防御中起作用，MPK3、MPK6 和 MPK11 则与 PTI 有关。早期研究认为 MPK4 是植物免疫的负调控因子，因为 *mpk4* 突变体生长显著低矮化，积累高浓度 SA 且组成型表达几种与防御有关的基因。丁香假单胞菌（*P. syringae*）的 HopAI1 效应因子是一种磷酸苏氨酸裂解酶，它导致 MPK3、MPK6 和 MPK4 的不可逆失活，进而抑制防御反应、利于细菌生长。

MPK4 底物 1（MKS1）是研究最为透彻的 MPK4 体内底物。MSK1 与 MPK4 及转录因子 WRKY33 结合形成核复合体（见 21.5.5 节）。在感知 P/MAMP 并激活 MPK4 后，MKS1 被磷酸化、与 MPK4 一起脱离复合体而释放了 WRKY33 转录因子。WRKY33 继而结合到系列靶基因启动子的同源 W 盒（cognate W box）区域上，介导靶基因转录。例如，WRKY33 引发 *PHYTOALEXIN DEFICIENT3*（*PAD3*）的转录，*PAD3* 编码细胞色素 P450 单加氧酶，该酶为抗菌性植物抗毒素 camelexin 合成过程所必需（21.5.6 节）。MPK3 和 MPK6 还可直接将 WRKY33 磷酸化。因此，MPK4 和 MPK3/MPK6 介导的信号转导都参与 WRKY33 诱导的 *PAD3* 表达，表明在植物对病原物的响应过程中，*PAD3* 的转录受到双重调控。

21.5.3 活性氧（ROS）的合成包括两条途径

氧化爆发（oxidative burst）过程中，至少有两个独立的途径合成 ROS：NADPH 氧化酶途径和细胞外过氧化物酶途径。

跨细胞膜的 NADPH 氧化酶从细胞内的 NADPH 转移一个电子到膜外，使细胞外的氧分子转变为超氧化物阴离子（O_2^-）（图 21.31）。超氧化物阴离子自发地或通过**超氧化物歧化酶（superoxide dismutase）**迅速转变为过氧化氢（H_2O_2）。在拟南芥中，NADPH 氧化酶由 10 个呼吸爆发氧化酶（respiratory burst oxidase）的同源基因（*Atrboh*）编码。响应 flg22 产生 ROS 的过程需要其中的两个蛋白质：AtrbohD 和 F。在卵菌（*Hyaloperonospora arabidopsidis*）和丁香假单胞菌（*P. syringae*）参与的遗传不相容宿主 - 病原物互作中，ROS 的产生也需要 AtrbohD 和 F。CDPK 和其他蛋白激酶联合参与了 NADPH 氧化酶的激活。

两种胞外过氧化物酶（PRX）也参与生成 ROS 产生，来抑制病原物生长。PRX33 和 PRX34 表达降低的拟南芥突变体在响应 flg22 和 elf18 时，产生的 ROS 和胼胝质沉积减少。*prx33* 突变株系相比

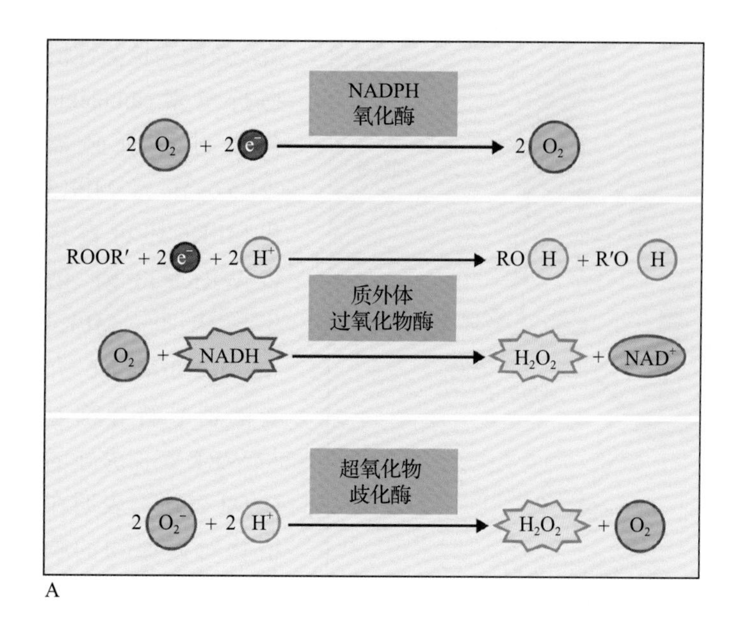

A

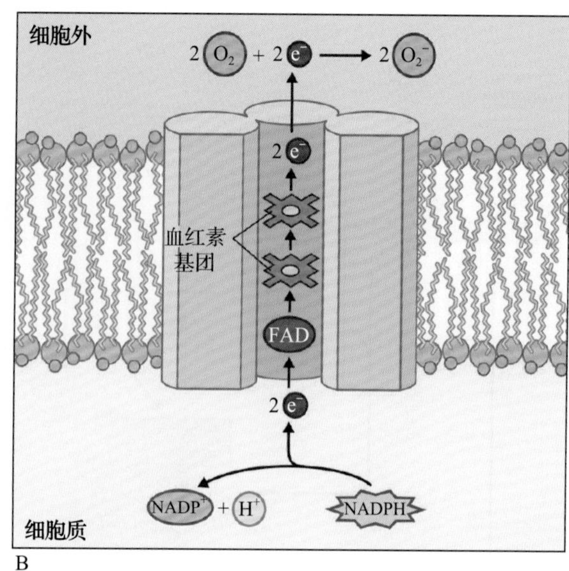

B

图 21.31 各类活性氧（ROS）的产生。A. 图中画出了三条产生活性氧的通路：氧气通过膜上 NADPH 氧化酶转化为超氧离子（O_2^-）、质外体中的过氧化物酶产生过氧化氢（H_2O_2）、细胞内超氧化物歧化酶将超氧离子转化为过氧化氢。B. NADPH 氧化酶的活性。胞内 NADPH 提供的电子，经跨膜的酶中的电子载体 FAD 和血红素基团转运、被释放到胞外，将胞外的氧分子还原为超氧化物

AtrbohD 突变或 *AtrbohF* 突变株系而言，更易被致病丁香假单胞菌（*P. syringae*）侵染。胞外过氧化物酶产生的 ROS 可能有帮助抗菌的作用，可导致细胞壁中特定多聚体的交联，从而提高细胞壁强度。

21.5.4 细胞壁加固是另一种诱导防御反应

在活体营养型真菌尝试侵入的位点下方，往往形成微小**乳突**（**papillae**）（图 21.32）。这些乳突起初的成分主要是**胼胝质**（**callose**，β-1,3 葡聚糖的聚合物）和**木质素**（**lignin**，一种高度复杂的酚类聚合物；见第 2 章），它们可能有助于阻止真菌侵入植物细胞。胞间连丝内的诱导性胼胝质沉积可能有助于阻碍病毒在细胞间移动。

胞外的**富羟脯氨酸糖蛋白**（**hydroxyproline rich glycoprotein**，HRGP）可经两种途径加固细胞壁。现有的 HRGP 通过 PPPPY 基序中的酪氨酸与诱导产生的 H_2O_2 反应而迅速交联到细胞壁基质上。新合成的 HRGP 起始木质素进一步多聚化，来进一步加固细胞壁（见第 2 章）。这些局部加固使植物细胞壁更难被微生物侵入，也更难被酶解。

另一类胞外防御蛋白是**多聚半乳糖醛酸酶抑制**

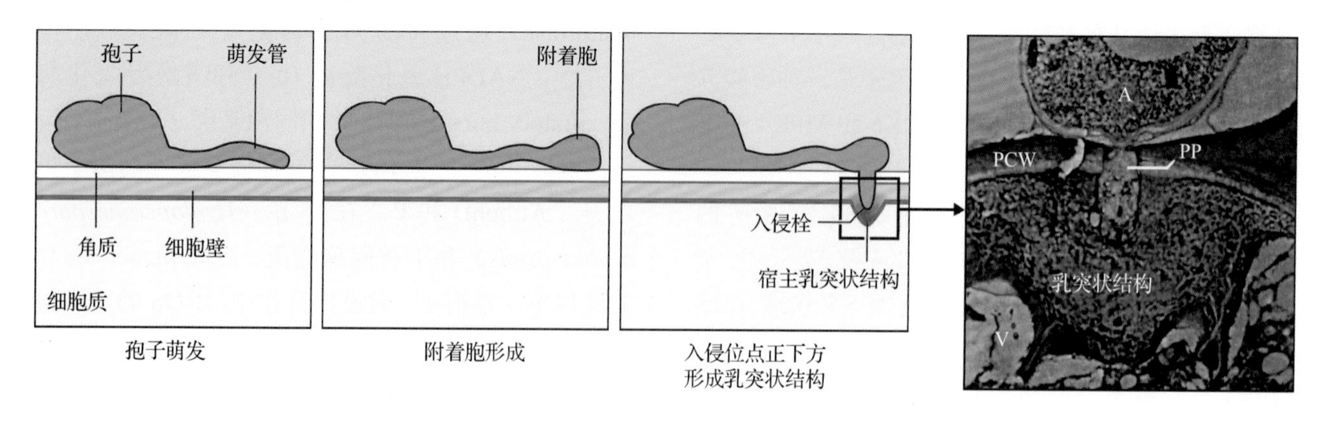

图 21.32 白粉菌孢子萌发后，在叶片表面短暂生长一段时间，随即形成附着结构——附着胞（appressorium，A）。之后，入侵栓（penetration peg，PP）在附着胞下方形成并穿过植物角质层和表皮细胞壁。入侵位点正下方的细胞壁内表面迅速形成乳突状结构来阻止菌丝的进一步入侵。在某些病害系统中，有研究认为，这种细胞壁的局部加固可以将菌丝固着在吸器颈部和被侵入细胞的质膜之间，以阻止菌丝进一步入侵。右图为一透射电镜显微照片，显示了一个真菌入侵植物细胞的位点。PCW，植物细胞壁；V，液泡。来源：照片来源于 Hammond-Kosack & Jones（1996）. Plant Cell 8:1773-1791

蛋白（**polygalacturonase-inhibiting protein**，PGIP），这类蛋白含 LRR 基序（见 21.6.2 节），特异地抑制来自死体营养型病原物的多聚半乳糖醛酸酶（polygalacturonase，PG，一种果胶酶）。PGIP 可能通过抑制 PG 的功能，使含 8 个以上单体的**寡聚半乳糖醛酸**（**oligogalacturonides**）含量升高（有时被称为损伤相关分子模式或 DAMP），它们可被 PRR 识别（图 21.33）。由此，PGIP 阻止果胶的完全水解，使寡聚半乳糖醛酸得以存在足够长的时间来激活 PRR。

21.5.5 WRKY 转录因子参与植物防御反应

WRKY 蛋白是一大类含有 WRKY 结构域、序列特异的 DNA 结合转录因子，几乎存在于全部植物中。WRKY 结构域由一个几乎不变的 WRKYGQK 序列接一个锌指基序构成。拟南芥拥有超过 70 个 WRKY 蛋白，可分成三大类和许多亚类，其中超过 70% 的成员响应病原物侵染或水杨酸处理，有些 *WRKY* 基因也响应非生物逆境（见第 22 章）。

拟南芥 WRKY 蛋白调控广泛的生物过程，包括激素信号转导、次生代谢、对多种非生物逆境的响应、种子萌发、叶片衰老、植物抗毒素合成及其他病原物防御过程。尽管功能多样，但几乎所有有研究的 WRKY 蛋白均识别并结合靶基因启动子区的一段核心 W 盒序列 TTGACC/T。不同的 WRKY 蛋白具有相互作用，也与其他植物蛋白有相互作用。

21.5.6 植物抗毒素是抗微生物的化合物，在不相容病原物感染位点富集

植物抗毒素是低分子质量的亲脂性抗菌化合物，它们在不相容病原物感染的位置迅速积累。植物利用初级代谢物、经特殊的生物合成途径来合成抗毒素。例如，苯丙氨酸可经**苯丙氨酸氨裂解酶**（**PAL**）合成类黄酮和异黄酮植物抗毒素；PAL 是苯丙酸合成途径的关键分支点（见第 24 章）。另一些植物抗毒素，如甜椒醇（capsidiol）和日齐素（rishitin），在烟草（*Nicotiana tabacum*）和马铃薯（*Solanum tuberosum*）遭到病原物袭击时迅速积累。

不同的植物产生化学性质迥异的植物抗毒素（图 21.34）。大多数植物抗毒素的合成需要许多生物合成酶的参与，还需要高度协调的信号转导过程及基因表达调控。植物抗毒素合成酶的基因在启动子区有相同的 DNA 序列元件，这可能是基因协调表达的基础。例如，西芹（*Petroselinum* sp.）中类黄酮合成涉及的元件有 H 盒 [CCTACC（N）7CT] 和 G 盒（CACGTG）。

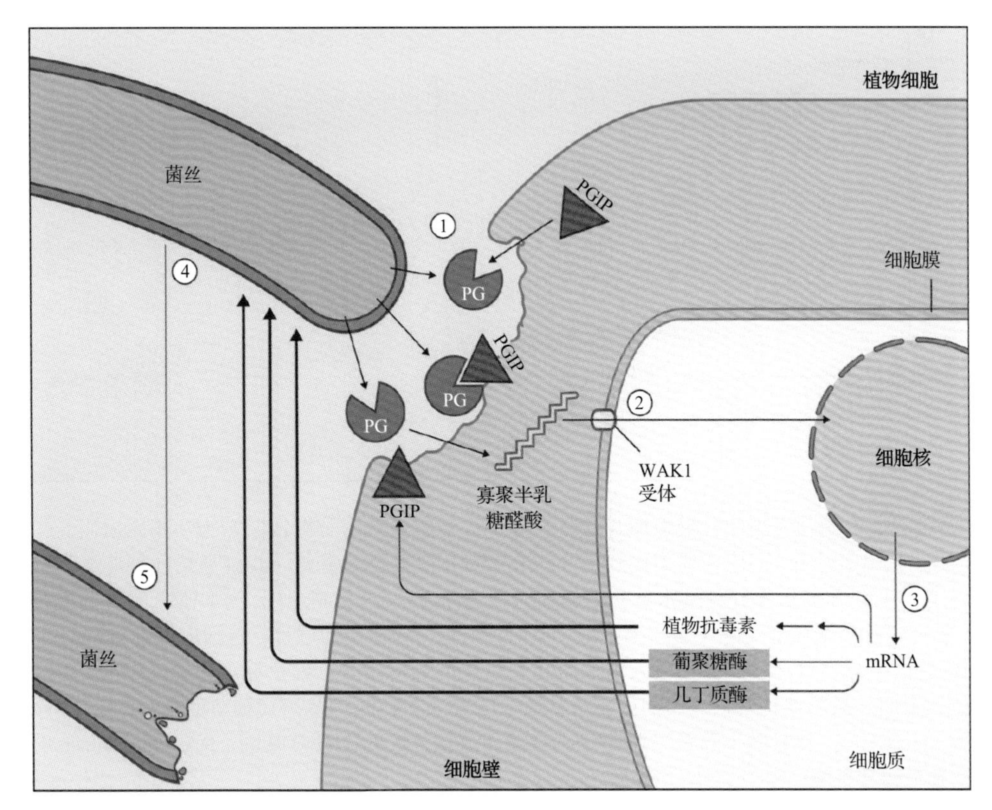

图 21.33 PG-PGIP 模型。①真菌菌丝分泌的多聚半乳糖醛酸酶（PG）与植物细胞壁中分泌的多聚半乳糖醛酸酶抑制蛋白（PGIP）相互作用。②多聚半乳糖醛酸酶作用于植物细胞壁、产生多种寡聚半乳糖醛酸，后者为相应受体识别（在拟南芥中，寡聚半乳糖醛酸酶受体是细胞壁关联的激酶 1，WAK1）。③上述信号转导诱导植物防御蛋白表达，包括 PGIP。④植物分泌几丁质酶、葡聚糖酶和植保素来破坏真菌菌丝⑤

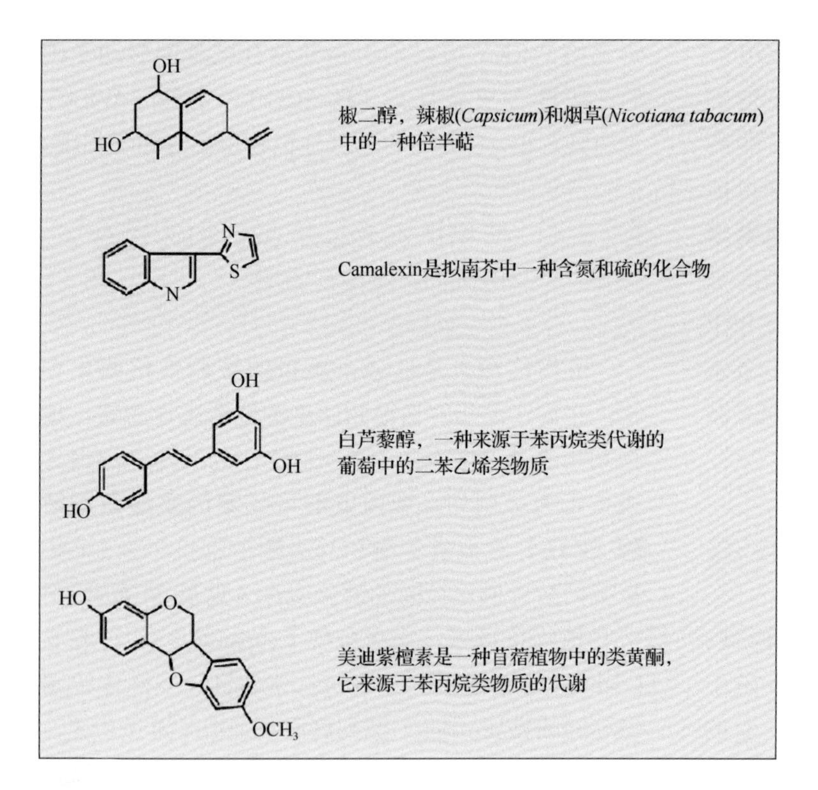

图 21.34 一些植保素的结构

对植物抗毒素合成缺陷突变体的研究，明确了植物抗毒素在抗病中的作用。拟南芥植保素合成缺陷相关突变体（*pad*）不能合成一种紫外荧光化合物 camalexin，其中 *pad3* 突变体因缺乏细胞色素 P450 而不能合成 camalexin，*pdf3* 对死体营养型甘蓝链格孢菌更易感，而对其他病原物（如丁香假单胞菌 *P.syringae*）的响应没有明显改变。

在拟南芥中，PTI 诱导吲哚类硫代葡萄糖苷物质产生，该类物质可以广谱地抵抗真菌病原物。PTI 和真菌感染表皮能诱导几种特定细胞色素 P450 酶的产生，从而引起吲哚类硫代葡萄糖苷 4MI3G（4-甲氧吲哚 -3- 硫代葡萄糖苷甲酯）的积累。拟南芥的 *PEN2* 编码一个过氧化物酶体相关的黑芥子酶（myrosinase），它的表达由病原物侵染和 P/MAMP 引起（见 21.4 节）。非典型的 PEN2 黑芥子酶继而将吲哚类硫代葡萄糖苷 4MI3G 转化为有毒化合物，该有毒化合物通过 PEN3 编码的 ABC 转运蛋白运出植物细胞，到达真菌侵染的位点（图 21.35）。

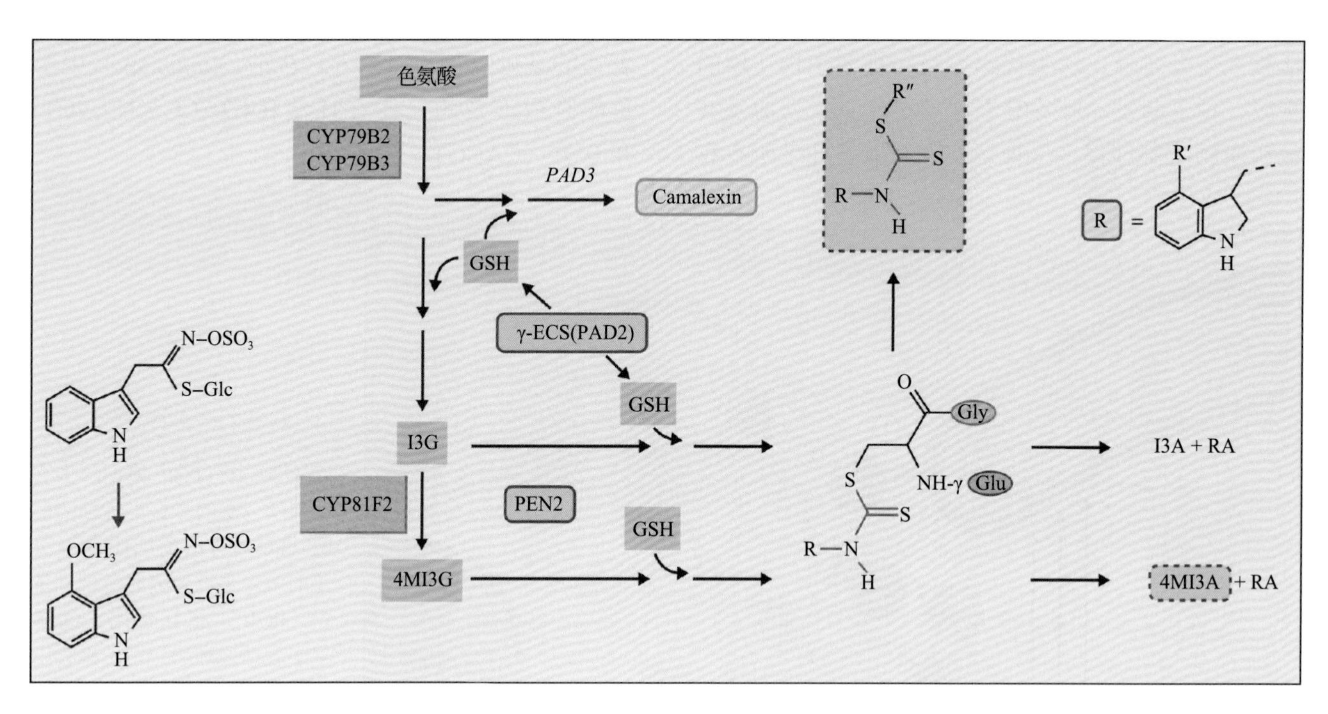

图 21.35 植物细胞中可诱导的、色氨酸衍生的吲哚类硫代葡萄糖苷通路介导了广谱的抗真菌防御。*CYP81F2* 基因编码一个 P450 单加氧酶，该酶对病原物诱导的 4- 甲氧吲哚 -3- 硫代葡萄糖苷甲酯（4MI3G）积累至关重要，其自身被一种非典型的参与抗真菌防御的 PEN2 黑芥子酶（一种 β- 葡萄糖硫苷糖基水解酶）激活。该通路存在于活细胞中，为 PAMP 触发的免疫（PTI）提供吲哚类硫代葡萄糖苷。另外一些色氨酸衍生的代谢产物参与了拟南芥抵抗白粉病菌的过程，包括植保素 camalexin（3-thiazol-2′-yl-indole）。蓝色框与橙色框中分别标注了在真菌侵入前后阻止其生长的关键组分。红色标出了异硫氰酸 - 谷胱甘肽加合物与一些十字花科植物植保素间一致的结构片段。GSH，谷胱甘肽；I3G，吲哚 -3- 甲基硫代葡萄糖苷；I3A，吲哚 -3- 甲胺；*PEN2*，penetration 2 基因；γ-ECS，γ- 谷氨酰半胱氨酸合成酶；*PAD3*，植物抗毒素缺陷 -3 基因；RA，raphanusamic acid；4MI3A，4- 甲氧吲哚 -3- 硫代葡萄糖苷甲酯

21.5.7 水杨酸生物合成参与局部防御信号转导

水杨酸（SA）是一种酚类化合物（见第 24 章）。在不相容感染发生处，游离水杨酸及其葡糖苷偶联物的浓度都可积累到很高。水杨酸是通过苯丙酸途径合成的衍生物，在植物防御反应中承担多项功能（图 21.36）。

人们在转基因植物中组成型表达细菌中编码水杨酸盐羟化酶（这种酶可将水杨酸转化为儿茶酚，从而大幅降低水杨酸浓度）的 *nahG* 基因，结果发现水杨酸对某些不相容相互作用是必不可少的。水杨酸积累量减少与一些 *R* 基因介导的抗性减弱相关，例如，*N* 基因介导的对烟草花叶病毒抗性，还使得许多抗性基因不能响应诱导表达。水杨酸介导的防御对植物抵抗专性活体营养型病原物和初期要进行活体定殖的病原物尤其重要。

人们在拟南芥和烟草（*Nicotiana tabacum*）中都鉴定出了两条不同的水杨酸合成途径：异分支酸（isochorismate，IC）途径和苯丙氨酸裂解酶（PAL）途径（图 21.37）。分支酸是莽草酸途径的终产物（见第 7 章），两条水杨酸途径都始于分支酸。拟南芥似乎主要在叶绿体内经 IC 途径合成水杨酸，而烟草可能主要在细胞质中经 PAL 途径合成水杨酸。在水稻（*Oryza sativa*）和杨树（*Populus* sp.）这样的物种中，水杨酸合成并不是由病原物侵染急剧性诱发的，在未被侵染的植株中已存在高浓度的水杨酸和水杨酸衍生物，一般高于被病原物侵染的拟南芥叶片中相应化合物的水平。水杨酸缺陷的拟南芥突变体 *sid1* 和 *sid2* 不能产生水杨酸，变得更易感病。*SID1* 编码一个 MATE 转运蛋白，而 *SID2* 编码异分支酸合酶。PTI 对这两个基因的诱导能力较弱，而 ETI 对它们的诱导能力很强。

在对病原物的局部响应中，水杨酸被认为与 ROS 协同作用、形成信号放大回路，在病原物入侵伊始诱导局部超敏反应。少量外源过氧化氢或病原物，即可促进水杨酸积累，导致局部 ROS 产量提高。另外，水杨酸积累还能抑制亚铁血红素参与的 ROS 清除系统，如过氧化氢酶和抗坏血酸过氧化物酶，从而在识别病原物后提升总体 ROS 水平。

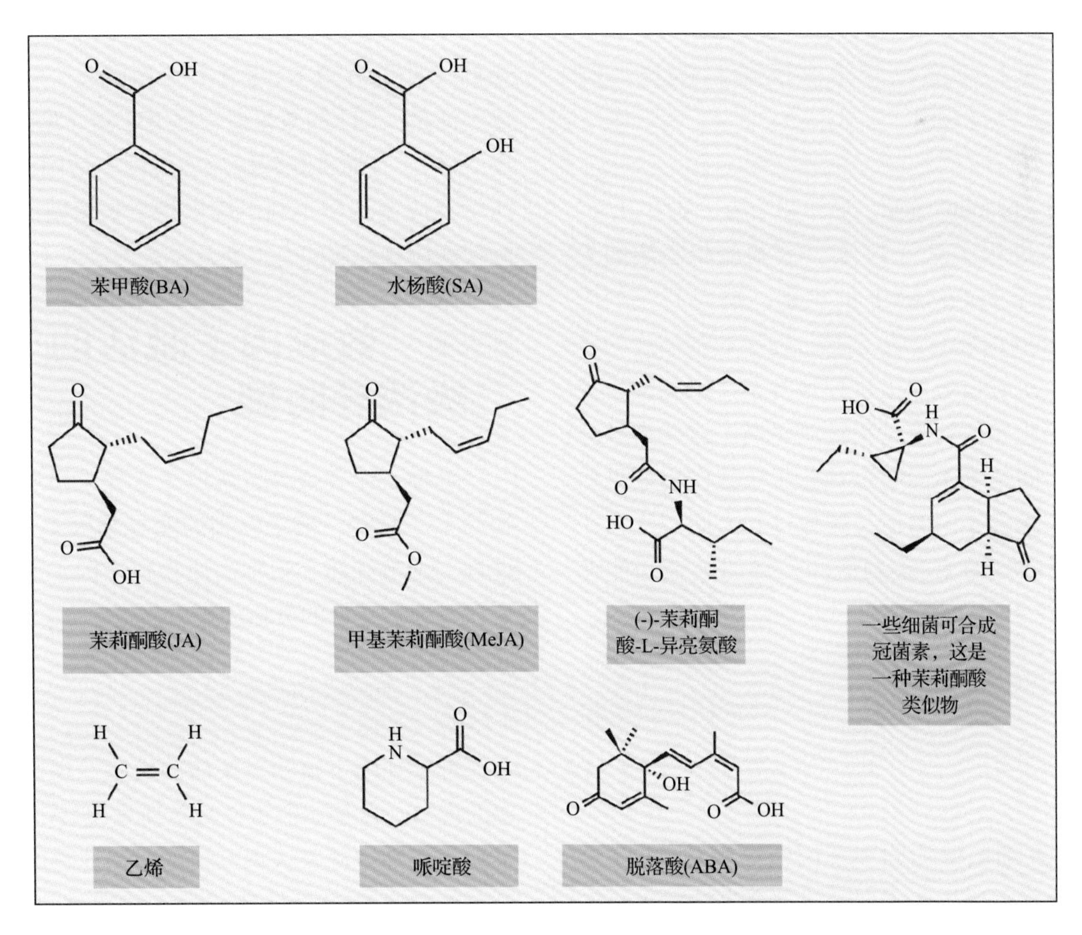

图 21.36 参与植物局部与系统的防御反应激活、调控、信号扩大过程的一些关键信号分子

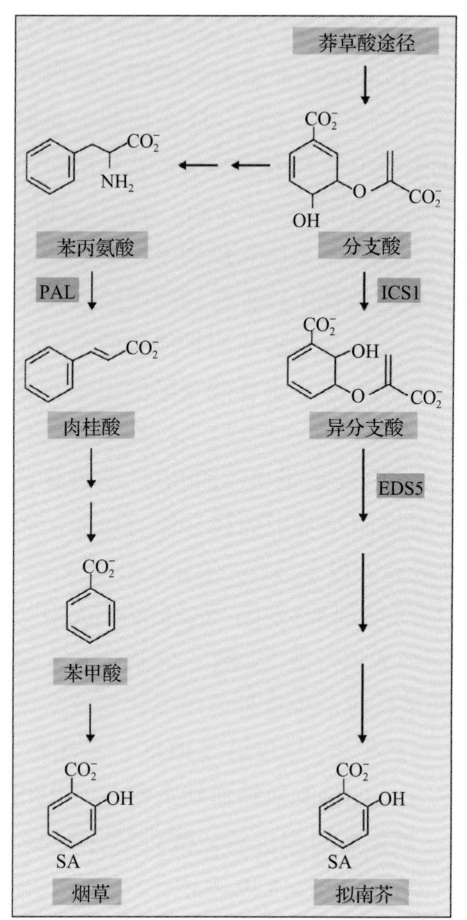

A

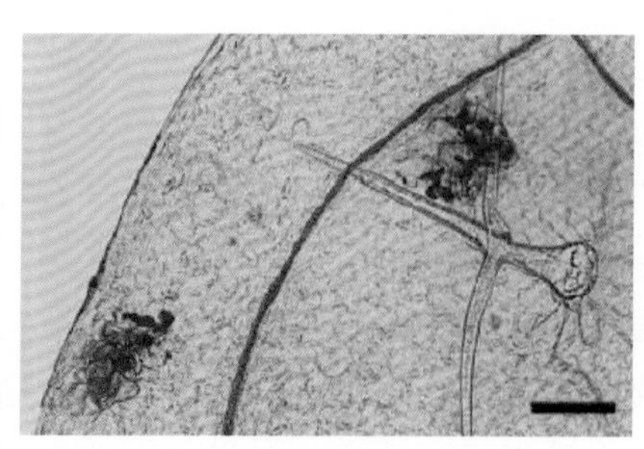

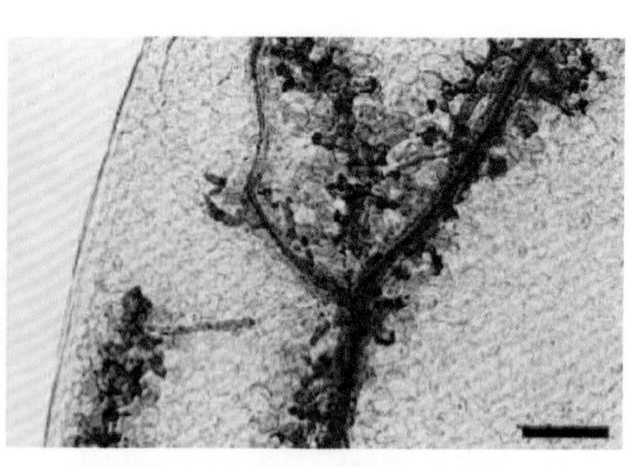

B

图 21.37 植物的水杨酸（SA）合成。A. 拟南芥中水杨酸主要来源于异分支酸。同位素标记实验表明，其他植物通过肉桂酸合成水杨酸，肉桂酸是苯丙氨酸氨裂解酶（PAL）的产物。突变体实验、基因沉默和化学抑制实验证实，PAL 与异分支酸合酶（ICS）在水杨酸积累中非常重要。ENHANCED DISEASE SENSITIVITY 5（EDS5）是一个功能未知的 MATE 转运体。B. 拟南芥野生型（Col-0）与 *ics1* 突变体对不兼容卵菌分离菌株（*Hyaloperonospora arabidopsidis*）霜霉的抗性反应。上图，蓝色染色显示 Col-0 产生了典型的超敏反应。下图，蓝色染色显示 *ics1* 突变体叶片中菌丝生长、伴随有坏死区。标尺 =25μm。来源：图 B 来源于 Nawrath & Metraux（1999）. Plant Cell 11:1393-1404

21.5.8 某些病原物感染激活茉莉酸及乙烯的合成与信号转导

茉莉酸（**jasmonic acid，** JA）和乙烯（见图 21.36）的生物合成过程详见第 17 章。茉莉酸和乙烯的生物合成起始于对 P/MAMP 的识别。拟南芥在响应 flg22 的 10min 内就会产生乙烯，而茉莉酸浓度的升高要慢些。次级信号加工过程很复杂，水杨酸、茉莉酸和乙烯起始的响应过程彼此平衡。这些信号分子共同作用的结果不同于每种分子单独作用效果的简单加和，因为不同的信号转导过程之间广泛存在交流（见 21.8.5 节）。茉莉酸和乙烯的其他功能在第 17 章和第 18 章有所介绍。

21.5.9 许多 PTI 激活的防御机制也在 ETI 中被激活

PTI 导致细胞壁加固和基因诱导表达。PTI 诱导的基因往往编码抗菌蛋白，或是合成抗菌化合物与 ROS 诱导通路中的酶。PTI 中的许多响应与 ETI 相同（见 21.6 节），尽管“殊途同归”背后的机理尚不清楚。ETI 的效果通常比 PTI 强（见图 21.3A 和图 21.4），且通常在超敏反应过程中达到顶峰。这些防御反应创造出不利于病原物生长繁殖的环境，同时使病原物释放的有害酶及毒素失活或不能传播。

21.6 效应因子激活的免疫是二级诱导防御

育种工作者依赖抗病遗传变异来筛选优越的植物品系，通常，被定位到的变异基因不只参与 PTI 过程。本节综述了识别病原物效应因子的受体是如何在对遗传变异的分析中被发现的。

21.6.1 植物的抗病性呈现出多样的可遗传变异

野生环境下植物对疾病的敏感性存在差异是普遍的现象。孟德尔的工作被重新发现后，在 20 世纪早期，植物育种家认识到植物对病原物的抗性常常以单个显性或半显性性状的方式遗传。在 1910 ～ 1930 年代，随着新的小麦、大麦和燕麦品种的引入，禾谷类作物病理学家发现，病原物种群不仅随季节发生变化，在地域间也存在差异。病理学家于是开始繁育致病菌的纯系，发现同种病原物的不同生理小种（race）对同一宿主的致病力是不同的。

1930～1940年代，对亚麻与亚麻栅锈病菌（*Melampsori lini*）间的互作研究首次阐明了植物抗性的遗传和病原物毒性的遗传，由此诞生了**“基因对基因”模型（gene-for-gene model）**（图21.38）。该模型预测，只有当植物有**显性抗性基因（resistance gene，*R*）**并且病原物表达互补的**显性识别效应因子（dominant recognized effector，*Ree*）**时，植物才会表现出抗性。此前，*Ree* 被称为无毒基因（avirulence gene，*Avr*）。这个模型适用于大多数活体营养型和许多半活体营养型病原物与植物的相互作用。图21.3A 展示了这个模型，图中病原物 *Avr* 基因编码效应因子，效应因子被 *R* 基因的产物所识别。

当病原物产生有功能的毒素或酶来引起疾病时，致病机制与前述又有所不同，此时病原物的毒性呈显性（见图21.7）；当植物中对应的毒素靶点丢失或突变时，植物表现出抗性，该抗性为隐性性状。例如，小麦 *Tsn1* 基因产物和小麦叶斑病真菌（*Stagonospora nodorum*，见21.3.8节）*ToxA* 基因产物存在相互作用，这导致携带有功能 *Tsn1* 基因拷贝的小麦染病。相反，玉米 *Hm1* 基因编码一个可使玉米圆斑病菌（*Cochliobolus carbonum*）的HC毒素丧失毒性的还原酶（见图21.7），因此玉米对该真菌的抗性呈现显性。

耐病（disease-tolerant）的植物即使已经被严重感染，也能有效限制病症的发展；但它们承载了病原物孢子，可引发其他易感植物染病。

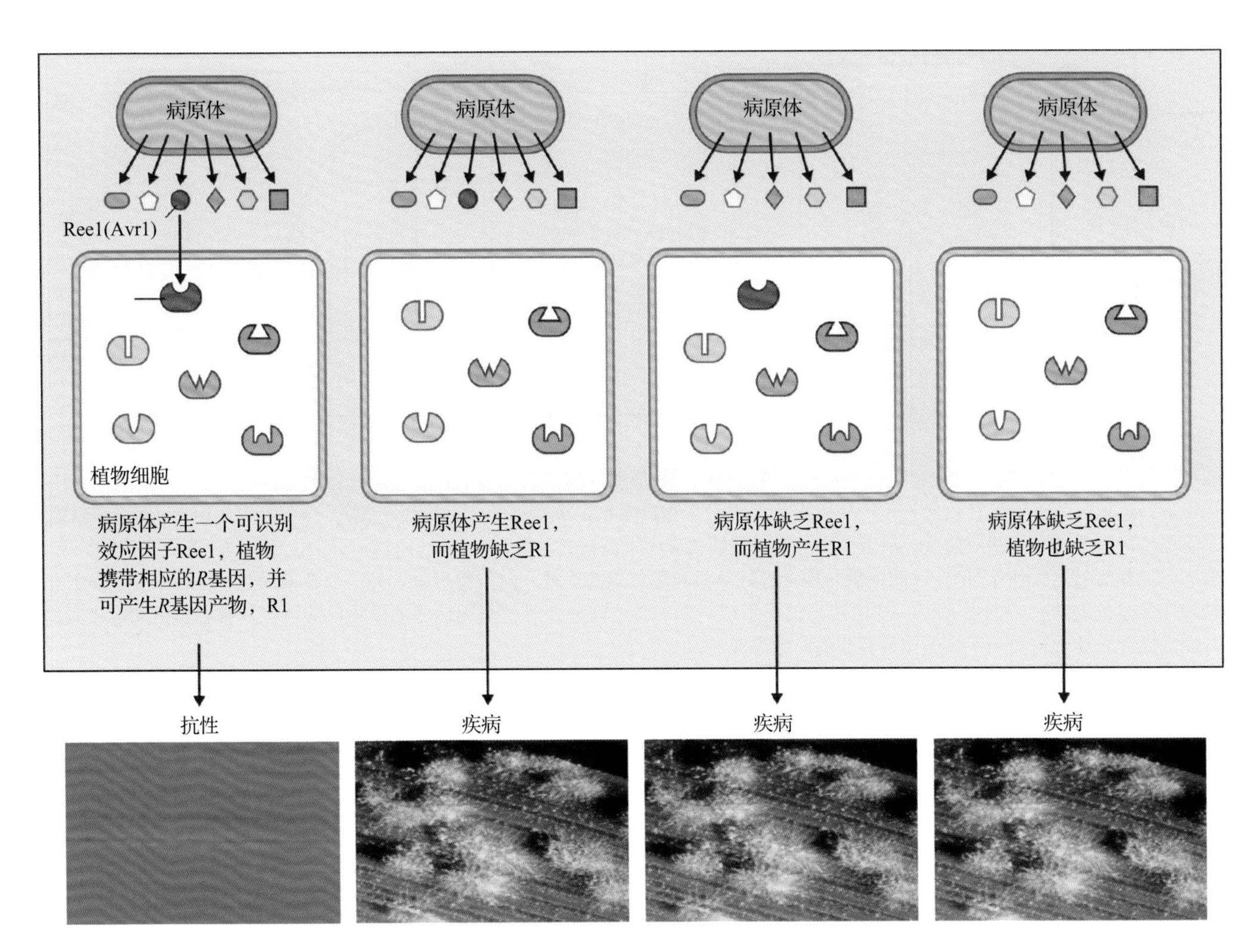

图21.38 “基因对基因”模型。四种病原物（上图）分别产生一系列独特的效应因子，其中有两个携带 *avr1* 基因，可产生效应因子 Avr1（红色）。四种不同基因型的植物宿主分别携带各自的一套 *R* 基因，其中两种带有 *R1* 基因，编码的 R1 蛋白可识别病原物 Avr1 效应因子。此时，Avr1 也可称为“被识别的效应因子（Ree1）”。植物对病原物的抗性仅在植物携带与病原物 *avr1* 基因相对应的 *R* 基因时发生，进而激发 *R* 基因介导的防御机制（左图）。在其他所有情况下，植物都不能有效识别病原物，因此对病原物侵染易感并导致病害。照片展示了注射大麦白粉病菌（*Blumeria graminis* f. sp. *hordei*）的大麦（*Hordeum vulgare*）叶片在有抗性和无抗性情况下的表现

在发现抗病性可遗传后，20 世纪的植物育种家开展育种项目，鉴定农作物野生近缘种中的抗性种质（germplasm），继而通过杂交向优秀作物品种中引入抗性基因（*R*）。研究人员还发现植物具有起源中心，在这些起源中心处，植物和植物病原物的遗传多样性都达到最高，这一发现对新育种种质的收集大有帮助。早期人们用抗病栽培品种在疾病控制方面获得了诸多成功，然而，*R* 基因被引入商业生产短短数年后，有的植物病原物品种就对某些 *R* 基因产生了抗性，严重的作物流行病频发，该**盛衰周期**（**boom and bust cycle**）背后存在一种简单的分子层面解释（见图 21.39）。有些 *R* 基因则可在超过 25 年的大规模商业生产中有效控制疾病，例如，番茄 *Cf-9* 基因介导对真菌黄枝孢（*Cladosporium fulvum*）的抗性，自 20 世纪 80 年代早期投入使用以来一直有效，这类**持久抗性**（**durable resistance**）背后多样的分子和生化解释是当前的重要研究方向。由于许多 *R* 基因不具有持久抗性，农药防治在生产中被广泛使用。

21.6.2 植物抗病蛋白具有相同基序

预测介导**小种专化抗性**（**race-specific resistance**）并触发 ETI（见图 21.3A）的 R 蛋白，大多具有特征性结构基序（表 21.6），这表明不同的 R 蛋白家族实现基本功能的生化机制是有限的。R 蛋白

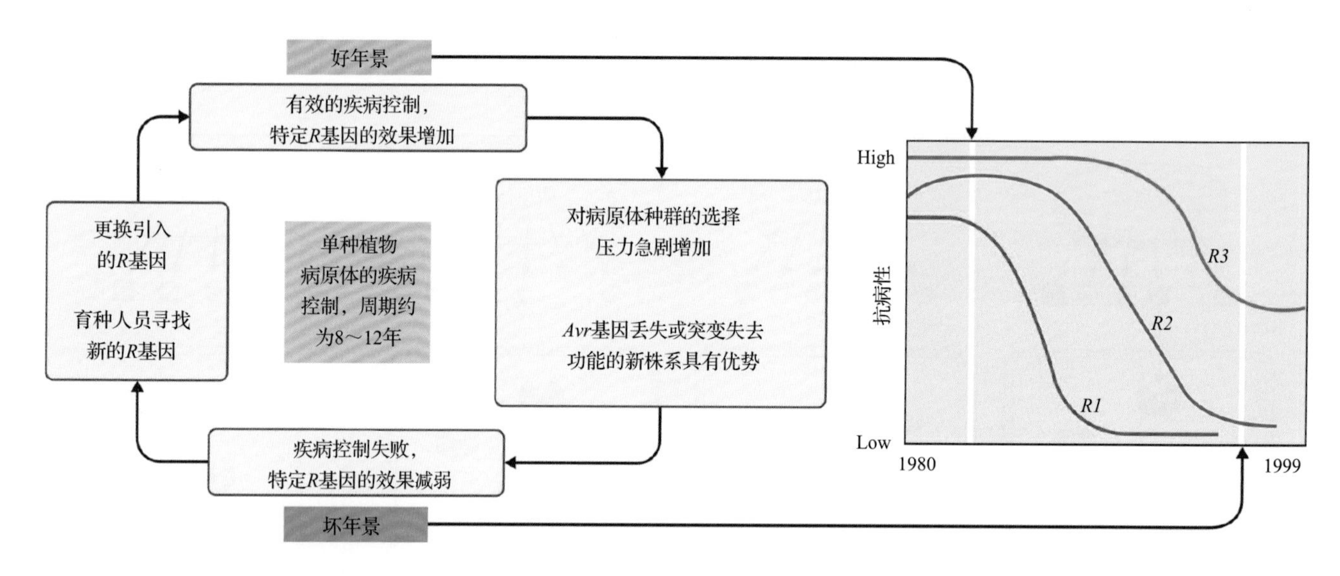

图 21.39　盛衰周期。农业从业者在刚开始种植新品种抗病植株时通常会大获成功，然而，在将 *R* 基因引入农作物商业生产仅几年后，*R* 基因就不再能有效保护作物免受疾病侵害，作物进而发生了严重的传染病（左图）。有效的疾病控制（好年景）仅在病原物种群全部表达相应的 *Avr* 基因（如可被识别的效应因子蛋白）时发生，一旦病原物种群中出现了 *Avr* 基因突变的一支，疾病防控就无效了（坏年景）。因此疾病防控会有好年景和坏年景的交替。向作物中引入另一个 *R* 基因通常可带来又一轮好年景和坏年景的交替，右图中 *R2* 和 *R3* 曲线也说明了这一点。通过许多 *R* 等位基因达成的作物疾病防控具有好年景和坏年景的特性，因此农业上仍需施用农药作为替代的防治方案

表 21.6　细胞内免疫受体的特征结构域和基序

蛋白质结构域或基序	特征	在植物防御中的作用
CC 结构域	卷曲螺旋结构——重复的 7 氨基酸序列中分布着疏水氨基酸残基	蛋白质 - 蛋白质相互作用和蛋白二聚化；大麦 MLA10 的 CC 结构域与 WRKY1/2 转录因子相互作用
TIR 结构域	其序列与 Toll 和 IL-IR 蛋白的细胞质部分相似	番茄 N 蛋白寡聚化需要 Avr 依赖的 TIR-TIR 相互作用
NB-ARC 结构域	APAF1、核心 R 蛋白和 CED-4 共有的核苷酸结合域。它含有一个 P 环 NTPase 折叠，一个具有四个螺旋束的 ARC1 基序，和一个具有翼螺旋折叠的 ACR2 基序	结合并水解 ATP；作为分子开关，对细胞内外的蛋白质进行可逆的磷酸化和自动磷酸化
LRR 结构域	可位于细胞内或细胞外；串联的长度为 23～24 氨基酸的重复序列；β 折叠表面位于内部、将亮氨酸包裹其中，LxxLxL 中的 x 残基暴露在溶剂中	蛋白质 - 蛋白质相互作用；控制对特定病原物直接或间接的识别；LRR 和 NB-ARC 结构域的互作在特异性识别中起作用
丝氨酸 - 苏氨酸激酶结构域	位于细胞内	蛋白质磷酸化和自动磷酸化

具有两种基本功能：一是直接或间接识别效应因子，二是在识别后激活下游信号以迅速诱导多种防御反应。在植物正常的生长发育阶段，大多数介导小种专化抗性的 *R* 基因以低水平组成型表达，类似的，健康植物中 R 蛋白的水平也很低。图 21.40 展示了在介导小种专化抗性的 R 蛋白中常见的结构基序，其中普遍含有 LRR 基序。LRR 基序由数个亮氨酸或其他疏水性氨基酸、以 23 或 24 个氨基酸的间距重复排列而成（图 21.41），这些重复序列在蛋白质内形成**平行 β 折叠（parallel β-sheet）**。在这个结构中，疏水性亮氨酸序列位于蛋白质内部，而其他氨基酸残基暴露在溶剂中，形成可与其他蛋白质相互作用的表面。一个氨基酸的改变就可产生出不同的蛋白质互作表面，这为特异互作的演化提供了条件（图 21.41B）。

LRR 基序在多种生物中介导蛋白质 - 蛋白质互作和受体 - 配体互作。在植物 R 蛋白中，LRR 基序很可能参与效应因子感知过程。有些 P/MAMP 受体的胞外域主要由 LRR 基序构成，如 FLS2（图 21.29），一些下游防御通路的组分也是，如多聚半乳糖醛酸酶抑制蛋白（PGIP，见 21.5.4 节）。LRR 激酶在植物生长发育的其他方面也很重要：在拟南芥中维持顶端分生组织，需要 LRR 激酶 CLAVATA1 对 CLAVATA3 小肽的识别（见第 11 章）；另一 LRR 激酶 BRI1 是油菜素内酯的受体（见第 18 章）。

大多数含有 LRR 基序的胞内 R 蛋白拥有一个核苷酸结合位点（Nucleotide-Binding site，NB）。NB 是 NB-ARC 结构域的一部分，NB-ARC 结构域

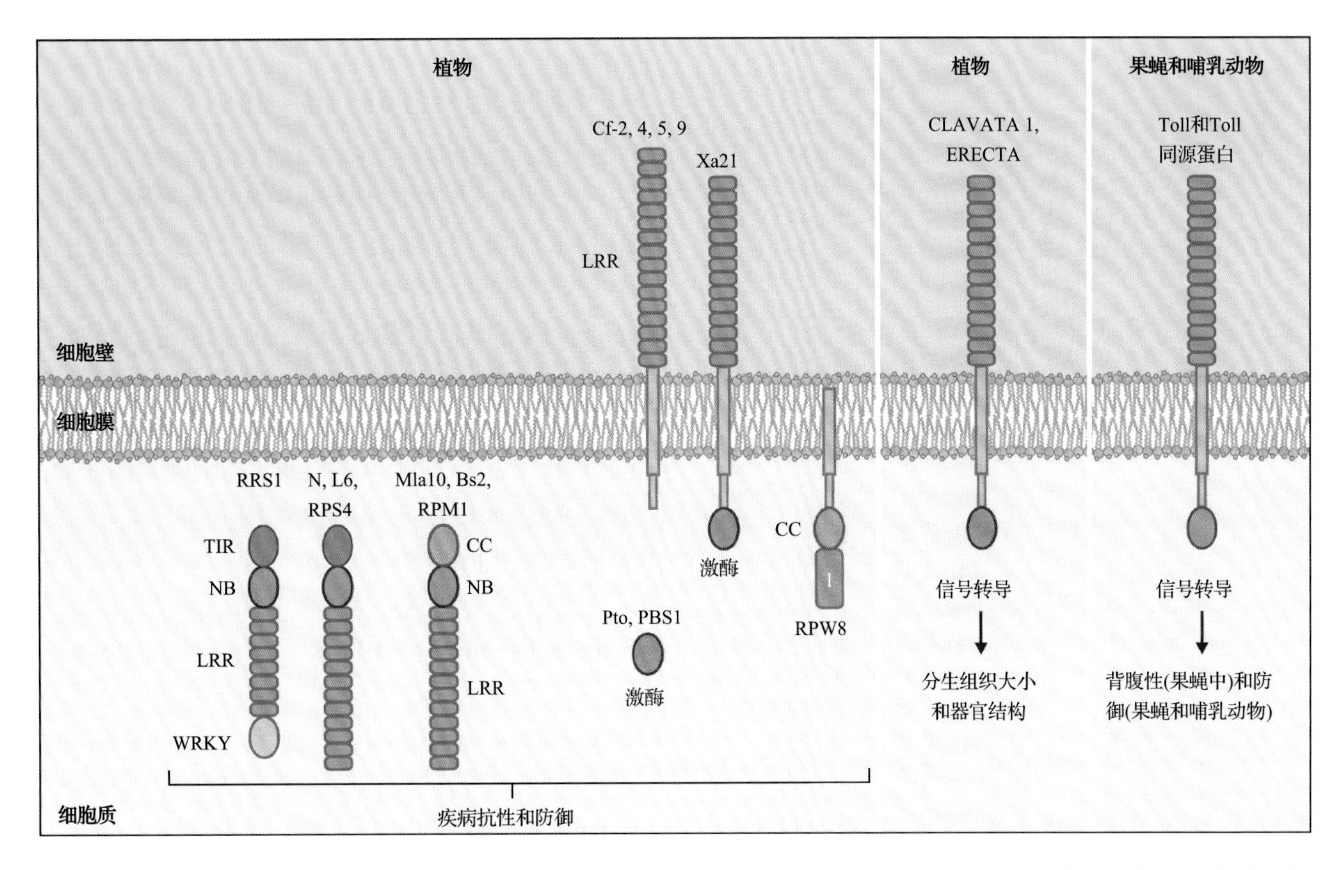

图 21.40 几种植物抗性蛋白和其他含 LRR 结构域的蛋白图示（左图）。右图对比了结构上相关的、参与植物发育调控或起始动物免疫的其他蛋白质。预测的蛋白结构域和基序包括：CC，卷曲螺旋结构域；TIR，Toll、白细胞介素 1 受体、抗性蛋白样基序；NB，核苷酸结合位点；LRR，富亮氨酸重复；WRKY，一些植物转录因子具有的特征基序及与已知蛋白缺乏明显同源性的结构域 1。图中从左到右的植物 R 蛋白是：对表达 AvrRps4 的丁香假单胞菌株系有抗性的拟南芥 RRS1 和 PRS4 蛋白，对烟草花叶病毒有抗性的烟草 N 蛋白，L6 亚麻锈病抗性蛋白，对表达 Avra10 的大麦布氏白粉菌（*Blumeria graminis* f.sp. *hordei*）有抗性的 Mla10 蛋白，对表达 AvrRpm1 或 AvrB 的丁香假单胞菌（*Pseudomonas syringae* pv. *maculicola*）有抗性的拟南芥 RPM1 蛋白，对抗表达 AvrBs2 的黄单胞菌属细菌（*Xanthomonas euvesicatoria*）有抗性的胡椒 Bs2 蛋白，分别对表达 Avr2、Avr4、Avr5 和 Avr9 的黄枝孢菌（*Cladosporium fulvum*）有抗性的番茄 Cf-2、Cf-4、Cf-5 和 Cf-9 蛋白，对表达 AvrPto 的假单胞菌属细菌有抗性的番茄 Pto 蛋白，NB-LRR R 蛋白 RPS5 对抵抗表达 AvrPphB 的假单胞菌属细菌时需要拟南芥丝氨酸 / 苏氨酸蛋白激酶 PBS1，对水稻黄单胞杆菌（*Xanthomonas oryzae* pv. *oryzae*）有抗性的水稻 Xa21 蛋白，对包括 *Golovinomyces orontii* 在内的几种白粉病菌有抗性的拟南芥 RPW8 蛋白

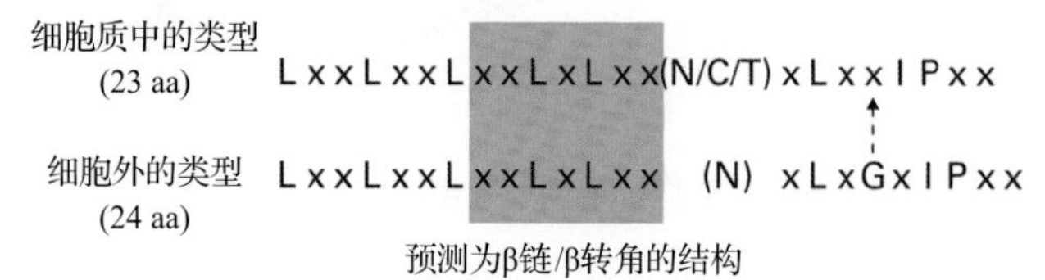

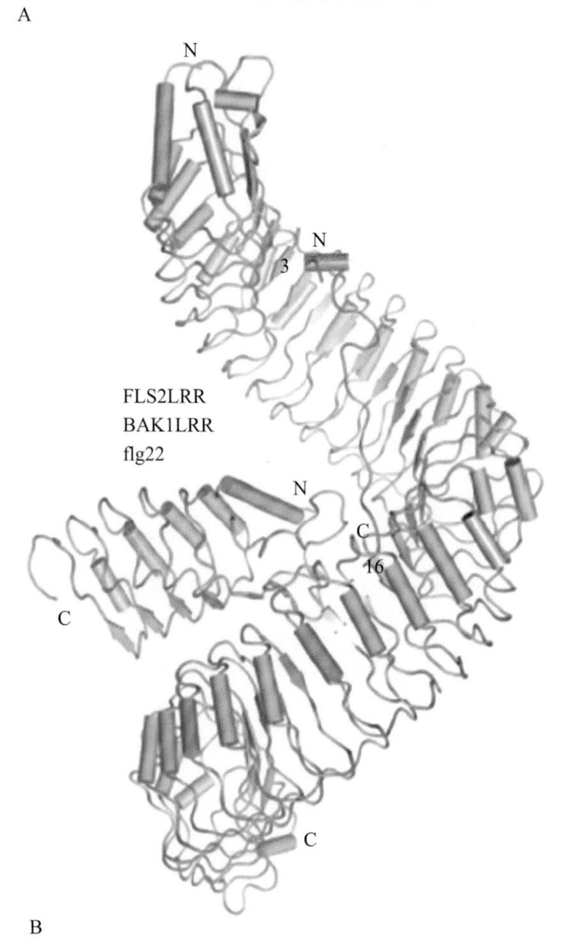

图 21.41 含富亮氨酸重复（LRR）的蛋白结构。A. 胞质内和胞外植物 R 蛋白的 LRR，含有以 23 或 24 个氨基酸长度为固定间隔的亮氨酸或其他疏水氨基酸。方框区域标出了β 链 /β 转角结构内的亮氨酸，这一区域被认为可能伸入蛋白质的疏水核心，侧翼 x 氨基酸的侧链则暴露在溶剂中。*R* 基因序列比较表明，xxLxLxx 区域中的 x 氨基酸具有高度可变性，且其中非同义替换与同义替换之比远高于 1。当这一区域的氨基酸具有高度多样性时，该蛋白质具有选择优势，或可演化出识别配体变体（如发生突变的病原物效应因子）的能力。B. 两个植物 LRR 蛋白形成了一个防御性免疫复合体。两个 LRR 蛋白都与 P/MAMP flg22 互作，富含 LRR 的胞外结构域介导了 flg22 诱导的免疫受体 FLS2 和 BAK1 的异源二聚化。FLS2-BAK1 免疫复合体与 flg22（红色）的整体结构表明，flg22 位于 FLS2 蛋白的 LRR3 和 LRR16（蓝色数字标示）之间。BAK1 识别结合在 FLS2 上的 flg22 C 端。N，肽链 N 端；C，肽链 C 端

在 R 蛋白、人细胞凋亡蛋白酶激活因子 1（APAF1）和秀丽隐杆线虫（*Caenorhabditis elegans*）细胞死亡蛋白 CED-4 中保守。在 NB-ARC 结构域（图 21.42）中可识别出许多保守的基序，包括 NB 基序（它形成一个 P 环 NTPase 折叠）、ARC1 基序（含有四螺旋束）及 ARC2 基序（具有一个翼状螺旋折叠）。这三个基序的交界处形成了一个核苷酸结合口袋，这也是 NB-ARC 结构域中最保守的部分。

这些多结构域的 R 蛋白通过结合和水解核苷三磷酸发挥功能。若突变结合口袋处的关键氨基酸残基，R 蛋白常会失去功能或功能被抑制。R 蛋白激活常引发细胞死亡，因而受到严密调控；R 蛋白自抑制和激活间的平衡，可能是通过分子内不同结构域之间的互作实现的。研究认为 R 蛋白识别效应因子、成为 ATP 结合态激活防御，而被识别的效应因子可能进一步稳定了 ATP 的结合。

NB-LRR 蛋白的 N 端在结构上具有多样性。一些 NB-LRR 蛋白具有与果蝇 Toll 蛋白、哺乳动物的白细胞介素 -1 受体（IL-1R）蛋白的胞质信号转导域类似的结构域，它被称为 TIR 结构域（见图 21.40）。有趣的是，这些动物蛋白对先天免疫十分关键。那些不含 TIR 结构域的 NB-LRR 蛋白常被称为 CC-NB-LRR（CNL），因为它们中的大多数在 N 端和 NB 结构域之间含有一个卷曲螺旋区（coiled coil region，CC）。CC 结构域与蛋白质的同源或异源二聚化相关（见表 21.6）。有趣的是，禾谷类和唇形目植物的基因组中缺失 TIR-NB-LRR 型基因。演化生物学研究表明，CNL 可能是更古老的 *R* 基因亚类；结构学研究表明，CC 和 TIR 结构域都有介导同源或异源二聚化的能力。

一些识别胞外效应因子的 R 蛋白是受体样蛋白（receptor-like protein，RLP），具有胞外 LRR 结构域、单次跨膜结构域和一个胞内缺乏 C 端蛋白激酶域的短尾部（见图 21.40）。例如，番茄 *Cf* 基因介导对一种细胞外定殖真菌黄枝孢菌菌（*Cladosporium fulvum*）的小种专化抗性：*Cf-9* 介导对携带 *Avr9* 的黄枝孢的抗性，而 *Cf-4* 识别携带 *Avr4* 的黄枝孢菌；*Cf-9* 和 *Cf-4* 编码的蛋白质演化关系很近、序列相似度达 90%，LRR 结构域上的细微差别决定了它们特异地识别 Avr9 或 Avr4。

21.6.3 一些 *R* 基因位点具有等位基因变异

为克服植物 *R* 基因介导的防御，病原物在被识别的效应因子上积累突变，使之逃避识别；这些突

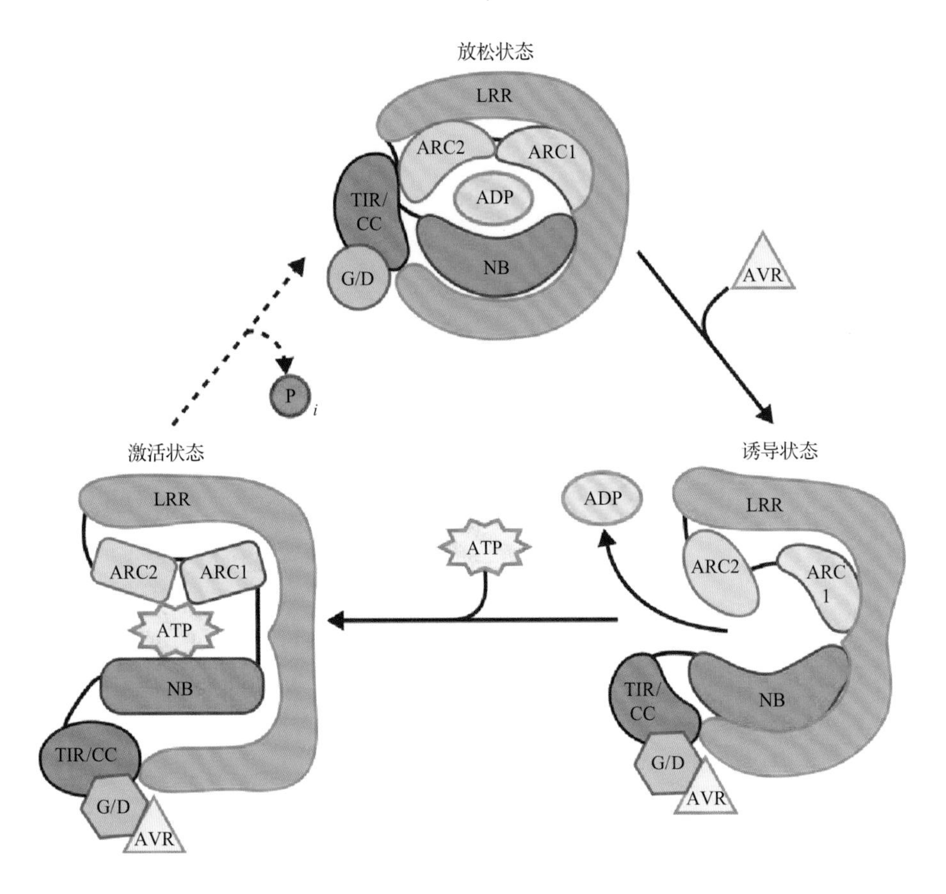

图 21.42 NB-LRR 蛋白激活的模型。在没有病原物时，NB-LRR 处于松弛态（ADP），此时 LRR 稳定了闭合的构象。AVR 蛋白（长方形）的识别面由 LRR 的 C 端和 AVR 的 TIR/CC 结构域构成，LRR 的 C 端还能与护卫 / 诱饵蛋白 G/D 互作。NB-LRR 接受 AVR（直接接触或通过 G/D）后，LRR 的 N 端和与 ARC2 亚结构域的互作面发生改变，解除 LRR 原先的抑制效应，随后发生核苷酸交换并触发构象变化，NB-ACR 结构域与 CC 和 LRR 结构域的互作情况改变（诱导态）。处于激活态的 NB 亚结构域可与下游相关信号分子互作。ATP 水解使 NB-LRR 蛋白回到松弛状态

变的病原物小种被自然选择保留（见图 21.39）。因此，植物必须演化出新的 R 蛋白变体来识别修饰后的 Avr 决定因子或其他病原物成分（见图 21.3A）。关于这种演化多样性最具价值的线索是 *R* 基因在基因组上的组织形式。

遗传和分子研究表明，*R* 基因座主要有两类（图 21.43）。第一类属于多基因家族，许多 *R* 基因在染色体上串联重复排列、形成**复杂基因座**（**complex loci**）。有些复杂基因座在 DNA 上的遗传图距长达几个厘摩（centimorgan，cM），其中包含无数的 *R* 等位基因，如玉米 *Rp1* 抗锈病位点、亚麻 *M* 抗锈病位点、马铃薯 *R2* 及 *R3a* 抗致病疫霉（*P. infestans*）位点等。有些等位基因对几种病原物都有抗性，如玉米 *Rp1* 位点。有些复杂基因座没有等位基因，不同植物品种中只存在有或无 *R* 基因座两种情形，如水稻的 *Xa21* 位点。在番茄的 *Pto* 基因座，*Pto* 基因与五个 *Pto* 同源基因连锁，但目前物理和遗传鉴定只发现了针对该基因座的两种单倍型（haplotype）。针对番茄 *Cf-9* 基因座已报道了三种单倍型，来自 Cf9、Cf4 和近等基因系 Cf0，分别含 5、5 和 1 个 *Cf-9* 同源基因（图 21.40），其中有些等位基因可单独行使 *Cf* 抗性基因的功能。第二类 *R* 基因属于单拷贝基因，所在位点称为**简单基因座**（**simple locus**）。单拷贝 *R* 基因可以有一系列的等位基因，比如亚麻的 *L* 基因座（图 21.43）；也有些简单 *R* 基因座没有等位基因，或者仅存在有无 *R* 基因这样的差别。

那么 *R* 基因的变异是如何产生的呢？在复杂基因座中，连锁的同源 *R* 基因序列使 DNA 易于发生重组；在重组过程中，错配、基因间或基因内重组和基因复制都可带来新的变异（见图 21.44）。没有证据表明植物演化出特殊的机制来促进 *R* 位点变异。对于存在等位基因的简单 *R* 基因座，除一般随机突变可带来变异外，LRR 基序中的 DNA 重复序列也可以促进基因内发生不对等重组或基因复制时发生错配，从而产生多样的 *R* 等位基因。单拷贝的 *R* 基因产生突变的可能性较多拷贝的小，但仍可以通过上述方式积累多样性，亚麻 *L6* 基因座即是例证之一。

21.6.4 病原物效应因子通过直接或间接的方式被识别

一般认为每个 R 蛋白都有两部分功能：识别相应的效应因子，以及激活下游信号途径从而引发防御反应。那么 R 蛋白如何识别效应因子？

最简单的一种假设是，R 蛋白直接识别相应的 Avr 效应因子。例如，已知的亚麻锈病 *R* 基因均编

码胞内 TIR-NB-LRR 蛋白，其中有几种可直接结合同源 Avr 效应因子，诱发吸器形成位点发生超敏反应，阻止病原物进一步侵染。亚麻 *L* 基因座有 11 种等位基因，它们编码的蛋白有不同的识别特异性。不同 L 蛋白间的结构域互换实验证实，决定 R-Avr 识别特异性的主要是 LRR 结构域。在 L 蛋白凹面、β 折叠表面（见图 21.41）的氨基酸最具多样性，可能参与了 R-Avr 互作。锈病病菌通过突变 Avr 效应因子外表面特定的氨基酸残基来逃避 R 蛋白的识别，使植物感病。类似的，多态的大麦白粉病 A（MLA）的 *R* 基因座编码 CC-NB-LRR 型受体，其等位基因间的相似度超过 90%，却特异地识别大麦白粉病菌的不同小种。*MLA* 等位基因的识别特异性也是由其编码的 LRR 结构域决定的。

只有最初发现的几个 R 蛋白直接结合其同源效应因子，多数 R 蛋白识别的是受效应因子影响而发生了改变的自身蛋白（图 21.45）。在 21.2.4 节中提到，植物通过激活 PTI 来响应病原物，相应地，一些病原物可通过产生经修饰的效应因子或可抑制宿主响应的效应因子来克服宿主的防御。每个 R 蛋白可能表现为某种宿主成分的“护卫”，当病原物效应因子修饰了这种组分后，这种修饰就可被相应的 R 蛋白识别并激活 ETI。

“护卫”假说预测，多种病原物效应因子蛋白可能与一个共同的宿主靶点互作，而这个宿主靶点（“护卫对象”）可能拥有多个 R 蛋白“警卫”。在拟南芥中，膜蛋白 RIN4 是 AvrRpt2、AvrRpm1 和 AvrB 三种效应因子的靶点：RIN4 通过与植物非小种特异的抗病蛋白 1（NDR1）互作、诱导合成水杨酸；而上述效应

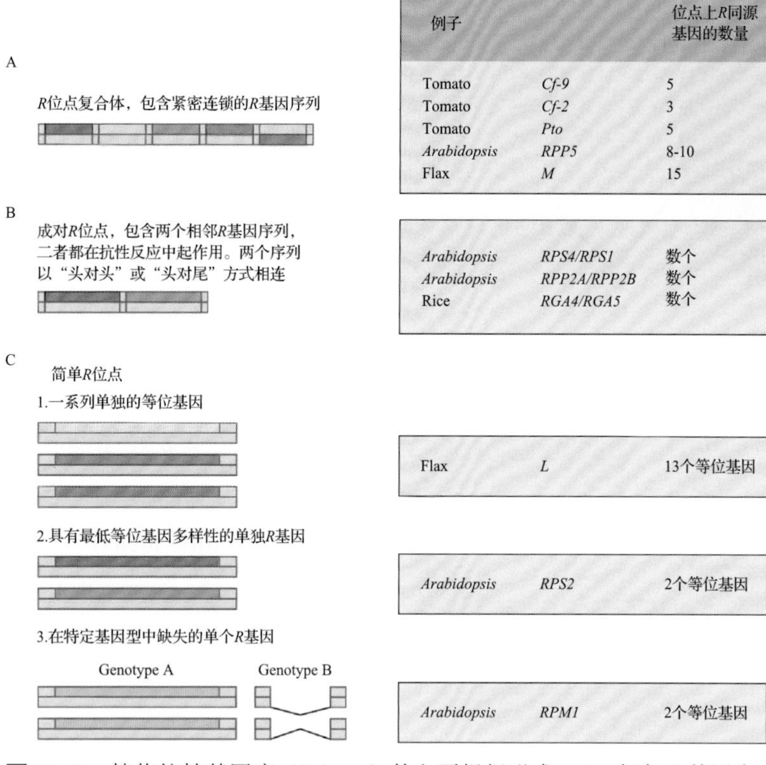

图 21.43 植物抗性基因座（*R* locus）的主要组织形式。A. 复杂 *R* 基因座，B. 成对 *R* 基因座，C. 多样的简单 *R* 基因座

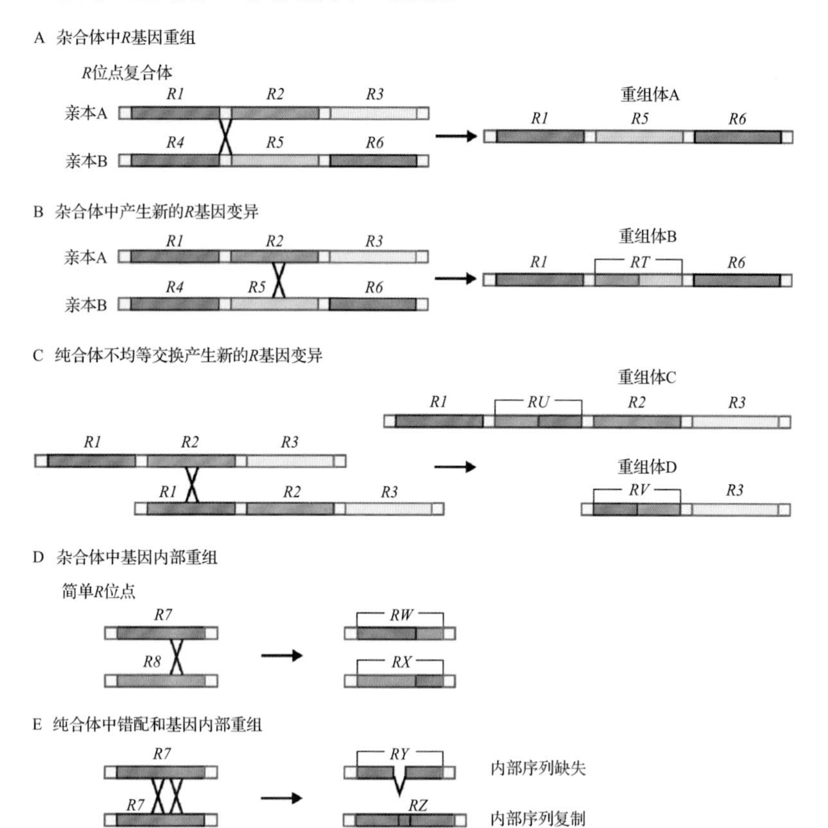

图 21.44 新 *R* 等位基因可通过几种不同机制产生，但产生的可能性取决于植物物种是外交（异花授粉）种群（A,B）还是内交（自花授粉）种群（C,D,E）。植物的抗病性起先出现在单基因水平上，通过相似基因的基因间重组(C)形成新功能区域的情况相对罕见。最终被选择的各种 *R* 等位基因编码有更高工作效率或有新的识别能力的 R 蛋白。RT、RU、RV、RW、RX、RY 和 RZ 代表不同的重组产物

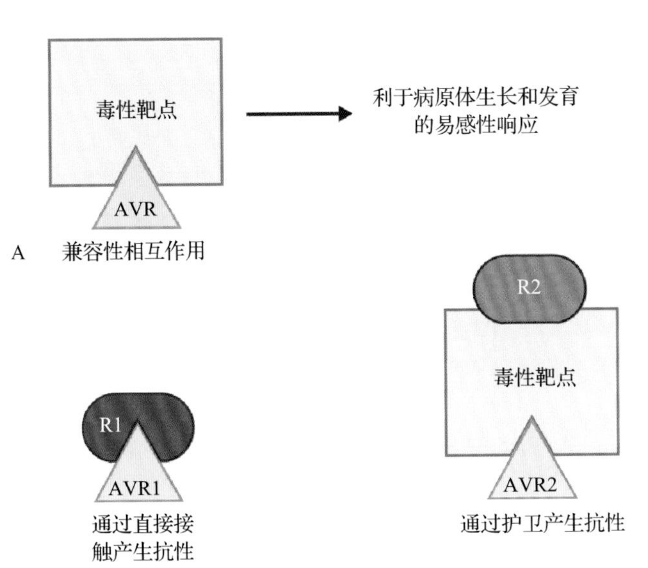

图 21.45 植物 R 蛋白护卫病原物的毒性靶点。A. 潜在宿主植株中存在毒性靶点。病原物侵染后，Avr 效应因子结合同源的毒性靶点，导致靶点被修饰。修饰使病原物显现毒性、宿主表现为易感，即产生“兼容的”相互作用。B. 抗性宿主植株中两种途径介导“不兼容的”相互作用。（左图）R1 蛋白直接识别 Avr1 效应因子，如水稻的 Pi-ta 识别稻瘟病菌的 Avr-Pita。（右图）R2 是一个护卫蛋白，识别被 Avr2 效应因子修饰后的毒性靶点，如 AvrB/AvrRpm1（Avr）、RIN4（毒性靶点）和 RPM1（R2）之间的相互作用。若 Avr1 效应因子发生改变而其修饰毒性位点的能力不变，R1 蛋白可能就不再识别 Avr1（不能起到防御作用），而 Avr2 在不改变其修饰毒性位点能力的情况下发生其他变化时，仍会被 R2 护卫蛋白识别并抑制

因子经细菌III型分泌系统（图 21.46）进入植物细胞，其中，AvrRpm1 和 AvrB 会引起 RIN4 的磷酸化，AvrRpt2 是一个蛋白酶，可以降解 RIN4。拟南芥 CC-NB-LRR 型的 R 蛋白 RPS2 和 RPM1 是 RIN4 的“警卫”：RPM1 识别被磷酸化的 RIN4、激活防御信号通路，因此介导了携带 *RPM1* 基因的拟南芥植株对携 *AvrRpm1* 或 *AvrB* 基因的丁香假单胞菌株系的抗性；类似的，RPS2 通常与 RIN4 形成复合体，AvrRpt2 蛋白酶降解 RIN4 后释放出 RPS2，后者得以激活防御反应，由此介导了携带 *RPS2* 基因的拟南芥植株对携带 *AvrRpt2* 基因的丁香假单胞菌株系的抗性。综上，RIN4 被至少两种不同的 R 蛋白守卫，这保证了对 RIN4 蛋白状态的持续监控。

番茄 R 蛋白 Mi-1.2 也属于 CC-NB-LRR，但它们的 C 端有一个茄科特异的延长结构域。特别的是，Mi-1.2 可以介导番茄对多种病原物的抗性，包括南方根结线虫（*Meloidogyne incognita*）、马铃薯大戟长管蚜（*Macrosiphium euphorbiae*）、甘薯烟粉虱（*Bemisia tabaci*）和番茄木虱（*Bactericerca cockerelli*）。单一的 *R* 基因介导了广泛的抗性，这可能是由于上述无脊椎动物病原物都以一个被 Mi-1.2 护卫的蛋白质为靶点。

在番茄（*Solanum lycopersicum*）与假单胞菌属细菌的互作中，效应因子 AvrPto 经细菌 T3SS 系统（见 21.3.3 节）被送入植物细胞，在胞质中被 Pto 蛋白激酶识别；AvrPto 和 Pto 互作，引起两者基于 N 端豆蔻酰化位点的、向质膜附近的重定位。NB-LRR 类的 R 蛋白 Prf，可能正是通过识别 AvrPto-Pto 互作来激活防御反应的（见图 21.46A）。值得一提的是，发现 AvrPto-Pto 直接互作的意义十分重大，因为在此之前从未有胞质定位的蛋白激酶被报道有作为受体的功能，而且 Pto 激酶的同一个结构域既介导了识别，又介导了信号转导。再举一个 R 蛋白“护卫”效应因子靶蛋白的例子：Cf-2 蛋白介导番茄对表达 Avr2 效应因子的黄枝孢菌（*C. fulvum*）小种的抗性（见表 21.3），以及对马铃薯金线虫（*Globodera rostochiensis*）的抗性；Cf-2“护卫”的是植物细胞凋亡蛋白酶 Rcr3。黄枝孢菌分泌 Avr2 蛋白酶抑制因子与 Rcr3 互作，Cf-2 识别后触发防御反应（图 21.46D）；马铃薯金线虫分泌 Gr-AVP1（一种类毒液过敏源的效应因子）结合 Rcr3，在缺失 *Cf-2* 的情况下，有特定 *Rcr3* 等位基因的番茄对马铃薯金线虫易感，表明 Rcr3 是该线虫入侵的核心靶点，而 Cf-2 识别双方的互作并激活防御。此外，有些 *Rcr3* 等位基因能自发触发 *Cf-2* 依赖的防御反应，暗示自然选择必须限制被“护卫”的等位基因的数量，从而避免偶发的 R 蛋白依赖的防御激活。

TIR-NB-LRR 型的 R 蛋白使植物对活体营养型真菌、细菌和病毒产生抗性，它们是如何进行信号转导的？这些蛋白质中存在保守的 TIR 结构域，暗示植物、哺乳动物和无脊椎动物可能共用一套古老而保守的机制来介导免疫应答，或者各物种经趋同演化形成了这样的机制（见图 21.40）。PELLE 和 IRAK 分别是果蝇 Toll 受体和人 IL-1R 受体下游的蛋白激酶，有趣的是，PELLE 和 IRAK 与植物 PTO 抗性蛋白有很强的同源性（见图 21.46，另见图 21.40）。

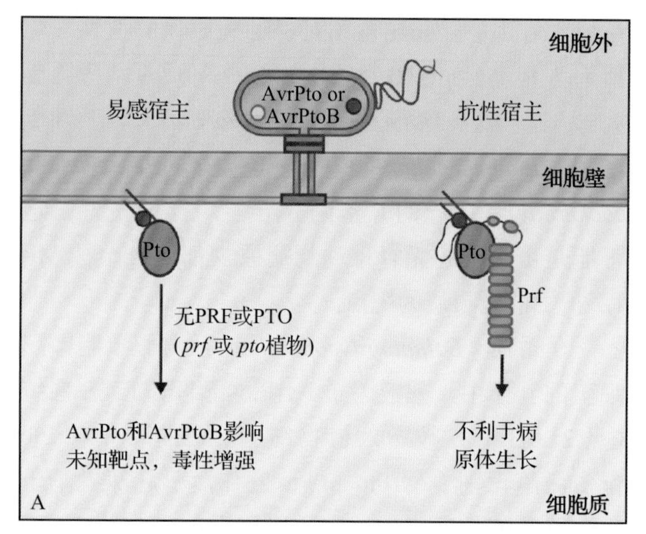

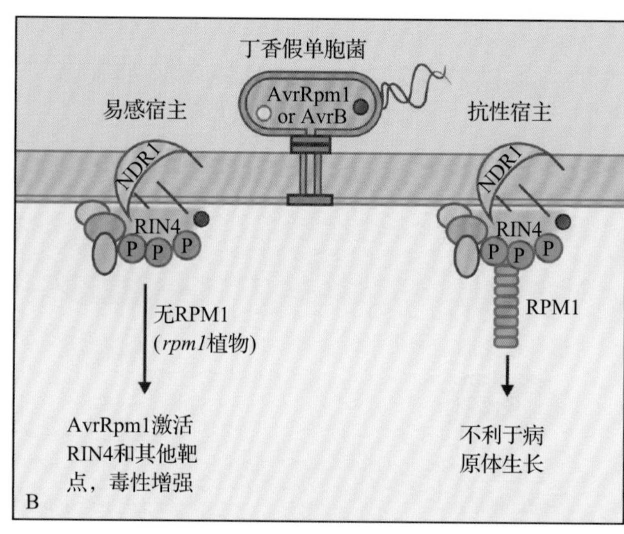

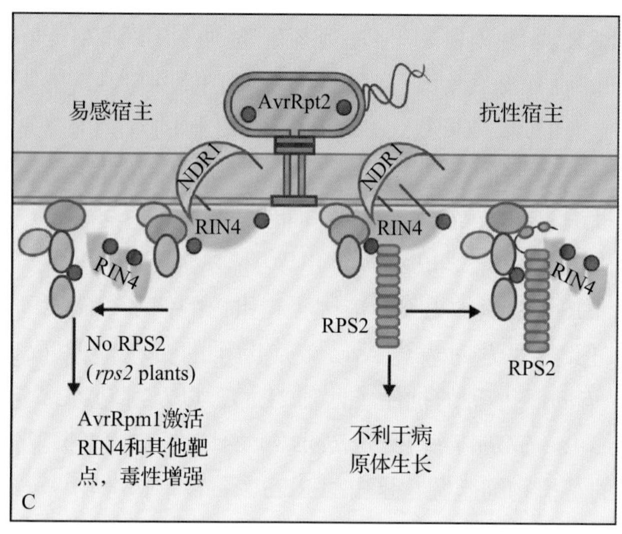

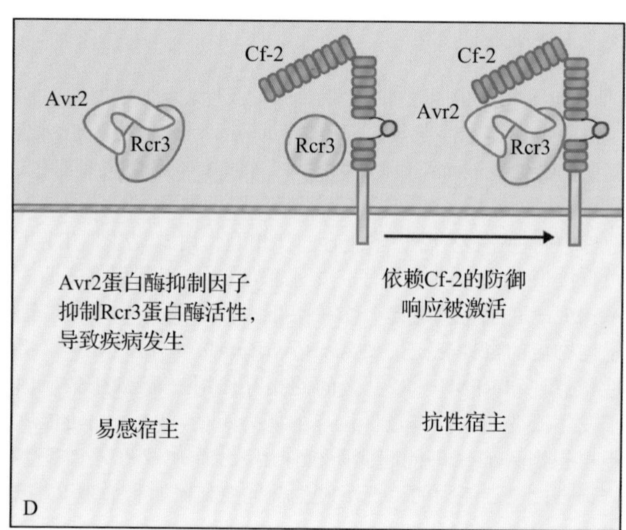

图 21.46 植物直接或间接地识别病原物效应因子来激活防御。A．丁香假单胞菌的两个无关联的效应因子 AvrPto 和 AvrPtoB 经III型分泌系统（T3SS；绿色和棕色）被运入植物细胞，两种效应因子都对病原物毒性有贡献，它们均以番茄丝氨酸 / 苏氨酸蛋白激酶 Pto 位毒性靶点。NB-LRR 蛋白 Prf 可与 Pto 形成复合体，护卫 Pto 蛋白。B. 拟南芥 NB-LRR 蛋白 RPM1 定位在质膜附近，可被 AvrRpm1 或 AvrB 效应因子激活。AvrRpm1 可提高一些丁香假单胞菌株系对拟南芥的毒性，而 AvrB 可提高病原物在大豆中的毒性，它们一经 T3SS 进入细胞，就被真核细胞特异的酰化作用修饰，从而定位在质膜上。AvrRpm1 和 AvrB 的生物学功能尚不清楚，已知其靶点是 RIN4，RIN4 可被磷酸化并激活下游 RPM1。在缺乏 RPM1 时，AvrRpm1 和 AvrB 可能通过作用于 RIN4 和其他靶点来实现功能。该图与后图中的淡蓝色椭圆代表未知蛋白。C. RPS2 是一个 NB-LRR 膜蛋白，受丁香假单胞菌III型效应因子 AvrRpt2 半胱氨酸蛋白酶激活。AvrRpt2 是第三个以 RIN4 为靶标的效应因子。RIN4 被 AvrRpt2 切割后，引发 RPS2 介导的 ETI。缺乏 RPS2 时，AvrRpt2 通过切割 RIN4 与其他靶点来部分实现其毒性功能。D. 跨膜 R 蛋白 Cf-2 护卫胞外半胱氨酸蛋白酶 Rcr3。Cf-2 识别黄枝孢霉细胞外效应因子 Avr2，Avr2 编码一个半胱氨酸蛋白酶抑制剂。Avr2 结合 Rcr3 并抑制其蛋白酶活性。Rcr3 上的突变导致依赖于 Cf-2 的 Avr2 识别失效。因此，Cf-2 可能监视着 Rcr3 的状态，若 Rcr3 被 Avr2 抑制则激活防御。值得注意的是，一个线虫效应因子也以 Rcr3 为目标，触发 Cf-2 依赖的抗性。注意 D 图中，为了图示清晰，没有画出细胞壁

21.6.5 R 蛋白功能实现需要其他植物蛋白参与

通过诱导携带 *R* 基因的抗性植株突变，再从中筛选易感病的突变体，可以找出除 *R* 基因外、为植物抗病所需的其他基因。

拟南芥 *EDS1*（*ENHANCED DISEASE SENSITIVITY 1*）基因突变体丧失了 TIR-NB-LRR 型 R 蛋白介导的小种专化抗性，对许多毒性病原物的基础防御能力也有所下降。*EDS1* 参与许多 *PRR* 基因介导的小种专化抗性，比如对霜霉病卵菌（*Hyaloperonospora arabidopsidis*）小种的抗性、由 *RPS4*

和 *RPS1* 介导的对携带 *AvrRps4* 的丁香假单胞菌的抗性。EDS1 所属的蛋白家族带有非典型的脂肪酶基序，且既在细胞核中定位，也在细胞质中定位。EDS1 可能通过与 PAD4 或 SAG101 形成异源二聚体来行使功能，*PAD4* 突变也导致植物更易感病。*EDS1* 和 *NDR1*（见 21.6.4 节）突变都会损害 TIR-NB-LRR 和 CC-NB-LRR 介导的信号转导，而这两个基因又都参与水杨酸合成，暗示相关下游信号转导通路发生了交汇（见图 21.47，另见 21.8.4 节）。

在大麦和拟南芥中，植物表达 R 蛋白而对携特定 Avr 效应因子的病原物小种具有抗性，但缺失 *RAR1*、*SGT1* 或 *HSP90* 基因后，突变体植株变得易感病。研究发现，*RAR1* 是 *Mla* 介导的对白粉病菌的抗性 1 所必需的，*SGT1*（*SKP1* 的互作基因）为植物霜霉病抗性所必需，HSP90（热休克蛋白 90）常作为蛋白分子伴侣（见图 21.48），三者都参与了植物 *R* 基因介导的抗病反应。

RAR1 有两个高度保守的锌结合结构域，分别称为 CHORD-I 和 CHORD-II（富含半胱氨酸和组氨酸结构域），RAR1 通过 CHORD-I 结构域结合分子伴侣 HSP90，两者均能稳定特定 NB-LRR 蛋白，使之处于可接收病原物信号的构象。RAR1 和 HSP90 都与 SGT1(图 21.48)互作。SGT1 是 TIR-NB-LRR 型、CC-NB-LRR 型、eLRR 型和 RPW8 型 R 蛋白行使功能所必需的，结构中有三个明显的结构域：三角形四肽重复结构域（TPR）、CS 基序（在 CHP 和 SGT1 蛋白中存在）及 SGS 基序（SGT1 特异序列）。SGT1 的 CS 基序既能与 RAR1 的 CHORD-II 结构域互作，又能与 HSP90 的 ATPase 结构域结合。

HSP90-SGT1-RAR1 复合体的结构已被解析，研究人员提出了三组分动态互作的模型（见图 21.48）。总体上看，HSP90-SGT1-RAR1 作为分子伴侣复合体，起稳定不同 R 蛋白状态的作用，还确保了 R 蛋白的正确折叠，并使它在正确的细胞结构中维持具有识别能力的状态，还可能与抗性激活涉及的构象改变有关。折叠错误的 R 蛋白会不恰当地激活防御，因此它们必须迅速被灭活和降解。这个分子伴侣复合体的结构和功能在其他真核生物中保守。

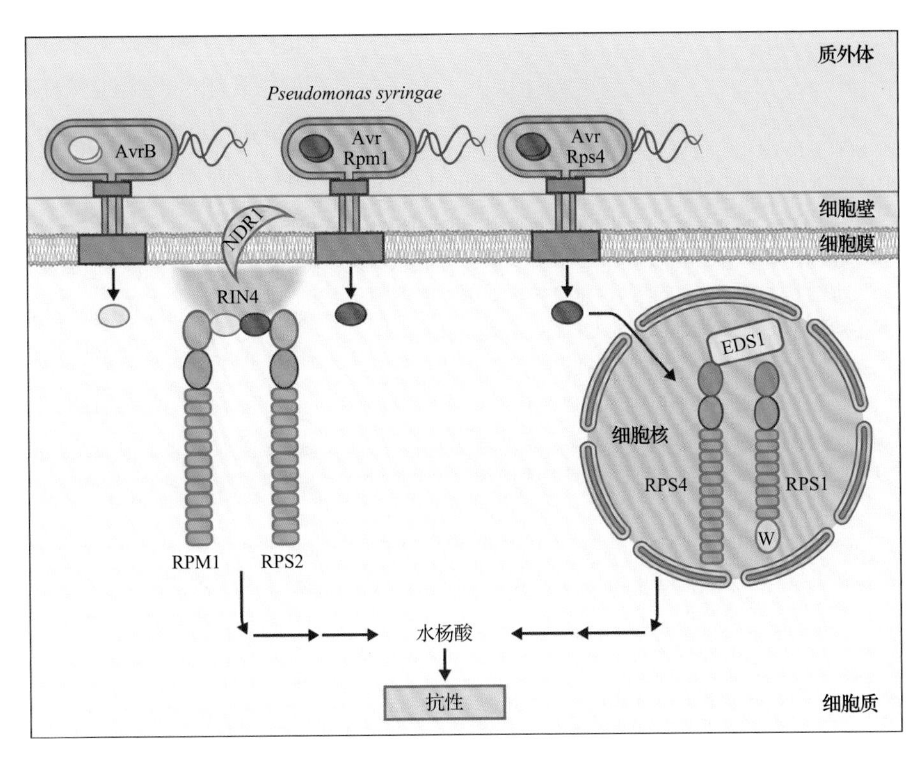

图 21.47　无小种特异性的抗病蛋白 1（NONRACE-SPECIFIC DISEASE RESISTANCE 1，NDR1）和疾病敏感度提高蛋白 1（ENHANCED DISEASE SENSITIVIY 1，EDS1）分别介导了 CC-NB-LRR 和 TIR-NB-LRR 抗病蛋白的防御信号转导功能。（左图）跨膜蛋白 NDR1 与胞内质膜旁的 RIN4 蛋白互作。RIN4 是 3 个经Ⅲ型分泌系统进入植物细胞的细菌效应因子的靶点。至少有两个 R 蛋白（RPM1 和 RPS2）护卫 RIN4，不断监测 RIN4 蛋白的状态。RPM1 和 RPS2 进而激活信号转导通路引发防御反应。（右图）TIR-NB-LRR 型 R 蛋白（如 RPS4 和 RRS1）介导的抗性需要 EDS1 参与，EDS1 也参与对各种毒性病原物的基础防御。EDS1 是一个类脂肪酶蛋白，通常与另外两个类脂肪酶蛋白 PAD4 和 SAG101 共同行使功能。胞质与细胞核中的 EDS1 都参与激活防御信号。至少有两种细菌效应因子可与 RRS1 蛋白的 WRKY 结构域互作。RPS4 和 RRS1 协同激活植物防御。尽管 NDR1 蛋白与 EDS1 蛋白分别在两条不同的信号通路中起作用，这两条通路最终会汇合，因为所有植物抗性反应都需要水杨酸的合成

有的 NB-LRR 蛋白需要和其他 NB-LRR 蛋白联合行使功能。烟草 TIR-NB-LRR 型蛋白 N 识别烟草花叶病毒的 p50 蛋白来抵抗病毒，N 发挥功能需要一个 CC-NB-LRR 型 R 蛋白 N REQUIRED GENE 1（NRG1）的帮助；类似的，RPS4 是一个 TIR-NB-LRR 型 R 蛋白，它行使功能需要 TIR-NB-LRR-WRKY 型蛋白 RRS1 参与，

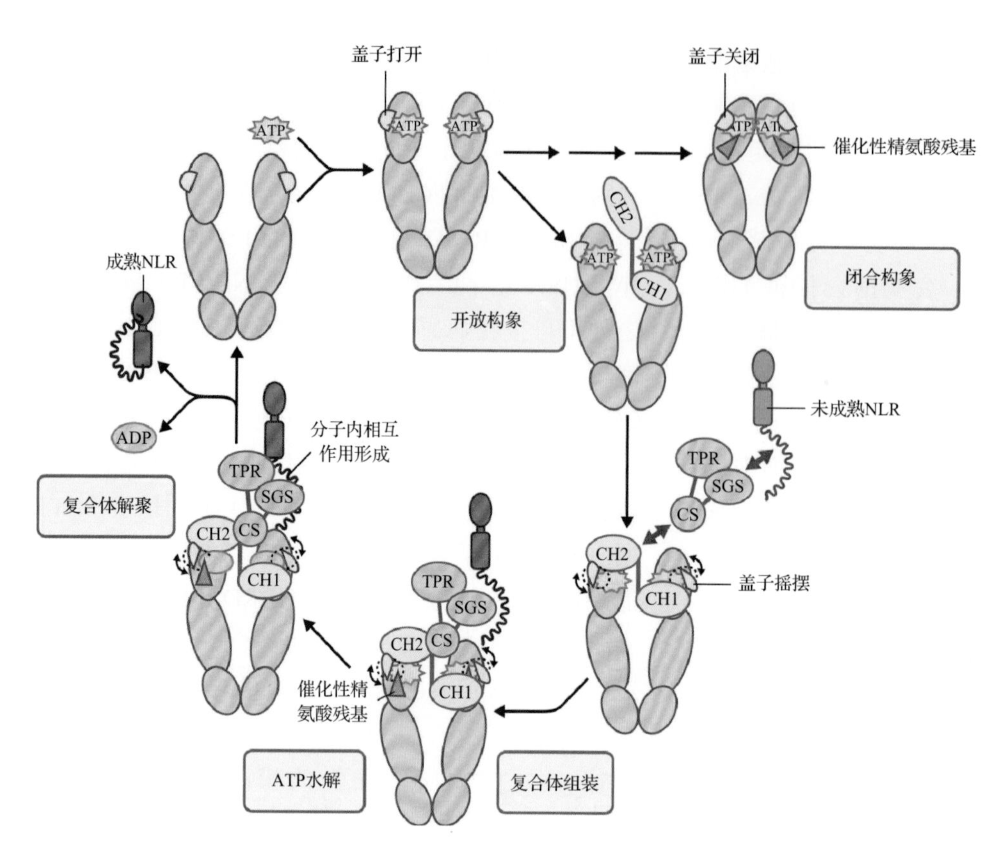

图 21.48 NB-LRR（NLR）蛋白经 HSP90-SGT1-RAR1 三元复合体加工成熟的模型。复合体中的三个蛋白质分别是 HEAT SHOCK PROTEIN 90（HSP90，图中为棕色）、SUPPRESSOR OF THE G2 ALLELE OF SKP 1（SGT1，图中为紫色）和 REQUIRED FOR MLA12 RESISTANCE 1（RAR1，图中为蓝色），HSP90 是循环中的核心蛋白。循环中参与互作的结构域包括：HSP90 的 N 端含 ATP 结合位点的结构域（黄色半圆），SGT1 的 TPR、SGS 和 CS 结构域，RAR1 的富半胱氨酸和组氨酸的结构域 1 和 2（CH1 和 CH2）。在这一模型中，蛋白质之间的互作沿图中顺时针方向依次发生：HSP90 二聚体结合 ATP 后，盖状部分形成闭合构象，产生具有 ATP 水解酶活性的催化位点（绿色三角），催化位点内的一个精氨酸残基起关键作用；RAR1 的 CH1 结构域结合含 ATP 的 HSP90 盖状结构，改变其闭合构象，并促进 RAR1 的 CH2 结构域结合另一个 HSP90 的盖状结构；RAR1 CH 结构域的结合促进了 HSP90 复合体与 SGT1 及未成熟 NLR 蛋白（橙色）的结合；稳定的 HSP90-RAR1-SGT1-NLR 三元复合体经精氨酸催化位点促进 NLR 蛋白的分子内重构、启动 ATP 水解释放 ADP，使得 RAR1-SGT1-NLR 从 HSP90 上解聚下来，并释放成熟的 NLR 蛋白（红色）

反之亦然（见 21.5.5 节）。有些 CC-NB-LRR 型蛋白的 CC 结构域与拟南芥非典型 R 蛋白 RPW8 中存在的结构域相似（见 21.6.3 节），被专称为 CC_R 结构域。编码 CC_R-NB-LRR 的基因存在于大多数植物中，如本氏烟草（*Nicotiana benthamiana*）的 *NRG1* 基因和拟南芥 *ADR1*（activated disease resistance gene）基因。CC_R 结构域是引起防御反应的充分条件，且它的活性独立于 SGT1。编码 CC_R 结构域的基因总是和编码 TIR-NB-LRR 的基因在基因组中同时存在，暗示 CC_R 蛋白可能是 TIR-NB-LRR 蛋白完成信号转导的必要组分。

21.6.6 许多 *R* 基因可在不同种植物中发挥功能

多数 *R* 基因被导入同种易感型植株或近缘种植株后，可使植株获得相应抗性。例如，烟草的 *N* 基因在番茄中依然有活性，可以像在烟草中那样将烟草花叶病毒的侵染限制在局部坏死斑内。因此，Avr 依赖的 R 蛋白信号级联反应在近缘物种间是保守的。

茄属植物的 R 蛋白 Pto、Cf-9 和 Bs2 在拟南芥中不能介导相应效应因子的识别，而大麦的 Mla 在拟南芥中仍有功能，拟南芥的 RPS4 和 RRS1 也可在茄科植物中发挥功能。有些 *R* 基因在异种植物中被过表达时，会诱导植物在未受病原物侵袭时也出现坏死病症或发育异常。

这些数据突显出，R 蛋白与其原始信号转导途径上的其他成员之间存在精细的相互调控。*R* 基因的演化很有可能被多种选择标准约束，包括病原物识别、与“被护卫”蛋白的功能性互作、避免识别内源植物生长相关蛋白等。

21.7 抗性遗传变异的其他来源

21.7.1 几种特殊的植物 R 蛋白

有些 *R* 基因赋予植物对多种病原物的广谱抗性，且尚无有功能的同源基因在其他物种中被鉴定到。这

些 *R* 基因可能行使物种特异的功能，但更可能的是，它们在其他物种中对应的同源 *R* 基因尚未被鉴定。

RPW8.2 基因介导拟南芥对含奥隆特高氏白粉菌（*Golovinomyces orontii*）在内的几种白粉病菌的广谱抗性。RPW8 蛋白有一个 N 端跨膜域、一个或多个 CC_R 型卷曲螺旋结构域、缺乏 LRR 结构域。

小麦 *Lr34* 基因使小麦成株具有对一些担子菌类和子囊菌类病原物的长期抗性，如小麦叶锈菌（*Puccinia triticina*）、小麦条锈菌（*P. striiformis*）和小麦白粉病菌（*Blumeria graminis* f.sp *tritici*）。通过植物育种，现在全球范围内大多数栽培种小麦都含有 *Lr34* 基因。*Lr34* 基因编码一个预测的三磷酸腺苷结合盒（ABC）转运蛋白，它可将植物细胞内（可能是液泡中）储存的有毒化合物转运到真菌侵入位点、限制真菌生长。

大豆（*Glycine max*）主要通过 *rhg1* 和 *Rhg4* 两个数量性状位点来抵抗大豆包囊线虫（*Heterodera glycine*）对根部的侵染。侵染性线虫幼虫能穿透携带 *Rgh* 基因的植物根部，但它们会在到达成体阶段前死去（见 21.1.5 节）。*Rhg4* 编码一个丝氨酸羟甲基转移酶，该酶在自然界中广泛存在，有各界保守的结构，催化丝氨酸和甘氨酸的相互转化，并在单碳代谢中起重要作用。转录组和代谢组分析表明，在线虫寄生过程中，合胞体喂养细胞（syncytial feeding cell）提供了对叶酸单碳代谢的支持；像其他动物一样，线虫也需要摄入叶酸，因此，在线虫取食位点缺乏叶酸可能导致线虫营养缺乏、饥饿致死。

21.7.2 植物抵御死体营养型病原物的关键是：对其分泌的有宿主选择性的、有毒性的效应因子和代谢产物不敏感

小麦叶斑病真菌（*Stagnospora nodorum*）和小麦黄斑病真菌（*Pyrenophora tritici-repentis*）是两种近源的死体营养型真菌，它们产生有宿主选择性的毒素，可使携带相应毒素敏感基因 *Tsn1* 的小麦感病。与 R 蛋白相似，Tsn1 蛋白也有丝氨酸 - 苏氨酸激酶结构域、NB 结构域和 LRR 结构域，这几个结构域与植物对毒蛋白 ToxA 的敏感性及易感病性相关；对 ToxA 不敏感的小麦则缺乏整段 *Tsn1* 基因序列；Tsn1 似乎不直接结合 ToxA 效应因子。这些发现显示，死体营养型病原物可能是通过产生引发细胞死亡的分子、来破坏植物用于对抗其他病原物的防御体系。此外，它们还可以在活体营养型病原物不能适应的环境中繁荣生长。

21.7.3 隐性遗传的抗性基因在禾谷类和非禾谷类物种中起到抵抗细菌、真菌和病毒的作用

隐性抗病基因很少被报道介导植物对细菌或真菌病原物的抗性，但这种遗传方式常出现在植物对病毒的抗性中。表 21.7 列举并描述了一些不同种类的隐性抗性基因（*r*）和它们的功能。

植物的有些抗菌性来源于在相应毒性效应因子的靶蛋白上发生功能失去突变。在水稻中，已知的 30 个抗白叶枯病菌（*Xanthomonas oryzae* pv. *oryzae*）基因中有 9 个是隐性遗传的。*xa13* 基因是 *Os-8N3* 的一系列自然等位基因（*Os-8N3* 属于 NODULIN3 基因家族，编码 SWEET 糖转运蛋白），*xal3* 的表达受携带 *pthXo1* 基因的水稻白叶枯病菌株系诱导。*pthXo1* 编码一个类转录因子（TAL）型的效应因子 PthXo1（见 21.3.8 节），*xa13* 等位基因不响应 PthXo1，因此，基因型为 *xa13* 的植株对只以 PthXo1 为关键毒性效应因子的病原物有抗性。

大麦、拟南芥、番茄和豌豆中 *Mlo* 位点的隐性等位基因（*mlo*）对许多白粉病菌有广谱抗性，推算 *mlo* 编码一个大小为 60kDa 的蛋白质，预测该蛋白质通过 7 个保守的跨膜结构域锚定在质膜上。已有两个 *mlo* 等位基因被用于商业种植的大麦（*Hordeum vulgare*），以减少感染白粉病菌的风险。

隐性遗传的抗病毒基因常常介导非 HR 免疫（非超敏反应关联的免疫）。病毒基因组很小，仅编码几个功能蛋白（见 21.3.4 节；见第 10 章），因此病毒要依赖于宿主细胞的多种蛋白质来完成生活史，这些蛋白质涉及 DNA 复制、转录和翻译。故而，隐性抗病毒基因的隐性突变通常发生在病毒生活史必需的植物宿主基因上。例如，真核生物翻译起始因子 4E（eIF4E）或其同构体 eIF（iso）4E 的突变存在于许多禾谷类或非禾谷类植物中，主要介导对马铃薯 Y 病毒家族（*Potyviridiae*）RNA 病毒的抗性（图 21.49）。这些病毒编码 VPg 蛋白，这是一个附着于病毒 RNA 基因组 5′ 端的小蛋白；

表 21.7　隐性遗传的抗性基因

基因	植物	病原物	侵染类型 / 器官 / 攻击的细胞层	蛋白质类型	提议的或已知的蛋白质功能	小种特异性
edr1	拟南芥	提高对丁香假单胞菌、拟南芥透明孔菌、白粉病菌中的二孢白粉菌的抗性；但对大豆炭疽病菌和甘蓝链格孢菌更加易感	侵染叶片，在胞内或胞外存在多种生活方式	类 Raf 的丝裂原活化蛋白激酶激酶激酶（MAPKKK）	点突变导致激酶结构域中出现密码子而提前终止；被认为是植物防御的负调控因子	无
eIF4E 或它的同构基因 *eIF*（*iso*）*4E*	多种谷物或非谷物	主要是马铃薯 Y 病毒科的 RNA 病毒	整株植物系统性的细胞内感染	真核转录起始因子；也参与除蛋白质合成起始以外的多种功能	突变破坏了该蛋白与病毒 RNA 5′ 端 Vpg 蛋白的互作，使得病毒无法借用宿主的诸多系统来完成生活周期	多数有
mlo	大麦、拟南芥和番茄	多种引起白粉病的真菌	严格活体营养 / 多器官 / 表皮细胞特异	植物特异的 7 次跨膜蛋白	植物防御和（或）程序性细胞凋亡的负调控因子	无
RRS1-R	拟南芥	细菌性青枯病病原物茄科雷尔氏菌	胞外 / 多器官 / 全部组织层	TIR-NB-ARC-LRR-WRKY	RRS1 接触到细菌效应因子 Pop2 后，结合另一 TIR-NB-LRR 蛋白 RPS4 以激活防御	有
xa5	水稻	细菌性青枯病病原物水稻黄单胞菌	胞外 / 多器官 / 全部组织层	通用转录因子 TFIIA 的一个亚基，为 RNA 聚合酶 II 所需	改变了两个氨基酸残基的 xa5 突变蛋白保留了基本的转录因子功能，其与细菌效应因子 Avrxa5 的相互作用可能会增强	有
xa13（*Os-8N3*）	水稻	细菌性青枯病病原物水稻黄单胞菌	胞外 / 多器官 / 全部组织层	NODULIN3 基因家族的成员，编码 SWEET 蛋白，参与糖类转运	*xa13* 等位基因对 TAL 效应因子 PthXo1 没有响应	有

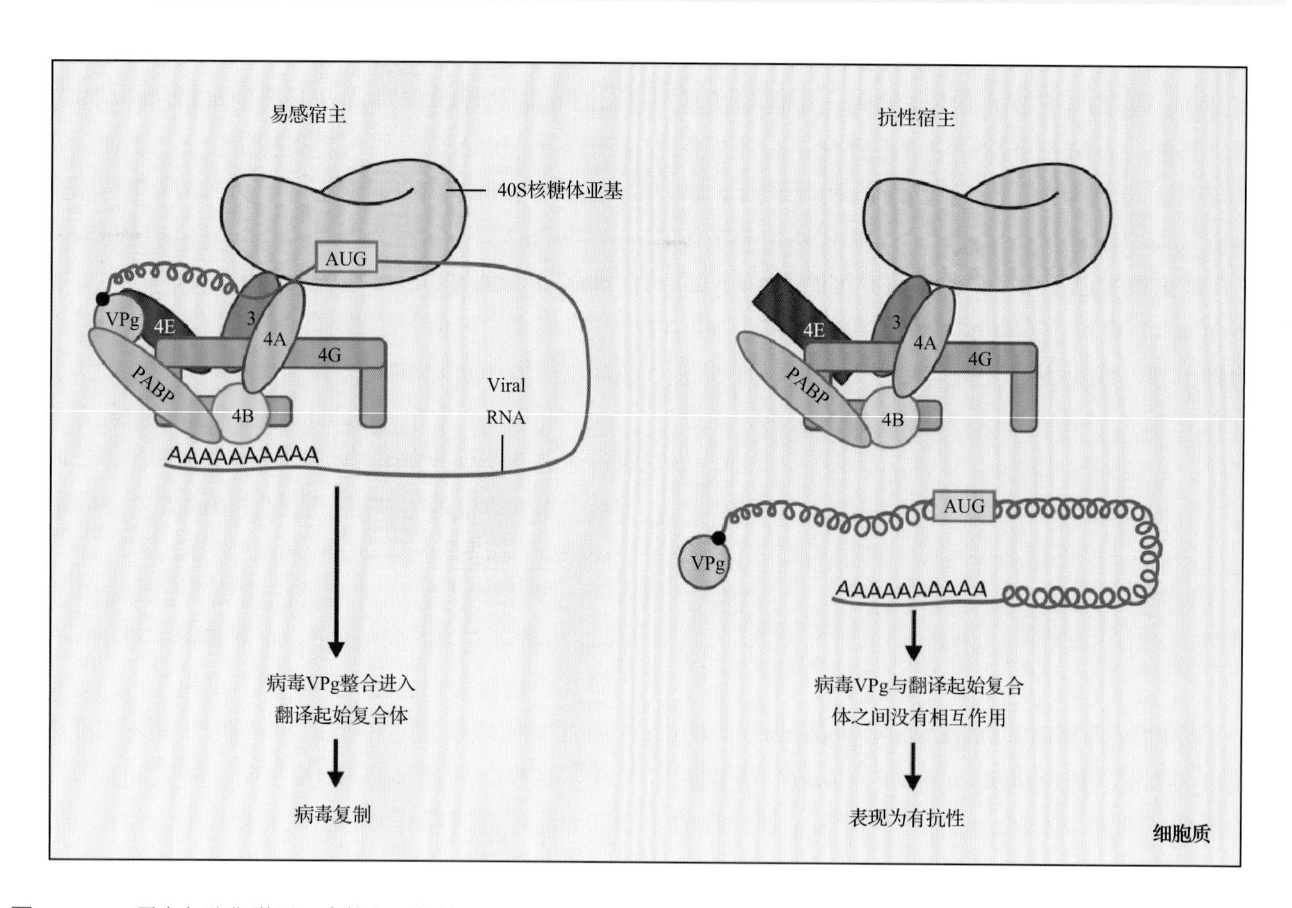

图 21.49　R 蛋白与防御激活。真核翻译起始因子 4E（eIF4E）的一个突变等位基因赋予植物对马铃薯 Y 病毒的隐性抗性。植物（及其他真核生物）中的翻译起始需要一个多蛋白复合体，该复合体包括起始因子 3、4A、4B、4E、4G、多聚腺嘌呤（poly-A）结合蛋白（PABP）、40S 核糖体亚基和另外几个组分。有效的翻译需要 mRNA 的帽状结构（m7GpppG）与 eIF4E 相互作用。马铃薯 Y 病毒产生一种叫 VPg 的小蛋白，与病毒自己的 RNA 基因组 5′ 端共价结合，可能在翻译起始过程中起到与 mRNA 帽状结构类似的功能（左图）。eIF4E 的一些自然变体可在许多植物中介导对马铃薯 Y 病毒的抗性，或许是因为它们不能有效结合病毒的 RNA 基因组，招募其进入翻译起始复合体（右图）

VPg 可能是真核生物 mRNA 帽状结构的功能等价物，通过与 eIF4E 或 eIF（iso）4E 互作，在转录起始和核糖体招募中起重要作用（见第 10 章）。VPg 和 eIF4E/eIF（iso）4E 蛋白都是多功能蛋白，它们也参与了除起始蛋白质合成以外的其他过程。VPg-eIF4E 相互作用的确切功能尚不清楚；但已知的是，*eIF4E* 基因的特定突变可以导致马铃薯 Y 病毒不能完成生活史（如不能完成翻译、复制或胞间转移等过程），由此突变植物获得不涉及 HR 的抗病毒能力。

21.8 局部和系统防御信号转导

在病原物、昆虫、线虫袭击植物的数分钟内，植物防御反应就在局部被激活了；数小时内，在同株植物远离侵染位点的组织内、甚至邻近植株内，就会产生复杂精细的防御反应。值得注意的是，诱导产生的系统响应类别由最初侵入的生物性质决定。如图 21.50 所示，植物对真菌、细菌、病毒的诱导性系统反应与其对昆虫的不同，而线虫诱导产

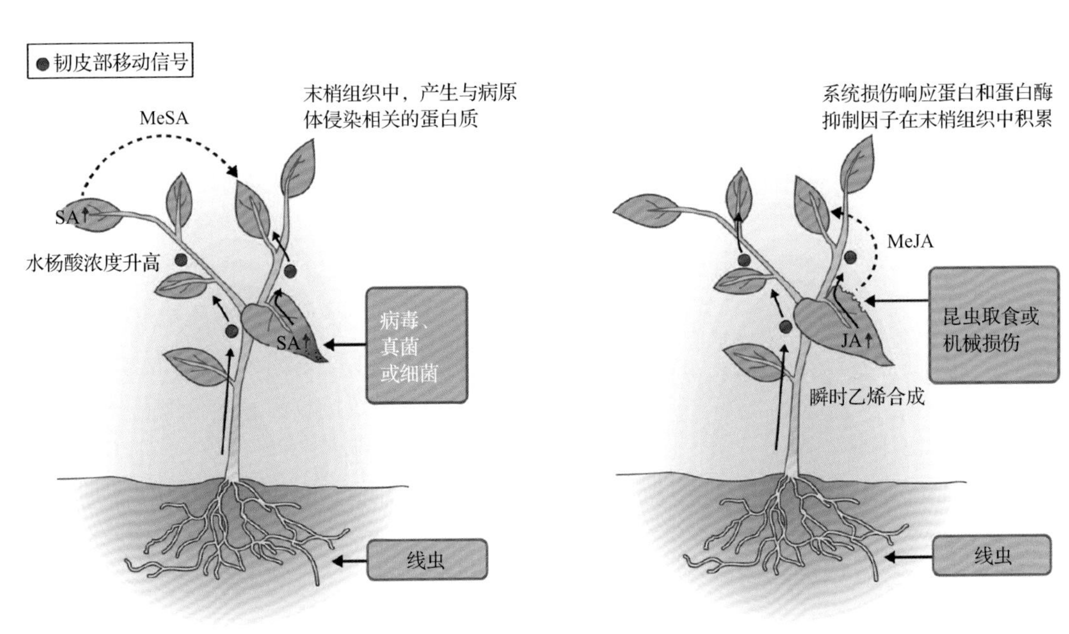

图 21.50 植物对病原物的系统性反应。A. 病毒、真菌和细菌可系统性地激活部分防御反应，这称为系统获得性抗性（systemic acquired resistance，SAR）。SAR 过程中，病原物入侵的位点周围组织坏死，局部水杨酸（SA）浓度升高，一些韧皮部移动信号被合成。随后，末端植物组织中水杨酸浓度升高，释放挥发性水杨酸甲酯（MeSA）。所有这些信号共同导致在未受侵染区域的植物组织中合成各种病原物相关蛋白。B. 昆虫取食或机械损伤激活不同的保护性反应——系统性 PI/ 损伤反应，在损伤处造成乙烯（ET）和茉莉酸（JA）合成的瞬时增加。挥发性甲基茉莉酸（MeJA）和一种称为系统素的韧皮部移动信号随后激活系统性反应，包括积累蛋白酶抑制剂（PI）和系统损伤响应蛋白（SWRP）等。线虫攻击植物根部诱导的防御反应似是上述两种的混合。C. 土壤中定殖于植物根系的非病原物性根瘤菌引发受诱导的系统抗性（ISR）。ISR 需要乙烯和茉莉酸信号诱导远端叶组织中的保护性防御，这种类型的防御既不包括病原物相关蛋白的积累，也不需要水杨酸

生的似乎是这两种反应的混合。协调的系统性响应对植物适应环境意义重大，它保证了远离侵染位点的植物组织能更有效地应对即将到来的进攻者。

21.8.1 植物激活系统性反应来应对病原物

真菌、细菌和病毒入侵能激活植物的**系统获得性抗性**（**systematic acquired resistance**，SAR），在最初感染时形成坏死斑（来自 HR 或其他病症）是激活 SAR 的必要条件；ETI 可强烈地诱导产生 SAR，而 PTI 对 SAR 的诱导性较弱。在 SAR 反应中，在远离最初病原物感染位点的植物组织内会激活一系列特定的病程相关基因（PR，稍后还会提及）。SAR 的激活还可大幅减轻后续许多病原物入侵引发的病症，例如，烟草 *N* 基因介导的对烟草花叶病毒的抗性可保护植株免受后续大多数（虽然不是全部）烟草病原物的侵害，甚至包括与初次侵染完全相同的烟草花叶病毒品系，由此，SAR 把原本遗传上相容的植物和病原物互作转变为了不相容的。通过理解 SAR 的工作原理，我们就可能对作物进行广谱的疾病控制（见 21.10 节）。

通过在烟草和拟南芥中表达细菌 NahG 水杨酸羟化酶，研究人员发现水杨酸（salicylic acid，SA）参与了 SAR。这两种植物本身不积累游离的水杨酸，也不能激活 SAR，那么水杨酸是否就是 SAR 中的传递信号呢？

追踪体内 ^{14}C 标记的水杨酸发现，一方面，在烟草花叶病毒侵染烟草后，未被侵染组织中的水杨酸含量上升，其中多达 70% 来自于被侵染叶片；另一方面，在野生型和转 *NahG* 植株间进行的一系列嫁接实验表明，在 SAR 诱导中，水杨酸仅为未被侵染的组织必需（图 21.51），故在烟草中水杨酸很可能不是在被侵染和未被侵染位点间移动的信号。进一步的烟草嫁接实验表明，产生信号的组织需要水杨酸甲基转移酶活性，该酶将水杨酸转变为水杨酸甲酯（MeSA）；与之相反，在远端接收信号的组织需要水杨酸甲酯酶的活性，这个酶催化水杨酸甲酯重新变为水杨酸。然而在拟南芥中，SAR 需要水杨酸，却不一定需要水杨酸甲酯。据此，水杨酸甲酯可能在烟草的 SAR 中扮演移动信号的角色，但并非在所有植物中都如此。

图 21.51 嫁接试验表明，水杨酸可能不是激活 SAR 的韧皮部移动信号。在转基因烟草（*Nicotiana tabacum*）和拟南芥中表达细菌 *nahG* 基因，表达出的 NahG 水杨酸水解酶可将水杨酸降解为邻苯二酚、二氧化碳和水，使转基因植物中不能积累自由态水杨酸，因而不能产生 SAR，这表明系统获得性抗性（SAR）一定需要水杨酸参与。但一系列野生型和转基因植株之间的嫁接实验表明，水杨酸仅需在植物末端器官中出现就可以引起 SAR。将烟草品种 *Xanthi* 的野生型（表达 *N* 抗性基因））和转 *nahG* 的突变体（同时表达 *N* 抗性基因和 *nahG*）相互嫁接，获得 4 种嫁接组合。在各嫁接苗的砧木叶片上接种烟草花叶病毒（TMV）；7 天后，用同一 TMV 分离菌株接种各接穗叶片；再 5 天后，照片记录接穗叶片的感病情况。以 *Xanthi* 为砧木、*nahG* 为接穗的嫁接苗（*nahG*/*Xanthi*）不能启动 SAR，而 *Xanthi*/*nahG* 嫁接苗产生与对照 *Xanthi*/*Xanthi* 相似的 SAR。不能积累水杨酸的 *nahG*/*nahG* 嫁接苗不能启动 SAR。来源：照片来源于 Vernooij et al.（1994）. Plant Cell 6:959-965

水杨酸诱导或加强许多植物防御反应，并诱导表达一系列病程相关蛋白（pathogenesis-related，PR）。已鉴定的 PR 分属于 17 个蛋白家族（表 21.8），多数植物都包含这些 PR 家族。*PR* 基因的转录本在病原物袭击、PTI 或 ETI 被激活后的数分钟至数小时内积累；一般相容性互作也可诱导 PR 转录本积累，但诱导的程度弱、速度慢。PR 蛋白常在远离最初侵染位点的组织内被诱导表达。在植物开花和遭受非生物胁迫时，也有几种 PR 蛋白被诱导表达。

有些 PR 蛋白是几丁质酶和葡

表 21.8　已知的病原物相关蛋白家族

家族	成员	性质
PR-1	烟草 PR-1a	未知
PR-2	烟草 PR-2	β-1,3 葡聚糖酶
PR-3	烟草 P、Q	I、II、IV、V、VI、VII 类几丁质酶
PR-4	烟草“R”	I、II 类几丁质酶
PR-5	烟草 S	类索马甜蛋白
PR-6	番茄抑制蛋白 I	蛋白酶抑制因子
PR-7	番茄 P_{60}	胞内蛋白酶
PR-8	黄瓜几丁质酶	III 类几丁质酶
PR-9	烟草“木质素形成过氧化酶”	过氧化物酶
PR-10	欧芹“PRI”	类核酸酶
PR-11	烟草 V 类几丁质酶	I 类几丁质酶
PR-12	萝卜 Rs-AFP3	防御素
PR-13	拟南芥 THI2.1	硫堇蛋白
PR-14	大麦 LTP4	脂类转运蛋白
PR-15	大麦 OxOa（萌发素）	草酸盐氧化酶
PR-16	大麦 OxOLP	类草酸盐氧化酶
PR-17	烟草 PRp27	未知

聚糖酶，可降解真菌细胞壁的多糖结构、抑制真菌生长。水杨酸激活许多 *PR* 基因的转录，还可以和乙烯协同作用，进一步提高 *PR* 基因的表达量。另一些 PR 蛋白，如脂氧化酶，可能通过产生二级信号分子或一系列有挥发性或无挥发性的、有毒的次生代谢产物来参与防御；二级信号分子有茉莉酸（Jasmonic acid，JA）和脂类过氧化物等，而那些毒性次生代谢产物具有抗菌活性。

许多人工合成的化合物可诱导 SAR，其中最有效的两种是 2,6- 二氯异烟酸（INA）和苯并 -（1,2,3）- 噻二唑 -7- 碳磺酸 S- 甲基酯（BTH），两者皆是水杨酸类似物，可在转 *NahG* 植株中激活 SAR。

为理解 SAR 的分子和生化基础，人们对拟南芥进行突变体筛选，得到了 SAR 有缺陷的突变体 *dir1-1*（*defective in induced resistance*）。*dir1-1* 仍能在局部激活防御，说明 *DIR1* 仅为系统响应所需。预测 *DIR1* 编码一个非原生质体定位的脂质转移蛋白。对野生型植物局部接种病原物后，可在其维管渗出物中检测到 DIR1 蛋白。因此，DIR1 蛋白的功能可能是参与系统性信号的合成，或参与向远端组织中转运另一类基于脂质的信号。

甘油 -3- 磷酸（G3P）合成缺陷的突变体也不能激活 SAR，该缺陷可通过施加 G3P 或野生型被侵染后流向末端组织的维管渗出液互补，因此，G3P 可能是 DIR1 依赖的 SAR 信号分子。此外，对维管渗出液的成分分析显示，壬二酸是能诱导 SAR 的一个移动信号。施加壬二酸可诱导 *AZI1*（*AZELAIC ACID-INDUCED 1*）转录，该基因预测编码一个分泌型脂质转移蛋白。取野生型植株和 *azi1* 植株的维管渗出物相互施加，发现 AZI1 参与了移动信号的合成或转移。综上，多项研究表明，有多个移动信号经维管系统运送到植物各个未受侵染的部分，并在这些部位引起 SAR 信号分子 - 水杨酸积累。图 21.52 描述了拟南芥中已知的移动信号、它们的作用及可能的相互作用。

21.8.2　NPR1、NPR3 和 NPR4 介导水杨酸对病程相关基因的诱导

NPR1（NONEXPRESSOR OF PATHOGENESIS-RELATED GENES 1）是参与 SAR 的一个关键蛋白（见图 21.53）。用化学诱导物（如水杨酸和 INA）处理拟南芥 *npr1* 突变体植株时，不能诱导病程相关基因（PR）表达，且其 SAR 被削弱；然而，*npr1* 突变体却具有更强的超敏反应（HR），在响应遗传不相容病原物时的水杨酸（salicylic acid，SA）积累也更多；*NPR1* 过表达植株则具有更弱的 HR。因此，*NPR1* 是 SAR 的正调控因子，同时是效应因子触发的超敏反应（ETI）的负调控因子。*NPR1* 编码一个含重复序列结构域的锚蛋白，正调控 SA 信号转导；其所

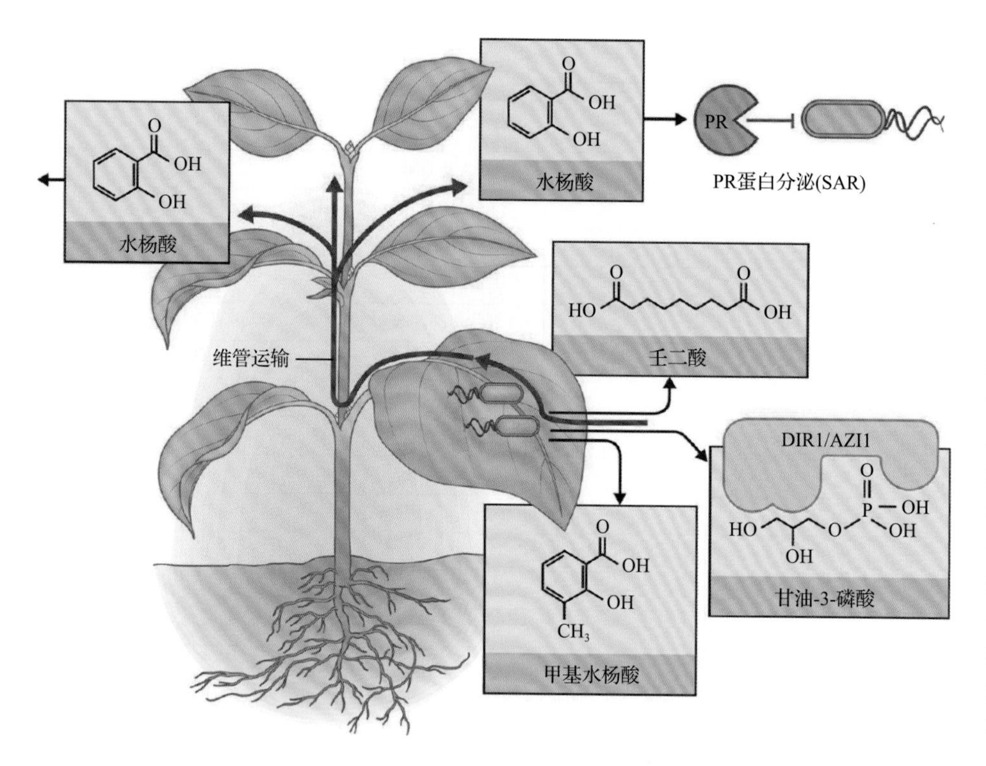

图 21.52 植物防御反应的系统性激活。系统获得性抗性(SAR)反应的发生和维持需要几种蛋白质和代谢产物参与。预测 DIR1 和 AZI1 是质外体脂质转移蛋白，在系统信号的发生或多种系统信号向末端组织运输的过程中起作用。代谢产物甘油 -3- 磷酸（G3P）和壬二酸是两种系统移动信号，在被激活植物的维管渗出物中积累。在移动信号到达系统组织后，水杨酸（SA）发生积累，可能引发多种植物防御反应，如激活一系列病原物相关蛋白。受诱导的挥发性化合物水杨酸甲酯（MeSA）在烟草中可能具有 SAR 信号转导的功能，但并非在所有植物中都如此

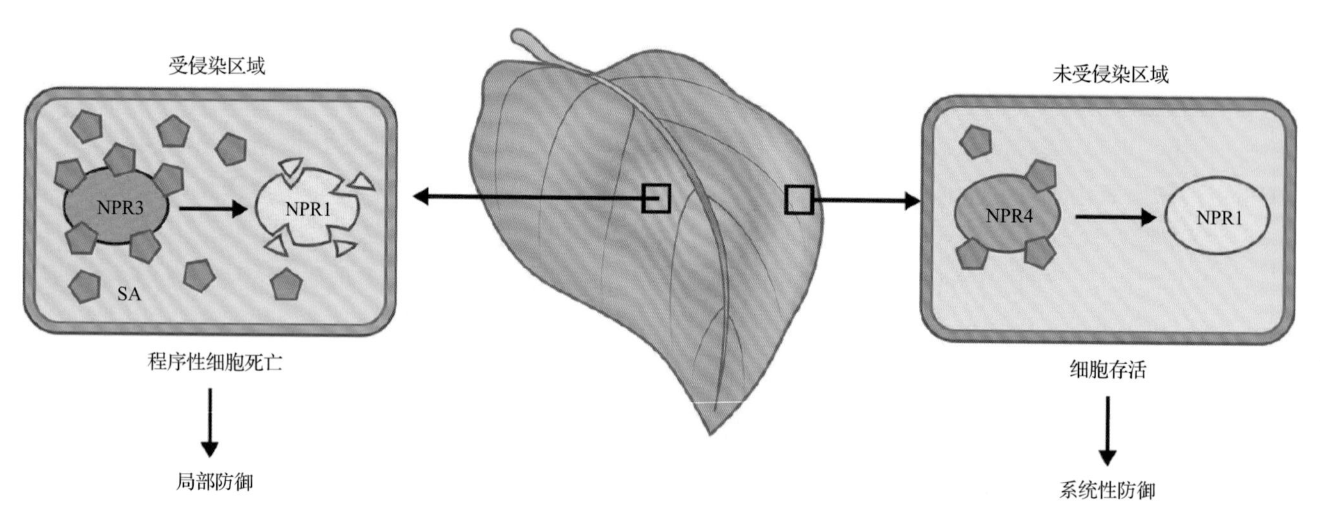

图 21.53 水杨酸介导植物对细胞死亡和存活的控制。微生物入侵后，水杨酸浓度局部升高，离侵染位点越远，水杨酸的浓度越低。在水杨酸浓度高的区域，如病原物入侵造成损伤处，水杨酸低亲和性受体 NPR3 介导 NPR1 的降解（左图）。NPR1 是细胞死亡抑制因子，因此这一区域容易出现细胞死亡和 ETI。而在水杨酸浓度较低的区域，如远离侵染位点处，水杨酸不能结合对其亲和度低的 NPR3 受体，细胞死亡就不会发生；相反，此时水杨酸结合对其亲和度高的受体 NPR4（右图），阻止 NPR1 的降解，因此在水杨酸浓度低的区域细胞倾向于存活，并表达与激活系统防御有关的基因

属基因家族较小，家族成员中包括 *NPR3* 和 *NPR4*（见后文）。类似锚蛋白在真核生物中广泛存在并参与蛋白质 - 蛋白质互作。

在健康植物细胞中，NPR1 通过分子间二硫键形成寡聚体，定位于细胞质；一氧化氮（NO）与分子内半胱氨酸的侧链巯基共价结合，使蛋白质 S- 亚硝基化、促进 NPR1 寡聚体形成。病原物侵染后，胞质中的硫氧还蛋白阻碍 NPR 的 S- 亚硝基化，导致 NPR 单体被释放并入核；SA 改变胞内氧化还原态、也参与调控 NPR1 入核。NPR1 单体是转录辅助因子，入核后结合 TGA 转录因子（识别 TGACG 基序的转录因子），促进 TGA 结合到水杨酸响应基因的启动子上，快速介导大量防御反应和病原物抗性相关基因的转录激活。

NPR1 蛋白具有一个 BTB 结构域（Broad-complex，Tramtrack and Bric-a-brac domain），该结构域常见于一类衔接蛋白，这类蛋白与 E3 连接酶 CULLIN3 一同构成 E3 泛素连接酶复合体（见第 10

章）。NPR1 入核后立刻在两个丝氨酸位点上被磷酸化，磷酸化强化 NPR1 和 CULLIN 之间的互作，从而促进 NPR1 经 26S 蛋白酶体被降解；上述周转 / 降解对 NPR1 诱导下游基因表达是必需的，但必要性产生的机制尚待研究。有模型认为，NPR1 降解促进了转录起始复合体“恢复活力”。在已诱导 SAR 的植物对后续病原物的抵抗过程中，NPR1 起到加强防御反应的作用。

在拟南芥中已鉴定到两种 SA 受体：低亲和性的 NPR3 蛋白和高亲和性的 NPR4 蛋白。在侵染位点，核定位的 NPR1 必须被降解以诱导 PCD 和 ETI 发生，降解过程需要和 NPR3 互作；在健康植株中，如果 NPR1 入核，它会被 NPR4 降解，这两者的互作不需要 SA 参与。在远离侵染位点处，NPR4 与 NPR1 共同作用，在不引起宿主细胞死亡的情况下诱导防御基因表达。在 *npr3 npr4* 双突突变体中，核内 NPR1 维持在高水平，SAR 不能发生。

NPR3 和 NPR4 都有两个功能：一是作为 SA 受体，二是作为衔接蛋白（adaptor protein）将 NPR1 连接到 CULLIN3。NPR3 接收 SA 后与 NPR1 互作增强，而 NPR4 接收 SA 后与 NPR1 互作减弱。病原物侵染的最初位点常常局部含有高浓度 SA，在这里，低亲和受体 NPR3 接收 SA、介导细胞死亡抑制因子 NPR1 降解，从而激活 ETI 和细胞死亡程序。反之，在末端组织中 SA 浓度通常较低，此时 NPR3 不能结合 SA，细胞死亡也就被阻止；在这里 SA 结合高亲和受体 NPR4、抑制 NPR1 的降解，利于细胞存活并表达 SAR 相关基因（见图 21.53）。

21.8.3　植物对机械损伤和虫害的系统响应

许多食草性昆虫在取食时，能对植物组织造成机械性损伤，并在整株植物中引发蛋白酶抑制剂（PI）和其他系统损伤响应蛋白（SWRP）的迅速积累（见图 21.50）。通常，植物对有咀嚼式口器的昆虫的系统性反应被看成是**损伤反应**（**wound response**），因为植物组织受到机械损伤后会引发相似的分子与生化反应。在番茄中，尽管受损伤的植物细胞壁会释放高浓度寡聚半乳糖醛酸（oligogalacturonides），原位诱导 PI 和 SWRP 的基因表达，但这些寡聚半乳糖醛酸不会系统性地转移到整个植株。真正可移动的、系统性信号是一种由 18 个氨基酸组成的多肽，它被命名为**系统素**（**systemin**，见第 17 章）。

系统素含量达到每植株几飞摩尔（femtomole，10^{-15}mol）时就可引发防御反应。系统素前体（pro-sysemin）由约 200 个氨基酸组成，存在于损伤位点的细胞质中。系统素前体经蛋白酶切割释放 C 端、生成系统素。系统素从受损伤细胞中被释放出来，在 30min 内传遍受损叶片，然后在 60 ～ 90min 内经由韧皮部送至上部无损伤叶片。

对系统素合成异常（系统素含量持续偏高或偏低）的番茄突变体的研究，证实了系统素对植物系统性地抵抗昆虫很重要。当系统素浓度高时，即使不存在损伤，番茄植株也持续地表达防御基因，并对食草性烟草天蛾幼虫（*Manduca sexta*）具有更强的抵御能力；当系统素浓度低于正常水平时，植株对防御反应的系统诱导能力严重下降，并对烟草天蛾幼虫更易感。

在番茄中，系统素到达靶组织后会迅速激活几条信号转导通路，起始各类防御基因的转录。其中一条通路与 P/MAMP 引发的通路类似，涉及跨膜离子流、氧化爆发及 MAP 激酶的激活（见图 21.30）；这进一步激活脂质依赖的信号级联反应，诱导茉莉酸（jasmonic acid，JA）合成（见第 17 章），JA 诱导 PI 和 SWRP 的基因转录。番茄茉莉酸合成突变体 *defenseless 1*（*def 1*）对昆虫取食的防御反应减弱（见图 21.54）。然而，JA 诱导 PI 基因转录的过程还需要第三种信号分子参与，即气体激素——**乙烯**（**ethylene**）。

系统素被加入到韧皮部液流开始转运后的 30 ～ 120min 内，乙烯会发生暂时性积累。用特定抑制剂处理或过表达反义 ACC 氧化酶基因，都可抑制乙烯的合成（见第 17 章），而一旦乙烯合成被阻断，机械损伤、系统素或 JA 处理都不再能诱导 PI 基因表达。水杨酸既抑制硬脂酸途径又抑制乙烯合成，这正解释了“在植物对病原物的 SAR 响应中，针对昆虫 / 机械损伤的 PI 和 SWRP 基因为何不会被诱导表达”：因为此时水杨酸积累、抑制了损伤响应。

损伤响应的部分特征在植物物种间保守，例如，在拟南芥和烟草中，茉莉酸信号通路都在损伤响应起始中起关键作用。然而，系统素信号通路仅发现于茄科植物中。拟南芥不具有编码系统素前体的基因，因此，在拟南芥中，茉莉酸最有可能是直接诱导系统性损伤响应的信号。

A

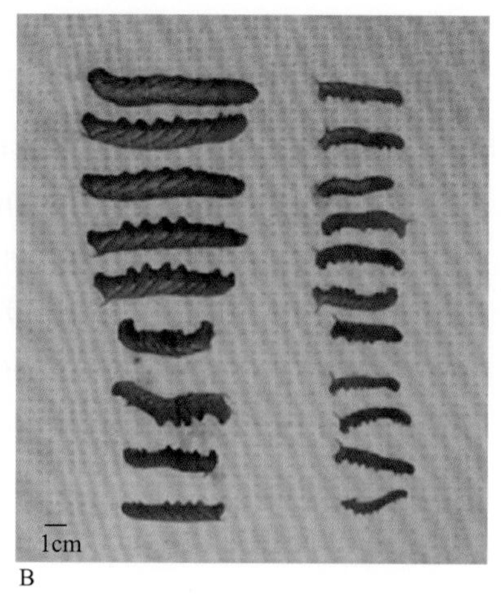

B

图 21.54 番茄突变体 *defenseless*（*def1*，A，左侧）不能合成硬脂酸途径来源的信号分子，如茉莉酸，相比于野生型植株，这种突变体的系统损伤反应被削弱（A，右侧）。当烟草天蛾幼虫（*Manduca sexta*）取食 *def1* 番茄突变体植株时（B，左侧），它们的生长速度比取食野生型植株的更快（B，右侧），这是由于野生型植株可以合成蛋白酶抑制因子，以及各种响应幼虫取食的系统性损伤响应蛋白。来源：Howe et al.（1996）. Plant Cell 8:2067-2077

21.8.4 食草昆虫诱导蛋白酶抑制因子产生

食草昆虫攻击植物时，除了激活植物系统性损伤响应外，还会诱导植物合成一系列可干扰昆虫消化系统的防御蛋白（与病原物响应中的防御蛋白不同），包括丝氨酸、半胱氨酸、天冬氨酸蛋白酶抑制因子和多酚氧化酶。这些蛋白酶抑制因子和食草动物肠道中的蛋白质及蛋白酶互作，抑制已摄入食物的蛋白质水解、导致必需氨基酸的供应量下降，从而延迟食草动物的生长发育或致其死亡。线虫也会诱导蛋白酶抑制因子积累进而受到植物类似的抵抗。

21.8.5 茉莉酸和乙烯介导植物对死体营养型病原物的抵抗

植物**防御素**（**defensins**）是具有抗菌活性的防御相关蛋白。该蛋白家族包含一系列分子质量小于7kDa 的富半胱氨酸多肽，且成员数目还在不断增长。基于以下三个原因，防御素受到格外关注：首先，与水杨酸介导的防御反应不同，防御素在植物营养组织中的积累受茉莉酸和乙烯共同控制；其次，其含量伴随茉莉酸水平系统性升高；再者，昆虫、鸟类和哺乳类在被微生物侵染后也会产生在结构和功能上相似的防御素多肽，例如，果蝇（*Drosophila melanogaster*）产生一种称为果蝇霉素的多肽，它与胡萝卜中的植物防御素有很高的同源性，这两种多肽都表现出很强的抗真菌活性（图 21.55）。这种结构和功能上的保守关系表明，在应对微生物攻击的反应中存在一种古老而保守的策略，其中涉及分泌型多肽的合成。

死体营养型真菌、卵菌、细菌病原物和昆虫都能触发茉莉酸和乙烯共同介导的防御反应（图 21.56）。在拟南芥中，死体营养型病原物侵染、外源乙烯或**甲基茉莉酸**（**methyl jasmonate**）处理，均可在局部及全株激活硫堇（thionin）基因 *Thi2.1* 和防御素基因 *PDF1.2*，但用水杨酸处理叶片不能激活这些基因。丁香假单胞菌是半活体营养型病原物，但它能分泌茉莉酸类似物——冠菌素（coronatine）来激活茉莉酸途径、拮抗水杨酸途径，以便于侵染（见 21.3.3 节）。茉莉酸可与不同氨基酸共轭，其中茉莉酸衍生物——茉莉酸 - 异亮氨酸复合物为 COI1 蛋白识别，这种识别对茉莉酸信号转导十分关键。

F-box 蛋白 COI1（CORONATINE INSENSITIVE 1）介导了多数的茉莉酸响应。在拟南芥中，茉莉酸不敏感的 *coi1* 突变体对死体营养型病原物更易感，如黑斑病菌（*Alternaria brassicicola*）和灰霉病菌（*Botrytis cinerea*）。

在植物 - 病原物互作中，碱性螺旋 - 环 - 螺旋转录因子 AtMYC2 是茉莉酸响应的一个关键调控因子。在拟南芥中，JAZ（JASMONATE ZIM-domain-containing）蛋白结合 AtMYC2、负调控茉莉酸信号；当存在茉莉酸 - 异亮氨酸复合物时，COI1 蛋白与 JAZ 互作，促进 JAZ 泛素化，使其被 26S 蛋白酶体降解、释放出 AtMYC2 以激活茉莉酸响应基因（图 21.56）。拟南芥茉莉酸受体的晶体结构显示，茉莉酸响应由 COI1 和 JAZ 形成的复合体介导，复合体的形成需要茉莉酸 - 异亮氨酸复合体与肌醇 -6-

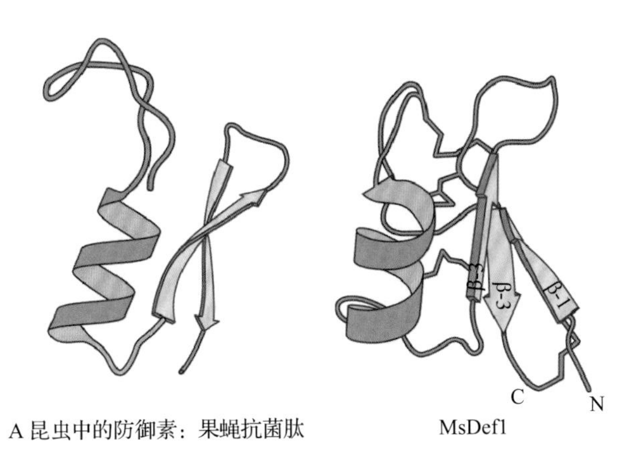

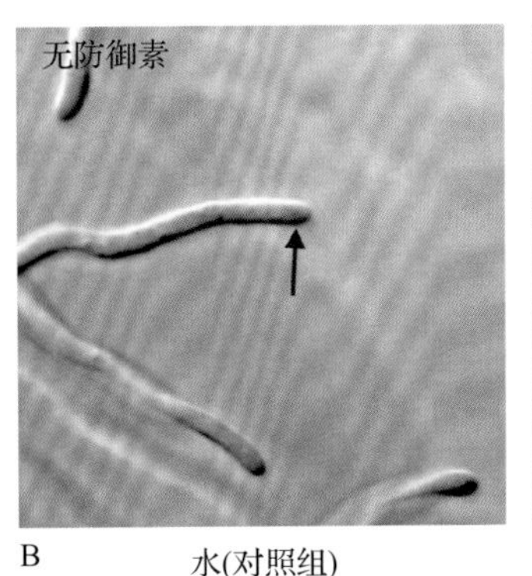

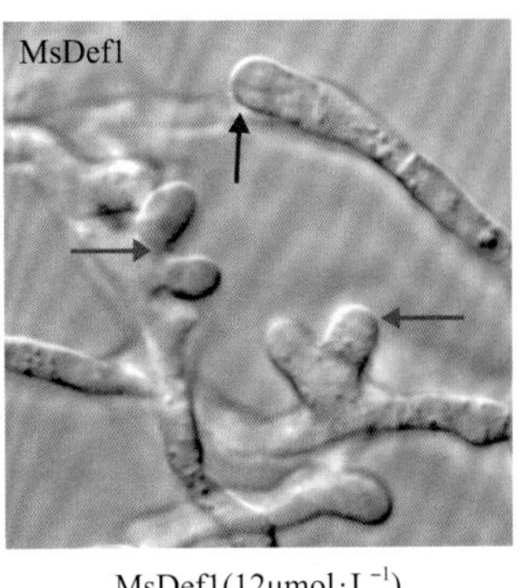

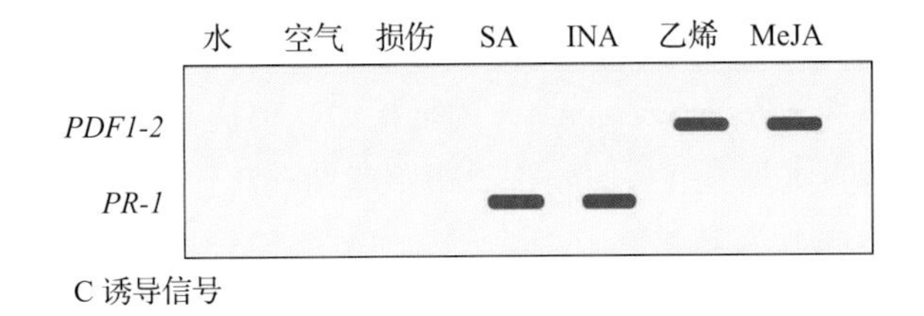

图 21.55 植物防御素是富含半胱氨酸的小肽，在植物细胞膜周缘积累，也常发现于干种子中。在植物防御反应中，防御素被诱导。植物防御素在结构和功能上都类似于昆虫、鸟类、哺乳类在受到微生物袭击后合成的物质。A. 果蝇中发现的果蝇抗菌肽（左侧）与苜蓿（*Medicago sativa*）种子中的MsDef1（右侧）十分类似，后者是一个含 45 个氨基酸的蛋白质。B. 体外实验中，MsDef1 在微摩尔（$\mu mol \cdot L^{-1}$）浓度水平（右侧）抑制一种丝状真菌（*Fusarium graminearum*）的生长，使其只能长出一些短粗的菌丝。C. 在拟南芥中，防御素基因 *PDF-2* 的转录受防御级联信号的调控，乙烯和甲基茉莉酸（MeJA）参与其中。施加这两种信号分子都不能诱导与病原物入侵相关的 *PR-1* 基因，该基因是由水杨酸（SA）或 2,6- 二氯异烟酸（INA）诱导的。来源：B. Sagaram et al.（2011）. PLoS One6(4): e18550

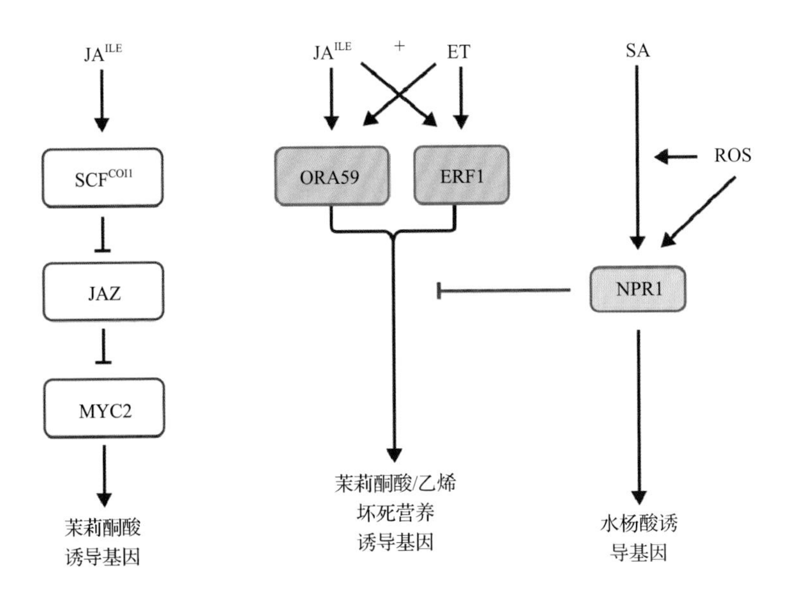

图 21.56 病原物入侵或害虫袭击植物后，局部激活的三条防御信号通路的比较。从左到右三条通路分别由茉莉酸 - 异亮氨酸（JA^{Ile}）、JA^{Ile} 与乙烯（ET）、水杨酸（SA）与活性氧（ROS）激活。JA^{Ile} 与 JA^{Ile}/ET 响应通路对植物抵御死体营养型真菌、卵菌、细菌型病原物和昆虫比较重要；与之相对的是，水杨酸防御通路对植物应对半活体营养型和活体营养型病原物十分关键。（左图）大多数茉莉酸反应由含 F 盒的 CORONATINE INSENSITIVE 1 蛋白（COI1）介导。COI1 是一个茉莉酸受体，形成 Skp1/Cullin1/F-box COI1 蛋白复合体（SCF^{COI1}）发挥功能。在拟南芥中，介导防御激活的茉莉酸下游调控因子是碱性螺旋 - 环 - 螺旋结构的转录因子 AtMYC2 和 JAZ 蛋白（JASMONATE ZIM-domain-containing）。JAZ 蛋白结合 AtMYC2 并负调控茉莉酸信号。JA^{Ile} 水平升高时，COI1 蛋白与 JAZ 蛋白互作，促进 JAZ 泛素化并被 26S 蛋白酶体降解，释放出 AtMYC2 转录因子激活茉莉酸响应的基因。（中图）植物中 JA^{Ile} 和乙烯信号通路间的交叉调控和协同作用需要 ERF 家族（乙烯响应因子）的两个转录因子 ORA59 和 ERF1 参与。ORA59 含有一个 APETALA2/ERF 结构域。ORA59 与 ERF1 协同地激活几个防御相关基因表达，包括编码植物防御素（如 PDF1.2）和几丁质酶（如 ChiB）的基因。（右图）水杨酸介导的防御信号可被 ROS 浓度的升高进一步放大。水杨酸信号转导需要锚蛋白 NPR1（NONEXPRESSOR OF PATHOGENESIS-RELATED GENES 1）。在健康植物中，NPR1 以寡聚体形式存在于细胞质中。病原物侵染后，植物细胞中的氧化还原态改变，NPR1 的单体被释放并转运入核（见 21.8.2 节）。NPR1 一入核就与 TGA（TGACG-motif binding）转录因子结合，促进了 TGA 转录因子与响应水杨酸的启动子结合。接下来，多种防御相关基因被激活，表达病原物相关蛋白（如 PR1）等。在特定情况下，水杨酸防御信号通路可抑制 JA^{Ile}/ET 信号通路。赤霉素和脱落酸也能影响植物防御信号

磷酸同时存在（见第 17 章）。

茉莉酸与乙烯信号分子经常在防御反应中联合起作用。在兼容性和非兼容性互作中，乙烯都被频繁合成。拟南芥中，乙烯信号由 5 个乙烯受体感知，每个乙烯受体都具有一个蛋白激酶结构域（见第 18 章）。这些受体是乙烯信号的负调控因子，它们与另

一个负调控因子 CTR1 互作。CTR1 负调控乙烯信号通路下游的组分，它自身被乙烯负调控。乙烯失活 CTR1 来解除对下游信号通路组分 EIN2 和 EIN3 的负调控。EIN2 是一个膜蛋白，在乙烯信号通路被激活时，其 C 端结构域被蛋白酶切割而释放，引起 EIN3 水平的上升。EIN3 是一个短寿命的转录因子蛋白，乙烯水平升高后它在核中积累。EIN3 调控许多乙烯信号的靶基因，如 *ERF1*。*ERF1* 编码乙烯响应元件结合转录因子（AP2/EREBP），参与对死体营养型病原物的防御。过表达 *ERF1* 可提高植物对灰霉菌（*Botrytis cinerea*）的抵抗力，但提高了植物对半活体营养型病原物丁香假单胞菌（*P. syringae* pv. *tomato*）的易感性。

21.8.6 水杨酸和茉莉酸 / 乙烯是相互拮抗的信号，且与其他信号转导通路有交互

水杨酸信号触发植物对活体和半活体营养型病原物的抗性，而茉莉酸及乙烯联合激活植物对死体营养型病原物的抗性，这两条通路相互拮抗：水杨酸浓度升高及对活体营养型病原物抗性的升高，往往伴随对死体营养型病原物的敏感性增加；而对死体营养型病原物的抗性增加常常伴随着对活体营养型病原物的敏感性增加。这一经典观点是需要修正的，因为还有其他激素参与病原物毒性和植物防御。一个复杂的交互网络影响着这些受诱导激素的水平，最终输出怎样的生物学反应受病原物生活方式和植物遗传背景的共同影响。

赤霉素（gibberellins acid，GA）信号受 DELLA 蛋白调控（见第 18 章）。拟南芥 DELLA 蛋白缺失后，植株对丁香假单胞菌（*P. syringae* pv. *tomato*）的抗性增加，其中还涉及水杨酸合成增加和水杨酸信号转导。DELLA 也可通过与 JAZ 蛋白互作来促进茉莉酸信号转导。这解释了为何藤仓赤霉菌（*Gibberella fujikuroi*）要生成赤霉素：藤仓赤霉菌是一种水稻死体营养型真菌病原物，导致水稻恶苗病；赤霉素与 DELLA 蛋白结合导致它们被降解，DELLA 降解导致 JAZ 蛋白进一步抑制 AtMYC2、茉莉酸信号转导被减弱。这也解释了 DELLA 突变体为何对活体营养型和半活体营养型病原物的抗性增强。

总而言之，水杨酸、茉莉酸、乙烯和赤霉素等植物信号分子通过复杂的机制，影响植物防御反应各个层面的平衡和激活水平，个中机制如今仍是研究热点。通过对病原物进行基因组测序和靶向生化研究，研究人员还发现有些病原物可以生产部分植物激素来干扰植物的调控网络。

21.9 基因沉默机制介导植物对病毒的抵抗、耐受和减毒

超敏反应（HR）和系统获得性抗性（SAR）都不能阻止病毒通过植物维管组织扩散。因此，一定有其他防御机制参与了植物对病毒侵染的控制。

21.9.1 病毒的长距离系统性扩散被限制

拟南芥突变体研究提供的遗传学证据表明，有特定宿主基因参与阻碍烟草花叶病毒和马铃薯 Y 病毒经维管系统转移。在拟南芥哥伦比亚生态型（Col-0）中，至少有三个基因：*RTM1*（restricted TEV movement 1）、*RTM2* 和 *RTM3* 参与限制烟草蚀纹病毒（TEV）的长距离运输。RTM1 蛋白与木菠萝凝集素（lectin jacalin）类似。RTM2 蛋白具有多个结构域，其 N 端序列和植物小热休克蛋白相似，C 端预测包含一个跨膜结构域。 RTM 系统中的这两个蛋白质在韧皮部筛管分子中起作用，阻止 TEV 的长距离运输。

21.9.2 RNA 沉默对植物抵抗许多病毒入侵很重要

植物被某些病毒侵染后可恢复并长出无病毒感染症状的新枝（见图 21.57），这是由于植物可通过 **RNA 沉默（RNA silencing）**的机制削弱很多种病毒的积累（见第 6 章）。不同植物病毒在序列、形态、基因组结构、蛋白质生产和宿主范围上差异很大，但它们都有一个共同点：需要积累病毒 RNA 以完成生活史。病毒 RNA 的积累，特别是双链病毒 RNA（dsRNA）的积累，提供了激活 RNA 沉默的信号。双链 RNA 的产生可能是病毒正常复制过程的一部分，来源可以是单链 RNA（ssRNA）中的反向重复序列折叠成发夹状结构，或是由于双向转录有重叠区而产生带有互补序列的 RNA 产物。

图 21.57　植物通常采用 RNA 沉默机制来防御病毒。图中烟草植株的下部叶片被注射了烟草环斑病毒（TRSV）。注射后 23 天，下部叶片上出现了严重的环状坏斑。然而，TRSV 向上部叶片蔓延的趋势逐渐减弱，最上部的叶片表型正常，没有被病毒侵染。病毒导致的最初症状激活了 RNA 沉默机制，抑制病毒向上部叶片蔓延，也使得叶片对同一种病毒的再次侵染获得免疫。来源：Wingard（1928）. J. Agric. Res. 37:127-153

RNA 沉默是一种有效的防御机制，它具有三个主要特点。第一，它依赖于同源性，因此对病毒 RNA 具有特异性。抑制性小 RNA（small inhibitory RNA，siRNA）介导了 RNA 沉默，而 siRNA 来源于病毒双链 RNA，宿主编码的 RNA 不会被病毒 RNA 诱导的沉默机制所干扰。第二，信号易于放大，植物以 siRNA 为引物、以单链 RNA 为模板，经自身编码的 RNA 依赖的 RNA 聚合酶可生产次生病毒长双链 RNA（见第 6 章）。第三，siRNA 也可作为一种可移动信号，在病毒前或跟随病毒一起移动，保证了 RNA 沉默机制可对病毒进行持续追击。

为对抗这一高效的 RNA 沉默机制，许多植物病毒合成抑制 RNA 沉默的蛋白质。不同种病毒产生的沉默抑制因子在序列和结构上基本没有关联。在 RNA 沉默的强选择压力下，几种不同的机制独立演化出来行使同一个功能，这是一个**趋同演化（convergent evolution）**的例子。抑制因子常在病毒增殖中行使额外的、不相关的功能，它们抑制 RNA 沉默的能力反而是演化出的附加项。番茄丛矮病毒的 P19 蛋白结合 siRNA、阻止活性 RISC 形成（见第 6 章）；相反，黄瓜花叶病毒的 2b 蛋白抑制 Argonaute 的核酸内切酶活性（见第 6 章）。植株表现病毒病症状，尤其是矮化和异常发育，可能是 siRNA 和 microRNA 加工被病毒的抑制因子干扰所致。

21.10　通过遗传工程控制植物病原物

植物的 PRR、*R* 和其他基因，病原物的 *Avr* 及效应因子基因都有可能成为改良作物抗病性的优秀靶点。此外，还可以靶向致病过程以建立特定植物的新抗病机制。

21.10.1　模式识别受体能提高植物抗病能力

模式识别受体（PRR）通过识别保守的病原物/微生物相关的分子模式（P/MAMP，见 21.5 节）来识别病原物，然而，不同的植物家族携带自己特殊的一组 PRR，只能识别特定的 P/MAMPs。

拟南芥 PRR 蛋白 EFR 识别病毒延伸因子 Tu（EF-Tu）被乙酰化的 N 端，但茄科植物就不能感知病毒的 EF-Tu。把拟南芥的 EFR 转入番茄（*Solanum lycopersicum*）、烟草（*Nicotiana benthamiana*），可使后者对 EF-Tu 产生响应，并提高它们对不同属致病细菌的抗性，如根癌农杆菌（*A. tumefaciens*）、丁香假单胞菌（*P. syringae*）、青枯雷尔氏菌（*Ralstonia solanacearum*）和一种叶斑病菌（*Xanthomonas per-forans*）（见图 21.58）。这些结果表明，扩大作物对 P/MAMP 的识别范围可提高它们对病原物的抗性。

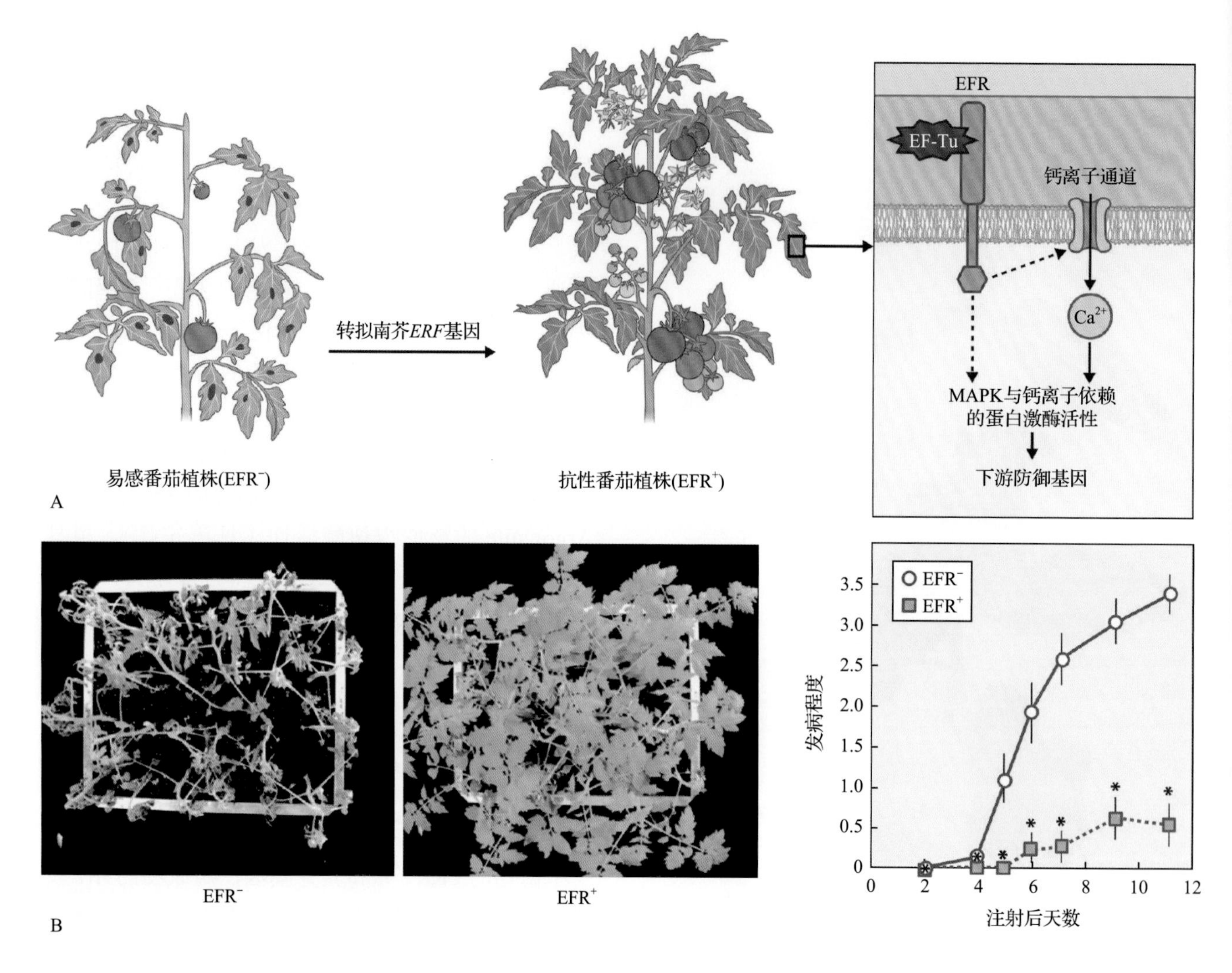

图 21.58 向作物中转入一种模式识别免疫(PTI)受体,使其对几种细菌病原物产生抗性。A．向茄科植物番茄中转入拟南芥(十字花科)中的模式识别受体，使番茄中获得广谱抗性。茄科物种本氏烟草（*Nicotiana benthamiana*）和番茄中缺乏延长因子 Tu 的受体（EFR，紫色），因此易受各种病菌感染；将拟南芥 *EFR* 转基因表达在这些植株中可增强它们的抗病能力，*EFR* 的表达可能在转基因植物中激活了一组级联信号，使植物获得对表达相应 P/MAMP（即延长因子 Tu，图中为橙色）的病原物的抗性。这种跨越科级的 *EFR* 介导的抗病性转移暗示，本氏烟草和番茄中含有除 EFR 受体外，信号通路中所需的其他组分。MAPK，促分裂素原活化蛋白激酶。B. 给野生型（EFR⁻，左侧）和表达 *EFR* 的转基因番茄植株（EFR⁺，右侧）接种青枯菌（*Ralstonia solanacearum*）毒性菌株，右侧给出了侵染后两种植株病害的发展状况，可看出转基因 *EFR* 植株中病症显著减弱。来源：图 B 来源于 Lacombe et al.（2010）. Nat. Biotechnol. 28:365-369

21.10.2 *R* 基因使植物具有广谱抗性

传统上，植物育种家经漫长的育种项目，向优良作物品种中引入野生近缘种特有的 *R* 基因，以达到增强作物抗病性的目的（见图 21.59、图 21.39 及 21.6.1 节）。在引入 *R* 的同时，需经反复的遗传重组来摆脱与之连锁的、引起作物性状变差的基因（“连锁累赘”）。随着分子技术的发展，直接克隆目标 *R* 基因、经遗传转化将其引入作物成为可能（见信息栏 21.2）。

遗传转化允许一次转移多个不同的 *R* 基因，这些 *R* 基因可能是靶向单个病原物的、串联排列的连锁基因，彼此不能经重组分开（见图 21.59）。这种排列方式放慢了病原物克服植物抗性的演化速度，因为只有当某一单独病原物中对应的几个效应因子同时突变时，它才能克服该 *R* 基因座介导的抗性。通过转化的方式引入 *R* 基因还意味着可克服植物种间育种障碍，因此进一步扩大了新抗性基因的来源。

种间转移的理想候选基因，是那些可介导植物对某种病原物的全部或多数小种产生抗性的 *R* 基因，因为这意味着它们可能为受体植株带

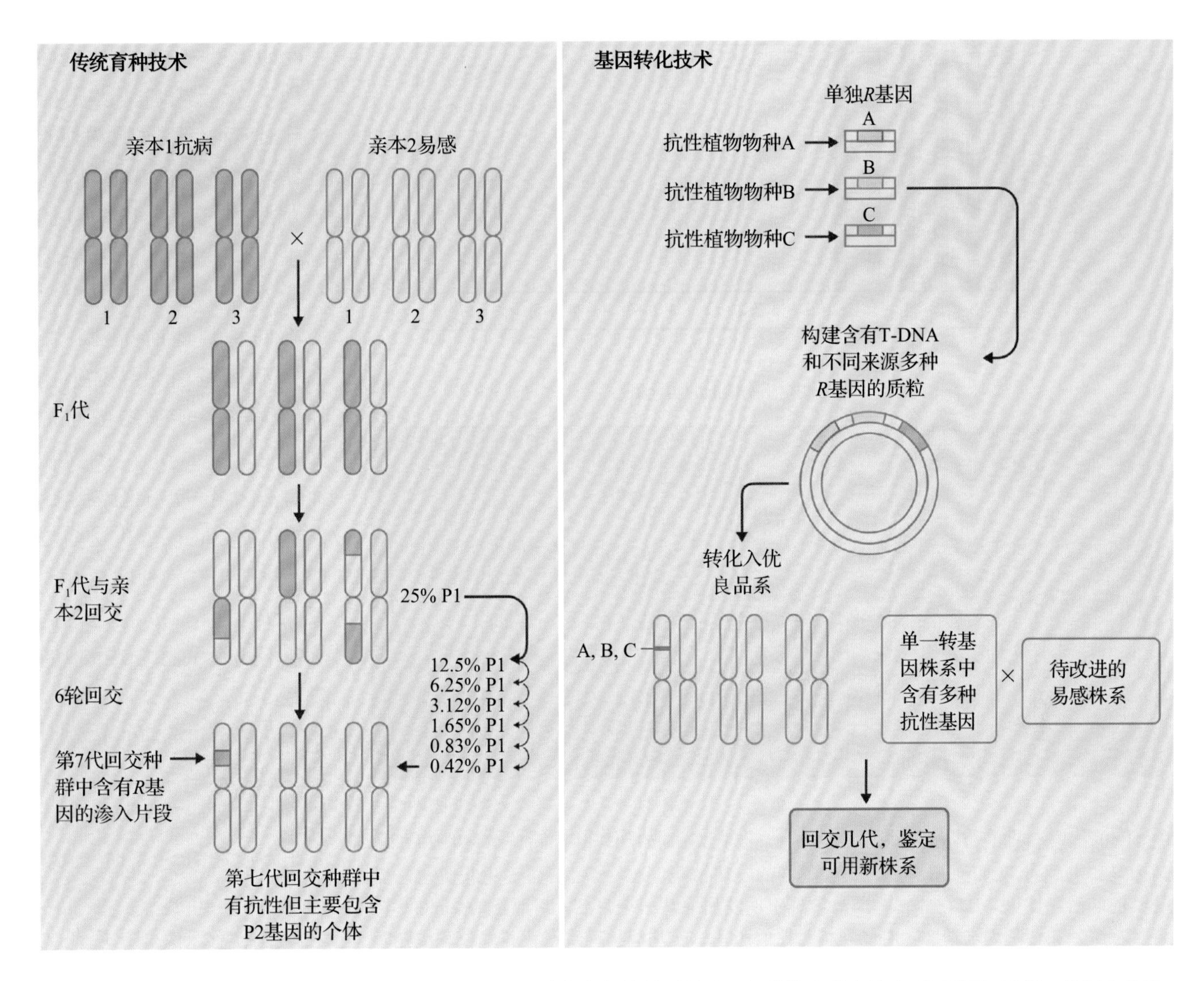

图 21.59 将所需基因转入商业作物的方法对比：传统育种技术与转基因技术。在传统育种方法中（左侧图），至第 7 代回交种群，来自 F_1 父母本的互补基因组中大约有 0.4% 与所需 *R* 基因（最初来自 1 号亲本）一起保留下来。而在转基因方法中，不同来源的 *R* 基因先被整合进同一个 Ti 质粒。随 T-DNA 整合进入植物基因组后，这些 *R* 基因在后续育种中连锁，大大简化了向作物中引入多个 *R* 基因的回交过程。使用转基因方法时，引入的全部 DNA 序列都是已知的；而在传统育种方法中，哪些 DNA 被转移以及这些 DNA 的具体序列特性都是未知的

来更广谱的抗性。例如，一种野生二倍体马铃薯（*Solanum bulbocastanum*）的大多数居群对致病疫霉（*Phytophthora infestans*）的所有已知小种都有抗性，育种家利用图位克隆分离出了抗性基因 *RB*/*Rpi-blb1*。表达 *RB* 的转基因栽培马铃薯（*Solanum tuberosum*）也获得了对几乎所有致病疫霉的高水平抗性（包括一个能对抗栽培马铃薯中已知全部 11 种 *R* 基因的欧洲“超级小种”）。人们还分离出了另外两个对致病疫霉有广谱抗性的 *R* 基因：*Solanum bulbocastanum* 中的 *Rpi-blb2* 和 *Solanum venturii* 中的 *Rpi-vnt1.1*。在英国和欧洲大陆几年的田间试验中，被转入上述两基因的马铃薯品种对晚疫病表现出了长久的抗性（图 21.60）。

无论通过杂交还是遗传转化，从野生近源种中分离出 *R* 基因再将它们转入优质栽培品种都很费时费力。因此，优先选出那些最可能带来持久抗性的 *R* 基因十分重要，而分析病原物效应因子的互补情况可为此提供线索。若一个 *R* 基因识别的效应因子在病原物全部已知小种中保守，它就比识别在许多小种中缺失的效应因子的 *R* 基因更可能带来持久抗性。有些效应因子对病原物发挥全部毒性至关重要（见信息栏 21.3）。人们对病原物不同小种间效应因子互补的差别了解得越来越充分，这些知识有助于选出更有潜力的 *R* 基因。这种方法已被应用到对马铃薯 / 致病疫霉互作的调控中。小麦秆锈菌（*Puccinia graminis* f.sp. *tritici*）Ug99 衍生的各个小种威胁着

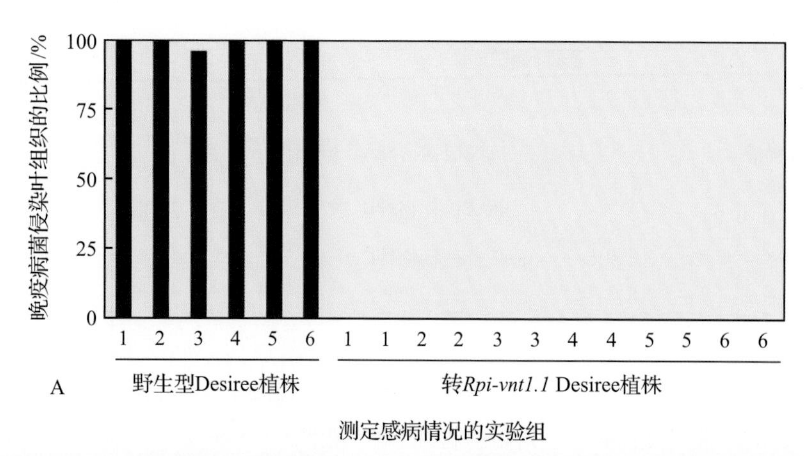

图 21.60 致病疫霉（*Phytophthora infestans*）侵染 *Rpi-vnt1.1* 转基因马铃薯植株和非转基因马铃薯变种 Desiree 植株后，二者不同的发病情况。A. 马铃薯营养生长阶段，受侵染的叶组织比例。B. 在非转基因马铃薯出现发病症状一个月后，对照组 Desiree 马铃薯（左侧）和转基因马铃薯（右侧）相对比的照片。转基因马铃薯在营养生长和成熟阶段都没有出现发病症状。来源：图 B 来源于 Jones et al.（2014）.Phil.Trans.R.Soc.Ser.B 369:doi:10.1098/rstb.2013. 0087

非洲和亚洲的小麦产量，研究人员用上述方法鉴定到了对这些小种有持久抗性的基因（见信息栏 21.3 和 21.1）。番茄和香蕉分别对叶霉菌（*Cladosporium fulvum*）和香蕉叶斑病菌（*Mycosphaerella fijiensis*）易感，这两种病原物有紧密关联，*C. fulvum* 中 Avr4 和 Ecp2 效应因子的同源蛋白也存在于 *M. fijiensis* 中。番茄可识别两种病原物中的 Avr4，因此或可通过引入 *Cf-4* 介导香蕉对 *M. fijiensis* 的抗性。

为控制小麦稃枯病菌（*Stagonospora nodorum*），研究人员从该病原真菌的培养滤液中分离到 ToxA 和其他相关毒素，用它们在全球范围内进行种质筛选，筛选范围包括已有的商品化优质小麦和无病征的潜在野生供体小麦。小麦的 *Tsn* 位点使其对稃枯病菌易感，种质筛选确保了从全部商品化小麦育种项目中清除掉这一易感位点。

有些 *R* 基因可介导对一种病原物所有小种的抗性，如大麦的 *mlo* 隐性抗性基因；另一些 *R* 基因则能介导对多种远源病原物种的抗性，如番茄的 *Mi* 基因介导对线虫、粉虱和木虱的抗性；有些特定的 *R* 基因介导对分类学上密切相关的不同种真菌的抗性，如小麦 *Lr34* 基因介导对小麦叶锈菌与小麦条锈菌的抗性（见 21.7.1 节）。作物物种的基因组和转录组数据越来越丰富，可以分析这些数据、挑选出在物种间高度同源的 *R* 基因，并检验它们赋予不同农作物广谱抗性的能力。

许多小种特异的 R 蛋白具有温度敏感性。例如，*N* 基因介导的烟草花叶病毒抗性在温度超过 30℃时失效，此时烟草花叶病毒可系统性地传播到整株植株。现在全球许多地区都受到气候变化的影响，在稍高的温度下失效的 *R* 基因可能导致病原物控制失效，这一现象或许可用 R 蛋白错误折叠或细胞定位错误来解释。

21.10.3 TAL 效应因子可用于抗性设计

水稻黄单胞杆菌（*Xanthomonas oryzae* pv. *oryzae*，Xoo）的转录激活因子样（TAL）效应因子通过激活水稻特定的疾病易感基因（*S*）来致病（见 21.1.8 节）。TALEN（TAL 效应因子 - 核酸酶融合蛋白）结合了天然或改造的 Xoo TAL 效应因子的 DNA 识别重复区域和 Fok Ⅰ核酸酶的 DNA 切割结构域，可用于对基因组的精准编辑。

例如，人们利用 TALEN 技术突变水稻白叶枯病易感基因 *Os11N3*/*OsSWEET14* 的启动子序列，由此获得抗白叶枯病菌的水稻（*Oryza sativa*）。*Os11N3* 编码 SWEET 蔗糖流出转运体家族的一

信息栏 21.3　效应因子指导下的 *R* 基因设计

效应因子指导下的 *R* 基因设计是一项疾病防御策略，基于对缺乏序列多态性的核心病原物效应因子的鉴定。这项策略已被应用于马铃薯（*Solanum tuberosum*）来缓解致病疫霉的危害。这种病原物的无性系不断地出现和迁移，使其能在农业系统内进行大范围种群转移（图 A）。欧洲致病疫霉群体中一种称为 13_A2 的新型强致病性株系正快速取代先前的病原物株系。对致病疫霉的全基因组、全转录组进行测序比较（见第 9 章）发现，在新 13_A2 株系和两个旧株系中有保守的核心 RXLR 系列效应因子。三个病原物株系都携带完整的、受植物诱导表达的 *Avrblb1*、*Avrblb2* 和 *Avrvnt1* 效应因子基因，在携带相应 Rpi-blb1、Rpi-blb2 和 Rpi-vnt1.1 的马铃薯株系中引起抗性反应（图 B）。基于标记筛选的传统育种，或基于 T-DNA 的遗传转化，都可让马铃薯基因组积累 *R* 基因。这种核心效应因子指导下的育种方法有助于在马铃薯种质优化项目中排除已知被病原物“打败”了的 *R* 基因，它们的同源效应因子已产生序列多态性来躲避识别。

A. 历史上和现在致病疫霉对马铃薯致病的能力。B. 保守的核心效应因子 Avrblb1、 Avrblb2 和 Avrvnt1 出现在所有 *Pi* 分离菌株中。在宿主植株中表达相应的 *R* 基因 *Rpi-blb1*、*Rpi-blb2* 和 *Rpi-vnt1.1* 可帮助植物识别这些效应因子。

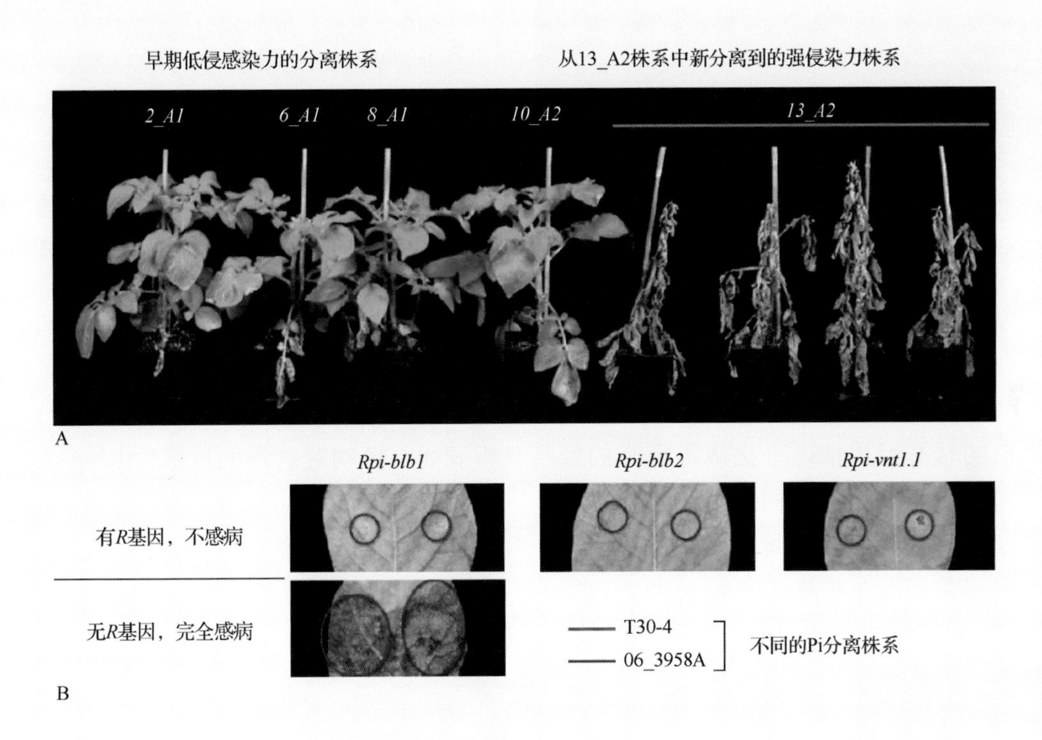

来源：Cooke et al. （2010）. PLoS Pathog. 8(10): e1002940

个成员，该基因可被 Xoo TAL 效应因子 AvrXa7 或 PthXo3 激活，使得蔗糖从植物细胞流向细菌。*Os11N3* 启动子的 TATA 盒附近有上述两种 TAL 效应因子的结合位点，研究者设计 TALEN 来突变启动子的 TAL 结合位点，而不干扰 *Os11N3* 在发育中的正常功能。改造后的 *Os11N3* 基因不再被 AvrXa7 或 PthXo3 效应因子诱导。由此获得的稳定遗传突变体对依赖 AvrXa7 或 PthXo3 的 Xoo 株系表现出很强的抗性，而对依赖于 Pthxo1 致病的 Xoo 株系无抗性（图 21.61）。目前，依赖 *Os11N3* 基因的天然多态性不能筛选出能同时阻止上述两类病原物侵染的天然等位基因，而通过 TALEN 编辑介导对 Xoo 易感的水稻基因，可获得有抗性的等位基因并用于水稻育种项目。

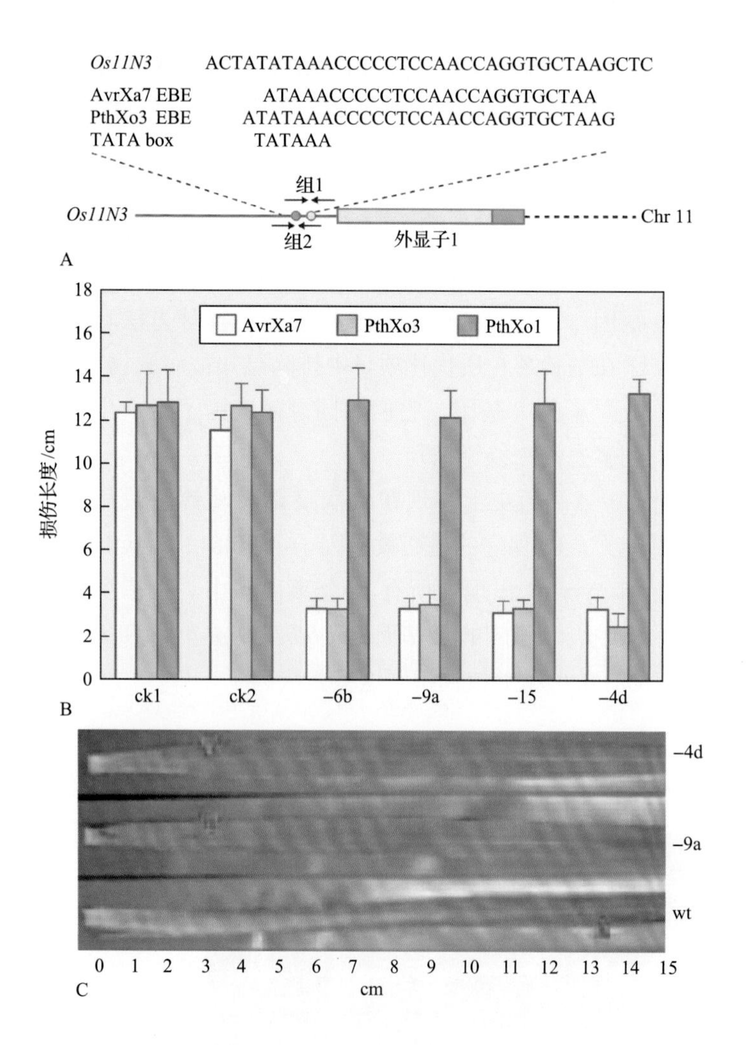

图 21.61　TALEN 技术被用于编辑水稻中一个特定的病原物敏感性基因（*S*），从而可遗传地抵抗水稻黄单胞杆菌（*Xanthomonas oryzae* pv. *oryzae*，Xoo）。水稻细菌性白叶枯病敏感性基因 *Os11N3/OsSWEET14* 是 TALEN 的一个靶点。A. *Os11N3* 启动子区包含一个 AvrXa7 效应因子结合原件（EBE），该区域又与效应因子 PthXo3 的 EBE 和 TATA 盒（TATA box）重叠。研究者设计了两组独立的 TALEN（组 1 和组 2），以在 *Os11N3* 启动子重叠区引入突变，从而干扰 AvrXa7 和 PthXo3 的毒性而不影响 *Os11N3* 在发育上的功能。每组 TALEN 都包括 24 个重复单元，识别靶点 24 个连续的核苷酸。B. 三种分别依赖 AvrXa7、PthXo3、PthXo1 的 Xoo 病原物侵染水稻野生型和转基因植株，发病的严重程度如图所示。统计的是注射侵染 14 天后叶片上损伤的长度，用于实验的水稻株系包括野生型（ck1）、非转基因植株（ck2）和分别在 *Os11N3* 启动子区纯合缺失 6bp（–6b）、9bp（–9a）、15bp（–15）和 4bp（–4d）的突变体。C. 两种转基因水稻植株与野生型植株（wt）对 Xoo（AvrXa7 效应因子）株系的抗性。叶片左侧被注射了病菌，受感染的叶片范围用红色箭头标注。来源：Ting Li et al.（2012）.Nat. Biotechnol. 30(5): 390

21.10.4　病毒序列诱导对病毒的抗性

病毒序列介导的抗性基于一个这样的概念：表达病毒蛋白的转基因植株可干扰病毒正常的致病过程。外壳蛋白（CP）介导的抗性被认为可通过高水平的 CP 发挥作用，阻止刚被侵染的细胞中病毒颗粒的去组装；而在植株中过表达丧失功能的突变型运动蛋白（movement proteins，MP）被认为可以和病毒的正常运动蛋白竞争胞间连丝结合位点。对 CP 与 MP 转基因植株的分子生物学分析表明，植物对病毒的抗性由 RNA 介导且具有序列特异性，机制可能是经转录后沉默阻止病毒基因的表达。

外壳蛋白介导的病毒抗性是植物遗传工程早期

图 21.62　番木瓜环斑病毒（PRSV）限制全球的番木瓜产量。通过组成型过表达这种番木瓜病毒的衣壳蛋白，获得了几种有高度抗性的番木瓜，现已在夏威夷和其他一些地区投入商业生产。A. 相比非转基因植株（右），转基因番木瓜株系（左）在被 PRSV 侵染后表现出对病毒的抗性。B. 夏威夷转基因番木瓜试验田的航拍景象。中间茂盛生长的是转基因番木瓜植株，外围是被严重侵染的非转基因番木瓜植株。来源：Gonsalves, AgBioForum 7（1 & 2）, http://www.agbioforum.org/v7n12/v7n12a07-gonsalves.htm

的成功案例之一，由此培育出了转基因抗病毒的番木瓜和南瓜品系投入商业生产。例如，夏威夷的番木瓜基因组中转入了表达番木瓜环斑病毒（PRSV）外壳蛋白的基因序列，可有效抵抗这种病毒的侵染（见图 21.62）。

21.10.5 了解致病机理为经遗传工程控制病害奠定基础

基础研究的新发现不断更新着人们对宿主 - 病原物互作方式的整体理解，上述转基因疾病控制方法就直接得益于这些领域的新发现。在各个例子中，新的发现揭示出病原物某一方面的弱点，由此提出若干可能阻断致病的方案，随后依次在实验室、生长室或温室中进行测试，选出最佳的方案进行严格的田间实验，最后将确证有效的方法投放市场。此外，许多单基因改造的办法尽管不可行（在早期实验或田间实验中被淘汰），但也提供了大量有用的新信息，例如，植物中其他与抗病相关的重要组分，以及病原物如何经快速演化来克服植物防御。

小结

植物对多数害虫和病原物具有抗性。每一个植物细胞都可保卫自身免受致病微生物或无脊椎动物的攻击。有些防御组分，如抗菌的次生代谢产物，组成型地存在于细胞的特定位置，在细胞受到破坏时释放；另一些防御响应，如由病原物侵入而激活的机制，则需要植物感知病原物。防御激活伴随着防御相关基因的快速激活，并常至超敏反应引发局部细胞死亡，以阻止病原物扩散。

植物对病原物的抗性可由显性抗性基因（*R*）介导，*R* 与病原物中的无毒基因（*Avr*）互补。Avr 效应因子拥有高度多样的序列，目前人们对它们在病原物和宿主中的功能仍知之甚少。相反，植物 R 蛋白在结构上有惊人的相似性，有许多保守的结构域，如富含亮氨酸的重复序列（LRR）、一个核苷酸结合结构域或丝氨酸 / 苏氨酸蛋白激酶结构域。R 蛋白既感知病原物，也激活防御相关的信号转导。此外，*R* 位点 / 基因可演化出新的特异性，来与病原物群体的毒性演化同步。

通过研究多种病原物和害虫的基因组，人们预测出所有可能参与抑制或失活植物防御的效应因子基因，并通过实验检测了它们特异的功能。

植物防御反应涉及复杂的生化通路和多种信号分子，包括 ROS、一氧化氮、水杨酸、茉莉酸和乙烯，并在信号下游启动蛋白质的诱导表达、次生代谢产物的合成及常有的细胞壁强化。这些反应既发生在侵染位点，也系统性地发生在植物全株。植物还有其他特殊的防御机制，例如，用于对抗病毒的转录后基因沉默（PTGS）和用于对付昆虫的蛋白酶抑制因子。植物诱导性防御的许多方面在真核生物中保守，这暗示着存在一套早期演化出的病原物抵抗机制。

在对作物害虫及病原物的广谱、长效防控上，利用基因工程改造植物的方法初显成效。但是，我们还需对植物 - 病原物互作的机制和参与其中的因子有更清晰的认识，由此采用更好的抗病手段来减少作物损失。

（艾宇熙　廖雅兰　译，秦跟基　廖雅兰　校）

第 22 章

非生物胁迫的应答

Kazuo Shinozaki, Matsuo Uemura, Julia Bailey-Serres, Elizabeth A. Bray, Elizabeth Weretilnyk

导言

植物会频繁地暴露于环境**胁迫**（stress），即一些不利于其生长、发育或繁殖的外界条件中。胁迫包括由生物导致的**生物**（biotic）胁迫（见第 21 章），以及由物理、化学环境改变导致的**非生物**（abiotic）胁迫。能对植物造成伤害的环境条件包括：水涝、干旱、高温或低温、土壤盐分过高、矿物质营养不足、过强或过弱的光照。此外，臭氧等植物性毒素物质也会损伤植物组织。

植物会对胁迫产生一系列的应答，从调节基因表达和细胞代谢到改变生长速率和作物产量都有涵盖。胁迫的持续时间、严重程度和出现频率都会影响植物对胁迫的应答。多种不利条件共同引起的胁迫应答和单一胁迫引起的应答有所不同。胁迫应答可以直接由胁迫引发，如干旱；也可以是由胁迫引起的损伤引发，如膜完整性的破坏。另外，对胁迫的抗性和敏感性会因植物种类、基因型、发育阶段、器官和组织的不同而不同（图 22.1）。

植物应答非生物胁迫的分子机制包括改变基因表达和细胞信号转导。目前，人们对这些机制已经有了很多研究，并且发现了很多转录因子和信号分子对胁迫下细胞内稳态维持至关重要。本章会详述这些因子的功能。

图 22.1　很多因素决定了植物对环境胁迫的应答：植物的基因型、发育环境、逆境的持续时间和严重程度、植物受到胁迫的次数，以及多种胁迫因子的加性或协同效应。植物会通过多种机制应答胁迫，而如果无法弥补严峻的胁迫带来的损害，植物将会死亡

22.1　植物对非生物胁迫的应答

22.1.1　植物胁迫降低作物产量

随着人口的增加，农业系统必须满足更多人口对粮食日益增长的需求，同时还要与城市发展竞争优质耕地资源。这种需求与日俱增，但同时资源逐渐减少，这就促使人们去探索植物应答胁迫的机制并对这些机制进行开发利用，从

而使得植物产量在这种非理想的环境中得以提高。

当把作物的最高产量与平均产量进行比较时，环境对植物生产力的影响就非常明显了。假设最高产量可以代表理想条件下植物的生长，那么生物胁迫和非生物胁迫会引起产量下降 65% ～ 87%，这一数字依据作物不同而不同。成功运用生物技术和传统育种技术等技术手段或许可以开发获得耐胁迫作物品种，从而提高全世界的食物供给，并产生客观的经济效益。经过改造的耐胁迫作物可以在严酷或长时间胁迫环境中生存，也可以在较为温和的环境胁迫下保持较高的产量。

22.1.2 抵抗机制使得生物可躲避或耐受胁迫

植物的抵抗机制可以分为两大类：防止自身暴露在胁迫中的**躲避**（**avoidance**）机制和抵御胁迫的**耐受**（**tolerance**）机制（图 22.2）。很多沙漠植物属于旱生型植物，即可以耐受缺水胁迫，这是因为它们的形态特征有助于其在干旱条件下生存。一种避旱机制——深根系可以使另一类植物（地下水湿生植物）更好获得地下水。与之相比，沙漠短生植物通过在水分充裕时期萌发和完成生活史来躲避干旱。内陷气孔、反光刺和深根系都是由基因型决定的组成型抗逆性状，即不论植物是否受到胁迫，相关基因都会表达。它们构成了**适应**（**adaptation**），即在演化水平上提高一个生物种群的适合度。

其他的抵御机制是通过**驯化**（**acclimation**）获得的，即生物个体对环境因素改变做出的调节。在驯化过程中，一个生物个体可通过改变它的**内稳态**（**homeostasis**）和它稳定的生理机能来适应外部环境的转变。在遭受胁迫之前经历一段时间的驯化可以增强原本脆弱的植物对胁迫的抗性。例如，在夏天，北纬地区的树木不能抵御严寒，但它们中的多数却可以驯化并最终抵御冬天的寒冷。无论是基于驯化还是适应，一个成功的胁迫抵御机制都可以使植物在致死的条件下生存下来，或者在有损于作物产量的情况下维持其生产率。

22.1.3 胁迫应答会改变基因表达模式

胁迫引起的代谢和发育变化通常是通过改变基因的表达模式实现的。胁迫反应始于植物在细胞水平上对逆境的识别。对胁迫的识别可以激活信号转导通路，从而在个体细胞间乃至整株植物中传递这一信息（图 22.3）。最终，基因表达的变化整合为整株植物的应答，从而调节植物的生长发育，甚至影响到繁殖能力。胁迫的持续时间和严重程度决定了应答的程度和时间。

人们对植物如何识别胁迫了解极少。识别胁迫相关机制的最好的线索来自于酵母和细菌的某些蛋白质，它们可以在低渗透势等非生物胁迫下起始信号转导。尽管植物也可能含有类似的蛋白质，但相应的功能还未得到验证。那些可能参与胁迫应答中

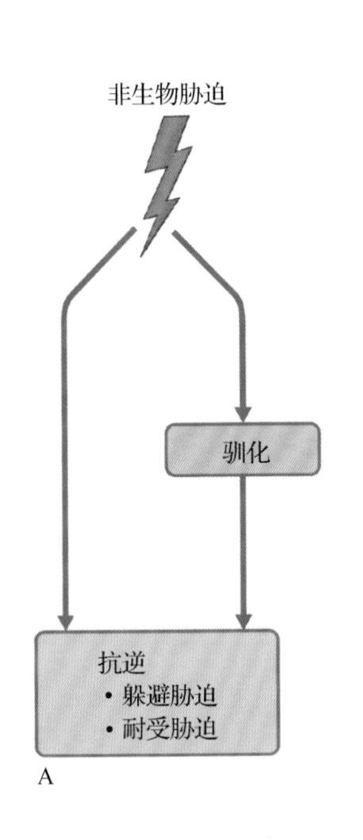

巨人柱仙人掌

腺牧豆树

菠菜

莫哈维沙漠之星

黑云杉

B

图 22.2　抗逆包括对胁迫的耐受或躲避。A. 一些抵抗机制是组成型的，在未遭遇逆境时就有活性。而另一些情况下，处在胁迫中的植物会改变自身生理做出反应，从而适应不宜的环境。B. 组成型抗旱机制的例子包括：耐旱植物树形仙人掌巨人柱（*Cereus giganteus*）可以进行光合作用的肉质茎；避旱植物腺牧豆树（*Prosopis glandulosa* var. *glandulosa*）的深根系；莫哈维沙漠之星（*Monoptilon bellioides*）的湿季生命周期。驯化机制的例子包括：菠菜等植物的渗透调节（见 22.3 节）和黑云杉（*Picea mariana* Mill）等寒带树木的耐冻机制（见 22.6 节）。来源：Epple & Epple（1995）A Field Guide to the Plants of Arizona. Falcon Press Publishing，Helena，MT

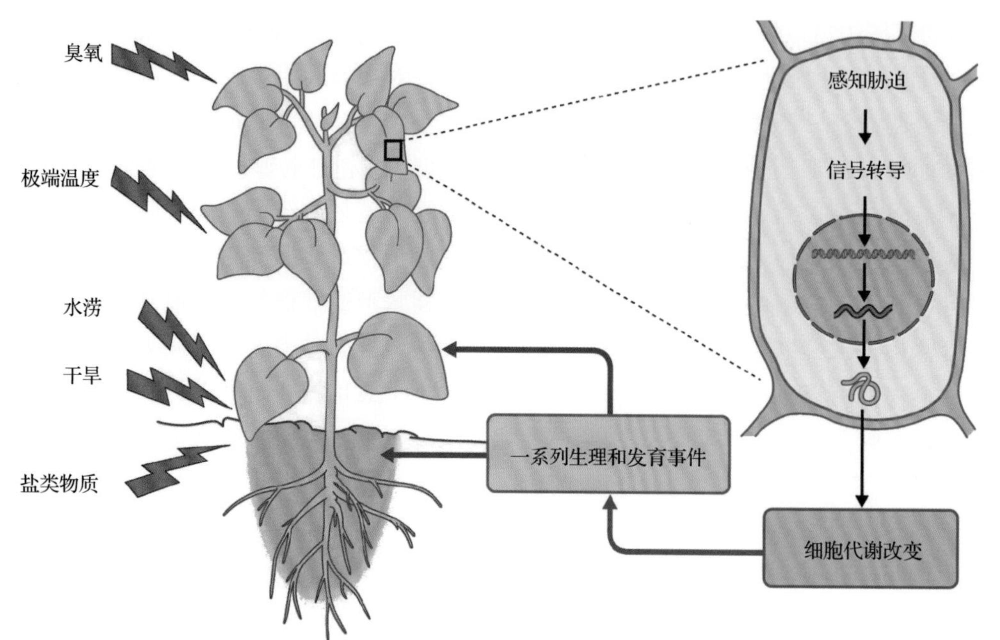

图 22.3 植物既作为细胞的集合体，也作为生物整体应答胁迫。胁迫因子由可以为植物接受并识别的环境信号组成。植物识别后，该信号就在细胞间及整株植物中传递。环境信号的转导通常会导致细胞水平上的基因表达发生变化，进而又影响到整株植物的代谢和发育

基因表达调节的信号通路还需要进一步予以阐明。然而，相当多的证据显示，植物胁迫应答的调控涉及 Ca^{2+} 等第二信使和激素，特别是脱落酸（ABA）、茉莉酮酸（JA）和乙烯（见第 17 章和第 18 章）。

对胁迫做出反应时，植物体内一些基因的表达量会增加，而另一些基因的表达则受到抑制。胁迫诱导基因的蛋白产物通常会积聚起来以应对不良条件。这些蛋白质的功能及其表达调控机制是目前胁迫生理学研究的一个重点。虽然大部分的研究都集中在基因表达的转录激活，但基因产物的积累可能还会受到转录后调控等机制的影响。这些调控机制包括：提高特定编码蛋白的 mRNA 或非编码调控 RNA 的含量，加强翻译，增加蛋白质稳定性，通过各种类型的修饰来改变蛋白质活性等。

运用分子遗传学技术，人们已经开始探索处于特定非生物胁迫下的相关植物反应。本章讨论的胁迫包括缺水、过低和过高的温度、缺氧和环境氧化剂。其他类型的非生物胁迫在本书的其他章节有所描述，包括营养缺乏和对铝（见第 23 章）、钙（见第 16 章）及其他金属的有害积累等。植物应答这些不同的胁迫可以通过相似或者完全相同的策略，如激活或抑制基因表达、合成蛋白质或相容性溶质以及激活转运活性等。此外，植物经常处于同时或连续的非生物胁迫下，例如，热、干旱，或者水涝后又遇干旱。很多基因会共同作用，以提高作物在非生物胁迫下的存活率。不同类型胁迫之间协同或拮抗的相互作用，可能会影响对这些基因的激活。

22.2 缺水胁迫中的生理和细胞应答

22.2.1 很多环境条件导致缺水

环境中水分过多，或可利用水的质量或数量难以满足基本需求，则会发生水分相关的胁迫。尽管一段时期的少雨或无雨会导致干旱，但在水分资源不受限制时也会发生缺水。例如，在盐渍生境中，高盐浓度使得植物根系很难从土壤中吸收水分。低温也可以导致水分胁迫。例如，植物遭受冻害时，细胞失水，在细胞间隙形成冰晶，从而引起细胞脱水（见 22.4 节）。水分充足条件下植物偶尔也会出现周期性的缺水症状，如在中午暂时失去膨压等。在这种情况下，植物萎蔫，表明蒸腾作用导致的失水速率超过了水分的吸收速率。很多因素都可以影响植物对缺水胁迫的应答，包括缺水的持续时间、起始速度，以及植物因先前经历缺水而对水分胁迫产生的可能的驯化。值得强调和注意的是，植物对缺水的应答很复杂，并且包含了很多在其他胁迫应答中采用的耐受和抵御策略及机制。

22.2.2 描述植物水分状态的两个参数是水势和相对水含量

水的热力学性质可以用自由能含量，也就是化学势来描述。而植物生理学家采用了一个相对参数，即**水势**（**water potential**）（ Ψ_w ；更详细的讨论见第 15 章，信息栏 15.1）。这种测量方法可以用来评价一个细胞、一个器官或整株植物“水化”的程度。

公式 22.1：水势

$$\Psi_w = \Psi_s + \Psi_p + \Psi_g + \Psi_m$$

植物的 Ψ_w 等于各种势能的总和。Ψ_s，**溶质势**（**solute potential**），取决于溶解在水中的各种溶质颗粒的总数，水势随溶质浓度增高而降低。Ψ_p，**压力势**（**pressure potential**），反映了环境施加于水的物理作用的强度。当水处于负压（紧缩状态）时，Ψ_p 小于 0MPa（兆帕），Ψ_w也减少（注意，水势通常定义为压力单位而不是能量单位）；相反，正压可使水势增加（膨胀状态，Ψ_p 大于 0MPa）。Ψ_g，**重力势**（**gravitational potential**），当水的运输超过 5 ～ 10m 的垂直距离时就可以产生实质性影响，但在描述细胞间和小型植物内部的水分运输时它可以忽略。第四个因子是**衬质势**（**matric potential**, Ψ_m），它描述了固体表面（如细胞壁和胶体）怎样与水相互作用并降低 Ψ_m。然而，由于 Ψ_m 的值很小而且难于测定，Ψ_m 对植物水势的影响通常会忽略不计。在 Ψ_g 和 Ψ_m 都无关紧要的情况下，水势方程一般可以简化如下。

公式 22.2：水势（简化）

$$\Psi_w = \Psi_s + \Psi_p$$

水势可用于预测液态水进出植物细胞的方向。跨膜水势差将决定液态水流动的方向。水会自发地由高水势区域流向邻近的低水势区域。

然而，受水分胁迫的植物的生理或代谢变化并不总与植物 Ψ_w 测量值的改变有关。考虑到这些问题，我们通常用第二个参数来评价植物的水分状态，即**相对水含量**（**relative water content，RWC**），这一参数经常和植物 Ψ_w 测量值联合使用。

方程式 22.3：相对水含量

相对水含量 =[(鲜重 – 干重)/(饱和重 – 干重)]*100%

当根部吸收的水分量基本上等于叶片失去的水分量时，正在进行蒸腾作用的叶片的相对水含量一般在 85% ～ 95% 的范围内变动。当某器官的相对水含量低于临界值，该组织就面临死亡。不同物种和组织类型中相对水含量临界值不同，但通常都低于 50%。

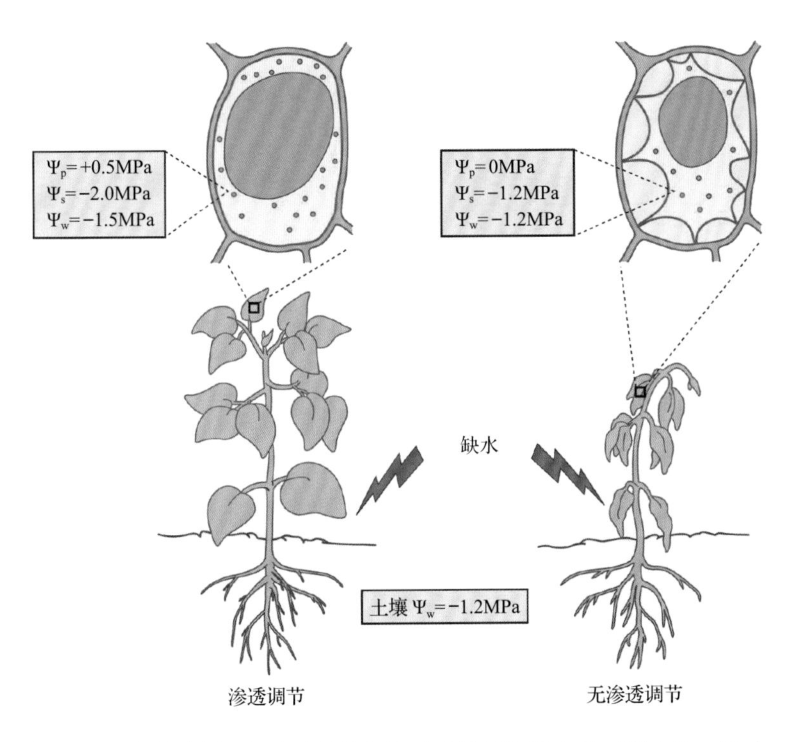

图 22.4 当植物增加细胞内的溶质浓度以维持细胞内的正膨压时，就是发生了渗透调节。细胞主动积累溶质，因此Ψ_s降低，促使水流入细胞。而在无法进行渗透调节的细胞中，溶质被动浓缩，但膨压会消失

22.2.3 渗透调节是帮助植物顺应干旱及盐渍土壤的一种生物化学机制

一些植物对水分胁迫和萎蔫（脱水）高度敏感，而另一些植物则可以在不明显减少膨压的情况下忍耐干旱及盐渍土壤。植物为了从土壤中吸水，其根部必须建立一个水势梯度，以使水从土壤流向根部表面（即根部水势必须低于周围土壤水势）。很多干旱耐受的植物通过调节溶质势（Ψ_s）来抵消短暂或长期的水分胁迫。这个过程称为**渗透调节**（**osmotic adjustment**），它是植物细胞中溶质颗粒数目净增的结果。通过渗透调节产生的渗透压摩尔浓度要超过脱水时溶质被动浓缩而产生的渗透压摩尔浓度。通过降低植物的 Ψ_s，渗透调节可使根系 Ψ_w 低于土壤的 Ψ_w，从而使水可以沿势能梯度从土壤流向植物（图 22.4）。人们相信，渗透调节在植物干旱及高盐驯

化中起到十分关键的作用。

22.2.4 相容性溶质和水通道蛋白在渗透调节中具有重要的作用

相容性溶质（compatible solute）或**相容性渗透剂**（compatible osmolyte）的积累是渗透调节的机制之一。相容性溶质或相容性渗透剂指一类化学性质多样但都高度可溶，且在高浓度下不会影响细胞代谢的有机化合物（图 22.5）。

相容性溶质的合成和积累在植物中广泛存在，但它们的分布因物种不同而有所差异。例如，虽然均为相容性溶质，脯氨酸可以在很多植物物种中得以积累；但四价铵化合物 β- 丙氨酸甜菜碱却仅在白花丹科（Plumbaginaceae，Leadwort）中一些属的代表植物中有。胁迫可以引起这些化合物的不可逆合成（如甘氨酸甜菜碱，见 22.3.4 节）、改变它们合成和分解的平衡（如脯氨酸），或者使它们从多聚化形式中释放出来（如葡萄糖和果糖等单糖可以从淀粉、果聚糖等多糖中释放出来）。当胁迫消失之后，这些单体又可以重新多聚化以促进迅速且可逆的渗透调节，它们也可以进一步进行代谢产生初级代谢产物或能量。

许多无机溶质在高浓度下可能产生毒性，而相容性溶质的有机性质大大减少了其在高浓度下的潜在毒性。细胞中很多离子在高浓度时都会对代谢过程产生不利影响，可能是通过与辅因子、底物、膜及酶等结合并改变其性质来实现的。另外，很多离子可以进入蛋白质的水化层并促进其变性。与之相反，相容性溶质在生理 pH 条件下通常呈电中性，即非离子或**两性离子**（zwitterionic）（偶极性，正负电荷在空间上隔离）状态，它们往往被阻隔在大分子的水化层之外（图 22.6）。

除固定的电荷特性外，活跃于渗透调节中的化合物还有着不同的分布模式，以维持细胞中多种被膜包围的区室内的水势（渗透）平衡。液泡趋向于

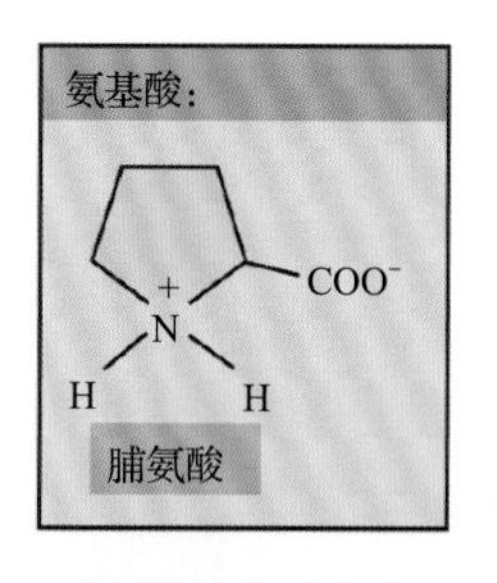

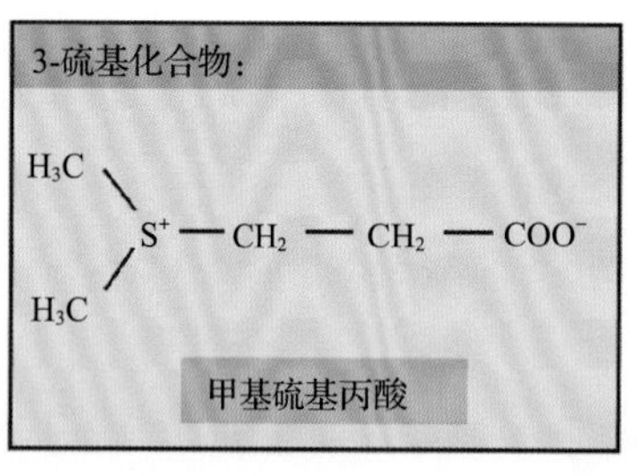

图 22.5 在应答缺水时，植物细胞中积累的一些重要的相容性溶质（渗透剂）的化学结构。相容性溶质的有机特性，以及它们作为非离子或两性离子的性质在很大程度上削弱了它们的潜在毒性

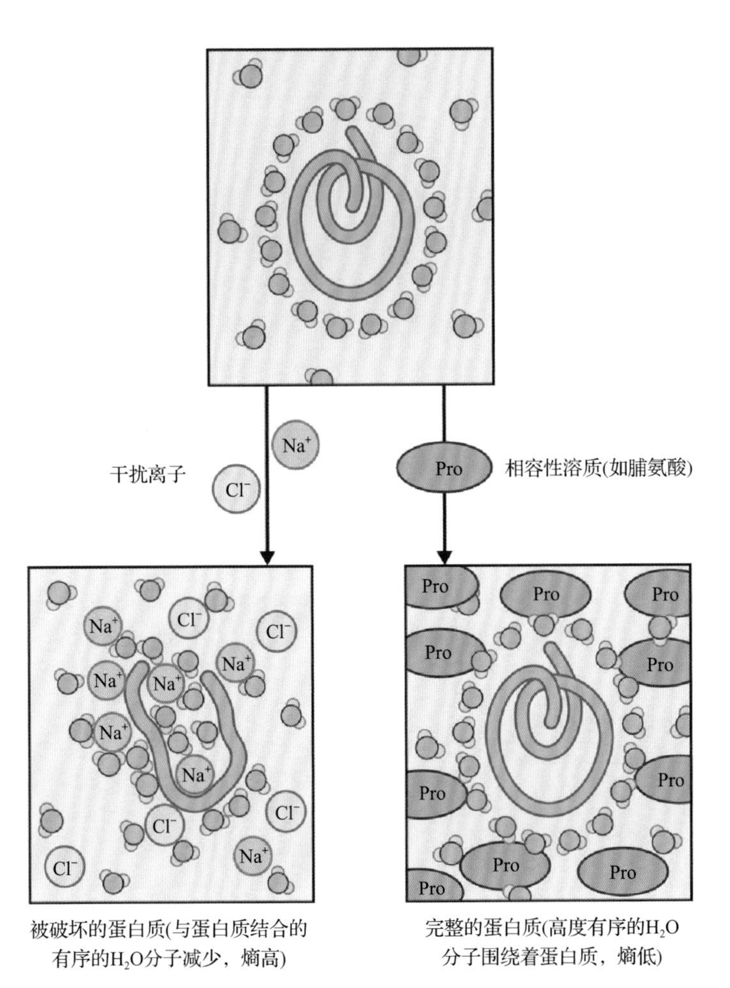

图 22.6 相容性溶质不会破坏大分子的水化层。图中所画的蛋白质有水化层（即为有序的 H_2O 分子包围）。Na^+、Cl^- 等离子可以穿过这些水化层，并干扰维持蛋白质结构的非共价相互作用。与这些离子不同，脯氨酸和甘氨酸甜菜碱等可溶性溶质不会穿过蛋白质的水化层，所以蛋白质和溶质不会直接接触。图中未示离子和相容性溶质的水化层

积累某些带电离子和溶质，这些带电离子和溶质如果出现在细胞质中或将干扰代谢。但是，细胞质中的相容性溶质却可以使胞质同液泡达成渗透平衡。

渗透调节的另一个可能机制是增加水分向细胞的运动。脂双分子层的疏水性质对水分进入细胞和在细胞内区室的自由运动产生了相当大的阻隔。然而由于存在蛋白质性质的跨膜水通道，即**水通道蛋白**（**aquaporins**）（见第 3 章），质膜和液泡膜更利于水分运输。通过水通道蛋白的水分运动可以进行快速调节，有证据显示这些通道有助于受干旱胁迫的植物组织中水分的运动，并且促进了灌溉后膨压的迅速恢复。水通道蛋白的 mRNA 丰度与渗透胁迫下叶片的膨压变化相关联。更高的转录水平、翻译的加强，以及对已有蛋白质的激活可能组成了对水通道蛋白丰度和活性的多重调节机制，这对植物应对缺水可能是有利的。

22.2.5 除渗透调节外，一些相容性溶质还可以起保护作用

相容性溶质在处于渗透胁迫的植物中的作用通常被定义为**渗透保护**（**osmoprotection**），人们假设溶质的积累在抵抗水分不足过程中发挥保护功能。但是，这个术语我们应谨慎应用。以往，渗透剂有保护作用的直接生理学证据仅在细菌中而非在植物中获得。添加了特殊化合物（如图 22.5 所示的渗透剂）后，对盐敏感的细菌（如大肠杆菌）在高盐培养基中也可以诱导生长。因此，人们把在耐旱和嗜盐（“喜好盐分”）植物中出现的高浓度的相容性溶质，看成是“渗压剂对植物渗透保护有作用”的间接但有力的证据。

积累于植物中的相容性溶质还可以作为抗氧化剂，尽量减小非生物胁迫对植物的影响。体外实验中，很多这类化合物都可以直接抵消离子的有害干扰作用。例如，甘氨酸甜菜碱可以防止盐诱导的核酮糖 -1,5- 二磷酸羧化酶 / 加氧酶（Rubisco）失活和光合系统Ⅱ（PS Ⅱ）的去稳定。山梨糖醇、甘露醇、肌醇、脯氨酸和棉子糖在体外还可以清除羟基，而甘氨酸甜菜碱则不能。这种抗氧化剂活性表明参与渗透胁迫耐受的这些化合物，除参与渗透调节外还有保护的作用。

22.2.6 基因工程提供了一个检验相容性溶质适应性意义的机会

把编码一种对推定的渗透保护剂的合成很关键的酶的基因转入干旱或盐敏感的植物后，这些转基因植物可用于分析相容性溶质积累的增加，及其在干旱和高盐条件下的渗透调节能力。事实上，提高耐旱性的生物技术手段通常包括对特定渗透剂生物合成途径的分析，以及随后对该途径中酶活性的操纵。迄今为止，人们研究的这类化合物包括脯氨酸、甘氨酸甜菜碱、棉子糖等寡糖和多元醇类（包括甘露醇和松醇）。研究的结果表明，这些化合物不但

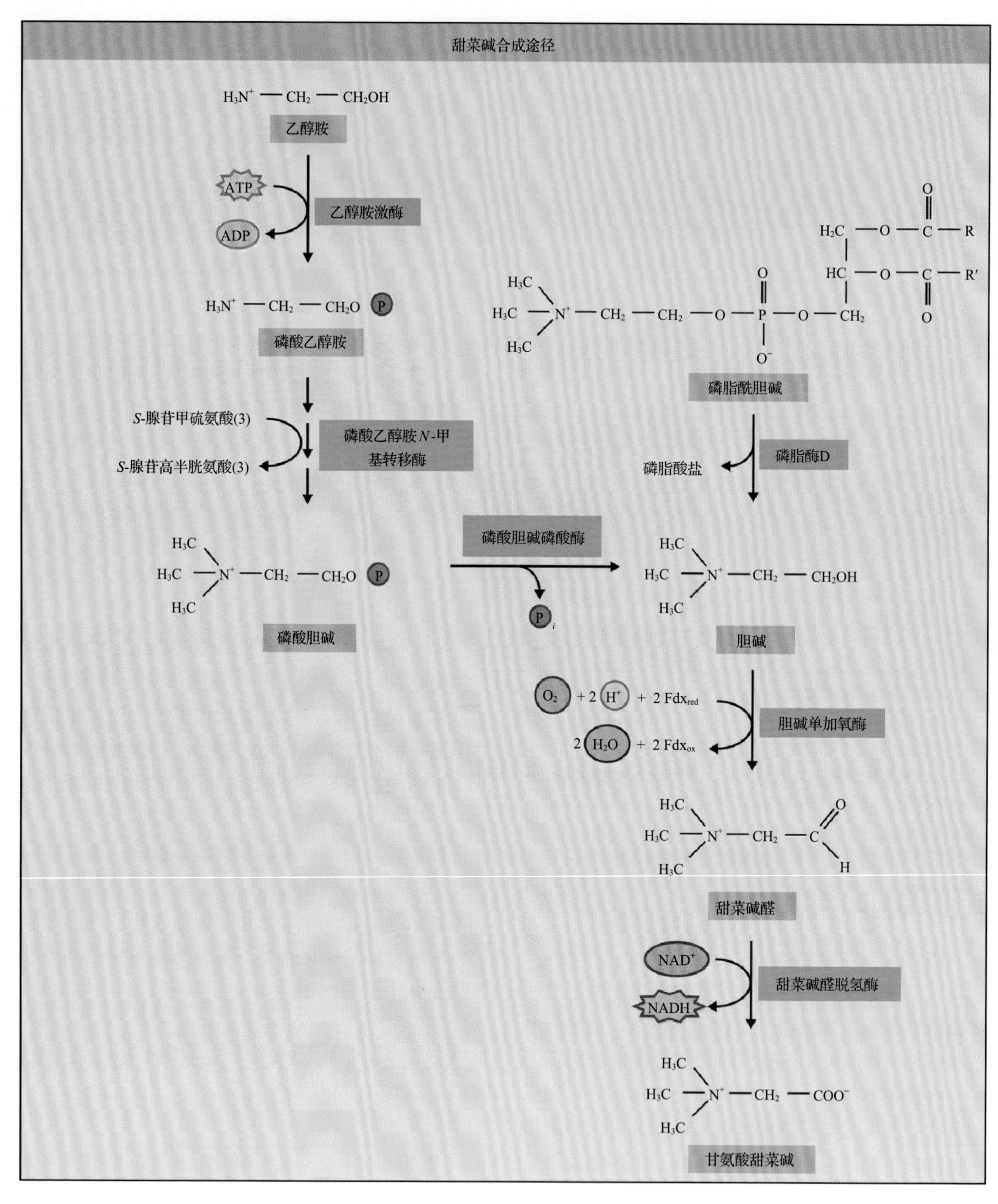

图 22.7 由胆碱到甘氨酸甜菜碱的可能的生物合成途径。将这样一个途径引入甘氨酸甜菜碱非积累的物种中是提高非生物胁迫耐受的有效途径

在水分和盐胁迫应答中发挥着重要作用，也在其他类型的非生物胁迫中起到重要作用。

非生物胁迫下，很多植物会积累碳水化合物，如甘露醇、海藻糖、肌醇、果糖、肌醇半乳糖苷和棉子糖。这些代谢物不仅可以作为能量存储，也在平衡渗透压、稳定大分子和维持膜的过程中起到重要作用。对这些碳水化合物合成中关键酶的基因进行遗传操纵可以改善转基因植物对非生物胁迫的耐受能力。利用不同类型的质谱分析所得到的代谢物谱表明，不同类型的代谢产物在非生物胁迫中积累

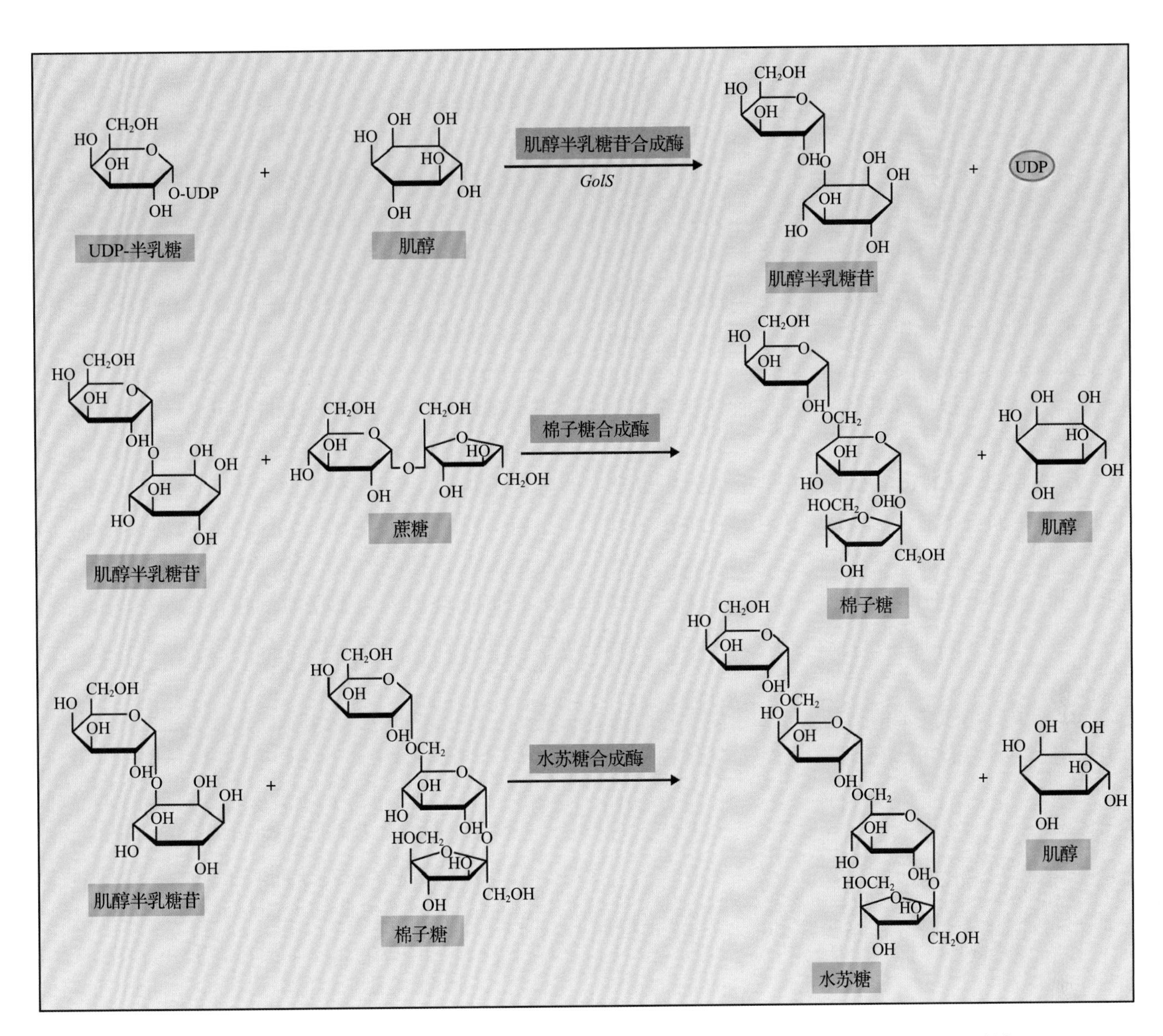

图 22.8 棉子糖家族寡糖（RFO）的生物合成途径。RFO 是一种渗透剂，同时也可以减少导致氧化胁迫的活性氧

并对细胞起到保护作用，这些代谢产物包括脯氨酸、亮氨酸和异亮氨酸等支链氨基酸（见图 22.6）。应答环境条件时促进脯氨酸积累的机制已在第 7 章讨论。

甘氨酸甜菜碱（*N*,*N*,*N*- 三甲基甘氨酸，GB）是一种主要的渗透保护剂，在多种环境胁迫下都会合成。它可以在高盐的条件下稳定 PS Ⅱ蛋白 - 色素的四级结构并在极端温度下维持膜的有序状态。GB 主要由胆碱途经甜菜碱醛（BA）合成，合成途径的第一步和第二步分别由胆碱单加氧酶（COM）和甜菜碱醛脱氢酶（BADH）两个酶催化（图 22.7）。很多植物都积累甘氨酸甜菜碱，但一般认为拟南芥、水稻（*Oryza sativa*）和烟草（*Nicotiana*）是“非积累者”。通过基因工程将甘氨酸甜菜碱的生物合成途径转入非积累的物种中，是一个增加非生物胁迫耐受的有前景的手段。过表达大麦 *BADH* 基因的转基因水稻，可以比野生植株更有效地将外源 BA 转化为 GB，从而对盐、冷和热胁迫更耐受。

棉子糖家族寡糖（RFO）如棉子糖、水苏糖及其前体肌醇半乳糖苷影响了植物和种子对干旱胁迫的耐受程度。RFO 对**活性氧**（**reactive oxygen specie，ROS**）的减少非常重要，而活性氧会在非生物胁迫条件下积累并导致氧化胁迫。RFO 由 UDP- 半乳糖途经肌醇半乳糖苷合成（图 22.8），UDP- 半乳糖到肌醇半乳糖苷是由肌醇半乳糖苷合成酶（GolS）催化的。棉子糖合成酶可以催化肌醇半乳糖苷合成棉子糖。棉子糖和肌醇半乳糖苷都会在拟南芥应答干旱、高盐和冷胁迫时积累。这些胁迫因子会诱导 GolS 和棉子糖合成酶基因的表达，从而产生 RFO。过量表达胁迫诱导的 *GolS* 基因可以通过激活肌醇半乳糖苷和棉子糖的积累，提高转基因拟南芥植株对干旱的耐受能力。

22.2.7 一些蛋白质保护大分子和膜免受损伤

很多蛋白质可以直接保护植物细胞免受水分和渗透胁迫的损伤，如胚胎发育后期富集蛋白（LEA）和热激蛋白（HSP）。它们通过作为高度亲水性的蛋白质来保留水分，或作为分子伴侣来防止大分子的变性和保护膜。植物受到非生物胁迫时，这些蛋白质通常会表达或积累得更多，说明它们在植物非生物胁迫防御中通常是必需的。

LEA 蛋白（LEA protein）最早报道为一组在胚胎发育后期富集的蛋白质，其表达量在种子干燥时达到最大。人们已经鉴定出来它们的基因，并发现它们的 mRNA 在种子成熟过程中逐渐积累。一些 LEA 家族的基因也能受冷、渗透胁迫和外源 ABA 的诱导。

LEA 蛋白在受胁迫的植物中积累，尽管它们确切的功能还不为人知，但一般认为它是赋予植物抗胁迫能力的保护分子。它们与种子、花粉和低温休眠植物的干燥耐受有关，也可能是在这些条件下植物细胞生存所必需的因子。LEA 蛋白可能以松散的状态起作用，缺水条件则会诱导其折叠和构象变化。LEA 蛋白在干燥时可能进一步折叠并形成一个明显的 α 螺旋结构。另一个设想是 LEA 蛋白可能会减少那些部分变性蛋白之间的碰撞，从而减少暴露的疏水结构域的聚合。

HSP 通常会在植物应答高温胁迫时积累，不过干旱条件可能也会引起 HSP 的积累（见 22.7 节）；一些编码 HSP 的基因也会受到干旱或水分胁迫的诱导。HSP 是一类分子伴侣，它们在蛋白质的折叠和组装、蛋白质和膜的稳定、蛋白质的重新折叠以及胁迫条件下无用蛋白质的清除中具有重要作用。操纵 HSP 的基因表达不仅能增强转基因植物的耐热性，同时也能增强植物对水分胁迫的耐受能力。

22.2.8 缺水和盐影响跨膜运输

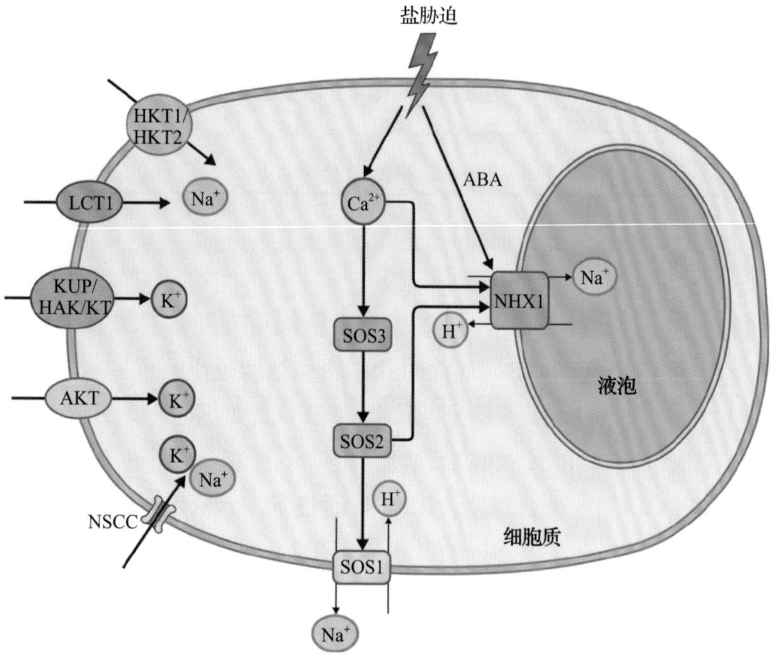

干旱和盐分逆境都要求植物顺应低水势，但高盐条件下生长的植物还必须应对特殊离子的潜在毒性。虽然吸收离子是渗透调节的一种方式，但一些离子（如 Na$^+$）如果在胞质中高浓度聚集，则会扰乱代谢。因此，对细胞内离子浓度、组分及分布的调控是耐受渗透胁迫的一项基本特征。

当处于高 NaCl 浓度的环境时，植物或培养的细胞会积累 Na$^+$，这是由通道和转运蛋白所介导的 Na$^+$ 内流引起的（图 22.9）。电生理学研究表明，在盐渍条件下，非选择性阳离子通道（NSCC）调节了 Na$^+$ 的原发性内流，但是还没有鉴定出明确的候选分子。植物中鉴定出的其他 Na$^+$ 转运蛋白包括在盐渍条件下控制内源 Na$^+$ 在根和茎之间分布的高亲和性 K$^+$ 转运蛋白 HKT1，以及在 K$^+$ 缺乏时对 Na$^+$ 原发性吸收过程中起重要作用的 HKT2。转运蛋白也参与了 Na$^+$ 的吸收，如低亲和性阳离子转运蛋白 1（LCT1）、属于 K$^+$ 转运蛋白的 K$^+$ 吸收透性酶/高亲和性 K$^+$/K$^+$ 转运蛋白（KUP/

图 22.9 离子通道和转运蛋白有助于在盐胁迫条件下维持离子内稳态。盐处理增加 Na$^+$/H$^+$ 逆向转运蛋白的活性，这一蛋白质可以转移 Na$^+$ 到细胞外或使 Na$^+$ 进入液泡。例如，盐胁迫会引起 Ca^{2+} 的变化，而 Ca^{2+} 调节 SOS3，进而调节 SOS2 蛋白激酶来激活质膜 SOS1 Na$^+$/H$^+$ 逆向转运蛋白。ABA 水平的改变同样调节了 Na$^+$/H$^+$ 逆向转运蛋白 NHX1 和其他离子转运蛋白。其他介导 Na$^+$ 运入细胞的转运蛋白包括非选择性阳离子通道（NSCC）和 HKT1、HKT2，以及低亲和离子转运蛋白（LCT1）、K$^+$ 转运蛋白 KUP/HAK/KT 和 AKT 家族蛋白。请注意，这里为了清楚表示，并未画出细胞壁

HAK/KT）和拟南芥 K^+ 转运蛋白（AKT）家族的一些转运蛋白。Na^+ 会抑制包括 K^+ 吸收在内的一系列生物学过程。因此，在盐胁迫条件下，植物的枝条排出 Na^+ 而积累 K^+，从而在胞质中，尤其是叶片的胞质中维持一个高的 K^+/Na^+ 比值。

胞质中的 Na^+ 经主动运输穿过质膜运出细胞，也会穿过液泡膜进入液泡，这可能部分地防止了 Na^+ 在胞质中的积累。当液泡中的 Na^+ 积累到一定的浓度时，就会对植物细胞的渗透平衡产生显著的影响。在几种植物系统，如甜菜（*Beta vulgaris*）组培苗和大麦（*Hordeum vulgare*）根中，盐处理可以增加液泡 Na^+/H^+ 反向运输蛋白的活性。该转运载体的运作需要液泡膜两侧具有电化学势梯度，这种梯度由 H^+ 泵产生，如质膜 H^+-ATPase、液泡 H^+-ATPase 和 H^+- 焦磷酸酶（H^+-PPase）（见第 3 章）。

拟南芥盐过度敏感蛋白 1（SOS1）是一类质膜 Na^+/H^+ 反向转运蛋白，可以调节 H^+ 进入细胞的被动运输和 Na^+ 运出细胞的主动运输（图 22.9）。拟南芥 *sos1* 突变体表现出对 Na^+ 高度敏感的表型，而过量表达 *SOS1* 则可以提高盐胁迫的耐受能力。用浓度逐渐增加的 Na^+ 处理转基因植株，可以发现转基因植物相比于野生型具有明显的盐胁迫耐受力，这种耐受的原因是 Na^+ 积累的减少。

另一个避免高浓度 Na^+ 毒性的机制是使 Na^+ 进入液泡，实现区室化。在这个过程中，液泡 Na^+/H^+ 反向转运蛋白 Na^+/H^+ 交换蛋白 1（NHX1）是非常重要的（图 22.9）。过量表达 *NHX1* 的转基因植株表现为进入液泡中的 Na^+ 增加，并可以在盐水中生长。过表达 *NHX1* 可以赋予多种植物耐受盐胁迫的能力。在转基因拟南芥中过表达 *NHX1* 可以增强其盐胁迫的耐受能力，使得转基因植物甚至可以在 200mmol·L^{-1} 的 NaCl 水培溶液中生长并结出种子（在相同溶液中的对照植株则死亡）。

22.2.9 ABA 激素在植物的缺水应答中起重要作用

植物激素**脱落酸（ABA）**除了在种子成熟和萌发中起作用以外，在植物的缺水应答中也有重要的作用（见第 17 章）。ABA 在应答缺水胁迫时产生，并参与气孔关闭，而气孔关闭是植物在脱水条件下防止叶片失水所必需的。缺水条件下气孔的应答已经得到了广泛的研究（见第 3 章）。ABA 的产生对细胞积累各种在抵御缺水中具有保护作用的代谢产物和蛋白质也是必需的。另外，ABA 的积累可以诱导一系列胁迫响应基因的表达，这些基因的产物对于植物应答和耐受脱水很重要。内源 ABA 的水平取决于 ABA 合成和代谢，而 ABA 合成和代谢在干旱和高盐应答中会显著增加。

ABA 在干旱和高盐应答时主要是从头合成，参与 ABA 生物合成和代谢的基因主要通过遗传和基因组分析鉴定而得（见第 17 章）。黄质醛是一个 C_{15} 的 ABA 前体，在质体中由 C_{40} 的类胡萝卜素经 9- 顺式 - 环氧类胡萝卜素双加氧酶（NCED）直接剪切而得。这一步骤在 ABA 胁迫应答中非常关键（图 22.10，见第 17 章）。NCED 由一个多基因家族编码，其中受胁迫诱导的 *NCED3* 基因在胁迫条件下 ABA 的合成中起到关键作用。在拟南芥中，过表达 *NCED3* 可以提高内源 ABA 的水平并提高对干旱胁迫的耐受能力，而当 *NCED3* 受到破坏时则会造成干旱胁迫下 ABA 积累的缺陷，进而减弱对干旱胁迫的耐受能力。

ABA 的分解代谢至少有两条调节途径：氧化途径和糖结合途径。氧化途径由 ABA C-8′ 水解酶催化产生红花菜豆酸。这个酶属于一类细胞色素 P450 单氧化酶——CYC707A（图 22.10）。在拟南芥中 CYC707A 包括 4 个成员，其中，CYC707A3 是渗透胁迫应答时调节 ABA 代谢的一个主要的酶。当暴露于缺水条件时，*CYC707A3* 基因受再水合的诱导，而 *CYC707A3* 基因敲除突变体表现为内源 ABA 含量和干旱耐受性的增高。在糖缀合途径中，ABA 通过与糖形成缀合物（如 ABA 葡萄糖酯）的方式失活，并储存在液泡和质外体中（图 22.10）。在缺水条件下，ABA 从由 β- 葡萄糖苷酶形成的葡萄糖酯中释放。通过转基因技术调节参与 ABA 合成和分解代谢的基因，可以增强植物对干旱的耐受能力。

人们认为 ABA 的转运也在植物应答非生物胁迫中起到重要作用。*NCED3* 主要在维管组织中表达，而内源的 ABA 主要在叶片的维管组织中合成。ATP 结合性盒型（ATP-binding cassette，ABC）转运蛋白在 ABA 的运入和运出中都起到 ABA 转运蛋白的

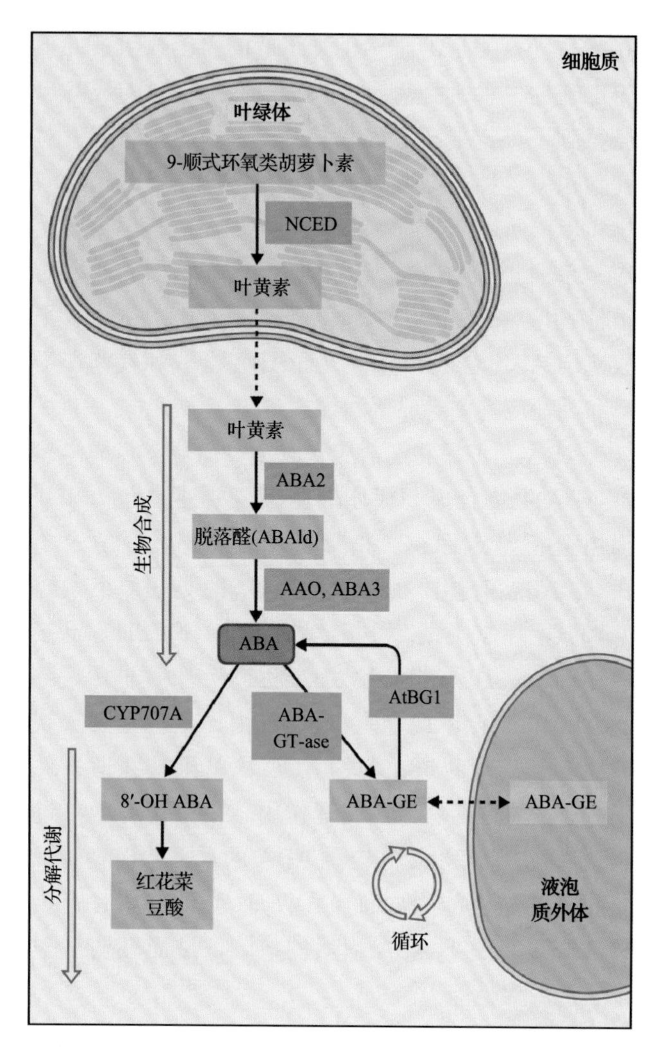

图 22.10　非生物胁迫应答下 ABA 的生物合成和降解。在 ABA 生物合成途径的最后一个步骤中，NCED 切割 9- 顺式环氧类胡萝卜素得到叶黄素，叶黄素进而从叶绿体释放到胞质中。之后 ABA 通过脱落醛（ABAld）的形成而产生。在 ABA 分解代谢中，主要的途径似乎是一个由 CYP707A 家族催化的 8′- 羟基化引起的氧化途径。还有其他的途径可导致 ABA 失活，如糖基化。CYP707A，表示干旱和再水合应答调控。更多 ABA 代谢相关的细节参见第 17 章。NCED，9- 顺式 - 环氧类胡萝卜素双加氧酶；ABA2，短链脱氢酶 / 还原酶；AAO，脱落醛氧化酶；ABA3，钼辅因子硫化酶；CYP707A，ABA 8′- 羟化酶；ABA-GTase，ABA 糖基转移酶；AtBG1，β- 葡糖苷酶；ABA-GE，葡萄糖酯

功能。ABA 转运的调节对植物的细胞内和细胞间信号转导都很重要。

22.3　干旱应答中的基因表达和信号转导

缺水和干旱可以诱导或抑制数以千计的、功能各异的基因的表达。很多干旱诱导的基因产物在胁迫耐受中行使功能并在细胞层面上应答胁迫，而过表达这些基因可以提高胁迫的耐受能力，证明它们在植物对缺失和干旱的应答及适应过程中发挥重要的功能。

22.3.1　基因芯片和其他技术帮助研究缺水诱导基因的表达和功能预测

利用 cDNA 或寡聚核苷酸的基因芯片技术（见第 9 章），是一个分析非生物胁迫下植物基因表达谱的有力工具。利用这一技术，在不同植物中鉴定出了很多受胁迫诱导的基因，而大多基因在不同植物中均有，证明了它们在植物胁迫应答中的普遍功能。分析它们的功能对了解调控植物胁迫应答和耐受的分子机制十分重要。另外，了解它们的基本功能也对使用转基因手段改善作物胁迫耐受有所帮助。

人们用基因芯片和近来的 RNA 测序技术来鉴定拟南芥中不同器官在各种生长条件下差异表达的基因，这些生长条件包括胁迫和植物激素处理。另外，不同转录组数据集的共表达分析为基于生物信息学分析发现具有相似表达谱的基因提供了新方法；这些基因通常具有相似的功能，从而有助于研究功能未知的胁迫诱导基因。这些研究结果表明很多缺水胁迫诱导的基因也受到高盐和 ABA 处理的诱导，说明了干旱、高盐和 ABA 应答途径的重要交联。与之相反，只有一小部分的干旱诱导基因也能受冷胁迫诱导。

用近期的基因芯片分析研究鉴定得到的缺水诱导基因产物主要可以分为以下两类。

- 具有非生物胁迫耐受功能的蛋白质和酶，如伴侣蛋白、LEA 蛋白、渗透蛋白、抗冻蛋白、RNA 结合蛋白、渗透物生物合成中的关键酶、水通道蛋白、糖和脯氨酸的转运蛋白、解毒酶和各种蛋白酶。
- 调节蛋白，如参与后续基因表达调控和信号转导的蛋白因子。其中包括转录因子、蛋白激酶、蛋白磷酸酶、参与磷脂代谢的酶、其他信号分子，以及 RNA- 加工酶等参与转录后调控的因子。

很多转录因子基因是受胁迫诱导的，说明在调节缺水、冷或高盐胁迫信号转导途径中可能存在多种转录调控机制。这些转录因子以协同或独立的方式调

控胁迫诱导基因的表达，并构建可能的调控网络。

人们通过高通量DNA测序和基因组覆瓦式阵列（见第9章）进行了一些全基因组水平的转录组分析，而由非编码RNA和micro-RNA介导的转录调控的新机制也有所报道。Micro-RNA通常通过调节mRNA稳定性，参与到非生物胁迫应答的转录后调控中（见第6章）。在胁迫应答中，有人报道了顺式和反式RNA对胁迫应答的mRNA的功能。另外，胁迫引起的基因表达也常常依赖于DNA甲基化和翻译后组蛋白的修饰。胁迫条件下DNA或组蛋白的修饰在基因表达和植物生长中起到重要作用。因此，除了基因表达，表观调控（见第9章）也可能在植物适应非生物胁迫中起到重要作用。

22.3.2 水分胁迫引起转录水平的基因表达变化

很多转录因子是胁迫应答基因表达的重要调节因子。一些转录因子通过特异结合下游基因启动子区的**顺式作用元件**（***cis*-acting element**），起到决定多组下游基因表达的关键作用。人们鉴定分离出了结合顺式作用元件和起始目标基因转录的转录因子的基因，这类转录单元称为“**调节子**（**regulon**）”。分析渗透和冷胁迫相关基因的表达揭示了转录过程中的多个调节子。许多转录因子，例如AP2/ERF、bZIP、MYB、MYC、Cys2His2锌指和NAC等，组成的多基因家族参与了胁迫应答基因的表达过程。

缺水会引起ABA从头合成，进而诱导胁迫相关基因的表达（见22.2.7节）。有证据表明ABA依赖和非ABA依赖的调控系统都能调节胁迫应答基因的表达。很多受缺水和盐诱导的基因也会为外源ABA处理所激活，但也有一些基因不受ABA处理的影响。为了找到参与调控的顺式作用元件，人们分析了大量缺水诱导基因的启动子区域。缺水诱导下，在非ABA依赖和ABA依赖的基因表达中起重要作用的顺式和反式调控元件都得到了细致的研究。

22.3.3 缺水胁迫下内源ABA的积累也调控基因表达

对受ABA应答的启动子的分析揭示了一系列可能的顺式作用调控元件，但最普遍的顺式元件都包含（C/T）ACGTGGC共有序列，称为**ABA应答元件**（**ABA-responsive element**，ABRE；PyACGT-GGC）。在ABA应答基因的表达中，ABRE是一个主要的顺式作用元件（图22.11和图22.12），它须和另一个称为**偶联元件**（**coupling element**，CE）的顺式作用元件共同行使功能。碱性亮氨酸拉链

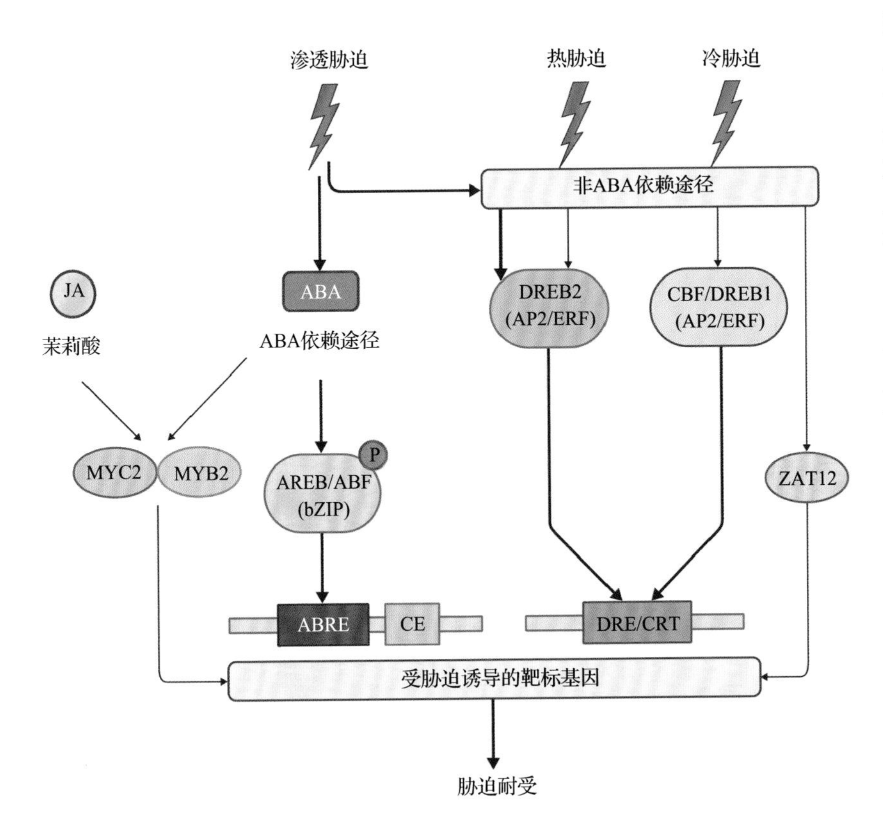

图22.11 植物应答渗透、热和冷胁迫交叉转录调控网络。转录因子和顺式作用元件分别用椭圆形和方形表示。ABA依赖的途径（用红色表示）：ABRE是受ABA依赖胁迫应答调控基因的一个重要的顺式作用元件。偶联元件（CE）是ABA依赖的转录所必需的。AREB/ABR是ABA应答中重要的转录因子，通过磷酸化获得活性（见图22.12）。MYC2不仅受到ABA的调控，还受到茉莉酸（JA）的调控，并能在ABA和JA的交联中起到作用(见22.8节)。MYB2受到ABA的诱导，和MYC2共同作用于受干旱诱导基因的表达。在非生物胁迫应答中鉴定到的其他的转录因子未示。非ABA依赖途径（用蓝色表示）：DRE/CRT是受非ABA依赖胁迫应答调控的基因的关键顺式作用元件。CBF/DREB1是冷胁迫应答中主要的转录因子，而DREB2主要受到渗透和热胁迫的调控。CBF/DREB1在22.4.7节中有详述。ZAT12在冷胁迫应答中的作用以及DREB2在热胁迫应答中的作用分别在22.4.7节和22.7.5节中详述

(bZIP)转录因子 AREB 和 ABF 可以结合 ABRE 顺式作用元件，从而激活 ABA 依赖基因的表达。

AREB 和 ABF 转录因子在 ABA 缺陷突变体 *aba2* 和 ABA 不敏感突变体 *abi1* 中活性降低，而在拟南芥的 ABA 过敏感突变体 *era1* 中活性增高，说明了 AREB 和 ABF 转录因子需要 ABA 调节信号的激活。SNF1 相关蛋白激酶 SnRK 介导了 ABA 依赖的 AREB 和 ABF 蛋白磷酸化，进而使其激活（图 22.12，见 22.3.5 节）。在表达有多点突变的 AREB1 活性形式的转基因植株中，很多 ABA 应答的基因在没有施加外源 ABA 的条件下也受诱导表达。这些观察表明，渗透胁迫引起内源 ABA 水平增加的应答过程中，蛋白磷酸化对 AREB 和 ABF 转录因子的激活起到了重要作用。除了 AREB 和 ABF 这些碱性亮氨酸拉链转录因子在调节 ABA 依赖基因的表达中起重要作用，很多具有 MYB2、MYC2（bHLH）、NAC、HD-ZIP、HD、HB、AP2 和 B3 结构域的转录因子也参与到了渗透胁迫条件下 ABA 的应答过程中（见 22.8 节）。其中，MYB2 和 MYC2 参与了 ABA 积累后胁迫调节基因的表达。MYC2 也对受茉莉酸（JA）调节基因的表达起到重要作用（图 22.11）。

22.3.4 非 ABA 依赖的途径也影响非生物胁迫应答及 DREB2 转录因子

RD29A 和 *COR15A* 等基因可以受到缺水、高盐和冷的诱导，其启动子区域具有两个重要的、参与胁迫诱导基因表达的顺式调节元件 ABRE 和 DRE（**dehydration-responsive element，缺水应答元件**）/CRT（**C-RepeaT**）（图 22.11 和图 22.12）。其中，ABRE 在 ABA 依赖途径中行使功能，而 DRE/CRT 在非生物胁迫下非 ABA 依赖基因的表达中行使功能（图 22.12）；*RD29A* 同时也包含一个保守的顺式作用元件 A/ GCCGAC。

CBF/DREB1 和 DREB2 两个转录因子属于 AP2/ERF 基因家族，它们可以结合 DRE/CRT 元件。编码 CBF/DREB1 的基因在冷胁迫下迅速且瞬时地受到诱导表达，其产物可以激活受胁迫诱导的目的基因的表达（见 22.4.7 节）；另外，DREB2 的表达主要受到缺水、高盐和热胁迫的诱导。

在植株中过表达 CBF/DREB1 可以提高其对干旱、冰冻和盐胁迫的耐受能力，说明了 CBF/DREB1 蛋白在获得冷胁迫耐受能力这一过程中起作用，且不需要翻译后修饰（图 22.13A）。在拟南芥中过表达 DREB2 却不能提高其胁迫耐受能力，说明了 DREB2 蛋白需要经过翻译后修饰才能激活。

如果在 AP2/ERF DNA 结合结构域附近即 DREB2A 负调控结构域（NRD）处制造一个包含 30 个氨基酸的片段缺失，使得 DREB2A 变为一个持续激活的状态 DREB2A-CA，就可以和 E3 连接酶（DRIP：DREB2 互作蛋白 1）互作。翻译后调节或许对 DREB2A 蛋白的稳定是必要的。缺水胁迫（而不是冷胁迫）可以显著诱导拟南芥 DREB2A 靶基因

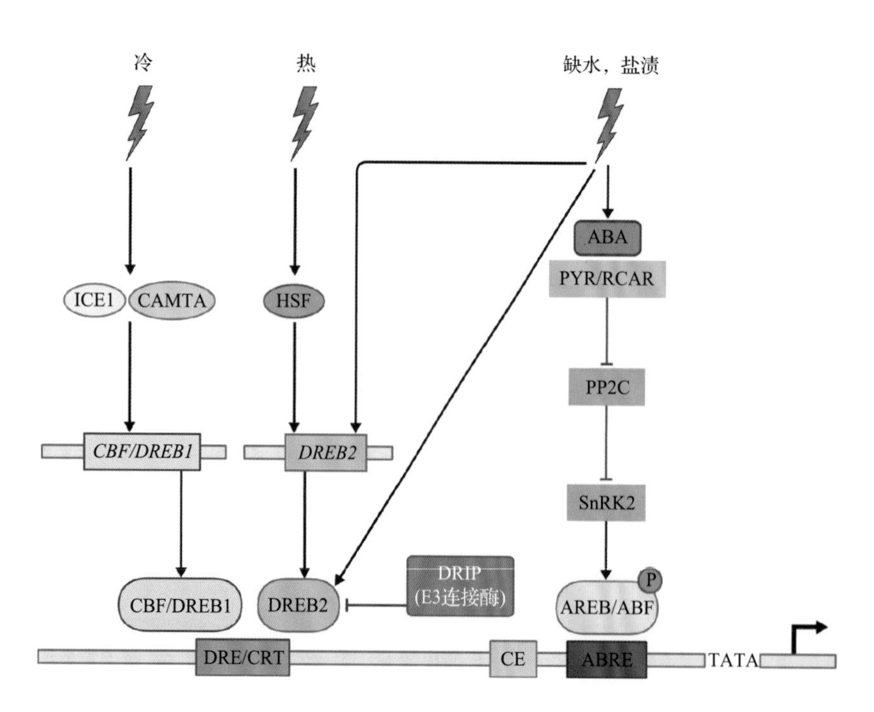

图 22.12 顺式作用元件 DRE/CRT 的作用，以及 ABRE 在非 ABA 依赖和 ABA 依赖情况下诱导 RD29A 的作用。AP2/ERF 转录因子 CBF/DREB1 和 DREB2 结合 DRE/CRT 以应答多种类型的胁迫：CBF/DREB1 在冷诱导基因表达中行使功能，而 *CBF/DREB1* 基因又受到转录因子 ICE1 和 CAMTA 的调控（见 22.4.7 节）。通过蛋白质稳定机制激活 DREB2，从而参与缺水和盐诱导的基因表达调控中。AREB/ABF 是 bZIP 转录因子，它可以结合 ABRE/CE 并调节 ABA 依赖基因的表达（见图 22.11）。主要的 ABA 信号级联反应（包括 ABA 受体 PYR/RCAR、PP2C 磷酸酶和 SnRK2 蛋白激酶）作用于 ABRE/ABF 转录因子上游（见 22.8 节）。CBF/DREB1 在冷应答中的作用详见 22.4.7 节，而 DREB2 在热应答中的功能也在 22.7.5 节中有所介绍

的表达（见图 22.12）。

人们比较了 DREB2A 和 DREB1A 蛋白的 DNA 结合偏好性。其中，DREB2A 更倾向于结合 ACCGAC 序列，而 DREB1A 则对 A/GCCGACNT 序列具有偏好性。这些数据指出，DREB2 类的转录因子在干旱胁迫应答中的功能与 DREB1 蛋白在冷胁迫中的功能不同（见图 22.13B）。正如 22.8 节中所讨论的那样，DREB2A 也参与到热和干旱胁迫的应答中。

多种转录因子的过表达都会使转基因植株具有更强的非生物胁迫耐受能力。例如，过表达水稻（*Oryza sativa*）NAC 转录因子 SNAC1 后，转基因水稻具有更强的干旱耐受能力，并能诱导很多受胁迫调控的基因的表达。另一个很好的例子是关于 NF-Y 转录因子家族的：过表达 ZmNF-YB2 的转基因玉米（*Zea mays*）植株在很多胁迫相关的指标上（包括叶绿体含量、气孔导度、叶片温度、萎蔫减少和光合作用的维持等）都表现出抗旱的能力，且在干旱胁迫条件下有着更高的产量（图 22.14）。持续表达或只在特定条件下表

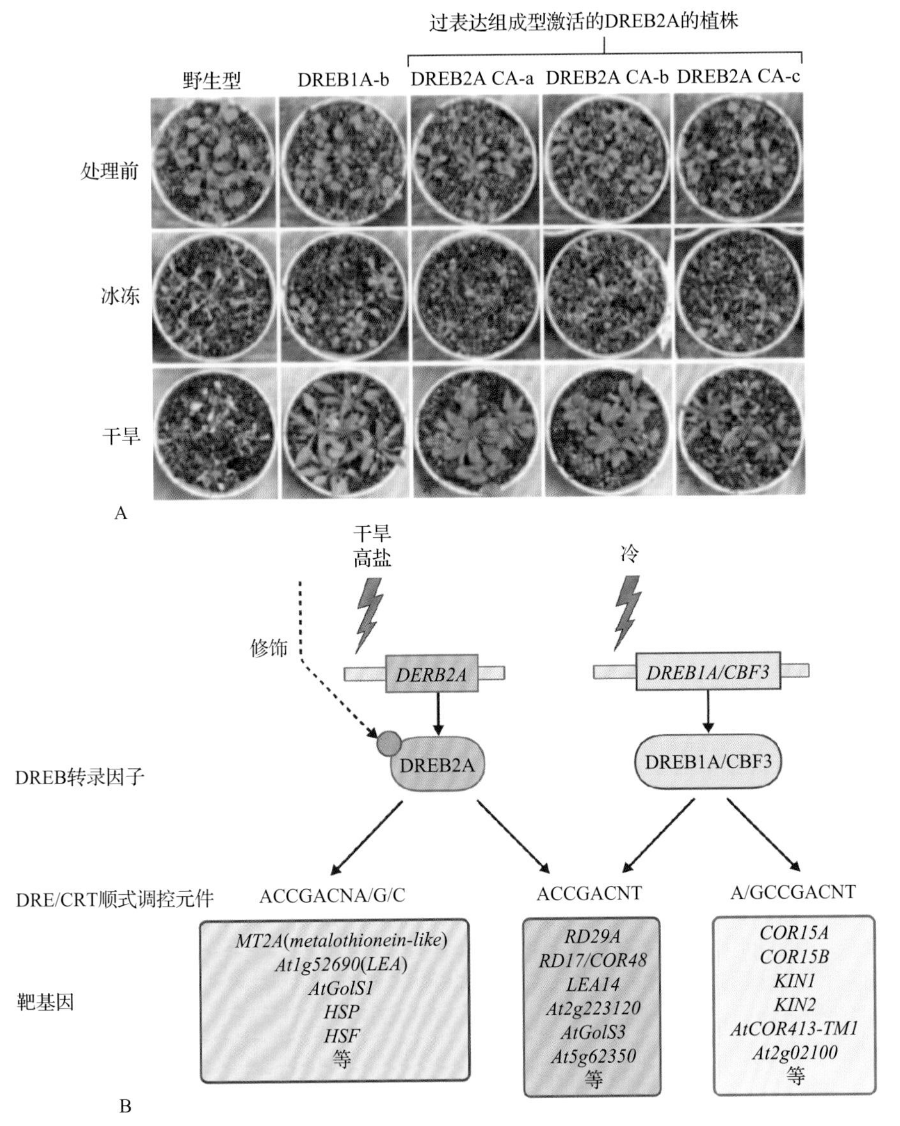

图 22.13 拟南芥 CBF/DREB1 和 DREB2 调控抗冻、抗旱和抗盐的路径中的相同点和不同点。A. 过表达 DREB1 或表达组成型激活形式 DREB2（DREB2-CA）的转基因植株表现出对干旱和冷胁迫的耐受。B. 在干旱、盐和冷胁迫下受 DREB1 和 DREB2A 调节的基因的诱导模型。DREB1 和 DREB2A 的下游基因可分为三类。最主要的一类是受 DREB1 和 DREB2A 共同调节的基因，而其他两类则是被 DREB1A 和 DREB2A 分别特异调节的基因。来源：Sakuma et al.（2006）. Plant Cell 18: 1292-1309.

图 22.14 过表达 ZmNF-YB2 的转基因玉米（*Zea mays*）植株（右侧）在温室（A）和试验田（B）中生长，都表现出了更高的耐寒性。采用水稻（*Oryza sativa*）肌动蛋白基因的启动子过表达 ZmNF-YB2 的 cDNA

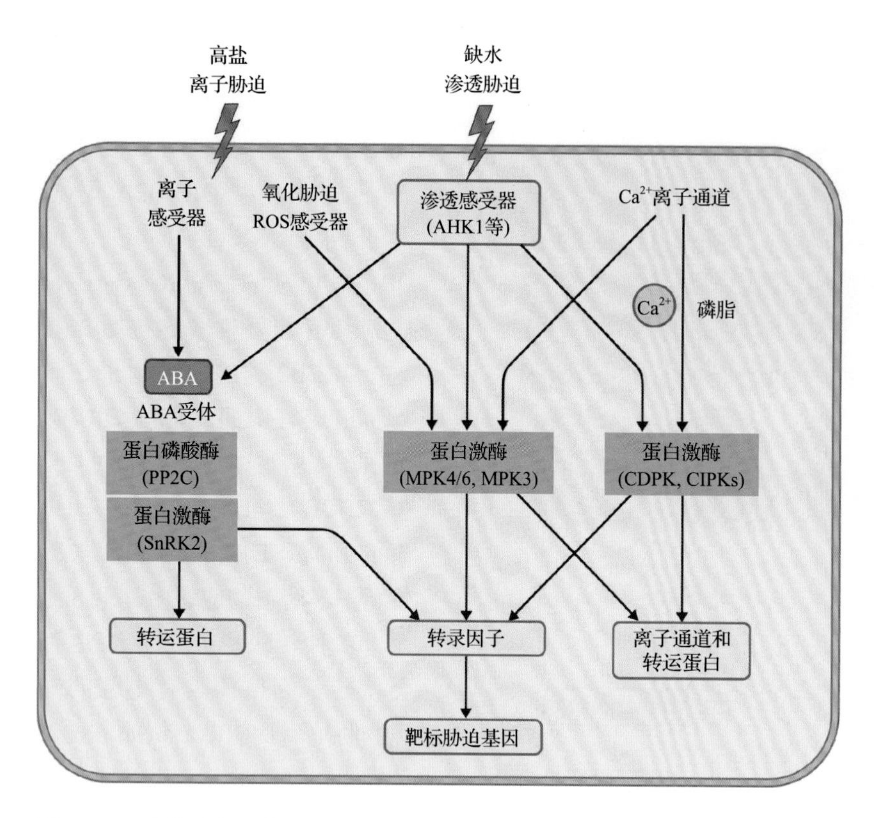

图 22.15 应答高盐和缺水的细胞内信号转导级联反应。渗透改变、离子胁迫、冷胁迫（未表示）和活性氧会引起胁迫反应，目前也已经鉴定出了很多胁迫感受器。ABA 是一个重要的胁迫信号调控蛋白，而 Ca^{2+} 和磷脂是胁迫信号转导途径中的第二信使。蛋白磷酸化在胁迫和 ABA 转导途径中起到了重要作用，且涉及了一系列不同的蛋白激酶，包括 ABA 应答中的 SnRK2，以及渗透胁迫应答中的 MAP 激酶、钙调蛋白激酶和双元组蛋白激酶。胁迫基因的产物在胁迫应答和耐受中都具有功能，而转录调控在这些胁迫基因的调节中至关重要。另外，各种转运蛋白的活性是在胁迫条件下维持内稳态所必需的

达转录因子对发展抗旱植物具有很大的潜力。

22.3.5 渗透胁迫激活植物中多种信号途径

尽管应答渗透胁迫的转录调控得到了广泛的研究，但它们的胞内信号转导途径并未完全解释清楚。现在我们对渗透胁迫下细胞内信号转导的认识很大程度上是从对酵母和其他微生物的研究中得到的。基于蛋白激酶在胁迫信号通路中的功能，人们鉴定了许多它们的同源基因（图 22.15），并对非生物胁迫敏感或不敏感的突变体进行筛选，以研究和分离那些在胁迫应答和信号通路中起作用的因子。

胁迫信号转导涉及调控蛋白的修饰，其修饰主要通过磷酸化和去磷酸化、泛素化和钙结合。这些调控蛋白受到修饰或激活，从而可以快速行使其功能。尽管人们尚未完全掌握信号转导网络的复杂规律，但已经鉴定出了一些种类的蛋白激酶和钙传感蛋白，而它们的功能在转基因植物中也有所研究。

人们已经研究了细菌和酵母中一些感应渗透胁迫的蛋白质。在酵母中，**组氨酸 - 天冬氨酸磷酸转移系统（His-Asp phosphorelay system）**行使感应渗透胁迫的功能。膜锚定的组氨酸激酶 Sln1p 作为一个渗透感受器行使功能，而拟南芥的组氨酸激酶 AHK1 可以互补酵母 *sln1p* 变变体的表型，说明 AHK1 在酵母中也起到渗透感受器的功能。另外，AHK1 蛋白是植物缺水和渗透胁迫信号转导过程中的正调因子（见图 22.15）。对 *ahk1* 基因敲低突变体进行转录组的分析，发现 AREB1、ANAC 和 DREB2A 转录因子的部分目的基因在突变体中下调。相反，由自身启动子驱动的 *AHK1* 过表达的拟南芥具有显著的抗旱能力。在渗透胁迫信号通路中，一般认为应答调节类似因子（ARR）在 AHK1 的下游行使功能，类似于酵母中感应渗透胁迫的组氨酸 - 天冬氨酸磷酸转移系统 Sln1p-Ypd1p-Ssk1p。

丝裂原活化蛋白激酶（mitogen-activated protein kinase，MAPK）级联反应在多条细胞信号级联反应中发挥作用（见第 18 章），包括在真核细胞中的渗透胁迫应答。由 MAPK、MAPK 蛋白激酶（MAPKK）和 MAPK 蛋白激酶激酶（MAPKKK）介导的，对保守的苏氨酸、酪氨酸和丝氨酸残基的三步磷酸化反应（见第 18 章）是这一过程的标志。在酵母中，HOG1 途径（Ssk2/22p-Pbs1p-Hog1p）是一个作用在 Sln1p-Ypd1p-Ssk1p 下游的 MAPK 级联反应。在植物中，MAPK 级联反应可以受到各种环境胁迫和病原体迅速激活。拟南芥 MEKK1-MKK2-MPK4/MPK6 级联反应可以受盐和冷胁迫激活，在细胞胁迫信号通路中起到重要作用（见图 22.15）。这些发现说明了 MAPK 级联反应在非生物和生物胁迫中的作用。然而，其在植物中信号通路的上游组分还未鉴定到。

在应答生物和非生物胁迫时，叶绿体和线粒体代谢活性降低从而产生 ROS（见 22.6 节）。参与信号转导途径的因子可能也作为 ROS 感受因子来调控下游事件。ROS 调控参与热胁迫应答的热激因子（HSF）（见 22.7 节）和参与抗病的 NPR1 等转录因子。SOS2、ANP1 和异源三聚体 G 蛋白等蛋白激酶也受到 ROS 的调控。因此，ROS 可以调控非生物胁迫的信号转导，以及在胁迫信号交联中起作用（见 22.8 节）。

Ca^{2+} 是在参与细胞信号转导途径的第二信使中最常见的一个（见第 18 章）。在植物中，包括缺水在内的多种刺激均能引起 Ca^{2+} 水平的迅速增加。通过多种 Ca^{2+} 通道和转运蛋白，渗透胁迫可以引起胞内 Ca^{2+} 水平迅速和动态的震荡（图 22.15）。植物中 Ca^{2+} 依赖的胁迫信号途径很重要，并受到钙调磷酸酶 B 类似（CBL）蛋白和它的下游 CBL 互作蛋白激酶（CIPK）的调节。CBL 蛋白可以通过螺旋 - 环 - 螺旋结构基序（EF 手）与 Ca^{2+} 结合，并在植物中作为一个胁迫条件下 Ca^{2+} 信号的感受器行使功能。不同的 CBL 和 CIPK 间特定的相互作用可以通过磷酸化的形式传递信号给下游转录因子等蛋白质，从而激活植物胁迫应答。这一信号转导途径的主要成员是 SOS3/CBL4 和其互作蛋白 SOS2/CIPK24。干预其中一个或全部基因会导致严重的“盐极度敏感”（SOS）表型，说明了 SOS3-SOS2 蛋白激酶级联反应在盐胁迫信号通路中的重要作用（见图 22.9）。

钙依赖的蛋白激酶（CDPK）已有充分的研究，人们还着重关注其在植物钙调节的信号转导途径中的功能（见图 22.15）。CDPK 这一蛋白同时具有激酶结构域和钙调蛋白类似结构域。CDPK 磷酸化其相应的底物以传递所接收的信号，并且它们的蛋白激酶活性可以通过结合钙来激活。

鉴定可以激活 AREB 和 ABF 转录因子的蛋白激酶对揭示 ABA 上游信号途径非常重要。ABA 激活的 SnRK2 蛋白激酶（OST1/SRK2E/SnRK2.6）在 ABA 信号转导途径中起到调控气孔关闭的作用（见图 22.15）。SnRK2 是 SNF1 相关蛋白激酶家族的一员，这一家族在拟南芥和水稻中共有 10 个成员。SnRK2 受缺水、盐和 ABA 激活。很多植物中的一些 SnRK2 可以在体内和体外磷酸化 AREB 和 ABF 或相关的蛋白质，证明了 SnRK2 是 AREB 和 ABF 的上游因子。拟南芥的 SnRK2.6、2.2 和 2.3 的三

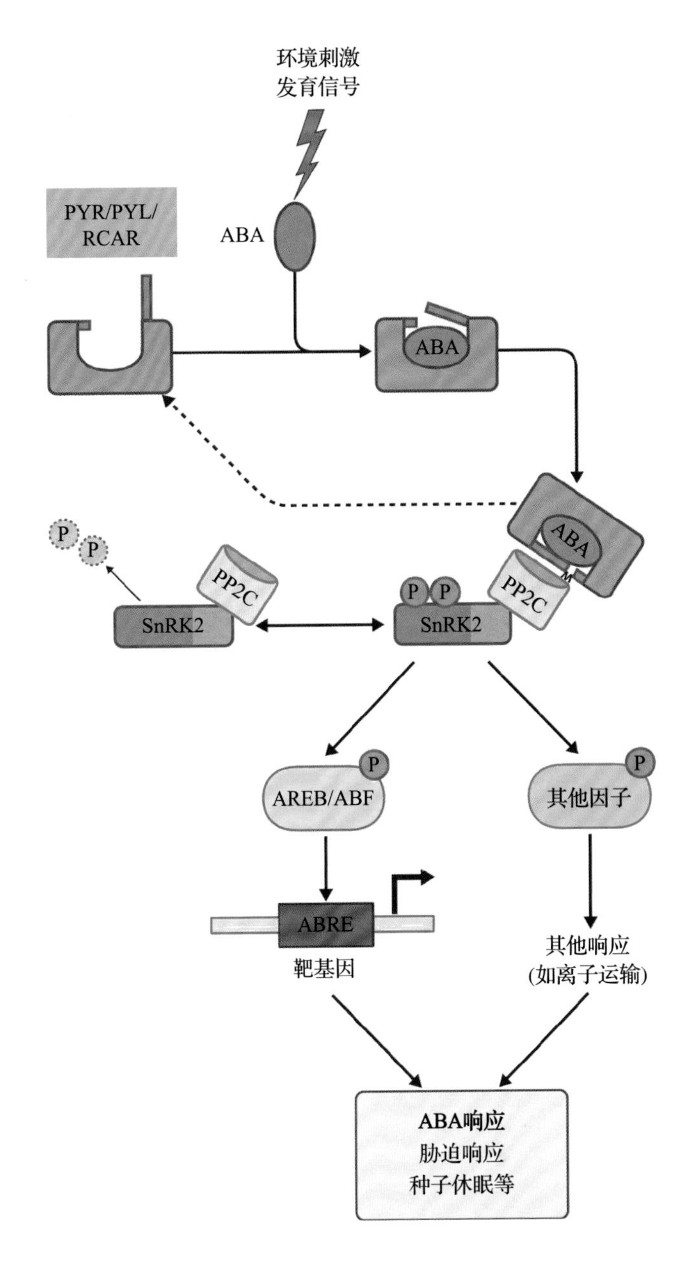

图 22.16 早期 ABA 感知和信号转导的可能模型。PYT/PYL/RCAR 作为 ABA 受体行使功能，而 PYT/PYL/RCAR、PP2C 磷酸酶和 SnRK2 蛋白激酶形成了一个信号复合体。在缺少 ABA 的情况下，PP2C 可以结合 SnRK2 并使其失活。在存在 ABA 的非生物胁迫条件下，PYR/PYL/RCAR 和 ABA 结合并抑制 PP2C 活性，SnRK2 进而从 PP2C 的抑制中解放出来，经活化后进一步磷酸化下游转录因子，如 AREB/ABF 和转运蛋白。这些激活的蛋白质在非生物胁迫下 ABA 依赖型的细胞应答和分子应答中发挥着作用

突突变体表现出严重的生长缺陷，这些生长缺陷和 ABA 应答相关，如萌发、气孔关闭和根的生长。这三个 SnRK 受 ABI1 相关的 PP2C 蛋白磷酸酶的抑制，它们是 ABA 信号途径中主要的负调控因子。ABI1 相关的 PP2C 通过去磷酸化直接负调控三个 SnRK2 的活性。

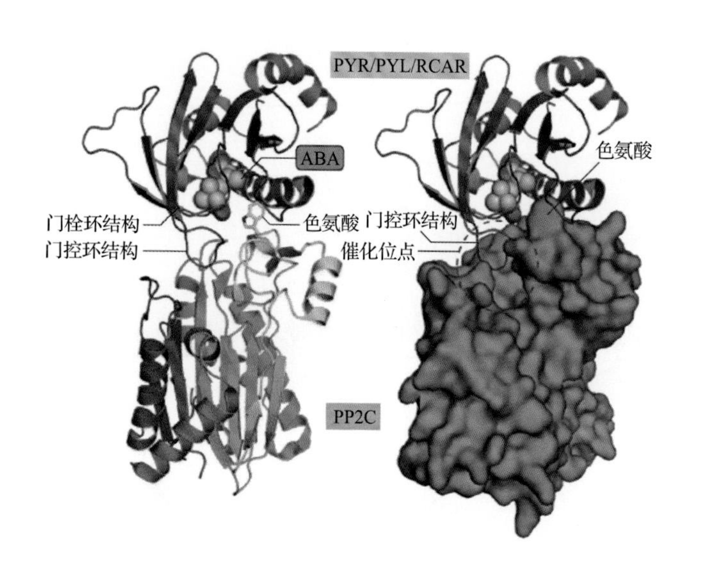

图 22.17 结合 ABA 的 PYR/PYL/RCAR 复合体（ABA 受体）和 ABI1（PP2C）的三维结构。PP2C 由飘带（左）模型和表面模型（右）表示。像栓子一样的门控环结构使得结合 ABA 的 PYL1 可以完全抑制 PP2C 磷酸酶活性

ABA 受体的 Pyrabactin 抵抗（PYR）/PYR 相关（PYL）/ABA 受体调控组分（RCAR）家族（**PYR/PYL/ RCAR protein family, PYR/PYL/RCAR 蛋白家族**）具有 ABA 结合活性，并通过结合 ABA 来抑制 PP2C 的活性（图 22.16）。另外，在 PYR/PYL/RCAR 的功能缺失突变体中，受 ABA 激活的 SnRK2 蛋白激酶活性受到抑制。PYR/PYL/RCAR、PP2C 和 SnRK2 组成的信号复合体对于 ABA 的感知和起始信号转导过程是非常重要的。PYR/PYL/RCAR 作为胞质中的 ABA 受体行使功能，并以一种 ABA 依赖的方式抑制受 PP2C 调节的 SnRK2 的失活（图 22.16）。在没有 ABA 的正常生长条件下，PP2C 通过直接结合和去磷酸化 SnRK2 来抑制 SnRK2 活性。在应答非生物胁迫时，内源 ABA 合成并与 PYR/PYL/RCAR 受体相结合，而与 ABA 结合的 PYR/PYL/RCAR 可以抑制 PP2C 的活性，从而激活 SnRK2。激活的 SnRK2 磷酸化其靶蛋白，如 AREB/ABF/bZIP 转录因子和离子转运蛋白。通过 X 射线衍射，人们已经解析了 ABA- PYR/PYL/RCAR-PP2C 复合体的结构（图 22.17）。结合 ABA 的受体可以竞争性抑制 PP2C 的磷酸酶活性。人们已在分子层面上充分研究了 ABA 的感应及其信号转导，进而阐明了 ABA 信号转导精确的分子开关（图 22.16）。

信息栏 22.1　一个用于鉴定在非生物胁迫应答中 *RD29A* 基因表达发生改变的突变体的遗传筛选

一般利用遗传筛选鉴定植物中涉及非生物胁迫应答的基因。*RD29A* 是一个受干旱、冷和 ABA 处理诱导的启动子，把 *RD29A* 启动子融合的萤火虫荧光素酶基因转入拟南芥植株。为了进行突变体筛选，用 EMS 或 T-DNA 的诱变具有 *RD29A* 启动子 - 荧光素酶（LUC）转基因的拟南芥植株。在冷或盐胁迫处理下，荧光素酶基因表现为组成型表达（cos）、高表达（hos）或低表达（los）的突变体会被分离出来（如图）。这些突变基因编码的蛋白质不只是作为激活 *RD29A* 的上游转录因子行使功能，也有参与转录因子的转录后水平调节的。

在分离的突变体中鉴定出了很多参与胁迫信号转导的因子。例如，LOS5 和 LOS6 分别鉴定为 ABA3 （编码钼辅因子硫化酶）和 ABA1（编码玉米黄质环氧化酶）。这些蛋白质参与了 ABA 的生物合成。*HOS* 基因之一命名为 FRY1（FIERY 1），编码一个肌醇多磷酸 1- 磷酸酶，参与到肌醇 -1,4,5 三磷酸盐的信号转导中。FRY1 作为 ABA 和胁迫信号转导的负调控蛋白行使功能，说明了在胁迫信号转导途径中磷脂的参与。另一个 *HOS* 基因 *HOS15* 编码一个类似于 TBL1 的 WD40 重复蛋白，TBL1 在哺乳动物中和组蛋白的去乙酰化相关，HOS15 很可能也参与组蛋白 H4 去乙酰化从而通过染色质重组来调控胁迫应答。在其他突变体中则鉴定出了沉默抑制子（repressor of silencing，ros）。*ROS1* 编码了一个 DNA 糖基化酶，这个酶可以通过碱基切除修复来去甲基化 DNA 并阻碍 RNA 依赖的 DNA 甲基化。ROS3 具有一个 RNA 识别基序，并可能通过 ROS1 和相关的 DNA 去甲基化酶来引导序列特异的去甲基化。因此，这个突变体筛选方法不仅为分析上游信号转导途径，也为研究基因表达的转录后调控和染色质调控提供了一个有力的工具。

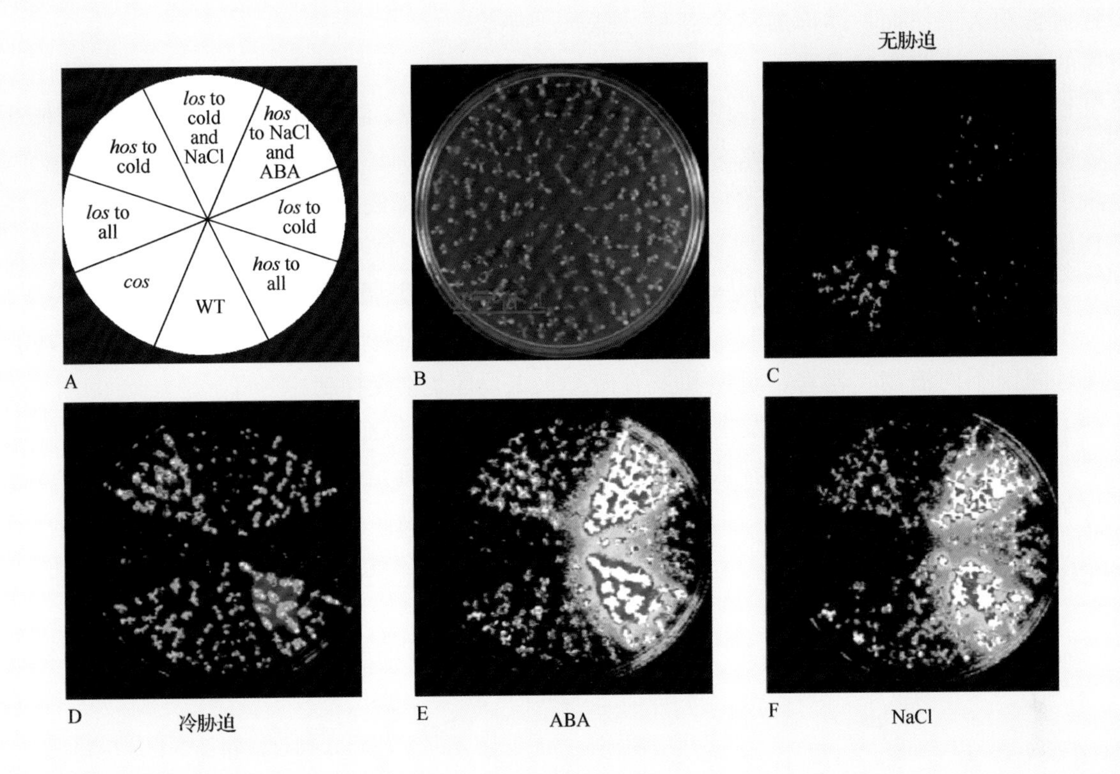

野生型（*RD29A* 启动子：LUC 转基因拟南芥植株）和突变体（*hos*、*los* 和 *cos*）在冷、渗透和 ABA 胁迫下的荧光成像图。A. 野生型（WT）和突变体株系的排列。顺时针依次是：野生型 RD29A-LUC 转基因植株，*RD29A* 组成型表达的 *cos* 突变体，对冷、ABA 和渗透胁迫应答均减弱的 *los* to all 突变体，对冷应答增强的 *hos* to cold 突变体，对冷胁迫和渗透胁迫应答减弱的 *los* to cold 和 NaCl 突变体，对 ABA 和渗透胁迫应答增强的 *hos* to NaCl 和 ABA 突变体，对冷胁迫应答降低的 *los* to cold 突变体，对冷、ABA 和渗透胁迫应答都增强的 *hos* to all 突变体。B. WT 和突变体幼苗的形态。C. 在胁迫和 ABA 处理前植物的荧光。注意组成型表达荧光的 *cos* 突变体。D. 植物暴露在冷条件下 2 天的荧光。E. ABA 处理之后植物的荧光。在喷洒 100μmol·L^{-1} 的 ABA 以前，植物在室温（20 ～ 22℃）中放置 2 天从而使得荧光降低至冷处理前的水平，并在 ABA 处理 3h 后成像。F. 渗透胁迫条件下植物的荧光。在 ABA 处理 3 天后，植物中的荧光降至处理前水平。接下来用 300mmol·L^{-1} NaCl 浸没培养基来对植物进行高盐处理 5h。一些 *cos* 突变体幼苗在冷和 ABA 处理后死亡，并且在 NaCl 处理后不发射荧光。来源：Ishitani et al. （1997）. Plant Cell 9: 1935-1949.

22.3.6 遗传筛选鉴定到胁迫信号转导蛋白

遗传分析也揭示了一些信号途径中调控胁迫应答基因表达的基因。人们已经分离出了很多应答非生物胁迫异常的突变体，也鉴定出了相关基因。例如，在根系应答盐胁迫时，可以筛选出对盐极敏感的突变体，*SOS* 的突变体就是其中之一，这个基因编码一个 CIPK/SnRK3 蛋白激酶（见 22.3.5 节）。另外，在各种报告基因的背景下进行筛选，可以鉴定到胁迫诱导基因表达受到影响的突变体（见信息栏 22.1）。

22.4 冰冻和低温胁迫

22.4.1 冰冻和低温胁迫既有共性也有不同

冰冻和低温胁迫直接和间接地影响了植物的健康。直接影响包括膜脂固化和酶促反应速率降低，而这些过程都是在相对较短的时间内发生的。另一方面，间接（次级）伤害反应随着时间推移才逐渐显示出来，包括细胞溶质的泄漏、呼吸作用和光合作用的失衡、ATP 耗减、毒害物质积累和缺水造成的萎蔫（见第 8 章）。

冰冻和低温胁迫都与低温直接造成的某种形式的细胞损害相关；然而，冰冻胁迫会产生一些其他间接的影响，这些影响是由于冰晶在细胞外形成并生长，从而对植物在全植株、组织和细胞水平上造成了损害。另外，细胞外水分冻结会导致细胞渗透失水，从而使胞内溶质浓度增加。这些损害共同对植物产生了显著影响，而易感植物则会死亡。两种温度的另一个区别则是时间效应：低温损伤在植物暴露于胁迫中一段时间后才会出现（这段时间因不同植物、器官、组织和发育阶段而不同），冰冻损伤可能在冰冻发生之后很快就能观察到。因此，一般认为这两种低温胁迫因子是不同的，需要用合适的方法对它们单独进行分析。

22.4.2 低温胁迫导致膜不稳定和代谢功能失调

在正常、温暖的情况下，膜脂保持着流动态（液晶态），从而保证细胞功能的维持（见第 8 章）。然而当温度降低时，具有高解链温度的脂质开始固化（凝胶态）并在膜内形成相分离。膜变得更容易渗漏或功能失调，细胞内的水分和溶质丢失。另外，载体蛋白介导的转运、酶促反应和受体功能等膜相关反应也会受抑制。

尽管低温对植物细胞的影响有很多方面，其中最重要的则是对光合作用的影响。低温能显著损害电子传递链，但对光能接收的影响很小。结果是叶绿体暴露在过量的激发能中，而氧分子的光还原是

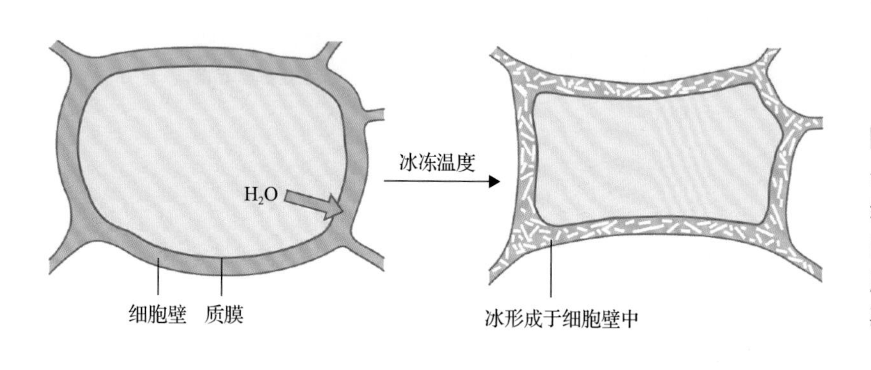

图 22.18 植物暴露在冰冻温度下时，细胞会缺水，因为水分会跨过质膜进入细胞壁和细胞间隙，沿着势能梯度向水势低处流动。当冰冻的速率足够低以至于冰晶无法在细胞质中形成时，细胞会失水，质外体中会发生冰冻

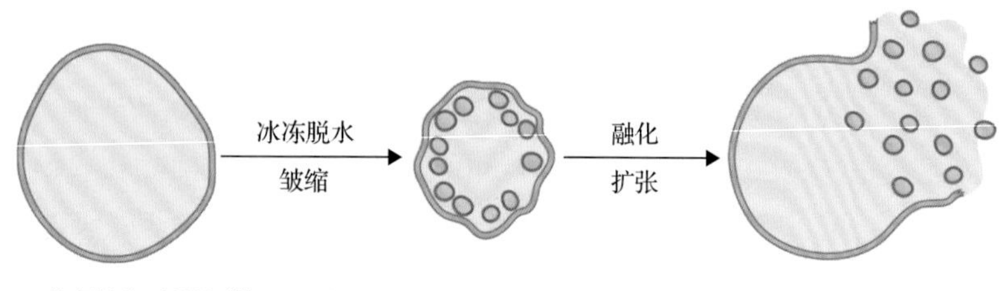

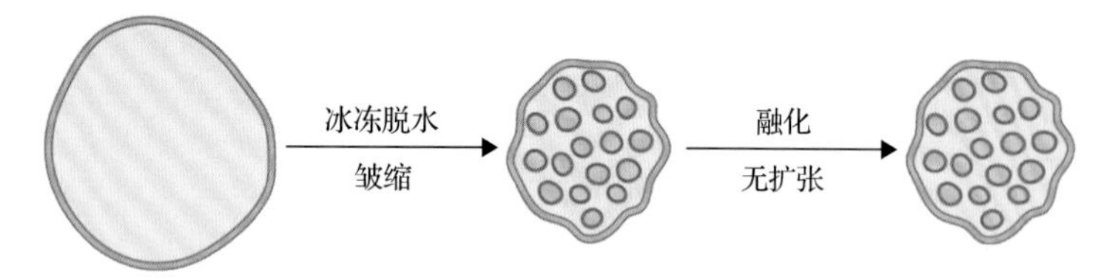

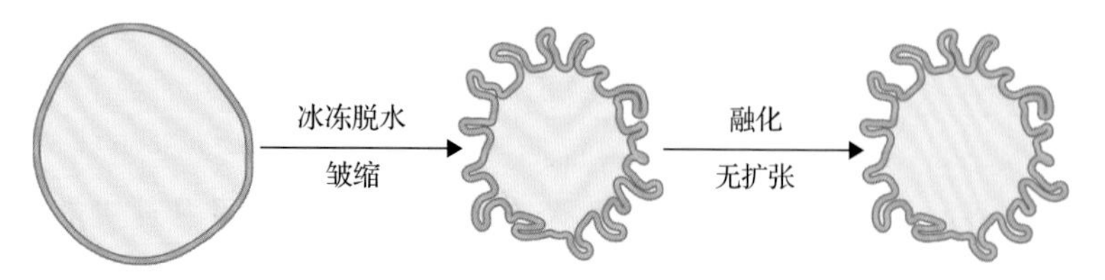

图 22.19 在分离的原生质体中，冰冻诱导下质膜的相关损伤。A. 当从非驯化植物中分离的悬浮的原生质体受到冰冻时，原生质体中会产生冰冻诱导的脱水，原生质体的体积也逐渐减小。为了维持膜张力，质膜必须脱离原生质体的表面，而这是通过形成与质膜不连续的内吞小泡来完成的。在温和但有害的脱水条件下，原生质体由于缺乏质膜相关物质而不能在冰冻融化时扩大体积，最后的结果是体积扩张所诱导的裂解。B. 当在低温下发生严重的冰冻诱导的脱水时，原生质体的质膜和内膜会紧密贴近，膜和膜的相互作用最终会导致脂双层超微结构不可逆的变化（如片层相 - 六角形相Ⅱ相变），使得原生质体在融化时不再具有应答渗透的能力（渗透应答力丧失）。C. 在从冷驯化植物中分离出来的原生质体中，冰冻诱导的脱水造成它们体积的减少，但质膜会形成与质膜连续的胞吐物。在任何冰冻温度下，这种原生质体都不会在融化时发生裂解。当这种原生质体受到严重的冰冻诱导的脱水时，膜和膜会发生相互作用，但是产生的质膜结构变化却完全不同，即膜片跳跃损伤（fracture-jump lesion，FJL）。FJL 是膜和膜融合的结果，在冰冻蚀刻电镜下表现为从一个膜到另一个膜的跳跃。FJL 会导致原生质体在冰冻融化时丧失渗透应答（跳跃损伤相关的渗透应答缺失，但并没有六角相Ⅱ相的形成）

伴随着 ROS 的产生而发生的（见 22.7 节）。自由基水平增高带来的氧化胁迫会对膜脂、蛋白质和叶绿体中的大分子造成损害。

受损症状有时在回归正常温度后反而更为明显。在低温时，症状的形成需要很长时间，而且可能由于功能失调过程速率很慢而不会继续发展。一些研究表明，低温损伤的出现主要是由于细胞修复功能缺乏或受损。尽管 PS Ⅱ反应中心的一个重要组分 D1 蛋白会受到低温的影响，但 PS Ⅱ受到低温损害的主要原因是在回到较高温度后缺少对 ROS 损伤的修复。ROS 清除剂，如相容性溶质甜菜碱（见图 22.5），可能促进了非生物胁迫的修复过程中 PS Ⅱ的代谢周转。基因工程的研究表明，过表达负责 ROS 清除的酶可以提高植物对低温的耐受能力，从而支持了这种假说。

22.4.3 冰冻通过渗透和机械胁迫造成膜不稳定和损伤

正如 22.4.1 节所说，冰冻对细胞水分有着显著影响，并导致了一种不同于低温影响的缺水胁迫。冰的化学势低于未结冰的水。另外，细胞外冰的汽压也低于胞质或液泡中的水的汽压。当冰在细胞外形成时，细胞水分随着水势梯度下流，经过脂膜流向胞外的冰（图 22.18）。其结果是细胞体积减小、胞内的溶质浓度增加；胞外冰的形成也造成了细胞形状的改变。这种胁迫随着冰冻的存在而持续，甚至当温度降低时胁迫还会增强，进一步对植物细胞造成伤害。

冰冻引起的损伤主要发生在质膜上，其中很多有关膜稳定性的损害是由细胞脱水导致的。当冰冻诱导的缺水导致质膜和叶绿体等细胞器膜紧密相邻时，膜的结构和相互作用会改变，导致膜不稳定。在一些植物中，膜不稳定会导致不同形式的损伤，如膨胀引起的细胞裂解、在较为不耐受的（非驯化的）细胞中和片层相 - 六角形相Ⅱ相变有关的渗透应答的缺失，以及在较为耐受（冷驯化的）细胞中和膜片跳跃损伤相关的渗透应答中的缺失（图 22.19）。

冻融循环产生的渗透和机械胁迫也会导致膜的不稳定。渗透缺水导致胞质和其他细胞间区室中的溶质浓度增加，而这会使得膜定位的酶和转运蛋白失活。溶质和膜的直接相互作用使得静电相互作用和疏水相互作用改变，从而导致膜蛋白的分解。另外，由于溶质与双层膜中脂质分子的带电头部基团的静电作用，溶质的浓度能影响脂类的相态变化。机械胁迫是另一个造成膜不稳定的因素；冰在细胞外形成可导致细胞变形，而冰晶可以直接损伤质膜。

冰冻胁迫也可以导致细胞其他类型的损伤。冰冻可以导致细胞壁 - 质膜的相互作用改变，例如，在一些植物中，完整细胞的存活率低于独立的、没有细胞壁的原生质体。这是因为细胞壁的存在会使胞外的冰晶增加对细胞的额外胁迫。另外，一些特定的蛋白质在具有细胞壁的完整细胞冻结后会脱离质膜，说明细胞壁和质膜的物理化学相互作用在冰冻时会对质膜产生额外的伤害。冰冻引起的胞质酸化可能是由于液泡的膜（液泡膜）上 H^+ 转运系统的分布导致的。这种酸化显著影响了胞质的代谢反应。综上所述，这些观察指出冰冻使得细胞暴露在复杂的、多层面的胁迫中，而冰冻的速率、温度和冰晶形成的速率强烈影响了冰冻对细胞损伤的程度。

22.4.4 植物有多种低温感受系统

为了适应低温，首先，植物需要感知温度的变化。蓝藻中的胞藻（*Synechocystis*）PCC6803 就有一个可能的低温感受器——组氨酸激酶 Hik33。低温通过改变膜的流动性，介导信号激活 *Hik33*，进而引起其自磷酸化，随后磷酸基团转移到相应调节因子 Rre26。基因芯片数据表明，在 36 个受冷调节的基因中，HiK33 调节了其中 21 个基因的表达。因此，除了之前发现的一个参与蓝藻细胞应答的低温感应途径之外，人们认为 Hik33 也是蓝藻中的一种可激活大多数受冷调节基因表达的低温调节因子。尽管没有在高等植物中发现 *Hik33* 的直系同源基因，但人们发现类似于 His 和 Rre 这样的双元系统参与到了一些植物激素的应答中（见第 18 章）。这些双元系统是否参与植物的低温感应还有待确认。

在植物中有很多可能的低温感受器，尽管它们都还没有得到确认。例如，人们认为**膜流动性**（**membrane fluidity**）的改变在感受细胞外温度降低的过程中起到了作用。用二甲基亚砜作为膜促流剂、苯甲醇作为膜稳定剂来改变苜蓿细胞的膜流动性，其结果导致冰冻胁迫耐受诱导基因和冷诱导基因表达的改变。在这些条件下，钙的内流和细胞骨架的结构都会受到影响，因此在低温时膜流动性的改变可能是一个感受器并引发一系列的信号转导事件。

22.4.5 植物可以通过增强膜稳定性来进行冷驯化

在冰冻点以下的低温环境中生存的能力取决于基因型。虽然包括玉米（*Zea mays*）、番茄（*Lycopersicon esculentum*）和水稻（*Oryza sativa*）在内的很多重要作物无法抵抗冰冻温度，但很多温带和亚北极圈的植物是可以在冰冻温度下存活的，甚至有一些可以在 –40℃的温度下存活。然而，这些植物并非在整个生长季都能耐受冰冻。

冰冻耐受中有一个过程，称为冷驯化，这是指在冰冻温度出现前对低温但非冰冻的温度的应答。例如，拟南芥通常只能在最低 –5℃的温度下存活，但如果在 1 ～ 5℃的温度范围内生长 1 ～ 7 天，之后拟南芥就可以在 –8 ～ –13℃的低温下存活。这使得拟南芥成为一个研究冰冻耐受机制的有力模型。冷驯化过程中一系列看似不相关的应答，包括膜组分的改变和相容性溶质的积累，最终都有助于保护冰冻伤害的主要发生部位——质膜。

在冷驯化后，质膜最显著的变化就是质膜所含磷脂质的比例增加（见第 8 章），这种现象在很多草本和木本植物中非常常见，另外还伴有葡萄糖脑苷脂比例的减少。这种冷诱导后脂类成分的改变增加了膜表面保持的水分，从而可以防止在冰冻时脂双层中具有向温性和易溶性的脂相发生改变。然而，对脂类的综合分析并不支持冻融循环中有一种独立的脂类组分在维持细胞膜的完整性中起主导作用这一理论。相反，在冷驯化后脂类 - 脂类（或脂类 - 蛋白质）相互作用的改变应该有利于在抵御冰冻胁迫过程中质膜稳定性的增强。

质膜蛋白和膜质微区也会动态地应答冷驯化。在质膜上的冷感受蛋白包括渗透和其他胁迫相关的蛋白质、蛋白水解相关的蛋白质和膜运输蛋白。质膜上膜质微区富含葡萄糖脑苷脂和固醇脂质，而这两种脂类所占的比例在冷驯化后会发生改变。冷驯化也会造成膜质微区蛋白质的改变，如那些与膜转运、膜运输及细胞骨架 - 质膜相互作用相关的蛋白质。因此，质膜微区分析是确定质膜对低温应答，以及植物冰冻耐受过程中分子和功能上应答的有效手段。

尽管还没有详尽的分析，一些质膜上的冷应答蛋白也会影响冰冻耐受。磷脂酶可能通过调节质膜脂类组分和磷脂调节的信号转导来影响冰冻耐受。在拟南芥中，通过反义核酸抑制植物中含量最丰富的磷酸酶 Dα1（PLDα1）可以增强植物的抗冻性。这种冰冻耐受的差异可能是由于磷脂酸会促进膜双层的不稳定，而抑制 PLDα1 会阻止磷脂酸比例的增加。相反，拟南芥磷酸酶 Dδ（PLDδ）基因敲除突变体的抗冻性降低，而其过表达植株则表现为冰冻耐受能力增强。PLDδ 修饰不会在冰冻时改变质膜上主要膜脂的比例，而是有选择地提高磷脂酸的分子种类，说明特定的磷脂酸在低温下可以作为信号传感器起作用。

另一个影响冰冻耐受的质膜相关蛋白是突触结合蛋白 1（SYNAPTOTAGMIN1，SYT1）。突触结合蛋白是一个膜运输蛋白家族，它作为脂膜囊泡融合的钙信号的感受器行使功能，并受到 SNARE 蛋白复合体的调控。在冷驯化过程中，拟南芥 SYT1 在质膜中的含量随着冰冻耐受的获得而迅速增加。正如拟南芥的冰冻耐受能力可以通过外源施加钙而得以提高，拟南芥 *SYT1*-RNAi 植株和 T-DNA 插入突变体相比于野生型植物其抗冻性明显更低，在有钙存在的条件下，人们认为 SYT1 依赖的膜再封闭过程是植物冰冻耐受的重要组成部分（图 22.20）。通过遗传筛选对渗透更敏感的突变体，发现 SYT1 也是参与渗透胁迫耐受的重要组分。

22.4.6 冷胁迫诱导的代谢特征改变在冷驯化中起重要作用

在很多植物中，单糖（蔗糖、葡萄糖、果糖、棉子糖、水苏糖）、脯氨酸和甜菜碱等相容性溶质会随着冰冻耐受的获得而积累。在冰冻胁迫耐受中，相容性溶质可能的分子功能与在渗透和缺水胁迫中的分子功能相似（见 22.2.3 节和 22.2.4 节）。拟南芥突变体 *eskimo1* 是组成型耐受冰冻的，在温暖条件下也会过量产生脯氨酸。*ESKIMO1* 基因编码一个功能未知的 57kDa 的蛋白质，这个蛋白质属于一个很大的 DUP231 蛋白基因家族。*eskimo1* 突变体中很多基因的表达发生了改变，其中部分基因也受如盐、渗透和冷胁迫等非生物胁迫因子的调控，但

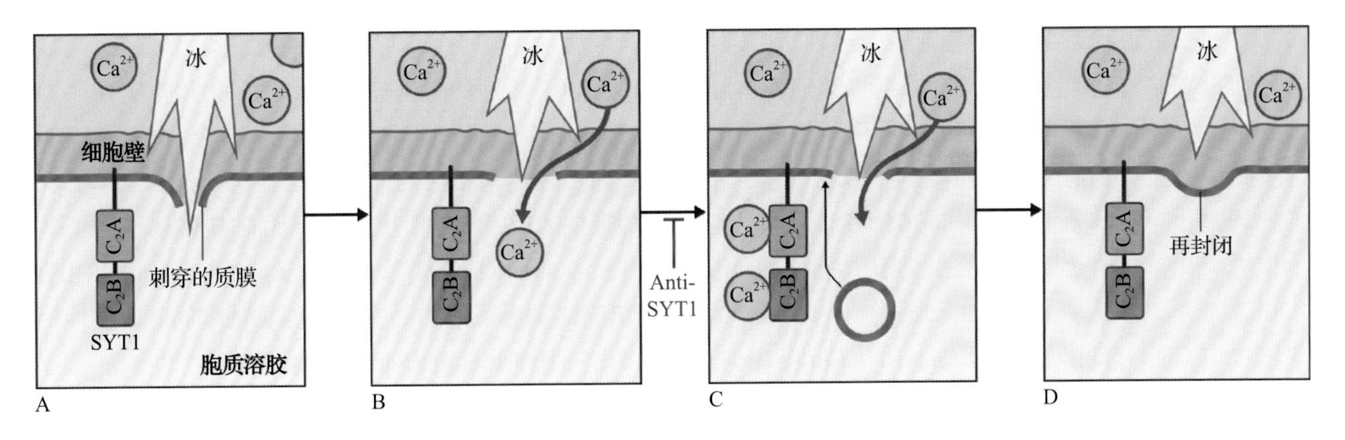

图 22.20 在冰冻 / 融化过程中 Ca^{2+} 和 SYT1 诱导的膜再封闭模型。A. 质膜受到冰晶的机械刺穿。B. Ca^{2+} 穿过损伤位点从细胞外间隙进入胞质中。C. 细胞内膜泡可能会通过结合 Ca^{2+} 的 SYT1 与质膜在损伤处融合。D. 损伤处再封闭

明显不同于 CBF/DREB1 转录因子调控的基因（见 22.4.7 节）。人们认为糖可以保护膜结构，并对冷驯化后冰冻耐受的增强起作用。事实上，外源施加糖分可以恢复拟南芥 *sensitive-to-freezing 4*（*sfr4*）突变体受损的抗冻能力。然而，在一些情况下单独积累糖分不足以抗冻；一些拟南芥的单基因突变体虽然在应答低温过程中可以正常积累糖分，但依然具有冰冻耐受方面的缺陷。

22.4.7 冰冻耐受涉及基因表达的变化

在大多情况下，冷驯化诱导的上述改变是由低温时基因表达的改变所调控的。自 20 世纪 80 年代中期首次在菠菜（*Spinacia oleracea*）中发现基因表达应答冷驯化而变化的现象以来，人们随后鉴定出了很多应答低温处理的基因。遗憾的是，其中很多基因的明确功能并未得到确定。

表 22.1 五类 LEA 蛋白

	假拟结构	代表蛋白	结构特征及共有基序	性质	可能的功能
第 1 组（D-19 家族*）		Em（早期甲硫氨酸标记蛋白，小麦）	大多数（70%）蛋白质为可能由短 α 螺旋构成的随机盘绕 富含带电氨基酸和甘氨酸	水合程度高于大多数球状多肽	结合水以使细胞中水含量的损耗最小化 其过量表达赋予酵母细胞缺水抗性
第 2 组（D-11 家族*）		DHN1（玉米） D-11（棉花）	结构多变 包括一个或多个保守的赖氨酸富集区，它们可能形成 α 螺旋保守序列为 EKKGIMDKIKELPG，在每个蛋白中重复的个数有所不同 可能包含一个聚合（丝氨酸）区（也可能不包含） 包括长度不定的富含赖氨酸和谷氨酸或甘氨酸和苏氨酸的区域	大多数成员定位到胞质和核上，但也有成员与质膜相连	在水分含量不足时可能稳定大分子
第 3 组（D-7 家族*）		HVA1（ABA 诱导的，大麦） D-7（棉花）	包括 11 个氨基酸长的重复基序，其保守序列是 TAQAAKEKAXE 据推测含有两亲性 α 螺旋 据推测可以形成二聚体	D-7 在棉花胚胎中很丰富（$0.25mmol \cdot L^{-1}$）预测的 D-7 二聚体可以结合多至 10 个无机磷酸及其平衡离子	HVA1 可以促使转基因植物产生胁迫耐受性
第 4 组（D-95 家族*）		D-95（大豆）	亲水基团不显著，有微弱的疏水性 N 端区域包含一个可能的两亲性 α 螺旋	番茄中编码其类似蛋白的基因会在应对线虫摄食时表达	
第 5 组（D-113 家族*）		LE25（番茄） D-113（棉花）	保守的 N 端序列有同源性，据推测可形成 α 螺旋 C 端结构域据推测为长度和序列都不定的随机盘绕 富含丙氨酸、甘氨酸和苏氨酸	D-13 在棉花种子中含量丰富（最高至 $0.3mmol \cdot L^{-1}$）	可能与膜或蛋白质结合以保持结构完整性 可以隔离离子以保护胞质代谢 LE25 使酵母耐盐耐寒

＊蛋白家族由棉花的种子蛋白命名。

一些受低温诱导的基因也受到缺水和 ABA 的诱导（见 22.3 节）。煮沸后表现为亲水和可溶的基因产物，例如，2 类和 3 类 LEA 蛋白（表 22.1），以及其他一些特殊基因的产物会在冷驯化过程中积累。其中一个特殊基因的产物是 COR15a，这是一个作用于叶绿体的、核编码的小型亲水蛋白。当进入叶绿体后，这个蛋白质会加工形成一个 9.4kDa 的成熟蛋白 COR15am。组成型表达 *COR15a* 基因的、未经冷驯化的转基因拟南芥植株表现出更强的耐冻性。人们认为 COR15am 可以改变叶绿体被膜的自然弯曲并通过直接结合其他 COR 15am 蛋白来保护叶绿体蛋白。

正如 22.3 节所述，很多受冷调控的基因的启动子区具有 DRE 或 CRT 顺式作用 DNA 元件，可以与 CBF/DREB1 转录激活因子结合（见图 22.12）。三个 CBF/DREB1 基因（CBF1/DREB1b、CBF2/DREB1c 和 CBF3/DREB1a）中的每个基因都包含一段序列，可以编码长 60 个氨基酸、与 DNA 结合的 AP2/ERF 结构域。这三种基因串联排列在拟南芥 4 号染色体上，暴露在低温后迅速（15min 内）受诱导表达并在 2h 后达到最大值。在拟南芥中，组成型或胁迫诱导表达 CBF/DREB1（分别采用广泛表达的 CaMV 35S 启动子或干旱和冷诱导的 RD29A 启动子驱动）可以提高非驯化植物中 COR 和其他包含 DRE/CRT 的靶基因的表达量，进而提高了植物的耐冻性。

过表达转录激活因子 *CBF/DREB1* 比单独过表达 *COR15a* 更能增强植物的耐冻性。另外，*CBF/DREB1* 基因在植物中是非常保守的，而在某些植物中这些基因的数量和表达的强度与冰冻耐受的程度相关。综上所述，这些结果阐明了这些受冷调控基因在建立低温耐受的过程中的作用，并促进了通过过表达转录因子来保护作物不受冰冻损害的研究。

对过表达 *CBF/DREB1* 的植物进行基因芯片分析，人们发现了 CBF/DREB1 的靶基因。CBF/DREB1 直接结合的靶基因大概有 40 个，而人们认为 CBF/DREB1 的调节子基因大概有 100 个。CBF/DREB1 调节子基因编码两类蛋白质：具有胁迫耐受功能的蛋白质和参与调节其他基因表达的蛋白质。COR 蛋白，以及一些参与脯氨酸代谢的酶（Δ^1- 吡咯啉 -5- 羧酸合成酶）和棉子糖合成的酶（肌醇半乳糖苷合成酶，GolS）都属于 CBF/DREB1 调控蛋白，并参与了抗冻性的增强。CBF/DREB1 调节子中（如转录因子等）具有调节功能蛋白的出现，说明了在 CBF/DREB1 调节子中还有着亚调控蛋白。事实上，基因芯片实验和随后的生物信息学分析揭示了大约 20% 的 CBF/DREB1 调节子基因在其启动子区不具有核心的 DRE/CRT 序列（CCGAC）。因此在 CBF/DREB1 调节子之中必有复杂的、精细的基因调控网络控制着冷驯化时耐冻性的形成。

昼夜节律系统调节着 *CBF/DREB1* 以及某些 CBF/DREB1 调控蛋白基因的表达。在一天中不同的时间点把植物转移到低温条件下会导致不同的 CBF/DREB1 转录本的积累。冷诱导的 CBF/DREB1 转录本积累在黎明 4h 后达到最高，而在黎明 16h 后最低。相应的，CBF/DREB1 目的基因的表达在一些情况下也有着昼夜节律的震荡。这是非常有意思的，因为耐冻性在一天之内也表现出节律的差异。然而植物耐冻性的昼夜节律背后的详细机制还有待研究。

IDUCER OF CBF EXPRESSION（*ICE1*）基因可以调节 *CBF3/DREB1A* 的表达。*ICE1* 编码一个 MYB 类似的碱性螺旋 - 环 - 螺旋（bHLH）转录因子并且组成型表达，这说明了冷诱导的翻译后修饰对诱导 *CBF3/DREB1A* 表达的 ICE1 的激活是必需的。过表达 *ICE1* 可以增强 *CBF/DREB1* 调节子基因的表达，并能提高植物在冷驯化后的耐冻性（见图 22.12）。因此，ICE1 作为上游调节蛋白来控制 *CBF3/DREB1A* 的转录。ICE1 同样也具有调节叶片表皮细胞发育中气孔数目的作用。然而，ICE1 并不参与冷胁迫对其他 *CBF/DREB1* 基因的诱导表达。目前认为，钙参与到对 *CBF2/DREB1C* 表达的调控是由钙调蛋白结合转录因子（CAMTA）介导的（见图 22.12）。

在植物中，CBF/DREB1 冷应答途径很有可能在冷驯化过程中起到重要作用，但在应答低温过程中，其他途径肯定也参与激活冷诱导反应的过程。*eskimo1* 突变体具有组成型的耐冻性，但其 *CBF/DREB1* 基因并非是组成型地表达。相似的，冷驯化后耐冻性依然没有增强的 *sfr4* 突变体在低温条件下 *CBF/DREB1* 的基因表达并无差异。

ZAT12 冷应答途径也参与到冷驯化过程中。过表达编码锌指转录抑制蛋白 ZAT12 的基因可以改变植物基因的表达谱并增强其耐冻性。ZAT12 冷应答途径似乎与 CBF/DREB1 冷应答途径有相互作用：这两条途径中一些目的基因相同，而且一些 *CBF/DREB1* 途径的基因在 ZAT12 过表达的情况下发生了下调，这说明冰冻胁迫相关的基因有着复杂的调控系统。

22.5 水涝和缺氧

水涝（水浸渍土壤至完全淹没）也可以导致植物中一系列不同的胁迫反应。排水良好、土质疏松的土壤中氧气浓度与大气中的浓度相当（20.6% 的氧气，20.6kPa），而水中氧气的扩散率比却空气中低了 4 个数量级。当水涝发生时，土壤气体为水分所代替，因此土中氧气进入减少导致了根系和其他器官难以进行呼吸作用。

和大多数真核生物一样，植物是专性需氧的，并通过己糖线粒体呼吸产生 ATP 获得所需的大部分能量。在正常有氧环境下，植物通过糖酵解、三羧酸循环和氧化磷酸化作用氧化 1mol 的己糖产生 30 ～ 36mol 的 ATP（见第 13 和 14 章）。然而在缺氧条件下，植物主要依赖糖酵解来产生 ATP，这样从 1mol 的己糖中只能获得 2 ～ 4mol 的 ATP。三羧酸循环的非循环模式下每代谢一个丙酮酸可以提高 1mol ATP 的产生（见 22.5.2 节）。随着线粒体中 ATP 的产生受到抑制，胞内的 ATP/ADP 的比值也会降低。讽刺的是，与水涝相关的缺氧却会阻碍植物从土壤中获取足够的水分，这是因为根细胞水孔蛋白起着门控作用；而水涝带来的缺氧降低了根细胞对水的渗透性，并限制了水分向地上组织的运输。

很多因素（包括土壤孔隙度、水分含量、温度、根系密度、竞争性藻类及需氧微生物的存在）都会

表 22.2　氧气丧失对呼吸代谢的影响

氧气状态	对代谢的影响
含氧量正常（有氧）	有氧呼吸正常进行，几乎所有 ATP 都产生于氧化磷酸化
低氧	部分 O_2 分压限制了通过氧化磷酸化产生 ATP。较之正常有氧条件，糖酵解提供了更高比例的 ATP。为顺应低氧环境，代谢和发育发生变化
无氧（厌氧）	ATP 仅由糖酵解和三羧酸循环的非循环模式提供。细胞表现为 ATP 含量低、蛋白质合成减少、分裂和伸长受损。如果无氧条件持续，很多植物细胞将会死亡

表 22.3　根据缺氧敏感性对植物的归类

湿地植物	耐涝植物	水涝敏感植物
甜菖蒲（*Acorus calamus*）	拟南芥（*Arabidopsis thaliana*）	大豆（*Glycine max*）
稗草（*Echinochloa crus-galli*）	谷仓草（*Echinochloa crus-pavonis*）	番茄（*Lycopersicon esculentum*）
谷仓草（*Echinochloa phyllopogon*）	酸模（*Rumex acetosa*）	豌豆（*Pisum sativum*）
珊瑚树（*Erythina caffra*）	马铃薯（*Solanum tuberosum*）	
帕鲁斯特酸模（*Rumex palustris*）	玉米（*Zea mays*）	
水稻（*Oryza sativa*）	小麦（*Triticum aestivum*）	
普通芦苇（*Phragmites australis*）	燕麦（*Hordeum vulgare*）	

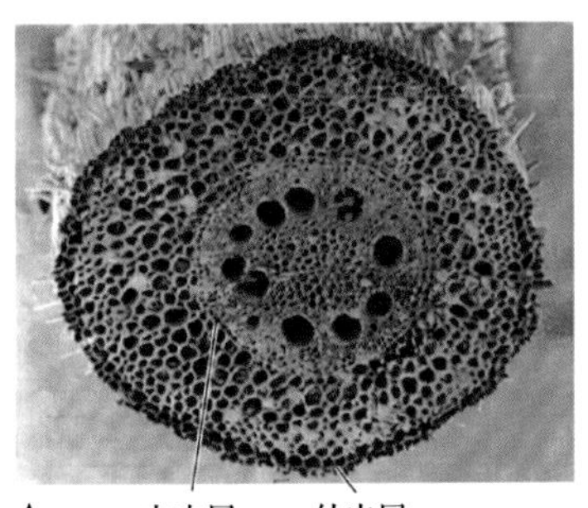
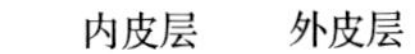

图 22.21　缺氧后玉米（*Zea mays* L.）根皮层通气组织的发育。需氧条件（A）或 72h 低氧处理（B）中玉米根部横切面的显微照片展示了在低氧条件下根部皮层通气组织的形成。由死亡中央皮层细胞产生的管道构成了柱状的气体传送区室，而下皮和内皮层保持完整。来源：He et al.（1996）. Plant Physiol. 112: 463-472

图 22.22 水涝后幼龄岑树（*Fraxinus pennsylvanica* Mar-shall）茎上的不定根和突出（过度生长的）皮孔。黑色箭头所指表示水涝时的水深。来源：Kozolwski（1984）Physiological Ecology. Academic Press, New York

图 22.24 沼生酸模叶柄应答水浸而伸长。来源：照片由 RensVoesenek 提供

图 22.23 从埋在海滩淤泥中的红树（光泽海榄雌 *Avicennia nitida*）根上发育的呼吸根。来源：Bowes（1996）. A Colour Atlas of Plant Structures. Manson Pulishers

影响根细胞中的氧供应。根部组织的氧浓度也取决于根系深度、根系厚度、胞间气体空隙的体积和细胞代谢活性。在其他器官和组织内（包括分生组织、块茎和发育的种子）也存在氧梯度。

植物或细胞氧的状态可以分为**含氧量正常**（**normoxic**）、低氧（hypoxic）或**无氧**（**anoxic**）（表 22.2）。为了在短期的水涝下存活，植物必须产生足够的 ATP，再生 $NADP^+$ 和 NAD^+，同时避免毒性代谢产物的积累。一段时期的缺氧可能会引起促进顺应低氧或无氧条件的发育的应答。

22.5.1 植物耐涝的能力有所不同

依据对一段时间内土壤水涝和水浸的耐受能力，植物可以大致可分为湿地型、耐涝型或水涝敏感型（表 22.3）。

湿地型植物在解剖上、形态上和生理上的一

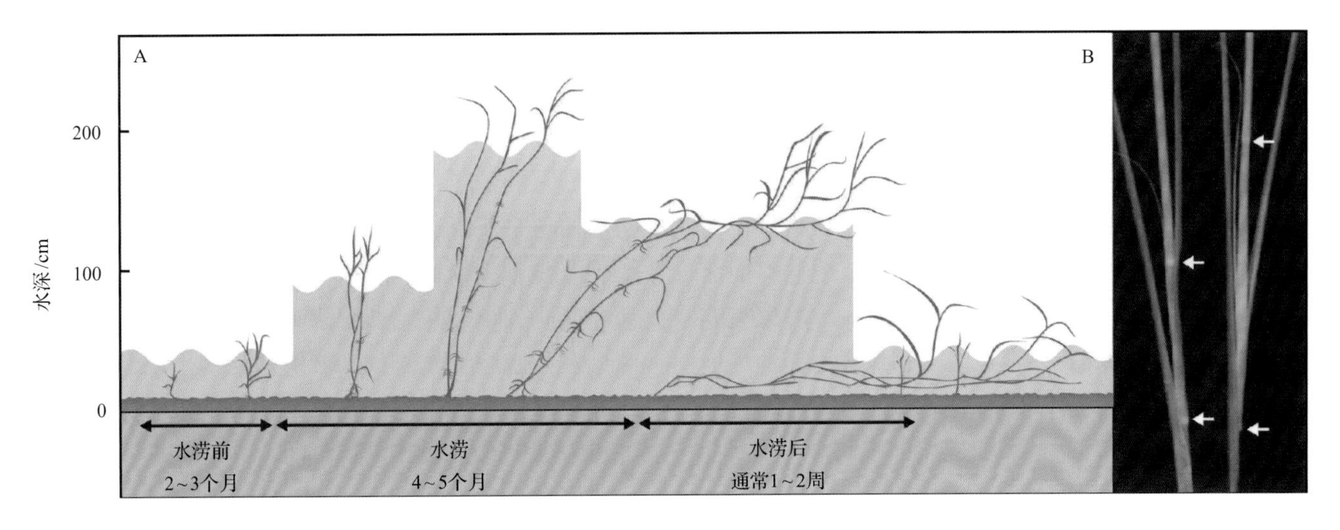

图 22.25 深水水稻（*Oryza sativa* L. var. Indica）幼苗对水涝的生长应答。A. 幼苗在每年的水涝前即长出。淹没促进了节间快速伸长及不定根的发育。一旦洪水退去，不定根即长入土壤，而植物的地上部分则向上生长。B. 有氧（左）和水浸（右）条件下植物的节间伸长的比较。箭头表示节的位置。来源：B. Kende et al.（1998）. Plant Physiol. 118: 1105-110

些特征使其能在水涝的土壤中和部分水浸的条件下生存。在湿地环境下生长促使植物根下皮层增厚，从而减少 O_2 向无氧土壤的流失。为了促进 O_2 由地上组织向水浸的根系中转运并进而维持有氧代谢及生长，植物发育出了特殊的结构——**通气组织**（**aerenchyma**，根皮层组织中形成的连续、柱状的胞内间隙，图 22.21，也见 22.5.4 节和第 20 章）、从下胚轴或茎长出的不定根（图 22.22）、**皮孔**（**lenticels**，周皮上用于气体交换的开孔，图 22.22）、浅根，以及**出水气生根**（**pneumatophores**，水生环境中反向地性生长的浅根，图 22.23）。其他适应性策略包括茎和叶柄伸出水面（图 22.24），以及加厚叶片来改善水下的光合作用。这种可以提高组织通气性的形态上和解剖上的特征可以是组成型的，也可以是受到水涝诱导的。

受水淹时，湿地植物改变根和气生组织的细胞代谢以增加存活的机会。被部分淹没的深水水稻（*Oryza sativa* L. var. Indica）可以促进不定根的形成、加速茎节间的伸长，从而确保茎和叶片可以保持在水生环境之上（图 22.25）。这种躲避策略与积极利用糖酵解、发酵和部分可用的三羧酸循环等途径消耗可用糖而产生 ATP 有关。

水稻种子是少数可以在无氧环境下萌发的种子，萌发的水稻幼苗对胚芽鞘向光和趋氧伸长的促进多于对根部生长的促进。在这一情况下，钙调磷酸酶 B 类似的互作蛋白激酶（calcineurin B-like protein kinase，CIPK）和蔗糖非发酵相关蛋白激酶 1A（sucrose nonfermenting 1 related protein kinase 1A，SnRK1A）感受到 ATP 或糖稳态的变化，从而促进淀粉分解酶的合成。另外，线粒体的形态也发生了改变（图 22.26），但线粒体内膜的电子传递链复合体和线粒体基质上参与三羧酸循环的酶仍得以

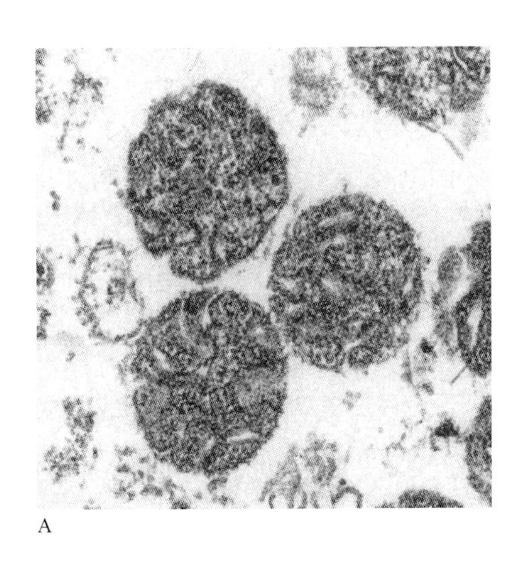

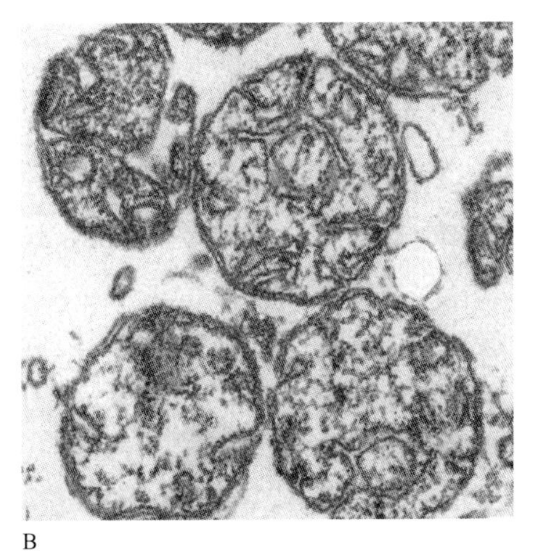

图 22.26 有氧条件下萌发的水稻（*Oryza sativa* L.）幼苗分别经历 48h 有氧（A）和无氧（B）处理后的线粒体的显微照片。无氧条件下幼苗中的线粒体的嵴发育良好，但基质密度较低。来源：Couèe et al.（1992）. Plant Physiol. 98: 411-421

维持。胚芽鞘迅速伸长是一种躲避机制，只要能在淀粉储存完全耗尽之前建立光合作用活性，那么这个机制就是有效的。

与之相反，其他湿地植物如生长于沼泽的单子叶植物菖蒲（*Acorus calamus*）等通过下调其代谢来应答水涝，这使得它们可以利用根茎中储存的淀粉保持一个近于静息的状态达数月之久。**静息策略（quiescence strategy）**，指在漫长和深度水涝的环境中通过限制代谢来换以存活的策略。这一策略在很多湿地植物和耐受水浸的水稻品系中都有。

耐涝植物只能暂时忍受水涝和无氧。正如湿地植物一样，这些植物在短期水涝中通过无氧代谢产生 ATP。在大多数情况下，根的延伸受到限制，蛋白质合成的总速率降低，且基因表达的模式显著改变。不同拟南芥生态型在耐受完全水浸的时间长短上有所差异。拟南芥植物可以忍受两周或以上的水浸，然而玉米的小幼苗只能忍受 3 ～ 5 天的水浸，当然，这也取决于其基因型和发育年龄。如果玉米幼苗在经历缺氧前就处于低氧，那么其在和水涝相关的低氧胁迫下的存活率则会提高。低氧促进形成具有皮层通气组织的不定根和节根，这是植物对含氧量低的土壤的适应（见图 22.22），也提高了植物从根向外运输乳酸的能力。

水涝敏感型植物在无氧时会产生损伤反应。和耐涝物种一样，水涝敏感型植物进行无氧呼吸；然而因为细胞质酸化，这些植物很快死于水涝。当氧气缺乏时，水涝敏感型植物的蛋白质合成减少、线粒体降解，细胞分裂和伸长受到抑制，离子运输陷入混乱，根分生组织的细胞也会死亡。一般来说，这些植物不能发育出根部通气组织，并在无氧条件下存活不超过 24h。

22.5.2 在对无氧条件的短期适应中，植物通过糖分解、糖酵解和发酵来产生 ATP

水涝可以激发糖酵解通量的增加，这称为**巴斯德效应（Pasteur effect）**，即在遭受水涝的器官中，韧皮部的蔗糖或葡萄糖直接定向进入糖酵解。然而在一些情况下，水涝可以限制叶片中光合作用产物的转移；一些物种遭受水涝的器官会水解储存的淀粉（见第 13 章）来获取额外的糖分。

糖储备的可利用性和可调动性对于缺氧器官非常重要。在氧气受到限制的条件下，淀粉在耐涝植物菖蒲（*Acorus calamus*）的块茎中和水稻植株萌发的种子及叶片中，在淀粉酶的作用下缓慢水解；然而在低氧和缺氧条件下，很多植物必须依赖水解可溶糖储备来获得能量。蔗糖的分解通常伴随着 UPS-蔗糖合成酶（SUS）的积累（图 22.27）。利用 SUS 而非其他 ATP 依赖的转化酶可以减少产生葡萄糖 -6-磷酸和果糖 -6- 磷酸中 ATP 的消耗。水稻和其他物种在氧缺乏情况下利用焦磷酸依赖的磷酸果糖激酶（PFP）进一步最大化糖酵解的 ATP 产出。

糖酵解的产能步骤将 NAD^+ 还原为 $NADH^+$ 并产生少量的 ATP（见第 13 章）。为了在缺乏线粒体呼吸作用的情况下保证糖酵解的顺利进行，必须要重新产生糖酵解的底物 NAD^+。在缺氧的植物组织中，糖酵解的主要终产物是乳酸和乙醇（图 22.27）；也会产生丙氨酸、琥珀酸和 γ- 氨基丁酸（GABA）。丙氨酸和琥珀酸是三羧酸循环非循环模式的主要产物，该过程每代谢 1mol 丙酮酸可以多产生 1mol ATP。这个过程消耗 1mol 谷氨酸和丙酮酸并产生 1mol 丙氨酸和 2- 酮戊二酸。通过琥珀酰 CoA 到琥珀酸盐的反应，2- 酮戊二酸可以用于产生底物水平的 ATP。或者，2- 酮戊二酸也可以分流形成 GABA。草酰乙酸还原产生苹果酸进而产生延胡索酸的过程可以产生维持琥珀酰 CoA 连接酶所必需的 NAD^+。这一丙酮酸消耗的替代途径可以产生额外的 ATP。这些特殊终产物的相对丰度根据植物物种、基因型、器官、缺氧持续时间及严重性而不同。

生成乳酸和生成乙醇的发酵都产生 NAD^+，但乳酸会降低胞质的 pH，而乙醇则不会。根据戴维斯 - 罗伯茨（Davies-Roberts）乳酸脱氢酶（LDH）/丙酮酸脱羧酶（PDC）pH 稳定假说，厌氧代谢受 pH 敏感酶类活性的调节。按照这一模型，最适于碱性 pH 的酶 LDH 可以将糖酵解最初产生的丙酮酸转化为乳酸，而产生的乳酸可以再次氧化 NADH 并同时降低胞质 pH。随着胞质的酸化，LDH 逐渐受到抑制，而另一个酶 PDC 得到活化。酶 PDC 最适的 pH 要低于正常的胞质 pH，因此，乳酸的积累最终激发了丙酮酸向乙醛的转化。随后，乙醇脱氢酶（ADH）将乙醛还原为乙醇，同时又将 NADH 氧化为 NAD^+。

与乳酸不同，乙醇在细胞内 pH 下是中性分子，

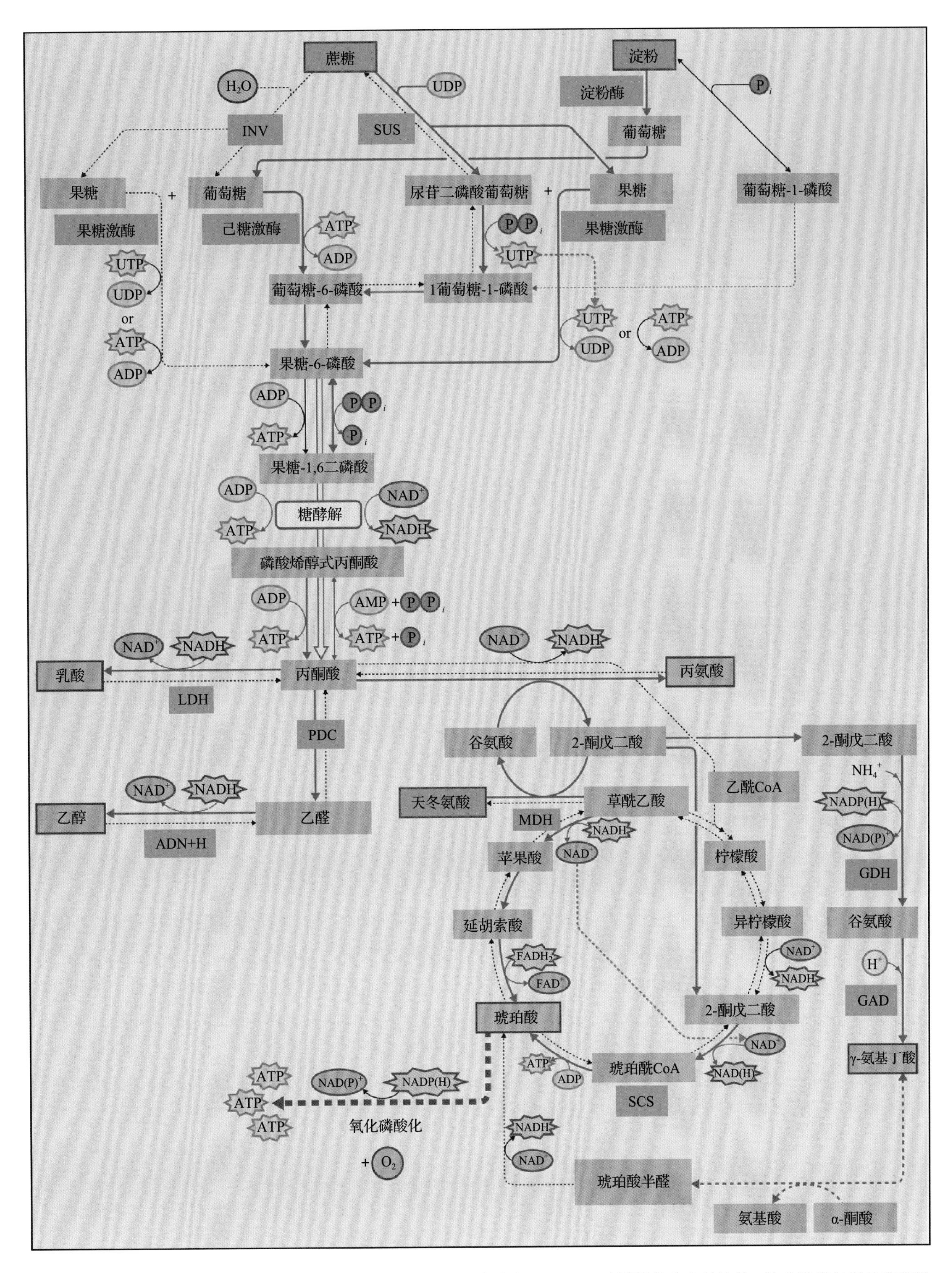

图 22.27 O_2 缺乏下的代谢驯化。植物的蔗糖分解代谢、ATP 产生和 NAD（P）$^+$ 降解均有多条途径。这些途径包括乙醇和乳酸的产生，以及被修改的非循环模式的三羧酸循环，这种三羧酸循环分别是由丙氨酸、2- 酮戊二酸及 γ- 氨基丁酸（GABA）分流的。蓝色箭头表示在无氧胁迫下得到促进的反应，灰色虚线表示在胁迫中受到抑制的反应。棕色方框中的代谢产物是缺氧胁迫中的主要和次要终产物。橙色方框表示缺氧条件下减少的代谢产物。ADH，乙醇脱氢酶；GAD，谷氨酸脱羧酶；GDH，谷氨酸脱氢酶；INV，转化酶；LDH，乳酸脱氢酶；MDH，苹果酸脱氢酶；PDC，丙酮酸脱羧化酶；SCS，琥珀酰 CoA 合成酶；SUS，蔗糖合酶

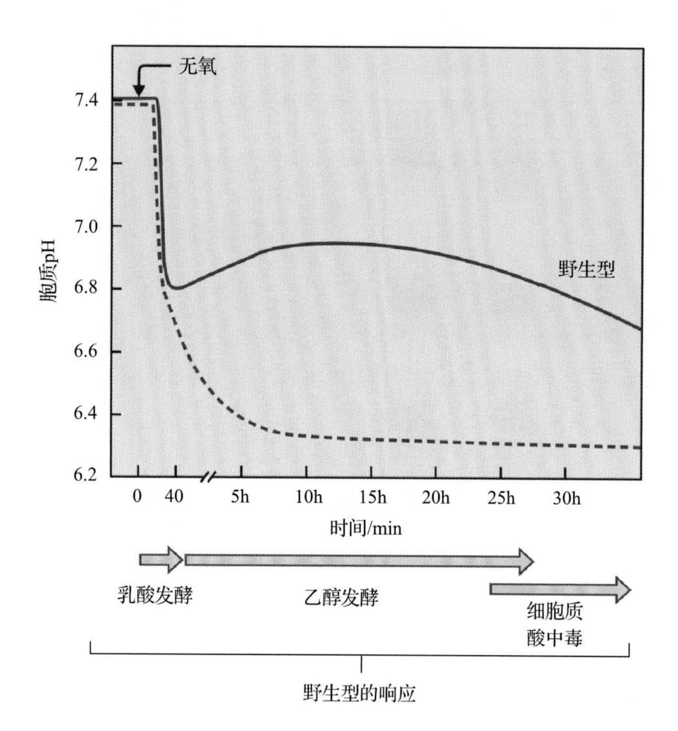

图 22.28 野生型玉米(实线)和ADH1缺陷的突变体玉米(虚线)的根尖对无氧的反应。野生型根尖中，胞质 pH 快速降低，随后又有部分回升；然而野生型的根细胞最终仍死于胞质酸中毒。ADH1 缺陷的幼苗根尖中，很快发生胞质酸中毒，细胞死亡

并可以跨质膜扩散。因此，转为生成乙醇可以使胞质 pH 稳定在一个微酸的值上。胞质中的 pH 也通过三羧酸循环的非循环模式得以维持，这一过程伴随着从丙酮酸产生两性离子丙氨酸。在一些植物中，两性离子 GABA 由丙酮酸合成。通过再氧化，丙氨酸和 GABA 都可以迅速地重新进入三羧酸循环，从而把碳的净损失降到最低（图 22.27）。

一种不同的假说认为是丙酮酸的浓度而非胞质 pH 调控着乙醇的发酵，即 PDC/ 丙酮酸脱氢酶（PDH）稳定假说。胞质中 PDC 的 K_m 在 0.25 ～ 1.0mmol·L^{-1} 丙酮酸的范围内变化，而线粒体 PDH 的 K_m 却在 50 ～ 75μmol·L^{-1} 的范围内改变。这也是该假说建立的实验现象基础。因为丙酮酸的胞内浓度通常低于 0.4mmol·L^{-1}，因此丙酮酸在低氧或无氧条件下的增加会激发 PDC 的活性。有一些观察支持这一模型。首先，乙醇的生成可受有氧条件激发，而这种有氧条件却抑制线粒体 PDH 的活性。其次，在某些物种中，乳酸的生成并不伴随着乙醇发酵。最后，PDC 活性是正常值两倍的转基因烟草，其根部在无氧条件下可以比野生型产生更多的乙醇。

LDH/PDC pH 稳定假说和 PDC/PDH 稳定假说并不矛盾；向乙醇发酵转变的调控也可能随植物物种、器官和低氧逆境的条件不同而改变。

应答水涝时，植物中 PDC 和 ADH 的细胞水平通常增高。相对于同基因的野生型基因型，缺乏 ADH 的玉米或其他植物突变体对水涝更敏感。在玉米中，相比于野生型，严重缺乏 ADH1 的基因型在应答缺氧时表现出乙醛的积累和更快且持续的胞质 pH 降低（图 22.28）。然而，利用基因工程过量产生 PDC 和 ADH 的植物和如豌豆（*Pisum sativum*）这种水涝敏感的物种，具有迅速而明显地上调的 ADH 活性，但它们却仍然死于水涝，这是因为耗尽了糖储备而最终引起胞质酸中毒。

自然界中，低氧状态通常先于无氧发生于受水涝植物的根部。如果将玉米或水稻幼苗先置于低氧条件（3kPa O_2），再移至无氧环境（0kPa O_2），它们的存活率会显著增加，且继续使细胞伸长的能力也有很大提高。这种低氧预处理可通过增加糖酵解通量和 ATP 生成来促进植物的驯化。这种驯化的另一个重要特征是植物形成了将胞质中乳酸输送至周围环境的能力（图 22.29），这进一步显示了避免胞质酸中毒是在低氧条件下存活的一个主要因素。

22.5.3 从有氧代谢到糖酵解发酵的转变涉及基因表达的改变

一般来说，无氧会引起基因表达模式发生迅速而显著的改变，其中包括总蛋白合成的显著下降。低氧条件下蛋白质合成也会减少和改变，但程度较低。在无氧和低氧组织中观察到的蛋白质合成模式的调整是基因表达转录水平和转录后水平调控的结果。虽然在响应氧气缺乏时大多数基因的表达受到抑制，但一系列重要基因的表达却发生上调。这些基因包括转录因子、代谢酶和一些功能未知的蛋白质。在缺氧和无氧的器官内大量合成的一系列蛋白质中，大多数都是与蔗糖及淀粉降解、糖酵解、乙醇发酵和丙氨酸产生相关的酶类。

玉米和拟南芥 *ADH* 基因的启动子含有在低氧和无氧细胞中表达所必需的、具有功能的顺式作用元件。这些元件包括 G 盒型基序和**无氧响应元件（anaerobic response element，ARE）**，在单、双

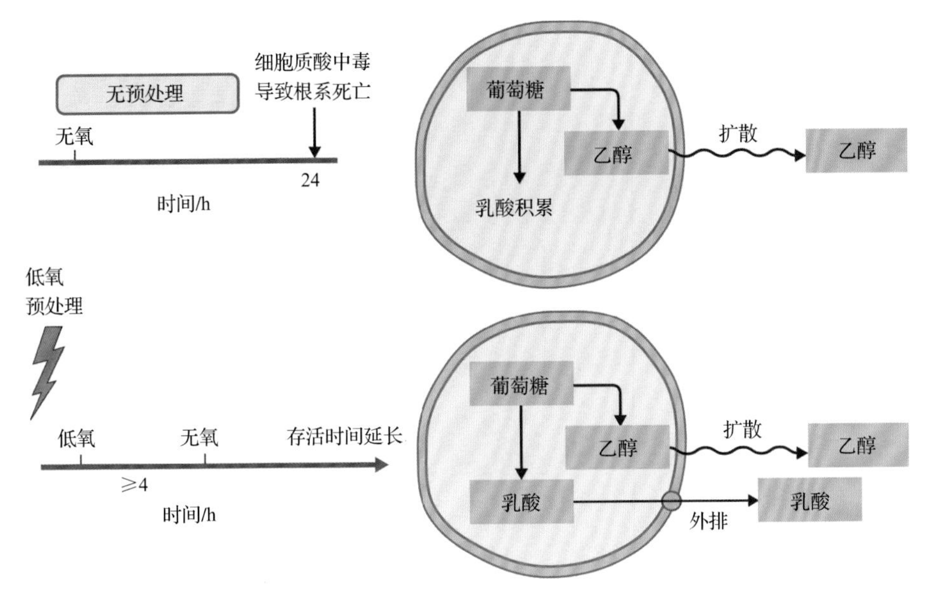

图 22.29 低氧预处理的影响和对无氧生存的适应：细胞通过排出乳酸以避免胞质酸中毒。水涝通常先导致低氧，然后才是无氧。乳酸及乙醇发酵在低氧或无氧细胞中都会增加。将玉米幼苗先在低氧条件下暴露若干小时后再转入无氧环境，其根部排出乳酸的能力就会提高，且植株存活的时间更长

子叶植物中，很多转录受低氧诱导的基因的启动子区域都具有无氧响应元件。和拟南芥 *ADH1* 相互作用的转录因子已经得到了鉴定。对 *ADH* 的启动子进行硫酸二甲酯印记实验和 DNA 酶（DNase）I 超敏分析，发现其转录活性与组成型和动态修饰的 DNA- 蛋白质相互作用有关。水浸水稻幼苗导致 *ADH1* 5′ 和 3′ 端的组蛋白 H3 赖氨酸甲基化（H3K4），这与降低染色质的压缩和转录活性相关。综上所述，这些观察指出 *ADH* 基因染色质更高级的结构受氧气多少的影响。拟南芥中 *ADH1* 的转录也受到施加 ABA、缺水和冷胁迫的诱导。

基因表达的变化不只受到转录调控。在玉米和拟南芥中，许多基因的胞质转录本在正常和缺氧条件下的积累量几乎相同，但在缺氧条件下却很少翻译。至少在玉米中，这些 mRNA 是组成型转录的。包括 *ADH1* 在内的大部分胁迫诱导的 mRNA 能在无氧 / 缺氧细胞中得到高效的翻译。在玉米中，*ADH1* 的 mRNA 在低氧条件下的翻译取决于其是否在 5′ 区和 3′ 非翻译区有特定的序列。很多正常胞内蛋白合成的减少，反映了它们的 mRNA 无法在胁迫过程中维持翻译起始。这些转录本的翻译受到了限制并储存于 mRNA 核糖核蛋白，又称**胁迫颗粒（stress granules）**中，进而得以保护而不发生降解（图 22.30），在氧气充足的时候它们又会迅速进入多聚核糖体，说明这是一种保存细胞能量的方法。mRNA 结合蛋白，以及包括翻译因子和核糖体蛋白磷酸化在内的翻译机制的改变，可能是缺氧细胞中胞内 mRNA 受到差别翻译的原因。

22.5.4 植物激素乙烯促进湿地和耐涝物种长期的驯化应答

水涝或水浸可以刺激气体植物激素乙烯的产生并限制其向外扩散，而乙烯是引起植物对水浸和低氧水平（小于 12.5 ～ 3kPa）适应性应答的关键。在玉米根尖中，1- 氨基环丙烷 -1- 羧酸（ACC）合酶、ACC 氧化酶及乙烯合成途径中的酶类水平会响应低氧而升高。在低氧的根中，乙烯促进根皮层中央部位通气组织的形成；无氧的根中通气组织的发育比低氧时更少，这是因为 O_2 是乙烯合成所必需的（图 22.31A，也见第 17 章）。

通气组织（见图 22.21）为根和地上器官之间的气体扩散提供了导管，它可由细胞的死亡及溶解（**溶生，lysigeny**）、细胞不经内陷而分离（**裂生，schizogeny**）或溶生及裂生的联合作用（**裂溶生，schizolysigeny**）形成。水稻和玉米的通气组织是溶生的，且最有可能源于细胞程序性死亡（见第 20 章）。在很多湿地物种中，通气组织的形成是幼年植株的正常发育过程，它开始于水涝前，并在响应水涝中又得到进一步的促进。

具有通气组织的植物，可以在处于极低供氧环境下受水浸的根部细胞中维持 ATP 的大量合成。在水稻等类似的植物中，通气组织的形成削弱了低氧的严重性并有利于受水淹的根部的生长。非湿地植物中，当水涝抑制了现有根的生长或致其死亡时，新生根就在主根的靠上部分、下胚轴上，或者从空气 - 水 / 空气 - 土壤界面以上的节间处发育。这些不定根构成通气组织，帮助 O_2 从植物的地上部分向缺氧的根部组织运输。新生根的形成也是一个受乙

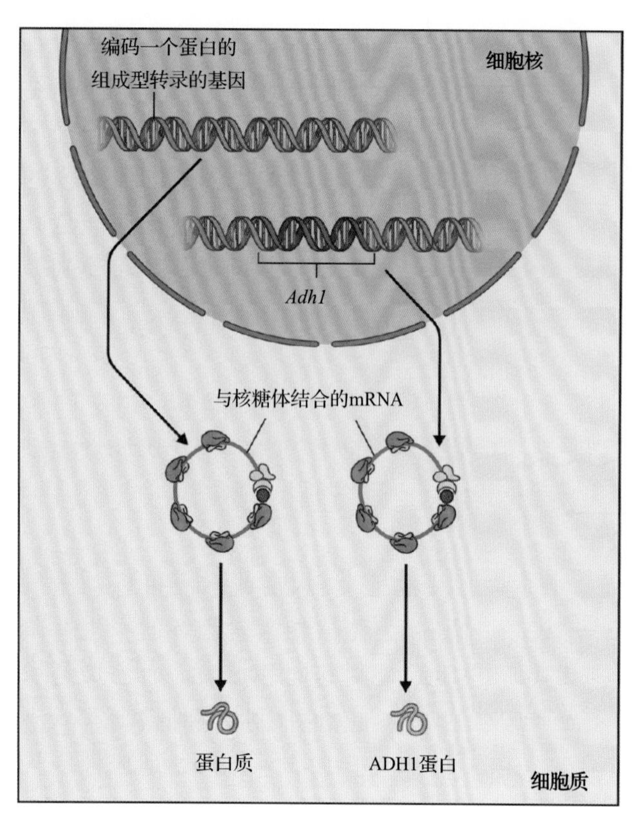

氧含量正常的细胞

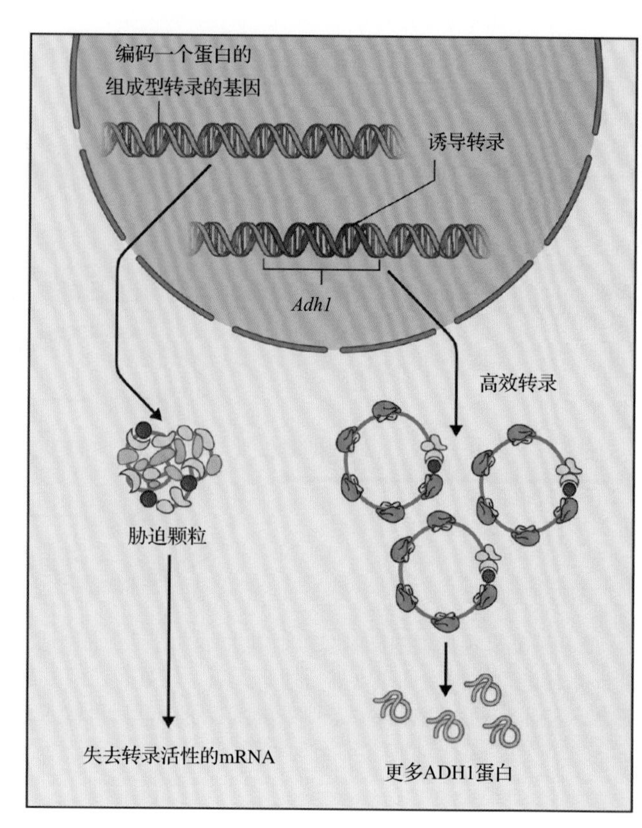

无氧或低氧的细胞

图 22.30 转录水平和转录后水平的机制控制缺氧和无氧条件下植物细胞中基因的表达。在玉米中，核连缀转录分析实验表明，尽管编码一些持家蛋白的基因是组成型表达的，它们的转录水平在缺氧和无氧条件下却很低。这些 mRNA 在氧气缺乏的条件下结合核糖体的效率降低。编码对无氧代谢很重要的酶的 mRNA（如 *Adh1*）在胁迫条件下可以应答转录诱导，进而增加转录并高效翻译。在拟南芥中，缺氧或无氧条件对 mRNA 翻译的抑制具有选择性，大约只有 6% 的胞内 mRNA 能高效翻译。那些在胁迫中翻译较弱的 mRNA 会滞留在翻译不活跃的信使核糖核蛋白复合体中，形成类似于胁迫颗粒的物质。在氧含量恢复后，这些 mRNA 又迅速被招募到活跃的翻译复合体上（即多聚核糖体）。通过这种方式，细胞在受胁迫时投入到合成蛋白上的能量会受到限制；但是，一旦有氧呼吸重新开始，蛋白质合成又会迅速地恢复

烯调控的过程。

人们通过将需氧根暴露于乙烯合成抑制剂、乙烯作用拮抗剂和外源施加的乙烯中，确定了乙烯在通气组织发育中的作用。乙烯诱导的 Ca^{2+} 调控信号也参与了通气组织的发育。在低氧的根中，至少有两个细胞壁降解酶（纤维素酶和葡聚糖酶）出现或大量合成。这两个酶也在通气组织的形成中起作用（图 22.31B）。

乙烯还与深水水稻品种的水涝应答有关。这种水稻可以在深达 4m 的水中生长（见图 22.25）。水淹的植物幼苗会增加乙烯的截留和生成，随后就会出现 ABA 浓度的降低和对赤霉素（GA）响应的增强（见第 17 章）。接下来，居间分生组织中细胞分裂增加，而茎节间的细胞伸长也有增加。在湿地物种沼生酸模（*Rumex palustrus*）中，叶柄中被截留的乙烯抑制了 ABA 合成酶——9- 顺式 - 环氧类胡萝卜素双加氧酶（NCED）并促进了 ABA 向红花菜豆酸的分解代谢（见图 22.10），同时增强了受 GA 激活的细胞伸长生长。细胞在叶柄近轴向的更显著的伸长可以使得植物的叶片在较浅的水涝中变得更直立，并伸出空气 - 水交界面。快速伸长生长能让水稻和沼生酸模脱离水浸（见图 22.24），与木葡聚糖内转糖基酶 / 水解酶（XTH）、伸展蛋白（expansins）、非酶类的细胞壁松弛蛋白等物质的增多有关。因此，水涝应答中乙烯的积累有助于躲避机制，而躲避机制可以确保更好地产生光合作用产物和摄取维持生长所必需的 O_2。

两个主要的数量性状基因位点（quantitative trait loci, QTL）参与水稻的水涝应答，它们编码乙烯应答因子（AP2/ERF）家族的多个基因，这个家族在水浸条件下调控 GA 调节的伸长生长。引人注意的是，这些基因调控了相反的应答（图 22.32）。

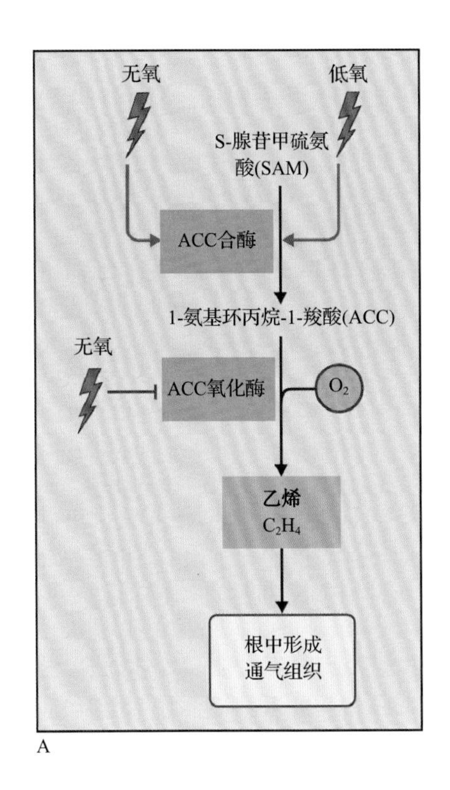

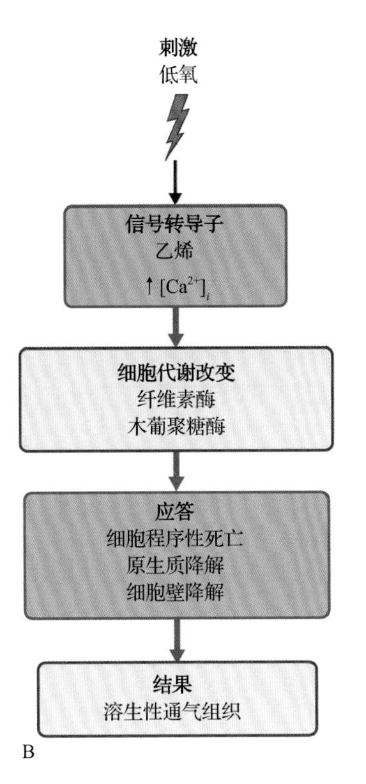

图 22.31 低氧能刺激形成通气组织，而无氧不能。A. 乙烯的产生致使根部皮层出现溶生通气组织，而 SAM 和 ACC 转化为乙烯需要 O_2。B. 在玉米的溶生通气组织形成过程中，低 O_2 信号的转导导致了程序性细胞死亡（见第 20 章）。能在有氧条件下增加胞质 Ca^{2+} 浓度的化学试剂会促进通气组织的形成，但在无氧时阻止 Ca^{2+} 流动的化合物则会抑制通气组织的形成

SUB1（*SUBMERGENCE1*）基因位点位于水稻 9 号染色体，通过限制生长来调控长期水浸时的耐受能力，这一基因位点至少编码两个 AP2/ERF 同源基因，即 *SUB1B* 和 *SUB1C*。在可耐受 14 天或更长时间完全水浸的水稻品种中，这个基因位点还包含了第三个同源的 AP2/ERF 转录因子基因——*SUB1A*。在水浸时，乙烯诱导 SUB1A 的表达，进而限制了乙烯的合成、对淀粉和可溶糖的消耗，以及对 GA 的应答，尽管 ABA 的含量也有所减少。有人证明 *SUB1A* 通过维持 GRAS 转录因子家族来抑制受 GA 调节的基因的表达，从而抑制伸长生长。这些受 GA 调控的基因包括水稻 DELLA 结构域蛋白 SLENDER RICE-1（SLR1）和缺乏一个 DELLA 结构域的同源蛋白 SLRL1（SLR-like 1）（见第 18 章）。综上所述，水浸诱导 *SUB1A* 的表达引起了能量的保存，进而限制了伸长生长并延长了分生组织的生存能力。

深水水稻具有三个可以对升高的 GA 产生应答从而促进植株在水下迅速伸长生长的 QTL。通过遗传鉴定，人们发现了位于 12 号染色体的 *SNORKEL* 基因位点。*SNORKEL* 基因位点编码了两个 AP2/ERF 基因——*SNORKEL1*（*SK1*）和 *SNORKEL2*（*SK2*），它们和 *SUB1* 属于同一个亚家族（图 22.32）。快速节间伸长响应是深水水稻的特点之一，在缺乏快速节间伸长响应的水稻品系中，*SK1/SK2* 基因丢失或不具有功能。在水浸时，两个 *SK* 受到乙烯调节并在节间受乙烯高度诱导。将这些基因转入非深水水稻中能显著增加它们在水下的节间伸长。

22.5.5 植物如何感知缺氧？

植物对水涝的响应既包括基因表达和代谢的瞬时改变，也包括长期的发育反应。低浓度的可利用 O_2 是直接还是间接地诱导了这些响应？

对 O_2 减少的响应中，酶或者其他特定途径采用的是直接的感应机制。而间接机制涉及 ATP 产生的减少、NADH 产生增多和无氧呼吸导致的细胞质 pH 的降低。当可利用 O_2 下降时，钙和 ROS（H_2O_2 和 NO）会出现时空上的变化。有证据指出 Ca^{2+} 在低氧信号转导中作为一个重要的第二信使，可以改变基因表达并促进通气组织的形成。氧气缺乏造成的任何一种或者所有这些结果都会参与到信号转导过程中。乙烯和 ABA 等植物激素也可能参与到低氧信号的转导中。

植物中氧气可利用度的内稳态感受器受到 N 端规则途径下一组转录因子的靶向转换的调控。N 端规则通过特定的 N 端残基来引起蛋白质的去稳定化，从而控制蛋白质降解。植物中共有 11 个 N 端不稳定残基，但只有半胱氨酸参与到氧的感应中。对于以甲硫氨酸 - 半胱氨酸起始的蛋白质，因为甲硫氨酸氨基肽酶会移除第一个残基，最后得到的是一个具有 N 端半胱氨酸的蛋白质。这个残基通过自发或酶促的氧化反应，很容易形成半胱氨酸 - 亚磺酸或半胱氨酸 - 磺酸，进而使 N 端变成了精氨酸 tRNA 转移酶的底物。精氨酸 tRNA 转移酶会为其增加一个 N 端精氨酸。这样，这个蛋白质的 N 端就成为 N- 降解决定子，N- 降解决定子可

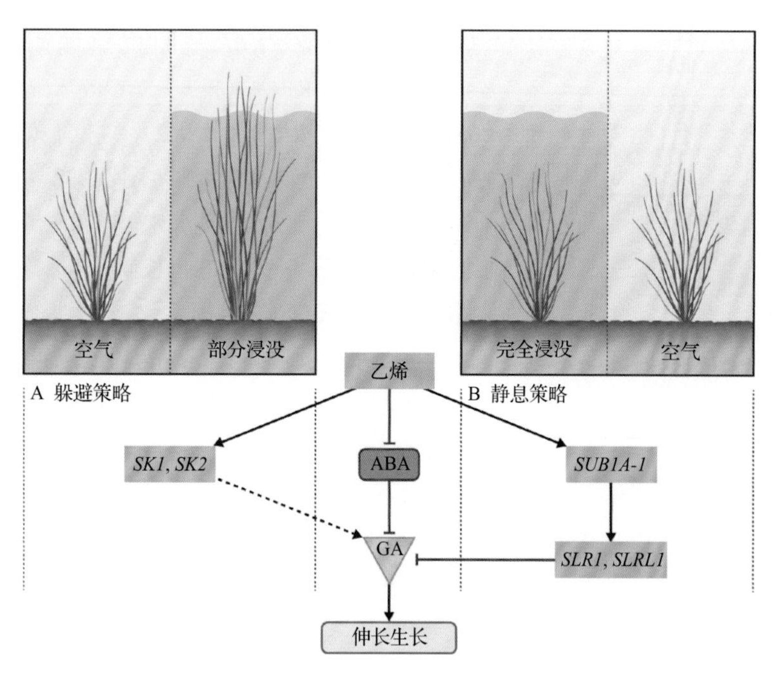

图 22.32 水稻对乙烯和水涝的响应。茎和叶的伸长受到 GA 的正调控。在正常生长条件下，ABA 会抑制 GA 活性。当植物浸没水中，由于乙烯的生物合成增加和周围水的滞留作用，细胞内乙烯含量增高。这也促进了 ABA 的分解，增加了对 GA 的细胞应答，进而又刺激了细胞的伸长。在深水水稻（*Oryza sativa* L. car. Indica）中，活性 GA 的积累实现了这一过程。A. 深水水稻响应缓慢渐进的水涝的躲避机制涉及茎的迅速伸长，这样才能维持叶片组织伸出水面。这一生长过程受到 GA 合成和作用的调节。数量性状基因位点（QTL）作图鉴定到位于 12 号染色体上两个紧密相连的乙烯应答因子（AP2/ERF）家族的转录因子，即 SNORKEL1 和 SNORKEL2（SK1 和 SK2），它们可以驱动深水躲避响应。乙烯在水下茎中的积累促进 *SK1* 和 *SK2* 的转录，引起节间伸长。这些基因在一些野生水稻品种里也存在，但在非深水驯化的水稻中丢失了或丧失了功能。B. 在水浸耐受品系的静息策略中，为保存糖分并增加在短期完全浸没条件下的存活率，茎的伸长会受到抑制。SUBMERGENCE-1A（SUB1A-1 等位基因）作用于生长抑制基因 SLENDER RICE-1（SLR1）和 SLR LIKE-1（SLRL1），受乙烯诱导，可抑制 GA 信号转导和细胞伸长。在水浸耐受的水稻品系中，水浸诱导的 SUB1A 以 2 ～ 3 个 ERF 转录因子簇的形式存在于水稻的 9 号染色体上

以被特定的 N- 识别 E3 连接酶所识别，导致特定的赖氨酸泛素化和 26S 蛋白酶体介导的降解。

在拟南芥中，5 个持续表达或受低氧诱导的 AP2/ERF 蛋白在缺氧条件下处于稳定状态，但在氧气充足情况下则会降解。这些蛋白质的第二位氨基酸半胱氨酸对于其 N 端规则转换是必需的。一般认为氧气、ROS 或 NO 对半胱氨酸的氧化可以起始这些蛋白质的 N 端规则转换过程，因此低氧条件稳定了某些可调控无氧代谢相关基因表达的 AP2/ERF。

信号转导过程相关的一些其他植物蛋白，包括单体的植物 RHO（ROP）G 蛋白、CIPK 和 SnRK1A 也可以控制低氧条件下植物的存活。植物血红蛋白类似蛋白也可能参与调控信号转导或无氧条件下的 ATP 产生。尽管缺乏明确的关于控制低氧感受和响应的机制，对很多模式物种的研究指出，缺氧条件下的植物存活涉及代谢重新配置的有效管理，使得在持续胁迫下糖储备不会被迅速用尽。

22.6 氧化胁迫

22.6.1 氧化胁迫导致 ROS 产生并引起严重的细胞损伤

氧化胁迫会损伤或杀死细胞。氧化胁迫是由促进 ROS 形成的条件引起的，导致氧化逆境发生的环境因素（图 22.33）包括大气污染（臭氧或二氧化硫的数量增加）、百草枯（甲基紫精，1,1′- 二甲基 -4,4′- 双吡啶）等氧化剂形成型除草剂、重金属、干旱、冷热胁迫、创伤、短暂的缺氧和复氧、紫外线和可以诱发光抑制（见第 12 章）的高强光照条件。氧化逆境还会在应答衰老（见第 20 章）和病原体

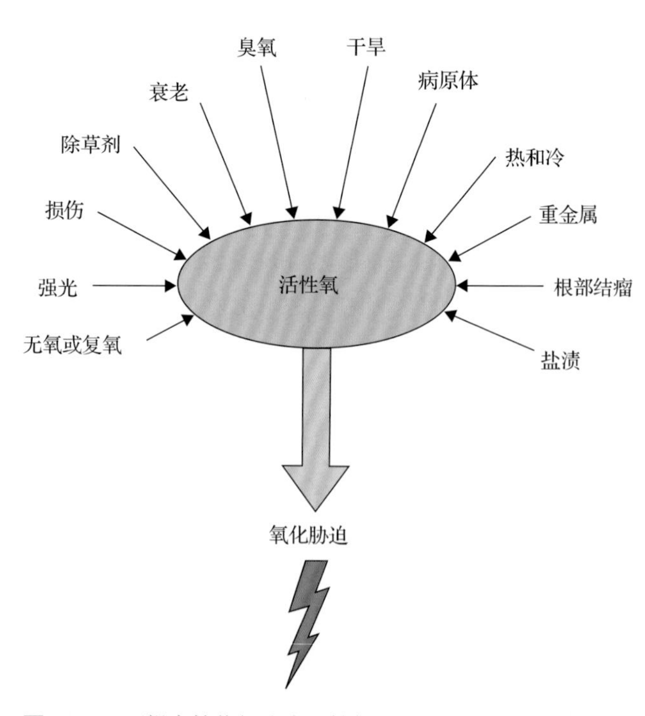

图 22.33 可提高植物细胞中活性氧（ROS）浓度的环境因子

感染（见第21章）时出现。

在植物中，单线态氧（$^1O_2$）、过氧化氢（H_2O_2）、超氧化物（$O_2^{\cdot -}$）、羟基（$HO^{\cdot}$）和过氧羟基（$HO_2^{\cdot}$）等ROS的产生是无氧代谢反应不可避免的结果（图22.34）。例如，叶绿体电子传递链的PS Ⅱ中会产生$^1O_2$、PS Ⅰ和PS Ⅱ中产生$O_2^{\cdot -}$；线粒体复合体I和III产生$O_2^{\cdot -}$；过氧化物酶体和质膜上的NADPH氧化酶（呼吸爆发氧化酶，RBOH）也会分别产生$O_2^{\cdot -}$、H_2O_2和$O_2^{\cdot -}$。H_2O_2相对稳定，并能长距离运输；而其他ROS半衰期非常短，因此只能短距离运输。例如，质体和线粒体产生的ROS涉及向核内的逆行信号转导。尽管所有ROS都是高活性的，并且能破坏脂类、核酸和蛋白质，$O_2^{\cdot -}$和H_2O_2等一些ROS对于木质化作用依旧是必需的（见第2章和第24章），也可以作为信号在病原菌感染的防御响应（见第21章）以及一系列非生物胁迫响应中起作用。植物通过利用一些亚细胞区室存在的抗氧化防御系统清除（非酶类的和酶类的）和处理过量的ROS。当这些抵御无法阻止ROS运输过程中的自氧化反应时，最终的结果就是细胞死亡。

22.6.2 细胞有非酶类的和酶类的抗氧化防御系统

植物抗氧化防御系统包括非酶类和酶类的系统（图22.35），其中后者涉及的物质和酶并非均匀分布，且在不同亚细胞区室中也是不同的。

植物中主要的非酶类抗氧化剂（表22.4）有抗坏血酸（维生素C）、还原型谷胱甘肽（GSH）、α-生育酚（维生素E）和类胡萝卜素；多胺和类黄酮对也可在一定程度上保护植物免受自由基损伤。在与ROS相互作用中，GSH被氧化成GSSG，抗坏血酸被氧化成单脱氢抗坏血酸和脱氢抗坏血酸。这三个氧化的产物进而通过抗坏血酸-谷胱甘肽循环还原成GSH和抗坏血酸，抗坏血酸-谷胱甘肽循环是质体中主要的抗氧化途径。在质体中，ROS会在光合电子传递等正常的生化过程中产生。通过叶黄素玉米黄质的放热，也可以为光合作用器不被氧化破坏提供额外保护（见第12章）。

主要的酶类ROS清除系统（表22.5）包括过氧化物歧化酶（SOD）、过氧化氢酶（CAT）和抗坏血

化合物	速记符号	结构式	来源
分子氧 (三线态)	O_2; $^3\Sigma$	:Ö=Ö: $1s^22s^2(\sigma_g)^2(\sigma_g^*)^2(\sigma_x)^2(\pi_y)^2(\pi_y^*)^2(\pi_y^*)^1(\pi_z^*)^1$	双氧原子气体最普遍的形式
单线态氧 (第一激发单线态)	$^1O_2$; $^2\Delta$	:Ö=Ö: $1s^22s^2(\sigma_s)^2(\sigma_s^*)^2(\sigma_x)^2(\pi_y)^2(\pi_z)^2(\pi_y^*)^2$	紫外射线、光抑制和光合系统Ⅱ的e^-转移反应(叶绿体)
超氧化物阴离子	$O_2^{\cdot -}$	[:Ö=Ö:]$^-$	线粒体e^-转移反应、叶绿体梅勒(Mehler)反应(O_2由光合系统Ⅰ的硫中心FX还原)、乙醛酸循环体的光呼吸、过氧化物酶体活性、质膜、百草枯的氧化、固氮、对病原体的防御以及质外体空隙中O_3和OH^-的反应
过氧化氢	H_2O_2	H—Ö—Ö—H	光呼吸、β-氧化、质子诱导的O_2^-分解和对病原体的防御
羟基自由基	$OH^\bullet$	:Ö—H	质外体空隙中质子存在时的O_3分解和对病原体的防御
过氧羟基自由基	$O_2H^\bullet$	:Ö=Ö—H	质外体空隙中O_3和OH^-的反应
臭氧	O_3	O^+(—O:)(—O:$^-$)	平流层的放电或紫外辐射，以及对流层中化石燃料的燃烧产物与紫外辐射的反应

图22.34 植物中有活性的活性氧（ROS）分子结构：单线态氧、过氧化氢、超氧化物阴离子、羟基自由基及过氧羟基自由基

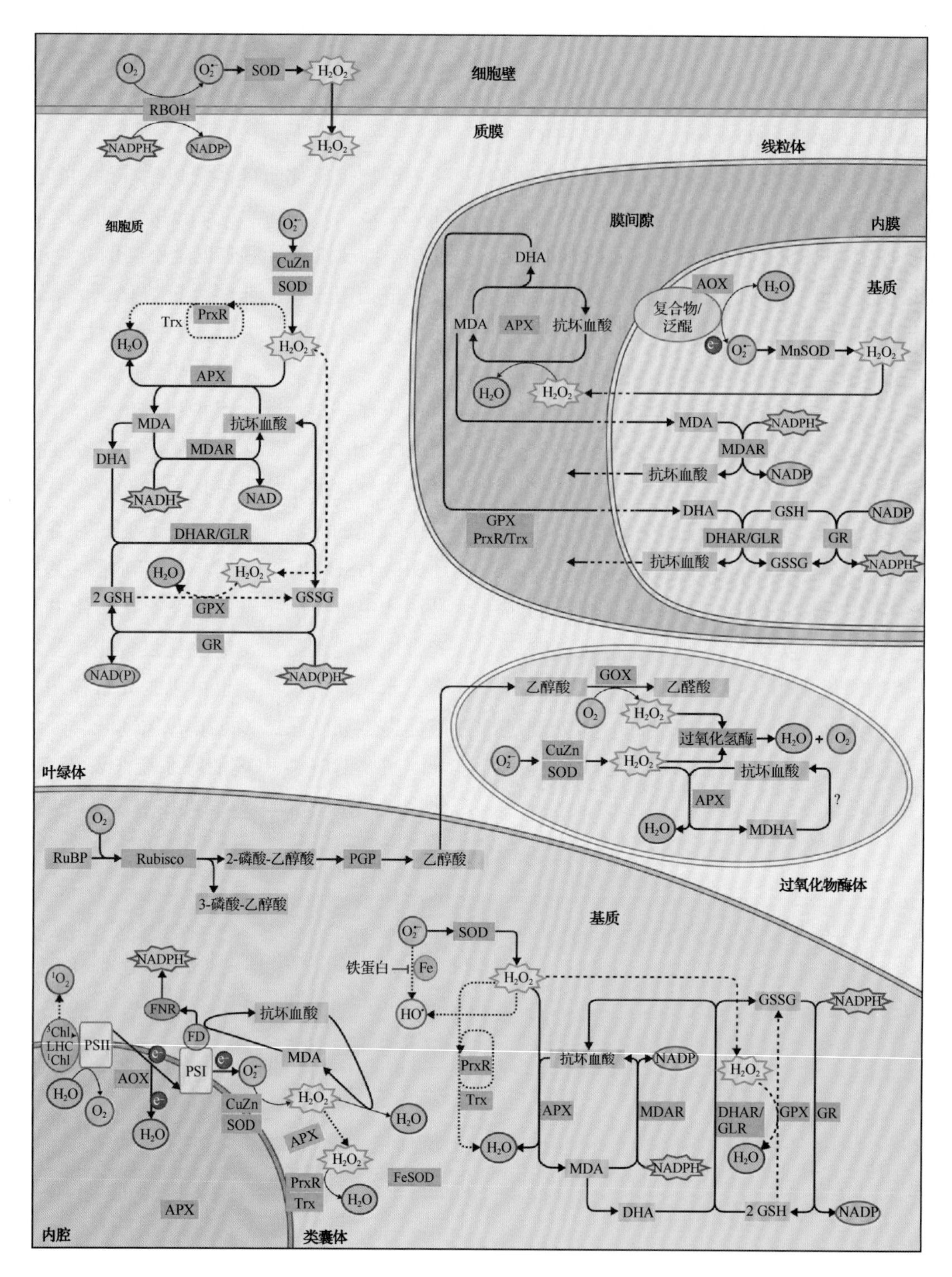

图 22.35 植物细胞中活性氧（ROS）产生的位置和清除途径。水 - 水循环可以清除 $O_2^{\cdot-}$、H_2O_2 的毒害作用，而交替氧化酶（AOX）可减少 $O_2^{\cdot-}$ 在类囊体中产生的速率 [左下；在一些植物中，叶绿体里的铁超氧化物歧化酶（FeSOD）可能会替代 CuZnSOD]。逃离这个循环或产生于叶绿体基质的 ROS，会经历 SOD 的去毒化作用和气孔的抗坏血酸 - 谷胱甘肽循环。过氧化物还原酶（PrxR）和谷胱甘肽过氧化物酶（GPX）也参与到叶绿体基质中 H_2O_2 的移除（右下）。当电子传递链发生过度还原时，捕光复合体（LHC）中的三线态叶绿素会产生 $^1O_2$。当发生脂肪酸氧化、光呼吸或其他反应时，过氧化物酶体中产生的 ROS 会被 SOD、过氧化氢酶（CAT）和抗坏血酸过氧化物酶（APX）分解（右侧中间）。抗坏血酸 - 谷胱甘肽循环中的 SOD 和其他组分在线粒体中也有。另外，AOX 也可以防止线粒体中的氧化损伤（右上）。理论上，叶绿体基质中的这样一套酶在胞质中同样也存在（下部）。很多生命活动所必需的 ROS 相关信号的主要生产者是 NADPH 氧化酶（呼吸爆发氧化酶同源蛋白 [RBOH]）。目前只鉴定到一部分质外体和细胞壁中负责 ROS 去毒化作用的酶类组分，而液泡和核内的 ROS 清除途径仍处于未知。叶绿体基质和胞质中的 GPX 途径由虚线表示，而 PrxR 途径由点线表示。尽管位于不同区室间的途径大体上是彼此独立的，但 H_2O_2 很容易扩散，谷胱甘肽和抗坏血酸等抗氧化剂也能在不同的区室间运输。DHA，脱氢抗坏血酸；DHAR，DHA 还原酶；FD，铁氧化还原蛋白；FNR，铁氧化还原蛋白 NADPH 还原酶；GLR，谷氧还蛋白；GR，谷胱甘肽还原酶；GOX，乙醇酸氧化酶；GSH，还原型谷胱甘肽；GSSG，氧化型谷胱甘肽；MDA，单脱氢抗坏血酸；PGP，磷酸乙醇酸磷酸酶；PSI，光系统 I；PSII，光系统 II；RuBP，1,5- 二磷酸核酮糖；Rubisco，RuBP 羧化酶 / 加氧酶；Trx，硫氧化还原蛋白

表 22.4　抗氧化剂的亚细胞定位

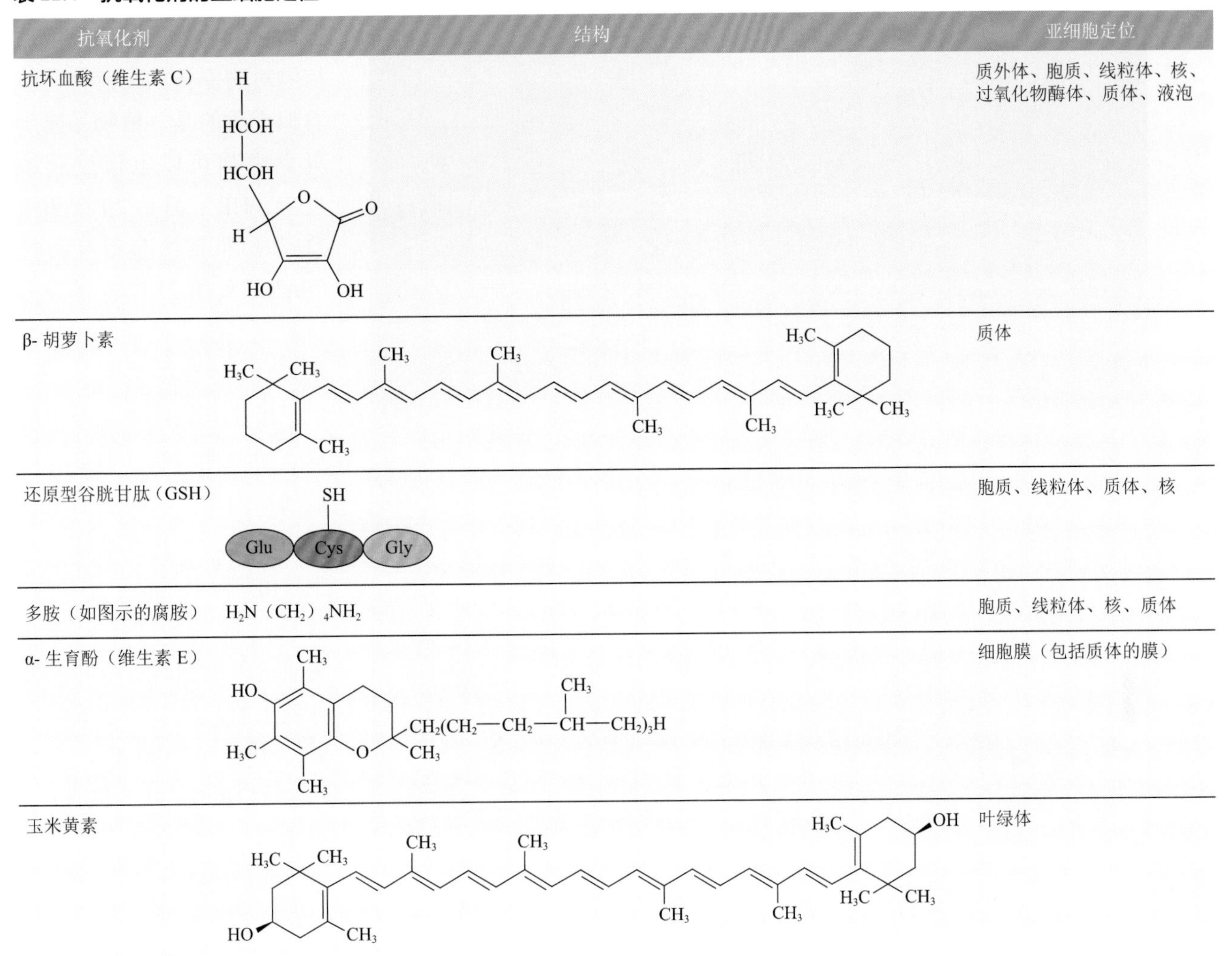

抗氧化剂	结构	亚细胞定位
抗坏血酸（维生素 C）		质外体、胞质、线粒体、核、过氧化物酶体、质体、液泡
β- 胡萝卜素		质体
还原型谷胱甘肽（GSH）		胞质、线粒体、质体、核
多胺（如图示的腐胺）	$H_2N（CH_2）_4NH_2$	胞质、线粒体、核、质体
α- 生育酚（维生素 E）		细胞膜（包括质体的膜）
玉米黄素		叶绿体

表 22.5　抗氧化酶的亚细胞定位

抗氧化酶	缩写	亚细胞定位
抗坏血酸过氧化物酶	APX	胞质溶胶、线粒体、质体、过氧化物酶体、根瘤
过氧化氢酶	CAT	过氧化物酶体
脱氢抗坏血酸还原酶	DHAR	胞质、根瘤
谷胱甘肽还原酶	GR	胞质、线粒体、质体、根瘤
谷胱甘肽过氧化物酶	GPX	胞质、线粒体、质体
单脱氢抗坏血酸还原酶	MDHAR	胞质、线粒体、质体、根瘤
过氧化物还原酶	PrxR	叶绿体、线粒体
超氧化物歧化酶（按金属辅因子归类）	Cu/ZnSOD	胞质、过氧化物酶体、质体、根瘤
	MnSOD	线粒体
	FeSOD	质体

酸过氧化物酶（APX）。SOD 是 ROS 去毒化过程中的第一个酶，可以歧化 $O_2^{\cdot-}$ 为 H_2O_2，而 CAT 和 APX 进而将 H_2O_2 转化为 H_2O。谷胱甘肽过氧化物酶(GPX）消耗 GSH，从而将 H_2O_2 转化为 GSSG 和 H_2O。其他的酶，如谷胱甘肽还原酶（GR)、脱氢抗坏血酸还原酶（DHAR）和单脱氢抗坏血酸还原酶（MDAR）是过抗坏血酸 - 谷胱甘肽循环中的抗氧化酶，但它们不能直接对 ROS 进行去毒化。对抗氧化剂的浓度和抗氧化酶的调控构成了躲避氧化胁迫的重要机制。

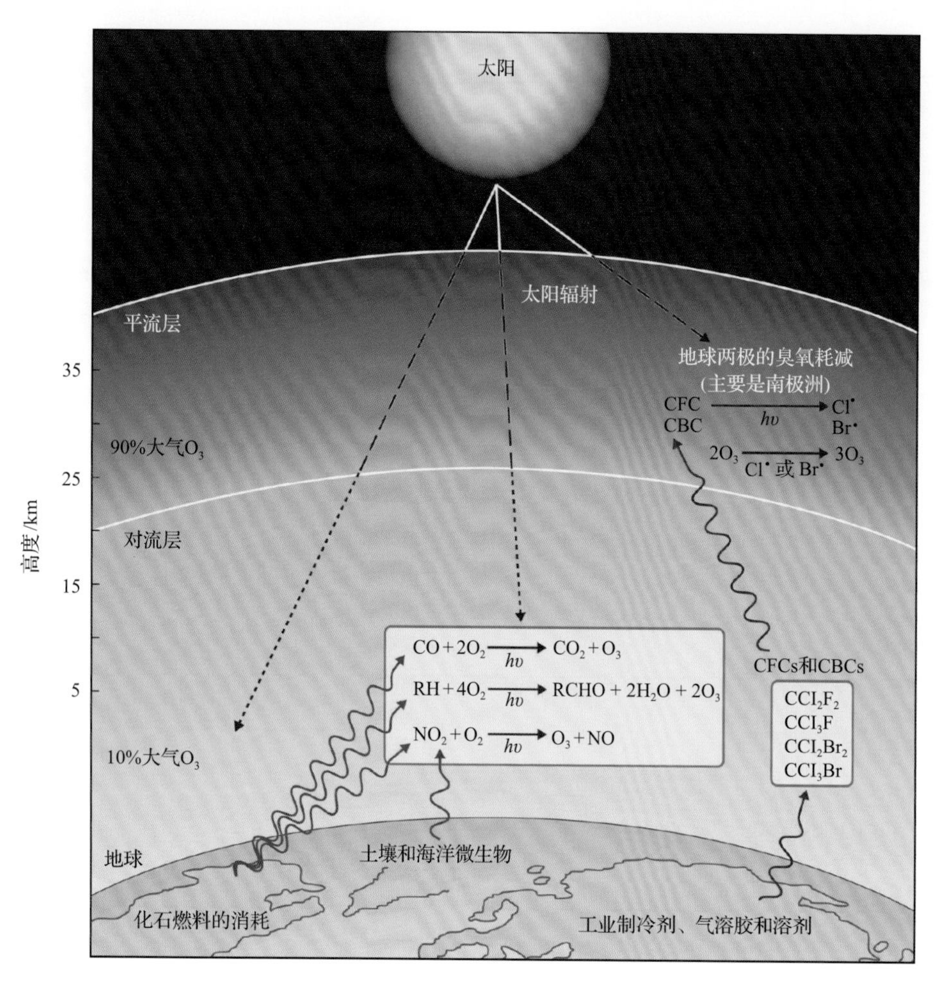

图 22.36 O_3在平流层中的消耗和在大气中的产生。大气中 90% 的 O_3 位于平流层，10% 在对流层。平流层臭氧可以有效地减少穿过平流层而到达对流层的太阳辐射。人类释放的含氟氯烃（CFC）致使平流层臭氧耗减，尤其是在地球极点区域的上空。化石燃料的燃烧使含碳化合物增加，在对流层中，这些含碳化合物会在太阳光作用下与氧气反应，生成臭氧

或其器官发育阶段的影响。虽然臭氧诱导的损伤会增加植物对病原体的易感性，但看似矛盾的是，植物暴露于臭氧中却可以上调受超敏反应（HR；见第 20 章和第 21 章）和系统获得性抗性（SAR；见第 21 章）诱导的抗氧化剂酶类的活性，从而诱发对病原体的抗性。

尽管人们还未完全了解臭氧的毒性机制，但最有可能的原因是，质膜中脂类和蛋白质受到氧化性破坏并产生自由基或其他活性中间体，最终造成损害（图 22.38）。臭氧进入细胞时可以与质外体流中的乙烯及其他烯烃反应，生成对细胞组分具有伤害的 $HO^{\cdot -}$、$O_2^{\cdot -}$ 和 H_2O_2。对膜脂的破坏会改变离子转运、增加膜通透性、抑制 H^+ 泵活性、瓦解膜的势能并增加对质体外 Ca^{2+} 的吸收。蛋白质、核酸和糖类都是臭氧引起的 ROS 的作用物质。

22.6.3 臭氧暴露导致植物严重的氧化胁迫

人们最了解的氧化胁迫诱因之一是暴露于高浓度的臭氧中。臭氧之所以有害，是因为它是一种具有高度活性的氧化剂（图 22.36），而暴露其中会引起光合作用速率、茎和根的生长速率及作物产量的降低。臭氧同样也会引起叶片损伤（图 22.37）和加速衰老。

植物在高臭氧环境下存活的能力大不相同，它们对臭氧的抵抗包含躲避和耐受两种机制。躲避涉及通过关闭气孔对臭氧进行物理阻隔，因为气孔是臭氧进入植物的主要位置。耐受则是由能诱导或激活抗氧化剂防御系统的生化反应产生的，也可能由多种修复机制产生。抵抗也受那些导致氧化胁迫的环境因子（如水分状态、温度和光照强度）及植物

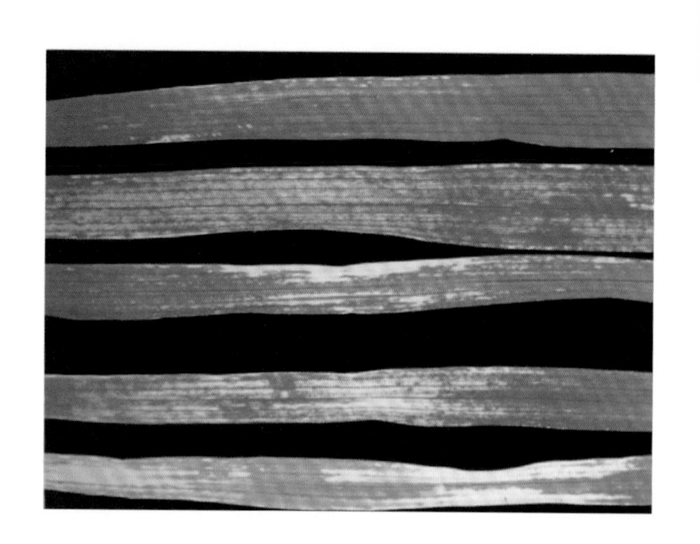

图 22.37 受到臭氧破坏的燕麦（*Avena sativa* L.）叶片。叶片中间出现萎黄病斑。叶片尖端（最老的叶细胞）和叶片基部（最年幼的叶细胞）受到的损伤最小。来源：Jacobson & Hill（1970）Recognition of Air Pollution Injury to Vegetation: A pictorial Atlas. Air Pollution Control Association, Pitsburgh, PA.

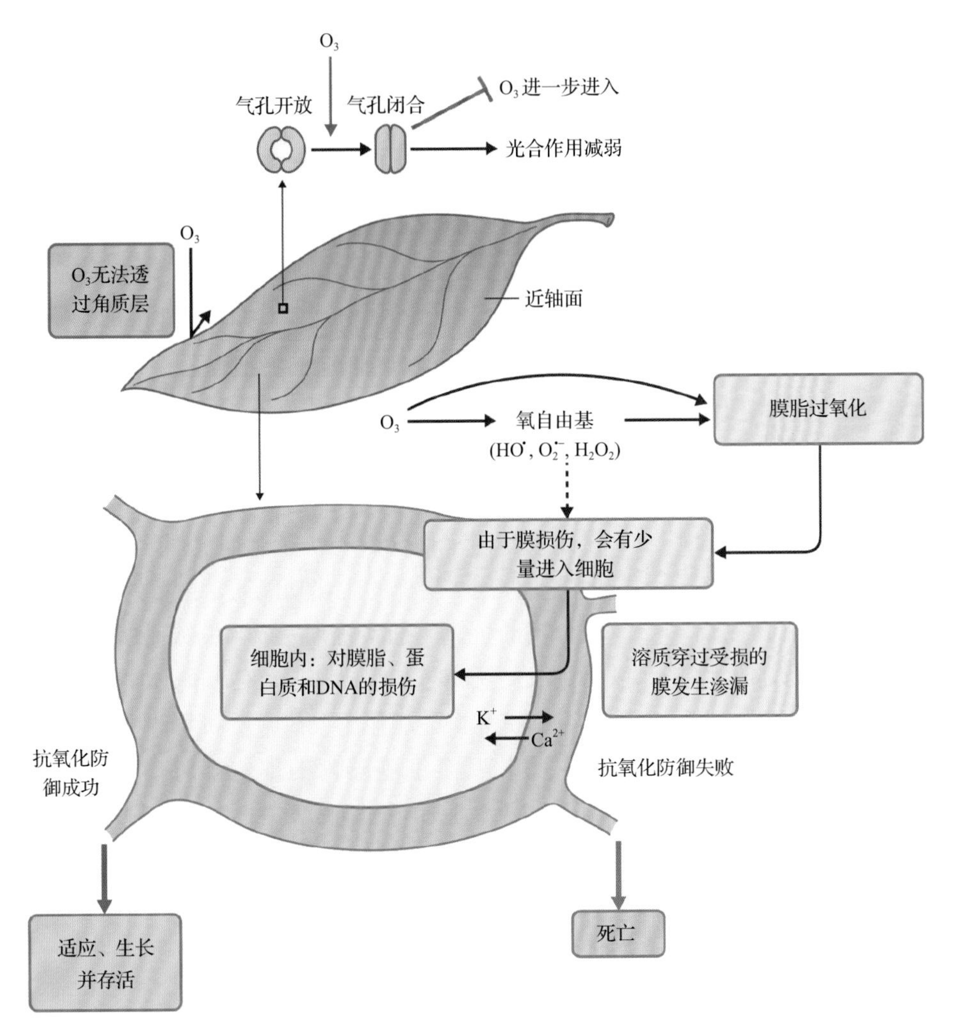

图 22.38 臭氧的作用和植物应答。因为 O_3 是极性且亲水的，所以它不能穿过叶片角质层，也很少能穿过质膜。关闭气孔可以减少进入壁膜间隙的 O_3。O_3 导致的损伤主要是质膜中脂类的过氧化和 ROS 生成的激发所带来的。暴露于 O_3 中可以激活细胞内的抗氧化剂防御系统。抗氧化剂防御是否成功要取决于 O_3 的浓度、暴露持续的时间、植物的年龄和基因型

根据植物是暴露在急性的、慢性的，抑或是反复的臭氧之中，ROS 作用机制也会有所不同。人们用"臭氧剂量"这个术语来综合描述暴露的持续时间及水平。在很多物种中，对臭氧诱导的伤害的耐受可以作为数量性状得到遗传。

暴露在臭氧中后，植物的光合作用会迅速受到抑制，表现为叶绿体蛋白质的活性或合成的改变。在一些植物（如马铃薯、萝卜、白杨和小麦）中，慢性地暴露于臭氧中会减少在成熟而非未成熟叶片组织里的核酮糖二磷酸羧化酶 / 加氧酶（Rubisco）的丰度。Rubisco 的减少是蛋白质降解增强的结果，但它也有可能与转录、积累和 *rbcS* 及 *rbcL* mRNA 的翻译有关。在马铃薯中诱导乙烯合成之后，*rbcS* 和 *rbcL* 转录水平会紧接着降低，这表明基因表达可能受到胁迫产生的这种植物激素的调控。在对氧化胁迫的另外两种形式，即对高强光照和氧化剂型除草剂（如百草枯）的反应中，也观察到 Rubisco 大亚基的降解。这些研究一致证明，光合作用能力的减少与以下一种或多种因素有关：PS Ⅰ、PS Ⅱ或 Rubisco 活性降低；Rubisco 稳态浓度减少；PS Ⅱ的 D1 蛋白转换增加和可能的光抑制（见第 12 章）。

22.6.4 各种非生物和生物胁迫因素导致的氧化胁迫

各种非生物和生物胁迫也会打乱 ROS 生产和清除的平衡，进而导致细胞中 ROS 浓度迅速增高。高温、低温或冰冻等温度胁迫也会增加细胞 ROS 水平，导致膜和蛋白质功能失调。热胁迫损害线粒体呼吸电子传递链，会导致由过氧化产生的对膜脂类的氧化损伤。低温胁迫造成细胞色素 c 氧化酶失活并增加 ROS 的产生。在叶绿体中低温和冰冻会损害光合作用机制并增加 ROS 浓度。高强光照可以进一步增加在温度胁迫下的氧化胁迫；例如，在黄瓜（*Cucumis sativus*）中，Cu/Zn SOD 是低温胁迫和高强光照的主要靶点，这两种胁迫会刺激 ROS 的产生和 PS Ⅰ的失活。在应答盐、干旱、渗透胁迫以及遭受水涝后再氧化等过程中，也可以观察到 ROS 的增加和 ROS 相关的损伤。

氧暴发，即在入侵位点上迅速产生 ROS（主要是 O_2^- 和 H_2O_2），是植物对病原体攻击的主要防御系统。氧暴发可以产生还原的 ROS 进而诱导细胞程序性死亡来阻止感染的扩散（超敏反应，见第 20 章和第 21 章），而质膜相关的 NADPH- 氧化酶（RBOH）和非原生质体过氧化酶系统在氧暴发中起到主要作

用。在胁迫条件下，ROS 的产生和清除之间的平衡对维持细胞活性和细胞存活无疑是重要的。

22.6.5 增加非酶类和酶类抗氧化剂的合成可以提高对氧化胁迫的耐受能力

在很多植物中，氧化胁迫可以刺激非酶类和酶类抗氧化剂的合成（表 22.6）。例如，GSH 和抗坏血酸等非酶类氧化剂发生改变的突变体表现出对环境胁迫不同程度的敏感。正如上述所说，氧化胁迫导致了 GSH 氧化成为 GSSG，以及抗坏血酸到单脱氢抗坏血酸和脱氢抗坏血酸的氧化。这些氧化了的化合物可以通过抗坏血酸 - 谷胱甘肽循环进一步还原为 GSH 和抗坏血酸。最终效果是很多植物提高了 GSH 的活性（或数量），增加了抗坏血酸的生物合成，促进了抗坏血酸 - 谷胱甘肽循环。因此，为了在细胞内维持一个合适的氧化还原状态，多种非酶类抗氧化剂的平衡必须受到控制。例如，转基因烟草植物的叶绿体中谷胱甘肽合成能力的提高意外导致了氧化胁迫。在拟南芥中过表达一个酶（β- 胡萝卜素羟化酶）会增高叶绿体中非酶类抗氧化剂叶黄素（黄酮类）水平，并增加高强光照条件下对氧化胁迫的耐受能力。

在拟南芥和其他植物中的研究发现，编码和抗氧化剂相关的酶的基因和编码抗氧化酶的基因都存在基因冗余。这些基因的差异表达似乎以一种特定的方式受到不同类型的非生物胁迫或生物胁迫的调节。过量或抑制编码抗氧化酶基因的表达证明了它们在多种植物的 ROS 清除系统中起到的作用。在一些情况下，异位过表达 ROS 清除的酶或可以增强它们表达的转录因子，可以减轻植物对非生物胁迫的敏感程度。在过表达 APX 的水稻中，H_2O_2 的积累降低且耐冷性增强，而在拟南芥细胞质中敲除 APX 的活性则会降低其对多种具有氧化成分的条件的耐受。在烟草（*Nicotiana tabacum*）中过表达豌豆（*Pisum sativum*）叶绿体 SOD，会加剧百草枯引起的膜损伤。另外，过表达烟草 Mn-SOD 的转基因苜蓿（*Medicago* sp.）则表现出对耐冻性的提高；而相比于盐敏感品种，耐盐品种的番茄（*Lycopersicon esculentum*）具有更高水平的 Mn-SOD。

亚细胞区室化会影响抗氧化剂代谢产物在解毒过程中的作用；同样的生化功能通常由截然不同的、空间分离的抗氧化剂系统来完成。例如，H_2O_2 既可以由过氧化氢酶（在胞质和过氧化物酶体中）清除，也可以由抗坏血酸氧化酶（在胞质和质体中）清除。因为区室化甚至细胞器内的部位都对功能非常重要，所以简单地过表达抗氧化酶可能不足以提高胁迫耐受。如果其他氧化清除机制受到限制或发生过表达而造成 ROS 生成量增加或被清除量减少，那么增加单独一种抗氧化剂或抗氧化酶的浓度也许并不能保护植物组织。然而在某些情况下，过表达一个或多个抗氧化酶也可能会为植物提供对氧化胁迫的保护。

当暴露于高浓度自由基中时，植物对氧化胁迫的耐受或许取决于能否成功诱导出亚细胞区室中的功能性解毒系统。过表达抗氧化酶会产生对一种或多种氧化胁迫 [包括病原体、百草枯和渗透胁迫（如低温、盐渍和干旱）] 的耐受。然而，增加这些抗

表 22.6 在各种物种中能刺激抗氧化剂和抗氧化酶水平增加或活性增加的胁迫条件

抗氧化剂或抗氧化酶*	胁迫条件
α- 生育酚（维生素 E）	干旱
阴离子过氧化物酶	低温、高 CO_2
抗坏血酸过氧化物酶	干旱、高 CO_2、高强光照、臭氧、百草枯、盐分
过氧化氢酶	低温
谷胱甘肽	低温、干旱、γ 射线、高温胁迫、高 CO_2、臭氧、SO_2
谷胱甘肽还原酶	低温、干旱、高 CO_2、臭氧、百草枯、盐分
多胺	干旱、高温、臭氧、缺乏 K、P、Ca、Mg、Fe、Mn、S 或 B
超氧化物歧化酶	低温、高 CO_2、高光照、O_2 增加、臭氧、百草枯、盐分、SO_2

* 这些化合物数量及酶活性的变化取决于植物的发育阶段和实验参数。

氧化物质和酶并不总是有益的，这很可能是因为复杂的区室化网络，它涉及作为信号分子的 ROS 和控制 ROS 破坏活性的抗氧化剂及抗氧化酶。

22.6.6 ROS 可以作为细胞中的信号分子

一方面，人们认为 ROS 是无氧代谢反应产生的、必须要清除掉的有害副产物；另一方面，ROS 也作为信号分子调控植物中各种细胞过程，如生长、发育、非生物和生物胁迫应答、细胞程序性死亡、病原菌抵御和气孔应答。ROS 在叶绿体或线粒体产生，却能引起核基因表达的变化，这表明存在着 ROS 信息的胞内传送。ROS 信号可以为 ROS 感受器所感知，这些感受器包括双元组蛋白激酶系统，以及对氧化还原敏感的转录因子和磷酸酶等。ROS 最终会导致调节多种细胞过程的基因的表达发生变化。

人们鉴定出了 ROS 信号途径的几个下游的组分（图 22.39）。当感知到 ROS 后，就会生成钙结合蛋白（如钙调蛋白）所需的 Ca^{2+} 信号，磷脂酶（C 和 D）也会激活并产生磷脂酸。一般认为，Ca^{2+} 和磷脂酸可以激活一种蛋白激酶（OXI1）并进而激活丝裂原活化蛋白激酶（MAPK）级联反应，而 MAPK 级联反应可以调节多个转录因子。ROS 信号由氧化还原敏感的转录因子感知，可能会影响 OXI1、MAPK 及 ROS 特异的转录因子。最终，ROS 信号刺激了各种 ROS 抵御系统，如 ROS 产生和清除平衡的改变、ROS 胁迫防御蛋白和化合物的产生，但这种刺激并不依赖于 ROS 感知系统。

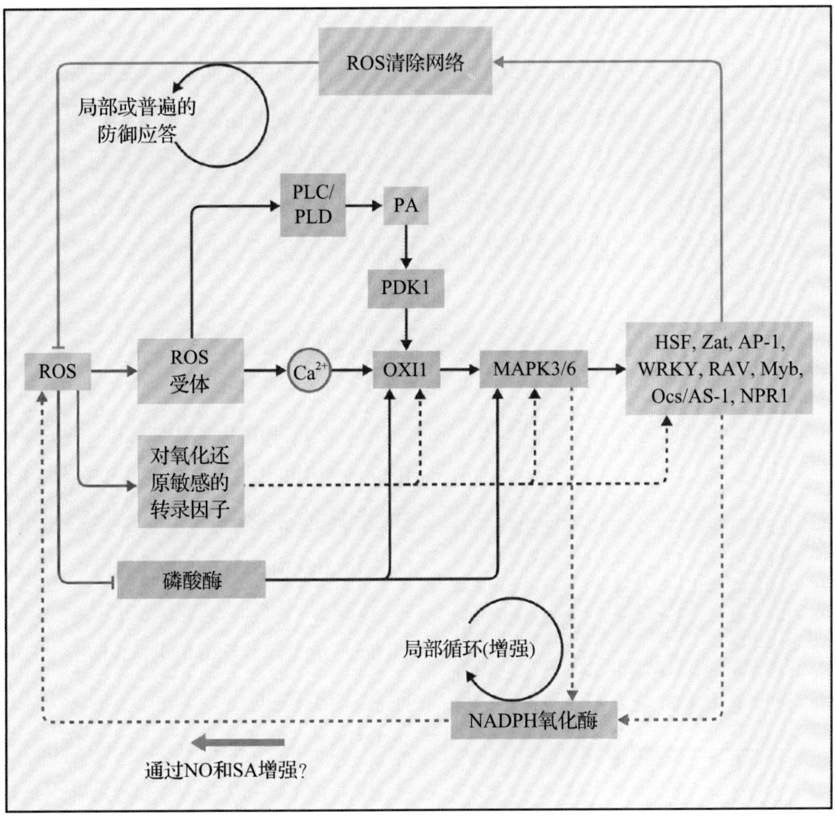

施加 ROS（如 H_2O_2）会诱导植物基因水平发生全局性的改变。在拟南芥和烟草（*Nicotiana tabacum*）中，有 1% ～ 2% 的基因会应答 H_2O_2 而发生表达上的改变。ROS 也会影响一些转录因子，包括 HSF、NPR1、WRKY 和 MYB 类转录因子。这些转录因子的上调最终会引起下游基因表达的改变。其下游基因可能编码了激酶、过氧化物酶体生物发生相关蛋白、抗氧化酶或防御相关蛋白。暴露在 ROS 中也会导致亚细胞区室中蛋白谱的改变。例如，当叶绿体中的抗氧化蛋白（过氧化物酶和 SOD）以及和抗坏血酸 - 谷胱甘肽循环相关的酶的水平增加时，在线粒体中抗毒素防御蛋白（如抗氧化蛋白和蛋白质二硫键异构酶）也会增加。

ROS 可能也作用于转录组，通过降低抗氧化剂的活性来诱导氧化胁迫的产生。反义抑制 CAT 和 APX 的植物中，SOD 和 GR 水平都会增高，这可能是植物降低氧化胁迫产生的一种代偿机制。

图 22.39 ROS 信号转导途径的可能模型。至少可以通过三种机制感知 ROS：ROS 受体、对氧化还原敏感的转录因子和磷酸酶。ROS 受体感知后会产生 Ca^{2+} 信号，并激活磷酸酶 C/D（PLC/PLD）产生磷脂酸（PA）。一般认为 PA 和 Ca^{2+} 可以激活蛋白激酶 OXI1，OXI1 进而会激活丝裂原活化蛋白激酶（MAPK）级联反应（MAPK3/6）并诱导或激活不同的转录因子，这些转录因子调控着 ROS 的清除和产生。ROS 对氧化还原敏感的转录因子的激活或抑制作用也可能影响 OXI1 或其他激酶的表达，以及 ROS 特异转录因子的诱导。ROS 对磷酸酶的抑制可能导致如 OXI1 和 MAK3/6 等激酶的激活。ROS 信号转导途径涉及两个循环回路的激活：一个是局部的或普遍的防御应答（负反馈循环，绿色实线），它可以抑制 ROS；而另一个是局部放大循环（正反馈循环，红色虚线），它可以通过 NADPH 氧化酶来增强 ROS 信号。水杨酸（SA）和一氧化氮（NO）可能作为增强子参与到这一放大循环中。HSF，热激因子；PDK，磷酸肌醇依赖激酶

人们对鉴定植物"ROS基因网络"组分有着极大的兴趣，这一过程要求ROS本身充当信号分子来对ROS毒性进行控制。在拟南芥中，ROS基因网络包含约150个编码ROS产生和清除酶的基因，包括CAT、APX、交替氧化酶、抗氧化蛋白和Gu-SOD。对在ROS基因网络中其他相关突变体和多基因敲除的植株的进一步分析，将有助于研究ROS基因网络在氧化胁迫应答中的作用；同时这也可能揭示ROS信号转导途径和其他非生物或生物胁迫信号转导途径的关联。

22.7 热胁迫

22.7.1 热胁迫改变细胞功能

如其他非生物胁迫一样，热胁迫可以是慢性或长期的（如在较热栖息地所经历的）；也可以是急性的（如季节性或每日极端温度的结果）。热胁迫可以在各种时间和发育条件下出现，其结果包括发育迟缓、器官受损甚至是植物死亡。在野外，当蒸腾不足（即水分受限且高温），或者气孔部分或完全关闭且处于高辐射时，叶片可能会经历热胁迫；当土壤被太阳暖化时，萌发的幼苗会经历热胁迫；当器官（如果实）的蒸腾能力减弱时，器官也可能会发生热胁迫；总之，当外界温度过高时，植物会就有可能遭受热胁迫。胁迫的持续时间和严重性、不同种类细胞的敏感性及不同的发育阶段都会影响特定基因型植物在热胁迫下存活的能力。

植物对慢性热胁迫应答的很多特征在所有生物中都是保守的。对急性热胁迫典型的应答就是迅速并瞬时地对基因表达进行重编程，包括减少正常蛋白质的合成，以及加速**热激蛋白**（**heat shock protein，HSP**）的转录和翻译。当植物处于比其最适生长温度高5℃以上的温度环境下时，即可观察到这种反应（图22.40）。

除了改变基因表达模式，高温也会破坏细胞器和细胞骨架等细胞结构，并同时损害膜的功能。人们已经利用一些适于进行遗传操作的生物，特别是大肠杆菌、酵母和拟南芥，去揭示生物高温存活所必需的细胞变化和代谢变化。目前人们已经鉴定出了参与HSP和其他热诱导基因表达的HSF等转录因子，也研究了它们在胁迫应答和耐受中起到的不同作用。通过反向遗传学手段也发现，热胁迫与其他非生物胁迫信号和应答途径存在重叠与交联。

22.7.2 植物可以顺应热胁迫

在遭遇正常致死（又称**nonpermissive，非容许的**）的热胁迫条件之前，如果将植物或其他生物先在一个非致死的（又称**permissive，容许的**）高温中暴露几小时，它们就可以获得耐热性。如果温度缓慢增加到非许可温度，植物也可以顺应这种本足以造成损害的高温，正如在很热的一天里，植物可以在从清晨到下午三点气温逐渐升高的过程中完成驯化。图22.41中，在非驯化植株旁边的是经过热驯化的拟南芥植株。驯化过程涉及HSP的合成，人们认为其中的一些HSP，以及很多没有完全揭示出来的细胞代谢变化是驯化所必需的。这种快速的驯化持续时间短暂，在24h后甚至更短时间内就会开始消失。当然，尽管经过热驯化，植物对热胁迫的耐

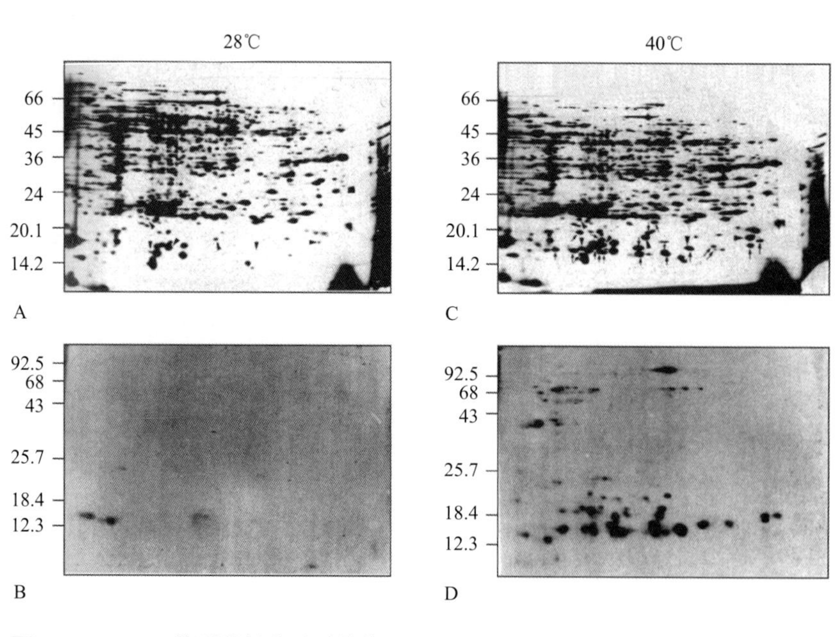

图22.40 HSP，特别是低分子质量的HSP（smHSP），在应答高温的大豆（*Glycine max*）幼苗中积累。将幼苗分别在28℃（A和B）或40℃（C和D）有^{3}H-亮氨酸的环境中培养3h，提取总蛋白，并用双向聚丙烯酰胺凝胶电泳将蛋白质分离。通过银染（A和C）或荧光自显影（B和D）显示蛋白质。来源：Mansfield & Key（1987）. Plant Physiol. 84: 1007-1017

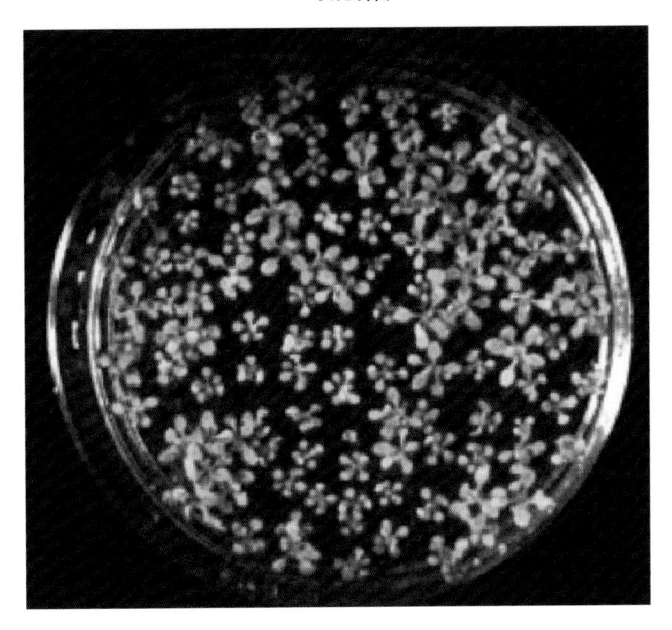

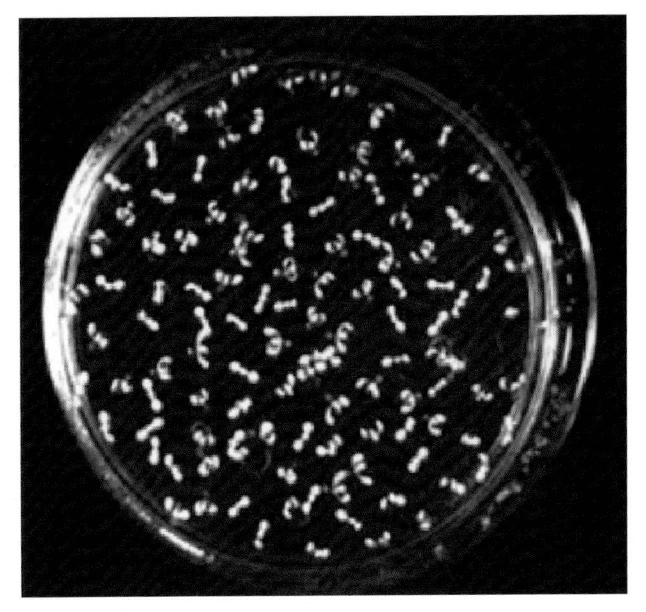

图 22.41 拟南芥幼苗对高温的驯化。为了进行驯化，先对 10 日龄的幼苗进行一个 90min 的 38℃处理，再在 22℃中放置 2h，之后再进行 2h 的 45℃处理。而非驯化的幼苗则被直接暴露于 45℃的环境中。照片拍摄于幼苗在 22℃放置 5 天后。非驯化的幼苗在处理后死亡且不能长出更多的叶片。来源：Vierling，University of Arizona

受还是有限度的。这种类型的驯化与不同基因型和物种的植物在不同最适温度下生长能力的总体差异之间的关系还有待研究。

22.7.3 HSP 在不同生物中是保守的

在热胁迫应答中，HSP 迅速且高水平的表达使得人们着重关注这些蛋白质。主要的 HSP 在包括原核生物和真核生物在内的所有生物中都是保守的。这些蛋白质行使分子伴侣的功能，并参与了初生蛋白折叠和热变性蛋白的再折叠等各个方面。一些 HSP 在植物整个的生命周期中都有所表达。虽然一些命名为 HSP 的蛋白质并不受热诱导，但因其序列的同源性和可能的功能相似性，人们依然将其定义为 HSP。酵母中的互补实验揭示了一些植物 HSP 的功能。例如，HSP104 片段缺失的酵母突变体没有耐热性，但这一表型可以被拟南芥 HSP100 家族的成员部分互补。不过，这个植物蛋白给该酵母突变体提供的耐热性要弱于其酵母同源蛋白。最近，人们已经把 T-DNA 或 Ds- 标记的突变体用于分析 HSP 和 HSF 的功能，从而确定它们在植物胁迫耐受中的作用。

22.7.4 五类主要的 HSP 起着分子伴侣的作用

根据大致的分子质量可以将 HSP 分为五大类（表 22.7）。一般认为 HSP 通过互相协调来保护复杂的细胞系统。它们作为蛋白质量控制的网络促进初生蛋白质的折叠和正确定位，防止变性蛋白不可逆的聚合并帮助恢复变性蛋白的功能。HSP 也可以引导受损的蛋白质进入细胞中的降解机器，从而维持正常的细胞功能并促进其从胁迫中恢复。在保护细胞免受胁迫引起的细胞损伤时，不同种类的 HSP 具有互补和重叠的功能。

HSP100/ClpB 家族蛋白是 AAA+ 蛋白家族的成员，AAA+ 蛋白家族是在变性蛋白解聚过程中行使功能的 ATP 酶。植物具有胞质、叶绿体和线粒体定位的 HSP100/ClpB 蛋白。胞质 HSP100 是植物热胁迫耐受所必需的，但对植物生长并不是必需的。拟南芥 HSP101 的遗传分析表明，它和小 HSP 相互作用，进而将暴露于热胁迫后聚集的蛋白质再溶解。叶绿体 HSP100/ClpB 蛋白在叶绿体发育和热胁迫应答中都起到了必需的作用。

HSP90 家族蛋白在细菌和真核生物中的胞质、

表 22.7　HSP 及其特点

蛋白质种类	亚家族	大小 /kDa	主要功能	定位
HSP100/Clp	Class I: ClpB、A/C、D Class II: ClpM、N、X、Y	100 ～ 114	蛋白解聚、去折叠、降解（Clp 蛋白酶）	胞质、线粒体、叶绿体
HSP90	Hsp90	80 ～ 94	信号分子的成熟、遗传缓冲	胞质、叶绿体、线粒体、内质网
HSP70	DnaK BiP 和 GRP HSP110/SSE	69 ～ 71	防止聚合、帮助再折叠、蛋白质的运入、信号转导和转录激活	胞质、叶绿体、线粒体、内质网
HSP60/ 陪伴蛋白	Cpn60 CCT	60	蛋白质折叠、帮助再折叠	叶绿体、线粒体、胞质
小 HSP（sHSP）		15 ～ 30	防止聚合、稳定非天然状态的蛋白质	胞质、叶绿体、线粒体内质网、核、过氧化物酶体

细胞核和内质网（ER）区室都有所分布。在酵母中，HSP90 对于所有温度下的生长都是必需的。HSP90 具有 ATP 酶活性，在酵母和哺乳动物细胞质中，它和其他辅助蛋白参与了一个复杂的循环，调控着很多信号蛋白的成熟和活性。HSP90 的这种活性和植物热胁迫应答的关系还有待研究，但在拟南芥中至少有 4 个基因编码胞质 HSP90 蛋白。

HSP70 蛋白（在原核生物中称为 DnaK）是维持正常细胞功能所必需的 ATP 酶。其中一些成员组成型表达，而另一些则受热或者冷诱导。HSP70 蛋白在很多区室中都有分布（如细胞质、ER、线粒体和叶绿体），是一种 ATP 依赖的分子伴侣，可以和很多不同的蛋白质相互作用，进而参与到蛋白质折叠、去折叠、组装和去组装（见第 4 章和第 10 章）过程中。HSP70 蛋白共有的最保守的特征就是 N 端的 ATP 结合结构域；而它们的 C 端则各不相同，可能决定着底物的特异性。辅蛋白伴侣（cochaperones），如 DnaJ（真核生物中为 Hsp40）和 GrpE，可以刺激 Hsp70 的 ATP 酶活性并促进 HSP70 蛋白和靶蛋白之间的互作。与其他生物相比，植物有一个显著的特点，即 DnaJ 蛋白的数目特别庞大，且每个成员可能都特异性适配一个或多个 Hsp70。

HSP60 蛋白家族的成员也叫**陪伴蛋白**（**chaperonin**），也是最早被定义为分子伴侣的蛋白质。陪伴蛋白存在于细菌胞质（GroEL）、线粒体基质（第一个被命名的 Hsp60 来自于此）和叶绿体基质中。陪伴蛋白甚至在常温下含量也很丰富；一般认为它们的主要作用是参与蛋白质的折叠和组装（见第 4 章和第 10 章）。它们都含有一个双七元环的寡聚结构，且它们都需要 ATP 来行使功能。这个家族在植物中研究得最多的成员是 chaperonin 60，这是一个由核基因编码的叶绿体蛋白，参与 Rubisco 的组装，但热胁迫下其表达量不会增加。在体外，陪伴蛋白可以防止其他蛋白质在生理相关温度下聚集，并对蛋白质的再折叠起到重要作用。

植物热激应答的一个独特方面是其具有丰富的小 HSP（small HSP, sHSP）。高等植物表达了 11 类 sHSP，而植物也是唯一一类 sHSP 几乎作用于所有的细胞内区室的生物（表 22.7）。尽管人们发现，除了少数原核生物，sHSP 在所有生物中都存在。植物 sHSP 的分化发生在动物与植物分化之后。另外，在植物中，sHSP 是所有 HSP 中受诱导最强烈的。有研究认为，sHSP 是响应如高温等多种胁迫因子而演化的，而热胁迫正是植物向陆地迁移过程中所面临的挑战之一，因为植物是固定的，不能像动物一样自主移动到有利的环境中去。sHSP 最典型的特征是与脊椎动物眼睛晶状体的 α- 晶体蛋白有同源的 C 端结构域。尽管 sHSP 单体很小（在植物中约 15 ～ 22kDa），但在自然状态下它们大部分会形成包含 12 个或以上亚基的寡聚体。真核生物中 sHSP 最详细的结构信息来自小麦胞质中 sHSP 寡聚体的 3D 结构，该寡聚体是一个十二聚体（图 22.42）。酵母和大肠杆菌的体内实验得到的现有模型，以及植物和其他 sHSP 的体外研究指出，sHSP 以 ATP 依赖的形式结合变性的蛋白质，并使得以 HSP70 为主的一些 ATP 依赖的分子伴侣可以对这些蛋白质进行再折叠。

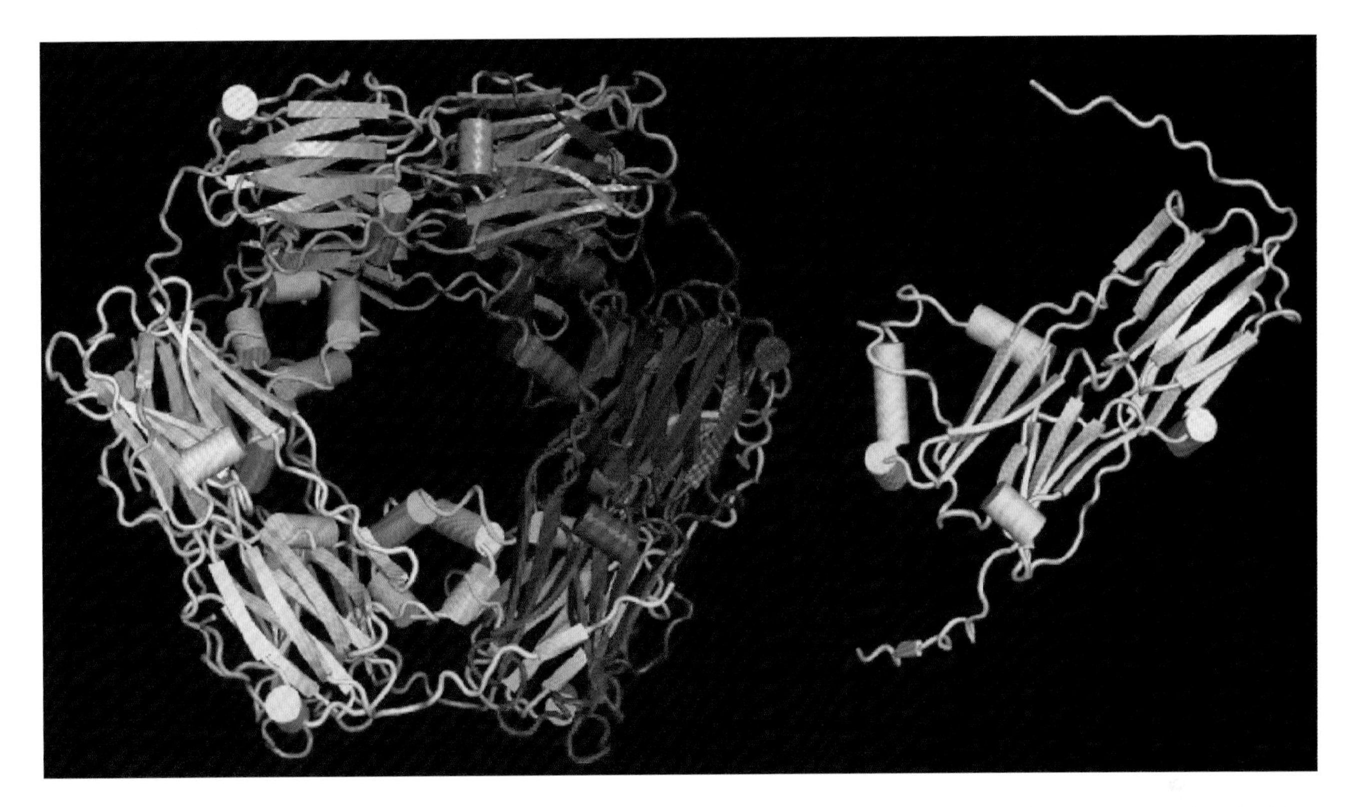

图 22.42 天然寡聚化的小麦 sHSP——Hsp16.9 的结构（蛋白数据库检索号 1GME）。（左）十二聚的寡聚体中，位于上环的 6 个亚基（3 个二聚体）和位于下环的 6 个亚基分别以不同的颜色表示。环结构的直径大约为 95Å。（右）一个二聚体的亚基

22.7.5 HSF 结合 HSP 启动子上的保守序列来控制其表达

转录因子 HSF 作为热胁迫信号转导最后的组分行使功能，它们激活后可以调控包括 HSP 在内的目的基因的转录。HSF 的顺式作用 DNA 靶点是**热激元件**（HSE），HSE 由若干个交替方向的 5bp 重复序列组成，重复序列均包含一致序列 nGAAn。受到 HSF 调节的启动子可能在其紧邻 TATA 盒的位置具有 5 ～ 7 个这样的重复序列。很多 HSE 都有这样一个 DNA 元件，即 5′-CTnGAAnnTTCnAG-3′。值得注意的是，HSF 的 DNA 结合结构域和 HSE 在所有的真核生物中普遍存在。HSE 也是第一个得到描述的顺式作用转录调控元件。当用含有 HSE 的 HSP 基因的启动子驱动萤火虫荧光素酶报告基因在植物中表达时，可以观察到受严格调控的、高水平的荧光素酶表达。荧光素酶基因表达的水平与受热的时间和温度成比例关系，证明其中涉及重要的热感知机制。

尽管 HSF 和 HSE 是保守的，但植物异乎寻常地拥有大量 HSF。例如，拟南芥有 21 个 HSF 基因，而植物中依据 HSF 的寡聚结构域分为有三类（A ～ C）。有趣的是，不是所有的 HSF 都参与高温应答的基因表达调控；一些 HSF 组成调控网络并控制 HSP 和其他基因的表达。在番茄（*Lycopersocon esculentum*）中，HsfA1a 是一个组成型表达的主要调控因子，它可以调节受热诱导的 HsfA2 和 HsfB1 的表达。HsfA2 是耐热番茄的细胞中主要的 HSF，可以和 HsfA1 形成异源二聚体，并作为核保留因子和共激活因子行使功能。

HsfA3 基因受到 DREB2A 的调控，DREB2A 是一个 AP2/ERF 转录因子，主要在干旱诱导的基因表达中行使功能。DREB2A 受到热胁迫和干旱的调节，说明 HSF 介导了热胁迫应答和干旱胁迫应答之间的交联。转录因子级联反应组成的调控网络在非生物胁迫信号转导途径的交联中起到了重要作用。

和其他的 HSF 类似，拟南芥的 HSF 只能以三聚体的形式与 DNA 结合（图 22.43），而热胁迫是其三聚化作用必不可缺的。HSF 的寡聚化和 DNA 结合结构域在不同生物中都是保守的。三聚化作用依赖于一种亮氨酸拉链构象的存在，它是位于 DNA 结合结构域附近疏水的七肽重复区。目前人们对控制三聚化作用的机制了解甚少，但近来的证据显示，没有热胁迫时，三聚化作用、DNA 结合和转录活性都会受到抑制（图 22.43）。在拟南芥中过表达的 HSF 是

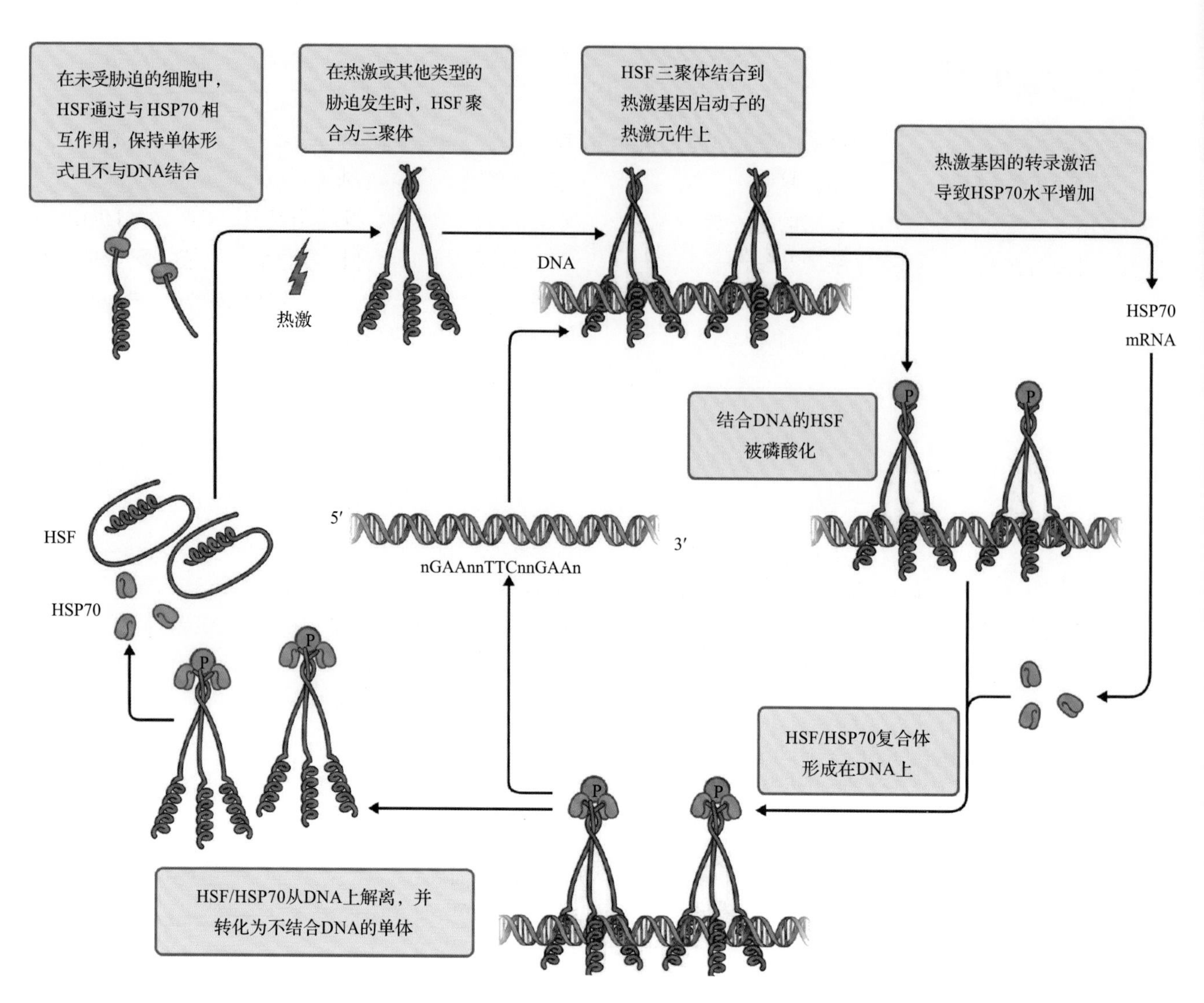

图 22.43 HSF 激活基因表达的模型。在未受胁迫的细胞中，HSF 保持单体形式且不能结合 DNA。当受到热激时，HSF 聚合为三聚体并可以结合特定的 DNA 序列。这个模型主要基于细菌中 HSF 的研究

没有活性的；而在如大肠杆菌、果蝇和 HeLa 细胞等异源系统中过表达的 HSF 则具有组成型活性。这一结果表明抑制机制是有选择性的，它针对同源 HSF 而非异源 HSF 起作用。当把拟南芥 HSF 标记上一个报告基因，这种抑制可以去除，继而 HSF 可过量表达。

过表达转录因子可能是一个提高胁迫耐受的有效方法，因为单个转基因蛋白就可以诱导全系列受调节的基因表达。有非常多的研究力图确定在田间的作物植株中过表达 HSF 是否可以提高耐热性。

22.7.6 关于热胁迫感知和信号转导仍有重要问题亟待解决

关于热胁迫应答有很多重要的问题亟待解决：热胁迫是怎样被感知的？信号是如何转导的？在热胁迫应答中是否存在一个中心调控网络？HSP 是如何识别其靶蛋白从而进行再折叠和降解的？

很明显，在热胁迫应答中存在多条信号途径，也存在与氧化胁迫应答的交联。这意味着热胁迫会引起细胞质 H_2O_2 的产生并导致细胞损伤。在一些情况下，氧暴发与引起热胁迫诱导基因的表达相关，这可能是 HSF 对 H_2O_2 的直接感知的结果。两个 NADPH 氧化酶的突变体表现出热胁迫耐受的缺陷，说明了热胁迫应答中 ROS 的参与。另外，钙离子等其他信号分子也参与其中。在应答热胁迫时，钙水平有短暂的提高，但在其他类型的刺激应答中也经常能观察到钙的瞬变。因为 ABA、水杨酸（SA）和乙烯等植物激素会在热胁迫应答中积累，人们认为它们也与热胁迫应答有一定关系，但一般认为它们与热胁迫耐受无关。

22.8 胁迫应答中的交联

为应对各种类型的环境胁迫，植物也发展出了相应的生存策略。不同类型的非生物胁迫影响植物在自然环境条件下的生长，而不同的胁迫信号途径相互作用使得植物可以应对复杂的胁迫条件。内源产生的植物激素 ABA、JA、SA 和乙烯通过协同与拮抗作用参与调节各种胁迫下的防御应答。ROS 也作为一个常见的胁迫信号因子在胁迫应答中行使功能。非生物胁迫因子调节一系列不同但却又有所重叠的基因的表达，其中一些基因受到植物激素的差异调控，而另一些受到与 ROS 相似的诱导。因此，由交联的复杂网络组成的信号途径使得植物可以应答不同类型的环境胁迫。参与到生物胁迫和非生物胁迫信号通路交汇点上的一些重要因子，尤其是一些转录因子和蛋白激酶，与 ROS 及激素信号有着异乎寻常的关联。

在应答不同类型的胁迫时，ROS 的快速产生在非生物胁迫应答中起到了重要作用。为了防止过量的 ROS 造成细胞损伤或死亡，SOD 和 APX 等 ROS 清除酶控制着 ROS 的稳态水平。对受到不同非生物胁迫的植物进行的大量转录谱分析，揭示了在这些条件下很多编码 ROS 清除酶的基因受到诱导。遗传改造一些清除酶也成为生成非生物胁迫耐受植物的一种技术手段。

植物激素 SA、JA 和乙烯在受到病原体感染的生物胁迫信号转导中起到重要作用，而 ABA 在非生物胁迫信号转导中起到重要作用。然而，近期研究表明，ABA 通过与其他激素信号转导的协同或拮抗作用，也参与到防御信号通路中。在很多情况下，ABA 是抗病的负调控因子。人们也对 ABA 和 JA/ 乙烯的拮抗作用进行了仔细研究。人们发现，由 ABA 导致的防御基因表达的抑制不受外源茉莉酸甲酯和乙烯的影响。综合以往结果和上述观察，ABA 调节的非生物胁迫应答可能是一个起主导作用的过程。

JA 和乙烯也参与了非生物胁迫应答。近期研究表明 bHLH 转录因子 AtMYC2 在多种激素信号途径中起作用，说明了 AtMYC2 是生物和非生物胁迫应答通过激素信号转导交联的重要调节因子。对 JA 不敏感的突变体 *jin1* 的遗传分析发现 *JIN1* 是 *AtMYC2* 的等位基因，之前则一直被鉴定为 ABA 调节的干旱胁迫信号转导中的转录激活子。

转录调控也在胁迫信号转导的交联中起作用，DREB2A 就是一个很好的例子。很多受热激诱导的基因和受干旱诱导的典型基因会因 DREB2A 表达上调，而过表达具有组成型活性（CA）的 DREB2A 的转基因拟南芥植株比野生型对照植株更能抵抗高温胁迫。因此，人们认为 DREB2A 蛋白参与缺水和热胁迫应答基因的表达调控。

受到 DREB2A 转录因子调控的基因可以分为三类：受干旱诱导的、受热诱导的，以及受干旱和热两种胁迫诱导的。热激转录因子基因 *AtHsfA3* 的启动子至少有两个 DRE/CRT 核心序列，因此人们把 *AtHsfA3* 定为 DREB2A 的靶基因。即使在正常生长条件下，*AtHsfA3* 也可以受转基因植株中过量产生的 DREB2A-CA 蛋白的高度诱导。这样就建立了植物热激信号转导途径中一个新的级联反应，即高温胁迫可以快速诱导 *DREB2A* 基因的表达，而 DREB2A 蛋白可以结合 *AtHsfA3* 启动子上的 DRE/CRT 序列并激活其转录，从而控制下游的 *HSP* 基因（见图 22.12）。

小结

包括干旱、低温、高温和水涝在内的非生物胁迫在自然界普遍存在，它们可能可以使植物产量严重降低。植物对胁迫性环境因子的应答使其可以耐受胁迫；但换种说法，这些应答或许也是胁迫应答中发生了损伤的一种表现。植物的应答取决于逆境的严重性及持续时间、受影响植物所处的发育阶段、胁迫发生的组织类型和多种胁迫的相互作用。能使生物体在胁迫下存活的机制称为抵抗机制，它可以使生物逃避或耐受胁迫。驯化是一个提高胁迫抵抗性的过程，它可能发生于温和而非致命的胁迫中。基因表达的变化可能与胁迫抵抗机制有关，但也可能是胁迫损伤的结果。近期有关受胁迫调控的基因及其产物的功能分析研究，揭示了植物应答不同类型非生物环境胁迫时的具体分子过程。非生物胁迫应答中胞内信号转导途径与基因表达得到了充分研究。本章讨论了由干旱、盐分、低温、水涝、空气污染及高温产生的非生物胁迫。

与缺水有关的胁迫可由干旱条件、高盐土壤或低温引起。为量化这类胁迫对植物的影响，人们可以用Ψ_w或相对含水量（RWC）来确定植物的水分状态。测量植物的水分状态对确定环境条件的影响十分重要。植物水势降低可能由渗透调节所致，即积累相容性溶质以增强植物对干旱或高盐土壤的顺应。除渗透调节外，某些相容性溶质如甘氨酸甜菜碱、甘露醇、棉子糖、松醇及脯氨酸等还有其他的保护性功能。载体蛋白、离子泵和通道蛋白的作用可使缺水和干扰性离子对膜的影响减至最小。很多基因都受到缺水的诱导，例如，可能保护植物免受非生物胁迫伤害的LEA蛋白和HSP。基因诱导受特殊DNA元件的调控，目前已经发现了两类DNA元件（ABRE和DRE），它们在很多受缺水诱导的基因中都存在。人们研究了调控干旱应答下基因表达的转录因子，也通过基因芯片分析鉴定出了其靶基因。包括信号转导因子和胁迫感受器在内的调控因子也得到了充分研究。为了进一步探索胞内和胞间信号转导途径，人们鉴定出了ABA的受体和转运蛋白。现在，通过转基因技术，将胁迫基因应用于干旱胁迫耐受的分子育种的研究也在稳步推进。

冰冻和低温胁迫引起了不同类型的植物细胞损伤。低温胁迫会导致膜的去稳定化和代谢功能紊乱；而冰冻胁迫会造成冰晶在细胞外区室形成和生长，因此还会产生一些间接的损伤反应。植物在细胞水平上响应和适应低温胁迫。植物可以驯化适应低于冰点的温度，是膜稳定性增加、特殊保护性代谢物和蛋白质积累的结果。在低温应答中，很多不同功能的基因会被诱导表达，其基因产物主要用于保护细胞不受冰冻损伤。目前人们已经充分研究了低温诱导基因的调控，基因启动子上的顺式调控元件和CBF/DREB1等转录因子也得到了鉴定，进而可以用于研究它们所处的调控网络。人们仔细研究了植物应答冷胁迫中的感知过程和信号转导，并将其用以鉴定重要的信号转导组分。

水涝会导致细胞缺氧，从而影响到细胞呼吸代谢。不同植物种的耐涝能力有显著的差异，但暴露在低氧条件（小于3kPa氧气）中的驯化过程可以改变其耐涝能力。在对无氧条件的短期驯化中，植物通过糖酵解和发酵来产生ATP；这种从有氧代谢到糖酵解发酵的转变涉及了基因表达的变化。植物激素乙烯可促进植物对水涝和水浸的长期驯化应答，包括通气组织的形成及茎的伸长。一些湿地基因型植物可适应长期水涝。QTL分析发现了两个在水涝应答中重要的基因位点：参与水浸胁迫耐受的*SUBMERGENCE1*（*SUB1A*）基因位点，以及在深水水稻中发现的可以帮助逃避水浸的*SNORKEL1*（*SK1*）和*SNORKEL2*（*SK2*）所在的基因位点。这三个水稻基因都编码了ERF相关的转录因子，都受到乙烯的诱导，且都会影响GA调控的伸长生长。但它们采用的水涝生存策略却是相反的。这说明在水稻应答水涝的过程中，乙烯和其调控的生长调节起到了重要的作用。

任何导致活性氧（ROS）形成的生物或非生物胁迫都可以产生氧化胁迫，这些ROS包括过氧化氢（H_2O_2）、超氧化物阴离子（$O_2\cdot^-$）、羟基自由基（$HO\cdot^-$）和过氧羟基自由基（$HO_2\cdot^-$）等。植物运用抗氧化剂防御系统（即不同亚细胞区室中的抗氧化剂和抗氧化酶）来降解和清除这些活性分子。暴露于臭氧中的植物可作为一个模式系统，用以确定ROS是如何对细胞过程造成氧化性损伤的。对过表达如SOD、APX和CAT等抗氧化酶的植物的研究，强调了亚细胞区室化对解毒机制的重要作用。ROS也可作为信号分子调控各种对非生物胁迫和生物胁迫的细胞应答。ROS信号可以改变基因表达从而调节下游基因和各种细胞过程。然而，ROS信号的感知系统尚未得到阐明。

热胁迫应答在不同生物中广泛保守。植物可以通过非致命高温的驯化来建立耐热性。和其他生物一样，当植物受到热胁迫时，基因表达模式（包括转录和翻译）都会改变，进而促进HSP的积累。HSP按照其分子质量的大小主要可分为五大类，它们在不同生物中都是保守的。通常，HSP的功能是作为伴侣蛋白促使蛋白质正确折叠。HSP的表达受一种特殊转录因子控制，这个转录因子可识别启动子中以多拷贝形式出现的保守DNA元件，即5′-nGAAn-3′。HSF转录因子在三聚体形式时才有活性，它只有在被抑制时才可激活基因表达。在不同生物中，热感知系统也很可能是相似的。

基于分子生物学和遗传学的进步，人们在理解植物细胞对各种非生物胁迫应答方面取得了很大进展。目前已经鉴定出了很多在非生物胁迫应答和耐受中起作用的基因，同时这也指出了转录调控在植物胁迫应答中的重要作用。相比于动物，植物中存在更多的转录因子。除了转录调控，人们发现转录后调控和表观调控也在植物非生物胁迫应答中发挥了功能。植物激素在非生物胁迫应答中的基因表达和信号转导中也起了重要作用。其中，ABA、ET、JA 和 SA 是非生物胁迫应答中的主要激素。这些激素也在生物和非生物胁迫应答的交联中起到作用。很多与哺乳动物信号转导级联过程有关的基因（如蛋白激酶、类磷脂激酶、受体激酶和 G 蛋白）在植物中也有。人们正在利用各种突变体品系对这些信号分子进行功能分析，然而仍有很多重要的问题亟待解决。目前，人们对高等植物感知非生物逆境的大多数机制尚不清楚。在这一关键领域取得的进展，将会实质性地拓展我们对胁迫起始信号的感知和转导事件的认知。胁迫信号转导的交联也为植物提供应答复杂环境的复杂调控网络。

（孙田舒　施逸豪　路　菡　蒋家浩　译，瞿礼嘉　顾红雅　吴美莹　校）

第 23 章 矿质营养的吸收、转运及利用

Emmanuel Delhaize, Daniel Schachtman, Leon Kochian, Peter R. Ryan

导言

早在 2000 多年前，人们已开始认识到矿质营养对农作物生产的重要性。植物的矿质营养非常独特，这是因为绿色植物是唯一多细胞自养型生物，可从环境中吸收无机元素而不依赖于其他生物体合成的高能化合物。植物营养学家为通过不同方法增加作物的产量做出了贡献。在过去的 60 ～ 80 年间，全球范围内工业生产规模和矿质营养的分布与作物产量有着直接的关系。这对增加食物产量从而应对人口增长带来的需求量增加至关重要。最主要的矿质营养——磷和钾通过矿物的自然沉积获取，因此被看成是有限资源。特别是磷，已知主要的高质量磷矿沉积将在 21 世纪结束前被用尽。对于氮来说，Haber-Bosch 过程被发现后，就不需要再担心被用尽，氮肥可通过固定氮气的方式产生。

近年来，随着现代实验手段在解析矿质离子营养的运输和利用机制方面的应用，该领域的研究急剧升温，并形成更新的研究热点。强大的新兴技术发展推动了该领域的复兴，包括分子技术、全基因组测序、模式植物系统的发展、高分辨率的电生理学方法及其他研究植物生理学的复杂手段。这些技术出现前，生理学家们只能在植物组织水平上进行研究，无法深入解析单个转运机制，而在当今的新时代，人们可将分子和遗传学手段相结合，共同揭示矿质营养的转运和利用机制。现在面临的挑战就是如何将这些独立的信息整合到一起，从而理解整株植物矿质营养的摄取和利用的分子生理学机制。

本章集中讨论有关矿质营养运输的生理学机制的最新研究，涉及两种大量元素（钾和磷）、两种微量元素（铜和铁）及一种有毒元素（铝）。近年来的研究开始着眼于揭示数种矿质营养的稳态调节机制，以及 microRNA 在这些机制中发挥的作用。与矿质营养有关的专题在本书的其他章节也有所涉及。例如，植物对氮和硫的吸收及同化作用分别在第 7 章和第 16 章已有论述。三种最丰富的矿质营养（碳、氢、氧）的合成和分解代谢在全文都有论述，同时也是第 12 章到第 14 章的主要内容。部分矿质营养的长距离运输机制主要在第 15 章中讨论，第 3 章的内容则基本讲解了植物体内离子跨膜运输的过程。

23.1 必需矿质元素概论

植物矿质营养学家将**必需矿质**（**essential mineral**）定义为满足以下条件的元素：①完成植物的生活史所必需的；②植物基本代谢或基本结构的组成成分。必需矿质不足会导致如图 23.1 所示的不同的缺乏症状。对 17 种必需矿质元素最常用的分类方式是依据维持植物正常功能所需各种矿质元素的相对浓度大小。**大量元素**（**macronutrients**）有 C、H、O、N、K、Ca、Mg、P、S。其中，除了 C、O 在植物中的含量要更为丰富以外，其余大量元素的含量一般为每克植物干重从 1000μg 到 15 000μg 不等。而**微量元素**（**micronutrients**），包括 Cl、B、Fe、Mn、Zn、Cu、Mo、Ni，在植物中的浓度通常是大量元素的百分之一到万分之一。

17 种植物必需的矿质元素中，14 种列于表 23.1，最后一行的元素——Ni，是最近 30 年才被证

图 23.1 草莓中 K、P、Fe、Zn、Ca、Mg、Cu 或 Mn 不足时叶片所表现的症状，以及矿质营养充足的对照植物的叶片形态

明是必需的。植物组织中含量最丰富的三种元素（C、H、O）未列于表中。Na、Si 及 Co 等被认为对植物有利但非必需的元素也未列出。

23.2 植物 K^+ 转运机制与调节

23.2.1 植物的 K^+ 运输已深入研究

细胞中含量最丰富的阳离子是 K^+。K^+ 在细胞质中的浓度为 80 ～ 200mmol·L^{-1}，而在整个组织中的浓度约为 20mmol·L^{-1}。其在细胞及整个植物的多种功能中发挥作用：作为细胞生长和气孔作用的渗透剂；平衡可扩散及不可扩散阴离子的电荷；活化 50 种以上的植物酶；参与许多代谢过程（包括光合作用、氧化代谢和蛋白质合成）。K^+ 是一种流动性非常强的营养元素，在最近的 50 年里，人们对 K^+ 从土壤中的获取，在细胞内、组织内及整个植物体内的流动转运进行了广泛的研究。许多对 K^+ 转运的研究都集中在植物的根部，因为根是植物最主要的矿物质吸收器官，并且它很适合进行离子转运的

表 23.1　在植物中足够的必需矿物质元素浓度

元素	化学符号	干燥材料中的浓度 (μg · g^{-1})	新鲜材料中的浓度*
常量元素			
氮	N	15 000	71.4mmolL^{-1}
钾	K	10 000	17mmolL^{-1}
钙	Ca	5 000	8.3mmolL^{-1}
镁	Mg	2 000	5.5mmolL^{-1}
磷	P	2 000	4.3mmolL^{-1}
硫	S	1 000	2.1mmolL^{-1}
微量元素			
氯	Cl	100	188μmolL^{-1}
硼	B	20	123μmolL^{-1}
铁	Fe	100	120μmolL^{-1}
锰	Mn	50	61μmolL^{-1}
锌	Zn	20	20.4μmolL^{-1}
铜	Cu	6	6.2μmolL^{-1}
钼	Mo	0.1	0.07μmolL^{-1}
镍	Ni	0.005	0.006μmolL^{-1}

* 鲜重浓度是根据假定鲜重干重比为 15 ∶ 1 计算的。

研究。对 K^+ 转运的重大突破也来自于对气孔保卫细胞的研究，因为气孔保卫细胞可以说是最具有特征性地呈现出植物离子转运过程的细胞。尽管人们已意识到控制和促进 K^+ 通过植物根部细胞的原生质体膜进入植物体的重要性，但植物中其他部位转运 K^+ 也同样重要，尤其是 K^+ 在整个植株水平上的运输和迁移。目前 K^+ 在植物体内的再循环，以及在组织、器官间转运的复杂模式已得到了证实（见第 15 章）。在白羽扇豆（*Lupinus albus*）所吸收的 K^+ 中，经由木质部从根部转运到枝条中的 K^+ 有大约 1/2 又通过韧皮部返回到根部；而由韧皮部返回的 K^+ 中，又有 75% 的 K^+ 重新进入木质部并再次转运到枝条中。图 23.2 是 K^+ 在植物的一些部位中转运的图解。

K^+ 穿过根的细胞质膜进入根的共质体，从这些细胞再穿过共质体到达维管组织。在维管组织中，K^+ 从木质部薄壁组织中卸载进入木质部导管，从而经长距离运输到叶中。随后叶细胞从木质部中重新吸收 K^+。当 K^+ 从充分平展的叶细胞中运出后，装载到韧皮部细胞并转运到植物活跃生长的组织（如苗尖和根尖）存储起来。在这些组织中，K^+ 可穿过液泡膜或质外体通道来卸载。K^+ 也可穿过液泡膜而储存在根和枝条的液泡中。沿着 K^+ 长距离运输的通道，植物通过在不同位点对 K^+ 运输系统的整合和调节来指导 K^+ 的分配和循环。这些 K^+ 转运蛋白的整合在植物的生长、发育，以及根据外界营养条件来改变自身矿质营养分配方面起核心作用。值得注意的是，这种模型对所有其他的矿质元素也适用，因为定位于特定细胞类型中的一系列不同转运蛋白的作用都是将各种必需元素转运到植物体的各个部位。

23.2.2　早期生理和生化研究表明存在多种 K^+ 转运蛋白

在放射性同位素和其他分子生物学手段应用之前，早期对 K^+ 转运的研究都集中于利用离体根。幼苗生长在稀释的水培溶液中（如 $CaCl_2$ 或 $CaSO_4$），因为细胞膜需要 Ca^{2+} 来维持其正常功能。这些幼苗的根吸收矿物质的初始速度非常高，因而是有用的实验材料。“低盐根”含有低浓度的矿质盐类和高浓度的糖类（钾盐的替代渗透剂），具有强大的运输能力。正因为如此，即便在放射性同位素开始应用后，“低盐根”依然被广泛使用。

放射性同位素在生物学研究中的使用为植物矿质营养研究开辟了一条新途径。研究人员利用感兴趣的矿质离子的放射性同位素或放射性类似物来标

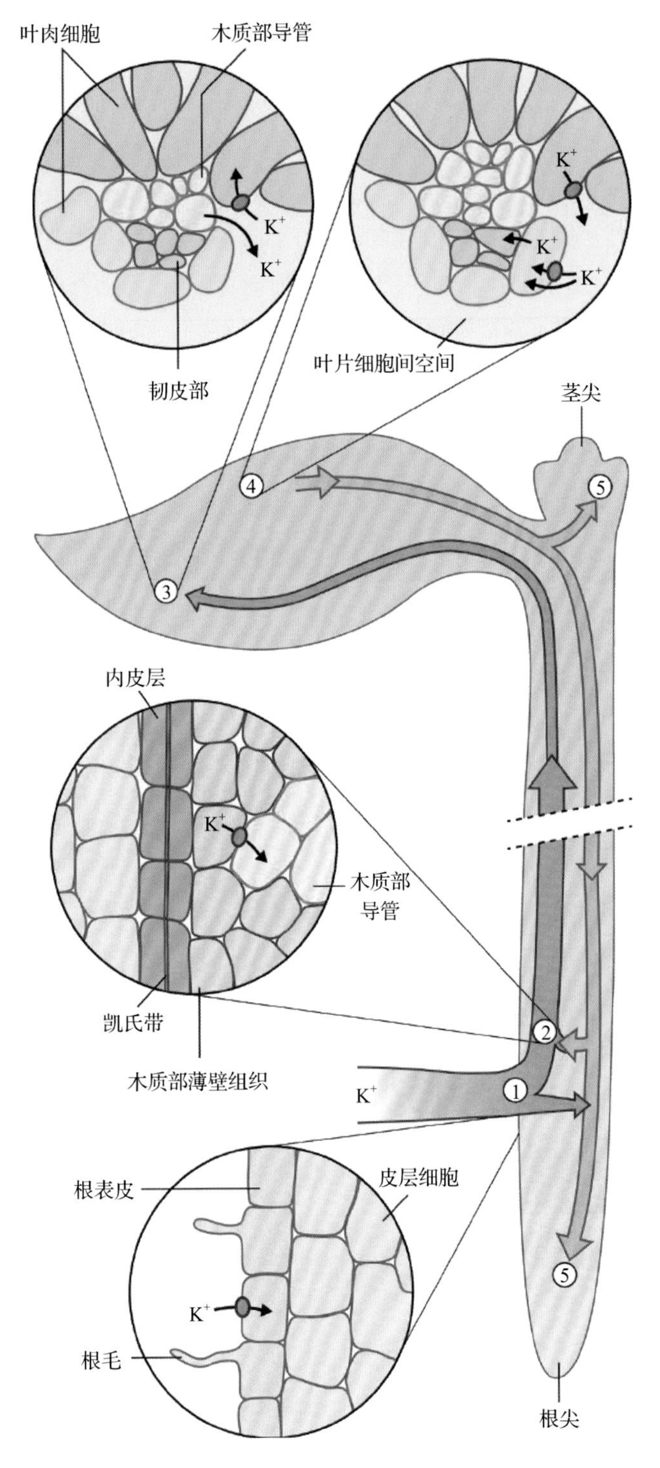

图 23.2 K^+ 转运进入植物及在植物中运输的图示。K^+ 在木质部(红箭头)及韧皮部(蓝箭头)中运输。数字代表长距离 K^+ 运输途径中重要的转运位点。其中的 4 个位点已被放大到细胞水平来图解 K^+ 转运。① K^+ 穿过根细胞质膜被吸收(纵向观);② K^+ 穿过木质部薄壁组织质膜(被运输)进入无生命的、厚壁的木质(部)导管中(横切面);③ K^+ 由木质部转运到枝干(叶)中,从木质导管转移到相邻叶细胞周围的质外体中,并被吸收进入叶薄壁组织细胞中(横切面);④ K^+ 从叶细胞流出后装载到已充分平展的叶的韧皮部中,通过质外体和共质体途径的结合将 K^+ 转运进入筛管-伴胞复合体(横切面);⑤ K^+ 从韧皮部转移到茎和根尖,并在那里卸出筛管以便随后利用

记元素溶液(如用 $^{42}K^+$ 或 $^{86}Rb^+$ 来替换 K^+),从而可定量确定标记物质的吸收、转运及外流。利用放射性示踪剂测量矿质离子流动的先驱性工作推动了离子运输领域的进展(信息栏 23.1)。植物生物学家首次将矿质离子转运蛋白看成是酶,并采用酶动力学来分析研究依赖于浓度的根对 K^+ 的吸收。当低盐的大麦根暴露在低浓度的 $^{86}Rb^+$(K^+ 的替代物)溶液中(0 ~ 200μmol·L^{-1})时,所产生的高亲和性的 K^+ 吸收表现出饱和动力学特征(米-曼氏动力学)。这种高亲和性 K^+ 转运蛋白被命名为机制Ⅰ,随后证实相对于其他碱性阳离子,机制Ⅰ将优先转运 K^+(和 Rb^+)。从更大的浓度范围考虑 K^+ 吸收动力学,发现 K^+ 的吸收呈现出更为复杂的情况,可用两条独立的饱和曲线来更清楚地表示(图 23.3)。植物的根中也存在一个低亲和性吸收系统——机制Ⅱ,机制Ⅱ在外界 K^+ 浓度比较高时发挥作用。当土壤中 K^+ 浓度比较低时,高亲和性 K^+ 转运系统占主导地位;当细胞内 K^+ 浓度比较高时,低亲和性 K^+ 转运蛋白开始发挥作用。相对于其他碱性阳离子(如 Na^+),低亲和性 K^+ 转运蛋白对 K^+ 转运的特异性较弱。热力学证据进一步表明矿质营养吸收过程有多种具有不同底物亲和性的转运蛋白起作用。当外界 K^+ 浓度较低时(< 100μmol·L^{-1}),根细胞对 K^+ 的吸收经常逆电势梯度(见第 3 章)。在这种情况下,矿质元素的吸收不可能通过扩散完成,而必定由一种主动运输机制来介导。这样的主动运输机制可以是 ATP 驱动的离子泵,也可以是由跨膜 H^+ 或 Na^+ 梯度提供能量的二级主动转运蛋白。

生理学的研究为根具有独立的 K^+ 高亲和性和低亲和性转运蛋白提供了进一步的证据。例如,图 23.4 是玉米根中 K^+ 吸收过程的动力学曲线,该实验研究对象是 K^+ 的替代物 Rb^+。这一复杂的动力学曲线是具有饱和动力学特征的高亲和性转运蛋白和具有一级动力学特征的低亲和性转运蛋白共同作用的结果。使用特殊的抑制剂如 *N*-乙基马来酰亚胺(NEM),可选择性地抑制高亲和性吸收而不损伤具有线性特征的转运组分。在其他一些实验中,采用 K^+ 通道阻断剂如四乙胺(TEA)则可选择性地抑制线性的低亲和性转运组分。进一步的生理学研究表明高亲和性 K^+ 吸收系统表现出几个特性,包括:由 K^+ 饥饿诱导的基因表达的提高或转运活性的提高;对 K^+ 的高度亲和性(K_m=5 ~ 30μmol·L^{-1})以

信息栏 23.1　用放射性同位素测量细胞中的离子流量

用放射性同位素检测植物中矿质离子的转运过程已有将近 50 年历史。首先在规定时间内将植物根（或其他组织，如剪下的叶）浸入放射性同位素标记的吸收溶液中；接着，洗去组织上黏附的放射性溶液；最后，通过测量 β 或 γ 射线来确定结合到组织中的放射性同位素的量，这样的做法相对比较容易。然而，利用放射性同位素要准确测量离子流量却并不是件很容易的事情。主要困难源于植物细胞的解剖学特点。如附图所示，植物细胞主要包括三部分：细胞壁、细胞质和液泡。当把植物细胞放入含有 $^{42}K^{+}$ 或者 $^{86}Pb^{+}$ 的吸收溶液中时，细胞壁上的阳离子结合位点和壁孔是最先结合或积累放射性示踪元素的位点。随着细胞壁内质膜表面附近的放射性示踪元素浓度的增加，K^{+} 穿过质膜成为未标记离子和放射性同位素标记离子的混合物。随着时间的延长，细胞质中标记的 K^{+} 所占比重也将逐渐增加。当细胞质中放射性同位素的量增加到足够大时，将会有相当量的同位素从细胞中流出，或者流入液泡中。这种同时的流入和流出为测量离子单向的流入量造成了困难。

在稳定的条件下，进入细胞的矿质元素量是一个由单方向流入量和流出量组成的净流量。但因为研究人员通常感兴趣的是某种离子的单方向流入量，所以控制吸收过程的时间就显得尤为重要，即必须要有足够的时间来确保足够浓度的放射性同位素进入共质体，然而时间过长又会为已吸收的放射性同位素的外流提供时间，同时也会使离子进入细胞受到胞内离子进入液泡速度的影响。

因为细胞壁可结合和积累大量的放射性同位素的阳离子，所以必须发展一种解吸附方法来有效去除细胞壁上的放射性标记物质。解吸附的时间也必须严格控制，以保证细胞壁上的大部分标记物可除去，而已转运到细胞质中的放射性同位素则不受影响。通常地，对于一价的阳离子（如 K^{+}），未标记的吸收溶液就是一种有效的解吸溶液。包含有高浓度 K^{+} 和 Ca^{2+} 的溶液也可有效地将 $^{42}K^{+}$ 或 $^{86}Rb^{+}$ 从带负电的细胞壁结合位点上解吸下来。

附图所示为植物根部放射性同位素积累和解吸时间变化图。起初由于标记元素结合在细胞壁上，使同位素急剧积累。在这样的快速积聚阶段之后，放射性同位素积累速度减慢，这是由阳离子单向流入细胞质中而引起的。图中最后一段是将同位素示踪元素溶液换成解吸液后的情况。在

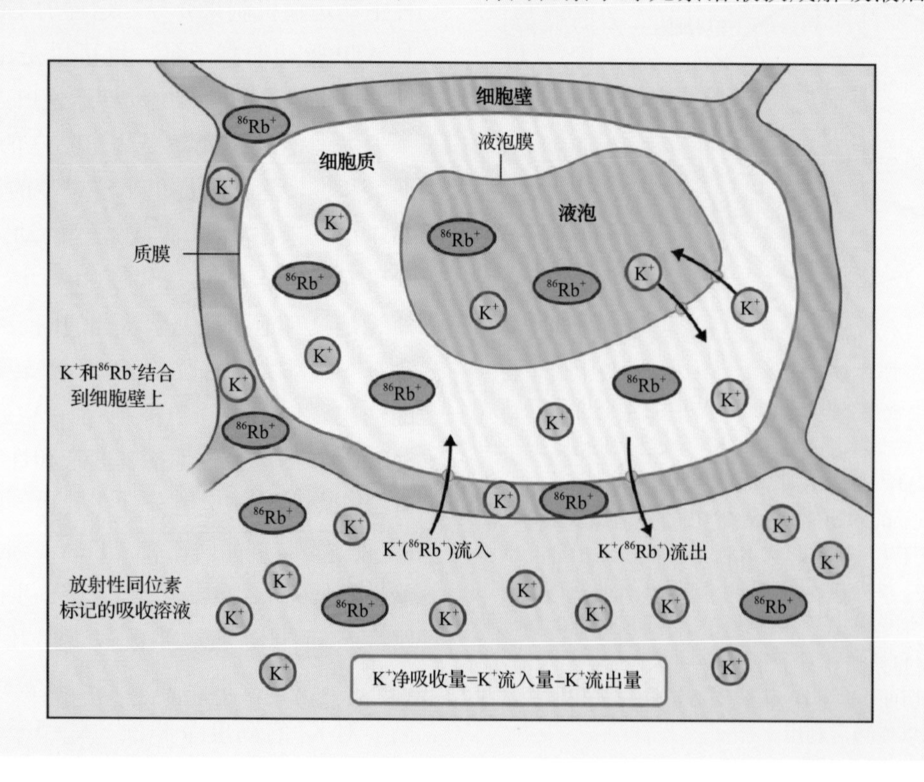

理想条件下，解吸过程迅速地将细胞壁中的大部分放射性同位素除去而不影响标记元素在共质体中的积累。解吸前植物组织中所有放射性元素的量与解吸的示踪同位素的量的差异就代表了单向流入细胞质的放射性同位素的量。

为了得到合理的 K^+ 单向流入根细胞量的测量结果，可采用一套无论对强壮的根（如玉米或者大麦）或较小的根（如拟南芥）都行之有效的吸收 - 解吸规则，即先用同位素示踪元素吸收 10 ～ 20min，接着解吸 10 ～ 20min。如果吸收过程持续更长的时间（几个小时），通常就会出现第三个阶段——一个较缓慢的积累阶段，这是由示踪元素从细胞中流出或者流入液泡所引起的，该过程比离子穿过质膜流入要更为缓慢。

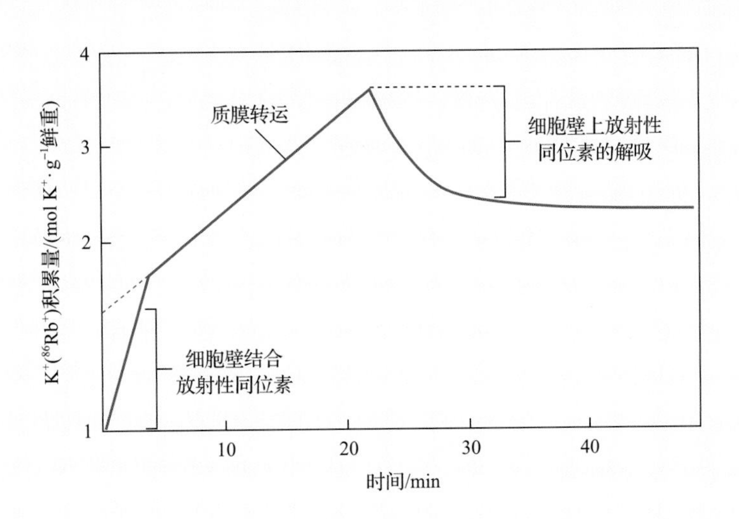

及较之其他阳离子对 K^+ 和 Rb^+ 的高选择性。相反地，低亲和性 K^+ 转运蛋白对 K^+ 和 Rb^+ 的选择性却比 Na^+ 低，受植物中 K^+ 含量改变的影响也较小。以下详述的分子及生理学研究为多种 K^+ 转运蛋白的存在提供了更加确切可靠的证据。

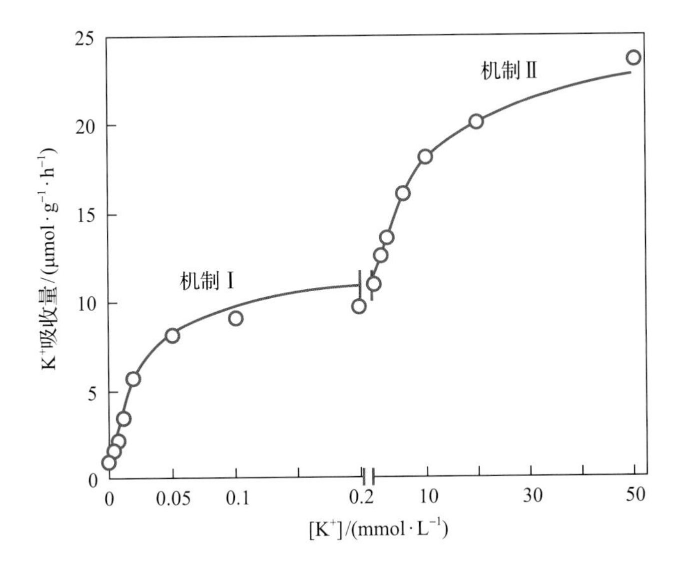

图 23.3 双等温线描述了吸收溶液中 K^+ 浓度不同时，大麦根对 K^+ 的吸收速度，表明了在低于 $0.2mmol·L^{-1}$ 的 K^+ 浓度范围内的 K^+ 吸收变化

23.2.3 研究离子转运的载体动力学（carrier-kinetic）方法

当米氏酶动力学分析首次应用于根对 K^+ 浓度依赖性吸收的研究后，其对离子转运领域产生了巨大影响。不论在植物中还是其他物种中，这一方法为研究者对于离子转运过程提供了新的视角及分析方法。许多植物及动物组织对多种底物的转运都具有复杂的动力学特征。多数情况下，离子的吸收曲线包含多个阶段及组分。从对不同植物 K^+ 转运蛋白（包括若干种不同根中的 K^+ 转运蛋白）的分子克隆和遗传分析结果中得知，确实存在作用于不同 K^+ 浓度的多种 K^+ 转运蛋白；然而，根中高亲和性和低亲和性转运蛋白的身份及功能尚未完全解析。尽管有多种 K^+ 转运蛋白在高亲和性和低亲和性吸收中扮演不同但也有时重叠的角色，对其中某些成员的特征研究表明，一种转运蛋白在受到不同的转录后修饰调控的情况下，也可表现出复杂的动力学特征。例如，对拟南芥及酵母（*Saccharomyces cerevisiae*）细胞中表达的 K^+ 转运蛋白 AtKUP，以及非洲爪蟾（*Xenopus laevis*）卵母细胞的硝酸盐转

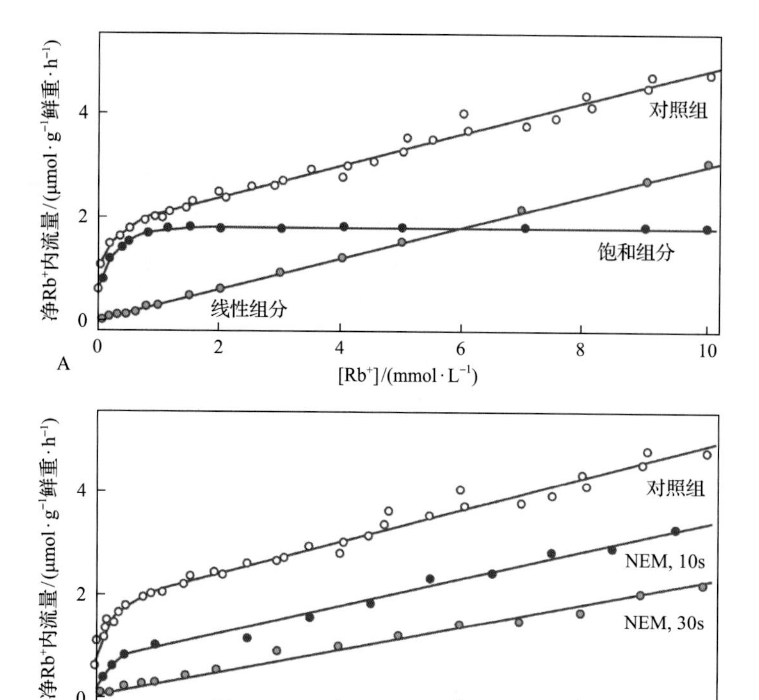

图 23.4 高盐条件下生长的玉米根对 Rb^+ 吸收的动力学。A. 对照曲线（白色）被分成饱和的高亲和性（深色标志）和线性的低亲和性（浅色标志）转运组分；B. 硫基修饰的 *N*- 乙基马来酰亚铵（NEM）对高盐浓度下生长的玉米根的 $^{86}Rb^+$ 吸收的影响。根段首先在 0.3mmol·L^{-1} NEM 中预处理 10s（深色标志）或 30s（浅色标志），接着在 1mmol·L^{-1} 的二硫赤藓糖醇中洗 10min 以结合未反应的 NEM 并使之失去活性，最后浸入 $^{86}Rb^+$ 中。NEM 抑制高亲和性转运蛋白，但不影响低亲和性转运蛋白

运蛋白 NRT1.1 的研究表明，一种蛋白质也可同时介导高亲和性和低亲和性的离子吸收。

23.2.4 模式生物系统以及高精度的分子和电生理学方法为植物矿质运输的机制研究提供了新视角

过去 30 ～ 40 年中，随着新技术的发展，以及利用生物学系统（称为异源系统）对植物矿质离子转运蛋白的克隆及功能研究，人们对植物 K^+ 运输系统的认识得到了极大的进展。从 20 世纪 90 年代开始，酿酒酵母（*Saccharomyces cerevisiae*）成为克隆表达 K^+ 转运蛋白及其他离子转运蛋白基因的有效异源系统（信息栏 23.2）。尽管酿酒酵母不易于进行电生理学研究，但这些细胞易于利用放射性示踪剂来研究单个转运蛋白的底物特异性。相反，爪蟾（*Xenopus laevis*）的卵母细胞是进行电生理学特征研究的高分辨率系统（见 3.4.2 节）。爪蟾卵母细胞较大（直径约 1mm），单细胞的结构可方便地用微电极进行注射和穿刺。通常，将待研究的转运蛋白 cDNA 转录成 cRNA 之后注射进卵母细胞中。卵母细胞翻译 cRNA，注射后过几天，与注

信息栏 23.2 酵母互补：研究植物矿质营养的强大工具

研究者们发现，单细胞的酵母（*Saccharomyces cerevisiae*）在试图分离植物中编码离子转运蛋白的新基因时具有巨大的价值。*S. cerevisiae* 的基因组已经被完全测序，并且也有得到任意一个基因的敲除突变体的流程化方法。酵母可以作为植物细胞很好的模型，因为同植物一样，酵母会跨膜泵送质子以产生电化学梯度。这个 pH 和电势的梯度驱动了许多离子的跨膜转运。解析酵母中的离子转运过程以及分离相关的基因通常都领先于植物中的此类研究。在特定的转运过程有缺陷的酵母突变体使得人们能够利用**功能互补**的方法，从植物中克隆出相关基因。利用这一方法可以从包含成千上万个 cDNA 的文库中分离出编码具有特定功能的转运蛋白的 cDNA。cDNA 文库首先由感兴趣的组织（如根）的 mRNA 构建，接着克隆进入可以在酵母中表达该 cDNA 的载体中。将质粒文库转入某种特定的酵母突变体中（如 K^+ 转运的突变体），这些酵母就可以用来在选择性培养基上（如低 K^+ 浓度）进行筛选，只有表达植物中能够互补突变表型的相应 cDNA 的酵母细胞才能生长。成千上万个酵母细胞，每个都表达一种植物 cDNA，可以迅速被筛选。这一方法对发现许多编码植物转运蛋白的基因十分有效，如 K^+、磷酸盐、硫酸盐、Fe^{2+}、Zn^{2+}、Cu^+、Mn^{2+}、Ca^{2+} 和硼酸盐的转运蛋白。

酵母互补也可以用于研究与其他转运蛋白序列具有同源性的特定 cDNA 的功能。这种情况下，需将单个质粒 -cDNA 载体转入突变体酵母，而非

转入一批质粒，如果突变体得到互补，则可以确定该 cDNA 的确具有预测的功能。在所示的例子中，K^+ 转运有缺陷的 *trk1trk2* 酵母突变体在转入 pKAT1（带有植物 K^+ 转运蛋白的载体）之后恢复生长，而在转入空载体 pRS316 的对照组中则不能生长。需要注意的是，对照组和表达 *KAT1* 的突变体在含有高 K^+ 浓度（100mmol·L^{-1}，左图）的培养基中生长同样良好，而在低 K^+ 浓度（0.2mmol·L^{-1}）的培养基中只有表达 *KAT1* 的细胞能够生长（右图）。酵母也被用于分离能够使其耐受有毒浓度的某些离子的 cDNA，许多这样的 cDNA 编码的是转运蛋白。一旦某些植物蛋白被证明能够在酵母中发挥功能，这个简单的系统将在进一步研究其转运特性的细节上提供巨大的便利。

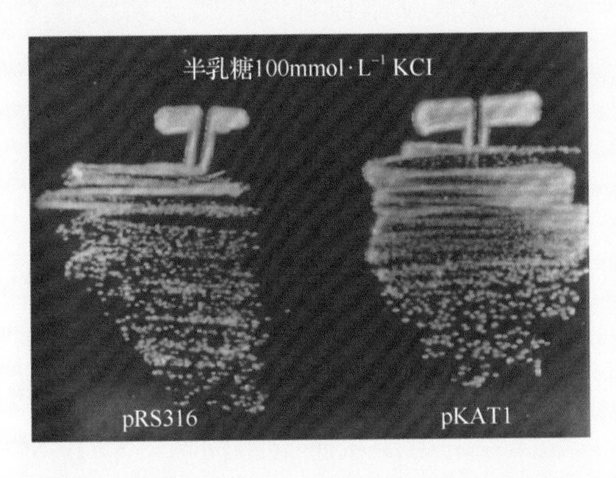

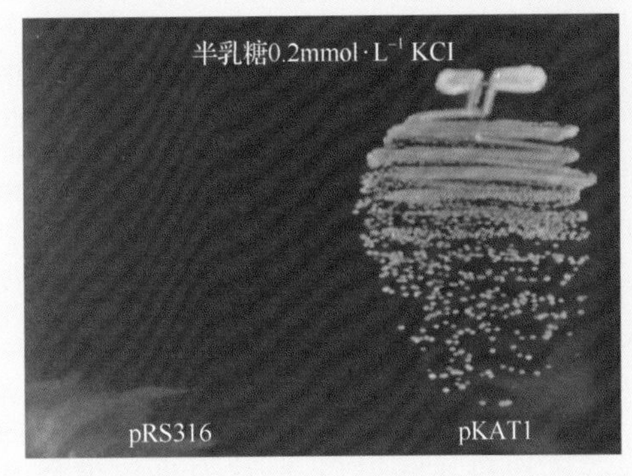

来源：Anderson et al. (1992). Proc. Natl. Acad. Sci. USA 89: 3736-3740

射水的对照组进行比较，便可研究转运蛋白的功能。利用复杂的电生理学技术，爪蟾卵母细胞可用于研究高分辨率的 K^+ 通道的动力学特征及底物特异性。

20 世纪 80 年代兴起的用于膜转运蛋白机制研究的膜片钳技术是又一重大的技术进展。尽管膜片钳技术最先应用于动物细胞，很快这项技术也应用到了植物细胞膜的研究。在植物中，膜片钳用于研究保卫细胞质膜的 K^+ 通道（见信息栏 3.6）。在多种细胞类型中（如根细胞、保卫细胞、叶片细胞及谷物糊粉层细胞），对原生质体的膜片钳研究表明存在两种 K^+ 通道：内向整流通道，在膜电位（membrane potential，E_m）超极化时打开进而促进 K^+ 的摄取；外向整流通道（K^+_{out} 通道），在膜电位去极化时打开，将 K^+ 转运到细胞外。外向整流通道蛋白在以下几个方面起着作用：渗透调节、气孔作用、E_m 的调节，以及盐类从木质部薄壁组织中卸载进入木质部导管以便长距离运输进入枝条。植物中的 K^+_{in} 通道和动物中的不同，它不易失活且可以长期保持开放。这些特性具有重要意义，因为 K^+_{in} 通道是从土壤中获得 K^+ 的主要转运途径，并且在气孔的缓慢开放和关闭的过程中，保卫细胞需要持续的 K^+ 内向和外向电流。

目前人们正用电生理学和分子生物学技术来解决有关植物中 K^+ 转运的问题。尽管异源表达系统可用于研究单个转运蛋白，电生理学实验中，用一个单一的充满盐的玻璃微电极刺穿根部细胞可以测量跨原生质膜的电压梯度 [即**膜电位（membrane potential）**或者 E_m，见第 3 章信息栏 3.2]。早期实验表明高亲和性的 K^+ 吸收是**生成电的（electrogenic）**（见第 3 章和第 14 章），也就是说与跨膜电流相关。更新的研究将微电极技术与遗传学工具相结合来研究特定的 K^+ 通道的功能。拟南芥中，敲除 AKT1 的突变体（见 23.2.5 节）显示，在外界 K^+ 浓度为 10μmol·L^{-1} 到 1000μmol·L^{-1} 时，这类 K^+ 通道负责细胞中 55% ～ 63% 的 K^+ 转运量。一开始这个结果令人感到惊讶，由于离子通道只促进离子跨膜的被动转运（例如，顺着电化学梯度），因此人们原本以为在外界 K^+ 浓度低时，K^+ 通道不能进行有效的吸收。电化学梯度综合了电的（膜电位）和化学梯度（K^+ 浓度的内外差异）。后续的研究表明，根细胞的膜电位可低至 –235mV，足以从 K^+ 浓度低的外界吸收 K^+。近来，拟南芥的双突变体证实 AKT1 和一种 K^+ 高亲和性的转运蛋白保证根细胞可从外界极低浓度的 K^+ 环境中吸收 K^+。这些研究将分子生物学、遗传学、电生理学和放射性示踪技术结合使用来全面剖析与理解高等植物中的膜转运过程。

23.2.5 K$^+$ 转运蛋白由多种植物基因编码

前面叙述的生理学和生物物理学的研究对理解植物中 K$^+$ 的运输及营养曾起到很大作用，然而这些方法也具有局限性，即未能将 K$^+$ 在复杂器官（如根）中的运输机制完全解释清楚。当研究人员得到越来越多不同种类的 K$^+$ 转运蛋白，以及关于转运蛋白结构、功能、调节之间关系的信息后，就可更好地诠释 K$^+$ 转运在整个植株的生长和发育中发挥的多种功能。

生化研究已成功地阐明了 H$^+$-ATP 酶的特性，因为这类转运蛋白与其他通道及类载体转运蛋白（carrier-like transporters）相比，在质膜和液泡膜上含量相对丰富。由于只有动物及微生物的基因可用，用表达 K$^+$ 转运蛋白的异源探针筛选 cDNA 库的方法并不成功。然而，前面也提到，互补酵母（*S. cerevisiae*）的突变体是克隆植物 K$^+$ 转运蛋白基因及植物中其他溶质转运蛋白基因的好方法（信息栏 23.2）。

KAT1 和 *AKT1* 是第一批从植物中克隆到的 K$^+$ 转运基因，是通过将酵母 K$^+$ 转运缺陷突变体 *trk1trk2* 与一种拟南芥 cDNA 文库互补而克隆出来的。*KAT1* 和 *AKT1* 有着很强的同源性，编码 K$^+$ 通道 *Shaker* 超家族中的成员（见第 3 章），这一家族具有很特别的结构特征，如形成孔隙的环状结构（pore loops）。非洲爪蟾（*Xenopus*）卵母细胞中这类通道的电流 - 电压特性表明这些转运蛋白属于内向整流的 K$^+$ 通道，随后这一结果也在酵母和昆虫细胞中得到证实。图 23.5 描述了非洲爪蟾卵母细胞中表达的 *KAT1* 基因的典型电流 - 电压关系，该图显示 E_m 向负电压的转变激活了通道并产生了“强内向电流”（K$^+$ 流入）。通过对植物细胞的膜片钳研究发现 K_{in}^+ 通道具有一些显著的转运特征，如电压依赖、相对于其他阳离子对 K$^+$ 具选择性、时间依赖的动力学特征、不失活，以及对 K$^+$ 通道阻滞剂 TEA 和 Ba^{2+} 有反应，而 *KAT1* 和 *AKT1* 编码的蛋白质都具有这些特征。

很多年来，AKT1 通道在非洲爪蟾卵母细胞中为何不能功能性表达始终是个谜。并非所有的转运蛋白都可在卵母细胞中进行研究，原因有很多，例如，电流过低以至于不能被检测、蛋白质不能锚定在质膜上、对卵母细胞具有毒性作用、缺乏翻译后修饰及亚基的缺失等。对于 AKT1，人们发现其需要被磷酸化才能在卵母细胞中发挥功能。植物体中，一种被称为 CIPK23（CBL 互作蛋白激酶）的特异性激酶会使 AKT1 磷酸化。CIPK 激酶在植物中是个大家族（拟南芥中至少有 25 个成员），与酵母中的蔗糖非发酵（sucrose nonfermenting，SNF）激酶及动物中的 AMP 依赖性激酶最为相似。CIPK 激酶与作为下游效应因子的小 Ca^{2+} 感应器互作。这些小的感应器被称为 CBL，代表类钙调磷酸酶 B（calcineurin B-like）蛋白。这条 CBL/CIPK/AKT1 通路暗示着 Ca^{2+} 信号在 K$^+$ 吸收中的调控作用。当 K$^+$ 不足时，很可能通过增加活性氧的含量引起 Ca^{2+} 水平波动，从而调控 K$^+$ 的吸收。

KAT1 和 AKT1 与其他含有 P 环的通道具有相同的结构特征（图 23.6）。这些蛋白质 N 端附近存在 6 段疏水跨膜结构域（S1 ～ S6），S4 区中存在一个保守的电压敏感型结构域，S5 和 S6 间存在一个两亲性的 P 结构域（也称为 H5）。P 结构域在 K$^+$ 选择性 P 环及所有的 *Shaker* 型通道中都高度保守，人们认为是由它形成了通道孔来控制离子的渗透及选择。通常具有 K$^+$ 选择性的区域都包含一段核心氨基酸残基 GYG。所有生物的 K$^+$ 选择性通道都含有这个基序，并且该基序是使这些孔隙具有选择性的主要决定性因素。这些通道由图 23.6 所示的 4 个单独的亚基组成（亦见图 3.26）。通道四聚体的 4 个过滤器上的羰基基团结合 2 个 K$^+$。很多生物中，有些 K$^+$ 通道的晶体结构已被解出，但植物中的尚未

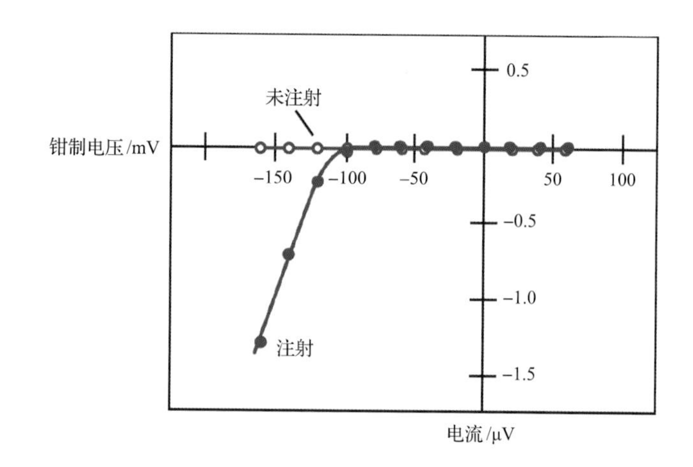

图 23.5 未注入外源基因的非洲爪蟾卵母细胞的电流 - 电压关系（白色）以及注入 *KAT1* mRNA 4 天后的非洲爪蟾卵母细胞的电流 - 电压关系（黑色）。*KAT1* mRNA 导致生成了内向电流以应答数值小于 −100mV 的超极化电压，这是内向电流 K$^+$ 通道的典型特征

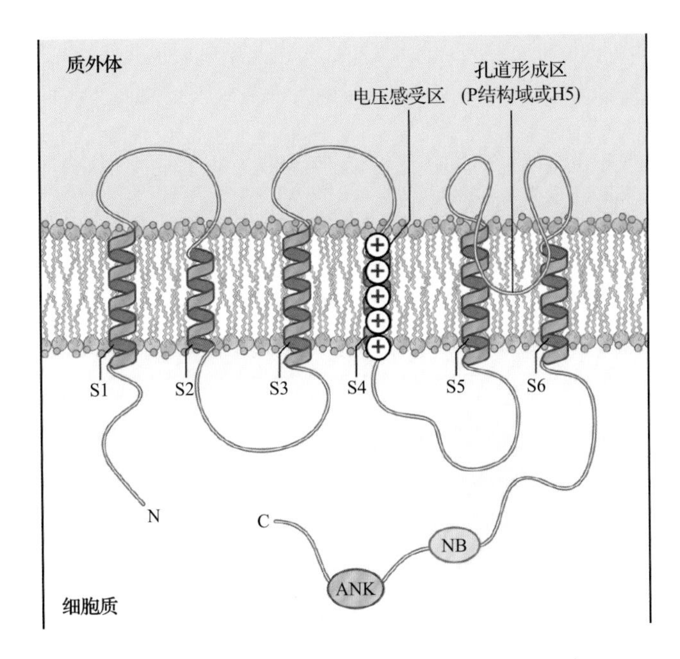

图 23.6 AKT1 的预测结构模型。ATK1 为一种植物 K^+_{in} 通道。N 端附近有 6 个跨膜域。在 C 端附近发现有一个核苷结合区（NB）和类似锚蛋白结构域（ANK）。被认为对电压敏感的 S4 区，在其跨膜区中含有几个带正电荷的氨基酸。P 结构域（亦称 H5）被认为是形成孔的口并在通道选择性上起着重要的作用

解出。这些研究使人们更细致地理解了 K^+ 通道的晶体结构，以及决定它们大多数功能的重要结构特征。这些通道的结构及其与水合 K^+ 的相互作用解释了为何 K^+ 通道的 V_{max} 接近扩散极限，以及为何其对如 Na^+ 的小阳离子强烈排斥。S4 跨膜域每隔 3 或 4 个位点就包含一个带正电荷的碱性氨基酸。随着膜电位的极化，该区域在膜内构象发生改变，从而使通道开启或关闭。

KAT1 和 *AKT1* 的克隆使拟南芥和其他植物中其余的相关基因得到了鉴定，并说明存在着编码 K^+ 转运蛋白的多基因家族（表 23.2，Shaker 型阳离子转运蛋白）。过去的 20 年中，随着更多的序列信息可利用及全基因组被测序，大量的类 *KAT1* 和类 *AKT1* 基因被人们鉴定出来。这个家族的成员数目如此之大，有可能与它们在特定植物组织或细胞类型中的定位有关。例如，*KAT1* 和它在马铃薯（*Solanum tuberosum*）中的直系同源基因 *KST1* 都位于保卫细胞中，推测它们编码的是参与气孔作用的 K^+_{in} 通道。而 AKT1 则位于根表皮和皮层中，参与植物对 K^+ 的吸收。*AKT2*（有时也命名为 *AKT3*）和 *AKT1* 有 60% 的序列相似性，它在叶而不是根中表达。推测 *AKT2* 在叶片中编码的 K^+ 转运蛋白，其功能类似于 *AKT1* 在根部编码的蛋白质。人们把马铃薯的 K^+ 通道蛋白（KST1）的 C 端区域作为诱饵在酵母双杂交系统（信息栏 23.3）中鉴定与 KST1 相联系的蛋白质。原本希望这种方法可鉴定一些调节通道的蛋白质或者一些将 KST1 锚定在膜中的蛋白质，结果却发现了两个新的 K^+ 通道基因，即 *SKT1* 和 *SKT2*，这两个基因和拟南芥中的 *AKT2* 有着相当高的相似性。随后的研究表明，所有 K^+_{in} 通道蛋白的 C 端都含有保守序列，该序列显然在 K^+ 通道蛋白亚基缔合方面起到重要作用。K^+ 通道四聚体的异源组装可能是引起 K^+ 通道细微功能变化的另一种方式。

表 23.2 预测的拟南芥、白杨、水稻和衣藻基因组中 K^+ 转运蛋白数目

	拟南芥	白杨	水稻	衣藻
阳离子转运蛋白				
KcsA 型	1	0	0	0
Shaker 型	9	11	6	0
TPK/KCO	5	10	4/3	0
未分类的 6TM1P	0	0	0	9
CNGC	20	12	10	0
TPC	1	1	1	0
HKT	1	2	6	0
KUP/HAK	13	28	25	3

来源：Ward. J. M. Maser, P., Schroeder, J. I. 2009. Plant Ion Channels: Genes Families, Physiology, and Functional Genomics Analyses. Annu. Rev. Physiol. 71: 59-82

信息栏 23.3 酵母双杂交系统是在细胞内鉴定蛋白质 – 蛋白质相互作用的遗传学方法

酵母双杂交系统是基于转录因子的模块化特征，它们通常由两个模块组成：DNA 结合域（DBD）和激活域（AD）。完整的转录因子，如酵母 Gal4 蛋白，通过 DBD 结合到启动子特异的识别序列上。然后，AD 招募普通的转录装置，启动下游基因的表达（①，见图）。在酵母细胞中，这两个模块可以被分离，单独或者共同以融合蛋白的形式被表达出来。当只表达 DBD（与感兴趣的蛋白 X 融合）时，其可以结合到启动子区域，但是由于缺乏 AD，转录不会被激活（②）。相似的，当 AD 与另一个蛋白质（Y）融合并被表达时，由于 AD 不能结合到启动子区域，因此下游基因的转录也不会被激活（③）。如果 X 蛋白和 Y 蛋白能够相互作用，同时表达这两个杂合蛋白将使 DBD 和 AD 相互接近，因而重新形成了一个具有活性的转录因子（④）。如果报告基因（蓝框）能够产生方便鉴定的表型，如营养原养型，则 X 蛋白与 Y 蛋白能否结合就可以被轻易地检测出来。双杂交系统被广泛地应用于鉴定新的结合蛋白、在已知的相互作用中定位结合区域，以及寻找影响这些相互作用的突变体。

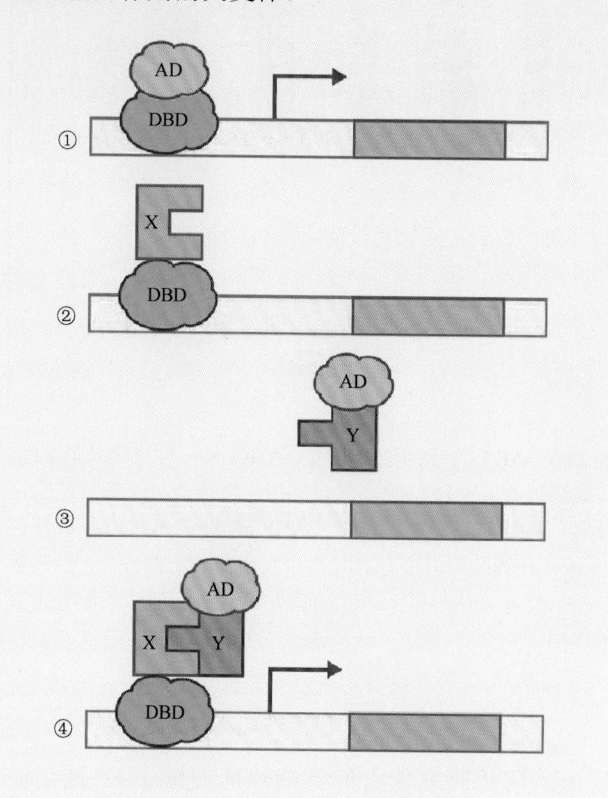

23.2.6 基因组测序和分子技术证实存在多个编码 K^+ 转运蛋白的基因家族

K^+ 通道和转运蛋白控制了植物细胞中 K^+ 的内流和外流，以及细胞质和细胞器内 K^+ 的浓度。相比于动物细胞，植物细胞同时具有 K^+ 内向整流（K^+_{in}）和外向整流（K^+_{out}）通道。植物细胞中这些通道相互之间结构相近，都含有 6 个跨膜域和上述经典的孔状环。内向整流的 K^+ 通道的生理学功能涵盖从保卫细胞渗透压调节到从土壤中吸收 K^+。内向整流 K^+ 通道的打开由膜电位的超极化引发。保卫细胞中 K^+ 由通道内流导致保卫细胞膨胀从而使气孔打开。根中，在很大的浓度范围内 K^+ 通道都对 K^+ 吸收起到重要作用。尽管在最早的电生理学研究中，外向整流 K^+ 通道在膜电位去极化时就可被清晰地测量，但其分子鉴定完成得相当晚。一类叫作 SKOR 的外向整流通道的特征被研究得很透彻，它属于中柱 K^+ 外向整流通道。当使用遗传学方法敲除这类通道的表达时，木质部的 K^+ 浓度则会降低。这个表型与此通道在根中柱细胞中定位和发挥功能相联系，说明 SKOR 在将 K^+ 装载进木质部的过程中发挥重要作用。

利用电生理学方法发现 K^+_{out} 通道定位于木质部薄壁细胞。为了从大麦根部分离木质部薄壁组织原生质体用于膜片钳研究，需首先将中柱从根中解剖出来，然后对细胞壁进行酶消化。通过对这些细胞进行膜片钳研究，已在木质部薄壁组织细胞的质膜上确定了三种类型的离子通道：K^+_{in} 通道及另外两种通道——一种对 K^+ 有选择性，另一种是无选择性的阳离子通道。对这种 K^+ 通道的分子鉴定和生理学特征研究揭示了一种参与 K^+ 从根到茎中迁移的重要机制。

除了具有 6 个跨膜域的高选择性 K^+ 通道外，还有两大类相关的通道，即 CNGC（环核苷酸门控通道）和 TPK（双孔 K^+ 通道）。CNGC 具有 6 个跨膜域、1 个孔径区和包含环核苷酸结合域的 C 端。CNGC 由环核苷酸调控空间构象，而非被膜电位激活。这类通道的孔径结构决定了其对 K^+ 不具有选择性，同样也可转运其他二价阳离子。CNGC 的生理学功能还未研究清楚，只有少数几个被证明参与植物对病原体的反应。与 CNGC 的非选择性特征相反，TPK 对 K^+ 具有强选择性。这类通道存在 4 个跨膜域和 2 个孔径结构。TPK 也被称为 VK（液泡 K^+ 通道），因为它们是被首次发现于保卫细胞的液泡膜上，当细胞质内 Ca^{2+} 浓度上升到约 1μmol·L^{-1} 时，此类通道被激活。TPK1 在 C 端具有两个 EF-hand Ca^{2+} 结合域，这可能是其受细胞质内 Ca^{2+} 浓度直接调控的基础。TPK1 被破坏的拟南芥突变体缺乏可用电生理学方法检测到的 VK 通道活性，并在 ABA 响应中有气孔关闭减缓的表型。这暗示此类通道具有释放液泡中 K^+ 的重要功能，确保了保卫细胞的收缩及气孔的关闭。

植物、真菌和细菌基因组中均具有编码相似类型转运蛋白的基因，最初被命名为 KUP（K^+ 吸收通透酶 permease），但在植物中它们被称为 K^+ 转运蛋白 KT 和 HAK。这些转运蛋白有 10 ～ 14 个预测的跨膜结构域。细菌和真菌基因组中只含有 1 ～ 2 个基因编码这类转运蛋白，但植物基因组中存在许多这类基因，拟南芥中有 13 个，水稻（*Oryza sativa*）中有 25 个，白杨（*Populus* spp.）中有 28 个（表 23.2）。植物中大多数的 KUP 转运蛋白功能、为何编码这类转运蛋白的基因数目如此之多都尚未研究清楚。敲除拟南芥中几个 KUP 会表现出不同的表型。例如，Shy3-1（黑暗中短下胚轴）的表型是 *AtKUP2* 上的点突变导致的，突变体 *Trh1*（微小的根毛）是敲掉 *AtKUP4* 导致的。这些表型都显示出细胞体积变小，暗示了 KUP 家族的 K^+ 转运蛋白在细胞增大中的作用，这是植物营养中 K^+ 的重要作用之一。用植物中最大的单细胞之一的棉花（*Gossypium hirsutum*）纤维进行的一项巧妙研究表明，KUP 家族中某一成员的表达与棉花纤维的伸长有一定的关系。这一研究进一步支持了 KUP 转运蛋白在细胞伸长中的作用，可能由 K^+ 吸收引起。尽管已清楚地知道 AtHAK5 是高亲和性的 K^+ 转运蛋白，但不能说明这个家族的其他成员都是高亲和性的。事实上，AtKUP1 被证明是具有双重亲和性（高和低）的转运蛋白，真菌和细菌中的研究也表明某些 KUP 是低亲和性转运蛋白（图 23.7）。

23.2.7 钠及钠－钾转运蛋白在钠转运和盐耐受中的作用

已发现的 *HKT* 家族成员是通过将酵母 *trk1trk2* 转运突变体和从 K^+ 饥饿的小麦根中分离构建的 cDNA 文库进行互补而克隆得到的。推测的 HKT1 氨基酸序列包含 8 个预测的跨膜域和 4 个孔径环。一条肽链上有 4 个孔径环结构说明这些转运蛋白以单体形式发挥功能，类似由 4 个单体组装成的 Shaker 通道，每个单体仅包含一个孔径环。最初小麦 HKT1 被鉴定为高亲和性 K^+ 转运蛋白，后来才知道它发挥着 K^+/Na^+ 协同转运蛋白或通道的功能。拟南芥基因组中只找到一个编码 HKT 的基因，但在水稻和白杨中存在多个这样的基因（表 23.2）。

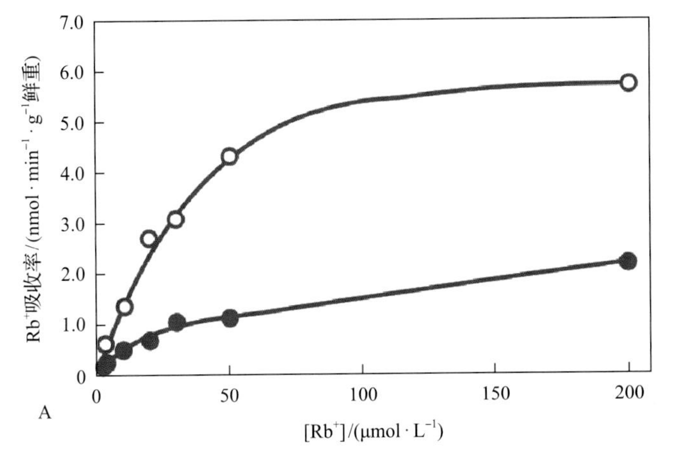

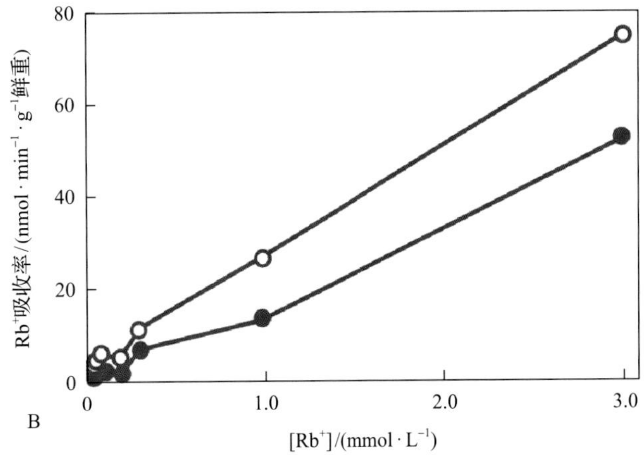

图 23.7　表达 *AtKUP1* 的转基因拟南芥悬浮细胞中的浓度依赖型的 Rb^+（K^+ 的类似物）吸收动力学曲线。A. 转化了 35S：*AtPUK1*（白色）或空载体（黑色）的细胞从微摩尔浓度水平溶液吸收 Rb^+ 的动力学曲线。这里 AtPUK 表现为介导高亲和性的 K^+ 吸收；B. 从毫摩尔浓度水平溶液中吸收 Rb^+ 的动力学曲线表明 AtPUK1 也可以促进低亲和性 K^+ 吸收

早期关于 HKT 功能的线索来自小麦 HKT 在根的内皮层及中柱上的定位，以及在叶片和茎的维管结构中的定位。HKT 的功能在爪蟾卵母细胞、酵母和烟草（*Nicotiana tabaccum*）的悬浮培养细胞中被解析。在植物基因组中，有多个基因编码两种类型的 HKT 转运蛋白。一种是 Na^+ 通道，另一种是 K^+/Na^+ 协同转运蛋白，在 K^+ 不存在的情况下转运 Na^+。尽管这些转运蛋白的功能尚有争议，有些研究已证明它们是控制 Na^+ 转运的重要决定因素，特别是在如水稻和小麦等单子叶植物中。关于这些转运蛋白如何调节叶片中 Na^+ 水平的现有模型认为，它们从木质部中重吸收 Na^+ 使其进入旁边的木质部薄壁细胞。同时，木质部薄壁细胞吸收 Na^+ 使得细胞膜去极化，引起 K^+ 外流，从而在含盐环境中提升了 K^+ 在叶片中的浓度。

许多植物物种中 Na^+ 和 K^+ 吸收的关系被研究得很透彻。植物生长在含盐环境中时，Na^+ 和 K^+ 的浓度呈相反的关系，当叶片中 Na^+ 浓度增加时，K^+ 浓度则降低。这一发现被应用于筛选含盐环境中，可保持叶片中 K^+ 浓度的水稻品系，它们能够外排 Na^+，因此具有耐盐的特性。利用遗传学方法在耐盐的水稻品系（Nona Bokra）中找到了一个 QTL 区域，定位到一个基因编码 OsHKT1;5。Nona Bokra 水稻中这个基因上含有一个突变，在爪蟾卵母细胞中的研究表明，这个突变增强了总体 Na^+ 转运的活性。在水稻中，这个转运蛋白在木质部薄壁细胞中表达。基于其定位和功能，人们提出了一个模型，OsHKT1;5 从木质部中重吸收 Na^+，从而减少了 Na^+ 在叶片中的转运和积累。

小麦中，两个基因座被鉴定为可降低 Na^+ 向叶片的转运。这两个基因座（*Nax1* 和 *Nax2*）都包含 HKT 家族的成员，它们通过将木质部的 Na^+ 移出并储存到维管组织薄壁细胞及叶鞘中，从而减少 Na^+ 由根向茎的转运。硬粒小麦中鉴定出来的 *Nax2* 具有增强的排 Na^+ 特性。硬粒小麦的 *Nax2* 位点中鉴定到一个与水稻 HKT1;5 近缘的基因。与水稻中的结果相似，小麦中此位点导致叶片中更高的 K^+ 与 Na^+ 浓度比。鉴定到的小麦 *Nax1* 位点中的基因同样属于 *HKT* 家族，并通过将 Na^+ 留在叶鞘中的方式减少 Na^+ 从根向茎的转运。总之，过去 10 年中对含盐环境中负责 K^+ 积累和 Na^+ 转运的转运蛋白的理解有了重大进展。

23.3 磷的营养和转运

磷（P）是农作物最重要的肥料之一。磷在植物中既能以无机的磷酸阴离子（如 P_i）的形式存在，也能以有机磷化合物的形式存在。不像氨和硫，磷在植物的同化过程中并不会还原而是保持其氧化状态，在大量的有机化合物中形成磷脂。P_i 是氨基酸和磷脂的一个重要的结构成分，它以高能磷酸酯及二磷酸键的形式在能量转化方面扮演着很重要的角色，在光合作用和氧化代谢中作为底物和调节因子起着重要的作用，它参与信号转导并通过共价磷酸化 / 去磷酸化的方式来调节一系列不同蛋白质的活性。

因为磷在土壤中的低溶解性及高吸附性，缺乏可利用的 P_i 是限制植物生长的重要因素之一。事实上，某些土壤含有很高的 P 总量，但只有一小部分是植物可利用的 P_i。土壤 P_i 浓度通常是 $1\mu mol \cdot L^{-1}$ 甚至更少，并且根际的磷很快会因根吸收而减少。根际大多数的 P_i 通过扩散进入根，这在生理上是个较慢的过程，并且比其他大量元素的大规模流动慢得多。植物演化出多种策略以便从土壤中获得磷，根对磷的低可得性表现出极强的适应能力。

23.3.1 磷通过一种高亲和性的主动机制转运进入根部

通过采用放射性标记的 $^{32}P_i$ 进行研究，发现 P 主要以 $H_2PO_4^-$ 的形式由土壤转运进入根细胞。因为根细胞转运该阴离子必须克服细胞内很大的负膜电位及浓度梯度（根中浓度以 $\mu mol \cdot L^{-1}$ 计，细胞质中以 $mmol \cdot L^{-1}$ 计），所以 P_i 转运进入根细胞是一个耗能的主动过程。这个主动转运的过程与质膜 H^+-ATP 酶产生的跨膜 H^+ 电化学梯度相偶联。支持这一假设的证据如下：

- 根对 P_i 的吸收经常伴随着外界环境的碱化。换句话说，即流入的 $H^+:H_2PO_4^-$ 的化学计量比例是 2 ～ 4 个质子对应一个 P_i。
- 随着 P_i 的转运，pH 将发生变化，当研究人员降低吸收溶液的 pH 时，根对 P_i 的吸收将会提高。
- 对根吸收 P_i 的电生理学测量发现这个过程伴随着一个短暂的 E_m 的去极化，随后 E_m 又复极化（有时为超极化）。这种情况与 H^+-P_i 协同转运蛋白将净的正电荷转入细胞（每一个 $H_2PO_4^-$ 对应 2 个或 2 个以上的 H^+）的过程是相一致的。随后细胞质的酸性化又刺激了 H^+-ATP 酶。这就可以解释接下来的复极化过程了。

- 利用 pH 微电极和对 pH 敏感的荧光染色方法证明吸收 P_i 会使细胞质酸性化。
- CCCP 是一种可破坏跨膜 H^+ 梯度的质子电荷，诸如此类的质子电荷会破坏根对 P_i 的吸收。

一些利用不同植物种类根、叶及细胞悬液和生理学上适宜的 P_i 浓度（低微摩尔水平）进行的研究表明，存在高亲和性 P_i 转运蛋白（K_m=1 ～ 5μmol·L^{-1}）。这种高亲和性的转运受植物含磷水平的紧密调控。例如，如果几天不给番茄和大麦根供磷，那么这些植物的高亲和性 P_i 吸收将会受到显著的刺激。当重新给这些根供给 P_i 后，P_i 的吸收在 1 ～ 2h 内又会下降。根对 P_i 的吸收和植物中含磷水平之间的反向关系可从电生理学上找到一些线索。当向磷已饱和的植物根部施加 P_i 时，基本上不会使 E_m 去极化，而 E_m 的去极化是与 P_i 的大量摄入相联系的（见图 23.8A 和 B）。然而，在磷饥饿 7 天（图 23.8C）或者 14 天（图 23.8D）的植物中，E_m 去极化的程度随着 P 缺乏的严重程度的上升而成比例地提高。根对 P_i 的吸收和 P 营养之间的关系，将在 23.3.3 节讨论根部 P_i 转运的分子调控时再次论及。

23.3.2 根利用一系列的策略提高根际中磷的生物利用率

因为磷酸盐对土壤颗粒的高吸附性，所以磷是植物最难获得的大量元素。酸性土壤中，P_i 与 Fe(III) 和铝形成不可溶的复合物，并在矿物表面与金属离子的氧化物形成强的化学键。在石灰质的土壤中，P_i 和碳酸钙也发生类似的反应。另外，土壤微生物还可有效地将 P_i 转变成植物根部无法利用的有机磷形式。为此，植物已发展出一系列令人叫绝的策略以便从土壤磷源中发掘吸收磷。为应付磷缺乏带来的压力，根系统可通过改变其结构和功能来提高土壤中磷的溶解度，以及提高根系对土壤的探查。在低磷条件下增强 P_i 吸收的根的特点包括以下方面：

- 通过根与一些真菌菌根（**mycorrhizal**）相联合来从更大的土壤范围中获得磷。
- 改变根结构和分支使其更有效地探查土壤。
- 增加根毛密度和长度来提高根的吸收面积和缩短磷到达根表面的扩散路径。
- 释放有机酸和 H^+ 来溶解无机磷。
- 渗出磷酸酶来从土壤中释放有机形式的磷。
- 提高根细胞质膜中的高亲和性 P_i 转运蛋白的含量。

这些特点在不同的基因型中表现不同，这不仅包括不同植物物种之间，也包括种内的不同栽培种之间存在的相异性。因此传统的育种方法和分子生物学方法都可用来提高农作物有效利用土壤磷的能力。

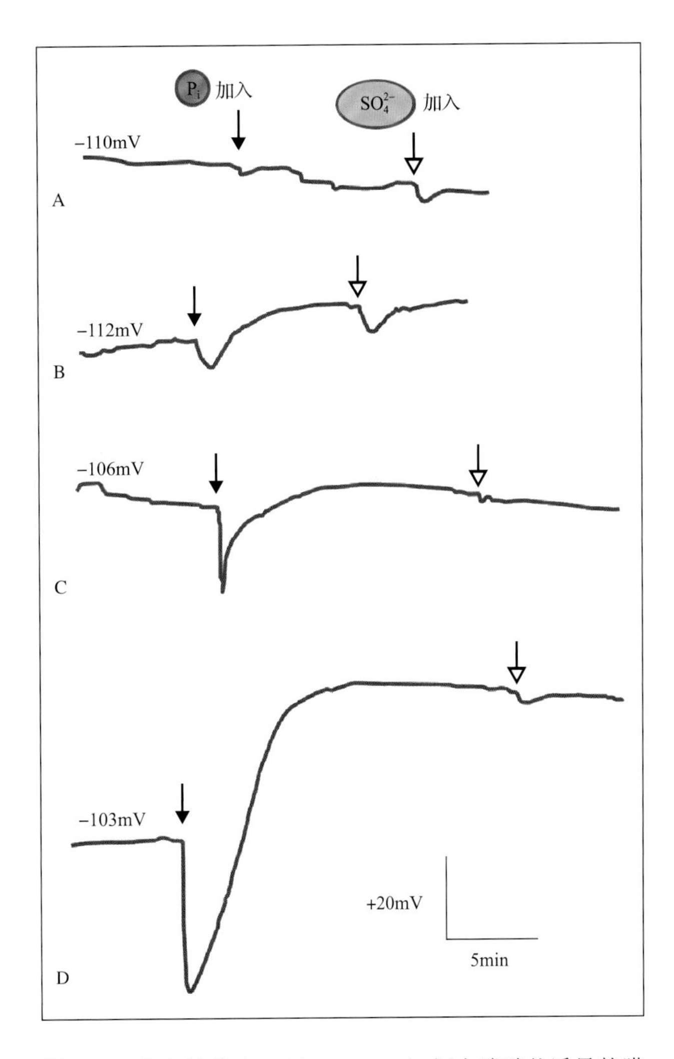

图 23.8 白车轴草（*Trifolium repens*）根中磷酸盐诱导的膜电势的短暂变化。实心箭头指的是向用 MES 缓冲液缓冲至 pH5 的培养基中加入 125μmol·L^{-1} 的磷酸盐时所导致的根膜电势的变化。空箭头指的是加入 63μmol·L^{-1} 的硫酸盐后的变化，这可作为一个矿质阴离子对膜电势的一般影响的对照。A. P_i 供应整个 29 天的植物生长；B. P_i 在生长最后一天缺乏；C. P_i 在生长的最后 7 天缺乏；D. P_i 在生长的最后 14 天缺乏

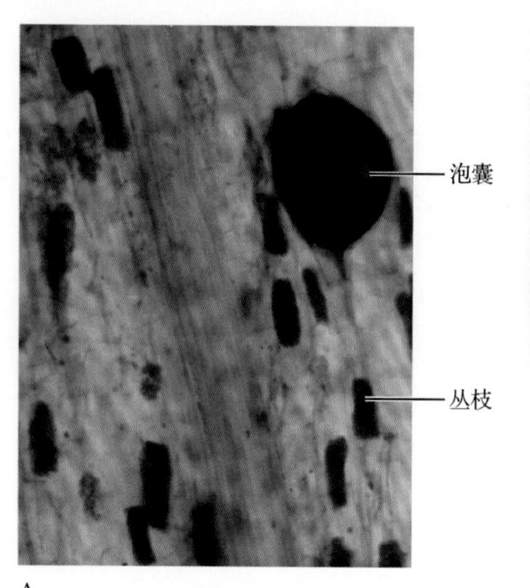

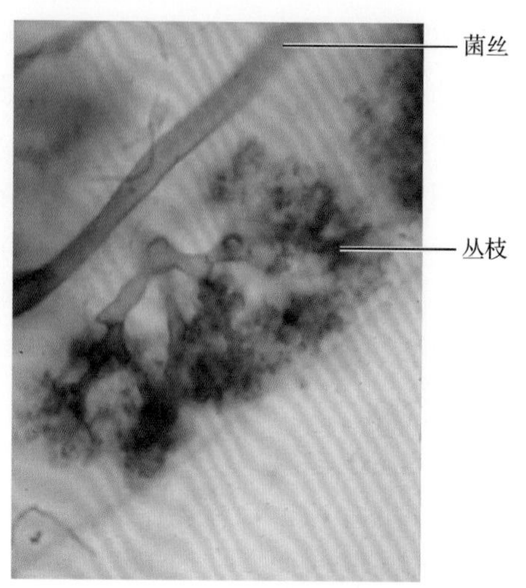

图 23.9 泡囊丛枝菌根（VAM 或内生菌根）的光学显微照片。显示了泡囊（A）和丛枝（B）的结构。来源：图 A 来源于 D. Redecke, University of Marburg, Germany, 未发表；图 B 来源于 K. Wex, University of Marburg, Germany, 未发表

菌根对植物的生长有着良好的作用，这一点已得到很好的证实。可能它们最重要的益处就是提高了植物从土壤中吸收固定营养的能力，最显著的例子是 P_i。影响根对磷吸收的最重要的菌根共生是**外生菌根**（**ectomycorrhizae**）和**泡囊丛枝菌根**（**vasicular-arbuscular mycorrhizae，VAM**；见图 23.9）。

VAM 是含量最丰富的菌根，存在于几乎所有类型的土壤中，广泛地寄生于多种植物的根部。它们在土壤及根皮层组织中形成广泛的菌丝网络，以此与质膜形成紧密的联合但不穿透寄主细胞。VAM 的特点是在根皮层组织内形成枝状吸器（丛枝吸胞），而根皮层正是真菌和寄主植物进行溶质交换的位点。因此，在植物和真菌间被交换的溶质必须穿过这两种生物的质膜。真菌的菌丝体延伸进入土壤中。较之无菌根植物，它将根系统对 P_i 的吸收能力提高了 2 ～ 6 倍。VAM 刺激根对 P_i 的吸收是更彻底地对土壤 P 储备进行探查的结果。菌丝的广泛生长相当于提高了根毛的生长，从而也减少了磷扩散到吸收位点的距离。这种菌丝和植物之间的共生关系包含真菌向植物提供磷并从植物中交换得到固定碳的过程。植物磷营养的调节实质上受到菌根和植物根之间相互作用的影响（见下）。

P 饥饿会引起某些植物物种形成簇生根（也被称为类蛋白根），释放大量的有机阴离子。这一现象在白羽扇豆及山龙眼科植物中被广泛研究。磷缺乏触发了短二级侧根的增生，形成了类似“洗瓶刷”的被根毛覆盖的簇。这些特殊的根结构使得植物能够有效地从有限的土壤空间中吸取 P_i 等固定营养物质（图 23.10 和图 23.11）。簇生根在特殊的发育阶段释放有机酸。这些有机酸包括柠檬酸和苹果酸，

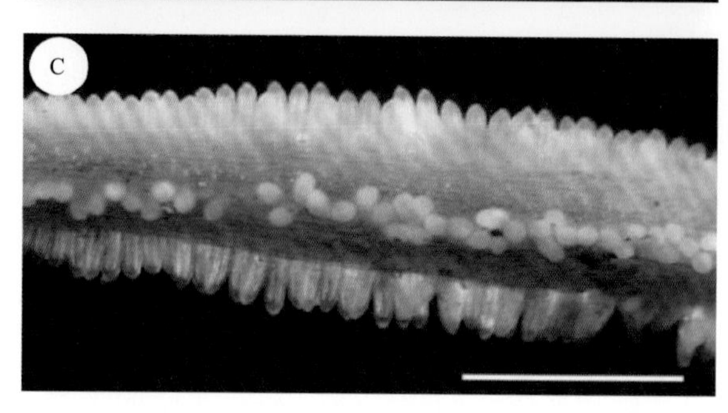

图 23.10 在低 P_i 浓度（小于 1μmol·L^{-1}）的营养液中生长的澳大利亚原产白羽扇豆的簇生根。A. 白羽扇豆叶柄上的簇生根呈现明显的“洗瓶刷”样结构，以未分枝的区域间隔。图片最右边是最幼小的簇生根。标尺 =20mm。B. *H. prostrata* 簇生根的 6 个发育阶段，从左向右标记，按照它们的年龄排序。数字代表小根从膨胀的轴上生发出来（第 0 天）之后的天数，直至簇生根衰老（第 20 ～ 21 天）。最左边是一条非簇生的根。标尺 =10mm。C. 近距离观察 *H. prostrata* 的幼嫩簇生根，大约为小根生发后 2 ～ 3 天。成千上万密集的小根沿着母根的纵轴生发出来。标尺 =5mm

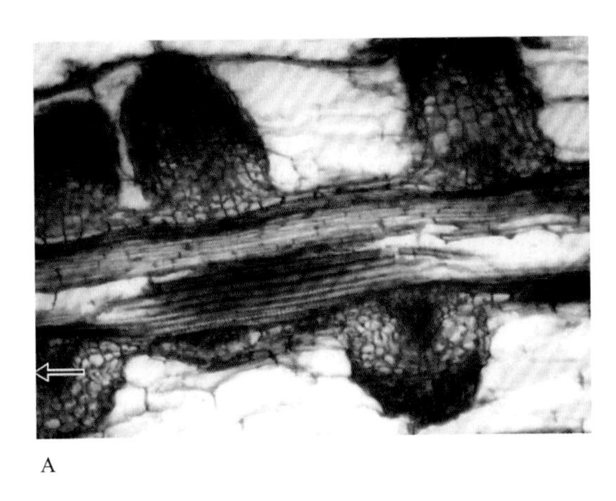

A

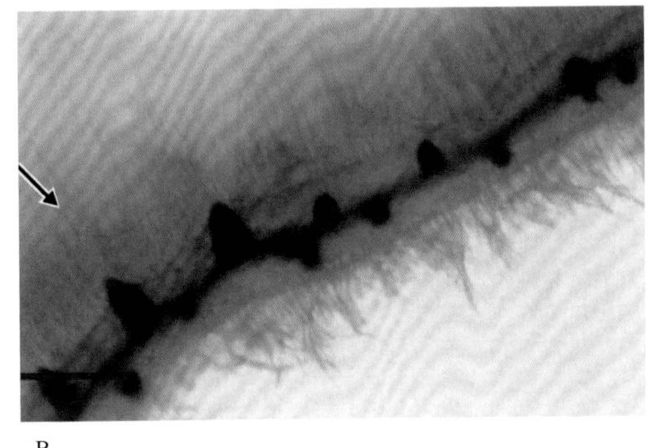

B

图 23.11 A. 磷缺乏的白羽扇豆（*Lupinus albus*）的簇生根纵切面，显示了密集簇生的侧生根。实心箭头指向生长的三级根分生组织。B. 从无磷条件下生长的白羽扇豆的根上切下的二级侧根，该根用次氯酸钠清洗并用美蓝染色，三级侧根开始从表皮（实箭头）出现。标尺 =1mm。来源：图 A、B 来源于 Johnson et al.（1996）. Plant Physiol. 112: 31-41

是土壤中铝和 Fe 有效的螯合物。簇生根周围高浓度的有机酸溶解了矿物形式的 P，增加了可利用的 P_i 含量，从而可被覆盖在根上的浓密根毛快速吸收。白羽扇豆可将其固定碳的 25% 作为有机酸释放到土壤中来溶解 P 以利于吸收，如此高代价的磷吸收表明了在自然生态系统中的植物将获得这种宝贵的营养摆在了优先考虑的地位。

另一项应答磷紧缺的策略是从根中释放磷酸酶。植物合成许多种类的磷酸酶，根据它们最适 pH 的不同可以分为碱性或酸性磷酸酶。为应答磷紧缺从根中释放的是酸性磷酸酶，其可水解许多含磷底物。这些分泌磷酸酶在体外可水解酯化形式的 P（如 ATP），因此它们可能促进从有机磷源中释放 P_i 来提高根际 P_i 供应量。尽管很多这样的酶已被研究，但关于其在 P 营养中的作用的直接证据很少。例如，*AtPAP26* 基因是拟南芥分泌酸性磷酸酶家族中的一员，其上的一个突变导致了植株相比于野生型在低 P 环境中生长缓慢。除了被分泌出去，一部分 AtPAP26 存在于液泡中，因此生长受抑制的表型可能与植物体内 P_i 不能有效循环以及不能有效利用土壤中有机 P 这两种因素都有关。

23.3.3 通过分子生物学方法深入研究植物中磷吸收及稳态的复杂调控

近年来，植物学家开始通过筛选 P_i 吸收及稳态有缺陷的突变体来剖析 P_i 营养的分子调节机制。植物 P 营养稳态的核心是对根从外界吸收 P_i 的调控。植物中 P_i 转运蛋白 *Pht1*（***Ph**osphate **t**ransporter **1***）基因最初克隆出来是基于其与 PHO84 的序列相似性，PHO84 是酵母 *S. cerevisiae* 中的高亲和性 P_i 转运蛋白。事实上，很多这类植物基因可恢复酵母突变体 *pho84* 中 P_i 吸收缺陷的表型。Pht1 家族的 P_i 转运蛋白成员具有重要的结构相似性（图 23.12）。预测的二级结构中包括 6 个 N 端的跨膜区及 6 个 C 端的跨膜区，由一个中央亲水区段分隔开。在这些 P_i 转运蛋白结构中还另外有一些保守区域，包括一些蛋白激酶 C 和酪蛋白激酶Ⅱ介导的磷酸化位点及 *N*- 连接的糖基化位点。

在植物中表达时，许多 Pht1 转运蛋白在高亲和性的 P_i 吸收中发挥功能，与从土壤中吸收 P_i 的角色一致。关于这一功能更多的证据包括：①它们在根表皮细胞和根毛中表达，是 P_i 吸收的重要位点；②植物的 P 状态对它们表达的调控与观察到的 P_i 吸收水平改变一致（见上）；③它们定位于质膜；④生理机能与 H^+-P_i 协同转运蛋白一致；⑤携带 *Pht1* 家族某些成员突变的拟南芥植株 P_i 吸收减少。

P_i 从外界被吸收之后，转运蛋白同样负责细胞间和细胞内 P_i 的转运。这些 P_i 转运蛋白被鉴定出来的很少，可能包括 Pht1 家族的成员以及其他不同于 Pht1 的三个家族的成员。Pht2、Pht3 和 Pht4 家族的成员均被证明是 P_i 转运蛋白，并定位于细胞器膜上，猜想它们参与到细胞内部细胞器和细胞溶质间的转运。其中有两个蛋白质定位于叶绿体膜上（Pht2 和 Pht4），其他的定位于线粒体膜上（Pht3）及高尔基体膜上（Pht4）。

突变体的分离和鉴定有助于揭示植物 P 稳态的调控机制。拟南芥中第一个 P 营养突变体是由于其

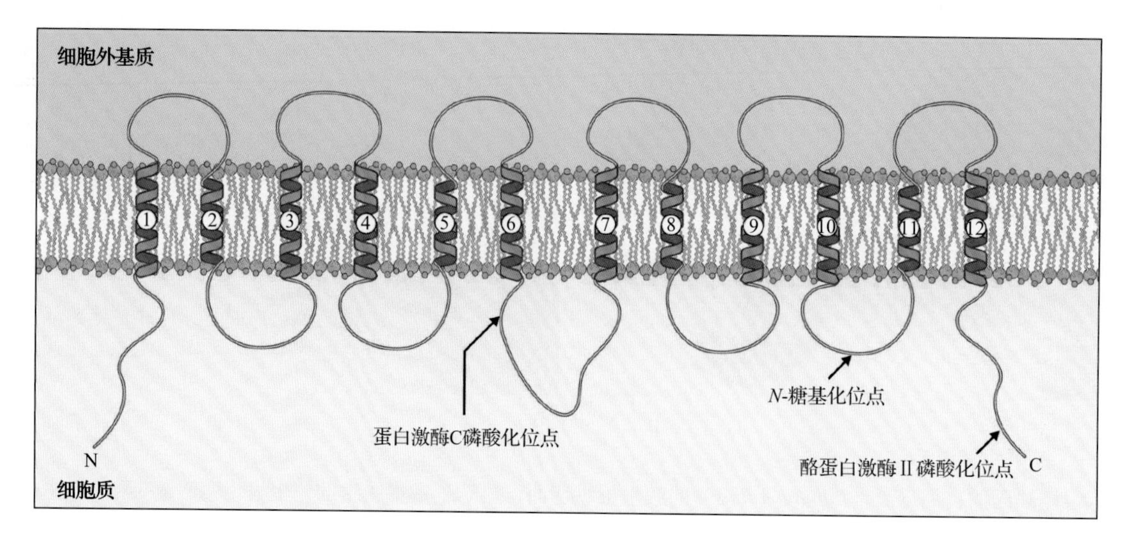

图 23.12 植物质膜高亲和性 P_i 转运蛋白的预测结构模型，显示了有 12 个跨膜区的 6- 环 -6 基序。预测的蛋白激酶 C 和酪蛋白激酶Ⅱ的磷酸化位点及 *N*- 糖基化位点标在图中

中 P 在根中异常积累的表型而被分离出来的。即使生长在高 P_i 的培养基上，*pho1* 突变体（***pho**sphate**1***）的茎仍然缺磷。这个突变体欠缺将 P_i 装载到木质部的能力，这有可能是与 P_i 转运到木质部有关的膜蛋白上的突变造成的。相反，*pho2* 突变体在茎中积累了过量的 P_i，并在调控 P_i 吸收和稳态中有明显缺陷。细致的研究分析鉴定出了一个调控系统，包括 microRNA 和 PHO2 对 Pht1 家族两个 P_i 转运蛋白的转录后调控（Pht1;8 和 Pht1;9，图 23.13A, B）。*PHO2* 基因编码泛素结合酶（UBC），在高 P 环境中可能靶向降解转运蛋白自身或者其表达的调控因子。关于 UBC 通过泛素化途径在调控蛋白降解中的作用的更多细节在第 10 章中讨论，并总结在图 10.33 中。缺失有功能的 PHO2 蛋白的突变体会积累过量的 P_i，因为它们在 P 充足时不能下调两个 P_i 转运蛋白（图 23.13C）。*PHO2* mRNA 在其 5′ 端具有 5 个结合 miR399 的靶位点，导致了 *PHO2* 转录本的降解（详情见第 9 章关于 miRNA 对基因的调控）。*MIR399* 的表达在缺乏 P 时被上调。进一步，*MIR399* 最初在茎中表达，加工后的 miRNA399 作为在韧皮部移动的信号调控根中的 PHO2 活性。因此，当有足够的 P 可利用时，丰富的 *PHO2* 转录本导致活性 PHO2 蛋白下调了 Pht1;8 和 Pht1;9 的活性。当 P 缺乏时，茎中 *MIR399* 的表达上升，加工后的

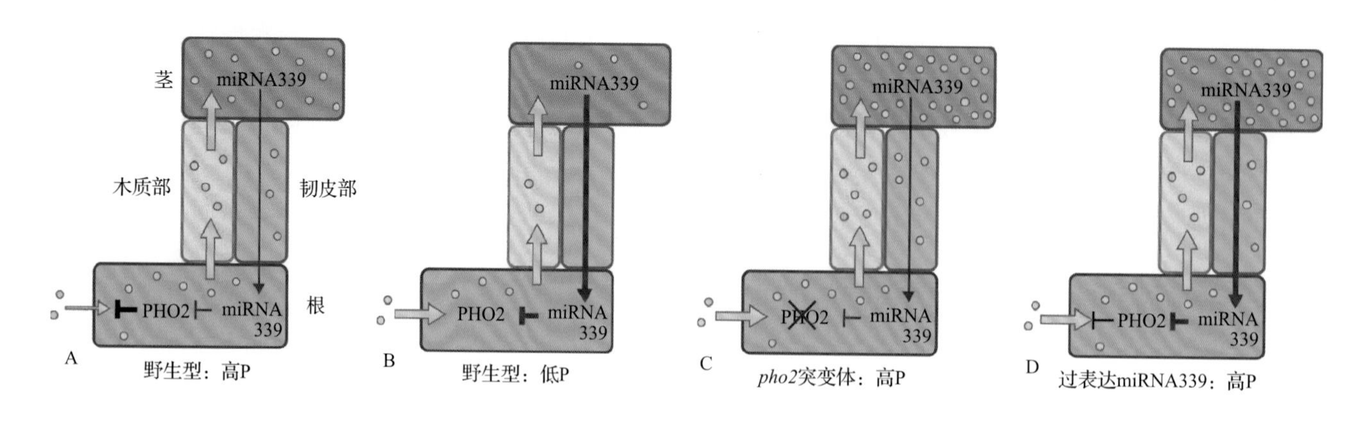

图 23.13 植物中调控 P_i 稳态的模块的模型。原理图中将植物简化为 4 个细胞：1 个根细胞、1 个木质部导管、1 个韧皮部细胞和 1 个茎细胞。黄色箭头指示 P_i 的转运，其宽度代表转运的速率。小黄圈代表磷酸盐离子，红线代表靶向 *PHO2* 转录本的 microRNA（miR399）的流向。“T”型线代表抑制行为，线的粗细代表抑制作用的程度。A. 当植物有足够 P 时，PHO2 的泛素结合酶活性抑制了磷酸盐转录蛋白的功能。B. 当缺 P 时，一类特殊的 microRNA（miR399）的表达最初在茎中受到诱导。miR399 通过韧皮部转移到根中，靶向 *PHO2* 转录本并诱导其降解。随着 PHO2 水平降低，对 P_i 转运蛋白的抑制被解除，P_i 吸收量增加。C. *pho2* 突变体缺乏泛素结合酶活性，即使在植物有充足的 P 甚至 P 中毒时也不能下调 P_i 的转运。D. 组成型过表达 *MIR399* 的表型与 *pho2* 突变体相同，因为高水平的 miR399 会降解 *PHO2* 转录本。

miRNA 转移到根中。*PHO2* mRNA 随后被降解，释放了对 Pht1;8 和 Pht1;9 的抑制，促进了 P_i 的转运。过表达 *MIR399* 与 *pho2* 突变体的表型相似，与提出的模型一致（图 23.13D）。

尽管修改后的 P_i 吸收机制在许多植物物种都相当普遍，这只是更复杂的网络中的一部分。拟南芥 *phr1*（***ph**osphate starvation **r**esponse**1***）突变体最初被鉴定出来是由于其在一系列 P 缺乏的响应中有缺陷。这个突变体不能上调很多原本由 P 缺乏诱导表达的基因，包括那些编码 Pht1 转运蛋白、RNA 酶和酸性磷酸酶的基因。PHR1 是 MYB 亚家族的转录因子，它可结合存在于很多 P_i 饥饿响应基因的启动子区域的 PIBS 基序，从而在 P 缺乏时促进其转录。*MIR399* 的诱导表达是基因受 PHR1 调控的一个例子，且 *phr1* 突变体中异常的 P_i 吸收可归因于 PHO2/miR399 机制对 Pht1 转运的间接作用。*phr1* 突变体不能上调 *MIR399* 的表达，因此活性 PHO2 得以保留，从而抑制了 Pht1 转运蛋白的活性。

PHR1 对 P 稳态的影响比 PHO2 更广泛，因为其在 P 缺乏涉及的很多过程中发挥作用，包括改变代谢途径。PHR1 是一种小的类泛素调节器（SUMO）E3 连接酶的底物并受其调控，PHR1 可被其激活。这种名为 SIZ1 的 SUMO 同样调控除 P 缺乏之外的胁迫响应基因的表达。随着更多的突变体被发现，人们逐渐了解到植物中 P 稳态的调控远比想象的复杂，并且同时包含着特异的与 P 稳态维持途径互作的组分及参与调控植物发育的其他方面的组分。

近来对能够形成有效菌根共生的物种（如短苜蓿，*Medicago truncatula*）的研究揭示了真菌和植物寄主的共生关系对 P_i 吸收的调控机制。与 VAM 的共生增加了植物吸收 P_i 的复杂性，直接的（通过根和根毛）以及间接的（VAM）途径都需要受到调控。在上文讨论的非菌根的根中，P 缺乏上调了根细胞质膜上的高亲和性 P_i 转运蛋白。然而，当根被 VAM 侵染进而可主动从土壤中吸收 P 时，这些植物的 P_i 转运蛋白几乎失活。反而，P_i 由同一家族的其他转运蛋白介导吸收进入植物体内，这些转运蛋白在被侵染的细胞中特异表达。特别地，*Pht1* 转运蛋白基因家族的两个亚家族主要在被 VAM 真菌侵染的根皮层细胞中表达。这些基因的启动子区域含有响应菌根真菌侵染的调控元件，从而增加其表达。这些 *Pht1* 转运蛋白被认为是由 VAM 侵入植物带来的 P_i 吸收的主要机制，并且它们在环绕丛枝的寄主质膜上的定位也符合这一观点。敲低菌根共生体中特异性 *Pht1* 转运蛋白基因的表达揭示了其重要功能，敲低后减少了共生体对 P_i 的吸收以及 VAM 在根细胞中的有效定殖。

23.4 微量营养吸收的分子生理学

农业生产中微量营养（如 Fe、Zn 和 Cu）十分重要，因为在许多土壤中，微量营养的供应限制了农作物的产量。近年来，人们对于食物中所含的微量营养如何有益于人的营养和身体健康的研究兴趣越来越高。特别是在发展中国家，人们的食物主要依赖一种主要的作物。另外，非必需的重金属如 Cd 会通过与植物摄取必需微量营养相同的转运途径被吸收到植物体内，这是有毒重金属进入食物链的重要入口。而且，科学家们近来认识到了陆生植物可用来构成一个清洁受重金属污染的土壤的廉价修复途径，该技术命名为**植物修复**（**phytoremediation**）（信息栏 23.4）。

鉴于微量矿质在土壤中的低浓度及其复杂的化学状态，对微量营养的转运及吸收的研究较为复杂。可获得的微量元素（即可溶）的浓度要比大多数可获得的大量元素的浓度小几个数量级，且它们很少以自由阳离子的形式存在。相反，它们易于形成在稳定性、大小、电荷等方面都不同的金属有机物，因此必须在根际存在金属螯合剂的情况下对微量营养进行研究。金属螯合物是微量营养转运进入植物细胞的形式，也是金属螯合复合物在细胞内储存或在木质部和韧皮部长距离运输过程中的本质。本章将重点介绍植物吸收 Fe 和 Cu，及其在植物体内分布的生理和分子生物学知识。

23.4.1 植物如何从土壤中获得 Fe

Fe 是植物的重要营养元素。虽然地壳中 Fe 的含量丰富，但土壤中可溶性的 Fe 通常浓度很低。土壤中大多数的 Fe 以两种氧化状态之一的形式存在：Fe（III），即化合价为 +3 的三价铁离子；Fe（II），即化合价为 +2 的二价铁离子。能够改变氧化状态是 Fe 参与可逆氧化还原反应的核心，这对线粒体的呼吸过程和光合作用中的光反应至关重要。Fe既可作为血红素卟啉环中Fe-S簇（Fe-sulfur clusters）中的协同因子，又可作为非血红素的Fe。氧化磷酸化过程中的复合物I和复合物II，以及如铁氧还蛋白等某些金属蛋白中都含有许多Fe-S簇。

在有氧环境中，当土壤pH超过6.0时，Fe（II）极易被氧化成Fe（III），且大多数以微溶的三价铁氧化物形式存在。在这种情况下，可溶的无机盐形式的Fe浓度通常低于$10^{-16}mol·L^{-1}$，比植物维持生长所需浓度低好几个数量级。因此，生长在碱性土壤及石灰土中的植物尤其容易缺Fe。缺Fe典型的症状包括脉间萎黄（变黄，见图23.1）、生长矮小及产量低下。当溶质pH降到4时，可溶性Fe的浓度增加了10^8倍，且更多的Fe以一些植物可直接吸收的还原性Fe（II）的形式存在，因此Fe的可利用率增加。在低氧环境中Fe（II）也更为常见，如水稻生长的水田环境。

不管是哪种氧化状态，土壤中大多数可溶性Fe

信息栏23.4　植物修复即用植物来清洁受到污染的土壤，其概念基础是鉴定可以积累金属元素的植物

重金属及放射性核素对环境的污染无论对人体健康还是对农业来说都是一个严重的问题。在世界上的许多地区，相当大面积的土地的表层土壤都受到有害的重金属污染，这些重金属包括Cd、Zn、Pb、Cu、Cr、Hg、Ni和U等。现在基于工程学原理的、用于补救表层污染的土壤技术（如移去表层土壤将其存于掩埋式垃圾处理厂中）都极其昂贵而且会破坏景观。最近，有人对于利用植物来作为一种廉价的治理重金属污染土壤的方法产生了极大的兴趣。一些种类的植物不仅可以在受重金属污染的土壤中生长，而且还可以在茎秆中高浓度地积累这些金属。这些超量积累金属的植物物种的存在，表明植物可以用来**生物治理**（**bioremediate**）金属污染的土壤（如用生物活性来解毒）。

植物治理（基于植物的生物治理）包括**植物提取**（**phytoextraction**）（从土壤中清除毒素）、**植物固定**（**phytostablization**）（在土壤中络合和固定毒素）和**植物降解**（**phytodegradation**）根境的有机污染物。植物提取是指陆生植物从土壤中吸收重金属然后将其转运至茎秆中。植物吸收的金属可以在茎的组织中积累（如铅、镍），也可以以挥发性物质的形式释放出来（如硒）。对那些富集在植物组织中的金属而言，治理过程还需要收获茎生物量，并减小其体积（如烧成灰），进而在最终储藏地进行处置。此外，对于硒，其可挥发的二甲基硒和二甲二基硒形式的毒性远低于在土壤溶液中存在的可溶的氧离子形式，如亚硒酸根盐（$SeSO_3^{2-}$）形式。

金属超量积累的植物是生长在产金属的土壤中的地方性物种，它们可以耐受并在茎中积累大量的重金属。人们是在100多年前首次发现它们的：这些有趣的植物不但可以在受某一种金属高浓度污染的土壤中生长，而且还常常对那种金属有更高的耐受力。至今已发现的这类植物有400多种，分布于45个科。有充分证据表明Zn、Cd、Ni和Se的植物积累器的存在，也有一些迹象表明存在Co、Cu甚至Pb的植物积累器。

一种著名的金属积累植物是十字花科植物天蓝菥蓂，它可以积累Zn和Cd（见图）。天蓝菥蓂的一些生态型的茎中可以吸收和耐受每克干重含40 000μg的高浓度的锌（溶液培养的植物的叶片中锌的量一般是100～200$μg·g^{-1}$，而30$μg·g^{-1}$就认为是足够的了）。这种植物还可以积聚高浓度的镉，而且有迹象表明它也能大量积聚其他重金属。好几项用天蓝菥蓂来治理被锌和镉污染了的土壤的研究已取得了相当的成功。用天蓝菥蓂（或大部分其他的积累植物）来进行生物治理的一个不足是其生长缓慢，而且不能产生足够大的茎生物量。要扩大植物提取作用，所用的植物必须有大的茎生物量，并且应当可以在它们的茎中积累高浓度的金属。不管怎样，天蓝菥蓂独特的转运及耐受重金属的生理特性使它成为一种用于基础研究的有趣的实验植物，这些研究旨在阐明重金属超量积累的机制，而其中一个尤其重要的目的就是将这种超量积累的特性转移到其他的高生物量的物种中去。

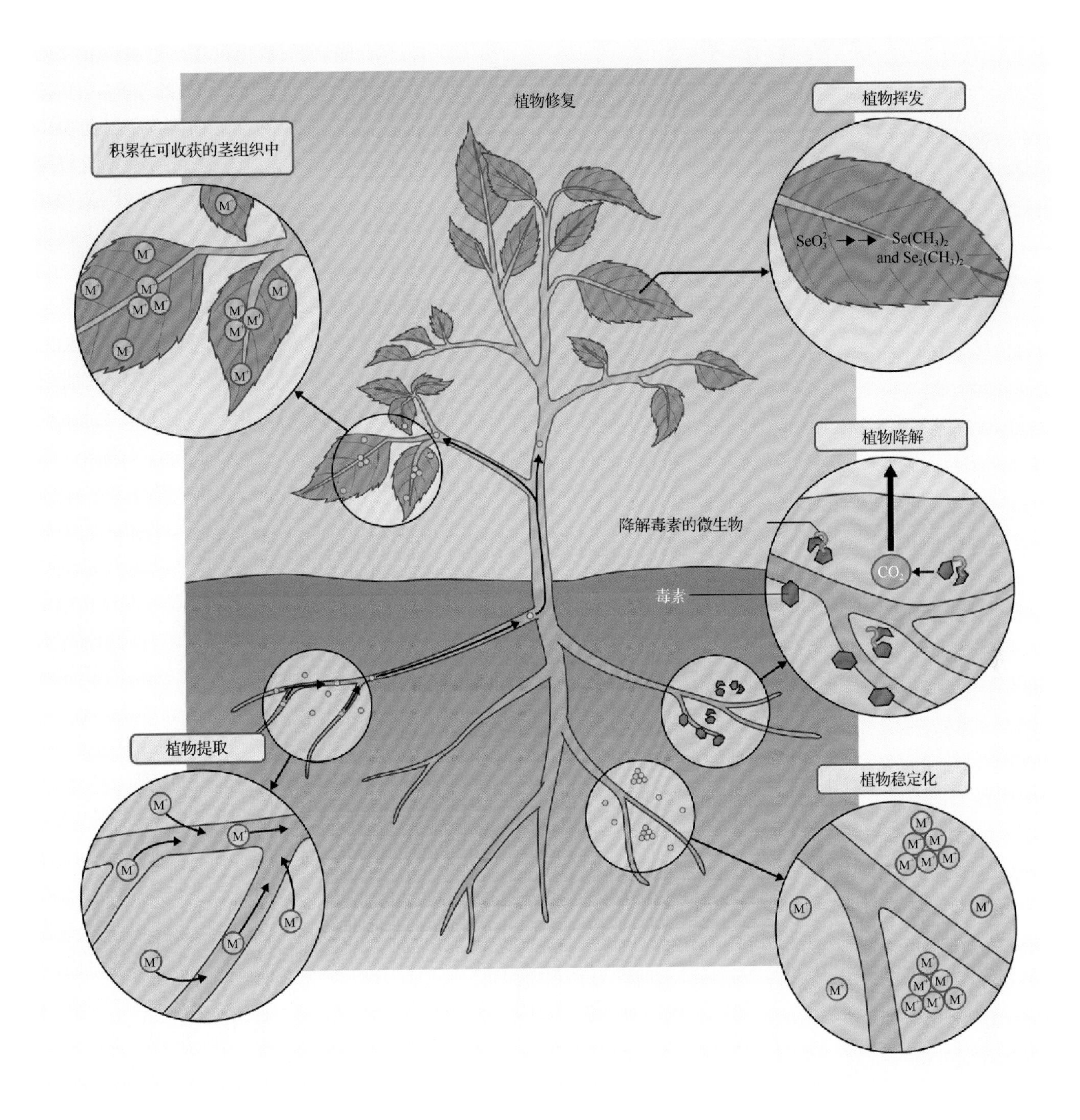

会被有机和无机的配基螯合。有机配基是来源于土壤细菌和真菌或降解的有机质的一类广泛的化合物。土壤中可溶性铁螯合物的浓度维持在非常低的水平，植物采取了多种机制从土壤中获取 Fe 以满足其生长所需。

23.4.2 植物通过两种主要的机制从土壤中吸收铁

双子叶植物和非禾本科单子叶植物中，Fe（III）螯合物在根的表面被还原成 Fe（II），随后 Fe（II）通过定位于质膜的转运蛋白被吸收，这被称为策略 I。相反，禾本科（Poaceae）植物根部释放**植物铁载体（phytosiderophores）**，可螯合和溶解三价铁离子并促进其吸收，这被称为策略 II。植物铁载体这一术语来源于研究透彻的微生物 Fe 吸收系统，微生物会释放名为**铁载体（siderophores**，希腊语意思为“铁携带者”）的铁螯合化合物来溶解其周围的 Fe。这些策略在下面会详细讨论。

策略 I 中植物用以下方式应对 Fe 缺乏：①提高根部 H^+ 的流出量；②在根表皮细胞诱导产生一种质膜三价铁还原酶，将根表面细胞外的 Fe（III）还原成 Fe（II）；③诱导产生一种根细胞质膜 Fe^{2+} 转运蛋白来促进 Fe 吸收进入细胞（图 23.14）。

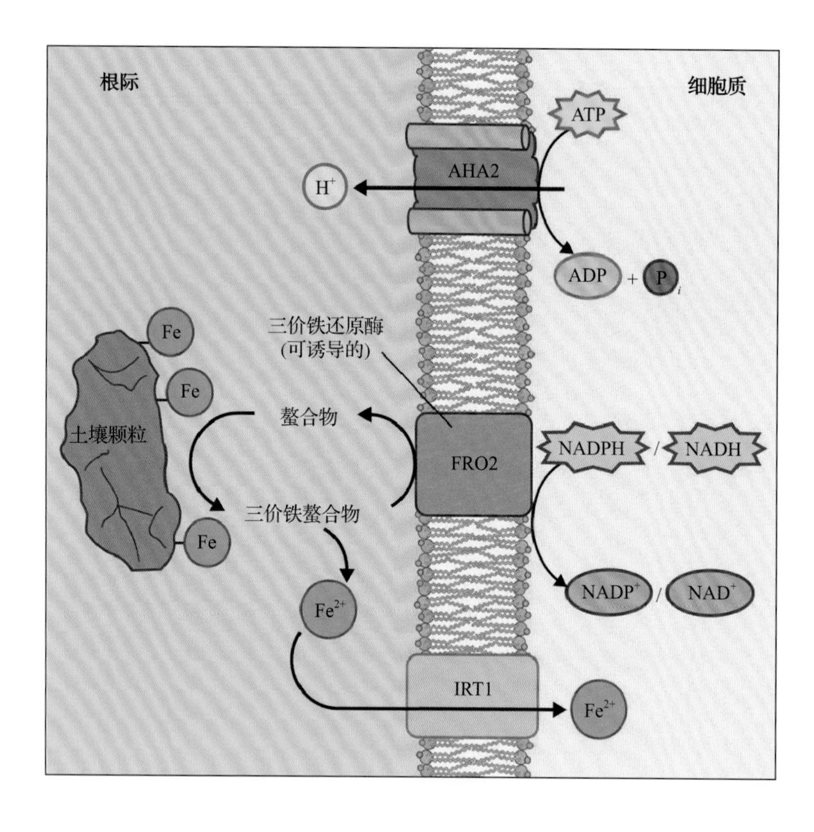

图 23.14 双子叶植物和非禾本科单子叶植物铁吸收模式图。主要显示了拟南芥中铁缺乏所诱导产生的定位于根部质膜的成分。这些成分包括：质膜 H^+-ATP 酶，该酶可以酸化根境，提高铁的溶解性；三价铁还原酶 FRO2，将 Fe（III）螯合物还原释放 Fe（Ⅱ）；高亲和性转运蛋白 IRT1，负责 Fe（Ⅱ）的跨膜转运

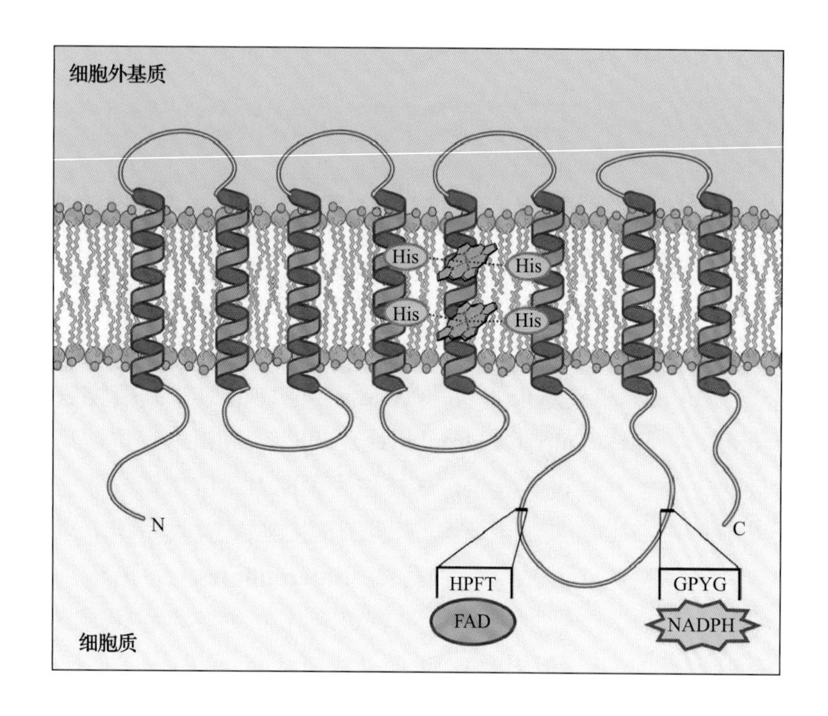

图 23.15 预测的 FRO2 蛋白结构，FRO2 是拟南芥根质膜上的三价铁还原酶。据推测，FRO2 结构包含 C 端的 6 个跨膜域及 N 端的 2 个跨膜域。在两个跨膜域内部有 4 个组氨酸残基，推测其结合 2 个血红素，以此形成一个可能在跨膜电子转运中起作用的复合物。C 端附近有一个胞质环，推测其可能包含 FAD- 和 NADPH- 的结合域

有些缺 Fe 植物也会由根部释放一些有机酸，可能会增加 Fe 的溶解。H^+ 流出量的增加由根表皮细胞质膜上的 H^+-ATPase 上调导致。酸化的结果导致根际 Fe 的溶解度增加。拟南芥中的 H^+-ATPase 由基因 *AHA2* 编码。双子叶植物中，根表面 Fe（III）还原成可溶性更高的 Fe（II）对于 Fe 的吸收至关重要。这一过程由 NADPH 依赖的三价铁螯合还原酶 FRO2 控制（图 23.15），它是负责电子跨膜转运的黄素细胞色素超家族中的一员。根表皮 *FRO2* 的表达在 Fe 缺乏时增加，拟南芥突变体（*frd1*）由于 FRO2 还原酶活性缺乏而迅速黄化。相反，过表达 *FRO2* 的植株在 Fe 的供应量有限时比野生型植株的状态更好。其他 *FRO* 基因在 Fe 缺乏时，在植物的其他部位表达，包括维管结构及茎中，它们可能参与从若干组织的质外体中重吸收 Fe。

一旦 Fe（III）还原为 Fe（II），将被 IRT1（**i**ron-**r**egulated **t**ransporter，铁调节转运蛋白）吸收，IRT1 是 ZIP（**Z**rt/**I**rt-related **p**rotein，Zrt/Irt 相关蛋白）家族的一员，定位于根表皮细胞的质膜上。ZIP 存在于植物、动物、细菌和真菌中，负责转运一系列金属元素，包括 Fe、Zn、Mn 和 Cd。*IRT1* 的表达在 Fe 缺乏的拟南芥植株中增高，IRT1 功能缺失的突变体在结种子前就会死亡，除非有足量的 Fe 供应。IRT1 最早因为能互补高亲和性和低亲和性吸收 Fe 有缺陷的酵母菌系（*fet3 fet4*）而被鉴定出来（见信息栏 23.2）。IRT1 是植物中此类微量营养转运蛋白家族最先被鉴定的成员，其发现引导人们分离出植物和酵母中其他的 Fe 和 Zn 转运蛋白。IRT 类型的蛋白质具有 8 个预测的跨膜域，且在第 3 和第 4 个跨膜域间有一个富含组氨酸的基序，可能是金属结合位点（图 23.16）。IRT1 可转运其他微量营养，甚至 Cd，尽管亲和性较低，但这一特性使得缺 Fe 植物可能有毒性。拟南芥 *ZIP* 家族的 16 个成员在各个组织

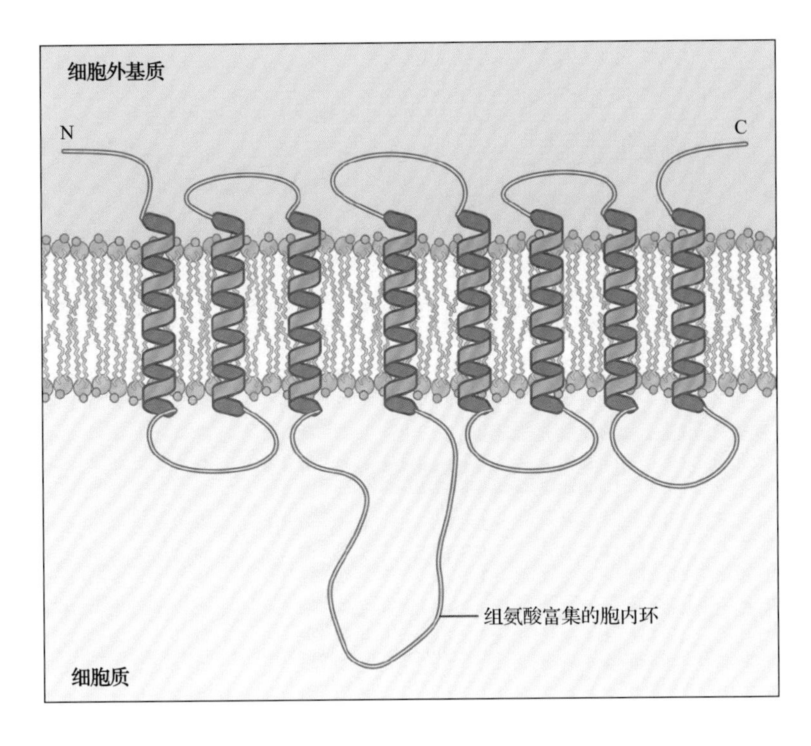

图 23.16 微量营养转运蛋白 ZIP 家族成员的预测蛋白结构。显著的结构特征包括 8 个跨膜域，以及一个位于第 3 和第 4 个跨膜螺旋之间的长度可变的胞质环。这个胞质域含有组氨酸的重复结构，可能在金属结合方面起作用

中表达。尽管有些 *ZIP* 可互补 *fet3 fet4* 酵母突变体的表型，但不直接参与从土壤中吸收 Fe，而是在转运 Fe 和其他金属时发挥相似的功能。

上文概括的缺 Fe 反应是由 bHLH（basic helix-loop-helix）家族的转录因子成员调控的。这些调控因子的发现源于对一种该基因缺陷的番茄突变体（*fer*）的研究。带有 *fer*（**Fe r**eductase，铁还原酶）突变的植株不能在缺 Fe 时诱导正常的生理反应，并在 Fe 浓度低时迅速黄化。拟南芥中一个名为 *FIT* 的基因有相似的功能，同样，*fit* 突变体只有在高 Fe 浓度的条件下才能活过幼苗时期。

禾本科植物在缺 Fe 响应方面与双子叶植物不同。它们不会增加 H^+ 流出量或者三价铁螯合还原酶活性，也不能通过非常稳定的 Fe（III）螯合剂 [如乙二胺 -*N*, *N*′- 二羟苯基乙酸 ethylenediamine-*N*, *N*′-bis（2-hydroxyphenyl）acetic acid，EDDHA）] 吸收 Fe。尽管有这些明显的不足，禾本科植物在可利用 Fe 浓度非常低的石灰质（碱性的）土壤中的生长状况仍比双子叶植物好，因为禾本科植物的根可释放化合物（策略 II）来有效螯合并溶解三价铁离子（图 23.17）。这些化合物属于非蛋白类的氨基酸，名为铁载体，合成前体为 L- 甲硫氨酸（图 23.17）。铁载体相比于三价铁螯合还原酶受 pH 的影响较小，后者的最适 pH 小于 7。

禾本科植物中，缺 Fe 会引起多种不同的铁载体的合成，研究最多的是脱氧麦根酸（deoxymugineic acid）和阿凡酸（avenic acid）。像大麦这样释放大量铁载体的禾本科物种比释放量小一些的水稻和小麦在石灰质土壤中能够更有效地吸收 Fe。水稻和大麦释放的脱氧麦根酸由一类主要的转运蛋白促进因子家族的蛋白质介导。水稻和大麦中编码此类蛋白质的基因分别名为 *TOM1* 和 *HvTOM1*（**t**ransporter **o**f **m**ugineic acid family phytosiderophores 1，麦根酸家族铁载体转运蛋白 1）（图 23.18）。*TOM1* 和 *HvTOM1* 主要在根和发育的种子中表达，但缺 Fe 时在叶鞘及根的维管束中的表达会受到强烈诱导。过表达 *TOM1* 和 *HvTOM1* 的转基因植株脱氧麦根酸释放增多，对低 Fe 的耐受性更强。

土壤中 Fe（III）被铁载体螯合后，整个复合物会由质子耦合的转运蛋白转运进入根细胞，这类转运蛋白属于寡肽转运蛋白家族（OPT）。第一个被鉴定的 Fe（III）- 铁载体转运蛋白命名为 yellow-stripe 1（YS1），因为是在玉米的 *yellow stripe*（*ys1*）突变体中被鉴定出来的，这个突变体具有很特别的脉间萎黄表型。*Yellow stripe 1-like*（*YSL*）基因存在于单子叶和双子叶植物中（水稻中 18 个，拟南芥中 8 个），但只有在禾本科植物中是用来从土壤中获取 Fe 的。有些 *YSL* 基因可能也参与其他细胞和组织中的 Fe 复合物跨膜转运（见下）。

水稻是一种特殊的禾本科植物，因为它同样会采用策略 I 来吸收 Fe。除了释放铁载体，缺 Fe 水稻的根中 OsIRT1 的表达量增高，这是一种 IRT 类转运蛋白，能在稻田常见的还原性环境中吸收 Fe（II）。水稻这项额外吸收还原性 Fe 的能力可能弥补了其铁载体渗出量相对较少这一情况。

禾本科植物缺 Fe 响应同样受 bHLH 转录因子调控。水稻中 bHLH 蛋白 OsIRO2（**iro**n-related transcription factor **2**，Fe 相关转录因子 2）调控参与铁载体合成及 Fe 吸收的基因。*OsIRO2* 以及很多其他参与 Fe 吸收和稳态的基因表达受 IDEF1 的调控，这是一种来自 ABI3/VP1 家族的转录因子，特异地

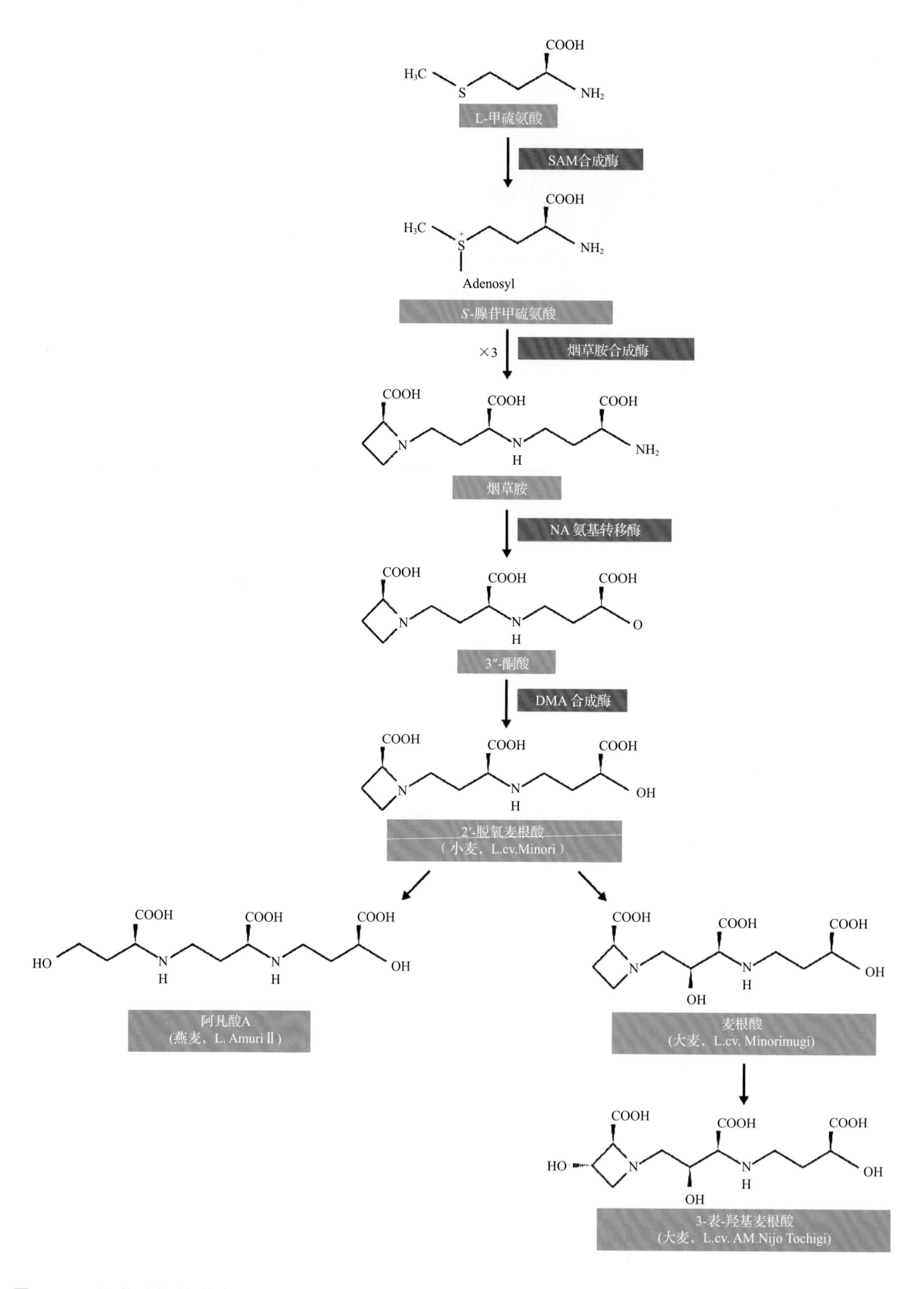

图 23.17 不同的禾本科植物中植物铁载体的生物合成途径不同。本图所示为燕麦和大麦从共同的生物合成前体(L-甲硫氨酸)，经过两种不同的途径合成不同的植物铁载体的过程。在所有植物中，中间产物烟草胺对于 Fe 及其他微量营养的转运和在体内的分布至关重要

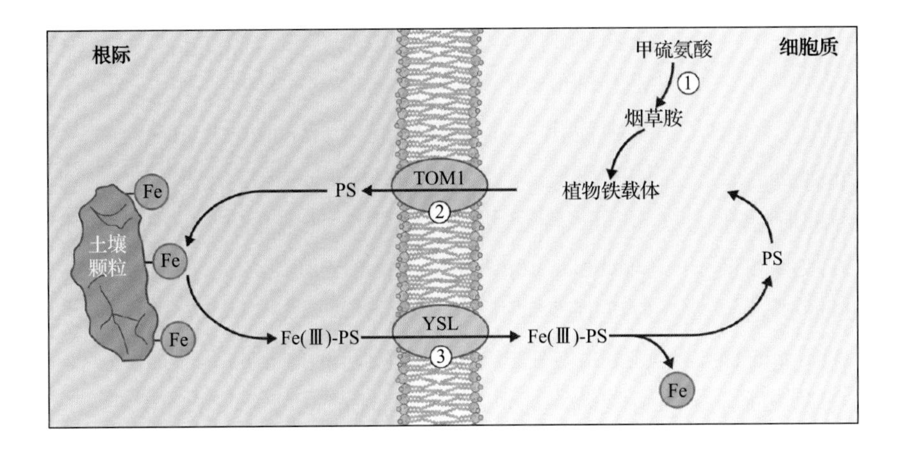

图 23.18 禾本科植物吸收铁的模型。①. 植物铁载体（PS）在细胞质中由甲硫氨酸通过烟草胺途径而合成。②. 一种铁缺乏诱导的质膜转运蛋白（水稻中称为 TOM1）参与 PS 释放到根际的过程；③. 另一种铁缺乏诱导的 YSL 家族转运蛋白将 Fe（III）-PS 复合物转运至细胞质中

结合缺 Fe 响应顺式作用元件 IDE1。另一类缺 Fe 诱导基因（包括某些水稻中的 *YSL*）被属于 NAC 家族名为 IDEF2 的另一个转录因子上调。这些发现暗示着植物具有一个复杂的基因调控网络来控制它们对缺 Fe 环境的响应。

23.4.3 植物中 Fe 的转运

Fe 通过木质部由根运输到茎中。Fe 进入细胞后便被配体螯合，防止其在细胞质中性 pH 的环境中沉淀。螯合 Fe 也保护细胞免受芬顿反应的伤害，这类反应由自由 Fe 催化，会产生反应活性氧。细胞质内螯合 Fe 的化合物尚未被发现，但某些类型的 Fe- 配体复合物可能会通过共质体进入中柱，并由此释放到木质部（质外体）中。在木质部中（pH 为 5.5），Fe 被柠檬酸盐或其他的化合物结合，伴随蒸腾流进入茎。禾本科植物中，这些其他的化合物包括铁载体。柠檬酸盐在 Fe 运输进入茎这一过程中的角色通过对一个名为 *frd3*（***f****erric* ***r****eductase* ***d****efective* ***3***）的突变体的研究揭示。*frd3* 突变体植株在缺 Fe 响应中组成型上调，且在正常生长环境中表现出典型的缺 Fe 症状。发生突变的基因 *FRD3* 编码一个 MATE（multidrug and toxic compound extrusion）家族的转运蛋白（见第 3 章），负责将柠檬酸盐从根中柱鞘及中柱鞘内的细胞中释放到木质部中。突变体 *frd3* 植株中木质部的柠檬酸盐浓度降低，使得茎的细胞不能有效地从木质部中吸收 Fe。

Fe 同样也会通过韧皮部在植物体内转运。韧皮部是一种活组织，负责将糖和营养从叶片中转运到植物其他组织中（见第 15 章）。韧皮部在为发育的根、茎和种子输送营养的过程中尤其重要，因为这些部位蒸腾率低，它们的营养很少来自木质部的输送。由于韧皮部的 pH 与细胞质中相似（≈7.2），Fe 必须被螯合而保持可溶。在蓖麻（*Ricinus communis*）中，大多数 Fe 在韧皮部中与一个名为铁转运蛋白（iron transport protein，ITP）的 17kDa 蛋白结合。ITP 是一种脱水蛋白，对 Fe（III）的亲和性比 Fe（II）高。烟草胺（NA）是韧皮部中的另一种化合物，在中性 pH 环境中与 Fe（II）形成稳定的复合物。它是合成铁载体的中间产物，由 *S*- 腺苷 L- 甲硫氨酸通过烟草胺合酶（NAS）催化合成（见图 23.17）。在所有植物中，NA 对于 Fe 和其他的微量营养的中间转运及体内分布都至关重要。

NA 参与 Fe 营养的事实最先在番茄突变体 *chloronerva*（*chln*）的研究中揭示。突变体 *chln* 缺乏烟草胺合酶（NAS）活性，因此尽管在其根和茎中可积累高浓度的 Fe，但它们仍具有缺 Fe 的表型。突变体 *chln* 植株的维管系统中缺乏 NA，导致其不能从韧皮部中吸收 Fe 并转运到其他组织中。拟南芥具有 4 个 *NAS* 基因，其中 2 个会在缺 Fe 时在根中上调。这些基因中任意一个突变都不会产生明显表型，但四重突变体则具有与 *chln* 突变体相似的脉间黄化的表型。禾本科植物中，铁载体可能也参与了 Fe 在木质部的运输。

以上研究结果提出了一个模型，即 Fe（III）可能是与 ITP 结合以复合物的形式在韧皮部中运输，但从韧皮部装载和卸载时是以 Fe（II）:NA 复合物的形式，可能是通过 YSL 转运蛋白。在与 NA 结合前，需要有一个额外还原酶参与的步骤将 Fe（III）还原为 Fe（II）。YSL 也介导 Fe 从木质部重吸收，以及从衰老的叶片中将 Fe 重吸收回韧皮部，再通过长距离运输到需要的细胞中。例如，OsYSL2 是水稻中定位于韧皮部的重要转运蛋白，负责将 Fe-NA 转运进茎和发育的种子中。

23.4.4 Fe 在细胞内的储存

线粒体、质体和液泡是细胞内中重要的储存 Fe 的细胞器（图 23.19）。这些隔间为保持细胞质内安全的 Fe 浓度提供了一个缓冲区。这使得细胞能在满足自身营养需求的同时将氧化胁迫的风险降到最低。大多数叶肉细胞中的 Fe 以铁蛋白的形式定位于叶绿体中，这是一种可结合几千个 Fe 原子的储存蛋白。线粒体中包含另一种结合 Fe 的蛋白质，称为共济蛋白（frataxin）。铁蛋白和共济蛋白协助调控细胞内的 Fe 浓度，特别是在萌发和早期发育阶段。不能合成铁蛋白的突变体植株矮小、育性差，且与野生型相比叶片中含有更多的活性氧。叶绿体对缺 Fe 十分敏感。由于要供应类囊体中的氧化还原反应及光合色素的代谢，叶绿体对 Fe 的需求量非常大。叶绿体吸收 Fe 依赖一种三价铁螯合还原酶（FRO7）的活性及未知的转运蛋白（图 23.19），Fe 外流则由 YSL 家族成员介导。例如，拟南芥中，YSL4 和 YSL6 在衰老和供应过量时介导 Fe 从叶绿体中流出。双突变体植物 *ysl4 ysl6* 中 Fe 会在叶绿体中积累，且其对高浓度的 Fe 非常敏感。

Fe 转运进入拟南芥细胞的液泡中由 VIT1（**v**acuolar **i**ron **t**ransporter **1**）介导。种子发育阶段，*VIT1* 在维管组织中表达上调，突变体 *vit1* 在 Fe 供应量不足时生长不良。储存在液泡里的 Fe 可能被 NA、磷酸盐、甚至是肌醇六磷酸盐螯合。从液泡中重吸收 Fe 涉及 NRAMP 家族的转运蛋白，也有可能有其他蛋白质参与。*Nramp* 基因在细菌、真菌、植物、动物中形成了一个多样性的家族，编码具有各种特异性的金属转运蛋白。虽然拟南芥基因组存在若干 *Nramp* 基因可互补 Fe 吸收有缺陷的酵母突变体，但只有 AtNRAMP3 和 AtNRAMP4 蛋白定位于根细胞和茎细胞的液泡膜上，并在缺 Fe 时表达上调。这些转运蛋白在 Fe 营养中发挥重要作用，并可能参与了其他金属的转运，如 Mn 和 Cd。双突变体 *atnramp3 atnramp4* 的幼苗在 Fe 供应不足时停止生长，并不能在萌发时从液泡中重吸收 Fe，特别是在维管组织中。这个家族的其他成员主要在根中表达，其中的一些成员（如 *AtNRAMP1*）可能也参与 Fe 转运。

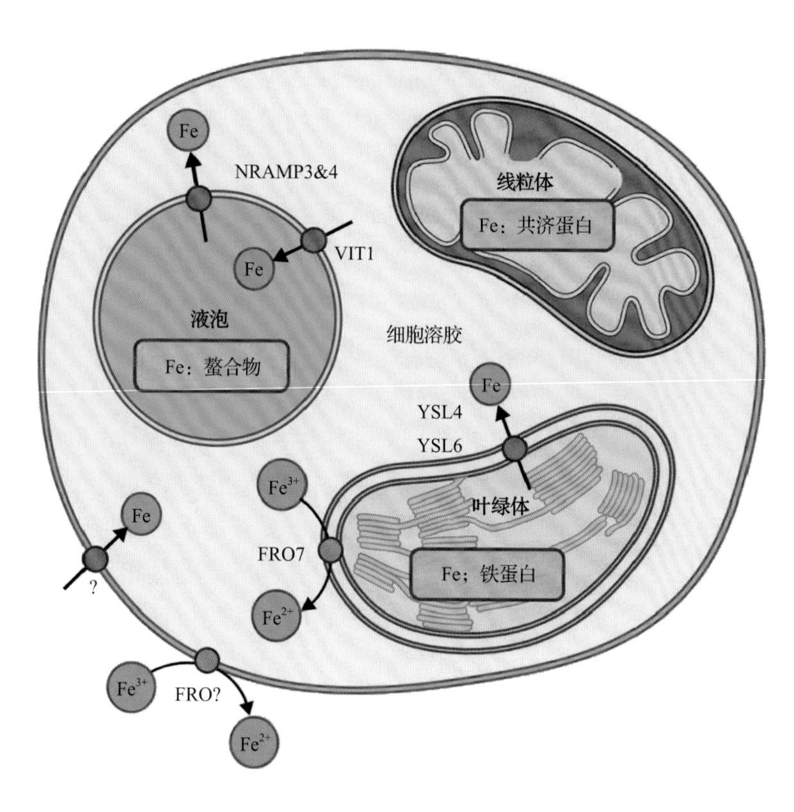

图 23.19 细胞内 Fe 的转运。Fe 如何被茎细胞吸收尚不清楚，但似乎与根细胞的吸收机制相似，涉及一个类 FRO 三价铁螯合还原酶和一个转运蛋白。一旦 Fe 被吸收入细胞质，参与 Fe 稳态的主要细胞器是液泡、叶绿体、线粒体等，许多控制 Fe 在这些组分中分布的转运过程还有待研究。拟南芥中，将 Fe 装载入液泡需要转运蛋白 VIT1，从液泡中取出需要 NRAMP3 和 NRAMP4。Fe 在液泡中可能与烟草胺（NA）、磷酸盐、肌醇六磷酸盐形成复合物。叶绿体吸收 Fe 需要三价铁螯合还原酶（FRO7）的活性，释放 Fe 则由 YSL4 和 YSL6 介导。Fe 结合蛋白铁蛋白和共济蛋白分别在叶绿体和线粒体中螯合 Fe

23.4.5 Fe 营养与其他过渡元素的相互作用

植物吸收和处理不同矿质营养的机制上有相当多的重叠。特别是对于 Fe、Mn、Cu 和 Zn 等过渡元素，以及其他非必需元素，如 Cd。这些重叠包括它们在土壤和细胞质中形成的复合物、对还原酶活性的敏感程度，以及对吸收和决定其在植物体内分布的转运蛋白的敏感性。例如，尽管 IRT1 对 Fe（II）的特异性比其他二价阳离子更高，缺 Fe 植物有时也会促进其他金属的吸收，如 Cu、Mn、Zn、Ni、Cd 和 Co。另外，Fe 营养缺乏的拟南芥 *frd3* 突变体也会积累过量的 Mn、Zn 和 Cu。过渡元素也会影响到植物对 Fe 缺陷的响应。例如，拟南芥在缺 Cu 的情况下，即使 Fe 的供应量充足，FRO2 的活性也会被诱导，这使得更多的 Cu（II）被还原为 Cu（I）。相反地，外界高浓度的 Zn 会抑制缺 Fe 拟南芥植株中 *IRT1* 的诱导及 *FRO2* 的表达，尽管 Zn 的还原并非吸收时所必要。禾本科植物中也有相似的相互作用现象，例如，缺 Zn 大麦的根释放的铁载体，会同时促进 Zn 和 Fe 的吸收。为使内源 NA 水平增加的过表达 NAS 的转基因植株，其茎中的 Fe、Zn、Ni 和 Mn 的水平增高，说明这些金属离子在从根到茎的转运过程中被相似的复合物结合。这些复合物可能共享 YSL 蛋白，从而在维管组织中穿梭，或从韧皮部中装载或卸载。例如，水稻中 OsYSL2 对于向茎中转运 Fe（II）:NA 及 Mn（II）:NA 至关重要。因此，细胞需要在对 Fe 营养的需求和无意中过度吸收其他矿质元素的风险中取得平衡。

23.4.6 以活性 Cu^{+} 形式吸收的铜在细胞中由分子伴侣结合

铜和 Fe 有重要的相似之处，其同样在生理状态下存在多种氧化状态。这使得 Cu 扮演了氧化还原反应中酶的基本辅助因子的角色。铜金属酶在光合作用、线粒体呼吸、细胞壁生物合成及过氧化物清除方面发挥着重要作用。在生理条件下，自由的 Cu 以 Cu^{2+} 和 Cu^{+} 形式存在，这些离子通过非特异地与许多分子结合，可迅速破坏细胞功能。事实上，Cu^{2+} 可从与金属酶结合的位点上取代其他离子，如 Mn^{2+} 和 Zn^{2+}，从而使蛋白质失活。另外，自由 Cu 很容易产生活性氧自由基，从而导致细胞内的氧化胁迫。由于这些原因，Cu 的积累和向靶蛋白的传送在植物中受到严格调控。

土壤中 Cu 通常是痕量的，因此在农业中缺 Cu 是比 Cu 中毒更严重的问题。与 Fe 相似，在被根吸收前，土壤溶液中的 Cu（II）首先在还原酶作用下被还原为 Cu（I）。如上文所述，缺 Fe 或者缺 Cu 诱导使得铁还原酶将 Fe（III）还原为 Fe（II）的同时将 Cu（II）还原为 Cu（I）。质膜上属于 Cu 转运蛋白家族的膜蛋白将 Cu^{+} 从外界吸收入细胞质内（图 23.20）。拟南芥中这些蛋白质属于 COPT 家族，且与其他真核生物的相关蛋白在序列和功能上具有相当高的相似性。COPT 家族成员最早的鉴定是基于与其他已有研究的 Cu 转运蛋白的序列同源性，以及其互补高亲和性 Cu 吸收有缺陷的酵母突变体的能力。据预测，COPT 蛋白有三个跨膜域，且大多数在其氨基末端具有富含甲硫氨酸的区域。酵母中，属于这个家族的 Cu 转运蛋白，其上富含甲硫氨酸区域的作用是将 Cu 与氧化环境隔绝，使这种金属离子在转运前能在硫酯残基的作用下保持稳定。随后 Cu 的跨膜转运可能经由转运蛋白孔径中 Cu 与众多结合位点的一系列交换反应完成。上文提到，细胞质中自由的 Cu 会破坏细胞功能，分子伴侣通过结合 Cu 起到将其隔离的作用。这些分子伴侣是小的可溶性蛋白，其富含半胱氨酸的基序提供了硫酯残基，从而可结合 Cu。装载 Cu 的分子伴侣接着将 Cu 传递给其他转运蛋白从而被细胞器吸收，或传递给缺乏这种辅助金属的新合成的 Cu 金属酶（apo- 形式）。

其他参与运输 Cu 转运的蛋白包括特异性参与重金属转运的 P 型 ATP 酶（称为 HMA 转运蛋白）。不同于 COPT 蛋白，HMA 转运蛋白通过水解 ATP 作为转运 Cu 的能量来源。质子泵是 P 型 ATP 酶的一个例子，其功能在其他章节详细讨论（见第 3 章）。HMA 转运蛋白与其他 P 型 ATP 酶有许多相似之处，但不同的是在它的跨膜域和末端有金属结合域。HMA 家族的成员将 Cu 转运到叶绿体内，在这里 Cu 作为金属辅助因子被整合入 Cu/Zn 超氧化物歧化酶（SOD）和质体蓝素中。这个家族的其他成员将 Cu 转运出细胞，以在 Cu 浓度过高时给细胞提供保护，也有的成员将 Cu 转运进入高尔基体等细胞器。图 23.20 总结了参与 Cu 的吸收和分布的细胞学过程。

23.4.7 特异的转录因子和 microRNA 参与了植物的 Cu 稳态

植物的 Cu 稳态与 P_i 稳态有相似的特征，两者都涉及响应营养缺乏而调控基因表达的 microRNA 和转录因子。当植物缺 Cu 时，一系列基因上调，从而增加 Cu 的获取，并将 Cu 从非必需的金属蛋白中调取出来转给必需的金属蛋白。拟南芥中这一调控的核心转录因子是 SPL7（Squamosa Promoter-binding Like）。SPL7 识别并结合到一段 GTAC 核心基序上，这类基序在缺 Cu 情况下上调的基因的启动子区域有多个拷贝。当拟南芥缺 Cu 时，野生型中一系列基因的表达包括 *COPT1*、*COPT2*（上述的 Cu 转运蛋白家族的两个成员）、*FRO3*（Fe 还原酶）、

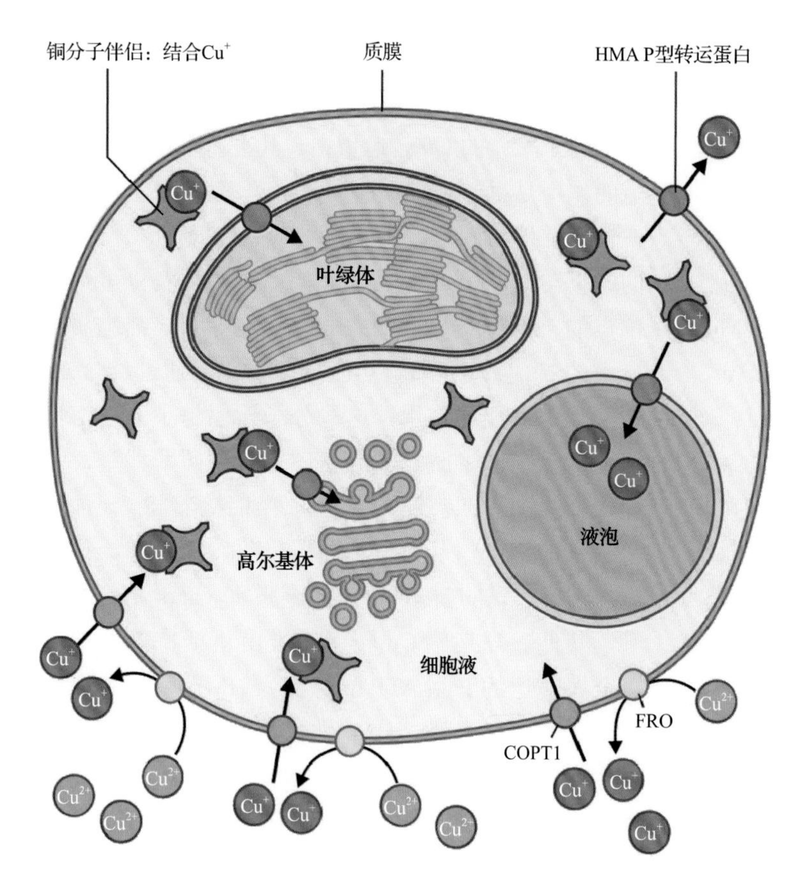

图 23.20 植物细胞的 Cu 转运，显示了质膜上 Cu^{2+} 被还原酶（黄色）还原为 Cu^{+}；COPT1 蛋白在 Cu^{+} 吸收中的作用；细胞质中活性 Cu^{+} 由分子伴侣结合，防止其在细胞内转运时造成伤害；HMA P 型 ATP 酶将 Cu 转运入细胞器或者转运出细胞

Fe SOD（铁超氧化物歧化酶）、*CCH*（一种 Cu 分子伴侣）和若干 microRNA 都会上调，但在 *spl7* 突变体植株中这些基因的表达不会改变。

这些响应不仅增加了植物对 Cu 的摄取，也提高了植物对 Cu 的利用率。诱导产生的 miRNA 靶向编码非必需 Cu 结合蛋白的 mRNA 并促使其降解，从而使 Cu 转移到发挥重要功能的蛋白质上。缺 Cu 时丰度下降的蛋白质包括 Cu/Zn SOD、植物花色素（plantacyanin）和漆酶，然而在光合作用中发挥重要作用的质体蓝素则保持不变。SOD 的活性对于防护氧化压力十分重要，而 Cu/Zn 和 Fe SOD 的相互调控在 Cu 营养有变化时维持了这一重要的细胞学功能。因此当 Cu/Zn SOD 活性在缺 Cu 植物中由于 miR398 靶向其 mRNA 而下降时，Fe SOD 的表达会增加，从而维持整体上 SOD 的活性。Cu/Zn SOD 的产物会进一步被 miR398 抑制，因为它同时也靶向编码一种 Cu 分子伴侣的 mRNA，而这种分子伴侣负责把 Cu 运送至 SOD 脱辅基蛋白。因此在缺 Cu 植物中，这些调控途径将 Cu 从非必要蛋白中取回，转移到必要的 Cu 金属酶中（图 23.21）。

23.5 植物对矿物毒素的响应

23.5.1 在酸性土壤中铝毒性是农作物生长的主要限制因素

世界上所有陆地面积的 30% 都受到土壤酸化的影响，并限制了农业产量。酸性土壤的一大部分分布在热带亚热带地区，影响了许多发展中国家的食物产量。在发达国家，过量地使用氨肥及其他一些高投入的农业生产也正引起耕作土壤的进一步酸化，尽管向酸性土壤撒石灰可中和土壤的酸性，但这对贫穷的农民来说并不是一个经济的选择，而且也不是短期内减轻深层土壤酸性的有效策略。

酸性土壤对植物生长的一项主要限制因素来自于铝（Al）毒性。铝是地壳中含量最丰富的金属元素，其在土壤和水溶液中有复杂的化学组成。当 pH 高于 5.5 时，大多数铝是不溶的，但在酸性更强的环境中，这些矿质会溶解并释放若干可溶的单体铝。其中，三价阳离子 Al^{3+} 对植物的破坏性最强。图 23.22 图解了溶液中铝的单体水解产物，并展示了 pH 低于 5 时植物毒性的 Al^{3+} 如何成为主要形式。单体铝也会与不同配体形成复合物，包括羧酸盐、硫酸盐和磷酸盐，即使这些基团是蛋白质或者核酸等大分子的一部分。

根发育不良是植物铝中毒的最明显的症状，这限制了植物对水和营养物质的吸收。根尖对铝尤其敏感，只要有少数几毫米暴露在铝中就足以抑制生长（图 23.23）。铝毒性是通过与具有重要生物学功能的配体在细胞壁、质膜和细胞质中的多种相互作用发挥的。例如，铝会阻断 Ca^{2+} 和 K^{+} 通道，并抑制 Mg 的吸收，长此以往会导致矿质缺乏。在细胞水平，铝会诱导产生氧化胁迫，破坏磷脂双分子层的稳定，破坏细胞质的 Ca^{2+} 稳态，并破坏细胞骨架的成分。这些复杂的一系列反应使得人们很难确定哪些是导致中毒的原初反应，哪些是响应胁迫的次级反应。

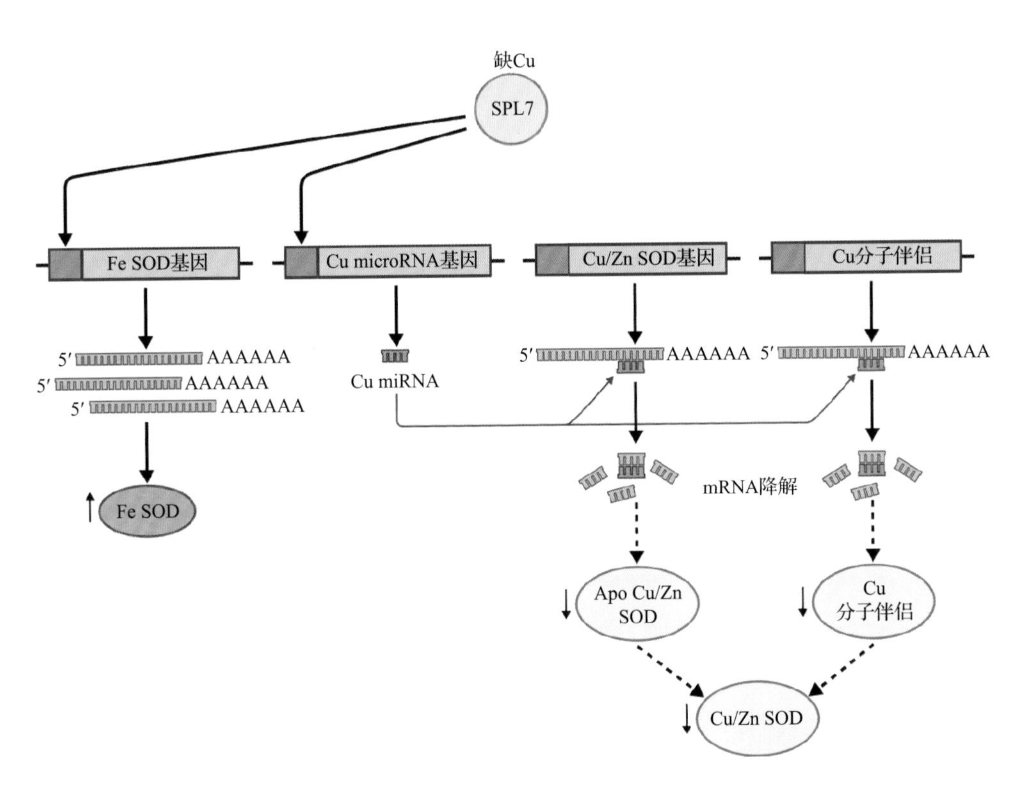

图 23.21 缺 Cu 植物中 SOD 活性的调控。当植物感受到 Cu 缺陷时，转录因子 SPL7 结合到含有 GTAC 核心基序的基因启动子上，并激活基因的转录。miRNA398 的表达上调靶向 Cu/ZnSOD 的 mRNA 及一个负责将 Cu 插入 apo-SOD 蛋白的分子伴侣的 mRNA 中并促进其降解。活性 Cu/ZnSOD 的产生可以被两种途径抑制，且 Cu 可以被转到必需 Cu 金属蛋白的产生中。另一个被 SPL7 调控的基因编码 FeSOD。FeSOD 转录水平上升导致活性蛋白增加，从而保持了细胞内整体的 SOD 活性水平

23.5.2 铝耐受依赖于对铝的排斥机制和其他内部机制

有些植物物种，甚至是同一物种内的某些基因型的植株能在酸性土壤中生长得更好，这其中的机制在研究中受到了相当的重视。图 23.23 显示铝耐受的（Atlas）和铝敏感的（Scout）小麦品种在含有铝的酸性 $CaSO_4$ 溶液中的生长状况。对根的生长抑制和对根尖的损害在 Scout 中更为严重，而茎的生长受铝的影响较小。早期研究表明，在某些物种中（如小麦和大麦），与敏感型相比，耐受基因型植株

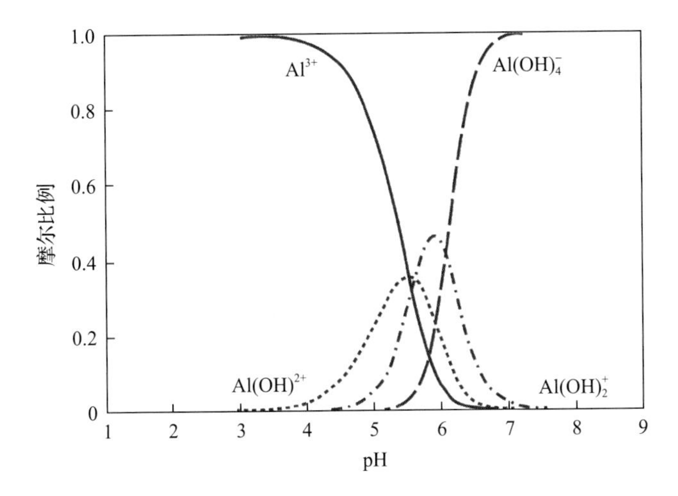

图 23.22 各类单核铝离子在水溶液中的分配，图中标明了随溶液 pH 的变化各类单核铝的摩尔分数。当 pH 等于或小于 5 时，对植物有毒的 Al^{3+} 占主导地位

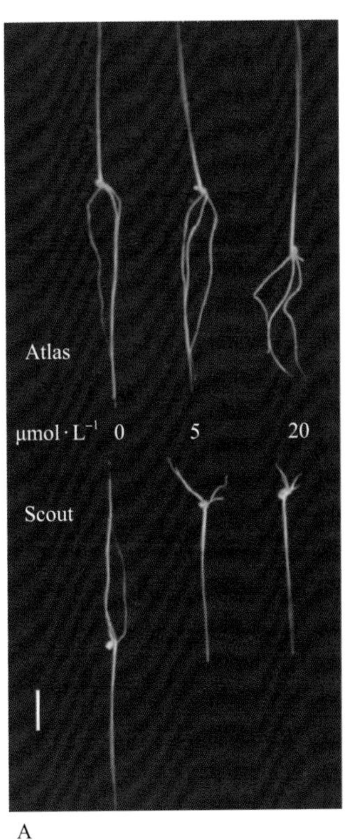

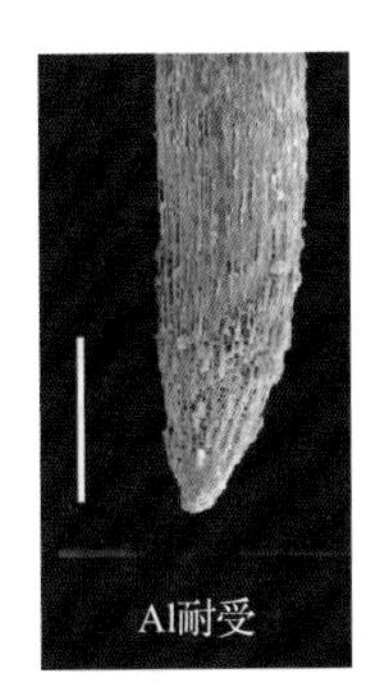

图 23.23 Al 处理对 Al 耐受型和 Al 敏感型小麦品种的根的生长的影响。A. Al 耐受型品种 Atlas 和 Al 敏感型品种 Scout 的幼苗在含有 0、5μmol·L^{-1} 或 20μmol·L^{-1} $AlCl_3$（pH 4.5）的 0.6mmol·L^{-1} 的 $CaSO_4$ 溶液中长了 4 天。根生长受抑制的现象在 Scout 中明显比 Atlas 中强，但茎的生长相对未受影响。标尺 =1cm。B. Al 敏感型和 Al 耐受型小麦品种在 5μmol·L^{-1} $AlCl_3$ 中生长 4 天后根尖的扫描电镜图像。敏感型植株受到的伤害比耐受型植株大。标尺 =0.5mm。来源：图 A 来源于 I. Raskin, Rutgers University, NJ, 未发表

在根中积累的铝较少。相反，其他一些高度耐受的物种如茶（*Camellia sinensis*）和绣球属（*Hydrangea* sp.）植物，在其根和茎中积累了高浓度的铝。这些例子说明植物中存在两种耐受机制：**排斥机制**，减少铝的吸收及其与根细胞的相互作用；**内部机制**，使得细胞能够安全地积累任何进入细胞的铝。铝可通过下列方式被排斥在共质体外：与细胞壁结合，降低其跨细胞膜的渗透性，与根释放的配体螯合，被转运出细胞，或通过增加根际 pH 而降低 Al^{3+} 在根表面的局部浓度。内部机制可能包括在细胞质内螯合铝，或将其隔离至液泡等亚细胞组分中。

铝耐受在重要作物如小麦、水稻和玉米中是一个多基因控制的性状。这意味着多于一个基因控制该表型，且这些基因间可能有加性效应。尽管如此，小麦中的一个基因位点通常导致了大多数铝耐受的表型变异，暗示着其他的许多位点在耐受表型中的贡献相对小。玉米的情况更加复杂，至少 5 个不同的位点参与了铝耐受。这些位点所包含的基因可能构成多种生理学机制。

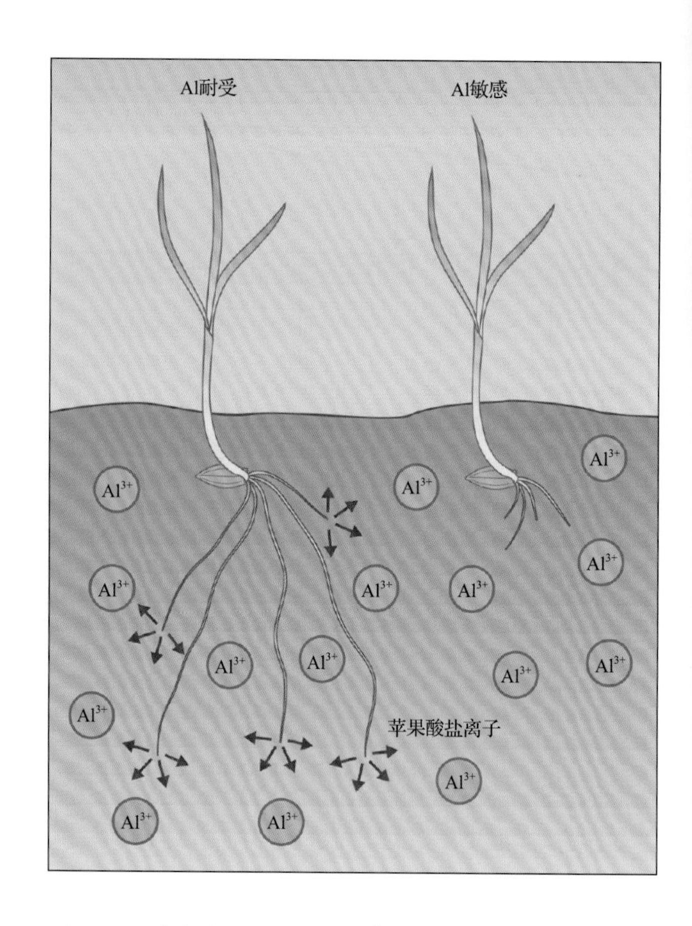

图 23.24 含有高浓度可溶性 Al^{3+} 的酸性土壤会抑制根的生长。小麦对 Al 耐受的增加依赖于根尖 Al 激活的苹果酸盐阴离子外流。苹果酸盐通过螯合质外体的有毒 Al^{3+} 来保护根，减少 Al 的吸收并尽量降低 Al 对敏感的根尖的损伤。需要注意的是，苹果酸盐并不会像图中所示的在土壤中长距离扩散。TaALMT1 促进苹果酸盐的外流，这是一种对苹果酸盐的阴离子具有通透性的通道，其表达量在 Al 耐受基因型植株的根尖中比 Al 敏感型中的高。根释放有机阴离子（特别是苹果酸盐和柠檬酸盐）是很多植物物种采取的 Al 排斥机制。这些阴离子的外流由 ALMT 和 MATE 家族的转运蛋白介导

23.5.3 铝排斥依赖于在根中通过 ALMT 和 MATE 转运蛋白的有机阴离子外流

大麦的根排斥铝依赖于苹果酸盐阴离子的释放或外流（图 23.24）。事实上，大麦中许多铝耐受的基因型都与根尖苹果酸盐的外流高度相关，且外界铝浓度过高时外流量会达到饱和（图 23.25）。由于

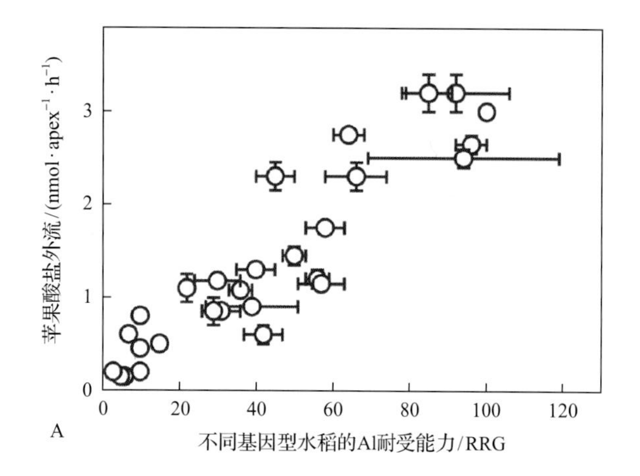

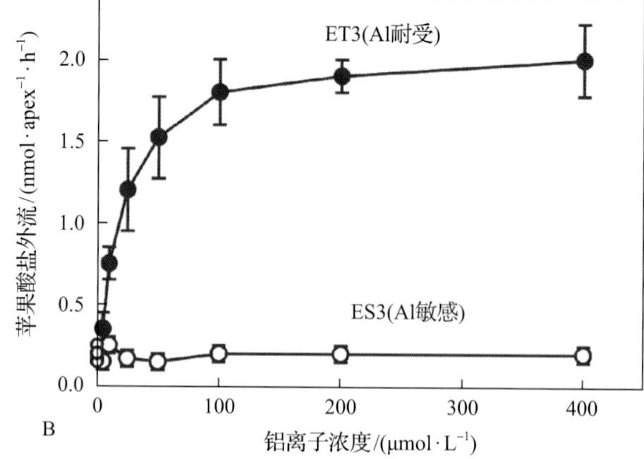

图 23.25 不同品种的小麦中，根尖苹果酸盐的释放与对 Al 的耐受性相关。A. 对 28 个小麦品种分别进行 $100\mu mol \cdot L^{-1}$ $AlCl_3$ 和 $0.2mmol \cdot L^{-1}$ $CaCl_2$（pH4.2）的处理，测量在 80min 内离体根尖苹果酸盐的释放。Al 的耐受能力用 7 天内在含有 0 和 $10\mu mol \cdot L^{-1}$ $AlCl_3$（pH 4.2）的 $0.2mmol \cdot L^{-1}$ $CaCl_2$ 溶液中根的相对生长量（relative root growth，RRG）来衡量。B. 外源 Al 激活苹果酸盐的外流，且在高浓度的 Al^{3+} 中此反应达到饱和。数据分别显示了 Al 耐受小麦品种 ET3 和 Al 敏感小麦品系 ES3 的情况

苹果酸盐阴离子与 Al^{3+} 形成稳定的复合物，因此敏感的根尖周围的 Al^{3+} 浓度降低。后续研究表明相似的机制也存在于其他禾本科（如玉米、大麦、高粱 *Sorghum* spp.、黑麦 *Secale cereale*）植物中，以及天南星科（如芋头 *Colocasia esculenta*）、蓼科（如荞麦 *Fagopyron esculentum*）、十字花科（如拟南芥 *Arabidopsis*、欧洲油菜 *Brassica napus*）、豆科（如赤小豆 *Vigna umbellata*、菜豆 *Phaseolus vulgaris*、大豆 *Glycine max*）的某些物种中。有机阴离子的释放在不同物种中不同。苹果酸盐和柠檬酸盐最常见，也有少量物种释放草酸盐（荞麦、芋）。这三种阴离子都会与 Al^{3+} 形成稳定复合物，以降低自由 Al^{3+} 的浓度，从而减少根对其的吸收。

小麦中编码铝激活的苹果酸盐外流转运蛋白的基因是 *TaALMT1*（*Triticum aestivum* aluminum-activated malate transporter）。*TaALMT1* 之所以被发现是因为它在铝耐受的小麦根尖的表达量比铝敏感的植株高。TaALMT 是尚未鉴定的蛋白家族的一员，其蛋白质 N 端具有 5 ～ 7 个跨膜域，以及一个长的亲水的 C 端区域。TaALMT1 定位于根细胞的质膜上，其在铝耐受基因型植株中的表达量升高由启动子区域增加基因转录的串联重复序列启动。许多不同植物物种中 TaALMT1 不同的表达使得铝能激活苹果酸盐外流，从而导致更强的铝耐受。爪蟾卵母细胞和悬浮培养的烟草（*N. tabaccum*）细胞的电生理学研究也表明 *TaALMT1* 编码一个促进苹果酸盐外流的配体门控通道。TaALMT1 是小麦铝耐受的主要贡献者，但在某些基因型中也有其他机制的参与。

对于高粱（*S. bicolor*）和大麦铝耐受的遗传学和生理学认识使人们发现了第二个铝耐受基因家族。这些物种的耐受性由一个主要基因位点控制，该位点与铝激活的柠檬酸盐外流表型共分离。通过对这些基因位点的精细定位，在大豆中鉴定到了 *SbMATE* 基因，在大麦中鉴定到了 *HvAACT1*（*Hordeum vulgare* aluminum-activated citrate transporter1）基因，两者都属于 MATE（multidrμg and toxic compound exudation）家族。MATE 转运蛋白家族是一个具有多样性的大家族，存在于原核细胞和真核细胞。许多 MATE 蛋白发挥共转运蛋白的功能（通常是质子或者钠的反向转运体），将次级代谢产物和小的有机化合物转运出细胞质。SbMATE 和 HvAACT1 蛋白定位于根细胞的质膜上，作为铝激活的转运蛋白促进柠檬酸盐从根尖流出。高粱中 *SbMATE* 的表达在铝处理下升高，而大麦 *HvAACT1* 在耐受基因型植株中的表达相比于敏感型植株有更高的组成型表达。然而在这两种情况中，不同基因型的铝耐受表型都与基因表达水平高度相关。

ALMT 和 *MATE* 家族的成员也赋予了许多其他物种的铝耐受性。例如，*AtALMT1* 是拟南芥 *ALMT* 家族的 14 个成员之一，似乎与小麦 TaALMT1 的作用相似，尽管它们的氨基酸序列只有 44% 的相似性。带有 *AtALMT1* 敲除突变的拟南芥植株（*Atalmt1*）中铝激活的苹果酸盐外流量减少，因而对铝的敏感性增加。其他 *ALMT* 可能对欧洲油菜和黑麦的铝耐受能力有所贡献，*MATE* 则对玉米和一些小麦基因型的铝耐受能力有贡献。这些研究表明 *ALMT* 基因控制了苹果酸盐阴离子的释放，而 *MATE* 基因控制了柠檬酸盐阴离子的释放。因此根释放苹果酸盐还是柠檬酸盐主要是由所表达的转运蛋白的类型决定，而非代谢途径的差异。

铝激活了大多数参与铝耐受的 ALMT 和 MATE 蛋白的转运功能。激活过程的细节尚不明了，但推测可能是铝直接与蛋白质本身相互作用。这种互作可能改变了转运蛋白的三级结构，从而激活了其转运活性。在某些物种中有机阴离子外流的激活过程发生得很快，然而在其他物种中，铝加入后该过程可能延迟数小时甚至数日，之后随着时间的推移外流量逐渐增加。对快速响应（类型Ⅰ）的解释是，铝激活的蛋白质在此之前就存在于细胞膜上（图 23.26）。该类型的例子包括小麦中苹果酸盐的释放和大麦中柠檬酸盐的释放，与这两个物种中 *TaALMT1* 和 *HvACCT1* 基因组成型表达的情况一致。延迟响应（类型Ⅱ）说明铝需要先诱导基因和蛋白表达，之后才能发挥作用（图 23.26）。这一类型的例子包括拟南芥中苹果酸盐的释放和玉米、高粱、黑麦中柠檬酸盐的释放。不管铝是否诱导 ALMT 和 MATE 蛋白的表达，大多数情况下仍需要外源铝来激活其转运活性。

23.5.4 通过突变体分析鉴定铝耐受基因

在不能用有机阴离子外流来解释的谷物中，水

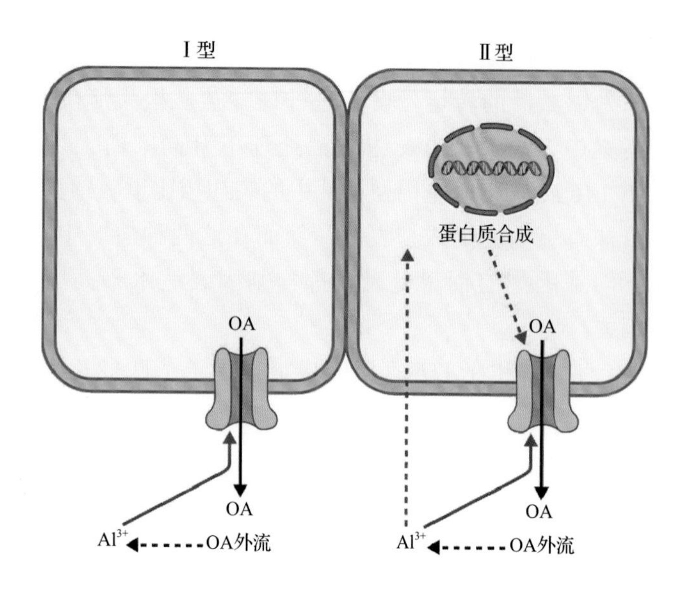

图 23.26 根中 Al 激活的有机酸阴离子外流（OA）的模型。类型I的反应中，Al^{3+} 通过激活一个已经存在于质膜（橙色实线）上的转运蛋白而迅速引发根细胞有机酸阴离子的外流。至今，这类转运蛋白被认为是 ALMT（苹果酸盐外流）和 MATE（柠檬酸盐外流）蛋白家族的成员。Al 可能直接与转运蛋白互作而引发外流。有机酸阴离子进而与质外体的 Al^{3+} 螯合，防止其对根细胞（黑色虚线）造成破坏。在类型II反应中，Al 处理后延迟数小时才发生外流。这种机制中，Al 首先诱导转运蛋白和其他蛋白质的表达（红色虚线）。而后 Al 以与类型 I 反应中相似的机制激活新合成蛋白的转运功能（红色实线）

稻对铝具有较高的基础耐受水平。水稻中一些控制铝耐受的基因，以及拟南芥中的其他耐受基因，都是依靠筛选对铝敏感性有所改变的突变体而鉴定出来。这些筛选鉴定出了水稻的 *STAR1*（sensitive to Al rhizotoxicity）基因，以及拟南芥的 *ALS1* 和 *ALS3*（Al sensitive）基因，编码全长的或者一部分类 ABC 转运蛋白。STAR1 与另一个叫作 STAR2 的蛋白质互作形成功能性的 ABC（**A**TP **b**inding **c**assette）转运蛋白。STAR1/2 复合物似乎是通过向胞外分泌囊泡的形式将次级代谢产物转运出细胞（例如，UDP- 葡萄糖及酚类化合物），但该过程如何赋予植物耐受能力尚不明确。这些向外运输的化合物可能在质外体与 Al^{3+} 结合，或它们可能是后续酶反应的底物，通过对细胞壁的修饰减少 Al^{3+} 的损伤。突变体筛选也鉴定出了水稻中由 *ART1*（***A**l **r**esistance **t**ranscription factor1*）编码的 C2H2 型锌指转录因子，以及拟南芥中的 *STOP1*（*sensitive **to** p**H**1*）基因。*ART1* 和 *STOP1* 是诱导这些 ABC 型基因以及其他参与耐受的基因所必需，因此是植物响应铝和 pH 胁迫的重要调控因子。

23.5.5 基因工程改造植物的铝耐受性

有些农作物能在酸性土壤中生长良好，也有些能通过传统的育种手段得到改善。对于没有足够的自然变异资源用于选育耐受植株的重要农作物，生物技术使得在酸性土壤中增加食物产量成为可能。有机阴离子外流在铝耐受中的作用被认识到之后，许多研究者开始尝试将这一表型通过基因工程的方法引入模式植物中。人们主要采取两种手段增加根的有机阴离子外流。第一种是增加参与合成苹果酸盐或者柠檬酸盐的基因的表达（如柠檬酸合酶、苹果酸盐脱氢酶），第二种方法是增加有机阴离子转运出细胞的能力。大多数成功的例子都是通过将上述的 *ALMT* 和 *MATE* 型基因转入植物得到。例如，在大麦中过表达小麦的 *TaALMT1* 基因导致有机阴离子的外流量与对照组相比增加了 25 倍，且在含有毒浓度的铝的培养基和土壤中都能观察到显著的根生长增加。

小结

植物利用广泛的机制和反应从土壤中获取必要的矿质营养以及耐受有毒的土壤环境。其中一些途径异常复杂。陆生植物采用不同的、针对不同营养的策略来提高土壤中不足的可溶性必需矿质元素的供应量并将营养转运到根部，随后将营养运输至植株需要的部位。植物也必须调节那些具有潜在毒性但却是必需的元素（如 Fe 和 Cu）的吸收，以防止营养缺乏或金属毒性。

植物矿质营养研究领域源于生理学的研究，近年来随着分子研究方法应用于分析矿质营养，该领域的研究迈向了发展的新时代。对这些复杂过程进行分子生物学研究获得的信息如何与先前和现在从细胞、器官和整个植物体水平对矿质营养进行生理学研究所获得的成果结合起来，是当今植物学家们所面临的巨大挑战。这项工作的最终目标是深化人们对完整植株生长的科学理解，无论它们生长在农田还是自然生态系统。

（王雪霏　译，秦跟基　校）

第 24 章 天然产物

Toni M. Kutchan, Jonathan Gershenzon, Birger Lindberg Moeller, David R. Gang

导言

植物次生代谢物又称为天然产物或特化代谢物，拥有极其丰富的生化多样性。人们已经确定了超过 20 万种不同化学物质的结构。植物的初级代谢物对其生长发育很重要，相较而言，次生代谢物除了在植物体内起作用以外，还是植物与外部环境交流所必需的。植物与环境交流有多种形式，可以是花瓣中色素的积累，或是花朵释放挥发性化学物质吸引传粉者；也可以是三级营养相互作用（tritrophicintereaction）中，叶片被毛虫咬蚀后释放挥发性化学物质吸引捕食毛虫的蜂，或者产生苦味、有毒的拒食素；还可以是根将次生代谢产物释放到根际从而吸引对植物有利的土壤微生物。

初级代谢物和次生代谢物并不能简单地通过前体分子、化学结构或生物合成起始分子加以区分。在双萜化合物中，异贝壳杉烯酸和松香酸都是通过一系列很相似的相关酶反应合成的（图 24.1）；前者是赤霉素（一种植物生长激素）合成中的重要中间产物（见第 17 章）；而后者是一种树脂组分，主要存在于豆科和松科植物中。与之类似，必需氨基酸脯氨酸也属于初级代谢物，而人们认为 C_6 类似物六氢吡啶羧酸是一种生物碱，因而也是天然产物（图 24.1）。木质素是木材的必需结构多聚体，它是植物中仅次于纤维素的、含量第二丰富的有机化合物；即使是木质素，人们也还是把它看成天然产物，而不是初级代谢物。尽管缺乏合理的结构或生化的分类标准，我们还是可以根据功能定义来区分：初级代谢物参与植物中营养和必需代谢过程，

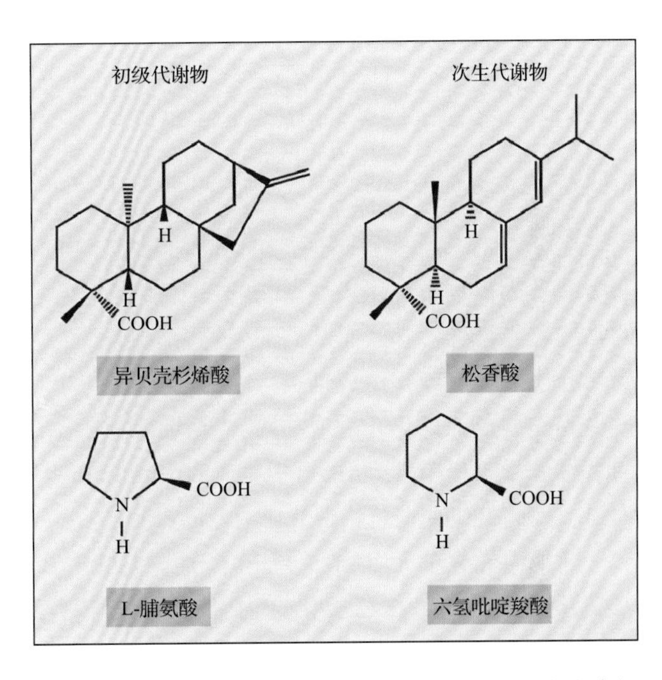

图 24.1　异贝壳杉烯酸和脯氨酸是初级代谢物，而与之密切相关的化合物松香酸和六氢吡啶羧酸则是次生代谢物

而天然产物（次生代谢物）影响植物和环境之间的交流。

有机化学家对次生代谢产物的兴趣，不仅仅是因为它们的学术价值，更主要是由于它们巨大的实用性，如染料、多聚体、纤维、粘合剂、油、蜡、调味剂、香水和药物。有机化学家从 19 世纪 50 年代起就对它们的化学特性开展了广泛研究，这些研究促进了分离技术、结构分析的光谱方法及合成方法学等的发展，而这些技术和方法奠定了当代有机化学的基础。如今，人们认识到天然产物承载着植物的重要生态学功能，其研究也划归为现代生物学范畴。

依据化学结构的不同，植物天然产物可以分为几个主要类型，其中萜类、生氰苷类、硫代葡萄糖苷类、生物碱类、酚类化合物的研究最为充分。在本章中，我们将概述主要类型的植物天然产物的生物合成，以及它们的生理功能、对人类的价值和生物技术应用潜能。有些可能适用于上述所有类型化合物的关键特征，如化合物合成过程中代谢区室（metabolons）起到的作用、化合物在特殊结构和亚细胞结构（如树脂管、表皮下囊、液泡）中的分布等，将在研究最充分的天然产物的相关章节中予以详述。

24.1 萜类化合物

24.1.1 萜类化合物根据其所含五碳单元的数目进行分类

迄今为止，人们已知超过 30 000 种萜类，因此萜类被誉为植物小分子天然产物的最大家族。萜类的结构差异悬殊，却具有共同的生物合成起源。五碳的异戊烷单元连接组成萜类，因此萜类化合物又被称为类异戊二烯化合物或萜烯。“萜烯”或“萜”的名称源于“松节油”（德语中是“terpentin”），因为第一批此类化合物是从松节油中分离得到的。

萜类由五碳单元组成，这些单元通常是指异戊二烯单元，因为一些萜类化合物受热降解产生气体异戊二烯（图 24.2）。萜类的分类历史悠久（参见信息栏 24.2，本章稍后位置）。人们一度认为十碳萜是天然萜类中最小的一类，称它们为单萜（monoterpenes），这个名字一直保留至今。既然含 10 个碳原子的萜被称为单萜，那么含 5 个碳原子的萜就随后被称为半萜，含 15 个碳原子的萜称为倍半萜，含 20 个碳原子的萜称为二萜，含 30 个碳原子的萜称为三萜，依此类推。

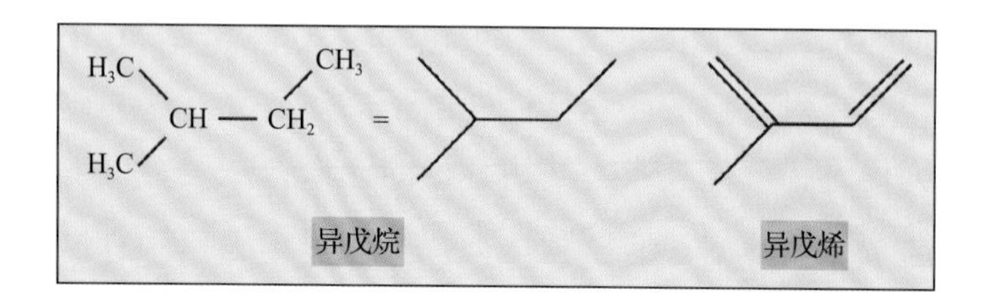

图 24.2 萜类基本五碳单元（C_5）的结构。异戊烷（左）是一个具分枝的五碳碳氢化合物，异戊烯（右）是特定萜类降解时产生的气体化合物

24.1.2 萜类在植物中承担多种不同的功能

尽管所有生物体中都存在萜类，但植物中萜类的结构和功能多样性最大。许多萜类化合物在植物基础生长发育过程中起重要作用，因此它们被归为初级代谢物而非次生代谢物。

这些初级代谢物包括几类植物激素：赤霉素（二萜，C_{20}，见第 17 章）、油菜素类固醇（三萜，C_{30}，见第 17 章）、脱落酸（见第 17 章）和独脚金内酯（见第 17 章）。天然细胞分裂素含有 C_5 萜类侧链。尽管脱落酸是倍半萜类分子、独脚金内酯分子具有 19 个碳原子的骨架，但二者实际上都是通过切割四萜（类胡萝卜素）而产生的。

类胡萝卜素是另一大类功能研究较为透彻的植物萜类。这些红、橙、黄颜色各异的化合物参与光合作用中的能量转换过程（见第 12 章）、保护强光下的光合组织不被氧化；它们让花和果实吸引动物，从而使植物得以传播花粉和种子。固醇则是三萜衍生物，它们是细胞膜的关键组分，与磷脂相互作用以稳定细胞膜（见第 1 章）。

萜类五碳单元形成的链通常具有高亲脂性。它们可与其他分子结合，将这些分子锚定在蛋白质或脂膜上。例如，叶绿醇嵌在类囊体膜上，它具有 4 个五碳单元（C_{20}）组成的侧链，这些侧链将叶绿素插入光系统复合体中。抗氧化剂维生素 E 和电子载体（如泛醌、质体醌、叶绿醌）都借助 4 ～ 10 个五碳单元组成的侧链锚定在膜上。一些植物蛋白通过 15 ～ 20 碳的萜类侧链插入膜中或直接参与蛋白质 - 蛋白质相互作用，这些侧链是在蛋白质翻译后添加到接近 C 端的一个半胱氨酸残基上的。此外，一些很长的萜类分子，如多萜醇（15 ～ 23 个五碳单元），参与细胞壁合成与糖蛋白合成过程中的糖转移反应。

24.1.3 多数萜类具有重要的生态学作用并为人类所用

植物产生的数千种萜类中，大部分尚未发现在植物的生长和发育过程中起什么特殊的作用，因此这些萜类被划分为次生代谢物。它们之中有很多是挥发性化合物，或油脂、树脂、橡胶和蜡的组分。人们曾经把这些萜类视为代谢废物，实际上它们有

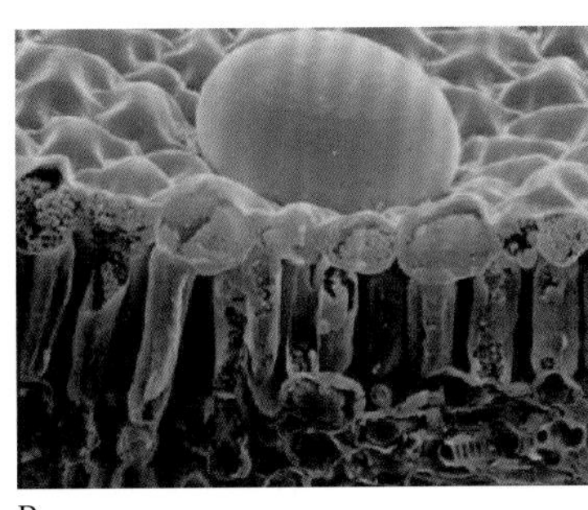

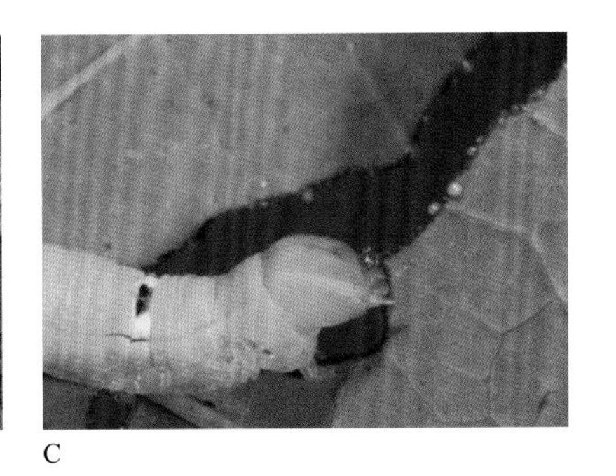

A B C

图 24.3 萜类化合物可用于植物防御。这些化合物通常形成又黏又油、气味刺鼻、令人不快的混合物。A. 针叶树的树脂，主要由单萜（C_{10}）和二萜（C_{20}）组成。当树受到损伤、树脂道切开后，树脂涌出来，单萜迅速从中挥发，散发出刺鼻的气味。黏稠的双萜留在树脂中，继而多聚化。B. 薄荷（*Mentha* sp.）油里富含单萜，它们储存在叶片表面的腺毛和其他器官中。图中所示为幼嫩叶片上位于叶表面的单一腺毛的剖视图，直径约 0.5mm。C. 植物胶乳是一种牛奶状的液体，是由蛋白质、天然产物，以及其他含有二萜、三萜或更高级萜类（包括橡胶）的细胞组分构成的乳汁。它们存储于乳汁管中，在乳汁管受到破坏（如食草动物取食）时渗出。来源：图 A 来源于 Reiderer, University of Würzberg, Germany; 图 B、C 来源于 Wittstock&Gershenzon（2002）. Curr. Opin. Plant Biol.5: 300-307

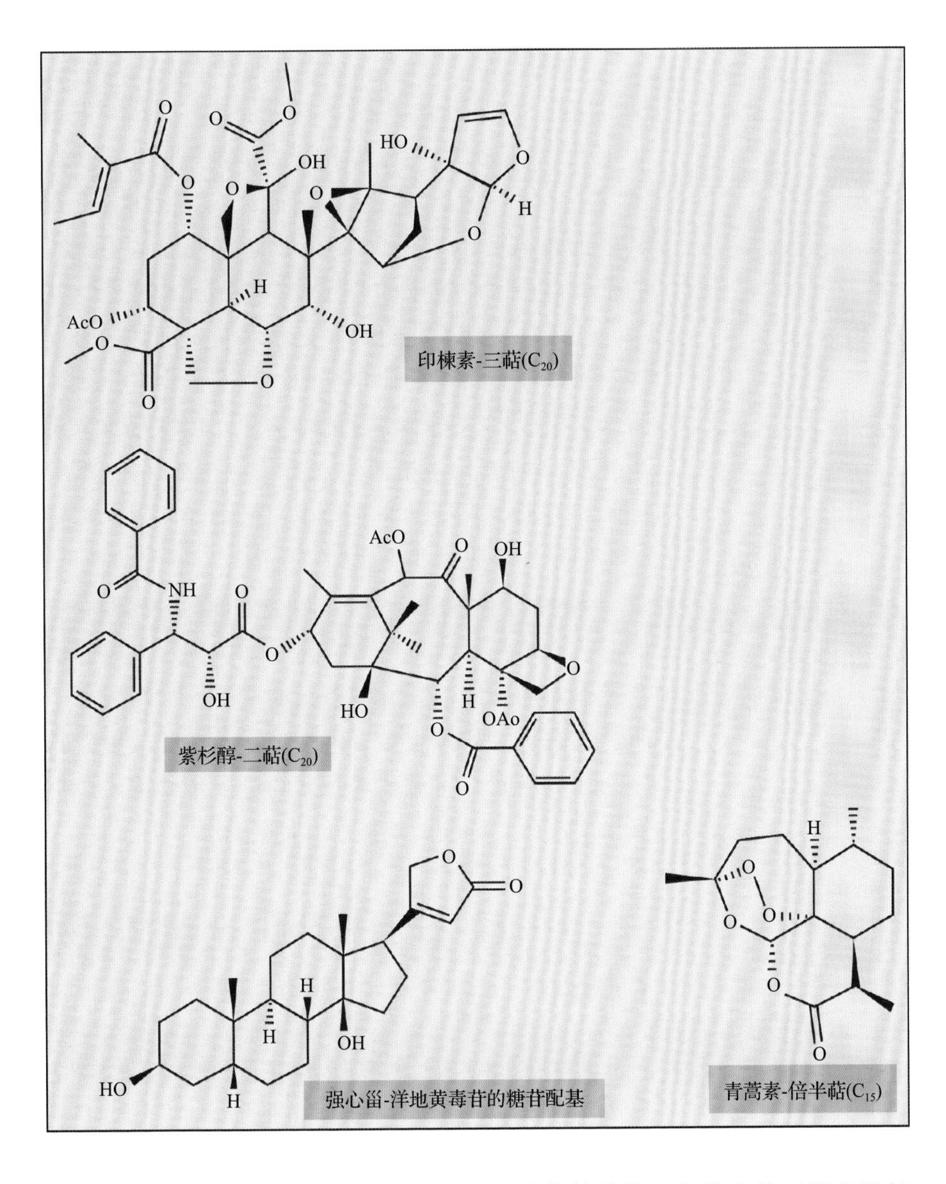

图 24.4 一些具有重要经济价值的萜类化合物的结构。印楝素是亚洲印楝树（*Azadirachta indica*）的种子中含有的一种三萜（C_{30}）衍生物，可用于昆虫害虫防治。紫杉醇是短叶红豆杉（*Taxus brevifolia*）中的二萜（C_{20}）衍生物，可用于癌症治疗。强心甾是洋地黄毒苷的糖苷配基，是一种用于心脏病治疗的甾类糖苷。青蒿素是青蒿（*Artemisia annua*）中提纯的倍半萜，用于治疗疟疾

一系列生态学功能：它们可以帮助植物抵御食草动物和病原体、抑制竞争植物的萌发和生长、吸引传播花粉和种子的动物等。

许多萜类形成又黏又油、气味刺鼻、令人不快的混合物（图 24.3），由此很容易理解它们所具有的防御功能。例如，亚洲印楝树（*Azadirachta indica*）的种子含有一种三萜印楝素（图 24.4），这是一种强效的昆虫拒食剂，对于昆虫有多种毒效。数百年来，印度农民一直使用印楝树的叶片保护粮食免遭虫害，现在这种富含氧元素的、复杂的萜类已经被分离出来了。由于印楝素对哺乳动物毒性较低，它在控制农业和居家虫害的应用上潜力巨大，目前几种含印楝素的制剂已经上市。很少有其他萜类分子像印楝素这样得到了深入的研究。

单萜和倍半萜一般都是挥发性化合物（图 24.5），它们是草药和香料，如罗勒、牛至、薄荷、月桂、西芹、莳萝的主要成分。这些化合物同样可以帮植物抵抗咀嚼类草食动物，

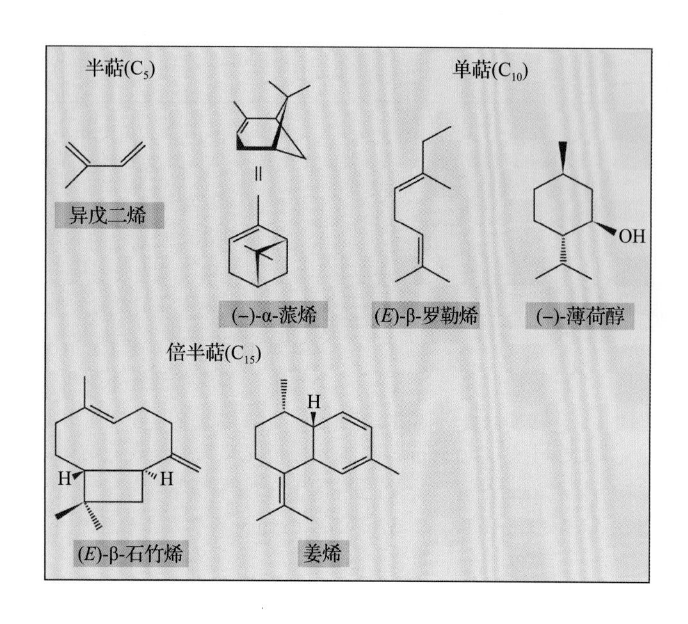

图 24.5 挥发性萜类通常储存在草药类和香料类植物的特殊结构中，或者在许多物种中直接以挥发物的形式释放出来。异戊二烯是一种半萜（C_5）；α- 蒎烯（针叶树树脂）、(*E*)-β- 罗勒烯和薄荷醇（薄荷油）是单萜（C_{10}）；(*E*)-β- 石竹烯（丁香、蔷薇和葎草等许多植物含有的一种精油）和姜烯（姜油）是倍半萜（C_{15}）；这些化合物分子质量低、缺少极性氧原子，因此具有很高的蒸气压

它们被储存在植物叶片或果实的腺毛和分泌腔中，当组织被压碎时就会挥发。几乎所有研究过的植物都可以从叶片挥发萜类化合物，特别是它们在遭昆虫食用后。例如，玉米（*Zea mays*）、棉（*Gossypium hirsutum*）、菜豆（*Phaseolus lunatus*）和拟南芥在被食草动物破坏后，会释放一系列单萜和倍半萜化合物，这些化合物可以阻止更多的食草动物来吃，同时可以吸引食草动物的天敌（如寄生蜂和捕食性节肢动物等）。

植物叶片释放特定的萜类分子也可能与动物取食无关。许多植物类群（特别是木本植物）都大量释放异戊二烯（半萜）和几种单萜，它们对大气中的臭氧、一氧化碳和其他气体水平有重要影响。异戊二烯和单萜似乎可保护植物应对热胁迫和氧化逆境，这可能是通过稳定膜，或直接结合活性氧分子（单线态氧、羟基自由基、一氧化二氮等）来实现的。

萜类在人类社会中亦起到重要作用。它们在食物、饮料、肥皂、香水、牙膏及其他产品中被用作调味料或香料，有些是工业原料（树脂和橡胶）或色素（类胡萝卜素），还有一些由于对人低毒且在环境中分解快而被用作杀虫剂（印楝素和除虫菊素）。许多萜类是重要的营养物质和药物，如维生素 A、D、E、K 和许多著名的药物（见图 24.4）。紫杉醇是源于紫杉（*Taxus brevifolia*）的二萜，它已经成为治疗卵巢癌和乳腺癌的重要药物；青蒿素是源于青蒿（*Artemisia annua*）的倍半萜，被用于治疗疟疾；从毛地黄（*Digitalis lanata*）中提取的强心甾（三萜，如洋地黄毒苷）治疗了数百万心脏病患者。类胡萝卜素也因成为“保健品”（有利于健康的食物）而越来越受到欢迎，人们相信它有助于预防癌症、心脏病和黄斑退化。

24.1.4 萜类由五碳“异戊二烯单元”融合而合成

五碳异戊烷或异戊二烯单元通常通过“头对尾”的方式连接起来形成萜类。这种连接方式最早发现于 19 世纪末，20 世纪 30 年代人们了解了化学反应机制后认识有所更新，认为萜类合成反应中还存在其他的模式（信息栏 24.2）。然而，人们认为所有的萜类都由“生物学的”异戊二烯单元构成。这些单元通过头对尾、头对头和各种头对中间的融合连接起来，在整个生物化学合成过程中也会发生大量结构重组。在这些修饰过的萜类中，也许很难分辨出异戊二烯单元最初的组织方式（图 24.6）。尽管如此，将萜类骨架拆分成异戊二烯单元，对于理解萜类的生物合成模式往往颇有价值。

萜类的生物合成过程可以被方便地分为四个阶段，它们将在后续章节中描述：①生物学五碳异戊二烯单元的合成；②五碳单元的重复叠加形成分子质量越来越大的异戊烯二磷酸；③异戊烯二磷酸转化为萜类骨架；④对基本骨架的进一步修饰，包括氧化、还原、异构、连接和其他转化。

24.2 基本五碳单元的生物合成

萜类生物合成过程中的基本五碳单元的代表是异戊烯二磷酸（isopentenyl diphosphate）和二甲基丙烯基二磷酸（dimethylallyl diphosphate）。在植物中，这些中间产物是经由甲羟戊酸途径（见 24.2.1 节）和甲基赤藓醇 -4- 磷酸（MEP）途径（见 24.2.2 节）这两条完全不同但却交换中间产物的途径合成的。

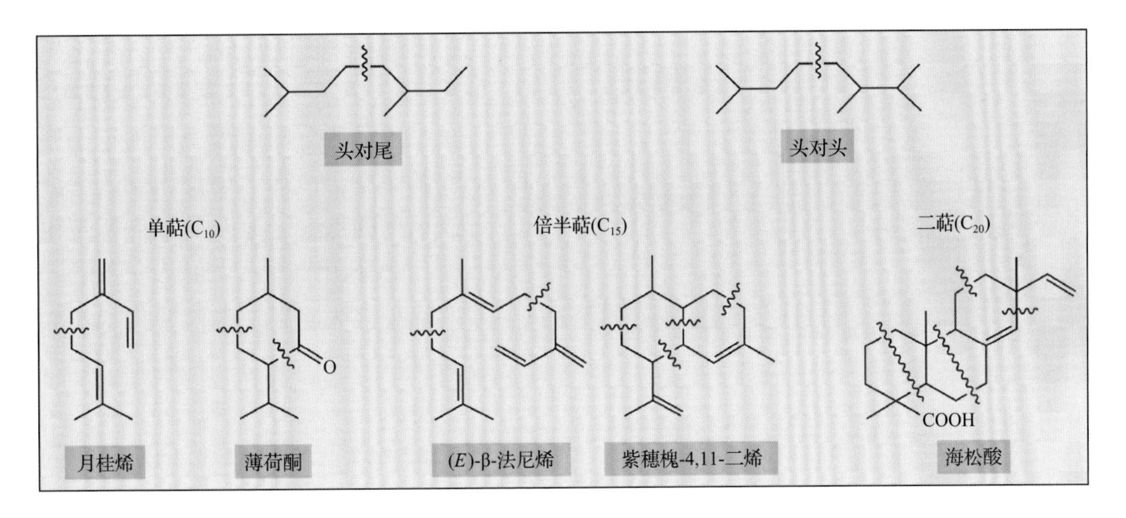

图 24.6 五碳异戊烷单元（异戊二烯单元）通常以“头对尾”的方式连接起来形成萜类。将萜类的结构拆分成上述五碳单元有助于直观理解它们的生化组装过程。实际上，萜类合成过程中还有可能发生大量复杂的代谢重组。月桂烯和薄荷酮是单萜（C_{10}——两个 C_5 单元）；（*E*）-β- 法尼烯和紫穗槐 -4,11- 二烯是倍半萜（C_{15}——三个 C_5 单元）；海松酸是一种二萜（C_{20}——四个 C_5 单元）

24.2.1 甲羟戊酸途径中乙酰 CoA 转化为异戊烯二磷酸和二甲基丙烯基二磷酸

萜类合成的第一条路径是由甲羟戊酸途径实现的（图 24.7）。该途径最初是在酵母和哺乳动物中发现并研究清楚的。首先，三分子乙酰 CoA 分两步缩合为六碳化合物 3- 羟基 -3- 甲基戊二酸单酰 CoA（HMG-CoA）。该中间产物由 **HMG-CoA 还原酶**在两步偶联的需要 NADPH 的反应中还原生成甲羟戊酸。甲羟戊酸通过依赖 ATP 的两步磷酸化反应生成甲羟戊酸 -5- 二磷酸。最后，经过包括第三次磷酸化的脱羧 - 消除反应，甲羟戊酸 -5- 二磷酸生成异戊烯二磷酸。异戊烯二磷酸在异戊烯二磷酸异构酶的作用下可以转化为二甲基丙烯基二磷酸；该酶也催化反向反应。

人们对甲羟戊酸途径中的第三个酶 HMG-CoA 还原酶进行了深入研究，该酶催化固醇生物合成反应（如动物中胆固醇的合成）的限速步骤。在植物中，HMG-CoA 还原酶同样被认为是萜类合成的关键调控步骤。实际上，许多研究表明，HMG-CoA 还原酶的活性改变与萜类生物合成速率的改变紧密相关。所有研究过的植物都有多个 HMG-CoA 还原酶基因，它们都有不同的组织特异、发育特异或胁迫特异的表达模式，因此 HMG-CoA 还原酶对萜类合成的调控可能部分是在转录水平上。HMG-CoA 还原酶的活性同样受到翻译后调控，蛋白激酶级联反应通过磷酸化 HMG-CoA 还原酶而使其失活。

24.2.2 甲基赤藓醇 -4- 磷酸（MEP）途径中，丙酮酸和甘油醛 -3- 磷酸转化为异戊烯二磷酸和二甲基丙烯基二磷酸

近年来，植物生物化学领域的最激动人心的进展之一就是发现了萜类合成中合成五碳基本单元的另一条途径，它与甲羟戊酸途径完全不同（图 24.8）。这条途径从丙酮酸和甘油醛 -3- 磷酸开始，通常以其第二个中间产物 2C- 甲基 -D- 赤藓醇 -4- 磷酸（MEP）命名。

多年来，人们猜想植物中存在非甲羟戊酸途径的第二条异戊烯二磷酸合成途径，因为经由甲羟戊酸合成特定萜类的效果很差。20 世纪 90 年代早期，研究者们发现，用 ^{13}C 标记的前体分子合成萜类时，标记的模式与基于甲羟戊酸途径的预测不同。他们进而去确定通路中的中间产物、酶和基因，其间大大得益于大肠杆菌（*Escherichia coli*）中的研究，因为大肠杆菌中也存在这条途径，而且大肠杆菌的遗传学和基因组等信息资源很多。

MEP 途径的第一步是丙酮酸和甘油醛 -3- 磷酸缩合形成中间产物 1- 脱氧 -D- 木酮糖 -5- 磷酸。这个缩合反应由一个利用焦磷酸硫胺素（TPP）的酶催化，该酶介导一个两碳基团的转移，类似于卡尔文循环中和氧化戊糖磷酸途径（见第 12 章）中的转酮醇酶。1- 脱氧 -D- 木酮糖 -5- 磷酸经重排和还原，形成 2C- 甲基 -D- 赤藓醇 -4- 磷酸（MEP）。接下来，一个核苷酸 -5′- 三磷酸（即三磷酸胞苷）转移到 MEP 上，这个中间产物再添加一个 ATP 提供

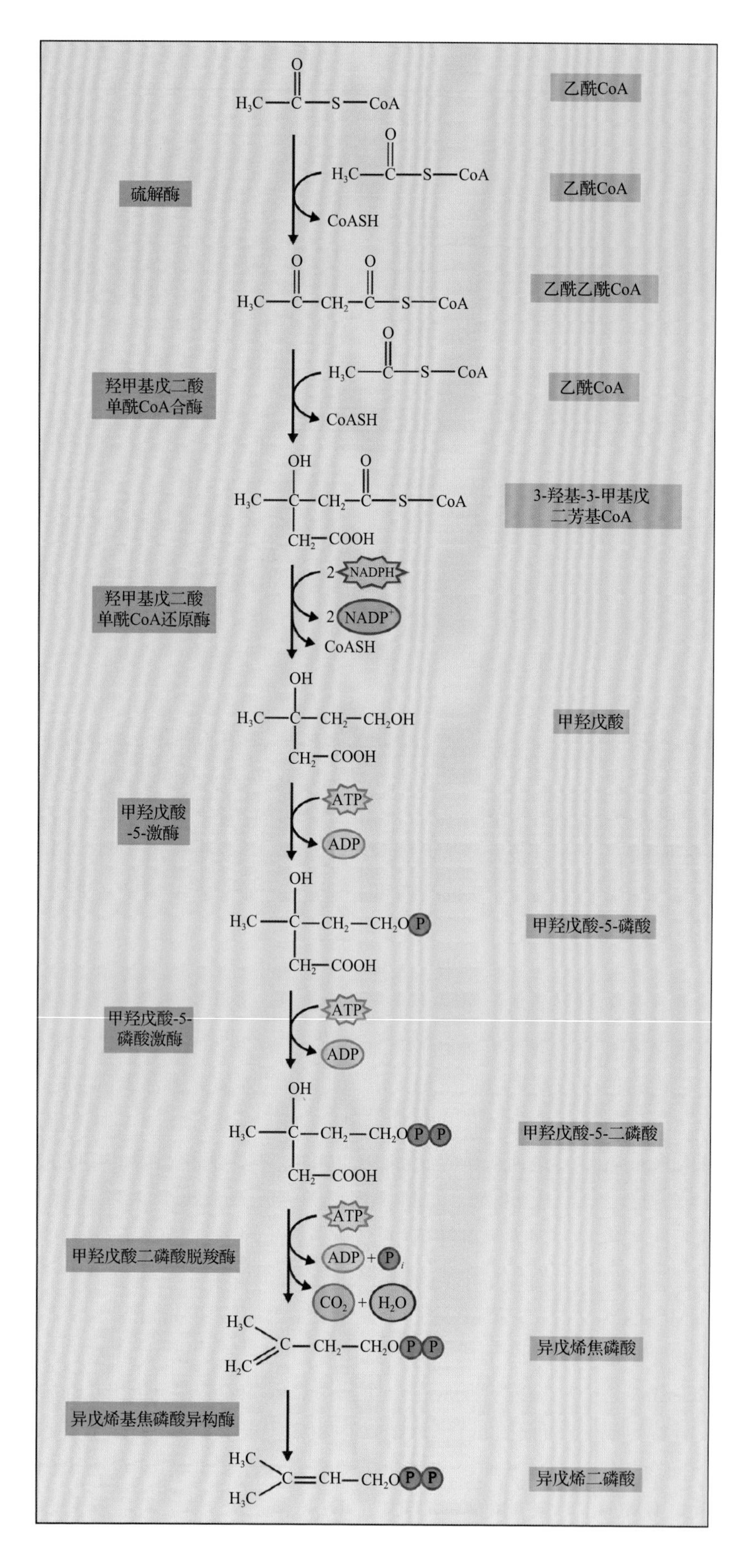

图 24.7 合成异戊烯二磷酸的甲羟戊酸途径。异戊烯二磷酸是萜类合成的最基本五碳单元。合成一分子异戊烯二磷酸需要消耗三分子乙酰 CoA。甲羟戊酸途径存在于植物细胞质中

的磷酸基团，就形成了 4- 二磷酸胞苷 -2C- 甲基 -D- 赤藓醇 -2- 磷酸。在二磷酸胞苷的磷酸上再加一个磷酸基团就形成环二磷酸结构，并释放单磷酸胞苷。途径的最后两步由铁 - 硫还原酶催化，通过一个还原 / 消除反应先将环二磷酸转化为（*E*）-4- 羟基 -3- 甲基 - 丁 -2- 烯基二磷酸，这个最后的中间产物再进一步还原生成异戊烯二磷酸和它的烯丙基异构体二甲基丙烯基二磷酸，两种终产物的比例是 5 ∶ 1。异戊烯二磷酸和二甲基丙烯基二磷酸二者均是萜类合成的后续步骤所必需的。

24.2.3 MEP 途径和甲羟戊酸途径在植物萜类合成过程中起到不同作用

维管植物、藻类、蓝细菌、真细菌和顶复门原生动物中均有 MEP 途径。然而，古细菌、真菌和动物中没有这一途径，这些类群利用甲羟戊酸途径合成萜类。只有植物同时具有 MEP 途径和甲羟戊酸途径，且这两个途径存在于分开的区室中：甲羟戊酸途径在细胞质中进行，MEP 途径在质体中进行。蓝细菌中普遍存在 MEP 途径，因此两个途径空间上的分开与质体起源于游离生活的蓝细菌假说相吻合，即蓝藻在成为内共生体后保留了萜类生物合成的机制。

萜类生物合成中，两条形成 C_5 单元的途径对合成各种萜的贡献并不相同。质体定位的 MEP 途径为萜类的合成提供大部分或全部底物，这些萜类，包括 C_5（异戊二烯）、C_{10}（单萜）、C_{20}（二萜，叶绿素侧链）和 C_{40}（类胡萝卜素类）化合物，它们的后续生物合成都发生在质体中。甲羟戊酸途径为合成 C_{15}（倍半萜）、

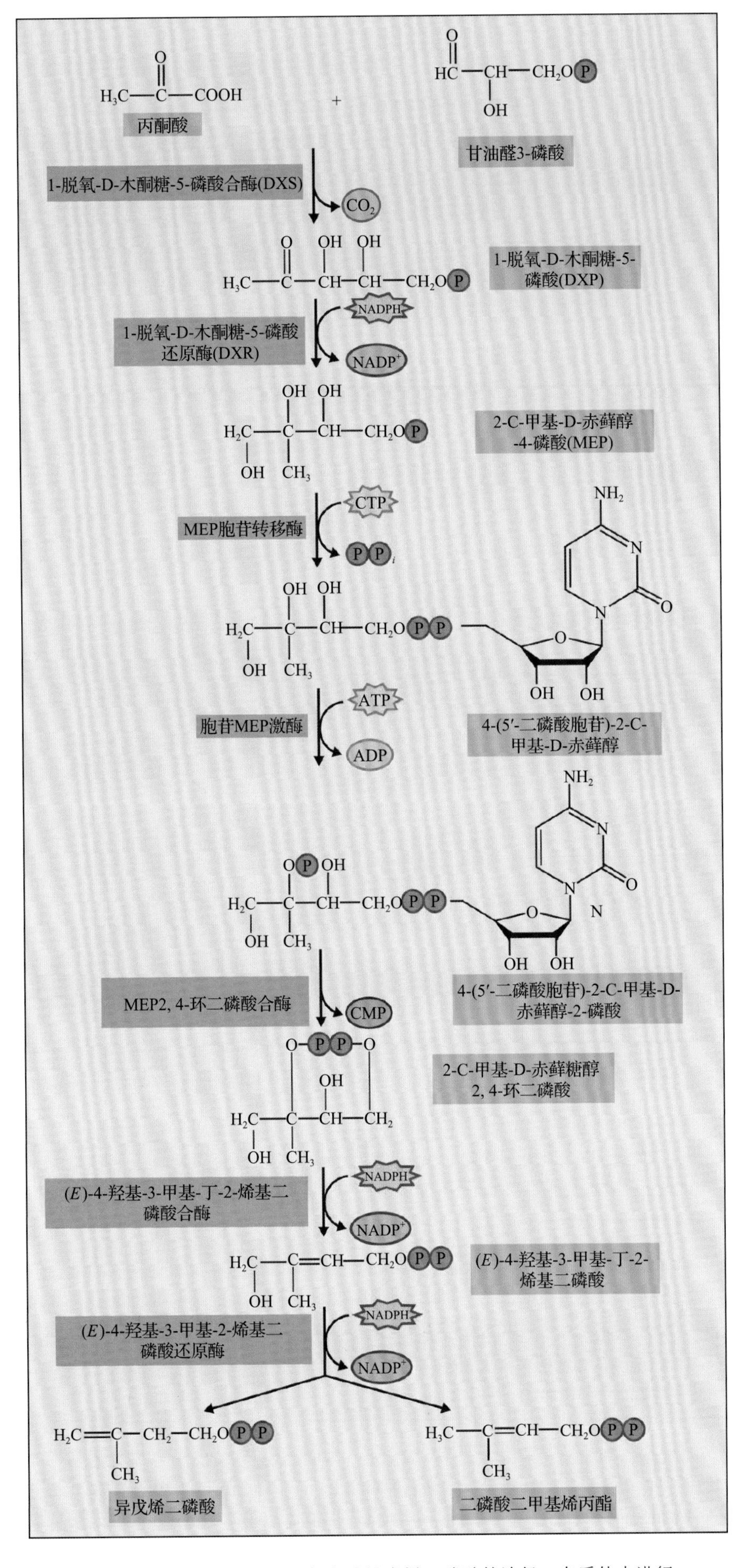

图 24.8 MEP 途径是植物中另一条合成异戊烯二磷酸的途径，在质体中进行

C_{30}（三萜和固醇）和更大分子化合物（多萜醇）提供大部分的 C_5 单元，这些化合物的后续合成步骤主要在细胞质中进行。然而，两条途径之间交换中间产物也多有文献记载。同时存在两条空间上分隔的通路生产萜类生物合成所需的五碳单元，这也许有助于解释植物如何能够以一种可调控的方式来生产如此多种类的萜类代谢产物。

24.3 五碳单元的反复添加

24.3.1 异戊烯二磷酸和二甲基丙烯基二磷酸缩合产生更大的中间产物

萜类生物合成的第二阶段涉及基本 C_5 单元、异戊烯二磷酸和二甲基丙烯基二磷酸融合形成更大的异戊烯基二磷酸和其他代谢中间产物（图 24.9）。二甲基丙烯基二磷酸是最小的带烯丙基的异戊烯基二磷酸，它可以作为引物，上面可以通过顺序链延伸步骤增加任意数量的异戊烯二磷酸单元。因此，异戊烯二磷酸和二甲基丙烯基二磷酸以“头对尾”的方式缩合，形成具有烯丙基的 C_{10} 化合物**牻牛儿二磷酸**。另一分子异戊烯二磷酸可以与牻牛儿二磷酸头对尾缩合，生成 C_{15} 烯丙基二磷酸化合物**法呢二磷酸**。再添加一分子异戊烯二磷酸则生成 C_{20} **牻牛儿牻牛儿二磷酸**。

然而，植物中主要的 C_{30} 和 C_{40} 萜类并不是通过 C_5 单元逐步添加而形成的。C_{30} 萜类（三萜）是通过两分子 C_{15} 中间产物法尼基二磷酸头对头合成鲨烯。与之类似，C_{40} 萜类（四萜）则通过两分子 C_{20} 中间产物牻牛儿牻牛儿二磷酸头对头合成八氢番茄红素（图 24.9）。

24.3.2 异戊烯基转移酶催化异戊烯二磷酸的缩合反应

萜类生物合成中的链延伸反应是由一类异戊烯基转移酶介导的。牻牛儿二磷酸、法尼基二磷酸和牻牛儿牻牛儿二磷酸的合成都由特定的异戊烯基转移酶催化，在烯丙基二甲基丙烯基二磷酸或同烯丙基异戊烯二磷酸上连续添加 1 个、2 个、3 个 C_5。这些具有烯丙基的底物分子在二磷酸部分可以离子化，产生共振稳定的烯丙基碳正离子，推动异戊烯基转移酶反应的进行（图 24.10）。添加异戊烯二磷酸后，消除一个质子，产生比先前多 5 个碳原子的异戊二烯二磷酸同系物。根据移除的质子的不同，产物中的双键可能为（*E*）- 或（*Z*）- 构型。植物萜

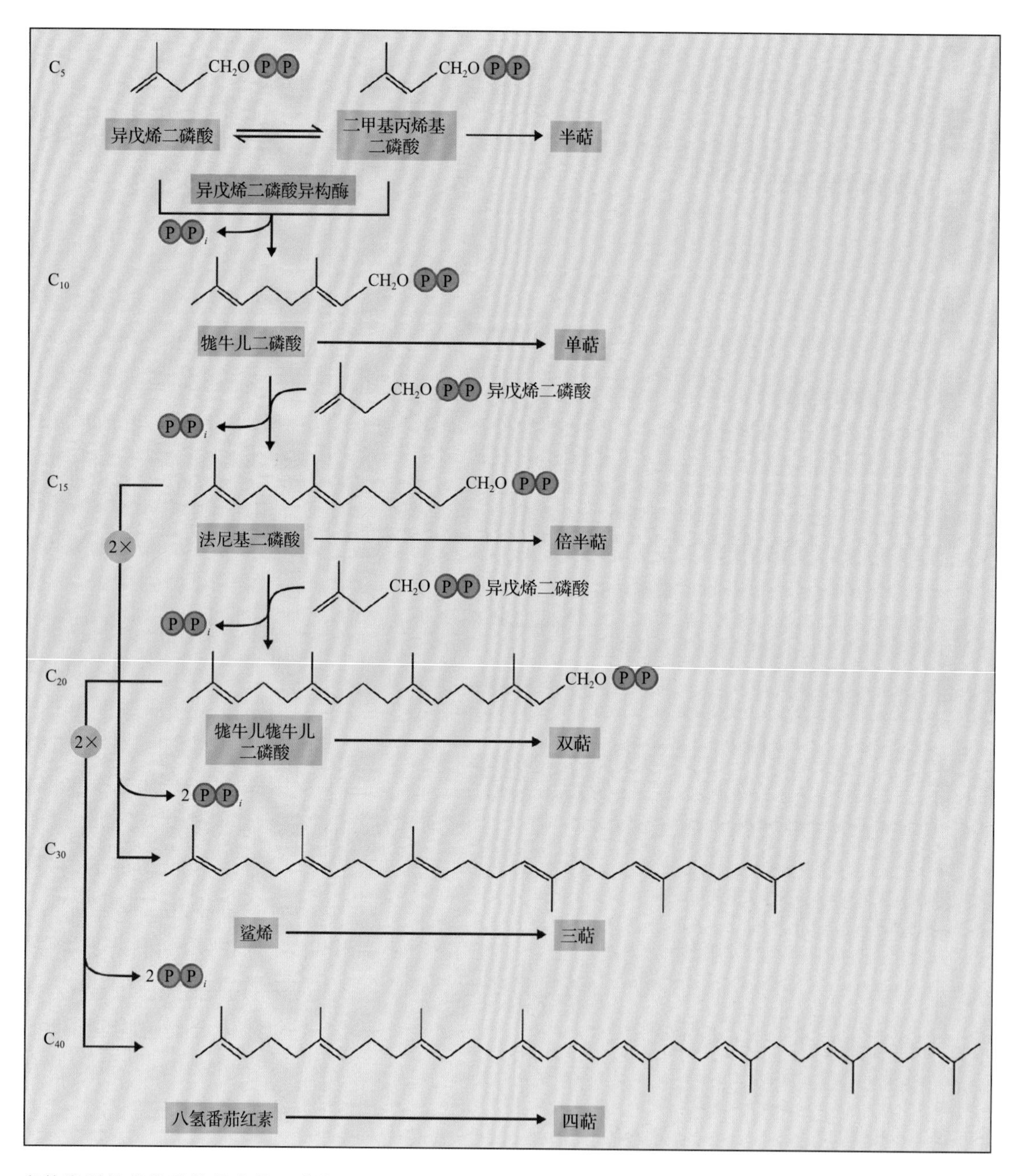

图 24.9 多数类型的萜类是从基本的五碳单元异戊烯二磷酸及其异构体二甲基丙烯基二磷酸合成而来的，二甲基丙烯基二磷酸是由异戊烯二磷酸在异戊烯二磷酸异构酶的催化作用下形成的。在异戊烯转移酶的催化下，不同数目的异戊烯二磷酸和二甲基丙烯基二磷酸单元与牻牛儿二磷酸（单萜 C_{10} 的前体）、法尼基二磷酸（倍半萜 C_{15} 的前体）和牻牛儿牻牛儿二磷酸（双萜 C_{20} 的前体）发生缩合。两个法尼基二磷酸单元（C_{15}）连接可以形成三萜（C_{30}），两个牻牛儿牻牛儿二磷酸单元（C_{20}）连接形成四萜（C_{40}）

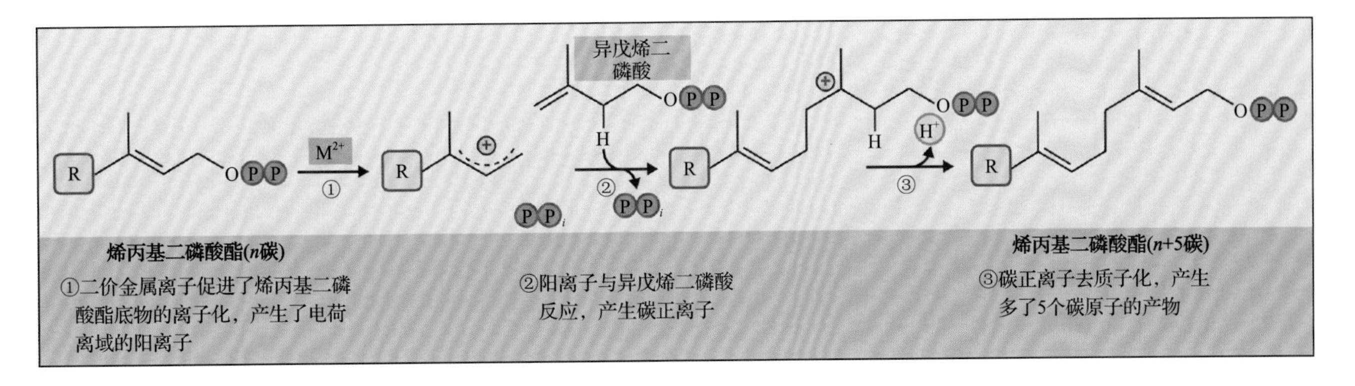

图 24.10 异戊烯转移酶反应

类生物合成过程中大多数短链异戊烯二磷酸同系物都具有（*E*）- 构型双键。

不是所有异戊烯基转移酶的产物都是异戊二烯二磷酸同系物。有些酶可以合成很长的萜类多聚体，如橡胶。橡胶由数千个双键呈（*Z*）- 构型的异戊烯二磷酸单元头对尾缩合而成。还有一些异戊烯基转移酶将异戊二烯二磷酸同系物添加到非萜类的分子上，包括叶绿素、蛋白质、醌或其他芳香族化合物等，形成具有萜类侧链的复杂物质。

24.4 母碳骨架的形成

24.4.1 萜类合酶催化异戊二烯二磷酸同系物转化为萜类母碳骨架

牻牛儿二磷酸（C_{10}）、法尼基二磷酸（C_{15}）和牻牛儿牻牛儿二磷酸（C_{20}）是萜类生物合成的关键中间产物，经**萜类合酶**（一个大的酶家族）的催化，它们分别转化为单萜、倍半萜和二萜（见图 24.9）。萜类合酶的产物通常是环化的，而且许多还具有复合环系统，其中包括了多种各异萜类的主要代表性骨架。

萜类合酶采用碳正离子反应机制，与异戊烯基转移酶的机制类似（图 24.11）。反应由二磷酸基团的离子化起始，这需要二价金属离子如 Mg^{2+} 参与。所得到的结合了酶的烯丙基碳正离子发生环化，共振稳定的碳正离子中心加到了底物的另一个碳碳双键上。环化反应后可能有包括氢阴离子迁移和烷基转移在内的一系列重排或是进一步的环化反应，这些均由酶结合的碳正离子和电中性中间产物所介导。这些活跃的碳正离子有多种命运，因而导致了萜类合成产物的巨大多样性。级联反应在阳离子经脱质子形成新的双键或者受亲核物质（如水）俘获时终止。

牻牛儿二磷酸和法尼基二磷酸是大多数已知单萜和二萜的合酶反应底物，它们并不能直接环化，因为它们的双键是（*E*）- 构型的。对于某些酶如柠檬烯合酶（图 24.11）而言，环化反应前还有一步对最初碳正离子的异构化反应，形成能够进行环化的中间产物。还有一些萜类合酶不进行环化反应，它们仅催化二磷酸的离子化和反应终止，产生具有与原异戊二烯二磷酸相同的非环状碳骨架的烯或醇。

24.4.2 萜类合酶和异戊烯基转移酶蛋白具有类似的机制和结构

萜类合酶和异戊烯基转移酶都介导类似的亲电反应，经过碳正离子中间产物，形成新的碳碳键。在萜类合酶反应中，初始的阳离子中心与受到攻击的双键是在同一分子上，从而使链环化；而在异戊烯基转移酶反应中二者位于不同分子上，所以链就延伸。这种亲电加成反应生成碳碳键的方式在植物代谢过程中是不同寻常的，因为大多数其他物质（如氨基酸、碳水化合物、脂肪酸和核酸）中的碳碳键通常都是由羰基参与的亲核缩聚反应形成的。

晶体学研究表明，萜类合酶和异戊烯基转移酶的结构有明显的相似之处，虽然二者的氨基酸序列并不显著相似。两种蛋白质都带有所谓的“萜类折叠”，这是一类由 α 螺旋构成的结构域，其中富含天冬氨酸的部分可以通过二价金属离子与底物的二磷酸部分结合（图 24.12）。底物结合的方向使得它的二磷酸部分一经离子化就可以参与反应。活性位

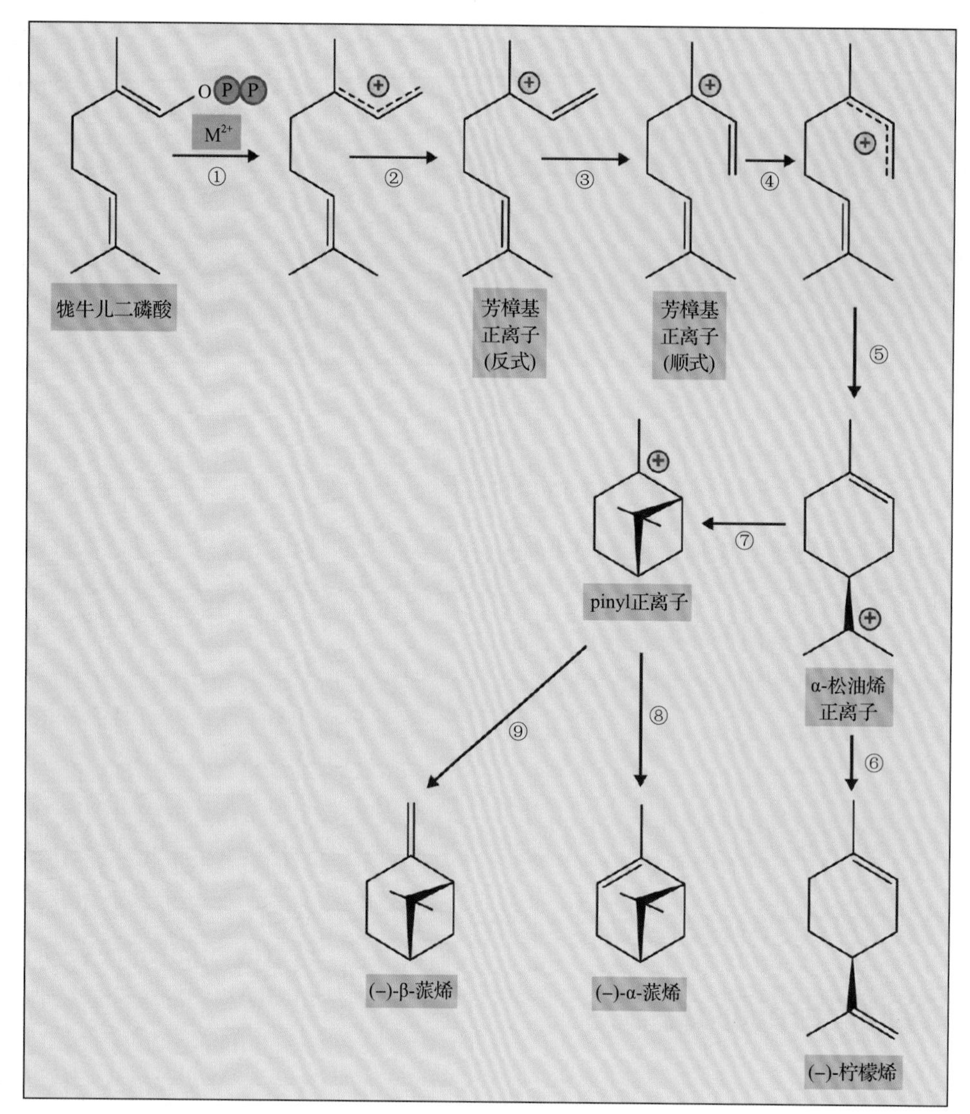

图 24.11 单萜合酶反应。图中所示牻牛儿二磷酸环化形成柠檬烯，同时产生副产物 α- 和 β- 蒎烯。①正二价金属离子促进底物的离子化，产生一个带离域正电荷的分子，继而转化为②三级芳樟正离子。③一个单键的旋转使得中间产物发生环化。在电荷离域的情况下④，α- 松油烯正离子发生环化⑤，然后脱质子形成柠檬烯⑥。α- 松油烯正离子发生第二次环化⑦，这包括异丙基的末尾跨环折叠，形成二乙烯基正离子。这一正离子反过来有两条去质子化途径⑧、⑨，最后分别产生 α- 或 β- 蒎烯

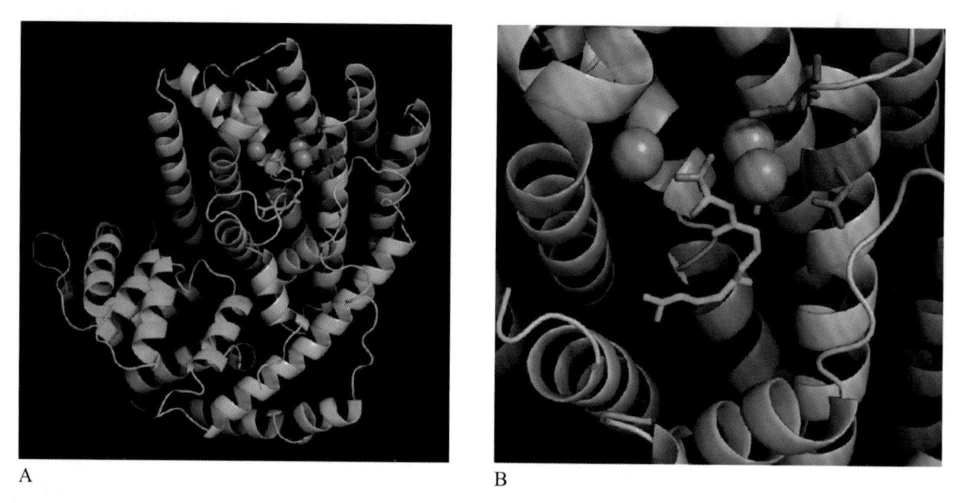

图 24.12 高粱（*Sorghum bicolor*）SbTPS1 的结构。SbTPS1 是一种萜类合酶，可合成多种倍半萜。A. 两个 α 螺旋构成的结构域共同组成了 SbTPS1 的整体结构。活性位点位于蛋白质 C 端结构域的核心区。B. 图中所示为活性位点的横截面图，包含结合底物类似物 1- 羟基法呢二磷酸的情况（而不是真正的底物法尼基二磷酸）。蛋白质中两个天冬氨酸残基（D294 和 D297）参与结合三个 Mg^{2+}，反过来通过协调二磷酸基的作用来结合底物

点形态的微小变化就可以改变底物的构型，从而改变所形成的产物。结合底物后，酶的活性位点与外界环境隔绝，避免了碳正离子中间产物被水淬灭。

24.4.3 萜类合酶是植物中萜类产物多样性的主要原因

萜类合酶的一个有趣特征就是同一个酶可以催化单一底物形成多种产物。例如，一些合成柠檬烯的酶也可以合成双环单烯、α- 蒎烯和 β- 蒎烯（图 24.11）。已知的萜类合酶中，约有一半可以生成相当数量的（＞ 10%）非单一产物，有些酶甚至总共可以生成多达 50 种不同的产物。这样的催化多态性主要是因为由该类酶产生的高度活泼的碳正离子中间产物有多种化学特性。植物中拥有巨大的萜类合酶家族也是造成植物中萜类产物结构多样性的原因，在所有已研究过的植物基因组中均有 40 ～ 150 个不等的萜类合酶家族成员。

合成不同类别的萜类时，萜类合酶产生萜类多样性的方式稍有不同。倍半萜合酶用法尼基二磷酸合成的碳骨架比单萜合酶用牻牛儿二磷酸法尼基二磷酸合成的碳骨架具有更高的多样性，因为前者的底物比后者多五个碳原子和一个双键。从法尼基二磷酸合成更大的环可以不需要前期的异构化步骤。

二萜合酶催化其底物牻牛儿牻牛儿二磷酸发生两种不同类型的环化反应（图 24.13）。第一种环化反应与单萜合酶和倍半萜合酶催化的反应类似，即二磷酸基团离子化，形成的碳正离子攻击双键。然而在第二种环化反应中，碳正离子是由末端双键的质子化产生的；这类反应的一个例子是牻牛儿牻牛儿二磷酸转变为古巴内酯二磷酸，后者是形成许多二萜骨架的中间产物。产物古巴内酯二磷酸还保留了二磷酸基团，因此可以作为其他催化第一类环化反应的二萜合酶的底物。有些二萜合酶可以依次催化两类环化反应。

三萜合酶的底物不包括戊烯基二磷酸同系物。两分子的法尼基二磷酸（C_{15}）首先通过“头对头”的方式缩合连接成 C_{30} 中间产物鲨烯，再经环氧化

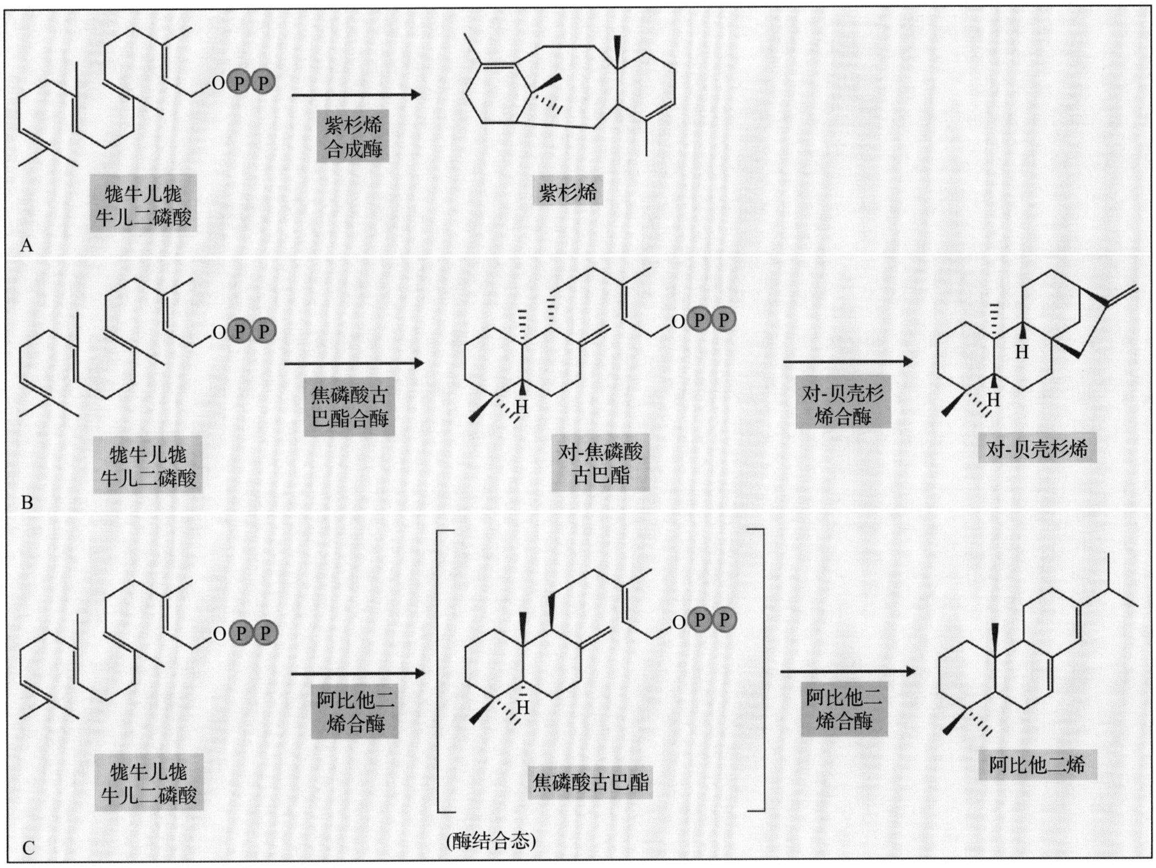

图 24.13　二萜合酶催化两种反应类型。A. 第一类反应类型中，二磷酸基团的离子化导致环化形成碳正离子，该环化反应与单萜合酶和倍半萜合酶催化的碳正离子反应类似。B. 在第二类反应中，末端双键的质子化引发环化，二磷酸基得以保留。第二种反应类型的产物可由第一类的离子化启动的二萜环化反应环化。C. 有些二萜合酶顺次催化两种类型的环化反应

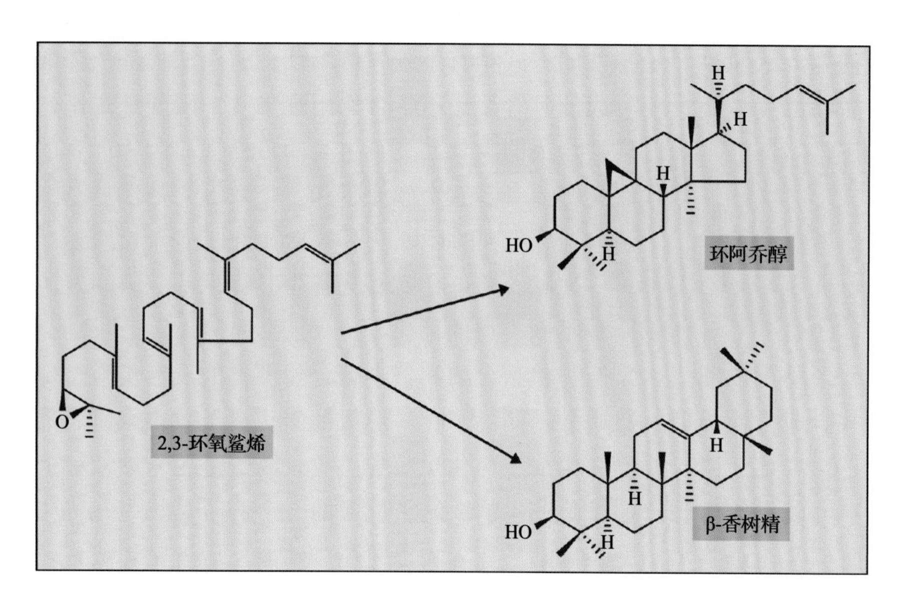

图 24.14　三萜合酶的环化反应是从一个质子触发打开环氧环开始的。环阿乔醇是所有植物固醇类化合物的前体，而 β- 香树精是一种广泛分布的五环三萜

作用生成环氧鲨烯。植物三萜环化酶可以用环氧鲨烯作为底物，通过质子化起始的环化作用，生成一系列含有 3 ～ 5 个环的碳骨架（图 24.14）。环阿乔醇是固醇的前体。

24.5　萜类骨架的修饰

萜类合酶生成的母碳骨架常常通过修饰形成更多样的植物萜类分子。这些修饰通常包括氧化、还原、异构化、乙酰化和糖基化反应，修饰的效果在诸如紫杉醇和印楝素（见图 24.4）这样复杂的终产物中可见一斑。然而，与萜类生物合成的其他方面相比，有关萜类骨架修饰方面的研究不多。

相较而言，人们比较了解形成薄荷醇（见图 24.3 和图 24.5）和青蒿素（见图 24.4 和 24.2.3 节）过程中的修饰通路。薄荷醇是薄荷油的主要组分，而青蒿素是从青蒿（*Artemisia annua*）中分离出的一种重要的抗疟疾药物。形成倍半萜青蒿素的通路首先发生一个烯丙基转移酶反应，用三个 C_5 单元形成法尼基二磷酸。随后，萜类合酶使法尼基二磷酸环化形成紫穗槐 -4,11- 二烯（图 24.15）。与其他萜类相同，骨架的进一步修饰包括一系列氧化还原反应。首先，紫穗槐二烯中的甲基在细胞色素 P450 催化下经过两步氧化反应转化为醛基（信息栏 24.1）。随后，分子末端的碳碳双键经己烯酸甲酯还原酶还原，醛基发生氧化，生成羧酸分子。这个二氢青蒿酸分子通过一个目前尚不完全了解的非酶促光氧化反应生成终产物青蒿素。除其合成过程以外，对青蒿素的深入研究还揭示了更多的信息。例如，这种倍半萜在植物叶片和花的腺毛中积累，其合成受到一个 WRKY 转录因子的调控，该转录因子可以激活某些参与青蒿素生物合成的基因转录。

24.6　萜类产物的代谢工程

人类对很多萜类的需求很大，如用作调料、香料、色素或药物的萜类，但这些萜类在植物中的产量通常很低。人们也往往难以找到经济的方法化学合成这些化合物，或者诱导使这些化合物在植物

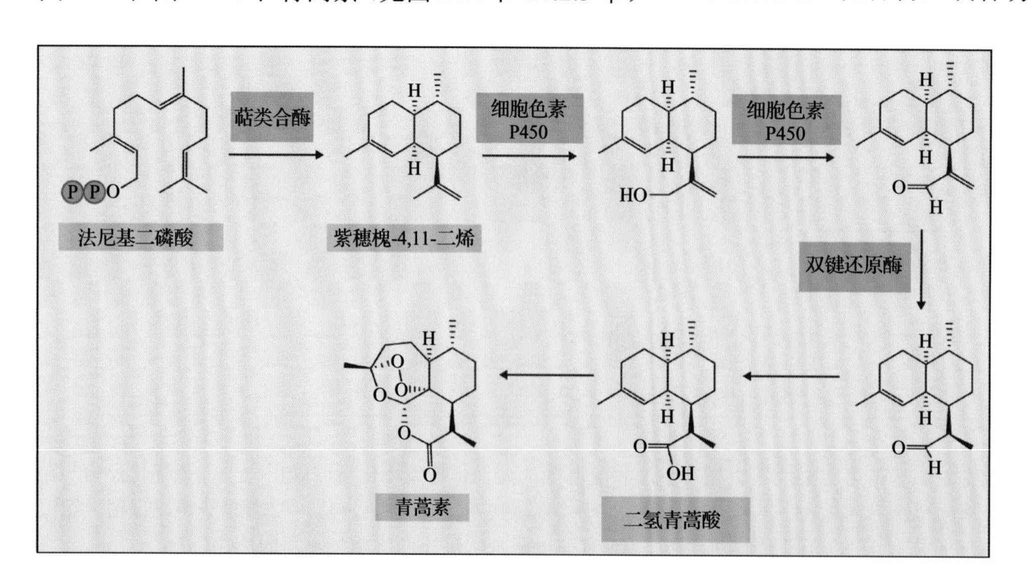

图 24.15　青蒿（*Artemisia annua*）中抗疟药物青蒿素的生物合成途径。异戊烯转移酶催化形成法尼基二磷酸后，这种尚未成环的 C_{15} 中间产物在一个萜类合酶催化作用下形成紫穗槐 -4,11- 二烯。接下来，细胞色素 P450 酶和一种双键还原酶对分子骨架进行修饰，生成二氢青蒿酸。最后一步可能包括非酶促的光氧化作用

信息栏 24.1　细胞色素 P450 酶在天然产物生物合成中起重要作用

植物细胞色素 P450（CYP）单加氧酶家族是一个很大的基因家族，这一家族的酶通常简称为 P450 或 CYP。每个酶都会根据其与其他 P450 的序列相似程度给定一个 CYP 编号，如 CYP73A5（拟南芥肉桂酸 4- 羟化酶），人们根据系统发生关系有效地把每个酶归入不同的 CYP 亚家族。同一亚家族中的酶往往催化相同或相近的反应。小立碗藓（*Physcomitrella patens*）中有 73 个 CYP 亚家族，但被子植物通常只有 55 ～ 60 个亚家族，其中 51 个亚家族的酶是所有植物共有的（一些亚家族是支系特异的，它们与其他共有的亚家族有亲缘关系）。拟南芥中有 246 个 P450 基因。

P450 单加氧酶具有多种功能，其催化的反应通常包括氧化还原态的改变（氧化、羟基化、环氧化、脱氢等）、碳碳键的形成或分子重排（如亚甲基双氧桥的形成、去甲基化、异构化）。P450 的活性位点含有一个亚铁血红素分子，当它发生还原并结合一个一氧化碳分子时，它的构型决定了其光谱吸收在约 450nm 处有一个强峰，细胞色素 P450 的名字也由此而来。获得结合一氧化碳产生变化的光谱是鉴定这些酶的一种测试，这一光谱变化过程受到一氧化碳和酮康唑（ketoconazole）的强烈抑制。

大多数 P450 分子的活性需要分子氧，尽管有一些 P450（如丙二烯氧化物合酶）可以利用内源的底物中的过氧化物。大多数 P450 酶结合在膜上，并且需要 NADPH 作为辅酶因子。一些 P450（特别是动物的酶）底物偏好性较宽泛，可用作广谱氧化酶从体内清除外源化合物。大多数植物 P450 具有有限或严格的底物选择性（如生氰苷生物合成中的标志性 CYP79 酶，见 24.8.1 节；或小檗碱合成中的 P450 酶，见 24.12.3 节），有位置特异性，甚至异构体特异性。催化萜类化合物的细胞色素 P450 酶催化连续氧化反应，例如，从一个饱和碳原子转变成一个醇、一个醛和一个羧酸，就像针叶树树脂中二萜生物合成过程那样。

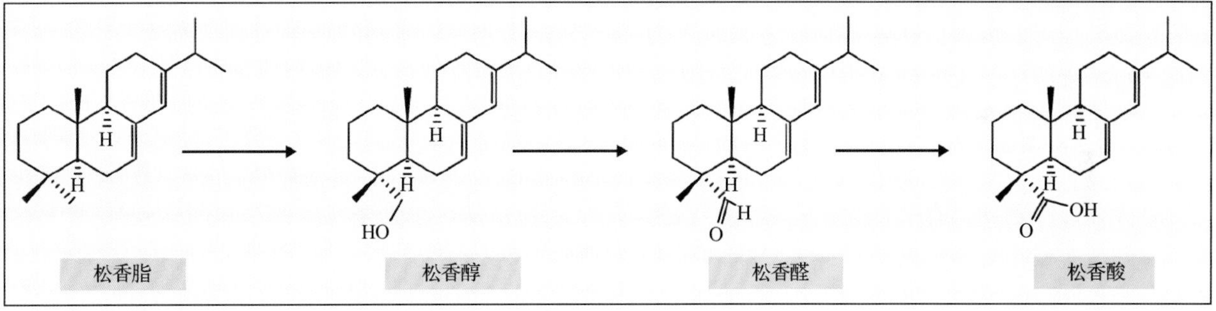

松香脂　→　松香醇　→　松香醛　→　松香酸

细胞或器官的培养物中大量积累。因此，人们热衷于构建转基因植物株系，以提高有价值的萜类的生产量。

近期，人们成功克隆了编码萜类生物合成过程中所需酶的基因，这一进展为构建转基因植株提供了必要的工具。一个典型的策略是将一个或多个基因过表达，以生产新的（植物中通常没有的）萜类或加快植物内源萜类的生物合成速度。这些基因应该特别定位到拥有足量前体分子（如异戊烯二磷酸）、能积累大量目标产物（如腺毛细胞和树脂道细胞）但缺乏足够多的酶进行进一步代谢的组织或细胞中去表达。

植物中最著名的萜类合成工程案例可能就是创造了一个水稻（*Oryza sativa*）新品种“黄金大米”，其谷粒中的β- 胡萝卜素含量获得了提高（图 24.16A）。β- 胡萝卜素是合成维生素 A 的前体，但β- 胡萝卜素在许多发展中国家的主粮中含量很低，这会导致各种疾病，其效应在儿童中尤为明显。人们在水稻中过表达了 4 个萜类生物合成步骤中的基因，将足量的牻牛儿牻牛儿二磷酸通过中间产物八氢番茄红素转化为β- 胡萝卜素。这使得水稻中的类胡萝卜素含量增加了 20 倍，原本白色的米变为金黄色。

另一个例子是把植物萜类合成基因引进微生物以合成青蒿酸。青蒿酸是抗疟疾倍半萜青蒿素的前体（见图 24.16B）。人们在大肠杆菌中引入了整条

β-胡萝卜素

A

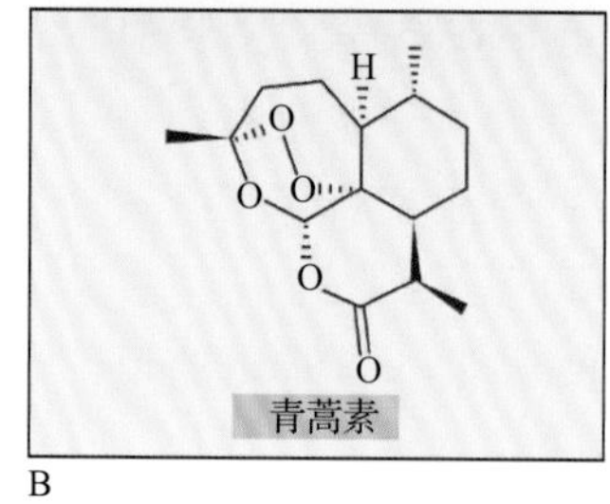

B

图24.16 A. 植物萜类的代谢工程创造了一个含有高水平维生素A合成前体β-胡萝卜素的水稻品种（“黄金大米”，与左图中的普通水稻相比），有助于缓解许多以水稻为主食的国家的维生素A缺乏情况。B. 抗疟药物青蒿素最初是从青蒿（*Artemisia annua*）中提取的。人们为培育出青蒿素含量更高的青蒿付出了许多努力。此外，青蒿素合成通路的一大部分都已经转入了微生物中来提高青蒿素的产量。来源：图A来源于 Golden Rice Humanitarian Board, www.goldenrice.org; B. HarroBouwmeester, Wageningen University, The Netherlands

甲羟戊酸途径（通常大肠杆菌中没有），这些修饰过的大肠杆菌就可以大量进行萜类生物合成。在这一例子中并没有采用加速内源MEP途径的策略，因为这一内源途径受到细菌内部调控的限制。

提高萜类产量的其他方法还包括鉴定并转入调控基因，如转录因子。人们还希望增加萜类的储存结构（如腺毛、树脂道和分泌腔）的数量。此外，有些研究人员尝试对特定的酶进行改造以提高或改变产物的特异性。例如，有些催化生产多种产物的萜类合酶只需改变少许序列就可以变为只生产一个单一产物。

24.7 生氰苷

生氰苷（cyanogenic glycoside，图24.17）是α-腈（**氰醇**）的β-糖苷，它们的特征是在被β-糖苷酶水解时，会释放氰化氢（HCN）。当植物组织遭到破坏（如动物和昆虫咬蚀、咀嚼和消化）时，这一过程（生氰作用）就会发生。生氰苷类化合物味苦，在植物组织遭到破坏时会释放有毒的HCN（见24.9.1节），因此是植物防御一般食草动物的重要化合物。

生氰苷类是从5种蛋白类氨基酸（缬氨酸、亮氨酸、异亮氨酸、苯丙氨酸和酪氨酸）和非蛋白类氨基酸环戊烯基甘氨酸衍生而来的（图24.18）。这些生氰苷的核心结构可以进一步单次或多次羟基化修饰。自然界中发现的生氰苷类化合物数量更多，因为它们的糖基部分具有很高的多样性。生氰苷广泛分布在超过2600个不同物种中，包括蕨类植物、裸子植物和被子植物。蕨类植物和裸子植物中的生氰苷从芳香族氨基酸衍生而来，而被子植物中的生氰苷既可以源自脂肪族氨基酸，也可以源自芳香族氨基酸（图24.18和图24.19）。许多作物都是生氰的，包括**高粱**（*Sorghum bicolor*）、**木薯**（*Manihot esculentum*）和**大麦**（*Hordeum vulgare*）。理解生氰苷在这些物种中的作用、生物合成途径和背后的调控机制，是开发无毒农作物品种和食品的关键。

24.8 生氰苷的生物合成

24.8.1 生氰苷的生物合成主要由两类酶催化

生氰苷的生物合成由细胞色素P450酶（见信息栏24.1）和UDP-糖基转移酶催化。这两类酶都属于多酶家族，家族中其他酶催化其他种类的生物活性天然产物（包括苯丙素类、生物碱和萜类）的合成。

生氰苷的生物合成途径最初是在高粱（*Sorghum* sp.）中通过生化方法阐明的。高粱中含有酪氨酸衍生的生氰苷蜀黍苷（dhurrin）。蜀黍苷的合成路径

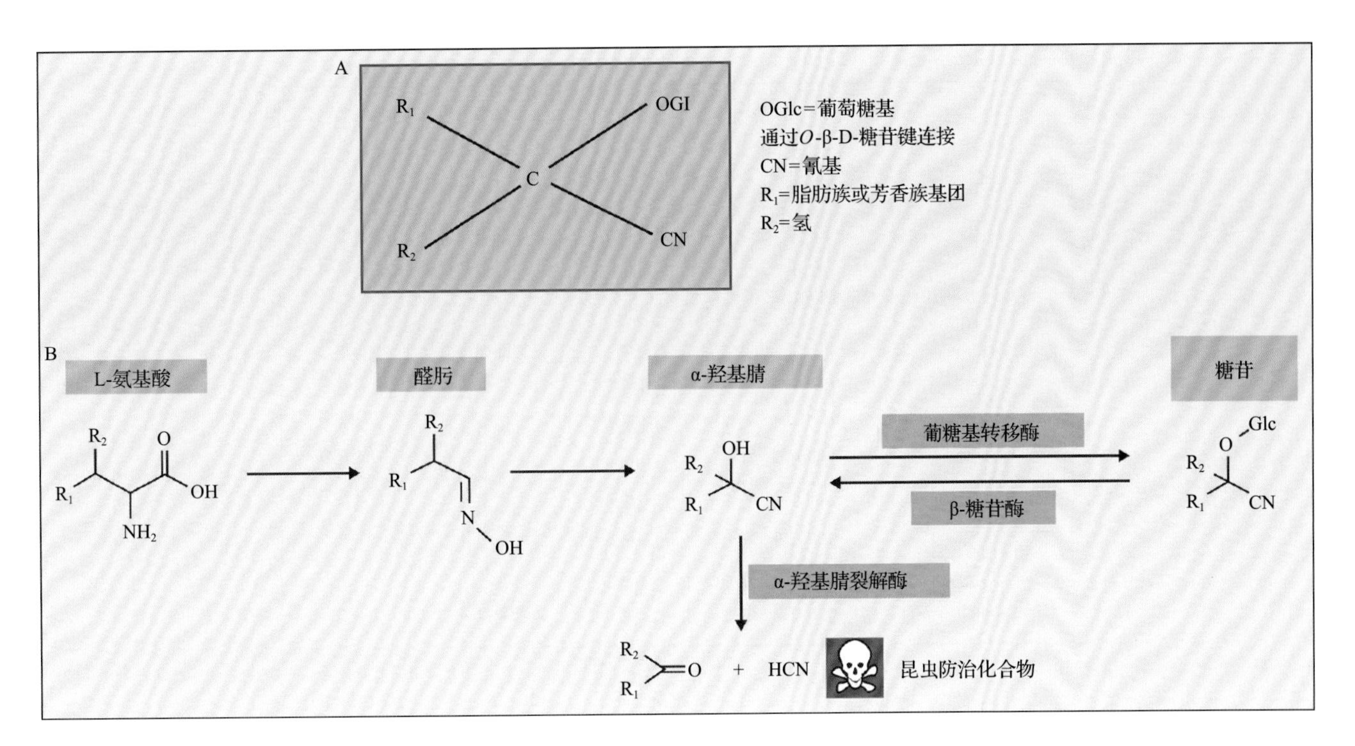

图 24.17 A. 生氰苷类化合物的一般结构。糖基总是一个 D- 葡萄糖，通过 *O*-β-D- 糖苷键连接在核心碳上（在生氰苷类化合物中这是特有的结构），但额外出现的糖可以不同。B. 生氰作用。生氰苷类化合物是从有限的几种 L- 氨基酸开始，经中间产物 E- 肟和 α- 羟基氰转化成生氰苷。在 β- 糖苷酶和 α- 羟基腈裂解酶的作用下，生氰苷会水解释放出有毒的氰化氢（HCN）和酮类或是醛类化合物

信息栏 24.2　早期研究者制定了对萜类结构进行鉴定和分类的规则

19 世纪末，化学家们在鉴定单萜结构时遭遇困难，由人们推测出多种樟脑的结构可见一斑（见图左边的结构，标示了提出这些结构的人名和提出时间）。用于解析结构的色谱纯化技术和光谱学方法在那时尚未出现，这些化学家们只能通过制备结晶来测纯度、用化学降解研究来解结构。早期研究者对单萜的系统研究使他们认识到，许多萜类化合物可能由异戊二烯单元“头对尾”重复连接而来（见相关途径和图 24.6），并且正确提出了樟脑的分子结构。这一概念称为**“异戊二烯规则”（isoprene rule）**。

20 世纪 30 年代，面对多得眼花缭乱的萜类化合物，研究者们希望寻求一种统一规则，来解释所有已知萜类（甚至包括那些并不严格满足异戊二烯规则的萜类）的自然形成方式。一种有独创性的方式就是去关注反应机制，而忽略反应化合物前体的细节特征，只把它们当成参与反应的有萜类结构的分子。于是人们提出假设，亲电反应产生碳正离子中间产物，该中间产物经历后续 C_5 单元的添加、环化，以及有时还发生的分子骨架重排，最终除去一个质子，或由一个亲核物质捕获，产生我们看到的萜类产物。这一称为**生物发生的异戊二烯规则（biogenetic isoprene rule）**的提议可以简单地表述为：如果化合物是从一个“类异戊二烯”前体分子生物衍生来的，那么无论是否发生重排，该化合物都叫“类异戊二烯”。

这一概念强调的是分子的生化来源而不是分子的结构。生物发生的异戊二烯规则的强大之处在于，它用生物合成机制来给大量已知萜类化合物分类，包含了那些不严格遵从异戊二烯规则的结构。几种常见的单萜骨架由前体分子经简单的两个异戊二烯单元“头对尾”偶联衍生而来（图的右侧），这就是生物发生的异戊二烯规则的一个应用。人们发现这些反应可以通过碳正离子进行。注意那个莰烷（bornane）骨架，樟脑就是由它衍生而来的。还要注意 1893 年布雷德（Bredt）提出的结构是正确的。

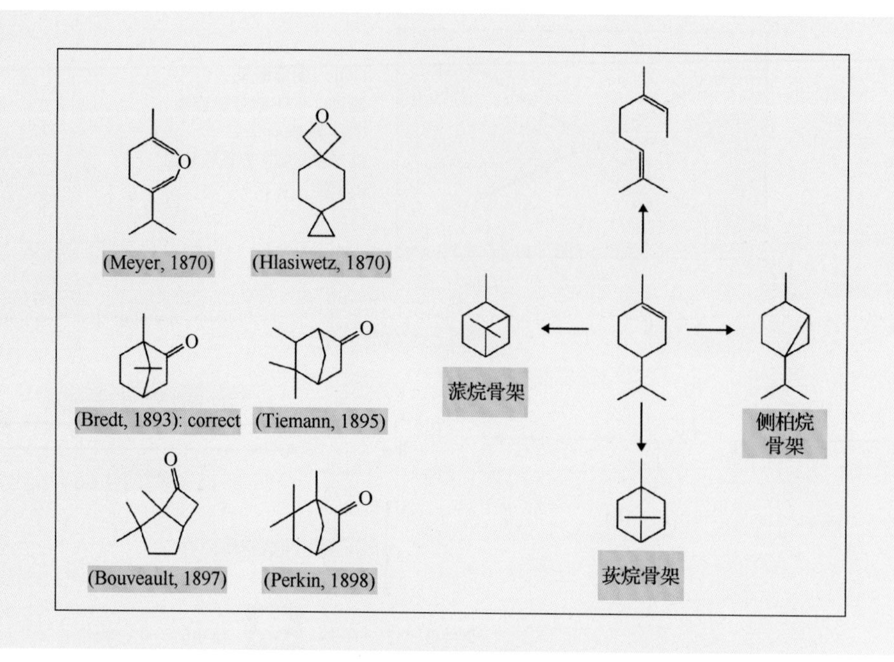

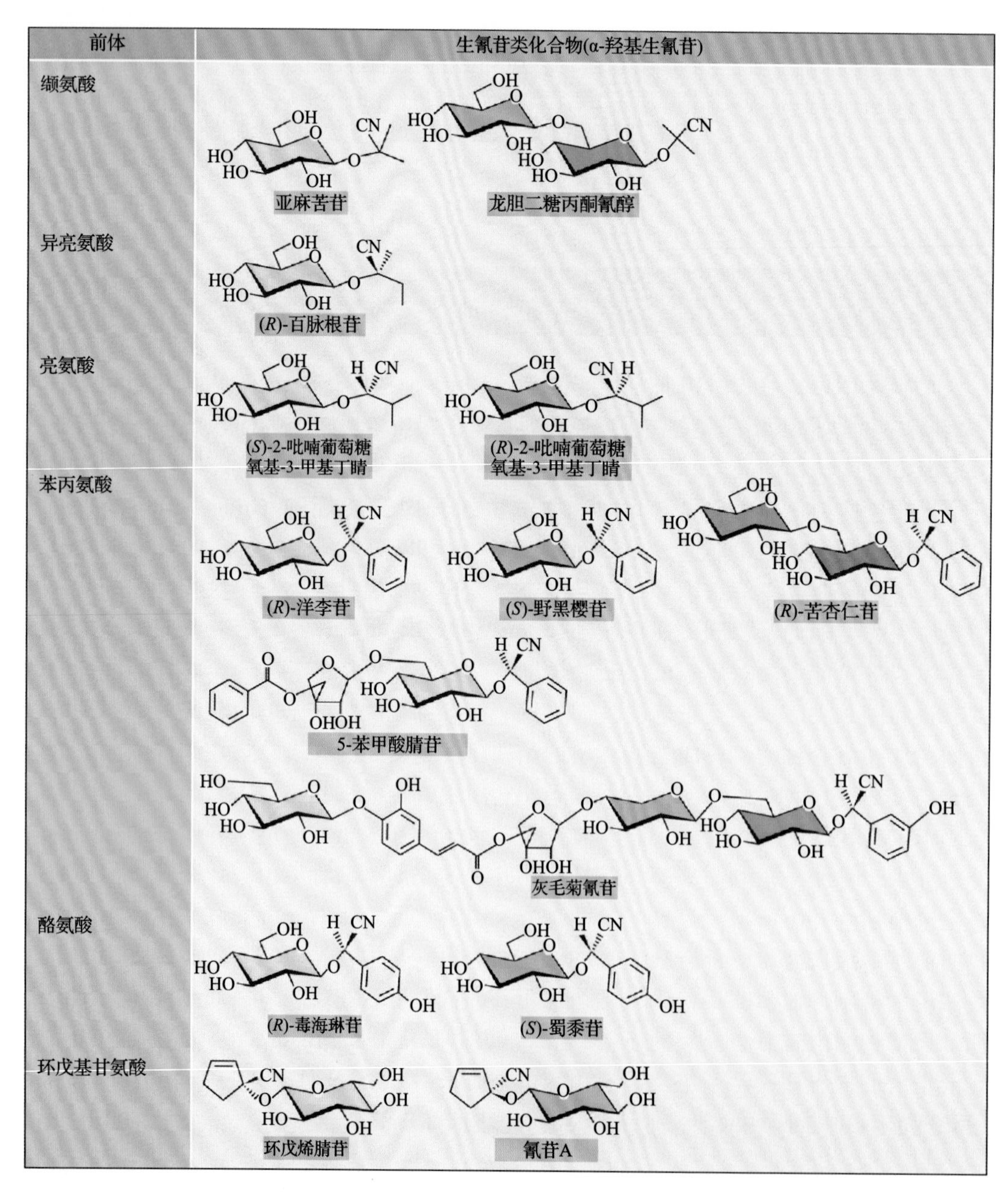

图 24.18　一些生氰苷类化合物分子的结构（α-羟基生氰苷）

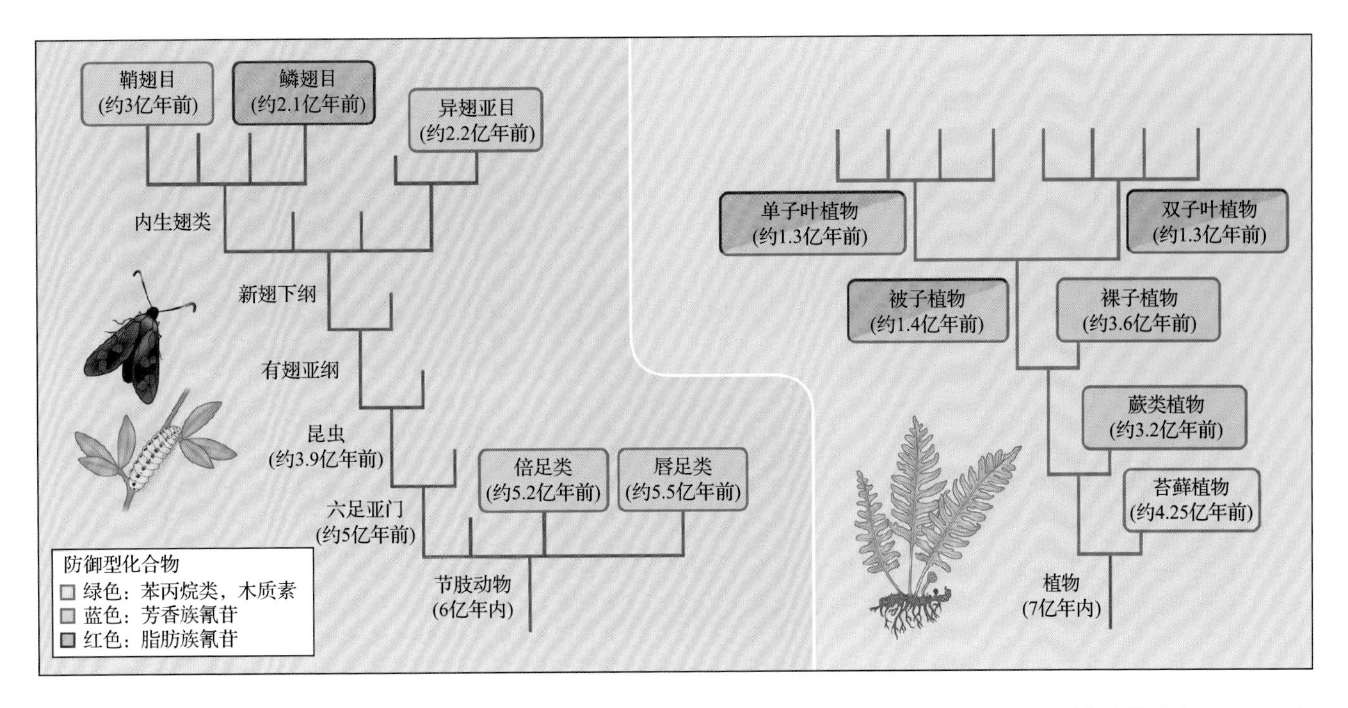

图 24.19 显示节肢动物和植物演化过程的演化树，图中标出了包括生氰苷类化合物在内的各种防御型化合物的出现时间。在过去大约 4 亿年间，植物和节肢动物协同演化，二者都产生有毒的次生代谢物（如生氰苷类化合物）用于自身防御。有少数几个科的节肢动物中会积累生氰苷类化合物，例如，斑蛾属（*Zygaena*）的幼虫演化出了从百脉根属（*Lotus*）植物中隔离储存生氰苷的能力，或在只吃非生氰的百脉根属植物的情况下自身从头合成生氰苷类化合物的能力

信息栏 24.3　生氰反应可用于高通量突变体筛选

一些植物在**生氰作用**（**cyanogenesis**）方面存在多态性。自然界中既有生氰物种，也有非生氰物种。此方面研究最为透彻的是白车轴草（*Trifolium repens*），它在合成和降解生氰苷两方面都具有多态性。人们已建立了一个快速筛选系统，用于在大的生氰植物自然居群（如白车轴草）中快速鉴定自然变异体，以及人工诱变实验 [如在作物高粱和遗传学模式植物百脉根 *Lotus japonicus*）中的突变体]。

首先，用木塞穿孔器给植物打孔，得到小片状的植物组织置于微量滴定板孔中。板孔中盖有 Feigl-Anger 试纸，把植物组织压在试纸上。接下来对板进行冻融，破坏植物组织的亚细胞结构，使氰化物从样品中释放。一起释放的化合物既包括生氰苷，也包括降解生氰苷的 β- 葡萄糖苷酶和 α- 羟基氰化酶。释放出的挥发性 HCN 与暴露出的 Feigl-Anger 试纸反应，产生与孔等大的蓝色区域。生氰苷化合物含量低或丧失水解酶活性的植物其显色反应弱，或没有颜色反应。因此，这种生化筛选可以用于鉴定生物合成、调控和代谢基因的突变体。利用定向诱导基因组原位突变技术（TILLING），人们可以对这些基因分类并详细鉴定。

高粱的水利用效率高，且耐旱、耐高温能力强，因而是干旱和半干旱地区种植的理想谷类作物。通过突变体筛选，人们在饲料用高粱中发现了非生氰的突变体，即不能合成生氰苷类化合物**蜀黍苷**（见图 24.18）的植株。这些植株对放牧的牲畜无毒，因此人们对它们很感兴趣。人们发现了在幼苗阶段生氰而在成熟阶段不生氰的高粱植株，也发现了生氰量整体下降的突变体植株。

与筛选大田生长的高粱突变体同时进行的还有对豆科模式植物百脉根（*L. japonicus*）的筛选，以寻找两种生氰苷类化合物百脉根苷和亚麻苦苷（见图 24.18）的合成不偶联的突变体。结果表明不同的β- 葡萄糖苷参与了生氰苷类化合物的降解，并且在百脉根中也有 β- 和 γ - 羟基生氰苷。测定百脉根的基因组序列及建立有效的转化系统之后，百脉根已经成为未来生氰苷代谢的遗传学研究中一种极好的模式植物。

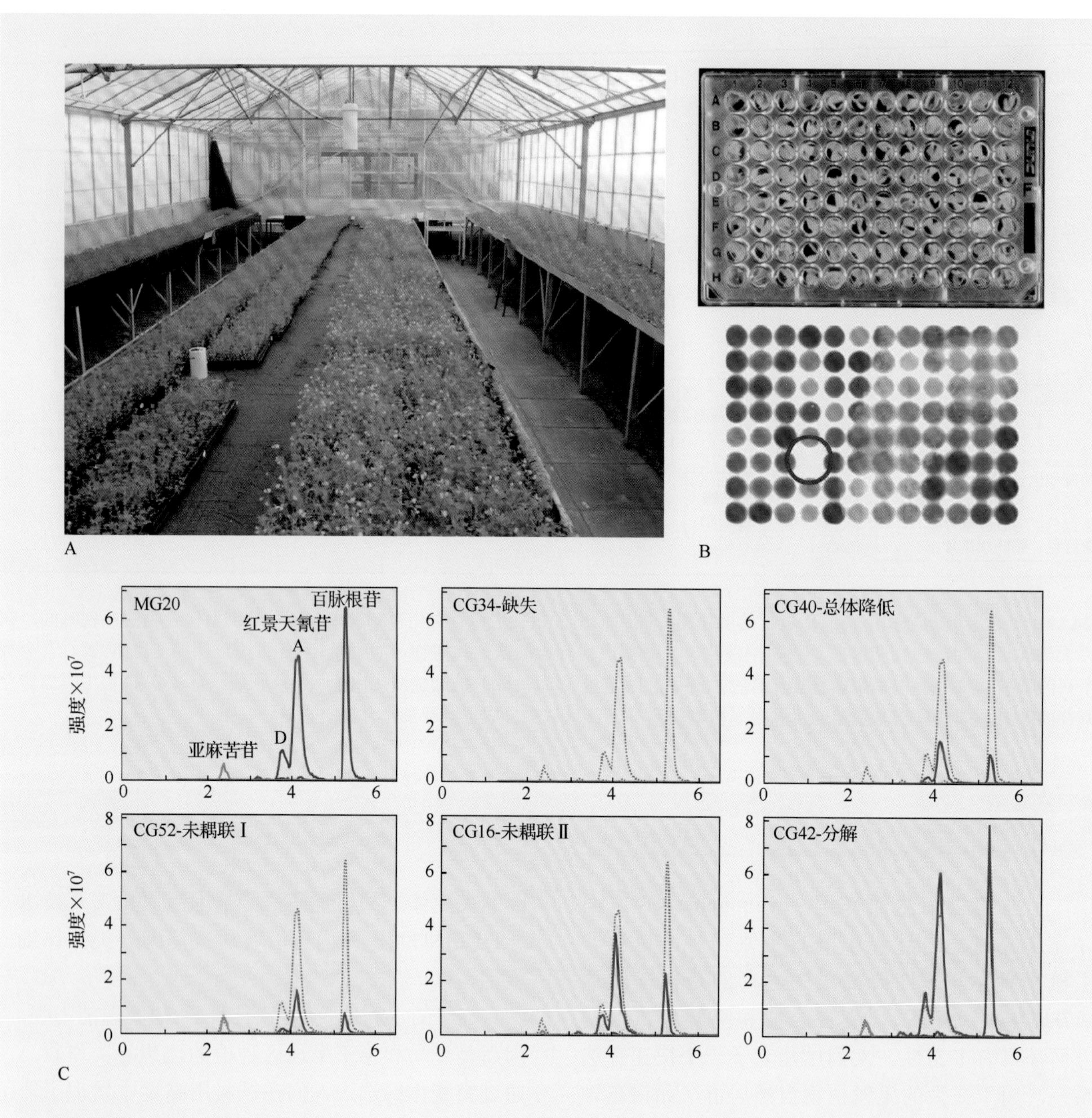

A. 经甲磺酸乙酯处理筛选出的在氰苷合成和催化方面存在缺陷的百脉根 M2 植株。B. 小片状的植物组织置于微量滴定板孔中，板孔中紧贴有 Feigl-Anger 试纸，然后对板进行冻融。释放的氰苷使孔显蓝色。C. 用液相色谱 - 质谱分析百脉根 MG20 野生型和突变体植株中的 α-、β- 和 γ- 羟基生氰苷的含量。一些突变体中完全不含有羟基生氰苷；一些与野生型相比含有不同的化合物比例；另一些虽然羟基生氰苷水平与野生型类似，但不能水解它们。

中的中间产物有 *N*- 羟基酪氨酸、*N*，*N*- 二羟基酪氨酸、（*E*）-/（*Z*）-*p*- 羟苯基乙醛肟、*p*- 羟基苯乙腈和 *p*- 羟基苯乙醇腈（图 24.20）。这些中间产物都含有初级代谢产物中不常见的官能团。用高粱黄化苗制备微粒体作为起始材料，从中分离两种多功能的、结合在膜上的细胞色素 P450 酶，这两种酶催化酪氨酸转化为 *p*- 羟基苯乙醇腈（图 24.20），即 CYP79A1 催化氨基酸 L- 酪氨酸转化为（*E*）-*p*- 羟苯基乙醛肟，而 CYP71E1 催化（*E*）-*p*- 羟苯基乙醛肟转化为 *p*- 苯羟基乙腈。一种可溶的 UDP- 葡萄糖基转移酶（UGT85B1）催化 *p*- 苯羟基乙腈转化为蜀黍苷。人们已经得到了这两个 P450 的 cDNA 和基因组克隆。

有关生氰植物的后续研究包括代谢组学研究、蛋白质组学研究、转录组学研究、基因组测序、候选基因的异源表达、自然变异及突变体。研究表明，

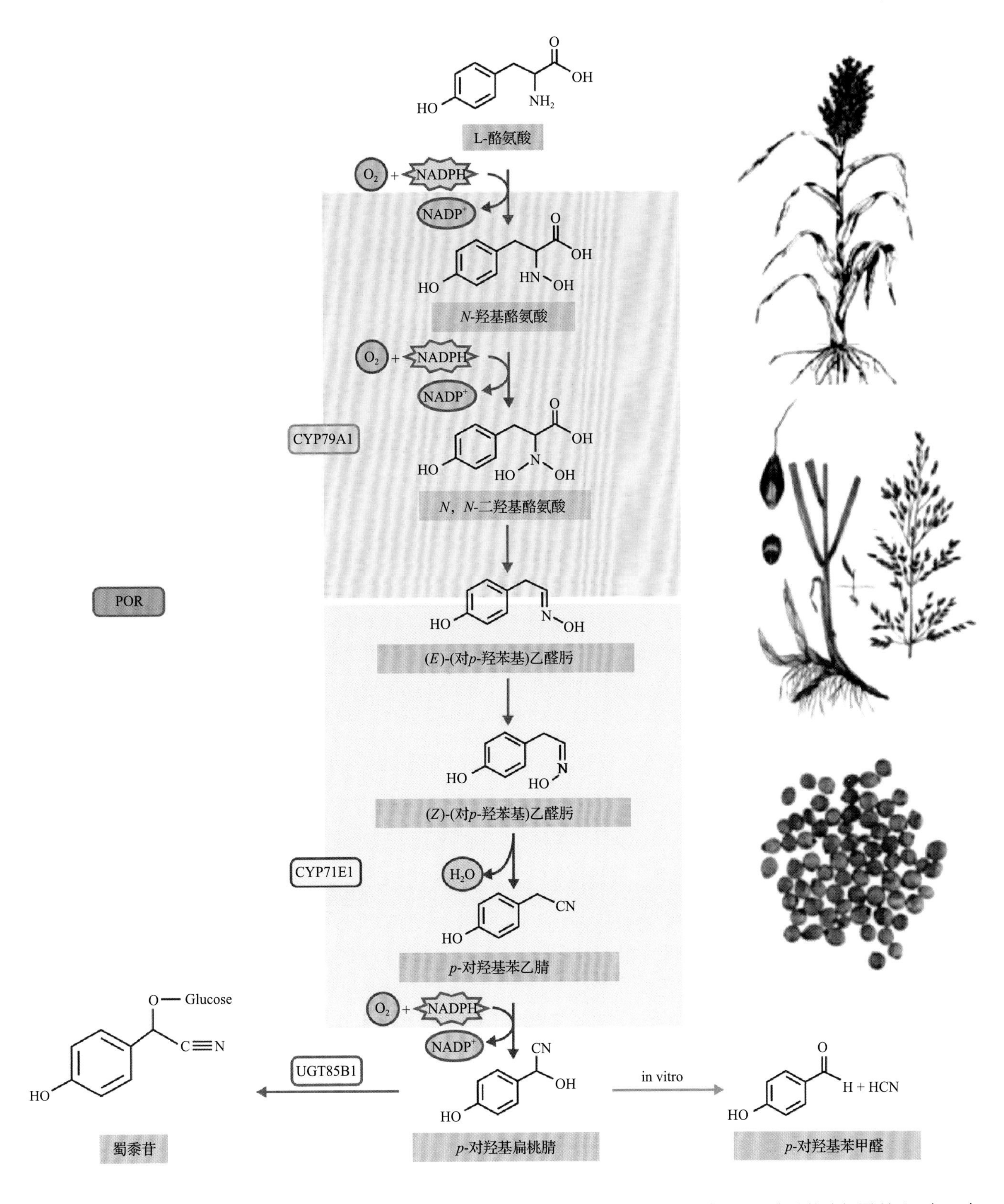

图 24.20 高粱（*Sorghum bicolor*）中酪氨酸衍生的生氰苷类分子蜀黍苷的合成与降解。催化不同步骤的酶如图所示。每一个细胞色素 P450 酶都在整个通路中催化一步以上的反应，这些步骤已用红色（CYP79A1）或蓝色（CYP71E1）标出。当植物组织损伤时，蜀黍苷就会发生降解，这一过程不需要酶的参与。NADPH 细胞色素 P450 氧化还原酶（POR）在单一电子转移步骤中通过 NADPH 提供还原力

这些植物种中生氰苷生物合成通路也是利用细胞色素 P450 酶和 UDP- 糖基 - 转移酶，并且中间产物的转化顺序与在高粱中发现的相同。然而，序列比对结果表明不同生氰植物中编码生物合成酶的基因不一定是直系同源的。一种可能是，几个高等植物谱系通过相关基因家族基因的复制和多样化（推测有

全新的功能）独立演化出了生氰苷生物合成途径。这一理论得到了昆虫研究的支持，因为在一些昆虫中也发现了使用与植物中相同的一组中间产物、两个多功能细胞色素 P450 和一个结合在膜上的 UDP-葡萄糖基转移酶的生氰苷类化合物从头合成途径，这是趋同演化的结果，而不是基因水平转移或趋异演化造成的（信息栏 24.4）。

植物 CYP79 酶具有底物特异性，它催化氨基酸转变为肟，仅使用一种特定氨基酸或两种结构相似的氨基酸作为底物。与之相反，催化生氰苷后续合成步骤的酶却有更广泛的底物特异性。这种降低的底物特异性或许为新功能的演化提供了起点，因此可能与 CYP79 酶出现后多次重复演化出生氰苷合成途径有关。

当人们鉴定出百脉根（*L. japonicus*）、高粱（*S. bicolor*）和木薯（*M. esculentum*）中生氰苷合成途径中的基因后，很快就发现这些基因在这三个植物种基因组中都成簇排列（图 24.21）。这表明有一种强大的演化机制促进这种基因在基因组上的排布；然而，这些基因簇在大小、基因密度以及出现的其他基因方面均存在明显差异。生物合成途径中，基因通过自我组织成基因簇有可能可以减小导致有毒中间产物积累的染色体交换事件发生的概率。在动态生态竞争中，基因簇的共传递（co-inheritance）可能利于反向选择压力选择下的自然种群维持适应性化学防御的多态性。

24.8.2 代谢区室的形成有助于调控生氰苷类合成

生氰苷类生物合成的酶都集中在一个动态的**代谢区室**（**metabolon**，大分子酶复合体）中（图 24.22）（见 24.12.4 节和 24.18.4 节）。之前已有研究表明代谢区室参与初级代谢，如参与糖酵解、三羧酸循环和脂肪酸生物合成。

代谢区室的形成有助于递送有毒和不稳定中间产物以合成终产物。第一个 P450 酶产生的 E- 肟很活跃，必须让它在发生脱水反应和进一步的转化之前由第二个 P450 酶有效地转变为 Z- 异构体。与之类似，通路中最后一个中间产物、不太稳定的 α- 羟基腈必须快速糖基化，否则它会分解为 HCN 和醛。代谢区室控制产物的数量，同时保护细胞免于自我

信息栏 24.4　要降低木薯中的生氰苷类化合物含量需要进行深度加工，但基因工程也许直接就能做到

有一些植物种中积累了高浓度的生氰苷类化合物，因此当人食用或喂养动物时会损害健康。这样的例子有木薯块根、苦杏仁和饲用高粱。

木薯（*Manihot esculenta*）是一种在热带和亚热带种植的作物，由于耐旱且其块根即便在贫瘠的土壤上也能高产而广受欢迎。在农村特别是撒哈拉沙漠以南的非洲地区的人群中，木薯块根是人们日常吃的主食，产量很大，在成百上千万人的饮食中占很大比重。为了防止木薯中含有的生氰苷类化合物百脉根苷（lotaustralin）和亚麻苦苷（linamarin）使人中毒，木薯块根需要进行深度加工才能食用（见图）。然而，这个加工过程会使蛋白质、矿物质和维生素流失，降低木薯块根的营养价值。

对茎环割移除韧皮部的实验表明，木薯中生氰苷类化合物的合成主要在幼嫩叶中进行。后来才转运到块根中。块根表皮中也有生氰苷类化合物的从头合成。利用 RNA 干扰（RNAi）技术，人们可以将野生型木薯叶片中生氰苷类化合物的含量降低到原来含量的 1% 以下。相比之下，把木薯块根中生氰苷类化合物的含量降低到原来的 10% 以下都很困难，这也许反映了木薯块根的本质是一种“库”。在木薯幼苗期，生氰苷类化合物是重要的氮素转运载体，因此 RNAi 幼苗在低氮环境中培养时它们的茎长而细，节间长，叶发育不良，即使长根，根也短而粗。而将幼苗转移到标准培养基中可以恢复野生型表型。

农业生产中，人们通常使用枝插的方式对木薯进行营养繁殖。因此，先除去生氰苷类化合物，然后在幼苗阶段观察缺陷表型的做法在实际操作中行不通。木薯幼苗阶段的表型表明，其中的生氰苷类化合物很可能在某些特定的发育阶段和在应对特定环境挑战中给植株带来了额外的好处。

人们需要对木薯进行处理，以去除其中的生氰苷类化合物和它们的有毒降解产物。木薯块根外层的生氰苷类化合物含量很高，人们首先用刀（A）或手动浸洗（B）的方式去除它；接下来把块根碾碎（C），装进麻袋，在石头下挤压，以挤出含有有毒物质的汁（E）；然后对块根进行烘烤（D，F）或简单风干；木薯的处理工作通常由妇女承担，一个男人注视着工作过程（G）

毒性的破坏。

生氰苷类生物合成过程中的代谢区室形成是一个动态的过程，由弱蛋白质 - 蛋白质相互作用介导，或由组成内质网的脂质通过与 P450 互作来控制。代谢区室的形成是瞬时变化的，因而代谢具有灵活性，也让代谢区室得以与其他初级或次级代谢过程发生相互作用。例如，通路中第二个 P450 酶对氧气很敏感，因此真菌感染随后产生的氧气暴发

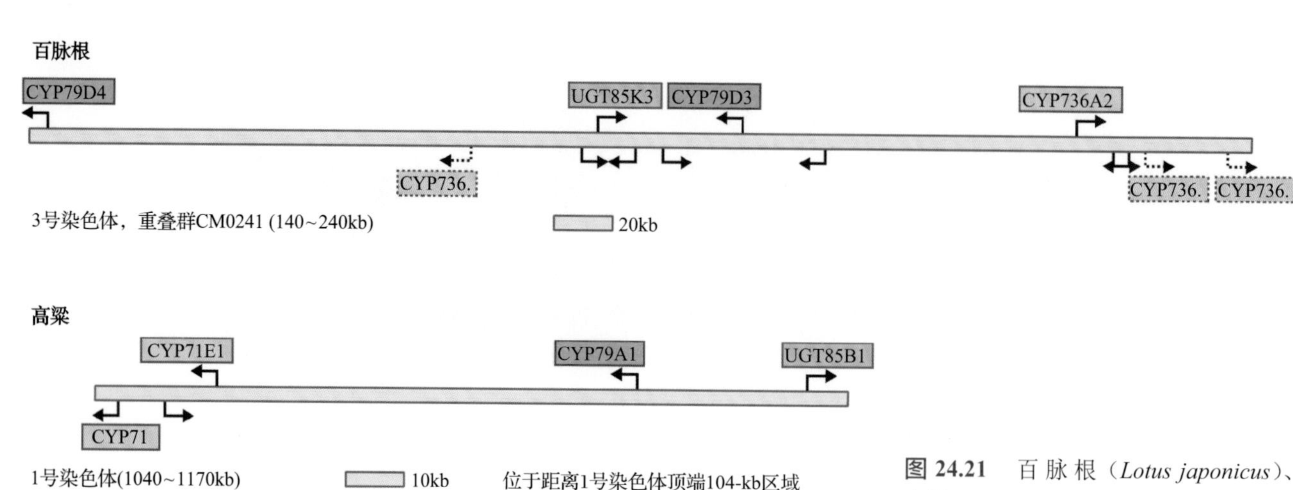

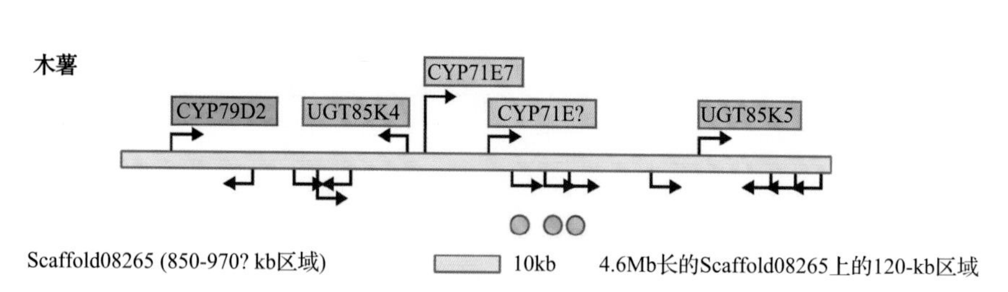

图 24.21 百脉根（*Lotus japonicus*）、高粱（*Sorghum bicolor*）和木薯（*Manihot esculentum*）中生氰苷化合物生物合成的基因聚集成簇。基因在基因簇中的定位和间距都有很大的不同。图中箭头指示功能基因的转录方向。*CYP79* 基因用粉红色表示，*CYP71E* 和 *CYP736* 基因用绿色表示，*UGT85* 基因用蓝色表示

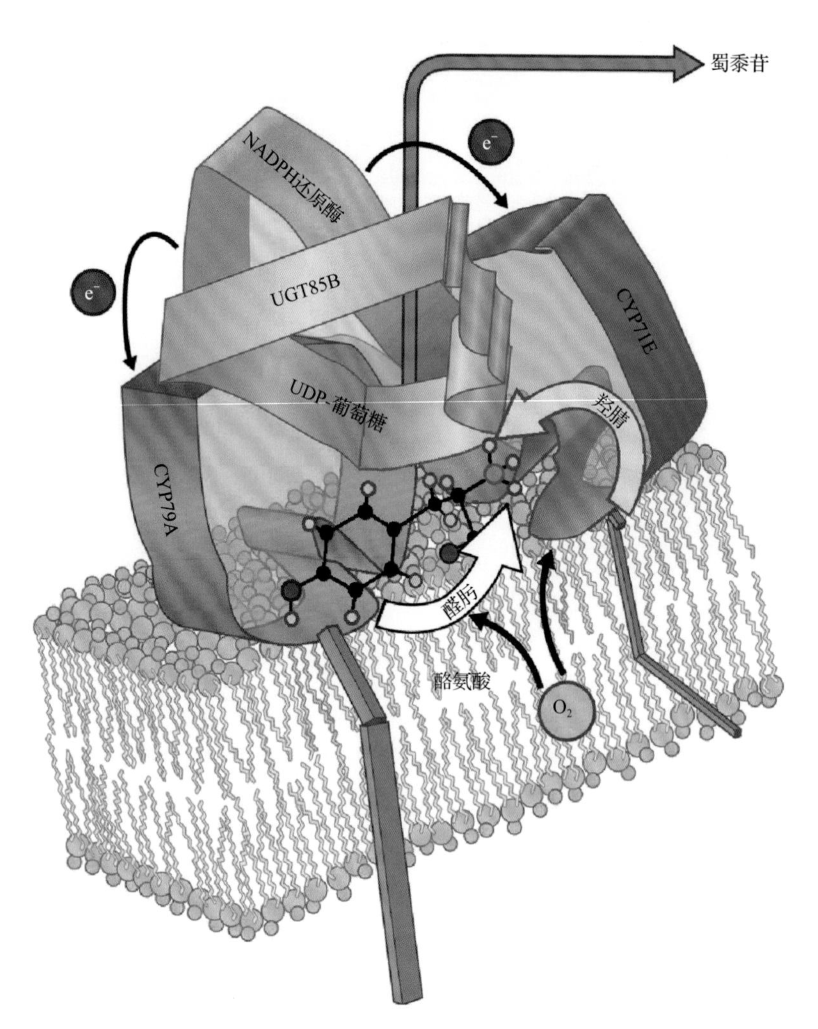

图 24.22 生氰苷合成过程中代谢区室的形成。两个细胞色素 P450 酶（CYP79A1 和 CYP71E1）和 UDP- 糖基转移酶（UGT85B1）相互作用，以递送合成过程中的中间产物，最终直接合成蜀黍苷

就可能使这个 P450 酶失活，从而释放具有抗真菌作用的肟。与之类似，在很多不积累生氰苷类化合物的植物中发现的 CYP79 小基因家族可能参与控制挥发性肟或相关腈的释放。CYP79 表达的昼夜差异和代谢区室的形成或许也会导致释放挥发性肟。挥发性肟可作为昆虫吸引剂，文献记载了很多由蛾类传粉、在夜间发出气味的兰花就是通过这一机制提高传粉成功率的。

24.9 生氰苷类的功能

24.9.1 生氰苷类作为植物防御化合物

植物中生氰苷类最显著的功能之一就是防御食草动物和病原体，这一功能的实现需要 β- 糖苷酶活化生氰苷类化合物，释放有毒挥发性物质 HCN，同时释放出酮类或醛类（见图 24.17）。植物防御化合物以无毒形式储存，在植物受到攻击时活化，提供迅速的化学防御反应，生氰苷类就是这一机制的典型例子。然而，这样的防御系统是否能够有

效地抵御攻击，取决于植物中实际产生的生氰苷类化合物的量，以及 HCN 释放的速率是否高到足以阻断攻击生物体内的线粒体电子传递链，因为 HCN 会结合在细胞色素 *c* 氧化酶的氧结合位点。生氰苷类化合物及它们的水解物有苦味，这也可能阻止攻击者的取食行为。

生氰植物的自然居群中，植物含有生氰苷类的量差异悬殊，与植物个体发生、叶片年龄和环境条件有关。生氰苷类生物合成主要在幼嫩和发育中的组织中进行，较老的植物组织中检测到的生氰苷类浓度普遍都会降低，因为从头合成的速率很低，或无法随总生物量的增长而同步增长。环境胁迫（如干旱）可能诱导生氰苷类的生物合成。这意味着在某种条件下对某种食草动物无害的植物，在另一种环境下生长就可能有毒甚至致命。因此，在许多情形下，生氰作用为植物提供了一个有效的通用防御系统。

据估算，基于生氰作用的植物防御系统有 4 亿年的历史（见图 24.19）。一些真菌和食草动物共演化，可化解基于生氰作用的防御机制并使之为己所用。侵染生氰植物的真菌病原体有可能耐受 HCN，这是因为它们有替代的抗氰氧化酶，还通过甲酰胺水解酶把 HCN 有效转化为甲酰胺。甲酰胺的水解为真菌提供了氨，这也是真菌获取还原态氮元素的一个来源。

有些高生氰的植物物种对于真菌感染的敏感程度高于那些产生较少氰化物的品种。一个例子就是橡胶树（*Hevea brasiliensis*）和真菌乌氏微环菌（*Microcyclus ulei*）的相互作用，后者的感染导致橡胶树叶枯萎。橡胶树中主要的生氰苷类化合物是亚麻苦苷（linamarin，见图 24.18），在橡胶树发病过程中，乌氏微环菌可以耐受橡胶树释放的 HCN。然而，在生氰更多的橡胶树品种中，在树叶中的游离 HCN 积累量抑制了抗毒素东莨菪亭（scopoletin）的合成，还可能抑制了过氧化物酶和多酚氧化酶的活性，从而损害了植物整个的防御功能。这种现象说明，在一些情况下某一单个植物种中植物化学防御不能和其他机制协同作用，反而由于生化水平上的负相互作用而削弱了彼此的效果。

一些节肢动物也能够耐受其宿主植物中的生氰苷类化合物，有些甚至从这些化合物中受益甚至依赖于它们生存。节肢动物收集植物合成的生氰苷类化合物，或者从头合成相同的生氰苷类化合物，来对抗自己的捕食者（见信息栏 24.5）。

信息栏 24.5　昆虫中生氰苷类化合物的从头合成与隔离

有一些特殊的食草动物（特别是昆虫）偏爱取食生氰植物。这些食草动物的幼虫要么有能力代谢这些生氰苷类化合物同时不产生 HCN，要么就是可以将生氰苷类化合物隔离起来用于防御自身的捕食者。

斑蛾（*Zygaena filipendulae*）幼虫不仅能从它们食用的植物（豆科）中把百脉根苷（lotaustralin）和亚麻苦苷（linamarin）隔离开来（见图 24.18），它们自己还可以从头合成这两种化合物。幼虫将这些生氰苷类化合物储存在表皮腔中，受到激发就以黏稠滴状物的形式分泌出来吓退潜在的捕食者。生氰苷类化合物的比例和含量在这种斑蛾的生命周期的不同阶段受到严格调控，除了防御作用，这些化合物也还有其他作用。例如，在交配过程中传递生氰苷类化合物就像传递一种“婚赠礼物”，这或许可以解释为什么雌性个体更喜欢与有高含量生氰苷类化合物的雄性个体交配。生氰苷类化合物中含有还原态的氮，可再调入初级氮素代谢。

斑蛾中的百脉根苷和亚麻苦苷的生物合成与植物中一样，共用特殊的生物合成中间物。有三个基因（*CYP405A2*、*CYP332A3* 和 *UGT33A1*）编码了整条合成途径。昆虫中的 P450 酶也像植物中的那样具有多功能性。系统发生分析证明，合成生氰苷类化合物的能力在植物和昆虫中都是趋同演化的结果，而非基因水平转移或趋异演化的结果。因此，植物和昆虫各自独立地找到了制造“氰化物定时炸弹”的方法，用于抵御食草动物和捕食者。

斑蛾幼虫能从它们寄生的百脉根植株中把百脉根苷和亚麻苦苷隔离开来，还可以利用氨基酸从头合成这两种化合物。当幼虫受到刺激，就会分泌出含有生氰苷类化合物的防御性滴状物，沾在表皮的黑斑上。雌性个体更喜欢与有高含量生氰苷类化合物的雄性个体交配。在交配过程中，雄性向雌性传递生氰苷类化合物

24.9.2 生氰苷类化合物在植物中的其他作用

除了作为防御性化合物，生氰苷类化合物在植物中还有许多其他作用，包括在特定的发育阶段为植物提供优势，或使植物适应特定的环境变化。

植物中生氰苷类化合物的总含量通常呈现昼夜变化。在橡胶树（*Hevea brasiliensis*）和木薯的叶片中，生氰苷类化合物不断地分解又再合成：生氰苷类化合物的量在黎明时达到顶峰，在白天随着阳光照射时间的增长逐渐减少，在日落后和整个夜晚重新积累。这个现象促使人们去研究植物内源的、不释放HCN的生氰苷类化合物降解途径（图24.23）。人们用高粱（*Sorghum bicolor*）作为实验系统，发现降解途径从蜀黍苷转化为*p*-羟苯基乙醇腈开始，随后，异源多聚腈水解酶（NIT4A/B2）复合物催化腈转变为*p*-羟苯基乙酸和氨。经典的β-糖苷酶催化生氰苷水解反应释放氢氰酸，β-氰丙氨酸合酶消耗一化学计量数的半胱氨酸，催化氢氰酸转变为β-氰丙氨酸。NIT4A/B1和NIT4A/B2将β-氰丙氨酸转化为天冬氨酸和天冬酰胺，从而完成氰化物的脱毒反应。

生氰苷类化合物的分解途径可以不释放有毒组分，这为生氰苷类化合物成为还原态氮素和葡萄糖的长距离或短距离转运体提供了途径。人们最先在橡胶树（*H. brasiliensis*）中证明这一点。生氰苷类的运输可以在幼苗发育和割树皮后橡胶再生过程中起到缓冲氮元素和葡萄糖供应的作用。

在一些生氰植物物种如白车轴草（*Trifoleum repens*）中，存在不产生生氰苷（非生氰的，acyanogenic）的自然变异体，它们可能不能从头合成生氰苷类，或者不能降解生氰苷类。同一物种中生氰和非生氰的植物共同存在，但在不同的年份间表现出优势的差异，这反映出植物应对主要环境挑战的变化。通常而言，当广谱食草动物（如蜗牛）对植物的取食严重时，生氰植物占据优势，因为它们可以避免

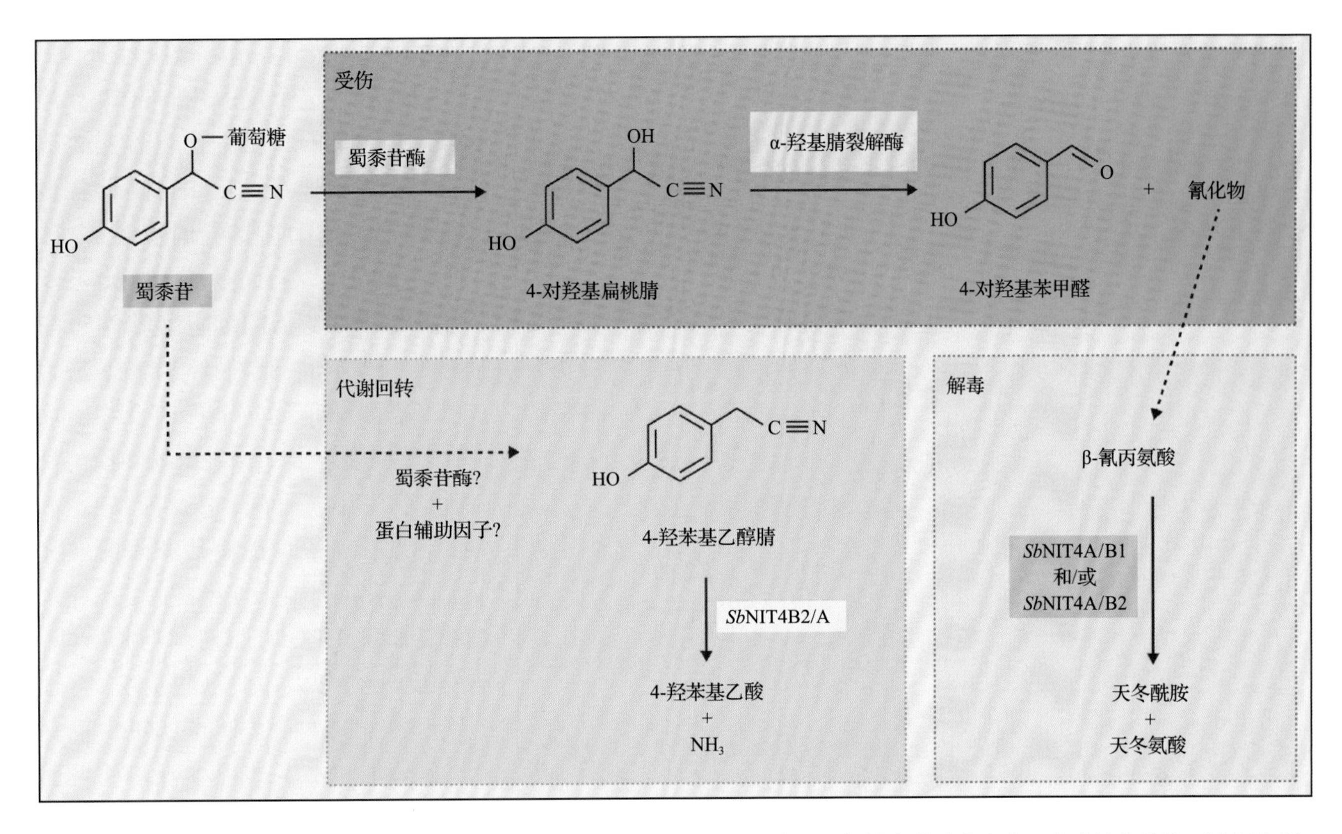

图 24.23 高粱中生氰苷化合物蜀黍苷的内源周转途径。蜀黍苷在植物受伤时（如被食草动物取食）或随昼夜节律而进行代谢。这表明蜀黍苷既是一种防御性化合物，也作为可转运的氮元素和葡萄糖源

被食草动物食用；在温度较低时，非生氰植物占优势，因为当食草动物取食少时，非生氰植物在平衡资源分配中更有利。因此，植物中生氰苷类化合物的出现赋予了植物额外微调自身代谢和适应环境压力的能力。

24.10 硫代葡萄糖苷

24.10.1 硫代葡萄糖苷也通过水解产生生物活性

硫代葡萄糖苷是富含硫的、带负电荷的 β- 硫糖苷。硫代葡萄糖苷包含一个核心碳原子，一边通过一个硫原子连接在一个糖基上，另一边通过一个氮原子连接在磺酸肟基团上。此外，这个核心碳原子上还有一个侧基团（图 24.24A）。不同的硫代葡萄糖苷具有不同的侧基团，这些侧基团根据它们衍生自的氨基酸分类。形成侧基团的氨基酸前体包括丙氨酸、缬氨酸、异亮氨酸、亮氨酸、甲硫氨酸、苯丙氨酸、酪氨酸和色氨酸，以及链增长的甲硫氨酸和苯丙氨酸。

硫代葡萄糖苷构成了一小组特殊化合物，它们经 β- 硫葡糖苷酶水解而获得生物活性。β- 硫葡糖苷酶也称为黑芥子酶。不稳定的糖苷配基可以通过不同方式重排形成异硫氰酸酯、腈、环硫腈、唑烷 -2- 硫酮和硫氰酸酯（图 24.24B）。硫代葡萄糖苷的侧链结构、是否有修饰蛋白伴侣或指示蛋白、是否有二价铁离子及 pH 决定了形成的生物活性产物类别。

为避免植物自身受损伤，黑芥子酶和硫代葡萄糖苷存储在分开的亚细胞结构中，只有在遭遇胁迫或组织损伤（如咬蚀或咀嚼导致的细胞瓦解）时二者才会结合。细胞瓦解导致水解产物的产生，这些水解产物被称为**芥子油弹**（**mustard oil bomb**），它们为植物提供对广谱食草动物的防御。

自然界的硫代葡萄糖苷基本仅限于十字花目，包括油菜（*Brassica napus*）、甘蓝和花椰菜（*Brassica oleracea*）、萝卜（*Raphanus sativus*）、山葵（*Armoracia rusticana*）和拟南芥（*Arabidopsis thaliana*）。那些由甲硫氨酸和苯丙氨酸衍生而来的硫代葡萄糖苷，除了因链延伸长度的不同而产生结构上的差异以外，其核心结构还可以被黄素单加氧酶和 2- 酮戊二酸依赖的双加氧酶所修饰。

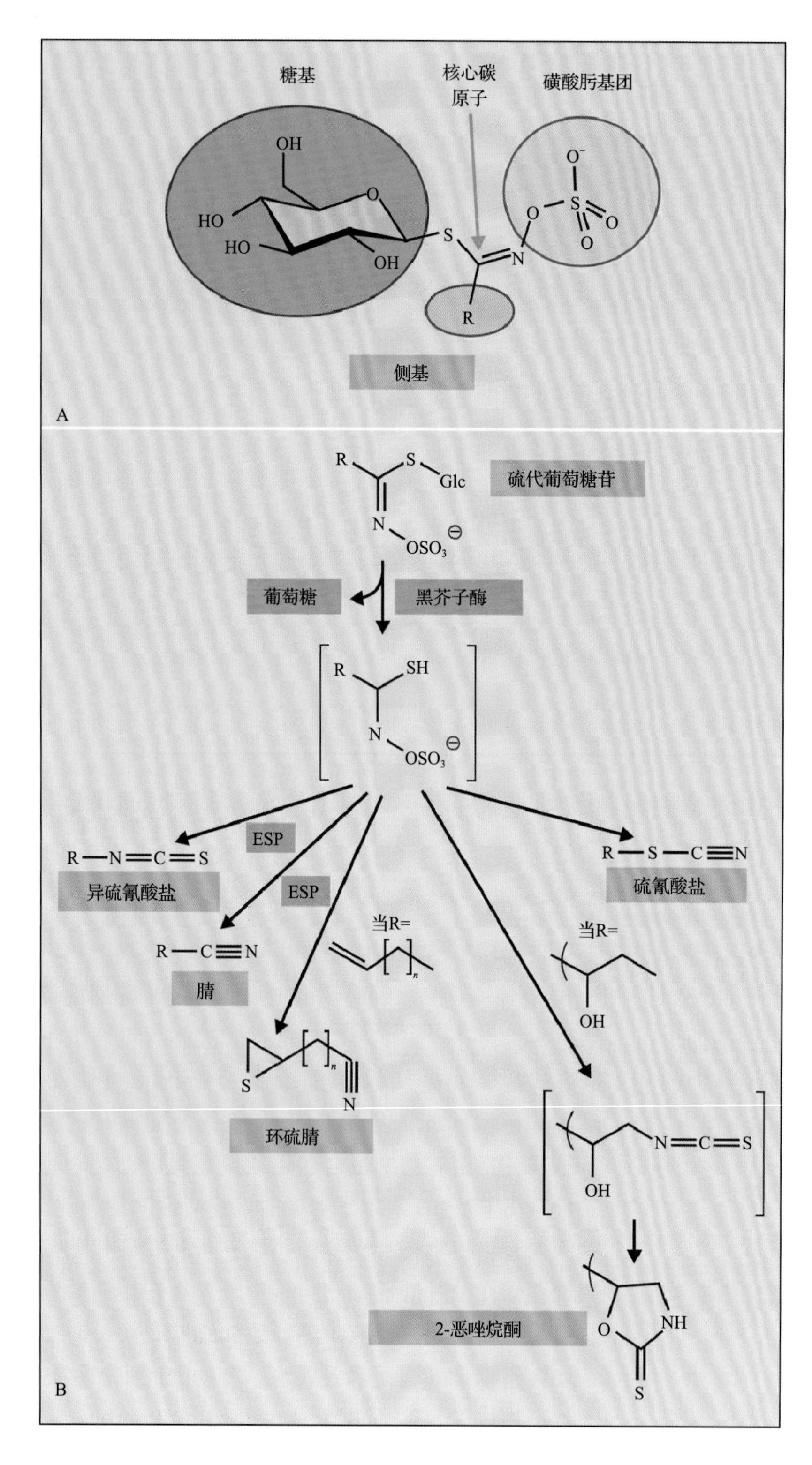

图 24.24 A. 硫代葡萄糖苷的核心结构。每种硫代葡萄糖苷都含有一个核心碳原子。核心碳原子一边通过一个硫原子连接在一个糖基上，另一边通过一个氮原子连接在磺酸肟基团上。此外，这个核心碳原子上还有一个侧基团 R。不同的硫代葡萄糖苷具有不同的侧基团。B. 葡糖硫苷连接水解后形成的可能产物。ESP，环硫指示蛋白

24.10.2 硫代葡萄糖苷的生物合成

与生氰苷类的生物合成类似，硫代葡萄糖苷的生物合成是从母氨基酸转化为一个 E- 肟开始的，这个反应由 CYP79 家族的细胞色素 P450 酶催化（图 24.25）。在接下来的一组反应中，E- 肟经羟基化转变为不稳定的异硝基化合物或可与谷胱甘肽结合的氧化腈，这些反应由 CYP83 家族的细胞色素 P450 酶催化。产物与谷胱甘肽结合的反应也许不需要酶催化。GSH 结合物继而由细胞质定位的 γ - 谷氨酰转肽酶切割，产生半胱氨酸 - 甘氨酸结合物。接下来甘氨酸可能由羧肽酶酶解移除；或者有可能半胱氨酸 - 甘氨酸裂解酶 SUPERROOT 1 切割半胱氨酸 - 甘氨酸连接以及半胱氨酸连接，产生羟肟酸。UGT74 家族的 UDPG- 糖基转移酶催化的 *S*- 糖基化反应将羟肟酸转化为脱硫芥子油苷，最后硫转移酶（SOT16，17,18）将脱硫芥子油苷转变为硫代葡萄糖苷。

有些 CYP79 酶可以把链延长的甲硫氨酸和苯丙氨酸作为底物，这也进一步增加了硫代葡萄糖苷的结构多样性（信息栏 24.6）。

24.11 生物碱

24.11.1 人类使用生物碱已有 3000 年历史

在人类历史上的大多数时候，包含**生物碱**（**alkaloid**）的植物提取物一直是药水和毒药的成分。在地中海东部地区，罂粟（*Papaver somniferum*，图 24.26）乳胶的使用可以追溯到公元前 1400 ～ 1200 年。古印度在大约公元前 1000 年就开始使用蛇根木（*Rauwolfia serpentina*）。古代人将药用植物提取物作为泻药、镇咳剂、镇静剂，并且用来治疗很多疾病，如蛇咬、发烧和神志不清。

随着药用植物跨过阿拉伯和欧洲向西传播，新

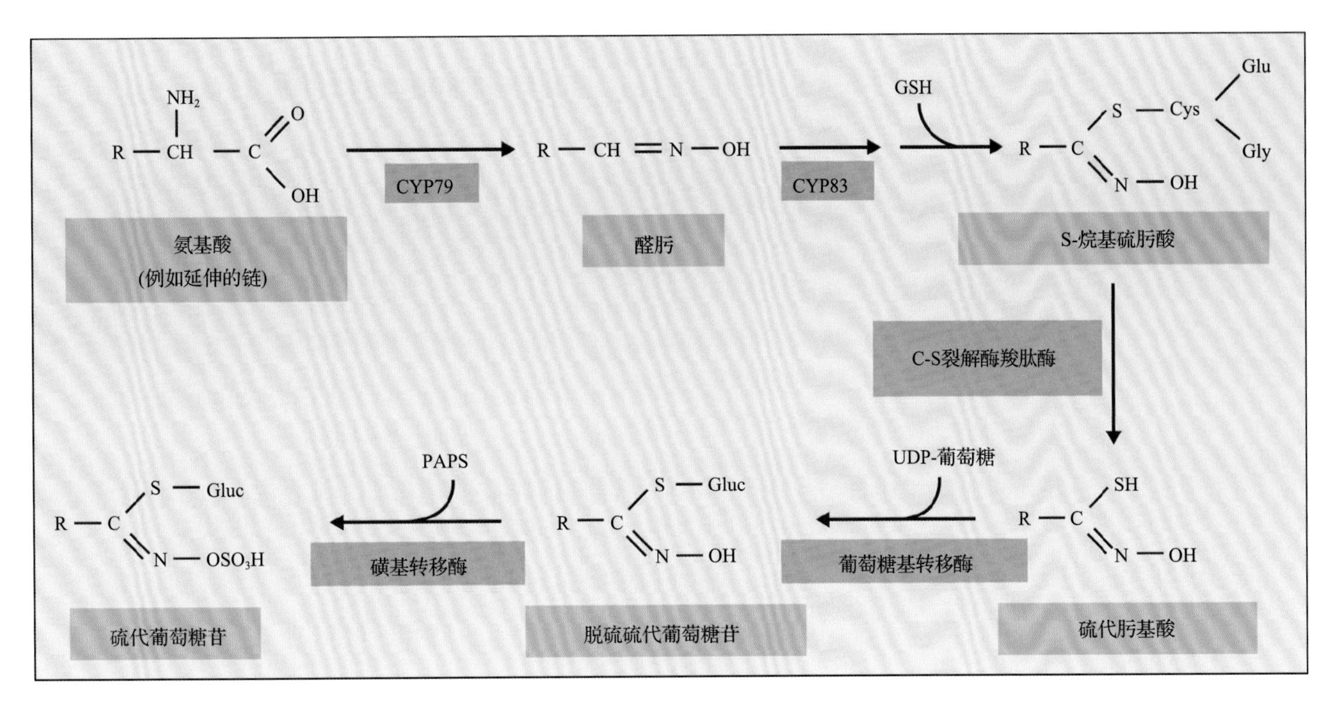

图 24.25 硫代葡萄糖苷的生物合成。谷胱甘肽（GSH）共轭物的剪切途径可能有多条，其中在一个羧肽酶或 C-S 裂解酶 SUPERROOT 1 的作用下会产生羟肟酸

的浸制及煎药法在一些著名事件中起了作用。公元前 399 年，哲学家苏格拉底的死刑是由一杯含有毒芹碱的毒芹（*Conium maculatum*，图 24.27）提取物“执行”的。在公元前一世纪，古埃及女王克娄巴特拉用含阿莨菪（图 24.28）的天仙子（*Hyoscyamus*）提取物来扩大她的瞳孔，以使她对其男性政敌更有诱惑力。许多世纪以来，鸦片一直是百药之王，它是人们广泛服用的解毒舐剂（Theriak），解毒舐剂是一种主要含鸦片、干蛇肉和酒的混合物（见信息栏 24.7）。分析了鸦片的各个组分后，人们发现了吗啡（图 24.29A）。吗啡是根据希腊神话中的梦幻之神莫尔甫斯（Morpheus）命名的。德国药学家弗里德利希•色图纳尔（Friedrich Sertürner）在 1806 年分离到了吗啡，从而引发了人们对生物碱（alkaloids）的研究。

生物碱这个词是 1819 年在德国哈雷（Halle，也称 Saale）创造出来的。该词源于一种植物的阿拉伯名字 *al-qali*，碳酸钠最早就是从这种植物中分离到的。最初生物碱的定义为：有药理学活性的、来源于植物的含氮碱性分子。经过对生物碱长达 200 年的研究，人们发现这个定义不再能全面地涵盖整个生物碱领域，但在某些情况下，该定义仍然合适。生物碱不止在植物中才有，人们已从众多的动物中

信息栏 24.6 氨基酸链延伸是硫代葡萄糖苷生物合成的一个关键部分

硫代葡萄糖苷生物合成的一个独特又不可分割的部分是前体氨基酸侧链的延伸。这是产生硫代葡萄糖苷类化合物家族结构多样性的前提。不同的硫代葡萄糖苷类化合物的侧链合成需要特殊的酶来催化。甲基硫代烷烃基苹果酸合酶（MAM synthase）催化甲硫氨酸的侧链延长，这与催化 L-亮氨酸生物合成的异丙基苹果酸合酶（IPMS，见第 7 章）类似。MAMS 和 IPMS 在结构上主要有两大不同：MAMS 中缺少 IPMS C 端的 120 个氨基酸残基；两种酶的活性位点有两个氨基酸替换的差异。

MAM 合酶的演化是驱动硫代葡萄糖苷类代谢中氨基酸链延伸的主要动力，这形象地阐明了蛋白质层面上的变化是如何使一个初级代谢中的酶（IMPS）招募到次级代谢产物的合成中发挥新功能（MAM 合酶），这也是基因复制和基因多样化在天然产物合成途径的演化过程中起重要作用的又一例证（见 24.8.2 节和 24.19 节）。

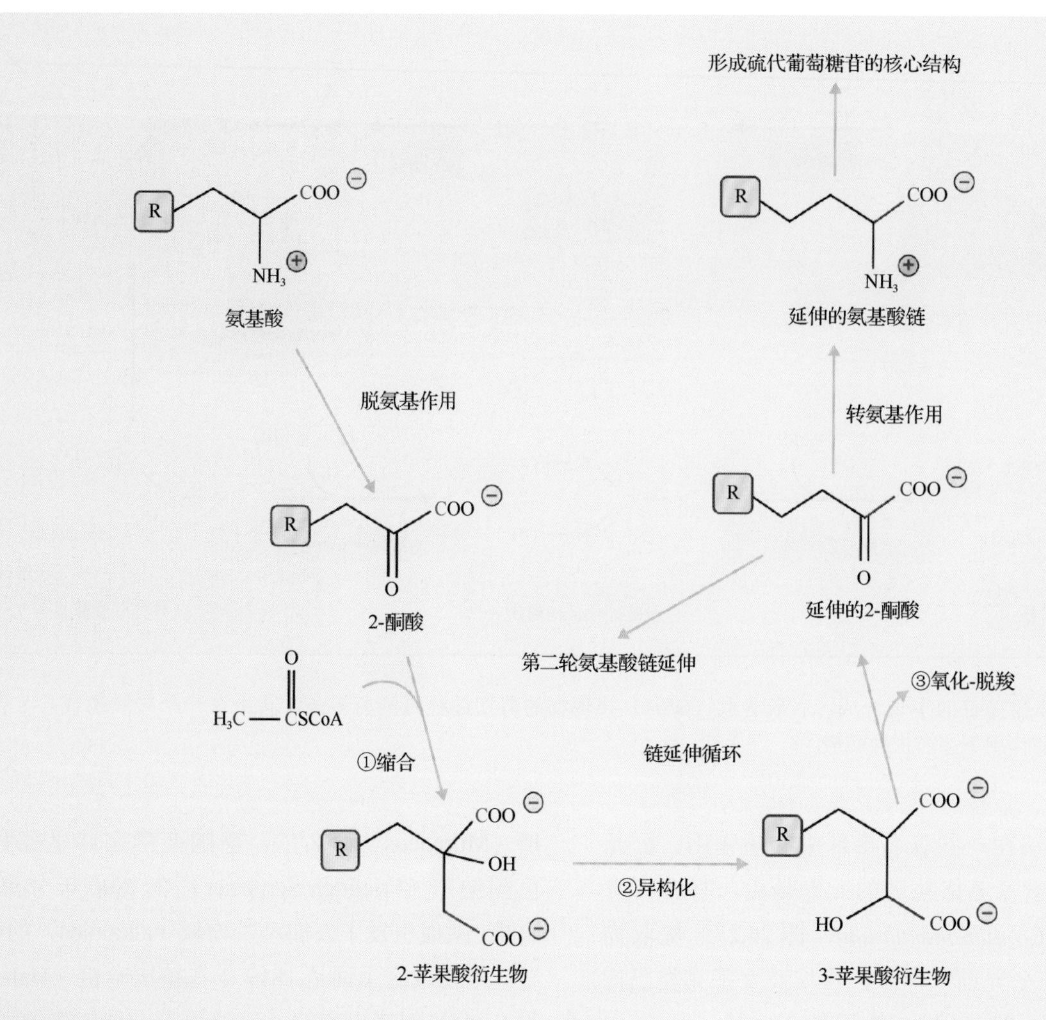

硫代葡萄糖苷生物合成中的前体氨基酸链延伸反应。① 2- 酮酸和乙酰 CoA 在苹果酸合酶的催化下缩合。② 2- 苹果酸衍生物异构化为 3- 苹果酸衍生物。③ 3- 苹果酸衍生物氧化脱羧转化为延伸了一个亚甲基（$—CH_2—$）的 2- 酮酸。这个循环可以重复 2 ～ 6 次

A

B

图 24.26　A. 罂粟（*Papaver somniferum*）的成熟蒴果。当蒴果受伤时，会流出一种白色乳汁。罂粟乳汁含有吗啡及相关的生物碱（如可卡因）。流出的乳汁变干后会形成一种坚硬的褐色物质，即鸦片。B. Gazi 的睡眠女神塑像，她头戴着罂粟的蒴果（公元前 1250 ～ 1200 年）。来源：图 A 来源于 Kutchan, LiebnitzInstitut fur Pflanzenbiochemie, Halle, Germany, 未发表；图 B 来源于 Ministry of Culture Archaeological Receipts Fund, Athens, Greece

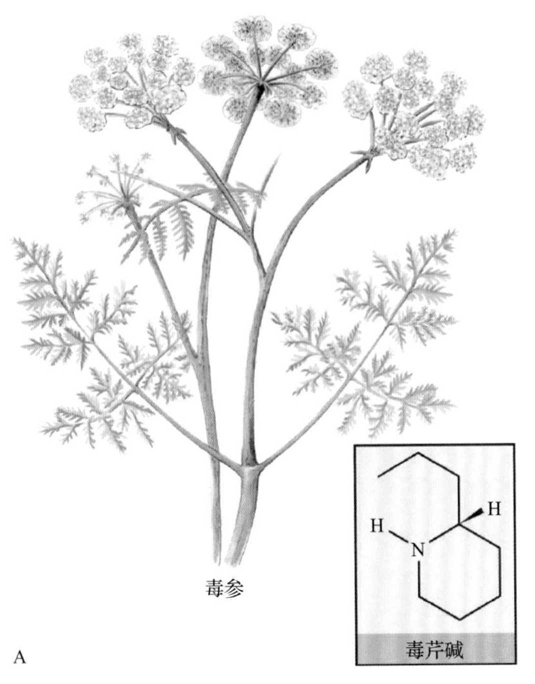

图 24.27 A. 哌啶生物碱毒芹碱是第一个人工合成的生物碱，其毒性非常强，可导致运动神经末梢瘫痪。B. 公元前 399 年，哲学家苏格拉底被处死，处死的方式是喝含有毒芹碱的毒芹提取物。1787 年，Jacques-Louis Davis 创作了“苏格拉底之死”，画中就是描述这个事件。来源：图 B 来源于 The Metropolitan Museum of Art, New York, NY

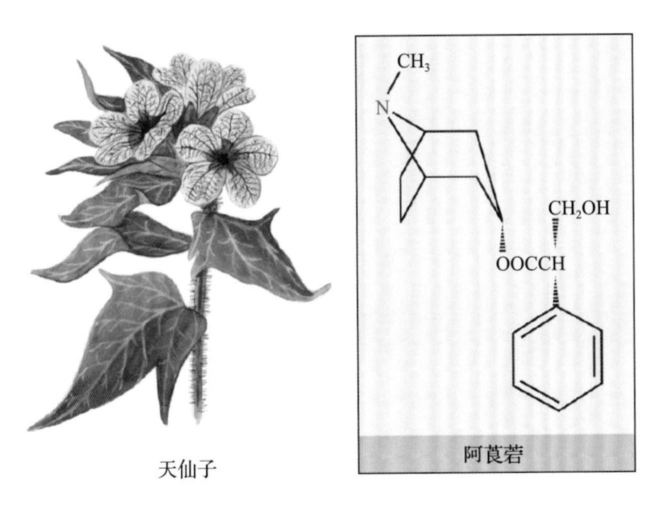

图 24.28 天仙子（*Hyoscyamus niger*）中抗胆碱的莨菪烷生物碱阿莨菪的结构

分离到了生物碱（见信息栏 24.8）。例如，人们检测到吗啡在哺乳动物体内存在，并且在老鼠中可以从头合成（见信息栏 24.9）。许多现已发现的生物碱分子在哺乳动物中并没有药理学活性，并且有些分子是中性而非碱性的，尽管这些分子中含有氮原子。

24.11.2 含生物碱的植物是人类最早的“草药”

含生物碱的植物是人类最早的“草药”，直到今天有很多植物仍然作为处方药使用（表 24.1）。最著名的生物碱处方药是镇咳剂和从罂粟（*Papaver*

信息栏 24.7 解毒舐剂是一种古代解毒秘方，含有鸦片、酒和蛇肉等成分，至今仍在少数情况下使用

解毒舐剂是人类历史上使用最早、使用时间最长的药物之一。解毒舐剂起源于古希腊 - 罗马文明，主要含有鸦片、酒，以及多种植物、动物和矿物质组分。图 A 所示为 1667 年《法国皇家药典》（*French Pharmacopee Royale*）中的解毒舐剂处方。

解毒舐剂逐渐发展成为一种解毒药，用来对付中毒，以及蛇、蜘蛛和蝎子的咬伤。史料记载，罗马帝国皇帝尼禄命令希腊医生安德罗马库斯（Andromachus）发明一种对所有疾病和毒药都有效的药。安德罗马库斯改进了当时已有的处方，加进了鸦片、5 种其他植物毒素和 64 种植物药材。另一种关键成分是干蛇肉，安德罗马库斯相信它可以中和蛇毒以治愈蛇咬伤。

时至今日，在极少数情况下解毒舐剂仍然在欧洲用作治疗疼痛和小病的处方药。图 B 显示的是一个装解毒舐剂的珍贵的罐子，由宁芬堡瓷（Nymphenburg porcelain）制成（约于 1820 年），现存在德国慕尼黑的 Residenz Pharmacy 博物馆。

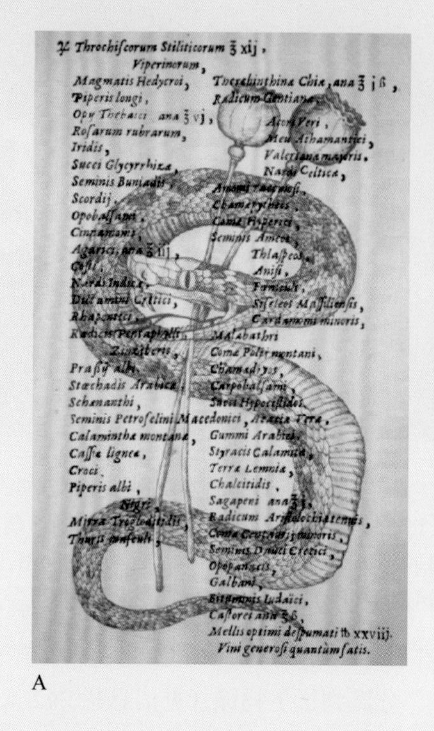

A

B

来源：图 A 来源于 French Pharmacopée Royale; Kutchan, Leibnitz InstitutfürPflanzenbiochemie, Halle, Germany, 未发表；图 B 来源于 Residenz Pharmacy, Munich, Germany; Kutchan, Leibnitz InstitutfürPflanzenbiochemie, Halle, Germany, 未发表

罂粟
A

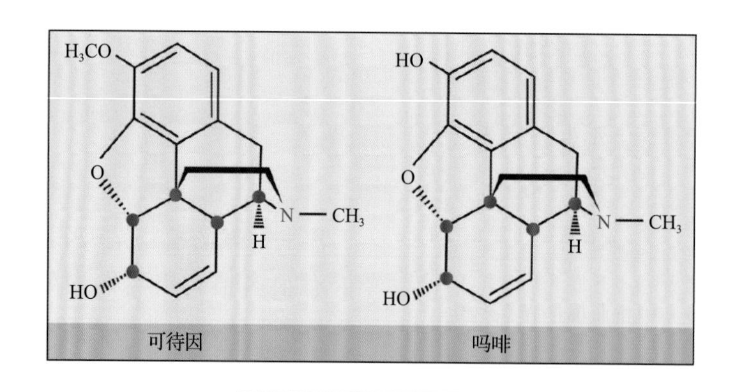

B

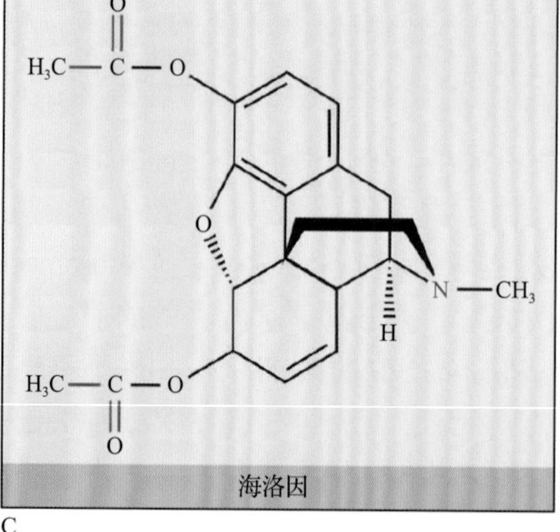

C

图 24.29 A. 罂粟（*Papaver somniferum*）中的生物碱可待因和吗啡的结构。不对称（手性）碳原子用红点标出。B. 海蟾蜍（*Bufo marinus*）在它的皮肤中积累大量的吗啡。C. 二乙酰吗啡的结构，它通常被叫作海洛因。来源：图 B 来源于 Rickl, UniversitatMunchen, Germany, 未发表

信息栏 24.8　一些蝴蝶和蛾将生物碱作为求偶信号，或用其对抗捕食者

在包括蛙类、蚁类、蝶类、细菌、海绵、真菌、蜘蛛、甲虫和哺乳动物等在内的几乎所有生物中都有能合成生物碱的物种。人们从各种海洋生物中分离得到了不同结构的生物碱。有些动物（如两栖类）在其皮肤或腺体中可以产生一系列有毒或有害的生物碱。其他生物（如下面将讨论到的昆虫）将植物生物碱作为自身的引诱剂、信息素和防御物质。

有些蝴蝶类从并非其食物的植物中获取生物碱前体分子，然后将它们转化为信息素和防御性化合物。赤蛾（*Tyria jacobaea*）的幼虫持续地吃其宿主新疆千里光（*Senecio jacobaea*）的叶片直到全部吃光（图 A），因此，幼虫获得的这些生物碱在整个幼虫变态过程中一直保存在幼虫体内。雄性的亚洲灯蛾和美洲灯蛾将双吡咯烷类生物碱用于其繁殖过程，这些生物碱先是隔离储存在称为味刷的腹部气味器官中，在蛾“求婚”的最后阶段，该器官翻转过来释放信息素，以获取雌蛾的“芳心”。亚洲灯蛾（*Creatonotos transiens*）的味刷在其幼虫阶段的大小与其取食的双吡咯烷类生物碱的量成正比（图 B）。因此，这些雄蛾能否成功交配是由其从高等植物中摄取的生物碱决定的。

另一个昆虫类群是绡蝶（Ithomiine），其幼虫以茄科植物为食，并隔离储存包括莨菪烷类生物碱和类固醇糖生物碱在内的植物毒素。然而，绡蝶族的成虫中却没有这些莨菪烷类和类固醇生物碱，它们更喜欢摄取能产生双吡咯烷类生物碱的植物，并以 *N*- 氧化物和单酯的形式隔离储存这些苦味化合物。双吡咯烷类生物碱的衍生物可以保护绡蝶类免于众多体型巨大的热带球蜘蛛的捕食。热带球蜘蛛会把野外捕捉到蜘蛛网上的蝴蝶放走，但会吃掉那些还没有机会吃过产生双吡咯烷类生物碱植物的刚刚羽化的成虫。如果在这些美味的蝴蝶涂上双吡咯烷类生物碱溶液时，蜘蛛就会把它们从蜘蛛网上放走。相反，如果用茄科植物生物碱来涂这些蝴蝶，它们又变成了蜘蛛的美餐。一般来说，人们发现大多数雄蝶摄食产生双吡咯烷类生物碱的植物；这些雄蝶中有多达 50% 的双吡咯烷类生物碱是隔离储存在精液中并在交配时传给雌蝶的。在有些种类的蝴蝶中，保护性的生物碱还会随后转移到卵当中。

A

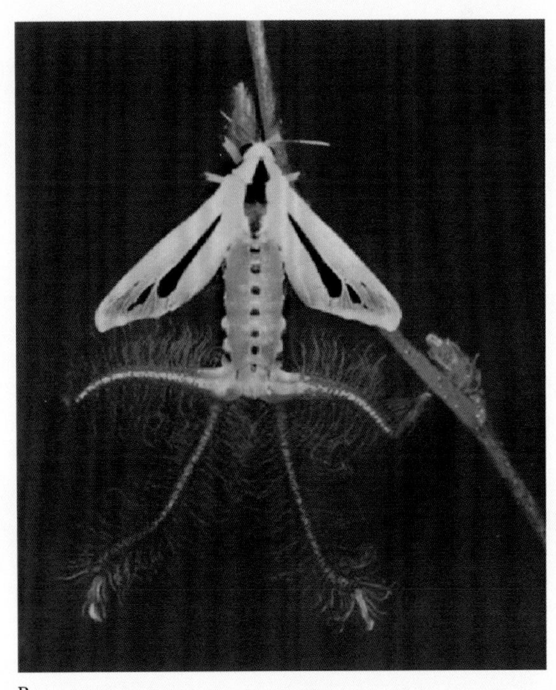

B

来源：Kutchan, Leibnitz InstitutfürPflanzenbiochemie, Halle, Germany, 未发表

信息栏 24.9　罂粟中形成的鸦片镇痛剂吗啡可以在小鼠体内从头合成

人们已在动物组织中检测到过吗啡，如在海蟾蜍（*Bufo marinus*）的皮肤中就有（图 24.29B），但是对这类生物碱是否是在蛙中从头合成的却不甚清楚。人也会通过尿液排泄出少量的吗啡，但这些吗啡是饮食摄入的还是体内合成的也不清楚。在人脑、啮齿类动物脑组织及人的尿液中都有简单的异喹啉类生物碱四氢维洛林（tetrahydropapaveroline），四氢维洛林和吗啡的结构表明它们可能有生物合成上的联系。高分辨率质谱研究表明，四氢维洛林是啮齿类动物体内常见的化合物，小鼠具有把它转化为吗啡的能力。实际上，在小鼠的尿液中检测到的吗啡都是从头合成的。植物生物碱吗啡在动物中也能合成，这一点对于有关疼痛的研究有重要意义。

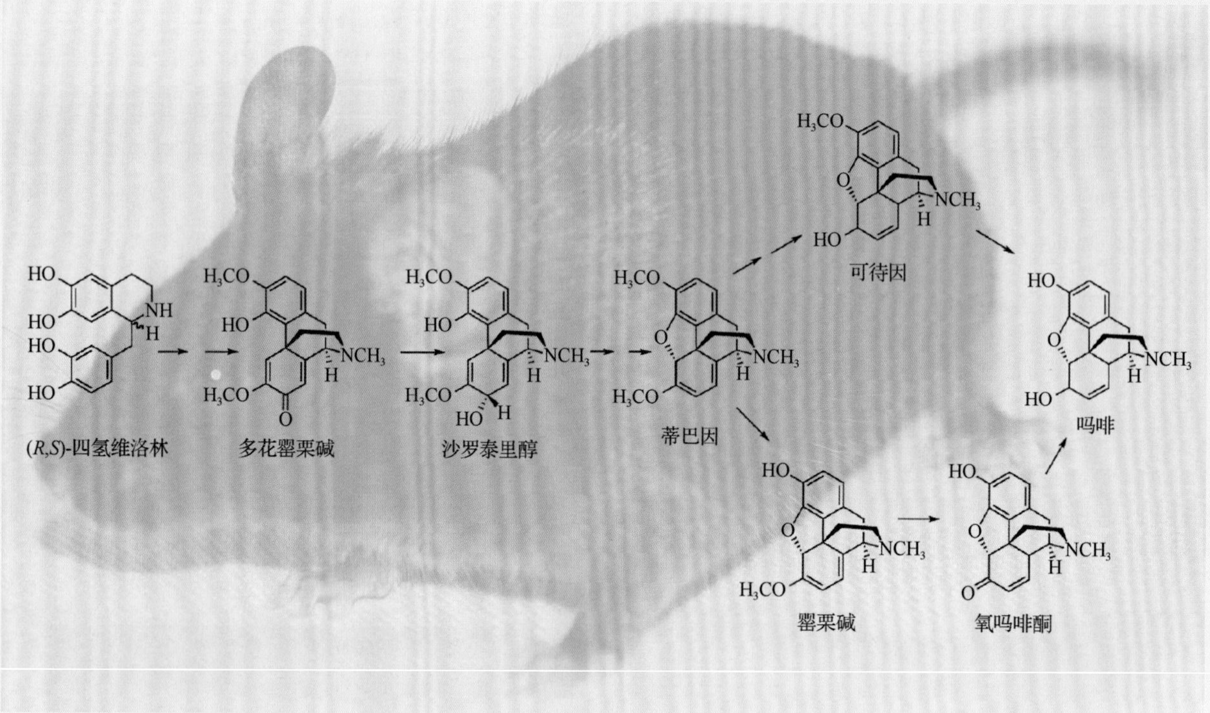

somniferum）中提取的镇痛剂可待因（图 24.29）。植物生物碱也可作为现代合成药物的模型，例如，利用莨菪烷生物碱阿莨菪（见图 24.28）生产眼科检查时用来扩瞳的托吡卡胺，以及利用吲哚衍生物、抗疟疾生物碱喹啉生产氯奎（图 24.30）。

除了对现代药物的巨大影响之外，生物碱还影响了世界的地缘政治。臭名昭著的例子有中英鸦片战争（1839 ～ 1859 年），以及当前多国正试图根除的海洛因和可卡因的违法生产。海洛因是吗啡乙酰化衍生的一种半合成化合物（见图 24.29C），而可卡因是古柯植物自然产生的一种生物碱（图 24.31）。由于生物碱具有多种多样的药理学活性，它们已经深刻地影响了人类历史，当然影响有好有坏。然而植物生物学家们感兴趣的是植物演化进程如何导致了生物碱的演化，以及这些生物碱分子是如何参与植物与环境的交流的。

24.11.3 具有生理学活性的生物碱参与了植物的化学防御

自从发现吗啡以来，到目前为止人们已经分离到了 20 000 多种生物碱。据估计，有超过 20 000 属的植物，其中有大约 9% 的植物中积累生物碱，这些植物主要集中于被子植物类群（有花植物）。每种积累生物碱的植物都有其独特的、确定的模式。有些植物（如长春花，*Catharanthus roseus*）含

表 24.1 现代医学中使用的具有生理活性的生物碱

生物碱	植物来源	用途
阿吗灵（ajmaline）	蛇根木（*Rauwolfia serpentina*）	抗心律失常药，通过抑制心肌细胞线粒体摄取葡萄糖起作用
阿托品，（±）莨菪碱 [atropine,（±）hyoscyamine]	莨菪（*Hyoscyamus niger*）	抗胆碱剂，支气管扩张剂
咖啡因（caffeine）	阿拉比卡咖啡（*Coffea arabica*）	广泛使用的中枢神经系统兴奋剂
喜树碱（camptothecin）	喜树（*Camptotheca acuminata*）	强效抑癌药
可卡因（cocaine）	古柯树（*Erythroxylon coca*）	表面麻醉剂，强效中枢神经系统兴奋剂，类肾上腺素阻断剂；滥用药物
可待因（codeine）	罂粟（*Papaver somniferum*）	相对不易成瘾的止痛药和止咳药
毒芹碱（coniine）	毒堇（*Conium maculatum*）	第一种人工合成的生物碱；剧毒，可导致运动神经末端麻痹；低剂量用于顺势疗法
吐根酊（emetine）	吐根乌拉果（*Uragoga ipecacuanha*）	口服催吐剂，杀变形虫剂
吗啡（morphine）	罂粟（*Papaver somniferum*）	强效麻醉性止痛剂；成瘾性滥用药物
尼古丁（nicotine）	烟草（*Nicotiana tabacum*）	剧毒，导致呼吸麻痹，园艺上作为杀虫剂；滥用药物
毛果芸香碱（pilocarpine）	毛果芸香（*Pilocarpus jaborandi*）	副交感神经系统的外周兴奋剂，用于治疗青光眼
奎宁（quinine）	金鸡纳树（*Cinchona officinalis*）	传统抗疟药，在治疗对其他抗疟药不敏感的恶性疟原虫上很重要
血根碱（sanguinarine）	花菱草（*Eschscholzia californica*）	抗菌药，有抗菌斑作用，添加到牙膏和漱口水中
东莨菪碱（scopolamine）	天仙子（*Hyoscyamus niger*）	抗胆碱药，对运动疾病有效
番木鳖碱（strychnine）	马钱子（*Strychnos nuxvomica*）	烈性僵直毒药，老鼠药，用于顺势疗法
（+）- 筒箭毒碱 [（+）tubocurarine]	南美防己（*Chondrodendron tomentosm*）	可导致麻痹的非去极化的肌肉舒张剂，麻醉剂的辅料
长春新碱（vincristine）	长春花（*Catharanthus roseus*）	抗肿瘤药，用于治疗儿童白血病和其他癌症

金鸡纳树

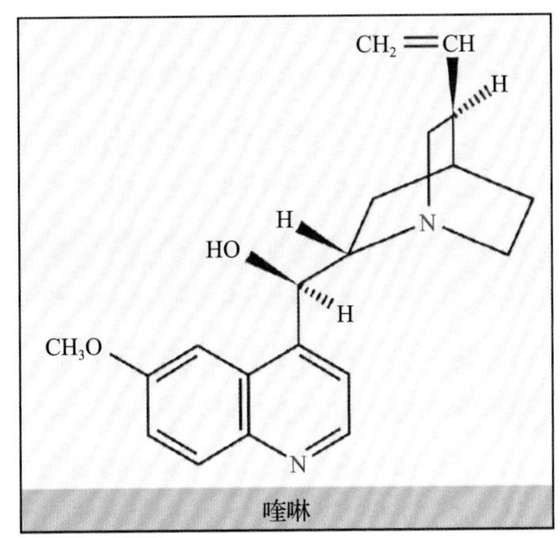

图 24.30 从金鸡纳树（*Cinchona officinalis*）中得到的喹啉的结构，喹啉是从单萜类吲哚生物碱衍生而来的。人们从金鸡纳树的树皮中提取到了含有喹啉的抗疟制剂，这在过去的两个世纪中极大地帮助了欧洲人在热带地区的探险活动和定居

古柯

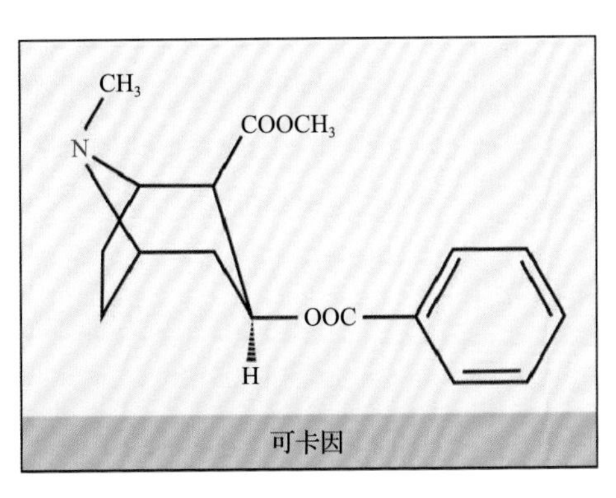

图 24.31 莨菪烷类生物碱可卡因的结构。可卡因是从古柯（*Erythroxylum coca*）中分离得到的一种中枢神经系统刺激剂

有100种以上不同的单萜吲哚生物碱。有些生物碱仅存在于某一物种中，如（+）-筒箭毒碱仅在藤本植物南美防己（*Chondrodendron tomentosum*）中有，其他生物碱则更为广泛地分布在不同的科中。

为什么一种植物要投入如此多的氮来合成数目众多、结构多样的生物碱呢？为什么某种特定的生物碱只在一种植物中合成呢？长期以来，生物碱在植物中的作用和它们的演化过程令人不解，但这些化合物具有生态化学功能这一点已经逐渐清晰起来。

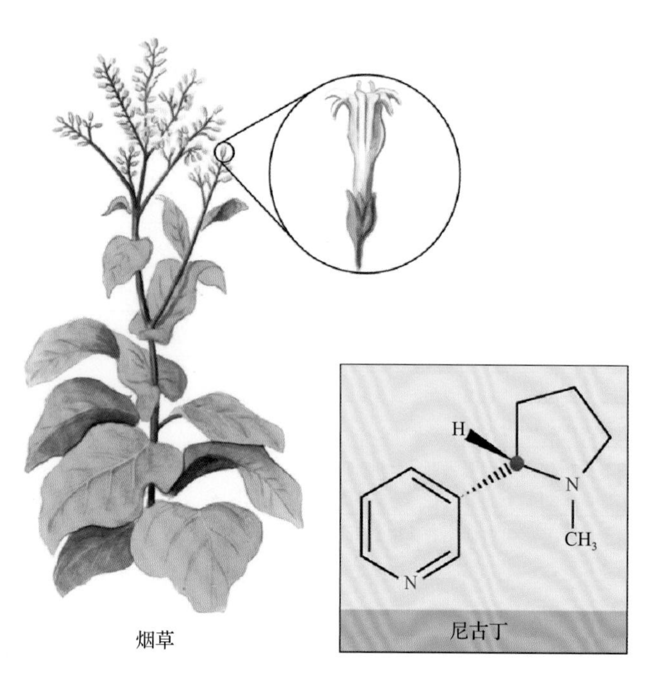

图 24.32 从烟草（*Nicotiana abacum*）中分离得到的尼古丁的结构。不对称手性碳原子以红点表示

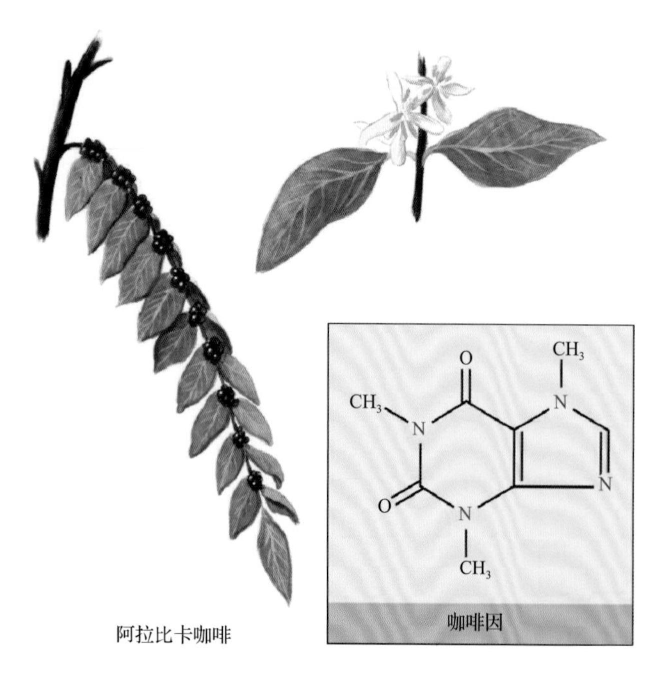

图 24.33 从阿拉比卡咖啡（*Coffea arabica*）中分离得到的嘌呤类生物碱咖啡因的结构

很多生物碱对动物的生理活动有广泛影响，有些还具有抗生活性，这都支持生物碱在植物化学防御中发挥重要作用。很多种生物碱对昆虫有毒，或者是阻食剂。例如，烟草（*Nicotiana* sp.）中的尼古丁是人类最早使用的杀虫剂之一，而且至今还很有效（图 24.32）。取食野生型烟草时，会刺激其中的尼古丁合成。另一个有效的昆虫毒素是在可可（*Theobroma cacao*）、咖啡（*Coffea arabica*）、可乐（Malvaceae，锦葵科）、巴拉圭茶（*Ilex paraguariensis*）和茶（*Camellia sinensis*）等植物的种子及叶片中存在的咖啡因（图 24.33）。用比新鲜咖啡豆或茶叶中稀得多的浓度的咖啡因可以在24h内杀灭所有的烟草天蛾（*Manduca sexta*）幼虫，其主要是通过抑制水解cAMP的磷酸二酯酶的活性。固醇类生物碱α-茄碱是在马铃薯块茎中发现的一种胆碱酯酶抑制剂（图 24.34），它们有轻微的毒性，可造成发芽马铃薯的畸形。

人们已经详尽研究了双吡咯烷类和喹嗪类生物碱这两组生物碱的生态化学功能（图 24.35）。双吡咯烷类生物碱常见于千里光族（菊科）植物和紫草科植物中，因而这些植物对哺乳动物大都有毒性。在千里光属（*Senecio*）植物中，千里光碱的N端氧化物在根部合成，随后转运到植物的各个部分。在某些植物如欧洲千里光（*Senecio vulgaris*）和春千里光（*S. vernalis*）中，60%～80%的双吡咯烷类生物碱都存在于花序中。多种千里光属植物可造成牲畜中毒，对人类健康也是一个潜在威胁。

自然产生的吡咯烷类生物碱是无害的，但是经过肝脏中的细胞色素P450单加氧酶转化之后就具有强烈的毒性。另一方面，一些昆虫已经适应了在植物体内积累的吡咯烷类生物碱，演化出了利用这些生物碱的机制。某些昆虫可以取食产生吡咯烷类生物碱的植物，在酶促修饰（如形成N端氧化的衍成物）之后，可以有效、彻底地清除这些生物碱。还有一些昆虫不但吃这些植物，而且还将吡咯烷类生物碱储存在体内作为自身防御之用，或者将吸收了的吡咯烷类生物碱转化成为吸引配偶的信息素（见信息栏 24.8）。

喹嗪类生物碱主要在羽扇豆属（*Lupinus*）植物

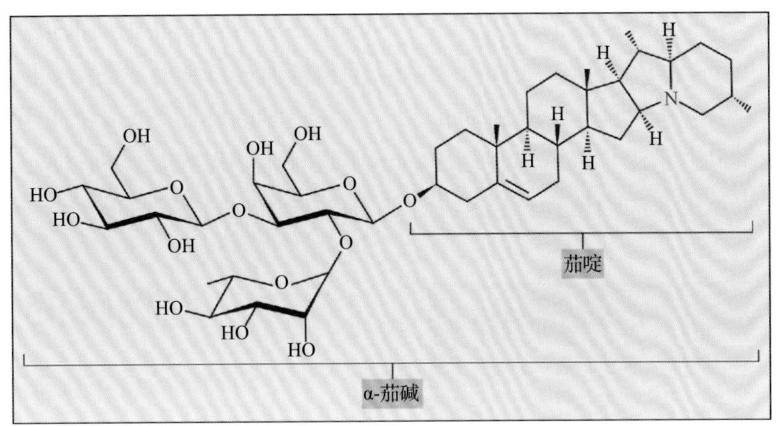

图 24.34 从马铃薯（*Solanum tuberosum*）中分离得到的固醇类生物碱糖苷α-茄碱的结构。糖苷配基茄碱是由胆固醇衍生而来的

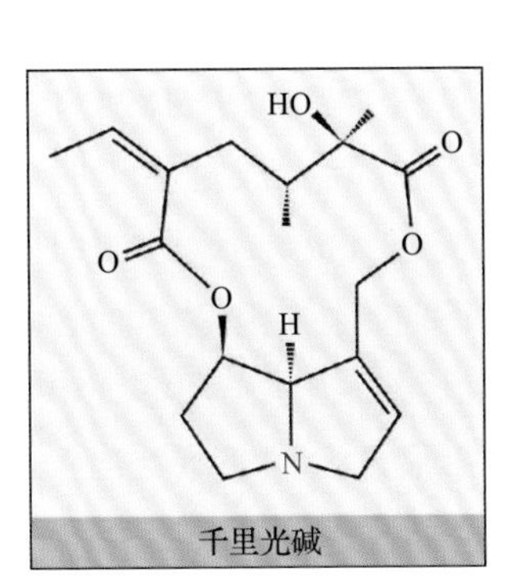

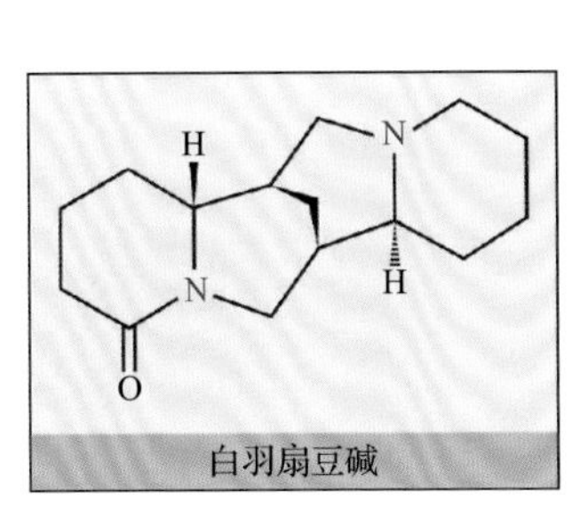

图 24.35 双稠吡咯啶类生物碱和双稠哌啶类生物碱。A. 从新疆千里光（*Senecio jacobaea*）中分离得到的双稠吡咯啶类生物碱千里光碱的结构。B. 从多叶羽扇豆（*Lupinus polyphyllus*）中分离得到的双稠哌啶类类生物碱白羽扇豆碱的结构。白羽扇豆碱是一种苦味化合物，可以用作阻食剂

中产生，所以常称为羽扇豆类生物碱（图 24.35B）；它们对食草动物（尤其是绵羊）有剧毒。由羽扇豆类生物碱引起的牲口中毒事件主要发生在秋天，这时正值植物生活周期的结籽阶段，而种子是植物中积累这些生物碱最多的地方。因为生物碱具有刺激的味道，它们也是阻食剂。如果甜味和苦味的羽扇豆种群混在一起，兔子将乐于吃不含生物碱的甜味品种，而不去吃积累羽扇豆生物碱的苦味品种。这说明羽扇豆类生物碱在减少草食动物取食方面，起到了苦味阻食剂和毒素的作用。从这些例子可以看出，生物碱可以看成是植物在取食选择压力下演化出的化学防御系统的一部分。

24.11.4 一般认为生物碱是组成型防御分子，但有些生物碱的合成受植物组织伤害的诱导

人们认为生物碱是很多植物组成型化学防御系统的一部分。在某些例子中，如烟草（*Nicotiana tabacum*）中合成的尼古丁，已有证据证实它参与了诱导性化学防御。

尽管烟草天蛾（*Manduca sexta*）是一个适应了烟草的物种，但野生型烟草对这种天蛾幼虫具有很强的毒性。烟草天蛾的幼虫取食烟草（*Nicotiana attenuate*）引发的植物反应，与机械刺激损伤叶片引起的反应不同。机械损伤诱导植物激素茉莉酸（jasmonic acid，见第 17 章）在受损伤叶片中积累，这导致整株植物系统性地积累尼古丁。烟草天蛾幼虫取食后，叶片中茉莉酸浓度比受机械损伤的叶片中高，但整株植物中尼古丁的含量前者并没有超过后者。天蛾幼虫的取食，特别是它们消化植物叶片后产生的化合物干扰了整株植物积累尼古丁。天蛾幼虫取食似乎会特别激发植物激素乙烯（见 17 章）。茉莉酸和乙烯的相互作用调控了昆虫取食烟草导致的尼古丁的生物合成和积累。

要确定尼古丁是否用于植物防御，需要使用 RNA 干扰（RNAi）技术下调尼古丁生物合成基

因，如烟草中编码腐胺 *N*- 甲基转移酶的基因。这可以降低转基因植物中 95% 组成型和诱导性产生的尼古丁。在食物选择实验中，烟草天蛾的幼虫（图 24.36）更倾向于选择尼古丁水平降低的转基因植株，且在这些植株上生长更快。当植物在自然生境中生长时，转基因的低尼古丁水平植株相较正常的植株而言，会更常遭受多种自然食草动物的攻击，损失更多的叶面积。人们也用尼古丁下调的植株证明这种生物碱在烟草属（*Nicotiana*）花的生殖适应中的作用（信息栏 24.10）。

图 24.36 与烟草天蛾幼虫（*Manduca sexta*）类似，番茄天蛾幼虫（*Manduca quinquemaculata*）诱导野生烟草（*Nicotiana attenuata*）释放尼古丁并对其发生响应，在犹他州的大田试验表明，番茄天蛾幼虫对于尼古丁生物合成途径受到抑制的野生烟草植株的反应也很强烈

24.12 生物碱的生物合成

24.12.1 高通量转录组测序技术的发展推动了生物碱生物合成的研究

许多生物碱具有复杂的化学结构，包含多个不对称中心。这让结构解析更为复杂，也让生物碱生物合成的研究很困难。例如，尽管尼古丁（一个不对称中心，见图 24.32）是 1828 年发现的，但是人们直到 1904 年成功合成尼古丁时才知道了它的结构。另外，吗啡（5 个不对称中心，见图 24.29A）的结构到 1952 年才弄清楚，而这时距人们首次纯化分离吗啡已经过去了差不多 150 年；在首次分离吗啡 200 多年后，人们才鉴定出了参与吗啡生物合成的酶。

为什么阐明生物碱的生物合成通路如此困难呢？植物中天然产物的合成是以一种相对缓慢的速度进行的，因此合成它们的酶的稳定状态浓度可能很低。此外，植物中含有大量单宁和其他酚类化合物，它们会干扰活性酶的提取。即使用放射性标记的前体处理植物，然后再对产生的放射性标记的生物碱进行化学分解以确定放射性标记的位置，也难以获得清晰的结果，因为天然产物的代谢速率低，使得放射性标记整合速率不够高。用聚乙烯吡咯烷

信息栏 24.10 尼古丁与野生烟草 (*Nicotiana attenuata*) 花的生殖适应性有关

植物的花会产生一系列特定的挥发性次生代谢物来吸引传粉者，从而促进繁殖。另一个众所周知的促进繁殖的机制是花的颜色，花的颜色可以吸引如蜂鸟或蜜蜂这样的特定传粉者。花朵面临着两难的挑战：一方面，它们要吸引到传粉者；另一方面，它们要阻挡那些不利于传粉的食花动物和盗蜜者。

原产于北美西部的烟草品种野生烟草（*Nicotiana attenuata*），其花中两种次生代谢产物尼古丁和苄基丙酮的组合优化了这种植物的生殖适应性。野生烟草的花朵吸引蜂鸟蛾（*Hyles lineata*）（图 A）和黑颏北蜂鸟（*Archilochus alexandri*）（图 B）为其传粉。人们通过基因工程手段，制造出了缺尼古丁、缺苄基丙酮和同时缺这两种化合物的烟草植株，然后在野生环境中测试它们的适应性，结果发现含有这两种化合物

的植株结更多的种子，其蒴果也更大。苄基丙酮可以吸引传粉者，而尼古丁防止动物在花朵上逗留，也阻止了毛虫咬蚀花朵或木蜂采食花蜜。这种吸引剂和驱避剂的组合可以帮助花吸引传粉者，同时又避开取食者，这个“一推一拉”策略“优化”了光顾花朵的动物的行为。

A

B

来源：Kessler, Max Planck Institute for Chemical Ecology, Jena, Germany

酮和 DOWEX-1 树脂从植物组织中制备蛋白提取物可以帮助解决酚类化合物造成酶失活的问题，但分离天然产物合成的酶始终成果有限，因为它们在植物中的浓度太低了。

新一代测序技术（图 24.37）可以产生深度转录组数据集，并且涉及植物物种数迅速增加，这推进了生物碱生物合成的研究。通过比较分析同一植物中的不同组织间或不同植物物种间的转录谱，可以选出有关生物合成的候选基因，并且通过重组酶实验验证它们的功能。新的转录组分析方法绕过了先前整株植物研究中遭遇的问题，如无法全年获得植物材料、无法培养未分化植物细胞以合成足量的某种特定生物碱，这些特定生物碱生物合成的基因都只在特定的组织中表达等。使用转录组数据集可以在短时间内就基本搞清楚一个生物碱的生物合成途径，一个例子就是吐根碱（emetine，图 24.38），它是从一种中美洲植物亚摩尼亚浸吐根（*Psychotria ipecacuanha*）提取出来的 penoid- 异喹啉生物碱，是口服的催吐剂和杀变形虫剂。

24.12.2 植物使用许多特异的酶从简单的前体合成生物碱

20 世纪中叶之前人们关于植物生物碱如何合成的观点，还都是一些生物发生机制的假说。由著名的天然产物化学家提出的合成途径主要还是基于他们认为在有机化学领域讲得通的一些假设。然而到了 20 世纪 50 年代，人们可以用放射性标记的有机分子来检验假设，生物碱的生物合成就变成了一门实验科学。早期的前体饲喂实验清楚地表明，在大多数情况下生物碱都是单独由 L- 氨基酸（如色氨酸、酪氨酸、苯丙氨酸、赖氨酸和精氨酸）合成，或者由这些氨基酸与一个类固醇、类裂环烯醚萜（如次番木鳖苷）或类萜配基结合生成的。这些普通的氨基酸经过一两次转化，就可以从初级代谢物转变成为物种特异性的生物碱代谢底物。尽管人们还不完全明白大多数生物碱是如何在植物中产生的，但有几个系统可以帮助人们认识生物碱生物合成中涉及的结构单元和酶促转化反应。

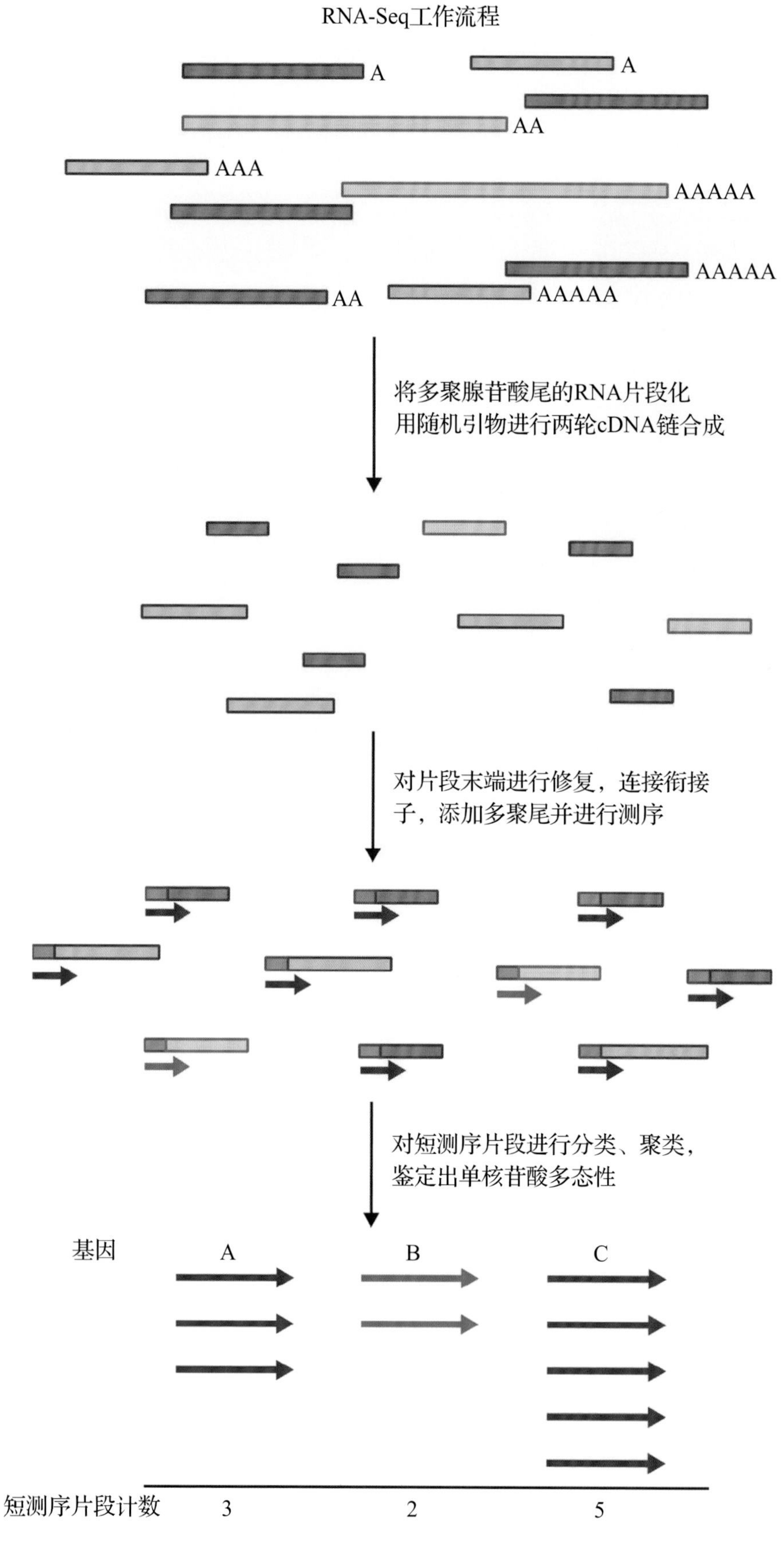

图 24.37 用新一代测序技术进行转录组深度测序产生的转录本序列，读段（reads）的数量提供了不同基因表达水平的信息

由 L- 色氨酸衍生而来的单萜吲哚类生物碱阿马里新（图 24.39），是第一个在酶水平上解析了其生物合成途径的生物碱。植物中阿马里新与 1800 多种其他单萜吲哚类生物碱一样，其合成都始自色氨酸脱羧酶催化的 L- 色氨酸脱羧反应，产物为色胺。色胺随后在异胡豆苷合酶的作用下，立体定向性地与裂环烯醚萜类化合物次蕃木鳖苷（由牻牛儿醇经多步酶促反应生成）缩合，形成 3α（*S*）- 异胡豆苷（strictosidine）。异胡豆苷再以物种特异性的方式经酶促反应转变为众多的异构体（图 24.39）。弄清阿吗里新的酶促合成机制为分析更复杂的合成途径（比如产生另两种 L- 色氨酸衍生单萜吲哚类生物碱阿吗灵（图 24.40）和长春多灵的途径）奠定了基础。

24.12.3 人们已在酶和基因层次上完全弄清了小檗碱合成途径

第一个全部生物合成过程中的酶和相应 cDNA 都被确认、分离和鉴定的生物碱是小檗属（*Berberis*）植物中的小檗碱，它是具有微生物抗性的四氢苯基异喹啉类生物碱。这个途径是阐明底物特异的酶及区室化在生物碱合成途径中的作用一个很好的例子。

植物中四氢苯基异喹啉类生物碱的合成是从胞质中开始的，经过一系列的反应后产生第一个四氢苯基异喹啉类生物碱（*S*）- 去甲乌药碱

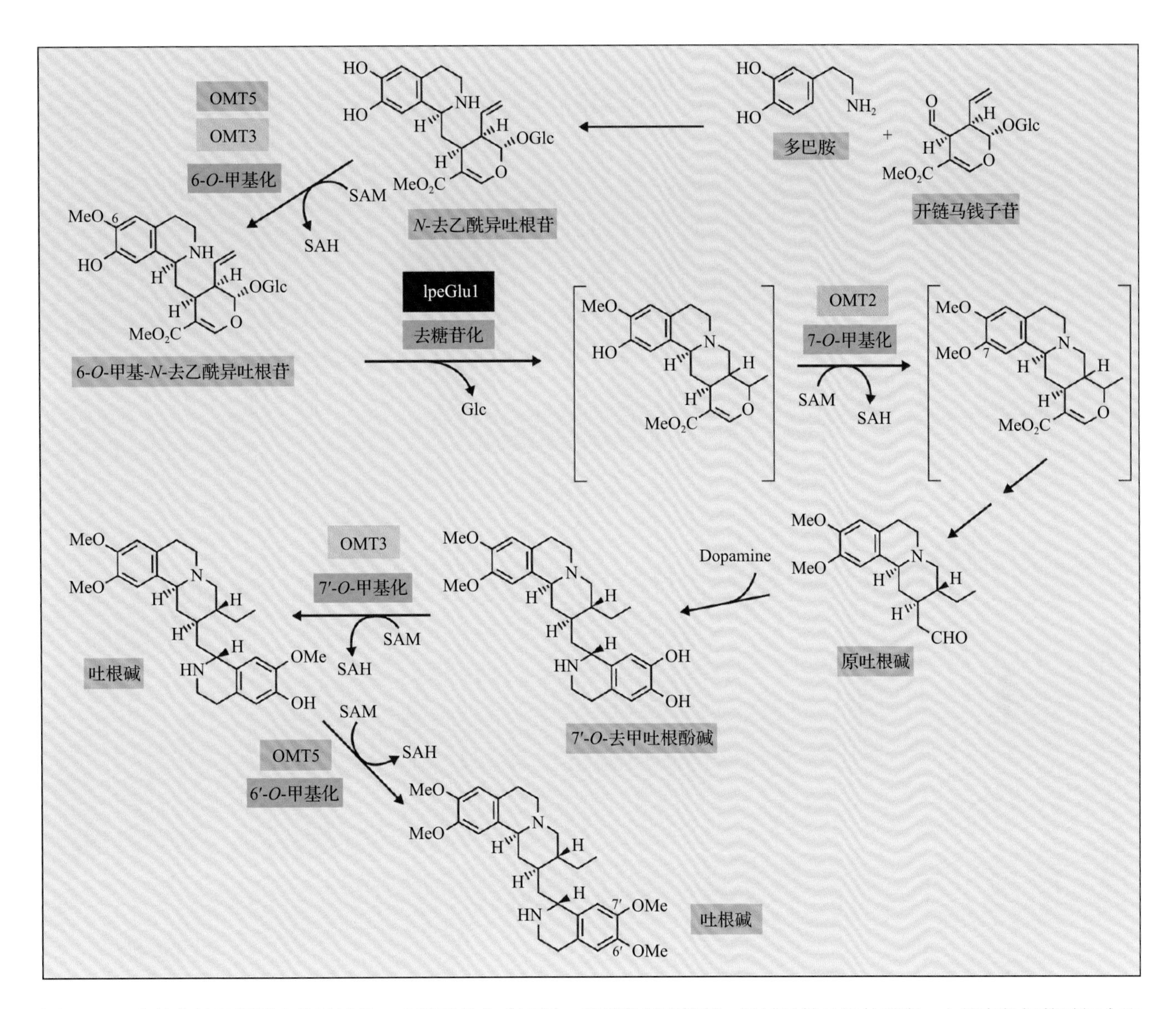

图 24.38 在植物转录组测序发展以前，吐根碱的合成过程一直研究得不清楚。通过对转录组的研究，人们在很短的时间内比较彻底地从酶水平和 cDNA 水平上了解了吐根碱的生物合成过程。吐根碱的合成标志之一是功能广泛的 *O*- 甲基转移酶在整条生物合成途径中多处起到作用

(norcoclaurine)(图 24.41)。这个途径从两分子的 L- 酪氨酸开始。一个酪氨酸分子脱羧形成酪胺，或者经酚类氧化酶作用形成 L- 多巴。随后 L- 多巴脱羟基，或者酪胺在酚类氧化酶的作用下形成多巴胺。要想确定植物中哪个途径占主导地位很困难，因为所有的酶活性都混合在蛋白提取物中，且小檗属(*Berberis*)植物目前还不能进行遗传追溯研究。

(*S*) - 去甲乌药碱分子中的苯基是在第二个 L- 酪氨酸分子转氨形成 *p*- 羟基苯丙酮酸的过程中形成的，*p*- 羟基苯丙酮酸随后脱羧形成 *p*- 羟基苯乙醛。多巴胺和 *p*- 羟基苯乙醛可以立体选择性地缩合形成 (*S*) - 去甲乌药碱。一系列甲基化和氧化反应产生了苯异喹啉类生物碱合成途径中的分支点中间产物 (*S*) - 网菌素（图 24.42）。

在小檗属植物中，(*S*) - 网菌素的 *N*- 甲基经氧化变成（*S*）- 金黄紫堇碱的小檗碱桥碳 C-8（见图 24.41）。从（*S*）- 金黄紫堇碱到小檗碱的特殊合成途径是从(*S*)- 四氢非洲防己碱的 *O*- 甲基化开始的。四氢非洲防己碱的 3-*O*- 甲基在坎那定合酶（一种微粒体细胞色素 P450 依赖型氧化酶）作用下转变成为坎那定的亚甲二氧基桥。小檗碱生物合成途径的最后一个步骤是由（*S*）- 四氢原小檗碱氧化酶催化的，这个酶含有一个共价结合的黄素蛋白。

每产生 1mol 小檗碱，小檗碱桥酶和（*S*）- 四氢原小檗碱氧化酶都分别消耗 1mol O_2 并产生 1mol H_2O_2。从 2mol L- 酪氨酸到形成 1mol 小檗碱的整个

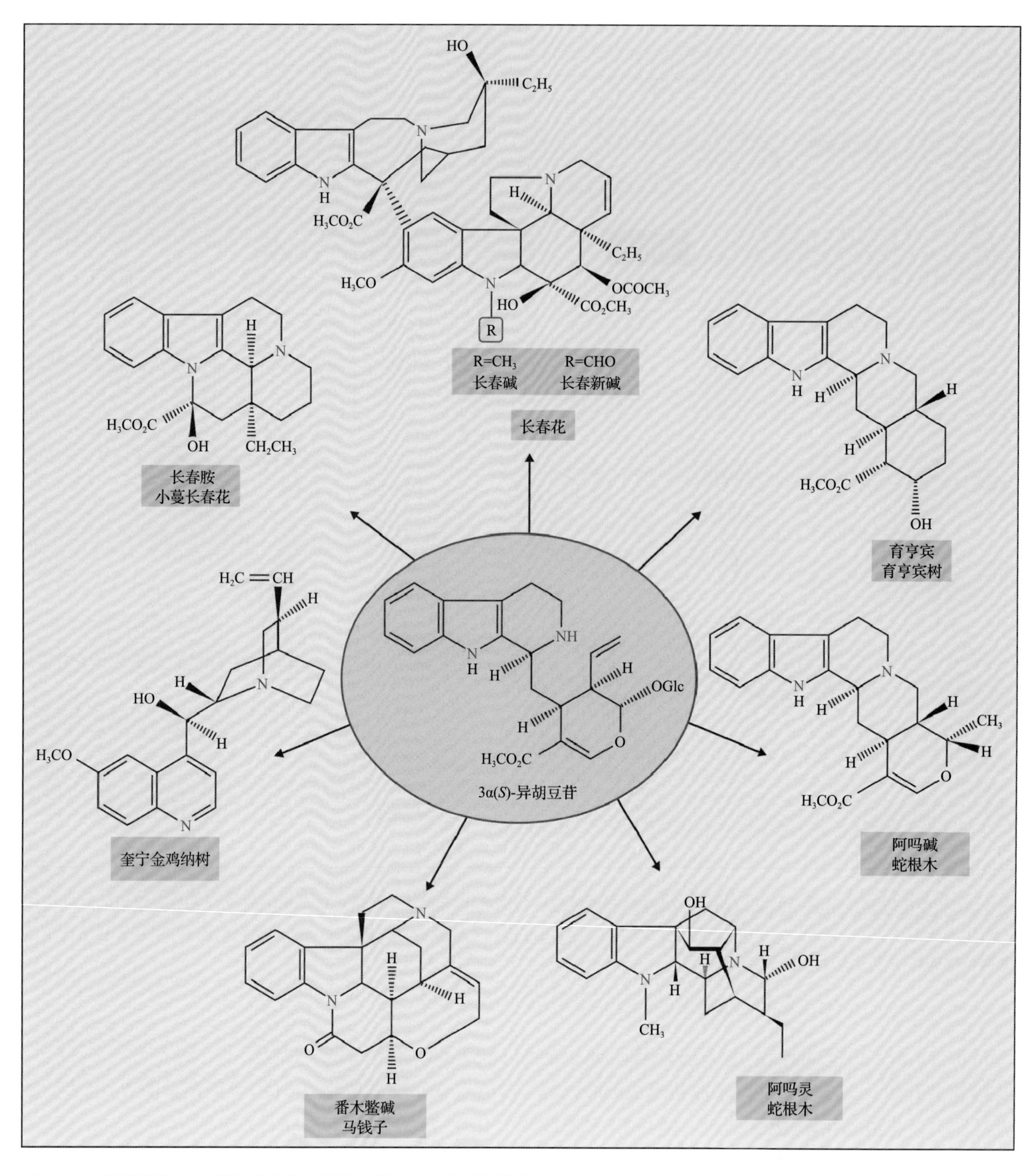

图 24.39　色胺和次番木鳖苷的产物异胡豆苷是多种物种特异性生物碱的前体

反应过程，需要消耗 4mol *S*- 腺苷甲硫氨酸和 2mol NADPH。

24.12.4　生物碱生物合成过程中的酶定位在特定的亚细胞区域和特定细胞类型中

生物碱合成过程中的酶定位在一个细胞的不同区域中。例如，生物碱合成的细胞色素 P450 酶都定位在内质网上，而甲基转移酶主要在细胞质中。单萜吲哚类生物碱合成中的异胡豆苷合酶在液泡中，小檗碱桥酶和（*S*）- 四氢原小檗碱氧化酶在光面内质网产生的胞内小泡中。小檗属植物细胞中，小檗碱在中央液泡中积累。

生物碱合成途径在结构组织上的另一个方面是

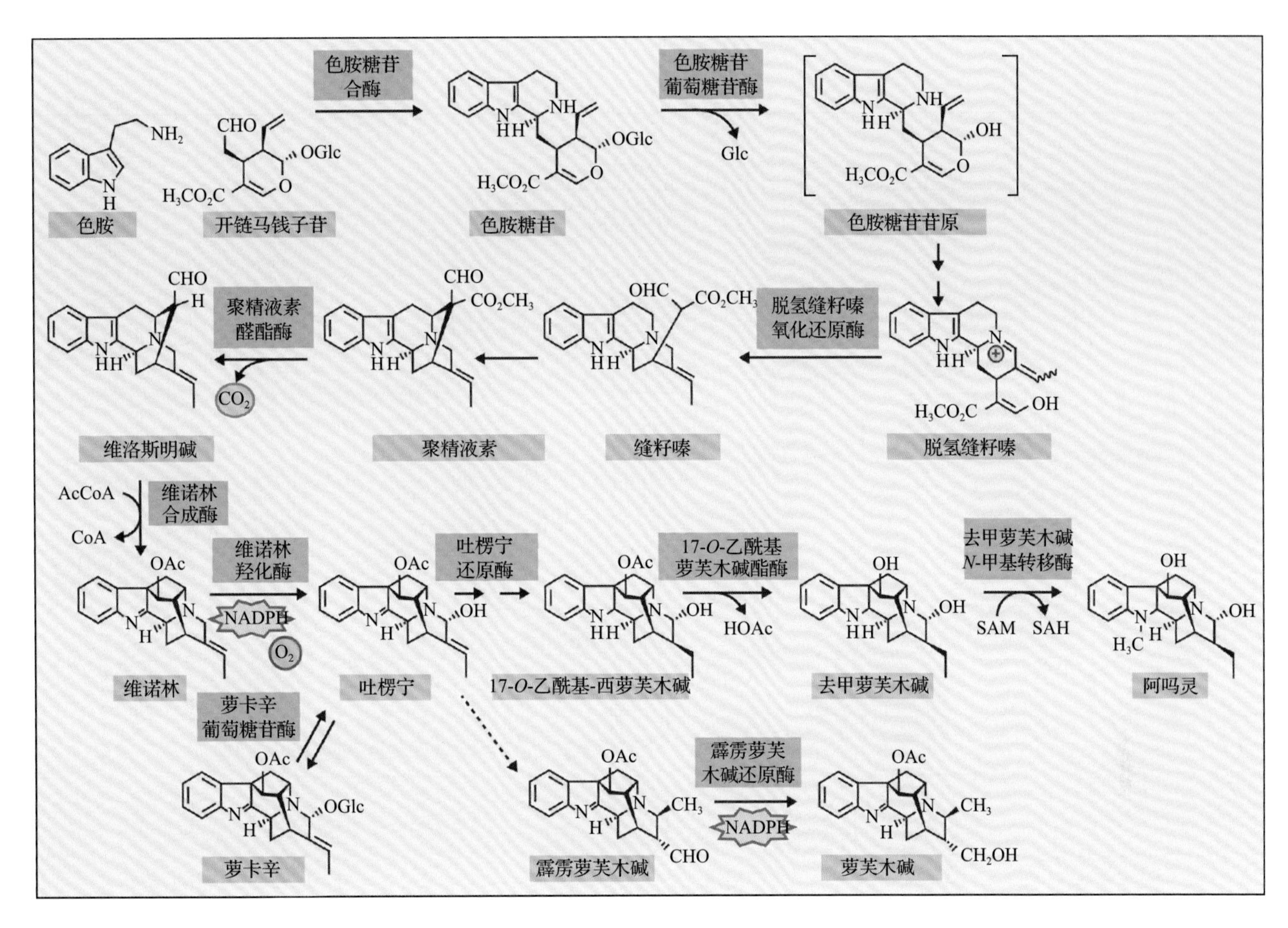

图 24.40 蛇根木（*Rauwolfia serpentina*）中从色胺和开链马钱子苷（secologanin）合成抗心律失常的单萜吲哚类生物碱阿吗灵的过程，是迄今为止已知的较清楚的生物碱合成途径之一。这一途径中的几个酶已经结晶，其原子结构已经确定（见 24.13.2 节）

形成代谢区室（metabolon）。有证据表明，吗啡生物合成过程（图 24.43）中的两个酶——沙罗泰里啶（salutaridine）还原酶和沙罗泰里啶乙酰基转移酶直接相互作用。就像生氰苷生物合成（见 24.8.2 节）及核心苯丙烷途径（见 24.18.4 节）中那样，代谢区室可以帮助转运底物、为不稳定物质提供保护、控制途径的流量、与细胞结构单元或细胞器互作（以控制生物合成机制的定位）。

生物碱在特化的细胞类型中合成和积累。获得有关生物碱合成过程的酶和基因的信息有助于分析涉及几类生物碱（包括单萜吲哚类和吗啡烷类生物碱）的组织和细胞类型。例如，长春花（*Catharanthus roseus*）中的文朵灵（vindoline）和长春碱（catharanthine），在形成过程和储存过程中都需要多种细胞类型（包括叶表皮细胞）参与其中（图 24.44）。这些不同类型的细胞并不靠在一起，暗示着生物合成的中间产物发生了转运。这说明可能有几个层次的翻译后调控机制控制生物碱的合成。例如，生物合成过程中的酶可能联合形成一个多酶复合体；中间产物可能在不同类型细胞间运输，有时会在一个组织中运很长的距离。

开发分析和定量测定单种类型细胞内含物的技术已经有助于阐明生物碱合成途径。激光捕获显微切割技术就是在显微镜下用激光把单个细胞切下，然后把细胞捕捉收集到一个微型管中，这个技术极大地促进了长春花中生物碱合成相关基因的发现。把收集的细胞裂解，可以使用质谱技术分析细胞提取物中的天然产物；或者可用新一代测序技术对细胞中的 RNA 进行测序，获得基因表达谱。一项更有前景的、激动人心的单个植物细胞代谢物分析技术是对完整组织进行基质辅助激光解吸电离成像（MALDI imaging），这项技术就像记录质谱那样，用基质辅助激光解吸电离质谱（MALDI-MS）对组织进行二维扫描。当前，激光的分辨率大约是一个植物细胞的直径，这使得在组织中进行细胞特异性代谢物分析成为可能。

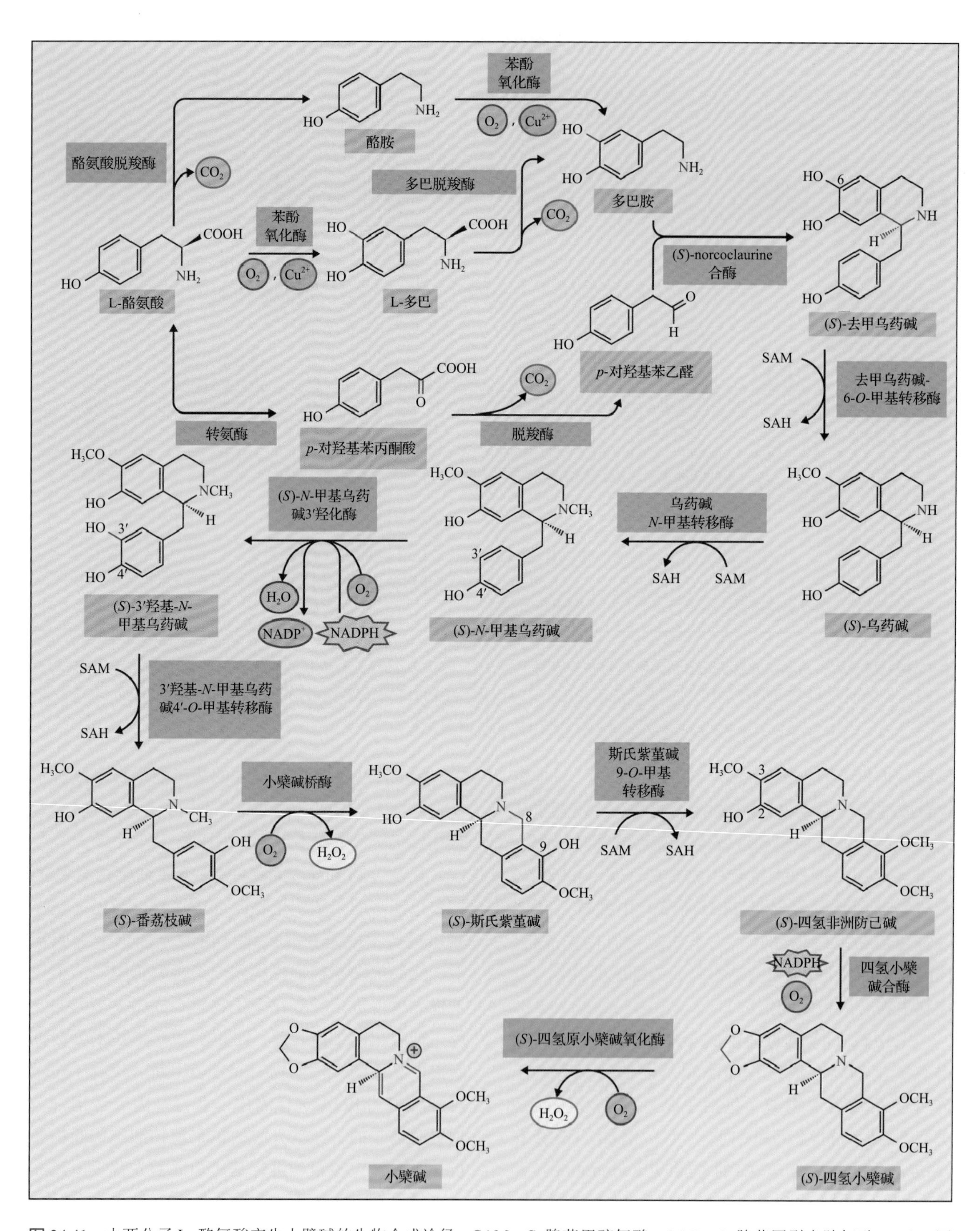

图 24.41 由两分子 L- 酪氨酸产生小檗碱的生物合成途径。SAM，*S*- 腺苷甲硫氨酸；SAH，*S*- 腺苷同型半胱氨酸。(*S*) - 网菌素（*S*-reticuline）是合成通路中的一个分支点中间产物；小檗碱是四氢苯甲基异喹啉（tetrahydrobenzylisoquinoline）衍生的生物碱

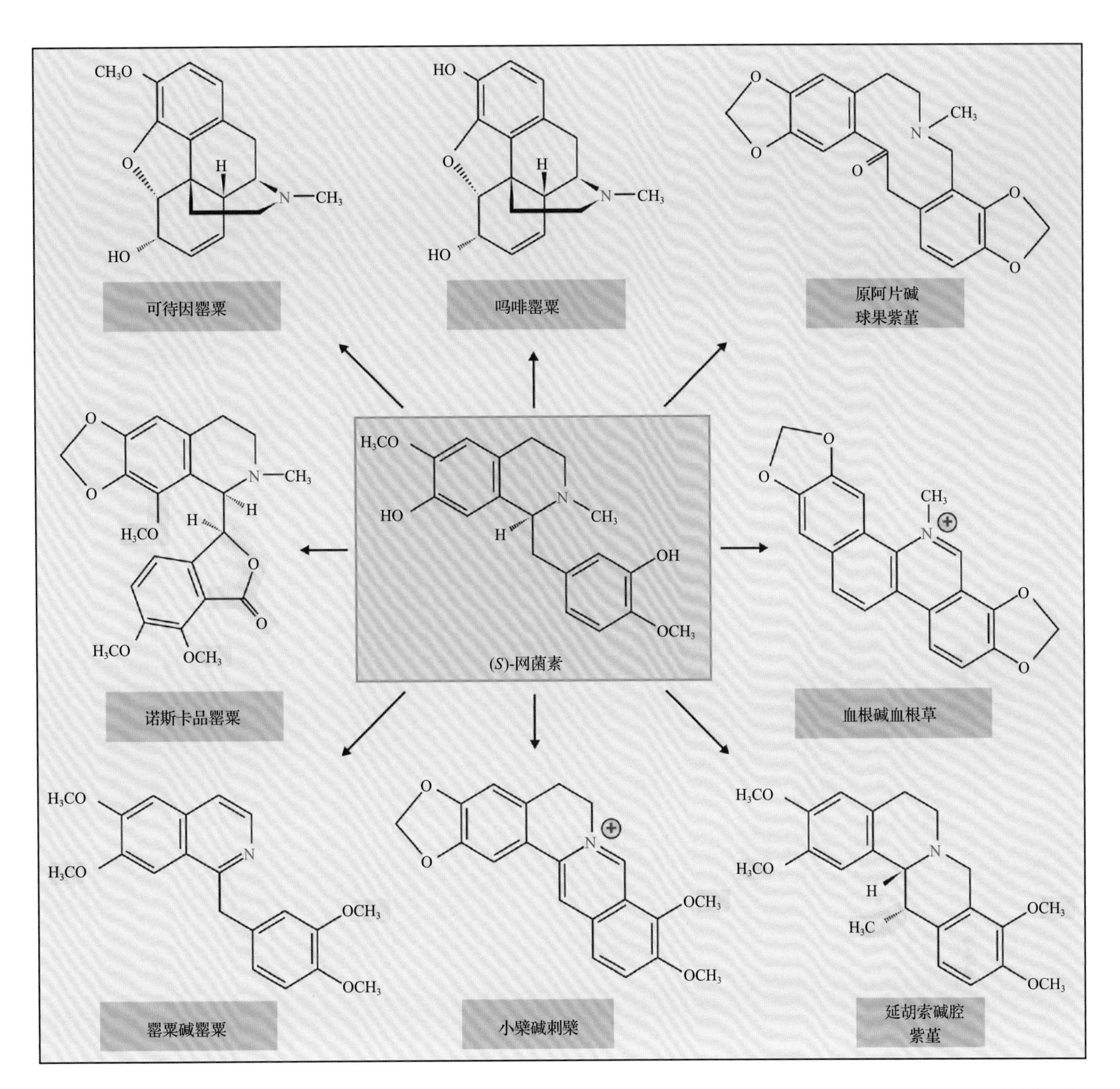

图 24.42 （*S*）- 网菌素被称为“化学多面手”。根据酶促氧化反应前分子折叠和扭曲的方式，它可以形成众多不同结构的四氢苯基异喹啉类生物碱

24.13 生物技术在生物碱生物合成研究中的应用

24.13.1 生物化学与分子遗传学技术有助于有用生物碱的鉴定、纯化和生产

目前天然产物领域有关生物碱的研究反映了分析化学、酶学和药理学方面的许多最新进展。只要有很微量的纯化生物碱，就可以用质谱分析和核磁共振谱分析解析其完整的结构。通过确定晶体结构，就可以十分清楚地了解分子的立体化学特性。全自动化系统可以确定植物粗提物或者纯化物质的药学活性，这样工业化的筛选程序每年可以收集到成百上千万条的数据信息。限制我们可以检测到的生物碱生物学活性的数量的因素是已知的目标酶和受体的数量。随着发现的疾病的生化机制越来越多，可用的检测系统也将增多。

如果从一株稀有植物中提取到了少量具有复杂化学结构的生物碱，并发现其有生理学活性，那就需要先通过动物和临床的检测；如果通过的话，还

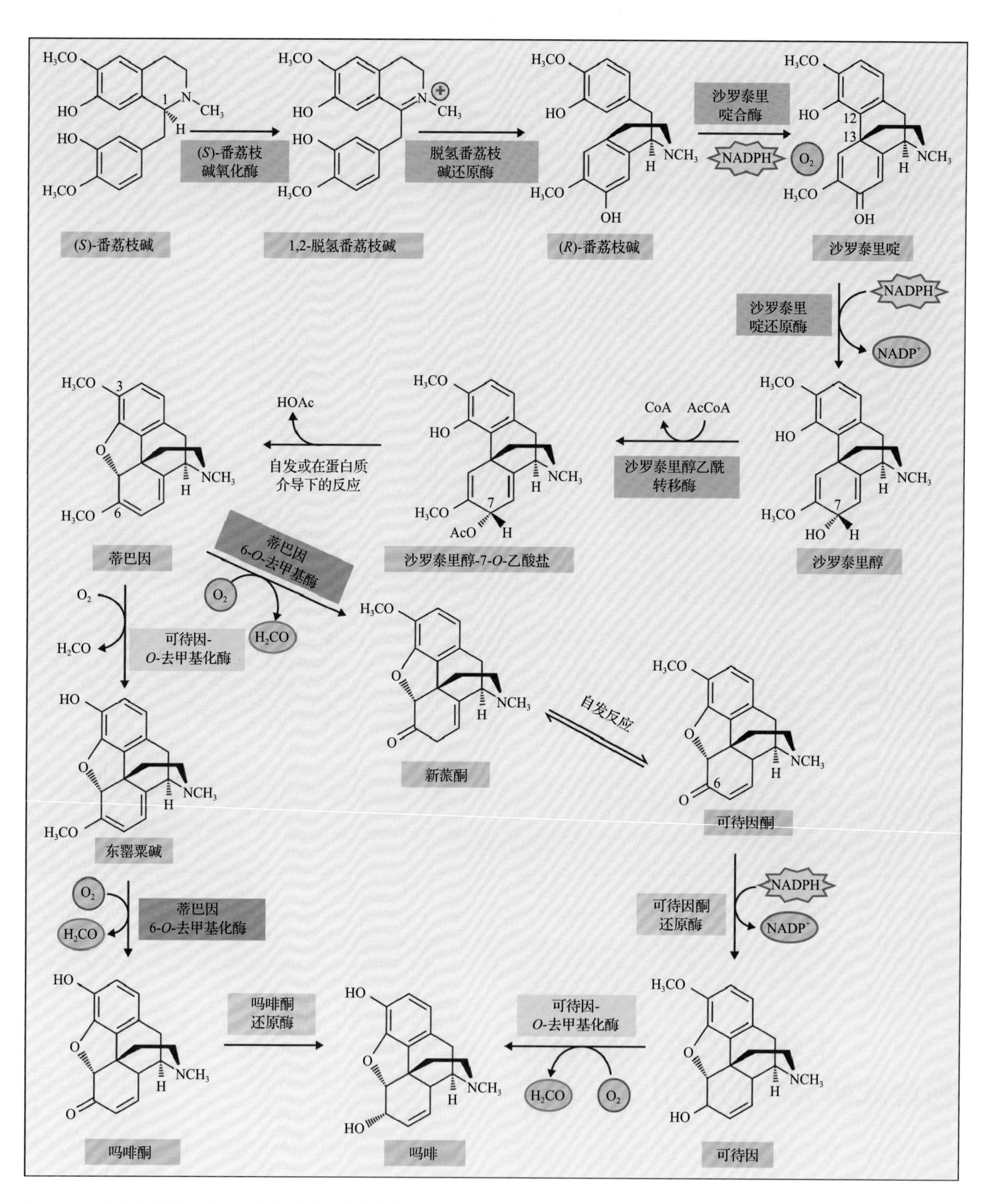

图 24.43 在人们发现吗啡 200 多年后终于分离和鉴定出了吗啡生物合成过程中全部的酶。也已经鉴定出了大多数编码这些酶的 cDNA。哺乳动物也可以合成吗啡，这一发现对于理解动物和人的鸦片受体的演化过程有巨大的作用（见信息栏 24.9）。图中所示标有颜色的酶表示它们在反应的两个步骤中起催化作用，从而在二甲基吗啡和吗啡之间形成代谢网络

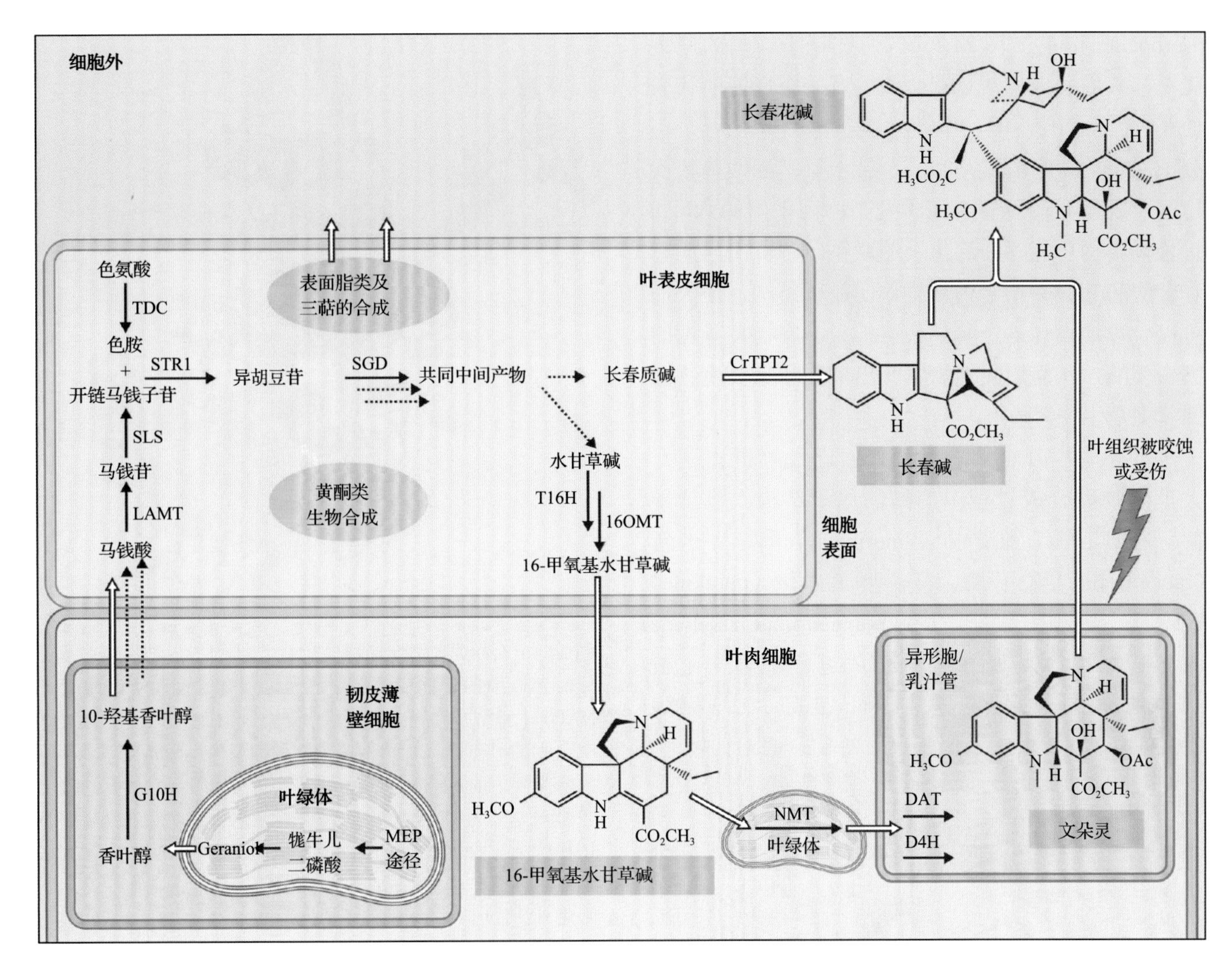

图 24.44 长春花（*Madagascar periwinkle*）中单萜吲哚类生物碱的合成过程涉及多种亚细胞结构和细胞类型。通路中依赖于细胞色素 P450 的酶（G10H、SLS、T16H）结合在内质网上。异胡豆苷合酶（STR1）在液泡中。*O*- 甲基转移酶（如 LAMT 和 16OMT）以及乙酰转移酶 DAT 和酮戊二酸依赖的双加氧酶 D4H 主要在细胞质中。萜类生物合成的中间产物香叶醇在叶绿体中合成，而 *N*- 甲基转移酶（NMT）在质体中。合成 10- 羟基香叶醇的途径在韧皮薄壁组织中，但接下来合成长春碱和 16- 甲氧基水甘草碱的反应步骤却是在叶表皮细胞中进行的。长春碱（catharanthine）随后经 ABC 转运体 CrTPT2 运输到细胞表面，16- 甲氧基水甘草碱则是运输至叶肉细胞，并在叶肉细胞中进一步修饰转运到积累文朵灵（vindoline）的异形细胞和乳汁管细胞中。通过长春碱和文朵灵的氧化偶联合成的双吲哚类生物碱长春碱（vinblastine），是在叶组织被咬蚀或受伤时产生的。G10H，香叶醇 10- 羟化酶；LAMT，马钱苷酸 *O*- 甲基转移酶；TDC，色氨酸脱羧酶；STR1，异胡豆苷合酶；SLS，开链马钱子苷合酶；SGD，异胡豆苷葡萄糖苷酶；T16H，水甘草碱 16- 羟化酶；16OMT，16- 水甘草碱 16-*O*- 甲基转移酶；NMT，16- 甲氧基水甘草碱 *N*- 甲基转移酶；DAT，去乙酰文朵灵 *O*- 乙酰转移酶；D4H，去乙酰文朵灵 4- 羟化酶；ABC 转运体，ATP 结合盒转运体

需要大量的植物原材料以满足市场需求。以下的研究证明我们如何通过工程改造生物碱合成过程，从数量和性质上改变生物碱的积累。

24.13.2 生物碱合成过程中酶的原子结构提供了关于反应机制的信息

在生物碱合成过程的酶中，第一个解出原子结构的是异胡豆苷合酶（图 24.45）。该酶在单萜吲哚类生物碱合成中十分活跃，并且参与起始约 2000 种植物化合物合成途径。合酶是一大类各种酶的统称，催化一系列广泛的反应。异胡豆苷合酶催化氨和醛立体专一的缩合反应，形成席夫碱（Schiff base），席夫碱再通过皮克特 - 施彭格勒反应（Pictet-Spengler reaction）环化形成含氮杂环。

异胡豆苷合酶与它的天然底物色胺和开链马钱子苷（secologanin）形成复合体，它们结合的晶体结构呈现为一个奇异的六叶 β 折叠桶（six-bladed β-propeller fold）（图 24.45）。通过基于结构的序列比对，人们发现异胡豆苷合酶具有一个普遍的代表性基序（motif），即三个疏水氨基酸残基、一个小分子质量的氨基酸残基和一个亲水氨基酸残基依次排列，表明异胡豆苷合酶和几个序列不同的六叶β折叠桶结构可能存在演化上的联系。解析出异胡豆苷合酶和其底物结合为复合体的晶体结构，使人们可以合理地设计这个酶，获得扩大了底物特异性的突变体酶，从而用天然酶生产出单萜吲哚类生物碱的新型衍生物。

自异胡豆苷合酶之后，人们已经解析出了一大批生物碱合成过程中的酶的原子结构，包括异胡豆苷糖苷酶、维诺林（vinorine）合酶、罗卡新（raucaffricine）糖苷酶、霹雳萝芙木碱（perakine）还原酶、聚精液素醛酯酶（polyneuridine aldehyde esterase），以及罂粟中吗啡合成过程中第一个被结晶的酶——沙罗泰里啶（salutaridine）还原酶（图 24.46）。

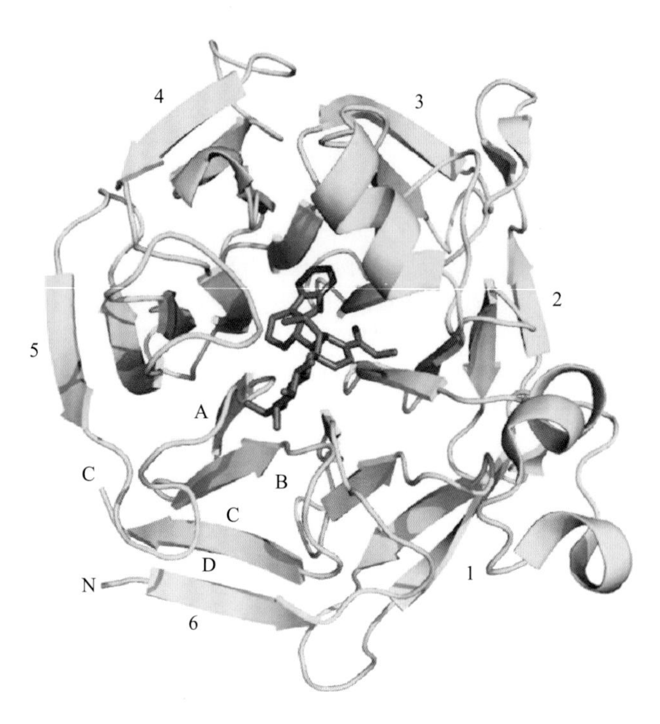

图 24.45　异胡豆苷合酶β折叠桶的结构，复合体中的异胡豆苷分子用棒状模型（灰色）表示。6片桨叶用数字标出，4个β折叠用A、B、C、D标出，蛋白质的氨基端和羧基端用N和C标出。基于结构的序列比对显示，在异胡豆苷合酶和几个其他蛋白质序列间存在共同的重复序列基序，这说明异胡豆苷合酶与这几个蛋白序列及功能没有联系的六叶β折叠桶结构存在演化上的联系，这些结构包括：欧洲乌贼（*Loligo vulgaris*）的二异丙基氟磷酸酶、脑瘤NHL结构域、血清对氧磷脂酶和低密度脂蛋白受体YWTD结构域

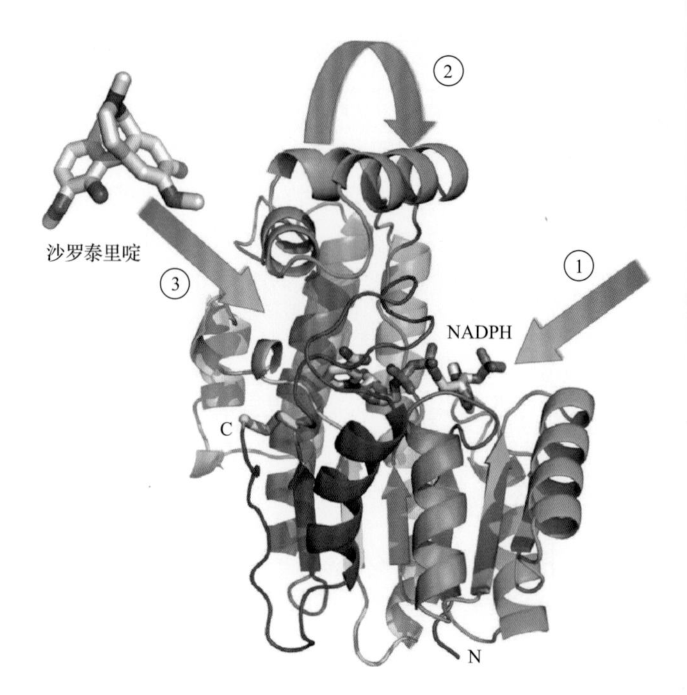

图 24.46　沙罗泰里啶还原酶的核心结构与短链脱氢酶/还原酶家族中的其他成员高度同源。主要区别在于辅酶因子NADPH和结合底物的口袋区域被一个环遮挡，环上方又有一个大的"襟翼"状结构域。这种构型像是短链脱氢酶/还原酶家族中的其他成员的两种常见结构的组合。从蓝到红的色带表示氨基酸链从N端到C端。结合在酶上的NADPH用棒状结构表示。①辅酶因子NADPH结合在酶上；②催化位点上方的"襟翼"状结构改变酶的构型；③底物沙罗泰里啶进入活性位点，羰基被还原为羟基

24.13.3　天然产物途径的代谢工程是未来植物药理学生物技术的发展方向

在罂粟（*Papaver somniferum*）的花瓣脱落而蒴果尚未成熟时（见图 24.26），划破蒴果会有乳液渗出，这些牛奶样渗出物经空气干燥后就制成了人们熟知并作为药用的鸦片。渗出的乳液经氧化变成棕色，这时把它从蒴果上刮下来即可制成鸦片粗制品。数千年以来，鸦片用于镇痛、麻醉和止咳，也用于吸食以享受快感。鸦片含有吗啡烷类生物碱，包括镇痛止咳的药品吗啡和可待因（见图 24.29）。

在现代医药中，制药工业从罂粟中纯化吗啡烷类生物碱（主要成分是吗啡）。由于吗啡和罂粟有重要的商业价值，人们对吗啡的生物合成和罂粟的代谢工程进行了详尽的研究。吗啡在酶学水平上的生物合成过程已经完全清楚，基因水平上也基本清楚。人们把多个吗啡生物合成基因转入罂粟，这些转基因植株已经在塔斯马尼亚岛（制药用罂粟的主要种植地）进行田间试验了。

合成生物学将科学与工程相结合，是生物学研究的一个新领域。虽然有许多不同的定义，人们通常把合成生物学看成是设计并构建自然界中不存在的生物学功能和系统。人们已经通过合成生物学研究在细菌和酵母中生产异喹啉生物碱。人们在大肠杆菌（*Escherichia coli*）和酿酒酵母（*Saccharomyces cerevisiae*）中建立了异喹啉生物碱的关键生物合成前体——网叶番荔枝碱（reticuline）的生物合成途径（图 24.47）。把参与合成某些异喹啉生物碱 [如原小檗碱类、苯菲里啶类（benzo[c]phenathridine）、吗啡烷类生物碱] 的特定基因转入这些系统中表达，可在其中积累小檗碱、血根碱和吗啡等特定生物合成前体。酵母也可以通过工程操作把二甲基吗啡转化为吗啡或其他衍生物商品。未来，合成生物学注定会在生产具重要商业价值的生物碱方面占据重要的地位。

单萜吲哚类生物碱家族具有丰富多样的结构。它们在医疗中占据重要地位，同时具有复杂的生物合成途径。马达加斯加长春花（*Catharanthus roseus*）中的双吲哚类生物碱长春碱和长春新碱可用于化疗，这两种化合物也是许多生物合成与合成生物学研究的目标。目前已经确认和鉴定了长春碱和长春新碱合成过程中的许多酶及其基因。根据异胡豆苷合酶的原子结构信息，人们对一个酶进行了工程改造，

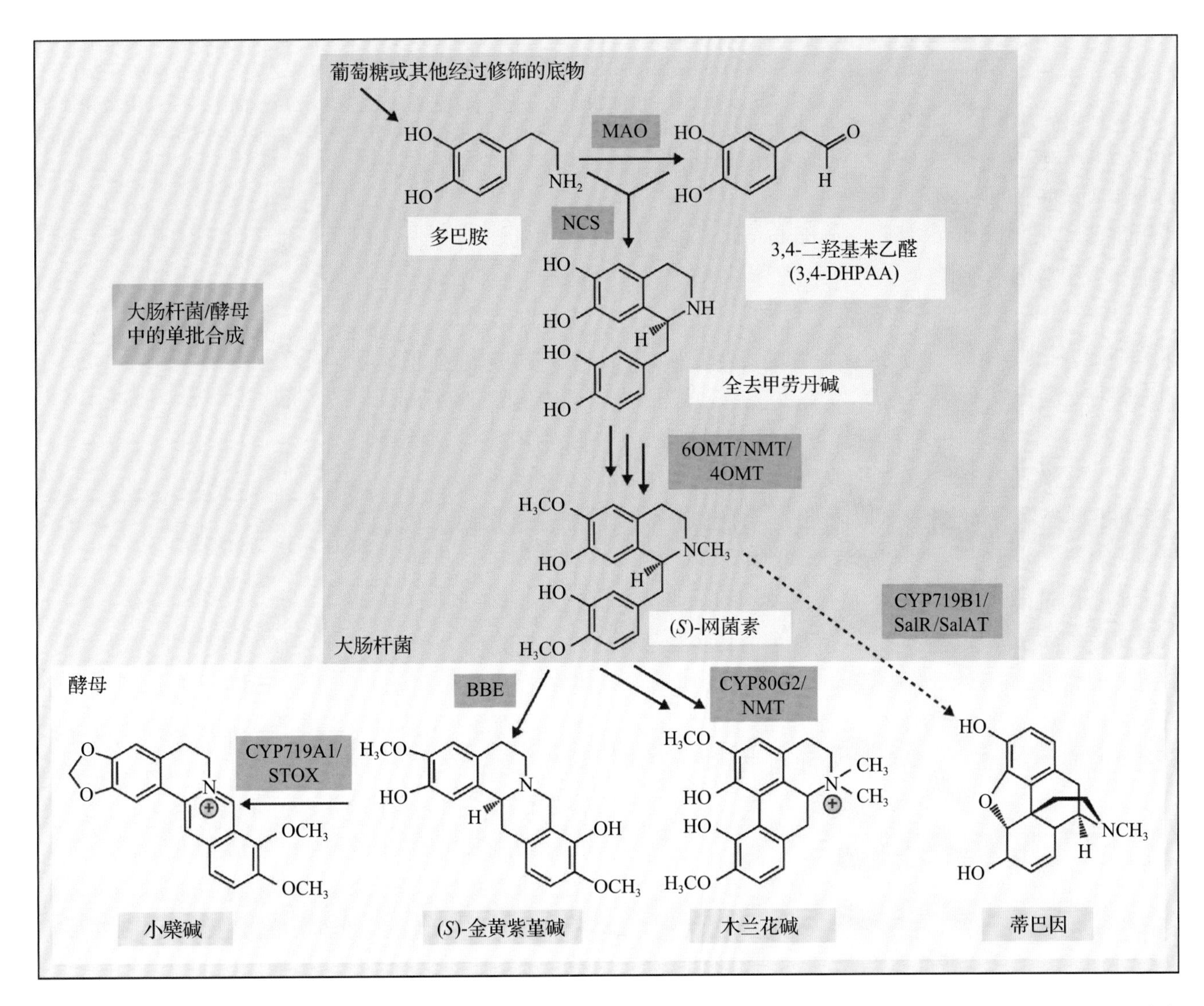

图 24.47 向细菌和酵母中整合进一系列动植物基因，以使它们生产异喹啉生物碱，如原小檗碱类的小檗碱和阿朴啡生物碱类的木兰花碱。阿片类制剂的合成有重要的商业价值，但目前尚不能在微生物中合成吗啡前体蒂巴因，不过，已经可以利用改造后的酵母，实现从蒂巴因到吗啡的合成了。MAO，单胺氧化酶；NCS，去甲乌药碱合酶；6OMT，去甲乌药碱 6-*O*- 甲基转移酶；NMT，乌药碱 *N*- 甲基转移酶；4′OMT，3- 羟基 -*N*- 甲基乌药碱 4′-*O*- 甲基转移酶；BBE，小檗碱桥酶；CYP719A1，氢化小檗碱合酶；STOX，(*S*) - 四氢原小檗碱氧化酶；CYP80G2，紫堇块茎碱合酶；CYP719B1，沙罗泰里啶合酶；SalR，沙罗泰里啶还原酶；SalAT，沙罗泰里啶乙酰转移酶。此处的单批合成是指酵母和大肠杆菌的共培养物

使其可以接受非天然卤化物作为底物，在转基因长春花的发根培养物中合成卤化单萜吲哚类生物碱。把细菌的卤化酶与修饰过的异胡豆苷合酶一起导入长春花细胞和发根培养物中，可建立一个体系用来积累复杂结构的卤化单萜吲哚类生物碱，如 10- 氯 - 阿马碱、10- 氯 - 长春花碱和 15- 氯 - 它勃宁（图 24.48）。

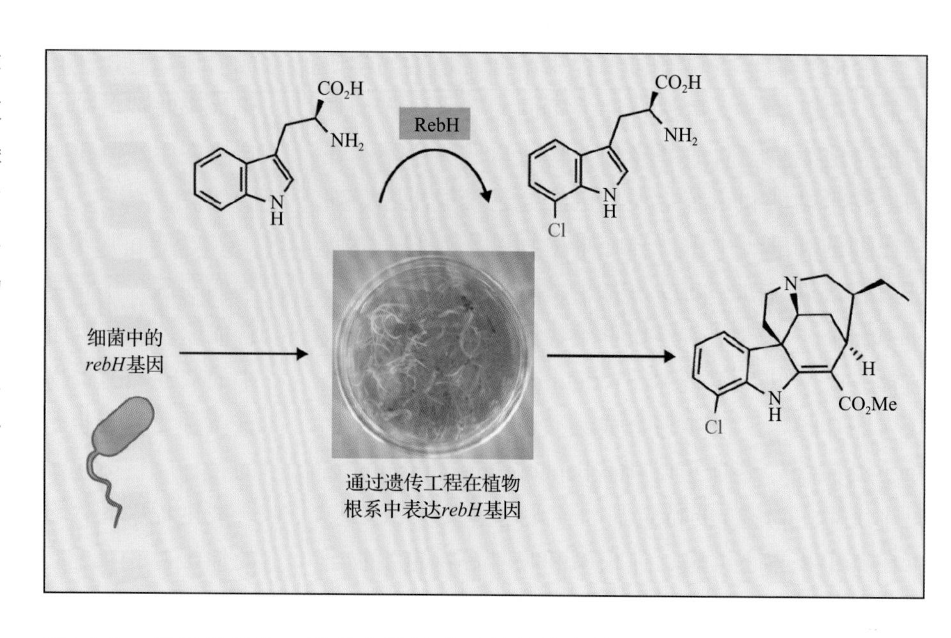

图 24.48 蝴蝶霉素是一种具有抗肿瘤功效的化合物。土壤细菌氧殖列氏瓦列菌（*Lechevalieria aerocolonigenes*）中含有蝴蝶霉素生物合成基因簇，其中 *rebH* 基因的产物可将卤素引入 L- 色氨酸产生 7- 氯代色氨酸。人们将 *rebH* 基因引入了药用植物长春花的根系培养物中，产生了全新的卤代单萜吲哚类生物碱。来源：O'Connor, John Innes Centre, Norwich, UK

这些替代系统的设计及植物的优化需要进行分子操作，而分子操作又反过来需要从酶的水平上理解生物碱合成途径。虽然在某些生物碱合成方面已经获得了不少的进展，但对于许多具有重要药用价值的生物碱如喜树碱（camptothecin）、秋水仙素和奎宁等的酶促合成还有许多东西尚待研究发现。未来几年，随着新一代测序技术（见图 24.37）和单细胞分析技术的出现，确定新的生物合成基因的速度肯定会提高。

一旦分离出来基因，我们就可以预期在植物、细菌、酵母和昆虫细胞中建立异源表达系统，来表达单个酶并建立生物碱的模拟合成途径。对生物碱合成基因的启动子进行分析，可以更好地理解生物碱的生物合成基因是如何受诱导物的调控而表达的，或是如何调控在特定组织中特异表达。未来将有更多经基因改造的微生物和真核细胞培养体系来合成生物碱，有更多代谢途径改造过的植物通过组合生物化学生产定制的生物碱合成谱，酶促合成新的生物碱。

24.14 酚类化合物

24.14.1 植物中含有种类繁多的酚类化合物

维管植物从适应水生环境向适应陆地环境的成功转变，很大程度上得益于一大组所谓的“酚类化合物”分子的出现和演化。尽管大部分的酚类化合物是细胞壁的结构组分，但也有很多是植物防御中的毒素和阻食剂、花和果实中的显色物质、植物器官中的芳香组分（如花朵芬芳和果实风味），以及木材、树皮与种子中的抗氧化成分。植物酚类的这些以及其他功能对维管植物的长久存活都是至关重要的。

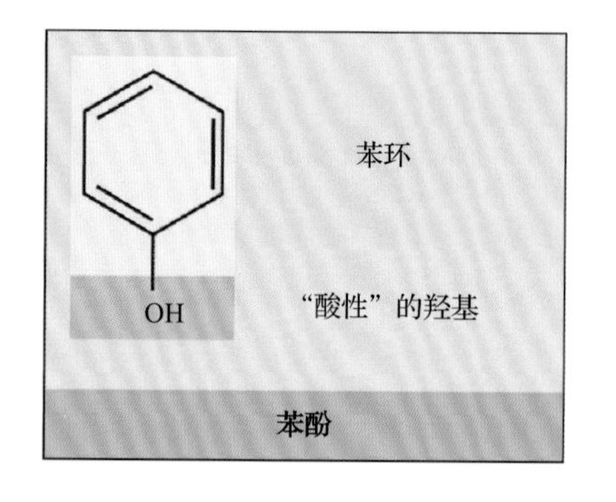

图 24.49 苯酚的结构

植物酚类在分子大小和复杂程度上差异很大，但它们通常都具有一个至少连着一个羟基的芳香烃环（苯环）（图 24.49），或是从具有这种结构的化合物衍生而来的。与其他的羟基相比而言，酚羟基是酸性的，因为它连在芳香环上，很容易稳定去质子化的氧取代基。因此，植物酚类都很活泼，非常适于作为高分子聚合物（如木质素和栓质）的基本单元，或者用于合成许多在植物生物学诸多方面行使重要功能的化合物。

酚类化合物有多种分类方式，例如，根据苯环上的官能团分类，或者根据化合物中所含苯环的个数分类。酚类化合物主要包括以下小类：黄酮类化合物（flavonoids）、花青素（anthocyani-dins）、异黄酮类（isoflavones）、查耳酮类（chalcones）、芪类

(stilbenes)、香豆素类(coumarins)与呋喃香豆素类(furanocoumarins)、木质素单体(monolignol)与木脂体(lignans)、苯并吡咯(naptha-)与蒽醌(anthraquinones)、二芳基庚酸类(diarylheptanoid)。

24.14.2 酚类的演化帮助植物应对陆地环境的挑战

酚类化合物占植物中有机碳的40%左右,它们主要由**苯丙烷类化合物(phenylpropanoid)**和**苯丙烷类乙酸酯(phenylpropanoid-acetate)**骨架衍生而来(图24.50);当然,还有一些相关生化途径(如产生"可水解"鞣质的途径)也产生酚类。本章后面将要详细讨论的苯丙烷途径与苯丙烷类乙酸酯途径这两条途径,其产生的酚类产物缓解了早期陆生植物遭遇的挑战。这些挑战长期存在,提供了维持植物中苯丙烷途径的选择压力(表24.2)。

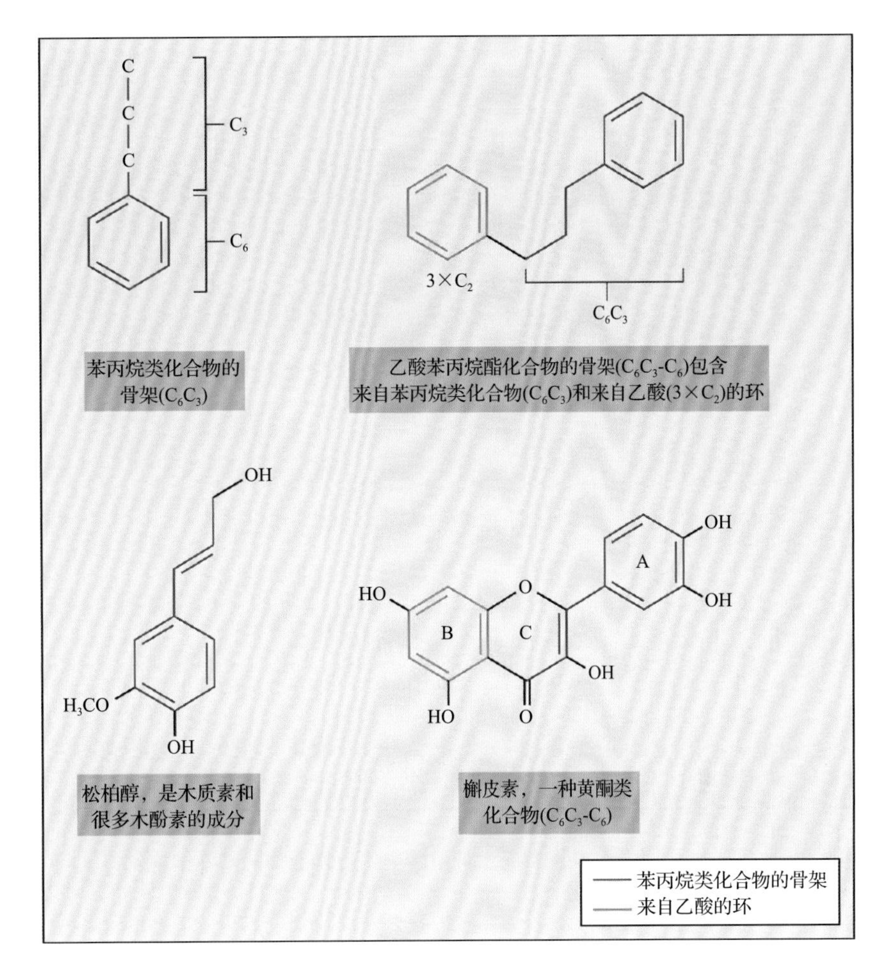

图24.50 苯丙烷类化合物和乙酸苯丙烷酯化合物的骨架,以及植物中以这些结构为基础的代表性化合物。黄酮类化合物,如槲皮素(quercetin),通常有三个核心环的结构,即A、B、C环。C环的修饰可以产生新类别的化合物,A环的B环的修饰导致了同一类别化合物内部的分异

在最原始的陆生植物和许多藻类中,苯丙烷类乙酸酯途径的演化帮助植物战胜登陆中的第一个挑战,即紫外线辐射。实际上,这个挑战在植物尚未离开水环境时就开始面对了。苯丙烷类乙酸酯途径产生一大类种类繁多的化合物**黄酮类化合物(flavonoids)**,种类超过5000种。以槲皮素(quercetin,见图24.40)为例,黄酮类化合物具有基本的三环核心结构。通过三个环上的修饰可以把黄酮类化合物分为以下亚类(图24.51):花色素苷(色素)、原花色素或浓缩鞣质(阻食剂和木材保护剂)、异黄酮类(在植物防御和信号转导中起作用)、黄酮和黄酮醇类(动物中的抗炎剂)。最基本的黄酮类化合物(即黄酮、黄酮醇和黄烷酮)在植物界中分布广泛,它们通常吸收有害的紫外线。

第二个挑战是干燥的环境。植物不仅在表皮上

表24.2 酚醛在对抗环境变化中的作用

挑战	酚醛类化合物	途径
紫外线照射	类黄酮(花色素苷、原花色素苷、聚合单宁、异黄酮、黄酮、黄酮醇等)	苯丙烷类乙酸酯
干旱	木栓质	苯丙烷类脂肪酸
重力	木质素	苯丙烷
取食/病原体	芪类、香豆素类、呋喃香豆素类	苯丙烷类乙酸酯
	二苯基庚烷类、姜酚类、苯基非那烯酮类、木酚素类、挥发性芳香化合物	苯丙烷类乙酸酯
	可水解单宁	莽草酸

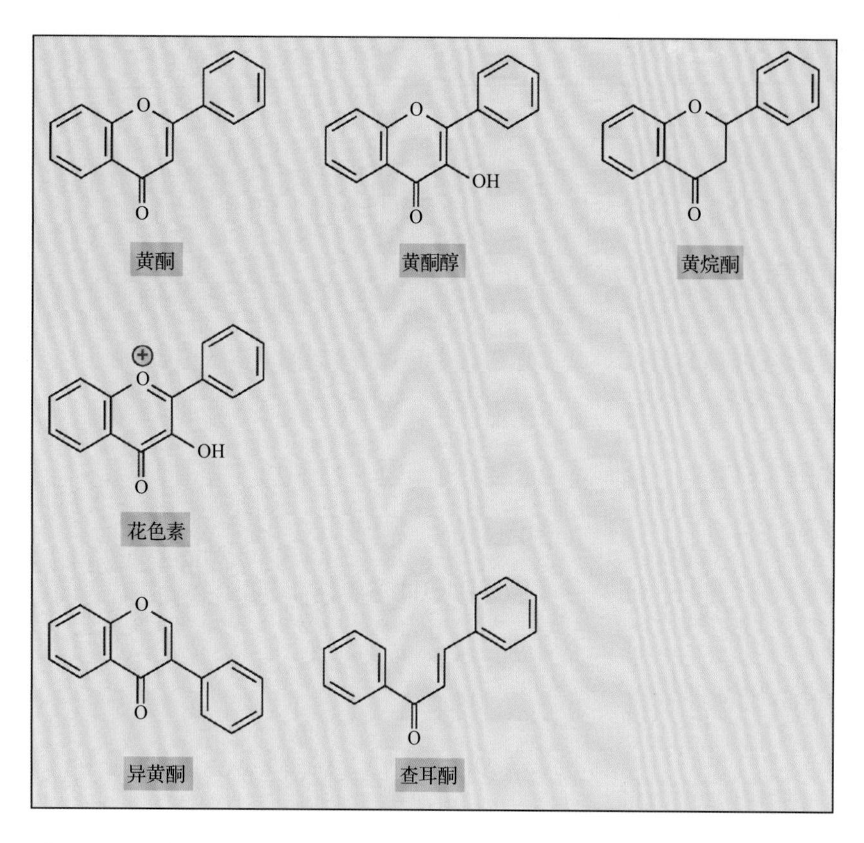

图 24.51 从苯丙烷类 - 乙酸酯类衍生的黄酮类化合物亚类的基本结构

发育出角质和角质层（通过脂肪酸途径衍生而来，见第 9 章），而且通过苯丙烷途径产生一系列称为**栓质**（**suberin**，见第 8 章）的化合物。栓质是由酚类（更加亲水）和脂肪族的（疏水）两部分形成的混合多聚物。栓质提供一个憎水的屏障，限制水分散失到大气中，因而在根部和树皮中起关键作用。栓质也是外皮的主要组分，保护植物不受病原侵入。

植物面对的第三个挑战是对抗重力，植物还要长得比其竞争植物更高以获得阳光。植物在进一步完善苯丙烷途径合成**木质素**（**lignin**）后战胜了这个挑战（见第 2 章）。木质素是由木质素单体交联形成的大分子（见 24.17 节）。木质素为特化的细胞壁（如纤维、管胞和导管等）中的纤维素棒状结构提供了"胶合剂"，使植物（哪怕是那些最高的树）可以在陆地上支持自身的重量，并把水和矿物质从根部运输到叶中。

另一个植物持续面对的挑战在于维持固着生长的同时，植物还需要抵御食草动物和病原体。植物通过完善另外几个亚类的化合物为自身提供化学防护。这些化合物具有抗虫食、杀虫、抗真菌、抗细菌、抑菌、异株抗生效应，或者本质上就有毒。例如，**芪类**（**stilbenes**）、**香豆素类**（**coumarins**）和**呋喃香豆素类**（**furanocoumarins**）都是苯丙烷类乙酸酯衍生的化合物，它们可阻止动物取食抑制种子萌发，或保护植物不受细菌和真菌侵染。还有一些化合物（如白藜芦醇）有促进人体健康的功效（见 24.14.3 节）。

其他一些苯丙烷衍生物如**二芳基庚酸类**（**diarylheptanoids**），以及类似物**姜辣素类**（**gingerols**）和**苯基萘酮类**（**phenylphenalenones**），不仅赋予植物颜色等感官特性、药用价值（见 24.14.3 节），而且在多种植物中起到保护植物、吸引传粉者和种子传播者的作用。**木脂体**（**lignan**）是两个木质素单体形成的双体或更多木质素单体形成的多聚体，其不像木质素或栓质那样存在广泛的多聚化。木脂体在维管植物中普遍存在，主要起到保护植物免受病原体侵害和抗氧化剂的作用。苯丙烷途径产生的**挥发性芳香类化合物**（**volatile aromatics**），如苯乙醛和丁香酚，可吸引传粉者，促进种子散播、保护植物不被病原体侵染以及防止动物取食。这类化合物亦是形成香味和风味的来源，使香料成为世界各地人们交口称赞的植物产品。

24.14.3 酚类化合物对人类有利

如果没有酚类化合物的特性，人类社会的面貌会和当前大不相同（表 24.3）。在早期人类历史中，皮革使人类可以更快速地运输因而更方便地进行贸易（和战争）；几千年来，人们正是用"单宁"即**棓酸酯类**（gallate esters）或是**缩合类单宁**（**condensed tannin**）（见 24.16.2 节）处理动物生皮的。木头适合做轮子是由于木头的强度和韧性，这些特性都来自木质素多聚体、木脂体、类黄酮及可水解单宁。我们人类世界大多用木材盖房子，用其燃烧取暖；现在，我们正转向把木质产品当成是木质纤维素的材料来源以生产生物能源。植物作为日益匮乏的自然资源的替代品，是可再生工业进料和工业材料的最佳选择之一，部分也是由于它们含有多种酚类化合物。

人类健康也与这类化合物密切相关，因为许多药

表 24.3　酚醛的社会用途

酚醛类化合物	植物来源	用途
木酚素		
鬼臼毒素 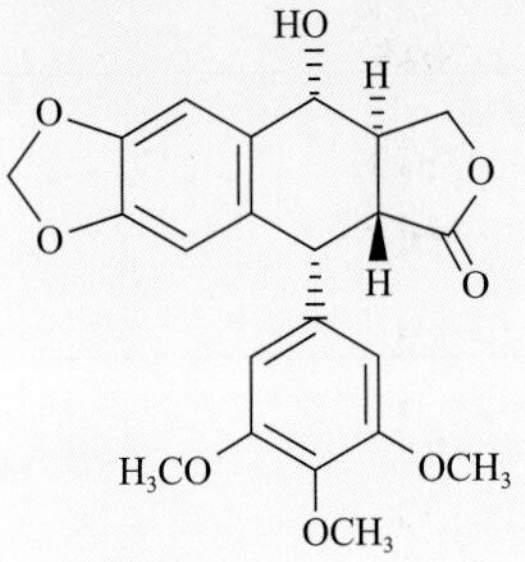	鬼臼果（*Podophyllum peltatum*）	制造抗癌药
二苯基庚烷类		
姜黄素 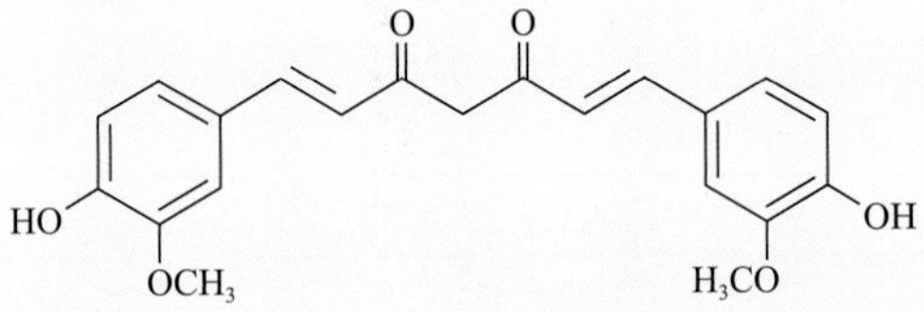	姜黄（*Curcuma longa*）	消炎药，姜黄根粉里的刺激性成分
姜辣素 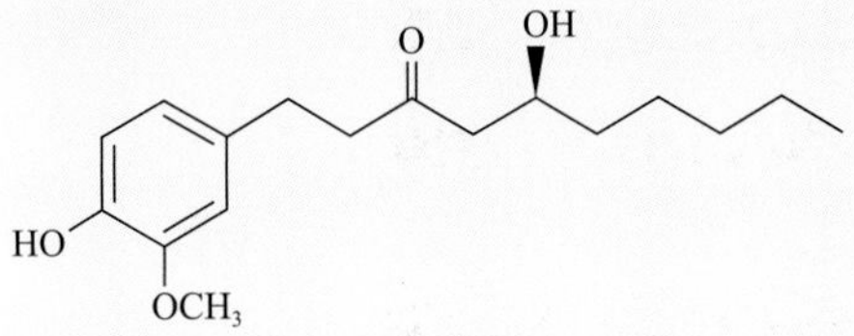	姜（*Zingiber officinale*）	消炎药，姜里的刺激性成分
香豆素类		
苄丙酮香豆素 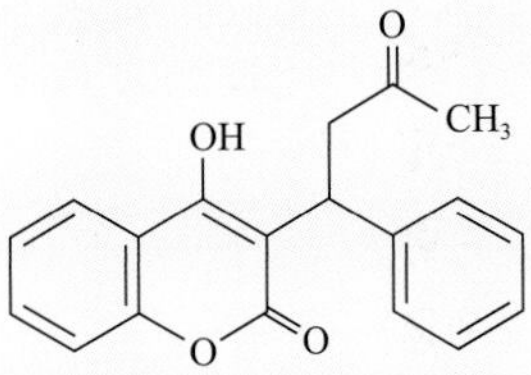	由双香豆素合成的衍生物	抗凝血剂
双香豆素 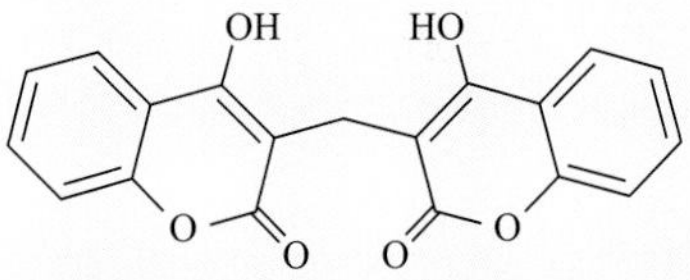	草木樨（*Melilotus* sp.）	草木樨发酵而产生的抗凝血剂
芪类		
白藜芦醇 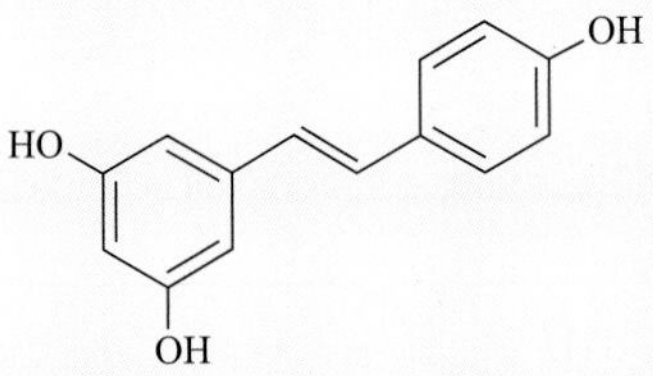	葡萄（*Vitis* sp.）的皮	有利于心脏健康，抑制癌症发展
苯丙烯类		
丁香酚 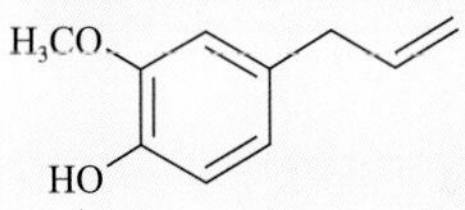	丁香（*Eugenia* sp.）和其他植物的精油	香料、调味、牙科用于抗菌

酚醛类化合物	植物来源	用途
甲基丁香酚 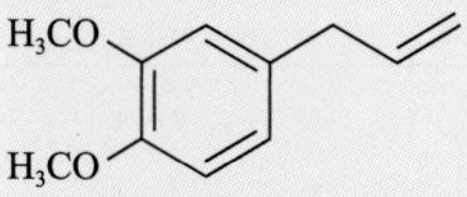 H_3CO H_3CO	罗勒（*Ocimum basilicum*）精油	香料、调味
对烯丙基茴香醚 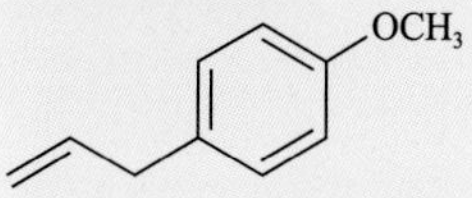 OCH_3	罗勒（*Ocimum basilicum*）精油	甘草味制剂
茴香烯 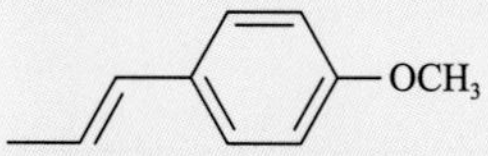 OCH_3	八角（*Illicium verum*）	茴香味制剂
肉桂醛 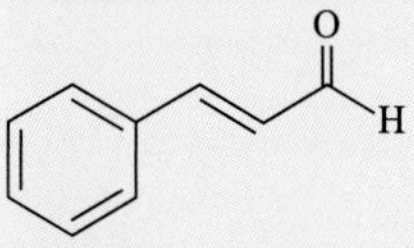 O H	肉桂（*Cinnamomum verum*）	调味
黄酮类		
木樨草素 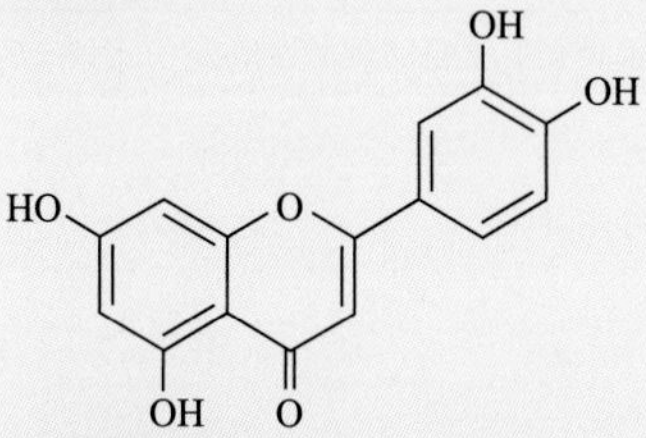 OH OH HO O OH O	薄荷（*Mentha* sp.）的叶	抗氧化剂
呋喃香豆素类		
当归素 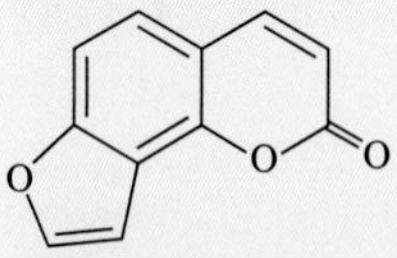 O O O	三叶草（*Bituminaria bituminosa*）	光疗，抗病毒
查耳酮类		
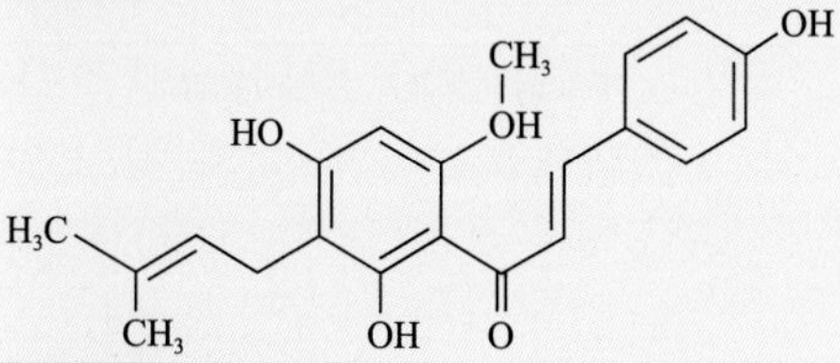 OH CH_3 OH HO H_3C CH_3 OH O	啤酒花（*Humulus lupulus*）	抗癌
苯环衍生物		
苯甲酸甲酯 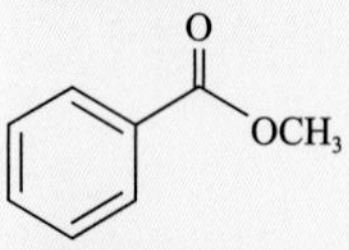 O OCH_3	金鱼草的花 （*Antirrhinum* sp.）	芳香剂
聚酮类 *		
Δ^9- 四氢大麻酚 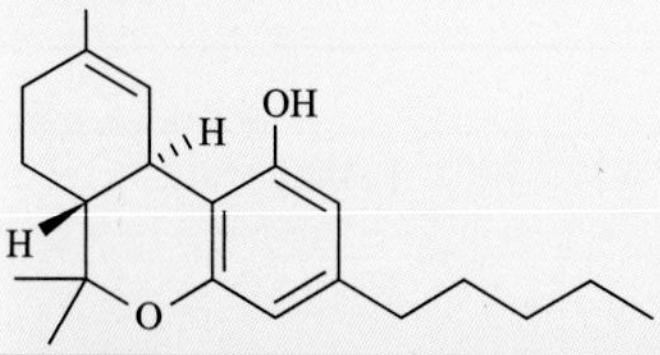 OH H H O	大麻（*Cannabis sativa*）	止吐剂

* 聚酮类化合物指一大类多样的、由多于两个羰基连接在同一个中介碳原子上的多聚化合物。

用成分就是从植物酚类化合物衍生来的，或受其启发而制成的。例如，盾叶鬼臼（*Podophyllum peltatum*）中的**鬼臼毒素**（**podophyllotoxin**）的衍生物替尼泊苷（teniposide）、依托泊苷（etoposide）和依托泊（etophos）可用于多种癌症的治疗；姜黄中的二芳基庚酸类化合物**姜黄素**（**curcumin**）有强效的抗炎作用，在全世界作为治疗关节炎和其他炎症的药物；红葡萄和葡萄酒中的芪类化合物**白芦藜醇**（**resveratrol**）促进心脏健康、抑制癌症。由于植物中酚类产物的存在，我们的世界更加健康、多彩、美味和芬芳。

24.15 酚类的生物合成

24.15.1 苯丙烷途径和苯丙烷类乙酸酯途径共享核心苯丙烷途径

如前文所述，大部分酚类化合物源自于苯丙烷途径和苯丙烷类乙酸酯途径。这两条途径的前三步相同，称为核心**苯丙烷途径**（**phenylpropanoid pathway**）（图 24.52）。这三步中最初的前体是 L-苯丙氨酸，终产物为一种活泼的化合物 4- 香豆酰辅酶 A，它可以进一步反应生成丰富多样的植物酚类产物。

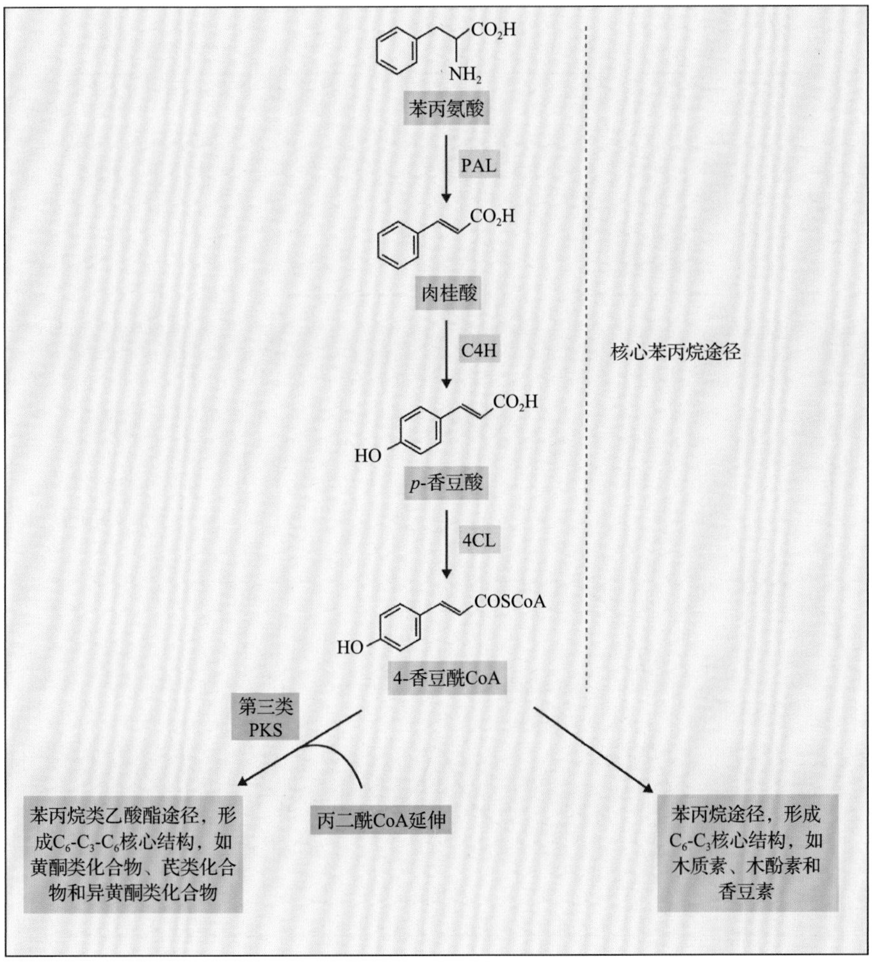

24.15.2 大多数植物酚类化合物的前体是 L- 苯丙氨酸

最显而易见的可以进入这些酚类合成途径的初级代谢物是 L- 苯丙氨酸（Phe）和 L- 酪氨酸（Tyr）（图 24.53）。几十年来的研究表明，尽管 L-Tyr 具有 4- 羟基，但它不是大多数植物酚类的前体。人们进行了大量的同位素标记实验，把稳定同位素标记的化合物“饲喂”给植物，然后监测酚类的合成与整合同位素标记物的速率。通过这些研究人们发现，大多数情况下 L-Phe 是更优先使用的前体。L-Phe 是经由莽草酸途径合成的（见第 7 章）。

图 24.52 植物中几大类主要酚类化合物的生物合成过程总览图。合成从 L- 苯丙氨酸开始，后来分入苯丙烷途径和苯丙烷类乙酸酯途径。这两条通路共享的前三个步骤，即核心苯丙烷途径，该途径最终形成 4- 香豆酰 CoA

24.15.3 苯丙氨酸脱氨酶是大多数植物酚类的入口点酶

苯丙氨酸脱氨酶（phenylalanine ammonia lyase，PAL）催化苯丙烷代谢的第一步反应，L- 苯丙氨酸经过脱氨产生**反式肉桂酸**（***trans*-cinnamate**）和氨。PAL 产生的氨在细胞质中自动质子化，形成 NH_4^+（图 24.54）。

PAL 是苯丙烷代谢中最早鉴定的酶之一，也是研究最为详尽的酶之一。香芹（*Petroselinum crispum*）PAL 的晶体结构解析后，帮助人们弄清楚了 PAL 蛋白的功能和调控途径。PAL 是一种细胞质蛋白，由组氨酸脱氨酶（HAL）基因

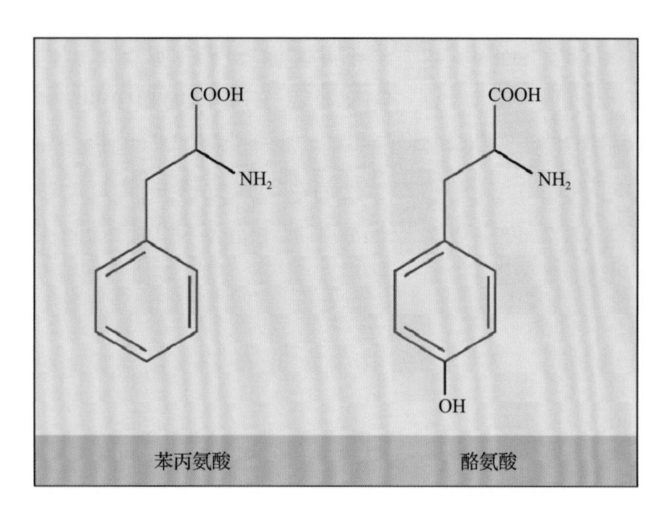

图 24.53 芳香族氨基酸苯丙氨酸和酪氨酸是莽草酸 - 分支酸途径（shikimic-chorismic acid pathway）的衍生物（见第 7 章）

家族编码，广泛存在于植物、真菌、微生物和动物中。这个家族的酶主要由 α 螺旋构成，在溶液中形成四聚体，不需要外源辅助因子。

大多数亚型的 PAL 无法有效地以除了 L-Phe 以外的其他分子为底物，这表明 L-Phe 是苯丙烷途径和苯丙烷类乙酸酯途径的通用前体。大部分植物都有多个 PAL 基因，拟南芥（*Arabidopsis thaliana*）中有 4 个，某些植物如栽培番茄（*Solanum lycopersicum*）中则少见的有二十多个。这些基因以小基因家族的形式存在，在植物发育的不同阶段存在表达差异。特定的 PAL 亚型有其特定的作用。在大多数植物，如拟南芥（*Arabidopsis thaliana*）和杨属（*Populus* sp.）植物中，所有的 PAL 亚型几乎完全将 L-Phe 作为底物，而 L-Tyr 要么很难利用，要么根本没法作底物。PAL 的不同亚型或 PAL 基因家族的不同成员在植物中的作用不同。例如，人们认为拟南芥中 PAL1、PAL2 和 PAL4 与木质素生物合成有关，但只有 PAL1 和 PAL2 为类黄酮和芥子酸酯（sinapate ester）的合成提供前体。PAL3 活性低，它在植物中的作用尚不清楚。在正常条件下 PAL1 和 PAL2 的功能可能冗余，也可能功能完全不同，但当它们中的任一个发生突变，另一个都可以补偿

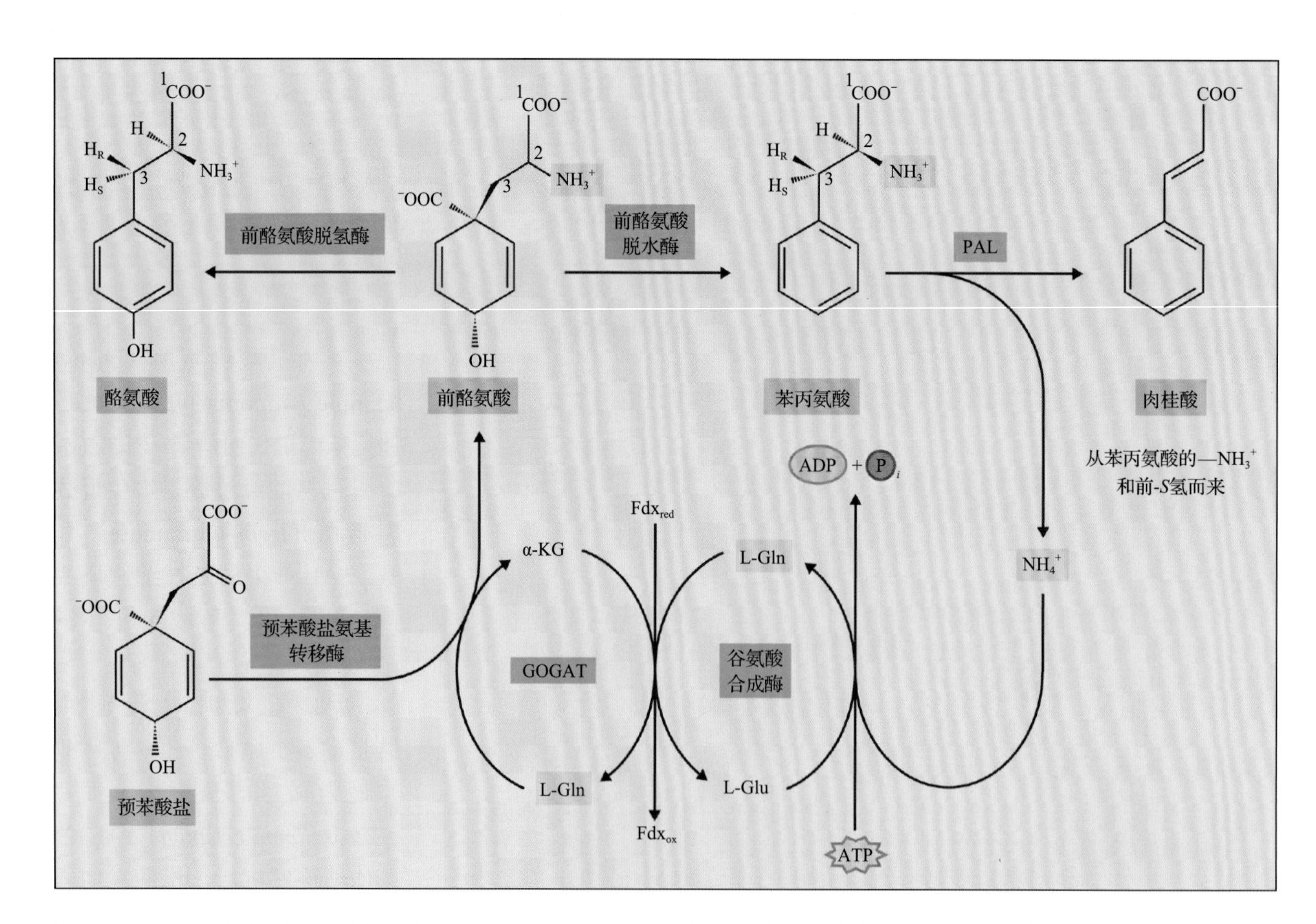

图 24.54 细胞中的氮循环活跃参与了苯丙烷类乙酸酯 / 苯丙烷类化合物的代谢过程。氮循环避免了细胞中胺的积累，也让酚类合成不再需要氮了。GOGAT，谷氨酰胺：α- 酮戊二酸氨基转移酶；L-Gln，谷氨酰胺；L-Glu，谷氨酸；α-KG，α- 酮戊二酸；Fdx_{red}，还原型铁氧还蛋白；Fdx_{ox}，氧化型铁氧还蛋白

突变基因的功能。PAL1 或 PAL2 的单突变体都没有明显的表型，但双基因突变体 *pal1 pal2* 有严重的生长缺陷，且其木质素、类黄酮和芥子酸酯的合成量显著下降。

24.15.4 从 L-Phe 到肉桂酸的转变需要一个亚细胞氮循环

L-Phe 的供应量决定了进入苯丙烷途径和苯丙烷类乙酸酯途径的物质流的多少。苯丙烷途径将氨基酸 L-Phe 转化为肉桂酸，从而帮助植物积累大量的有机碳。PAL 以 NH_4^+ 的形式释放出等摩尔量的氮（见图 24.54），而 NH_4^+ 积累到高浓度时就对细胞有毒。此外，木质素等高聚物的合成需要大量的氮。植物细胞中的氮循环通过谷氨酰胺合成酶和谷氨酸合成酶（GS 和 GOGAT，见第 7 章）合成谷氨酸，以确保经由 L-Phe 产生足够的物质流。

在从预苯酸到阿罗酸（苯丙氨酸和酪氨酸的共同前体）的反应中，谷氨酸是氨基供体（见图 24.54）。PAL 将 NH_4^+ 释放到细胞质中，但阿罗酸的合成在质体中进行。因此，NH_4^+ 的转运是这个循环的关键组成部分，然而转运蛋白尚未鉴定到。

24.15.5 肉桂酸 -4- 羟化酶是一个结合在膜上的细胞色素 P450 单加氧酶，催化合成 *p*- 香豆酸

核心苯丙烷途径中的第二个酶是肉桂酸 -4- 羟化酶（C4H）（见图 24.52），它是一个结合在内质网膜上的细胞色素 P450 单加氧酶，合成 4- 香豆酸（*p*- 香豆酸）。C4H 属于 P450 酶的 CYP73A 类，大多数被子植物通常都只有一个 C4H 基因，当然在某些植物中还有 1 ～ 3 个额外的与 C4H 类似的基因。拟南芥只有一个 C4H 基因，而苔藓类植物小立碗藓（*Physcomitrella patens*）中有 4 个 CYP73A 基因。C4H 的活性需要分子氧和一个细胞色素 P450 还原酶，其特异的底物为反式肉桂酸。C4H 也是位置专一的，反式肉桂酸的羟基化仅发生在苯环的 4- 位（对位）。

反式肉桂酸和 *p*- 香豆酸的羧基的 pK_a 值都是 4，因此在生理条件下这两个关键的中间产物都是以去质子化的状态存在的（因此，以上这两种化合物的英文对应为反式肉桂酸盐和 *p*- 香豆酸盐而非反式肉桂酸和 *p*- 香豆酸）；由于它们在生理条件下带有负电荷，这两种通常疏水的化合物可溶于细胞的水环境中（在水中，反式肉桂酸溶解度为 $3mmol·L^{-1}$，*p*- 香豆酸溶解度为 $165mmol·L^{-1}$），因此在细胞中它们可以积累到高浓度。然而，代谢组学分析和代谢物定位分析都发现这两种化合物在大多数植物组织中没有积累，即使能检测到它们的存在，也是浓度很低的。

C4H 对于反式肉桂酸的亲和性很高（$K_M \approx 10μmol·L^{-1}$）。其他利用这个底物的酶的 K_M 则要高得多，如肉桂酸羧甲基转移酶的 K_M 为 125 ～ $200μmol·L^{-1}$。这种亲和性的差异导致代谢物流有效地优先流向 *p*- 香豆酸合成，除非（或直到）C4H 的活性下降，再合成其他代谢产物。这种调控方式在特定细胞类型（如腺毛分泌细胞）中很活跃，调控合成挥发性苯丙烷类化合物与通过苯丙烷类乙酸酯衍生合成类黄酮之间的竞争。

24.15.6 香豆酸 CoA 连接酶（4CL）活化 4- 香豆酸

核心苯丙烷途径的第三个酶是香豆酸 CoA 连接酶（4CL，见图 24.52），它利用 4- 香豆酸、ATP 和辅酶 A 合成一种 CoA 硫酯衍生物 ***p*- 香豆酰 CoA**（***p*-coumaroyl-CoA**）。*p*- 香豆酰 CoA 是一种高度活化的分子，它在更大的植物代谢网络中占据关键位置（图 24.55）。在苯丙烷类乙酸酯途径的第一个关键步骤中，β- 香豆酰 CoA 是查耳酮合酶（chalcone synthase，CHS）的底物；在合成 G 木质素、S 木质素、某些木脂素和挥发性苯丙烯的苯丙烷途径的第一个关键步骤中，β- 香豆酰是羟基肉桂酰转移酶（hydroxycinnamoyl transferase，HTC）的底物。*p*- 香豆酰 CoA 亦是更加纷繁复杂的酚类合成网络产生的许多其他酚类化合物的前体，这些酚类化合物包括二芳基庚酸类、苯基非那烯酮类、羟基肉桂酰胺类和香豆素类（见图 24.52）。

p- 香豆酰 CoA 的供应和在各个去向途径间的竞争决定了所有酚类化合物的丰度。因此，*p*- 香豆酰 CoA 起到代谢枢纽的作用（见 24.18.4 节）。事实上，正是对通用的枢纽中间产物 *p*- 香豆酰 CoA 利用方式的不同，把苯丙烷途径同苯丙烷类乙酸酯途

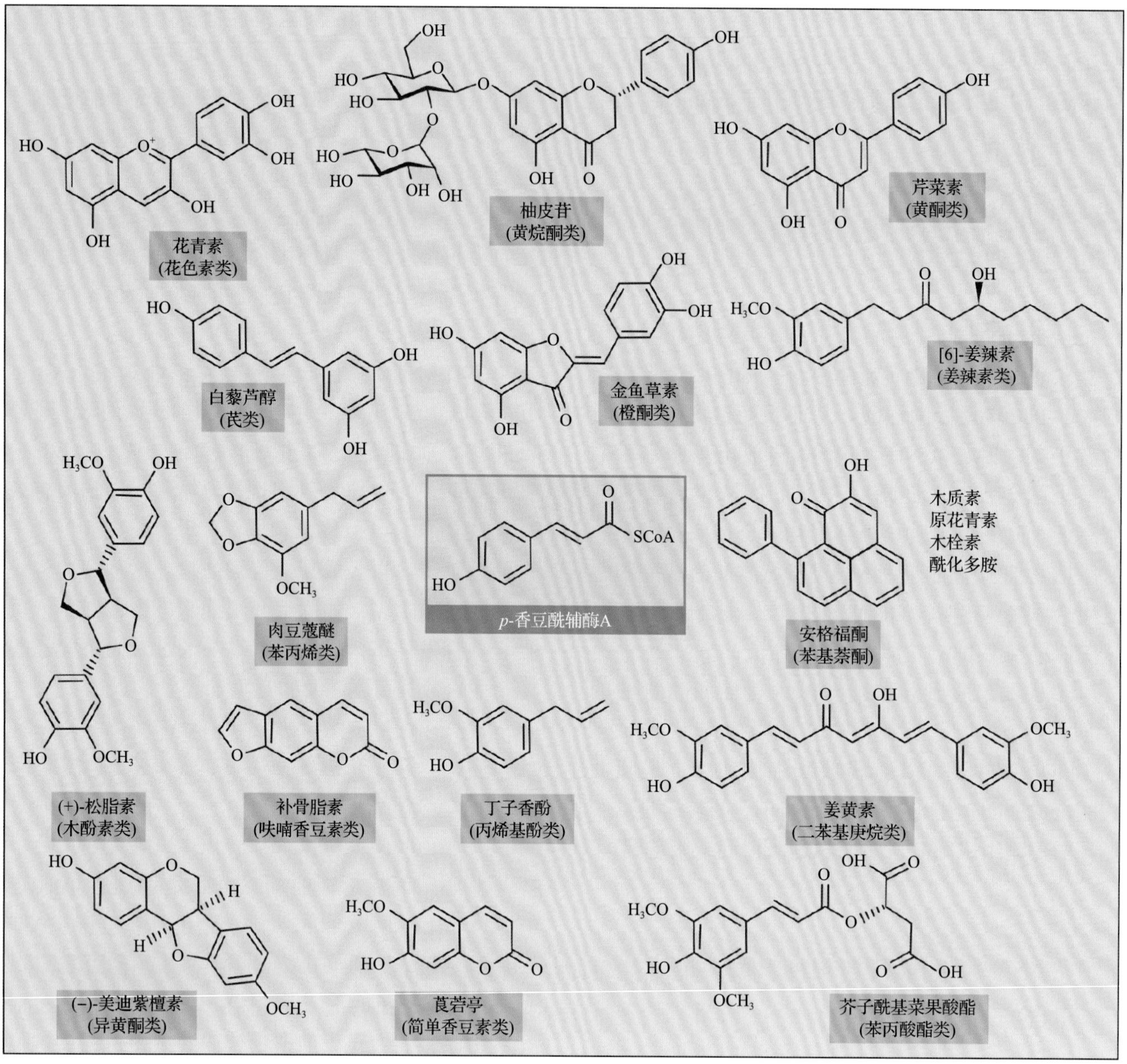

图 24.55 *p*- 香豆酰 CoA 在苯丙烷类乙酸酯 / 苯丙烷类化合物的代谢过程中起核心作用，由它起始可以产生非常多样的酚类化合物

径区分了开来（见 24.16 节）。

24.16 苯丙烷类乙酸酯途径

苯丙烷途径和苯丙烷类乙酸酯途径的不同就在于 *p*- 香豆酰 CoA 的去向不同（见图 24.52 和图 24.55）。苯丙烷途径的得名即由于它主要产生包含 C_6–C_3 核心的化合物（见图 24.50）。一方面，这些化合物包括用于合成木质素，并且在结构上和生化途径上与木脂体有关的木质素单体（见 24.17 节）。另一方面，苯丙烷类乙酸酯途径产生包含 C_6–C_3–C_6 核心结构的化合物，包括类黄酮和二芳基庚酸类化合物（图 24.56）。类黄酮很可能是植物产生的第一类复杂酚类化合物，而木质素单体、木质素和木脂素可能演化出现较晚。

24.16.1 苯丙烷类乙酸酯途径的产物称为聚酮类化合物，植物的聚酮合酶（PKS）是聚酮类多样性的催化剂

根据合成的方式，苯丙烷类乙酸酯途径的产物称为聚酮类化合物。这条通路的产生最初是由于与脂肪酸合成的酮酯酰 -ACP III（KAS III）相关的III 型聚酮合酶（PKS）产生出了把羟基肉桂酰 CoA 酯

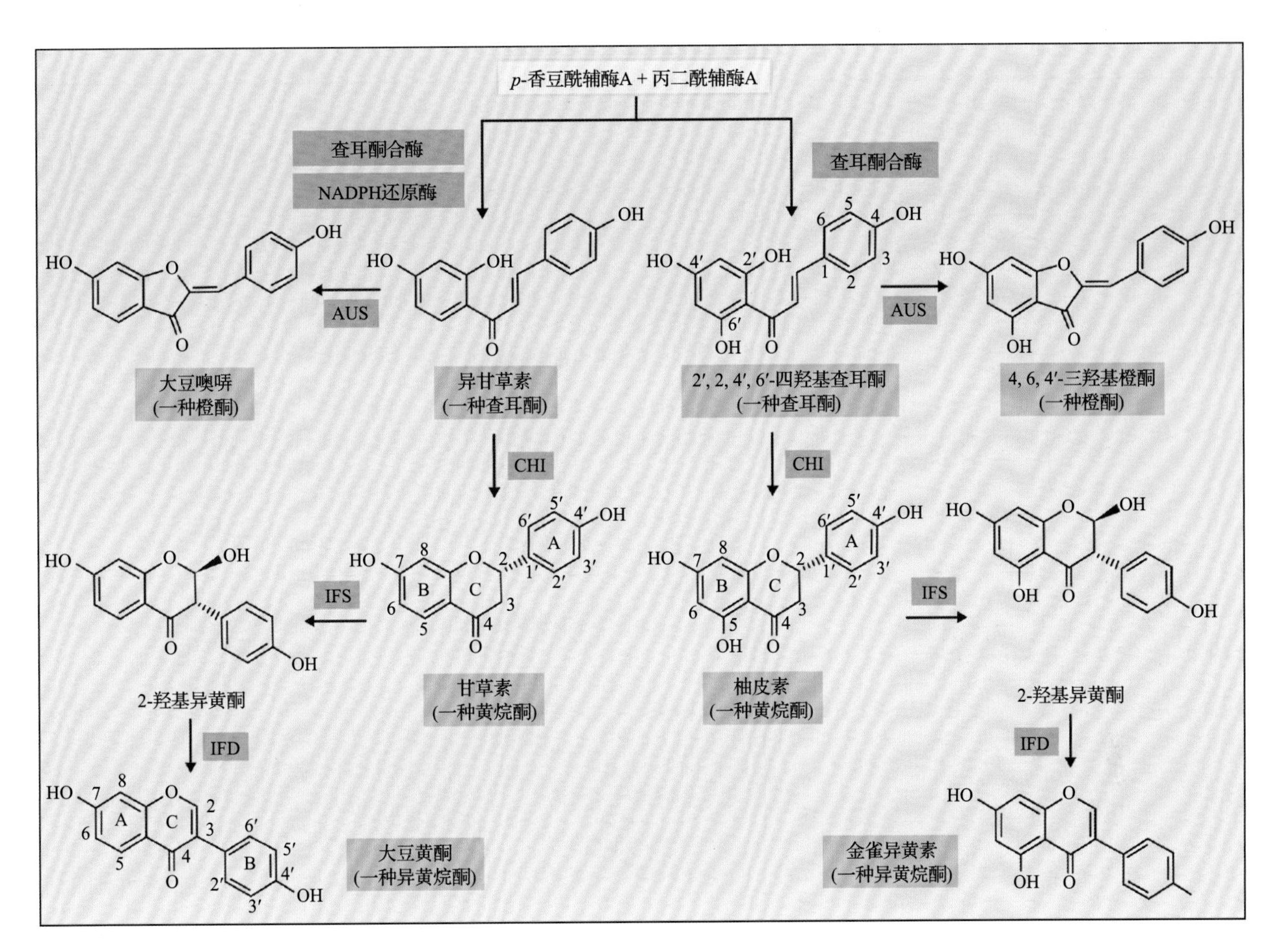

图 24.56　特殊黄酮类亚家族产物［包括查尔酮、橙酮、黄烷酮和异黄酮（异黄酮类化合物）］的生物合成途径。参与反应的酶（及其辅酶因子）有：CHI（查耳酮异构酶）；AUS（橙酮合酶）；IFS[2- 羟基异黄酮合酶（O_2，细胞色素 P450，NADPH）]；IFD（2-羟基异黄酮脱水酶）

分子（而不是乙酰 CoA）用作底物的能力（见第 8 章）。这个 CoA 酯与一个或多个丙二酰 CoA 缩合，形成聚酮类化合物。聚酮类化合物再形成查耳酮，最终转变为复杂的多酚化合物，如类黄酮和二芳基庚酸类（见 24.16.2 节）。

与脂肪酸合成途径类似，PKS 还能用丙二酰 CoA 来进行延伸反应。植物演化出在一个芳香族起始分子上缩合聚酮类化合物这一功能，使植物发展出了在陆地上生存必需的防御紫外线和干旱的能力，这表明，即使是一个很小的突变，也可以对生物圈产生深远的影响。

与 KAS III那样的脂肪酸合酶（见 8.4.4 节）不同，植物的III型 PKS 是相对较小的同源二聚体酶（每个亚基约 42kDa），且其底物是乙酰 CoA 而非乙酰 -ACP。植物III型 PKS 通常由它的产物类型命名。人们研究得最清楚的是查耳酮合酶（CHS）（图 24.56 和图 24.57）和芪类合酶（STS）（图 24.57）。查耳酮合酶很可能是植物中最早演化出的有III型 PKS 活性的酶。

所有的植物类群都可以产生最基本的类黄酮，即查耳酮类和黄烷酮类（见图 24.51 和图 24.56）。尽管查耳酮的直接合成通常不需要其他酶的修饰，但一些查耳酮衍生物会在芳香环的特定位置发生还原（失去羟基），产生脱氧查耳酮。在一些植物类群中，CHS 和一个依赖 NADPH 的还原酶共同催化 6- 脱氧查耳酮（**异甘草素，isoliquiritigenin**），与非柚皮素查耳酮（naringenin chalcone）的合成不同，柚皮素查耳酮的合成是由 CHS 单独催化的（图 24.56）。人们尚不清楚 CHS 和还原酶如何相互作用甚至是否相互作用。异甘草素和柚皮素查耳酮二者均可在一种多酚氧化酶的同源酶橙酮合酶的作用下转化为**橙酮**（**aurones**），例如，**大豆橙酮**和**金鱼草素**（**aureusidin**）这两种类黄酮化合物，如它们的名字一样呈现鲜艳的黄色。

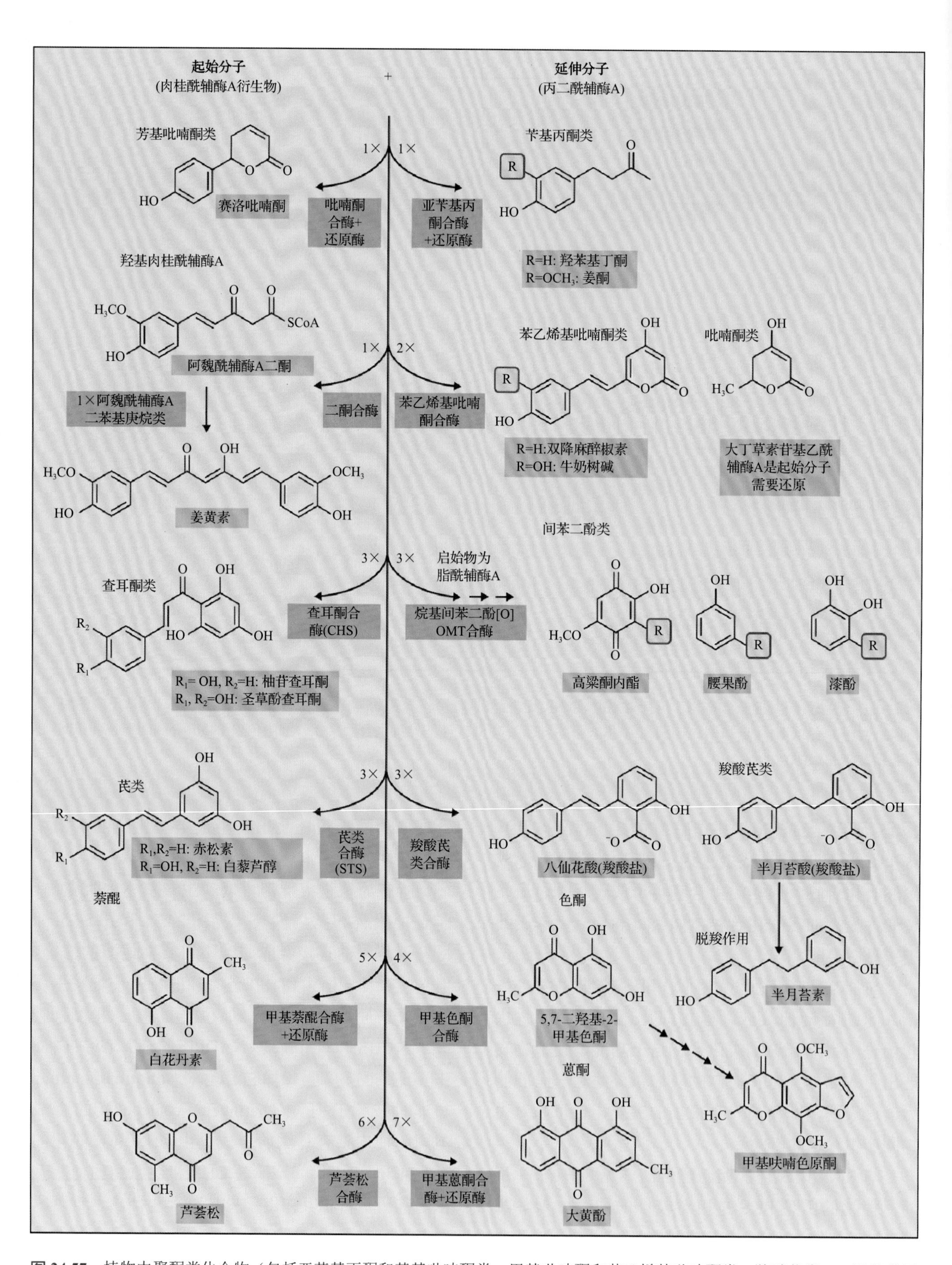

图 24.57　植物中聚酮类化合物（包括亚苄基丙酮和芳基吡喃酮类、甲基吡喃酮和苯乙烯基吡喃酮类、羧酸芪类、二羟基苯甲酸类、漆树酸类、漆酚类、腰果酚类、色酮类、萘醌类和蒽酮类）的生物合成。1×、2×、3× 指的是与所需丙二酰 CoA 相等的摩尔数。有些种类用乙酰 CoA 或脂肪酰 CoA（而不是羟基肉桂酰 CoA）作起始分子，但仍然可以合成酚类产物

虽然大多数的III型 PKS 都有 CHS 活性，但人们不断发现它们还有大量不同活性（信息栏 24.11），产生包括二聚酮（diketides）、五聚酮（pentaketides）、七聚酮（heptaketides），以及亚苄基丙酮、芪类羧酸酯、吡喃酮、色酮、C- 甲基化查耳酮、吖啶酮生物碱、二芳基庚酸类、姜辣素相关化合物等一系列不同类型的化合物（见图 24.57）。

聚酮类化合物形成后，聚酮核心受到多种酶的修饰，以产生由苯丙烷类乙酸酯途径衍生的大量化合物。这些酶包括 NADPH 依赖的还原酶、异戊烯转移酶和糖基转移酶。这些修饰酶类具有底物特异性，且只在特异的组织中表达，产生了在植物界看到的多种多样的物种特异和组织特异的聚酮类化合物。

24.16.2 苯丙烷类乙酸酯途径产生类黄酮类、芪类、异黄酮类和香豆素类化合物

苯丙烷类乙酸酯途径的衍生化合物中，研究最为充分的或许就是类黄酮类（包括异黄酮类、儿茶酚类、缩合单宁类和其他衍生物）。类黄酮类化合物与木脂素一起创造了植物界中大部分的 L-Phe 衍生的化合物的多样性。类黄酮的主要类型包括：黄烷酮、黄酮、异黄酮、异黄烷酮、紫檀碱、二氢黄酮醇、黄酮醇、花白素（黄烷 -3,4- 二醇）、花色素苷、原花色素苷（包括缩合单宁）、鞣酐和儿茶酚类（黄烷 -3- 醇）。

类黄酮分子的核心通常有三个相连的环（见图 24.50）。A 环是从一个羟基肉桂酰 CoA 前体（通常是 *p*- 香豆酰辅酶 A）衍生来的（图 24.58），而 B 环则由 CHS 活性位点催化丙二酰 CoA 的缩合反应形成。C 环由查耳酮的闭环反应形成，导致产生黄烷酮。一方面，C 环形成的反应是在水溶液中自发进行的，但其反应速度相对缓慢，生成 C2 位为外消旋的产物。另一方面，植物中分离出来的大多数黄烷酮在 C2 位都呈 S 构型。查耳酮异构酶（chalcone isomerase，CHI）催化空间特异的 *S*- 黄烷酮的快速形成（见图 24.56）。*S*- 黄烷酮在类黄酮途径中是关键的分支点中间产物。对 C 环修饰会产生新类别的化合物，而对 A 环和 B 环的修饰导致某种类型化合物内的多样性。因此，修饰 C 环的酶对于产生类黄酮种类的多样性最为重要。这一趋势在木脂体、二芳基庚酸类和其他酚类化合物中也存在。

信息栏 24.11 一系列起始分子及其缩合反应产生独特的聚酮化合物

其他从聚同化合物衍生来的物质是由III型 PKS 酶催化产生的。PKS 酶属于 CHS/STS 家族，但是与典型的 CHS/STS 酶相比，它的起始底物、与丙二酰 CoA 发生缩合反应的次数都不同（见图 24.57）。进一步修饰（如甲基化和糖基化）会在同一类的化合物中产生差异。对于发生不同次数缩合反应产生的产物分别举例如下：苄基丙酮类和芳基吡喃酮类（如**羟苯基丁酮 raspberry ketone**、**姜酮 gingerone** 和**赛洛吡喃酮 psilotonin**），一次缩合反应；甲基吡喃酮类和苯乙烯基吡喃酮类（如**大丁草素苷 gerberin aglycone** 和**硬毛素 hispidin**），两次缩合反应；羧酸芪类、二羟基苯甲酸类、漆树酸类、漆酚类、腰果酚类（如**八仙花酸 hydrangeic acids**、**半月苔酸 lunularic acids**、**二羟基戊基苯甲酸 olivetolic acid**, **6- 十九基水杨酸 6-nonadecyl salicylic acid**、**高粱酮内酯 sorgoleone**、**十八烷基邻苯二酚 pentadecyl catechol** 和**半月苔素 lunularin**），三次缩合反应；色酮类（如**呋喃并色酮 khellin**），四次缩合反应；甲基萘醌类（如**白花丹醌 plumbagin**），五次缩合反应；丙酮 - 甲基色酮类（如**芦荟苦素 aloesone**），六次缩合反应；蒽酮类（如**大黄酚 chrysophanol**），七次缩合反应。

旁路 PKS 途径中的许多产物都有生理活性，漆树酸、雷琐酸、漆酚和腰果酚都引发过敏，漆属植物的有些成员（毒藤、毒橡树、毒漆树等所有的漆树科植物）会引发接触性皮炎，都是这些化合物造成的。这些化合物在漆树（*Toxicodendron vernicifluum*）的汁液中含量也很高，它们在潮湿的条件下氧化、多聚化，形成漆。漆可用于制作亚洲传统漆器。有些烷基间苯二酚类化合物（如高粱的根分泌的高粱酮内酯）具有潜在的化感作用。

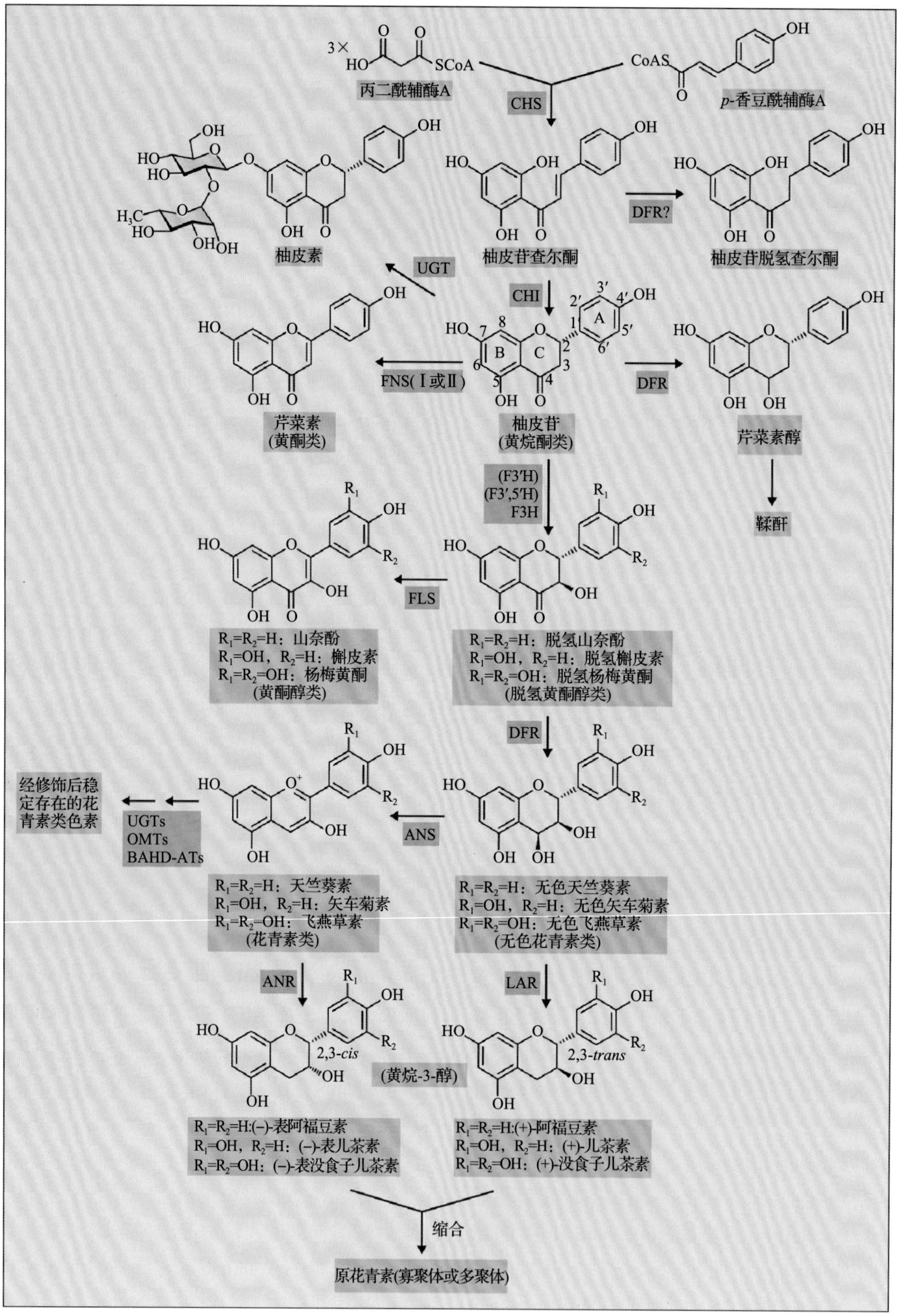

图 24.58　核心黄酮类化合物通路中包括两个重要的“枢纽”代谢产物，即柚皮素和芹菜素；它们可以在黄酮和类黄酮代谢中产生成千上万的其他代谢物。参与反应的酶（及其辅酶因子）根据形成化合物的类型有：FNS，黄酮合酶（FNS Ⅰ：2- 氧化戊二酸，O_2；FNS Ⅱ：O_2，细胞色素 P450，NADPH）；F3H，类黄酮 3- 羟化酶 [α- 酮戊二酸，O_2，抗坏血酸盐，Fe(Ⅱ)]；FLS，黄酮醇合酶 [α- 酮戊二酸，O_2，抗坏血酸盐，Fe(Ⅱ)]；DFR，二氢黄酮醇 4- 还原酶（NADPH）；ANS，花色素合酶 [α- 酮戊二酸，O_2，抗坏血酸盐，Fe(Ⅱ)]；ANR，花色素还原酶（NADPH）；LAR，无色花色素还原酶（NADPH）；UGT，UDP- 葡萄糖：类黄酮葡糖基转移酶（UDP- 葡萄糖）；OMT，*O*- 甲基转移酶（AdoMet）；BAHD-AT，BAHD 家族酰基转移。图中以柚皮素为例，标出了类黄酮类化合物骨架中的 A、B、C 环，标准编号系统亦如图所示

当 CHS 催化形成核心黄烷酮结构（如柚皮素）、CHI 催化 C 环闭合之后，就会发生几类重要的修饰，产生巨大的结构多样性。进入异黄酮途径需要两个酶的催化（见图 24.56）：一个是细胞色素 P450 酶异黄酮合酶（IFS），它催化一个氧化反应和一个特殊的 C-2 到 C-3 的芳基迁移反应，产生 2- 羟基 - 异黄酮；第二个酶是 2- 羟基异黄酮脱氢酶（IFD），催化 2- 羟基异黄酮的脱氢反应，产生异黄酮类化合物，如**染料木黄酮（genistein）**和**大豆苷原（daidzein）**。在豆科植物中，异黄酮类化合物可以进一步代谢，主要形成异黄烷酮类化合物，如 (–)- 韦氏酮（vestitone）；紫檀碱类植物抗毒素，如紫花苜蓿（*Medicago sativa*）中的 (–)-美迪紫檀素（图 24.59）；或是紫穗槐（*Amorpha fruticosa*）中的鱼藤酮类（如 **9- 去甲基明杜西酮，9-demethylmunduserone**）。

第二个主要转化中，黄烷酮的 C 环可以由依赖于 2- 酮戊二酸的黄酮合酶（FNS）芳香化。这个反应产生一系列非手性化合物，即黄酮类化合物（见图 24.58）。黄酮类化合物与二氢黄酮醇类、黄酮醇类化合物一样，是类黄酮类化合物中最原始的成员，存在于早期维管植物和非维管植物中。

黄烷酮类化合物的另一种修饰是 C 环上第 3 位的氧化，该反应由依赖于 2- 酮戊二酸的黄烷酮羟化酶（F3H）催化，产生二氢黄酮醇（如二氢山柰酚）。A 环也可以经 F3′5′H/CYP75A 或 F3′H/CYP75B 进一步氧化，产生多羟基化合物（见图 24.58）。C 环上的酮基可被二氢黄酮醇还原酶（DFR）还原，产生花白素类化合物。花白素也处于类黄酮生物合成网络的关键分支点上。

花白素（黄烷 -3,4- 二醇）是花色素苷、黄烷 -3- 醇（儿茶酚类）和缩合单宁（原花色素苷）的前体（见图 24.58）。花色素苷合酶（ANS）也称花白素双加氧酶（LDOX），是一个依赖于 2- 酮戊二酸的双加氧酶，催化花白素形成花色素苷类化合物，如花青素（cyanidin）、天竺葵色素（pelargonidin）和飞燕草苷元（delphinidin）等（图 24.60）。之后，一个依赖于 UDP- 葡萄糖的葡萄糖基转移酶（UGT）催化花色素苷的合成。花色素苷是一类有色化合物，它们是花瓣、叶片、枝干和果实的重要组分，在吸引传粉者和种子散播过程中起作用。

与颜色鲜艳的花色素苷不同，儿茶酚类化合物（黄烷 -3- 醇，见图 24.58）是无色的。人们认为这些化合物对人体有好处，在植物防御中也起作用。绿茶中的表 - 没食子儿茶素 3- 没食子酸酯（*epi*-gallocatechin 3-gallate，EGCC）和可可中的表 - 儿

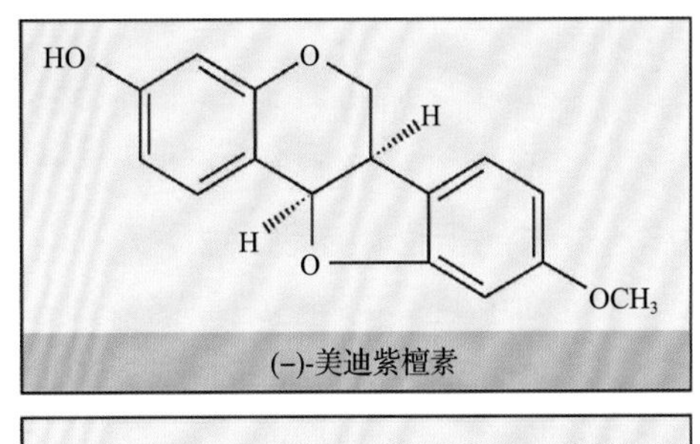

HO O OH R OH O

R =H 芹菜素

R =OH 毛地黄黄酮

图 24.59 紫花苜蓿（*Medicago sativa*）中黄酮类化合物具有多种功能。黄酮类化合物芹菜素和毛地黄黄酮是信号分子，可诱导相容性根瘤菌 *Nod* 基因的表达，促进固氮根瘤的形成（见第 16 章）。植物毒素异黄酮类化合物紫苜蓿素参与了植物的诱导性防御。来源：Davin（alfalfa plant），M. L. Kahn（nodules），Washington State University, Pullman, 未发表

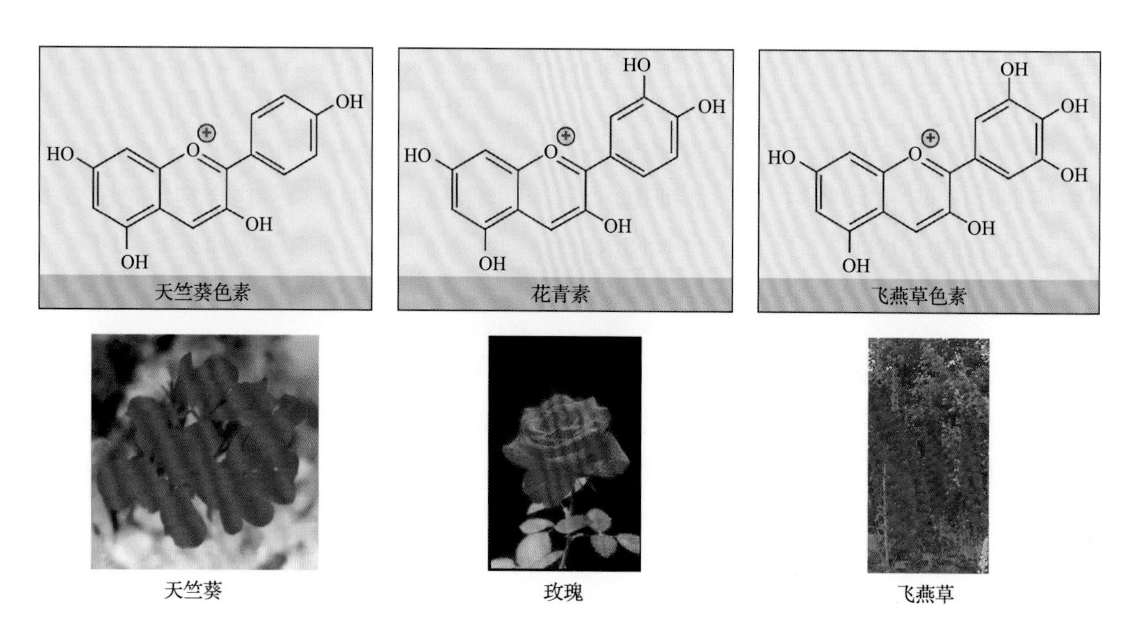

图 24.60　一些花色素苷：天竺葵中的天竺葵色素、玫瑰中的花青素和飞燕草中的飞燕草色素

茶酚具有很强的抗氧化活性。花白素还原酶（LAR）催化 2,3- 反 -3,4- 顺 - 无色花青素转化为 (+)- 黄烷 -3- 醇类化合物，如 (+)-2,3- 反 - 儿茶酚 [(+)- 儿茶酚]。儿茶酚类连同花青素经花青素还原酶（ANR，见图 24.58）催化形成的表 - 儿茶酚类一起都是原花色素苷类的基本构成单元。这些化合物多聚形成原花色素苷类（缩合单宁，图 24.61），这一过程的具体机制尚待阐明。

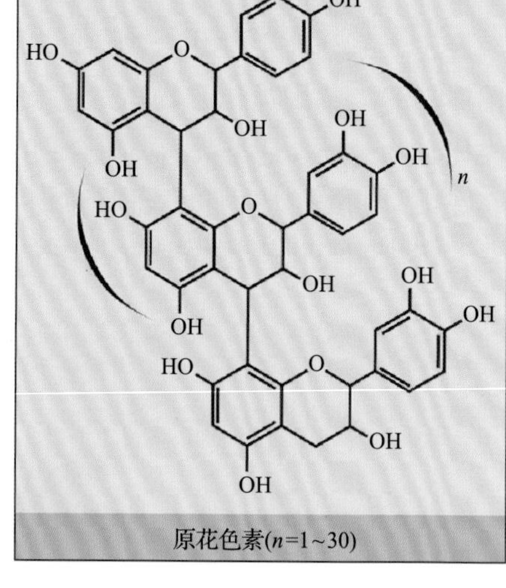

图 24.61　红高粱种皮中产生的原花色素类阻食剂化合物（缩合单宁）可阻止鸟类取食其种子。白高粱中缺乏这类化合物，因而种子很快就被鸟类吃掉了。相似的化合物在很多其他植物种中也有。来源：Lumkin, US Department of Agriculture, Washington State University, Pullman, 未发表

香豆素类化合物（如香豆素，见表 24.3）属于一个称为苯并吡喃酮类化合物的广泛分布的植物代谢物家族，在超过 800 种植物中共有 1500 多种代表性分子。它们在植物中主要起防御作用，如屏蔽紫外线、抑制萌发、抗微生物，有些也是拒食素。图 24.62 展示的是几种简单的代表性香豆素类化合物，包括伞形酮（umbelliferone）和东莨菪亭（scopoletin）的结构。植物香豆素类家族（图 24.63）还包括线型呋喃香豆素类（linear furanocoumarins，如补骨脂素 psoralen）、角型呋喃香豆素类（angular furanocoumarins，如当归根素 angelicin）、吡喃香豆素类（pyranocoumarins，如邪蒿内酯 seselin）及吡喃酮取代的香豆素类（pyrone-substituted coumarins，如 4- 羟基香豆素）。将要形成呋喃或吡喃基的碳原子是从一个连接在简单的香豆素核心结构上的苯基来的，这个核心结构又是由依赖于 2- 酮戊二酸的双加氧酶（即 *p*- 香豆酰 CoA-2- 水解酶，C2H）催化 *p*- 香豆酰 CoA 或阿魏酸 CoA（feruloyl-CoA）而形成的。此处，*p*- 香豆酰 CoA 再次作为又一大类植物酚类化合物的前体。其他的对香豆素类的修饰反应是由苯基转移酶、氧化酶和 *O*- 甲基转移酶催化的。

香豆素类化合物有的严重威胁人的健康，有的对健康有益。对哺乳动物而言，摄入苜蓿中的香豆

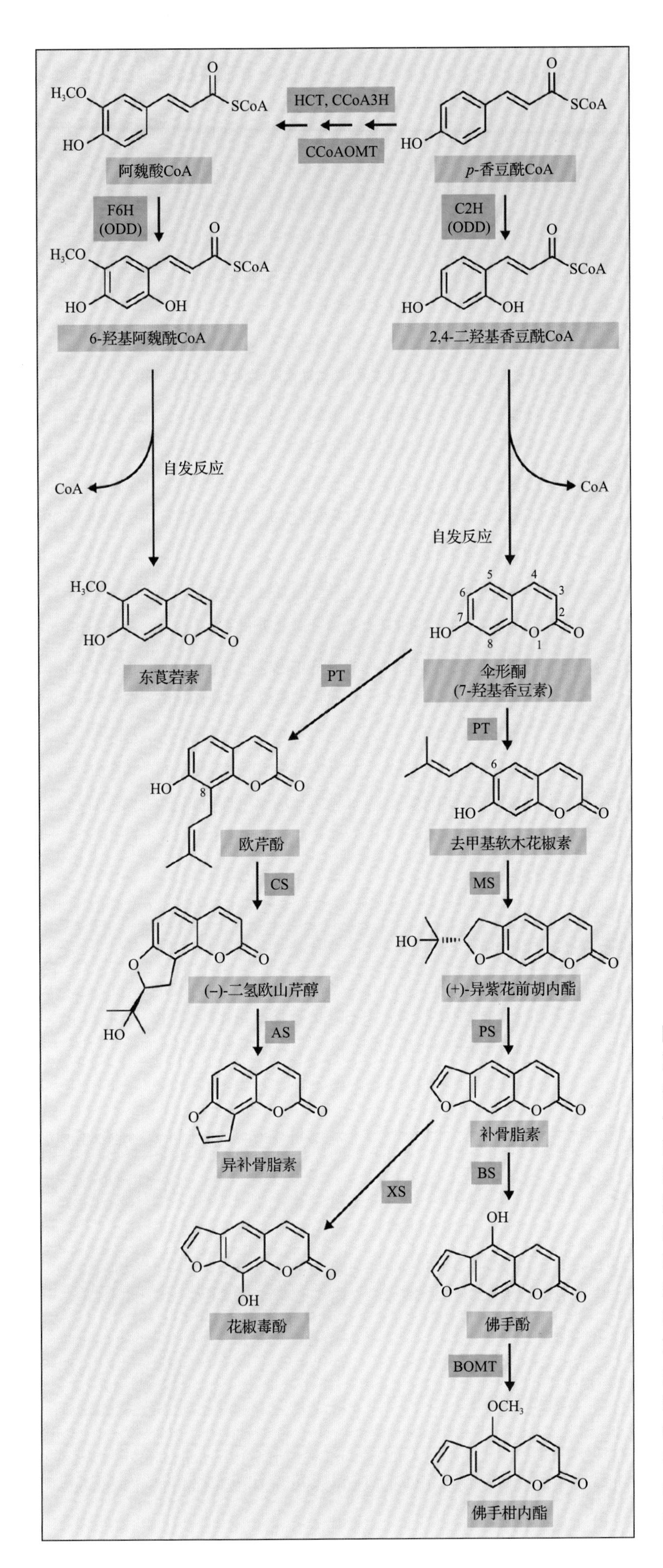

图 24.62 大多数香豆素类化合物是从 *p*- 香豆酰辅酶 A 或阿魏酸辅酶 A 合成的，当然也有一些从肉桂酰 CoA 合成而来在水溶液中，香豆素合酶反应中的羟基化产物（CoA 酯或 CoA 羧酸酯）可自发转化为香豆素。主要参与反应的酶（及其辅酶因子）有：F6H，阿魏酰 CoA-6-羟化酶 / 香豆素合酶 [α- 酮戊二酸，O_2，抗坏血酸盐，Fe(Ⅱ)]；C2H，*p*- 香豆酰 CoA-2- 羟化酶 / 香豆素合酶 [α- 酮戊二酸，O_2，抗坏血酸盐，Fe(Ⅱ)]；PT，二甲基烯丙基异戊烯转移酶；MS，异紫花前胡内酯合酶（O_2，细胞色素 P450，NADPH）；PS，补骨脂素合酶（O_2，细胞色素 P450，NADPH）；BS，佛手酚合酶（O_2，细胞色素 P450，NADPH）；XS，花椒毒酚合酶（O_2，细胞色素 P450，NADPH）；BOMT，佛手酚 *O*-甲基转移酶（AdoMet）；CS，哥伦比亚苷元合酶（O_2，细胞色素 P450，NADPH）；AS，当归根素合酶（O_2，细胞色素 P450，NADPH）

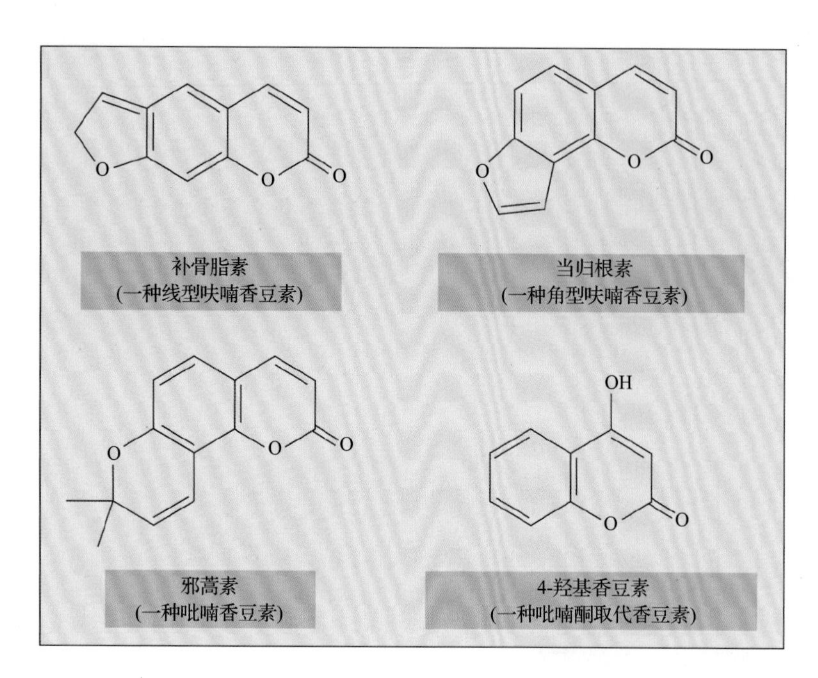

图 24.63 线型呋喃香豆素类的补骨脂素、角型呋喃香豆素类的当归根素、吡喃香豆素类的邪蒿素和吡喃酮取代香豆素类 4- 羟基香豆素的结构

素类化合物会导致严重的内脏出血，基于这一发现人们最终开发出了灭鼠药“华法林”（Warfarin）（见表 24.3），同时利用类似的化合物（血液稀释剂）治疗和预防痛风。这些扁平的、可吸收紫外线的分子可以嵌入 DNA 双螺旋中，受紫外线激活时引发染色体断裂，最终导致细胞死亡。正因为如此，一方面，像大豕草（*Heracleum mantegazzianum*）的叶片中 8- 甲氧基补骨脂素（8-methoxypsoralen）这样的光敏感化合物会导致植物性日光性皮炎（phytophotodermatitis）（图 24.64）；另一方面，口服补骨脂素与 UV-A 治疗相结合已成功用于治疗多种皮肤病（如湿疹和牛皮癣）。

24.17 苯丙烷途径

苯丙烷途径与苯丙烷类乙酸酯途径的差异在于利用 *p*- 香豆酰 CoA 的方式不同。苯丙烷途径合成木质素单体，木质素单体再作为中间产物参与合成木质素，以及结构和生化代谢上相关的木脂素（图 24.65）。

除纤维素外，木质素是地球上最丰富的生物高聚物，占植物固定碳的 20% ～ 30%，甚至更多。木质素是植物细胞壁的结构组分。木质素单体的合成在演化上比由苯丙烷类乙酸酯途径合成的酚类出现得晚，因为非维管植物中没有木质素单体。

大多数植物只合成两种羟基肉桂酸类化合物：反式肉桂酸（*trans*-cinnamate）和 *p*- 香豆酸（*p*-coumarate）。起初人们认为咖啡酸酯（caffeate）和阿魏酸盐（ferulate）是合成木质素单体的中间物。然而实际上咖啡酸酯和阿魏酸盐都不是核心途径的中间物，它们只是分别在唇形科和禾本科中产生或积累的特殊的苯丙烷类化合物。

24.17.1 苯丙烷途径最终合成木质素单体

一分子的将要形成木质素、木脂素或挥发性苯丙烯类化合物的 *p*- 香豆酰 CoA，经香豆酰 CoA：NADPH 氧化还原酶（CCR）催化转化为 *p*- 香豆

独活属植物

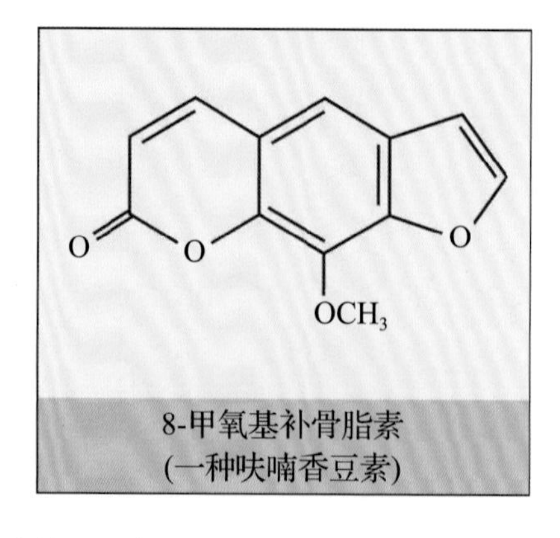

图 24.64 一种线性的呋喃香豆素（8- 甲氧基补骨脂素）使人的皮肤对紫外线 A 敏感。这种独活属（*Heracleum*）植物表面组织中的化合物可使皮肤受到紫外线辐射后产生严重的水疱。来源：照片来自 Towers, University of British Columbia, Vancouver, Canada, 未发表

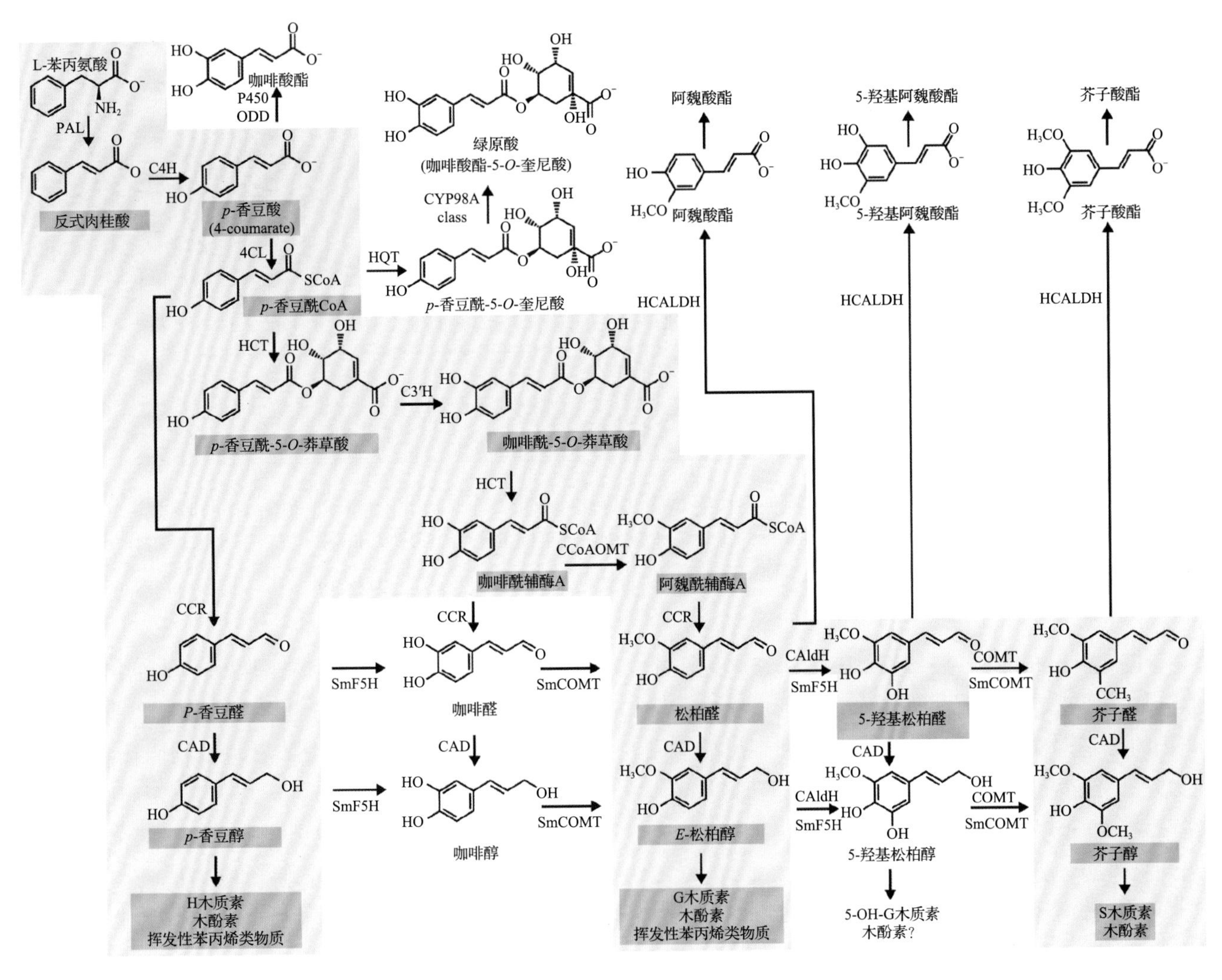

图 24.65 苯丙烷类化合物的代谢产生木质素单体、p- 香豆醇、松柏醇、芥子醇及其他（亚）类的植物酚类。在过去二十年间这个代谢网络发生了相当大的变化。代谢途径并不是相互交联的网格状，而是大多数植物细胞中只有特定的代谢通路。图中没有阴影标注的部分为非普遍的代谢途径，但它们在特定物种中可能会是主要的物质流。以下是参与反应的酶（及其辅因子）：PAL，苯丙氨酸解氨酶（MIO）；肉桂酸 -4- 羟化酶（O_2，细胞色素 P450，NADPH）；4CL，4- 羟基肉桂酰 CoA 连接酶（ATP，辅酶 A[CoASH]）；HCT，羟基肉桂酰 CoA：莽草酸羟基肉桂酰转移酶（莽草酸）；C3′H，p- 香豆酰 -5-O- 莽草酸 3′- 羟化酶（O_2，细胞色素 P450，NADPH）；CCoAOMT，咖啡酰 CoA O- 甲基转移酶（AdoMet）；CCR，（羟基）肉桂酰 CoA 还原酶（NADPH）；CAldH，松柏醛 5- 羟化酶（O_2，细胞色素 P450，NADPH）；CAD，（羟基）肉桂醇脱氢酶（NAD^+）；HCALDH，羟基松柏醛脱氢酶（NAD^+）；COMT，“咖啡酸” O- 甲基转移酶（AdoMet）；ODD，2- 酮戊二酸依赖的双加氧酶 [α- 酮戊二酸，Fe（II），抗坏血酸盐]；HQT，绿原酸合酶 / 羟基肉桂酰辅酶 A：奎尼酸羟基肉桂酰转移酶（奎尼酸）；CYP98A 家族，细胞色素 P450 参与绿原酸的形成，与 C3′H 有关；SmF5H 和 SmCOMT，分别是多功能的 P450 酶和 OMT，在苔藓类植物江南卷柏（*Selaginella moellendorfii*）合成木质素单体过程中起作用，在其他植物中尚未发现

醛，再经 p- 香豆醛由肉桂醇脱氢酶（CAD）转化为木质素单体 p- 香豆醇，而 p- 香豆醇是木质素、许多木脂体和特定挥发性芳香族化合物（如 ***t*- 对丙烯基苯酚 *t*-anol**、**茴香脑 anethole** 以及**胡椒酚甲醚 methylchavicol**）的前体（见 24.17.3 节）。CCR 是一个 B 型还原酶，在还原过程中从 NADPH 的烟碱平面的后方抽出前 -*S*- 氢化物。而 CAD 则是 A 型还原酶，从烟碱平面的前方摘取出前 -*R*- 氢化物（图 24.66）。

当植物需要合成其他木质素单体（如**咖啡二醇 caffeyl alcohol**、**松柏醇 coniferyl alcohol**、**5- 羟基松柏醇 5-hydroxyconiferyl alcohol** 或**芥子醇 sinapyl alcohol**）时，p- 香豆酰单元先在羟基肉桂酰 CoA: 莽草酸羟基肉桂酰转移酶（HCT）催化下从 p- 香豆酰 CoA 转移到莽草酸分子上，形成酯，即 ***p*- 香豆酰 -5-*O*- 莽草酸**（***p*-coumaroyl-5-*O*-shikimate**，见图 24.65）。这是一个立体特异性反应，酶促反应只形成 5-*O*- 莽草酸产物。

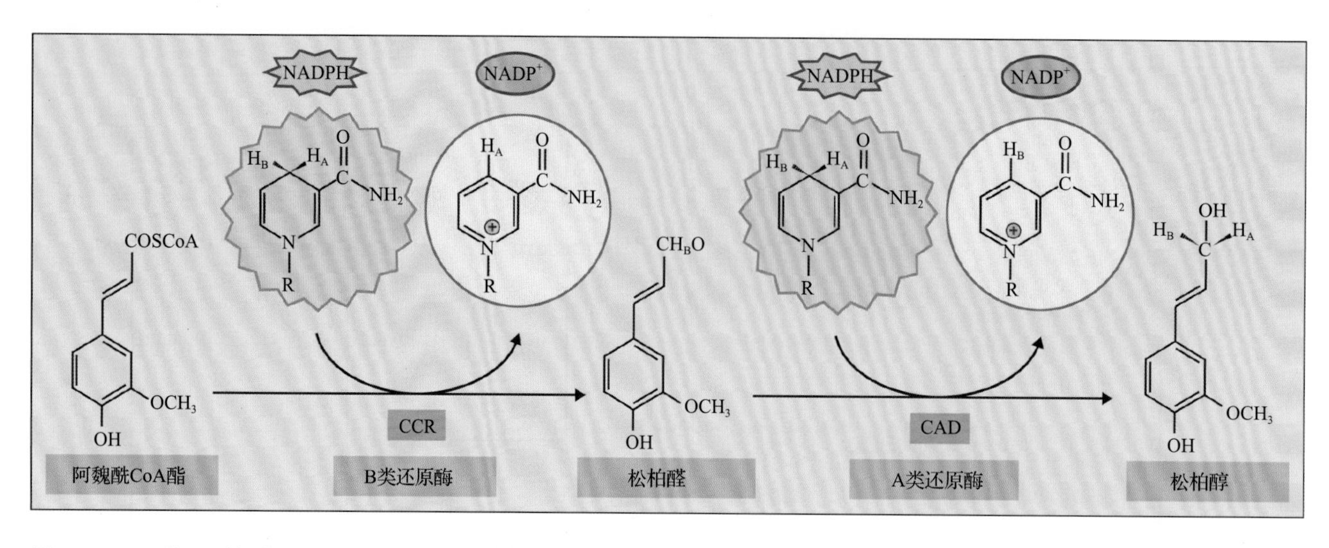

图 24.66 一种 B 型氧化还原酶 NADPH 依赖型肉桂酰 CoA 还原酶（CCR）和一种 A 型氧化还原酶肉桂醇脱氢酶（CAD）的立体特异性。H_A，pro-R（氢原子在烟酰环 A 面的上方，也就是在纸平面的上方）；H_B，pro-S（氢原子在烟酰环 B 面的上方，也就是在纸平面的下方）。R，腺嘌呤核苷二磷酸

HCT 属于植物酰基转移酶 BAHD 家族的一个亚分枝，该家族还包括另外几个参与形成次生代谢产物的羟基肉桂酰转移酶，如咖啡酸和奎尼酸形成的酯——**绿原酸（chlorogenic acid）**（见图 24.65）。在苹果和洋蓟中，羟基肉桂酰 - 奎尼酸转移酶（HQT）起到绿原酸合酶的作用。

木质素单体合成的下一步反应也具有高度的底物选择性，它由 CYP98A 家族中的一个细胞色素 P450 酶 *p*- 香豆酰 -5-*O*- 莽草酸 -3′ 水解酶（C3′H，见图 24.65）催化。用拟南芥 *ref8* 突变体（*CYP98A3* 基因缺陷）进行遗传学实验，同时对 *CYP98A3* 基因产物进行详细鉴定，证明了这个酶与咖啡酰 -5-*O*- 莽草酸的产生有关。随后，HCT（或一个类似的酰基转移酶）将咖啡酰基团转移回 CoA。因此，HCT 在合成途径中有双重作用，植物产生不常见的莽草酸酯作为反应途径的瞬时中间产物，仅仅是为了把氧化程度更高的羟基肉桂酰部分又转移回 CoA 以进行下一步反应，这确实有点奇特。

24.17.2 木质素单体主要转化为木脂体和木质素

木质素单体主要转化为两类不同的植物代谢产物：木脂体（松柏醇单体经酚类氧化连接形成的二聚体）和木质素（羟基肉桂醇单体经酚类氧化连接形成的多聚体，见第 2 章）。除这两类主要产物外，木质素单体也可转化形成一些挥发性苯丙烯类化合物（邻丙烯基苯酚、烯丙基苯酚以及它们的衍生物）。植物苯丙烷途径中大部分物质流都导向合成细胞壁的结构组分木质素。自由基参与了木脂体二聚体、寡聚体和木质素的合成反应，以及植物栓化组织中类似的复杂多聚体的合成。

在蕨类植物、裸子植物和被子植物中都能找到木脂体的二聚体；当然更高阶的寡聚体形式也有。木脂体在植物中可能起防御作用。例如，大侧柏酸（plicatic acid，图 24.67）在北美乔柏（*Thuja plicata*）的心材形成过程中大量沉积，使这种高价值的心材呈现特定的颜色、质地和耐久性。木脂体也能入药，例如，鬼臼毒素（podophyllotoxin，图 24.67）可用于治疗性病湿疣，而鬼臼毒素的半合成衍生物如替尼泊苷（teniposide）、依托泊苷（etoposide）和 etophos 用于多种癌症的化疗。木脂体合成多倾向于用 *E*- 松柏醇作起始前体，其他木质素单体、烯丙基苯酚类、苯丙烷类单体作为前体的情况较少。

尽管**木脂素（lignan）**一词最初是用来描述一类通过 8-8′ 键连接的苯丙烷类（C_6C_3–C_6C_3）二聚体代谢物，现在这个词所定义的范畴已经扩大了。木脂素用来指代所有木质素单体衍生而来的二聚体和高阶寡聚体，也不管单体的连接方式（如 8-O-4′ 连接、8-5′ 连接和 8-1′ 连接的二聚体，图 24.68）是否起到木质素的结构性作用。木脂素的亚类**新木脂素（neolignan）**的连接方式与木脂素类似，但它们是从异丁香酚（isoeugenol，图 24.69）这样的烯丙基苯

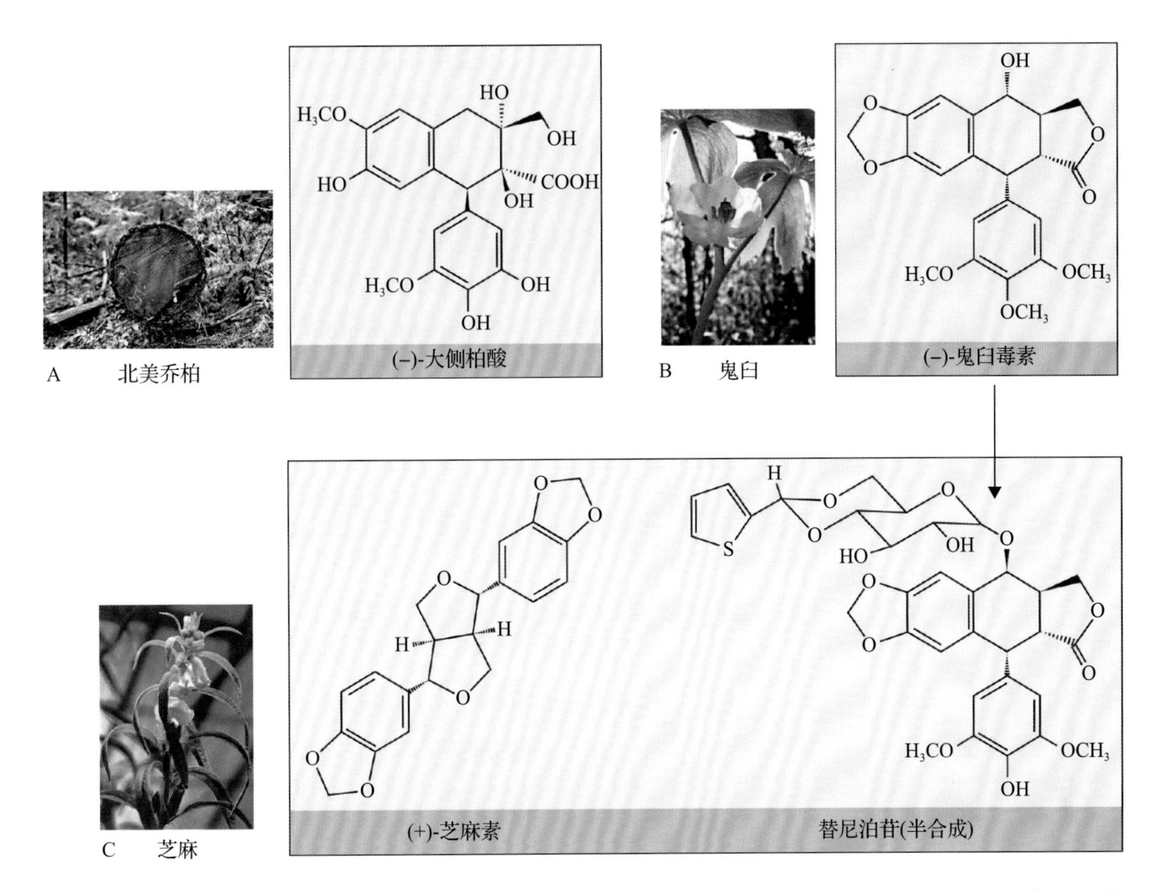

图 24.67 8-8′ 连接木脂素的例子。A. 大侧柏酸在北美乔柏的心材中沉积积累达其干重的 3%，大侧柏酸及其同系化合物使这个树种存活 3000 年以上。B. 鬼臼属植物中的鬼臼毒素。这种化合物的衍生物表鬼臼毒噻吩糖苷、表鬼臼毒吡喃葡糖苷或其他表鬼臼毒衍生物可用于治疗某些癌症。C. 芝麻种子中的芝麻素有抗氧化特性，可防止芝麻油在储存过程中发生腐坏。来源：A, C. Davin, Washington State University, Pullman; previously unpublished. B. Towers, R.A. Norton, University of British Columbia, Vancouver, Canada, 未发表

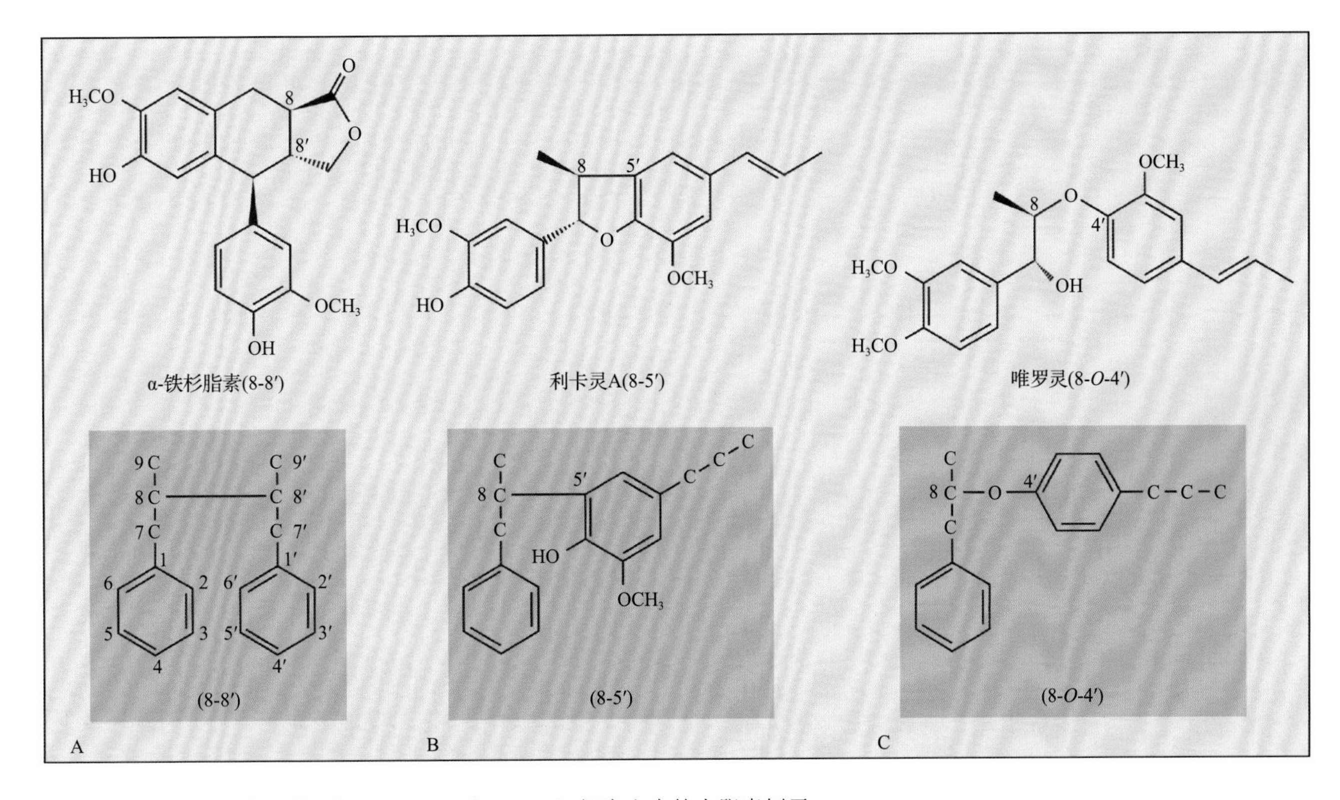

图 24.68 由不同耦合方式（如 8-8′、8-5′ 和 8-*O*-4′）衍生出来的木脂素例子

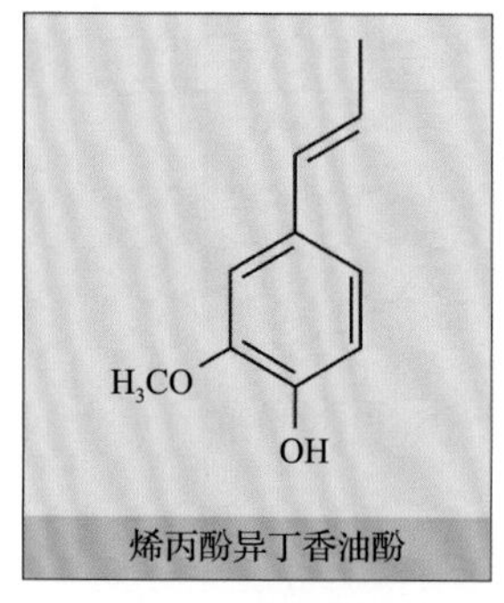

图 24.69 一种烯丙酚异丁香油酚

酚类化合物衍生而来的。人们认为**去甲木脂素**（**norlignan**，C_6C_3–C_6C_2）是羟基肉桂酸与一个木质素单体或一个烯丙基苯酚耦合而成的，耦合过程中脱去一个羧基。尽管人们已知数千种木脂素、新木脂素和去甲木脂素的化学本质，相对而言，形成这些化合物的耦合方式只发现了为数不多的几种。

人们发现木脂素在植物中多是光学纯的，或以一种形式富集。漆酶和过氧化物酶催化产生木质素单体基团，两个这样的基团可形成二聚体。反应过程中，两个木质素单体基团位于**指导蛋白**（**dirigent protein**）的“活性位点”，相距很近。指导蛋白自身不具有催化活性，但它具有空间选择性，能使参与反应的木质素单体基团处于特定角度，从而只生成一种对映异构体（图 24.70）。例如，研究表明

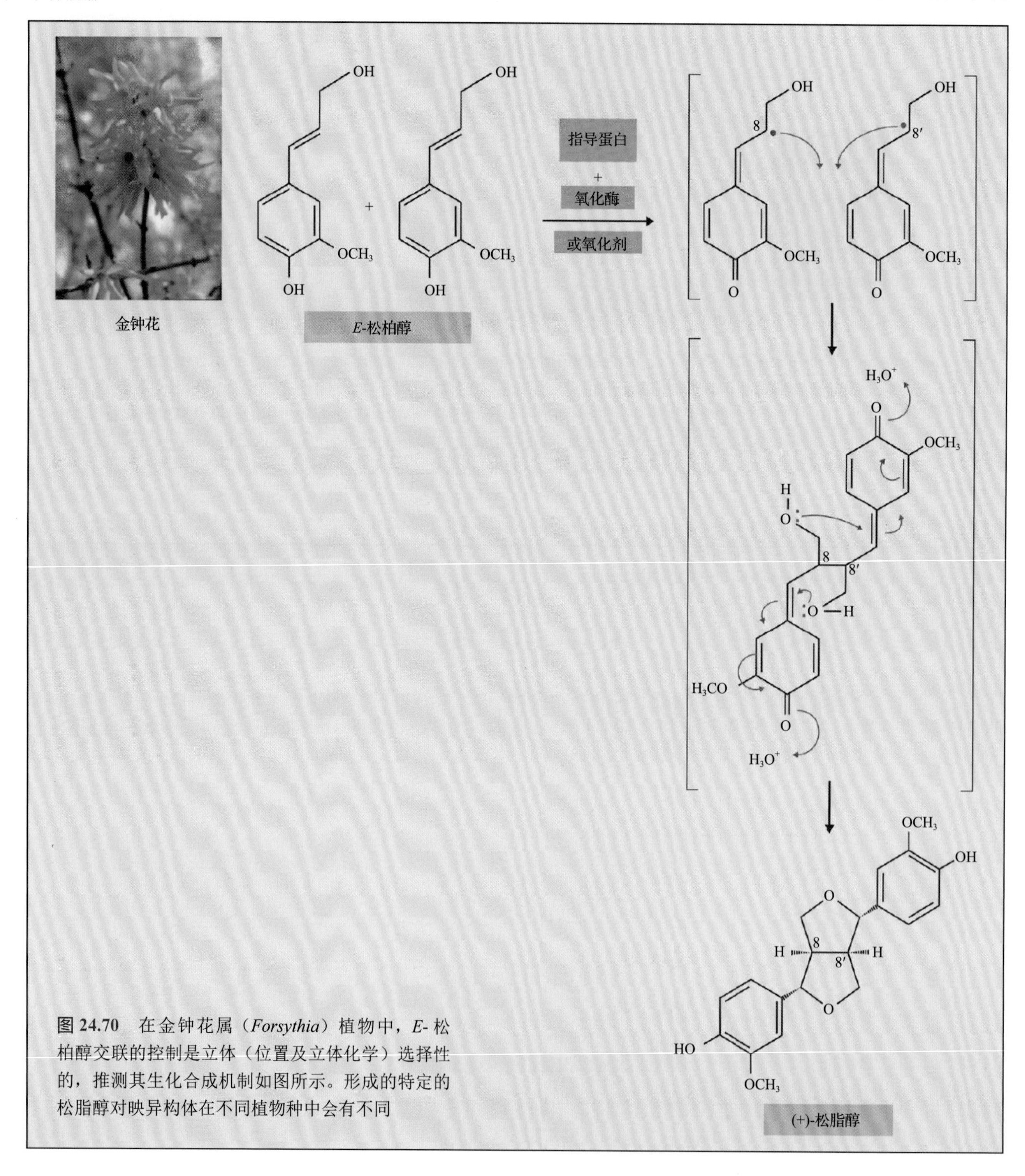

图 24.70 在金钟花属（*Forsythia*）植物中，*E*-松柏醇交联的控制是立体（位置及立体化学）选择性的，推测其生化合成机制如图所示。形成的特定的松脂醇对映异构体在不同植物种中会有不同

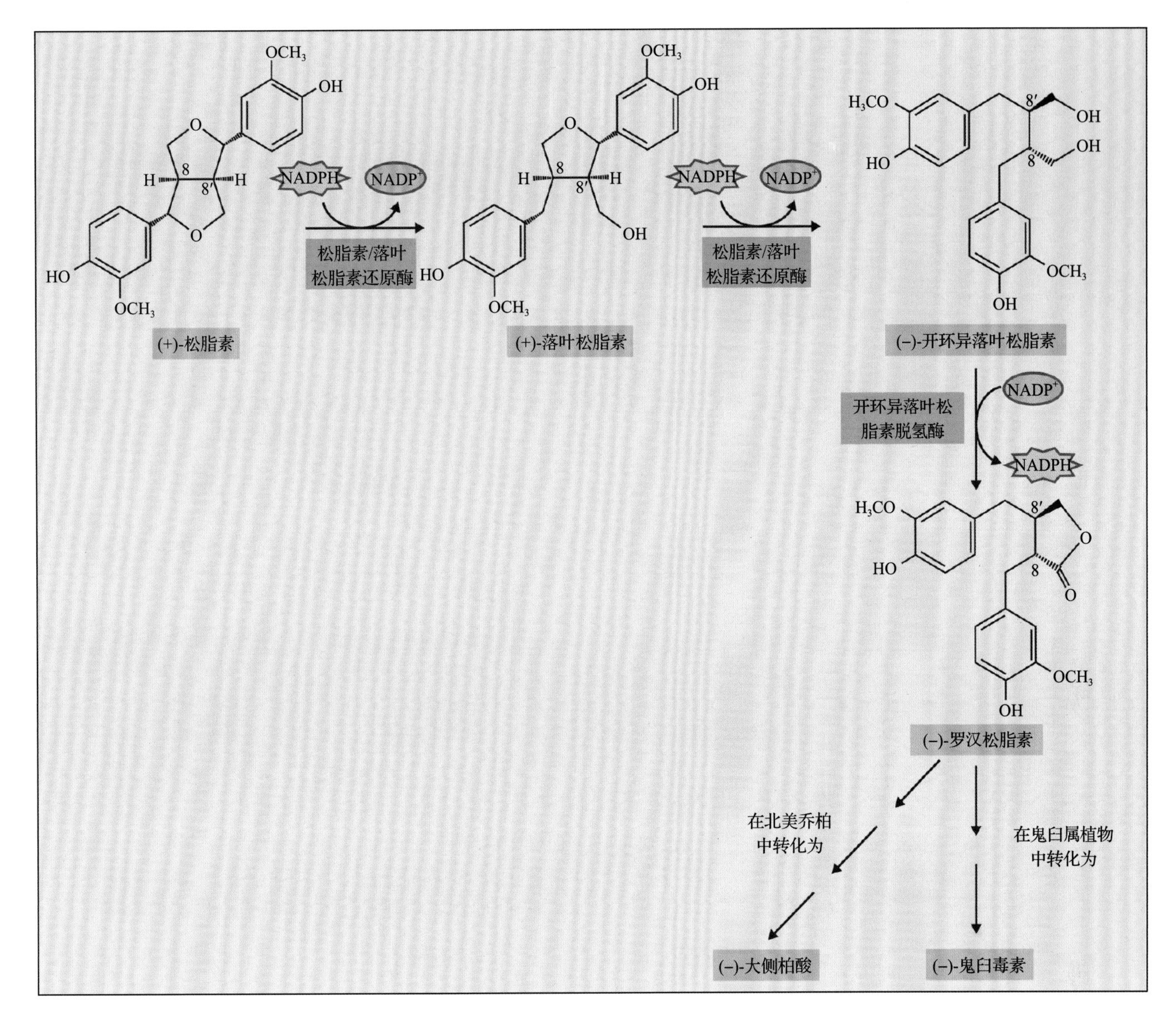

图 24.71 在金钟花属（*Forsythia*）植物、北美乔柏（*Thuja plicata*）和鬼臼属（*Podophyllum*）植物中，推测的各类 8-8′ 连接的木脂生化合成途径如图所示。在很多其他植物中也有类似的途径

不同植物物种产生光学特异的松脂素，连翘属植物（*Forsythia* sp.）产生 (+)- 松脂素，而亚麻籽（*Linum* sp.）产生 (–)- 松脂素。松脂素形成后，可经历一系列依物种而不同的转化过程（图 24.71）。拟南芥基因组编码大约 12 个指导蛋白，其中有一些参与木脂素的形成。

24.17.3 植物挥发性化合物衍生自苯丙烷途径

由苯丙烷途径中间产物衍生而来的植物挥发性化合物有四类，代表性化合物包括：①苯甲酸类化合物，如苯甲酸苄酯、乙酸苄酯和苯甲酸甲酯；②由丁香酚、甲基丁香酚、胡椒酚甲醚、异丁香酚、*t*- 对苯烯酚和茴香脑衍生而来的苯丙烯类化合物（也称为烯丙基苯酚 - 和丙烯基苯酚 - 衍生化合物，见表 24.3)；③肉桂醛和甲基肉桂酸；④香兰素。所有上述化合物都是花香的成分，并且 / 或者是重要香料（如丁香、肉桂、茴芹、罗勒和香草豆）的成分。

这些挥发性化合物是从核心苯丙烷途径或苯丙烷类乙酸酯途径的中间产物衍生而来（图 24.72）。苯甲酸类化合物是由肉桂酰辅酶 A 酯和木质素单体途径衍生而来（图 24.72）。甲基肉桂酸直接衍生于肉桂酸，这一过程由一个叫作 CCMT 的 SABATH 羧甲基转移酶催化。苯丙烯类化合物则是从木质素

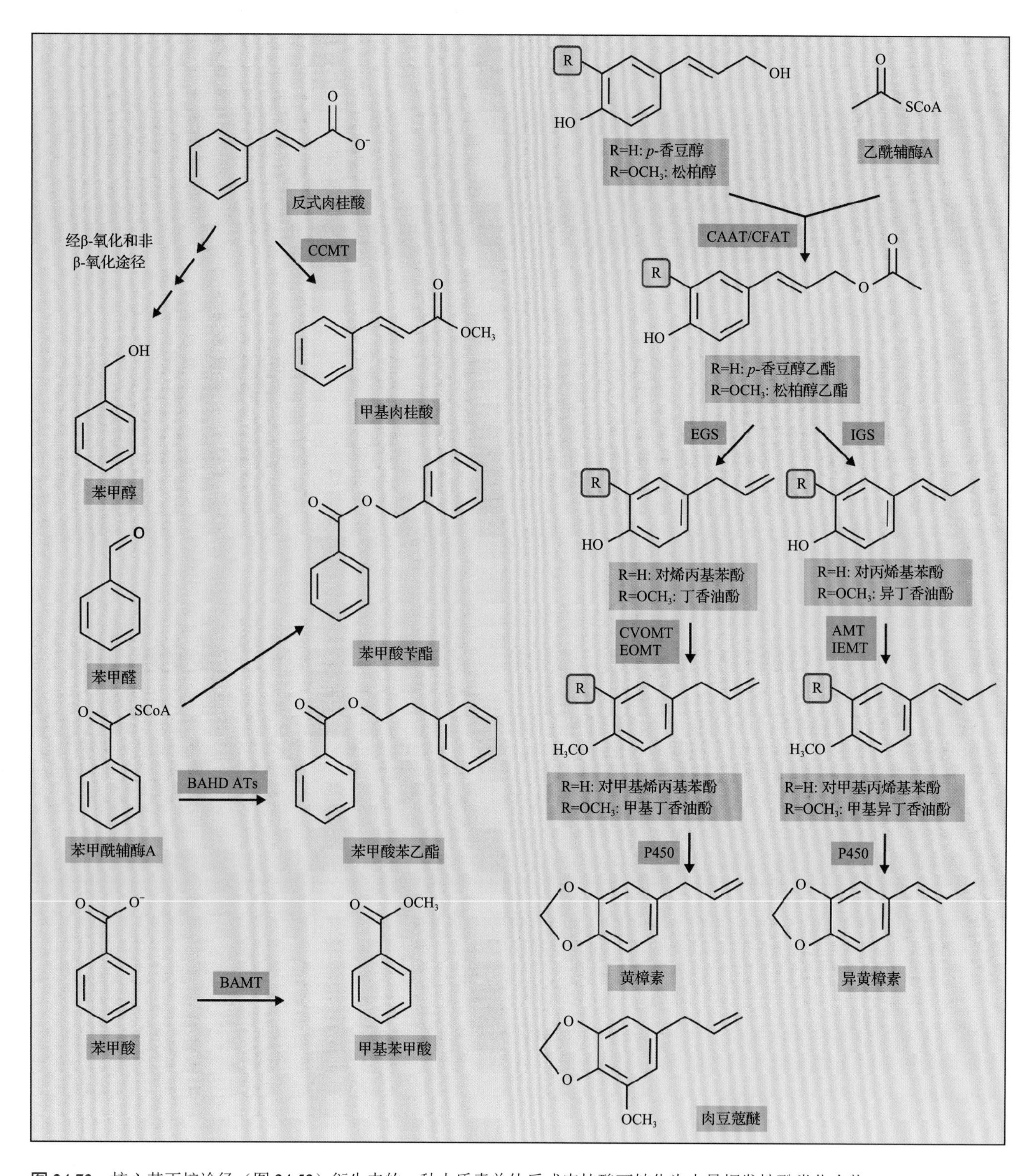

图 24.72 核心苯丙烷途径（图 24.52）衍生来的一种木质素单体反式肉桂酸可转化为大量挥发性酚类化合物

单体衍生来的，其在一个 BAHD 酰基转移酶（CCAT/CFAT）作用下形成相应的乙酰酯，该酯再经由一个 IFR/PLR 家族的依赖于 NADPH 的还原酶（EGS 或 IGS）催化，形成丁香酚、胡椒酚、异丁香酚或 *t*-对苯烯酚。这些化合物再经细胞色素 P450 酶和 *O*-甲基转移酶修饰，形成多种多样的结构（如黄樟素、异黄樟素和肉豆蔻醚；图 24.72）。

24.18 酚类生物合成的普遍特征

24.18.1 酚类生物合成需要高度甲基化

虽然“酚类化合物”或“酚类聚合物”这些名字暗示这些分子的芳香环上带有游离的羟基，大多数经混合的苯丙烷途径 / 苯丙烷类乙酸酯途径形成的化合物都含有甲基化的羟基（甲氧基），有一些则含有甲基化的羧基（甲酯）。有些类型的化合物如木脂素和类黄酮类化合物确实发生了高度甲基化修饰，在有的分子中，甲基所占的碳原子数达到了总碳原子数的 1/4。因此，产生这类化合物的细胞需要大量催化甲基化反应的、通用的酶辅助因子，即 *S*- 腺苷甲硫氨酸（见第 7 章）。

有足够可用的催化反应的酶才能生产出甲基化的酚类化合物。人们已经详尽鉴定了一个大型甲基转移酶超家族；已知特定亚家族的酶可催化特定官能团的甲基化。在羧甲基转移酶（以该基因家族中最先发现的三个酶水杨酸甲基转移酶、苯甲酸甲基转移酶和可可碱酸甲基转移酶命名）的 SABATH 家族中，大多数的成员都可以催化羧基的甲基化生成甲酯。然而，植物酚类合成过程中涉及的大多数甲基化反应都是由 *O*- 甲基转移酶（OMT）催化的。大部分 OMT 的底物选择性都很有限，但也有像 COMT（“咖啡酸”OMT）这样的酶，可以催化多种底物，造成生物合成途径分歧的困境。

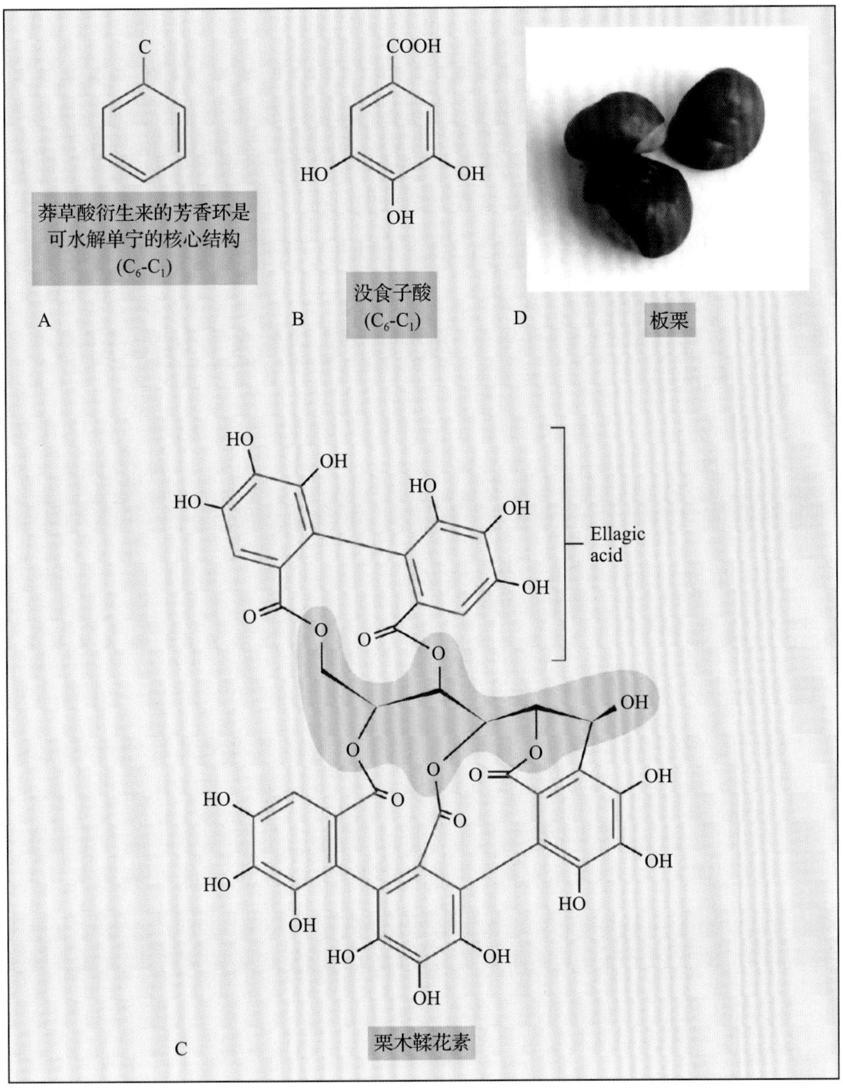

24.18.2 酚类合成对糖基部分的需求量很高

植物中的天然酚类分子有很多或是大多数都有添加糖基修饰。许多类黄酮类分子高度糖基化，所添加的糖基中的碳原子数往往比类黄酮核心部分的碳原子数还多。木脂体类化合物也是如此。与之相反，可水解的鞣质（见图 24.73），其糖基部分就是分子核心，通过添加没食子酸或其他经修饰的苯丙酸类分子来增加结构多样性。

这些添加的糖基部分通常赋予分子以重要特性。例如，糖基化的类黄酮类比其对应的糖苷化分子更溶于水，因而可以在植物液泡中积累到很高的浓度。此外，**柚皮苷**（naringin，图 24.74）等化合物带有的苦味，在糖基化修饰后苦味就会消除，形成没有什么感官反应的糖苷化分子。

24.18.3 寡聚体和混合分子普遍存在

木质素和栓质不是唯一的植物酚类多聚物。缩合单宁类化合物和寡聚木脂素类化合物根据它们的聚合程度不同而溶解度不同。原花色素苷类化合物的聚合度达到二十多很常见，不同聚合度的寡聚木脂素类化合物也一样。这对于其他多聚类黄酮化合物也很普遍，混合的类黄酮 / 木脂素的二聚体 / 多聚体也是这样的。在许多情况下，这些化

莽草酸衍生来的芳香环是可水解单宁的核心结构 (C_6-C_1)

没食子酸 (C_6-C_1)

板栗

Ellagic acid

栗木鞣花素

图 24.73 莽草酸衍生来的骨架（A）可形成没食子酸（B）的核心结构，没食子酸是可水解单宁（包括栗木鞣花素）的一种组分。栗木鞣花素的核心糖基部分（C）在图中用阴影标注。栗木鞣花素取自板栗（*Castanea* sp.，D）中。来源：图 D 来源于 Daven, Washington State University, Pullman, 未发表

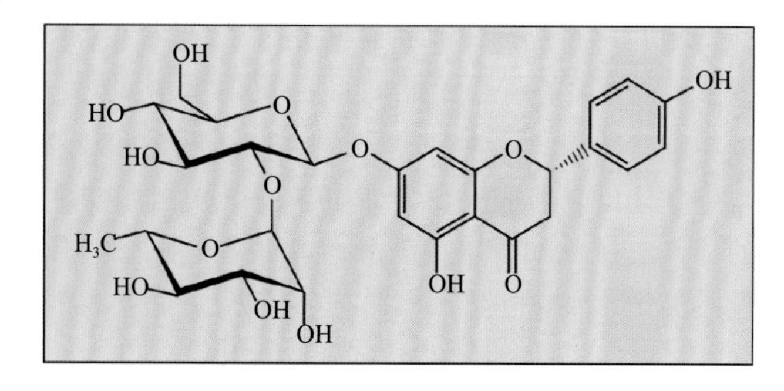

图 24.74 黄烷酮糖苷柚皮苷。这种黄酮类化合物使葡萄柚（*Citrus*×*paradisi*）的汁带有苦味

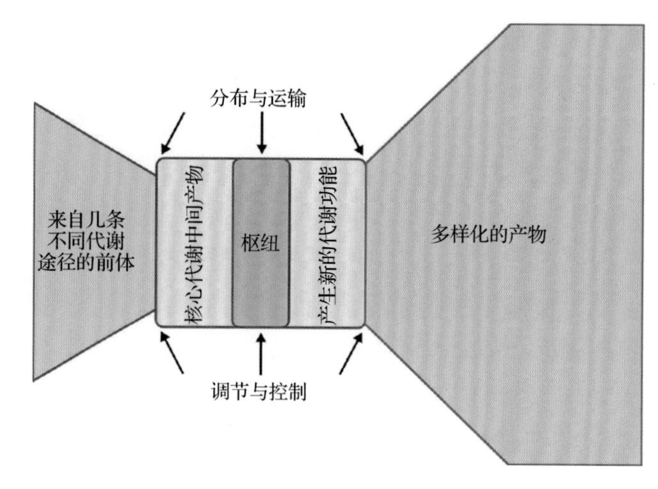

图 24.75 模块化和“代谢结”是植物特有的代谢组织形式，其包含核心枢纽代谢中间产物，如 *p*- 香豆酰 CoA

合物都具有特定的构型，而非以外消旋混合物的形式存在。目前尚未鉴定出催化上述二聚 / 多聚反应的那一整套酶。

24.18.4 代谢区室、模块化和代谢结（metabolic bowties）在酚类合成中起作用

长期以来有一个争论，即核心苯丙烷途径中的前三个酶是否组合在一个代谢区室中（见 24.8.2 节和 24.12.4 节）。支持代谢区室在苯丙烷途径早期就已形成的证据包括：PAL 和 4CL 在内质网上共定位，且离 C4H 的距离明显很近；在一些细胞系统中检测到这几个步骤的物质流，要高于人们通过这些酶的催化能力和扩散速率的推算结果，也高于无细胞系统中对中间产物的测量结果。若核心苯丙烷途径中的酶整合在一起，则可以解释单个植物细胞如何一边调控木质素前体的生产，一边用不同的方式生产类黄酮类化合物。

近年来人们从植物代谢中认识到的另一组织原则就是模块化，模块化似乎对苯丙烷类乙酸酯 / 苯丙烷代谢网络的贡献很大。当代谢物组织起来形成一个像“领带结”那样的体系时，模块化就发生了。在这类体系中，特定的中间产物起到枢纽的作用，把两部分代谢过程连接起来，促进生化代谢能力的多样性（图 24.75）。人们已经确定了苯丙烷类乙酸酯途径和苯丙烷途径中的几个枢纽分子，如 *p*- 香豆酰 CoA、柚皮苷查耳酮（黄烷酮类）、芹菜素（黄酮类化合物）和木质素单体（特别是松柏醇）。这些化合物是关键分支点，每一种中间产物经多种酶的催化，可以将一种代谢物分流至若干条不同的下游途径。

在这一体系中，植物的整个酚类化合物生物合成途径都是高度模块化的。在特定的细胞类型中，不同的代谢途径“插入”在苯丙烷 / 苯丙烷类乙酸酯大网络的特定位点上，会产生不同的代谢产物。不同代谢途径之间如何分配是由代谢枢纽中间产物的酶学动力学性质来调控的。因此，模块可以调节一个给定细胞、组织和植物中的酚类化合物生物合成。

24.19 次生代谢途径的演化

植物通过多样化来适应环境。这种多样化在植物化学合成种类繁多的物种特异性天然产物这一点上得到了充分反映。本章前述章节讲述了这种化学多样性的一些具体实例。植物的物种形成也与化学多样性有关。

植物中新的代谢途径是如何演化的呢？随着对天然产物生物合成的相关基因的了解越来越多，人们形成的共识是主要通过基因的复制和多样化。这些提高植物适应性的基因复制和多样化事件随后通过自然选择被保留下来。一个给定次生途径的基因既可能分散在植物基因组中，也可能在染色体上成簇存在。我们已知的植物基因组序列还不够多，因此无法判断上述两种代谢途径的组织方式中哪一种更常见。

防御反应途径的基因成簇排列，可以使防御性特征以一个功能单元的形式遗传。在有些产生有毒中间产物的途径中，基因成簇排列可以减小途径在后代基因分离过程中被打断的可能。在染色体水平上，基因的成簇排列有助于它们协同一致地表达。

近期植物基因组学和系统生物学的进展使我们得以初窥植物代谢通路的演化过程。

植物次生途径的相关基因成簇排列的例子有很多。与微生物中次生途径基因成簇排列不同，植物中的这些基因并不是以操纵子的形式存在的，每个基因都有其独立的启动子。第一个这样的例子是在玉米（*Zea mays*）中被发现的，在玉米中苯并噁嗪酮合成途径的基因成簇排列，最初人们认为这不同寻常，但随着完成基因组草图组装的植物越来越多，人们发现类似的例子有许多，燕麦（*Avena sativa*）中的三萜合成，拟南芥中的三萜合成，水稻（*Oryza sativa*）中的二萜合成，莲属植物（*Lotus* sp.）、木薯（*Manihot esculenta*）和高粱（*Sorghum* sp.）中生氰苷化合物的合成，罂粟（*Papaver somniferum*）中的生物碱合成，番茄（*Solanum lycopersicum*）中甾族生物碱的合成。此外，对于其他物种基因组的初步分析表明，在藓、水稻和黄瓜（*Cucumis sativus*）中也可能有基因成簇排列的情况。基因成簇排列有利于通过标志性基因来阐明代谢途径，也有助于发现新的植物天然产物。

小结

自然界最大的财富之一就是生命形式的多样性。尽管我们已经为大量植物标本编订了目录，但对于这些可生产和利用的植物化学物质多样性的分析及理解才刚刚起步。这些化学物质构成了一个人们尚未发掘的、在农业和人类健康等新兴生物经济中有潜在应用价值的生物活性分子库，也可为能源和制造业提供可再生生物制品。

虽然地球上有约 400 000 种有花植物，但人类食物和能量需求的 95% 只要用其中的 30 种植物就可以满足了。然而，历史上人类栽培食用过的植物超过 7000 种，曾经药用的植物更多，差不多有 20 000 种，说明植物中确实存在独特的化学成分。不过，植物演化出化学物质并非为了满足人类的需求，而是在植物与环境的交流以及植物生理方面行使功能，它们提高植物对各种生物和非生物逆境条件的适应性。现在和将来的许多社会挑战，将可以在植物的化学多样性上找到解决方案。我们只需要更好地了解植物化学多样性的构成、调控这种多样性的环境因素、多样性在植物适应性中起的作用，以及负责形成和储藏这些名副其实的宝藏的基因。

过去十几年，在植物天然产物领域取得的进展使我们更好地理解了天然产物在植物的功能以及植物与环境互作中起到的内在作用。我们如今愈发理解了植物天然产物存在的理由，然而，我们还需要更多地了解它们是如何制造和储存的，在何处制造和储存，其生物合成过程为何以及如何被调控等，以更全面地开发利用这些分子。我们还需要更多的植物在变化的环境中产生的天然产物库的详细信息。利用自动化技术和生物信息学技术的发展，植物科学的下一个十年将注定会在理解植物如何对环境进行反应、如何与环境相互作用方面取得快速进展，这些相互作用中一个重要的方面肯定要涉及植物天然产物。

（艾宇熙　译，瞿礼嘉　廖雅兰　校）

延伸阅读

第 1 章

Austin JR, Staehelin LA (2011) The three-dimensional architecture of grana and stroma thylakoids of higher plants as determined by electron tomography. *Plant Physiol.* 155:1601–1611.

Bates PD, Stymne S, Ohlrogge, J (2013) Biochemical pathways in seed oil synthesis. *Curr. Opin. Plant Biol.* 16:358–364.

Boruc J, Zhou X, Meier I (2012) Dynamics of the plant nuclear envelope and nuclear pore. *Plant Physiol.* 158:78–86.

Boutté Y, Grebe M (2009) Cellular processes relying on sterol function in plants. *Curr. Opin. Plant Biol.* 12:705–713.

Bruguiere S, Kowalski S, Ferro M, et al. (2004) The hydrophobic proteome of mitochondrial membranes from Arabidopsis cell suspensions. *Phytochemistry* 65:1693–1707.

Donohoe BS, Kang B-H, Gerl M, Gergeley ZR, McMichael CM, Bednarek S, Staehelin LA (2013) *Cis*-Golgi cisternal assembly and biosynthetic activation occur sequentially in plants and algae. *Traffic* 14:551–587.

Ferro M, Salvi D, Riviere-Rolland H, Vermat T, Seigneurin-Berny D, Grunwald D, Garin J, Joyard J, Rolland N (2002) Integral membrane proteins of the chloroplast envelope: identification and subcellular localization of new transporters. *Proc. Natl. Acad. Sci. USA* 99:11487–11492.

Knaur N, Hu J (2009) Dynamics of peroxisome abundance: a tale of division and proliferation. *Curr. Opin. Plant Biol.* 12:781–788.

Kriwacki RW, Yoon, M.-Y. (2011) Fishing in the nuclear pore. *Science* 333:44–45.

Markham JE, Lynch DV, Napier JA, Dunn TM, Cahoon EB (2013) Plant sphingolipids: function follows form. *Curr. Opin. Plant Biol.* 16:350–357.

Marti L, Fornaciari S, Renna L, Stefano G, Brandizzi F (2010) COPII-mediated traffic in plants. *Trends Plant Sci.* 15:522–528.

Moellering ER, Muthan B, Benning C (2010) Freezing tolerance in plants requires lipid remodeling at the outer chloroplast membrane. *Science* 330:226–228.

Oikawa A, Lund CH, Sakuragi Y, Scheller HV (2012) Golgi-localized enzyme complexes for plant cell wall biosynthesis. *Trends Plant Sci.* 18:49–58.

Reyes FC, Buono R, Otegui MS (2011) Plant endosomal trafficking pathways. *Curr. Opin. Plant Biol.* 14:666–673.

Scheuring D, Viotti C, Krüger F, et al. (2011) Multivesicular bodies mature from the *trans*-Golgi network/early endosome in Arabidopsis. *Plant Cell* 23:3463–3481.

Segui-Simarro JM, Coronado MJ, Staehelin LA (2008) The mitochondrial cycle of Arabidopsis shoot apical meristem and leaf primordial meristematic cells is defined by a perinuclear, tentaculate/cage-like mitochondrion. *Plant Physiol.* 148:1380–1393.

Shen J, Zeng Y, Zhuang X, Sun L, Yao X, Pimpl P, Jiang L (2013) Organelle pH in the Arabidopsis endomembrane system. *Molecular Plant* doi: 10.1093/mp/sst079.

Sorek N, Bloch D, Yalovsky S (2009) Protein lipid modifications in signaling and subcellular targeting. *Curr. Opin. Plant Biol.* 12:714–720.

Sparkes IA, Frigerio L Tolley N, Hawes C (2010) The plant endoplasmic reticulum: a cell-wide web. *Biochem. J.* 423:145–155.

Staehelin LA, Kang B-H (2008) Nanoscale architecture of ER export sites and of Golgi membranes as determined by electron tomography. *Plant Physiol.* 147:1454–1468.

Viotti C, Bubeck J, Stierhof YD, et al. (2010) Endocytotic and secretory traffic in Arabidopsis merge in the *trans*-Golgi network/early endosome, an independent and highly dynamic organelle. *Plant Cell* 22:1344–1357.

Zheng H, Staehelin LA (2011) Protein storage vacuoles are transformed into lytic vacuoles in root meristmatic cells of germinating seedlings by multiple, cell type-specific mechanisms. *Plant Physiol.* 155:2023–2035.

Zhou M, Morgner N, Barrera NP, et al. (2011) Mass spectroscopy of intact V-type ATPases reveals bound lipids and the effects of nucleotide binding. *Science* 334:380–385.

Zouhar J, Rojo E (2009) Plant vacuoles: where did they come from and where are they heading. *Curr. Opin. Plant Biol.* 12:677–684.

第 2 章

Bonawitz ND, Chapple C (2010) The genetics of lignin biosynthesis: connecting genotype to phenotype. *Annu. Rev. Genet.* 44:337–363.

Carpita NC, Gibeaut DM (1993) Structural models of primary cell walls in flowering plants: consistency of molecular structure with the physical properties of the walls during growth. *Plant J.* 3:1–30.

Cosgrove DJ (2005) Growth of the plant cell wall. *Nat. Rev. Mol. Cell Biol.* 6:850–861.

Demura T, Ye Z-H (2010) Regulation of plant biomass production. *Curr. Opin. Plant Biol.* 13:299–304.

Ellis M, Egelund J, Schultz CJ, Bacic A (2010) Arabinogalactan-proteins: key regulators at the cell surface? *Plant Physiol.* 153:403–419.

Kim S-J, Brandizzi F (2014) The plant secretory pathway: an essential factory for building the plant cell wall. *Plant Cell Physiol.* 55:687–693.

McCann MC, Roberts K (1991) Architecture of the primary cell wall. In *The Cytoskeletal Basis of Plant Growth and Form*. Lloyd CW, ed. New York: Academic Press, pp. 109–129.

Mohnen D (2008) Pectin structure and biosynthesis. *Curr. Opin. Plant Biol.* 11:266–277.

Olek AT, Rayon CJ, Makowski L, et al. (2014) The structure of the catalytic domain of a plant cellulose synthase and its assembly into dimers. *Plant Cell* 26:2996–3009.

Penning B, Hunter CT, Tayengwa R, et al. (2009) Genetic resources for maize cell wall biology. *Plant Physiol.* 151:1703–1728.

Popper ZA, Michel G, Herve C, Domozych DS, Willats WGT, Tuohy MG, Kloareg B, Stengel DB (2011) Evolution and diversity of plant cell walls: from algae to flowering plants. *Annu. Rev. Plant Biol.* 62:567–588.

Rose JKC, Braam J, Fry SC, Nishitani K (2002) The XTH family of enzymes involved in xyloglucan endotransglucosylation and endohydrolysis: current perspectives and a new unifying nomenclature. *Plant Cell Physiol.* 43:1421–1435.

Scheller HV, Ulvskov P (2010) Hemicelluloses. *Annu. Rev. Plant Biol.* 61:263–289.

Showalter AM, Keppler B, Lichtenberg J, Gu DZ, Welch LR (2010) A bioinformatics approach to the identification, classification, and analysis of hydroxyproline-rich glycoproteins. *Plant Physiol.* 153:485–513.

Slabaugh E, Davis JK, Haigler CH, Yingling YG, Zimmer J (2014) Cellulose synthases: new insights from crystallography and modeling. *Trends Plant Sci.* 19:99–106.

Vanholme R, Demedts B, Morreel K, Ralph J, Boerjan W (2010) Lignin biosynthesis and structure. *Plant Physiol.* 153:895–905.

Zhao Q, Dixon RA (2011) Transcriptional networks for lignin biosynthesis: more complex than we thought? *Trends Plant Sci.* 16:227–233.

第3章

Amtmann A, Blatt MR (2009) Regulation of macronutrient transport. *New Phytol.* 181:35–52.

Barbier-Brygoo H, De Angeli A, Filleur S, Frachisse JM, Gambale F, Thomine S, Wege S (2011) Anion channels/transporters in plants: from molecular bases to regulatory networks. *Annu. Rev. Plant Biol.* 62:25–51.

Choi WG, Toyota M, Kim SH, Hilleary R, Gilroy S. (2014) Salt stress-induced Ca^{2+} waves are associated with rapid, long-distance root-to-shoot signaling in plants. *Proc. Natl. Acad. Sci. USA* 111:6497–6502.

Delhaize E, Gruber BD, Ryan PR (2007) The roles of organic anion permeases in aluminium resistance and mineral nutrition. *FEBS Lett.* 581:2255–2262.

Duby G, Boutry M (2009) The plant plasma membrane proton pump ATPase: a highly regulated P-type ATPase with multiple physiological roles. *Pflugers Arch.* 457:645–655.

Horie, T, Hauser, F, Schroeder JI (2009) HKT transporter-mediated salinity resistance mechanisms in Arabidopsis and monocot crop plants. *Trends Plant Sci.* 14:660–668.

Imes D, Mumm P, Böhm J, Al-Rasheid KA, Marten I, Geiger D, Hedrich R (2013) Open stomata 1 (OST1) kinase controls R-type anion channel QUAC1 in Arabidopsis guard cells. *Plant J.* 74:382–384.

Isayenkov S, Isner JC, Maathuis FJ (2010) Vacuolar ion channels: roles in plant nutrition and signalling. *FEBS Lett.* 584:1982–1988.

Kim TH, Böhmer M, Hu H, Nishimura N, Schroeder JI (2010) Guard cell signal transduction network; advances in understanding abscisic acid, CO_2, and Ca^{2+} signaling. *Annu. Rev. Plant Biol.* 61:561–591.

Kyte J, Doolittle RF (1982) A simple method for displaying the hydropathic character of a protein. *J. Mol. Biol.* 157:105–132.

Léran S, Varala K, Boyer JC, et al. (2014) A unified nomenclature of NITRATE TRANSPORTER 1/PEPTIDE TRANSPORTER family members in plants. *Trends Plant Sci.* 19:5–9.

Lin SM, Tsai JY, Hsiao CD, Huang YT, Chiu CL, Liu MH, Tung JY, Liu TH, Pan RL, Sun YJ (2012) Crystal structure of a membrane-embedded H^+-translocating pyrophosphatase. *Nature* 484:399–403.

Long SB, Campbell EB, Mackinnon R (2005) Crystal structure of a mammalian voltage-dependent Shaker family K^+ channel. *Science* 309:897–903.

Martinoia E, Meyer S, De Angeli A, Nagy R (2012) Vacuolar transporters in their physiological context. *Annu. Rev. Plant Biol.* 63:183–213.

Maurel C, Verdoucq L, Luu DT, Santoni V (2008) Plant aquaporins: membrane channels with multiple integrated functions. *Annu. Rev. Plant Biol.* 59:595–624.

Morth JP, Pedersen BP, Buch-Pedersen MJ, Andersen JP, Vilsen B, Palmgren MG, Nissen P (2011) A structural overview of the plasma membrane Na^+,K^+-ATPase and H^+-ATPase ion pumps. *Nat. Rev. Mol. Cell Biol.* 12:60–70.

Reinders A, Sivitz AB, Ward JM (2012) Evolution of plant sucrose uptake transporters. *Front. Plant Sci.* 3:22.

Schroeder JI, Raschke K, Neher E (1987) Voltage dependence of K^+ channels in guard cell protoplasts. *Proc. Natl. Acad. Sci. USA* 84:4108–4112.

Schroeder JI, Delhaize E, Frommer WB, et al. (2013) Using membrane transporters to improve crops for sustainable food production. *Nature* 497:60–66.

Schumacher K (2006) Endomembrane proton pumps: connecting membrane and vesicle transport. *Curr. Opin. Plant Biol.* 9:595–600.

Shimazaki K, Doi M, Assmann SM, Kinoshita T (2007) Light regulation of stomatal movement. *Annu. Rev. Plant Biol.* 58:219–247.

Spalding EP, Harper JF (2011) The ins and outs of cellular Ca^{2+} transport. *Curr. Opin. Plant Biol.* 14:715–720.

Tegeder M, Rentsch D (2010) Uptake and partitioning of amino acids and peptides. *Mol. Plant* 3:997–1011.

Ward JM (1997) Patch-clamping and other molecular approaches for the study of plasma membrane transporters demystified. *Plant Physiol.* 114:1151–1159.

Ward JM, Maser P, Schroeder JI (2009) Plant ion channels: gene families, physiology, and functional genomics analyses. *Annu. Rev. Physiol.* 71:59–82.

第4章

Brandizzi F, Barlowe C (2013) Organization of the ER-Golgi interface for membrane traffic control. *Nat. Rev. Mol. Cell Biol.* 14:382–392.

Castilho A, Steinkellner H (2012) Glyco-engineering in plants to produce human-like N-glycan structures. *Biotechnol. J.* 7: 1088–1098.

De Marcos Lousa C, Gershlick DC, Denecke J (2012) Mechanisms and concepts paving the way towards a complete transport cycle of plant vacuolar sorting receptors. *Plant Cell* 24:1714–1732.

Ding Y, Robinson DG, Jiang LW (2014) Unconventional protein secretion (UPS) pathways in plants. *Curr. Opin. Plant Biol.* 29:107–115.

Hawes C, Schoberer J, Hummel E, Osterrieder A (2010) Biogenesis of the plant Golgi apparatus. *Biochem. Soc. Trans.* 38:761–767.

Howell SH (2013) Endoplasmic reticulum stress responses in plants. *Annu. Rev. Plant Biol.* 64:477–499.

Ibl V, Stoger E (2012) The formation, function and fate of protein storage compartments in seeds. *Protoplasma* 249:379–392.

Jarvis P, López-Juez E (2013) Biogenesis and homeostasis of chloroplasts and other plastids. *Nat. Rev. Mol. Cell. Biol.* 14:787–802.

Li R, Raikhel NV, Hicks GR (2012) Chemical effectors of plant endocytosis and endomembrane trafficking. In *Endocytosis in Plants.* Šamaj J, ed. Berlin: Springer-Verlag. pp. 37–61.

Paila YD, Richardson LGL, Schnell DJ (2013) New insights into the mechanism of chloroplast protein import and its integration with protein quality control, organelle biogenesis and development. *J. Mol. Biol.* 427:1038–1060.

Pedrazzini E, Komarova NY, Rentsch D, Vitale A (2013) Traffic routes and signals for the tonoplast. *Traffic* 14:622–628.

Reyes, FC, Buono R, Otegui MS (2011) Plant endosomal trafficking pathways *Curr. Opin. Plant Biol.* 14:666–673.

Shi LX, Theg SM (2013) The chloroplast protein import system: from algae to trees. *Biochim. Biophys. Acta* 1833:314–331.

第 5 章

Breviario D, Gianì S, Morello L (2013) Multiple tubulins: evolutionary aspects and biological implications. *Plant J.* 75:202–218.

Cai G, Parrotta L, Cresti M (2015) Organelle trafficking, the cytoskeleton, and pollen tube growth. *J. Integr. Plant Biol.* 57:63–78.

Dumont S, Mitchison TJ (2009) Force and length in the mitotic spindle. *Curr. Biol.* 19:R749– R761.

Hamada T (2014) Microtubule organization and microtubule-associated proteins in plant cells. *Int. Rev. Cell Mol. Biol.* 312:1–52.

Henty-Ridilla JL, Li J, Blanchoin L, Staiger CJ (2013) Actin dynamics in the cortical array of plant cells. *Curr. Opin. Plant Biol.* 16:678–687.

Horio T, Murata T (2014) The role of dynamic instability in microtubule organization. *Front. Plant Sci.* 5:511.

Landrein B, Hamant O (2013) How mechanical stress controls microtubule behavior and morphogenesis in plants: history, experiments and revisited theories. *Plant J.* 75:324–338.

Lee Y-RJ, Liu B (2013) The rise and fall of the phragmoplast microtubule array. *Curr. Opin. Plant Biol.* 16:757–763.

Masoud K, Herzog E, Chaboutè M-E, Schmit A-C (2013) Microtubule nucleation and establishment of the mitotic spindle in vascular plant cells. *Plant J.* 75:245–257.

McMichael CM, Bednarek SY (2013) Cytoskeletal and membrane dynamics during higher plant cytokinesis. *New Phytol.* 197:1039–1057.

Rasmussen CG, Wright AJ, Mueller S (2013) The role of the cytoskeleton and associated proteins in determination of the plant cell division plane. *Plant J.* 75:258–269.

Šlajcherová K, Fišerová J, Fischer L, Schwarzerová K (2012) Multiple actin isotypes in plants: diverse genes for diverse roles? *Front. Plant Sci.* 3:226.

Song Y, Brady ST (2015) Post-translational modifications of tubulin: pathways to functional diversity of microtubules. *Trends Cell Biol.* 25:125–136.

Szymanski DB, Cosgrove DJ (2009) Dynamic coordination of cytoskeletal and cell wall systems during plant cell morphogenesis. *Curr. Biol.* 19:R800–R811.

van Gisbergen PAC, Bezanilla M (2013) Plant formins: membrane anchors for actin polymerization. *Trends Cell Biol.* 23:227–233.

Waitzman JS, Rice SE (2014) Mechanism and regulation of kinesin-5, an essential motor for the mitotic spindle. *Biol. Cell* 106:1–12.

第 6 章

Borsani O, Zhu J, Verslues PE, Sunkar R, Zhu J-K (2005) Endogenous siRNAs derived from a pair of natural cis-antisense transcripts regulate salt tolerance in Arabidopsis. *Cell* 123(7):1279–1291.

Brennicke A, Leaver CJ (2007) Mitochondrial genome organization and expression in plants. *eLS* doi:10.1002/9780470015902.a0003825.

Brown GG, Colas des Francs-Small C, Ostersetzer-Biran O (2014) Group II intron splicing factors in plant mitochondria. *Front. Plant Sci.* 18:5–35.

Bryant JA, Aves SJ (2011) Initiation of DNA replication: functional and evolutionary aspects. *Ann. Bot.* 107:1119–1126.

Curtin SJ, Voytas DF, Stupar RM (2012) Genome engineering of crops with designer nucleases. *Plant Genome J.* 5(2):42.

Eamens A, Wang M-B, Smith NA, Waterhouse PM (2008) RNA silencing in plants: yesterday, today, and tomorrow. *Plant Physiol.* 147(2):456–468.

Hopper AK (2013) Transfer RNA post-transcriptional processing, turnover, and subcellular dynamics in the yeast *Saccharomyces cerevisiae*. *Genetics* 194:43–67.

Jarvis P, López-Juez E (2013) Biogenesis and homeostasis of chloroplasts and other plastids. *Nat. Rev. Mol. Cell Biol.* 14:787–802.

Lee, M, Kim B, Kim VN (2014) Emerging roles of RNA modification: m6A and U-Tail. *Cell* 158:980–987.

Lieberman-Lazarovich M, Levy AA (2011) Homologous recombination in plants: an antireview. *Methods Mol. Biol.* 701:51–65.

Manavella PA, Hagmann J, Ott F, Laubinger S, Franz M, Macek B, Weigel D (2012) Fast-forward genetics identifies plant CPL phosphatases as regulators of miRNA processing factor HYL1. *Cell* 151:859–870.

Nandakumar J, Cech TR (2013) Finding the end: recruitment of telomerase to telomeres. *Nat. Rev. Mol. Cell Biol.* 14:69–82.

Reddy ASN, Marquez Y, Kalyna M, Barta A (2013) Complexity of the alternative splicing landscape in plants. *The Plant Cell* 25:3657–3683.

Sancar A, Lindsey-Boltz LA, Unsal-Kaçmaz K, Linn S (2004) Molecular mechanisms of mammalian DNA repair and the DNA damage checkpoints. *Annu. Rev. Biochem.* 73:39–85.

Takenaka M, Zehrmann A, Verbitskiy D, Härtel B, Brennicke A (2013) RNA editing in plants and its evolution. *Annu. Rev. Genet.* 47:335–352.

Waterhouse PM, Graham MW, Wang MB (1998) Virus resistance and gene silencing in plants can be induced by simultaneous expression of sense and antisense RNA. *Proc. Natl. Acad. Sci. USA* 95:13959–13964.

Wierzbicki A, Haag J, Pikaard CS (2008) Noncoding transcription by RNA polymerase Pol IVb/Pol V mediates transcriptional silencing of overlapping and adjacent genes. *Cell* 135:635–648.

Zhai J, Jeong D-H, De Paoli E, et al. (2011) MicroRNAs as master regulators of the plant NB-LRR defense gene family via the production of phased, trans-acting siRNAs. *Genes Devel.* 25:2540–2553.

第 7 章

Galili G (2011) The aspartate-family pathway of plants. Linking production of essential amino acids with energy and stress regulation. *Plant Signal. Behav.* 6:192–195.

Hesse H, Kreft O, Maimann S, Zeh M, Hoefgen R (2004) Current understanding of the regulation of methionine biosynthesis in plants. *J. Exp. Bot.* 55:1799–1808.

Jander G, Joshi V (2010) Recent progress in deciphering the biosynthesis of aspartate-derived amino acids in plants. *Mol. Plant.* 3:54–65.

Lea PJ (1993) Nitrogen metabolism. In *Plant Biochemistry and Molecular Biology.* PJ Lea, RC Leegood, eds. John Wiley & Sons: New York, pp. 155–180.

Lea PJ, Robinson SA, Stewart GR (1990) The enzymology and metabolism of glutamine, glutamate, and asparagine. In *The Biochemistry of Plants,* Vol. 16, *Intermediary Nitrogen Metabolism.* BJ Miflin, PJ Lea, eds. Academic Press: New York, pp. 121–159.

Maeda H, Dudareva N (2012) The shikimate pathway and aromatic amino acid biosynthesis in plants. *Annu. Rev. Plant Biol.* 63:73–105.

McMurry JE, Begley TP (2005) Amino acid metabolism. In *The Organic Chemistry of Biological Pathways*, McMurry JE, Begley TP, eds. Roberts and Company Publishers: Englewood, CO, pp. 221–304.

Miller AJ, Fan X, Shen Q, Smith SJ (2007) Amino acids and nitrate as signals for the regulation of nitrogen acquisition. *J. Exp. Bot.* 59:111–119.

Nunes-Nesi A, Fernie AR, Stitt M (2010) Metabolic signaling aspects underpinning the regulation of plant carbon nitrogen interactions. *Mol. Plant* 3:973–996.

Radwanski ER, Last RL (1995) Tryptophan biosynthesis and metabolism: biochemical and molecular genetics. *Plant Cell* 7:921–934.

Slocum RD (2005) Genes, enzymes and regulation of arginine biosynthesis in plants. *Plant. Physiol. Biochem.* 43:729–745.

Stepansky A, Leustek T (2006) Histidine biosynthesis in plants. *Amino Acids* 30:127–142.

Sweetlove LJ, Felle D, Fernie AR. (2005) Getting to grips with the plant metabolic network. *Biochem. J.* 409:27–41.

Tan S, Evans R, Singh B (2006) Herbicidal inhibitors of amino acid biosynthesis and herbicidal-tolerant crops. *Amino Acids* 30:195–204.

Ufaz S, Galili G (2008) Improving the content of essential amino acids in crop plant: goals and opportunities. *Plant Physiol.* 147:954–961.

第 8 章

Allen DK, Bates PD, Tjellström H (2015) Tracking the metabolic pulse of plant lipid production with isotopic labeling and flux analyses: past, present and future. *Progr. Lipid Res.* 58:97–120.

Badami RC, Patil KB (1980) Structure and occurrence of unusual fatty acids in minor seed oils. *Progr. Lipid Res.* 19(3):119–153.

Bates PD, Fatihi A, Snapp AR, Carlsson AS, Lu C (2012) Acyl editing and headgroup exchange are the major mechanisms that direct polyunsaturated fatty acid flux into triacylglycerols. *Plant Physiol.* 160(3):1530–1539.

Bates PD, Stymne S, Ohlrogge J (2013) Biochemical pathways in seed oil synthesis. *Curr. Opin. Plant Biol.* 16(3):358–364.

Baud S, Lepiniec L (2010) Physiological and developmental regulation of seed oil production. *Progr. Lipid Res.* 49(3):235–249.

Beisson F, Li-Beisson Y, Pollard M (2012) Solving the puzzles of cutin and suberin polymer biosynthesis. *Curr. Opin. Plant Biol.* 15(3):329–337.

Bernard A, Joubès J (2013) Arabidopsis cuticular waxes: advances in synthesis, export and regulation. *Progr. Lipid Res.* 52(1):110–129.

Browse J (2009) Jasmonate passes muster: a receptor and targets for the defense hormone. *Annu. Rev. Plant Biol.* 60:183–205.

Hölzl G, Dörmann P (2007) Structure and function of glycoglycerolipids in plants and bacteria. *Progr. Lipid Res.* 46(5):225–243.

Hurlock AK, Roston RL, Wang K, Benning C (2014) Lipid trafficking in plant cells. *Traffic*, 15(9):915–932.

Li-Beisson Y, Shorrosh B, Beisson F (2013) Acyl-lipid metabolism. *The Arabidopsis Book* 11:e0161.

Shanklin J, Guy JE, Mishra G, Lindqvist Y (2009) Desaturases: emerging models for understanding functional diversification of diiron-containing enzymes. *J. Biol. Chem.* 284(28):18559–18563.

Clemente TE, Cahoon E (2009) Soybean oil: genetic approaches for modification of functionality and total content. *Plant Physiol.* 151:1030–1040.

Theodoulou FL, Eastmond PJ (2012) Seed storage oil catabolism: a story of give and take. *Curr. Opin. Plant Biol.* 15(3):322–328.

Wallis JG, Browse J (2010) Lipid biochemists salute the genome. *Plant J.* 61(6):1092–1106.

网址

http://aralip.plantbiology.msu.edu/
http://lipidlibrary.aocs.org/
http://www.cyberlipid.org/
http://www.lipidmaps.org/

第 9 章

Baulcombe DC, Dean C (2014) Epigenetic regulation in plant responses to the environment. *Cold Spring Harb. Perspect. Biol.* 6:a019471.

Doyle JJ, Flagel LE, Paterson AH, et al. (2008). Evolutionary Genetics of Genome Merger and Doubling in Plants. *Annu. Rev. Genet.* 42:443–61

Farnham PJ (2009) Insights from genomic profiling of transcription factors. *Nat. Rev. Genet.* 10:605–616.

Feng S, Jacobsen SE, Reik W (2010) Epigenetic reprogramming in plant and animal development. *Science* 330:622–627.

Fransz P, de Jong H. (2011) From nucleosome to chromosome: a dynamic organization of genetic information. *Plant J.* 66:4–17.

Hirsch CD, Jiang J (2012) Centromeres: Sequences, Structure, and Biology. In *Plant Genome Diversity*, Volume 1. JF Wendel, J Greilhuber, J Dolezel, IJ Leitch, eds. Springer: Vienna, pp. 59–70.

Heslop-Harrison JS, Schwarzacher T (2011) Organisation of the plant genome in chromosomes. *Plant J.* 66:18–33.

Kelly LJ, Leitch IJ (2011). Exploring giant plant genomes with next-generation sequencing technology. *Chromosome Res.* 19:939–953.

Mardis ER (2013) Next-generation sequencing platforms. *Annu. Rev. Anal. Chem.* 6:287–303.

Morgante M, De Paoli E, Radovic S (2007). Transposable elements and the plant pan-genomes. *Curr. Opin. Plant Biol.* 10:149–155.
Paterson AH, Freeling M, Tang H, Wang X (2010). Insights from the comparison of plant genome sequences. *Annu. Rev. Plant Biol.* 61:349–72.
Riechmann JL (2002) *Transcriptional Regulation: a Genomic Overview.* The Arabidopsis Book, e0085.
Roudier F, Teixeira FK, Colot, V. (2009). Chromatin indexing in *Arabidopsis*: an epigenomic tale of tails and more. *Trends Genet.* 25:511–517.
Thomas MC, Chiang CM (2006) The general transcription machinery and general cofactors. *Crit. Rev. Biochem. Mol. Biol.* 41:105–178.
Werner F, Grohmann D (2011) Evolution of multisubunit RNA polymerases in the three domains of life. *Nat. Rev. Microbiol.* 9:85–98.
Wicker T, Sabot F, Hua-Van A, et al. (2007). A unified classification system for eukaryotic transposable elements. *Nat. Rev. Genet.* 8:973.
Zhang X (2008). The epigenetic landscape of plants. *Science* 320:489–492.

第 10 章

细胞质蛋白质合成及其调控

Browning KS, Bailey-Serres J (2015) Mechanism of cytoplasmic mRNA translation. *The Arabidopsis Book* in press.
Chen X (2010) Small RNAs - secrets and surprises of the genome. *Plant J.* 61:941–958.
Dobrenel T, Marchive C, Azzopardi M, Clément G, Moreau M, Sormani R, Robaglia C, Meyer C (2013) Sugar metabolism and the plant target of rapamycin kinase: a sweet operaTOR? *Front. Plant Sci.* 4:93.
Roy B, von Arnim AG (2013) Translational regulation of cytoplasmic mRNAs. *The Arabidopsis Book* 11:e0165.
Simon AE, Miller WA (2013) 3′ Cap-independent translation enhancers of plant viruses. *Annu. Rev. Microbiol.* 67:21–42.

叶绿体中的蛋白质合成

Drechsel O, Bock R (2011) Selection of Shine-Dalgarno sequences in plastids. *Nucleic Acids Res.* 39:1427–1438.
Hirose T, Sugiura M (2004) Multiple elements required for translation of plastid atpB mRNA lacking the Shine-Dalgarno sequence. *Nucleic Acids Res.* 32:13503–13510.
Kim J, Mayfield S (1997) Protein disulfide isomerase as a regulator of chloroplast translational activation. *Science* 278:1954–1957.
Manuell A, Beligni K, Yamaguchi K, Mayfield S (2004) Regulation of chloroplast translation: interactions of RNA elements, RNA-binding proteins and the plastid ribosome. *Biochem. Soc. Trans.* 32:601–605.
Manuell A, Quispe J, Mayfield S (2007) Structure of the chloroplast ribosome. *PLoS Biol.* 5:1785–1797.
Marín-Navarro J, Manuell A, Wu J, Mayfield 3 (2007) Chloroplast translation regulation. *Photosynth. Res.* 94:359–374.
Sharma M, Wilson D, Datta P, et al. (2007) Cryo-EM study of the spinach chloroplast reveals the structural and functional roles of plastid-specific ribosomal proteins. *Proc. Natl. Acad. Sci. USA* 104:19315–19320.
Sugiura M (2014) Plastid mRNA translation. *Chloroplast Biotechnology: methods and protocols* 1132:73–91

蛋白质折叠与蛋白质的翻译后修饰

Boston RS, Viitanen PV, Vierling E (1996) Molecular chaperones and protein folding in plants. *Plant Mol. Biol.* 32:191–122.
Houtz RL, Portis AR (2003) The life of ribulose 1,5-bisphosphate carboxylase/oxygenase-posttranslational facts and mysteries. *Arch. Biochem. Biophys.* 414:150–158.
Jackson-Constan D, Akita M, Keegstra K (2001) Molecular chaperones involved in chloroplast protein import. *Biochim. Biophys. Acta Mol. Cell Res.* 1541(S1):102–113.
Sung DY, Kaplan F, Guy CL (2001) Plant Hsp70 molecular chaperones: Protein structure, gene family, expression and function. *Physiol. Plant* 113:443–451.
Trösch R, Mühlhaus T, Schroda M, Willmund, F (2015) ATP-dependent molecular chaperones in plastids? *More complex than expected. BBA-Bioenergetics* doi:10.1016/j.bbabio.2015.01.002.
Van Montfort R, Slingsby C, Vierling E (2002) Structure and function of the small heat shock protein/alpha-crystallin family of molecular chaperones. *Protein Fold. Cell* 59:105–156.
Walling LL (2006) Recycling or regulation? The role of amino-terminal modifying enzymes. *Curr. Opin. Plant Biol.* 9:227–233.

蛋白质降解

Choi CM, Gray WM, Mooney S, Hellmann H (2014) Composition, roles, and regulation of cullin-based ubiquitin E3 ligases. *The Arabidopsis Book* 11:e0175.
Gray WM, Kepinski S, Rouse D, Leyser O, Estelle M (2001) Auxin regulates SCFTIR1-dependent degradation of AUX/IAA proteins. *Nature* 414:271–276.
Hoecker U (2005) Regulated proteolysis in light signaling. *Curr. Opin. Plant Biol.* 8:469–476.
Kapri-Pardes E, Naveh L, Adam Z (2007) The thylakoid lumen protease Deg1 is involved in the repair of photosystem II from photoinhibition in Arabidopsis. *Plant Cell* 19:1039–1047.
Müntz K (2007) Protein dynamics and proteolysis in plant vacuoles. *J. Exp. Bot.* 58:2391–2407.
Nelson CJ, Lei L, Millar AH (2014) Quantitative analysis of protein turnover in plants. *Proteomics* 14:579–592.
Nishimura K, van Wijk KJ (2014) Organization, function and substrates of the essential Clp protease system in plastids. *Biochim. Biophys. Acta* doi:10.1016/j.bbabio.2014.11.012.
Sakamoto W (2006) Protein degradation machineries in plastids. *Annu. Rev. Plant Biol.* 57:599–621.
Tan X, Calderon-Villalobos LI, Sharon M, Zheng C, Robinson CV, Estelle M, Zheng N (2007) Mechanism of auxin perception by the TIR1 ubiquitin ligase. *Nature* 446:640–645.
van der Hoom R (2008) Plant proteases: from phenotypes to molecular mechanisms. *Annu. Rev. Plant Biol.* 59:191–223.
Yoshioka-Nishimura M, Yamamoto Y (2014) Quality control of Photosystem II: the molecular basis for the action of FtsH protease and the dynamics of the thylakoid membranes. *J. Photochem. Photobiol.* 137:100–106.

第 11 章

Barr FA, Gruneberg U. (2007) Cytokinesis: placing and making the final cut. *Cell* 30:847–860.

Cools T, De Veylder L. (2009) DNA stress checkpoint control and plant development. *Curr. Opin. Plant Biol.* 12:23–28.

De Veylder L, Larkin JC, Schnittger A. (2011) Molecular control and function of endoreplication in development and physiology. *Trends Plant Sci.* 16:624–634.

Dewitte W, Murray JA. (2003) The plant cell cycle. *Annu. Rev. Plant. Biol.* 54:235–264.

Fleming A. J. (2006) Leaf initiation: the integration of growth and cell division. *Plant Mol. Biol.* 60(6):905–914.

Gutierrez C. (2005) Coupling cell proliferation and development in plants. *Nat. Cell. Biol.* 7:535–541.

Gutzat R, Borghi L, Gruissem W. (2012) Emerging roles of the RETINOBLASTOMA-RELATED proteins in evolution and plant development. *Trends Plant Sci.* 17:139–148.

Hartwell LH. (1991) Twenty-five years of cell cycle genetics. *Genetics* 129:975–980.

Inzé D, De Veylder L. (2006) Cell cycle regulation in plant development. *Annu. Rev. Genet.* 40:77–105.

Komaki S, Sugimoto K. (2012) Control of the plant cell cycle by developmental and environmental cues. *Plant Cell. Physiol.* 53:953–964.

Lloyd C, Chan J (2006) Not so divided: the common basis of plant and animal cell division. *Nat. Rev. Mol. Cell Biol.* 7:147–152.

Marrocco K, Bergdoll M, Achard P, et al. (2010) Selective proteolysis sets the tempo of the cell cycle. *Curr. Opin. Plant Biol.* 13:631–639.

Morgan DO. (2007) *The Cell Cycle: Principles of Control.* Primers in Biology series. New Science Press.

Ten Hove CA, Heidstra R. (2008) Who begets whom? Plant cell fate determination by asymmetric cell division. *Curr. Opin. Plant Biol.* 11(1):34-41.

第 12 章

Blankenship RE (2014) *Molecular Mechanisms of Photosynthesis*, 2nd Edition. Wiley-Blackwell.

Bordych C, Eisenhut M, Pick TR, et al. (2013) Co-expression analysis as tool for the discovery of transport proteins in photorespiration. *Plant Biol.* 15:686–693.

Bryant DA, Frigaard N-U (2006) Prokaryotic photosynthesis and phototrophy illuminated. *Trends Microbiol.* 14:488–496.

Busch A, Hippler M (2011) The structure and function of eukaryotic photosystem I. *Biochim. Biophys. Acta* 1807:864–877.

Cardona T, Sedoud A, Cox N, Rutherford AW (2012) Charge separation in photosystem II: a comparative and evolutionary overview. *Biochim. Biophys. Acta* 1817:26–43.

Christin PA, Arakaki M, Osborne CP, et al. (2014) Shared origins of a key enzyme during the evolution of C_4 and CAM metabolism. *J. Exp. Bot.* 65:3609–3621.

Cramer WA, Hasan SS, Yamashita E (2011) The Q cycle of cytochrome bc complexes: a structural perspective. *Biochim. Biophys. Acta* 1807:788–802.

Croce R, van Amerongen H (2014) Natural strategies for photosynthetic light harvesting. *Nature Chem. Biol.* 10:492–501.

Denton AK, Simon R, Weber APM (2013) C_4 photosynthesis: from evolutionary analyses to strategies for synthetic reconstruction of the trait. *Curr. Opin. Plant Biol.* 16:315–321.

Ducat DC, Silver PA (2012) Improving carbon fixation pathways. *Curr. Opin. Chem. Biol.* 16:337–344.

Florian A, Araújo WL, Fernie AR (2013) New insights into photorespiration obtained from metabolomics. *Plant Biol.* 15: 656–66.

Fuchs G (2011) Alternative pathways of carbon dioxide fixation: insights into the early evolution of life? *Annu. Rev. Microbiol.* 65:631–658.

Hagemann M, Fernie AR, Espie GS, et al. (2013) Evolution of the biochemistry of the photorespiratory C_2 cycle. *Plant Biol.* 15:639–647.

Henderson JN, Kuriata AM, Fromme R, et al. (2011) Atomic resolution X-ray structure of the substrate recognition domain of higher plant ribulose-bisphosphate carboxylase/oxygenase (Rubisco) activase. *J. Biol. Chem.* 286:35683–35688.

Hibberd JM, Covshoff S (2010) The regulation of gene expression required for C_4 photosynthesis. *Annu. Rev. Plant Biol.* 61:181–207.

Hisabori T, Sunamura E-I, Kim Y, Konno H. (2013) The chloroplast ATP synthase features the characteristic redox regulation machinery. *Antioxid. Redox Signal.* 19:1846–1854.

Hohmann-Marriott MF, Blankenship RE (2011) Evolution of photosynthesis. *Annu. Rev. Plant Biol.* 62:515–548.

Liu Z, Yan H, Wang K, et al. (2004) Crystal structure of spinach major light-harvesting complex at 2.72 Å resolution. *Nature* 428:287–292.

Nelson N, Yocum CF (2006). Structure and function of photosystems I and II. *Annu. Rev. Plant Biol.* 57:521–565.

Peterhansel C, Offermann S (2012) Re-engineering of carbon fixation in plants – challenges for plant biotechnology to improve yields in a high-CO_2 world. *Curr. Opin. Biotech.* 23:204–208.

Rochaix J-D (2014) Regulation and dynamics of the light-harvesting system. *Annu. Rev. Plant Biol.* 65:287–309.

Sage RF, Christin PA, Edwards EJ (2011) The C_4 plant lineages of planet Earth. *J. Exp. Bot.* 62:3155–3169.

Sage RF, Khoshravesh R, Sage TL (2014) From proto-Kranz to C_4 Kranz: building the bridge to C_4 photosynthesis. *J. Exp. Bot.* 65:3341–3356.

Schürmann P, Buchanan BB (2008) The ferredoxin/thioredoxin system of oxygenic photosynthesis. *Antiox. Redox Signal* 10:1235–1273.

Shikanai T (2014) Central role of cyclic electron transport around photosystem I in the regulation of photosynthesis. *Curr. Opin. Biotech.* 26:25–30.

Tanaka R, Tanaka A (2007) Tetrapyrrole biosynthesis in higher plants. *Annu. Rev. Plant Biol.* 58:321–346.

Timm S, Bauwe H (2013) The variety of photorespiratory phenotypes – employing the current status for future research directions on photorespiration. *Plant Biol.* 15:737–747.

Tobias J, Erb TJ, Evans BS, et al. (2012) A RubisCO like protein links SAM metabolism with isoprenoid biosynthesis. *Nat. Chem. Biol.* 8:926–932.

Umena Y, Kawakami K, Shen J-R, Kamiya N (2011) Crystal structure of oxygen-evolving photosystem II at a resolution of 1.9 Å. *Nature* 473:55–60.

第 13 章

Björnberg O, Maeda K, Svensson B, Hägglund P (2012) Dissecting molecular interactions involved in recognition of target disulfides by the barley thioredoxin system. *Biochemistry* 51:9930–9939.

Buchanan BB, Balmer Y (2005) Redox regulation: a broadening horizon. *Annu. Rev. Plant Biol.* 56:187–220.

Chia T, Thorneycroft D, Chapple A, et al. (2004) A cytosolic glycosyltransferase is required for conversion of starch to sucrose in *Arabidopsis* leaves at night. *Plant J.* 37:853–863.

Denyer K, Johnson P, Zeeman SC, Smith AM (2001) The control of amylose synthesis. *J. Plant Physiol.* 158:479–487.

Fernie AR, Geigenberger P, Stitt M. (2005) Flux an important, but neglected, component of functional genomics. *Curr. Opin. Plant Biol.* 8:174–182.

Fincher G (1989) Molecular and cellular biology associated with endosperm mobilization in germinating cereal grains. *Annu. Rev. Plant Physiol. Plant Mol. Biol.* 40:305–346.

Gibon Y, Bläsing OE, Palacios-Rojas N, et al. (2004) Adjustment of diurnal starch turnover to short days: depletion of sugar during the night leads to a temporary inhibition of carbohydrate utilization, accumulation of sugars and post-translational activation of ADP-glucose pyrophosphorylase in the following light period. *Plant J.* 39:847–862.

Huber SC, Huber JL (1996) Role and regulation of sucrose-phosphate synthase in plants. *Annu Rev Plant Physiol. Plant Mol. Biol.* 47:431–444.

Kruger NJ, von Schaewen A. (2003) The oxidative pentose phosphate pathway: structure and organisation. *Curr. Opin. Plant Biol.* 6:236–246.

Michalska J, Zauber H, Buchanan BB, et al. (2009) NTRC links built-in thioredoxin to light and sucrose in regulating starch synthesis in chloroplasts and amyloplasts. *Proc. Natl Acad. Sci. USA* 106:9908–9913.

Moore B, Zhou L, Rolland F, et al. (2003) Role of the Arabidopsis glucose sensor HXK1 in nutrient, light, and hormonal signaling. *Science* 300:332–336.

Nielsen TH, Rung JH, Villadsen D. (2004) Fructose-2,6-bisphosphate: a traffic signal in plant metabolism *Trends Plant. Sci.* 9:556–563.

Ponnu J, Wahl V, Schmid M. (2011) Trehalose-6-phosphate: connecting plant metabolism and development. *Front. Plant Sci.* 2:70.

Plaxton WC, Podestá FE (2006) The functional organization and control of plant respiration. *Crit. Rev. Plant Sci.* 25:159–198.

Reinhold H, Soyk S, Simkova K, et al. (2011) Beta-amylase–like proteins function as transcription factors in Arabidopsis, controlling shoot growth and development. *Plant Cell* 23:1391–1403.

Rolland F, Baena-Gonzalez E, Sheen J (2006) Sugar sensing and signaling in plants: Conserved and novel mechanisms. *Annu. Rev. Plant Biol.* 57:675–709.

Ruan Y-L, Jin Y, Yang Y-J, et al. (2010) Sugar Input, metabolism, and signalling mediated by invertase: roles in development, yield potential, and response to drought and heat. *Mol. Plant* 3:942–955.

Satoh-Nagasawa N, Nagasawa N, Malcomber S, et al. (2006) A trehalose metabolic enzyme controls inflorescence architecture in maize. *Nature* 441: 227–230.

Stitt M, Lunn J, Usadel B (2010) Arabidopsis and primary photosynthetic metabolism—more than the icing on the cake. *Plant J.* 61:1067–1091.

Szecowka M, Heise R, Tohge T, et al. (2013) Metabolic fluxes in an illuminated Arabidopsis rosette. *Plant Cell* 25:694–714.

Tiessen A, Hendriks JHM, Stitt M, et al. (2002) Starch synthesis in potato tubers is regulated by post-translational redox-modification of ADP-glucose pyrophosphorylase: a novel regulatory mechanism linking starch synthesis to the sucrose supply. *Plant Cell* 14:2191–2213.

Weber APM, Schwacke R, Flugge UI (2005) Solute transporters of the plastid envelope membrane *Annu. Rev. Plant Biol.* 56:133–164.

Williams TCR, Miguet L, Masakapalli SK, et al. (2008) Metabolic network fluxes in heterotrophic Arabidopsis cells: Stability of the flux distribution under different oxygenation conditions. *Plant Physiol.* 148:704–718.

Zeeman SC, Smith SM, Smith AM (2007) The diurnal metabolism of leaf starch. *Biochem J.* 401:13–28.

Zeeman SC, Kossmann J, Smith AM (2010) Starch; its metabolism, evolution and biotechnological modification in plants. *Annu. Rev. Plant Biol.* 61:209–234.

第 14 章

Buchanan BB, Balmer Y (2005) Redox regulation: a broadening horizon. *Annu. Rev. Plant Biol.* 56:187–220.

Calhoun MW, Thomas J, Gennis RB (1994) The cytochrome oxidase superfamily of redox driven proton pumps. *Trends Biol. Sci.* 19:325–330.

Day DA, Whelan J, Millar AH, et al. (1995) Regulation of the alternative oxidase in plants and fungi. *Aust. J. Plant Physiol.* 22:497–509.

Douce R, Neuburger M (1989) The uniqueness of plant mitochondria. *Annu. Rev. Plant Physiol. Plant Mol. Biol.* 40:371–414.

Dry IB, Bryce JH, Wiskich JT (1987) Regulation of mitochondrial metabolism. In *The Biochemistry of Plants*, Vol. 11. DD Davies, ed. Academic Press: London, pp. 213–352.

Ernster L (ed.) (1992) *Molecular Mechanisms in Bioenergetics.* Elsevier: Amsterdam.

Fernie AR, Carrari F, Sweetlove LJ (2004) Respiratory metabolism: glycolysis, the TCA cycle and mitochondrial electron transport. *Curr. Opin. Plant Biol.* 7:254–761.

Krömer S (1995) Respiration during photosynthesis. *Annu. Rev. Plant Physiol. Plant Mol. Biol.* 46:45–70.

Millar AH, Day DA, Whelan J (2008) Mitochondrial biogenesis and function in Arabidopsis. In *The Arabidopsis Book*, CR Somerville, EM Meyerowitz, eds. American Society of Plant Biologists: Rockville, MD.

Millar AH, Whelan J, Soole KL, Day DA (2011) Organization and regulation of mitochondrial respiration in plants. *Annu. Rev. Plant Biol.* 62: 79–104.

Moller IM (2001) Plant mitochondria and oxidative stress: electron transport, NADPH turnover, and metabolism of reactive oxygen species. *Annu. Rev. Plant. Physiol. Plant Mol. Biol.* 52:561–591.

Moore AL, Shiba T, Young L, Harada S, Kita K, Ito K (2013) unraveling the heater: new insights into the structure of the alternative oxidase. *Annu. Rev. Plant Biol.* 64:637–663.

Nicholls DG, Ferguson SJ (1992) *Bioenergetics*, 2nd ed. Academic Press, London.

Peterhansel C, Maurino VG (2011) Photorespiration redesigned. *Plant Physiol.* 155:49–55.

Rasmusson AG, Soole KL, Elthon TE (2004) Alternative NAD(P)H dehydrogenases of plant mitochondria. *Annu. Rev. Plant Biol.* 55:23–39

Siedow JN, Umbach AL (1995) Plant mitochondrial electron transfer and molecular biology. *Plant Cell* 7:821–831.

Thauer RK (2007) Microbiology. A fifth pathway of carbon fixation. *Science* 318:1732–1733.

Vanlerberghe GC, McIntosh L (1997) Alternative oxidase: from gene to function. *Annu. Rev. Plant Physiol. Plant. Mol. Biol.* 48:703–734.

第 15 章

Ainsworth EA, Bush DR (2010) Carbohydrate transport from the leaf: a highly regulated process and target to enhance photosynthesis and productivity. *Plant Physiol.* 155:64–69.

Behnke H-D, Sjolund RD (1990) *Sieve Elements. Comparative Structure, Induction and Development.* Berlin: Springer.

Brodersen CR, McElrone AJ, Choat B, Matthews MA, Shackel KA (2010) The dynamics of embolism repair in xylem: in vivo visualizations using high-resolution computed tomography. *Plant Physiol.* 154:1088–1095

Brodribb TJ, Feild TS, Sack L (2010) Viewing leaf structure and evolution from a hydraulic perspective. *Funct. Plant Biol.* 37:488–498.

Chaumont F, Tyerman SD (2014) Aquaporins: highly regulated channels controlling plant water relations. *Plant Physiol.* 164:1600–1618.

Chen L-Q, Lin W, Qu XQ, Sosso D, McFarlane HE, Londoño A, Samuels AL, Frommer WB (2015) A cascade of sequentially expressed sucrose transporters in the seed coat and endosperm provides nutrition for the Arabidopsis embryo. *Plant Cell* (epub ahead of print).

Cramer MD, Hawkins HJ, Verboom GA (2009) The importance of nutritional regulation of plant water flux. *Oecologia* 161:15–24.

De Boer AH, Volkov V (2003) Logistics of water and salt transport through the plant: structure and functioning of the xylem. *Plant Cell Environ.* 26:87–101.

De Boer AH (1999) Potassium translocation into the root xylem. *Plant Biol.* 1:36–45.

Dechorgnat J, Nguyen CT, Armengaud P, Jossier M, Diatloff E, Filleur S, Daniel-Vedele F (2011) From the soil to the seeds: the long journey of nitrate in plants. *J. Exp. Bot.* 62:1349–1359.

Evert RF (2006) *Esau's Plant Anatomy. Meristems, Cells and Tissues of the Plant Body. Their Structure, Function, and Development.* Hoboken, NJ: Wiley.

Gilliham M, Dayod M, Hocking B, Xu B, Conn SJ, Kaiser BN, Leigh RA, Tyerman SD (2011) Calcium delivery and storage in plant leaves; exploring the link with water flow. *J. Exp. Bot.* 62:2233–2250.

Hafke JB, van Amerongen JK, Kelling F, Furch ACU, Gaupels F, van Bel AJE (2005) Thermodynamic battle for photosynthate acquisition between sieve tubes and adjoining parenchyma in transport phloem. *Plant Physiol.* 138:1527–1537.

Knoblauch M, Oparka K (2012) The structure of the phloem – still more questions than answers. *Plant J.* 70:147–156.

Lucas WJ, Ham BK, Kim JY (2009) Plasmodesmata – bridging the gap between neighbouring plant cells. *Trends Cell Biol.* 19:495–503.

Maule AJ, Benitez-Alfonso Y, Faulkner C (2011) Plasmodesmata – membrane channels with attitude. *Curr. Opin. Plant Biol.* 14:683–690.

Naseera S, Leea Y, Lapierreb C, Frankec R, Nawratha C, Geldner N (2012) Casparian strip diffusion barrier in Arabidopsis is made of a lignin polymer without suberin. *Proc. Natl. Acad. Sci. USA* 109:10101–10106.

Patrick JW (2013) Does Don Fisher's high-pressure manifold model account for phloem transport and resource partitioning? *Front. Plant Sci.* 4:184.

Patrick JW (2013) Fundamentals of phloem transport physiology. In *Phloem. Molecular Cell Biology, Systemic Communication, Biotic Interactions.* Thompson GA, van Bel AJE, eds. Chichester: Wiley-Blackwell. pp. 30–59.

Pfister A, Barberon M, Alassimone J, et al. (2014) A receptor-like kinase mutant with absent endodermal diffusion barrier displays selective nutrient homeostasis defects. *eLife* 3:e03115.

Raven JA (1977) The evolution of land plants in relation to supracellular transport processes. *Adv. Bot. Res.* 5:314–319.

Sack L, Holbrook NM (2006) Leaf hydraulics. *Annu. Rev. Plant Biol.* 57:361–381.

Slewinski TL, Zhang C, Turgeon R (2013) Structural and functional heterogeneity in phloem loading and transport. *Front. Plant Physiol.* 4:244.

Sperry JS (2003) Evolution of water transport and xylem structure. *Int. J. Plant Sci.* 164(3 suppl.):S115–S127.

Sperry JS, Hacke UG, Oren R, Comstock JP (2002) Water deficits and hydraulic limits to leaf water supply. *Plant Cell Environ.* 25:251–263.

Tegeder M, Ruan Y-L, Patrick JW (2013) Roles of plasma membrane transporters in phloem functions. In: *Phloem. Molecular Cell Biology, Systemic Communication, Biotic Interactions.* Thompson GA, van Bel AJE, eds. Chichester: Wiley-Blackwell. pp. 63–101.

Turgeon R, Wolf S (2009) Phloem transport: cellular pathways and molecular trafficking. *Annu. Rev. Plant Biol.* 60:207–221.

Turnbull CG, Lopez-Cobollo RM (2013) Heavy traffic in the fast lane: long-distance signalling by macromolecules. *New Phytol.* 198:33–51.

Tyree MT (1997) The cohesion-tension theory of sap ascent: current controversies. *J. Exp. Bot.* 48:1753–1765.

van Bel AJE (2003) The phloem, a miracle of ingenuity. *Plant Cell Environ.* 26:125–150.

van Bel AJE, Furch ACU, Hafke JB, Knoblauch M, Patrick JW (2011) Questions (n) on phloem biology. 2. Mass flow, molecular hopping, distribution patterns and macromolecular signaling. *Plant Sci.* 181:315–330.

van Bel AJE, Furch ACU, Will T, Buxa SV, Musetti R, Hafke JB (2014) Spread the news: systemic dissemination and local impact of Ca^{2+} signals along the phloem. *J. Exp. Bot.* 65:1761–1787.

Zwieniecki MA, Holbrook NM (2009) Confronting Maxwell's demon: biophysics of xylem embolism repair. *Trends Plant Sci.* 14:530–534.

第 16 章

Amend JP, Edwards KJ, Lyons TW (eds.) (2004) *Sulfur Biogeochemistry: Past and Present.* Geological Society of America: Boulder, Colorado.

Barberon M, Berthomieu P, Clairotte M, et al. (2008) Unequal functional redundancy between the two *Arabidopsis thaliana* high-affinity sulphate transporters *SULTR1;1* and *SULTR1;2. New Phytol.* 180:608–619.

Bashandy T, Guilleminot J, Vernoux T, et al. (2010) Interplay between the NADP-linked thioredoxin and glutathione systems in *Arabidopsis* auxin signaling. *Plant Cell* 22:376–391.

Chan KX, Wirtz M, Phua SY, et al. (2013). Balancing metabolites in drought: the sulfur assimilation conundrum. *Trends Plant Sci.* 18:18–29.

De Angeli A, Monachello D, Ephritikhine G, et al. (2006) The nitrate/proton antiporter AtCLCa mediates nitrate accumulation in plant vacuoles. *Nature* 442: 939–942.

Desbrosses GJ, Stougaard J (2011) Root nodulation: a paradigm for how plant-microbe symbiosis influences host developmental pathways. *Cell Host Microbe.* 10:348–358.

Ehrhardt DW, Wais R, Long SR. (1996) Calcium spiking in plant root hairs responding to *Rhizobium* nodulation signals. *Cell* 85:673–681.

Erisman JW, Galloway JN, Seitzinger S, et al. (2013) Consequences of human modification of the global nitrogen cycle. *Phil. Trans. R. Soc. Lond. B Biol. Sci.* 368:20130116.

Fischer K, Barbier GG, Hecht HJ, et al. (2005) Structural basis of eukaryotic nitrate reduction: crystal structures of the nitrate reductase active site. *Plant Cell* 17:1167–1179.

Georgiadis M, Komiya H, Chakrabarti P, et al. (1992) Crystallographic structure of the nitrogenase iron protein from *Azotobacter vinelandii. Science* 257:1653–1659.

Giraud E, Moulin L, Vallenet D, et al. (2007) Legume symbioses: absence of Nod genes in photosynthetic bradyrhizobia. *Science* 316:1307–1312.

Gruber N, Galloway JN (2008) An Earth-system perspective of the global nitrogen cycle. *Nature* 451:293–296.

Hageman RV, Burris R (1978) Nitrogenase and nitrogenase reductase associate and dissociate with each catalytic cycle. *Proc. Natl Acad. Sci. USA* 75:2699–2702.

Hakoyama T, Niimi K, Watanabe H, et al. (2009) Host plant genome overcomes the lack of a bacterial gene for symbiotic nitrogen fixation. *Nature* 462:514–517.

Hawkesford MJ, De Kok LJ (eds.) (2007) *Sulfur in Plants – an Ecological Perspective.* Springer: Dordrecht, The Netherlands.

Hell R, Dahl C, Knaff D, Leustek T (2008) *Sulfur Metabolism in Phototrophic Organisms.* Springer: Dordrecht, The Netherlands.

Herridge DF, Peoples MB, Boddey RM (2008) Global inputs of biological nitrogen fixation in agricultural systems. *Plant Soil* 311:1–18.

Hirai MY, Klein M, Fujikawa Y. Yano M, et al. (2005) Elucidation of gene-to-gene and metabolite-to-gene networks in *Arabidopsis* by integration of metabolomics and transcriptomics. *J. Biol. Chem.* 280:25590–25595.

Ho CH, Lin SH, Hu HC, Tsay YF (2009) CHL1 functions as a nitrate sensor in plants. *Cell* 138:1184–1194.

Hoffman BM, Lukoyanov D, Dean DR, Seefeldt LC (2013) Nitrogenase: a draft mechanism. *Acc. Chem. Res.* 46:587–595.

Houlton BZ, Wang Y-P, Vitousek PM, Field CB (2008) A unifying framework for dinitrogen fixation in the terrestrial biosphere. *Nature* 454:327–330.

Hu Y, Ribbe MW (2013) Biosynthesis of the iron-molybdenum cofactor of nitrogenase. *J. Biol. Chem.* 288:13173–13177.

Khan MS, Haas FH, Samami AA, et al. (2010) Sulfite reductase defines a newly discovered bottleneck for assimilatory sulfate reduction and is essential for growth and development in *Arabidopsis thaliana. Plant Cell* 22:1216–1231.

Kim J, Rees D (1992) Structural models for the metal centers in the nitrogenase molybdenum-iron protein. *Science* 257:1677–1682.

Kopriva S, Mugford SG, Baraniecka P, et al. (2012) Control of sulfur partitioning between primary and secondary metabolism. *Front Plant Sci.* 3:163.

Lambeck IC, Fischer-Schrader K, Niks D, et al. (2012) The molecular mechanism of 14-3-3-mediated inhibition of plant nitrate reductase. *J. Biol. Chem.* 287:4562–4571.

Lee B-R, Koprivova A, Kopriva S (2011) Role of HY5 in regulation of sulfate assimilation in *Arabidopsis. Plant J.* 67:1042–1054.

Liang G, Yang F, Yu D (2010) MicroRNA395 mediates regulation of sulfate accumulation and allocation in *Arabidopsis thaliana. Plant J.* 62:1046–1057.

Lillo C, Meyer C, Lea US, et al. (2004) Mechanism and importance of post-translational regulation of nitrate reductase *J Exp Bot* 55:1275–1282.

Lin SH, Kuo HF, Canivenc G, et al. (2008) Mutation of the *Arabidopsis* NRT1.5 nitrate transporter causes defective root-to-shoot nitrate transport. *Plant Cell* 20:2514–2528.

Liu K-H, Tsay Y-F (2003) Switching between the two action modes of the dual-affinity nitrate transporter CHL1 by phosphorylation. *EMBO J* 22:1005–1013.

Loque D, Lalonde S, Looger LL, et al. (2007) A cytosolic trans-activation domain essential for ammonium uptake. *Nature* 446:195–198.

Ludewig U, Neuhauser B, Dynowski M (2007) Molecular mechanisms of ammonium transport and accumulation in plants. *FEBS Lett.* 581:2301–2308.

Maruyama-Nakashita A, Nakamura Y, Tohge T, Miller AJ, Fan X, Orsel M, et al. (2007) Nitrate transport and signalling. *J. Exp. Bot.* 58:2297–2306.

Maughan SC, Pasternak M, Cairns N, et al. (2010) Plant homologs of the *Plasmodium falciparum* chloroquine-resistance transporter, *Pf*CRT, are required for glutathione homeostasis and stress responses. *Proc. Natl Acad. Sci. USA* 107:2331–2336.

Muttucumaru N, Halford NG, Elmore JS, et al. (2006) Formation of high levels of acrylamide during the processing of flour derived from sulfate-deprived wheat. *J. Agric. Food Chem.* 54:8951–8955.

Oldroyd GE, Murray JD, Poole PS, Downie JA (2011) The rules of engagement in the legume-rhizobial symbiosis. *Annu. Rev. Genetics.* 45:119–144.

Op den Camp R, Streng A, De Mita S, et al. (2011) LysM-type mycorrhizal receptor recruited for rhizobium symbiosis in nonlegume *Parasponia. Sci. Signal.* 331:909.

Ott T, van Dongen JT, Gunther C, et al. (2005) Symbiotic leghemoglobins are crucial for nitrogen fixation in legume root nodules but not for general plant growth and development. *Curr. Biol.* 15:531–535.

Park SW, Li W. Viehhauser A, et al. (2013) Cyclophilin 20-3 relays a 12-oxo-phytodienoic acid signal during stress responsive regulation of cellular redox homeostasis. *Proc. Natl Acad. Sci. USA* 110:9559–9564.

Patron NJ, Durnford DG, Kopriva S (2008) Sulfate assimilation in eukaryotes: fusions, relocations and lateral transfers. *BMC Evol. Biol.* 8:39.

Radutoiu S, Madsen LH, Madsen EB, et al. (2003) Plant recognition of symbiotic bacteria requires two LysM receptor-like kinases. *Nature* 425, 585–592.

Rausch T, Wachter A (2005) Sulfur metabolism: a versatile platform for launching defence operations. *Trends Plant Sci.* 10:503–509.

Ravilious GE, Nguyen A, Francois JA, Jez JM (2012) Structural basis and evolution of redox regulation in plant adenosine-5′-phosphosulfate kinase. *Proc. Natl Acad. Sci. USA* 109:309–314.

Reich PB, Hobbie SE, Lee T, et al. (2006) Nitrogen limitation constrains sustainability of ecosystem response to CO_2. *Nature* 440:922–925.

Robertson GP, Vitousek PM (2009) Nitrogen in agriculture: balancing the cost of an essential resource. *Annu. Rev. Env. Resour.* 34:97–125.

Robson RL, Eady RR, Richardson TH, et al. (1986) The alternative nitrogenase of *Azotobacter chroococcum* is a vanadium enzyme. *Nature* 322: 388–390.

Rubio LM, Ludden PW (2008) Biosynthesis of the iron-molybdenum cofactor of nitrogenase. *Annu. Rev. Microbiol.* 62:93–111.

Schepers JS, Raun WR (2008) *Nitrogen in Agricultural Systems*: ASA-CSSA-SSSA. Agronomy Monograph. Vol. 49. Madison, WI.
Searle IR, Men AE, Laniya TS, et al. (2003) Long-distance signaling in nodulation directed by a CLAVATA1-like receptor kinase. *Science* 299:109–112.
Seefeldt LC, Hoffman BM, Dean DR (2009) Mechanism of Mo-dependent nitrogenase. *Annu. Rev. Biochem.* 78:701.
Stitt M, Muller C, Matt P, et al. (2002) Steps towards an integrated view of nitrogen metabolism. *J. Exp. Bot.* 53:959–970.
Takahashi H, Kopriva S. Giordano M. et al. (2011) Sulfur assimilation in photosynthetic organisms: molecular functions and regulations of transporters and assimilatory enzymes. *Annu. Rev. Plant Biol.* 62:157–184.
Tsay YF, Ho CH, Chen HY, Lin SH (2011) Integration of nitrogen and potassium signaling. *Annu. Rev. Plant Biol.* 62: 207–26.
Udvardi M, Poole PS (2013) Transport and metabolism in legume-rhizobia symbioses. *Annu. Rev. Plant Biol.* 64:781–805.
Van de Velde W, Zehirov G, Szatmari A, et al. (2010) Plant peptides govern terminal differentiation of bacteria in symbiosis. *Science* 327:1122–1126.
Vidal EA, Gutierrez RA (2008) A systems view of nitrogen nutrient and metabolite responses in Arabidopsis. *Curr. Opin. Plant Biol.* 11:521–529.
Wang D, Griffitts J, Starker C, et al. (2010) A nodule-specific protein secretory pathway required for nitrogen-fixing symbiosis. *Science* 327:1126–1129.
Wang R, Tischner R, Gutierrez RA, et al. (2004) Genomic analysis of the nitrate response using a nitrate reductase-null mutant of *Arabidopsis*. *Plant Physiol.* 136:2512–2522.
Wang YY, Hsu, PK, Tsay YF. (2012) Uptake, allocation and signaling of nitrate. *Trends Plant Sci.* 17: 458–467.
Watanabe M, Mochida K, Kato T, et al. (2008) Comparative genomics and reverse genetics analysis reveal indispensable functions of the serine acetyltransferase gene family in *Arabidopsis*. *Plant Cell* 20:2484–2496.
Wirtz M, Hell R (2006) Functional analysis of the cysteine synthase protein complex from plants: structural, biochemical and regulatory properties. *J. Plant Physiol.* 163:273–286.
Yuan L, Loqué D, Kojima S, et al. (2007) The organization of high-affinity ammonium uptake in *Arabidopsis* roots depends on the spatial arrangement and biochemical properties of AMT1-type transporters. *Plant Cell* 19:2636–2652.

第 17 章

Argueso CT, Hansen M, Kieber JJ (2007) Regulation of ethylene biosynthesis. *J. Plant Growth Regul.* 26:92–105.
Bishop GJ (2007) Refining the plant steroid hormone biosynthesis pathway. *Trends Plant Sci.* 12:377–380.
Fujioka S, Yokota T (2003). Biosynthesis and metabolism of brassinosteroids. *Annu. Rev. Plant Biol.* 54:137–164.
Kende H (1993) Ethylene biosynthesis. *Ann. Rev. Plant Physiol. Plant Mol. Biol.* 44:283–307.
Ohnishi T, Godza B, Watanabe B, Fujioka S, Hategan L, Ide K, Shibata K, Yokota T, Szekeres M, Mizutani M (2012) CYP90A1/CPD, a brassinosteroid biosynthetic cytochrome P450 of Arabidopsis, catalyzes C-3 oxidation. *J. Biol. Chem.* 287:31551–31560.

第 18 章

Argueso CT, Raines T, Kieber JJ (2010) Cytokinin signaling and transcriptional networks. *Curr. Opin. Plant Biol.* 13:533–539.
Belkhadir Y, Jaillais Y (2015) The molecular circuitry of brassinosteroid signaling. *New Phytol.* 206:522–540.
Bennett T, Hines G, Leyser O (2014) Canalization: what the flux? *Trends Genet.* 30:41–48.
Casal JJ (2013) Photoreceptor signaling networks in plant responses to shade. *Annu. Rev. Plant Biol.* 64:403–427.
Holt AL, van Haperen JMA, Groot EP, Laux T (2014) Signaling in shoot and flower meristems of *Arabidopsis thaliana*. *Curr. Opin. Plant Biol.* 17:96–102.
Kim TH, Bohmer M, Hu HH, Nishimura N, Schroeder JI (2010) Guard cell signal transduction network: advances in understanding abscisic acid, CO_2, and Ca^{2+} signaling. *Annu. Rev. Plant Biol.* 61:561–591.
Kudla J, Batistič O, Hashimoto K (2010) Calcium signals: the lead currency of plant information processing. *Plant Cell* 22:541–563.
Leivar P, Monte E (2014) PIFs: systems integrators in plant development. *Plant Cell* 26:56–78.
Liebrand TWH, van den Burg HA, Joosten MHAJ (2014) Two for all: receptor-associated kinases SOBIR1 and BAK1. *Trends Plant Sci.* 19:123–132.
Merchante C, Alonso JM Stepanova AN (2013) Ethylene signaling: simple ligand, complex regulation. *Curr. Opin. Plant Biol.* 16:554–560.
Miyakawa T, Fujita Y, Yamaguchi-Shinozaki K, Tanokura M (2013) Structure and function of abscisic acid receptors. *Trends Plant Sci.* 18:259–266.
Salehin M, Bagchi R, Estelle M (2015) $SCF^{TIR1/AFB}$-based auxin perception: mechanism and role in plant growth and development. *Plant Cell* 27:9–19.
Spalding EP, Harper JF (2011) The ins and outs of cellular Ca^{2+} transport. *Curr. Opin. Plant Biol.* 14:715–720.
Traas J (2013) Phyllotaxis. *Development* 140:249–253.
Urano D, Jones AM (2014) Heterotrimeric G protein-coupled signaling in plants. *Annu. Rev. Plant Biol.* 65:365–384.
Wang WF, Bai MY, Wang ZY (2014) The brassinosteroid signaling network - a paradigm of signal integration. *Curr. Opin. Plant Biol.* 21:147–153.
Xu H, Liu Q, Yao Y, Fu XD (2014) Shedding light on integrative GA signaling. *Curr. Opin. Plant Biol.* 21:89–95.
Xu J, Zhang SQ (2015) Mitogen-activated protein kinase cascades in signaling plant growth and development. *Trends Plant Sci.* 20:56–64.

第 19 章

Andrés F, Coupland G (2012) The genetic basis of flowering responses to seasonal cues. *Nat. Rev. Genet.* 13:627–639.
Bemer M, Grossniklaus U. (2012) Dynamic regulation of *Polycomb* group activity during plant development. *Curr. Opin. Plant Biol.* 15: 523–529.
Berger F, Twell D (2011) Germline specification and function in plants. *Annu. Rev. Plant Biol.* 62:461–484.
Causier B, Schwarz-Sommer Z, Davies B (2010) Floral organ identity: 20 years of ABCs. *Semin. Cell Dev. Biol.* 21:73–79.

Chang F, Wang Y, Wang S, Ma H (2011) Molecular control of microsporogenesis in *Arabidopsis. Curr. Opin. Plant Biol.* 14: 66–73.

Chevalier É, Loubert-Hudon A, Zimmerman EL, Matton DP (2011) Cell-cell communication and signalling pathways within the ovule: from its inception to fertilization. *New Phytol.* 192:13–28.

Cucinotta M, Colombo L, Roig-Villanova I (2014) Ovule development, a new model for lateral organ formation. *Front Plant Sci.* 5:117.

De Smet I, Lau S, Mayer U, Jürgens G (2010) Embryogenesis - the humble beginnings of plant life. *Plant J.* 61:959–970.

Dresselhaus T, Franklin-Tong N (2013) Male-female crosstalk during pollen germination, tube growth and guidance, and double fertilization. *Mol. Plant* 6:1018–1036.

Gehring M (2013) Genomic imprinting: insights from plants. *Annu. Rev. Genet.* 47:187–208.

Graeber K, Nakabayashi K, Miatton E, et al. (2012) Molecular mechanisms of seed dormancy. *Plant Cell Environ.* 35:1769–1786.

Gutierrez L, Van Wuytswinkel O, Castelain M, Bellini C (2007) Combined networks regulating seed maturation. *Trends Plant Sci.* 12:294–300.

Gutierrez-Marcos JF, Dickinson HG (2012) Epigenetic reprogramming in plant reproductive lineages. *Plant Cell Physiol.* 53:817–823.

Gutzat R Borghi L, Gruissem W (2012) Emerging roles of RETINOBLASTOMA-RELATED proteins in evolution and plant development. *Trends Plant Sci.* 17:139–148.

Haig D (2013) Kin conflict in seed development: an interdependent but fractious collective. *Annu Rev. Cell Dev. Biol.* 29:189–211.

Hamamura Y, Nagahara S, Higashiyama T (2012) Double fertilization on the move. *Curr. Opin. Plant Biol* 15:70–77.

Hand ML, Koltunow AM (2014) The genetic control of apomixis: asexual seed formation. *Genetics* 197:441–450.

Koltunow AM, Grossniklaus U (2003) Apomixis: a developmental perspective. *Annu. Rev. Plant Biol.* 54:547–574.

Konrad KR, Wudick MM, Feijó JA (2011) Calcium regulation of tip growth: new genes for old mechanisms. *Curr. Opin. Plant Biol.* 14:721–730.

Li J, Berger F (2012) Endosperm: food for humankind and fodder for scientific discoveries. *New Phytol.* 195:290–305.

Lituiev DS, Grossniklaus U (2014) Patterning of the angiosperm female gametophyte through the prism of theoretical paradigms. *Biochem Soc. Trans.* 42:332–339.

Meng X, Sun P, Kao TH (2011) S-RNase-based self-incompatibility in *Petunia inflata. Ann. Bot.* 108:637–646.

Nowack MK, Ungru A, Bjerkan KN, et al. (2010) Reproductive cross-talk: seed development in flowering plants. *Biochem. Soc. Trans.* 38:604–612.

Ó'Maoiléidigh DS, Graciet E, Wellmer F (2014) Gene networks controlling *Arabidopsis thaliana* flower development. *New Phytol.* 201:16–30.

Poulter NS, Wheeler MJ, Bosch M, et al. (2010) Self-incompatibility in *Papaver*: identification of the pollen *S*-determinant *PrpS*. *Biochem Soc. Trans.* 38:588–592.

Raissig MT, Baroux C, Grossniklaus U (2011) Regulation and flexibility of genomic imprinting during seed development. *Plant Cell* 23:16–26.

Rea AC, Nasrallah JB (2008) Self-incompatibility systems: barriers to self-fertilization in flowering plants. *Int. J. Dev. Biol.* 52:627–636.

Ream TS, Woods DP. Amasino RM (2012) The molecular basis of vernalization in different plant groups. *Cold Spring Harb. Symp. Quant. Biol.* 77:105–115.

Song J, Irwin J, Dean C (2013) Remembering the prolonged cold of winter. *Curr. Biol.* 23:R807–8011.

Sprunck S, Gross-Hardt R (2011) Nuclear behavior, cell polarity, and cell specification in the female gametophyte. *Sex Plant Reprod.* 24:123–136.

Takeuchi H, Higashiyama T (2011) Attraction of tip-growing pollen tubes by the female gametophyte. *Curr. Opin. Plant Biol.* 14:614–621.

Theissen G, Melzer R (2007) Molecular mechanisms underlying origin and diversification of the angiosperm flower. *Ann. Bot.* 100 603–619

Wendrich JR, Weijers D (2013) The *Arabidopsis* embryo as a miniature morphogenesis model. *New Phytol.* 199:14–25.

第 20 章

Archetti M, Döring TF, Hagen SB, et al. (2009) Unravelling the evolution of autumn colors - an interdisciplinary approach. *Trends Ecol. Evol.* 24:166–173.

Courtois-Moreau CL, Pesquet E, Sjodin A, et al. (2009) A unique program for cell death in xylem fibers of *Populus* stem. *Plant J.* 58:260–274.

Diggle PK, Di Stilio VS, Gschwend AR, et al. (2011) Multiple developmental processes underlie sex differentiation in angiosperms. *Trends Genet.* 27:368–376.

Fath A, Bethke P, Lonsdale J, et al. (2000) Programmed cell death in cereal aleurone. *Plant Mol. Biol.* 44:255–266.

Fracheboud Y, Luquez V, Björkén L, et al. (2009) The control of autumn senescence in European aspen. *Plant Physiol.* 149:1982–1991.

Gan S (ed.) (2007) *Annual Plant Reviews Volume 26: Senescence Processes in Plants*. Blackwell: Oxford.

Gregersen PL, Culetic A, Boschian L, Krupinska K (2013) Plant senescence and crop productivity. *Plant Mol. Biol.* 82:603–622.

Guiboileau A, Sormani R, Meyer C, Masclaux-Daubresse C (2010) Senescence and death of plant organs: Nutrient recycling and developmental regulation. *Comptes Rendus Biologies* 333:382–391.

Gunawardena AHLAN (2008) Programmed cell death and tissue remodeling in plants. *J. Exp. Bot.* 59:445–451.

Guo Y (2013) Towards systems biological understanding of leaf senescence. *Plant Mol. Biol.* 82:519–528.

Lenk A, Thordal-Christensen H (2009) From nonhost resistance to lesion-mimic mutants: useful for studies of defense signaling. *Adv. Bot. Res.* 51:91–121.

Liu Y, Bassham DC (2012) Autophagy: pathways for self-eating in plant cells. *Annu. Rev. Plant Biol.* 63:215–237.

Minina EA, Bozhkov PV, Hofius D (2014) Autophagy as initiator or executioner of cell death. *Trends Plant Sci.* 19:692–697.

Mur LAJ, Kenton P, Lloyd AJ, et al. (2008)The hypersensitive response; the centenary is upon us but how much do we know? *J. Exp. Bot.* 59:501–520.

Ohashi-Ito K, Fukuda H (2010) Transcriptional regulation of vascular cell fates. *Curr. Opin. Plant Biol.* 13:670–676.

Roberts JA, Elliott KA, Gonzalez-Carranza ZH (2002) Abscission, dehiscence, and other cell separation processes. *Annu. Rev. Plant Biol.* 53:131–158.
Rogers HJ (2013) From models to ornamentals: how is flower senescence regulated? *Plant Mol. Biol.* 82:563–574.
Thomas H (2013) Senescence, ageing and death of the whole plant. *New Phytol.* 197:696–711.
Thomas H, Huang L, Young M, Ougham H (2009) Evolution of plant senescence. *BMC Evol. Biol.* 9:163.
Thomas H, Ougham H (2014) The stay-green trait. *J. Exp. Bot.* 65:3889–3900.
Uauy C, Distelfeld A, Fahima T, et al. (2006) A *NAC* gene regulating senescence improves grain protein, zinc, and iron content in wheat. *Science* 314:1298–1301.
van Doorn WG, Beers EP, Dangl JL, et al. (2011) Morphological classification of plant cell deaths. *Cell Death Different.* 18:1–6.
Wingler A, Roitsch T (2008) Metabolic regulation of leaf senescence: interactions of sugar signaling with biotic and abiotic stress responses. *Plant Biol.* 10(Suppl. 1):50–62.
Yamauchi T, Shimamura S, Nakazono M, Mochizuki T (2013) Aerenchyma formation in crop species: A review. *Field Crops Res.* 152:8–16.

第 21 章

Agrios GN (2005) *Plant Pathology,* 5th ed. Academic Press, San Diego, USA.
Bird DM, Williamson VM, Abad P, et al. (2009) The genomes of root-knot nematodes. *Annu. Rev. Phytopathol.* 47:333–351.
Bolton MD, Thomma BPHJ (2011) *Plant Fungal Pathogens: Methods and Protocols.* (Methods in Molecular Biology Vol 825). Humana Press Inc., UK.
Bonardi V, Cherkis K, Nishimura MT, Dangl JL (2012) A new eye on NLR proteins: focused on clarity or diffused by complexity? *Curr. Opin. Immunol* 24:41–50.
Chisholm ST, Coaker G, Day B, Staskawicz BJ (2006) Host-microbe interactions: shaping the evolution of the plant immune response. *Cell* 124:803–814.
Current Opinions in Plant Biology – Biotic Stress special issues – August 2009, 2010, 2011, 2012, 2013, and 2014.
Day P (1974) *The Genetics of Host-Pathogen Inter-relationships.* J. Wiley, San Francisco, CA.
Deslandes L, Rivas S (2012) Catch me if you can: bacterial effectors and plant targets. *Trends Plant Sci.* 17:644–654.
Dodds P.N, Rathjen JP (2010) Plant immunity, towards an integrated view of plant-pathogen interactions. *Nature Rev. Genet* 11:539–548.
Ellis JG, Dodds PN, Lawrence GJ (2007) Flax rust resistance gene specificity is based on direct resistance-avirulence protein interactions. *Annu. Rev. Phytopathol.* 45:289–306.
Fonseca S, Chico JM, Solano R (2009) The jasmonate pathway: the ligand, the receptor and the core signalling module. *Curr. Opin. Plant Biol.* 12:539–547.
Glazebrook J (2005) Contrasting mechanisms of defense against biotrophic and necrotrophic pathogens. *Annu. Rev. Phytopathol.* 43:205–227.
Gust AA, Brunner F, Nurnberger T (2010) Biotechnological concepts for improving plant innate immunity. *Curr. Opin. Biotechnol.* 21:204–210.
Hammond-Kosack KE, Jones JDG (1996) Inducible plant defense mechanisms and resistance gene function. *Plant Cell* 8:1773–1791.
Hammond-Kosack KE (2014) Biotechnology: plant protection. In *Encyclopedia of Agriculture and Food Systems*, Vol. 2, N Van Alfen editor-in-chief. Elsevier: San Diego, CA, pp. 134–152.
Hull R (2009) *Comparative Plant Virology*, 2nd ed. Elsevier Academic Press, Amsterdam, The Netherlands.
International Aphid Consortium (2010) Genome sequence of the pea aphid *Acyrthosiphon pisum. PloS Biology*, e1000313.
Jones JD. Dangl JL (2006) The plant immune system. *Nature* 444:323–329.
Llave C (2010) Virus-derived small interfering RNAs at the core of plant–virus interactions. *Trends Plant Sci.* 15:701–707.
Loebenstein G, Carr JP (2009) *Advances in Virus Research: Natural and Engineered Resistance to Plant Viruses.* Elsevier, Inc.
Maekawa T, Kufer TA, Schulze-Lefert P (2011) NLR functions in plant and animal immune systems: so far and yet so close. *Nature Immunol.* 12:817–826.
Mitchum MG, Wang X, Wang J, Davis EL (2012) Role of nematode peptides and other small molecules in plant parasitism. *Annu. Rev. Phytopathol.* 50:175–95.
Raeffaele S, Kamoun S (2012) Genome evolution in filamentous plant pathogens: why bigger can be better. *Nature Rev. Microbiol.* 10:417–430.
Robert-Seilaniantz A, Murray Grant M, et al. (2011) Hormone crosstalk in plant disease and defense: More than just JASMONATE-SALICYLATE antagonism. *Annu. Rev. Phytopathol* 49:317–343.
Schilmiller AL, Howe GA (2005) Systemic signaling in the wound response. *Curr. Opin. Plant Biol.* 8:369–377.
Scholthof HB (2005) Plant virus transport: motions of functional equivalence. *Trends Plant Sci.* 10:376–382.
Schoonhoven LM, van Loon JJA, Dicke M (2005) *Insect-Plant Biology.* Oxford University Press.
Shirasu K (2009) The HSP90-SGT1 chaperone complex for NLR immune sensors. *Annu. Rev. Plant Biol.* 60:139–164.
Spoel SH, Dong X (2012) How do plants achieve immunity? Defence without specialized immune cells. *Nature Rev. Microbiol.* 12:89–100.
Stergiopoulos I, de Wit PJGM (2009) Fungal effector proteins. *Annu. Rev. Phytopathol.* 47:233–263.
Tampakaki AP, Skandalis N, Gazi AD, et al. (2010) Playing the "Harp": evolution of our understanding of hrp/hrc genes. *Annu. Rev. Phytopathol.* 48:347–370.
Torres MA, Jones JDG, Dangl JL (2006) Reactive oxygen species signaling in response to pathogens. *Plant Physiol.* 141:373–378.
van Loon LC, Rep, M, Pieterse CM (2006) Significance of inducible defense-related proteins in infected plants. *Annu. Rev. Phytopathol.* 44:135–162.
Vleeshouwers VGAA, Raffaele S, Vossen JH, et al. (2011) Understanding and exploiting late blight resistance in the age of effectors. *Annu. Rev. Phytopathol.* 49:507–31.
Zipfel C, Robatzek S (2010)Pathogen-associated molecular pattern triggered immunity: veni, vidi… *Plant Physiol.* 154:551–554.

第 22 章

Bailey-Serres J, Voesenek LACJ (2008) Flooding stress: acclimations and genetic diversity. *Annu. Rev. Plant Biol.* 59:313–339.

Bailey-Serres J, Fukao T, Gibbs DJ, et al. (2012) Making sense of low oxygen sensing. *Trends Plant Sci.* 17:129–138.

Bartels D, Sunkar R (2005) Drought and salt tolerance in plants. *Crit. Rev. Plant Sci.* 24:23–58.

Chinnusamy V, Zhu JK (2009) Epigenetic regulation of stress responses in plants. *Curr. Opin. Plant Biol.* 12:133–9.

Cutler SR, Rodriguez PL, Finkelstein RR, Abrams SR (2010) Abscisic acid: Emergence of a core signaling network. *Annu. Rev. Plant Biol.* 61:651–679.

Fujita M, Fujita Y, Noutosi Y, et al. (2006) Crosstalk between abiotic and biotic stress responses: a current view from the points of convergence in stress signaling networks. *Curr. Opin. Plant Biol.* 9:436–442.

Guy C, Kaplan F, Kopka J, et al. (2008) Metabolomics of temperature stress. *Physiol. Plant* 132:220–235.

Hirayama T, Shinozaki K (2010) Research on plant abiotic stress response in the post-genome era: past, present and future. *Plant J.* 61:1041–1052.

Koskull-Doering P, Scharf K-D, Nover L (2007) The diversity of plant heat stress transcription factors. *Trends Plant Sci.* 12:452–457.

Larlindale J, Mishkind M, Vierling E (2005) Plant responses to high temperature. In *Plant Abiotic Stress*. Jenks M, Hasegawa PM, eds. Blackwell Publishing Ltd: Oxford, pp. 101–144.

Mittler R, Blumwald E (2010) Genetic engineering for modern agriculture: challenges and perspectives. *Annu. Rev. Plant Biol.* 61:443–462.

Murata N, Los DA (2006) Histidine kinase Hik33 is an important participant in cold-signal transduction in cyanobacteria. *Physiol. Plant* 126:17–27.

Steponkus PL (1984) Role of plasma membrane in freezing injury and cold acclimation. *Annu. Rev. Plant Physiol.* 35:543–584.

Thomashow MF (2010) Molecular basis of plant cold acclimation: insights gained from studying the CBF cold response pathway. *Plant. Physiol.* 154:571–577.

Uemura M, Tominaga Y, Nakagawara C, et al. (2006) Responses of the plasma membrane to low temperatures. *Physiol. Plant* 126:81–90.

Umezawa T, Nakashima K, Miyakawa T, et al. (2010) Molecular basis of the core regulatory network in ABA responses: sensing, signaling and transport. *Plant Cell Physiol.* 51:1821–1839.

Wang W, Vinocur B, Shoseyov O, Altman A (2004) Role of heat-shock proteins and molecular chaperones in abiotic stress response. *Trends Plant. Sci.* 9:244–252.

Yamaguchi-Shinozaki K, Shinozaki K (2006) Transcriptional regulatory networks in cellular responses and tolerance to dehydration and cold stresses. *Annu. Rev. Plant Biol.* 57:781–803.

Yamazaki T, Kawamura Y, Minami A, Uemura M (2008) Calcium-dependent freezing tolerance in *Arabidopsis* involves membrane resealing via synaptotagmin SYT1. *Plant Cell* 20:3389–3404.

Zhu J (2003) Regulation of ion homeostasis under salt stress. *Curr. Opin. Plant Biol.* 6:441–445.

Zhu J, Dong C H, Zhu JK (2007) Interplay between cold-responsive gene regulation, metabolism and RNA processing during plant cold acclimation. *Curr. Opin. Plant Biol.* 10: 290–295.

第 23 章

Beauclair L, Yu A, Bouche N (2010) MicroRNA-directed cleavage and translational repression of the copper chaperone for superoxide dismutase mRNA in Arabidopsis. *Plant J.* 62:454–462.

Briat J-F (2008) Iron dynamics in plants. *Adv. Bot. Res.* 46:137–180.

Briat J-F, Curie C, Gaymard F (2007) Iron utilization in plants. *Curr. Opin. Plant Biol.* 10:276–282.

Bucher M (2007) Functional biology of plant phosphate uptake and mycorrhiza interfaces. *New Phytol.* 173:11–26.

Burkehead JL, Gogolin Reynolds KA, Abdel-Ghany SE, Cohu CM, Pilon M (2009) Copper homeostasis. *New Phytol.* 182:799–816.

Deinlein U, Stephan AB, Horie T, Luo W, Xu G, Schroeder JI (2014) Plant salt-tolerance mechanisms. *Trends Plant Sci.* 19:371–379.

Delhaize E, Gruber BD, Ryan PR (2007) The roles of organic anion permeases in aluminium tolerance and mineral nutrition. *FEBS Lett.* 581:2255–2262.

Doener P (2008) Phosphate starvation signaling: a threesome controls systemic Pi homeostasis. *Curr. Opin. Plant Biol.* 11:536–540.

Gierth M, Maser P (2007) Potassium transporters in plants–involvement in K^+ acquisition, redistribution and homeostasis. *FEBS Lett* 581:2348–2356.

Gilbert N (2009) The disappearing nutrient. *Nature* 461:716–718.

Hamamoto S, Horie T, Hauser F, Deinlein U, Schroeder JI, Uozumi N (2015) HKT transporters mediate salt stress resistance in plants: from structure and function to the field. *Curr. Opin. Biotechnol.* 32:113–120.

Hiradate S, Ma JF, Matsumoto H (2007) Strategies of plants to adapt to mineral stresses in problem soils. *Adv. Agron.* 96:65–132.

Kim SA, Guerinot ML (2007) Mining iron: Iron uptake and transport in plants. *FEBS Lett.* 581:2273–2280.

Kobayashi T, Nishizawa NK (2012) Iron uptake, translocation, and regulation in higher plants. *Annu. Rev. Plant Biol.* 63: 131–152.

Kobayashi T, Ogo Y, Itai RN, Nakanishi H, Takahashi M, Mori S, Nishizawa NK (2007) The transcription factor IDEF1 regulates the response to and tolerance of iron deficiency in plants. *Proc. Natl. Acad. Sci. USA* 104:19150–19155.

Kochian LV, Hoekenga OA, Pineros MA (2004) How do crop plants tolerate acid soils? Mechanisms of aluminum tolerance and phosphorous efficiency. *Annu. Rev. Plant Biol.* 55:459–493.

Luan S, Lan W, Chul Lee S (2009) Potassium nutrition, sodium toxicity, and calcium signaling: connections through the CBL-CIPK network. *Curr. Opin. Plant Biol.* 12:339–346.

Morrissey J, Guerinot ML (2009) Iron uptake and transport in plants: the good, the bad and the ionome. *Chem. Rev.* 109:4553–4567.

Munns R, Tester M (2008) Mechanisms of salinity tolerance. *Annu. Rev. Plant Biol.* 59:651–681.

Palmer CM, Guerinot ML (2009) Facing the challenges of Cu, Fe and Zn homeostasis in plants. *Nat. Chem. Biol.* 5:333–339.

Penarrubia L, Andres-Colas N, Moreno J, Puig S (2010) Regulation of copper transport in *Arabidopsis thaliana*: a biochemical oscillator? *J. Biol. Inorg. Chem.* 15:29–36.

Puig S, Peñarrubia L (2009) Placing metal micronutrients in context: transport and distribution in plants. *Curr. Opin. Plant Biol.* 12:299–306.

Pyo YJ, Gierth M, Schroeder JI, Cho MH (2010) High-affinity K^+ transport in Arabidopsis: AtHAK5 and AKT1 are vital for seedling establishment and postgermination growth under low-potassium conditions. *Plant Physiol.* 153:863–875.

Ryan PR, Delhaize E (2010) The convergent evolution of aluminium resistance in wheat exploits a convenient currency. *Funct. Plant Biol.* 37:275–284.

Schachtman DP, Shin R (2007) Nutrient sensing and signaling: NPKS. *Annu. Rev. Plant Biol.* 58:47–69.

Schroeder JI, Delhaize E, Frommer WB, et al. (2013) Using membrane transporters to improve crops for sustainable food production. *Nature* 497:60–66.

Tran HT, Hurley BA, Plaxton WC (2010) Feeding hungry plants: the role of purple acid phosphatases in phosphate nutrition. *Plant Sci.* 179:14–27.

Tsay YF, Ho CH, Chen HY, Lin SH (2011) Integration of nitrogen and potassium signaling. *Annu. Rev. Plant Biol.* 62:207–226.

Vance CP (2010) Quantitative trait loci, epigenetics, sugars, and microRNAs: quaternaries in phosphate acquisition and use. *Plant Physiol.* 154:582–588.

Wang Y, Wu WH (2013) Potassium transport and signaling in higher plants. *Annu. Rev. Plant Biol.* 64:451–476.

Wang YY, Hsu PK, Tsay YF (2012) Uptake, allocation and signaling of nitrate. *Trends Plant Sci.* 17:458–467.

Ward JM, Maser P, Schroeder JI (2009) Plant ion channels: gene families, physiology, and functional genomics analyses. *Annu. Rev. Physiol.* 71:59–82.

Yang XJ, Finnegan P.M. (2010) Regulation of phosphate starvation responses in higher plants. *Ann. Bot.* 105:513–526.

Yruela I (2009) Copper in plants: aquisition, transport and interactions. *Funct. Plant Biol.* 36:409–430.

第 24 章

Al-Babili S, Beyer P (2005) Golden rice- five years on the road- five years to go? *Trends Plant Sci.* 10:565–573.

Chen F, Tholl D, Bohlmann J, Pichersky E (2011) The family of terpene synthases in plants; a mid-size family of genes for specialized metabolism that is highly diversified throughout the kingdom. *Plant J.* 66:212–229.

Christianson DW (2006) Structural biology and chemistry of the terpenoid cyclases. *Chem. Rev.* 106:3412–3442.

Degenhardt J, Köllner TG, Gershenzon J (2009) Monoterpene and sesquiterpene synthases and the origin of terpene skeletal diversity in plants. *Phytochemistry* 70:1621–1637.

Kirby J, Keasling JD (2009) Biosynthesis of plant isoprenoids: perspectives for microbial engineering. *Annu. Rev. Plant Biol.* 60:335–355.

Rodríguez-Concepción M, Boronat A (2002) Elucidation of the methylerythritol phosphate pathway for isoprenoid biosynthesis in bacteria and plastids. A metabolic milestone achieved through genomics. *Plant Physiol.* 130:1079–1089.

生氰苷类化合物

Bjerg-Jensen N, Zagrobelny M, Hjernø K, Olsen CE, Houghton-Larsen J, Borch J, Møller BL, Bak S (2011) Convergent evolution in biosynthesis of cyanogenic defence compounds in plants and insects. *Nat. Commun.* 2:273.

Gleadow RM, Møller BL (2014) Cyanogenic glucosides: synthesis, physiology, and plant plasticity. *Annu. Rev. Plant Biol.* 65:155–185.

Møller BL (2010) Functioning dependent metabolons. *Science* 330:1328–1329.

Takos AM, Knudsen C, Lai D, et al. (2011) Genomic clustering of cyanogenic glucoside biosynthetic genes aids their identification in *Lotus japonicus* and suggests the repeated evolution of this chemical defense pathway.*Plant J.* 68:273–286.

硫代葡萄糖苷

Halkier BA, Gershenzon J (2006) Biology and biochemistry of glucosinolates. *Annu. Rev. Plant Biol.* 57:303–333.

Sønderby IE, Geu-Flores F, Halkier BA (2010) Biosynthesis of glucosinolates-gene discovery and beyond. *Trends Plant Sci.* 15:283–290.

Stauber EJ, Kuczka, P.,van Ohlen M, Vogt B, Janowitz, T.,Piotrowski M, Beuerle, T.,Wittstock,U. (2012) Turning the 'mustard oil bomb' into a 'cyanide bomb': aromatic glucosinolate metabolism in a specialist insect herbivore: *PloS One* 7: e35545.

生物碱

Conner WE, Boada R, Schroeder FC, González A, Meinwald J, Eisner T (2000) Chemical defense: bestowal of a nuptial alkaloidal garment by a male moth on its mate. *Proc. Natl. Acad. Sci. USA* 97:14406–14411.

Grobe N, Lamshöft M, Orth RG, Dräger B, Kutchan TM, Zenk MH, Spiteller M (2010) Urinary excretion of morphine and biosynthetic precursors in mice. *Proc. Natl. Acad. Sci. USA* 107:8147–8152.

Higashi, Y, Kutchan TM, Smith TJ (2011) The atomic structure of salutaridine reductase from the opium poppy *Papaver somniferum*. *J. Biol. Chem.* 286:6532–6541.

Kessler D, Gase K, Baldwin IT (2008) Field experiments with transformed plants reveal the sense of floral scents. *Science* 321:1200–1202.

Kutchan TM (2005) A role for intra- and intercellular translocation in natural product biosynthesis. *Curr. Opin. Plant Biol.* 8:292–300.

Ma XY, Panjikar S, Koepke J, Loris E, Stöckigt J (2006) The structure of *Rauvolfia serpentina* strictosidine synthase is a novel six-bladed beta-propeller fold in plant proteins. *Plant Cell* 18:907–920.

Minami H (2013) Fermentative production of plant benzylisoquinoline alkaloids in microbes. *Biosci. Biotechnol. Biochem.* 77:1617–1622.

Runguphan W, Qu X, O'Connor SE (2010) Intergrating carbon-halogen bond formation into medicinal plant metabolism. *Nature* 468:461–464.

Yu F, De Luca V (2013) ATP-binding cassette transporter controls leaf surface secretion of anticancer drug components in *Catharanthus roseus*. *Proc. Natl. Acad. Sci. USA* 110: 15830–15835.

酚类化合物

Ayabe S, Akashi T (2006) Cytochrome P450s in flavonoid metabolism. *Phytochem. Rev.* 5:271–282.

Davin LB, Jourdes M, Patten AM, Kim K-W, Vassão DG, Lewis NG (2008) Dissection of lignin macromolecular configuration and assembly: comparison to related biochemical processes in allyl/propenyl phenol and lignan biosynthesis. *Nat. Prod. Rep.* 25:1015–1090.

Humphreys JM, Chapple C (2002) Rewriting the lignin roadmap. *Curr. Opin. Plant Biol.* 5:224–229.

Jørgensen K, Rasmussen AV, Morant M, Nielson AH, Bjarnholt N, Zagrobelny M, Bak S, Møller BL (2005) Metabolon formation and metabolic channeling on the biosynthesis of plant natural products. *Curr. Opin. Plant. Biol.* 8:280–291.
Pichersky E, Gang D (2005) Genetics and biochemistry of secondary metabolites in plants: an evolutionary perspective. *Trends Pl. Sci.* 4:439–445.
Schuurink RC, Haring MA, Clark DG (2006) Regulation of volatile benzenoid biosynthesis in petunia flowers. *Trends Plant Sci.*11:20–25.
Suzuki S, Umezawa T (2007) Biosynthesis of lignans and norlignans. *J. Wood Sci.* 53:273–284.
Vogt T (2010) Phenylpropanoid biosynthesis. *Molecular Plant.* 3:2–20.

索　引

D

E

F

G

H

J

K

L

M

N

O

P

Q

R

S

T

W

Z

其他